आधुनिक

पशुपालन

एवं एलोपैथिक चिकित्सा चार्ट्स

(मुर्गी–मत्स्य पालन एवम् चिकित्सा सहित)

(मेडीकल प्रेस्क्रिप्शन युक्त)

काशी हिन्दू विश्वविद्यालय, मथुरा, झाँसी, कानपुर, बुन्देलखण्ड, पन्तनगर, गोरखपुर, आगरा, बिहार, राजस्थान, मध्य प्रदेश के कृषि विश्वविद्यालयों एवम् वखेबर–अजीतमल (इटावा) कृषि कालेज के पाठ्यक्रमानुसार

भारतीय कृषि विद्यालयों एवम् पशुपालन चिकित्सा विज्ञान के छात्रों, फार्मेसिस्ट प्रशिक्षणार्थियों, पशु–धन विकास सहायकों के प्रशिक्षण, पशु–चिकित्सा व्यवसाय में कार्यरत चिकित्सकों तथा पशुपालकों के लाभार्थ

लेखक

डॉ. जहानसिंह चौ

संशोधनकर्त्ता

डॉ. पी. सी. रावत, B.V.Sc. & A.H.

अग्रेय भूमिका

डॉ. आर. एन. कनौजिया, B.V.Sc. & A.H.

पशु–चिकित्सा अधिकारी

सुमित प्रकाशन

•आगरा •नई दिल्ली

❍ प्रकाशक

सुमित प्रकाशन

आगरा B–91/A, आलोक नगर, आगरा–282010
Ph No. : (0562) 4040348, 9319104669, 9319619993
Email : medicoref@gmail.com
Website : www.medicorefresher.in

दिल्ली 4807/24, भरतराम रोड (चौधरी आई सेन्टर के पास),
दरियागंज, नई दिल्ली–2
Ph No. : (011) 45575254, 9999385254

❍ **लेखक : डॉ. जहान सिंह चौहान**

❍ **संशोधनकर्त्ता : डॉ. पी. सी. रावत**

❍ **प्रथम संस्करण 1999**

❍ **पूर्णतः संशोधित पच्चीसवां संस्करण 2023**

❍ **मूल्यः 630/- रुपये**

❍ **ISBN 81-87251-02-6**

❍ ***Laser Type Setting :***

सुमित प्रकाशन, आगरा (डी.टी.पी. यूनिट)

❍ ***Printed by :***

Aadhya Printers, Agra.

आधुनिक

पशुपालन एवं एलोपैथिक चिकित्सा चार्ट्स ***By Dr. J. S. Chauhan***

पुस्तक परिचय

प्रस्तुत पुस्तक भारतीय कृषि स्नातकों, पशुपालन एवं वेटेरिनेरी साइन्स (पशुचिकित्सा-विज्ञान) के शिक्षार्थियों, वेटेरिनरी फार्मासिस्ट तथा पशु-धन प्रसार अधिकारियों के लिये निर्धारित नवीन संशोधित पाठ्यक्रम (New Revised Syllabus) के आधार पर एवं पशुपालकों के लिये अमूल्य निधि के रूप में हिन्दी में लिखी गई है।

प्रस्तुत संस्करण की प्रमुख विशेषतायें

पशुपालन (Animal Husbandry) से सम्बन्धित

- ☐ गोवंशीय तथा भैंसवंशीय पशुओं की नस्लों का पूर्ण परिचय चित्रों सहित कराया गया है।
- ☐ बकरीपालन तथा भेड़पालन तथा उनकी जातियों (Breeds) का पूर्ण विवरण एवं परिचय चित्रों सहित कराया गया है।
- ☐ कुत्तों की महत्त्वपूर्ण जातियों का पूर्ण परिचय (देशी-विदेशी नस्लों सहित) सुन्दर एवं आकर्षक चित्रों के साथ कराया गया है।
- ☐ मुर्गीपालन (Poultry Keeping) एवं उनकी जातियों (Breeds of Poultry) तथा संकर चूजों पर एक विस्तृत तथा महत्त्वपूर्ण अध्ययन इसी प्रकार के अन्तर्गत दिया गया है।
- ☐ पशु-व्यवस्था एवं पशु-स्वच्छता (Animal Management and Hygiene) के बारे में महत्त्वपूर्ण तथ्य प्रस्तुत किये गये हैं।
- ☐ गाय, बैल, कुक्कुट तथा बकरी की बाह्य रचना (External Anatomy) चिकित्सा की दृष्टि से आकर्षित चित्रों सहित दी गई है।
- ☐ पशु नियंत्रण एवं गिराना (Animal Control and Casting), रोग निदान (Diagnosis), अवस्था, पशुओं की परिचर्या (Nursing of Sick Animals) एवं गर्भवती गाय/भैंस की देख-भाल पर विस्तृत जानकारी दी गई है।
- ☐ पशुओं के सम्बन्ध में आवश्यक जानकारी; जैसे—आयु ज्ञात करना, औषधि सेवन कराने की विभिन्न विधियाँ, नाल-बन्दी (Shoeing), पशुओं को चिन्हित करना (Marking of Animals) एवं पशु-यातायात पर विशेष अध्ययन के रूप में दी गई है।
- ☐ पशु-पोषण (Animal Nutrition) के अन्तर्गत विभिन्न प्रकार के हरे चारे (Different Types of Green Fodders) एवं उनका संरक्षण बताया गया है।
- ☐ पशु-पोषण के सिद्धान्त, सन्तुलित आहार (Balanced Ration) एवं आहार व्यवस्था नवीन परिप्रेक्ष्य में दी गई है।
- ☐ कृत्रिम गर्भाधान एवं पशु-प्रजनन (Artificial insemination and Animal Breeding) तथा अतिहिमीकरण (D.F.S.) तकनीक का वर्णन किया गया है।

- ☐ अच्छे पशुओं की विशेषतायें तथा उनका चुनाव (गुणांकन पत्र द्वारा) विस्तार से प्रस्तुत किया गया है।
- ☐ दुग्ध उत्पादन कार्यक्रम (Dairy Programme) के अन्तर्गत डेरी भवन एवं उनकी सफाई तथा दुग्ध उत्पादन अभिलेखन (Milk Recording) के सम्बन्ध में आवश्यक जानकारी विस्तार से दी गई है।
- ☐ देश में पशु-धन विकास की नई-नई चालू की गई परियोजनाऐं (New Projects for the Development of Livestock in India) दी गई हैं; जैसे–P.C.D.F., वर्ण संकर कार्यक्रम, गोशाला विकास कार्यक्रम, चारा उत्पादन कार्यक्रम, भ्रूण स्थानान्तरण आदि।
- ☐ सस्यक्रम योजना (Cropping Scheme) के अन्तर्गत वर्ष-भर पशुओं को हरा चारा मिलने के लिये विभिन्न अनुसन्धानात्मक योजनायें विस्तार से बतायी गई हैं।
- ☐ विषय के अन्त में आनुवंशिक-विज्ञान (Genetics) तथा मत्स्य-पालन (Fisheries) का सारांश रूप में अध्ययन प्रस्तुत किया गया है।

पशु-चिकित्सा विज्ञान (Veterinary Science) से सम्बन्धित

- ☐ पशु-चिकित्सा विज्ञान में प्रयुक्त शब्दावली (Terminology used in veterinary Science), साधारण औषधियाँ, सामान्य यंत्र (Common Instruments) एवं नुस्खा लिखने आदि की विस्तृत जानकारी इसी पुस्तक में दी गई है।
- ☐ संक्रामक रोगों (Infectious Diseases) और उनकी रोकथाम के उपाय सुझाये गये हैं।
- ☐ प्रयोगात्मक अध्ययन, नाप और तौल के सम्बन्ध में आवश्यक जानकारी दी गई है।
- ☐ प्रतिषेधात्मक वेक्सीन (Prophylactic vaccine) का वर्णन एवं पशुओं में टीकाकरण (Vaccination) की मात्रा तथा प्रयोग विधि दी गई है। पशुओं के छुताही रोगों (Contagious Diseases of Animals) का विस्तृत वर्णन एवं उनकी चिकित्सा, पेटेन्ट औषधियों द्वारा दी गई है।
- ☐ परजीवी एवं फफूँदी रोगों (Parasitic and Fungal Diseases) का सम्पूर्ण अध्ययन एवं उनकी आधुनिक पेटेन्ट चिकित्सा विस्तार के साथ बतायी गई है।
- ☐ असंक्रामक रोगों (Non-infectious Diseases) के अन्तर्गत पाचन संस्थान के रोग (Diseases of Digestive System), श्वसन तंत्र के रोग (Diseases of Respiratory System), रक्त-परिवहन तंत्र के रोग (Diseases of Circulatory System), लसीका तंत्र (Nervous System), पेशी-कंकाल तन्त्र के रोग (Diseases of Musculo-skeleton System), उपापचय रोग (Metabolic Diseases), गर्भावस्था के रोग (Diseases of Pregnancy), प्रसव के बाद के रोग (Diseases of Post

Parturition), प्रजनन तंत्र के रोग (Diseases of Reproductive System), पोषक तत्त्वों का अभाव (Nutritional Deficiency Diseases), विष रोग (Poison Diseases) एवं कान तथा आँख के रोगों का पूर्ण वर्णन एवं उनकी चिकित्सा विस्तार से दी गई है।

- ☐ पुस्तक के अन्दर प्रत्येक रोग के साथ मेडिकल प्रेस्क्रिप्शन भी दिये गये हैं, जो इस पुस्तक की एक अपनी विशेषता है।
- ☐ कुछ शल्य सम्बन्धी अवस्थायें (Some Surgical Conditions) भी विस्तार से दी गई हैं।
- ☐ ऊँटों में मिलनेवाले तमाम सामान्य एवं विशिष्ट रोगों की पहिचान एवं चिकित्सा आधुनिक दृष्टिकोण से बतायी गई है।
- ☐ सुविधा के लिये कुछ भ्रामक स्थितिगत रोगों का वर्णन एवं उनकी चिकित्सा अनुभूत चिकित्सा के रूप में दी गई है।
- ☐ कुक्कुटों एवं मुर्गियों के रोगों के अन्तर्गत, बेक्टीरियल रोग, वायरल रोग, फंगस रोग, परजीवी रोग/पेरासिटिक डिजीज, आन्तरिक परजीवी रोग तथा सामान्य रोग (General Diseases) आदि का विस्तृत वर्णन, पहिचान एवं चिकित्सा खूब समझा-समझाकर लिखी गई है।
- ☐ कुत्तों के रोगों के अन्तर्गत-बीमार कुत्ते की पहचान, चिकित्सकीय ज्ञान, संक्रामक तथा असंक्रामक रोग एवं पेरासिटिक डिजीज का वर्णन किया गया है।
- ☐ पशुओं की बीमारियों के अन्त में मछलियों की बीमारियाँ विस्तार से दी गई हैं ताकि मत्स्य-पालक लाभ उठा सकें।
- ☐ इस प्रकार से पुस्तक में 500 के लगभग पशु रोगों एवं पक्षियों के रोगों का समावेश अपनेआप में एक उत्तम व्यवस्था है।
- ☐ पशुपालन, कृषि एवं अन्य कॉम्पटीशन में बैठने हेतु सामान्य अध्ययन एवं क्रैश कोर्स के अन्तर्गत पशु-पालन शब्दावली, दुग्ध-विज्ञान, भारत सरकार की पशु-पालन की कुछ प्रमुख परियोजनायें, दुग्ध-विज्ञान शब्दावली तथा परीक्षोपयोगी तालिकायें अति विस्तार से दी गई हैं।
- ☐ पशु-चिकित्साविद् एवं पशुपालकों के लिये उत्तम मार्गदर्शक एवं रोगियों को स्वस्थ रखकर यश प्राप्ति का भागीदार बनानेवाली एकमात्र पुस्तक है। पुस्तक के अन्त में वैज्ञानिक तथा तकनीकी शब्दावली आयोग, मानव संसाधन विकास मंत्रालय, भारत सरकार द्वारा निर्धारित दी गई है।
- ☐ हमें पूर्ण विश्वास है कि प्रस्तुत पुस्तक अत्यन्त उपयोगी सिद्ध होगी एवं विद्यार्थीगण परीक्षा में सर्वोत्तम अंक प्राप्त करने में निश्चित रूप से सफल होंगे।

– लेखक एवं प्रकाशक

अग्रेय भूमिका

डॉ. चौहान प्रस्तुत पुस्तक "सम्पूर्ण पशुपालन एवं पशुचिकित्सा विज्ञान" (Animal Husbandry and Veterinary Science) के विद्वान एवं ख्यातिप्राप्त लेखक हैं। आज प्रशिक्षण के लिये प्रत्येक शिक्षण संस्थान में अँग्रेजी को शिक्षा का माध्यम बनाया गया है और अँग्रेजी भाषा में एक से बढ़कर एक पुस्तक इस विषय पर उपलब्ध है। परन्तु चिकित्सा व्यवसाय में कार्यरत चिकित्सकों, पशुपालकों एवं आधुनिक प्रशिक्षण और ज्ञानार्जन के लिये हिन्दी भाषा में उत्तम पुस्तकों का अभाव है। मेरे परम मित्र जे. एस. चौहान ने जब इस पुस्तक की पाण्डुलिपि लिखकर पढ़ने के लिये मुझे दी तो मुझे देखकर अपार हर्ष हुआ।

जे. एस. चौहान जो इस पुस्तक के लेखक हैं वैसे तो अपना प्रत्येक कार्य बहुत ही लगन व परिश्रम के साथ करते हैं, किन्तु इस ग्रन्थ की रचना में इन्होंने विशेष रुचि एवं कठिन परिश्रम से कार्य करके जनसेवा के अपने लगाव का परिचय एक बार पुनः दिया है। पशुपालन एवं पशुचिकित्सा विषय पर सरल हिन्दी भाषा में बहुत ही क्रमबद्ध एवं महत्त्वपूर्ण सामग्री प्रस्तुत करना लेखक की विशेषता है।

पुस्तक में प्रायः समस्त पशुओं, कुक्कुटों व मुर्गियों एवं मत्स्य रोगों का विशद् रूप से परिचय कराया गया है तथा आजकल की पेटेन्ट औषधियों पर विद्वानों के अनुभूत नुस्खों का अति उत्तम रूप से संग्रह भी किया गया है। अतएव यह ग्रन्थ एक अत्यन्त लाभदायक ज्ञान सागर बन गया है जिसकी सफलता के लिये मैं हृदय से शुभकामना करता हूँ।

डॉ. आर. एन. कनौजिया

वेटेरीनरी ऑफिसर

लेखक की ओर से....

कृषि प्रधान देश होने के नाते भारत में पशु-धन की महत्ता निर्विवाद है तथा पशु-धन विकास में ही राष्ट्र का हित सन्निहित है। पशुपालन एवं पशुचिकित्सा-विज्ञान (एनीमल हस्बेन्ड्रि एण्ड वेटेरिनेरी साइंस)का विषय जिसके अन्तर्गत पशु-प्रजनन, पालन-पोषण, रोग नियंत्रण तथा पशु सुधार आता है, अत्यधिक महत्त्वपूर्ण है। हमारे जीवन में गाय, भैंस, भेड़, बकरी सूअर, ऊँट आदि पशु बहुत उपयोगी हैं। इनके बगैर कृषि उद्योग सम्भव नहीं है। इसके साथ ही कुत्ता, मुर्गी एवं मछली भी उपयोगी हैं। मुर्गी और मछली अतिरिक्त आय के साधन हैं। अतः इनकी देख-रेख और इनको स्वस्थ रखना हमारा पुनीत कर्तव्य है। पशुओं के अस्वस्थ होने से वे कमजोर हो जाते हैं, उनकी कार्य क्षमता समाप्त हो जाती है। दूध, अण्डा, मांस आदि प्राप्त नहीं होता है। कृषि कार्य बन्द हो जाते हैं। यहाँ तक कि समुचित चिकित्सा के अभाव में अनेक पशु बीमार होकर मर जाते हैं। इससे हमारी भारी आर्थिक हानि होती है। इसलिये यह आवश्यक है कि पशुओं, पक्षियों एवं मत्स्य रोगों के सम्बन्ध में यथेष्ठ जानकारी हो, ताकि पशु के बीमार होने पर उसकी समुचित चिकित्सा की जा सके। साथ ही इनके भोजन, उत्तम प्रबन्ध, रोग नियंत्रण, वेक्सीनेशन एवं प्रजनन के अच्छे तरीकों पर ध्यान देना जरूरी है। इसलिये इस पशु-धन सम्पदा के नस्ल सुधार के लिये भारत सरकार एवं राज्य सरकारें अपनी-अपनी योजनाओं के तहत शहरों से लेकर देहातों तक तरह-तरह की योजनायें अपने-अपने क्षेत्रों में लागू कर रही हैं और पर्याप्त कार्य भी हो चुका है।

उपरोक्त उद्देश्यों को लेकर ही इस पुस्तक का सृजन किया गया है। पुस्तक बहुत ही सरल भाषा में लिखी गई है ताकि हमारे गाँव के पशुपालक, पशुचिकित्सा अधिकारी के अभाव में इस पुस्तक के सहारे अपने पशुओं की चिकित्सा अपने गाँव में ही कर सकें। प्रस्तुत पुस्तक 2 भागों में विभाजित है—प्रथम भाग में पशुपालन, मुर्गी एवं मत्स्य-पालन (Animal Husbandry, Poultry Production and Fisheries) तथा इसके सम्मिलित दूसरे भाग में पशु, मुर्गी एवं मत्स्य रोग उपचार (Treatment of Cattles, Poultry and Fisheries) दिया गया है। ग्रन्थ में गाय, भैंस, भेड़-बकरी, सूअर, घोड़ा, ऊँट, हाथी, मुर्गी, कुत्ता एवं मत्स्य रोगों के तमाम कारणों, लक्षणों एवं निदान (Diagnosis) तथा उपचारों (Treatments) का विस्तृत वर्णन किया गया है। साथ ही लक्षणों को सारांश रूप में अलग से दिया गया है, जैसा कि विदेशी—पाश्चात्य चिकित्सा ग्रन्थों में देखने को मिलता है। इससे विषय की स्पष्टता और बढ़ जाती है। इससे पशुचिकित्सकों एवं पशुपालकों को उनके त्वरित निदान एवं पहिचान में सहायता मिलती है। सभी रोगों के साथ अनुभव व्यवस्था-पत्र

आधुनिक पेटेन्ट औषधियों के साथ दिये गये हैं, ताकि चिकित्सा में विशेष सुविधा रहे एवं इन नुस्खों के प्रयोग से पशु को मृत्यु से बचाकर शीघ्र स्वस्थ किया जा सकता है। चिकित्सा में केवल उन्हीं दवाओं का उपयोग बताया गया है जो आजकल बाजारों में आसानी से उपलब्ध हैं। पुस्तक में लगभग 500 रोगों की विस्तृत चिकित्सा दी गई है, जो अन्यत्र किसी पुस्तक में प्राप्त नहीं है।

प्रस्तुत पुस्तक बी. एस-सी. कृषि छात्रों, अध्यापकों, पशुपालन एवं नियोजन विभाग के कार्यकर्त्ताओं, पशुपालन में रुचि रखनेवाले समस्त जागरूक नागरिकों, साधारण पढ़े-लिखे किसानों, मुर्गी एवं मत्स्य पालकों, पशुचिकित्सा, पशुपालन तथा पशुचिकित्सा प्रशिक्षणार्थियों, पशु-धन विकास सहायकों, वेटेरिनेरी फार्मासिस्टों, पशुचिकित्सा छात्रों और पशुचिकित्सकों के लिये समान रूप से उपयोगी है।

पुस्तक के लेखन में डॉक्टर एस. वी. एल. शर्मा, बी. वी. एस-सी. एण्ड ए. एच. उपनिदेशक पशुपालन विभाग (उ. प्र.) एवं डॉक्टर श्री आर. एन. कनौजिया बी.वी. एस-सी. एण्ड ए. एच. पशुचिकित्सा अधिकारी का विशेष रूप से आभार व्यक्त करता हूँ जिन्होंने हमें समय-समय पर पुस्तक लेखन में प्रोत्साहन प्रदान किया है।

अन्त में मैं उन तमाम पशुचिकित्सा साहित्य ग्रन्थ रचनाकारों का आभारी हूँ जिनकी रचनाओं से मुझे परोक्ष एवं अपरोक्ष रूप से सहयोग प्राप्त हुआ है। ऐसे ग्रन्थ रचनाकारों की सूची पुस्तक के अन्त में दी गई है। इन सबके लिये हम क्षमा प्रार्थी हैं।

इस ग्रन्थ का जितना अधिक प्रचार होगा, उतनी ही पशु-धन की रक्षा एवं वृद्धि में सहायता मिलेगी, ऐसा मेरा विश्वास है। अस्तुः

लेखक

जे. एस. चौहान

विषयानुक्रम (CONTENTS)

नाम विषय	प्रथम भाग (FIRST PART)	पृष्ठ संख्या

पशुपालन (Animal Husbandry)

नाम विषय	पृष्ठ संख्या

नाम विषय	पृष्ठ संख्या
☐ गर्भित पशु की पहिचान (Sign of Pregnant Animal)	132
☐ सांड़ों की व्यवस्था (Bull Management)	133
☐ कृत्रिम गर्भाधान की प्रविधि (Artificial Insemination Technique)	133
☐ वीर्य परीक्षण एवं मूल्यांकन (Examination and Evaluation of Semen)	136
☐ वीर्य तनुकरण (Dilution of Semen)	142
☐ वीर्य का अतिहिमीकरण (डी. एफ. एस.—D. F. S.)	144
☐ वीर्य संरक्षण एवं परिवहन (Storage and Transportation of Semen)	145
☐ वीर्य षेचन एवं गर्भ–परीक्षण (Insemination and Pregnancy Diagnosis)	147
☐ गाय–भैंस गर्भाधान कराने की विधियाँ	148
☐ गर्भ परीक्षण (Pregnancy Diagnosis)	150
☐ गर्भवती गाय की पहिचान (सामान्य रूप में)	152
☐ तालिका : मादा का ऋतु काल/गर्भकाल/वीर्य की मात्रा एवं गर्भित करने का समय सूचक चार्ट	153
☐ कृत्रिम गर्भाधान में प्रयोग होनेवाले यंत्रों का निर्जीवीकरण (Sterilization of A. I. Equipments)	154
☐ यंत्रों की सफाई	155
☐ कृत्रिम गर्भाधान सम्बन्धी आवश्यक ज्ञातव्य (Artificial Insemination at a Glance)	156
☐ पशु प्रजनन (Animal Breeding)	157
☐ अच्छे पशुओं की विशेषतायें तथा उनका चुनाव (गुणांकन पत्र द्वारा)	160
5. दुग्ध उत्पादन कार्यक्रम (Dairy Programme)	**167–182**
☐ विभिन्न डेरी फार्म भवनों का स्थान निर्धारण एवं समूहन (Location and Grouping of Different Dairy Farm Buildings)	167
☐ एक आदर्श डेरी फार्म पर भवनों की आवश्यकता	169
☐ पशुओं की संख्या एवं स्थान के अनुसार डेरी फार्म/पशुशाला	169
☐ दुग्धशाला की सफाई (Cleaning of the Dairy Farm)	173
☐ दुग्ध दोहन की विधियाँ (Methods of Milking)	175
☐ शुद्ध दुग्ध उत्पादन के लिये आवश्यक जानकारी	176
☐ दुग्ध उत्पादन का अभिलेखन (Milk Recording)	177
☐ दुग्ध अभिलेखन रजिस्टर	179
☐ दूध बेचने में मिलावट/दूध में मिलावट	179
☐ घी में मिलावट और उसकी परख	181

द्वितीय भाग (SECOND PART)

पशुचिकित्सा (Veterinary Science)

नाम विषय	पृष्ठ संख्या

नाम विषय	पृष्ठ संख्या

नाम विषय	पृष्ठ संख्या

नाम विषय	पृष्ठ संख्या

नाम विषय	पृष्ठ संख्या

नाम विषय	पृष्ठ संख्या

नाम विषय	पृष्ठ संख्या

नाम विषय	पृष्ठ संख्या

नाम विषय	पृष्ठ संख्या

नाम विषय	पृष्ठ संख्या

नाम विषय	पृष्ठ संख्या

नाम विषय	पृष्ठ संख्या

नाम विषय	पृष्ठ संख्या

नाम विषय	पृष्ठ संख्या

पशुपालन
(Animal Husbandry)

1

पशुओं की नस्लें
(Breeds of Animals)

गोवंशीय पशु
(Cattles)

गोवंशीय पशुओं के अन्तर्गत गाय, बैल, सांड़, बछड़ा एवं बछिया आते हैं। इनमें निम्न नस्लें पायी जाती हैं–

(अ) देशी नस्लें (Indian breeds)—हरियाणा, हिसार, रैड सिन्धी, साहिवाल, नागौरी, केन कठा, थारपारकर, खीरी, पवार, शाहावादी (गंगातीरी), निमारी, अंगोल, अमृतमहल, मालवी, कांकरेज, गिर, हल्लीकर, रेड कन्धारी, देवनी आदि।

(ब) विदेशी नस्लें (Foreign breeds)—जर्सी, होल्स्टीन फ्रीजिएन (Holstein fresian), आयर सायर (Ayar sayar), ब्राउन स्वीस (Brown Swiss) आदि।

अ. देशी या भारतीय नस्लें (Indian breeds)—भारतीय नस्लों को तीन भागों में बाँटा गया है–

1. **दुधारू नस्लें** (Milch breeds)—ये नस्लें ज्यादा दूध देती हैं; जैसे- सिन्धी या लाल सिन्धी, थारपारकर या थारी, साहीवाल तथा गिर।
2. **द्विउद्देशीय नस्लें** (Dual purpose breeds)—ये नस्लें दूध भी ज्यादा देती हैं तथा नर पशु खेती तथा भारवाही कार्यों में उपयोगी होते हैं।
3. **भारवाही या खेती कार्य हेतु नस्लें** (Draft breeds)—इन नस्लों का दुग्ध उत्पादन काफी कम होता है, परन्तु नर पशु खेती तथा भारवाही कार्यों में बहुत उपयोगी होते हैं।

➤ *दुधारू नस्लें (Milch breeds)*

(क) सिन्धी या लाल सिन्धी। (ख) गिर

(ग) साहीवाल

➤ *द्विउद्देशीय नस्लें (Dual purpose breeds)*

(क) हरियाणा (ख) थारपारकर

(ग) कांकरेज (घ) देवनी

(च) शाहावादी या गंगातीरी

➤ *भारवाही नस्लें (Draft breeds)*

(क) अमृतमहल (ख) केन कठा

(ग) खैरीगढ़ (घ) पंवार

(अ) देशी नस्लें (Indian Breeds)

1. दुधारू नस्लें (Milch breeds)

क. सिन्धी या लाल सिन्धी (Sindhi or Red Sindhi)

प्राप्ति स्थान—मुख्य रूप से सिन्ध प्रान्त में।

चित्र-*सिंधी गाय*

चित्र-*सिंधी सांड़*

मिलनेवाले गुण—
- शरीर मध्यम आकार का चुना बँधा हुआ।
- रंग लाल एवं डार्क ब्राउन।
- गायें सीधे स्वभाव की एवं अयन पूर्ण विकसित रूप में।
- मध्यम आकार के लटकते हुए कान एवं छोटे मजबूत सींग।
- लटकता हुआ गलकम्बल एवं विकसित शीथ।
- सांड़ों के पैर गहरे लाल-रंग से काले-रंग तक के।

☐ **गायों का आकार वैज की तरह (तिकोना) जिससे वह अधिक दुधारू होती है।**

शारीरिक भार (नर पशु)– 450 किग्रा.

मादा पशु– 295 किग्रा.

औसत दुग्ध उत्पादन–प्रति ब्याँत 2000 किग्रा. (1250 से 2400 किग्रा.)

अधिकतम दुग्ध उत्पादन–5443 किग्रा. प्रति ब्यांत

प्रथम ब्यांत आयु–39 से 50 माह

दो ब्यांतों के बीच का अन्तर–425 से 540 दिन।

ख. गिरि या काठियावाड़ी (Gir or Kathiawari)

प्राप्ति स्थान–काठियावाड़ के गिरि जंगलों में।

चित्र–*गिर नस्ल का सांड़*

मिलने वाले गुण–
- शरीर बड़ा भारी-भरकम।
- कान लम्बे, लटके हुए मुड़ी हुई पत्तियों के समान।
- पूँछ काली, गुच्छेवाली और जमीन तक लटकती हुई।
- रंग लाल/लाल-काले धब्बों अथवा लाल-सफेद धब्बों से युक्त।
- शरीर के रंग पर एक बड़ा-सा दूसरे रंग के एरिया की उपस्थिति आवश्यक।
- सींग विचित्र आकार के, जो केस के बाहरी भाग से बाहर, पीछे बाद में ऊपर तथा अन्दर को और अन्त में इनकी नोक पीछे की ओर मुड़ी हुई।
- हम्प (Hump) बड़े से आकार का।
- गलकम्बल हल्का पर शीथ बड़ा और लटका हुआ।

शारीरिक भार (नर पशु)– 544 किग्रा.।

(मादा पशु)– 386 किग्रा.।

औसत दुग्ध उत्पादन– 1700 किग्रा. (1200 से 1800 किग्रा.) प्रति ब्यांत

अधिकतम दुग्ध उत्पादन—3175 किग्रा. प्रति ब्यांत।

प्रथम ब्यांत आयु—45 से 54 माह।

दो ब्यांतों के बीच का अन्तर—515 से 600 दिन।

ग. साहीवाल या मान्टगोमरी (Sahiwal or Montgomery)

प्राप्ति स्थान—मान्टगोमरी तथा पंजाब के बड़े-बड़े नगरों में एवं आंशिक रूप से पंजाब, उत्तर प्रदेश तथा दिल्ली आदि प्रान्तों में।

मिलनेवाले गुण—
- बैल सुस्त एवं ढीले-ढाले। ये बहुत सीधे-सादे होते हैं। इसलिये इन्हें लोला भी कहते हैं।
- सिर लम्बा एवं औसत आकार का फोरहैड।
- सींग छोटे एवं मोटे आकार के।
- रंग में लाल या हल्के-लाल रंग के। किसी-किसी में सफेद पैच भी।
- अयन (Udder) पूर्ण विकसित एवं थन आकार में सुन्दर लगनेवाले।
- धड़ पच्चर के आकार (कीलवत) तथा टाँगें छोटे आकार की।

2. द्विउद्देशीय नस्लें (Dual purpose breeds)

क. हरियाणा (Haryana)

प्राप्ति स्थान—रोहतक, हिसार, करनाल एवं देहली के आसपास के क्षेत्रों में।

चित्र—हरियाणा गाय

चित्र—हरियाणा सांड़

मिलनेवाले गुण—
- लम्बा तथा सँकरा चेहरा एवं पोल के बीच में उभार।

- सींग, कान, गलकम्बल (डियूलप) तथा शीथ छोटा।
- त्वचा पतली तथा मुलायम।
- रंग सफेद/हल्का भूरा-सा।
- पूँछ काली, गुच्छेवाली, सुन्दर एवं होक के नीचे तक जाती हुई।

□ **कृषि एवं भारवाहन के लिये एक अद्वितीय जाति है।**
□ **गायें दूध अधिक देती हैं।**

औसत दुग्ध उत्पादन—700 किग्रा. (600 से 800 किग्रा.) प्रति ब्यांत
अधिकतम दुग्ध उत्पादन—1500 किग्रा. प्रति ब्यांत
प्रथम ब्यांत आयु—40 से 60 माह
दो ब्यांतों के बीच का अन्तर—480 से 630 दिन।

ख. थारपारकर या थारी (Tharparkar or Thari)

प्राप्ति स्थान—सिन्ध, कच्छ तथा मारवाड़ आदि स्थानों में।

मिलनेवाले गुण—
- चेहरा लम्बा एवं माथा चौड़ा।
- पूँछ लम्बी, काली और गुच्छेवाली।
- सींग मझोले आकार के तथा गलकम्बल साधारण आकार का।
- इनका हम्प विशेष अच्छा होता है।

चित्र—*थारपारकर गाय*

चित्र—*थारपारकर सांड़*

- ☐ रेगिस्तानी वातावरण को भली प्रकार सहन कर लेती हैं।
- ☐ गायें दूध अच्छा देती हैं तथा बैल कृषि कार्य के लिये अधिक उपयुक्त होते हैं।

शारीरिक भार (नर पशु)— 522 किग्रा.।
(मादा पशु)— 340 किग्रा.

औसत दुग्ध उत्पादन—2950 किग्रा (2700 से 3200 किग्रा.) प्रति ब्यांत

अधिकतम दुग्ध उत्पादन—4500 किग्रा. (300 दिन में देती है)

प्रथम ब्यांत की आयु—37 से 48 माह।

दो ब्यांतों के बीच का अन्तर—430 से 580 दिन।

(ग) कांकरेज (Kankrej)

प्राप्ति स्थान—गुजरात के कच्छ का रन क्षेत्र।

शारीरिक लक्षण—
- पशुओं का रंग साधारण भूरा से गहरा भूरा होता है।
- नर पशुओं में हम्प तथा पिछले पुट्ठे का रंग गहरा होता है।
- नर पशुओं में हम्प सुविकसित होता है।
- माथा चौड़ा होता है तथा बीच में थोड़ा दबा होता है।
- सींग बड़े होते हैं।
- कान बड़े तथा झूलनेवाले होते हैं।
- नर पशु भारवाहक तथा खेती के काम आते हैं।

चित्र—*कांकरेज*

औसत दुग्ध उत्पादन—1400 किग्रा. प्रति ब्यांत

अधिकतम दुग्ध उत्पादन—3500 किग्रा. प्रति ब्याँत

प्रथम ब्याँत आयु—45 से 54 माह

दो ब्याँतों के बीच का अन्तर—515 से 600 दिन।

(घ) देवनी (Deoni)

प्राप्ति स्थान—महाराष्ट्र राज्य का वर्धा जिला।

शारीरिक लक्षण—
- पशु का रंग काले, लाल और सफेद मिला चितकबरा होता है।
- सींग मुड़े होते हैं।
- माथा चौड़ा तथा उभरा होता है।
- नर पशु कृषि कार्य में उपयोगी होते हैं।

चित्र—*कांकरेज सांड़*

औसत दुग्ध उत्पादन— 943 किग्रा. प्रति ब्यांत

अधिकतम दुग्ध उत्पादन— 3000 किग्रा. प्रति ब्यांत

प्रथम ब्यांत आयु—45 से 54 माह

(च) शाहावादी या गंगातीरी (Shahawadi or Gangatiri)

प्राप्ति स्थान—बिहार के शाहाबाद जिले में एवं उत्तर प्रदेश के बलिया आदि स्थानों में।

चित्र—*गंगातीरी सांड़*

मिलनेवाले गुण—
- शरीर मध्यम आकार का।
- रंग गहरे भूरे-सफेद रंग का।
- छोटे व मोटे सींग एवं बड़ा हम्प।

□ **यह द्विअर्थीय पशु है अर्थात् दूध और कृषि एवं भारवाहन दोनों के लिये उपयोगी।**

औसत दुग्ध उत्पादन प्रति ब्यांत—1050 किग्रा. (900–1200 किग्रा.)

3. भारवाही नस्लें (Draft breeds)

क. अमृतमहल (Amrit Mahal)

प्राप्ति स्थान—विशेषकर मैसूर राज्य में।

मिलनेवाले गुण—
- रंग भूरा एवं सिर गहरा-सा।
- चेहरा तथा गलकम्बल (Dewlap) पर भूरे-से सफेद रंग के चिन्ह।
- सींग नोंकदार एवं पीछे जाकर ऊपर को मुड़े हुए।
- पूँछ काली एवं गलकम्बल भली प्रकार विकसित।
- गर्दन, हम्प तथा क्वार्टर्स हल्के।

चित्र—*अमृतमहल साँड़*

□ **यह भारवाहन (Draft purpose) के लिए अधिक उपयुक्त होती है।**

ख. केन कठा (Kain Kathha)

प्राप्ति स्थान—यह नस्ल उत्तर प्रदेश के बुन्देलखण्ड की केन नदी के दोनों किनारों पर पायी जाती है।

मिलनेवाले गुण—
- पशुओं का आकार छोटा होता है।
- इस नस्ल का मध्य भाग स्लेटी तथा अगला व पिछला भाग गहरे रंग का होता है।

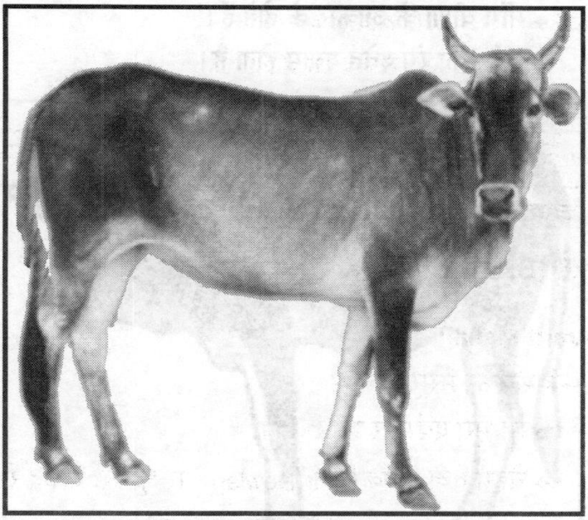

चित्र—केन कठा

ग. खैरीगढ़ (Kherigarh)

प्राप्ति स्थान—यह नस्ल उत्तर प्रदेश के लखीमपुर खीरी जनपद में पायी जाती है।

मिलनेवाले गुण—
- इस नस्ल के पशु श्वेत अथवा स्लेटी रंग के होते हैं।
- इस नस्ल का चेहरा छोटा होता है।

चित्र—*खैरीगढ़*

घ. पंवार (Panwaar)

प्राप्ति स्थान—यह नस्ल हिमालय के तराई क्षेत्र, मुख्यत: पीलीभीत, में पायी जाती है।

मिलनेवाले गुण—
- पशुओं का आकार छोटा होता है।
- पशु के चेहरे, मस्तक, पैरों तथा ड्यूलेप पर सफेद धारियाँ होती हैं।

- सींग वीणा के आकार के होते हैं।
- शरीर का रंग श्वेत श्याम होता है।

चित्र—*पंवार*

ब. विदेशी नस्लें (Foreign Breeds)

इन नस्लों को अधिक दुग्ध उत्पादन, कम आयु पर, प्रथम ब्यांत तथा दो ब्यांतों के बीच का अन्तर कम होने के कारण इन नस्लों को हमारे देश में अपनाया गया है। इन नस्लों के सांड़ों के वीर्य से हमारे देश की गायों का गर्भाधान कराकर संकर नस्लें तैयार की गई हैं। विदेशी नस्लों का विवरण निम्न प्रकार है—

1. जर्सी (Jersey)

प्राप्ति स्थान—मूल स्थान इंगलैण्ड के पास का जर्सी द्वीप-समूह है।

चित्र—*जर्सी गाय*

मिलनेवाले गुण—
- ❖ रंग हल्का-लाल जिस पर सफेद-रंग के धब्बे।
- ❖ रंग कभी-कभी हल्का-लाल या बादामी भी होता है।
- ❖ सींग छोटे एवं अन्दर की ओर झुके हुए तथा नथुने बड़े होते हैं।
- ❖ सिर, कंधा एवं पीठ एक लाइन में।
- ❖ गाय सीधी और उत्तेजित स्वरूप के सांड़।

- □ **गायें 30-50 लीटर दूध प्रतिदिन देती हैं।**
- □ **25-30 माह की आयु में इस जाति की गाय पहली बार बच्चा देती है।**

नोट—अपने देश की देशी गायों को जर्सी सांड़ से प्रजनन कराके देशी गाय की प्रथम सन्तति से ढाई गुना दूध प्राप्त हो जाता है।

2. होलस्टीन फ्रीजियन (Holstein Friesian)

प्राप्ति स्थान—मूल स्थान यूरोप के नीदरलैण्ड का फ्रीजलैण्ड प्रान्त है।

मिलनेवाले गुण—
- ❖ शरीर काफी भारी-भरकम।
- ❖ रंग विशेष रूप से काला-सफेद, कभी-कभी सफेद भी।
- ❖ सींग होते हैं, परन्तु किसी-किसी पशु में नहीं भी।
- ❖ इनका मजिल (Muzzle) चौड़ा, नथुने खुले एवं जबड़े मजबूत होते हैं।
- ❖ आँखें चंचल, चमकदार, बड़ी तथा कान मध्यम आकार के होते हैं।
- ❖ पूँछ का गुच्छा सदैव सफेद-रंग का।
- ❖ सिर लम्बा, सीधा तथा सँकरा।

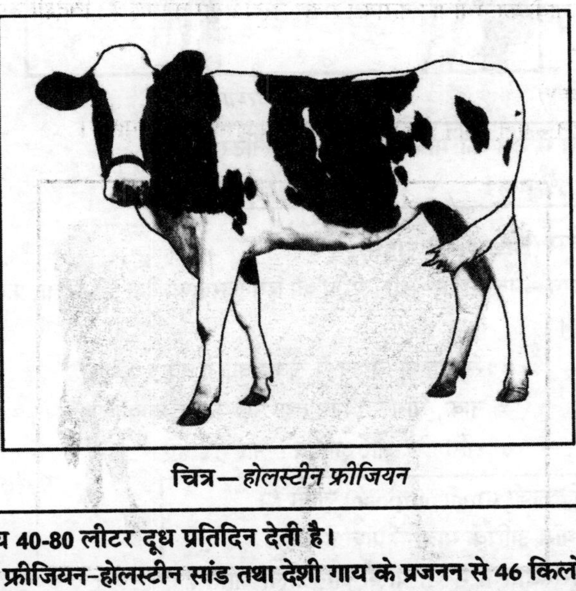

चित्र—*होलस्टीन फ्रीजियन*

- □ **एक गाय 40-80 लीटर दूध प्रतिदिन देती है।**
- □ **भारत में फ्रीजियन-होलस्टीन सांड तथा देशी गाय के प्रजनन से 46 किलोग्राम (लीटर) प्रतिदिन दूध देनेवाली वर्ण संकर गाय पार्वती का अभी तक उच्चतम रिकार्ड है।**

3. आयरशायर (Ayrshire)

प्राप्ति स्थान—इंग्लैण्ड में स्कॉटलैण्ड क्षेत्र।

मिलनेवाले गुण—
- शरीर सुसंगठित एवं गठीला।
- सींग सिरे पर नुकीले एवं छोटे और ऊपर की ओर उठे हुए।
- रंग लाल, कभी-कभी लाल-रंग पर सफेद चित्तियाँ भी।
- अयन भली-भाँति विकसित।
- कमर सीधी, Loin चौड़े एवं चौरस।
- गर्दन मध्यम लम्बाई की।

चित्र—*आयरशायर*

- ☐ **एक ब्यांत में दूध की मात्रा लगभग 500 लीटर।**
- ☐ **वसा 4-4.5% तक।**

4. ब्राउन स्विस (Brown Swiss)

प्राप्ति स्थान—मूल निवास स्थान यूरोप का स्विट्जरलैण्ड देश है। इटली, फ्रांस एवं जर्मनी में भी पाई जाती है।

शरीर लक्षण—
- रंग हल्का-ब्राउन से लेकर काला तक।
- नाक, सींग की टिप तथा पूँछ का गुच्छा काला।
- सींग छोटे और आगे की ओर मुड़े हुए।

- ☐ **यह एक द्विकाजी (Dual purpose) जाति है।**
- ☐ **दूध और मांस अधिक मात्रा में प्राप्त होता है।**
- ☐ **कठिन परिस्थितियों में भी पाली जानेवाली जाति है।**

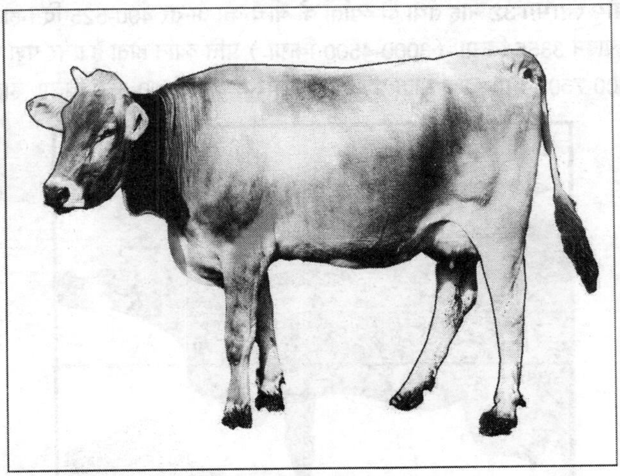

चित्र— *ब्राउन स्विस गाय*

नोट— उपरोक्त के अतिरिक्त गर्नसी (स्कॉटलैण्ड), रेड-डेन शोर्ट होर्न (इंग्लैण्ड), हेरफोर्डस (इंग्लैण्ड) आदि कुछ और गाय की विदेशी जातियाँ हैं, जिनका दूध उत्पादन काफी अधिक है।

नस्ल सुधार में किये गये व्यापक सुधार

- भारत में कुछ विदेशी जातियों के सांड़ों को; जैसे- आयरशायर, जर्सी, हॉलस्टीन, फ्रीजिएन, ब्राउन स्विस, ग्वारंसी को भारतीय शुद्ध नस्लों; जैसे- हरियाना, साहीवाल, थारपारकर, सिन्धी, गिरि, कांकरेज के साथ मिलाकर विभिन्न संकर नस्लों को तैयार किया जा रहा है।
- लखनऊ में आयरशायर एवं होल्स्टीन-फ्रीजिएन को हरियाना एवं साहीवाल नस्लों से मिलाकर संकर गाय तैयार की गईं।
- पूसा में साहीवाल गाय को आयरशायर नस्ल के सांड़ों से मिलाकर अधिक दूध देने वाली संकर गाय तैयार की गई।
- नैनी कृषि संस्थान, इलाहाबाद में सिन्धी गाय को जर्सी नस्ल के सांड़ से मिलाकर संकर गाय (Cross breed) तैयार की गई।
- बंगलौर में आयरशायर एवं नीलगिरी पहाड़ियों में जर्सी तथा होल्स्टीन फ्रीजिएन सांड़ों के प्रयोग से अच्छे परिणाम मिले हैं।

नोट— विदेशी सांड़ों के वीर्य से अथवा सांड़ों को देश में लाकर देशी नस्ल की गाय; जैसे- हरियाना, साहीवाल, सिन्धी एवं थारपारकर, से प्रजनन कराकर संकर नस्लें तैयार की गई हैं, जिनकी दुग्ध उत्पादन क्षमता बहुत अधिक है।

भारत में उत्पन्न किये गये संकर नस्ल के पशुओं का विवरण

1. **करन-स्विस (Karan-Swiss):** साहीवाल गाय को ब्राउन स्विस सांड़ के साथ प्रजनन कराकर करन-स्विस नस्ल राष्ट्रीय डेरी अनुसंधान संस्थान, करनाल द्वारा विकसित की गई है। इस नस्ल के पशुओं का रंग लाल होता है तथा ये साहीवाल जैसे दिखते हैं। मादा पशु की प्रथम

ब्यांत आयु लगभग 32 माह तथा दो ब्यांतों के बीच का अन्तर 400-525 दिन होता है। औसत दुग्ध उत्पादन 3355 किग्रा. (3000-4500 किग्रा.) प्रति ब्यांत होता है। नर पशु का शारीरिक वजन 600-750 किग्रा. तथा मादा पशु का शारीरिक वजन 400-550 किग्रा. होता है।

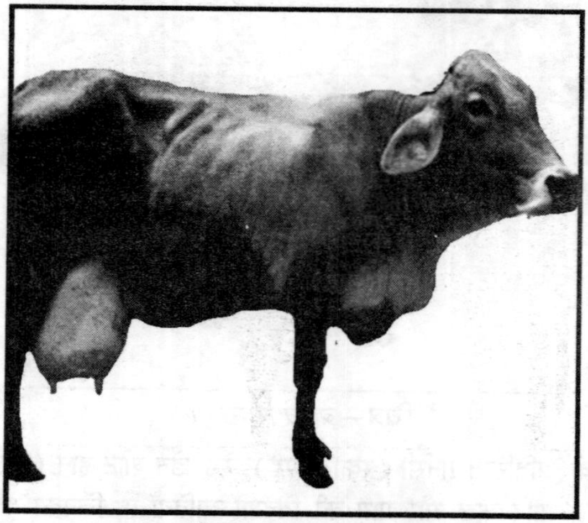

चित्र. करन-स्विस

2. **करन-फ्राइज (Karan-Fries) :** थारपारकर नस्ल की गाय को होलस्टीन फ्रीजियन सांड़ से प्रजनन कराकर राष्ट्रीय डेरी अनुसन्धान, करनाल द्वारा विकसित की गई है। पशु गहरे रंग के होते हैं। प्रथम ब्यांत आयु 30-32 महीना तथा दो ब्यांतों के बीच का अन्तर 400-430 दिन होता है। औसत दुग्ध उत्पादन प्रति ब्यांत लगभग 3700 किग्रा. होता है।

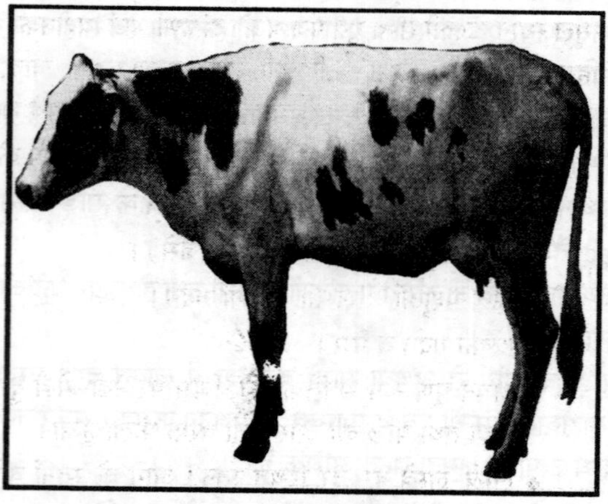

चित्र. करन-फ्राइज

3. **जरसिन्ध (Jer Sindh) :** लाल सिन्धी नस्ल की गाय जर्सी नस्ल के सांड़ से प्रजनन कराकर तैयार की गई है। मादा पशु की प्रथम ब्यांत आयु 40 माह, दो ब्यांतों के बीच का अन्तर 490 दिन और दुग्ध उत्पादन प्रति ब्यांत 3500-4500 लीटर है।

4. **फ्राइजवाल (Frieswal) :** प्रोजेक्ट डायरेक्टटोरेट ऑफ कैटल, मेरठ द्वारा हालस्टीन, फ्रीजियन तथा साहीवाल द्वारा फ्राइजवाल नस्ल तैयार की गई है। दुग्ध उत्पादन प्रति ब्यांत 3542 किग्रा. होता है।

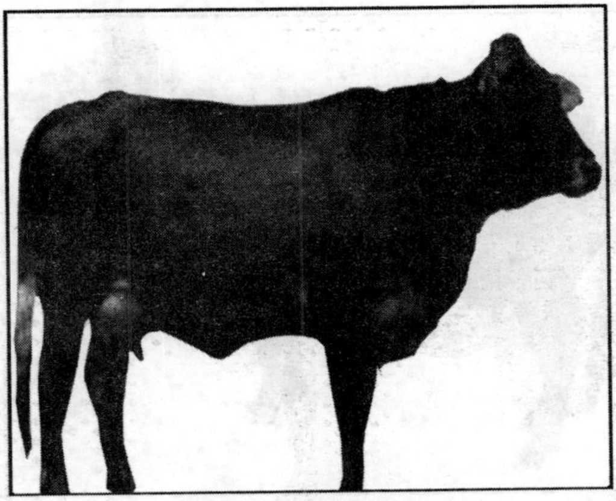

चित्र- फ्राइजवाल

भैंसों की नस्लें (Breeds of Buffaloes)

भैंसों की नस्लें निम्न प्रकार हैं–

1. मुर्रा या डैल्ही नस्ल (Murrah or Delhi Breed)

प्राप्ति स्थान–मूल स्थान दिल्ली राज्य एवं पंजाब का दक्षिणी भाग विशेषकर। इसके अतिरिक्त हरियाणा, रोहतक, हिसार, करनाल, गुड़गाँव, दिल्ली राज्य, उत्तर प्रदेश, जींद, नाभा, पटियाला नामक भूतपूर्व रियासतों में मुर्रा नस्ल के पशु बड़ी संख्या में शुद्ध रूप से पाये जाते हैं।

शारीरिक लक्षण–
- पशु काले स्याह रंग के भारी शरीरवाले सुन्दर रूप के।
- मुँह, पैर और पूँछ पर सुनहरे रंग के बाल।
- चमकदार मुड़े हुये सींग (छल्ले जैसे)।
- मादा पशुओं में लम्बी, पतली गर्दन।
- हल्की गर्दन व सिर।
- अयन पूर्ण रूप से विकसित, जिस पर टेढ़ी–मेढ़ी दुग्ध शिरायें। अयन आगे तथा पीछे की ओर दोनों तरफ फैला हुआ।
- लम्बे–लम्बे दूर–दूर स्थित स्तन। आगे के स्तनों की अपेक्षा पीछे के स्तन लम्बे।
- पतली, चिकनी तथा मुलायम त्वचा कम बालोंवाली।
- टखनों तक लटकती हुई लम्बी, पतली एवं लचीली पूँछ, जिसके सिरे पर सफेद बालों का गुच्छा।

- पीठ चौड़ी तथा लम्बी जो सामने की ओर ढालू और पतली होती है।
- मादा पशुओं का शरीर आगे पतला और हल्का एवं पीछे का भारी तथा चौड़ा (खूँटाकार-wedge shaped) होता है।

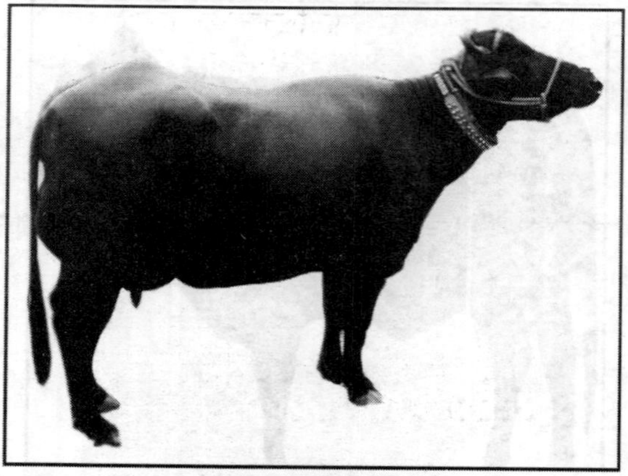

चित्र- मुर्रा भैंस

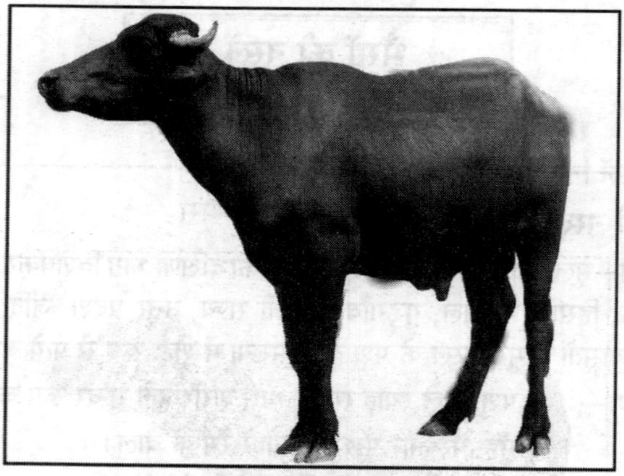

चित्र- मुर्रा भैंसा

- **औसत दुग्ध उत्पादन 6-8 लीटर प्रतिदिन। किसी-किसी पशु ने 18 लीटर दूध तक प्रतिदिन दिया है।**
- **एक ब्यांत में 4536 लीटर तक दूध।**

2. भदावरी या इटावा नस्ल (Bhadawari or Etawah Breed)

प्राप्ति स्थान—मूल स्थान आगरा जिले की बाह तहसील के अन्तर्गत भदावरी स्थान है। ग्वालियर तथा इटावा के जमुना तथा चम्बल नदियों के क्षेत्र में बहुतायत से।

शारीरिक लक्षण—
- अपेक्षाकृत सिर छोटा एवं सींगों के बीच में उभरा होता है।
- रंग ताँबे जैसा, जिस पर थोड़े से बाल जो जड़ों में काले होते हैं।

- सफेद गुच्छेदार पर लम्बी पूँछ।
- पतली गर्दन एवं मध्यम आकार के लटकते हुए कान।
- भैंस की सजीव एवं चमकीली आँखें।
- छोटे-छोटे बलिष्ठ पैर जिनके खुर काले होते हैं।
- सींग चपटे, मोटे, पीछे की ओर मुड़कर ऊपर अन्दर की ओर मुड़े हुए।
- छोटा अयन जिस पर शिरायें उभरी हुईं (Milk veins)।
- अगले हिस्से पर सफेद धारियाँ।

चित्र- भदावरी भैंस

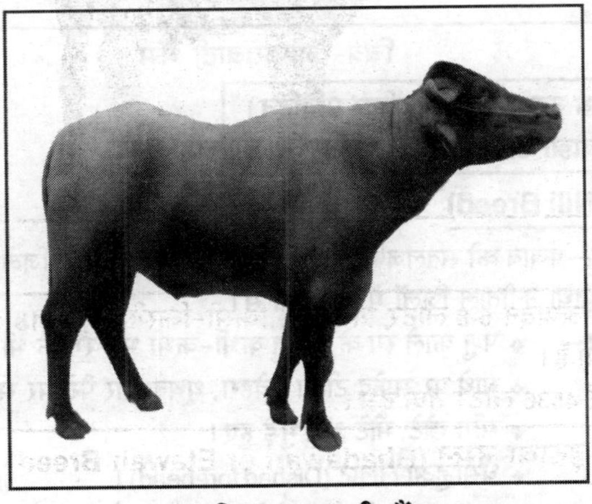

चित्र- भदावरी भैंसा

- ☐ **दूध औसतन 6-8 लीटर प्रतिदिन, परन्तु दूध में घी अधिक (13% तक)।**
- ☐ **भैंसे कृषि कार्य के लिए अधिक उपयुक्त।**

3. जाफराबादी या भावानरी नस्ल (Jafarabadi or Bhavanari Breed)

प्राप्ति स्थान—मूल स्थान दक्षिणी काठियावाड़ तथा जाफराबाद का निकटवर्ती क्षेत्र, विशेषकर गिरि के जंगलों में।

शारीरिक लक्षण—
- पशु शरीर में भारी-भरकम एवं लम्बा, परन्तु मुर्रा की भाँति गठीला नहीं।
- गलकम्बल (Dewlap) पूर्ण विकसित।
- सिर और गर्दन भारी तथा ललाट उभरा हुआ होता है।
- अयन पूर्ण विकसित।
- सींग भारी एवं गर्दन की ओर झुके हुए होते हैं और ऊपर के भाग में ऐंडली बनाये हुए होते हैं।

चित्र- जाफराबादी भैंस

- ☐ **औसतन दुग्ध उत्पादन 11.24 लीटर प्रतिदिन।**
- ☐ **भैंसे भारी बोझा ढोने के लिए उपयुक्त।**

4. नीली नस्ल (Nili Breed)

प्राप्ति स्थान—पंजाब की सतलज घाटी, फिरोजपुर तथा माण्टगोमरी जिले में। उत्तर प्रदेश के बरेली, मुरादाबाद तथा नैनीताल जिलों में बहुतायत से।

शारीरिक लक्षण—
- पशु काले रंग के, परन्तु कभी-कभी भूरे-रंग के भी।
- माथे पर सफेद टीका। चेहरा, थूथन और पैरों पर सफेद धारियाँ।
- सींग छोटे, मोटे और मुड़े हुए।
- धँसा हुआ ललाट (Dished forehead)।
- मध्यम आकार के नुकीले कान।
- लम्बी, पतली गर्दन परन्तु गलकम्बल नहीं।
- मादा पशुओं की आँखें विशेष चमकीली।
- पीठ सीधी, मजबूत एवं चौड़ी।

- अयन पूर्ण विकसित एवं स्तन लम्बे, एक से और दूर-दूर, दुग्ध शिरायें विशेष।

> ☐ **भैसें दुधारू हैं और औसतन एक ब्यांत में 1787 लीटर दूध देती हैं।**
> ☐ **दूध में चिकनाई का प्रतिशत 10% से अधिक।**
> ☐ **नर पशु भारवाहन में अधिक उपयुक्त।**

5. सूरती नस्ल (Surati Breed)

प्राप्ति स्थान—मूल स्थान गुजरात, बड़ौदा का निकटवर्ती क्षेत्र। शुद्ध पशु आनन्द, नाडियाद, बलसाड और खेड़ा में।

शारीरिक लक्षण—
- मध्यम आकार का सुव्यवस्थित शरीर।
- कद मझोला, पेट आगे की ओर पतला तथा पीछे चौड़ा।
- सिर लम्बा, चौड़ा एवं सींगों के बीच में गोलाकार।
- सींग व पीठ लम्बी और चमकदार उभरी आँखें।
- सींग प्रायः हँसिये के आकार के; मध्यम लम्बाई के और चपटे।
- सफेद गुच्छे युक्त लम्बी पूँछ।
- रंग काला अथवा भूरा। जबड़े व छाती पर सफेद पट्टियाँ।
- भैंसें देखने में अत्यधिक सुन्दर।

> ☐ **दूध और मक्खन प्राप्त करने के लिए पशुओं का पालन आर्थिक दृष्टि से लाभकर।**
> ☐ **300 दिन के सामान्य ब्यांत में औसत दुग्ध उत्पादन 1587 लीटर तक।**
> ☐ **दूध में चिकनाई 7.5% तक।**

6. मेहसाना नस्ल (Mehsana Breed)

प्राप्ति स्थान—उत्तर गुजरात का मेहसाना जिला और उसके निकटवर्ती क्षेत्र। शुद्ध वंशीय पशु मेहसाना, पाटन, सिद्धपुर, बीजपुर, बाड़ी, कैल तथा राधनपुर जिलों में।

शारीरिक लक्षण—
- भैंस मध्यम आकार की एवं सिर मुर्रा भैंस से मिलता-जुलता।
- गर्दन लम्बी एवं सुन्दर।
- ललाट चौड़ा जिसके मध्य में थोड़ा-सा गड्ढा।
- चेहरा लम्बा और सीधा।
- थूथन चौड़ी एवं नथुने खुले हुए।
- आँखें सुन्दर और चमकीली।
- मध्यम आकार के नोकदार कान एवं उनके अन्दर बाल उगे हुऐ।
- गर्दन लम्बी और कन्धों पर भली-भाँति स्थित।
- त्वचा का रंग काला।
- सींग दरांती की शक्ल के (Sickle shaped) मुर्रा भैंस की अपेक्षा कम मुड़े हुए।
- अयन पूर्ण विकसित एवं सुव्यवस्थित। स्तन काफी मोटे-मोटे और लम्बे।

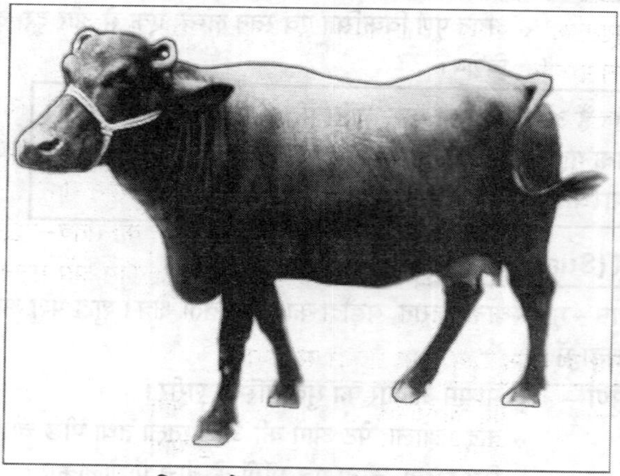

चित्र- मेहसाना नस्ल की भैंस

- ☐ **भैंस दुग्ध उत्पादन के लिये श्रेष्ठ। भैंस दूध अधिक समय तक देती है। सूखे रहने का समय कम।**
- ☐ **अहमदाबाद में दूध के लिये इन पशुओं का प्रयोग अधिक होता है।**
- ☐ **300 दिन के ब्यांत में 1350-1800 लीटर तक दुग्ध उत्पादन।**
- ☐ **पशु सीधे और घर पर बाँधकर रखे जा सकते हैं।**

7. नागपुरी नस्ल (Nagpuri Breed)

प्राप्ति स्थान—महाराष्ट्र के नागपुर, वर्धा और बरार जिलों में खासकर एवं मध्यवर्ती तथा दक्षिणी भारत में भी।

शारीरिक लक्षण—
- ❖ चेहरा लम्बा और पतला एवं गर्दन कुछ लम्बी-सी।
- ❖ रंग काला, परन्तु कभी-कभी चेहरे, टाँगों एवं पूँछ पर सफेद दाग भी।
- ❖ सींग लम्बे, चपटे और मुड़े हुए।
- ❖ पूँछ छोटी और पिछली टाँगों के जोड़ से कुछ नीचे तक लटकती हुई।

- ☐ **भैंस 5.44 लीटर दूध प्रतिदिन देती है।**
- ☐ **भैंसे भारवाहन के उपयोग में लाये जाते हैं।**

बकरीपालन (Goat Farming)

बकरियों के भोजन सम्बन्धी कुछ नियम

- ☐ यदि बकरियों को चरागाह में चरने को नहीं भेजा जाता है, तो उन्हें दिन में 3 बार (प्रातः, दोपहर और शाम) आहार दें।
- ☐ एक औसत बकरी को दिनभर में 3.5-5 किलोग्राम चारा मिलना चाहिए। इस चारे में कम-से-कम

1 किलो सूखा चारा (अरहर, चना या मटर की सूखी पत्तियाँ या अन्य कोई दलहनी घास) अवश्य मिलना चाहिए।

रातब की मात्रा—
- एक वयस्क बकरी को 50 किलो भार के पीछे 250 ग्राम रातब।
- दुधारू बकरी को प्रति 2.5 लीटर दूध उत्पादन पर 500 ग्राम रातब।
- 9 माह की आयु के बच्चों को 125-175 ग्राम रातब।
- प्रसव से पहले (2 माह पूर्व) गर्भकाल का रातब— 250 ग्राम।
- बकरी को साधारण दिनों में रातब 350 ग्राम और प्रजनन काल में 500 ग्राम रातब।

बकरियों के लिए उपयुक्त राशन इस प्रकार से बनाएँ

□ **रातब नं. 1 —**	गेहूँ का चोकर	1 भाग
	मक्का	2 भाग
	अलसी की खली	1 भाग
□ **रातब नं. 2 —**	जौ	1 भाग
	मक्का	2 भाग
	चने की भूसी	2 भाग
	सरसों की खली	2 भाग
□ **रातब नं. 3 —**	गेहूँ का चोकर	1 भाग
	जौ	2 भाग
	मूँगफली की खली	1 भाग

प्रयोग विधि

- उपरोक्त सभी अनाजों को भली-भाँति कूटकर उसमें खली का बारीक चूरा मिलाकर दें। प्रत्येक रातब में 2% नमक + 2% हड्डी का चूरा मिलाकर देना चाहिये।
- उपरोक्त रातबों में से किसी एक रातब को लें।
- इस मिश्रण के लिए खनिज लवण विशेषकर दुधारी बकरी को निम्न प्रकार से तैयार करें—

खड़िया	30 ग्राम
नमक	23 ग्राम
हड्डी का चूरा	40 ग्राम
गन्धक	5 ग्राम
आयरन आक्साइड	2 ग्राम

इन सभी के मिश्रण को रातब में 2% के हिसाब से मिलाकर दें।

बकरी की नस्लें (Breeds of Goat)

बकरी को नस्लों के आधार पर चार प्रकारों में बाँटा जा सकता है, जो निम्न प्रकार हैं—

1. **दुधारू नस्लें (अधिक दूध देनेवाली):** जैसे—बरबरी, बारी, सिरोही, सूरती, मेहसाना, सानेन, एल्पाइन, संकर जातियाँ।

2. **मांस की नस्लें (नर मांस हेतु, बकरी दूध में कम)**; जैसे—गद्दी, आसाम, हिल ब्लैक बंगाल, गंजम, कच्छी, एंगलो।
3. **द्वि-उद्देशीय नस्लें (दूध एवं मांस दोनों के लिए)**; जैसे—जमुनापारी, बीतल, ओस्मानाबादी, टेलीचेरी, मालावारी, कामोरी, सिरली, मारवाड़ी एवं जलालाबादी।
4. **ऊन की नस्लें (ऊन देने वाली)**: जैसे— पश्मीना, अंगोरा।

बकरी की कुछ प्रमुख नस्लें

बरबरी नस्ल (Barbari Breed)

प्राप्ति स्थान—उत्तर प्रदेश में आगरा, अलीगढ़, एटा, मैनपुरी, इटावा जिलों में। इनके अतिरिक्त दिल्ली राज्य, हरियाणा के गुड़गाँव (Gurdgaon) एवं करनाल जिलों में बहुतायत से पायी जाती है।

शारीरिक लक्षण—
- ❖ कद नाटा होने के साथ-साथ कान भी छोटे। कानों में छेद भी बने होते हैं।
- ❖ सींग छोटे एवं सीधे।
- ❖ कोई विशेष रंग नहीं। अधिकतर ये सफेद, भूरी अथवा सफेद रंग में लाल व काले धब्बों से युक्त होती हैं।
- ❖ शरीर पर छोटे-छोटे बाल।
- ❖ शरीर की अपेक्षा पैर छोटे एवं हड्डियाँ सुन्दर।
- ❖ बकरी की पिछाड़ी आगे की अपेक्षा भारी।
- ❖ अयन पूर्ण विकसित एवं थन लम्बे।
- ❖ शरीर खूँटाकार (वेज शेप्ड) होने से अधिक दुधारू।

- ☐ **इनका पालन-पोषण घर पर ही बाँधकर आसानी से।**
- ☐ **दिन में 1-2 लीटर दूध प्रतिदिन।**
- ☐ **वर्ष में दो बार प्रजनन करके 4-6 बच्चे तक उत्पन्न करती है।**
- ☐ **इन बकरियों की शहर में माँग अधिक है।**
- ☐ **प्रसव-काल लगभग 146 दिन का।**

जमनापारी नस्ल (Jamanapari Breed)

प्राप्ति स्थान—गंगा, यमुना और चम्बल नदियों के तटवर्ती क्षेत्रों में। शुद्ध रूप में यमुना और चम्बल नदियों के बीच में स्थित इटावा जिले के सहसों और चकरनगर क्षेत्र में बहुतायत से पाई जाती है।

शारीरिक लक्षण—
- ❖ माथा चौड़ा और कुछ उभरा हुआ एवं बकरों के दाढ़ी।
- ❖ कान 25-30 सेमी. लम्बे तथा पीछे की ओर लटकते हुए।
- ❖ इनका कोई एक रंग नहीं है। आमतौर पर शरीर पर काले व भूरे अथवा फिर काले धब्बे और शरीर सफेद या सिर और कान भूरे और शरीर सफेद होता है।
- ❖ शरीर की अपेक्षा पिछली टाँगों पर घने लम्बे बाल, यह इस नस्ल की विशेषता है।

- सींग छोटे तथा चपटे।
- बकरियों का आकार बड़ा एवं अयन (udder) पूर्ण विकसित होता है।
- मादा बकरी का पिछला भाग भारी तथा नर बकरे का अगला भाग भारी होता है।
- साल में एक बार बच्चा देती है।
- ऋतु-काल मई से जुलाई तक। प्रसव-काल 150 दिन का।

चित्र- *जमनापारी बकरी*

चित्र- *जमनापारी बकरा*

- ☐ द्वि-उद्देशीय जाति अर्थात् दूध और मांस दोनों के लिए उपयुक्त।
- ☐ चरना अधिक पसन्द। घर पर रखना इन्हें अधिक उपयुक्त नहीं (बीमार हो जाती हैं)।
- ☐ बकरियाँ 4-5 लीटर तक दूध प्रतिदिन देती हैं।

बीटल नस्ल (Beetal Breed)

प्राप्ति स्थान—पंजाब का स्यालकोट एवं गुरदासपुर जिला तथा गुजरांवाला क्षेत्र। हरियाणा में भी इर्द–गिर्द पायी जाती है।

चित्र- *बकरी (बीटल नस्ल)*

चित्र- *बीटल जाति का बकरा*

शारीरिक लक्षण—
- जमनापारी से मिलती–जुलती जाति है, परन्तु इसका रंग सफेद होता है। इनमें लाल रंग अधिक धब्बों के रूप में।
- नर में दाढ़ी भी। नाक उठी हुई तथा कान काफी लम्बे–से।
- कद छोटा, सींग चपटे तथा बाहर और पीछे की ओर मुड़े हुए।

- ☐ **बकरी प्रतिदिन 1 लीटर तक दूध देती है।**
- ☐ **220 दिन के ब्यांत में 130 लीटर दूध प्राप्त होता है।**
- ☐ **दूध में चिकनाई 4.5% तक।**
- ☐ **बकरी साल में एक बार 1-2 बच्चे देती है।**

काली-भूरी-सफेद बंगाल नस्ल (Black Brown White Bengal Breed)

प्राप्ति स्थान—बंगाल, उत्तर प्रदेश तथा उड़ीसा।

शारीरिक लक्षण—
- रंग-काला परन्तु किसी-किसी में कत्थई भी।
- बकरियों में दाढ़ी भी मिलती है।
- साल में दो बार ब्याती हैं और हर बार दो से तीन बच्चे देती हैं।
- बकरियाँ नाटे कद की, परन्तु शरीर अधिक बड़ा होता है।
- सींग 7-10 सेमी. लम्बे तथा कान ऊपर को उठे हुए होते हैं।
- पीछे की अपेक्षा छाती अधिक चौड़ी होती है।
- दूध कम देती है, परन्तु मांस अधिक उत्तम होता है।
- खाल उच्चकोटि की जिससे अच्छे किस्म के जूते बनाये जाते हैं।

- ☐ **इनकी खाल की भारत और विदेशों में काफी माँग है।**
- ☐ **सामान्यतया जुड़वाँ बच्चे पैदा होते हैं।**

आसाम हिल नस्ल (Assam Hill Breed)

प्राप्ति स्थान—असम की खासी, नागा एवं लुशाई पहाड़ियों में।

चित्र-आसामहिल बकरी (खासी जाति)

शारीरिक लक्षण—
- रंग बिलकुल सफेद, परन्तु कभी-कभी भूरा भी।
- बकरियों में दाढ़ी एवं समस्त शरीर पर लम्बे बाल।
- सिर एवं कान छोटे। सींग सिर के पीछे की ओर मुड़े हुए।
- पैर छोटे तथा शरीर लम्बा।
- थन और अयन दोनों ही छोटे।

- ☐ **इनका मांस बहुत उत्तम होता है परन्तु बकरी दूध कम देती है।**
- ☐ **वर्ष में दो बार बच्चे देती हैं और हर बार दो बच्चे देती हैं।**

कच्छी नस्ल (Kachchi Breed)

प्राप्ति स्थान—कच्छ, काठियावाड़ (Kathiawar) एवं अहमदाबाद के पूर्वी क्षेत्रों में।

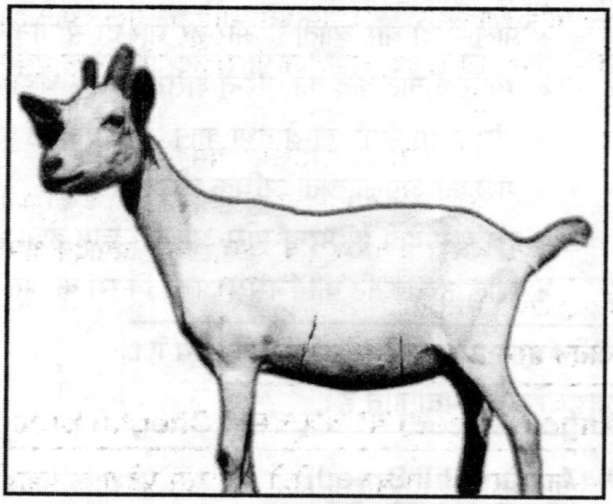

चित्र-33. *कच्छी जाति की बकरी*

शारीरिक लक्षण—
- मध्यम आकार की काले-रंग की बकरी।
- सींग पेच के समान ऐंठे हुए।
- शरीर पर लम्बे बालों की उपस्थिति।
- कान मध्यम आकार के लटके हुए सफेद-रंग के अथवा सफेद धारीदार।
- थन मध्यम आकार के एवं नुकीले।

- ☐ **औसत दूध उत्पादन 1.5 से 2.0 लीटर प्रतिदिन।**
- ☐ **नर बकरे बधिया करने के बाद मांस के लिए।**

मालाबारी नस्ल (Malabari Breed)

प्राप्ति स्थान—केरल प्रदेश के कालीकट, टैलीचरा, कलानोर एवं मंगलौर जिलों के समीप।

शारीरिक लक्षण—
- बकरी शुद्ध नस्ल की नहीं। इसका विकास अरब देशों से हुआ है।
- आजकल इसका विस्तार सुरती और जमनापारी से हो रहा है।
- रंग सफेद या काला। कोई-कोई काले-सफेद या काले-ब्राउन रंग की।
- सुन्दर आकर्षक लगभग 20 से.मी. लम्बा चेहरा।
- थन मध्यम आकार के एवं नुकीले।
- सींग पीछे की ओर मुड़े हुए, 15-20 सेमी. लम्बे। कोई-कोई सींग रहित भी हाती है।
- धड़ सुन्दर एवं मध्यम आकार का।
- अयन अधिक विकसित नहीं। थन मध्यम आकार के और समान दूरी पर।

- ☐ **इसका गोश्त उत्तम प्रकार का और स्वादिष्ट होता है, परन्तु दूध अधिक नहीं देती।**
- ☐ **दूध का उत्पादन 1 से 1.5 लीटर प्रतिदिन।**
- ☐ **इनका ब्यांत 7 माह का होता है।**

बारी नस्ल (Bari Breed)

प्राप्ति स्थान—पाकिस्तान का सिन्ध क्षेत्र इस जाति का मूल स्थान है।

शारीरिक लक्षण—
- रंग सफेद, कभी-कभी सफेद और लाल एवं काले रंग में चितकबरा भी।
- कद छोटा एवं शरीर पर चमकते हुए बाल।
- कान छोटे एवं अयन पूर्ण विकसित। थन लम्बे होते हैं।
- बकरियों की खुराक कम, परन्तु उत्पादन क्षमता अधिक होती है।

- ☐ **एक बार में 2-3 बच्चे देती है।**
- ☐ **दूध की उत्पादन क्षमता 1.5 लीटर प्रतिदिन।**

अंगोरा नस्ल (Angora Breed) या चेघू नस्ल (Cheghu Breed)

प्राप्ति स्थान—कश्मीर तथा तिब्बत के क्षेत्रों में। उत्तर प्रदेश के पहाड़ी क्षेत्रों में तथा गढ़वाल में पीपलकोट फार्म पर इन्हें पाला जाता है।

शारीरिक लक्षण—
- आकार छोटा तथा रंग सफेद, परन्तु भूरी-लाल या मिश्रित रंगों में भी।
- शरीर पर विशेष प्रकार के बाल जो कपड़ा बनाने के काम आते हैं।
- सिर छोटा, आँखें चमकीली, चौड़ा थूथन तथा कान लम्बे।
- सींग चपटे व सिरे नुकीले होते हैं।
- पूँछ छोटी तथा शरीर बालों से ढका रहता है।
- कमर सीधी एवं बदन सुडौल तथा मजबूत।
- थन और अयन मध्यम आकार के।

- ☐ **बालों के नीचे पशमीना प्राप्त होता है, जिससे फाइन चादर और मफलर तैयार होते हैं। इसे ऊन के साथ मिलाकर अन्य कपड़े बनाये जाते हैं।**
- ☐ **दूध कम प्राप्त होता है।**

मेहसाना या नोर्थ गुजरात नस्ल (Mehsana or North Gujrat Breed)

प्राप्ति स्थान—गुजरात प्रदेश के मेहसाना एवं राधनपुर जिले में एवं दक्षिण में नादियाद तथा उत्तर में पालनपुर के मध्य-क्षेत्र में अधिक।

शारीरिक लक्षण—
- रंग गहरा भूरा या काला।
- नाक रोमन, नथुने चौड़े तथा पीछे की ओर को मुड़े हुए।
- नीचे के जबड़े में छोटी दाढ़ी।
- कान सफेद-रंग के काले धब्बेवाले।
- शरीर मध्यम स्वरूप का।
- शरीर पर काले एवं घने बाल जिसमें भूरे-रंग के बाल भी।

चित्र- *मेहसाना बकरी*

- ☐ **बकरियाँ अधिक दूध देनेवाली होती हैं।**
- ☐ **ब्यांत की अवधि 140-145 दिन।**

बकरी की संकर नस्ल (Cross Breed)

प्राप्ति स्थान—राष्ट्रीय डेरी अनुसन्धान, करनाल में वैज्ञानिकों ने एक संकर नस्ल (बीटल मादा × एल्पाइन नर) तैयार की है।

चित्र— *बकरी की संकर जाति (बीटल × एल्पाइन)*

शारीरिक लक्षण—
- ❖ अयन पूर्ण विकसित एवं थन लम्बे।
- ❖ गर्दन लम्बी एवं कान नीचे को झुके हुए।
- ❖ शरीर के पिछले भाग एवं गर्दन पर बाल।
- ❖ टाँगें मध्यम आकार की।

- ☐ **दूध की उत्पादन अवधि लम्बी। 2-2.5 लीटर दूध नित्य देती है।**
- ☐ **एक ब्यांत में अधिकतम उत्पादन 320 लीटर है।**

भेड़पालन
(Sheep Farming)

भेड़ों की भोजन व्यवस्था

- सामान्यत: भेड़ें चरकर अपना पेट भर लेती हैं।
- भेड़ों को ऋतुकाल में तथा गर्भधारण कर लेने पर अतिरिक्त खिलाई की आवश्यकता होती है।
  1. नर भेड़ों (मेढ़ों) को ऋतुकाल में 675 ग्राम दाना तथा पर्याप्त मात्रा में दलहनी फसलों का दाना नित्य।
  2. गर्भित भेड़ को 450 ग्राम और थोड़ा-सा नमक।
- अच्छा चरागाह उपलब्ध न होने पर 900 ग्राम सूखी घास + 900 ग्राम हरा चारा- बरसीम आदि।
- दाने में 1 भाग चना, 1 भाग गेहूँ की चोकर तथा 1% नमक देना चाहिए। इसमें 7 ग्राम हड्डी का चूरा भी मिला रहना आवश्यक है।

भेड़ के भोजन के सम्बन्ध में

1. आयु और शरीर-भार के अनुसार एक भेड़ को 1-2 ग्राम दलहनी घास खिलाना।
2. दलहनी घास के अभाव में मूँगफली, तिल या कुसुम की खली 120-125 ग्राम प्रति भेड़ प्रति दिन के हिसाब से।
3. भेड़ों को नमक, चूना व हड्डी का चूरा बराबर मात्रा में दें।

प्रजनन के लिये रखे गये मेढ़ों को विशेष राशन

गर्मियों में		सर्दियों में	
गेहूँ का चोकर	1 भाग	कुटे ग्वार के दाने	2 भाग
कुटे हुए चने	2 भाग	गेहूँ का चोकर	1 भाग
नमक	1 भाग	नमक	1 भाग

मात्रा इस प्रकार से—

1. एक औसत भार के मेढ़े को चरागाह की दशा के अनुसार 250-500 ग्राम उपरोक्त मिश्रण प्रतिदिन।
2. चरागाह में पर्याप्त घास होने पर 250 ग्राम मिश्रण ही पर्याप्त।
3. चरागाह में कम घास होने पर 250 ग्राम विशेष राशन 2 किलोग्राम हरे-चारे के साथ या 500 ग्राम उपरोक्त विशेष राशन।

याद रखिये—

- प्रजनन काल नजदीक आने पर धीरे-धीरे भेड़ (Female) की खुराक बढ़ानी चाहिए।
- प्रजनन काल समाप्त होने के एक माह बाद धीरे-धीरे सामान्य खुराक पर लाना चाहिए।

भेड़ों की मुख्य नस्लें (Breeds of Sheep)

(स्थानीय नामों के अनुसार वर्गीकरण)

हिमालय क्षेत्र की भेड़ें	उत्तरी क्षेत्र की भेड़ें	दक्षिणी पठार की भेड़ें
❖ गुरेज भेड़ें	❖ लोही भेड़ें	❖ दक्षिणी
❖ करनाह भेड़ें	❖ बीकानेरी भेड़ें	❖ नीलौरी
❖ भदरवाह या गद्दी	❖ मारवाड़ी भेड़ें	
❖ भाकरवाल	❖ कच्छी भेड़ें	

हिमालय क्षेत्र की भेड़ें

गुरेज भेड़ (Gurej Sheep)

प्राप्ति स्थान–कश्मीर के पहाड़ी क्षेत्र की गुरेज तहसील। कश्मीर के करनाल क्षेत्र में भी।

शारीरिक लक्षण–
- ❖ भेड़ें विभिन्न रंगों की, विशेषकर सफेद-रंग की।
- ❖ पूँछ और कान छोटे।
- ❖ एक बार में दो बच्चे। मादा दूध भी देती है।
- ❖ वर्ष में 2-3 बार ऊन काटी जाती है। एक बार में 1 किलो ऊन प्राप्त होती है।

करनाह भेड़ (Karnah Sheep)

प्राप्ति स्थान– कश्मीर की करनाह तहसील में।

शारीरिक लक्षण–
- ❖ छोटा कद, मुँह अधिकतर काला।
- ❖ मेढ़ों (Ram) के सींग बड़े और मुड़े हुए होते हैं।
- ❖ मुँह और नाक लम्बी।
- ❖ ऊन विभिन्न रंगों की, वर्ष में दो बार प्राप्त। प्रति भेड़ 0.75 किग्रा ऊन प्रति बार।

भदरवाह/गद्दी भेड़ (Bhadarwah/Gaddi Sheep)

प्राप्ति स्थान–कश्मीर क्षेत्र की निचली पहाड़ियों में।

शारीरिक लक्षण–
- ❖ छोटी एवं शरीर से काफी हृष्ट-पुष्ट।
- ❖ नर भेड़ों/मेढ़ों (Ram) के सींग होते हैं, परन्तु मादा के नहीं।
- ❖ शरीर का रंग साधारणतया सफेद, परन्तु चेहरा अधिकतर कत्थई-रंग का, बहुत सुन्दर, कोमल ऊन मिलती है। इसके बने कपड़े सिकुड़ते नहीं हैं।

भाकरवाल भेड़ (Bhakarwal Sheep)

प्राप्ति स्थान–कश्मीर क्षेत्र की निचली पहाड़ियों में।

शारीरिक लक्षण–
- ❖ छोटे आकार की मजबूत भेड़ें।

- नर भेड़ों/मेढ़ों (Ram) में सींग होते हैं, परन्तु मादा में नहीं।
- वर्ष में एक बार बच्चा, परन्तु दूध बहुत कम।
- कान लम्बे, चौड़े एवं नीचे को झुके हुए।
- इनसे कम्बल बनाने के लिए मोटी ऊन प्राप्त होती है।

उत्तरी मैदानों की भेड़ें

बीकानेरी भेड़ (Beekaneri Sheep)

प्राप्ति स्थान—राजस्थान, मध्य प्रदेश एवं उत्तरी गुजरात में। अब यह शुद्ध नस्ल के रूप में पंजाब, हरियाणा [रोहतक, गुड़गाँव (Gurgaon), अम्बाला, फिरोजपुर एवं लुधियाना जिलों में] आदि क्षेत्रों में। कहीं-कहीं अशुद्ध रूप में भी।

शारीरिक लक्षण—
- कद मध्यम आकार का होता है।
- सिर छोटा, चेहरा लम्बा, कान छोटे, मोटे एवं नाली के आकार के।
- चेहरे का रंग सफेद, गहरा या हल्का काला-सा।
- शरीर, धड़ तथा टाँगों पर काले अथवा लाल और कभी-कभी दोनों रंगों के बीच के धब्बे मिलते हैं।
- पूँछ मध्यम आकार की तथा पिछली पैर गाय के पैरों जैसे।
- भेड़ों के सींग बिलकुल नहीं।
- इनसे प्राप्त ऊन लम्बी और मोटी होती है।

लोही भेड़ (Lohi Sheep)

प्राप्ति स्थान—लायलपुर, माण्टगोमरी, मुजफ्फरगढ़ और मुल्तान आदि जिलों में।

शारीरिक लक्षण—
- कान बहुत लम्बे एवं बदन शानदार।
- कानों में बालों के गुच्छे।
- रोमन नाक एवं नर व मादा दोनों में सींग नहीं।
- रंग सफेद, शरीर गहरा और चौड़ा होता है।
- अयन काफी विकसित और थन लम्बे।
- पूँछ छोटी व मोटी और पैर काफी दृढ़ होते हैं।
- इनसे दूध, गोश्त अधिक मात्रा में प्राप्त होता है।
- ऊन काफी लम्बी, परन्तु अच्छी नहीं।

मारवाड़ी भेड़ (Marwari Sheep)

प्राप्ति स्थान—राजस्थान के जोधपुर, मारवाड़, गुजरात एवं कच्छ जिलों में।

शारीरिक लक्षण—
- रंग-सफेद परन्तु चेहरा काले-रंग का होता है। चेहरे पर एक सफेद धारी भी।
- कान मध्यम श्रेणी के एवं रोमन नाक।
- पूँछ छोटी तथा नुकीली।

- अयन काफी विकसित एवं दूध देने की क्षमता अधिक।
- साल में एक बार बच्चा देती है और कभी-कभी दो बार भी।
- इससे प्रतिवर्ष 900-1800 ग्राम ऊन प्राप्त होती है।

चोकला भेड़ (Chokla Sheep)

प्राप्ति स्थान—राजस्थान के चुरू, सीकर, बीकानेर, जयपुर तथा नागौर जिले।

शारीरिक लक्षण—
- यह मध्यम आकार की भेड़ है।
- इस भेड़ का चेहरा लाल, भूरा अथवा गहरा-भूरा होता है।
- कान छोटे होते हैं।
- दोनों लिंग के पशुओं में सींग नहीं होते हैं।
- पूँछ पतली व छोटी होती है।
- यह सर्वोत्तम भारतीय गलीचा ऊनवाली भेड़ है।
- ऊन का उत्पादन 0.9 से 1.3 किग्रा. प्रतिवर्ष होता है।

जैसलमेरी भेड़ (Jaisalmeri Sheep)

प्राप्ति स्थान—राजस्थान के जैसलमेर, जोधपुर व बाड़मेर जिले।

शारीरिक लक्षण—
- यह एक बड़े आकार की भेड़ है।
- इस नस्ल का सिर बड़ा तथा नाक नुकीली होती है।
- मुँह गहरा भूरा या काला होता है।
- कान लम्बे तथा पूँछ मध्यम आकार की होती है।
- यह मध्यम से उत्तम गलीचा ऊनवाली भेड़ है।
- ऊन का उत्पादन 1.5 किलोग्राम प्रतिवर्ष रहता है।

मालपुरा भेड़ (Malpura Sheep)

प्राप्ति स्थान—राजस्थान के सवाईमाधोपुर, टोंक, अजमेर, बूँदी व भीलवाड़ा जिले।

शारीरिक लक्षण—
- मुँह हल्का भूरा, कान छोटे तथा मुड़े हुये तथा पूँछ मध्यम लम्बाई की होती है।
- शरीर की बनावट गठीली होती है।
- दोनों लिंग की भेड़ों में सींग नहीं होते हैं
- वर्ष में लगभग 1.0 किलोग्राम ऊन प्राप्त होती है, जोकि खुरदरी व निम्न श्रेणी की होती है।

दक्षिणी पठार की भेड़ें

दक्षिणी एवं दकनी भेड़ (Marwari Sheep)

प्राप्ति स्थान—बम्बई के दक्षिणी क्षेत्र एवं कर्नाटक राज्य के कुछ क्षेत्रों में।

शारीरिक लक्षण—
- आकार में छोटी एवं पुष्ट।
- रंग काला, नाक रोमन एवं मजल/थूथन नुकीला।
- गर्दन शरीर की अपेक्षा पतली एवं स्कन्ध-प्रदेश (withers) उभरे हुए।

- कान और पूँछ आकार में छोटे।
- एक भेड़ से 450 ग्राम ऊन प्रतिवर्ष प्राप्त होती है।
- अच्छी ऊन और बालयुक्त ऊन दोनों का मिश्रण होता है। अत: ऊन का महत्त्व नहीं।

नीलौर भेड़ (Neelor Sheep)

प्राप्ति स्थान—दक्षिणी भारत के नीलौर (तमिलनाडु प्रान्त) जिले में।

शारीरिक लक्षण—
- भेड़ें आकार में छोटी एवं पुष्ट होती हैं।
- नर भेड़ों/मेढ़ों के सींग होते हैं।
- गलकम्बल एवं छाती बालों से ढकी हुई, परन्तु मादा पशुओं के गले में बालों के स्थान पर मांस के झब्बे-से।
- शरीर का रंग हल्का-पीला अथवा गहरा-पीला। कुछ का रंग सफेद अथवा काला चेहरेवाला।
- मादा भेड़ 1-1.5 वर्ष में बच्चा देती है।
- दूध और ऊन के मतलब की नहीं। केवल मांस के लिए उपयोगी।

भेड़ की उत्पन्न नई नस्लें—भेड़ की भारतीय नस्लों को विदेशी नस्लों से प्रजनन कराकर नई नस्लें पैदा की गई हैं। इन नस्लों से प्राप्त ऊन की गुणवत्ता अच्छी होती है। इन नस्लों का विवरण निम्न प्रकार है—

1. **कश्मीर मैरिनो (Kashmir merino):** यह जम्मू-कश्मीर की नस्ल भाकरवाल और नर भेड़ (मेढ़ा) मैरिनो के प्रजनन से तैयार की गई है। यह नस्ल एक वर्ष में 2.0 से 2.5 किग्रा. ऊन देती है तथा ऊन के रेशे की लम्बाई 5-6 सेमी तथा औसत मोटाई 20 माइक्रोन होती है।
2. **भारत मैरिनो (Bharat merino):** इन नस्ल की उत्पत्ति केन्द्रीय भेड़ व ऊन अनुसन्धान संस्थान, अविकानगर द्वारा की गई है। यह राजस्थान की नस्लों; जैसे-चोकला तथा जैसलमेरी मादा भेड़ों को विदेशी (रशियन मैरिनो) भेड़ों से प्रजनन कराकर तैयार की गई है। यह भेड़ एक वर्ष में 2.5 किग्रा. ऊन देती है। ऊन की लम्बाई 7-8 सेमी तथा रेशे का व्यास 19-20 माइक्रोन होता है।
3. **अविकालीन (Avikalin):** यह केन्द्रीय भेड़ व ऊन अनुसन्धान संस्थान, अविकानगर, राजस्थान द्वारा मालपुरा नस्ल की मादा भेड़ को विदेशी रैम्ब्यूलेट मेढ़े से प्रजनन कराकर तैयार की गई है। यह नस्ल वर्ष में 1.5-2.0 किग्रा. ऊन देती है। ऊन के रेशे की लम्बाई लगभग 4.5 सेमी. तथा व्यास 27 माइक्रोन होता है। ऊन का उपयोग कालीन बनाने के लिए किया जाता है। इसलिये इस नस्ल को कालीन की भेड़ का नाम दिया गया है।

कुत्तों की महत्त्वपूर्ण जातियाँ (Important Breeds of Dogs)

अल्सेसियन (Alsatian)

मूल स्थान—इसे जर्मन शेफर्ड भी कहते हैं। यह मध्य यूरोप और जर्मन की मूल जाति है।

शारीरिक लक्षण—
- इनकी औसतन ऊचाई 55 सेमी. एवं शरीर का भार 35 किग्रा. होता है।
- रंग सफेद अथवा किसी भी रंग का।

- पूँछ लटकती हुई एवं हाफ ज्वाइन्ट्स से ऊपर की ओर मुड़ी हुई, परन्तु कुत्ते के उत्तेजित होने पर ऊपर उठ जाती है। यह सीधी कभी नहीं होती।
- कान मध्यम आकार के। यह खोपड़ी के ऊपर सीधे खड़े होते हैं।
- दाँत काफी मजबूत एवं गर्दन लम्बी तथा दृढ़।

☐ **यह आज्ञाकारी, स्वामिभक्त, रक्षक एवं बुद्धिमान जीवधारी है।**
☐ **मालिक की रक्षा हेतु विशेष वफादारी निभाता है।**

बोक्सर (Boxer)

मूल स्थान—इसकी उत्पत्ति जर्मनी से है।

शारीरिक लक्षण—
- औसतन ऊंचाई 55 सेमी. एवं शरीर का भार 32 किग्रा. होता है।
- रंग प्रायः यलो अथवा डार्क डियर रैड।
- सिर अद्‌भुत आकार का।
- मजल चौड़ा, नाक एवं नथुने चौड़े।
- निचला जबड़ा आगे को बढ़ा हुआ तथा ऊपर उठा-सा। नाक चौड़ी तथा काली होती है।
- शरीर औसत आकार का एवं चिकने बालोंवाला।
- गर्दन लम्बी एवं दृढ़ तथा पैर छोटे।

☐ **यह बहादुर और रक्षक होता है।**
☐ **बच्चों को प्यार करनेवाला स्वामिभक्त कुत्ता है।**

डोबर मेन (Doberman)

मूल स्थान—इसकी उत्पत्ति जर्मनी से है।

शारीरिक लक्षण—
- औसतन ऊँचाई 65 सेमी. एवं शरीर का भार 32 किग्रा. होता है।
- रंग में काले, ब्राउन अथवा ब्ल्यू होते हैं, लाल धब्बे भी।
- नाक विभिन्न रंगों की—काले कुत्तों की नाक गहरी काली, ब्राउन रंगवाले कुत्ते की नाक ब्राउन तथा नीले रंगवाले कुत्ते की गहरी ग्रे होती है।
- शरीर वेजशेप्ड एवं कोमल बालों से युक्त।
- कान छोटे एवं ऊँचाई पर स्थित। गर्दन लम्बी होती है।

☐ **यह चुस्त, वीर, स्वामिभक्त, रक्षक एवं कुशाग्र बुद्धि वाला होता है।**
☐ **इसे पुलिस एवं वार-डोग के नाम से जाना जाता है।**
☐ **इसे पिन्सर (Pinscher) भी कहते हैं।**

ग्रेट-डेन (Great Dane)

मूल स्थान— यह जर्मनी की एक विशेष जाति है।

शारीरिक लक्षण—
- हल्के पीले से ऑरेन्ज रंग वाले, शरीर पर काली धारियाँ। नाक सदैव काली।
- औसतन ऊँचाई 72 सेमी. एवं शरीर का भार 65 किग्रा.। सुन्दर सुगठित शरीर।

BASSET HOUND

BLOOD HOUND

BULL TERRIER

CAIRN TERRIER

DALMATIAN

DOBERMANN PINSCHER

चित्र- कुत्तों की जातियाँ

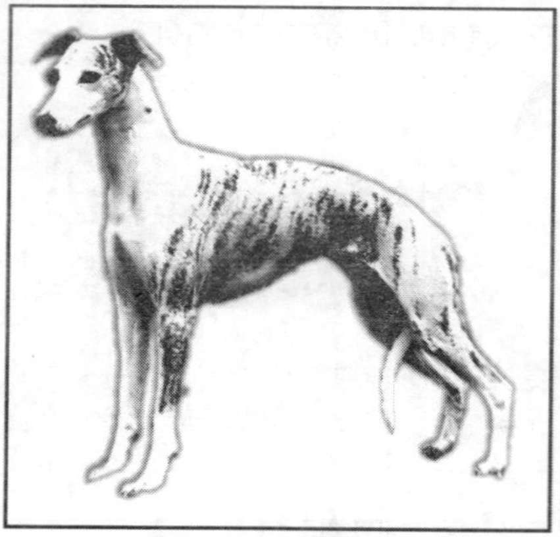

WHIPPER

HAMIL

SPANIEL (SUSSEX)

YORKSHIRE TERRIER

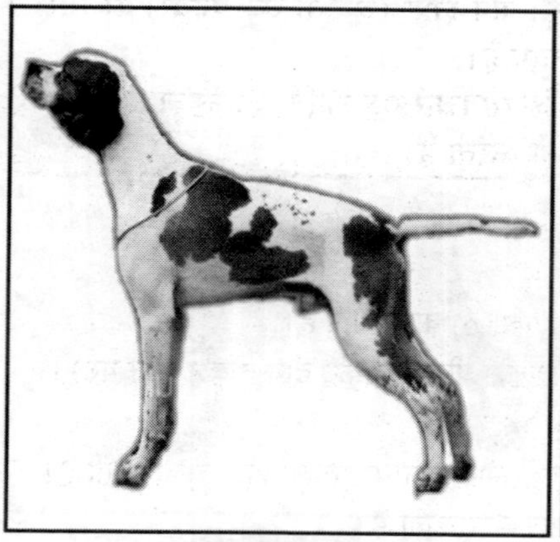

PONITER

POMERANIAN

चित्र- कुत्तों की जातियाँ

- ❖ सिर तथा गर्दन ऊपर उठी हुई तथा पूँछ पीठ के स्तर पर।
- ❖ आँखें औसत आकार की, गहरी एवं काली।
- ❖ पैर बिल्ली की तरह।

□ **अच्छे स्वभाव का कार्यवाहक कुत्ता है।**

पोमरेनियन (Pomeranian)

मूल स्थान— यह पोमरेनियाँ (जर्मनी) की प्रमुख जाति है।

शारीरिक लक्षण—
- ❖ शरीर की औसत ऊँचाई 15 सेमी. एवं भार 3.5 किलोग्राम।
- ❖ रंग में सफेद, काले, ब्राउन, हल्के या गहरे नीले रंग के होते हैं।
- ❖ सिर तथा नाक लोमड़ी के समान।
- ❖ सिर व चेहरे पर छोटे तथा चिकने बाल होते हैं।
- ❖ पूँछ पीठ के ऊपर मुड़ी हुई, लम्बी तथा फैले हुए बाल वाली।
- ❖ पैर छोटे तथा कम्पैक्ट सुडौल होते हैं।

□ **यह सुन्दर, प्रसन्न, स्वामिभक्त तथा कमरे में रखने योग्य होता है।**

गोल्डन रिट्राइवर (Golden Retriever)

मूल स्थान— इंग्लैण्ड। इसे ट्रेवलिंग टाकीज में रशियन ट्रेकर्स के रूप में कार्य करते हुए देखा जाता है।

शारीरिक लक्षण—
- ❖ शरीर का रंग सुनहरा (Golden) अथवा क्रीमी होता है। परन्तु लाल अथवा Mahogany नहीं।
- ❖ औसतन ऊँचाई 50-60 सेमी. तथा वजन 30-36 किलोग्राम।
- ❖ इनकी नाक काली होती है।
- ❖ कान औसत आकार के एवं गर्दन साफ और मांसयुक्त।

□ **यह अति सुन्दर गन डॉग (Gun Dog) है। गन शाट (बन्दूक की फायर) से गिरी चिड़िया को व्यवस्थित ढंग से उठाकर लाता है।**

□ **गृह-कार्य में यह सहायता करता है। जैसे कि समाचार पत्र आदि उठाकर लाता है और अन्धे व्यक्ति को रास्ता दिखाने में सहायता करता है।**

लेब्राडोर रिट्राइवर (Labrador Retriever)

मूल स्थान— इंग्लैण्ड।

शारीरिक लक्षण—
- ❖ यह बहुत ही फुर्तीला (Active) कुत्ता होता है।
- ❖ शरीर गठीला, रंग काला या पीला (सफेद दाग केवल सीने पर)।
- ❖ खोपड़ी चौड़ी एवं उभरी हुई।
- ❖ पूँछ बेस पर बहुत चौड़ी और नोंक पर पतली होती चली जाती है।
- ❖ मोटी त्वचा, परन्तु बाल रहित होती है।
- ❖ शरीर की बनावट अति सुन्दर।

□ **यह कुत्ता अन्धे व्यक्ति को रास्ता दिखाने में सहायता प्रदान करता है।**

RETRIEVER (FLAT COATED)

SAMOYED

SPANIEL (COCKER)

BULL DOG

GREAT-DANE

COLLIE

कुत्तों की जातियाँ

DACHSHUND

BULL DOG

BULL MASTIFF

AFGHAN HOUND

ALSATIAN

BOXER

कुत्तों की जातियाँ

कॉकर स्पेनियल (Cocker Spaniel)

मूल स्थान— स्पेन से इसकी उत्पत्ति हुई है।

शारीरिक लक्षण—
- यह एक अच्छा शिकारी कुत्ता (Hunting dog) है। परन्तु इसको पाल कर घरों में रखा जा सकता है।
- ऊँचाई 33 सेमी. होती है।
- यह पक्षियों को पकड़कर लाने में दक्ष होता है।
- इसका कोट (Coat) सिल्की, पैर छोटे तथा कान लम्बे होते हैं।
- रंग काला अथवा Black and tan होता है।
- सिर और खोपड़ी—सिर गोल, फोरहैड चिकना, मजल चौड़ा एवं गहरा।
- आँखें ब्राउन अथवा Hazel रंग की एवं शरीर के कोट से मिलती-जुलती होती हैं।
- गर्दन लम्बी एवं मांसयुक्त होती है।
- फोर क्वाटर्स—कंधे सुन्दर और ढालदार छाती।
- हिण्ड क्वाटर्स—गोल और मांसयुक्त।

☐ **यह भी शिकारी कुत्ता है और पालतू बनाकर सुविधापूर्वक रखा जा सकता है।**

प्वाइन्टर (Pointer)

मूल स्थान— इंग्लैण्ड।

शारीरिक लक्षण—
- सामान्यत: लेमन और सफेद-रंग के। ऑरेन्ज और सफेद अथवा काले और सफेद रंग के भी होते हैं।
- ऊँचाई 60-65 सेमी. एवं भार 25 किलो।
- कान औसत आकार के टिप पर नुकीले।
- जाँघ और जाँघ के अन्दर का भाग मांसयुक्त।
- पूँछ औसतन लम्बाई की, जड़ पर मोटी।

☐ **यह भी शिकारी कुत्ता है। पक्षियों के पकड़ने तथा गन-डॉग के रूप में काम आता है।**

नोट—हमारे देश में लेब्राडोर, रिट्राइवर (गोल्डन), कॉकर स्पेनियल तथा प्वाइन्टर अधिक प्रचलित जातियाँ हैं।

टैरियर्स (Terriers)— इस शृंखला के अन्तर्गत फॉक्स टैरियर्स, लासा टैरियर्स (एट्टसो) तथा बुल टैरियर आदि जातियों के कुत्ते आते हैं।

फॉक्स टैरियर (Fox Terrier)

मूल स्थान— यह इंग्लैण्ड की जाति है।

शारीरिक लक्षण—
- इनकी औसतन ऊँचाई 38 सेमी. और शरीर-भार 9 किलोग्राम होता है।
- रंग में सफेद और काले होते हैं।
- खोपड़ी चौड़ी और सँकरी तथा आँखें छोटी, गहराई में गहरे रंग की होती है।
- कान वी-शेप्ड (V-shaped)।
- आकार के गर्दन लम्बी, साफ और मांसल होती है।
- नाक White cherry or spotted होती है।

LHASA APSO

POODLE

CHOW CHOW

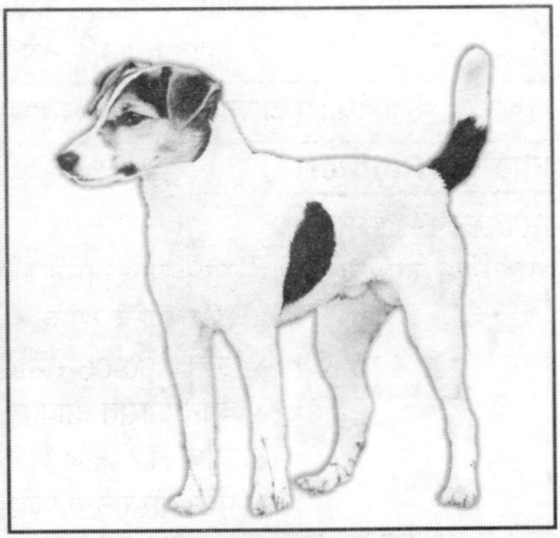

FOX TERRIER

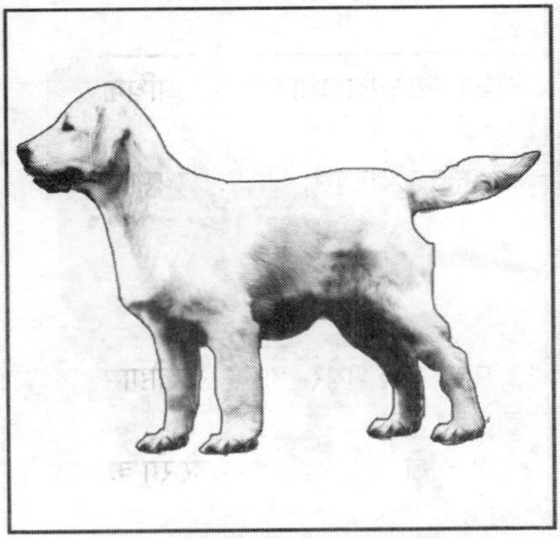

RETRIEVER (GOLDEN)

SPANIEL (CLUMBER)

कुत्तों की जातियाँ

GREYHOUND

MASTTIFE

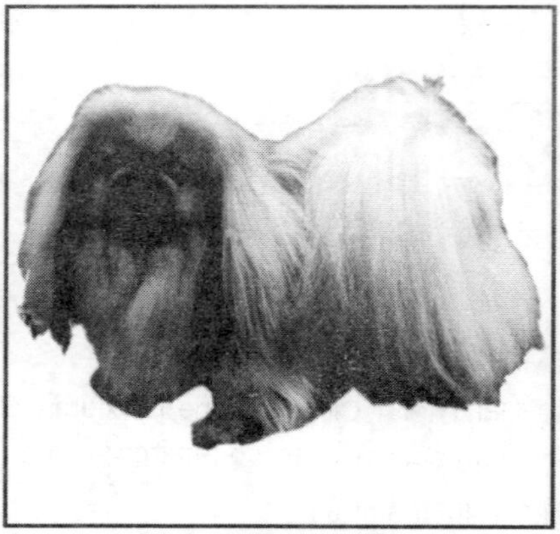

PEKINGFESE

PUG

PYRENEAN MOUNTAIN DOG

SPANIEL (IRISH WATER)

कुत्तों की जातियाँ

लासा एप्सो (Lhasa Apso)

मूल स्थान— यह तिब्बती जाति है।

शारीरिक लक्षण—
- इसकी औसतन ऊँचाई 25 सेण्टीमीटर और शरीर-भार 12 किलोग्राम होता है।
- रंग सुनहरा, काला, सफेद, ब्राउन अथवा पर्टी-कलर का।
- सिर सँकरा तथा मजल छोटा होता है।
- आँखें छोटी मीडियम साइज की तथा गहरे (Dark) रंग की होती हैं।
- इनकी टाँगें छोटी, मांसयुक्त एवं बालों से ढकी हुई होती हैं।
- पैर बिल्ली के समान छोटे होते हैं।

बुल टैरियर (Bull terrier)

मूल स्थान— यह संयुक्त राज्य अमेरिका की जाति है।

शारीरिक लक्षण—
- इनकी औसतन ऊँचाई 40 सेमी. तथा शरीर-भार 20 किलोग्राम होता है।
- यह बिल्कुल सफेद-रंग का होता है।
- सिर बड़ा, गहरा एवं मजबूत होता है।
- कान छोटे और पतले। नाक लम्बी तथा मांसयुक्त होती है।
- पूँछ पतली और छोटी तथा निचाई में स्थित होती है।

बुल डोग (Bull Dog)

मूल स्थान—इंग्लैण्ड। विशेषकर ब्रिटिश एवं आयरलैण्ड।

शारीरिक लक्षण—
- इसका कोट (Coat) छोटा, चिकना, Close and fine in texture होता है।
- इनकी औसतन ऊँचाई 40 सेमी. तथा भार 22 किलोग्राम होता है।
- खोपड़ी बहुत बड़ी एवं पतली होती है।
- नाक की लम्बाई औसत आकार की मोटी एवं गहरी होती है। छाती अधिक चौड़ी होती है।

डालमेण्टियन (Dalmantian)

मूल स्थान—यह डालमोसिया की जाति है।

शारीरिक लक्षण—
- यह भी एक शिकारी कुत्ता है।
- इनके शरीर की ऊँचाई औसतन 50 सेमी. तथा भार 20 किलोग्राम होता है।
- रंग सफेद और वह भी शुद्ध रूप में। शरीर पर काले धब्बे भी। धब्बे विशेषकर सिर, चेहरे, कान और पैरों पर।
- कोट छोटा, गहरा (Dense) एवं देखने में Glossy होता है।
- सिर बड़ा (Fairly long) होता है।
- कान ओवरसाइज के ऊँचाई पर स्थित होते हैं।
- गर्दन लम्बी, परन्तु पूँछ अधिक लम्बी नहीं।

SPANIEL (ENGLISH SPRINGER)

RETRIEVER (LABRADOR)

ST. BERNARD

KERRY-BLUE TERRIOR

MINIATURE PINSCHER

WEIONRANER

कुत्तों की जातियाँ

MONKEY DOG

FRENCH BULL DOG

GERMAN PINSCHER

HAMILTONSTOVARA

BEAGLI

DACHSHOUND (LONG HAIRED)

कुत्तों की जातियाँ

स्पेनियल (Spaniel)

मूल स्थान—जापान।

शारीरिक लक्षण—
- ❖ इनकी ऊँचाई 20 सेमी. तथा शरीर-भार 5 किलोग्राम होता है।
- ❖ इसमें आइरिस वाटर स्पेनियल, क्लुम्बर स्पेनियल, कॉकर स्पेनियल, इंग्लिश स्प्रिंगर स्पेनियल, वैल्स स्पेनियल, ससेक्स स्पेनियल आदि जातियों के कुत्ते आते हैं। स्थान भेद से इनके नाम अलग-अलग हैं।

पैकिन्जीज (Pekingese)

मूल स्थान—चीन (China) है।

शारीरिक लक्षण—
- ❖ इनके शरीर की ऊँचाई 15 सेमी. और भार 6 किलोग्राम होता है।
- ❖ रंग लाल, Fawn, Black एवं अन्य रंग के।
- ❖ खोपड़ी बड़ी और कान के मध्य चौड़ी।
- ❖ आँखें बड़ी, Bold, clear clark एवं Prominent होती हैं।
- ❖ कान हृदय के आकार के।
- ❖ शरीर छोटा, परन्तु गहरा एवं Brrod chest का होता है।
- ❖ पैर लम्बे, चपेट परन्तु गोल नहीं।

पूडल टॉय (Poodle Toy)

मूल स्थान—फ्रांस (France)।

शारीरिक लक्षण—
- ❖ शरीर की ऊँचाई 15 सेमी. तथा भार 5 किलोग्राम होता है।
- ❖ रंग काला (black), भूरा (Brown), सफेद (white), खुबानी (Apricot), नीला (Blue) एवं चाँदी अथवा ठोस रंग के होते हैं।
- ❖ खोपड़ी अधिक चौड़ी नहीं।
- ❖ नाक काली एवं तेज (Black and sharp)।
- ❖ आँखें बहुत काली एवं कान बड़े तथा चौड़े होते हैं।
- ❖ दाँत सफेद, दृढ़ एवं एक सतह में निकल आते हैं।
- ❖ छाती मध्यम स्वरूप की चौड़ी एवं गहरी।
- ❖ पैर मांसल एवं छोटे तथा देखने में सुन्दर होते हैं।
- ❖ पूँछ ऊँचाई पर स्थित होती है।

कुत्तों की कुछ अन्य लोकप्रिय जातियाँ

- ◆ अफगान हाउण्ड (Afghan hound)
- ◆ ब्लड हाउण्ड (Blood hound)
- ◆ केइर्न टैरियर (Cairn terrier)
- ◆ कोलाई (Collie)
- ◆ ग्रे हाउण्ड (Grey hound)
- ◆ इटेलियन ग्रे हाउण्ड (Itallian Grey hound)
- ◆ पग (Pug)
- ◆ सेण्ट बर्नार्ड (Saint Bernard)
- ◆ सिडनी सिल्कि (Sydney Silky)
- ◆ बास्सैट हाउण्ड (Basset hound)
- ◆ बुल मेस्टिफ (Bull mastiff)
- ◆ चो-चो (Chow-Chow)
- ◆ डेच हाउण्ड (Dachs hound)
- ◆ आइरिस वोल्फ हाउण्ड (Iris wolf hound)
- ◆ मेस्टिफ (Mastiff)
- ◆ पाइरेनियन माउण्टेन डॉग (Pyrenean Mountain Dog)
- ◆ सेमोयइड (Samoyed)
- ◆ यार्कशायर टैरियर (Yorkshire terrier)

नोट— उपरोक्त सभी विदेशी जातियाँ हैं।

मुर्गीपालन
(Poultry Farming)

मुर्गीपालन—यह एक सस्ता व्यवसाय है जिसमें लागत कम एवं लाभ अधिक होता है। घर में मुर्गी पालने पर उसके रखरखाव एवं भोजन पर कोई व्यय नहीं करना पड़ता, क्योंकि खरपतवार की पत्तियाँ, घर का बचा-खुचा भोजन, शाक-भाजी के बेकार पत्ते और अनाज की छाँटन, आटा चक्की के इर्द-गिर्द बिखरा अनाज, अनाज की फटकन जो प्रायः बेकार ही फेंक दी जाती है मुर्गी-पालन के काम आता है।

विदेशों में मुर्गीपालन का प्रचलन बहुत अधिक है तथा इसने वहाँ पर एक विशिष्ट उद्योग का रूप धारण कर लिया है। इस उन्नति का कारण इससे प्राप्त होनेवाला उत्तम किस्म का खाद्य है जिससे मनुष्य को मुख्य रूप से प्रोटीन, लवण और विटामिन्स प्राप्त होते हैं। इसका मांस अधिक स्वादिष्ट होता है। यही कारण है कि विदेशों में दिन-प्रतिदिन अण्डे और मांस का उत्पादन बढ़ रहा है।

संसार के अन्य देशों की भाँति भारत में भी अण्डा उत्पादन, कुक्कुट संख्या तथा प्रति व्यक्ति अण्डा उपयोग बढ़ रहा है।

समाज के कमजोर एवं निर्धन व्यक्तियों, भूमिहीन श्रमिकों तथा छोटे किसानों के लिए अतिरिक्त आय एवं पौष्टिक आहार का सबसे उत्तम और कम व्ययवाला साधन मुर्गीपालन है।

- **देशवासियों को जो भोजन प्राप्त हो रहा है, वह अधिकांशतः सन्तुलित भोजन नहीं है, क्योंकि इस भोजन में प्रोटीन की अत्यधिक कमी रहती है। वानस्पतिक प्रोटीन की भोजन में आवश्यकता प्रायः दालों; जैसे-चना, मटर, मूँगफली, सोयाबीन, उरद आदि से पूरी होती है। परन्तु पशु प्रोटीन की भोजन में कमी बनी रहती है। देश में दूध का उत्पादन इतना अधिक नहीं होता कि उससे पशु प्रोटीन की पूर्ति की जा सके जिसके कारण देशवासियों, प्रायः कृषकों का स्वास्थ्य कमजोर हो रहा है। इसलिये भोजन में पशु प्रोटीन की पूर्ति के लिए मुर्गीपालन व्यवसाय अत्यधिक लाभदायक सिद्ध होता है।**

मुर्गीपालन का महत्त्व लाभों की दृष्टि से—

- आहार समस्या का समाधान है।
- भोजन में सन्तुलित आहार हेतु प्रोटीन का एक उत्तम साधन है।
- व्यवसाय से 5-6 माह में ही आय शुरू हो जाती है। मांस के लिए 3 माह में ही आय प्राप्त होने लगती है।
- भोजन के शेष अवशेष से मुर्गी का गुजारा पूर्ण रूप में हो जाता है।
- घर की महिलायें एवं बच्चे भी इस कार्य को बाकी समय में कर सकते हैं।
- मुर्गीपालन के लिये किसी विशेष ट्रेनिंग की आवश्यकता नहीं है।
- बहुत कम पूँजी की आवश्यकता होती है।
- मुर्गी के मल-मूत्र से बनी बिछावन की खाद कृषि के लिए बहुमूल्य है।
- बचे हुए समय का सदुपयोग होता है।
- बेरोजगारी समस्या का समाधान है।

- व्यक्तिगत आय बढ़ने के साथ-साथ राष्ट्रीय आय में भी वृद्धि होती है।
- कृषि की हानिकारक कीट-पतंगों से रक्षा होती है।

1. उपरोक्त लाभों के आधार पर मुर्गीपालन व्यवसाय ग्रामीण एवं शहरी परिस्थितियों के लिये एक उत्तम व्यवसाय माना गया है।
2. व्यवसाय को प्रोत्साहन देने के लिये सरकार वित्तीय सहायता भी देती है।

अण्डा एक पूर्ण आहार है

दूध, मांस की भाँति अण्डे से प्रोटीन बहुत बड़ी मात्रा में प्राप्त होती है। इसमें चर्बी और खनिज भी पर्याप्त मात्रा में होते हैं। अण्डे से अन्य शरीर वृद्धिकारक पोषक पदार्थ भी प्राप्त होते हैं।

अण्डे की चर्बी बड़ी स्वास्थ्यप्रद होती है। इससे पाचनशक्ति बिगड़ने का कोई अंदेशा नहीं होता, छोटे-छोटे बच्चे भी आसानी से इसे पचा लेते हैं।

अण्डे में फेटी-एसिड तथा विटामिन ए, बी, डी भी अच्छी मात्रा में पाये जाते हैं। इसके अतिरिक्त शरीर के लिये आवश्यक तत्व-लोहा (Iron), कैल्सियम, फॉस्फोरस एवं अन्य खनिज पदार्थ भी पर्याप्त मात्रा में उपलब्ध हो जाते हैं।

सभी आयु के व्यक्तियों के लिए उपयुक्त—

- अण्डा गर्भावस्था एवं प्रसव के बाद एवं शिशुओं के लिये उपयुक्त आहार है।
- बढ़ते हुए बच्चे को 5-6 अण्डे रोजाना खिलाते रहने से उन्हें रक्त की कमी, सूखा, कमजोरी, रतौंधी आदि रोग नहीं होते।

याद रखिये—

- विशेषज्ञों के अनुसार प्रत्येक युवा व्यक्ति को एक अण्डा रोजाना खाना चाहिये।
- अण्डा छोटे-बड़े सबके लिये एक सर्वोत्तम आहार है।
- दूध की अपेक्षा अण्डे में पोषक तत्त्व अधिक होते हैं।

अण्डे का सेवन इस प्रकार से—

- अण्डे को कच्चा, तलकर, उबालकर या सब्जी के रूप में।
- अन्य आहारों; जैसे-केक, पेस्ट्री, आइसक्रीम आदि में मिलाकर।

नोट—अण्डे को कच्चा नहीं खाना चाहिए।

अण्डे से प्राप्त होनेवाले खनिज (ताजा पूर्ण अण्डा प्रति 100 ग्राम)

खनिज	मात्रा (मिलीग्राम में)	खनिज	मात्रा (मिलीग्राम में)
केल्सियम (Ca)	54	फॉस्फोरस (P)	205
मैगनीशियम (Mg)	11	ताँबा (Cu)	0.03
लोहा (Fe)	2.30	मैंगनीज (Mn)	0.005–0.025
पोटैशियम (K)	127	सोडियम (Na)	122
कोलीन (Choline)	149	गंधक (S)	173

भारत में बहुत अधिक बेरोजगारी है। अतः इस व्यवसाय को पूर्ण व्यवसाय के रूप में आधा समय लगाकर किया जा सकता है। यह व्यवसाय स्त्रियों, बच्चों एवं वृद्धों के लिये उपयुक्त है जिससे आय का एक स्रोत बन जाता है।

मुर्गी की नस्लें (Breeds of Poultry)

देशी नस्लें

1. असील नस्ल

प्राप्ति स्थान—इस नस्ल की मुर्गियाँ सम्पूर्ण भारत में, विशेषकर हैदराबाद के निकटवर्ती क्षेत्र, उत्तर प्रदेश के लखनऊ और रामपुर जिलों में उपलब्ध हैं।

शारीरिक लक्षण—
- लड़ाई के गुणों से परिपूर्ण।
- शरीर सुसंगठित, सीना चौड़ा, सिर छोटा व चौड़ा।
- पूँछ छोटी, टाँगें मजबूत एवं गर्दन मध्यम लम्बाई की।
- कलंगी छोटी मटर जैसी।
- पक्षी बड़े और भव्य दिखाई देते हैं।
- चोंच मटर जैसी।
- चेहरा कुछ लम्बा एवं दाढ़ी नाम को अथवा बहुत छोटी होती है।
- गर्दन लम्बी और एक-सी मोटी।
- टाँगें मजबूत, सीधी और पतली।

- □ **यह कम अण्डे देनेवाली मुर्गी है।**
- □ **स्वादिष्ट एवं सुस्वाद मांस प्राप्ति के लिए इन्हें पाला जाता है।**

2. चटगाँव या मलाया नस्ल

प्राप्ति स्थान—मूल स्थान मलाया/चटगाँव के प्रजनन फार्म जहाँ पर इसे पाला गया है।

शारीरिक लक्षण—
- काफी बड़ी। नस्ल के मुर्गे झगड़ालू स्वभाव के होते हैं।
- कलंगी छोटी एवं छोटे अंगूर के गुच्छे के समान।
- सिर लम्बा, चोंच लम्बी एवं पतली।
- दाढ़ी छोटी व लाल।
- कर्ण-पल्लव लाल, आँखें पीली, कभी-कभी सफेद भौंएँ बड़ी एवं लटकी हुईं।
- छाती चौड़ी एवं भरावदार।
- टाँगें लम्बी, पतली बिना पंखवाली।
- अधिकतर भूरे, सफेद, काले और गहरे भूरे रंगों में उपलब्ध।

- □ **मुर्गियाँ वर्ष में काफी अण्डे देती हैं।**
- □ **इनका मांस अधिक स्वादिष्ट एवं सुगंधित होता है।**
- □ **इनसे काफी मात्रा में मांस की प्राप्ति होती है।**

3. घाघस नस्ल

प्राप्ति स्थान—यह मुर्गियों की एक भारतीय नस्ल है। दक्षिणी भारत में यह नस्ल काफी अधिकता में पायी जाती है।

शारीरिक लक्षण—
- टाँगें लम्बी, सीधी एवं मजबूत, इनका रंग पीला अथवा पीला-गहरा होता है।
- पर (पंख) लाल, भूरे, काले एवं भूरे-रंग के।
- आकार में बड़ी एवं कठोर।
- इसका माँ के रूप में (अण्डों पर बैठना) अच्छा कार्य है।
- आजकल इस नस्ल की मुर्गियाँ कम मिलती हैं। प्राय: यह नस्ल समाप्ति के कगार पर पहुँच गई है।

□ **इनका मांस बहुत स्वादिष्ट होता है।**

उन्नत या विदेशी नस्लें

भारत में ऐसी अनेकों नस्लों को सफलतापूर्वक पाला जा सकता है जो विदेशी मूल की हैं। इनकी उत्पादन क्षमता अधिक होने के कारण माँग निरन्तर बढ़ रही है।

1. प्लीमॉउथ रॉक नस्ल (Plymouth rock)

प्राप्ति स्थान—अमेरिका। यह एक विशेष लोकप्रिय जाति है।

चित्र-*प्लाईमाउथ रॉक (धारीदार) मुर्गी*

चित्र-*प्लाईमाउथ रॉक (धारीदार) मुर्गा*

शारीरिक लक्षण—
- शरीर काफी बड़े आकार का।
- शरीर लम्बा, छाती काफी भरावदार तथा पीठ बैठी हुई।
- कलंगी इकहरी, परन्तु भूरी तथा काली धारीदार।
- चमड़ी तथा टाँगें पीली।
- औसत शरीर-भार— नर 4.5 किग्रा., मादा 3.75 किग्रा.।

□ **काफी मांस की प्राप्ति एवं अण्डे भी अधिक देती हैं।**

2. न्यू हैम्पशायर नस्ल (New Hempshire Breed)

प्राप्ति स्थान—इसे अमेरिका में रोड आयरलैण्ड रैड मुर्गियों से पैदा किया गया है।

चित्र-*न्यू हैम्पशायर मुर्गी*

चित्र-*न्यू हैम्पशायर मुर्गा*

शारीरिक लक्षण—
- रंग बादामी लाल एवं मजबूत पक्षी।
- कलंगी इकहरी।

□ **मुर्गियाँ अण्डे अधिक देती हैं, जिनका रंग भूरा होता है।**
□ **नर का औसत भार 4.25 किग्रा. एवं मादा 3 किग्रा. की।**

नोट—अधिक उत्पादन की दृष्टि से अधिक लोकप्रिय होती जा रही है।

3. वयान्डोट (Wyandotte)

चित्र-*वयान्डोट मुर्गा*

चित्र-*वयान्डोट मुर्गी*

शारीरिक लक्षण—
- मुर्गी सुन्दर एवं बदन में गोलाकार। यह काफी नीची नस्ल है।
- पर छितरे हुए, कमर काफी छोटी एवं कलंगी गुलाब के फूल के आकार की।
- त्वचा का रंग पीला।
- नर मुर्गे का औसत भार 4.25 किग्रा. होता है।

- ☐ **इन्हें विशेषकर मांस के लिए पाला जाता है।**
- ☐ **मुर्गी काफी अण्डे देती है।**

4. रोड आयलैण्ड रैड (Road Island Red)

प्राप्ति स्थान—इसका मूल स्थान आयरलैण्ड है। इस जाति के पक्षी भारत में सर्वाधिक प्रचलित हैं।

चित्र-*रोडआइलैण्ड रैड मुर्गा*

शारीरिक लक्षण—
- शरीर आयताकार एवं देखने में भारी।
- पीठ समतल एवं सीना आगे से उभरा हुआ।
- टाँगें व त्वचा पीली।
- पक्षियों का रंग गहरा या भूरा-लाल होता है।
- आजकल सामान्यतः चॉकलेट तथा गहरे रंग के पक्षी भी मिलते हैं। इनमें अण्डा उत्पादन की क्षमता अधिक होती है। मांस के लिये भी उपयुक्त।
- नर 3.25 किग्रा. तथा मादा 2.25 किग्रा. औसत भार के।
- इस जाति में एकल कलंगी तथा गुलाबी कलंगी की दो किस्में पायी जाती हैं।

भूमध्यसागरीय वर्ग की मुर्गियाँ (Mediterranean class of Poultries)

1. व्हाइट लैगहॉर्न (White Leghorn)

प्राप्ति स्थान—भूमध्यसागरीय क्षेत्र।

शारीरिक लक्षण—
- संसार की सबसे अधिक अण्डा देनेवाली मुर्गी। परन्तु, मांस के लिए उपयुक्त नहीं।

- पक्षी छोटे आकार के चंचल स्वभाववाले होते हैं एवं देखने में सुन्दर भी।
- शरीर ठोस, पूँछ सदैव नीची, पीठ लम्बी तथा छाती चौड़ी।
- टाँगें अपेक्षाकृत लम्बी।
- चोंच, खाल, टाँगे एवं अँगूठे सभी पीले-रंग के।
- अण्डे सफेद-रंग के, आकार में बड़े एवं संख्या में अधिक होते हैं।
- इकहरी एवं गुलाबी किस्म की कलंगी।
- कुछ मुर्गियों का रंग सफेद, भूरा, काला, कत्थई होता है। कुछ का हल्का सफेद, लाल व पूँछ काली होती है।
- वर्ष भर में 180-200 तक अण्डे मिलते हैं।
- सीने पर मांस कम होता है। इसलिये मांस के लिये अधिक उपयुक्त नहीं।
- नर का वजन 3 किलोग्राम और मादा का 2.75 किलोग्राम होता है।

चित्र-*व्हाइट लैगहॉर्न मुर्गा*

सफेद लैगहॉर्न अण्डा देनेवाली एक अच्छी किस्म है।

2. मिनोरका (Minorca)

प्राप्ति स्थान—भूमध्यसागरीय क्षेत्र।

शारीरिक लक्षण—
- काफी बड़ी नस्ल एवं लम्बे शरीर के कारण शेष नस्लों से भिन्न होती है।
- कलंगी काफी बड़ी एवं लम्बी दाढ़ी तथा लाल-रंग की होती है।
- कंधों से पूँछ तक एक विशेष प्रकार का ढलाव।
- कमर काफी लम्बी होती है।
- अण्डे बड़े और सफेद-रंग के होते हैं।
- इसकी काली, सफेद और कत्थई तीन किस्में होती हैं।

❖ इकहरी कलंगी तथा काले-रंगवाली अत्यधिक प्रचलित है।

चित्र- *ब्लैक मिनोरका मुर्गा*

⇾ पहले यह नस्ल बड़े और अच्छे आकार के अण्डों के कारण अधिक प्रचलित थी। किन्तु, आजकल इसका प्रचलन कम होता जा रहा है और साथ-साथ व्हाइट लैगहॉर्न की ओर रुचि बढ़ती जा रही है।

3. ऐनकोना (Ancona)

प्राप्ति स्थान—भूमध्यसागरीय क्षेत्र।

शारीरिक लक्षण—
- ❖ आकृति में लैगहॉर्न के समान।
- ❖ पक्षी गठीला एवं अण्डे उत्पदान में अच्छा।
- ❖ इसके परों पर धूल या कीचड़ का स्पर्श नहीं।
- ❖ पक्षी का रंग चमकीला, चोंच पीली तथा इसका ऊपरी भाग काला होता है।
- ❖ टाँगों और अंगूठों का रंग नीला या काला-पीला मिला हुआ होता है।

⇾ भारत में अभी इसका प्रयोग नहीं होता है।

इंगलिश वर्ग की सामान्य प्रचलित मुर्गियाँ

1. ओपिंगटन/ओरपिंगटन (White Leghorn)

शारीरिक लक्षण—
- ❖ शरीर लम्बा और फैलावदार गोल होता है। शरीर का फैलाव लगभग भूमि तक।
- ❖ सीना उभरा तथा पीठ चौड़ी।
- ❖ परों का रंग हल्का पीला/पांडु (buff), काला, सफेद तथा नीला-सा होता है। इनमें काले रंग के पक्षी अधिक प्रचलित हैं।

चित्र-*ओपिंगटन नस्ल का मुर्गा*

2. आस्ट्रोलोर्प (Ostrolorp)

मूल स्थान— यह आस्ट्रेलिया की जाति है।

शारीरिक लक्षण—

- इसका विकास काली ओपिंगटन से किया गया है।
- ओपिंगटन से आकार में छोटी तथा खड़े होने पर सिर से पूँछ तक क्रमशः ढालू होती है एवं पीठ कुछ अधिक लम्बी।
- कलंगी इकहरी, चोंच काली, टाँगें तथा अँगुलियाँ काली।
- चमड़ी का रंग सफेद होता है और भूरे रंग का अण्डा देती हैं।

चित्र-*आस्ट्रोलोर्प मुर्गा*

- ☐ **इसके शरीर पर मांस अधिक चढ़ जाता है। इसलिये यह मांस के लिये पाली जाती है।**

3. कार्निश (Karnish)

शारीरिक लक्षण—

- उद्भव असील या मलाया तथा इंगलिश गेम नस्लों के संकरण से हुआ है।
- चमड़ी का रंग पीला, कंधे दूर-दूर, सीना चौड़ा और भरा हुआ।
- कलंगी मटर के समान एवं इनसे प्राप्त अण्डे भूरे होते हैं।

- ☐ **मांस के लिए पाली जाने वाली एक आदर्श नस्ल है।**
- ☐ **भारत में इसका प्रचलन अधिक हो रहा है।**

□ **व्हाइट रॉक तथा व्हाइट कीनिश के संकरण से मांस के लिये अच्छे पक्षी तैयार किये जाते हैं।**

4. ससैक्स (Sussex)

शारीरिक लक्षण—
- बहुत पसन्द की जानेवाली नस्ल, जो देखने में बहुत सुन्दर होती है।
- कंधे चौड़े एवं शरीर आगे से पीछे तक फैलावदार।
- कलंगी इकहरी, चोंच, टाँगें तथा अँगूठे सलेटी-रंग के होते हैं।
- अण्डे का रंग भूरा होता है।
- चमड़ी तथा टाँगें सफेद होती हैं।

□ **प्रारम्भ में इसका विकास मांस के लिये किया गया था, जिसके लिये आज भी यह मशहूर है।**
□ **रोड आयरलैण्ड रैड से इसका संकरण कराके मांस और अण्डों में वृद्धि की गयी है।**

संकर चूजे

अनेकों औद्योगिक मुर्गी फार्मों पर अच्छे अण्डे उत्पादन के लिये आज संकर चूजे पाले जाते हैं। उदाहरण के लिए—

सफेद लैगहॉर्न (मादा) × रोड आयरलैण्ड रैड (नर) अथवा

काला ओस्ट्रोलोर्प (नर) × सफेद लैगहॉर्न (मादा)

उपरोक्त संकरण से प्राप्त चूजे आज गाँवों में अण्डा उत्पादन के लिए पाले जाते हैं। यहाँ तक कि ये चूजे गाँव के वातावरण में भली प्रकार से पाले जाते हैं और असाधारण परिस्थितियों में भी अण्डे देते हैं।

□ **अतः आज की आधुनिक मुर्गी पालन प्रक्रिया में संकर चूजों का महत्त्व दिन-प्रतिदिन बढ़ता जा रहा है।**

मुर्गियों का आहार (Poultry Feeds and its Feeding)

मुर्गियों को निम्न प्रकार के आहार दिये जाते हैं—

- गेहूँ का चोकर एवं उसके छोटे कण।
- जई एवं जौ— इनको मोटा दलकर खिलाया जाता है। मुर्गी का मांस बढ़ाने के लिये जौ उत्तम है।
- चने को बारीक दलकर।
- चावल की भूसी अथवा टूटे चावलों के कण।
- मक्का से स्टार्च बनाने पर बचा अवशेष (Corn gluten meal)।
- ज्वार तथा बाजरा मोटा दलकर।

- आलू उबालकर अथवा छीलकर।
- मूँगफली की खली अन्य रासायनिक आहार में 20-25% (अन्य अनाजों के साथ) प्रोटीन का अच्छा साधन।
- अलसी आहार (Lenseed meal) – 5% तक।
- बिनौला आहार (Cotton seed meal) – कम मात्रा में।
- सोयाबीन आहार (Soyabean meal) – अण्डे देने वाली मुर्गी के लिए विशेष उपयोगी।
- मांस के बारीक टुकड़े (Meat offat), मांस के छोटे-छोटे टुकड़े दलिये में मिलाकर।
- मांस आहार (Meat meal)– मरे हुए पशु के मांस को बारीक-बारीक काटकर। इससे प्रोटीन मिलती है।
- मछली के मांस का चूरा– इसमें प्रोटीन तथा खनिज लवण पर्याप्त होते हैं।
- शराब निकालने के बाद बचा हुआ अनाज– इसमें विटामिन B12 अधिक होता है।
- हरा एवं रसीला चारा– हरी मुलायम घास, बरसीम, रिजका, लोबिया आदि खिलाया जाता है।
- द्रव आहार (Liquid)– दूध/सपरेटेड मिल्क/बटर एवं मट्ठा भी।
- शार्क मछली का तेल– आहार में मिलाकर।
- कंकड़-पत्थर– कंकड़ अथवा छोटी-छोटी कंकड़ियाँ होपर में रखकर।

खनिज पदार्थों की पूर्ति के लिए इन्हें दें–

स्वास्थ्य एवं अण्डों के निर्माण के लिए इनका होना आवश्यक है–

- घोंघे के खोल एवं सीप एवं हड्डी का चूरा (Bone meal)– इनमें कैल्शियम पर्याप्त मात्रा में उपलब्ध होता है।
- चूने के पत्थर की कंकर (Limestone grit)– अण्डे के कोष को बनाने में।
- साधारण नमक (Salt) 1% के लगभग आहार या दलिया में मिलाकर।
- मैंगनीज नमक (Manganese salt)– मैंगनीज सल्फेट और मैंगनीज क्लोराइड एक टन आहार में 9 पौंड के हिसाब से मिलाकर।

  नोट—चावल खिलाते समय इस नमक की आवश्यकता नहीं।

मुर्गी के लिए सन्तुलित आहार

मुर्गी के आहार में प्रोटीन, कार्बोहाइड्रेट्स, चर्बी तथा खनिज पदार्थों को सम्मिलित करना आवश्यक होता है।

- शरीर को स्वस्थ रखने, मांसपेशियों तथा अण्डों को बढ़ाने के लिये मुर्गियों को स्वच्छ पानी पिलाना चाहिये।
- **प्रोटीन की पूर्ति** सोयाबीन, मूंगफली के दाने व खली, कीट-पतंगे, दही एवं दही से निकले पानी एवं बूचड़खाने के बेकार पदार्थों से होती है।
- **कार्बोहाइड्रेट्स** के लिये मक्का, जौ, बाजरा, ज्वार व चावल। भोजन में कार्बोहाइड्रेट्स का भाग 75-80% होना चाहिये।
- **खनिज पदार्थों** के लिये केल्शियम, घोंघा व चूना पत्थर देते हैं।
- **फॉस्फोरस** की पूर्ति के लिये मछली का चूरा व हड्डी का चूरा।

- **हड्डियों को मजबूत करने एवं अण्डे की दीवार (Shell) में सहायतार्थ** नमक का प्रयोग।
- **अण्डों की उत्पादकता में वृद्धि के लिये** विटामिन्स।

नोट—विटामिन्स से मुर्गियों में अन्धेपन व लकवे की बीमारी नहीं होती।

चूजों एवं अण्डा देनेवाली मुर्गियों के लिये आहार

खिलाये जाने वाले तत्व	प्रारम्भिक आहार 1 दिन से 6 सप्ताह तक की आयु वाले	वृद्धि वाले चूजों के लिये 6-24 सप्ताह तक	अण्डा देने वाली मुर्गियों के लिये
◆ पीली मक्का या अन्य अनाज या अनाजों का मिश्रण	25 भाग	28 भाग	30 भाग
◆ चावल का छिलका	27 भाग	27 भाग	20 भाग
◆ जौ या जई	7 भाग	7 भाग	10 भाग
◆ गेहूँ की भूसी	7 भाग	7 भाग	10 भाग
◆ मूंगफली की खली	18 भाग	16 भाग	15 भाग
◆ मक्का ग्लूटिन चूर्ण	5 भाग	5 भाग	4 भाग
◆ मछली का चूर्ण (भाप लगा)	6 भाग	4 भाग	5 भाग
◆ मांस का चूर्ण (भाप लगा)	3 भाग	3 भाग	4 भाग
◆ हड्डी का चूर्ण (भाप लगा)	1 भाग	1 भाग	1 भाग
◆ केल्शियम पाउडर (चूना)	1.5 भाग	1 भाग	1 भाग
◆ नमक	0.50 भाग	- भाग	- भाग

मुर्गियों का राशन 110 ग्राम प्रति पक्षी प्रतिदिन की दर से

पीली मक्का	35 भाग
गेहूँ की भूसी	20 भाग
मूँगफली की खली	30 भाग
मछली के गोशत का चूरा	5 भाग
चूने के पत्थर के टुकड़े	3 भाग
सूखा हुआ हरा चारा	5 भाग
हड्डी का चूरा	1 भाग
नमक	0.5 भाग
मछली का तेल	3.5 भाग
मैंगनीज सल्फेट	प्रति 20 किलोग्राम 10 ग्राम के हिसाब से।

याद रखिये—

- यदि मक्का की कमी है तो बाजरा या जौ और गेहूँ की भूसी की कमी है तो चावल का छिलका या चने की चुनी खिला सकते हैं।
- नियमित रूप से आहार के साथ एण्टीबायोटिक्स कोक्सीडियो स्टेट भी खिलाने चाहिये।
- सूखे हुए चारे के स्थान पर ताजा हरा चारा खिलाना चाहिये।

मुर्गियों को मांस हेतु मोटा करने के लिये आहार

क्र.सं.	आहार के तत्व	प्रथम 2 सप्ताह	2 सप्ताह के बाद
1.	अनाज मिश्रण	20 भाग	20 भाग
2.	चावल का छिलका	25 भाग	2.3 भाग
3.	जौ या जई	5 भाग	7 भाग
4.	गेहूँ की भूसी	5 भाग	7 भाग
5.	मूँगफली की खली छिलके रहित	25 भाग	20 भाग
6.	मक्का ग्लूटिन चूर्ण	5 भाग	5 भाग
7.	मछली का चूर्ण (भाप लगा)	7 भाग	7 भाग
8.	मांस का चूर्ण (भाप लगा)	5 भाग	0.3 भाग
9.	हड्डी का चूर्ण (भाप लगा)	1 भाग	0.01 भाग
10.	कैल्शियम पाउडर	1.5 भाग	0.5 भाग
11.	नमक	0.5 भाग	0.89 भाग

100 कि.ग्रा. दलिया के पूरक (जो मिलाये जाते हैं)

विटामिन ए	2.20 ग्राम	विटामिन डी-3	6.30 ग्राम
विटामिन बी-2	0.60 ग्राम	मैंगनीज सल्फेट	22.20 ग्राम

नोट—मुर्गी को हरा चारा भी पर्याप्त मात्रा में खिलाना चाहिये।

आहार में मक्का, ज्वार, बाजरा, चावल की पालिश, मूँगफली की खली, सूरजमुखी, मांस तथा मछली का चूरा विभिन्न अनुपातों में मिलाया जाता है। इस मिश्रण में विटामिन्स तथा खनिज लवण मिलाकर सम्पूर्ण आहार तैयार करके खिलाया जाना लाभकर होता है।

सन्तुलित आहार को खिलाकर मांस और अण्डों को कम लागत पर अधिकतम उत्पादन प्राप्त करना ही मुर्गीपालक का उद्देश्य होता है।

याद रखिये—

- अपनी मुर्गियों के लिये आप कहाँ से उत्तम आहार प्राप्त कर सकते हैं? इसके लिये विभिन्न आहार बाजार में उपलब्ध हैं।
- उत्तर भारत में आहार बनाने वालों में डायमण्ड फीड, आदित्य फीड, मनोरम फीड, स्वास्तिक फीड, गोदरेज फीड, कैफको फीड, जैश्री फीड, लीपटन फीड, नॉर्थ स्टार आदि हैं।
- मनोरम फीड्स मोहन मेकिन्स रोड, लखनऊ से प्राप्त है। मछली का चूरा (फिश मील) प्राप्त करने का एकमात्र स्थान मुरारीलाल, फिश मर्चेन्ट, कैसर बाग, मछली मण्डी, लखनऊ है।

कुक्कुट आहार में विभिन्न मुख्य खाद्यान्नों का अधिकतम प्रतिशत जो रखा जा सकता है

नाम	चूजों का आहार (0-8 सप्ताह)	अन्य (8-80 सप्ताह)
1. शक्तिवर्धक आहार		
मक्का	50	50
शीरा	50	50
पालिश (तेल रहित)	30	30
गेहूँ की भूसी	10	15
पालिश	50	50
2. खाद्यान्न प्रोटीनदायक		
मूँगफली की खली	50	40
अलसी की खली	5	10
मक्का मील	10	10
सरसों की खली	5	10
सूरजमुखी की खली	10	20
सोयाबीन मील	30	30
तिल की खली	10	10
3. पशु जनित प्रोटीनदायक आहार		
मछली का चूरा	3-15	3-10
रक्त का चूरा	3	3
मांस का चूरा	5	2
4. अन्य		
नमक	0.5	0.5
हड्डी का चूरा	2	2

- मुर्गी में छूतदार बीमारी के बचाव के लिये सामयिक टीके अवश्य लगाये जायें। अपने समीपवर्ती पशु चिकित्साधिकारी से बराबर सम्पर्क रखें तथा विचार-विमर्श करते रहें।
- टीके लगवाने, डिवार्मिंग– पेट के केंचुओं आदि को नष्ट करने के लिये दवा देने के बाद विटामिन की पर्याप्त मात्रा अवश्य देनी चाहिये।

मुर्गीपालन के सिद्धान्त

मुर्गीपालन उद्योग में सफलता पाने के लिये निम्नलिखित सिद्धान्तों का पालन करना चाहिये–

- सदैव टीका लगी हुई मुर्गी ही खरीदें। सरकारी पोल्ट्री फार्मों से जब मुर्गियाँ दी जाती हैं तो 'रानीखेत' और 'चेचक' आदि बीमारियों के टीके लगाकर उनको सुरक्षित कर दिया जाता है।
- अपने यहाँ पैदा किये बच्चों को जिनकी आयु 6-8 सप्ताह तक हो, उन्हें 'रानीखेत' और 'चेचक' के टीके लगवा देने चाहिये।

- जैसे ही पता चले कि कोई पक्षी बीमार है तो उसे तुरन्त अलग कर देना चाहिये और मुर्गियों के घरों को साफ करके उनमें चूना छिड़क देना चाहिये तथा बीमार मुर्गी की चिकित्सा करानी चाहिये।
- वंश खराब न हो, इसके लिये मुर्गे और मुर्गियाँ की एक ही नस्ल रखनी चाहिये।
- मुर्गियों की प्रति 30-40 दिन पर डीवार्मिंग की जानी चाहिये। प्रत्येक बार एक ही दवा का प्रयोग नहीं करना चाहिये।
- अण्डों से बच्चे अक्टूबर से फरवरी तक निकलवाये जा सकते हैं।
- अण्डों से बच्चे सेनी (Incubators) द्वारा भी निकाले जा सकते हैं। यह एक सुविधाजनक यन्त्र है।
- एक नर के साथ 8-10 मुर्गी रखी जा सकती हैं। यदि खाली (Unfertilised) अण्डे लेने हों तो मुर्गे रखने की आवश्यकता नहीं। मुर्गियाँ बिना मुर्गे के ही अण्डे देती हैं।
- रोगी, निर्बल और अनुचित रंग के पक्षियों को यथाशीघ्र छाँटकर निकाल देना चाहिये।
- फरवरी-मार्च (बसन्त) में पैदा हुए पक्षी अधिक अच्छे रहते हैं।
- बिठानेवाले अण्डे 7 दिन से अधिक पुराने नहीं होने चाहिये।
- अण्डों का चौड़ा सिर ऊपर रखना चाहिये।
- बाहर से मँगाये अण्डों को कम-से-कम 12 घण्टे तक नुकीले सिर को पानी की ओर रखने के बाद मुर्गी को बिठाना चाहिये।
- कुड़क मुर्गी को अण्डे पर बिठाने के लिये लेते समय इस बात का ध्यान रखना चाहिये कि वह रोगी न हो। बहुमूल्य अण्डों पर बिठाने से पहले 24 घण्टे तक कुड़क मुर्गी के नीचे मामूली अण्डे रखकर यह परीक्षा कर लेनी चाहिये कि मुर्गी अच्छी तरह कुड़क है जिससे कि बीच में वह अण्डों के ऊपर से उठ न जाय।
- मुर्गीशाला के दरवाजे पर चूना अथवा कीटनाशक दवा से बोरा भिगोकर रखना चाहिये ताकि आने-जाने वाले व्यक्ति के पैरों के माध्यम से बीमारियों के कीटाणु मुर्गीशाला में न पहुँचें।
- मुर्गी से अच्छा उत्पादन प्राप्त करने के लिये आवश्यक है कि उनको संतुलित आहार दिया जाय, जिससे खनिज एवं विटामिन्स आवश्यक मात्रा में उपलब्ध हों।
- मुर्गीशाला में 20 सप्ताह तक 14 घण्टे तथा बाद में 16 घण्टे तक प्रकाश दिया जाना चाहिये। प्रति मुर्गी प्रकाश की आवश्यकता 40 वाट होती है। बिजली न रहने पर प्रकाश की उचित व्यवस्था की जानी चाहिये अन्यथा मुर्गियाँ परों को गिराने लगती हैं और उत्पादन क्षमता घट जाती है।
- गर्मियों में दाना पानी से भिगोकर देना अच्छा होता है।
- अण्डों को नियत समय पर सुबह, दोपहर तथा शाम को एकत्रित करना चाहिये।
- मुर्गीशाला का निरीक्षण प्रातः तथा सायंकाल करना चाहिये तथा देखना चाहिये कि पानी तथा दाने के बर्तन साफ हैं और उनमें दाना-पानी आवश्यकतानुसार भरा है।
- मरी मुर्गी को जला देना चाहिये अथवा गड्ढे में दबा देना चाहिये ताकि बीमारी का फैलाव अन्य मुर्गियों में रोका जा सके।

- स्वस्थ मुर्गियाँ चुस्त एवं दाना-पानी के बर्तनों के चारों ओर घूमती हैं। जो मुर्गियाँ अलग, अकेले, पंख गिरायें और सुस्त बैठी हों उनका निरीक्षण अलग से करके उनकी व्यवस्था करनी चाहिये।
- मुर्गियाँ 19-20 माह की आयु तक ही अच्छे अण्डे देती हैं। अतः 19 माह के बाद इन्हें हटा देना चाहिये।
- मुर्गी का दाना एक ही प्रकार का होना चाहिये। यदि बदलना आवश्यक हो तो उसे पहले उसी दाने के साथ 50-75% मिलाकर दें और तीसरे दिन नया आहार 100% दें।

  नोट—उपरोक्त प्रक्रिया से मुर्गिया पंख नहीं गिराती हैं।
- मुर्गीशाला में तापमान 90°F से ऊपर बढ़ते ही अण्डा उत्पादन गिर जाता है तथा 100°F तक पहुँचते ही मुर्गियाँ मरना प्रारम्भ हो जाती हैं।

अत्यधिक ताप से बचाने के लिये छत के ऊपर सफेद रंग किया जाना चाहिये अथवा बोरों की नकली छत बनाई जा सकती है। छत पर पानी का छिड़काव करना चाहिये। छत पर छप्पर की अतिरिक्त व्यवस्था की जा सकती है।

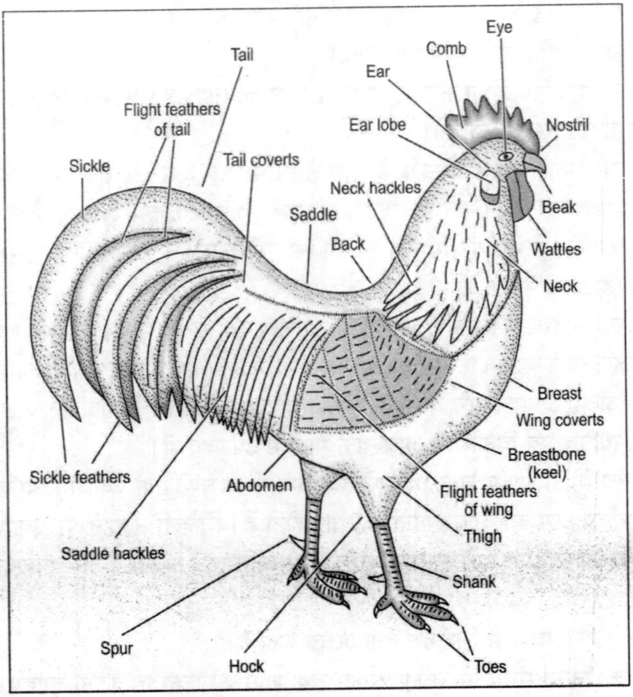

चित्र- मुर्गी की बाह्य संरचना

▲▲▲

2

पशु व्यवस्था एवं स्वच्छता
(Animal Management and Hygiene)

गाय और बैल का बाह्य शरीर
(External Anatomy of Cow and Bullock)

गाय का बाह्य शरीर
(External Anatomy of a Cow)

अ-सिर के भाग (Parts of head)

1. मुँह (Mouth)
2. ओष्ठ (Lips)
3. मुख कोण (Angle of mouth)
4. जबड़े (Jaws)
5. जबड़ों के कोण (Angle of Jaw)
6. नथुने या नासाद्वार (Nostrils)
7. थूथन/ प्रोथ/मजल (Muzzle)
8. अपगुष्ट (Muffle)
9. ठुड्डी (Chin)
10. मूँछ (Vibrissa)
11. नासादण्ड (Bridge of Nose)
12. कपोल (Cheeks)
13. ललाट या अग्रसिर (Forehead)
14. चाँद (Poll)
15. पृष्ठ सिर (Back of head)
16. सींग (Horn)
17. कर्ण/कान (Ears)
18. कर्णहार (Auditory meatus)
19. आँखें (Eyes)
20. भौंहें (Eyebrows)
21. पलकें (Eyelids)
22. पक्ष्म (Eyelashes)
23. आन्तर अपांग (Inner canthus)
24. बाह्य अपांग (Outer canthus)
25. आँख का डेला (Eyeball)
26. स्वच्छा (Corneos)
27. गला (Throat)
28. मुख का तालु (Palate)
29. मुख तल (Floor of the mouth)
30. दाँत (Teeth)
31. जीभ (Tongue)
32. दन्तयपुर (Dental pool)
33. दन्तावकाश (Diastemo)
34. ग्रसनी (Pharynx)

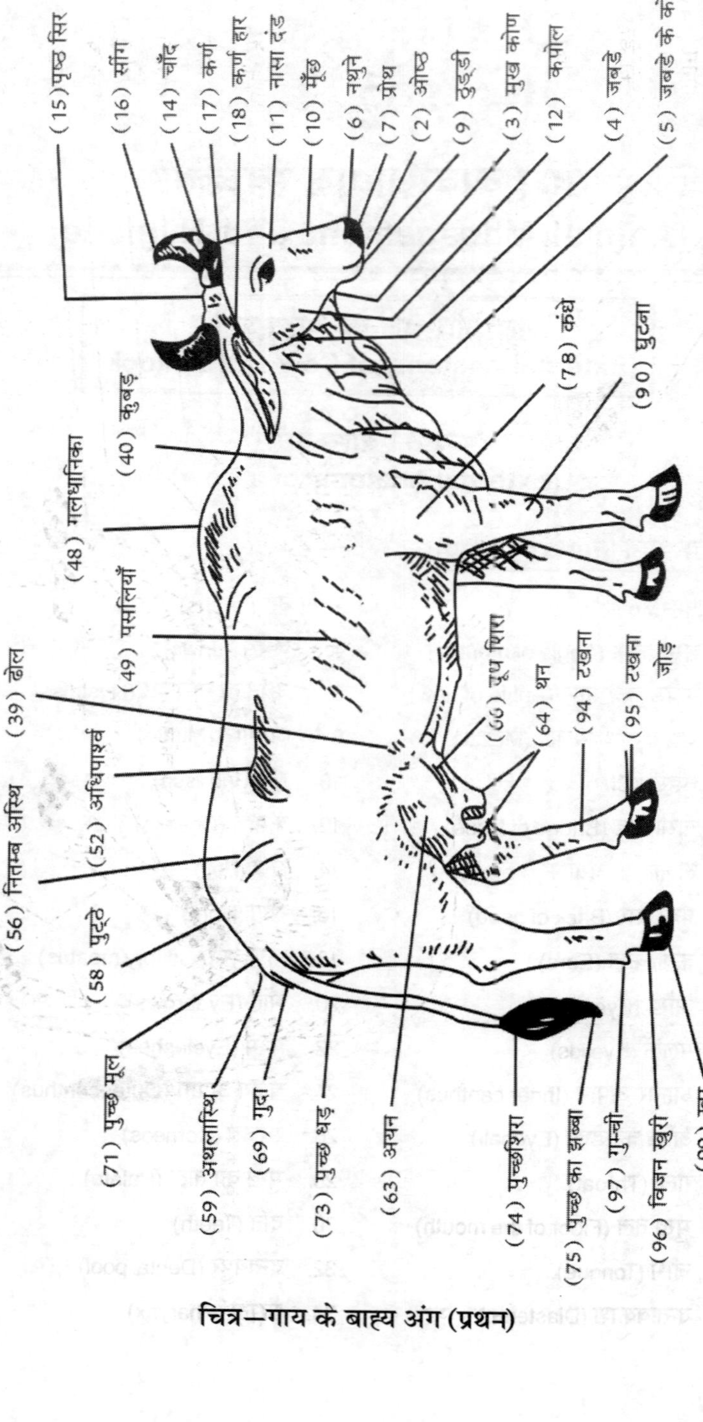

चित्र—गाय के बाह्य अंग (प्रथन)

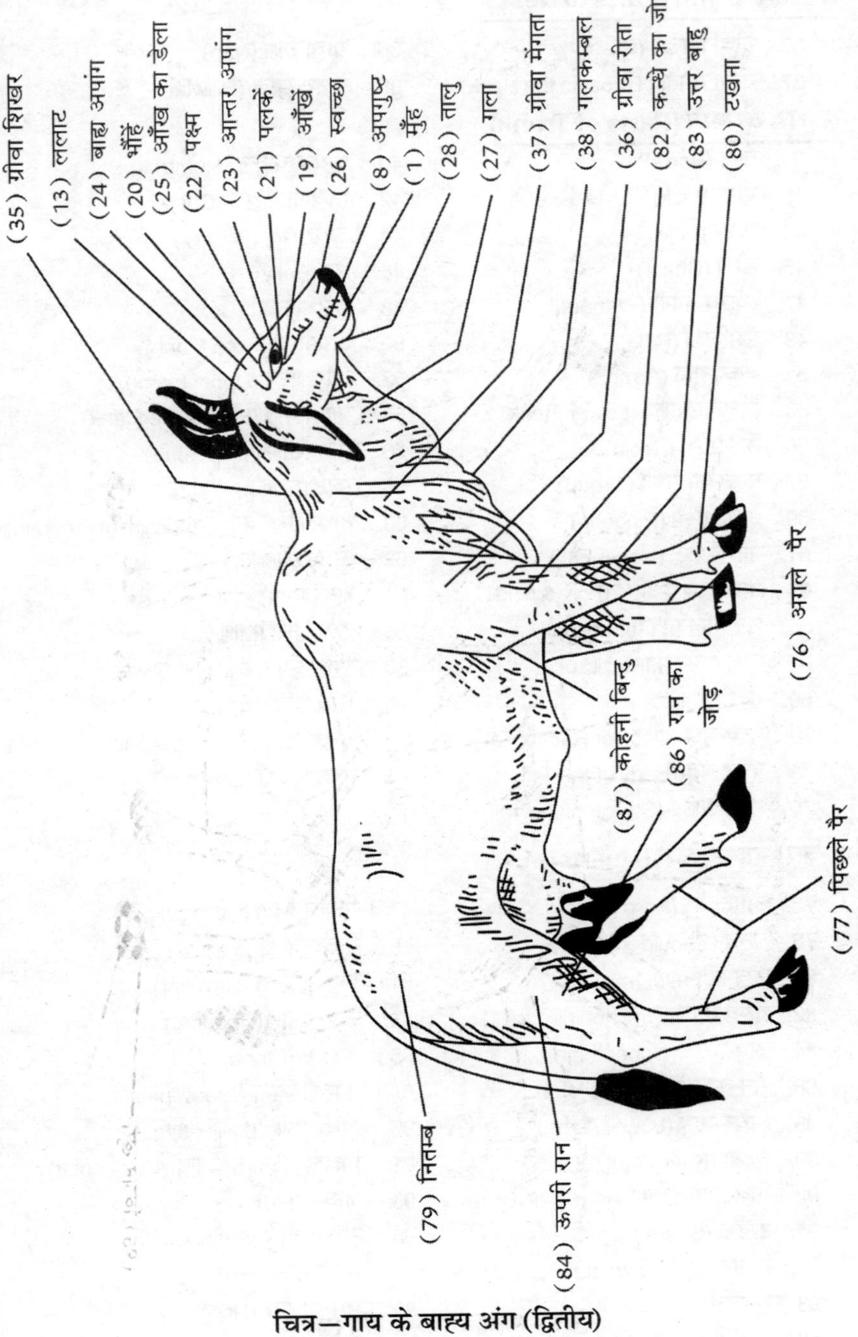

चित्र—गाय के बाह्य अंग (द्वितीय)

ब-गर्दन के भाग (Parts of Neck)

35. ग्रीवा शिखर (Crest)
36. ग्रीवा रीता (Nap)
37. ग्रीवा मेंगता (Throat in the Neck)
38. गलकम्बल (Dewlap)

स-धड़ के भाग (Parts of Trunk)

39. ढोल (Barrel)
40. कूबड़/ककुद् (Hump)
41. पीठ (Back)
42. निचला कूबड़ (Chine)
43. कमर (Loin)
44. अधर वक्ष (Brisket)
45. सीना (Chest)
46. पेट (Belly)
47. स्कन्ध प्रदेश (Withers)
48. गलधानिका (Crop)
49. पसलियाँ (Ribs)
50. अग्रपार्श्व (Fore-Flank)
51. बाध्य गुहा (Armpit)
52. अधिपार्श्व (Upper Flank)
53. निचली पार्श्व (Lower Flank)
54. पार्श्व पट्टा (Flap of the Flank)
55. ऊरुसन्धि (Groin)
56. नितम्बास्थि (Hip Bone)
57. पुट्ठे का मध्य (Croup)
58. पुट्ठे (Rump)
59. अथलास्थि (Pinbone)
60. अथलास्थि की नोक (Point of Pinbone)
61. नाभि पट्टा (Novel-Flap)
62. अयन (Udder)
63. अग्र व पश्च अयन (Fore & hind Udder)
64. थन (Teat)
65. थन नलिका (Teat canal)
66. दुग्ध शिरा (Milk vein)
67. दुग्ध दर्पण (Milk-mirror)
68. दुग्ध कूप (Milk well)
69. गुदा (Anus)
70. भग/योनि (Vulva)
71. पुच्छ मूल (Deck or Root of Tail)
72. पुच्छाधार (Base of the Tail)
73. पुच्छ धड़ (Body of the Tail)
74. पुच्छ सिरा (Tip of the Tail)
75. पुच्छ झब्बा (Switch of the Tail)

द-वास गृह क्वार्टर्स (Quarters)

76. अगले पैर (Fore legs)
77. पिछले पैर (Hind legs)
78. कन्धे (Shoulders)
79. नितम्ब (Hip)
80. टखना (Fetlock)
81. नितम्ब जोड़ (Hip joint)
82. कन्धे का जोड़ (Shoulder Joint)
83. ऊपरी बाहु (Upper Arm)
84. ऊपरी रान (Upper thigh)
85. कोहनी (Elbow)
86. रान का जोड़ (Stiffle joint)
87. कोहनी बिन्दु (Elbow point)
88. अधर बाहु (Lower Arm)
89. अधर ऊरु (Lower thigh)
90. घुटना (Knee Joint)
91. पिछले घुटने का बिन्दु (Hock point)
92. पिछले पाँव का बिन्दु (Hock Joint)
93. जाँघ (Shin)
94. टखना (Shank)
95. टखना जोड़ (Fetlock Joint)
96. विजन खुरी (Dew claw)
97. गुम्ची (Pastern)
98. सुमशीर्ष (Caronet)
99. सुम या खुर (Hoof)
100. खुर की विदर (Cleft or Hoof)

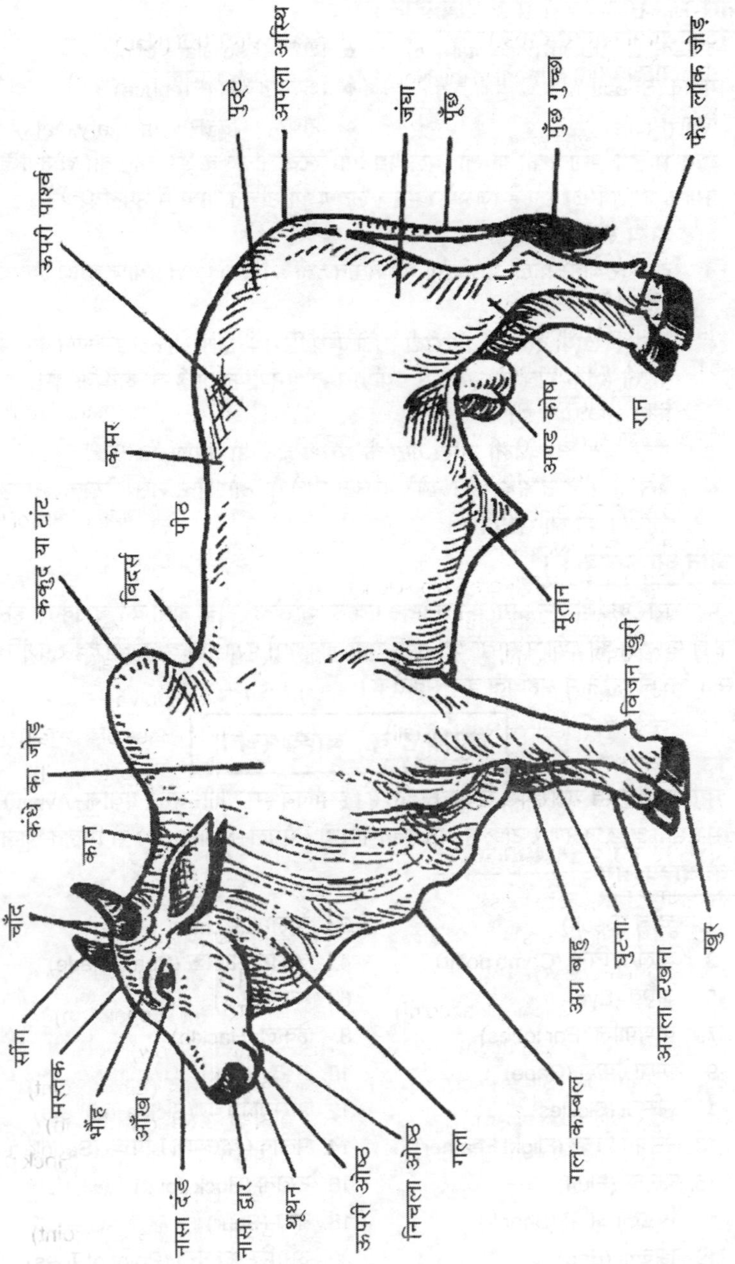

चित्र—बैल अथवा साँड के बाह्य अंग

अतिरिक्त अंग जो नरों में ही पाये जाते हैं

- अण्डकोष (Scrotum or scrotal sac)
- शिश्नमुण्ड (Glans of penis)
- मुतान (Sheath)
- शिश्नाग्रच्छद (Prepuce)
- लिंग (Penis)
- आघरूप थन (Rudimentary teats)

याद रखिये—गाय की पतली, मुलायम और लचीली त्वचा इस बात की द्योतक है कि उसे पर्याप्त खाद्य मिल रहा है जिसमें खनिज लवण भी उचित मात्रा में उपलब्ध हैं।

कुछ अन्य संकेत भी

- दूर-दूर बाहर फैली पसलियाँ यह संकेत देती हैं कि यह पशु पर्याप्त खाद्य लेने की क्षमता रखता है।
- साफ दिखायी देती हुईं और टेढ़ी-मेढ़ी दुग्ध शिरायें (Milk veins) इस बात की ओर संकेत करती हैं कि गाय के अयन में पर्याप्त रक्त भ्रमण करता है जो अधिक दुग्ध उत्पादन के लिए आवश्यक है।
- बड़ी-बड़ी चमकीली आँखें गाय के स्वस्थ होने का प्रमाण हैं।
- बैल के बलिष्ठ कंधे, छोटे-छोटे मजबूत सीधे पैर और पुष्ट शरीर देखकर अच्छे पशु की पहचान की जा सकती है।

यह अति आवश्यक है।

पशु शरीर के विभिन्न अंगों की बनावट एवं उनके ठीक-ठीक नामों की जानकारी होने पर हम पशु के बीमार होने की दशा में सम्बन्धित सही-सही जानकारी पशुचिकित्सक को देकर पशुचिकित्सक की सही निदान करने में सहायता कर सकते हैं।

कुक्कुट की बाह्य रचना

मुर्गी का समस्त शरीर परों से ढका रहता है। इसलिये इसे पक्षी-वर्ग (एवीज-Avies) में रखते हैं। वैसे इसके कुछ लक्षण रैप्टाइल्स और स्तनधारियों (मेमल-Mammal) से मिलते-जुलते हैं।

मुर्गे के बाह्य अंग

1. चोंच (Beak)
2. कलंगी (Comb)
3. कलंगी बिन्दु (Comb point)
4. कलंगी फलक (Comb blade)
5. आँख (Eye)
6. कान (Ear)
7. कर्णपालि (Ear lobes)
8. हेकल (Hackle)
9. ग्रीवा हैकल (Cape)
10. पृष्ठ (Back)
11. हंसिया (Sickles)
12. हँसिया पिच्छ (Sickle feathers)
13. उड्डयन पिच्छ (Flight Feather)
14. पलान (कल्याण) पिच्छ (Saddle feathers)
15. फ्लफ (Fluff)
16. टखना (Hock Joint)
17. पिंडली अष्टि (Shank)
18. नख (Spur)
19. झिल्ली (Beb)
20. अँगुलि का नख (Point of Toes)
21. पादांगुलियाँ (Toes)
22. मुख्य उड्डयन पिच्छ (Primary flight feather)
23. पिनियन पिच्छ (Pinion feather)
24. विंग बे (Wing bay)

25. विंग बार (Wing bar)
26. विंग बो (Wing bow)
27. गलचर्म (Wattle)
28. चेहरा (Face)

याद रखिये—मुर्गा और मुर्गी की शरीर रचना में अन्तर होता है। मुर्गा कलंगी (comb) तथा गलचर्म (wattle) रखता है जो मुर्गी में प्राय: नहीं पाये जाते हैं।

बकरी के शरीर की बाह्य रचना (External Anatomy of Goat)

1. कान (Ear)
2. गर्दन (Neck)
3. कन्धे (Shoulders)
4. छाती (Chest)
5. टाँगें (Legs)
6. पैर (Feet)
7. पसलियाँ (Ribs)
8. बदन (Body)
9. अयन (Udder)
10. पिछली टाँगें (Hind legs)
11. नितम्बास्थि (Hips)
12. जघनास्थि (Hip bone)
13. गुमची (Pastern)
14.. घुटना (Hocks)

पशु नियन्त्रण एवं गिराना
(Animal Control and Casting)

पशु के साधारण और असाधारण नियंत्रण की आवश्यकता—

- पशुओं को सुचारू रूप से चलाने-फिराने के लिए।
- उन्हें औषधि लगाने और पिलाने के लिए।
- शल्य क्रिया (Operations) में।
- वधिया करते समय (for castration)।

सामान्य परिस्थितियों में बड़े पशुओं को

- रस्सियों तथा नथ पहनाकर चलाया जाता है।
- बाँधकर।

विशेष तथा असाधारण परिस्थितियों में

1. मोखड़ी (Hatter)—रस्सी या चमड़े की पट्टियों द्वारा बना विशेष प्रकार का नियंत्रक। इसका प्रयोग पशु के सिर से लेकर पूरे चेहरे तक किया जाता है। अधिकतर व्यापारी लोग इस प्रक्रिया का प्रयोग करते हैं। घोड़ों में हैड कालर का उपयोग होता है।

2. बुल नोज रिंग (Bull nose ring)—इसका प्रयोग सांड को नियंत्रण में रखने के लिए किया जाता है। यह एक प्रकार का छल्ला होता है, जिसे सांड़ के सेप्टर्स में लगा दिया जाता है।

3. ट्इच (Twitch)—इसका प्रयोग विशेषकर घोड़ों में होता है। लकड़ी के एक डंडे के एक सिरे पर रस्सी का एक फंदा लगा रहता है। फंदे को पशु के कान या ऊपरी होठ में डालकर ऐंठने से पशु को नियंत्रित किया जाता है।

4. नेक क्रेडल (Neck Cradle)—यह लकड़ी या बांस की पटरियों से बना हुआ एक जाल-सा होता है जिसे गर्दन के चारों ओर लपेटकर बाँध दिया जाता है।

पशुओं को गिराकर नियंत्रण में करना

1. रिअफ्ट पद्धति (Reuft's method)— इस विधि द्वारा गौवंशीय पशुओं को गिराकर नियन्त्रण में किया जाता है।

चित्र—पशुओं को गिराने के लिये रस्सा डालना

इस विधि में रस्सी के एक सिरे को पशु के सींग में बाँध दिया जाता है और इसका एक फन्दा अगले पैरों के पीछे तथा दूसरा फन्दा पिछले पैरों के आगे बैरल के चारों तरफ डालकर रस्सी को पीछे खींच लेने पर पशु आसानी से बैठ जाता है। तत्पश्चात् चारों पैर अथवा दो पिछले और एक ऊपर साइड के अगले पैर को फैटलाक सन्धियों पर एक साथ करके बाँध दिया जाता है।

2. महिषवंशीय पशुओं को गिराने की विधि— भैंस वंशीय (भैंस, भैंसा, पड़ा, पड़िया–ओसर आदि) पशुओं को गिराने के लिए 20 फुट लम्बी दो रस्सियों का होना आवश्यक होता है। पहली रस्सी से अगले पैरों की फैटलाक सन्धियों को तथा दूसरी रस्सी से पिछले पैरों की फैटलाक सन्धियों को बाँधकर अगली रस्सी पिछले पैरों के बीच से पीछे की ओर तथा पिछली रस्सी अगले पैरों के बीच से आगे की ओर एक साथ बलपूर्वक खींच लेने से पशु गिर जाता है और चारों पैर एक साथ हो जाते हैं तथा उन्हें बाँध देने से पशु नियंत्रित हो जाता है और आवश्यक ओपरेशन/कास्टेशन आदि पूरा कर लिया जाता है।

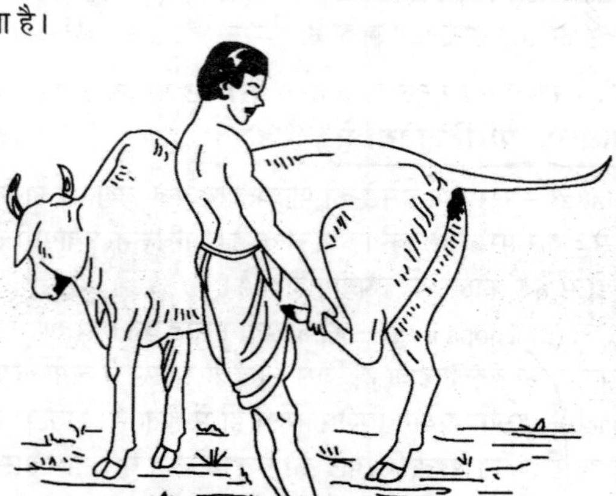

चित्र—*पशुओं को गिराने के लिए पैर उठाना*

3. घोड़ों को गिराने के विधि—*साइड लाइन विधि (Side line method)*—इस विधि का उपयोग घोड़ों को गिराने में किया जाता है। इसके लिए सन या सूत की 50 फीट लम्बी रस्सी तथा स्टेबल बैन्डेज का होना आवश्यक होता है।

गिराने की प्रक्रिया—घोड़े के चारों पैरों में पेस्टर्न से फैटलाक सन्धि तक स्टेबल बैन्डेज बाँधकर लम्बी रस्सी के मध्य में फंदा बनाकर (जिसमें 8 के आकार की गाँठ लगाई जाती है) घोड़े की गर्दन में डालकर दोनों रस्सियों के सिरों को अगली टाँगों के मध्य से पीछे ले जाकर पिछले पैरों की फैटलॉक संधियों को (बाहर से) लपेटकर बाहर से रस्सी के सिरे आगे लाकर गर्दन के फंदे में डालकर पीछे की ओर खींचने से घोड़ा बैठ जाता है। पैर इकट्ठे हो जाते हैं तथा सभी चारों पैरों को एक साथ बाँधकर घोड़े को नियंत्रण में कर लिया जाता है।

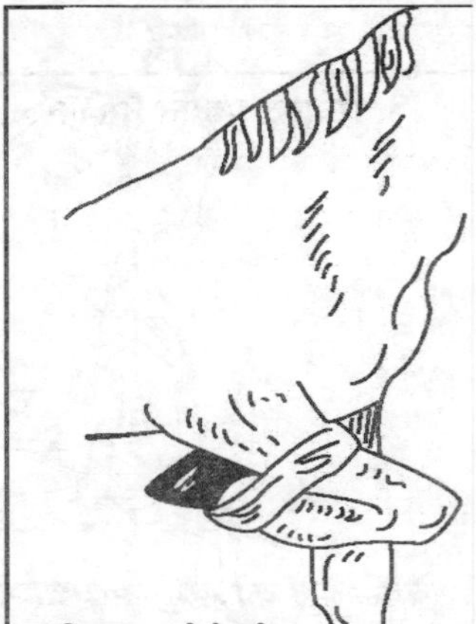

चित्र—घोड़े के अगले पैर को ऊपर उठाना

चित्र—रस्सी की मदद से अगला पैरा उठाया जा सकता है।

चित्र—सांड़ को नियन्त्रण में करना

चित्र—बैल को खड़ी अवस्था में ही नियन्त्रित करने के लिए एक आदमी एक हाथ से सींग पकड़े हुए है और दूसरे हाथ से निचले जबड़े को पकड़कर उसकी गर्दन को मोड़े हुए है।

गर्भवती गाय/भैंस की देख-भाल (परिचर्या)
(Care of Pregnant Cows/Buffaloes)

गाभिन पशु (Pregnant animals) की देख-भाल अन्य पशुओं की अपेक्षा अधिक करनी पड़ती है। गाभिन होने के पश्चात् एक गाय 9 महीने 9 दिन और भैंस 10 महीने 10 दिन में बच्चा देती है। गाभिन होने की तारीख मालूम करना आवश्यक होता है। गाभिन होने से लेकर ब्याने तक पशु के प्रति जिन सावधानियों की आवश्यकता होती है वे इस प्रकार हैं—

- गाभिन पशु को शान्त वातावरण में रखा जाय।
- केवल साधारण व्यायाम ही दिया जाय। न उसे दौड़ाया जाये और न ही कुत्ते आदि द्वारा उसे परेशान किया जाय।
- गाभिन पशु को नियमित रूप से अच्छे चरागाह में भेजा जाय।
- ब्यान की अनुमानित तिथि से 2 माह पूर्व से पशु का दूध लेना बन्द कर देना चाहिये एवं उसके दाने में वृद्धि कर देनी चाहिये। गाय के लिये 3.5 किलोग्राम तथा भैंस के लिये 4 किलोग्राम दाना देना चाहिये।
- दाना पाचक (Digestive) एवं स्वादिष्ट (Tasty) होना चाहिये। भीगा हुआ चिपचिपा नहीं।
- **एक गाभिन गाय/भैंस को साधारणतया 30-35 किग्रा. हरा चारा, 3-4 किग्रा. सूखा चारा (भूसा आदि), 50 ग्राम नमक प्रतिदिन दिया जाना चाहिये।**
- **यदि पशु को मुख्य रूप से सूखे चारे पर रखना है तो उसे 5-8 किग्रा. भूसा और 5-10 किग्रा. हरा चारा दिया जाना चाहिये।**
- **वर्षा ऋतु में लोबिया + मक्का का हरा चारा अथवा लोबिया + ज्वार की कुटी का मिश्रण उत्तम रहता है।**
- ब्यान के लगभग 6 सप्ताह पूर्व पशु की विशेष खिलाई-पिलाई आवश्यक होती है।

- पशु के ब्याने के 15 दिन पूर्व उसे अन्य पशुओं से अलग कर देना चाहिये।
- जिन पशुओं के ब्यान से पूर्व दूध उतर आता है उसे ब्याने से पहले नहीं दुहना चाहिये। इससे गाय/भैंस के ब्याने में विलम्ब होता है तथा ब्यान के समय अधिक कष्ट होता है।
- पशु को ब्यान के समय शान्त वातावरण में साफ और बिछावनयुक्त स्थान में रखना चाहिये।

  नोट—पशु को सर्दी, गर्मी एवं वर्षा से बचाना चाहिये।
- ब्याने के बाद बच्चे की नाल को काट कर उस पर टिंक्चर आयोडीन लगा दें।
- पशु को गुनगुने पानी से भीगे हुए कपड़े से साफ कर दें।
- उत्पन्न बच्चे के नथुने तथा मुँह आदि को साफ करके कोलस्ट्रम पिलाना चाहिए।
- 2-4 घण्टे के अन्दर जेर (प्लेसेण्टा) स्वतः निकल जाती है। यदि 8 घण्टे तक जेर न निकले तो स्वतः निकलने का प्रयत्न करें।
- पशु जेर न खा ले, इसका ध्यान रखें। जेर को किसी गहरे गड्ढे में गाड़ दें।
- पशुशाला (जहाँ पशु ने बच्चा दिया हो) की सफाई फिनाइल के घोल से करें।
- जो पशु अधिक दूध देनेवाले हों उनमें खीस (colustrum) एक बार में पूरी न निकालें बल्कि थोड़ा–थोड़ा करके दिन में 3-4 बार में निकालें। एक बार में सम्पूर्ण खीस निकालने से मिल्क फीवर (Milk fever) होने की संभावना रहती है।
- हाल के ब्याये हुए पशु को गेहूँ का दलिया, गुड़, सोंठ और अजवाइन आदि को मिलाकर हल्का पकाकर खिलाना चाहिये।
- पशु को पीने का पानी गुनगुना इच्छानुसार देना चाहिए।

कुत्तापालन
(Dog Farming)

- जन्म के तत्काल बाद पिल्ले (Pupy) को उसकी माँ का दूध पिलावें।
- जन्म के 2 सप्ताह बाद ओस्टोकेल्शियम सीरप या अन्य केल्शियम युक्त सीरप अनुमन्य मात्रा में दें।
- नमकयुक्त पदार्थ एवं मीठा नहीं।
- नीम सोप/टेट्मोसोल/डॉग सोप या नीको सोप से स्नान कराकर कर्कश तौलिये से शरीर सुखा दें, सप्ताह में एक बार।
- स्वच्छ एवं ताजा पानी पीने को सदैव उपस्थित रहे।
- प्रातः एवं सायं व्यायाम नित्य।
- स्वस्थ शरीर के लिये लिवर टॉनिक सप्ताह में दो बार।
- शौच आदि के लिये कुत्ते को प्रातः एवं सायं बाहर निकालें।
- नियमित समय पर दैनिक भोजन/प्रथम तीन मास तक दिन में तीन बार, तत्पश्चात् दिन में दो बार।

➤ अच्छी आदतों के लिये कुत्ते को ट्रेनिंग दें।

➤ जूँ और किलनियों (Lice & Ticks) के बचाव हेतु टिक पाउडर या 'टिक वाथ' 10 दिन के अन्तराल पर।

- **टिक उपचार (टिक बाथ/टिक पाउडर) के समय कुत्ते की आँख में आई आयण्टमेण्ट, कानों में फोहा और मुँह में डॉग मजल (Dog muzzle) का प्रयोग अवश्य करें।**

➤ यदि कुत्ते के शरीर में चमक कम हो जाय, गुदा मार्ग को धरती से रगड़ने लगे, मल पतला तथा रक्तयुक्त हो, अनावश्यक चीजें खाने लगे, भूख कम होकर दुर्बल होने लगे, वमन अथवा वमन की इच्छा (Vomiting or Nausea) आदि की उपस्थिति मिलने पर कृमियों का अनुमान करना चाहिये। ऐसी अवस्था में मल परीक्षण कराके कृमियों के अनुसार कुत्ते की डीवॉर्मिंग (Deworming) करानी चाहिये।

सावधान—अनावश्यक डीवॉर्मिंग न करायें। इससे स्वास्थ्य पर बुरा असर पड़ता है।

➤ यदि कोई अन्य कुत्ता आपके कुत्ते को काट ले, तो तत्काल कटे स्थान को साफकर फिनोल या पोटेशियम परमैंगनेट लगाने के पश्चात् घाव पर अन्य दवायें लगायें। यदि पागल कुत्ते ने काट लिया हो, तो उपचार हेतु तुरन्त वेक्सीनेशन का पूरा कोर्स लगायें।

- **कुत्तों को 'रेबीज', 'डिस्टेम्पर', इन्फेक्सियस केनाइन हैपेटाइटिस (I.C.H.), लैप्टोस्पाइरोसिस तथा पारवो वाइरस डिजीज (P.V.D.) से बचाव हेतु सामयिक सुरक्षात्मक टीके (Protective vaccination) निम्न तालिका के अनुसार निर्धारित समय पर अवश्य लगवा लें।**

वेक्सीन	**प्रथम टीका आयु जिसमें टीका लगना है**	**दूसरा टीका आयु जिसमें टीका लगना है**	**तत्पश्चात टीका लगाने की आयु**
● रेबीज (Rabies)	3 माह की आयु पर पहला टीका	1 वर्ष की आयु पर दूसरा टीका	तत्पश्चात् प्रति 1 वर्ष के अन्तराल पर।
● डिस्टैम्पर (Distemper)	6 सप्ताह की आयु पर पहला टीका	12 सप्ताह की आयु पर दूसरा टीका	तत्पश्चात् प्रति 1 वर्ष के अन्तराल पर।
● लैप्टोस्पाइरोसिस (Leptospirosis)	6 सप्ताह की आयु पर पहला टीका	12 सप्ताह की आयु पर दूसरा टीका	तत्पश्चात् प्रति 1 वर्ष के अन्तराल पर।
● आई.सी.एच. (I.C.H.)	6 सप्ताह की आयु पर पहला टीका	12 सप्ताह की आयु पर दूसरा टीका	तत्पश्चात् प्रति 1 वर्ष के अन्तराल पर।
● पी.वी.डी. (P.V.D.)	6 सप्ताह की आयु पर पहला टीका	12 सप्ताह की आयु पर दूसरा टीका	तत्पश्चात् प्रति 1 वर्ष के अन्तराल पर।

● हर वेक्सीन के साथ निर्देशन हिदायतों का पालन अवश्य करें।

पशुओं की आयु ज्ञात करना
(Judging Age of Cattles

पशुओं के खरीदने एवं बेचने में पशु की आयु ज्ञात करना आवश्यक होता है। आयु ज्ञात करने की निम्नलिखित विधियाँ हैं–

1. अभिलेखों द्वारा पशु की आयु ज्ञात करना–डेरी फार्मों पर यह विधि अपनायी जाती है। इसमें गाय के ब्याने की तिथि तथा बच्चे की जन्म तिथि रजिस्टर में अंकित की जाती है।

2. पशु की सामान्य आकृति देखकर–इस विधि में पशु की कुल आयु का अनुमान लगता है, परन्तु यह सही आयु का ज्ञान नहीं होता। पशुओं की सामान्य शरीर रचना, डीलडौल एवं आकार का निरीक्षण करके आयु का अनुमान लगाया जाता है। कुछ अनुमानित संकेत इस प्रकार हैं–

- पशु के कान चुस्त एवं छोटे होने पर– कम आयु।
- पशु के कान बड़े एवं ढीले होने पर– अधिक आयु।
- त्वचा मुलायम एवं तनी हुई होने पर– कम आयु।
- त्वचा खुरदरी एवं सिकुड़नदार होने पर– अधिक आयु।
- आँखें चमकीली, चंचल एवं उभरी हुईं– युवावस्था।
- आँखें सुस्त एवं धँसी हुई होने पर– अधिक आयु।
- शरीर का रंग सुन्दर एवं चमकदार– कम आयु।
- शरीर का रंग मटमैला एवं चमक कम– बढ़ी हुई आयु।

- **थनों के आकार एवं अयन के विकास को देखकर पशु की आयु का ज्ञान होता है।**

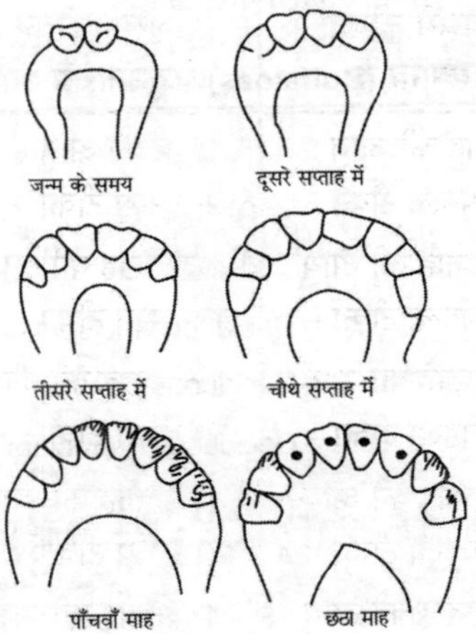

चित्र–*जन्म से लेकर छठे माह तक के दाँत*

3. खुरों द्वारा—यह कोई सही विधि नहीं है। कम आयु के पशुओं के खुर छोटे और चमकीले होते हैं। इसके विपरीत आयु के बढ़ने पर खुर लम्बे, चौड़े एवं खुरदरे होते हैं।

4. सींगों द्वारा आयु ज्ञात करना—पशुओं के सींगों पर बने छल्लों या धारियों (Rings) को देखकर/गिनकर गाय/बैल/भैंस आदि की आयु का ज्ञान हो जाता है। पशु के सींग पर पहला छल्ला तीन वर्ष की आयु में बनता है। इसके बाद प्रत्येक छल्ला एक वर्ष के अन्तर पर बनता है। इस प्रकार सींगों पर छल्लों की संख्या गिनकर उसमें दो जोड़ने पर पशु की आयु वर्षों में ज्ञात हो जाती है।

सूत्र—पशु की आयु वर्षों में = सींगों पर छल्लों की संख्या + 2

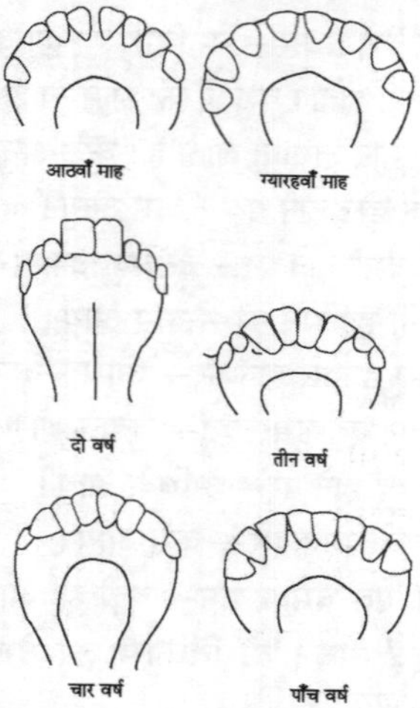

चित्र—*आठ माह से पाँच वर्ष की उम्र तक के दाँत*

5. दाँतों द्वारा आयु ज्ञात करना—आयु ज्ञात करने की यह एक सही और उपयुक्त विधि है। इसके लिए दाँतों का सावधानीपूर्वक निरीक्षण करते हैं।

गौ एवं महिषवंशीय (Buffaloes) पशुओं की आयु का अनुमान

डैण्टल फार्मूला

अस्थायी दाँत $$2\left(DI\frac{0}{4}\quad DC\frac{0}{0}\quad DP\frac{3}{3}\right)=20$$

DI = Deciduous Incisors

DC = Deciduous Canines

DP = Deciduous Premolars

स्थायी दाँत $$2\left(I\frac{0}{4}\quad C\frac{0}{0}\quad P\frac{3}{3}\quad M\frac{3}{3}\right)=32$$

I = Incisors **C** = Canines **P** = Premolars **M** = Molars

नोट—ऊपरी जबड़े में Incisors नहीं होते। इस स्थान पर केवल डेण्टल पैड होता है।

- जन्म के समय से दो सप्ताह तक के बछड़े/बछिया या पड़ा/पड़िया के नीचे के जबड़े में 4 अस्थायी इन्साइजर्स दाँत पाये जाते हैं।
- छः माह की आयु में अस्थायी दाँत पूर्ण विकसित (4 जोड़ों में दर्शाया गया है)।

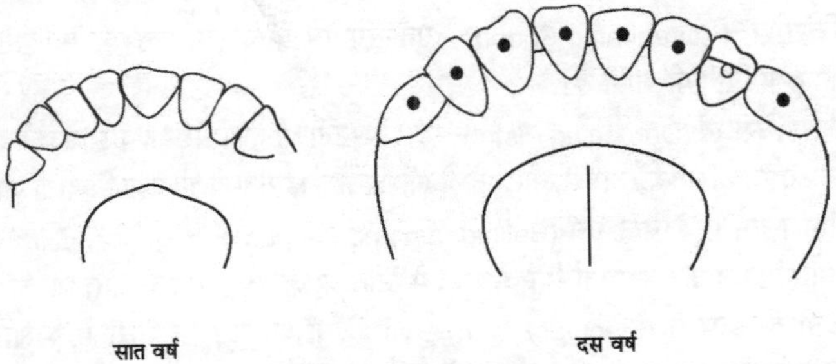

चित्र—कृन्तक दाँतों में घिसाव

अस्थायी कृन्तक दाँत

प्रथम जोड़ा— 10 माह की आयु में।
दूसरा जोड़ा— 1 वर्ष 3 माह पर।
तीसरा जोड़ा— 1 वर्ष 6 माह पर।
चौथा जोड़ा— 1 वर्ष 9 माह पर।

(ये दाँत घिसकर निकल जाते हैं)

अब स्थायी इन्साइजर्स दाँतों का निकलना—

प्रथम जोड़ा— 2 वर्ष की आयु पर।
दूसरा जोड़ा— 2.5 से 3 वर्ष की आयु पर।
तीसरा जोड़ा— 3.5 वर्ष से 4 वर्ष की आयु तक।
चौथा जोड़ा— 4.5 वर्ष से 5 वर्ष की आयु पर उगते हैं।

7-8 वर्ष की आयु में सभी इनसाइजर्स का घिसना प्रारम्भ हो जाता है। 12 वर्ष की आयु में काफी घिस जाते हैं एवं दाँतों के बीच में काफी स्थान बढ़ जाता है तथा दाँतों की जड़ें छिलने लगती हैं।

पशुओं को औषधि सेवन कराने के विभिन्न ढंग
(Various Methods of Medicines Administration in Animals)

पशुओं को बीमारी की स्थिति में निम्नलिखित ढंग से दवाएँ पिलाई जाती हैं—

1. बाँस की नली द्वारा (By Drenching Bamboo)—इस विधि से दवा पिलाने का कार्य ग्रामीण क्षेत्रों में सर्वाधिक रूप से होता है। इसमें दवा को एक बाँस की नली में भरकर पिलाते हैं।

2. ड्रैंचिंग बाटल द्वारा (By Drenching Bottle)—इस विधि में धातु की बनी हुई बोतल में औषधि भरकर घोड़े को पिलायी जाती है।

नोट— ऐसे ही औषधि स्टमक टयूब द्वारा पिलायी जाती है।

सावधान—पशुओं को तरल औषधियाँ बड़ी ही सावधानी के साथ पिलायी जाती हैं। कभी-कभी जल्दी-जल्दी में पशु के औषधि न लेने की स्थिति में औषधि पिला दी जाती है, तो वह श्वास नली में पहुँचकर इन्हेलेशन न्यूमोनिया/ड्रैंचिंग न्यूमोनिया पैदा कर देती है, जिससे पशु की मृत्यु हो जाती है।

3. ड्रैंचिंग स्पून (Drenching Spoon)—एक विशेष प्रकार की चम्मच के द्वारा कुत्ते तथा बिल्लियों को दवा पिलायी जाती है।

4. ड्रैंचिंग पिस्टल (Drenching Pistol)—इस पिस्टल के द्वारा भेड़-बकरियों को दवा पिलायी जाती है। भेड़ और बकरियों को लम्बी और पतली शीशी की सहायता से भी दवा पिलायी जा सकती है।

5. बालिंग गन एवं पिल गन (Balling gun and Pill gun)—घोड़ों में बोलस (लम्बी बड़ी गोली) को बालिंग गन की सहायता से एवं कुत्तों में टिकिया को पिल गन के द्वारा खिलाया जाता है।

6. चटनी के रूप में (Electuary form)—औषधियों को गुड़ या शीरा में मिलाकर अथवा चटनी के रूप में जीभ पर मलकर या गलफड़ों में रगड़कर सेवन कराया जाता है।

7. आयन्टमैण्ट/लोशन/लिनीमैन्ट के रूप में (As Ointment/Lotion or Liniment form)—चोट, मोच, घाव आदि की स्थिति में औषधि को इन रूपों में बाहरी अंगों पर प्रयोग किया जाता है।

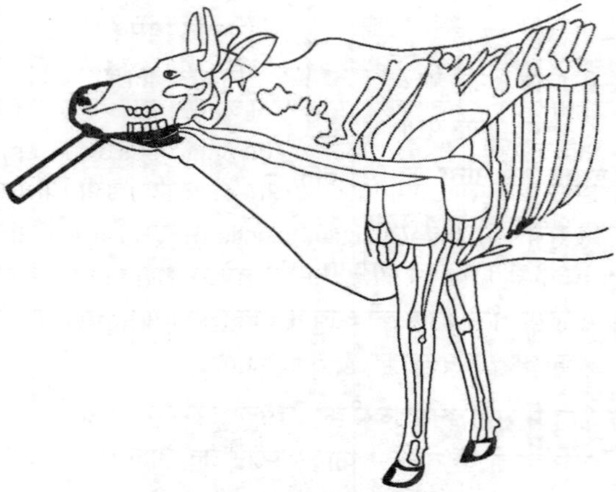

चित्र—नाल द्वारा रोगी पशु को दवा पिलाना

8. आई/ईअर ड्रॉप्स के रूप में (Eye/Ear drops form)—आँखों तथा कानों की विभिन्न बीमारियों में तरल और ड्रॉप्स के रूप में ड्रॉपर की सहायता से औषधि को डाला जाता है।

9. सपोजिटरी एवं पैसरी के रूप में (Suppository and Pessary form)—छोटे पशुओं में एनीमा हेतु सपोजिटरी का प्रयोग होता है एवं गर्भाशय की शोथ आदि इन्फेक्शियस डिजीज में पैसरी रखी जाती है।

10. बफारा (Inhalation)—श्वसन सम्बन्धी विकारों (नाक बहने, ब्रोन्काइटिस, ड्रैंचिंग निमोनिया, लेरिन्जाइटिस, फेरिन्जाइटिस एवं न्यूमोनिया आदि रोगों) में औषधि (टिंचर बैंजोइन /यूकेलिप्टस ऑयल/तारपीन का तेल आदि का वाष्प रूप में) को गरम उबलते पानी में डालकर नाक के नीचे से सुँघाया जाता है।

पशु के अस्वस्थ होने पर किसी भी प्रकार का धुआँ आदि उसे नहीं देना चाहिये, क्योंकि ऐसा करने से पशु को अपार कष्ट होता है और पशु का दम घुटने लगता है एवं उसका रोग और गम्भीर हो जाता है।

11. सूचीवेध/इन्जेक्शन के रूप में (As Injection form)—आन्त्रेतर (Parenteral) औषधियों का प्रयोग निम्नलिखित विधियों से इन्जेक्शन द्वारा किया जाता है।

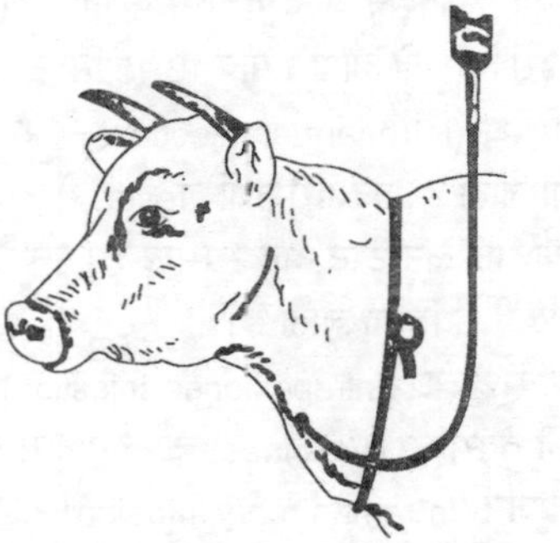

चित्र—*धमनी के अन्दर सुई लगाने का ढंग*

A. **अधोत्वचीय सूचीवेध** (Subcutaneous injection)—इसमें औषधि त्वचा के नीचे इन्जेक्शन द्वारा प्रवेश की जाती है। इस विधि में औषधि धीरे-धीरे अपना कार्य करती है और देर तक सक्रिय रहती है। प्रायः संक्रामक रोगों (Infectious diseases) के टीके (बचाव हेतु-विशेषकर एच.एस., एफ.एम.डी., आर.डी. आदि) इसी विधि से लगाये जाते हैं।

B. **अन्तःपेशी सूचीवेध** (Intramuscular Injection)—इस विधि में औषधि मांसल स्थान पर सूचीवेध के रूप में दी जाती है। इसके लिये इन्जेक्शन प्रायः पिछले पुट्ठों एवं गर्दन के मांस में दिया जाता है। इसमें औत्रधि तत्काल लाभ पहुँचाती है। चिकित्सा-क्षेत्र में इसी विधि का अधिक प्रयोग किया जाता है।

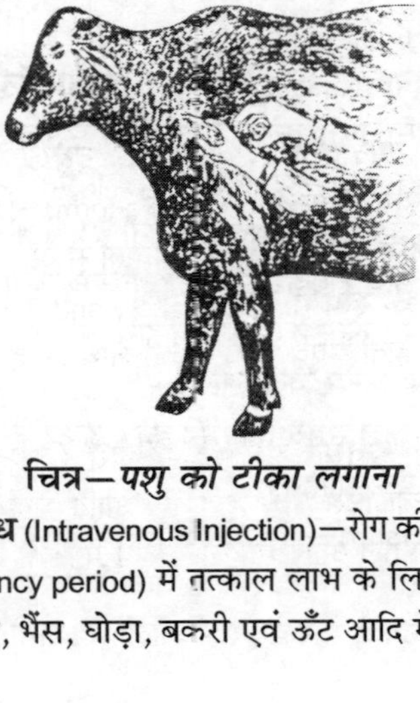

चित्र—*पशु को टीका लगाना*

C. **अन्तःशिरा सूचीवेध** (Intravenous Injection)—रोग की गम्भीर स्थिति (Serious condition or emergency period) में तत्काल लाभ के लिये इस विधि का उपयोग किया जाता है। गाय, बैल, भैंस, घोड़ा, बकरी एवं ऊँट आदि में पशु के गर्दन की जुगुलर वेन

(Jugular vein), कुत्ते में सिफेना या रेडियल वेन में, हाथी तथा शूकर में ईअर वेन (Ear vein) में यह सूचीवेध किया जाता है।

सावधान—
- इन्जेक्शन धीरे-धीरे लगावें।
- सिरिन्ज में कोई वायुस्थान या बुलबुले न रहने पायें।
- इन्जेक्शन लगाने के बाद उक्त स्थान को मलें नहीं।
- यह इन्जेक्शन जल्दबाजी में कभी न लगायें।
- इस विधि से औषधि मात्र 10-15 मिनट में अपना प्रभाव दिखाने लगती है।

D. **अन्तःत्वचा सूचीवेध** (Intradermal Injection)—इस विधि का प्रयोग पशु रोगों के परीक्षण हेतु किया जाता है। इन परीक्षणों (Tests) में ट्यूबरकुलीन टैस्ट, जोहनीन टैस्ट, ब्रसलीन टैस्ट तथा माइलिन टैस्ट आदि प्रमुख हैं। इन टैस्टों का उपयोग बड़े-बड़े डेरी फार्मों पर विशेष रूप से किया जाता है।

E. **इण्ट्रापैरिटोनीयल सूचीवेध** (Intraperitoneal Injection)—इस सूचीवेध विधि का उपयोग विभिन्न प्रकार की वेक्सीन्स (Vaccines) को लगाने नें होता है।

F. **इण्ट्रामेमरी इन्फ्यूजन** (Intramammary Infusion)—इस विधि का उपयोग थनैला रोग (Mastitis) में थन के अन्दर औषधि पहुँचाने के लिये किया जाता है।

G. **इण्ट्राकार्डियल इन्जेक्शन** (Intracardial Injection)—छोटे पशुओं में गम्भीर रोग की स्थिति में हृदय के अन्दर देकर सीधे दवा पहुँचाई जाती है।

अन्य विधियाँ (Other methods)

1. मलाशय द्वारा औषधि देना (Administration of Drugs Per Rectum)—एनीमा (Enema) द्वारा तरल पदार्थों को मलाशय के रास्ते आन्त्र (Intestine) में पहुँचाने की क्रिया को एनीमा कहते हैं। इस विधि में बड़े पशुओं को एनीमा यन्त्र द्वारा औषधि दी जाती है एवं छोटे पशुओं को एनीमा सिरिन्ज द्वारा औषधि दी जाती है।

- इसकी एक अन्य विधि सपोजीटरी द्वारा है जिसका निर्देश इसी चेप्टर के अन्तर्गत पूर्व में किया गया है।

2. नाक द्वारा औषधि देना (Nasal Douche)—किसी अनुत्तेजक प्रतिपूति लोशन (Non-irritating antiseptic lotion) द्वारा नथुनों को धो देना नेजल डूश कहलाता है।

3. लोये के रूप में (Balls form)—यह विधि प्रायः घोड़ों में अपनायी जाती है। इसमें पशु को औषधि लोये या गोलों के रूप में मुख द्वारा खिलायी जाती है। औषधि को आटा या गुड़ में मिलाकर एक आदमी घोड़े की नाक पर हाथ रखकर सिर को अधिक ऊँचा नहीं उठने देता। दूसरा आदमी अपने बायें हाथ से जीभ को पकड़ लेता है और सीधे हाथ की अँगुलियों से गोले को पकड़कर मुँह के अन्दर कर देता है जिससे वह अन्दर चला जाय।

- औषधि देने के बाद कुछ समय तक मुँह को उठाकर ऊपर रखना चाहिये। बाद में कुछ पानी भी पिला देना चाहिये।

4. गोली के रूप में (Pills form)—कुत्ते और बिल्लियों को दवा इस रूप में खिलायी जाती है। गोली को जीभ के ऊपर रखकर मुँह बन्द कर दिया जाता है जिससे औषधि पशु द्वारा अन्दर सटक ली जाती है। गोश्त (Meat) के टुकड़े में रखकर भी गोली खिलायो जा सकती है।

5. केप्सूल के रूप में (In Capsule form)—कड़वी या अरुचिकर औषधि को औषधि निर्माता जिलेटिन के बने थैलों में बन्द कर देता है, जिन्हें केप्सूल कहते हैं। घोड़े, बकरी, भेड़ एवं कुत्तों को ये केप्सूल्स उपरोक्त गोलों (Balls) के रूप में खिलाये जाते हैं।

6. पाउडर के रूप में (In form of Powder)—दवा को चूर्ण रूप में भोजन अथवा पीने के पानी में मिलाकर खिलाया जाता है। यदि चूर्ण रूप में थोड़ी-सी दवा खिलानी है तो उसे पशु की जीभ पर मल देना चाहिये।

नालबन्दी/खुरों में लोहे के नाल पहनाना (Shoeing)

जो पशु भारवाहन (बोझा ढोने) एवं दौड़ने का कार्य (इक्का-ताँगा आदि में चलनेवाले घोड़े) करते हैं, उनमें खुरों की रक्षा हेतु लोहे के बने नाल पहनाये जाते हैं। इनका आकार खुरों के समान (C) होता है। इनके उपयोग से निम्न लाभ होते हैं—

- ➤ खुरों की विशेष रक्षा।
- ➤ पशु की कार्य क्षमता में वृद्धि।

- **सेना के उपयोग में लाये जानेवाले पशु, विशेषकर घोड़ा/गदहा/खच्चर आदि में इस विषय का विशेष महत्त्व है।**
- **सामान्य जनता भी अपने वाहन ढोने/भार खींचनेवाले पशुओं, विशेषकर बैल, भैंसा, इक्का-तांगा हेतु घोड़े आदि के खुरों की रक्षा के लिये नाल लगवाते हैं।**

नोट—मेलों/बाजारों में घूमनेवाले कुछ व्यक्ति इस कार्य को विशेष दक्षता के साथ करते हैं।

पशु यातायात (Animal Transport)

पशु को इधर-उधर ले जाने के लिये कुछ साधनों का उपयोग किया जाता है, जो निम्न प्रकार हैं—

- ➤ सड़क मार्ग द्वारा (By Road)
- ➤ ट्रक द्वारा (By Truck)
- ➤ रेल द्वारा (By Train)
- ➤ वायुयान द्वारा (By Air Bus)।

1. सड़क मार्ग द्वारा (By Road)—इस विधि का उपयोग पशुओं को थोड़ी दूर (5-10 किमी) तक ले जाने के लिये किया जाता है। पशुओं को दिन में चलाकर रात के समय विश्राम दिया जाता है। इस विधि में पशुओं को नियंत्रित करके सड़क पर गुजरते हुए वाहनों (ट्रक, मोटर आदि) से बचाकर चलाया जाता है ताकि आकस्मिक दुर्घटना से बचा जा सके।

2. ट्रक द्वारा (By Truck)—जब पशुओं को लम्बी दूरी तक ले जाना होता है, तब इस विधि का उपयोग किया जाता है। एक ट्रक में 5-6 बड़े पशु अथवा 50 छोटे पशु (भेड़/बकरी) ले जाये जा सकते हैं। पशुओं को ट्रक में भरते समय इस बात का ध्यान रखा जाय कि पशुओं के मुँह चलने की दिशा में बायीं ओर को रहें। लम्बी दूरी तक ले जाने की स्थिति में पशुओं को एक-दो जगह जमीन पर उतारना भी चाहिये और इसी बीच उन्हें चारा-दाना भी देना चाहिये।

3.रेल द्वारा (By Train)–इस साधन के अन्तर्गत गोवंशीय एवं महिषवंशीय (Cattles & Buffaloes) पशुओं के ले जाने के लिये विशेष प्रकार के केटल वेगन्स होते हैं। ब्राड्गेज लाइन के डिब्बे में 6-8 पशु और मीटर गेज लाइन के डिब्बे में चार पशुओं का यातायात किया जा सकता है। सेना के काम आनेवाले घोड़ों/खच्चरों आदि के लिये ई.एच.एच. वेगन्स उपलब्ध कराये जाते हैं एवं ऊँट को टॉपलेस रेल वेगन्स में बिठाकर ले जाया जाता है।

- **सभी प्रकार के पशुओं को डिब्बों में ही चारा-दाना, पानी आदि की व्यवस्था की जाती है।**
- यातायात के समय पशुचिकित्सक की सेवायें पशुओं हेतु उपलब्ध रहती हैं।
- **कुत्तों की यात्रियों के टिकट पर ही बुकिंग करके, सवारी गाड़ियों में विशेष रूप से निर्मित बक्सों में यातायात किया जाता है।**

4. वायुयान द्वारा (By Air Bus)–बहुमूल्य पशुओं को एक देश-से-दूसरे देश में वायुयान द्वारा ले जाया जाता है। इसमें बड़े-छोटे/पक्षियों आदि का यातायात होता है।

- **यातायात हेतु यह विधि सबसे सुरक्षित एवं आरामदायक मानी गई है।**

पशुओं को चिन्हित करना
(Marking of Animals)

पशुओं की पहचान आदि के लिए उनके शरीर पर अस्थायी/स्थायी चिन्ह या अंक डाल दिये जाते हैं। इसके उद्देश्य एवं लाभ निम्नलिखित हैं–

(i) पशु विशेष के प्रजनन कार्य में सहायता करना।
(ii) पशुओं के पोषण की उचित व्यवस्था में सहायता मिलती है।
(iii) पशुओं के पहचानने में आसानी होती है।
(iv) पशुओं के उत्पादन का अभिलेखन करने के समस्त कार्य सम्पादित करने में सुविधा।

पशुओं को चिन्हित करने की विधियाँ

(अ) टीन की पत्ती अथवा छल्ला डालकर (Tagging)
(ब) दागकर (Branding)
(स) कान में छेद करके या किनारे काटकर (Notching or Cutting the Ear)
(द) कान गोदकर (Tattooing)।

1. टीन की पत्ती अथवा छल्ला डालकर (Tagging)–इस विधि में एक टीन की पत्ती अथवा धातु के छल्ले के ऊपर चिन्ह या अंक डालकर उसे बन्धन द्वारा पशु की गर्दन, कान, टाँग, पंख या पूँछ आदि में बाँध दिया जाता है। इसका उपयोग–

- **भेड़ों/बकरियों/मुर्गियों में विशेषकर किया जाता है।**
- **आजकल बड़े पशुओं में एवं I.R.D. Scheme के अन्तर्गत खरीदे गये पशुओं में अधिक है।**

2. दाग डालकर (Branding)–इस विधि को दो प्रकार से प्रयोग में लाया जाता है–

(a) कोल्ड ब्राण्डिंग विधि (Cold Branding Method)–यह कार्य एक रासायनिक पदार्थ; जैसे- 'ब्राण्डिंग आयल', 'ब्राण्डिलक्स' द्वारा सम्पादित किया जाता है। इसमें पशु के निर्धारित नम्बर

को भिगोकर (उक्त रासायनिक पदार्थ में) पशु की जाँघ के बाहरी भाग पर लगा दिया जाता है। इससे अंकों के नीचे की त्वचा के बाल उतर जाते हैं और अंक साफ सुथरे तथा स्थायी हो जाते हैं।

- **यह कार्य 'ब्राण्डिंग आयरन' से किया जाता है।**

(b) हॉट ब्राण्डिंग विधि (Hot Branding Method)—इसमें नम्बर डालनेवाले हेण्डिल में आवश्यक अंक लगाकर अथवा वांछित अंकवाले मुट्ठों को आग में तपाकर (लाल कर) पशु के पुट्ठों पर दाग दिया जाता है एवं दगे हुए स्थान पर कार्बोलिक ऑयल या केम्फर आयल लगा दिया जाता है।

चित्र—ब्रांडिंग लोहा *दागने का स्थान*

- **इस विधि से लगाये गये चिन्ह अधिक स्पष्ट तथा स्थायी होते हैं।**
- **इसका उपयोग बड़े पशुओं में विशेषकर गाय/भैंस/घोड़ा/गधा आदि में किया जाता है।**

प्रयोग करते समय आवश्यक निर्देश—

➤ चिन्हित किये जानेवाले अंकों का आकार 8-10 सेमी. से अधिक न हो।

➤ दागनेवाले लोहे के हेण्डिल की लम्बाई कम से कम 75 सेमी. हो।

➤ दागने से पूर्व पशु को गिराकर, बाँधकर भली-भाँति काबू में कर लेना चाहिये।

➤ अंकों को पिछले पुट्ठों पर हल्के हाथ से दबाना चाहिये।

➤ दगे हुए स्थान पर 2-3 दिन तक 'कार्बोलिक ऑयल' या केम्फर ऑयल अवश्य लगाना चाहिये।

3. कान में छेद करके या किनारे काटकर—इस विधि के अन्तर्गत कान में पचिंग मशीन से कान में छेदकर दिये जाते हैं अथवा कान के विशिष्ट भागों को भिन्न-भिन्न स्थानों पर चिमटी या मशीन द्वारा काट दिया जाता है।

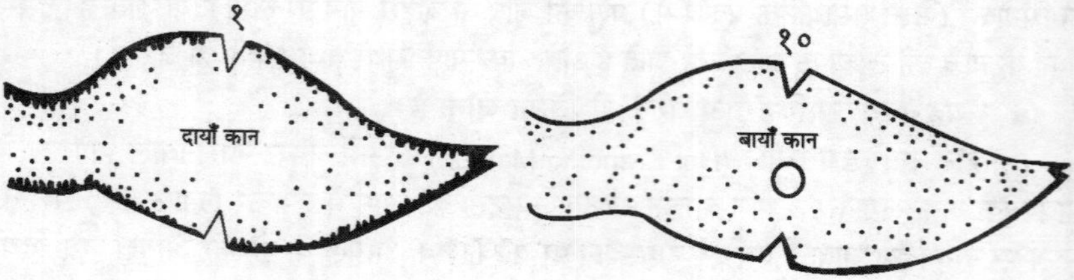

चित्र—*कान पर अंक डालने का तरीका*

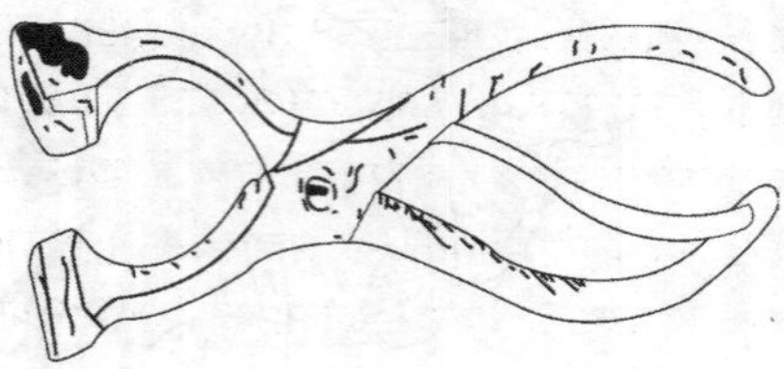

चित्र—*कान गोदने की चिमटी।*

- काटने या छेद करने से पहले कान को स्प्रिट या बीटाडायन से साफ कर लें।
- काटने या छेद करने के बाद उसमें टिन्चर आयोटीन या बीटाडाइन लगा दें।
- कान की रक्तवाहिनी को कटने से बचाया जाये।

4. कान गोद कर (Tattooing)—इसमें कान के भीतरी भाग को स्प्रिट द्वारा भली-भाँति साफ कर टेटूइंग मशीन (Tattooing machine) से कान के बाहरी भाग को दबाकर चिन्हित कर देते हैं एवं अंकों पर टेटूइंग इंक लगा दी जाती है।

इस विधि का उपयोग भेड़ और बकरियों में अधिकतर किया जाता है।

◆◆◆

3

पशुपोषण
(Animal Nutrition)

पशु को जीवित रहने (for survival), वृद्धि करने (for growth), कार्य करने (for work) एवं उत्पादन हेतु (for production) चारे-दाने की आवश्यकता होती है। अतः पशुओं का आहार ऐसे पोषक तत्वों का बना होना चाहिये जिससे कि वे पर्याप्त मात्रा में पशु को उपलब्ध हो जायें।

मनुष्यों की तरह ही पशुओं के लिये भी सन्तुलित आहार का विशेष महत्त्व है। पशुओं के आहार में वे सभी पोषक-तत्त्व मौजूद होने चाहिये जिनसे पशुओं की बढ़वार तथा उत्पादन पर्याप्त हो ताकि पशुपालक को अधिक से अधिक लाभ हो सके। प्रायः पशुओं को जो चारा खिलाया जाता है उसमें शर्करा (Carbohydrate), प्रोटीन, खनिज लवण (Minerals) तथा विटामिन्स की कमी रहती है जिसके परिणामस्वरूप वृद्धि के घटने, उत्पादन की अवस्था देर से आने और कम दूध देने के रूप में हानि होती है। साथ ही कभी-कभी इससे कीमती पशुओं में ऐसे रोग भी उत्पन्न हो जाते हैं जो उनके लिए जानलेवा सिद्ध हो सकते हैं।

अतः पशुओं का भोजन ऐसा होना चाहिये जिसमें कार्बोहाइड्रेट्स, प्रोटीन, वसा, विटामिन्स एवं खनिज लवणों की उचित मात्राएँ उपस्थित हों एवं भोजन एक निश्चित मात्रा में खिलाया जाये।

पशुओं को जितने भी खाद्य पदार्थ मिलते हैं, उनमें से कोई भी अकेला पदार्थ ऐसा नहीं है जिसमें भोजन के सारे तत्त्व उचित मात्रा में उपलब्ध हों। अतः पशुओं के भोजन में कई प्रकार की चीजें (चारे-दाने) मिलाकर विभिन्न पोषक-तत्त्वों को उचित मात्रा में उपलब्ध कराने की आवश्यकता होती है। विभिन्न प्रकार के पशुओं के लिए अलग-अलग आहार तैयार किया जाता है, क्योंकि उनकी आवश्यकताऐं भिन्न-2 होती हैं।

पशु का आहार पौष्टिक, मुलायम, रुचिकर एवं स्वच्छ पदार्थों का बना होना चाहिए। उनके खाने की चीजों को सही ढंग से तैयार करके, दाने आदि को दलकर उपयोग में लाना चाहिए। जहाँ तक सम्भव हो पशुओं को दाना एवं बिनौला आदि भिगोकर दिया जाय। चारे के डंठल एवं जड़ों को चारे की मशीन से काटकर उपयोग में लाना चाहिये। इससे चारे में 30-40% तक की बचत हो जाती है।

आहार देने में ध्यान देने योग्य बातें

- दूध देनेवाली गायों की अलग-अलग उनके उत्पादन के अनुसार आहार और राशन व्यवस्था करनी चाहिये।
- दुग्ध उत्पादन में प्रोटीन का बहुत महत्त्व है, क्योंकि प्रोटीन दूध का ही एक अंग है। प्रोटीन की प्राप्ति अरहर, चना, मटर, लोबिया, सेम, सोयाबीन, उड़द, मूंग, मसूर आदि दालों से होती है

जिन्हें दलिये में मिलाकर पशु को दिया जाता है। पशु भोजन में प्रोटीन की कमी होने पर उसके दुग्ध उत्पादन पर प्रतिकूल प्रभाव पड़ता है।

- आहार को इस प्रकार से भोजन में दिया जाय कि उसे अधिक समय भूखा न रखा जाये और इसके साथ ही दो आहारों के बीच में आवश्यक अन्तरात भी रखना चाहिये जिससे पशु को जुगाली करने का एवं विश्राम का अवसर मिल जाय।

पशु स्वास्थ्य और हरा चारा (Animal Health and Green Fodder)

पशुओं को स्वस्थ रखने में हरे चारे का विशेष महत्त्व है। हरा चारा, सुपाच्य एवं रुचिकर होने के कारण पशुओं के लिए स्वास्थ्यवर्धक एवं उनके उत्पादन को बढ़ाने में सहायक होता है। इस समय अनेक हरे चारे उपलब्ध हैं जो उन्नतिशील किस्म के होते हैं। इन हरे चारों में अनेक पौष्टिक पदार्थ होते हैं जिनसे दाने की बचत होती है। इस समय हमारे यहाँ अनेक प्रकार के दलहनी और गैर-दलहनी किस्म के चारे बोये जाते हैं। दलहनी चारे अधिक पौष्टिक होते हैं। परन्तु, इनको अधिक नहीं खिलाना चाहिये। इनको अधिक खिलाने से पेट फूलना अथवा अफारा रोग (Flatulence) हो जाता है।

हरे चारे का महत्त्व सारांश के रूप में

- हरे चारे स्वादिष्ट एवं पौष्टिक होते हैं और पशु इन्हें बड़े चाव से खाते हैं। हरे चारे में प्रोटीन केल्सियम/फॉस्फोरस आदि उचित मात्रा में उपलब्ध होने से दूध उत्पादन बढ़ता है।
- हरा चारा शीघ्र हजम हो जाता है। अतः इनके खिलाने से पाचन क्रिया ठीक रहती है।
- हरे चारे में विटामिन 'ए' की प्रचुरता रहती है जिससे पशु का स्वास्थ्य अच्छा रहता है।
- हरे चारे को हरी दशा में 'सम्पूर्ण तत्त्वों' सहित 'साइलेज' तथा 'हे' के रूप में संरक्षित रखा जा सकता है और किसी भी समय आवश्यकता पड़ने पर पशु को पौष्टिक चारे से भरपूर आहार खिलाया जा सकता है।
- दाने की अपेक्षा हरे चारे से पौष्टिक तत्त्व कम खर्च पर उपलब्ध हो जाते हैं।
- हरे चारे में नमी की अधिकता से शरीर को पर्याप्त मात्रा में पानी मिल जाता है, जिससे शरीर की आन्तरिक क्रियायें सुचारु रूप से संचालित रहती हैं।
- उन्नतिशील हरे चारों की कई कटिंग्स होती हैं जिससे पशुओं को एक ही किस्म का चारा पर्याप्त मिल जाता है।
  - ➤ बरसीम, लूसर्न (रिजका), जई, एम.पी.चरी, मक्चरी, ज्वार या चरी, मक्का, बाजरा, मीठी ज्वार या रियो ज्वार, ग्वार, लोबिया, सोयाबीन, पूसा जायण्ट नैपियर, पारा घास, दीनानाथ घास आदि पौष्टिक एवं उन्नतशील हरे चारे हैं।

हरा चारा खिलाने की विधि—पशुओं को हरा चारा निम्न विधि से खिलाया जा सकता है—

- कुट्टी काटकर अथवा खेत में चराकर। परन्तु चारा अधिक न खिलाया जाय, अफरा (Tympanitis) हो सकता है जो एक खतरनाक स्थिति होती है।

- दो या दो से अधिक हरे चारों को मिलाकर खिलाना—ऐसे मिश्रण में फलीदार + गैर फलीदार चारे मिलाकर खिलाये जाते हैं। यथा—
  - ❐ चरी या एम.पी. चरी + लोबिया
  - ❐ बरसीम + नैपियर
  - ❐ लोबिया + ज्वार
  - ❐ बरसीम + गिनी घास
  - ❐ बरसीम + जई
- हरा चारा/भूसा/दाना/खली आदि का मिश्रण—इन्हें निम्न प्रकार से मिलाकर खिलाया जाता है—
  - ❐ हरा चारा + गेहूँ या जौ का भूसा बराबर मात्रा में।
  - ❐ हरा चारा + पुआल
- **हरे चारे का 'साइलेज' या 'हे' को हरे चारे के रूप में उपरोक्त मिश्रणों की भाँति पशुओं को बड़े-बड़े फार्मों पर खिलाया जाता है।**

रबी फसल के हरे चारे
(Rabi Crop's Green Fodder)

बरसीम (Barseem/Trifolium alexandrinum)

बरसीम हरे चारे की एक आदर्श फसल है जो उचित समय पर बोई जाने पर नवम्बर से मई तक हरा चारा देती है। यह खेत की उर्बरा शक्ति को बढ़ाती है। बरसीम का हरा चारा अत्यन्त पौष्टिक होता है। इसे भूसा के साथ मिलाकर खिलाने से यह पशु के लिये निर्वाहक एवं उत्पादक दोनों प्रकार के आहारों में प्रयोग की जा सकती है।

भूमि—बरसीम सभी प्रकार की भूमि (विशेषकर दोमट) में उगाई जा सकती है। केवल अम्लीय भूमि में नहीं।

बीज की मात्रा एवं किस्म—साधारण या डिप्लोइड किस्म का बीज प्रति हेक्टेयर 20-25 किलो के हिसाब से एवं टेट्राप्लायड किस्म के बीज की मात्रा 30-35 किग्रा. प्रति हेक्टेयर लगती है।

- **देशी जातियों में 'मिसकावी' एवं 'खदरावा' अच्छी जातियाँ हैं।**
- **25 किलोग्राम बरसीम के साथ 5 किलोग्राम चारेवाली सरसों का बीज मिलाकर बोने से पहली कटिंग शीघ्र व हरे चारे की अधिक उपज मिलती है।**

बोआई से पूर्व उपचार—बरसीम के बीज में प्रायः कासनी का बीज मिला रहता है। बीज को 5% नमक के घोल में डुबोकर इसे अलग कर लें (कासनी का बीज पानी के ऊपर तैरता है)। यदि किसी खेत में बरसीम पहली बार बोई जा रही है तो उसमें 'राइजोबियम कल्चर' या खेत की मिट्टी, जिसमें पहली साल बरसीम बोई गई है, लेकर बीज में मिला लें।

बोने का समय—सितम्बर के मध्य से नवम्बर के अन्त तक।

बोने का ढंग—बीज बोने की दो विधियाँ हैं—

1. शुष्क विधि—बीज को क्यारियों में छिटककर ऊपर से काँटा चलाकर मिट्टी से ढँककर हल्की सिंचाई कर दी जाती है।

2. भीगी विधि—खेत में 5-7 सेमी. पानी भरकर बीज छिटक दिया जाता है। खेत में इतना पानी देना चाहिये जो 12 घण्टे में सूख जाये। पानी-भरे खेत में पाटा चलाकर बीज को मिट्टी की बारीक सतह से ढक देना चाहिये।

खाद एवं सिंचाई—खेत की तैयारी के समय गोबर की खाद 100 क्विंटल प्रति हैक्टेयर की दर से बिखेर देनी चाहिये एवं बोने से पहले अमोनियम सल्फेट 150 किग्रा. प्रति हैक्टेयर की दर से अन्तिम जुताई में डालना चाहिये।

सिंचाई जाड़े के दिनों में 10-12 दिनों में एवं भरपूर जाड़े में 15 दिनों के अन्तर से तथा फसल की प्रत्येक कटिंग के बाद आवश्यक होती है।

1. साधारणतया बरसीम की अच्छी उपज के लिए 10-12 सिंचाईयों की आवश्यकता होती है।
2. शुरू में सिंचाई जल्दी-जल्दी और पौधों में 4-5 पत्तियाँ आने पर 15 दिन के अन्तर पर।

उपज

- पहली कटाई के लिए फसल 40-50 दिन में तैयार हो जाती है।
- तत्पश्चात् कटाई एक माह के अन्तर से की जाती है।
- फसल 5-6 बार तक काटी जा सकती है।
- चारे की कुल उपज 500-600 क्विण्टल प्रति हैक्टेयर।
- अन्त में 50-60 किग्रा. प्रति हैक्टेयर दाना भी प्राप्त होता है।
- सुपर फॉस्फेट के प्रयोग एवं उन्नत किस्मों की बुआई करने पर 1000 क्विण्टल हरा चारा प्रति हैक्टेयर तक प्राप्त होता है।

रिजका या लूसर्न (Medicago sativa)

दालवाली हरे चारे की फसलों में रिजका का एक महत्त्वपूर्ण स्थान है। यह बैलों एवं घोड़ों (बोझा ढोने, भार वाहन) के लिये उत्तम चारा है एवं बरसीम से अधिक पौष्टिक भी। एक बार बोने पर 3-4 साल तक बराबर हरा चारा मिलता रहता है। इसे एक वर्षीय चारे के रूप में भी बोया जा सकता है।

भूमि—बलुई दोमट अथवा दोमट भूमि सर्वोत्तम। ऊसर भूमि में भी बोई जा सकती है। पानी भरनेवाली जगह इसके लिये अधिक उपयुक्त नहीं।

खेत की तैयार—बोने से पूर्व खेत में पानी भरकर उथली जुताई पर्याप्त होती है।

बीज की मात्रा—15-18 किग्रा. प्रति हैक्टेयर।

बोने का समय एवं विधि—निम्न प्रकार से—

- बोने का समय अक्टूबर के प्रारम्भ से नवम्बर के अन्त तक।
- बोने की विधि बरसीम के अनुसार छिटकवाँ विधि से।
- बोने में कल्चर का प्रयोग भी।

खाद एवं सिंचाई—बोने से पूर्व गोबर की खाद 100 क्विण्टल प्रति हैक्टेयर के हिसाब से डाल कर जुताई करें एवं अन्तिम जुताई के पूर्व 50 किग्रा. नत्रजन एवं 100 किग्रा. फॉस्फेट के देने से अच्छी उपज होती है।

सिंचाई

- गर्मी के दिनों में 10 दिन और शीत ऋतु में 15-20 दिन के अन्तर पर।
- प्रत्येक कटाई के बाद भी सिंचाई आवश्यक होती है।
- इसमें सिंचाईयों की अधिक आवश्यकता पड़ती है।

उपज एवं पौष्टिकता—निम्न प्रकार से—

- बोने के 60-70 दिन बाद पहली कटाई, तत्पश्चात् 30-40 दिन के अन्तर पर अन्य कटाईयाँ की जाती हैं।
- दिसम्बर से जून तक 8-10 बार की कटाई में 700-900 क्विण्टल एवं बहुवर्षीय खेती में 1000-12000 क्विण्टल तक हरा चारा प्राप्त होता है।
- प्रतिवर्ष 6-7 तक कटिंग ली जा सकती हैं।

  नोट—यह एक उत्पादक आहार है। 5 किग्रा. तक दूध देनेवाले पशु को इसके खिलाने पर दाना देने की आवश्यकता नहीं पड़ती है।

जई या ओट (Oat)

जई एक ऐसी फसल है जिसका उपयोग पशुओं के लिये कई प्रकार से किया जाता है। दुधारू पशुओं एवं घोड़ों को हरे चारे के रूप में, साइलेज बनाकर/हे बनाकर/फसल के पकने पर अनाज को दाने के रूप में खिलाने के लिये किया जाता है। मुख्य रूप से इसका प्रयोग हरे चारे एवं पशुओं को खिलाने के लिये दानों के रूप में होता है।

भूमि—दोमट भूमि सर्वोत्तम/रेतीली भूमि में भी अच्छी उपज देती है।

बीज की मात्रा एवं किस्में—अपने यहाँ के लिये जई की केण्ट, ओट 17, एन.पी. प्रजातियाँ विशेष उपयुक्त हैं। बीज की मात्रा— 80 किलोग्राम प्रति हैक्टेयर की आवश्यकता होती है।

बोने का समय—1 से 15 सितम्बर तक/अनाज के लिये बुआई अक्टूबर के अन्त तक।

खाद—खेत तैयार करते समय गोबर की खाद 150 क्विण्टल/हैक्टेयर की दर से डालें एवं बीज बोते समय 60 किलोग्राम नाइट्रोजन तथा 40 किलोग्राम फॉस्फोरस, अमोनियम सल्फेट तथा सुपर फॉस्फेट देना चाहिये।

सिंचाई—पहली सिंचाई बोने के 25 दिन बाद, तत्पश्चात् माह में एक बार सिंचाई।

कटाई एवं पैदावार—चारे के लिए पहली कटाई 100 से 110 दिन बाद तथा अनाज के लिये दाना पकने पर बुआई के लगभग 150 दिन बाद।

पैदावार 275-300 क्विण्टल तक हरा चारा तथा अनाज 12-13 क्विण्टल प्रति हैक्टेयर प्राप्त होता है।

□ चारे के लिये इसकी दूसरी कटिंग भी प्राप्त की जा सकती है।

जायद एवं खरीफ की चारा फसलें

एम.पी. चरी (M.P. Chari)

यह ज्वार जाति की ही फसल है जो मुख्य रूप से चारे के लिये बोई जाती है। अधिक उपज एवं गर्मी के दिनों में सामान्य चरी के विपरीत जहरीली न होने के कारण यह बहुत प्रचलित है। अब आम

पशुपालक गर्मी के हरे चारे के रूप में इसे बोने लगे हैं। इसका तना पतला होने के कारण यह स्वादिष्ट और सुपाच्य होती है।

भूमि—दोमट भूमि इसके लिए विशेष रूप से उपयुक्त है।

बीज की मात्रा—20 से 25 किलोग्राम प्रति हैक्टेयर के हिसाब से।

बोने का समय—फरवरी-मार्च से जुलाई तक। फरवरी-मार्च में बोने पर अक्टूबर मास तक कटिंग ली जा सकती है। जून-जुलाई में बोने पर 1-2 कटिंग ही।

खाद—पलेवा के पूर्व खेत में 100 क्विण्टल प्रति हैक्टेयर की दर से गोबर की खाद। आखिरी जुताई में 150 किग्रा. सुपरफॉस्फेट एवं 100 किग्रा. अमोनियम सल्फेट प्रति हैक्टेयर डालना चाहिये।

सिंचाई—गर्मी के दिनों में 15-20 दिन के अन्तर पर।

उपज—पहली कटिंग बोने के 50-60 दिन बाद/तत्पश्चात् 40-45 दिन के अन्तर पर।

पैदावार—650 से 750 क्विण्टल प्रति हैक्टेयर।

1. इसकी हे भी अच्छी बनती है एवं विशेष स्वादिष्ट भी होती है।

ज्वार या चरी (Jowar or Chari)

पशुओं के लिये बोई जानेवाली यह चारे की एक प्रमुख फसल है एवं पशु भी इसे बड़े चाव से खाते हैं।

भूमि—सभी प्रकार की भूमि में (विशेषकर दोमट)।

बीज की मात्रा
- चारे के लिए 40-60 किलोग्राम प्रति हैक्टेयर।
- अनाज के लिए 15-30 किलोग्राम प्रति हैक्टेयर है।

बोने का समय—सामान्यत: वर्षा ऋतु।

खाद की मात्रा— उपज बढ़ाने के लिये 100 किग्रा. प्रति हैक्टेयर नाइट्रोजन खाद। आधी खाद जब पौधे 60-70 सेण्टीमीटर ऊँचे हों तब टॉपड्रैसिंग के रूप में।

सिंचाई
- मार्च या अप्रैल में बोया जाय तो सिंचाई हर 10-15 दिन के अन्तर पर।
- वर्षा ऋतु में बोने पर सिंचाई की कोई आवश्यकता नहीं।

उपज—चारा 60 से 70 दिन में काटनेलायक हो जाता है।

औसत पैदावार—300 से 450 क्विण्टल प्रति हैक्टेयर होती है।

1. इसमें प्रोटीन 4 से 5% मात्र होती है। इसलिये इसे अपूर्ण चारा माना गया है।
2. फूल आने के समय कटाई करने पर अधिक पौष्टिक चारा मिलता है।

मकचरी (Macchari)

यह मक्का + चरी को संशोधित करके बनी एक उत्तम किस्म की खरीफ में बोई जाने वाली फसल है। इसमें गन्ने की भाँति एक ही जड़ से कई किल्ले निकलते हैं।

बीज की मात्रा — चारे के लिए 35-40 किलोग्राम बीज प्रति हैक्टेयर।
— अनाज के लिए 12-15 किलोग्राम बीज प्रति हैक्टेयर की आवश्यकता पड़ती है।

बोने का समय—फरवरी-मार्च एवं वर्षा ऋतु।

खाद—ज्वार या चरी के समान।

सिंचाई—ज्वार या चरी के ही समान।

उपज—350 से 500 क्विण्टल प्रति हैक्टेयर। जायद में बोने पर कई कटान होने पर इसकी उपज 500-650 क्विण्टल प्रति हैक्टेयर के हिसाब से होती है।

1. **यह एम.पी. चरी के समान ही पूर्ण निर्वाहक चारा है।**
2. **चारे के लिये फसल 90-100 दिन में तैयार हो जाती है।**

मीठी ज्वार या रियो ज्वार (Sweet Jwar or Reyo Jwar)

यह चरी की एक नवीनतम प्रजाति है। इसका तना मीठा और मुलायम होने के कारण पशु बड़े चाव से खाते हैं।

भूमि—दोमट अथवा सभी प्रकार की भूमि में।

बीज की मात्रा—55 किलोग्राम प्रति हैक्टेयर।

बोने का समय—फरवरी से मार्च एवं वर्षा ऋतु से पहले।

खाद एवं सिंचाई—ज्वार एवं चरी के समान।

उपज— 300–450 क्विटल प्रति हेक्टेयर।

1. **इसे फरवरी–मार्च में बोकर 2–3 बार काटा जा सकता है।**
2. **इसकी सारी कृषि पद्धति एम.पी. चरी के ही समान है।**

लोबिया (Lobia/Cow-pea)

यह जायद एवं खरीफ ऋतु में पैदा होनेवाली हरे चारे की एक शीघ्रता से उगनेवाली प्रमुख दलहनी चारा फसल है। इसके चारे में प्रोटीन, केरोटीन एवं विटामिन्स की अधिकता होती है। इसका हरा चारा पशुओं के लिए बहुत पौष्टिक होता है। दुधारू जानवरों के लिये इसका हरा चारा बहुत ही उत्तम श्रेणी का है।

भूमि—दोमट या बलुआर दोमट (जिसमें पानी की निकासी का प्रबन्ध हो)। क्षारीय तथा जल भराववाली नीची भूमि इसके लिये उपयुक्त नहीं है।

बोआई का समय — सिंचाई की सुविधा होने पर इसे फरवरी–मार्च में बोया जा सकता है।
— खरीफ की फसल में इसे जुलाई मास में बोते हैं।

बीज की मात्रा—25 किलोग्राम प्रति हैक्टेयर की दर से।

सर्वोत्तम किस्में—रसन जायण्ट लोबिया/अरोरा लोबिया/टाइप–2 एवं के. 397।

खाद की मात्रा— 50 से 60 क्विण्टल प्रति हैक्टेयर गोबर की खाद।

सिंचाई— फरवरी से मार्च तक बोने के पश्चात् 4–5 सिंचाईयों की आवश्यकता।
— वर्षा ऋतु में सिंचाई की कोई आवश्यकता नहीं।

उपज– अकेले बोने पर 200-300 क्विण्टल हरा चारा प्राप्त।

– ज्वार या मक्का के साथ बोने पर उपज अधिक परन्तु पौष्टिकता कम।

कटाई का समय–बोआई के लगभग 1, 2 माह बाद हरे चारे के लिये।

1. **इसमें 17-18% प्रोटीन होती है। केल्सियम तथा फॉस्फोरस भी पर्याप्त मात्रा में होते हैं।**
2. **इसे अधिक वर्षावाले क्षेत्र में भी उगाया जा सकता है।**
3. **मक्का या एम.पी. चरी के साथ बोने पर बीज की आधी मात्रा लगती है।**
4. **आखिरी जुताई के पूर्व 2 क्विण्टल सुपरफॉस्फेट प्रति हैक्टेयर डालने से उपज बढ़ जाती है।**

नोट – 5 लिटर दूधवाली गाय को 35 किलो चारा खिलाने पर अलग से दाना देने की आवश्यकता नहीं पड़ती।

– हरी फलियाँ तोड़ने के बाद बचा हुआ हरा चारा पशु आहार के लिए उपयुक्त।

ग्वार (Gwar)

यह कम वर्षावाले क्षेत्र में बोयाजाने वाला एक पौष्टिक हरा चारा है। इसे प्रायः ज्वार या बाजरे के साथ बोते हैं।

भूमि–बलुई दोमट भूमि जिसमें पानी न भरता हो। हल्की ऊसर भूमि में भी उगाई जा सकती है। परन्तु अम्लीय भूमि उपयुक्त नहीं।

बोने का समय– मार्च के अन्त से मध्य जून तक।

बीज की मात्रा –चारे के लिये अकेले बोने पर 30–40 किलोग्राम प्रति हैक्टेयर।

–ज्वार तथा बाजरे के साथ बोने पर आधी मात्रा।

–बुआई छिटकवाँ या हल के पीछे।

खाद की मात्रा – आखिरी जुताई से पूर्व 250 किलोग्राम सुपर फॉस्फेट कूंड में डालकर पाटा लगा देना चाहिए।

सिंचाई – जायद में बोने पर 3–4 सिंचाईयाँ पर्याप्त।

– वर्षा ऋतु में सिंचाई की कोई आवश्यकता नहीं।

उपज– 250-400 क्विण्टल प्रति हैक्टेयर हरा चारा प्राप्त।

1. **इसमें प्रोटीन 13-15% होती है। यह एक उत्पादक आहार श्रेणी के अन्तर्गत आती है।**
2. **फूल आने से पहले कटाई करने पर चारा मुलायम रहता है और पशु चाव से खाते हैं।**

बाजरा (Pennisetum typhoides)

यह खरीफ ऋतु में ज्वार के बाद हरे चारे के रूप में खिलाया जानेवाला पशुओं के लिये मुख्य हरा चारा है।

भूमि–ऊँची एवं बलुअर तथा बलुई दोमट सर्वोत्तम। जल निकास आवश्यक।

खाद– असिंचित क्षेत्र में खाद डालने की आवश्यकता नहीं।

— अच्छी उपज के लिये 40 किग्रा. नाइट्रोजन, 30 किग्रा. फॉस्फेट तथा 20 किग्रा. पोटाश खाद बोआई के समय ही प्रति हैक्टेयर डालनी चाहिये।

बोआई का समय— 15 अप्रैल से 30 अप्रैल तक।

बीज की मात्रा— 12 से 15 किलोग्राम प्रति हैक्टेयर की दर से।

चारे के लिये उपयुक्त प्रजाति— N.B.-3 एवं N.B.-17 हैं।

सिंचाई— पहली सिंचाई बीज बोते समय (पलेवा) तत्पश्चात् वर्षा शुरू होने तक 2-3 सिंचाई पर्याप्त।

- आगे की सिंचाई मौसम के ऊपर।

कटाई—चारे के लिये फसल बोने के 40-50 दिन बाद काटकर खिलाना शुरू।

हरे चारे की उपज— 200-300 क्विण्टल प्रति हैक्टेयर हरा चारा।

1. इसका चारा जुलाई से अक्टूबर तक उपलब्ध रहता है।
2. इसका साइलेज भी बनाया जा सकता है।

मक्का (Zea mays)

मक्का हरे चारे की उत्तम फसल है। इससे मई, जून तथा जुलाई जैसे महीनों में हरा चारा उपलब्ध रहता है, जबकि अन्य हरे चारों की कमी रहती है।

भूमि—अच्छे पानी के निकासवाली दोमट मिट्टी उपयुक्त।

बीज की मात्रा—चारे के लिये 35-40 किग्रा. एवं अन्न के लिये 15-20 किग्रा. प्रति हैक्टेयर।

बोआई का समय— हरे चारे के लिये मक्का को खेत में पलेवा करके अप्रैल से लेकर जून तक। कभी-कभी जायद फसल के रूप में फरवरी माह में।

खाद की मात्रा—हरे चारे के लिये बोई गई फसल में 110-120 किग्रा. नत्रजन तथा 50-70 किग्रा. फॉस्फोरस प्रति हैक्टेयर। नत्रजन की 2/3 मात्रा तथा कुछ फॉस्फोरस बुआई के समय तथा शेष नत्रजन बुआई के एक माह बाद टॉप ड्रैसिंग से।

सिंचाई— वर्षा प्रारम्भ होने से पूर्व बोई गई फसल के लिए पहली सिंचाई खेत की तैयारी के समय, दूसरी पौधे उगने के 15 दिन बाद, तत्पश्चात् प्रति 8-10 दिन के अन्तर पर वर्षा होने तक।

प्रजातियाँ—हरे चारे के लिए के. टी. 41, पूसा पीली नं. 2 तथा शंकर मक्का गंगा नं. 11, नं. 7 तथा अगेती 76 आदि।

कटाई—चारे के लिये बोई जाने पर बोआई के 45 दिन बाद।

उपज—हरा चारा 350-450 क्विण्टल प्रति हैक्टेयर मिलता है।

1. इसमें 9-10% प्रोटीन होने से निर्वाहक आहार माना जाता है।
2. दाना लेने के बाद सूखा डण्ठल पौष्टिक तत्त्वों से हीन होने के कारण निकृष्ट श्रेणी में आता है।

नोट—जब इसके भुट्टे दुग्धावस्था में निकाल लिये जायें तो इसका हरा तना निर्वाह आहार के रूप में प्रयोग किया जा सकता है।

बहुवर्षीय/बारहमासी चारे

पूसा जाइण्ट नैपियर (Pusa Gaint Napier)

यह शीघ्रता से फैलनेवाली बारहमासी घास है। भारतीय कृषि अनुसंधान संस्थान (I.A.R.I.) द्वारा निर्मित यह बाजरा और नैपियर के मध्य की एक हाइब्रिड (शंकर जाति) है जिसकी अभी हाल में ही खोज की गई है। यह हर प्रकार की नैपियर से अच्छी किस्म है। इसमें प्रोटीन एवं अन्य पोषक तत्त्व अधिक मात्रा में रहते हैं। इसे 'गजराज' घास भी कहा जाता है। प्रदेश में चारे की समस्या को हल करने की दशा में संकर नैपियर एक महान खोज है।

भूमि—निचली तथा अधिक मटियार भूमि को छोड़कर सभी प्रकार की भूमियों में बोई जा सकती है। मटियार दोमट सबसे अधिक उपयुक्त है। अधिक जाड़ेवाले स्थानों में उपयुक्त नहीं।

बीज की मात्रा—12 से 15 क्विण्टल जड़ें या तनों के टुकड़े प्रति हैक्टेयर के हिसाब से। तनों के टुकड़ों की लम्बाई 30 सेमी. होनी चाहिये और इन टुकड़ों को 45-60 सेमी. की दूरी पर लगाना चाहिये। लाइन से लाइन की दूरी 90 सेमी. रहे।

खाद—200 से 300 क्विंटल प्रति हैक्टेयर गोबर की खाद, अन्तिम जुताई से पूर्व खेत में 250 किग्रा. सुपरफॉस्फेट, 450 किग्रा. अमोनियम सल्फेट टॉपड्रैसिंग के रूप में।

सिंचाई —पहली सिंचाई जड़ या तना जमीन में दबाने के बाद।
- इसके पश्चात् गर्मी में 10-12 दिन मे अन्तराल पर एवं जाड़ों में 15-20 दिन के अन्तराल पर।
- वर्षा न होने पर सिंचाई आवश्यक। वैसे इस समय सिंचाई की आवश्यकता नहीं।

उपज —प्रतिवर्ष 2000-2500 क्विण्टल प्रति हैक्टेयर हरा चारा प्राप्त।
- पहली कटाई कलमें लगाने के 80-90 दिन बाद से। इसके बाद 50-60 दिन के अन्तर पर।

1. **जैसे-जैसे पौधा बढ़ता जाता है प्रोटीन की मात्रा घटती जाती है। अत: पौधों को अधिक नहीं बढ़ने देना चाहिये।**
2. **पशुओं को खिलाते समय हरे चारे के साथ 4-5 किग्रा. दलहनी हरे चारे; जैसे-लोबिया, ग्वार, बरसीम आदि अवश्य देने चाहिये।**

पारा-घास (Brachiaria mutica)

यह एक विदेशी घास है जो अधिक वर्षावाले क्षेत्रों में उगायी जाती है। यह जमीन पर लता की भाँति फैलकर चलती है। यह दूब घास से काफी मोटी और कोमल होती है। पोखरों, तालाबों, नालों एवं नहरों के किनारे उगकर 4-5 वर्ष तक हरा चारा देती है। इसकी प्रत्येक गाँठ से कई किल्ले निकलते हैं जो 180 सेमी. तक लम्बे होते हैं और चारे के काम आते हैं।

भूमि—बेकार भूमि; जैसे-ऊसर, दलदल की जगह, जलभराव की जमीन इसके लिये विशेष उपयुक्त होती है।

लगाने का समय—सबसे उपयुक्त समय वर्षा ऋतु, सिंचाई की सुविधा होने पर मार्च से जून में भी।

बीज की मात्रा—25 से 80 हजार तनों के टुकड़े प्रति हैक्टेयर के हिसाब से।

खाद – सबसे उपयुक्त खाद शहरों का गन्दा पानी।

– शीरे की खाद देकर अधिक उपज प्राप्त।

– प्रत्येक कटाई के बाद प्रति हैक्टेयर 1 क्विण्टल अमोनियम सल्फेट टॉप ड्रैसिंग के रूप में।

सिंचाई—तनों को जमीन में दबाने के तुरन्त बाद। तत्पश्चात् आवश्यकतानुसार सिंचाई।

उपज – साल भर में 800–1000 क्विण्टल हरा चारा प्राप्त किया जा सकता है।

– सीवेज सिंचाई की सुविधा प्राप्त फसल से 2000 क्विण्टल तक हरा चारा प्राप्त किया जा सकता है।

– जिस जगह इस घास को लगाना हो वहाँ 2–3 जुताईयाँ करके 60 सेमी. की दूरी पर नालियाँ बना लें और 30 सेमी. लम्बे घास के टुकड़े बनाकर 45–60 सेमी. की दूरी पर मिट्टी से ढक दें। बरसात में बिना नाली बनाये ही टुकड़ों को जमीन में ढक दें।

– घास की बुआई के 50–60 दिन बाद पहली कटाई की जाती है। इसके बाद जाड़े को छोड़कर हर माह एक बार।

– यह एक पौष्टिक एवं स्वादिष्ट हरा चारा है।

– इसमें प्रोटीन की मात्रा 8–10 प्रतिशत होती है। अतः इसे 5 लिटर तक दूध देनेवाले पशु को बिना रातब के दिया जा सकता है।

– जब पौधे 100–120 सेमी. के हों तब पशुओं के खिलाने के लिये उपयुक्त होते हैं।

दीनानाथ घास (Deenanath Grass/Pennisetum pedicellatum)

यह एक विदेशी घास है जो अपनी पौष्टिकता के कारण काफी लोकप्रिय हो रही है। यह विभागीय परिक्षेत्रों में (डेरी फार्मस आदि) कई वर्षों से बड़ी सफलता के साथ उगाई जा रही है और धीरे-धीरे इसका कार्यक्षेत्र बढ़ रहा है। एक बार बो देने के बाद यह कई वर्षों तक हरा चारा देती रहती है। इस घास की पत्तियाँ चौड़ी, धारीदार एवं रसीली होती हैं।

भूमि—हर प्रकार की भूमि में उगाई जा सकती है। परन्तु, पानी के निकासवाली एवं ऊँचे पहाड़ के ढालवाली भूमि के अधिक उपयुक्त रहती हैं।

बोने का समय—वर्षा ऋतु प्रारम्भ होते ही जून–जुलाई में।

बीज की मात्रा—एक हैक्टेयर जमीन के लिये 10–12 किग्रा. बीज पर्याप्त है।

बोने की विधि—बुआई नर्सरी डालकर या छिड़काव विधि से। छिड़काव के लिये बीज को मिट्टी में मिला लिया जाता है।

खाद – प्रति हैक्टेयर 100 क्विण्टल गोबर की खाद पलेवा करने से पहले।

– अन्तिम जुताई में प्रति हैक्टेयर 100 किग्रा. सुपरफॉस्फेट + 100 किग्रा. अमोनियम सल्फेट डालना चाहिये।

– उगने के 20–25 दिन बाद 100 किग्रा. अमोनियम सल्फेट के छिड़काव से घास की बढ़वार अच्छी होती है।

सिंचाई–कोई विशेष सिंचाई की आवश्यकता नहीं। आवश्यकता पड़ने पर 1–2 सिंचाईयाँ पर्याप्त होती हैं।

उपज – प्रति हैक्टेयर 400–500 क्विण्टल तक हरा–चारा प्राप्त होता है।

– पहली कटाई बोने के 50–60 दिन बाद।
– तीन कटाईयाँ तक की जा सकती हैं।
– इसमें प्रोटीन 7% तथा केल्शियम 4% और फॉस्फोरस 36% होता है।
– यह एक निर्वाहक चारा है।
– इसकी फार्मों पर हे भी बनायी जाती है।
– बीज लेने के लिये एक कटाई के बाद छोड़ देना चाहिये। एक एकड़ में 5–6 क्विण्टल तक बीज प्राप्त होता है।

सूखा एवं अभावग्रस्त क्षेत्रों के लिए आहार–व्यवस्था

प्राकृतिक आपदा; जैसे– समय–समय पर सूखा, बाढ़ आदि के कारण पशुओं के लिए समुचित आहार की व्यवस्था सम्भव नहीं हो पाती। ऐसी अवस्था में आपातकालीन चारे की व्यवस्था की जाती है जिससे पशुओं को जीवित रखा जा सके एवं उनका उत्पादन सुचारु रूप से चलता रहे। इसके लिये सूखी घास/मूंज/कांस की पत्तियाँ/मूँगफली का ऊपरी छिलका/गन्ने की खोई तथा सूखी पत्तियाँ, नमक, यूरिया, हड्डी का चूरा आदि को मिलाकर आहार बनाया जा सकता है।

यूरिया मिश्रित ऐसे ही कुछ आहारों के नमूने

एक सामान्य पशु की आहार व्यवस्था

नमूना–1

• गन्ने की खोइयाँ/सूखी घास/कांस/मूंज आदि	2 किलोग्राम
• गन्ने की पत्तियाँ/पेड़ों की पत्तियाँ	8 किलोग्राम
• शीरा (Tracle)	500 ग्राम (आधा किलोग्राम)
• यूरिया (Urea) खाद	22 ग्राम
• नमक (Common salt)	30 ग्राम
• बोन मील (Bone-meal)	20 ग्राम
• लवण मिश्रण	20 ग्राम

नमूना-2

- गन्ने की खोइयाँ — 4 किलोग्राम
- शीरा — 0.8 किलोग्राम
- गन्ने की पत्तियाँ/पेड़ों की पत्तियाँ — 2 किलोग्राम
- यूरिया (Urea) खाद — 22 ग्राम
- लवण मिश्रण — 20 ग्राम

50 से 150 किग्रा. शरीर भार वाली खाली बछिया/पड़िया के लिये

नमूना-1

- गन्ने की खोइयाँ — 2 किलोग्राम
- शीरा — 0.8 किलोग्राम
- गन्ने की पत्तियाँ/पेड़ों की पत्तियाँ — 3 किलोग्राम
- यूरिया (Urea) — 40 ग्राम
- नमक (Common salt) — 20 ग्राम
- हड्डी का चूरा (Bone-meal) — 20 ग्राम
- विटामिन्स मिश्रण — 0.5 ग्राम

सबको मिलाकर खिलायें।

याद रखिये– जहाँ सूखी घास, पत्तियाँ आदि पशु का पेट भरने का कार्य करती हैं वहीं यूरिया द्वारा प्रोटीन तथा शीरा और स्टार्च से शक्ति प्राप्त होती है।

– यूरिया के साथ शीरा अवश्य दिया जाय।

– आहार बनाते समय यूरिया और शीरा का घोल बनाकर सूखी घास, पत्तियाँ आदि के साथ भली-भाँति मिलाना चाहिये।

हरे चारे का संरक्षण
(Conservation of Green Fodder)

प्राय: देखा गया है कि पशुओं के लिये वर्ष-भर हरे चारे की आवश्यकता होती है। परन्तु पूरे वर्ष हरा चारा या घास, सिंचित भागों को छोड़कर अन्य स्थानों पर उपलब्ध नहीं होती। हरा चारा व घास, केवल वर्षा काल में अधिक मात्रा में उपलब्ध होती हैं। ग्रीष्म ऋतु में जब हरे चारे का अभाव होता है तब पहले से सुरक्षित किया हुआ चारा हरे चारे के रूप में काम आता है। कुसमय में पशुओं को खिलाने के लिए निम्नलिखित विधियों से चारा सुरक्षित रखा जा सकता है–

1. खत्ती बनाना (Silage making)
2. घास की 'हे' बनाकर रखना (Hay making)
3. कृत्रिम रूप से घास सुखाना (Artificial drying of grasses)

1. खत्ती बनाना (Silage making)

वह विधि जिसके द्वारा हरे चारे को अपनी रसीली अवस्था में ही सुरक्षित रखा जा सके, वह साइलोइंग या इनसाइलिंग (Siloing or Ensiling) कहलाती है।

खत्ती (साइलेज) कुट्टी काटने के बाद सुरक्षित रूप में रखा हुआ (दबाया हुआ) मुलायम हरा चारा होता है, जो पशुओं को ऐसे समय में खिलाया जाता है जब हरे चारे का पूर्णतया अभाव होता है। इस विधि से चारे को सुरक्षित रखने के लिये उसे जमीन में बने गड्ढे या जमीन के ऊपर विशेष प्रकार के टावरों जिन्हें साइलो (Silo) कहते हैं, में दबा कर रखा जाता है ताकि उसके बीच में हवा न रहे। साइलेज बनाने की इस क्रिया को (Siloing or Ensiling) कहते हैं।

कोठला के प्रकार (Kinds of Silo)—कोठला तीन प्रकार के बनाये जाते हैं—

1. गड्ढा खत्ती (Pit Silo) —जमीन के अन्दर गोलाकार या समकोण चतुर्भुज आकार के गड्ढे बनाये जाते हैं। इनमें गोलाकार साइलो अच्छे रहते हैं। इनमें चारा अच्छी तरह से दबाया जा सकता है और उसमें हवा नहीं रहती है। डेरी फार्म के सबसे ऊँचे स्थान पर ये गड्ढे बनाये जाते हैं। साइलो 5 मीटर से अधिक गहरा नहीं होना चाहिये। साइलो का घेरा (परिधि) इस बात पर निर्भर करती है कि कितना साइलेज बनाना है।

एक एकड़ ज्वार की फसल के लिए 2.5 मीटर घेरावाला 2.5 मीटर गहरा गड्ढा पर्याप्त होता है।

2. खाई खत्ती (Trench Silo)—भूमि में नीचे की ओर 2.4 मीटर तथा ऊपर 2.5 मीटर चौड़ी खायी बनाई जाती है। इसमें एक सुविधा यह है कि कटा हुआ चारा लाने व ले जाने के लिए बुग्गी या गाड़ी का प्रयोग हो सकता है।

याद रहे — खाई के फर्श का ढाल एक ओर होना आवश्यक है।
— खाई की गहराई भूमि में 2.4 मीटर से अधिक न हो।
— साइलो को समतल रूप से भरना चाहिये।

इस प्रकार के साइलो में नीचे से चौड़े होने के कारण चारा सुगमता से दबाया जा सकता है।

3. स्तूप खत्ती (Tower Silo)—इस प्रकार के साइलो वहाँ बनाये जाते हैं जहाँ जमीन का जल-स्तर (वाटर लेबिल) काफी ऊपर होता है और डेरी-फार्म पर पशुओं की संख्या अधिक होती है। यह साइलो टावर भूमि के ऊपर लकड़ी, ईंट, कंकरीट से बनाये जाते हैं। इनका व्यास प्रायः 3 मीटर एवं ऊँचाई 6 मीटर तक रखी जा सकती है। इनका खुला हुआ ऊपरी भाग फूँस के छप्पर अथवा टीन से ढक दिया जाता है। साइलो में 0.75 मीटर चौड़ा नीचे से ऊपर तक एक दरवाजा होता है। चारा भरने के बाद इस दरवाजे को लकड़ी के तख्तों से बन्द कर दिया जाता है। साइलो बनाने की यह सर्वश्रेष्ठ विधि मानी जाती है। **1 मीटर ऊँचे तथा 2.45 मीटर चौड़े व्यास वाले साइलो भी बनाये जाते हैं। इन साइलो में लगभग 25 टन हरा चारा सुरक्षित रखा जा सकता है।**

खत्ती बनाने के लाभ (Advantages of Silage making)

- खत्ती (साइलेज) सूखे चारे की अपेक्षा कम जगह घेरती है। इस प्रकार डेरी फार्म पर जगह की बचत होती है।
- इसे पौष्टिक अवस्था में अधिक समय तक सुरक्षित रखा जा सकता है।
- इसे जाड़े के दिनों में तथा चरागाहों के अभाव में पशुओं को आवश्यकतानुसार खिलाया जा सकता है।

- खत्ती (साइलेज) से कम खर्च पर उच्च कोटि का हरा चारा प्राप्त होता है।
- स्वादिष्ट होने से पशु इसे बड़े चाव से खाते हैं।
- इसके खिलाने से रातव की कमी की जा सकती है।
- बरसात के दिनों में उगे चारे जो इसके पश्चात् बेकार हो जाते हैं, इस विधि से पूर्ण सुरक्षित रखे जा सकते हैं।
- भूमि जिस पर साइलेज की फसलें बोई जाती हैं, शीघ्र रवी की फसल बोने के लिये खाली हो जाती है।
- बरसात के दिनों में जब घास को सुखाना मुश्किल होता है तब इसका आसानी से साइलेज बनाया जा सकता है।
- एक बार साइलेज खा लेने के बाद पशु इसका आदी हो जाता है, क्योंकि यह अधिक स्वादिष्ट होता है और पशु बार-बार खाना पसन्द करता है।
- इसके अधिक पाचक और पौष्टिक होने के कारण पशु की दुग्ध उत्पादन क्षमता बढ़ती है एवं स्वास्थ्य में उत्तम वृद्धि होती है।
- कुछ फसलें जिनकी अन्तिम अवस्था में कीड़े लगने का भय रहता है, फूलते समय साइलेज के लिये कट जाने पर कीड़ों की आशंका समाप्त हो जाती है।

डेरी गायों के लिये साइलेज एक बहुत अच्छा चारा है, क्योंकि इसके खिलाने से उनका दूध बढ़ता है। बैलों को खिलाने से उनकी कार्यक्षमता बढ़ती है।

- साइलेज के रूप में फसलों को कोमल एवं रसीली अवस्था में काफी समय तक रखा जा सकता है।
- साइलेज के लिये कटी फसल के साथ खरपतवार भी कट जाते हैं। अतः खरपतवारों का विनाश स्वतः हो जाता है।

एक स्वस्थ पशु को एक दिन में 15-20 किग्रा. साइलेज खिलायी जा सकती है या शरीर भार के अनुसार 100 किग्रा. शरीर भार पर 5 किग्रा. साइलेज की मात्रा खिलायी जा सकती है।

गड्ढों का भरना (Filling of Silopits)—हमारे देश में साइलेज अधिकतर गड्ढों में ही बनाया जाता है। इसे भरने के लिए फसल को फूल आने की अवस्था में काट लिया जाता है। फसल को सुबह काटकर पूरे दिन खेत में छोड़ देते हैं ताकि नमी कम-से-कम रह जाये। अगले दिन फसल के गट्ठर बनाकर इन्हें गड्ढे में बिछाया जाता है। सबसे नीचे कुछ घास बिछायी जाती है। फसल को मशीन से काटकर भरना अच्छा रहता है। गड्ढों में फसल को भरते समय खूब दबाया जाता है ताकि बीच-बीच में हवा न रह जाये।

चारे को जमीन की सतह से 1-2 फुट ऊँचा भरना चाहिये, क्योंकि बाद में इसका स्तर कम हो जाता है। अन्त में ऊपर से कुछ घास डालकर इसे मिट्टी से लीप कर बन्द कर दिया जाता है जिससे कहीं से वायु तथा जल प्रवेश न हो सके।

गड्ढे को खोलना—लगभग 50-60 दिन गड्ढे में बन्द रखने के पश्चात् यह चारा अचार का रूप धारण कर लेता है जो हरे चारे से बिलकुल भिन्न होता है। इसी को 'साइलेज' कहते हैं।

जब साइलेज तैयार हो जाये तो इसे गड्ढे से लगभग 5-10 सेमी. रोजाना निकाल कर पशुओं को खिलाना चाहिये।

सावधान— एक साथ पूरा गड्ढा न खोला जाय, बल्कि एक किनारे से ही साइलेज निकाला जाय। ऐसा न करने से साइलेज के सड़ने-गलने का भय रहता है।

साइलेज की किस्में (Kinds of Silage)

अमेरिकन डेरी एसोसिएशन द्वारा निर्धारित—

- **बहुत अच्छी साइलेज**—स्पष्ट अमलत्व की गंध तथा स्वादवाला।
- **अच्छी साइलेज**—अमलत्व का स्वाद तथा महकवाला।
- **कुछ अच्छी साइलेज**—थोड़ा ब्यूटरिक अम्लवाला।
- **खराब साइलेज**—बुरी महकवाला। पी.एच. 4.8 से अधिक।

रंग एवं स्वाद के अनुसार साइलेज का वर्गीकरण

- **बादामी साइलेज**—ऐसी साइलेज में आवश्यक तत्त्वों का ह्रास होता है। अतः यह अच्छी नहीं मानी जाती।
- **हल्की बादामी या पीली-बादामी साइलेज**—यह सर्वोत्तम प्रकार की साइलेज मानी जाती है। पशु इसे बड़े चाव से खाते हैं।
- **हरी साइलेज**—इसमें केरोटीन की मात्रा अधिक होती है। इसमें पशुओं को लुभानेवाली महक होती है जिससे पशु इसे बड़े चाव से खाते हैं।
- **खट्टी साइलेज**—यह अधूरी साइलेज कहलाती है और खाने में खट्टी होती है।
- **ए.आई.वी. साइलेज**—यूरोपियन देशों में घासों से साइलेज बनाने की विधि को ए. आई.वी. साइलेज कहते हैं। अभी अपने देश में इसका प्रचार कुछ कारणोंवश नहीं है।

साइलेज बनाने की उपयोगी फसलें

- मक्का एवं ज्वार की फसलें साइलेज बनाने के लिए सर्वोत्तम हैं।
- फलीदार फसलों से भी साइलेज बनाई जा सकती है। चूँकि इनमें कार्बोहाइड्रेट की मात्रा कम होती है। अतः ऊपर से शीरा अथवा खनिज अम्ल (Mineral acid) छिड़कना पड़ता है।
- बाजरा, लोबिया, पुआल, लूसर्न, बरसीम, जई, घास-पात, अगौले आदि से भी साइलेज बनायी जा सकती है।

ध्यान देने योग्य बातें

- साइलेज बनानेवाली फसल को फूलते समय ही काटना चाहिये, क्योंकि इस समय उसमें पोषक तत्त्व अधिक होते हैं।

- सुबह ओस छटने के बाद चारे को काटकर दोपहर तक के लिये खेत पर फैलाकर छोड़ देते हैं जिससे नमी कुछ कम हो जाय। दोपहर के बाद इस चारे के बण्डल बाँधकर क्रम से लगा लिये जाते हैं।

2. घास की 'हे' बनाकर रखना (Hay-making)

'हे' उस सूखी घास को कहते हैं जिसे हरी घास, जिसके आवश्यक तत्वों का ह्रास किये बिना ही प्रतिकूल समय में जब अन्य हरे चारे उपलब्ध न हों, पशुओं को खिलाने के लिये संरक्षित कर भण्डारित किया गया हो।

"Hay is the name given to such a grass which has been dried and stored under conditions without the loss of its nutrients and original green colouration."

इस प्रकार तैयार किया हुआ आहार अधिक स्वादिष्ट, पाचक एवं उच्चकोटि का माना जाता है। हमारे देश में इस विधि से घास सुखाने का कार्य अभी कृषकों द्वारा प्रारम्भ नहीं किया गया है।

'हे' बनाने वाली फसलें—'हे' बनाने के लिए बरसीम, जई, लोबिया, लूसर्न, सोयाबीन, अन्जनी एवं सूडान घास का उपयोग होता है।

'हे' बनाने के लिए निम्न बिन्दुओं पर विशेष ध्यान दें—

- घास ऐसी हो जो पत्तीदार, खोखले एवं पतले तनेवाली हो।
- उसमें प्रोटीन 7-10% तथा केल्शियम 0.5% अवश्य हो।
- घास काटते एवं सुखाते समय पत्तियाँ कम न हों।
- घासें मुलायम तथा स्वादिष्ट हों।
- कटी हुई घास को तब तक खेत में सूखने देना चाहिये जब तक कि उसका शुष्क पदार्थ 60% तक न रह जाय।
- 'हे' बनाने वाली फसलों को फूलते समय ही काट लेना चाहिये, ताकि उनकी पौष्टिकता कम न हो। घासों में किसी प्रकार का खरपतवार न हो।

  'हे' के लिये काटने का सबसे अच्छा समय वह है, जब सुबह ओस छूट चुकी हो, जिससे कटी हुई घासें पृथ्वी पर फैल जायें।
- घास की हरी पत्तियों का रंग कभी भी समाप्त नहीं होना चाहिये।
- तैयार की हुई 'हे' में उस घास की सुगन्ध होनी चाहिये जिससे उसे तैयार किया गया है।
- 'हे' के लिये घास फफूँदीरहित होनी चाहिये।
- खेतों से उठाकर अर्द्धसूखी घासों को लकड़ी के बने ढाँचों पर उस समय तक सुखाना चाहिये जब तक कि उनमें 80–85 प्रतिशत तक शुष्क पदार्थ न रह जाये।

'हे' बनाने की विधियाँ (Methods of Hay Making)

1. तिगोड़िया/तिपाई विधि (Tripod Stand Method)—तीन लम्बे तथा पतले लट्ठों की एक तिगोड़िया बनाकर ऊपरी सिरों को नुकीला बनाते हुए तार से बाँध दिया जाता है। इन लट्ठों को जुटाने के पश्चात् भूमि पर इस प्रकार खड़ा कर दिया जाता है कि भूमि पर एक ट्राइएंगिल बन जाये। इस त्रिभुज के ऊपर खेत में सूखी घास को बिछा दिया जाता है। बीच में बांस की सहायता से घास को पलटना पड़ता है ताकि घास समान रूप से सूख सके।

'हे' बनाने की यह एक सर्वोत्तम विधि है।

2. फार्म घेरा विधि/फार्म बाड़ विधि (Farm-fenced Method)—इस विधि में घासों को फार्म के चारों ओर खींचे गये काटेदार तारों अथवा दीवारों पर फैलाकर सुखाया जाता है। बीच-बीच में घासों को पलटा जाता है।

3. भूमि विधि (Ground Method)—फसल को काटने के बाद इसे खेत में 25-30 सेमी. मोटी तह या छोटे-छोटे ढेरों में फैलाकर धूप में सुखाते हैं। यदि धूप तेज न हो तो चारे को पतली तह में फैलाकर सुखाते हैं। जब पौधों की अधिकांश पत्तियाँ सूखकर कुरकुरी हो जायें तब इनको इकट्ठा कर छोटे-छोटे ढेरों में लगा लें। समान रूप से सुखाने के लिए इन ढेरों को पलटा जाता है।

4. मकान अथवा पशुशाला की छत पर घास सुखाना (Hay drying on the roof of farm house)—घास सुखाने की यह विधि पर्वती क्षेत्रों में अपनायी जाती है। भूटान में अधिकांश पशुपालक अपने घरों की टीन की छत पर घास फैलाकर उसे सुखाते हैं। इसी प्रकार पशुशाला की टीन की ढालू छत पर मोटी तह बिछाकर हरी घास सुखायी जाती है। एक दो बार पलटकर सूखा लेने के बाद इसका पशुशाला में ही छत से नीचे लगी लकड़ी तथा टीन के बीच भण्डारण किया जाता है।

3. कृत्रिम रूप से घास को सुखाना (Artificial Drying of Grasses)

इस विधि के अन्तर्गत घास को खेत में काटने के बाद, उसके टुकड़े करके बिजली से चलने वाली एक गरम भट्टी में होकर निकालते हैं। इस प्रकार से उसकी नमी निकलकर घास सूख जाती है। इन भट्टियों में घास दो घण्टे के लिये रखी जाती है।

- इस विधि से सुखायी हुई घास की पौष्टिकता हरी घास के समान ही रहती है।
- सुखायी हुई घास में 20% प्रोटीन तथा केरोटीन की मात्रा 3 गुनी अधिक होती है।
- खराब मौसम में भी इस विधि का प्रयोग किया जा सकता है।

नोट—हमारे देश में पशु अल्प उत्पादक हैं। अतः यह ढंग अधिक मूल्यवान होने के कारण नहीं अपनाया जा सकता।

विभिन्न महीनों में उपलब्ध चारों की सूची

क्रमांक	महीने	चारे जो उपलब्ध होते हैं
1.	जनवरी	गेहूँ का भूसा, ज्वार की करवी, बरसीम, जई, लूसर्न, गन्ने का अगोला, मैथी।
2.	फरवरी	गेहूँ का भूसा, बरसीम, जई, सरसों, अगोला, रिजका, मैथी, मटर।
3.	मार्च	भूसा, बरसीम, जई, सरसों, रिजका, मटर, भूसा, बरसीम साइलेज।
4.	अप्रैल	भूसा, रिजका, बरसीम, साइलेज, लोबिया।
5.	मई	भूसा, रिजका, बरसीम, साइलेज, लोबिया।
6.	जून	भूसा, मक्का की चरी, लोबिया, रिजका, बरसीम की हे, साइलेज।
7.	जुलाई	भूसा, मक्का की चरी, लोबिया, ज्वार की चरी, साइलेज, दूब घास।
8.	अगस्त	भूसा, मक्का तथा ज्वार की चरी, इब तथा अन्य घासें।
9.	सितम्बर	भूसा, ज्वार की चरी, ग्वार, बाजरा, विभिन्न घासें।
10.	अक्टूबर	भूसा, ज्वार की चरी, ग्वार, बाजरा, विभिन्न घासें, बहुवर्षीय घासें (Perinneal grasses)।
11.	नवम्बर	भूसा, ग्वार की करबी, गन्ने के अगोले, विभिन्न घासें, बहुवर्षीय घासें।
12.	दिसम्बर	भूसा, ज्वार की करबी, गन्ने के अगोले, बरसीम, रिजका, मैथी, बहुवर्षीय घासें।

पशुपोषण के सिद्धान्त (Principles of Feeding)

सन्तुलित आहार (Balanced Ration)

सन्तुलित आहार वह है जिसमें अमुक पशु समस्त आवश्यकताओं की पूर्ति करने तथा उसे स्वस्थ रखने के लिये सभी आवश्यक पोषक तत्त्व ठीक-ठीक अनुपात एवं उचित मात्रा में उपलब्ध हों।

"A balanced ration is that food mixture which contains all the essential nutrients in right quantity and quality as needed by the animal body."

निर्वाह आहार (Maintenance Ration)

निर्वाह आहार चारे की वह मात्रा है, जो एक ऐसे पशु का शरीर भार बिना बढ़े-घटे समान रखती है, जो न वृद्धि करता हो, न उत्पादन करता हो और न कोई कार्य करता हो अर्थात् सन्तुलित आहार की वह मात्रा, जो अमुक पशु को केवल शरीर रक्षा हेतु दी जाती है, निर्वाह आहार कहलाती है।

"The amonut of Balanced ration which is required to fulfill the maintenance need of a particular animal is called maintenance ration."

वर्धक आहार या उत्पादक राशन (Productive Ration)

चारे दाने की वह मात्रा, जो अमुक पशु को वृद्धि, उत्पादन या कार्य के लिये निर्वाह-आहार (Maintenace ration) के अतिरिक्त दी जाती है वर्धक आहार कहलाती है। पशु की उत्पादन आवश्यकता प्रायः दाने से ही पूरी होती है।

"The amonut of food which is offered to grow, work or produce animal over and above the maintenance need is known as Productive ration. This need is mostly met by concentrate mixture."

एक आदर्श राशन (An Ideal Ration)

चारे अथवा चारे-दाने का वह सम्मिश्रण, जो पशु की समस्त आवश्यकताओं को उसके शरीर भार के अनुसार, उचित मात्रा में देने पर ही पूर्ण कर देता हो, आदर्श राशन कहलाता है।

ऐसा आहार सभी प्रकार से स्वास्थ्यवर्धक होता है।

"The food or feed mixture containing all the essential components of a balanced ration and has ability to fulfil all the needs of a particular animal when given according to his body weight is called an ideal ration."

पशु को आहार देने के मूल नियम (General Principles of Rationing the Animals)

- पशु को जो आहार दिया जाय वह सन्तुलित तथा नियमित हो। उसे दिन में दो बार चारा-दाना (8-10 घण्टे का अवकश) देना चाहिये। इससे पशु की पाचन क्रिया ठीक रहती है और बीच में जुगाली करने का समय मिल जाता है।
- पशु को ऐसा आहार दिया जाय जो सस्ता हो, साथ ही स्वादिष्ट, पाचक एवं साफ हो।
- पशु को जो आहार दिया जाय उसमें विभिन्न प्रकार के चारे-दाने (यथा-भूसा, हरा चारा, दाना आदि) मिले हों।
- पशु को भली-भाँति तैयार किया हुआ चारा-दाना दिया जाना चाहिये। चारे में सख्त डंठल न हों, वह भली-भाँति कटा हुआ तथा मुलायम हो। इसी प्रकार से जौ, चना, मटर एवं मक्का का दाना भली प्रकार से दला हुआ होना चाहिये। उसे भिगोकर या पकाकर देना चाहिये। खली को भी दाने के साथ भिगोकर फुला लेना चाहिये।
- चारे को एकदम नहीं बदलना चाहिये। बदलने के लिये धीरे-धीरे, थोड़ा-थोड़ा चारा पशु को खिलाना चाहिये।
- दाना पहले खिलाकर बाद में सूखा या हरा चारा पशु को देना चाहिये।
- गर्भित पशु एवं दूध देनेवाले पशु को 25 किलो तक प्रतिदिन हरा चारा अवश्य देना चाहिये। इसके अतिरिक्त दुग्ध उत्पादन के लिए कुल दूध की मात्रा का लगभग एक-तिहाई भाग पौष्टिक मिश्रण पशुओं को खिलाना चाहिये।
- पशु को चारा उसकी आवश्यकता के अनुसार ही देना चाहिये। कम या अधिक चारा नहीं।

- चारा खिलाने की चरनी अथवा नादें बिलकुल साफ होनी चाहिये। नया चारा-दाना डालने से पूर्व पहली जूठन को साफकर अलग कर देना चाहिये।
- अधिकतम उत्पादन के लिए अतिरिक्त आहार की व्यवस्था करनी चाहिये।
- प्रत्येक पशु को 2-2.5 कि.ग्रा. शुष्क पदार्थ (Dry matter) प्रति 100 किग्रा. शरीरभार पर देना चाहिये। भैसों को 3 किग्रा. प्रति 100 किग्रा. भार पर।
- जो पदार्थ पशु को खिलाये जाने को हों वे ताजी और स्वच्छ होने चाहिये। सड़ी-गली और फफूँदी लगी चीजें खिलाने से पशु रोगग्रस्त हो जाते हैं।
- पशु आहार में कुछ भाग हरा चारा अवश्य होना चाहिये। अन्यथा पशु की दुग्ध उत्पादन क्षमता घट जाती है।
- एक गाय/भैस को लगभग 60 ग्राम नमक प्रतिदिन देना चाहिये एवं 60 ग्राम खनिज लवण मिश्रण भी मिलाना चाहिये।
- चारे में ½ भाग हरा चारा और ½ भाग सूखा चारा होना चाहिये।
- पशु की अनुकूलता के अनुसार ही भोजन व्यवस्था करनी चाहिये।

अच्छी नस्ल के पशुओं को मिल्कमिन/मैक्समिन फोर्ट/पॉवरमिल्क/एग्रीमिन फोर्ट/टोनोमिल्क आदि खनिज पोषक तत्वों वाले पशुआहार पूरकों में से किसी एक का उपयोग किया जा सकता है। इससे शरीर में आवश्यक खनिज पोषक तत्वों की कमी नहीं होती है।

नोट— वैज्ञानिकों की राय में दुधारू एवं वृद्धि करनेवाले पशु यदि चरने नहीं जाते, तो उन्हें दिये जानेवाले 2/3 शुष्क पदार्थ का 1/3 भाग हरे चारे या साइलेज का होना चाहिये। यदि हरा चारा फलीदार हो तो यह मात्रा ¼ होनी चाहिये।

गाय-भैंसों के लिए एक आदर्श दिनचर्या

- **प्रायः 4 बजे से 8 बजे तक**—दाना देना तथा सुबह का दूध निकालना।
- **8 बजे से 9 बजे तक**—सूखा + हरा चारा खिलाना।
- **9 बजे से 10 बजे तक**—पानी पिलाना।
- **10 बजे से 2 बजे तक**—चरागाहों में चराना।
- **2 बजे से 3 बजे तक**—पानी पिलाना।
- **3 बजे से 8 बजे तक**—दाना देना एवं शाम को दूध निकालना।
- **7 बजे से 8 बजे तक**—सूखा व हरा चारा खिलाना।
- **रात्रि 8 बजे से 4 बजे प्रातः तक**—विश्राम।

आवश्यक सुझाव—आहार को अधिक रुचिकर तथा भली-भाँति चलाने के लिए पशु को कभी-कभी गुड़ अथवा शीरा समुचित मात्रा में खिलाना चाहिये। प्रजनक सांड़ों को उनके प्रजनन हेतु निर्वाह आवश्यकता से ऊपर 20-30% तक राशन देना चाहिये।

पशु की इच्छानुसार पानी पिलावें।

आहार व्यवस्था : विभिन्न कार्यों के लिये

बढ़ोत्तरी करनेवाले पशुओं के लिए आहार
(Food Requirement for Growing Animals)

- शरीर की वृद्धि के लिए (बछड़ा-बछिया/पड़ा-पड़िया) केल्शियम, फॉस्फोरस व प्रोटीन्स, सम्पूर्ण पाचक तत्व (T.D.N.) तथा विटामिन युक्त राशन।
- हड्डियों की वृद्धि के लिए केल्शियम, फॉस्फोरस तथा विटामिन डी आवश्यक है।
- मांस की वृद्धि के लिए प्रोटीन आवश्यक है।
- पूर्ण वृद्धि करने के उपरान्त प्रोटीन की मात्रा कम तथा कार्बोहाइड्रेट्स अधिक मात्रा में देने चाहिये।
- वृद्धि करनेवाले पशुओं के लिये खानेवाला नमक अत्यन्त आवश्यक है। पशु के आहार में दिये जानेवाले दाने में 1% के हिसाब से नमक देना चाहिये।
- बछड़े/बछिया की आवश्यक वृद्धि हेतु प्रोटीन के लिये माँ का दूध अवश्य पिलावें।
- जिन बच्चों को दूध न मिल रहा हो, उन्हें विटामिन डी की 400 आई.यू. मात्रा प्रति 45 किग्रा. शरीर भार के अनुसार देनी चाहिये।

ओसर बछिया हेतु राशन इस प्रकार से

चारा (Fodder)

- **यदि हरा चारा और भूसा खिलाना है तो—**
  हरा चारा 10 से 15 किलोग्राम। भूसा 3-4 किलोग्राम (शरीर-भार के अनुसार)।
- **यदि केवल भूसा ही खिलाना है तो—**
  भूसा 5.5 से 7.5 किग्रा तक (शरीर-भार के अनुसार)।
- **यदि केवल हरा चारा खिलाना है तो—**
  हरा चारा 20 से 25 किग्रा. तक (शरीर-भार के अनुसार)।
- **दाना (Feed)—**
  दाना 1.5 किग्रा. प्रतिदिन के हिसाब से।
- **मिनरल पाउडर (सुपरमिण्डिफ/मिल्कमिन/टोनोमिल्क)**
  मिनरल पाउडर 30 ग्राम + नमक 30-60 ग्राम प्रतिदिन देना चाहिये।

कार्य करनेवाले पशुओं की आहार व्यवस्था
(Food requirement for working animals)

- कार्य की अधिकता के अनुसार शीघ्र पाच्य कार्बोहाइड्रेटसयुक्त आहार की आवश्यकता होती है।
- हल्का कार्य करनेवाले पशुओं को अधिक मात्रा में रेशेदार चारा तथा थोड़ी मात्रा में दाना आवश्यक है।
- अधिक कार्य करनेवाले पशुओं को अलग से खनिज मिश्रण तथा खाने का नमक देना चाहिये।

बैलों के चारे-दाने की व्यवस्था इस प्रकार से करें

चारा (Fodder)—शरीर-भार के अनुसार एवं चारे की उपलब्धता के अनुसार।

दाना (Feeds)—बैलों के दाने की व्यवस्था निम्न तालिका के अनुसार करें—

दाने की मात्रा प्रतिदिन, जो आवश्यक होती है।

क्रं. सं.	बैल की जाति आकार	कार्य न करने की अवस्था में	साधारण कार्य में	अधिक परिश्रम के कार्य में	विशेष विवरण
1.	छोटे बैल	1 किलोग्राम	1 किलोग्राम	2 किलोग्राम	
2.	मध्यम बैल	1 किलोग्राम	2 किलोग्राम	3 किलोग्राम	
3.	बड़े बैल	2 किलोग्राम	3 किलोग्राम	4 किलोग्राम	

मिनरल पाउडर—मिनरल पाउडर 30 ग्राम एवं नमक 60 ग्राम प्रति दिन।

मांस उत्पादन के लिए आहार (Food Requirements for Production)

जो पशु मांस के लिये पाले जाते हैं विशेषकर भेड़/बकरी एवं विदेशों में बछड़े—

- ❑ मोटे होने की प्रारम्भिक अवस्था में पशु को उसकी निर्वाह आवश्यकता के ऊपर लगभग 1 किग्रा. अधिक स्टार्च तुल्यांक (Starch equivalent) या सम्पूर्ण पाच्य तत्व (T.D.N.) देने चाहिये।
- ❑ मोटे होने की सघन अवस्था में 1.5-2 किग्रा. अधिक स्टार्च तुल्यांक या सम्पूर्ण पाच्य तत्व खिलाने चाहिए।

  ऐसे पशु 4-5 माह में 100 किलोग्राम शरीर-भार के होकर कटने के लिए तैयार हो जाते हैं।

छोटे तथा कम उम्र के पशुओं को मोटा करने के लिए (बाजारों में बिकने हेतु)—

- ❑ काफी मात्रा में प्रोटीनयुक्त आहार दें।
- ❑ आवश्यकतानुसार खनिज-लवण तथा विटामिन पर्याप्त मात्रा में।
- ❑ **सावधान**— मोटे होनेवाले पशुओं को यदि प्रोटीन की मात्रा बहुत कम तथा कार्बोहाइड्रेट्स तथा चिकनाई अधिक मात्रा में दी जाती है तो पाचन विकार उत्पन्न होकर उन्हें बहुत बदबूदार दस्त आने लगते हैं।

अधिक ऊन उत्पादन के लिए आहार (Food Requirement of more Wool Production)

- ❑ ऊन एक स्वयं में शुद्ध प्रोटीन है। अतः भेड़ को ऊन के लिए पर्याप्त प्रोटीन मिलना आवश्यक होता है। इसलिये उसे Rich proteins युक्त आहार मिलना चाहिये।
- ❑ एक भेड़ को 1.5 किलोग्राम शुष्क पदार्थ (D.M.), 0.8 किलोग्राम स्टार्च या उसके बराबर (S.F.) तथा 0.12 किलोग्राम पाचक प्रोटीन (D.C.P.) नित्य आवश्यक है।
- ❑ अच्छी ऊन लेने के वास्ते राशन में गन्धकयुक्त ऐमिनो अम्ल तथा सिस्टीन मिलाकर खिलाना चाहिये।

गर्भावस्था की आहार व्यवस्था (Food Requirement for Pregnancy)

- ग्याभिन गाय के निर्वाह एवं उत्पादन आवश्यकता के ऊपर एवं भ्रूण के विकास हेतु (ग्याभिन होने के 5-6 माह बाद) 0.14 किलो पाचक प्रोटीन (D.C.P.), 0.7 किलोग्राम सम्पूर्ण पाच्य तत्व (T.D.N.), 12 ग्राम केल्शियम, 7 ग्राम फॉस्फोरस तथा 30 मिलीग्राम विटामिन ए (30 mg. Vitamin A) मिलना चाहिये।

  नोट—यह आवश्यकता 1.5 किग्रा. अच्छा पौष्टिक मिश्रण देने से पूरी हो जाती है एवं साथ में दाने के अन्तर्गत 2% खनिज-लवण मिश्रण और मिला दिया जाता है।

- यदि इस अवधि में गाय दूध दे रही हो तो उसका दूध सुखा देना चाहिये।

  गाय को गर्भकाल में अच्छा भोजन दिया जाय ताकि वह ब्याने के समय तक अपने स्वास्थ्य को अच्छा रख सके।

गर्भवती गाय का आहार (सारांश में)

- **चारा**—शरीर-भार के अनुसार एवं सरलता से पचनेवाला।
- **दाना**—2 से 4 किग्रा. प्रति दिन तथा दुग्ध उत्पादन हेतु दाना इसके अतिरिक्त।
- **मिनरल पाउडर**—30 ग्राम + नमक 50 ग्राम प्रति दिन।

  याद रहे— यदि ग्याभिन तथा दूध देनेवाली गाय को हरा चारा उपलब्ध न हो तो बाजार में उपलब्ध विटामिन पाउडर अवश्य देने चाहिये।

पशु ब्यांत के बाद आहार (Feeding after Calving)

- ब्याने के बाद पशु को तत्काल कार्बोहाइड्रेट्स युक्त चारा खिलाना चाहिये।
- ब्याने के बाद 3-4 दिन तक तैलीय खलियाँ (oilcakes) बिलकुल न दें।
- दाने की मात्रा धीरे-धीरे बढ़ानी चाहिये जिससे एक या दो सप्ताह में मादा अपनी आवश्यकतानुसार अधिक-से-अधिक दाना खा सके। बाद में गाय को निर्वाह एवं उत्पादन आवश्यकता के ऊपर लगभग ½ किग्रा. सम्पूर्ण पाचक तत्व (T.D.N.) रोजाना और देने चाहिये।
- ब्याने के बाद गर्भाशय की सफाई के लिये पशु को औटी दी जा सकती है, न कि जौ का आटा, अरहर की दाल।
- पशु को सन्तुलित चारा दें।

सभी वर्गों के पशुओं में निम्न की व्यवस्था करें

पशुओं को उनके भोजन में प्रतिदिन विटामिन्स तथा मिनरल्स अवश्य ही दिये जायें। जैसे—एग्रीमिन फोर्ट (Agrimin forte), मस्टोमिक्स गोल्ड (Mustomix gold), रिगमिन फोर्ट (Rigmin forte) आदि। इससे पशुओं का चौतरफा विकास होता है और उनकी उत्पादन क्षमता में पर्याप्त वृद्धि होती है।

सूकर आहार (Pig Ration)

राशन नं. 1		राशन नं. 2	
❑ मक्का	60 भाग	❑ मक्का	50 भाग
❑ दला- जौ या गेहूँ	30 भाग	❑ दला- जौ या गेहूँ	25 भाग
❑ फिश या मीट मील	10 भाग	❑ फिश या मीट मील	10 भाग
		❑ गेहूँ का चोकर	15 भाग

उपरोक्त आहार में से कोई एक आहार दें।

सूकर सांड़ को — 3 किग्रा. राशन
नई ब्यायी सूकरी को — 5 किग्रा. राशन प्रतिदिन के हिसाब से देना चाहिये।
सामान्य प्रौढ़ सूकरियों को — 2-4 किग्रा. राशन

कुत्तों का आहार (Feeding of Dogs)

1. **पशु शरीर से प्राप्त आहार (Feeds of animal origin)**
   (i) **मांस** (Meat)—विभिन्न प्रकार के मांस, बोन स्क्रेपिंग (हड्डी के ऊपर की छीलन), मांसयुक्त अस्थि (Meat-cum bone), शारीरिक ग्रन्थियाँ (यथा—यकृत, हृदय एवं किडनी), आँत (Cleaned and chopped/ minced guts) आदि। मीट मील, मीट-कम-बोन मील।
   (ii) दूध, दूध से बने पदार्थ एवं बाई-प्रोडक्ट्स (Milk-milk product and by-products) —होल मिल्क, स्किम्ड मिल्क, दूध का सूखा पाउडर, केजीन, चीज मिल्क, पनीर, दही एवं मट्ठा।
   (iii) फिश एवं फिश मील।
   (iv) पोल्ट्री एवं पोल्ट्री प्रोडक्ट्स, चिकिन-चूजे—उनके सिर, पैर, गिजार्ड एवं आँत तथा अण्डे आदि।
   (v) मांसयुक्त टिशू एवं चर्बी।
2. **पौधों से प्राप्त आहार (Feeds of plant origin)**
   (i) गेहूँ, जौ, ओट (जई), सारघम, चावल, पर्ल मिलेट, स्माल मिलेट आदि।
   (ii) सीरियल बाई प्रोडक्टस—व्हीट जर्म मील, मैज जर्म मील, मक्का की ग्लूटीन, चावल के टूटे कण, गेहूँ की भूसी।
   (iii) दालें और उनसे निर्मित पदार्थ (चना, मटर, सफेद चना, हरा चारा, चना, सोयाबीन, सेम के बीज आदि।
   (iv) फल और शाक (टमाटर, गाजर, आम, केला, रसीले फल, पत्तीदार शाक)।

पिल्लों का आहार (Feeding of Pups)

- सामान्य उत्पन्न बच्चों का 2 सप्ताह तक माँ के द्वारा पोषण होता है। बाद में चाहें तो कृत्रिम आहार (Milk based semi-solid or liquid diets) पर पाला जा सकता है।
- माँ में दूध का अभाव अथवा मेस्टाइटिस रोग की स्थिति में भी इस विधि से पिल्ले पाले जा सकते हैं।

Sucking pups are usually deprived of mother's colostrum and they are more susceptible to infection requiring more hygienic care during feeding and watering.

बड़े पिल्लों का आहार फार्मूला (Feed formula for Young Pups)

Ingredient (G)		Diet 1	Diet 2	Diet 3
• Dried Milk Powder		200	-	-
• Liquid whole milk :	Cow	-	700	-
	Buffalo	-	-	800
• Cream (30% Fat)		200	200	100
• Egg- Yolk		-	50	50
• Boiling water		400	-	-
• Rice gruel/Flour gruel (30% dry-matter)		200	50	50

नोट – 1 किग्रा. तरल आहार में 25-30% ड्राई मैटर (शुष्क पदार्थ) होता है। इसमें लगभग 2,000 युनिट विटामिन 'ए' 500 यूनिट विटामिन डी और 4 ग्राम साइट्रिक एसिड मिला लें।

– एण्टीबायोटिक मुख्य रूप से टैट्रासाइक्लीन 10 मिग्रा. प्रति किलो रातब (Feed) में मिलती है।

आहार देने की विधि (Method of Feeding)— प्रथम दो सप्ताह तक जब तक कि बच्चे की आँख न खुलें फीडिंग आवश्यक होती है। इसे बड़े टीट ड्रॉपर की सहायता से दें। 3-7 दिन तक देने के पश्चात् प्याली (dish) में आहार लेने के लिए शिक्षित करें।

आहार देने के नियम (Feeding Schedule)

- प्रथम सप्ताह में पिल्ले को प्रति घण्टे पर खिलावें।
- दूसरे सप्ताह से दिन के अन्दर प्रति 3 घण्टे पर और रात में 4 घण्टे पर।
- इसके अगले 2 सप्ताह के बीच (During the next two weeks) दिन में 4 घण्टे के अन्तराल पर एवं रात में केवल 1 बार (6 घण्टे के अन्तराल पर)।
- जीवन के 5वें सप्ताह से दिन में 3 बार प्रति 4 घण्टे पर।

वृद्धि करते हुए कुत्तों की आहार तालिका
(Feeding Schedule of Growing Dogs)

Body Weight		Amount of various feeds (gm/day)		
(Kg)	Cereals	Meat	Milk	Fresh bone (Steamed)
5	200	100	100	One Metacarpal/Metatarsal/
10	400	200	100	Lumour/Femur of goat or sheep.
15	600	300	100	
20	800	400	100	
25	1000	400	100	

नोट— मांस/दूध की अनुपस्थिति में लगभग 50-100 ग्राम शाकों की हरी पत्तियाँ [आधी उबली हुईं (A Half Boiled)] अथवा ताजे फल एवं अण्डे आहार के रूप में सेवन कराने चाहिये।

वयस्क कुत्तों का आहार (Feeding of Adult Dogs for Maintenance)

टहलाना और साधारण व्यायाम कराना उपयुक्त। साथ ही निम्न तालिका के अनुसार आहार दें—

पूर्ण वयस्क कुत्तों की आहार तालिका
(Feeding Schedule of Mature Dogs)

Body Weight		Daily Food Requirement (gms)		
(Kg)	Cereals	Meat	Green Vegitables of Legume pods	Milk
5	100	50	50-60	100
10	150	50	60-80	100
15	200	100	80-100	100
20	300	100	100-150	-
25	400	100	100-150	-
30	450	150	100-150	-
40	500	150	150-200	-
50	600	200	200-300	-
60	700	200	200-300	-
70	800	200	200-300	-

नोट— यदि मांस/दुग्ध उपलब्ध न हो, तो 1-2 अण्डे नित्य खिलायें।

गर्भित कुतिया का आहार (Feeding of Pregnant Bitch)

गर्भ काल में अच्छा आहार देना चाहिये। गर्भावस्था के 6 सप्ताह बाद Maintenance Requirement आहार के अतिरिक्त 20-30% भोजन दें। ऐसी आहार तालिका निम्नानुसार है—

गर्भित कुतिया की आहार तालिका
(Feeding Schedule of Pregnant Bitch)

Body weight (Kg)	Daily Food requirement (gms)				
	Cereals	Meat	Milk	Green vegetable	Bone (Steamed)
10	200	50	100	100	Fresh long bones of Sheep, Goat, Cattle and Buffalo.
15	250	100	100	100	
20	350	100	100	100	
25	450	150	100	150	
30	550	150	100	200	
40	600	150	-	200	
50	700	200	-	250	
60 and above	800	200	-	250	

कार्य करनेवाले कुत्तों का आहार (Feeding of Working Dogs)

स्लेज खींचने एवं शिकार के लिये 100 किमी. से अधिक दौड़ने पर 3-4 बार Maintenance Requirement आवश्यक होती है। ऐसी आहार व्यवस्था निम्न आहार-तालिका के अनुसार करें—

कार्य करने वाले कुत्तों की आहार तालिका
(Feeding Schedule of Working Dogs)

Body weight (Kg)	Daily Food requirement (gms)			
	Cereals	Meat	Vegetable	Bone (Steamed)
30	1400	500	300	One long bone of fresh Carcass of cattle or Buffalo.
40	2000	500	300	
50	2500	600	300	
60	2800	600	400	
70	3000	600	400	

बीमार कुत्तों की आहार व्यवस्था
(Feeding of Sick Dogs)

विशेष अवस्थाओं में पशुचिकित्सक अथवा Veterinary dietician के अनुसार बीमार कुत्ते की आहार व्यवस्था करें—

- **वमन** (Vomiting)—बीमारी एवं spoiled food के खाने से वमन उत्पन्न होती है। इसके लिये कुत्ते की कुछ दिनों के लिये Normal feeding बन्द कर दें और ताजा एवं हल्का आहार (डायरिया के अनुसार) दें।
- **दस्त/अतिसार** (Diarrhoea)—कम रेशेवाला आहार दें। शीघ्र पचनेवाला प्रोटीनयुक्त आहार; जैसे—पनीर, कोटेज चीज, मक्खन, अण्डे एवं यकृत दिया जा सकता है। पोटेशियम डैफिशिएन्सी

के लिये अधिक पनीर या अण्डोंवाला आहार (A high paneer or high egg diet) आवश्यक होता है। तरल तथा इलैक्ट्रोलाइटस की कमी को दूर करने के लिये तरल की इन्जेक्शन द्वारा (Parenteral fluid) आहार व्यवस्था करें।

- **गेस्ट्रो-इण्टैराइटिस** (Gastro-enteritis)—आमाशय-आन्त्रशोथ की स्थिति में कुत्ते को irritant diet न दें। आहार को निम्न चीजों से तैयार करें—
  चिकिन सूप, अण्डे की सफेदी (Egg's white), दूध, सागू (Sago), वेजीटेबल सूप, चीनी एवं क्रीम, डाईकेल्सियम फॉस्फेट, शीरा, मिनरल्स एवं विटामिन्स।
- **उच्चताप/पायरेक्सिया** (Fever)—बुखार की स्थिति में कुत्ते को शक्ति (energy) की आवश्यकता होती है। इसकी पूर्ति अतिरिक्त इनर्जी के द्वारा की जा सकती है। इसके लिये फीडिंग क्रोम, Hard, Cooked egg or maize oil आहार में देना चाहिये। एनोरेक्सिया (अरुचि/भूख न लगना) की स्थिति में स्टमक ट्यूब के द्वारा तरल आहार (Fluid diet) दें।
- **जलोदर** (Ascites)—नमक रहित भोजन (Restriction of sodium intake or withdrawal of sodium from the diet), अण्डे की सफेदी, उच्च प्रोटीन एवं रेशेदार आहार देना चाहिये। तरल आहार का पूर्ण निषेध।
- **यकृत विकार** (Liver disease)—डैक्सट्रोज, चावल, मक्का, स्टार्च आदि सभी शक्ति उत्पन्न करने के साधन हैं। प्रोटीनयुक्त आहार अच्छा रहता है। इसे 3.5-4 ग्राम प्रति किलोग्राम शरीर भार के अनुसार देना चाहिये। मछली, फिश मील एवं ग्लाण्ड्स का चूर्ण निषेध। मल्टीविटामिन्स योग नित्य दें।
  (In case of chronic liver disease and ascitis, feeding of high sodium feeds and common salts should be drastically reduced.)
- **रीनल इन्सफिशिएन्सी** (Renal insufficiency)—उच्च प्रोटीनवाले आहार बिलकुल न दें। उच्च-शक्तिवाले आहार के साथ अच्छी किस्म की प्रोटीन कम-से-कम मात्रा में दें।
- **कार्डियक इन्सफिशिएन्सी** (Cardiac insufficiency)—नमक का पूर्ण निषेध। आहार में कम-से-कम नमक की मात्रा रखी जाय। रोगी कुत्ते को Lean meat, Fresh water fish (स्वच्छ जल की मछली), अण्डे की यॉक एवं चावल बिना नमक का दें।
- **यूरोलिथिएसिस** (Urolithiasis)—यदि Urolith की उपस्थिति मूत्र में मिले तो एक suitable diet तैयार करें अथवा Low protein, Low mineral food जो नमक (containing high percentage of common salt) से युक्त हो खाने को दें।
- **डायबीटीज मैलिटस** (Diabetes mellitus)—कुत्ते के आहार में स्टार्ची फूड तथा शुगर बिलकुल बन्द कर दें। स्किम्ड मिल्क (Skimmed milk), हरे शाक एवं चोकरयुक्त चपाती की मात्रा बढ़ा दें।
- **हाइपोग्लाइसीमिया की स्थिति में** (In hypoglycaemia)—ग्लूकोज अथवा सुक्रोज खाने को दें। (70 ग्राम प्रति किलो शरीर-भार पर)। इसे दिन में एक बार अथवा 2 या 3 बार, बराबर मात्राओं में विभाजित कर प्रति 3 घण्टे पर दे सकते हैं। प्रतिदिन का आहार मक्का, स्टार्च, चावल, ओट मील, एग-योक (egg-yolk), मीट मील एवं मिनरल्स-विटामिन्स सप्लीमेण्ट्स से तैयार करना चाहिये।

- **पाइका** (Pica)–भक्षाभक्ष का रोगः इस रोग में कुत्ता बेकार की चीजें; जैसे–गोबर, जूते, decaying bones, लकड़ी के टुकड़े, घास एवं अन्य पदार्थ खाने लगता है। ऐसे कुत्तों को सन्तुलित आहार (मिनरल सप्लीमेन्ट्स के माध्यम से) देना चाहिये।

चिकित्सा काल में सख्त रबर की गेंद खेलने को बार-बार फेंक कर दें। परन्तु सावधानी रखें कि इसकी आदत न पड़ जाय।

कुत्तों में घास खाने की आदत (Grass eating habit in Dogs)

लोगों का विचार है कि कुत्ते द्वारा घास खाने से वमन को उत्तेजना मिलती है। एक नवीन अध्ययन के अनुसार फेडरल रिपब्लिक जर्मनी ने यह साबित कर दिया है कि 90% कुत्ते घास खाते हैं और इसका आयु आदि से कोई सम्बन्ध नहीं होता। सेक्स ब्रीड, भोजन की किस्म, भोजन देने की विधि, स्वास्थ्य, वातावरण एवं भोजन में रेशों की उपस्थिति से इसका कोई सम्बन्ध नहीं प्रतीत होता है। कुछ ही पशु घास खाने के बाद वमन करते हैं। कुत्ते प्रायः कोमल पत्तियों और मुलायम घास खाना पसन्द करते हैं।

कुत्तों के लिए सेमी-सोलिड फूड के कुछ सूप
(Some Soups of semi-solid food for Dogs)

Ingredients (%)	Diet 1	Diet 2	Diet 3	Diet 4
◆ Cereal flour	10	5	10	10
◆ Groundnut-Cake	15	15	15	15
◆ Meat-cum-Bone meal (50% Protein)	–	15	15	15
◆ Skim-milk (9% total solids)	45	–	–	–
◆ Skim-milk Powder (95% solid)	–	10	–	–
◆ Eggs	–	–	–	40
◆ Sucrose	20	15	20	20
◆ Animal Fat	5	5	2	2
◆ Water	–	30	33	13
◆ Propylene glycol	2	2	2	2
◆ Sorbitol	2	2	2	2
◆ Iodised salt (TATA salt)	0.5	0.5	0.5	0.5
◆ Mineral mixture vitamin supplements	0.5	0.5	0.5	0.5

पशु की आहार-व्यवस्था– एक नवीन परिप्रेक्ष्य में

पशुओं/मवेशियों की आहार व्यवस्था उस ढंग से होनी चाहिये, जिससे पशुओं का शरीर स्वस्थ एवं हृष्टपुष्ट बना रहे। जिस तरह से हम अपने भोजन में स्वाद चाहते हैं, नमक और मसाले डालते हैं, उसी तरह से पशुओं को भी दाने के साथ नमक एवं अन्य पाचक पदार्थ; जैसे–हिमालय बत्तीसा, पशु जीवन आदि समय-समय पर दें तो पशु और अधिक चाव से खायेगा तथा उसका स्वास्थ्य भी ठीक रहेगा। इसलिये पशुओं को सन्तुलित एवं स्वास्थ्यवर्धक स्वादिष्ट आहार देना परमावश्यक है।

पशुओं द्वारा खाये जानेवाले चारे की मात्रा उसके शरीर–भार तथा दुग्ध उत्पादन/कार्यक्षमता पर निर्भर करती है। बच्चों एवं वयस्क पशुओं को हरे तथा सूखे चारे, पौष्टिक मिश्रण, नमक तथा खनिज मिश्रण और दाने से बनाये गये आहार के घटकों की विभिन्न अनुपातों में आवश्यकता होती है। आमतौर पर 450 किग्रा. वजनवाले पशु को प्रतिदिन 3 किग्रा. प्रोटीन, 2.5 किग्रा. स्टार्च तथा 3.4 किग्रा. सुपाच्य तत्त्वों की आवश्यकता होती है। प्रति 100 किग्रा. शरीर–भार पर 2 से 2.5 किग्रा. सूखे तत्त्व की आवश्यकता होती है। शरीर के लिये आवश्यक कुल सूखे तत्त्व का 2/3 भाग चारे से तथा शेष 1/3 भाग दाने से पूरा किया जाना चाहिये।

वर्तमान समय के लगभग सभी आहारों में विभिन्न खाद्य पदार्थों के बढ़े हुए मूल्यों को देखते हुए, निम्न मिश्रण को प्रयोग में लाया जा सकता है—

खली (मूँगफली, सरसों, तिल या अलसी)	20 से 35 प्रतिशत तक
चोकर (गेहूँ या राइस पालिस)	40 से 60 प्रतिशत तक
चूनी (दालों की)	30 से 40 प्रतिशत तक
खनिज, लवण मिश्रण	1-2 प्रतिशत
नमक	30 से 50 ग्राम/पशु/दिन

याद रखिये— प्रायः गर्मी के दिनों में हरे चारे का पूर्णतया अभाव हो जाता है। अतः इस समय से पूर्व कृषक भाईयों को चाहिये कि हरा चारा (सूडान, लोबिया, मक्का, ज्वार मचकरी/एम.पी. चरी आदि) बोयें ताकि आनेवाले समय में हरा चारा सुचारु रूप से उपलब्ध होता रहे।

बछड़ों की खिलाई-पिलाई एक नवीन परिप्रेक्ष्य में

बछड़ों की खिलाई–पिलाई प्रायः दो प्रकार से होती है—

1. **माँ के थन से दूध पिलाना**—भारतीय कृषकों द्वारा पूर्णतया अपनाया जाता है।
2. **कृत्रिम रूप से बछड़ों को पालना**—यह एक वैज्ञानिक विधि है जो बड़े–बड़े डेरी फार्मों तथा सरकारी अथवा निजी फार्मों पर अपनायी जाती है।

बछड़ों की व्यवस्था निम्न प्रकार से करें—

- ❑ ब्याने के प्रथम 3 दिन तक खीस (Colostrum—गिजरी) पिलाना। खीस में विटामिन 'ए' तथा एण्टीबॉडीज होते हैं, जिससे बच्चों की छूतदार बीमारियों से रक्षा होती है।
- ❑ यदि बच्चे को खीस उपलब्ध न हो तो 1/2 चम्मच अण्डी का तेल, 350ml फेंटा हुआ अण्डा, 500 मिली. गरम दूध मिलाकर पहले 3 दिन तक दें। इसे दिन में 3 बार नित्य दे सकते हैं।
- ❑ 1-2 माह तक के बछड़े को उसके शरीरभार के 10वे भाग के बराबर मात्रा में दूध पिलाना। शुरू में लगभग 2.5 लीटर दूध और दूसरे माह में 3.5 लीटर तक दूध पिलाना चाहिये।
- ❑ 2 माह के बाद धीरे–धीरे सम्पूर्ण दूध के स्थान पर सेपरेटिड मिल्क दें।
- ❑ ऊर्जा पूर्ति के लिये1 माह की आयु से थोड़ा–थोड़ा पौष्टिक मिश्रण पूरक आहार के रूप में देना प्रारम्भ करें। दाने की मात्रा एक मुट्ठी से प्रारम्भ कर धीरे–धीरे बढ़ायें जिससे 6 माह में यह 1.5 किग्रा. तक पहुँच जाये।

- ❑ चौथे माह में सेपरेटिड मिल्क कम कर दें।
- ❑ तीसरे माह के अन्त से थोड़ी-थोड़ी मात्रा में सूखी घास (Hay) तथा तीन माह बाद हरा चारा दें।

बछड़े के लिए पौष्टिक मिश्रण निम्न प्रकार से तैयार करें—

जौ, जई या मक्का (दला हुआ)	45 भाग
मूँगफली की खली	35 भाग
चोकर	17 भाग
खनिज-लवण मिश्रण	2 भाग
नमक	1 भाग

आवश्यक निर्देश—

- छोटे बछड़ों को तामचीनी के तसलों में दूध पिलावें।
- पैदा होने के प्रथम 2 सप्ताह तक बछड़े को दिन में 3-4 बार दूध पिलावें।
- बछड़े को कम-से-कम 5 दिन खीस पिलाना चाहिये। बाद में 15 दिन तक बछड़े के शरीर-भार का 1/10 भाग दूध पिलाना चाहिये। इसके बाद सम्पूर्ण दूध की मात्रा को कम करते हुए स्किम्ड दूध (सपरेटा दूध) पिलाना चाहिये।
- विटामिन की कमी के लिये मछली का तेल दें।
- **दूध परिवर्तन काल में बछड़े को दस्त आने लगें तो उसे स्किम्ड दूध (सपरेटा दूध) पिलाना चाहिये।**

नोट—बछड़ों के भोजन में एकाएक परिवर्तन नहीं करना चाहिये। क्रमिक तथा धीरे-धीरे इस कार्य को करें।

बछड़ों के लिए एक सुव्यवस्थित आहार फार्मूला

बछड़े की आयु	सम्पूर्ण दूध (Whole milk) लीटर में	निघृत दूध (Skimmed Milk) लीटर में	पिसा हुआ दाना किग्रा. में	सूखी घास (Hay) किग्रा. में	हरा चारा या साइलेज किग्रा. में
❑ 1 दिन	माँ का दूध पिलाना	–	–	–	–
❑ 2-4 दिन	2.27 से 2.5 खीस	–	–	–	–
❑ 5-7 दिन	2.72 खीस	–	–	–	–
❑ 7-14 दिन	3.2 खीस	–	–	–	–
❑ 15 वाँ दिन	2.72 दूध	0.91	–	–	–
❑ 16 वाँ दिन	2.72 दूध	0.91	–	–	–
❑ 17 वाँ दिन	1.81 दूध	1.81	–	–	–
❑ 18 वाँ दिन	1.81 दूध	1.81	–	–	–
❑ 19 वाँ दिन	0.91 दूध	2.72	–	–	–

❑ 20वाँ दिन	0.91 दूध		3.38	–	–	–
❑ 21वाँ दिन	0.45 दूध		3.63	–	–	–
❑ चौथा सप्ताह	–		4.54	0.11	0.23	–
❑ पाँचवाँ सप्ताह	–		4.54	0.23	0.23	–
❑ छठा सप्ताह	–		4.54	0.34	0.23	–
❑ सातवाँ सप्ताह	–		5.45	0.45	0.45	–
❑ आठवाँ सप्ताह	–		5.45	0.56	0.68	–
❑ नवाँ सप्ताह	–		5.45	0.68	0.91	–
❑ दसवाँ सप्ताह	–		6.35	0.68	0.91	–
❑ 11वाँ सप्ताह	–		6.81	0.91	0.91	–
❑ 12वाँ सप्ताह	–		6.81	0.91	1.36	1.81
❑ 4-6 माह	–		5.46	1.36	1.81	3.0

सावधान— बछड़ों को कभी नाल (Drenching Bamboo) से दूध न पिलावें।

सन्तुलित आहार की गणना विधियाँ (Methods of Computation of Ration)

पशुओं से अधिक से अधिक उत्पादन (दूध, मांस, अण्डा व ऊन), कार्य, वृद्धि एवं प्रजनन हेतु सन्तुलित आहार देना बहुत आवश्यक है। प्रत्येक वर्ग के पशु का सन्तुलित आहार ज्ञात करने के लिए निम्नलिखित नियम अपनाये जाते हैं—

1. **शुष्क पदार्थ की मात्रा (Amount of dry fodder)**
   - ❑ गाय/बैल/भैंस एवं सांड़ को 500 किग्रा. शरीर–भार तक 2.5% अर्थात् 100 किग्रा. शरीर–भार पर 2.5 किग्रा. शुष्क पदार्थ (D.M.)।
   - ❑ पशु का शरीर–भार 500 किग्रा. से अधिक होने पर प्रति 100 किग्रा. भार पर 3 किग्रा. शुष्क पदार्थ देना चाहिये।
   - ❑ छोटे बछड़ा/बछियों को 100 किग्रा. शरीर–भार पर 2 किग्रा. शुष्क पदार्थ (D.M.) देना चाहिये। जबकि भेड़/बकरी को 100 किग्रा. शरीर भार पर 3 किग्रा. शुष्क पदार्थ (D.M.) दिया जाता है।

2. **दाना देने के नियम**—इस प्रकार से—
   - ❑ बछड़ा, बछिया तथा गाय देशी — 1 किग्रा. प्रतिदिन
   - ❑ शंकर गाय, बैल, सांड़ व भैंस — 1.5 किग्रा. प्रतिदिन

नोट— यदि पशुओं को चारे में बरसीम अधिक मात्रा की खिलायी जा रही है तो बछड़ा/बछिया, देशी गाय व कम भारवाली भैंसों को जीवन–निर्वाह आहार दाने के रूप में नहीं दिया जाता। प्रति 10 किलो हरे चारे पर एक किलो दाना कम करना चाहिये।

3. उत्पादन दाना (Productive Ration)

- गाय के प्रति 3 लिटर दूध उत्पादन पर प्रतिदिन 1 किलो दाना तथा भैंसों को 2.5 लीटर दूध पर 1 किग्रा. दाना तथा बकरी को दूध उत्पादन का आधा दाना दिया जाता है।

4. कार्य के अनुसार बैलों को दिया जानेवाला दाना

- हल्का कार्य (4 घण्टे तक प्रतिदिन कार्य करनेवाले बैल) करनेवाले बैलों को 1 किग्रा. दाना। मध्यम कार्य (4-6 घण्टे तक) करनेवाले बैल को प्रतिदिन 1.5 किग्रा. दाना तथा भारी कार्य (6-8 घण्टे तक) करनेवाले बैल को 2 किग्रा. दाना प्रतिदिन दिया जाता है।

5. गर्भित गाय में भ्रूण विकास हेतु दाना

- 6 माह या इससे अधिक अवधि की गर्भवती बछिया व देशी गाय को 1 किग्रा. दाना तथा भैंस को 1.5 किग्रा. दाना प्रतिदिन भ्रूण विकास हेतु।

हे से 90% ड्राई मेटर तथा हरे चारे से 30% ड्राई मेटर प्राप्त होता है एवं रसीले चारे तथा बरसीम, रिजका, मटर आदि से 20-25% ड्राई मेटर प्राप्त होता है।

याद रहे—सूखे व हरे चारे की मात्रा में एक और दो का अनुपात (1:2) तथा रसीला चारा खिलाने पर एक और तीन का अनुपात (1:3) रखना चाहिये।

पशुओं के भोजन सम्बन्धी प्रश्नोत्तर

प्रश्न—1 400 किलोग्राम वजनवाली एक गाय के लिये जो प्रतिदिन 6 लीटर दूध देती है, अगस्त माह का एक दिन का राशन कितना होगा?

हलः इसका आधार इस प्रकार से होगा—

100 किग्रा. वजन पर शुष्क पदार्थ (D.M.)= 2.5 किग्रा.

1 ,, ,, $= \frac{2.5}{100}$ किग्रा.

400 ,, ,, $= \frac{2.5 \times 400}{100}$ किग्रा = 10 किग्रा.

दाने की मात्रा – शरीर की रक्षा हेतु—1 किग्रा.।

– दूध उत्पादन हेतु— 1 किग्रा./3 लीटर।

$\because$ 3 लीटर दूध पर दाना दिया जाता है = 1 किग्रा.

$\therefore$ 1 लीटर $= \frac{1}{3}$ किग्रा.

$\therefore$ 6 लीटर $= \frac{1 \times 6}{3}$ किग्रा = 2 किग्रा.

दाने की कुल मात्रा = 1 + 2 = 3 किग्रा.

दिये गये 3 किग्रा. दाने में शुष्क पदार्थ की मात्रा

100 किग्रा. दाने में शुष्क पदार्थ = 90 किग्रा.

1 " " $= \frac{90}{100}$ किग्रा.

3 " " $= \frac{90 \times 3}{100} = 2.7$ किग्रा. शुष्क पदार्थ

शुष्क पदार्थ की शेष मात्रा = 10–2.7 = 7.3 किग्रा. को अगस्त में भूसे और ज्वार की चरी के साथ 1:1 के अनुपात में।

भूसे की मात्रा—

∵ 90 किग्रा. शुष्क पदार्थ प्राप्त होता है = 100 किग्रा. भूसे से

∴ 1 " " होगा $= \frac{100}{90}$,, ,,

∴ 3.7 " " $= \frac{100 \times 3.7}{90} = 4.1$ किग्रा.

ज्वार की चरी की मात्रा—अगस्त माह की चरी से 30% शुष्क पदार्थ प्राप्त होता है।

∵ 30 किग्रा. शुष्क पदार्थ प्राप्त होता है 100 किग्रा. चरी से

∴ 1 किग्रा. " " होगा $= \frac{100}{30}$ किग्रा. चरी से

∴ 3.7 " " $= \frac{100 \times 3.7}{30}$

= 12.3 किग्रा. ज्वार की चरी से

उत्तर—

- भूसा = 4.1 किग्रा.
- ज्वार की चरी = 12.3 किग्रा.
- दाना = 3 किग्रा. (जिसमें खली/चूनी/भूसी व चना समान मात्रा में)
- खनिज–लवण = 60 ग्राम
- नमक = 30 ग्राम

नोट—बहुत से लोग गाय/बैल/भैंस आदि पर उनके 100 किग्रा. भार पर 2 किग्रा. शुष्क पदार्थ देना बताते हैं।

प्रश्न– 2. एक जर्सी नश्ल की गाय जिसका शरीर–भार 450 किग्रा. है तथा प्रतिदिन 20 लीटर दूध देती है। अप्रैल माह में इसके लिए एक दिन में कतने आहार की आवश्यकता होगी ?

हल:

∵ 100 किग्रा. शरीर–भार के लिए = 2 किग्रा. शुष्क पदार्थ चाहिये।

∴ 450 किग्रा. " " $= \frac{2 \times 450}{100} =$ किग्रा. शुष्क पदार्थ

इस 9 किग्रा. शुष्क पदार्थ में से 4 किग्रा. की आपूर्ति गेहूँ के भूसे से तथा 5 किग्रा. की आपूर्ति बरसीम के हरे चारे से होनी चाहिए।

∵ 90 किग्रा. शुष्क पदार्थ मिलता है = 100 किग्रा. भूसे से

∴ 4 किग्रा. " " मिलेगा $= \frac{100 \times 4}{90} = \frac{40}{9}$ = 4.44 किग्रा. भूसे से

बरसीम के हरे चारे में अप्रैल माह में 25% शुष्क पदार्थ प्राप्त होता है।

∵ 25 किग्रा. शुष्क पदार्थ मिलता है = 100 किग्रा. बरसीम के चारे से

∴ 5 किग्रा. " " मिलेगा $= \frac{100 \times 5}{25}$ = 20 किग्रा. बरसीम के चारे से

दाना– चूँकि इस गाय को बरसीम का हरा चारा पर्याप्त मात्रा में उपलब्ध है। इसलिए शरीर रक्षा हेतु दाने के आवश्यकता नहीं है।

दुग्ध उत्पादन हेतु प्रति लीटर दूध पर 1 किग्रा. की दर से 6.5 किग्रा. दाना देंगे, जिसमें खली 1 भाग, गेहूँ का चोकर 2 भाग तथा दाल की चूनी 2 भाग होगी।

उपरोक्त के अतिरिक्त 60 ग्राम नमक तथा 30 ग्राम मिनरल पाउडर भी देंगे।

उत्तर–

- ❑ गेहूँ का भूसा = 4.4 किग्रा.
- ❑ बरसीम का हरा चारा = 20 किग्रा.
- ❑ दाना = 6.5 किग्रा.
- ❑ नमक = 60 ग्राम
- ❑ मिनरल पाउडर = 30 ग्राम

यह 1 दिन का आहार है।

प्रश्न 3. एक भैंस जिसके शरीर का भार 600 किग्रा. है, जो 10 लीटर दूध प्रति दिन देती है। यह भैंस प्रतिदिन 6 घण्टे चराई जाती है। सितम्बर माह के 1 दिन का आहार निर्धारित कीजिये।

हल–

∵ 100 किग्रा. शरीर–भार के लिए = 2 किग्रा. शुष्क पदार्थ चाहिये।

∴ 600 किग्रा. " " $= \frac{2 \times 600}{100}$ = 12 किग्रा. शुष्क पदार्थ।

अब चूँकि यह भैंस 6 घण्टे प्रतिदिन चराई जाती है। अतः इसके लिए चारे की केवल आधी मात्रा की व्यवस्था करनी है अर्थात् 6 किग्रा. शुष्क पदार्थ चारे से प्राप्त होना चाहिए।

सितम्बर माह में ज्वार, बरसीम तथा ग्वार का हरा चारा उपलब्ध होता है और इनसे 30% शुष्क पदार्थ प्राप्त होता है।

∵ 30 किग्रा. शुष्क पदार्थ प्राप्त होता है = 100 किग्रा. ज्वार, बरसीम या ग्वार के चारे से।

∴ 6 किग्रा. " " प्राप्त होगा $= \frac{100 \times 6}{30}$ = 20 किग्रा. ज्वार, बरसीम या ग्वार से

इस 20 किग्रा. में से 12 किग्रा. ज्वार की चरी की कुट्टी से तथा शेष 8 किग्रा. ग्वार की कुट्टी से पूरा करेंगे।

दाना— चूँकि यह चारा साधारण श्रेणी का है। अतः इस भैंस का 1 कि.ग्रा. दाना स्वास्थ्य रक्षा हेतु तथा प्रति 2.5 लीटर दूध पर 1 किग्रा. दाने की दर से 4 किग्रा. दाना अर्थात् 1+4=5 किग्रा. दाना देना होगा।

इसके अतिरिक्त इसे 60 ग्राम नमक तथा 30 ग्राम मिनरल पाउडर।

उत्तर—
- ❑ ज्वार की चरी की कुट्टी = 12 किग्रा.
- ❑ ग्वार की कुट्टी = 8 किग्रा.
- ❑ दाना = 7 किग्रा.
- ❑ नमक = 60 ग्राम
- ❑ मिनरल पाउडर = 30 ग्राम

यह एक दिन का आहार है।

प्रश्न 4. एक गाय जिसका वजन 300 किग्रा. है तथा वह 8 माह का गर्भ (Pregnancy) धारण किये हुए है। उसके लिए फरवरी माह का 1 दिन का आहार ज्ञात कीजिए।

हल—

$\because$ 100 किग्रा. शरीर–भार के लिए = 2 किग्रा. शुष्क पदार्थ चाहिये।

$\therefore$ 300 किग्रा. " " $= \frac{2\times300}{100} = 6$ किग्रा. शुष्क पदार्थ

फरवरी माह में बरसीम का चारा उपलब्ध होता है। इसमें 20% शुष्क पदार्थ होता है जबकि गेहूँ के भूसे में 90% शुष्क पदार्थ होता है।

उपरोक्त 6 किग्रा. शुष्क पदार्थ में से 3 किग्रा. गेहूँ के भूसे से तथा 3 किग्रा. बरसीम से आपूर्ति करनी है।

$\because$ 90 किग्रा. शुष्क पदार्थ मिलता है = 100 किग्रा. गेहूँ के भूसे से।

$\therefore$ 3 किग्रा. " " $= \frac{100\times3}{90} = \frac{30}{9}$ 3.33 किग्रा. गेहूँ का भूसा

$\because$ 20 किग्रा. शुष्क पदार्थ मिलता है = 100 किग्रा. बरसीम से।

$\therefore$ 3 किग्रा. " " $= \frac{100\times3}{20} = 15$ किग्रा. बरसीम से

दाना—इस गाय को 3 किग्रा. दाना प्रतिदिन दिया जायेगा, क्योंकि यह गर्भावस्था की अन्तिम अवस्था में है। इस दाने में खली, गेहूँ की चोकर, दाल की चूनी तथा जौ बराबर मात्रा में मिलाये जायेंगे।

इसके अतिरिक्त गाय को नमक 60 ग्राम तथा मिनरल पाउडर 30 ग्राम देना होगा।

उत्तर—
- ❑ गेहूँ का भूसा = 3.33 किग्रा.
- ❑ बरसीम का हरा चारा = 15 किग्रा.
- ❑ दाना = 3 किग्रा.
- ❑ नमक = 60 ग्राम
- ❑ मिनरल पाउडर = 30 ग्राम

प्रश्न 5. एक हरियाणा जाति का बैल जिसका शरीर भार 500 किग्रा. है। यह बैल प्रति दिन कड़े परिश्रम (जुताई का कार्य) का कार्य करता है। उसके लिये अक्टूबर-नवम्बर माह के लिए एक दिन के आहार की व्यवस्था करें।

हल—

$\because$ 100 किग्रा. शरीर भार के लिए = 2 किग्रा. शुष्क पदार्थ चाहिये।

$\therefore$ 500 किग्रा. " " $= \frac{2 \times 500}{100} = 10$ किग्रा. शुष्क पदार्थ

यह शुष्क पदार्थ में गेहूँ के भूसे तथा ज्वार की चरी से प्राप्त करना होगा अर्थात् 5 किग्रा. शुष्क पदार्थ के रूप में तथा 5 किग्रा. ज्वार की चरी के रूप में उपलब्ध कराना होगा।

$\because$ 90 किग्रा. शुष्क पदार्थ प्राप्त होता है = 100 किग्रा. भूसे से।

$\therefore$ 5 किग्रा. " " $= \frac{100 \times 5}{9} = \frac{50}{9} = 5.55$ किग्रा. भूसे से

$\because$ 40 किग्रा. शुष्क पदार्थ मिलता है = 100 किग्रा. ज्वार की चरी की कुट्टी से

$\therefore$ 5 किग्रा. " " $= \frac{100 \times 5}{40} = \frac{25}{2} = 12.5$ किग्रा. ज्वार की चरी से

दाना—बड़े कड़े परिश्रम के कारण उसे 4 किग्रा. दाना प्रति दिन देना होगा। इस दाने में खली, दाल की चुनी, चोकर तथा जौ समान अनुपात में मिलाये जायेंगे। इसके अतिरिक्त इस बैल को 60 ग्राम नमक तथा 30 ग्राम मिनरल पाउडर देना होगा।

उत्तर—
- ❑ गेहूँ का भूसा = 5.5 किग्रा.
- ❑ ज्वार की चरी की कुट्टी = 12.5 किग्रा.
- ❑ दाना = 4 किग्रा.
- ❑ नमक = 60 ग्राम
- ❑ मिनरल पाउडर = 30 ग्राम

यह एक बैल का एक दिन का भोजन है।

प्रश्न 6. एक जर्सी जाति के सांड़ के लिये दिसम्बर/जनवरी/फरवरी माह के एक दिन का आहार ज्ञात करें जिसका शरीर-भार 500 किग्रा. है तथा नियमित रूप से इससे एक सप्ताह में तीन बार सीमेन कलेक्शन किया जाता है।

हल—

$\because$ 100 किग्रा. शरीर-भार के लिए = 2 किग्रा. शुष्क पदार्थ चाहिये।

$\therefore$ 500 किग्रा. " " $= \frac{2 \times 500}{100} = 10$ किग्रा. शुष्क पदार्थ

इसमें से 5 किग्रा. शुष्क पदार्थ गेहूँ के भूसे से तथा 5 किग्रा. बरसीम के हरे चारे से पूरा किया जायेगा।

$\because$ 90 किग्रा. शुष्क पदार्थ प्राप्त होता है = 100 किग्रा. गेहूँ के भूसे से।

$\therefore$ 5 किग्रा. " " $= \frac{100 \times 5}{90} = \frac{50}{9} = 5.55$ किग्रा. भूसे से

$\because$ 20 किग्रा. शुष्क पदार्थ मिलेगा = 100 किग्रा. बरसीम के हरे चारे से।

$\therefore$ 5 किग्रा. " " $= \frac{100 \times 5}{20} = 25$ किग्रा. बरसीम से

नोट—इसमें भूसे की मात्रा बढ़ाकर बरसीम की मात्रा को कम भी किया जा सकता है।

दाना—इस सांड़ को 3 किग्रा. दाना चाहिये। इस दाने में खली, गेहूँ का चोकर, चना और जौ समान मात्रा में मिलाये जा सकते हैं। साथ ही इसे नमक 60 ग्राम और मिनरल पाउडर 30 ग्राम भी दिया जायेगा।

उत्तर—
- ❑ गेहूँ का भूसा = 5.55 किग्रा.
- ❑ बरसीम का चारा = 25 किग्रा.
- ❑ दाना = 3 किग्रा.
- ❑ नमक = 60 ग्राम
- ❑ मिनरल पाउडर = 30 ग्राम

यह सांड का एक दिन का आहार है।

प्रश्न 7. एक होलस्टीन फ्रीजियन जाति की बछिया जिसकी उम्र दो वर्ष है और शरीर भार 200 किग्रा. है। इसका अगस्त/सितम्बर माह में एक दिन का आहार ज्ञात करें।

हल—

$\because$ 100 किग्रा. शरीर-भार के लिए = 2 किग्रा. शुष्क पदार्थ चाहिये।

$\therefore$ 200 किग्रा. " " $= \frac{2 \times 200}{100} = 4$ किग्रा. शुष्क पदार्थ चाहिए।

इस शुष्क पदार्थ को गेहूँ के भूसे तथा ज्वार की चरी की कुट्टी से समान रूप से पूरा किया जायेगा।

$\because$ 90 किग्रा. शुष्क पदार्थ के लिए = 100 किग्रा. भूसे की आवश्यकता होगी।

$\therefore$ 2 किग्रा. " " $= \frac{100 \times 2}{90} = \frac{20}{9} = 2.22$ किग्रा.

$\because$ 35 किग्रा. शुष्क पदार्थ के लिए = 100 किग्रा. ज्वार की कुट्टी चाहिये।

$\therefore$ 2 किग्रा. " " $= \frac{100 \times 2}{35} = \frac{40}{7} = 5.71$ किग्रा. ज्वार की कुट्टी

अर्थात् 6 किग्रा.

दाना — चूँकि इसका चारा साधारण प्रकार का है। इसलिये इसे दो किग्रा. दाना मिलना चाहिये, जिसमें खली, चोकर, दाल की चूनी तथा जौ बराबर अनुपात में मिले होंगे।

— साथ ही बछिया को 30 ग्राम नमक तथा 20 ग्राम मिनरल पाउडर की आवश्यकता होगी एवं विटामिन 'ए' और 'डी' अलग से।

उत्तर—
- ❑ गेहूँ का भूसा = 2.22 किग्रा.
- ❑ ज्वार की चरी की कुट्टी = 6 किग्रा.
- ❑ दाना = 2 किग्रा.
- ❑ नमक = 30 ग्राम
- ❑ मिनरल पाउडर = 20 ग्राम
- ❑ विटामिन 'ए' और 'डी' आवश्यकतानुसार।

प्रश्न 8. एक हरियाणा जाति का बछड़ा (Male calf) जिसका शरीर-भार 150 किग्रा. है। इसके अगस्त अथवा जुलाई माह के एक दिन का आहार ज्ञात करें।

हल—

∵ 100 किग्रा. शरीर-भार पर = 2 किग्रा. शुष्क पदार्थ चाहिये।

∴ 150 किग्रा. " " $= \frac{2 \times 150}{100} = 3$ किग्रा. शुष्क पदार्थ चाहिए।

इसे समान रूप से भूसे तथा ज्वार की चरी से पूरा किया जायेगा।

∵ 90 किग्रा. शुष्क पदार्थ के लिए = 100 किग्रा. भूसा चाहिए।

∴ 1.5 किग्रा. " " $= \frac{100 \times 1.5}{90} = \frac{15}{9} = 1.6$ अर्थात् 2 किग्रा. भूसा

∵ 25 किग्रा. शुष्क पदार्थ के लिये = 100 किग्रा. ज्वार की हर चरी की आवश्यकता होती है

∴ 1.5 किग्रा. " " $= \frac{100 \times 1.5}{25} = 6$ किग्रा. ज्वार की चरी

दाना—इस बछड़े को 2 किग्रा. दाने की आवश्यकता होती है जिसमें खली, मक्का, दाल की चुनी तथा गेहूँ का चोकर बराबर अनुपात में मिला हो एवं नमक 30 ग्राम तथा मिनरल पाउडर 20 ग्राम।

उत्तर—
- ❑ गेहूँ का भूसा = 2 किग्रा.
- ❑ ज्वार की चरी की कुट्टी = 6 किग्रा.
- ❑ दाना = 2 किग्रा.
- ❑ नमक = 30 ग्राम
- ❑ मिनरल पाउडर = 20 ग्राम

यह एक बछड़े का एक दिन का आहार है।

- यदि ज्वार की कुट्टी के स्थान पर हरी दूब घास की कुट्टी उपलब्ध रहे तो अधिक अच्छा रहेगा। इसे भी 6 किग्रा. की मात्रा में दें।

विशेष सूचना—

- दुधारू पशुओं को समय-समय पर केल्शियम युक्त औषधियाँ अवश्य देते रहना चाहिये। इससे मिल्क फीवर दूध की कमी आदि होने का भय नहीं रहता है।
- ऐसा करने से पशु की रोगक्षम एवं दुग्ध उत्पादन में पर्याप्त वृद्धि होती है।
- ऐसा करना भैंसों तथा फ्रीजियन गायों में विशेष आवश्यक होता है।

नोट— केल्शियमयुक्त औषधियों में—**टोनोमिल्क/मिल्कमिन** 30 ग्राम रोजाना राशन में।
अथवा **कैल डी रुवा**-50 एम.एल. रोजाना दिन में दो बार।
अथवा **ओस्टोकेल्शियम सीरप-बी**-12, 100 मिली. दिन में एक बार।

नवीन अनुसन्धानात्मक पौष्टिक चारा

अब तो पूर्ण विकसित पौष्टिक चारा गोलियों के रूप में बाजारों में प्रायः उपलब्ध है। इसे उपयोग में लाया जा सकता है।

राशन गणना हेतु विभिन्न प्रकार के चारों में शुष्क पदार्थ की प्रतिशत मात्रा-सुविधा के लिए—

क्रं0	चारे की किस्म		शुष्क पदार्थ का प्रतिशत
1.	भूसा, ज्वार की करवी/एम.पी.चरी/मकचरी/रिओ, ज्वार, सूखे चारे (सभी शुष्क अवस्था में)		90
2.	खलियाँ, चोकर, दाल की चुनी एवं अन्य दाने में		90
3.	साइलेज (Silage)		30
4.	बरसीम का हरा चारा (दिसम्बर से फरवरी तक)		20
5.	बरसीम का हरा चारा (मार्च से मई तक)		25
6.	जई का हरा चारा	(जनवरी)	20
		(फरवरी)	25
		(मार्च)	30
7.	ज्वार, मक्का आदि की चरी	(जुलाई)	25
	सभी हरी अवस्था में	(अगस्त)	25
		(सितम्बर)	25
		(अक्टूबर)	25
8.	लोबिया, मटर, सरसों आदि के हरे चारे में		25

शुष्क पदार्थ (Dry matter) ज्ञात करने का आसान तरीका—

शुष्क पदार्थ प्राप्त होता है भूसा और हरे चारे के रूप में—

सूत्र $= \dfrac{\text{शरीर का भार}}{100} \times 2 =$ शुष्क पदार्थ किग्रा. में

अब शुष्क पदार्थ भूसा और हरे चारे (समय पर उपलब्ध) से आधा-आधा—

भूसा की मात्रा के लिये $= \dfrac{100 \text{ x उपरोक्त शुष्क पदार्थ का आधा}}{90}$ किग्रा.

अब हरे चारे के लिये $= \dfrac{100 \text{ x उपरोक्त शुष्क पदार्थ का आधा}}{\text{उपलब्ध चारे में शुष्क पदार्थ की मात्रा}}$ किग्रा.

नोट – यदि पशु चराई पर जाता है तो पशुओं का चारा 20-25 प्रतिशत तक कम किया जा सकता है।

– प्राय: 100 किग्रा. भार के लिये 2 किग्रा. शुष्क पदार्थ (Dry matter) की आवश्यकता होती है।

– शुष्क पदार्थ की उपलब्धि आवश्यक चारे की मात्रा में उपलब्ध शुष्क पदार्थ के प्रतिशत पर आधारित होती है।

- **भूसे में 90 प्रतिशत शुष्क पदार्थ होता है एवं बरसीम के हरे चारे में 20 प्रतिशत शुष्क पदार्थ प्राप्त होता है।**

बकरी के सम्बन्ध में आहार व्यवस्था (प्रश्न रूप में)

प्रश्न 1. एक जमुनापारी बकरी का शरीर-भार 85 किग्रा. है एवं 2.5 लीटर दूध प्रतिदिन देती है। उसके एक दिन का सन्तुलित आहार ज्ञात कीजिये।

आहार गणना (Food Calculation)–

शरीर भारानुसार शुष्क पदार्थ की आवश्यक मात्रा = 85 किग्रा.

∵ 100 किग्रा. शरीर भार के लिए = 3 किग्रा. शुष्क पदार्थ चाहिये।

∴ 85 किग्रा. " " $= \frac{3 \times 85}{100} = \frac{51}{20} = 2.55$ किग्रा. शुष्क पदार्थ

दाने की मात्रा–दूध उत्पादन आधार पर 0.5 किग्रा. दाना प्रति 1 लीटर दूध पर दिया जाता है।

∵ 1 किग्रा. दूध पर देते हैं = 0.5 किग्रा. दाना

∴ 2.5 किग्रा. " = 0.5×2.5 = 1.25 किग्रा. दाना देंगे।

दिये गये दाने में शुष्क पदार्थ की मात्रा–

∵ 100 किग्रा. दाने में शुष्क पदार्थ = 90 किग्रा.

∴ 1.25 किग्रा. " " $= \frac{90 \times 1.25}{100} = \frac{11.25}{10} = 1.13$ किग्रा. शुष्क पदार्थ

शेष शुष्क पदार्थ जो फरवरी में बरसीम से देंगे = 2.55 – 1.13 = 1.42 किग्रा.

जनवरी में बरसीम में शुष्क पदार्थ 20% होता है।

अतः बरसीम की मात्रा–

∵ 20 किग्रा. शुष्क पदार्थ प्राप्त होता है = 100 किग्रा. बरसीम से

∴ 1.42 किग्रा. " " $= \frac{100 \times 1.42}{20} = 7.1$ किग्रा. बरसीम में

उत्तर–इस प्रकार से–

- ❑ बरसीम का चारा = 7.1 किग्रा.
- ❑ दाना = 1.25 किग्रा.

(दाने में जौ + जई + अरहर की चूनी + चने का छिलका सम्मिलित होता है।)

कुछ औसत राशन (सारांश में)

10 किग्रा. दुधारू पशुओं के लिये एक दिन का औसत राशन

- ❑ 25 किग्रा. हरा चारा [ज्वार की करबी (रिओ ज्वार) अथवा एम.पी. चरी]
- ❑ अथवा 12 किग्रा. बरसीम + 5-6 किग्रा. भूसा + 3.5 किग्रा. दाना।

18-20 किग्रा. दुधारू पशुओं के लिये एक दिन का राशन

- ❑ हरा चारा ज्वार = 40-50 किग्रा.।

  अथवा बरसीम 25 किग्रा. + भूसा 6-10 किग्रा. + मक्का का दाना 4 किग्रा + मूँगफली की खली 650 ग्राम।

याद रहे— दाना सदैव बाजार में सस्ती उपलब्धता के अनुसार तैयार करना चाहिये।

पशु के शरीर का भार ज्ञात करना (बिना तौले हुए)

सूत्र $क = \frac{ख \times ग}{घ}$

क = पशु का शरीर–भार किग्रा. में।

ख = पशु की लम्बाई सेण्टीमीटर में।

ग = पशु की परिधि (Girth) सेण्टीमीटर में।

घ = 64.4, यदि परिधि 164 सेमी. या इससे कम है।

= 61.0, यदि परिधि 165-200 सेमी. तक है।

= 57.5 यदि परिधि 200 सेमी. से अधिक है।

उदाहरण– यदि पशु की लम्बाई 165 सेमी. तथा परिधि 190 सेमी. हो, तो भार लगभग होगा–

पशु का भार = $\frac{160 \times 190}{61}$ = 514 किग्रा.

नोट– पशु का भार उसके आहार की मात्रा निर्धारित करने में सहायक होता है।

●●●

4

कृत्रिम गर्भाधान और पशु प्रजनन
(Artificial Insemination and Animal Breeding)

कृत्रिम गर्भाधान की परिभाषा (Definition of Artificial Insemination)

कृत्रिम विधि द्वारा स्वस्थ साँड़ का वीर्य एकत्र करके मादा जननांग के ग्रीवा (Cervix) या गर्भाशय में यंत्रों की सहायता से उचित समय पर स्वच्छतापूर्वक स्थापित करना कृत्रिम गर्भाधान या वीर्य सेचन कहलाता है।

"Articial Insemination is the disposition of semen, collected artificially from a healthy Bull, into the cervix or uterus of the female reproductive tract by mechanical rneans than natural service at the proper time and under most hygienic condition."

कृत्रिम गर्भाधान का उद्देश्य (Objects of Artificial Insemination)

कृत्रिम गर्भाधान विधि के निम्न मुख्य उद्देश्य हैं–

1. शीघ्रता से पशु नस्ल सुधार करना।
2. पशुओं का दुग्धोत्पादन बढ़ना एवं कृषि कार्यों हेतु उत्तम बैल तैयार करना।

कृत्रिम गर्भाधान के लाभ (Advantages of Artificial Insemination)

पशुपालन व्यवसाय में कृत्रिम गर्भाधान एक क्रान्तिकारी अनुसंधान है जिसके प्रयोग से शीघ्र ही पशुओं का सुधार किया जा सकता है। इसके निम्न लाभ हैं–

- ❑ उत्तम सांड़ की उपयोगिता में वृद्धि।
- ❑ अपने पशु समूह (Heard) हेतु सांड़ रखने की आवश्यकता नहीं। इस प्रकार सांड़ के पोषण तथा प्रबन्ध पर होनेवाला व्यय बच जाता है।
- ❑ घातक परिणाम से बचने के लिये प्रतिवर्ष सांड़ बदलने की आवश्यकता नहीं।
- ❑ उत्तम नस्लों के सांड़ों के अभाव की पूर्ति भली–भाँति सम्भव है। इस विधि से वर्ष भर में एक सांड़ से एक हजार से दो हजार तक पशु गर्भित किये जा सकते हैं जबकि नैसर्गिक प्रजनन द्वारा एक सांड़ से वर्ष भर में केवल सौ पशु ही गर्भित किये जा सकते हैं।
- ❑ वीर्य एक स्थान से दूसरे स्थान तक भली–भाँति ले जाया जा सकता है। अब तो अति हिमीकृत वीर्य (Deep Frozen Semen) एक देश से दूसरे देश तक वायुयान, जीप आदि से वितरित किया जा रहा है।

- केवल उत्तम किस्म के सांड़ों के वीर्य का ही प्रयोग होता है, क्योंकि उनके स्वास्थ्य एवं वीर्य का नियमित परीक्षण होता रहता है।
- इससे सांड़ों की प्रजनन शक्ति का पता लगाया जा सकता है।
- मादा पशु (गाय, भैंस) की जननेन्द्रियों में यदि कोई यौन रोग (Venereal disease) अथवा विकृति (Sterility/cystic ovary) आदि होती है तो उसकी चिकित्सा की जाती है तथा पशु कार्यशील हो जाता है।
- ऐसे पशु जो आकार में बहुत छोटे हैं अथवा बहुत बड़े हैं या किसी कारण अपंग हो गये हैं इस विधि से ग्याभिन किये जा सकते हैं।
- एक जाति के सांड़ का अन्य जाति की मादा से संभोग सम्भव होता है। इस प्रकार नई-नई जातियाँ (Breeds) उत्पन्न की जा सकती हैं।
- परीक्षित सांड़ों के वीर्य के उपयोग से मादाओं में जननेन्द्रिय रोगों की सम्भावना नहीं।
- मादाओं में गर्भधारण की क्षमता में वृद्धि।
- मादा पशु के गर्मी पर आने पर सांड़ की तलाश हेतु किसान अथवा पशुपालक को गाँव-गाँव घूमने की आवश्यकता नहीं।
- इस विधि से इच्छित गुणों अथवा जाति के साँड़ से मादा (गाय, भैंस) को ग्याभिन कराके मनवांछित सन्तति प्राप्त की जा सकती है।
- इस प्रकार उत्पन्न हुई उन्नतिशील बछियों को बड़ा होने पर पुनः उन्नत एवं सिद्ध सांड़ों के वीर्य से ग्याभिन कराया जा सकता है।
- किसानों को महँगे सांड़ रखने की आवश्यकता नहीं।
- उत्पादन में वृद्धि एवं कम लागत तथा कृषकों को इससे बहुत लाभ।
- इस विधि में अच्छा अभिलेख (Record) रखा जाता है जिससे चुनाव तथा प्रजनन सम्बन्धी ज्ञान की अभिवृद्धि होती है।
- इस विधि में कम सांड़ रखने पड़ते हैं। इसलिये कम खर्च और लाभ अधिक मिलता है।

इस विधि के कुशल संचालन हेतु निम्न बिन्दुओं पर ध्यान दें।

- अच्छे सांड़ के चयन करने की कुशलता।
- प्रयोगशाला में वीर्य के रख-रखाव का समुचित वैज्ञानिक प्रबन्ध।
- प्रयोग में आनेवाले उपकरणों की स्वच्छता एवं शुद्धिकरण (Sterilization)।
- गर्म मादा पशु की उचित जाँच एवं सही गर्भाधान (Proper disposition of Semen)।

पशुपालकों को ध्यान में रखने योग्य बातें

- प्रत्येक गाय-भैंस 18-21 दिन के पश्चात् गर्म होती है।
- यह 16 से 24 घण्टे तक गर्म (ऋतुमती) रहती है।
- गाय-भैंस के गर्म होने की पहचान उसके मूत्रमार्ग से, लसदार, स्वच्छ तथा सफेद स्राव का बहना, बार-बार थोड़ा-थोड़ा पेशाब करना, सयन (योनि मार्ग–Vulva) का फूला होना, परेशान रहना, दूध कम देना एवं दैनिक स्वभाव में अस्थायी परिवर्तन आदि लक्षणों से की जाती है।

- ❑ गाय-भैंस के गर्मी पर आने के 10 से 16 घण्टे के अन्दर इन्हें गर्भित कराने के लिए पशु चिकित्सालय अथवा कृत्रिम गर्भाधान केन्द्र पर ले जाना चाहिये।
- ❑ सामान्य रूप से गाय 9 महीना 9 दिन (282 दिन) और भैंस 10 महीना 10 दिन (310 दिन) में ब्याती है।
- ❑ ब्याने के 3 माह पश्चात् गाय-भैंस को अवश्य गर्भित हो जाना चाहिये।
- ❑ गाय-भैंस को गर्भित कराने के पश्चात् प्रायः 3 महीने बाद उसका चिकित्सालय पर जाकर गर्भ परीक्षण (Pregnancy Test) अवश्य करा लेना चाहिये।

- **यदि कोई गाय या भैंस बार-बार ग्याभिन कराने पर भी नहीं रहती है तो ऐसे पशु को अपने निकटतम पशु चिकित्सालय पर ले जाकर जाँच करायें। यदि पशु गर्म है और जननेन्द्रिय सम्बन्धी कोई विकार नहीं है, तो ऐसे पशु को ग्याभिन करने से पूर्व कोई एण्टीबायोटिक; जैसे—जैण्टामाइसिन, स्ट्रेप्टोमाइसिन आदि को डिस्टिल्ड वाटर में मिलाकर गर्भाशय में डलवाकर अगले बार गर्मी पर आने पर वीर्यदान करायें।**

गर्भित पशु की पहचान (Sign of Pregnant Animal)

पशुओं में गर्भधारण के निम्न लक्षण मिलते हैं—

- ❑ गाय या भैंस का गर्म होना बन्द हो जाता है।
- ❑ पशु शान्त और सीधे स्वभाव का हो जाता है।
- ❑ थन और योनि (Vulva) बढ़ने लगते हैं।
- ❑ पेट के आकार में भी धीरे-धीरे वृद्धि होने लगती है।
- ❑ दूध गाढ़ा, कम और नमकीन स्वाद का हो जाता है।
- ❑ पशु हमेशा आराम करने का प्रयास करता है।
- ❑ पाँच माह का गर्भ होने पर, पशु के बैठे रहने पर गर्भाशय में बच्चे का हिलना-डुलना देखा जा सकता है।

याद रहे—ग्याभिन पशु की सही पुष्टि के लिये अपने निकटतम पशु-चिकित्सालय अथवा पशु-औषधालय पर गर्भ परीक्षण (Pregnancy test) करायें।

- ❑ History of service by a Bull or by a cessation of estrum or heat period in advanced pregnancy the abdomen of cattle tends to increase in size.
- ❑ The udder of heifer at 4th to 5th months of pregnancy begins to increase in size and development.
- ❑ Cow becomes quite and move more slowly and carefully, specially, in the last few weeks of pregnancy.
- ❑ The pelvic ligaments begin to relax.
- ❑ Edema and relaxation of the vulva is observed in the few last weeks of pregnancy.

उपरोक्त सभी लक्षण तथा चिन्ह बाह्य रूप से गर्भावस्था (External indication of pregnancy) को प्रकट करते हैं।

सांड़ों की व्यवस्था (Bull Management)

सांड़ों की उचित व्यवस्था हेतु निम्नलिखित बातें विशेष महत्त्व रखती हैं–

- ❑ उचित आहार एवं शुद्ध जल की व्यवस्था।
- ❑ सांड़ों की सफाई, धुलाई एवं ब्रश लगाना।
- ❑ व्यायाम– नित्य प्रातः सायं दूर तक सांड़ों को टहलाना।
- ❑ रोग निदान और उसकी उचित चिकित्सा।
- ❑ सांड़घर की उचित सफाई।
- ❑ एच.एस./आर.पी./बी.क्यू/आर.पी. एवं एफ.एम.डी. रोगों के बचाव हेतु टीके लगाना।
- ❑ ट्यूबरकुलोसिस, जोहनीज डिजीज, ब्रूसेलोसिस एंव विब्रिओसिस (Vibriosis) आदि के निदान हेतु त्रैमासिक परीक्षण आवश्यक।

विशिष्ट कार्य संचालन हेतु कुछ व्यवस्थायें इस प्रकार से

- ❑ नित्य प्रातः व्यायाम के बाद सांड़ के शरीर पर ब्रुश करना।
- ❑ तत्पश्चात उसका शीथ धोकर वीर्य संकलन (Semen Collection) करना।
- ❑ इसके बाद दाना खिलाना, पानी पिलाना एवं स्नान।

- **शरद ऋतु में सांड़ को स्नान न कराके दिन में उसकी दो बार सफाई तथा ब्रसिंग की जाती है।**
- ❑ ग्रीष्म ऋतु के दिनों में भैंसा सांड़ की दिन में दो बार सफाई तथा ब्रसिंग की जाती है।
- ❑ सांड़ को इच्छानुसार भूसा एवं हरा चारा उपलब्ध कराना चाहिये।
- ❑ दिन में 2-3 बार पानी पिलावें।
- ❑ उत्तम वीर्य उत्पादन के लिए शीत ऋतु में सांड़ के शरीर पर तेल मालिश करें। इस क्रिया में भैंसा सांड़ चमकने लगता है।
- ❑ शरद ऋतु में सांड़ के लिये सांड़घर में पुआल की बैडिंग होनी चाहिये जिसे दिन में सूर्य के प्रकाश में सुखा लिया जाये।
- ❑ सांड-घर में जूट के पर्दे शीत, लू, गर्मी आदि से बचाने के लिए होने चाहिये।
- ❑ एक सांड़ से वीर्य का संकलन (Collection) सप्ताह में केवल 2-3 बार ही करना चाहिये। इससे अधिक नहीं।

कृत्रिम गर्भाधान की प्रविधि (Artificial Insemination Technique)

कृत्रिम गर्भाधान की प्रविधि (Technique) के अन्तर्गत निम्न विषयों का अध्ययन किया जाता है–

- वीर्य एकत्रीकरण (Semen collection)
- वीर्य परीक्षण एवं मूल्यांकन (Examination and Evaluation of Semen)
- वीर्य तनुकरण (Semen dilution)
- वीर्य संरक्षण एवं परिवहन (Semen Preservation and Transport)
- वीर्य सेचन एवं गर्भ परीक्षा (Insemination and Pregnancy diagnosis)

1. वीर्य एकत्रीकरण (Semen Collection)

वर्तमान में वीर्य एकत्रीकरण की कृत्रिम योनि विधि (Artificial Vagina Method) का व्यापक प्रयोग किया जा रहा है। यह एक विश्वसनीय विधि है। इसमें सांड़ को गाय के ऊपर चढ़ाया जाता है तथा उसके शिश्न को कृत्रिम योनि में प्रवेश कराके वीर्य स्खलन (Semen ejaculation) कराया जाता है।

कृत्रिम योनि विधि (Artificial Vagina Method)

यह वीर्य एकत्र करने की सबसे श्रेष्ठ और आधुनिक तकनीक है। आजकल इसी ढंग से प्रायः सभी कृत्रिम गर्भाधान केन्द्रों (A. I. Centres) पर वीर्य एकत्रित किया जाता है। इसमें सभी परिस्थितियाँ बिलकुल ही गाय-भैंस की प्राकृतिक योनि के अनुकूल होजाती हैं। अतः सांड़ को यही अनुभव होता है कि वह गाय-भैंस के साथ प्राकृतिक ढंग से मैथुन कर रहा है।

इस कृत्रिम योनि के भाग इस प्रकार हैं—

- **मोटी रबर का बाह्य सिलिण्डर (An outer heavy rubber cylinder)**
- **भीतरी लेटैक्स लाइनर (Inner latex liner)**
- **लेटैक्स कोन (Latex cone or semen receiving cone)**
- **वीर्य एकत्र करनेवाली नलिका**
  (Semen collection vial/Semen collecting tube)

1. मोटी रबर का बाह्य सिलिण्डर (An outer heavy Rubber Cylinder)—यह एक मोटी तथा कड़ी रबर का बना हुआ, 40 सेमी. लम्बा तथा 7 सेमी. भीतरी व्यास वाला खोखला सिलिण्डर होता है। इसके दोनों किनारे शेष भाग से कुछ मोटे तथा ऊपर उठे हुए होते हैं। एक सिरे से लगभग 7-8 सेमी. की दूरी पर एक छिद्र होता है जो वाल्व तथा धातु के स्क्रू से बन्द रहता है। इसे वाटर कॉक कहा जाता है और आवश्यकता पड़ने पर इसे खोलकर इसके रास्ते की कृत्रिम योनि में गर्म पानी डाला जा सकता है और दाब उत्पन्न करने के लिए हवा भर दी जाती है जिससे अन्दर का रिक्त स्थान भर जाता है।

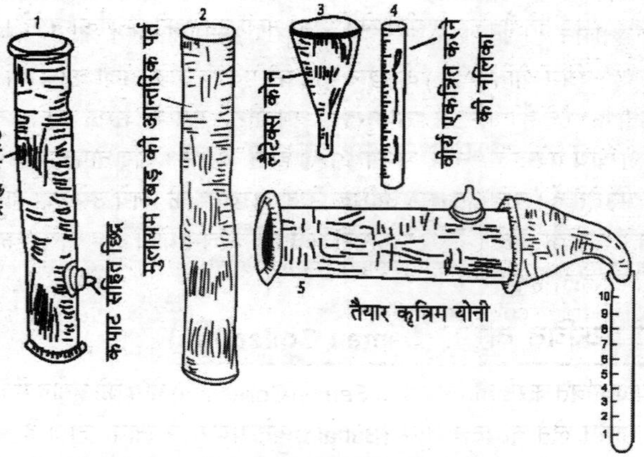

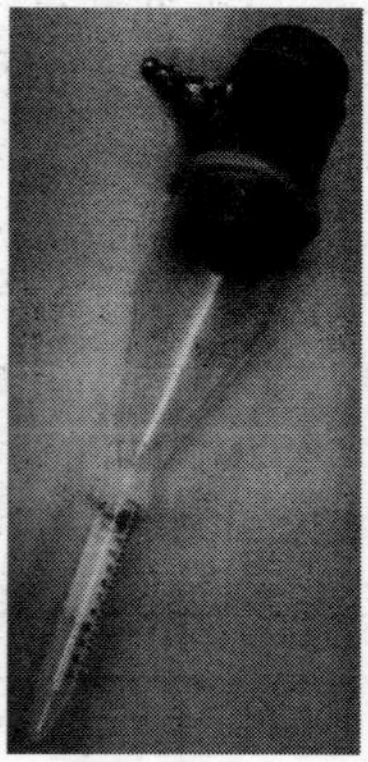

Artificial Vagina

चित्र —*कृत्रिम योनि के भाग (Parts of the Artificial Vagina)*

2. भीतरी लेटैक्स लाइनर (Inner Latex Linner)—यह एक उत्तम किस्म की मुलायम रबर का बना हुआ खोखला एवं पतला सिलिण्डर होता है। इसकी लम्बाई बाह्य सिलिण्डर की अपेक्षा 10-12 सेमी. अधिक तथा व्यास लगभग उतना ही होता है। इसको बाह्य सिलिण्डर के अन्दर डाल कर इसके दोनों सिरे पलट कर बाह्य सिलिण्डर के सिरों पर चढ़ा दिये जाते हैं। इससे बाह्य सिलिण्डर और भीतरी सिलिण्डर के मध्य स्थान बन जाता है जिसमें गरम पानी तथा हवा भरी जाती है।

3. लैटेक्स कोन (Latex cone)—यक एक बड़ी कीप के आकार और पतली रबर का बना होता है। इसका चौड़ा सिरा बाह्य सिलिण्डर के स्क्रू की ओर वाले सिरे पर चढ़ाया जाता है तथा पतले सिरे पर वीर्य एकत्र करनेवाली नलिका लगायी जाती है।

4. वीर्य एकत्र करनेवाली नली (Semen Collection Tube)—यह काँच अथवा प्लास्टिक की बनी हुई परखनली के आकार की होती है। इसमें 10 घन सेमी (10 cc) तक की माप का पैमाना अंकित रहता है, जिससे कि इकट्ठा किया हुआ वीर्य तुरन्त नापा जा सके।

इसे लेटैक्स कोन के पतले सिरे पर लगाया जाता है।

कृत्रिम योनि तैयार करना (Preparation of Artificial Vagina)

कृत्रिम योनि के सभी भागों को खूब साफ तथा जीवाणु रहित (sterilized) करके सुखा लिया जाता है जिससे किसी भी प्रकार से वीर्य दूषित न होने पाये एवं एक सांड़ की बीमारी दूसरे सांड़ को न लग जाये। अब भीतरी लेटैक्स लाइनर को बाह्य मोटे सिलिण्डर के अन्दर डालते हैं और उसके दोनों सिरे बाह्य सिलिण्डर के सिरों पर मोड़ देते हैं। ऐसा करने से बाह्य सिलिण्डर की भीतरी पर्त तथा लेटैक्स लाइनर की बाहरी सतह के मध्य पूरी लम्बाई में एक रिक्त स्थान बन जाता है। इसमें बाह्य सिलिण्डर में बनी टोंटी के स्क्रू को खोलकर लगभग 42 ºC (107 ºF) का गरम पानी भरते हैं। जब तक कि लेटैक्स लाइनर के चारों ओर की भीतरी दीवारें फूलकर एक-दूसरे को छूने न लगें। इस प्रकार बनी पर्तें गरम पानी के दबाव से प्राकृतिक योनि में बने मांसल भाग का कार्य करती हैं। छिद्र को अब स्क्रू से बन्द कर देते हैं। यदि पानी दबाव कम रह गया हो तो उसी टोंटी द्वारा मुँह से कुछ हवा भरकर दबाव पूरा कर दिया जाता है। अब सिलिण्डर के स्क्रू की ओर वाले सिरे पर लेटैक्स कोन चढ़ा देते हैं, जिसमें कि वीर्य एकत्र करनेवाली नली पहले से ही लगा लेते हैं। तत्पश्चात् इस नली तथा कोन को सिलिण्डर के अन्दर की ओर घुसेड़ देते हैं जिससे वीर्य लेते समय नली टूटने की आशंका न रहे।

इस प्रकार तैयार की हुई कृत्रिम योनि (A.V.) के खुले मुख को एक स्वच्छ लम्बी काँच की छड़ में वैसलीन लगा कर चिकना कर देते हैं। अन्त में इसी मुख से थर्मामीटर प्रविष्ट करके कृत्रिम योनि का तापक्रम देख लेते हैं, जो वीर्य एकत्र करने के समय 40 ºC होना चाहिये। यदि तापक्रम कम हो तो और अधिक गर्म पानी भर देते हैं। यदि तापक्रम अधिक है तो कुछ देर के लिये उसे ऐसे ही रख देते हैं या ठंडा पानी मिलाकर सही कर लेते हैं। इस प्रकार से बनी हुई कृत्रिम योनि अब वीर्य एकत्रित करने के लिये बिलकुल तैयार होती है।

कृत्रिम योनि से वीर्य एकत्रित करना (Semen Collection)

गाय के सांड़ का वीर्य एकत्रित करने के लिये (For Semen Collection) गाय को प्रयोग में लाया जाता है। भैंसा सांड़ का सीमेन लेने के लिये भैंस (Buffalo) को प्रयोग में लाया जाता है। अब गाय-भैंस के पीछे जाकर थोड़ा उसके बाईं ओर खड़े होते हैं। उपरोक्त प्रकार से तैयार की गई कृत्रिम

योनि को पृथ्वी के धरातल के साथ 45 अंश का कोण बनाते हुए कसकर हाथ में पकड़ लेते हैं। इस समय इस बात का ध्यान रखा जाता है कि कृत्रिम योनि का खुला मुख सांड़ के शिश्न (penis) की ओर रहे। जैसे ही सांड़ गाय-भैंस के ऊपर चढ़ता है दाहिने हाथ से उसके मुतान (sheath) को पकड़कर कृत्रिम योनि में प्रविष्ट कर देते हैं। इस समय इस बात का ध्यान रखा जाता है कि हाथ का स्पर्श शिश्न के खुले भाग पर न होने पावे। जैसे ही शिश्न कृत्रिम योनि में प्रविष्ट करता है सांड़ प्राकृतिक योनि की भाँति मैथुन करता हुआ अनुभव करता है और वीर्य छोड़ देता है। अब सांड़ मादा के ऊपर से उतर जाता है। वैसे ही कृत्रिम योनि को शिश्न से अलग कर लेते हैं। अब लेटैक्स कोन वाले कृत्रिम योनि के सिरे को नीचा करके वीर्य एकत्रित करनेवाली नली को बाहर खींचकर, बाह्य सिलिण्डर का स्क्रू खोलकर पानी निकाल देते हैं। इस प्रकार सम्पूर्ण वीर्य नीचे एकत्र करनेवाली नली में पहुँच जाता है। इस नली को लेटैक्स कोन से अलग करके परीक्षण हेतु ए.आई. लेब में लाया जाता है। जहाँ इसे 30-35 डिग्री सेण्टीग्रेड पर रखा जाता है तथा कृत्रिम योनि के सभी भागों को अलग करके सुखा लिया जाता है।

- **कृत्रिम योनि के गर्म पानी के सम्पर्क में वीर्य को अधिक समय तक नहीं रखना चाहिये, क्योंकि तापक्रम शुक्राणुओं (Sperms) को नुकसान पहुँचा सकता है। सूर्य का प्रकाश तथा पराबैंगनी किरणें भी स्पर्मस को नुकसान पहुँचाती हैं। अतः वीर्य को सूर्य की किरणों से बचा कर रखना चाहिये।**

वीर्य परीक्षण एवं उसका मूल्यांकन
(Examination and Evaluation of Semen)

वीर्य एकत्र करने के बाद इसे मादा जननेन्द्रिय में डालने से पूर्व यह परमावश्यक होता है कि उसका विधिवत् परीक्षण एवं मूल्यांकन किया जाये, जिससे यह ज्ञात हो सके कि उपलब्ध वीर्य गर्भाधारण के योग्य है अथवा नहीं।

वीर्य को प्रभावित करनेवाले कारक—वीर्य को प्रायः निम्न अवस्थायें प्रभावित करती हैं—

- **ऋतु, तापक्रम एवं स्वभाव।**
- **पोषण, व्यक्तित्त्व, नर का स्वास्थ्य आदि।**
- **बीमारी एवं बेक्टीरियल संक्रमण।**
- **आयु, परिवहन (Transportation) एवं वंशानुक्रम (Inheritance)।**
- **उपरोक्त परिस्थितियाँ वीर्य की मात्रा एवं वीर्य के गुण को प्रभावित करती हैं।**

वीर्य का मूल्यांकन (Evaluation)—यह उसकी गर्भधारण कराने की शक्ति पर ही निर्भर करता है।

वीर्य परीक्षण निम्नलिखित रूपों में

- **स्थूल या खाली आँख परीक्षण** (Macroscopic or Naked eye Examination)
- **सूक्ष्मदर्शी परीक्षण** (Microscopic Examination)
- **रासायनिक परीक्षण** (Chemical Examination)
- **जीवाणु परीक्षण** (Bacteriological Examination)
- **सीरम मूलक परीक्षण** (Serological Examination)

1. स्थूल या खाली आँख परीक्षण (Macroscopic or naked Eye Examination)—इस प्रकार का परीक्षण वीर्य (Semen) को केवल आँखों से देखकर किया जाता है। प्रत्येक पशु के वीर्य में कुछ अपनी विशेषतायें होती हैं जिनके आधार पर उसका मूल्यांकन किया जाता है।

इसके अन्तर्गत उसका रंग, आयतन (Volume) तथा गाढ़ापन देखते हैं। इससे उसकी अच्छाई और बुराई का पता लगता है। पशुओं के सामान्य वीर्य की विशेषतायें एवं गुण निम्न प्रकार से हैं—

(i) आयतन (Volume)— विभिन्न जातियों के सांड़ों का वीर्य, एक ही जाति के विभिन्न सांड़ों का वीर्य तथा एक ही सांड़ द्वारा अलग-अलग समय पर स्खलित वीर्य का आयतन अलग-अलग होता है। एक सांड़ के एक बार में स्खलन (ejaculation) से प्राप्त वीर्य की मात्रा द्वारा ही यह निर्धारित होता है कि उसके द्वारा कितनी गायें ग्याभिन की जा सकती हैं। अधिकतर वीर्य उत्पन्न करनेवाले सांड़ों का ही प्रयोग किया जाता है।

नोट— वीर्य का आयतन नापने के लिए ग्रेजुएटिड पिपेट या सिलिण्डर का उपयोग किया जाता है।

विभिन्न प्रकार के पशुओं के वीर्यों की आयतन सारिणी

क्र.	पशुओं की प्रजाति (Species of the Animal)	वीर्य का आयतन (Semen Volume)	औसत आयतन (Average Volume)
1.	सांड़ (Bull)	2.5 से 5.5 c.c.	5.0 c.c.
2.	भैंसा सांड़ (Buffalo Bull)	2.0 से 4.5 c.c.	3.0 c.c.
3.	घोड़ा (Stalian)	50 से 150 c.c.	100 c.c.
4.	मेढ़ा (Ram)	0.5 से 1.5 c.c.	1.0 c.c.
5.	बकरा (Buck)	0.5 से 1.5 c.c.	1.0 c.c.

(ii) रंग (Colour)—वीर्य के रंग का आँकलन करने से उसके (सांड़) स्वाभाविक गुणों का संकेत मिलता है। उत्तम प्रकार के सांड़ के वीर्य का सामान्य रंग "हल्का क्रीमी" (Light creamy colour) होना चाहिये। अन्य रंग दूषित वीर्य का बोध कराते हैं। वीर्य के कुछ असामान्य रंग आगे तालिका में दिये गये हैं।

क्र.	वीर्य का असामान्य रंग	इवितान
1.	पीला (Yellow)	इसमें मवाद (Pus) या मूत्र (Urine) का सम्मिश्रण होता है।
2.	लाल या गुलाबी (Reddish or pinkish)	रक्त का सम्मिश्रण।
3.	बादामी (Brownish)	इसमें ब्लड टिशूज के टूटे-फूटे कण होते हैं।
4.	हरा (Greenish)	अधिक मवाद (Pus) से युक्त।

(iii) वीर्य का गाढ़ापन (Consistency of semen)—जितना वीर्य गाढ़ा होगा उसमें उतने ही अधिक स्पर्मस होंगे। वीर्य का गाढ़ापन तथा रंग आपस में सम्बन्धित होते हैं, जिसके आधार पर वीर्य के गुणों का निर्धारण किया जाता है।

क्र.सं.	वीर्य में उपस्थित गाढ़ापन	गुण
1.	गाढ़ा क्रीम जैसा (Thick Creamy)	सर्वोत्तम (Excellent)
2.	पतला क्रीम जैसा (Thin Creamy)	बहुत अच्छा (Very good)
3.	गाढ़ा दूध जैसा (Thick Milky)	अच्छा (Good)
4.	पतला दूध जैसा (Thin Milky)	सन्तोषप्रद (Fair)
5.	पनीला/पानी जैसा (Watery)	अत्यधिक खराब (Extremely poor)

(iv) आपेक्षिक घनत्व (Specific Gravity)— वीर्य का आपेक्षिक घनत्व उनमें उपस्थित स्पर्मस की सान्द्रता पर निर्भर करता है।

- **आपेक्षिक घनत्व कम होने पर वीर्य अच्छे गुणोंवाला नहीं माना जाता।**
- **सांड़ के वीर्य का आपेक्षिक घनत्व 1.065 होता है।**

विभिन्न प्रजातियों का वीर्य, उसकी अच्छाई का गुण एवं प्रदत्त वीर्य की मात्रा

सांड़ का वीर्य (Bull Semen)

- अपारदर्शक, एक समान, क्रीम के रंग जैसा सफेद तरल पदार्थ के रूप में।
- सांड़ एक बार में औसतन 5 एम.एल. वीर्य देता है।
- इसकी पी.एच. (pH) 6.7 होती है।

घोड़े का वीर्य (Stalian Semen)

- इसके वीर्य का रंग भूरा या सफेद होता है अथवा भूरापन लिये हुए सफेद।
- एक बार में 50-150 एम.एल. वीर्य देता है।
- इसके वीर्य की पी.एच. (pH) 7-7.8 तक होती है।

मेढ़ा/बकरा का वीर्य (Ram/Buck Semen)

- वीर्य गाढ़ा, अधिक अपारदर्शक तथा रंग क्रीम जैसा।
- एक बार में 0.5-1.55 एम.एल. वीर्य देता है।
- इसकी पी.एच. (pH) 7.0 होती है।

सुअर का वीर्य (Boar Semen)

- इसके वीर्य का रंग भूरा या सफेद होता है।
- सूक्ष्मदर्शी से देखने पर लहरों का पूर्ण अभाव होता है।
- एक बार में 200-250 एम.एल. वीर्य देता है।
- इसके वीर्य की पी.एच. (pH) 6.8 से 7.2 तक होती है।
- परीक्षा के लिए वीर्ययुक्त परखनली को बायें हाथ में पकड़कर आँख से समतल लगाकर देखना चाहिये।

नोट— सामान्य रूप से सांड़ के वीर्य की पी.एच. (pH) 7 से कम और क्रिया एसिडिक होती है।

2. सूक्ष्मदर्शी परीक्षण (Microscopic Examination)—वीर्य परीक्षण एवं उसके मूल्यांकन की यह सबसे श्रेष्ठ विधि है। इससे निम्न प्रकार मूल्यांकन किया जा सकता है—

(i) शुक्राणुओं की कुल संख्या ज्ञात करना (Total Count of Sperms)— इसे शुक्राणु सान्द्रता परीक्षण (Sperm Concentration test) भी कहते हैं। इस परीक्षण के लिये एक विशेष यंत्र, हीमासाइटोमीटर (hemacytometer) या न्यूबर काऊटिंग चैम्बर (neubauer counting chamber)

की आवश्यकता होती है। यह एक विशेष प्रकार की काँच की स्लाइड होती है। इससे लाल व श्वेत रुधिर कणिकाओं की संख्या के अतिरिक्त शुक्राणुओं की संख्या भी ज्ञात की जाती है। इस यंत्र के बीचोंबीच दो चैम्बर (अलग-अलग) होते हैं।

चित्र—*हीमासाइटोमीटर* ***(Hemacytometer)***

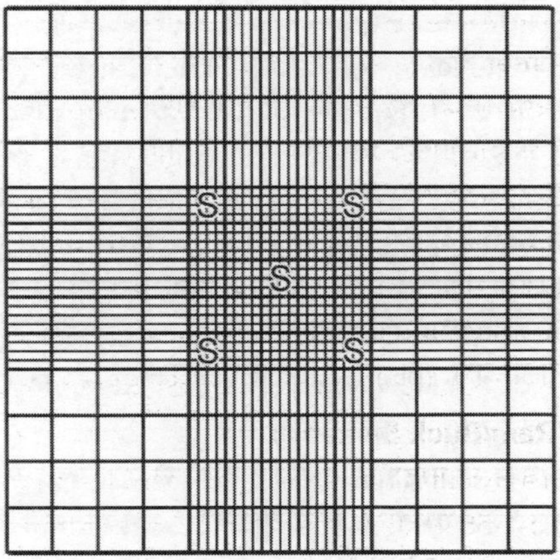

चित्र—*हीमासाइटोमीटर का एक चैम्बर* (One Chamber of Hemacytometer)

इसके एक चैम्बर में कुल 9 वर्ग होते हैं। बीच का वर्ग पुन: 25 छोटे वर्गों में विभाजित होता है एवं प्रत्येक छोटे वर्ग में 16 छोटे-छोटे वर्ग होते हैं। एक छोटे वर्ग का क्षेत्रफल 1/400 वर्ग मिमी. होता है तथा इसके ऊपर रखे कवर ग्लास की ऊँचाई 1/10 मिमी. होती है।

परीक्षण विधि (Procedure)

- इओसिन घोल (Eosine solution) 0.02%— तैयार घोल की 9.9 एम.एल. मात्रा परखनली 'ए' में तथा 9.5 एम.एल. परखनली 'B' में लेते हैं।
- अब 0.1 एम.एल. शुद्ध वीर्य को परखनली 'ए' में धीरे-धीरे मिला देते हैं। इस प्रकार वीर्य 1:100 के अनुपात में डायलूट हो जाता है।
- अब परखनली 'ए' से 0.5 एम.एल. डायलूट सीमेन लेकर परखनली 'बी' में मिलाते हैं। इस प्रकार वीर्य 1:1000 के डायलूशन में प्राप्त हो जाता है।
- अब हीमोसाइटोमीटर स्लाइड काउण्टिंग चैम्बर लेकर उस पर कवर ग्लास रख देते हैं।
- सूक्ष्म पिपेट (Micro pipette) द्वारा परखनली 'बी' से डायलूट सीमेन लेकर हीमोसाइटोमीटर चैम्बर को चार्ज किया जाता है अर्थात् उस पर द्रव रखते हैं तथा कवर ग्लास के नीचे

फैलने देते हैं।

इस समय इस बात का ध्यान रखा जाता है कि कवर ग्लास के नीचे वायु का बुलबुला न पहुँचने पाये।

- ❑ इसे 5 मिनट तक रख देते हैं जिससे शुक्राणु स्थिर हो जायें।
- ❑ अब इस स्लाइड को माइक्रोस्कोप के नीचे रखकर देखा जाता है एवं चार किनारे के एवं एक मध्य के (कुल पाँच) खानों में शुक्राणुओं की गणना कर ली जाती है। इस प्रकार कुल 80 छोटे वर्गों में गणना की जाती है (16×5= 80)।

सूत्र = शुक्राणुओं की संख्या प्रति सी.सी. (c.c.) अथवा प्रति मि.ली. (ml)
= गणना किये गये शुक्राणुओं की संख्या × 50 × 10^6
= गुणना किये गये शुक्राणुओं की संख्या × 50 मिलियन

याद रहे– यदि यह संख्या औसत संख्या से कम हो तो उस वीर्य को प्रजनन के लिये प्रयोग नहीं करना चाहिये।

(ii) गति परीक्षण (मोटिलिटी टैस्ट)– वीर्य को मादा की योनि में डालने से पूर्व शुक्राणुओं की गति ज्ञात करना आवश्यक होता है, क्योंकि गर्भाधान के लिये शुक्राणुओं का ओवम तक पहुँचना जरूरी होता है। अतः इस परीक्षा से शुक्राणुओं की गर्भित करने की शक्ति का अनुमान हो जाता है। ताजे संकलित वीर्य की एक बूँद को माइक्रोस्कोप के लो पॉवर में निरीक्षण करने पर वीर्य में विद्यमान लहरों (swiris) के आधार पर वीर्य को निम्नलिखित प्रकार से श्रेणीगत करते हैं–

(क) प्लस फाइव मोटिलिटी (+5 Motility)–इस प्रकार के सीमैन में लहरों की गति बहुत तेज तथा लहर के ऊपर लहर उठती प्रतीत होती है। ये लहरें शुक्राणुओं के समूह में चलने से उत्पन्न होती हैं। इस प्रकार का वीर्य गर्भाधान के लिए सर्वोत्तम होता है।

(ख) प्लस फोर मोटिलिटी (+4 Motility)–इसमें लहरें उपरोक्त लहरों से कम गतिमान होती हैं तथा लहरें किनारे तक जाती हुई प्रतीत होती हैं।

(ग) प्लस थ्री मोटिलिटी (+3 Motility)–इसमें लहरों की गति बहुत सुस्त और लहरें बिखरी हुई होती हैं तथा मोटे तौर पर लगभग 40-60% शुक्रकीट अग्र गतिमान होते हैं और शेष क्षीण गति के होते हैं।

(घ) प्लस टू मोटिलिटी (+2 Motility)–इस प्रकार के वीर्य में लहरें स्पष्ट नहीं होती तथा मोटे तौर पर 40% शुक्रकीट अग्र गतिमान होते हैं और शेष क्षीण गति के। अथवा एक ही स्थान पर लोटने-पीटने वाली गति के शुक्रकीट मिलते हैं जिसे Throbbing movement type कहते हैं।

(ड़) प्लस वन मोटिलिटी (+1 Motility)–इसमें 20% शुक्रकीट गतिमान नजर आते हैं तथा शेष एक ही स्थान पर लोटते-पोटते हैं।

(च) प्लस जीरो मोटिलिटी (+0 Motility)–इस प्रकार के वीर्य में शुक्रकीट गतिमान नहीं होते हैं।

शुक्राणुओं (sperms) की गति तीन प्रकार से आँकी जा सकती है–

1. **प्रगामी गति** (Progressive motion)–इसमें शुक्राणु एक लाइन में बढ़ते हुए मालुम पड़ते हैं। इस गति में शुक्राणु सबसे अधिक क्रियाशील दिखाई देते हैं।
2. **घूर्णन गति** (Rotatory motion)–इस प्रकार के सीमैन में स्पर्म्स एक वृत्त की परिधि के साथ चलते नजर आते हैं जिसका व्यास स्पर्म्स की लम्बाई के बराबर होता है।
3. **दोलन गति** (Oscillatory motion)–इसमें स्पर्म्स एक ही जगह पर हिलते हुए दिखाई देते हैं।

- **स्पर्मस की गति परीक्षण करने के लिए वीर्य एकत्र करने के तुरन्त बाद एक बूँद वीर्य एक साफ स्लाइड में ले लेते हैं। सूक्ष्मदर्शी के नीचे निरीक्षण करके निम्नलिखित प्रकार से श्रेणी विभाजन करते हैं–**

+++++ जब 80 प्रतिशत या अधिक स्पर्म्स तेजी से चलते दिखायी दें।
++++ जब 60-80 प्रतिशत स्पर्म्स तेजी से चलते दिखायी दें।
+++ जब 40-60 प्रतिशत स्पर्म्स तेजी से चलते दिखायी दें।
++ जब 20-40 प्रतिशत स्पर्म्स तेजी से चलते दिखायी दें।
+ जब 20 प्रतिशत या कम स्पर्म्स तेजी से चलते दिखायी दें।
0 जब एक भी स्पर्म्स चलता दिखायी न पड़े।

याद रखिये– कृत्रिम गर्भाधान (A.I.) के लिये +++ या अधिक गति वाला वीर्य ही प्रयोग में लाना चाहिये।

उपरोक्त विभाजन इस प्रकार से भी दर्शाया जा सकता है–

- ❑ Very poor— Waves are not present, sperm cells non-motile.
- ❑ Poor—Waves are not present, sperm cells motile.
- ❑ Fair—Rarely distinguishable waves in motion.
- ❑ Good—Waves are apparent with moderate motion.
- ❑ Very good—Dark distinct waves with rapid motion.

> - **A semen sample for use should exhibit at least a good waves pattern (+++).**

3. वीर्य का रासायनिक परीक्षण (Chemical Examination)—इस परीक्षण में वीर्य की मैटाबोलिक एक्टिविटीज नापी जाती हैं। ऐसा परीक्षण निम्न प्रकार से करते हैं–

(i) **मैथिलीन ब्ल्यू अवकरण परीक्षण** (Methylene Blue Reduction Test)—इसको M.B.R. टैस्ट भी कहते हैं। इस विधि में स्पर्म्स की ''संख्या और शक्ति'' का बोध होता है। परीक्षण हेतु 0.2 c.c. वीर्य, 0.8 c.c. egg yolk citrate diluent और 0.1 c.c. ताजा तैयार मैथिलीन ब्ल्यू घोल (50 मिग्रा. मैथिलीन ब्ल्यू + 100 c.c. 3.6% सोडियम साइट्रेट डायलुएण्ट) एक परखनली में मिलाकर वाटर बाथ पर 38°C पर रख देते हैं। अब इसमें नीला रंग उड़ने का समय नोट करते हैं।

- ❑ यदि 3.5 मिनट से 6 मिनट में नीला रंग उड़ जाता है तो वीर्य अच्छा है।
- ❑ यदि 6 से 7 मिनट लगें तो सन्देह युक्त है।
- ❑ यदि 9 मिनट या इससे अधिक समय लगे तो वीर्य खराब है।

> **खराब वीर्य को कभी भी कृत्रिम गर्भाधान के लिए प्रयोग नहीं करना चाहिये।**

(ii) **पी.एच. परीक्षण– (क) नाइट्राजीन परीक्षण पत्र** (Nitrazine test paper) **द्वारा** –यह जानने के लिए कि वीर्य अम्लीय है अथवा क्षारीय। इस कार्य के लिये पहले से लिए हुए वीर्य की एक बूँद लेकर नाइट्रोजन पत्र पर एक-सा फैला देते हैं। इस प्रकार आये हुए रंग को मानक रंग के दिये हुए पैमाने से मिलाकर उसकी पी.एच. (pH) नोट कर लेते हैं।

(ख) लिट्मस कागज द्वारा परीक्षण–इस विधि में लिटमस कागज पर वीर्य की एक बूँद डालकर देखा जाता है कि वीर्य अम्लीय है अथवा क्षारीय।

(ग) अन्य परीक्षण—उपरोक्त के अतिरिक्त वी.डी.एच. कैपीलेटर एवं बोमोथाइमोल नील कैटलेज परीक्षण भी किये जाते हैं जिससे वीर्य के बारे में मालूम होता है कि वह अच्छा है अथवा संदेहयुक्त।

4. जीवाणु परीक्षण (Bacteriological test)—इस परीक्षण से यह पता चलता है कि वीर्य में बेक्टीरिया तो उपस्थित नहीं हैं।

- **इसके अतिरिक्त प्लेट काउन्ट अथवा डिफरेन्शियल काउन्ट करनी चाहिये।**
- **वीर्य दूषित होने का तनिक भी सन्देह होने पर उसका जीवाणु परीक्षण अनिवार्य रूप से होना चाहिये।**

5. सीरम मूलक परीक्षण (Serological Examination)—यह परीक्षण अत्यन्त जटिल होता है। इसलिये इनका प्रयोग कृत्रिम गर्भाधान केन्द्रों पर नहीं किया जाता है।

- **वीर्य में ब्रूसैला एग्लूटिनिन का पता लगाने के लिये एग्लूटिनेशन परीक्षण किया जाता है। परीक्षण के परिणाम धनात्मक (+) होने पर यह समझा जाता है कि सांड़ की जननेन्द्रिय में छूत के जीवाणु मौजूद हैं।**
- **एस्कॉर्बिक अम्ल, कोलीन, Hyaluronidase आदि भी (परीक्षण) वीर्य के मूल्यांकन में महत्त्वपूर्ण भूमिका निभाते हैं।**
- **वीर्य के परीक्षण एवं सही मूल्यांकन करने के उपरान्त ही अच्छे वीर्य को कृत्रिम गर्भाधान हेतु प्रयोग करना चाहिये। वास्तव में कृत्रिम गर्भाधान की सफलता इसी पर निर्भर करती है।**

वीर्य तनुकरण (Dilution of Semen)

डायलुएण्ट्स वे पदार्थ हैं जो एकत्रित किये गये वीर्य की जनन क्षमता के ह्रास हुए बिना उसका आयतन तथा अधिक समय तक सुरक्षित रहने की शक्ति को बढ़ाते हैं।

"Semen diluents or semen extendors are those substances which are used for increasing the volume and keeping quality of collected semen without loss of its fertility.

वे पदार्थ जो वीर्य का आयतन तथा अधिक समय तक सुरक्षित रहने की शक्ति बढ़ाते हैं, डायलुएण्ट्स कहलाते हैं।

डायलूटर्स मुख्य रूप से वीर्य का आयतन बढ़ाने के लिये ही उसमें मिलाये जाते हैं, जिससे कम-से-कम वीर्य से अधिक से अधिक मादायें गर्भित की जा सकें। इनके मिलाने से वीर्य की गर्भधारण शक्ति में कोई कमी नहीं आती।

एक अच्छे डायलुएण्ट के गुण

- ❑ स्पर्म्स के लिये हानिकारक न हो।
- ❑ शीघ्र एवं सरलता से तैयार किया जा सके।
- ❑ पर्याप्त समय तक रखने के बाद भी खराब न हो।
- ❑ स्पर्म्स के लिये शक्तिदायक हो।
- ❑ स्पर्म्स की गति के लिये अनुकूल पी-एच प्रदान कर सके।
- ❑ इसका Osmotic pressure वीर्य के Osmotic pressure के समरूप हो।

- ऐसा डायलुएण्ट जिसमें अधिक ताप तथा ठंड से बचने की शक्ति हो।
- काफी सस्ता एवं बाजार में आसानी से उपलब्ध हो सके।
- ऐसा डायलुएण्ट हो जिसमें स्पर्म्स की गर्भधारण कराने की शक्ति संरक्षित रहती हो।
- इनमें स्वयं को तथा स्पर्म्स को प्रतिकूल वातावरण से बचाने की शक्ति हो।
- इसमें स्पर्म्स हेतु पोषक पदार्थ पर्याप्त मात्रा में मिले होने चाहिये।
- यह शीघ्र नष्ट नहीं होना चाहिये।
- ये स्वयं विषैले पदार्थ रहित हों तथा ऐसे पदार्थों को बनने से रोकनेवाले भी हों।

सीमेन डायलुएण्ट्स के प्रायोगिक प्रकार

वैज्ञानिकों ने कई Semen diluents का विकास किया है; जैसे—

- अण्डपीत फॉस्फेट (Egg-yolk phosphate)
- अण्डपीत साइट्रेट (Egg-yolk citrate)
- ट्रिस डायलूटर (Tris dilutor)
- दुग्ध तनुकारक (Milk dilutors)
- सिट्रिक एसिड पनीर जल (Citric acid whey or C.A.W.)

यहाँ पर केवल दैनिक प्रयोग में आनेवाले डायलुएण्ट्स का ही वर्णन किया जा रहा है।

1. ई.वाई.सी. डायलुएण्ट (E.Y.C. Diluent)

इसे Egg Yolk Citrate (E.Y.C.) डायलुएण्ट भी कहते हैं। इसकी क्रियाविधि इस प्रकार है—

Buffer Solution—

Sodium Citrate hydrate	2.9 gm
Distilled water	100ml

Diluent—

Buffer solution	4 Parts
Egg yolk	1 part
Penicillin	1000 I.U./ml
Streptomycine sulphate	1mg/ml
Storage temperature	5 °C
pH	6.7–6.8
Dilution Ratio	1: 10

आजकल 2.9 ग्राम सोडियम साइट्रेट डाइहाइड्रेट को प्रति 100 c.c. डिस्टिल्ड वाटर में मिलाकर घोल तैयार किया जाता है। तत्पश्चात् इसे और अण्डपीत (egg yolk) को हॉट वाटर ताप पर कुछ देर के लिये रख देते हैं ताकि दोनों का तापक्रम समान हो जाये। अब अण्डपीत की मात्रा (ज्ञात की हुई) को एक परखनली में भरकर इसी के बराबर साइट्रेट घोल लेकर मिला देते हैं और मिश्रण को थोड़ा हिला देते हैं। इसके अतिरिक्त अब 4 भाग साइट्रेट के घोल को एक भाग अण्डपीत में मिलाया जाता है। 4 °C –7 °C पर रखा गया डायलुएण्ट 72-96 घंटे तक स्पर्म्स को जीवित तथा गतिमान रखता है।

विशेष सुविधामय—यह डायलुएण्ट बड़ी ही सुगमता से तैयार किया जा सकता है, क्योंकि इसमें एक ही रसायन घोलना पड़ता है। इसी कारण यह ढंग वीर्य को पतला करने के लिये आजकल प्राय: सभी कृत्रिम गर्भाधान केन्द्रों (A.I. Centres) पर प्रयोग हो रहा है।

नोट— इस डायलुएण्ट में 4–7 °C पर गाय सांड़ का वीर्य 3–4 दिन तक एवं भैंसा सांड़ का वीर्य 2 दिन तक भली प्रकार से संरक्षित किया जा सकता है।

2. डी–2 डायलुएण्ट (D-2 Diluent)

सोडियम बाईकार्बोनेट	1.3% घोल	10 भाग
ग्लूकोज एनहाडड्रूस	5% घोल	40 भाग
फ्रक्टोज	5% घोल	25 भाग
अण्डपीत (Egg yolk)		25 भाग

इसका अधिक मात्रा में घोल निम्न प्रकार से तैयार करें—

सोडियम बाईकार्बोनेट	1.733 ग्राम
ग्लूकोज एनहाइड्रूस	26.666 ग्राम
फ्रक्टोज	16.666 ग्राम
डिस्टिल्ड वाटर	1 लिटर तक

अब इस घोल में से 7.5 एम.एल. लेकर उसमें 2.5 एम.एल. अण्डपीत (अण्डे का पीला हिस्सा) मिलाकर यह डायलुएण्ट तैयार किया जाता है।

- **यह डायलूटर गाय-भैंस दोनों के लिये उपयोगी है।**

याद रहे— इस डायलुएण्ट में 4–7 °C पर गाय तथा भैंसा सांड़ का वीर्य क्रमशः 5–6 दिन तक भली प्रकार संरक्षित किया जा सकता है।

तैयार किये 100 c.c. घोल में 1 लाख यूनिट पैनिसिलीन–जी सोडियम (Penicillin G sodium) तथा 100 मि.ग्रा. डायहाइड्रो स्ट्रेप्टोमाइसीन मिलाकर वीर्य को इच्छानुसार पतला किया जा सकता है। **अथवा**

इस डायलुएण्ट के प्रति 100 मिली. में निम्न प्रिजरवेटिव मिला सकते हैं—

- ❑ 1 लाख यूनिट पैनिसिलीन–जी
- ❑ 100 मिग्रा. डाइहाइड्रो–स्ट्रेप्टोमाइसीन

- **सीमैन के उपरोक्त डायलुएण्ट 1:10 के अनुपात में मिलाकर प्रयोग किया जाता है। आवश्यकता पड़ने पर इस अनुपात को घटाया-बढ़ाया जा सकता है।**

वीर्य का अति हिमीकरण (Deep Freezing of Semen)—वीर्य का अतिहिमीकरण करने के लिये सबसे पहले वीर्यद्रावण (Egg yolk citrate) की गणना की जाती है। इसके बाद वीर्य द्रावण को दो भागों में बाँट दिया जाता है। एक भाग में वीर्य को मिला दिया जाता है तथा दूसरे भाग में ग्लिसरोल इतनी मात्रा में मिलाया जाता है कि ग्लिसरोल की मात्रा 10% हो जाये। दोनों भागों को 5 °C तक ठण्डा किया जाता है। दोनों भागों का तापमान 5 °C होने पर दोनों भागों को आपस में मिलाया जाता है। इसके बाद तनुकृत वीर्य (Diluted semen) को सीमैन स्ट्रा में भर लिया जाता है। सीमैन स्ट्रा पर पहले से सांड़ का नाम, वीर्य संकलन केन्द्र का नाम, वीर्य संकलन की तारीख आदि छपी होती है। इसके बाद सीमैन स्ट्रा को LN_2 की वाष्प में 10 मिनट तक रखा जाता है। इसके बाद सीमैन स्ट्रा को LN_2 में डाल दिया जाता है। आजकल सीमैन स्ट्रा को एक मशीन में रखा जाता है जिसमें तापमान—196 °C तक आने में 30 मिनट का समय लगता है।

नोट— इस समय वीर्य के हिमीकरण में तरल नाइट्रोजन (Liquid Nitrogen) का प्रयोग किया जा रहा है। इस विधि से वीर्य को –196 °C पर भण्डारित करते हैं।

याद रहे— तरल नाइट्रोजन ढंग उपरोक्त विधि की भाँति है। केवल कार्बनडाईऑक्साइड के स्थान पर तरल नाइट्रोजन का उपयोग किया जाता है।

कृत्रिम गर्भाधान कार्य के लिये जब इसका प्रयोग करना होता है तो इन एम्पुलों का प्रयोग करने से पूर्व 40 °C के ऊष्मक जलपात्र (Hot water bath) पर कुछ क्षणों के लिये रखकर वीर्य को पिघला लिया जाता है।

वीर्य को पतला करना (Rate of Dilution)—वीर्य को कितना पतला किया जा सकता है, यह एकत्रित किये हुए वीर्य के गुण पर निर्भर करता है। वीर्य को उतना ही पतला करना चाहिये जितने में उसकी गर्भधारण कराने की शक्ति क्षीण न हो। सामान्य रूप से वीर्य को 1:100 के अनुपात में पतला किया जा सकता है। विदेशों में 1:400 के अनुपात भी सफलता के साथ प्रयोग में लाये गये हैं। परन्तु हमारे देश में गरम जलवायु के कारण इतने अच्छे परिणाम नहीं मिले हैं। भारत में विशेषकर गायों के लिये 1:4 से 1:10 और भैंसों के लिए 1:10 के घोल का वीर्य कृत्रिम गर्भाधान के लिये सफलता के साथ प्रयोग में आ रहा है। अब तो 1:15 का भी वीर्य प्रयोग में लिया जा रहा है।

राष्ट्रीय डेरी अनुसन्धान संस्थान, करनाल द्वारा वीर्य को 1:30 ही पतला करने की संस्तुति की गई है। इस प्रकार पतला किया गया वीर्य 24 घण्टे के अन्दर ही प्रयोग कर लिया जाना चाहिये। भारतीय पशु चिकित्सा अनुसंधान संस्थान, इज्जतनगर में डॉ. लुकटके ने 1:20 तक के पतले वीर्य घोल से भी भैंसों को गर्भित करने में सफलता प्राप्त की है।

वीर्य संरक्षण एवं परिवहन (Storage & Transport of Semen)

वीर्य को अधिक समय तक गर्भित (सेचन) करने योग्य बनाये रखना, वीर्य संरक्षण कहलाता है। सांड़ से प्राप्त ताजा वीर्य शीघ्र ही खराब हो जाता है एवं उसको अन्य केन्द्रों पर दूरस्थ स्थानों पर भेजना पड़ता है। अतः पतले किये हुए वीर्य को भण्डारित करने एवं केन्द्रों पर भेजने की उचित व्यवस्था आवश्यक होती है।

वीर्य को भण्डारित करना (Storage of Semen)

वीर्य को भण्डारित करने के दो प्रधान ढंग हैं—

1. 1–4 °C पर रेफ्रिजरेटर में रखकर।
2. 0 °C से नीचे तापक्रम पर जमा कर सुरक्षित रखना।

1. 1–4 °C पर वीर्य को भण्डारित करना—इस विधि में वीर्य एकत्र करने के बाद उसे कुछ समय के लिए 20 °C के हॉट-वाटर बाथ पर रखते हैं और डायलुएण्ट को भी इसी तापक्रम पर लाकर उसमें मिला देते हैं। तत्पश्चात् इस पतले किये हुए वीर्य को साफ एवं छोटी-छोटी काँच की शीशियों में ऊपर तक भरकर रबर का कॉर्क लगाकर रेफ्रिजरेटर में 4–5 °C पर भण्डारित करते हैं।

रैफ्रिजरेटर में रखने से पूर्व भरी शीशियों को कुछ समय के लिये ठंडे पानी में रख लेते हैं। इसके अभाव में थर्मस फ्लास्क के अन्दर बर्फ के टुकड़े डालकर ये शीशियाँ रखी जा सकती हैं। बर्फ पिघल जाने पर उसे बदल देना चाहिये।

नोट— यह विधि कृत्रिम गर्भाधान केन्द्रों पर वीर्य संरक्षण हेतु आजकल प्रयोग में लायी जाती है।

2. डी.एफ.एस. (D.F.S.) रूप में वीर्य भण्डारित करना—आजकल —196 °C पर वीर्य को भण्डारित करने के लिये तरल नाइट्रोजन का उपयोग अधिक हो रहा है। इस गैस में वीर्य को संरक्षित करना आसान तथा सुविधाजनक होता है। यह गैस कार्य करनेवाले मनुष्यों के लिये हानिप्रद नहीं होती है।

डी एफ एस (D.F.S.) रूप में वीर्य स्ट्रा की संरचना व प्रकार—डी एफ एस के रूप में वीर्य स्ट्रा की संरचना में प्लास्टिक की एक नली होती है, जिसमें वीर्य भरा रहता है। वीर्य स्ट्रा के एक सिरे पर दो प्लग लगे होते हैं, जिन्हें फैक्ट्री प्लग कहते हैं। फैक्ट्री प्लग पिस्टन का कार्य करते हैं तथा वीर्य को ए. आई. गन (A.I. Gun) द्वारा मादा जनन अंगों में डालते हैं। दूसरे सिरे पर एक प्लग लगा होता है जिसे काटा जाता है जिसे लेबोरेटरी प्लग कहते हैं। वीर्य स्ट्रा पर सांड़ का नाम, नम्बर, वीर्य एकत्रित करने का स्थान तथा तारीख लिखी होती है।

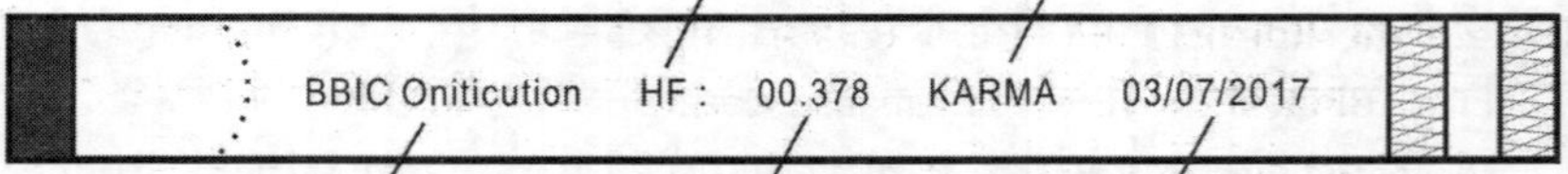

चित्र—*लेबोरेटरी प्लग*

वीर्य स्ट्रा तीन प्रकार के होते हैं—

1. फ्रेन्च मीडियम स्ट्रा—फ्रेन्च मीडियम स्ट्रा की लम्बाई 133 मिमी. तथा व्यास 5 मिमी. होता है। इसमें वीर्य की मात्रा 0.5 मिली. आती है।

2. फ्रेन्च मिनी स्ट्रा—फ्रेन्च मिली स्ट्रा की लम्बाई 125 मिमी. तथा व्यास 2.5 मिमी. होता है। इसके वीर्य को मात्रा 0.25 मिली. होती है।

3. जर्मन मिनी स्ट्रा—जर्मन मिनी स्ट्रा की लम्बाई 65 मिमी. तथा व्यास 3.0 मिमी. होता है। इसमें वीर्य की मात्रा 0.3 मिली. होती है।

3. कमरे के तापक्रम पर सांड़ का वीर्य भण्डारित करना—उपरोक्त दोनों विधियाँ मूल्यवान एवं समुचित साधनों का अभाव होने के कारण देश में दैनिक वीर्य संरक्षण हेतु भली-भाँति नहीं अपनायी जा सकती हैं। इसके स्थान पर हरियाणा कृषि विश्वविद्यालय, हिसार के प्रोफेसर डॉ. शर्मा ने आई.वी.टी. (I.V.T.) डायलूएन्ट निकाला है जो बहुत ही सस्ता होता है एवं वीर्य कमरे के तापक्रम पर भण्डारित होता है। यह प्रति लिटर निम्न प्रकार से तैयार होता है—

सोडियम साइट्रेट डाइहाइड्रेट	20.1 ग्राम	पैनिसिलिन	1×10^6 यूनिट्स
सोडियम बाईकार्बोनेट	2.08 ग्राम	स्ट्रेप्टोमाइसिन	1.00 ग्राम
पोटैशियम क्लोराइड	0.40 ग्राम		
ग्लूकोज	3.00 ग्राम		
सल्फानिलामाइड	3.00 ग्राम		

इन सबको एक जीवाणुरहित काँच के बर्तन में डिस्टिल्ड वाटर मिलाकर घोल लेते हैं। तत्पश्चात् उसमें विशुद्ध कार्बनडाइऑक्साइड पास करके 10 प्रतिशत पर ताजा अण्डपीत (Egg yolk) मिलाते हैं। अब इस डायलुएण्ट में वीर्य को मिलाकर काँच के स्वच्छ एम्पुलों में सीलबन्द वीर्य, कमरे के तापक्रम पर 60-80 °F पर 6-7 दिन तक सुरक्षित रखा जा सकता है।

वीर्य परिवहन (Transport of Semen)

वीर्य को एक स्थान से दूसरे स्थान पर भेजने के लिए निम्न बातों को ध्यान में रखना चाहिये–

- सीमेन का तापक्रम न बदलने पाये।
- धक्का आदि न लगे।

  ऐसा न करने पर शुक्राणु (sperms) मर जाते हैं और वीर्य गर्भधारण के योग्य नहीं रहता है।
- केन्द्र से बाहर भेजे जाने वाले वीर्य को पतला करने के बाद उसे रबर की कॉर्क वाली छोटी–छोटी शीशियों में भर लेते हैं। इन पर लेबल लगाकर चौड़े मुँह वाले थर्मस फ्लास्क में बर्फ के टुकड़ों के बीच रख देते हैं।

वीर्य का यातायात निम्न माध्यमों से किया जाता है–

- वीर्यवाहिका द्वारा (By Semen massenger)
- पार्सल द्वारा (By Parcel)

- **पार्सल द्वारा वीर्य 24 घण्टे तक यातायात किया जा सकता है।**
- **थोड़ी दूर जब ले जाना होता है तब थर्मस फ्लास्क हाथ में पकड़कर पैदल, साइकिल या बस द्वारा।**
- **अधिक दूरी तक ले जाने के लिए सीमैन सिफर में रखकर।**
- **थर्मस को कार्डबोर्ड, लकड़ी के बक्से या धातु के बक्से में रखकर ऊपर से लेबल लगाकर और पता लिखकर रेल/बस/वायुयान द्वारा।**
- **आजकल तरल नाइट्रोजन सिलिण्डरों में प्लास्टिक की नलिकाओं में संरक्षित विदेशी नस्लों (जर्सी/फ्रीजियन) के सांड़ों का वीर्य कृत्रिम गर्भाधान हेतु खूब प्रयोग हो रहा है। इसका यातायात सिलिण्डरों में एक केन्द्र से दूसरे केन्द्र को जीप से किया जाता है।**
- **अब तो BAF स्कीम के अन्तर्गत देश में इस विधि द्वारा घर-घर तथा गाँव-गाँव जाकर कृत्रिम गर्भाधान का कार्य एक अलग स्टाफ के द्वारा किया जा रहा है। इसके नतीजे भी अधिक अच्छे आ रहे हैं और यह विधि खूब लोकप्रिय होती जा रही है।**

वीर्य सेचन एवं गर्भ परीक्षण
(Insemination and Pregnancy Diagnosis)

वीर्यसेचन (Insemination)

गायों के ऋतुमती (गर्म होने) होने पर उनकी जननेन्द्रिय में वीर्य सेचन की आवश्यकता होती है। यदि गाय के गर्म होने पर उसे सांड़ से न मिलवाया जाये अथवा उसे कृत्रिम गर्भाधान से ग्याभिन न कराया जाये तो वह 8 से लेकर 30 घण्टे की अवधि के बाद शान्त हो जाती है और लगभग 21 दिन बाद पुनः गर्म होती है।

- **प्रायः गाय को ऋतुकाल (Heat period) के मध्य या समाप्ति पर ही गर्भित कराना चाहिये।**

नोट— हीट पीरियड का मध्य और समाप्ति काल प्रायः 12 से 18 घण्टे (गर्म होने के) के बीच का होता है। यही गर्भाधान कराने का उचित समय है।

गाय/भैंस गर्भाधान कराने की विधियाँ

1. योनि में हाथ डालकर (Hand in vagina method)
2. योनि स्पेकुलम द्वारा (Vaginal speculum method)
3. गुदा-योनि विधि (Recto-vaginal method)

1. योनि में हाथ डालकर/योनि-हस्त विधि (Hand in vagina method)—यह विधि कृत्रिम गर्भाधान के लिये बड़े पशुओं में किसी समय प्रयोग में आती थी। परन्तु; अब इसका चलन निकृष्ट होने के कारण बिलकुल बन्द हो गया है।

2. योनि स्पैकुलम द्वारा (Vaginal Speculum method)—इस विधि में वेजाइनल स्पैकुलम को लिक्विड पैराफिन अथवा किसी अन्य चिकने पदार्थ से चिकना करके एक सहारे से योनि (Vagina) में प्रवेश कराते हैं और सीधा करते हैं। तत्पश्चात् पेंच की सहायता से इसके मुख को चौड़ा करते हैं। टार्च या हैड लाइट से गर्भाशय ग्रीवा (Cervix) का मुख ज्ञात करते हैं एवं वीर्य वाहक नली (Insemination glass tube/canal) को इस यंत्र के बीच में होकर निकालते हैं। अब पिचकारी से वीर्य को अन्दर भेज दिया जाता है। इसके बाद इस यंत्र को धीरे-धीरे बन्द करते हुए बाहर निकाल लेते हैं।

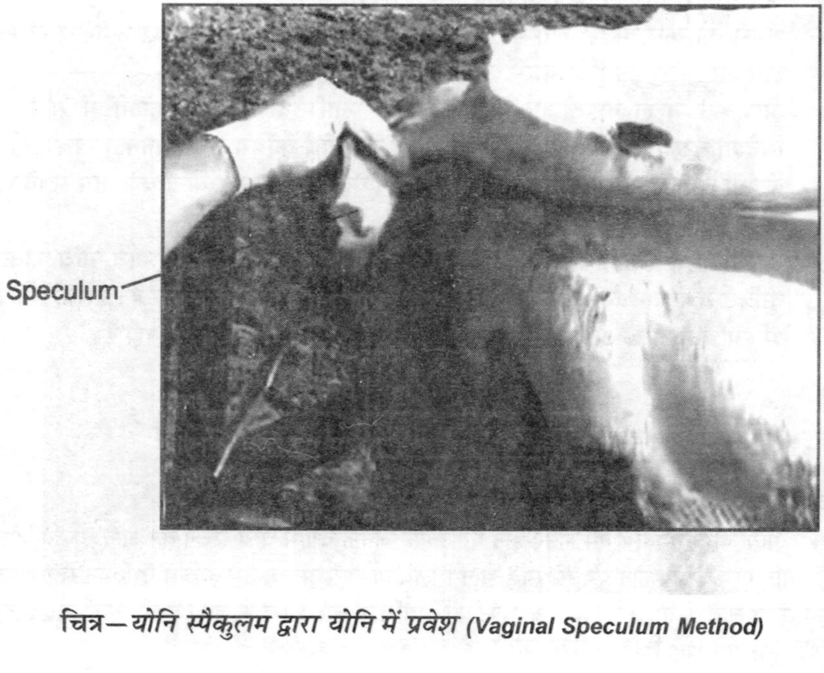

चित्र—योनि स्पैकुलम द्वारा योनि में प्रवेश (Vaginal Speculum Method)

इस विधि के गुण/दोष

- बड़े पशुओं के लिये विशेष उपयुक्त।
- पहली विधि की अपेक्षा कुछ अच्छी है, क्योंकि इस विधि में वीर्य उस स्थान पर आँख से देखकर पहुँचाया जा सकता है जिससे गर्भाधान की सम्भावना अधिक रहती है।
- यदि यंत्र की सफाई ठीक नहीं होती तो एक पशु का जननेन्द्रिय रोग दूसरे पशु को लगने की सम्भावना रहती है।

- **इस यंत्र को पहले पानी से साफ कर लेना चाहिये और फिर रूई से सुखाकर** 65% **एल्कोहॉल द्वारा पोंछना चाहिये। तत्पश्चात् पुनः एब्जोरवेन्ट कॉटन (विशुद्ध रूई) से सुखा लेना चाहिये।**
- **आजकल इसका भी उपयोग प्रायः बन्द-सा हो गया है, क्योंकि इसमें वेजाइना के अन्दर यंत्र से चोट आदि लगने तथा जननेन्द्रिय रोगों के होने की सम्भावना अधिक रहती है।**
- **इस यंत्र का उपयोग अब जननेन्द्रिय विकृतियों के निरीक्षण, स्टेरीलिटी केसिस आदि में या टेम्पोइनिंग आदि में विधिवत् होता है।**

3. गुदा-योनि विधि (Recto-vaginal method)—गाय को गर्भधारण कराने का यह ढंग सबसे उत्तम, नया और अधिक प्रचलित है। इस विधि के अन्तर्गत दोनों हाथों को साबुन से अच्छी प्रकार धोकर, बायें हाथ को साबुन के झाग अथवा लिक्विड पैराफिन से चिकना करके चारों अँगुलियाँ एक साथ एवं अँगूठा उनके बीच में रखकर, मादा के मलाशय में धीरे-धीरे प्रवेश करते हैं। हाथ पर रबर (लेटैक्स) के दस्ताने पहनना अधिक अच्छा रहता है।

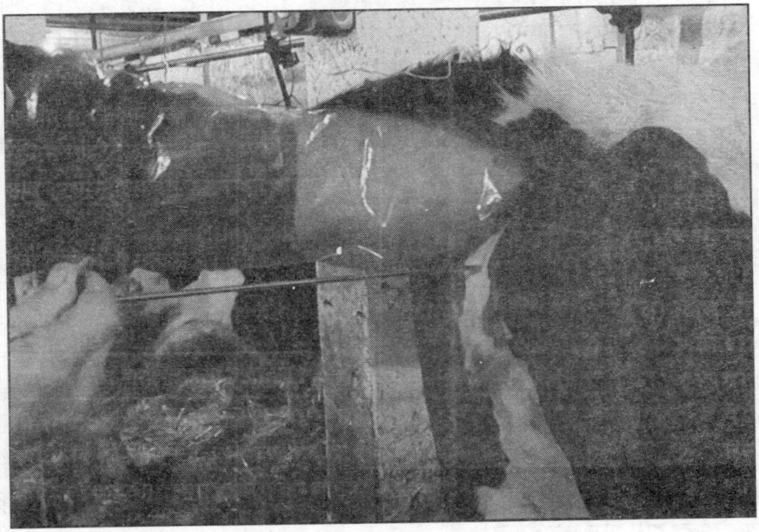

चित्र—*गुदा-योनि विधि (Recto-Vaginal Method)*

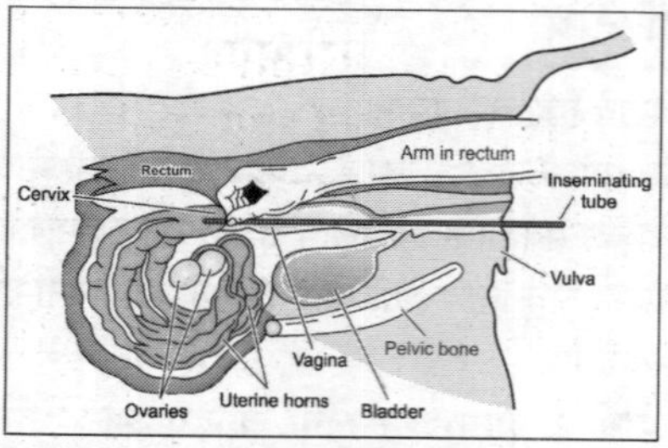

चित्र– ***गुदा-योनि विधि (Recto-Vaginal Method)***

अब मलाशय का सारा गोबर बाहर निकालकर, हाथ को अन्दर व नीचे की ओर बढ़ाकर, अँगुलियों से टटोलकर, गर्भाशय ग्रीवा को तर्जनी, मध्यमा तथा अंगूठे की सहायता से इस प्रकार पकड़ते हैं कि मध्यमा गर्भाशय ग्रीवा के बायीं ओर, अंगूठा दायीं ओर तथा तर्जनी गर्भाशय शृंगों के बीच में रहे। अब दाहिये हाथ से जीवाणुरहित वीर्य सेचन नलिका को योनि के अन्दर धीरे-धीरे प्रवेश करते हैं। अब यह नली अन्दर पहुँचकर गर्भाशय ग्रीवा (Cervix) के मुख से टकराती है, तो धीरे से बायें हाथ में पकड़ी गर्भाशय ग्रीवा को इधर-उधर, ऊपर-नीचे, थोड़ा-सा हटाकर, नली का सिरा इसके मुख में प्रवेश करके लगभग 2–2.5 सेण्टीमीटर तक अन्दर ले जाते हैं। अब वीर्य वाहक नली गर्भाशय ग्रीवा के मुख में कसकर फँस जाती है और दाहिने हाथ से छोड़ देने पर भी बाहर न निकलकर अटकी हुई-सी जान पड़ती है। इस समय यदि बायें हाथ में पकड़ी हुई गर्भाशय ग्रीवा को थोड़ा हिलाया जावे, तो उसमें फँसी वीर्यवाहक नली भी उसी के अनुसार आगे-पीछे चलती ज्ञात होती है। यही वीर्य डालने का उचित समय होता है। अतः छोटी (2 c.c. all glass syringes) एवं स्वच्छ जीवाणुरहित सिरिन्ज (पिचकारी) में 1 से 2 c.c. आवश्यकतानुसार वीर्य लेकर दाहिने हाथ में वीर्यवाहक नली के बाह्य मुख में उसका नोजल डालकर वीर्य छोड़ देते हैं। ऐसा करने के बाद पिचकारी के पिस्टन को 3-4 बार खाली पम्प कर देते हैं जिससे सारा वीर्य गर्भाशय ग्रीवा में पहुँच जाता है। अब दाहिने हाथ से धीरे-धीरे वीर्यवाहक नली को बाहर खींचकर बायाँ हाथ भी मलाशय से बाहर निकाल लेते हैं।

उपरोक्त तीनों विधियों में अन्तिम विधि (गुदा-योनि विधि (Recto-vaginal method) ही अधिक वैज्ञानिक एवं विश्वसनीय है। यही विधि सर्वश्रेष्ठ है तथा आजकल प्रायः सभी कृत्रिम गर्भाधान केन्द्रों/उपकेन्द्रों पर प्रयोग हो रही है।

छोटे पशुओं में कृत्रिम गर्भाधान (Insemination of Small Animals)

छोटे पशुओं में बड़े पशुओं के समान ही कृत्रिम गर्भाधान का कार्य किया जाता है। अन्तर केवल प्रयुक्त होने वाले यंत्रों में होता है। भेड़-बकरियों में कृत्रिम गर्भाधान हेतु वीर्यवाहक नली एवं पिचकारी के स्थान पर एक 1/4 सेमी. व्यास वाली, 25 सेमी. लम्बी, 2 c.c. की पिपेट तथा रबर का वाल्व प्रयोग करते हैं।

वीर्य को पिपेट में (पहले से ही) भरकर उसके बाहरी सिरे पर रबर (Rubber) वाला वाल्व लगा देते हैं। अब छोटा वेजाइनल स्पैकुलम मादा की योनि में प्रवेश करके गर्भाशय ग्रीवा में पिपेट डालकर वाल्व द्वारा पम्प कर देते हैं।

नोट– वेजाइनल स्पेकुलम उपलब्ध न होने पर 1/2 सेमी. व्यास वाली 15-20 सेमी. लम्बी काँच की बनी हुई एक स्वच्छ नलिका भी प्रयोग में लायी जा सकती है।

गर्भ परीक्षण
(Pregnancy Diagnosis)

कृत्रिम गर्भाधान कार्य के अन्तर्गत गर्भ परीक्षण एक महत्त्वपूर्ण कार्य है, क्योंकि इससे पशुपालकों को होनेवाली हानि से बचाया जा सकता है। मादा पशुओं (गाय/भैंस) में गर्भ का परीक्षण जनन-अंगों में होनेवाले परिवर्तनों एवं आकृतियों को देखकर किया जाता है। गर्भ परीक्षण निम्न विधियों द्वारा किया जा सकता है–

1. पशु का गर्मी में न आना–यदि गाय/भैंस कृत्रिम या प्राकृतिक वीर्य सेचन के 21 दिन बाद पुन: गर्मी में आने के लक्षण प्रकट न करे तो ऐसा माना जाता है कि वह गर्भवती है। परन्तु, यह शत-प्रतिशत सही विधि नहीं है।

2. जनन अंगों के स्पर्श द्वारा (Rectal palpation method)–इस विधि में गाय/भैंस के मलाशय (Rectum) में हाथ डालकर प्रजनन अंगों (Genital organs) की स्थिति देखकर गर्भ परीक्षण किया जाता है। इस विधि में 60 दिन के बाद ही गर्भ परीक्षण सम्भव है, क्योंकि इतनी अवधि के बाद ही भीतरी जननांगों के आकार में अन्तर स्पष्ट हो जाता है। इसके अन्तर्गत सर्वप्रथम पशु को पूर्ण रूप से नियंत्रित किया जाता है अथवा मादा पशु को अड़गड़ा (cattle crush) खड़ा करके दायें हाथ को अच्छी प्रकार जीवाणुरहित एवं चिकना करके (लिक्विड पैराफिन से) गुदा में डालकर सारा गोबर बाहर निकाल देते हैं। फिर इसी हाथ से सावधानीपूर्वक जननांगों में होनेवाली असमानता का स्पर्श करके अनुभव करते हैं। हाथ को धीरे-धीरे आगे बढ़ाकर यूटेराइन हार्न के आकार को देखा जाता है जो कि दो होते हैं। यदि एक गर्भाशय हार्न आकार में दूसरे गर्भाशय हार्न की अपेक्षा बड़ा हो, तो बढ़े हुए हार्न में बच्चे (भ्रूण-Foetus) की उपस्थित यह प्रदर्शित करती है कि गाय गर्भवती (Pregnant) है। आकार में बड़े गर्भाशय हार्न में उपस्थित द्रव का स्पर्श द्वारा अनुभव किया जा सकता है। एक हार्न का गुब्बारे जैसा आकार 50-60 दिन के गर्भ का संकेत करता है।

गर्भ परीक्षण में मादा के अंडाशय की भी साथ में परीक्षा कर लेनी चाहिये। गाय या भैंस जब गर्भवती हो जाती है तब उसके अंडाशय पर मटर के दाने जैसी उभरी आकृति अनुभव की जा सकती है। यह आकृति कार्पस ल्यूटियम की होती है।

सावधान– गर्भ परीक्षण हमेशा बड़ी सावधानी के साथ करना चाहिये, अन्यथा कभी-कभी कार्पसल्यूटियम के दब जाने पर गर्भपात होना भी सम्भव है।

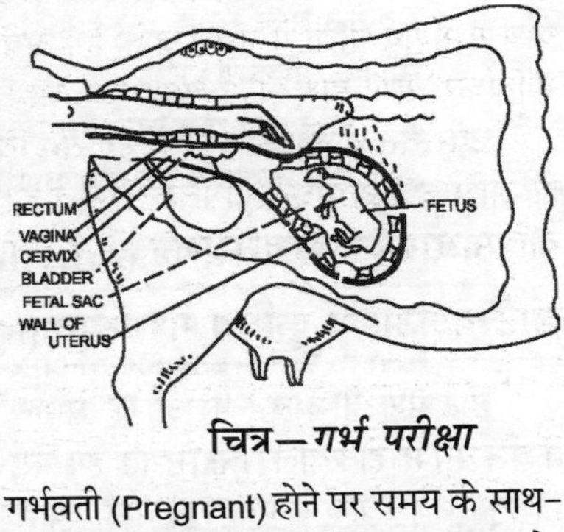

चित्र–*गर्भ परीक्षा*

3. उदर की आकृति में परिवर्तन–गाय/भैंस के गर्भवती (Pregnant) होने पर समय के साथ-साथ पेट की वृद्धि होना शुरू हो जाती है। परन्तु इस विधि से गाय के गर्भवती होने का पता बहुत देर से लगता है। प्राय: 6 महीने की गर्भवती गाय के पेट की वृद्धि स्पष्ट होना प्रारम्भ हो जाती है।

4. रासायनिक परीक्षण (Biochemical test)–गाय, भैंस अथवा अन्य पशुओं के गर्भवती होने की जाँच करने की यह एक नई एवं विश्वसनीय विधि है। यह बड़े और छोटे पशुओं में समान रूप से अपनाई जाती है। इसके द्वारा गाय, भैंस, भेड़, बकरी आदि में लगभग 21 दिन के गर्भ की परीक्षा की जा सकती है।

इस विधि में जिस गाय के गर्भ की परीक्षा करनी हो उसका 3.5 c.c. मूत्र परखनली में लेकर इसमें 0.5 c.c. सोडियम बैन्जोएट इण्डीकेटर नामक रासायनिक पदार्थ मिलाकर परखनली को धीरे-धीरे हिलाकर 25-30 सेकेण्ड के लिये रख देते हैं।

तुरन्त ही मूत्र एवं रासायनिक पदार्थ का मिश्रण हरे-रंग का हो जाता है। यदि गाय गर्भवती है तो यह हरा-रंग 8-10 मिनट तक ऐसा ही बना रहता है और यदि गाय गर्भवती नहीं है तो 30 सेकेण्ड के अन्दर ही मूत्र के रंग में परिवर्तन हो जाता है।

गर्भ परीक्षण हेतु कुछ अन्य रासायनिक टैस्ट—

बेरियम क्लोराइड टैस्ट (Barium Chloride Test)

- Urine of pregnant cow+ 3-4 drops of 1% Bar.um chloride solution— No precipitate. (1 ग्राम बेरियम क्लोराइड साल्ट को 100 मिली. डिस्टिल्ड वाटर (आसुत जल) में मिलाकर हिलाने से। 1% बेरियम क्लोराइड घोल तैयार होगा।)
- Urine of non. pregnant cow+ 4-6 drops of 1% Barium Chloride solution— white precipitate appears within three minutes. This test can be used in 15-210 days pregnant animals.

एल्कोहॉल-मिल्क टैस्ट (Alcohol-Milk Test)

- दूध+बराबर मात्रा में एब्सोलूट एल्कोहॉल मिलावें और इसे 15 मिनट से 3 घण्टे तक रखें।
  - **प्रेग्नेन्ट एनीमल (ग्याभिन पशु) में दूध जम जाता है।**
  - **पशु के गर्भित न होने पर उपरोक्त मिश्रण में कोई बदलाव नहीं आता है।**

नोट— परन्तु, अयन की कुछ बीमारियाँ; जैसे—मेस्टाइटिस आदि में दूध जम जाया करता है।

कॉपर सल्फेट टैस्ट (Copper Sulphate Test)

- 0.5-1.5 मिली. दूध + 3% कॉपर सल्फेट सोल्यूशन बराबर मात्रा में मिलायें। (3% कॉपर सल्फेट घोल तैयार करने के लिये 100 मिली. शुद्ध जल में 3 ग्राम कॉपर सल्फेट मिलाकर हिलायें।)
  - **यदि दूध जम जाये तो पशु ग्याभिन है।**
  - **दूध न जमने पर पशु गर्भित नहीं है।**

अर्बोराइजेशन तरीका (Arborization Pattern)

- **During estrus the dried mucus gives a characteristic like fern pattern due to the presence of chloride mainly in the form of Sodium chloride, but the mucus of pregnant animal gives no fern pattern.**

गर्भवती गाय की पहचान (सामान्य रूप में)

गर्भ धारण करने पर गाय में निम्नलिखित परिवर्तन होते हैं—

- गाय शान्त स्वभाव धारण कर लेती है।
- वह सांड़ों को अपने पास नहीं आने देती है।
- वह पुनः ऋतुमती (Heat) नहीं होती।
- वह धीरे-धीरे मोटी होने लगती है।
- जैसे-जैसे दिन बीतने लगते हैं, गाय का पेट बढ़ने लगता है और उसका अयन भी विकसित होने लगता है।

मादा का ऋतुकाल/गर्भकाल एवं गर्भित करने का समय सूचक चार्ट

पशु	सम्भोग काल	वर्ष में ऋतुमती होना	पुनः ऋतुमती होना: गर्भ न ठहरने पर	पुनः ऋतुमती होना: ब्यांत के बाद	ऋतुकाल की अवधि	वीर्य डालने का उपयुक्त समय (Insemination time)	गर्भकाल
गाय/भैंस	वर्ष भर गाय गर्मियों में अधिक तथा भैंस बरसात के बाद सितम्बर/अक्टूबर में।	कई बार	हर 19 से 23 दिन बाद	30-60 दिन में	8-36 घण्टे	पशु सुबह गर्मी पर आये तो शाम को, शाम को गर्मी पर आये तो अगली सुबह। यदि वीर्यदान के 12 घण्टे बाद गर्मी रहे तो पुनः वीर्यदान।	गाय 280 दिन, भैंस 308 दिन।
घोड़ी	फरवरी से जुलाई तक।	मौसम में कई बार	हर 18 से 24 दिन बाद	5 से 11 दिन में	4-7 दिन	गर्म होने के तीसरे दिन और उसके बाद रोज एक बार जब तक वह गर्म रहे।	340 दिन
भेड़	अगस्त से जनवरी तक।	मौसम में कई बार	हर 16 से 17 दिन बाद	4 से 6 माह में	24-48 घण्टे	गर्म होने के 27 घण्टे बाद।	150 दिन
बकरी	सितम्बर से फरवरी तक।	मौसम में कई बार	हर 18 से 21 दिन बाद	6 से 8 माह में	48-72 घण्टे	गर्म होने के 36 घण्टे से 54 घण्टे बाद।	150 दिन
सुअरी	वर्ष भर, परन्तु बसन्त ऋतु में अधिक।	कई बार	हर 21 दिन बाद	7 से 8 माह में	2-3 दिन	गर्म होने के दूसरे दिन।	112 दिन
कुतिया	बसन्त से पतझड़ तक।	एक बार कभी-कभी 2 बार।	180 दिन बाद	8 से 9 माह में	7 से 13 दिन	गर्म होने के दूसरे या तीसरे दिन तक 11वें से 13वें दिन।	63 दिन

- ❑ 7–8 माह की ग्याभिन गाय के पेट पर कान लगाकर ध्यानपूर्वक आवाज सुनी जाये तो बच्चे के हृदय की धड़कन स्पष्ट सुनाई देती है। स्टेथोस्कोप नामक यंत्र के प्रयोग से तो इस धड़कन का सुनना और भी सरल हो जाता है।
- ❑ 7–8 महीने का गर्भ पेट में हिलता-डुलता भी है।
- ❑ 7 महीने का गर्भ होने पर गाय का योनि द्वार (Vulval Region) कुछ दबा हुआ दिखायी पड़ता है।
- ❑ गर्भवती गाय की निश्चित पहचान गर्भ परीक्षण द्वारा (जैसा कि पूर्व में गर्भ परीक्षण में दिया गया है) होती है।

कृत्रिम गर्भाधान में प्रयोग होनेवाले यंत्रों का निर्जीवीकरण (Sterilization of A.I. Equipments)

कृत्रिम गर्भाधान (A.I.) प्रक्रिया में अनेक उपकरण (यथा—काँच/धातु/रबर एवं लेटैक्स निर्मित काम में आते हैं। इनका भली-भाँति साफ होना नितान्त आवश्यक होता है। अन्यथा भले-चंगे पशु में विभिन्न प्रकार की बीमारियाँ उत्पन्न होने से पशु का जीवन बरबाद हो जाता है। ये बीमारियाँ जननेन्द्रियों से सम्बन्धित होती हैं।

कृत्रिम गर्भाधान हेतु आवश्यक वस्तुओं की सूची

- ❑ रेफ्रिजरेटर 165 से 200 लीटर कैपेसिटी वाला।
- ❑ चौड़े मुँह वाले दो थर्मस फ्लास्क। इनमें हर घण्टे पर बर्फ बदलनी पड़ती है।
- ❑ एक हाट एअर चूल्हा (Hot air oven) दोहरी दीवार का दो खानेदार 45 × 45 × 30 सेमी. माप का।
- ❑ आसवन उपकरण (Distilling apparatus) 20 लीटर समाई का (बिजली अथवा गैस से चलने वाला)।
- ❑ स्टोव अथवा गैस चूल्हा।
- ❑ सूक्ष्मदर्शी यन्त्र (Microscope)
- ❑ काँच की स्लाइड (Glass slide)
- ❑ कवर ग्लास (Cover Glass)
- ❑ वेजाइनल स्पैकुलम (Vaginal Speculum)
- ❑ पिचकारियाँ (Syringes/2 c.c. All Glass Syringes)
- ❑ इन्सेमीनेसन नॉजिल्स (Insemination Nozzles)
- ❑ परखनली एवं परखनली रैक (Test Tube and Tube Stand)
- ❑ डिस्टिल्ड वाटर तथा उसको रखने के लिये 5 लीटर केपेसिटी का एक काँच का पात्र।
- ❑ कृत्रिम योनि (Artificial Vagina)
- ❑ थर्मामीटर (Thermometer)
- ❑ बीकर (Beeker)
- ❑ रबड़ के दस्ताने (Rubber Gloves)
- ❑ इनेमेल्ड तश्तरियाँ

अन्य सामान

- ❑ लिक्विड पेराफिन (Liquid Paraffin)
- ❑ साबुन (Soap)
- ❑ तौलिया (Towel)
- ❑ डिटोल (Dettol)
- ❑ साबुन का घोल (Soap Solution)
- ❑ पोटेशियम परमैंगनेट (Pot. Permag.)
- ❑ एब्जोरवैण्ट कॉटन (Absorbent Cott.)
- ❑ ऐप्रिन कोट (Aprin Coat)
- ❑ साफ चिमटी (Sterilized Forceps)
- ❑ नाइट्राजीन पेपर (Nitrazine paper)
- ❑ ब्रुश (Brush)
- ❑ केशिका नलिका (Capillary tubes)
- ❑ अड़गड़ा (Cattle Crush)
- ❑ परखनली (Test tube)
- ❑ सोडा बाईकार्ब (Soda bicarb)
- ❑ छिड़कने वाला पाउडर (Dusting Powder)
- ❑ बाल्टियाँ इनेमिल्ड (Enameled Buckets)
- ❑ रंगीन पैन्सिल (Coloured Pencil)
- ❑ एल्कोहॉल (Alcohol)
- ❑ दियासलाई (Matches)
- ❑ आसुत पानी (Distilled Water)
- ❑ वीर्य (Semen)
- ❑ स्टेन्स (Stains)
- ❑ वाच ग्लास (Watch glass)
- ❑ सीमैन डायलुएण्ट्स (Semen diluents)
- ❑ ताजा अण्डा (Fresh egg)
- ❑ फिल्टर पेपर (Filter Paper)
- ❑ प्रतिजीवी पदार्थ (Antibiotic substances)

यन्त्रों की सफाई
(Sterilization of A.I. Equipments)

1. योनि में वीर्य डालने के उपरान्त काम में आये यन्त्रों की सफाई—तत्काल स्वच्छ ताजे अथवा गुनगुने पानी से धोना ताकि वीर्य उनमें न जम सकें। तत्पश्चात् साबुन के गरम घोल से धोकर, पानी से साफ करके डिस्टिल्ड वाटर से धो डालना चाहिये।

2. काँच के बने यंत्रों को जीवाणुरहित करना—

- ❑ यंत्रों को पानी से साफ करके सुखाकर। अथवा
- ❑ 200-300 ºF पर हॉट एअर ओवन में 30 मिनट तक रखकर। अथवा
- ❑ 15 मिनट तक पानी में उबालकर।

सावधान—काँच के यंत्रों को टूटने से बचाने के लिये उन्हें बाहर निकालने से पूर्व (कुछ समय) हाट एअर ओवन का तापक्रम कम कर देते हैं।

3. रबर एवं लेटैक्स के बने पदार्थों/यंत्रों को विसंक्रमित करना—इन्हें 3-5 मिनट तक खौलते हुए पानी में डुबोकर जीवाणुरहित किया जाता है। लेटैक्स के पदार्थों को प्रयोग में लाने से पूर्व 70% एल्कोहॉल में डुबोकर सुखाने के बाद प्रयोग में लाना अधिक उपयुक्त रहता है।

4. वीर्यवाहक नली (Insemination Pipette) **तथा पिचकारी को विसंक्रमित करना**—इन्हें पहले स्वच्छ ताजे पानी से धोकर, बुश से साफ कर गरम पानी से धोते हैं। इसके बाद ग्लास को डिस्टिल्ड वाटर से धोकर शुद्ध मलमल के कपड़े में लपेट कर हाट एअर ओवन में एक घण्टे के लिये 160 ºC पर रखते हैं।

5. धातु के बने पदार्थों का विसंक्रमण—इन्हें एक घण्टे तक खौलते पानी में उबालकर जीवाणु रहित कर लिया जाता है।

- कृत्रिम गर्भाधान की सफलता जीवाणु–रहित किये गये यंत्रों को उपयोग में लाने से ही सम्भव है। आजकल अतिहिमीकृत वीर्य का प्रयोग किया जा रहा है, जिसमें प्रत्येक बार कृत्रिम वीर्यदान के लिये नर्म शीथ का प्रयोग किया जाता है। अतः इस विधि में ज्यादा यंत्रों की आवश्यकता न होने के कारण यंत्रों को जीवाणुरहित करने की आवश्यकता नहीं पड़ती है।

कृत्रिम गर्भाधान सम्बन्धी आवश्यक ज्ञातव्य

- ❑ गाय व भैंस 18 से 24 घण्टे तक ऋतुकाल (Oestrus) में रहती है।
- ❑ सामान्यतः ऋतुकाल के अन्त से 8–12 घण्टे बाद तक ओव्यूलेशन होता है।
- ❑ गाय व भैंस की लगभग सभी जातियों में ऋतुकाल के प्रारम्भ होने के 25–35 घण्टे अथवा ऋतुकाल का अन्त होने के 8–12 घण्टे उपरान्त ओव्यूलेशन होता है।
- ❑ ओवम का निषेचन (Fertilization) ओवीडक्ट में होता है और वहाँ पर यह चार दिनों तक रहता है।
- ❑ निषेचन योग्य ओवम का जीवन ओवीडक्ट के अन्दर 12–24 घण्टे का होता है।
- ❑ शुक्रकीट (Sperms) सरवाइकल केनाल से निषेचन स्थान तक पहुँचने में 2 से 3 मिनट का समय लेते हैं।
- ❑ गाय और भैंस की ओवीडक्ट में शुक्रकीटों के परिपक्व होने में 5 से 8 घण्टे का समय लगता है।
- ❑ गाय की ओवीडक्ट में शुक्रकीटों की औसत आयु 30 घण्टे होती है।
- ❑ गाय के फर्टीलाइज्ड ओवम में क्रोमोसोम्स के 30 जोड़े होते हैं।
- ❑ भैंस के फर्टीलाइज्ड ओवम में गुणसूत्रों के 25 जोड़े होते हैं।
- ❑ 15 दिन की आयु पर भ्रूण (Embryo) गर्भाशय के एक कार्न/हार्न (Uterine horn) में प्रत्यारोपित (Implant) हो जाता है।
- ❑ गाय/भैंस में गर्भित होने का सबसे उचित समय–
  - 6–8 घण्टे ओव्यूलेशन के पूर्व। अथवा
  - गर्मी (Heat) की मध्य/अन्तिम अवस्था। अथवा
  - ऋतु के प्रारम्भ होने के 8 से 14 घण्टे के उपरान्त।

  सर्वोत्तम निषेचन हेतु 5 करोड़ शुक्रकीट प्रति इन्सेमीनेशन आवश्यक होते हैं।

Artificial Insemination at a Glance

S.No.	Item	Cow	Buffalo	Horse	Sheep/Goat
(i)	No. of Semen collection per week.	1-6	1-6	2-6	7-25
(ii)	Volume of ejaculates (ml.)	5-8	3-6	30-100	0.8-1.2
(iii)	Sperm concentration (Million/ml)	1000-2000	900-1500	200-400	2000-4000
(iv)	Site of Semen deposition during Age.	Middle of cervix	Middle of cervix	Uterus	Cervix
(v)	Volume of diluted semen for insemination	1-2 ml	1-2 ml	20-50 ml	0.05-0.2 ml
(vi)	Minimum spermatozoa required (Millions of Motile sperms)	50	50	1500	50

पशु प्रजनन
(Animal Breeding)

ऐसे पशुओं का विकास करना जो मानव जाति के लिए अत्यन्त लाभकारी हों, पशु प्रजनन कहलाता है। इस कार्य में प्रजनन की विधियाँ (Methods of Breeding) एवं चयन (Selection) प्रक्रिया शामिल होती हैं। प्रधान रूप से प्रजनन की दो विधियाँ हैं–

1. अन्तः प्रजनन (In Breeding)
2. बाह्य प्रजनन (Out Breeding)

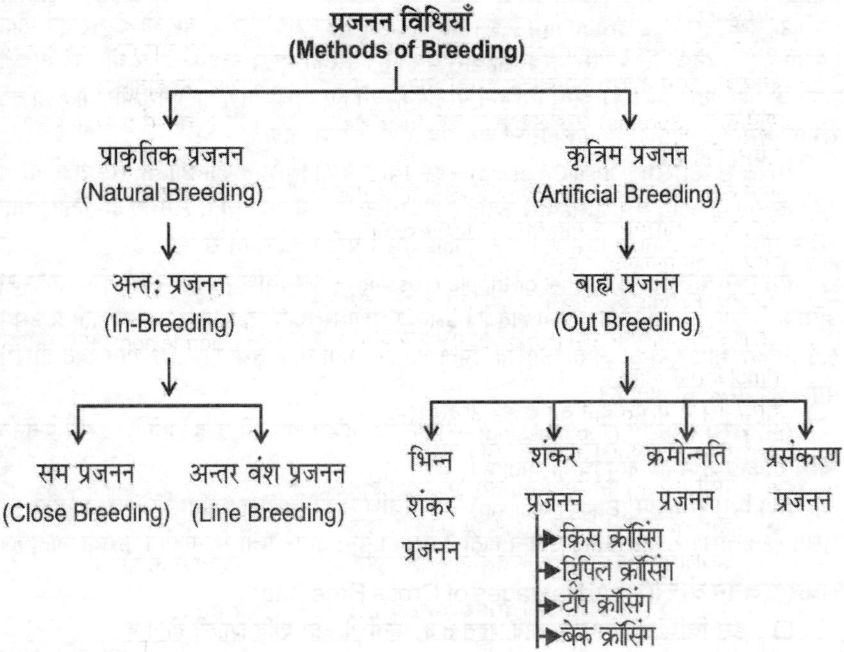

अन्तःप्रजनन (In-Breeding)

यह प्रजनन की वह विधि है, जिसमें 4–5 पीढ़ी तक के सम्बन्धित नर-मादाओं में परस्पर सम्भोग होता है। अन्तःप्रजनन को निम्न समभागों में बाँटा जा सकता है–

1. समप्रजनन (Close Breeding)—एक ही जाति के बिलकुल निकट के सम्बन्धी नर-मादाओं का एक दूसरे के साथ सहवास हो; जैसे-सगे भाई-बहन, माँ-बेटे एवं पिता-पुत्री।

2. अन्तरवंश प्रजनन (Line Breeding)—उपरोक्त प्रजनन के अतिरिक्त जो भी प्रजनन 4–5 पीढ़ी से सम्बन्धित नर-मादाओं में होता है उसे अन्तरवंश प्रजनन कहते हैं। इस विधि में क्लोज ब्रीडिंग की अपेक्षा दूर के सम्बन्धित पशुओं में सम्भोग होता है; जैसे-चचेरे भाई-बहन, बाबा-पोती तथा पोता-दादी में पारस्परिक सम्बन्ध।

बाह्य प्रजनन (Out Breeding)

अधिक दूर के सम्बन्धी पशुओं के नर-मादाओं के सहवास द्वारा प्रजनन बाह्य प्रजनन कहलाता है। इस विधि से नयी-नयी जाति के पशु विकसित होते हैं जिससे पशु धन (Live stock) की उत्तरोत्तर वृद्धि होती है। बाह्य प्रजनन की विधियाँ (Systems of Out Breeding) निम्न हैं—

1. भिन्न संकरण (Out Cross breeding)— इस विधि के अन्तर्गत एक ही शुद्ध नस्ल के असबन्धित पशुओं के नर-मादाओं में पारस्परिक सहवास होता है। इस विधि से प्रजनन एवं सलेक्शन करके पशुओं की बहुत ही शीघ्र उन्नति की जा सकती है।

गिरी हुई नस्ल को सुधारने का यह एक अच्छा तरीका है।

2. संकर (Cross Breeding)—इस विधि में विभिन्न नस्ल के शुद्ध पशुओं के नर एवं मादा सन्तान पैदा करने के लिये पारस्परिक सहवास करते हैं। इसका मुख्य उद्देश्य बाजार के लिये अच्छी नस्ल के पशु पैदा करना है। इसमें विभिन्न नस्लों के चुने हुए अच्छे गुणोंवाले नर और मादाओं का संभोग कराया जाता है। यह कार्य निम्न चार प्रकार से कराया जाता है—

(i) क्रिस क्रॉसिंग (Criss Crossing)—इस विधि में दो विभिन्न जातियों के नर-मादाओं में एकान्तर (Alternate) रूप से सहवास कराते हैं। इससे उत्पन्न मादा बच्चों में लगभग दो-तिहाई रक्त अपने तात्कालिक पिता से तथा शेष एक-तिहाई दूसरी प्रयोग हुई जाति से आता है।

(ii) त्रिसंकरण (Rotational or tripple crossing)—इस विधि में एक साथ तीन या इससे अधिक विभिन्न नस्लों के पशु भाग लेते हैं। इसके परिणामस्वरूप जो सन्तान उत्पन्न होती है उसमें लगभग 4/7 भाग रक्त अपने तात्कालिक पिता का 2/7 भाग नाना तथा शेष 1/7 भाग रक्त तीसरी प्रयोग हुई नस्ल का होता है।

(iii) चरम संकरण (Top crossing)—यह विधि ग्रेडिंग अप की तरह होती है। इसमें प्रजनन विभिन्न कुटुम्बों में ही लागू किया जाता है।

(iv) पितृ संकरण (Back crossing)—इस विधि में दो विभिन्न जातियों के नर-मादाओं के संसर्ग (सहवास) से जो सन्तान उत्पन्न होती है उसका पुनः अपने पुत्रों से सम्भोग कराया जाता है।

संकर प्रजनन के लाभ (Advantages of Cross Breeding)

- ❑ इस विधि से उत्पन्न सन्तान बहुत तेज, फुर्तीली और शक्तिशाली होती है।
- ❑ सन्तान कुछ गुणों में अपने माता-पिता से भी अच्छी होती है।
- ❑ किसी नई किस्म में मनचाहे गुण उत्पन्न करने के लिये श्रेष्ठ।
- ❑ नई-नई नस्ल के पशु पैदा किये जा सकते हैं।
- ❑ उत्पन्न सन्तान अधिक उत्पादक होती है एवं दूध की क्षमता में पर्याप्त वृद्धि।

संकर प्रजनन से हानियाँ (Disadvantages of Cross Breeding)

- ❑ विभिन्न जातियों के नर-मादाओं की व्यवस्था हेतु पालन-पोषण मूल्यवान पड़ता है।
- ❑ प्रजनन प्रवृत्ति में कमी।
- ❑ कभी-कभी अनैच्छिक सन्तान की उत्पत्ति भी।

3. क्रमोन्नति (Grading up)—इसमें शुद्ध जाति के कुछ चुने हुए सांड़ों को देशी एवं अशुद्ध प्रकार की मादाओं से मिलाया जाता है। इनके मादा बच्चों का पुनः पीढ़ी-दर-पीढ़ी इन्हीं शुद्ध नस्ल

के सांड़ों से प्रजनन कराया जाता है। परिणामस्वरूप 6वीं या 7वीं पीढ़ी में अशुद्ध पशुओं का समूह शुद्ध जाति का हो जाता है।

- प्रजनन की यह विधि जिसके द्वारा कुछ चुने हुए शुद्ध नस्ल के सांड़ एक अशुद्ध नस्ल की पशु संख्या को शीघ्र ही शुद्ध नस्ल में बदल देते हैं।

क्रमशः सन्तान में शुद्धता प्राप्ति-संक्षेप में शुद्ध नस्ल का सांड़ X देशी गाय	
प्रथम पीढ़ी	1/2 शुद्ध
दूसरी पीढ़ी	3/4 शुद्ध
तीसरी पीढ़ी	7/8 शुद्ध
चौथी पीढ़ी	15/16 शुद्ध

क्रमोन्नति से लाभ (Advantages of Grading Up)

- ❑ अशुद्ध पशुओं का धीरे-धीरे सुधार सम्भव।
- ❑ उत्पादन शक्ति में पर्याप्त वृद्धि।
- ❑ पशुओं की उन्नति का सबसे सरल और सस्ता उपाय।
- ❑ परिणाम भी शीघ्र।
- ❑ प्रायोगिक सांड़ों के मूल्य में वृद्धि।
- ❑ बाजार के लिए पशु उत्पन्न करने का सुन्दर तरीका।
- भारत जैसे देश में जहाँ अशुद्ध पशुओं की अधिकता है, पशु धन की उन्नति के लिये यह सर्वोत्तम विधि है।

क्रमोन्नति से हानियाँ (Disadvantages of Grading Up)

- ❑ इस विधि से उत्पन्न हुए बच्चे प्रजनन की दृष्टि से बेकार होते हैं।।
- ❑ उत्पन्न बच्चे विभिन्न स्थानों के वातावरण के अनुसार एक-दूसरे से भिन्न होते हैं।

4. प्रसंकरण (Hybridization)—इस विधि के अन्तर्गत विभिन्न जाति (Species) अथवा प्रजाति (Genera) के नर-मादाओं में सहवास कराकर सन्तान उत्पन्न की जाती है; जैसे-घोड़ी और गधे के सम्भोग से खच्चर (Mule) पैदा होता है जो अपने माता-पिता से भिन्न होता है। इस प्रकार की सन्तान हाइब्रिड (Hybrid) कहलाती है।

यह एक उच्चकोटि की बाह्य प्रजनन (Out Breeding) विधि है, जिससे नई-नई जातियाँ निकाली जा सकती हैं।

उत्पन्न बच्चों में विशेष गुण

- ❑ उत्पन्न सन्तान अधिक शक्तिशाली होती है।
- ❑ सुदृढ़ सन्तान।
- ❑ थोड़ा खाकर अधिक कार्यक्षमता।
- ❑ बीमारियों के प्रति प्रतिरक्षा।
- ❑ अधिक परिश्रमी एवं अति शीघ्र बढ़ोत्तरी।

इस विधि से पैदा हुए पशु प्रायः नपुंसक अथवा बांझ होते हैं।

हाईब्रिड के कुछ उदाहरण

- **खच्चर** (Mule)—गधे+घोड़ी के पारस्परिक संभोग से उत्पन्न संतान।
- **हिनी** (Hinney)— गधी+घोड़ा, सांड़ के पारस्परिक सम्भोग से।
- **हिसार डेल भेड़** (Hissar dale sheep)—मेरीनो मेढ़ा+वीरमेरी भेड़ के पारस्परिक सम्भोग से उत्पन्न सन्तान।
- **जेबरोयड** (Jebroid)—मादा जेबरा+घोड़ा के पारम्परिक सम्भोग से उत्पन्न सन्तान।
- **पीनु** (Piennu)—ढोर तथा सुरागाय (Yak) के पारस्परिक सम्भोग से उत्पन्न सन्तान।
- **केट्टालो** (Cattalo)—अमेरिकन गाय+अमेरिकन भैंसे के पारस्परिक सम्भोग से उत्पन्न सन्तान।

नोट—उपरोक्त सभी सन्तानें 'नपुंसक/बाँझ' होती हैं।

एक अद्भुत घटना

यू.एस.ए. (युनाईटेड स्टेट ऑफ अमेरिका) के निकट चैम्पियन नेब्रास्का फार्म पर 6 जुलाई, 1984 को एक खच्चर ने माँ बनकर विश्व में एक नया रिकार्ड कायम किया है।

अच्छे पशुओं की विशेषताएँ तथा उनका चुनाव (गुणांकन-पत्र द्वारा) (Characteristics of Good Animals and their Judging by Score Card Method)

एक अच्छी गाय की विशेषतायें (Characteristics of a Good Cow)—पशुओं का चुनाव (Selection) कोई सरल कार्य नहीं है। एक अच्छे पशु निर्णायक में कई महत्त्वपूर्ण गुणों का समावेश आवश्यक होता है।

उत्तम निर्णायक के गुण (Qualities of a Good Judge)

- निर्णायक को पशु की जाति के सम्बन्ध में में पूर्ण जानकारी होनी चाहिये।
- चुनाव करनेवाला व्यक्ति सामान्य बुद्धि वाला, व्यवस्थित अध्ययनकर्त्ता तथा लम्बे अनुभव वाला, सच्ची लगन सहित पर्याप्त परिश्रमी होना चाहिए।
- उसे पशु शरीर की बाह्य तथा आन्तरिक रचना का सही ज्ञान होना चाहिए।
- निर्णायक में पशु के गुणों की तुलना करके शीघ्र निर्णय लेने की क्षमता होनी चाहिए।
- निर्णय करने की उसमें विशेष रुचि होनी चाहिए।
- पशु जिस उद्देश्य की पूर्ति के लिये लिया जा रहा है, उस कार्य की पूर्ण जानकारी निर्णायक में होनी चाहिये।
- निर्णायक अपने निर्णय के लिए दृढ़ होना चाहिये।
- निर्णायक को अनुभवी होना चाहिये। अनुभव प्राप्त करने के लिए उसे आदर्श पशुओं को अनेकों बार देखना चाहिये।

एक अच्छी गाय का मूल्यांकन निम्न प्रकार से करें—

- दुग्ध उत्पादन की क्षमता एवं दूध में वसा का प्रतिशत जानकर।
- उसमें नियमित रूप से समय पर बच्चा देने की प्रवृत्ति पहचानकर।
- स्वयं के गुणों को अपनी सन्तान में प्रेषित करने की क्षमता एवं स्वभाव में सादा होना चाहिये।

अन्य कसौटियाँ

- गाय के दुग्ध अभिलेखों (Records) का अध्ययन करना।
- गाय के पुरखों का रिकार्ड देखना।
- गाय की सन्तति के लेखों का अध्ययन करना।
- गाय की सामान्य रूपरेखा का अध्ययन करना।

नोट—हमारे देश में डेरीफार्म एवं राजकीय पशु फार्मों के अतिरिक्त पशु की वंशावली एवं उसके उत्पादन का रिकार्ड नहीं रखा जाता है। इसलिये पशुओं का चुनाव उनकी सामान्य रूपरेखा के आधार पर ही किया जाता है।

चुनाव के समय निम्न बातों का विशेष ध्यान आवश्यक है।

- पशु का तिकोना रूप (Angular form of the animal) अर्थात् आगे का मुख सँकरा तथा पीछे की ओर चौड़ा होना चाहिये।
- सुविकसित एवं सुव्यवस्थित अयन तथा स्तन (Well developed and well-placed udder and teats)।
- पशु का बड़ा आकार (Large size of the the animal)।
- शरीर के अन्य आवश्यक लक्षण (Other necessary characteristics of the body)।

पशु का तिकोना रूप (Angular form of the Animal)

एक अच्छी गाय के शरीर पर तीन पच्चड़ों (Three wedges) का मिलना विशेष उपयोगी माना जाता है। ये तीनों पच्चड़ें क्रमशः बगल, ऊपर तथा सामने के पच्चड़ कहे जाते हैं।

(1) बगल के पच्चड़ (Side wedges)—पिछले पैरों के पास सबसे चौड़ा तथा गले के पास सबसे पतला होता है।

(2) ऊपर का पच्चड़ (Upper wedge)—पुट्ठों के बीच अधिक चौड़ा और ककुद् के पास सबसे कम चौड़ा होता है।

(3) सामने का पच्चड़ (Front wedge)—इस प्रकार का पच्चड़ दोनों अगले पैरों के मध्य सबसे अधिक चौड़ा और ककुद (Hump) के पास कम चौड़ा होता है।

गाय/भैंस में उपरोक्त पच्चड़ जितने अधिक स्पष्ट होते हैं, वह उतनी ही अधिक दुधारू (Milky) होती है।

सुविकसित एवं सुव्यवस्थित अयन तथा स्तन (Well developed and well placed-Udder and Teats)

एक अच्छी और दुधारू गाय का अयन आकार में बड़ा, लचीला और गाँठ रहित होना चाहिये। वह अधिक फूला हुआ न हो तथा पिछली टाँगों के मध्य में काफी ऊँचाई पर जुड़ा हुआ हो एवं आगे की ओर काफी दूर तक फैला हुआ हो। साथ ही अयन ऐसा हो कि दूध निकालने के पश्चात् उसे मुलायम और लचीला हो जाना चाहिये। स्तन गोलाई लिये हुए लम्बे, गाँठ रहित तथा चारों स्तन समान दूरी पर होने चाहिये। दुग्ध शिरायें (Milk veins) मोटी, टेढ़ी-मेढ़ी तथा अधिक संख्या में होनी चाहिये।

पशु का बड़ा आकार (Large size of the Animal)

पशु का शरीर जितना बड़ा होगा, वह उतना ही अधिक आहार का उपयोग करके मांस तथा चर्बी के अतिरिक्त दुग्ध उत्पादन कार्य में लगता है। पशु के शरीर में स्कन्ध-प्रदेश (Withers) से लेकर सीने के निचले भाग तक काफी गहराई होनी चाहिये तथा पिछला भाग अगले भाग की अपेक्षा भारी होना चाहिये। पसलियाँ देखने में लम्बी, चौड़ी, दूर-दूर तक लचीली हों एवं कोख गहरी और पूर्ण होनी चाहिये।

शरीर के अन्य आवश्यक लक्षण (Other Necessary Characters of the Body)

- एक दुधारू पशु का शरीर आगे से पतला तथा पीछे से भारी होना चाहिये।
- अयन अच्छा और बड़ा होना चाहिये।
- पशु का स्वभाव सरल और सीधा होना चाहिये।
- मुँह सुन्दर और पतला होना चाहिये।
- त्वचा चमकीली और मुलायम होनी चाहिये।
- एक उत्तम गाय-भैंस अपनी जाति के अनुरूप होनी चाहिये।
- मुखमण्डल सुडौल तथा लम्बा, नथुने बड़े, थूथन चौड़ा एवं सीना बड़ा और गहरा होना चाहिये।
- छाती का घेरा पर्याप्त बड़ा होना चाहिये।
- पीठ कन्धों से पुट्ठों तक सीधी होनी चाहिये।
- गर्दन लम्बी और साफ एवं ककुद् नुकीला, संकीर्ण, कंधे चिकने एवं ढालू होने चाहिये।
- पूँछ लम्बी तथा सिरे की ओर क्रमशः पतली होनी चाहिये।
- पीठ की अस्थियाँ उभरी हुईं एवं पर्याप्त अन्तर पर होनी चाहिये।
- कूल्हे उभरे हुए एवं दूर-दूर स्थित होने चाहिये।
- उदर का घेरा लम्बा, गहरा और चौड़ा होना चाहिये।
- जाँघें पतली, अगली टाँगे सीधी तथा शरीर से भली-भाँति जुड़ी होनी चाहिये।
- अयन का अगला भाग कड़ा तथा भली-भाँति विकसित और पिछला भाग भरा हुआ, चौड़ा तथा शरीर में ऊँचाई तक जुड़ा हुआ होना चाहिये।

- **एक सुन्दर चेहरा, बड़ी एवं चमकदार आँखें, चौड़ा थूथन, लम्बी और पतली गर्दन, पतला एवं सुन्दर स्कन्ध प्रदेश, पतली जाँघें, पतली और मुलायम त्वचा एवं रोयें अति दुधारू पशु के लक्षण होते हैं।**

नोट – दुधारू गाय का चयन करते समय नस्ल के अनुसार उसके बाह्य आकार, वंशावली, दूध देने की क्षमता आदि पर अधिक जोर देना चाहिये।

– जहाँ तक हो सके पहले अथवा दूसरे ब्यांत की ही गाय चुननी चाहिये, क्योंकि इसमें दुग्ध उत्पादन क्षमता अधिक होती है।

कार्य हेतु बैलों का चुनाव (Selection of Working Bullocks)

कार्य के अनुसार बैल का चयन निम्न प्रकार से किया जा सकता है—

- जोड़ी के दोनों बैल लगभग एक ही ऊँचाई के समरूप हों।
- उनका शरीर सुगठित हो।
- मस्तक एवं मुँह चौड़ा हो।
- नथुने बड़े और आँखें चमकीली हों।
- गर्दन औसत लम्बाई की तथा अगले पुट्ठे मजबूत हों।
- ककुद् (Hump) की ऊँचाई औसत दर्जे की।
- पैर लम्बे, खुर सीधे, सुदृढ़ एवं एक समान आकार के हों।
- बैल सीधे-सादे हों, मारनेवाले न हों।
- उनका रूप आकर्षक हो।
- उनका सीना आगे से पर्याप्त चौड़ा हो।
- सींग मुट्ठल एवं समान आकार के हों।
- पूँछ लम्बी, औसत दर्जे की एवं गुच्छेदार हों।
- पिछले पुट्ठे तथा जाँघें सुदृढ़ एवं सुविकसित हों।
- जहाँ तक हो सके जोड़ी के बैलों का रंग एक समान हो।
- उनकी बाह्य त्वचा चमकीली एवं आकर्षक हो।
- बैल रोगरहित एवं समान आकार के हों।

गाय एवं भैंस की गुणांकन-पत्र विधि द्वारा निर्णय लेना (Judging of Cow and Buffalo by Score-Card)

1. सामान्य दशा **22 अंक**

❑ नस्ल	जाति के अनुसार।	4
❑ आकार	आयु के अनुसार वृद्धि अच्छी हो एवं सुडौल।	2
❑ साधारण दशा	देखने में सुन्दर, सुडौल, चर्बी धारण करने की क्षमता।	3
❑ आकृति	त्रिकोण आकार की हो।	5

❑ किस्म	त्वचा पतली एवं मुलायम तथा मुलायम बालोंवाली।	3
❑ रंग	जाति के अनुरूप।	2
❑ स्वभाव	चुस्त एवं नम्र।	3
2. सिर और गर्दन		**8 अंक**
❑ सिर	सीधा और सुन्दर।	1
❑ माथा	चौड़ा।	1
❑ चेहरा	औसत लम्बाई का सुन्दर।	1
❑ थूथन	चौड़ा, नथुने खुले हुए, जबड़े मजबूत।	1
❑ कान	नस्ल के अनुसार।	1
❑ सींग	सुन्दर, नस्ल के अनुसार।	1
❑ आँखें	चमकीली एवं बड़ी-बड़ी।	1
❑ गर्दन	उचित लम्बाई की सुन्दर।	1
3. शरीर का अगला भाग		**6 अंक**
❑ ककुद्/टांट/कूबड़	औसत आकार का।	1
❑ कन्धे	चौड़े, पूर्ण, मजबूत, गर्दन से ठीक प्रकार से लगे हुए हों।	3
❑ टाँगें	सीधी और एक-दूसरे से उचित दूरी पर हों।	2
4. धड़		**14 अंक**
❑ सीना	गहरा और चौड़ा, अगली टाँगों के बीच में हो।	3
❑ पीठ	सीधी एवं मजबूत, झुकी-झुकी हुई न हो।	2
❑ कूल्हा	चौड़ा, मजबूत एवं गोश्तरहित हो।	2
❑ पसलियाँ	लम्बी, चौड़ी, दूर-दूर और लचीली हों।	3
❑ कोख	गहरी और पूर्ण होनी चाहिये।	2
❑ नाभि	जाति के अनुसार हो।	2
5. शरीर का पिछला भाग		**15 अंक**
❑ जाँघ की हड्डी	चौड़ी तथा दूर-दूर भली प्रकार।	2
❑ पुट्ठे	लम्बे, चौड़े, उचित आकार तथा ढलान के।	3
❑ गुदा की हड्डी	चौड़ी तथा दूर-दूर।	2
❑ पूँछ	उचित आकार की, लम्बी एवं अच्छे गुच्छेवाली।	1
❑ जाँघें	पतली, लम्बी, अयन के लगाव हेतु उचित स्थान।	3
❑ पिछली टाँगें	सीधी, सुडौल, सुन्दर तथा एक-दूसरे से दूरी पर।	4
6. अयन का विकास		**35 अंक**
❑ अयन	आगे तथा पीछे पूर्ण विकसित उत्तम किस्म का हो, सभी थन बराबर हों अयन ठीक से जुड़ा लटकता हुआ न हो।	8
❑ क्षमता	बड़े आकार का हो।	8
❑ गुड़	मुलायम हो, परन्तु चर्बी धारण करने की शिकायत न हो।	7
❑ अयन के ऊपर की शिराएं	उभरी हुईं तथा शाखायुक्त हों।	2

❑ थन	आकार में सभी वर्गाकार स्थिति में हों, एक–से बराबर के हों एवं गाँठ रहित हों ।	4
❑ दुग्ध शिरायें	बड़ी, लम्बी, टेढ़ी–मेढ़ी तथा शाखायुक्त हों	4
❑ दुग्ध कूप	बड़े और संख्या में अधिक।	2
	—पूर्णांक	100

बैलों की परख के लिए गुणांक-पत्र
(Score Card for judging of Bullocks)

बैलों के मूल्यांकन में निम्न बातों का ध्यान रखना चाहिये—

1. साधारण दशा		**20 अंक**
❑ नस्ल	नस्ल के अनुरूप हो।	4
❑ आकार	आयु के अनुसार अच्छी वृद्धिवाला हो।	2
❑ दशा	अंग–प्रत्यंग समानुपाती हों।	6
❑ प्रकृति	हड्डियाँ साफ, सरल एवं गहरी।	2
❑ त्वचा	पतली एवं मुलायम।	2
❑ बाल	अच्छे रेशम जैसे हों।	2
❑ स्वभाव	चंचल एवं उत्साही हो।	2
2. सिर और गर्दन		**16 अंक**
❑ सिर	नस्ल के अनुरूप एवं शरीर के अनुपात में सुन्दर हो।	2
❑ सींग	नस्ल के अनुसार हों।	2
❑ कान	नस्ल के अनुसार।	3
❑ थूथन	चौड़ी, खुले हुए एवं जबड़ा चौड़ा।	2
❑ गर्दन	उचित लम्बाई की, उत्तम प्रकार से कन्धों पर मिली हुई।	4
❑ गलकम्बल	अच्छी, बड़ी, चुस्त परन्तु लटकती हुई न हो।	1
❑ आँखें	बड़ी–चमकीली व उत्साही।	2
3. शरीर का अगला भाग		**19 अंक**
❑ टांट/ककुद्/कूबड़	सुविकसित हो।	1
❑ कन्धे	मांसपेशियों के युक्त, उत्तम ढलान के।	2
❑ टाँगों	मांसपेशियों से युक्त तथा मजबूत।	2
❑ अगली टाँगों	सीधी, लम्बी एवं मांसल।	2
❑ घुटने	सीधे, चौड़े और ठीक से जुड़े हुए।	1
❑ पिण्डुरी	मजबूत, सुन्दर, अण्डे जैसी।	1
❑ विजन खुरी का गड्ढ़ा	45 अंश का कोण बनाते हुए, उत्तम ढलान।	2

❑ खुर की जुड़ान	सीधी, चौड़ी एवं सुन्दर, परन्तु अधिक वृद्धि नहीं	2
❑ टाँगें	एक समान, ठीक से लगी हुईं, खुर सटे हुए, लम्बी टाँगें।	2
❑ टाँगों की स्थिति	दूर-दूर स्थित हों।	2
4. धड़		**10 अंक**
❑ पीठ	चौड़ी, सीधी एवं मजबूत हो।	2
❑ सीना	गहरा, चौड़ा एवं बड़े आकार का।	3
❑ कूल्हा	चौड़ा एवं मजबूत।	2
❑ पसलियाँ	अच्छी लोच वाली, लम्बी और गहरी	2
❑ कोख	सुन्दर एवं सँकरी तथा मांसयुक्त।	1
5. शरीर का पिछला भाग		**25 अंक**
❑ जाँघ एवं कूल्हे की हड्डी	उभरी, चौड़ी एवं समतल हो।	2
❑ पुट्ठे	चौड़े, बड़े, उत्तम ढलान के, उतरे न हों।	2
❑ चूतड़	गोल और घुमावदार।	2
❑ पूँछ	लम्बी, पतली, ठीक से जुड़ी हुई, क्रमशः मोटाई की, गुच्छेवाली।	2
❑ मूत्रनली की त्वचा	नस्ल के अनुरूप कड़ी हो।	2
❑ जाँघ	गहरी, चौड़ी एवं मांसपेशियों से युक्त।	2
❑ पिछली टाँग का घुटना	एक-दूसरे से दूर-दूर ठीक से जुड़ा हो।	2
❑ पिण्डुरी	चौड़े, मजबूत, अच्छे किस्म के।	2
❑ खुर की जुड़ान	सीधे, मजबूत, अच्छे किस्म के।	2
❑ विजन खुरी का गड्ढा	औसत लम्बाई का।	2
❑ टाँगें	समान, बड़ी-बड़ी, काले खुरों वाली।	3
❑ टाँगों की स्थिति	सीधी एवं दूर-दूर।	2
6. क्रियाशीलता		**10 अंक**
❑ चाल	लम्बे ढंग से लगातार एक प्रकार से शीघ्र चलने वाली हो।	5
❑ अन्य	स्वेच्छा, उत्साह के साथ तीव्र चलनेवाली हो।	5
	पूर्णांक—	**100**

◆◆◆

5

दुग्ध उत्पादन कार्यक्रम
(Dairy Programme)

विभिन्न डेरी फार्म भवनों का स्थान निर्धारण एवं समूहन (Location and Grouping of Different Dairy Farm Buildings)

डेरी भवनों की आवश्यकता

पशुओं के अधिकतम विकास एवं उनसे अधिकतम उत्पादन लेने के लिए उनको अच्छे प्रकार से रहने के स्थान (आवास) एवं उनका उत्तम प्रबन्ध करना उतना ही आवश्यक है जितना कि पशुप्रजनन और पशुपोषण। इसलिये प्रत्येक पशुपालक को पशुओं के लिये आवास तथा उनके उत्तम प्रबन्ध पर विशेष ध्यान देना चाहिये।

डेरी फार्म भवन से लाभ

- पशुओं से अधिकतम उत्पादन प्राप्त होता है।
- मृत्यु-दर में पर्याप्त कमी आती है।
- उच्चकोटि का माल तैयार होता है।
- श्रमिकों की बचत होती है।
- रोग नियन्त्रण (Disease Control) होता है।
- सुव्यवस्थित देख-भाल सम्भव है।
- नियमित आहार सुगम होता है।

एक आदर्श डेरी फार्म का संघटन

- डेरी कार्यालय तथा दुग्धशाला
- पशुघर
- कर्मचारियों के लिये क्वार्टर।

डेरी फार्म भवनों का स्थान चयन
(Location of Dairy Farm Buildings)

सर्वप्रथम इस बात को निश्चित करना चाहिये कि पशुशाला (डेरी फार्म) के लिये स्थान चयन कहाँ किया जाये? आज के आधुनिक एवं वैज्ञानिक युग में पशुशाला (डेरी फार्म) वहाँ बनाई जाये जहाँ–

- निर्माण के लिए उचित स्थान हो।
- वायु–संचार के लिये पर्याप्त स्थान हो।
- रोशनी एवं रोशनदानों का उचित प्रबन्ध हो।
- पशुओं का पशु–गृहों में उचित प्रबन्ध हो सके।
- उचित बनावट जिससे पशुओं को खिलाने–पिलाने एवं पशुओं और पशुशाला की सफाई में सुविधा रहे।
- जो भी भवन बनें, वे विशेष आकर्षक हों एवं कम–से–कम असुविधावाले हों।
- समुचित अर्थ–व्यवस्था की जा सके।
- पीने के पानी की व्यवस्था सुलभ हो।
- डेरी फार्म मुख्य सड़क से लगभग 100 मीटर की दूरी पर स्थित हों, जिससे आने–जाने की सुविधा रहे।
- डेरी फार्म ऐसे स्थानों पर बनाये जाएँ, जहाँ की भूमि समतल न होकर ढालू एवं कुछ ऊँचाई पर हो जिससे वहाँ पर बनाई गई नालियों के द्वारा मल–मूत्र आदि आसानी से निकलता रहे।
- डेरी फार्म की भूमि काफी कठोर तथा नमी रहित होनी चाहिये।
- डेरी फार्म के भवन की स्थापना इस प्रकार से करें कि उसमें उत्तर की ओर से अधिकाधिक धूप आ सके। साथ ही लू और सर्दी के झोंकों से बचाव हो सके। जहाँ तक सम्भव हो भवनों का मुख्य द्वार पूरब की ओर होना चाहिये।
- डेरी भवनों के चारों ओर दूर–दूर पेड़ लगवाने के लिये भूमि की समुचित व्यवस्था हो।
- मुख्य भवन के सामने घास के मैदान, फूलों एवं बेलदार फूलों से लतायें सुसज्जित होनी चाहिये।
- डेरी–फार्म पर बिजली के प्रकाश का प्रबन्ध आवश्यक है ताकि प्रकाश के साथ–साथ बिजली के द्वारा डेरी के यन्त्रों को चलाया जा सके। बिजली के अभाव में जनरेटर का प्रबन्ध होना चाहिये।
- डेरी भवनों में खिड़कियों एवं रोशनदानों की उचित व्यवस्था होनी चाहिये।

कुछ अन्य व्यवस्थायें

- डेरी भवनों के चारों ओर का स्थान स्वच्छ एवं साफ होना चाहिये।
- भवनों के निकटवाले क्षेत्र परजीवियों (पेरासाइट्स) से पूर्ण मुक्त होने चाहिये।
- उस स्थान पर सस्ते, परिश्रमी एवं ईमानदार श्रमिक आवश्यकता पड़ने पर आसानी से मिल सकें।

- ☐ डेरी फार्म वहीं बनाने चाहिये, जहाँ बाजार निकट हो ताकि आवश्यकता पड़ने पर डेरी में निर्मित वस्तुओं की आसानी से खपत हो सके एवं आवश्यकता पूर्ति के लिए सस्ते मूल्यों पर इन बाजारों से समय पर वस्तुयें उपलब्ध हो सकें।

एक आदर्श डेरी फार्म पर भवनों की आवश्यकता (Ground Plan of an Ideal Dairy Farm)

एक डेरी-फार्म पर निम्न भवनों की आवश्यकता होती है–

- ☐ डेरी कार्यालय एवं दुग्धघर (Diary and Office)
- ☐ पशुशाला या दुग्धशाला (Cattle Shed or Milk Shed)
- ☐ दूध के रिकार्ड का कमरा (Milk Recording Room)
- ☐ दाने का कमरा (Ration Room)
- ☐ सूखी गायों के लिये बाड़े (Sheds for Dry Cows)
- ☐ बछड़ा-गृह (Calf house)
- ☐ बछिया गृह (Sheds for heifer)
- ☐ ब्याने के कमरे (Calving Boxes)
- ☐ अलगाव के कमरे (Isolation Boxes)
- ☐ सांड़ गृह (Bull house)
- ☐ यंत्रालय (Implement house)
- ☐ गोदाम (Godown)
- ☐ कुट्टी काटने का कमरा (Chaff cutting room)
- ☐ श्रमिकों के क्वार्टर (Labourer Room)
- ☐ पशुचिकित्सालय (Veterinary Dispensary)
- ☐ पशुचिकित्सक का निवास स्थान (Doctor's Residence)
- ☐ सहायक क्षेत्राध्यक्ष का आवास-गृह (Farm Assistant Manager's Residence)
- ☐ क्षेत्राध्यक्ष का बंगला (Farm manager Bunglow)

- **डेरी भवनों का समूहन ऐसा करना चाहिये, जिससे प्रत्येक कार्य करने में सरलता एवं कम व्यय हो।**

पशुओं की संख्या एवं स्थान के अनुसार डेरी फार्म/पशुशाला

इन्हें दो प्रकार से बनाया जा सकता है–

1. एक पंक्तिवाली पशुशाला (Single Row Cattle-shed System)–ऐसे डेरी भवन पशुओं की संख्या के अनुसार बनाये जाते हैं। इनमें 15-20 पशु आसानी से रखे जा सकते हैं। पशुओं की संख्या अधिक होने पर डबल लाइन वाले भवन बनाये जाते हैं। एक पंक्तिवाले डेरी भवन की चौड़ाई 18-20 फीट होती है। इसमें चारा डालने के लिये दीवार के साथ एक 4 फीट का रास्ता छोड़ा जाता है। इस रास्ते के बाद नाँद (Manger) तथा फिर पशु के खड़े होने का फर्श होता है, जिसकी

चौड़ाई 2.5 एवं लम्बाई 5.5 फीट होती है और अन्त में पेशाब की नाली तथा आने-जाने का रास्ता रहता है। यह 4-4.5 फीट चौड़ा होता है। फर्श पक्का एवं सीमेन्टैड होता है। Manger पक्की व सीमेन्ट वाली तथा पेशाब की नाली 'U' के आकार की रक्खी जाती है।

- **इस डेरी फार्म पर पशु एक ही पंक्ति में बाँधे जाते हैं।**

2. दोहरी पंक्तिवाली पशुशाला/डेरी भवन (Double Row Cattle-shed System)—इस प्रकार के डेरी-भवनों में पशु 2 लाइन्स में बाँधे जाते हैं। अधिकतर 100 पशु अलग-अलग, 50-50 पशुओं की दो कतारों में रखे जा सकते हैं। जब पशुओं की संख्या 100 से अधिक होती है तब अलग-अलग पशु डेरी फार्म बनाये जाते हैं।

डेरी फार्म में पशुओं को बाँधने की विधियाँ

डेरी फार्म में पशुओं को बाँधने के दो तरीकों को प्रयोग में लाया जाता है—

1. मुँह से मुँह वाली विधि (Face to Face System)—इन डेरी भवनों/पशुशालाओं में पशुओं को इस प्रकार से बाँधते हैं कि एक पंक्ति के पशुओं के मुँह दूसरी पंक्ति के पशुओं के मुँह के सामने रहते हैं अर्थात् पशु इस प्रकार से खड़े होते हैं कि उनका मुख एक-दूसरे के सामने रहता है। इस पशुशाला की अधिकतम चौड़ाई 30 फीट होती है। इस प्रकार की पशुशालाओं में दोनों ओर के पशुओं के लिये अलग-अलग पेशाब की नाली, खड़े होने का स्थान तथा नाँदें बनाई जाती हैं। बीच का रास्ता दोनों ओर के पशुओं के लिये संयुक्त रूप से भोजन मार्ग के रूप में प्रयोग किया जाता है।

लाभ (Advantages)

- पशुओं को चारा डालने में विशेष सुविधा रहती है एवं कम समय लगता है।
- ऐसी पशुशाला कम स्थान में बन जाती है।
- गाय दुहते समय पर्याप्त प्रकाश उपलब्ध रहता है।
- स्वच्छ दुग्ध पैदा करने में आसानी।

हानियाँ (Disadvantages)

- पशु को साँस के लिये पर्याप्त शुद्ध हवा नहीं मिलती है, क्योंकि पशु के मुँह एक-दूसरे के सामने रहते हैं।
- पशु के दोहन के समय दो व्यक्तियों की आवश्यकता पड़ती है।
- गोबर तथा पेशाब से पशुशाला की दीवारें गंदी रहती हैं।
- पशुशाला की सफाई में अधिक समय लगता है।

2. पूँछ से पूँछ वाली विधि (Tail to Tail System)—आजकल डेरी फार्मों पर यही विधि अपनायी जाती है। इसमें भी पशुओं को दो पंक्तियों (Rows) में बाँधा जाता है। लेकिन, दोनों ओर के पशुओं के मुँह विपरीत दिशा में होते हैं और पूँछें आमने-सामने होती हैं।

लाभ (Advantages)

- पर्याप्त मात्रा में हवा एवं सूर्य का प्रकाश मिलता है, जिससे पशुओं में रोग फैलने का भय नहीं रहता।

- केवल बीच में सफाई की आवश्यकता पड़ती है। अतः समय की पर्याप्त बचत होती है।
- दोहन के समय केवल एक ही सुपरवाइजर की आवश्यकता पड़ती है।

हानियाँ (Disadvantages)

- चारा-दाना डालने में समय अधिक लगता है।
- इस डेरी भवन में अधिक स्थान की आवश्यकता होती है।

दुग्धशाला (Milking Shed)

दुग्धशाला पूर्ण रूप से ढकी होनी चाहिये। इसमें पशु को केवल दूध दुहते समय ही लाया जाता है। इसका फर्श अन्य भवनों से ऊँचा होना चाहिये। दूध निकालते समय पशुओं को केवल भीगा हुआ दाना खिलाया जाता है। इसमें छोटे-छोटे स्टाल होते हैं जहाँ पर दुधारू पशु को रखा जाता है। स्टाल की लम्बाई 15-17 मीटर तथा चौड़ाई 1.05 से 1.2 मीटर होती है। रास्ते की चौड़ाई 1.5 से 1.8 मीटर होनी चाहिये। स्टालों की कतार के साथ चारा खाने के लिये नांद होनी चाहिये। नांद के पश्चात् 0.75 मीटर चौड़ा रास्ता रातब डालने के लिये रखना चाहिये। पशुओं के खड़े होने का स्थान भी नाली की ओर ढालू होना चाहिए।

सूखी गायों के लिए बाड़े (Sheds for Dry Cows)

ऐसे बाड़े प्रायः उन्हीं फार्मों पर बनाये जाते हैं जहाँ दुधारू तथा सूखी गायें एक-दूसरे से अलग बाँधी जाती हैं। प्रत्येक सूखी गाय को 5.5-6.5 वर्ग मीटर (60-70 वर्ग फीट) स्थान की आवश्यकता होती है। इसे ब्यांतवाले कमरों के निकट ही बनाया जाता है। बाड़े का 1/3 भाग ऊपर से ढका और शेष 2/3 भाग खुला होता है। ढके हुए भाग में चारे की नाँद, खड़े होने का फर्श तथा नाली होनी चाहिये। पानी की नाँद भी एक ओर के ढके भाग में ही होनी चाहिये।

दुग्धालय (Dairy)

यह भवन प्रायः डेरी फार्म के सबसे ऊँचे तथा आकर्षक स्थान में बनाना चाहिये। इस भवन के अन्तर्गत कार्यालय, पास्चुरीकरण कमरा (Pasteurising Room), उबालने का कमरा, ईंधन का कमरा, कोल्ड स्टोरेज, मक्खन तथा क्रीम निकालने का कमरा तथा प्रयोगशाला आदि आते हैं। पास्चुरीकरण कमरा भवनों के बीचोंबीच बनाया जाता है।

दुग्ध अभिलेखन कक्ष (Milk Recording Room)

इस कमरे को पशुशाला/डेरी भवन के पास ही बनाया जाता है। इसका दरवाजा पशुशाला की ओर न होकर उसके विपरीत दिशा में रखा जाता है, जिससे कि दूध गंदला न होने पाये। दूध डालने के लिये पशुशाला की ओर वाली दीवार में एक नलिका द्वारा इसका सम्बन्ध पशुशाला से रखा जाता है। इस कार्य के लिये 3 × 3.5 मीटर (10 × 20 फीट) का कमरा उपयुक्त रहता है। कमरे के दरवाजे, खिड़की तथा रोशनदान लोहे की पतली जाली से बन्द होने चाहिये, जिससे उसमें धूल आदि न आ सके।

बछिया-गृह (Heifer-Shed)

यह भवन दुग्धशाला तथा सांड़घर के निकट बनाया जाता है। प्रत्येक बछिया को 3.6 से 4.5 वर्ग मीटर (40-50 वर्ग फुट) स्थान की आवश्यकता होती है। इनमें पीने के लिये पानी तथा चारे के लिये

नाँद की व्यवस्था होनी चाहिये। यदि संख्या अधिक हो तो फिर वत्स बाड़े की एक अलग इकाई होनी चाहिये। बाड़े का एक तिहाई भाग ढका तथा शेष भाग खुला होना चाहिये। दरवाजा पशुशाला एवं बछिया गृह की सम्मिलित दीवार में होना चाहिये।

प्रसूति कक्ष (Labour Room)

यह कमरा बच्चा देने के समय मादा पशुओं के प्रयोग में लाया जाता है। ब्याने के कुछ दिन पूर्व पशु को इस कक्ष में रखना प्रारम्भ कर देते हैं। इन कक्षों की संख्या प्रति 22 प्रजनन योग्य पशुओं के लिये एक होती है। इसमें पशु खुले रखे जाते हैं। इस कमरे को पशुशाला मैनेजर के निवास-स्थान के समीप रखा जाता है। प्रत्येक कक्ष की लम्बाई एवं चौड़ाई ढके भाग में 3 × 4 मीटर तथा खुले भाग में 3.5 × 4.5 मीटर होनी चाहिये। कक्ष के चारों ओर 1.30 मीटर ऊँची दीवार होनी चाहिये। खुले भाग में 1.25 मीटर चौड़ा दरवाजा भी होना चाहिए। प्रत्येक कक्ष में चारे तथा पानी की व्यवस्था हेतु चरही तथा नाँद की आवश्यकता होती है। खड़े होनेवाले फर्श में सीमेंट की छोटी-छोटी नालियाँ होनी चाहिये ताकि पशु फिसल न जायें। अन्त में पेशाब के लिये 40 सेमी. चौड़ी नाली भी।

अस्वस्थ पशु कक्ष (Segregation Room)

यह कक्ष बीमार पशुओं के लिये होता है। इसका निर्माण अन्य भवनों से दूर उत्तर दिशा में किया जाता है। यह प्रसूति कक्ष की ही भाँति होता है। जब डेरी फार्म का कोई पशु बीमार पड़ जाता है तो उसे अन्य स्वस्थ पशुओं से अलग करके इस कक्ष में रखा जाता है ताकि इन्हें पूर्ण एकान्त एवं आराम मिल सके तथा ठीक प्रकार से उनकी सुविधापूर्वक चिकित्सा की जा सके।

सांड़घर (Bull Yard)

डेरी फार्म पर सांड़ को रखने के लिए एक अलग सांड़घर बनाया जाता है। प्रत्येक सांड़ को 3.5-4.5 मीटर (12-15 फीट) लम्बा तथा 3-3.5 मीटर (10-20 फीट) चौड़ा रहने के लिये स्थान आवश्यक होता है। इसमें रोशनदान, खिड़की आदि का प्रबन्ध होना चाहिये। सांड़घर में 2 मीटर ऊँचा और 1.2 मीटर चौड़ा दरवाजा होना आवश्यक होता है एवं फर्श पक्का सीमेन्ट का। बाड़े में चरही तथा पानी की नाँद होनी चाहिये। साँड़ को घूमने-फिरने के लिये सांड़घर के निकट ही दक्षिण की ओर 4 × 7 से 9 मीटर (14 × 24 से 30 फीट) का एक खुला बाड़ा भी बनाना चाहिये। दीवारें 5 मीटर ऊँची होनी चाहिये। इसका फर्श कच्चा ही रहना उपयुक्त रहता है।

गोदाम (Godown)

इसकी स्थापना पशुशाला के निकट ही होनी चाहिये। गोदामों की आवश्यकता फार्म पर रखे गये पशु एवं चारे के अनुसार होती है। एक गाय को उसकी वर्षभर चारे की आवश्यकता के लिये औसतन 9 वर्ग मीटर (100 वर्ग फुट) स्थान पर्याप्त होता है।

कुट्टी काटने का बाड़ा (Chaff-cutting Yard)

इसे गोदाम के निकट ही बनाया जाता है। यह एक छोटा-सा कमरा होता है, जिसमें कटी हुई चारे की कुट्टी कुछ समय के लिये भण्डारित होती है।

बैलघर (Bullock Shed)

इसकी स्थापना यन्त्रालय के साथ की जाती है। एक बैल की जोड़ी के लिये 3 × 1.5 मीटर (10′ × 5′) के फर्श की आवश्यकता होती है। इस घर में पानी और चारे की पूर्ण व्यवस्था रखी जाती है।

यन्त्रालय (Implement Shed)

डेरी फार्म पर यन्त्रों की मरम्मत आदि के लिये यन्त्रालय की आवश्यकता पड़ती है जो एक छोटी-सी वर्कशाप के रूप में होता है।

पशुचिकित्सालय (Veterinary Hospital)

डेरी फार्म पर एक छोटा-सा अस्पताल भी होना चाहिये, जहाँ पर बीमार पशुओं की त्वरित चिकित्सा की जा सके। साथ ही अति हिमीकृत विधि (D.F.S.) से गायों को गर्भित किया जाये। यह चिकित्सालय प्रसूति कमरों के पास ही होना चाहिये, जिससे प्रसूताओं की समुचित प्राथमिक चिकित्सा तथा रोगियों की भली-भाँति देख-भाल की जा सके। इस अस्पताल में भर्ती कक्ष की भी विशेष सुविधा होनी चाहिये।

पशुशाला की सफाई (Cleaning of Dairy Farm)

पशुशाला में तीन प्रकार से सफाई की जाती है—

(i) नियमित रूप से प्रतिदिन सफाई (Daily Cleaning)

(ii) सामयिक सफाई (Occasional Cleaning)

(iii) आकस्मिक सफाई (Accidental Cleaning)

नियमित रूप से प्रतिदिन सफाई (Daily Cleaning)

(अ) पशुशाला की सफाई

1. पशुशाला से गोबर व मूत्र साफ करना—पशुशाला में जहाँ बड़े व छोटे पशु बाँधे जाते हैं, वहाँ पर वे गोबर तथा मूत्र त्यागते रहते हैं जिससे वहाँ काफी गंदगी इकट्ठी होती रहती है। ऐसी स्थिति में गोबर को खाद के गड्ढों में तथा मूत्र को नालियों द्वारा बहा देना चाहिए।

2. खोर से बेकार चारा निकालना—पशु चारा खाने के बाद कुछ मोटा चारा खोर (नाँद) में ही छोड़ देते हैं। अतः दिन में एक बार इस बचे हुए चारे को निकालकर खोर को गरम पानी से साफ कर देना चाहिये। साथ ही इस बचे हुए चारे को खाद के गड्ढों में डाल देना चाहिये।

3. पशुशाला की दीवारों की सफाई—पशुशाला की दीवारों पर लगे हुए जाले, धूल के कण एवं चारे के टुकड़ों को झाडू से साफ कर देना चाहिये। तत्पश्चात् दीवारों पर लगे गोबर व पेशाब के छींटों के निशान कपड़े व पानी से साफ कर दें। वर्ष में एक या दो बार दीवारों पर कलई + नीला थोथा + डी.डी.टी. मिलाकर सफेदी करा देनी चाहिये।

4. फर्श की धुलाई—पशुशाला के फर्श, बीच का रास्ता व अन्य भाग; जैसे—पेशाब की नाली को भलीभाँति साफ कर देना चाहिये। सप्ताह में एक या दो बार पानी में फिनायल डालकर फर्श व पेशाब की नालियों को साफ कर देना चाहिये।

5. चारे व पानी की नाँदों की सफाई—पशुओं को जिन नाँदों में पानी पिलाया जाता है तथा जिन बर्तनों में दाना भिगोया जाता है उन्हें प्रतिदिन भली-भाँति साफ करना चाहिये। पानी पीने के बर्तनों को पोटैशियम परमैंगनेट (लाल दवा $KMnO_4$) डालकर पानी से साफ कर देना चाहिये। पशुशाला की भली-भाँति सफाई के बाद फर्श पर 1-2 प्रतिशत फिनायल का घोल छिड़क देना चाहिये। यह कार्य नियमित रूप से दिन में एक-दो बार करना चाहिये।

अन्य कार्य

- ☐ गोशाला का धोवन/पेशाब आदि को बहाकर (नालियों द्वारा) ढक्कनदार पक्के गड्ढों में इकट्ठा करना।
- ☐ गोशाला की दीवारों को वर्ष में दो बार चूना + नीलाथोथा से पुतवा दें और वर्ष में 2-3 बार डी.डी.टी. का घोल भी दीवारों पर छिड़क दें।
- ☐ गोशाला साफ कर दें, तत्पश्चात् ताजा पानी भरें।

(ब) पशुशाला के दूसरे भवनों की सफाई

इसके अन्तर्गत दूध दुहने का कमरा (Milking Room), मिल्क संग्रह कक्ष (Milk Storage Room), दुग्ध उत्पाद बनानेवाले कक्ष (Milk by products Room) तथा प्रयोगशाला कक्ष आदि आते हैं। इनकी सफाई निम्न प्रकार से की जाती है—

- ☐ प्रथम फर्श की धूल व मिट्टी आदि की सफाई।
- ☐ तत्पश्चात् किसी डिटरजेन्ट को गरम पानी में मिलाकर फर्श की विधिवत् धुलाई की जावे।
- ☐ इसके बाद पानी में एण्टीसेप्टिक पदार्थ मिलाकर खोर (नाँद), फर्श एवं पेशाब की नाली को साफ कर दें।
- ☐ डेरी फार्म की दीवारों पर वर्ष में दो बार सफेदी अवश्य करा देना चाहिये।

सामयिक सफाई (Occasional Cleaning)

वर्ष में दो बार फार्म के सभी भवनों को साफ करना चाहिये। धूल, मिट्टी, मकड़ी के जाले आदि को झाड़-पोंछकर साफ कर देना चाहिये। तत्पश्चात् नीला थोथा मिलाकर सफेदी कर देनी चाहिये। फर्श आदि की सफाई कर देनी चाहिये। दरार एवं टूट-फूट को तत्काल साफ कर मरम्मत कर देनी चाहिये। हर भवन के फर्श को साफ करते रहना चाहिये।

आकस्मिक सफाई (Accidental Cleaning)

पशुशाला में यदि कोई पशु मर जाता है तो उसे वहाँ से तुरन्त हटवाकर फर्श आदि की तत्काल सफाई कर देनी चाहिये। यदि पशु किसी संक्रामक रोग से मरा है तो पशु के ऊपर कोई एण्टीसैप्टिक

द्रव छिड़कर उसे कहीं दूर स्थान पर चूना आदि डालकर गड़वा दें और मरे हुए स्थान के फर्श आदि को किसी तेज कीटाणुनाशक घोल अथवा फिनायल से भली-भाँति धुलवा दें। यदि फर्श कच्चा है तो डी.डी.टी. अथवा बी.एच.सी. पाउडर या घोल छिड़क दें।

दूध दोहन की विधियाँ (Methods of Milking)

दूध दोहन से पूर्व निम्न जानकारी आवश्यक होती है–

- ☐ दूध दोहनेवाला (Milker) एवं पशु स्वच्छ एवं स्वस्थ हों।
- ☐ दूध दोहने का स्थान साफ-सुथरा हो।
- ☐ दूध दोहने के बर्तन पूर्णतया स्टेरेलाइज्ड (विसंक्रमित) हों।
- ☐ दूध दोहन के समय में अत्यन्त नियमितता (Regularity) रखनी चाहिये।

दूध दोहन की विधियों को निम्न प्रकार से समझा जा सकता है–

(1) अंगूठा दबाकर दूध दोहना (Milking with the pressure of thumb knot)–इस विधि में अंगूठे को दबाकर और थन को चारों अँगुलियों और मुड़े हुए अंगूठे के बीच में दबाकर दूध निकाला जाता है।

- ☐ दूध निकालने की यह एक अच्छी विधि नहीं है।
- ☐ पशु को अत्यधिक कष्ट होता है।
- ☐ इस विधि में पूरा दूध निकल पाना सम्भव नहीं है।
- ☐ इस विधि से प्राय: थनों में गाँठें पड़ जाती हैं।

सावधान– दूध दोहने की इस विधि का प्रयोग कदापि न करें।

(2) चुटकी से दूध निकालना (Stripping)–इस विधि में थन को अंगूठे और उसके पास की दो अंगुलियों के बीच दबाकर ऊपर से नीचे की ओर खिसकाया जाता है। छोटे थनवाली गाय के लिए यह अच्छी विधि है, परन्तु बड़े थनवाले पशुओं के लिये उपयुक्त नहीं।

(3) चारों उंगलियों एवं हथेली के बीच में थन को दबाकर दूध दोहना (Fisting or Full hand milking)–दूध दुहने की यह एक सर्वोत्तम विधि है। इसमें पशु बछड़े को दूध पिलाने के समान ही सुख का अनुभव करता है एवं पशु पूरा दूध निकाल देते हैं। इस विधि में दोनों हाथों से दूध निकाला जाता है और दो थनों से क्रमश: दूध की धार निकलती जाती है। इस विधि में पूरे थन पर एक-सा दबाव पड़ता है।

- **दूध को सदैव सूखे हाथ से ही दुहना चाहिये। हाथ को दूध से भिगोकर दुहना अत्यन्त अस्वास्थ्यकर (unsanitary) होता है।**

मशीन द्वारा दूध निकालना (Machine Milking)

मशीन द्वारा पशु का दूध निकालने की विधि विदेशों में अधिक प्रचलित है। परन्तु, हमारे देश में इसका प्रचलन नहीं है। कुछ बड़े और उन्नतशील डेरी फार्मों पर अवश्य इस विधि का प्रयोग किया जा रहा है।

दूध दोहने के समय कुछ अनुकरणीय बातें (Some Do's for Milking)

- ☐ दूध दुहने का समय नियमित होना चाहिये।
- ☐ दुहने से पहले पशु के पिछले भाग को भली-भाँति धोकर साफ कर लें।
- ☐ दूध का उसी व्यक्ति (ग्वाला) से दोहन करायें जो पूर्ण स्वस्थ एवं साफ हो।
- ☐ दूध दुहनेवाले बर्तन बिलकुल साफ होने चाहिये। बर्तन औंधे मुँह के अच्छे रहते हैं।
- ☐ दूध दोहन में Fisting विधि का प्रयोग करें।
- ☐ दूध दोहन में शीघ्रता तथा नरमी का पूर्ण रूप से प्रयोग किया जाना चाहिये।
- ☐ दूध दोहन का कार्य अधिक से अधिक 7 मिनट में समाप्त हो जाना चाहिये।

> ● **दुधारू पशुओं में दूध का स्राव (Milk secretion) ऑक्सीटोसिन नामक हॉर्मोन के प्रभाव पर निर्भर करता है। यह हॉर्मोन पिट्यूटरी ग्रन्थि द्वारा अयन के उद्दीपन होने पर (Stimulation of udder) उत्पन्न होता है और 7 मिनट तक इसका प्रभाव बना रहता है।**

- ☐ दूध दुहते समय पशु को डरायें-धमकायें नहीं।
- ☐ दूध केवल सूखे हाथ से ही दुहा जावे, पानी अथवा दूध लगाकर नहीं।
- ☐ दुग्ध निकालते समय हथेली तथा स्तन के बीच अंगूठे का प्रयोग नहीं करें।
- ☐ दूध दुहते समय खुली मुख वाली बाल्टी का प्रयोग नहीं करें।
- ☐ प्रत्येक थन के दूध की पहली कुछ धारें किसी अलग बर्तन में निकाल लेनी चाहिये। इसे शेष निकले दूध में न मिलावें।
- ☐ दूध दुहते समय पशुओं को गन्धवाला चारा न खिलाया जाये, अन्यथा दूध इस गंध को शोषित कर लेगा।
- ☐ दूध दोहन के बाद उसे खुले बर्तन में न रखें।

याद रहे– ● दूधदुहने वाला व्यक्ति स्वस्थ हो तथा अच्छी आदत का हो। उसके कपड़े भी धुले हुए होने चाहिये, नाखून कटे हों। दुहते समय सिर पर कपड़ा बाँध लें ताकि बाल आदि दूध में न गिरने पावें। दूध दुहने से पूर्व उसे अपने हाथ किसी जीवाणुनाशक घोल से धो डालने चाहिये।

सावधान– ● दूध दुहनेवाले व्यक्ति की अस्वच्छता के कारण दूध अत्यन्त खतरनाक पेय सिद्ध हो सकता है।

शुद्ध दूध उत्पादन के लिए आवश्यक जानकारी

- ☐ पशु का स्वास्थ्य एवं स्वच्छता।
- ☐ दुग्धशाला की विधिवत् सफाई।
- ☐ दूध दुहने वाले ग्वाले की स्वच्छता।
- ☐ दूध के बर्तन और उनकी सफाई।
- ☐ चारा-दाना तथा उसे खिलाने का उचित ढंग।
- ☐ पशुओं के लिए पर्याप्त शुद्ध जल की व्यवस्था।
- ☐ दूध दुहने के ढंग में सफाई।
- ☐ दुहे जाने के बाद दूध का प्रबन्ध।
- ☐ दूध का वितरण अतिशीघ्र।

दुग्ध उत्पादन का अभिलेखन
(Milk Recording)

एक अच्छे दुधारू पशु को उपयोगी सिद्ध करने के लिए यह आवश्यक है कि उसके प्रत्येक ब्याँत के दुग्ध उत्पादन का अभिलेखन (Recording) विधिपूर्वक किया जाय। इस अभिलेखन को देखकर इस बात का पता लगता है कि किस गाय ने अपने पूरे ब्याँत में कितना दूध दिया है। ब्याँत में कुल कितने दिन दूध दिया और पिछले ब्याँत में दिये गये दूध की अपेक्षा इस ब्याँत में दूध घटा या बढ़ा।

उपरोक्त अभिलेखन के आधार पर ही प्रजनन कार्य में उपयोग किये जाने वाले नर पशुओं (Bulls) का भी चयन किया जाता है।

दुग्ध उत्पादन अभिलेखन की विधियाँ (Methods of Milk Recording)

मिल्क रिकार्डिंग का कार्य प्रायः हमारे देश में अधिक नहीं होता, क्योंकि यहाँ के दुग्ध उत्पादन का धंधा गाँवों में बसे निवासियों पर निर्भर है जो एक या दो पशु रखते हैं। अतः ऐसी दशा में मिल्क रिकार्डिंग का कार्य कठिन हो जाता है। यह कार्य केवल सरकारी डेरी फार्म्स, मिलीटरी डेरी फार्म्स, कृषि कालेजों, पशुचिकित्सा कालेजों तथा कुछ व्यक्तिगत उन्नतशील फार्मों तक ही सीमित है।

मिल्क रिकार्डिंग विधियाँ

- मासिक आधार पर दूध की माप-तौल एवं उसका वसा परीक्षण (Testing and weighting monthly)
- दैनिक आधार पर दूध की माप-तौल एवं उसका वसा परीक्षण (Testing and weighting daily)
- साप्ताहिक आधार पर दूध की माप-तौल एवं उसका वसा परीक्षण (Testing and weighting weekly)

संक्षेप में, महीने अनुसार दूध की माप-तौल एवं उसके वसा परीक्षण के अन्तर्गत प्रतिमाह 1-3 दिन के दूध को तौला जाता है और उसी समय दूध का वसा परीक्षण भी किया जाता है। इसी प्रकार साप्ताहिक आधार पर दूध की तुलाई एवं उसके वसा परीक्षण के अन्तर्गत प्रत्येक गाय का प्रत्येक सप्ताह के आरम्भ में एक दिन का दूध तौला जाता है और उस दूध में वसा के प्रतिशत का भी परीक्षण किया जाता है।

- **उपरोक्त आधार पर एक पशु के पूरे ब्याँत के दुग्ध उत्पादन तथा वसा की मात्रा के आँकड़े ज्ञात किये जाते हैं। परन्तु इन दोनों विधियों में अनेक दोष होने के कारण इनका चलन बन्द है।**

प्रतिदिन दूध की माप-तौल एवं उसका वसा परीक्षण के अन्तर्गत किसी भी पशु का दोनों समय (सुबह-शाम) का दूध तौला जाता है और वसा का प्रतिशत ज्ञात किया जाता है। इससे पशु का ठीक उत्पादन मालूम होता है।

- **आजकल प्रायः सभी बड़े-बड़े फार्मों पर यही प्रणाली विशेष रूप से अपनायी जाती है।**

आधुनिक मिल्क रिकार्डिंग व्यवस्था—प्रत्येक डेरी-फार्म पर दुग्ध के अभिलेखन के लिये अलग साफ-सुथरा स्थान होता है, जिसे दुग्ध अभिलेखनशाला (Milk Recording Room) कहते हैं। इस कमरे में दूध तौलने की मशीन लगी होती है। इस मशीन पर प्रत्येक पशु द्वारा दिये गये दूध की अलग से तौल की जाती है और उस तौल को रजिस्टर में लिख लिया जाता है। इस कार्य को करने के लिये मिल्क रिकार्डर अलग से होता है। दूध की मात्रा लिखे जाने वाले इस रजिस्टर में एक ओर प्रत्येक गाय का नाम और नम्बर लिखा होता है और उसके सामने महीने के प्रत्येक दिन का दूध अंकित करने के लिये खाने बने रहते हैं जो प्रातः और शाम का दूध अलग से लिखने के लिये दो खानों मे बँटे रहते हैं।

दूध अंकित करने की विधि—ग्वाले द्वारा दूध दुहकर दूध को मिल्क रिकार्डिंग रूम में पहुँचाया जाता है और उस गाय का नम्बर नोट किया जाता है। तत्पश्चात् दूध को तौलकर रजिस्टर में उस गाय के सामने लिख दिया जाता है। यह क्रम चालू रखकर सारी गायों का दुग्ध लिख दिया जाता है एवं सारे दूध का योग लगाकर देख लिया जाता है कि दूध कितना हुआ।

- **यदि किसी गाय के दूध में अधिक घटा-बढ़ी होती है तो उस गाय की परीक्षा के लिये उचित व्यवस्था की जाती है।**

नोट—प्रत्येक गाय के दैनिक और मासिक दुग्ध उत्पादन का लेखा-जोखा रखना अति आवश्यक होता है।

दुग्ध अभिलेखन से लाभ (Advantages of Milk Recording)

- गाय के प्रतिदिन/प्रति ब्यांत/ब्यान के कितने दिनों तक दुग्ध उत्पादन हुआ आदि की जानकारी रहने से उपयोगी/अनुपयोगी गाय की पहचान हो जाती है।
- दूध उत्पादन के अनुसार उसको दिये जानेवाले दाने (राशन—Concentrates) पर नियन्त्रण रखा जा सकता है।
- दूध उत्पादन के उतार-चढ़ाव से पशु के अस्वस्थ होने तथा पशु के आहार आदि में गड़बड़ी होने का पता चल जाता है एवं उसी के अनुसार उसकी व्यवस्था कर दी जाती है।
- अच्छे पशु की पहचान बड़ी सरलता से हो जाती है।
- ग्वाले को सावधानीपूर्वक दोहन का कार्य करना पड़ता है तथा कम उत्पादन होने पर उसे उत्तरदायी होना पड़ता है।
- ग्वाले दूध की चोरी नहीं कर पाते।
- दुग्ध अभिलेखन रजिस्टर को देखकर यह पता लग जाता है कि किसी गाय का दुग्ध-उत्पादन उसकी माँ के दुग्ध उत्पादन से अधिक है अथवा कम।
- दुग्ध उत्पादन रजिस्टर को देखकर (अध्ययन कर) नस्ल सुधार में सफलता मिलती है।

- **उपरोक्त कार्य हेतु दैनिक/मासिक एवं वार्षिक दुग्ध उत्पादन पंजिकायें बनाई जाती हैं।**

दुग्ध अभिलेखन रजिस्टर (Milk Recording Registers)

एक डेरीफार्म पर दुग्ध अभिलेखन के लिये निम्न रजिस्टर रखे जाते हैं–

- ☐ दैनिक दुग्ध उत्पादन रजिस्टर (Register of daily milk yield)
- ☐ दुग्ध उत्पादन का मासिक लेखा (Register of monthly milk yield)
- ☐ दुग्ध उत्पादन का वार्षिक लेखा (Annual milk production Register)

याद रहे – यदि गाय के दुग्ध उत्पादन का दैनिक लेखा रखा जाना सम्भव न हो, तो–कम–से कम प्रति सप्ताह एक बार दूध की मात्रा नापकर उसका सही अभिलेख रखना चाहिये।

– यदि गाय बच्चे को भी दूध पिलाती हो तो सप्ताह में एक बार गाय का पूरा दूध निकालकर दुग्ध उत्पादन का सही लेखा रखना चाहिये।

– दुधारू पशुओं की उत्तमता का परीक्षण करने के लिये इस बात का पता लगाना आवश्यक होता है कि विभिन्न पशुओं ने उन्हें दिये गये राशन के अनुपात में कितना दूध और मक्खन उत्पादित किया और प्रत्येक गाय ने कितने ब्यांतों में दूध दिया।

दूध बेचने में मिलावट (Frauds in the Milk Sale)

बिकनेवाले दूध में मुख्य रूप से मिलावट वसा को कम करना (Reduction of fat) है। यह कार्य तीन प्रकार से किया जाता है–

(1) पानी मिलाकर।

(2) दूध की वसा निकालकर (By skimming of milk)।

(1) पानी मिलाकर (By adding water)

अधिकांश दूधिया पानी मिलाकर दूध बेचा करते हैं जो स्वास्थ्य के लिये अत्यन्त हानिकारक होता है, क्योंकि दूध में मिलाया गया पानी गंदला और बैक्टीरिया/वायरस से युक्त हो सकता है। प्रायः दूधिया रास्ते में पोखर/तालाब, नदी–नाले और गड्ढों तक का पानी मिला लेते हैं, जिसमें जीवाणुओं के साथ–साथ मछली के बच्चे तक निकल आते हैं।

पानी की मिलावट को दूध की स्पेसिफिक ग्रेविटी (Specific gravity) एवं टोटल सोलिड्स (total solids) की जाँच करके पता कर लिया जाता है। इनकी तुलना शुद्ध दूध की स्पेसिफिक ग्रेविटी तथा सोलिड्स से कर ली जाती है।

पानी की मिलावट के प्रतिशत की गणना निम्न सूत्र से करें–

$$\text{पानी की प्रतिशत मिलावट} = \frac{8.5 - S}{8.5} \times 100$$

S = Solids Not Fat (S.N.F.)

लेक्टोमीटर से दूध की स्पेसिफिक ग्रेविटी मालूम करना (Determination of Specific Gravity of milk by a Lactometer)— इस परीक्षण के लिये निम्न की आवश्यकता होती है–

- ☐ शुद्ध दूध
- ☐ दूध जिसका परीक्षण होना है
- ☐ क्यूवेनीस लेक्टोमीटर (Quevennis Lactometer)

- ☐ सिलिण्डर (Cylinder)
- ☐ थर्मामीटर (Thermometer)

परीक्षण विधि—दूध के सेम्पल (Sample) को भली-भाँति मिलाकर सिलिण्डर में लें। तत्पश्चात् लेक्टोमीटर को धीरे से उसमें लगे जीरो (0) चिह्न तक डुबो दें और उसे अपनी सतह लेने दें। ध्यान रहे– लेक्टोमीटर सिलिण्डर की तली और उसकी साइड्स को स्पर्श न करे। जब लेक्टोमीटर स्थिर हो जाय तब दूध की सतह को लेक्टोमीटर स्केल पर नोट कर लें। साथ ही दूध का तापमान (Temperature) नोट करें। 60 डिग्री फारेनहाइट से अधिक तापमान होने पर प्रति डिग्री हेतु 0.1 लेक्टोमीटर रीडिंग में जोड़ें तथा 60 डिग्री फारेनहाइट से कम तापमान होने पर 0.1 प्रति डिग्री तापमान हेतु घटावें एवं स्पेसिफिक ग्रेविटी की निम्न प्रकार से गणना करें—

$$\text{स्पेसिफिक ग्रेविटी (S.G.)} = \frac{\text{लेक्टोमीटर रीडिंग}}{1000} + 1$$

दूध में उपस्थित नाइट्रैट्स का परीक्षण—एक परखनली में दूध का सेम्पल 5 मि.ली. की मात्रा में लेकर उसमें डाइफ़िनाइलामीन-सल्फ्यूरिक एसिड (1 मि.ली. डाइफिनाइलामीन + 100 मि.ली. सल्फ्यूरिक एसिड) घोल सावधानी से मिलावें। अब दूध एवं उपरोक्त घोल के मिलने की सतह पर नीला-रंग दिखायी देगा, यह नाइट्रेट्स की उपस्थिति दर्शाता है।

- **शुद्ध दूध में नाइट्रेट्स नहीं होते हैं। परन्तु, साधारण जल में ये मिलते हैं। दूध में इनकी उपस्थिति पानी की मिलावट दर्शाती है।**

(2) दूध की वसा निकालकर (By Skimming of Milk)

ऐसी दशा में दूध की स्पेसिफिक ग्रेविटी बढ़ जाती है, वसा कम हो जाती है और सोलिड्स नाट फैट के प्रतिशत में वृद्धि मिलती है। ऐसा दूध देखने में कम गाढ़ा लगता है। दूध में वसा को मात्रा को गरबर विधि द्वारा ज्ञात किया जाता है।

गरबर विधि द्वारा दूध में वसा का प्रतिशत ज्ञात करना (Determination of percentage of fat in milk by Gerber's method)— इस परीक्षण के लिए निम्न की आवश्यकता होती है—

- ☐ गरबर्स बुटायरोमीटर
- ☐ तीन पिपेट (11 मि.ली., 10 मि.ली. एवं 1 मि.ली. के)
- ☐ हॉट वाटर बाथ
- ☐ गरबर सेन्ट्रीफ्यूज मशीन
- ☐ ऊडेन स्टैण्ड
- ☐ सल्फ्यूरिक एसिड (1.820 to 1.825 sp.gr.)
- ☐ एमाइल ऐल्कोहॉल (0.814 to 0.816 sp.gr.)

परीक्षण विधि—एक स्वच्छ एवं शुष्क बुटायरोमीटर में 10 मि.ली. (10 ml.) सल्फ्यूरिक एसिड लें और उसमें सेम्पल लिया हुआ दूध 11मि.ली. लेकर धीरे से मिला लें। तत्पश्चात् इसमें 1 मि.ली. एमाइल ऐल्कोहॉल डालें। अब इसको रबर के स्टापर से विधिवत् भली-भाँति बन्द कर दें।

बुटायरोमीटर को हिलाकर सभी को भली-भाँति मिश्रित कर लें। इसे चार मिनट तक 1100 R.P.M. पर सेण्ट्रीफ्यूज करें। तत्पश्चात् बुटायरोमीटर को हॉट वाटर बॉथ में 68 डिग्री सेण्टीग्रेड पर 2 मिनट तक रखें। वसा पील-रंग में ऊपरी सतह पर एकत्र हो जाती है। अब स्टापर की सहायता से वसा के नीचे की सतह को नाप के चिह्न पर एडजस्ट करके वसा की रीडिंग कर लें।

वसा (Fat-चिकनाई) की कमी के प्रतिशत की गणना इस सूत्र से करें–

$$\text{वसा की प्रतिशत कमी} = \frac{100\,(3.0 - F)}{3}$$

F = वसा प्रतिशत जो सेम्पल के दूध से प्राप्त हुई।

अन्य मिलावटें

दूध को गाढ़ा बनाने के लिये दूधिया लोग उसमें स्टार्च, जीलेटिन तथा केन शुगर आदि को मिलाते हैं। अतः इनकी परीक्षा निम्न प्रकार से करें–

(1) स्टार्च की परीक्षा (Detection of Starch)–एक परखनली में 10 मिली. (2 चम्मच) सेम्पल में लिया हुआ दूध लें और उसको उबालकर ठंडा करें। तत्पश्चात् आयोडीन का घोल (5%) 7 मि.ली. डालें। यदि नीला-रंग प्रकट हो जाय तो स्टार्च की उपस्थिति जानें।

(2) जीलेटिन की परीक्षा (Detection of Gelatin)–इसकी परख के लिये एक बड़ी परखनली में 10 मि.ली. सेम्पल लिया हुआ दूध लें और उसमें 10 मि.ली. एसिड मरक्यूरिक नाइट्रेट घोल डालकर भली-भाँति हिलायें। तत्पश्चात् 20 मि.ली. पानी मिलाकर फिर से हिलावें और 5 मिनट रखकर छान लें। यदि जीलेटिन की उपस्थिति होगी तो फिल्टरेट ओपलासेंट होगा। इस फिल्टरेट को परखनली में लेकर उसमें बराबर मात्रा में संतृप्त जलीय पिकरिक एसिड का घोल डालें।

यदि पीले तलछट की उत्पत्ति मिले तो समझें कि दूध में जीलेटिन मिला हुआ है।

(3) केन शुगर की परीक्षा (Detection of Canesugar)–केनशुगर की परख के लिये एक परखनली में 2 मि.ली. दूध लेकर उसमें 1 मि.ली. हाइड्रोक्लोरिक एसिड तथा 0.1 ग्राम रिसोर्सिनोल डालकर कुछ मिनट तक उबालें। यदि लाल-रंग प्रकट हो जावे तो उस दूध में केनशुगर मिला समझें।

घी में मिलावट और उसकी परख
(Fraud in Ghee and its detection)

आजकल घी में मिलावट आमतौर से देखने को मिलती है। यह मिलावट मुख्यतः तीन प्रकार से की जाती है–

(i) वेजीटेबुल आयल मिलाकर
(ii) हाइड्रोजिनेटेड वैजीटेबल आयल (डालडा) मिलाकर
(iii) एनीमल फेट मिलाकर।

उपरोक्त मिलावटों की घी में परख निम्न प्रकार से करते हैं–

(1) वेजीटेबल आयल मिलावट की परख–वेजीटेबल आयल में फाइटोस्टीरॉल (Phytosterol) होता है जो घी में नहीं पाया जाता है। इस कार्य के लिये लेबोरेटरी में फाइटोस्टीरॉल टैस्ट किया जाता है, जिससे घी में मिलावट मालूम हो जाती है।

(2) हाइड्रोजिनेटेड आयल मिलावट की परख–हर प्रकार के डालडा में सीसम आयल (Sesam Oil) मिला होता है। इसकी परख Bondouin Test द्वारा की जाती है, जो निम्न प्रकार से है–

बोण्डोइन टेस्ट (Bondouin Test)—एक परखनली में पिघला हुआ, सेम्पल में लिया गया, घी लेकर उसमें 0.1 ग्राम महीन शक्कर तथा 10 मि.ली. कन्सन्ट्रेट हाइड्रोक्लोरिक एसिड मिलाकर उसे भली-भाँति हिलायें।

परिणाम—परखनली में क्रिमसन रंग (Crimson colour) मिलना यह दर्शाता है कि इस घी में डालडा/वैजीटेबल आयल/सीसम आयल मिला हुआ है।

(3) एनीमल फेट मिलावट की परख—घी बेचनेवाले कभी-कभी घी में भेड़-बकरी की वसा (Multon Fat) अथवा गाय की वसा (Buf Fat) मिला देते हैं, जिससे घी अशुद्ध हो जाता है। इसकी परख के लिये 1 मि.ली. पिघला तथा छना हुआ घी का सेम्पल एक लम्बी परखनली में लेकर इसमें 15 मि.ली. एसिटेट-ऐल्कोहॉल मिश्रण मिलाकर 30 डिग्री सेण्टीग्रेड पर 3 घण्टे तक वाटर बाथ में रख दें।

परिणाम—परखनली में लेशमात्र भी दाने या तलछट आ जाये तो उसे जन्तु वसा मिला हुआ घी समझना चाहिए।

- **एसिटेट-एल्कोहॉल मिश्रण**—650 ग्राम शुद्ध, शुष्क एसीटोन को एबसोल्यूट एल्कोहॉल मिलाकर (1000 मि.ली.) बनाया जाता है।

◆◆◆

6

डेरी तथा पशु रजिस्टर बनाना
(Maintenance of Dairy and Cattle Registers)

पशुओं के सामूहिक विकास या कमी की तुरन्त जानकारी के लिये प्रत्येक डेरी फार्म पर विभिन्न प्रकार के रजिस्टर रखे जाते हैं जिनका उद्देश्य पशुओं के बारे में पूर्व अभिलेख रखना होता है। डेरी फार्मों के लिये आवश्यक अभिलेख आगे दिये जा रहे हैं।

इतिवृत्त-पत्र
(History Sheet)

फार्म का नाम..

पशु का नाम तथा नम्बर .... नस्ल .... नर/मादा.............

जन्म तिथि.................................जन्म स्थान...

प्रजनन साँड़..माता...

माता के सर्वोत्तम ब्यांँत का उत्पादन......................................किग्रा.............................

क्रय की तिथि...............................क्रय अधिकारी..

विक्रयकर्त्ता का नाम व स्थान...

दिया गया मूल्य ` . ... । अनुमानित आयु.............वर्ष............माह.................

पशु की निकासी

बिक्री अथवा मृत्यु के समय पशु का अनुमानित मूल्य..........................रुपये।

बिक्री का स्थान ....तिथि ....प्राप्त मूल्य ` ....

मृत्यु स्थान...........................तिथि.....................मृत्यु का कारण..............................

मृत शरीर का निस्तारण.............................

पृष्ठ तथा तिथि का ब्यौरा......................... ।

हस्ताक्षर फार्म मेनेजर

प्रजनन अभिलेख			ब्याने का अभिलेख						उत्पादन अभिलेख						स्थानान्तरण अभिलेख				भार अभिलेख		
तिथि	सांड़		ब्याने की तिथि	बच्चा					दूध सुखने की तिथि	ब्याँत का अधि-कतम उत्पा-दन (कि. ग्रा.)	दूध की मात्रा (कि. ग्रा.)	300 दिन का उत्पा-दन (कि. ग्रा.)	दिन		कहाँ से		कहाँ को		भार लेने की तिथि	वास-तविक भार (कि. ग्रा.)	कार्य भारी के हस्ता-क्षर
	नाम	नस्ल		सामान्य अथवा असा-मान्य प्रसव	लिंग	नाम तथा नं.	जन्म भार (किग्रा.)	विवरण					दूध देने के दिन	सूखे रहने के दिन	स्थान	तिथि	स्थान	तिथि			

दूध अभिलेख रजिस्टर
(Milk Record Register)

फार्म का नाम..माह..सन्..........................

क्रम संख्या	पशु का नाम तथा नम्बर	ब्याने की तिथि	गर्भित करने की तिथि	दिये हुए दूध की मात्रा (किग्रा.)															सम्पूर्ण उत्पादन (किग्रा.)			विशेष विवरण
				1		2		3		4		तिथि	29		30		31		वर्तमान	भूत	पूर्ण योग	
				प्रातः	सायं	प्रातः	सायं	प्रातः	सायं	प्रातः	सायं		प्रातः	सायं	प्रातः	सायं	प्रातः	सायं				

दूध वितरण रजिस्टर
(Milk Disposal Register)

फार्म का नाम...माह.......................................सन्.........................

तिथि	दूध का भार		दैनिक उत्पादन का योग	दुग्ध वितरण									क्रीम, मक्खन या खोये का वितरण				शेष			विशेष विवरण
				बेचा गया			घरेलू उपयोग			क्रीम, मक्खन, घी या खोया के लिये निकाला गया दूध			घी या खोया की प्राप्ति	घी या खोया बेचा गया			घी या खोया			
	प्रातः	सायं		मात्रा	मूल्य		मात्रा	मूल्य		मात्रा	मूल्य			मात्रा	मूल्य		मात्रा	मूल्य		
	किग्रा.	किग्रा.	किग्रा.	किग्रा.	`	पै.	किग्रा.	`	पै.	किग्रा.	`	पै.	किग्रा.	किग्रा.	`	पै.	किग्रा.	`	पै.	

हस्ताक्षर (प्रबन्धक) ....

ब्यांत अभिलेख रजिस्टर
(Lactation Record Register)

फार्म का नाम..माह...सन्.......................

क्रम संख्या	गाय का नाम व नम्बर	ब्याने की तिथि	वर्ष	वर्ष में दिये हुए दूध उत्पादन का ब्यौरा (किग्रा.)												ब्यांँत में दिये दूध की मात्रा (किग्रा.)	चिक-नाई की औसत प्रतिशत	दूध देने के दिन	दूध सुखने की तिथि	सूखे रहने की अवधि
				जनवरी	फरवरी	मार्च	अप्रैल	मई	जून	जुलाई	अगस्त	सितम्बर	अक्टूबर	नवम्बर	दिसम्बर					

हस्ताक्षर (प्रबन्धक) ....

ढोर गर्भित होने का रजिस्टर
(Cattle Service Register)

फार्म का नाम...माह..सन्.......................

क्रम संख्या	मादा का नाम तथा नम्बर	नस्ल	गर्भित कराने की तिथि	साँड़ का नाम तथा नम्बर	साँड़ की नस्ल	ब्याने की तिथि	बच्चे का लिंग	विवरण	विशेष विवरण

हस्ताक्षर ....

साँड़ रजिस्टर
(Bull Register)

फार्म का नाम...माह...सन्...................

क्रम संख्या	गर्भित करने का अभिलेख				विशेष विवरण
	साँड का नाम तथा नम्बर	नस्ल	गर्भित करने की तिथि तथा संख्या	सफलता तथा असफलता	

हस्ताक्षर ....

ब्याने का रजिस्टर
(Calving Register)

फार्म का नाम...माह.......................................सन्.......................

क्रम संख्या	साँड का विवरण	मादा का नाम तथा नम्बर	ब्याने की तिथि	बच्चे का लिंग	बच्चे का भार तथा ऊँचाई	बच्चे का नाम तथा नम्बर	बच्चे का विवरण	विशेष विवरण

हस्ताक्षर ....

बछड़ों का रजिस्टर
(Calf Register)

फार्म का नाम...माह.....................................सन्.......................

क्रम संख्या	जन्म तिथि	कान का नम्बर	लिंग	पिता का नाम तथा नम्बर	माता का नाम तथा नम्बर	वितरण		विशेष विवरण
						वितरण की तिथि	किस प्रकार वितरण किया गया	

हस्ताक्षर ....

स्वास्थ्य अभिलेख रजिस्टर
(Health Record Register)

फार्म का नाम...माह...सन्.......................

क्रम संख्या	अवलोकन	पशुचिकित्सा अभिलेख					चिकित्सा का विवरण
		पशु का नाम तथा नम्बर	कब से	कब तक	निदान	टीका	

अन्तिम निपटान का रु..................................तिथि.....................

बेचा गया.....................................किसको......................................

हवाला		फार्म सुपरिन्टेन्डेन्ट के हस्ताक्षर
पन्ना संख्या	तिथि	

हस्ताक्षर ....

बछड़ों की खुराक का रजिस्टर
(Calf Feeding Register)

फार्म का नाम...माह...सन्.....................

क्रम संख्या	यूथ नम्बर	जन्म तिथि	जन्म भार (कि-ग्रा.)	प्रजनन		पिलाये हुए दूध की मात्रा (किग्रां.)													योग	
				माता का नाम तथा नम्बर	पिता का नाम तथा नम्बर	1				2				3-30	31				दूध	निघृत दूध
						प्रातः		सायं		प्रातः		सांय			प्रातः		सायं			
						दूध	निघृत दूध	दूध	निघृत दूध	दूध	निघृत दूध	दूध	निघृत दूध		दूध	निघृत दूध	दूध	निघृत दूध	किग्रा.	किग्रा.

हस्ताक्षर ....

पशुभार अभिलेख रजिस्टर
(Cattle Weight Record Register)

फार्म का नाम...माह...सन्.....................

क्रम संख्या	पशु का नाम तथा नम्बर	ब्याने की तिथि	ब्याने पर भार	मासिक भार (किग्रा.)											
				जनवरी1	फरवरी1	मार्च1	अप्रैल 1	मई 1	जून 1	जुलाई 1	अगस्त 1	सितम्बर 1	अक्टूबर 1	नवम्बर 1	दिसम्बर 1

हस्ताक्षर ....

पशु की खुराक का रजिस्टर
(Cattle Feeding Register)

फार्म का नाम........................ माह........................ सन्........................

दाने की मात्रा (कि्ग्रा.)					मोटे चारे की मात्रा (कि्ग्रा.)											खनिज-लवण			विशेष विवरण
					सूखा चारा			साइलेज		हरा चारा						नमक (ग्रा.)	सुपर मिन्डिफ	मिल्कमिन	
जौ	चना	चोकर	चूनी	खली	भूसा	चरी	सूखी घास	मक्का	ज्वार	मक्का	ज्वार	लूसर्न	बरसीम	लोबिया	ग्वार				

हस्ताक्षर ....

हाजरी एवं वेतन का रजिस्टर
(Attendance & Pay Register)

फार्म का नाम..माह..सन्.......................

क्रम संख्या	कर्मचारी का नाम	पिता का नाम	पता	मासिक तिथि (उपस्थित/अनुपस्थित)								पूर्ण उपस्थिति	दर		धन जो देना है		जुर्माना		बाकी देय रकम		भुगतान की तिथि	पाने वाले के हस्ताक्षर या निशानी अंगूठा	विशेष विवरण
				1	2	3	4		29	30	31		रु.	पै.	रु.	पै.	रु.	पै.	रु.	पै.			

हस्ताक्षर ....

7

देश में पशुधन विकास की नई परियोजनायें
(New Projects for the Development of Live Stock in India)

(क) दुग्ध सहकारिता परियोजना (आनन्द पद्धति)
(Dairy Cooperative Project)

गुजरात राज्य के आनन्द में किसानों द्वारा दुग्ध सहकारिता की एक पद्धति अपनायी, जिसे आनन्द पद्धति का नाम दिया गया। सन् 1965 में तत्कालीन प्रधानमन्त्री श्री लाल बहादुर शास्त्री द्वारा गुजरात राज्य के आनन्द क्षेत्र का भ्रमण किया गया। तत्कालीन प्रधान मन्त्री ने पाया कि गुजरात के किसानों ने दुग्ध संग्रह तथा दुग्ध विपणन की आनन्द पद्धति अपना कर बहुत तरक्की की है। उन्होंने आनन्द मिल्क यूनियन लिमिटेड के डॉ. वर्गीज कुरियन से इस पद्धति को पूरे देश में लागू करने को कहा। दुग्ध सहकारिता की आनन्द पद्धति को देश में लागू करने के लिये राष्ट्रीय डेरी विकास बोर्ड का गठन किया गया।

(अ) राष्ट्रीय डेरी विकास बोर्ड (National Dairy Development Board-N.D.D.B.)

राष्ट्रीय डेरी विकास बोर्ड की स्थापना सन् 1965 में गुजरात राज्य के आनन्द में की गई, जिसका अध्यक्ष डॉ. वर्गीज कुरियन को बनाया गया। इसे सन् 1987 में NDDB अधिनियम के तहत् एक संवैधानिक निकाय घोषित किया गया।

(ब) आपरेशन फ्लड कार्यक्रम (Operation Flood Program)

आपरेशन फ्लड कार्यक्रम सन् 1970 में शुरू हुआ था। आपरेशन फ्लड ने डेरी उद्योग से जुड़े किसानों को अपने विकास को स्वयं दिशा देने में सहायता दी है। उनके द्वारा सृजित संसाधनों का नियन्त्रण उनके हाथों में दिया है। राष्ट्रीय ग्रिड देश के दूध उत्पादकों को 700 से अधिक शहरों के उपभोक्ताओं से जोड़ता है। इसके फलस्वरूप दूध के मूल्यों में होने वाले मौसमी और क्षेत्रीय परिवर्तन काफी कम हो गये हैं। आपरेशन फ्लड की आधारशिला ग्राम दुग्ध उत्पादन सहकारी समितियाँ हैं। ये समितियाँ उत्पादकों से दूध खरीदती हैं तथा उन्हें जरूरी जानकारी व सेवायें देती हैं।

देश के विभिन्न प्रान्तों में ऐसे 18 दुग्ध शेडों की स्थापना की गई है।

उद्देश्य (Objects)— आपरेशन फ्लड के निम्नलिखित उद्देश्य हैं—

1. दुग्ध उत्पादन में वृद्धि (दूध की बाढ़)

2. ग्रामीण क्षेत्र की आय में वृद्धि

3. उपभोक्ताओं को उचित दाम पर दूध उपलब्ध कराना।

चरण (Phases)—आपरेशन फ्लड का अमलीकरण तीन चरणों में किया गया।

1. आपरेशन फ्लड प्रथम चरण (1970-1980)— इसका वित्त पोषण विश्व खाद्य कार्यक्रम के अन्तर्गत यूरोपियन संघ द्वारा उपहार में मिले स्किम्ड मिल्क पाउडर व बटर आयल की बिक्री से किया गया। प्रथम चरण के दौरान आपरेशन फ्लड ने देश के 18 प्रमुख दुग्ध शेडों को चार मुख्य महानगरों–दिल्ली, मुम्बई, कोलकाता तथा चैन्नई के उपभोक्ताओं के साथ जोड़ा।

क्र.सं.	प्रदेश	केन्द्र जहाँ स्थापना की गई
1.	आन्ध्र प्रदेश	संगम जगरला मुडी
2.	बिहार	पटना
3.	गुजरात	आनन्द, मेहसाना, सावरकंटा, बनसकंटा
4.	पंजाब	लुधियाना, भटिंडा
5.	हरियाणा	रोहतक
6.	राजस्थान	बीकानेर, अलवर
7.	तमिलनाडु	मदुराई, इरोड
8.	महाराष्ट्र	जलगाँव एवं एक अन्य स्थान
9.	पश्चिमी बंगाल	मतिगारी, वीडंगा
10.	उत्तर प्रदेश	मेरठ, वाराणसी

2. आपरेशन फ्लड द्वितीय चरण (1981-85)— इसमें दुग्ध संघों की संख्या 18 से बढ़कर 136 हो गई। दूध 290 नगरों के बाजारों में उपलब्ध होने लगा। 1985 के अन्त तक 43,000 दुग्ध सहकारी समितियाँ गठित हो चुकी थीं जिसमें 42.50 लाख दुग्ध उत्पादक सदस्य थे।

3. आपरेशन फ्लड तृतीय चरण (1985-1996)—दुग्ध संघों की संख्या 173 तक हो गयी। इस चरण में पशुस्वास्थ्य व पशुपोषण में अनुसंधान पर विशेष ध्यान दिया गया। सहकारी सदस्यों की शिक्षा की सघन व्यवस्था के साथ ही प्राथमिक पशु स्वास्थ्य देख–भाल तथा कृत्रिम गर्भाधान सुविधाओं का विस्तार किया गया।

(स) दुग्ध सहकारिता

राष्ट्रीय डेरी विकास बोर्ड द्वारा देश में आनन्द पद्धति को लागू करने का कार्य किया गया। आनन्द पद्धति में दुग्ध संकलन, दुग्ध प्रसंस्करण व दुग्ध विपणन का प्रबन्धन सीधे दुग्ध उत्पादकों द्वारा किया जाता है। आनन्द पद्धति का त्रिस्तरीय ढाँचा निम्न प्रकार है–

1. गाँव स्तर पर दुग्ध उत्पादक सहकारी समिति लि.—किसी गाँव के दुग्ध उत्पादक निर्धारित प्रवेश शुल्क तथा सदस्यता शुल्क का भुगतान कर तथा निर्धारित उपविधियों का पालनकर गाँव में दुग्ध उत्पादक सहकारी समिति का गठन कर सकते हैं।

दुग्ध समिति (दुग्ध उत्पादक सहकारी समिति लि. का संक्षिप्त नाम) के सदस्य नौ सदस्यों को प्रबन्ध कमेटी सदस्य के रूप में चुनते हैं। दुग्ध समिति पर एक सचिव रखा जाता है, जो दुग्ध समिति के सभी क्रिया–कलापों के लिये जिम्मेदार होता है।

दुग्ध समितियाँ अपने जिले के दुग्ध उत्पादक सहकारी संघ की सदस्य होती हैं।

2. जिला स्तर पर दुग्ध उत्पादक सहकारी संघ लि. —जिला स्तर पर दुग्ध उत्पादक सहकारी संघ लि. होता है। यहाँ पर दुग्ध समितियों का दूध एकत्रित होकर आता है। दुग्ध संघ पर दुग्ध समितियों से प्राप्त दूध का प्रसंस्करण किया जाता है। दुग्ध संघ का प्रबन्धन निदेशक मण्डल द्वारा किया जाता है, जिसके नौ सदस्य दुग्ध समितियों के निर्वाचित अध्यक्षों द्वारा चुने जाते हैं। दूध तथा दूध से बने पदार्थों का विपणन दुग्ध संघ (दुग्ध उत्पादक सहकारी संघ का संक्षिप्त नाम) द्वारा किया जाता है।

3. राज्य स्तर पर प्रादेशिक को–आपरेटिव डेरी फैडरेशन लि. —राज्य स्तर पर प्रादेशिक को–आपरेटिव डेरी फैडरेशन लि. होता है, जिसका मुख्य कार्य दुग्ध तथा दुग्ध पदार्थों का विपणन करना होता है। पीसीडीएफ लि. का प्रबन्धन एक निदेशक मण्डल द्वारा किया जाता है, जिसके नौ सदस्य दुग्ध संघों के निर्वाचित अध्यक्षों में से चुने जाते हैं। पीसीडीएफ लि. का प्रबन्ध निदेशक एक आईएस एक या वरिष्ठ पीसीएस अधिकारी होता है, जोकि पीसीडीएम लि. के सभी क्रिया–कलापों के लिये जिम्मेदार होता है।

(ख) गाय तथा भैंस प्रजनन के लिये राष्ट्रीय परियोजना

यह योजना अक्टूबर 2000 से दस साल (5-5 साल के दो चरण) के लिये है। प्रथम चरण में ` 402 करोड़ ' का तथा दूसरे चरण में ` 775.87 करोड़ ' का आवंटन किया गया था।

(ग) भारतवर्ष में वर्णसंकर कार्यक्रम

इस समय देश के विभिन्न भागों में होल्सटीन फ्रीजियन, ब्राउन सुइस तथा जर्सी नस्ल के विदेशी साँड़ों द्वारा संकर प्रजनन का कार्य तेजी से चल रहा है, जिससे संकर नस्ल की हजारों बछियाँ प्राप्त हो चुकी हैं एवं उनके गर्भित होकर ब्याने पर अधिक दूध प्रति ब्याँत प्राप्त हो रहा है।

देशी नस्ल के पशुओं की तुलना में संकर नस्ल पर कम खर्च आता है एवं अपेक्षाकृत अधिक उत्पादन प्राप्त होता है।

(घ) पशुओं की बीमा योजना

जी.आई.सी. (G.I.C.) द्वारा निर्धारित शुल्क लेकर 1 से 3 वर्ष के लिये पशुओं का बीमा कराया जाता है। अवधि समाप्त होने पर पुनः बीमा की किस्त चालू रखी जाती है। इससे पशुपालकों को पशुधन की सुरक्षा सुनिश्चित रहती है। अतः इस कार्य हेतु पशुपालकों को बीमा कम्पनी के एजेन्ट्स से सम्पर्क करना चाहिये।

- **यह एक उत्तम लाभकारी योजना है, जो पशुधन उत्थान में सहायक है।**

(च) भ्रूण स्थानान्तरण (Embryo Transplantation)

गोपशुओं की नस्ल सुधार में सबसे बड़ा अवरोध यह रहा है कि उनसे बहुत कम बच्चे प्राप्त होते हैं। अब यह सम्भव हो गया है कि एक से अधिक डिम्बों (Ova) के निषेचन (Fertilization)

ऋतु–चक्र के समायोजन तथा विशेष विधि द्वारा भ्रूण को एक गाय से निकालकर कम अच्छी नस्ल की गायों के गर्भाशय में प्रविष्ट कर दिये जाते हैं, जिनका ऋतु–चक्र समान कर दिया गया हो। आशा है कि निकट भविष्य में ऐसे निषेचित भ्रूण अधिक संख्या में प्राप्त होने लगेंगे। साथ ही इन्हें हिमीकृत करके दूरवर्ती क्षेत्रों में भेजना भी सम्भव हो सकेगा। पशुधन विकास की दिशा में यह एक महत्त्वपूर्ण कार्य है।

- **सामान्य परिस्थितियों में एक गाय अपने उत्पादक जीवन–काल में 6-8 बच्चे दे सकती है। परन्तु, भ्रूण स्थानान्तरण की विधि अपनाकर ऐसी गाय से मनचाहे 10-12 बच्चे हर साल लिये जा सकते हैं।**

नोट— उपरोक्त कार्य नेशनल डेरी रिसर्च इन्स्टीट्यूट, करनाल में डॉ. एम.एल. मदान एंव डॉ. नागशंकर के कुशल निर्देशन में बड़ी सफलता के साथ सम्भव हो सका है एवं अनेकों बच्चे इस विधि द्वार पैदा किये जा चुके हैं।

याद रहे— उपरोक्त विधि से कम समय में ही उच्च आनुवंशिक गुणों से युक्त अनेकों सन्ततियाँ प्राप्त होती हैं तथा पशुओं के उन्नयन में सहायता मिलती है।

(छ) भारत में विकसित संकर नस्ल की गाय

राष्ट्रीय डेरी अनुसंधान संस्थान, करनाल पर विकसित करन स्विस तथा करन फ्रीज के अतिरिक्त इलाहाबाद कृषि संस्थान, इलाहाबाद पर विकसित जरसिन्द (Jersind) संकर नस्ल विशेष उल्लेखनीय है।

- जरसिन्द का विकास लाल सिन्धी गाय तथा जर्सी सांड़ के संकरण द्वारा किया गया है। इसका प्रति ब्याँत दुग्ध उत्पादन लगभग 4000 लीटर है।

उत्तर प्रदेश में पशुधन विकास

(क) पशुपालन विभाग, उत्तर–प्रदेश द्वारा संचालित पशुधन विकास कार्यक्रम

इस समय प्रदेश में श्वेतक्रान्ति के लक्ष्य को पूरा करने के लिये पशुओं की नस्ल सुधार हेतु ग्रेडिंग अप, संकर प्रजनन एवं कृत्रिम गर्भाधान कार्यक्रम युद्ध स्तर पर चलाया जा रहा है। क्रमबद्ध कार्यक्रम इस प्रकार है—

- ☐ प्रथम चरण में नस्ल सुधार हेतु देश की अधिक दूध देनेवाली नस्लें यथा सिंधी, साहीवाल, हरियाणा (Haryana) तथा थारपारकर नस्ल के सांड़ों का उपयोग किया गया है।
- ☐ यातायात की कठिनाई के क्षेत्रों में प्राकृतिक प्रजनन केन्द्र खोले गये।

  नोट— यहाँ गाय–भैंसों का इन साँड़ों से (Natural service) से प्रजनन कराया गया।
- ☐ तेजी से नस्ल सुधार हेतु कृत्रिम गर्भाधान कार्यक्रम का संचालन। इसके लिये सीमैन बैंक, कृत्रिम गर्भाधान केन्द्र एवं उपकेन्द्र खुले।
- ☐ अधिक दुग्ध उत्पादन को बढ़ावा देने के लिये विदेशी नस्ल के परीक्षित साँड़ों का उपयोग करके संकर प्रजनन प्रारम्भ।

- इस समय प्रदेश में जर्सी तथा होलस्टीन फ्रीजियन नस्ल के विदेशी एवं वर्णसंकर सांड़ों का उपयोग किया जा रहा है।

- ☐ अति हिमीकृत एवं तरल वीर्य द्वारा लाखों की संख्या में गायों को कृत्रिम गर्भाधान विधि से गर्भित किया गया।
- ☐ इसके अतिरिक्त लाखों भैंसों को भी इस विधि द्वारा (By A.I. Technique) गर्भित कराया गया।
- ☐ पशुपालन विभाग, उत्तर-प्रदेश द्वारा इस समय लाखों इकाईयों पर प्रजनन के लिये हिमीकृत वीर्य की सुविधा उत्पादन केन्द्रों पर उपलब्ध कराई जा रही है।
- ☐ बरेली तथा पीलीभीत जनपदों में हिमीकृत वीर्य बैंक और लखीमपुर खीरी जिले में अति हिमीकृत वीर्य की सुविधा उपलब्ध है।
- ☐ अति हिमीकृत वीर्य के कार्यक्रम को और अधिक प्रभावी बनाने के लिये रायबरेली तथा सुल्तानपुर जिलों में 100 इकाईयों पर उपकरण आदि की व्यवस्था एवं एक तरल नाइट्रोजन उत्पादन केन्द्र की स्थापना भी।
- ☐ लखनऊ चक गंजरिया फार्म में वीर्य को हिमीकृत करने का कार्य चालू। एक ऐसा ही हिमीकृत वीर्य उत्पादन केन्द्र गोरखपुर में भी।
- ☐ इस कार्य हेतु तरल नत्रजन उपलब्ध कराने के लिये एक संयन्त्र जालौन तथा आजमगढ़ में भी।
- ☐ प्रजनन कार्य के लिये उच्चकोटि के संकर बछड़े तथा भैंसा साँड़ प्राप्त करने के लिये राजकीय पशुधन प्रक्षेत्र नीलगाँव (सीतापुर) तथा देवरिया जनपद में एक-एक साँड़ पालन-पोषण इकाई की स्थापना।
- ☐ भारतीय एग्रो-इण्डस्ट्रियल फाउन्डेशन (BAIF) द्वारा बुन्देलखण्ड पूर्वांचल में बाँदा, जालौन, इलाहाबाद, सुल्तानपुर, प्रतापगढ़, फैजाबाद, गोंडा, बस्ती, देवरिया में चुने हुए 62 केन्द्रों पर संकर प्रजनन कार्य चलाया जा रहा है।
- ☐ प्रदेश में भूमिहीन मजदूरों एवं लघु सीमान्त कृषकों को आर्थिक विकास एवं अतिरिक्त रोजगार के साधन जुटाने हेतु-एकीकृत ग्राम्य विकास योजना तथा विशेष पशुधन उत्पादन कार्यक्रम चलाये जा रहे हैं।
- ☐ बड़े शहरों में दूध की आपूर्ति सुचारु रूप से बनाये रखने के लिये तथा स्थापित दुग्ध संयन्त्रों को पर्याप्त मात्रा में दुग्ध उपलब्ध कराने हेतु लखनऊ, इलाहाबाद, कानपुर, मेरठ, अलीगढ़, मुरादाबाद तथा हल्द्वानी में सघन पशु विकास परियोजना चलायी जा रही है। एक सघन पशु विकास परियोजना फैजाबाद में विभागीय बजट से स्थापित की गई है।
- ☐ एकीकृत ग्राम्य विकास योजना के अन्तर्गत प्रदेश के सभी जिलों में एजेन्सियाँ स्थापित करना। इन एजेन्सियों के माध्यम से दुधारू पशु क्रय करने के लिये संस्थागत वित्तीय ऋण के रूप में सीमान्त कृषकों एवं भूमिहीन मजदूरों के लिये $33\frac{1}{3}\%$ अनुदान की व्यवस्था भी।

- ☐ दूध, मांस, अण्डा उत्पादन को बढ़ावा देने तथा रोजगार के अतिरिक्त साधन जुटाने के लिये प्रदेश के 17 जिलों में भारत सरकार द्वारा विशेष पशुधन उत्पादन कार्यक्रम चालू किये गये।

(ख) उत्तर प्रदेश में गोशाला विकास कार्यक्रम

प्रदेश के विभिन्न क्षेत्रों से लंगड़े-लूले, वृद्ध एवं छुट्टा गोजातीय पशुओं को उनकी प्राकृतिक मृत्यु तक जीवन निर्वाह करने हेतु उचित देखभाल इन गोशालाओं/गोसदनों पर की जाती है। प्रत्येक गोसदन पर पशुओं के पीने का पानी, चरागाह आदि का प्रबन्ध होता है। साथ ही बड़े-बड़े गोसदनों पर एक Carcus Utilization Centre भी होता है।

प्रदेश में इस समय 492 गोशालायें हैं। प्रदेश में इस समय 4 राजकीय गोसदन, 7 जिला गोसदन तथा 3 निजी गोसदन चालू हैं।

(ग) उत्तर प्रदेश में चारा उत्पादन कार्यक्रम

प्रदेश में हरे चारे के उत्पादन को बढ़ावा देने के लिये कृषकों-पशुपालकों को हरे-चारे के बीज यथा बरसीम, जई, लोबिया, एम.पी.चरी, मक्चरी, लूसर्न (रिजका), रिओज्वार आदि के उत्तम किस्म के बीज बिना लाभ-हानि के पशुपालन विभाग से उपलब्ध कराये जाते हैं। कृषकों को बीजों के मिनी किट्स भी नि:शुल्क प्रदर्शन हेतु उपलब्ध कराये जाते हैं।

उद्देश्य—1. किसानों के लिये उनके घर पर कृत्रिम गर्भाधान सेवा।
2. उच्च गुणवत्ता के साँड़ों द्वारा सभी गायों तथा भैंसों को आच्छादित करना।
3. स्वदेशी पशु नस्ल सुधार कार्यक्रम।

कार्यक्रम—

1. तरल नत्रजन के भण्डारण व आपूर्ति व्यवस्था बनाना।
2. उच्च गुणवत्ता के साँड़ों का परिचय।
3. निजी कृत्रिम वीर्यदान कार्यकर्त्ताओं को बढ़ावा देना।
4. सरकारी स्थिर कृत्रिम वीर्यदान केन्द्रों को सचल बनाना।
5. वीर्य संकलन केन्द्रों की गुणवत्ता निर्धारण हेतु प्रमाणीकरण।
6. ऐसे क्षेत्र, जहाँ कृत्रिम गर्भाधान की सुविधा नहीं है, प्राकृतिक गर्भाधान हेतु साँड़ों को उपलब्ध कराना।

राज्य क्रियान्वयन एजेन्सियों का गठन—28 राज्यों में 27 राज्य क्रियान्वयन एजेन्सीज का गठन किया गया है।

प्रजनन योग्य पशुओं में वृद्धि—वर्ष 2007-8 तक वीर्य उत्पादन 44 मिलियन वीर्य स्ट्रा तथा कृत्रिम गर्भाधान की संख्या 4.1 करोड़ हो गई है।

वीर्य स्टेशनों का मूल्यांकन—वीर्य उत्पादन में गुणात्मक सुधार के लिये केन्द्रीय निगरानी इकाई का गठन किया गया है तथा वीर्य स्टेशनों को 'ए' व 'सी' श्रेणी में बाँटा गया है।

वीर्य उत्पादन हेतु वीर्यस्टेशनों का ISO प्रमाणन—उत्तम गुणवत्ता के वीर्य उत्पादन हेतु वीर्य स्टेशनों का ISO प्रमाणन किया गया है।

पशु मेले
(Cattle Fairs)

पशु मेलों का आयोजन स्थानीय संस्थानों के तत्त्वाधान में किया जाता है। मेले पशुओं के क्रय-विक्रय के उचित माध्यम हैं। इन मेलों में दलालों के माध्यम से अथवा स्वयं ही अधिकाधिक पशुओं का क्रय-विक्रय किया जाता है। भारत एवं उत्तर प्रदेश के प्रमुख पशु मेले इस प्रकार से हैं—

भारत के प्रमुख पशु मेले
(Main Cattle Fairs of India)

क्र.स.	स्थान	समय	पशु वर्ग
1.	सोनपुर (बिहार)	फरवरी-मार्च	बैल, गाय, भेड़, बकरी, हाथी, घोड़ा, ऊँट आदि।
2.	बटेश्वर (आगरा)	नवम्बर	ऊँट, बैल, गाय, भैंस, भेड़, बकरी, गधा, खच्चर आदि।
3.	पन्तनगर (नैनीताल)	अक्टूबर-मार्च	गाय, भैंस, बैल आदि।
4.	करनाल (हरियाणा)	अक्टूबर-मार्च	गाय, बैल, भैंस, आदि।
5.	हिसार (हरियाणा)	मार्च	गाय, बैल, भैंस, भेड़, बकरी आदि।
6.	पुष्कर (राजस्थान)	नवम्बर	मुख्यत: बैल एवं घोड़े।
7.	अमृतसर (पंजाब)	नवम्बर	गाय, भैंस, भेड़, बकरी, घोड़ा, खच्चर आदि।
8.	फिरोजपुर (पंजाब)	मार्च	गाय, भैंस, भेड़, बकरी, ऊँट, घोड़ा, खच्चर आदि।

उत्तर प्रदेश के प्रमुख पशु मेले
(Main Cattle Fairs of U.P.)

क्र.स.	स्थान	अवधि	पशु वर्ग
1.	बाबूगंज (प्रतापगढ़)	2-3 दिन	गाय एवं घोड़े
2.	गढ़मुक्तेश्वर (गाजियाबाद)	1-7 दिन	गाय एवं भैंस
3.	कंरोरा (बदायूँ)	2-3 दिन	गाय एवं घोड़े
4.	चौवारी (बरेली)	1 दिन	गाय एवं भैंस
5.	सिंघाई (लखीमपुरखीरी)	1 दिन	गाय, भैंस, भेड़ एवं बकरी

6.	नौचंदी (मेरठ)	1 सप्ताह	गाय, बैल, भैंस
7.	दादरी (बलिया)	2-3 दिन	गाय, भैंस एवं घोड़े
8.	गोविन्दसाहब (फैजाबाद)	केवल 1 दिन	गाय एवं भैंस
9.	गोवरधन देवी (उन्नाव)	1 दिन	गाय एवं भैंस
10.	मकनपुर (कानपुर देहात)	2-3 दिन	ऊँट, बैल, गाय, भैंस एवं बकरी
11.	चकरनगर (इटावा)	2-3 दिन	गाय, भैंस एवं बरबरी तथा जमुनापारी बकरी
12.	अलीगढ़	1 सप्ताह	गाय, भैंस, भेड़, बकरी
13.	मछलीशहर (जौनपुर)	1 सप्ताह	गाय एवं भैंस

याद रहे— उपरोक्त मेलों में एशिया का सबसे बड़ा मेला 'सोनपुर' का है। यह मेला प्रति वर्ष हरिद्वार क्षेत्र में कार्तिक पूर्णिमा के अवसर पर 25-30 दिनों के लिये लगता है। इस मेले में बड़ी संख्या में गाय, बैल, भैंस, भेड़, बकरी, ऊँट, हाथी आदि आते हैं और बड़े पैमाने पर इनकी खरीद-फरोख्त होर्त है। मेले में सरकार की ओर से व्यापारियों/ खरीददारों आदि के लिये विशेष सुविधा, रोशनी, पानी एवं पशुचिकित्सा की समुचित व्यवस्था रहती है।

नोट— उक्त मेलों से पशुपालक एवं कृषक अपनी इच्छानुसार पशुओं का क्रय-विक्रय तो करते ही हैं, साथ में यहाँ आयोजित विचार गोष्ठियों द्वारा कृषि तथा पशुपालन सम्बन्धी वैज्ञानिक तथा तकनीकी जानकारी प्राप्त कर अपनी समस्याओं को भली-भाँति दूर कर सकते हैं।

◆◆◆

8

सस्यक्रम योजना
(Cropping Scheme)

पशुओं को वर्ष भर हरा चारा मिलने का फसल-चक्र
(Scheme for Availability of Green Fodder Throughout the year)

पशुओं के स्वास्थ्य एवं अधिक दुग्ध उत्पादन की दृष्टि से वर्ष भर हरा या रसदार चारा मिलना नितान्त आवश्यक होता है। हर ऋतु में हरा चारा उपलब्ध कराने के लिये पशुपालकों को पर्याप्त हेर-फेर करने पड़ते हैं। ऐसा ही एक उपयुक्त क्रम इस प्रकार है—

1 (प्रथम भाग)	2 (द्वितीय भाग)	3 (तृतीय भाग)
गिनी घास तत्पश्चात् बरसीम	ज्वार (पहली साल) लूसर्न घास	बरसीम-ज्वार- प्रति वर्ष

नोट—गिनी घास को पैरा घास भी कहते हैं।

योजनाबद्ध कार्यक्रम

जहाँ सिंचाई का उचित प्रबन्ध हो ऐसा खेत चुनकर उसकी भली-भाँति जुताई करके उसे तीन भागों में बाँट लिया जाता है। इसके प्रथम भाग में चारा इस प्रकार बोयें—

1. **खरीफ फसल में**—2.5-3 फुट (75-90 सेमी.) की दूरी पर पैरा घास कतारों में।
2. **रबी की फसल में**—इसी भाग में बरसीम।

इस खेत के द्वितीय भाग में चारा इस प्रकार बोयें—

1. **खरीफ की फसल में**—ज्वार की चरी।
2. **रबी की फसल में**—लूसर्न या रिजका।

नोट—इस प्रकार बो कर 2-3 वर्ष तक चारा उपलब्ध रहता है।

खेत के तृतीय भाग में—

1. **खरीफ की फसल में**—ज्वार प्रतिवर्ष बो कर।
2. **रबी की फसल में**—बरसीम प्रति वर्ष बो कर।

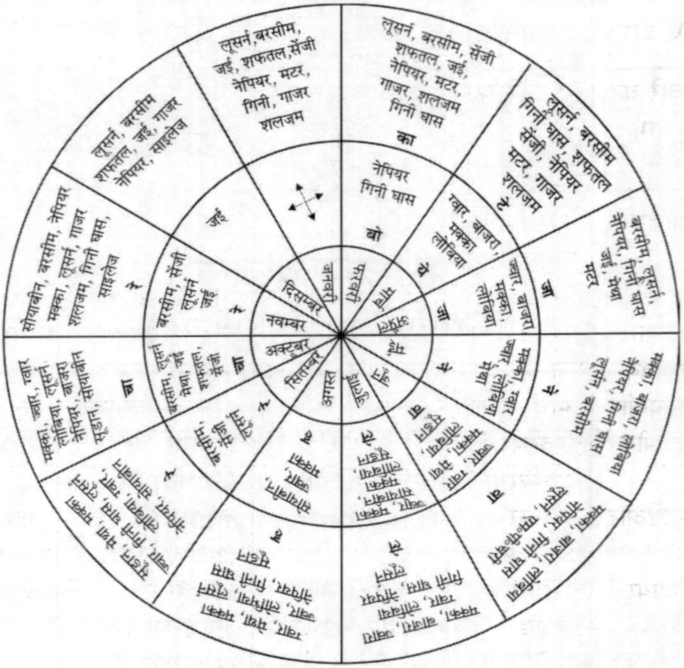

चित्र– पशुओं को वर्ष भर हरा चारा मिलने का फसल-चक्र

(An scheme for availability of green fodder throughout the year)

उपरोक्त फसल चक्र के मध्य में महीनों के नाम दिये गये हैं। पहले गोले में उन हरे चारे की फसलों के नाम हैं, जिन्हें दिये गये माह में बोना है। दूसरे गोले में उन हरे चारे की फसलों के नाम हैं, जिनकी कटाई दिये गये माह में रहती है।

कुछ ऐसे ही अन्य फसल-चक्र

क्र.सं.	नाम चारा	अवधि
1.	ज्वार-ग्वार-जई (Oats)	एक वर्ष
2.	ज्वार एवं बरसीम	एक वर्ष
3.	ज्वार, बरसीम, ज्वार-लोबिया (रसियन)	दो वर्ष
4.	ज्वार, बरसीम, मक्का, बरसीम	दो वर्ष
5.	मक्का तत्पश्चात् लूसर्न	दो वर्ष
6.	बाजरा, मटर, जई	एक वर्ष
7.	नैपियर घास	दो वर्ष
8.	रिओज्वार, बरसीम	एक वर्ष

विशेष ज्ञातव्य – इस प्रकार थोड़ी ही भूमि से पशुओं के लिये वर्ष भर लगातार हरा चारा प्राप्त।
– ऐसा चारा अत्यन्त पौष्टिक एवं स्वास्थ्यवर्धक होता है।
– दुधारू पशुओं के लिये विशेष उपयोगी।

वर्ष भर बोये जानेवाले हरे तथा रसीले चारे की फसलों का विवरण

क्र. सं.	चारे का नाम	बोने का उपयुक्त समय	बीज प्रति 0.4 हैक्टेयर (किग्रा. में)	कटने का उपयुक्त समय	प्रति 0.4 हैक्टेयर उपज (क्विण्टल में)
1.	बाजरा	जुलाई मध्य एवं अगस्त प्रारम्भ तक	4-5	अक्टूबर–नवम्बर	70-100
2.	ज्वार	अप्रैल–जुलाई	22-26	जुलाई–अक्टूबर	110-150
3.	मक्का	अप्रैल–जुलाई	18-22	जुलाई–सितम्बर	110
4.	लोबिया	मई–जुलाई	7-9	अक्टूबर	100-130
5.	सोयाबीन	मार्च–जुलाई	9-13	अक्टूबर–दिसम्बर	75
6.	बरसीम	अक्टूबर–नवम्बर	9-11	दिसम्बर–मई (4-6 कटिंग)	250-350
7.	जई/ओट	नवम्बर–दिसम्बर	37-46	जनवरी–मई (2-3 कटिंग)	185
8.	नेपियर	फरवरी–जुलाई	7000 से 10,000 जड़ें	अक्टूबर से अगले वर्ष तक (8-10 कटिंग)	550
9.	गिनी घास	जून–जुलाई	7000 से 10,000 जड़ें	अक्टूबर से अगले वर्ष तक (8-10 कटिंग)	150-220
10.	लूसर्न	अक्टूबर–नवम्बर	5-6	दिसम्बर और आगे (8 कटिंग)	225
11.	ग्वार	मई–जुलाई	13-18	जुलाई–अक्टूबर	75-100

चारे की अधिक उपज के लिये – सिंचाई की उचित व्यवस्था।
– पर्याप्त मात्रा में खाद।

पंजाब कृषि विश्वविद्यालय की रिले फसल योजना

एक नवीन अनुसंधान के अन्तर्गत पंजाब कृषि विश्वविद्यालय ने एक रिले फसल योजना तैयार की है, जिसे अपनाकर किसान पशुपालक वर्ष–भर अपने पशुओं को प्रतिदिन 40 किग्रा. हरा–चारा खिला सकता है। योजना इस प्रकार से है–

- एक हैक्टेयर के खेत को 6 हिस्सों में बाँटकर उसमें अलग–अलग फसल–चक्र अपनाये जाते हैं।
- प्रत्येक हिस्से के लिए फसल–चक्र तैयार किया गया है जिसमें अनाज, दलहनी एवं सदाबहार चारे की फसलें सम्भावित हैं।

विशेष जानकारी— विभिन्न चारों के लिये स्वीकृत फसल योजना, पंजाब कृषि विश्वविद्यालय, लुधियाना के ''पशुविज्ञान विभाग'' से प्राप्त की जा सकती है।

अखिल भारतीय समन्वित अनुसंधान प्रायोजना द्वारा निर्धारित फसल-चक्र फसल-चक्र क्षेत्र के आधार पर

क्र.सं.	क्षेत्र	चारा फसल-चक्र
1.	इलाहाबाद-झाँसी के मध्य क्षेत्र के लिए	एम.पी चरी/मक्का-बरसीम
2.	पश्चिमी क्षेत्र उदयपुर के लिए	मक्का+लोबिया-बरसीम का एक चारा फसल चक्र, मक्का+लोबिया-गेहूँ और मक्का का चारा।
3.	उत्तरी क्षेत्र हिसार के लिए	ज्वार+लोबिया-ज्वार +ग्वार-बरसीम+जापानी सरसों, सर्दी के दिनों में बरसीम के साथ एन. बी. 21 और रिजका का चारा।
4.	पूना परिक्षेत्र के लिए	जई का फसल-चक्र सर्वोत्तम।
5.	हैदराबाद परिक्षेत्र के लिये	गेहूँ-एम.पी.चरी+लोबिया का फसल-चक्र

हरे चारे की प्रमुख फसलें एवं नवीनतम वैज्ञानिक जानकारी के माध्यम

हरे चारे की प्रमुख फसलें

- ☐ **रबी के अन्तर्गत**—बरसीम, जई, रिजका (Lucern)।
- ☐ **जायद के अन्तर्गत**—मक्का, लोबिया।
- ☐ **खरीफ के अन्तर्गत**—मक्का, लोबिया, ज्वार, बाजरा एवं एम.पी. चरी।

नवीनतम वैज्ञानिक जानकारी निम्न माध्यमों से—

- ☐ निकट के प्रसार कार्यकर्त्ताओं से।
- ☐ कृषि महाविद्यालयों/कृषि संस्थानों से।
- ☐ कृषि विश्वविद्यालयों एवं भारतीय कृषि अनुसंधान परिषद, नई दिल्ली से।

- **उपरोक्त किसी भी माध्यम से सम्पर्क स्थापित कर आपको हर सम्भव सहयोग मिल सकेगा।**

कुछ अन्य साधन भी—

- ☐ रेडियो एवं टेलीविजन से भी उपयुक्त जानकारी कभी-कभी उपलब्ध।

आवश्यक सूचना— हरे चारे के सम्बन्ध में विशेष जानकारी के लिये केन्द्रीय चारा अनुसंधान संस्थान, झाँसी (उ.प्र.) के निदेशक (Director of Green Foodder) से पत्र-व्यवहार अथवा व्यक्तिगत सम्पर्क स्थापित करें।

◆◆◆

9

आनुवंशिकी
(Genetics)

परिभाषा—विज्ञान की वह शाखा जिसके द्वारा आनुवंशिक लक्षणों के माता-पिता से सन्तान में पहुँचने की रीतियों और किसी एक आनुवंशिक लक्षण की उपस्थिति तथा अनुपस्थिति के कारण का अध्ययन करते हैं 'आनुवंशिक विज्ञान' (Genetics) कहलाती है।

सन्तान में अपने माता-पिता के लक्षणों से बहुत कुछ समानता होते हुए भी कुछ भिन्नतायें (Variations) भी होती हैं। कुछ लक्षण माता-पिता से सन्तान में पीढ़ी-दर-पीढ़ी पहुँचते रहते हैं। ऐसे लक्षणों को वंशानुगत लक्षण (Hereditary character) कहते हैं। ऐसे लक्षणों का अध्ययन वंशानुगतिकी (Heredity) कहलाता है।

मैण्डल के आनुवंशिकता के नियम

मैण्डल ने एक शंकर क्रास (Monohybrid) तथा द्विसंकर क्रॉस (Dihybrid Cross) एवं अन्य प्रयोगों के आधार पर आनुवंशिकता सम्बन्धी कुछ निष्कर्ष निकाले। इन्हीं निष्कर्षों को बाद में मैण्डल के आनुवंशिकता के नियमों का स्वरूप प्रदान किया गया।

मैण्डल के आनुवंशिकता सम्बन्धी मुख्य नियम निम्नलिखित हैं—

1. विसंयोजन का नियम (Law of Segregation)
2. स्वतन्त्र संव्यूहन का नियम (Law of Independent Assortment)
3. प्रबलता का नियम (Law of Dominance)
4. युग्मित इकाईयों का नियम (Law of Paired units)

उपरोक्त नियम पौधों में विशेष रूप से लागू होते हैं। परन्तु, पशुओं में पौधों की अपेक्षाकृत कुछ कम।

1. विसंयोजन का नियम (Law of Segregation)—मैण्डल के इस नियम में शारीरिक कोशाओं में मौजूद क्रोमोसोम्स (Cromosomes) के जोड़े गैमीट बनते समय अलग होकर सन्तति में विभाजित होकर पहुँचते हैं। यदि सींग रहित साँड़ का सींग युक्त मादा से प्रजनन कराया जाय तो पहली पीढ़ी के सभी बच्चे सींग रहित उत्पन्न होते हैं। जब इनका संयोग परस्पर रूप में कराया गया तब दूसरी पीढ़ी में 3 :1 के अनुपात में (In ratio 3 : 1) सींग रहित एवं सींगयुक्त पशु पैदा हुए।

- इस प्रकार से हमें देखने को मिलता है कि इस नियम में दो विभिन्न गुण प्रथम पीढ़ी की सन्तति में एक हो गये। इसमें जो गुण अधिक प्रभावी था, उसने दूसरे गुण को छिपा दिया। परन्तु, अगली दूसरी पीढ़ी में यह गुण एक दूसरे से पृथक होकर एक निश्चित अनुपात में अलग-अलग सन्तानों में बँट गया।
- इसमें आधे गुण माता के तथा शेष आधे गुण पिता से प्राप्त होते हैं।

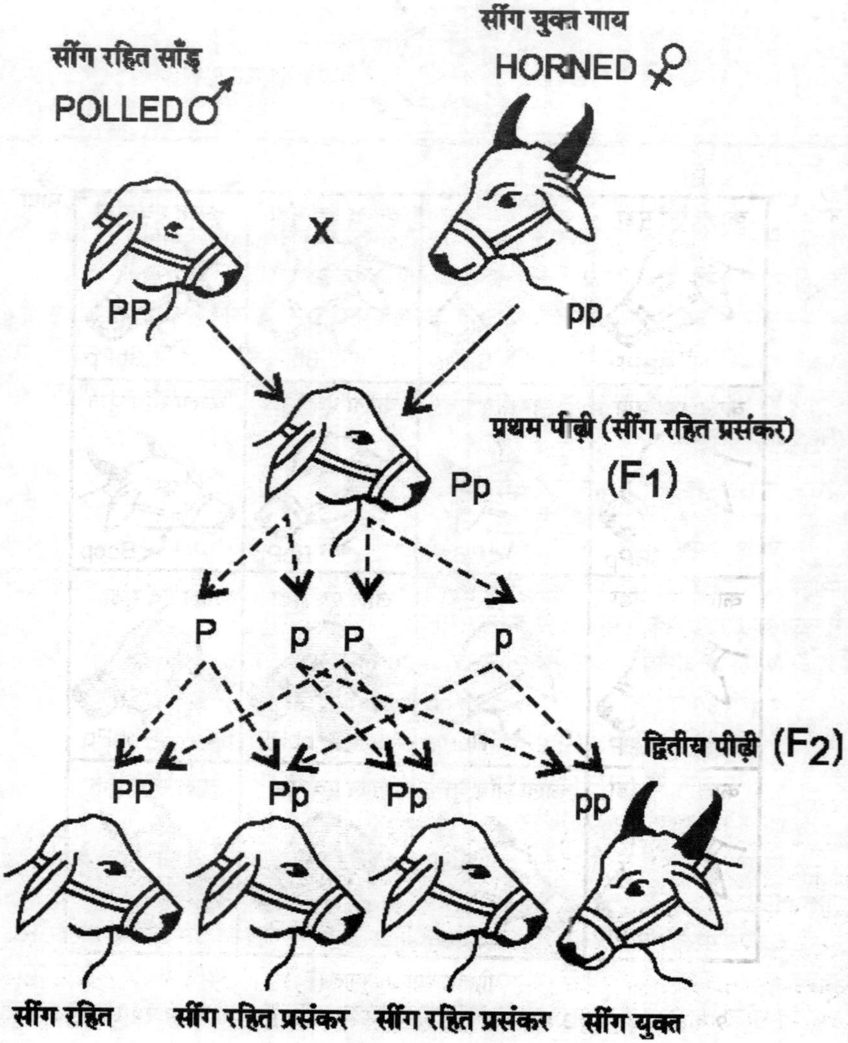

चित्र—*विसंयोजन का नियम* (Law of Segregation)

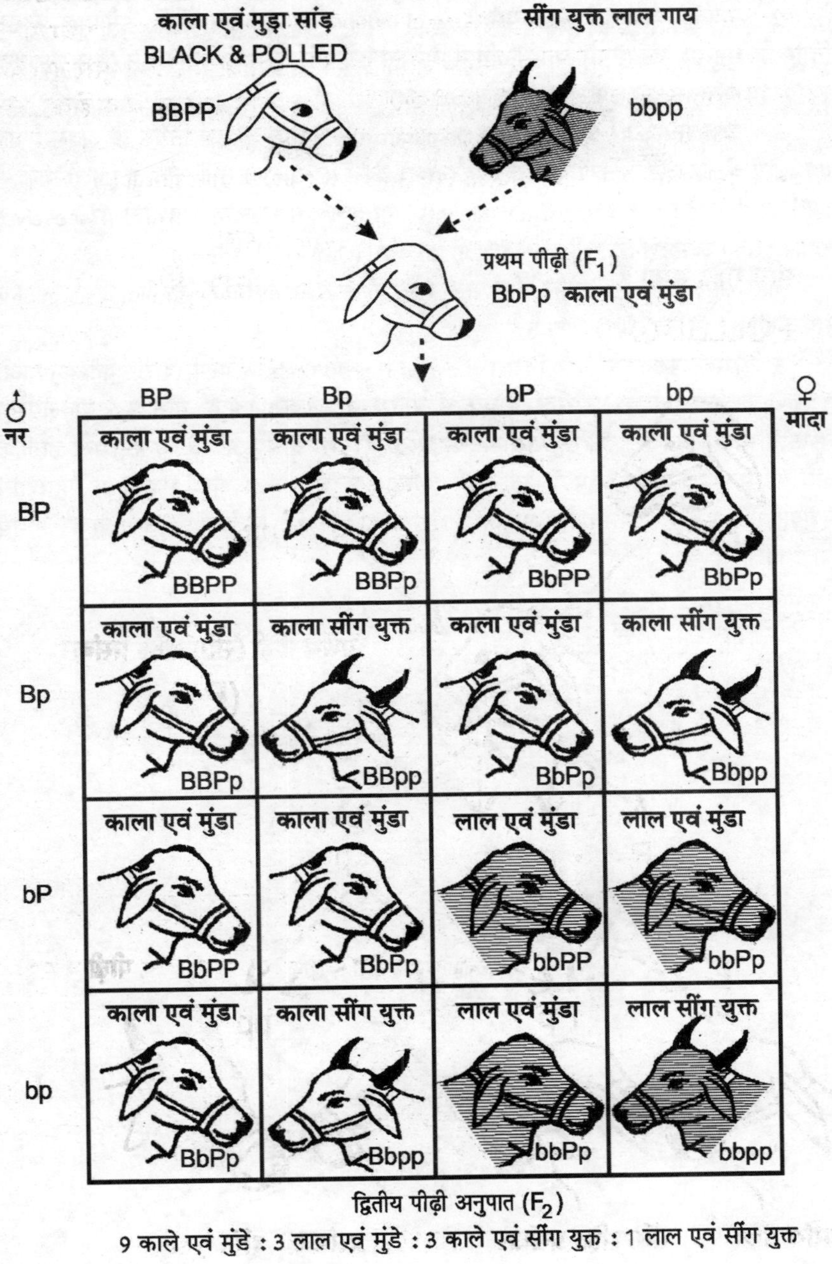

चित्र—*स्वतन्त्र संव्यूहन का नियम* (Law of independent assortment)

2. **स्वतन्त्र संव्यूहन का नियम** (Law of Independent Assortment)—मैण्डल के इस नियम के अनुसार एक दम्पत्ति की सन्तति में विभिन्न गुण एक-दूसरे पर आश्रित न रह कर स्वतन्त्र रूप से विभाजित होकर उपस्थित रहते हैं।

3. **प्रबलता का नियम** (Low of Dominance)—मैण्डल के इस नियम के अनुसार जब एक जोड़े के विपरीत लक्षणों को ध्यान में रखकर क्रॉस (Cross) कराया जाये तो पहली पीढ़ी में उपस्थित होनेवाला लक्षण प्रभावी (Dominant) होगा तथा दूसरा लक्षण अप्रभावी (Recessive) होगा। इसका उदाहरण छोटे सींगवाले पशुओं का क्रास (Cross) है। यथा—

लाल सींग वाला नर x सफेद सींग वाली मादा के क्रास से जो बच्चा पैदा होता है वह लाल व सफेद रंग का (चितकबरा) होता है।

4. युग्मित इकाईयों का नियम (Law of Paired units)—प्राणी शरीर की कोशाओं (Cells) का बना होता है। इन सैल्स में एक छोटा-सा न्यूक्लियस होता है। केन्द्रक (न्यूक्लियस) में क्रोमोसोम्स होते हैं। इन क्रोमोसोम्स की संख्या विभिन्न पशुओं में भिन्न-भिन्न होती है और यह संख्या जोड़ों के रूप में होती है। उदाहरण—मनुष्यों में 24 जोड़े, भेड़ में 37, गोवंशीय पशुओं में 30 और महिषवंशीय पशुओं (भैंस/भैंसा) में 24, घोड़े में 30 तथा शूकर में 19 जोड़े होते हैं।

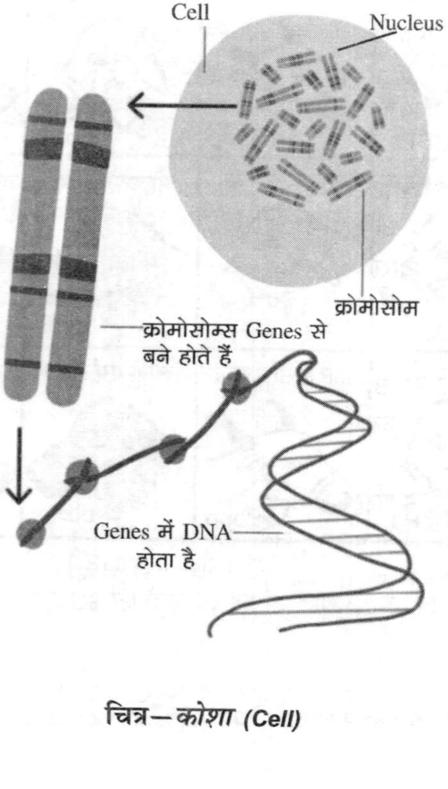

चित्र—कोशा (Cell)

शरीर की कोशा के दो क्रोमोसोम्स में से एक पिता के शुक्राणु (Sperm) तथा दूसरा माता के अण्डाणु (Ovum) से आता है। यह तथ्य पशुओं में अनेक गुणों को जन्म देता है। इस प्रकार से माता-पिता से सन्तति में गुणों का आदान-प्रदान पूर्ण रूप से इन्हीं पर निर्भर करता है। मेण्डल ने इन्हें (फेक्टर / Factor) घटक कहकर सम्बोधित किया है जो बाद में जीन्स कहलाये। वास्तव में यही जीन्स (Genes) के जोड़े आनुवंशिकता (Heredity) की जड़/नींव है।

पशुओं के विकास के लिये मैण्डल के अधिनियम की उपयोगिता (The Mendalian rules as applied to cattle improvement)

ऐसा माना जाता है कि मैण्डेलियन अधिनियम की उपयोगिता द्वारा पशुधन की विशेष उन्नति की जा सकती है, जो इस प्रकार है–

1. **अन्तः प्रजनन द्वारा** (By in-Breeding)—पाँच पीढ़ी तक सम्बन्धित पशुओं को परस्पर सम्भोग कराने पर समान गुणों के पशु पैदा होते हैं। इस विधि में मनवांछित गुणों की सन्तान पैदा की जा सकती है।

2. **संकरण द्वारा** (By cross breeding)—इस विधि से असम्बन्धित नर तथा मादा पशुओं में प्रजनन कराके अच्छे और तेज पशु पैदा किये जा सकते हैं। इस विधि से उत्पन्न बच्चे शीघ्र बढ़ने वाले होते हैं तथा कम खुराकवाले होते हैं। उनमें कार्य करने की क्षमता अधिक होती है। ऐसे पशुओं में रोग प्रतिरक्षा (इम्यूनिटी/Immunity) बढ़ी हुई होती है।

3. **प्रसंकरण द्वारा** (By Hybridization)—इस विधि में दो अलग-अलग जाति (Species) तथा प्रजाति (Genera) का पारस्परिक मिलन कराके एक नई जाति पैदा की जाती है; जैसे-खच्चर।

- **इसमें मनवांछित नयी-नयी गुण वाली जातियाँ पैदा की जा सकती हैं।**
- **उत्पन्न पशु अधिक मजबूत होते हैं।**

4. **भिन्न संकरण द्वारा** (By out crossing)—इस विधि में किसी शुद्ध नस्ल के साँड़ का सम्बन्ध उसी नस्ल की किसी असम्बन्धित मादा से कराया जाता है। इससे साँड़ के समान अच्छे गुण वाले पशु मिलते रहते हैं।

5. **क्रमोन्नति द्वारा** (By grading up)—इसके द्वारा कुछ चुने हुए साँड़ों द्वारा बहुत ही अशुद्ध पशुओं का प्रजनन कराके 6-7 पीढ़ी में लगभग शतप्रतिशत शुद्ध नस्ल प्राप्त की जाती है।

6. **चुनिंदा प्रजनन द्वारा** (By Selective Breeding)—इसमें चुने हुए (Selected) नर-मादाओं का पारस्परिक प्रजनन कराके मनवांछित गुणोंवाले पशु प्राप्त किये जा सकते हैं।

7. **उत्परिवर्तन द्वारा** (By Mutation)—इस विधि के अनुसार अचानक किसी विशेष गुण का विकास लेकर बहुत ही अच्छी नस्ल के पशु पैदा हो सकते हैं। इसके परिणामस्वरूप ही सींग रहित पशु उत्पन्न हुए और इनसे फिर सींग रहित जातियाँ निकालीं गईं।

- **पशुधन के विकास का यह एक प्रमुख स्त्रोत है।**

8. विभिन्नता द्वारा (By Variation)—इसमें पशु की उन्नति के लिये नये-नये संयोजन कराये जाते हैं। इस प्रकार की विभिन्नता से पशुओं के चयन में सहायता मिलती है। इससे माता-पिता से भी अच्छे गुणवाली सन्तान प्राप्त होती है। परन्तु कभी-कभी भारी हानि भी उठानी पड़ती है, क्योंकि सन्तान माता-पिता से भी खराब उत्पन्न होती है।

सारांश

1. मैण्डेलिज्म, वास्तव में, उन्हीं गुणों के दाय प्राप्त (In herit) करने में सहायता करती है, जो केवल विकल्पी जीन के एक जोड़े द्वारा शासित होते हैं।
2. पशुओं की शीघ्र एवं मनवांछित उन्नति की आधारशिला है।

पशु प्रजनक उपरोक्त विधियों से पशुओं की उन्नति करता चला आ रहा है और आज वर्तमान में भी कर रहा है। इसी के परिणामस्वरूप आजकल संसार में आधुनिक पशु देखने को मिल रहे हैं।

◆◆◆

10

मत्स्यपालन
(Fisheries)

संसार में जितनी मछली पैदा होती है उसमें भारत का भाग लगभग दो-तिहाई प्रतिवर्ष है। मछली की पैदावार भारत में खाद्य समस्या और आर्थिक रूप से बहुत मदद करती है। मछली उत्तर प्रदेश में प्रचुर मात्रा में मिलती है। मुख्यत: मछलियाँ समुद्र के पानी या पृथ्वी के ऊपर बहती नदियों, झीलों, तालाबों आदि में पायी जाती हैं।

मछलियाँ वे कशेरुकीय जन्तु हैं जो पानी में रहते हैं। इनमें श्वसन के लिये गिल (Gill) तथा चलने के लिये पंख पाये जाते हैं। मछली आकार में तर्कुरूपी (Fusiform) होती है तथा शरीर शल्कों (scales) से ढका रहता है या केवल चर्म वाली (scaleless) होती है। सिर में आगे की ओर मुख होता है जिसमें ऊपरी तथा निचला जबड़ा विकसित होता है। इसी के पास घ्राण केन्द्र (Olfactory centre) तथा आँख पायी जाती है। मछली पीछे की ओर पंख के रूप में कुछ विकसित पायी जाती है।

मछली की मिलनेवाली कुछ प्रमुख जातियाँ

1. **रोहू मछली** (Labeo Rohita)—यह भारत के मैदानों की मेजर कार्प है। यह आकार में तेजी से बढ़ती है, साथ ही खाने में अति स्वादिष्ट होती है।

चित्र—*रोहू मछली*

इस मछली का आकार लम्बा गोलाई लिये हुए वक्ष ऊपर तथा नीचे झुका हुआ होता है। शरीर का रंग नीला या बादामी होता है। थुबड़ा (Snout) बाहर की तरफ उठा हुआ होता है, ऊपर का होठ बड़ा होता है। मुँह अन्दर की तरफ होता है। मुँह के दोनों तरफ एक जोड़ा स्पर्श प्रवर्ध (Barbel) होते हैं। जीवित मछली के शल्क (Scales) का रंग बीच में हल्की नारंगी जैसा या लाल एवं किनारों पर गहरा तथा चमक लिये होता है।

पंख के ऊपर लाल, काली या भूरी धारियाँ होती हैं। सिर लगभग 4-5 इंच का होता है तथा आँख के भाग में एक गड्ढा होता है। होंठ मोटे और झुर्रीदार होते हैं। वक्ष गोलाकार चर्म शल्कों से ढका रहता है। शल्क का खुला आखिरी भाग एक दूसरे के ऊपर छतों की खपरैल की तरह ढका रहता है।

2. कतला (Catla)—यह समस्त भारत में पायी जाने वाली मछली है। यह पानी में काफी बढ़ती है। इसका शरीर मजबूत तथा पेट के पास काफी गहरा होता है, मुँह चौड़ा होता है एवं निचले होंठ के ऊपर एक पतली खाल लटकी होने के कारण होंठ दुहरा लगता है। इस मछली का रंग भूरा होता है।

चित्र—*कतला या भाकुर मछली*

यह भारत में सबसे अधिक पैदा होने वाली मछली है। लम्बाई 1.8 मीटर तथा वजन 13.6-22.7 किलो ग्राम तक होता है। इसकी लम्बाई 56-61 से.मी. तक बढ़ जाती है। तभी इसको पकड़ा जाता है। इस समय इसका स्वाद अच्छा होता है। इस मछली को भाकुर के नाम से भी जाना जाता है।

3. मिग्रला (Migrala)—इसे नैम मछली के नाम से भी जाना जाता है। उत्तर प्रदेश में कतला और रोहू के बाद यदि कोई मछली खाने के लिये पसन्द की जाती है तो वह है मिग्रला इसका मुँह चौड़ा तथा होंठ पतले होते हैं। इसका आकार लगभग रोहू जैसा होता है। इस मछली का ऊपर की तरफ रंग गहरा भूरा तथा काला होता है। यह खुले तालाबों में 38-41 से.मी. तक बढ़ती है। यह बहते पानी में अण्डे देती है।

यह मछली तालाब की पैंदी पर पायी जाती है। यह वस्तुतः शाकाहारी मछली मानी जाती है। इसका होंठ का अगला हिस्सा बालू तथा कीचड़ में से छोटे पदार्थों को निकालने के लिये विकसित होता है।

चित्र—*मिग्रला मछली*

4. लांची (Lanchi)—इस मछली को 'पटनी' और 'बरारी' के नामों से भी जाना जाता है। यह भारत के सभी तालाब, झील एवं नदियों में मिलती है। इसे अलवणीय जल की शार्क मछली भी कहते हैं। यह बाढ़ के बाद रुके पानी में भी मिलती है।

चित्र—*लांची*

इस मछली का मुँह चौड़ा, शरीर दोनों ओर से चिपका तथा ऊपरी भाग एक सीधी रेखा की तरह होता है। इसकी लम्बाई 183 से.मी. तक पायी जाती है। वैसे सामान्य रूप से 61-91 से.मी. लम्बी होती है। इसके दाँत उपर्युक्त मछलियों के विपरीत काफी तेज होते हैं, क्योंकि यह मांसाहारी मछली है। इसीलिये इसे पकड़ने के समय भी दातों का ध्यान रखा जाता है।

इस मछली को खाने में बहुत पसन्द किया जाता है, क्योंकि इसका मांस कंकाल से आसानी से अलग हो जाता है। यह अन्य मछलियों की भाँति शल्कीय (Scaly) मछली नहीं है।

5. मिस्टस सींघारा (Mystus seenghala)—भारत की सभी नदियों में पायी जाने वाली यह एक प्रमुख मछली है। शरीर का रंग ऊपर बादामी तथा दोनों तरफ चमकीला भूरा होता है। इसका आकार लगभग 6 फुट तक बढ़ता है। मुँह के पास दो जोड़े लम्बे प्रवर्ध के निकलते हैं, जो बिल्ली की तरह लगते हैं। इसीलिये इसको कैट फिश (Cat fish) भी कहते हैं।

चित्र—*मिस्टस सींघारा*

- **यह नदियों और तालाबों में अप्रैल और जुलाई के मध्य अण्डे देती है।**
- **खाने में अच्छी होने के कारण इसकी माँग अधिक है।**

6. कैट फिश (Cat fish)—इनका मुँह बिल्ली की भांति लगता है, क्योंकि इन मछलियों के मुँह पर बिल्ली की तरह लम्बे तथा छोटे 4 जोड़े बाल बाहर की ओर दोनों तरफ निकले रहते हैं। इनका शरीर लम्बा होता है। तथा ऊपर से चपटा। इनके शरीर पर शल्क (Scales) नहीं पाये जाते हैं। इस मछली के दोनों तरफ किनारों पर मजबूत हड्डी की प्लेट पायी जाती है।

चित्र—कैट फिश

7. क्लेरियस (Clarias batrachus)—उत्तर प्रदेश में इसे मंगरी या मंगूर कहते हैं। यह अधिकतर मैदानी इलाकों में नदियों तथा तालाबों आदि में मिलती है। यह तालाब के कीचड़ में विशेष रूप से मिलती है। यह मछली बाहर भी रह सकती है। इसका शरीर लम्बा होता है। सिर दोनों तरफ से पिचका हुआ होता है। पृष्ठ पक्ष शरीर के दो-तिहाई भाग में फैला रहता है जबकि Anal fin

आधे शरीर पर पाया जाता है, जिसके प्रारम्भ में दोनों तरफ छोटे-छोटे कांटेदार Pelvic fin पाये जाते हैं।

चित्र—*क्लेरियस वेट्राचस*

- **यह 46 से.मी. तक लम्बी होती है।**
- **शरीर का रंग बादामी या काला होता है।**
- **यह खाने के काम में लायी जाती है।**

8. बगेरियस (Bagarius)—इसे बूँच और गूँच के नाम से भी जाना जाता है। यह एशियाई देशों में दूर-दूर तक पायी जाती है। इसका सिर काफी चौड़ा होता है एवं फैला होता है। दोनों कंधे उठे हुए होते हैं। और धीरे-धीरे पीछे पूँछ की तरफ शरीर पतला होता चला जाता है। टेल फिन (Tail fin) दो भागों मे बँटा रहता है। शरीर का रंग पीला या गुलाबी-हरा होता है शरीर के ऊपर तथा नीचे की तरफ बादामी काले या गहरे नीले चकत्ते तथा धारियाँ मिलती हैं। सभी पंखों के आधार पर काले रंग की धारियाँ मिलती हैं। सामान्य रूप से यह मछली आकार में छोटी होती है। शरीर की लम्बाई करीब 2 मीटर तक होती है।

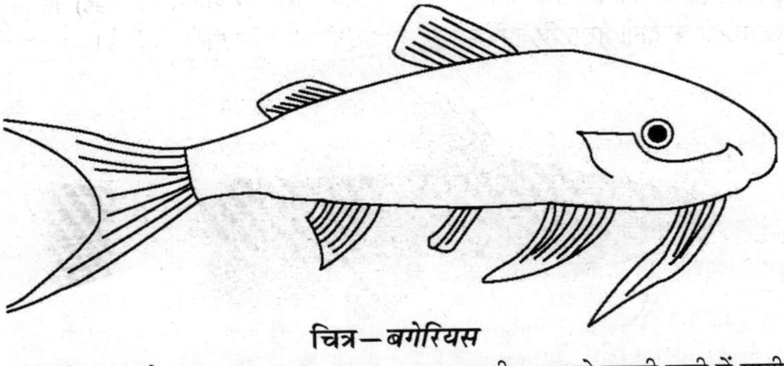

चित्र—*बगेरियस*

9. टेचीसुरस सोना (Tachysurus sona)—यह मछली भारत के समुद्री पानी में पायी जाती है। कभी-कभी समुद्री लहरों से यह नदी के मुँहाने तक पहुँच जाती है। इस मछली का रंग ऊपर से बादामी तथा नीचे की तरफ सफेद या सुनहरा होता है। पंखों का रंग नीलापन लिये हुए काला होता है। शरीर की लम्बाई लगभग 91 से.मी. होती है।

10. सिंगी (Singgi)—इसे हेटरोप्यूस्टस के नाम से भी जाना जाता है। इसका शरीर लम्बा और चपटा होता है। मुँह पर 4 जोड़े लम्बे बाल पाये जाते हैं। एनल फिन लम्बा होता है। इसका रंग भूरा तथा काला होता है।

यह मांसाहारी मछली है तथा पानी के बीच में या पेंदी पर पायी जाती है।

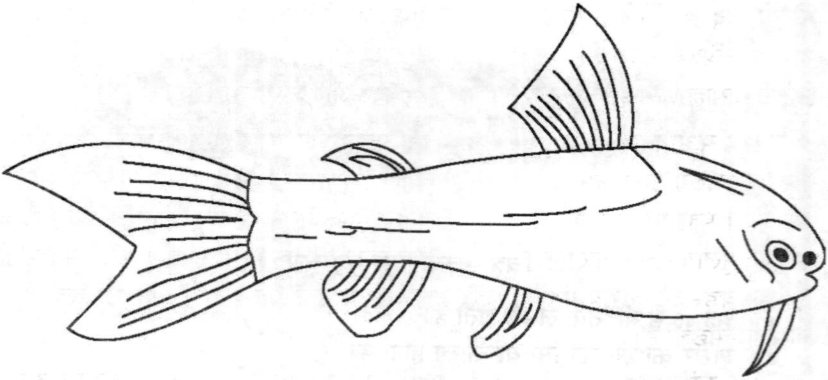

चित्र—*टेचीसुरस सोना*

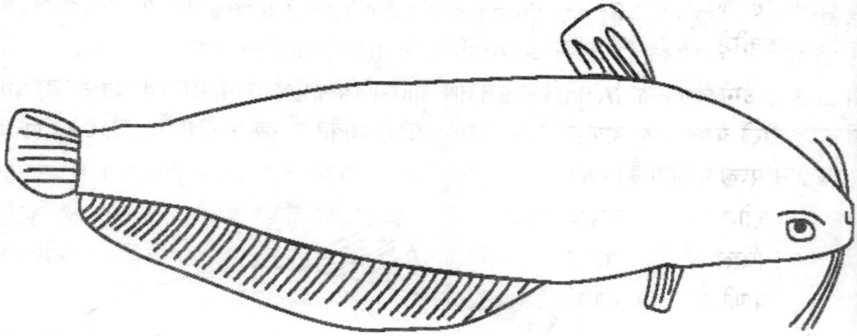

चित्र—*सिंगी*

लम्बाई लगभग 30 से.मी. होती है।

यह मछली खाने के लिये काफी प्रयोग में लायी जाती है।

11. टिंगरा (Nystus seenghala)—यह मछली भारत की सभी नदियों में पायी जाती है। इसके मुँह के पास दो मुखांकुर होते हैं। इसलिये इस मछली को केटफिश (Catfish) भी कहते हैं। इसके शरीर का रंग ऊपर की ओर से बादामी और दोनों ओर का चमकीला भूरा होता है। अवरोध पंख पर एक काला निशान होता है जिससे यह मछली अन्य मछलियों में पहचानी जा सकती है। इसके शरीर की लम्बाई लगभग 18 से.मी. होती है। इसका मांस खाने में बहुत स्वादिष्ट होता है। इस मछली की बहुत अधिक माँग है। यह मछली मांसाहारी है। यह छोटी-छोटी मछलियों को, झींगों लार्वा और मोलस्का को खूब खाती है। यह अप्रैल और जुलाई में अण्डे देती है।

12. चितल (Notopteraus chitala)—इस मछली को पटरा भी कहते हैं। इसका शरीर गद्दीदार होता है। इसका रंग वातावरण के साथ बदलता रहता है। पृष्ठ पंख मामूली होते हैं। वक्षीय पंख क्लोम छेद के पीछे दिखाई देते हैं जबकि श्रोणी पंख नहीं के बराबर होते हैं और अधरपंख बिल्कुल नहीं होते हैं गुदा पंख काफी लम्बे होते हैं, जोकि पुच्छ पंख से जुड़े होते हैं। यह मछली मांसाहारी है। इसका मुख्य आहार कीड़े, कीट और क्रस्टेशिया है।

13. सुआन (Xentodon cancila)—इस मछली का शरीर लम्बा व बेलनाकार होता है। शरीर पर शल्क बहुत कम व अनियमित होते हैं। इसका नीचे वाला जबड़ा लम्बा होता है। सिर की ऊपरी सतह पर एक गहरी लम्बी धारी होती है। एक तरफ नासारन्ध्र होते हैं। पृष्ठ पंख बहुत बारीक, मुलायम और शाखायुक्त होते हैं जोकि गुदा पंख तक फैले रहते हैं। आँखें सुनहरी होती हैं। यह बड़े-बड़े वक्षीय पंखों की सहायता से हवा में उड़ती हैं और पानी में तैरती हैं। यह मांसाहारी मछली है।

14. मांगुर (Clarias batrachus)—इसके शरीर पर शल्क नहीं होते। इसका रंग लाल भूरा अथवा काला होता है। सिर पर 8 संवेदी मुखांकुर होते हैं। आँखें छोटी होती हैं पृष्ठ और अधर लम्बे और रेशेदार होते हैं। इस मछली की विशेष बात यह है कि यह काफी समय तक बिना जल के रह सकती है मनुष्य इसे खाने में बहुत प्रयोग करते हैं। इस मछली का मुख्य आहार छोटे-छोटे कीड़े, झींगा तथा कुछ क्रस्टेशिया हैं।

15. अन्धुला सूप (Amphipuous cuchia)—यह देखने में अन्धी-सी लगती है, क्योंकि इसकी आँखें बहुत छोटी होती हैं। पृष्ठ पंख प्रारम्भिक होते हैं तथा वक्षीय पंख, अधर पंख, गुदा, पंख और पुच्छ पंख अनुपस्थित होते हैं। शरीर का रंग गहरा भूरा जबकि पिछला भाग कुछ हल्का होता है। क्लोम रन्ध्र आपस में जुड़े रहते हैं और नासाछिद्र का जोड़ा किसी भी एक तरफ स्थित होता है। होंठ माँसल होते हैं। यह एक मांसाहारी मछली है। इसका आहार क्रष्टेशियन, कीट लार्वा, मोलस्का प्राणी, छोटी मछलियाँ और टेडपोल आदि हैं।

16. खार्दा (Trichogatser fisciatus)—पृष्ठ पंख के अन्तिम सिरे पर लम्बे-लम्बे काँटे होते हैं। अधर पंख वक्ष पर होते हैं। पुच्छ पंख सीधा होता है और गुदा पंख आगे की ओर बढ़े होते हैं। श्वसन अंग में सुपरा ब्रान्कियल चेम्बर होते हैं। इसका शरीर ऊपर से हरा, नीला और नीचे से मटमैला सफेद और क्लोम पर नीचे धब्बे होते हैं। यह मांसाहारी मछली है।

17. सिंधी (Heteropneustes fossilis)—इस मछली को कैटफिश भी कहते हैं, क्योंकि इसमें 4 जोड़े मुखांकुर भी होते हैं। पृष्ठ पंख छोटे होते हैं। अधर पंख गुदा के तिहाई से चौथाई हिस्से तक फैले रहते हैं। वक्षीय पंख नीचे की तरफ दाँतेदार काँटे की तरह होते हैं मंगिका द्वारा गुदा और पुच्छ पंख अलग हो जाते हैं छोटी आयु की मछलियों का रंग लाल होता है जबकि युवा मछलियों का रंग गहरा भूरा होता है। शरीर पर शल्क नहीं होते। यह मछली मांसाहारी है। इसके आहार में मुख्य रूप से क्रस्टेशियन, कीट लार्वा मोलस्का प्राणी, मछलियाँ और टेडपोल हैं।

18. बैदाल (Nandus nundus)—यह मांसाहारी है। इसका शरीर गठा हुआ आयत रूप में होता है। पृष्ठ पंख लम्बे, मजबूत व बिना काँटेदार होते हैं। मुँह गहरा और सरन्द्र होता है। दाँत अंकुर के रूप में होते हैं। इसका रंग भूरा होता है। इसके आहार में मुख्य रूप से क्रस्टेशियन, कीट लार्वा, मोलस्का प्राणी, छोटी मछलियाँ और टेडपोल हैं।

मत्स्य उद्योग (Fishery Industry)

इस उद्योग के अन्तर्गत जिन जानवरों का अध्ययन किया जाता है वह इस प्रकार हैं—

1. झींगा मछली—इसे प्रोन मछली भी कहते हैं। यह जानवर मुख्यत: उथले पानी में पाये जाते हैं। इसमें केरल, मालवारथाट, पूलीकर, कोलैर, चिल्का झील, गंगा तथा ब्रह्मपुत्र नदियाँ इसके लिये मशहूर हैं।

खाने में मछली के बाद इसका उपयेाग सबसे अधिक होता है। इसीलिये आज के आधुनिक कहे जाने वाले समाज के लिये बड़े होटलों में परोसे जाने वाली प्रिय एवं डैलीशियस डिश है एवं बड़े चाव से पसन्द की जाती है।

2. लोबसटर मछली उद्योग—यह एक मछली उद्योग के रूप में पिछले 20-25 वर्षों से विकसित हो रहा है। यह उद्योग भारत के पूर्वी पश्चिमी और दक्षिणी पश्चिमी घाटों पर मुख्य रूप से विकसित हो रहा है।

3. केकड़ा उद्योग—यह बम्बई में पूरे साल पकड़े जाते हैं और खाने के काम आते हैं।

4. मोलस्कन फिसरी—मोलस्का समुदाय के कुछ जानवरों को खाने के काम में लाया जाता है। इसलिये इसे भी मत्स्य उद्योग के अन्तर्गत गिना जाता है।

- **उपर्युक्त सभी उद्योग मुख्य रूप से समुद्र तक ही सीमित हैं। तथा कुछ कार्य आजकल अलवण जल (Fresh water) में भी हुआ है। जैसे ''प्रान फिशरी'' आज गंगा और ब्रह्मपुत्र आदि नदियों का प्रमुख उद्योग है। साथ ही खोज जारी है कि इस उद्योग का अधिक से अधिक विकास हो और देश की खाद्य तथा आर्थिक समस्या का कोई समाधान निकल आये।**

कृषि क्षेत्र में आज एक खेत से साल में कई फसल लेने का प्रयत्न किया जा रहा है। यही नहीं, एक ही साथ एक ही खेत में कई फसल ली जा रही हैं। इसी को देखते हुए मछली उद्योग ने भी इस क्षेत्र में प्रगति की है। जिसका वर्णन इस प्रकार है—

1. कम्पोजिट कल्चर (Composite culture)—उत्तर प्रदेश सरकार अन्य राज्यों की भांति तालाब, पोखर, झील तथा किसानों के व्यक्तिगत तालाब, राज्य सरकार के अपने तैयार किये हुए फार्म आदि पर इस उद्योग को बढ़ावा दे रही है। इसके लिये किसानों को बीज राज्य सरकार के जिला मत्स्य अधिकारी से ` 40-60 प्रति हजार की दर से मिल जाता है। जो जगह–जगह नर्सरी पोण्ड की अवस्था में खुले हुए हैं।

इसके लिये प्रति हेक्टेयर अधिक से अधिक पैदा लेने के लिये उन्नत किस्म की शीघ्र बढ़ने वाली मछलियों का उपयोग किया जाता है। बंगाल में कतला, रोहू और मिगाल को साधारण 3 : 3

: 4 के अनुपात में पाला जाता है। इसके अतिरिक्त विभिन्न प्रकार की मछलियों को एक साथ पाल कर कई प्रकार के परीक्षण किये गये हैं। जिनमें केवल □ मेजर कार्प □ विदेशी कार्प तथा □ भारतीय एवं विदेशी कार्प के कई प्रकार के जोड़े बनाकर अच्छी पैदावार ली गई है।

इन सभी मछलियों का खाना अलग-अलग रहता है। कुछ शिवार, शैवाल तथा कुछ छोटे जानवर खाती हैं। तो कुछ पेंदी में रहकर भोजन प्राप्त करती हैं। कुछ पानी के बीच में तैर कर तो कुछ किनारों से भोजन प्राप्त करती हैं।

- **इसमें सभी बिना एक दूसरे को नुकसान पहुँचाये काफी बढ़ती रहती हैं।**
- **अच्छी पैदावार मिलती है।**
- **मेजर कार्प तथा विदेशी कार्प एक साथ पाली जा सकती हैं।**
- **कुछ अन्य मछलियाँ जैसे-नोटोप्टेरस, चितला Osphronemus goranic आदि भी इनके साथ पाली जा सकती हैं।**

तालाब में मछलियों की वृद्धि अपेक्षित न होने पर—तालाब में गोबर या गोवर की खाद 500-2500 कि.ग्रा. प्रति एकड़ तक डालनी चाहिये।

याद रहे—
- तालाब के किनारे मेड़ डाल देनी चाहिये जिससे बाहर का पानी तालाब में आकर कोई जहरीला पदार्थ न डाल दें। अथवा तालाब का पानी वर्षा होने पर बाहर न निकल जाये। एवं मछलियाँ न निकल जायें।
- समय-समय पर मछलियों की वृद्धि देखते रहना चाहिये।

2. **धान तथा मछली उत्पादन** (Paddy cum fish culture)—आजकल दो फसलीय पद्धति अपनाई जाती है। इसमें धान के खेत में मछलियाँ पालीं जा रही हैं दोनों को पानी की अधिक आवश्यकता होती है मछलियों को खाने के लिये छोटे-छोटे कीट खेत में पैदा हो जाते हैं अथवा धान के हरे पत्ते तथा पानी में गिरे पत्ते खा लेती हैं। धान और मछली दोनों की पारस्परिक वृद्धि होती है। मछलियों को एक खेत से दूसरे खेत में जाना रोकने के लिये जाल लगा दिया जाता है। जिससे ढलान पर मछलियाँ रुकती रहती हैं और यहीं पर इनको पकड़ लिया जाता है।

सावधान
- आजकल धान अधिक उपज पाने के लिये तमाम कीटनाशी औषधियों (पेस्टीसाइड्स) तथा खरपतवारनाशी (weedicide) प्रयोग किये जाते हैं। अतः साथ-साथ दोनों को पैदा करना सम्भव नहीं है।

तब ऐसा करें
- धान लेने के बाद जब खेत खाली हो जाते हैं और रासायनिक पदार्थों का प्रभाव समाप्त हो चुका होता है तो उस समय भी मछलियों की पैदावार ली जा सकती है।

नोट—
- धान के साथ मेजर कार्प, रोहू, कतला, मिग्राल और चन्ना मछलियों की पैदावार ली जा सकती है। तिलापिया भी उपयोगी सिद्ध होती है।

3. मल जल पोषित मत्स्य उद्योग (Sewage Fed fish)—बड़े-बड़े शहरों में सीवेज के पानी को मशीनों से, रासायनिक पदार्थों से या जैविक क्रियाओं द्वारा शुद्ध कर इस पानी में मछलियों को पाला जा सकता है। इससे अच्छी पैदावार मिलती है।

यदि मेजर कार्प, रोहू, कतला और मिग्राल को 1 : 2 : 1 के अनुपात में सीवेज तालाबों में पाला जाय तो काफी अच्छी लगभग 20/25 कि.ग्रा. मछली प्रति हेक्टेयर तक पैदा की जा सकती है।

मछली एक विकल्प के रूप में आहार—मछली एक ऐसा भोजन है जिसमें प्रोटीन, कैल्शियम, फास्फोरस, लोहा, पोटाश, गन्धक, ताँबा, आदि होते हैं। अर्थात् इसमें वह सब तत्व उपस्थित रहते हैं जो आदमी को ताकतवर बनाने के लिये आवश्यक हैं। कलेजी के बाद सब से अधिक विटामिन 'सी' मछली से पाया जाता है। इसमें अन्य पशुओं की अपेक्षा रेशा कम होता है तथा चर्बी भी कम होती है।

मछली शीघ्र पकती है और जल्दी हजम हो जाती है। इसीलिये इसे खास तौर पर मरीजों को देने की सिफारिश की जाती है।

- **मरीजों के लिये सिंधी मछली सर्वोत्तम रहती है। इसमें चर्बी सबसे कम होती है।**
- **मछली के मांस में लगभग 15-25% तक प्रोटीन मिलती है।**

मत्स्य पालक कब और क्या करें

- ☐ **अप्रैल माह में**—तालाब मे बन्धों तथा पानी के निकास एवं प्रवेश के स्थानों की मरम्मत तथा उसमें जाली लगाने का प्रबन्ध करें।
- ☐ **मई में**—मत्स्य अंगुलिका की प्राप्ति हेतु मत्स्य पालन विकास एजेन्सी के कार्यालय में मूल्य सहित मांग पत्र प्रस्तुत करें।
- ☐ **जून माह में**—जलीय सिवार तथा अवांछनीय मछलियों को पूर्णतया तालाब से निकलवा दें।
- ☐ **जुलाई माह में**—तालाब में चूने का उपयोग 200 कि.ग्रा. प्रति हेक्टेयर की दर से करें।
- ☐ **अगस्त माह में**—गोबर की खाद का उपयोग प्रथम किस्त के रूप में 1-2 टन प्रति हेक्टेयर के हिसाब से। इसके 15 दिन बाद N.P.K. प्रथम किस्त के रूप में 47 किलोग्राम प्रति हेक्टेयर की दर से।
- ☐ **एवं अगस्त माह में ही**—15-25 मि.मी. नाप की मत्स्य अंगुलिकाओं का संचय 10,000 प्रति हेक्टेयर की दर से।
- ☐ **सितम्बर माह में**—इस माह से पुनः क्र.सं. 5 बतायी गई खादों का प्रयोग करें। साथ ही प्राकृतिक भोजन के अलावा कृत्रिम भोजन के रूप में बारीक पिसी हुई मूँगफली, तिल, सरसों या नारियल की खली तथा चावल का कन या गेहूँ का कना बराबर मात्रा में मिलाकर दें।
- ☐ **नवम्बर से हर तीसरे माह**—मत्स्य अंगुलिका की बढ़ोत्तरी देखने के लिये तालाब में जाल चलाया जाये।
- ☐ **जून 15 से जुलाई 15 तक**—तालाब से विक्रय योग्य मछली अवश्य निकाल कर आय प्राप्त कर लें।

आवश्यक निर्देश एवं सुझाव

1. **यदि तालाब का पानी हरा हो जाय तो**—खाद एवं उर्वरक देना बंद कर दें जब तक कि पानी का हरा रंग दूर न हो जाय।

2. **तालाब का पानी जब भी कम होने लगे**—तालाब को तुरन्त ट्यूबवैल या नहर के पानी से भरवा दें।
3. **यदि तालाब में अचानक कोई परिवर्तन होता दिखायी दे 'अथवा' मछलियाँ मरने लगें**—इस स्थिति में तत्काल एजेन्सी को सूचना दें।
4. **तालाब में भोजन उपयुक्त मात्रा में जानने के लिये**—तालाब का 50 लीटर पानी एक महीन जाल में छान कर एक शीशे की टयूब में इकट्ठा करके देखें। यदि उसमें प्लैक्टान की मात्रा 1 सी.सी. हो, तो यह समझना चाहिये कि भोजन उपयुक्त मात्रा में है।

मछली के तालाबों की तैयारी एवं देखरेख

मछली के लिये तालाब ऐसी जगह बनाये जायें जहाँ की मिट्टी ठीक हो तथा जहाँ पूरे वर्ष पानी उपलब्ध हो सके, साथ ही पानी की निकासी सुविधा हो।

तालाब की तैयारी (Preperation of pond)—विभिन्न प्रकार की मछलियों को पालने के लिये अलग-अलग तालाबों की आवश्यकता होती है। अलग-अलग अवस्था (stage) की मछली अलग-अलग तालाबों में रखी जाती हैं। अतः प्रत्येक प्रकार के तालाब को उसी अवस्था के अनुसार तैयार किया जाता है।

1. नर्सरी पोंड (Nursery pond)—इस प्रकार के तालाब में नवजात शिशु तथा फ्राई को रखा जाता है।

2. संवर्धन कुंड की तैयारी (Preperation of nursery Pond)—यह सबसे छोटा पोंड होता है (नर्सरी पोंड फार्म पर) इसमें नवजात शिशु पाले जाते हैं। इसे ऐसी जगह पर बनाया जाता है जहाँ पर पानी आसानी से भरा तथा निकाला जा सके। यह आयताकार बनाये जाते हैं। जिनकी लम्बाई 50–60' × चौड़ाई 30–40' × ऊँचाई 3-4' होती है।

तालाब तैयार करने के पूर्व निम्न बातों पर ध्यान रखना पड़ता है—

1. पराभक्षी का निराकरण।
2. जलीय पौधों की सफाई।
3. तालाब में उर्वरक की मात्रा।
4. पानी की मात्रा।

3. पालन-पोषण ताल (Rearing Pond)—नर्सिंग काल समाप्त होने पर फ्राई 20-50 मि.ली. लम्बी होती है तब उसको बिना खाना दिये 2 दिन के लिये रखा जाता है। तत्पश्चात् उन्हे बारीक जाल से निकाल कर रियरिंग पौण्ड में बदल दिया जाता है। एवं नर्सरी पौंड को फिर अगली बार के लिये तैयार किया जाता है।

रियरिंग पौंड में खाद एवं चूना डाला जाता है।

4. प्रोडक्शन पौंड (Production Pond)—इस पौंड को भी नर्सरी एवं रियरिंग पौंड की तरह तैयार किया जाता है। इसमें सबसे पहले तालाब के पानी को निकाल कर अथवा उस पर जमी चीजों को साफ किया जाता है (खींचकर) इसमें चूना मिलाया जाता है। इससे तालाब का pH स्थिर रहता है और संक्रमण भी दूर होता है। जिन तालाबों की मिट्टी में अम्लीय गुण अधिक हो और कार्बोहाइड्रेट न के बराबर हो, तो उनमें अधिक चूना (10000 Kg) प्रति हेक्टेयर तक डाला जा सकता है।

- इसके अतिरिक्त गोबर की खाद 560-1200 कि.ग्रा. तथा खल oil cakes एवं अन्य रासायनिक पदार्थ आवश्यकतानुसार डाले जाते हैं।
- इन तालाबों का आकार बड़ा होता है और करीब 60 फुट गहरे होते हैं। यह पूरी वर्ष भर चलते रहते हैं।
- 2-3 एकड़ के तालाब की देखभाल आसानी से की जा सकती है।

5. देखभाल तथा हारवेस्टिंग (Care and harvesting)—तालाब की समय-समय पर देखभाल करते रहना चाहिये, कहीं पानी की कमी तो नहीं हो गई है। अथवा बरसाती पानी तो अधिक नहीं आ गया है। पानी अधिक आने से बांध टूटने का खतरा रहता है, साथ ही मछली तथा खाद आदि बहने का खतरा रहता है।

- विशेष देख-भाल इस बात की है कि समयानुसार मछलियों का आकार देखकर जाल डलवा कर उन्हें विक्रय हेतु निकालते रहना चाहिये।
- अधिक बड़ी मछली को अधिक समय तक तालाब में नहीं रहने देना चाहिये इससे लाभ की अपेक्षा हानि ही होती है, क्योंकि बड़ी मछली खाना अधिक खाती है और छोटी मछलियों को समस्या पैदा करती है। ऐसी स्थिति में इनको निकाल कर छोटी मछलियों को बढ़ने का अवसर देना चाहिये।

मत्स्य पालन आर्थिक लाभ एक दृष्टि में

प्रति हैक्टेयर आय-व्यय लेखा-जोखा

वार्षिक आय—

- ☐ तालाब किराया — रु. 100
- ☐ मत्स्य अंगुलिका 5000 का दाम तथा यातायात व्यय : — रु. 300
- ☐ खाद एवं कृत्रिम आहार — रु. 900
- ☐ मछलियों के प्रयोगात्मक देख-रेख पर व्यय — रु. 100
- ☐ मत्स्य निकासी पर व्यय — रु. 100

कुल व्यय—रु. 1500

मत्स्य उत्पादन एवं आय—

1500 कि.ग्रा.

विक्री दर रु. 4 प्रति किलो ग्राम की दर से— रु. 6000

(बिक्री दर रु. 6 तक हो सकती है)

शुद्ध लाभ—

आय	व्यय	शुद्ध लाभ
6000	1500	4500

◆◆◆

11

आधुनिक ब्रोयलर पालन
(Modern Broilery)

(पर्याप्त पूँजी कमाने का उत्तम साधन)

ब्रायलर उन नर या मादा पक्षी को कहते हैं जिनका शारीरिक वजन 6 से 8 सप्ताह की उम्र में सवा दो से ढाई किलोग्राम मात्र दाना खाकर, डेढ़ किलो ग्राम या उससे अधिक हो जाता है और मांस के लिये बेचा जाता है। **ब्रायलर पालन एक ऐसा व्यवसाय है जिसमें थोड़ी सी पूँजी लगाकर शीघ्र अच्छा लाभ कमाया जा सकता है।** किसान भाइयों के लिये यह एक अतिरिक्त आय का साधन है तथा बड़े स्तर पर करने से उद्योगों की भाँति मुनाफा होता है। यह कार्य ऐसा है जिसे परिवार का कोई भी सदस्य जैसे—बच्चे, बूढ़े एवं जवान व्यक्ति जिस किसी के पास समय हो। ब्रायलर की देख-भाल कर सकता है।

इस उद्योग में कम से कम अवधि के भीतर बिक्री योग्य वजन वाले ब्रायलरों का उत्पादन करने की होड़ लगी हुई है। अतः कुक्कुट पालक को इस दौड़ में बने रहने तथा आगे बढ़ने के लिये उन सभी बातों के प्रति चौकन्ना रहना चाहिये जो उत्पादन और उसकी लागत को प्रभावित करते हैं।

ब्रायलर पालन के तरीके

ब्रायलर पालन के दो तरीके होते हैं—

1. आल-इन-आल आऊट कार्यक्रम
2. बहु-आयु वर्गीय कार्यक्रम।

1. आल-इन-आल आऊट कार्यक्रम—इसके अन्तर्गत एक दिन की आयु से लेकर 6 से 8 सप्ताह तक एक ही आयु वर्ग के ब्रायलरों को पाला जाता है और बिक्री योग्य होने पर उन्हें एक साथ बेच दिया जाता है। इसके बाद ब्रायलर की नई खेप लाने से पहले ब्रायलर घर की रोगाणुनाशक (Antiseptic) दवाई से सफाई की जाती है।

2. बहु-आयु वर्गीय कार्यक्रम—इसके अन्तर्गत एक उत्पादन अवधि में विभिन्न आयु वर्गों के ब्रायलरों को एक साथ पाला जाता है। इस कार्यक्रम में कुक्कुटपालक को रोग नियंत्रक कुशल सफाई व्यवस्था व व्यवसायिक साधनों पर अधिक नजर रखनी पड़ती है। एक ब्रायलर घर में एक ही आयु वर्ग के पक्षी रखें तथा दो ब्रायलर घरों के बीच की दूरी कम से कम 40 फुट की हो।

ब्रायलर चूजे कहाँ से खरीदें?—मुर्गी पालकों को चूजे किसी सरकारी या अन्य मान्यता प्राप्त हैचरी से ही खरीदने चाहिए जहाँ उत्तम श्रेणी के हाईब्रिड चूजे तैयार किये जाते हों। अच्छे एक दिन के चूजे का वजन करीब 38 ग्राम होता है जो कम समय में कम दाना खाकर ज्यादा वजन बढ़ा लेते हैं।

चूजों के आने से पहले का प्रबन्ध—मुर्गीघर की सभी दीवारें, छत, फर्श को रगड़ कर साफ करें और कीटाणुनाशक फिनाइल के घोल का छिड़का कर दें। दीवार व जालियों पर मैलेथियान के घोल का स्प्रे करके सफेदी करें। जब फर्श पूरी तरह सूख जाय तब उस पर लकड़ी का बुरादा बिछा दें। 250 पक्षियों के लिये करीब 1 से डेढ़ बोरी लकड़ी का बुरादा पर्याप्त रहता है। यहाँ पर यह ध्यान रक्खें कि बुरादे में लकड़ी के टुकड़े न हो तथा हर नये चूजों के स्टॉक के लिये नया बुरादा ही काम में लायें। बुरादे के ऊपर साफ अखबार बिछा दें।

चूजों के आने से पहले एक दिन पूर्व ब्रूडर चालू कर दिया जाता है। ब्रूडर के चारों ओर 2 से 2 फुट की दूरी पर डेढ़ फुट ऊँचा चिक गार्ड लगायें। चिक गार्ड को लगभग 8 से 10 दिन बाद हटा देना चाहिए। बारह वर्ग फुट के एक ब्रूडर जिसमें तीन 60 वाट के तथा दो 100 वाट के बल्ब लगे हों, उसके नीचे करीब 250 चूजे आते हैं। ब्रूडर के नीचे का तापमान पहले सप्ताह में 95°F रखा जाता है जिसे 5°F प्रति सप्ताह की दर से कम करते हुए 70°F लाया जाता है इसके बाद ब्रूडर की आवश्यकता नहीं रहती है। तापमान को कम या ज्यादा करने के लिये कम या ज्यादा वाट के बल्ब काम में लाये जाते हैं। ब्रायलर घर का तापमान 70°F व नमी का स्तर 60-70% रखें।

तालिका (प्रति ब्रोयलर पक्षी)

आयु (सप्ताह)	फर्श स्थान (वर्ग फुट)	आहार स्थान (इंच)	पानी स्थान (इंच)
0 – 2	0.25	2.0	0.5
3 – 4	0.5	3.0	0.7
5 – 6	0.5	3.0	1.0
7 – 8	1 – 1.2	3 – 4	2.0

ब्रूडिंग स्थान प्रति पक्षी–7 से 10 वर्ग इंच

चूजों के आने के बाद का प्रबन्ध

चूजों के आते ही सभी डिब्बे तुरन्त खोल कर देखें कि कोई चूजा दवा हुआ तो नहीं है। चूजों को हाथ से धीरे हिला दें। बड़े ध्यान से चूजों को ब्रूडर के नीचे छोड़ें। यदि चूजे एक जगह इकट्ठे हों तो अलग-अलग करदें तथा ब्रूडर के नीचे थर्मामीटर लटकाकर लिटर से 2 इंच ऊपर का तापमान नापें।

प्रथम 15 घण्टे तक चूजों को सिर्फ चीनी का पानी ही देना चाहिये। आहार बिल्कुल न दें। प्रति साढ़े चार लीटर पानी में आधा कप चीनी मिलाकर दें। जब चूजे सारा पानी पी लें, तब उसके 3 घण्टे बाद अखबार पर या चूजों के डिब्बों के ढक्कनों में दली हुई मक्का डालें। ध्यारन रहे कि मक्का बारीक पिसी हुई न हो। शुरू के 2 दिन आहार में सिर्फ मक्का ही दें। उसके बाद सम्पूर्ण आहार देवें। निकटतम पशु चिकित्सक की सलाह से पहले 2 दिन के पानी में ग्लूकोज, विटामिन तथा

एण्टीबायोटिक्स का प्रयोग करें। 3 दिन बाद अखबार हटा देना चाहिये और दाने के बर्तनों में आहार देना चालू कर देना चाहिये। चूजों के लिए 3 फुट लम्बे व 2 इंच गहरे फीडर काम में लाये जाते हैं। इस प्रकार के 7 फीडर 250 चूजों के लिये पर्याप्त होते हैं। 15 से 20 दिन की उम्र के बाद 3 फुट लम्बे व 2 इंच गहरे फीडर काम में लाये जाते हैं। ऐसे 11 फीडर 250 पक्षियों के लिये पर्याप्त होते हैं। फीडर में दाना दो तिहाई से ज्यादा न भरें। फीडर की किनार पक्षी की पीठ की ऊँचाई के स्तर पर होनी चाहिये।

जहाँ तक पानी के बर्तनों की बात है तो 2 सप्ताह की उम्र तक के 250 चूजों के लिये 2 लीटर की क्षमता वाले 5 तथा 3 से 8 सप्ताह की उम्र के पक्षियों के लिए 5 लीटर क्षमता वाले 5 पानी के बर्तनों की आवश्यकता होती है। ब्रायलर को करीब 2 से 2.5 ग्राम पानी प्रति 1 ग्राम आहार की खपत पर चाहिये होता है। पानी के बर्तनों को रोज सुबह धोना चाहिये। दो दाने के बर्तनों के बीच में एक पानी का बर्तन कुछ इस तरीके से रखें ताकि दो दाने या पानी के बर्तनों के बीच की दूरी 10 फुट से अधिक न हो।

आहार

ब्रायलर के लिये दो तरह के आहार काम में लाये जाते हैं–

- **पहले 4 सप्ताह की आयु में ब्रायलर स्टार्टर दाने दें।**
- **वाद को धीरे-धीरे स्टार्टर को बदल कर ब्रायलर फिनिशर दाना दें।**
- **दाने में विटामिन्स, 'खनिज पदार्थ, कॉक्सीडिओस्टेट, लिवर उत्तेजक तथा कुछ वजन बढ़ाने की दवाइयाँ चिकित्सक की सलाह से मिलायें।**

क्रम सं.	वस्तु का नाम	ब्रायलर स्टार्टर	ब्रायलर फिनिशर
1.	मक्का	45 प्रतिशत	50 प्रतिशत
	गेहूँ का चोकर	10 प्रतिशत	18 प्रतिशत
	मूँगफली की खली	30 प्रतिशत	20 प्रतिशत
	मछली का चूरा	12 प्रतिशत	09 प्रतिशत
	खनिज लवण	2.5 प्रतिशत	2.5 प्रतिशत
	नमक	0.5 प्रतिशत	0.5 प्रतिशत
2.	**ब्रायलर कन्सन्ट्रेट**		
	मक्का–	45 प्रतिशत	45 प्रतिशत
	चावल की पालिश (तेल युक्त)	10 प्रतिशत	13 प्रतिशत

रोशनी की व्यवस्था

ब्रायलर चूजों को 24 घण्टे रोशनी की आवश्यकता होती है जब तक कि वे बाजार में बिकने योग्य न हो जायें।

प्रत्येक 150 से 200 वर्ग फुट पर 7 से 8 फुट की ऊँचाई पर एक 40 वाट का बल्व लगाना चाहिये। जब ब्रायलर 2 सप्ताह के हो जायें तो 40 वाट के बल्व के स्थान पर 25 वाट का बल्व लगावें।

बीमारी की रोकथाम

ब्रायलर पक्षियों को दो बीमारियों से बचाव हेतु टीके लगाये जाते हैं।

- **रानीखेत बीमारी का टीका—5 से 7 दिन व 28 से 30 दिन पर तथा**
- **गमबोरो बीमारी का टीका—15 से 18 दिन की उम्र पर लगाया जाता है।**

बिछावन को सूखा रखें। यदि नमी अधिक हो जाये तो 7 किलोग्राम चूना प्रति 10 वर्ग फुट स्थान के बुरादे में मिला दें। ब्रायलर घर और उसके वातावरण को रोगाणुरहित रखें। सन्तुलित आहार तथा साफ, शुद्ध ताजा (विषैले तत्व व जीवाणु रहित) सुस्वाद पानी जिसका तापमान 55°F हो, देने से चूजे स्वस्थ रहते हैं और उनकी बीमारी से लड़ने की क्षमता बढ़ती है।

फार्म का लेखा-जोखा—ब्रायलरों की देखरेख के बाद सबसे महत्वपूर्ण कार्य है फार्म का लेखा-जोखा रखना। फार्म का लेखा-जोखा न केवल लागत व आय को जानने के लिये बल्कि उत्पादन के उतार-चढ़ाव को जानने और भूलों को पहचानने व उन्हें सुधारने के लिये भी जरूरी है जिससे फार्म से अति उत्तम परिणाम प्राप्त किये जा सकें और लाभ को बढ़ाया जा सके।

◆◆◆

द्वितीय भाग
(SECOND PART)

पशु-चिकित्सा विज्ञान
(Veterinary Science)

विषय परिचय— जीव विज्ञान की वह शाखा जो पशुओं के रोग, उनकी चिकित्सा तथा रोकथाम से सम्बन्धित है, पशु-चिकित्सा विज्ञान (Veterinary Science) **कहलाती है।** इसके अन्तर्गत पशु को स्वस्थ रखने वाले तरीके यथा–नियमित एवं स्वच्छ आहार, साफ-सुथरा रहन-सहन एवं उनका प्रबन्ध भी आता है।

पशु-चिकित्सा विज्ञान के विद्यार्थी को आवश्यक— पशु-चिकित्सा विज्ञान को सीखने के लिए एक विद्यार्थी को परम आवश्यक है कि पशु के शरीर सम्बन्धी विभिन्न भागों की रचना तथा उनकी कार्य-प्रणाली के बारे में जानें। इस प्रकार से पशु-विज्ञान की वह शाखा जो शरीर-रचना का बोध कराती है, शरीर-रचना (एनाटामी—Anatomy) विज्ञान कहलती है। इसके अन्तर्गत हड्डियों की बनावट एवं उनका पारस्परिक संयोजन, मांसपेशियों, शिरा एवं धमनी, नर्व्स, टिशूज तथा शरीर के विभिन्न भागों की रचना का वर्णन प्राप्त होता है। इसके दूसरी ओर पशु-चिकित्सा विज्ञान की वह शाखा जो हमें शरीर के विभिन्न भागों की कार्य-प्रणाली का बोध कराती है, शरीर-क्रिया विज्ञान (Physiology) कहलाती है। साथ ही पशु-चिकित्सा विज्ञान की तीसरी शाखा पैथोलोजी (Pathology) पशुओं के विभिन्न रोगों के कारण, स्वभाव आदि के बारे में ज्ञान कराती है।

12

पशु-चिकित्सा विज्ञान में प्रयुक्त शब्दावली
(Terminology Used in Veterinary Science)

1. प्रतिजैविक औषधियाँ (Antibiotics)—जीवाणुओं द्वारा उत्पन्न जीवाणुनाशक तथा जीवाणुरोधी औषधियाँ (Antibacterial drugs) प्रतिजैविक औषधियाँ कहलाती हैं; जैसे—पैनिसिलीन, स्ट्रैप्टोमाइसिन, क्लोरोमाइसिटीन आदि।

2. रोगाणुरोधक/प्रतिपूतिज (Antiseptic)—वे औषधियाँ जो कि जीवाणुओं (बैक्टीरिया) की अभिवृद्धि को रोकती हैं, पर जीवाणुओं को नष्ट नहीं करतीं। यथा—बोरिक एसिड, आयोडीन, आदि।

3. ज्वररोधी/ज्वरनाशी (Antipyretics)—वे औषधियाँ जो शरीर के ताप को कम करती हैं। जैसे—एस्प्रीन, सैलीसिलिक एसिड, क्विनीन आदि। इन्हें फेब्रीफ्यूज (Febrifuge) भी कहते हैं।

4. पीड़ाहारी (Analgesics)—वे औषधियाँ अथवा पदार्थ हैं जो स्नायुओं (Nerves) की उद्दीप्यता (Irritability) को कम करके दर्द को कम करते हैं, उनको एनाल्जेसिक अथवा एनोडाइन (Anodyne) कहते हैं। यथा—लाइकर अमोनिया फोर्ट, कपूर आदि की लिनीमेण्ट, बैलाडोना और एकोनाइट के लिनीमेण्ट, एस्प्रीन, भांग आदि।

5. एण्टीजाइमोटिक्स (Antizymotics)—वे औषधियाँ अथवा पदार्थ हैं जो कि फरमैन्टेशन क्रिया (Fermentation) को रोकती हैं। इनका प्रयोग अफारा (Flatulence) अथवा उदरशूल (Colic) आदि रोगों में गैस आदि का बनने को रोकने हेतु किया जाता है। यथा—फार्मेलीन आदि।

6. एण्टीपूराइटिक्स (Antipuritics)—उद्दीपन और खुजली शान्त करने वाली औषधियाँ। यथा—कार्बोलिक एसिड, कोकेन आदि।

7. सूजनहारी (Anti-inflammatory)—वे पदार्थ जो कि सूजन, दर्द और सोजिश में प्रयोग किये जाते हैं; जैसे—एण्टीफ्लोजिस्टीन का प्लास्टर चढ़ाना अथवा पुल्टिस बाँधना आदि।

8. प्रतिदीपन (Antistomachics)—वे औषधियाँ जो जठर रस बनना कम करती हैं; जैसे—अफीम, बैलाडोना आदि।

9. प्रतिकफोत्सारक (Antiexpectorants)—कफ निकलने से रोकने वाली औषधियाँ यथा—बैलाडोना, अफीम, आदि।

10. प्रतिमूत्रल (Antidiuretics)—वे औषधियाँ जो मूत्र में कमी लाती हैं। यथा—इन्स्यूलिन, एड्रीनैलिन, पिट्यूट्रिन आदि।

11. आक्षेपहारी (Antispasmodic)—वे औषधियाँ जो पशु के पेट की ऐंठन तथा मरोड़ दूर करती हैं। जैसे—बैलाडोना।

12. कृमिहर (Anthelmintics)—पेट में उपस्थित परजीवियों (parasites) को बाहर निकालने वाली औषधियाँ जैसे—कापर सल्फेट, फेरस सल्फेट, निकोटिनिक सल्फेट, तारपीन का तेल, कार्बन डाई आक्साइड आदि। हैक्साक्लोरोथीन नामक औषधि कृमिहर का उत्तम कार्य करती है। इन औषधियों में से कुछ ऐसी औषधियाँ हैं जो इन कृमियों को मार देती हैं, पर उन्हें शरीर से बाहर नहीं निकालतीं, इन औषधियों को कृमिनाशी (Vermicides) कहते हैं।

13. संवेदनाहारी/निश्चेतक (Anaesthetics)—वे औषधियाँ हैं जिन्हें खिलाये जाने अथवा सुँघाये जाने पर पशु बिल्कुल बेहोश हो जाते हैं। यथा—क्लोरोफार्म, ईथर, नाइट्रस आक्साइड।

14. प्रतिकारक (Antidotes)—ये वे औषधियाँ हैं, जो विष के प्रभाव को नष्ट करती हैं; जैसे—साइनाइड विष में लोहा लवण (Iron salt)।

15. एरोमैटिक्स (Aromatics)—वे पदार्थ हैं जिनमें उड़नशील तेल (Volatile oil) पाया जाता है और स्वभाव से बहुत तिक्त होते हैं। जैसे—इलायची, सौंफ, अदरक, पिपरमेन्ट आदि।

16. वैकल्पिक (Alternatives)—ये वे औषधियाँ हैं, जो तन्तुओं में परिवर्तन लाकर विभिन्न अंगों के पोषण (Nutrition) में सुधार करती हैं। ये औषधियाँ रोगों के अधिक निर्बल होने पर दी जाती हैं। जैसे—संखिया (Arsenic), मरकरी, आयोडीन, लिवर आयल, सल्फर, कुचला आदि।

- शारीरिक तन्तुओं से मतलब है—बॉडी-टिशूज।

17. कफोत्सारक (Expectorants)—वे औषधियाँ हैं जो कफ को बाहर निकालती हैं। यथा—अमोनिया, उड़नशील तेल आदि।

18. कषाय (Astringents)—वे औषधियाँ अथवा पदार्थ हैं जो कि श्लैष्मिक झिल्ली (Mucous membrane), रक्तवाहिनियों (Blood Vessels) और तन्तुओं (Tissues) में संकुचन (Contraction) उत्पन्न करके उत्सर्जन (Secretion) को बंद कर देते हैं। जब इन औषधियों/पदार्थों को ऊपरी तौर पर (Externally use) लगाया जाता है। तब इन्हें अवशोषी (Absorbant) कहते हैं एवं जब इन्हें अन्दरूनी तौर पर भी लगाया जाता है, तो इन्हें आन्त्रस्तम्भक (Intestinal Astringents) कहते हैं। यथा—कत्था, अफीम, बैलाडोना, अरगट, फिटकरी, क्लोरोडीन आदि।

19. तिक्त (Bitters)—ये वे औषधियाँ हैं, जो स्वाद में कड़वी और वानस्पतिक होती हैं तथा रासायनिक तौर पर एक-दूसरे से एकदम असम्बन्धित होती हैं; जैसे—चिरायता, सर्पगन्धा, सिनकोना आदि।

20. वातसारी (Carminative)—वे औषधियाँ या पदार्थ हैं जो उदर और अंतड़ियों में गैस बनना रोकती हैं यथा—अमोनियम कार्बोनेट, हींग, सौंफ, धनियाँ, दालचीनी, लालमिर्च, जीरा, क्लोरोफार्म, अदरक, ऐल्कोहॉल आदि।

21. कास्टिक्स (Caustics)—वे औषधियाँ जो तन्तुओं (Tissues) को नष्ट कर देती हैं; जैसे—कास्टिक सोडा, कापर सल्फेट (तूतिया), जिंक सल्फेट, फीनोल, Carbolic acid आदि।

22. रोगाणुनाशक (Disinfectants)—रोगाणुओं को नष्ट करने वाली औषधियाँ; जैसे—पोटैशियम परमैगनेट, हाइड्रोजन पर आक्साइड, क्लोरीन आदि। ब्रोमीन, आयोडीन, मरक्यूरिक क्लोराइड, फीनोल आदि औषधियाँ भी ऐसे ही गुण वाली हैं।

23. शोषक (Desiccants)—ऊपरी घावों से बहते पानी को सुखाने वाली औषधियाँ; जैसे—जिंक ऑक्साइड, बोरिक एसिड (Boric acid), टेल्कम आदि।

24. अपमार्जक (Detergents)—वे पदार्थ जो स्वच्छता बनाये रखने के लिये प्रयुक्त होते हैं; जैसे—साबुन, पानी, सोडियम और पोटैशियम के हाइड्राक्साइड और कार्बोनेट्स आदि।

25. गन्धनाशक (Deodorant)—गन्ध दूर करने वाली औषधियाँ। जैसे—चारकोल, ब्लीचिंग पाउडर, मांड, फिनाइल आदि।

26. मूत्रल (Diuretics)—अधिक मूत्र लाने वाली औषधियाँ। यथा—कैलोमल, यूरिया, पोटैशियम नाइट्रेट (कल्मी शोरा) आदि।

27. क्षोभक (Irritants)—वे औषधियाँ अथवा पदार्थ हैं जो कि लगाये जाने वाले भागों को उत्तेजित कर देते हैं। जैसे—विभिन्न प्रकार के अम्ल (Acids)।

28. वमनकारी (Emetics)—वे पदार्थ जिन्हें खाने पर वमन हो जाती है। जैसे—सोडियम क्लोराइड, फिटकरी, सरसों, कापर सल्फेट, जिंक सल्फेट।

29. दुग्ध-प्रसावी (Galactagogues)—वे औषधियाँ अथवा पदार्थ हैं जो दुधारू पशुओं के दुग्ध उत्पादन को बढ़ाते हैं। जैसे—गंधक, आयोडाइज्ड केसीन, थायराक्सिन, उत्तम आहार आदि।

30. रक्तस्थापक (Haemostatics)—वे औषधियाँ अथवा पदार्थ हैं जो कि शरीर से रक्त बहना रोकने के लिये प्रयोग किये जाते हैं। जैसे—फिटकरी, बर्फ, टिंचर बैन्जोइन, फैरी पर-क्लोराइड (टिंचर) आदि।

31. निद्राकारी (Hypnotics)—नींद लाने वाली औषधियाँ; जैसे—ब्रोमाइड, क्लोरल हाइड्रेट आदि।

32. संवेदन-मंदक (Narcotics)—गहरी नींद लाने वाली तथा रक्त संचार एवं श्वास क्रिया में उदासीनता लाने वाली औषिधियाँ। जैसे—भांग, क्लारोफार्म, ईथर आदि।

33. परजीवीनाशक (Parasiticides)—त्वचा के परजीवियों को नष्ट करने वाली औषधियाँ, यथा—एसिटिक एसिड, कापर सल्फेट, डी.डी.टी., फिनायल, थाइमोल, गैमेक्सीन, बेन्जाइल बेन्जोएट आदि।

34. रेचक/दस्तावर (Purgatives)—पशु को दस्त लाने वाली औषधियाँ यथा—मैगनेशियम सल्फेट (मैग सल्फेट/इप्सम साल्ट्स), अलसी का तेल आदि।

- परमेटिव्स निम्न प्रकार के होते हैं—

(A) **हल्के रेचक** (Luxatives)—ये वे रेचक पदार्थ हैं जिनसे सादा दस्त होते हैं जैसे—ईसवगोल की भूसी, सीरा, हरा चारा, सल्फर आदि।

(B) **मृदु रेचक** (Simple Purgatives)—वे औषधियाँ हैं जो बिना ऐंठन किये (without griping) खुल कर दस्त ला देती हैं; जैसे—मैगनेशियम सल्फेट, सोडियम सल्फेट, कैलोमल, अमलतास (Amaltash) का गूदा आदि।

(C) **तीव्र रेचक** (Drastic Purgatives)—वे औषधियाँ जिन्हें खिलाये जाने पर ऐंठनयुक्त दस्त बार-बार आते हैं; जैसे—क्रोटन आयन, बेरियम क्लोराइड का इण्ट्रावेनस इन्जेक्शन आदि।

35. पोषक तत्व (Nutrients)—शारीरिक तन्तुओं का पोषण करनेवाले पदार्थ; जैसे—कॉड लिवर ऑयल, विटामिन्स, आलिव ऑयल आदि।

36. परिरक्षक (Preservative)—वे पदार्थ हैं जिनमें रखे जाने पर, रखे जाने वाले पदार्थ पर्याप्त समय तक बिना बिगड़े रखे रहते हैं। जैसे—फोर्मेलीन, नमक का घोल।

37. प्रशीतक (Refrigerant)—शरीर पर बाहर से लेप करने पर उसे ठंडक प्रदान करने वाली औषधियाँ। यथा—पिपरमेन्ट, बर्फ, अमोनियम क्लोराइड आदि।

38. बल्य (Tonics)—विभिन्न अंगों को जिन पर यह कार्य करती हैं, धीरे-धीरे शक्ति प्रदान कर उसे सामान्य दशा में ला देती हैं। जैसे—लाइकर आर्सेनीकेलिस (Liacar arsenicalis)।

39. उद्दीपक (Stimulants)—वे औषधियाँ हैं जोकि शरीर के विभिन्न अंगों को शक्ति प्रदान करती हैं; जैसे—ईथेनोल (Ethenol)।

- **याद रखिये—टॉनिक और स्टीमुलैंट्स में अन्तर केवल इतना है कि टॉनिक बहुत धीरे-धीरे अपना प्रभाव प्रकट करता है और यह प्रभाव अपेक्षाकृत अधिक समय तक चलता है। पर स्टीमुलैंट्स का प्रभाव यद्यपि कम समय पर ही कार्यशील होता है लेकिन यह तत्काल होता है।**

40. शामक (Sadative)—यह एक सामान्य पद (General term) है जिसमें मूल शामक (Anodynes) और निद्राबह (Narcotics) औषधियाँ सम्मिलित हैं जो स्नायु संस्थान (Nervous system) की अति उत्तेजना (Over excitability) को शान्त करती हैं।

41. दीपन (Stomachics)—वे औषधियाँ तथा पदार्थ हैं जो कि जठर रस (गैस्ट्रिक जूस) का बनना बढ़ाते हैं; जैसे—चिरायता, मसाले, ऐल्कोहॉल आदि।

42. लारास्त्राव वर्धक (Sialagogues)—वे औषधियाँ अथवा पदार्थ हैं जो कि लार (Saliva) को बढ़ाते हैं; जैसे—मरकरी (Mercury)।

◆◆◆

13

पशु-चिकित्सा में प्रयुक्त साधारण औषधियाँ (Common Medicines Used in Veterinary Science or Veterinary Practice)

1. बोरिक एसिड (Boric acid)—यह एक गंधहीन पदार्थ है जो सफेद रवेदार पाउडर के रूप में मिलता है जो चखने पर अम्लीय (एसीडिक-Acidic) और कड़वा (Bitter) होता है। यह 20 भाग ठंडे पानी, 3 भाग उबलते पानी, 4 भाग ग्लिसरीन अथवा 30 भाग (90%) ऐल्कोहॉल में घुलनशील है।

औषधीय क्रिया—यह एक नॉन-इरीटेण्ट एण्टीसेप्टिक, शोष (Desiccant), परिरक्षक (Preservative) और एण्टीजायमोटिक औषधि है।

उपयोग (Use)—बोरिक एसिड का प्रयोग कई कामों में आता है।

(A) **डस्टिंग पाउडर के रूप में**—घावों को सुखाने के लिये। पाउडर निम्न रूप में तैयार किया जा सकता है—

आइडोफार्म	—	1 भाग
बोरिक एसिड	—	2 भाग
जिंक ऑक्साइड	—	2 भाग

(B) **घोल के रूप में**—घावों को धोने के लिए (Antiseptic wash for wounds)—

बोरिक एसिड	—	0.5 gm
जिंक सल्फेट	—	0.12 gm
डिस्टिल्ड वाटर	—	30 ml

(C) **मलहम के रूप में**—फटे हुए थन (Cracked teats), छाजन और घावों पर लगाने के लिये—Boric Acid Ointment रूप में—

बोरिक एसिड	—	10 ग्राम
वैसलीन	—	90 ग्राम

नोट— इसका प्रयोग होंठ और जीभ के छालों पर भी होता है।

(D) **पेण्ट्स रूप में**—(बोरो ग्लिसरीन) बोरिक एसिड 30 ग्राम, ग्लिसरीन 70 ग्राम—होंठ और जीभ के छालों पर।

2. कार्बोलिक एसिड (Carbolic acid)/**फीनोल** (Phenol)—यह एक रंगहीन रवेदार पदार्थ है, जिसके रवे सूई के आकार के होते हैं। हवा में खुले रहने पर वायु से नमी ग्रहण कर लेते हैं और इसमें एक अजीब तरह की गन्ध आती है। स्वाद में मीठा और तिक्त है।

- ☐ कार्बोलिक एसिड का एक भाग तीन भाग पानी में घुलनशील है। इसके अतिरिक्त यह ऐल्कोहॉल, ईथर, क्लोरोफॉर्म एवं ग्लिसरीन में पूर्ण रूप से घुलनशील है।

इसकी क्रिया (Action)—

- ☐ ऊपरी प्रयोग में कार्बोलिक एसिड, कॉस्टिक, डिसइन्फेक्टेन्ट, एण्टीसेप्टिक डिओडोरेन्ट पैरासिटीसाइड और लोकल एनेस्थैटिक है।
- ☐ भीतरी प्रयोग में यह गैस्ट्रिक सैडेटिव, इन्टेस्टाइनल एण्टीसेप्टिक और एण्टीजाइमोटिक है।

औषधियाँ जो कार्बोलिक एसिड से तैयार होती हैं (Preparations)

(i) द्रव फीनोल (Liquefied Phenol)—800 भाग फीनोल में 200 भाग डिस्टिल्ड वाटर मिलाने से एक रंगहीन द्रव तैयार हो जाता है जो रखे रहने पर हल्के गुलाबी-रंग का हो जाता है।

- ☐ प्रयोग करने से पूर्व इसमें थोड़ी-सी ग्लिसरीन मिलाकर और फिर पानी डाल कर पतला कर लेते हैं। ऐसा करने से इसका Irritation गुण नष्ट हो जाता है।

इसकी औषधीय मात्रा इस प्रकार से है—

- ☐ घोड़ा (Horse)—1 c.c. से लेकर 1.75 c.c. तक।
- ☐ कैटल (गाय/भैंस)—1.75 से लेकर 3.55 c.c. तक।
- ☐ कुत्ता (Dog)—0.06 से लेकर 0.12 c.c. तक।

(ii) फीनोलयुक्त ग्लिसरीन (Glycerized Phenol)—420 ग्राम ग्लिसरीन में 80 ml फीनोल मिलाकर तैयार किया जाता है।

(iii) फीनोल युक्त तेल (Phenolated Oil)—5 भाग फीनोल में 95 भाग मूँगफली या अलसी का तेल मिलाकर तैयार किया जाता है।

उपयोग (Uses)—

- ☐ इसका 5% घोल घावों (wounds) के धोने में प्रयुक्त।
- ☐ 2% घोल शरीर के जूँ, खाज एवं पिस्सुओं को दूर करने में प्रयुक्त।
- ☐ कुत्तों द्वारा काटे घाव, अथवा साँप द्वारा काटे गये स्थान को जलाने के लिए शुद्ध फीनोल प्रयोग किया जाता है।

3. मेग-सल्फ/मेग्नीशियम् सल्फेट (Mag-sulph—Magnesium Sulphate)—यह एक रंगहीन, गंधहीन पदार्थ है जो रवों के रूप में मिलता है। यह स्वाद में ठंडा, नमकीन और कड़वा होता है। गर्म, शुष्क वायु में रखे जाने पर यह अपनी नमी खो देता है।

विलेयता: यह डेढ़ गुने पानी में घुलनशील है। 90% ऐल्कोहॉल में भी थोड़ा-थोड़ा घुलनशील है।

क्रिया (Action)—सेलाइन परगेटिव, आल्टरेटिव एवं फेब्रीफ्यूज है।

मात्रा (Dose)—

- ☐ परगेटिव रूप में : कैटिल के लिए: 260-400 ग्राम।
  कुत्तों के लिए: 3.55 ग्राम से लेकर 10.65 ग्राम।
- ☐ बुखार में : घोड़ा तथा कैटिल: 30-60 ग्राम
  कुत्तों के लिए—1 ग्राम।

उपयोग (Uses)—

- ☐ द्रव पैराफीन में घोल कर घाव पर लगाने के लिए प्रयुक्त।
- ☐ बुखार कम करने के लिए पोटैशियम नाइट्रेट (कल्मी शोरा के साथ)।

4. नौसादर (Ammonium Chloride)—यह एक रंगहीन, क्रिस्टलीय और पारदर्शक ठोस पदार्थ है, जो खुरदरा और भंगुर होता है। सूँघने पर गंधहीन और स्वाद में नमकीन होता है। गर्म करने पर यह बिना पिघले ही धुआँ देने लगता है।

विलेयता: यह तीन गुने पानी और 60 से 90 प्रतिशत ऐल्कोहॉल में घुलनशील है।

मात्रा (Dose)—● घोड़ा—8 ग्राम, कुत्ता—0.2 से 0.6 ग्राम, कैटिल—15 ग्राम।

क्रिया (Action)—● रैफ्रीजरेन्ट, इक्सपेक्टोरेन्ट, कोलेगाग, डाययूरेटिक।

उपयोग (Uses)—

- ☐ *लोशन के रूप में*—सूजन दूर करने के लिए। लोशन इस प्रकार से तैयार करें—नौसादर 30 ग्राम, पोटैशियम नाइट्रेट 30 ग्राम, पानी 600 मिली। प्रभावित भाग पर लगाकर पट्टी बाँध दें।
- ☐ *एक्सपैक्टोरेन्ट के रूप में*— नौसादार 15 ग्राम पाउडर शहद आवश्यकतानुसार—चटनी बनाकर, ऐसी 6 मात्राएँ प्रति 4 घंटे पर चटावें।
- ☐ *डाययूरेटिक (मूत्रल) औषधि के रूप में*—15 ग्राम गाय/भैंस अथवा घोड़े को दें।

5. पोटैशियम परमैंगनेट (Potassium Permanganate)—यह गहरे बैंगनी रंग के छोटे-छोटे इन्द्रधनुष कणों में मिलता है। यह एक गंधहीन पाउडर है जिसका स्वाद मीठा और कसैला होता है।

नोट: यह अपने से 20 गुने पानी में घुलनशील है। यह घोल गहरे बैंगनी रंग का होता है।

क्रिया (Action)—इसका प्रभाव एण्टीसेप्टिक, डिसइन्फेक्टेन्ट, डिओडोरेन्ट (Deodorant) एवं कॉस्टिक होता है।

उपयोग (Uses)—

- ☐ इसका 0.1% का घोल घावों के धोने में प्रयुक्त।
- ☐ साँप द्वारा काटे स्थान के निकट पोटैशियम परमैंगनेट 2% का घोल का इन्जेक्शन सर्वोत्तम एण्टीडोट के रूप में। यह साँप के जहर को ऑक्सीकृत कर देता है। साँप काटे के घाव के चारों तरफ त्वचा के नीचे (Subcustaneously) दिया जाता है।
- ☐ पिसा हुआ पोटैशियम परमैंगनेट बहुत थोड़ी मात्रा में छालों पर कॉस्टिक के रूप में प्रयोग करते हैं।
- ☐ घाव तथा आपरेशन के पूर्व सर्जन के हाथ विसंक्रमित करने के लिए हाथ धोने के वास्ते सर्वोत्तम एण्टीसेप्टिक है।
- ☐ यह अफीम, मार्फीन एवं एल्कोलोआइडल पायजन्स के लिए रासायनिक एण्टीडोट है। ऐसे विषों के प्रभाव को दूर करने के लिए पोटैशियम परमैंगनेट के जलीय घोल (0.1%) मिलाया जाता है।

6. पोटैशियम आयोडाइड (Potassium Iodide)—यह एक रंगहीन रवेदार पदार्थ है जो सफेद कणों युक्त पाउडर के रूप में मिलता है। गन्धहीन, स्वाद में नमकीन एवं कुछ कड़वा होता है। इसका एक भाग 7 भाग पानी में घुलनशील है।

विलेयता : यह अपने से दुगने भाग ग्लिसरीन और 12 गुने 90% ऐल्कोहॉल में भी घुलनशील है।

मात्रा (Dosage)—घोड़ा—4-8 ग्राम, कैटिल—8-15 ग्राम, कुत्ता—0.2 से 0.6 ग्राम। भोजन अथवा नाल के द्वारा।

उपयोग (Uses)—

- ☐ लुगाल्स आयोडीन एवं टिंचर आयोडीन बनाने में प्रयुक्त।
- ☐ आयोडेक्स का निर्माण आयोडीन + वैसलीन के साथ।
- ☐ पशुओं में आयोडीन की कमी होने पर दुधारू पशुओं को मिनरल मिक्स्चर के रूप में।

7. तूतिया/नीलाथोथा (Copper sulphate)—यह बड़े कणों वाला नीला पदार्थ है। यह स्वाद में कसैला होता है।

विलेयता : यह उबलते हुए पानी में घुलनशील है।

क्रिया (Action)—यह कृमिहर (Anthelomintic), दाहक (Caustic), वमनकारी (Emetic) तथा परजीवीनाशक (पैरासिटीसाइड) है।

उपयोग (Uses)—

- ☐ पेट के कीड़े (Worms Infection) मारने में इसका 01.0% गाय भैंस को 300 मि.ली. तथा भेड़ को 100% घोल।
- ☐ खुरपका रोग में फुट-वाथ में 1% का घोल प्रयुक्त।
- ☐ यदि बहुत से पशुओं को एक ही साथ खुरपका, मुँहपका का रोग हो गया हो, तो सब रोगी पशुओं को 1% तूतिया घोल में पाद स्नान (Foot Bath) देना चाहिये।
- ☐ 1.0% घोल गाय/भैंस को 300 मि.ली. तथा भेड़ को 100 मि.ली. पिलाना चाहिये।
- ☐ रक्तवर्धक (हीमोटिनिक) रूप में—गाय, भैंस अथवा घोड़े को 0.3 से 0.6 ग्राम प्रतिदिन दें।
- ☐ एण्टीसेप्टिक एवं पैरासिटीसाइड रूप में—रिंग वर्म, हार्ड एण्ड हार्नी वार्ट्स, कार्नस आदि मनुष्यों के विकार में।
- ☐ इण्टेस्टाइनल एस्ट्रिन्जेंट रूप में—अफीम के साथ डायरिया में।
- ☐ पानी में उपस्थित घोंघों को मारने के लिए—कॉपर सल्फेट 50 ग्राम को 1 लीटर पानी के हिसाब से तालाब में डालना चाहिये।

8. कलमी शोरा (पोटैशियम नाइट्रेट—(Potassium nitrate)—सफेद कणदार पाउडर अथव रंगहीन क्रिस्टल्स होते हैं। स्वाद में नमकीन तथा ठंडा होता है।

विलेयता : यह अपने से चार गुने पानी में घुलनशील होता है।

मात्रा (Dosage)—घोड़ा 2-8 ग्राम, कैटिल 8 ग्राम, कुत्ता 0.12-0.6 ग्राम।

भोजन/पीने के पानी में अथवा नाल (haust) से।

क्रिया (Action)—
- ठंडा पहुँचाने वाला (Externally-Refrigerant)
- आन्तरिक रूप में—आल्टरेटिव, फेब्रीफ्यूज, मूत्रल एक्सपेक्टोरेण्ट, डायोफोरेटिक, एल्कलाइजर ऑफ यूरिन।

उपयोग (Uses)—

- ☐ बुखार कम करने तथा रुके पेशाब को उतारने के लिये गाय/भैंस को 8 ग्राम देना चाहिये।
- ☐ कल्मी शोरा 28 ग्राम, अमोनियम क्लोराइड 28 ग्राम, पानी 568 मि.ली. इन सबसे तैयार लोशन चोट, मोंच, सूजन में प्रयोग आता है।

- ☐ घोड़ों, गाय, बैलों को बुखार में तथा न्यूमोनिया में इसे अमोनियम क्लोराइड, मैगसल्फ के साथ दिया जाता है।

9. खड़िया (चॉक—Chalk/Calcium carbonate)—सफेद रंग का Friable Masses अथवा पाउडर, कोई स्वाद नहीं।

विलेयता: पानी में घुलता नहीं पर हाइड्रोक्लोरिक एसिड में घुलनशील।

मात्रा (Dose)—घोड़ा 30–60 ग्राम, कैटिल 60–125 ग्राम, कुत्ता 0.5–2 ग्राम।

- ● पाउडर, चटनी अथवा हास्ट (नाल द्वारा मुख से) के रूप में।

क्रिया (Action)— ● बाह्य रूप में—डेसीकेन्ट (सुखाने वाला) एवं एस्ट्रिन्जेन्ट।
● आन्तरिक रूप में—स्लो एक्टिंग एन्टीसेप्टिक एवं इण्टेस्टाइनल एस्ट्रिन्जेन्ट।

उपयोग (Uses)—

- ☐ पेचिस और दस्तों में—खड़िया 28 ग्राम, कत्था 10 ग्राम, सोंठ 10 ग्राम।
- ● उपरोक्त मात्रायें पीसकर चावल के मांड़ में दिन में दो बार।

10. फिटकरी (एलम—Alum)—यह एक रंगहीन पदार्थ है जिसका स्वाद मीठा एवं कसैला (Astringent) होता है।

विलेयता : यह 7 भाग पानी में घुलनशील है।

क्रिया (Action)—यह स्तम्भक तथा एण्टीसेप्टिक है। यह द्रवों को जमाती है तथा तन्तुओं को संकुचित करती है।

उपयोग (Uses)—

- ☐ खून बहना रोकने के लिए उपयुक्त औषधि। यह श्लैष्मिक झिल्ली को सिकोड़ती है।
- ☐ आँख धोने, गर्भाशय प्रदाह (Inflammation of uterus), सर्दी और मुख प्रदाह (स्टोमेटाइटिस—Stomatitis) में फिटकरी का 2-8% घोल प्रयोग किया जाता है।
- ☐ भीतरी रक्त प्रवाह को रोकने के लिये फिटकरी सेवन कराई जाती है।
- ☐ घावों से बहते रक्त को रोकने के काम आती है।
- ☐ गर्भाशय के सूजन में प्रयुक्त।

11. रेंडी का तेल (Castor oil—Oleum ricini)—यह एक लसलसा, रंगहीन अथवा हल्का पीला पदार्थ है जिसमें थोड़ी सी गन्ध आती है। प्रारम्भ में स्वादहीन लगता है लेकिन तत्काल बाद यह अरुचिकर लगने लगता है।

विलेयता : यह अपने से साढ़े तीन गुने 90% ऐल्कोहॉल में घुलनशील है।

मात्रा (Dose)—घोड़ा एवं कैटिल—0.6–1.2 लीटर, बछड़ों एवं बछेड़ी में 8–30 मि.ली।

क्रिया (Action)—परगेटिव एवं कुछ एस्ट्रिन्जेन्ट भी।

उपयोग (Uses)—

- ☐ पशुओं की आँख में किसी चीज के गिर जाने पर शुद्ध अंडी के तेल की कुछ बूँदे आँख में डालें।
- ☐ परगेटिव के रूप में—अण्डी का तेल गाय, बैल, भैंस, बछड़ों, घोड़ों के बच्चों (Foals) एवं कुत्तों को।
- ☐ डायरिया, डिसेन्ट्री एवं इन्टेराइटिस की Initial Stage में। इससे उत्पन्न श्लेष्मा (Mucus) निकलता है।

- डायरिया एवं डिसेन्ट्री की गम्भीर स्थिति में क्लोरोडीन के साथ।
- जीर्ण मलावरोध (Chronic Constipation) की स्थिति में लाभकर नहीं।
- कुत्तों में इन्डाइजेशन से उत्पन्न डायरिया में—आयल रिसीनी (अंडी का तेल) 4 ग्राम, आलिव ऑयल 4 ग्राम, स्पिरिट ईथर नाइट्रोसाई 10 बूँद, आयल मेन्थापिप 1 बूँद, मिलाकर मुख से पिलावें।
- कुत्तो में डिसेन्ट्री की स्थिति में—टिंचर ओपियम 10 बूँद, आयल रिसीनी 1 ग्राम मिलाकर मुख से दें।

12. सोडा बाई-कार्ब (Sodium bi-carbonate)—छोटे-छोटे कणों के रूप में अथवा पाउडर रूप (Form) में आता है। यह रंगहीन और स्वाद में नमकीन होता है। इसे खाने वाला सोडा भी कहते हैं।

विलेयता : यह 11 गुने पानी में घुलनशील है।

क्रिया (Action)—एण्टेसिड, हल्का सैडेटिव एवं एक्सपेक्टोरेन्ट। त्वचा के लिये हल्का सेडेटिव भी है।

उपयोग (Uses)—

- पाचक तथा पेट की अम्लीयता (Acidity) को दूर करता है।
- 1% घोल आँख तथा मुँह धोने में।
- 2% घोल जले-कटे स्थानों पर प्रयुक्त।
- कामला (Jaundice) में उचित मात्रा में।
- गठिया-वाय (rheumatism) में सोडा बाईकार्ब को सोडा सैलीसिलास के साथ दें।
- इसे बुखार में मिक्स्चर रूप में निम्न प्रकार दें—

सोडा बाई-कार्ब 14 ग्राम, पोटैशियम ऐसीटेट 14 ग्राम, पानी 113 मि.ली.। ऐसी एक मात्रा प्रति 5 घण्टे पर 6 बार दें।

13. हींग (एसाफटीडा—Asafoetida)—वह गोल अथवा चपटे डलों के रूप में पाया जाता है जो हल्के-पीले अथवा सफेद रूप में पाया जाता है। इसे गुनगुने पानी में घोलने पर दूधिया घोल बनता है तथा तीखी गंध एवं स्वाद कड़वा होता है।

क्रिया (Action)—

- बाह्य रूप में—उत्तेजक (Irritant), प्रतिपूतिज (Antiseptic), गंधनाशक (Deodorant) तथा घावों में लिये उद्दीपक (Stimulant) है।
- भीतरी प्रयोग में—स्टीमुलेन्ट, कार्मीनेटिव, एण्टीसेप्टिक और एक्सपेक्टोरेंट है।

उपयोग (Uses)—

- 20% का घोल घावों को धोने के लिए। 'यह टिंचर एसाफटीडा' के रूप में आता है।
- अफारा में कार्मीनेटिव मिक्स्चर के रूप में। निम्न प्रकार से—
- टिम्पनाइटिस में—हींग 30 ग्राम, आयल टरपेन्टाइन 30 मि.ली., अलसी अथवा सरसों का तेल 250 मि.ली. ऐसी 1 मात्रा तत्काल मुख से दें।

14. कपूर (कैम्फर/Camphor)—यह एक रंगहीन, पारदर्शक कणों वाला पदार्थ है जिसमें एक विशेष प्रकार की गन्ध आती है। स्वाद पहले कड़वा फिर तीखा एवं अन्त में ठंडा लगता है। अत्यधिक ज्वलशील और खुला रखने पर उड़ जाता है।

क्रिया (Action)—

1. **बाह्य रूप में**—एण्टीसेप्टिक, स्टीमुलेण्ट, कीटनाशक, रुबीफेसेन्ट (Rubefacient)।

2. **भीतरी प्रयोग में**—कार्मीनेटिव, एण्टीस्पाज्मोडिक, गैस्ट्रिक स्टीमुलेन्ट, कार्डियक स्टीमुलेन्ट (Direct or reflex), रेस्पाइरेटरी स्टीमुलेन्ट, एनालेप्टिक स्टीमुलेन्ट, माइल्ड डायाफरोटिक, वैसोडायलेटर, माइल्ड एण्टीपायरेटिक, सेरीब्रल एवं स्पाइनल स्टीमुलेन्ट, इन्टेस्टाइनल एस्ट्रिन्जेन्ट (डायरिया की स्थिति में)। अधिक मात्रा में एण्टीगेलैक्टा गाज (दुग्ध उत्पादन कम करने वाला)।

- **यह एक सदाबहार पेड़ की लकड़ी से आसवन** (Distillation) **विधि द्वारा प्राप्त किया जाता है। इसे संश्लेषण विधि से भी बनाया जाता है।**
- **यह शीघ्र उड़ जाता है। अतः इसे डिब्बे में लौंग के साथ बंद करके रखना चाहिये।**

मात्रा (Dosage)—घोड़ा-4-12 ग्राम, कैटिल 8-15 ग्राम, कुत्ता—0.12–0.6 ग्राम।

उपयोग (Uses)—

□ छाले और घावों पर लगाने के लिये—एण्टीसेप्टिक डस्टिंग पाउडर के रूप में।
कपूर 3.55 ग्राम, जिंक ऑक्साइड 7.10 ग्राम, कार्बोलिक एसिड 3.55 ग्राम, बोरिक एसिड 226 ग्राम, फिटकरी 7.10 ग्राम।

□ **ऐसे घाव जिनमें कीड़े पड़ गये हों**—तुलसी दल के साथ पीसकर घाव में भर दें और ऊपर से पट्टी बाँध दें।

□ **छाजन और आर्टीकेरिया में इस प्रकार से**—कपूर 3.55 ग्राम, स्टार्च 14.20 ग्राम और जिंक आक्साइड 14.20 ग्राम—मिलाकर डस्टिंग पाउडर के रूप में।

□ **चोट/मोच/गठिया/पशुओं के मैस्टाइटिस रोग में**—200 भाग कपूर को 800 भाग मूँगफली के तेल में मिलाकर (लिनीमेन्ट) लेप के रूप में।

नोट—यह लिनीमेन्ट ब्रान्काइटिस तथा न्यूमोनिया में छाती पर मालिश के लिए लाभकर होती है।

□ **घोड़ों के कालिक दर्द (Colic Pain) तथा गाय-बैल में अफारा (टिम्पेनाइटिस) होने पर निम्न रूप में**—कपूर 3.55 ग्राम, अजवाइन 3.55 ग्राम, हींग 3.55 ग्राम, कालीमिर्च 3.55 ग्राम, सनई 3.55 ग्राम, अर्क 1.23 ग्राम, पानी कुल 184 सी.सी. (c.c.)।
- इसे 25 ग्राम की मात्रा में पशु को खिलावें।

□ **सर्दी और जुकाम में**—ईथर या जैतून के तेल में 1 : 4 के अनुपात में मिलाकर घोल रूप में पिलावें।

□ **डायरिया—डिसेण्ट्री एवं इन्टेराइटिस में**—टिंचर कैम्फर कम्पाउण्ड के रूप में।

15. सुहागा (बोरेक्स—Borax)—यह एक रंगहीन, कणदार पाउडर के रूप में होता है एवं गन्धहीन, मीठे तथा खट्टे स्वाद वाला होता है।

क्रिया (Action)—एण्टीसेप्टिक।

प्रयोग (Uses)—

□ आँखें धोने के लिए लोशन के रूप में। निम्न प्रकार से—
सुहागा 1.6 ग्राम, सोडियम बाई कार्बोनेट 1.6 ग्राम, डिस्टिल्ड वाटर 100 मि.ली.।

□ मुँह के छालों में ग्लिसरीन के साथ मिलाकर स्थानीय प्रयोगार्थ।

16. एक्रीफ्लेवीन (Acriflavine)—यह नारंगी अथवा लाल रंग का रवेदार चूर्ण होता है। यह गंधहीन पदार्थ है जिसका स्वाद अम्लीय होता है। इसका जलीय घोल पीले रंग का होता है।

- एक्रीफ्लेवीन का एक भाग, 3 भाग पानी में घुलनशील है।

- 99% ऐल्कोहॉल एवं ग्लिसरीन में भी घुलनशील।
- ईथर, क्लोरोफॉर्म तथा उड़ने वाले सभी तेलों में भी घुलनशील।

क्रिया (Action)—एक्रीफ्लेवीन एक एण्टीसेप्टिक एवं नॉन-इरीटेटिंग पदार्थ है। यह एण्टीसेप्टिक क्रिया में कार्बोलिक एसिड की अपेक्षा 800 गुना अधिक शक्तिशाली है।

उपयोग (Uses)—

- ☐ **एण्टीसेप्टिक रूप में**—यह जलीय घोल के रूप में प्रयोग किया जाता है। यह जलीय घोल, 1 भाग एक्रीफ्लेवीन को 1000 से 2000 भाग डिस्टिल्ड वाटर में मिलाकर प्रयोग होता है।
- ☐ **घावों, छालों, जले घावों और सूजन में**—कॉडलिवर-ऑयल के साथ 0.1% एक्रीफ्लेवीन मिलाकर लिनीमेन्ट रूप में।
- ☐ **दुखती आँखों में**—एक्रीफ्लेवीन 0.1% गुलाब जल घोल को ड्राप रूप में।
- ☐ **घावों में**—एक्रीफ्लेवीन के 0.1% जलीय घोल से धोकर गाज को एक्रीफ्लेवीन लोशन में भिगोकर घाव में भर दें और रुई रखकर पट्टी बाँध दें।
- **नार्मल सैलाइन में घोल, घाव में भरने वाली गाज भिगोने के काम आता है।**

17. तापीन का तेल (Turpentine Oil)—यह स्वच्छ, चमकीला एवं रंगहीन द्रव है। इसमें विशेष प्रकार की गंध तथा स्वाद तीखा एवं कड़वा होता है। खुला रखने पर अधिक तीखा तथा रंग पीला पड़ जाता है।

क्रिया (Action)—

बाह्य रूप में—एण्टीसेप्टिक, डिसइन्फेक्टेन्ट, पैरासिटीसाइड, रिप्लेन्ट ऑफ फ्लाई, रूबीसेन्ट, एवं लोकल हीमोस्टेटिक्स।

भीतरी प्रयोग में—सैलागॉग गैस्ट्रिक स्टीमुलेन्ट, एण्टीसेप्टिक, एण्टीजाइमोटिक, कार्मीनेटिव, डाईयूरेटिक यूरीनरी एण्टीसेप्टिक, इक्सपेक्टोरेण्ट, एन्थिलमेटिक एवं इंटरनल हीमोस्टेटिक्स।

मात्रा (Dose)—

- कार्मीनेटिव—थोड़ा और कैटिल—30-60 मिली.
- **एन्थिलमेन्टिक**—घोड़ा और कैटिल—60-125 मिली.
- **डाइयूरेटिक** (मूत्रल)—कुत्ता (Dog)—2.4 मिली. घोड़ा और कैटिल—8-24 मिली.

नोट—ब्लेण्ड ऑयल अथवा दूध अथवा गोंद के गाढ़े घोल मिलाकर दिया जाता है।

उपयोग (Uses)—

- ☐ **आकस्मिक घाव, फुटरॉट में**—तारपीन के तेल का उपयोग किया जाता है।
- ☐ **दाद तथा सोरियोसिस में**—पैरासिटीसाइड रूप में तारपीन तेल का उपयोग लाभकर होता है।
- ☐ **मक्खियों को भगाने के लिये** (Fly repellant)—गाय/बैल तथा भेड़ों में लार्वा (मैगट्स) को भगाने के लिये इसका स्थानीय प्रयोग होता है।
- ☐ **सूजन, कंट्यूजन्स** (Contusions), **मोच, जोड़ों के विकार, न्यूरेल्जिया, मायाल्जिया, एक्यूट एवं क्रानिक इन्फ्लेमेटरी अवस्थायें**—टेंटरपेन्टाइन आयल को लिनीमेन्ट रूप में (Liniment teribinth) प्रयोग में लाया जाता है।
- ☐ **एण्टीजायमोटिक/एण्टीस्पाज्मोडिक तथा कार्मीनेटिव रूप में**—तारपीन का तेल 60 मिली., स्पिरिट अमोनिया एरोमेट 60 मिली., अलसी का तेल 250 मि.ली. मिलाकर मुख द्वारा तत्काल दें।

- ☐ **पेट फूलने तथा दर्द की स्थिति में—तारपीन का तेल 60 मिली., लाइकर अमोनिया डायलूट** 1.5 **मिली., फीनोल लिक्विड** (Carbolic acid) 1.5 **मि.ली. ड्राम, अलसी का तेल। पाइन्ट मिलाकर तत्काल पिला दें।**

  नोट— यदि दर्द अधिक गम्भीर हो तो क्लोरल हाइड्रेट 0.25 ग्राम (1 औंस) उपरोक्त मिक्स्चर में मिलाकर, थोड़ा गोंद का घोल शामिल कर खूब हिलाकर तत्काल पिला दें।

- ☐ **राउंड वर्म्स एस्केरिस, टेपवर्म्स उपयोगार्थ—**तारपीन तेल 60 मिली. को अलसी का तेल मिलाकर दें।
- ☐ **क्रानिक ब्रोन्काइटिस, नेजल कटार तथा श्वसन संस्थान की अन्य शोधयुक्त अवस्था में—**तारपीन तेल 30 मिली. को उबलते पानी में रोगी पशु को नाक के नीचे (नथुनों में) वाष्प (Inhalation) सुँघायें।

18. कत्था (केटेचू/Catechu)—यह हल्के भूरे अथवा लाल रंग के ढेलों के रूप में बाजार में मिलता है। यह अन्दर से रंध्रयुक्त (Porous) और तोड़ने पर भुरभुरा हो जाता है। खाने पर पहले कड़वा/तीखा लगता है और बाद में मीठा।

विलेयता : उबलते हुए पानी में यह पूर्ण रूप से घुल जाता है।

मात्रा (Dose)—
- घोड़ा—4-8 ग्राम।
- कैटिल—8-24 ग्राम।
- कुत्ता—0.3-1 ग्राम।

क्रिया (Action)—इन्टेस्टाइनल एस्ट्रिन्जेन्ट एवं एक्सटरनल एस्ट्रिन्जेन्ट भी।

उपयोग (Uses)—

- ☐ **पतले दस्तों तथा काक्सीडियोसिस में—**खड़िया के साथ मिश्रण रूप में। कत्था 7.10 ग्राम, अदरक 3.55 ग्राम, खड़िया 14.20 ग्राम, बेलगिरी 7.10 ग्राम, सबको मिलाकर कूट-पीसकर ऐसी 1-1 मात्रा प्रातः व सायं चावल के माँड़ में।

19. ग्लिसरीन (Gylcerine)—यह स्वच्छ रंगहीन, गंधहीन, आर्द्रताग्राही शर्बती द्रव्य है। स्वाद में मीठा होता है।

विलेयता : यह पानी अथवा 90% ऐल्कोहॉल में मिल जाता है।

क्रिया (Action)—एन्टीसेप्टिक एवं हल्का दस्तावर (लक्जेटिव)।

मात्रा (Dose)—रेक्टम द्वारा एनीमा के रूप में-घोड़ा 300 एम.एल. एक-तिहाई जल के साथ।

क्रिया (Action)—सोल्वेण्ट, वेहीकल, इमेलिएण्ट, डिमलसेन्ट, एण्टीसेप्टिक।

विस्तार से—लक्जेटिव।

उपयोग (Uses)—

- ☐ कब्ज तोड़ने के लिए इसमें एक-तिहाई पानी मिलाकर पशु को पिलावें अथवा एनीमा के रूप में दें।
- ☐ मुँह के छालों में बोरो-ग्लिसरीन के रूप में स्थानीय प्रयोगार्थ।
- ☐ कुत्तों में मलावरोध (कॉस्टीपेशन की स्थिति) होने पर ग्लिसरीन सपोजीटरी रूप में गुदा में 1-2 वर्ती लगावें।

20. चिरायता (Chirayta)—रंग भूरा तथा स्वाद में कड़वा होता है।

मात्रा (Dose)— • पाउडर रूप में—घोड़ा और कैटिल—15-30 ग्राम।
• कुत्ता—0.30 से 0.60 ग्राम।

क्रिया (Action)—बिटर स्टोमेकिक एवं ज्वर उतारने वाला (फेब्रीफ्यूज)।

उपयोग (Uses)—

□ बुखार को उतारने के लिए, चिरायते का उपयोग क्विनीन के समान।

□ पेट की गड़बड़ी में अन्य औषधियों के साथ मिलाकर टॉनिक के रूप में।

21. गंधक (सल्फर/Sulphur)—यह पीले रंग का ठोस पदार्थ है जिसमें हल्की गन्ध होती है। गन्ध प्रायः अरुचिकर नहीं। यह एक स्वादहीन पदार्थ है। जलाये जाने पर यह नीले रंग की लौ से जलता है और सल्फर डाइ-आक्साइड बनती है।

विलेयता : • पानी और ऐल्कोहॉल में नहीं घुलती है।
• तारपीन के तेल में कुछ-कुछ घुलनशील है।

मात्रा (Dose)—• **लक्जेटिव** 1. घोड़ा—30-60 ग्राम।
2. कैटिल—90-125 ग्राम।
3. कुत्ता—1-8 ग्राम।

• **आल्टरेटिव**—उपरोक्त की एक-चौथाई मात्रा।

नोट— इसका प्रयोग पाउडर रूप में होता है।

क्रिया (Action)—इन्सेक्टीसाइड, डिसइन्फेक्टेन्ट, पैरासिटीसाइड, लक्जेटिव एवं आल्टरेटिव।

उपयोग (Uses)—

□ **खुजली में**—वैसलीन मिलाकर मरहम के रूप में।

□ **दाद, खाज, खुजली, एक्जीमा में**—पैरासिटीसाइड लिनीमेन्ट रूप में।

□ **कुत्तों की खाज-खुजली में**—सल्फर सब्लीमेटम 30 ग्राम, जिंक आक्साइड 30 ग्राम, अलसी का तेल 250 ग्राम, **लिनीमेन्ट** बनाकर शरीर पर लगावें।

गोल्डन लोशन के रूप में भी—सल्फर सब्लीमेटम 250 ग्राम, चूने का पानी (Quick Lime) 400 मिली., जल 2.5 लीटर। गरम कर लोशन बनाकर प्रभावित भाग पर प्रयोग करें।

□ **प्रोलेप्स ऑफ रेक्टम, बवासीर (बछेड़ियों में, बछड़ों एवं कुत्तों में)**—सल्फर का प्रयोग हल्के दस्तावर (Luxative) के रूप में प्रयुक्त।

□ **एक्जीमा, क्रानिक रियूमेटिक्स एवं क्रानिक ब्रोन्काइटिस में**—घोड़ों, गाय/बैल, भैंस आदि में सल्फर सब्लीमेटम 2 ग्राम, सोडा-बाईकार्ब 2 ग्राम, मैगसल्फ 30 ग्राम, मिलाकर एक मात्रा पाउडर रूप में। ऐसी 12 मात्राएँ एक-एक मात्रा दिन में दो बार आहार में।

अथवा—सल्फर सब्लीमेटम 2 ग्राम, सोडा बाईकार्ब 2 ग्राम, फैरीसल्फ 1 ग्राम, अलसी पाउडर 2 ग्राम, मैगसल्फ 30 ग्राम-एक मात्रा। ऐसी 12 मात्रायें एक-एक मात्रा दिन में 2 बार आहार के साथ।

22. सोंठ (जिन्जर—Ginger)—हरी अवस्था में इसे 'अदरक' और सूखी अवस्था में 'सोंठ' कहते हैं। यह बाजार में बादामी रंग के गांठ रूप में उपलब्ध होती है। स्वाद कुछ मीठा, चरपरा होता है।

उपयोगिता : प्रायः सोंठ का प्रयोग पशु औषधि में गाँठ के रूप में होता है।

क्रिया (Action)—स्टीमुलेंट, सैलागॉग स्टोमेकिक कार्मीनेटिव।

उपयोग (Uses)—

□ **पाउडर रूप में**—इसका प्रयोग अन्य औषधियों के साथ पशु की भूख बढ़ाने, दस्त कम करने तथा ब्याने के बाद गर्भाशय साफ करने के लिए किया जाता है।

- ☐ **इन्फेक्शन ऑफ दी रूमेन में**—पल्व जिंजर 15 ग्राम, पल्व नक्स 4 ग्राम, मैगसल्फ 250 ग्राम, एक्वा (जल) 900 मिली.। मिलाकर मुख द्वारा तत्काल पिलावें।
- ☐ **घोड़े के स्पाजमोडिक कॉलिक में**—पल्व जिंजर 6 ग्राम, हींग 6 ग्राम, कपूर 6 ग्राम, तम्बाकू 6 ग्राम। ऐसी एक मात्रा 600 मिली. ग्रूअल के साथ दें।
- **500 भाग जिंजर को 10000 भाग 90% ऐल्कोहॉल में मिला देने पर जिंजर का टिंचर (Tinct. ginger) बन जाता है।**

नोट— जिंजर आमाशय, जिगर और पाचन शक्ति को बल देता है। यह भूख को बढ़ाकर पेट की गैस बाहर निकालता है और उत्तेजना उत्पन्न करता है।

मात्रा (Dose)—● घोड़ा—14-28 ग्राम तक, ● कैटिल—28-56 ग्राम तक, ● कुत्ता—1 ग्राम, ● भेड़-बकरी—1-5 ग्राम।

23. आयोडीन (Iodine)—यह भारी, गहरा नीला भंगुर पदार्थ है जिसमें धातुई चमक पायी जाती है। इसमें एक विशेष प्रकार की गंध होती है और साधारण ताप पर भी उड़ जाती है।

- आयोडीन काले रंग का बड़े-बड़े कण के रूप में मिलता है।
- कागज, कपड़ा उसके सम्पर्क में आने पर तुरन्त जल जाता है।

विलेयता : आयोडीन ऐल्कोहॉल में घुलनशील है।

क्रिया (Action)—● एब्जोरबेन्ट, एण्टीसेप्टिक, पैरासिटीसाइड, डिसइन्फेक्टेंट एवं एक्सपेक्टोरेन्ट है। ● यह त्वचा को जीवाणु रहित करता है।

उपयोग (Uses)—टिंचर आयोडीन तथा आयोडीन मलहम बनाने में।

- ☐ **इण्ट्रोट्रेकियल इन्जेक्शन के रूप में**—आयोडीन 1 भाग, पोटैशियम आयोडायड 5 भाग, पानी 100 भाग।

मात्रा—इण्ट्राट्रेकियल—घोड़ा कैटिल—8-15 मि.ली.।

- ☐ **आयोडीन आयन्टमेन्ट रूप में चोट, मोच, सूजन आदि के उपयोगार्थ**—आयोडीन 1 भाग, पोटैशियम आयोडाइड 1 भाग, ग्लिसरीन 1 भाग, लेनोलिन (वैसलीन) 8 भाग। कैटिल में 10% आयन्टमेन्ट प्रयोग आता है।
- ☐ **सेप्टिक ऊँड्स (विसंक्रमित घाव), पायमिया, स्ट्रेप्टोकोकल इन्फेक्शन, हीमोरेजिक सेप्टीसीमिया** (H.S.), **वायरस डिजीज (फुट एण्ड माउथ डिजीजरिण्डरपेस्ट एवं सोरिएसिस तथा एक्जीमा में)**—लुगाल्स आयोडीन इन्जेक्शन रूप में लाभकर है।
- ☐ **घोड़ों के स्पेविन** (Spavin) **रोग में**—लुगाल्स आयोडीन 15-30 बूँद का इन्जेक्शन प्रभावित भाग में।

24. गैमेक्सीन (Gammexane/Gamma Benzene hexa chloride)—यह एक सफेद ठोस अथवा पाउडर रूप में मिलती है। यह पानी में नहीं घुलती है।

विलेयता : पर ऐल्कोहॉल में घुलनशील है। मिट्टी के तेल तथा क्लोरोफॉर्म में भी घुल जाती है।

क्रिया (Action)—इन्सेक्टीसाइड एवं पौरासिटीसाइड। यह डी.डी.टी. के समान है पर उससे अधिक क्रियाशील है।

उपयोग (Uses)—

- ☐ **जूँ, चीलर, किलनी, मेन्ज, माइट्स, मक्खियों के लार्वा के विनाश में**—गेमैक्सीन डस्टिंग पाउडर, एक्वस सस्पेन्शन, इमल्शन्स, क्रीम अथवा ऐल्कोहॉलिक सोल्यूशन रूप में।

- **घरों तथा पशुशालाओं की सफाई के लिये**—गेमैक्सीन का 5% घोल मिट्टी के तेल में तैयार कर छिड़कें।
- **पशुओं पर छिड़कने के लिये**—4 से लेकर 10 प्रतिशत धूल पशुओं पर छिड़कना लाभकर होता है।
- **मक्खी, मच्छर, पिस्सू, जुएँ तथा खटमल नष्ट करने के लिये**—गेमैक्सीन का प्रयोग पाउडर रूप में अथवा गरम जल में मिलाकर।

25. अलसी का तेल (Linseed Oil)—यह अलसी के बीजों को पेरने से तैयार होता है। यह गंधयुक्त, स्वाद में तीक्ष्ण एक औषधि है। इसे हिन्दी में 'तीसी' का तेल भी कहते हैं। यह हवा में रखने पर गाढ़ा हो जाता है।

विलेयता : यह 90% ऐल्कोहॉल में घुलनशील है।

क्रिया (Action)—परगेटिव, लक्जेटिव, डिमल्सेन्ट, वेहीकिल (Vehicle), पोषक (Nutritive) अलसी की खली में प्रोटीन पर्याप्त मात्रा में होती है।

उपयोग (Uses)—

- ऐंठन एवं वायु दर्द में उपयोगी।
- खिलाने से त्वचा चमकीली हो जाती है।

अन्य विशिष्ट उपयोग—

- *घोड़ों के कॉलिक में*—अलसी का तेल + क्लोरल हाइड्रेट्स-मिलाकर दें।
- *कब्ज की स्थिति में*—घोड़ा तथा बैल के लिये परगेटिव रूप में।

  सावधान— कुत्तों में परगेटिव हेतु उपयुक्त नहीं।
- *पशु के जल जाने पर कैरन आयल (Carron oil) रूप में*—चूने का पानी + अलसी का तेल बराबर-बराबर मिलाकर लगावें।
- *घोड़ा, गाय, बैल की सूजन युक्त अवस्थाओं में*—लिनसीड पुल्टिस का प्रयोग लाभकर। ***इसे इस प्रकार से तैयार करें***— अलसी के बीजों का आटा, घी अथवा तेल में छोंककर गुनगुना बाँधें और हर 6 घण्टे पर बदलते रहें। (counter-irritant प्रभाव होने पर मस्टर्ड पाउडर 9 भाग, लिनसीड मील 16 भाग मिलाकर पुल्टिस रूप में प्रयोग करें।

26. जिंक ऑक्साइड (Zinc oxide)—यह सफेद गन्धहीन, स्वादहीन चिकना पाउडर होता है।

- यह पानी में घुलनशील नहीं है।

क्रिया (Action)—एण्टीसेप्टिक एवं एस्ट्रिन्जेन्ट। यह एक उत्तम डेसीकेट भी है। यह केलेमाइन लोशन के अन्तर्गत प्रयोग आता है।

उपयोग (Uses)—

- *दाद और चर्म रोगों में मरहम के रूप में*—जिंक आक्साइड + वैसलीन समान मात्रा में।
- *एक्जीमा, बाहरी घाव, इरीथेमा एवं जले में*—डस्टिंग पाउडर अथवा एस्ट्रिन्जेन्ट एवं सैडेटिव रूप में उपयुक्त।

औषधि रूप

(i) **डस्टिंग पाउडर**—जिंक आक्साइड 4 ग्राम, टाल्क (Talc) 4 ग्राम, एमाइली 8 ग्राम। इस डस्टिंग पाउडर को घाव पर लगावें।

(ii) **एस्ट्रिन्जेंट एवं सैडेटिव लिनीमेन्ट**—जिंक ऑक्साइड 4 ग्राम, एडीपिस लेनाई हाइड्रस 4 ग्राम, लिक्विड केल्सिस 30 ग्राम, ऑलिव आयल 30 ग्राम लिनीमेन्ट बनाकर।

(iii) **घावों पर एण्टीसेप्टिक पेस्ट रूप में**—जिंक ऑक्साइड 4 ग्राम, आइडोफॉर्म 4 ग्राम, लिक्विड पैराफिन आवश्यकतानुसार। इसे प्रभावित भाग पर लगावें।

● इसे Z.P.P. के नाम से जाना जाता है।

27. फिनायल (Phenyle)—काला बादामी रंग का गाढ़ा तरल है। इसमें एक विशेष प्रकार की तीव्र गन्ध होती है।

क्रिया (Action)—एण्टीसेप्टिक, डिसइन्फेक्टेन्ट, डिओडोरेन्ट, पैरासिटीसाइड।

उपयोग (Uses)—

- ☐ **पशुशाला की नालियाँ साफ करने के लिए**—फिनायल को पानी में मिलाकर।
- ☐ **घावों** में कीड़े पड़ने पर फिनायल को अकेले अथवा कपूर+तारपीन तेल के साथ।
- ☐ **कीड़े रहित घावों को ठीक करने के लिए**—फिनायल 1 भाग+अलसी या सरसों का तेल 4 भाग मिलाकर।
- ☐ **खुरपका रोग में**—खुर तथा मुँह के घावों को धोने के लिये फिनायल का 9% घोल उपयुक्त। रोग की तीव्रता में फिनायल का घोल 50% के रूप में खुरों को तथा मुँह को 10% के घोल से धोयें।

28. मुसब्बर/एलुआ (Aloes)—गहरे मटमैले (Dark brown) अथवा हरे मटमैले (Greenish brown) टुकड़ों के रूप में उपलब्ध।

मात्रा (Dose)— **परगेटिव**—● घोड़ा—15-30 ग्राम। ● कैटिल—30-60 ग्राम।
● कुत्ता—0.6-2 ग्राम।

बिटर स्टोमेकिक—उपरोक्त मात्रा का 1/8-10 भाग।

प्रयोग विधि : बोलस अथवा नाल (Bolus or Haust) द्वारा मुख से।

क्रिया (Action)—
● **बाह्य रूप में**—स्टीमुलेण्ट (उत्तेजक) एवं डेसीकेन्ट।
● **भीतरी रूप में**—थोड़ी मात्रा में सैलागॉग एवं बिटर स्टोमेकिक। पूरी मात्रा में परगेटिव (तीव्र दस्तावर) असर।

उपयोग (Use)—

- ☐ **घावों पर**—मुसब्बर का ऐल्कोहॉलिक घोल लगाने से घाव शीघ्र ठीक होकर सूख जाता है। यह मक्खियों को दूर भगाता है एवं घाव भरने के लिये ग्रेनूलेशन तैयार करता है। इसके लिये—टिंचर एलोज 30 मि.ली., टिंचर मिर्ह (Tr. Myrrhae) 30 मि.ली. मिलाकर घाव पर ड्रेसिंग रूप में।
- ☐ **घोड़ा/गाय/बैल को भूख न लगने पर**—एलोज 4 ग्राम, चिरायता, जिंजर (सोंठ), काला नमक—प्रत्येक 8 ग्राम। मिलाकर पीसकर 1 मात्रा बना लें। ऐसी 12 मात्रायें बना लें। एक मात्रा दिन में 2 बार (B.I.D.)।
- ☐ **कब्ज** (Constipation)/**जीर्ण मलावरोध**—एलोज को परगेटिव डोज में। अथवा मैगसल्फ 300 ग्राम, एलोज 30 ग्राम, सल्फर 30 ग्राम मिलाकर एक मात्रा में गुड़ अथवा गुनगुने पानी के साथ।

याद रखिये— यदि पशु को गोबर न आ रहा हो, केवल म्यूकस ही पर्याप्त मात्रा में आ रहा हो तो उपरोक्त मात्रा दें एवं डेक्स्ट्रोज 500 मि.ली. (10%) की 2 बोतल आई.वी. मार्ग से ड्रिप विधि से दें।

— **परगेटिव असर** 12-36 **घण्टे में होता है और** 3 **से** 24 **घण्टे में समाप्त हो जाता है। यदि** 12 **घण्टे तक परगेटिव असर न हो तो घोड़े को तीव्रता से घुमायें।**

☐ **कब्ज दूर करने के लिये परगेटिव बोलस रूप में**—एलोज 16 ग्राम केलोमल 2 ग्राम, पल्व जेन्सन 6 ग्राम, आयल मेंथापिप 20 बूँद, कामन मास आवश्यकतानुसार 9 बोलस बनाकर खाली पेट दें।

एलोज परगेटिव को इन अवस्थाओं में प्रयोग न करें—गैस्ट्रो-इण्टेराइटिस, पेरीटोमाइटिस, हाई फीवर, जनन-मूत्र संस्थान के शोथयुक्त विकार, गर्भावस्था, दुग्धावस्था, फ्लू एवं न्यूमोनिया में।

29. गाँजा (Canabis Indica/Indian Hemp)/**भाँग** (Bhang)—गाँजा एक प्रकार के सूखे हुए फूल होते हैं जिनके ऊपर रेजिन का कोट होता है। **भाँग**—इसमें नवीन पत्ती, फूल और फल का भाग होता है।

मात्रा (Dose)—● घोड़ा और कैटिल—15-30 ग्राम।
● कुत्ता—16-200 मि. ग्राम।

क्रिया (Action)—एनोडाइन, हिप्नोटिक एवं नॉरकोटिक।

उपयोग (Uses)—

☐ **कॉलिक** (Colic), **इण्टेराइटिस-घोड़ों में**—इक्स्ट्रेक्ट कैनाविस इंडिका 8 ग्राम, पोटाश ब्रोमाइड 15 ग्राम, क्लोरल हाइड्रस 15 ग्राम, गोंद का गाढ़ा घोल (Mucilage of Acacia) आवश्यकतानुसार, जल 300 मि.ली. एक मात्रा में मुख से दें।

☐ **कुत्तों के कॉलिक एवं इण्टेराइटिस में**—टि. केनाविस इंडिका 10 बूँद, क्लोरल हाइड्रस 600 मि.ग्रा., पोटाश ब्रोमाइड 600 मि.ग्रा. सीरप सिम्पलेक्स 15 बूँद, एक्वा (जल) आ.नु.। 1 मात्रा है। ऐसी 6 मात्रायें दें। एक मात्रा प्रति 4 घण्टे पर।

☐ **इरीटेटिंग कफ, इण्टेस्टाइनल स्पाज्म, इपीलेप्सी के झटकों में**—एण्टीस्पाज्मोडिक रूप में लाभकर। टिटनेस के झटकों में अति उपयुक्त।

30. पोस्टीरियर पिट्यूटरी (Posterior Pituitary)—यह एक साफ रंगहीन द्रव (with a faint odour) होता है।

कम्पोजीशन (Composition)—

☐ **ओक्सीटोसिन/पिटोसिन** (Oxytocin or Pitocin)—यह एक Ecbolic principle है। ब्लड प्रेशर पर इसका प्रभाव नहीं।

मात्रा (Dose)—● घोड़ा और कैटिल—75–100 I.U.
(आक्सीटोसिन) कुत्ता—5-25 I.U.

प्रयोग विधि—इण्ट्रोमस्कुलर (I/M)।

☐ **इन्जेक्सियो ऑक्सीटोसिन/पिटोसिन** (Pitocin)—बैल अथवा अन्य स्तनधारी पशुओं की पोस्टीरियर लाव्स ऑफ पिट्यूटरी कास्टेराइल एक्वस सोल्यूशन है। यह एक साफ रंगहीन द्रव होता है।

पिट्यूटरी की क्रिया (Action of Pituitary)—वैसो-कन्सट्रेक्टर, हीमोस्टेटिक, डायोरेटिक एण्ड एण्टीडायोरेटिक, इण्टेस्टाइनल स्टीमुलेण्ट, गेलेक्टागॉग, इकबोलिक (बच्चा पैदा कराने वाला)।

उपयोग (Uses)—

- **यूटेराइन इनरसिया की स्थिति में**—जब फीटस (Foetus) के रास्ते में कोई रुकावट न हो तब बच्चा पैदा कराने के लिये इसे इन्जेक्शन के रूप में दिया जाता है। यह कुतियों एवं सुअरों में विशेष लाभकर है। कुतियों एवं सुआरियों में रुकी हुई प्लेसेन्टा (जेर) निकालने में सहयोग करती है।
- **प्रसवोपरान्त रक्तस्राव** (Post-partum haemorrhage) **को रोकने में**—बच्चा पैदा होने के बाद अधिक रक्तस्राव होने पर इसका इन्जेक्शन देने पर रक्तस्राव बन्द हो जाता है। अतः यह उत्तम हीमोस्टेटिक भी है।
- **कुछ अन्य रक्तस्राव को रोकने में**—कान, नाक एवं गले (E.N.T.) के ऑपरेशन में इसे पहले देने पर रक्तस्राव नहीं होता है। पल्मोनरी तथा सेरीबल हीमोरेज में विशेषकर इसका उपयोग करना चाहिये।
- **सरक्यूलेटअरी स्टीमुलेण्ट के रूप में**—गम्भीर सर्जीकल ओपरेशन में अनस्थीसिया के समय शॉक से बचाव एवं चिकित्सार्थ इसका उपयोग लाभकर होता है।
- **दुग्धवर्धक (गेलैक्टागॉग) के रूप में**—दुग्ध की कमी एवं सुअरी द्वारा सुअर के खाने (Pig eating) की स्थिति में पिट्यूटरी का इन्जेक्शन देने से दुग्ध का स्राव (Milk Secretion) प्रारम्भ हो जाता है।

●● **इन्जेक्शन औसीटोसिन का उपयोग** Ecbolic action **हेतु उपयुक्त।**

इन्जेक्शन वेसोप्रेसिन—ब्लड प्रेशर वृद्धि हेतु, आंतों की गति को तेज करने में प्रयुक्त।

31. लाइट केओलीन (Light Kaolin)—एक कोमल सफेद पाउडर, स्वादहित, गंधरहित एवं पानी में अघुलनशील।

मात्रा (Dose)—● घोड़ा और कैटिल—30-60 ग्राम।
● कुत्ता—0.6-1.3 ग्राम।

हास्ट अथवा एलेक्चुअरी रूप में दी जाती है।

क्रिया (Action)—डेसीकेन्ट, इन्स्टाइनल एस्ट्रिजेन्ट एवं जहर को निष्क्रिय करने वाला (Adsorbent of toxins)।

उपयोग (Uses)—

- **जलीय एक्जीमा एवं घावों में**—डस्टिंग पाउडर के रूपमें उपयुक्त।
- **डायरिया, डिसेण्ट्री, रिण्डरपेस्ट, अल्सरेटिव कोलाइरिस, गैसट्राइटिस, गैस्ट्रिक एवं ड्यूडेनल अल्सर एवं हाइपरएसीडिटी में—**

  गाय/बैल में—केओलीन 16 ग्राम, क्रीटा (Creta) 16 ब्राम, कत्था (Catechu) 16 ग्राम, अफीम चूर्ण अथवा बोंडी 2 ग्राम, सबको मिलाकर पाउडर बनालें। यह 1 मात्रा है। ऐसी 6 मात्रायें बना लें।

  ऐसी 1 मात्रा प्रति घण्टे पर 60 एम.एल. चावल के मांड़ में (डायरिया में)।

32. डेक्सट्रोज/ग्लूकोज (Dextrose/Glucose)—रंगहीन क्रिस्टल्स अथवा सफेद या क्रीमी क्रिस्टेलाइन अथवा ग्रेनूलर पाउडर रूप में। स्वाद में मीठा, जल एवं ऐल्कोहॉल में घुलनशील।

मात्रा (Dose)—आई. वी. 20% से 40% सोल्यूशन : घोड़ा और कैटिल 500 c.c. से 1000 c.c. तक। कुत्ता 20 c.c.-50 c.c. तक।

इण्ट्रामस्कुलर प्रयोगार्थ–10% सोल्यूशन/सबक्यूटेनियस–15% सेल्यूशन एवं मलाशय द्वारा (Per Rectum)–10% सोल्यूशन पर्याप्त मात्रा में।

नोट–बाजार में 5-10 और 20% के सोल्यूशन उपलब्ध मिलते हैं।

उपयोग (Uses)–

- ☐ **पोषक रूप में**–इनरजी सप्लाई करने हेतु I/V इन्जेक्शन ड्रिप रूप में 10%, डेक्स्ट्रोज 500-1000 मि.ली.।
- ☐ **डिहाइड्रेशन (जल की कमी)**–डायरिया, सुपरपरगेसन, निरन्तर वमन एवं फीवर की स्थिति में टॉक्सीमिया होने पर, डेक्स्ट्रोज गाय/बैल में 5-10% का सोल्यूशन, 2-4 बोतल आई. वी. इन्फ्यूजन द्वारा।
- ☐ **स्टीमुलेन्ट रूप में**–शॉक, सिनकोप एवं कोलेप्स में डेक्स्ट्रोज का इन्जेक्शन लाभकर होता है।
- ☐ **लिवर के रक्षार्थ** (Protective to Liver)–क्लोरोफॉर्म, कार्बन टेट्राक्लोराइड, आदि देने के पूर्व लिवर को Damage से बचाने के लिये डेक्स्ट्रोज का इन्जेक्शन देना चाहिये।
- ☐ **इन्सुलिन पायजनिंग में**–इसका इन्जेक्शन 'एण्टीडोट' का कार्य करता है।

33. यूकेलिप्टस का तेल (Eucalyptus oil)–यह रंगहीन अथवा हल्का पीला, स्वाद में तीखा तथा कपूरी गंधवाला होता है। यह यूकेलिप्टस की ताजी पत्तियों से आसवन द्वारा प्राप्त किया जाता है।

क्रिया (Action)–● **ऊपरी प्रयोग में**–एण्टीसेप्टिक, डिसइन्फेक्टेन्ट तथा पैरासिटीसाइड।

भीतरी प्रयोग में–कार्मिनेटिव, एनोडाइन, एक्स्पेक्टोरेण्ट एवं डायूरेटिक।

उपयोग (Uses)–

- ☐ पशुओं में धसका, जुकाम तथा ग्रसनी शोथ में लाभकर–इन्हेलेशन के रूप में।
- ☐ गठिया के दर्द में–एनोडाइन के रूप में स्थानीय मालिश।
- ☐ घावों की ड्रेसिंग में।

34. कुचला (नक्स वोमिका–Nux vomica)–कुचला के बीज पैसे के आकार के, गन्धहीन तथा स्वाद में कड़वे होते हैं। बीजों को भूनकर बनाये गये चूर्ण का रंग कुछ बादामी-सा।

- ● यह एक विषैली औषधि है अतः इसे तवे पर भून कर (शुद्ध कुचला) पाउडर बनाकर प्रयोग में लाया जाता है।

क्रिया (Action)–● टॉनिक, स्टिमुलेण्ट तथा एक्स्पेक्टोरेण्ट।

उपयोग (Uses)–

- ☐ टॉनिक के रूप में अन्य औषधियों के साथ मिलाकर दें।
- ☐ आमाशय रस तथा भूख को बढ़ाता है।
- ☐ श्वास की कठिनाई में उपयुक्त।

मात्रा (Dose)–● घोड़ा–0.5 से 1.5 ग्राम।
● गाय/बैल–0.3 से 1.5 ग्राम।

◆◆◆

14

पशु-चिकित्सा विज्ञान में प्रयुक्त सामान्य यंत्र (Common Instruments Used in Veterinary Science)

पशु-चिकित्सा में विभिन्न यंत्रों का प्रयोग किया जाता है। इन यंत्रों की कार्य-विधि तथा पहचान से सम्बन्धित जानकारी निम्नलिखित है—

1. धमनी चिमटी (Artery forceps)—यह स्टील की बनी हुई दांतेदार चिमटी होती है जो ऑपरेशन के समय कटी धमनी रक्त प्रवाह (Blood circulation) बंद करने के काम आती है।

2. फोड़ा चाकू (एब्सिस नाइफ) (Abscess knife)—पशुओं की चीड़-फाड़ करने के लिये एब्सिस नाइफ का प्रयोग किया जाता है। यह चाकू दो प्रकार के होते हैं—

(क) सीधा एब्सिस नाइफ (Straight abscess knife)

(ख) वक्र एब्सिस नाइफ (Curved abscess knife)

3. बर्डिजो कास्ट्रेटर (Burdizzo Castrator)—यह नर पशुओं को बधिया करने के काम आता है। यह विभिन्न पशुओं में अलग-अलग नाप (Large & Small Size) के होते हैं। यह धातु का बना होता है।

4. डोकिंग मशीन (Docking Machine)—यह पशुओं की पूँछ काटने के काम आती है। इसे टेल कटर (Tail Cutter) भी कहते हैं।

5. मुँह खोलने का यंत्र (Mouth Gag)—यह धातु का बना हुआ एक यंत्र है जो पशु का मुँह अधिक समय तक खुला रखने के लिये उसके मुँह में फँसा दिया जाता है।

6. दाँत काटने का यंत्र (Tooth Cutter)—यह पशुओं के बेढंगे दाँत काटने के काम आता है।

7. नेत्रवीक्ष्ण यंत्र (Eye Speculum)—यह स्टील का बना यंत्र है जो पशु की आँख खोलने के काम आता है।

8. ड्रेंचिंग बोतल (Drenching Bottle)—यह बाँस या लोहे की बनी एक खोखली नली होती है जिसका एक सिरा बंद व दूसरा खुला होता है। यह पशुओं को तरल रूप में दवा पिलाने के काम आती है।

9. ड्रेसिंग चिमटी (Dressing Forceps)—यह लोहे की बनी हुई खुले चिमटे के आकार की होती है। इसका उपयोग ड्रेसिंग करते समय विभिन्न वस्तुओं को उठाने में होता है।

10. कैंची (सीजर्स-Scissors)–यह स्टेनलैस स्टील की बनी होती है। यह दो रूपों में मिलती है–(क) सीधी एवं (ख) तिरछी।

- इसका मुख्य कार्य बाल, खाल एवं मांस काटना है।

11. प्रोब (Probe/Searchar)–यह एक पतला स्टील का यंत्र होता है जिसकी लम्बाई 15-20 से.मी. होती है। यह पशुओं के घावों की गहराई नापने तथा उसमे दवाई की गाज भरने के काम आती है।

12. थर्मामीटर (Thermometer)–यह काँच का बना हुआ एक यंत्र होता है जिसमें एक ओर बल्ब में पारा (Mercury) भरा रहता है। यह कई प्रकार के होते हैं। इनमें हिक्स का थर्मामीटर सबसे अच्छा रहता है। डॉक्टरी थर्मामीटर पर 94° F से 108° F (डि. फारेनहाइट) अथवा सेण्टीग्रेड (C) में निशान लगे होते हैं।

- यह यंत्र, पशुओं का बुखार नापने के काम आता है।

13. पिचकारी (सिरिन्ज-Syringe)–यह काँच, धातु अथवा प्लास्टिक की बनी होती है। इसके ऊपर घन से.मी. (c.c.) के निशान लगे होते हैं। इसमें एक ओर हैंडिल और दूसरी ओर नॉजिल (Nozzle) लगा होता है। नॉज़िल में सूई लगाकर पशुओं को इन्जेक्शन लगाया जाता है।

- प्लास्टिक सिरिन्ज में–5 c.c. से लेकर 50 c.c. तक की सिरिन्जें उपलब्ध रहती हैं।
- काँच की सिरिन्ज में–2 c.c. से लेकर 5 c.c., 10 c.c., 20 c.c. और 50 c.c. में उपलब्ध।
- रिकार्ड सिरिन्ज में-1 c.c., 2 c.c. 5 c.c., 10 c.c., 20 c.c., 50 c.c., में उपलब्ध होती हैं।

●● इनमें Record Syringe अधिक टिकाऊ तथा सुविधाजनक होती है। इनाकुलेशन करने में इनका उपयोग विशेष उत्तम रहता है।

14. इन्जेक्शन सूई (Syrine Needle)–यह स्टेनलैस स्टील की बनी होती हैं। इनके एक सिरे पर नॉजिल तथा दूसरे सिरे पर नॉजिल से आकर छेद खुलता है। इसे पिचकारी पर फिट करके इन्जेक्शन लगाने में प्रयोग में किया जाता है।

इन्जेक्शन सूई अलग-अलग नम्बरों की (यथा-16 नं., 18 नं., 22 नं., 23 नं.) आती हैं।

15. थन साइफन (टीट साइफन—Teat Syphon)–यह धातु का बना हुआ एक यंत्र होता है जिसमें एक खोखली नली होती है। इसका एक सिरा खुला होता है और दूसरे सिरे के कुछ ऊपर हट कर एक छिद्र होता है। इसमें एक स्टीलेटर (सफाई करने का तार) पड़ा रहता है। यह दो प्रकार के होते हैं–(क) पतले आकार के, (ख) मोटे आकार के।

- यह थनैला रोग (Mastitis) में थन का दूध निकालने के काम आता है। जिस थन का दूध निकालना होता है उसकी थन नलिका (टीट कैनाल) में साइफन को घुसाकर तार को निकाल देते हैं। ऐसा करने से दूध स्वत: निकलना प्रारम्भ हो जाता है।

16. मापक ग्लास (Measuring Glass)–यह काँच का बना हुआ गिलासनुमा बर्तन होता है। यह विभिन्न प्रकार के होते हैं और इन पर मिलीलिटर के निशान बने होते हैं।

- तरल दवाइयाँ नापने में इनका प्रयोग होता है।

17. ट्रोकार कैन्यूल (Trocar Canula)–यह धातु का बना हुआ होता है। यह हैण्डिल युक्त नोकदार होता है।

- यह यंत्र अफारा होने पर पशुओं के पेट से गैस निकालने के काम आता है।

18. वेजाइनल स्पेकुलम (Vaginal Speculum)—यह धातु का बना हुआ एक यंत्र होता है जो केवल मादाओं में योनि परीक्षण हेतु प्रयोग होता है। योनि में उचित स्थान पर वीर्य सेंचन के लिये कृत्रिम गर्भाधान में इसका उपयोग होता है।

- यह छोटे और बड़े आकार में उपलब्ध होता है।

19. सींवन सूई (Suturing Needle)—यह स्टेनलैस स्टील की बनी हुई होती है। यह तीन प्रकार की होती हैं—(क) सीधी, (ख) तिरछी एवं (ग) गोल।

- इनका उपयोग ऑपरेशन के बाद धागा डाल कर घाव को सिलने के काम में होता है।

20. स्पेचुला (Spatula)—यह धातु की बनी होती है तथा आयण्टमेन्ट स्लेब पर दवाइयाँ मिलाकर मरहम बनाने के काम आती है।

21. खरल और मूसली (Mortar and Pestle)—यह पत्थर/चीनी मिट्टी अथवा काँच की बनी होती है। इसकी आकृति प्याले के आकार की होती है।

- इसमें दवाई पीसी तथा मिलाई जाती है।

22. गैली पॉट (Galli Pot)—यह चीनी मिट्टी के बने हुए विभिन्न आकार/माप के होते हैं।

- यह मरहम भरने के काम आते हैं।

23. ट्रे (Tray)—तामचीनी अथवा प्लास्टिक की विभिन्न आकार की बनी होती हैं।

- यह यंत्रों तथा ड्रेसिंग के सामान रखने के काम आती है।

24. किडनी ट्रे (Kidney Tray)—यह तामचीनी की बनी हुई गुर्दे (किडनी) के आकार की ट्रे होती है।

- यह कान, आदि की धुलाई के समय कान के नीचे लगायी जाती है।

25. वाश बेसिन (Wash Basin)—तसला के आकार का तामचीनी अथवा प्लास्टिक का बना बर्तन होता है इसमें हाथ धोने के लिये डिटॉल या सेवलॉन युक्त पानी भरा रहता है।

26. सेचक (Irrigator)—यह तामचीनी का बना होता है। ऊपर से इसका मुँह खुला होता है तथा नीचे की ओर इसमें एक टोंटी लगी होती है। टोंटी में एक रबर लगी होती है। इसमें कीटाणुनाशक घोल (पोटैशियम परमैंगनेट लोशन) आदि भरकर इसके द्वारा घावों को धोया जाता है अथवा प्रोलेप्स ऑफ यूट्रस के निकलने (गंदगी होने पर) सफाई की जाती है।

27. मलहम शिल पट्टी (Ointment Slab)—यह चीनी मिट्टी अथवा संगमरमर की बनी होती है। यह आकार में चौकोर और चिकनी होती है। यह वैसलीन मिलाकर मलहम बनाने के काम आती है।

28. कैथीटर (Catheter)—यह पतली लम्बी नली होती है जो रबड़, प्लास्टिक अथवा धातु की बनी होती है। पशुओं में पेशाब बन्द होने पर इसके द्वारा ही पेशाब निकालते हैं। इसका उपयोग उन्हीं पशुओं में होता है जिनकी पेशाब की नलो सीधी होती है। बैल आदि में पेशाब की नली 'S' आकार की होने से इसका उपयोग सम्भव नहीं है।

29. टूथ रास्प फाइल (Tooth Rasp File)—यह लोहे का दाँतेदार उभरा हुआ एक रेत होता है जिससे पशु के बढ़े हुए दाँत या दाढ़ को घिसा जाता है।

30. योनिदर्शी यंत्र (Vaginoscope)—यह भी धातु का बना हुआ एक महँगा यंत्र है जो बाहर से योनि की भीतरी दशा को देखने के काम आता है।

31. वीर्य सेंचन नली (इन्सेमीनेटिंग ट्यूब) (Inseminating Tube)—यह प्लास्टिक की बनी होती है तथा कृत्रिम गर्भाधान (A.I.) से योनि में वीर्य पहुँचाने के लिये काम आती है।

32. दागने का उपकरण (Branding Iron)—यह लोहे का बना होता है जो लगभग एक मीटर लम्बा होता है। इसके एक सिरे पर हैण्डिल एवं दूसरे सिरे पर दागने के लिये नम्बर लगे रहते हैं जिन्हें आग पर तपाकर अथवा ब्राण्डिंग इंक में भिगोकर पशु की जाँघ पर पहचान (Identification) के लिये लगाया जाता है।

33. फाइरिंग आयरन सेट (Firing Iron Set)—यह लोहे के बने होते हैं। इनके एक सिरे पर हैण्डिल और दूसरे सिरे पर गोल प्वाइंटेड, तिकोने, एवं चोकोर आकार (Shape) के बने होते हैं। इन सेटों को आग पर रखकर तपाया जाता है और पूँछ काटने एवं सींग काटने के पश्चात इनको Touch करके रक्तस्राव को तत्काल बंद कर लिया जाता है। बदगोस्त/ट्यूमर आदि को काटने के पश्चात् इन्हीं से जलाकर ठीक किया जाता है।

34. कृत्रिम योनि (Artificial Vagina)—यह सख्त रबड़ तथा लेटेक्स की बनी होती है। इसका उपयोग नर पशुओं से वीर्य एकत्र करने के लिये किया जाता है।

◆◆◆

15

नुस्खा लिखना
(Prescription Writing)

A Prescription is an order to Pharmacist written by a Veterinary Doctor to prepare the prescribed medicines. Give the direction and to sell to the client. The prescription is a legally recognized document and the writer is responsible for its accuracy.

नुस्खे के भाग (Parts of the Prescription)

1. नुस्खा लिखने वाले का नाम एवं पता (Name and address of the prescription writer) ।
2. तारीख (Date) ।
3. मालिक और रोगी का पता तथा सम्बन्धित वर्णन (Description and address of the owner and patient)
4. सुपर्स्क्रिप्शन R_x (Take, thou) ।
5. इन्सक्रप्शन–प्रेस्क्रिप्शन का मुख्य भाग–औषधि का नाम और उसकी मात्रा। औषधि का नाम इंगलिश में लिखें और औषधि की मात्रा को मैट्रिक सिस्टम में।
6. सब्सक्रप्शन–फार्मासिस्ट के लिये निर्देश (Instruction for the Pharmacist) ।
7. सिगमा (Sigma) अर्थात्–सिग (Sig or S) अर्थात् पशुपालक के लिये निर्देश। सहायक (Written by pharmacist on the label,how to use the prescribed medicine) ।
8. पशु–चिकित्सक के हस्ताक्षर (Signature of veterinarian or Doctor) ।

उदाहरण (Example)—**The Presciption for a Buffalo suffering from Fascioliasis will be written as :**

Name and Address of the Veterinarian ....

Date......................... Owner's Name...

Address...

Patient : **Buffalo,** Breed : **Murrah,** Age : 8 **years, Sex : Female**

R_x Distodin 20 × 100 mg tabs.

Sig : Give 10 tabs daily for two days.

Sig. of Veterinarian.

- **The modern prescription should be as simple as possible, it should consist of minimum number of drugs and may use a few abbreviations.**

नुस्खे में प्रयुक्त कुछ सामान्य एब्रीविएशन्स–

☐ a	Before	☐ aa	of each
☐ ad lib	Freely as wanted	☐ Aq.	water
☐ B.I.D.	Twice a day	☐ C	with
☐ Cap.	Capsule	☐ Div.	divide
☐ Dos.	dose	☐ eq.pts.	equal parts
☐ ft.	make	☐ h.	hours
☐ haust.	drench	☐ M	Mix
☐ no	Number	☐ O.D.	Daily
☐ PV.	Powder	☐ Q.I.D.	four times a day.
☐ Q.S.	as much as needed	☐ S.I.D.	once a day.
☐ Sig or S.	write on the label	☐ Sol	Solution
☐ SS	half	☐ Stat	Immediately.
☐ Tab.	Tablet	☐ T.I.D.	Three times a day.

◆◆◆

16

शरीर से निकलने वाले हॉरमोन एवं उनके कार्य
(Hormones Secreted by the Animal Body and Their Functions)

शरीर के अन्दर अनेक ऐसी नलिकाविहीन ग्रन्थियाँ (Ductless glands) हैं जिनसे कुछ द्रव पदार्थ निकाल कर सीधे रक्तवाहिनी तंत्र में डालती हैं, ऐसी ग्रन्थियाँ इण्डोक्राइन ग्लैण्ड कहलाती हैं एवं इनसे निकलने वाला द्रव पदार्थ/स्राव हॉरमोन (Hormone) के नाम से जाना जाता है।

पशु शरीर में उपस्थित प्रधान नलिकाविहीन ग्रन्थियाँ एवं उनसे निकलने वाले हॉरमोन

नलिकाविहीन ग्रन्थियाँ	उनसे निकलने वाले हॉरमोन
☐ पिट्यूटरी ग्रन्थि	
(i) ऐन्टीरियर पिट्यूटरी	गोनेडोट्रोपिक हॉरमोन्स तथा मेटाबोलिक हॉरमोन्स
(ii) पोस्टीरियर पिट्यूटरी	ऑकसीटोसिन (Oxytocin) वासोप्रेसिन
☐ एड्रीनल ग्रन्थि	ऐड्रीनलीन, स्टीरॉयड हॉरमोन
☐ ओवरी (Ovary)	ईस्ट्रोजन, प्रोजेस्ट्रान (स्टीरॉयड)
☐ अण्डकोष (Testis)	ऐण्ड्रोजन (स्टीरॉयड) हॉरमोन
☐ थायरॉयड	थायरॉक्सीन, केल्सीटोनिन हॉरमोन
☐ पैन्क्रियाज ग्लैण्ड	इन्सूलीन, ग्लूकागोन
☐ ड्यूडिनल ग्लैण्ड्स	सेक्रीटिन, इण्टेरोगैस्ट्रॉन हॉरमोन
☐ आमाशयिक इपीथीलियम	गैस्ट्रिन हॉरमोन
☐ अंतड़ी का इपीथीलियम	विल्लीकीनिन हॉरमोन

याद रखिये—
- इनमें पिट्यूटरी, एड्रीनल, थायरॉयड, पैराथायरॉयड पूर्ण रूप से नलिका विहीन ग्रन्थियाँ हैं और शेष आंशिक।
- मस्तिष्क में उपस्थित पिट्यूटरी ग्रन्थि सबसे अधिक बड़ी और प्रभावशाली ग्रन्थि है जिसका नियंत्रण अन्य नलिकाविहीन ग्रन्थियों पर रहता है।

इनसे निकलने वाले हॉरमोन्स रासायनिक पदार्थ हैं। यह बहुत ही थोड़ी मात्रा में निकलकर या तो परोक्ष रूप से अथवा लिम्फ मार्ग से ब्लड सरक्यूलेटरी संस्थान में पहुँचते हैं। तत्पश्चात् यहाँ से यह पदार्थ रक्त के साथ अन्य टिशूज में पहुँचकर उनकी क्रिया को उत्तेजित करते हैं।

एनीमल फिजियोलॉजी में हॉरमोन के कार्य संक्षेप में

ऐन्टीरियर पिट्यूटरी ग्रन्थि से निकलने वाले हॉरमोन

इसके अन्तर्गत निम्नलिखित हॉरमोन आते हैं–

- ☐ फॉलिकुलर स्टीमुलेटिंग हॉरमोन (F.S.H.)
- ☐ इन्ट्रस्टीशियल सैल स्टीमुलेटिंग/ल्यूटीनाइजिंग हॉरमोन (I. C. S. H. or L. H.)
- ☐ एड्रीनोकार्टिकोट्रापिक हॉरमोन (A.C.T.H.)
- ☐ लैक्टोजीनिक हॉरमोन (प्रोलैक्टिन)
- ☐ वृद्धिकारक हॉरमोन (जी.एच. अथवा ग्रोथ प्रमोटिंग (G. H. or gowth promoting)
- ☐ थायरोट्रापिक हॉरमोन।

नोट–● उपरोक्त सभी हॉरमोन '**ट्रापिक हॉरमोन**' कहलाते हैं।

इनके सम्पादित कार्य–

1. अन्य नलिकाविहीन ग्रन्थियों के कार्य को प्रभावित एवं नियंत्रित करना।
2. अथवा–परोक्ष रूप से पशु की वृद्धि एवं विकास में सहायक।

विकास में सहायक निम्न प्रकार से–

1. फॉलिकुलर स्टीमुलेटिंग हॉरमोन (F.S.H.) Follicular stimulating hormone

- ☐ मादा पशुओं में ओवरी की ग्रेफियन फालिकिलों की वृद्धि एवं विकास में सहायक।
- ☐ नर पशुओं में अंडकोषों के आकार में वृद्धि करते हैं।

2. ल्युटिनाइजिंग हॉरमोन (L.H.) Luteinizing hormone

इनके सम्पादित कार्य–

- ☐ मादा पशुओं में यह फॉलिकुलर स्टीमुलेटिंग हॉरमोन (F.S.H.) के साथ संयोजित होकर ओवूलेशन तथा कॉर्पसल्युटियम के विकास में सहायक।
- ☐ नर में एंड्रोजन का उत्पादन।

3. एड्रीनोकार्टिकोट्रापिक हॉरमोन (Adrenocorticotropic hormone)–

यह हॉरमोन एड्रीनल कार्टेक्स को क्रियाशील करके निम्न कार्य सम्पादित करता है–

- ☐ कार्टिसोन तथा अन्य हॉरमोन निकालने में सहायक।
- ☐ ग्लूकोज के उपापचय एवं ऑक्सीजन के उपयोग में सहायक।
- ☐ एड्रीनल कार्टेक्स में एस्कार्बिक एसिड तथा कोलेस्ट्राल को कम करता है।

4. वृद्धिकारक हॉरमोन (G.H.) Growth hormone–

यह हॉरमोन कार्बोहाइड्रेट, प्रोटीन तथा वसा (Fats) के चयापचयन पर प्रभाव डालता है।

यह हॉरमोन निम्न कार्य सम्पादित करता है–

- ☐ शरीर में अस्थि विकास में विशेष सहायक।
- ☐ ग्लूकोज की उपयोगिता कम करता है।
- ☐ प्रोटीन संश्लेषण में सहायक।
- ☐ दुधारू गायों में दूध उत्पादन में वृद्धि करता है।

हॉरमोन की कमी और अधिकता से—

- ☐ शरीर में इसकी कमी से बौनापन (Dwarfism)।
- ☐ अधिकता से हाथ एवं चेहरे की अस्थियों में विकृतता।

5. प्रोलेक्टिन हॉरमोन (Prolactin Hormone)—यह एक लैक्टोजेनिक हॉरमोन है। इसकी उपयोगिता चिकित्सा क्षेत्र में सर्वाधिक है। इसे लूटियोट्रोफिक हॉरमोन भी कहते हैं।

यह हॉरमोन निम्न कार्य सम्पादित करता है—

- ☐ दुधारू पशुओं का दुग्ध उत्पादन बढ़ाता है।
- ☐ अयन तथा थनों का विकास करता है।
- ☐ अयन से दूध निकालने में विशेष सहायक।
- ☐ एल. एच. (L. H.) हॉरमोन के साथ मिलकर कार्पस ल्युटियस को प्रोत्साहित करता है जिससे प्रोजेस्ट्रान हॉरमोन का सेक्रीशन बढ़ता है।
- ☐ एण्ड्रोजन के साथ मिलकर नर जननेन्द्रिय के सहायक उपायों के विकास एवं कार्यों में सहायता करता है।

●● **इसका अति महत्वपूर्ण कार्य** Initiation of milk secretion **है।**

6. थायरोट्रापिक हॉरमोन (T.S.H.)—यह हॉरमोन थॉयरायड कोशिकाओं का विधिवत् विकास करता है और उनसे अधिक मात्रा में थायरॉक्सीन निकालता है जो आयोडीन के मेटाबोलिज्म (उपापचयन) में विशेष सहायक है।

● **दुधारू गायों/भैंसों में यह उनका दुग्ध उत्पादन बढ़ाता देखा गया है।**

ऐण्टीरियर पिट्यूटरी हॉरमोन का वर्गीकरण इस प्रकार से भी है—

ऐण्टीरियर पिट्यूटरी

↓

गोनैडोट्रापिक हारमोन	मेटाबोलिक हारमोन
☐ फॉलीकुलर स्टीमुलेटिंग हारमोन	☐ थायरोट्रापिक हारमोन
☐ इन्ट्रस्टीशियल सेल स्टीमुलेटिंग हारमोन	☐ वृद्धिकारक हारमोन
☐ लैक्टोजेनिक हारमोन (अथवा—ल्युटियोट्रापिक हारमोन)	☐ एड्रीनो कार्टिकोट्रापिक हारमोन

शेष अन्य हॉरमोन्स

1. ऐड्रीनलीन हॉरमोन (Adrenalin Hormone)—यह ऐड्रीनलीन ग्रन्थि से निकलने वाला हॉरमोन है जो यकृत पर सीधा प्रभाव डालता है और वहाँ पर उपस्थित ग्लाइकोजन को तोड़कर रक्त में ग्लूकोज की मात्रा बढ़ा देता है जिससे कार्बोहाइड्रेट के उपापचयन में सहायक होता है।

● रक्त में ग्लूकोज की जैसे ही कमी होती है, यह हॉरमोन तत्काल प्रभावी हो जाता है।

2. स्टीरॉयड हॉरमोन (Steroid Hormone)—इसके अन्तर्गत प्रधान 'कार्टिसोन' तथा 'एच. डिऑक्सीकॉर्टिकोस्टीरोन' नामक दो हॉरमोन आते हैं। इन स्टीरॉयडों से निम्न कार्य सम्पादित होता है—

- लवण उपापचय को नियंत्रित करना।
- आघात को सहन करने में सहयोग प्रदान करना।
- ग्लाइकोजेन के भण्डारण में सहायता एवं कार्य करने के लिए लिए प्रोत्साहित करना।

3. ईस्ट्रोजन हॉरमोन (Estrogen Hormone)—यह हॉरमोन ओवरी, प्लेसेन्टा, टेस्टिस (Testis) एवं एड्रीनल कोर्टेक्स से निकलता है। इसके अन्तर्गत ईस्ट्राडियोल, ईस्ट्रोन, ईस्ट्रयोल नामक हॉरमोन आते हैं।

इस हॉरमोन से निम्न कार्य सम्पादित होते हैं—

- मादा पशुओं में स्त्रीत्व का विकास करके उनमें प्रौढ़ता एवं गर्म होने के लक्षण उत्पन्न करना।
- अयन का विकास होता है।
- मादा जनन अंगों का विकास इन्हीं के द्वारा होता है।

Note—Estrous behaviour maintenance of female secondary sexual characters, duct development in mammary gland, growth of female reproductive tract, increased uterine contractions and anabolic effect.

4. प्रोजेस्ट्रॉन (Progestron)—मादा पशुओं में कार्पस ल्युटियम,, प्लेसेण्टा, ओवरी तथा एड्रीनल कोर्टेक्स से यह हॉरमोन निकलता है। इसके द्वारा विशेष महत्व को देखते हुए निम्न कार्य सम्पादित होते हैं—

- गर्भाशय में फरटीलाइज्ड ओवम (संसेचित अण्डाणु) को स्थान ग्रहण कराने में सहयोग।
- गर्भ के पोषण एवं गर्भावस्था को बनाये रखने में सहायता।

●● यदि गर्भावस्था में कार्पस ल्युटियम को तोड़ दिया जाये तो मादा पशु का गर्भ गिर जाता है और उपरोक्त प्रोजेस्ट्रान हॉरमोन के द्वारा कुछ दिन बाद पुनः गर्म होने लगती है।

Note—Synergic action with estrogen for estrous behaviour maintenance of pregnancy, inhibits uterine contractility, promotes glandular development in endometrium, promotes mammary alveolar growth.

5. ऐण्ड्रोजन (Androgen)/**टेस्टोस्टेरॉन** (Testosterone)—अंडकोष (Testis) द्वारा निकलने वाले टेस्टेस्टरॉन, ऐड्रोस्टीरॉन तथा एड्रीनोस्टीरॉन नामक प्रमुख 'स्टीरॉयड ऐण्ड्रोजन' कहलाते हैं।

इसके द्वारा निम्न कार्य सम्पादित होते हैं—

- नर जननांगों के विकास पर नियंत्रण।
- शुक्राणु (Sperms) उत्पादन।
- नर पशु के गौण लैंगिक गुणों का विकास।

Note—Secondary sexual characters, maintenance of secondary sexual organs, stimulate spermetogenesis, Anabolic effect.

6. कैल्सीटोनिन (Calcitonine)—यह थॉयरॉयड ग्रन्थिकी 'सी' (C) कोशिकाओं से निकलने वाला हॉरमोन है। यह कैल्शियम लवण के उपापचयन में सहायक होता है।

7. थायरॉक्सीन (Thyroxine)—यह हॉरमोन पशु की थायरॉयड ग्रन्थि से निकलता है। इसका प्रमुख कार्य शरीर में उपस्थित आयोडीन के मेटाबोलिज्म को नियंत्रित करना है। शरीर की वृद्धि में सहायक।

- ☐ **इसकी कमी से**—शरीर में आयोडीन की कमी हो जाती है जिससे गलगण्ड रोग (Goiter) हो जाता है।

8. पैराथार्मोन (Parathormone) **पैराथाइरोक्सीन** (Parathyroxine)—यह हॉरमोन पैराथायरॉयड ग्रन्थि से निकलता है।

इसके प्रमुख कार्य निम्नलिखित हैं—

- ☐ रक्त में कैल्शियम तथा फॉस्फोरस लवणों का सही स्तर बनाये रखना।
- ☐ रक्त एवं हड्डियों के बीच कैल्शियम का सन्तुलन बनाये रखना।

9. सेक्रीटिन (Secretin)—यह हॉरमोन ड्यूडिनल ग्रन्थियों से निकलता है। इसका प्रमुख कार्य अग्न्याशय रस (पैंक्रियाटिक जूस) के बनने एवं बाहर निकलने पर अपना नियन्त्रण रखता है।

10. इण्टेरोगैस्ट्रॉन (Enterogastrone)—इसक निर्माण ड्यूडिनम में वसा की उपस्थिति में होता है।

इसके प्रमुख कार्य निम्न हैं—

- ☐ पेट के अंदर के घाव (गैस्ट्रिक अथवा पेप्टिक अल्सर) की चिकित्सा में उपयोग।
- ☐ आमाशयिक रस के निकलने में यह हॉरमोन अवरोध उत्पन्न करके उस पर नियन्त्रण रखता है।
- ☐ आमाशय की मांसपेशियों की गति को कम करता है।

11. कोलीसिस्टोकीनिन—यह हॉरमोन ड्यूडिनम की दीवार की श्लैष्मिक झिल्ली में प्रोएन्जाइम के रूप में मिलता है।

- ☐ यह हॉरमोन वसा के उपापचय में सहायक होता है।

12. गैस्ट्रिन (Gastrine)—यह हॉरमोन आमाशय की दीवार की श्लैष्मिक कोशिकाओं से प्राप्त होता है।

- ☐ यह पोषक तत्वों के मेटाबोलिज्म से सम्बन्धित है।

13. विल्लीकीनिन (Villikinin)—यह हॉरमोन आंत (Intestine) की इपीथीलियम में पाया जाता है।

- ☐ यह हाइड्रोक्लोरिक अम्ल द्वारा क्रियाशील होकर (आमाशयिक रस)अंतड़ी की विल्लाई को गति प्रदान करके पोषक तत्वों के शरीर में पोषण तथा उपयोग में सहायता प्रदान करता है।

14. इन्सुलिन (Insulin)—यह शरीर में स्थित अग्न्याशय (Pancreas) की बीटा-कोशिकाओं (β-cells) से निकलता है।

इसका विशेष योगदान निम्न रूपों में—

- ☐ कार्बोहाइड्रेट के मेटाबोलिज्म में सहायक।
- ☐ रक्त में बढ़े हुए ग्लूकोज को यह यकृत में वापस लाकर ग्लाइकोजेन के रूप में बदल कर वहाँ भण्डारित करता है।

●● **Lowers blood glucose, increases utilization of glucose, and synthesis of protein and fat, decreases glucose neogenesis.**

इन्सुलिन की कमी से—मधुमेह का रोग हो जाता है।

15. ग्लूकागॉन (Glucagon)—इस हॉरमोन का निर्माण पैन्क्रियाज की अल्फा-कोशिकाओं (α-cells) में होता है।

ग्लूकागॉन द्वारा सम्पादित कार्य—

- ☐ यह हॉरमोन ब्लड ग्लूकोज को बढ़ाता है।
- ☐ फैट्स और प्रोटीन के कैटाबोलिज्म को स्टीमुलेट करता है।

विशेष कार्य—

- ☐ कार्बोहाइड्रेट के मेटाबोलिज्म से सम्बन्धित प्रधान रूप में।
- ☐ मुर्गियों में इसका प्रभाव सर्वाधिक।

16. रेलेक्सिन (Relaxin)—ओवरी, गर्भाशय, प्लेसेन्टा इसके उत्पन्न करने के माध्यम हैं।

- यह पशु के ब्याते समय सर्विक्स और पेल्विक लिगामेन्ट्स को ढीला कर birth canal को बढ़ाता है।

17. प्रोस्टेग्लेण्डिन (Prostaglandin)—इस हॉरमोन का निर्माण गर्भाशय की इण्डोमेट्रियम के अन्तर्गत होता है। इसका प्रभाव luteolytic होता है। कार्पस ल्यूटियम की एट्रोपी में यह vasoconstrictive action रखता है एवं गर्भाशय के smooth muscle की क्रियाशीलता को उत्तेजित करता है। ब्याने के समय के दर्द का निवारण करता है।

◆◆◆

17

रोग-जनन और प्रतिरक्षा
(Pathogenesis and Immunity)

मानव एवं पशुओं में अनेकानेक रोग जीवाणुओं-कीटाणुओं के द्वारा फैलते हैं जिससे सदैव अपार जन-धन और पशुओं की हानि होती रहती है। रोग फैलाने वाले जीवाणु/कीटाणु निम्नलिखित वनस्पति अथवा जन्तु-जगत के अन्तर्गत आते हैं—

1. फाइलम थैलोफाइटा (Phylum Thallophyta)—वर्ग शाइजोमाइसिटीज; इसके अन्तर्गत 'बैक्टीरिया', (Bacteria), फफूँदी (Fungus) तथा यीस्ट (Yeast) आते हैं।

2. फाइलम प्रोटोजोआ (Phylum Protozoa)—इसके अन्तर्गत एक कोशिका (Unicellular) वाले जन्तु आते हैं, जैसे—अमीबा।

3. वाइरस (Virus) **या विषाणु।**

बैक्टीरिया
(Bacteria)

बैक्टीरिया—सूक्ष्म जीवों का एक समूह (a group of micro organisms) है जो बहुत ही छोटे आकार के विभिन्न प्रकार के होते हैं। केवल माइक्रोस्कोप के हाई पावर से ही दिखायी देते हैं। यह जीवधारियों में अनेक प्रकार के गम्भीर रोग फैलते हैं। सामान्य रूप से इनकी उत्पत्ति विखण्डन (Fission) द्वारा होती है।

गुणों एवं रोग फैलाने के अनुसार इनको निम्न वर्गों में विभाजित किया गया है—

- ☐ **बैसिलाई** (Bacilli) अर्थात् लम्बे जीवाणु। कोई भी डंडे या शलाका अथवा छड़ की आकृति की जीवाणु होता है। इनके कुछ निम्नलिखित उदाहरण हैं—

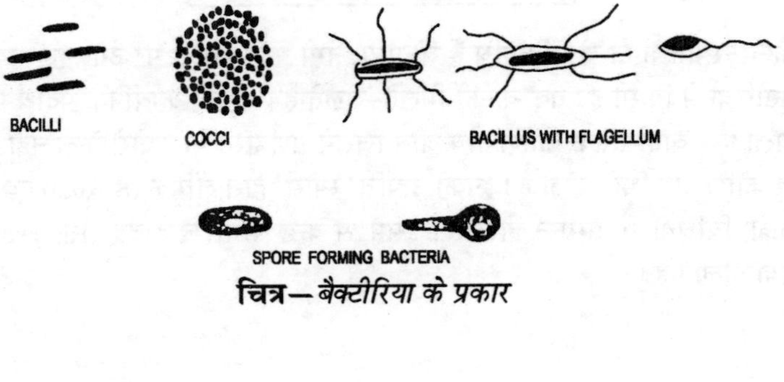

चित्र—*बैक्टीरिया के प्रकार*

1 .**बैसीलस एसिड फास्ट**—हैजा रोग उत्पन्न करने वाला जीवाणु।

2. **बैसीलस डिफ्थीरिया/कौर्नी बैक्टीरियम डिफ्थीरी**—डिफ्थीरिया रोग उत्पन्न करने वाला बैसीलस।

3. **बैसीलस लैक्टोबेसीलस एसीडोफिलस**—ऐसा बैसीलस जो दूध की शर्कराओं का खमीरीकरण करके लैक्टिक एसिड बनाता है जिससे दूध खट्टा हो जाता है।

4. **बैसीलिस स्ट्रेप्टोकोकस न्यूमोनी**—इससे पशुओं में न्यूमोनिया रोग हो जाता है।

5. **वैसीलस टिटैनाई, क्लोस्ट्राइडियम टिटैनाई**—टिटैनस रोग उत्पन्न करने वाला बैसीलस।

6. **बैसीलस ट्यूबरकिल/माइक्रोबैक्टीरियम ट्यूबरकुलोसिस**—क्षय रोग उत्पन्न करने वाला जीवाणु।

☐ **कोकाई** (Cocci)—गोल आकार वाले।

☐ **स्पाइरेल्ला** (Spirella)—टेढ़े-मेढ़े दिखायी देने वाले जीवाणु।

कुछ अन्य बैक्टीरिया ऐसे भी हैं।

1. **स्पोर्स** (Spores) **बनाने वाले जीवाणु**—ऐसे जीवाणु स्पोर्स बनाते हैं और प्रतिकूल परिस्थितियों में भी पनप सकते हैं। अपने में उपस्थित एक कशाभ (flagellum) के आधार पर इन्हें सचल और अचल (mobile and nonmobile) भी कहा जा सकता है। जो जीवाणु कशाभयुक्त होते हैं, गतिमान होते हैं एवं 70-90°F शारीरिक तापक्रम पर अपना खूब विकास करते हैं। पर अधिक उच्च तापक्रम (High temperature) पर शीघ्र नष्ट हो जाते हैं।

2. **लाभदायक बैक्टीरिया**—कुछ बैक्टीरिया जो शरीर के अन्दर विभिन्न क्रियाओं के सम्पन्न होने में सहायता करते हैं, लाभदायक होते हैं। जैसे कि जुगाली करने वाले पशुओं के रूमेन में पाये जाने वाले सूक्ष्म जीव (बैक्टीरिया एवं प्रोटोजोआ) इनके स्पष्ट उदाहरण हैं।

3. **बीमारी उत्पन्न करने वाले बैक्टीरिया**—यह जीवाणु बहुत ही भयानक और खतरनाक होते हैं। यह शरीर में एक विषैला पदार्थ (Toxin) उत्पन्न करके पशु अथवा मनुष्य में रोग के लक्षण प्रकट करते हैं।

- पशुओं में इस प्रकार के जीवाणु गलाघोंटू (H.S.), ऐन्थ्रक्स, लंगड़िया (B.Q.), टी.बी., थनैला रोग (मैसटाइटिस) तथा बांझपन जैसे रोग उत्पन्न करते हैं।

फफूँदी/कवक
(Fungus/Mould)

यह वनस्पति जगत के प्रतिनिधि हैं जो प्राय: नमी युक्त स्थानों पर उगे हुए पाये जाते हैं। यह बैक्टीरिया से किसी हद तक काफी मिलते-जुलते हैं। अर्थात् कार्बनिक पदार्थ पर जीवित रहने वाला एक वानस्पतिक कोशिकीय जीव जिसमें पर्णहरित या क्लोरोफिल नहीं होता तथा एक दृढ़ कोशिकीय भित्ति होती है। इनकी उत्पत्ति 'स्पोर्स' द्वारा लैंगिक (Sexual) एवं अलैंगिक (Asexual) विधियों में सम्पन्न होती है। इसमें से कुछ फंगस दाद/दद्रु (Ringworm) जैसी बीमारियाँ फैलाते हैं।

☐

फंगस/कवक भी प्राय: दो प्रकार के होते हैं—

1. लाभदायक फंगस—'पैनीसीलियम' नामक फंगस एक ऐसा ही उदाहरण है जिससे बहुमूल्य प्रतिजैविक पदार्थ (एण्टीबायोटिक, (Antibiotic) प्राप्त होते हैं।

2.हानिकारक फंगस—'अर्गट' नामक फंगस खाने से पशु का गर्भ गिर जाता है। यह एक हानिकारक फंगस है।

यीस्ट (Yeast)

यह एक अति महत्वपूर्ण छोटे-छोटे कोषाणु होते हैं जो शक्त में गोल अथवा अण्डाकार होते हैं और बैक्टीरिया से कुछ बड़े होते हैं। इनका मुकुलन (Budding) द्वारा होता है।

●● ऐल्कोहॉल तथा डबल रोटी बनाने में इनका आर्थिक महत्व अधिक है।

प्रोटोजोआ (Protozoa)

जीव-जगत के यह सबसे छोटे सदस्य हैं। इनके अंदर एक न्यूक्लियस होता है। पशुओं एवं जीवधारियों में यह सर्रा (Surra) एवं मलेरिया (Malaria) रोग उत्पन्न करते हैं।

वाइरस (Virus)

A minute infectious organism not visible by ordinary microscope but visible by ultra-microscope, living within a cell as a Parasite for its nutrition, and for metabolism and reproduction.

एक सूक्ष्म संक्रामक जीव जो साधारण माइक्रोस्कोप द्वारा नहीं बल्कि अल्ट्रोमाइक्रोस्कोप द्वारा दिखायी देता है और अपने पोषण तथा चयापचय एवं जनन के लिये परजीवी (पैरासाइट) के रूप में किसी कोशिका के भीतर रहता है। यह बैक्टीरिया से भी छोटे बहुत ही सूक्ष्म जीवाणु हैं। यह लगभग 5 से 15 मिली माइक्रोन (1 माइक्रोन = 1/1000 मिलीमीटर) के बराबर होते हैं। इतने अधिक छोटे होने के कारण ये बहुत ही महीन पोर्सिलेन फिल्टर के छिद्रों से भी बाहर निकल जाते हैं। जीवित कोषाणुओं के अतिरिक्त प्रयोगशाला में इनको किसी भी हालत में नहीं उगाया जा सकता।

● पशुओं में यह खुरपका-मुँहपका, काऊपॉक्स, पशुप्लेग जैसे रोग फैलाते हैं।

प्रतिरक्षा (इम्यूनिटी) (Immunity)

- ☐ The condition of being immune to or protected from a disease, especially an infectious disease.
- ☐ The response of the body and its tissues to various antigens.
- ☐ किसी रोग विशेषकर संक्रामक रोग के प्रति रोगक्षम अथवा उससे सुरक्षित होने की अवस्था।
- ☐ शरीर तथा इसके ऊतकों (Tissues) की विभिन्न प्रकार के एण्टीजनों के प्रति अनुक्रिया।

प्रतिरक्षा का वर्गीकरण

1. वंशागत प्रतिरक्षा (Inherited Immunity)—बीमारी की ऐसी शक्ति अपने पित्रों से सन्तति में आती है। यह निम्न प्रकार की होती है—

(i) वैयक्तिक प्रतिरक्षा (Individual Immunity)—जैसे कि किसी जीवधारी को तपेदिक (टी. बी.) का रोग हो जाता है, पर उसी प्रकार के अन्य को नहीं होता।

(ii) नस्ल प्रतिरक्षा (Breed Immunity)—जैसे कि देखा गया कि ऐन्थ्रैक्स का रोग अल्जेरियन नस्ल की भेड़ को नहीं होता है, परन्तु अन्य सभी नस्ल की भेड़ों को यह रोग बहुत बड़े प्रकोप के साथ हो जाता है।

(iii) जाति प्रतिरक्षा (Species Immunity)—पूरी जाति में रोग के प्रति पूर्ण रूप से इम्यून होना। जैसे कि घोड़ों में किसी को 'पशु'-'प्लेग' को रोग नहीं होता और इसके विपरीत गो पशुओं में 'ग्लाण्डर' का रोग नहीं होता। इसी प्रकार से भेड़ों में 'सूकर-ज्वर' (Swine-fever) नहीं होता।

2. अर्जित प्रतिरक्षा (Acquired Immunity)—The immunity occurring as a result of prior experience to an infectious agent or its antigens.

किसी संक्रामक कारक अथवा इसके एण्टीजनों के प्रति पूर्व में अनावरित होने के परिणामस्वरूप उत्पन्न रोग क्षमता।

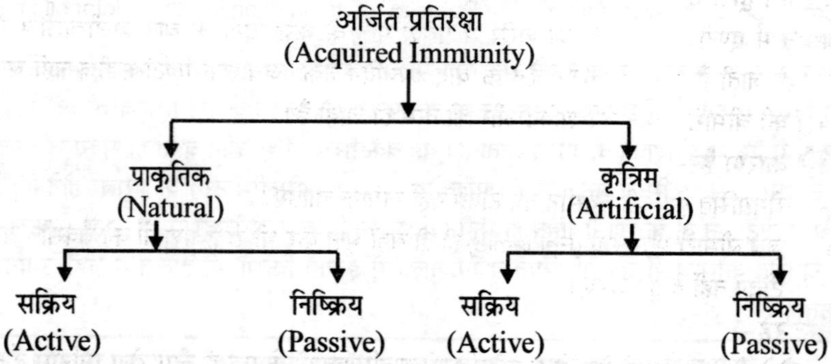

(i) प्राकृतिक अर्जित प्रतिरक्षा (Natural acquired immunity)—यह किसी प्राकृतिक वंशागत कारकों की विद्यमानता से किसी रोग के प्रति जन्मजात स्थायी रोगक्षमता होती है।

- **जीवधारी में ऐसी प्रतिरक्षा, प्राकृतिक रूप से रोग के आक्रमण के बाद स्वतः आती है जैसे कि एक बार चेचक होने के बाद, उसी व्यक्ति में प्रायः दुबारा आक्रमण नहीं होता।**
- **जीवधारियों के शरीर में इस रोग के कारण ऐण्टीबाडीज बन जाती है, जो पुनः रोग के आक्रमण को रोकने में सहायक होती है।**

(क) प्राकृतिक सक्रिय (Natural active) **प्रतिरक्षा**—बीमारी रोकने की ऐसी शक्ति प्राकृतिक छूतदार रोग के ठीक हो जाने के बाद स्वतः आती है। इस प्रकार की इम्युनिटी की कोई समय सीमा निर्धारित नहीं होती। यह कम या अधिक समय के लिए हो सकती है।

(ख) प्राकृतिक निष्क्रिय (Natural passive) **प्रतिरक्षा**—प्राकृतिक रूप से ऐसी इम्युनिटी माँ से बच्चे में गर्भनाल (प्लेसेण्टा) अथवा खास (Colostrum) के द्वारा आती है। जैसे—खीस पिलाये गये बछड़ा-बछियाँ एवं पड़वा-पड़िया में सफेद बदबूदार दस्त (स्कावर का रोग-Scover disease) होने का रोग नहीं लगता। जो पशुपालक तुरन्त उत्पन्न बच्चों को ऐसा दूध नहीं पिलाते वह कुछ ही दिन बाद इस भयानक रोग से प्रभावित होकर मर जाते हैं।

(ii) कृत्रिम अर्जित प्रतिरक्षा (Artificial acquired immunity)—इस प्रकार की इम्युनिटी स्वतः उत्पन्न न होकर कृत्रिम रूप जैसे—टीका (Vaccination) अथवा सीरम का इन्जेक्शन देने से पैदा होती है।

(क) कृत्रिम सक्रिय (Artificial active) **प्रतिरक्षा**—इस प्रकार की इम्युनिटी पशुओं में विभिन्न प्रकार के रोगों के प्रति बचाव के टीके लगने से उत्पन्न होती है। इसमें रोग फैलाने वाले जीवाणु की शक्ति को कम करके यह टीके (Vaccine) तैयार किये जाते हैं। इसी अवस्था में इसे एण्टीजन (Antigen) कहते हैं।

- जब यही एण्टीजन इन्जेक्शन द्वारा शरीर में प्रवेश पाते हैं तो वहाँ जाकर यह एण्टीबाडी बनाते हैं, जो काफी समय तक शरीर में अपना प्रभाव स्थिर रखकर वर्षों तक रोग रोकने में सहायक होते हैं। एच.एस.वी.क्यू. आदि ऐसी ही वैक्सीनयुक्त एण्टीजन है।

वैक्सीन द्वारा टीकाकरण-कुछ आवश्यक सुझाव—जैसा कि ऊपर बताया जा चुका है कि वैक्सीन में एण्टीजन होती है, जो शरीर में प्रवेश पाने के कुछ दिनों के बाद एण्टीबाडीज में परिवर्तित हो जाती है। अतः वैक्सीन देने के बाद 4-5 दिन तक जब तक एण्टीबाडीज नहीं बन पातीं, पशु की बीमारी रोकने की शक्ति और भी कम हो जाती है।

यही कारण है—

- रोगग्रसित पशु को वैक्सीन का टीका नहीं लगाना चाहिए।
- जब बीमारी फैल रही (Epidemic) हो तो वहाँ भूल कर भी रोगी पशुओं को वैक्सीन का टीका नहीं देना चाहिए।

याद रहे—

●● ऐसे टीके बचाव के हेतु, रोग प्रकोप करने वाली ऋतुओं के पूर्व ही लगा देना चाहिए। जैसे कि गलाघोंटू जो जुलाई से सितम्बर-अक्टूबर तक इपीडेमिक के रूप में होती है। इसका टीका वर्षा से पूर्व मई-जून में ही लग जाना चाहिए।

ऐसा इसलिये है—रोगग्रसित पशु के शरीर में जीवाणुओं के कारण एण्टीजन पहले से ही उपस्थित रहते हैं। यदि इस समय वैक्सीन का टीका लगा दिया जाये, तो पशु के शरीर में एण्टीजन दोहरी खुराक में पहुँच जाती है। जिससे पशु की प्रतिरक्षा (इम्युनिटी) क्षीण होकर उसकी मृत्यु का कारण बन जाती है।

- **इस प्रकार रोग फैलने पर बीमार पशुओं को उसी रोग के बचाव का टीका देने पर बीमारी का और भी अधिक प्रकोप हो जाता है। अतः वैक्सीनेशन के समय इस बात की विशेष सावधानी रखी जाये।**

(ख) कृत्रिम निष्क्रिय (Artificial Passive) **प्रतिरक्षा**—शरीर में इस प्रकार की इम्युनिटी एण्टीसीरम (Antiserum) का इन्जेक्शन देने से उत्पन्न होती है। यह इम्युनिटी शरीर में लगभग 10-14 दिन तक ही स्थायी रहती है। 14 दिन बाद आवश्यक हो तो पुनः सीरम का टीका दिया जा सकता है।

- **सीरम का उपयोग सदैव इन्जेक्शन के रूप में रोग के प्रकोप के समय किया जाता है।**
- **स्वस्थ पशु जो रोगी के सम्पर्क में रहे हों उनको भी** 150-200 मि.ली. (c.c.) **का टीका देकर बीमार पशुओं के साथ छोड़ देते हैं।**
- **रोगी पशुओं को** 100-200 c.c. **सीमा का इन्जेक्शन देना चाहिए।**

●● प्रत्येक बीमारी का अलग-अलग एण्टीसीरम तैयार किया जाता है।

◆◆◆

18

रोग और उसका वर्णन
(Disease and Its Description)

एक स्वस्थ पशु और बीमार पशु के बारे में जानना आवश्यक होता है जो इस प्रकार है—

एक स्वस्थ पशु के लक्षण

- ☐ सामान्य तापक्रम (नॉर्मल टेम्परेचर—Normal temperature)
- ☐ नाड़ी गति तथा श्वसन सामान्य।
- ☐ चमकीली आँखें।
- ☐ चुस्त कान एवं उत्तेजक शरीर।
- ☐ भोजन में रुचि एवं मल-मूत्र का भली प्रकार से बाहर निकलना।

अस्वस्थ पशु के लक्षण

उपरोक्त के विपरीत सामान्य कार्यों में किसी कारणवश अवरोध उत्पन्न होकर शरीर का अस्वस्थ हो जाना ही 'रोग' कहलाता है।

बीमारी (विशेषकर संक्रामक रोगों) का वर्णन निम्न प्रकार से

- ☐ पर्याय नाम/अन्य नाम (Other names)
- ☐ परिभाषा/विषय परिचय (Introduction)
- ☐ रोग का कारण (Causes/Etiology)
- ☐ छूत लगने का ढंग (Mode of infections)
- ☐ उद्‌भवन काल (Incubation period)
- ☐ लक्षण (Symptoms)
- ☐ निदान (Diagnosis)
- ☐ चिकित्सा (Treatment)
- ☐ रोकथाम (Prevention & Control)

1. पर्याय नाम/अन्य नाम (Other names)—सर्वप्रथम बीमारी का वर्णन प्रारम्भ करने से पहले उस रोग के पर्याय नाम (अर्थात् किन-किन नामों से पुकारा जाता है) लिखना चाहिए। जैसे कि गलाघोंटू के पर्याय अर्थात् अन्य नाम हैं—घुड़का, घोटुआ, नाविक ज्वर, घुर्रखा, हीमोरेजिक सेप्टीसीमिया (H.S.), शिपिंग फीवर (Shipping Fever), आदि। इसी प्रकार लंगड़ी (ब्लैक क्वार्टर) को लंगड़िया/चुरचुरिया/जहरवाद/फड़/सूजन/वी. क्यू. आदि लिखेंगे।

2. विषय परिचय/परिभाषा (Introduction/Definition)—रोग के पर्याय नाम/अन्य नाम लिखने के बाद रोग का संक्षिप्त परिचय अवश्य लिखना चाहिये। इससे यह पता चलता है कि बीमारी का प्रकार, वेग और अन्त कैसा है।

- **रोगी का संक्षिप्त इतिहास ही वास्तव में रोग का परिचय होता है।**

3. कारण (Causes/Etiology)—बीमारी फैलाने वाले कारक (Factors) ही रोग का कारण बनते हैं। प्रत्येक रोग के अनेक कारक होते हैं जिनसे रोग उत्पन्न होता है। इनका वर्गीकरण इस प्रकार है—

(i) **उत्तेजक कारक** (Exciting Causes)—वे कारण हैं जिनके बिना रोग उत्पन्न हो ही नहीं सकता। इसके अन्तर्गत बैक्टीरिया, वायरस, प्रोटोजोआ/पैरासाइट्स, रासायनिक, भौतिक, तापीय (Thermal) एवं इलेक्ट्रिकल तथा अनियमित आकार जैसे तमाम कारक आते हैं। इस प्रकार से उत्तेजक कारक रोग उत्पन्न करने में अहम् भूमिका अदा करते हैं।

(ii) **पुनः प्रवर्तक कारक** (Predisposing Causes)—कुछ ऐसे कारक हैं जो पशु के शरीर की सहन शक्ति क्षीण करके उसको उत्तेजक कारणों का शिकार बनाते हैं, पुनः प्रवर्तक कारक कहलाते हैं। यह कारक निम्न प्रकार हैं—

- ☐ आयु, लिंग एवं स्वभाव/एवं रंग भी।
- ☐ निर्बलता अथवा अस्वस्थ बाड़ा।
- ☐ पीने का गंदा पानी।
- ☐ कुप्रबन्ध (Bad management)।
- ☐ राशन में कुछ आवश्यक खाद्य अवयवों की कमी आदि।

4. छूत लगने के ढंग (Mode of Infection)—संक्रामक एवं-छूतदार बीमारियों के उत्पादक जीवाणु निम्न मार्गों द्वारा पशु के शरीर में प्रवेश पाकर विभिन्न रोग फैलाते हैं।

(i) त्वचा द्वारा (By Skin)—त्वचा द्वारा विशेषकर त्वचा के छिल जाने, रगड़ जाने, कट जाने अथवा घाव आदि बन जाने से जीवाणु शरीर में प्रवेश कर जाते हैं जिससे रोग उत्पन्न हो जाता है—

- **याद रहे—पसीना और अम्लीयता के कारण स्वच्छ त्वचा स्वयं ही जीवाणु रहित रहती है।**

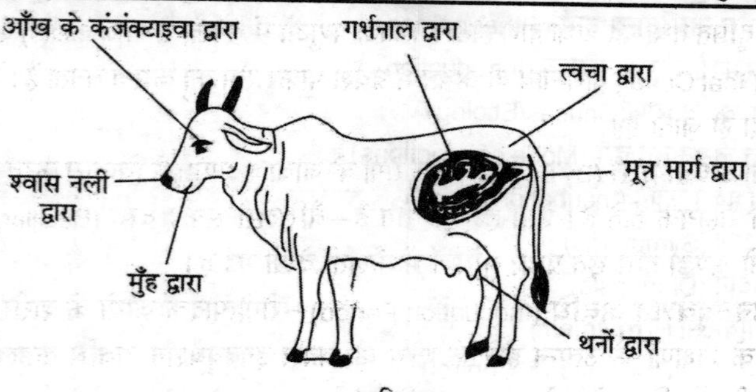

चित्र- *पशुओं में छूत लगने के ढंग*

(ii) मुँह द्वारा (By Mouth or by Ingestion)—पशुओं में रोग का संक्रमण सबसे अधिक इसी मार्ग से होता है। रोग फैलाने वाले जीवाणु दूषित आहार, चारा, पानी, आदि के सम्पर्क में आकर पशु की अन्न नली (Digestive tract) में पहुँचकर रोग संचार करते हैं।

(iii) नाक द्वारा (By Inhalation)—रोग फैलाने की इस विधि को बिन्दुक संक्रमण (Droplet infection) भी कहते हैं। दूषित वायु तथा धूल आदि युक्त वातावरण में सांस लेने से श्वास नली द्वारा टी.बी. आदि के जीवाणु स्वस्थ पशु के शरीर में प्रवेश पाकर फेफड़े आदि अंगों को प्रभावित करते हैं। अधिकांश रूप से वायरस रोग इसी माध्यम से फैलते हैं। अस्वस्थ पशु के थूकने, खखारने, आदि से जीवाणु हवा में निकलकर स्वस्थ पशु के साँस लेते समय जीवाणुयुक्त वायु कण श्वासनली में प्रवेश कर जाते हैं।

(iv) आँख द्वारा (By Conjunctiva of the eye)—इस माध्यम से बहुत ही कम विरले रोग ही मिलते हैं। कुछ रोग जैसे संक्रामक गर्भपात के जीवाणु कन्जंक्टाइवा द्वारा भी पशु के शरीर में प्रवेश पाकर रोग फैलाते देखे गये हैं।

(v) जननेन्द्रिय तथा मूत्रनली द्वारा (By Urogential Tract)—कुछ रोगों के जीवाणु जननेन्द्रिय तथा मूत्रनली के मार्ग से शरीर में प्रवेश पाकर अपने क्षत-स्थल (लीजन) में निवास करते हैं और रोग फैलाते रहते हैं। विशेषकर मादा पशुओं में गर्भाशय शोथ (Metritis), गर्भाशय पूयता (Pyometra), संक्रामक गर्भपात (Septic Abortion) एवं नर-मादा पशुओं में टी.बी. तथा गुर्दाशोथ (Nephritis) जैसे रोग।

(vi) गर्भनाल द्वारा (By Placenta)/**नाभि द्वारा** (By Umbilical)—प्रायः यह देखा गया है कि बच्चा पैदा होने के बाद यदि उसका नाभिनाल (Umbilical Cord) एसेप्टिक सावधानियों के साथ न काटा गया तो उसको नाभिक रोग (Navel ill) का रोग हो जाता है। टिटेनस की जीवाणुओं का संक्रमण भी नाभि के द्वारा हो जाता है।

- इन रोगों के जीवाणु नाभि द्वारा ही बच्चे के शरीर में घुसकर संक्रमण फैलाते हैं।

गर्भनाल द्वारा (By placenta) कुछ रोगों में जीवाणु मादा से बच्चे के शरीर में प्रवेश कर जाते हैं। जैसा कि पैतृक टी. बी. में होते देखा गया है। इसमें यह रोग गर्भाशय में गर्भनाल में ही भ्रूण (Foetus) को लग जाता है।

(vii) अयन तथा थनों द्वारा रोग का प्रसारण (By Udder & Teats)—कुछ रोगों का प्रसारण ग्वालों के दूषित तथा गंदे हाथों द्वारा होता है। मादा पशुओं में थनैला रोग (Mastitis) का जीवाणु प्रायः थन नली (Teat Canal) द्वारा गाय के अयन में प्रवेश पाकर रोग का कारण बनता है। और एक विषम स्थिति पैदा हो जाती है।

(viii) अण्डों द्वारा (By Eggs)—कुछ रोगों के जीवाणु अण्डों में विकास करते हैं और यही रोग प्रसारण में सहायक होते हैं। ऐसा ही एक रोग है—बैसिलरी सफेद दस्त (Bacillary White Diarrhoea) जो अण्डों द्वारा छूत प्रायः मुर्गियों में फैलती देखी गई है।

5. इनक्यूवेशन अवधि (Incubation Period)—रोगोत्पादक जीवों के शरीर में प्रवेश करने तथा रोग के लक्षणों के उत्पन्न होने के बीच का काल इनक्यूबेशन अवधि कहलाता है। रोग के जीवाणु शरीर में प्रविष्ट होने के बाद अपना विकास (Development) करके कुछ घण्टों से लेकर कई दिनों तक कभी-कभी महीनों बाद रोग का प्रथम लक्षण उत्पन्न करते हैं। इस प्रकार रोग के जीवाणु का गुप्त विकास होता है और कुछ अवधि बाद रोग के लक्षण प्रारम्भ हो जाते हैं।

सारांश में—पशु को रोग की छूत लगने से लेकर प्रथम लक्षण प्रकट होने की अवधि (Period) को इनक्यूबेशन अवधि कहते हैं।

कुछ रोगों की औसत इनक्यूबेशन अवधि निम्नवत् है—

☐ गलाघोंटू (हीमेरेजिक सेप्टीसीमिया—H.S.)	12-24 घण्टे या अधिक अथवा 1 से 3 दिन
☐ खुरपका—मुँहपका (एफ.एम. डी—F.M.D.)	1–6 दिन
☐ ऐंथ्रैक्स (Anthrax)	12–24 घण्टे या अधिक
☐ लंगड़ी (Black Quarter—B.Q.)	1–5 दिन
☐ टी. बी. (T.B.)	अनिश्चित अथवा कई माह भी
☐ जोन्स रोग (पुराना कीटाणु अतिसार—John's disease)	अनिश्चित अथवा कई माह भी
☐ संक्रामक गर्भपात (Septic Abortion or Contagious Abortion)	33 से 100 दिन
☐ पशु प्लेग (Rinder Pest–R.P.)	3 से 8 दिन
☐ गो-शीतला रोग (Cow Pox)/चेचक	3 से 7 दिन
☐ चीचड़ी ज्वर (Tick Fever)/रक्त मूत्र रोग	7 से 17 दिन
☐ कोक्सीडिओसिस (Coccidiosis) अर्थात् खूनी दस्त/लाल पेचिश	7 से 21 दिन

6. लक्षण (Symptoms)—रोगावस्था का बाह्य आँख द्वारा आभास होना ही लक्षण कहलाता है। यह लक्षण निम्न प्रकार के हो सकते हैं—

(i) केवल निदानात्मक लक्षण (Diagnostic Symptoms)—वे लक्षण जो केवल एक ही रोग के लिए सीमित होते हैं जैसे कि गलघोंटू (H.S.) रोग में पशु का 'घुर्र-घुर्र की आवाज का करना' एक स्पष्ट निदानात्मक लक्षण होता है।

(ii) आत्मनिष्ठ लक्षण (Subjective Symptoms)—वे लक्षण जिसे रोगी स्वयं महसूस करता है और डॉक्टर के पूछे जाने पर स्पष्ट रूप से बतलाता है, जैसे—सिर में दर्द।

(iii) वस्तुनिष्ठ लक्षण (Objective Symptoms)—वे लक्षण हैं जिनको रोगी में चिकित्सक स्वयं पता लगाता है।

(iv) सामान्य लक्षण (General Symptoms)—वे लक्षण हैं जो सारे शरीर पर प्रभाव डालते हैं, जैसे कि तापक्रम (Temperature) का बढ़ना, कँपकँपाना (Shivering) आदि।

(v) स्थानीय लक्षण (Local Symptoms)—वे लक्षण हैं जो एक समय में शरीर के केवल एक भाग पर ही अपना प्रभाव डालते हैं, जैसे कि फोड़ा (Abscess)।

(vi) पूर्वसूचक लक्षण (Premonitory Symptoms)—रोग के आगमन को पहले ही आगाह करने वाले लक्षण पूर्व सूचक कहलाते हैं, जैसे कि मलेरिया ज्वर आने से पूर्व ठण्ड और कँपकँपी होना।

(vii) पूर्वानुमानित अथवा फलानुमानित लक्षण (Prognostic Symptoms)—ये वे लक्षण हैं जो रोगी की दशा, अवधि और अन्त के बारे में बतलाते हैं।

(viii) शारीरिक लक्षण (Physical Symptoms)—कुछ रोगों के लक्षण परिश्रवण (Auscultation), परिताड़न (Percussion), धड़कन (Palpitation) अथवा खोज (Exploration) करके ही जाने जाते हैं। ऐसे लक्षणों को शारीरिक लक्षण कहा जाता है।

(ix) कालिक लक्षण (Periodic Symptoms)—यह वे लक्षण हैं जो एक निश्चित समय पर प्रकट होकर कुछ समय के लिये लुप्त हो जाते हैं।

(x) संलक्षण (Syndrome)–लक्षणों का वह समूह जो किसी रोग के साथ संयोजित होकर बीमारी का नैदानिक (Clinical) रूप बनता है, संलक्षण कहलाता है।

7. निदान (Diagnosis)–रोग का प्रारम्भ एवं उसकी प्रकृति जानकर उसकी अन्य रोगों से अलग पहचान लगा देना ही निदान कहलाता है। यह निम्न प्रकार का होता है–

(i) लाक्षणिक निदान (Symptomatic diagnosis)–रोग के प्रमुख लक्षणों को ही देखकर रोग को पहचान लेना लाक्षणिक निदान कहलाता है। इसे क्लिनीकल (Clinical) डायग्नोसिस भी कहते हैं।

(ii) ऐतिहासिक निदान (Historical diagnosis)–इसमें रोगी का संक्षिप्त इतिहास (History of disease) लेकर रोग के प्रारम्भ एवं रोग की प्रकृति के बारे में अनुमान किया जाता है।

(iii) माइक्रोस्कोपिक निदान (Microscopic diagnosis)–रोग पहचान की यह एक उत्तम विधि है। इसमें एक स्वच्छ जीवाणुरहित (स्टेरीलाइज्ड) काँच के स्लाइड पर पशु के रक्त, थूक, पाखाना आदि शरीर से बाहर निकालने वाले किसी भी दूषित पदार्थ का पतला लेप (Smear) बनाकर रोग फैलाने वाले जीवाणु जैसे–बैक्टीरिया, प्रोटोजोआ (पैरासाइट्स) तथा उनके अण्डों अथवा उनकी अन्य विकास अवस्थाओं को देखा जाता है।

(iv) संवर्धनीय निदान (Culture diagnosis)–इस विधि का प्रयोग प्रायः बैक्टीरियल इन्फेक्शन वाले रोगों में किया जाता है। रोगी पशु से प्राप्त संदेहयुक्त दूषित रक्त, थूक आदि पदार्थों से बैक्टीरिया को किसी अनुकूल माध्यम जैसे–ऐगार-ऐगार, मांसरस (Meet Broth) में उगाकर उसका कॉलोनी बनाना (Colony formation) देखकर रोग के कारण का पता लगाया जाता है।

(v) पशु में टीका लगाकर निदान (Diagnosis by Animal Inoculation)–जब उपरोक्त तरीकों से निदान सम्भव नहीं होता है तब रोगी से प्राप्त दूषित पदार्थ अथवा तैयार किये हुए बैक्टीरियल सम्वर्धन (Bacterial culture) का थोड़ी मात्रा में ग्रहणशील स्वस्थ पशु के शरीर में इन्जेक्शन देकर रोग के लक्षण प्रकट किये जा सकते हैं।

इस विधि में ग्रहणशील पशु के स्थान पर प्रायः गिनीपिग का उपयोग किया जाता है।

(vi) शव परीक्षा द्वारा निदान (Diagnosis by Postmortem Examination)– कभी-कभी ऐसी स्थितियाँ आती हैं जब पशु मृत रूप में शरीर परीक्षण हेतु लाया जाता है तब उसका निदान लाश को चीड़-फाड़ करके उसके आन्तरिक अंगों (Internal organs) में उपस्थित परिवर्तन को देखकर किया जाता है एवं देखे हुए क्षतस्थल (Lesions) के द्रव से स्लाइड बनाकर माइक्रोस्कोप में जीवाणुओं की भी पहचान कर ली जाती है।

(vii) कुछ विशेष परीक्षणों द्वारा निदान (Diagnosis by Some Special Tests)– कुछ बीमारियों के लिए कुछ विशेष टेस्ट करने पड़ते हैं तब जाकर उनका सही पता चलता है। जैसे–टी. बी. एवं पुराना कीटाणु अतिसार (John's disease)।

- इस प्रकार के रोगों के निदान हेतु कुछ ऐलर्जिक पदार्थ यथा 'ट्यूबरकुली' तथा 'जेनिन' का उपयोग किया जाता है।

(viii) विभेदक निदान (Differential Diagnosis)–कभी-कभी रोग के कुछ ऐसे लक्षण प्रकट होते हैं जो अन्य बीमारियों से भी मिलते-जुलते हैं। ऐसी अवस्था में प्रायः रोग का निदान कठिन हो जाता है, क्योंकि कभी-कभी रोग इतना जटिल हो जाता है कि उसके मूल कारणों तथा लक्षणों का पता नहीं लग पाता है।

8. चिकित्सा (Treatment)—पशु को देखकर उसके रोग का भली-भाँति निदान कर तत्काल चिकित्सा प्रारम्भ कर देनी चाहिए। चिकित्सा को दो भागों में अग्र प्रकार से विभाजित किया जा सकता है—

(i) रोग निरोधी चिकित्सा (Prophylactic Treatment)—रोग से बचाव हेतु इसके अन्तर्गत वे सभी साधन आते हैं जो स्वस्थ पशुओं को रोग से बचाने के प्रति किये जाते हैं। जैसे कि वर्षा ऋतु आने से पूर्व मई-जून के माह में गलाघोंटू (एच. एस.) का टीका (H. S. Vaccination) स्वस्थ पशुओं को लगा दिया जाता है।

ऐसे साधन प्रायः संक्रामक एवं छूतदार रोगों से बचाने के लिये ही अपनाये जाते हैं। यहा कार्य पशु-पालन विभाग की ओर से सम्पादित किया जाता है। यह चिकित्सा रोग न होने देने के लिये विशेष महत्व रखती है।

(ii) रोगहर चिकित्सा (Curative Treatment)—यह वह चिकित्सा है जो पशु के बीमार होने पर रोगमुक्ति के लिए की जाती है 'रोगहर चिकित्सा' कहलाती है। यह चिकित्सा दो प्रकार की होती है—

- ☐ (अ) प्राथमिक चिकित्सा (First Aid)
- ☐ (ब) वास्तविक चिकित्सा (Actual Treatment)

(अ) प्राथमिक चिकित्सा (First Aid)—यह वह प्रक्रिया है जो चिकित्सक के आने से पूर्व रोगी पशु को थोड़ा आराम पहुँचाने हेतु दी जाती है, प्राथमिक चिकित्सा कहलाती है। जैसे— साँप के काटने पर अथवा पागल कुत्ते के काटने पर घाव को खोलकर पोटाश परमैंगनेट दवा से घाव को धोकर जला देना या कार्बोलिक एसिड से दहन कर देना। साँप के काटने पर जलाने के अलावा सबसे पहले काटने की जगह से ऊपर बंध लगा देना। साथ ही रोगी को चिकित्सालय तक पहुँचा देना प्राथमिक चिकित्सा के अन्तर्गत आता है।

(ब) वास्तविक चिकित्सा (Actual Treatment)—यह वह चिकित्सा है जो पशु को निरोग करने हेतु जितने भी साधन चिकित्सक द्वारा अपनाये जाते हैं, वास्तविक चिकित्सा के अन्तर्गत आते हैं। जैसे रोगानुसार विभिन्न औषधियों का सेवन/इंजेक्शन/गोली-बोलस/पेय/पथ्यापथ्य एवं अनुपान आदि इसमें सम्मिलित हैं।

9. रोकथाम (Prevention and Control)—**छूतदार एवं संक्रामक रोग** (Contagious & Infectious Disease) के प्रकोप के समय बचाव के साधन अपनाना तथा बीमारी को नियंत्रित करना, जिससे उसका शीघ्र ही दमन हो सके रोकथाम कहलाता है। इसके अन्तर्गत निम्न साधन आते हैं—

- ☐ पृथक्करण (Isolation)।
- ☐ रोग की सूचना निकटतम पशु-चिकित्सालय के चिकित्सक को मौखिक अथवा लिखित रूप में।
- ☐ रोगी के शव एवं बिछावन आदि का प्रबन्ध।
- ☐ रोगी पशु के सम्पर्क में आये हुए बर्तनों एवं स्थानों की सफाई।
- ☐ चरागाहों का बदलना।
- ☐ रोग के टीके लगाना (Vaccination)।
- ☐ क्वारेंटीन (Quarantine)—बाहरी पशुओं को कुछ समय के लिए रोकने का स्थान।
- ☐ पशुओं के एकत्रित होने पर रोक एवं पशुओं का उचित खान-पान आदि।

◆◆◆

19

बीमारियों का वर्गीकरण
(Classification of Diseases)

पशु तथा मनुष्य दिन-प्रतिदिन अनेक प्रकार की बीमारियों से ग्रसित होता रहता है जिससे पशुपालक को अपर्याप्त धन की हानि होती रहती है। सामान्य रूप से यह दो प्रकार के रोग होते हैं—

(1) सामान्य रोग तथा (2) असाध्य रोग।

1. सामान्य रोग—इसके अन्तर्गत वे रोग आते हैं जो सामान्य देख-भाल, उचित रख-रखाव तथा उचित खान-पान पर नियन्त्रण रखने से ठीक हो जाते हैं। जैसे—खाँसी, जुकाम, अपच, बदहजमी, कब्ज आदि।

2. असाध्य रोग—इसके अन्तर्गत वे रोग आते हैं जो अकस्मात प्रकोप करते हैं और इनका आक्रमण इतना भयानक होता है कि त्वरित चिकित्सा व्यवस्था के अभाव में रोगी पशु प्राण त्याग देता है अथवा रोग चिकित्सा के योग्य नहीं रहता है। जैसे—गलाघोंटू, लंगड़िया, ऐन्थ्रैक्स, चेचक, पशु-प्लेग (Rinder Pest) आदि।

रोगों का वर्गीकरण रोग फैलाने वाले कारकों के अनुसार

- ☐ रोग प्रारम्भ होने के ढंग के अनुसार (According to mode of origin)
- ☐ कारण के अनुसार (According to etiology)
- ☐ प्रकोप तथा अवधि के अनुसार (According to severity and duration)
- ☐ रोगग्रस्त भागों में परिवर्तन के अनुसार (According to the changes brought about in affected parts)
- ☐ विभाजन के अनुसार (According to distribution)
- ☐ रोगग्रस्त भागों के अनुसार (According to the parts affected)
- ☐ लाक्षणिक घटनानुसार (According to clinical occurrence)

अब प्रत्येक का वर्णन सारांश में

1. रोग प्रारम्भ होने के ढंग के अनुसार (According to mode of origin)

(i) पैतृक रोग (Hereditary)—यह वे रोग हैं, जो माता-पिता से बच्चों में आते हैं। जैसे—हीमोफीलिया, मिर्गी आदि।

(ii) जन्मजात रोग (Congenital disease)—यह वे रोग हैं जो प्रसव के पूर्व गर्भकाल में बच्चों को मादा जननेन्द्रिय में ही लग जाते हैं। जैसे—जन्मजात क्षय रोग।

(iii) अर्जित रोग (Acquired disease)—यह वे रोग हैं जो जीव के पैदा होने के बाद उसके जीवनकाल में प्रारम्भ होते हैं, अर्जित रोग कहलाते हैं।

2. कारण के अनुसार (According to etiology)

(i) विशिष्ट रोग (Specific disease)—वे रोग, जिनका कारण निश्चित होता है, विशिष्ट रोग कहलाते हैं। इन्हें पुनः दो भागों में विभाजित किया जा सकता है—

(क) **संक्रामक रोग** (Infectious Disease)—वे रोग जो बैक्टीरिया, वायरस एवं प्रोटोजोआ द्वारा प्रसारित होते हैं, संक्रामक रोग कहलाते हैं। जैसे—गलाघोंटू, पशु-प्लेग (R.P.), धनुवति, आदि।

- **ऐसे रोग रोगी पशु से स्वस्थ पशुओं में उनके शारीरिक सम्पर्क अथवा सम्पर्क में रहने वाले पदार्थ के द्वारा पहुँचते हैं।**

(ख) **छूत के रोग अथवा संसर्गिक रोग** (Contagious disease)—ये वे रोग हैं जो रोगी पशु से स्वस्थ पशु में सीधे सम्पर्क (Direct contact) द्वारा पहुँचते हैं। अर्थात् एक पशु से दूसरे पशु में प्रत्यक्ष अथवा अप्रत्यक्ष रूप से संचारित होने की क्षमता रखने वाला जैसे कोई सूक्ष्म जीव जिससे कोई रोग उत्पन्न होता है। जैसे—रिण्डर पेस्ट, गलाघोंटू आदि।

याद रखिए— ● इन रोगों का प्रसार एक स्थान से दूसरे स्थान पर मनुष्य, जंगली पशुओं, चिड़ियों, वायु तथा पानी के द्वारा होता है।

●● छूत से फैलने वाले प्रायः सभी रोग संक्रामक होते हैं, पर सभी संक्रामक रोग छूत से फैलने वाले नहीं होते।

(ii) अविशिष्ट रोग (Non-specific disease)—ये वे रोग हैं जिनके कारण निश्चित नहीं होते हैं, बल्कि अनेक और अनिश्चित होते हैं। जैसे—वेदना, उदरशूल (Colic), पेचिश (Dysentry), आदि।

3. प्रकोप तथा अवधि के अनुसार (According to severity and duration)

(i) अति उग्र रोग (Per-acute form)—कुछ रोग (ऐन्थ्रैक्स आदि) ऐसे हैं जिनका आक्रमण इतना तीव्र एवं भयानक रूप में होता है जिसके कारण का कोई पता नहीं चलता है। ऐसी स्थिति में पशु की चिकित्सा का समय भी नहीं मिलता है और एकाएक मर जाता है।

- **भेड़ों में कभी-कभी ऐन्थ्रैक्स रोग इसी रूप में फैलता है।**

(ii) उग्र रोग (Acute form)—कुछ रोग ऐसे होते हैं जो अति तीक्ष्ण रूप से उत्पन्न होते हैं और तीव्र प्रकोप करके शीघ्र ही समाप्त हो जाते हैं। इनका आक्रमण एकाएक होता है। जैसे— गलाघोंटू (H.S.) ऐन्थ्रैक्स (Anthrax) एवं लंगड़िया (Black Quarter) रोग।

(iii) स्वल्पकालीन रोग (Subacute form)—यह वे रोग हैं जिनका प्रारम्भ तेजी से होकर, अवधि उग्र रोगों से अधिक होती है। जैसे—खुरपका, मुँहपका (F.M.D.) का रोग।

(iv) जीर्ण अथवा चिरकालीन रोग (Chronic disease)– यह वे रोग हैं जो धीरे-धीरे प्रकट होते हैं और काफी समय से समाप्त होते हैं यह चिरकारी रोक कहलाते हैं। यह रोग उग्र तथा स्वल्पकालीन रोगों की तरह तीक्ष्ण नहीं होते, पर भयानक उतने ही अधिक होते हैं। ऐसे रोग हैं– क्षय रोग (टी. बी.) अथवा पुराना कीटाणु अतिसार (John's disease) आदि।

4. रोगग्रस्त भागों में परिवर्तन के अनुसार

(According to the changes brought about in a affected parts)

(i) क्रियागत रोग (Functional disease)–ऐसे रोग जो किसी अंग की रचना पर प्रभाव नहीं डालते हैं, बल्कि उसके कार्यों पर प्रभाव डालते हैं, क्रियागत रोग कहलाते हैं। जैसे– मूर्छा रोग (Epilepsy)।

(ii) रचनात्मक रोग (Structural disease)–ऐसे रोग जो किसी अंग की बनावट पर प्रभाव डालते हैं, रचनात्मक रोग कहलाते हैं। जैसे–लकवा (पैरालिसिस Paralysis), लंगड़ी रोग।

5. विभाजन के अनुसार (According to distribution)

(i) स्थानिकमारी (Enzootic)–ऐसे रोग जो कुछ मुख्य जातियों में ही होते हैं, स्थानिकमारी कहलाते हैं।

(ii) पशुमहामारी (Epizootic)–ऐसे रोग जो एक बहुत बड़े क्षेत्र के पशुओं को एक साथ प्रभावित कर फैलते हैं।

(iii) पैनजूटिक रोग (Panzootic)–वे रोग हैं, जो एक देश या राष्ट्र में बहुत सी पशु जातियों में एक साथ फैलते हैं, पैनजूटिक रोग कहलाते हैं।

(iv) विदेशी रोग (Exotic)–ऐसे रोग जो विदेशों से लाये गये पशुओं के द्वारा प्रारम्भ होते हैं, विदेशी रोग कहलाते हैं। जैसे–दक्षिणी अफ्रीकी अश्व-रोग (साउथ अफ्रीकन हार्स सिकनेस)।

(v) विकीर्ण रोग (Sporadic)–जो रोग कभी-कभी यत्र-तत्र होते देखे जाते हैं, विकीर्ण रोग कहलाते हैं। जैसे–पागलपन का रोग (Rabies)।

(vi) देशी रोग (Indigenous)–वे रोग जो देश अथवा राष्ट्र के जन्मजात रोग होते हैं।

6. रोगग्रस्त भागों के अनुसार (According to the parts affected)

(i) सामान्य रोग (General)–वे रोग, जो एक ही समय में शरीर के कई भागों अथवा सम्पूर्ण शरीर को प्रभावित करते हैं, सामान्य रोग कहलाते हैं। जैसे–फ्लू (इन्फ्लूएन्जा)।

(ii) स्थानीय रोग (Local)–वे रोग, जो एक ही समय में शरीर के किसी विशेष अंग पर ही अपना प्रभाव डालते हैं, स्थानीय रोग कहलाते हैं।

7. लाक्षणिक घटनानुसार (According to clinical occurrence)

(i) प्राइमरी रोग (Primary)–वे रोग जो स्वतन्त्र रूप से अपना विकास करके प्रथम लक्षण प्रकट करते हैं, प्राइमरी रोग कहलाते हैं। जैसे–कुत्तों में डिस्टेम्पर रोग।

(ii) गौण रोग (Secondary)–वे रोग हैं, जो प्राइमरी रोग के परिणामस्वरूप उत्पन्न होते हैं, गौण रोग कहलाते हैं। जैसे–डिस्टेम्पर रोग के बाद कोरिया रोग का उत्पन्न होना।

(iii) इण्टर-करेण्ट रोग (Intercurrent disease)—वे रोग, जो प्राइमरी रोग के प्रकोप के मध्य उत्पन्न होकर उसको और भी जटिल और भयानक बना देते हैं, इण्टर-करेण्ट रोग कहलाते हैं। जैसे—कुत्तों में डिस्टेम्पर के बाद न्यूमोनिया हो जाना।

कुछ अन्य प्रकार के रोग (Some Other Diseases)

1. माइक्रोबायलोजिकल डिजीज (Microbiological disease)—ऐसे रोग जो, बैक्टीरिया, वायरस, प्रोटोजोआ अथवा रिकेट्सिया द्वारा फैलते हैं, माइक्रोबायलोजिकल डिजीज कहलाते हैं।

2. पैरासिटिक (Parasitic)—वे रोग जो अन्तः तथा बाह्य परजीवी कार्यों द्वारा फैलते हैं।

3. मेटाबोलिक (Metabolic)—उपापचयिक गड़बड़ी तथा आहार में पोषक तत्वों की कमी से उत्पन्न होने वाले रोग।

4. फंगल रोग (Fungal disease)—वे रोग जो फफूँदी (Fungus) से उत्पन्न होते हैं, फंगल रोग कहलाते हैं। जैसे—दाद-रिंग, वर्म्स।

5. विषाक्तता जन्य रोग (Toxic disease)—वे रोग, जो सर्प विष, पौधों तथा रासायनिक पदार्थों द्वारा उत्पन्न होते हैं।

6. विशेष रोग—जैसे—अर्बुद तथा रसौली जैसे रोग।

◆◆◆

20

संक्रामक रोग और उनकी रोकथाम (Infectious Diseases and their Prevention)

संक्रामक रोग (Infectious disease)—वे रोग जो बैक्टीरिया, वायरस तथा प्रोटोजोआ से उत्पन्न होते हैं और एक पशु से दूसरे पशु में पहुँचते हैं, संक्रामक रोग कहलाते हैं।

●● जब ऐसे रोग स्वस्थ पशु को रोगी पशु के सीधे सम्पर्क में आने से लगते हैं तब इन्हें छूत के रोग (Contagious diseases) कहते हैं। जैसे—गलघोंटू, एन्थ्रैक्स, लंगड़िया (Black-Quarter B.Q.) पशु–प्लेग (रिण्डर–पेस्ट R.P.), टेटनस एवं क्षयरोग (Tuberculosis of animal) आदि।

● **ऐसे कारण जिनसे रोग फैलता है** (Etiology or Causes)—

1. **उत्तेजक कारण** (Exciting Cause)—विशिष्ट रोग, जो बैक्टीरिया, वायरस, प्रोटोजोआ जैसे सूक्ष्म जीवों के बिना उत्पन्न नहीं होते हैं, बीमारी के उत्तेजक कारक कहलाते हैं।

2. **पुनः प्रवर्तक कारक या कारण** (Predispoing Factors)—पुनः प्रवर्तक कारण ऐसे निम्न कारण हैं—

- ☐ दूषित आहार (Faulty feeding)
- ☐ अनुचित प्रजनन (Defective breeding)
- ☐ अस्वस्थ निवास (Unhygienic living)
- ☐ गंदा पानी (Dirty water)
- ☐ अधिक पशुओं का एक साथ रखना (Assembly of more animals)
- ☐ दूषित प्रबन्ध (Faulty management practices)

● **छूत लगने के ढंग** (Mode of Infection)—संक्रामक रोगों के कीटाणु निम्नलिखित मार्गों से पशु–शरीर में प्रवेश पाकर रोग उत्पन्न करते हैं।

- ☐ त्वचा द्वारा (Through Skin/Infection by Skin)
- ☐ भोजन प्रणाली द्वारा (Through Digestive Tract)
- ☐ श्वास नली द्वारा (Through Respiratory Tract)
- ☐ कंजंक्टाइवा द्वारा (Through Conjunctiva)
- ☐ जननेन्द्रिय तथा मूत्रनली द्वारा (Through Urinogenital Tract)
- ☐ गर्भनाल द्वारा (Through Placenta)

- नाभि द्वारा (Through Umbilicus)
- अयन तथा थनो द्वारा (Through Udder and Teats)
- अण्डों द्वारा (Through Eggs)

संक्रामक एवं छूत के रोगों की रोकथाम-कुछ सामान्य उपाय (General Measures for Prevention and Control of Infectious and Contagious Diseases)

संक्रामक तथा छूत के रोग इतने अधिक भयानक होते हैं कि त्वरित चिकित्सा के अभाव में अनेक पशु देखते-देखते मर जाते हैं। इससे अपार पशु-धन एवं राष्ट्र की हानि होती है तथा कृषि-कार्य भी चौपट हो जाता है।

यहाँ पर कुछ ऐसे रोकथाम हेतु सुझाव दिये गये हैं जिनको अपनाकर पशुपालक आपातकाल (इपीडेमिक के समय) अपने पशुओं की जान-माल की रक्षा कर सकते हैं।

1. पृथक्करण (Isolation)—संक्रामक एवं छूत के रोग की आशंका होते ही बीमार पशु को स्वस्थ पशुओं से अलग कर देना चाहिए (इसमें देरी हानिकारक हो सकती है) एवं उसको अलग बाँधकर उसकी देख-रेख एवं चिकित्सकीय व्यवस्था अविलम्ब करनी चाहिये। उसका झूठा चारा-पानी किसी अन्य पशु तक सम्पर्क में नहीं आना चाहिए।

- स्वस्थ पशुओं को साफ-सुथरे, हवादार एवं रोशनीयुक्त स्थानों में रखा जाए और उनका खाना-पानी तथा परिचारक रोगी पशु से बिल्कुल अलग ही रहे। विशेष परिस्थितियों में यदि परिचारक एक ही है और उसे स्वस्थ तथा बीमार दोनों पशुओं की व्यवस्था करनी है तो वह सर्वप्रथम स्वस्थ पशु के पास जाय और बाद में अस्वस्थ पशु के पास। तत्पश्चात् अस्वस्थ पशु के पास से लौट आने के बाद उसे अपने हाथ-पैर दवायुक्त पानी (डिटॉल सेवलॉन/बेटाडीन) घोल से साफ कर लेने चाहिए।
- बीमार पशु के ठीक हो जाने के बाद उसकी भली-भाँति जाँच करनी चाहिए ताकि उसमें बीमारी का तनिक भी अंश नहीं रहना चाहिए। बिल्कुल ठीक मिलने पर पशु को उस स्थान से अलग कर देना चाहिए।

2. रोग की सूचना (Notification of the Disease)—रोग की आशंका होते ही तुरन्त अपने समीप के पशु-चिकित्सा अधिकारी (Veterinary Officer) अथवा पशु-औषधालय के प्रभारी पशु-ध न प्रसार अधिकारी (Livestock Extension Officer—L.E.O.) को मौखिक रूप में अथवा लिखित रूप में सूचना (बीमारी सम्बन्धित) देनी चाहिये।

- बीमारी की सूचना देने में लेखपाल एवं ग्राम्य विकास अधिकारी का भी योगदान रहता है।

- **संक्रामक/छूतदार बीमारी की सूचना मिलते ही वैक्सीन की उपलब्धता के अनुसार पशु-पालन विभाग की ओर से तत्काल टीकाकरण की व्यवस्था की जाती है।**

3. रोग से मरे पशु के शव और बिछावन आदि का उचित प्रबन्ध (Proper Disposal of the Carcases and Material in Contact)—जो भी पशु संक्रामक रोग से मरे तो उसके शव को खुले मैदान, चरागाह, नदी, तालाब आदि में नहीं फेंकना चाहिये, अन्यथा एक बहुत बड़े क्षेत्र में बीमारी

फैल सकती है। पशु की खल भी नहीं निकालनी चाहिये। साथ ही मरे हुए पशु से सम्बन्धित पदार्थ; जैसे–बिछावन, मल, मूत्र आदि को या तो आग में जला देना चाहिये अथवा डेढ़–दो मीटर गहरा गड्ढा खोदकर उसके ऊपर या नीचे चूने की 20-30 सेण्टीमीटर की तह बिछाकर पशु के शव को मिट्टी से बंद कर देना चाहिये, साथ ही गड्ढे के चारों ओर कँटिदार तार या खाई लगवा देना चाहिये ताकि वहाँ स्वस्थ पशु चरने के लिए न जा सकें। ऐसा करने से बीमारी फैलने की सम्भावना नहीं रहती है।

4. रोगी पशु के सम्पर्क में आये हुए बर्तनों एवं स्थानों की सफाई (Cleaning of the material in contact with the patient)–जहाँ पर पशु बाँधा गया हो उसके फर्श एवं दीवारें खूब अच्छी तरह साफ करके 3% कॉस्टिक अथवा 5% कार्बोलिक एसिड (फीनोल) से धो डालना चाहिये। इसके अभाव में फिनाइल का घोल प्रयोग में लाया जा सकता है। इतना करने के पश्चात् दीवारों को कार्बोलिक एसिड युक्त चूने के घोल से पुतवा देना चाहिए।

- **रोगी, पशु के सम्पर्क में आये हुए बर्तनों एवं बाँधने की जंजीर आदि को गरम पानी में उबाल कर कीटाणु रहित कर लेना चाहिए।**

5. चरागाहों का बदलना (Change of Pastures)–यह देखा गया है कि बीमार पशुओं द्वारा चरे हुए चरागाह प्रायः बीमारी फैलने में विशेष सहायक होते हैं। इन चरागाहों पर बीमार पशु के निकले मल–मूत्र आदि से वहाँ की घास में रोग के कीटाणु निवास करते हैं। जब कोई स्वस्थ पशु ऐसे दूषित चरागाहों पर चरने जाता है। तो मुँह या श्वास नली द्वारा छूत के कीटाणु स्वस्थ पशु के शरीर में प्रविष्ट कर जाते हैं और पशु संक्रामक बीमारी का शिकार हो जाता है।

- **अतः ऐसे चरागाह जहाँ बीमार पशु मर चुके हों वहाँ स्वस्थ पशुओं को नहीं चरने देना चाहिये।**
- **स्वस्थ पशुओं को केवल साफ–सुथरे एवं स्वच्छ चरागाहों में ही चरने भेजना चाहिये।**
- **दूषित चरागाहों पर चूना छिड़कवा देना चाहिये अथवा हल चलवा कर 5-6 साल के लिये खाली छोड़ देना चाहिये। ऐसा करने से रोग के कीटाणु नष्ट हो जाते हैं।**

नोट–● संक्रामक गर्भपात, गलघोंटू, वी.क्यू, ऐन्थ्रैक्स, टिटनेस आदि रोग दूषित चरागाहों से अधिक फैलते हैं।

6. पशुओं को टीका लगवाना (Vaccination of Animals)–संक्रामक रोगों के बचाव हेतु स्वस्थ पशुओं में टीका (vaccination) लगवा लेना एक उत्तम व्यवस्था है। रोग फैलने के पूर्व स्वस्थ पशुओं में जिस बीमारी के फैलने की आशंका है, उस रोग का वैक्सीन युक्त टीका लगवा लेने से पशु के अन्दर 15-20 दिन के अन्तर्गत एक ऐसी प्रभावी इम्यूनिटी आ जाती है। जिससे आगे उस रोग की सम्भावना नहीं रहती है। यदि किसी कारण उसी रोग का आक्रमण हो भी जाता है तो रोग बहुत हल्के स्वरूप का होता है। उसे आसानी से काबू में लाया जा सकता है अथवा रोग स्वतः ठीक हो जाता है।

हमने अपने अनुभव में देखा है कि गलाघोंटू रोग से बचाव हेतु वैक्सीन (एच.एस. एलम प्रेसिपिटेटिड वैक्सीन) लगाने के बाद भी 20 अथवा 30 दिन के बाद भी कुछ पशु गलाघोंटू रोग के शिकार हुए) पर उनमें रोग का प्रभाव बहुत ही हल्का रहा, जिसे साधारण टेट्रासाइक्लीन यूनीमाइसीन के इन्जेक्शन देने मात्र से ठीक कर लिया गया।

- आजकल महामारी से बचाव के टीके प्रत्येक प्रदेश में पशु-पालन विभाग द्वारा सरकार की ओर से लगाये जाते हैं। उत्तर प्रदेश में टीकाकरण की एक लम्बी व्यवस्था चालू की गई है जिसके अन्तर्गत प्रत्येक पशु से शुल्क (लेवी), प्राप्त कर टीका लगाया जाता है जिससे कार्य शत-प्रतिशत सही रहता है और वैक्सीन का वैस्टेज आवश्यक रूप में नहीं हो पाता है।

याद रहे—●● गलाघोंटू (H.S.) के प्रति मई या जून में, लंगड़िया (B.Q.) एवं ऐन्थ्रैक्स के प्रति अगस्त या सितम्बर में और रिण्डरपेस्ट के प्रति अक्टूबर या नवम्बर में यह टीके लगवा लेने से पशुओं में इन रोगों का प्रकोप नहीं हो पाता है।

नोट—प्रत्येक संक्रामक रोग के (विशेषकर गलाघोंटू, खुरपका, मुँहपका, लंगड़िया (B.Q.) एवं ऐन्थ्रैक्स रोग का) टीके प्रादेशिक पशु-पालन विभाग की ओर से रोग की ऋतु आने से पूर्व लगाये जाते हैं। इसलिये हर गाँव के पशु-पालकों को चाहिये कि समीप के चिकित्सक/पशु-धन प्रसार अधिकारी किसी एक को सूचना देकर बचाव के टीके उचित समय पर प्रतिवर्ष लगवा लेने चाहिये। ऐसा करने से आगे पशुओं में संक्रामक बीमारी फैलने का भय नहीं रहता है एवं पशु-धन की हानि से बचा जा सकता है।

7. क्वारंटीन (Quarantine)— यह एक अलग से ऐसी व्यवस्था होती है जिसके अन्तर्गत सभी नये खरीदे हुए पशुओं को निजी पशुओं (झुण्ड-Herd) में मिलाने से पूर्व 15-21 दिन तक अलग रखकर इस तथ्य की परीक्षा की जाती है कि वे किसी संक्रामक रोग से पीड़ित तो नहीं हैं। यदि इस अवधि में उनमें कोई बीमारी के लक्षण नहीं मिलते तो उन्हें स्वस्थ पशुओं में मिला लिया जाता है।

8. पशुओं के एकत्रित होने पर रोक (To check the gathering of the animals)—प्रायः यह देखा गया है कि बाजारों में, मेलों, पशु प्रदर्शनियों (Cattle exhibition) में पशु एकत्रित होते हैं जिससे छूतदार रोग अधिक फैलते हैं। अतः किसी स्थान में रोग फैलने की आशंका हो तो वहाँ आने वाले सभी पशुओं को या तो मार्ग में ही बचाव के टीके लगवाये जायें अथवा कुछ समय के लिये इन मेलों आदि को स्थगित कर दिया जाय।

प्रायः सभी मेलों, बाजारों में स्वस्थ और अस्वस्थ पशु इकट्ठे होते हैं और उनमें अस्वस्थ पशु (लक्षणरहित होने पर) जब खरीद कर किसी स्थान पर जाता है तो वह उस क्षेत्र के भी पशुओं में वही बीमारी फैला देता है।

9. पशुओं का खान-पान (Feeding of animal)—बीमारी फैलने की ऋतु में पशुओं के खान-पान पर विशेष ध्यान रखना चाहिये। यह व्यवस्था इस प्रकार से करें—

- ☐ पशु को कोई कब्जकारक आहार न दें।
- ☐ शीघ्र पचने वाला एवं पौष्टिक आहार या हरा चारा, चोकर, दलिया तथा पीने के लिये कुएँ अथवा नल का स्वच्छ जल दें।

सावधान—● नदियों, नहरों तालाबों तथा गड्ढों का पानी जो कि रोग के कीटाणुओं अथवा विविध प्रकार के परजीवी कीटों से संदूषित हो सकता है, पशुओं को भूलकर भी न पिलावें।

- पशुओं को एक-दूसरे का झूठा चारा न खिलाया जाये और न झूठे बर्तनों में पानी पिलावें।

- **यदि आपके गाँव में कोई भी छूत की बीमारी का प्रकोप हो तो तत्काल अपने निकटतम पशु-चिकित्सा अधिकारी से सम्पर्क करें।**
- **ऐसी बीमारियों के प्रति सरकार की ओर से जब कभी टीके की व्यवस्था हो पशु-पालकों को उसे सहर्ष पशुओं को लगवा देना चाहिये।**
- **रोग नियन्त्रण में प्रादेशिक सरकार का योगदान**

संक्रामक एवं छूतदार रोगों से महामारी (Out breaks) के समय बहुत से पशुओं के मरने की सम्भावना रहती है। साथ ही पशु उत्पादन भी प्रभावित होता है। इस हेतु पशु-पालन विभाग, उत्तर प्रदेश द्वारा इस दिशा में निम्न कार्यक्रम चलाये गये–

- चिकित्सा सुविधाओं का विस्तार।
- रोग नियन्त्रण हेतु वैक्सीन का उत्पादन एवं पशुओं को टीका लगाना।

विभागीय सुविधा व्यवस्थाएँ

- पशु-रोग निदान हेतु मण्डलीय स्तर पर निदान प्रयोगशालाएँ।
- केन्द्रीय स्तर पर पशु-पालन निदेशालय (Director Office of A.H.) पर एक प्रयोगशाला कार्यरत है।
- पशु-चिकित्सालयों एवं अन्य विभागीय संस्थाओं द्वारा पशुओं को प्रमुख संक्रामक रोगों से बचाव हेतु टीके लगाने की सुविधा प्राप्त है। बचाव के टीकों का उत्पादन विभागीय जैविक औषधि उत्पादन केन्द्र, लखनऊ द्वारा किया जा रहा है।
- जिन बीमारियों के प्रति बचाव के टीकों का उत्पादन जैविक उत्पादन केन्द्र, लखनऊ केन्द्र पर नहीं होता है उन्हें क्षेत्रीय माँग के अनुसार आई.वी.आर.आई. बरेली तथा अन्य प्रदेशों की राजधानी अथवा निजी क्षेत्र की वैक्सीन उत्पादन संस्थाओं से प्राप्त कर प्रदेश के पशुओं हेतु विभागीय संस्थाओं को उपलब्ध।
- टीका उत्पादन हेतु जैविक औषधि उत्पादन की एक-एक इकाई गोरखपुर में।

◆◆◆

21

प्रयोगात्मक अध्ययन
(Practical Studies)

पशुओं का तापक्रम, नाड़ी एवं श्वास गति ज्ञात करना
(Measuring the Temperature, Pulse & Respiration Rate of Animals)

मनुष्यों की भाँति पशुओं में भी कुछ ऐसे परीक्षण (टेस्ट) हैं जिनका ज्ञान आवश्यक होता है। पशुओं के तापक्रम (temperature), नाड़ी (pulse), श्वास गति (respiration rate) से उनके सामान्य स्वास्थ्य का पता चलता है। पशु के अस्वस्थ होने पर ये तीनों मापें तुरन्त प्रभावित होती हैं। अत: पशुओं के स्वास्थ्य के बारे में जानकारी प्राप्त करने के लिए उनके तापक्रम, नाड़ी एवं श्वास गति को नापने का ज्ञान आवश्यक है।

पशुओं का तापक्रम ज्ञात करना

सामान्यत: पशुओं का तापक्रम ज्ञात करने के लिए डाक्टरी थर्मामीटर का ही प्रयोग किया जाता है।

विधि—पशु का तापक्रम गुदामार्ग से लिया जाता है, क्योंकि पशु की गुदा का तापक्रम (rectal temperature) उसके शरीर के आन्तरिक तापक्रम (internal temperature) के लगभग समान होता है। अत: डॉक्टरी थर्मामीटर को पशु की गुदा में एक-दो मिनट तक 'रखकर' तापक्रम पढ़ लिया जाता है। थर्मामीटर के पारे वाले भाग को इस प्रकार से लगाते हैं कि पारा गुदा की खाल को छुता रहे।

सामान्य स्वस्थ गाय, बैल, भैंस का तापक्रम 101.5^{0}F या 38.6^{0}C होता है।

तापक्रम लेते समय आवश्यक सावधानियाँ

- पशु का तापक्रम लेने से पूर्व पशु को पूर्ण नियंत्रित कर लेना चाहिये।
- जहाँ तक सम्भव हो, पशु को अड़गड़े में खड़ा करके अथवा अगले या पिछले पैर रस्सी से बाँधकर टेम्परेचर लेना चाहिए।
- थर्मामीटर को गुदा में लगाने से पूर्व झटककर उसके पारे को ठीक स्थान तक (94-95^{0}F) ले आना चाहिये। भीषण गर्मी के दिनों में थर्मामीटर झटकने पर भी पारा नीचे नहीं आता है। ऐसी स्थिति में बल्ब वाले हिस्से को एक मिनट ठंडे पानी में डुबाकर रखने के बाद झटकना चाहिये। ऐसा करने से पारा तुरन्त नीचे आ जाता है।
- थर्मामीटर के पारे वाले भाग (बल्ब) को हाथ से नहीं छूना चाहिये।
- थर्मामीटर लगाने से पूर्व बल्ब पर वैसलीन लगा लेना अधिक उपयुक्त रहता है।
- यदि गोबर निकालकर गुदा में थर्मामीटर लगाया जाय तो अधिक उपयुक्त रहता है।
- गुदा में थर्मामीटर इस प्रकार लगाना चाहिये कि उसका पारे वाला भाग गुदा की झिल्ली के सम्पर्क में रहे, जैसा कि पूर्व में बताया जा चुका है।

- भोजन करने के बाद अथवा व्यायाम के तत्काल बाद पशु का तापक्रम नहीं लेना चाहिये, क्योंकि इन क्रियाओं से पशु का तापक्रम बढ़ जाता है।
- थर्मामीटर को गुदा में एक निर्धारित समय (1 मिनट) से अधिक नहीं रखना चाहिए।
- थर्मामीटर को गुदा से बाहर निकालने के बाद रुई से भली-भाँति पोंछ देना चाहिए।

तापक्रम को प्रभावित करने वाले कारक

1. **लिंग (Sex)**—नर की अपेक्षा मादा का तापक्रम अधिक होता है।
2. **आहार**—आहार करने के तुरन्त बाद अथवा पाचन के समय पशु का तापक्रम अधिक मिलता है।
3. **आयु (Age)**—अधिक आयु के पशु की अपेक्षा कम आयु के पशु का तापमान अधिक रहता है।
4. **व्यायाम (Exercise)**—तत्काल परिश्रम के बाद तापक्रम बढ़ जाता है।
5. **वातावरण**—ठंडे वातावरण की अपेक्षा गर्म वातावरण में शरीर का तापक्रम अधिक रहता है।

पशुओं की नाड़ी-गति ज्ञात करना (Pulse Rate Determination)

पशुओं की नाड़ी-गति, उनकी पूँछ के निचले धरातल पर पायी जाने वाली कोक्सीजियल धमनी (Coccygeal artery) अथवा निचले जबड़े के नीचे मेक्सीलरी धमनी (Maxillary artery) द्वारा ज्ञात की जाती है।

विधि—पशु को सावधानीपूर्वक पूँछ के पास सहलाकर पूँछ के अभ्युदर पृष्ठ (Ventral Surface) पर हाथ ले जाते हैं। तत्पश्चात् कोक्सीजियल धमनी को ढूँढ़कर, उस पर हाथ की दो अँगुलियाँ 1/2-1 मिनट रखकर धमनी का धड़कना गिनते हैं। ऐसा थोड़े-थोड़े अन्तराल पर 2-3 बार करते हैं। धमनी की औसत धड़कन ही नाड़ी-गति प्रति मिनट होती है।

- **गाय, भैंस, बैल, साँड़, भेड़ एवं बकरी की नाड़ी-गति कोक्सीजियल धमनी द्वारा तथा घोड़ा, गधा एवं खच्चर की नाड़ी-गति मेक्सीलरी धमनी द्वारा ज्ञात की जाती है।**

याद रहे— सामान्य अवस्थाओं में भैंस की नाड़ी-गति 40 से 45 प्रति मिनट तथा गाय की नाड़ी-गति 45 से 65 बार प्रति मिनट होती है।

सावधानियाँ

- नाड़ी की गति ज्ञात करते समय पशु बिल्कुल शान्त रहना चाहिये।
- धमनी पर अँगुलियों का अधिक दबाव नहीं डालना चाहिये।
- नाड़ी की गति कम-से-कम तीन बार प्रति मिनट ज्ञात कर औसत निकालना चाहिये।

नाड़ी-गति को प्रभावित करने वाले कारक

- **लिंग**—नर की अपेक्षा मादा की नाड़ी-गति अधिक होती है।
- **आयु**—वृद्ध पशुओं की अपेक्षा छोटे बच्चों की नाड़ी गति अधिक होती है।
- **व्यायाम**—व्यायाम (श्रम) करने पर नाड़ी की गति बढ़ जाती है।
- **बीमारी**—बीमारी की अवस्था में नाड़ी की गति घटती-बढ़ती रहती है।
- **वातावरण**—सर्दियों की अपेक्षा गर्मियों में नाड़ी-गति अधिक पायी जाती है।

पशुओं की श्वास-गति ज्ञात करना

पशु द्वारा वायु को फेफड़ों में लेना तथा बाहर निकालने की क्रिया श्वसन कहलाती है। पशु की प्रति मिनट साँस लेने एवं छोड़ने की संख्या को उसकी श्वसन दर अथवा श्वास गति कहते हैं।

विधि—पशुओं की श्वास-गति दो प्रकार से ज्ञात की जाती है।

1. पशु की कोख (Flank) के उठने एवं गिरने को देखकर—यह विधि प्राय: उन पशुओं में अपनायी जाती है जो पास जाने पर उत्तेजित हो जाते हैं। साँस अन्दर लेते समय कोख ऊपर उठती है तथा बाहर निकालते समय नीचे गिरती है। कोख के उठने अथवा गिरने को प्रति मिनट गिन लिया जाता है।

2. स्टॉप वाच द्वारा—पशु की नाक के आगे हाथ रखकर साँस छोड़ने की क्रिया में निकली वायु को गिनकर श्वास गति ज्ञात करते हैं। पशु की श्वास-गति स्टॉप वाच (stop watch) की सहायता से 2-3 मिनट के अन्तराल पर कम-से-कम 3 बार ज्ञात करनी चाहिये।

याद रहे— सामान्य स्वस्थ गाय की श्वास-गति 11 से 18 तथा भैंस की 12 से 16 प्रति मिनट होती है।

सावधानियाँ

- श्वास की गति मालूम करते समय पशु बिल्कुल शान्त रहना चाहिये।
- श्वास-गति का प्रत्येक पर्यवेक्षण (observation) स्टॉप वाच की सहायता से ही लेना चाहिए।

श्वास-गति को प्रभावित करने वाले कारक

- शारीरिक श्रम तथा व्यायाम करने पर श्वास की गति बढ़ जाती है।
- पशु के सोते समय श्वास बढ़ जाती है।
- भोजन खाते एवं जुगाली करते समय श्वास-गति बढ़ जाती है।
- गर्मियों में श्वास-गति अधिक मिलती है।
- गर्भावस्था में पशु की श्वास-गति बढ़ जाती है।

विभिन्न पशुओं की सामान्य श्वसन-दर, नाड़ी की गति एवं तापक्रम (Normal Rate of Respiration, Pulse Rate and Temperature of Various Animals)

क्रम संख्या S.No.	पशु (Animals)	श्वसन दर प्रति मिनट (Respiration per minute)	नाड़ी गति प्रति मिनट (Pulse rate per minute)	तापक्रम	
				सैल्शियस ⁰C (Celcius)	फारेनहाइट ⁰F (Fahrenheit)
1-	गो-वंशीय पशु (Cattle)	20–25	40–50	37-8–38-9	100-04–102-20
2.	महिष-वंशीय पशु (Buffaloes)	20–25	40–50	37-8–38-9	100-04–102-20
3.	भेड़ (Sheep)	12–20	70–80	38-3–40-0	100-94–104-00
4.	बकरी (Goat)	12–20	70–80	38-8–40-7	101-84–105-26
5.	ऊँट (Camel)	5–7	28–32	34-4–37-4	93-92–98-60
6.	घोड़ा (Horse)	8–16	32–44	37-2–38-2	98-96–100-76
7.	शूकर (Swine)	8–18	60–80	38-6–40-6	101-48–105-08
8.	कुत्ता (Dog)	10–30	70–120	38-0–39-2	100-40–102-56
9.	कुक्कुट (Fowl)	15–30	200–400	40-6–41-7	105-08–107-04
10.	मनुष्य (Man)	12–20	60–90	37-0	98.6

◆◆◆

22
पशु-रोग
(Animal Diseases)

पशुओं के स्वास्थ्य में किसी प्रकार के परिवर्तन हो जाने से उस परिवर्तित अवस्था को रोग कहते हैं।

- रोग की पहचान उसके कारणों, लक्षणों एवं रोग निदान (डायग्नोसिस-Diagnosis) को समझकर की जाती है।

1. कारण (Etiology/Causes)

प्रत्येक रोग को उत्पन्न करने वाला कोई-न-कोई कारण अवश्य होता है जो निम्नलिखित हैं-

- जीवाणुओं का आक्रमण; जैसे-जीवाणु (बैक्टीरिया), विषाणु (वायरस), फफूंदी (fungus), परजीवी (parasites) एवं कीड़े (worms)।
- बाहरी चोट, कट-फट जाना, फिसलकर गिरना, घाव आदि।
- अधिक सर्दी-गर्मी, तापक्रम, रासायनिक पदार्थ आदि।
- खाने-पीने और रहने का गन्दा स्थान, असामयिक आहार।
- सड़ा-गला और असन्तुलित चारा-दाना तथा पौष्टिकता का अभाव आदि।

2. लक्षण (Symptoms)

पशु-शरीर के अन्दर कुछ ऐसी नई चीजें (परिवर्तन) देखने को मिलती हैं जो रोगी की ओर ध्यान को आकृष्ट करती हैं। रोगों के भिन्न-भिन्न लक्षण पशुओं की अस्वस्थ अवस्था में देखे जा सकते हैं जो शरीर के भीतर और बाहर देखे जा सकते हैं। इनका संक्षिप्त विवरण इस प्रकार है-

1. आकृति (Symptoms of Shape)

बीमार पशुओं में आकृति का लक्षण विशेष महत्त्वपूर्ण होता है। जैसे-

- आँखों का अन्दर की ओर धँसना यह बताता है कि पशु मृत्यु के निकट है।
- त्वचा एवं शरीर का कड़ा होना, सिर का लम्बा होना तथा आँखों का सिकुड़ना टिटेनस रोग को बताता है।
- चिन्तित एवं शोकाकुल आकृति दर्द के समय होती है।
- सिर का झुकना, कानों का लटकना एवं पीड़ित आकृति- न्यूमोनिया की ओर इशारा करती है।

2. शरीर की स्थिति (Symptoms of Body Condition)

शारीरिक स्थिति से शरीर का पतलापन, दुर्बल या निर्बल होना, रक्तहीन होना (Anaemic) तथा रुग्णावस्था (Cachexia) होना समझा जाता है।

- **शरीर का पतला होना (thinness), दुर्बलता (emaciation) नहीं, स्वस्थ अवस्था हो सकती है। इनका संक्षेप में विवरण—**
  - **दुर्बल होना (Emaciation)**—असामान्य स्थिति में स्वास्थ्य की गिरावट होती है।
  - **रक्तहीन होना (Anaemic)**—रक्त की कमी मानी जाती है।
  - **केचैक्सिया (Cachexia)**—इस स्थिति में पशुओं में वजन कम हो जाता है। मांसपेशियां सिकुड़ जाती हैं। यह स्थिति कैंसर, ट्यूबरकुलोसिस आदि बीमारियों से उत्पन्न होती है।

3. स्वभाव एवं आदत में परिवर्तन अथवा विचित्रता (Symptoms of change or peculiarity in Nature & Habit)

रोगी पशुओं में उनकी सामान्य स्थिति में परिवर्तन हो जाता है, विशेषकर छोटे बच्चों में। उनके खाने-पीने की आदत, उठने, बैठने एवं लेटने के तरीके एवं चाल-ढाल में बदलाव हो जाता है जिन्हें भली-भाँति देखा जा सकता है; जैसे- पानी से डरना-पागल कुत्ते के काटने (rabies) में होता है।

4. स्थिति या ढंग संबंधी लक्षण (Symptoms of Posture)

सामान्य स्थिति में पशुओं के उठने-बैठने (हरेक में) का अपना-अपना ढंग होता है। परन्तु, बीमार या अस्वस्थ अवस्था में उसमें परिवर्तन देखने को मिलता है; जैसे- 'मिल्क फीवर' में गर्दन को मरोड़कर पेट की ओर रखकर बैठना, अपनी छाती पर बैठना, अचेत हो जाना अथवा पूर्ण या अपूर्ण पक्षाघात का शिकार हो जाना आदि। इसी प्रकार पेट-दर्द में सिर को घुमाकर पेट या कोख की ओर देखना। लगातार पेट-दर्द में घोड़ों का चक्कर लगाना।

कुछ और अन्य लक्षण निम्न प्रकार के हैं—

- **आन्त्र दर्द (Intestinal Colic) में—** बैठना, उठना तथा लेटना मिलता है।
- **मस्तिष्क रोग में—** गाय, बैल, भेड़, बकरी, कुत्ते, घोड़े का चक्कर काटना।
- **ट्रोमेटिक पेरीकार्डाइटिस में—** पशु कोहुनी को निकालकर खड़ा होता है, मानो छाती के दबाव को आराम दे रहा है।
- **न्यूमोनिया में—** पशुओं और घोड़ों का खड़े रहना और अधिक थक जाने पर बैठना।
- **कुत्तों का अधिक समय तक सीधा बैठना—** बीमार होना इंगित करता है।

उपरोक्त लक्षणों के आधार पर रोगी पशु की पहचान आसानी से की जा सकती है।

5. शारीरिक तापमान के लक्षण (Symptoms of Body Temperature)

रोगी पशु का टेम्परेचर अवश्य देखना चाहिये। इससे रोग निदान एवं चिकित्सा में पर्याप्त सहायता मिलती है। शारीरिक ताप निम्न प्रकार से परिवर्तित हो सकता है—

- **बाहरी तापमान**—यह त्वचीय तापमान कहलाता है जिसका निर्वाह रक्त संचालन से होता है। इसमें परिवर्तन आने पर त्वचा का तापमान बढ़ जाता है।
- **रक्त के अंगों में अधिक संचय** (Congestion of blood) **तथा अंगों में बाधा उत्पन्न होने से तापमान बढ़ जाता है; जैसे-सूजन, फोड़ा आदि।**

- **भीतरी तापमान** (Internal temperature)—यह टेम्परेचर रक्त गर्मी से माना जाता है। इस टेम्परेचर को गुदा के अन्तर्गत थर्मामीटर से रिकार्ड किया जाता है।
  यह तापमान निम्न प्रकार से परिवर्तित हो सकता है—

(i) पाइरेक्सिया (Pyrexia)—जब भीतरी तापमान सामान्य से ऊपर हो जाता है तब इसे पाइरेक्सिया कहते हैं।

(ii) हाइपरपाइरेक्सिया (Hyperpyrexia)—अत्यधिक ताप बढ़ जाने को हाइपरपाइरेक्सिया कहते हैं।

(iii) सबनॉर्मल टेम्परेचर (Subnormal Temperature)—जब शरीर का तापक्रम सामान्य से कम मिलता है तब इसे निम्न तापमान (सबनॉर्मल तापक्रम-Sub-normal temperature) कहा जाता है।

(iv) शक्तिपात तापमान (कौलेप्स टेम्परेचर-Collapse temperature)— जब तापमान सामान्य से अत्यधिक कम मिलता है तब उसे 'कौलेप्स टेम्परेचर' कहते हैं।

पाइरेक्सिया की स्थिति निम्न का संकेत देती है—

- अचानक होने वाले रोग के बढ़ते रहने का खतरा।
- **हाइपरपाइरेक्सिया (अति ज्वर)**— बहुत से जीवाणुओं एवं विषाणुओं से उत्पन्न रोगों में (विशेषकर संक्रामक तथा छूत वाले रोगों में)।
- **निम्न तापमान (सबनॉर्मल टेम्परेचर)**— संक्रामक रोगों की दूसरी स्टेज में एवं पुराने क्षय रोगों के अन्तिम चरण में निम्न तापमान मिलता है अथवा अचेतन या निद्रा (coma) की अवस्था में निम्न तापमान मिलता है। चाहे वह अवस्था विषैले रोग या कैल्सियम की कमी या बेहोशी की दवा के प्रभाव से क्यों न हो।

याद रहे—

- ज्वर (पाइरेक्सिया) बहुत से रोगों में नहीं होता है।
- अति ज्वर की अपेक्षा निम्न ताप में पशु अधिक समय तक जीवित रहता है।

6. प्रत्यक्ष श्लेष्मा झिल्ली परिवर्तन के लक्षण (Symptoms of changes in Visible Mucous Membrance)

आँख की श्लेष्मिक झिल्ली को देखकर निम्न रोगों का अनुमान किया जा सकता है—

- **पशुओं की रक्तहीनता, जांडिस, अत्यधिक खून बहने एवं आघात आदि में**— आँखों की श्लेष्मिक कला पीली मिलती है।
- **आँत की सूजन में**— आँख की श्लेष्मिक कला रक्तहीन हो जाती है।
- **आँखों की बीमारियों में**— श्लेष्मिक कला लाल हो जाती है।
- **पशुओं के गलघोंटू (H.S.), लंगड़िया (B.Q.), सर्रा (Surrah) तथा घोड़ों के ग्लैंडर्स रोगों में**—आँखों की श्लैष्मिक झिल्ली लाल हो जाती है। अधिकतर इस पर खूनी धब्बे पाये जाते हैं।
- मिल्क फीवर में आँखों की झिल्ली लाल हो जाती है।
- **तरल (Serous), कफ जैसा (Mucoid), गाढ़ा-पीला (Mucopurulent) या पीला पीव के समान (Purulent) नि:स्राव जैसे आँख की झिल्ली के लक्षण**— ये कई रोगों का होना

दर्शाते हैं; जैसे–डिस्टेम्पर, स्ट्रेंगिल्स (घोड़ों में), स्वाइन फीवर (शूकरों में) एवं पशुओं में मेलिग्नेंट कटार में।

7. पाचन तंत्र के लक्षण (Symptoms of Alimentary System)

(i) मुँह के लक्षणों से–

- **जीभ पर दाने एवं मसूड़ों पर छाले/फफोलों का मिलना**– पाचन की गड़बड़ी होना बताता है।
- **गलाघोंटू (H.S.), रिन्डरपेस्ट (R.P.), मुँहपका (F.M.D.) आदि में**– मुँह से लार का टपकना।
- **मुँह से लार का आना**– मुँह तथा जीभ के छालों की उपस्थिति एवं इन पर आघात होने पर अथवा मुँह की श्लेष्मिक कला में सूजन/फोड़ा-फुन्सी तथा जख्म होने पर।
- **मुँह से दुर्गन्ध का आना**– मुँह में मसूड़े, जीभ आदि पर जख्म होने तथा फेफड़े के सड़ने की स्थिति में ऐसा होता है।
- **अत्यधिक लार का बहते मिलना**– ग्रास नली में बाह्य पदार्थ अटक जाने पर।

(ii) जीभ के लक्षणों से–

- **जीभ में सूजन आना तथा बाहर निकल जाना**– गलाघोंटू रोग (H.S.)।
- **जीभ का कड़ा होना**– एक्टीनोबेसीलोसिस।
- **जीभ पर दाने तथा दरारों का मिलना**– पाचन की गड़बड़ी।

(iii) नाक के लक्षणों से–

- **नाक से पानी बहना**–सर्दी का पहला लक्षण।

नोट– नाक का स्राव गाढ़ा, उजला, पीला, हरा, खूनी तथा दुर्गन्धित हो सकता है।

- **खूनी स्राव का मिलना**– न्यूमोनिया की उपस्थिति।
- **नाक में दानेदार घाव का मिलना**– नकड़ा (नेजल ग्रेन्यूलोमा-N.G.) तथा ग्लैण्डर्स रोग की उपस्थिति हो सकती है।
- **नाक का स्राव गाढ़ा हरा-पीला**– गलघोंटू रोग।

(iv) प्यास के लक्षणों से–

- **प्यास की अधिकता**– पेट की गड़बड़ी में ज्वर की अधिकता।
- **प्यास की मुख्यता**– पैरासिटिक गैस्ट्राइटिस (परजीवी जठर सूजन)।

(v) भूख के लक्षणों से–

- **भोजन के प्रति अरुचि का रहना (Anorexia)**– भूख की कमी, भूख न लगना।
  - ➤ किसी भी बीमारी का यह पहला लक्षण है।
  - ➤ कभी-कभी मुँह में कुछ फँस जाने पर पशु चारा नहीं खाता है।
- **अधिक भूख लगने पर**– कृमि रोग होना बताता है।

नोट– इस स्थिति को बुलिमिया (bulimia) कहते हैं।

(vi) कलुषित भूख के लक्षणों से–

- **पशु का अखाद्य पदार्थ; जैसे– मिट्टी, ईंट, मल-मूत्र, कागज, कपड़ा, घास-पात आदि का खाना**– पाइका (pica) रोग का होना बताता है।
- इसमें पशु दीवारों को भी चाटता है।

- यह पथ्य की गड़बड़ी तथा नमक तथा खनिज लवणों की कमी से भी होता है।

(vii) वमन या कै (vomiting) के लक्षणों से—

- **खाया हुआ पदार्थ पेट से मुँह द्वारा बाहर निकालना**— विशेषकर कुत्तों में गैस्ट्राइटिस रोग।
- घोड़ों में प्राय: उल्टी फेकान (regurgitation) देखी जाती है। इसे वमन का लक्षण नहीं मानना चाहिये।

(viii) अतिसार के लक्षणों से—

- **बार-बार पतले दस्तों का आना**— जीवाणु तथा विषाणु रोग का होना दर्शाता है अथवा पेट में गड़बड़ी की ओर संकेत मिलता है।

(ix) ऑव या शूल (डिसेण्ट्री) के लक्षण मिलने पर—

- **पतले दस्तों में खून या चिकनाई (blood or mucus)**—आँत के रोगों, जीवाणुओं अथवा विषाणुओं के रोगों को दर्शाती है।
- **ऑव में लाल खून मिलने पर**— आँत के ऊपरी भाग में रक्त बहने (Haemorrhage) का सूचक।
- **दस्त में काला खून मिलने पर**— आँत के निचले भाग से रक्त स्राव का सूचक। इसे मेलीना (Melena) कहा जाता है।

(x) टेनास्मस (Tenasmus) का लक्षण—

- **दस्त करते समय कष्ट का होना।**

(xi) स्काईबाला (Scybala)—

- **मल कड़ा गटिका या गोली के समान आने पर**— स्काईबाला होना दर्शाता है।

नोट—भेड़ बकरी और घोड़े में दस्त गोली के रूप में होना, एक प्राकृतिक संयोग है।

(xii) अवरोध (चोकिंग-Choking)—

- **पशु का खाना-पीना तथा जुगाली बंद कर देना**— ग्रासनली (Oesophagus) में आम की गुठली, मक्के की बाली आदि काण्ड के फँसने का संकेत।

8. श्वसन तंत्र के लक्षण (Symptoms of Respiratory System)

(i) श्वास (Breathing)—

- **वक्षीय कष्टदायक साँस की उपस्थिति में**— आँत की गड़बड़ी तथा पेरीटोनाइटिस की ओर इशारा करती है।

(ii) कष्टदायक श्वास (Dyspnoea)—

- **जब श्वास कठिन पारिश्रमिक श्वास से तीव्र गतिशील मिलती है तब**— न्यूमोनिया, फैरिन्जाइटिस रोग के होने का संकेत मिलता है।

(iii) ओरथोनिंया (Orthopnoea)—

- जब पशु सीधा खड़ा होकर साँस लेता है तब उसे ओरथोनिंया कहते हैं।

(iv) नकियाना (Snuffling)—

- **पर्याप्त मात्रा में नासिका से स्राव बहना**— इन्फ्लूएन्जा तथा घोड़ों में ग्लैण्डर्स की ओर संकेत देता है। ऐसा प्राय: सर्दी के दिनों में होता है।

(v) खाँसी (Cough) का लक्षण—

- **श्वास रोगों में—** एक साधारण लक्षण है।
  यह सूखी और गीली दो प्रकार की होती है—
  सूखी खाँसी— सर्दी के प्रथम चरण में अथवा प्लूरिसी में मिलता है। प्लूरिसी की खाँसी सूखी तथा छोटी और दबी हुई होती है।
  गीली खाँसी— सर्दी के द्वितीय चरण में मिलती है एवं कफ का स्राव पतला तथा पर्याप्त मात्रा में होता है।

याद रहे—घोड़े और कुत्ते के श्वास रोग के प्रारम्भ में खाँसी रुक-रुक कर आती है और बढ़ने पर जल्दी-जल्दी आने लगती है।

- टी.बी. के प्रथम चरण में खाँसी जल्दी-जल्दी नहीं होती, परन्तु रोग बढ़ने पर खाँसी छोटी और दबी हुई होती है।
- कुत्तों के क्रानिक ब्रान्काइटिस रोग में भौंकने जैसी खाँसी होती है।
- पुरानी खाँसी पशुओं के किसी संक्रामक रोग को बताती है, जैसे- टी.बी.।

(vi) फेफड़े में खड़खड़ाहट (Rale) के लक्षण से—

- **ब्रोन्कियल नली में तरल पदार्थ की अनुपस्थिति या लसलसे पदार्थ की उपस्थिति में सूखा राल्स सुनाई देने पर—** दमा और ब्रान्काइटिस हो सकती है।
- **गीला राल्स सुनाई देने पर—** ब्रोन्कियल नली में तरल पदार्थ की उपस्थिति की सूचना।

(vii) हृदय के लक्षणों से (Symptoms of Heart)

स्टेथिस्कोप द्वारा हृदय रोगों का निदान हृदय ध्वनियों के सुनने से होता है। ध्वनियों के भेद द्वारा हृदय चिकित्सक हृदय के रोगों का निदान करते हैं। यथा—

- **बड़बड़ाहट या कुड़बुड़ाहट या मन्द ध्वनि (Murmur) सुनाई देने पर—** हृदय कपाट (Cardiac valve) के अयोग्य होने का सूचक है।

9. नाड़ी (Pulse) के लक्षण

- **कमजोर या दुर्बल नाड़ी मिलने पर—** फेफड़े के भारी कंजेशन का होना बताती है।
- **छोटी नाड़ी (Small pulse) मिलने पर—**हृदय के कमजोर होने तथा शक्तिहीनता को दर्शाती है।
- **कड़ी (Hard) नाड़ी मिलने पर—**पेरीकार्डाइटिस, प्लूरिसी और मैनिन्जाइटिस का होना दर्शाती है।
- **अनियमित नाड़ी मिलने पर (Irregular pulse)—** अपचन तथा आँत में परजीवी की उपस्थिति दर्शाती है।
- यदि नाड़ी की चाल बराबर अनियमित मिलती रहे तो इसे हृदय रोग का कारण मानना चाहिये।

10. मूत्र-तंत्र के लक्षण (Symptoms of Urinary System)

- **अनेक बार या बार-बार पेशाब आना (Polyuria)—** सामान्य से अधिक पेशाब का आना 'डायबिटीज' रोग का होना बताती है।
- **सामान्य से कम पेशाब का आना (Oliguria)—** गुर्दा तथा ज्वर का होना।
- **पेशाब में एल्बूमिन का अधिक मिलना (Albuminuria)—** गुर्दा रोग, मूत्राशय, मूत्रनलीशोथ, आघात अथवा ज्वर की उपस्थिति का द्योतक है।

- **पेशाब में ग्लूकोज का मिलना (Glycosuria)**— यकृत रोग अथवा चीनी की अधिकता दर्शाता है।
- **पेशाब में लाल रक्त कण (R.B.C.) का मिलना**— गुर्दा रोग, मूत्राशय या मूत्रनलीशोथ या आघात अथवा औषधि प्रभाव होना। इसे हीमेचूरिया कहते हैं।
- **भिन्न-भिन्न पशुओं में पेशाब की सामान्य मात्रा इस प्रकार से है—**

जाति (Species)	प्रतिक्रिया (Reaction)	विशिष्ट गुरुत्व (Specific gravity)	मात्रा (Quantity)
➤ गाय-भैंस	एल्कालाइन	1.007 से 1.035	3-10 लीटर प्रति दिन
➤ भेड़-बकरी	एल्कलाइन	1.003 से 1.025	1-2 लीटर प्रति दिन
➤ घोड़ा	एल्कलाइन	1.036 से 1.040	5-20 लीटर प्रति दिन
➤ कुत्ता (dog)	एसीटिक	1.016 से 9.060	1/4-1 लीटर प्रति दिन

11. तंत्रिका-तंत्र के लक्षण (Symptoms of Nervous System)

पशुओं में तंत्रिका गड़बड़ी बहुत देखी जाती है परन्तु सही रोग निदान पर पहुँचना कठिन होता है, क्योंकि कई एक रोगों में एक तरह के लक्षण होते हैं यथा—

- **कुत्तों का चौंकना (Convulsions in Dogs)**—पेट में एस्केरिस की उपस्थिति बताता है।
- **नाड़ी का पता न चलना**—मस्तिष्क रक्तहीनता के कारण अस्थायी अचेतन (मूर्छा) की ओर इशारा करता है।
- **पशु का चक्कर काटना एवं आगे और पीछे चलना**—मस्तिष्क रोग का होना बतलाता है।
- **साँस लेने की गति में परिवर्तन**—पशु की पूर्ण अचेतन अवस्था का संकेत देता है।
- **पेशियों में लम्बी अवधि तक आकुंचन होते रहना**— टेटनस अथवा स्ट्रेकनिन विषाक्तता का होना बताता है।
- **पूरे शरीर में संकुचन या किसी एक भाग में (जैसे सिर या कमर में)**— परजीवी रोग अथवा डिस्टेम्पर हो सकता है।
- **कुत्तों की अनियमित चाल**— तंत्रिका-तंत्र के रोग; जैसे- जोड़ों, पेशियों, त्वचा और उदर अंगों में पेट, यकृत, गुर्दा आँत रोग हो सकते हैं।

12. त्वचा के लक्षण (Symptoms of Skin)

- **त्वचा का रूखा और सूखा होना**— एन्हाइड्रोसिस (Anhydrosis) I
- **त्वचा का हमेशा गीला मिलना**— हाइपरहाइड्रोसिस (Hyperhydrosis) I
- **ठंडा पसीना मिलना**—मृत्यु की सूचना देता है; जैसे- आंत्र शोथ (इंटेराइटिस), सेप्टिक-पेरीटोनाइटिस, पेट का फटना (Rupture of stomach) आदि रोगों की उपस्थिति।
- **त्वचा का सूजा होना**—रक्तहीनता, एलर्जी, जीवाणुओं, विषाणुओं, कीड़े-मकोड़ों आदि के कारण होनेवाले रोगों का लक्षण है।

3. रोग निदान (Diagnosis)

इसके अन्तर्गत रोग के चिन्ह, लक्षण एवं अन्य सूचनाओं पर सावधानीपूर्वक विचार किया जाता है। रोग का पूर्व इतिहास, लक्षण की अवधि तथा रोग का पूरा ज्ञान भी ध्यान में रखा जाता है। यह कार्य प्रयोगशालीय जाँचों से और अधिक स्पष्ट हो जाता है।

1. केस का रिकार्ड दर्ज करना (Case recording)—चिकित्सा पंजी। रोगी पंजिका में केस नम्बर (वार्षिक, मासिक तथा उस दिन का नम्बर)। मालिक का नाम व पता, पशु का विवरण आदि अवश्य लिखा जाय। इसकी आवश्यकता Vetero-legal cases में पड़ती है।

2. पूर्ण विवरण (Case history)—जो भी केस चिकित्सक के पास आये उसके बारे में सम्पूर्ण जानकारी प्राप्त की जाये। इसके लिये पशु मालिक से क्रमबद्ध पूछा जाये कि—

- सम्बन्धित पशु कितने दिन से बीमार है?
- मालिक को कौन-कौन से प्रारम्भिक लक्षण देखने को मिले?
- क्या इस प्रकार का कष्ट रोगी को पहले भी हुआ है?
- क्या पास-पड़ोस में इस पशु के अलावा कोई दूसरा पशु भी इस प्रकार से अस्वस्थ रहा है?
- इस अस्वस्थ पशु की कोई चिकित्सा पहले की गई है अथवा नहीं।
- यदि हाँ, तो पशु को कौन-कौन सी दवायें दी गयीं और उसका परिणाम क्या रहा?

इस प्रकार से उपरोक्त सम्बन्धित जानकारी पशु मालिक से लेनी चाहिये।

3. सामान्य परीक्षण (General Examination)—इसके लिये रोगी पशु के भाव (Expression), अवस्था (Posture), शारीरिक दशा (Condition), स्वभाव (Behaviour), चाल (Gait) आदि की भली-भाँति परीक्षा करें।

सबसे पहले रोगी पशु के पास पहुँचने पर कुछ दूरी पर खड़े होकर शान्त मुद्रा में देखें कि पशु किस स्थिति में है और उसकी आकृति कैसी है। इतना करने के बाद पशु की अन्य परीक्षायें करें।

4. विशेष परीक्षण (Special Investigation)—इसके बाद अति आवश्यक परीक्षायें; जैसे- त्वचा, म्यूकस मैम्ब्रेन (विशेषकर आँख देखकर), प्राकृतिक छिद्रों की स्थिति एवं उनसे होनेवाले स्राव की परीक्षा, सीना तथा उदर, तापमान (Temperature), श्वास-गति (Respiration Rate), नाड़ी-दर (Pulse Rate), हृदय धड़कन (Palpitation) आदि देखें एवं आवश्यकतानुसार परक्यूशन, आसकल्टेशन, एक्सप्लोरेशन, रेक्टो-वेजाइनल परीक्षण, ओपथेल्मोस्कोपी एवं एक्स-रे परीक्षण करायें।

इसके अतिरिक्त रक्त, यूरिन (मूत्र), मल (Faeces), स्राव (discharge), त्वचा आरकुरण (Skin scraping) परीक्षण, बायोप्सी तथा आउटोप्सी परीक्षण भी अवस्थानुसार करनी और करानी चाहिये।

ज्वर दर्शाने वाले पशुओं का रक्त परीक्षण (Blood smear examination) अवश्य करना चाहिये।

नोट—रोग के सही निदान हेतु विस्तृत परीक्षण आगे पैथोलॉजी चेप्टर में।

बीमार पशु के चिन्ह
(Sign of Diseased Animals

प्राथमिक चिह्न (Primary sign)— बीमार पशु में बीमार पशु में पाये जानेवाले वे चिह्न जिनसे आप पहचान कर सकते हैं कि पशु बीमार है एवं जिनसे रोग के अनुमान में सहायता मिलती है। वे प्राथमिक चिह्न निम्न हैं—

- पशु के सामान्य तापक्रम (Normal temperature), श्वास गति, नाड़ी गति का असामान्य होना (कम या अधिक)।

➤ जुगाली करनेवाले पशु का जुगाली करना बन्द कर देना।

➤ प्राकृतिक छिद्रों (Natural orifices); जैसे—आँख, नाक, मुँह, योनि और गुदा मार्ग से स्राव (Secretion) का बहना।

लक्षणों एवं चिह्नों से निदान (Diagnosis)—निम्न लक्षणों एवं चिन्हों से रोग का सम्भावित निदान निम्न प्रकार से—

1. **शरीर की आकृति देखकर अनुमान→** शरीर अकड़कर तन जाना। घोड़े की आकृति काठ के घोड़े के समान मिलना— इससे टीटेनस का अनुमान होता है।
2. **अवस्था (Posture)**
   - ➤ घोड़ी का पैर से जमीन खरोंचना एवं सिर को फ्लेंक (Flank) की ओर मोड़ लेना→ उदरशूल (Colic) का अनुमान होता है।
   - ➤ घोड़ी का कुत्ते के बैठने की भाँति बैठना→ अन्दर पेट या डायाफ्राम का फटना।
   - ➤ घोड़ी का पीठ के बल लेटना एवं पैर दीवार के सहारे लगाना→ आँतों का मुड़ जाना।
   - ➤ गाय या भैंस का अपनी गर्दन मोड़कर सिर को कोख (Flank) पर रख बैठना एवं पशु का बुत–सा लगना→ मिल्क फीवर होता है।
   - ➤ पशु का अधिक से अधिक समय तक खड़ा रहना→ निमोनिया का रोग।
   - ➤ पशु का चकराते हुए चलना→ गिड (Gid) रोग से पीड़ित।
   - ➤ गाय–भैंस की Elbows फैली होने पर → टी.पी.सी. (T.P.C.) का रोग।
     नोट—इस रोग में पशु लंगड़ाता भी है।
   - ➤ कुत्ते का सीधे बैठ रहना→ प्लूरिसी का रोग होता है।
3. **शरीर की स्थिति**—शरीर में दुबलापन → रोग के कारण तथा उसके पश्चात् की स्थिति, इमेसिएशन (Emaciation) का कारण आहार का अभाव या आन्त्र कृमियों का कुप्रभाव एवं कुत्तों में डिस्टेम्पर, काचेक्सिया का होना, रक्ताल्पता, कैंसर, टी.बी. तथा जोहिनीज डिजीज का होना है।
4. **विजिबल म्यूकस मैम्ब्रेन** (Visible mucous membrane)→ यथा कंजक्टाइवा का लाल होना या उसमें धब्बों (Petechiae) होना— रोग को बताता है।
5. **ओरल म्यूकस मेम्ब्रेन का असामान्य होना**—आर.पी., एफ.एम.डी. आदि विशेष रोग तथा पाचन विकार के रोगों को इंगित करता है।
6. **एनोरैक्सिया** (Anorexia)→ ज्वर आदि में पशु की भूख समाप्त हो जाती है।
7. **बूलैमिया** (Bulemia अर्थात् अति भूख लगना)— जैसा आँत्रकृमि (Helminthic infestation) के कारण होता है।
8. **पाइका** (Pica)→ अखाद्य पदार्थों का खाना; जैसे—गोबर, कीचड़, विष्ठा आदि का खाना, दीवार चाटना, मूत्र पीना, जेर खाना आदि। ऐसा मिनरल्स की कमी में होता है।
9. **डिस्फेजिया** (Disphasia) खाने–पीने में असमर्थ→ प्राय: ऐसा लेरिन्जाइटिस, फेरिन्जाइटिस, चोक (गले में कुछ अटक जाना), टीटेनस तथा रेबीज में होता है।
10. **वमन करना** (Emesis)→ कुत्तों में गेस्ट्राइटिस या आँत्रकृमि (Parasitism) का होना इंगित करता है।

11. **मल के निकलने में कठिनाई** (Tenesmus)→ अन्य रोगों के लक्षण रूप को दर्शाता है। Mard-Pellets भेड़, बकरी और ऊँट में सामान्य माना जाता है।
12. **कब्ज** (Constipation)→ यह ज्वर होने का द्योतक है।
13. **डायरिया, अतिसार** (Superpurgation), **आँव, आँत से रक्तस्राव** (Melena) आदि → अन्य रोगों के लक्षण होते हैं।
14. **मल का रंग, उसकी गन्ध एवं बनावट में अन्तर आने पर** → विभिन्न रोगों का आभास होता है।

    नोट— सामान्यत: एक दिन में घोड़ा 6-24 लिटर, गाय-भैंस 3-12 लिटर, कुत्ता 300-1000 मिली. मल का विसर्जन करता है।
15. **मूत्र में हीमोग्लोबिन का आना**—बबेसिएसिस, ट्रिपैनोसोमिएसिस के विकार को दर्शाता है।

अस्वस्थ पशुओं की परिचर्या (Nursing of Sick Animals)

1. स्वच्छता—जहाँ पर बीमार पशु रखा जाय, वह स्थानपूर्ण स्वच्छ, हवादार, प्रकाश युक्त तथा वायु के झोकों से रक्षित होना चाहिये। बिचाली (बिछावन) के रूप में पयाल का प्रयोग सर्वोत्तम रहता है। घोड़े के कालिक वाक्स (पेट दर्द के समय घोड़े के रखने का एकमात्र स्थान) में बिछाली के रूप में .60 सेमी. बालू की तह होनी चाहिये और कुत्तों के लिए बिछाली के रूप में रूई की मोटी गद्दी।

2. विश्राम (Rest)—बीमार पशु को पूर्ण आराम मिलना चाहिये। शरीर का तापक्रम (Temperature) स्थिर रहे इसके लिए पशु के शरीर पर कम्बल, पट्टियों एवं वस्त्रों का प्रयोग करना चाहिये।

3. बीमार पशु का भोजन—हल्का सुपाच्य, पौष्टिक तथा हल्का दस्तावर आहार उत्तम रहता है। इसके लिये स्वच्छ तथा पीने के लिये पर्याप्त पानी की व्यवस्था होनी चाहिये।

बीमार पशु को आहार (Diet) के रूप में गाय, भैंस, घोड़ों के लिए ब्रानमास (Branmash), अलसी की चाय, हेन्टी, ओट्स मील (जई का आटा), चावलों का पानी या चावलों का माँड, ह्वीट गूइल, जौ का पानी (बार्ली वाटर) तथा हरी दूब घास आदि देनी चाहिये।

कुत्तों के लिये—भोजन में दूध, दूध से बने पदार्थ (Milk products), अण्डे की सफेदी (दूध में मिलाकर), उबला हुआ यकृत, पेप्टोनाइज्ड मिल्क एवं बिस्कुट्स उपयुक्त होते हैं।

प्रयोगशाला परीक्षण एवं जाँच (Laboratory Examination)

पशु-रोग निदान (Diagnosis) के लिये लेबोरेटरी में मल-मूत्र और रक्त की सामान्य जाँच की जाती है। इससे रोग पहचान, उपचार एवं भावीफल (Prognosis) की स्थिति का सही आँकलन करने में सहायता मिलती है।

मल या गोबर की जाँच (Faecal Examination)—इस जाँच के अन्तर्गत पेट और आँत में परजीवियों (Parasites) की उपस्थिति तथा रोग संक्रमण (Infection) का पता लगाया जाता है। यह जाँच निम्न तीन रूपों में की जाती है—

→ प्रत्यक्ष तरीका (Direct method)

→ तलछट जमाव तरीका (Sedimentation method)

→ तैराकी तरीका (Floatation method)

> **याद रहे—इस तरीके में चीनी का घोल (Sugar solution) या सोडियम नाइट्रेट सोल्यूशन (Sodium nitrate solution) का उपयोग किया जाता है।**

सामान्य तापक्रम/नाड़ी की गति एवं श्वास की दर
(Normal Temperature/Pulse and Respiration Rate)

पशु की जाति (Species)	**तापमान** (Temperature)		**नाड़ी की चाल प्रति मिनट**	**श्वास की गति प्रति मिनट**
	सैल्सियस (Celsius)	**फारेनहाइट** (Fahrenhiet)	(Pulse rate per minute)	(Respiration rate per minute)
गाय (Cows)	38.5	101.3	40-60	10-16
भैंस (Buffalo)	38.5	101.3	42-60	11-00
घोड़ा (Horse)	37.8	100.04	28-42	8-12
भेड़ (Sheep)	39.2	102.56	50-80	12-20
बकरी (Goat)	39.5	103.10	44-70	11-18
ऊँट (Camel)	36.4	97.50	30-40	8-10
सूअर (Pig)	39.4	102.92	60-90	16-24
कुत्ता (Dog)	38.5	101.30	62-80	15-30
हाथी (Elephant)	36.7	98.06	24-85	6-90
मुर्गी (Poultry)	42.2	107.97	120-160	25-40

मूत्र की जाँच (Urine Examination)—इस जाँच में गुर्दा (Kidney) और यकृत (Liver) की स्थिति का पता चलता है। इसके लिये पेशाब की निम्नलिखित जाँचें की जाती हैं—

1. **pH की जाँच (pH Examination)**—यह जाँच लिटमस पेपर से की जाती है।
2. **चीनी की जाँच (Sugar test)**—यह जाँच बेनेडिक्ट्स टेस्ट (Benedicts test) से की जाती है।
3. **अलब्यूमिन की जाँच (Albumin test)**—यह जाँच रौबर्ट्स रीएजेन्ट से की जाती है।
4. **विशिष्ट गुरुत्व की जाँच (Specific gravity test)**—यह जाँच यूरिनोमीटर से की जाती है।

रक्त की जाँच (Blood Examination)—रक्त की जाँच से निम्न स्थितियों (conditions) का पता चलता है—

- रक्त के जीवाणुओं/परजीवियों की उपस्थिति।
- खनिज पदार्थ के अभाव के बारे में।
- रक्त हानि (Blood loss) एवं जलाभाव (Water loss) के बारे में।
- एलर्जिक स्थिति के बारे में।

रक्त की जाँच निम्न तरीकों से की जाती है—

1. **हीमोग्लोबिन की जाँच—** यह जाँच साहली के तरीके (Sahli's method) से की जाती है।

2. **हेमाटोलोजिकल जाँच (Haematological Test)—** यह जाँच रक्त स्मीयर स्लाइड (Blood Smear slides) से की जाती है।

3. **इरीथ्रोसाइट और लिकोसाइट (Erythrocyte or R.B.C. and Leukocyte or W.B.C.) जाँच—** इस जाँच से रक्त कणों की संख्या के बारे में पता चलता है।

4. **डिफरेन्शियल काउण्ट (Differential Count)—**इस जाँच से पाँच भिन्न-भिन्न प्रकार के ल्यूकोसाइट्स की संख्या का पता चलता है।

- ल्यूकोसाइट्स की कमी और अधिकता से रोग का पता चलता है।
- विस्तृत जानकारी के लिये पैथोलॉजी (Pathology) का अध्ययन करना चाहिये।

पशुओं के रक्त में विभिन्न कोशिकाओं की सामान्य स्थिति (Normal Position of Various Cells in the Blood of Animals)

पशुओं का विवरण	इरीथ्रोसाइट्स (R.B.C.) per cu. mm (In millions)	ल्यूको-साइट्स (W.B.C.) per Cu. mm	ल्यूकोसाइट की विभिन्न प्रकारें प्रतिशत में				
			न्यूट्रो-फिल्स %	इसीनो-फिल्स %	मोना-साइट्स %	लिम्फो-साइट्स %	वैसो-फिल्स %
➤ घोड़ा	7.0	9000	57.0	3.25	4.25	35.0	0.5
➤ गाय/बैल/भैंस	6.7 से 8.8	8600	20.0	6.5	5.25	68.0	0.25
➤ भेड़/बकरी	10.3	9600	25.5	5.5	8.0	60.0	1.00
➤ शूकर	6.0	20000	40.50	1.10	7.5	40.0	2.5
➤ कुत्ता	6.1	13000	64	9.0	6.0	20.8	0.2
➤ मुर्गी	3.0	2500	33.0	3.0	15.0	45.0	4.0

चिकित्सा/उपचार (Treatment)

चिकित्सा वह युक्ति है जिसके द्वारा रोगी को रोग से छुटकारा मिलता है अर्थात् रोग का निवारण होता है। रोगों के कारणों, लक्षणों तथा रोग निदान (Diagnosis) को भली-भाँति समझकर औषधि उपचार किया जाता है। उपचार के लिये रोगानुसार औषधियों का उपयोग किया जाता है।

***याद रहे*—चिकित्सा करते समय इस बात का ध्यान रखना चाहिये कि निरोग रहने के लिए हाईजीन, आहार तथा निवारण (prevention) का भी प्रमुख स्थान है।**

चिकित्सा समाप्ति निम्न प्रकार से होती है—

- आरोग्यता (Cure)
- उपद्रव (Complications)
- द्वितीयक संक्रमण (Secondary infections)
- मृत्यु (Death)

आरोग्यता (Cure)—बीमारी से चिकित्सा द्वारा रोगी का शरीर सामान्य कार्य (general work) करने योग्य हो जाता है तब वह रोग आरोग्य (cure) समझा जाता है।

उपद्रव (Complications)—रोग की स्थिति में प्रारम्भिक रोग कारणों से भिन्न अन्य प्रकृति के रोग होने को उपद्रव या कम्प्लीकेशन कहते हैं; जैसे- न्यूमोनिया में प्लूरिसी, सर्दी में ब्रोन्काइटिस, मिल्क फीवर में बैड सोर (Bed sores) इत्यादि।

रोगफल/सीक्वेली (Sequelae)—एक रोग के कारण दूसरा रोग उत्पन्न होने को सीक्वीली कहते हैं; जैसे- मेट्राइटिस (Metritis) के बाद दुग्ध स्राव (Milk secretion) बन्द होना, इन्फ्लूएन्जा के बाद न्यूमोनिया का होना। खुरपका, मुँहपका के बाद हाँफना।

पुनः रोगी/पुनरावर्तन (Relapse)—रोग ठीक होने के बाद पुनः उसी रोग के आक्रमण को पुनरावर्तन (Relapse) कहते हैं।

मृत्यु (Death)—जब हृदय और फेफड़े अपना कार्य बन्द कर देते हैं तब उसे मृत्यु कहा जाता है। इसमें कोशिकाओं के सभी कार्य पूर्ण रूप से रुक जाते हैं।

मृत्यु प्रायः दो प्रकार से होती है

सिनकोप (Syncope) | **एसफिक्सिया (Asphyxia)**

1. सिनकोप डैथ (Syncope Death)— जब मृत्यु हृदय गति रुकने से होती है तब उसे सिनकोप मृत्यु कहते हैं। मृत्यु से पूर्व पशु में निम्न लक्षण मिलते हैं—

- पशु लड़खड़ाता है, गिरता है और मूर्छित हो जाता है।
- पशु शक्तिहीन होकर छटपटाता है।
- पैर ठण्डे पड़ जाते हैं एवं शरीर का तापमान सामान्य से नीचे गिर जाता है।
- नाड़ी अशान्त हो जाती है।
- शरीर का तापक्रम सामान्य से नीचे गिरते ही रोगी की तत्काल मृत्यु सम्भव है।
- पशु साँस के लिये दम लेता है अथवा खूब हाँफता है।
- वमन करनेवाले पशु वमन (vomiting) करते हैं।

सिनकोप प्रायः दो रोगों के रूप में होता है—

- रक्तहीन रूप (Anaemic type)
- शक्तिहीन रूप (Asthenic type)

रक्तहीन रूप (Anaemic type)— इस प्रकार की मृत्यु हृदय में अपर्याप्त रक्त की आपूर्ति से होता है। चाहे वह दोषपूर्ण एसीमिलेशन से हो अथवा रक्तस्राव (हीमोरेज) से हो।

> *याद रहे*—ऐसी मृत्यु में शव परीक्षा (Post-mortem examination) करने पर हृदय सिकुड़ा हुआ एवं खाली मिलता है।

शक्तिहीन रूप (Asthenic type)— ऐसी मृत्यु हृदय संकुचन के रुकने या बन्द होने से होती है। ऐसा प्रायः निम्न अवस्थाओं में होता है—

→ दुर्बलता या शक्तिहीनता के परिणामस्वरूप।

→ पेरीकार्डाइटिस (Pericarditis) से।

→ विष रोगों के परिणामस्वरूप।

याद रहे—ऐसी मृत्यु में शव परीक्षा करने पर हृदय की दाहिनी कोठरी में रक्त भरा मिलता है जो रंग में काला होता है और बायीं कोठरी में लाल रक्त भरा रहता है (Distention of heart)।

2. एसफिक्सिया मृत्यु (Asphyxia death)— जो मृत्यु श्वसन गति (respiration rate) रुकने या उसमें बाधा उत्पन्न होने से होती है, एसफिक्सिया मृत्यु कहलाती है। प्राय: ऐसी मृत्यु कन्वल्सिव स्टेज में होती है। इसमें—

- शरीर के ऊपर की शिरायें (veins) फैल जाती हैं।
- मौत ऑक्सीजन की कमी और कार्बनडाईऑक्साइड की अधिकता से होती है।

याद रहे—ऐसी मृत्यु में शव परीक्षा करने पर ट्रेकिया और ब्रोन्काई में फेन भरा मिलता है एवं हृदय का दाहिना भाग काफी फैला रहता है।

एसफिक्सिया मृत्यु निम्न प्रकार से होती है—

- श्वासावरोध (Apnoea)
- अप्राकृतिक निद्रा (Coma)
- अन्त:शल्यता (Embolism)

(i) श्वासावरोध मृत्यु (Apnoea death)— ऐसी मृत्यु फेफड़े में वायु प्रवेश के रुकावट से होती है; जैसे— गला घोंटना, ग्लोटिस (Glottis) की शोथ, पानी में डूबना आदि।

याद रहे—इसके शव परीक्षण में हृदय की दाहिनी केविटी काले रक्त के साथ फैली हुई मिलती है एवं हृदय की बायीं केविटी खाली रहती है।

(ii) अप्राकृतिक निद्रा मृत्यु (Coma death)— इसमें रोगी पूर्ण रूप से संज्ञा शून्य हो जाता है और शक्तिशाली उत्तेजक (high stimulant) देने पर भी नहीं जागता है। रेस्पाइरेटरी नर्व्स का पैरालिसिस हो जाता है; इसके—

- आरम्भ में श्वसन गति मालूम होती है किन्तु अन्त में पूर्ण रूप से बन्द हो जाती है।
- अन्त तक नाड़ी (Pulse) प्रभावित नहीं होती।
- शव परीक्षण में प्रधानत: मस्तिष्क की शिराओं में हाइपरेमिया (Venous Hyperaemia) देखने को मिलता है।

(iii) अन्त:शल्यता (Embolism)— इस स्थिति में फेफड़े की धमनी में तन्तुयुक्त थक्का (Fibrous clot) बनने से रुकावट हो जाती है जिससे फेफड़ों में रक्त का बहाव पूर्ण रूप से बन्द हो जाता है; इससे—

- साँस लेने में अचानक कष्ट होता है।
- इस स्थिति के शव परीक्षण में धमनी में रुकावट मिलती है।

□□□

23

प्रतिशत, नाप और तौल
(Percentage, Measurement and Weight)

रोगी पशु को औषधि देने से पूर्व औषधि के प्रतिशत, नाप और तौल पर विचार करना आवश्यक होता है। इसके लिये अंग्रेजी (ब्रिटिश) और अमेरिकन प्रणालियाँ व्यवहार में लायी जाती हैं।

1. **अंग्रेजी संहिता के आधार पर—** एपोथकेरीज नाप-तौल का प्रयोग किया जाता है। इसके अन्तर्गत ठोस पदार्थ ग्रेन, ड्राम, औंस और पौंड में तथा तरल पदार्थों को मिनिम, ड्राम, औंस, पाइन्ट एवं गैलन में नापा एवं तौला जाता है।

अब यह नाप-तौल बन्द हो गई है।

2. **अमेरिकन संहिता के आधार पर—** मेट्रिक प्रणाली का प्रयोग किया जाता है। इस प्रणाली के अन्तर्गत नाप-तौल निम्न इकाईयों में की जाती है—

- ठोस पदार्थ— ग्राम एवं किलोग्राम में।
- तरल पदार्थ— मिलीलीटर (ml) अथवा सी.सी. (c.c.) में एवं लीटर में।

प्रतिशत में दवा बनाने का तरीका

- 1 प्रतिशत दवा बनाने के लिये— 100 मिलीलीटर पानी में 1 ग्राम दवा मिलायी जाती है।
- 1 में 10 (1:10) अर्थात् 1 भाग दवा को 10 भाग पानी या वैसलीन में मिलाया जाता है।

तरल पदार्थ नापना— चालू समय में

1 मिलीलीटर (ml) = 1 सी.सी. (c.c.)

10 मिलीलीटर (मि.ली.) = 10 सी.सी.

100 मिलीलीटर (मि.ली.) = 100 सी.सी.

1000 मिलीलीटर (मि.ली.) = 1000 सी.सी.

1000 मि.ली. या 1000 सी.सी. = 1 लीटर

10 लीटर = 2.2 गैलन

1 मि.ली. (ml) = 16.9 मिनिम (बूँद) अथवा 1 सी.सी. = 15 मिनिम

10 मि.ली. (ml) = 169 मिनिम

4 सी.सी. (c.c.) = 1 फ्लुड ड्राम

30 सी.सी. = 1 फ्लुड औंस
250 सी.सी. = 8 फ्लुड औंस
500 सी.सी. = 1 पाइन्ट

घरेलू मापें (Home Measurements)

1 टी स्पून = 4 सी.सी. = 1 फ्लूड ड्राम
1 डेजर्ट स्पून = 8 सी.सी. = 2 फ्लूड ड्राम
1 टेबल स्पून = 15 सी.सी. = 1/2 फ्लूड औंस
1 वाइन ग्लास = 60 सी.सी. = 2 फ्लूड औंस
1 टी कप = 120 सी.सी. = 4 फ्लूड औंस
1 टम्बलर = 240 सी.सी. = 8 फ्लूड औंस

लम्बाई की मापें (Length Measurements)

- 1 मिलीमीटर (मि.मी.) = 0.04 इंच
- 1 सेन्टीमीटर = 0.4 इंच
- 1 डेसीमीटर = 4.0 इंच
- 1 मीटर = 39.37 इंच
- 1 इंच = 2.54 सेन्टीमीटर
- 1 फुट = 30.48 सेन्टीमीटर

अन्य मापें (Other Measurements)

- 60 मिनिम = 1 ड्राम (One drame)
- 60 ग्रेन = 1 ड्राम
- 480 ग्रेन = 8 ड्राम = 1 औंस
- 16 औंस = 1 पौण्ड
- 20 औंस = 1 पाइन्ट
- 8 पिन्ट = 1 गैलन
- 1 चाय का चम्मच = 1 ड्राम
- 1 बड़ा चम्मच = 4 ड्राम
- 1 चाय का कप = 5 औंस
- 1 बड़ा चम्मच = 15 मि.ली.
- 1 चाय का कप = 150 मि.ली.
- 1 ग्रेन = 60.0 एम.जी.
- 1 ग्राम = 15 ग्रेन्स
- 30 ग्राम = 1 औंस
- 10 ग्राम = 2.5 ड्राम
- 15 ग्राम = 4 ड्राम

सेण्टीग्रेड-फारैनहाइट समकक्षी परिवर्तन

- फारैनहाइट को सेन्टीग्रेड में परिवर्तन हेतु– 32 घटाकर 9/5 से गुणा करें।
- सेण्टीग्रेड को फारैनहाइट डिग्री में परिवर्तन हेतु– 5/9 से गुणा करके 32 जोड़ें।

◆◆◆

24

पशुओं के प्रतिरोधात्मक टीके
(Prophylactic Vaccines for Animals)

(क) पशुओं के टीके
(Live Stock Vaccines)

1. ऐन्थ्राक्स वैक्सीन (Anthrax Vaccine)

1-A ऐन्थ्राक्स स्पोर वैक्सीन लाइव (Anthrax Spore Vaccine Live)

निर्माता— आई.वी.आर.आई. (I.V.R.I.)
(गाय, बैल, भैंस, भेड़, घोड़ा, बकरी, ऊँट एवं हाथी में ऐन्थ्राक्स के बचाव हेतु वैक्सीन या टीका।)

मात्रा

कैटिल (गाय, बैल), भैंस, घोड़ा, ऊँट— 1 मि.ली. (ml), सबक्युटेनियस (S/C)।

हाथी— 3 मि.ली. सबकुटे; हाथी में द्वितीय खुराक— 3 मि.ली. 1 माह के बाद।

भेड़ एवं बकरी— 0.5 एम.एल. S/C।

इम्युनिटी— वैक्सीन के 10 दिन बाद शरीर में रोग क्षमता आ जाती है एवं 1 वर्ष तक कायम रहती है।

रिएक्शन— वैक्सीनेटिड पशु में बुखार जैसी हल्की रिएक्शन अन्तिम 2-3 दिन में होती है।

स्टोरेज— वैक्सीन को $2^{0}C$ से $5^{0}C$ पर 3 माह तक भली-भाँति सुरक्षित रखा जा सकता है।

सावधानियाँ

- स्पोरयुक्त वैक्सीन को जिसके हाथ में खरोंच (Abrasions) आदि उपस्थित हों, प्रयोग न करें।
- प्रयोग करने के बाद हाइपोडर्मिक सिरिन्ज और नीडिल को गर्म उबलते पानी में 1 घण्टे तक उबालकर विसंक्रमित कर लेना चाहिये।

पैकिंग— एक बोतल में 100 खुराक सील बन्द।

1-B ऐन्थ्राक्स लाइव स्पोर वैक्सीन (Anthrax Live Spore Vaccine)

निर्माता— इन्स्टीट्यूट आफ एनीमल हैल्थ एण्ड वेटेरीनरी बायोलोजीकल्स, बैंगलोर।
मात्रा— गाय, बैल, भैंस, भेड़, बकरी, घोड़ा—1.0 मि.ली. सबकुटे (S/C) (त्वचा के नीचे)।
रोग प्रतिरोधक क्षमता— एक वर्ष।

1-C ऐन्थ्राक्स लाइव स्पोर वैक्सीन

निर्माता— इन्टरवैट।
गाय, भैंस, भेड़, बकरी, घोड़ा, ऊँट— 1.0 मि.ली. त्वचा के नीचे।
रोग प्रतिरोधक क्षमता— एक वर्ष।

1-D ऐन्थ्राक्स लाइव स्पोर वैक्सीन

निर्माता— रानीपैट।
मात्रा— गाय, भैंस, भेड़, बकरी, हाथी, घोड़ा— 1.0 मि.ली. त्वचा के नीचे (SC)।
रोग प्रतिरोधक क्षमता— एक वर्ष।

2. ब्लैक क्वार्टर वैक्सीन (Black Quarter Vaccine)

2-A ब्लैक क्वार्टर वैक्सीन (Black Quarter (B.Q.) Vaccine (Polyvalent)

निर्माता— I.V.R.I. ।
यह वैक्सीन क्लोस्ट्रीडियम चौवआई एवं क्लाइसेप्टीकम का मिक्सचर है।
उपयोग— इस वैक्सीन का उपयोग ब्लैक क्वार्टर (लंगड़िया) तथा जुगाली करनेवाले पशु जो मेलिग्नेन्ट अडीमा से प्रभावित हो सकते हैं, के बचाव हेतु होता है।
मात्रा

- कैटिल— 5–10 मि.ली. (ml) S/C ।
- भेड़ एवं बकरी— 2–3 मि.ली. S/C ।

जब उच्च श्रेणी की इम्युनिटी की आवश्यकता होती है तब इसे उपरोक्त वैक्सीनेशन के 10 दिन बाद द्वितीय खुराक के रूप में देते हैं।

2-B इन्टरवैट लंगड़िया तथा गलाघोंटू संयुक्त वैक्सीन (Intervet B.Q. & H.S. Combined Vaccine)

निर्माता— इन्टरवैट।
मात्रा—

- गाय, भैंस— 4 मि.ली. वर्ष में एक बार मानसून से पहले।
- भेड़ एवं बकरी— 2 मि.ली. मानसून से पहले।

विधि— गर्दन पर त्वचा के नीचे (S/C)।
प्राप्त इम्यूनिटी— एक वर्ष तक।
स्टोरेज— रेफ्रीजरेटर में 6^0C से 10^0C के मध्य एक वर्ष तक।
पैकिंग— 100 मि.ली.।

2-C ब्लैक क्वार्टर वैक्सीन (Black Quarter Vaccine)

निर्माता— बायोमेड— गाजियाबाद।

मात्रा

- गाय, भैंस— 2 मि.ली. त्वचा के नीचे।
- भेड़ एवं बकरी— 2 मि.ली. त्वचा के नीचे।

विधि— 2 मि.ली. त्वचा के नीचे (Subcutaneous)।

प्राप्त प्रतिरोधात्मक क्षमता— एक वर्ष तक।

2-D ब्लैक क्वार्टर वैक्सीन (Black Quarter Vaccine)

निर्माता— ब्रिलियेन्ट।

मात्रा

- गाय, भैंस— 2 मि.ली. त्वचा के नीचे।
- भेड़ एवं बकरी— 2 मि.ली. त्वचा के नीचे।

विधि— 2 मि.ली. त्वचा के नीचे।

प्राप्त प्रतिरोधात्मक क्षमता— एक वर्ष तक।

2-E ब्लैक क्वार्टर वैक्सीन (Black Quarter Vaccine)

निर्माता— रानीपैट (Ranipet)।

मात्रा

- गाय, भैंस— 5 मि.ली. त्वचा के नीचे।
- भेड़ एवं बकरी— 5 मि.ली. त्वचा के नीचे।

विधि— 5 मि.ली. त्वचा के नीचे।

प्राप्त प्रतिरोधात्मक क्षमता— छः महीने तक।

2-F रक्षा ब्लैक क्वार्टर वैक्सीन

निर्माता— इन्डियन इम्यूनोलौजीकल्स।

मात्रा

- गाय, भैंस, बछड़े— 2 मि.ली. त्वचा के नीचे।

विधि— 2 मि.ली. त्वचा के नीचे।

प्राप्त प्रतिरोधात्मक क्षमता— एक वर्ष तक।

3. रिण्डरपेस्ट

3-A रिण्डरपेस्ट-फ्रीज ड्राइड टिसू कल्चर रिण्डरपेस्ट वैक्सीन

निर्माता— आई.वी.आर.आई. (I.V.R.I.), इज्जतनगर, बरेली-1।

मात्रा

- 1 मि.ली. प्रति पशु।

विधि– एम्पुल को तोड़कर ठंडे किये हुए नार्मल सैलाइन में घोलकर निर्धारित मात्रा में S/C (त्वचा के नीचे) दें।

प्राप्त प्रतिरक्षा– 2 से 3 वर्ष तक।

भण्डारण (Storage)– रेफ्रीजरेटर में 4^0C पर 6 माह तक तथा -20^0C पर 2 वर्ष तक।

सावधानियाँ (Precautions)

- यह वैक्सीन देशी व विदेशी सभी पशुओं में दिया जा सकता है।
- ग्याभन तथा दुधारू पशु भी वैक्सीनेटिड किये जा सकते हैं।
- वैक्सीन घोलने के पूर्व सिरिन्ज तथा नीडिल भी जीवाणुरहित करके रेफ्रीजरेटर में रख कर ठंडा कर लें।
- एल्कोहॉल अथवा स्प्रिट का प्रयोग न करें।
- घुले हुए वैक्सीन को बर्फ के टुकड़ों के बीच थर्मस फ्लास्क में रखें तथा चार घण्टे के अन्दर प्रयोग कर लें।
- एक दिन के बछड़े को भी 1 मि.ली. की मात्रा में टीका लगाया जा सकता है, किन्तु 6–8 माह की आयु पर इन्हें एक बार दुबारा टीका देना पड़ता है।

पैकिंग– काँच की एम्पुल में चूर्ण के रूप में।

3-B रक्षा रिण्डरपेस्ट वैक्सीन

निर्माता– इन्डियन इम्यूनोलौजीकल्स।

मात्रा

- गाय, भैंस, भेड़, बकरी– 1 मि.ली. त्वचा के नीचे।

विधि– 1 मि.ली. त्वचा के नीचे।

प्राप्त प्रतिरोधात्मक क्षमता– एक वर्ष तक।

गलाघोंटू रोग—हैमोरेजिक सेप्टीसीमिया

4-A गलाघोंटू रोग-हैमोरेजिक सेप्टीसीमिया एलम प्रेसीपिटेटिड वैक्सीन (H.S. Alum Precipitated Vaccine)

निर्माता– बी.पी. सेक्सन, लखनऊ।

मात्रा

- कैटिल एवं भैंस में– 5–10 मि.ली. S/C (खाल के नीचे) उम्र और साइज के अनुसार।

प्राप्त प्रतिरोधात्मक क्षमता– लगभग 10 दिन में और 6 माह तक कायम रहती है।

स्टोरेज– 4 से 5^0C पर 6 माह तक पोटेन्सी कायम रहती है।

4-B गलाघोंटू-एच.एस. एडजूवेन्ट वैक्सीन (H.S. Adjuvant Vaccine)

निर्माता– आई.वी.आर.आई. (I.V.R.I.)।

(The vaccine is homogeneous suspension of formalised agar washed *P. multocida* in liquid Paraffin and Lanolin.)

मात्रा

- गाय, भैंस– 3 मि.ली.।
- भेड़–बकरी– 2 मि.ली.।

विधि– वैक्सीन मांसपेशीगत (I.M.) दें।

रिएक्शन–इनोकुलेशन की जगह हल्की–सी सूजन जो 2–3 दिन तक रह सकती है।

प्राप्त प्रतिरोधात्मक क्षमता– शरीर के अन्दर रोग क्षमता 21 दिन में उत्पन्न हो जाती है जो लगभग एक वर्ष तक कामयाब रहती है।

स्टोरेज– 2 से 5°C तापक्रम पर इसे नौ माह तक सुरक्षित रखा जा सकता है।

सावधानियाँ

- प्रयोग से पूर्व बोतल को भली–भाँति हिला लें।
- आउट ब्रेक के समय इसका प्रयोग न करें।
- टीका लगाने के बाद 2–3 दिन तक पशु चरने न भेजें।

पैकिंग– एक बोतल में 100 खुराक सीलबन्द।

4-C इन्टरवैट–एच.एस. वैक्सीन (Intervet H.S. Vaccine)

निर्माता– इन्टरवैट।

(This vaccine incorporated antigenic strain of Pasteurella multocida inactivated by the action of formaldehyde and adjuvated by the use of Aluminium Hydroxide gel.)

मात्रा

- 2 मि.ली. वर्षा होने से पूर्व प्रति वर्ष।

विधि– गर्दन पर त्वचा के नीचे (S/C)।

प्राप्त प्रतिरोधात्मक क्षमता– एक वर्ष तक।

स्टोरेज– रेफ्रीजरेटर में।

पैकिंग– 100 मि.ली.।

4-D एच.एस. वैक्सीन (H.S. Vaccine)

निर्माता– ब्रिलियेन्ट।

मात्रा

- गाय, भैंस, भेड़, बकरी– 2 मि.ली. त्वचा के नीचे।

विधि– 2 मि.ली. त्वचा के नीचे।

प्राप्त प्रतिरोधात्मक क्षमता– एक वर्ष तक।

4-E एच.एस. वैक्सीन (H.S. Vaccine)

निर्माता– रानीपैट।

मात्रा

- गाय, भैंस– 10 मि.ली. त्वचा के नीचे।

विधि— 10 मि.ली. त्वचा के नीचे।

प्राप्त प्रतिरोधात्मक क्षमता— एक वर्ष तक।

4-F रक्षा एच.एस. वैक्सीन

निर्माता— इन्डियन इम्यूनोलोजीकल्स।

मात्रा

- 2 मि.ली. त्वचा के नीचे।

विधि— 2 मि.ली. त्वचा के नीचे।

प्राप्त प्रतिरोधात्मक क्षमता— एक वर्ष तक।

5. फुट एण्ड माउथ डिजीजेज

5-A 'रक्षा' फुट एण्ड माउथ डिजीज वैक्सीन ('Raksha' Foot and Mouth Disease Vaccine)

रचना— इस वैक्सीन में O, A, Asia-1 होते हैं।

मात्रा

- गाय, भैंस, गाय के बछड़े— 3 मि.ली. S/C वैक्सीन सिड्यूल के अनुसार।
- भेड, बकरी— 1.00 मि.ली. S/C।

वैक्सीनेशन सिड्यूल (Vaccination Schedule)

प्राइमरी वैक्सीन— 4 माह

पुनः (Repeat Booster)— 2-4 सप्ताह पर।

रि-वैक्सीनेशन— 6 माह के अन्तराल पर।

स्टोरेज— 'रक्षा' एफ.एम.डी. वैक्सीन को 2-4°C पर रखना चाहिए। Freezing पर नहीं।

प्राप्त प्रतिरोधात्मक क्षमता— एक वर्ष तक।

5-B इन्टरवैट फुट एण्ड माउथ डिजीज वैक्सीन (Intervet Foot and Mouth Disease Vaccine)

निर्माता— इन्टरवैट।

रचना— इस वैक्सीन में O, A_{22}, C and Asia-1 टाइप के 4 वायरस होते हैं।

पशु जिनको लगाया जाता है— बैल, भैंस, भेड़, बकरी में मुँहपका, खुरपका रोग के बचाव हेतु उपयुक्त।

मात्रा

- बैल, भैंस, गाय के बच्चे—10 मि.ली. S/C (खाल के नीचे)।
- भेड़, बकरी— 5 मि.ली. S/C मार्ग द्वारा।

वैक्सीनेशन सिड्यूल (Vaccination Schedule)

प्राइमरी वैक्सीन— 3 हफ्ते या अधिक।

पुनः (Booster)— प्रारम्भिक वैक्सीनेशन के 3 महीने के भीतर।

रि-वैक्सीनेशन— प्रति छठे महीने।

स्टोरेज— 6-10 डिग्री सेन्टीग्रेड तापमान।

पैकिंग— 100 मि.ली. के वायल में प्राप्य।

5-C फुट एण्ड माउथ डिजीज वैक्सीन (Foot and Mouth Disease Vaccine)

निर्माता— आई.वी.आर.आई., इज्जतनगर, बरेली।

(This is an inactivated cell culture polyvalent O, A, C and Asia-1, foot and mouth disease gel vaccine used in cattle, buffaloes and sheep.)

मात्रा

- 10 मि.ली. S/C (त्वचा के नीचे) डियूलेप (Dewlap) में (Near the sternal area)।
- बकरी— 5 मि.ली. S/C।
- **गाय के बच्चे 1 माह से कम आयु के—** 5 मि.ली. S/C दें। 21 दिन बाद पुनः दोहरायें।
- इन गाय के बच्चों को 5-6 माह की आयु में 10 मि.ली. दें। 1 वर्ष की उम्र पर 10 मि. ली. और प्रतिवर्ष 10 मि.ली. देते रहें।

> ❖ In highly susceptible and costly exotic animals six monthly vaccination may be done.

प्राप्त इम्यूनिटी— 9 से 12 माह तक।

रिएक्शन— इनाकुलेशन के आसपास कुछ सूजन हो सकती है एवं दबाने पर हल्की पीड़ा भी पशु अनुभव करता है।

स्टोरेज— वैक्सीन को ठंडी और अंधेरी जगह में अथवा रेफ्रीजरेटर में 2 माह तक सुरक्षित रखा जा सकता है।

5-D फुट एण्ड माउथ डिजीज क्लोवैक्स वैक्सीन

निर्माता— इन्टरवैट।

टाइप— (मोनोवैलेन्ट, बाईवैलेन्ट, ट्राईवैलेन्ट तथा टैट्रावैलेन्ट वैक्सीन उपलब्ध। विभिन्न वाइरस टाइप; जैसे- O, A, C और एशिया-1 से निर्मित)।

मात्रा व विधि

- *मोनो वैलेन्ट*—गाय, भैस, भेड़, बकरी के लिए 1 मि.ली. मांस में।
- *बाई वैलेन्ट*—गाय, भैस- 1.5 मि.ली.; भेड़, बकरी- 1 मि.ली.; सूअर-1.0 मि.ली. मांस में।
- *ट्राई वैलेन्ट*—गाय, भैस- 2.0 मि.ली.; भेड़, बकरी- 1.5 मि.ली.; सूअर- 2.0 मि.ली. मांस में।
- *टेट्रा वैलेन्ट*—गाय, भैस- 3.0 मि.ली.; भेड़, बकरी- 2 मि.ली.; सूअर- 3.0 मि.ली. मांस में।

टीकाकरण— पहला टीका- 3 सप्ताह पर। पहला बूस्टर- 3 महीने बाद। दूसरा बूस्टर- 6 महीने बाद। इसके बाद हर साल पर।

5-E रक्षा OVAC वैक्सीन (O, A, C तथा Asia-1)

निर्माता— इन्डियन इम्यूनोलॉजीकल्स।

मात्रा व विधि

- गाय, भैंस, बछड़े व सूअर— 2 मि.ली. मांस में।
- भेड़, बकरी— 1.0 मि.ली. मांस में।

टीकाकरण— पहला टीका- 4 माह पर; उसके बाद हर 9 महीने पर।

6. स्वाइन फीवर वैक्सीन (Swine Fever Vaccine)

6-A स्वाइन फीवर वैक्सीन लपीनाइज्ड, लाइव (Swine Fever Vaccine Lapinised, Live)

निर्माता— आई.वी.आर.आई. (I.V.R.I.)।

The vaccine is used for active immunization of swine fever from unweaned stage to adult stage against swine fever.

शूकरों में स्वाइन फीवर की प्रतिरोधात्मक वैक्सीन है।

मात्रा

- 1 मि.ली. मांसपेशीगत् (I.M.)।

प्राप्त इम्युनिटी— 1 वर्ष के लिए।

स्टोरेज—रेफ्रीजरेटर में 3 माह तक और 6 माह तक 15–20^{0}C पर सुरक्षित रखा जा सकता है।

6-B लपीनाइज्ड स्वाइन फीवर वैक्सीन लाइव

निर्माता— वी.पी. सेक्सन, लखनऊ।

मात्रा एवं प्रयोग विधि

- 1 मि.ली. रिकान्सटीट्यूट वैक्सीन S/C (त्वचा के नीचे)।

प्राप्त इम्युनिटी— लगभग 1 वर्ष के लिए।

स्टोरेज—रेफ्रीजरेटर में 3 माह तक और 6 माह तक 15–20^{0}C पर सुरक्षित रखा जा सकता है।

6-C स्वाइन फीवर वैक्सीन

निर्माता— इन्टरवैट।

मात्रा एवं विधि

- 1 मि.ली. मांस में।

बचाव की अवधि—1 वर्ष।

7. शीप पॉक्स वैक्सीन (Sheep Pox Vaccine)

7-A टिशू कल्चर शीप पॉक्स वैक्सीन (Tissue Culture Sheep Pox Vaccine)

निर्माता— आई.वी.आर.आई. (I.V.R.I.)।

रचना— यह एक Live attenuated freeze dried vaccine है।

मात्रा एवं प्रयोग विधि

- 1 मि.ली. S/C (त्वचा के नीचे) पोस्टीरियर एक्जीलरी क्षेत्र में।

प्राप्त इम्युनिटी— 22 माह के लिए। इसे आउटब्रेक के समय भी प्रयोग में (बचाव हेतु स्वस्थ भेड़ों में) लाया जा सकता है।

स्टोरेज— रेफ्रीजरेटर। डीप फ्रीज 1 वर्ष तक सुरक्षित रखा जा सकता है।

7-B फारमल जैल वैक्सीन अगेन्स्ट शीप पॉक्स

(Formal Gel Vaccine against Sheep Pox)

यह एक रसियन स्ट्रेन पर बनी वैक्सीन है।

(It is a tissue culture vaccine inactivated with formalin. The vaccine is used as a prophylactic measure and at the time of out break only healthy sheep not showing signs of the disease should be vaccinated. All sheep should be vaccinated including lambs of all ages as well as pregnant ewes.)

मात्रा

- वयस्क भेड़— 5 मि.ली.।
- मेमनों में— 3 मि.ली.।

प्रयोग विधि— S/C (त्वचा के नीचे), जाँघ में (In the femoral part of the thigh)।

इम्युनिटी—7 से 10 दिन में शरीर में इम्यूनिटी पैदा हो जाती है एवं 5–8 माह तक कायम रहती है।

स्टोरेज— 4–10 डिग्री सेंटीग्रेड पर एक वर्ष तक और कमरे के तापक्रम पर एक माह तक सुरक्षित रखी जाती है।

सावधान— वैक्सीन को freeze न करें।

7-C रक्षा शीप पॉक्स वैक्सीन

निर्माता— इन्डियन इम्यूनोलीजीकल्स।

मात्रा एवं विधि

- 1 मि.ली. मांस में।

7-D शीप पॉक्स वैक्सीन

निर्माता— बायोमेड।

मात्रा एवं विधि

- 0.2 मि.ली. त्वचा के नीचे।

7-E शीप पॉक्स वैक्सीन

निर्माता— इन्टरवैट।

मात्रा एवं विधि

- 1 मि.ली. त्वचा के नीचे।

8. संक्रमण गर्भपात वैक्सीन (Infection Abortion Vaccine)

8-A ब्रूसेला एबोर्टस (स्ट्रेन-19) लाइव वैक्सीन (Brucella Abortus (Strain 19) Live Vaccine

(This vaccine is a suspension of a pure, smooth, living culture of B. abortus of low virulence in normal saline solution.)

इस वैक्सीन का उपयोग संक्रामक गर्भपात के बचाव (active immuunisation) हेतु 6-9 माह की बछियों एवं अधिक उम्र के पशुओं में किया जाता है।

मात्रा

- 5 मि.ली. S/C (त्वचा के नीचे)।

रिएक्शन— हल्का-सा बुखार एवं इन्जेक्शन की जगह कठोर एवं दर्दयुक्त सूजन उत्पन्न हो जाती है।

- दूध देने वाले पशुओं का टेम्पोरेरी दुग्ध उत्पादन कम हो जाता है।

प्राप्त इम्यूनिटी— 1 से 2 गर्भावस्थायें पूर्ण सुरक्षित रहती हैं।

स्टोरेज— 2^0C से 5^0C पर सुरक्षित। इसे despatch के 10 दिन के अंदर प्रयोग में ले लेना चाहिये।

8-B इन्टरवेट ब्रूसेला एबोर्टस सी-19 (लाइव-वैक्सीन) [Intervet Brucella Abortus C-19 (Live Vaccine)]

(This vaccine contains 'Brucella abortus' strain-19 organism in live and smooth phase suspended in buffered saline.)

मात्रा

- मादा बच्चे (8 माह की उम्र)— 5 मि.ली. S/C (त्वचा के नीचे)।

दुष्परिणाम— हल्का बुखार एवं गर्म दर्दयुक्त सूजन, जो कुछ दिन बाद समाप्त हो जाती है।

9. इन्टरोटोक्सीमिया वैक्सीन

9-A इन्टरोटोक्सीमिया वैक्सीन (टाइप-D)

निर्माता— IVRI।

मात्रा व विधि

- भेड व बकरी— 5 मि.ली. त्वचा के नीचे।
- मैमना— 2 मि.ली. त्वचा के नीचे।

प्राप्त इम्यूनिटी— छः महीने तक।

9-B इन्टरोटोक्सीमिया वैक्सीन (टाइप C & D) [Intervet Brucella Abortus C-19 (Live Vaccine)]

निर्माता— इन्टरवैट।

मात्रा व विधि

- भेड़ व बकरी– 5 मि.ली. त्वचा के नीचे।

प्राप्त इम्यूनिटी– छः महीने तक।

9-C इन्टरोटोक्सीमिया वैक्सीन (टाइप-D) [Intervet Brucella Abortus C-19 (Live Vaccine)]

निर्माता– इन्टरवैट।

मात्रा व विधि

- भेड़ व बकरी– 2.5 मि.ली. त्वचा के नीचे।

प्राप्त इम्यूनिटी– छः महीने तक।

10. थाइलेरिओसिस वैक्सीन

10-A रक्षा वैक-टी

निर्माता– इन्डियन इम्यूनोलॉजीकल्स।

मात्रा व विधि

- गाय– 3 मि.ली. त्वचा के नीचे।

प्राप्त इम्यूनिटी– 3 साल तक।

11. इनफैक्सिअस बोवाइन रहानो ट्रेकीयाइटिस वैक्सीन

निर्माता– इन्टरवैट।

मात्रा व विधि

- 2 मि.ली. त्वचा के नीचे/मांस में।

प्राप्त इम्यूनिटी– एक साल तक।

(ख) कुत्तों की वैक्सीन

1. कुत्तों में डिस्टेम्पर वैक्सीन

1-A केनाइन डिस्टेम्पर वैक्सीन (Canine Distemper Vaccine)

निर्माता– आई.वी.आर.आई. (I.V.R.I.)।

रोगमुक्तिकरण सारणी

- प्राथमिक प्रतिषेधात्मक टीका कुत्तों में 4 सप्ताह की आयु में।
- 15 सप्ताह पर बूस्टर डोज।
- तत्पश्चात् प्रतिवर्ष एक बार एक टीका।

विधि :

Reconstitute the vaccine with sterile diluent (distilled water) 2ml, immediately before vaccination.

मात्रा

- 2 मि.ली. मांसपेशीगत/त्वचा के नीचे (I.M. or S/C)।

स्टोरेज— 2 से 7^0C पर सुरक्षित।

सावधानी— एनाफाइलेक्टिक रिएक्शन की स्थिति में 'इपीनेफ्रीन' तत्काल दें।

1-B केनाइन डिस्टेम्पर वैक्सीन विद केनाइन हेपेटाइटिस वैक्सीन (Canine Distemper Vaccine with Canine Hepatitis Vaccine)

निर्माता— बायो मेड (Bio-med)।

रचना— लिव, फ्रीज ड्राइड वैक्सीन।

मात्रा

- वैक्सीन में 2 मि.ली. डिस्टिल्ड वाटर मिलाकर हिप मसिल्स में (इन्ट्रामस्कुलर) लगावें।

इम्यूनिटी— 3 सप्ताह में पूर्ण प्रतिरक्षा शक्ति प्राप्त एवं एक वर्ष तक स्थायी रहती है।

स्टोरेज— • रेफ्रीजरेटर में सुरक्षित रखें।

- अंधेरे में 4–10 डिग्री सेन्टीग्रेड तापक्रम पर एक वर्ष तक सुरक्षित।

सावधानी

- कुछ केसिस में टीका लगाने पर एनाफाइलेक्टिक रिएक्शन उत्पन्न हो जाती है। ऐसी स्थिति में इपीनेफ्रीन हाइड्रोक्लोराइड 1:1000 अथवा समकक्ष औषधि दें।
- सिरिन्ज को पानी में उबालकर अथवा आउटोक्लेव में प्रयोगकर इस्तेमाल करें। स्प्रिट और ऐल्कोहॉलयुक्त स्टेरेलाइज्ड सिरिन्ज का प्रयोग न करें।

Note— The vaccine is intended as a prophylactic at the age of 10-12 weeks and repeat every year. The vaccination can be done at less than 10-12 weeks age but must be repeated 3 weeks because the residual maternal immunity interferes in the development of complete immunity.

1-C कैनाइन डिस्टैम्पर वैक्सीन (MEGAVAC-D)

निर्माता— इन्डियन इम्यूनोलोजीकल्स।

मात्रा व विधि

- 1 मि.ली. त्वचा के नीचे या मांस में।

बचाव अवधि— एक साल।

2. कुत्ते के रैबीज वैक्सीन

2-A रैबीज वैक्सीन (Rabies Vaccine)

(This vaccine consists of 33% chick embryo tissue infected with fleery (Lep) strain of Rabies virus in a suitable medium and freeze dried.)

यह वैक्सीन स्वस्थ कुत्तों में रैबीज के बचाव हेतु (Prophylactic) प्रयोग में लायी जाती है।

निर्माता— आई.वी.आर.आई. (I.V.R.I.)।

मात्रा एवं प्रयोग विधि

- शुष्क वैक्सीन में 3 मि.ली. Chilled sterile distilled water में मिलाकर जांघ के गहरे मांस में लगायें।
- पिल्लों (Pups) को 4 माह की आयु में टीका लगावें एवं बाद में प्रति वर्ष एक बार।

इम्युनिटी— इण्ट्रामस्कुलर की एक सिंगल मात्रा 3 साल तक इम्यूनिटी कायम रखती है।

सावधानियाँ

- वैक्सीन को घोलने के बाद तत्काल प्रयोग कर लें।
- 4 माह से कम उम्र के पिल्लों में इसका टीका वर्जित है।
- वैक्सीन का प्रयोग केवल रैबीज से बचाव हेतु स्वस्थ कुत्तों में ही करें। चिकित्सार्थ रूप (Curative/Post-exposure treatment) में नहीं।

2-B रैबीज वैक्सीन [LEP (Flurry) Strain live freeze dried Virus]

निर्माता— बायोमेड लि. (Biomed Ltd.), गाजियाबाद।

मात्रा एवं विधि

- कुत्तों में सिंगल डोज मांस में (घोल बनाने के बाद)।

बचाव की अवधि— एक साल।

2-C रैबीज वैक्सीन - रैबीसिन (Rabisin)

निर्माता— **Adina-vet**।

मात्रा एवं विधि

- 1 मि.ली. त्वचा के नीचे।

2-D रैबीज वैक्सीन - कैनडूर-आर (Candur-R)

निर्माता— इन्टरवैट।

मात्रा एवं विधि

- 1 मि.ली. त्वचा के नीचे।

बचाव अवधि— एक साल।

2-E रैबीज वैक्सीन - रैबीजन (Rabigen)

निर्माता— वरवैक (Virbac)।

मात्रा एवं विधि

- 1 मि.ली. त्वचा के नीचे।

बचाव अवधि— एक साल।

2-F रैबीज वैक्सीन - रक्षारैब (Raksharab)

निर्माता— इन्डियन इम्यूनोजोलीकल्स।

मात्रा एवं विधि

- 1 मि.ली. त्वचा के नीचे।

बचाव अवधि— एक साल।

2-G रैबीज वैक्सीन - रबगार्ड टी.सी. (Rubguard T.C.)

निर्माता— फाइजर (Pfizer)।

मात्रा एवं विधि

- 1 मि.ली. त्वचा के नीचे।

बचाव अवधि— एक साल।

3. लैप्टोस्पाइरा वैक्सीन (Leptospira Vaccine)

3-A नोवीवैक-एल (Nobivac-L)

निर्माता— इन्टरवैट।

मात्रा एवं विधि

- 1 मि.ली. त्वचा के नीचे।

बचाव अवधि— एक साल।

4. पारवो वाइरस वैक्सीन (Parvo Virus Vaccine)

4-A नोवीवैक-पारवो-सी (Novivac-Parvo-C)

निर्माता— इन्टरवैट।

मात्रा एवं विधि

- सिंगल डोज त्वचा के नीचे।

बचाव अवधि— एक साल।

4-B वैनगार्ड-सीपीवी (Vanguard-CPV)

निर्माता— फाइजर (Pfizer)।

मात्रा एवं विधि

- 1 मि.ली. त्वचा के नीचे।

बचाव की अवधि— एक साल।

4-C मैगावैक-पी (Megavac-P)

निर्माता— इन्डियन इम्यूनोलोजीकल्स।

मात्रा एवं विधि

- 1 मि.ली. त्वचा के नीचे।

बचाव अवधि— एक साल।

5. मिश्रित वैक्सीन (कैनाइन)

5-A कैनडूर-DHL+P (Candur-DHL+P)

निर्माता— इन्टरवैट।

रोग प्रतिरोध— कैनाइन डिस्टैम्पर, लैप्टोस्पाइरोसिस, हेपेटाइटिस व पारवो।
मात्रा एवं विधि— सिंगल डोज मांस में।
बचाव अवधि— एक साल।

5-B मैगावैक-6 (Megavac-6)

निर्माता— इन्डियन इम्यूनोलोजीकल्स।
रोग प्रतिरोध— हैपेटाइटिस, पारवो, लैक्टोस्पाइरोसिस।
मात्रा एवं विधि— 1 मि.ली. त्वचा के नीचे।
बचाव अवधि—एक साल।

5-C नोवीवैक-DH+LR (Nobivac DH+LR)

निर्माता— इन्टरवैट।
रोग प्रतिरोध— कैनाइन डिस्टैम्पर, लैप्टोस्पाइरोसिस, हेपेटाइटिस व रैबीज।
मात्रा एवं विधि— सिंगल डोज त्वचा के नीचे।
बचाव अवधि— एक साल।

5-D नोवीवैक-DHPPi (Nobivac DHPPi)

निर्माता— इन्टरवैट।
रोग प्रतिरोध— कैनाइन डिस्टैम्पर, हैपेटाइटिस, पारवो, पैराइनफ्लूएन्जा।
मात्रा एवं विधि— सिंगल डोज त्वचा के नीचे।
बचाव अवधि— एक साल।

5-E वरबाजैन-C (Virbagen-C)

निर्माता— वरवैक।
रोग प्रतिरोध— कैनाइन डिस्टैम्पर, लैप्टोस्पाइरोसिस, हैपेटाइटिस व पेराइन्फ्लूएन्जा।
मात्रा एवं विधि— 1 मि.ली. त्वचा के नीचे।
बचाव अवधि— एक साल।

(ग) मुर्गियों की बीमारी से बचाव हेतु टीके
(Vaccines against Poultry Diseases)

1. रानीखेत बीमारी (Ranikhet Disease or New Castle Disease)

1-A रानीखेत बीमारी के लसोटा या F_1 स्ट्रेन हेतु टीके (New Castle Disease Vaccine for Lasota or F_1 Strain)

निर्माता— Intervet, Ventri, Indovax, Biomed I
मात्रा एवं विधि
- 1 से 2 बूंद।

- पीने के पानी में (सपरेटा दूध के घोल में) या नाक में।

प्रथम टीका— 7 से 10 दिन में।

दूसरा टीका— 25 से 30 दिन में।

1-B रानीखेत बीमारी के R_2B (मुक्तेश्वर) स्ट्रेन हेतु टीके [New Castle Disease Vaccine for R_2B (Mukteshwar) Strain]

निर्माता— Intervet, Ventri, Indovax, Biomed I

मात्रा एवं विधि

- 0.5 मि.ली. त्वचा के नीचे।

प्रथम टीका— 8 से 10 सप्ताह।

दूसरा टीका— 16 सप्ताह।

2. मारैक्स का रोग (Marex's Disease)

2-A मारेक्स रोग का टीका (Marex's Disease Vaccine)

निर्माता— Virbac, Biomed, Intervet, Indovax, Ranipet, Ventri I

मात्रा एवं विधि

- 0.2 मि.ली. त्वचा के नीचे।

टीकाकरण— एक दिन का चूजा।

3. इन्फैक्सिअस बर्सल डिसीज (गमबोरो) [Infectious Bursal Disease (Gumboro)]

3-A गमबोरो जॉर्जिया स्ट्रेन टीका (Gumboro Georgia Strain Vaccine)

निर्माता— Virbac, Solvay, Vetnex, Indovax, Biomed I

मात्रा एवं विधि

- पीने के पानी में निर्धारित मात्रा में।

टीकाकरण— 14 दिन की उम्र पर।

3-B गमबोरो इन्टरमीडियेट स्ट्रेन टीका (Gumboro Intermediate Strain Vaccine)

निर्माता— Solvay, Vetnex, Indovax, Biomed, Nester, Intervet, Ventri I

मात्रा एवं विधि— ● पीने के पानी में निर्धारित मात्रा में।

टीकाकरण— पांच सप्ताह की उम्र पर।

4. फाउल पॉक्स (Fowl Pox)

4-A फाउल पॉक्स वैक्सीन (Fowl Pox Vaccine)

निर्माता— Indovax, Intervet I

मात्रा एवं विधि

- 0.2 मि.ली. मांस में।

पहला टीका— 6 से 8 सप्ताह की उम्र पर।

बूस्टर टीका— 13 से 18 सप्ताह की उम्र पर।

5. इन्फैक्सिअस ब्रोंकाइटिस (Infectious Bronchitis)

5-A इन्फैक्सिअस ब्रोंकाइटिस वैक्सीन (Infectious Bronchitis Vaccine)

निर्माता— Ventri, Biomed, Intervet, Indovax ।

मात्रा एवं विधि

- पीने के पानी में निर्धारित मात्रा में।

पहला टीका— 4 से 5 सप्ताह की उम्र पर।

बूस्टर टीका— 15 सप्ताह की उम्र पर।

(घ) अन्य टीके (Other Vaccines)

1. टिटैनस टॉक्साइड आई.पी. (Tetanus Toxoid I.P.)

निर्माता— हॉफकिन B-10 फार्मास्युटिकल्स कारपोरेशन, लि., परेल, बाम्बे।

रचना— इसके एक मि.ली. में प्रजरवेटिव के रूप में 'शुद्धीकृत' टिटैनस टॉक्साइड एवं थियोमर्सल होता है।

उपयोग— टिटैनस से बचाव हेतु (For prophylactic use against Tetanus) ।

मात्रा एवं प्रयोग विधि

- विवरण पत्र के अनुसार।

पैकिंग

- 1 मि.ली., 5 मि.ली. एवं 10 मि.ली. के एम्पुल।
- 5 मि.ली. एवं 10 मि.ली. की वायल।

संक्रामक रोगों की रोकथाम हेतु टीकों का सारांश

गाय, भैंस, भेड़, बकरी हेतु टीके

क्र.सं.	बीमारी का नाम	टीके का नाम	गाय/भैंस हेतु मात्रा	भेड़/बकरी हेतु मात्रा	विधि	बचाव अवधि
1.	गलाघोंटू (HS)	● BP section Lucknow HS टीका	5–10 मि.ली.	5.0 मि.ली.	त्वचा के नीचे	6 माह
		● IVRI HS Adjuvent टीका	3.0 मि.ली.	2.0 मि.ली.	मांसपेशी में	1 वर्ष
		● Intervet HS टीका	2.0 मि.ली.	2.0 मि.ली.	त्वचा के नीचे	1 वर्ष
		● Brilliont HS टीका	2.0 मि.ली.	2.0 मि.ली.	त्वचा के नीचे	1 वर्ष
		● Ranipet HS टीका	5–10.0 मि.ली.	–	त्वचा के नीचे	1 वर्ष
		● Raksha HS टीका	2.0 मि.ली.	–	त्वचा के नीचे	1 वर्ष
2.	लंगड़ा बुखार (BQ)	● IVRI BQ Polyvalent टीका	5–10 मि.ली.	2–3 मि.ली.	त्वचा के नीचे	6 माह
		● Intervet BQ टीका	2.0 मि.ली.	2.0 मि.ली.	त्वचा के नीचे	1 वर्ष
		● Intervet HS & BQ टीका*	4.0 मि.ली.	2.0 मि.ली.	त्वचा के नीचे	1 वर्ष
		● Biomed BQ टीका	2.0 मि.ली.	2.0 मि.ली.	त्वचा के नीचे	1 वर्ष
		● Brilliant BQ टीका	2.0 मि.ली.	2.0 मि.ली.	त्वचा के नीचे	1 वर्ष
		● Ranipet BQ टीका	5–10 मि.ली.	5.0 मि.ली.	त्वचा के नीचे	1 वर्ष
		● Raksha BQ टीका	2.0 मि.ली.	–	त्वचा के नीचे	1 वर्ष
		● Raksha HS & BQ टीका	3.0 मि.ली.	–	त्वचा के नीचे	1 वर्ष
		*गलाघोंटू तथा लंगड़ा बुखार के मिश्रित टीके				
3.	रिण्डरपेस्ट (R.P.)	● IVRI फ्रीजड्राईड टिश्यूकल्चर RP टीका	1.0 मि.ली.	1.0 मि.ली.	त्वचा के नीचे	2–3 वर्ष
		● Raksha RP टीका	1.0 मि.ली.	1.0 मि.ली.	त्वचा के नीचे	1 वर्ष

गाय, भैंस, भेड़, बकरी व सूअर के टीके

क्र. सं.	बीमारी का नाम	टीके का नाम	गाय/भैंस हेतु मात्रा	भेड़/बकरी हेतु मात्रा	सूअर हेतु मात्रा	विधि	बचाव अवधि
1.	खुरपका मुँहपका FMD	● Raksha FMD टीका	3.0 मि.ली.	1.0 मि.ली.	–	त्वचा के नीचे	6 माह
		● Raksha-OVAC टीका	2.0 मि.ली.	1.0 मि.ली.	2.0 मि.ली.	मांस में	9 माह
		● Intervet FMD टीका	10.0 मि.ली.	5.0 मि.ली.	–	त्वचा के नीचे	6 माह
		● Intervet FMD Super concentrated टीका	5.0 मि.ली.	2.5 मि.ली.	–	त्वचा के नीचे	6 माह
		● Intervet Clovax FMD टीका	3.0 मि.ली.	2.0 मि.ली.	3.0 मि.ली.	मांस में	1 साल
		● Raksha Biovac टीका**	3.0 मि.ली.	1.0 मि.ली.	–	मांस में	1 साल
		● Raksha Triovac टीका***	3.0 मि.ली.	1.0 मि.ली.	–	मांस में	1 साल

**गलाघोंटू तथा खुरपका मुँहपका का मिश्रित टीका ***गलाघोंटू, लंगड़ा बुखार तथा खुरपका का मिश्रित टीका

गाय तथा भैंस के संक्रामक रोगों से बचाव हेतु टीके

क्र. सं.	बीमारी का नाम	टीके का नाम	मात्रा	विधि	बचाव अवधि
1.	संक्रामक गर्भपात	● Intervet Brucella Abortus s-1a टीका	5.0 मि.ली.	त्वचा के नीचे	–
2.	इन्फैक्सियस बोवाइन रहायनो ट्रेकीमाइटिस	● Intervet IBR टीका	2.0 मि.ली.	त्वचा के नीचे	एक साल

भेड़ों के संक्रामक रोगों से बचाव हेतु टीके

क्र. सं.	बीमारी का नाम	टीके का नाम	मात्रा	विधि	बचाव अवधि
1.	शीप पौक्स	● IVRI Tissue Culture Sheep-pox टीका	1.0 मि.ली.	त्वचा के नीचे	22 माह
		● Formal Gel Sheep Pox टीका	5.0 मि.ली.	त्वचा के नीचे	5–8 माह
		● Raksha Sheep Pox टीका	1.0 मि.ली.	मांस में	–
		● Biomed Sheep Pox टीका	0.2 मि.ली.	त्वचा के नीचे	–
		● Intervet Sheep Pox टीका	1.0 मि.ली.	त्वचा के नीचे	–
2.	एन्टेरोटोक्सीमिया	● IVRI Enterotoxemia (Type D) टीका	5.0 मि.ली.	त्वचा के नीचे	6 माह
		● Intervet Enterotoxemia (Type C & D) टीका	5.0 मि.ली.	त्वचा के नीचे	6 माह
		● Intervet Enterotoxemia (Type D)	2.5 मि.ली.	त्वचा के नीचे	6 माह

गाय के परजीवी रोगों से बचाव हेतु टीका

क्र. सं.	बीमारी का नाम	टीके का नाम	मात्रा	विधि	बचाव अवधि
1.	थाइलेरिओसिस	● रक्षा-वैक-टी	3.0 मि.ली.	त्वचा के नीचे	3 साल

गाय, भैंस, भेड़, बकरी, घोड़ा तथा ऊँट के संक्रामक रोग से बचाव हेतु टीका

क्र. सं.	बीमारी का नाम	टीके का नाम	मात्रा	विधि	बचाव अवधि
1.	एन्थ्रैक्स	● Intervet Anthrax Spore Vaccine	1.0 मि.ली.	त्वचा के नीचे	एक साल
		● Ranipet Anthrax Spore Vaccine	1.0 मि.ली.	त्वचा के नीचे	एक साल

(क) रेबीज (Rabies)– कुत्ते के काटने के बाद, एण्टीरेबीज वैक्सीन

पशुओं का विवरण	5% कार्बोलाइज्ड वैक्सीन	वी.पी.एल. इनएण्टीवेटेड	मात्रा एवं प्रयोग विधि
● गाय, भैंस और घोड़ों में	20 एम.एल.	10 एम.एल.	त्वचा में 14 दिन तक
● बछड़े,भेड़,बकरी एवं शूकर में	5 एम.एल.	4 एम.एल.	त्वचा में 14 दिन तक
● कुत्ते और बिल्ली में	3 एम.एल.	2 एम.एल.	त्वचा में 7 दिन तक
● ऊँट और हाथी में	50 एम.एल.	30एम.एल.	त्वचा में 14 दिन तक
● सभी प्रकार के पशुओं में प्रयोगार्थ वैक्सीन–	**1. बायोमेड (Biomed) 'हेप'**	2 एम.एल.	त्वचा में 7 दिन तक
	2. राबिसिन सैल कल्चर (Rabisincell culture),	1 एम.एल.	त्वचा में काटने के 3, 7, 14, 30, 90 वें दिन पर
	3. रक्षारैब, रबगार्ड टी.सी.		

(ख) स्वस्थ कुत्तों को रैबीज से बचाव हेतु वैक्सीनेशन/काटने के पहले

- **कार्बोलाइज्ड 20%** — 5 एम.एल., त्वचा में प्रति 6 माह पर।
- **एबिनाइज्ड लिव वायरस** — 3 एम.एल. मांस (I.M.) में पहला टीका 3 माह की उम्र में। रोग मुक्ति 3 साल तक।
- **लैप स्ट्रेन (Lep strain)** — 2 एम.एल. त्वचा में। रोगमुक्ति 2 साल तक।
- **हेपस्ट्रेन (Hep strain)** — 2 एम.एल. त्वचा में। रोगमुक्ति 2 साल तक।
- **राबिसीन (Rabisin), रक्षारेब, रबगार्ड**— 1 एम.एल. त्वचा या मांस में। 2 माह की उम्र में, रोग मुक्ति 1 वर्ष तक।

मुर्गियों के टीके (Poultry Vaccines)

रोग का नाम	दी जाने वाली वैक्सीन	मात्रा एवं प्रयोग विधि	रोगमुक्ति
रानीखेत (Ranikhet)	एफ$_1$ अथवा लसोटा स्ट्रेन (F_1 or Lasota strain) ● एक दिन के चूजों के लिए	1 से 2 बूँद नाक या आँख में डालें।	6–8 सप्ताह के लिये।
	आर.$_2$बी. (R_2B.) ● 6–8 सप्ताह की उम्र में	0.5 एम.एल. मांस में डैनों के नीचे।	रोग मुक्ति 1 वर्ष।
फाउल पॉक्स (Fowl Pox)	● लाइव वैक्सीन ● 6 सप्ताह की उम्र में	पंख नोंचकर या त्वचा खरोंचकर टीका लगायें।	6 माह तक।
पिजन पौक्स (Pigeon Pox)	● 4 सप्ताह की उम्र में	जांघ में किसी ब्रुश से।	3–6 सप्ताह तक।
फाउल कॉलरा (Fowl cholera)	किल्ड वैक्सीन (Killed vaccine) ● 6 सप्ताह के ऊपर की उम्र में	1 एम.एल. त्वचा में	6 माह तक।
गुम्बोरो डिजीज (Gumboro disease)	लिव एटीनुएटिड (Live attenuated)	विवरण–पत्र के अनुसार	

वैक्सीन/सीरम का उत्पादन एवं उनकी उपलब्धता

वैक्सीन (vaccine) एवं शीरम (serum) का उत्पादन सरकार की प्रयोगशालाओं में अधिकांश रूप से कुशल विशेषज्ञ तकनीशियनों द्वारा किया जाता है। कुछ का उत्पादन कुछ अन्य कम्पनियाँ कर रही हैं। विशेषकर एफ.एम.डी. एवं एण्टीरैबीज वैक्सीन निजी क्षेत्र की कम्पनियाँ भी इन्हें बना रही हैं।

उक्त वैक्सीन्स निम्न संस्थानों से प्राप्त की जा सकती हैं—

- बायोलॉजिकल प्रोडक्ट्स सेक्शन, ए.एच. डिपार्टमेन्ट, यू.पी., लखनऊ।
- इण्डियन वेटेरीनरी रिसर्च इन्स्टीट्यूट, इज्जतनगर, उत्तर प्रदेश।
- इन्स्टीट्यूट ऑफ वेटेरीनरी बायलोजिकल प्रोडक्टस, पुणे–7, महाराष्ट्र।
- सीरम इन्स्टीट्यूट ऑफ इण्डिया, हदपसर, पुणे, महाराष्ट्र।
- बायेफ लेबोरेटरीज लिमिटेड, आफिस बघोली–412207, डिस्ट्रिक–पुणे (इंडिया)।
- हॉफिकन इन्स्टीट्यूट, बाम्बे, महाराष्ट्र (एण्टी रैबिज वैक्सिन एवं एण्टी स्नेक वेनम के लिए)।
- बायोपेड प्रा. लि., गाजियाबाद, यू.पी.।
- बिहार वेटेरीनरी कालेज, पटना, बिहार।
- बायोलोजिकल प्रोडक्ट्स सेक्सन, हिसार, हरियाणा।
- बायोलोजिकल प्रोडक्ट्स सेक्सन, जयपुर, राजस्थान।
- बायोलोजिकल प्रोडक्ट्स सेक्सन, गोवाहाटी, आसाम।
- बंगाल वेटेरीनरी कालेज, बेनगाछी, कलकत्ता, पश्चिम बंगाल।
- सीरम इन्स्टीट्यूट, हैदराबाद, आन्ध्र प्रदेश।
- सीरम इन्स्टीट्यूट, कटक, उड़ीसा।
- एम.पी. वैक्सीन एण्ड रिसर्च इन्स्टीट्यूट, हजरत रोड, ग्वालियर, म.प्र.।
- इन्स्टीट्यूट ऑफ वेटेरीनरी प्रिवेन्टिव मेडिसन, रानीपेट, मद्रास।
- इन्स्टीट्यूट ऑफ वायरल वैक्सिन प्रा. लि., उल्लानपुर, केरल।

कुछ अन्य तथा वर्तमान संशोधित पते

- बायेफ : भारतीय एग्रो इण्डस्ट्रीज फाउण्डेशन, Briahnagar; off Wagholi Distt, Pune (India) I
- Bio-Med : C-96, site no. 1, Bul Road Ind. Area, Ghaziabad (U.P.).
- B.P. Section, Lucknow : Department of Animal Husbandary, U.P. Biological Products Section Badshah Bagh, Lucknow.
- Candur DHL-Hoechst : Hoechst Pharmaceuticals Limited, Hoechst House, Nariman Point, Bombay-400021
- Canifa-iffa Product : Department of Veterinary Institute, Merieux, 17rue Bourgelat-69223 Lyon Cadex 1 (France).
- Indian Immunologicals, 11-4-657, Lakdi-ka-pul, Hyderabad (A.P.)
- I.V.R.I. Division of Biological Products, I.V.R.I., Izzatnagar (U.P.)
- Serum Institute of India, Veterinary Division, 212/21 Hadapsar, Behind Akashwani, Pune-411028.

निर्माताओं की कुछ प्रमुख वैक्सीन एवं एन्टी–सीरम

बायोलॉजिकल प्रोडक्ट्स सेक्सन ए.एच. डिपार्टमेन्ट, लखनऊ (उ.प्र.) द्वारा निर्मित—

एण्टी–सीरम (Anti-Serum)

- एच.एस. एण्टी–सीरम (H.S. Anti-Serum)

- रिण्डरपेस्ट एण्टी-सीरम (Rinderpest Anti-Serum)
- बी.क्यू. एण्टी-सीरम (B.Q. Anti-Serum)
- ऐन्थ्रैक्स एण्टी-सीरम (Anthrax Anti-Serum)

वैक्सीन (Vaccines)

- एच.एस. वैक्सीन (H.S. Vaccine)
- रिण्डरपेस्ट जी.टी.वी. (ठंडी/सूखी वैक्सीन)
- ऐन्थ्रैक्स स्पोर वैक्सीन (Anthrax Spore Vaccine)
- रानीखेत डिजीज वैक्सीन (Ranikhet Disease Vaccine)
- फाउल कोलेरा वैक्सीन (Fowl Cholera Vaccine)

इण्डियन वेटेरिनरी रिसर्च इन्स्टीट्यूट, इज्जतनगर, मुक्तेश्वर द्वारा निर्मित—

एण्टी-सीरम (Anti-Serum)

- एच.एस. एण्टी-सीरम (Anti-Serum)
- रिण्डरपेस्ट एण्टी-सीरम (Rinderpest Anti-Serum)
- बी.क्यू. एण्टी-सीरम (B.Q. Anti-Serum)
- ऐन्थ्रैक्स एण्टी-सीरम (Anthrax Anti-Serum)
- फाउल कोलेरा एण्टी-सीरम (Fowl Cholera Anti-Serum)

वैक्सीन (Vaccines)

- एच.एस. वैक्सीन (H.S. Vaccine, Agarbash, Adjuvent and Broth)
- एफ.एम.डी. वैक्सीन (F.M.D. Vaccine, Monobi and Trivalent)
- आर.डी. वैक्सीन (R.D. Vaccine)
- आर.डी. वैक्सीन एफ$_1$ स्ट्रेन (R.D. Vaccine F$_1$ Strain)
- शीप एण्ड गोट पौक्स वैक्सीन (Sheep and Goat Pox Vaccine)
- फाउल कोलेरा वैक्सीन (Fowl Cholera Vaccine)
- ऐन्थ्रैक्स स्पोर वैक्सीन (Anthrax Spore Vaccine)
- बी.क्यू. वैक्सीन (B.Q. Vaccine)
- रिण्डरपेस्ट जी.टी.वी. (फ्रीज ड्रायड) वैक्सीन
- रिन्डरपेस्ट लैपीनाइज्ड एवीनाइज्ड वैक्सीन
- रिण्डरपेस्ट लैपीनाइज्ड (F.D.)
- मिक्सड स्ट्रेप्टोकोकाई वैक्सीन (Mixed Streptococci Vaccine)
- अफ्रीकन हार्स सिकनेस वैक्सीन (African Horse Sickness Vaccine)
- ब्रूसैला एबोर्टस वैक्सीन (Brucella Abortus Vaccine)
- एक्वाइन एबोर्टस वैक्सीन (Equine Abortus Vaccine)

इन्स्टीट्यूट ऑफ वेटेरिनरी बायोलौजिकल प्रोडक्ट्स, पुणे-7, महाराष्ट्र द्वारा निर्मित—

वैक्सीन (Vaccines)

- एच.एस. वैक्सीन (Adutbent)
- एच.एस. वैक्सीन (Alum Precipitate)
- बी.क्यू. वैक्सीन (B.Q. Vaccine)
- रानीखेत डिजीज वैक्सीन (लिक्विड-Liquid Type)
- रानीखेत व डिजीज वैक्सीन लैसोटा स्ट्रेन (लिक्विड)

- रैबीज वैक्सीन (Rabies Vaccine)
- फाउल कोलेरा वैक्सीन
- फाउल पौक्स वैक्सीन (वेट)
- भेड़ और बकरी पॉक्स वैक्सीन (Sheep and Goat Pox Vaccine)
- एन्टेरोटोक्सीमिया वैक्सीन (Anterotoxaemia Vaccine)

वेटेरिनरी बायोलोजिकल एण्ड रिसर्च इण्टीट्यूट, हैदराबाद (आन्ध्र प्रदेश) द्वारा निर्मित—

वैक्सीन (Vaccines)

- एच.एस. वैक्सीन (H.S. Vaccine)
- एच.एस. वैक्सीन (ऑयल एडज्यूवैण्ट)
- रिण्डरपेस्ट जी.टी.वी. (Rinderpest G.T.V)
- रानीखेत डिजीज वैक्सीन (Ranikhet Disease Vaccine)
- शीप पौक्स वैक्सीन (Sheep Pox Vaccine)
- स्वाइन प्लेग वैक्सीन (Swine Plague Vaccine)
- ऐन्थैक्स स्पोर वैक्सीन (Anthrax Spore Vaccine)
- ब्लैक क्वार्टर वैक्सीन (Black Quarter Vaccine)
- फाउल पौक्स वैक्सीन (Fowl Pox Vaccine)
- फाउल कोलेरा वैक्सीन (Fowl Cholera Vaccine)
- फाउल कोलेरा वैक्सीन (ऑइल एडज्यूवैन्ट)
- रिण्डरपेस्ट जी.टी.वी. (Rinderpest G.T.V.)
- पिजन पौक्स वैक्सीन (Pigeon Pox Vaccine)

लिवस्टौक रिसर्च स्टेशन, पटना-14 (बिहार) द्वारा निर्मित—

वैक्सीन्स (Vaccines)

- एच.एस. वैक्सीन (ब्रोथ)/एच.एस. वैक्सीन (एडज्यूवैन्ट)
- बी.क्यू. वैक्सीन (मोनोवेलेण्ट)
- ऐन्थ्रैक्स स्पोर वैक्सीन (Anthrax Spore Vaccine)
- फाउल पौक्स वैक्सीन (फ्रीज-ड्राइड)
- आर.पी. वैक्सीन F_1 स्ट्रेन (फ्रीज-ड्राइड)
- रानीखेत वैक्सीन R2B
- रिण्डरपेस्ट जी.टी.वी. (फ्रीज-ड्राइड)
- पिजन पौक्स वैक्सीन (फ्रीज-ड्राइड)

नोट— इसके अतिरिक्त—

1. बायोलोजिकल प्रोडक्ट्स सैक्सन एच.ए.यू. हिसार, हरियाणा
2. बंगाल वेटेरिनरी कालेज मोहनपुर, कलकत्ता (पश्चिम बंगाल)
3. इन्स्टीट्यूट आफ वेटेरिनरी प्रिविन्टिड मेडीसन, रानीखेत, मद्रास
4. कर्नाटक सीरम इन्स्टीट्यूट, हैब्बलर, बैंगलौर (कर्नाटक)
5. एम.पी. वैक्सीन एण्ड रिसर्च इन्स्टीट्यूट, मऊ (मध्य प्रदेश) तथा
6. रीजनल वैटेरिनरी एण्ड बायोलौजिकल यूनिट, वेटेरिनरी हास्पीटल, जयपुर (राजस्थान) द्वारा उपरोक्त वैक्सीन्स बनाई जा रही हैं।

◆◆◆

25

पशुओं के संक्रामक/छुतहा रोग
(Infectious/Contagious Diseases of Animals)

(क) जीवाणुज रोग
(Bacterial Diseases)

पशुओं एवं मनुष्यों में ज्यादातर विशिष्ट एवं घातक रोग होते हैं। ये सभी जीवाणुओं की ही देन हैं। जीवाणु जिसे बैक्टीरिया कहते हैं, एक कोशिकीय (Unicellular) सूक्ष्मदर्शी जीव (Microscopic organism) होता है। ये जीवाणु इतने सूक्ष्म होते हैं कि इन्हें नंगी आँख से देखना सम्भव नहीं होता है। इन्हें देखने के लिये एक विशेष प्रकार के यंत्र की आवश्यकता होती है जिसे सूक्ष्मदर्शी यानी माइक्रोस्कोप (Microscope) कहते हैं। इन जीवाणुओं का आकार-प्रकार भिन्न-भिन्न रूप का होता है। इनमें कुछ गोल, कुछ लम्बे अथवा चपटे तो कुछ डंडे (Rod type) की आकृति के होते हैं। इनमें स्ट्रेप्टोकोकस, स्टेफिलोकोकस, पास्चुरेला, हेमोफिलस, क्लास्ट्रीडियम, एक्टीनोबैसिलस, कोर्नीबैक्टिरियम, लेप्टोस्पाइरा आदि जीवाणु आते हैं। इन जीवाणुओं से पशुओं में होनेवाले निम्न मुख्य रोग हैं—

1. गलाघोंटू (Haemorrhagic septicaemia)
2. पाश्चुरेलोसिस आफ शीप/भेड़ों में संक्रामक ब्रान्कोन्यूमोनिया (Infectious Bronchopneumonia of Sheep or Lambs)
3. पाश्चुरेलोसिस आफ पिग्स/शूकर प्लेग (Pasteurellosis of Pigs/Swine Plague)
4. एन्थ्रैक्स (Anthrax)/ विष ज्वर
5. लंगड़ा बुखार/ब्लेक क्वार्टर (Black Quarter-B.Q.)
6. न्यूमोनिया (Pneumonia)
7. क्षय रोग/टी.बी. (Tuberculosis)
8. सूखा रोग (John's Disease-J.D.)
9. छुतहा गर्भपात (Contagious Abortion)
10. थनैला रोग (Mastitis)
11. टिटनस (Tetanus/Lock Law)
12. नेवैल इल (Navel ill)

13. काफ स्काउअर (Calf Scour)/ बच्चों के सफेद दस्त
14. लेम्ब डिसेन्ट्री (Lamb Dysentery)
15. स्वाइन इरीसिपीलस (Swine Erysipelas)
16. एक्टिनोबैसिलोसिस (Actinobacillosis)
17. एक्टिनोमाइकोसिस (Actinomycosis)
18. इन्टैरोटॉक्सीमिया (Enterotoxaemia)
19. मैलिगनेन्ट एडिमा (Malignant Oedema)
20. अनारदाना/स्ट्रेंगिल्स (Strangles)
21. बोट्रीओमाइकोसिस (Botryomycosis)
22. चक्कर काटने का रोग/लिस्टीरिओसिस (Listeriosis/Circling Disease)
23. फुटरौट (Foot-Rot)/Infectious Foot-Rot of Sheep
24. संक्रामक पशु-फुफ्फुस न्यूमोनिया
(Contagious Bovine Pleuropneumonia/C.B.P.P.)
25. भोजन विषाक्त/बोटूलिज्म (Food Poisoning/Botulism)

1. गलाघोंटू (Haemorrhagic Septicaemia)

अन्य नाम (Other names)— गलफुल्ली, घुटर्वा, घुड़का, डकहा, गलाघोंटा, गलफुल्ला, गला रुकना (उर्दू), एच.एस., घोटुआ, नाविक ज्वर, घुर्रखा, घुटका, हीमेरेजिक सेप्टीसीमिया, शिपिंग फीवर (Shipping fever), शिपिंग न्यूमोनिया (Shipping Pneumonia) आदि।

इसे 'पाश्चुरिलोसिस इन कैटल' के नाम से भी जाना जाता है।

परिचय (Introduction)— It is generally an acute contagious disease of cattle and buffaloes caused by a Bacterium **(Pasteurella boviseptica)** and characterised by high fever, hot oedematous swelling in the throat region (cutaneous form), pneumonia with respiratory distress and protrusion of the tongue (pulmonary form) and diarrhoea or dysentery (Intestinal form). Any one, two or all the three forms may be present in an animal. The disease may occur sporadically under any condition. The disease is more common in buffaloes than in cattle.

यह रोग जीवाणुओं (Bacteria) द्वारा फैलने वाला घातक संक्रामक रोग है। इसमें तेज ज्वर, मुँह और गले पर शोथ वाली सूजन होती है। इसमें आमाशय और आँत में पीड़ा होती है, जिससे पशु का पेट फूल जाता है और पतला दस्त आता है। मुँह से लार और नाक से गाढ़ा स्राव निकलता है। प्रायः यह रोग वर्षाकाल में होता है और अचानक होने पर मृत्यु हो जाती है।

यह रोग गाय, बैल, बछड़ा, बछिया, भैंस, पड़ा, पड़िया (ओसर), भेड़ एवं बकरी में होता है। महिषवंशीय पशु (भैंस/भैंसा/पड़ा-पड़िया) विशेष रूप से आक्रान्त होते हैं।

समय एवं प्रभावित क्षेत्र (Time and Prevalence)— यह रोग वर्षाकाल में अचानक उत्पन्न होता है और कभी-कभी पौष और माघ की वर्षा अथवा बूँदा-बाँदी होने के बाद भी उत्पन्न हो जाता है, वैसे यह कभी भी फैल सकता है। किन्तु, वर्षा ऋतु में इसका संक्रमण कुछ अधिक ही होता है।

यह रोग उन स्थानों में अधिक होता है, जहाँ निचले स्थानों में जल भरता है। यह रोग जुगाली करने वाले पशु और विशेषकर काले धन (भैंस) पर हमला करता है। कभी-कभी यह इतना भयंकर

रूप धारण करता है कि 80 से 94 प्रतिशत रोगग्रसित पशु मौत के घाट उतर जाते हैं। कभी-कभी रोग की भयानकता इतनी अधिक होती है कि चिकित्सा और बचाव के उपायों के बावजूद भी गाँव साफ हो जाते हैं।

कारण (Causes)— इस रोग का कारण एक जीवाणु है, जिसे *पाश्चुरेला बोविसैप्टिका (Pasteurella boviseptica)* कहते हैं। इसका संक्रमण मुँह और गले के भीतर चारे-दाने के द्वारा जाता है और शरीर के अन्दर रक्त प्रणाली में रहकर जीवाणु अपना विकास करता है तथा रोग को फैलाता है।

पशुओं में रोग उत्पत्ति इस जीवाणु से दूषित वायु, भोजन तथा पानी के सेवन से होती है। इस रोग को फैलाने में अचानक खराब मौसम, अस्वस्थ वातावरण, पशु की थकान एवं कुपोषण तथा वातावरण की आर्द्रता विशेष रूप से सहायक होते हैं।

फैलने का ढंग (Mode of spread)— यह रोग निम्न प्रकार से फैलता है—

1. आहार द्वारा (By Ingestion)— यह रोग पशुओं को उनके आहार द्वारा लग सकता है। जब कोई पशु (रोगग्रस्त) चारागाह में चरने जाता है तो वहाँ की घास को दूषित कर देता है और जब स्वस्थ पशु उस दूषित घास को चरने जाता है तो वह भी संक्रमित हो जाता है। पशु का झूठा चारा खाने (लार युक्त) से भी संक्रमित हो जाता है।

2. श्वास द्वारा (By Inhalation)— कुछ लोगों का विचार है कि इसी रोग के जीवाणु वायु से पशु के श्वास की साथ शरीर में प्रवेश कर जाते हैं।

3. परजीवी द्वारा (By Parasites)— कुछ वैज्ञानिकों का विचार है कि यह रोग स्वस्थ पशुओं में मक्खियों, मच्छरों तथा चीचड़ियों द्वार फैलता है। उनके विचार से यह परजीवी रोगग्रस्त पशु का खून चूसकर जब स्वस्थ पशु के शरीर को काटते हैं तो रोग के जीवाणु उनके शरीर में प्रवेश कर जाते हैं और पशु रोग से प्रभावित हो जाते हैं। इस प्रकार यह रोग पशु की त्वचा द्वारा फैलता है।

4. उपरोक्त के अतिरिक्त यह रोग पशुओं के आपस के सम्पर्क, दूषित आहार तथा नम जलवायु के कारण होता है।

Climatic factors are of great importance to explain the high incidence of Haemorrhagic septicaemia in tropical and sub-tropical countries. The onset of monsoon devitalises the animal by its oppressive humidity and H.S. appears immediately.

Insect vectors like flies may transmit the disease.

Other : predisposing causes are fatigue, journey, etc.

उद्भवन काल (Incubation Period)—रोग के लक्षण प्रायः 1 से 3 दिन के भीतर ही प्रकट हो जाते हैं। पशु के गले पर जब सूजन हो जाती तो लक्षण प्रकट होने में अधिक समय लग जाता है। कभी-कभी यह अवधि 2-5 दिन भी हो सकती है।

लक्षण (Symptoms)— रोगग्रस्त पशु में इस रोग की तीन अवस्थायें मिलती हैं—

1. तीव्र रक्त पूतित अवस्था (Acute Septicaemic Form)— प्रायः पशु चरागाह से चरकर आता है और कान नीचे की ओर लटकाकर बगैर-जुगाली किये एक स्थान पर सुस्त खड़ा हो जाता है। पशु का तापक्रम (temperature) एकाएक बढ़कर 104-108 डि.फा. (40°C-42°C) तक पहुँच जाता है। पशु को खाने के प्रति अरुचि हो जाती है, उसे भूख नहीं लगती है, पेट में ऐंठन होती है और पतला दस्त आता है। किसी-किसी पशु में पहले कब्ज, फिर जोर लगाकर दस्त, ऐंठन, रँभाना, दाँत पीसना, दस्त में रक्त या म्यूकस का मिला होना आदि प्रधान रूप से मिलते हैं। पेट फूल

जाता है (विशेषकर पड़ा और पड़ियों का)। पशु को अतिशय दुर्बलता आ जाती है, साथ ही रोग तेजी से बढ़ता चला जाता है। अधिकतर 6-8 घण्टे में पशु की मृत्यु हो जाती है अथवा रोगी 3-4 दिन में (रोग के अधिक तीव्र न होने पर) मर जाता है।

यह अवस्था **ऐन्थ्रैक्स** (Anthrax) से काफी मिलती-जुलती है।

2. त्वचा अथवा शोथ रूप (Cutaneous or Oedematous Form)— इस अवस्था के लक्षण प्राय: पशु की त्वचा से सम्बन्धित होते हैं। पशु को तेज बुखार, निचले जबड़े के बीच सूजन (सूजन कड़ी तथा गर्म), जीभ का सूजकर बाहर आना, मुँह से लार का बहना, कष्टप्रद श्वास-प्रश्वास, अत्यधिक बेचैनी, आँखें एवं शरीर की सभी श्लेष्मिक झिल्लियों का सूजकर लाल हो जाना, साँस लेने में घुर्र-घुर्र की आवाज (प्रमुख एवं स्पष्ट निदानात्मक लक्षण) आदि प्रमुख लक्षण हैं।

- **जीभ और गले की सूजन अधिक बढ़ जाने पर रोगी को साँस लेने में कठिनाई हो जाती है और वह घुर्र-घुर्र की आवाज करने लगता है, जीभ काफी बाहर निकल आती है। घुर्र-घुर्र की आवाज काफी दूर तक सुनी जा सकती है।**
- अन्त में पशु बेचैन होकर गर्दन मोड़कर जमीन पर गिर पड़ता है। फलस्वरूप 24-36 घण्टे में मृत्यु हो जाती है।

3. फुफ्फुसीय या अंश अवस्था (Pulmonary or Pectoral Form)—इस अवस्था में रोगग्रस्त पशु में न्यूमोनिया जैसे लक्षण मिलते हैं। पशु को श्वास गहरी एवं जल्दी-जल्दी आने लगती है। श्वास के साथ धसका (जोर से खाँसना) भी हो जाता है। ऐसी अवस्था में पशु की नाक से सफेद एवं लाल रंग का स्राव (White and Red Secretion from Nose) निकलना प्रारम्भ हो जाता है। स्राव गाढ़ा होने पर नाक से लटका हुआ दिखायी देता है। स्राव प्राय: बदबूदार रस्सी के पतले टुकड़े की भाँति होता है।

साँस में घड़घड़ाहट अथवा खड़खड़ाहट की आवाज दूर से सुनाई देती है। सूजन सख्त होती है और छूने पर गरम तथा दबाने पर दुखती नहीं है और मुँह खुला रहता है। बछड़ों, पड़ा, पड़ियों की मृत्यु शीघ्र हो जाती है, जबकि वयस्कों में 4-6 दिनों में मृत्यु हो जाती है।

रोग के लक्षण सारांश में

- प्रथम तापक्रम 104^0-108^0F (40^0C-42^0C) तक।
- सुस्त, डिप्रेशन, अरुचि एवं एक स्थान पर खड़ा होना।
- अधिकांश में सिर, गला एवं गर्दन में सूजन।
- सूजन सख्त, गरम एवं पीड़ायुक्त।
- मुँह से लार का बहना एवं निगलने में कष्ट।
- प्राय: जीभ पर सूजन (Often the tongue is swollen)।
- जीभ दाँतों के बीच में अथवा मुख से बाहर लटकी हुई।
- साँस लेने में कष्ट (breathing difficulty)।
- नाक से कभी-कभी रक्त भी।
- पहले कब्ज बाद में दस्त।
- गले में गड़गड़ाहट अथवा घुर्र-घुर्र की आवाज।
- आँखों से आँसू बहना एवं कीचड़ आना।
- श्वास कष्ट के साथ न्यूमोनिया का हो जाना।
- त्वरित चिकित्सा के अभाव में मृत्यु।

- **यदि रोगग्रस्त पशु के मरने के पश्चात उसके शव को चीरकर (post-mortem) देखा जाय तो शरीर की सभी श्लेष्मिक झिल्लियाँ रक्त संकुलित (congested)**

मिलती हैं एवं सभी लिम्फ ग्लैण्डस सूजी हुई तथा पेट एवं अंतड़ी (intestine) सूजी एवं लाल दिखाई देती है। अंतड़ियों तथा पेट की भीतरी दीवारों पर रक्त के छोटे परन्तु जमे हुए धब्बे नजर आते हैं, जिन्हें Haemorrhagic spots कहते हैं।

कुछ ऐसे केसिस भी— हमने यह देखा है कि पशुओं के जबड़े के ऊपरी भाग में एक तरफ या दोनों तरफ हल्की-सी कड़ी सूजन आ जाती है जो धीरे-धीरे बढ़ती जाती है। सूजन के बढ़ने पर पशु की पूरी थूथन ही शोथयुक्त हो जाती है, जो पत्थर जैसी कड़ी होती है। पशु के नथुने सूजन के कारण बंद होने लगते हैं और उनसे गाढ़ा मवाद जैसा म्यूकस आता है। अंत में नथुने बिल्कुल बंद हो जाते हैं और श्वास आना-जाना बंद हो जाता है। कभी-कभी सूजन इतनी अधिक हो जाती है कि बीच से फट जाती है। कुछ केसिस में यह सूजन आँखों को भी प्रभावित करती है जिससे आँख तक बाहर निकल आती है।

रोग निदान (Diagnosis)

1. **लक्षणानुसार** (Symptomatic)— उपरोक्त लक्षणों को देखकर रोग का निदान आसानी से हो जाता है। पशु का घुर्र-घुर्र करना इसका एक प्रधान निदानात्मक लक्षण है।

2. **माइक्रोस्कोपिक परीक्षा** (Microscopic test)— इस परीक्षा में रोगी के रक्त अथवा शारीरिक स्रावों को लेकर स्लाइड पर रखकर माइक्रोस्कोप पर जाँच करते हैं। जाँच में द्वि-ध्रुवी जीवाणु (Bipolary Bacteria) दिखायी देते हैं।

- **रोगी पशु के सभी द्रवों, स्रावों एवं मल-मूत्र में इस रोग के जीवाणु बहुतायत से मिलते हैं।**
- The blood smear reveals the bipolar gram-negative pasteurella.

3. **सम्वर्धन** (Culture)— किसी उपयुक्त माध्यम में जीवाणुओं को उगाकर (Culture) उनकी family विशेषताओं को देखकर उन्हें देखा जाता है।

भविष्य सूचना (Prognosis)— 50 से 100% मृत्यु; भैंसों (buffaloes) में अधिक घातक। यह रोग बहुत घातक तथा जान लेवा होता है।

चिकित्सा (Treatment)— यह रोग अति भयंकर तथा घातक होता है तथा लक्षण प्रकट होते ही पशु मर जाता है। इसलिए इस रोग की चिकित्सा की अपेक्षा इसकी रोकथाम (prevention) अधिक महत्वपूर्ण है। इसकी चिकित्सा निम्न प्रकार से की जाती है—

1. रोग निवारण चिकित्सा (Curative Treatment)

(क) गलाघोंटू के जीवाणु हेतु निम्न **जीवाणुरोधी** अथवा **जीवाणुनाशी** दवाओं में से किसी एक दवा का प्रयोग करना चाहिये; जैसे—

1. **सल्फाडिमाडीन सोडियम इंजेक्शन 33.3 mg** (Vet India, Immunologicals, Prima Vet Care) 100 मि.ली. इन्ट्रावीनस (I/V) पहले दिन।

50 मि.ली. दूसरे तथा तीसरे दिन देनी चाहिए अथवा दूसरे तथा तीसरे दिन सल्फाडिमाडीन की गोली; जैसे— डाइडीन (Diadin), लाइकाडीन (Lykadin), पाबाडीन (Pabadin) 5 gm की 2-4 गोली दिन में दो बार दी सकती हैं।

2. **औक्सीटेट्रासाइक्लीन इंजे.** (Inj. Oxytetracyclin): 5-10 mg/kg B.W. I/M or I/V तीन दिन तक दिया जा सकता है; जैसे- एलसाइक्लीन-ओ (Alcyclin-O), इन्टामाइसिन (Intamycin),

लाइकासिलीन–ओ (Lykaclin-O), औक्सीटेट्रासाइक्लीन (Oxytetracycline), टैरामाइसिन (Terramycin) अन्यथा दूसरे तथा तीसरे दिन औक्सीटैट्रासाक्लीन की गोलियां 500mg गोली बड़े पशुओं में तीन गोली सुबह–शाम दी जा सकती हैं।

3. **क्लोराम्फैनीकौल इंजे.** (Inj. Chloramphenicol): 20-30 mg/kg BW I/M or 2.0 mg/kg BW BID I/V दिया जा सकता है, जैसे– क्लोरोफैन (Chlorophan), लाइकासीटीन (Lykacetin), नीओक्लोर (Neochlor), सिमरसिटीन (Simercetin), वैटनीकोल (Vetnicol)।

4. **सिप्रोफ्लोक्सासीन इन्जे.** (Ciprofloxacin Inj.) : 4-5mg per kg BW I/M या I/V तीन दिन तक प्रयोग कर सकते हैं; जैसे– सी–फ्लोक्स (C-Flox), सिप्रोबिड (Ciprobid), सिप्रोवैट (Ciprovet) अन्यथा दूसरे तथा तीसरे दिन सिप्रोफ्लोक्सीन की गोलियां 500mg गोली; जैसे– सिपलौक्स (Ciplox), सिप्रोविन (Ciprovin) की दो गोली सुबह–शाम दूसरे तथा तीसरे दिन प्रयोग कर सकते हैं।

5. **एनरोफ्लोक्सासीन इंजे.** (Enrofloxacin Inj.) : 2.5-5.0mg/kg B.W. तीन दिन तक; जैसे– बिलफ्लोक्स (Bilflox), कोनफ्लौक्स वैट (Conflox-vet), एनरोसिन (Enrocin), एनरोट्रीट (Enrotreat), एनरोवैट (Enrovet), फ्लोक्सीडीन (Floxadin), फोरटियस (Fortius), गायरोफ्लोक्स (Gyroflox), मैरीक्विन (Meriquin), क्विनइन्टास (Quinintas), रोफ्लोक्स (Roflox) दिया जा सकता है।

6. (a) **सैफ्ट्रियेक्सोन इंजे.** (Ceftriaxone Inj.) 5-10mg per kg B.W B/D मांस में (I/M) या शिरा में (I/V) तीन दिन तक दिया जा सकता है; जैसे– इन्टासैफ (Intacef), सैफ्टोसिड (Ceftocid), जाइडासैफ (Zydacef)।

   (b) **सैफ्ट्रियेक्सोन** तथा **सालवैक्टम सोडियम** (Ceftriaxone+Sulbactam Na); जैसे– सैफ्ट–प्लस (Ceft-Plus) अथवा सैफ्ट्रियेक्सोन तथा टैजोवैक्टम; जैसे– इन्टासैफ–टैजो (Intacef-tazo) या वीटैजो (Vetazo) का प्रयोग किया जा सकता है।

7. **सैफ्टिओफर सोडियम इंजे.** (Ceftiofur Sodium Inj.) 2-4mg/kg BW BID for 3 days; जैसे–एक्सैफ्ट इंजे. (Xceft Inj.), टेप्रोसैफ (Teprocef), बोबीसैफ (Boricef Inj) का प्रयोग कर सकते हैं।

(ख) ***कॉर्टीकोस्टीरॉयड/कार्टीसोन दवायें (Corticosteroid/Cortisone drugs)*** में से किसी एक का प्रयोग करें।

1. **बीटामीथासोन इंजे.** (Betamethasone Inj.) 10-30mg (total dose); जैसे– बैटनीसोल इंजे. (Betnesol Inj.) प्रयोग करें।
2. **डैक्सामीथासोन इंजे.** (Dexamethasone Inj.) 40-30mg (total dose); जैसे– क्यूराडैक्स (Curadex), डैक्सानोल (Dexanol), डैक्सासोन (Dexasone), डैक्सावैट (Dexavet), कीटोकोर्ट (Ketocort), वैटकोर्ट (vetcort) में से कोई एक प्रयोग करें।
3. **प्रैडनीसोलोन इंजे.** (Prednisolone Inj.) : 10mg/ml dose : Horse & cattle - 10ml I/M; company – Wockhardt, Intervet ।
4. **ट्राईएमसीनोलोन इंजे.** (Triamcinolone Inj.): गाय, भैंस, घोड़ा– 12-20mg (Total dose) Intramuscular । Kenocort Inj. (Sarabhai) 10mg/ml तथा 40mg/ml । प्रस्तुति–1ml; vetalog 6mg/ml प्रस्तुति–5ml ।

(ग) ***बुखार के लिए** ज्वरनाशक औषधियाँ **(Antipyretic Medicine)*** प्रयोग करें। निम्न दवाओं में से कोई एक–

1. **एनाल्जी**छोटे पशु (Analgin Inj.): **मात्रा** —— 10-20gm; बड़े पशु–एक1-4gm;बोलस/ 0.5-2.0gm I/M I/V;रोग ठीक होने पर पशु को एकाएक चारा/घास आदि खाने को न दें, उसे कम से कम(Analgin Inj./*KAPL, Medinex Lab, Vet India*),एक हफ्ते तक दूध(Vetalgin)/ (Hoechst)

2.Paracetamol) :अति घातक स्थिति म गाय, भैंस, घोड़ा– 10mg/kg B.W.;–पशु क 10-20mg/kg BW श्वास लेने में अधिक कठिनाई होने(Paracetamol Inj.– *Zydus AHL)* 150mg/ml 30ml vial;पर 'ट्रेकियोटॉमी' की जा सकती है।(Pyroxin Bolus) 2gm, *Marc*

रोगग्रस्त पशुओं को अन्य पशुओं से अलग रखें (Meloxicam) : अधिकारी को सूचना देकर टीका लगवा लेना चाहिए।0.1mg/kg BW– मैलोनैक्स (Melonex–*Intas*), रोग का टीका लगवा लेने से (Melox-vet/*Marc)*, Qik *Zydus AHL*), आ जाती (Melonex Bolus -*Intas*), है
(Quik Bolus-*Zydus AHL*)

4. **मीलौक्सीकैम+पैरासीटामोल** (Meloxicam+Paracetamol) : मैलोनैक्स प्लस इंजे. (Melonex Plus Inj.) Meloxicam 5mg, paracetamol 150mg/ml । मात्रा– बड़े पशु: 15-20ml/300 kg BW, **न इंजे.** 1ml/10kg BW (Melonex Plus Bolus) Meloxicam 100mg, Paracetamol 150mg/Bolus मात्रा- गाय, भैंस, घोड़ा: भेड़, बकरी **कुत्ता** 200kg BW रोज ।

5. **फिनाइल ब्यूटाजोन** (Phenyl Butazone) + **एनाल्जीन** (Analgin) : Esgipyrin-H (Zydus AHL) Phenylbutazone 750mg+Analgin 750mg per 5ml Ampoule । **मात्रा**– बड़े पशु 5-15ml; छोटे पशु 1-5ml

(घ) **विटामिन बी कौम्प्लैक्स इंजे.** (Vitamin B Complex Inj.) : **मात्रा**–बड़े पशु: 5-10ml; छोटे पशु 3-5ml; कुत्ता 0.5-1.0ml I/M । आल्वीप्लैक्स फोर्ट (Alviplex fort –*Alved*), बीप्लैक्स वैट (Beeplex-vet -*Movvel*), बिलीपौन इंजे. (Billipon Inj -*Biomedica*), कौन्सीप्लेक्स इंजे. (Conciplex Inj. - *Concept*), लिवाडैक्स इंजे. (Livadex Inj.-*Virbac*) 10ml, 30ml, इं. वाइबीलान (Inj. Vibelan - *Virbac*) 30ml

आहार

-
- जैसे— इन्जे. एनाल्जीन

वेटाल्जीन + relapse 2 -

पैरासीटामोल

(**(Surgery)**

मात्रा —— (In Serious Condition) कुत्ता–। पैरासीटामोल इंजे.

पाइरौक्सीन बोलस

3 – **(Prevention and Control)**

- मैलोक्सीकेम
-

मैलोक्सीकेम इंजे. ,

गाय, भैंस, घोड़ा:

नोट– मैलोक्स-वैट (विवक —

मैलोनैक्स बोलस

- रोग से मरे पशुओं को 6 फुट गहरा जमीन में गाढ़ देना चाहिये अथवा शव को जला देना चाहिये।
- जिस स्थान पर पशु मरा हो, उस स्थान की मिट्टी को मिट्टी का तेल डालकर जला देना चाहिए अथवा उस स्थान की सफाई कीटाणुनाशक औषधियों से करनी चाहिए।
- रोगग्रस्त चरागाह में स्वस्थ पशुओं को चरने नहीं भेजना चाहिये।
- पशुओं को बरसाती घास नहीं खिलायें एवं गड्ढ़ों तथा तालाब-पोखरों का जल नहीं पिलाना चाहिये।
- पशुओं का आहार पौष्टिक तथा स्वादिष्ट होना चाहिये साथ ही उसके रहने का स्थान साफ-सुथरा होना चाहिये।

Proper disposal of infected carcases and litter by cremation or deep burial with lime is essential for checking soil infection and spread of the disease.

नोट— सामान्य परिस्थितियों में शव परीक्षण उपयुक्त नहीं है। शव का निस्तारण उपरोक्त वैज्ञानिक ढंग से ही करना चाहिये।

पाश्चुरेलोसिस (एच.एस.) अन्य पशुओं में

2. पाश्चुरेलोसिस आफ शीप; मेमनों में संक्रामक ब्रान्कोन्यूमोनिया (Pasteurellosis of Sheep; Infectious Broncho-pneumonia of Lambs)

यह वयस्क भेड़ों का तीव्र फुफ्फुसशोथ (Acute Pneumoria) है, जो *पाश्चुरैला सेप्टिका (Pasteurell septica)* द्वारा उत्पन्न होता है।

Infectious Bronchopneumonia of Lambs is usually an acute pneumonia of young sheep caused by Pasteurella septica. (Type of Pasteurella multocida)

लक्षण (Symptoms)

1. रोग की तीव्र अवस्था में (In acute cases)— 107^0 फारेनहाइट टेम्परेचर पशु में देखने को मिलता है। पशु सुस्त (Dull) हो जाता है, उसे भोजन के प्रति अरुचि (Anorexia) रहती है। श्वास की गति बढ़ जाती है और रोगी पशु 48 घण्टे में मर जाता है।

2. सब-एक्यूट केसिस में (In sub-acute cases)— मेमने की स्थिति तेजी से ढीली पड़ जाती है। खाँसी आने लगती है और नाक से गाढ़ा स्राव आता है। निमोनिया होकर अन्त में मृत्यु हो जाती है। रोगी 12 दिन तक जीवित रह सकता है।

लीजन्स (Lesions)— न्यूमोनिया; जैसे— कभी-कभी इण्टेराइटिस की भाँति।

चिकित्सा एवं बचाव (Treatment and Control)— चिकित्सा एवं बचाव गलाघोंटू के अनुसार (Similar to H.S. in Cattle)।

3. पाश्चुरेलोसिस आफ पिग्स/शूकर प्लेग (Pasteurellosis of Pigs/Swine Plague)

Swine Plague is a contagious fever of pigs, usually sporadic, sometimes enzootic, characterized by pneumonia and pleurisy caused by *Pasteurella multocida*.

लक्षण (Symptoms)— यह प्राय: स्वाइन फीवर रोग में उपद्रव (complications) के परिणामस्वरूप उत्पन्न होता है। इसके लक्षण न्यूमोनिया और प्लूरिसी जैसे होते हैं। कुछ केसिस में सेप्टीसीमिया भी साथ में मिलता है। लाल धब्बे (Red patches) त्वचा पर उत्पन्न हो जाते हैं। 2 सप्ताह में रोग समाप्त हो जाता है।

जीर्ण रोग में (In chronic cases)— अतिसार उत्पन्न होकर 4 सप्ताह में रोगी की मृत्यु हो जाती है।

चिकित्सा एवं बचाव (Treatment and control)— गाय/भैंस में गलाघोंटू (H.S. in Cattle) रोग के समान।

4. ऐन्थ्रेक्स (Anthrax)/ विष ज्वर

अन्य नाम (Other Names)—जहरी बुखार, गिल्टी रोग, विषहरी, प्लीहा का बुखार, बावला रोग, गरही, पिल्ही बढ़वा, बिलहरी, खुर्दवा एवं बड़ी बीमारी आदि नामों से जाना जाता है। अंग्रेजी में ऐन्थ्रैक्स रोग।

परिचय (Introduction)— इसे स्प्लीनिक फीवर (Splenic fever), Splenic apoplexy (पशुओं में) तथा मनुष्यों में मेलिगनेन्ट पस्च्यूल अथवा वूल सोर्टर डिजीज (Malignant pustule or wool sorter's disease) कहते हैं। यह पशुओं की छूत की बीमारी है जिसमें पशु को ज्वर हो जाता है और पशु अचानक बीमार होकर फौरन मर जाते हैं। यह बीमारी सभी पशुओं को, कुछ प्रकार के पक्षियों को तथा मनुष्यों को होती है।

It is an acute infectious Bacterimia commonly affecting Zerbivora chiefly cattle and sheep and characterised by a high fever, rapid course, sudden death and greatly enlarged spleen caused by **Bacillus anthracis.**

प्रभावित जानवर (Animals affected)— प्राय: यह रोग गाय, भैंस, घोड़ा तथा बकरियों को हुआ करता है। हमारे देश में भेड़ों को बड़ी संख्या में अपनी गिरफ्त में लेता है। मनुष्यों में भी यह रोग हो जाता है। यह कहा जाता है कि अल्जेरियन भेड़ को यह रोग नहीं होता है। यह इस रोग के प्रति Resistant होती है।

कारण (Cause)—इस रोग को फैलाने वाला एक सूक्ष्म जीवाणु होता है जिसे *बैसिलस ऐन्थ्रैसिस (Bacillus anthracis)* कहते हैं। यह स्पोर (Spore) उत्पन्न करने वाला जीवाणु है। इसलिए इसे शक्तिशाली माना जाता है। यह जीवाणु सूर्य के ताप में 6–10 घण्टे में नष्ट हो जाता है, परन्तु अनुकूल वातावरण में इसके स्पोर वर्षों जीवित रहकर बैक्टीरिया को जन्म देते रहते हैं। स्पोर तेज भाप से 5 मिनट में नष्ट हो जाते हैं। स्पोर केवल हवा में उपस्थित आक्सीजन मिलने पर ही बनते हैं। यदि ऐन्थ्रैक्स से मरे पशु को चीर दिया जाय तो वायु से आक्सीजन लेकर असंख्य स्पोर बनने लगते हैं। शरीर के अन्दर स्पोर नहीं बनते वरन शरीर से जब रक्त बाहर निकलता है तो आक्सीजन की उपस्थिति में स्पोर बनने लगते हैं। शरीर से बाहर 37^0C तापमान पर इनका विकास होता है।

रोगग्रस्त पशु में शरीर से निकलने वाले द्रवों एवं रक्त में इसका जीवाणु उपस्थित रहता है। जीवाणु छड़ की आकृति का 4–8 माइक्रॉन (Micron) लम्बा तथा गतिहीन होता है।

Bacillus anthracis, a sporulating aerobic gram positive, non-motile, rectangular, Rods, 4-8 microns length 1 to 1.5 microns in diameter with a distinct capsule in cultures it forms long chains.

- बीमार पशु के दूध में यह जीवाणु नहीं मिलता है।

- मरकरी परक्लोराइड का घोल (1:1000) 20 मिनट में इन्हें नष्ट कर देता है।

फैलने का ढंग (Mode of Spread)

1. भोजन प्रणाली द्वारा (By ingestion)– इस जीवाणु से दूषित भोजन तथा पानी आदि से यह बीमारी फैलती है। दूषित पानी, चारा-दाना खाने एवं रोग से प्रभावित पशु के चरागाह में चरने से स्पोर पशु के शरीर में आहार नलिका द्वारा प्रवेश कर जाते हैं। इस रोग को फैलाने में कुत्ते, कौवे, गीध और सियार अहम् भूमिका अदा करते हैं। ये रोगग्रस्त मरे हुये पशु के मांस एवं हड्डियों को एक स्थान से दूसरे स्थान पर ले जाते हैं। इससे रोग दूर-दूर तक फैल जाता है।

Infection may get into streams from tannery effluents or by percolation of water when the carcase is burried near a stream.

2. श्वास नली द्वारा (By inhalation)–श्वास प्रणाली से भी यह रोग फैल सकता है। इस मार्ग से छूत प्रायः मनुष्यों, विशेषकर ऊन की फैक्टरियों में काम करने वाले लोगों, में नाक के द्वारा स्पोर शरीर में प्रवेश पाकर बीमारी उत्पन्न करते हैं। इसी कारण इसका नाम ऊन छाँटने वालों का रोग (Wool sorter's disease) भी पड़ा है। इसे **पल्मोनरी ऐन्थ्रैक्स** (Pulmonary Anthrax) भी कहते हैं।

रोगी पशु की खाल तथा ऊन से भी यह रोग स्वस्थ पशुओं में लग जाता है।

3. त्वचा द्वारा (By skin)– घाव आदि से भी यह रोग फैल सकता है। पशुओं को काटने वाली मक्खियाँ जब किसी रोगग्रस्त पशु के खून को चूसकर स्वस्थ पशु को काटती हैं, तो उस पशु को भी प्रभावित कर देती हैं।

स्लाटर हाउस (पशु वध गृहों) में काम करने वाले मनुष्यों तथा रोग के बचाव हेतु टीके लगाते समय पशु-चिकित्सकों/वैक्सीनेटर्स में कभी-कभी किसी घाव या खरोंच के द्वारा स्पोर शरीर में प्रवेश कर रोग का कारण बनते हैं।

Artificially, the disease may be transmitted by parenteral injection. Veterinarians, Butchers and others may become infected through cuts and abrasions in handling infected carcases, hid, hairs, wool, shaving brushes, bone meal etc.

●● **मरे हुए पशु के शरीर से बनने वाले उर्वरक (फर्टीलाजर्स-खाद) एवं हड्डी का चूरा (Bone meal) में भी स्पोर उपस्थित रहकर रोग फैलाने में सहायक हैं।**

उद्भवन काल (Incubation Period)– 1 से 5 दिन। घोड़े और गाय-भैंस में Natural transmission के अन्तर्गत 3 से 14 दिन। सबक्युटेनियस अथवा इण्ट्रावेनस इनोकुलेशन के बाद 24-48 घण्टे।

लक्षण (Symptoms)– रोग के लक्षण, पशु की किस्म (Species) एवं रोग आक्रमण की तीव्रता के अनुसार होते हैं। रोग अतितीव्र (peracute), तीव्र (acute), कुछ तीव्र (sub-actute) अथवा जीर्ण रूप (chronic form) में होता है।

1. अतितीव्र अवस्था (Peracute form)– रोग की ऐसी अवस्था प्रायः भेड़-बकरियों में देखने को मिलती है। यह रोग बहुत जल्दी होता है तथा पशु मर जाता है। **मृत्यु से पूर्व अचानक लड़खड़ाना, शरीर का हिलना तथा काँपना, दाँत किटकिटाना, साँस लेने में कष्ट, नाक तथा मलद्वार से रक्त मिला हुआ झागदार स्राव का गिरना तथा कुछ ही क्षणों में रोगी की मृत्यु हो जाना आदि प्रमुख लक्षण होते हैं।** कभी-कभी तो अन्य कोई लक्षण सामने आये उससे पहले ही रोगी की मृत्यु हो जाती है अथवा बिना लक्षण प्रकट किये ही पशु एकाएक मरने लगते हैं। शाम को पशु अच्छी हालत में बाँधे जाते हैं, प्रातःकाल अपने बाड़े में मरे हुए मिलते हैं।

2. तीव्र अवस्था (Acute form)—इस अवस्था में उच्च तापमान 105–108°F (41–42.2°C) हो जाना एवं पशु सुस्त होकर काँपने तथा लड़खड़ाने लगता है। पशु में बेचैनी, नाड़ी की तेज चाल, आँखें उभरी और झिल्ली लाल, पाखाना-पेशाब बंद, नाक, मुँह और मलद्वार से खून गिरना, पेट दर्द (खोंचा मारने वाला) इत्यादि लक्षण दिखाई पड़ते हैं। पशु दो दिनों के अंदर मर जाता है। कभी-कभी पेट का गुम्ब होना, शरीर के थोड़े-थोड़े भागों में पसीना आना, बाह्य श्लेष्मिक झिल्लियों का नीलापन लिये हुए लाल दिखायी पड़ना, काख, गले एवं सीने पर कभी-कभी सख्त तथा गर्म सूजन, बाद में खून मिले दस्त होकर पशु 24 से 48 घण्टे में मर जाता है। कुछ पशुओं के मुँह तथा जीभ पर छाले भी दिखायी देते हैं एवं पशु के मुँह से रक्तयुक्त लार बहती है। मरे हुए पशु की तिल्ली (spleen) की यदि परीक्षा की जाये तो वह कई गुनी बढ़ी मिलती है। इसी कारण इसे "प्लीहा का बुखार" (Splenic fever) कहते हैं।

- **पशु के प्राकृतिक छिद्रों से काला कोलतार जैसा चमकदार झाग-युक्त स्राव का निकलना और उसका न जमना—इस रोग का प्रधान लक्षण है।**

ऐन्थ्रेक्स के लक्षण सारांश में

- **अति तीव्र अवस्था** (Peracute form)
  - ➤ रोग की अचानक उत्पत्ति एवं पशु की मृत्यु।
  - ➤ मृत्यु से पूर्व एकाएक लड़खड़ाना, हिलना एवं काँपना, दाँत किटकिटाना एवं साँस लेने में कष्ट।
  - ➤ मुँह, नाक एवं मलद्वार से रक्त मिला झागदार स्राव।
  - ➤ कुछ क्षणों में रोगी की मृत्यु।
  - ➤ रोगी की यह अवस्था गाय, बैल, भैंस, भेंड़, बकरी में अधिक सामान्य।
- **तीव्र अवस्था** (Acute form)
  - ➤ कैटिल (गाय-बैल/भैंस) घोड़ा एवं भेड़ में अधिक सामान्य।
  - ➤ रोग का आक्रमण एकाएक एवं तापक्रम पशु में 105–108°F तक।
  - ➤ अत्यधिक बेचैनी एवं पैरों में लड़खड़ाहट।
  - ➤ वेगयुक्त श्वास-प्रश्वास।
  - ➤ चक्कर काटना एवं खोंचा मारने वाला तेज दर्द।
  - ➤ बाह्य श्लेष्मिक झिल्लियों का नीलापन लिये हुए लाल दृष्टिगत् होना।
  - ➤ प्राकृतिक छिद्रों से काला कोलतार जैसा चमकदार स्राव निकलना और उसका न जमना।
  - ➤ खून मिले दस्त होकर 24–48 घण्टे में मृत्यु।
  - ➤ नाक तथा मुँह से रक्तयुक्त स्राव का बहना।
- **कुछ तीव्र अवस्था** (Subacute form)
  - ➤ तेज बुखार।
  - ➤ भूख की कमी एवं जुगाली न करना।
  - ➤ पेट का फूल जाना।
  - ➤ मुँह, नाक और अंतड़ी से रक्तयुक्त स्राव।
  - ➤ 2–6 दिन में मृत्यु।

3. कुछ तीव्र अवस्था (Subacute form)— इस अवस्था के लक्षण तीव्र रूप (acute form) जैसे होते हैं। परन्तु, उसका कोर्स लम्बा होता है (The disease more or less show the same set of symptoms as the acute but the course is prolonged)। यदि रोग भयंकर न हुआ हो तो पशु 2–4 दिनों से अधिक जीवित नहीं रहता है। इसमें गर्दन, छाती, पेट और कोख की जगहों में सूजन हो जाती है, जो छूने पर कड़ी और दबाने पर कड़ी हो जाती है। चूँकि इसमें तीव्र अवस्था के सभी लक्षण कुछ हल्केपन में विद्यमान रहते हैं, इसलिये रोगी पशु में तीव्र ज्वर, भूख की कमी, जुगाली न करना, पेट में अफारा, नाक, मुँह एवं अंतड़ी से रक्तयुक्त स्राव आदि लक्षण प्रकट होकर 2–6 दिन

में पशु की मृत्यु हो जाती है अथवा पूर्ण स्वस्थ हो जाता है (To complete recovery)। मरने के बाद पशु का शरीर फूल जाता है, खाल सड़ जाती है एवं नथुनों तथा मलाशय से झागदार खून बहता दिखायी देता है।

4. जीर्ण अवस्था (Chronic form)— कभी-कभी कैटिल में गले के स्थानीय lesions से रोग को पहचाना जा सकता है। शूकरों में विशेष रूप से दिखायी देते हैं। महामारी (outbreak) के समय शूकर (pigs) कुछ एक्यूट ऐन्थ्रेक्स से मर जाते हैं एवं mild chronic form में धीरे-धीरे स्वस्थ हो जाते हैं।

निदान (Diagnosis)

1. लक्षणानुसार (Symptomatic)— बीमारी के ऊपर बताये गये लक्षणों के आधार पर रोग निदान में कोई कठिनाई नहीं होती है।

2. माइक्रोस्कोप द्वारा (Microscopic)— इस विधि में रोगी पशु के रक्त का परीक्षण (blood test) किया जाता है। इसके लिए कान की शिरा में सुई छेदकर खून निकाल लेते हैं और रक्त को काँच की स्लाइड पर पतला लेप बनाकर मेथिलीन ब्ल्यू के जलीय घोल (10%) में अभिरंजन (staining) करके, माइक्रोस्कोप के oil immersion objective में देखते हैं। इसमें रोग के जीवाणु नीले रंग के एवं उनके केप्सूल नीललोहित रंग के दिखायी देते हैं। इसके जीवाणु बेलनाकार छड़ के आकार की जंजीर की आकृति में दिखायी देते हैं।

सावधान (Caution) ● सूई से छेदे हुए स्थान को तत्काल गरम लोहे से दाग देना चाहिये, जिससे रक्त की एक बूँद भी जमीन पर गिरकर छूत न फैलाने पावे।

3. संवर्धन (Culture)— इस विधि में जीवाणु को ऐगार-ऐगार अथवा रक्तयुक्त ऐगार में मिलाकर उगाते हैं और उसकी परीक्षा करते हैं। परीक्षा में भेड़ की ऊन अथवा स्त्रियों के उलझे हुए बालों के एक गुच्छे की भाँति उनकी वृद्धि दिखायी पड़ती है।

4. जन्तु संरोपण (Animal Inoculation)— इस जाँच के लिए प्रायः गिनीपिग का उपयोग किया जाता है। इसके लिए संवर्धन (culture) अथवा किसी अन्य संदेहयुक्त पदार्थ को normal saline में घोलकर गिनीपिग में इन्जेक्शन देने पर 36-48 घण्टे में रोग के लक्षण उत्पन्न होकर उसकी मृत्यु हो जाती है।

विभेदक निदान (Differential diagnosis)–अति तीव्र अवस्था (Peracute form) के केसिस में लाइटनिंग स्ट्रोक, हीट स्ट्रोक, एक्यूट लैड पायजनिंग एवं अन्य घातक अवस्थाओं (other fatal conditions) से भेद करना चाहिए।

तीव्र अवस्था (acute form) के केसिस में मेलिग्नेन्ट आडिमा, हीमोरेजिक सेप्टीसीमिया (H.S.), टिक फीवर, एनाप्लाजमेसिस शॉक, वी.क्यू. हीमोरेजिक एवं कोलिक (colic) में।

चिकित्सा (Treatment)— रोग की चिकित्सा के दो प्रकार हैं–

1. रोग निवारक चिकित्सा (Curative treatment)
2. बचाव चिकित्सा (Preventive treatment or Disease control)

रोगनिवारक चिकित्सा (Curative Treatment)

(क) जीवाणु हेतु जीवाणुरोधी अथवा जीवाणुनाशी निम्न एण्टीबायोटिक्स में से किसी एक दवा का प्रयोग करना चाहिए–

- **ऑक्सीटेट्रासाइक्लीन इंजे. व टेब (Oxytetracycline Inj. & tab) : मात्रा**— 5-10 mg/kg B.W मांस में (I/M) या नस में (I/V) तीन दिन तक देनी चाहिए। *ब्राण्ड्स:* जैसे— एलसाइक्लिन-ओ (Alcyclin-O) Inj (*Alembic*), इन्टामाइसिन (Intamycin) Inj (*Intas*), लाइकासीन-ओ (Lykacin-O) Inj

(Lyka), ऑक्सीटैट्रासाइक्लीन इंजे. (Oxytetracycline Inj - *Alembic, Concept, Indian Immunologicals, Zydus AHL, Pfizer*); टैरामाइसिन इंजे. (Terramycin Inj - *Pfizer*), वोलीसाइक्लीन इंजे. (Wolicycline Inj - *Wockhardt*) दूसरे तथा तीसरे दिन (तीनों दिन भी)। ऑक्सीटेट्रासाइक्लीन (Oxytetracycline) *500 mg की गोलियां;* जैसे- वेटॉक्सी 500 (Vetoxy 500 - *Vetsfarma*), टैरामाइसिन गोली (Terramycin tab - *Pfizer*), ऑक्सीट्रा (Oxytra - *HAL*), बड़े पशु को तीन गोली सुबह-शाम दी जा सकती हैं। ***ऑक्सीटैट्रासाइक्लीन लोंग एक्टिंग इंजे. (Oxytetracycline long acting Inj.)***; जैसे-इन्टामाइसिन LA (Intamycin LA- *Intas*), ऑक्सीटेट्रासाइक्लीन LA (Oxytetracycline LA - *Pfizer, Wockhardt*), टैरामाइसिन LA (Terramycin LA - *Pfizer*), वोलीसाइक्लीन LA (Wolicycline LA - *Wockhardt*) एक बार प्रयोग किया जा सकता है। इसका असर 96 घण्टे तक रहता है।

- **क्लोराम्फैनीकोल इंजे. (Chloramphenicol Inj.) : मात्रा**- बड़े पशु 20-30mg/kg B.W मांस में (I/M) रोज या नस में (I/V) 2-4 mg/kg BW BD देना चाहिए । *ब्रान्डस*- क्लोरोफान (Chlorophan - *Vet India*), लाइकासिटीन (Lykacetin - *Lyka*), नीओक्लोर (Neochlov - *Vet care*), सिमरसिटीन (Simercetin - *Bio medica*), वैटनीकोल (Vetnicol - *Vetsfarma*) I
- **एमोक्सीसिलीन बोलस (Amoxycillin Bolus) : मात्रा**— बड़े पशु 10mg/kg B.W BD; कुत्ता, बिल्ली 10-20mg BD । ***बोलस रूप में :*** एमोक्सीरम ग्रास (Amoxirum Bolus 1.5gm - *Virbac*), पैटमोक्स गोली 250mg (Petmox tab - Zydus AHL) I
- **एमौक्सीसिलीन+क्लौक्सासिलीन इंजे. (Amoxycillin+Cloxacillin Inj.) : मात्रा**- बड़े पशु 2-3 ग्राम मांस में (I/M) / *ब्रान्डस*- एमक्लौक्स (Amclox) Inj. 2gm (*Novartis*), कोमाक्स वैट (Comaxvet) 2gm Inj. (*Vet India*), कोनमौक्स (Conmox) Inj. 2gm (*Concept*), इनीमौक्स (Inimox) Inj 2gm, 2.5gm, 4gm (*Indian Immunologicals*), इन्टामौक्स (Intamox) Inj. 2gm, 2.5gm, 3.5gm, 4.5gm (Intas), मैगामाइसिन फोर्ट (Megamycin Fort) Inj 3gm (Pfizer), मौक्सल (Moxel) Inj 0.5gm, 2.0gm, 3.0gm (Alembic), मौक्सीक्लौक्स (Moxyclox) Inj. 3.0gm (Wockhardt), सिनक्रोन (Sykron) Inj. 2gm (*Cadila Pharma*) I
- **एम्पीसिलीन इंजे. (Ampicilin Inj.) : मात्रा**- बड़े पशु व छोटे पशुः 5-10mg/kg BW दिन में चार बार; कुत्ताः 20mg/kg BW दिन में चार बार, मांस में (I/M) या (I/V) नस में। *ब्रान्ड्स*- एम्पीसिलीन इंजे. 2.5gm (Ampicillin Inj. 2.5gm - Cadila Pharma, Lyka), Ampilin vet 2.5gm (एम्पीलीन वैट - Lyka), बैसीपैन (Bacipen) 2.5gm (Alembic), कोनाम्पी (Conampi) Inj 2.5gm (Concept), वैटाम्पीन (Vetampin) Inj 2gm (Wockhardt) I
- **एम्पीसिलीन इंजे.+क्लोक्सासिलीन इंजे. (Ampicillin + Cloxacillin inj.) : मात्रा**- 5-10mg/kg BW दिन में चार बार। कुत्ता 20mg/kg BW दिन में चार बार मांस में (I/M) / *ब्रान्ड्स*- एसी-वैट (AC-Vet) 2gm (Intas), एसी-वैट फोर्ट (AC-Vet Fort) Inj 3g,4g (Intas), बैक्सीवैट (Baxivet) Inj 0.5gm, 2.5gm, 4gm (Lyka), बिनोसिन (Binocin) Inj 1g, 2g, (Concept), वैटक्लौक्स फोर्ट (Vet Clox Fort) Inj 2gm (Zydus AHL) I
- **सिप्रोफ्लोक्सासीन इंजे. (Ciprofloxacin Inj.) : मात्रा**- 4-5mg per kg BW मांस में (I/M) या नस में (I/V) तीन दिन तक देना चाहिए। *ब्रान्ड्स*- सी-फ्लोक्स (C-Flox -Intas) 40mg/ml, 50ml vial; सिप्रोवैट (Ciprovet - Vet India) 40mg/ml; 10ml, 30ml vial I

- **एनरोफ्लोक्सासीन इंजे. (Enrofloxacin Inj.) :** 2.5-5.0mg/kg BW मांस में (I/M) या नस में (I/V) I *ब्रान्ड्स*– कौनफ्लौक्स–वैट इंजे. (Confloxvet Inj. - Concept) 50mg/ml; 30ml vial; एनरोसिन इंजे. (Enrocin Inj. - Vetnex) 100mg/ml; 15ml, 50ml; एनरोवैट इंजे. (Enrovet Inj. - Vets Farma) 100mg/ml ; 15ml, 30ml, 50ml vials; फ्लोवैक एस ऐ (Flobac-SA -Intas) 100mg/ml, 30ml vial; मैरीक्विन इंजे. (Meriquin Inj. - Wockhardt) 100mg/ml, 10ml, 15ml vial; क्विनइन्टास इंजे. (Quinintas - Intas) I
- **सैफ्ट्रियेक्सोन इंजे. (Ceftriaxone Inj.) : मात्रा**– पशुओं में 5-10mg/kg BW ; कुत्ता, बिल्ली 10-30mg/kg BW TDS मांस में (I/M) या नस में (I/V) देना चाहिये, तीन दिन तक I **ब्रान्ड्स**– सैफ्टोसिड इंजे. (Ceftocid Inj.) 2.5gm, 3.0gm vial; इन्टासैफ इंजे. (Intacef Inj. - Intas) 0.250, 0.500gm: 1gm, 2gm, 3gm, 4gm, vial; जायडा सैफ (Zydacef Inj.) 0.5, 3g vial (*Zydus AHL*) I
- **सैफ्ट्रियेक्सोन तथा सालबैक्टम इंजे. (Ceftriaxone 2, 3gm +Salbactam** 1/1.5 gm per 3gm/4.5gm vial) : सैफ्टप्लस इंजे. (Ceft-Plus Inj. - *Lyka*) 3gm, 4.5gm vial (I/M) मांस में 3 दिन तक I
- **सैफ्ट्रियेक्सोन तथा टैजोबैक्टम इंजे. (Ceftriaxone 0.5gm, 2.0gm, 3.0gm, 4.0gm + Tazobactam** 0.625gm, 0.250gm, 0.375gm, 0.500gm, per 5.625gm, 2.250gm, 3.375gm, 4.5gm vial) : *ब्रान्ड्स*– इन्टासैफ–टैजो इंजे. (Intacef-Tazo Inj) 5.625gm, 2.250gm, 3.375gm, 4.500gm vial (*Intas*), वीटैजो (Vetzo - *Zydus AHL*) 2.250gm, 3.375gm vial I
- **सैफ्टिओफर सोडियम इंजे. (Ceftiofur Sodium Inj.) : मात्रा** – 2-4mg/kg BW BID तीन दिन तक I *ब्राण्ड्स*– एक्सैफ्ट इंजे. (Xceft inj. - *Alembic*), टीफ्रोसैफ इंजे. (Tefrocef Inj. - *MSD Animal Health*), बोवीसैफ इंजे. (Bovicef Inj. - *Indian Immunologicals*) दे सकते हैं, 1gm vial I/M daily I

(ख) कोर्टीकोस्टीरोइड्स/ कोर्टीसोन दवाऐं (Corticosteroid/Cortisone drugs) : निम्न में से किसी एक दवा का प्रयोग करें–

1. **बीटा मीथासोन इंजे (Betamethasone Inj.) : मात्रा**– गाय, भैंस, घोड़ा 10-30mg; भेड़, बकरी, सूअर 2-5mg, कुत्ता 0.5-2mg मांस में I/M या नस में I/V; जैसे– बैटनीसोल इंजे. (Betnesol Inj.) 4mg/ml, 1 ml ampoule I
2. **डैक्सामीथासोन इंजे (Dexamethasone Inj.) : मात्रा**– गाय, भैंस, घोड़ा 10-30mg; भेड़, बकरी, सूअर 2-5mg; कुत्ता 0.5-2mg मांस में (I/M) या नस में (I/V) I *ब्रान्ड्स*– क्यूराडैक्स Curadex (*concept*) 2ml, 5ml, डैक्सानोल (Dexanol - *Vets Farma*) 5ml, डैक्सासोन (Dexasone - *Cadila Pharma*) 2ml, 5ml; डैक्सावैट (Dexavet - *Wockhardt*) 5ml, डैक्सोना (Dexona - *Zydus AHL*) 5ml, मारकोडैक्स (Marcodex -*Marc*) 6ml, कीटाकोर्ट (Ketacort - *Intas*) 5ml, 10ml; वैटकोर्ट (Vetcort - Alembic) 5ml सभी 4mg/ml I
3. **प्रेडनीसोलोन इंजे (Prednisolone Inj.) : मात्रा**– 10mg/ml I गाय, भैंस, घोड़ा 10-20ml; भेड़, बकरी, सूअर 2.5-5ml; कुत्ता, बिल्ली 1-3ml कुल मात्रा I प्रेडनीसोलोन इंजे. (Prednisolone Inj. - *Wockhardt, Intervet*) 10ml vial I

4. **ट्राईएमसीनोलोन इंजे (Triamcinolone Inj.) : मात्रा**–गाय, भैंस, घोड़ा 12-20mg; कुत्ता 6mg (Total dose); वीटालोग इंजे. (Vetalog Inj.-Zydus AHL) 6mg/ml, 5ml vial मांस में (I/M) ।

(ग) बुखार के लिये निम्न ज्वरनाशक (Antipyretic Medicines) दवाओं में से एक का प्रयोग करें–

1. **एनाल्जीन इंजे. (Analgin Inj.) : मात्रा**– गाय, भैंस, घोड़ा 10-20gm; भेड़, बकरी 1-4gm; कुत्ता 0.5-2gm (total dose) मांस में (Intramuscular) या नस में (Intravenous) । *ब्रान्ड्स*– एनाल्जीन इंजे. (Analgin Inj. - *KAPL, Medinex lab, Vet India*) 500mg/ml, वैटाल्जीन इंजे. (Vetalgin Inj. - *Intervet*) 500mg/ml - 30ml vial ।
2. **पैरासीटामोल इंजे. व बोलस (Paracetamol Inj. & Bolus) : मात्रा**– गाय, भैंस, घोड़ा, भेड़, बकरी, सूअर 10mg/kg BW; कुत्ता 10-20mg/kg BW मांस में (Intramuscular) या मुख से (orally) । *ब्रान्ड्स*– पैरासीटामोल इंजे. (Paracetamol Inj - *Zydus AHL*) 150mg/ml - 30ml vial, पाइरौक्सीन बोलस (Pyroxin Bolus - *Merc*) 2gm Bolus ।
3. **मैलोक्सीकैम इंजे. व बोलस (Meloxicam Inj. & Bolus) : मात्रा**– गाय, भैंस, घोड़ा, भेड़, बकरी, सूअर 0.1mg/kg BW मांस में (Intramuscular) या मुख से (Orally) । मैलोनैक्स इंजे. (Melonex Inj. - *Intas*) 5mg/ml - 2ml, 15ml, 30ml, 100ml; मैलोक्स–वैट (Melox-vet - *Marc*) 5mg/ml– 15ml, 30 ml vial; क्विक इंजे. (Quick Inj. - *Zydus AHL*) 5mg/ml - 15ml vial; जोबिड–एम (Zobid-M - *Zydus AHL*) 5mg/ml - 15 ml, 30 ml, 100 ml vial; 20 mg/ml - 10 ml, 30 ml vial; मैलोनैक्स बोलस (Melonex Bolus - *Intas*) 100 mg Bolus, क्विक बोलस (Quick Bolus - *Zydus AHL*) 100ml Bolus, जोबिड़–एम बोलस (Zobid-M Bolus - *Zydus AHL*) 100mg Bolus ।
4. **मैलोक्सीकैम + पैरासीटामोल इंजे. व बोलस (Meloxicam+Paracetamol Inj. & Bolus) :** *ब्राण्ड्स*– मैलोनैक्स प्लस इंजे. (Melonex Plus Inj. - *Intas*) — मैलोक्सीकेम 5mg + पैरासीटामोल 150mg/ml । **मात्रा**– *बड़े पशु* 15-20ml/300kg BW, *छोटे पशु* 1ml/10kg BW : 30ml, 100ml vial, मैलोनैक्स प्लस बोलस (Melonex Plus Bolus) Meloxicam 100mg + Paracetamol 150 mg per Bolus *(Intas)*; बड़े पशु एक बोलस / 200kg BW रोज ।
5. **एनाल्जीन** 750mg + **फिनाइलब्यूटाजोन** 750mg/5ml एम्प्यूल (Analgin 750mg +Phenylbutazone 750mg per 5ml Ampoule) : एसजीपाइरीन–एन इंजे. (Esgipyrin-N Inj. - *Zydus AHL*); **मात्रा**– *बड़े पशु* : 5-15ml, *छोटे पशु* : 1-5ml मांस में (Intramuscularrly) ।
6. **नेम्यूस्लाइड** इंजे. (**Nemuslide** Inj.) : **मात्रा** – *गाय, भैंस, भेड़, बकरी, कुत्ता* : 2-4mg/kg BW मांस में (I/M) रोज, **घोड़ों में प्रयोग नहीं**; निमोवैट इंजे. (Nimovet Inj.) 100mg/ml ।

(घ) विटामिन बी कौम्प्लैक्स इंजे. (Vitamin B Complex Inj.) : निम्न में से कोई एक– **मात्रा**– *गाय, भैंस, घोड़ा* : 5-10 मि.ली.; भेड़, बकरी, सूअर 3-5 मि.ली.; कुत्ता 0.5-1.0 मि.ली. मांस में (Intramuscular) रोज । आल्वीप्लैक्स फोर्ट इंजे. (Alviplex Fort Inj. - *Alved*) 10ml, 30ml; बीप्लैक्स.वैट इंजे. (Beeplex-vet Inj. - *Marvel*) 30ml; बिलीपौन इंजे. (Billipon Inj. - *Biomedica*) 10ml; कौन्सीप्लैक्स इंजे. (Conciplex Inj. - *Concept)* 10ml, 30ml; लिवाडैक्स इन्जे. (Livadex inj. - *Virbac*) 10ml, 30ml; वाइबीलान इंजे. (Vibelan Inj. - *Virbac*) 30ml ।

चिकित्सकों की राय में – होम्योपैथिक औषधि "**अंथ्रासीनम**" इस रोग की उत्तम औषधि साबित हुई है। अंथ्रासीनम 30 शक्ति वाली 8–10 बूँद की मात्रा में पीड़ित पशु को प्रति 3 घण्टे पर देनी चाहिए।

रोकथाम और नियन्त्रण (Prevention and Control)

- रोगी पशु को तुरन्त अलग कर देना चाहिये।
- मरे हुए पशुओं को जमीन में भली-भाँति गड़वा देना चाहिए अथवा जलवा दें।
- रोगी पशु के प्रयोग में आये हुये बर्तन, सामान आदि कीटाणुनाशक औषधि से भली-भाँति शुद्ध करने चाहिये। जहाँ तक हो सके उन्हें जलवा दिया जाय।
- रहने के स्थान को कीटाणुनाशक औषधि से साफ करना चाहिये।

सावधान (Caution)

- शव का निस्तारण वैज्ञानिक विधि से किया जाना चाहये सामान्य परिस्थितियों में शव परीक्षण वर्जित है। किसी भी हालत में पशु की खाल नहीं उतारनी चाहिये और न ही शव परीक्षण के लिये लाश को खोलना चाहिये।
- लाश को जलाने की विधि भूमि में गाड़ने की अपेक्षा अधिक उपयुक्त है।

नोट–यदि लाश को जमीन के अंदर भली-भाँति न दबाया गया तो कभी-कभी केंचुए ऐन्थ्रैक्स के स्पोरों को भूमितल पर ले आते हैं जिससे बीमारी फैलने की प्रबल सम्भावना रहती है।

डाक्टर भी सावधान रहें–पशुओं को बचाव का एन्थ्रेक्स टीका (Anthrax Vaccination) लगाते समय बहुत सावधान रहना चाहिये। यह बीमारी जरा-सी असावधानी करने पर उनको भी लग सकती है। अतः टीकाकरण करते समय उन्हें गमबूट, एप्रिन-कोट तथा हाथ में रबर के दस्ताने (hand gloves) पहन लेने चाहिये।

जहाँ तक हो सके वैक्सीन को जमीन पर भी नहीं गिरने देना चाहिये।

मनुष्यों में ऐन्थ्रेक्स रोग (Anthrax in Man)– यह रोग प्रायः पशु-चिकित्सक (Veterinarians), कसाई (Butchers), भेड़पालक (Shepherds), चमार एवं ऊन धुनों (Wool sorters) को संक्रमित करता है। सस्ते घोड़े के बालों से निर्मित ब्रुश (Shav ng brushes) संक्रमण का कारण बनते हैं। मनुष्य में संक्रमण संक्रमित पदार्थों, पोस्टमार्टम के समय, पशुवध (Slaughter of animals), संक्रमित खाल को पकाने, ऊन और संक्रमित हड्डी के सम्पर्क में आने से होता है।

5. लंगड़ा बुखार/ब्लेक क्वार्टर (Black Quarter - B.Q.)

अन्य नाम (Other Name)– जहरबाद, सुजवा, ब्लैक लेग (Black leg), क्वार्टर-इल (Quarter ill), इम्फाइसेमेटस गैन्ग्रीन (Emphysematous gangrene), सिम्पटोमेटिक ऐन्थ्रैक्स (Symptomatic Anthrax), लंगड़िया, चुरचुरिया, फड़ सूजन, लंगड़ा या सूजा, ब्लैक क्वार्टर (B.Q.), लंगारा, एक्टंगिया आदि।

परिचय (Introduction)– यह गाय, भैंस तथा भेड़ों की एक छूतदार बैक्टीरियल बीमारी है, जिसमें शरीर के किसी मांसल भाग में गैस भरी सूजन हो जाती है। यह पशु के अगले कंधे अथवा पिछले पुट्ठों पर होकर उसको लंगड़ा बना देती है। यह अधिकतर जवान, अच्छे, स्वस्थ बछड़े-बछिया, बैल आदि को बरसात के दिनों में होती है।

B.Q. is an acute febrile disease of cattle, less often of sheep, characterised by exphysematous, sero-haemorrahagic swelling in the heavy muscles, especially of the hind limbs caused by **Clostridium chauvoei** (Cl. feseri).

प्रभावित पशु (Affected animals)—कैटल (गाय-भैंस), भेड़ एवं कभी-कभी बकरी भी। अन्य पालतू पशु तथा मनुष्य इस रोग से सुरक्षित (immune) हैं। कैटल विशेषकर बैल तथा बछड़े-बछिया 6 से 18 माह आयु के अधिक प्रभावित होते हैं। 3 साल तक के वयस्क पशु भी इस रोग की गिरफ्त में आ सकते हैं। शुद्ध वंशीय तथा स्वस्थ जानवर अधिक प्रभावित होते हैं।

कारण (Causes)— इस रोग को उत्पन्न करने वाला जीवाणु *"क्लॉस्ट्रीडियम शोवियाई"* है जो ग्रामपोजिटिव एनएरोबिक, स्पोरबियरिंग राड्स के रूप में पाया जाता है। कभी-कभी *क्लॉस्ट्रीडियम सेप्टिकम (Clostridium septicum)* भी इस रोग को फैलाने में सहायक होता है।

- इन जीवाणुओं के स्पोर्स शरीर के अंदर ही बन जाते हैं और प्रतिकूल परिस्थितियों में भी काफी समय तक जीवित रहते हैं।

फैलने का ढंग (Mode of Spread)

1. अन्ननली द्वारा (By Ingestion)—दूषित अथवा संक्रमित चरागाहों पर स्वस्थ पशुओं के चरने से रोग का जीवाणु घास द्वारा पशु के शरीर में प्रवेश कर जाता है।

Pastures and water suppliers become contaminated from the carcases of animals dying of Black Quarter. Spores liberated from the carcases can remain alive for long periods in the soil.

2. त्वचा के द्वारा (By Skin)— शरीर पर खुले घाव अथवा खरोंच होने पर भी जीवाणु शरीर में प्रवेश पा जाता है जिसके परिणामस्वरूप रोग पैदा हो जाता है। यह जीवाणु रक्त प्रणाली (blood circulation) में पहुँचकर अपने क्षतस्थल (lesion) में ही निवास करता है और वहीं अपना विकास करता है।

उद्भवन काल (Incubation Period)—रोग का प्रारम्भ छूत लगने के 1 से 5 दिन बाद होता है।

लक्षण (Symptoms)—छः माह से कम आयु के बछड़े इस रोग से इम्यून होते हैं और तीन साल से ऊपर के वयस्क बछड़े-बछिया (adult cattle) इस रोग से प्रायः प्रभावित होते हैं। इस रोग में पशु सुस्त हो जाता है, जुगाली करना बन्द कर देता है। पशु अन्य पशुओं से अलग खड़ा होता है। उसे 107^0 से 108^0 फारेनहाइट (41.7 से 42.3^0C) तक तेज बुखार हो जाता है। पशु के शरीर का पिछले क्वार्टर अथवा अगले पैर के ऊपरी भाग से कंधे तक का क्षेत्र गर्म, कड़ा, दर्दयुक्त सूजन तथा तीव्र लंगड़ेपन के साथ-साथ कभी-कभी सूजन गर्दन तक भी बढ़ जाती है।

There is an acute lameness with a hot, tense and painful swelling of varying size situated usually in a hind quarter or forelimb accompanied by high temperature . Occasionally, the swelling may develop in the muscles of the chest, back and neck.

पशु रम्भाता और दाँत पीसता है। सूजन जल्दी-जल्दी बढ़ने लगती है। सूजन प्रारम्भिक अवस्था में गर्म होती है और दबाने पर गड्ढा पड़ जाता है। हाथ से छूने और दबाने पर कड़कड़ या चरचर (crepitating sound) की आवाज सुनाई पड़ती है और 'बालू' जैसा अनुभव होता है। सूजन के ऊपर की खाल सूखकर सख्त एवं काली पड़ जाती है। अन्त में सूजन ठण्डी तथा दर्दरहित (Painless) हो जाती है। यदि इस सूजन पर चीरा (incison) लगाया जाय तो इसमें से काले-रंग का झागदार खून निकलता है, जिसमें सड़े मक्खन जैसी बदबू आती है। काटते समय सूजन वाला भाग रबड़ के स्पंज की भाँति कटता प्रतीत होता है।

At first the swelling is small but as the disease progresses, it becomes larger and crepitates on palpation. The painful hot swelling finally becomes cold and painless and the overlying skin becomes necrotic and parchment-like. When the swelling is incised a dark frothy fluid escapes and the fluid has a very sour smell like that of rancid butter.

रोग के लक्षण सारांश में

- प्रभावित पशुः गोवंशीय प्रायः 3 साल से ऊपर का।
- खाना-पीना एवं जुगाली बंद।
- 107^0-108^0F(41.7-42.3^0F) शरीर तापक्रम।
- जांघों के ऊपर, कंधे या गर्दन पर दर्द एवं सूजन। सूजन कभी-कभी अगले भाग में भी। सूजन की वृद्धि कुछ ही घंटों में।
- रंभाना एवं दाँत पीसना।
- पशु लंगड़ाकर चलता है, बाद में चलने-फिरने में असमर्थ।
- सूजन जिसको छूने और दबाने पर चरचराहट की आवाज सुनाई पड़ती है, इस रोग का विशेष लक्षण है।
- सूजन और चीरा लगाने पर झागदार काला स्राव, जिसमें सड़े हुए मक्खन जैसी दुर्गन्ध आती है।
- भेड़वंशीय पशुओं में नथुनों एवं गुदाद्वार से रक्तयुक्त स्राव।
- तापक्रम का गिरना मृत्यु सूचक होता है।
- प्रायः 12-40 घंटे में मृत्यु हो जाती है।

अन्त में सूजन ठंडी पड़ जाती है और वह भाग चेतनाहीन होकर सूख जाता है। नाड़ी तेज चलती है कभी-कभी सूजन अधिक रहने पर खाल सड़ जाती है और उस स्थान पर घाव बन जाता है। उचित चिकित्सा करने पर सूजन दूर हो जाती है या पककर फूट जाती है और रोगी पशु स्वस्थ हो जाता है। हमने अपने चिकित्सकीय काल में यहाँ तक देखा है कि एक बैल में अगले और पिछले क्वार्टर की (खाल+ मांसपेशी भी) खाल सड़कर अलग हो गई थी। और पशु मात्र कंकाल जैसा दीखता था। उसका उचित उपचार करने पर वह स्वस्थ हो गया था और 2-3 माह में नवीन खाल के आ जाने से वह स्थान चिन्हरहित साफ-सुथरा बन गया था।

पशु पहले लंगड़ाकर चलता है और बाद में चलने-फिरने से पूर्णतया असमर्थ हो जाता है। सूजन में गैस भरी रहती है। प्रायः पिछले पुट्ठे पर असर होकर पशु पिछली टाँग से लंगड़ाकर चलता है।

पशु का तापक्रम कभी-कभी नार्मल (सामान्य) से भी कम हो जाता है। इस प्रकार तापक्रम का गिरना (subnormal temperature) मृत्यु का सूचक है। प्रायः पशु बीमार होने के 12 से 48 घण्टे में मर जाता है।

Temperature falls during the course of the disease and it may be normal when the case is seen.

भेड़वंशीय पशु सभी उम्र की अवस्थाओं में इस रोग से ग्रसित हो सकते हैं एवं सभी उपरोक्त लक्षणों को प्रदर्शित करते हैं। इनमें नथुनों और गुदाद्वार (nostril and rectum) से रक्तयुक्त स्राव भी आने लगता है।

Sheep of all ages may be affected from lambs a few day's old to aged ewes and rams. There may be blood stained discharge from the nostril or rectum. Otherwise the symptoms are as in cattle.

निदान (Diagnosis)

1. लक्षणानुसार (Symptomatic)—रोगी पशु का इतिहास (history of case) लेकर एवं ऊपर बताये गये लक्षणों को देखकर बीमारी की पहचान की जा सकती है। सूजन को छूने अथवा दबाने पर चरचर की आवाज (crepitating sound) का मिलना इस रोग का निदानात्मक लक्षण है। सूजन कार्पल या टार्सल ज्वान्ट तथा दुम पर कभी नहीं होती है।

2. सूक्ष्मदर्शी परीक्षा (Microscopic test)—सूजन को चीरकर उसमें निकले रक्त की एक बूँद का स्लाइड पर पतला लेप बनाकर माइक्रोस्कोप में देखने से रोग के जीवाणु (bacteria) दिखायी देते हैं। जाँच में जीवाणु की आकृति छड़ की भाँति तथा लम्बाई 3–5 माइक्रोन होती है।

A smear should be taken from the incised swelling and not from earvein for microscopical examination, lesions are diagnostic.

3. संवर्धन (Culture)—संदूषित पदार्थ का गिनीपिग (चूहा अथवा खरगोश भी) में इन्जेक्शन लगाने के बाद उत्पन्न लक्षणों को देखकर रोग का निदान किया जाता है एवं एनारोबिक परिस्थितियों में जीवाणु को उगाकर पारिवारिक विशेषताओं (family characters) को देखकर रोग का स्पष्टीकरण हो जाता है।

● हमें एक ऐसा केस भी मिला है– फ्रीजियन गाय जिसको तेज तापक्रम के साथ अयन में सूजन आ गई थी। अयन का सम्पूर्ण मांसल भाग शोथयुक्त होकर काला पड़ गया था, दबाने पर चर–चर की आवाज आती थी, थन भी काफी सूजे हुए थे और उनसे दूध आना बन्द था। केवल एक थन से थोड़ा दूध आ रहा था। जब नीडिल से थन के निपिल को खोला तो उनसे दूध न निकलकर केवल गैस ही नीडिल से पास हो रही थी। गैस पूर्ण रूप से बदबूदार थी और पशु निढाल होकर लेट गया था। चिकित्सकों द्वारा परीक्षण करते समय ही उक्त गाय की मृत्यु हो गई। मृत्यु के समय उसका तापक्रम सबनार्मल हो गया था।

याद रहे

● पशुओं के पारस्परिक सम्पर्क से यह रोग नहीं फैलता है। इसका जीवाणु प्रायः मिट्टी में रहता है। सूजन के फटने अथवा असावधानीवश चीरने पर इससे निकले हुए स्राव से हवा की उपस्थिति में स्पोर बन जाते हैं जो प्रतिकूल वातावरण में भी काफी समय तक जीवित रहते हैं। दूषित चारा और पानी से रोग फैलता है।

चिकित्सा व्यवस्था– (क) जीवाणु हेतु जीवाणुरोधी अथवा जीवाणुनाशी एन्टीबैक्टीरियल दवाओं में से किसी एक अथवा आवश्यकतानुसार दो दवाओं का प्रयोग तीन दिन तक करना चाहिये। इन प्रतिजीवाणुज औषधियों का विवरण निम्न है–

(a) सल्फोनामाइड्स (Sulphonamides)

● **सल्फाडिमिडीन इंजे. (Sulphadimidine) : मात्रा**— 100 मि.ग्रा. प्रति किलो शरीर भार मुँह द्वारा (orally) या शिरा में (I/V)।

सल्फाडिमिडीन सोडियम 33.3% (Sulphadimidine Sodium Inj. 33.3%: (*Indian Immunologicals, KAPL, Vet India, Denis, Prima Vet Care*), सल्फामिन (Sulfamin - *India Immunologicals)*।

सल्फाडिमिडीन 5 ग्राम गोली (Sulphadimidine 5gm tablet) : मात्रा– 100 mg/kg BW I/M or I/V। *ब्राण्ड्स*– आलडीन (Aldine - *Alembic*), डाइडीन (Diadin - *Pfizer*), लाइकाडीन (Lykadin - *Lyka*), सल्फामिन (Sulfamin - *Indian Immunologicals*), सल्फाडीन (Sulphadin - *Vet Pharma*), सल्फाडिमिडीन (Sulphadimidin - *Ar-Ex, Carevet, IBC, KAPL, Lyka, Vet India*)।

● **सल्फाडाइजीन + ट्राइमैथोप्रिम इंजे. (Sulphadizine + Trimethoprim Inj) :** सल्फाडाइजीन 400mg + ट्राइमैथोप्रिम 80mg/ml **मात्रा**– 15-30mg/kg BW / *ब्रान्ड्स*–

बायोट्रिम आई.एम (मांसान्तर्गत) (Biotrim I.M - *Vetnex),* स्पार्कट्रिम आई.एम (मांसान्तर्गत) (Sparktrim I.M. - *Neospark),* सुमेट्रोल (Sumetrol - *Themis)* I

सल्फाडाइजीन 200mg + ट्राइमैथोप्रिम 40mg/ml Inj. — बायोट्रिम IV (Biotrim IV -*Vetnex),* सोलबैक (Solbac - *Vetcare),* स्पार्कट्रिम IV (Sparktrim IV - *Neospark),* सल्फाट्रिम (Sulphatrim - *Vetsfarma),* सलप्रिम 2g (Sulprim 2g - *Unichem)* I

सल्फाडाइजीन 2 gm + ट्राइमैथोप्रिम 400mg गोली—बायोट्रिम DS (Biotrim DS - *Vetnex),* डाईसल्फ (Disulf-*IBC),* ड्यूराप्रिम (Duraprim-*Brihans),* डुओसाइडल (Duocidal - *KAPL),* इन्ट्रिम (Intrim- *Indian Immunolgoicals),* स्पार्कट्रिम DS (Spark trim DS-*Neospark),* सल्कोप्रिम (Sulcoprim-*Concept),* एन्ट्रीमा 2.4gm (Antrima 2.4gm - *Prima Vet care)* I

सल्फाडाइजीन 1.0gm + ट्राइमैथोप्रिम 200mg–एन्ट्रीमा 1.2g (Antrima 1.2gm - *Prima Vet care),* बैक्ट्रीसोल (Bactrisol - *Alved),* हैट्रिक्स (Hatrix - *HAL),* सैप्ट्रिज (Septriz - *Theodor),* सूट्रिम 200 (Sutrim 200 - *Torrent),* त्रिसूल (Trisul - *Prahar),* वैट्रान LA (Vetran LA - *Vetsfarma),* वोक्ट्रिन (Woktrin - *Wockhardt)* I

- **सल्फामैथोक्साजौल 400mg + ट्राइमैथोप्रिम 80mg/ml Inj.** —ट्रेपिन IV (Trepin IV - *Cadila Pharma),* ट्रिमासोल IM (Trimasol IM - *Novartis)* I

  सल्फामैथोक्साजौल 200mg + ट्राइमैथोप्रिम 40mg/ml Inj. — ट्रिमासोल IV (Trimasol IV - *Novartis)* I

  सल्फामैथोक्साजौल 400mg + ट्राइमैथोप्रिम 80mg/3ml Inj. — बायोसल्फा IM (मांसान्तर्गत) (Biosulpha IM - *Vet India*), मोरप्रिम वैट IV (Morprim Vet IV - *Morvel)* I

- **सल्फोनामाइड + ट्राइमैथोप्रिम गोली** — मात्राः 15-30mg/kg शरीरभारानुसार मुँह द्वारा।

  सल्फामैथोक्साजोल 2gm + ट्राइमैथोप्रिम 400mg : गोली – डुआप्रिम (Duaprim - *Brihans),* डुओसाइडल (Duocidal - *KAPL),* इन्ट्रिम (Intrim - *Indian Immunologicals),* मारकोप्रिम (Marcoprim - *Merc),* ओरीप्रिम (Oriprim - *Zydus AHL),* सालप्रिम (Salprim - *Salus),* ट्रैपिन (Trepin - *Cadila Pharma),* ट्राइजोल (Trizol - *Ieps)* I

  सल्फामैथोक्साजोल 1.0gm + ट्राइमैथोप्रिम 200mg : गोली – बायोसल्फा (Biosulpha - *Vet India),* रोबाट्रान (Robatran - *TTK),* सैप्ट्रिज (Septriz - *Theodor)* I

(b) बैन्जाथीन पैनिसिलीन इंजे. (Benzathin Penicillin Inj.) : मात्रा — गाय, भैंस, घोड़ा, भेड़, बकरी, सूअर 12000 I.U प्रति किलो शरीर-भार; कुत्ता व बिल्ली 40000 I.U प्रति किलो शरीर-भार।

विधि—मांस की गहराई में (Deep intramuscular only) केवल।

6 Lac vial– बैन्थीपैन-एल ए. (Benthipen LA - *Carevet),* लोंगासिलीन वैट-6 (Longacillin Vet-6 - *HAL),* पैनकौम (Pencom - *Alembic),* पैनीड्यौर-एलए 6 (Penidure LA 6 - *Wyeth Lederle)* I

12 Lac vial– बैन्थीपैन एल ए. (Benthipen LA - *Carevet),* लोंगासिलीन वैट 12 (Longacillin Vet 12 - *HAL),* पैनकौम (Pencom - *Alembic),* पैनीड्यौर एल.ए 12 (Penidure LA12 - *Wyeth Lederle)* I

24 Lac vial– बैन्थीपैन एल.ए. (Benthipen LA - *Care vet),* बैन्जापैन (Bezapen - *KAPL),* बैन्जालीन (Benzalin - *IBC),* लोंगासिलीन वैट 24 (Longacillin vet 24 - *HAL),* पैनकौम (Pencom - *Alembic),* पैनीड्यौर एल ए 24 (Penidure LA-24 - *Wyeth Lederle)* ।

48 Lac vial– बैन्थीपैन एल ए. (Benthipen LA - *Care vet),* बैन्जापैन (Benzapen - *KAPL),* बैन्जालीन (Benzalin - *IBC),* लोंगासिलीन वैट–48 (Longacillin vet 48 - *HAL)* ।

(c) ऑक्सीटेट्रासाइक्लीन इंजे. व गोली (Oxytetracycline Inj. & Tab) : मात्रा– 5-10mg/kg शरीर भारानुसार मांस में (I/M) या नस में (I/V) तीन दिन तक देनी चाहिए। *ब्रान्ड्स*– एलसाइक्लिन–ओ (Alcyclin-O - *Alembic*), इन्टामाइसिन इन्जे. (Intamycin Inj - *Intas),* लाइकासीन–ओ (Lykacin-O - *Lyka*), आक्सीटैट्रासाइक्लीन इंजे. (Oxytetracycline Inj - *Alembic, Concept, Indian Immunologicals, Zydus AHL, Pfizer)*, टैरामाइसिन इंजे. (Terramycin Inj - *Pfizer)*, वोलीसाइक्लीन इंजे (Wolicycline inj - *Wockhardt)*, दूसरे तथा तीसरे दिन (तीनों दिन भी) औक्सीटेट्रासाइक्लीन (Oxytetracycline) 500mg की गोली (tab) : जैसे– वेटॉक्सी 500 (Vetoxy 500 - *Vetsfarma)*, टैरामाइसिन गोली (Terramycin tab - *Pfizer)*, ऑक्सीट्रा (Oxytra - *HAL)* बड़े पशु को तीन गोली सुबह–शाम दी जा सकती हैं।

औक्सीटैट्रासाइक्लीन लोंग एक्टिंग इंजे. (Oxytetracycline long acting inj.) : जैसे– इन्टामाइसिन LA (Intamycin LA - *Intas),* औक्सीटैट्रासाइक्लीन एल ए (Oxytetracycline LA - *Pfizer, Wockhardt),* टैरामाइसिन एल ए (Terramycin LA - *Pfizer),* वोलीसाइक्लीन एल ए (Wolicycline LA - *Wockhardt)* एक बार प्रयोग किया जा सकता है। इसका असर 96 घण्टे तक रहता है।

(d) क्लोराम्फैनीकोल इंजे. (Chloramphanicol Inj.) : मात्रा– *बड़े पशु* 20-30mg/kg BW मांस में (I/M) रोज या 2-4mg/kg BW BID नस में (I/V) देना चाहिए; जैसे–

क्लोरोफैन (Chlorophan - *Vet India),* लाइकासिटीन (Lykacetin - *Lyka),* नीओक्लोर (Neochlor - *Vet care),* सिमरसिटीन (Simercetin - *Bio media),* वैटनीकोल (Vetnicol - *Vetsfarma)* ।

(e) एमोक्सीसिलीन बोलस (Amoxycillin Bolus) : मात्रा– *बड़े पशु* 10mg/kg शरीर–भारानुसार BID; *कुत्ता, बिल्ली* 10-20mg BID बोलस मात्रा। *ब्राण्ड्स*– एमोक्सीरम बोलस (Amoxirum Bolus 1.5gm - *Virbac),* पैटमोक्स गोली (Petmox tab) 250mg *(Zydus AHL)* ।

एमोक्सीसिलीन + क्लौक्सासिलीन इंजे. (Amoxycilin + Cloxacillin inj.) : मात्रा– *बड़े पशु* 2–3 ग्राम मांस में (I/M) । *ब्रान्ड्स*– एमक्लौक्स (Amclox) Inj. 2gm (*Novartis*), कोमाक्स वैट (Comaxvet) 2g Inj (*Vet India*), कोनमौक्स (Conmox) Inj. 2gm (*Concept*), इनीमौक्स (Inimox) Inj 2gm, 2.5gm, 4gm (*India Immunologicals*), इन्टामौक्स (Intamox) Inj. 2gm, 2.5gm, 3.5gm, 4.5gm (*Intas*), मैगामाइसिन फोर्ट (Megamycin Fort) Inj 3gm (*Pfizer*), मौक्सल (Moxel) Inj. 0.5gm, 2.0gm, 3.0gm (*Alembic*), मौक्सीक्लौक्स (Moxyclox) 3 gm (*Wockhardt*), सिनक्रोन (Synkron) Inj. 2gm (*Cadila Pharma*) ।

(f) एम्पिसिलीन इंजे. (Ampicillin inj.) : मात्रा– *बड़े पशु* व *छोटे पशु* 5-10mg/kg शरीर–भारानुसार दिन में चार बार; *कुत्ता* 20mg/kg शरीर भारानुसार दिन में चार बार, मांस में (I/M) या (I/V) नस में। *ब्रान्ड्स*– एम्पीसिलीन इंजे. (Ampicillin Inj.) 2.5gm *(Cadila Pharma, Lyka),* Ampilin vet (एम्पीलीन वैट) 2.5gm *(Lyka),* बैसीपैन (Bacipen) 2.5gm *(Alembic),* कोनाम्पी (Conampi) Inj 2.5gm *(Concept),* वैटाम्पीन (Vetampin) Inj 2gm *(Wockhardt)* । अथवा

एम्पीसिलीन इंजे. + क्लौक्सासिलीन इंजे. : मात्रा– 5-10mg/kg शरीर–भारानुसार दिन में चार बार। *कुत्ता* 20mg/kg शरीर भारानुसार दिन में चार बार मांस में (I/M) ब्रान्ड्स : एसी–वैट (AC-vet - *Intas*), एसी–वैट फोर्ट (AC-vet Fort) 3gm, 4gm inj *(Intas)*, बैक्सीवैट (Baxivet) inj 0.5gm, 2.5gm, 4gm *(Lyka)*, बिनोसिन (Binocin) Inj. 1g, 2g *(Concept)*, वैटक्लौक्स फोर्ट (Vet Clox Fort) inj 2gm *(Zydus AHL)* ।

(g) सिप्रोफ्लोक्सासीन इंजे. (Ciprofloxacin Inj.) : मात्रा– 4-5mg per kg शरीर–भारानुसार मांस में (I/M) या नस में (I/V) तीन दिन तक देनी चाहिये। जैसे– सी–फ्लोक्स (C-Flox - *Intas)*, 40mg/ml, 50ml vial; सिप्रोवैट (Ciprovet - *Vet India)* 40mg/ml 10ml, 30ml vial । अथवा

एनरोफ्लोक्सासीन इंजे. (Enrofloxacin Inj.) : मात्रा– 2.5-5.0mg/kg शरीर–भारानुसार मांस में (I/M) या नस में (I/V)। जैसे– कौनफ्लोक्स–वैट इंजे. (Conflox vet inj - *Concept)* 50mg/ml, 30ml vial; एनरोसिन इंजे. (Enrocin inj. - *Vetnex)* 100mg/ml - 15ml, 50ml vial; एनरोवैट इंजे. (Enrovet inj. - *Vetsfarma)* 100mg/ml - 15ml, 30ml, 50ml vials; फ्लोबेक एस ऐ (Flobac-SA - *Intas)* 100mg/ml, 30ml vial; मैरीक्विन इंजे. (Meriquin inj - *Wockhardt)* 100mg/ml - 10ml, 15ml vial; क्विनइन्टास इंजे. (Quinintas inj. - *Intas)* ।

(h) सैफ्ट्रियेक्सोन इंजे. (Ceftriaxone Inj.) : मात्रा– *पशुओं में* 5-10mg/kg शरीर–भारानुसार । *कुत्ता, बिल्ली* 10-30mg/kg शरीर–भारानुसार tid मांस में (I/M) या नस में (I/V) देना चाहिये (तीन दिन तक)। जैसे– सैफ्टोसिड इंजे. (Ceftocid inj) 2.5g, 3.0g vial; इन्टासैफ इंजे. (Intacef inj. - *Intas)* 0.250gm, 0.500gm, 1gm, 2gm, 3gm, 4gm vial; जायडासैफ (Zydacef) Inj 0.5gm, 3gm, vial *(Zydus AHL)* । अथवा

सैफ्ट्रियेक्सोन सोडियम तथा सालबैक्टम इंजे. (Ceftriaxone sodium 2, 3gm + Sulbactam 1/1.5gm per 3gm/4.5gm vial) – सैफ्टप्लस इंजे. (Ceft-plus inj.) 3gm, 4.5gm vial *(Lyka)* (I/M) मांस में 3 दिन तक। अथवा

सैफ्ट्रियेक्सोन तथा टैजोबैक्टम इंजे. (Ceftriaxone 0.5g, 2g, 3g, 4g + Tazobactam 0.0625g, 0.250g, 0.375g, 0.500g per 0.5625g, 2.250g, 3.375g, 4.5g vial) । जैसे– इन्टासैफ–टैजो इंजे. (Intacef-Tazo inj) 0.5625g, 2.250g, 3.375g, 4.5g vial *(Intas)*; वीटेजो (Vetazo) 2.250g, 3.375g vial *(Zydus AHL)* । अथवा

सैफ्टिओफर सोडियम इंजे. (Ceftiofur sodium Inj.) : मात्रा– 2-4mg/kg शरीर–भारानुसार BID तीन दिन तक। जैसे– एक्सैफ्ट इंजे. (Xceft inj - *Alembic)*, टैप्रोसैफ इंजे. (Teprocef inj. - *MSD Animal Health)*, बोवीसैफ इंजे. (Bovicef inj - *Indian Immunologicals)* दे सकते हैं : 1gm vial I/M daily ।

(ख) कोर्टीकोस्टीरोइड/कोर्टीसोन दवाऐं (Corticosteroid/cortisone drugs) : निम्न में से किसी एक दवा का प्रयोग करें–

(a) बीटामीथासोन इंजे. (Betamethasone Inj.) – मात्रा : गाय, भैंस, घोड़ा 10-30mg; भेड़, बकरी, सूअर 2-5mg; कुत्ता 0.5-2mg मांस में (I/M) या नस में (I/V) । जैसे– बैटनीसोल इंजे. (Betnesol Inj.) 4mg/ml, 1ml ampoule ।

(b) डैक्सामीथासोन इंजे. (Dexamethasone Inj.) : मात्रा– गाय, भैंस, घोड़ा 10-30mg; भेड़, बकरी, सूअर 2-5mg ; कुत्ता 0.5-2mg मांस में (I/M) या नस में (I/V) । जैसे– क्यूराडैक्स

(Curadex - *Concept)* 2ml, 5ml; डैक्सानोल (Dexanol - *Vetsfarma)* 5ml, डैक्सासोन (Dexasone - *Cadila Pharma)*– 2ml, 5ml; डैक्सावैट (Dexavet - *Wockhardt)* 5ml; डैक्सोना (Dexona - *Zydus AHL)* 5ml, मारकोडैक्स (Marcodex - *Marc)* 6ml, कीटाकोर्ट (Ketacort - *Intas)* 5ml, 10ml; वैटकोर्ट (Vetcort - *Alembic)* 5ml, सभी 4mg/ml ।

(c) प्रेडनीसोलोन इंजे. (Prednisolone Inj.) : मात्रा– 10mg/ml । गाय, भैंस, घोड़ा 10-20ml; भेड़, बकरी, सूअर 2.5ml-5ml; कुत्ता, बिल्ली 1-3ml (कुल मात्रा); प्रेडनीसोलोन इंजे. (Prednisolone Inj - *Wockhardt, Intervet)*– 10ml vial ।

(d) ट्राईएमसीनोलोन इंजे. (Triamcinolone Inj.): मात्रा– गाय, भैंस, घोड़ा 12-20mg; कुत्ता 6mg (Total dose) । *ब्रान्ड्स*– वीटालोग इंजे. (Vetalog Inj. - *Zydus AHL*) 6mg/ml, 5ml vial मांस में (I/M) ।

(ग) बुखार के लिये (Antipyretic Medicine) : निम्न दवाओं में से कोई एक प्रयोग करें–

(a) एनाल्जीन इंजे. (Analgin Inj.) : मात्रा– गाय, भैंस, घोड़ा – 10-20g; भेड़, बकरी 1-4g; कुत्ता 0.5-2gm (Total dose) मांस में (Intramuscular) या नस में (Intravenous) जैसे– एनाल्जीन इंजे. (Analgin inj. - *KAPL, Medinex lab, Vet India)* 500mg/ml, 30ml vial; वैटाल्जीन इंजे. (Vetalgin inj. - *Intervet)* 500mg/ml 30ml vial ।

(b) पैरासीटामोल इंजे. व बोलस (Paracetamol Inj. & Bolus) : मात्रा– गाय, भैंस, घोड़ा, भेड़, बकरी, सूअर 10mg/kg BW; कुत्ता 10-20mg/kg BW मांस में (Intramuscular) या मुख से (orally) : *ब्रान्ड्स*– पैरासीटामोल इंजे. (Paracetamol Inj - *Zydus AHL*) 150mg/ml 30ml vial, पाइरौक्सीन बोलस (Pyroxin Bolus - *Marc*) 2gm Bolus ।

(c) मैलोक्सीकैम इंजे. व बोलस (Meloxicam Inj. & Bolus) : मात्रा– गाय, भैंस, घोड़ा, भेड़, बकरी, सूअर 0.1mg/kg BW मांस में (Intramuscular) या मुख से (Orally); मैलोनैक्स इंजे. (Melonex Inj. - *Intas*) 5mg/ml ; 2ml, 15ml, 30ml, 100ml; मैलोक्स–वैट (Melox-vet - *Marc*) 5mg/ml– 15ml, 30 ml vial; क्विक इंजे. (Quick Inj. - *Zydus AHL*) 5mg/ml, 15ml; जोबिड–एम (Zobid-M - *Zydus AHL*) 5mg/ml 15 ml, 30 ml, 100 ml ; 20 mg/ml - 10 ml, 30 ml ; मैलोनैक्स बोलस (Melonex Bolus - *Intas*) 100 mg Bolus, क्विक बोलस (Quick Bolus - *Zydus AHL*) 100ml Bolus, जोबिड़–एम बोलस (Zobid-M Bolus - *Zydus AHL*) 100mg Bolus ।

(d) मैलोक्सीकैम + पैरासीटामोल इंजे. व बोलस (Meloxicam+Paracetamol Inj. & Bolus) : *ब्राण्ड्स*– मैलोनैक्स प्लस इंजे. (Melonex Plus Inj. - *Intas*); मैलोक्सी कैम 5mg + पैरासीटामोल 150mg/ml । **मात्रा**– *बड़े पशु:* 15-20ml/300kg BW, *छोटे पशु* : 1ml/10kg BW : 30ml, 100ml vial; मैलोनैक्स प्लस बोलस (Melonex Plus Bolus) Meloxicam 100mg + Paracetamol 150 mg per Bolus (*Intas*); बड़े पशु एक बोलस / 200kg BW रोज ।

(e) एनाल्जीन 750mg + **फिनाइलब्यूटाजोन** 750mg/5ml एम्प्यूल (Analgin 750mg+Phenylbutazone 750mg per 5ml Ampoule) : एसजीपाइरीन–एन (Esgipyrin-N Inj. - *Zydus AHL*); **मात्रा**– बड़े पशु 5-15ml, छोटे पशु 1-5ml मांस में (Intramuscular) ।

(f) नेम्यूस्लाइड इंजे. (**Nemuslide** Inj.) : **मात्रा** – गाय, भैंस, भेड़, बकरी, कुत्ता 2-4mg/kg BW मांस में (I/M) रोज, घोड़ों में प्रयोग नहीं; निमोवैट इंजे. (Nimovet Inj.) 100mg/ml ।

(घ) विटामिन बी कौम्प्लैक्स इंजे. (Vitamin B Complex Inj.) : निम्न में से कोई एक– **मात्रा**– गाय, भैंस, घोड़ा 5-10 मि.ली.; भेड़, बकरी, सूअर 3-5 मि.ली.; कुत्ता 0.5-1.0 मि.ली. मांस में (Intramuscular) रोज। आल्वीप्लैक्स फोर्ट इंजे. (Alviplex Fort Inj. - *Alved*) 10ml, 30ml; बीप्लैक्स.वैट इंजे. (Beeplex-vet Inj. - *Marvel*) 30ml; बिलीपौन इंजे. (Billipon Inj. - *Bio medica*) 10ml; कौन्सीप्लैक्स इंजे. (Conciplex Inj. - *Concept*) 10ml, 30ml; लिवाडैक्स इन्जे. (Livadex inj. - *Virbac*) 10ml, 30ml; वाइबीलान इंजे. (Vibelan Inj. - *Virbac*) 30ml।

(च) सूजन की जगह अथवा बालू जैसा अनुभव होने पर ब्लेड या चाकू से आवश्यकतानुसार 2–4 स्थानों पर 1 या 2 इंच का चीरा लगाकर गंदा रक्त निकाल दें (काले रंग का) और उस स्थान में पोटेशियम परमैंगनेट भर दें अथवा सफाई कर कीटाणुनाशक औषधि (antiseptic preparation) भर दें। अथवा– टिंचर आयोडीन (Tr. Iodine) या 1:1000 का मरकरी परक्लोराइड घोल भर दें।

बचाव एवं नियन्त्रण (Prevention and Control)

- रोगी पशुओं को अन्य पशुओं से शीघ्र अलग (isolate) कर दें।
- मरे हुए पशुओं को भली–भाँति जमीन में काफी गहरा गाढ़ देना चाहिए।
- पशुओं को दूषित भूमि एवं चरागाहों से अलग रखना चाहिये।
- बरसात शुरू होने से पहले स्वस्थ पशुओं को वी.क्यू. वैक्सीन का टीका (B.Q. vaccine) लगवा दें।

स्वस्थ पशुओं को छः माह की आयु से पूर्व ही बीमारी से बचाव का टीका लगवाना चाहिये और तीन वर्ष तक प्रति वर्ष इस टीके को दोहराना चाहिये।

पशु–पालन विभाग की ओर से इस टीके के लगवाने की समुचित व्यवस्था रहती है। अतः प्रतिरक्षा हेतु अपने निकट के पशु–चिकित्सक से सम्पर्क स्थापित कर टीका लगवा लेना चाहिये ताकि बीमारी होने का भय न रहे।

In badly infected areas the disease may be prevented by periodical vaccination of stock, especially, before the onset of rains.

सावधान—जहाँ तक हो सके चीरा नहीं लगाना चाहिये, क्योंकि ऐसा करने से खोले हुए घाव से असंख्य बैक्टीरिया निकलकर वातावरण को दूषित कर देते हैं। जिससे बीमारी फैलने की और अधिक सम्भावना रहती है।

नोट—सामान्य परिस्थितियों में शव परीक्षण वर्जित है। शव का निस्तारण वैज्ञानिक ढंग से करना ही उपयुक्त रहता है।

6. न्यूमोनिया (Pneumonia)/Inflammation of Lungs

अन्य नाम (Other names)—फुफ्फुस प्रदाह, फेफड़े की प्रदाह, फुफ्फुसार्ति आदि।

परिचय (Introduction)—यह फेफड़े की सूजन की एक बीमारी है, जिसमें नाक से गाढ़ा–गाढ़ा स्राव (नेटा–पेटा) बहता है। कफ, खाँसी, सांस लेने में कठिनाई, ज्वर आदि हो जाते हैं। इसमें फेफड़ा ठोस हो जाता है।

दूसरे शब्दों में– यह पशुओं के फेफड़े का रोग है, जिसमें वायुनलियों एवं फेफड़ों में शोथ आकर पशु को श्वासकष्ट (dyspnea) हो जाता है। पशु को काफी तीव्र ज्वर आकर नाक से पानी जैसा द्रव आता है, जो आगे चलकर गाढ़ा हो जाता है। उचित चिकित्सा के अभाव में रोगी पशु की कुछ ही दिनों में मृत्यु हो जाती है।

Pneumonia– Inflammation of the animal lungs with consolidation caused by Bacteria, virus or chemical irritants. It is characterised by chill, high fever, pain in the chest and cough.

प्रकार (Types)—इस रोग की निम्नलिखित तीन प्रकारें होती हैं—

1. उग्र शोथ, पालि शोथ अथवा कफपाक शोथ (Acute Lobar or Croupous pneumonia)।
2. ब्रोन्कोन्यूमोनिया, पालिकाशोथ या श्लेष्म न्यूमोनिया (Broncho-Lobular or Catarrhal pneumonia)।
3. अन्तरालीय, दीर्घकालिक या फुफ्फुस न्यूमोनिया (Interstitial, Chronic or Pulmonary pneumonia)।

वैसे यह पशुओं में मुख्य रूप से दो प्रकार का मिलता है—

1. **लोबुलर प्रकार** (Lobular type)— इसमें फेफड़े के अन्दर अलग-अलग स्थानों पर जगह सख्त (Patches of consolidation) हो जाती है।
2. **लोवर प्रकार** (Lobar type)— इसमें कई एक consolidation patches मिलकर एक बड़ा पैच बन जाता है।

कारण (Causes)— इस रोग का जीवाणु न्यूमोनोकोकाई (pneumonococci) होता है जिसका प्रकोप प्रायः सर्दी लगकर होता है। ठण्ड लग जाने, भीगने या दवा पिलाते समय दवा के फेफड़ों में चला जाने (drenching pneumonia) या ब्रोन्काइटिस (Bronchitis) के कारण यह रोग हो जाता है। कील या कोई अन्य वस्तु के चुभ जाने से यह रोग हो जाता है। हर अवस्था में यह रोग जीवाणुओं के द्वारा होता है जो कि साँस की नली में सामान्य अवस्था में पाये जाते हैं और ठण्ड आदि के कारण पशु में उसकी रोकथाम की शक्ति कम हो जाती है और यह जीवाणु जोर पकड़कर बीमारी पैदा कर देता है। यह रोग संक्रामक बुखार (Infectious fever); जैसे- इन्फ्लूएन्जा आदि के कारण भी हो जाता है। कभी-कभी यह रोग विशेष संक्रामक रोग के कारण भी हो जाता है। परजीवी (parasites) संसर्ग; जैसे- फेफड़ा कृमि, ''डी फैलेरिया'' भेड़-बकरियों में तथा ''डी अर्नफील्डी'' घोड़ों में। फफूँदी संसर्ग; जैसे- एस्परजीलस (Aspergillus) 'मुर्गियों' में जिससे चूजों को 'वूडर न्यूमोनिया' हो जाता है। गलत तरीके से दवा पिलाने से औषधि फेफड़ों में चली जाती है जिससे 'ड्रेचिंग न्यूमोनिया' हो जाता है। यदि लगातार ब्रोन्काइटिस काफी समय तक बनी रहे और उसकी चिकित्सा न की जाय तो पशु को न्यूमोनिया का रोग हो जाता है।

फेफड़ों पर बाह्य आघात लगने से भी शोथ आकर न्यूमोनिया हो जाता है।

इसके अतिरिक्त वातावरण में एकाएक परिवर्तन, अचानक भीगने तथा बुढ़ापा आदि के कारण भी बीमारी सहन करने की शक्ति क्षीण हो जाती है। अतः ये रोग के फैलाने में सहायक होते हैं।

फैलने का ढंग (Mode of Spread)

श्वास नली द्वारा (By Inhalation)—रोग के जीवाणु, Pneumonococci, श्वास नली द्वारा फेफड़े में पहुँचकर बीमारी पैदा करते हैं।

लक्षण (Symptoms)— हालांकि न्यूमोनिया ब्रोन्काइटिस का एक उपद्रव (complication) है, जिसमें छोटे-छोटे ब्रोन्काई तथा एल्वियोलाई शामिल होते हैं। जानवर खाँसता है और उसे साँस लेने में दिक्कत होती है। शरीर का टेम्परेचर बढ़ जाता है और छाती को दबाने से पशु दर्द महसूस करता है। कभी-कभी नाक के स्राव (discharge) में खून भी मिला होता है। नाड़ी जल्दी-जल्दी चलने लगती है, पशु को कब्ज (constipation) हो जाता है। पेशाब पीला तथा थोड़ी मात्रा में आता

है। आँख का कंजंक्टाइवा (conjunctiva) कंजेस्टिड हो जाता है। आला लगाने से फेफड़ों में dullness पायी जाती है। दम घुटता है और साँस लेने में बाधा होती है। खराब अवस्था में कुछ समय बाद पशु की मृत्यु हो जाती है। अच्छी अवस्था में बुखार कम होने लगता है। खाँसी में आसनी तथा पशु सावधान-सा मालूम पड़ता है। कुछ-कुछ भूख भी लगने लगती है। पशु बुरी तरह खाने की कोशिश करता है। आला लगाने पर उस सख्त जगह पर moist rales सुनाई पड़ने लगते हैं।

कुत्तों में कै होती है। श्लैष्मा अधिक लाल हो जाती है। भूख नहीं लगती है। आरम्भ में आला लगाकर सुनने पर फेफड़े की आवाज सुनाई पड़ती है, परन्तु बाद में कफ के भर जाने से आवाज सुनाई नहीं पड़ती है। नाक से स्राव और अधिक होता है।

रोग के लक्षण सारांश में

- न्यूमोनोकोकाई जीवाणु प्रधान रोग उत्पादक कारण।

अन्य कारण-सहायक रूप में—

- ठण्ड एवं सर्द हवा का लगना।
- बन्द एवं तंग जगह में पशु का निवास।
- धूल-गर्दा एवं कष्टदायक गैसों का सांस लेना।
- अपर्याप्त पोषण।
- पासचुरेला, स्ट्रेप्टोकोकस, कोराइन वैक्टीरिया आदि का संसर्ग।
- पोकनी (R.P.), गलघोंटू (H.S.), स्ट्रेन्गील्स एवं डिस्टेम्पर आदि रोगों से।
- परजीवी (parasites) संसर्ग।
- फंगल संसर्ग।
- गलत तरीके से दवा पिलाना।
- ब्रोन्काइटिस रोग की उपेक्षा करने अथवा असावधानी।
- फेफड़ों में चोट लगने से।
- अचानक भीगना एवं वातावरण में एकाएक परिवर्तन।

यदि ताप एकाएक गिर जाय तो मृत्यु के खतरे का सूचक होता है।

Calf-pneumonia–In this disease, which may accompany or follow white scour. There is fever, nasal discharge, hacking cough and laboured breathing. The calf may be unable to rise and may develop dropsy of the dependent parts. Usually, both the lungs are found to be affected.

अवस्थानुसार रोग के विशिष्ट लक्षण

उग्र शोथ (Acute pneumonia)—प्रभावित पशु को ज्वर हो जाता है और उसे साँस लेने में कठिनाई होती है। पशु की नाड़ी तीव्र चलती है और नथुने फैले हुए होते हैं। नाक से पहले पानी जैसा और बाद में श्लेष्मा मिश्रित पीप जैसा (mucopurulent) गाढ़ा स्राव आता है जो पतली रस्सी की भाँति लटका दिखायी देता है। रोगी पशु दाँत पीसता है एवं प्रभावित फेफड़े की ओर करवट से लेटता है।

The nasal discharge may have a reddish brown tinge due to the presence of blood stained exudate. The discharge has an offensive smell when there is pulmonary gangrene.

इस प्रकार से फेफड़े रक्त वर्ण होकर उन पर consolidated areas हो जाते हैं जो अंगुली द्वारा थपथपाने पर भद्दी आवाज करते हैं। फेफड़े के ऊपर कान रखकर अथवा स्टेथोस्कोप से परीक्षा करने पर घरघराहट की आवाज सुनाई देती है। जब रोगग्रस्त फेफड़ा पूर्ण रूप से क्षतिग्रस्त हो जाता है तब यह आवाज सुनाई नहीं देती है।

Bronchopneumonia– Bronchopneumonia results from the direct extension of an acute catarrhal inflammation from the Bronchioles (Bronchiolitis of Capillary Bronchitis). Symptoms in the beginning are those of acute Bronchitis, later great depression sets in with rapid pulse, hurried respiration, dyspnoea, open mouth breathing with extension of tongue in cattle and sheep, while in horse the nostrils flare with each breath, nasal discharge and high temperature. The horse stands persistently with extended neck. The conjunctiva is congested and icteric complete anorexia.

प्रारम्भ में पशु को खाँसी आती है और बाद में उसे तीव्र ज्वर हो जाता है। नाड़ी की चाल तेज मिलती है एवं पशु मुँह खोलकर श्वास लेता है। नाक से गाढ़ा स्राव निकलता है। पशु जुगाली करना बन्द कर देता है, उसे भूख नहीं लगती है। कम्पलीट ऐनोरेक्सिया हो जाता है। स्टेथोस्कोप से अथवा कान लगाकर छाती की परीक्षा करने पर फेफड़े का क्षतिग्रस्त क्षेत्र प्रतीत होता है।

दीर्घकालिक न्यूमोनिया (Chronic Pneumonia)—यह प्रायः उग्र शोथ (acute pneumonia) अथवा ब्रोन्कोन्यूमोनिया (bronchopneumonia) होने के बाद की अवस्था है। इस अवस्था के लक्षण शनैः-शनैः प्रकट होते हैं और काफी समय में समाप्त होते हैं। पशु को इसमें रुक-रुक कर खाँसी आती है उसे श्वास-प्रश्वास में कष्ट होता है। ज्वर प्रायः नहीं मिलता है, परन्तु नाड़ी की गति क्षीण तथा अनियमित मिलती है। आला लगाकर छाती की ध्वनि सुनने पर चुरचुराहट की आवाज मिलती है।

इसे Chronic interstitial pneumonia भी कहते हैं। यह पशुओं में कभी-कभी मिलती है, विशेषकर कैटिल में।

निदान (Diagnosis)— रोग का निदान उपरोक्त लक्षणों को देखकर एवं स्टेथोस्कोप से वक्ष की परीक्षा करने पर आसानी से हो जाता है।

चिकित्सा (Treatment)—(1) रोग की आशंका होते ही पशु को शुद्ध, साफ एवं हवादार स्थान पर अलग पशुओं से बाँध देना चाहिए। ध्यान रहे पशु को सीधे हवा के झोंके न लगें। उसे कम्बल, टाट या कपड़ा ओढ़ाकर रखना चाहिए, जिससे उसका शरीर गर्म बना रहे। चूँकि कोराइजा, लैरिन्जाइटिस, ब्रोन्काइटिस एवं ब्रोन्कियल न्यूमोनिया आदि के कारण लगभग एक से ही होते हैं। इसलिये चिकित्सा उसी के अनुरूप (outline) की जाती है। उसे हल्का पथ्य दिया जाय।

इस रोग में दस्तावर (purgative) तथा नाल से पिलाने वाली औषधियाँ नहीं देनी चाहिए। अतः दवा को सदैव चटनी (electuary) अन्यथा इन्जेक्शन के रूप में ही देना चाहिये।

पशु के सीने पर लिनीमेन्ट टरपेन्टाइन (lint, terribinth) अथवा तारपीन के तेल की मालिश करके गरम सेंक करना लाभप्रद होता है अथवा छाती पर मस्टर्ड प्लास्टर (mustard plaster) लगाना चाहिये।

दिन में दो तीन बार रोगी को तारपीन या यूकेलिप्टस तेल या टिंचर बेन्जाइन को भाप निकलते हुए गरम पानी की बाल्टी में डालकर बफारा (inhalation) देना चाहिए। बफारा बन्द कमरे में सिर के ऊपर एक कपड़ा ओढ़ाकर देना चाहिये।

पशु को ताजा और साफ पानी दिया जाना चाहिये। पशु को पूर्ण आराम (complete rest) देना उपयुक्त रहता है।

इस बात का हमेशा ध्यान रहे कि पशु की ताकत कम न होने पाये। पशु जहाँ रखा जाय वहाँ बिछाली आदि का प्रयोग अवश्य करें।

2. खाँसी आने पर कैफलोन अथवा कैटकफ का प्रयोग दिन में कई बार चटनी के रूप में दें अथवा नौसादर 15 ग्राम, एमन कार्ब 8 ग्राम, शुद्ध कुचला चूर्ण 4 ग्राम, मुलैठी (लिकोरिस) 10 ग्राम, गुड़ आवश्यकतानुसार मिलाकर चटनी रूप में प्रातः-सायंकाल चटावें। दवा घोलकर न पिलावें। इस कार्य के लिए कफगोन (Coughgon), वेटकफ (Vetcough), एक्सपेक्टो वेट (Expecto vet.) उपयोगी आयुर्वेदिक पेटेन्ट औषधियाँ हैं। इन्हें बड़े पशुओं में 30 ग्राम एवं छोटे पशुओं में 10 ग्राम की मात्रा में दिन में 2-3 बार गुड़ के साथ चटनी बना कर देना लाभकर होता है। कुत्तों को ग्लाकोडीन, बेनाड्रील, कोरेक्स, फेन्सडील (Phensdyl) में से किसी एक की 1-2 चम्मच दिन में 3-4 बार चटावें।

न्यूमोनिया के लक्षण सारांश में

उग्र न्यूमोनिया (acute pneumonia)

- ज्वर एवं श्वासकष्ट।
- नाड़ी की गति तीव्र।
- फैले हुए नथुने।
- नाक से पहले पानी जैसा बाद में श्लेष्मा मिश्रित पीप जैसा गाढ़ा स्राव।
- दाँत पीसना।
- रोगग्रस्त फेफड़े की ओर करवट लेकर लेटना।
- फुफ्फस क्षेत्र को थपथपाने पर भद्दी आवाज आना।
- फेफड़े के स्थान पर आला से जाँच करने पर घरघराहट की आवाज आना। फेफड़े की पूर्ण क्षति होने पर कोई आवाज नहीं।

ब्रोन्कोन्यूमोनिया (Bronchopneumonia)

- प्रारम्भ में खाँसी बाद में तीव्र ज्वर।
- वेगयुक्त नाड़ी एवं भूख न लगना।
- नाक से गाढ़ा स्राव एवं मुँह खोलकर साँस लेना।

दीर्घकालिक न्यूमोनिया (Chronic Pneumonia)

- रुक-रुक कर खाँसी एवं श्वास-कष्ट। नाड़ी की गति क्षीण एवं अनियमित।
- छाती की परीक्षा में चुरचुराहट की आवाज।

3. **जीवाणुओं को नष्ट करने** के लिये जीवाणुरोधी या जीवाणुनाशी निम्न दवाओं में से किसी एक या आवश्यकतानुसार दो दवाओं को तीन दिन तक प्रयोग करना चाहिए—

(a) सल्फोनामाइड्स (Sulponamides)

- **सल्फाडिमिडीन इंजे. (Sulphadimidine Inj.) : मात्रा**—100 मि.ग्रा. प्रति किलो शरीर भार मुँह द्वारा (orally) या शिरा में (I/V)।

सल्फाडिमिडीन सोडियम इंजे. 33.3% (Sulphadimidine Sodium Inj. 33.3%) – सल्फाडिमिडीन इंजे. (Sulphadimidin Inj. - *Indian Immunologicals, KAPL, Vet India, Denis, Prima Vet Care*), सल्फामिन (Sulfamin - *India Immunologicals)* I

- **सल्फाडिमिडीन 5 ग्राम गोली (Sulphadimidine 5gm tablet) : मात्रा**– 100 mg/kg BW I/M or I/V I *ब्राण्ड्स*– आलडीन (Aldine - *Alembic*), डाइडीन (Diadin - *Pfizer*), लाइकाडीन (Lykadin - *Lyka*), सल्फामिन (Sulfamin - *Indian Immunologicals*), सल्फाडीन (Sulphadin - *Vet Pharma*), सल्फाडिमिडीन (Sulphadimidin - *Ar-Ex, Carevet, IBC, KAPL, Lyka, Vet India*) I
- **सल्फाडाइजीन + ट्राइमैथोप्रिम इंजे. (Sulphadizine + Trimethoprim Inj.) : मात्रा**– 15-30mg/kg BW सल्फाडाइजीन 400mg + ट्राइमैथोप्रिम 80mg/ml *ब्रान्ड्स*– बायोट्रिम

आई.एम (मांसान्तर्गत) (Biotrim I.M - *Vetnex*), स्पार्कट्रिम आई.एम (मांसान्तर्गत) (Sparktrim I.M. - *Neospark*), सुमेट्रोल (Sumetrol - *Themis*) ।

सल्फाडाइजीन 200mg + ट्राइमैथोप्रिम 40mg/ml Inj.—बायोट्रिम IV (Biotrim IV -*Vetnex*), सोलबैक (Solbac - *Vetcare*), स्पार्कट्रिम IV (Sparktrim IV - *Neospark*), सल्फाट्रिम (Sulphatrim - *Vets Pharma*), सलप्रिम 2g (Sulprim 2g - *Unichem*) ।

- **सल्फामैथोक्साजौल 400mg + ट्राइमैथोप्रिम 80mg/ml Inj.**—ट्रेपिन IV (Trepin IV - *Cadila Pharma*), ट्रिमासोल IM (Trimasol IM - *Novartis*) ।
- **सल्फामैथोक्साजौल 200mg + ट्राइमैथोप्रिम 40mg/ml Inj.** — ट्रिमासोल IV (Trimasol IV - *Novartis*) ।

सल्फामैथोक्साजौल 400mg + ट्राइमैथोप्रिम 80mg/3ml Inj. — बायोसल्फा IM (मांसान्तर्गत) (Biosulpha IM - *Vet India*), मोरप्रिम वैट IV (Morprim Vet IV - *Morvel*) ।

- **सल्फोनामाइड + ट्राइमैथोप्रिम गोली** — मात्रा 15-30mg/kg शरीरभारानुसार मुँह द्वारा।

सल्फाडाइजीन 2 gm + ट्राइमैथोप्रिम 400mg गोली — बायोट्रिम DS (Biotrim DS - *Vetnex*), डाईसल्फ (Disulf - *IBC*), ड्यूराप्रिम (Duraprim - *Brihans*), डुओसाइडल (Duocidal - *KAPL*), इन्ट्रिम (Intrim - *Indian Immunolgoicals*), स्पार्कट्रिम DS (Spark trim DS - *Neospark*), सल्कोप्रिम (Sulcoprim - *Concept*), एन्ट्रीमा 2.4gm (Antrima 2.4gm - *Prima Vet care*) ।

सल्फाडाइजीन 1.0gm + ट्राइमैथोप्रिम 200mg – एन्ट्रीमा 1.2g (Antrima 1.2gm - *Prima Vet care*), बैक्ट्रीसोल (Bactrisol - *Alved*), हैट्रिक्स (Hatrix - *HAL*), सैप्ट्रिज (Septriz - *Theodor*), सूट्रिम 200 (Sutrim 200 - *Torrent*), त्रिसूल (Trisul - *Prahar*), वैट्रान LA (Vetran LA - *Vets Pharma*), वोक्ट्रिन (Woktrin - *Wockhardt*) ।

सल्फामैथोक्साजोल 2gm + ट्राइमैथोप्रिम 400mg : गोली – डुआप्रिम (Duaprim - *Brihans*), डुओसाइडल (Duocidal - *KAPL*), इन्ट्रिम (Intrim - *Indian Immunologicals*), मारकोप्रिम (Marcoprim - *Marc*), ओरीप्रिम (Oriprim - *Zydus AHL*), सालप्रिम (Salprim - *Salus*), ट्रैपिन (Trepin - *Cadila Pharma*), ट्राइजोल (Trizol - *Ieps*) ।

सल्फामैथोक्साजोल 1.0gm + ट्राइमैथोप्रिम 200mg : गोली – बायोसल्फा (Biosulpha - *Vet India*), रोबाट्रान (Robatran - *TTK*), सैप्ट्रिज (Septriz - *Theodor*) ।

(b) बैन्जाथीन पैनिसिलीन इंजे. (Benzathin Penicillin Inj.) : मात्रा—गाय, भैंस, घोड़ा, भेड़, बकरी, सूअर 12000 I.U प्रति किलो शरीर–भार; कुत्ता व बिल्ली 40000 I.U प्रति किलो शरीर–भार।

विधि — मांस की गहराई में (Deep intramuscular only)

6 Lac vial– बैन्थीपैन–एल ए. (Benthipen LA - *Carevet*), लोंगासिलीन वैट–6 (Longacillin Vet-6 - *HAL*), पैनकौम (Pencom - *Alembic*), पैनीड्यौर–एलए 6 (Penidure LA 6 - *Wyeth Ledevle*) ।

12 Lac vial– बैन्थीपैन एल ए. (Benthipen LA - *Carevet*), लोंगासिलीन वैट 12 (Longacillin Vet 12 - *HAL*), पैनकौम (Pencom - *Alembic*), पैनीड्यौर एल.ए 12 (Penidure LA12 - *Wyeth Lederle*) ।

24 Lac vial– बैन्थीपैन एल.ए. (Benthipen LA - *Care vet*), बैन्जापैन (Bezapen - *KAPL*), बैन्जालीन (Benzalin - *IBC*), लोंगासिलीन वैट 24 (Longacillin vet 24 - *HAL*), पैनकौम (Pencom - *Alembic*). पैनीड्पौर एल ए 24 (Penidure LA-24 - *Wyeth Lederle*) ।

48 Lac vial– बैन्थीपैन एल ए. (Benthipen LA - *Care vet),* बैन्जापैन (Benzapen - *KAPL),* बैन्जालीन (Benzalin - *IBC),* लोंगासिलीन वैट–48 (Longacillin vet 48 - *HAL)* ।

(c) ऑक्सीटेट्रासाइक्लीन इंजे. व गोली (Oxytetracycline Inj. & Tab) : मात्रा– 5-10mg/kg भारानुसार मांस में (I/M) या नस में (I/V) तीन दिनी तक देना चाहिए। *ब्रान्ड्स*– एलसाइक्लिन–ओ (Alcyclin-O - *Alembic),* इन्टामाइसिन इन्जे. (Intamycin Inj - *Intas),* लाइकासीन–ओ (Lykacin-O - *Lyka),* आक्सीटैट्रासाइक्लीन इंजे. (Oxytetracycline Inj - *Alembic, Concept, Indian Immunologicals, Zydus AHL, Pfizer),* टैरामाइसिन इंजे. (Terramycin Inj - *Pfizer),* वोलीसाइक्लीन इंजे (Wolicycline inj - *Wockhardt),* दूसरे तथा तीसरे दिन (तीनों दिन भी) औक्सीटेट्रासाइक्लीन (Oxytetracycline) की गोली (500mg tab) : जैसे– वेटॉक्सी 500 (Vetoxy 500 - *Vets Pharma),* टैरामाइसिन गोली (Terramycin tab - *Pfizer),* ऑक्सीट्रा (Oxytra - *HAL),* बड़े पशु को तीन गोली सुबह–शाम दी जा सकती हैं।

औक्सीटैट्रासाइक्लीन लोंग एक्टिंग इंजे. (Oxytetracycline long acting inj.) : जैसे– इन्टामाइसिन LA (Intamycin LA - *Intas),* औक्सीटैट्रासाइक्लीन एल ए (Oxytetracycline LA - *Pfizer, Wockhardt),* टैरामाइसिन एल ए (Terramycin LA-*Pfizer),* वोलीसाइक्लीन एल ए (Wolicycline LA - *Wockhardt)* एक बार प्रयोग किया जा सकता है। इसका असर 96 घण्टे तक रहता है।

(d) क्लोराम्फैनीकोल इंजे. (Chloramphanicol Inj.) : मात्रा– *बड़े पशु* 20-30mg/kg BW मांस में (I/M) रोज या 2-4mg/kg BW BID नस में (I/V) देना चाहिए। जैसे– क्लोरोफैन (Chlorophan - *Vet India),* लाइकासिटीन (Lykacetin - *Lyka),* नीओक्लोर (Neochlor - *Vet care),* सिमरसिटीन (Simercetin - *Biomedia),* वैटनीकोल (Vetnicol - *Vets Pharma)* ।

(e) एमोक्सीसिलीन बोलस (Amoxycillin Bolus) : मात्रा– *बड़े पशु* 10mg/kg भारानुसार BID; *कुत्ता, बिल्ली* 10-20mg BID बोलस, **मात्रा**– एमोक्सीरम बोलस (Amoxirum Bolus 1.5gm - *Virbac),* पैटमोक्स गोली (Petmox tab) 250mg *(Zydus AHL)* ।

एमोक्सीसिलीन + क्लौक्सासिलीन इंजे. (Amoxycilin + Cloxacillin inj.) : मात्रा– *बड़े पशु* 2–3 ग्राम मांस में (I/M) । *ब्रान्ड्स*– एमक्लौक्स (Amclox) Inj. 2gm (*Novartis*), कोमाक्स वैट (Comaxvet) 2g Inj (*Vet India*), कोनमौक्स (Conmox) Inj. 2gm (*Concept*), इनीमौक्स (Inimox) Inj 2gm, 2.5gm, 4gm (*India Immunologicals*), इन्टामौक्स (Intamox) Inj. 2gm, 2.5gm, 3.5gm, 4.5gm (*Intas*), मैगामाइसिन फोर्ट (Megamycin Fort) Inj 3gm (*Pfizer*), मौक्सल (Moxel) Inj. 0.5gm, 2.0gm, 3.0gm (*Alembic*), मौक्सीक्लौक्स (Moxyclox) 3 gm (*Wockhardt*), सिनक्रोन (Synkron) Inj. 2gm (*Cadila Pharma*) ।

(f) एम्पिसिलीन इंजे. (Ampicillin inj.) : मात्रा– *बड़े पशु* व *छोटे पशु* 5-10mg/kg भारानुसार दिन में चार बार; *कुत्ता* 20mg/kg शरीर भारानुसार दिन में चार बार, मांस में (I/M) या (I/V) नस में। *ब्रान्ड्स*– एम्पीसिलीन इंजे. (Ampicillin Inj.) 2.5gm *(Cadila Pharma, Lyka),* Ampilin vet (एम्पीलीन वैट) 2.5gm *(Lyka),* बैसीपैन (Bacipen) 2.5gm *(Alembic),* कोनाम्पी (Conampi) Inj 2.5gm *(Concept),* वैटाम्पीन (Vetampin) Inj 2gm *(Wockhardt)* । अथवा

एम्पीसिलीन इंजे. + क्लौक्सासिलीन इंजे. : मात्रा– 5-10mg/kg शरीर भारानुसार दिन में चार बार। *कुत्ता* 20mg/kg शरीर भारानुसार दिन में चार बार मांस में (I/M) ब्रान्ड्स : एसी–वैट (AC-vet - *Intas)*, एसी–वैट फोर्ट (AC-vet Fort) 3gm, 4gm inj *(Intas)*, बैक्सीवैट (Baxivet) inj 0.5gm, 2.5gm, 4gm *(Lyka)*, बिनोसिन Binocin Inj. 1g, 2g *(Concept)*, वैटक्लौक्स फोर्ट (Vet Clox Fort) inj 2gm *(Zydus AHL)* ।

(g) सिप्रोफ्लोक्सासीन इंजे. (Ciprofloxacine Inj.) – मात्रा– 4-5mg per kg शरीर भारानुसार मांस में (I/M) या नस में (I/V) तीन दिन तक देनी चाहिये। जैसे– सी–फ्लोक्स (C-Flox - *Intas)*, 40mg/ml, 50ml vial; सिप्रोवैट (Ciprovet - *Vet India)* 40mg/ml 10ml, 30ml vial । अथवा

एनरोफ्लोक्सासीन इंजे. (Enrofloxacin Inj.) : मात्रा– 2.5-5.0mg/kg शरीर भारानुसार मांस में (I/M) या नस में (I/V) । जैसे– कौनफ्लोक्स–वैट इंजे. (Conflox vet inj - *Concept)* 50mg/ml, 30ml vial; एनरोसिन इंजे. (Enrocin inj. - *Vetnex)* 100mg/ml - 15ml, 50ml vial; एनरोवैट इंजे. (Enrovet inj. - *Vets Pharma)* 100mg/ml - 15ml, 30ml, 50ml vials; फ्लोबेक एस ऐ (Flobac-SA - *Intas)* 100mg/ml, 30ml vial; मैरीक्विन इंजे. (Meriquin inj - *Wockhardt)* 100mg/ml - 10ml, 15ml vial; क्विनइन्टास इंजे. (Quinintas inj. - *Intas)* ।

(h) सैफ्ट्रियेक्सोन इंजे. (Ceftriaxone Inj.) : मात्रा– *पशुओं में* 5-10mg/kg शरीर भारानुसार । *कुत्ता, बिल्ली* 10-30mg/kg भारानुसार tid मांस में (I/M) या नस में (I/V) देना चाहिये (तीन दिन तक)। जैसे– सैफ्टोसिड इंजे. (Ceftocid inj) 2.5g, 3.0g vial; इन्टासैफ इंजे. (Intacef inj. - *Intas)* 0.250gm, 0.500gm, 1gm, 2gm, 3gm, 4gm vial; जायडा सैफ (Zydacef) Inj 0.5gm, 3gm, vial *(Zydus AHL)* । अथवा

सैफ्ट्रियेक्सोन तथा सालबैक्टम इंजे. (Ceftriaxone sodium 2/3gm + Salbactum 1/1.5gm per 3gm/4.5gm vial) – सैफ्टप्लस इंजे. (Ceft-plus) inj. 3gm, 4.5gm vial *(Lyka)*, (I/M) मांस में 3 दिन तक। अथवा

सैफ्ट्रियेक्सोन तथा टैजोबैक्टम इंजे. (Ceftriaxone 0.5g, 2g, 3g, 4g Tazobactam 0.0625g, 0.250g, 0.375g, 0.500g per 0.5625g, 2.250g, 3.375g, 4.5g vial) । जैसे– इन्टासैफ – टैजो इंजे. (Intacef-Tazo inj) 0.5625g, 2.250g, 3.375g, 4.5g vial *(Intas);* वीटेजो (Vetazo) 2.25g, 3.375g vial *(Zydus AHL)* । अथवा

सैफ्टिओफर सोडियम इंजे. (Ceftiofur sodium Inj.) : मात्रा– 2-4mg/kg शरीर भारानुसार BID तीन दिन तक। जैसे– एक्सैफ्ट इंजे. (Xceft inj - *Alembic)*, टैप्रोसैफ इंजे. (Teprocef inj. - *MSD Animal Health)*, बोवीसैफ इंजे. (Bovicef inj - *Indian Immunologicals)* दे सकते हैं : 1gm vial I/M daily ।

(ख) कोर्टीकोस्टीरोइड/कोर्टीसोन दवाओं (Corticosteroid/cortisone drugs) : इनमें से किसी एक दवा का प्रयोग करें–

(a) बीटामीथासोन इंजे. (Betamethasone Inj.) – मात्रा : गाय, भैंस, घोड़ा 10-30mg; भेड़, बकरी, सूअर 2-5mg; कुत्ता 0.5-2mg मांस में (I/M) या नस में (I/V) । जैसे– बैटनीसोल इंजे. (Betnesol Inj.) 4mg/ml, 1ml ampoule ।

(b) डैक्सामीथासोन इंजे. (Dexamethasone Inj.) : मात्रा– गाय, भैंस, घोड़ा 10-30mg; भेड़, बकरी, सूअर 2-5mg ; कुत्ता 0.5-2mg मांस में (I/M) या नस में (I/V) । जैसे– क्यूराडैक्स (Curadex - *Concept)* 2ml, 5ml; डैक्सानोल (Dexanol - *Vets Pharma)* 5ml, डैक्सासोन (Dexasone - *Cadila Pharma);* 2ml, 5ml; डैक्सावैट (Dexavet - *Wockhardt)* 5ml; डैक्सोना (Dexona -

Zydus AHL) 5ml, मारकोडैक्स (Marcodex - *Merc)* 6ml, कीटाकोर्ट (Ketacort - *Intas)* 5ml, 10ml, वैटकोर्ट (Vetcort - *Alembic)* 5ml, सभी 4mg/ml ।

(c) प्रेडनीसोलोन इंजे. (Prednisolone Inj.) : मात्रा– 10mg/ml । गाय, भैंस, घोड़ा 10-20ml; भेड़, बकरी, सूअर 2.5ml-5ml; कुत्ता, बिल्ली 1-3ml (कुल मात्रा); प्रेडनीसोलोन इंजे. (Prednisolone Inj - *Wockhardt, Intervet),* 10ml vial ।

(d) ट्राईएमसीनोलोन इंजे. (Triamcinolone Inj.) : मात्रा– गाय, भैंस, घोड़ा 12-20mg कुत्ता 6mg; (Total dose) । *ब्रान्ड्स*– वीटालोग इंजे. (Vetalog Inj. - Zydus AHL) 6mg/ml, 5ml vial मांस में (I/M) ।

(ग) बुखार के लिये (Antipyretic Medicine) – निम्न दवाओं में से कोई एक प्रयोग करें–

(a) एनाल्जीन इंजे. (Analgin Inj.) : मात्रा– गाय, भैंस, घोड़ा – 10-20g; भेड़, बकरी 1-4g; कुत्ता 0.5-2gm (Total dose) मांस में (Intramuscular) या नस में (Intravenous) जैसे– एनाल्जीन इंजे. (Analgin inj. - *KAPL, Medinex lab, Vet India),* 500mg/ml, 30ml vial; वैटाल्जीन इंजे. (Vetalgin inj. - *Intervet)* 500mg/ml 30ml vial ।

(b) पैरासीटामोल इंजे. व बोलस (Paracetamol Inj. & Bolus) : मात्रा– गाय, भैंस, घोड़ा, भेड़, बकरी, सूअर 10mg/kg BW; कुत्ता 10-20mg/kg BW मांस में (Intramuscular) या मुख से orally : *ब्रान्ड्स*– पैरासीटामोल इंजे. (Paracetamol Inj - Zydus AHL) 150mg/ml 30ml vial, पाइरौक्सीन बोलस Pyroxin Bolus (Marc) 2gm Bolus ।

(c) मैलोक्सीकैम इंजे. व बोलस (Meloxicam Inj. & Bolus) : मात्रा– गाय, भैंस, घोड़ा, भेड़, बकरी, सूअर 0.1mg/kg BW मांस में (Intramuscular) या मुख से (Orally) मैलोनैक्स इंजे. (Melonex Inj. - Intas) 5mg/ml 2ml, 15ml, 30ml, 100ml; मैलोक्स–वैट (Melox-vet - Merc) 5mg/ml– 15ml, 30 ml vial; क्विक इंजे. (Quick Inj. - Zydus AHL) 5mg/ml, 15ml जोबिड–एम (Zobid-M - Zydus AHL) 5mg/ml, 15 ml, 30 ml, 100 ml, 20 mg/ml, 10 ml, 30 ml मैलोनैक्स बोलस (Melonex Bolus - Intas) 100 mg Bolus, क्विक बोलस (Quick Bolus - Zydus AHL) 100ml Bolus, जोबिड़–एम बोलस (Zobid-M Bolus - Zydus AHL) 100mg Bolus ।

(d) मैलोक्सीकैम + पैरासीटामोल इंजे. व बोलस (Meloxicam+Paracetamol Inj. & Bolus) : *ब्राण्ड्स*– मैलोनैक्स प्लस इंजे. (Melonex Plus Inj. - Intas) मैलोक्सी कैम 5mg + पैरासीटामोल 150mg/ml । **मात्रा**– बड़े पशु 15-20ml/300kg BW, छोटे पशु 1ml/10kg BW : 30ml, 100ml vial, मैलोनैक्स प्लस बोलस (Melonex Plus Bolus) Meloxicam 100mg + Paracetamol 150 mg per Bolus (Intas); बड़े पशु एक बोलस / 200kg BW रोज।

(e) एनाल्जीन 750mg + **फिनाइल ब्यूटाजोन** 750mg/5ml एम्प्यूल (Analgin 750mg+Phenylbutazone 750mg per 5ml Ampoule) : एसजीपाइरीन–एन (Esgipyrin-N Inj. - Zydus AHL); **मात्रा**– बड़े पशु 5-15ml, छोटे पशु 1-5ml मांस में (Intramuscularly) ।

(f) नेम्यूस्लाइड इंजे. (**Nemuslide** Inj.) : **मात्रा** – गाय, भैंस, भेड़, बकरी, कुत्ता 2-4mg/kg BW मांस में (I/M) रोज, घोड़ों में प्रयोग नहीं; निमोवैट इंजे. (Nimovet Inj.) 100mg/ml ।

(घ) विटामिन बी कौम्प्लैक्स इंजे. (Vitamin B Complex Inj.) : निम्न में से कोई एक। **मात्रा**– गाय, भैंस, घोड़ा 5-10 मि.ली.; भेड़, बकरी, सूअर 3-5 मि.ली.; कुत्ता 0.5-1.0 मि.ली.

मांस में (Intramuscular) रोज। आल्वीप्लैक्स फोर्ट इंजे. (Alviplex Fort Inj. - Alved) 10ml, 30ml; बीप्लैक्स.वैट इंजे. (Beeplex-vet Inj. - Marvel) 30ml; बिलीपौन इंजे. (Billipon Inj. - Biomedica) 10ml; कौन्सीप्लैक्स इंजे. (Conciplex Inj. - Concept) 10ml, 30ml; लिवाडैक्स इन्जे. (Livadex inj. - Virbac) 10ml, 30ml; वाइबीलान इंजे. (Vibelan Inj. - Virbac) 30ml।

जब तक पशु की निर्बलता (weakness) दूर न हो तब तक उससे शारीरिक परिश्रम नहीं लेना चाहिये, अन्यथा रोग के पुनराक्रमण की सम्भावना रहती है।

पशु को हल्के, पौष्टिक (हरा चारा, दूब घास आदि), स्वादिष्ट तथा शीघ्र पचने वाले चारे खिलाने चाहिये। कुत्तों को बोर्नविटा अथवा कम्पलॉन या अण्डा मिश्रित दूध पिलाना चाहिये।

विशिष्ट चिकित्सा व्यवस्था

- पशु को स्वच्छ हवादार बिछालीयुक्त गरम कमरे में आराम से रखें। धुआँ बिलकुल नहीं।
- पौष्टिक एवं शीघ्र पचने वाले चारे की व्यवस्था करें।
- टि. बेन्जोइन/तारपीन का तेल अथवा यूकेलिप्टस का तेल अथवा इन सबको मिलाकर गरम खौलते पानी में डालकर नाक से बफारा 20 मिनट तक दिन में कई बार दें।
- लिनीमेण्ट अथवा तारपीन के तेल की मालिश छाती पर दिन में 2–3 बार करें।
- पशु को गर्म कम्बल या टाट उढ़ाकर अन्य पशुओं से अलग रखें।
- मैगसल्फ मिला पानी पीने को दें।
- छोटे पशु/कुत्तों आदि में विक्स वेपोरब (vicks vaporub) नाक में लगायें।
- खाँसी के लिए कैटकफ/कफलोन/कफगोन/वेटकफ चटनी के रूप में दिन में 3–4 बार दें। कुत्तों को कोरेक्स अथवा फेन्सीडिल एक्सपेक्टोरण्ट 1–2 चम्मच दिन में 3–4 बार दें।

रोकथाम और नियन्त्रण (Prevention and Control)—न्यूमोनिया का आक्रमण बड़े पशुओं की अपेक्षा छोटे पशुओं में शीघ्र हो जाता है। दूध पीने वाले बछड़ा-बछिया इससे शीघ्र प्रभावित होते हैं। अत: पशुओं को साफ-सुथरे स्थान में शीत से बचाकर रखना चाहिए। नाल द्वारा दूध पिलाने से बछड़े-बछियाओं में न्यूमोनिया होने का भय अधिक रहता है।

न्यूमोनिया होने पर बीमार पशु को अन्य पशुओं से बचाकर अलग रखना चाहिये। पशु को टाट या पुराने कम्बलों से ढक कर रखना चाहिये। नवजात बच्चों को कुछ दिन तक 'विटाब्लेण्ड' चूर्ण तथा 'विमराल' सीरप देकर इस रोग से बचाया जा सकता है। विटामिन 'ए' और 'डी' प्रधान आहार अधिक उपयुक्त रहते हैं।

7. क्षय रोग/टी.बी. (Tuberculosis/T.B.)

अन्य नाम (Other Names)—तपेदिक, टी.बी., राजयक्ष्मा, थाइसिस, राजरोग, पर्लरोग।

परिचय (Introduction)—पशुओं तथा मनुष्यों में बैक्टीरिया द्वारा फैलने वाला यह अत्यन्त भयंकर एवं दीर्घकालिक छूत का रोग है, जिससे लाखों मनुष्य तथा पशु प्रतिवर्ष मृत्यु का शिकार होते रहते हैं। इसमें गाँठों तथा ग्रन्थियों (Nodules and tubercles) का विकास होता है जो फोड़े का रूप बन जाता है।

Tuberculosis is a chronic contagious disease of all species of warm blooded animals including man, characterised by the formation of tubercles or nodules which have a tendency of necrosis and caseation in almost any or all organs or tissues of the body caused by Mycobacterium tuberculosis.

क्षेत्र और प्रभावित पशु (Area and Affected Animals)— यह रोग पूरे विश्व में पाया जाता है तथा सभी पशुओं में मिलता है। गौवंशीय तथा महिषवंशीय (भैंसवंशीय) पशु अधिक प्रभावित होते हैं। गौवंशीय पशुओं की अपेक्षा भैंसें अधिक ग्रहणशील हैं। वैसे यह रोग बंदरों, चिड़ियों और शूकरों को भी नहीं छोड़ता है।

कारण (Causes)—यह एक अधिक समय तक चलने वाली बीमारी है, जो माइकोबैक्टीरियम (Mycobacterium) की प्रजातियों द्वारा फैलता है। इस बीमारी के कीटाणु तीन प्रकार के होते हैं—

1. पहली तरह के कीटाणुओं, माइकोबैक्टीरियम ट्यूबरकुलोसिस से आदमियों में यह बीमारी होती है, जिसे ह्यूमन ट्यूबरकुलोसिस (Human tuberculosis) कहते हैं।

2. दूसरी तरह के कीटाणुओं माइकोबैक्टीरियम बोविस से पशुओं (cattles) में यह बीमारी होती है जिसे 'बोवाइन' ट्यूबरकुलोसिस (bovine tuberculosis) कहते हैं।

3. पक्षी जातीय स्ट्रेन माइकोबैक्टीरियम एवियम-इन्ट्रासैलुलेअर से पक्षियों में यह बीमारी फैलती है, जिसे 'एवियन' ट्यूबरकुलोसिस (avian tuberculosis) कहते हैं।

इस रोग के जीवाणु बड़ी कठिनता से मरते हैं और महीनों तक शरीर से बाहर जीवित रह सकते हैं। इन जीवाणुओं को एसिड फास्ट बैसीलस भी कहते हैं, क्योंकि इनका रंग एसिड द्वारा नष्ट नहीं होता है।

यह बीमारी विभिन्न प्रकार के जानवरों में भिन्न प्रकार की तेजी के साथ होती है। बोवाइन ट्यूबरकुलोसिस लगभग प्रत्येक स्तनधारी जानवर को हो सकती है। यह बीमारी गायों तथा शूकरों में काफी तेजी से फैलती है। घोड़ों में कभी-कभी तथा भेड़-बकरियों में बहुत कम होती है। चिड़ियों में तोते के अलावा अन्य चिड़ियों को बोवाइन ट्यूबरकुलोसिस नहीं होती है।

फैलने का ढंग (Mode of Spread)

1. अन्न नली द्वारा (By ingestion)—बैक्टीरिया बीमार पशु के दूध, झूठा व दूषित चारा-पानी, मल-मूत्र, पाखाना, कफ, थूक एवं सम्पर्क में आये बर्तनों द्वारा स्वस्थ पशु के मुख में प्रवेश पाकर शरीर के अन्दर पहुँच जाते हैं।

2. श्वास द्वारा (By inhalation)—इसका संक्रमण बिन्दुक संक्रमण (droplet infection) द्वारा होता है। बीमार पशु के कफ तथा थूक के शरीर से बाहर निकलने पर उसके कण कुछ समय तक वायु में तैरते रहते हैं। इनमें क्षय रोग के जीवाणु भी उपस्थित रहते हैं जो आसपास रहनेवाले पशुओं की श्वास में प्रवेश पाकर फेफड़ों के साथ-साथ पूरे शरीर में पहुँच जाते हैं।

3. मूत्र-जननेन्द्रिय मार्ग द्वारा (By urogenital tract)—कभी-कभी माता-पिता की टी.बी. उनकी सन्तति में भी आ जाती है, परन्तु ऐसा देखने को बहुत कम मिलता है।

4. अयन द्वारा (By udder)—संक्रमित यंत्र-टीट साइफन द्वारा अयन की चिकित्सा करते समय Teat-canal के रास्ते रोग के कीटाणु शरीर में प्रवेश कर जाते हैं।

5. अन्य ढंग (Other Modes)—अंधेरे कमरे में निवास, बिना हवादार गंदे मकान, दूषित आहार-बिहार एवं कुप्रबन्ध रोग फैलाने में सहायक होते हैं।

उद्भवन काल (Incubation Period)—अनिश्चित (कई माह) अथवा लक्षण प्रकट होने के पूर्व कई सप्ताह, महीनों अथवा वर्षों का होता है।

लक्षण (Symptoms)— टी.बी. एक अधिक समय तक चलने वाला रोग (Chronic disease) है जो बहुत धीरे-धीरे रोगी के शरीर पर अपना प्रभाव डालता है। अत: बहुत दिनों बाद इस रोग के बाहरी लक्षण पैदा होते हैं। रोग बिना लक्षण प्रकट किये हुए महीनों चलता रहता है, सिर्फ रोगी पशु देखने में दुबला-पतला लगता है। इस रोग के जीवाणु विशेष रूप से फेफड़े, अयन और पेट को प्रभावित करते हैं और जिस भाग पर ये जीवाणु आक्रमण करते हैं उसी के अनुसार लक्षण प्रकट होते हैं।

1. फेफड़े का क्षय रोग (Pulmonary tuberculosis)— इस रूप में फेफड़ों और छाती की लसिका ग्रन्थियाँ ग्रसित होती हैं। सुस्ती, खाँसी और साँस में आवाज होती है। यदि ट्रेकिया को जरा-सा भी दबाया जाय तो खाँसी आ जाती है। पहले रोगी का कुछ स्वास्थ्य गिर जाता है तथा पशु सूखने लगता है और हड्डियाँ एवं पसलियाँ स्पष्ट दीखने लगती हैं। आगे चलकर पशु की नाक से श्लेष्मा व पीव मिला स्राव बाहर निकलता है। साथ ही कफ भी मिश्रित हो जाता है और पशु उसे निगल जाता है। इस समय ज्वर भी तीव्र रहने लगता है और श्वास भी तीव्र चलने लगती है। स्टेथोस्कोप से परीक्षा करने पर चुरचुराहट की आवाज सुनाई देती है। भूख-प्यास की कमी, श्लेष्मा पीला तथा पशु सुस्त थका-सा दिखायी देता है। बार-बार सूखी खाँसी तथा कभी-कभी नाक से खून निकलता है। पशु सीधा खड़ा रहता है। पसलियों (ribs) पर दबाने से पशु पीड़ा अनुभव करता है। लसीका ग्रन्थियाँ (lymph glands) बढ़ जाती हैं। पशु की खाल हड्डियों से लगभग चिपक जाती है। शरीर की अधिकांश श्लेष्मिक झिल्लियाँ (mucous membranes) रक्तहीन (anaemic) होकर पीली पड़ जाती हैं।

इस तरह की बीमारी गोवंशीय पशुओं में अधिक मिलती है एवं प्रारम्भ में लक्षण प्रतीत नहीं हो पाते। दम घुटने (asphyxia) या टॉक्सीमिया (toxaemia) से पशु की मृत्यु हो जाती है।

2. आन्त्रीय क्षय रोग (Intestinal tuberculosis)— इस प्रकार की टी.बी. स्पष्ट नहीं हो पाती तथा शव परीक्षा से ही स्थिति स्पष्ट हो पाती है। इस रूप में आँत, पेरिटोनियम, मिसेन्ट्रिक लिम्फ ग्लैण्ड्स, यकृत, प्लीहा और अग्न्याशय (pancreas) प्रभावित होते हैं। इस अवस्था में पशु धीरे-धीरे दुर्बल होने लगता है। उसकी पाचन शक्ति मन्द पड़ जाती है, पेट में शूल (वेदना) होती है, ज्वर रहता है, पतला दस्त आने लगता है। आँतों में टी.बी. के अल्सर हो जाते हैं जिसके परिणामस्वरूप ही पशु को डायरिया होता है। पशु दुर्बल हो जाता है। भोजन के बाद अक्सर पेट फूल जाता है, जो कुछ घण्टों बाद अपने-आप ही ठीक हो जाता है। दुर्बलता इतनी हो जाती है कि पशु को पीनर्स (pinners) कहा जाता है। अन्त में पतले दस्तों के साथ पीव तथा आँव भी बाहर आने लगती है।

3. अयन का क्षय रोग (Mammary tuberculosis)—इस रूप में सुप्रामेमरी लिम्फग्लैण्ड्स में सूजन (swelling) आ जाती है तथा अयन में छोटी-छोटी गाँठें (Nodules) पड़ जाती हैं जो धीरे-धीरे बढ़ती रहती हैं। शुरू में दूध कम आता है, परन्तु कुछ सप्ताह बाद दूध पतला तथा पनीला हो जाता है। अयन कड़ा होकर उसमें गाँठें पड़ जाती हैं। अधिकतर जीवाणु पिछले थनों पर ही आक्रमण करते हैं। अयन बढ़कर सख्त हो जाता है और दबाने पर दर्द नहीं होता है। दूध दुहने के बाद अयन में सिकुड़न नहीं आती है। रोग के जीवाणु जिस भाग में रहते हैं और जिसमें नहीं रहते हैं

दोनों में असमानता मिलती है। अयन से निकला हुआ दूध पानी की तरह पतला होकर बाद में हरापन लिये हुये पीले रंग में बदलने लगता है। इसमें फटे हुए दूध की भाँति छिछड़े भी मिलते हैं, जो रखने पर नीचे की सतह पर बैठ जाते हैं। दूध में अनेक ट्यूबरकिल बैसिलाई विद्यमान रहते हैं।

The milk at first unaltered, later becomes waterly, greenish-yellow and contains large number of tubercle bacilli.

4. अन्य प्रकार का टी.बी. रोग— कभी-कभी पशुओं में बोन्स तथा ज्वाइन्ट्स (bones and joints T.B.) का क्षय रोग एवं मेनिन्जीज टी.बी. (meninges T.B.) भी देखने को मिलती है। हड्डी तथा जोड़ों में टी.बी. रोग अपनी अन्तिम अवस्था में मिलता है। इसमें कड़ी सूजन होकर हड्डी के कार्य में बाधा पड़ती है। वर्टीब्रल कालम (रीढ़ की हड्डी) के प्रभावित होने पर अकड़न (stiff-ness) अथवा पक्षाघात (paralysis) के लक्षण मिलते हैं। हड्डी मुलायम होकर चाकू से कट सकती है। मेनिन्जीयल टी.बी. में पैरालिसिस के लक्षण मिलते हैं, पशु चक्कर लगता है या घूमता है और अन्धा प्रतीत होता है।

रोग के लक्षण घोड़ों में— घोड़ों में प्राय: आन्त्रीय यक्ष्मा (intestinal tuberculosis) होती है। इनमें आन्त्र, प्लीहा, यकृत प्राय: ग्रसित हो जाते हैं। भूख मारी जाती है। नाक से पीला श्लेष्मा आता है। पेट अनियमित हो जाता है। जब गर्दन का वर्टीब्रा ग्रसित होता है तो गर्दन का घुमाना कड़ा हो जाता है। इसके आसपास की पेशियाँ नष्ट होने लगती हैं और हड्डियाँ कुरूप होने के कारण गर्दन टेढ़ी हो जाती है। दोनों फेफड़े के सूक्ष्म ट्यूबरकिल्स के कारण अतिपीत न्यूमोनिया हो जाता है।

रोग के लक्षण कुत्तों में— कुत्तों में फेफड़े की टी.बी. में पुरानी फेफड़े के सूजन का लक्षण मिलता है। बाद में दुर्बलता तथा थकावट होती है। इसके अतिरिक्त अनियमित पेट, शोथ, रक्ताल्पता और तापक्रम घटने-बढ़ने के लक्षण मिलते हैं।

रोग के लक्षण शूकर में— सामान्य रूप से शूकर में दुर्बलता तथा अतिसार के लक्षण मिलते हैं। संधि के ग्रसित होने पर सन्धि सूजकर कड़ी हो जाती है। जब ऊपरी लिम्फ ग्लैण्ड्स की सूजन फटकर जख्म बन जाती है, तब टी.बी. रोग का संदेह हो जाता है।

रोग के लक्षण पक्षियों में—चोटी और लोलक पीले हो जाते हैं। अच्छी भूख रहते हुए भी तीव्र स्वरूप की दुर्बलता जारी रहती है। सामान्य कमजोरी, लंगड़ापन और अतिसार के लक्षण होते हैं।

रोग निदान (Diagnosis)

1. लक्षणानुसार (Symptomatic)—रोग की पहचान उपरोक्त लक्षणों के आधार पर विशेषकर खाँसी, बुखार, गिल्टी पड़ना आदि को देखकर की जा सकती है। परन्तु लक्षण तभी प्रकट होते हैं जब रोग काफी बढ़ चुका होता है।

2. सूक्ष्मदर्शी परीक्षण (Microscopic test)—इस परीक्षण में रोगी पशु से प्राप्त कफ, दूध, योनि स्राव तथा मल-मूत्र का काँच की स्लाइड पर पतला लेप बनाकर Ziehl neelsen's Stain से उसका अभिरंजन करके माइक्रोस्कोप में देखने पर जीवाणु (bacteria) लकड़ी के बँधे हुए गट्ठे की तरह दिखायी देते हैं।

3. संवर्धन (Culture)—रोगी पशु से प्राप्त उपरोक्त दूषित पदार्थों में उपस्थित बैक्टीरिया को अनुकूल माध्यम में उगाकर उसके पारिवारिक लक्षणों (family characters) को देखा जाता है, जिससे रोग निदान में सहायता मिलती है।

4. ट्यूबर्क्युलिन टैस्ट (Tuberculin test)—ट्यूबर्क्युलिन एक प्रकार की वैक्सीन है जो कि टी.बी. के कीटाणुओं द्वारा बनायी जाती है। इसका इन्जेक्शन देने से जिस जानवर में टी.बी. होती है उसमें प्रतिक्रिया (reaction) होती है जिसके द्वारा मालूम होता है कि किस जानवर में टी.बी. है अथवा नहीं। इस टेस्ट की निम्नलिखित विधियाँ अपनायी जाती हैं—

(i) अधस्त्वक् जाँच (Sub-cutaneous test)—जाँच के पूर्व पशु का टेम्परेचर ले लिया जाता है और यह देखा जाता है कि रोगी पशु का टेम्परेचर घटता–बढ़ता तो नहीं है। तत्पश्चात् पशु की गर्दन में रात्रि के लगभग 10 बजे 2 या 3 मि.ली. (c.c.) ट्यूबर्क्युलिन इसके बाद त्वचा के नीचे (s/c) इन्जेक्शन से प्रवेश करा दी जाती है। 9वें, 12वें, 15वें, 18वें, 21वें तथा 24वें घण्टे पर अर्थात् प्रति 3 घण्टे पर पशु का टेम्परेचर लिया जाता है। रोगग्रस्त पशु का तापक्रम सामान्य तापक्रम (normal temperature) से 2.5 डिग्री तापक्रम अधिक मिलता है अथवा पशु का तापक्रम 103.8^{0}F से अधिक बढ़ जाता है तो उसको पॉजीटिव (+) मानना चाहिये चाहे उसमें 2.5^{0}F का अन्तर हो अथवा नहीं।

रोग के लक्षण सारांश में

फेफड़े का क्षय (Pulmonary tuberculosis)

- पशु का खाँसना एवं सूखा कफ मुख से।
- साँस में आवाज।
- भूख–प्यास की कमी, पशु सुस्त थका हुआ–सा।
- बार–बार सूखी खाँसी एवं कभी–कभी नाक से खून।
- हल्का ज्वर जो घटता–बढ़ता रहता है।
- पशु का लगातार दुर्बल एवं जीर्ण होते जाना।
- कफ भी पीप मिश्रित।
- स्टेथोस्कोप परीक्षा में चुरचुराहट की आवाज।
- पशु के जीर्ण होने पर श्वास कष्ट।
- रसग्रन्थियों में वृद्धि।
- पशु की खाल एवं उसकी हड्डियाँ शरीर से चिपकी–सी।
- पशु के सीधा खड़ा होने एवं पशुओं की पसलियों को दबाने पर दर्द।

आँतों का क्षय (Intestinal tuberculosis)

- पशु का धीरे–धीरे दुर्बल होना।
- पाचन शक्ति मंद।
- पेट में शूल/वेदना।
- गोबर पतला, अन्त में पीव तथा आँव मिश्रित।

अयन का क्षय रोग (Mammary tuberculosis)

- अयन कड़ा एवं उसमें गाँठ।
- अयन सख्त एवं दबाने पर दर्द नहीं।
- दूध दुहने के बाद अयन भली–भाँति सिकुड़ता नहीं।
- दूध पहले पतला पानी जैसा बाद में कुछ हरापन लिए हुए पीले–रंग में।
- दूध फटा हुआ छिछड़े–सा।

परन्तु, इस टैस्ट में कई कारणों से सही नतीजे मालूम नहीं होते हैं। अब इस टैस्ट के स्थान पर इण्ट्राडरमल टैस्ट (intradermal test) का उपयोग किया जाता है।

(ii) अन्त:त्वचा परीक्षण (Intradermal test)—इस परीक्षा में ट्यूबर्क्युलिन (Tuberculin) विशेष प्रकार की सिरिन्ज एवं नीडिल द्वारा खाल के ऊपरी हिस्से के नीचे प्रवेश करा दी जाती है। परीक्षा करने के लिए जिस स्थान पर इन्जेक्शन लगाना होता है उस स्थान के बाल साफ कर स्प्रिट से साफ कर दिया जाता है। अधिकतर यह इन्जेक्शन दुम के नीचे की त्वचा में दुम की जड़ के पास (near root of the tail) लगाया जाता है। गौवंशीय पशुओं में बहुधा गर्दन के मांसल भाग में यह

परीक्षा की जाती है। परीक्षा के लिये गर्दन के बीचों-बीच का तिहाई भाग अधिक उपयुक्त माना जाता है। इन्जेक्शन लगाने के लिए ट्यूबर्क्युलिन सिरिन्ज तथा चौथाई इंच लम्बी (6.25 मिमी) की स्क्रू नीडिल लेनी चाहिए। बाल साफ करने के बाद 0.1 मि.ली. (1 से 2 बूँद) संश्लिष्ट ट्यूबर्क्युलिन (synthetic tuberculin) का इन्जेक्शन त्वचा की दोनों पर्तों के बीच दिया जाता है। इस कार्य के लिये दंत पिचकारी (dental syringe) का भी उपयोग किया जा सकता है।

अब इन्जेक्शन देने के 48 घण्टे बाद इस स्थान की परीक्षा करने पर रोगग्रसित पशुओं में उस स्थान पर गर्म उभरी हुई दर्दयुक्त सूजन मिलती है। यदि पशु में 36 घण्टे के बाद यह प्रतिक्रिया नहीं होती, तो पुन: उसी स्थान पर 0.1 मि.ली. का इन्जेक्शन पुन: देकर 24 घण्टे बाद परीक्षा की जाती है। यदि इस बार सूजन मिलती है तो पशु रोगग्रस्त माना जाता है। जो पशु उक्त प्रतिक्रिया के अन्तर्गत नहीं आते हैं वे इस रोग से मुक्त माने जाते हैं।

शंकाग्रस्त (डाउटफुल केस) का टेस्ट कुछ समय बाद पुन: करना चाहिए। इस बार इन्जेक्शन दुम की बजाय गर्दन पर देना चाहिए।

इस परीक्षा के प्रधान लाभ इस प्रकार हैं—

- इन्जेक्शन देने की सुविधा-यानी बहुत कम ट्यूबर्क्युलिन देनी पड़ती है।
- पशु को कोई असुविधा नहीं; जैसे- टेम्परेचर का अधिक बढ़ जाना।

(iii) नेत्र सम्बन्धी परीक्षा (Ophthelmic test) — इस परीक्षा में कन्सन्ट्रेटिड ट्यूबरकुलिन की एक बूँद आँख में डाली जाती है और दो घण्टे बाद एक बूँद दुबारा फिर इसी आँख में छोड़ी जाती है। इसके छ: घण्टे बाद पशु की आँख को देखा जाता है। यदि पशु पॉजीटिव होगा तो उसकी पलकें (eyelids) सूज जावेंगी और कंजंक्टाइवा लाल हो जावेगा। उसके inner canthus से काफी मात्रा में पस जैसा स्राव (discharge) आने लगेगा। निगेटिव केसिस में ऐसा नहीं होता।

5. एक्स-रे (X-ray)—एक्स-रे छाया से रोगग्रस्त भाग का पता चलता है जहाँ पर क्षय रोग का आक्रमण हो रहा है।

रोग का कोर्स (Course of the disease)— यह एक जीर्ण रोग है जो कुछ महीनों से लेकर सालों में समाप्त होता है। कुछ तो पशु जीवन-भर रोग से मुक्त नहीं हो पाते हैं। एक बार लक्षण विकसित होने पर रोग धीरे-धीरे बढ़ता ही जाता है और मृत्यु तक जारी रहता है।

चिकित्सा (Treatment)— अधिक मँहगी और परिचारकों को रोग लग जाने के भय से रोगी की चिकित्सा सम्भव नहीं। यदि फिर भी पशुपालक चाहें तो स्ट्रेप्टोमाइसिन सहित अन्य उच्चकोटि के एण्टीबायोटिक्स किसी भी हद तक सफलता के साथ प्रयोग किये जा सकते हैं।

- डबल इण्ट्राडरमल टैस्ट के पॉजिटिव मिलने पर रोगी पशु को अलग हटा देना चाहिए।
  - ➤ स्ट्रेप्टोमाइसीन (Streptomycin) 2–5 ग्राम की सूई प्रतिदिन 2–3 माह तक।
  - ➤ मनुष्यों तथा छोटे पशुओं में एम्बिस्ट्रीन अथवा स्ट्रेप्टोमाइसिन सल्फेट के इन्जेक्शन प्रारम्भिक अवस्था में लाभकर सिद्ध होते हैं। ऐसे लगभग 96–100 इन्जेक्शन लगातार देने की राय दी जाती है।
  - ➤ इसके अतिरिक्त इस रोग की चिकित्सा में आइसोनैक्स, आइसोकैडीफॉस, यूनिथायबिन, इथाम्बूटॉल आदि क्षयरोधक औषधियों का उपयोग किया जाता है।
- प्रोटीन तथा विटामिनयुक्त राशन पर्याप्त मात्रा में। Nourishing diet तथा Cod liver oil से रोगी में रोग निरोधक शक्ति बढ़ती है।

- लिवर एक्सट्रैक्ट विद बी कम्पलेक्स मांसपेशीगत उचित मात्रा में कई दिनों तक।

***याद रहे*—एक बार चिकित्सा आरम्भ कर देने पर औषधि का पूरा कोर्स लेना चाहिए, क्योंकि बीच-बीच में इलाज छोड़ देने पर क्षयरोग के जीवाणु इन औषधियों के प्रति रजिस्टेण्ट हो जाते हैं।**

रोकथाम और नियन्त्रण (Prevention and Control)

- जिन पशुओं में रोग हो चुका हो, उनका परीक्षण करके अन्य स्वस्थ पशुओं से उन्हें अलग कर देना चाहिए अथवा पशु को नष्ट कर दिया जाय।
- रोगग्रस्त पशु का दूध नहीं पीना चाहिए। यह बीमारी मनुष्यों को भी दूध से लग सकती है। सावधानी के लिये दूध सदैव उबालकर पीना चाहिए।
- स्वस्थ पशुओं को खुले, रोशनी, हवादार तथा स्वच्छ घरों में बाँधकर रखना चाहिए।
- निर्बल पशुओं का दूध सदैव उबालकर पिलाना चाहिए।
- छोटे बछड़ों को उनके जन्म के दूसरे सप्ताह में 5 मि.ली. बी.सी.जी. का टीका लगाना चाहिए।
- जिस कमरे में क्षय रोग का रोगी पशु रह रहा हो उसकी भली-भाँति एन्टीसेप्टिक दवाओं से धुलाई-पुताई तथा सफाई करके उसे उपयोग में लाना चाहिए।

क्षय-रोगनाशक अन्य पेटेन्ट औषधियाँ (Other Anti-Tubercular Drugs)— छोटे पशुओं एवं कुत्तों के लिए एमसिन सीरप (Mcin syrup), एमजाइड (Mzide) टेबलेट आदि पेटेन्ट औषधियाँ हैं। साथ में स्ट्रेप्टोमाइसीन इन्जेक्शन मांस में।

8. सूखा रोग (Johnes Disease-J.D.)

अन्य नाम (Other Names)—पैरा-ट्यूबरकुलोसिस (Para-tuberculosis), क्रोनिक बैक्टीरियल इण्टेराइटिस (Chronic Bacterial enteritis), जोने रोग, असत ट्यूबरकुलोसिस, दीर्घकालीन असत ट्यूबरकुलोसिस अर्थात् दीर्घकालिक बैसिलरी अतिसार आदि।

परिचय (Introduction)—यह पशुओं में गाय-भैंस, भेड़-बकरी और हिरण की प्राणघातक चिरस्थायी आन्त्रशोथ की बीमारी है। इसमें बार-बार दस्त होता है और धीरे-धीरे दुर्बलता आती है। यह रोग 2-6 वर्ष की आयु वाले पशुओं को होता है।

Johnes disease is a chronic infectious enteritis of cattle, occasionally of sheep and goats, characterised by recurrent diarrhoea, progressive emaciation and eventual death caused by Mycobacterium para-tuberculosis.

कारण (Causes)— रोग का कारण माइकोबैक्टीरियम पैराट्यूबरकुलोसिस (Mycobacterium paratuberculosis) जीवाणु है। इसे जोन्स बैसिलस (Johnes Bacillus) भी कहते हैं। ये छोटी रॉड (short thick rod) जैसे, माप में 0.5 से 1 माइक्रोन लम्बाई के होते हैं। लोगों का विचार है कि यह जीवाणु ट्यूबरकुलोसिस बैसिलाई से छोटा होता है। ये टिशूज तथा मल में गुच्छों (Clumps) के रूप में दिखायी देते हैं। यह जीवाणु भी टी.बी. के जीवाणुओं की तरह एसिड फास्ट होता है।

It is strongly acid and alcohol fast and gram positive. It is resisting to acids and alkalies.

- यह बीमारी कम आयु में अर्थात् 2-6 साल की आयु में अधिक होती है।

प्रभावित क्षेत्र (Areas affected)—पूरे संसार में यह बीमारी होती है। भारत में यह पशु प्रजनन (Cattle Breeding) एवं डेरी फार्मों पर तीव्रता से फैलती है।

प्रभावित पशु (Species affected)—विशेषकर कैटिल में, भैंसों को भी यह हो सकती है। कभी-कभी भेड़, बकरी एवं जंगली चूहों (wild ruminants) में भी। पालतू घरेलू पशु एवं लेबोरेटरी के छोटे पशु प्रतिरोधी (resistant) होते हैं। मनुष्यों में इसके संक्रमण की रिपोर्ट नहीं मिली है।

फैलने का ढंग (Mode of Spread)—इसके कीटाणु गोबर के द्वारा बाहर निकलते हैं। कीटाणु बीमार पशु के मल-मूत्र, चाय, पानी, बर्तनों आदि को दूषित कर देते हैं। जब कोई पशु इन दूषित पदार्थों के सम्पर्क में आता है तो उसकी भोजन प्रणाली के द्वारा शरीर में प्रवेश कर ये रोग फैलाते हैं। रोग की छूत संदूषित बाड़े अथवा चरागाहों से पशुओं को विशेष रूप से लगती है।

Arises from ingestion of food or water contaminated with the faeces of infected animals. Pools containing the infected excreta are thus prolific source of the disease.

उद्भवन काल (Incubation Period)— 6 माह से 2 वर्ष अथवा अधिक। कोई निश्चित नहीं।

रोग लक्षण (Symptoms)— जैसा कि बताया जा चुका है इसकी इंक्यूबेशन अवधि 6 माह से 2 साल तक है। यह समझा जाता है कि यह बीमारी कम उम्र में हो जाती है, परन्तु लम्बा Incubation period होने के कारण 3-4 साल की उम्र में लक्षण मालूम होते हैं। पशु के शरीर में इस बीमारी का विकास बहुत धीरे-धीरे होता है। इस प्रकार अनजाने ही पशु के शरीर में यह बीमारी अपना घर कर लेती है और वर्षों तक छुपी हुई चलती रहती है। रोग के लक्षण प्रायः पशु के निर्बल होने अथवा मादा पशु के ब्याने के बाद ही निश्चित रूप से प्रकट होते हैं। पशु का स्वास्थ्य दिन-पर-दिन गिरता जाता है। सबसे पहले पशु को बदबूदार दस्त आते हैं और जमीन पर इस दस्त में बुलबुले बन जाते हैं। जानवर की भूख अच्छी रहती है और देखने में वह ठीक मालूम होता है। तापक्रम प्रायः नार्मल रहता है, परन्तु डायरिया कुछ दिनों तक रहता है, बाद में बन्द हो जाता है। बन्द होने के कुछ दिन बाद ही पुनः प्रारम्भ हो जाता है। जानवर की हालत गिरने लगती है और वह दुबला हो जाता है। कभी-कभी दवा देने से डायरिया बन्द हो जाता है, परन्तु फिर प्रारम्भ हो जाता है। धीरे-धीरे पशु बहुत कमजोर हो जाता है, आँखें गड्ढ़े में धँस जाती हैं। उसका सारा मांस सूखने लगता है। पहले तो महीनों अथवा वर्षों तक डायरिया के दौर चलते हैं और अन्त में पशु चलने-फिरने एवं खाने-पीने से विवश होकर मृत्यु की गोद में सो जाता है।

इस बीमारी में रेक्टम (मलाशय) की श्लेष्मिक झिल्ली (Mucous membrane) मोटी पड़ जाती है और उसके ऊपर धारियाँ पड़ जाती हैं। मलाशय को हाथ से छूने पर ये धारियाँ मालूम पड़ती हैं। म्यूकस मेम्ब्रेन का जरा-सा टुकड़ा नाखून से लेकर माइक्रोस्कोप द्वारा देखने से रोग के कीटाणु (Mycrobacterium paratuberculosis) दिखायी देते हैं।

मृत्यु के बाद यदि पशु की आँत की परीक्षा की जाय तो उसकी श्लेष्मिक झिल्ली सामान्य से पाँच गुनी मोटी झुर्रीदार दिखायी देती है।

नोट
- दुर्गन्ध भरा पतला दस्त होता है। कभी-कभी दस्त बन्द हो जाता है तथा मल सामान्य हो जाता है, किन्तु शीघ्र ही पुनः दस्त प्रारम्भ हो जाता है। बाद में खून और श्लेष्मा मिला हुआ पतला दस्त होता है, जिसमें बुलबुले होते हैं।
- पशु झुकी हुई अवस्था में बैठता है, जबड़े के नीचे सूजन मिलती है।

निदान (Diagnosis)

1. *लक्षणानुसार* (Symptomatic)— उपरोक्त लक्षणों को देखकर निदान में कोई कठिनाई नहीं होती है।
2. *सूक्ष्मदर्शी परीक्षण* (Microscopic examination)— गोबर का स्लाइड पर पतला लेप बनाकर अथवा रोगी के रेक्टम (मलाशय) की श्लेष्मिक झिल्ली खरोंच-कर उसे जहिलीनीलसेन स्टेन से रंगकर सूक्ष्मदर्शी में देखने पर रोग का अम्ल-स्थायी (acid fast) बैसीलस देखा जाता है।
3. *जोनिन टैस्ट* (Johnin test) —यह जाँच भी बिल्कुल ट्यूबर्क्यूलिन की डबल इण्ट्रा- डरमल टैस्ट की भाँति की जाती है। अन्तर केवल इतना है कि यहाँ ट्यूबरर्क्युलिन के स्थान पर जोनिन (Johnin) का प्रयोग किया जाता है। (देखें टी.बी. निदान ट्यूबर्क्युलिन टैस्ट रोग संख्या-7)

जोहनीज डिसीज के लक्षण सारांश में

- लक्षण प्राय: पशु के निर्बल होने अथवा मादा पशु के ब्याने के बाद ही।
- स्वास्थ्य में नित्य गिरावट।
- तापक्रम प्राय: नार्मल।
- शरीर की पसलियों का चमकना।
- स्थायी रूप में पतले पानी जैसे बहुत बदबुदार तेज दस्त एवं इनमें गैस के बुलबुले भी।
- डायरिया की स्थिति महीनों अथवा वर्षों तक जारी।
- मांस का सूखना।
- दस्तों में दस्त निरोधक दवा से लाभ नहीं।
- निर्बलता में क्रमश: वृद्धि।
- दस्तों में म्यूकस के लोथड़े भी।
- प्यास में अतिशय वृद्धि।
- सबमैक्जीलरी अडिमा।
- अंत में अनीमिया का मिलना। रक्त की कमी से जलाभाव भी।
- कोकेक्सिया (cochexia) व थकान (exhaustion) से मृत्यु।

शव परीक्षण (Examination)— Mucosa of ileum, caecum and first few fecet of colon excessively thickened and corrugated simultating to convulations of brain, intestinal lymph nodes– hypertrophied and oedematous.

संक्षेप में—लम्बे समय का अतिसार, पशु के अस्वस्थ शरीर की स्थिति, शव परीक्षा, मल (faeces), रेक्टल स्क्रेपिंग्स तथा लिम्फ नोड्स से प्राप्त लेप (smear) की एसिड फास्ट स्टेनिंग (acid fast staining) करने पर जीवाणु का प्रदर्शित होना, जोनिन टैस्ट आदि से रोग की पुष्टि होती है।

A well fed mature animal showing an intermittent diarrhoea accompanied by emaciation should be suspected for John's disease, specially if it does not respond to intestinal astringents and other forms of treatment for diarrhoea.

विभेदक निदान (Differential Diagnosis)—परजीवियों के भारी संक्रमण (heavy parasitic infection), काक्सीडियोसिस (coccidiosis), आन्त्रीय यक्ष्मा एवं अति कुपोषण (extreme malnutrition) आदि से इनका भेद करना चाहिए ताकि निदान में किसी प्रकार की त्रुटि न हो।

चिकित्सा (Treatment)— इस बीमारी की कोई चिकित्सा नहीं है। अत: वह जानवर जो इस बीमारी से पीड़ित हो और टैस्ट करने पर पॉजीटिव मिले तो ऐसे जानवरों को स्वस्थ पशुओं से अलग कर देना चाहिए। चिकित्सास्वरूप निम्न औषधियाँ प्रयोग करें—

- स्ट्रेप्टोमाइसीन इन्जेक्शन : 2-5 ग्राम लम्बी अवधि तक बड़े पशुओं में।
- छोटे पशुओं को इन्टरोस्ट्रेप (Enterostrep) अथवा क्लोराम्फेनीकॉल + स्ट्रेप्टोमाइसीन के दो केप्सूल दिन में 2 से 3 बार।

  इन्टेस्टाइनल एस्ट्रिन्जेन्ट; जैसे- नैबलोन पाउडर 60 ग्राम।

रोकथाम एवं नियन्त्रण (Prevention and control)

- रोग की रोकथाम क्षय रोग (T.B.) की भाँति।
- मल-मूत्र से दूषित चरागाहों को 4-5 माह तक चरने के प्रयोग में नहीं लाना चाहिए। उसे खाली छोड़कर उस पर चूने का छिड़काव करें।
- पशुओं को शुद्ध ताजा जल पिलावें।
- पशुगृह साफ और स्वच्छ रखें।
- पशु के मल-मूत्र को गाढ़ देना चाहिए अथवा जला दें।
- बछड़े-बछियों को रोगी पशु के सम्पर्क से बचावें।
- पशुओं को प्रति 6 माह पर जोनिन टेस्ट करके प्रभावित पशु मिलने पर उसे अलग कर दें।
- रोग से बचाव हेतु अब तक कोई उपयुक्त वैक्सीन निर्मित नहीं हुई है।

The best thing is to destroy the animal and dispose off the carcase by burning or deep burial with lime.

●● **रोगग्रस्त पशुओं को मैगसल्फ के संयुक्त घोल का आई.वी. इन्जेक्शन देकर अथवा मनुष्य-पशु घातक-यंत्र (human cattle killer) द्वारा नष्ट किया जा सकता है।**

9. संसर्गज गर्भपात (Contagious Abortion)

अन्य नाम (Other Names)— ब्रूसेल्लोसिस (Brucellosis), बैंग्स डिजीज (Bang's disease) या छूत से बच्चा फेंकना।

परिचय (Introduction)—यह पशुओं में फैलने वाला बहुत ही भयानक संक्रामक (छूत से लगने वाला) रोग है जो मादा पशुओं, विशेषकर गाय-भैसों को हुआ करता है। इसमें गर्भित पशु का गर्भाशय सूज जाता है और उसमें उपस्थित गर्भ पूरी अवधि पाने से पूर्व ही गिर जाता है। गाय-भैंसों में प्राय: 5वें से 8वें माह तक उनका गर्भ गिर जाया करता है।

It is a specific contagious disease of cows characterised by a chronic inflammation of the uterus and premature expulsion of the foetus, usually between the fifth to eighth month of pregnancy, caused by *Brucella abortus*.

प्रभावित क्षेत्र (Prevalence)— पूरे संसार में बीमारी होती है। आजकल देश के पशु-प्रजनन फार्मों के लगभग 20 प्रतिशत पशुओं में इस रोग की छूत मिलती है।

प्रभावित पशु (Species affected)— भैंसों की अपेक्षा गायों को यह रोग अधिक लगता है। रोग भेड़ और बकरी को भी प्रभावित करता है। रोग मुख्य रूप से विदेशी तथा क्रास ब्रीड एनीमल्स में अधिक मिलता है। यह बीमारी अधिकतर Dairy cattle में अधिक होती है।

याद रहे
- गर्भपात से भारी आर्थिक हानि होती है।
- ऐसे रोगी पशुओं का दूध पीने से मनुष्यों में अण्डकोष फीवर (Undulant fever) की बीमारी हो जाती है।

- रोग की छूत से नर पशुओं में उनके अण्डकोष शोथज हो जाते हैं एवं उसके कीटाणु इनमें पाये जाते हैं जिसके संसर्ग से मादा पशु रोग ग्रसित हो जाते हैं।

रोग का कारण (Cause)— इस रोग का प्रमुख कारण ब्रूसेला एबोर्टस (*Brucella abortus*) है। सूअरों में यह बीमारी ब्रूसेला सुइस (*Brucella suis*) तथा बकरियों में ब्रूसेला मेलिटेन्सिस (*Brucella melitensis*) नामक जीवाणु से होती है।

इस बीमारी के संक्रमण से गर्भयुक्त गर्भाशय (pregnant uterus) में सूजन (inflammation) हो जाती है तथा गर्भ-झिल्ली (foetus membrane) और गर्भस्थ पशु (foetus) में परिवर्तन (changes) होकर गर्भपात हो जाता है। एबोर्शन होने के बाद मीट्राइटिस (metritis) बनी रहती है। कभी-कभी मीट्राइटिस के कारण जहरवाद (सेप्टीसीमिया) हो जाता है, जिसके कारण पशु मर भी सकता है। मीट्राइटिस के कारण गाय को बच्चा देर से होता है अथवा गाय बिल्कुल बांझ हो जाती है। एबोर्शन हो जाने के कारण गाय दूध भी नहीं देती और यदि देती भी है तो बहुत कम।

इसका बैक्टीरिया रोगी पशु के गर्भाशय, जेर (placenta) तथा भ्रूण के पेट एवं फेफड़ों में निवास करता है। कभी-कभी यह अयन में भी मिलता है। रोग-ग्रसित पशु के दूध में यह जीवाणु उपस्थित रहता है।

यह बैसीलस (बैक्टीरिया) बहुत ही रैसिस्टैन्ट होता है तथा यूट्रस में बच्चा मरने के बाद भी नौ माह तक जीवित रहता है और बाहर भी सायेदार तथा नम जगह में 100 दिन से अधिक जीवित रहता है। इसके जीवाणु गर्भाशयिक गाढ़ा आस्राव (uterine exudate), गर्भ झिल्ली (foetal membrane) तथा गर्भ (foetus) में बहुत अधिक मात्रा में पाये जाते हैं। इसके अतिरिक्त जीवाणु तभी मिलेंगे जब गाय इस बीमारी के कारण गर्भपात कर दे।

संक्रमण होने के ढंग (Mode of infection)— यह बीमारी, बीमार जानवर का गर्भपात होने के बाद गर्भ के साथ निकले हुए स्राव द्वारा फैलती है, क्योंकि इस स्राव में रोग के जीवाणु सर्वाधिक मात्रा में उपस्थित रहते हैं। रोग एक पशु से दूसरे पशु में निम्न प्रकार से पहुँचता है—

1. अन्न नली द्वारा (By ingestion)—गर्भपात के बाद गर्भ के साथ निकले हुए स्राव द्वारा कीटाणु चरागाह एवं रहने के स्थानों में फैल जाते हैं। जहाँ से कीटाणु चारा-पानी के द्वारा स्वस्थ पशु में भोजन के साथ

संक्रामक गर्भपात के लक्षण सारांश में

- गर्भपात आमतौर पर 5वें से 8वें माह में। वैसे किसी भी समय।
- गर्भपात से पूर्व पशु को तेज बुखार, बेचैनी एवं कष्टप्रद श्वास-प्रश्वास।
- शारीरिक निर्बलता एवं भूख की कमी।
- भग में सूजन आकर उससे बादामी-रंग का स्राव।
- अयन का फूलकर लाल दिखाई देना।
- बाद में योनि से दुर्गन्ध-भरा एवं रक्त मिला स्राव।
- बच्चा देने के अन्य लक्षण तथा पशु में बेचैनी।
- गर्भाशय में सूजन।
- गर्भ गिर जाता है। जेर में नीली धारियाँ, काटीलीडन्स पुलपुले (Flaccid) एवं पीली क्रीम की भाँति।
- जेर का कई दिनों तक न गिरना।
- प्राय: मरा हुआ बच्चा गर्भाशय से बाहर, कभी-कभी जीवित भी।
- गर्भपात के बाद योनि से पतला, पीले रंग का स्राव।
- रुकी जेर (retained placenta) से रक्त में सेप्टीसीमिया होकर पशु की मृत्यु।

शरीर में प्रवेश पा जाते हैं। इसके अतिरिक्त रोग-ग्रसित पशुओं का शरीर तथा जननांग चाटने से भी यह रोग स्वस्थ पशुओं को लग सकता है। गर्भपात हो जाने के बाद गर्भाशय में जब तक मीट्राइटिस रहती है, तब तक स्राव निकलता रहता है और इस निकले स्राव द्वारा बीमारी फैलती रहती है।

2. मूत्र एवं जननेन्द्रिय मार्ग द्वारा (By Urinogenital tract)—यह बीमारी साँड़ों के द्वारा भी फैलती है। जब साँड़ बीमार गाय को ग्याभिन करता है, फिर बाद में वही साँड़ जब स्वस्थ गाय को ग्याभिन करता है, तो स्वस्थ गाय भी इस बीमारी से संक्रमित हो जाती है। इसके अतिरिक्त कृत्रिम गर्भाधान की विधियों में प्रयोग होनेवाले यंत्रों को यदि भली-भाँति जीवाणु रहित (sterilized) न किया गया तो भी रोग फैलने की आशंका रहती है।

3. त्वचा एवं कंजंक्टाइवा द्वारा (By Skin and Conjunctiva)— कुछ मामलों में बीमारी त्वचा एवं आँख की कंजंक्टाइवा द्वारा भी स्वस्थ पशुओं को लगती देखी गयी है।

4. परिचारकों द्वारा (By attendants)— रोगी पशुओं के सम्पर्क में रहनेवाले परिचारकों के दूषित (infected) कपड़ों, जूतों, चप्पलों एवं हाथों से भी रोग फैल सकता है।

इन्क्यूबेशन अवधि (Incubation period)— यह अवधि लगभग 21 दिन की होती है। वैसे 33 से 100 दिन की अवधि होती है।

रोग लक्षण (Symptoms)— संक्रमण (infection) हो जाने के बाद साधारणतया 3-8 सप्ताह में प्रतिक्रिया (reaction) प्रारम्भ हो जाती है एवं आठ सप्ताह (दो माह) के बाद गर्भपात होने का भय रहता है। वे गायें जो गर्भावस्था के अन्तिम दिनों में संक्रमित हो जाती हैं, देखने में स्वस्थ बच्चा तथा गर्भावरण (foetus membrane) फेंक देती हैं। परन्तु, ये दोनों बैंग्स बैसीलस से प्रभावित होते हैं अर्थात् जीवाणु इनमें उपस्थित रहते हैं। इस बीमारी का पता साधारणतया गर्भपात से मालूम होता है। रोगग्रस्त पशु का सबसे प्रधान लक्षण गर्भपात है। सबसे पहले पशु को तेज बुखार हो जाता है, सुस्ती, बेचैनी, शारीरिक निर्बलता, भूख की कमी, कष्टप्रद श्वास-प्रश्वास आदि लक्षण होते हैं। गर्भपात होने से पूर्व भग (vulva) में सूजन आकर उससे बादामी-रंग का स्राव होता है। अयन फूलकर लाल हो जाता है। गर्भाशय नाल (प्लेसेन्टा) पर सूजन आ जाती है जिसके परिणामस्वरूप ही गर्भपात होता है। योनि से दुर्गन्धयुक्त रक्त मिला स्राव बहने लगता है। बच्चा देने के अन्य लक्षण भी दिखायी देने लगते हैं तथा पशु बेहद बेचैन हो जाता है, गर्भाशय में सूजन आ जाती है और गर्भ गिर जाता है।

प्रायः मरा हुआ बच्चा गर्भाशय से बाहर आता है, परन्तु कभी-कभी जीवित भी हो सकता है जो प्रसव के बाद तुरन्त मर जाता है। इसकी रूपरेखा असाधारण-सी होती है।

वैसे गर्भपात गर्भावस्था के किन्हीं महीनों में हो सकता है। परन्तु, आमतौर पर 5वें से 8वें माह के बीच अधिक होते देखा गया है। जेर (Placenta) में पीली धारियाँ, काटीलीडन्स पुलपुले (Flaccid) तथा पीली क्रीम की भाँति हो जाते हैं। गर्भपात होने के उपरान्त जेर प्रायः भ्रूण के साथ नहीं गिरती है एवं योनि से पतला, गन्दा पीले रंग का स्राव होता है। अन्दर रुकी हुई जेर सड़कर शरीर के समस्त रक्त को दूषित कर देती है, जिससे सेप्टीसीमिया होकर मादा पशु मर जाता है।

रोगग्रस्त पशु के शरीर के निचले भाग में सूजन आ जाती है; संधियों (joints) में भी सूजन हो सकती है। रोगग्रस्त साँड़ों के घुटने एवं टखने भी सूज जाते हैं।

गर्भपात के कुछ समय पहले गाय में वे लक्षण आ जाते हैं जिनसे मालूम हो जाता है कि गाय बच्चा देने वाली है। परन्तु, कभी-कभी बिना किसी लक्षण के ही गर्भपात हो जाता है।

कभी-कभी ऐसा भी होता है—

फीटस (foetus) गर्भ में ही मर जाता है तथा महीनों तक गर्भाशय में पड़ा रहता है। ऐसे गर्भ को ममीफाइड फीटस (mammified foetus) कहते हैं। ऐसा गर्भ गर्भाशय में सड़ता नहीं है, बल्कि सूख जाता है एवं कभी-कभी गर्भस्थ पशु के पैर आदि शरीर से अलग हो जाते हैं तथा टुकड़े-टुकड़े होकर बाहर निकलते हैं अथवा ममीफाइड फीटस कुछ दिनों उपरान्त अपने-आप बाहर निकल जाता है।

जेर का रुकना (Retention of placenta) एक गम्भीर स्थिति है। गर्भपात के बाद कभी-कभी जेर अन्दर ही रुक जाती है तथा गायों में इसके लक्षण पाये जाते हैं। जिन गायों में गर्भपात के बाद जेर का रुकना नहीं होता, अधिकतर ऐसी गायें आगे भविष्य में ग्याभिन होती रहती हैं, परन्तु जेर रुक जाने पर गर्भाशय शोथ (metritis) होने से गाय में बाँझपन (infertility) आ जाता है।

सावधान—इस बीमारी से जानवरों की प्राणहानि नहीं होती, परन्तु गाय की उपयोगिता उनके बच्चा न देने या दूध न देने के कारण बहुत कम हो जाती है।

रोग का निदान (Diagnosis)

1. **लक्षणानुसार** (Symptomatic)— पशु का इतिहास (history of animal), मुख्य लक्षणों का होना; यथा – गर्भपात हो चुका है, गर्भाशय से पीला, गला स्राव तथा गाय के पीले व पिलपिले यूरेटाइन काटीलीडन्स (uterine cotyledon) को देखकर रोग की पहिचान की जाती है।

गर्भपात होने पर जेर के chorion चमड़े की भाँति हो जाते हैं। Chorion की ऐसी हालत अन्य किसी बीमारी में नहीं होती है।

The disease is suspected when a number of cows abort at a time. The character of the placental lesion is sufficiently characteristic. The outer foetal envelope - the chorion - is dull, later thickened, leatherlike and oedematous.

2. **सूक्ष्मदर्शी परीक्षा** (Microscopic test)— कोरियोन के जख्म से अथवा गर्भ के पेट से निकले हुए पदार्थ का काँच की स्लाइड पर पतला लेप बनाकर तथा कार्बोल फुक्सिन से स्टेनिंग करके सूक्ष्मदर्शी में देखने पर रोग का जीवाणु पहचाना जाता है।

3. **ऐग्लूटिनेशन जाँच** (Agglutination test)— रोग के निदान का सबसे अच्छा तरीका रक्तोदक (blood serum) का ऐग्लूटिनेशन टैस्ट है। यह टेस्ट प्रत्येक जानवर में, चाहे वह बीमार हो या स्वस्थ हो, किया जा सकता है। इससे झुण्ड में यह पता लग जाता है कि कौन गाय पॉजिटिव है और कौन स्वस्थ है। इस टैस्ट के लिए जानवर का एक जीवाणुरहित ट्यूब में रक्त ले लिया जाता है तथा कुछ समय बाद R.B.C. से सीरम अलग करके स्टेराइल ट्यब में रखकर लेबोरेटरी को टैस्ट के वास्ते भेज देना चाहिए।

About 4 c.c. of blood should be taken from the jugular vein of the suspected animal and then serum is taken from the blood after three hours. By this time a firm clot would have formed. The serum is diluted 1 in 25, 1 in 50, 1 in 100 and 1 in 200. Agglutination in dilutions 1 in 100 or higher are considered positive.

संक्षेप में—रोग का निदान लक्षणों, कोटीलीडन्स से ली गई स्मीयर की जाँच, ब्लड सीरम, सीमेन सीरम (semen serum) तथा serum की agglutination आदि जाँचों से भली प्रकार किया जाता है।

चिकित्सा (Treatment)— संक्रामक गर्भपात की कोई उपयुक्त चिकित्सा नहीं है। इसकी चिकित्सा केवल लाक्षणिक होती है ।

यदि पशु ने गर्भपात के 12 घण्टे बाद तक जेर नहीं डाला है तो गर्भाशय तथा जेर के कॉटीलिडन्स को धीरे-धीरे छुड़ाकर जेर बाहर निकालना चाहिए। इसके बाद गर्भाशय में लिक्सन IU (Lixen IU-*Virbac*), स्टेक्लिन (Steclin - *Zydus AHL*), टैरामाइसिन एनीमल फार्मूला टेबलैट (*Pfizer*), यूटैक्स (Utex - *Novartis*), वोलीसाइक्लीन (Wolicyclin - *Wockhardt*) में से किसी एक की 4 गोलियां तीन दिन तक रखनी चाहिए।

रोकथाम एवं नियंत्रण (Prevention and Control)

- रोगी पशुओं को स्वस्थ पशुओं से अलग रखें।
- स्वस्थ पशुओं का एग्लूटीशन टैस्ट कराना चाहिए। यदि टैस्ट पॉजिटिव निकले तो मादा पशु से अलग रखें।
- रोग की रोकथाम के लिए ब्रूसेला स्ट्रेन 19 वैक्सीन (Brucella strain 19 vaccine) की 5 मि.ली. मात्रा त्वचा में 8 माह की उम्र पर लगायें।
- गिरे हुए गर्भ, जेर (placenta) तथा उसके सम्पर्क में आये हुए सभी पदार्थों को जला देना चाहिए अथवा गहरे गड्ढे में गाढ़कर ऊपर से चूना डालकर नष्ट कर देना चाहिए।
- रोगी के पिछले धड़ पर एवं जननेन्द्रिय के आसपास लगी गंदगी को किसी एण्टीसेप्टिक लोशन (सैवलोन/डिटौल या बीटाडीन) से धोकर साफ करना चाहिए।
- जहाँ पशु बाँधा गया हो वहाँ के फर्श आदि को फिनाइल से खूब धोना चाहिए, जिससे वह स्थान कीटाणुरहित हो जाये।
- पशु गृह की दीवारों को भी कार्बोलिक ऐसिड मिले चूने से पुतवाना चाहिए।
- जहाँ उक्त बीमार पशु चरने गया हो, वहाँ स्वस्थ पशु को चरने न छोड़ा जाये बल्कि उस चरागाह को जुतवाकर उस पर चूने का छिड़काव करा देना चाहिए।
- रोग से बचाव के लिए कृत्रिम गर्भाधान (A.I.) से गाय-भैंसें ग्याभिन करावें।
- रोग से बचाव का टीका 8 माह की आयु में ही बच्चों को लगवा देना ठीक रहता है।

●● भारत में विशेषकर डेरीफार्मों पर जहाँ इस रोग का संक्रमण रहता है, छोटे-बड़े सभी मादा पशुओं को इसका टीका लगाया जाता है।

रोग का उन्मूलन करने के लिए पशुओं की एग्लूटीनेशन जाँच करके बीमारी का निदान किया जाता है। अतएव नये मिले पशुओं के आने पर सभी का प्रतिमाह परीक्षण किया जाता है। पॉजिटिव मिले पशुओं को नष्ट कर दिया जाता है अथवा उनको दूर, अलग झुंड (यूथ) बनाकर रखा जाता है। यदि बाहर से कोई नया पशु आया है तो उसे 15 दिन अलग रखकर उपरोक्त जाँच करने के बाद स्वस्थ पशुओं में मिलने दिया जाता है। साँड़ों की भी इसी प्रकार परीक्षा की जाती है।

आई.सी.ए.आर. के प्रयोगात्मक अध्ययनों के उपरान्त रक्तोदक युग्मन परीक्षा (serum agglutination test) एवं अलगाव का तरीका बीमारी को रोकने में सर्वश्रेष्ठ सिद्ध हुआ है। अब यह विधि उत्तर-प्रदेश के सभी डेरीफार्मों पर अपनायी जा रही है, जिससे बीमारी के रोकने में पर्याप्त सफलता मिली है।

याद रहे—दो या तीन बार गर्भपात हो जाने के पश्चात् गाय इस रोग से इम्यून (सुरक्षित) हो जाती है तथा सामान्य रूप में गर्भधारण करना प्रारम्भ कर देती है। ऐसे पशु की लार में तथा योनि में जीवाणु रहता है तथा ऐसे पशु रोग फैलाने में सहायक होते हैं।

10. थनैला रोग/मेस्टाइटिस (Mastitis)

अन्य नाम (Other Names)— स्तनशोथ (mammitis), गार्गेट (garget), अयन का शीत (chill of udder) तथा थनैला। इसे weed नाम से भी जाना जाता है।

परिचय (Introduction)—यह दूध देने वाले पशुओं के अयन की भयानक छूत से लगने वाली बीमारी है, जो बैक्टीरिया द्वारा फैलती है और केवल मादा पशुओं को ही होती है। मुख्य रूप से गाय, भैंस और बकरी ही इसके शिकार होते हैं। यदि प्रारम्भ से ही इस बीमारी की देख-भाल उचित रूप से न की गई, तो यह थनों को बेकार करके दूध को सुखा देती है।

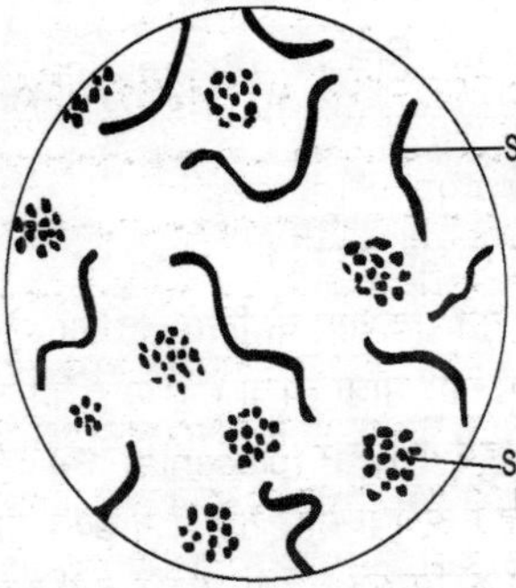

चित्र—*थनैला रोग के जीवाणु*

Mastitis is an acute or chronic inflammation of the mammary glands chiefly of Bovines usually affecting the secretory cells and frequently causing total suppression of milk on account of microbial organism which are many.

कारण (Causes)—इस रोग को उत्पन्न करने वाला कोई एक जीवाणु (bacterium) नहीं होता है बल्कि इसमें कई प्रकार के जीवाणु होते हैं। इसलिए इसको मिश्रित थनैला (mastitis complex) भी कहा जाता है। प्रधानरूप से स्ट्रैप्टोकोकस, स्टेफाइलोकोकस, कोर्नीबैक्टीरियम पायोजीन्स, ई. कोलाई, माइकोबैक्टीरियम ट्यूबरकुलोसिस आदि इस रोग को उत्पन्न करते हैं।

गाय-भैंसों में अधिकतर यह रोग स्ट्रैप्टोकोकस तथा स्टेफाइलोकोकस जीवाणुओं (streptococcus and staphylococcus bacteria) द्वारा होता है। भारतवर्ष में मुख्य रूप से इस रोग का जीवाणु स्टेफाइलोकोकाई (Staphylococci) ही देखा गया है।

अन्य सहायक कारण (Predisposing Factors)

- अयन तथा थनों में चोट लगना।
- ग्वाले के गन्दे हाथ (infected hand of milkman)।
- पशुशाला का कुप्रबन्ध। यह रोग के लिए विशेष उत्तरदायी होता है।
- पशुशाला के गीले तथा गन्दे फर्श एवं सफाई का अभाव।
- मक्खियों की अधिकता।
- दूध दुहने का गलत तरीका (Wrong method of milking)।

उपरोक्त सभी सहायक कारण (predisposing factors) कहलाते हैं।

यह बीमारी अधिकतर बीमार गायों से स्वस्थ गायों में फैलती है, विशेषकर बीमार गाय को दुहने के बाद उन्हीं हाथों से स्वस्थ गायें दुही जाती हैं तो बीमारी स्वस्थ गाय में लग जाती है। इसके अतिरिक्त बीमार गायों का दूध या पीव (milk or pus) उसके रहने के स्थान पर गिर पड़ता है। जब उसी स्थान पर स्वस्थ गाय बैठती है तब भी उसमें यह बीमारी हो जाती है।

जब गायें ऐसी जगह रखी जाती हैं जहाँ की भूमि ऊँची-नीची हो या कीचड़ आदि अत्यधिक हो, तो ऐसी जगह बैठने पर अयन पर चोट (injury) लग जाती है जो बाद में थनैला रोग (mastitis)

में परिवर्तित हो जाती है। दूध दुहने में यह ध्यान रखना चाहिए कि थनों में किसी प्रकार की चोट न हो तथा दुहने वाला हाथ को एण्टीसेप्टिक लोशन से धोने के बाद दूध दुहे। दूध न दुहने के कारण भी, जब दूध थनों में भरा रहता है, मैस्टाइटिस हो सकती है। दूध ठीक समय पर तथा पूर्णरूपेण दुहना चाहिये। जीवाणु आदि को थनों में रखने वाले पशु (carriers) भी रोग के लिए उत्तरदायी होते हैं।

कभी-कभी जानवर को संक्रामक गर्भपात (बैंग्स डिजीज) के कारण भी मैस्टाइटिस हो जाती है। यह बीमारी अधिक दूध देने वाले पशुओं में अधिक होती है, क्योंकि अधिक दुधारू पशुओं में थन तथा अयन अधिक बड़े होते हैं और उनमें चोट की अधिक सम्भावना रहती है।

Predisposing Factors

- High producing cows.
- Bad sanitation of byre.
- Sudden changes of diet.
- Excessive protein diet and dietetic imbalance.
- Chill and Exposure.
- Excessive exertion.
- Irregularity between milking.
- Contamination of the hands of the milkmen.
- Faulty milking.
- Incomplete stripping.
- Retention of milk in the udder.
- Infection in other parts of the body, e.g. brucellosis, cowpox, F.M.D.

विकृति— इस बीमारी में अयन के अन्तर्गत सूजन (inflammation) हो जाती है। यह सूजन कभी बढ़ जाती है तो कभी कम हो जाती है। दूध में फुटके (clots) से पड़ जाते हैं तथा उसकी क्षारीयता (alkalinity) बढ़ जाती है। इन्फ्लेमेशन के बाद अयन में फाइब्रोसिस होने लगती है तथा ग्रन्थिल ऊतक (glandular tissue) कम हो जाता है और उसकी जगह फ्राइब्रस टिशू बढ़ता जाता है। किन्हीं-किन्हीं जानवरों में फोड़ा (abscess) बन जाता है तथा पीव (pus) पड़ जाता है।

याद रहे—जो पशु अधिक मात्रा में दूध देते हैं और बाजार/हाट में बेचने के लिए उनके दूध को दो-दो, तीन- तीन दिन तक भरा रखा जाता है तो उनमें यह बीमारी हो जाती है।

फैलने का ढंग (Mode of Spread)—जीवाणु, पशु के थनों में चोट या रगड़ लग जाने अथवा घाव बन जाने एवं पशु के गंदे तथा भीगे फर्श पर बैठ जाने के कारण थनों के माध्यम से अयन में प्रवेश पा जाते हैं। दूध दुहने की मशीनें, दूध दुहने वाले के गंदे हाथ, पशुओं के शरीर तथा पशुशाला की दीवारें भी इस रोग को फैलाने में सहायक होती हैं। खून चूसने वाली बड़े आकार की मक्खियाँ (डाँस) भी रोग को फैलाती हैं।

लक्षण (Symptoms)— यह बीमारी दूध देनेवाले पशुओं में अयन तक ही सीमित रहती है, शेष शरीर में नहीं। यह तीव्र (acute), कुछ तीव्र (sub-acute) एवं दीर्घकालीन (chronic) प्रकार की होती है। कुछ पशुओं में छुपा थनैला भी होता है।

1. तीव्र थनैला (Acute Mastitis)— इस अवस्था में पशु बेचैनी अनुभव करता है। आहार (fodder and ration) कम लेता है, पशु को बुखार हो जाता है; अयन गर्म, लाल तथा दर्दमय हो जाता है। इस समय अयन कड़ा और सख्त हो जाता है। एकाएक थनों में दूध आना कम हो जाता है। थनों से निकला हुआ दूध पहले कुछ पीलापन लेकर बाद में गहरे लाल रंग का हो जाता है।

2. कुछ तीव्र थनैला (Sub-acute Mastitis)— इस अवस्था के लक्षण भी तीव्र थनैला जैसे होते हैं। अन्तर केवल इतना है कि वे धीरे-धीरे प्रकट होकर पशु को अपेक्षाकृत कम हानि पहुँचाते हैं। थनों पर सूजन भी कम होती है।

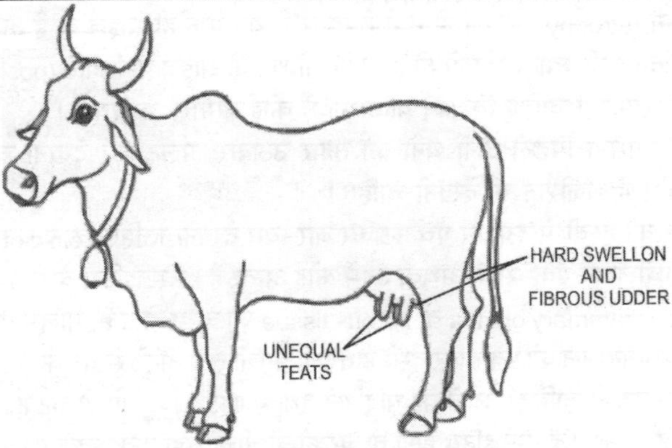

चित्र–*थनैला रोग से पीड़ित पशु*

3. दीर्घकालीन थनैला (Chronic Mastitis)— यह अवस्था दुधारू पशुओं में *स्ट्रैप्टोकोकस एगालेक्टी (Streptococus agalacttae)* जीवाणु द्वारा होती है। इसका प्रभाव बहुत धीमी गति से होता है। इसी कारण रोग की पहचान काफी दिनों के बाद ही हो पाती है। प्रधान रूप से अयन बढ़कर कड़ा हो जाता है और दबाने पर उसमें दर्द नहीं होता है। थनों से निकला हुआ द्रव (दूध) पतला एवं छिछड़ेयुक्त होता है। धीरे-धीरे अयन भी क्षीण होता जाता है तथा पशु का दूध कम होता जाता है। रोग का वेग अधिक होने पर गाय दूध देना बन्द कर देती है अथवा प्रभावित क्वार्टर का दूध सूख जाता है।

4. छुपा थनैला (Sub-clinical Mastitis)— थनैला के इस रूप में थनैला के कोई लक्षण पाये नहीं जाते हैं। दूध की संरचना में भी कोई परिवर्तन नहीं होता है। पशुओं में दूध देने की मात्रा कम हो जाती है। थनैला के इस रूप की जाँच दूध के रासायनिक परीक्षण द्वारा की जाती है।

रोग निदान (Diagnosis)

(A) **लक्षणानुसार** (Symptomatic) —उपरोक्त लक्षणों के आधार पर निदान में कठिनाई नहीं होती है।

1. अयन एवं थन परीक्षा (Examination of the udder and teats)—अयन की परीक्षा हमेशा दूध दुहने के बाद करनी चाहिये, क्योंकि दूध के भरे रहने पर ठीक प्रकार से ग्लैण्ड्स की परीक्षा नहीं हो पाती है। परीक्षा निम्न प्रकार करें–

(i) पहले अयन को पीछे से देखकर यह मालूम करना चाहिए कि किसी क्वार्टर

मेस्टाइटिस के लक्षण सारांश में

Acute Mastitis

- पशु में बेचैनी एवं बुखार।
- भूख की कमी।
- अयन गर्म, लाल एवं दर्दयुक्त।
- कुछ समय बाद तापक्रम कम, अयन भी सख्त एवं ठंडा।
- एकाएक थनों में दूध आना कम।
- थनों से निकला दूध पहले कुछ पीला, बाद में गहरे लाल-रंग का।

Sub-acute Mastitis

- लक्षण प्राय: उपरोक्त एक्यूट मैस्टाइटिस की तरह। पर लक्षण धीमे-धीमे प्रकट।
- थनों में सूजन कम।

Chronic Mastitis

- अयन बढ़कर सख्त एवं दबाने पर दर्द नहीं।
- दूध पतला एवं छिछड़ेयुक्त तथा कम मात्रा में अथवा बन्द।

में कमी (atrophy) तो नहीं हो गयी है या सभी थन एक ही साइज के हैं अथवा उनमें भिन्नता है। यदि किसी क्वार्टर में एट्रोफी है या किसी थन के साइज या स्थिति (position) में खराबी है, तो यह समझना चाहिए कि थन या अयन में कोई बीमारी अवश्य है।

(ii) इसके उपरान्त पिछले दोनों थनों को ऊपर उठाकर, पलट कर देखना चाहिए और उनकी साइज तथा पोजीशन भी देखनी चाहिए।

(iii) क्वार्टर को हल्के से दबाकर एवं उठाकर बार-बार देखना चाहिए कि प्रत्येक क्वार्टर का वजन एवं लचीलापन एक-सा है अथवा उनमें कोई अन्तर है। मेस्टाइटिस वाले क्वार्टर को दबाने पर Elastic mammary glands के fibrous tissue जो कड़ा होता है, मालूम देगा।

(iv) इसके उपरान्त थन को पकड़कर दूसरे हाथ की अँगुली तथा अँगूठे से थन के ऊपरी हिस्से में ग्लाण्ड के पास दबाना चाहिए। दबाने पर यदि थन तथा ग्लाण्ड ठीक होंगे तो चुटकी में केवल खाल ही आती है, परन्तु यदि मेस्टाइटिस होगी तो चुटकी के बीच कड़ा तन्तु ऊतक (fibrous tissue) होगा।

(v) कभी-कभी ब्याने के बाद थन बन्द हो जाते हैं। ऐसे जानवरों के थन शीघ्र खोल देने चाहिए, न खोलने से मेस्टाइटिस हो जाती है।

यह परीक्षा केवल उन्हीं पशुओं में हो सकती है, जो काफी पहले से रोगग्रस्त हों।

संक्षेप में

- थनों से सम्पूर्ण दूध निकालने के बाद अयन को हाथ से थपथपाने पर रोग के कारण उनमें किसी भी प्रकार की असामान्यता; यथा— अयन का कड़ा और फूला होना, थनों का छोटा-बड़ा होना आदि को मालूम किया जा सकता है।
- थनों से निकलनेवाला दूध कम मात्रा में एवं देखने में खराब होता है।

2. मेस्टाइटिस डिटेक्शन कार्ड परीक्षा— दूध को निकालकर देखने से भी पता चल जाता है कि जानवर में मैस्टाइटिस है या नहीं। सबसे अच्छा तरीका यह है कि मैस्टाइटिस डिटेक्शन कार्ड लेकर उसके ऊपर एक बूँद दूध डालकर देखना चाहिए। कार्ड के ऊपर पड़े हुए रंग के बदलने से यह मालूम हो जावेगा कि गाय को मैस्टाइटिस है अथवा नहीं।

3. चख कर जाँच (Taste test)— चखने पर दूध नमकीन मालूम पड़े तो मेस्टाइटिस की शंका करनी चाहिए, क्योंकि अच्छे दूध में 0.12% सोडियम क्लोराइड होता है। परन्तु मैस्टाइटिस रोग से ग्रसित पशु के दूध में इसकी मात्रा बढ़कर 1.4% या अधिक हो जाती है।

4. अम्लीयता परीक्षण (Acidity test)— अच्छा दूध, मेस्टाइटिस से प्रभावित पशु के दूध से अपेक्षाकृत अधिक अम्लीय होता है। शुद्ध दूध की pH 6.6 से 6.8 तथा मेस्टाइटिस से प्रभावित दूध की pH 7.4 तक हो सकती है।

5. सूक्ष्मदर्शी परीक्षण (Microscopic test)— (i) *लेप जाँच (smear test)* : एक सेण्ट्रीफूगल ट्यूब में दूध लेकर Centrifugalisation करके रख देते हैं। कुछ समय पश्चात् दूध का रेतीला भाग नली के पेंदे में जमा हो जाता है। इस रेतीले पदार्थ का काँच की स्लाइड पर पतला लेप बनाकर सूक्ष्मदर्शी में देखकर रोग की पहिचान की जाती है।

*(ii) **जीवाणु परीक्षण** (Bacteriological test)* — काँच की छोटे आकार की शीशियों में पशु के प्रत्येक थन से सीधे दूध निकालकर भर लेते हैं। तत्पश्चात् इन शीशियों को 27°C तापमान पर 18-24 घण्टे तक रखते हैं। इसके बाद काँच की स्लाइड पर पतला लेप बनाकर सूक्ष्मदर्शी में जीवाणुओं को देखा जाता है।

(iii) **संवर्धन परीक्षण** (Culture test)— परीक्षण '(i)' से प्राप्त रेतीले पदार्थ को ब्रोन फ्रीसौल में मिलाकर कुछ समय के लिये रख देते हैं, जिससे रोग के जीवाणु अपना विकास कर सकें। इस प्रकार तैयार जीवाणु कालोनी (culture) की स्लाइड बनाकर सूक्ष्मदर्शी में देखकर जीवाणुओं की पहचान की जाती है।

(B) रासायनिक परीक्षण (Chemical test)— कुछ दवा उत्पादक संस्थानों ने रासायनिक घोल तैयार किये हैं, जिनसे मैस्टाइटिस रोग की पहचान की जाती है। ऐसे घोल निम्नलिखित हैं—

1. मेस्टाइटिस रिएजेण्ट—इस घोल को फाइजर कम्पनी ने बनाया है जो बाजारों में आसानी से मिलते हैं। इसके लिए सफेद प्यालीदार बर्तन जो कम्पनी द्वारा उपलब्ध होता है अथवा सफेद रंग की प्याली में 2 मि.ली. दूध ले लिया जाता है और बोतल के साथ प्राप्त नपने में भर उक्त अभिकर्मक मिलाकर परिधि आकार में धीरे-धीरे घुमाते हैं। अब इससे निदान इस प्रकार होता है—

- यदि दूध तरल रूप में बना रहे तो परीक्षण ऋणात्मक होता है।
- यदि थक्का अथवा जाली बने तो परीक्षण धनात्मक होता है।
- दूध में अम्लीयता का प्रतिशत अधिक होने पर दूध पीला पड़ जाता है।
- क्षारीय होने पर रंग नीला लोहित हो जाता है।

2. मेस्टेड घोल— इस घोल को 'ग्लैक्सो' कम्पनी ने बनाया है। जाँच करने के लिए प्लास्टिक अथवा पोर्सलीन की प्याली में रोगग्रसित थन से 3 मि.ली. के लगभग दूध लेकर उतनी ही मात्रा में उक्त घोल मिलाया जाता है। परिधि आकार में घुमाने पर यदि **इस मिश्रण में अवक्षेप (precipitate) अथवा जाली बने,** तो पशु मैस्टाइटिस रोग से ग्रसित माना जाता है।

3. एम.डी.आर. घोल—इसे बेफ (BAIF) औषधि निर्माण कम्पनी ने बनाया है। जाँच उपरोक्त प्रकार से।

(C) पूर्वानुमान (Prognosis)— यह देखना आवश्यक है कि पशु के अयन में फाइब्रोसिस स्थायी है अथवा अभी इसकी शुरुआत हुई है। यदि फाइब्रोसिस काफी हिस्से में हो गई है तथा काफी दिनों की है, तो उसका ठीक होना कठिन है।

यदि फाइब्रोसिस किसी क्वार्टर के अधिकतर भाग में उपस्थित है तो उस क्वार्टर से दूध आना बन्द हो जाता है और ऐसे क्वार्टर की हालत का उपचार करना व्यर्थ है।

चिकित्सा (Treatment)— यदि रोग का शीघ्र पता चल जाता है तो चिकित्सा काफी हद तक सम्भव है। परन्तु यदि रोग के जीवाणु अयन में अपना पूर्ण विकास कर चुके हैं, तो फिर रोग का औषधियों द्वारा ठीक होना कठिन है। इसकी चिकित्सा दो प्रकार से होती है—

I. तीव्र थनैला तथा कुछ तीव्र थनैला का इलाज

(क) पशु का दूध निकालना चाहिये। पशु के अयन पर ठण्डे पानी या बर्फ से सिकाई करनी चाहिये।

(ख) जीवाणुओं के लिये निम्न जीवाणुरोधी अथवा जीवाणुनाशी दवाओं में से किसी एक अथवा विशेष परिस्थिति में किन्ही दो दवाओं का प्रयोग कम-से-कम तीन दिन तक करना चाहिये—

(a) **सल्फोनामाइड्स (Sulponamides)**

- **सल्फाडिमिडीन इंजे. (Sulphadimidine Inj.) : मात्रा**— 100 मि.ग्रा. प्रति किलो शरीर भार मुँह द्वारा (orally) या शिरा में (I/V)।

सल्फाडिमिडीन सोडियम इंजे. 33.3% (Sulphadimidine Sodium Inj. 33.3%) – सल्फाडिमिडीन इंजे. (Sulphadimidin Inj. - *Indian Immunologicals, KAPL, Vet India, Denis, Prima Vet Care*), सल्फामिन (Sulfamin - *India Immunologicals)* ।

- **सल्फाडिमिडीन 5 ग्राम गोली (Sulphadimidine 5gm tablet) : मात्रा**– 100 mg/kg BW I/M or I/V । *ब्राण्ड्स*– आलडीन (Aldine - *Alembic)*, डाइडीन (Diadin - *Pfizer)*, लाइकाडीन (Lykadin - *Lyka)*, सल्फामिन (Sulfamin - *Indian Immunologicals)*, सल्फाडीन (Sulphadin - *Vet Pharma)*, सल्फाडिमिडीन (Sulphadimidin - *Ar-Ex, Carevet, IBC, KAPL, Lyka, Vet India)* ।
- **सल्फाडाइजीन + ट्राइमैथोप्रिम इंजे. (Sulphadizine + Trimethoprim Inj.) : मात्रा**– 15-30mg/kg BW सल्फाडाइजीन 400mg + ट्राइमैथोप्रिम 80mg/ml *ब्रान्ड्स*– बायोट्रिम आई.एम (मांसान्तर्गत) (Biotrim I.M - *Vetnex)*, स्पार्कट्रिम आई.एम (मांसान्तर्गत) (Sparktrim I.M. - *Neospark)*, सुमेट्रोल (Sumetrol - *Themis)* ।

सल्फाडाइजीन 200mg + ट्राइमैथोप्रिम 40mg/ml Inj.–बायोट्रिम IV (Biotrim IV - *Vetnex)*, सोलबैक (Solbac - *Vetcare)*, स्पार्कट्रिम IV (Sparktrim IV - *Neospark)*, सल्फाट्रिम (Sulphatrim - *Vets Pharma)*, सलप्रिम 2g (Sulprim 2g - *Unichem)* ।

- **सल्फोनामाइड + ट्राइमैथोप्रिम गोली** – मात्रा 15-30mg/kg शरीरभारानुसार मुँह द्वारा।

सल्फाडाइजीन 2 gm + ट्राइमैथोप्रिम 400mg गोली–बायोट्रिम DS (Biotrim DS - *Vetnex)*, डाईसल्फ (Disulf - *IBC)*, ड्यूराप्रिम (Duraprim - *Brihans)*, डुओसाइडल (Duocidal - *KAPL)*, इन्ट्रिम (Intrim - *Indian Immunolgoicals)*, स्पार्कट्रिम DS (Spark trim DS - *Neospark)*, सल्कोप्रिम (Sulcoprim - *Concept)*, एन्ट्रीमा 2.4gm (Antrima 2.4gm - *Prima Vet care)* ।

सल्फाडाइजीन 1.0gm + ट्राइमैथोप्रिम 200mg – एन्ट्रीमा 1.2g (Antrima 1.2gm - *Prima Vet care)*, बैक्ट्रीसोल (Bactrisol - *Alved)*, हैट्रिक्स (Hatrix - *HAL)*, सैप्ट्रिज (Septriz - *Theodor)*, सूट्रिम 200 (Sutrim 200 - *Torrent)*, त्रिसूल (Trisul - *Prahar)*, वैट्रान LA (Vetran LA - *Vets Pharma)*, वोक्ट्रिन (Woktrin - *Wockhardt)* ।

- **सल्फामैथोक्साजौल 400mg + ट्राइमैथोप्रिम 80mg/ml Inj.**–ट्रेपिन IV (Trepin IV - *Cadila Pharma)*, ट्रिमासोल IM (Trimasol IM - *Novartis)* ।
- **सल्फामैथोक्साजौल 200mg + ट्राइमैथोप्रिम 40mg/ml Inj.**–ट्रिमासोल IV (Trimasol IV - *Novartis)* ।

सल्फामैथोक्साजौल 400mg + ट्राइमैथोप्रिम 80mg/3ml Inj.–बायोसल्फा IM (मांसान्तर्गत) (Biosulpha IM - *Vet India*), मोरप्रिम वैट IV (Morprim Vet IV - *Morvel)* ।

सल्फामैथोक्साजोल 2gm + ट्राइमैथोप्रिम 400mg : गोली – डुआप्रिम (Duaprim - *Brihans)*, डुओसाइडल (Duocidal - *KAPL)*, इन्ट्रिम (Intrim - *Indian Immunologicals)*, मारकोप्रिम (Marcoprim - *Marc)*, ओरीप्रिम (Oriprim - *Zydus AHL)*, सालप्रिम (Salprim - *Salus)*, ट्रैपिन (Trepin - *Cadila Pharma)*, ट्राइजोल (Trizol - *Ieps)* ।

सल्फामैथोक्साजोल 1.0gm + ट्राइमैथोप्रिम 200mg : गोली – बायोसल्फा (Biosulpha - *Vet India)*, रोबाट्रान (Robatran - *TTK)*, सैप्ट्रिज (Septriz - *Theodor)* ।

(b) बैन्जाथीन पैनिसिलीन इंजे. (Benzathin Penicillin Inj.) : मात्रा–गाय, भैंस, घोड़ा, भेड़, बकरी, सूअर 12000 I.U प्रति किलो शरीर–भार; कुत्ता व बिल्ली 40000 I.U प्रति किलो शरीर–भार।

विधि—मांस की गहराई में (Deep intramuscular only)

6 Lac vial– बैन्थीपैन–एल ए. (Benthipen LA - *Carevet),* लोंगासिलीन वैट–6 (Longacillin Vet-6 - *HAL),* पैनकौम (Pencom - *Alembic),* पैनीड्यौर–एलए 6 (Penidure LA 6 - *Wyeth Ledevle)* I

12 Lac vial– बैन्थीपैन एल ए. (Benthipen LA - *Carevet),* लोंगासिलीन वैट 12 (Longacillin Vet 12 - *HAL),* पैनकौम (Pencom - *Alembic),* पैनीड्यौर एल.ए 12 (Penidure LA12 - *Wyeth Lederle)* I

24 Lac vial– बैन्थीपैन एल.ए. (Benthipen LA - *Care vet),* बैन्जापैन (Bezapen - *KAPL),* बैन्जालीन (Benzalin - *IBC),* लोंगासिलीन वैट 24 (Longacillin vet 24 - *HAL),* पैनकौम (Pencom - *Alembic),* पैनीड्पौर एल ए 24 (Penidure LA-24 - *Wyeth Lederle)* I

48 Lac vial– बैन्थीपैन एल ए. (Benthipen LA - *Care vet),* बैन्जापैन (Benzapen - *KAPL),* बैन्जालीन (Benzalin - *IBC),* लोंगासिलीन वैट–48 (Longacillin vet 48 - *HAL)* I

(c) ऑक्सीटेट्रासाइक्लीन इंजे. व गोली (Oxytetracycline Inj. & Tab) : मात्रा– 5-10mg/kg भारानुसार मांस में (I/M) या नस में (I/V) तीन दिनी तक देना चाहिए। *ब्रान्ड्स*–एलसाइक्लिन–ओ (Alcyclin-O - *Alembic),* इन्टामाइसिन इन्जे. (Intamycin Inj - *Intas),* लाइकासीन–ओ (Lykacin-O - *Lyka),* आक्सीटैट्रासाइक्लीन इंजे. (Oxytetracycline Inj - *Alembic, Concept, Indian Immunologicals, Zydus AHL, Pfizer),* टैरामाइसिन इंजे. (Terramycin Inj - *Pfizer),* वोलीसाइक्लीन इंजे (Wolicycline inj - *Wockhardt),* दूसरे तथा तीसरे दिन (तीनों दिन भी) औक्सीटेट्रासाइक्लीन (Oxytetracycline) की गोली (500mg tab) : जैसे– वेटॉक्सी 500 (Vetoxy 500 - *Vets Pharma),* टैरामाइसिन गोली (Terramycin tab - *Pfizer),* ऑक्सीट्रा (Oxytra - *HAL),* बड़े पशु को तीन गोली सुबह–शाम दी जा सकती हैं।

औक्सीटैट्रासाइक्लीन लोंग एक्टिंग इंजे. (Oxytetracycline long acting inj.) : जैसे– इन्टामाइसिन LA (Intamycin LA - *Intas),* औक्सीटैट्रासाइक्लीन एल ए (Oxytetracycline LA - *Pfizer, Wockhardt),* टैरामाइसिन एल ए (Terramycin LA - *Pfizer),* वोलीसाइक्लीन एल ए (Wolicycline LA - *Wockhardt)* एक बार प्रयोग किया जा सकता है। इसका असर 96 घण्टे तक रहता है।

(d) क्लोराम्फैनीकोल इंजे. (Chloramphanicol Inj.) : मात्रा– *बड़े पशु* 20-30mg/kg BW मांस में (I/M) रोज या 2-4mg/kg BW BID नस में (I/V) देना चाहिए। जैसे–

क्लोरोफैन (Chlorophan - *Vet India),* लाइकासिटीन (Lykacetin - *Lyka),* नीओक्लोर (Neochlor - *Vet care),* सिमरसिटीन (Simercetin - *Biomedia),* वैटनीकोल (Vetnicol - *Vets Pharma)* I

(e) एमोक्सीसिलीन बोलस (Amoxycillin Bolus) : मात्रा– *बड़े पशु* 10mg/kg भारानुसार BID; *कुत्ता, बिल्ली* 10-20mg BID बोलस, **मात्रा**– एमोक्सीरम बोलस (Amoxirum Bolus 1.5gm - *Virbac),* पैटमोक्स गोली (Petmox tab) 250mg *(Zydus AHL)* I

एमोक्सीसिलीन + क्लौक्सासिलीन इंजे. (Amoxycilin + Cloxacillin inj.) : मात्रा– *बड़े पशु* 2–3 ग्राम मांस में (I/M) I *ब्रान्ड्स*– एमक्लौक्स (Amclox) Inj. 2gm (*Novartis*), कोमाक्स वैट (Comaxvet) 2g Inj (*Vet India*), कोनमौक्स (Conmox) Inj. 2gm (*Concept*), इनीमौक्स (Inimox) Inj 2gm, 2.5gm, 4gm (*India Immunologicals*), इन्टामौक्स (Intamox) Inj. 2gm, 2.5gm, 3.5gm,

4.5gm (*Intas*), मैगामाइसिन फोर्ट (Megamycin Fort) Inj 3gm (*Pfizer*), मौक्सल (Moxel) Inj. 0.5gm, 2.0gm, 3.0gm (*Alembic*), मौक्सीक्लौक्स (Moxyclox) 3 gm (*Wockhardt*), सिनक्रोन (Synkron) Inj. 2gm (*Cadila Pharma*) ।

(f) एम्पिसिलीन इंजे. (Ampicillin inj.) : मात्रा– *बड़े पशु* व *छोटे पशु* 5-10mg/kg भारानुसार दिन में चार बार; *कुत्ता* 20mg/kg शरीर भारानुसार दिन में चार बार, मांस में (I/M) या (I/V) नस में। *ब्रान्ड्स*– एम्पीसिलीन इंजे. (Ampicillin Inj.) 2.5gm *(Cadila Pharma, Lyka),* Ampilin vet (एम्पीलीन वैट) 2.5gm *(Lyka),* बैसीपैन (Bacipen) 2.5gm *(Alembic),* कोनाम्पी (Conampi) Inj 2.5gm *(Concept),* वैटाम्पीन (Vetampin) Inj 2gm *(Wockhardt)* । अथवा

एम्पीसिलीन इंजे. + क्लौक्सासिलीन इंजे. : मात्रा– 5-10mg/kg शरीर भारानुसार दिन में चार बार। *कुत्ता* 20mg/kg शरीर भारानुसार दिन में चार बार मांस में (I/M) ब्रान्ड्स : एसी–वैट (AC-vet - *Intas*), एसी–वैट फोर्ट (AC-vet Fort) 3gm, 4gm inj *(Intas)*, बैक्सीवैट (Baxivet) inj 0.5gm, 2.5gm, 4gm *(Lyka)*, बिनोसिन Binocin Inj. 1g, 2g *(Concept)*, वैटक्लौक्स फोर्ट (Vet Clox Fort) inj 2gm *(Zydus AHL)* ।

(g) सिप्रोफ्लोक्सासीन इंजे. (Ciprofloxacine Inj.) – **मात्रा**– 4-5mg per kg शरीर भारानुसार मांस में (I/M) या नस में (I/V) तीन दिन तक देनी चाहिये। जैसे– सी–फ्लोक्स (C-Flox - *Intas),* 40mg/ml, 50ml vial; सिप्रोवैट (Ciprovet - *Vet India)* 40mg/ml 10ml, 30ml vial । अथवा

एनरोफ्लोक्सासीन इंजे. (Enrofloxacin Inj.) : मात्रा– 2.5-5.0mg/kg शरीर भारानुसार मांस में (I/M) या नस में (I/V) । जैसे– कौनफ्लोक्स–वैट इंजे. (Conflox vet inj - *Concept)* 50mg/ml, 30ml vial; एनरोसिन इंजे. (Enrocin inj. - *Vetnex)* 100mg/ml - 15ml, 50ml vial; एनरोवैट इंजे. (Enrovet inj. - *Vets Pharma)* 100mg/ml - 15ml, 30ml, 50ml vials; फ्लोबेक एस ऐ (Flobac-SA - *Intas)* 100mg/ml, 30ml vial; मैरीक्विन इंजे. (Meriquin inj - *Wockhardt)* 100mg/ml - 10ml, 15ml vial; क्विनइन्टास इंजे. (Quinintas inj. - *Intas)* ।

(h) सैफ्ट्रियेक्सोन इंजे. (Ceftriaxone Inj.) : मात्रा– *पशुओं में* 5-10mg/kg शरीर भारानुसार । *कुत्ता, बिल्ली* 10-30mg/kg भारानुसार tid मांस में (I/M) या नस में (I/V) देना चाहिये (तीन दिन तक)। जैसे– सैफ्टोसिड इंजे. (Ceftocid inj) 2.5g, 3.0g vial; इन्टासैफ इंजे. (Intacef inj. - *Intas)* 0.250gm, 0.500gm, 1gm, 2gm, 3gm, 4gm vial; जायडा सैफ (Zydacef) Inj 0.5gm, 3gm, vial *(Zydus AHL)* । अथवा

सैफ्ट्रियेक्सोन तथा सालबैक्टम इंजे. (Ceftriaxone sodium 2/3gm + Salbactum 1/1.5gm per 3gm/4.5gm vial) – सैफ्टप्लस इंजे. (Ceft-plus) inj. 3gm, 4.5gm vial *(Lyka),* (I/M) मांस में 3 दिन तक। अथवा

सैफ्ट्रियेक्सोन तथा टैजोबैक्टम इंजे. (Ceftriaxone 0.5g, 2g, 3g, 4g Tazobactam 0.0625g, 0.250g, 0.375g, 0.500g per 0.5625g, 2.250g, 3.375g, 4.5g vial) । जैसे– इन्टासैफ – टैजो इंजे. (Intacef-Tazo inj) 0.5625g, 2.250g, 3.375g, 4.5g vial *(Intas);* वीटेजो (Vetazo) 2.25g, 3.375g vial *(Zydus AHL)* । अथवा

सैफ्टिओफर सोडियम इंजे. (Ceftiofur sodium Inj.) : मात्रा– 2-4mg/kg शरीर भारानुसार BID तीन दिन तक। जैसे– एक्सैफ्ट इंजे. (Xceft inj - *Alembic),* टैप्रोसैफ इंजे. (Teprocef inj. - *MSD Animal Health),* बोवीसैफ इंजे. (Bovicef inj - *Indian Immunologicals)* दे सकते हैं : 1gm vial I/M daily ।

(ग) कोर्टीकोस्टीरोइड/कोर्टीसोन दवाओं (Corticosteroid/cortisone drugs) : इनमें से किसी एक दवा का प्रयोग करें–

(a) बीटामीथासोन इंजे. (Betamethasone Inj.) – मात्रा : गाय, भैंस, घोड़ा 10-30mg; भेड़, बकरी, सूअर 2-5mg; कुत्ता 0.5-2mg मांस में (I/M) या नस में (I/V) । जैसे– बैटनीसोल इंजे. (Betnesol Inj.) 4mg/ml, 1ml ampoule ।

(b) डैक्सामीथासोन इंजे. (Dexamethasone Inj.) : मात्रा– गाय, भैंस, घोड़ा 10-30mg; भेड़, बकरी, सूअर 2-5mg ; कुत्ता 0.5-2mg मांस में (I/M) या नस में (I/V) । जैसे– क्यूराडैक्स (Curadex - *Concept)* 2ml, 5ml; डैक्सानोल (Dexanol - *Vets Pharma)* 5ml, डैक्सासोन (Dexasone - *Cadila Pharma);* 2ml, 5ml; डैक्सावैट (Dexavet - *Wockhardt)* 5ml; डैक्सोना (Dexona - *Zydus AHL)* 5ml, मारकोडैक्स (Marcodex - *Merc)* 6ml, कीटाकोर्ट (Ketacort - *Intas)* 5ml, 10ml, वैटकोर्ट (Vetcort - *Alembic)* 5ml, सभी 4mg/ml ।

(c) प्रेडनीसोलोन इंजे. (Prednisolone Inj.) : मात्रा– 10mg/ml । गाय, भैंस, घोड़ा 10-20ml; भेड़, बकरी, सूअर 2.5ml-5ml; कुत्ता, बिल्ली 1-3ml (कुल मात्रा); प्रेडनीसोलोन इंजे. (Prednisolone Inj - *Wockhardt, Intervet),* 10ml vial ।

(d) ट्राईएमसीनोलोन इंजे. (Triamcinolone Inj.) : मात्रा– गाय, भैंस, घोड़ा 12-20mg कुत्ता 6mg; (Total dose) । *ब्रान्ड्स*– वीटालोग इंजे. (Vetalog Inj. - Zydus AHL) 6mg/ml, 5ml vial मांस में (I/M) ।

(घ) बुखार के लिये (Antipyretic Medicine) – निम्न दवाओं में से कोई एक प्रयोग करें–

(a) एनाल्जीन इंजे. (Analgin Inj.) : मात्रा– गाय, भैंस, घोड़ा – 10-20g; भेड़, बकरी 1-4g; कुत्ता 0.5-2gm (Total dose) मांस में (Intramuscular) या नस में (Intravenous) जैसे– एनाल्जीन इंजे. (Analgin inj. - *KAPL, Medinex lab, Vet India),* 500mg/ml, 30ml vial; वैटाल्जीन इंजे. (Vetalgin inj. - *Intervet)* 500mg/ml 30ml vial ।

(b) पैरासीटामोल इंजे. व बोलस (Paracetamol Inj. & Bolus) : मात्रा– गाय, भैंस, घोड़ा, भेड़, बकरी, सूअर 10mg/kg BW; कुत्ता 10-20mg/kg BW मांस में (Intramuscular) या मुख से orally ; *ब्रान्ड्स*– पैरासीटामोल इंजे. (Paracetamol Inj - Zydus AHL) 150mg/ml 30ml vial, पाइरौक्सीन बोलस Pyroxin Bolus (Marc) 2gm Bolus ।

(c) मैलोक्सीकैम इंजे. व बोलस (Meloxicam Inj. & Bolus) : मात्रा– गाय, भैंस, घोड़ा, भेड़, बकरी, सूअर 0.1mg/kg BW मांस में (Intramuscular) या मुख से (Orally) मैलोनैक्स इंजे. (Melonex Inj. - Intas) 5mg/ml 2ml, 15ml, 30ml, 100ml; मैलोक्स–वैट (Melox-vet - Merc) 5mg/ml– 15ml, 30 ml vial; क्विक इंजे. (Quick Inj. - Zydus AHL) 5mg/ml, 15ml जोबिड–एम (Zobid-M - Zydus AHL) 5mg/ml, 15 ml, 30 ml, 100 ml, 20 mg/ml, 10 ml, 30 ml मैलोनैक्स बोलस (Melonex Bolus - Intas) 100 mg Bolus, क्विक बोलस (Quick Bolus - Zydus AHL) 100ml Bolus, जोबिड़–एम बोलस (Zobid-M Bolus - Zydus AHL) 100mg Bolus ।

(d) मैलोक्सीकैम + पैरासीटामोल इंजे. व बोलस (Meloxicam+Paracetamol Inj. & Bolus) : *ब्राण्ड्स*– मैलोनैक्स प्लस इंजे. (Melonex Plus Inj. - Intas) मैलोक्सी कैम 5mg + पैरासीटामोल 150mg/ml । **मात्रा**– बड़े पशु 15-20ml/300kg BW, छोटे पशु 1ml/10kg BW : 30ml,

100ml vial, मैलोनैक्स प्लस बोलस (Melonex Plus Bolus) Meloxicam 100mg + Paracetamol 150 mg per Bolus (Intas); बड़े पशु एक बोलस / 200kg BW रोज।

(e) एनाल्जीन 750mg + **फिनाइल ब्यूटाजोन** 750mg/5ml एम्प्यूल (Analgin 750mg+Phenylbutazone 750mg per 5ml Ampoule) : एसजीपाइरीन–एन (Esgipyrin-N Inj. - Zydus AHL); **मात्रा**– बड़े पशु 5-15ml, छोटे पशु 1-5ml मांस में (Intramuscularly) ।

(f) नेम्यूस्लाइड इंजे. (**Nemuslide** Inj.) : **मात्रा** – गाय, भैंस, भेड़, बकरी, कुत्ता 2-4mg/kg BW मांस में (I/M) रोज, घोड़ों में प्रयोग नहीं; निमोवैट इंजे. (Nimovet Inj.) 100mg/ml ।

(च) विटामिन बी कौम्प्लैक्स इंजे. (Vitamin B Complex Inj.) : निम्न में से कोई एक। **मात्रा**– गाय, भैंस, घोड़ा 5-10 मि.ली.; भेड़, बकरी, सूअर 3-5 मि.ली.; कुत्ता 0.5-1.0 मि.ली. मांस में (Intramuscular) रोज। आल्वीप्लैक्स फोर्ट इंजे. (Alviplex Fort Inj. - Alved) 10ml, 30ml; बीप्लैक्स.वैट इंजे. (Beeplex-vet Inj. - Marvel) 30ml; बिलीपौन इंजे. (Billipon Inj. - Biomedica) 10ml; कौन्सीप्लैक्स इंजे. (Conciplex Inj. - Concept) 10ml, 30ml; लिवाडैक्स इन्जे. (Livadex inj. - Virbac) 10ml, 30ml; वाइबीलान इंजे. (Vibelan Inj. - Virbac) 30ml ।

दीर्घकालिक थनैला या छुपा थनैला का इलाज

क. पूरा दूध निकालने के बाद निम्नलिखित थन की दवाओं (Intramammary infusions) में से कोई एक कम–से–कम तीन दिन तक थन में छोड़नी चाहिए।

(a) एम्पीसिलीन तथा क्लौक्सासिलीन दवाओं का योग; जैसे– मैस्टीक्यौर (Masticure - *Pranav*), मौक्सामेस्ट (Moxomast - *Sterling Lab*), टिलौक्स (Tilox - *Wockhardt*) थन में 12 से 24 घण्टे के अन्तर से चढ़ाना चाहिए।

(b) क्लौक्सासिलीन दवा; जैसे– फ्लोक्लौक्स–एल (Floclox-L - *Vetnex*) थन में 12 से 24 घण्टे के अन्तर से चढ़ाना चाहिये।

(c) क्लौक्सासिलीन तथा कोलीस्टीन सल्फेट दवाओं का योग; जैसे– मैमीटैल Mammitel - *Intas*) थन में 12 से 24 घण्टे के अन्तर से चढ़ानी चाहिये।

(d) प्रोकेन पैनिसिलीन, स्ट्रैप्टोमाइसिन, सल्फामैराजीन तथा हाइड्रोकोर्ट्रीसोन एसीटेट की दवा; जैसे– पैन्डिस्ट्रीन–एसएच (Pendistrin-SH - *Zydus AHL*) थन में 12 से 24 घण्टे के अन्तर से चढ़ानी चाहिये।

(e) विभिन्न दवाओं में थन की दवा; जैसे– इरिथ्रोमाइसिन की *ब्रान्ड*– बोवीमैस्ट (Bovimast - *IBC*); क्लोएम्फैनीकोल सोडियम सक्सीनेट दवा की *ब्रान्ड*– क्लोरसीटिन मैमरी (Chlorcetin Mammary - *Dosch*), सैफक्विनोन दवा की ब्रान्ड; जैसे– कोबाक्टान एलसी (Cobactan LC - *Intervet*), रीफामाइसिन दवा की *ब्रान्ड*– रिफीजैट (Rifijet - *Intervet*) अथवा सैफासैट्राइल सोडियम दवा की वैटीमास्ट (Vetimast) । वैटीमैस्ट थन में 12 से 24 घण्टे के अन्तर से चढ़ानी चाहिये।

ख. जिस एण्टीबायोटिक की दवा थन में छोड़ी गई है उसी एण्टीबायोटिक का प्रयोग इन्ट्रामस्क्यूलर करना चाहिये। एम्पीसिलीन तथा क्लौक्सासिलीन थन की दवा छोड़ने पर इन्हीं एन्टीबायोटिक के इंजे. में से कोई एक– ए.सी. वैटफोर्ट (AC-vet fort inj - *Intas*), बैक्सीवैट (Baxivet) inj (*Lyka*), बिनोसिन (Binocin) inj (*Concept*), वैटक्लौक्स फोर्ट (Vetclox fort) inj (*Zydus AHL*) लगाना चाहिये।

पैन्डिस्ट्रीन एसएच थन

की दवा छोड़ने के बाद पैनिसीलीन तथा स्ट्रेप्टोमाइसिन के इंजे.; जैसे- बिस्ट्रेपैन-वी (Bistrepen-V - *Alembic*), डाइक्रिस्टीसीन-एसएलडीवी (Dicrysticin-SLDV - *Zydus AHL*), म्यूनोमाइसिन फोर्ट (Munomycin fort - *Virbac*) में से कोई एक इन्ट्रामस्क्यूलर लगाना चाहिये। जिन थन की दवाओं के एण्टीबायोटिक्स इन्ट्रामस्क्यूलर प्रयोग हेतु उपलब्ध नहीं है, ऐसी अवस्था में पशु-चिकित्सक अपने विवेकानुसार किसी एक एन्टीबायोटिक का इन्ट्रामस्क्यूलर प्रयोग कर सकते हैं।

रोकथाम एवं नियन्त्रण (Prevention and Control)— रोग से बचने के लिए-

- पशुशाला, दूध दुहने वालों के हाथ (hands of milkers), कपड़ों, दूध के बर्तनों तथा पशु के अयन की सफाई। विशेष रूप से हाथों को सेट्रीमाइड (cetrimide) 0.1% घोल से और थनों को 0.5% क्रीम से साफ करें अथवा हाथों को पोटाश के घोल से धोकर दूध निकालें।
- रोगग्रस्त पशु को अन्य स्वस्थ पशुओं से सदैव अलग रखें। उसका दूध भी सबसे बाद में निकालें।
- थनों अथवा अयन (udder) पर लगी चोटों की चिकित्सा अति शीघ्र करें।
- रोग की आशंका वाले पशुओं की जाँच करनी चाहिये। कहीं उन्हें मैस्टाइटिस रोग तो नहीं है।
- जिन पशुओं को पुराना रोग हो, उन्हें यूथ से अलग कर देना चाहिये।

याद रहे—

- मैस्टाइटिस की शंका होते ही त्वरित चिकित्सा आवश्यक है अन्यथा रोग चारों थनों में फैलकर गाय को हमेशा के लिये बरबाद कर देता है।
- गौशाला तथा पशुओं की सफाई के साथ समुचित देखभाल, ग्वालों के हाथों तथा उनके कपड़ों की सफाई, भीगे एवं टूटे फर्श पर पशु को न बैठने देना चाहिये।
- सही ढंग से दूध निकालें, गलत तरीके से नहीं।

उपरोक्त सभी बिन्दुओं को ध्यान में रखकर कार्य करने से इस बीमारी पर शीघ्र ही काबू पाया जा सकता है।

मैस्टाइटिस चिकित्सा सम्बन्धी महत्त्वपूर्ण सामान्य जानकारी

- तीव्र थनैला रोग (acute mastitis) में यदि अयन पहले बिल्कुल ठीक था और मैस्टाइटिस अधिक दिनों की नहीं है तो चिकित्सा से पर्याप्त लाभ होता है। एण्टीबायोटिक औषधियों के प्रयोग से काफी लाभ होता है।
- परन्तु, यदि मैस्टाइटिस काफी दिनों की हो जाती है तथा दुग्धग्रन्थियों (mammary gands) की एट्रोफी (atrophy) है और इनकी जगह Fibrous tissue ने लेली है, तो ऐसी स्थिति का इलाज भी उपर्युक्त ढंग से करना चाहिये जिससे कि अयन के अन्दर संक्रमण (infection) न हो जाये, तथा दूसरे क्वार्टर में यह बीमारी न हो। परन्तु, जिस क्वार्टर में fibrosis उपस्थित है, उस क्वार्टर को कोई विशेष लाभ नहीं होता है।
- यदि बीमारी अधिक दिनों की नहीं है तो 2-3 दिनों में ही काफी लाभ हो जाता है और दूध की रंगत तथा consistancy ठीक हो जाती है। लगभग एक सप्ताह में जानवर करीब-करीब ठीक हो जाता है।
- यदि अयन में विद्रधि (abscess) बनने की सम्भावना है तो उसमें भी एण्टीबायोटिक का इस्तेमाल तथा उसके न मिलने पर सल्फामेजाथीन (Sulphadiamidine sodium $33^1/_3$%) सब कुटे. /इण्ट्रामस्कुलर अथवा आई.वी. मार्ग से देना चाहिये।

- मैस्टाइटिस की चिकित्सा में यह ध्यान देने योग्य बात है कि ट्रीटमेण्ट में पूर्णरूप से Aseptic precautions लेने चाहिये अन्यथा केवल दवाईयों से ही विशेष लाभ नहीं होगा।

11. टिटनस/लाक-जा (Tetanus/Lock-Jaw)

अन्य नाम (Other Names)—धनुषटंकार, जमोघा, जौना, घुरम, लाक-जा (lock-jaw) आदि नामों से जाना जाता है।

परिचय (Introduction)— यह बीमारी अधिकतर जख्म (wound) में *बैसिलस टेटनी* अथवा *क्लोस्ट्रीडियम टेटनी* (*Bacillus tetani* or *Clostridium tetani*) का संक्रमण हो जाने के कारण हो जाती है और इसमें मांसपेशियों (muscles) में बहुत अधिक तनाव पैदा हो जाता है। यह कीटाणु जमीन की ऊपरी सतह पर और घोड़े की लीद तथा गोबर में अधिक पाया जाता है।

It is an acute infection disease of man and animals characterised by an involuntary, persistent, intense and painful contraction of more or less extensive groups of the voluntary muscles caused by the toxins of *Clostridium tetani.*

प्रभावित पशु (Affected Animal)— गाय, भेड़, बकरी की अपेक्षा घोड़े अधिक प्रभावित होते हैं। मनुष्य और शूकर भी प्रभावित होते हैं। कुत्तों में आवश्यक नहीं। पक्षियों में इसका संक्रमण नहीं होता है।

कारण (Causes)— यह रोग विशेष रूप से *क्लोस्ट्रीडियम टैटनी (Clostridium tetani)* के विष (toxin) से उत्पन्न होता है। यह एक Spore bearing anaerobic bacillus है। यह जीवाणु सामान्य रूप से धूल, गोबर एवं लीद, मल (faeces), अस्तबल एवं सड़क की धूल और घोड़े तथा गाय की आँत में मिलता है। मनुष्य के मल में जीवाणु मिलते हैं। इसका जीवाणु 2-5 माइक्रोन लम्बा और 0.4-0.6 माइक्रोन चौड़ा होता है। इसके स्पोर्स ताप के प्रति रसिस्टेन्ट होते हैं। 100^0C ताप पर 60 मिनट में नहीं मरते हैं। टि. आयोडीन इनको कुछ ही मिनट में मार देती है।

फैलने का ढंग (Mode of Spread)— यह बीमारी शरीर में कहीं भी घाव (wound) हो जाने पर खास तौर से जब घाव कुछ गहरा होता है; जैसे- छोटे पशुओं में नाभि का घाव, बधियाकरण के घाव (castration wounds), पूँछ काटना (docking of the tail), टाँग काटना, भेड़ की ऊन काटना, नालबन्दी के समय तथा अन्य शल्यचिकित्सा के घावों को यह जीवाणु दूषित करता है। संक्रमण प्राय: धूल, गोबर, लीद आदि के द्वारा होता है। इसके कीटाणु आपरेशन करने वाले औजारों (intruments) तथा अन्य वस्तुओं पर भी पाये जाते हैं। इस प्रकार औजारों को काम में लाने से पूर्व स्टेरेलाइज (विसंक्रमित) कर लेना चाहिये।

स्पोर बनाने की स्थिति में इसके जीवाणु बहुत समय तक जीवित रहते हैं।

रोग के लक्षण (Symptoms) विस्तार से— यह रोग एक पशु से दूसरे पशु में नहीं फैलता तथा जीवाणु रोगी पशु के रक्त में कभी नहीं पाये जाते। इस रोग की उत्पत्ति का समय 1-3 हफ्ते का होता है। परन्तु कभी-कभी इन्फेक्शन हो जाने के 4 माह तक यह बीमारी होते देखी गई है। प्रारम्भ में पशु के शरीर में कड़ापन आने लगता है और कुछ समय बाद यह कड़ापन बहुत ही अधिक हो जाता है। घोड़े में यह खिंचाव थोड़ी-थोड़ी देर बाद होता है और अक्सर जबड़े की muscles में खिंचाव के कारण जानवर का मुँह खुलना बंद हो जाता है। इसी कारण इस बीमारी को lock jaw भी कहते हैं। इसी नाम से यह बीमारी विख्यात है।

Spasm of the facial muscles resulting in difficulty in mastication and deglutition. Trimus of the jaw muscles results in 'Lock-jaw' by which term the disease is popularly known.

मांसपेशियों (muscles) में तनाव के कारण घोड़े का third eyelid बाहर मालूम देने लगता है। नथुने फैल जाते हैं तथा किसी भी चीज को निगलने में कठिनाई होती है। गर्दन के muscles कड़े होने के कारण जानवर जमीन से चारा नहीं खा सकता, क्योंकि गर्दन झुकाने में पशु को कष्ट होता है। जानवर का तापक्रम पहले नार्मल रहता है, परन्तु बीमारी बढ़ जाने पर कभी-कभी तापक्रम बहुत अधिक बढ़ जाता है। किसी-किसी रोगी पशु में तापक्रम नार्मल ही रहता है।

गर्दन, पीठ और दुम के muscles कड़े हो जाने के कारण गर्दन और सिर सामने फैल जाते हैं और इस स्थिति को Orthomus कहते हैं। परन्तु कभी-कभी गर्दन और सिर पीछे की तरफ खिंच जाते हैं और इस हालत को Opistho-tomus कहते हैं। खिंचाव साँस लेनेवाली मांसपेशियों पर भी असर करता है जिसके कारण रोगी को साँस लेने में कष्ट होता है और mucous membrane में congestion आ जाता है।

टिटनस के लक्षण सारांश में

- एच्छिक मांसपेशियों में दर्द।
- तेज एवं लगातार कड़े संकुचन।
- शरीर के अंग अथवा पूरा शरीर अकड़ जाना।
- घोड़ों में पूँछ को बार-बार उठाना तथा हिलाना।
- घोड़ों में third eyelid (membrana nictitans) बाहर को दिखायी देता है।
- खाने तथा निगलने में कष्ट।
- जबड़े बंद (lock-jaw) हो जाते हैं।
- आँखें लाल तथा घूरती हुईं।
- पूरे शरीर की अकड़न तथा पशु का भड़कना।
- भोजन लेने में असमर्थता।
- तापमान सामान्य, परन्तु मृत्यु के समय इसमें पर्याप्त वृद्धि।
- गाय, भैंस में लक्षण कुछ कम गम्भीर, परन्तु पेट फूलना मुख्य लक्षण।
- रोगी की मौत Asphyxia से।

गाय-भैंसों में भी इसके लक्षण ऊपर बताये अनुसार ही होते हैं। भेड़ और बकरी में Opis-thotomus की हालत हो जाती है और अक्सर पेट फूल जाता है। अन्य जानवरों में भी muscles का खिंचाव पाया जाता है और ऊपर लिखे लक्षण पैदा हो जाते हैं। **श्वसन तंत्र की मांसपेशियों (respiratory muscles) की paralysis हो जाने के कारण पशु की मौत श्वासावरोध (Asphyxia) से होती है।**

कुछ अन्य लक्षण भी— टिटनस का प्रारम्भिक लक्षण (घोड़ में) शरीर का कुछ भाग कड़ा (stiff) होना होता है। कड़ा प्रायः घाव के निकट होता है। If the wound is in the hind-limb the horse walks with a straddling gait with difficulty in backing. The tail is raised and quiver-ing. प्रारम्भ में दोनों कान आपस में जुड़ जाते हैं। मुँह को बड़ी कठिनाई के साथ खोला जा सकता है। नाक के नथुने (nostrils) चौड़े हो जाते हैं। आँखें लाल और घूरती हुई प्रतीत होती हैं। जब लक्षण पूर्ण रूप से विकसित हो जाते हैं, तब घोड़ा stiff position में खड़ा हो जाता है। Saliva (लार) ओठों के चारों ओर तथा लटकी प्रतीत होती है (Saliva appears around the lips and hangs down in strings)। यदि रोगी के पास एकाएक जाया जाय, तो पशु उत्तेजित हो उठता है। पशु को पसीना खूब आता है। यदि घोड़े को शक्ति लगाकर घुमाया जाय तो वह लकड़ी के घोड़े के समान घूमता है

(When the horse is forced to turn it moves like a wooden horse) I जिस समय रोगी में उत्तेजना उत्पन्न होती है, श्वसन तीव्र हो जाती है। मल-मूत्र आना बंद हो जाता है। घोड़ा बीमारी की अन्तिम अवस्था तक खड़ा रहता है (remains standing) I भूख सामान्य रहती है, पर पशु जबड़ा बन्द होने के कारण खा नहीं पाता है। वह अर्द्ध-तरल आहार चूसकर ले सकता है। वैसे रोगी का टेम्परेचर नार्मल रहता है, पर मरते समय 107 से 110 डि.फा. तक बढ़ जाता है।

रोग निदान (Diagnosis)—रोग की पहचान के लिये लक्षण पर्याप्त होते हैं। घोड़े में Membrana nictitans का Eye-ball के ऊपर होना रोग की प्रमुख पहचान है।

विभेदक निदान (Differential Diagnosis)—स्ट्रिक्नीन पायजनिंग, एक्यूट लेमीनाइटिस (घोड़ों में), मैनिन्जाइटिस, एक्यूट मस्कुलर रियूमेटिज्म, रैबीज आदि से इसका पृथक्करण करना चाहिये।

शव परीक्षा— फेफड़ों में स्रावयुक्त सूजन पायी जाती है तथा शरीर में अन्य विशेष लीजन्स नहीं पाये जाते हैं।

पूर्वानुमान (Prognosis)— रोग का पूर्वानुमान बीमार की हालत पर निर्भर करता है। यदि बीमारी बहुत अधिक तेज (peracute) है तो जानवर 2-3 दिन के अन्दर मर जावेगा। कुछ कम तेज होने पर (acute) 7-10 दिन में मर जाता है। परन्तु यदि जानवर 14 दिन के बाद भी जिन्दा है तो उसके बचने की सम्भावना रहती है। जानवर को ठीक होने में लगभग 1 माह का समय लग जाता है। इस बीमारी में 75-80% तक मृत्यु हो जाती है।

चिकित्सा (Treatment)

(क) बचाव चिकित्सा (Prophylactic Treatment)— 1. शरीर के सभी घाव आदि पूर्ण रूप से स्वच्छ तथा एण्टीसेप्टिक अवस्था में रखे जायें (All lacerated and punctured wounds and those contaminated with garden soil or road dust shoud be treated antiseptically) I

जानवर के घाव को साफ करके एण्टीसेप्टिक ड्रेसिंग (Antiseptic dressing) कर देनी चाहिये।

2. टिटनस टॉक्साइड (Tetanus toxide) 10 मि.ली. I/M विधि द्वारा घोड़ों में लगाया जाता है। इसे एक से दो माह बाद पुनः दिया जाता है।

(ख) रोग चिकित्सा (Curative Treatment)— पशु को अंधेरे तथा शान्त स्थान में रखना चाहिये, जिससे उसे उत्तेजित होने का अवसर कम मिले। तनाव को कम करने के लिये क्लोरल हाइड्रेट देना चाहिये। परन्तु इस बीमारी की प्रधान चिकित्सा जानवर को सीरम अथवा एण्टीटॉक्सिन के इन्जेक्शन इण्ट्रावेनस देना है। परन्तु इस चिकित्सा से भी अधिक लाभ नहीं होता है। मृत्यु संख्या में लगभग 10-15% तक लाभ होता है।

चिकित्सा व्यवस्था-पत्र

- अंधेरे कमरे में, स्वच्छ हवादार एवं आराम देय स्थिति में।
- भोजन तरल तथा पौष्टिक परन्तु लॉक-जा (Lock-jaw) की स्थिति में पौष्टिक एनीमा या आई.वी. विधि से ग्लूकोज सैलाइन।
- घाव की ड्रेसिंग एण्टीसेप्टिक विधि से।
- टिटनस एण्टीटॉक्सिन (Tetanus antitoxin) 1 लाख यूनिट्स से 2 लाख यूनिट्स आई.वी. या S/C या (Intraspinally) रीढ़ में।
- एण्टी-स्पाज्मोडिक्स; यथा- मैगसल्फ (Magsulph) 25% सोल्यूशन 40 मि.ली. S/C, जिसे 4 घण्टे बाद पुनः दिया जाये, तत्पश्चात प्रतिदिन 2 बार 18 दिन तक लगातार।

- क्लोरल हाइड्रास (Chloral Hydras) 15-30 ग्राम प्रतिदिन (पीने के पानी, एनीमा से)।
- पेनिसिलीन (Penicillin) 20-40 लाख यूनिट्स I/M प्रतिदिन।
- लिवर इक्स्ट्रेक्ट विद बी काम्पलैक्स (Liver extract with B complex) 5-10 मि.ली. I/M प्रतिदिन।

नोट— भाँग (Cannabis indiaca) अथवा टि. लोवेलिया ईथरिस एण्टीस्पाज्मोडिक प्रभाव के लिए दिए जा सकते हैं।

12. नेवेल इल (Navel Ill)

परिचय (Introduction)— यह बच्चों में मिलने वाला जीवाणु जन्य रोग है। इसमें जोड़ों (joints) तथा बदन के अन्य भागों पर विशेषकर नाभि पर जगह-जगह पीव (pus) पड़ जाता है।

कारण (Causes)— यह बीमारी पैदा होने के समय बच्चे की नाल काटते समय संक्रमण (Infection) हो जाने से पैदा हो जाती है। पहले नाभि में इन्फेक्शन होकर पस (pus) पड़ जाता है। कभी-कभी पैदा होने के समय सार्वदैहिक संक्रमण (general infection) हो जाता है।

यह बीमारी पूति (pus) पैदा करनेवाले विभिन्न जीवाणुओं द्वारा होती है।

उद्भवनकाल (Incubation Period)—इसका उद्भवन काल (Incubation period) 14 दिन तक का होता है। परन्तु, कभी-कभी एक से दो ही दिन में बीमारी प्रारम्भ हो जाती है।

लक्षण (Symptoms)— इसमें Stifle और Hock joints पर Swelling आ जाती है और 103-105^{0}F तक बुखार हो जाता है। धीरे-धीरे बच्चे को कमजोरी महसूस होती है और 2-3 हफ्ते के अन्दर बच्चा मर जाता है।

जनरल इन्फेक्शन होने पर सेप्टीसीमिया के लक्षण पैदा हो जाते हैं। 2-7 दिन के अन्दर मृत्यु हो जाती है।

चिकित्सा (Treatment)— बचाव चिकित्सा (Prophylexis)- यह बीमारी कई तरह के जीवाणुओं के द्वारा पैदा होती है। इसलिए वैक्सीन से अधिक लाभ नहीं होता है। बच्चा पैदा होने के समय नाल को काट कर एण्टीसेप्टिक लोशन; जैसे- टिंचर आयोडीन (Tr. Iodine) अथवा प्रोवीडोन आयोडीन (Providon Iodine) अथवा वीटाडीन (Vetadine sol.) लगाकर ड्रेसिंग कर देनी चाहिए।

रोग चिकित्सा (Curative treatment)— बीमारी हो जाने पर पशु को एण्टीबायोटिक (Antibiotic) एवं सल्फा ड्रग्स (Sulpha drugs) देनी चाहिये। जहाँ पर swelling आ गई हो, और यदि पस (pus) पड़ गया हो तो उस जगह का आपरेशन करके एण्टीसेप्टिक ड्रेसिंग कर देनी चाहिये।

Antibiotic like Penicillin, Streptomycin, Aureomycin, Ampicillin, Cloxacillin, Cotrimoxazole and other sulpha drugs are the the drugs of choice.

The abscess should be opened surgically and treated with suitable antiseptics.

13. काफ स्कावर्स/बच्चों के सफेद दस्त (Calf Scours/White Scours)

अन्य नाम (Other Names)—गाय/भैंस के बच्चों में अतिसार, व्हाइट स्कावर (White Scour) या डायरिया इन न्यू बोर्न काल्व्ज (Diarrhoea in new born calves)। इसे Coli bacillosis और Coli septicaemia आदि नामों से भी जाना जाता है।

परिचय (Introduction)—यह गाय/भैंस के नवजात बच्चों का रोग है, जिसमें पशु को तीव्र अतिसार होता है तथा वह लड़खड़ाकर गिर जाता है। इसका प्रकोप भैंस के बच्चों में सर्वाधिक देखने को मिलता है। परन्तु यह मेमनों एवं शूकर के बच्चों को भी प्रभावित कर सकता है।

It is an acute high infectious disease of calves less than ten days old characterised by marked prostration and profuse diarrhoea caused by *Escherichia coli*.

रोग का कारण (Causes)—इस रोग की उत्पत्ति का कारण एक ग्राम निगेटिव जीवाणु है, जिसे *Escherichia coli* कहते हैं। यह जीवाणु सामान्य रूप से आँतों में ही पाया जाता है। जब आँतों का Equilibrium अस्त-व्यस्त होता है तब यह जीवाणु उग्र रूप धारण कर लेता है और तेजी से अपनी संख्या में वृद्धि करके विष (toxin) बनाता है जिसके परिणामस्वरूप डायरिया, इन्सेफेलाइटिस, जलाल्पता (excessive dehydration), प्रोस्ट्रेशन, कॉमा तथा मृत्यु हो जाती है।

यह बीमारी पैदा होने के 10 दिन के अन्दर बहुत अधिक होती है। परन्तु, कभी-कभी अधिक उम्र में (पैदा होने के तीन माह तक) भी हो जाती है और इसके बाद बहुत कम होती है। अधिकतर यह बीमारी उन्हीं जानवरों को होती है जो पैदा होने के समय कमजोर होते हैं, जिन्हें ठीक समय पर दूध नहीं दिया जाता तथा दूध पिलाने में सफाई नहीं रखी जाती है। अधिक गर्मी तथा गन्दे रहने के स्थानों में जो जानवर रहते हैं, उनमें यह बीमारी अधिक होती है।

प्रभावित पशु (Affected Animal)—बीमारी अधिकतर पड़ा-पड़ियों (calves), मेमनों एवं शूकर के छोटे बच्चों (piglets) में होती है।

सहायक कारण (Predisposing factors)

- बच्चों में व्यायाम का अभाव।
- बच्चे को कोलस्ट्रम का न दिया जाना। इस दूध में एण्टीबाडीज पर्याप्त मात्रा में होती हैं, जो बच्चे की कीटाणुओं से रक्षा करती हैं।
- गोलकृमियों का Neonatal infestation होना।
- मादा में विटामिन 'ए' की कमी की स्थिति में।
- बच्चों की आँतों में गोलकृमि पड़ जाना।
- दुग्ध में प्रोटीन का प्रतिशत अधिक होने पर दूध का अधिक मात्रा में पिलाना।

प्राकृतिक फैलाव (Natural transmission)

- संक्रमित अयन (contaminated udder) का बच्चे द्वारा पीना एवं अन्य संक्रमित पदार्थों से।
- अम्बीलाइकल संक्रमण भी common नहीं।

लक्षण (Symptoms)—बीमारी होने पर बच्चों को सफेद या मटमैला पतला दस्त आता है और रोगी बहुत कमजोर हो जाता है। परन्तु कभी-कभी कुछ दस्त होने के बाद बच्चा इतना कमजोर हो जाता है कि वह लेट जाता है और उठ नहीं पाता। रोगी बच्चा कुछ घण्टों से लेकर 48 घण्टे के अन्दर मर जाता है। बच्चे की आँखें गड्ढे में चली जाती हैं, बाल रूखे-रूखे हो जाते हैं, कान नीचे गिर जाते हैं, तापक्रम (temperature) या तो सब नार्मल होता है अथवा कुछ हल्का-सा रहता है।

भूख नहीं लगती है और कोखें पिचक जाती हैं। गम्भीर अवस्था में अरुचि (Anorexia) एवं घूमने-फिरने में असमर्थता व्यक्त करता है। उदर पीड़ा (colic), दाँत पीसना (grinding of the teeth), लार बहना (salivation), मांसपेशियों में खिंचाव (Spasmodic muscular contraction), दौरे पड़ना (Fits), उदर को दबाने अथवा छूने पर (on palpation) पीड़ा होती है। बाद में पशु कौमा में चला जाता है। प्राय: 24 घण्टे में बछड़े की मृत्यु हो जाती है।

कभी-कभी रोग की जीर्ण अवस्था भी विकसित हो जाती है। बच्चा शरीर से पतला एवं दुबला दीखता है और उसका सारा शरीर मल से आवृत रहता है। परन्तु, बच्चा सप्ताहों तक जीवित रहता है।

कुछ केसिस में पायरिया के लक्षण उत्पन्न होकर संधि में संक्रमण होकर Joint ill का रोग हो जाता है। उपद्रवस्वरूप न्यूमोनिया हो सकता है।

- **रक्त में पानी की कमी हो जाती है और दो-तीन दिन में मृत्यु हो जाती है।**

काफ स्कावर के लक्षण सारांश में

- प्रथम सुस्ती एवं दूध पीना बंद।
- ज्वर (temperature) I
- कुछ घण्टों के उपरान्त पीलापन लिये हुए मटमैले, सफेद, बदबूदार अतिसार।
- अरुचि (Anorexia) एवं घूमने में असमर्थ।
- उदर पीड़ा (Abdominal colic) I
- दाँतों का पीसना (Grinding of teeth) I
- लार बहना (Salivation) I
- मांसपेशियों में खिंचाव (Spasmodic muscular contraction) I
- दौरे पड़ना (Fits) I
- उदर को दबाने पर पीड़ा (Pain on palpation of the abdomen) I
- कामा एवं मृत्यु 24 घण्टों में।

जीर्ण अवस्था (Chronic form)

- बच्चों का शरीर दुबला (Calf become thin) और मल से आवृत (Plastered with faeces) परन्तु सप्ताहों तक जीवित रहता है।
- अन्य केसिस में पायमिया के साथ metastasis एवं जोड़ों में संक्रमण (joint-ill) I
- उपद्रव रूप में निमोनिया।

कोर्स (Course)—कुछ घण्टों से लेकर कई दिनों तक।

शव परीक्षा—शोफ (Oedema) के साथ Abomastitis एवं Enteritis तथा रक्तस्राव, फेफड़ों में सूजन तथा Oedema मिलता है।

चिकित्सा (Treatment)

(क) जीवाणुओं हेतु गोली—

(a) **सल्फोनामाइड तथा ट्राइमैथोप्रिम की गोली— मात्रा** : 15-30 प्रति किलो शरीर भारानुसार।

1. सल्फाडाइजीन 2.0 ग्राम तथा ट्राइमैथोप्रिम 400 मि.ग्रा. योग की गोली; जैसे— बायोट्रिम डीएस (Biotrim DS - *Vetnex*), सल्कोप्रिम (Sulcoprim - *Concept*), एन्ट्रीमा 2.4 gm (Antrima 2.4gm - *Prima Vetcare*) I
2. सल्फाडाइजीन 1.0 ग्राम + ट्राइमैथोप्रिम 200 मि.ग्रा. योग की गोली; जैसे- एन्ट्रीमा 1.2 ग्राम (Antrima 1.2 gm - *Prima Vetcare*), सूट्रिम 200 (Sutrim 200 - *Torrent*), वोक्ट्रिन (Woktrin - *Wockhardt*) I

3. सल्फामैथोक्साजौल 2.0 ग्राम + ट्राइमैथोप्रिम 400 मि.ग्रा. योग की गोली; जैसे— इन्ट्रिम (Intrim - *Indian Immunologicals & Intas*), मारकोप्रिम (Marcoprim - *Marc*), ओरीप्रिम (Oriprim - *Zydus AHL*), सलप्रिम (Salprim - *Salus*), ट्रेपिन (Trepin - *Cadila Pharma*) ।

(b) औक्सीटैट्रासाइक्लीन 500 मि.ग्रा. गोली; जैसे— वैटोक्सी 500 (Vetoxy 500 - *Vets Pharma*), टैरामाइसिन (Terramycin - *Pfizer*), औक्सीट्रा (Oxytra - *HAL*) ।

(c) एमोक्सीसिलीन बोलस; जैसे— एमोक्सीरम (Amoxirum) 1.5 gm (*Virbac*), पैटमोक्स 250 मि.ग्रा. गोली (Petmox 250mg tab - *Zydus HAL*) ।

(d) सिप्रोफ्लोक्सासिन 250 मि.ग्रा. + टिनिडाजौल 300 मि.ग्रा. योग की गोली; जैसे— सीफ्लौक्स Tz (Cflox Tz - *Intas*), लाइसिप Tz (Lycip Tz - *Lyka*) ।

(e) फ्यूराजोलीडीन 200 मि.ग्रा. + मैट्रोनिडाजौल 1.0 ग्राम बोलस; जैसे— डाइमैट (Diamet - *Novartis*), डाइरोलिन (Dirolin - *Vet India*), फेजोल (Fazole - *Unichem*), मैटोफर (Metofur - *Leps*), निलडाइरो (Nildiro - *Pranav*) ।

(ख) जीवाणुओं हेतु इंजेक्शन

जीवाणुओं हेतु जिस जीवाणुरोधी अथवा जीवाणुनाशी दवा का प्रयोग किया गया है, हो सके तो उसी दवा का इंजेक्शन लगाना चाहिये; जैसे—

(a) सल्फाडाइजीन व ट्राइमैथोप्रिम योग के लिये— बायोट्रिम I.M. (Biotrim I.M. - *Vetnex*), स्पार्कट्रिम I.M. (Sparktrim I.M. - *Neospark*), सुमेटौल (Sumetol - *Themis*) Inj. ।

(b) सल्फामैथोक्साजल व ट्राइमैथोप्रिम के लिये— ट्रेपिन IV (Trepin IV - *Cadila Pharma*), ट्रिमासोल IM (Trimasol IM - *Novartis*), बायोसल्फा IM (Biosulpha IM - *Vet India*) ।

(c) एमौक्सासिलीन के लिये एमौक्सासिलीन तथा क्लौक्सासिलीन योग के इंजे.; जैसे— एमक्लौक्स (Amclox) Inj (*Novartis*), कोनमौक्स (Conmox) Inj (*Concept*), इनीमौक्स (Inimox) Inj (*Indian Immunologicals*), इन्टामौक्स (Intamox) Inj (*Intas*) लगाना चाहिये।

(d) सिप्रोफ्लौक्सासिन तथा टिनिडाजौल योग के इंजे. सिप्रोफ्लौक्सासिन के लिए— सीफ्लौक्स (Cflox - *Intas*), सिप्रोवैट (Ciprovet - *Vet India*) लगाना चाहिये।

(e) ऑक्सीटेट्रासाइक्लिन के लिये—एलसाइक्लिन ओ (Alcyclin O - *Alembic*), इन्टामाइसिन (Intamycin - *Intas*), लाइकासिन–ओ (Lykacin-O - *Lyka*), टैरामाइसिन (Terramycin - *Pfizer*) लगाना चाहिये।

(f) फ्यूराजोलाडीन + मैट्रानिडाजोल योग के इन्ज. मैट्रोनिडाजोल दवा के लिए—मैटरैन (Metren - *Vets Pharma*), मैट्रोनिडाजोल (Metronidazol) Inj (*Prima Vet care, Core, Denis*) लगाना चाहिये।

(ग) दस्त अवरोधक दवा; जैसे–नैबलौन, कैटोरिया, डाइरैक्स वैट आदि में से एक प्रयोग करनी चाहिये।

(घ) शरीर में पानी की कमी को पूरा करने के लिये 5% डैक्सट्रोज सैलाइन शिरा में लगानी चाहिए।

- **बच्चे को Liquid diet; जैसे– पतला चावलों का मांड़, उबला हुआ दूध, अलसी की पतली चाय इत्यादि दी जा सकती है।**

रोकथाम एवं नियन्त्रण (Prevention and Control)— बच्चों को इस बीमारी से बचाने के लिए सफाई अति आवश्यक है तथा निम्नलिखित नियमों का पालन करना चाहिये—

- बच्चा पैदा होने के समय स्वच्छता तथा एण्टीसेप्स्सि का ध्यान रखा जाये।

- बच्चे की नाल को काटने के बाद टि. आयोडीन अथवा वीटाडीन से Disinfect कर देना चाहिए।
- बच्चे को, पैदा होने के 12 घण्टे के अन्दर दूध देना चाहिये। परन्तु, 12 घण्टे के बाद अगले 24 घण्टे तक दूध न दिया जाय। इसके बाद जब म्यूकेनियम (प्रथम दस्त) निकल जावे और कोई बीमारी न मालूम दे, तब दूध देना चाहिए। साथ में दूध के साथ चूने के पानी को गुनगुना करके पिलाना चाहिये।
- बच्चे को दूध नियमपूर्वक ठीक समय पर देना चाहिए।
- बच्चे के रहने का स्थान साफ-सुथरा तथा स्वच्छ हो।

- **Administration of colostrum and vitamin A in the form of shark liver oil to the calves may eliminate the predisposing factors.**

14. लैम्ब डिसेन्ट्री/मेमनों में पेचिस रोग (Lamb Dysentery)

परिचय (Introduction)— यह दो सप्ताह तक की आयु के मेमनों का प्राणघातक रोग है, जिसमें मेमनों की मृत्यु अतितीव्र रक्तयुक्त अतिसार (acute haemorrhagic enteritis) से होती है। इस रोग का जीवाणु *क्लोस्ट्रीडियम बेल्चिआई* टाइप-बी (*Clostridium welchii* type-B) है।

प्रभावित पशु (Susceptible animals)— यह बीमारी केवल very young lambs में होती है। यह 1 से 7 दिन की उम्र वाले मेमनों को विशेष रूप से प्रभावित करती है। नियमानुसार यह बीमारी वसन्तु-ऋतु में विशेषकर देखने को मिलती है। As a rule the disease is only seen during the spring months when lambing is in progress. But outbreaks have occurred in the autumn when lambs have been born at that time on infected land.

फैलने का ढंग (Mode of Spread)— छूतांश मुख्य रूप से मुख द्वारा (through the mouth) सम्भवतः मिट्टी अथवा भेड़ के प्रभावित थनों को पीने से शरीर में प्रवेश करता है।

रोग के लक्षण (Symptoms)— रोग इतना तीव्र होता है कि पशु देखने को बहुत-ही कम मिलता है। कई मेमने एक साथ मरे हुए मिलते हैं। रोगग्रस्त मेमनों की पीठ ऊपर को उठी हुई मिलती है। रक्तयुक्त पीले-भूरे दस्त जो बाद में केवल रक्तयुक्त अतिसार में बदल जाते हैं। पशु (मेमना) एकाएक दुर्बल हो जाता है। शरीर में दर्द एवं अन्त में मृत्यु रोग की स्थिति के अनुसार–

लैम्ब डिसेन्ट्री के लक्षण सारांश में

- 1-7 दिन के मेमने अधिक प्रभावित।
- रीढ़ ऊपर को उठी हुई।
- रक्तयुक्त पीले-भूरे दस्त बाद में केवल रक्तयुक्त अतिसार।
- दुर्बलता एवं शरीर में दर्द।
- अन्त में मृत्यु - कई मेमनों की एक साथ।

- **In very acute type**– Lambs are found dead.
- **More chronic type**– Lambs either die after showing persistent diarrhoea for several days or eventually recover.
- **In the majority of cases**– Severe abdominal pain together with diarrhoea or d ysentery. Death occurs within three days.

(*Gaiger Davies Veterinary Pathology and Bacteriology*)

शव परीक्षा— शव परीक्षा में आँतों में रक्तस्राव तथा अल्सर मिलते हैं। यह अल्सर कहीं-कहीं पर छिद्रों में परिवर्तित होते देखे जाते हैं।

चिकित्सा (Treatment)

(मैमनों में पेचिस रोग की चिकित्सा बछड़ों में सफेद दस्त रोग की चिकित्सा की तरह करनी चाहिये।)

बचाव एवं रोकथाम (Prevention & Treatment)— भेड़ों में लैम्ब डिसेन्ट्री वैक्सीन का प्रयोग 5 मि.ली. की मात्रा में S/C विधि से किया जाता है।

नोट— इसमें वैक्सीन की एक खुराक भेड़ के ग्याभिन होने से पूर्व तथा दूसरी भेड़ के ब्याने के लगभग 1 सप्ताह पूर्व दी जाती है। (The first injection is given about a month before lambing and the second about ten days before lambing.)

Note– Antibodies develop in the ewe and are conveyed to the lamb in the colostrum.

15. स्वाइन इरिसिपेलास (Swine Erysipelas)

अन्य नाम (Other Names)— डायमोण्ड डिजीज, शूकरों का खसरा रोग (Pig Measles) आदि।

परिचय (Introduction)— यह शूकरों, विशेषकर जवान शूकरों का एक संक्रामक रोग है, जो *Erysipelothrix rhusiopathiae* नामक जीवाणु से होता है। इसमें तीव्र रोग के अन्तर्गत उच्च बुखार (high fever), त्वचा पर लालामी लिये हुए चिन्ह (reddish spot on the skin) एवं शरीर के आन्तरिक भागों में रक्तस्राव (Haemorrhage in the internal organs) तथा जीर्ण रोग में इण्डोकारडाइटिस, श्वासकष्ट आदि लक्षण होते हैं। इनमें कभी-कभी बहुतायत में मौतें हो जाती हैं।

Swine erysipelas is an infectious disease of pigs caused by *Erysipelothrix rhusiopathiae.* The acute form is characterised by septicaemia, skin discoloration (red-dish spots) and gastroenteritis, whereas the chronic form is recognised by general unthriffiness and sometimes lameness due to Arthritis.

रोग का कारण (Causes) — रोग की उत्पत्ति *इरीसिपीलोथ्रिक्स रीसियोपेथी (Erysipelothrix rhusiopathiae)* नामक जीवाणु से होती है। यह जीवाणु ग्राम पोजीटिव, नानमोटाइल, नानस्पोरुलोराड्स के रूप में पाया जाता है। इस जीवाणु को एरोबिक तथा एनारोबिक परिस्थितियों में आसानी से उगाया (culture किया) जा सकता है।

प्रभावित पशु (Susceptible Animals)— विशेष रूप से 3 से 9 माह उम्र की अवस्था वाले शूकर (pigs) अधिक प्रभावित होते हैं। परन्तु जीवाणु अन्य पशुओं, मनुष्यों तथा पक्षियों को भी प्रभावित करता है।

छूत फैलने के ढंग (Mode of Spread)— **आहार नली द्वारा** संक्रमण (by ingestion)– छूत विशेष रूप से स्वस्थ पशु में संक्रमित आहार और पानी के लेने से होती है।

घाव द्वारा (By Wounds)— शरीर में उपस्थित घाव से छूत के जीवाणु शरीर में प्रवेश पा जाते हैं।

The method of infection is usually through the alimentary canal by the ingestion of contaminated food or water. Occasionally infection may occur through a wound. In acute cases the organism is found in large numbers in excreta and urine.

उद्भवन काल (Incubation Period)— 2 से 5 दिन।

रोग लक्षण (Symptoms)— इस रोग के लक्षण निम्न फार्म (form) में होते हैं—

1. एक्यूट सेप्टीसीमिक फार्म (Acute septicaemic form)— इस फार्म में नवजात शूकर विशेष रूप से प्रभावित होते हैं। एक-दो अथवा कई एक पशु बिना किसी लक्षण प्रकट किये ही मर जाते हैं। सुअर एकाएक सुस्त हो जाता है। उसकी भूख मारी जाती है। तापक्रम 42°C से भी अधिक बढ़ जाता है। अरुचि, वमन, कब्ज (constipation) तत्पश्चात डायरिया हो जाता है। पशु सोया हुआ-सा (sleepy), पलकें सूजी हुई एवं नेत्र-श्लेष्मला (conjunctiva) शोथमय होती है। रोग के दो या तीन दिन पश्चात् त्वचा पर उभार आ जाते हैं। इस अवस्था में इस रोग को डायमण्ड स्किन डिजीज (diamond skin disease) के नाम से सम्बोधित करते हैं। इसमें कान, सीना, उदर, कन्धों, पीठ तथा जाँघों की बाहरी त्वचा पर लाल-लाल धब्बे उभर आते हैं। त्वचा लाल बाद में गहरी लाल हो जाती है। कभी-कभी धब्बोंवाला भाग (discoloured area) सड़कर गिर जाता है तथा घाव-से बन जाते हैं। यह स्थिति 8-10 दिन तक बनी रहती है।

स्वाइन इरिसिपेलस के लक्षण सारांश में

एक्यूट सेप्टीसीमिक फार्म

- तापक्रम 42°C से भी अधिक।
- अरुचि, वमन, पहले कब्ज बाद में अतिसार।
- पलकें सूजी हुई तथा कंजंक्टाइवा शोथयुक्त।
- कान, सीना, उदर, कंधों, पीठ एवं जाँघों की बाहरी त्वचा पर लाल-लाल धब्बे।
- अन्त में धब्बोंवाले घाव का बनना एवं 4 दिन में मृत्यु।

आर्टीकेरियल फार्म

- त्वचा पर धब्बे हल्के लाल-रंग के।
- तापक्रम 104-108°F तक।
- त्वचा के धब्बे Necrotic हो जाते हैं।
- कोर्स : 8-14 दिन में पशु स्वास्थ्य लाभ कर जाता है।

जीर्ण या कार्डियक फार्म

- खाँसी और श्वसन क्रिया में वृद्धि।
- कान और गर्दन के ऊपर की त्वचा भद्रंगी (discoloured)।
- अन्त में श्वासकष्ट।
- तापक्रम बिल्कुल नहीं (no temperature)।
- अन्त में इण्डोकार्डाइटिस का होना।
- पशु की मृत्यु सप्ताहों या महीनों में।
- हृदय के वाल्व घिस जाते हैं तथा तन्तुओं (fibrin) से ढक जाते हैं।
- पशु पुट्ठों के बल बैठता है।

आर्थ्राइटिक फार्म

- पशु अधिक उम्र का (older animal)।
- जोड़ों में वृद्धि एवं पीड़ा युक्त।
- पशु चलने से मजबूर।

नोट—
- त्वचा का रंग अँगुलि से दबाव डालने पर गायब हो जाता है, जो पुनः अँगुलि हटाने पर पूर्ववत् हो जाता है।
- जैसे ही बीमारी बढ़ती है श्वास तेज हो जाती है और तापक्रम गिर जाता है। म्यूकस मेम्ब्रेन नीली (Cyanotic) होकर 4 दिन में रोगी पशु की मृत्यु हो जाती है।
- इस प्रकार तीव्र रूप से मृत्यु दर 50-100% तक होती है।

2. अर्टीकेरियल फार्म (Urticarial form)— इसमें रोग के हल्के लक्षण होते हैं। इसमें त्वचा पर धब्बे (skin eruption) हल्के रंग के, अनेक सेन्टीमीटर डायमीटर, के आकृति में तांस के हुकम (diamond of the playing card) जैसे होते हैं। यह रूप प्रोढ़ों की अपेक्षा वयस्क शूकरों में अधिक

देखने को मिलता है। शरीर का तापक्रम 104^0F–108^0F ($40–44^0$F) तक हो जाता है। भूख मारी जाती है। त्वचा के लीजन्स गल-सड़ जाते हैं। रोग का कोर्स 8–14 दिन का होता है। शूकर प्रायः स्वस्थ हो जाता है। कभी-कभी रोग का यह रूप (in chronic form) जीर्ण रूप में भी बदल जाता है।

नोट— ● इसके धब्बे अधिकतर पीठ (back) और चूतड़ (buttuck) पर मिलते हैं।

● पशु सुस्त एवं चलने-फिरने से मजबूर (dullness and apparent stiffness) होता है।

3. जीर्ण अथवा कार्डियक फार्म (Chronic or cardiac form)— यह फार्म अधिकतर सेप्टीसीमिक फार्म अथवा अर्टीकेरियल फार्म के बाद होता है। परन्तु, कभी-कभी इन रूपों के इतिहास को दिये बिना भी प्रकट हो जाता है। पशु की स्थिति धीरे-धीरे गिरती जाती है। खाँसी और श्वास की क्रिया बढ़ जाती है। कान और गर्दन के ऊपर की त्वचा भदुरंग (discoloured) हो जाती है। अन्तिम अवस्था में श्वास-कष्ट हो जाता है। कोई तापक्रम नहीं। हृदय की क्रिया बढ़ जाती है और इण्डोकार्डाइटिस हो जाती है। कुछ सप्ताहों अथवा महीनों में पशु की मृत्यु हो जाती है।

4. आर्थ्राइटिक फार्म (Arthritic form)— यह रूप प्रायः अधिक उम्र के पशुओं (in older animals) में मिलता है। जोड़ बढ़ जाते हैं एवं उनमें पीड़ा होती है। (The joints become enlarged and painful) पशु घूम-फिर नहीं पाता है और एक जगह ही खड़ा रहता है। यह रूप स्वतंत्र रूप में उत्पन्न होता है अथवा एक्यूट डिजीज में पैदा हो जाता है।

शव परीक्षा—एक्यूट स्टेज में सेप्टीसीमिक लक्षण एवं चिन्ह देखने को मिलेंगे। क्रोनिक केसिस में वेजीटेटिव इण्डोकार्डाइटिस तथा त्वचा पर डायमण्ड की भाँति के चिन्हों का मिलना इस रोग की पुष्टि करता है।

स्प्लीन (spleen), यकृत (liver) तथा लिम्फ नोड्स बढ़ी होती हैं। सभी जोड़ मोटे, भद्दे तथा कड़े होते हैं।

निदान (Diagnosis)— रोग की पहचान उपरोक्त लक्षणों के आधार पर (skin lesions fever and digestive disturbances) हो जाती है। साथ ही उपरोक्त शव परीक्षण के आधार पर।

नोट— ● एग्लूटिनेशन टैस्ट (Agglutination test) 100% निदान सही बताता है।

विभेदक निदान (Differential Diagnosis)— इसका 'हॉग कालरा' से भेद किया जाता है—

इरिसिपीलास (Erysipelas)	**हॉग कालरा (Hog cholera)**
● तीव्र रोग में लक्षण प्रकट होने के कुछ घंटे बाद मृत्यु।	● प्रभावित पशु कई दिन तक जीवित रहता है।
● पशु का लंगड़ाना सामान्य होता है।	● सामान्य नहीं।
● खाता रहता है।	● अनेक दिनों तक भोजन के प्रति अरुचि रहती है।
● अतिसार कोई सामान्य (common) लक्षण नहीं।	● इसमें डायरिया निश्चित रूप से होता है।
● मृत्यु से पूर्व कुछ-कुछ चमकीला तथा एलर्ट।	● लेथार्जिक होता है।
● स्वास्थ्य-लाभ कर सकता है।	● बहुत कम स्वास्थ्य-लाभ कर पाते हैं।

चिकित्सा (Treatment)

(क) जीवाणुनाशक चिकित्सा– जीवाणु हेतु जीवाणुरोधी अथवा जीवाणु नाशी दवा में से किसी एक दवा का प्रयोग कम-से-कम तीन दिन तक करना चाहिये–

(a) बैन्जाथीन पैनिसिलीन इंजे. (Benzathin Penicillin Inj.) : मात्रा —सूअर 12000 I.U प्रति किलो शरीर-भार।

विधि — मांस की गहराई में (Deep intramuscular only) केवल।

ब्रान्ड्स-6 Lac vial– बैन्थीपैन-एल ए. (Benthipen LA - *Carevet*), लोंगासिलीन वैट-6 (Longacillin Vet-6 - *HAL*), पैनकौम (Pencom - *Alembic*), पैनीड्यौर-एलए 6 (Penidure LA 6 - *Wyeth Lederle*)।

12 Lac vial– बैन्थीपैन एल ए. (Benthipen LA - *Carevet*), लोंगासिलीन वैट 12 (Longacillin Vet 12 - *HAL*), पैनकौम (Pencom - *Alembic*), पैनीड्यौर एल.ए 12 (Penidure LA12 - *Wyeth Lederle*)।

24 Lac vial– बैन्थीपैन एल.ए. (Benthipen LA - *Care vet*), बैन्जापैन (Bezapen - *KAPL*), बैन्जालीन (Benzalin - *IBC*), लोंगासिलीन वैट 24 (Longacillin vet 24 - *HAL*), पैनकौम (Pencom - *Alembic*), पैनीड्यौर एल ए 24 (Penidure LA-24 - *Wyeth Lederle*)।

48 Lac vial– बैन्थीपैन एल ए. (Benthipen LA - *Care vet*), बैन्जापैन (Benzapen - *KAPL*), बैन्जालीन (Benzalin - *IBC*), लोंगासिलीन वैट-48 (Longacillin vet 48 - *HAL*)।

(b) ऑक्सीटैट्रासाइक्लीन इंजे. व गोली (Oxytetracycline Inj. & Tab) : मात्रा- 5-10mg/kg भारानुसार मांस में (I/M) या नस में (I/V) तीन दिन तक देना चाहिए। *ब्रान्ड्स*- एलसाइक्लिन-ओ (Alcyclin-O - *Alembic*), इन्टामाइसिन इन्जे. (Intamycin Inj - *Intas*), लाइकासीन-ओ (Lykacin-O - *Lyka*), आक्सीटैट्रासाइक्लीन इंजे. (Oxytetracycline Inj - *Alembic, Concept, Indian Immunologicals, Zydus AHL, Pfizer*), टैरामाइसिन इंजे. (Terramycin Inj - *Pfizer*), वोलीसाइक्लीन इंजे (Wolicycline inj - *Wockhardt*)।

दूसरे तथा तीसरे दिन (तीनों दिन भी) औक्सीटेट्रासाइक्लीन (Oxytetracycline) की गोली (500mg tab) : जैसे- वेटॉक्सी 500 (Vetoxy 500 - *Vets Pharma*), टैरामाइसिन गोली (Terramycin tab - *Pfizer*), ऑक्सीट्रा (Oxytra - *HAL*), बड़े पशु को तीन गोली सुबह-शाम दी जा सकती हैं।

औक्सीटैट्रासाइक्लीन लोंग एक्टिंग इंजे. (Oxytetracycline long acting inj.) : जैसे- इन्टामाइसिन LA (Intamycin LA - *Intas*), औक्सीटैट्रासाइक्लीन एल ए (Oxytetracycline LA - *Pfizer, Wockhardt*), टैरामाइसिन एल ए (Terramycin LA - *Pfizer*), वोलीसाइक्लीन एल ए (Wolicycline LA - *Wockhardt*) एक बार प्रयोग किया जा सकता है। इसका असर 96 घण्टे तक रहता है।

(c) एमोक्सीसिलीन + क्लौक्सासिलीन इंजे. (Amoxycilin + Cloxacillin inj.) : मात्रा- 2-3 ग्राम मांस में (I/M)। *ब्रान्ड्स*- एमक्लौक्स (Amclox) Inj. 2gm (*Novartis*), कोमाक्स वैट (Comaxvet) 2g Inj (*Vet India*), कोनमौक्स (Conmox) Inj. 2gm (*Concept*), इनीमौक्स (Inimox) Inj 2gm, 2.5gm, 4gm (*India Immunologicals*), इन्टामौक्स (Intamox) Inj. 2gm, 2.5gm, 3.5gm (*Intas*), मैगामाइसिन फोर्ट (Megamycin Fort) Inj 3gm (*Pfizer*), मौक्सल (Moxel) Inj. 0.5gm, 2.0gm, 3.0gm (*Alembic*), मौक्सीक्लौक्स (Moxyclox) 3 gm (*Wockhardt*), सिनक्रोन (Synkron) Inj. 2gm (*Cadila Pharma*)।

(d) एम्पिसिलीन इंजे. (Ampicillin inj.) : मात्रा– 5-10mg/kg शरीर भारानुसार दिन में चार बार; मांस में (I/M) या (I/V) नस में। *ब्रान्ड्स*– एम्पीसिलीन इंजे. (Ampicillin Inj.) 2.5gm *(Cadila Pharma, Lyka)*, Ampilin vet (एम्पीलीन वैट) 2.5gm *(Lyka)*, बैसीपैन (Bacipen) 2.5gm *(Alembic)*, कोनाम्पी (Conampi) Inj 2.5gm *(Concept)*, वैटाम्पीन (Vetampin) Inj 2gm *(Wockhardt)* । अथवा

(e) inj. एम्पीसिलीन + क्लौक्सासिलीन (Ampicillin+Cloxacillin) **: मात्रा**– 5-10mg/kg शरीर भारानुसार दिन में चार बार। मांस में (I/M) ब्रान्ड्स : एसी–वैट (AC-vet - *Intas*), एसी–वैट फोर्ट (AC-vet Fort) 3gm, 4gm inj *(Intas)*, बैक्सीवैट (Baxivet) inj 0.5gm, 2.5gm, 4gm *(Lyka)*, बिनोसिन Binocin Inj. 1g, 2g *(Concept)*, वैटक्लौक्स फोर्ट (Vet Clox Fort) inj 2gm *(Zydus AHL)* ।

(f) सैफ्ट्रियेक्सोन इंजे. (Ceftriaxone Inj.) : मात्रा– *पशुओं में* 5-10mg/kg शरीर भारानुसार । *कुत्ता, बिल्ली* 10-30mg/kg/day शरीर–भारानुसार tid मांस में (I/M) या नस में (I/V) देना चाहिये (तीन दिन तक; जैसे– सैफ्टोसिड इंजे. (Ceftocid inj) 2.5g, 3.0g vial; इन्टासैफ इंजे. (Intacef inj. - *Intas)* 0.250gm, 0.500gm, 1gm, 2gm, 3gm, 4gm vial; जायडा सैफ (Zydacef) Inj 0.5gm, 3gm, vial (*Zydus AHL*) । अथवा

(g) सैफ्ट्रियेक्सोन तथा सालबैक्टम इंजे. (Ceftriaxone sodium 2/3gm + Sulbactam 1/1.5gm per 3gm/4.5gm vial) – सैफ्टप्लस इंजे. (Ceft-plus) inj. 3gm, 4.5gm vial *(Lyka)*, (I/M) मांस में 3 दिन तक। अथवा

(h) सैफ्ट्रियेक्सोन तथा टैजोबैक्टम इंजे. (Ceftriaxone 0.5g, 2g, 3g, 4g Tazobactam 0.0625g, 0.250g, 0.375g, 0.500g per 0.5625g, 2.250g, 3.375g, 4.5g vial) । जैसे- इन्टासैफ – टैजो इंजे. (Intacef-Tazo inj) 0.5625g, 2.250g, 3.375g, 4.5g vial *(Intas);* वीटेजो (Vetazo) 2.25g, 3.375g vial *(Zydus AHL)* । अथवा

(i) सैफ्टिओफर सोडियम इंजे. (Ceftiofur sodium Inj.) : मात्रा– 2-4mg/kg शरीर भारानुसार BID तीन दिन तक। जैसे– एक्सैफ्ट इंजे. (Xceft inj - *Alembic)*, टैप्रोसैफ इंजे. (Teprocef inj. - *MSD Animal Health)*, बोवीसैफ इंजे. (Bovicef inj - *Indian Immunologicals)* दे सकते हैं : 1gm vial I/M daily ।

(ख) कोर्टीकोस्टीरोइड/कोर्टीसोन दवाओं (Corticosteroid/cortisone drugs)

इनमें से किसी एक दवा का प्रयोग करें, जोड़ों की सूजन व दर्द के लिये–

(1) बीटामीथासोन इंजे. (Betamethasone Inj.) – मात्रा : गाय, भैंस, घोड़ा 10-30mg; भेड़, बकरी, सूअर 2-5mg; कुत्ता 0.5-2mg मांस में (I/M) या नस में (I/V) । जैसे- बैटनीसोल इंजे. (Betnesol Inj.) 4mg/ml, 1ml ampoule ।

(2) डैक्सामीथासोन इंजे. (Dexamethasone Inj.) : मात्रा–गाय, भैंस, घोड़ा 10-30mg; भेड़, बकरी, सूअर 2-5mg ; कुत्ता 0.5-2mg मांस में (I/M) या नस में (I/V)। जैसे–क्यूराडैक्स (Curadex - *Concept)* 2ml, 5ml; डैक्सानोल (Dexanol - *Vets Pharma)* 5ml, डैक्सासोन (Dexasone - *Cadila Pharma);* 2ml, 5ml; डैक्सावैट (Dexavet - *Wockhardt)* 5ml; डैक्सोना (Dexona - *Zydus AHL)* 5ml, मारकोडैक्स (Marcodex - *Merc)* 6ml, कीटाकोर्ट (Ketacort - *Intas)* 5ml, 10ml, वैटकोर्ट (Vetcort - *Alembic)* 5ml, सभी 4mg/ml ।

(3) प्रेडनीसोलोन इंजे. (Prednisolone Inj.) : मात्रा– 10mg/ml । गाय, भैंस, घोड़ा 10-20ml; भेड़, बकरी, सूअर 2.5ml-5ml; कुत्ता, बिल्ली 1-3ml (कुल मात्रा); प्रेडनीसोलोन इंजे. (Prednisolone Inj - *Wockhardt, Intervet),* 10ml vial ।

(4) ट्राईएमसीनोलोन इंजे. (Triamcinolone Inj.) : मात्रा– गाय, भैंस, घोड़ा 12-20mg कुत्ता 6mg; (Total dose) । *ब्रान्ड्स*– वीटालोग इंजे. (Vetalog Inj. - Zydus AHL) 6mg/ml, 5ml vial मांस में (I/M) ।

(ग) जोड़ों की सूजन व दर्द के लिये

निम्न दवाओं में से कोई एक प्रयोग करें–

(1) एनाल्जीन इंजे. (Analgin Inj.) : मात्रा–गाय, भैंस, घोड़ा–10-20g; भेड़, बकरी 1-4g; कुत्ता 0.5-2gm (Total dose) मांस में (Intramuscular) या नस में (Intravenous) जैसे–एनाल्जीन इंजे. (Analgin inj. - *KAPL, Medinex lab, Vet India),* 500mg/ml, 30ml vial; वैटाल्जीन इंजे. (Vetalgin inj. - *Intervet)* 500mg/ml 30ml vial ।

(2) पैरासीटामोल इंजे. व बोलस (Paracetamol Inj. & Bolus) : मात्रा–गाय, भैंस, घोड़ा, भेड़, बकरी, सूअर 10mg/kg BW; कुत्ता 10-20mg/kg BW मांस में (Intramuscular) या मुख से orally : *ब्रान्ड्स*– पैरासीटामोल इंजे. (Paracetamol Inj - Zydus AHL) 150mg/ml 30ml vial, पाइरौक्सीन बोलस Pyroxin Bolus (Marc) 2gm Bolus ।

(3) मैलोक्सीकैम इंजे. व बोलस (Meloxicam Inj. & Bolus) : मात्रा–गाय, भैंस, घोड़ा, भेड़, बकरी, सूअर 0.1mg/kg BW मांस में (Intramuscular) या मुख से (Orally) मैलोनैक्स इंजे. (Melonex Inj. - Intas) 5mg/ml 2ml, 15ml, 30ml, 100ml; मैलोक्स–वैट (Melox-vet - Merc) 5mg/ml– 15ml, 30 ml vial; क्विक इंजे. (Quick Inj. - Zydus AHL) 5mg/ml, 15ml जोबिड–एम (Zobid-M - Zydus AHL) 5mg/ml, 15 ml, 30 ml, 100 ml, 20 mg/ml, 10 ml, 30 ml मैलोनैक्स बोलस (Melonex Bolus - Intas) 100 mg Bolus, क्विक बोलस (Quick Bolus - Zydus AHL) 100ml Bolus, जोबिड़–एम बोलस (Zobid-M Bolus - Zydus AHL) 100mg Bolus ।

(4) मैलोक्सीकैम + पैरासीटामोल इंजे. व बोलस (Meloxicam+Paracetamol Inj. & Bolus) : *ब्राण्ड्स*– मैलोनैक्स प्लस इंजे. (Melonex Plus Inj. - Intas) मैलोक्सी कैम 5mg + पैरासीटामोल 150mg/ml । **मात्रा**– बड़े पशु 15-20ml/300kg BW, छोटे पशु 1ml/10kg BW : 30ml, 100ml vial, मैलोनैक्स प्लस बोलस (Melonex Plus Bolus) Meloxicam 100mg + Paracetamol 150 mg per Bolus (Intas); बड़े पशु एक बोलस / 200kg BW रोज ।

(घ) विटामिन बी कौम्प्लैक्स इंजे. (Vitamin B Complex Inj.)

निम्न में से कोई एक । **मात्रा**– सूअर 3-5 मि.ली.; मांस में (Intramuscular) रोज । आल्वीप्लैक्स फोर्ट इंजे. (Alviplex Fort Inj. - Alved) 10ml, 30ml; बीप्लैक्स.वैट इंजे. (Beeplex-vet Inj. - Marvel) 30ml; बिलीपौन इंजे. (Billipon Inj. - Biomedica) 10ml; कौन्सीप्लैक्स इंजे. (Conciplex Inj. - Concept) 10ml, 30ml; लिवाडैक्स इन्जे. (Livadex inj.-Virbac) 10ml, 30ml; वाइबीलान इंजे. (Vibelan Inj.-Virbac)30ml ।

(च) एण्टीहिस्टामिनिक दवायें : जैसे–

(a) क्लोरफेनीरामीन मैलीयेट (Chlorpheniramine Maleate Inj. : Total dose 30 mg) – मांस में जैसे एनीस्टामीन Anistamin *(Intas),* कैडिस्टीन Cadistin (Zydus AHL), हिस्टाल Histal (Vet care), जीट Zeet (Alembic) लगाना चाहिये ।

(b) फैनीरामीन मैलीयेट (Pheniramine maleate Inj.) **total dose 5 ml** । जैसे– एविल वैट (Avil vet - Intervet*),* हिसलॉक (Hisloc - *Cadila Pharma*), फैनीरामीन मैलीयेट Pheniramine maleate - *Primvet care*) लगाना चाहिये ।

(छ) घावों में चीरा लगाकर मवाद निकालकर पोवीडीन आयोडीन घोल; जैसे– बीटाडीन घोल या वोकाडीन घोल भर देना चाहिए। इसके बाद पोवीडीन आयोडीन ऑयन्टमैन्ट; जैसे- बीटाडीन ऑयन्टमैन्ट या वोकाडीन क्रीम लगानी चाहिये।

(च) बीमार पशु को हवादार घर में रखना चाहिए तथा आसानी से पचनेवाला आहार देना चाहिये।

बचाव (Prevention)

1. बीमार पशुओं के बचे आहार को गाढ़ देना चाहिए या जला देना चाहिये।
2. बीमार पशुओं को अलग रखना चाहिये।
3. इस रोग से बचाव के लिए पशुओं का सामूहिक वैक्सीनेशन करा देना चाहिये। स्वाइन इरिसिपेलास वैक्सीन (Attenuated vaccine) लगाकर।

   मात्रा— S/C 2 c.c. दूसरा इन्जेक्शन तीन सप्ताह बाद।

16. एक्टिनोबैसिलोसिस (Actinobacillosis)

अन्य नाम (Other Names)—इसे वुडन टंग (wooden tongue) के नाम से भी जाना जाता है।

परिचय (Introduction)— यह जीर्ण संक्रामक रोग है, जिसमें सिर के कोमल ऊतकों की, विशेषकर जीभ पर गाँठनुमा (Granulomatous) रचना बन जाती है। यह, विशेषकर, कैटिल (गाय/बैल) तथा घोड़ों में एक ग्राम-निगेटिव जीवाणु *एक्टिनोबैसिलस लिंगनियरेसी (Actinobacillus lignieressi)* से पैदा होता है। इसमें पशु की लिम्फ नोड्स बड़ी हो जाती हैं।

Actinobacillosis is a chronic infectious disease, mainly of cattles, which is characterised by the formation of granulomatous lesions usually in the tongue or some other soft tissues of the head and occasionally in the internal organs.

प्रभावित पशु (Animals susceptible)— यह, कैटिल (cattles), बैल/गाय की प्रमुख बीमारी है। कभी-कभी भेड़ों में भी मिलती है। गोवंशीय पशु अधिक प्रभावित होते हैं।

रोग का कारण (Causes/Etiology)— बीमारी/रोग एक ग्राम-निगेटिव जीवाणु, जिसे *एक्टिनोबैसिलस-लिगनियरेसी (Actinobacillus lignieresi)* कहते हैं, के द्वारा होती है। यह जीवाणु small, non-motile, non-sporing, rod shaped, 1.5 म्यू (μ) लम्बा एवं 0.4 म्यू (μ) चौड़ा जीवाणु होता है। कल्चर करने पर very short Cocco-bacillary and long filamentous रूप में देखा जा सकता है। इसे बहुत साधारण रूप से एक साधारण रंग (ordinary dyes) से रंगा जा सकता है।

रोग के लक्षण (Symptoms)— गोवंशीय पशुओं (cattles) के नीचे वाले जबड़े तथा गर्दन में कड़ी गाँठें बन जाती हैं। ये गाँठें फूट जाती हैं और इनमें से पस (pus) निकलने लगता है एवं गहरे अल्सर्स (deep ulcers) बन जाते हैं। इस प्रकार

एक्टिनोबैसिलोसिस के लक्षण सारांश में

- रोगी विशेषकर गोवंशीय पशु।
- नीचेवाले जबड़े तथा गर्दन में बड़ी गाँठें।
- गाँठें फूटकर उनसे पस (pus) युक्त स्राव।
- गहरे अल्सर्स बनना।
- गाँठें जीभ पर बनने से जीभ मोटी तथा कड़ी (वूडैन-टंग/wooden tongue)।
- पस (pus) में एक मिलीमीटर से कम व्यास के दाने उपस्थित।
- गोवंशीय पशुओं में गाँठें चेहरे तथा नथुनों पर।

की गाँठें जब जीभ पर बन जाती हैं तो जीभ मोटी और कड़ी हो जाती है । ऐसी स्थिति में इस रोग को वुडैन-टंग (wooden tongue) कहा जाता है।

"Wooden tongue" is the name given to the disease when is affects the tongue.

भेड़ वंशीय पशुओं में चेहरे तथा नथुनों में भी ये गाँठें पायी जाती हैं।

'Wooden-tongue' may also be locally or diffusely enlarged and the resulting distortion may be such as to cause the tongue to protrude from the mouth. In some forms of actinobacillosis of the tongue the lesion proliferates locally to such as extent that the mucosa is elevated and the lesion finally assumes a **wartlike, polypoid or fungoid** appearance.

निदान (Diagnosis)— पस में एक मिलीमीटर से कम व्यास के दाने पाये जाते हैं। पस की स्मियर की ग्राम्स टेकनिक से स्टेनिंग करने पर ग्राम निगेटिव बैसिलाई मिलते हैं।

चिकित्सा (Treatment)

क. पोटेशियम आयोडाइड 6 से 10 ग्राम गाय/भैंस को मुँह द्वारा 6-7 दिन अथवा अधिक दिनों तक रोग की तीव्रता के अनुसार देना चाहिए।

ख. सोडियम आयोडाइड 1 ग्राम/12 किलो शरीर-भार की दर से 10 प्रतिशत घोल बनाकर शिरा में एक बार चढ़ाना चाहिये।

ग. एण्टी-बैक्टीरियल निम्न दवाओं में से किसी एक का प्रयोग 5-7 दिन तक रोग की गम्भीरता के अनुसार करना चाहिये-

(a) सल्फोनामाइड्स (Sulphonamides)

(1a) सल्फाडिमिडीन (Sulphadimidine) : मात्रा—100 मि.ग्रा. प्रति किलो शरीर भार मुँह द्वारा (orally) या शिरा में (I/V)।

सल्फाडिमिडीन सोडियम इंजे. 33.3% (Sulphadimidine Sodium Inj. 33.3%) – सल्फाडिमिडीन इंजे. (Sulphadimidin Inj. - *Indian Immunologicals, KAPL, Vet India, Denis, Prima Vet Care*), सल्फामिन (Sulfamin - *India Immunologicals*)।

(1b) *सल्फाडिमिडीन 5 ग्राम गोली (Sulphadimidine 5gm tablet)* : मात्रा- 100 mg/kg BW I/M or I/V। *ब्राण्ड्स*- आलडीन (Aldine - *Alembic*), डाइडीन (Diadin - *Pfizer*), लाइकाडीन (Lykadin - *Lyka*), सल्फामिन (Sulfamin - *Indian Immunologicals*), सल्फाडीन (Sulphadin - *Vet Pharma*), सल्फाडिमिडीन (Sulphadimidin - *Ar-Ex, Carevet, IBC, KAPL, Lyka, Vet India*)।

(2) सल्फाडाइजीन + ट्राइमैथोप्रिम (Sulphadizine + Trimethoprim)

इन्जैक्शन रूप (Injection form) में उपलब्ध : **मात्रा**- 15-30mg/kg BW।

(2a) *सल्फाडाइजीन 400mg + ट्राइमैथोप्रिम 80mg/ml* : *ब्रान्ड्स*- बायोट्रिम आई.एम (मांसान्तर्गत) (Biotrim I.M - *Vetnex*), स्पार्कट्रिम आई.एम (मांसान्तर्गत) (Sparktrim I.M. - *Neospark*), सुमेट्रोल (Sumetrol - *Themis*)।

(2b) *सल्फाडाइजीन 200mg + ट्राइमैथोप्रिम 40mg/ml Inj.* : बायोट्रिम IV (Biotrim IV - *Vetnex*), सोलबैक (Solbac - *Vetcare*), स्पार्कट्रिम IV (Sparktrim IV - *Neospark*), सल्फाट्रिम (Sulphatrim - *Vets Pharma*), सलप्रिम 2g (Sulprim 2g - *Unichem*)।

(2c) *सल्फामैथोक्साजौल 400mg + ट्राइमैथोप्रिम 80mg/ml Inj.* : ट्रेपिन IV (Trepin IV - *Cadila Pharma*), ट्रिमासोल IM (Trimasol IM - *Novartis*)।

(2d) *सल्फामैथोक्साजौल 200mg + ट्राइमैथोप्रिम 40mg/ml Inj.* : ट्रिमासोल IV (Trimasol IV - *Novartis)* ।

(2e) *सल्फामैथोक्साजौल 400mg + ट्राइमैथोप्रिम 80mg/3ml Inj.* : बायोसल्फा IM (मांसान्तर्गत) (Biosulpha IM - *Vet India*), मोरप्रिम वैट IV (Morprim Vet IV - *Morvel)* ।

गोली रूप (Tablet form) में उपलब्ध

मात्रा: 15-30mg/kg शरीरभारानुसार मुँह द्वारा।

(2f) *सल्फाडाइजीन 2 gm + ट्राइमैथोप्रिम 400mg गोली* : बायोट्रिम DS (Biotrim DS - *Vetnex*), डाईसल्फ (Disulf - *IBC)*, ड्यूराप्रिम (Duraprim - *Brihans)*, डुओसाइडल (Duocidal - *KAPL)*, इन्ट्रिम (Intrim - *Indian Immunolgoicals)*, स्पार्कट्रिम DS (Spark trim DS - *Neospark)*, सल्कोप्रिम (Sulcoprim - *Concept)*, एन्ट्रीमा 2.4gm (Antrima 2.4gm - *Prima Vet care)* ।

(2g) *सल्फाडाइजीन 1.0gm + ट्राइमैथोप्रिम 200mg* : एन्ट्रीमा 1.2g (Antrima 1.2gm - *Prima Vet care)*, बैक्ट्रीसोल (Bactrisol - *Alved)*, हैट्रिक्स (Hatrix - *HAL)*, सैप्ट्रिज (Septriz - *Theodor)*, सूट्रिम 200 (Sutrim 200 - *Torrent)*, त्रिसूल (Trisul - *Prahar)*, वैट्रान LA (Vetran LA - *Vets Pharma)*, वोक्ट्रिन (Woktrin - *Wockhardt)* ।

(2h) *सल्फामैथोक्साजोल 2gm + ट्राइमैथोप्रिम 400mg* : गोली – डुआप्रिम (Duaprim - *Brihans)*, डुओसाइडल (Duocidal - *KAPL)*, इन्ट्रिम (Intrim - *Indian Immunologicals)*, मारकोप्रिम (Marcoprim - *Marc)*, ओरीप्रिम (Oriprim - *Zydus AHL)*, सालप्रिम (Salprim - *Salus)*, ट्रैपिन (Trepin - *Cadila Pharma)*, ट्राइजोल (Trizol - *Ieps)* ।

(2i) *सल्फामैथोक्साजोल 1.0gm + ट्राइमैथोप्रिम 200mg* : गोली – बायोसल्फा (Biosulpha - *Vet India)*, रोबाट्रान (Robatran - *TTK)*, सैप्ट्रिज (Septriz - *Theodor)* ।

(b) ऑक्सीटैट्रासाइक्लीन (Oxytetracycline)

इंजेक्शन व गोली (Injection and Tablet) रूप में उपलब्ध : मात्रा– 5-10mg/kg शरीर भारानुसार मांस में (I/M) या नस में (I/V) तीन दिन तक देना चाहिए। *ब्रान्ड्स*– एलसाइक्लिन–ओ (Alcyclin-O - *Alembic)*, इन्टामाइसिन इन्जे. (Intamycin Inj - *Intas*), लाइकासीन–ओ (Lykacin-O - *Lyka)*, आक्सीटैट्रासाइक्लीन इंजे. (Oxytetracycline Inj - *Alembic, Concept, Indian Immunologicals, Zydus AHL, Pfizer)*, टैरामाइसिन इंजे. (Terramycin Inj - *Pfizer)*, वोलीसाइक्लीन इंजे (Wolicycline inj - *Wockhardt)*, दूसरे तथा तीसरे दिन (तीनों दिन भी)।

औक्सीटेट्रासाइक्लीन (Oxytetracycline) की गोली (500mg tab) : जैसे– वेटॉक्सी 500 (Vetoxy 500 - *Vets Pharma)*, टैरामाइसिन गोली (Terramycin tab - *Pfizer)*, ऑक्सीट्रा (Oxytra - *HAL)*, बड़े पशु को तीन गोली सुबह–शाम दी जा सकती हैं।

औक्सीटैट्रासाइक्लीन लोंग एक्टिंग इंजे. (Oxytetracycline long acting inj.) : जैसे– इन्टामाइसिन LA (Intamycin LA - *Intas)*, औक्सीटैट्रासाइक्लीन एल ए (Oxytetracycline LA - *Pfizer, Wockhardt)*, टैरामाइसिन एल ए (Terramycin LA - *Pfizer)*, वोलीसाइक्लीन एल ए (Wolicycline LA - *Wockhardt)* एक बार प्रयोग किया जा सकता है। इसका असर 96 घण्टे तक रहता है।

(c) क्लोराम्फैनीकोल (Chloramphanicol)

इंजैक्शन (Injection) रूप में उपलब्ध **: मात्रा**– *बड़े पशु* 20-30mg/kg BW मांस में (I/M) रोज या 2-4mg/kg BW BID नस में (I/V) देना चाहिए। जैसे–

क्लोरोफैन (Chlorophan - *Vet India)*, लाइकासिटीन (Lykacetin - *Lyka)*, नीओक्लोर (Neochlor - *Vet care)*, सिमरसिटीन (Simercetin - *Biomedia)*, वैटनीकोल (Vetnicol - *Vets Pharma)* ।

(d) एनरोफ्लोक्सासीन (Enrofloxacin) :

इंजैक्शन (Injection) रूप में उपलब्ध **: मात्रा**– 2.5-5.0mg/kg शरीर भारानुसार मांस में (I/M) या नस में (I/V) । जैसे– कौनफ्लोक्स–वैट इंजे. (Conflox vet inj - *Concept)* 50mg/ml, 30ml vial; एनरोसिन इंजे. (Enrocin inj. - *Vetnex)* 100mg/ml - 15ml, 50ml vial; एनरोवैट इंजे. (Enrovet inj. - *Vets Pharma)* 100mg/ml - 15ml, 30ml, 50ml vials; फ्लोबेक एस ऐ (Flobac-SA - *Intas)* 100mg/ml, 30ml vial; मैरीक्विन इंजे. (Meriquin inj - *Wockhardt)* 100mg/ml - 10ml, 15ml vial; क्विनइन्टास इंजे. (Quinintas inj. - *Intas)* ।

(e) सैफ्ट्रियेक्सोन (Ceftriaxone) :

इंजैक्शन (Injection) रूप में उपलब्ध **: मात्रा**– *पशुओं में* 5-10mg/kg शरीर भारानुसार । *कुत्ता, बिल्ली* 10-30mg/kg भारानुसार tid मांस में (I/M) या नस में (I/V) देना चाहिये (तीन दिन तक); जैसे– सैफ्टोसिड इंजे. (Ceftocid inj) 2.5g, 3.0g vial; इन्टासैफ इंजे. (Intacef inj. - *Intas)* 0.250gm, 0.500gm, 1gm, 2gm, 3gm, 4gm vial; जायडा सैफ (Zydacef) Inj 0.5gm, 3gm, vial *(Zydus AHL)* । अथवा

सैफ्ट्रियेक्सोन तथा सालबैक्टम इंजे. (Ceftriaxone sodium 2/3gm + Sulbactam 1/1.5gm per 3gm/4.5gm vial) – सैफ्टप्लस इंजे. (Ceft-plus) inj. 3gm, 4.5gm vial *(Lyka)*, (I/M) मांस में 3 दिन तक । अथवा

सैफ्ट्रियेक्सोन तथा टैजोबैक्टम इंजे. (Ceftriaxone 0.5g, 2g, 3g, 4g Tazobactam 0.0625g, 0.250g, 0.375g, 0.500g per 0.5625g, 2.250g, 3.375g, 4.5g vial) । जैसे– इन्टासैफ – टैजो इंजे. (Intacef-Tazo inj) 0.5625g, 2.250g, 3.375g, 4.5g vial *(Intas);* वीटेजो (Vetazo) 2.25g, 3.375g vial *(Zydus AHL)* । अथवा

(f) सैफ्टिओफर सोडियम (Ceftiofur sodium)

इंजैक्शन (Injection) रूप में उपलब्ध **: मात्रा**– 2-4mg/kg शरीर भारानुसार BID तीन दिन तक । जैसे–एक्सैफ्ट इंजे. (Xceft inj - *Alembic)*, टैप्रोसैफ इंजे. (Teprocef inj. - *MSD Animal Health)*, बोवीसैफ इंजे. (Bovicef inj - *Indian Immunologicals)* दे सकते हैं : 1gm vial I/M daily ।

(घ) सूजन व दर्द के लिये Anti-inflammatory & Analgesic Medicines – निम्न दवाओं में से कोई एक प्रयोग करें–

(1) एनाल्जीन (Analgin)

इंजैक्शन (Injection) रूप में उपलब्ध **: मात्रा**– गाय, भैंस, घोड़ा – 10-20g; भेड़, बकरी 1-4g; कुत्ता 0.5-2gm (Total dose) मांस में (Intramuscular) या नस में (Intravenous) जैसे– एनाल्जीन इंजे. (Analgin inj. - *KAPL, Medinex lab, Vet India)*, 500mg/ml, 30ml vial; वैटाल्जीन इंजे. (Vetalgin inj. - *Intervet)* 500mg/ml 30ml vial ।

(2) पैरासीटामोल (Paracetamol)

इंजैक्शन और बोलस (Injection or Bolus) रूप में उपलब्ध **: मात्रा**– गाय, भैंस, घोड़ा, भेड़, बकरी, सूअर 10mg/kg BW; कुत्ता 10-20mg/kg BW मांस में (Intramuscular) या मुख से orally : *ब्रान्ड्स*– पैरासीटामोल इंजे. (Paracetamol Inj - Zydus AHL) 150mg/ml 30ml vial, पाइरौक्सीन बोलस Pyroxin Bolus (Marc) 2gm Bolus ।

(3) मैलोक्सीकैम (Meloxicam)

इंजैक्शन और बोलस (Injection or Bolus) रूप में उपलब्ध : **मात्रा**- गाय, भैंस, घोड़ा, भेड़, बकरी, सूअर 0.1mg/kg BW मांस में (Intramuscular) या मुख से (Orally) मैलोनैक्स इंजे. (Melonex Inj. - Intas) 5mg/ml 2ml, 15ml, 30ml, 100ml; मैलोक्स-वैट (Melox-vet - Merc) 5mg/ml– 15ml, 30 ml vial; क्विक इंजे. (Quick Inj. - Zydus AHL) 5mg/ml, 15ml जोबिड-एम (Zobid-M - Zydus AHL) 5mg/ml, 15 ml, 30 ml, 100 ml, 20 mg/ml, 10 ml, 30 ml मैलोनैक्स बोलस (Melonex Bolus - Intas) 100 mg Bolus, क्विक बोलस (Quick Bolus - Zydus AHL) 100ml Bolus, जोबिड़-एम बोलस (Zobid-M Bolus - Zydus AHL) 100mg Bolus ।

(4) मैलोक्सीकैम + पैरासीटामोल (Meloxicam+Paracetamol)

इंजैक्शन और बोलस (Injection or Bolus) रूप में उपलब्ध : *ब्राण्ड्स*- मैलोनैक्स प्लस इंजे. (Melonex Plus Inj. - Intas) मैलोक्सी कैम 5mg + पैरासीटामोल 150mg/ml । **मात्रा**- बड़े पशु 15-20ml/300kg BW, छोटे पशु 1ml/10kg BW : 30ml, 100ml vial, मैलोनैक्स प्लस बोलस (Melonex Plus Bolus) Meloxicam 100mg + Paracetamol 150 mg per Bolus (Intas); बड़े पशु एक बोलस / 200kg BW रोज ।

(5) एनाल्जीन 750mg + **फिनाइल ब्यूटाजोन** 750mg/5ml एम्प्यूल (Analgin 750mg+Phenylbutazone 750mg per 5ml Ampoule) : एसजीपाइरीन-एन (Esgipyrin-N Inj. - Zydus AHL); **मात्रा**- बड़े पशु 5-15ml, छोटे पशु 1-5ml मांस में (Intramuscularly) ।

(6) नेम्यूस्लाइड इंजे. (**Nemuslide** Inj.)

इंजैक्शन (Injection) रूप में उपलब्ध : **मात्रा** – गाय, भैंस, भेड़, बकरी, कुत्ता 2-4mg/kg BW मांस में (I/M) रोज, घोड़ों में प्रयोग नहीं; निमोवैट इंजे. (Nimovet Inj.) 100mg/ml ।

(च) विटामिन बी कौम्प्लैक्स (Vitamin B Complex)

इंजैक्शन (Injection) रूप में उपलब्ध : निम्न में से कोई एक । **मात्रा**- गाय, भैंस, घोड़ा 5-10 मि.ली.; भेड़, बकरी, सूअर 3-5 मि.ली.; कुत्ता 0.5-1.0 मि.ली. मांस में (Intramuscular) रोज । आल्वीप्लैक्स फोर्ट इंजे. (Alviplex Fort Inj. - Alved) 10ml, 30ml; बीप्लैक्स.वैट इंजे. (Beeplex-vet Inj. - Marvel) 30ml; बिलीपौन इंजे. (Billipon Inj. - Biomedica) 10ml; कौन्सीप्लैक्स इंजे. (Conciplex Inj. - Concept) 10ml, 30ml; लिवाडैक्स इन्जे. (Livadex inj. - Virbac) 10ml, 30ml; वाइबीलान इंजे. (Vibelan Inj. - Virbac) 30ml ।

17. एक्टिनोमाइकोसिस (Actinomycosis)

अन्य नाम (Other Name)— इसे लम्पी-जा (Lumpy-Jaw) भी कहते हैं।

परिचय (Introduction)— यह एक जीर्ण पूयजनक दानेदार स्राववाला हड्डी तथा हार्ट का रोग है। इसमें पशु का मैन्डिबल, मैक्जिला तथा सिरे के अन्य बोर्न टिशू प्रभावित होते हैं। यह एक जीवाणुजनक रोग है।

Actinomycosis is a chronic suppurative and granulomatous disease of bones and other hard tissues chiefly of cattles, occasionaly of other species caused by *Actinomycis bovis.*

प्रभावित पशु (Affected animals)—गोवंशीय पशु (cattles) इस रोग से अधिक प्रभावित होते हैं। इनके इस रोग को एक्टिनोमाइकोसिस इन कैटल (Actinomycosis in cattle) या लम्पी-जॉ (Lumpy-jaw) के नाम से भी जाना जाता है। शूकरवंशीय, अश्ववंशीय एवं श्वानवंशीय

पशु भी प्रभावित होते हैं। यह मनुष्यों में भी होता है। इसके अतिरिक्त जंगली पशु तथा भेड़ कम प्रभावित होते हैं।

कारण (Etiology)— यह रोग *एक्टिनोमाइसिस बोविस (Actnomyces bovis)* नामक जीवाणु से उत्पन्न होता है। यह एक ग्राम पोजीटिव ब्रान्चिग आर्गेनज्मि है। लोगों का विचार है कि यह जीवाणु सामान्य परिस्थितियों में आहार-संस्थान तथा श्वसन-संस्थान में रहता है।

संक्रमण विधि (Mode of Infection)— मुख की झिल्ली (Buccal mucosa) तथा मसूड़ों के घाव (caused by the awns of grains of hard fodder) के माध्यम से Nacrotic foci की उत्पत्ति होकर उनमें जीवाणु विकसित होता है और बीमारी उत्पन्न करता है। दंत socket के लीजन्स से जबड़े की हड्डी प्रभावित होती है।

उद्भवन काल (Period of Incubation)—इसका रोग काल सप्ताहों अथवा महीनों का होता है।

रोग लक्षण विस्तार से— पशु के मेन्डिबल तथा मैक्जिला में सूजन तथा फोड़े बन जाते हैं। आगे चलकर नासूर (Fistula) बन जाता है। इनको चीरने से पीला दानेदार पस मिलता है। दाने के पिण्ड 2-5 मिलीमीटर व्यास (Masses 2 m.m. to 5 m.m. in diameter) तक के होते हैं। इन्हें सल्फर ग्रेन्यूल्स (Sulphur granules) कहा जाता है। ऐसी स्थिति में हड्डी (Bone) का काफी भाग समाप्त हो जाता है और उसका स्थान फाइब्रस टिशू ले लेता है। दाँत ढीले पड़ जाते हैं, जिससे पशु चारा खाने में असमर्थ हो जाता है।

एक्टिनोमाइकोसिस के लक्षण सारांश में

- रोगी अधिकतर गो-वंशीय होता है।
- मैन्डिबल तथा मैक्जिला में सूजन तथा फोड़े (abscess)।
- नासूर की उपस्थिति।
- चीरने से पीला दानेदार पस।
- दाने 2-5 मि.मी. व्यास के।
- बोन का बहुत-सा भाग नष्ट।
- दाँत ढीले तथा पशु चारा खाने में असमर्थ।

वैसे लक्षण विक्षतियों (लीजन्स) के स्थान और स्थिति (site and position) पर निर्भर करते हैं। नियमानुसार रोगी में कोई सार्वदैहिक विचलन (systemic distrubances) नहीं होते हैं, न ही बुखार और न ही भूख समाप्त होती है। जीवाणु से उत्पन्न विष का प्रभाव प्रायः स्थानीय होता है। कभी-कभी जोड़, लिम्फ ग्लैण्ड तथा अन्य कोमल टिशू प्रभावित होते हैं। मैक्जिला अथवा मैन्डिबल के लीजन्स में सूजन, फोड़ों का निर्माण, नासूर (fistulous tracts) अतिरिक्त फाइब्रोसिस एवं ग्रेन्यूलोमा के लक्षण होते हैं। निचला जबड़ा ऊपरी जबड़े की अपेक्षा अधिक प्रभावित होता है। हाई फाइब्रस नोड्यूल्स अथवा फोड़े (abscess) गर्दन की त्वचा पर उत्पन्न होते हैं एवं कान के चारों ओर अथवा कभी-कभी टाँगों परीनेजल केविटी की सूजन से श्वासकष्ट का लक्षण होता है।

रोग निदान (Diagnosis)— रोग का निदान लक्षणों के आधार पर होता है। बोनी टिशू का प्रभावित होना, सल्फर ग्रेन्यूल्स की उपस्थिति और ग्राम पोजीटिव फिलामेण्ट तथा रोड्स के रूप में मिलना इस रोग की पुष्टि करता है।

A slow developing painless swelling on the maxilla or mandible with fluctuating abscesses or fistulous tracts suggests actinomycosis, microscopical rods, cocci, branching or club shaped form of *Actinomyces bovis*.

चिकित्सा (Treatment)

क. पोटेशियम आयोडाइड 6–10 ग्राम गाय/भैंस को मुँह द्वारा 6–7 दिन या अधिक दिनों तक रोग की तीव्रता के अनुसार देना चाहिये।

ख. सोडियम आयोडाइड 1 ग्राम/12 किग्रा शरीर–भार की दर से 10 प्रतिशत घोल बनाकर शिरा में एक बार चढ़ाना चाहिये।

ग. घावों की चिकित्सा पोवीडोन आयोडीन (Povidone Iodine) घोल; जैसे– बीटाडीन (Betadine) या वोकाडीन (Wokadine) घोल से करनी चाहिये।

घ. निम्न एण्टीबैक्टीरियल दवाओं में से किसी एक का प्रयोग 6–7 दिन तक अथवा अधिक दिनों तक रोग की गम्भीरता को देखकर करना चाहिये–

(a) सल्फोनामाइड्स (Sulphonamides)

(1a) सल्फाडिमिडीन इंजे. (Sulphadimidine Inj.) : मात्रा– 100 मि.ग्रा. प्रति किलो शरीर–भार मुँह द्वारा (orally) या शिरा में (I/V)।

सल्फाडिमिडीन सोडियम इंजे. 33.3% (Sulphadimidine Sodium Inj. 33.3%) : सल्फाडिमिडीन इंजे. (Sulphadimidin Inj. - *Indian Immunologicals, KAPL, Vet India, Denis, Prima Vet Care*), सल्फामिन (Sulfamin - *India Immunologicals)* ।

(1b) सल्फाडिमिडीन 5 ग्राम गोली (Sulphadimidine 5gm tablet) : मात्रा– 100 mg/kg BW PO । *ब्राण्ड्स*– आलडीन (Aldine - *Alembic)*, डाइडीन (Diadin - *Pfizer)*, लाइकाडीन (Lykadin - *Lyka)*, सल्फामिन (Sulfamin - *Indian Immunologicals)*, सल्फाडीन (Sulphadin - *Vet Pharma)*, सल्फाडिमिडिन (Sulphadimidin - *Ar-Ex, Carevet, IBC, KAPL, Lyka, Vet India)* ।

(2a) सल्फाडाइजीन + ट्राइमैथोप्रिम इंजे. (Sulphadizine + Trimethoprim Inj.) : मात्रा– 15-30mg/kg BW सल्फाडाइजीन 400mg + ट्राइमैथोप्रिम 80mg/ml / *ब्रान्ड्स*– बायोट्रिम आई.एम (मांसान्तर्गत) (Biotrim I.M - *Vetnex)*, स्पार्कट्रिम आई.एम (मांसान्तर्गत) (Sparktrim I.M. - *Neospark)*, सुमेट्रोल (Sumetrol - *Themis)* ।

(2b) सल्फाडाइजीन 200mg + ट्राइमैथोप्रिम 40mg/ml Inj. – बायोट्रिम IV (Biotrim IV -*Vetnex)*, सोलबैक (Solbac - *Vetcare)*, स्पार्कट्रिम IV (Sparktrim IV - *Neospark)*, सल्फाट्रिम (Sulphatrim - *Vetsfarma)*, सलप्रिम 2g (Sulprim 2g - *Unichem)* ।

(2c) सल्फामैथोक्साजौल 400mg + ट्राइमैथोप्रिम 80mg/ml Inj. – ट्रेपिन IV (Trepin IV - *Cadila Pharma)*, ट्रिमासोल IM (Trimasol IM - *Novartis)* । **3ml Inj.** – बायोसल्फा IM (मांसान्तर्गत) (Biosulpha IM - *Vet India*), मोरप्रिम वैट IV (Morprim Vet IV - *Morvel)* ।

(2d) सल्फामैथोक्साजौल 200mg + ट्राइमैथोप्रिम 40mg/ml Inj. – ट्रिमासोल IV (Trimasol IV - *Novartis)* ।

(2f) सल्फोनामाइड + ट्राइमैथोप्रिम गोली – मात्रा 15-30mg/kg शरीरभारानुसार मुँह द्वारा।

सल्फाडाइजीन 2 gm + ट्राइमैथोप्रिम 400mg गोली – बायोट्रिम DS (Biotrim DS - *Vetnex)*, डाईसल्फ (Disulf - *IBC)*, ड्यूराप्रिम (Duraprim - *Brihans)*, डुओसाइडल (Duocidal - *KAPL)*, स्पार्कट्रिम DS (Spark trim DS - *Neospark)*, सल्कोप्रिम (Sulcoprim - *Concept)*, एन्ट्रीमा 2.4gm (Antrima 2.4gm - *Prima Vet care)* ।

सल्फाडाइजीन 1.0gm + ट्राइमैथोप्रिम 200mg – एन्ट्रीमा 1.2g (Antrima 1.2gm - *Prima Vet care*), बैक्ट्रीसोल (Bactrisol - *Alved*), हैट्रिक्स (Hatrix - *HAL*), सैप्ट्रिज (Septriz - *Theodor*), सूट्रिम 200 (Sutrim 200 - *Torrent*), त्रिसूल (Trisul - *Prahar*), वैट्रान LA (Vetran LA - *Vetsfarma*), वोक्ट्रिन (Woktrin - *Wockhardt*) ।

(2h) सल्फामैथोक्साजोल 2gm + ट्राइमैथोप्रिम 400mg : गोली – डुआप्रिम (Duaprim - *Brihans*), डुओसाइडल (Duocidal - *KAPL*), इन्ट्रिम (Intrim - *Indian Immunologicals*), मारकोप्रिम (Marcoprim - *Merc*), ओरीप्रिम (Oriprim - *Zydus AHL*), सालप्रिम (Salprim - *Salus*), ट्रैपिन (Trepin - *Cadila Pharma*), ट्राइजोल (Trizol - *Ieps*) ।

(2i) सल्फामैथोक्साजोल 1.0gm + ट्राइमैथोप्रिम 200mg : गोली – बायोसल्फा (Biosulpha - *Vet India*), रोबाट्रान (Robatran - *TTK*), सैप्ट्रिज (Septriz - *Theodor*) ।

(b) ऑक्सीटेट्रासाइक्लीन इंजे. व गोली (Oxytetracycline Inj. & Tab) : मात्रा– 5-10mg/kg शरीर भारानुसार मांस में (I/M) या नस में (I/V), तीन दिन तक देना चाहिए। *ब्रान्ड्स*– एलसाइक्लिन–ओ (Alcyclin-O - *Alembic*), इन्टामाइसिन इन्जे. (Intamycin Inj - *Intas*), लाइकासीन–ओ (Lykacin-O - *Lyka*), आक्सीटैट्रासाइक्लीन इंजे. (Oxytetracycline Inj - *Alembic, Concept, Indian Immunologicals, Zydus AHL, Pfizer*), टैरामाइसिन इंजे. (Terramycin Inj - *Pfizer*), वोलीसाइक्लीन इंजे (Wolicycline inj - *Wockhardt*) ।

दूसरे तथा तीसरे दिन Inj विकल्प के रूप में दें– गोली (tab) औक्सीटेट्रासाइक्लीन (Oxytetracycline) 500mg : जैसे– वेटॉक्सी 500 (Vetoxy 500 - *Vetsfarma*), टैरामाइसिन गोली (Terramycin tab - *Pfizer*), ऑक्सीट्रा (Oxytra - *HAL*) बड़े पशु को तीन गोली सुबह–शाम दी जा सकती हैं।

औक्सीटैट्रासाइक्लीन लोंग एक्टिंग इंजे. (Oxytetracycline long acting inj.) : जैसे– इन्टामाइसिन LA (Intamycin LA - *Intas*), औक्सीटैट्रासाइक्लीन एल ए (Oxytetracycline LA - *Pfizer, Wockhardt*), टैरामाइसिन एल ए (Terramycin LA - *Pfizer*), वोलीसाइक्लीन एल ए (Wolicycline LA - *Wockhardt*) एक बार प्रयोग किया जा सकता है। इसका असर 96 घण्टे तक रहता है।

(c) क्लोराम्फैनीकोल इंजे. (Chloramphanicol Inj.) : मात्रा– *बड़े पशु* 20-30mg/kg BW मांस में (I/M) रोज या 2-4mg/kg BW BID नस में (I/V) देना चाहिए। जैसे–

क्लोरोफैन (Chlorophan - *Vet India*), लाइकासिटीन (Lykacetin - *Lyka*), नीओक्लोर (Neochlor - *Vet care*), सिमरसिटीन (Simercetin - *Bio media*), वैटनीकोल (Vetnicol - *Vetsfarma*) ।

(d) एनरोफ्लोक्सासीन इंजे. (Enrofloxacin Inj.) : मात्रा– 2.5-5.0mg/kg शरीर–भारानुसार मांस में (I/M) या नस में (I/V) । जैसे– कौनफ्लोक्स–वैट इंजे. (Conflox vet inj - *Concept*) 50mg/ml, 30ml vial; एनरोसिन इंजे. (Enrocin inj. - *Vetnex*) 100mg/ml - 15ml, 50ml vial; एनरोवैट इंजे. (Enrovet inj. - *Vetsfarma*) 100mg/ml - 15ml, 30ml, 50ml vials; फ्लोबेक एस ऐ (Flobac-SA - *Intas*) 100mg/ml, 30ml vial; मैरीक्विन इंजे. (Meriquin inj - *Wockhardt*) 100mg/ml - 10ml, 15ml vial; क्विनइन्टास इंजे. (Quinintas inj. - *Intas*) ।

(e) सैफ्ट्रियेक्सोन इंजे. (Ceftriaxone Inj.) : मात्रा– *पशुओं में* 5-10mg/kg शरीर–भारानुसार । *कुत्ता, बिल्ली* 10-30mg/kg शरीर–भारानुसार tid मांस में (I/M) या नस में (I/V) देना चाहिये (तीन

दिन तक)। जैसे– सैफ्टोसिड इंजे. (Ceftocid inj) 2.5g, 3.0g vial; इन्टासैफ इंजे. (Intacef inj. - *Intas)* 0.250gm, 0.500gm, 1gm, 2gm, 3gm, 4gm vial; जायडासैफ (Zydacef) Inj 0.5gm, 3gm, vial *(Zydus AHL)*। अथवा

(f) सैफ्ट्रियेक्सोन सोडियम तथा सालबैक्टम इंजे. (Ceftriaxone sodium 2/3gm + Sulbactam 1/1.5gm per 3gm/4.5gm vial) – सैफ्टप्लस इंजे. (Ceft-plus inj.) 3gm, 4.5gm vial *(Lyka)* (I/M) मांस में 3 दिन तक। अथवा

(g) सैफ्ट्रियेक्सोन तथा टैजोबैक्टम इंजे. (Ceftriaxone 0.5g, 2g, 3g, 4g + Tazobactam 0.0625g, 0.250g, 0.375g, 0.500g per 0.5625g, 2.250g, 3.375g, 4.5g vial) । जैसे– इन्टासैफ–टैजो इंजे. (Intacef-Tazo inj) 0.5625g, 2.250g, 3.375g, 4.5g vial *(Intas);* वीटेजो (Vetazo) 2.250g, 3.375g vial *(Zydus AHL)* । अथवा

(h) सैफ्टिओफर सोडियम इंजे. (Ceftiofur sodium Inj.) : मात्रा– 2-4mg/kg शरीर–भारानुसार BID तीन दिन तक। जैसे– एक्सैफ्ट इंजे. (Xceft inj - *Alembic)*, टैप्रोसैफ इंजे. (Teprocef inj. - *MSD Animal Health)*, बोवीसैफ इंजे. (Bovicef inj - *Indian Immunologicals)* दे सकते हैं : 1gm vial I/M daily।

(च) सूजन व दर्द के लिये Anti-inflammatory & Analgesic Medicine : निम्न दवाओं में से कोई एक प्रयोग करें–

(1) एनाल्जीन इंजे. (Analgin Inj.) : मात्रा– गाय, भैंस, घोड़ा – 10-20g; भेड़, बकरी 1-4g; कुत्ता 0.5-2gm (Total dose) मांस में (Intramuscular) या नस में (Intravenous); जैसे- एनाल्जीन इंजे. (Analgin inj. - *KAPL, Medinex lab, Vet India)* 500mg/ml, 30ml vial; वैटाल्जीन इंजे. (Vetalgin inj. - *Intervet)* 500mg/ml 30ml vial ।

(2) पैरासीटामोल इंजे. व बोलस (Paracetamol Inj. & Bolus) : मात्रा– गाय, भैंस, घोड़ा, भेड़, बकरी, सूअर 10mg/kg BW; कुत्ता 10-20mg/kg BW मांस में (Intramuscular) या मुख से (orally) : *ब्रान्ड्स*– पैरासीटामोल इंजे. (Paracetamol Inj - *Zydus AHL*) 150mg/ml 30ml vial, पाइरौक्सीन बोलस (Pyroxin Bolus - *Merc*) 2gm Bolus ।

(3) मैलोक्सीकैम इंजे. व बोलस (Meloxicam Inj. & Bolus) : मात्रा–गाय, भैंस, घोड़ा, भेड़, बकरी, सूअर 0.1mg/kg BW मांस में (Intramuscular) या मुख से (Orally); मैलोनैक्स इंजे. (Melonex Inj. - *Intas*) 5mg/ml 2ml, 15ml, 30ml, 100ml; मैलोक्स–वैट (Melox-vet - *Merc*) 5mg/ml– 15ml, 30 ml vial; क्विक इंजे. (Quick Inj. - *Zydus AHL*) 5mg/ml, 15ml; जोबिड–एम (Zobid-M - *Zydus AHL*) 5mg/ml 15 ml, 30 ml, 100 ml ; 20 mg/ml - 10 ml, 30 ml ; मैलोनैक्स बोलस (Melonex Bolus - *Intas*) 100 mg Bolus, क्विक बोलस (Quick Bolus - *Zydus AHL*) 100ml Bolus, जोबिड़–एम बोलस (Zobid-M Bolus -*Zydus AHL*) 100mg Bolus ।

(4) मैलोक्सीकैम + पैरासीटामोल इंजे. व बोलस (Meloxicam+Paracetamol Inj. & Bolus) : *ब्राण्ड्स*– मैलोनैक्स प्लस इंजे. (Melonex Plus Inj. - *Intas*); मैलोक्सी कैम 5mg + पैरासीटामोल 150mg/ml । **मात्रा**– बड़े पशु 15-20ml/300kg BW, छोटे पशु 1ml/10kg BW : 30ml, 100ml vial; मैलोनैक्स प्लस बोलस (Melonex Plus Bolus) Meloxicam 100mg + Paracetamol 150 mg per Bolus (*Intas*); बड़े पशु एक बोलस / 200kg BW रोज।

(5) एनाल्जीन 750mg + **फिनाइलब्यूटाजोन** 750mg/5ml एम्प्यूल (Analgin 750mg+ Phenylbutazone 750mg per 5ml Ampoule) : एसजीपाइरीन–एन (Esgipyrin-N Inj. - *Zydus AHL*); **मात्रा**– बड़े पशु 5-15ml, छोटे पशु 1-5ml मांस में (Intramuscular) ।

(6) नेम्यूस्लाइड इंजे. (**Nemuslide** Inj.) : **मात्रा** – गाय, भैंस, भेड़, बकरी, कुत्ता 2-4mg/ kg BW मांस में (I/M) रोज, घोड़ों में प्रयोग नहीं; निमोवैट इंजे. (Nimovet Inj.) 100mg/ml ।

छ. विटामिन बी कौम्प्लैक्स इंजे. (Vitamin B Complex Inj.)–मात्रा–गाय, भैंस, घोड़ा 5–10 मि.ली. भेड़, बकरी, सूअर 3–5 मि.ली. कुत्ता 0.5-1.0 मि.ली. मांस में Intramuscular रोज आल्वीप्लैक्स फोर्ट इंजे. (Alviplex Fort Inj.-*Alved*) 10ml, 30ml बीप्लैक्स–वैट इंजे. (Beeplex-vet inj-*Marvel*), 30ml बिलीपौन इंजे. (Billipon inj. - *Bio medica*), 10ml कौन्सीप्लैक्स इंजे. (Conciplex inj. - *Concept*) 10ml, 30ml लिवाडैक्स (Livadex inj -*Virbac*), 10ml, 30ml वाइलीलान इंजे. (Vibelan inj.-*Virbac*) 30ml ।

ज. 5% डैक्सट्रोज, 10% डैक्सट्रोज या 20% डैक्सट्रोज 1000 ml शिरा में देना चाहिये।

18. इन्टरोटॉक्सीमिया (Enterotoxaemia)

अन्य नाम (Other name)—इसे पल्पी किडनी डिजीज (Pulpy kidney disease) भी कहते हैं।

परिचय (Introduction)— यह तीव्र गति से फैलनेवाला मेमनों एवं भेड़ों का रोग है, जिसमें भेड़ों की अचानक मृत्यु हो जाती है। यह रोग *क्लॉस्ट्रीडियम वेल्चिआई* टाइप–डी (*Clostridium* welchii type-D) टॉक्सिन से उत्पन्न होता है। यह टॉक्सिन (toxin) मेमनों में पल्पी किडनी डिजीज (pulpy kidney disease) तथा वयस्क भेड़ों में इन्टेरोटॉक्सीमिया (Enterotoxaemia) रोग उत्पन्न करता है।

Pulpy kidney disease most commonly affects lambs from 3 to 10 weeks of age and is characterised by a short illness and sudden death. About 4 to 10 percent of the flock may be affected. The disease is caused by the absorption of toxins from the alimentary canal. Chiefly, epsilon toxin is formed by *Cl. welchii* type-D and it, usually, occurs in lambs in very good condition.

कारण (Causes/Etiology)—यह रोग *क्लॉस्ट्रीडियम बेल्चिआई* टाइप–डी के टॉक्सिन से होता है।

प्रभावित रोगी—मेमने और भेड़ें अधिक प्रभावित होते हैं, वह भी अच्छी Condition वाले पशु।

लक्षण (Symptoms)— यह मेमनों तथा भेड़ों में फैलनेवाला तीव्र गतिवाला रोग है जिसमें पशु की अचानक मृत्यु हो जाती है। पशु की आँखों से आँसू आते हैं। मुँह से लार बहती है। जबड़े की चैम्पिंग, श्वास–कष्ट के साथ–साथ रसयुक्त मल का निकलना प्रारम्भ हो जाता है। पशु अगले पैरों से घुटनों के बल चलने लगता है। इस अवस्था को Knuchling over on fore limbs कहते हैं। कभी–कभी मेमने जोरों से पैर पीटते हैं, छटपटाते हैं और बड़ी जोर से भाग कर गिर जाते हैं।

मरने के बाद पशु शीघ्र सड़ने लगता है।

निदान (Diagnosis)— अच्छी अवस्था के मेमनों का एकाएक मरना एवं पोस्टमार्टम रिपोर्ट से रोग की पहचान की जाती है।

Sudden death in lambs in good condition should always arouse suspicion of this disease. If the post-mortem lesions confirm these suspicions an attempt should be made to demonstrate the presence of **Cl. welchii type-D toxins, chiefly epsilon toxin,** in filtrate of the alimentary contents by the infection of mice according to the method used for lamb dysentery.

शव परीक्षा (Post-mortem) —शव में शीघ्र दुर्गन्ध उत्पन्न हो जाती है। शव फूल जाता है। नथुनों और मलद्वार से रक्तस्राव होता है। गुर्दे गहरे लाल या काले-रंग के मुलायम तथा पल्पी (pulpy) हो जाते हैं। पेट और आँतों में रक्त संचय (congestion) मिलता है।

इन्टैरोटॉक्सीमिया या पल्पी किडनी डिजीज के लक्षण सारांश में

- रोग मेमनों तथा भेड़ों में।
- पशु की अचानक मृत्यु।
- आँसू बहना एवं लार का गिरना।
- जबड़े की चैम्पिंग।
- श्वास-कष्ट के साथ रक्तयुक्त मल का निकलना।
- अगले पैरों के घुटने के बल चलना।
- मेमनों का कभी-कभी पैर पीटना, छटपटाना एवं जोर से भाग कर गिरना।

दिल में पिन प्वाइन्ट (Petechial) रक्तस्राव पैरीकार्डियल सैक (Pericardial sac) में स्राव आदि मुख्य लीजन्स होते हैं।

बचाव (Prevention)— रोग से बचाव हेतु इन्टैरोटॉक्सीमिया वैक्सीन (vaccine consisting of a formalinised culture or an alum-precipitated toxoid prepared from Clostridium welchii type-D made be tried) का प्रयोग वर्षा ऋतु प्रारम्भ होन से पूर्व करते हैं। जिन पशुओं में इसे पहली बार लगाया जा रहा है, उनमें इसको 2.5 मि.ली. S/C विधि से देते हैं एवं दो-तीन सप्ताह के बाद पुनः इसी मात्रा में देते हैं।

जिन पशुओं में वैक्सीन का प्रयोग उपरोक्त विधि से किया जा चुका है उनमें वर्षा होने से पूर्व इस वैक्सीन की 5 मि.ली. मात्रा S/C विधि से केवल एक बार ही दे दी जाती है।

चिकित्सा (Treatment)

रोग होने पर चिकित्सा निम्न प्रकार से की जाती है—

(क) निम्नलिखित एण्टीबायोटिक्स में से किसी एक का प्रयोग कम-से-कम तीन दिन तक करना चाहिये—

(a) बैन्जाथीन पैनिसिलीन (Benzathine Penicillin)

इंजेक्शन (Injection) रूप में उपलब्ध **: मात्रा**—भेड़, बकरी 12000 I.U प्रति किलो शरीर-भार।

विधि — मांस की गहराई में (Deep intramuscular only) केवल।

6 Lac vial– बैन्थीपैन-एल ए. (Benthipen LA - *Carevet*), लोंगासिलीन वैट-6 (Longacillin Vet-6 - *HAL*), पैनकौम (Pencom - *Alembic*), पैनीड्यौर-एलए 6 (Penidure LA 6 - *Wyeth Lederle*) I

12 Lac vial– बैन्थीपैन एल ए. (Benthipen LA - *Carevet*), लोंगासिलीन वैट 12 (Longacillin Vet 12 - *HAL*), पैनकौम (Pencom - *Alembic*), पैनीड्यौर एल.ए 12 (Penidure LA12 - *Wyeth Lederle*) I

24 Lac vial– बैन्थीपैन एल.ए. (Benthipen LA - *Care vet*), बैन्जापैन (Bezapen - *KAPL*), बैन्जालीन (Benzalin - *IBC*), लोंगासिलीन वैट 24 (Longacillin vet 24 - *HAL*), पैनकौम (Pencom - *Alembic*), पैनीड्पौर एल ए 24 (Penidure LA-24 - *Wyeth Lederle*) I

48 Lac vial– बैन्थीपैन एल ए. (Benthipen LA - *Care vet)*, बैन्जापैन (Benzapen - *KAPL)*, बैन्जालीन (Benzalin - *IBC)*, लोंगासिलीन वैट–48 (Longacillin vet 48 - *HAL)* ।

(b) एमोक्सीसिलीन + क्लौक्सासिलीन इंजे. (Amoxycilin + Cloxacillin inj.) : मात्रा– 0.5–1 ग्राम मांस में (I/M) । *ब्रान्ड्स–* एमक्लौक्स (Amclox) Inj. 2gm (*Novartis*), कोमाक्स वैट (Comaxvet) 2g Inj (*Vet India*), कोनमौक्स (Conmox) Inj. 2gm (*Concept*), इनीमौक्स (Inimox) Inj 2gm, 2.5gm, 4gm (*India Immunologicals*), इन्टामौक्स (Intamox) Inj. 2gm, 2.5gm, 3.5gm, 4.5gm (*Intas*), मैगामाइसिन फोर्ट (Megamycin Fort) Inj 3gm (*Pfizer*), मौक्सल (Moxel) Inj. 0.5gm, 2.0gm, 3.0gm (*Alembic*), मौक्सीक्लौक्स (Moxyclox) 3 gm (*Wockhardt*), सिनक्रोन (Synkron) Inj. 2gm (*Cadila Pharma*) ।

(c) एम्पिसिलीन इंजे. (Ampicillin inj.) : मात्रा– 5-10mg/kg शरीर–भारानुसार दिन में चार बार; मांस में (I/M) या (I/V) नस में। *ब्रान्ड्स–* एम्पीसिलीन इंजे. (Ampicillin Inj.) 2.5gm *(Cadila Pharma, Lyka)*, Ampilin vet (एम्पीलीन वैट) 2.5gm *(Lyka)*, बैसीपैन (Bacipen) 2.5gm *(Alembic)*, कोनाम्पी (Conampi) Inj 2.5gm *(Concept)*, वैटाम्पीन (Vetampin) Inj 2gm *(Wockhardt)* । अथवा

(d) एम्पीसिलीन इंजे. + क्लौक्सासिलीन इंजे. : मात्रा– 5-10mg/kg शरीर–भारानुसार दिन में चार बार। मांस में (I/M) ब्रान्ड्स : एसी–वैट (AC-vet - *Intas)*, एसी–वैट फोर्ट (AC-vet Fort) 3gm, 4gm inj *(Intas)*, बैक्सीवैट (Baxivet) inj 0.5gm, 2.5gm, 4gm *(Lyka)*, बिनोसिन (Binocin) Inj. 1g, 2g *(Concept)*, वैटक्लौक्स फोर्ट (Vet Clox Fort) inj 2gm *(Zydus AHL)* ।

(e) सैफ्ट्रियेक्सोन इंजे. (Ceftriaxone Inj.) : मात्रा– *पशुओं में* 5-10mg/kg शरीर–भारानुसार सुबह–शाम मांस में (I/M) या नस में (I/V) देना चाहिये (तीन दिन तक)। जैसे- सैफ्टोसिड इंजे. (Ceftocid inj) 2.5g, 3.0g vial; इन्टासैफ इंजे. (Intacef inj. - *Intas)* 0.250gm, 0.500gm, 1gm, 2gm, 3gm, 4gm vial; जायडासैफ (Zydacef) Inj 0.5gm, 3gm, vial *(Zydus AHL)* । अथवा

(f) सैफ्ट्रियेक्सोन सोडियम तथा सालबैक्टम इंजे. (Ceftriaxone sodium 2/3gm + Sulbactam 1/1.5gm per 3gm/4.5gm vial) – सैफ्टप्लस इंजे. (Ceft-plus inj.) 3gm, 4.5gm vial *(Lyka)* (I/M) मांस में 3 दिन तक। अथवा

(g) सैफ्ट्रियेक्सोन तथा टैजोबैक्टम इंजे. (Ceftriaxone 0.5g, 2g, 3g, 4g + Tazobactam 0.0625g, 0.250g, 0.375g, 0.500g per 0.5625g, 2.250g, 3.375g, 4.5g vial) । जैसे- इन्टासैफ–टैजो इंजे. (Intacef-Tazo inj) 0.5625g, 2.250g, 3.375g, 4.5g vial *(Intas);* वीटेजो (Vetazo) 2.250g, 3.375g vial *(Zydus AHL)* । अथवा

(h) सैफ्टिओफर सोडियम इंजे. (Ceftiofur sodium Inj.) : मात्रा– 2-4mg/kg शरीर–भारानुसार BID तीन दिन तक। जैसे- एक्सैफ्ट इंजे. (Xceft inj - *Alembic)*, टैप्रोसैफ इंजे. (Teprocef inj. - *MSD Animal Health)*, बोवीसैफ इंजे. (Bovicef inj - *Indian Immunologicals)* दे सकते हैं : 1gm vial I/M daily ।

(ख) कोर्टीकोस्टीरोइड/कोर्टीसोन दवाऐं (Corticosteroid/cortisone drugs) : निम्न में से किसी एक दवा का प्रयोग करें–

(1) बीटामीथासोन इंजे. (Betamethasone Inj.) – **मात्रा :** भेड़, बकरी मांस में (I/M) या नस में (I/V) । जैसे- बैटनीसोल इंजे. (Betnesol Inj.) 4mg/ml, 1ml ampoule ।

(2) डैक्सामीथासोन इंजे. (Dexamethasone Inj.) : मात्रा– भेड़, बकरी, मांस में (I/M) या नस में (I/V) । जैसे– क्यूराडैक्स (Curadex - *Concept)* 2ml, 5ml; डैक्सानोल (Dexanol - *Vetsfarma)* 5ml, डैक्सासोन (Dexasone - *Cadila Pharma)*– 2ml, 5ml; डैक्सावैट (Dexavet - *Wockhardt)* 5ml; डैक्सोना (Dexona - *Zydus AHL)* 5ml, मारकोडैक्स (Marcodex - *Merc)* 6ml, कीटाकोर्ट (Ketacort - *Intas)* 5ml, 10ml; वैटकोर्ट (Vetcort - *Alembic)* 5ml, सभी 4mg/ml ।

(3) प्रेडनीसोलोन इंजे. (Prednisolone Inj.) : मात्रा– 10mg/ml । भेड़, बकरी, (कुल मात्रा); प्रेडनीसोलोन इंजे. (Prednisolone Inj - *Wockhardt, Intervet)*– 10ml vial ।

(4) ट्राईएमसीनोलोन इंजे. (Triamcinolone Inj.) : मात्रा– 6mg (Total dose) । *ब्रान्ड्स*– वीटालोग इंजे. (Vetalog Inj. - *Zydus AHL*) 6mg/ml, 5ml vial मांस में (I/M) ।

(ग) दर्द के लिये Analgesic Medicines : निम्न दवाओं में से कोई एक प्रयोग करें–

(1) एनाल्जीन इंजे. (Analgin Inj.) : मात्रा– भेड़, बकरी 1-4g; मांस में (Intramuscular) या नस में (Intravenous) जैसे– एनाल्जीन इंजे. (Analgin inj. - *KAPL, Medinex lab, Vet India)* 500mg/ml, 30ml vial; वैटाल्जीन इंजे. (Vetalgin inj. - *Intervet)* 500mg/ml 30ml vial ।

(2) पैरासीटामोल इंजे. व बोलस (Paracetamol Inj. & Bolus) : मात्रा– भेड़, बकरी, मांस में (Intramuscular) या मुख से (orally) : *ब्रान्ड्स*– पैरासीटामोल इंजे. (Paracetamol Inj - *Zydus AHL*) 150mg/ml 30ml vial, पाइरौक्सीन बोलस (Pyroxin Bolus - *Merc*) 2gm Bolus ।

(3) मैलोक्सीकैम इंजे. व बोलस (Meloxicam Inj. & Bolus) : मात्रा– भेड़, बकरी, मांस में (Intramuscular) या मुख से (Orally); मैलोनैक्स इंजे. (Melonex Inj. - *Intas*) 5mg/ml 2ml, 15ml, 30ml, 100ml; मैलोक्स–वैट (Melox-vet - *Merc*) 5mg/ml– 15ml, 30 ml vial; क्विक इंजे. (Quick Inj. - *Zydus AHL*) 5mg/ml, 15ml; जोबिड–एम (Zobid-M - *Zydus AHL*) 5mg/ml 15 ml, 30 ml, 100 ml ; 20 mg/ml - 10 ml, 30 ml; मैलोनैक्स बोलस (Melonex Bolus - *Intas*) 100 mg Bolus, क्विक बोलस (Quick Bolus - *Zydus AHL*) 100ml Bolus, जोबिड़–एम बोलस (Zobid-M Bolus - *Zydus AHL*) 100mg Bolus ।

(4) मैलोक्सीकैम + पैरासीटामोल इंजे. व बोलस (Meloxicam+Paracetamol Inj. & Bolus) : *ब्राण्ड्स*– मैलोनैक्स प्लस इंजे. (Melonex Plus Inj. - *Intas*); मैलोक्सी कैम 5mg + पैरासीटामोल 150mg/ml । **मात्रा**– बड़े पशु 15-20ml/300kg BW, छोटे पशु 1ml/10kg BW : 30ml, 100ml vial; मैलोनैक्स प्लस बोलस (Melonex Plus Bolus) Meloxicam 100mg + Paracetamol 150 mg per Bolus (*Intas*); बड़े पशु एक बोलस / 200kg BW रोज ।

(5) एनाल्जीन 750mg + **फिनाइलब्यूटाजोन** 750mg/5ml एम्प्यूल (Analgin 750mg+Phenylbutazone 750mg per 5ml Ampoule) : एसजीपाइरीन–एन (Esgipyrin-N Inj. - *Zydus AHL*); **मात्रा**– 1-5ml मांस में (Intramuscular) ।

(6) नेम्यूस्लाइड इंजे. (**Nemuslide** Inj.) : **मात्रा** – भेड़, बकरी, मांस में (I/M) रोज, निमोवैट इंजे. (Nimovet Inj. *Indian immunologicals*) 100mg/ml ।

(घ) विटामिन बी कौम्प्लैक्स इंजे. (Vitamin B Complex Inj.) : निम्न में से कोई एक– **मात्रा**– भेड़, बकरी, मांस में (Intramuscular) रोज । आल्वीप्लैक्स फोर्ट इंजे. (Alviplex Fort Inj. - *Alved*) 10ml, 30ml; बीप्लैक्स.वैट इंजे. (Beeplex-vet Inj. - *Marvel*) 30ml; बिलीपौन इंजे. (Billipon Inj. - *Bio medica*) 10ml; कौन्सीप्लैक्स इंजे. (Conciplex Inj. - *Concept*) 10ml, 30ml; लिवाडैक्स इन्जे. (Livadex inj. - *Virbac*) 10ml, 30ml; वाइबीलान इंजे. (Vibelan Inj. - *Virbac*) 30ml ।

19. मैलिगनेन्ट एडिमा/ब्राक्सी रोग (Malignant Oedema/Braxy or Bradsot in Sheep)

अन्य नाम (Other names)— फैटल, टॉक्सीमिक ऊंड इन्फेक्शन्स इन मैन एण्ड एनीमल्स (fatal toxaemic wound infections in man and animals), भेड़ों में इस रोग को ब्राक्सी के नाम से जाना जाता है।

परिचय (Introduction)— यह एक ऐसा रोग है जो शरीर के घाव से प्रसारित होता है। इस प्रकार के इन्फेक्शन की उत्पत्ति *क्लास्ट्रीडियम सेप्टीकम (Clostridium septicum)* नामक जीवाणु से होती है। इससे गाय, भैंस, घोड़ा, शूकर तथा मनुष्य आदि प्रभावित होते हैं।

भेड़ों में इसका इन्फेक्शन जीवाणु से दूषित पदार्थ खाने से होता है। भेड़ों में वैसे यह रोग आइसलैण्ड, नार्वे और स्काटलैण्ड में विशेष रूप से होता है। परन्तु हमारे देश में मद्रास और बिहार में इसके रोगी देखे गये हैं।

कारण (Etiology)—यह रोग *'क्लास्ट्रीडियम सेप्टिकम' (Clastridium septicum)* नामक जीवाणु से होता है। रोग प्राय: वर्षा-ऋतु में होता है।

लक्षण (Symptoms)—प्रभावित रोगी में उपस्थित घाव में उपरोक्त जीवाणु के संक्रमण से चारों ओर (घाव के) तीव्र सूजन हो जाती है। शरीर का तापक्रम बहुत अधिक (high temperature) बढ़ जाता है और नाड़ी तीव्र गति से चलने लगती है। रोगी की भूख समाप्त हो जाती है, वह अतिशय दुर्बल हो जाता है। दुर्बलता इतनी अधिक बढ़ जाती है कि एक से तीन दिन के अन्दर ही पशु की मृत्यु हो जाती है।

मैलिगनेण्ट एडीमा/ब्राक्सी रोग के लक्षण सारांश में

- घाव के चारों ओर तीव्र सूजन।
- हाई टेम्परेचर।
- तीव्र नाड़ी।
- भूख न लगना।
- दुर्बलता एवं एक से तीन दिन में मृत्यु।
- भेड़ों में पेट फूलना, पेट दर्द, झाग युक्त लार बहना, अतिसार, लड़खड़ाकर गिरना, बेहोशी एवं मृत्यु।

भेड़ों में एबोमेजम गैस-गेन्ग्रीन (gas-gangrene) बन जाती है, जिसमें पशु का पेट फूल जाता है और उदर में तीव्र पीड़ा (abdominal colic), झागयुक्त लार बहना (salivation), अतिसार, लड़खड़ाकर गिर जाना, नीला पड़ना (cyanosis), कॉमा एवं मृत्यु आदि लक्षण होते हैं।

In sheep the symptoms are tympanites, colic, frothy salivation, cyanosis of mucous membrane, diarrhoea, prostration, coma and death.

मृत्यु दर (Mortality rate)— 90 से 100% होती है।

शव परीक्षा (Postmortem)— भेड़ों में एबोमेजम (abomasm) में शोफयुक्त (oedematous) सूजन मिलती है तथा आमाशय की दीवार, रक्तस्राव एवं नेक्रोटिक ऊतकों में बेसिलाई की उपस्थिति।

चिकित्सा (Treatment)— इस रोग की कोई चिकित्सा नहीं है। निम्नलिखित चिकित्सा दी जा सकती है—

क. निम्नलिखित एण्टीबायोटिक्स में से किसी एक का कम-से-कम तीन दिन प्रयोग करें—

(a) बैन्जाथीन पैनिसिलीन इंजे. (Benzathin Penicillin Inj.) : मात्रा—गाय, भैंस, घोड़ा, भेड़, बकरी, सूअर 12000 I.U प्रति किलो शरीर-भार; कुत्ता व बिल्ली 40000 I.U प्रति किलो शरीर-भार।

विधि — मांस की गहराई में (Deep intramuscular only) केवल ।

6 Lac vial– बैन्थीपैन-एल ए. (Benthipen LA - *Carevet*), लोंगासिलीन वैट-6 (Longacillin Vet-6 - *HAL*), पैनकौम (Pencom - *Alembic*), पैनीड्यौर-एलए 6 (Penidure LA 6 - *Wyeth Lederle*) ।

12 Lac vial– बैन्थीपैन एल ए. (Benthipen LA - *Carevet*), लोंगासिलीन वैट 12 (Longacillin Vet 12 - *HAL*), पैनकौम (Pencom - *Alembic*), पैनीड्यौर एल.ए 12 (Penidure LA12 - *Wyeth Lederle*) ।

24 Lac vial– बैन्थीपैन एल.ए. (Benthipen LA - *Care vet*), बैन्जापैन (Bezapen - *KAPL*), बैन्जालीन (Benzalin - *IBC*), लोंगासिलीन वैट 24 (Longacillin vet 24 - *HAL*), पैनकौम (Pencom - *Alembic*), पैनीड्पौर एल ए 24 (Penidure LA-24 - *Wyeth Lederle*) ।

48 Lac vial– बैन्थीपैन एल ए. (Benthipen LA - *Care vet*), बैन्जापैन (Benzapen - *KAPL*), बैन्जालीन (Benzalin - *IBC*), लोंगासिलीन वैट-48 (Longacillin vet 48 - *HAL*) ।

(b) एमोक्सीसिलीन + क्लौक्सासिलीन इंजे. (Amoxycilin + Cloxacillin inj.) : मात्रा– *बड़े पशु* 2-3 ग्राम मांस में (I/M) । *ब्रान्ड्स*– एमक्लौक्स (Amclox) Inj. 2gm (*Novartis*), Inj. कोमाक्स वैट (Comaxvet) 2g, *Vet India*)—कोनमौक्स (Conmox) Inj. 2gm (*Concept*), इनीमौक्स (Inimox) Inj 2gm, 2.5gm, 4gm (*India Immunologicals*), इन्टामौक्स (Intamox) Inj. 2gm, 2.5gm, 3.5gm, 4.5gm (*Intas*), मैगामाइसिन फोर्ट (Megamycin Fort) Inj 3gm (*Pfizer*), मौक्सल (Moxel) Inj. 0.5gm, 2.0gm, 3.0gm (*Alembic*), मौक्सीक्लौक्स (Moxyclox) 3 gm (*Wockhardt*), सिनक्रोन (Synkron) Inj. 2gm (*Cadila Pharma*) ।

(c) एम्पिसिलीन इंजे. (Ampicillin inj.) : मात्रा– *बड़े पशु* व *छोटे पशु* 5-10mg/kg शरीर-भारानुसार दिन में चार बार; *कुत्ता* 20mg/kg शरीर भारानुसार दिन में चार बार, मांस में (I/M) या (I/V) नस में। *ब्रान्ड्स*– एम्पीसिलीन इंजे. (Ampicillin Inj.) 2.5gm *(Cadila Pharma, Lyka)*, Ampilin vet (एम्पीलीन वैट) 2.5gm *(Lyka)*, बैसीपैन (Bacipen) 2.5gm *(Alembic)*, कोनाम्पी (Conampi) Inj 2.5gm *(Concept)*, वैटाम्पीन (Vetampin) Inj 2gm *(Wockhardt)* । अथवा

(d) एम्पीसिलीन इंजे. + क्लौक्सासिलीन इंजे. : मात्रा– 5-10mg/kg शरीर-भारानुसार दिन में चार बार। *कुत्ता* 20mg/kg शरीर भारानुसार दिन में चार बार मांस में (I/M) ब्रान्ड्स : एसी-वैट (AC-vet - *Intas*), एसी-वैट फोर्ट (AC-vet Fort) 3gm, 4gm inj *(Intas)*, बैक्सीवैट (Baxivet) inj 0.5gm, 2.5gm, 4gm *(Lyka)*, बिनोसिन (Binocin) Inj. 1g, 2g *(Concept)*, वैटक्लौक्स फोर्ट (Vet Clox Fort) inj 2gm *(Zydus AHL)* ।

(e) सैफ्ट्रियेक्सोन इंजे. (Ceftriaxone Inj.) : मात्रा– *पशुओं में* 5-10mg/kg शरीर-भारानुसार । *कुत्ता, बिल्ली* 10-30mg/kg शरीर-भारानुसार tid मांस में (I/M) या नस में (I/V) देना चाहिये (तीन दिन तक)। जैसे- सैफ्टोसिड इंजे. (Ceftocid inj) 2.5g, 3.0g vial; इन्टासैफ इंजे. (Intacef inj. - *Intas)* 0.250gm, 0.500gm, 1gm, 2gm, 3gm, 4gm vial; जायडासैफ (Zydacef) Inj 0.5gm, 3gm, vial *(Zydus AHL)* । अथवा

(f) सैफ्ट्रियेक्सोन सोडियम तथा सालबैक्टम इंजे. (Ceftriaxone sodium 2/3gm + Sulbactam 1/1.5gm per 3gm/4.5gm vial) – inj. सैफ्टप्लस (Ceft-plus -Lyka) 3gm, 4.5gm vial (I/M) मांस में 3 दिन तक। अथवा

(g) सैफ्ट्रियेक्सोन तथा टैजोबैक्टम इंजे. (Ceftriaxone 0.5g, 2g, 3g, 4g + Tazobactam 0.0625g, 0.250g, 0.375g, 0.500g per 0.5625g, 2.250g, 3.375g, 4.5g vial) । जैसे– इन्टासैफ–टैजो इंजे. (Intacef-Tazo inj) 0.5625g, 2.250g, 3.375g, 4.5g vial *(Intas);* वीटेजो (Vetazo) 2.250g, 3.375g vial *(Zydus AHL)* । अथवा

(h) सैफ्टिओफर सोडियम इंजे. (Ceftiofur sodium Inj.) : मात्रा– 2-4mg/kg शरीर–भारानुसार BID तीन दिन तक। जैसे– एक्सैफ्ट इंजे. (Xceft inj - *Alembic),* टैप्रोसैफ इंजे. (Teprocef inj. - *MSD Animal Health),* बोवीसैफ इंजे. (Bovicef inj - *Indian Immunologicals)* दे सकते हैं : 1gm vial I/M daily ।

(ख) कोर्टीकोस्टीरोइड/कोर्टीसोन दवाऐं (Corticosteroid/cortisone drugs) : निम्न में से किसी एक दवा का प्रयोग करें–

(1) बीटामीथासोन इंजे. (Betamethasone Inj.) – मात्रा : गाय, भैंस, घोड़ा 10-30mg; भेड़, बकरी, सूअर 2-5mg; कुत्ता 0.5-2mg मांस में (I/M) या नस में (I/V) । जैसे– बैटनीसोल इंजे. (Betnesol Inj.) 4mg/ml, 1ml ampoule ।

(2) डैक्सामीथासोन इंजे. (Dexamethasone Inj.) : मात्रा– गाय, भैंस, घोड़ा 10-30mg; भेड़, बकरी, सूअर 2-5mg ; कुत्ता 0.5-2mg मांस में (I/M) या नस में (I/V) । जैसे– क्यूराडैक्स (Curadex - *Concept)* 2ml, 5ml; डैक्सानोल (Dexanol - *Vetsfarma)* 5ml, डैक्सासोन (Dexasone - *Cadila Pharma)*– 2ml, 5ml; डैक्सावैट (Dexavet - *Wockhardt)* 5ml; डैक्सोना (Dexona - *Zydus AHL)* 5ml, मारकोडैक्स (Marcodex - *Merc)* 6ml, कीटाकोर्ट (Ketacort - *Intas)* 5ml, 10ml; वैटकोर्ट (Vetcort - *Alembic)* 5ml, सभी 4mg/ml ।

(3) प्रेडनीसोलोन इंजे. (Prednisolone Inj.) : मात्रा– 10mg/ml । गाय, भैंस, घोड़ा 10-20ml; भेड़, बकरी, सूअर 2.5ml-5ml; कुत्ता, बिल्ली 1-3ml (कुल मात्रा); प्रेडनीसोलोन इंजे. (Prednisolone Inj - *Wockhardt, Intervet)*– 10ml vial ।

(4) ट्राईएमसीनोलोन इंजे. (Triamcinolone Inj.) : मात्रा– गाय, भैंस, घोड़ा 12-20mg; कुत्ता 6mg (Total dose) । *ब्रान्ड्स*– वीटालोग इंजे. (Vetalog Inj. - *Zydus AHL*) 6mg/ml, 5ml vial मांस में (I/M) ।

(ग) बुखार के लिये (Antipyretic Medicine) : निम्न दवाओं में से कोई एक प्रयोग करें–

(1) एनाल्जीन इंजे. (Analgin Inj.) : मात्रा– गाय, भैंस, घोड़ा – 10-20g; भेड़, बकरी 1-4g; कुत्ता 0.5-2gm (Total dose) मांस में (Intramuscular) या नस में (Intravenous) जैसे– एनाल्जीन इंजे. (Analgin inj. - *KAPL, Medinex lab, Vet India)* 500mg/ml, 30ml vial; वैटाल्जीन इंजे. (Vetalgin inj. - *Intervet)* 500mg/ml 30ml vial ।

(2) पैरासीटामोल इंजे. व बोलस (Paracetamol Inj. & Bolus) : मात्रा– गाय, भैंस, घोड़ा, भेड़, बकरी, सूअर 10mg/kg BW; कुत्ता 10-20mg/kg BW मांस में (Intramuscular) या मुख से (orally) : *ब्रान्ड्स*– पैरासीटामोल इंजे. (Paracetamol Inj - *Zydus AHL*) 150mg/ml 30ml vial, पाइरौक्सीन बोलस (Pyroxin Bolus - *Merc*) 2gm Bolus ।

(3) मैलोक्सीकैम इंजे. व बोलस (Meloxicam Inj. & Bolus) : मात्रा– गाय, भैंस, घोड़ा, भेड़, बकरी, सूअर 0.1mg/kg BW मांस में (Intramuscular) या मुख से (Orally); मैलोनैक्स इंजे. (Melonex Inj. - *Intas*) 5mg/ml 2ml, 15ml, 30ml, 100ml; मैलोक्स–वैट (Melox-vet - *Merc*)

5mg/ml– 15ml, 30 ml vial; क्विक इंजे. (Quick Inj. - *Zydus AHL*) 5mg/ml, 15ml; जोबिड–एम (Zobid-M - *Zydus AHL*) 5mg/ml 15 ml, 30 ml, 100 ml ; 20 mg/ml - 10 ml, 30 ml; मैलोनैक्स बोलस (Melonex Bolus - *Intas*) 100 mg Bolus, क्विक बोलस (Quick Bolus - *Zydus AHL*) 100ml Bolus, जोबिड़–एम बोलस (Zobid-M Bolus - *Zydus AHL*) 100mg Bolus ।

(4) मैलोक्सीकैम + पैरासीटामोल इंजे. व बोलस (Meloxicam+Paracetamol Inj. & Bolus) : *ब्राण्ड्स*– मैलोनैक्स प्लस इंजे. (Melonex Plus Inj. - *Intas*); मैलोक्सी कैम 5mg + पैरासीटामोल 150mg/ml । **मात्रा**– बड़े पशु 15-20ml/300kg BW, छोटे पशु 1ml/10kg BW : 30ml, 100ml vial; मैलोनैक्स प्लस बोलस (Melonex Plus Bolus) Meloxicam 100mg + Paracetamol 150 mg per Bolus (*Intas*); बड़े पशु एक बोलस / 200kg BW रोज ।

(5) एनाल्जीन 750mg + **फिनाइलब्यूटाजोन** 750mg/5ml एम्प्यूल (Analgin 750mg+Phenylbutazone 750mg per 5ml Ampoule) : एसजीपाइरीन–एन (Esgipyrin-N Inj. - *Zydus AHL*); **मात्रा**– बड़े पशु 5-15ml, छोटे पशु 1-5ml मांस में (Intramuscular) ।

(6) नेम्यूस्लाइड इंजे. (**Nemuslide** Inj.) : **मात्रा** – गाय, भैंस, भेड़, बकरी, कुत्ता 2-4mg/kg BW मांस में (I/M) रोज, घोड़ों में प्रयोग नहीं; इंजे. निमोवैट (Nimovet - Indian immunologicals) 100mg/ml ।

(घ) विटामिन बी कौम्प्लैक्स इंजे. (Vitamin B Complex Inj.) : निम्न में से कोई एक– **मात्रा**– गाय, भैंस, घोड़ा 5-10 मि.ली.; भेड़, बकरी, सूअर 3-5 मि.ली.; कुत्ता 0.5-1.0 मि.ली. मांस में (Intramuscular) रोज। आल्वीप्लैक्स फोर्ट (Alviplex Fort Inj. - *Alved*) 10ml, 30ml; बीप्लैक्स.वैट इंजे. (Beeplex-vet Inj. - *Marvel*) 30ml; बिलीपौन इंजे. (Billipon Inj. - *Bio medica*) 10ml; कौन्सीप्लैक्स इंजे. (Conciplex Inj. - *Concept*) 10ml, 30ml; लिवाडैक्स इन्जे. (Livadex inj. - *Virbac*) 10ml, 30ml; वाइबीलान इंजे. (Vibelan Inj. - *Virbac*) 30ml ।

(च) घाव की पट्टी पोवीडीन आयोडीन घोल; जैसे– बीटाडीन या वोकाडीन घोल से करनी चाहिए।

(छ) भेड़ों में अफारा होने पर ब्लोटोसिल, अफानिल, कार्मीटोन या ब्लोटीनौक्स 50 मि.ली. पिलानी चाहिये।

बचाव (Prevention)— रोग के बचाव हेतु नियमित रूप से टीकाकरण करना चाहिये (कृपया एन्टेरोटोक्सीमिया हेतु टीकाकरण का सन्दर्भ लें)।

20. अनारदाना (Strangles)

अन्य नाम (Other Name)— श्वासरोधक।

परिचय (Introduction)—यह एक छुताही बुखार की बीमारी है जो कि घोड़े, गधे एवं खच्चरों (moles) में होती है। इसमें नेजल म्यूकोसा (nasal mucosa) तथा पास की लिम्फ ग्लैण्ड्स में सूजन और फोड़े (swelling & abscess) बन जाते हैं।

यह रोग *स्ट्रैप्टोकोकस इक्वाई (Streptococcus equi)* कीटाणुओं (bacteria) द्वारा होता है।

Strangles is an acute contagious disease mainly of young horses. It is known in practically all parts of the world. The disease is characterised chiefly by catarrhal inflammation of the upper respiratory tract and abscess formation in the submaxillary and pharyngeal lymph nodes.

प्रभावित पशु (Susceptible animals)— यह अधिकतर जवान घोड़ों में 2–5 साल की उम्र में होती है। छोटे बछड़ों और बुड्ढ़े घोड़ों में अपेक्षाकृत कम होती है। यह रोग हाल के पैदा हुए बछड़ों

में पाया जाता है। यह रोग कैटिल (गाय/बैल अर्थात् गोवंशीय पशु), भेड़, शूकर तथा कुत्तों में नहीं होता है। मनुष्य भी इससे प्रतिरोधित (resistant) हैं।

Strangles occurs only in equines, young animals showing a greater susceptibility. Animals over five years old are usually resistant, probably, owing to previous exposure to infection. Cattle, sheep, pigs and dogs are resistant.

फैलने का ढंग (Mode of spread)—घोड़े अधिकतर सीधे सम्पर्क (बीमार पशु के) से प्रभावित होते हैं अथवा तीमारदार (attendants) अथवा तत्काल छूत से दूषित बर्तन, बिछाली (bedding), आहार, पीने के पानी आदि से। थकान (fatigue), लम्बे समय तक लदान करना (prolonged transport), अस्वच्छ वातावरण एवं हवा का अभाव आदि सहायक कारण हैं।

रोग पानी तथा खाने द्वारा शरीर में पहुँचकर पेट के बच्चे में आ जाता है। चूँकि इसका संक्रमण मेसेण्ट्रिक ग्लैण्ड्स और इण्टेस्टाइनल म्यूकोसा द्वारा होता है और संक्रमित अयन (infected udder) को पीने के कारण होता है।

इन्फेक्शन प्रायः आहरण (by ingestion), इन्हेलेशन अथवा घाव के माध्यम से होता है। इसमें इन्जेशन एक प्रमुख माध्यम है। संक्रमण संक्रमित घाव के स्राव (contamination of surgical or other wounds with discharge) से भी होते देखा गया है। ऐसा इन्फेक्शन बधियाकरण (castration) के बाद देखने को मिलता है।

Affected stallions may transmit the disease to mares when 'nosing' the mare during coitus.

- **यह बीमारी अधिकतर 'वर्षात् के दिनों' (rainy season) में होती है, जब गंदगी के कारण बहुत से जीवाणु पैदा हो जाते हैं। एक बार बीमारी हो जाने के बाद पशु हमेशा के लिये रोगमुक्त (immune) हो जाता है।**

कारण (Causes)— यह रोग *स्ट्रैप्टोकोकस इक्वाई (Streptococcus equi)* नामक जीवाणु से होता है। जीवाणु गाढ़े आस्रावों (exudates) में लम्बी श्रृंखलाओं (long chains) के रूप में उत्पन्न होता है। यह ग्राम पॉजीटिव बैक्टीरिया की अपेक्षा अधिक रसिस्टेन्ट होता है। परन्तु, डिसइन्फेक्टैण्ट से आसानी से नष्ट हो जाता है। गर्मी और सुखाने (drying) से भी नष्ट हो जाता है।

लक्षण (Symptoms) विस्तार से— इसकी उद्भवन अवधि (incubation period) 4–8 दिन है और खराब ऋतु में कुछ कम भी हो सकती है। प्रारम्भ में सुस्ती, भूख न लगना, ज्वर 105^0F हो जाता है। जानवर के सबमैक्जीलरी स्पेस में सूजन हो जाती है जो एक–दो दिन में प्रकट होती है। म्यूकस मेम्ब्रेन कंजेस्टिड हो जाती है। नाक से चिपचिपा निःस्राव (serous discharge) निकलता है (जलीय स्राव) जो 3–4 दिन बाद मवाद में बदलकर म्यूकोपुरुलेन्ट (mucopurulent – मखनिया पीला) हो जाता है, जिसके कारण खाने की चरनी तथा खाने की सभी चीजें संक्रमित (contaminated) हो जाती हैं। कभी-कभी यह स्राव कम भी होता है, क्योंकि इसमें ग्रसनी (फैरिंग्स) भी प्रभावित होती है। इस प्रकार जानवर खाँसता भी है और सबमैक्जीलरी लिम्फ ग्लैण्ड्स सूजी हुई मालूम देती हैं जो कि बहुत सूजे हुए तथा गर्म होते हैं। इनके आसपास की जगह भी सूज जाती है। कुछ समय बाद इसमें फोड़े बन जाते हैं और कई जगह से फूट जाते हैं जिसमें पीले-रंग का पदार्थ निकलता है। उस जगह के बाल भी झड़ जाते हैं। इन फूटे सूराखों में से पीव निकलता है। इन सुराखों को नेक्रोटिक फोसाई (necrotic focii) कहते हैं। यह पस कुछ पीला और क्रीम जैसा होता है। वहाँ पर बहुत से छोटे-छोटे व्रण (एबसिस) बन जाते हैं। पस के निकल जाने के बाद सूजन कम हो जाती है और टेम्परेचर कम अर्थात् सामान्य (normal) हो जाता है।

उपद्रव रहित रोगी (uncomplicated cases) में 2-4 हफ्ते के अन्दर सभी लक्षण समाप्त होकर पशु स्वस्थ हो जाता है। मामूली आउटब्रेक की अवस्था में केवल नेजल कटार के लक्षण प्रकट होते हैं और फोड़े आदि नहीं बनते हैं। ऐसी स्थिति में पशु की सामान्य स्थिति पर कोई असर नहीं पड़ता है।

अनारदाना (स्ट्रैंगिल्स) के लक्षण सारांश में

- रोगी प्रायः घोड़ा, खच्चर एवं गधा होता है।
- प्रारम्भ में सुस्ती, भूख न लगना, ज्वर 105^0F तक।
- नाक का स्राव पहले जलीय पतला परन्तु शीघ्र गाढ़ा, जो मखनिया पीले रंग का दोनों नासिकाओं से।
- मखनिया पीला स्राव आँखों से भी।
- 2-3 दिन बाद सबमैक्जीलरी लसिका ग्रन्थि या ग्रसनी ग्रन्थि बड़ी, नरम, कड़ी, दर्द से भरा हुआ, सूजन। फटने पर गाढ़ा मखनिया, उजला-पीला स्राव। पीव एवं रक्त भी।
- फोड़े के फटने के बाद तापमान सामान्य।
- फोड़ों के कारण निगलने एवं साँस लेने में कठिनाई तथा गर्दन कड़ी।
- फोड़े के ग्रसनी के अन्दर फटने पर विषैला निमोनिया सम्भव।
- ग्रसनी के भीतर सूजन से श्वास अवरुद्ध होकर मृत्यु।
- फोड़ों के गर्दन एवं शरीर के अन्य भागों में होने पर सुस्ती, कब्ज, उदर शूल, उछलता ताप, तीव्र भूख, अतिशय दुर्बलता, शरीर के अन्दर फोड़े के फटने से मृत्यु।

निदान (Diagnosis)— अपर रेस्पाइरेटरी ट्रैक्ट इन्फेक्शन के साथ पीवयुक्त नाक से स्राव एवं गले की लिम्फ नोड्स की वृद्धि एवं तापक्रम का मिलना रोग के निदानात्मक चिन्ह हैं।

चिकित्सा (Treatment)

क. प्रभावित घोड़े को अलगकर चिकित्सा की तुरन्त व्यवस्था करें।

ख. मामूली रोग में किसी खास चिकित्सा की आवश्यकता नहीं। केवल खाने-पीने की उचित व्यवस्था एवं आराम। शीत से बचायें।

ग. सुँघाने के लिये एण्टीसेप्टिक दवायें; जैसे— तारपीन का तेल, यूकेलिप्टस ऑयल, कार्बोलिक एसिड, कपूर, टि. बेन्जोइन का इन्हेलेशन लाभकर होता है।

घ. पीने के पानी में मैगसल्फ तथा कल्मीशोरा (पोटाश नाइटर) देना चाहिये। साँस के रुकने पर वाष्प इन्हेलेशन उपयुक्त रहता है।

च. आँख और नाक के स्राव को बोरिक लोशन से साफ करें।

छ. कैम्फर लिनीमैण्ट, मस्टर्ड पेस्ट, गर्म पुल्टिस अथवा हाइड्रारजाइराई आयोडायडी रूब्री (1 in 10) का प्रयोग पके फोड़ों (mature abscess) पर किया जा सकता है। पकने पर चीरकर एन्टीसेप्टिक से ड्रेसिंग करें।

ज. भोजन में छोटी कटी हुई घास, गाजर, उबली हुई जई (boiled oats) आदि दे सकते हैं।

झ. निम्नलिखित जीवाणुरोधी या जीवाणुनाशी दवाओं में से किसी एक का कम-से-कम तीन दिन तक प्रयोग करें—

(a) बैन्जाथीन पैनिसिलीन इंजे. (Benzathin Penicillin Inj.) : मात्रा — घोड़ा 12000 I.U प्रति किलो शरीर-भार।

विधि—मांस की गहराई में (Deep intramuscular only) केवल।

6 Lac vial– बैन्थीपैन–एल ए. (Benthipen LA - *Carevet)*, लोंगासिलीन वैट–6 (Longacillin Vet-6 - *HAL)*, पैनकौम (Pencom - *Alembic)*, पैनीड्यौर–एलए 6 (Penidure LA 6 - *Wyeth Lederle)* I

12 Lac vial– बैन्थीपैन एल ए. (Benthipen LA - *Carevet)*, लोंगासिलीन वैट 12 (Longacillin Vet 12 - *HAL)*, पैनकौम (Pencom - *Alembic)*, पैनीड्यौर एल.ए 12 (Penidure LA12 - *Wyeth Lederle)* I

24 Lac vial– बैन्थीपैन एल.ए. (Benthipen LA - *Care vet)*, बैन्जापैन (Bezapen - *KAPL)*, बैन्जालीन (Benzalin - *IBC)*, लोंगासिलीन वैट 24 (Longacillin vet 24 - *HAL)*, पैनकौम (Pencom - *Alembic)*, पैनीड्पौर एल ए 24 (Penidure LA-24 - *Wyeth Lederle)* I

48 Lac vial– बैन्थीपैन एल ए. (Benthipen LA - *Care vet)*, बैन्जापैन (Benzapen - *KAPL)*, बैन्जालीन (Benzalin - *IBC)*, लोंगासिलीन वैट–48 (Longacillin vet 48 - *HAL)* I

(b) सल्फोनामाइड्स (Sulphonamides)

(1) सल्फाडिमिडीन इंजे. (Sulphadimidine Inj.) : मात्रा— 100 मि.ग्रा. प्रति किलो शरीर भार मुँह द्वारा (orally) या शिरा में (I/V) I

सल्फाडिमिडीन सोडियम इंजे. 33.3% (Sulphadimidine Sodium Inj. 33.3%) : सल्फाडिमिडीन इंजे. (Sulphadimidin Inj. - *Indian Immunologicals, KAPL, Vet India, Denis, Prima Vet Care*), सल्फामिन (Sulfamin - *Indian Immunologicals)* I

(2) सल्फाडिमिडीन 5 ग्राम गोली (Sulphadimidine 5gm tablet) : मात्रा– 100 mg/kg BW I/M or I/V I *ब्राण्ड्स–* आलडीन (Aldine - *Alembic)*, डाइडीन (Diadin - *Pfizer)*, लाइकाडीन (Lykadin - *Lyka)*, सल्फामिन (Sulfamin - *Indian Immunologicals)*, सल्फाडीन (Sulphadin - *Vet Pharma)*, सल्फाडिमिडीन (Sulphadimidin - *Ar-Ex, Carevet, IBC, KAPL, Lyka, Vet India)* I

(3) सल्फाडाइजीन + ट्राइमैथोप्रिम इंजे. (Sulphadizine + Trimethoprim Inj.) : मात्रा– 15-30mg/kg BW I

- **सल्फाडाइजीन 400mg + ट्राइमैथोप्रिम** 80mg/ml / *ब्रान्ड्स–* बायोट्रिम आई.एम (मांसान्तर्गत) (Biotrim I.M - *Vetnex)*, स्पार्कट्रिम आई.एम (मांसान्तर्गत) (Sparktrim I.M. - *Neospark)*, सुमेट्रोल (Sumetrol - *Themis)* I
- **सल्फाडाइजीन 200mg + ट्राइमैथोप्रिम 40mg/ml Inj. —** बायोट्रिम IV (Biotrim IV -*Vetnex)*, सोलबैक (Solbac - *Vetcare)*, स्पार्कट्रिम IV (Sparktrim IV - *Neospark)*, सल्फाट्रिम (Sulphatrim - *Vetsfarma)*, सलप्रिम 2g (Sulprim 2g - *Unichem)* I

(c) ऑक्सीटेट्रासाइक्लीन इंजे. व गोली (Oxytetracycline Inj. & Tab) : मात्रा– 5-10mg/kg शरीर भारानुसार मांस में (I/M) या नस में (I/V) तीन दिन तक देना चाहिए। *ब्रान्ड्स–* एलसाइक्लिन–ओ (Alcyclin-O - *Alembic)*, इन्टामाइसिन इन्जे. (Intamycin Inj - *Intas)*, लाइकासीन–ओ (Lykacin-O - *Lyka)*, आक्सीटैट्रासाइक्लीन इंजे. (Oxytetracycline Inj - *Alembic, Concept, Indian Immunologicals, Zydus AHL, Pfizer)*, टैरामाइसिन इंजे. (Terramycin Inj - *Pfizer)*, वोलीसाइक्लीन इंजे (Wolicycline inj - *Wockhardt)*, दूसरे तथा तीसरे दिन (तीनों दिन भी) औक्सीटेट्रासाइक्लीन (Oxytetracycline) की 500mg गोली (tab) : जैसे– वेटॉक्सी 500 (Vetoxy 500 - *Vetsfarma)*, टैरामाइसिन गोली (Terramycin tab - *Pfizer)*, ऑक्सीट्रा (Oxytra - *HAL)* बड़े पशु को तीन गोली सुबह–शाम दी जा सकती हैं।

औक्सीटैट्रासाइक्लीन लोंग एक्टिंग इंजे. (Oxytetracycline long acting inj.) : जैसे– इन्टामाइसिन LA (Intamycin LA - *Intas),* औक्सीटैट्रासाइक्लीन एल ए (Oxytetracycline LA - *Pfizer, Wockhardt),* टैरामाइसिन एल ए (Terramycin LA - *Pfizer),* वोलीसाइक्लीन एल ए (Wolicycline LA - *Wockhardt)* एक बार प्रयोग किया जा सकता है। इसका असर 96 घण्टे तक रहता है।

(d) क्लोराम्फैनीकोल इंजे. (Chloramphanicol Inj.) : मात्रा– *बड़े पशु* 20-30mg/kg BW मांस में (I/M) रोज या 2-4mg/kg BW BID नस में (I/V) देना चाहिए। जैसे–

क्लोरोफैन (Chlorophan - *Vet India),* लाइकासिटीन (Lykacetin - *Lyka),* नीओक्लोर (Neochlor-*Vet care),* सिमरसिटीन (Simercetin - *Bio media),* वैटनीकोल (Vetnicol - *Vetsfarma)* ।

(e) एमोक्सीसिलीन बोलस (Amoxycillin Bolus) : मात्रा– *बड़े पशु* 10mg/kg शरीर–भारानुसार BID; *कुत्ता, बिल्ली* 10-20mg BID बोलस। *ब्राण्ड्स*– एमोक्सीरम बोलस (Amoxirum Bolus 1.5gm - *Virbac),* पैटमोक्स गोली (Petmox tab) 250mg *(Zydus AHL)* ।

(f) एमोक्सीसिलीन + क्लौक्सासिलीन इंजे. (Amoxycilin + Cloxacillin inj.) : मात्रा– 2–3 ग्राम मांस में (I/M) । *ब्रान्ड्स*– एमक्लौक्स (Amclox) Inj. 2gm (*Novartis*), कोमाक्स वैट (Comaxvet) 2g Inj (*Vet India*), कोनमौक्स (Conmox) Inj. 2gm (*Concept*), इनीमौक्स (Inimox) Inj 2gm, 2.5gm, 4gm (*Indian Immunologicals*), इन्टामौक्स (Intamox) Inj. 2gm, 2.5gm, 3.5gm, 4.5gm (*Intas*), मैगामाइसिन फोर्ट (Megamycin Fort) Inj 3gm (*Pfizer*), मौक्सल (Moxel) Inj. 0.5gm, 2.0gm, 3.0gm (*Alembic*), मौक्सीक्लौक्स (Moxyclox) 3 gm (*Wockhardt*), सिनक्रोन (Synkron) Inj. 2gm (*Cadila Pharma*) ।

(g) एम्पिसिलीन इंजे. (Ampicillin inj.) : मात्रा– 5-10mg/kg शरीर–भारानुसार दिन में चार बार; मांस में (I/M) या (I/V) नस में। *ब्रान्ड्स*– एम्पीसिलीन इंजे. (Ampicillin Inj.) 2.5gm *(Cadila Pharma, Lyka),* Ampilin vet (एम्पीलीन वैट) 2.5gm *(Lyka),* बैसीपैन (Bacipen) 2.5gm *(Alembic),* कोनाम्पी (Conampi) Inj 2.5gm *(Concept),* वैटाम्पीन (Vetampin) Inj 2gm *(Wockhardt)* । अथवा

(h) एम्पीसिलीन इंजे. + क्लौक्सासिलीन इंजे. : मात्रा– 5-10mg/kg शरीर–भारानुसार दिन में चार बार। मांस में (I/M) ब्रान्ड्स : एसी–वैट (AC-vet - *Intas*), एसी–वैट फोर्ट (AC-vet Fort) 3gm, 4gm inj *(Intas)*, बैक्सीवैट (Baxivet) inj 0.5gm, 2.5gm, 4gm *(Lyka)*, बिनोसिन (Binocin) Inj. 1g, 2g *(Concept)*, वैटक्लौक्स फोर्ट (Vet Clox Fort) inj 2gm *(Zydus AHL)* ।

(i) सिप्रोफ्लोक्सासीन इंजे. (Ciprofloxacin Inj.) : मात्रा–4-5mg per kg शरीर–भारानुसार दिन में 2 बार; मांस में (I/M) या नस में (I/V) तीन दिन तक देनी चाहिये। जैसे सी–फ्लोक्स (C-Flox - *Intas),* 40mg/ml, 50ml vial; सिप्रोवैट (Ciprovet-*Vet India)* 40mg/ml 10ml, 30ml vial । अथवा

(j) सैफ्ट्रियेक्सोन इंजे. (Ceftriaxone Inj.) : मात्रा– *पशुओं में* 5-10mg/kg शरीर–भारानुसार मांस में (I/M) या नस में (I/V) देना चाहिये (तीन दिन तक) । जैसे– सैफ्टोसिड इंजे. (Ceftocid inj) 2.5g, 3.0g vial; इन्टासैफ इंजे. (Intacef inj. - *Intas)* 0.250gm, 0.500gm, 1gm, 2gm, 3gm, 4gm vial; जायडासैफ (Zydacef) Inj 0.5gm, 3gm, vial *(Zydus AHL*) । अथवा

(k) सैफ्ट्रियेक्सोन सोडियम तथा सालबैक्टम इंजे. (Ceftriaxone sodium 2/3gm + Sulbactam 1/1.5gm per 3gm/4.5gm vial) – सैफ्टप्लस इंजे. (Ceft-plus inj.) 3gm, 4.5gm vial *(Lyka)* (I/M) मांस में 3 दिन तक। अथवा

(l) सैफ्ट्रियेक्सोन तथा टैजोबैक्टम इंजे. (Ceftriaxone 0.5g, 2g, 3g, 4g + Tazobactam 0.0625g, 0.250g, 0.375g, 0.500g per 0.5625g, 2.250g, 3.375g, 4.5g vial) । जैसे– इन्टासैफ–टैजो इंजे. (Intacef-Tazo inj) 0.5625g, 2.250g, 3.375g, 4.5g vial *(Intas);* वीटेजो (Vetazo) 2.250g, 3.375g vial *(Zydus AHL)* । अथवा

(m) सैफ्टिओफर सोडियम इंजे. (Ceftiofur sodium Inj.) : मात्रा– 2-4mg/kg शरीर–भारानुसार BID तीन दिन तक। जैसे– एक्सैफ्ट इंजे. (Xceft inj - *Alembic),* टैप्रोसैफ इंजे. (Teprocef inj. - *MSD Animal Health),* बोवीसैफ इंजे. (Bovicef inj - *Indian Immunologicals)* दे सकते हैं : 1gm vial I/M daily ।

(ट) कोर्टीकोस्टीरोइड/कोर्टीसोन दवाऐं (Corticosteroid/cortisone drugs) : निम्न में से किसी एक दवा का प्रयोग करें–

(1) बीटामीथासोन इंजे. (Betamethasone Inj.) – मात्रा : घोड़ा 10-30mg; मांस में (I/M) या नस में (I/V) । जैसे– बैटनीसोल इंजे. (Betnesol Inj.) 4mg/ml, 1ml ampoule ।

अथवा

डैक्सामीथासोन इंजे. (Dexamethasone Inj.) : मात्रा– घोड़ा 10-30mg; मांस में (I/M) या नस में (I/V) । जैसे– क्यूराडैक्स (Curadex - *Concept)* 2ml, 5ml; डैक्सानोल (Dexanol - *Vetsfarma)* 5ml, डैक्सासोन (Dexasone - *Cadila Pharma)*– 2ml, 5ml; डैक्सावैट (Dexavet - *Wockhardt)* 5ml; डैक्सोना (Dexona - *Zydus AHL)* 5ml, मारकोडैक्स (Marcodex - *Merc)* 6ml, कीटाकोर्ट (Ketacort - *Intas)* 5ml, 10ml; वैटकोर्ट (Vetcort - *Alembic)* 5ml, सभी 4mg/ml ।

अथवा

प्रेडनीसोलोन इंजे. (Prednisolone Inj.) : मात्रा– घोड़ा 10-20ml; प्रेडनीसोलोन इंजे. (Prednisolone Inj - *Wockhardt, Intervet)*–10mg/ml 10ml vial ।

अथवा

ट्राईएमसीनोलोन इंजे. (Triamcinolone Inj.) : मात्रा– घोड़ा 12-20mg; *ब्रान्ड्स*– वीटालोग इंजे. (Vetalog Inj. - *Zydus AHL)* 6mg/ml, 5ml vial मांस में (I/M) ।

(ठ) बुखार के लिये (Antipyretic Medicine)

निम्न दवाओं में से कोई एक प्रयोग करें–

(1) एनाल्जीन इंजे. (Analgin Inj.) : मात्रा– घोड़ा – 10-20g; मांस में (Intramuscular) या नस में (Intravenous) जैसे– एनाल्जीन इंजे. (Analgin inj. - *KAPL, Medinex lab, Vet India)* 500mg/ml, 30ml vial; वैटाल्जीन इंजे. (Vetalgin inj. - *Intervet)* 500mg/ml 30ml vial ।

(2) पैरासीटामोल इंजे. व बोलस (Paracetamol Inj. & Bolus) : मात्रा– घोड़ा, 10mg/kg BW;मांस में (Intramuscular) या मुख से (orally) : *ब्रान्ड्स*– पैरासीटामोल इंजे. (Paracetamol Inj - *Zydus AHL)* 150mg/ml 30ml vial, पाइरौक्सीन बोलस (Pyroxin Bolus - *Merc)* 2gm Bolus ।

(3) मैलोक्सीकैम इंजे. व बोलस (Meloxicam Inj. & Bolus) : मात्रा– घोड़ा, 0.1mg/kg BW मांस में (Intramuscular) या मुख से (Orally); मैलोनैक्स इंजे. (Melonex Inj. - *Intas)* 5mg/ml 2ml, 15ml, 30ml, 100ml; मैलोक्स–वैट (Melox-vet - *Merc)* 5mg/ml– 15ml, 30 ml vial; क्विक इंजे. (Quick Inj. - *Zydus AHL)* 5mg/ml, 15ml; जोबिड–एम (Zobid-M - *Zydus AHL)* 5mg/ml 15 ml, 30 ml, 100 ml ; 20 mg/ml - 10 ml, 30 ml; मैलोनैक्स बोलस (Melonex Bolus - *Intas)* 100 mg Bolus, क्विक बोलस (Quick Bolus - *Zydus AHL)* 100ml Bolus,जोबिड़–एम बोलस (Zobid-M Bolus - *Zydus AHL)* 100mg Bolus ।

(4) मैलोक्सीकैम + पैरासीटामोल इंजे. व बोलस (Meloxicam+Paracetamol Inj. & Bolus) : *ब्राण्ड्स*– मैलोनैक्स प्लस इंजे. (Melonex Plus Inj. - *Intas)*; मैलोक्सी कैम 5mg +

पैरासीटामोल 150mg/ml । **मात्रा**– 15-20ml/300kg BW, 100ml vial; मैलोनैक्स प्लस बोलस (Melonex Plus Bolus) Meloxicam 100mg + Paracetamol 150 mg per Bolus (*Intas*); बड़े पशु एक बोलस / 200kg BW रोज।

(5) एनाल्जीन 750mg + **फिनाइलब्यूटाजोन** 750mg/5ml एम्प्यूल (Analgin 750mg+Phenylbutazone 750mg per 5ml Ampoule) : एसजीपाइरीन–एन (Esgipyrin-N Inj. - *Zydus AHL*); **मात्रा**– 5-15ml, मांस में (Intramuscular)।

(ड) विटामिन बी कौम्प्लैक्स इंजे. (Vitamin B Complex Inj.)

निम्न में से कोई एक— **मात्रा**–घोड़ा 5-10 मि.ली.; मांस में (Intramuscular) रोज। आल्वीप्लैक्स फोर्ट इंजे. (Alviplex Fort Inj.-*Alved*) 10ml, 30ml; बीप्लैक्स.वैट इंजे. (Beeplex-vet Inj. - *Marvel*) 30ml; बिलीपौन इंजे. (Billipon Inj.-*Bio medica*) 10ml; कौन्सीप्लैक्स इंजे. (Conciplex Inj. - *Concept*) 10ml, 30ml; लिवाडैक्स इन्जे. (Livadex inj.-*Virbac*) 10ml, 30ml; वाइबीलान इंजे. (Vibelan Inj.-*Virbac*) 30ml।

रोकथाम (Prevention)

- प्रभावित पशु को तुरन्त अलग कर दें।
- पशु जहाँ बाँधा गया हो उस अस्तबल को एण्टीसेप्टिक लोशन से साफ करें। बिछाली आदि को जला दें। झाड़ू, खुरेरा करके ब्रुश, कम्बल आदि को कीटाणुरहित करें।

21. बोट्रीयोमाइकोसिस (Botryomycosis)

परिचय (Introduction)— This is a chronic disease of horses characterised by the formation of a granuloma with suppurating foci. It occurs only in the horse and is probably a result of wound infection.

यह घोड़ों का एक चिरस्थायी रोग है जिसमें पीव भरे दानेदार ट्यूमर (Granuloma) होते हैं।

रोग का कारण (Etiology)— इसका कारण *स्टेफिलोकोकस औरियस (Staphylococcus aureus)* जीवाणु हैं जो दानेदार रूप में पीव के अन्दर पाये जाते हैं।

लक्षण (Symptoms)— घोड़े में लीजन्स की common site कंधा एवं स्टर्नल रीजन, पूँछ (after docking) एवं स्परमेटिक कार्ड (कास्ट्रेशन के बाद) की त्वचा एवं सबक्यूटेनियस टिशू होती है। ये लीजन्स ट्यूमर के रूप में दिखाई पड़ते हैं। जब ये कंधे पर होते हैं तब इनमें मुलायम सूजन होती है। इनके धीरे–धीरे बढ़ जाने पर पशु के चलने में बाधा होती है। सूजन के ऊपर की त्वचा तनकर नुकीली हो जाती है। आगे चलकर यह नुकीला भाग फट जाता है और उससे पीव (pus) का स्राव होने लगता है। अन्त में घाव भर जाता है। इसी क्रम से अन्य कई जगह नुकीला भाग फट जाता है और उनसे भी पीव बहने लगता है।

The pus may be yellow sometimes of a brownish tinge and creamy or mucoid in nature.

बोट्रीयोमाइकोसिस के लक्षण सारांश में

- रोग ट्यूमर के रूप में घोड़े में।
- कंधे पर मुलायम सूजन, बढ़ने पर चलने में बाधा।
- सूजन के ऊपर की त्वचा तनी हुई एवं नुकीली।
- फटकर घाव से पीव का स्राव।
- स्तन पर होने से काफी दर्द एवं लंगड़ाहट।
- कभी–कभी छाती एवं चूतड़ पर भी इनसे पीव एवं रक्त का स्राव।

इस प्रकार कभी-कभी यह रोग स्तन पर भी होता है, जिससे काफी दर्द होता है और घोड़ी लंगड़ाने लगती है।

कभी-कभी यह रोग छाती और चूतड़ पर भी होता है जिससे पीव और रस बहता है। ऐसी स्थिति में पशु की स्थिति गम्भीर हो जाती है।

चिकित्सा (Treatment)—इस रोग की चिकित्सा व्यवस्था निम्न बिन्दुओं पर की जाती है—

क. फोड़े को चीरा लगाकर घाव की पट्टी पोवीडोन आयोडीन घोल; जैसे- बीटाडीन घोल या वोकीडीन घोल से करनीचाहिये।

ख. निम्नलिखित जीवाणुरोधी या जीवाणुनाशी दवाओं में से किसी एक का प्रयोग तीन दिन तक करना चाहिये—

(a) बैन्जाथीन पैनिसिलीन इंजे. (Benzathin Penicillin Inj.) : मात्रा—घोड़ा 12000 I.U प्रति किलो शरीर-भार।

विधि — मांस की गहराई में (Deep intramuscular only) केवल।

6 Lac vial– बैन्थीपैन-एल ए. (Benthipen LA - *Carevet),* लोंगासिलीन वैट-6 (Longacillin Vet-6 - *HAL),* पैनकौम (Pencom - *Alembic),* पैनीड्यौर-एलए 6 (Penidure LA 6 - *Wyeth Lederle)* I

12 Lac vial– बैन्थीपैन एल ए. (Benthipen LA - *Carevet),* लोंगासिलीन वैट 12 (Longacillin Vet 12 - *HAL),* पैनकौम (Pencom - *Alembic),* पैनीड्यौर एल.ए 12 (Penidure LA12 - *Wyeth Lederle)* I

24 Lac vial– बैन्थीपैन एल.ए. (Benthipen LA - *Care vet),* बैन्जापैन (Bezapen - *KAPL),* बैन्जालीन (Benzalin - *IBC),* लोंगासिलीन वैट 24 (Longacillin vet 24 - *HAL),* पैनकौम (Pencom - *Alembic),* पैनीड्पौर एल ए 24 (Penidure LA-24 - *Wyeth Lederle)* I

48 Lac vial– बैन्थीपैन एल ए. (Benthipen LA - *Care vet),* बैन्जापैन (Benzapen - *KAPL),* बैन्जालीन (Benzalin - *IBC),* लोंगासिलीन वैट-48 (Longacillin vet 48 - *HAL)* I

(b) सल्फोनामाइड्स (Sulphonamides)

(b1) सल्फाडिमिडीन इंजे. (Sulphadimidine Inj.) : मात्रा— 100 मि.ग्रा. प्रति किलो शरीर भार मुँह द्वारा (orally) या शिरा में (I/V) I

सल्फाडिमिडीन सोडियम इंजे. 33.3% (Sulphadimidine Sodium Inj. 33.3%) : सल्फाडिमिडीन इंजे. (Sulphadimidin Inj. - *Indian Immunologicals, KAPL, Vet India, Denis, Prima Vet Care*), सल्फामिन (Sulfamin - *Indian Immunologicals)* I

(b2) सल्फाडिमिडीन 5 ग्राम गोली (Sulphadimidine 5gm tablet) : मात्रा– 100 mg/kg BW I/M or I/V I *ब्राण्ड्स*– आलडीन (Aldine - *Alembic),* डाइडीन (Diadin - *Pfizer),* लाइकाडीन (Lykadin - *Lyka),* सल्फामिन (Sulfamin - *Indian Immunologicals),* सल्फाडीन (Sulphadin - *Vet Pharma),* सल्फाडिमिडीन (Sulphadimidin - *Ar-Ex, Carevet, IBC, KAPL, Lyka, Vet India)* I

(b3) सल्फाडाइजीन + ट्राइमैथोप्रिम इंजे. (Sulphadizine + Trimethoprim Inj.) : मात्रा– 15-30mg/kg BW सल्फाडाइजीन 400mg + ट्राइमैथोप्रिम 80mg/ml / *ब्रान्ड्स*– बायोट्रिम आई.एम (मांसान्तर्गत) (Biotrim I.M - *Vetnex),* स्पार्कट्रिम आई.एम (मांसान्तर्गत) (Sparktrim I.M. - *Neospark),* सुमेट्रोल (Sumetrol - *Themis)* I

- **सल्फाडाइजीन 200mg + ट्राइमैथोप्रिम 40mg/ml Inj.** – बायोट्रिम IV (Biotrim IV -*Vetnex)*, सोलबैक (Solbac - *Vetcare)*, स्पार्कट्रिम IV (Sparktrim IV - *Neospark)*, सल्फाट्रिम (Sulphatrim - *Vetsfarma)*, सलप्रिम 2g (Sulprim 2g - *Unichem)* ।
- **सल्फामैथोक्साजौल 400mg + ट्राइमैथोप्रिम 80mg/ml Inj.**—ट्रेपिन IV (Trepin IV - *Cadila Pharma)*, ट्रिमासोल IM (Trimasol IM - *Novartis)* ।
- **सल्फामैथोक्साजौल 200mg + ट्राइमैथोप्रिम 40mg/ml Inj.**—ट्रिमासोल IV (Trimasol IV - *Novartis)* ।
- **सल्फामैथोक्साजौल 400mg + ट्राइमैथोप्रिम 80mg/3ml Inj.**—बायोसल्फा IM (मांसान्तर्गत) (Biosulpha IM - *Vet India*), मोरप्रिम वैट IV (Morprim Vet IV - *Morvel)* ।

(b4) सल्फोनामाइड + ट्राइमैथोप्रिम गोली

मात्रा 15-30mg/kg शरीरभारानुसार मुँह द्वारा।

सल्फाडाइजीन 2 gm + ट्राइमैथोप्रिम 400mg गोली—बायोट्रिम DS (Biotrim DS - *Vetnex)*, डाईसल्फ (Disulf - *IBC)*, ड्यूराप्रिम (Duraprim - *Brihans)*, डुओसाइडल (Duocidal - *KAPL)*, स्पार्कट्रिम DS (Spark trim DS - *Neospark)*, सल्कोप्रिम (Sulcoprim - *Concept)*, एन्ट्रीमा 2.4gm (Antrima 2.4gm - *Prima Vet care)* ।

सल्फाडाइजीन 1.0gm + ट्राइमैथोप्रिम 200mg – एन्ट्रीमा 1.2g (Antrima 1.2gm - *Prima Vet care)*, बैक्ट्रीसोल (Bactrisol - *Alved)*, हैट्रिक्स (Hatrix - *HAL)*, सैप्ट्रिज (Septriz - *Theodor)*, सूट्रिम 200 (Sutrim 200 - *Torrent)*, त्रिसूल (Trisul - *Prahar)*, वैट्रान LA (Vetran LA - *Vetsfarma)*, वोक्ट्रिन (Woktrin - *Wockhardt)* ।

सल्फामैथोक्साजोल 2gm + ट्राइमैथोप्रिम 400mg : गोली – डुआप्रिम (Duaprim - *Brihans)*, डुओसाइडल (Duocidal - *KAPL)*, इन्ट्रिम (Intrim - *Indian Immunologicals)*, मारकोप्रिम (Marcoprim - *Merc)*, ओरीप्रिम (Oriprim - *Zydus AHL)*, सालप्रिम (Salprim - *Salus)*, ट्रैपिन (Trepin - *Cadila Pharma)*, ट्राइजोल (Trizol - *leps)* ।

सल्फामैथोक्साजोल 1.0gm + ट्राइमैथोप्रिम 200mg : गोली – बायोसल्फा (Biosulpha - *Vet India)*, रोबाट्रान (Robatran - *TTK)*, सैप्ट्रिज (Septriz - *Theodor)* ।

(c) ऑक्सीटेट्रासाइक्लीन इंजे. व गोली (Oxytetracycline Inj. & Tab)

मात्रा– 5-10mg/kg शरीर भारानुसार मांस में (I/M) या नस में (I/V) तीन दिन तक देना चाहिए।

ब्रान्ड्स– एलसाइक्लिन–ओ (Alcyclin-O-*Alembic)*, इन्टामाइसिन इन्जे. (Intamycin Inj-*Intas)*, लाइकासीन–ओ (Lykacin-O - *Lyka)*, आक्सीटैट्रासाइक्लीन इंजे. (Oxytetracycline Inj - *Alembic, Concept, Indian Immunologicals, Zydus AHL, Pfizer)*, टैरामाइसिन इंजे. (Terramycin Inj - *Pfizer)*, वोलीसाइक्लीन इंजे (Wolicycline inj - *Wockhardt)*, दूसरे तथा तीसरे दिन (तीनों दिन भी) औक्सीटेट्रासाइक्लीन (Oxytetracycline) की 500mg गोली (tab) : जैसे– वेटॉक्सी 500 (Vetoxy 500 - *Vetsfarma)*, टैरामाइसिन गोली (Terramycin tab - *Pfizer)*, ऑक्सीट्रा (Oxytra - *HAL)* बड़े पशु को तीन गोली सुबह–शाम दी जा सकती हैं।

औक्सीटैट्रासाइक्लीन लोंग एक्टिंग इंजे. (Oxytetracycline long acting inj.) : जैसे– इन्टा–माइसिन LA (Intamycin LA - *Intas)*, औक्सीटैट्रासाइक्लीन एल ए (Oxytetracycline LA - *Pfizer, Wockhardt)*, टैरामाइसिन एल ए (Terramycin LA - *Pfizer)*, वोलीसाइक्लीन एल ए (Wolicycline LA - *Wockhardt)* एक बार प्रयोग किया जा सकता है। इसका असर 96 घण्टे तक रहता है।

(d) क्लोराम्फैनीकोल इंजे. (Chloramphanicol Inj.) : मात्रा– *बड़े पशु* 20-30mg/kg BW मांस में (I/M) रोज या 2-4mg/kg BW BID नस में (I/V) देना चाहिए। जैसे–

क्लोरोफैन (Chlorophan-*Vet India),* लाइकासिटीन (Lykacetin - *Lyka),* नीओक्लोर (Neochlor - *Vet care),* सिमरसिटीन (Simercetin - *Bio media),* वैटनीकोल (Vetnicol - *Vetsfarma)* ।

(e) एमोक्सीसिलीन बोलस (Amoxycillin Bolus) : मात्रा– *बड़े पशु* 10mg/kg शरीर–भारानुसार BID; *ब्राण्ड्स*– एमोक्सीरम बोलस (Amoxirum Bolus 1.5gm - *Virbac),* पैटमोक्स गोली (Petmox tab) 250mg *(Zydus AHL)* ।

(f) एमोक्सीसिलीन + क्लौक्सासिलीन इंजे. (Amoxycilin + Cloxacillin inj.) : मात्रा– *बड़े पशु* 2–3 ग्राम मांस में (I/M) । *ब्रान्ड्स*– एमक्लौक्स (Amclox) Inj. 2gm (*Novartis*), कोमाक्स वैट (Comaxvet) 2g Inj (*Vet India*), कोनमौक्स (Conmox) Inj. 2gm (*Concept*), इनीमौक्स (Inimox) Inj 2gm, 2.5gm, 4gm (*India Immunologicals*), इन्टामौक्स (Intamox) Inj. 2gm, 2.5gm, 3.5gm, 4.5gm (*Intas*), मैगामाइसिन फोर्ट (Megamycin Fort) Inj 3gm (*Pfizer*), मौक्सल (Moxel) Inj. 0.5gm, 2.0gm, 3.0gm (*Alembic*), मौक्सीक्लौक्स (Moxyclox) 3 gm (*Wockhardt*), सिनक्रोन (Synkron) Inj. 2gm (*Cadila Pharma*) ।

(g) एम्पिसिलीन इंजे. (Ampicillin inj.) : मात्रा– 5-10mg/kg शरीर–भारानुसार दिन में चार बार; *कुत्ता* 20mg/kg शरीर भारानुसार दिन में चार बार, मांस में (I/M) या (I/V) नस में। *ब्रान्ड्स*– एम्पीसिलीन इंजे. (Ampicillin Inj.) 2.5gm *(Cadila Pharma, Lyka),* Ampilin vet (एम्पीलीन वैट) 2.5gm *(Lyka),* बैसीपैन (Bacipen) 2.5gm *(Alembic),* कोनाम्पी (Conampi) Inj 2.5gm *(Concept),* वैटाम्पीन (Vetampin) Inj 2gm *(Wockhardt)* । अथवा

(h) एम्पीसिलीन इंजे. + क्लौक्सासिलीन इंजे. : मात्रा– 5-10mg/kg शरीर–भारानुसार दिन में चार बार। मांस में (I/M) ब्रान्ड्स : एसी–वैट (AC-vet - *Intas),* एसी–वैट फोर्ट (AC-vet Fort) 3gm, 4gm inj *(Intas),* बैक्सीवैट (Baxivet) inj 0.5gm, 2.5gm, 4gm *(Lyka),* बिनोसिन (Binocin) Inj. 1g, 2g *(Concept),* वैटक्लौक्स फोर्ट (Vet Clox Fort) inj 2gm *(Zydus AHL)* ।

(i) सिप्रोफ्लोक्सासीन इंजे. (Ciprofloxacin Inj.) : मात्रा– 4-5mg per kg शरीर–भारानुसार मांस में (I/M) या नस में (I/V) तीन दिन तक देनी चाहिये। जैसे– सी–फ्लोक्स (C-Flox - *Intas),* 40mg/ml, 50ml vial; सिप्रोवैट (Ciprovet - *Vet India)* 40mg/ml 10ml, 30ml vial । अथवा

(j) सैफ्ट्रियेक्सोन इंजे. (Ceftriaxone Inj.) : मात्रा– *पशुओं में* 5-10mg/kg शरीर–भारानुसार मांस में (I/M) या नस में (I/V) देना चाहिये (तीन दिन तक)। जैसे– सैफ्टोसिड इंजे. (Ceftocid inj) 2.5g, 3.0g vial; इन्टासैफ इंजे. (Intacef inj. - *Intas)* 0.250gm, 0.500gm, 1gm, 2gm, 3gm, 4gm vial; जायडासैफ (Zydacef) Inj 0.5gm, 3gm, vial *(Zydus AHL)* । अथवा

(k) सैफ्ट्रियेक्सोन सोडियम तथा सालबैक्टम इंजे. (Ceftriaxone sodium 2/3gm + Sulbactam 1/1.5gm per 3gm/4.5gm vial) – सैफ्टप्लस इंजे. (Ceft-plus inj.) 3gm, 4.5gm vial *(Lyka)* (I/M) मांस में 3 दिन तक। अथवा

(l) सैफ्ट्रियेक्सोन तथा टैजोबैक्टम इंजे. (Ceftriaxone 0.5g, 2g, 3g, 4g + Tazobactam 0.0625g, 0.250g, 0.375g, 0.500g per 0.5625g, 2.250g, 3.375g, 4.5g vial) । जैसे– इन्टासैफ–टैजो इंजे. (Intacef-Tazo inj) 0.5625g, 2.250g, 3.375g, 4.5g vial *(Intas);* वीटेजो (Vetazo) 2.250g, 3.375g vial *(Zydus AHL)* । अथवा

(m) सैफ्टिओफर सोडियम इंजे. (Ceftiofur sodium Inj.) : मात्रा– 2-4mg/kg शरीर–भारानुसार BID तीन दिन तक। जैसे– एक्सैफ्ट इंजे. (Xceft inj - *Alembic),* टैप्रोसैफ इंजे. (Teprocef inj. - *MSD Animal Health),* बोवीसैफ इंजे. (Bovicef inj - *Indian Immunologicals)* दे सकते हैं : 1gm vial I/M daily।

(ग) कोर्टीकोस्टीरोइड/कोर्टीसोन दवाऐं (Corticosteroid/cortisone drugs) : निम्न में से किसी एक दवा का प्रयोग करें–

(1) बीटामीथासोन इंजे. (Betamethasone Inj.) – मात्रा : घोड़ा 10-30mg; मांस में (I/M) या नस में (I/V) । जैसे– बैटनीसोल इंजे. (Betnesol Inj.) 4mg/ml, 1ml ampoule ।

(2) डैक्सामीथासोन इंजे. (Dexamethasone Inj.) : मात्रा– घोड़ा 10-30mg; मांस में (I/M) या नस में (I/V) । जैसे– क्यूराडैक्स (Curadex - *Concept)* 2ml, 5ml; डैक्सानोल (Dexanol - *Vetsfarma)* 5ml, डैक्सासोन (Dexasone - *Cadila Pharma)*– 2ml, 5ml; डैक्सावैट (Dexavet - *Wockhardt)* 5ml; डैक्सोना (Dexona - *Zydus AHL)* 5ml, मारकोडैक्स (Marcodex - *Merc)* 6ml, कीटाकोर्ट (Ketacort - *Intas)* 5ml, 10ml; वैटकोर्ट (Vetcort - *Alembic)* 5ml, सभी 4mg/ml ।

(3) प्रेडनीसोलोन इंजे. (Prednisolone Inj.) : मात्रा– 10mg/ml । घोड़ा 10-20ml; (कुल मात्रा); प्रेडनीसोलोन इंजे. (Prednisolone Inj - *Wockhardt, Intervet)*– 10ml vial ।

(4) ट्राईएमसीनोलोन इंजे. (Triamcinolone Inj.) : मात्रा– घोड़ा 12-20mg । *ब्रान्ड्स*– वीटालोग इंजे. (Vetalog Inj. - *Zydus AHL)* 6mg/ml, 5ml vial मांस में (I/M) ।

(घ) बुखार के लिये (Antipyretic Medicine)

निम्न दवाओं में से कोई एक प्रयोग करें–

(1) एनाल्जीन इंजे. (Analgin Inj.) : मात्रा– घोड़ा–10-20g; मांस में (Intramuscular) या नस में (Intravenous) जैसे–एनाल्जीन इंजे. (Analgin inj.-*KAPL, Medinex lab, Vet India)* 500mg/ml, 30ml vial; वैटाल्जीन इंजे. (Vetalgin inj. - *Intervet)* 500mg/ml 30ml vial ।

(2) पैरासीटामोल इंजे. व बोलस (Paracetamol Inj. & Bolus) : मात्रा–घोड़ा, 10mg/kg BW; मांस में (Intramuscular) या मुख से (orally) : *ब्रान्ड्स*– पैरासीटामोल इंजे. (Paracetamol Inj - *Zydus AHL*) 150mg/ml 30ml vial, पाइरौक्सीन बोलस (Pyroxin Bolus - *Merc*) 2gm Bolus ।

(3) मैलोक्सीकैम इंजे. व बोलस (Meloxicam Inj. & Bolus) : मात्रा– घोड़ा, 0.1mg/kg BW मांस में (Intramuscular) या मुख से (Orally); मैलोनैक्स इंजे. (Melonex Inj. - *Intas*) 5mg/ml 2ml, 15ml, 30ml, 100ml; मैलोक्स–वैट (Melox-vet - *Merc*) 5mg/ml– 15ml, 30 ml vial; क्विक इंजे. (Quick Inj. - *Zydus AHL*) 5mg/ml, 15ml; जोबिड–एम (Zobid-M - *Zydus AHL*) 5mg/ml 15 ml, 30 ml, 100 ml ; 20 mg/ml - 10 ml, 30 ml; मैलोनैक्स बोलस (Melonex Bolus - *Intas)* 100 mg Bolus, क्विक बोलस (Quick Bolus - *Zydus AHL*) 100ml Bolus, जोबिड़–एम बोलस (Zobid-M Bolus - *Zydus AHL*) 100mg Bolus ।

(4) मैलोक्सीकैम + पैरासीटामोल इंजे. व बोलस (Meloxicam+Paracetamol Inj. & Bolus) : *ब्राण्ड्स*– मैलोनैक्स प्लस इंजे. (Melonex Plus Inj. - *Intas*); मैलोक्सी कैम 5mg + पैरासीटामोल 150mg/ml । **मात्रा**– बड़े पशु 15-20ml/300kg BW, छोटे पशु 1ml/10kg BW : 30ml, 100ml vial; मैलोनैक्स प्लस बोलस (Melonex Plus Bolus) Meloxicam 100mg + Paracetamol 150 mg per Bolus (*Intas*); बड़े पशु एक बोलस / 200kg BW रोज।

(5) एनाल्जीन 750mg + **फिनाइलब्यूटाजोन** 750mg/5ml एम्प्यूल (Analgin 750mg+Phenylbutazone 750mg per 5ml Ampoule) : एसजीपाइरीन–एन (Esgipyrin-N Inj. - *Zydus AHL*); **मात्रा**– बड़े पशु 5-15ml, छोटे पशु 1-5ml मांस में (Intramuscular) I

(घ) विटामिन बी कौम्प्लैक्स इंजे. (Vitamin B Complex Inj.)

निम्न में से कोई एक– **मात्रा**– घोड़ा 5-10 मि.ली.; मांस में (Intramuscular) रोज I आल्वीप्लैक्स फोर्ट इंजे. (Alviplex Fort Inj. - *Alved*) 10ml, 30ml; बीप्लैक्स.वैट इंजे. (Beeplex-vet Inj. - *Marvel*) 30ml; बिलीपौन इंजे. (Billipon Inj. - *Bio medica*) 10ml; कौन्सीप्लैक्स इंजे. (Conciplex Inj. - *Concept*) 10ml, 30ml; लिवाडैक्स इन्जे. (Livadex inj. - *Virbac*) 10ml, 30ml; वाइबीलान इंजे. (Vibelan Inj. - *Virbac*) 30ml I

22. चक्कर काटने का रोग/लिस्टीरिओसिस (Circling Disease/Listeriosis)

परिचय (Introduction)— यह भेड़–बकरियों का चक्कर काटने का रोग है जो संक्रामक होता है। यह *लिस्टीरिया मोनोसाइटोजेनिस* जीवाणु द्वारा होता है। इसमें चक्कर काटना, दुर्बलता एवं गर्भपात जैसे लक्षण होते हैं।

Listeriosis is an infectious disease caused by *Listeria monocytogenes* and characterised by meningoencephalitis, abortion septicemia.

प्रभावित पशु (Affected animals)— यह रोग प्रधान रूप से भेड़–बकरियों में मिलता है, परन्तु गोवंशीय पशु भैंस, घोड़े, शूकर, कुत्ते, बिल्ली और मनुष्य भी इस रोग से प्रभावित होते हैं।

लक्षण (Symptoms)— इस रोग में मस्तिष्क प्रदाह, माथे में चक्कर, स्नायु दुर्बलता, चक्कर काटना और घूमना एवं पुतला जैसा रूप आदि लक्षण होते हैं। कभी–कभी गर्भपात के लक्षण देखने को मिलते हैं।

The affected animal becomes recumbent and is unable to rise although often still able to move its legs. Death is due to respiratory failure. Fever (usually 40^{0}C (104^{0}F) but occasionally as high as 41.6^{0}C or 107^{0}F) is usual in the early stages of the disease but the temperature is usually normal when frank clinical signs are present.

चिकित्सा (Treatment)

क. निम्नलिखित जीवाणुरोधी अथवा जीवाणुनाशी दवाओं में से कोई एक कम से कम तीन दिन तक प्रयोग करना चाहिए।

(a) सल्फोनामाइड्स (Sulphonamides)

(1) सल्फाडिमिडीन इंजे. (Sulphadimidine Inj.) : मात्रा— 100 मि.ग्रा. प्रति किलो शरीर भार मुँह द्वारा (orally) या शिरा में (I/V) I

सल्फाडिमिडीन सोडियम इंजे. 33.3% (Sulphadimidine Sodium Inj. 33.3%): सल्फाडिमिडीन इंजे. (Sulphadimidin Inj. - *Indian Immunologicals, KAPL, Vet India, Denis, Prima Vet Care*), सल्फामिन (Sulfamin - *India Immunologicals)* I

(2) सल्फाडिमिडीन 5 ग्राम गोली (Sulphadimidine 5gm tablet) : मात्रा– 100 mg/kg BW I/M or I/V I *ब्राण्ड्स*– आलडीन (Aldine - *Alembic)*, डाइडीन (Diadin - *Pfizer)*, लाइकाडीन (Lykadin - *Lyka)*, सल्फामिन (Sulfamin - *Indian Immunologicals)*, सल्फाडीन (Sulphadin - *Vet Pharma)*, सल्फाडिमिडीन (Sulphadimidin - *Ar-Ex, Carevet, IBC, KAPL, Lyka, Vet India)* I

(3) सल्फाडाइजीन + ट्राइमैथोप्रिम इंजे. (Sulphadizine + Trimethoprim Inj.) : मात्रा– 15-30mg/kg BW सल्फाडाइजीन 400mg + ट्राइमैथोप्रिम 80mg/ml / *ब्रान्ड्स*– बायोट्रिम आई.एम (मांसान्तर्गत) (Biotrim I.M - *Vetnex), स्पार्कट्रिम आई.एम (मांसान्तर्गत) (Sparktrim I.M. - Neospark)*, सुमेट्रोल (Sumetrol - *Themis)* ।

- **सल्फाडाइजीन 200mg + ट्राइमैथोप्रिम 40mg/ml Inj.** – बायोट्रिम IV (Biotrim IV -*Vetnex)*, सोलबैक (Solbac - *Vetcare)*, स्पार्कट्रिम IV (Sparktrim IV - *Neospark)*, सल्फाट्रिम (Sulphatrim - *Vetsfarma)*, सलप्रिम 2g (Sulprim 2g - *Unichem)* ।
- **सल्फामैथोक्साजौल 400mg + ट्राइमैथोप्रिम 80mg/ml Inj.**–ट्रेपिन IV (Trepin IV - *Cadila Pharma)*, ट्रिमासोल IM (Trimasol IM - *Novartis)* ।
- **सल्फामैथोक्साजौल 200mg + ट्राइमैथोप्रिम 40mg/ml Inj.** – ट्रिमासोल IV (Trimasol IV - *Novartis)* ।

सल्फामैथोक्साजौल 400mg + ट्राइमैथोप्रिम 80mg/3ml Inj. – बायोसल्फा IM (मांसान्तर्गत) (Biosulpha IM - *Vet India*), मोरप्रिम वैट IV (Morprim Vet IV - *Morvel)* ।

(4) सल्फोनामाइड + ट्राइमैथोप्रिम गोली – मात्रा 15-30mg/kg शरीरभारानुसार मुँह द्वारा।

- **सल्फाडाइजीन 2 gm + ट्राइमैथोप्रिम 400mg गोली** – बायोट्रिम DS (Biotrim DS - *Vetnex*), डाईसल्फ (Disulf - *IBC*), ड्यूराप्रिम (Duraprim - *Brihans)*, डुओसाइडल (Duocidal - *KAPL)*, इन्ट्रिम (Intrim - *Indian Immunolgoicals)*, स्पार्कट्रिम DS (Spark trim DS - *Neospark)*, सल्कोप्रिम (Sulcoprim - *Concept)*, एन्ट्रीमा 2.4gm (Antrima 2.4gm - *Prima Vet care)* ।
- **सल्फाडाइजीन 1.0gm + ट्राइमैथोप्रिम 200mg** – एन्ट्रीमा 1.2g (Antrima 1.2gm - *Prima Vet care)*, बैक्ट्रीसोल (Bactrisol - *Alved)*, हैट्रिक्स (Hatrix - *HAL)*, सैप्ट्रिज (Septriz - *Theodor)*, सूट्रिम 200 (Sutrim 200 - *Torrent)*, त्रिसूल (Trisul - *Prahar)*, वैट्रान LA (Vetran LA - *Vetsfarma)*, वोक्ट्रिन (Woktrin - *Wockhardt)* ।
- **सल्फामैथोक्साजोल 2gm + ट्राइमैथोप्रिम 400mg** : गोली – डुआप्रिम (Duaprim - *Brihans)*, डुओसाइडल (Duocidal - *KAPL)*, इन्ट्रिम (Intrim - *Indian Immunologicals)*, मारकोप्रिम (Marcoprim - *Merc)*, ओरीप्रिम (Oriprim - *Zydus AHL*), सालप्रिम (Salprim - *Salus)*, ट्रैपिन (Trepin - *Cadila Pharma)*, ट्राइजोल (Trizol - *Ieps)* ।
- **सल्फामैथोक्साजोल 1.0gm + ट्राइमैथोप्रिम 200mg** : गोली – बायोसल्फा (Biosulpha - *Vet India)*, रोबाट्रान (Robatran - *TTK)*, सैप्ट्रिज (Septriz - *Theodor)* ।

(b) बैन्जाथीन पैनिसिलीन इंजे. (Benzathin Penicillin Inj.) : मात्रा–गाय, भैंस, घोड़ा, भेड़, बकरी, सूअर 12000 I.U प्रति किलो शरीर–भार; कुत्ता व बिल्ली 40000 I.U प्रति किलो शरीर–भार।

विधि – मांस की गहराई में (Deep intramuscular only) केवल।

6 Lac vial– बैन्थीपैन–एल ए. (Benthipen LA - *Carevet)*, लोंगासिलीन वैट–6 (Longacillin Vet-6-*HAL)*, पैनकौम (Pencom-*Alembic)*, पैनीड्यौर–एलए 6 (Penidure LA 6-*Wyeth Lederle)* ।

12 Lac vial– बैन्थीपैन एल ए. (Benthipen LA - *Carevet)*, लोंगासिलीन वैट 12 (Longacillin Vet 12 - *HAL)*, पैनकौम (Pencom - *Alembic)*, पैनीड्यौर एल.ए 12 (Penidure LA12 - *Wyeth Lederle)* ।

24 Lac vial– बैन्थीपैन एल.ए. (Benthipen LA - *Care vet*), बैन्जापैन (Bezapen - *KAPL*), बैन्जालीन (Benzalin - *IBC*), लोंगासिलीन वैट 24 (Longacillin vet 24 - *HAL*), पैनकौम (Pencom - *Alembic*), पैनीड्पौर एल ए 24 (Penidure LA-24 - *Wyeth Lederle*) ।

48 Lac vial– बैन्थीपैन एल ए. (Benthipen LA - *Care vet*), बैन्जापैन (Benzapen - *KAPL*), बैन्जालीन (Benzalin - *IBC*), लोंगासिलीन वैट–48 (Longacillin vet 48 - *HAL*) ।

(c) ऑक्सीटेट्रासाइक्लीन इंजे. व गोली (Oxytetracycline Inj. & Tab) : मात्रा– 5-10mg/kg शरीर भारानुसार मांस में (I/M) या नस में (I/V) तीन दिन तक देना चाहिए। *ब्रान्ड्स*– एलसाइक्लिन–ओ (Alcyclin-O - *Alembic*), इन्टामाइसिन इन्जे. (Intamycin Inj - *Intas*), लाइकासीन–ओ (Lykacin-O - *Lyka*), आक्सीटैट्रासाइक्लीन इंजे. (Oxytetracycline Inj - *Alembic, Concept, Indian Immunologicals, Zydus AHL, Pfizer*), टैरामाइसिन इंजे. (Terramycin Inj - *Pfizer*), वोलीसाइक्लीन इंजे (Wolicycline inj - *Wockhardt*), दूसरे तथा तीसरे दिन (तीनों दिन भी) औक्सीटेट्रासाइक्लीन (Oxytetracycline) की 500mg गोली (tab) : जैसे– वेटॉक्सी 500 (Vetoxy 500 - *Vetsfarma*), टैरामाइसिन गोली (Terramycin tab - *Pfizer*), ऑक्सीट्रा (Oxytra - *HAL*) बड़े पशु को तीन गोली सुबह–शाम दी जा सकती हैं।

औक्सीटैट्रासाइक्लीन लोंग एक्टिंग इंजे. (Oxytetracycline long acting inj.) : जैसे– इन्टामाइसिन LA (Intamycin LA - *Intas*), औक्सीटैट्रासाइक्लीन एल ए (Oxytetracycline LA - *Pfizer, Wockhardt*), टैरामाइसिन एल ए (Terramycin LA - *Pfizer*), वोलीसाइक्लीन एल ए (Wolicycline LA - *Wockhardt*) एक बार प्रयोग किया जा सकता है। इसका असर 96 घण्टे तक रहता है।

(d) क्लोराम्फैनीकोल इंजे. (Chloramphanicol Inj.) : मात्रा– *बड़े पशु* 20-30mg/kg BW मांस में (I/M) रोज या 2-4mg/kg BW BID नस में (I/V) देना चाहिए। जैसे–

क्लोरोफैन (Chlorophan - *Vet India*), लाइकासिटीन (Lykacetin - *Lyka*), नीओक्लोर (Neochlor - *Vet care*), सिमरसिटीन (Simercetin - *Bio media*), वैटनीकोल (Vetnicol - *Vetsfarma*) ।

(e) एमोक्सीसिलीन बोलस (Amoxycillin Bolus) : मात्रा– *बड़े पशु* 10mg/kg शरीर–भारानुसार BID; *कुत्ता, बिल्ली* 10-20mg BID बोलस। *ब्राण्ड्स*– एमोक्सीरम बोलस (Amoxirum Bolus 1.5gm - *Virbac*), पैटमोक्स गोली (Petmox tab) 250mg (*Zydus AHL*) ।

(f) एमोक्सीसिलीन + क्लौक्सासिलीन इंजे. (Amoxycilin + Cloxacillin inj.) : मात्रा– *बड़े पशु* 2–3 ग्राम मांस में (I/M) । *ब्रान्ड्स*– एमक्लौक्स (Amclox) Inj. 2gm (*Novartis*), कोमाक्स वैट (Comaxvet) 2g Inj (*Vet India*), कोनमौक्स (Conmox) Inj. 2gm (*Concept*), इनीमौक्स (Inimox) Inj 2gm, 2.5gm, 4gm (*India Immunologicals*), इन्टामौक्स (Intamox) Inj. 2gm, 2.5gm, 3.5gm, 4.5gm (*Intas*), मैगामाइसिन फोर्ट (Megamycin Fort) Inj 3gm (*Pfizer*), मौक्सल (Moxel) Inj. 0.5gm, 2.0gm, 3.0gm (*Alembic*), मौक्सीक्लौक्स (Moxyclox) 3 gm (*Wockhardt*), सिनक्रोन (Synkron) Inj. 2gm (*Cadila Pharma*) ।

(g) एम्पिसिलीन इंजे. (Ampicillin inj.) : मात्रा– *बड़े पशु* व *छोटे पशु* 5-10mg/kg शरीर–भारानुसार दिन में चार बार; *कुत्ता* 20mg/kg शरीर भारानुसार दिन में चार बार, मांस में (I/M) या (I/V) नस में। *ब्रान्ड्स*– एम्पीसिलीन इंजे. (Ampicillin Inj.) 2.5gm (*Cadila Pharma, Lyka*),

Ampilin vet (एम्पीलीन वैट) 2.5gm *(Lyka),* बैसीपैन (Bacipen) 2.5gm *(Alembic),* कोनाम्पी (Conampi) Inj 2.5gm *(Concept),* वैटाम्पीन (Vetampin) Inj 2gm *(Wockhardt)* । अथवा

(h) एम्पीसिलीन इंजे. + क्लौक्सासिलीन इंजे. : मात्रा– 5-10mg/kg शरीर–भारानुसार दिन में चार बार। *कुत्ता* 20mg/kg शरीर भारानुसार दिन में चार बार मांस में (I/M) ब्रान्ड्स : एसी–वैट (AC-vet - *Intas*), एसी–वैट फोर्ट (AC-vet Fort) 3gm, 4gm inj *(Intas),* बैक्सीवैट (Baxivet) inj 0.5gm, 2.5gm, 4gm *(Lyka),* बिनोसिन (Binocin) Inj. 1g, 2g *(Concept),* वैटक्लौक्स फोर्ट (Vet Clox Fort) inj 2gm *(Zydus AHL)* ।

(i) सिप्रोफ्लोक्सासीन इंजे. (Ciprofloxacin Inj.) : मात्रा– 4-5mg per kg शरीर–भारानुसार मांस में (I/M) या नस में (I/V) तीन दिन तक देनी चाहिये। जैसे– सी–फ्लोक्स (C-Flox-*Intas),* 40mg/ml, 50ml vial; सिप्रोवैट (Ciprovet-*Vet India)* 40mg/ml 10ml, 30ml vial । अथवा

(j) एनरोफ्लोक्सासीन इंजे. (Enrofloxacin Inj.) : मात्रा– 2.5-5.0mg/kg शरीर–भारानुसार मांस में (I/M) या नस में (I/V) । जैसे– कौनफ्लोक्स–वैट इंजे. (Conflox vet inj - *Concept)* 50mg/ml, 30ml vial; एनरोसिन इंजे. (Enrocin inj. - *Vetnex)* 100mg/ml - 15ml, 50ml vial; एनरोवैट इंजे. (Enrovet inj. - *Vetsfarma)* 100mg/ml - 15ml, 30ml, 50ml vials; फ्लोबेक एस ऐ (Flobac-SA - *Intas)* 100mg/ml, 30ml vial; मैरीक्विन इंजे. (Meriquin inj - *Wockhardt)* 100mg/ml - 10ml, 15ml vial; क्विनइन्टास इंजे. (Quinintas inj. - *Intas)* ।

(k) सैफ्ट्रियेक्सोन इंजे. (Ceftriaxone Inj.) : मात्रा– *पशुओं में* 5-10mg/kg शरीर–भारानुसार । *कुत्ता, बिल्ली* 10-30mg/kg शरीर–भारानुसार tid मांस में (I/M) या नस में (I/V) देना चाहिये (तीन दिन तक)। जैसे– सैफ्टोसिड इंजे. (Ceftocid inj) 2.5g, 3.0g vial; इन्टासैफ इंजे. (Intacef inj. - *Intas)* 0.250gm, 0.500gm, 1gm, 2gm, 3gm, 4gm vial; जायडासैफ (Zydacef) Inj 0.5gm, 3gm, vial *(Zydus AHL)* । अथवा

(l) सैफ्ट्रियेक्सोन सोडियम तथा सालबैक्टम इंजे. (Ceftriaxone sodium 2/3gm + Sulbactam 1/1.5gm per 3gm/4.5gm vial) – सैफ्टप्लस इंजे. (Ceft-plus inj.) 3gm, 4.5gm vial *(Lyka)* (I/M) मांस में 3 दिन तक। अथवा

(m) सैफ्ट्रियेक्सोन तथा टैजोबैक्टम इंजे. (Ceftriaxone 0.5g, 2g, 3g, 4g + Tazobactam 0.0625g, 0.250g, 0.375g, 0.500g per 0.5625g, 2.250g, 3.375g, 4.5g vial) । जैसे– इन्टासैफ–टैजो इंजे. (Intacef-Tazo inj) 0.5625g, 2.250g, 3.375g, 4.5g vial *(Intas);* वीटेजो (Vetazo) 2.250g, 3.375g vial *(Zydus AHL)* । अथवा

(n) सैफ्टिओफर सोडियम इंजे. (Ceftiofur sodium Inj.) : मात्रा– 2-4mg/kg शरीर–भारानुसार BID तीन दिन तक। जैसे– एक्सैफ्ट इंजे. (Xceft inj - *Alembic),* टैप्रोसैफ इंजे. (Teprocef inj. - *MSD Animal Health),* बोवीसैफ इंजे. (Bovicef inj - *Indian Immunologicals)* दे सकते हैं : 1gm vial I/M daily ।

(ख) कोर्टीकोस्टीरोइड/कोर्टीसोन दवाऐं (Corticosteroid/cortisone drugs) : निम्न में से किसी एक दवा का प्रयोग करें–

(a) बीटामीथासोन इंजे. (Betamethasone Inj.) – मात्रा : गाय, भैंस, घोड़ा 10-30mg; भेड़, बकरी, सूअर 2-5mg; कुत्ता 0.5-2mg मांस में (I/M) या नस में (I/V) । जैसे– बैटनीसोल इंजे. (Betnesol Inj.) 4mg/ml, 1ml ampoule ।

(b) डैक्सामीथासोन इंजे. (Dexamethasone Inj.) : मात्रा– गाय, भैंस, घोड़ा 10-30mg; भेड़, बकरी, सूअर 2-5mg ; कुत्ता 0.5-2mg मांस में (I/M) या नस में (I/V) । जैसे– क्यूराडैक्स (Curadex - *Concept)* 2ml, 5ml; डैक्सानोल (Dexanol - *Vetsfarma)* 5ml, डैक्सासोन (Dexasone - *Cadila Pharma)*– 2ml, 5ml; डैक्सावैट (Dexavet - *Wockhardt)* 5ml; डैक्सोना (Dexona - *Zydus AHL)* 5ml, मारकोडैक्स (Marcodex - *Merc)* 6ml, कीटाकोर्ट (Ketacort - *Intas)* 5ml, 10ml; वैटकोर्ट (Vetcort - *Alembic)* 5ml, सभी 4mg/ml ।

(c) प्रेडनीसोलोन इंजे. (Prednisolone Inj.) : मात्रा– 10mg/ml । गाय, भैंस, घोड़ा 10-20ml; भेड़, बकरी, सूअर 2.5ml-5ml; कुत्ता, बिल्ली 1-3ml (कुल मात्रा); प्रेडनीसोलोन इंजे. (Prednisolone Inj - *Wockhardt, Intervet)*– 10ml vial ।

(d) ट्राईएमसीनोलोन इंजे. (Triamcinolone Inj.) : मात्रा– गाय, भैंस, घोड़ा 12-20mg; कुत्ता 6mg (Total dose) । *ब्रान्ड्स*– वीटालोग इंजे. (Vetalog Inj. - *Zydus AHL*) 6mg/ml, 5ml vial मांस में (I/M) ।

(ग) बुखार के लिये (Antipyretic Medicine) : निम्न दवाओं में से कोई एक प्रयोग करें–

(a) एनाल्जीन इंजे. (Analgin Inj.) : मात्रा– गाय, भैंस, घोड़ा – 10-20g; भेड़, बकरी 1-4g; कुत्ता 0.5-2gm (Total dose) मांस में (Intramuscular) या नस में (Intravenous) जैसे– एनाल्जीन इंजे. (Analgin inj. - *KAPL, Medinex lab, Vet India)* 500mg/ml, 30ml vial; वैटाल्जीन इंजे. (Vetalgin inj. - *Intervet)* 500mg/ml 30ml vial ।

(b) पैरासीटामोल इंजे. व बोलस (Paracetamol Inj. & Bolus) : मात्रा– गाय, भैंस, घोड़ा, भेड़, बकरी, सूअर 10mg/kg BW; कुत्ता 10-20mg/kg BW मांस में (Intramuscular) या मुख से (orally) : *ब्रान्ड्स*– पैरासीटामोल इंजे. (Paracetamol Inj - *Zydus AHL*) 150mg/ml 30ml vial, पाइरौक्सीन बोलस (Pyroxin Bolus - *Merc*) 2gm Bolus ।

(c) मैलोक्सीकैम इंजे. व बोलस (Meloxicam Inj. & Bolus) : मात्रा– गाय, भैंस, घोड़ा, भेड़, बकरी, सूअर 0.1mg/kg BW मांस में (Intramuscular) या मुख से (Orally); मैलोनैक्स इंजे. (Melonex Inj. - *Intas*) 5mg/ml 2ml, 15ml, 30ml, 100ml; मैलोक्स–वैट (Melox-vet - *Merc*) 5mg/ml– 15ml, 30 ml vial; क्विक इंजे. (Quick Inj. - *Zydus AHL*) 5mg/ml, 15ml; जोबिड–एम (Zobid-M - *Zydus AHL*) 5mg/ml 15 ml, 30 ml, 100 ml ; 20 mg/ml - 10 ml, 30 ml ; मैलोनैक्स बोलस (Melonex Bolus - *Intas*) 100 mg Bolus, क्विक बोलस (Quick Bolus - *Zydus AHL*) 100ml Bolus, जोबिड़–एम बोलस (Zobid-M Bolus - *Zydus AHL*) 100mg Bolus ।

(d) मैलोक्सीकैम + पैरासीटामोल इंजे. व बोलस (Meloxicam+Paracetamol Inj. & Bolus) : *ब्राण्ड्स*– मैलोनैक्स प्लस इंजे. (Melonex Plus Inj. - *Intas*); मैलोक्सी कैम 5mg + पैरासीटामोल 150mg/ml । **मात्रा**– बड़े पशु 15-20ml/300kg BW, छोटे पशु 1ml/10kg BW : 30ml, 100ml vial; मैलोनैक्स प्लस बोलस (Melonex Plus Bolus) Meloxicam 100mg + Paracetamol 150 mg per Bolus (*Intas*); बड़े पशु एक बोलस / 200kg BW रोज ।

(e) एनाल्जीन 750mg + **फिनाइलब्यूटाजोन** 750mg/5ml एम्प्यूल (Analgin 750mg+Phenylbutazone 750mg per 5ml Ampoule) : एसजीपाइरीन–एन (Esgipyrin-N Inj. - *Zydus AHL*); **मात्रा**– बड़े पशु 5-15ml, छोटे पशु 1-5ml मांस में (Intramuscular) ।

(f) नेम्यूस्लाइड इंजे. (**Nemuslide** Inj.) : **मात्रा** – गाय, भैंस, भेड़, बकरी, कुत्ता 2-4mg/kg BW मांस में (I/M) रोज, घोड़ों में प्रयोग नहीं; निमोवैट इंजे. (Nimovet Inj.) 100mg/ml I

(घ) विटामिन बी कौम्प्लैक्स इंजे. (Vitamin B Complex Inj.) : निम्न में से कोई एक– **मात्रा**– गाय, भैंस, घोड़ा 5-10 मि.ली.; भेड़, बकरी, सूअर 3-5 मि.ली.; कुत्ता 0.5-1.0 मि.ली. मांस में (Intramuscular) रोज I आल्वीप्लैक्स फोर्ट इंजे. (Alviplex Fort Inj. - *Alved*) 10ml, 30ml; बीप्लैक्स.वैट इंजे. (Beeplex-vet Inj. - *Marvel*) 30ml; बिलीपौन इंजे. (Billipon Inj. - *Bio medica*) 10ml; कौन्सीप्लैक्स इंजे. (Conciplex Inj. - *Concept*) 10ml, 30ml; लिवाडैक्स इन्जे. (Livadex inj. - *Virbac*) 10ml, 30ml; वाइबीलान इंजे. (Vibelan Inj. - *Virbac*) 30ml I

च. पशुओं को डैक्स्ट्रोज सैलाइन (5%, 10% या 20%) 500-1000ml शिरा में चढ़ाना चाहिये।

छ. अगर पशु को गर्भपात हो गया है या पशु ने जेर नहीं डाला है तो गर्भाशय तथा जेर के कॉटीलिडन्स को धीरे-धीरे छुड़ाकर जेर निकालना चाहिये। इसके बाद गर्भाशय में स्टेक्लिन (Tetracycline hydrochloride 500mg/bolus), Terramycin animal formula tab (oxytetracycline hydrochloride 500mg/tab), वोलीसाइक्लीन (Wolicycline hydrochloride 500mg/bolus) में से किसी एक की चार गोली तीन दिन तक गर्भाशय में रखनी चाहिये।

23. फुट रौट (Foot Rot/Infectious Foot rot of Sheep)

परिचय (Introduction)—यह एक संक्रामक/(छुतहा) बीमारी है, जो भेड़ों में अधिक होती है। इसमें पशु के खुर सड़ जाते हैं। रोग पैर के नाखूनवाले भाग में होता है और दलदली, गीली जगह गंदे स्थान में मिलता है।

Infectious foot rot is a disease of sheep characterised by inflammation of the skin at the skin-horn junction, under running of the horn and inflammation of the sensitive lemina of the foot and severe lameness.

कारण (Etiology)— इस रोग का प्रधान कारण *एक्टिनोमाइसेस नेक्रोफोरस (Actinomyces necrophorous)* है जो खुर के बढ़ने से उसमें इस जीवाणु के संक्रमण से होता है। विशेषकर पैर में चोट लगने एवं खुर का किनारा फट जाने से जीवाणु प्रवेश पा जाते हैं।

- वैसे यह रोग गाय और शूकर में भी होता है।

लक्षण (Symptoms)— पशुओं में उनके पैर के इंटरडिजिटल क्लेफ्ट में तीव्र रोग में इसका प्रारम्भिक लक्षण सूजन और गीलापन (moistness) का होना होता है। पशु लंगड़ाने लगता है। लंगड़ापन बढ़ने पर भेड़ तीन पैर पर चलती है। खुर को ध्यानपूर्वक देखने पर खुर के ऊपरी किनारे पर सूजन दिखायी देती है। खुर का अन्य भाग मुलायम और दबाने पर दर्द करता है। खुर देखने में सड़ा हुआ मालुम होता है और दुर्गन्ध भरा स्राव निकलता है। यह रोग चारों पैरों में भी हो सकता है। जब स्थिति काफी गम्भीर होती है, तब खुर निकल जाता है। भेड़ की अपेक्षा मेढ़े अधिक प्रभावित होते हैं।

फुट रौट के लक्षण एक दृष्टि में–

- रोग के प्रारम्भ में खुर के डिजिटल क्लेफ्ट (मध्य भाग) में सूजन एवं गीलापन।
- पशु (भेड़) में लंगड़ाहट एवं 3 पैर पर चलना।
- खुर के ऊपरी किनारे पर सूजन, अन्य भाग मुलायम एवं दर्दयुक्त।
- पैर सड़ा एवं दुर्गन्धवाले स्रावयुक्त।

यदि पशु का शीघ्र उपचार न किया जाय तो स्वास्थ्य बहुत गिर जाता है और थकान के परिणामस्वरूप रोगी की मृत्यु हो जाती है।

चिकित्सा (Treatment)

क. जीवाणुरोधी अथवा जीवाणुनाशी दवाओं में से किसी एक का प्रयोग कम-से-कम तीन दिन तक करना चाहिये—

(a) सल्फोनामाइड्स (Sulphonamides)

(1) सल्फाडिमिडीन इंजे. (Sulphadimidine Inj.) : मात्रा—100 मि.ग्रा. प्रति किलो शरीर भार मुँह द्वारा (orally) या शिरा में (I/V)।

सल्फाडिमिडीन सोडियम इंजे. 33.3% (Sulphadimidine Sodium Inj. 33.3%): सल्फाडिमिडीन इंजे. (Sulphadimidin Inj. - *Indian Immunologicals, KAPL, Vet India, Denis, Prima Vet Care*), सल्फामिन (Sulfamin - *India Immunologicals*)। अथवा

सल्फाडिमिडीन 5 ग्राम गोली (Sulphadimidine 5gm tablet) : मात्रा– 100 mg/kg BW I/M or I/V। *ब्राण्ड्स*– आलडीन (Aldine - *Alembic*), डाइडीन (Diadin - *Pfizer*), लाइकाडीन (Lykadin - *Lyka*), सल्फामिन (Sulfamin - *Indian Immunologicals*), सल्फाडीन (Sulphadin - *Vet Pharma*), सल्फाडिमिडीन (Sulphadimidin - *Ar-Ex, Carevet, IBC, KAPL, Lyka, Vet India*)।

अथवा

सल्फोनामाइड + ट्राइमैथोप्रिम गोली — मात्रा 15-30mg/kg शरीरभारानुसार मुँह द्वारा।

- **सल्फाडाइजीन 2 gm + ट्राइमैथोप्रिम 400mg गोली** — बायोट्रिम DS (Biotrim DS - *Vetnex*), डाईसल्फ (Disulf - *IBC*), ड्यूराप्रिम (Duraprim - *Brihans*), डुओसाइडल (Duocidal - *KAPL*), स्पार्कट्रिम DS (Spark trim DS - *Neospark*), सल्कोप्रिम (Sulcoprim - *Concept*), एन्ट्रीमा 2.4gm (Antrima 2.4gm - *Prima Vet care*)। अथवा
- **सल्फाडाइजीन 1.0gm + ट्राइमैथोप्रिम 200mg**–एन्ट्रीमा 1.2g (Antrima 1.2gm - *Prima Vet care*), बैक्ट्रीसोल (Bactrisol - *Alved*), हैट्रिक्स (Hatrix - *HAL*), सैप्ट्रिज (Septriz - *Theodor*), सूट्रिम 200 (Sutrim 200 - *Torrent*), त्रिसूल (Trisul - *Prahar*), वैट्रान LA (Vetran LA - *Vetsfarma*), वोक्ट्रिन (Woktrin - *Wockhardt*)। अथवा

सल्फाडाइजीन + ट्राइमैथोप्रिम इंजे. (Sulphadizine + Trimethoprim Inj.) : मात्रा– 15-30mg/kg BW सल्फाडाइजीन 400mg + ट्राइमैथोप्रिम 80mg/ml / *ब्रान्ड्स*– बायोट्रिम आई.एम (मांसान्तर्गत) (Biotrim I.M - *Vetnex*), स्पार्कट्रिम आई.एम (मांसान्तर्गत) (Sparktrim I.M. - *Neospark*), सुमेट्रोल (Sumetrol - *Themis*)। अथवा

सल्फाडाइजीन 200mg + ट्राइमैथोप्रिम 40mg/ml Inj. — बायोट्रिम IV (Biotrim IV -*Vetnex*), सोलबैक (Solbac - *Vetcare*), स्पार्कट्रिम IV (Sparktrim IV - *Neospark*), सल्फाट्रिम (Sulphatrim - *Vetsfarma*), सलप्रिम 2g (Sulprim 2g - *Unichem*)। अथवा

(3) सल्फामैथोक्साजौल 400mg + ट्राइमैथोप्रिम 80mg/ml Inj. — ट्रेपिन IV (Trepin IV - *Cadila Pharma*), ट्रिमासोल IM (Trimasol IM - *Novartis*)। अथवा

सल्फामैथोक्साजौल 200mg + ट्राइमैथोप्रिम 40mg/ml Inj. — ट्रिमासोल IV (Trimasol IV - *Novartis*)। अथवा

सल्फामैथोक्साजौल 400mg + ट्राइमैथोप्रिम 80mg/3ml Inj. — बायोसल्फा IM (मांसान्तर्गत) (Biosulpha IM - *Vet India*), मोरप्रिम वैट IV (Morprim Vet IV - *Morvel*)।

अथवा

- **सल्फामैथोक्साजोल 2gm + ट्राइमैथोप्रिम 400mg :** गोली – डुआप्रिम (Duaprim - *Brihans),* डुओसाइडल (Duocidal - *KAPL),* इन्ट्रिम (Intrim - *Indian Immunologicals),* मारकोप्रिम (Marcoprim - *Merc),* ओरीप्रिम (Oriprim - *Zydus AHL),* सालप्रिम (Salprim - *Salus),* ट्रैपिन (Trepin - *Cadila Pharma),* ट्राइजोल (Trizol - *Ieps)* । अथवा
- **सल्फामैथोक्साजोल 1.0gm + ट्राइमैथोप्रिम 200mg :** गोली – बायोसल्फा (Biosulpha - *Vet India),* रोबाट्रान (Robatran - *TTK),* सैप्ट्रिज (Septriz - *Theodor)* । अथवा

(b) ऑक्सीटेट्रासाइक्लीन इंजे. व गोली (Oxytetracycline Inj. & Tab) : मात्रा– 5-10mg/kg शरीर भारानुसार मांस में (I/M) या नस में (I/V) तीन दिन तक देना चाहिए। *ब्रान्ड्स*– एलसाइक्लिन–ओ (Alcyclin-O - *Alembic),* इन्टामाइसिन इन्जे. (Intamycin Inj - *Intas),* लाइकासीन–ओ (Lykacin-O - *Lyka),* आक्सीटैट्रासाइक्लीन इंजे. (Oxytetracycline Inj - *Alembic, Concept, Indian Immunologicals, Zydus AHL, Pfizer),* टैरामाइसिन इंजे. (Terramycin Inj - *Pfizer),* वोलीसाइक्लीन इंजे (Wolicycline inj - *Wockhardt)* ।

दूसरे तथा तीसरे दिन

औक्सीटैट्रासाइक्लीन लोंग एक्टिंग इंजे. (Oxytetracycline long acting inj.) : जैसे– इन्टामाइसिन LA (Intamycin LA - *Intas),* औक्सीटैट्रासाइक्लीन एल ए (Oxytetracycline LA - *Pfizer, Wockhardt),* टैरामाइसिन एल ए (Terramycin LA - *Pfizer),* वोलीसाइक्लीन एल ए (Wolicycline LA - *Wockhardt)* एक बार प्रयोग किया जा सकता है। इसका असर 96 घण्टे तक रहता है।

औक्सीटेट्रासाइक्लीन (Oxytetracycline) की 500mg गोली (tab) : जैसे– वेटॉक्सी 500 (Vetoxy 500 - *Vetsfarma),* टैरामाइसिन गोली (Terramycin tab - *Pfizer),* ऑक्सीट्रा (Oxytra - *HAL)* बड़े पशु को तीन गोली सुबह–शाम दी जा सकती हैं।

(c) क्लोराम्फैनीकोल इंजे. (Chloramphanicol Inj.) : मात्रा– *बड़े पशु* 20-30mg/kg BW मांस में (I/M) रोज या 2-4mg/kg BW BID नस में (I/V) देना चाहिए। जैसे–

Inj. क्लोरोफैन (Chlorophan - *Vet India),* लाइकासिटीन (Lykacetin-*Lyka),* नीओक्लोर (Neochlor-*Vet care),* सिमरसिटीन (Simercetin - *Bio media),* वैटनीकोल (Vetnicol - *Vetsfarma)* ।

(d) सिप्रोफ्लोक्सासीन इंजे. (Ciprofloxacin Inj.) : मात्रा–4-5mg per kg शरीर–भारानुसार मांस में (I/M) या नस में (I/V) तीन दिन तक देनी चाहिये। जैसे– सी–फ्लोक्स (C-Flox - *Intas),* 40mg/ml, 50ml vial; सिप्रोवैट (Ciprovet - *Vet India)* 40mg/ml 10ml, 30ml vial । अथवा

(e) एनरोफ्लोक्सासीन इंजे. (Enrofloxacin Inj.) : मात्रा– 2.5-5.0mg/kg शरीर–भारानुसार मांस में (I/M) या नस में (I/V) । जैसे– कौनफ्लोक्स–वैट इंजे. (Conflox vet inj - *Concept)* 50mg/ml, 30ml vial; एनरोसिन इंजे. (Enrocin inj. - *Vetnex)* 100mg/ml - 15ml, 50ml vial; एनरोवैट इंजे. (Enrovet inj. - *Vetsfarma)* 100mg/ml - 15ml, 30ml, 50ml vials; फ्लोबेक एस ऐ (Flobac-SA - *Intas)* 100mg/ml, 30ml vial; मैरीक्विन इंजे. (Meriquin inj - *Wockhardt)* 100mg/ml - 10ml, 15ml vial; क्विनइन्टास इंजे. (Quinintas inj. - *Intas)* ।

(f) सैफ्ट्रियेक्सोन इंजे. (Ceftriaxone Inj.) : मात्रा– *पशुओं में* 5-10mg/kg शरीर–भारानुसार । *कुत्ता, बिल्ली* 10-30mg/kg शरीर–भारानुसार tid मांस में (I/M) या नस में (I/V) देना चाहिये (तीन

दिन तक)। जैसे– सैफ्टोसिड इंजे. (Ceftocid inj) 2.5g, 3.0g vial; इन्टासैफ इंजे. (Intacef inj. - *Intas)* 0.250gm, 0.500gm, 1gm, 2gm, 3gm, 4gm vial; जायडासैफ (Zydacef) Inj 0.5gm, 3gm, vial *(Zydus AHL)* । अथवा

(g) सैफ्ट्रियेक्सोन सोडियम तथा सालबैक्टम इंजे. (Ceftriaxone sodium 2/3gm + Sulbactam 1/1.5gm per 3gm/4.5gm vial) – सैफ्टप्लस इंजे. (Ceft-plus inj.) 3gm, 4.5gm vial *(Lyka)* (I/M) मांस में 3 दिन तक। अथवा

(h) सैफ्ट्रियेक्सोन तथा टैजोबैक्टम इंजे. (Ceftriaxone 0.5g, 2g, 3g, 4g + Tazobactam 0.0625g, 0.250g, 0.375g, 0.500g per 0.625g, 2.250g, 3.375g, 4.5g vial) । जैसे– इन्टासैफ–टैजो इंजे. (Intacef-Tazo inj) 0.5625g, 2.250g, 3.375g, 4.5g vial *(Intas);* वीटेजो (Vetazo) 2.250g, 3.375g vial *(Zydus AHL)* । अथवा

(i) सैफ्टिओफर सोडियम इंजे. (Ceftiofur sodium Inj.) : मात्रा– 2-4mg/kg शरीर–भारानुसार BID तीन दिन तक। जैसे– एक्सैफ्ट इंजे. (Xceft inj - *Alembic),* टैप्रोसैफ इंजे. (Teprocef inj.- *MSD Animal Health),* बोवीसैफ इंजे. (Bovicef inj - *Indian Immunologicals)* दे सकते हैं: 1gm vial I/M daily ।

(ख) बुखार के लिये (Antipyretic Medicine):निम्न दवाओं में से कोई एक प्रयोग करें—

(1) एनाल्जीन इंजे. (Analgin Inj.) : मात्रा–गाय, भैंस, घोड़ा – 10-20g; भेड़, बकरी 1-4g; कुत्ता 0.5-2gm (Total dose) मांस में (Intramuscular) या नस में (Intravenous) जैसे– एनाल्जीन इंजे. (Analgin inj.-*KAPL, Medinex lab, Vet India)* 500mg/ml, 30ml vial; वैटाल्जीन इंजे. (Vetalgin inj. - *Intervet)* 500mg/ml 30ml vial । अथवा

(2) पैरासीटामोल इंजे. व बोलस (Paracetamol Inj. & Bolus) : मात्रा– गाय, भैंस, घोड़ा, भेड़, बकरी, सूअर 10mg/kg BW; कुत्ता 10-20mg/kg BW मांस में (Intramuscular) या मुख से (orally) : *ब्रान्ड्स*– पैरासीटामोल इंजे. (Paracetamol Inj - *Zydus AHL*) 150mg/ml 30ml vial, पाइरौक्सीन बोलस (Pyroxin Bolus - *Merc*) 2gm Bolus । अथवा

(3) मैलोक्सीकैम इंजे. व बोलस (Meloxicam Inj. & Bolus) : मात्रा– गाय, भैंस, घोड़ा, भेड़, बकरी, सूअर 0.1mg/kg BW मांस में (Intramuscular) या मुख से (Orally); मैलोनैक्स इंजे. (Melonex Inj. - *Intas*) 5mg/ml 2ml, 15ml, 30ml, 100ml; मैलोक्स–वैट (Melox-vet - *Merc*) 5mg/ml– 15ml, 30 ml vial; क्विक इंजे. (Quick Inj. - *Zydus AHL*) 5mg/ml, 15ml; जोबिड–एम (Zobid-M - *Zydus AHL*) 5mg/ml 15 ml, 30 ml, 100 ml ; 20 mg/ml - 10 ml, 30 ml ; मैलोनैक्स बोलस (Melonex Bolus - *Intas*) 100 mg Bolus, क्विक बोलस (Quick Bolus - *Zydus AHL*) 100ml Bolus, जोबिड़–एम बोलस (Zobid-M Bolus - *Zydus AHL*) 100mg Bolus । अथवा

(4) मैलोक्सीकैम + पैरासीटामोल इंजे. व बोलस (Meloxicam+Paracetamol Inj. & Bolus) : *ब्राण्ड्स*– मैलोनैक्स प्लस इंजे. (Melonex Plus Inj. - *Intas*); मैलोक्सी कैम 5mg + पैरासीटामोल 150mg/ml । **मात्रा**– बड़े पशु 15-20ml/300kg BW, छोटे पशु 1ml/10kg BW : 30ml, 100ml vial; मैलोनैक्स प्लस बोलस (Melonex Plus Bolus) Meloxicam 100mg + Paracetamol 150 mg per Bolus (*Intas*); बड़े पशु एक बोलस / 200kg BW रोज। अथवा

(5) एनाल्जीन 750mg + **फिनाइलब्यूटाजोन** 750mg/5ml एम्प्यूल (Analgin 750mg+ Phenylbutazone 750mg per 5ml Ampoule) : एसजीपाइरीन–एन (Esgipyrin-N Inj. - *Zydus AHL*); **मात्रा**– बड़े पशु 5-15ml, छोटे पशु 1-5ml मांस में (Intramuscular) । अथवा

(6) नेम्यूस्लाइड इंजे. (**Nemuslide** Inj.) : **मात्रा** – गाय, भैंस, भेड़, बकरी, कुत्ता 2-4mg/kg BW मांस में (I/M) रोज, घोड़ों में प्रयोग नहीं; निमोवैट इंजे. (Nimovet Inj.) 100mg/ml।

(ग) विटामिन बी कौम्प्लैक्स इंजे. (Vitamin B Complex Inj.)

निम्न में से कोई एक– **मात्रा**– गाय, भैंस, घोड़ा 5-10 मि.ली.; भेड़, बकरी, सूअर 3-5 मि. ली.; कुत्ता 0.5-1.0 मि.ली. मांस में (Intramuscular) रोज। आल्वीप्लैक्स फोर्ट इंजे. (Alviplex Fort Inj. - *Alved*) 10ml, 30ml; बीप्लैक्स.वैट इंजे. (Beeplex-vet Inj. - *Marvel*) 30ml; बिलीपौन इंजे. (Billipon Inj. - *Bio medica*) 10ml; कौन्सीप्लैक्स इंजे. (Conciplex Inj. - *Concept*) 10ml, 30ml; लिवाडैक्स इन्जे. (Livadex inj. - *Virbac*) 10ml, 30ml; वाइबीलान इंजे. (Vibelan Inj. - *Virbac*) 30ml।

घ. पैरों के घाव का 0.1% पोटेशियम परमैग्नेट के घोल से साफ करके पोवीडीन आयोडीन (Povidone Iodine) के घोल जैसे बीटाडीन या वोकाडीन से पट्‌टी करनी चाहिये।

24. संक्रामक बोवाइन प्लूरो न्यूमोनिया (Contagious Bovine Pleuropneumonia–C B P P or Lunge Plague)

परिचय (Introduction)—यह एक संक्रामक छुआछूत वाला न्यूमोनिया और रसयुक्त फुफ्फुसीयशोथ का रोग है, जिसमें ज्वर और खाँसी के साथ दर्द होता है। यह गाय, भैंस, भेड़, बकरी आदि का प्रमुख रोग है।

कारण विज्ञान (Etiology)— इसका कारण एक जीवाणु है, जिसे *माइकोप्लाज्मा माइकौयड्स (Mycoplasma mycoids)* कहते हैं जो फेफड़ों (lungs) और फुफ्फुसावरण (pleura) में रहता है।

रोग लक्षण (Symptoms)— रोग धीरे-धीरे बढ़ता है और प्रथम 2–3 सप्ताह में रोगी को खाँसी और ज्वर आना प्रारम्भ हो जाता है। रोगी में न्यूमोनिया के लक्षण स्पष्ट होने लगते हैं। पशु खाना-पीना निर्बाध रूप से त्याग देता है। पशु जुगाली (पागुर) नहीं करता है। उसका दूध कम हो जाता है। नाक से पीला निःस्राव (mucopurulent discharge) आने लगता है। पशु को साँस लेने में कष्ट होता है। नाक से स्राव धीरे-धीरे बढ़ता जाता है और निःस्राव में रक्त की उपस्थिति मिलती है।

> **C.B.P.P. के लक्षण सारांश में**
>
> - रोगी पशु गाय/भैंस/भेड़ अथवा बकरी होती है।
> - खाँसी एवं ज्वर।
> - खाना, पीना, जुगाली बन्द।
> - नाक से पीला निःस्राव।
> - साँस लेने में कष्ट।
> - बाद में नाक के निःस्राव में वृद्धि एवं रक्त मिश्रित।
> - दर्दभरी खाँसी एवं छाती पर दबाव देने से दर्द।

पशु को दर्दभरी खाँसी आती है और छाती पर दबाव देने से रोगी दर्द महसूस करता है। इमरजेन्सी स्थिति में पशु एक से तीन सप्ताह में मर भी सकता है। चिरकारी अवस्था (chronic condition) में 5 से 7 सप्ताह का समय लग सकता है।

चिकित्सा (Treatment)— यह एक खतरनाक बीमारी है, जिसकी तत्काल चिकित्सा करनी चाहिये।

क. (i) इसकी प्रमुख औषधि 'टाइलोसिन टारटरेट (Tylocin tartarate) है। **मात्रा**–10mg/kg शरीर-भार मांस में (I/M); जैसे–

इंजे. टाइसिन 50 (Inj. Tysin-50 - *Vet India*) BID (50 mg Tylosin tartarate/ml) तीन दिन तक प्रयोग करें।

अथवा

(ii) यदि टाइलोसिन टारटरेट उपलब्ध नहीं है, तो निम्न दवाओं में से एक दवा का प्रयोग कम-से-कम तीन दिन तक करना चाहिए—

(1) सल्फोनामाइड्स (Sulphonamides)

(a) सल्फाडिमिडीन इंजे. (Sulphadimidine Inj.) : मात्रा— 100 मि.ग्रा. प्रति किलो शरीर भार मुँह द्वारा (orally) या शिरा में (I/V)।

सल्फाडिमिडीन सोडियम इंजे. 33.3% (Sulphadimidine Sodium Inj. 33.3%) : सल्फाडिमिडीन इंजे. (Sulphadimidin Inj. - *Indian Immunologicals, KAPL, Vet India, Denis, Prima Vet Care*), सल्फामिन (Sulfamin - *India Immunologicals)* ।

(b) सल्फाडिमिडीन 5 ग्राम गोली (Sulphadimidine 5gm tablet) : मात्रा– 100 mg/kg BW I/M or I/V । *ब्राण्ड्स*– आलडीन (Aldine - *Alembic*), डाइडीन (Diadin - *Pfizer*), लाइकाडीन (Lykadin - *Lyka*), सल्फामिन (Sulfamin - *Indian Immunologicals*), सल्फाडीन (Sulphadin - *Vet Pharma*), सल्फाडिमिडीन (Sulphadimidin - *Ar-Ex, Carevet, IBC, KAPL, Lyka, Vet India*) ।

इंजेक्शनः सल्फोनामाइड + ट्राइमीथोप्रिम

- **सल्फाडाइजीन + ट्राइमैथोप्रिम इंजे. (Sulphadizine + Trimethoprim Inj.) : मात्रा**– 15-30mg/kg BW सल्फाडाइजीन 400mg + ट्राइमैथोप्रिम 80mg/ml / *ब्रान्ड्स*– बायोट्रिम आई.एम (मांसान्तर्गत) (Biotrim I.M - *Vetnex*), स्पार्कट्रिम आई.एम (मांसान्तर्गत) (Sparktrim I.M. - *Neospark*), सुमेट्रोल (Sumetrol - *Themis*) ।
- **सल्फाडाइजीन 200mg + ट्राइमैथोप्रिम 40mg/ml Inj.**—बायोट्रिम IV (Biotrim IV - *Vetnex*), सोलबैक (Solbac - *Vetcare*), स्पार्कट्रिम IV (Sparktrim IV - *Neospark*), सल्फाट्रिम (Sulphatrim - *Vetsfarma*), सलप्रिम 2g (Sulprim 2g - *Unichem*) ।
- **सल्फामैथोक्साजौल 400mg + ट्राइमैथोप्रिम 80mg/ml Inj.**—ट्रेपिन IV (Trepin IV - *Cadila Pharma*), ट्रिमासोल IM (Trimasol IM - *Novartis*) ।
- **सल्फामैथोक्साजौल 200mg + ट्राइमैथोप्रिम 40mg/ml Inj.**—ट्रिमासोल IV (Trimasol IV - *Novartis*) ।
- **सल्फामैथोक्साजौल 400mg + ट्राइमैथोप्रिम 80mg/3ml Inj.** — बायोसल्फा IM (मांसान्तर्गत) (Biosulpha IM - *Vet India*), मोरप्रिम वैट IV (Morprim Vet IV - *Morvel*) ।

(c) सल्फोनामाइड + ट्राइमैथोप्रिम गोली — मात्रा 15-30mg/kg शरीरभारानुसार मुँह द्वारा।

- **सल्फाडाइजीन 2 gm + ट्राइमैथोप्रिम 400mg गोली** — बायोट्रिम DS (Biotrim DS - *Vetnex*), डाईसल्फ (Disulf - *IBC*), ड्यूराप्रिम (Duraprim - *Brihans*), डुओसाइडल (Duocidal - *KAPL*), स्पार्कट्रिम DS (Spark trim DS - *Neospark*), सल्कोप्रिम (Sulcoprim - *Concept*), एन्ट्रीमा 2.4gm (Antrima 2.4gm - *Prima Vet care*) ।

अथवा

- **सल्फाडाइजीन 1.0gm + ट्राइमैथोप्रिम 200mg** – एन्ट्रीमा 1.2g (Antrima 1.2gm - *Prima Vet care*), बैक्ट्रीसोल (Bactrisol - *Alved*), हैट्रिक्स (Hatrix - *HAL*), सैप्ट्रिज (Septriz - *Theodor*), सूट्रिम 200 (Sutrim 200 - *Torrent*), त्रिसूल (Trisul - *Prahar*), वैट्रान LA (Vetran LA - *Vetsfarma*), वोक्ट्रिन (Woktrin - *Wockhardt*) ।

- **सल्फामैथोक्साजोल 2gm + ट्राइमैथोप्रिम 400mg** : गोली – डुआप्रिम (Duaprim - *Brihans)*, डुओसाइडल (Duocidal - *KAPL)*, इन्ट्रिम (Intrim - *Indian Immunologicals)*, मारकोप्रिम (Marcoprim - *Merc)*, ओरीप्रिम (Oriprim - *Zydus AHL)*, सालप्रिम (Salprim - *Salus)*, ट्रैपिन (Trepin - *Cadila Pharma)*, ट्राइजोल (Trizol - *Ieps)* ।

- **सल्फामैथोक्साजोल 1.0gm + ट्राइमैथोप्रिम 200mg** : गोली – बायोसल्फा (Biosulpha - *Vet India)*, रोबाट्रान (Robatran - *TTK)*, सैप्ट्रिज (Septriz - *Theodor)* ।

(2) ऑक्सीटेट्रासाइक्लीन इंजे. व गोली (Oxytetracycline Inj. & Tab) : मात्रा– 5-10mg/kg शरीर भारानुसार मांस में (I/M) या नस में (I/V) तीन दिन तक देना चाहिए। *ब्रान्ड्स*– एलसाइक्लिन–ओ (Alcyclin-O - *Alembic)*, इन्टामाइसिन इन्जे. (Intamycin Inj - *Intas)*, लाइकासीन–ओ (Lykacin-O - *Lyka)*, आक्सीटैट्रासाइक्लीन इंजे. (Oxytetracycline Inj - *Alembic, Concept, Indian Immunologicals, Zydus AHL, Pfizer)*, टैरामाइसिन इंजे. (Terramycin Inj - *Pfizer)*, वोलीसाइक्लीन इंजे (Wolicycline inj - *Wockhardt)*, दूसरे तथा तीसरे दिन (तीनों दिन भी) औक्सीटेट्रासाइक्लीन (Oxytetracycline) की 500mg गोली (tab) : जैसे–वेटॉक्सी 500 (Vetoxy 500 - *Vetsfarma)*, टैरामाइसिन गोली (Terramycin tab - *Pfizer)*, ऑक्सीट्रा (Oxytra - *HAL)* बड़े पशु को तीन गोली सुबह–शाम दी जा सकती हैं।

औक्सीटैट्रासाइक्लीन लोंग एक्टिंग इंजे. (Oxytetracycline long acting inj.) : जैसे–इन्टामाइसिन LA (Intamycin LA - *Intas)*, औक्सीटैट्रासाइक्लीन एल ए (Oxytetracycline LA - *Pfizer, Wockhardt)*, टैरामाइसिन एल ए (Terramycin LA - *Pfizer)*, वोलीसाइक्लीन एल ए (Wolicycline LA - *Wockhardt)* एक बार प्रयोग किया जा सकता है। इसका असर 96 घण्टे तक रहता है।

(3) क्लोराम्फैनीकोल इंजे. (Chloramphanicol Inj.) : मात्रा– *बड़े पशु* 20-30mg/kg BW मांस में (I/M) रोज या 2-4mg/kg BW BID नस में (I/V) देना चाहिए। जैसे–

क्लोरोफैन (Chlorophan - *Vet India)*, लाइकासिटीन (Lykacetin - *Lyka)*, नीओक्लोर (Neochlor - *Vet care)*, सिमरसिटीन (Simercetin - *Bio media)*, वैटनीकोल (Vetnicol - *Vetsfarma)* ।

(4) जैन्टामाइसिन (Gentamycin) : मात्रा– 4 mg/kg शरीर भारानुसार दिन में दो बार मांस में या शिरा में 40 mg/ml 10 ml, 30 ml तथा 100 ml vial जैसे कैटलोजैन्टा (Catlogenta - *Cattle Remedies)* जीसिन (G-Cin - *India Immunologicals)*, मारकोजैन्टा (Marcogenta - *Merc)*, जैन्टामाइसिन इंजे. (Gentamycin Inj. - *Alembic, Cadila Pharma, Vet India, Wockdardt)* ।

(5) सिप्रोफ्लोक्सासीन इंजे. (Ciprofloxacin Inj.) : मात्रा– 4-5mg per kg शरीर–भारानुसार मांस में (I/M) या नस में (I/V) तीन दिन तक देनी चाहिये। जैसे– सी–फ्लोक्स (C-Flox - *Intas)*, 40mg/ml, 50ml vial; सिप्रोवैट (Ciprovet - *Vet India)* 40mg/ml 10ml, 30ml vial । अथवा

(6) एनरोफ्लोक्सासीन इंजे. (Enrofloxacin Inj.) : मात्रा– 2.5-5.0mg/kg शरीर–भारानुसार मांस में (I/M) या नस में (I/V)। जैसे– कौनफ्लोक्स–वैट इंजे. (Conflox vet inj - *Concept)* 50mg/ml, 30ml vial; एनरोसिन इंजे. (Enrocin inj. - *Vetnex)* 100mg/ml - 15ml, 50ml vial; एनरोवैट इंजे. (Enrovet inj. - *Vetsfarma)* 100mg/ml - 15ml, 30ml, 50ml vials; फ्लोबेक एस ऐ (Flobac-SA -

Intas) 100mg/ml, 30ml vial; मैरीक्विन इंजे. (Meriquin inj - *Wockhardt)* 100mg/ml - 10ml, 15ml vial; क्विनइन्टास इंजे. (Quinintas inj. - *Intas)* ।

(7) सैफ्ट्रियेक्सोन इंजे. (Ceftriaxone Inj.) : मात्रा– *पशुओं में* 5-10mg/kg शरीर–भारानुसार । *कुत्ता, बिल्ली* 10-30mg/kg शरीर–भारानुसार tid मांस में (I/M) या नस में (I/V) देना चाहिये (तीन दिन तक)। जैसे– सैफ्टोसिड इंजे. (Ceftocid inj) 2.5g, 3.0g vial; इन्टासैफ इंजे. (Intacef inj. - *Intas)* 0.250gm, 0.500gm, 1gm, 2gm, 3gm, 4gm vial; जायडासैफ (Zydacef) Inj 0.5gm, 3gm, vial *(Zydus AHL)* । अथवा

(8) सैफ्ट्रियेक्सोन सोडियम तथा सालबैक्टम इंजे. (Ceftriaxone sodium 2/3gm + Sulbactam 1/1.5gm per 3gm/4.5gm vial) – सैफ्टप्लस इंजे. (Ceft-plus inj.) 3gm, 4.5gm vial *(Lyka)* (I/M) मांस में 3 दिन तक । अथवा

(9) सैफ्ट्रियेक्सोन तथा टैजोबैक्टम इंजे. (Ceftriaxone 0.5g, 2g, 3g, 4g + Tazobactam 0.0625g, 0.250g, 0.375g, 0.500g per 0.5625g, 2.250g, 3.375g, 4.5g vial) । जैसे– इन्टासैफ–टैजो इंजे. (Intacef-Tazo inj) 0.5625g, 2.250g, 3.375g, 4.5g vial *(Intas);* वीटेजो (Vetazo) 2.250g, 3.375g vial *(Zydus AHL)* । अथवा

(10) सैफ्टिओफर सोडियम इंजे. (Ceftiofur sodium Inj.) : मात्रा– 2-4mg/kg शरीर–भारानुसार BID तीन दिन तक। जैसे– एक्सैफ्ट इंजे. (Xceft inj - *Alembic),* टैप्रोसैफ इंजे. (Teprocef inj. - *MSD Animal Health),* बोवीसैफ इंजे. (Bovicef inj - *Indian Immunologicals)* दे सकते हैं : 1gm vial I/M daily ।

(ख) कोर्टीकोस्टीरोइड/कोर्टीसोन दवाऐं (Corticosteroid/cortisone drugs)

निम्न में से किसी एक दवा का प्रयोग करें–

(1) बीटामीथासोन इंजे. (Betamethasone Inj.) – मात्रा : गाय, भैंस, घोड़ा 10-30mg; भेड़, बकरी, सूअर 2-5mg; कुत्ता 0.5-2mg मांस में (I/M) या नस में (I/V) । जैसे– बैटनीसोल इंजे. (Betnesol Inj.) 4mg/ml, 1ml ampoule ।

(2) डैक्सामीथासोन इंजे. (Dexamethasone Inj.) : मात्रा– गाय, भैंस, घोड़ा 10-30mg; भेड़, बकरी, सूअर 2-5mg ; कुत्ता 0.5-2mg मांस में (I/M) या नस में (I/V) । जैसे– क्यूराडैक्स (Curadex - *Concept)* 2ml, 5ml; डैक्सानोल (Dexanol - *Vetsfarma)* 5ml, डैक्सासोन (Dexasone - *Cadila Pharma)*– 2ml, 5ml; डैक्सावैट (Dexavet - *Wockhardt)* 5ml; डैक्सोना (Dexona - *Zydus AHL)* 5ml, मारकोडैक्स (Marcodex - *Merc)* 6ml, कीटाकोर्ट (Ketacort - *Intas)* 5ml, 10ml; वैटकोर्ट (Vetcort - *Alembic)* 5ml, सभी 4mg/ml ।

(3) प्रेडनीसोलोन इंजे. (Prednisolone Inj.) : मात्रा– 10mg/ml । गाय, भैंस, घोड़ा 10-20ml; भेड़, बकरी, सूअर 2.5ml-5ml; कुत्ता, बिल्ली 1-3ml (कुल मात्रा); प्रेडनीसोलोन इंजे. (Prednisolone Inj - *Wockhardt, Intervet)*– 10ml vial ।

(4) ट्राईएमसीनोलोन इंजे. (Triamcinolone Inj.) : मात्रा– गाय, भैंस, घोड़ा 12-20mg; कुत्ता 6mg (Total dose) । *ब्रान्ड्स*– वीटालोग इंजे. (Vetalog Inj. - *Zydus AHL*) 6mg/ml, 5ml vial मांस में (I/M) ।

(ग) बुखार के लिये ज्वरनाशक औषधि (Antipyretic Medicine)

निम्न दवाओं में से कोई एक प्रयोग करें–

(1) एनाल्जीन इंजे. (Analgin Inj.) : मात्रा– गाय, भैंस, घोड़ा – 10-20g; भेड़, बकरी 1-4g; कुत्ता 0.5-2gm (Total dose) मांस में (Intramuscular) या नस में (Intravenous) जैसे– एनाल्जीन इंजे. (Analgin inj. - *KAPL, Medinex lab, Vet India)* 500mg/ml, 30ml vial; वैटाल्जीन इंजे. (Vetalgin inj. - *Intervet)* 500mg/ml 30ml vial ।

(2) पैरासीटामोल इंजे. व बोलस (Paracetamol Inj. & Bolus) : मात्रा– गाय, भैंस, घोड़ा, भेड़, बकरी, सूअर 10mg/kg BW; कुत्ता 10-20mg/kg BW मांस में (Intramuscular) या मुख से (orally) : *ब्रान्ड्स*– पैरासीटामोल इंजे. (Paracetamol Inj - *Zydus AHL*) 150mg/ml 30ml vial, पाइरौक्सीन बोलस (Pyroxin Bolus - *Merc*) 2gm Bolus ।

(3) मैलोक्सीकैम इंजे. व बोलस (Meloxicam Inj. & Bolus) : मात्रा– गाय, भैंस, घोड़ा, भेड़, बकरी, सूअर 0.1mg/kg BW मांस में (Intramuscular) या मुख से (Orally); मैलोनैक्स इंजे. (Melonex Inj. - *Intas*) 5mg/ml 2ml, 15ml, 30ml, 100ml; मैलोक्स–वैट (Melox-vet - *Merc*) 5mg/ml– 15ml, 30 ml vial; क्विक इंजे. (Quick Inj. - *Zydus AHL*) 5mg/ml, 15ml; जोबिड–एम (Zobid-M - *Zydus AHL*) 5mg/ml 15 ml, 30 ml, 100 ml ; 20 mg/ml - 10 ml, 30 ml; मैलोनैक्स बोलस (Melonex Bolus - *Intas*) 100 mg Bolus, क्विक बोलस (Quick Bolus - *Zydus AHL*) 100ml Bolus, जोबिड़–एम बोलस (Zobid-M Bolus - *Zydus AHL*) 100mg Bolus ।

(4) मैलोक्सीकैम + पैरासीटामोल इंजे. व बोलस (Meloxicam+Paracetamol Inj. & Bolus) : *ब्राण्ड्स*– मैलोनैक्स प्लस इंजे. (Melonex Plus Inj. - *Intas*); मैलोक्सी कैम 5mg + पैरासीटामोल 150mg/ml । **मात्रा**– बड़े पशु 15-20ml/300kg BW, छोटे पशु 1ml/10kg BW : 30ml, 100ml vial; मैलोनैक्स प्लस बोलस (Melonex Plus Bolus) Meloxicam 100mg + Paracetamol 150 mg per Bolus (*Intas*); बड़े पशु एक बोलस / 200kg BW रोज ।

(5) एनाल्जीन 750mg + **फिनाइलब्यूटाजोन** 750mg/5ml एम्प्यूल (Analgin 750mg+Phenylbutazone 750mg per 5ml Ampoule) : एसजीपाइरीन–एन (Esgipyrin-N Inj. - *Zydus AHL*); **मात्रा**– बड़े पशु 5-15ml, छोटे पशु 1-5ml मांस में (Intramuscular) ।

(6) नेम्यूस्लाइड इंजे. (**Nemuslide** Inj.) : **मात्रा** – गाय, भैंस, भेड़, बकरी, कुत्ता 2-4mg/kg BW मांस में (I/M) रोज, घोड़ों में प्रयोग नहीं; निमोवैट इंजे. (Nimovet Inj.) 100mg/ml ।

(घ) विटामिन बी कौम्प्लैक्स इंजे. (Vitamin B Complex Inj.)

निम्न में से कोई एक– **मात्रा**– गाय, भैंस, घोड़ा 5-10 मि.ली.; भेड़, बकरी, सूअर 3-5 मि. ली.; कुत्ता 0.5-1.0 मि.ली. मांस में (Intramuscular) रोज ।

ब्राण्ड्स–आल्वीप्लैक्स फोर्ट इंजे. (Alviplex Fort Inj. - *Alved*) 10ml, 30ml; बीप्लैक्स.वैट इंजे. (Beeplex-vet Inj. - *Marvel*) 30ml; बिलीपौन इंजे. (Billipon Inj. - *Bio medica*) 10ml; कौन्सीप्लैक्स इंजे. (Conciplex Inj. - *Concept*) 10ml, 30ml; लिवाडैक्स इन्जे. (Livadex inj. - *Virbac*) 10ml, 30ml; वाइबीलान इंजे. (Vibelan Inj. - *Virbac*) 30ml ।

च. एनालैप्टिक दवायें; जैसे– डेरीफाइलिन इंजे. बड़े पशु को 10 ml मांस में श्वासावरोध हेतु लगाना चाहिए।

25. भोजन विषाक्तता/बोटुलिज्म (Food Poisoning/Botulism)

परिचय (Introduction)— यह चेष्टावाही नाड़ी (motor nerve) के घातक पक्षाघात का रोग है जो मवेशी, भेड़ और पक्षियों को होता है।

Botulism is a rapidly fatal, motor paralysis caused by the ingestion of the toxin of *Clostridium botulinum.* Organism proliferates in decomposing animal matter and sometimes in plant material.

कारण विज्ञान (Etiology)— रोग का कारण *क्लॉस्ट्रीडियम बोटुलिनम (Clostridium botulinum)* नामक जीवाणु द्वारा उत्पन्न विष है, जो सड़े-गले पदार्थों में उत्पन्न होता है। इसे पशु द्वारा खा लेने पर रोग उत्पन्न होता है।

प्रभावित पशु (Affected animals)— बोटुलिज्म चिड़ियों, Domestic chicken एवं Wild water fowl में कामन है। गोवंशीय पशु (Cattle), भेड़-बकरी एवं घोड़ों में भी होता है। परन्तु, शूकर, बिल्ली इससे रसिस्टेन्ट होते हैं।

रोग लक्षण (Symptoms)— क्लॉस्ट्रीडियम बोटुलिनम नामक जीवाणु विषाक्त एवं सड़े-गले भोजन में पाया जाता है तथा उस भोजन में यह जीवाणु विष (Exotoxin) छोड़ता है, जिससे यह रोग उत्पन्न होता है।

जब संक्रमित भोजन पशु के शरीर के अन्दर जाता है, तब इसमें उपस्थित वहिर्जात विष (Exotoxin) स्नायुतंत्र को प्रभावित कर देता है। विषाक्त भोजन लेने के 3–17 दिन बाद रोग के लक्षण उत्पन्न हो जाते हैं। अतितीव्र अवस्था में रोगी बिना कोई लक्षण उत्पन्न किये ही मर जाता है। पशु को बुखार नहीं रहता है। उसकी मांसपेशियों में कमजोरी आ जाती है।

जबड़ा, जीभ, ग्रासनली और पिछले अंग में पैरालिसिस हो जाता है। परन्तु रोगी में ज्वर नहीं रहता है। पशु चलने-फिरने में लड़खड़ाता है।

The disease is not accompanied by fever and the characteristic clinical picture is one of progressive muscular paralysis affecting particularly the limb muscles and the muscles of the jaw and throat. Muscle weakness and paralysis commence in the hind quarters and progress to the fore quarters, the head and the neck.

अधिकांश केसिस में कुछ कम तेज लक्षण (Subacute); जैसे— restlessness, incoordination, stumbling, knuckling and ataxia, तत्पश्चात् रोगी उठ नहीं पाता है। जीभ पैरालाइज्ड होकर मुख से बाहर लटकने लगती है, उसे कब्ज हो जाता है। भोजन नहीं ले पाता है। छाती की मांसपेशियों का पैरालिसिस होने पर terminal abdominal type respiration के लक्षण देखने को मिलते हैं। अन्त में श्वसन संस्थान के फेल होने से रोगी की मृत्यु हो जाती है।

बोटुलिज्म के लक्षण एक दृष्टि में

- मांसपेशियों में दुर्बलता।
- पैरालिसिस (जबड़ा, जीभ, ग्रासनली एवं पिछले अंग में)।
- चलने और देखने में कष्ट।
- जीभ के पैरालिसिस से निगलने में कष्ट।
- ज्वर नहीं (No temperature)।
- रेसपाइरेटरी फेल्योर से मृत्यु।

चिकित्सा (Treatment)– निम्न बिन्दुओं पर–

क. प्रारम्भिक अवस्था में विशिष्ट या पोलिवेलेण्ट एण्टी–टॉक्सिन सीरम (antitoxin serum) का इन्जेक्शन देना चाहिए।

ख. मैग सल्फ (mag sulph) और सोडी–सल्फ प्रत्येक 250 ग्राम अथवा केवल मैग–सल्फ ही 500 ग्राम, आधा लीटर गर्म पानी में घोलकर पिलाना चाहिये। इससे उदर स्थित समस्त विष बाहर निकल जाता है।

ग. विटामिन B_1, B_6, B_{12} के इंजेक्शन Nervine tonic के रूप में; जैसे– न्यूरोबिओन (Neurobion - *Marc*), न्यूरोगार्ड (Neuroguard Inj. - *Vetguard*) अथवा न्यूरोक्सिन–12 (Neuroxin-12 - *Zydus AHL*) 10 ml मांस में देना चाहिये।

घ. जीवाणु के लिये निम्नलिखित एन्टीबायोटिक्स में से किसी एक का कम–से–कम तीन दिन तक प्रयोग किया जा सकता है–

(a) बैन्जाथीन पैनिसिलीन इंजे. (Benzathin Penicillin Inj.) : मात्रा — गाय, भैंस, घोड़ा, भेड़, बकरी, सूअर 12000 I.U प्रति किलो शरीर–भार; कुत्ता व बिल्ली 40000 I.U प्रति किलो शरीर–भार।

विधि — मांस की गहराई में (Deep intramuscular only) केवल।

6 Lac vial– बैन्थीपैन–एल ए. (Benthipen LA - *Carevet)*, लोंगासिलीन वैट–6 (Longacillin Vet-6-*HAL)*, पैनकौम (Pencom-*Alembic)*, पैनीड्यौर–एलए 6 (Penidure LA 6-*Wyeth Lederle)* ।

12 Lac vial– बैन्थीपैन एल ए. (Benthipen LA - *Carevet)*, लोंगासिलीन वैट 12 (Longacillin Vet 12 - *HAL)*, पैनकौम (Pencom - *Alembic)*, पैनीड्यौर एल.ए 12 (Penidure LA12 - *Wyeth Lederle)* ।

24 Lac vial– बैन्थीपैन एल.ए. (Benthipen LA - *Care vet)*, बैन्जापैन (Bezapen - *KAPL)*, बैन्जालीन (Benzalin - *IBC)*, लोंगासिलीन वैट 24 (Longacillin vet 24 - *HAL)*, पैनकौम (Pencom - *Alembic)*, पैनीड्यौर एल ए 24 (Penidure LA-24 - *Wyeth Lederle)* ।

48 Lac vial– बैन्थीपैन एल ए. (Benthipen LA - *Care vet)*, बैन्जापैन (Benzapen - *KAPL)*, बैन्जालीन (Benzalin - *IBC)*, लोंगासिलीन वैट–48 (Longacillin vet 48 - *HAL)* ।

(b) ऑक्सीटेट्रासाइक्लीन इंजे. व गोली (Oxytetracycline Inj. & Tab) : मात्रा– 5-10mg/kg शरीर भारानुसार मांस में (I/M) या नस में (I/V) तीन दिन तक देना चाहिए। *ब्रान्ड्स*– एलसाइक्लिन–ओ (Alcyclin-O - *Alembic)*, इन्टामाइसिन इन्जे. (Intamycin Inj - *Intas)*, लाइकासीन–ओ (Lykacin-O - *Lyka)*, आक्सीटैट्रासाइक्लीन इंजे. (Oxytetracycline Inj - *Alembic, Concept, Indian Immunologicals, Zydus AHL, Pfizer)*, टैरामाइसिन इंजे. (Terramycin Inj - *Pfizer)*, वोलीसाइक्लीन इंजे (Wolicycline inj - *Wockhardt)*,

दूसरे तथा तीसरे दिन *Tablet* औक्सीटेट्रासाइक्लीन (Oxytetracycline) की 500mg गोली (tab) : जैसे– वेटॉक्सी 500 (Vetoxy 500 - *Vetsfarma)*, टैरामाइसिन गोली (Terramycin tab - *Pfizer)*, ऑक्सीट्रा (Oxytra - *HAL)* बड़े पशु को तीन गोली सुबह–शाम दी जा सकती हैं।

औक्सीटैट्रासाइक्लीन लोंग एक्टिंग इंजे. (Oxytetracycline long acting inj.) : जैसे– इन्टामाइसिन LA (Intamycin LA - *Intas)*, औक्सीटैट्रासाइक्लीन एल ए (Oxytetracycline LA - *Pfizer,*

Wockhardt), टैरामाइसिन एल ए (Terramycin LA - *Pfizer)*, वोलीसाइक्लीन एल ए (Wolicycline LA - *Wockhardt)* एक बार प्रयोग किया जा सकता है। इसका असर 96 घण्टे तक रहता है।

(c) क्लोराम्फैनीकोल इंजे. (Chloramphanicol Inj.) : मात्रा– *बड़े पशु* 20-30mg/kg BW मांस में (I/M) रोज या 2-4mg/kg BW BID नस में (I/V) देना चाहिए। जैसे–

क्लोरोफैन (Chlorophan - *Vet India)*, लाइकासिटीन (Lykacetin - *Lyka)*, नीओक्लोर (Neochlor - *Vet care)*, सिमरसिटीन (Simercetin - *Bio media)*, वैटनीकोल (Vetnicol - *Vetsfarma)* ।

(d) एमोक्सीसिलीन बोलस (Amoxycillin Bolus) : मात्रा– *बड़े पशु* 10mg/kg शरीर–भारानुसार BID; *कुत्ता, बिल्ली* 10-20mg BID बोलस। *ब्राण्ड्स*– एमोक्सीरम बोलस (Amoxirum Bolus 1.5gm - *Virbac)*, पैटमोक्स गोली (Petmox tab) 250mg *(Zydus AHL)* ।

(e) एमोक्सीसिलीन + क्लौक्सासिलीन इंजे. (Amoxycilin + Cloxacillin inj.) : मात्रा– *बड़े पशु* 2–3 ग्राम मांस में (I/M) । *ब्रान्ड्स*– एमक्लौक्स (Amclox) Inj. 2gm (*Novartis*), कोमाक्स वैट (Comaxvet) 2g Inj (*Vet India*), कोनमौक्स (Conmox) Inj. 2gm (*Concept*), इनीमौक्स (Inimox) Inj 2gm, 2.5gm, 4gm (*India Immunologicals*), इन्टामौक्स (Intamox) Inj. 2gm, 2.5gm, 3.5gm, 4.5gm (*Intas*), मैगामाइसिन फोर्ट (Megamycin Fort) Inj 3gm (*Pfizer*), मौक्सल (Moxel) Inj. 0.5gm, 2.0gm, 3.0gm (*Alembic*), मौक्सीक्लौक्स (Moxyclox) 3 gm (*Wockhardt*), सिनक्रोन (Synkron) Inj. 2gm (*Cadila Pharma*) ।

(f) एम्पिसिलीन इंजे. (Ampicillin inj.) : मात्रा– *बड़े पशु* व *छोटे पशु* 5-10mg/kg शरीर–भारानुसार दिन में चार बार; *कुत्ता* 20mg/kg शरीर भारानुसार दिन में चार बार, मांस में (I/M) या (I/V) नस में। *ब्रान्ड्स*– एम्पीसिलीन इंजे. (Ampicillin Inj.) 2.5gm *(Cadila Pharma, Lyka)*, Ampilin vet (एम्पीलीन वैट) 2.5gm *(Lyka)*, बैसीपैन (Bacipen) 2.5gm *(Alembic)*, कोनाम्पी (Conampi) Inj 2.5gm *(Concept)*, वैटाम्पीन (Vetampin) Inj 2gm *(Wockhardt)* । अथवा

(g) एम्पीसिलीन इंजे. + क्लौक्सासिलीन इंजे. : मात्रा– 5-10mg/kg शरीर–भारानुसार दिन में चार बार। *कुत्ता* 20mg/kg शरीर भारानुसार दिन में चार बार मांस में (I/M) ब्रान्ड्स : एसी–वैट (AC-vet - *Intas*), एसी–वैट फोर्ट (AC-vet Fort) 3gm, 4gm inj *(Intas)*, बैक्सीवैट (Baxivet) inj 0.5gm, 2.5gm, 4gm *(Lyka)*, बिनोसिन (Binocin) Inj. 1g, 2g *(Concept)*, वैटक्लौक्स फोर्ट (Vet Clox Fort) inj 2gm *(Zydus AHL)* ।

अथवा

(h) सिप्रोफ्लोक्सासीन इंजे. (Ciprofloxacin Inj.) : मात्रा– 4-5mg per kg शरीर–भारानुसार मांस में (I/M) या नस में (I/V) तीन दिन तक देनी चाहिये। जैसे– सी–फ्लोक्स (C-Flox - *Intas)*, 40mg/ml, 50ml vial; सिप्रोवैट (Ciprovet - *Vet India)* 40mg/ml 10ml, 30ml vial ।

अथवा

(i) एनरोफ्लोक्सासीन इंजे. (Enrofloxacin Inj.) : मात्रा– 2.5-5.0mg/kg शरीर–भारानुसार मांस में (I/M) या नस में (I/V) । जैसे– कौनफ्लोक्स–वैट इंजे. (Conflox vet inj - *Concept)* 50mg/ml, 30ml vial; एनरोसिन इंजे. (Enrocin inj. - *Vetnex)* 100mg/ml - 15ml, 50ml vial; एनरोवैट इंजे. (Enrovet inj. - *Vetsfarma)* 100mg/ml - 15ml, 30ml, 50ml vials; फ्लोबेक एस ऐ (Flobac-SA - *Intas)* 100mg/ml, 30ml vial; मैरीक्विन इंजे. (Meriquin inj - *Wockhardt)* 100mg/ml - 10ml, 15ml vial; क्विनइन्टास इंजे. (Quinintas inj. - *Intas)* ।

(j) सैफ्ट्रियेक्सोन इंजे. (Ceftriaxone Inj.) : मात्रा– *पशुओं में* 5-10mg/kg शरीर–भारानुसार I *कुत्ता, बिल्ली* 10-30mg/kg शरीर–भारानुसार tid मांस में (I/M) या नस में (I/V) देना चाहिये (तीन दिन तक) I जैसे– सैफ्टोसिड इंजे. (Ceftocid inj) 2.5g, 3.0g vial; इन्टासैफ इंजे. (Intacef inj. - *Intas)* 0.250gm, 0.500gm, 1gm, 2gm, 3gm, 4gm vial; जायडासैफ (Zydacef) Inj 0.5gm, 3gm, vial *(Zydus AHL)* I अथवा

(k) सैफ्ट्रियेक्सोन सोडियम तथा सालबैक्टम इंजे. (Ceftriaxone sodium 2/3gm + Sulbactam 1/1.5gm per 3gm/4.5gm vial) – सैफ्टप्लस इंजे. (Ceft-plus inj.) 3gm, 4.5gm vial *(Lyka)* (I/M) मांस में 3 दिन तक I अथवा

(l) सैफ्ट्रियेक्सोन तथा टैजोबैक्टम इंजे. (Ceftriaxone 0.5g, 2g, 3g, 4g + Tazobactam 0.625g, 0.250g, 0.375g, 0.500g per 0.5625g, 2.250g, 3.375g, 4.5g vial); जैसे– इन्टासैफ–टैजो इंजे. (Intacef-Tazo inj) 0.5625g, 2.250g, 3.375g, 4.5g vial *(Intas);* वीटेजो (Vetazo) 2.250g, 3.375g vial *(Zydus AHL)* I अथवा

(m) सैफ्टिओफर सोडियम इंजे. (Ceftiofur sodium Inj.) : मात्रा– 2-4mg/kg शरीर–भारानुसार BID तीन दिन तक I जैसे– एक्सैफ्ट इंजे. (Xceft inj - *Alembic)*, टैप्रोसैफ इंजे. (Teprocef inj. - *MSD Animal Health)*, बोवीसैफ इंजे. (Bovicef inj - *Indian Immunologicals)* दे सकते हैं : 1gm vial I/M daily I

(ख) विषाणु रोग
(Viral Diseases)

जीवाणु के बाद बीमारी उत्पन्न करने में विषाणुओं (viruses) का नम्बर आता है। यह उससे कहीं अधिक घातक होते हैं। विषाणु अत्यन्त ही सूक्ष्म कीटाणु होता है जो सामान्य सूक्ष्मदर्शी यन्त्र से नहीं देखा जा सकता। विषाणुओं से पशुओं में अनेक संक्रामक एवं संसर्गी रोग होते हैं। इनमें निम्नलिखित प्रमुख रोग इस प्रकार हैं–

1. अढ़ैया या अल्पकालिक ज्वर (Ephemeral Fever)
2. खुरपका या मुँहपका रोग (Food and Mouth Disease)
3. माता या शीतला या पोंकनी (रिण्डरपेस्ट–Rinderpest-R.P.)
4. शूकर ज्वर (Swine Fever)
5. चेचक या शीतला या पौक्स (Pox or Variola) या गोमसूरी
6. भेड़–बकरियों का चेचक (Sheep and Goat Pox or Variola)
7. भेड़ मस्तिष्क सुषुम्नाशोथ (Encephalomyelitis of Sheep)
8. अश्व इन्फ्लुएन्जा (Equine Influenza)
9. अश्व मस्तिष्क सुषुम्नाशोथ (Equine Encephalomyelitis)
10. अफ्रीकी अश्वव्याधि (African Horse Sickness)
11. नीली जीभ (Blue Tongue)
12. पागल कुत्ते का काटना या रैबीज (Rabies)
13. डिस्टेम्पर (Distemper)
14. संक्रामक मांसाहारी यकृतशोथ (Infectious Canine Hepatitis)

15. पारवो विषाणुज संक्रमण (Parvo Viral Infection)
16. पशु असाध्य सर्दी-जुकाम (Bovine Malignant Catarrh) या ग्रैन्ग्रीनस कोराइजा
17. श्लेष्मा रोग (Mucosal Disease)
18. पशु सम्भोगी बाह्यदाने (Coital Exanthema of Cattle)
19. छुतहा त्वचाविवर्णता (Contagious Ecthyma)

1. अढ़ैया या अल्पकालिक ज्वर (Ephemeral Fever/BEF)

अन्य नाम (Other names)— इसे ढाई-दिन का बुखार, पशु अल्पकालीन ज्वर (bovine ephemeral fever) आदि नामों से जाना जाता है। देहात में इसे "लाहदा मारना" भी कहते हैं।

परिचय (Introduction)— यह एक ज्वर सम्बन्धी गाय-भैंस की बीमारी है, जिसमें पशु को एकाएक तीव्र ज्वर हो जाता है। पशु हाँफने लगता है, पागुर करना बन्द कर देता है, एक या एक से अधिक पैर जाम (stiff) हो जाते हैं। यह खासकर वर्षा-ऋतु में होता है एवं बीमारी 2-3 दिन तक रहती है।

Ephemeral fever is an acute febrile infectious disease of cattle characterised by inflammation of mesodermal tissues as evidenced by muscular shivering, high fever, stiffness of the limbs, lameness and enlargement of the peripheral lymph nodes. The disease is caused by a filterable virus which is transmitted by insect vectors.

प्रभावित क्षेत्र (Affected area)— सम्पूर्ण भारत।

रोग कारणविज्ञान (Etiology)— यह रोग एक निस्यंदनीय विषाणु/पश्च-विषाणु द्वारा होता है। यह विषाणु (वायरस) बुखार के समय रक्त एवं मस्तिष्क-सुषुम्ना द्रव (सेरीब्रो-स्पाइनल फ्लूड्) में उपस्थित रहता है।

रोग प्रसार (Mode of spread)— बीमारी एकाएक अनेक पशुओं में संक्रमण होने के एक-दो दिन के अन्दर ही फैल जाती है। वैसे यह बीमारी किसी भी समय हो सकती है, परन्तु वर्षा- ऋतु में इसका प्रसार विशेष रूप से होता है। बीमारी प्रकोप (out break) के रूप में एक जगह से दूसरी जगह दूर-दूर तक फैल जाती है।

उद्भवन अवधि (Incubation Period)— 1 से 3 दिन।

लक्षण (Symptoms)—बछड़े, बछिया, पड़ा, पड़िया कम प्रभावित होते हैं। विशेषकर जवान पशुओं में (fat cow and bulls) होता है। रोग अधिकतर तीव्र रूप (acute form) में ही होता है। पशु को एकाएक (40.5–40^{0}C, 105–106^{0}F) बुखार हो जाता है। कभी-कभी सुबह कम हो जाता है। अरुचि तथा दुग्ध उत्पादन एकदम गिर जाता है। कुछ रोगी पशुओं में गम्भीर

अल्पकालिक ज्वर के लक्षण सारांश में

- रोगी पशु गाय/भैंस/बैल होता है।
- पशु एकाएक सुस्त।
- चारा-दाना खाना एवं पागुर बन्द।
- बुखार एकाएक (40.5–41^{0}C, 105–106^{0}F)।
- शरीर में कम्पन एवं हाँफनी।
- लार चलना (Salivation)।
- दाँत किटकिटाना।
- कुछ केसिस में गम्भीर रूप का कब्ज अथवा कुछ में दस्त।
- श्वसन तथा हृदय दर बढ़ी हुई।
- खाँसी/धाँसना अधिकाश रोगी पशु में।
- अचानक अगले या पिछले पैरों में लगड़ाहट।
- पीछे का भाग काँपना या थरथराना।
- जड़ता (stiffness) होने से पशु चलने में असमर्थ।
- बहुधा तीन दिनों में पशु स्वस्थ हो जाता है।

स्वरूप का कब्ज (severe constipation) तथा दस्त/डायरिया होता है, श्वास तथा हृदय की गति बढ़ जाती है। पशु की नाक से पानी जैसा निःस्राव एवं आँखों से निःस्राव (ocular discharge) आता है। पशु सुस्त होकर पागुर करना बन्द कर देता है। चारा-दाना खाना भी बन्द हो जाता है। मुँह से लार चलती है और तीव्र गति से काँपता है। दाँत किटकिटाता है और हाँफनी चलती है। मांसपेशियों में अकड़न (stiffness) होकर चलने से मजबूर हो जाता है। अचानक अगले या पिछले पैरों से लंगड़ाना तथा पीछे का भाग काँपना या थरथराना आदि लक्षण होते हैं। पैर और पीठ की मांसपेशियाँ विशेष रूप से प्रभावित होती हैं। साथ ही गर्दन तथा ग्रसनी (फैरिक्स) की माँसपेशियाँ भी। जब ग्रसनी (Pharynx) की मांसपेशियाँ प्रभावित हो जाती हैं तब पशु को निगलने में कष्ट होता है। प्रभावित मांसपेशी (Muscle) जाम और कठोर होती है।

In acute cases the animal lies prostrate, dullness, anorexia, suspended rumination, excessive salivation, grinding of teeth, groaning and constipation.

पशु का सिर काँपता है, कंधे, गर्दन तथा पीठ पर सूजन भी हो सकती है। अगले दिन पशु में गम्भीर स्वरूप की अकड़न (stiffness) होने से पशु जाम हे जाता है। पशु एक या अधिक पैरों से लंगड़ाने लगता है। बहुधा तीन दिनों में पशु स्वयं स्वस्थ हो जाता है।

रोग निदान (Diagnosis)— रोग का तीव्र गति से बढ़ना एवं उपरोक्त लक्षणों के आधार पर निदान आसानी से हो जाता है। वर्षा-ऋतु में विशेष प्रकोप इस रोग की ओर इंगित करता है।

Note– The response to injected calcium solution (calberal/mifex/calcium borogluconate inj.) is a good diagnostic test to differentiate the disease from parturient paresis (Milk fever or Hypocalcaemia).

चिकित्सा (Treatment) : इस रोग में निम्न चिकित्सा दी जा सकती है—

क. ***द्वितीयक संक्रमण (Secondary infection)*** को रोकने के लिये बहुक्षेत्रीय एण्टीबायोटिक्स (broad spectrum antibiotics) में से किसी एक का प्रयोग कम-से-कम तीन दिन तक करना चाहिये; जैसे-ऑक्सीटैट्रासाइक्लीन, क्लोराम्फैनीकोल, जैन्टामाइसीन, सिप्रोफ्लोक्सासीन, एनरोफ्लोक्सासीन, सैफ्ट्रियेक्सोन, सैफ्टिओफर सोडियम।

ख. **बुखार और दर्द के लिये**

निम्न दवाओं में से एक प्रयोग करें—

1. एनाल्जीन इंजे. (Analgin Inj.) : मात्रा– गाय, भैंस, घोड़ा 10-20gm; भेड़, बकरी 1-4gm; कुत्ता 0.5-2gm (total dose) मांस में (Intramuscular) या नस में (Intravenous) । *ब्रान्ड्स*– एनाल्जीन इंजे. (Analgin Inj. - *KAPL, Medinex lab, Vet India*) 500mg/ml, वैटाल्जीन इंजे. (Vetalgin Inj. - *Intervet*) 500mg/ml - 30ml vial ।

2. पैरासीटामोल इंजे. व बोलस (Paracetamol Inj. & Bolus) : मात्रा– गाय, भैंस, घोड़ा, भेड़, बकरी, सूअर 10mg/kg BW; कुत्ता 10-20mg/kg BW मांस में (Intramuscular) या मुख से (orally) / *ब्रान्ड्स*– पैरासीटामोल इंजे. (Paracetamol Inj - *Zydus AHL*) 150mg/ml - 30ml vial, पाइरौक्सीन बोलस (Pyroxin Bolus - *Merc*) 2gm Bolus (ग्रास मात्रा) ।

3. मैलोक्सीकैम इंजे. व बोलस (Meloxicam Inj. & Bolus) : मात्रा– गाय, भैंस, घोड़ा, भेड़, बकरी, सूअर 0.1mg/kg BW मांस में (Intramuscular) या मुख से (Orally) । मैलोनैक्स इंजे. (Melonex Inj. - *Intas*) 5mg/ml - 2ml, 15ml, 30ml, 100ml; मैलोक्स-वैट (Melox-vet - *Merc*) 5mg/ml– 15ml, 30 ml vial; क्विक इंजे. (Quick Inj. - *Zydus AHL*) 5mg/ml - 15ml vial; जोबिड-एम (Zobid-M - *Zydus AHL*) 5mg/ml - 15 ml, 30 ml, 100 ml vial; 20 mg/ml - 10 ml, 30 ml vial;

मैलोनैक्स बोलस (Melonex Bolus - *Intas*) 100 mg Bolus, क्विक बोलस (Quick Bolus - *Zydus AHL*) 100ml Bolus, जोबिड़-एम बोलस (Zobid-M Bolus - *Zydus AHL*) 100mg Bolus ।

4. मैलोक्सीकैम + पैरासीटामोल इंजे. व बोलस (Meloxicam+Paracetamol Inj. & Bolus) : *ब्राण्ड्स*– मैलोनैक्स प्लस इंजे. (Melonex Plus Inj. - *Intas*) मैलोक्सीकेम 5mg + पैरासीटामोल 150mg/ml । **मात्रा**– *बड़े पशु* 15-20ml/300kg BW, *छोटे पशु* 1ml/10kg BW : 30ml, 100ml vial, मैलोनैक्स प्लस बोलस (Melonex Plus Bolus) Meloxicam 100mg + Paracetamol 150 mg per Bolus *(Intas)*; बड़े पशु एक बोलस / 200kg BW रोज।

5. एनाल्जीन 750mg + **फिनाइलब्यूटाजोन** 750mg/5ml एम्प्यूल (Analgin 750mg+Phenylbutazone 750mg per 5ml Ampoule) : एसजीपाइरीन–एन इंजे. (Esgipyrin-N Inj. - *Zydus AHL*); **मात्रा**– *बड़े पशु* : 5-15ml, *छोटे पशु* : 1-5ml मांस में (Intramuscular)।

ग. इंजे. विटामिन बी कौम्प्लैक्स (Inj. Vitamin B Complex) : मात्रा – *गाय, भैंस, घोड़ा* : 5–10 मि.ली.; *भेड़, बकरी, सूअर* : 3–5 मि.ली. *कुत्ता;* 0.5-1.0 मि.ली. मांस में (Intramuscular) रोज : कौन्सीप्लैक्स इंजे. (Conciplex inj. - *Concept*) 10ml, 30ml या वाइबीलान इंजे. (Vibelan inj. - *Virbac*)।

घ. एण्टीहिस्टैमिनिक दवायें (Antihistaminic Drugs) : जैसे–

क्लोरफैनीरामीन मैलीयेट। **मात्रा**– *बड़े पशु* : कुल 30-50 mg; *कुत्ता:* 2 mg/kg शरीर–भारानुसार मांस में 10 mg/ml । ब्राण्ड्स– एनीस्टामीन इंजे. (Anistamin inj - *Intas*), कैडिस्टीन इंजे.; (Cadistin inj - *Zydus AHL*), जीट इंजे. (Zeet inj - *Alembic*) /

फैनीरामीन मैलीएट

मात्रा– *बड़े पशु:* 5–10 मि.ली.; *छोटे पशु:* 0.5–1 मि.ली. मांस में, 22.75 mg/ml; जैसे– (इंजे. एविल वैट (Avil vet inj - *Intervet*), हिसलॉक (Hisloc Inj - *Cadila Pharma*), फैनीरामीन मैलीएट (Pheniramine Maleate - *Prime Vet Care*) में से किसी एक का प्रयोग करें।

च. पशु को उपयुक्त नर्सिंग (Proper nursing) दी जाय।
पशु को शीत से बचाकर अलग रखें।

छ. (i) बड़े पशुओं को मैग सल्फ 50 ग्राम, कल्मी शोरा (पुटाश नाइट्रेट) 10 ग्राम, सोंठ 10 ग्राम, शुद्ध कुचला चूर्ण 4 ग्राम और गुड़ आवश्यकतानुसार। ऐसी एक मात्रा दिन में 2 बार दें। *अथवा*

(ii) सोडा सैलीसिलास 30 ग्राम, सोडाबाईकार्ब 50 ग्राम एवं गुड़ आवश्यकतानुसार। ऐसी एक मात्रा दिन में दो बार तीन दिन तक दें। साथ में पैरासीटामोल या एविल–50 की 10 टिकिया प्रातः और सायंकाल दें।

याद रहे—यदि पशु को कोई भी औषधि न दी जाय तो भी पशु प्रायः तीन दिन बाद स्वस्थ हो जाता है।

- इसमें कोई भी दवा भूलकर भी मुख से (orally) नहीं पिलानी चाहिए। इसमें दवा के श्वासनली में चले जाने पर ड्रेचिंग न्यूमोनिया (aspiration pneumonia) होने का खतरा रहता है, जो एक आपातकालीन स्थिति है।
- Palliative treatment with salicylates or Butazolidine may benefit the muscles stiffness.

2. खुरपका या मुँहपका (Foot and Mouth Disease-F.M.D.)

अन्य नाम (Other names)—खुरहा, खुरपका या मुँहपका, भजहा, इपीजुएटिका (Epizoatica), एफ्थस फीवर, मुरेन डिजीज (Murrain disease), मुँह-खुर, मुँह-पाँव का रोग, फूट खुरा, फुट एण्ड माउथ डिजीज इत्यादि। चपका, अवहा, खगवा नामों से भी जाना जा सकता है।

परिचय (Introduction)—जुगाली करनेवाले पशुओं तथा शूकरों में निस्यंदनीय विषाणु वायरस से उत्पन्न होनेवाला एक ज्वरकारी अति संक्रामक और छूत वाला रोग है जिसमें पशु के मुँह, खुर, अयन तथा थन पर छाले पड़ जाते हैं।

Foot and mouth disease is an extremely contagious acute disease of all clove footed animals caused by a virus and characterized by the fever and vesicular eruptions in the mouth and on the feet and sometimes on the skin of udder and teats.

प्रभावित पशु (Animals affected)— यह गोवंशीय महिषवंशीय (Cattle & Buffaloes), भेड़-बकरी एवं सुअरों में फैलता है। संसार के लगभग सर्भ देशों में इसका प्रकोप होता है। सुअरों में यह रोग बड़े भयंकर रूप से होता है। अधिकांश सुअर इसके प्रभाव से मर जाते हैं। अन्य पशुओं में मृत्यु संख्या लगभग नहीं के बराबर होती है। परन्तु रोगग्रस्त पशु काफी दिन रोग भोगते-भोगते अत्यन्त दुर्बल हो जाता है जिससे उनकी उत्पादन क्षमता घट जाती है। रोगग्रस्त गर्भित गाय तथा भैंस के बच्चे माता का शरीर अधिक जर्जर होने से, उसके पेट में ही मर जाते हैं। ऐसे पशुओं का बाजार में मूल्य भी कम लगता है।

ध्यान दें—

- **एक पशु चार बार रोगग्रसित हो सकता है।**
- **यह रोग बसन्त तथा वर्षा ऋतु में अधिक होना है।**

कारणविज्ञान (Etiology)— यह बीमारी एक वायरस के द्वारा होती है जिसकी सात प्रकारों को खोजकर निकाला जा चुका है। वायरस के मुख्य तीन प्रकार 'ए', 'ओ' तथा 'सी' प्रजातियाँ यूरोपियन देशों में मिलती हैं। शेष तीन प्रकार एशिया SAT-1, SAT-2 तथा SAT-3 दक्षिणी अफ्रीका से खोज किये गये हैं। ये सभी आपस में भिन्न होते हुए भी पशु के शरीर में एक जैसे ही लक्षण पैदा करते हैं। **यही कारण है कि एक प्रकार के विषाणु से आक्रान्त किया हुआ पशु ठीक होकर पुनः दूसरे प्रकार के विषाणु से प्रभावित हो सकता है।**

- भारत में अभी तक ए.ओ.सी. (A.O.C.) तथा एशिया के ही नमूने प्राप्त किये गये हैं।

छूत फैलने के ढंग (Mode of spread)

1. **निकट का सम्पर्क** (Close contact)— यह रोग स्पर्श मात्र या वायु के सेवन से ही हो जाता है। रोगग्रस्त पशु की लार (saliva) जब किसी स्वस्थ पशु के सम्पर्क में आती हैं, तो यह रोग उसको भी हो जाता है।

2. दूषित चारा, पानी, जूठा आहार, नांद, खाल, दूध और दूध से बने पदार्थ, बर्तन, फर्श एवं परिचारिकों के कपड़ों से तत्काल छूत लगती है।

3. इस रोग से ठीक किये पशु अपने शरीर में इस विषाणु को लम्बे समय तक छिपाये रहता है। यदि यह पशु स्वस्थ के सम्पर्क में आ जाय तो उनमें भी यह बीमारी लग जाती है। इस रोग का विषाणु उड़नेवाली चिड़िया के पैर में चिपक जाता है। जब यह चिड़िया एक स्थान से दूसरे स्थान पर पहुँचती हैं तो यह बीमारी उस स्थान पर भी पहुँच जाती है।

The disease is spread from herd to herd either directly by the movement of infected animals, or possibly even infected humans or indirectly by the transportation of the virus on inanimate objects, particularly uncrooked and unprocessed meat products and animal products other than meat. Milk is now recognised as an important vehicle by which the virus may be spread.

उद्भवन अवधि (Incubation Period)—2 से 10 दिन का होता है।

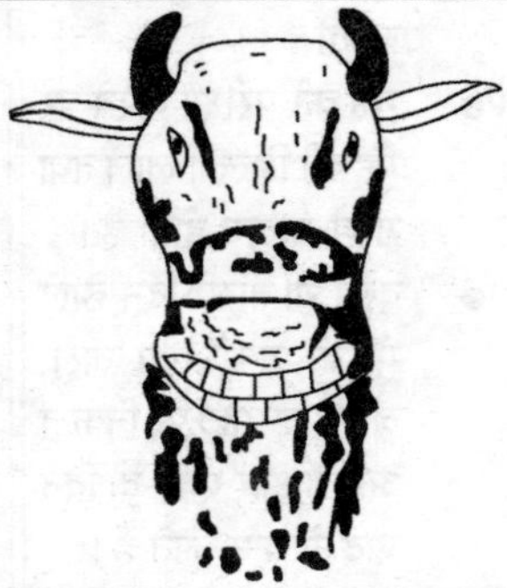

चित्र–खुरपका–मुँहपका रोग से पीड़ित पशु के मुँह में छाले

रोग लक्षण (Symptoms)— प्रारम्भ में पशु को जाड़ा लगकर बुखार आता है। बुखार 104^0F से 105^0F (40^0C–40.6^0C) और कभी-कभी इससे भी अधिक हो जाता है। पशु खाना-पीना तथा जुगाली करना बन्द कर देता है। भूख कम हो जाती है और मुँह से लार बहने लगती है। साथ ही होठों से चपचपाहट की आवाज आती है। पशु सुस्त एवं सिर झुकाये खड़ा रहता है। दुध ारू पशु में दूध देने की क्षमता कम हो जाती है। पशु अपना मुँह चाटता रहता है। मुँह के अन्दर और खुरों के बीच के भाग में लाल रंग के छाले और दाने हो जाते हैं। छाले मुँह के अन्दर से गालों, जीभ, होठ, तालु एवं मसूड़ों पर होते हैं, जो बाद में फूटकर लाल-रंग के छिछड़े, कटे-पिटे किनारेदार धब्बे बन जाते हैं। **छाले पड़ने के समय ही मुँह से धागे की भाँति पतली लार बहती है जो टूट-टूटकर जमीन पर गिरती है।** पैर के छालों के कारण पशु लंगड़ाने लगता है और पैरों को बार-बार पृथ्वी पर झटकता है मानो पैरों के साथ लगी हुई किसी वस्तु को दूर करने का यत्न कर रहा हो। मुँह से छाले फूटने पर उनसे जो तरल पदार्थ निकलता है, उसमें बीमारी के विषाणु भरे रहते हैं। छाले प्राय: 18 घण्टे से लेकर 24 घण्टे बाद फूट जाते हैं और उसके स्थान पर लाल घाव-सा बन जाता है जिसके किनारे खुरदरे और उभरे हुए होते हैं। इन उभरे किनारों पर विषाणु असंख्य संख्या में एकत्र होते हैं। पशु के चारा न खा सकने के कारण उसकी हालत अधिक बिगड़ जाती है। जिन बीमार पशुओं की देखभाल भली प्रकार नहीं की जाती है, उनके छालों के घाव में कीड़े पड़ जाते हैं और खुर गिर जाते हैं।

प्राय: बीमार पशु के थनों पर भी छाले उत्पन्न हो जाते हैं जो प्राय: मटर के दाने के बराबर होते हैं। घावों के छालों से रक्त बहने लगता है, परन्तु ऐसा कभी-कभी होता है। पशु बहुत दुर्बल तथा निर्बल हो जाता है और दूध देनेवाले पशुओं का दूध बहुत कम हो जाता है। रोग प्राय: दो सप्ताह तक रहता है और इसकी समाप्ति स्वास्थ्य-लाभ पर ही होती है। बछड़ों में प्राय: 50-75% रोगी मर जाते हैं। मृत्यु प्राय: नाभि की सूजन के कारण होती है। पशु खाने तथा चलने में असमर्थ होकर अत्यन्त दुर्बल हो जाता है, परन्तु इस बीमारी से पशु मरते बहुत कम हैं।

- छाले पड़ने के बाद पशु का बुखार प्राय: कम हो जाता है।
- साहीवाल जैसी दुधारू नस्ल की गायों में इस रोग का बहुत अधिक प्रभाव होता है।
- रोग से मुक्त होने के पश्चात् पशु के स्वस्थ होने में बहुत समय लगता है।
- कभी-कभी बीमारी एक ही स्थान पर महीनों चलती रहती है एवं कोई-कोई पशु इससे बार-बार प्रभावित होते देखा जाता है।

लक्षणों का क्रम (Symptom's sequence)

- छाले निकलने पर ज्वर तुरन्त घट जाता है।
- मुँह से लार धागे की तरह बहती है।
- मुँह की परीक्षा करने पर मुँह की झिल्ली लाल तथा गरम मालुम होती है।
- दूसरे या तीसरे दिन छाले मुँह के भीतरी भाग, तालु, जीभ एवं ओंठ पर निकल आते हैं और एक-दो दिन बाद ये फूट जाते हैं।
- खुर में रोग होने पर दर्द होता है, जिससे पशु लंगड़ाता है। पूरे खुर में सूजन हो जाती है।
- रोग की भयंकर स्थिति में न्यूमोनिया, प्लूरिसी, खून विष(सेप्टीसीमिया) एवं गर्भपात आदि उपद्रव (complications) हो जाते हैं।
- मुँह और थन के छाले तो अच्छे हो जाते हैं, परन्तु खुर में विषैले कीटाणुओं का संसर्ग हो जाने पर वह अच्छा नहीं होता। यदि उसे छोड़ दिया जाय तो उसमें कीड़े पड़ जाते हैं।
- बछड़ों की मृत्यु अधिकतर आँतों की सूजन के कारण एवं वयस्कों की मृत्यु भूखा रहने (starvation) से होती है।
- भली-भाँति देख-रेख न करने अथवा चिकित्सा के अभाव में या चिकित्सा से ठीक न होने पर पैरों में कीड़े पड़कर खून बहने लगता है, खुर भी बड़े हो जाते हैं और निकल भी जाते हैं।

एफ.एम.डी. के लक्षण सारांश में

- शरीर का तापक्रम 40-41^{0}C तक।
- मुँह, खुर एवं थनों पर छाले।
- भूख कम, (एनोरीक्सिया) अरुचि।
- लगातार बहुत अधिक मात्रा में लार गिरना।
- मुँह से चपचपाहट की आवाज।
- कोरोनैट पर, खुरों के बीच तथा एड़ी (हील) में छाले।
- एक या एक से अधिक पैरों से लंगड़ाना।
- पैरों को बार-बार झटकना एवं कभी-कभी कीड़े भी।
- कोरोनट पर लाल घाव एवं कभी खुर का गिर जाना।
- सूकरों में मजल तथा स्नाउ पर छाले।
- दुधारू पशुओं का दूध बहुत कम।
- कभी-कभी अग्रिम अवस्था के गर्भ का गिर जाना।
- छाले पड़ने के बाद बुखार कम।
- पशु खाने तथा चलने में असमर्थ होकर अत्यन्त दुर्बल रोग की समाप्ति स्वास्थ्य-लाभ पर ही।

रोग निदान (Diagnosis)

1. लक्षणानुसार (Symptomatic)– उपरोक्त बताये लक्षणों के अनुसार की पहचान आसानी से हो जाती है। पशुपालकों को इस रोग का पता उस समय चलता है जब पशु पैर बार-बार पटकने लगता है तथा पैरों में मक्खियाँ लगने लगती हैं अथवा पशु लंगड़ाने लगता है।

2. जन्तु संरोपण द्वारा (By Animal Inoculation)– रोगग्रस्त पशु के छालों से द्रव लेकर गिनीपिग के शरीर में इन्जेक्शन देने से रोग के लक्षण प्रकट हो जाते हैं।

विभेदक निदान (Differential Diagnosis)

1. शीतला (Rinderpeste)– रिण्डरपेस्ट में पैरों में जख्म (lesion) नहीं होते। फुट एण्ड माउथ रोग में डायरिया नहीं होता है।

2. **छुतहा जिह्वा** (Contagious stomatitis)— केवल घोड़ों में मिलता है, पशुओं में कम।

3. **मुखपाकी छाले** (Aphthous stomatitis)— गोवंशीय पशुओं के झुण्ड में वयस्क पशुओं को बहुत कम। इनके पैरों में छाले, घाव आदि F.M.D. की तरह नहीं होते।

चिकित्सा (Treatment)— इस रोग की कोई विशिष्ट चिकित्सा नहीं है। परन्तु, इसकी चिकित्सा लक्षणों के अनुसार की जाती है। हर अवस्था में पशु को एक साफ-सुथरे स्थान पर बिछाली लगाकर रखना चाहिये। इस बीमारी में पशु को आराम देना लाभदायक होता है। चिकित्सा निम्न क्रम से करनी चाहिये—

1. मुँह के छालों के लिये— रोगग्रसित पशु के मुँह के छालों को किसी अच्छे एण्टीसेप्टिक लोशन; जैसे- पोटाश, फिटकरी, बोरिक एसिड, सुहागा आदि के घोलों से धोना चाहिये। एक्रीफ्लेवीन लोशन भी उपयुक्त रहता है अथवा गुनगुने पानी में 2% फिटकरी या बोरिक अम्ल मिलाकर अथवा नमक डालकर धोना चाहिये। मुँह के छालों को धोने के बाद उन पर लेप कर देना चाहिये। छालों को पर बोरोग्लिसरीन लगायी जा सकती है।

2. पैर के छालों के लिए— पैरों के छालों पर 1% तूतिया या फिनाइल का घोल दिन में कई बार डालना चाहिये। खुर से गंदगी हटाकर दिन में दो बार गुनगुने पानी से अथवा तूतिया + फिनाइल अथवा लाइजोल या बीटाडीन के घोल से धोना भी अच्छा रहता है। खुर के बीच में घावों पर एण्टीसेप्टिक पाउडर; जैसे- जिंक/बोरिक/सिवाजाल/डस्टिंग पाउडर अथवा बोरोजाल पाउडर छिड़का जा सकता है।

यदि पैरों में कीड़े पड़ गये हों तो फिनाइल + तारपीन का तेल + कपूर मिलाकर लगावें अथवा फिनाइल + कपूर पीसकर भर दें और पट्टी कर दें। यह क्रम कई दिनों तक जारी रखने से पैर जल्दी ठीक हो जाते हैं।

यदि एक ही साथ बहुत से पशुओं का इलाज करना हो तो उन्हें पाद स्नान (Foot bath) कराना चाहिये।

3. जब थन में यह रोग हो जाय— थन से दूध निकालकर उसे गुनगुने पानी में 2% बोरिक एसिड मिलाकर धोना चाहिए। यदि उसमें छाले पड़ जायें तो गर्म पानी से सेंककर छालों को हटाकर बोरिक या सल्फानिलामाइड का मरहम अथवा जिंक ऑक्साइड का मरहम लगाना चाहिये। दूध निकालने के लिए मिल्क साइफन का प्रयोग कर सकते हैं।

उपरोक्त के अतिरिक्त इस रोग में निम्न चिकित्सा दी जा सकती है—

क. द्वितीयक संक्रमण (Secondary infection) को रोकने के लिये

बहुक्षेत्रीय एण्टीबायोटिक्स (broad spectrum antibiotics) में से किसी एक का प्रयोग कम-से-कम तीन दिन तक करना चाहिये; जैसे- ऑक्सीटैट्रासाइक्लीन, क्लोराम्फैनीकोल, जैन्टामाइसीन, सिप्रोफ्लोक्सासीन, एनरोफ्लोक्सासीन, सैफ्ट्रियेक्सोन, सैफ्टिओफर सोडियम।

ख. बुखार, दर्द और सूजन के लिये :

निम्न दवाओं में से एक प्रयोग करें—

1. **एनाल्जीन इंजे. (Analgin Inj.) : मात्रा**– गाय, भैंस, घोड़ा 10-20gm; भेड़, बकरी 1-4gm; कुत्ता 0.5-2gm (total dose) मांस में (Intramuscular) या नस में (Intravenous) । *ब्रान्ड्स*– एनाल्जीन इंजे. (Analgin Inj. - *KAPL, Medinex lab, Vet India*) 500mg/ml, वैटाल्जीन इंजे. (Vetalgin Inj. - *Intervet*) 500mg/ml - 30ml vial ।

2. पैरासीटामोल इंजे. व बोलस (Paracetamol Inj. & Bolus) : मात्रा– गाय, भैंस, घोड़ा, भेड़, बकरी, सूअर 10mg/kg BW; कुत्ता 10-20mg/kg BW मांस में (Intramuscular) या मुख से (orally) । *ब्रान्ड्स*– पैरासीटामोल इंजे. (Paracetamol Inj - *Zydus AHL*) 150mg/ml - 30ml vial, पाइरौक्सीन बोलस (Pyroxin Bolus - *Merc*) 2gm Bolus ।

3. मैलोक्सीकैम इंजे. व बोलस (Meloxicam Inj. & Bolus) : मात्रा– गाय, भैंस, घोड़ा, भेड़, बकरी, सूअर 0.1mg/kg BW मांस में (Intramuscular) या मुख से (Orally) । मैलोनैक्स इंजे. (Melonex Inj. - *Intas*) 5mg/ml - 2ml, 15ml, 30ml, 100ml; मैलोक्स–वैट (Melox-vet - *Merc*) 5mg/ml– 15ml, 30 ml vial; क्विक इंजे. (Quick Inj. - *Zydus AHL*) 5mg/ml - 15ml vial; जोबिड–एम (Zobid-M - *Zydus AHL*) 5mg/ml - 15 ml, 30 ml, 100 ml vial; 20 mg/ml - 10 ml, 30 ml vial; मैलोनैक्स बोलस (Melonex Bolus - *Intas*) 100 mg Bolus, क्विक बोलस (Quick Bolus - *Zydus AHL*) 100ml Bolus, जोबिड़–एम बोलस (Zobid-M Bolus - *Zydus AHL*) 100mg Bolus ।

4. मैलोक्सीकैम + पैरासीटामोल इंजे. व बोलस (Meloxicam+Paracetamol Inj. & Bolus) : *ब्राण्ड्स*– मैलोनैक्स प्लस इंजे. (Melonex Plus Inj. - *Intas*) मैलोक्सीकेम 5mg + पैरासीटामोल 150mg/ml । **मात्रा**– *बड़े पशु* 15-20ml/300kg BW, *छोटे पशु* 1ml/10kg BW : 30ml, 100ml vial, मैलोनैक्स प्लस बोलस (Melonex Plus Bolus) Meloxicam 100mg + Paracetamol 150 mg per Bolus *(Intas)*; बड़े पशु एक बोलस / 200kg BW रोज ।

5. एनाल्जीन 750mg + **फिनाइलब्यूटाजोन** 750mg/5ml एम्प्यूल (Analgin 750mg+Phenylbutazone 750mg per 5ml Ampoule) : एसजीपाइरीन–एन इंजे. (Esgipyrin-N Inj. - *Zydus AHL*); **मात्रा**– *बड़े पशु* : 5-15ml, *छोटे पशु* : 1-5ml मांस में (Intramuscular) ।

ग. इंजे. विटामिन बी कौम्प्लैक्स (Vitamin B Complex Inj.)

मात्रा – *गाय, भैंस, घोड़ा* : 5–10 मि.ली.; *भेड़, बकरी, सूअर* : 3–5 मि.ली. *कुत्ता;* 0.5-1.0 मि.ली. मांस में (Intramuscular) रोज : कौन्सीप्लैक्स इंजे. (Conciplex inj. - *Concept*) 10ml, 30ml या वाइबीलान इंजे. (Vibelan inj. - *Virbac*) ।

घ. एण्टीहिस्टैमिनिक दवायें (Antihistaminic Drugs)

क्लोरफैनीरामीन मैलीयेट। मात्रा– *बड़े पशुः* कुल 30-50 mg; *कुत्ता:* 2 mg/kg शरीर–भारानुसार मांस में 10 mg/ml । जैसे– एनीस्टामीन इंजे. (Anistamin inj - *Intas*) कैडिस्टीन इंजे.; (Cadistin inj - *Zydus AHL*), जीट इंजे. (Zeet inj - *Alembic*) ।

फैनीरामीन मैलीएट

मात्रा– *बड़े पशु* : 5–10 मि.ली.; *छोटे पशुः* 0.5–1 मि.ली. मांस में, 22.75 mg/ml; जैसे– एविल वैट इंजे. (Avil vet inj - *Intervet*), हिसलॉक (Hisloc Inj - *Cadila Pharma*), फैनीरामीन मैलीएट (Pheniramine Maleate - *Prime Vet Care*) में से किसी एक का प्रयोग करें।

आहार चिकित्सा (Fodder treatment)— रोग से पीड़ित पशु की ओर विशेष ध्यान उसके चारे पर होना चाहिए। पशु को जो भी चारा दिया जाय वह पौष्टिक एवं मुलायम होना चाहिए। हरे-चारे व गुड़ के साथ मिश्रित चावल का चूरा देना अच्छा रहता है। चावल का मांड़ शीरे में मिलाकर दिया जा सकता है। जानवर की शक्ति कायम रखने के लिये लिक्विड आहार– दूध या चावल का मांड़, लिनसीड या सूखी घास की चाय (Hay tea) देनी चाहिए। चावल के मांड़ में कुछ शीरा और नमक मिलाने के बाद काफी पतला करके पिलाना चाहिये। पशु जब कुछ अच्छा होने लगे तो उस समय पशु को हरा तथा नरम चारा (हरी घास, लूसर्न) देकर धीरे–धीरे असली आहार पर लाना चाहिए।

रोकथाम (Prevention)

- रोगी पशु को स्वस्थ पशुओं से अलग रखें।
- महामारी (Outbreak) के समय पशु को इधर-उधर घूमने नहीं देना चाहिए।
- रहने का स्थान साफ-सुथरा रखना चाहिए।
- चारा मुलायम देना चाहिए। चावल का मांड़ + गुड़ मिलाकर पिलाना चाहिए।
- बीमारी के प्रकोप के समय दूध पीने वाले बच्चों को इससे बचाने के लिये उन्हें उबला हुआ दूध पिलाना चाहिए।

टीका (Vaccine) **बचाव हेतु**– रोग से बचने के लिए यह एक उत्तम साधन है। टीकाकरण के अध्याय में दी गई जानकारी के अनुसार टीकाकरण कराना चाहिये।

3. चेचक या शीतला या पोंकनी (Rinderpest-R.P.)

अन्य नाम (Other names)—पशु-प्लेग, रिण्डरपेस्ट, मालमारी, कैटिल प्लेग, पोंकनी, पकवेदन, पोंकनी माता, पिची नाव, वेदन, मनरोग, पोंका, शीतला, पेया, बसन्तू व पकवा रोग आदि। इसे Bovine Typhus के नाम से भी जाना जाता है।

परिचय (Introduction)—यह एक उच्च-ज्वरवाला संक्रामक रोग है जो एक निस्यंदनीय विषाणु (filterable virus) द्वारा उत्पन्न होता है। इसमें उच्च ज्वर, आँत की म्यूकस मेम्ब्रेन में कण्ठरोग गलाघोंटू प्रदाह (Croupous diphtheritic inflammation) और चाँदमारी दस्त (shooting diarrhoea) आदि लक्षण होते हैं। रोग गाय-भैंस और कभी-कभी भेड़-बकरियों को प्रभावित करता है।

Rinderpest is an acute, febrile, contagious disease, chiefly of Bovines, characterised by a sudden onset, rapid course, high fever, croupous diphtheritic inflammation of the mucous membrane of the alimentary canal and shooting diarrhoea caused by a filterable virus.

प्रभावित पशु (Affected animals)—यह रोग विशेषकर सभी जुगाली करनेवाले पशुओं में होता है। प्रभावित पशुओं में से लगभग 80-100% पहाड़ी और विदेशी पशु मौत के शिकार होते हैं। मैदानी पशुओं में मृत्यु-दर 20-40% तक होती है। गाय की अपेक्षा भैंस अधिक प्रभावित होती है। भेड़-बकरियों में भी रोग होते देखा गया है। यदि कोई पशु इस रोग से पीड़ित हो जाता है तो ठीक होने के कई वर्ष बाद पुनः रोग से प्रभावित हो सकता है। सिन्धी गाय में तथा दूसरे रंगीन पशुओं में इसकी मृत्यु संख्या सफेद पशुओं से अधिक होती है। यह बीमारी घोड़े, कुत्ते, चिड़ियों एवं मनुष्यों को नहीं होती है।

कारणविज्ञान (Etiology)—यह रोग एक प्रकार के Filterable virus द्वारा होता है और छूत से दूसरे पशुओं को लग जाता है। इसका वायरस परासूक्ष्मदर्शी (ultramicroscopic) होने के कारण Bark field filter से पास हो जाता है। इस कारण इसका लेबोरेटरी में संवर्धन (culture) नहीं किया जा सकता। यह वायरस लाल रक्त कणिकाओं (Red Blood Cells) से चिपका रहता है। इस कारण रक्त (Blood) अधिक घातक (virulent) और बीमारी पैदा करनेवाला होता है। यह सीरम में नहीं पाया जाता। शरीर के अन्दर यह वायरस काफी समय तक जीवित रह सकता है। रोगी के शरीर से निकलनेवाले सभी रसों एवं स्रावों में यह वायरस उपस्थित रहता है।

पशु प्लेग बहुत ही शीघ्र, एक पशु से दूसरे पशु में एक वायरस द्वारा फैलता है। यह वायरस जानवर के बदन से निकलने के बाद बहुत कम समय तक जीवित रहता है और सायेदार

जगह में भी दो दिन बाद नष्ट हो जाता है। धूप में यह कुछ घण्टों में ही नष्ट हो जाता है। गर्मी और डिसइन्फेक्टेन्ट से शीघ्र नष्ट हो जाता है।

फैलने के ढंग (Mode of spread)

1. अन्न नली द्वारा (By Ingestion)— इसकी छूत एक पशु से दूसरे पशु को खाने, पीने तथा दस्तों द्वारा और पेशाब द्वारा अधिक फैलती है। बर्तन और परिचारकों के कपड़े, जो रोगी के मल-मूत्र तथा लार इत्यादि से दूषित हो जाते हैं, स्वस्थ पशुओं के सम्पर्क में आने से तुरन्त छूत फैलाते हैं। परिचारक तथा मक्खियाँ भी रोग को फैलाने में सहायक होते हैं।

2. श्वास नली एवं नेत्रश्लेष्मला द्वारा (By trachea and conjunctiva)— भी कभी-कभी इस रोग का वायरस स्वस्थ पशु में प्रवेश पाकर बीमारी फैलाता है।

उद्भवन अवधि (Incubation period)— 3 से 9 दिन। लेकिन, इसके लक्षण तीसरे या चौथे दिन प्रकट हो जाते हैं।

रोग लक्षण (Symptoms) : विस्तार से—

प्रथम अवस्था— शरू-शुरू की अवस्था में बहुत से पशु एकाएक बीमार हो जाते हैं और उनका तापक्रम बढ़ जाता है, जो चार-पाँच दिन में 104-108^{0}F (40-42^{0}C) तक पहुँच जाता है। कभी-कभी इससे भी अधिक हो जाता है। यह इसका पहला लक्षण है। पशु का शरीर काँपने लगता है और उसके रोंगटे खड़े हो जाते हैं। उसका मुँह गर्म हो जाता है और वह सुस्त होकर खाना-पीना कम कर देता है। पशु झुण्ड के अन्य पशुओं से अलग होकर सिर को नीचे की ओर झुका लेता है, कान गिर जाते हैं और बदन सिकोड़ लेता है। कान सींगों की जड़ पर (horn base on the ear) एवं पूँछ की जड़ (root of the tail) अधिक गर्म होते हैं। थूथन (muzzle) सूख जाता है। दूध में भी कमी आ जाती है। पशु को कब्ज होता है और सूखा तथा काली आँव (mucus) मिला गोबर आता है। पेशाब पीला तथा कम आता है। प्यास अधिक लगती है और साँस जल्दी-जल्दी चलने लगती है और खाँसने में पशु को कष्ट होता है। पशु के दाँतों से कटकटाहट की आवाज होती है।

चित्र- *पशु प्लेग से पीड़ित पशु*

द्वितीय अवस्था— पशुओं की आँखें लाल हो जाती हैं और उनसे कीचड़ बहने लगता है। रोगी को चारा निगलने में कष्ट होता है और प्यास अधिक बढ़ जाती है। मुँह के अन्दर की श्लेष्मिक झिल्ली लाल हो जाती है और उसमें छाले पड़ने लगते हैं। नाक से पहले पानी निकलता है और बाद

में चिपचिपा म्यूकस आने लगता है जो बाद में भूरे-रंग का बदबूदार हो जाता है। मलाशय की श्लेष्मिक झिल्ली रक्तवर्ण होकर सूखने लगती है। नाक, आँख एवं मुँह से पानी बहता है। गोबर पतला और उसमें आँव आने लगती है तथा नथुने और थूथन (muzzle) की खाल सूखकर फटने लगती है।

तृतीय अवस्था—पशु की आँख, नाक और मुँह से मवाद जैसा लसदार पदार्थ (mucopurulent discharge) निकलना प्रारम्भ हो जाता है। तत्पश्चात् दस्त शुरू हो जाते हैं। पहले, बदबूदार दस्त आते हैं और बाद में खून आने लगता है जिसमें काफी मात्रा में श्लेष्मा भी मिली रहती है। दस्त कुछ गहरे भूरे-रंग (dark brown colour) के हो जाते हैं। अन्त में एक ऐसी अवस्था आ जाती है जिसमें पशु का अपने दस्तों पर नियंत्रण (control) नहीं रहता है। पशु की पूँछ और पिछला भाग दस्तों से पूर्णतया सन जाता है। पशु के पास बहुत ही खराब सड़न जैसी बदबू आती है। पशु कमजोरी के कारण जमीन पर शिथिल होकर गिर जाता है और अपना सिर अगली टाँगों पर रख लेता है। ऐसी अवस्था में पेशाब भी अधिक आता है तथा बहुत तेज होता है। दस्त आ जाने के बाद बुखार कम हो जाता है और अधिक खराब अवस्था में सामान्य (normal) से भी अधिक गिर जाता है। पशु जीर्ण होकर मृत्यु की प्रतीक्षा करने लगता है। ग्याभिन पशुओं में अधिक दिनों की गर्भावस्था (advance pregnancy) की हालत में गर्भपात (एबोर्शन) हो जाता है। जानवर को साँस लेने में कष्ट होता है। ऐसी स्थिति में (प्रायः 4 से 7 दिन में) पशु की मृत्यु हो जाती है। कभी-कभी पशु तीन सप्ताह तक भी जीवित रहता है।

रोग से प्रभावित पशुओं को स्वास्थ्य-लाभ करने में अधिक समय लगता है।

कुछ पशु रोगियों में अयन की त्वचा, गर्दन, कंधा एवं जाँघों के अन्दर की त्वचा (inside of the thighs) पर खुरण्ड (scabs) तथा अल्सर उत्पन्न हो जाते हैं। ये बीमारी की विलम्ब स्थिति में उत्पन्न होते हैं। इसे बाह्य पोंकनी रोग (external rinderpest) के नाम से जाना जाता है। इन केसिस का प्रग्ज्ञान (prognosis) अच्छा रहता है।

रोग का कार्यकाल (Course) — रोग के प्रथम लक्षण उत्पन्न होने के 4 से 7वें दिन तक पशु की मृत्यु हो जाती है। पशु 7 से 10 वें दिन स्वस्थ होने के लक्षण उत्पन्न करता है और धीरे-धीरे स्वस्थ होता जाता है। बीमारी के दिनों में पशु अति दुर्बल होकर जर्जर हो जाता है और खड़े होने में असमर्थ होता है। शरीर की त्वचा hidebound की तरह हो जाती है। दूध देनेवाले पशु दूध देना बन्द (Lactating cow dry up) कर देते हैं।

निदान (Diagnosis)

लक्षणानुसार (Symptomatic) —उपरोक्त लक्षणों को देखकर निदान में कोई कठिनाई नहीं होती है। जैसे- थरथराकर काँपना एवं तेज बुखार, जीभ के नीचे मुँह के अन्दर तथा मसूड़ों के ऊपर महीन-महीन दाने एवं उनका फूटकर घाव बनना। इसके बाद पतले आँव मिले दस्त (बदबूदार), चाँदमारी दस्त (Shooting diarrhoea) एवं साथ में नाक, आँख से लसदार द्रव का बहना तथा अन्त में मृत्यु हो जाना।

शव परीक्षा से निदान (Post-mortem Findings)— कान, होठ, नथुने, जीभ, मसूड़े तथा ग्रसनी (pharynx) में सड़न तथा गलन, पित्ताशय का हरे या पीले बाइल (bile) से भरा होना। बड़ी आँत (colon) के अन्तिम भाग मलाशय की श्लेष्मिक झिल्ली (mucous membrane of rectum) में गहरी लाल अनुप्रस्थ धारियाँ (zebra markings) रोग निदान में सहायक।

- पशु की प्लीहा में कोई परिवर्तन नहीं मिलता है।

चिकित्सा (Treatment)— रोग का पूर्णरूप से आक्रमण होने पर प्रायः पशु मर जाता है। इसलिए चिकित्सा का कोई विशेष महत्त्व नहीं है। रोग के प्रारम्भ में ही यदि पशु को चिकित्सा का अवसर मिल जाये तो कभी-कभी आशातीत लाभ मिलता है।

बीमार पशु को स्वस्थ पशुओं से अलग कर एक साफ-सुथरे हवादार कमरे में रखना चाहिये। इसके पश्चात् उसका भली प्रकार से भोजन का प्रबन्ध करना चाहिये, जहाँ धूप तथा वर्षा से बचाव हो सके। खाने में चावल का माँड़ जिसमें अच्छी तरह उबला हुआ बेल का रस मिला हो, देना चाहिये। कब्ज (constipation) की स्थिति में पशु को पानी खूब पिलाना चाहिये। लेकिन, जब दस्त प्रारम्भ हो जायें तब केवल गुनगुना पानी जिसमें थोड़ा-सा पोटाश परमैंगनेट ($KMnO_4$) मिला हो, थोड़ी मात्रा में दो या चार घण्टे में देना चाहिए।

रिन्डरपेस्ट के लक्षण सारांश में

- प्रथम तापक्रम 104-108^{0}F (40-42^{0}C) तक।
- सुस्ती, सिर नीचे को, कँपकँपी एवं दाँत किटकिटाना।
- तेज तथा कष्टदायक श्वास।
- दुर्बलता एवं दूध में कमी।
- खाना-पीना एवं जुगाली नहीं।
- होठों, मसूड़ों तथा जीभ पर लाली एवं पिन हैड के आकारवाले उभार (चोकर के समान)। महीन दाने एवं घाव जीभ के नीचे।
- दाने या छाले पककर घाव, ऐसी अवस्था में लार अधिक।
- नाक एवं आँखों से पानी।
- पशु को पहले कब्ज, गोबर सख्त एवं खून से सना होना।
- आँखें लाल एवं उनसे कीचड़ बहना, पलकें सूजी हुईं।
- चारा निगलने में कष्ट एवं प्यास की अधिकता।
- गर्भित पशुओं में गर्भपात।
- तीसरे-चौथे दिन गंदे तथा बदबूदार दस्त, अन्त में दस्त के साथ रक्त एवं श्लेष्मा (Mucus) भी।
- होठों, पलकों, नथुनों एवं कानों में सड़न उत्पन्न।
- मलाशय की श्लेष्मिक झिल्ली रक्तवर्ण होकर शुष्क।
- पशु की पूँछ एवं पिछला भाग दस्त से पूर्णतया सना हुआ।
- पशु के पास बहुत ही खराब सड़न जैसी बदबू।
- तापक्रम कम होकर 4-7 दिन में मृत्यु।

इस रोग में निम्न चिकित्सा दी जा सकती है—

क. द्वितीयक संक्रमण (Secondary infection) को रोकने के लिये- निम्न बहुक्षेत्रीय एण्टीबायोटिक्स (broad spectrum antibiotics) में से किसी एक का प्रयोग कम-से-कम तीन दिन तक करना चाहिये; जैसे- ऑक्सीटैट्रासाइक्लीन, क्लोराम्फैनीकोल, जैन्टामाइसीन, सिप्रोफ्लोक्सासीन, एनरोफ्लोक्सासीन, सैफ्ट्रियेक्सोन, सैफ्टिओफर सोडियम।

ख. बुखार, दर्द और सूजन के लिये (For fever, pain and swelling)
निम्न दवाओं में से एक प्रयोग करें—

1. **एनाल्जीन इंजे. (Analgin Inj.) : मात्रा**- गाय, भैंस, घोड़ा 10-20gm; भेड़, बकरी 1-4gm; कुत्ता 0.5-2gm (total dose) मांस में (Intramuscular) या नस में (Intravenous)। *ब्रान्ड्स*- एनाल्जीन इंजे. (Analgin Inj. - *KAPL, Medinex lab, Vet India*) 500mg/ml, वैटाल्जीन इंजे. (Vetalgin Inj. - *Intervet*) 500mg/ml - 30ml vial।

2. **पैरासीटामोल इंजे. व बोलस (Paracetamol Inj. & Bolus) : मात्रा**- गाय, भैंस, घोड़ा, भेड़, बकरी, सूअर 10mg/kg BW; कुत्ता 10-20mg/kg BW मांस में (Intramuscular)

या मुख से (orally) / *ब्रान्ड्स*– पैरासीटामोल इंजे. (Paracetamol Inj - *Zydus AHL*) 150mg/ml - 30ml vial, पाइरौक्सीन बोलस (Pyroxin Bolus - *Marc*) 2gm Bolus ।

3. मैलोक्सीकैम इंजे. व बोलस (Meloxicam Inj. & Bolus) : मात्रा– गाय, भैंस, घोड़ा, भेड़, बकरी, सूअर 0.1mg/kg BW मांस में (Intramuscular) या मुख से (Orally) । मैलोनैक्स इंजे. (Melonex Inj. - *Intas*) 5mg/ml - 2ml, 15ml, 30ml, 100ml; मैलोक्स–वैट (Melox-vet - *Marc*) 5mg/ml– 15ml, 30 ml vial; क्विक इंजे. (Quick Inj. - *Zydus AHL*) 5mg/ml - 15ml vial; जोबिड–एम (Zobid-M - *Zydus AHL*) 5mg/ml - 15 ml, 30 ml, 100 ml vial; 20 mg/ml - 10 ml, 30 ml vial; मैलोनैक्स बोलस (Melonex Bolus - *Intas*) 100 mg Bolus, क्विक बोलस (Quick Bolus - *Zydus AHL*) 100ml Bolus, जोबिड़–एम बोलस (Zobid-M Bolus - *Zydus AHL*) 100mg Bolus ।

अथवा

4. मैलोक्सीकैम + पैरासीटामोल इंजे. व बोलस (Meloxicam+Paracetamol Inj. & Bolus) : मात्रा– *बड़े पशु* 15-20ml/200kg BW, *छोटे पशु* 1ml/10kg BW *ब्राण्ड्स*– मैलोनैक्स प्लस इंजे. (Melonex Plus Inj. - *Intas*) मैलोक्सीकेम 5mg + पैरासीटामोल 150mg/ml : 30ml, 100ml via; मैलोनैक्स प्लस बोलस (Melonex Plus Bolus) Meloxicam 100mg + Paracetamol 150 mg per Bolus *(Intas)*; बड़े पशु एक बोलस / 200kg BW रोज ।

अथवा

5. एनाल्जीन 750mg + **फिनाइलब्यूटाजोन** 750mg/5ml एम्प्यूल (Analgin 750mg+Phenylbutazone 750mg per 5ml Ampoule) : एसजीपाइरीन–एन इंजे. (Esgipyrin-N Inj. - *Zydus AHL*); **मात्रा**– *बड़े पशु* : 5-15ml, *छोटे पशु* : 1-5ml मांस में (Intramuscular) ।

ग. विटामिन बी कौम्प्लैक्स इंजे. (Vitamin B Complex Inj.)

मात्रा – *गाय, भैंस, घोड़ा* : 5–10 मि.ली.; *भेड़, बकरी, सूअर* : 3–5 मि.ली. *कुत्ता;* 0.5-1.0 मि.ली. मांस में (Intramuscular) रोज : कौन्सीप्लैक्स इंजे. (Conciplex inj. - *Concept*) 10ml, 30ml या वाइबीलान इंजे. (Vibelan inj. - *Virbac*) ।

घ. एण्टीहिस्टैमिनिक दवायें (Antihistaminic Drugs)

जैसे– ***क्लोरफैनीरामीन मैलीयेट*। मात्रा**– *बड़े पशु*– कुल 30-50 mg; *कुत्ता* 2 mg/kg शरीर–भारानुसार मांस में 10 mg/ml । जैसे– एनीस्टामीन इंजे. (Anistamin inj - *Intas*) कैडिस्टीन इंजे.; (Cadistin inj - *Zydus AHL*), जीट इंजे. (Zeet inj - *Alembic*) /

फैनीरामीन मैलीएट

मात्रा– *बड़े पशु*: 5–10 मि.ली.; *छोटे पशु* 0.5–1 मि.ली. मांस में, 22.75 mg/ml; जैसे– एविल वैट इंजे. (Avil vet inj - *Intervet*), हिसलॉक (Hisloc Inj - *Cadila Pharma*), फैनीरामीन मैलीएट (Pheniramine Maleate - *Prime Vet Care*) में से किसी एक का प्रयोग करें।

च. निम्न दस्त अवरोधक दवाओं में से कोई एक; जैसे– नैबलौन, कैटोरिया या डाइबान 50 ग्राम सुबह–शाम चावल के मांड़ के साथ देनी चाहिए।

छ. शरीर में पानी की कमी को पूरा करने के लिये 5% डैक्स्ट्रोज सेलाइन 1000 मि.ली. शिरा में प्रतिदिन देनी चाहिये।

ज. मुँह के छालों को 0.1% पोटैशियम परमैग्नेट के घोल से धोकर बोरोग्लिसरीन लगानी चाहिए।

बचाव (Prevention)

- बीमारी फैलते ही इसकी सूचना निकट के पशु–चिकित्साधिकारी को कर देनी चाहिये।
- रोगी तथा सम्पर्क में आये हुए सभी पशुओं को अन्य स्वस्थ पशुओं से अलग कर देना चाहिए।

- पशुओं के रहने का स्थान साफ-सुथरा रहना चाहिये।
- मृत-पशुओं को अच्छी तरह गाढ़ देना चाहिए अर्थात् शव का निस्तारण वैज्ञानिक ढंग से करना चाहिए।
- स्वस्थ पशुओं को इस बीमारी से बचाव का टीका (vaccine) लगवा देना चाहिए। टीकाकरण के अध्याय में दी गई जानकारी के अनुसार टीका लगवाना चाहिए।

4. शूकर ज्वर/स्वाइन फीवर (Swine Fever/Hog Cholera)

अन्य नाम (Other names)—इसे शूकर ज्वर, स्वाइन फीवर (Swine fever), होग कोलैरा (Hog cholera) आदि नामों से जाना जाता है।

परिचय (Introduction)—यह शूकरों के रक्तविष की अति संक्रामक बीमारी है जो बहुत ही प्राणघातक होती है। इसमें गम्भीर आन्त्रगत विकार, डायरिया, न्यूमोनिया, त्वचा में रक्त स्राव आदि लक्षण होते हैं। रोग एक निस्यंदनीय वायरस से होता है।

Swine fever/Hog cholera is a highly contagious specific disease of pigs characterised by severe intestinal disturbance, diarrhoea, pneumonia and skin haemorrhage caused by a filterable virus.

प्रभावित क्षेत्र (Affected area)—जहाँ भी शूकर पाले जाते हैं। भारत में कोई निश्चित नहीं।

रोग कारण (Causes)—इसका कारण एक निस्यंदनीय विषाणु (filterable virus) होता है। यह विषाणु रक्त एवं शूकर के प्रभावित अंग में उपस्थित रहता है। सामान्यत: इसके साथ *सालमोनैला कोलरी स्वीस (Salmonella cholerae suis)* जीवाणु रहता है।

छूत फैलने के ढंग (Mode of spread)—यह भोजन और पानी के साथ फैलता है। प्रभावित मृत पशु (infected carcass) एक सामान्य कारण है। चूहे इस बीमारी को यान्त्रिक रूप से (mechanically) फैलाते हैं।

रोग लक्षण (Symptoms) —बीमारी अति तीव्र (peracute), तीव्र (acute), कम तीव्र (subacute) अथवा जीर्ण (chronic) रूप में होती है। अति तीव्र (peracute) रोग मुख्य रूप से जवान अथवा दूध पीनेवाले शूकरों (suckling pigs) में होता है। रोगी को तीव्र बुखार हो जाता है, सिर नीचे को हो जाता है, पीठ सिकुड़ जाती है तथा वह ऊपर को तनी हुई मालूम पड़ती है। रोगी पशु की एक-दो दिन में मृत्यु हो जाती है।

तीव्र और कम तीव्र रोग में— सुअर सुस्त हो जाता है। सिर नीचे को, पीठ ऊपर को उठी हुई (arched back), उठने में कष्ट (difficulty in getting up), तापक्रम 106^{0}F (41^{0}C) अथवा अधिक, त्वचा गर्म, अरुचि, प्यास की अधिकता, कभी-कभी वमन (vomiting), थोड़े ही समय में त्वचा, कान के पीछे, छाती, उदर एवं जाँघों पर लाल रंग के चकत्ते (patches) निकलना, आँखों से पानी और बाद में पस युक्त नि:स्राव (conjunctivitis with watery first and then purulent discharge) l पहले कब्ज बाद में बहुत पतले दस्त (diarrhoea), दस्तों में पानी अथवा कभी-कभी रक्त आता है। अधिकांश केसिस में नाक से स्राव, खाँसी एवं न्यूमोनिया आदि लक्षण होते हैं।

तीव्र रोग में रोगी की मृत्यु एक-दो सप्ताह में, कुछ केसिस में त्वचा पर परिगलित चकत्ते (necrosed patches) उत्पन्न हो जाते हैं। कम तीव्र रोग (subacute cases) महीने तक बना रहता है। जीर्ण केस में मुख्य लक्षण Unthriftiness के होते हैं। शरीर वृद्धि रुक जाती है और डायरिया रुक-रुककर चलता रहता है। प्रभावित रोगी कभी-कभी स्वस्थ हो जाते हैं अथवा कुछ ठीक हो

जाते हैं। कभी-कभी नाड़ी उत्पात; जैसे- दाँतों का पीसना, स्थानीय पैरालिसिस, लोकोमोटर विकार, लेथर्जी एवं दौरे पड़ना (convulsions) आदि लक्षण हो जाते हैं।

स्वाइन फीवर के लक्षण सारांश में

- बिना किसी लक्षण के मौत अति तीव्र अवस्था में।
- अति तीव्र अवस्था में ज्वर 105-107^{0}F तक।
- भूख नहीं एवं सुस्तीपन।
- तीव्र श्वास एवं बेचैनी।
- सिर झुक जाना एवं पीठ ऊपर को तनी हुई।
- मृत्यु प्राय: 1-2 दिन में।
- हाँफना एवं उठने में कष्ट।
- अधिक प्यास।
- पूँछ नीचे, पेट एवं छाती के अन्दर तथा जाँघ और कान के पीछे लाल निशान।
- पहले कब्ज बाद में डायरिया। मल से रक्त भी।
- आँख से पीला स्राव एवं आँख के भीतर सूजन।
- त्वचा लाल।
- नथुने बहना एवं निमोनिया। 1-2 सप्ताह में मृत्यु।
- कभी-कभी नाड़ी सम्बन्धी उत्पात एवं बेहोशी।

मृत्यु दर (Mortality)— 30 से 90% तक। दूध पीनेवालों में अधिक।

रोग निदान (Diagnosis)— रोग का पूर्व इतिहास, उच्च ताप, डायरिया एवं मृत्यु दर की अधिकता एवं शव परीक्षा से निदान हो जाता है।

शव परीक्षा से—शरीर के विभिन्न अंगों में छींटदार रक्तस्राव (petechial haemorrhage) तथा जठरान्त्रशोथ (gastroenteritis) की विक्षतियाँ (lesions) मिलती हैं। वृक्क सम्पुट (renal capsule) के नीचे छींटदार रक्तस्राव (petechial haemorrhage) का पाया जाना इस रोग की विशेष विक्षति (lesion) मानी जाती है।

चिकित्सा (Treatment)

- तत्काल हाईपर इम्यून सीरम (Hyperimmune serum); शुरू में 50-150 मि.ली. देना चाहिए।
- अन्य चिकित्सा लक्षणों के अनुसार।

इस रोग की कोई विशेष चिकित्सा नहीं है। इस रोग में निम्न चिकित्सा लक्षणानुसार दी जा सकती है—

क. द्वितीयक संक्रमण (Secondary infection) को रोकने के लिये बहुक्षेत्रीय एण्टीबायोटिक्स (broad spectrum antibiotics) में से किसी एक का प्रयोग कम-से-कम तीन दिन तक करना चाहिये; जैसे- ऑक्सीटैट्रासाइक्लीन, क्लोराम्फैनीकोल, जैन्टामाइसीन, सिप्रोफ्लोक्सासीन, एनरोफ्लोक्सासीन, सैफ्ट्रियेक्सोन, सैफ्टिओफर सोडियम।

ख. बुखार, दर्द और सूजन के लिये : निम्न दवाओं में से एक प्रयोग करें—

1. **एनाल्जीन इंजे. (Analgin Inj.) : मात्रा**- 1-4gm; (total dose) मांस में (Intramuscular) या नस में (Intravenous) I *ब्रान्ड्स*- एनाल्जीन इंजे. (Analgin Inj. - *KAPL, Medinex lab, Vet India*) 500mg/ml, वैटाल्जीन इंजे. (Vetalgin Inj. - *Intervet*) 500mg/ml - 30ml vial I

2. **पैरासीटामोल इंजे. व बोलस (Paracetamol Inj. & Bolus) : मात्रा**- सूअर 10mg/kg BW; मांस में (Intramuscular) या मुख से (orally) / *ब्रान्ड्स*- पैरासीटामोल इंजे. (Paracetamol Inj - *Zydus AHL*) 150mg/ml -30ml vial, पाइरौक्सीन बोलस (Pyroxin Bolus - *Merc*) 2gm Bolus I

3. मैलोक्सीकैम इंजे. व बोलस (Meloxicam Inj. & Bolus) : मात्रा– सूअर 0.1mg/kg BW मांस में (Intramuscular) या मुख से (Orally) । मैलोनैक्स इंजे. (Melonex Inj. - *Intas*) 5mg/ml - 2ml, 15ml, 30ml, 100ml; मैलोक्स–वैट (Melox-vet - *Merc*) 5mg/ml– 15ml, 30 ml vial; क्विक इंजे. (Quick Inj. - *Zydus AHL*) 5mg/ml - 15ml vial; जोबिड–एम (Zobid-M - *Zydus AHL*) 5mg/ml - 15 ml, 30 ml, 100 ml vial; 20 mg/ml - 10 ml, 30 ml vial; मैलोनैक्स बोलस (Melonex Bolus - *Intas*) 100 mg Bolus, क्विक बोलस (Quick Bolus - *Zydus AHL*) 100ml Bolus, जोबिड़–एम बोलस (Zobid-M Bolus - *Zydus AHL*) 100mg Bolus ।

4. मैलोक्सीकैम + पैरासीटामोल इंजे. व बोलस (Meloxicam+Paracetamol Inj. & Bolus) : *ब्राण्ड्स*– मैलोनैक्स प्लस इंजे. (Melonex Plus Inj. - *Intas*) मैलोक्सीकेम 5mg + पैरासीटामोल 150mg/ml । **मात्रा**– 1ml/10kg BW : 30ml, 100ml vial, मैलोनैक्स प्लस बोलस (Melonex Plus Bolus) Meloxicam 100mg + Paracetamol 150 mg per Bolus *(Intas)*; बड़े पशु एक बोलस / 200kg BW रोज।

5. एनाल्जीन 750mg + **फिनाइलब्यूटाजोन** 750mg/5ml एम्प्यूल (Analgin 750mg+Phenylbutazone 750mg per 5ml Ampoule) : एसजीपाइरीन–एन इंजे. (Esgipyrin-N Inj. - *Zydus AHL*); **मात्रा**– *बड़े पशु* : 5-15ml, *छोटे पशु* : 1-5ml मांस में (Intramuscular) ।

ग. विटामिन बी कौम्प्लैक्स इंजे. (Vitamin B Complex Inj.) : मात्रा – *सूअर* **:** 3–5 मि.ली. मांस में (Intramuscular) रोज **:** कौन्सीप्लैक्स इंजे. (Conciplex inj. - *Concept*) 10ml, 30ml या वाइबीलान इंजे. (Vibelan inj. - *Virbac*) ।

घ. एण्टीहिस्टैमिनिक दवायें (Antihistaminic Drugs) : जैसे– ***क्लोरफैनीरामीन मैलीयेट।* मात्रा**– 2 mg/kg शरीर–भारानुसार मांस में 10 mg/ml । जैसे– एनीस्टामीन इंजे. (Anistamin inj - *Intas*) कैडिस्टीन इंजे.; (Cadistin inj - *Zydus AHL*), जीट इंजे. (Zeet inj - *Alembic*), *फैनीरामीन मैलीएट।*

मात्रा– 0.5–1 मि.ली. मांस में, 22.75 mg/ml; जैसे– एविल वैट इंजे. (Avil vet inj - *Intervet*), हिसलॉक (Hisloc Inj - *Cadila Pharma*), फैनीरामीन मैलीएट (Pheniramine Maleate - *Prime Vet Care*) में से किसी एक का प्रयोग करें।

च. दस्तों को रोकने के लिए दस्त अवरोधक दवा; जैसे– नैबलोन या कैटोरिहया पाउडर – 15-20 gm चावल के मांड़ में देना चाहिए।

छ. रक्त में पानी की कमी को दूर करने के लिये 5% डैक्सट्रोज सेलाइन 500 मि.ली. शिरा में देनी चाहिए।

बचाव (Prevention)— टीकाकरण कार्यक्रम टीकाकरण के अध्याय के अनुसार करना चाहिये।

5. चेचक या शीतला या पौक्स (Pox or Variola) या गो मसूरी

अन्य नाम (Other names)— इसे Cow pox, Variola भी कहते हैं।

परिचय (Introduction)— यह एक छूतवाली बीमारी है जो सभी प्रकार के घरेलू पशुओं में होती है। इसमें पशु के मुँह, थन तथा योनि पर लाल–रंग की फुंसियाँ निकल आती हैं तथा काले–रंग के दाग दिखाई पड़ते हैं।

Cow pox or Variola is a mild eruptive disease with slight fever and little general disturbance affecting usually milch cows, occasionally bullocks and calves. The eruptions being localised are almost exclusively on the udder and teats caused by a filterable virus.

कारणविज्ञान (Etiology)— इस रोग का कारण एक विषाणु है। यह वायरस 200 मिलीमाइक्रोन व्यास का होता है। इसे 'इलीमेण्टरी बोडीज' के नाम से जाना जाता है।

प्रभावित क्षेत्र (Affected area)— भारत एवं पूरे संसार के देशों में।

प्रभावित पशु (Affected animals)— यह बीमारी गाय, भेड़, बकरी आदि में मिलती है। परन्तु, घोड़े में इसका संक्रमण स्थानीय (local) होता है।

छूत फैलने के ढंग (Mode of spread)—यह बीमारी बहुत ही छुतहा (contagious) होती है। छूतवाली चीजों से दूसरे पशुओं को लग जाती है। अधिकतर दूध दुहनेवालों के हाथ से छूत लगने पर इस रोग का प्रसार होता है। बीमारी अच्छी हो जाने पर बीमारी के दानों से जो खुरंट गिरते हैं उनसे यह बीमारी बहुत अधिक फैलती है। परिचालकों के लगे हुए चेचक के टीके भी रोग फैलाने में सहायक होते हैं। **बीमार पशु के सम्पर्क में आया हुआ चारा, पानी, बर्तन आदि जब स्वस्थ पशु के सम्पर्क में आता है तब यह बीमारी स्वस्थ पशु में भी फैल जाती है।**

उद्‌भवन अवधि (Incubation period)— इस रोग के लक्षण छूत लगने के 3–7 दिन में प्रकट हो जाते हैं।

रोग लक्षण (Symptoms)—सर्वप्रथम रोगी को थोड़ा-सा बुखार होता है और वह सुस्त (dull) रहने लगता है। पशु चारा-दाना खाना कम कर देता है और कभी-कभी चारा बिल्कुल ही छोड़ देता है। इसके बाद मादा पशुओं में अयन और नर में अण्डकोषों का बाह्य आवरण फूलने लगता है जो छूने से सख्त मालूम होता है और इन पर छोटे-छोटे दाने प्रतीत होते हैं। पशु दूध निकालने में कष्ट का अनुभव करता है। थन कुछ सूजा हुआ नजर आता है। पशु दूध निकालते समय छटपटाता है। दूध भी कम हो जाता है। दानों में पानी जैसा पदार्थ भरा रहता है जो बाद में पीव का रूप ले लेता है। अन्त में दाने फूट जाते हैं और खुरंट पड़ जाते हैं। यह खुरंट काले-भूरे दागवाले दिखायी देते हैं। कभी-कभी साथ में न्यूमोनिया भी हो जाता है और पशु खाँसने लगता है। मादा पशु का दूध सूख जाता है। किसी-किसी पशु को थनैला रोग (mastitis) भी हो जाता है। मादा पशुओं का गर्भपात भी हो सकता है।

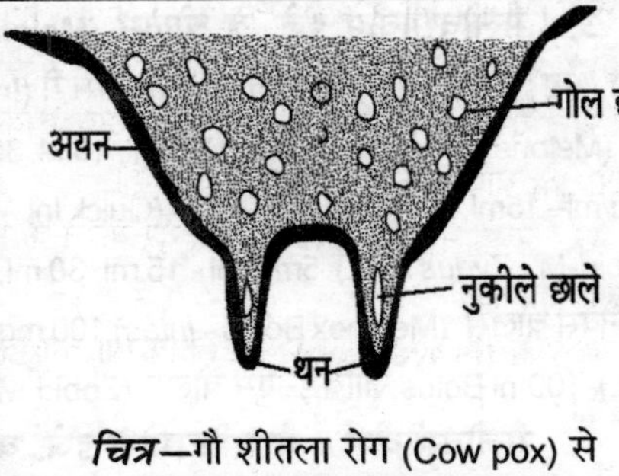

चित्र—गौ शीतला रोग (Cow pox) से पीड़ित अयन

रोग निदान (Diagnosis)— रोग में बताये गये उपरोक्त लक्षणों के आधार पर रोगी की पहचान हो जाती है।

पोक्स के लक्षण सारांश में

- प्रथम हल्का ज्वर।
- पशु सुस्त एवं खाना, पागुर कम।
- मादा पशु के अयन तथा थनों में दाने।
- नर पशु के अण्डकोषों का आवरण सूजा हुआ एवं उन पर दाने। दाने जाँघों के अन्दरवाले भाग एवं होठों पर भी।
- दूध निकालते समय पशु को कष्ट।
- दूध कम।
- दाने फूटकर घाव एवं स्रावयुक्त।

चिकित्सा (Treatment)—रोगी पशुओं को स्वस्थ पशुओं से अलग रखना चाहिये। दूध दुहनेवाले को अपने हाथ सेवलोन लोशन या डेटाल लोशन से साफ कर लेने चाहिये। दूध हमेशा मुलायम तरीके से दुहना चाहिये। तत्पश्चात् रोगी की चिकित्सा निम्न प्रकार से करें—

क. द्वितीयक संक्रमण (Secondary infection) को रोकने के लिये बहुक्षेत्रीय एण्टीबायोटिक्स (broad spectrum antibiotics) में से किसी एक का प्रयोग कम-से-कम तीन दिन तक करना चाहिये; जैसे- ऑक्सीटैट्रासाइक्लीन, क्लोराम्फैनीकोल, जैन्टामाइसीन, सिप्रोफ्लोक्सासीन, एनरोफ्लोक्सासीन, सैफ्ट्रियेक्सोन, सैफ्टिओफर सोडियम।

ख. बुखार, दर्द और सूजन के लिये : निम्न दवाओं में से एक प्रयोग करें—

1. **एनाल्जीन इंजे. (Analgin Inj.) : मात्रा**- गाय, भैंस, घोड़ा 10-20gm; भेड़, बकरी 1-4gm; कुत्ता 0.5-2gm (total dose) मांस में (Intramuscular) या नस में (Intravenous) I *ब्रान्ड्स*- एनाल्जीन इंजे. (Analgin Inj. - *KAPL, Medinex lab, Vet India*) 500mg/ml, वैटाल्जीन इंजे. (Vetalgin Inj. - *Intervet*) 500mg/ml - 30ml vial I

2. **पैरासीटामोल इंजे. व बोलस (Paracetamol Inj. & Bolus) : मात्रा**- गाय, भैंस, घोड़ा, भेड़, बकरी, सूअर 10mg/kg BW; कुत्ता 10-20mg/kg BW मांस में (Intramuscular) या मुख से (orally) I *ब्रान्ड्स*- पैरासीटामोल इंजे. (Paracetamol Inj - *Zydus AHL*) 150mg/ml - 30ml vial, पाइरौक्सीन बोलस (Pyroxin Bolus - *Marc*) 2gm Bolus I

3. **मैलोक्सीकैम इंजे. व बोलस (Meloxicam Inj. & Bolus) : मात्रा**- गाय, भैंस, घोड़ा, भेड़, बकरी, सूअर 0.1mg/kg BW मांस में (Intramuscular) या मुख से (Orally) I मैलोनैक्स इंजे. (Melonex Inj. - *Intas*) 5mg/ml - 2ml, 15ml, 30ml, 100ml; मैलोक्स-वैट (Melox-vet - *Merc*) 5mg/ml– 15ml, 30 ml vial; क्विक इंजे. (Quick Inj. - *Zydus AHL*) 5mg/ml - 15ml vial; जोबिड-एम (Zobid-M - *Zydus AHL*) 5mg/ml - 15 ml, 30 ml, 100 ml vial; 20 mg/ml - 10 ml, 30 ml vial; मैलोनैक्स बोलस (Melonex Bolus - *Intas*) 100 mg Bolus, क्विक बोलस (Quick Bolus - *Zydus AHL*) 100ml Bolus, जोबिड़-एम बोलस (Zobid-M Bolus - *Zydus AHL*) 100mg Bolus I

4. **मैलोक्सीकैम + पैरासीटामोल इंजे. व बोलस (Meloxicam+Paracetamol Inj. & Bolus) :** *ब्राण्ड्स*- मैलोनैक्स प्लस इंजे. (Melonex Plus Inj. - *Intas*) मैलोक्सीकेम 5mg + पैरासीटामोल 150mg/ml I **मात्रा**- *बड़े पशु* 15-20ml/300kg BW, *छोटे पशु* 1ml/10kg BW : 30ml, 100ml vial, मैलोनैक्स प्लस बोलस (Melonex Plus Bolus) Meloxicam 100mg + Paracetamol 150 mg per Bolus *(Intas)*; बड़े पशु एक बोलस / 200kg BW रोज।

5. **एनाल्जीन** 750mg + **फिनाइलब्यूटाजोन** 750mg/5ml एम्प्यूल (Analgin 750mg+ Phenylbutazone 750mg per 5ml Ampoule) : एसजीपाइरीन-एन इंजे. (Esgipyrin-N Inj. - *Zydus AHL*); **मात्रा**- *बड़े पशु* : 5-15ml, *छोटे पशु* : 1-5ml मांस में (Intramuscular) I

***ग. विटामिन बी कौम्प्लैक्स इंजे. (Vitamin B Complex Inj.)* : मात्रा** – *गाय, भैंस, घोड़ा* : 5–10 मि.ली.; *भेड़, बकरी, सूअर* : 3–5 मि.ली. *कुत्ता;* 0.5-1.0 मि.ली. मांस में (Intramuscular) रोज : कौन्सीप्लैक्स इंजे. (Conciplex inj. - *Concept*) 10ml, 30ml या वाइबीलान इंजे. (Vibelan inj. - *Virbac*) I

घ. एण्टीहिस्टैमिनिक दवायें (Antihistaminic Drugs) : जैसे- ***क्लोरफैनीरामीन मैलीयेट*** I **मात्रा**- *बड़े पशु* कुल 30-50 mg; *कुत्ता* 2 mg/kg शरीर-भारानुसार मांस में 10 mg/ml I जैसे- एनीस्टामीन इंजे. (Anistamin inj - *Intas*) कैडिस्टीन इंजे.; (Cadistin inj - *Zydus AHL*), जीट इंजे. (Zeet inj - *Alembic*) I

फैनीरामीन मैलीएट

मात्रा- *बड़े पशु* 5–10 मि.ली.; *छोटे पशु* 0.5–1 मि.ली. मांस में, 22.75 mg/ml; जैसे- एविल वैट इंजे. (Avil vet inj - *Intervet*), हिसलॉक (Hisloc Inj - *Cadila Pharma*), फैनीरामीन मैलीएट (Pheniramine Maleate - *Prime Vet Care*) में से किसी एक का प्रयोग करें।

च. थन के प्रभावित भाग को 0.1% पोटैशियम परमैंगनेट के घोल से धोना चाहिए। इसके पश्चात् प्रभावित भाग पर सोफ्रामाइसीन, निओस्पोरिन अथवा लोरेक्सेन क्रीम लगानी चाहिए।

बचाव (Prevention)

- दूध दुहने के बर्तन तथा दूधवाले व्यक्ति के हाथ साफ हों।
- दूध दुहने से पहले थन और अयन को पोटाश के हल्के घोल से धो लें।
- रोग से बचने के लिये इस रोग का टीका (Vaccine) लगवायें।
- स्वस्थ पशु को पहले दुहें और रोगी पशु को बाद में।
- रोगग्रस्त पशुओं को स्वस्थ पशुओं से अलग बाँधना चाहिये।
- दूध सदैव उबालकर पीना चाहिये।

एक बार पशु के रोगग्रसित होने के बाद फिर वे कई वर्षों तक इस रोग के शिकार नहीं होते, क्योंकि उनके शरीर में स्वतः इम्युनिटी उत्पन्न हो जाती है।

6. भेड़ और बकरियों का चेचक (Sheep and Goat Pox/Variola)

परिचय (Introduction)— यह एक विषाणुजन्य रोग है, जो भेड़ों में बहुत अधिक भयानक रूप धारण कर लेता है। पशुओं में मिलनेवाले चेचक रोग में शीप पौक्स सबसे अधिक गम्भीर होता है, परन्तु बकरियों में यह साधारण रूप में होता है।

Sheep-pox is a highly contagious and frequently fatal exanthematous disease of sheep with extension of the disease process to the internal organs, particularly those of the respiratory tract caused by a filterable virus.

कारणविज्ञान (Etiology)— इसका एक कारण निस्यंदनीय विषाणु (filterable virus) होता है।

प्रभावित क्षेत्र (Affected area)—भारत और पाकिस्तान के समस्त क्षेत्र।

छूत फैलने के ढंग (Mode of spread)— इस रोग के विषाणु हवा, धूल, कुत्ते, कीड़े-मकोड़े और मक्खियों द्वारा एक जगह से दूसरी जगह प्रसारित होते हैं। इस जीवाणु से भेड़-बकरियों के रहने वाले स्थान, ऊन, त्वचा, खाद आदि 6 माह तक प्रभावित रहते हैं।

उद्भवन अवधि (Incubation period)— 2 से 7 दिन अथवा अधिक। गर्मी के मौसम में कम। बकरी में 5–10 दिन।

लक्षण (Symptoms)—पशु अस्वस्थ होकर झुण्ड से अलग हो जाता है और वह धीमी चाल से चलता है। उसकी भूख कम हो जाती है। कँपकँपी के साथ उच्च ज्वर 107°F तक हो जाता है। उदर के नीचे जाँघ के भीतरी पृष्ठ की त्वचा का चैतन्य बढ़ जाता है। चार दिन के बाद त्वचा पर लाल–लाल मच्छर के काटने जैसे धब्बे दिखायी देने लगते हैं। इनका उभार आँख, कान, ओठ, चेहरा, स्तन, चूचियों, पूँछ के नीचे (root of the tail) तथा अन्य भागों पर भी होता है। ये उभार पहले फुन्सीदार होते हैं और बाद में फफोलों का रूप ले लेते हैं, जिनमें पीव होता है। इसके बाद ये धीरे–धीरे सूखने लगते हैं और कुछ दिन बाद पपड़ी पड़ जाती है जो बाद में उखड़कर गिर जाती है। वहाँ पर बैंगनी–रंग के धब्बे मात्र शेष रह जाते हैं। इसकी अवधि 3–4 सप्ताह की होती है।

शीप/गोट पोक्स के लक्षण सारांश में

- तापक्रम 106°F से 108°F तक।
- आँख की पलकों में सूजन एवं उनसे स्राव। स्राव नाक से भी।
- उदर के नीचे, जाँघ की भीतरी त्वचा का चैतन्य बढ़ा हुआ, 4 दिन बाद त्वचा पर लाल–लाल मच्छर के काटने जैसे धब्बे।
- उभार फुंसीदार बाद में फफोले रूप में पीव भरे।
- अन्त में सूखकर पपड़ी एवं उखड़कर बैंगनी धब्बे।
- नाक से दुर्गन्धित पीला पीव (pus)।
- शव परीक्षा में फेफड़ों में कई एक गोल गाँठें एवं भोजन नली में भी चिन्ह।

राजव्रण रूप (Malignant form)—इस रूप में त्वचा टेढ़ी–मेढ़ी फट जाती है, ऊन झड़ जाती है। पशु की नाक से दुर्गन्ध–भरा पीला मवाद निकलता है। कभी–कभी इस आक्रमण से आँखें भी नष्ट हो जाती हैं। रोग का प्रभाव पेट पर होने से अतिसार (diarrhoea) हो जाता है एवं मादा पशुओं का गर्भपात हो जाता है।

शव परीक्षा करने पर फेफड़ों में कई एक गोल गाँठें। श्वासनली एवं भोजन नलिका में भी ऐसे ही चिन्ह मिलते हैं।

त्वचा के नीचे जिलेटिनस शोफ (Gelatinous oedema) का मिलना भी इसका एक लक्षण है।

The clinical disease in goats is very similar to that of sheep pox in sheep. In adult goats the disease is mild and lesions are occasional only.

मृत्यु दर (Mortality rate)— 5 से 50% तक। मेमने (lambs) गम्भीर रूप से प्रभावित होते हैं और मृत्यु की दर इनकी उच्च होती है।

चिकित्सा (Treatment)— इस रोग में निम्न चिकित्सा दी जा सकती है—

क. द्वितीयक संक्रमण (Secondary infection) को रोकने के लिये बहुक्षेत्रीय एण्टीबायोटिक्स (broad spectrum antibiotics) में से किसी एक का प्रयोग कम–से–कम तीन दिन तक करना चाहिये; जैसे–ऑक्सीटैट्रासाइक्लीन, क्लोराम्फैनीकोल, जैन्टामाइसीन, सिप्रोफ्लोक्सासीन, एनरोफ्लोक्सासीन, सैफ्ट्रियेक्सोन, सैफ्टिओफर सोडियम।

ख. बुखार, दर्द और सूजन के लिये : निम्न दवाओं में से एक प्रयोग करें–

1. **एनाल्जीन इंजे. (Analgin Inj.) : मात्रा**–भेड़, बकरी 1-4gm; (total dose) मांस में (Intramuscular) या नस में (Intravenous) I *ब्रान्ड्स*–एनाल्जीन इंजे. (Analgin Inj. -*KAPL, Medinex lab, Vet India*) 500mg/ml, वैटाल्जीन इंजे. (Vetalgin Inj. - *Intervet*) 500mg/ml - 30ml vial I

2. **पैरासीटामोल इंजे. व बोलस (Paracetamol Inj. & Bolus) : मात्रा**– भेड़, बकरी, 10mg/kg BW; मांस में (Intramuscular) या मुख से (orally)/*ब्रान्ड्स*–पैरासीटामोल इंजे. (Paracetamol Inj - *Zydus AHL*) 150mg/ml - 30ml vial, पाइरौक्सीन बोलस (Pyroxin Bolus - *Merc*) 2gm Bolus I

3. **मैलोक्सीकैम इंजे. व बोलस (Meloxicam Inj. & Bolus) : मात्रा**– भेड़, बकरी, 0.1mg/kg BW मांस में (Intramuscular) या मुख से (Orally) I मैलोनैक्स इंजे. (Melonex Inj. - *Intas*) 5mg/ml - 2ml, 15ml, 30ml, 100ml; मैलोक्स–वैट (Melox-vet - *Merc*) 5mg/ml– 15ml, 30 ml vial; क्विक इंजे. (Quick Inj. - *Zydus AHL*) 5mg/ml - 15ml vial; जोबिड–एम (Zobid-M - *Zydus AHL*) 5mg/ml - 15 ml, 30 ml, 100 ml vial; 20 mg/ml - 10 ml, 30 ml vial; मैलोनैक्स बोलस (Melonex Bolus - *Intas*) 100 mg Bolus, क्विक बोलस (Quick Bolus - *Zydus AHL*) 100ml Bolus, जोबिड़–एम बोलस (Zobid-M Bolus - *Zydus AHL*) 100mg Bolus I

4. **मैलोक्सीकैम + पैरासीटामोल इंजे. व बोलस (Meloxicam+Paracetamol Inj. & Bolus) :** *ब्राण्ड्स*– मैलोनैक्स प्लस इंजे. (Melonex Plus Inj. - *Intas*) मैलोक्सीकेम 5mg + पैरासीटामोल 150mg/ml I **मात्रा**–1ml/10kg BW : 30ml, 100ml vial, मैलोनैक्स प्लस बोलस (Melonex Plus Bolus) Meloxicam 100mg + Paracetamol 150 mg per Bolus *(Intas)*; बड़े पशु एक बोलस / 200kg BW रोज I

5. **एनाल्जीन** 750mg + **फिनाइलब्यूटाजोन** 750mg/5ml एम्प्यूल (Analgin 750mg+Phenylbutazone 750mg per 5ml Ampoule) : एसजीपाइरीन–एन इंजे. (Esgipyrin-N Inj. - *Zydus AHL*); **मात्रा**– *बड़े पशु* : 5-15ml, *छोटे पशु* : 1-5ml मांस में (Intramuscular) I

***ग. विटामिन बी कौम्प्लैक्स इंजे. (Vitamin B Complex Inj.)* : मात्रा** *–भेड़, बकरी* **:** 3–5 मि.ली. मांस में (Intramuscular) रोज : कौन्सीप्लैक्स इंजे. (Conciplex inj. - *Concept*) 10ml, 30ml या वाइबीलान इंजे. (Vibelan inj. - *Virbac*) I

घ. एण्टीहिस्टैमिनिक दवायें (Antihistaminic Drugs) : जैसे- ***क्लोरफैनीरामीन मैलीयेट I*** **मात्रा**– 2 mg/kg शरीर–भारानुसार मांस में 10 mg/ml I जैसे– एनीस्टामीन इंजे. (Anistamin inj - *Intas*) कैडिस्टीन इंजे.; (Cadistin inj - *Zydus AHL*), जीट इंजे. (Zeet inj - *Alembic*), *फैनीरामीन मैलीएट I*

मात्रा– 0.5–1 मि.ली. मांस में, 22.75 mg/ml; जैसे– एविल वैट इंजे. (Avil vet inj - *Intervet*), हिसलॉक (Hisloc Inj - *Cadila Pharma*), फैनीरामीन मैलीएट (Pheniramine Maleate - *Prime Vet Care*) में से किसी एक का प्रयोग करें I

च. प्रभावित भाग को 0.1% पोटैशियम परमैग्नेट से साफ कर सैवलोन, निओस्पोरिन अथवा लोरेक्सिन क्रीम लगानी चाहिये I

बचाव (Prevention)— रोग से बचने के लिए निम्न व्यवस्थाऐं उपयुक्त मानी जाती हैं–

- रोगी पशु को अलग रखें I
- पशुओं के रहने का स्थान कीटाणु रहित होना चाहिए I

- सभी स्वस्थ पशुओं को टीका 0.5 मि.ली. की मात्रा में कान की भीतरी नोक से 2–3 से. मी. हटकर त्वचा में पतली सुई से लगावें। ध्यान रहे कि सुई रक्तवाहिनी में न जाने पाये। इससे दो से ढाई साल के पशु में रोग क्षमता मिलती है।
- एक और पौक्स वैक्सीन (Sheep Pox Vaccine) 0.2 मि.ली. छाती की त्वचा में दो माह से ऊपर की सभी भेड़ों को, परन्तु मेमनों को 6 माह की उम्र पर दुबारा लगाऐं।

➤ बकरी–पोक्स में चिकित्सा एवं बचाव उपरोक्त के अनुसार ही।

7. भेड़ की मस्तिष्कसुषुम्नीय प्रदाह (Encephalomyelitis of Sheep)

अन्य नाम (Other names)—लूपिंग इल (Looping ill), ट्रेम्बलिंग (Trembling) अर्थात् कम्पन का रोग। इसे मवेशी–मस्तिष्कसुषुम्नाशोथ (Bovine encephalomyelitis) भी कहते हैं।

परिचय (Introduction)— यह एक विषाणुजन्य रोग है, जिसमें भेड़ का तंत्रिका–तंत्र तथा मस्तिष्क प्रभावित होता है। इसमें तंत्रिका अधिक दुर्बल हो जाती है।

Encephalomyelitis of sheep is an acute disease affecting chiefly sheep, but occurring occasionally in other animals and men. The causative virus is transmited by the bite of an infected tick. Clinically, the disease is characterised by fever, abnormality of gait, convulsions and paralysis.

कारणविज्ञान (Etiology)— इसका कारण एक विषाणु (virus) है जो ज्वर अवस्था में रक्त, कभी–कभी तंत्रिका ऊतकों और मस्तिष्क में विशेषकर मिलता है।

उद्भवन अवधि (Incubation period)— 6 से 8 दिन का माना जाता है।

छूत फैलने के ढंग (Mode of spread)—इसका संक्रमण Tick ixodes ricinus के द्वारा होता है।

रोग लक्षण (Symptoms)—पशु सुस्त हो जाता है और उसे 106^{0}F (41^{0}C) का उच्च ज्वर हो जाता है। तंत्रिका अत्यधिक दुर्बल हो जाती है, पशु की चेतना अव्यवस्थित अथवा विक्षिप्त (deranged) हो जाती है। पशु में मूर्छा के लक्षण होते हैं। रोगी पशु चलने में असमर्थ हो जाता है। उसके अगले या पिछले या आगे–पीछे के सभी पैरों में लकवा या पक्षाघात हो जाता है। रोगी पशु जमीन पर पड़े–पड़े अपने पैर पटकता रहता है। पेशियों में कम्पन तथा ऐंठन होती है। यदि रोग का आक्रमण हल्का होता है तो उसे कुछ दिन बाद चिकित्सा आदि से मुक्ति मिल जाती है।

Many mild and abortive cases may recover without showing the nervous symptoms.

लूपिंग इल के लक्षण एक दृष्टि में

- शरीर का तापक्रम 106^{0}F (41^{0}C) तक।
- बाद में तापक्रम गिरकर पाँचवें दिन पुनः बढ़ना।
- पशु का एकान्त में सिर ऊपर की ओर खड़ा करके खड़ा होना।
- मांसपेशियों में कम्पन एवं ऐंठन।
- तन्त्रिका सम्बन्धी लक्षण— Champing of jaws, tremors and trembling.
- बाद में मूर्छा के लक्षण भी।
- पशु जमीन पर पड़ा–पड़ा अपने पैर पटकता है।
- अगले या पिछले अथवा चारों पैरों में लकवा।
- हल्के आक्रमण में पशु स्थाई तन्त्रिका–पेशी विनाश (permanent neuromuscular damage) के साथ स्वस्थ, तीव्र रोग में मृत्यु दर अधिक।

मृत्यु-दर (Mortality rate)– अधिक।

चिकित्सा (Treatment)

क. बुखार, दर्द और सूजन के लिये : निम्न दवाओं में से एक प्रयोग करें–

1. एनाल्जीन इंजे. (Analgin Inj.) : मात्रा– भेड़ 1-4gm; (total dose) मांस में (Intra-muscular) या नस में (Intravenous) । *ब्रान्ड्स*– एनाल्जीन इंजे. (Analgin Inj. - *KAPL, Medinex lab, Vet India*) 500mg/ml, वैटाल्जीन इंजे. (Vetalgin Inj. - *Intervet*) 500mg/ml - 30ml vial ।

2. पैरासीटामोल इंजे. व बोलस (Paracetamol Inj. & Bolus) : मात्रा– भेड़, 10mg/kg BW; मांस में (Intramuscular) या मुख से (orally) । *ब्रान्ड्स*– पैरासीटामोल इंजे. (Paracetamol Inj - *Zydus AHL*) 150mg/ml - 30ml vial, पाइरौक्सीन बोलस (Pyroxin Bolus - *Merc*) 2gm Bolus ।

3. मैलोक्सीकैम इंजे. व बोलस (Meloxicam Inj. & Bolus) : मात्रा– भेड़ 0.1mg/kg BW मांस में (Intramuscular) या मुख से (Orally) । मैलोनैक्स इंजे. (Melonex Inj. - *Intas*) 5mg/ml - 2ml, 15ml, 30ml, 100ml; मैलोक्स-वैट (Melox-vet - *Marc*) 5mg/ml– 15ml, 30 ml vial; क्विक इंजे. (Quick Inj. - *Zydus AHL*) 5mg/ml - 15ml vial; जोबिड-एम (Zobid-M - *Zydus AHL*) 5mg/ml - 15 ml, 30 ml, 100 ml vial; 20 mg/ml - 10 ml, 30 ml vial; मैलोनैक्स बोलस (Melonex Bolus - *Intas*) 100 mg Bolus, क्विक बोलस (Quick Bolus - *Zydus AHL*) 100ml Bolus, जोबिड़-एम बोलस (Zobid-M Bolus - *Zydus AHL*) 100mg Bolus ।

4. मैलोक्सीकैम + पैरासीटामोल इंजे. व बोलस (Meloxicam+Paracetamol Inj. & Bolus) : *ब्राण्ड्स*– मैलोनैक्स प्लस इंजे. (Melonex Plus Inj. - *Intas*) मैलोक्सीकेम 5mg + पैरासीटामोल 150mg/ml । **मात्रा**– 1ml/10kg BW : 30ml, 100ml vial, मैलोनैक्स प्लस बोलस (Melonex Plus Bolus) Meloxicam 100mg + Paracetamol 150 mg per Bolus *(Intas)*; बड़े पशु एक बोलस / 200kg BW रोज।

5. एनाल्जीन 750mg + **फिनाइलब्यूटाजोन** 750mg/5ml एम्प्यूल (Analgin 750mg+Phenylbutazone 750mg per 5ml Ampoule) : एसजीपाइरीन-एन इंजे. (Esgipyrin-N Inj. - *Zydus AHL*); **मात्रा**– 1-5ml मांस में (Intramuscular) ।

ख. विटामिन B_1, B_2, B_6 के नरवाइन टॉनिक इंजे. (Nervine tonic injection of vit. B_1, B_2, B_6); जैसे– न्यूरोबियोन फोर्ट (Neurobion Forte - *Marc*), न्यूरोगार्ड (Neuroguard - *Vetguard*), न्यूरोक्सोन-12 (Neuroxin-12 - *Zydus AHL*) अथवा न्यूरो वैट (Neurovet - *Alved*) 2 से 5 मि.ली. मांस में कई दिन तक लगाना चाहिए।

रोकथाम (Prevention)– रोग से बचाव हेतु टीका लगाया जाता है। टीके की मात्रा एक मि.ली. S/C होती है। इस टीके से एक वर्ष के लिये रोग मुक्ति मिल जाती है।

8. अश्व इन्फ्लुएन्जा (Equine Influenza)

अन्य नाम (Other names)–पिंक आई (Pink eye), इपीजूटिक सैलूलाईटिस (Epizootic cellulitis), इपीजूटिक कटार (Epizootic catarrh) ।

परिचय (Introduction)–यह घोड़ों का तीव्र संक्रामक रोग है जिसमें तेज बुखार, आँखें गुलाबी (pink eyes), न्यूमोनिया तथा अति दुर्बलता आदि लक्षण पाये जाते हैं।

Equine Influenza is an acute contagious disease of equines characterised by a rapidly rising temperature, great prostration, congestion and oedema of the conjunctiva after involving the respiratory and other systems, caused by a filterable virus.

प्रभावित क्षेत्र (Affected areas)– संसार के सभी देशों में रोग का संक्रमण घोड़ों के एक जगह एकत्रित होने से होता है। विशेषकर आर्मी रेमाउण्ट स्टेशन, बिक्री केन्द्र, रेस ट्रैक्स, घोड़ों के मेलों आदि में।

कारणविज्ञान (**Etiology**)–इसका कारण एक निस्यंदनीय विषाणु (filterable virus) होता है। यह विषाणु रक्त, लार एवं वीर्य (semen) में मिलता है। स्वस्थ हुए जानवर भी रोग फैलाने में सहायक होते हैं। शीत वातावरण में एकाएक परिवर्तन, थकावट आदि होना सहायक कारण हैं। यह बीमारी वयस्क घोड़ों को अधिक प्रभावित करती है।

प्रभावित पशु (Affected animals)– विशेषकर घोड़ों, गधों एवं खच्चरों में।

छूत फैलने के ढंग (Mode of spread)– इसका संक्रमण सीधे आहार नली के द्वारा होता है। वायरस का प्रसार आहार और पानी द्वारा होता है। कभी-कभी यह वायरस बिछाली बड़े-बड़े जलपात्र (Water troughs), खुरेरा, झाड़ू एवं परिचारकों (attendants) द्वारा फैलता है। हवा के द्वारा श्वसन मार्ग (रेस्पाइरेटरी ट्रैक्ट) में संक्रमण होता है। स्वस्थ हुए घोड़े जब मादा को ग्याभिन करते हैं, तो उसमें भी इसका संक्रमण लग जाता है और कुछ ही दिन बाद लक्षण पैदा हो जाते हैं।

उद्‌भवन अवधि (Incubation period)– 2 से 7 दिन।

लक्षण (Symptoms)– इसके लक्षण- उपद्रव रहित और उपद्रवयुक्त पशुओं में निम्न हैं–

1. सामान्य उपद्रवरहित केस (Simple uncomplicated case)– प्रारम्भिक लक्षण– तेजी से बढ़ता हुआ तापमान 106°F (41°C) अथवा अधिक होता है। कुछ समय बाद अत्यधिक अवसाद (great depression) तथा अरुचि (anorexia) उत्पन्न हो जाते हैं। आँख तथा नाक से हल्का पानी जैसा स्राव तथा खाँसी आती है। नेत्रश्लेष्मला (conjunctiva) पीला (icteric) होता है। खाँसी और नासिका-स्राव बहुत दिनों तक जारी रहता है जबकि शरीर का ताप सामान्य हो जाता है।

2. उपद्रवयुक्त केस (Complicated case)– यदि ज्वर पाँच दिन से भी अधिक चलता रहता है, तो रोग शरीर के आन्तरिक अंगों में प्रवेश कर निम्न उपद्रव पैदा करता है–

(i) नीली आँख वाला रूप (Pink eye form)–फोटोफोबिया, पलकों में सूजन के साथ नेत्रश्लेष्मला (कंजंक्टाइवा) कत्थई-लाल-रंग (brownish-red colour) का हो जाता है। आँखों से लगातार आँसू आते हैं। यह एक गम्भीर रूप है।

(ii) श्वसन/रेस्पाइरेटरी रूप (Respiratory form)–कष्टयुक्त शुष्क खाँसी, रक्त संचित नासा श्लेष्मिक कला (कंजेस्टिड नेजल म्यूकोसा) आदि लक्षण। पहले नाक से पानी बाद में पीवयुक्त स्राव (mucopurulent discharge) होता है। ब्रान्कोन्यूमोनिया

अश्व इन्फ्लूएन्ज़ा के लक्षण सारांश में

- तेज ज्वर 106°F (41°C) तक।
- आँखों में सूजन।
- नाक और आँख से पानी एवं सर्दी के लक्षण।
- आँखों की झिल्ली गुलाबी-रंग की।
- नाक का पानी बाद में गाढ़ा।
- पशु सुस्त एवं कमजोर।
- खाँसी एवं न्यूमोनिया के लक्षण।
- पेट में अफारा एवं दर्द।
- जोड़ों में दर्द एवं लड़खड़ाकर चलना।
- मूत्र कम एवं अलब्यूमिनयुक्त।

हो जाता है। सब-मैक्जीलरी और पैराफेरेन्जियल लिम्फ नोड्स सूज जाती हैं और उनमें पीव पड़ जाता है। उपद्रव रूप में फुफ्फुसशोथ (प्लूरिसी) उत्पन्न हो जाती है।

(iii) रक्तसंचरण रूप (Circulatory form)– पेरीकार्डियम में सूजन (Pericarditis), इण्डोकार्डाइटिस एवं आसपास के क्षेत्र में शोथ। परप्यूरा हीमोरेजिका इसका एक उपद्रव है।

(iv) उदरीय रूप (Abdominal form)–अफारा, कब्ज (constipation), क्षणिक वृहदान्त्र शूल (transient colic pain), क्षुदान्त्रशोथ (इण्टेराइटिस), डायरिया एवं नेफ्राइटिस इसके प्रधान लक्षण हैं।

(v) रियूमेटोइड रूप (Rheumatoid form)– इसमें मांसपेशी, जोड़, कण्डरा (टेण्डन) आदि शोथ से प्रभावित होते हैं, पैरों में सूजन दिखायी देती है।

मृत्यु दर (Mortality rate)–उपद्रव-रहित साधारण रोग में 0.5-2% तक। न्यूमोनिया फार्म में अधिक।

रोग निदान (Diagnosis)–तापक्रम का तेजी से बढ़ना, अरुचि, अति-अवसाद (great depression), पिंक आई, ल्यूकोपेनिया आदि रोग के निदानात्मक लक्षण हैं।

लम्बे समय तक चलनेवाला बुखार (prolonged fever), **ल्यूकोसाइट का तीव्र गति से बढ़ना उपद्रवों की ओर संकेत करता है।**

चिकित्सा (Treatment)

क. प्राकृतिक अवस्था में यह रोग एक से 3 सप्ताह में अच्छा हो जाता है।

ख. ***द्वितीयक संक्रमण (Secondary infection)*** को रोकने के लिये बहुक्षेत्रीय एण्टीबायोटिक्स (broad spectrum antibiotics) में से किसी एक का प्रयोग कम-से-कम तीन दिन तक करना चाहिये; जैसे- ऑक्सीटैट्रासाइक्लीन, क्लोराम्फैनीकोल, जैन्टामाइसीन, सिप्रोफ्लोक्सासीन, एनरोफ्लोक्सासीन, सैफ्ट्रियेक्सोन, सैफ्टिओफर सोडियम।

ग. बुखार, दर्द और सूजन के लिये : निम्न दवाओं में से एक प्रयोग करें–

1. **एनाल्जीन इंजे. (Analgin Inj.) : मात्रा**– घोड़ा 10-20gm (total dose) मांस में (Intramuscular) या नस में (Intravenous)। *ब्रान्ड्स*-एनाल्जीन इंजे. (Analgin Inj. -*KAPL, Medinex lab, Vet India*) 500mg/ml, वैटाल्जीन इंजे. (Vetalgin Inj. - *Intervet*) 500mg/ml - 30ml vial।

2. **पैरासीटामोल इंजे. व बोलस (Paracetamol Inj. & Bolus) : मात्रा**– घोड़ा 10mg/kg BW; मांस में (Intramuscular) या मुख से (orally) / *ब्रान्ड्स*– पैरासीटामोल इंजे. (Paracetamol Inj - *Zydus AHL*) 150mg/ml - 30ml vial, पाइरौक्सीन बोलस (Pyroxin Bolus -*Merc*) 2gm Bolus।

3. **मैलोक्सीकैम इंजे. व बोलस (Meloxicam Inj. & Bolus) : मात्रा**– घोड़ा 0.1mg/kg BW मांस में (Intramuscular) या मुख से (Orally)। मैलोनैक्स इंजे. (Melonex Inj. - *Intas*) 5mg/ml - 2ml, 15ml, 30ml, 100ml; मैलोक्स-वैट (Melox-vet - *Merc*) 5mg/ml– 15ml, 30 ml vial; क्विक इंजे. (Quick Inj. - *Zydus AHL*) 5mg/ml - 15ml vial; जोबिड-एम (Zobid-M - *Zydus AHL*) 5mg/ml - 15 ml, 30 ml, 100 ml vial; 20 mg/ml - 10 ml, 30 ml vial; मैलोनैक्स बोलस (Melonex Bolus - *Intas*) 100 mg Bolus, क्विक बोलस (Quick Bolus - *Zydus AHL*) 100ml Bolus, जोबिड़-एम बोलस (Zobid-M Bolus - *Zydus AHL*) 100mg Bolus।

4. **मैलोक्सीकैम + पैरासीटामोल इंजे. व बोलस (Meloxicam+Paracetamol Inj. & Bolus) :** *ब्राण्ड्स*– मैलोनैक्स प्लस इंजे. (Melonex Plus Inj. - *Intas*) मैलोक्सीकेम 5mg + पैरासीटामोल 150mg/ml । **मात्रा**– *बड़े पशु* 15-20ml/300kg BW, 30ml, 100ml vial, मैलोनैक्स

प्लस बोलस (Melonex Plus Bolus) Meloxicam 100mg + Paracetamol 150 mg per Bolus *(Intas)*; बड़े पशु एक बोलस / 200kg BW रोज।

5. **एनाल्जीन** 750mg + **फिनाइलब्यूटाजोन** 750mg/5ml एम्प्यूल (Analgin 750mg+Phenylbutazone 750mg per 5ml Ampoule) : एसजीपाइरीन-एन इंजे. (Esgipyrin-N Inj. - *Zydus AHL*); **मात्रा**- *बड़े पशु* : 5-15ml, मांस में (Intramuscular) I

च. विटामिन बी कौम्प्लैक्स इंजे. (Vitamin B Complex Inj.) : मात्रा - *घोड़ा* : 5-10 मि.ली.; मांस में (Intramuscular) रोज : कौन्सीप्लैक्स इंजे. (Conciplex inj. - *Concept*) 10ml, 30ml या वाइबीलान इंजे. (Vibelan inj. - *Virbac*) I

घ. एण्टीहिस्टैमिनिक दवायें (Antihistaminic Drugs) : जैसे- ***क्लोरफैनीरामीन मैलीयेट।*** **मात्रा**- *बड़े पशु* कुल 30-50 mg; *कुत्ता* 2 mg/kg शरीर-भारानुसार मांस में 10 mg/ml I जैसे- एनीस्टामीन इंजे. (Anistamin inj - *Intas*) कैडिस्टीन इंजे.; (Cadistin inj - *Zydus AHL*), जीट इंजे. (Zeet inj - *Alembic*) *I*

फैनीरामीन मैलीएट

मात्रा- *बड़े पशु*: 5-10 मि.ली.; *छोटे पशु*: 0.5-1 मि.ली. मांस में, 22.75 mg/ml; जैसे- एविल वैट इंजे. (Avil vet inj - *Intervet*), हिसलॉक (Hisloc Inj - *Cadila Pharma*), फैनीरामीन मैलीएट (Pheniramine Maleate - *Prime Vet Care*) में से किसी एक का प्रयोग करें।

छ. एक बाल्टी उबलते पानी में टिन्चर बैन्जोइन अथवा तारपीन के तेल की 8-10 बूँदें डालकर बफारा देना चाहिए।

ज. खाँसी में कैटकफ या कैफलोन चटनी के रूप में तीन बार देनी चाहिए।

झ. अफारा होने पर ब्लोटोसिल, ब्लोटीनेक्स अथवा कार्मीरोन 100ml, कब्ज होने पर मैगसल्फ- 250 ग्राम, काला नमक 125 ग्राम सोंठ 200 ग्राम को गुड़ में मिलाकर देना चाहिए। दस्त होने पर दस्त अवरोधक दवायें; जैसे- नैबलौन, डाइबान अथवा कैटोरिहया 50 ग्राम सुबह-शाम चावल के मांड़ में देनी चाहिये।

ट. आँख में बोरिक लोशन (Boric lotion) 2% अथवा निओस्पोरिन आई ड्राप डालनी चाहिए।

ठ. आहार—नर्सिंग डाइट, ग्रूअल (Gruel), दूध, हरी घास, छोटी साइज की गाजर।

ड. दौरों की स्थिति में एक माह तक विश्राम (Rest), नर्सिंग फूड, ओट्स, टॉनिक्स एवं हल्का व्यायाम।

9. अश्व मस्तिष्क सुषुम्नीय प्रदाह (Equine Encephalomyelitis)

परिचय (Introduction)— यह घोड़ों का तीव्र छुतहा रोग है जिसमें पैरालिसिस, संवेदना का अभाव एवं उच्च मृत्यु दर आदि लक्षण होते हैं। यह रोग एक छनने योग्य विषाणु (Filterable virus) द्वारा होता है।

It is an acute contagious disease of equines characterised by sudden onset, paralysis, loss of consciousness with a high mortality rate, caused by a filterable virus.

कारण विज्ञान (Etiology)— इस रोग का कारण एक Filterable virus है।

प्रभावित पशु (Affected animals)— मुख्य रूप से घोड़ों में। भेड़, कुत्ते, शूकर तथा मनुष्य के बच्चों को भी हो जाता है।

छूत फैलने के ढंग (Mode of spread)— वायरस का प्रसार एक घोड़े से दूसरे घोड़े में मच्छर, किलनी और जूँ के काटने पर रक्त में विषाणु के प्रवेश होने से होता है।

इक्वाइन इन्सेफेलोमाइलाइटिस के लक्षण सारांश में

- पशु सुस्त पड़ जाता है।
- शरीर तापक्रम में वृद्धि।
- पशु के चलने में लड़खड़ाहट एवं चलने में असमर्थता।
- भयप्रद लक्षण होने पर पशु का गिरना, छटपटाहट एवं ऐंठन।
- पिछले अंगों में पक्षाघात।
- तीव्र अवस्था में अगले अंग भी प्रभावित।
- रोग अच्छे और स्वस्थ पशुओं में।
- पशु की मृत्यु चन्द दिनों में।

उद्भवन अवधि (Incubation Period)— कुछ दिनों से लेकर तीन सप्ताह तक।

रोग लक्षण (Symptoms)— घोड़ा किसी भी उम्र का होता है। रोग के लक्षण तीव्रता के अनुसार अलग-अलग होते हैं। ऋतु परिवर्तन के समय बीमारी अधिक गम्भीर होती है और मृत्यु-दर भी अधिक।

सामान्य रूप से रोग की तीन अवस्थायें होती हैं—

1. **उद्भवन-विषयक कला** (Incubative phase)— इस अवस्था में रोगी का तापक्रम 107^0F तक हो जाता है।

2. **आलस्य-विषयक कला** (Lethargic phase)—उपतीव्र (subacute) रोग में पशु चुपचाप ओंधा-सा खड़ा रहता है। सिर नीचे को तथा आँखें आधी खुली रहती हैं। अगले पैर आपस में मिले से रहते हैं।

3. **पक्षाघातिक कला** (Paralytic phase)—इस अवस्था में चेहरे का पूर्ण पैरालिसिस (जीभ, फैरिंक्स एवं लैरिंक्स की मांसपेशी में) हो जाता है। निगलने में कष्ट तथा आवाज बदल जाती है। होठ और पलकों की मांसपेशियों में ऐंठन (twitching) होती है। पशु उस दिशा में घूमता है (to move) जिधर को ढकेला जाता है। पशु अपना सन्तुलन ठीक नहीं रख पाता है। पशु की स्थिति अत्यन्त दयनीय हो जाती है। तीव्र रोग में एक से दो दिन में पक्षाघात (पैरालिसिस) का शिकार होकर रोगी की मृत्यु हो जाती है।

मृत्यु-दर (Mortality-rate)— 20 से 50% अथवा कुछ स्टेज में 90% तक।

निदान (Diagnosis)—लक्षणों के आधार पर। मरे पशु के मस्तिष्क ऊतक (ब्रेन टिशू) के लेबोरेटरी टैस्ट से।

विभेदक निदान (Differential Diagnosis)—रोग का पृथक्करण बोर्ना डिजीज (Borna disease), रेबीज, एजोटूरिया आदि से करना चाहिये।

चिकित्सा (Treatment)

क. पशु को शान्त स्थान में आराम के साथ रखें।

ख. पशु के शरीर के पिछले भाग को दीवार अथवा खम्बे (पोल) का सहारा दें।

ग. पानी आमाशय नली (stomach tube) अथवा रेक्टम से (per rectum) दें।

घ. क्लोरलहाइड्रेट 10-15 ग्राम, अलसी का तेल 250 ग्राम मिलाकर पिलावें।

च. ***द्वितीयक संक्रमण (Secondary infection)*** को रोकने के लिये बहुक्षेत्रीय एण्टीबायोटिक्स (broad spectrum antibiotics) में से किसी एक का प्रयोग कम-से-कम तीन दिन तक करना चाहिये; जैसे- ऑक्सीटैट्रासाइक्लीन, क्लोराम्फैनीकोल, जैन्टामाइसीन, सिप्रोफ्लोक्सासीन, एनरोफ्लोक्सासीन, सैफ्ट्रियेक्सोन, सैफ्टिओफर सोडियम।

छ. बुखार, दर्द और सूजन के लिये : निम्न दवाओं में से एक प्रयोग करें–

1. एनाल्जीन इंजे. (Analgin Inj.) : मात्रा– घोड़ा 10-20gm (total dose) मांस में (Intra-muscular) या नस में (Intravenous) । *ब्रान्ड्स*– एनाल्जीन इंजे. (Analgin Inj. - *KAPL, Medinex lab, Vet India*) 500mg/ml, वैटाल्जीन इंजे. (Vetalgin Inj. - *Intervet*) 500mg/ml - 30ml vial ।

2. पैरासीटामोल इंजे. व बोलस (Paracetamol Inj. & Bolus) : मात्रा–घोड़ा 10mg/kg BW; मांस में (Intramuscular) या मुख से (orally) / *ब्रान्ड्स*– पैरासीटामोल इंजे. (Paracetamol Inj -*Zydus AHL*) 150mg/ml - 30ml vial, पाइरौक्सीन बोलस (Pyroxin Bolus - *Marc*) 2gm Bolus ।

3. मैलोक्सीकैम इंजे. व बोलस (Meloxicam Inj. & Bolus) : मात्रा– घोड़ा 0.1mg/kg BW मांस में (Intramuscular) या मुख से (Orally) । मैलोनैक्स इंजे. (Melonex Inj. - *Intas*) 5mg/ml - 2ml, 15ml, 30ml, 100ml; मैलोक्स–वैट (Melox-vet - *Merc*) 5mg/ml– 15ml, 30 ml vial; क्विक इंजे. (Quick Inj. - *Zydus AHL*) 5mg/ml - 15ml vial; जोबिड–एम (Zobid-M - *Zydus AHL*) 5mg/ml - 15 ml, 30 ml, 100 ml vial; 20 mg/ml - 10 ml, 30 ml vial; मैलोनैक्स बोलस (Melonex Bolus - *Intas*) 100 mg Bolus, क्विक बोलस (Quick Bolus - *Zydus AHL*) 100ml Bolus, जोबिड़–एम बोलस (Zobid-M Bolus - *Zydus AHL*) 100mg Bolus ।

4. मैलोक्सीकैम + पैरासीटामोल इंजे. व बोलस (Meloxicam+Paracetamol Inj. & Bolus) : *ब्राण्ड्स*– मैलोनैक्स प्लस इंजे. (Melonex Plus Inj. - *Intas*) मैलोक्सीकेम 5mg + पैरासीटामोल 150mg/ml । **मात्रा**– 15-20ml/200kg BW, 30ml, 100ml vial, मैलोनैक्स प्लस बोलस (Melonex Plus Bolus) Meloxicam 100mg + Paracetamol 150 mg per Bolus *(Intas)*; बड़े पशु एक बोलस / 200kg BW रोज।

5. एनाल्जीन 750mg + **फिनाइलब्यूटाजोन** 750mg/5ml एम्प्यूल (Analgin 750mg+Phenylbutazone 750mg per 5ml Ampoule) : एसजीपाइरीन–एन इंजे. (Esgipyrin-N Inj. - *Zydus AHL*); **मात्रा**– *बड़े पशु* : 5-15ml, मांस में (Intramuscular) ।

ज. विटामिन बी कौम्प्लैक्स इंजे. (Vitamin B Complex Inj.) : मात्रा – *घोड़ा* : 5–10 मि.ली.; मांस में (Intramuscular) रोज : कौन्सीप्लैक्स इंजे. (Conciplex inj. - *Concept*) 10ml, 30ml या वाइबीलान इंजे. (Vibelan inj. - *Virbac*) ।

झ. निद्राकारी दवायें (Sedative medicines); जैसे –ट्राईफ्लूप्रोमाजीन (Triflupromazine) 0.20-0.30 mg/kg BW मांस में। जैसे– एनीकाम (Anicalm - *Intas*), सीक्विल इंजे. (Sequil Inj. - *Zydus AHL*) 20mg/ml 5 ml vial अथवा जाइलाजीन (Zylazine) **मात्रा**– 0.5-1.0 mg/kg BW मांस में; जैसे– आइजीन (Izine - *Intas*), बोमाजीन 2% (Bomazine 2%–*Zydus AHL*) 20 mg/ml 10 ml vial में से कोई एक देना चाहिये।

रोकथाम (Prevention)

- रोकथाम या बचाव हेतु इस रोग का टीका एक मि.ली. की मात्रा में S/C लगावें, एक वर्ष बाद पुनः।
- इस टीके की रोगक्षमता एक वर्ष होती है।

10. अफ्रीकी अश्व व्याधि (African Horse Sickness/Equine Plague)

परिचय (Introduction)— यह घोड़ों को क्षीण बनाने वाला और अति प्राणघातक रोग है, जो एक विषाणु (virus) के संक्रमण द्वारा होता है।

This is a non-contagious virus disease of equines characterised by oedema of the lungs and subcutaneous tissues. It occurs mainly in horse, mules and donkeys. But horse is most susceptible.

कारणविज्ञान (Etiology)— इसका कारण एक Filterable virus है जो रक्त, Exudates, ब्रोन्क्रियल सेक्रीशन (Bronchial secreation) एवं कभी-कभी मूत्र में पाया जाता है।

प्रभावित पशु (Affected animal)— घोड़े, खच्चर और गधों में। पर घोड़े अधिक प्रभावित होते हैं।

प्रभावित समय (Affected time)— यह जनवरी से मार्च तक अधिक होता है। रोग स्वतंत्र रूप में वर्षा ऋतु में होता है।

छूत फैलने के ढंग (Mode of spread)— यह बीमारी सम्पर्क में आने से नहीं होती है। यह बीमारी कीट-पतंगों (insects) के काटने से एवं एक पशु से दूसरे पशु में फैलती है।

उद्भवन काल (Incubation Period)—इसकी इन्क्यूबेशन अवधि 3 से 7 दिन की है।

रोग लक्षण (Symptoms)—रोगी का तापक्रम 104^0F से 106^0F हो जाता है। इसके बाद पशु में हार्दिक रूप (कार्डियक फार्म) अथवा फुफ्फुसीय रूप (पल्मोनरी फार्म) अथवा दोनों उत्पन्न होते हैं।

1. फुफ्फुसीय रूप (Pulmonary form)— इस रूप में रोग के लक्षण तीव्र और गम्भीर होते हैं। श्वास कष्ट, बहावी श्वसन (blowing repiration), नाक से झागदार स्राव, फुफ्फुसशोथ एवं मृत्यु आदि प्रमुख लक्षण होते हैं। अति तीव्र रोग में पशु कुछ ही घण्टों में मर जाता है।

2. हार्दिक फार्म (Cardiac form)— यह उपतीव्र (subacute) स्वरूप के लक्षणोंवाला रोग होता है अर्थात् लक्षण कम तीव्र होते हैं। लक्षणों के अन्तर्गत आँख में सूजन, जीभ की वृद्धि एवं अतिशय कमजोर होकर पशु की मौत जैसे लक्षण होते हैं। प्रारम्भ में तापक्रम ऊँचा रहता है और एकाएक मरने के पूर्व गिर जाता है। यह रूप लगभग 10 दिन तक रहता है।

रोग लक्षण विस्तार से— तीव्र फुफ्फुसीय प्रकार के रोग में कष्टप्रद खाँसी, श्वास कष्ट, नाक से पतला कभी-कभी गाढ़ा आस्राव बहना। फुफ्फुसों में सूजन आदि लक्षण दिखाई देते हैं। रोगी चार-पाँच दिन में मर जाता है। इसे डनकप्प (Dunkupp) भी कहते हैं। उपतीव्र (सबएक्यूट) रूप में सिर में शोथ विशेषकर आँख की पलकों

अफ्रीकन हार्स सिकनेस के लक्षण सारांश में

- ऊँचा ज्वर 106^0F (41^0C) तक।
- चेहरे पर शोथज सूजन विशेषकर टेम्पोरल फोसा, मेण्डीबुलर खात कीभीतरी जगह से छाती (brisket) तक।
- दूसरे रोगियों में उदर के अधोवर्ती (ventral) भाग और पैर भी ग्रसित।
- आँख की भीतरी झिल्ली में सूजन एवं सूजी हुई झिल्ली बाहर दिखाई देती है।
- कुछ केसिस में श्वास कष्ट, परन्तु खाँसी नहीं।
- उठ-बैठ सकनेवाले रोगियों में उदरशूल के लक्षण।
- नाक से स्राव एवं फुफ्फुसशोथ।
- रोग 2-4 दिन तक; अन्त में मृत्यु। कुछ रोगी 2-3 सप्ताह तक जीवित रहते हैं।

एवं टेम्पोरल फोसा में सूजन, मुख की श्लेष्मिक-कला का नीला हो जाना आदि लक्षण दिखाई देते हैं। पशु दो-तीन सप्ताह तक जीवित रहता है। इसे 'डिक्कप' (Dikkup) भी कहते हैं।

मृत्यु दर (Mortality rate)— 90% तक।

विभेदक निदान (Differential diagnosis)— एन्थ्रैक्स रोग एवं रक्त परीक्षण से।

चिकित्सा (Treatment)— इस रोग की कोई विशेष चिकित्सा नहीं है। इस रोग में निम्न चिकित्सा दी जा सकती है—

क. ***द्वितीयक संक्रमण (Secondary infection)*** को रोकने के लिये बहुक्षेत्रीय एण्टीबायोटिक्स (broad spectrum antibiotics) में से किसी एक का प्रयोग कम-से-कम तीन दिन तक करना चाहिये; जैसे- ऑक्सीटैट्रासाइक्लीन, क्लोराम्फैनीकोल, जैन्टामाइसीन, सिप्रोफ्लोक्सासीन, एनरोफ्लोक्सासीन, सैफ्ट्रियेक्सोन, सैफ्टिओफर सोडियम।

ख. ***बुखार, दर्द और सूजन के लिये*** : निम्न दवाओं में से एक प्रयोग करें—

1. एनाल्जीन इंजे. (Analgin Inj.) : मात्रा- घोड़ा 10-20gm (total dose) मांस में (Intramuscular) या नस में (Intravenous) । *ब्रान्ड्स*-एनाल्जीन इंजे. (Analgin Inj.-*KAPL, Medinex lab, Vet India*) 500mg/ml, वैटाल्जीन इंजे. (Vetalgin Inj. - *Intervet*) 500mg/ml - 30ml vial ।

2. पैरासीटामोल इंजे. व बोलस (Paracetamol Inj. & Bolus) : मात्रा- घोड़ा 10mg/kg BW; मांस में (Intramuscular) या मुख से (orally) / *ब्रान्ड्स*- पैरासीटामोल इंजे. (Paracetamol Inj - *Zydus AHL*) 150mg/ml - 30ml vial, पाइरौक्सीन बोलस (Pyroxin Bolus-*Marc*) 2gm Bolus ।

3. मैलोक्सीकैम इंजे. व बोलस (Meloxicam Inj. & Bolus) : मात्रा- घोड़ा 0.1mg/kg BW मांस में (Intramuscular) या मुख से (Orally) । मैलोनैक्स इंजे. (Melonex Inj. - *Intas*) 5mg/ml - 2ml, 15ml, 30ml, 100ml; मैलोक्स-वैट (Melox-vet - *Merc*) 5mg/ml– 15ml, 30 ml vial; क्विक इंजे. (Quick Inj. - *Zydus AHL*) 5mg/ml - 15ml vial; जोबिड-एम (Zobid-M - *Zydus AHL*) 5mg/ml - 15 ml, 30 ml, 100 ml vial; 20 mg/ml - 10 ml, 30 ml vial; मैलोनैक्स बोलस (Melonex Bolus - *Intas*) 100 mg Bolus, क्विक बोलस (Quick Bolus - *Zydus AHL*) 100ml Bolus, जोबिड़-एम बोलस (Zobid-M Bolus - *Zydus AHL*) 100mg Bolus ।

4. मैलोक्सीकैम + पैरासीटामोल इंजे. व बोलस (Meloxicam+Paracetamol Inj. & Bolus) : *ब्राण्ड्स*- मैलोनैक्स प्लस इजे. (Melonex Plus Inj. - *Intas*) मैलोक्सीकेम 5mg + पैरासीटामोल 150mg/ml । **मात्रा**- *बड़े पशु* 15-20ml/200kg BW, 30ml, 100ml vial; मैलोनैक्स प्लस बोलस (Melonex Plus Bolus) Meloxicam 100mg + Paracetamol 150 mg per Bolus *(Intas)*; बड़े पशु एक बोलस / 200kg BW रोज ।

5. एनाल्जीन 750mg + **फिनाइलब्यूटाजोन** 750mg/5ml एम्प्यूल (Analgin 750mg+ Phenylbutazone 750mg per 5ml Ampoule) : एसजीपाइरीन-एन इंजे. (Esgipyrin-N Inj. - *Zydus AHL*); **मात्रा**- *बड़े पशु* : 5-15ml, मांस में (Intramuscular) ।

ग. ***विटामिन बी कौम्प्लैक्स इंजे. (Vitamin B Complex Inj.)*** **: मात्रा**-*घोड़ा* : 5-10 मि.ली.; मांस में (Intramuscular) रोज : कौन्सीप्लैक्स इंजे. (Conciplex inj. - *Concept*) 10ml, 30ml या वाइबीलान इंजे. (Vibelan inj. - *Virbac*) 10, 30ml vial ।

घ. ***एण्टीहिस्टैमिनिक दवायें (Antihistaminic Drugs)*** : जैसे-***क्लोरफैनीरामीन मैलीयेट।*** **मात्रा**- *बड़े पशु:* कुल 30-50 mg; *कुत्ता:* 2 mg/kg शरीर-भारानुसार मांस में । जैसे-

एनीस्टामीन इंजे. (Anistamin inj - *Intas*) कैडिस्टीन इंजे.; (Cadistin inj - *Zydus AHL*), जीट इंजे. (Zeet inj - *Alembic*), 10mg/ml I

फैनीरामीन मैलीएट

मात्रा- *बड़े पशु*: 5-10 मि.ली.; *छोटे पशु*: 0.5-1 मि.ली. मांस में, 22.75 mg/ml; जैसे- एविल वैट इंजे. (Avil vet inj - *Intervet*), हिसलॉक (Hisloc Inj - *Cadila Pharma*), फैनीरामीन मैलीएट (Pheniramine Maleate -*Prime Vet Care*) में से किसी एक का प्रयोग करें।

बचाव (Prevention)—शीतित्र में सुखाये गये बहुसंयोजक नवीन (फ्रीज ड्राइड पोलीवेलेण्ट न्यू) शक्तिवाला वैक्सीन; निर्माता-इण्डियन वेटरीनरी रिसर्च इन्सटीट्यूट, इज्जतनगर (उ.प्र.) की 5 मि.ली. की मात्रा S/C लगवायें।

याद रहे

- दो सप्ताह तक प्रतिक्रिया का निरीक्षण करें एवं पशु को तीन सप्ताह तक पूर्ण विश्राम में रखें।
- वैक्सीन की रोगप्रतिरोधक क्षमता एक वर्ष की होती है।

11. नीली जीभ (Blue Tongue)

अन्य नाम (Other name)—इसे भेड़ का प्रतिश्यायी ज्वर (catarrhal fever of sheep) भी कहते हैं।

परिचय (Introduction)—यह भेड़ों की एक छूतदार बीमारी है जिसमें बुखार, मुँह और जीभ पर सूजन और अल्सर एवं फेफड़े तथा उससे सम्बन्धित भाग पर शोफ (oedema) आदि लक्षण हो जाते हैं। रोग एक निस्यंदनीय विषाणु (Filterable virus) से होता है।

Blue Tongue is an infectious disease of sheep characterised by fever, inflammation and ulceration of the buccal mucosa and tongue, oedema of the lungs caused by a filterable virus.

कारण विज्ञान (Etiology)—यह एक विषाणु द्वारा उत्पन्न रोग है। ये विषाणु 16 प्रकार के होते हैं, जिनमें से 6 प्रकार के विषाणु भारत में पाये जाते हैं।

प्रभावित क्षेत्र (Affected area)—संयुक्त राज्य अमेरिका, अफ्रीका एवं फिलिस्तीन (पेलेस्टाइन) आदि देशों में पाया जाता है। अब इस विषाणु के भारत में आने से यहाँ भी इसके रोगी मिलते हैं।

प्रभावित पशु (Affected animals)—भेड़, बकरियाँ इस रोग से प्रतिरोधित (resistant) होती हैं। बीमारी गोवंशीय पशुओं में भी प्रसारित हो जाती है।

उद्भवन अवधि—5 से 8 दिन।

रोग लक्षण (Symptoms)—इसके लक्षण कुछ मायनों में अफ्रीकन हार्स सिकनेस से मिलते-जुलते हैं जो नम वातावरण में फैलते हैं। पशु का तापक्रम 106^{0}F अथवा 107^{0}F हो जाता है। भूख न लगना (ऐनोरेक्सिया), अवसाद (डिप्रेशन), मुँह और नाक की

ब्लू टंग के लक्षण सारांश में

- ज्वर 106-107^{0}F तक।
- होठ, जीभ, गाल और मसूड़ों की श्लेष्मिक झिल्ली लाल और सूजी हुई।
- मुँह से लार एवं नाक से निःस्राव (discharge)।
- मुँह से दुर्गन्ध भी।
- जीभ के भीतर नीले-रंग का सड़ा हुआ जख्म।
- निगलने में कष्ट।
- पैर के खुरों में सूजन एवं सड़न तथा लंगड़ाहट।

श्लेष्माऐं (mucosae) सूजी हुईं। लार, झाग एवं श्वास कष्ट आदि लक्षण होते हैं। होठ और जीभ पर घाव बनकर (ulceration) उससे रक्तस्राव होता है। नाक से नि:स्राव (nasal discharge) आता है। कान, होठ, सिर एवं गर्दन में शोथ (कुछ केसिस) में हो जाता है। बुखार शान्त हो जाता है और भेड़ पैरों से लंगड़ाने लगती है। अधिकांश केसिस में अत्यन्त दुर्बलता (extreme emaciation), भड़कन (prostration) आदि लक्षण पाये जाते हैं।

लक्षण एक समान प्रकट नहीं होते हैं। कुछ भेड़ों में श्वास कष्ट, नाक से झाग (nasal frothing) एवं पल्मोनरी ओडीमा के लक्षण होते हैं। कुछ केसिस में मुख्य विक्षतियाँ (लीजन्स) पायी जाती हैं। कान की शोथ, सिर एवं गर्दन पर कोई विक्षति (lesion) नहीं होती। रोग की तीव्र अवस्था होने पर लम्बे दौरों (Convulsions) के साथ 5-10 दिन में मृत्यु।

- इस रोग में जीभ की उपकला (epithelium) सड़कर गिर जाती है।
- समूचे मुँह में व्रण, फुंसी एवं छाले मिलते हैं।
- मसूड़ों एवं जिह्वा में सूजन भी मिल सकती है।
- पशु के मुँह से दुर्गन्ध आती है।
- जीभ के पार्श्व तल में सफेद व्रण हो जाते हैं जो बैंगनी-रंग में बदल जाते हैं।
- चारा-पानी निगलने में कठिनाई होती है।

रोग निदान (Diagnosis)— निश्चयात्मक निदान के लिए सीरम को सी.एम. टैस्ट के लिए लेबोरेटरी भेजा जाता है।

मृत्यु दर (Mortality rate)—10% तक। गम्भीर अवस्था में 50% तक जा सकती है।

चिकित्सा (Treatment)— इस रोग की कोई विशेष चिकित्सा नहीं है। इस रोग में निम्न चिकित्सा दी जा सकती है—

क. द्वितीयक संक्रमण (Secondary infection) को रोकने के लिये बहुक्षेत्रीय एण्टीबायोटिक्स (broad spectrum antibiotics) में से किसी एक का प्रयोग कम-से-कम तीन दिन तक करना चाहिये; जैसे- ऑक्सीटैट्रासाइक्लीन, क्लोराम्फैनीकोल, जैन्टामाइसीन, सिप्रोफ्लोक्सासीन, एनरोफ्लोक्सासीन, सैफ्ट्रियेक्सोन, सैफ्टिओफर सोडियम।

ख. बुखार और दर्द के लिये : निम्न दवाओं में से एक प्रयोग करें—

1. **एनाल्जीन इंजे. (Analgin Inj.) : मात्रा**- गाय 10-20gm; भेड़ 1-4gm; (total dose) मांस में (Intramuscular) या नस में (Intravenous)। *ब्रान्ड्स*- एनाल्जीन इंजे. (Analgin Inj. - *KAPL, Medinex lab, Vet India*) 500mg/ml, वैटाल्जीन इंजे. (Vetalgin Inj. - *Intervet*) 500mg/ml - 30ml vial।

2. **पैरासीटामोल इंजे. व बोलस (Paracetamol Inj. & Bolus) : मात्रा**- गाय, भेड़, 10mg/kg BW; मांस में (Intramuscular) या मुख से (orally)। *ब्रान्ड्स*-पैरासीटामोल इंजे. (Paracetamol Inj - *Zydus AHL*) 150mg/ml - 30ml vial, पाइरौक्सीन बोलस (Pyroxin Bolus - *Merc*) 2gm Bolus।

3. **मैलोक्सीकैम इंजे. व बोलस (Meloxicam Inj. & Bolus) : मात्रा**- गाय, भेड़, 0.1mg/kg BW मांस में (Intramuscular) या मुख से (Orally)। मैलोनैक्स इंजे. (Melonex Inj. - *Intas*) 5mg/ml - 2ml, 15ml, 30ml, 100ml; मैलोक्स-वैट (Melox-vet - *Marc*) 5mg/ml– 15ml, 30 ml vial; क्विक इंजे. (Quick Inj. - *Zydus AHL*) 5mg/ml - 15ml vial; जोबिड-एम (Zobid-M - *Zydus*

AHL) 5mg/ml -15 ml, 30 ml, 100 ml vial; 20 mg/ml -10 ml, 30 ml vial; मैलोनैक्स बोलस (Melonex Bolus - *Intas*) 100 mg Bolus, क्विक बोलस (Quick Bolus - *Zydus AHL*) 100ml Bolus, जोबिड़–एम बोलस (Zobid-M Bolus - *Zydus AHL*) 100mg Bolus ।

4. मैलोक्सीकैम + पैरासीटामोल इंजे. व बोलस (Meloxicam+Paracetamol Inj. & Bolus) : *ब्राण्ड्स*– मैलोनैक्स प्लस इंजे. (Melonex Plus Inj. - *Intas*) मैलोक्सीकेम 5mg + पैरासीटामोल 150mg/ml । **मात्रा**– *बड़े पशु* 15-20ml/200kg BW, *छोटे पशु* 1ml/10kg BW : 30ml, 100ml vial, मैलोनैक्स प्लस बोलस (Melonex Plus Bolus) Meloxicam 100mg + Paracetamol 150 mg per Bolus *(Intas)*; बड़े पशु एक बोलस / 200kg BW रोज।

5. एनाल्जीन 750mg + **फिनाइलब्यूटाजोन** 750mg/5ml एम्प्यूल (Analgin 750mg+Phenylbutazone 750mg per 5ml Ampoule) : एसजीपाइरीन–एन इंजे. (Esgipyrin-N Inj. - *Zydus AHL*); **मात्रा**– *बड़े पशु* : 5-15ml, *छोटे पशु* : 1-5ml मांस में (Intramuscular) ।

***ग. विटामिन बी कौम्प्लैक्स इंजे. (Vitamin B Complex Inj.)* : मात्रा** – *गाय* : 5–10 मि.ली.; *भेड़* : 3–5 मि.ली. *कुत्ता*; 0.5-1.0 मि.ली. मांस में (Intramuscular) रोज : कौन्सीप्लैक्स इंजे. (Conciplex inj. - *Concept*) 10ml, 30ml या वाइबीलान इंजे. (Vibelan inj. - *Virbac*) ।

***घ. एण्टीहिस्टैमिनिक दवायें (Antihistaminic Drugs)* :** जैसे– ***क्लोरफैनीरामीन मैलीयेट* । मात्रा**– *बड़े पशु* कुल 30-50 mg; *भेड़* 10mg मांस में। जैसे– एनीस्टामीन इंजे. (Anistamin inj - *Intas*) कैडिस्टीन इंजे.; (Cadistin inj - *Zydus AHL*), जीट इंजे. (Zeet inj - *Alembic*) 10 mg/ml ।

फैनीरामीन मैलीएट

मात्रा– *बड़े पशु*: 5–10 मि.ली.; *छोटे पशु*: 0.5–1 मि.ली. मांस में, 22.75 mg/ml; जैसे– एविल वैट इंजे. (Avil vet inj - *Intervet*), हिसलॉक (Hisloc Inj - *Cadila Pharma*), फैनीरामीन मैलीएट (Pheniramine Maleate - *Prime Vet Care*) में से किसी एक का प्रयोग करें।

बचाव (Prevention)— रोग से बचाव हेतु इस रोग का टीका लगाया जाता है। दक्षिणी अफ्रीका में विरलीकृत (attenuated) वैक्सीन का प्रयोग किया जाता है।

12. जानवरों में रेबीज (Rabies in Animals)

अन्य नाम (Other names)— पगलाना, पागल हो जाना, केनाइन मैडनेस (Canine madness), लाइसा (Lyssa) एवं मनुष्य में हाइड्रोफोबिया के नाम से।

परिचय (Introduction)—यह एक संक्रामक रोग है। विशेष रूप से – यह रोग कुत्ते, गीदड़, बिल्ली एवं जंगली मांसाहारी पशुओं को होता है। सामान्य रूप से रोगग्रस्त पशुओं द्वारा काटे जाने पर अन्य पशुओं एवं मनुष्यों को होता है। मनुष्यों में यह रोग केन्द्रीय तंत्रिका–तंत्र पर प्रभाव डालता है, जिससे बुद्धि एवं भावना से उत्तेजित होकर रोगी व्याकुल हो जाता है। रोगी अन्त में शक्तिहीन, पक्षाघात/ लकवाग्रस्त होकर मृत्यु का शिकार बन जाता है। इस रोग में मस्तिष्क तथा सुषुम्ना मुख्य रूप से प्रभावित होते हैं।

Rabies is highly fatal viral infection of the central nervous system, which occurs in all warm-blooded animals, and is transmitted by the bites of affected animals. It is manifested by motor irritation with clinical signs of mania and an attack complex, and by an ascending paralysis.

कारणविज्ञान (Etiology)— इस रोग का कारण एक विषाणु होता है जो रोगग्रस्त पशु के मस्तिष्क, सुषुम्ना तथा अन्य नाड़ियों, लार ग्रन्थियों (सिलैवरी ग्लैण्ड्स), अश्रु ग्रन्थियों (लैक्रीमल ग्लैण्ड्स), अग्न्याशय (पैन्क्रियास), गुर्दे (किडनीज) तथा अधिवृक्क ग्रन्थियों (एड्रीनल ग्लैण्ड्स) में पाया जाता है। पशु की लार में यह विषाणु सर्वाधिक रूप में पाया जाता है एवं रक्त तथा दूध में सबसे कम पाया जाता है।

उद्भवन अवधि (Incubation period)—कुत्तों में तीन से छः सप्ताह, जो एक वर्ष तक की भी हो सकती है। शेष में निम्न प्रकार से—

- गाय/भैंस में → 4-8 सप्ताह।
- भेड़/शूकर में → 3-6 सप्ताह।
- मनुष्यों में → 14-90 दिन।

विकृति विज्ञान (Pathology)— इस रोग से पशुओं की लार (saliva) दूषित होती है। रोगी पशुओं की लार में रहनेवाले विषाणु उसके काटने पर त्वचा, मांस तथा तंत्रिका में प्रवेश करते हैं। यह अधिकांशतः तंत्रिका कोशिका, मस्तिष्क एवं स्पाइनल कार्ड में केन्द्रित होता है। तंत्रिका कोशिका में इसके समावेश समूह को नेग्री-बोडीज (Negri-Bodies) कहते हैं।

याद रहे— ●● पागल कुत्तों के काटने के 14 से 90 दिनों के बाद इसके लक्षण दिखायी देते हैं। मस्तिष्क के निकट काटने पर लक्षण शीघ्र दिखायी देते हैं। मुँह या चेहरे पर काटने से (मस्तिष्क के जितने पास) यह अधिक खतरनाक होता है।

इसका जहर पागल कुत्ते को छूने से जिसका कि थूक संक्रमणीय (Infective) होता है, जख्म, खरास या बदन को चाटने से प्रभाव डालता है।

रेबीज के लक्षण सारांश में

उत्तेजित/प्रचण्ड रूप (Furious form)

- कुत्ता बेचैन दिखाई देता है।
- इधर-उधर घूमते हुए एकदम रुक जाता है।
- व्यर्थ में भौंकना एवं हवा को काटना।
- पास के व्यक्ति या पशु को काटना।
- मालिक को न सुनना। मालिक की आज्ञाओं को न मानना।
- भूख न लगना।
- कमरे के कोनों के अंधेरे भागों में छिपना।
- मुँह खुला रहता है एवं कई किलोमीटर तक भागना।
- मुँह से लार रस्सी जैसी टपकती है।
- कब्ज एवं पेशाब का रंग गाढ़ा।
- पशु चंचल, उत्तेजित, कर्कश आवाजवाला एवं उसे जो कुछ मिल जाय उसे काटने की प्रबलत।
- पागलों की तरह इधर-उधर भागना।
- जबड़े लटके हुए एवं जीभ बाहर को।
- व्यर्थ के पदार्थ खाने की इच्छा या प्रयास।
- खाने-पीने व निगलने की सारी क्षमता समाप्त।
- पिछला धड़ लकवाग्रस्त (पैरालाइज्ड) होकर वेहोश एवं मृत्यु।
- मृत्यु प्रयः 2-4 दिनों में ही।

मूक रूप (Dum form)

- शक्तिहीनता एवं उत्तेजना नहीं।
- नीचे को लटका हुआ जबड़ा एवं निरन्तर लार का स्राव।
- भूख एवं काटने की क्षमता समाप्त।
- मुँह अधखुला एवं जीभ बाहर को।
- पशु शून्य एवं अचेतन।
- चलने में लाचार एवं चार दिनों में अवश्य मृत्यु।

रोग के लक्षण (Symptoms)—यह रोग कुत्तों में दो प्रकार का होता है—

1. प्रचण्ड रूप (Furious form)— इस रूप में रोग होने पर कुत्ता बेचैन रहता है और प्रत्येक चीज को काटने की कोशिश करता है, चिल्लाता है और कभी-कभी अपने मालिक से अधिक प्रेम

करता है। आवाज बदल जाती है और भूख ऐसी हो जाती है कि वह प्रत्येक चीज को काटने के लिए लपकता है। कुत्ता देखने में अजीब प्रकार का हो जाता है। मस्तिष्क में भी बेचैनी हो जाती है। कुत्ता बहुत दूर तक घूमने की कोशिश करता है और 45 कि.मी. तक बराबर चला जाता है।

2. मूक रूप (Dum form)— इस रूप में कुत्ता चुपचाप बैठा रहता है। मुँह से लार गिरती है और लकवा (paralysis) होने के कारण नीचे का जबड़ा लटक जाता है, जीभ भी कुछ लटक जाती है। मुँह से लार अधिक गिरने लगती है। पशु की दृष्टि एक अजीब प्रकार की हो जाती है। यह लक्षण प्रकट होने के 7 से 10 दिन के अन्दर रोगी कुत्ता मर जाता है।

रेबीज के—

प्रचण्ड रूप में कुत्ते के आचरण में परिवर्तन हो जाता है। वह सबसे अलग रहना चाहता है और पागल जैसा घूमने लगता है। मालिक की आज्ञाओं को नहीं मानता है। खाना-पीना नहीं चाहता है। वह पागलों की तरह इधर-उधर घूमने लगता है। व्यर्थ के पदार्थ खाने का प्रयत्न करता है। अन्त में कुत्ता लोहे की छड़ों आदि को पकड़ने लगता है। तेजी से भागते हुए उसे सामने जो भी मिलता है, उसे काट लेता है। कुत्ता एकदम थक जाता है। गले की मांसपेशियों का पक्षाघात (Paralysis) हो जाता है, जिसके कारण अत्यधिक लार गिरती है। इस अवस्था में पशु का निचला जबड़ा बैठ जाता है और ऐसा प्रतीत होता है जैसे कि कंठ में हड्डी के टुकड़े फँस गये हों।

चुप्पी वाले रूप में उत्तेजना नहीं होती है। पशु को लकवा मार जाता है और उसके काटने की क्षमता समाप्त हो जाती है, शक्तिहीनता शीघ्र फैल जाती है जिससे भौंकने और काटने में असमर्थ हो जाता है।

रेबीज के लक्षण गाय-बैल-भैंस जाति के पशुओं में—

1. प्रचण्ड रूप (Furious form)— इस रूप में पशु बेचैन होता है और घबड़ाता है। वह अपने मालिक को मारने के लिये दौड़ता है। सिर ऊँचा तथा अकड़ा रहता है। ऊपर वाली थूथन को ऊपर को उठाता है। पाँव तथा खुर से जमीन खोदता है। शरीर को काटता है और दूसरे पशुओं पर चढ़ने की कोशिश करता है। दीवार में सिर मारता है तथा भयानक आवाज निकालता है। मुँह से झागयुक्त लार आती है। पशु आहार चबाने तथा निगलने में कष्ट का अनुभव करता है, खाना बन्द कर देता है। पहले कब्ज होता है और बाद में दस्त होने लगते हैं। जानवर जल्दी -जल्दी उठता-बैठता है। अन्त में पिछले धड़ की शक्ति समाप्त हो जाती है और पक्षाघात (पैरालिसिस) होकर तीन से छः दिन में मर जाता है।

रेबीज के लक्षण गाय/भैंस में

- पशु की भूख समाप्त।
- दुग्ध उत्पादन में कमी।
- आवश्यकता से अधिक सजग एवं कान खड़े।
- मोटी आवाज में रम्भाना।
- पशु उत्तेजित होकर पागल-सा। दूसरों को काटना।
- मुँह से लार टपकना एवं बँधे हुए स्थान पर चक्कर लगाना।
- पेशाब करने की प्रबल इच्छा।
- पेट में दर्द-सा।
- कुत्तों और मुर्गियों पर जोर से झपटना।
- सिर को किसी वस्तु से टकराना या पटकना।
- चारा-दाना खाने की इच्छा नहीं।
- विकृत आवाज में चिल्लाना अथवा मोटी आवाज में रम्भाना।
- चेहरे और आँखों से देखने पर शून्य रूप दिखायी देना।
- अन्त में गिरकर पिछला धड़ बेकार-सा।
- अपने मल को खाना एवं सात दिन में मृत्यु अवश्य।

2. मूक रूप (Dum form)—इस अवस्था में पशु चुपचाप रहता है। उसे भोजन चबाने तथा निगलने में कष्ट होता है। रोगी मुँह में भोजन लेकर बाहर फेंक देता है। पिछले धड़ का पक्षाघात (पैरालिसिस) हो जाता है। मुँह से लार टपकती है। जानवर बुरी तरह भयानक आवाज निकालता है तथा एक सप्ताह में पशु मर जाता है।

इस प्रकार से गाय/भैंस वंशीय पशुओं में लक्षण विभिन्न रूपों में पाये जाते हैं। पशु का हाव-भाव भी एकदम से बदल जाता है। चरही, दीवार व पेड़ आदि से टकराता है और उसमें सिर रगड़ता है। उसका शरीर अकड़-सा जाता है और गर्दन को तानता है।

रोग निदान (Diagnosis)— किसी भी रूप में लक्षण दिखाई पड़ें, परन्तु पशु सात दिन में अवश्य मर जाता है। अत: व्यावहारिक रूप में शंकावाले पशु को 10 दिनों तक परीक्षण में रखते हैं। उसे मारना नहीं चाहिये। यदि, इस अवधि में पशु जीवित रह जाते हैं तो इस रोग से वंचित समझे जाते हैं।

कुत्तों के हेप्पोकेम्पस-मेजर से प्राप्त लेप (smear) अथवा उसकी काटों (sections) को रंजित (staining) करने के बाद परीक्षण करने पर अन्त:कोशीय पदार्थ (Intracytoplasmic inclusions) मिलते हैं जिन्हें नीग्रा बोडीज (negra bodies) कहते हैं। इनकी उपस्थिति से इस रोग की पुष्टि होती है। परन्तु, इनकी अनुपस्थिति रोग की अनुपस्थिति का द्योतक नहीं है।

रोग के लक्षण घोड़े में—घोड़ों में भी यह रोग हो जाता है जिसका पहला और खास लक्षण ज्वर (pyrexia) है। घोड़ा दुलत्ती मारता है और काटने की कोशिश करता है तथा अपने शरीर को काटने की कोशिश करता है। आँखें लाल हो जाती हैं तथा जानवर एक भयानक रूप प्रकट करता है।

There is restlessness an in colic and peculiar shrill or yelling neigh. The animal bites or gnaws the seat of infection or manger and tears clothing to pieces. Free salivation and sexual excitement. The animal causes to eat or drink. It rolls on the ground. There is posterior paralysis, complete prostration and death within three to five days.

उपचार एवं रोकथाम (Treatment and Prevention)—कुत्ता काटने के स्थान को तत्काल पानी या साबुन से धो डालना चाहिये। यदि काटने के 10-15 मिनट के अन्दर ही धो दिया जाय तो रोग होने की संभावना नहीं रहती है अथवा कम हो जाती है। क्षारीय पदार्थ (alkalies) विषाणु की वृद्धि को रोकते हैं; जैसे- सोडाबाइकार्ब (sodabicarb), कास्टिक सोडा, टिंचर आयोडीन। 70% अल्कोहल का भी प्रयोग किया जा सकता है। बोरिक एसिड (boric acid) का 4% घोल 15 मिनट में विषाणुओं को मार देता है। इसी प्रकार पोटैशियम परमैंगनेट का 1% घोल 20 मिनट में और कार्बोलिक एसिड (carbolic acid) 50 मिनटों में विषाणु को मार देता है।

काटे हुए घाव को तुरन्त कार्बोलिक एसिड अथवा नाइट्रिक एसिड (nitric acid) से जला देना चाहिये अथवा सोडाबाईकार्ब के लोशन से घाव को धोयें।

यदि कुत्ते द्वारा काटा हुआ घाव काफी गहरा है, तो 24 घण्टे के अन्दर उसकी सिलाई (suturing) नहीं करनी चाहिये। ऐसा करने से अतिरिक्त आघात (injury) से विषाणु को और गहराई तक पहुँचने में मदद मिलती है। यदि सिलाई करना अधिक आवश्यक प्रतीत हो रहा हो तो 48 घण्टों के बाद सिलाई करनी चाहिये। इसके साथ ही द्वितीयक संक्रमण (secondary infection) को रोकने के लिये एण्टीबायोटिक्स; जैसे- पेनिसिलीन/प्रोकेन पेनिसिलीन/टैरामाइसीन/एम्पीसिलीन में से किसी एक की सुई लगाते रहना चाहिये।

काटनेवाले कुत्ते को अन्य पशुओं से अलग रखकर 10 दिनों तक उसकी जाँच करनी चाहिये। यदि इस अवधि के अन्दर काटनेवाला कुत्ता मर जाता है, तो यह समझा जाता है कि उस कुत्ते को किसी अन्य पागल कुत्ते या जानवर ने काटा था। ऐसी स्थिति में काटखाये पशुओं या मनुष्यों को तुरन्त एण्टीरेबीज वैक्सीन (Antirabies vaccine) का टीका लगवाना चाहिये।

- रोग से बचने के लिए प्रतिरोधक क्षमता उत्पन्न करने के लिए कुत्तों को बचाव चिकित्सा वैक्सीन (prophylactic vaccine) लगाया जाता है।

लगाने के लिए उपलब्ध वैक्सीन—

1. **भेड़ मस्तिष्क कार्बोलाइज्ड वैक्सीन 5%—** इसकी मात्रा इस प्रकार है—
   - गाय-भैंस और घोड़ा को → 20 मि.ली. S/C 14 दिन तक।
   - भेड़-बकरियों को → 5 मि.ली. S/C 14 दिन तक।
   - कुत्तों को → 3 मि.ली. S/C 7 दिन तक।
2. **आई.वी.बी.पी. (I.V.B.P.) पुणे का बी.पी.एल. (B.P.L.) इनएक्टीवेटेड एन्टीरेबीज वैक्सीन—** इसकी मात्रा इस प्रकार है—
   - गाय/भैंस को → 10 मि.ली. S/C 14 दिन तक।
   - बछड़े/भेड़ और बकरियों को → 4 मि.ली. S/C 14 दिन तक।
   - कुत्तों को (for dogs) → 2 मि.ली. S/C 7 दिन तक हुई।?
3. **बायोमेड (Biomed) फ्लरी स्ट्रेन वैक्सीन—**
   - सभी प्रकार के पशुओं को → 2 मि.ली. S/C 7 दिन तक।

4. सैल कल्चर वैक्सीन (Cell culture vaccine)— कुत्तों एवं अन्य पशुओं के लिए—

(A) रेबिसिन (Rabisin)—1 मि.ली. S/C या I/M या काटने के दिन, फिर तीसरे, सातवें, चौदहवें, तीसवें और नब्बे वें दिन दिया जाता है। अथवा

(B) रक्षारेब (Raksharab)—1 मि.ली. S/C काटने के दिन, फिर तीसरे, सातवें, चौदहवें, अट्ठाइसवें और नब्बे वें दिन दिया जाता है।

रोकथाम या सुरक्षा (Prevention or safety)— कुत्ते को निम्न टीकों में से एक टीका लगाना चाहिए—

1. *सिंगल डोज वैक्सीन (Single dose vaccine) यथा 20% भेड़ मस्तिष्क कार्बोलाइज्ड वैक्सीन—* रोग न होने देने के लिए कुत्तों को। मात्रा 5 मि.ली. S/C पुनः 6 माह बाद।

2. *एवनाइज्ड लिव रेबीज वायरस वैक्सीन यथा चिकइम्ब्रियो फ्लरी स्ट्रेन वैक्सीन—* 3 मि. ली. मांस में कुत्तों को 3 माह की उम्र में 3 वर्ष रोगमुक्ति के लिए दिया जाता है।

3. *रेबिसिन (Rabisin) वैक्सीन—* कुत्तों एवं अन्य पशुओं को 1 मि.ली. S/C या I/M पुनः 1 वर्ष पर दें। रोग मुक्ति तीन वर्ष। किन्तु भारत में वार्षिक देने की सलाह दी जाती है।

4. *रक्षारेब (Raksharab) वैक्सीन—* कुत्तों एवं अन्य पशुओं को एक मि.ली. S/C। प्रारम्भिक टीका तीन माह में अथवा ऊपर की उम्र में। पुनः 28वें दिन; उसके बाद हर वर्ष। रोगमुक्ति समय एक वर्ष।

5. *रेबगार्ड (Rabguard) वैक्सीन—* सभी पशुओं को तीन माह की उम्र में 1 मि.ली. मांस में। पुनः हर साल। रोगमुक्ति समय एक वर्ष। परन्तु, कुत्तों में तीन वर्ष पर। वार्षिक टीकाकरण की सलाह दी जाती है।

6. *कुत्तों को नीचे लिखे अनुसार टीका लगाना चाहिए–*

(i) कैनिफा वैक्सीन (Canifa vaccine) — 7 सप्ताह की उम्र के पश्चात्।

(ii) पेण्टाडॉग वैक्सीन (Pentadog vaccine) — 11 सप्ताह की उम्र के बाद।

(iii) रेबिफा वैक्सीन (Rabiffa vaccine) — 14 सप्ताह की उम्र के बाद।

7. *हेप फ्लरी स्ट्रेन वैक्सीन (Hep flury strain vaccine),* बायोमेड गाजियाबाद से प्राप्त और *लेप फ्लरी स्ट्रेन वैक्सीन–* इन्स्टीट्यूट ऑफ वायरल वैक्सीन 'केरल' से प्राप्त– कुत्तों एवं अन्य पशुओं की रोगमुक्ति दो वर्ष के लिये है।

नोट—रोग हो जाने पर इस रोग की कोई चिकित्सा नहीं है अर्थात् मौत निश्चित।

13. डिस्टैम्पर (Distemper), 14. संक्रामक श्वान यकृतशोथ (Infectious canine hepatitis), 15. पारवो विषाणु संक्रमण (Parvo virus infection)

श्वान रोग—कुत्ता रोगों (diseases of dog) में देखें।

16. बोवाइन मैलिगनेंट कटार (Bovine Malignant Catarrh)

अन्य नाम (Other names)—बैल का दुर्दम जुकाम-संबंधी ज्वर (मेलिगनेंट कटारल फीवर ऑफ ऑक्स / Malignant catarrhal fever of ox), विगलनयुक्त जुकाम (ग्रैन्ग्रीनस कोराइजा/ Gangrenous coryza) I

परिचय (Introduction)— इस रोग में श्वसन और पाचन संस्थान के रास्ते में सूजन आ जाती है। इसमें ज्वर, शक्तिहीनता, क्षीणता एवं दुर्बलता आदि लक्षण होते हैं।

This bovine affection is characterised by acute catarrhal inflammation of the mucous membrane of the respiratory and digestive tracts.

कारण (Cause)— इसका कारण एक वायरस है।

प्रकार (Types)— यह रोग तीन रूपों में मिलता है–

1. शीर्ष-नेत्रीय रूप (Head and ocular form)
2. उदरीय रूप (Abdominal form)
3. त्वचीय रूप (Cutaneous form)

इनमें शीर्ष-नेत्रीय (Head and ocular) रूप विशेष रूप से अधिक पाया जाता है।

1. शीर्ष-नेत्रीय (Head and ocular) **रूप**— यह बहुत ही तीव्र रूप में होता है। इसमें बुखार, अवसाद (depression), दुर्बलता एवं कमजोरी (loss of condition and general weakness) होती है। मुँह और नाक की श्लेष्मिक कला (म्यूकस मेम्ब्रेन) सूज जाती है और बाद में जुकामी गाढ़े आस्राव (catarrhal exudate) से ढक जाती है। कटारल कंजंक्टिवाइटिस के लक्षण मिलते हैं और पलकें सूज जाती हैं। ये पूरी अथवा कुछ-कुछ बन्द हो जाती हैं। कार्निया उजला और जख्मी (opacity and ulceration of cornea) हो जाता है। रोग का प्रभाव चेहरे की तह में तथा सींग की जड़ में हो जाता है जिससे सींग निकल जाता है। श्वास के ऊपरी रास्ते में सूजन हो जाती है। कंठशोथ (laryngitis), श्वासनलीशोथ (tracheitis) एवं ब्रान्कोन्यूमोनिया (Branchopneumonia) हो जाता है।

2. उदरीय रूप (Abdominal form)— मुँह में मसूड़ों, गालों एवं डेन्टल पैड पर जख्म हो जाते हैं। पेट और आँत की म्यूकस मेम्ब्रेन ग्रसित हो जाती है जिससे पहले कब्ज हो जाता है और बाद में दुर्गन्ध-भरा पतला दस्त होने लगता है।

3. त्वचीय रूप (Cutaneous form)— त्वचा विक्षतियाँ (lesions) गर्दन, जाँघ के भीतरी भाग व अन्य स्थानों की त्वचा पर मिलती हैं। ये कड़ी, गाँठ या मटर के आकार की होती हैं जो कभी-कभी फुंसियाँ बनकर जख्म में बदल जाती हैं।

अधिकतम 3-5 दिनों में पशु की मृत्यु हो जाती है। कभी-कभी यह रोग 3-6 सप्ताह तक रहता है और अच्छा भी हो जाता है।

Most cases die within three to five days. Sometimes the disease follows a course lasting from three to six weeks and it may be followed by recovery.

रोग लक्षण (Symptoms)— प्राय: पशु ताऊन (R.P.) या म्यूकोजल डिजीज से मिलते-जुलते हैं। नाक से बलगामी-पूय नि:स्राव (mucopurulent discharge) निकलता है। श्वास लेने में अत्यधिक कष्ट होता है। पशु की आँख से कीचड़ आता है और आँख की पलकें सूज जाती हैं। पशु को एकाएक ज्वर हो जाता है। कफ का संचय होता है। कैरेटोकंजंक्टिवाइटिस, गैस्ट्रोइण्टेराइटिस तथा इन्सेफेलाइटिस के लक्षण मिलते हैं। शरीर की लसीका ग्रन्थियाँ (लिम्फ नोड्स) बढ़ जाती हैं।

मवेशी राजव्रणी जुकाम के लक्षण सारांश में

- ज्वर (pyrexia)।
- श्वसन संस्थान के ऊपरी अवयवों में श्लेष्मिक कला की प्रदाह।
- कंजंक्टिवाइटिस एवं आँख से कीचड़ तथा पलकों में सूजन।
- दारुण श्वासकष्ट।
- 25-30 प्रतिशत रोगियों की मृत्यु।

रोग निदान (Diagnosis)— निश्चित निदान के लिये मस्तिष्क, लिम्फ नोड्स, अन्न नलिका तथा यकृत की हिस्टो-पैथोलोजी जाँच करायें।

चिकित्सा (Treatment)—इस रोग की कोई विशेष चिकित्सा नहीं है। इस रोग में निम्न चिकित्सा दी जा सकती है—

क. द्वितीयक संक्रमण (Secondary infection) को रोकने के लिये बहुक्षेत्रीय एण्टीबायोटिक्स (broad spectrum antibiotics) में से किसी एक का प्रयोग कम-से-कम तीन दिन तक करना चाहिये; जैसे- ऑक्सीटैट्रासाइक्लीन, क्लोराम्फैनीकोल, जैन्टामाइसीन, सिप्रोफ्लोक्सासीन, एनरोफ्लोक्सासीन, सैफ्ट्रियेक्सोन, सैफ्टिओफर सोडियम।

ख. बुखार और दर्द के लिये : निम्न दवाओं में से एक प्रयोग करें—

1. **एनाल्जीन इंजे. (Analgin Inj.) : मात्रा**–गाय 10-20gm; (total dose) मांस में (Intramuscular) या नस में (Intravenous)। *ब्रान्ड्स*–एनाल्जीन इंजे. (Analgin Inj. - *KAPL, Medinex lab, Vet India*) 500mg/ml, वैटाल्जीन इंजे. (Vetalgin Inj. - *Intervet*) 500mg/ml - 30ml vial।
2. **पैरासीटामोल इंजे. व बोलस (Paracetamol Inj. & Bolus) : मात्रा**– गाय, 10mg/kg BW; मांस में (Intramuscular) या मुख से (orally) / *ब्रान्ड्स*– पैरासीटामोल इंजे. (Paracetamol Inj - *Zydus AHL*) 150mg/ml - 30ml vial, पाइरौक्सीन बोलस (Pyroxin Bolus -*Merc*) 2gm Bolus।

3. मैलोक्सीकैम इंजे. व बोलस (Meloxicam Inj. & Bolus) : मात्रा– गाय, 0.1mg/kg BW मांस में (Intramuscular) या मुख से (Orally) I मैलोनैक्स इंजे. (Melonex Inj. - *Intas*) 5mg/ml - 2ml, 15ml, 30ml, 100ml; मैलोक्स–वैट (Melox-vet - *Marc*) 5mg/ml– 15ml, 30 ml vial; क्विक इंजे. (Quick Inj. - *Zydus AHL*) 5mg/ml - 15ml vial; जोबिड–एम (Zobid-M - *Zydus AHL*) 5mg/ml - 15 ml, 30 ml, 100 ml vial; 20 mg/ml - 10 ml, 30 ml vial; मैलोनैक्स बोलस (Melonex Bolus - *Intas*) 100 mg Bolus, क्विक बोलस (Quick Bolus - *Zydus AHL*) 100ml Bolus, जोबिड़–एम बोलस (Zobid-M Bolus - *Zydus AHL*) 100mg Bolus I

4. मैलोक्सीकैम + पैरासीटामोल इंजे. व बोलस (Meloxicam+Paracetamol Inj. & Bolus) : *ब्राण्ड्स*– मैलोनैक्स प्लस इंजे. (Melonex Plus Inj. - *Intas*) मैलोक्सीकेम 5mg + पैरासीटामोल 150mg/ml I **मात्रा**– *बड़े पशु* 15-20ml/200kg BW, 30ml, 100ml vial, मैलोनैक्स प्लस बोलस (Melonex Plus Bolus) Meloxicam 100mg + Paracetamol 150 mg per Bolus *(Intas)*; बड़े पशु एक बोलस / 200kg BW रोज।

5. एनाल्जीन 750mg + **फिनाइलब्यूटाजोन** 750mg/5ml एम्प्यूल (Analgin 750mg+Phenylbutazone 750mg per 5ml Ampoule) : एसजीपाइरीन–एन इंजे. (Esgipyrin-N Inj. - *Zydus AHL*); **मात्रा**– *बड़े पशु* : 5-15ml, मांस में (Intramuscular) I

ग. विटामिन बी कौम्प्लैक्स इंजे. (Vitamin B Complex Inj.) **: मात्रा** – *गाय* **:** 5–10 मि.ली.; मांस में (Intramuscular) रोज : कौन्सीप्लैक्स इंजे. (Conciplex inj. - *Concept*) 10ml, 30ml या वाइबीलान इंजे. (Vibelan inj. - *Virbac*) I

घ. एण्टीहिस्टैमिनिक दवायें (Antihistaminic Drugs) : जैसे– ***क्लोरफैनीरामीन मैलीयेट।*** **मात्रा**– *बड़े पशु* कुल 30-50 mg; *भेड़* 10mg मांस में। जैसे– एनीस्टामीन इंजे. (Anistamin inj - *Intas*) कैडिस्टीन इंजे.; (Cadistin inj - *Zydus AHL*), जीट इंजे. (Zeet inj - *Alembic*) 10mg/ml I

फैनीरामीन मैलीएट

मात्रा– *बड़े पशुः* 5–10 मि.ली.; मांस में, जैसे– (एविल वैट इंजे. (Avil vet inj - *Intervet*), हिसलॉक (Hisloc Inj - *Cadila Pharma*), फैनीरामीन मैलीएट (Pheniramine Maleate - *Prime Vet Care*) 22.75mg/ml में से किसी एक का प्रयोग करें।

च. दस्तों में दस्त अवरोधक दवाऐं; जैसे– नैबलोन या कैटोरिया 50 ग्राम सुबह–शाम चावल के मांड़ में दें।

छ. फुन्सी अथवा जख्म पर, सोफ्रामाइसिन अथवा लॉरिक्सेन क्रीम लगायें।

बचाव (Prevention)

- रोगी पशु को अलग रखें।
- इसकी कोई वैक्सीन उपलब्ध नहीं है।

17. श्लेष्मिक-कला संबंधी रोग (Mucosal Disease)

अन्य नाम (Other name)— बोवाइन वायरस डायरिया।

परिचय (Introduction)— यह पशुओं (cattles) का एक संक्रामक (छुतहा) रोग है जिसमें पशु के मुँह, आमाशय तथा आँतों में जख्म के साथ सूजन एवं अतिसार (diarrhoea) के लक्षण होते हैं। यह रोग एक वायरस से होता है।

Mucosal disease is an infectious disease of cattles caused by virus and manifested clinically by an acute erosive stomatitis, gastroenteritis and diarrhoea.

कारण विज्ञान (Etiology)—रोग का कारण एक वायरस है।

प्रभावित पशु (Affected cattles)—इस रोग में गोवंशीय पशु विशेष रूप से 8 माह से लेकर 2 वर्ष तक की आयु के अधिक प्रभावित होते हैं।

उद्भवन काल (Incubation period)—1 से 3 सप्ताह।

श्लेष्मिक-कला संबंधी (म्यूकोजल) रोग के लक्षण

- रोगी गोवंशीय पशु, 8 माह से दो वर्ष तक का।
- 40.5-41^{0}C (105-106^{0}F) तापक्रम।
- अरुचि एवं गम्भीर अवसाद (Severe depression)।
- दूध का उत्पादन एकाएक कम।
- हृदय की गति बढ़ी हुई एवं शुष्क श्वास।
- पानी जैसा पतला अतिसार— बदबूदार। मृत्यु कुछ ही दिनों में।
- मुँह के अन्दर कटावदार जख्म।
- कटाव प्रायः होठों, मसूड़ों एवं डेन्टल पैड पर।
- नाक से गाढ़ा-गाढ़ा आस्राव।
- मध्यम स्वरूप का अफारा भी।
- रोगी की तीव्रावस्था में डिहाइड्रेशन एवं दुर्बलता।
- रोग प्रारम्भ के 5-7 दिन में मृत्यु। अति तीव्र रोग में मृत्यु प्रायः दो दिन में।

रोग लक्षण (Symptoms)—यह रोग रिन्डर-पेस्ट से मिलता-जुलता है और महामारी के रूप में फैलता है। पतले दस्त के साथ प्रायः सौ प्रतिशत रोगी हो जाते हैं। रोग मध्यम बुखार (moderate rise in temperature) से प्रारम्भ होता है। दुबारा 7 से 10वें दिन 40.5-41^{0}C (105-106^{0}F) बुखार हो जाता है। दूध का उत्पादन एकाएक कम हो जाता है। अति अवसाद (sever depression), अरुचि (Anorexia) और उच्च बुखार (high fever - 41^{0}C, 106^{0}F) साथ में होता है। कुछ केसिस में पशु की हृदय गति बढ़ जाती है, सूखी खाँसी आती है, लसीका ग्रन्थियाँ (लिम्फ नोड्स) बढ़ जाती हैं परन्तु स्पष्ट दिखाई नहीं देती हैं।

बीमार होने के 2-4 दिन बाद डायरिया, अत्यधिक और पानी समान (usually profuse and watery), प्रारम्भ हो जाता है। दस्तों में बदबू एवं म्यूकस तथा रक्त मिलता है। अति तीव्र रोग में पशु कुछ ही दिनों में मर जाता है।

मुँह के अन्दर कटावदार जख्म हो जाते हैं। कटाव प्रायः होठों के किनारों, मसूड़ों तथा डेन्टल पैड पर होता है। यह मुँह और जीभ के अन्य भागों में भी हो सकता है। तीव्र रोग में मुखगुहा गहरे, गुलाबी, कच्चे आधार को ढकनेवाली स्लेटी-रंग की विगलित उपकला के साथ छड़ी के हत्थे समान दिखाई देती है (Oral cavity has a cooked appearance with the grayish coloured necrotic epithelium covering the deep pink raw base)। पशु के मुँह से लार आती है, कुछ पशु उसे निगल जाते हैं। थूथन (muzzle) पर भी ऐसे मिलते-जुलते जख्म (lesions) हो जाते हैं और खरण्डों (scabs) तथा कचरे (debris) से ढके रहते हैं। पशु के स्वास्थ्य में तीव्रता से सुधार होने पर 10-14 दिन में मुँह के जख्म भर जाते हैं, परन्तु जीर्ण रोग में ये पुनः विकसित हो जाते हैं और कटाव दिखायी देने लगता है।

नाक से गाढ़ा-गाढ़ा निःस्राव (mucopurulent discharge) आता है। कभी-कभी आँखों से पानी आता है (lacrimation) एवं कार्नियल आडिमा (स्वच्छमण्डलीय शोफ) दिखायी देता है। हल्का/मध्यम स्वरूप का अफारा भी होता है।

रोग की तीव्र अवस्था में निर्जलीकरण (डिहाइड्रेशन), दुर्बलता आदि लक्षण होते हैं और रोग प्रारम्भ होने के 5 से 7 दिन में मृत्यु हो जाती है। अति तीव्र रोग (peracute) में दो दिन में मृत्यु हो जाती है।

कुछ केसिस में रोग जीर्ण होकर महीनों तक चलता रहता है। कुछ केसिस में पैरों में कटाव होकर लंगड़ाहट पैदा हो जाती है। कोरोनाइटिस तथा खुर विरूपताऐं (hoof derformities) भी उत्पन्न हो सकती हैं।

इन्फेक्शन के कारण ग्याभिन गायों का गर्भपात हो जाता है। तीव्र रोग समाप्त हो जाने के बाद कभी-कभी रोग तीन माह तक चलता है और पशु स्वस्थ हो जाता है।

उपतीव्र (सब एक्यूट) अथवा जीर्ण (क्रोनिक) बोवाइन वायरस डायरिया– ऐसे केस जो पूर्ण रूप से ठीक नहीं हो पाते हैं बार-बार अतिसार से पीड़ित होते हैं। इसके अतिरिक्त दुर्बलता (emaciation), रोम सूखे खुरदरे (rough dry hair coat), जीर्ण ब्लौट (chronic bloat), खुर विरूपताऐं (hoof deformities) तथा गुहा और खाल पर जीर्ण कटाव (chronic erosions in the cavity and on the skin) आदि लक्षण होते हैं।

रोग निदान (Diagnosis)— उपरोक्त लक्षणों के आधार पर रोग की पहचान आसानी से हो जाती है।

विभेदक निदान (Differential Diagnosis)— इस रोग का पृथक्करण पशु ताऊन (Rinder-pest), मुख विक्षतियों और अतिसार सहित रोग (Disease with oral lesions and Diarrhoea), पशु विषाणु अतिसार (Bovine Virus Diarrhoea), पशु दुर्दमी जुकाम (Bovine Malignant Catarrh - B.M.C.), खुर-मुख रोग (Foot mouth disease), फफोलेदार छाले (vesicular stomatitis), ब्लू टंग बोवाइन पेप्युलर स्टोमेटाइटिस, नेक्रोटिक स्टोमेटाइटिस, जोन्स डिजीज, आंत्रकृमि, काक्सीडिओसिस, आर्सेनिक पाइजनिंग आदि से करना चाहिए।

चिकित्सा (Treatment)— इस रोग की कोई विशिष्ट चिकित्सा नहीं है। परन्तु सहायक रूप में दस्तरोधक alimentary tract astringents, डैक्स्ट्रोज सोल्यूशन (parenteral electrolyte solution) आदि देने चाहिए।

लक्षणानुसार चिकित्सा निम्न प्रकार से करें–

क. द्वितीयक संक्रमण (Secondary infection) को रोकने के लिये बहुक्षेत्रीय एण्टीबायोटिक्स (broad spectrum antibiotics) में से किसी एक का प्रयोग कम-से-कम तीन दिन तक करना चाहिये; जैसे– ऑक्सीटैट्रासाइक्लीन, क्लोराम्फैनीकोल, जैन्टामाइसीन, सिप्रोफ्लोक्सासीन, एनरोफ्लोक्सासीन, सैफ्ट्रियेक्सोन, सैफ्टिओफर सोडियम।

ख. बुखार और दर्द के लिये : निम्न दवाओं में से एक प्रयोग करें–

1. एनाल्जीन इंजे. (Analgin Inj.) : मात्रा– गाय 10-20gm; (total dose) मांस में (Intramuscular) या नस में (Intravenous) । *ब्रान्ड्स*–एनाल्जीन इंजे. (Analgin Inj.-*KAPL, Medinex lab, Vet India*) 500mg/ml, वैटाल्जीन इंजे. (Vetalgin Inj. - *Intervet*) 500mg/ml - 30ml vial ।

2. पैरासीटामोल इंजे. व बोलस (Paracetamol Inj. & Bolus) : मात्रा– गाय, 10mg/kg BW; मांस में (Intramuscular) या मुख से (orally) । *ब्रान्ड्स*– पैरासीटामोल इंजे. (Paracetamol Inj -*Zydus AHL*) 150mg/ml - 30ml vial, पाइरौक्सीन बोलस (Pyroxin Bolus - *Merc*) 2gm Bolus ।

3. मैलोक्सीकैम इंजे. व बोलस (Meloxicam Inj. & Bolus) : मात्रा– गाय, 0.1mg/kg BW मांस में (Intramuscular) या मुख से (Orally) । मैलोनैक्स इंजे. (Melonex Inj. - *Intas*) 5mg/ml - 2ml, 15ml, 30ml, 100ml; मैलोक्स–वैट (Melox-vet - *Marc*) 5mg/ml– 15ml, 30 ml vial; क्विक इंजे. (Quick Inj. - *Zydus AHL*) 5mg/ml - 15ml vial; जोबिड–एम (Zobid-M - *Zydus AHL*) 5mg/ml - 15 ml, 30 ml, 100 ml vial; 20 mg/ml - 10 ml, 30 ml vial; मैलोनैक्स बोलस (Melonex Bolus - *Intas*) 100 mg Bolus, क्विक बोलस (Quick Bolus - *Zydus AHL*) 100ml Bolus, जोबिड़–एम बोलस (Zobid-M Bolus - *Zydus AHL*) 100mg Bolus ।

4. मैलोक्सीकैम + पैरासीटामोल इंजे. व बोलस (Meloxicam+Paracetamol Inj. & Bolus) : *ब्राण्ड्स*– मैलोनैक्स प्लस इंजे. (Melonex Plus Inj. - *Intas*) मैलोक्सीकेम 5mg + पैरासीटामोल 150mg/ml । **मात्रा**– *बड़े पशु* 15-20ml/200kg BW, 30ml, 100ml vial, मैलोनैक्स प्लस बोलस (Melonex Plus Bolus) Meloxicam 100mg + Paracetamol 150 mg per Bolus *(Intas);* बड़े पशु एक बोलस / 200kg BW रोज ।

5. एनाल्जीन 750mg + **फिनाइलब्यूटाजोन** 750mg/5ml एम्प्यूल (Analgin 750mg+Phenylbutazone 750mg per 5ml Ampoule) : एसजीपाइरीन–एन इंजे. (Esgipyrin-N Inj. - *Zydus AHL*); **मात्रा**– *बड़े पशु* : 5-15ml, मांस में (Intramuscular) ।

ग. विटामिन बी कौम्प्लैक्स इंजे. (Vitamin B Complex Inj.) : **मात्रा** – *गाय* : 5–10 मि.ली.; मांस में (Intramuscular) रोज : कौन्सीप्लैक्स इंजे. (Conciplex inj. - *Concept*) 10ml, 30ml या वाइबीलान इंजे. (Vibelan inj. - *Virbac*) ।

घ. एण्टीहिस्टैमिनिक दवायें (Antihistaminic Drugs) : जैसे– ***क्लोरफैनीरामीन मैलीयेट ।*** **मात्रा**– *बड़े पशु* कुल 30-50 mg; *भेड़* 10mg मांस में। जैसे– एनीस्टामीन इंजे. (Anistamin inj - *Intas*) कैडिस्टीन इंजे.; (Cadistin inj - *Zydus AHL*), जीट इंजे. (Zeet inj - *Alembic*) 10 mg/ml ।

फैनीरामीन मैलीएट

मात्रा– *बड़े पशुः* 5–10 मि.ली.; मांस में, जैसे– (एविल वैट इंजे. (Avil vet inj - *Intervet*), हिसलॉक (Hisloc Inj - *Cadila Pharma*), फैनीरामीन मैलीएट (Pheniramine Maleate - *Prime Vet Care*) 22.75 mg/ml में से किसी एक का प्रयोग करें ।

च. स्थानीय जख्मों पर सोफ्रामाइसीन या लौरेक्सीन क्रीम लगानी चाहिए।

छ. दस्त होने पर पशु को नैबलौन या कैटोरिहया पाउडर 50 ग्राम सुबह–शाम चावल के मांड में देना चाहिये।

ज. शरीर में पानी की कमी को पूरा करने के लिये 5% डैक्स्ट्रोज सेलाइन 1000-2000 ml शिरा में देना चाहिए।

बचाव (Prevention)

- आउटब्रेक की स्थिति में बीमार पशुओं को अलग कर देना चाहिये।
- सम्पर्क में आये पशुओं को जिनकी उम्र दो साल के बीच की हो मुखीय जख्मों तथा डायरिया का भली–भाँति निरीक्षण कर अन्य पशुओं से अलग कर दें।
- रोग का टीका दिया जाता है।

18. पशुओं का मैथुन उपदंश (Coital Exanthema of Cattle)

परिचय (Introduction)— यह पशुओं में नर और मादा के मैथुन का संक्रामक रोग है। यह घोड़ों में भी होता है।

रोग का कारण— इसका कारण एक वायरस होता है।

रोग लक्षण (Symptoms)

1. नर में— शिश्न मुण्ड (glans penis) पर फफोले पड़ जाते हैं, जो बाद में जख्म का रूप ले लेते हैं। रोग की अधिकता होने पर ये अण्डकोष (secrotum) पर भी हो जाते हैं। मूत्रनली से स्राव बहने लगता है। शिश्न (penis) फूलकर सूज जाता है। सूजन आने से उसके छिद्र छोटे हो जाते हैं, खराब हालत में हो जाता है और कटकर गिर जाता है। ताप 104°-105°F हो जाता है। नर पशुओं का शिश्न कुरूप हो जाता है।

2. मादा पशु में—मादा की योनि और भग (vagina and vulva) पर सूजन पाई जाती है, उसकी म्यूकस मेम्ब्रेन लाल हो जाती है। उन पर दो–तीन दिनों में फफोले निकल आते हैं जो जख्म में बदल जाते हैं। योनि से पीला पीव बहने लगता है। बार–बार उत्तेजना होती है और दुधारू पशुओं का दूध घट जाता है। जननेन्द्रिय के चारों ओर शोथ हो जाती है। ग्याभिन पशु का अक्सर गर्भपात हो जाता है।

गम्भीर हालत में (in serious condition) पशु खाना–पीना छोड़ देता है और स्थानीय लसिका ग्रन्थियों में सूजन आ जाती है। रोग की अवधि 10–15 दिनों की होती है।

- **अधिकांश पशु अच्छे हो जाते हैं। मादा पशु बांझ हो जाते हैं।**

चिकित्सा (Treatment)

क. रोगी पशुओं को स्वस्थ पशुओं से अलग रखें।

ख. प्रभावित भाग पर एण्टीसेप्टिक लोशन का प्रयोग करें; जैसे- विटाडीन (पोवीडोन आयोडीन) लोशन।

ग. पेनिसिलीन/स्ट्रेप्टोपेनिसिलीन/एम्पीसिलीन/क्लोक्सासिलिन एण्टीबायोटिक का प्रयोग इन्जेक्शन के रूप में करें। अथवा

कोट्रीमोक्साजोल (यथा—ओरीप्रिम/सल्प्रिम) सूचीवेध अथवा बोलस रूप में।

19. छुतहा त्वक्–विशल्कन/एकथिमा (Contagious Ecthyma)

अन्य नाम (Other names)— छुतहा पूयस्फोटिकीय त्वक्शोथ (contagious pustular dermatitis), ओर्फ (orf), मुखार्ति (sore mouth), भेड़ के जख्मी छाले (stomatitis of sheep)।

परिचय (Introduction)— यह भेड़ और बकरियों का एक अति संक्रामक रोग है जिसमें थूथन और होठों पर दाने निकल आते हैं। यह बछड़े और बछियों को भी हो जाता है।

This is a disease of sheep and goats characterised by an eruption around the mouth, upon the buccal mucous membrane and occasionally at the extremities on the tail, vulva and cornea.

रोग का कारण (Cause)— यह रोग एक निस्यंदनीय विषाणु, पॉक्स विषाणु के द्वारा होता है। यह बहुत ही प्रतिरोधक (रसिस्टेन्ट) होता है।

It is a highly resistant virus and may be preserved in the scabes for very long periods.

रोग लक्षण (Symptoms)— इसमें पशुओं के थूथन (muzzle), नथुनों (nostrils) एवं होठों पर फुंसियाँ निकल आती हैं एवं मुखगुहा की श्लैष्मिक झिल्ली (buccal mucosa) भी ग्रसित हो जाती है। ये फुंसियाँ फटकर और सड़कर पपड़ीदार बन जाती हैं। कभी-कभी आखिरी अंगों पूँछ, भग और स्तन पर भी रोग हो जाता है।

There is severe systemic reaction and extension down the alimentary tract may lead to a severe gastroenteritis and extension down the trachea may be followed by bronchopneumonia.

इसका मैलिग्नेन्ट रूप भी देखने को मिलता है। इसमें जठरान्त्रीय मार्ग (गैस्ट्रोइन्टेस्टाइनल ट्रैक्ट) तथा अण्डकोष (स्क्रोटम) प्रभावित होते हैं। इनमें लीजन्स बन जाते हैं। कुछ केसिस में लीजन्स में द्वितीयक संक्रमण (secondary infection) भी उत्पन्न हो जाता है।

In malignant cases there are typical ulcerative lesions in the nasal cavities and the upper respiratory tract, and in some cases erosion in the mucosae of the esophagus, abomasum and small intestine.

चिकित्सा (Treatment)– इसकी कोई विशिष्ट चिकित्सा नहीं है। लक्षणानुसार निम्न चिकित्सा करें—

क. स्थानीय एण्टीसेप्टिक दवायें; जैसे- एक्रीफ्लेवीन, पोवीडोन आयोडीन लोशन, मरक्यूरोक्रोम लोशन का प्रयोग किया जा सकता है। अथवा

टैरामाइसीन, निओस्पोरिन, सोफ्रामाइसीन अथवा बीटाडीन आइण्टमेण्ट का प्रयोग किया जा सकता है।

ख. इसके साथ इन्जेक्शन के रूप में टेट्रासाइक्लीन/एम्पीसिलीन/ क्लोक्सासिलीन अथवा स्ट्रप्टोपेनिसलीन का प्रयोग करें।

ग. खाने के लिए मुलायम चारा (soft palatable food) प्रयोग करें।

(ग) परजीवी एवं फफूँदी रोग
(Parasitic and Fungal Diseases)

पशु परजीवी और उनके रोग (Animal Parasites and their Diseases)–अनेक प्रकार के परजीवी (parasites) मनुष्य तथा पशुओं के शरीर में निवास करते हैं। इनमें से कुछ शरीर के बाहर और कुछ भीतर पाये जाते हैं। पशुओं में इनके होने से पशुपालकों को भारी नुकसान उठाना पड़ता है। परजीवियों द्वारा प्रभावित पशुओं की मृत्यु हो जाती है और उनके उत्पादन में कमी आ जाती है। यह निम्न कारणों पर निर्भर करता है—

- जलवायु (Climate)
- अवस्था एवं स्वास्थ्य (Condition and health)
- पशुओं की प्रजाति (Species of cattle)
- परजीवियों की संख्या (Number of parasites)

- परजीवियों का जीवन–चक्र (Life-cycle of parasites)
- पशु–पालन की पद्धति (Method of animal husbandary)।

कुछ पैरासाइट्स ऐसे भी हैं जिनके अण्डों से दूषित चारा, दाना, पानी एवं चरागाह से रोग फैलता है। तराई, नमीयुक्त तथा दलदली भूमि इनकी वृद्धि के लिये उत्तम है। इसीलिये तराई एवं अधिक वर्षावाले प्रदेशों में रहनेवाले पशुओं में इनका प्रकोप अधिक हुआ करता है। ये कभी–कभी महामारी के रूप में भी होते हैं। पैरासाइटिक रोग (parasitic disease) मनुष्य की अपेक्षा पशुओं में अधिक हुआ करती हैं, क्योंकि पशु अधिकतर कच्चे खाद्य पदार्थ खाते हैं। पेट में रहनेवाले परजीवियों (पैरासाइट्स) के लार्वा प्रकाश पाकर घास के ऊपर की ओर चढ़ते हैं। दिन के समय पशु जब ऐसी संक्रमित घास चरते हैं, तो इनके निगल जाने की सम्भावना अधिक रहती है। रात्रि के समय इनके लार्वा रेंगकर पौधे के तने में जमीन के निकट जाकर चिपके रहते हैं।

जीवन–चक्र (Life-cycle)—इन परजीवियों का जीवन–चक्र परोक्ष (direct) अथवा अपरोक्ष (indirect) रूप में होता है।

अपरोक्ष रूप (Indirect form)— कुछ परजीवी ऐसे भी होते हैं जो पशु के शरीर में प्रवेश पाने से पूर्व किसी माध्यमिक–पोषक (intermediate host) पर पलते हैं तथा पूर्ण विकास होने पर तथा अनुकूल अवस्था प्राप्त करने के पश्चात् पशु के शरीर में त्वचा अथवा मुँह द्वारा प्रवेश कर जाते हैं। इनके पूर्ण वृद्धि प्राप्त परजीवी प्रायः मनुष्य या पशु के शरीर में मिलते हैं। ये हजारों की संख्या में अण्डे देते हैं। इन अण्डों का शरीर से निष्कासन गोबर या थूक से होता है। भूमि पर अनुकूल वातावरण मिलने से इन अण्डों का विकास होकर, इनसे लार्वा निकलते हैं जो आसपास की घास से चिपक जाते हैं। इनकी रक्षा हेतु इनके शरीर पर एक आवरण बन जाता है जो प्रतिकूल परिस्थितियों में इनकी रक्षा करता है।

जब कोई पशु ऐसी दूषित घास चरता है तो ये लार्वा उसके शरीर में प्रवेश पाकर प्रौढ़ परजीवी में अपना विकास करते हैं। इस विकास काल में ये पैरासाइट्स पशु की आँत, उदर, यकृत तथा फुफ्फुस आदि पर कुप्रभाव डालकर पशु का स्वास्थ्य नष्ट कर देते हैं।

परोक्ष रूप (Direct form)—कुछ कीट या पैरासाइट्स मनुष्य अथवा पशु के शरीर में प्रवेश पाने से पूर्व कुछ समय तक माध्यमिक पोषद् (Intermediate host); जैसे- मच्छर, डांस, किलनी, घोंघा, मछली आदि में अपना विकास (development) करते हैं। अनुकूल वातावरण मिलते ही परजीवी त्वचा अथवा मुख द्वारा (by ingestion) पशु अथवा मनुष्य के शरीर में पहुँच जाते हैं।

- पशुओं में होनेवाले कीड़े/पैरासाइट्स— **फीता कृमि या टेप वर्म** (Cestodes : Tape worms), **राउन्ड वर्म या नेमेटोड** (Round worms or Nematodes), **फ्लूक्स या ट्रीमाटोड्स** (Flukes or Trematodes), **प्राटोजोआ** (Protozoa) तथा **किलनी, जूँ** आदि हैं।

ये परजीवी (Parasites) **उन क्षेत्रों में अधिक प्रकोप करते हैं जहाँ गन्दे नाले, तालाब तथा पोखर होते हैं। शरीर पर इन पैरासाइट्स का प्रभाव उनकी संख्या, स्वभाव, उनके प्रभावित भाग तथा निकाले गये कुछ विषैले पदार्थों पर निर्भर होता है।**

●● परजीवी (पैरासाइटिक) बीमारियों से हर साल पशुधन की अपार क्षति होती है।

विभागीय कार्य—पशुपालन विभाग की ओर से सामूहिक रूप में परजीवियों को नष्ट करने के लिये पशुओं को औषधियाँ पिलायी जाती हैं।

विशेष ज्ञातव्य (Specially intelligible)

- रोगग्रस्त पशुओं का मांस एवं दूध मनुष्य के खाने योग्य नहीं रहता है।
- परजीवी एककोशिकीय या बहुकोशिकीय जीव हैं जिन्हें कृमि नाम दिया गया है। ये किसी जीव के बाहर या भीतर निवासकर अपना भोजन संरक्षण करते हैं एवं उसी में आश्रय पाते हैं। इस प्रकार दूसरे जीव को पोषद्/परपोषी (host) कहा जाता है।

पैरासाइट्स के बारे में जानने के लिये प्राणी-जगत (animal-kingdom) को दो उपजगतों (sub-kingdoms) में विभाजित किया जाता है—

1. प्रोटोजोआ (Protozoa)—एककोशीय प्राणी।
2. मेटाजोआ (Metazoa)—बहुकोशीय प्राणी।

अब इन उपजगतों (sub-kingdoms) का वर्गीकरण संघ (Phylum), उपसंघ (Subphylum), वर्ग (Class), गण (Order), कुल (Family), वंश (Genus) एवं जाति (Species) में किया जाता है।

वर्गीकरण (Classification)

परजीवियों को विभिन्न आधारों पर वर्गीकृत किया गया है।

(a) रहन-सहन के आधार पर (On the basis of habit and habitate)—इनके रहन-सहन के अनुसार इनको दो प्रमुख भागों में विभाजित किया जाता है—

1. अन्तःपरजीवी (Endoparasites)— ऐसे परजीवी जो शरीर के अन्दर रहते हैं; जैसे- राउन्डवर्ग, टेपवर्म, मलेरिया परजीवी अथवा लिवर फ्लूक।
2. बाह्य परजीवी (Ectoparasites)— ऐसे परजीवी जो शरीर की त्वचा पर रहते हैं; जैसे-किलनी, जूँ पिस्सू आदि।

पशु को अन्तः परजीवियों से होने वाले दोष/हानियाँ

(Disadvantages of Endoparasites)

- पशुओं में यह परजीवी रोग फैलाकर उनकी शक्ति इतनी क्षीण कर देते हैं जिसके परिणामस्वरूप रोगी पशु धीरे-धीरे दुर्बल हो जाता है और मर जाता है, जिसका पशुपालक को पता नहीं चलता है।
- इनसे पशुपालकों एवं अपरोक्ष रूप (indirect form) में राष्ट्र को प्रतिवर्ष लाखों-करोड़ों की क्षति होती है।
- परजीवियों से उत्पन्न रोग तथा इनके जीवन विकास की कुछ दशायें (conditions) मनुष्य को भी प्रभावित कर क्षति पहुँचाती हैं।
- पशुओं में इनके प्रभाव से उनकी उत्पादन क्षमता प्रभावित होकर कम हो जाती है।
- रोगग्रस्त पशुओं से प्राप्त पदार्थ; जैसे- मांस, दूध आदि प्रभावित हो जाते हैं। इनके प्रयोग से मनुष्यों के स्वास्थ्य की विशेष हानि होती है।
- पशुपालकों को विशेष हानि होती है, क्योंकि पैरासाइट्स से प्रभावित पशुओं की चिकित्सा में अधिक धन खर्च करना होता है।
- इन रोगों की रोकथाम के उपाय अपनाने में हर साल देश को अपार पूँजी व्यय करनी पड़ती है।
- ये परजीवी पशुओं का रक्त चूसा करते हैं, जिससे वे कमजोर हो जाते हैं।
- कुछ परजीवी तो पशु के आहार पर ही जीवन बिताते हैं, जिससे पशु को आवश्यक तत्त्व नहीं मिल पाते हैं।

- प्रभावित पशु इनके प्रभाव से जीर्ण-क्षीण हो जाते हैं, जिससे उन पर अन्य रोगों का हमला हो जाता है।

पशु को बाह्य परजीवियों से होने वाले दोष/हानियाँ
(Disadvantages of ectoparasites)—

- स्वास्थ्य गिर जाना।
- शरीर में खुजलाहट एवं बेचैनी।
- त्वचा का खराब होना।
- रक्त चूसने के कारण शरीर में खून की कमी एवं निर्बलता।
- अनेक प्रोटोजोअन बीमारियों का शिकार होना।
- दुधारू पशुओं में उनका दूध उत्पादन कम हो जाता है।
- कृषि कार्य करनेवाले पशुओं की शक्ति क्षीण हो जाती है।
- शरीर-भार तथा वृद्धि एवं विकास में कमी।

1. प्रोटोजोआ (Protozoa)— रक्त में पाये जानेवाले प्रोटोजोआ; जैसे- बवेसिया, थैलेरिया एवं एनाप्लाज्मा से संक्रमित (infected) किलनी जब पशुओं को काटती है तब यह प्रोटोजोआ जो किलनी के रक्त में पहले से मौजूद है, पशुओं के रक्त में प्रवेश पा जाता है। यह लाल रक्त कणों (R.B.Cs.) को आघात पहुँचाकर खंडित कर देता है और रोगों की उत्पत्ति का कारण बन जाता है।

पशुओं को हानि एवं कष्ट/परजीवियों द्वारा

- पोषक तत्वों का अवशोषण जैसे- टेपवर्म।
- ऊतकों को उत्तेजित करके जैसे- फ्लूक्स।
- रक्त लिम्फ को चूसकर जैसे- हुकवर्म, टिक्स।
- होस्ट के रक्त कणों को खंडित कर जैसे-पाइरोप्लाज्म।
- ऊतकों (Tissues) को खाकर जैसे-गोल कृमि, मेगट्स।
- ऊतकों को गाँठों या रसोलियों के रूप में वृद्धि कर जैसे-स्पाइरोसार्क।
- ऊतकों में घाव या जख्म जैसे- माइट्स।
- ऊतकों में विष उत्पन्न कर जैसे- हुकवर्म।
- ऊतकों को नष्ट कर, जैसे- गुर्दा कृमि।
- अवरोधक बनकर, जैसे- एस्केरिस, फ्लूक्स।

(A) प्रोटोजोआ में 'ट्रिपैनोसोमा' की कई एक ऐसी जातियाँ हैं जो टेवेनस, स्टोनोक्सीस, टिसी-टिसी फ्लाई आदि मक्खियों से संवहन की जाती हैं। ऐसी संक्रमित (infected) मक्खियों के काटने से एवं उनके द्वारा रक्त चूसने से पशुओं में सर्रा (surra) रोग हो जाता है। इसी प्रकार से मनुष्यों में निद्रालुता/सुषुप्ति रोग (sleeping sickness) और अन्य जन्तुओं में नगाना (nagana) रोग हो जाता है।

इस प्रकार से ट्रिपैनोसोमा को अपना जीवन-चक्र (life-cycle) पूरा करने के लिए दो पोषदों अर्थात् मनुष्य या पशु तथा दूसरा मक्खी की आवश्यकता होती है।

बचाव (Prevention)—

- इसके रोगों से बचने के लिए निम्न साधन अपनाना आवश्यक है—
- किलनी और मक्खियों के प्रजननवाले स्थानों को साफ-सुथरा रखा जाय।
- पशुशाला से गन्दगी तथा गोबर को दूर करना।
- ऐण्टीसेप्टिक दवायें; जैसे— डी.डी.टी./मैलाथियान/गैमेक्सीन/फिनायल आदि का प्रयोग।

(B) पेट में पाये जाने वाले प्रोटोजोआ के वर्ग स्पोरोजोआ के वंश कॉक्सीडिया (coccidia) की कई एक जातियाँ पशुओं एवं पक्षियों में रोग पैदा करती हैं। इनकी सिस्ट पशुओं के मल के साथ बाहर निकलती हैं जो अनुकूल परिस्थितियों (हवा एवं नमी) में दो-तीन दिन के अन्दर परिपक्वता (maturity) प्राप्त कर लेती हैं। इनसे संदूषित चारा, दाना, पानी या चरागाह की घास खाने पर ये पशु के पेट में पहुँच जाती हैं और संक्रमण (infection) हो जाता है। इससे पशुओं के मलाशय (rectum) और कभी-कभी कोलम (वृहदान्त्र) या सिकम (अन्धान्त्र) प्रभावित होते हैं।

इनसे आन्त्रशोथ एवं खूनी दस्त (Coccidiosis) की बीमारी होती है।

बचाव (Prevention)— इसके रोगों से बचने के लिये निम्न साधन अपनाने चाहिये—

- पशु को साफ-सुथरी हवादार जगह में रखें।
- संदूषित चारे-दाना-पानी आदि से बचावें।
- पौष्टिक एवं सन्तुलित आहार की उपयुक्त व्यवस्था करें।
- दूषित जगहों एवं वस्तुओं को 2% कार्बोलिक एसिड के घोल से उपचारित करें।

2. मेटाजोआ (Metazoa)— इस वर्ग में जितने भी कृमि आते हैं उन सभी का जीवन-चक्र लगभग समान ही होता है। इन कृमियों का निवास-स्थान पेट होता है। मादा कृमि अण्डे देती है जो पशुओं के मल (गोबर/मेंगनी) आदि के साथ बाहर निकलकर लार्वा की शक्ल में फूटते हैं। यह लार्वा (डिम्ब) अनुकूल परिस्थितियाँ पाकर खाने-पीने के माध्यम से पशु के शरीर में प्रविष्ट होकर उसके अंग विशेष में अपना अड्डा बना लेते हैं।

कुछ परजीवी ऐसे हैं जो पोषद् पशुओं (host animals) की आँत की तहों में अपना कुछ समय व्यतीतकर अपने अण्डे देनेवाली अवस्था, प्रौढ़ावस्था तक पहुँच जाते हैं।

इन कृमियों की उपस्थिति से—

- गायों में दुग्ध उत्पादन की कमी हो जाती है।
- बैलों की भार वाहन शक्ति एवं कार्य करने की शक्ति प्रभावित होती है।
- भेड़ों के ऊन उत्पादन में कमी आ जाती है।
- **जो पशु इन कृमियों से बुरी तरह प्रभावित होते हैं और उनकी चिकित्सा का उचित प्रबन्ध नहीं होता, तो वे कभी-कभी मर भी जाते हैं।**

(b) आकार और जीवन-चक्र (Shape and life-cycle) के आधार पर—इन परजीवियों को उनके आकार और जीवन-चक्र के आधार पर तीन श्रेणियों में विभाजित किया जाता है—

(i) ट्रिमाटोडा (Trematoda) अर्थात् पत्ती के आकार का चपटा कीड़ा—लिवर फ्लूक।

(ii) सिस्टोडा (Cestoda) अर्थात् फीताकृमि (Tapeworm) ।

(iii) नेमाटोडा (Nematoda) अर्थात् सूत्रकृमि (Roundworm) ।

(i) ट्रिमाटोडा (Trematoda) अर्थात् लिवरफ्लूक (Liver flude)—यह कृमि सामान्य पत्ती के आकार का चपटा होता है जिसे फ्लूक (Fluke) कहते हैं। ये पोषद् (होस्ट) पर आश्रित रहते हैं, इनका शरीर मोटे उपचर्म (cuticle) से ढका रहता है। इनका मुँह अग्र भाग पर होता है और आहार नलिका काफी विकसित होती है। इनके मलद्वार प्राय: नहीं होता है। ये उभयलिंगी होते हैं अर्थात् नर और मादा एक में ही होते हैं। इनका जीवन-चक्र बड़ा ही विचित्र होता है। इसके लिये इन्हें दूसरे पोषद् (host) की आवश्यकता होती है। यह पोषद् प्राय: घोंघा होता है। इनके जीवन-चक्र में लार्वा की संरचना होती है। इनके अण्डे पशुओं के गोबर के साथ बाहर आते हैं और उपयुक्त वातावरण में

अपरिपक्व (मीरासिडिया) होकर घोंघा के शरीर में रहते हैं, जहाँ इनका कई प्रकार से विकास होता है। यह लार्वा के रूप में बाहर निकलकर आसपास के तालाब आदि के पानी में तैरता रहता है अथवा किनारे की घास में लग जाता है। जब कोई स्वस्थ पशु पानी पीने जाता है या किनारों की घास चरता है तब उक्त लार्वा (larva) पशु के शरीर में प्रवेश कर जाता है।

पर्णकृमि (फ्लूक्स) शरीर के विभिन्न अंगों में निवास करते हैं; जैसे- यकृत, फेफड़ा, आमाशय, आँत, रक्त। उसी प्रकार से इनके नाम भी होते हैं; जैसे- यकृत फ्लूक, लंग्स फ्लूक, आमाशय फ्लूक, आन्त्र फ्लूक एवं रक्त फ्लूक। इनसे उत्पन्न विकार निम्न प्रकार से होते हैं–

यकृत पर्णकृमि (Liver fluke) **में** → यकृत शोथ/सूजन एवं पित्तनली में आघात।

फुफ्फुस पर्णकृमि (Lung's fluke) **में** → खाँसी (Cough) होती है।

आन्त्र पर्णकृमि (Intestinal fluke) **में** → आँतों में सूजन एवं दस्त जिससे पीलिया (जांडिस), हो जाता है।

रक्त पर्णकृमि (Blood fluke) **में** → नाक से विशेष प्रकार का स्राव, रक्त की कमी (अनीमिया) हो जाता है।

इन सबके विशेष लक्षण (Particular symptoms)—

- **जबड़े के नीचे ढिलढिला या पिलपिली सूजन, जो इनकी प्रमुख पहिचान है।**
  बचाव— इनसे बचने के लिए निम्न साधन अपनाने चाहिये–
- पशु को पोखर, तालाब अथवा स्थिर पानी, चरागाह, दलदली भूमि आदि में जहाँ घोंघे हों, नहीं चराना चाहिये, विशेषकर वर्षा ऋतु में।
- घोंघों को नष्ट करने के लिये तूतिया का घोल पर्याप्त रहता है।
- कृमियों से छुटकारा पाने के लिये कार्बन टेट्राक्लोराइड (C.T.C.) या हेक्साक्लोरेथेन नियमित रूप से पिलानी चाहिये। निलवर्म (Nilworm) इसकी एक उपयुक्त औषधि है जो ब्राड स्पेक्ट्रम कृमिनाशक का कार्य करती है।

(ii) **सिस्टोडा** (Cestoda) **अर्थात् फीताकृमि** (Tapeworm)— यह कृमि फीते के समान लम्बा और चपटे आकार का होता है। इसीलिये इसे फीताकृमि (Tapeworm) कहते हैं। यह कृमि पशुओं एवं मनुष्यों की आँतों में पाया जाता है। इसका शरीर कई एक खण्डों का बना होता है। इसके प्रत्येक खण्ड में नर और मादा जननेन्द्रियाँ होती हैं। इनका सारा शरीर मोटे उपचर्म से ढँका होता है, इनका जीवन–चक्र प्रायः दो या तीन होस्ट्स में संचालित होता है। इनके शरीर के अगले भाग में सिर पर काँटे (hooks) और चूषक (suckers) होते हैं। इसका युवा कृमि कुत्तों, बिल्लियों और मनुष्यों की आँत में रहता है। यह कृमि लार्वा के रूप में मल के साथ बाहर निकलता है और यह लार्वा माध्यमिक पोषद् (intermediate host); जैसे- भेड़, बकरी शूकर के शरीर में चारा–दाना आदि के साथ प्रवेश कर अनेक रूपों में विकसित होता है। इस अवस्था में इसे सिस्ट या ब्लेडर वर्म कहा जाता है। ये बड़े या छोटे फफोले के रूप में होते हैं जिनमें जल–सा द्रव (fluid) भरा रहता है इसी अवस्था में **ये कृमि पशुओं के यकृत, फेफड़े एवं शरीर के अन्य भागों में पाये जाते हैं और अत्यन्त खतरनाक होते हैं। ये मनुष्यों से पशुओं और पशुओं से मनुष्यों में पहुँच जाते हैं। इसी रूप में ये कृमि बीमारी का कारण बनते हैं। इसके वयस्क कृमि अधिक हानिकारक नहीं होते हैं।**

इन कृमियों के भारी प्रकोप से आन्त्र प्रदाह, पेटदर्द आदि विकार होते हैं।

बचाव (Prevention)

- कुत्ता और बिल्लियों को अन्य से दूर शेड में पालना चाहिये, ताकि छूत न लगे।
- मांस का उपयोग जो मनुष्यों के खाने में आता है, उसका लगातार निरीक्षण होना चाहिए।

(iii) **सूत्रकृमि** (Nematoda) **/गोल कृमि** (Roundworm)— इस कृमि को गोलकृमि (Roundworm) एवं मल सर्प से जाना जाता है। यह आकृति में गोल एवं लम्बा होता है। यह जल तथा पृथ्वी दोनों पर रहता है। इसके शरीर की बनावट अखंडित, लम्बे-पतले धागे जैसी बेलनाकार होता है। इन कृमियों का शरीर उपचर्म युक्त होता है। इनमें आहार नलिका पूर्ण विकसित होती है। मुख अगले सिरे पर होता है। परन्तु इनमें रक्त-परिवहन और श्वसन-तन्त्र नहीं होते। इन कृमियों के नर-मादा अलग-अलग होते हैं। मध्यस्थ पोषद् (intermediate host) की इन्हें आवश्यकता एक या एक से अधिक होती है अथवा यह स्वतन्त्र रूप में पशुओं के शरीर में विकसित होता है। इसके अण्डे एक पशु से दूसरे पशु में मुख द्वारा प्रवेश कर एक निश्चित स्थान पर पहुँचते हैं और वहीं पर पूर्ण विकसित कृमि बनते हैं। ये शरीर के अन्दर स्थानीय श्लेष्मा (mucosa) से चिपक कर रस चूसते हैं। इनके अण्डे होस्ट के मल के साथ बाहर निकलते हैं। इनसे संदूषित चारा-दाना खाने या संक्रमित चरागाह में चरने से इसका संक्रमण हो जाता है।

नोट—
- **इन कृमियों से प्रायः सभी प्रकार के पशु रोगग्रस्त हो जाते हैं।**
- **इनके संक्रमण से ऐस्केरिएसिस, एन्कीलोस्टोमिएसिस, ब्रोंकाइटिस आदि रोग हो जाते हैं।**

निदान (Diagnosis)—मल परीक्षण (stool test) से इन कृमियों का पता लग जाता है।

बचाव (Prevention)— निम्न प्रकार से सम्भव है—

- गोबर की परीक्षा सदैव कराते रहना चाहिये।
- रोगग्रस्त पशुओं का इलाज उपयुक्त रूप से करना चाहिए।
- पशुओं को वर्ष में दो बार फेनोविस (Phenovis) पिलाते रहना चाहिए।
- पशुओं को घास और चारा आदि धोकर खूब साफ करके खिलाना चाहिये।
- पशुओं को नीचे और आर्द्रतायुक्त स्थानों पर न चरायें।
- रहने का स्थान साफ-सुथरा रखें। उन्हें साफ-सुथरे कुएँ अथवा हैण्ड पाइप का पानी पिलावें। तालाब, पोखर एवं गड्ढों का नहीं।
- रोगी पशुओं को स्वस्थ पशुओं से अलग रखें।
- पशुओं को सदैव विटामिन युक्त चारा खिलावें।
- पशुओं के रहने के स्थान पर कॉपर सल्फेट का घोल छिड़कते रहना चाहिए।

2. बाह्य परजीवियों से हानियाँ एवं बचाव

ये परजीवी (कीड़े-मकोड़े) पशु-पक्षियों के बाह्य शरीर पर चिपककर अपना जीवन निर्वाह करते हैं और उन्हीं से अपना पोषण लेते हैं। इससे पोषद् को अत्यन्त कष्ट होता है। ये परजीवी कुछ तो पोषद् का रक्त चूसते हैं, कुछ चर्म उत्तेजक होते हैं तो कुछ उनके शरीर पर घाव पैदा करते हैं। कुछ कृमि पोषद् के परों को खाकर उन्हें कष्ट पहुँचाते हैं। पशु को खुजली होती है और वह चैन से नहीं रह पाता है। वह खाना-पीना छोड़ देता है, दुर्बलता एवं रक्तहीनता इन परजीवियों के प्रमुख कार्य हैं। पशु रोगग्रसित होकर अनुत्पादक हो जाते हैं और उनकी वृद्धि रुक जाती है।

बाह्य परजीवियों में किलनी (Ticks) और जूँ (Lice) प्रमुख हैं।

इनके आक्रमण से पशु बेचैन रहते हैं। खाना-पीना ठीक से नहीं करते और उनकी वृद्धि रुक जाती है। उनका उत्पादन कम हो जाता है। कुछ परजीवी ऐसे हैं जिनके द्वारा संक्रामक रोग पैदा होकर एक स्थान से दूसरे स्थान में फैल जाते हैं; जैसे- टिक ज्वर (Tick fever) एवं लालमूत्र ज्वर (Red water fever) आदि। इसी प्रकार से भेड़-बकरियों में मेन्ज/खुजली से काफी नुकसान होता है।

बचाव (Prevention)— इसके लिये निम्न साधन अपनाने होते हैं—

- परजीवियों के नियंत्रण हेतु गोशाला, भेड़-बकरियों के रहने के स्थान एवं मुर्गी के दरबों की भली-भाँति सफाई।
- परजीवीनाशक औषधियों का प्रयोग; जैसे- डी.डी.टी., गैमेक्सीन, मेलाथियान आदि का घोल। इनका घोल छिड़काव के काम में लाया जा सकता है अथवा छोटे पशुओं को इस घोल में डुबाकर स्नान कराया जा सकता है।

इन परजीवियों के लिये एण्टीपैरासिटीसाइड औषधि 'बुटौक्स (Butox) एक प्रभावशाली औषधि है। यह एक उत्तम बाह्य परजीवीनाशक औषधि है। इसका प्रयोग लगाने, धोने एवं छिड़काव में निम्न प्रकार से किया जा सकता है—

क्र.स. (S.No.)	परजीवी (Parasite)	लगाने हेतु (Topping)	धोने/नहाने/छिड़कने हेतु (Dip or spray) प्रति लीटर पानी में
1.	टिक्स (Ticks)	3.0 मि.ली.	2 मि.ली.
2.	माइट्स (Mites)	6.0 मि.ली.	4 मि.ली.
3.	जूँ /जुआँ (Lice)	1.5 मि.ली.	1 मि.ली.
4.	मक्खियाँ (Flies)	3.0 मि.ली.	2 मि.ली.

नोट—
- प्रभावित पशुओं के शरीर पर लोरेक्सेन पाउडर या इसका घोल लगा सकते हैं।
- मैलाथियान का 0.1%s घोल भी छिड़का जा सकता है।
- पशुओं के रहने के स्थान पर सदैव स्वच्छता रखनी चाहिये तथा गैमेक्सीन घोल का छिड़काव करना चाहिये।

सावधान—ध्यान रहे कि इन औषधियों का छिड़काव घास, चारा, दाना, पानी और खाने की नाँद आदि पर न होने पावे।

परजीवी रोग
(Diseases of Parasites)

1. अन्तःपरजीवी रोग (Endoparasitic Diseases)

इनके प्रमुख रोग निम्न प्रकार से हैं—

(A) एक कोशिकीय परजीवी रोग

प्रोटोजोअल डिजीज (Protozoal Diseases)

1. ऐनाप्लाजमोसिस (Anaplasmosis)
2. अमीबिएसिस (Amoebiasis)

3. कॉक्सीडियोसिस/खूनी दस्त/पेचिस (Coccidiosis)
4. ट्राइकोमोनिएसिस (Trichomoniasis)
5. बाबीसिओसिस/रेडवाटर/लाल पेशाब (Babesiosis)
6. थेलेरिओसिस (Theileriosis)
7. ट्रिपैनोसोमिएसिस या सर्रा (Trypanosomiasis or Surra)

(B) बहुकोशिकीय परजीवी रोग

मेटाजोअल डिजीज (Metazoal Diseases)

(i) *प्लेटीहेल्मिन्थीज* (Platyhelminthes)—चपटे कीड़े (Flat worms)

(a) ट्रीमाटोडा (Trematoda)/ पत्तीकृमि (Flukes)

1. लीवर फ्लूक्स या फैसीयोलिएसिस (Liver flukes or Fascioliasis)
2. नकड़ा/सिस्टोसोमिएसिस (Schistosomiasis)
3. गिल्लर एण्ड पिट्टू (Giller and Pittoo) या पाराएम्फीस्टोमिएसिस

(b) सिस्टोडा (Cestoda)/ फीताकृमि (Tapeworms)

1. गिड (Gid) यानी चक्कर
2. ऐकीनोकोकोसिस (Achinococcosis)
3. टीनिएसिस (Taeniasis)

(ii) *नेमाटोडा* (Nematoda)— *गोलकृमि/मलकृमि/मलसर्प* (Roundworms)

1. हिमोन्कोसिस (Haemonchosis); जैसे-वायरवर्म्स (Wireworms)
2. ऐस्केरिएसिस (Ascariasis)
3. कृमियुक्त श्वसनी प्रदाह (Parasitic Bronchitis); यथा— लंगवर्म्स (Lungworms)
4. ओसोफेगास्टोमोसिस (Oesophagostomosis)
5. ट्राइचूरीएसिस (Trichuriasis)
6. पाट फूटना या हेमरहेजिक फाइलेरिएसिस (Haemorrhagic filariasis)
7. हुकवर्म्स (Hookworms) या एन्कीलोस्टोमिएसिस (Anchylostomiasis)
8. स्ट्रोंगीलोसिस (Strongylosis)
9. ऑक्सीयूरिएसिस (Oxyuriasis) या पिनवर्म्स (Pinworms)
10. बरसाती (Bursatee)
11. कटि पक्षाघात (Lumbar Paralysis) या कुमरी (Kumari)
12. एकुएरिएसिस (Acuariasis)
13. डिक्टोफाइमोसिस (Dictophymosis)
14. हेटेराकिस (Heterakis)
15. सिंगामोसिस (Syngamosis)

(A) एक कोशिकीय परजीवी रोग (Protozoal Parasitic Diseases)

1. थेलेरिओसिस (Theileriosis) /थेलेरिएसिस (Theileriasis)

परिचय (Introduction)—यह एक पशुओं का गम्भीर रोग है जिसमें ऊपरी लसिका ग्रन्थियों की सूजन, दुर्बलता और क्षीणता शीघ्रता से होती है। रोग की अवधि एक से तीन सप्ताह होती है। यह गोवंशीय पशुओं का रोग है।

Theileriasis is an acute disease of cattles characterised by high fever, swelling of the lymph glands, anorexia, anaemia, icterus, emaciation and death caused by various species of theileria.

रोग का कारण (Cause)—यह रोग *'थेलेरिया परवा'* और *'थेलेरिया एनूलाटा'* नामक प्रोटोजोआ से उत्पन्न होता है। रोग का प्रसार किलनियों (Ticks) द्वारा होता है।

रोग के लक्षण (Symptoms)—रोग एकाएक होता है। उच्च ताप 104^0 – 108^0F (40^0–42^0C) हो जाता है जो कई दिनों तक बना रहता है। पशु के मुँह से लार आती है और उसे खूनी दस्त होते हैं। लिम्फ नोड्स में सूजन आ जाती है। सूजन प्रायः दाढ़ जंभिका के नीचे की (submaxillary) ग्रन्थि में होती है। भूख प्रायः कम रहती है अथवा कुछ में नार्मल रूप में। श्वास कष्ट एवं नाड़ी बढ़ी हुई मिलती है। खून के साथ जो दस्त आता है वह कड़े रूप में होता है (dry bloody faeces) I कुछ केसिस में कब्ज तो कुछ में खूनी दस्त। पशु के कंधे, जाँघ एवं पिछले भाग की मांसपेशियों में कम्पन होता है। पेशाब प्रायः नार्मल होता है, परन्तु कुछ में संतरे के रंग का (usually clear or rarely orange) होता है। पशु में अतिशीघ्र क्षीणता एवं निर्बलता आ जाती है। रक्त की कमी (anaemia) हो जाती है। कभी-कभी खाँसी, लार स्राव (salivation), कंजंक्टिवाइटिस एवं राइनाइटिस (rhinitis) इत्यादि लक्षण होते हैं। हीमेचूरिया और अल्बूमीनूरिया (albuminuria) अनुपस्थित। इसके साथ दूसरे जीवाणुओं का भी संक्रमण (infection) हो जाता है।

मृत्यु दर (Mortality rate)— 90 से 100% तक।

निदान (Diagnosis)—लसीका ग्रन्थियों (लिम्फ नोड्स) तथा प्लीहा (स्प्लीन) से प्राप्त की गई स्मियर में कोच्स ब्लू बोडीज (Koch's Blue Bodies) की उपस्थिति से रोग की पुष्टि होती है।

रोग अवधि (Course)—दो सप्ताह की होती है।

शव परीक्षा—शव परीक्षा में स्प्लीन, लीवर एवं लिम्फ नोड्स बहुत बढ़ी हुईं मिलती हैं। लीवर Friable brown with greyish white foci युक्त होता है एवं Infarcted kidneys की उपस्थिति मिलती है।

थेलेरिएसिस के लक्षण सारांश में

- उच्च ताप 104–108^0F (40–42^0C) कई दिन तक चलने वाला।
- श्वासकष्ट, शुष्क खूनी दस्त, कभी-कभी कब्ज भी।
- लिम्फ ग्लैण्ड्स की वृद्धि।
- मुँह से लार, खाँसी, कंजंक्टिवाइटिस एवं राइनाइटिस कभी-कभी।
- दुर्बलता एवं क्षीणता।
- कंधे, जाँघ एवं पिछले धड़ की पेशियों में कम्पन।
- पेशाब का रंग साफ अथवा संतरे के रंग का।
- रक्ताल्पता एवं मृत्यु।
- शव परीक्षण में प्लीहा (स्प्लीन), लीवर तथा लिम्फ नोड्स बहुत बढ़ी हुईं मिलती हैं।

चिकित्सा (Treatment)

क. प्रोटोजोआ हेतु—

ए. **बुपरवाकियोन** (Buparvaquone) इस रोग की खास दवा है। **मात्रा—** 2.5 mg/kg B.W मांस में (औसतन 1.0 ग्राम), एक बार देनी चाहिये। जैसे- ब्यूटालैक्स (Butalex - *Zydus AHL*) 50mg/ml, 20ml vial।

बी. बुपरवाकियोन उपलब्ध न होने पर आक्सीटैट्रासाक्लिन इंजे., **मात्रा**- 20mg/kg B.W., शिरा में सात दिन अथवा अधिक दिनों तक प्रयोग किया जा सकता है।

ख. बुखार के लिये : निम्न दवाओं में से एक प्रयोग करें—

1. एनाल्जीन इंजे. (Analgin Inj.) : मात्रा- गाय 10-20gm; (total dose) मांस में (Intramuscular) या नस में (Intravenous) । *ब्रान्ड्स*-एनाल्जीन इंजे. (Analgin Inj.-*KAPL, Medinex lab, Vet India*) 500mg/ml, वैटाल्जीन इंजे. (Vetalgin Inj. - *Intervet*) 500mg/ml - 30ml vial ।

2. पैरासीटामोल इंजे. व बोलस (Paracetamol Inj. & Bolus) : मात्रा- गाय, 10mg/kg BW; मांस में (Intramuscular) या मुख से (orally) / *ब्रान्ड्स*- पैरासीटामोल इंजे. (Paracetamol Inj - *Zydus AHL*) 150mg/ml - 30ml vial, पाइरौक्सीन बोलस (Pyroxin Bolus-*Merc*) 2gm Bolus ।

3. मैलोक्सीकैम इंजे. व बोलस (Meloxicam Inj. & Bolus) : मात्रा- गाय, 0.1mg/kg BW मांस में (Intramuscular) या मुख से (Orally)। मैलोनैक्स इंजे. (Melonex Inj. - *Intas*) 5mg/ml - 2ml, 15ml, 30ml, 100ml; मैलोक्स-वैट (Melox-vet - *Marc*) 5mg/ml– 15ml, 30 ml vial; क्विक इंजे. (Quick Inj. - *Zydus AHL*) 5mg/ml - 15ml vial; जोबिड-एम (Zobid-M - *Zydus AHL*) 5mg/ml - 15 ml, 30 ml, 100 ml vial; 20 mg/ml - 10 ml, 30 ml vial; मैलोनैक्स बोलस (Melonex Bolus - *Intas*) 100 mg Bolus, क्विक बोलस (Quick Bolus - *Zydus AHL*) 100ml Bolus, जोबिड़-एम बोलस (Zobid-M Bolus - *Zydus AHL*) 100mg Bolus ।

4. मैलोक्सीकैम + पैरासीटामोल इंजे. व बोलस (Meloxicam+Paracetamol Inj. & Bolus) : *ब्राण्ड्स*- मैलोनैक्स प्लस इंजे. (Melonex Plus Inj. - *Intas*) मैलोक्सीकेम 5mg + पैरासीटामोल 150mg/ml । **मात्रा**- *बड़े पशु* 15-20ml/300kg BW, 30ml, 100ml vial, मैलोनैक्स प्लस बोलस (Melonex Plus Bolus) Meloxicam 100mg + Paracetamol 150 mg per Bolus *(Intas)*; बड़े पशु एक बोलस / 200kg BW रोज।

5. एनाल्जीन 750mg + **फिनाइलब्यूटाजोन** 750mg/5ml एम्प्यूल (Analgin 750mg+Phenylbutazone 750mg per 5ml Ampoule) : एसजीपाइरीन-एन इंजे. (Esgipyrin-N Inj. - *Zydus AHL*); **मात्रा**- *बड़े पशु* : 5-15ml, मांस में (Intramuscular)।

ग. विटामिन बी कौम्प्लैक्स इंजे. (Vitamin B Complex Inj.) : मात्रा - *गाय* : 5-10 मि.ली.; मांस में (Intramuscular) रोज : कौन्सीप्लैक्स इंजे. (Conciplex inj. - *Concept*) 10ml, 30ml या वाइबीलान इंजे. (Vibelan inj. - *Virbac*)।

घ. एण्टीहिस्टैमिनिक दवायें (Antihistaminic Drugs) : जैसे-***क्लोरफैनीरामीन मैलीयेट*। मात्रा**-*बड़े पशुः* कुल 30-50 mg; *भेड़* 10mg मांस में; जैसे-एनीस्टामीन इंजे. (Anistamin inj -*Intas*) कैडिस्टीन इंजे.; (Cadistin inj -*Zydus AHL*), जीट इंजे. (Zeet inj - *Alembic*) 10 mg/ml ।

फैनीरामीन मैलीएट

मात्रा– *बड़े पशु* 5–10 मि.ली.; मांस में, 22.75 mg/ml; जैसे– (एविल वैट इंजे. (Avil vet inj - *Intervet*), हिसलॉक (Hisloc Inj - *Cadila Pharma*), फैनीरामीन मैलीएट (Pheniramine Maleate - *Prime Vet Care*) में से किसी एक का प्रयोग करें।

च. 5% या 10% डैक्सट्रोज इंजेक्शन 1000 ml से 2000 ml शिरा में इलाज के दूसरे दिन से शरीर में पानी की कमी को पूरा करने के लिये प्रयोग करना चाहिए।

छ. इम्फेरोन इंजे. बड़े पशु को 10 ml मांस में 10 दिन तक लगाना चाहिये।

रोकथाम (Prevention)— निम्न व्यवस्थानुसार—

- गैमेक्सीन द्वारा टिक्स (किलनी) पर नियन्त्रण रखें।
- विदेशी पशुओं का रोज तापक्रम लें।
- रक्षावेक–टी (Rakshavac-T) वैक्सीन का टीका लगवायें। **मात्रा**– सुई की दवा 0.5 मि. ली. को 2.5 मि.ली. घोलक में घोलकर S/C विधि से दें।

नोट—इस वैक्सीन से एक वर्ष के लिये रोगमुक्ति मिल जाती है। इस टीके को द्रवित N_2 में रखा जाता है।

2. अमेबिएसिस (Amoebiasis)

परिचय (Introduction)— कुत्तों में मिलनेवाला यह एक चिरस्थायी पेचिश (chronic dysentery) का रोग है। यह मनुष्यों में भी होता है।

रोग का कारण (Cause)— इसका कारण *एण्टअमीबा हिस्टोलिटिका (Entamoeba hystolytica)* नामक परजीवी है। यह पशु की एलीमेण्टरी केनाल में रहता है।

रोग लक्षण (Symptoms)— पशु को रक्त मिला हुआ दस्त आता है, जिसमें श्लेष्मा (mucus) मिला रहता है। उसे अजीर्ण (indigestion) हो जाता है और शरीर का भार गिरता है। रोगी प्राय: जीर्ण पेचिश से पीड़ित रहने लगता है।

रोग निदान (Diagnosis)— रोग के स्पष्ट निदान के लिये सूक्ष्मदर्शी यन्त्र द्वारा मल (faeces) की परीक्षा की जाती है। मल में अमीबा के सिस्ट (cyst) मिलते हैं।

शव परीक्षा— पोस्टमार्टम रिपोर्ट में श्वान के सीकम (caecum) भाग में जख्म पाये जाते हैं। यकृत में फोड़े की उपस्थिति मिलती है।

चिकित्सा (Treatment)

क. प्रोटोजोअल रोगों की चिकित्सा निम्न दवाओं में से कोई एक इंजेक्शन या गोली द्वारा की जानी चाहिये—

(A) मैट्रोनिडाजोल (Metronidazole) इसकी खास दवा है। **मात्रा**– कुत्ता 25-50 mg/kg B.W. in divided doses orally. 20 mg/kg B.W. in divided doses intravenously daily; जैसे– मैट्रोनिडाजोल इंजे. (Metronidazole Inj) 5mg/ml - 100ml vial (*Prima vet care, Core, Denis*), मैट्रोजिल इंजे. (Metrogyl Inj. - *Unique*), मैट्रिन (Metrin - *Vets Pharma*) 5mg/ml- 100 ml vial, फ्लैजिल गोली (Flagyl tab - *Rhone Poulevec*), मेट्रोजिल गोली (Metrogyl tab - *Unique*), यूनीमैजोल (Unimezol - *Unichem*) 200 mg & 400 mg tab ।

(B) (अ) सल्फोनामाइड + ट्राइमैथोप्रिम (Sulphonamide + Trimethoprim) योग के injections : **मात्रा**– 15-30mg/kg body weight ।

(i) **(सल्फाडाइजीन 400mg + ट्राइमैथोप्रिम 80mg/ml) :** ब्राण्ड्स– बायोट्रिम आई. एम/ मांसान्तर्गत (Biotrim I.M - *Vetnex)*, स्पार्कट्रिम आई.एम /मांसान्तर्गत (Sparktrim I.M. - *Neospark)*, सुमेट्रोल (Sumetrol - *Themis)* I

(ii) **(सल्फाडाइजीन 200mg + ट्राइमैथोप्रिम 40mg)/ml Inj.** – बायोट्रिम IV (Biotrim IV - *Vetnex)*, सोलबैक (Solbac - *Vetcare)*, स्पार्कट्रिम IV (Sparktrim IV - *Neospark)*, सल्फाट्रिम (Sulphatrim - *Vetsfarma)*, सलप्रिम 2g (Sulprim 2g - *Unichem)* I

(iii) **(सल्फामैथोक्साजौल 400mg + ट्राइमैथोप्रिम 80mg)/ml Inj.** – ट्रेपिन IV (Trepin IV - *Cadila Pharma)*, ट्रिमासोल आई एम (Trimasol IM - *Novartis)* I

(iv) **(सल्फामैथोक्साजौल 200mg + ट्राइमैथोप्रिम 40mg)/ml Inj.** – ट्रिमासोल IV (Trimasol IV - *Novartis)* I

(v) **(सल्फामैथोक्साजौल 400mg + ट्राइमैथोप्रिम 80mg)/3ml Inj.** – बायोसल्फा IM/ मांसान्तर्गत (Biosulpha IM - *Vet India*), मोरप्रिम वैट IV (Morprim Vet IV - *Morvel)* I

(ब) सल्फोनामाइड + ट्राइमैथोप्रिम गोली–मात्रा– 15-30mg/kg शरीरभारानुसार मुँह द्वारा।

(i) **सल्फाडाइजीन 200gm + ट्राइमैथोप्रिम 400gm गोली**–बायोट्रिम DS (Biotrim DS - *Vetnex)*, डाईसल्फ (Disulf - *IBC)*, ड्यूराप्रिम (Duraprim - *Brihans)*, डुओसाइडल (Duocidal - *KAPL)*, स्पार्कट्रिम DS (Spark trim DS - *Neospark)*, सल्कोप्रिम (Sulcoprim - *Concept)*, एन्ट्रीमा 2.4gm (Antrima 2.4gm - *Prima vet care)* I

(ii) **सल्फाडाइजीन 1.0gm + ट्राइमैथोप्रिम 200mg** गोली– एन्ट्रीमा 1.2gm (Antrima 1.2gm - *Prima Vet care)*, बैक्ट्रीसोल (Bactrisol - *Alved)*, हैट्रिक्स Hatrix - *HAL)*, सैप्ट्रिज (Septriz - *Theodor)*, सूट्रिम 200 (Sutrim 200 - *Torrent)*, त्रिसूल (Trisul - *Prachar)*, वैट्रान LA (Vetran LA -*Vetsfarma)*, वोक्ट्रिन (Woktrin - *Wockhardt)* I

(iii) **सल्फामैथोक्साजोल 2gm + ट्राइमैथोप्रिम 400mg** गोली– डुआप्रिम (Duaprim - *Brihans)*, डुओसाइडल (Duocidal - *KAPL)*, इन्ट्रिम (Intrim - *Indian Immunologicals)*, मारकोप्रिम (Marcoprim - *Marc)*, ओरीप्रिम (Oriprim - *Zydus AHL)*, सालप्रिम (Salprim - *Solus)*, ट्रेपिन (Trepin - *Cadila Pharma)*, ट्राइजोल *(Ieps)* I

(iv) **सल्फामैथोक्साजोल 1.0gm + ट्राइमैथोप्रिम 200mg** गोली– बायोसल्फा (Biosulpha - *Vet India)*, रोबाट्रान (Robatran - *TTK)*, सैप्ट्रिज (Septriz - *Theodor)* I

3. कॉक्सिडियोसिस/खूनी दस्त/ पेचिश (Coccidiosis)

अन्य नाम (Other names)–लाल पेचिश, खूनी दस्त, खूनी पेचिश, कॉक्सिडिया रुगणता आदि।

परिचय (Introduction)–यह विशेषकर खूनी आन्त्रशोथ (गेस्ट्रोइन्टेराइटिस) की बीमारी है जो बछड़े-बछियों, भेड़-बकरियों में अधिक होती है। इसमें पतला दस्त और खूनी दुर्गन्ध भरा पेचिश होता है। यह रोग मुर्गियों में भी होता है। इसका प्रकोप गर्मी के दिनों में अधिक होता है।

Coccidiosis is an acute or chronic specific haemorrhagic enteritis, chiefly of cattles, rabbits and poultry characterised by invasion and destruction of the intestinal epithelium, diarrhoea and dysentery caused by coccidia.

कारण विज्ञान (Etiology)— इस रोग का कारण 'कॉक्सिडिया' नामक प्रोटोजोआ है, जिसकी जातियाँ अलग-अलग हैं। कैटिल्स में *इमेरिया जुर्नी (Emeria zurni)*, भेड़-बकरियों में *इमेरिया फाउरेई (Emeria Faurei)*, कुत्तों में *इमेरिया कैनिस (Emeria canis)* एवं मुर्गियों में *इमेरिया टेनेला* तथा *इमेरिया नैकेट्रीक्स (Emeria tenella and Emeria necatrix)* हैं।

प्रभावित क्षेत्र (Affected area)—सम्पूर्ण विश्व में।

प्रभावित पशु (Affected animals)—अधिकतर 4 माह से 2 वर्ष की उम्रवाले बछड़े-बछिया आदि प्रभावित होते हैं, परन्तु कभी-कभी यह रोग 1 माह से छोटे बछड़ों और 4-9 वर्ष तक के वयस्कों में भी हो जाता है। रोग भेड़-बकरियों, कुत्तों, खरगोशों और पक्षियों में भी होता है। यह रोग घोड़ों में नहीं होता है। मुर्गियों में इसका प्रकोप भयंकर होता है।

छूत लगने के ढंग (Mode of spread)—छूत वाला चारा, दाना, पानी और चरागाह से फैलता है। अंतड़ी में इसका परजीवी पहुँचकर रोग के लक्षण प्रकट करता है।

उद्भवन अवधि (Incubation period)—1 से 3 सप्ताह।

रोग लक्षण (Symptoms)—रक्तयुक्त अतिसार इसका प्रमुख लक्षण है। जानवरों के बच्चों में इसके कारण लाल-रंग की पेचिश (red dysentery) का रोग हो जाता है। पाखाने का लाल-रंग रक्त की मिलावट के कारण होता है। रोग की प्रारम्भिक सामान्य अवस्था में दस्त के साथ अल्प मात्रा में रक्त आता है, किन्तु रोग बढ़ते-बढ़ते तीव्र अवस्था प्राप्त होते ही खून के साथ पाखाना होता है। हर बार के पाखाने में रक्त का कतरा मिला रहता है। रोगी पशु खाना, पीना छोड़कर सुस्त हो जाता है। सुस्ती हो जाती है और पशु दुर्बल हो जाता है। गम्भीर अवस्था में दुर्गन्ध भरा पानी-सा दर्दयुक्त खूनी पेचिश और खून के थक्के आते हैं। पशु की म्यूकस मेम्ब्रेन पीली पड़ जाती है, दुर्बलता अधिक बढ़ जाती है, स्वास्थ्य तीव्रता से गिर जाता है, भूख मारी जाती है (loss of appetite)। पिछला धड़ अधिक कमजोर हो जाता है। अत्यन्त गम्भीर अवस्था में (in fatal cases) पाखाने में केवल साफ तरलयुक्त रक्त (clear fluid blood) आता है। प्यास अधिक लगती है। पशु इतना कमजोर हो जाता है कि वह खड़ा होने में असमर्थ हो जाता है। बछड़ों में अधिकतर न्यूमोनिया हो जाता है।

इस रोग की अवधि (course) 3 या 4 दिनों से लेकर 10 या 15 दिनों तक की होती है। घातक अवस्था (serious condition) में प्रायः मृत्यु चौथे-पाँचवें दिन हो जाती है।

In fatal cases death occurs on or about the 5th day. Recovery is more common in adult animals than in calves.

कॉक्सिडियोसिस के लक्षण सारांश में

- रोगी, विशेषकर बछड़ा/बछिया अथवा भेड़-बकरी।
- पहला लक्षण अतिसार, पतला दस्त या खूनी पेचिश।
- भूख की कमी एवं सुस्ती।
- अनियमित जुगाली एवं बुखार का न होना।
- गम्भीर अवस्था में दुर्गन्ध-भरा पानी जैसा दर्दयुक्त खूनी पेचिश और खून के थक्के।
- म्यूकस मेम्ब्रेन पीली एवं अधिक दुर्बल।
- अन्त में पानी जैसा खून पाखाने से।
- तीव्रता से स्वास्थ्य में गिरावट एवं खड़े होने में असमर्थ।
- बछड़ों में प्रायः उपद्रव स्वरूप न्यूमोनिया।
- 3-10 दिन में मृत्यु। घातक अवस्था में चौथे या पाँचवें दिन ही।

रोग निदान (Diagnosis)— रोग का स्पष्ट निदान रोग के लक्षणों से एवं सूक्ष्मदर्शी यंत्र में मल की परीक्षा करने पर हो जाता है। मल की परीक्षा में युग्मकपुटी (oocyst) की उपस्थित मिलती है।

प्राय: इसमें बुखार नहीं रहता है (There is no temperature in coccidiosis) I

शव परीक्षा (Postmortem)—बड़ी आँत, विशेषकर कोलन और रेक्टम में विक्षतियों (लीजन्स) की उपस्थिति मिलती है। म्यूकस मेम्ब्रेन मोटी, शोफयुक्त (oedamatous) एवं खून से युक्त (haemorrhagic) होती है— साथ में रक्त के थक्के भी कभी-कभी। छोटी आँत और एवोमेजम में भी रक्त संचय (कंजेशन) मिलता है। मेसेण्ट्रिक ग्लैण्ड्स (Mesenteric glands) बढ़ी हुई मिलती हैं।

चिकित्सा (Treatment)

क. प्रोटोजोआ हेतु – इस रोग में सल्फा औषधियाँ बहुत लाभ करती हैं। सल्फा औषधियों को इंजेक्शन तथा गोली दोनों तरह से प्रयोग करना चाहिये।

निम्न सल्फोनामाइड्स (Sulphonamides) में से किसी एक का प्रयोग करें—

(A) (i) सल्फाडिमिडीन इंजे. (Sulphadimidine Inj.) : मात्रा— 100 मि.ग्रा. प्रति किलो शरीर भार, मुँह द्वारा (orally) या शिरा में (I/V) I

सल्फाडिमिडीन सोडियम इंजे. 33.3% (Sulphadimidine Sodium Inj. 33.3%) : सल्फाडिमिडीन इंजे. (Sulphadimidin Inj. - *Indian Immunologicals, KAPL, Vet India, Denis, Prima Vet Care*), सल्फामिन (Sulfamin-*Indian Immunologicals)* I

(ii) सल्फाडिमिडीन 5 ग्राम गोली (Sulphadimidine 5gm tablet) : मात्रा-100 mg/kg BW I/M or I/V I *ब्राण्ड्स*– आलडीन (Aldine - *Alembic)*, डाइडीन (Diadin - *Pfizer)*, लाइकाडीन (Lykadin - *Lyka)*, सल्फामिन (Sulfamin - *Indian Immunologicals)*, सल्फाडीन (Sulphadin - *Vet Pharma)*, सल्फाडिमिडीन (Sulphadimidin - *Ar-Ex, Carevet, IBC, KAPL, Lyka, Vet India)* I

(B) (अ) सल्फोनामाइड + ट्राइमैथोप्रिम (Sulphonamide + Trimethoprim) योग के injections : **मात्रा**– 15-30mg/kg body weight I

(i) **(सल्फाडाइजीन 400mg + ट्राइमैथोप्रिम 80mg/ml) :** ब्राण्ड्स– बायोट्रिम आई.एम/ मांसान्तर्गत (Biotrim I.M - *Vetnex)*, स्पार्कट्रिम आई.एम /मांसान्तर्गत (Sparktrim I.M. - *Neospark)*, सुमेट्रोल (Sumetrol - *Themis)* I

(ii) **(सल्फाडाइजीन 200mg + ट्राइमैथोप्रिम 40mg)/ml Inj.** — बायोट्रिम IV (Biotrim IV - *Vetnex)*, सोलबैक (Solbac - *Vetcare)*, स्पार्कट्रिम IV (Sparktrim IV - *Neospark)*, सल्फाट्रिम (Sulphatrim - *Vetsfarma)*, सलप्रिम 2g (Sulprim 2g - *Unichem)* I

(iii) **(सल्फामैथोक्साजौल 400mg+ट्राइमैथोप्रिम 80mg)/ml Inj.**—ट्रेपिन IV (Trepin IV - *Cadila Pharma)*, ट्रिमासोल आई एम (Trimasol IM - *Novartis)* I

(iv) **(सल्फामैथोक्साजौल 200mg + ट्राइमैथोप्रिम 40mg)/ml Inj.** — ट्रिमासोल IV (Trimasol IV - *Novartis)* I

(v) **(सल्फामैथोक्साजौल 400mg + ट्राइमैथोप्रिम 80mg)/3ml Inj.** — बायोसल्फा IM/ मांसान्तर्गत (Biosulpha IM - *Vet India*), मोरप्रिम वैट IV (Morprim Vet IV - *Morvel)* I

(ब) **सल्फोनामाइड + ट्राइमैथोप्रिम गोली—मात्रा**–15-30mg/kg शरीरभारानुसार मुँह द्वारा।

(i) **सल्फाडाइजीन 200gm + ट्राइमैथोप्रिम 400gm गोली** – बायोट्रिम DS (Biotrim DS - *Vetnex*), डाईसल्फ (Disulf - *IBC*), ड्यूराप्रिम (Duraprim - *Brihans*), डुओसाइडल (Duocidal *(KAPL)*, स्पार्कट्रिम DS (Spark trim DS - *Neospark*), सल्कोप्रिम (Sulcoprim - *Concept*), एन्ट्रीमा 2.4gm (Antrima 2.4gm - *Prima vet care*) ।

(ii) **सल्फाडाइजीन 1.0gm + ट्राइमैथोप्रिम 200mg** गोली– एन्ट्रीमा 1.2gm (Antrima 1.2gm - *Prima Vet care*), बैक्ट्रीसोल (Bactrisol - *Alved*), हैट्रिक्स Hatrix - *HAL*), सैप्ट्रिज (Septriz - *Theodor*), सूट्रिम 200 (Sutrim 200 - *Torrent*), त्रिसूल (Trisul - *Prachar*), वैट्रान LA (Vetran LA *(Vetsfarma)*, वोक्ट्रिन (Woktrin - *Wockhardt*) ।

(iii) **सल्फामैथोक्साजोल 2gm + ट्राइमैथोप्रिम 400mg** गोली– डुआप्रिम (Duaprim - *Brihans*), डुओसाइडल (Duocidal - *KAPL*), इन्ट्रिम (Intrim - *Indian Immunologicals*), मारकोप्रिम (Marcoprim - *Marc*), ओरीप्रिम (Oriprim - *Zydus AHL*), सालप्रिम (Salprim - *Solus*), ट्रेपिन (Trepin - *Cadila Pharma*), ट्राइजोल *(Ieps)* ।

(iv) **सल्फामैथोक्साजोल 1.0gm + ट्राइमैथोप्रिम 200mg** गोली– बायोसल्फा (Biosulpha - *Vet India*), रोबाट्रान (Robatran - *TTK*), सैप्ट्रिज (Septriz - *Theodor*) ।

ख. दस्त रोकने के लिए दस्त अवरोधक दवा; जैसे– नैबलोन या कैटोरिहया पाउडर देना चाहिए।

ग. शरीर में पानी की कमी को पूरा करने के लिये 5% डैक्स्ट्रोज सेलाइन 500–1000 मि.ली. शिरा में चढ़ानी चाहिये।

घ. ऐंठन होने पर डाईसाइक्लोमीन इंजे. (Dicyclomine Inj.) **मात्रा**– गाय, भैंस, भेड़, बकरी, कुत्ता 0.5 mg/kg B.W. मांस में; जैसे– स्पास (Spas Inj. - *G. Loucatas*), स्पास्मोवैट (Spasmovet - Wockhardt) अथवा स्पारिड (Sparid - *Ieps*) 10 mg/ml - 30 ml vial में से कोई एक देना चाहिए।

रोकथाम (Prevention)— निम्न साधनों द्वारा—

- चारा, दाना तथा पानी को दूषित होने से बचावें।
- पौष्टिक और शीघ्र पचनेवाला आहार दें।
- आवश्यकतानुसार ग्लूकोज खाने को दें।
- कीटाणुयुक्त स्थानों पर लाइकर अमोनिया फोर्ट 10% के घोल का छिड़काव करें।
- दूषित वस्तुओं को 2% कार्बोलिक घोल से साफ करें।
- आहार को संक्रमित मल से बचाकर रखें।
- नये खरीदे पशुओं को कुछ दिन तक अलग रखें।

4. ट्राइकोमोनिएसिस (Trichomoniasis)

परिचय (Introduction)—यह पशुओं में प्रजनन सम्बन्धी कठिनाईयों का रोग है। इससे उनमें गर्भ धारण की शक्ति कम हो जाती है। शीघ्र गर्भपात (abortion) हो जाता है तथा गर्भाशय में पीव बनने लगता है।

रोग का कारण (Causes)—इसका कारण *ट्राइकोमोनास फीटस (Trichomonas foetus)* परजीवी (पैरासाइट) है।

रोग लक्षण (Symptoms)— इसका परजीवी मादा पशु के गर्भाशय में निवास करता है। किन्तु यह परजीवी योनि (vagina) में अस्थायी रूप से मिलते हैं। यह रोग मैथुन (coitus) से होता है। मादा में गर्भधारण हो सकता है और बच्चे सामान्य रूप में पैदा हो सकते हैं, किन्तु कभी-कभी गर्भधारण असफल भी हो जाता है। कुछ मादा पशुओं के गर्भाशय में सूजन हो जाती है जिससे गन्दा स्राव निकलता रहता है। इसके विपरीत, कुछ पशुओं में गर्भधारण के 1 से 4 माह बाद गर्भपात हो जाता है और गर्भ के साथ ज़रायु भी बाहर निकल आता है। कुछ पशुओं का गर्भाशय पीवयुक्त (pyometra-पायोमेट्रा) मिलता है।

नर पशुओं में—इनमें यह परजीवी शिश्नमुण्ड (glans penis) और शिश्नमुण्ड आवरण (preputial membrane) पर पाये जाते हैं। कभी-कभी 'एपीडिडायमिस' और 'वास डिफेरेन्स' पर भी मिलते हैं। इनका संक्रमण प्राय: मैथुन के समय होता है।

इससे मैथुन में उदासीनता होती है, परन्तु पुरुषत्व में कमी नहीं होती।

रोग निदान (Diagnosis)— रोग का स्पष्ट निदान गर्भाशय स्राव की सूक्ष्मदर्शी यंत्र से परीक्षा करने पर होता है। रोग का इतिहास भी रोग निदान में सहायक होता है।

चिकित्सा (Treatment)

क. मैट्रोनिडाजोल (Metronidazole) इस रोग की खास दवा है। **मात्रा**- 20 mg/kg B.W. in divided doses intravenously; जैसे-फ्लेजिल IV (Flagyl IV-*Rhone-Poulevec*), मैट्रोजिल (Metrogyl - *Unique*), मैट्रोनिडाजोल (Metronidazole - *Prima Vet care, Core, Denis*) । सभी इंजेक्शन 5 mg/ml, 100 ml vial में उपलब्ध।

ख. 4 माह पर गर्भपात हानेवाले पशुओं में मैट्रोनिडाजोल दवा को गर्भाशय में छोड़ना चाहिए; जैसे- मैट्रेन (Metren - *Vets Pharma*) 25-50 ml रोज तीन दिन तक।

बचाव (Prevention)—कृत्रिम गर्भाधान (Artificial insemination) बचाव का एक मात्र साधन है।

5. बाबीसिओसिस (Babesiosis)

अन्य नाम (Other names)—इसे रेड वाटर, लाल पेशाब, पाइरोप्लाज्मोसिस (Piroplasmosis) भी कहते हैं।

पशुओं में—Bovine piroplasmosis, Tick fever, Texas fever, Red water in cattle, Bovine haemoglobinuria कहते हैं।

भेड़ में— इसे Bovine babesiosis, Piroplasmosis of sheep कहते हैं।

घोड़ों में— इसे Equine babesiosis (Biliary fever of horses) कहते हैं।

कुत्तों में— इसे Canine babesiosis (Tick fever in dogs) एवं Malingnant Jaundice कहते हैं।

परिचय (Introduction)—पशुओं की यह पैरासिटिक डिजीज है, जिसमें पेशाब लाल हो जाता है। पशु में तीव्र ज्वर, सुस्ती, कमजोरी एवं 4–5 दिन में मृत्यु आदि लक्षण होते हैं। दूध देने वाले जानवर, घोड़े, कुत्ते, भेड़, बकरी आदि पशु इसके शिकार होते हैं।

Babesiosis includes those diseases caused by Babesia spp. in cattles, sheep, pigs and horses. They are all characterised by fever and intravascular hemolysis causing a syndrome of anemia, hemoglobinemia and hemoglobinuria, and are transmitted by blood-sucking ticks.

रोग का कारण (Cause)— यह रोग बाबैसिया (Babesia) नामक पैरासाइट से होता है जो मादा किलनी बुफीलस, आइक्सोडेस, रीपीसेफालस आदि के द्वारा प्रसारित (Transmitted) होता है। इसका पैरासाइट मादा किलनी द्वारा पशुओं का खून चूसते समय पशु के खून में आ जाता है।

इस पैरासाइट की विविध जातियाँ हैं। इनमें से प्रत्येक जाति पृथक–पृथक जाति के जानवरों को विशेष रोगों से प्रभावित करती है; जैसे- पशुओं (cattles) में इसकी एक विशेष जाति रेड वाटर से और दूसरी जाति घोड़ों को 'बिलियरी फीवर' तथा तीसरी जाति कुत्तों को 'टिक फीवर' और कष्ट साध्य पाण्डु रोग (malignant jaundice) से पीड़ित करती है।

उद्भवन अवधि— 7 से 17 दिन तथा घोड़ों और कुत्तों में 21 दिन का होता है।

रोग लक्षण (Symptoms)

1. तीव्र अवस्था (Acute form)—पशु को एकदम तीव्र ज्वर 106°-107°F (41°-41.5°C) हो जाता है। साथ ही नाड़ी तथा श्वास की गति अति तीव्र हो जाती है। पशु जुगाली तथा खाना–पीना बन्द कर देता है। पशु की भूख कम हो जाती है और सुस्त दिखायी देने लगता है। उसके शरीर की श्लेष्मिक झिल्लियाँ (mucous membranes) पीली पड़ने लगती हैं। साथ ही पेशाब का रंग लाल हो जाता है। ऐसा लाल रक्त कणों के टूटने के परिणामस्वरूप हीमोग्लोबिन (haemo-globin) निकलने के कारण होता है। इसका परजीवी पशु के रक्त कणों में प्रवेश पाकर उनको तोड़ता है। पशु अत्यन्त कमजोर हो जाता है। कुछ

पाइरोप्लाज्मोसिस के लक्षण सारांश में

तीव्र अवस्था (Acute form)

- एकाएक तीव्र ज्वर (106-107°F या 41-41.5°C), सुस्ती एवं भूख की कमी।
- नाड़ी एवं श्वास की गति तीव्र/हार्ट रेट बढ़ी हुई।
- म्यूकस मेम्ब्रेन का पीलापन।
- पेशाब का रंग लाल या लाल–काला अथवा काला (कॉफी सदृश्य) फेनयुक्त।
- तिल्ली बढ़ी हुई एवं रक्त पतला।
- दूध कम एवं तीखे स्वाद का।
- गम्भीर रक्ताल्पता, अतिशय दुर्बलता।
- रोग के प्रारम्भ से एक सप्ताह में मृत्यु (90%)।

दीर्घकालीन अवस्था (Chronic form)

- अनियमित बुखार।
- अनीमिया, इनएपीटेन्स इमोसिएसन, इक्टेरस म्यूकस मेम्ब्रेन सम्बन्धी चिन्ह।
- मृत्यु संख्या प्रायः कम।
- कब्ज, अन्त में अतिसार।
- जीर्णता एवं मूत्र में अल्ब्यूमिन की उपस्थिति।

खाते-पीते और पागुर भी करते देखे जाते हैं। पेशाब का रंग कभी-कभी लाल-काला या काला (urine reddish, later brown-red to dark-brown) तथा फेनयुक्त होता है। इसीलिये इस रोग का नाम रैड वाटर डिजीज (लाल मूत्र की बीमारी) रखा गया है। तिल्ली बढ़ जाती है और रक्त पतला तथा जलीय हो जाता है। दुधारू पशुओं का दूध कम हो जाता है और उनके दूध का स्वाद तीखा हो जाता है। अन्त में पशु का तापक्रम एकाएक गिर जाता है और उसकी मृत्यु हो जाती है। लगभग 90% रोगी मौत के घात उतर जाते हैं।

द्वितीयक उपद्रव (secondary complication) होने पर श्वसन सम्बन्धी लक्षण (pulmonary symptoms) उत्पन्न हो जाते हैं।

2. दीर्घ कालीन अवस्था (Chronic form)—इसमें पशु को रोग का असर धीरे-धीरे होता है और वह काफी समय तक बीमार बना रहता है। पशु को अनियमित बुखार (intermittent fever) रहता है साथ ही कमजोरी (emaciation) तथा पीली श्लेष्मिक कला (ecteric mucous membrane) उपस्थित रहती है। पशु को कब्ज रहता है और अन्त में दस्त प्रारम्भ हो जाते हैं। पशु धीरे-धीरे जीर्ण होने लगता है। मूत्र में अल्ब्यूमिन आने लगती है। लाल रक्त कण धीरे-धीरे नष्ट होते रहते हैं, जिससे पशु अत्यन्त निर्बल होकर मर जाता है। जो पशु मरते नहीं हैं वे फिर महीनों में ठीक होते हैं।

रोग निदान (Diagnosis)

1. लक्षणानुसार (Symptomatic)— लक्षणों के आधार पर रोग निदान में कोई कठिनाई नहीं होती है। इसके अतिरिक्त पशु में, विशेषकर जाँघों के अन्दरूनी भाग तथा कानों में चिपकी हुई किलनियों (ticks) को देखकर रोगी की पहिचान हो जाती है।

2. सूक्ष्मदर्शी जाँच (Microscopic test)—कान से पशु के रक्त को स्लाइड पर लेकर माइक्रोस्कोप में देखने पर लाल रक्त कणों (R.B.Cs) में नाशपाती आकार के जोड़े के रूप में पैरासाइट्स दिखायी देते हैं। साथ ही प्रत्येक लाल रक्त कण में ऐसे दो पैरासाइट्स अपने नुकीले सिरे से आपस में जुड़े मालूम पड़ते हैं।

3. शव परीक्षा (Postmortem examination)— पशु के मरने के बाद यदि शव को चीरकर देखा जाय तो उसकी यकृत और प्लीहा बढ़ी हुई मिलती हैं। मूत्राशय लाल-रंग के पेशाब से भरा होता है एवं शरीर की झिल्लियों पर लाल-रंग के धब्बे मिलते हैं।

नोट— रक्त में *बी. बिगेमिना (B. bigemina)* की उपस्थिति, हीमोग्लोबीनूरिया एवं उच्च ताप (high fever) इसके प्रमुख निदानात्मक लक्षण हैं।

घोड़ों में रोग के लक्षण—रोग के प्रारम्भ में तेज बुखार 104-107^{0}F (40-41.5^{0}C), कब्ज (कांस्टीपेशन) बाद में अतिसार, तेज श्वास एवं हाँफना, अनियमित नाड़ी (intermittent or irregular pulse), आँख में लाली, नाक से स्राव, डिप्रेशन, श्वासकष्ट, कॉलिक दर्द (coclicky pain), सब-कुटेनियस इडीमा, रक्तहीन तथा रक्तस्रावी, योनि श्लेष्मा पीली (घोड़ी में) तथा क्लाइटोरिस क्षेत्र में रक्तस्राव आदि देखने को मिलते हैं।

गम्भीर स्थिति में मूत्र का रंग गाढ़ा-लाल अथवा चौकलेट-रंग का होता है। पशु की मृत्यु एक सप्ताह बाद हो जाती है। मृत्यु-दर अधिक होती है। आपात स्थिती (emergency condition) में 12 से 24 घण्टे के अन्दर ही मृत्यु हो जाती है। चिरस्थायी रोग में क्षीणता, दुर्बलता एवं छाती तथा पैरों पर सूजन होती है। शव परीक्षा में प्लीहा बढ़ी हुई मिलती है। लिम्फ नोड्स रक्तस्रावी तथा सूजी हुई दीखती हैं।

भेड़ों में रोग के लक्षण— तीव्र ज्वर 108^0F (42^0C) एवं कँपकँपी, शक्तिहीनता, भूख की कमी आदि लक्षण होते हैं। भेड़ें चक्कर खाती हैं, पिछले पैरों पर झुकती हैं एवं दाँत पीसती हैं। पशु को श्वास लेने में कष्ट होता है एवं गर्दन के हिस्से में सूजन होती है। अनीमिया, जाण्डिस एवं कुछ केसिस में लाल-रंग का पेशाब आता है। अधिकांश रूप से पिछले धड़ का पैरालिसिस होता है। मृत्यु-दर 50% तक।

कुत्तों में रोग का लक्षण— अनियमित ज्वर 104-106^0F (40-41^0C), दुर्बलता, मुख की शुष्कता एवं कभी-कभी नाक से रक्तस्राव आदि लक्षण होते हैं। म्यूकस मेम्ब्रेन ईंट की तरह लाल (brick red in colour) बाद को इक्टेरिक हो जाती है। श्वास एवं नाड़ी तीव्र होती है। मूत्र का रंग चमकीला पीला (bright yellow) होता है। पहले कब्ज रहता है बाद को अतिसार प्रारम्भ हो जाता है। उपद्रवस्वरूप निमोनिया हो सकता है।

जीर्ण रोग में—अनीमिया तीव्र स्वरूप का होता है। अनियमित बुखार, इक्टेरस, इमेसिएशन एवं दुर्बलता आदि लक्षण होते हैं।

चिकित्सा (Treatment)—रोग का निदान होते ही चिकित्सा प्रारम्भ कर देनी चाहिये। विलम्ब करने से पशु की मृत्यु हो सकती है। त्वरित और उपयुक्त चिकित्सा करने से पशु ठीक हो जाता है।

क. **प्रोटोजोआ** के लिये निम्नलिखित दवाओं में से किसी एक का प्रयोग करना चाहिये—

ए. ***डाइमीनाजीन एसीचुरेट*** (Diminazine Aceturate) : **मात्रा**—0.8-1.6 gm/100 kg B.W. per day मांस में लगानी चाहिये। जैसे- बेरेनिल इंजे. (Berenil Inj. - *Intervet*), निलबेरी (Nilbery inj. - *Intas*), प्रोजोमिन इंजे. - Prozomin inj. - *Virbec*), ट्रिटिल इंजे. (Trityl inj. -*Lyka*) सभी Dimizine Aceturate 70 mg/ml, 30 ml vial।

बी. ***क्विनयूरोनियम डेरीवेटिव्स*** (Quinuronium derivatives); जैसे— एकेप्रिन (Acaprin), बेबीसान (Babesan), पाइरेवान (Pirevan) या पाइरोप्लाज्मिन (Piroplasmin) में से कोई एक 0.5-1.0 mg/kg B.W. की मात्रा में त्वचा के नीचे लगाना चाहिये।

ख. ऑक्सीटेट्रासाइक्लीन (Oxytetracycline) inj. मात्रा 20 mg/kg B.W. रोजाना कम-से-कम तीन दिन तक शिरा में (I/V) Supportive therapy के रूप में दिया जाना चाहिये।

ग. इलाज के दूसरे दिन से शरीर में पानी की कमी को पूरा करने के लिए 5% या 10% डैक्ट्रोज 20 ml/kg B.W. तक शिरा में लगाना चाहिये।

घ. इंजे. इम्फेरोन (Imferon) बड़े पशु को 10 ml मांस में 10 दिन तक लगाना चाहिए।

च. विटामिन बी काम्पलैक्स (Vitamin B complex) inj. का प्रयोग करना चाहिए।

रोकथाम और नियन्त्रण (Prevention and Control)–किलनियों को हर सम्भव नष्ट किया जाय। इसके लिये पशुओं तथा चरागाहों में डी.डी.टी. या गैमेक्सीन का छिड़काव करना चाहिये। बेगान 0.1% घोल से पशु को नहलाने या छिड़कने से इन्हें नष्ट किया जा सकता है।

आइवोमेक (Ivomec) इन्जेक्शन 1 मि.ली. की मात्रा में प्रति 50 कि.ग्रा. शरीर-भार S/C देने से एक ही इन्जेक्शन किलनियों के विनाश के लिये पर्याप्त होता है। इसके अतिरिक्त यह दवा जूँ, पिस्सू, माइट, गोल-कृमि, फेफड़ा-कृमि तथा नाक के कीड़ों के लिये भी उपयोगी है।

ब्यूटाक्स (Butox - इन्टरवैट), बाह्य कीड़ों के नाश के लिये एक उत्तम औषधि है। प्रयोग के लिये 2 मि.ली. बूटाक्स लोशन 1 लीटर पानी में मिलाकर पशु के शरीर पर लगाया जा सकता है अथवा इसका स्प्रे (spray) किया जा सकता है। यह औषधि 50 मि.ली. और 1 लीटर के पैक में आती है।

6. ऐनाप्लाज्मोसिस (Anaplasmosis)

अन्य नाम (Other name)—इसे गाल सिकनेस (Gall sickness) भी कहते हैं।

परिचय (Introduction)—यह मवेशी, भेड़ और बकरियों का रोग है जो *एनाप्लाज्मा मार्जिनेली* नामक कीटाणुओं से उत्पन्न होता है। इसमें लगातार अत्यधिक ज्वर, शीघ्रता से और बराबर बढ़ने वाली रक्ताल्पता उत्पन्न होती है।

Anaplasmosis is an acute or chronic specific disease, specially of cattles characterised by anaemia, extreme weakness, high fever and icterus but without haemogobinuria, caused by one or other species of anaplasma.

कारण विज्ञान (Etiology)—रोग का कारण *ऐनाप्लाज्मा मार्जिनेली (Anaplasma marginale)* है। यह रोग किलनी के काटने से होता है। उदाहरण- बुफीलस, रीपीसेफालस, हायोलोमा, आइक्सोडेस एवं डरमा सेन्टर नामक किलनी।

प्रभावित क्षेत्र (Affected area)—पूरे विश्व में, विशेषकर नम जलवायु में।

प्रभावित पशु (Affected cattles)—गोवंशीय पशु, भैंस एवं हिरन विशेष रूप से प्रभावित होते हैं। भेड़ और बकरी बहुत कम।

रोग का प्रसार (Spread of disease)—सीधे क्रिलनी से, मक्खियों एवं मच्छरों के काटने से।

मृत्यु दर (Mortality rate)— 5-50% तक। कभी-कभी 80% तक मृत्यु-दर।

विदेशी और संकर नस्ल को यह रोग अधिक गम्भीर होता है। देशी पशु रोग को झेलते रहते हैं।

उद्भवन अवधि (Incubation period)—20 से 40 दिन की होती है।

रोग लक्षण (Symptoms)—युवा पशु प्रायः रसिस्टेन्ट होते हैं। एक वर्ष के अन्दर के बच्चे कभी-कभी और प्रौढ़ (older) पशु अतितीव्र रोग, तीव्ररोग, कम तीव्र रोग अथवा जीर्ण स्वरूप के रोग से प्रभावित होते हैं। प्रारम्भ में डिप्रेशन, ऐनोरेक्सिया तथा तापक्रम 103^0F से 104^0F तक रहता है। दूध देनेवाली गाय का दूध एकाएक कम हो जाता है। रोग बढ़ने पर अनीमिया की स्थिति पैदा हो जाती है। पशु सुस्त और उदास हो जाता है। रक्त में लाल रक्त कणिकाओं (R.B.Cs) की संख्या कम हो जाती है। पेशाब में हीमोग्लोबिन प्रायः नहीं रहता है (severe anaemia but no haemoglobinuria)। अन्त में पशु को पीलिया (जाण्डिस) हो जाता है। शरीर की त्वचा और म्यूकस मेम्ब्रेन रक्तहीन (icteric) हो जाती है। पशु में जलाल्पता एवं कब्ज के लक्षण मिलते हैं (animal is dehydrated and constipated)।

तीव्र रोग में पशु को 107^0F तक बुखार हो जाता है। पेशाब साफ आता है। इसमें रक्त प्रायः बाबीसिओसिस की भाँति नहीं आता है।

ऐनाप्लाज्मोसिस के लक्षण सारांश में

- गोवंशीय भैंस एवं हिरन प्रायः रोगी।
- अचानक $103\text{-}104^0F$ ज्वर।
- पशु सुस्त एवं उदास।
- दूध में तीव्र गिरावट।
- म्यूकस मेम्ब्रेन एवं त्वचा पीली।
- अवसाद एवं अरुचि के लक्षण।
- निर्जलीकरण एवं कब्ज।
- तीव्र रोग में बुखार 107^0F तक।
- इक्टेरिक के चिन्ह विशेषकर।
- पेशाब में हीमोग्लोबिन प्रायः अनुपस्थित।
- लाल रक्त कणिकाओं की संख्या कम।
- अन्तिम अवस्था में पाण्डुता।

अतितीव्र रोग (peracute cases) में पशु कुछ ही घण्टों में मर जाता है। जीर्ण रोग में पशु लम्बे समय तक जीवित रहता है परन्तु पाण्डु (पीलिया) और रक्ताल्पता रहती है। यदि पशु बच जाता है तो धीरे-धीरे स्वस्थ हो जाता है।

रोग निदान (Diagnosis)—रोग की पहचान तापक्रम, इक्टेरस एवं अनीमिया के चिन्ह, हीमोग्लोबिनूरिया की अनुपस्थिति एवं माइक्रोस्कोप में परजीवी की उपस्थिति आदि से होती है।

चिकित्सा (Treatment)–ऑक्सीटेट्रासाइक्लीन (Oxytetracycline) इस रोग की खास दवा है।

क. ऑक्सीटेट्रासाइक्लीन इंजे. व टेब (Oxytetracycline Inj. & tab) : मात्रा— 5-10mg/kg B.W माँस में (I/M) या नस में (I/V) तीन दिन तक देनी चाहिए। *ब्राण्ड्स:* जैसे– एलसाइक्लिन–ओ (Alcyclin-O) Inj (*Alembic*), इन्टामाइसिन (Intamycin) Inj (*Inta*), लाइकासीन–ओ (Lykacin-O) Inj *(Lyka)*, ऑक्सीटैट्रासाइक्लीन इंजे. (Oxytetracycline Inj - *Alembic, Concept, Indian Immunologicals, Zydus AHL, Pfizer*), टैरामाइसिन इंजे. (Terramycin Inj - *Pfizer*), वोलीसाइक्लीन इंजे. (Wolicycline Inj - *Wockhardt*) दूसरे तथा तीसरे दिन (तीनों दिन भी)। *ऑक्सीटेट्रासाइक्लीन (Oxytetracycline) 500 mg की गोलियां;* जैसे– वेटॉक्सी 500 (Vetoxy 500 - *Vetsfarma*), टैरामाइसिन गोली (Terramycin tab - *Pfizer*), ऑक्सीट्रा (Oxytra - *HAL*), बड़े पशु को तीन गोली सुबह–शाम दी जा सकती हैं। ***ऑक्सीटैट्रासाइक्लीन लोंग एक्टिंग इंजे. (Oxytetracycline long acting Inj.)***; जैसे– इन्टामाइसिन LA (Intamycin LA - *Intas*) ऑक्सीटेट्रासाइक्लीन LA (Oxytetracycline LA - *Pfizer, Wockhardt*), टैरामाइसिन LA (Terramycin LA - *Pfizer*), वोलीसाइक्लीन LA (Wolicycline LA - *Wockhardt*) एक बार प्रयोग किया जा सकता है। इसका असर 96 घण्टे तक रहता है।

ख. बुखार के लिये (Antipyretic Medicine) : निम्न दवाओं में से एक प्रयोग करें—

1. **एनाल्जीन इंजे. (Analgin Inj.) : मात्रा**– गाय, भैंस, घोड़ा 10-20gm; भेड़, बकरी 1-4gm; कुत्ता 0.5-2gm (total dose) मांस में (Intramuscular) या नस में (Intravenous) । *ब्रान्ड्स*– एनाल्जीन इंजे. (Analgin Inj. - *KAPL, Medinex lab, Vet India*) 500mg/ml, वैटाल्जीन इंजे. (Vetalgin Inj. - *Intervet*) 500mg/ml - 30ml vial ।
2. **पैरासीटामोल इंजे. व बोलस (Paracetamol Inj. & Bolus) : मात्रा**– गाय, भैंस, घोड़ा, भेड़, बकरी, सूअर 10mg/kg BW; कुत्ता 10-20mg/kg BW मांस में (Intramuscular) या मुख से (orally) *। ब्रान्ड्स*– पैरासीटामोल इंजे. (Paracetamol Inj - *Zydus AHL*) 150mg/ml - 30ml vial, पाइरौक्सीन बोलस (Pyroxin Bolus - *Merc*) 2gm Bolus ।
3. **मैलोक्सीकैम इंजे. व बोलस (Meloxicam Inj. & Bolus) : मात्रा**– गाय, भैंस, घोड़ा, भेड़, बकरी, सूअर 0.1mg/kg BW मांस में (Intramuscular) या मुख से (Orally) । मैलोनैक्स इंजे. (Melonex Inj. - *Intas*) 5mg/ml - 2ml, 15ml, 30ml, 100ml; मैलोक्स–वैट (Melox-vet - *Merc*) 5mg/ml– 15ml, 30 ml vial; क्विक इंजे. (Quick Inj. - *Zydus AHL*) 5mg/ml - 15ml vial; जोबिड–एम (Zobid-M - *Zydus AHL*) 5mg/ml - 15 ml, 30 ml, 100 ml vial; 20 mg/ml - 10 ml, 30 ml vial; मैलोनैक्स बोलस (Melonex Bolus - *Intas*) 100 mg Bolus, क्विक बोलस (Quick Bolus - *Zydus AHL*) 100ml Bolus, जोबिड़–एम बोलस (Zobid-M Bolus - *Zydus AHL*) 100mg Bolus ।
4. **मैलोक्सीकैम + पैरासीटामोल इंजे. व बोलस (Meloxicam+Paracetamol Inj. & Bolus) :** *ब्राण्ड्स*– मैलोनैक्स प्लस इंजे. (Melonex Plus Inj. - *Intas*) मैलोक्सीकेम

5mg + पैरासीटामोल 150mg/ml । **मात्रा**- *बड़े पशु* 15-20ml/300kg BW, *छोटे पशु* 1ml/10kg BW : 30ml, 100ml vial, मैलोनैक्स प्लस बोलस (Melonex Plus Bolus) Meloxicam 100mg + Paracetamol 150 mg per Bolus *(Intas)*; बड़े पशु एक बोलस / 200kg BW रोज।

5. **एनाल्जीन** 750mg + **फिनाइलब्यूटाजोन** 750mg/5ml एम्प्यूल (Analgin 750mg+Phenylbutazone 750mg per 5ml Ampoule) : एसजीपाइरीन-एन इंजे. (Esgipyrin-N Inj. - *Zydus AHL*); **मात्रा**- *बड़े पशु* : 5-15ml, *छोटे पशु* : 1-5ml मांस में (Intramuscular) ।
6. **नेम्यूस्लाइड** इंजे. (**Nemuslide** Inj.) : **मात्रा** - *गाय, भैंस, भेड़, बकरी, कुत्ता* : 2-4mg/kg BW मांस में (I/M) रोज, घोड़ों में प्रयोग नहीं; निमोवैट इंजे. (Nimovet Inj.) 100mg/ml ।

ग. यदि बुखार है तो विटामिन बी काम्प्लैक्स इंजे. प्रयोग करें। बुखार न होने पर लिवर एक्सट्रेक्ट विद विटामिन बी काम्प्लैक्स इंजे. प्रयोग करें।

(i) **विटामिन बी कौम्प्लैक्स इंजे. (Vitamin B Complex Inj.) :** निम्न में से कोई एक— **मात्रा**- *गाय, भैंस, घोड़ा* : 5-10 मि.ली.; भेड़, बकरी, सूअर 3-5 मि.ली.; कुत्ता 0.5-1.0 मि.ली. मांस में (Intramuscular) रोज। आल्वीप्लैक्स फोर्ट इंजे. (Alviplex Fort Inj. - *Alved*) 10ml, 30ml; बीप्लैक्स.वैट इंजे. (Beeplex-vet Inj. - *Marvel*) 30ml; बिलीपौन इंजे. (Billipon Inj. - *Biomedica*) 10ml; कौन्सीप्लैक्स इंजे. (Conciplex Inj. - *Concept*) 10ml, 30ml; लिवाडैक्स इन्जे. (Livadex inj. - *Virbac*) 10ml, 30ml; वाइबीलान इंजे. (Vibelan Inj. - *Virbac*) 30ml ।

(ii) **इंजे. लिवर एक्सट्रेक्ट के साथ विटामिन बी कौम्प्लैक्स (Liver extract with vitamin B complex Inj.) : मात्रा** - *बड़े पशु* : 5-10 मि.ली. ; *छोटे पशु* :1-3 मि.ली. मांस में (Intramuscular) हफ्ते में दो बार। **ब्रान्ड्स**- बीकोम-एल (Becom-L(*Wockhardt*) 10 ml, 30 ml, 50 ml; बेलामाइन (Belamyl *Sarabhai, Zydus*) 10 ml, 30 ml, 50 ml; पैप्सिड (Pepsid *Concept*) 10 ml, 30 ml; बिविनल फोर्ट इंजे. (Bivinal Fort Inj. *Alembic*) 10ml, 30 ml; लिवरोन इंजे. (Livron Inj. (*Vetsfarma*) 10 ml, 30 ml ।

घ. शरीर में पानी की कमी को पूरा करने के लिये 5% डैक्सट्रोज सेलाइन 1000-2000 मि.ली. शिरा में प्रतिदिन लगानी चाहिए।

च. इम्फेरौन इंजे. 10 ml 10 दिन तक मांस में लगाना चाहिये।

7. ट्रिपेनोसोमिएसिस या सर्रा (Trypanosomiasis or Surra)

परिचय (Introduction)— यह ज्वर की एक बीमारी है जिसमें तेज ज्वर रुक-रुककर आता रहता है, जिससे पशु उत्तेजना से इधर-उधर भागता है अथवा चक्कर काटता है। निचले भागों में सूजन आ जाती है और पशु कमर से कमजोर हो जाता है। इस बीमारी से सभी प्रकार के पशु; जैसे- गाय, भैंस, भेड़, बकरी, कुत्ता, ऊँट और हाथी प्रभावित होते हैं।

Surra is an acute or chronic disease of practically all domestic animals, chiefly of equines, cattles, sheep and goats caused by *Trypanosoma evansi*, characterised by pyrexia, cerebral symptoms and walk in circles with excitement and fall down.

कारण विज्ञान (Etiology)—इस बीमारी का कारण एक प्रोटोजोआ है जिसे *ट्रिपेनोसोमा ईवनसाई (Trypanosoma envansi)* कहते हैं। यह रक्त परजीवी है जो मक्खियों के द्वारा ढोया जाता

है। इस बीमारी को फैलाने में टेवनेस तथा स्टोमोक्सस नाम की मक्खियाँ भाग लेती हैं। इसका प्रोटोजोआ 23 से 33x1.5 से 2.5 μ (म्यू) के आकार का होता है। यह प्रभावित पशु के रक्त में मिलता है।

रोग प्रभावित क्षेत्र (Affected areas)— भारत, अफ्रीका एवं आस्ट्रेलिया आदि देशों में।

प्रभावित पशु (Affected animals)— सभी पशु, केवल पक्षी और मनुष्यों को छोड़कर। घोड़ा, खच्चर, गधे, ऊँट, गोवंशीय पशु, कुत्ता और हाथी अधिकतर प्रभावित होते हैं। भेड़-बकरी बहुत कम।

रोग का प्रसार (Spread of disease)— विभिन्न प्रकार की मक्खियों; जैसे— टेबेनाइड, स्टोमेक्सिस, हीमेटोपोटा, लिपरोसिया के काटने से।

रोग वर्षा-ऋतु में अधिक देखने को मिलता है। दिन-पर-दिन इसके रोगी बढ़ते ही जा रहे हैं।

उद्भवन अवधि (Incubation period)— कुछ दिनों से लेकर तीन सप्ताह तक।

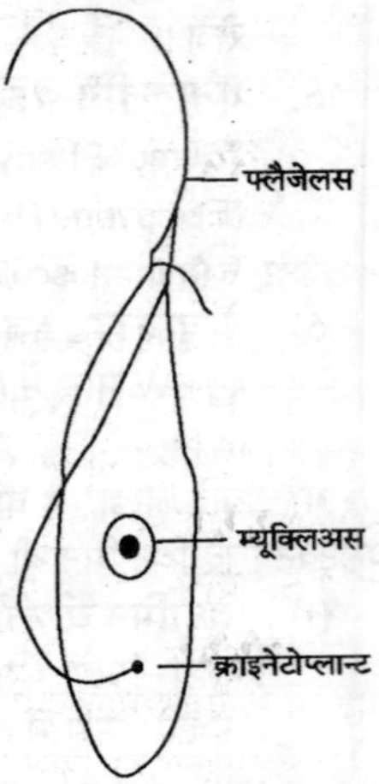

चित्र—*ट्रिपैनोसोमा (Trypanosoma)*

रोग लक्षण (Symptoms)— *पशुओं में* : प्रायः मन्द रूप होते हैं एवं नीचे लिखे रूप मिलते हैं—

1. अति तीव्र रूप (Peracute form)—एकाएक तेज बुखार, तेज उत्तेजना, इधर-उधर भागना, अंधा-सा, दीवार से टकरा जाना, नशीला या पागल जैसा, सिर को दीवार अथवा जमीन आदि से ढकेलना, काँपना (shivering) या थरथराना, छटपटाना या मूर्छित-सा होना, सब-नार्मल टेम्परेचर (ज्वर गिर जाना), पेशाब थोड़ा-थोड़ा बार-बार होना, मुँह से लार बहना (salivation), जुगाली (पागुर) न करना, खाना-पीना छोड़ देना आदि लक्षण देखने को मिलते हैं।

उग्र स्वरूप के रोग में पशु शीघ्र मर जाते हैं और मंद रूप में स्वस्थ हो जाते हैं।

2. तीव्र रूप (Acute form)—ज्वर का न होना अथवा रुक-रुककर होना, उत्तेजना में इधर-उधर घूमना, गोले में चक्कर लगाना अथवा खड़े रहना, मुँह से लार बहना, सभी खाना-पीना बन्द, कभी खाना तो कभी कम खाना, जुगाली (पागुर) कभी करना कभी बन्द, जाँघों में कम्पन, पसीना छूटना अथवा पसीने से भीगना, बँधे पैर-सा चलना या लंगड़ाना, गिर पड़ना या बैठ जाना, सिर पीछे की ओर ऐंठना, पैरों में सूजन होना एवं आँखें अधखुली मानो पशु सो रहा है। गर्दन फैलाकर थूथन जमीन पर रखना या थूथन अजीब ढंग से फैलाना, सिकोड़ना, आँखों का हिलाना (shivering of the eye), अचेतन-सी संज्ञा, सिर नीचे झुकाये खड़े रहना, कभी-कभी कई-कई दिन तक खड़े रहना।

3. कुछ कम तीव्र रूप (Subacute form)— ज्वर नहीं होता है। पशु पागल-सा इधर-उधर घूमता है। थोड़ा-थोड़ा खाता-पीता है। उसे कब्ज (constipation) रहता है अथवा दस्त (diarrhoea) लग जाते हैं। मुँह से लार बहती है। इसके अतिरिक्त कमजोर होना, खाँसना, शक्तिहीन होना, गिर जाने पर उठ न पाना, उठने की कोशिश करने पर आगे से उठना परन्तु पिछले अंग से न उठ पाना, पिछले अंग में पैरालिसिस-सी प्रतीत होना, बैठे-बैठे खाते रहना, जुगाली करना परन्तु ठीक से न करना। एक या दो सप्ताह में पशु की मृत्यु।

4. दीर्घस्थायी रूप (Chronic form)—ज्वर बिलकुल नहीं मिलता है। पशु अत्यन्त दुर्बल और शक्तिहीन दिखायी देता है। कम खाना-पीना, सुस्ती, बैठ जाना, बैठकर उठ न पाना, मूर्छित और अप्राकृतिक निद्रा अवस्था में होना, दाँतों का किटकिटाना (grinding of teeth), कराहना और बलपूर्वक श्वास लेना (Groaning and breathing hard) आदि लक्षणों का मिलना। दो सप्ताह में पशु मर जाता है। कभी-कभी यह रोग दो-चार माह से अधिक समय तक भी रहते देखा गया है।

5. कुछ अन्य लक्षण (Other symptoms)—सर्रा में उपरोक्त लक्षण सभी रोगियों में एकसमान नहीं मिलते। किसी में कोई लक्षण तो अन्य में दूसरे लक्षण मिलते हैं। किसी-किसी में तो अन्तत: कोई लक्षण मिलता ही नहीं है और पशु मर जाता है। हमने देखा है कि—

- पशु खाते-खाते गिर गया और वह तुरन्त मर गया।
- पशु बैठ जाता है और बराबर थोड़ा-थोड़ा पेशाब करता रहता है (frequent urination)।
- पशु अपना सिर दीवार या पेड़ में भिड़ाकर बेहोश खड़ा रहता है या बँधी हुई रस्सी या लोहे की साँकर को खींचकर दीवार के सहारे बुत होकर खड़ा हो जाता है। कभी-कभी तो पशु अपने सिर को घूरे में घुसेड़कर खड़ा रहता है।

सर्रा के लक्षण गाय/भैंस में

अति तीव्र रूप में

- एकाएक बुखार 103-106^{0}F तक।
- उत्तेजित होकर इधर-उधर भागना।
- पशु पागल जैसा अथवा सन्न-गन्न रूप में।
- काँपना, थरथराना या छटपटाना।
- पेशाब थोड़ा-थोड़ा, बार-बार एवं खाना-पीना नहीं।
- मुँह से लार एवं पागुर नहीं।
- अंधा-सा, दीवार से सिर टकराना अथवा सिर से दीवार या जमीन आदि को ढकेलना।

तीव्र रूप में

- ज्वर नहीं अथवा रुक-रुककर ज्वर होना।
- उत्तेजना मे इधर-उधर घूमना या वृत्त में चक्कर लगाना।
- खड़े रहना एवं जाँघों में कम्पन तथा मुँह से लार।
- पसीना छूटना अथवा शरीर पसीने से तर।
- खाना-पीना, पागुर कभी-कभी।
- गिर पड़ना/बैठ जाना एवं सिर पीछे को ऐंठना।
- पैरों में सूजन एवं आँखें अधखुली-सी।
- सिर झुकाये खड़ा रहना एवं नथुने सिकोड़ना और फैलाना अजीब ढंग से।

कम तीव्र रूप

- ज्वर नहीं, पागल-सा घूमना।
- दुर्बल एवं शक्तिहीन।
- गिर जाना, पर उठ न पाना।
- पिछले अंग में लकवा-सा।

जीर्ण रोग में

- ज्वर नहीं, खाते-पीते भी दुर्बल।
- बैठकर उठ न पाना।
- मूर्छित एवं निद्रा अवस्था में।

- किसी-किसी पशु की आँख लाल हो जाती है।
- कभी-कभी पशु बराबर खाता-पीता रहता है परन्तु दुर्बल होता जाता है।

याद रहे—सर्रा में पशु सुस्त होकर चलने-फिरने एवं कार्य करने में अरुचि उत्पन्न करता है। उसे 39.5 से 41^{0}C तक तापमान हो जाता है। पशु लड़खड़ाकर चलता है। यहाँ तक कि चक्कर लगाता है एवं गिर जाता है। दुर्बलता, श्वास कष्ट, लार गिरना, जल्दी-जल्दी थोड़ी मात्रा में मल एवं मूत्र निकालना, एकदम सुस्त हो जाना, अचानक उत्तेजित हो जाना आदि।

The acute type appears frequently as an epizootic, which may be mistaken for Anthrax or haemorrhagic septicaemia. There is dullness and disinclination to work. There is pyrexia 103-106^{0}F in which state of animal may show cerebral symptoms and walk in circles with excitement and falldown. There is weakness of the loins, delirium alternating with coma, stirtorous breathing, profuse salivation, frequent involuntary urination and defaecation.

The animal now subsides into a semicomatose condition, remains stretched on the ground, grinding its teeth, groaning and breathing hard. After a few alternating attacks of delirium and coma the animal dies within three days, of exhaustion.

इस रोग में पशु की म्यूकस मेम्ब्रेन सफेद एवं पीली पड़ने लगती है एवं आँख की नेत्रश्लेष्मला (conjunctiva) पर लाल-लाल धब्बे पड़ जाते हैं। बुखार तीन-चार दिन में कम हो जाता है और कुछ दिनों बाद (दो-तीन दिन) फिर बढ़ जाता है। बुखार की तेजी में यदि पशु का खून कान की शिरा (वेन) से लिया जाय तो उसमें ट्रिपेनोसोमा (माइक्रोस्कोप में देखने पर) दिखाई देते हैं। जानवर की भूख अधिक कम नहीं होती है तथा जानवर खाता रहता है। परन्तु खाने के बाद भी जानवर दुर्बल हो जाता है। कुछ दिनों के बाद पैरों में सूजन (oedema) हो जाती है एवं पेट के नीचे के हिस्से तथा गले के नीचे के हिस्से में शोफज सूजन (oedematic swelling) हो जाती है।

In the subacute form there is dullness, intermittent fever, wasting, anaemia, tenderness over the loins and back, oedema of the legs, ulcerative keratitis, diarrhoea, prostration and death. The course extends over several days or weeks.

रोग लक्षण घोड़ों/खच्चरों में—ज्वर 104^{0}F से 106^{0}F तक। आँखों की श्लेष्मिक झिल्ली में खूनी धब्बे, बाद में पीली, जुलपित्ती (urticarial eruptions), तत्पश्चात् बुखार सविरामी (Intermittent) होकर लक्षण गम्भीर रूप धारण कर लेते हैं। निचले भाग के पैर, शिश्नावरण, गर्दन, छाती एवं पेट में शोथ हो जाती है। कुछ दिन बाद ज्वर कम हो जाता है परन्तु पुनः हो जाता है। ऊपरी लसिका ग्रन्थियों में सूजन और शोथ हो जाती है। पशु दुर्बल एवं क्षीण हो जाता है। बुखार के समय रक्त की स्मीयर जाँच (Microscopic smear examination) करने पर प्रोटोजोआ को देखा जा सकता है। नाक से पानी जैसा स्राव आता है। पशु अधिक कमजोर होकर पिछले धड़ से पैरालाइज्ड (लकवा ग्रस्त) हो जाता है। ऐसी स्थिति में पशु अवसन्न (prostrate) एवं श्वासकष्ट प्रदर्शित करता है। ऐसे रोगी अत्यन्त गम्भीर होते हैं। लक्षण प्रकट होने के दो माह के अन्दर गर्भित घोड़ियों का गर्भपात हो जाता है। रोग तीव्र होने पर 6-8 सप्ताह में मृत्यु हो जाती है।

स्मरण रहे—पाँवों के निचले भाग, छाती, निचले जबड़े, शरीर के विभिन्न भागों में हल्की-हल्की शोथ (पानी जैसी) और भरभराहट पायी जाती है।

रोग के लक्षण ऊँटों में

तीव्र रोग में

- बूढ़े ऊँट प्रायः प्रभावित।
- थकावट अति शीघ्र।
- हम्प गायब अथवा कम।
- पेट, उदर एवं सम्बन्धित भागों पर शोथ।
- कंजंक्टाइवा में धब्बे।
- घटता-बढ़ता तापक्रम।
- ज्वर के समय रक्त परीक्षण में पैरासाइट्स का मिलना।

चिरस्थायी रूप में

- ज्वर रुक-रुककर एवं अनियमित भूख।
- आँखों में अश्रुस्राव एवं सफेदी।
- हम्प का लुप्त होना एवं दुर्बलता तथा क्षीणता।
- अतिसार एवं स्वास्थ्य का गिरना।
- जाँघों में कम्पन एवं पैरालिसिस।

रोग लक्षण ऊँटों में (Symptoms in Camels)—ऊँटों में प्राय: तीव्र (acute) एवं चिरस्थायी (chronic) दोनों रूपों के लक्षण मिलते हैं।

1. तीव्र रूप में (In acute form)— तीव्र रोग में प्राय: बूढ़े ऊँट अधिक प्रभावित होते हैं। रोग से प्रभावित ऊँट शीघ्रता से थक जाता है। उसका टाट (hump) कम हो जाता है (the hump gets atrophied), आँखें सुस्त हो जाती हैं, निचले भाग विशेषकर उदर पेड्स (pads) एवं उससे सम्बन्धित भागों पर शोथ हो जाती है। कंजंक्टाइवा में धब्बे (petechiae) मिलते हैं। तापमान बना रहता है परन्तु घटता-बढ़ता रहता है। ब्लड स्पीयर के परीक्षण में पैरासाइट्स मिलते हैं।

The most characteristic symptom is the continued or intermittent fever and the blood smear will reveal the presence of the organism.

याद रखें—रोग का कोर्स कुछ सप्ताह से लेकर महीनों तक का होता है। प्रभावित ऊँट प्राय: थकान (exhaustion) से मर जाता है।

2. चिरस्थायी रूप में (In chronic form)—यह रूप अधिक पाया जाता (कामन) है। इसलिये तिबर्षा (Thibarsa) नाम से जाना जाता है। इसमें रुक-रुककर ज्वर (recurrent fever), अनियमित भूख, श्लेष्मिक झिल्लियाँ पीली, अश्रुस्राव, आँखों में सफेदी (opacity of cornea), अतिसार, स्वास्थ्य का गिरना (Loss of condition), सुस्त आँखें (dull eyes), शोथ, इमेसिएशन, जाँघों में कम्पन, लैंगिक उत्तेजना (sexual excitement), दुर्बलता, क्षीणता, टाट (hump) का लुप्त होना, पक्षाघात (पैरालिसिस) एवं थकान (exhaustion) से मृत्यु।

रोग की अन्तिम अवस्था में ब्रान्कोन्यूमोनिया एवं शोथ (oedema of the lungs) उपस्थित रहता है।

In Thibarsa the affected animal is proved to be affected with mange.

नोट—इस रोग में पशु की आँखें सदैव बहती रहती हैं तथा उनमें कीचड़ आता रहता है। पशु का भोजन कम हो जाता है तथा वह दुर्बल हो जाता है।

याद रहे—ऊँट का रक्त चूसनेवाले इन परजीवियों से कोई विशेष लक्षण प्रकट नहीं होते हैं। दो-तीन वर्ष तक ये प्रजीवा (प्रोटोजोआ) इसके रक्त में चलते रहते हैं। बूढ़े ऊँट इनसे मुकाबला न करके कुछ महीनों में ही मर जाते हैं।

रोग लक्षण कुत्तों में— तापक्रम (temperature), कंजेस्टिड कंजंक्टाइवा, सिर का आडीमा, गले के भाग एवं सम्बन्धित भाग पर अनियन्त्रित गति (incoordination of movement) मिलती है। श्वास की गति बढ़ जाती है। रक्त-क्षीणता एवं पक्षाघात से क्षीण होकर कुत्ता एक से तीन माह में मर जाता है।

रोग लक्षण हाथी में—रोग प्राय: जीर्ण रूप में मिलता है। रुक-रुककर ज्वर, सुस्ती एवं स्वास्थ्य का ह्रास आदि लक्षण। रोग कई वर्षों तक रहता है। मृत्यु प्राय: उत्सतावन (exhaustion) से होती है।

रोग निदान (Diagnosis)— रोग का निदान निम्न विधियों से—

1. लक्षणों से— उपरोक्त लक्षणों के आधार पर रोग की पहिचान काफी हद तक हो जाती है।

2. सूक्ष्मदर्शी परीक्षण—तेज बुखार की स्थिति में कान की शिरा (vein) से रक्त लेकर सूक्ष्मदर्शी में परीक्षा करने पर परजीवी देखे जा सकते हैं।

3. संरोपण (Inoculation)—चूहों अथवा खरगोशों में संक्रमित पशु के रक्त की कुछ सी.सी. (c.c.) मात्रा प्रवेश कराने पर रोग के लक्षण उत्पन्न हो जाते हैं।

4. मरक्यूरिक क्लोराइड टैस्ट—ऊँटों में यह टैस्ट उपयुक्त होता है। प्रभावित पशु के एक ड्राप रक्त सीरम में 1 c.c. (1:25,000) मरक्यूरिक क्लोराइड सोल्यूशन मिलाकर टेस्ट किया जाता है। यदि दोनों के मिलाने के तत्काल बाद सफेद तलछट (whitish precipitate) दिखायी दे तो रोग का स्पष्ट निदान हो जाता है।

नोट—यह टैस्ट गाय/भैंस (Cattle or Bovine Surra) तथा घोड़ों (Equine) आदि में उपयुक्त नहीं है।

5. कम्प्लीमेण्ट फिक्सेशन टैस्ट (Complement fixation test)— इस टैस्ट से सन्तोषजनक परिणाम मिलते हैं।

चिकित्सा (Treatment)

क. इस प्रोटोजोआ का विनाश करने के लिये निम्न दवाओं में से एक दवा का प्रयोग करना चाहिये—

ए. डाईमिनाजीन एसीचुरेट Diminazine Aceturate : **मात्रा**– 0.8-1.6 gm/kg B.W. मांस में रोज; जैसे– बेरेनिल इंजे. (Berenil inj. - *Intervet*) निलबेरी (Nilbery - *Intas*); प्रोजोमिन (Prozomin - *Virbac*), ट्रिटील (Trityl -*Lyka*) सभी में 70 mg/ml, 30 ml vial।

बी. क्विनपाइरामीन साल्ट्स (Quinpyramine salts); जैसे– एन्ट्रीसाइड प्रोसाल्ट (Antrycide prosalt - *Virbac*), कोरीडान (Corridan - *HAL*), टेवेन्सी (Tevansi - *Vetnex*), ट्राइक्विन (Triquin - *Wockhardt*) सभी में **Quinpyramine sulphate 1.5 gm,** Quinpyramine chloride 1.0gm/2.5 gm vial, प्रत्येक वाइल में 15 ml water for injection मिलाना है। *मात्रा*– 2.5 ml/100 kg B.W. त्वचा के नीचे।

सी. सुरामीन (Suramine) : *मात्रा*– गाय, भैंस, घोड़ा 10 mg/kg B.W.; कुत्ता 30 mg/kg B.W. शिरा में; जैसे– गिलपौल–क्यू (Gilpol-Q - *G. Loucatos*), नागानौल (Naganol - *Bayer*)।

ख. इलैक्ट्रोलाइट इनफ्यूजन्स (Electrolyte Infusions) जिनमें 20% डैक्सट्रोज है; जैसे- इन्टालाइट (Intalyte - *Intas*), रिन्टोज (Rintose - *Wockhardt*), विट्रोज (Vitrose - *Vet India*) 500-1000 ml शिरा में प्रतिदिन देना चाहिए।

ग. बुखार के लिये (Antipyretic Medicine) : निम्न दवाओं में से एक प्रयोग करें—

1. एनाल्जीन इंजे. (Analgin Inj.) : मात्रा– गाय, भैंस, घोड़ा 10-20gm; भेड़, बकरी 1-4gm; कुत्ता 0.5-2gm (total dose) मांस में (Intramuscular) या नस में (Intravenous)। *ब्रान्ड्स*– एनाल्जीन इंजे. (Analgin Inj. - *KAPL, Medinex lab, Vet India*) 500mg/ml, वैटाल्जीन इंजे. (Vetalgin Inj. - *Intervet*) 500mg/ml - 30ml vial।

2. पैरासीटामोल इंजे. व बोलस (Paracetamol Inj. & Bolus) : मात्रा– गाय, भैंस, घोड़ा, भेड़, बकरी, सूअर 10mg/kg BW; कुत्ता 10-20mg/kg BW मांस में (Intramuscular) या मुख से (orally) / *ब्रान्ड्स*– पैरासीटामोल इंजे. (Paracetamol Inj - *Zydus AHL*) 150mg/ml - 30ml vial, पाइरौक्सीन बोलस (Pyroxin Bolus - *Merc*) 2gm Bolus।

3. मैलोक्सीकैम इंजे. व बोलस (Meloxicam Inj. & Bolus) : मात्रा– गाय, भैंस, घोड़ा, भेड़, बकरी, सूअर 0.1mg/kg BW मांस में (Intramuscular) या मुख से (Orally)। मैलोनैक्स इंजे. (Melonex Inj. - *Intas*) 5mg/ml - 2ml, 15ml, 30ml, 100ml; मैलोक्स–वैट (Melox-vet - *Marc*) 5mg/ml– 15ml, 30 ml vial; क्विक इंजे. (Quick Inj. - *Zydus AHL*) 5mg/ml - 15ml vial; जोबिड–एम

(Zobid-M - *Zydus AHL*) 5mg/ml - 15 ml, 30 ml, 100 ml vial; 20 mg/ml - 10 ml, 30 ml vial; मैलोनैक्स बोलस (Melonex Bolus - *Intas*) 100 mg Bolus, क्विक बोलस (Quick Bolus - *Zydus AHL*) 100ml Bolus, जोबिड़-एम बोलस (Zobid-M Bolus - *Zydus AHL*) 100mg Bolus ।

4. **मैलोक्सीकैम + पैरासीटामोल इंजे. व बोलस (Meloxicam+Paracetamol Inj. & Bolus) :** *ब्राण्ड्स*- मैलोनैक्स प्लस इंजे. (Melonex Plus Inj. - *Intas*) मैलोक्सीकेम 5mg + पैरासीटामोल 150mg/ml । **मात्रा**- *बड़े पशु* 15-20ml/300kg BW, *छोटे पशु* 1ml/10kg BW : 30ml, 100ml vial, मैलोनैक्स प्लस बोलस (Melonex Plus Bolus) Meloxicam 100mg + Paracetamol 150 mg per Bolus *(Intas)*; बड़े पशु एक बोलस / 200kg BW रोज ।

5. **एनाल्जीन** 750mg +**फिनाइलब्यूटाजोन** 750mg/5ml एम्प्यूल (Analgin 750mg +Phenylbutazone 750mg per 5ml Ampoule) : एसजीपाइरीन-एन इंजे. (Esgipyrin-N Inj. - *Zydus AHL*); **मात्रा**- *बड़े पशु* : 5-15ml, *छोटे पशु* : 1-5ml मांस में (Intramuscular) ।

6. **नेम्यूस्लाइड इंजे.** (**Nemuslide** Inj.) : **मात्रा** - *गाय, भैंस, भेड़, बकरी, कुत्ता* : 2-4mg kg BW मांस में (I/M) रोज, घोड़ों में प्रयोग नहीं; निमोवैट इंजे. (Nimovet Inj.) 100mg/ml ।

ग. यदि बुखार है तो विटामिन बी काम्पलैक्स इंजे. प्रयोग करें। बुखार न होने पर लिवर एक्सट्रेक्ट विद विटामिन बी काम्पलैक्स इंजे. प्रयोग करें।

(i) विटामिन बी कौम्प्लैक्स इंजे. (Vitamin B Complex Inj.) : निम्न में से कोई एक- **मात्रा**- *गाय, भैंस, घोड़ा* : 5-10 मि.ली.; भेड़, बकरी, सूअर 3-5 मि.ली.; कुत्ता 0.5-1.0 मि.ली. मांस में (Intramuscular) रोज । आल्वीप्लैक्स फोर्ट इंजे. (Alviplex Fort Inj. - *Alved*) 10ml, 30ml; बीप्लैक्स.वैट इंजे. (Beeplex-vet Inj. - *Marvel*) 30ml; बिलीपौन इंजे. (Billipon Inj. - *Biomedica*) 10ml; कौन्सीप्लैक्स इंजे. (Conciplex Inj. - *Concept*) 10ml, 30ml; लिवाडैक्स इन्जे. (Livadex inj. - *Virbac*) 10ml, 30ml; वाइबीलान इंजे. (Vibelan Inj. - *Virbac*) 30ml ।

(ii) इंजे. लिवर एक्सट्रेक्ट के साथ विटामिन बी कौम्प्लैक्स (Liver Extract with Vitamin B Complex Inj.) : मात्रा - *बड़े पशु* : 5-10 मि.ली. ; *छोटे पशु* :1-3 मि.ली. मांस में (Intramuscular) हफ्ते में दो बार । **ब्रान्ड्स**- बीकोम-एल (Becom-L *Wockhardt*)) 10 ml, 30 ml, 50 ml; बेलामाइन (Belamyl *Sarabhai, Zydus*) 10 ml, 30 ml, 50 ml; पैप्सिड [Pepsid *(Concept)* 10 ml, 30 ml; बिविनल फोर्ट इंजे. (Bivinal Fort Inj. *Alembic*) 10ml, 30 ml; लिवरोन इंजे. (Livron Inj. *Vetsfarma*) 10 ml, 30 ml ।

(B) बहुकोशीय परजीवी रोग
(Metazoal Diseases)

(i) प्लेटीहेल्मिन्थीज (PLATYHELMINTHES)— चपटे कृमि (FLATWORMS)

(a) ट्रीमाटोडा (TREMATODA)/ पत्ती कृमि (FLUKES)

1. लीवर फ्लूक्स (Liver Flukes) या फेसियोलिएसिस (Fascioliasis)

अन्य नाम (Other names)— फ्लूक डिजीज (Fluke disease), हेपेटिक डिस्टोमिएसिस, लिवर फ्लूक डिजीज (Liver fluke disease), लिवर रॉट (Liver rot), हेपेटिक फेसिओलाइसिस (Hepatic Fasciolisis) आदि ।

परिचय (Introduction)—यह जुगाली करने वाले पशुओं का रोग है, जिसमें *Fasciola gigantica* या *Fasciola hepatica* नामक फ्लूक के कारण पशु का यकृत स्थान-स्थान पर सड़ जाता है या बहुत कड़ा हो जाता है। इस रोग को यकृत विकृति या मटियाना भी कहा जाता है।

Fascioliasis is an acute or chronic disease of ruminants characterised by cirrhosis of the liver, cholangitis, icterus, anaemia and oedema caused by liver flukes.

रोग का कारण (Causes)— इस बीमारी का कारण एक परजीवी है, जिसे लिवर फ्लूक (Fasciola) कहते हैं जो पोखरों के किनारे तथा घास पर घोंघा में रहता है। लिवर फ्लूक *(Fasciola gigantica* and *Fasciola hepatica*) गाय/बैल/भैंस, भेड़-बकरी की पित्तनलियों (बायल डक्ट्स) में मिलता है और यकृत तथा पित्त नली को आघात पहुँचाता है। यह फ्लूक 25 mm लम्ब होता है।

चित्र—फेसिओला हिपेटिका (Fasciola hepatic)

रोग लक्षण (Symptoms)—रोगी पशु की भूख धीरे-धीरे कम हो जाती है। पशु सुस्त तथा अनीमिक हो जाता है। ऐसा तब होता है जब यह कीटाणु मवेशी के शरीर में अधिक मात्रा में पहुँच जाते हैं। पशु दुर्बल तथा कमजोर हो जाता है। खाना बन्द कर देता है। जुगाली भी कम करता है तथा अनियमित समय पर करता है। आँखों की पलकों (Eyelids) में सूजन आ जाती है (oedema)। दूध की मात्रा कम हो जाती है। कभी-कभी सूजन टाँगों के भीतर भी आ जाती है। गर्भित पशु दुबले-पतले बच्चे देते हैं। इसके बाद पशु को कब्ज रहने लगता है और अन्त में दस्त (diarrhoea) आने लगते हैं। दस्तों में दुर्गन्ध आती है। पशु कमजोर, दुबला-पतला होकर मृत्यु का शिकार हो जाता है।

यह पाचन विक्षोभ की बीमारी है, जिसमें भूख धीरे-धीरे कम हो जाती है। आँखों से कीचड़ का निकलना, मिट्टी, रोड़ा, कागज, कपड़ा इत्यादि खाना, जबड़े के नीचे सूजन जो ढीली होती है, इसके प्रमुख लक्षण हैं।

ध्यान दें—इस रोग में पशु धीरे-धीरे दुर्बल होता जाता है और उत्पादन तथा कार्य करने की शक्ति क्षीण हो जाती है। अपचन अथवा दस्त आते हैं। सबमैक्जीलरी एडीमा तथा रक्ताल्पता आदि का मिलना रोग की ओर इंगित करते हैं।

लिवर फ्लूक के लक्षण सारांश में

- पशु की भूख कम।
- सुस्त एवं अनीमिक।
- दुर्बलता एवं कमजोरी।
- खाना बन्द, जुगाली अनियमित समय पर।
- आँखों में अडीमा (शोथ) एवं कीचड़।
- कभी-कभी सूजन टाँगों के भीतर भी।
- मिट्टी, रोड़ा, कागज, कपड़ा आदि खाना।
- पहले कब्ज बाद में डायरिया।
- जबड़े के नीचे सूजन ढीली-ढाली।
- एक्यूट केस में इक्टेरस, जनरल अडीमा, जलोदर, हाइड्रोथोरेक्स उपस्थित।

- यह रोग बहुधा तराई तथा जल-भराववाले क्षेत्रों में अधिक पाया जाता है एवं एक गाँव में एक साथ ही कई एक पशु पीड़ित मिल सकते हैं।

रोग निदान (Diagnosis)— पशु के मल की सूक्ष्मदर्शी -यन्त्र से परीक्षा करने पर फेसिओला एग्स (Fasciola eggs) की उपस्थिति इस रोग की पुष्टि करती है।

नोट—पशुओं में इन्फेक्शन प्रायः वर्षा-ऋतु में होता है और पशु में रोग के लक्षण जाड़े की ऋतु में देखने को मिलते हैं। तब तक पशु का यकृत सड़कर खराब हो चुका होता है।

- Acute fascioliasis causes severe damage to liver tissue and haemorrhagic necrosis.
- Chronic fasciolisis leads to anaemia, emaciation, hypoproteinemia and constipation followed by diarrhoea.

चिकित्सा (Treatment)

क. फेसिओलाइसिस बीमारी में निम्न दवाओं में से किसी एक दवा का प्रयोग करना चाहिए—

(a) रीफोक्सानाइड (Refoxanide) : **मात्रा**- गाय, भैंस, भेड़, बकरी 7.5 mg/kg B.W. मुँह द्वारा। जैसे- रैफोक्सिन बोलस (Refoxin Bolus) 2.0 gm (*Concept*) अथवा रैफोमार बोलस (Rephomar Bolus) 1.5 gm (*Virbec*) ।

(b) हैक्साक्लोरोफीन (Hexachlorophene) : **मात्रा**- गाय, भैंस, भेड़, बकरी 10-20 mg/kg B.W. । जैसे- फ्लूकिन गोली (Flukin tab) 100 mg (*Ar Ex*) । फ्लूकिन फोर्ट (Flukin Fort tab) 1.0 gm (*Ar Ex*) ।

(c) ट्राईक्लेबैन्डाजोल (Triclabendazole) : **मात्रा**- गाय, भैंस, भेड़, बकरी 10 mg/kg B.W. । जैसे- फासीनैक्स (Fasinex - *Novartis*) Bolus 900 mg/Bolus ।

(d) ऑक्सीक्लोजानाइड (Oxychlozanide) : **मात्रा**- गाय, भैंस, भेड़, बकरी 15 mg/kg B.W. । जैसे- एल्जेनाइड (Alzanide) Bolus 1 gm (*Alembic*), बैनफास (Banfas) Bolus 1 gm (*Lyka*), डिस्टोडीन (Distodin* - *Pfizer*), हैक्सानाइड (Hexanide)** Bolus 1 gm (*Zydus AHL*), निओजाइड (Neozide) 1 gm Bolus (*Intas*), ओकाजान (Okazan) Bolus 1 gm (*Wockhardt*), टोलजान-एफ (Tolzan-F) 1 gm Bolus (*Intervet*), जेनाइड (Zanide) Bolus 1 gm (*Vet India*) ।

डिस्टोडीन (Distodin)*—बड़े पशुओं को 1 बोलस प्रति 100 कि.ग्रा. शरीर-भार पर, बछड़े को 1 टिकिया (छोटी वाली) प्रति 20 कि.ग्रा. शरीर-भार पर तथा भेड़-बकरी को 1 टिकिया प्रति 13 कि.ग्रा. शरीर-भार पर दें। या

हेक्सानाइड+ (Hexanide**)—इसको साराभाई केमिकल्स ने बनाया है। यह ऑक्सीक्लोजानाइड का पेटेन्ट योग है। यह सस्पेन्शन के रूप में 90 मि.ली. और 1000 मि.ली. तथा 1 ग्राम के बोलस में 4 बोलस के स्ट्रेप पैकिंग में आता है। गाय, भैंस में 50 कि.ग्रा. शरीर-भार पर 15 मि.ली., 100 कि.ग्रा. शरीर-भार पर 3 मि.ली., 200 कि.ग्रा. शरीर-भार पर 60 मि.ली. और 300 कि.ग्रा. शरीर-भार पर 90 मि.ली. की मात्रा में। भेड़ और बकरी में 15 कि.ग्रा. शरीर-भार तक 5 मि.ली., 16-30 कि.ग्रा. शरीर-भार पर 10 मि.ली., 31-45 कि.ग्रा. शरीर-भार पर 15 मि.ली., 45 किलोग्राम और इससे ऊपर के शरीर-भार पर 20 मि.ली. प्रयोग करें।

Note—Three times the therapeutic dose of hexanide in sheep is highly effective against immature flukes.

बोलस की मात्रा— 100 कि.ग्रा. शरीर-भार पर 1 बोलस।

(e) इस रोग में एलबैन्डाजोल तथा फैनबैन्डाजोल की दवाओं को ज्यादा मात्रा में प्रयोग किया जा सकता है।

ख. दस्तों के लिये दस्त अवरोधक दवा; जैसे- नैबलौन या कैटोरिहया पाउडर चावल के मांड के साथ प्रयोग करना चाहिए।

हैक्साक्लोरोएथेन (Hexachloroethane) इसकी विशिष्ट औषधि है। कार्बन टेट्राक्लोराइड (Carbon tetrachloride) का भी उपयोग किया जा सकता है।

1. **कार्बनटेट्राक्लोराइड** (C.T.C.)— वयस्क पशुओं को 5 मि.ली., बछड़ों को 2 मि.ली. तथा भेड़-बकरियों को 1 मि.ली.। यदि दस्त होता हो तो चावल के मांड़ के साथ अथवा यदि कब्ज हो तो मैग सल्फ के साथ सुबह पिलाना चाहिये।

सावधान—दवा के विषैले प्रभाव से बचने के लिये पशु को दवा पिलाने के बाद पशु को 12 घण्टे तक उपवास कराना चाहिए।

- सुबह दवा खाली पेट पिलावें।
- आवश्यकता पड़ने पर 2-3 दिन बाद दवा दुबारा पिलायी जा सकती है।

नोट—सी.टी.सी. 1 मि.ली. लिक्विड पैराफिन में मिलाकर I/M इन्जेक्शन लगाने से उत्तम लाभ मिलता है।

2. **डिबारमिन (कैटिल रेमेडीज)**—गाय, भैंस 35-45 ग्राम, घोड़ा 25-30 ग्राम, भेड़-बकरी 10 से 15 ग्राम मट्ठा या गुड़ में मिलाकर दिन में एक या दो बार तीन दिन तक।

3. **वर्मोलेक्स स्ट्रांग पाउडर** (गिर्राज इन्डस्ट्रीज)—गाय, भैंस, घोड़ा 50 ग्राम; भेड़, बकरी 10-25 ग्राम खाली पेट सुबह मट्ठा के साथ लगातार दो दिन तक।

4. **ट्रोडेक्स** (Trodax - *रोन पुलेंक क.*) — यह नाइट्रोक्सीनिल 34% का इन्जेक्शन है। 10 मि.ली. और 50 मि.ली. की वायल में आता है। बड़े पशु को 10 मि.ली. और भेड़-बकरी को 0.5 मि.ली. अथवा 1.5 मि.ली. प्रति 50 किलोग्राम शरीर-भार पर S/C लगावें।

5. **जानिल** (Janil)—बड़े पशुओं को 30 मि.ली. प्रति 100 किलोग्राम शरीर-भार पर अधिकतम 100 मि.ली. तक तथा भेड़-बकरियों को 5 मि.ली. प्रत्येक 15 किलोग्राम शरीर भार पर दाना या पानी में मिलाकर खिलावें या पिलावें।

6. **टालजान** (Talzan)—15 मि.ली. प्रति 50 किलोग्राम शरीर-भार पर दें।

7. **निलजान** (Nilzan)—बड़े पशुओं को 33 मि.ली. प्रति 100 किलोग्राम शरीर-भार पर एवं भेड़-बकरियों को 5 मि.ली. प्रति 15 किलोग्राम शरीर-भार पर पिलावें। यह एक ब्राड स्पेक्ट्रम एन्थैलमिण्टिक है। यह इलाज और रोकथाम दोनों में उपयोगी है। यह 50, 100 मि.ली. तथा 1 लीटर के पैकिंग में आता है।

8. **निलवर्म** (Nilworm)—गाय/भैंस को 10 ग्राम 400 मि.ली. गरम पानी में घोलकर पिलावें। अन्य छोटे पशुओं को 15 मि.ग्रा. प्रति किलोग्राम शरीर-भार पर दें।

9. **कालबेण्ड** (Kalbend)—600 मि.ली. की 2 बोलस प्रति 120 किलोग्राम शरीर-भार पर तथा 150 मि.ग्रा. का 2 बोलस प्रति 30 किलोग्राम शरीर-भार पर खिलावें।

10. फॉसीनेक्स (Fasinex)—1 बोलस प्रति 75 किलोग्राम शरीर-भार पर दें। दवा दिये गये पशुओं का दूध 10 दिन तक न पियें। मांसवाले पशुओं को 28 दिनों तक न काटें। छोटे पशुओं को 250 मि.ग्रा. का एक बोलस प्रति 25 किलोग्राम शरीर-भार पर दें।

सहायक चिकित्सा के रूप में— कमजोरी दूर करने के लिए पशु को कोई टॉनिक अवश्य दें। इसके लिये इन्जेक्शन के रूप में एसीटीलार्सन (Acetelarsan) 5-10 मि.ली. सप्ताह में एक बार बड़े पशुओं को S/C दें। साथ में कान्सीप्लेक्स (Conciplex) या लिवोजिन अथवा वेलामाइल या विटामिन बी कम्पलेक्स 5-10 मि.ली. सप्ताह में एक या दो बार मांसपेशीगत इन्जेक्शन के रूप में दें। मुख द्वारा लिवोल (Livol) 20-30 ग्राम प्रातः-सायं दें अथवा लिव-52 की 10-15 टिकिया प्रतिदिन। हिमालय बत्तीसा या हरमिन्सा 20-30 ग्राम प्रातः-सायं गुड़ या सत्तू अथवा आटे के साथ खिलावें।

याद रहे—रैनाइड (Ranide)—मेरिण्ड पाउडर मवेशी व भेड़ को 7.5 मि.ग्रा. प्रति किलोग्राम शरीर-भार के हिसाब से मुख से खिलावें। अथवा इसका इन्जेक्शन मांस में (I.M. route) लगावें। अथवा फ्लूकाफेन (Flucaphen) एथिकेयर पाउडर मवेशी, भैंस, बछड़े, भेड़ और बकरी को 1 से 1.5 ग्राम प्रति 100 किलोग्राम शरीर-भार पर जल में मिला कर दें। अथवा टेरोलिवेट (Terolivet-*T.T.K. Pharma*) ग्रेन्यूल्स और सीरप मवेशी और घोड़े को 7 ग्राम दो बार प्रतिदिन; भेड़, बकरी और सुअर को 8-8 ग्राम दिन में दो बार।

नोट—ये औषधियाँ लिवर फ्लूक के विरुद्ध काम करनेवाली हैं।

उपरोक्त औषधियों के साथ-साथ— कालबोरॉल (Calboral) या मिफेक्स (Mifex) या कैल्सियम बोरोग्लूकोनेट (Calcium borogluconate) गाय-भैंस को 200-500 मि.ली. और भेड़-बकरी को 50-100 मि.ली. S/C या I/V विधि से अवश्य दें।

अनुभूत चिकित्सा व्यवस्था

- निलजान (Nilzan) : गाय-भैंस को 30-100 मि.ली. और भेड़, बकरी को 5-20 मि.ली।
  अथवा
  जेनिल (Zanil) गाय/भैंस को 30-100 मि.ली. एवं भेड़/बकरी 10-30 मि.ली.।
- कालबोरॉल या मिफेक्स गाय/भैंस एवं भेड़-बकरी को उपरोक्त मात्रानुसार।
- लिवोल (Livol) गाय-भैंस 50 ग्राम और भेड़-बकरी 10 ग्राम प्रति दिन 10 दिन तक।
- इन्जेक्शन कान्सीप्लेक्स/लिवोजिन/वेलामाइन या बी-कम्पलेक्स 5-10 मि.ली. एक दिन छोड़कर अथवा सप्ताह में दो बार I/M दें।
  छोटे पशुओं को कैल्सियम सैण्डोज विद विटामिन-सी 10 मि.ली. धीरे-धीरे शिरा में।
- इन्जेक्शन एसीटालार्सन : गाय-भैंस 10 मि.ली. S/C 0.5 ml इन्जेक्शन तक।
- हिमालय बत्तीसा या हरविन्सा : गाय-भैंस 25-30 ग्राम, भेड़-बकरी 10-15 ग्राम दिन में दो बार काफी दिन तक।

बचाव (Prevention)

- पशुओं को परजीवी युक्त पोखरों तथा चरागाहों में नहीं चराना चाहिये।
- प्रभावित क्षेत्र पर 3-4 सप्ताह पर कृमिनाशक दवा का छिड़काव कराया जा सकता है।

2. नकड़ा या सुनसुना या नेजल ग्रेनुलोमा (Nasal Granuloma-N.G.)

अन्य नाम (Other name)— Snoring disease of cattle.

परिचय (Introduction)- यह पशुओं के नाक की बीमारी है जिसमें लगातार छींकें आती हैं। साँस लेने में कठिनाई और तकलीफ होती है जिससे आवाज होती है।

Nasal granuloma is a disease of nose of cattles, characterised by continous sneezing, nasal discharge associated with noisy breathing, snoring and respiratory distress.

रोग का कारण (Cause)—यह *सिस्टोसोमा नेजेलिस (Schistosoma nasalis)* नामक परजीवी के कारण होता है। यह घोंघा के माध्यम से मुँह की श्लेष्मा में प्रवेश करता है और रक्त प्रवाह के साथ नाक की शिरा में पहुँचकर अण्डे देता है जो नाक के स्राव के साथ बाहर निकलता है।

रोग लक्षण (Symptoms)— इस रोग में पशु को सर्दी-जुकाम-सा प्रतीत होता है और लगातार छींकें आती हैं। नाक से उजला पीला स्राव आता है। साँस लेने में कठिनाई होती है और साँस की आवाज दूर से सुनाई देती है।

The first symptom of the disease, which attracts attention, is sneezing which occurs more often at work. There is a nasal discharge from one or both the nostrils associated with noisy breathing.

नाक में फोड़ा या घाव (boils) हो जाते हैं जो पहले ग्रन्थियाकार वृद्धिमय बाद में गोभी जैसे रूप में हो जाते हैं, परजीवी अण्डों से भरपूर होते हैं जिससे साँस लेने में रुकावट होती है। पशु के काम (work) में कमी आ जाती है और दुधारू पशुओं में उनका दुग्ध उत्पादन कम हो जाता है।

नेजल ग्रेनुलोमा लक्षण सारांश

- रोग कैटिल्स में।
- लगातार छींकें।
- भारी सर्दी।
- नाक से उजला पीला स्राव।
- साँस लेने में कठिनाई।
- नाक में विक्षतियाँ (लीजन्स)।

रोग के बढ़ने पर गाँठें (नोडूल्स) संख्या में अधिक और आकार में बढ़ जाती हैं।

In some cases, even at rest, the animal has extreme dyspnoea. If left untreated the animal does not recover spontaneously and may be affected for months or years.

चिकित्सा (Treatment)—इसकी चिकित्सा निम्न प्रकार से की जाती है—

1. टार्टार एमेटिक (Tartar Emetic)—यह इस रोग की उच्च औषधि है। इसे 2% अथवा 4% घोल (सोल्यूशन) के रूप में शिरा मार्ग से दिया जाता है। **मात्रा**- 10-20 मि.ली. सप्ताह में एक या दो बार शिरा मार्ग (I.V.) से धीरे-धीरे सावधानीपूर्वक दिया जाता है।

सुई देते समय इस बात का ध्यान रखा जाये कि दवा की एक बूँद ही त्वचा में जाने पाये, अन्यथा सूजन एवं घाव हो सकता है।

2. एन्थीयोमलीन (Anthiomaline)— यह लीथियम एण्टीमनी थियोमेलेट का पेटेण्ट योग है। इसे 20 मि.ली. की मात्रा में एक सप्ताह के अन्तर पर दो-तीन बार तक गहरे मांसपेशी (Deep intramuscular injection-glutial muscles) में दिया जाता है। यह 6% घोल के रूप में मल्टीडोज कण्टेनर्स के 50 मि.ली. पैक में आता है। इसे Rhone-Poulenc (M.B.) कम्पनी ने बनाया है। रोग ठीक होने के लिए तीन इन्जेक्शन ही पर्याप्त होते हैं।

3. लिथियम एण्टीमनी थियोलेट (Lithium Antimony Thiomalate)— 15 से 20 मि.ली. हर 48 घण्टे के बाद 4-6 बार तक मांस में सुई द्वारा दिया जाता है।

नोट—नेगूवोन (Neguvon-बायर) इसकी एक उपयुक्त औषधि है जिसे मुख द्वारा दिया जा सकता है। परन्तु इसकी उपलब्धता कम है।

— एण्टीमोसान (Antimosan) नामक औषधि भी इसी कम्पनी का उत्पाद है, सबसे श्रेष्ठ औषधि है।

4. जीर्ण नासावरोध (Chronic Nasal obstruction)

इस रोग में आयोडीन प्रीपरेशन मुख द्वारा अथवा सूचीवेध रूप में।

बचाव (Prevention)— निम्न साधनों द्वारा—

- पशु को सुरक्षित एवं रोगमुक्त चारा-दाना खिलावें।
- पशुओं को उन चरागाहों में न चरावें तथा उन तालाबों का पानी न पिलावें जहाँ इस रोग के घोंघे मिलते हों।
- पशु को रोग संक्रमित चारा (infected fodder) नहीं खिलाना चाहिये।

3. छेरा रोग या गिल्लर एण्ड पिट्टू या पेराऐम्फीस्टोमिएसिस (Giller and Pitto/Para-amphistomiasis)

अन्य नाम (Other names)— इसे स्टमक फ्लूक (stomach fluke) डिजीज, इन्टेस्टाइनल पेराएम्फीस्टोमिएसिस (Intestinal para-amphistomiasis) भी कहते हैं।

परिचय (Introduction)— यह अधिकतर भेड़-बकरियों में पतले दस्त (diarrhoea) की बीमारी है जिसमें बहुधा रक्त के धब्बे पाये जाते हैं। यह रोग गाय-भैंस को भी हो जाता है। यह रोग दलदली जगहों में प्राय: होता है।

The intestinal phase of amphistomiasis is a common parasitic disease of cattles and to a lesser extent sheep caused by para-amphistome flukes and characterised by a severe enteritis, diarrhoea.

कारण (Cause)— इसका कारण पेराएम्फीस्टोमा और कॉटीलोफोरम (Para-amphistoma and Cotylophorom) का अपरिपक्व पैरासाइट है। इसकी युवा स्पोरोसिस्ट अन्तिम पोषद् की आँत तथा कभी-कभी आमाशय (abomasum) की श्लेष्मा से चिपककर कष्ट देता है। वयस्क परजीवियों से हानि नहीं होती। ये पशु के रुमेन (rumen) में पाये जाते हैं। यह बीमारी गर्मी के अन्तिम दिनों एवं जाड़े के दिनों में अधिक होती है।

लक्षण (Symptoms)—पतले दस्त के साथ रक्त के धब्बे। जबड़े के नीचे सूजन होती है। पशु सुस्त रहता है। कुछ दिन बाद दुबला-पतला होकर कमजोर हो जाता है। अन्त में पशु मर जाता है।

इस रोग में तीव्र दस्तों के कारण पशु अत्यधिक दुर्बल हो जाता है। पशु की मृत्यु प्राय: डिहाइड्रेशन तथा दुर्बलता के कारण होती है। पशु का मल बदबूदार और प्राय: रक्त मिला (foetid and often blood tinged)

पेरा-ऐम्फीस्टोमिएसिस के लक्षण सारांश में

- रोग भेड़-बकरियों में।
- पशु सुस्त डायरिया युक्त/पतले दस्त के साथ रक्त के धब्बे भी।
- सूजन खासकर जबड़े के नीचे।
- पशु दुर्बल-पतला एवं कमजोर।
- डिप्रैशन, डिहाइड्रेशन एवं एनोरेक्सिया।
- म्यूकस मेम्ब्रेन पीली।
- लक्षण उत्पन्न होने के 15-20 दिन बाद मृत्यु।

होता है। बोटल-जॉ (Bottle-jaw) इसका एक सामान्य (common) लक्षण है। डिप्रैशन (अवसाद) तथा एनोरेक्सिया (अरुचि) के भी लक्षण मिलते हैं। म्यूकस मेम्ब्रेन पीली पड़ जाती है। लक्षण प्रकट होने के 15-20 दिन बाद पशु की मृत्यु हो जाती है।

रोग निदान (Diagnosis)—माइक्रोस्कोपिक परीक्षा में अवयस्क एम्फीस्टोम्स की मल में उपस्थिति से रोग का स्पष्ट निदान हो जाता है।

शव परीक्षा (Post-mortum examination)— आन्त्र की म्यूकोजा मोटी और परिगलित (thickened and necrosed) मिलती है एवं आँतों में रक्तोद्-रक्तिम द्रव (Sero-sanguineous fluid) की उपस्थिति मिलती है।

चिकित्सा तथा रोकथाम (Treatment and Prevention)— फेसिओलाइसिस की तरह।

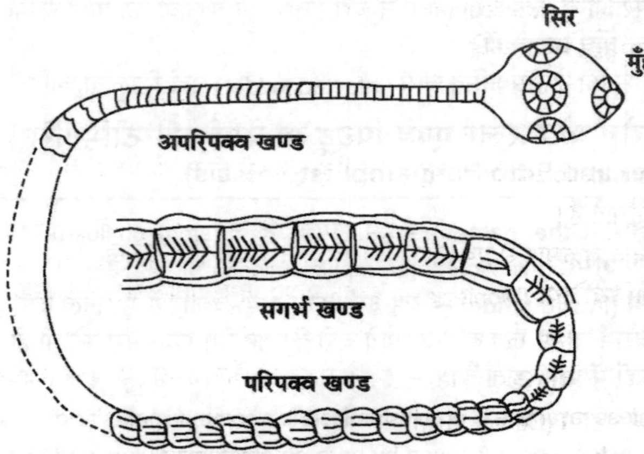

चित्र—Taenia sodium

(b) सिस्टोडा (CESTODA) / फीताकृमि (TAPEWORMS)

परिचय (Introduction)— दुधारू जानवर (गाय/भैंस/बछिया/भेड़-बकरी), घोड़े, कुत्ते और बिल्लियाँ इन कृमियों से अधिक प्रभावित होते हैं। यह जन्तुबाधा (infestation) सभी पशुओं में बड़ा भयंकर होता है। बछड़ों एवं कुत्तों में यह रोग अधिक देखा जाता है।

कारण (Causes)— इन कृमियों का रंग सफेद होता है और इनका शरीर ककड़ी के बीज के समान बहुत से टुकड़ों में विभक्त (फीता समान चपटा उजला कई एक टुकड़ों से जुड़ा हुआ), कई सेण्टीमीटर से कई मीटर तक लम्बा होता है जो पशुओं की छोटी आँत में पाया जाता है। ये कृमि भी दूसरे कृमियों के समान रोगी पशु के पखाने में लार्वा (larva) के रूप में निकलते रहते हैं। ये लार्वी चारा-दाना के साथ दूसरे पशुओं के पेट में जाकर उचित स्थान पर पहुँचकर सिस्ट में विकसित हो जाते हैं जो रोग के कारण बनते हैं।

लक्षण (Symptoms)— इन कृमियों (कीड़ों) के प्रभाव से रोग-ग्रस्त पशु में पेट दर्द, पुरानी आन्त्रशोथ, भूख की कमी, दिनोंदिन कमजोरी, आक्षेप आदि लक्षण उत्पन्न होते हैं।

- **इनके प्रभाव से कुत्ता गुदा मार्ग को जमीन पर रगड़ता है।**

- ये कीड़े अधिकतर बकरी, भैंस और गाय के बच्चों तथा मेमनों को कष्टमय बना देते हैं जिससे उनका विकास रुक जाता है, उनको दस्त आने लगते हैं और निचले अंगों में पिलपिलापन हो जाता है।

नोट— इसे सिस्टोडिएसिस (Cestodiasis) अथवा टीनिएसिस (Taeniasis) भी कहते हैं। यह रोग प्रायः सभी पशुओं में पाया जाता है।

फीताकृमि के वंश (Genus of Cestoda)

1. **टीनिया** (Taenia)— पोषद् कुत्ता और मध्यस्थ पोषद् गाय-भैंस, भेड़-बकरी और सूअर।
2. **डिफिलिडियम** (Diphylidium)—पोषद् कुत्ता एवं बिल्ली। इसके संक्रमण से आन्त्र प्रदाह का विकार उत्पन्न होता है।
3. **मल्टीसेप्स** (Multiceps)—पोषद् कुत्ता और मध्यस्थ पोषद् भेड़-बकरी, गाय-भैंस। यह पैरासाइट मध्यस्थ के मस्तिष्क में प्रवेशकर जाता है और गिड नामक रोग (चक्कर की बीमारी) उत्पन्न करता है।
4. **एकीनोकोकस** (Echinococcus)—पोषद् कुत्ता और मध्यस्थ पोषद् सभी घरेलू पशु (domestic animals), कुत्ता एवं मनुष्य हैं। ये पोषद् के यकृत और फेफड़ों को नुकसान पहुँचाते हैं।

   इनके संक्रमण से एकीनोकोकोसिस नामक रोग उत्पन्न होता है।
5. **मोनियेजिया** (Moniezia)— इसके पोषद् प्रायः गाय-भैंस, भेड़-बकरी और ऊँट के 6 माह के बच्चे होते हैं।
6. **कॉटुग्निया** (Cotugnia)— इसके पोषद् विभिन्न प्रकार के पक्षी (birds) हैं।

सामान्य लक्षण (Common symptoms)—

- भूख न लगना।
- आन्त्र प्रदाह।
- पेट दर्द।
- रक्त की कमी (अनीमिया)।
- पतला दस्त।
- वृद्धि में रुकावट।
- कमजोरी एवं दुर्बलता।
- कुत्ते अपने मल द्वार को जमीन पर रगड़ते हैं।

निदान (Diagnosis)— इन कृमियों के टुकड़े प्रायः पशु के मल द्वार के चारों ओर चिपके रहते हैं अथवा मल में देखें जा सकते हैं।

बचाव (Prevention)— निम्न प्रकार से—

- पशुओं को घास/चारा धोकर साफकर खिलावें।
- पशुओं को निचली दलदलवाली भूमि में न चरायें।
- रहने का स्थान साफ-सुथरा हो। वहाँ पर डी.डी.टी./गैमेक्सीन आदि छिड़कें।
- कुएँ या हैण्ड पाइप का पानी पिलावें।
- प्रभावित पशु का गोबर तुरन्त उठाकर गड्ढे में डाल दें और स्थान को साफ-सुथरा रखें।
- बीमार पशुओं को विटामिनयुक्त हरा चारा खिलावें।

पशुओं के रहने के स्थान पर कापर सल्फेट का घोल छिड़कते रहना चाहिये ताकि कृमियों/कीड़ों का विनाश होता रहे।

1. चक्कर रोग/गिड (Gid)

अन्य नाम (Other names)— कोईनुरोसिस (coenurosis), गिड, स्टर्डी (sturdy)।

परिचय (Introduction)— यह भेड़-बकरियों एवं पशुओं के मस्तिष्क एवं रीढ़-नाड़ी अर्थात् मेरुज्जु (brain and spinal cord) का रोग है। इसमें पशु चक्कर काटता है, चिल्लाता है और आँखें बड़ी हो जाती हैं। यह रोग अधिकतर बकरियों में पाया जाता है।

Gid is the disease caused by invasion of the brain and spinal cord by the intermediate stage of *Taenia multiceps*. The syndrome produced is one of the localized space-occupying leisons of the central nervous system.

रोग का कारण (Causes)— इसका कारण टेपवर्म की जाति *टीनिया मल्टीसेप्स* है। इसके कीट-डिम्ब मध्यस्थ पोषद् बकरियों एवं पशुओं के मस्तिष्क में पहुँचकर सिस्ट रूप में वृद्धि करते हैं जिससे चक्कर काटने का रोग पैदा हो जाता है।

The disease is caused by *'Coenuras cerebralis'* which is the intermediate stage of the tapeworm **Taenia multiceps** which inhabits the intestine of dog and wild canidae.

रोग लक्षण (Symptoms)— पशु खाना-पीना छोड़ देता है। मस्तिष्क में सिस्ट के कारण सिर पर दबाव पड़ता है जिससे पशु का सिर एक ओर को झुक जाता है और पशु वृत्त में चक्कर लगाकर चलता है। सिर को एक ओर उठाकर चिल्लाता है। पशु लड़खड़ाता हुआ चलता है। पशु बार-बार दाँत किटकिटाता है और मुँह से लार (salivation) बहती है। पशु को हल्का-सा ज्वर भी रहता है। उसका स्वास्थ्य गिर जाता है। देखने पर प्रमस्तिष्क (cerebral hemisphere) का पिछला भाग कोमल प्रतीत होता है और साथ में ऊपर को उठा हुआ दीखता है।

In most affected animals dullness, clumsiness, head pressing, ataxia, incomplete mastication and periodic epileptiform convulsions are usual signs. Papilledema may be present. Localizing signs comprise chiefly deviation of the head and circling and sometimes unilateral blindness. In young animals local softening of the cranium may occur over a superficial cyst and rupture of the cyst to the exterior may follow with final recovery. When the spinal cord is involved there is a gradual development of paresis and eventually inability to rise. Death usually occurs after a long course of several months.

गिड के लक्षण सारांश में

- पशु का खाना-पीना बन्द।
- रोगी, विशेषकर बकरी।
- सिर एक तरफ को झुका हुआ।
- वृत्त में चक्कर लगाकर चलना।
- सिर को एक ओर उठाकर चिल्लाना।
- चाल में लड़खड़ाहट।
- दाँत का किटकिटाना एवं लाल स्राव।
- हल्का-सा ज्वर एवं स्वास्थ्य में गिरावट।
- सिर का पिछला भाग कोमल ऊपर को उठा-सा।

रोग निदान (Diagnosis)— रोग की पहचान उपरोक्त लक्षणों के आधार पर आसानी से हो जाती है। रोग के प्रारम्भ में इन्सेफेलाइटिस से भ्रम हो सकता है।

उपचार (Treatment)—कोई औषधि चिकित्सा सम्भव नहीं। सिर पर ठंडे पानी की धार डालने से लाभ होता है। शल्यचिकित्सा ही एकमात्र साधन है (surgical drainage of the cyst may make it possible); हो सके तो छोटे पशुओं को मारकर खाने के काम में ला सकते हैं।

2. एकीनोकोकोसिस (Echinococcosis) या हाइडाटिडोसिस (Hydatidosis)

परिचय (Introduction)—यह सभी घरेलू पशुओं, कुत्तों और मनुष्यों के फेफड़े एवं यकृत का एक रोग है जिसमें पशु को साँस लेने में कष्ट होता है तथा पाचन क्रिया प्रभावित हो जाती है।

कारण (Causes)—इसका कारण टेपवर्म की एक जाति का *'एकीनोकोकस ग्रेनूलोसस'* नाम का पैरासाइट है। इसका कीट-डिम्ब पशुओं, कुत्तों एवं मनुष्यों के फेफड़े और यकृत में बड़ी फफोले-सी सिस्ट में वृद्धि करता है। यह सिस्ट साफ एवं द्रवयुक्त होती है। जब यह फटती है तब इसके कीट-डिम्ब से एक नया सिस्ट बन जाता है।

लक्षण (Symptoms)—इस पैरासाइट की अधिकता से आन्त्रशोथ (enteritis) हो जाता है। इसकी सिस्ट अत्यन्त हानिकारक होती है। फेफड़े में इससे साँस लेने में कष्ट होता है। पेट में जल एकत्र हो जाता है, जिससे जलोदर (ascites) हो जाता है। इसके भारी संक्रमण से अंग कार्यविहीन हो जाता है जिससे अधिकांश पशुओं की मृत्यु हो जाती है।

चिकित्सा (Treatment)— पशुओं में इसकी चिकित्सा सम्भव नहीं है, क्योंकि रोग का पता ही नहीं चल पाता है। केवल पोस्टमार्टम से ही रोग का ज्ञान होता है।

रोकथाम (Prevention)— कुत्तों में वयस्क कृमि के लिये उपचार किया जा सकता है जो रोकथाम में पर्याप्त सहायक होता है।

3. टीनिएसिस (Taeniasis)

पशुओं (Cattles) में— इस टेपवर्म का प्रकोप गाय, भैंस, भेड़, बकरी और ऊँट में होता है।

कारण (Cause)— इसका कारण *मोनिएजिया एक्सपैन्सा (Moniezia expensa)* नामक टेप वर्म होता है।

कुत्तों और बिल्लियों (Dogs and Cats) में— इस रोग का प्रकोप कुत्ते और बिल्लियों में सर्वाधिक होता है। इस कृमि के भारी प्रकोप में 'आन्त्र प्रदाह' एवं पेटदर्द होता है।

कारण (Cause)— कुत्ते और बिल्लियों में टेप वर्म की निम्नलिखित जातियाँ (species) इसका कारण होती हैं—

- टीनिया हाइडाटीजेना (Taenia hydatigena)
- टीनिया पीसिफौर्मीस (Taenia pesifomis)
- टीनिया फार्मीस (Taenia formis)
- डिपिलिडियम कैनिनम (Dipilidium caninum)
- एकीनोकोकस ग्रेनूलोसस (Echinococcus granulosus)
- डिफाइलोबोथ्रीयम लेटम (Diphylobothrium latum)

पशुओं में लक्षण एक दृष्टि में

- भूख की कमी।
- वृद्धि में रुकावट।
- नाटापन/छोटा रूप।
- पेट निकला हुआ।
- त्वचा रूखी (rough skin)।
- शक्ति और बल में ह्रास।
- दुर्बलता एवं शोथ।

पक्षियों में (In Birds)— पक्षियों /मुर्गियों में इसका प्रकोप होते देखा जाता है।

कारण (Cause) — मुर्गियों में इसका कारण *कॉटुग्नीया डिग्नोपोरा (Cotugnia dignopora)* नामक टेपवर्म है।

लक्षण (Symptoms) — इस रोग से अधिकतर युवा मुर्गियाँ ही प्रभावित होती हैं। उनमें भूख की कमी, झपनी, प्यास, दुर्बलता एवं रक्त की कमी आदि लक्षण मिलते हैं। भारी प्रकोप की स्थिति में अधिकांश पक्षियों की मृत्यु हो जाती है।

कुत्तों एवं बिल्लियों के लक्षण सारांश में

- भूख न लगना एवं पाचन की गड़बड़ी।
- अपावशोषण (Malabsorption)।
- आन्त्र प्रदाह एवं पेटदर्द।
- अतिसार एवं उल्टी।
- चिहुँकन, मूर्छा एव ऐंठन।
- शक्तिहीनता, दुर्बलता।
- विकास में रुकावट।
- पेट निकला हुआ।
- मलद्वार को जमीन पर रगड़ना एवं दाँत से काटना।
- कृमि के टुकड़े उबले हुए चावल की भाँति मल के साथ या मलद्वार के चारों ओर चिपके हुए।

चिकित्सा (Treatment) — टीनिएसिस के लिये निम्न दवाओं में से कोई एक देनी चाहिये—

क. नाइक्लोसामाइड (Niclosamide) : **मात्रा**– गाय, भैंस, घोड़ा, भेड़, बकरी 50-100 mg/kg B.W.; कुत्ता, बिल्ली 75-100 mg/kg BW; मुर्गी 175 mg/kg BW; एक बार। जैसे– एमक्लोज (Amclose) Bolus *(Indian Genomix)*, नाइक्लोसामाइड (Niclosamide) Bolus (*Neospark*) दोनों Bolus 1 gm प्रत्येक।

ख. डाईक्लोरोफैन (Diclorophan) : **मात्रा**– गाय, भैंस, भेड़, बकरी 0.5 gm/kg BW; कुत्ता, बिल्ली 0.2gm/kg BW; मुर्गी 0.3 gm/kg BW; पियाफिन (Piyafin - *Piya*) 0.5 gm tab।

ग. एलबैन्डाजोल (Albendazole) : **मात्रा**– गाय, भैंस, घोड़ा, भेड़, बकरी 5-10 mg/kg BW एक बार; कुत्ता, बिल्ली 25-50 mg/kg BW for 3-5 days जैसे– एलबेक्रिल 150, 1500, 3000 (Albacryl 150, 1500,3000) Bolus (*Cattle Remedies*); एलबोमार गोली 150 mg, एलबोमार बोलस 1.5 gm (Albomar tab 150 mg & Bolus 1.5gm - *Virbec*); एनाल्गोन बोलस 1.5 gm & 3.0 gm (Analgon Bolus 1.5 gm & 3.0 gm - *Wockhardt*); वाल्बाजेन गोली 150 mg व बोलस 600 mg (Valbazen tab 150 mg & Bolus 600 mg - *Pfizer*); वर्मीटाल बोलस 1.5gm (Wormital Bolus) 1.5 gm (*Lyka*)।

(ii) नीमाटोडा (Nematoda) – गोलकृमि या मलसर्प (Roundworm)

परिचय (Introduction) — वह रोग जो गोलकृमियों (Roundworms) से उत्पन्न होता है तथा जिन्हें एक साथ निमेटोडिएसिस (Nematodiasis) के नाम से वर्णित किया जा सकता है। अधिकतर इन कृमियों की मिश्रित उपस्थिति से ही यह रोग उत्पन्न होता है तथा यह पशु के उदर एवं अन्तड़ियों को लगभग एक साथ ही ग्रसित करता है। इसलिये इस रोग को पैरासिटिक–गैस्ट्रो–इन्टराइटिस (parasitic gastroenteritis) के नाम से भी जाना जाता है।

कृमि विशेष परिचय — यह कृमि आकार में गोल होता है जो गाय, भैंस, भेड़, बकरी, कुत्ता, सूअरों, घोड़ों, ऊँटों, कुक्कुटों तथा मनुष्यों के आमाशय एवं आँतों में पाया जाता है। सभी पालतू

पशुओं में यह आक्रमण कर सकता है। यह अपेक्षाकृत बड़ा और स्थूल सफेद-रंग का होता है। बड़े गोल कीड़ों की मादा प्रतिदिन लगभग 2 अण्डे देती है। ये अण्डे चारा-पानी के द्वारा पशुओं के पेट में पहुँचकर रोग का कारण होते हैं। वहाँ पहुँचने के बाद ये रक्त परिसंचरण (ब्लड सरकुलेशन) द्वारा यकृत, फेफड़ों और अन्य भीतरी अंगों व आँतों एवं वायु प्रणालियों में फैल जाते हैं। तत्पश्चात् इनसे कीड़े/कृमि उत्पन्न होते हैं जो छोटी आँतों में अपना स्थान बनाते हैं।

राउंडवर्म इन्फेस्टेशन के लक्षण सारांश में

- सामान्य आहार लेने के उपरान्त भी दुर्बलता।
- अपच, पेट फूलना, कभी-कभी दस्त भी।
- त्वचा की चमक समाप्त।
- सुस्तीपन।
- भूख कम।
- पेटदर्द, रक्तहीनता एवं कमजोरी।
- बोतल-जा।

लक्षण (Symptoms)— इन कृमियों से जो लक्षण उत्पन्न होते हैं, वे इस प्रकार हैं—

इन कीड़ों की उपस्थिति से आमाशय एवं आँतों में उत्तेजना व क्षोभण (irritation) उत्पन्न होता है। पाचन क्रिया बिगड़ जाती है। सामान्य रूप से आहार लेने के उपरान्त भी पशु धीरे-धीरे दुर्बल होने लगता है। तापमान (temperature) सामान्य या कम हो जाता है। कभी-कभी अपच, पेट फूल जाना तथा कभी-कभी पतले दस्त होने लगते हैं। पशु की त्वचा की चमक समाप्त हो जाती है। वह खुरदरी हो जाती है। पशु सुस्त हो जाता है तथा उसकी उत्पादन क्षमता कम हो जाती है। साथ ही कार्य-क्षमता भी प्रभावित होती है। भूख कम हो जाती है। पशु मन से चारा नहीं खाता है। पेटदर्द, रक्तहीनता एवं दुर्बलता इसके खास लक्षण हैं। गाय, भैंस, भेड़ तथा बकरी में जबड़े के नीचे शोफ/एडिमा (bottle Jaw) प्रकट हो जाता है। शरीर में पानी की मात्रा कम हो जाती है।

कुत्तों में उपरोक्त लक्षणों के अतिरिक्त रक्ताल्पता (अनीमिया), जमीन पर पेट रगड़ना, खाँसना, दाँत किटकिटाना आदि लक्षण पाये जाते हैं। उदर बढ़कर लटकने लगता है। इसे पोट बेली (Pot Belly) कहा जाता है।

- यदि इन कृमियों का समय पर उपचार न किया गया तो भारी जन्तुबाधा (इन्फेस्टेशन) से पशुओं की मृत्यु भी हो जाती है।
- रोगी मल के परीक्षण से सम्बन्धित कृमियों की पुष्टि हो जाती है।

चिकित्सा (Treatment)— इनके उपचार हेतु कृमिनाशक औषधियों (anthelmintics) का प्रयोग किया जाता है। आजकल तो बहुक्षेत्रीय (broad-spectrum) औषधियाँ इस कार्य हेतु विशेष रूप से प्रयोग में लायी जा रहीं हैं। ये प्रभावशाली आमाशय-आन्त्र कृमिनाशक (Gastrointestinal dewormer) औषधियाँ हैं। ये औषधियाँ फुफ्फुस कृमियों (pulmonary worms) तथा टेपवर्म्स (Tapeworms) पर भी अपना प्रभाव दिखाती हैं।

इन औषधियों के साथ-साथ पशु को लिवर की कार्यक्षमता सही रखने के लिए **लिवोल** अथवा **लिवोजिन** या **बेलामाइल** अथवा **लिव-52** आदि का भी प्रयोग करना चाहिए। यदि पशु में अत्यधिक दुर्बलता तथा डिहाइड्रेशन शॉक (dehydration shock) आदि की अवस्था हो, तो डैक्स्ट्रोज सेलाइन अथवा कैल्सियम बोरोग्लूकोनेट/कैल्सियम मैगनीशियम बोरोग्लूकोनेट (कालवेरॉल/मिफेक्स) आदि आई.वी. (I.V.) मार्ग से देनी चाहिए। आवश्यकता पड़ने पर 5-10 मि.ली. निकेथामाइड (coramine) भी उपरोक्त औषधियों में मिलाकर दी जा सकती है।

प्रभावशाली बहुक्षेत्रीय कृमिनाशक औषधियाँ (Broad Spectrum Anthelmintics)

1. अलबेण्डाजोल (Albendazole)—यह सभी घरेलू पशुओं, कुत्तों, शूकरों के आमाशय-आन्त्र गोलाकृमियों (Roundworms), फीताकृमि (टेपवर्म्स), लंगवर्म्स, यकृत कृमि (Flukes) तथा मुर्गियों के टेपवर्म्स का विनाश करती है।

मात्रा— 5 से 10 मि.ग्रा. प्रति किलो शरीर-भार।

सावधान—गर्भावस्था के प्रथम माह में प्रयोग न करें।

ब्रान्ड्स-विभिन्न कम्पनियों ने इसे अपने ब्राण्ड नामों से बनाया है। जैसे-

(i) **अलबिडोल** (Albidol)— यह औषधि बोलस, टेबलेट एवं पाउडर रूप में उपलब्ध है।
गोलकृमि एवं टेपवर्म्स के लिए— गाय/भैंस 1 बोलस प्रति 300 किलो शरीर भार पर।
भेड़-बकरी को एक टेबलेट प्रति 30 कि.ग्रा. शरीर-भार।
फ्लूक्स (विसीरोग)— गाय/भैंस एक बोलस प्रति 50 किलोग्राम शरीर-भार।
भेड़-बकरी को एक टेबलेट प्रति 15 कि.ग्रा. शरीर-भार पर।

(ii) **अलबोमार** (Albomar)— उत्तम कृमिनाशक पेटेन्ट औषधि है सरल रूप में उपलब्ध है।
गोलकृमि एवं टेपवर्म्स के लिये— सभी प्रकार के पशुओं के लिए 20 मि.ली. प्रति 100 किलोग्राम शरीर-भार।
फ्लूक्स के लिये—40 मि.ली. प्रति 100 किलोग्राम शरीर-भार।

(iii) **मिन्थल** (Minthal)—यह औषधि बोलस और पाउडर रूप में आती है।
गोलकृमि, टेपवर्म्स— सभी प्रकार के पशुओं को 600 मि.ग्रा. का एक बोलस प्रति किलो शरीर-भार तथा 200 मि.ग्रा. एक बोलस प्रति 40 किलो शरीर-भार।
फ्लूक्स के लिए— दो गुनी मात्रा उपरोक्त की।

(iv) **कालबैण्ड** (Kalbend)—बोलस, टेबलेट एवं सस्पेन्शन रूप में उपलब्ध।
गोलकृमि, फुफ्फुसकृमि एवं फीताकृमि— सभी पशुओं को 600 मि.ग्रा. का एक बोलस प्रति 120 किलोग्राम शरीर-भार पर। 150 मि.ग्रा. की एक टिकिया प्रति 30 किलोग्राम एवं 6 मि.ली. घोल (suspension) प्रति 30 किलोग्राम शरीर-भार।
फ्लूक्स एवं एम्फीस्टोम में— उपरोक्त मात्रा की दो-गुनी मात्रा।
मुर्गी के टेपवर्म्स आदि में— 500 मि.ली. सस्पेन्शन 6 सप्ताह से ऊपरवाले 1250 पक्षियों को और 6 सप्ताह से नीचेवाले 2500 पक्षियों को।

(v) **वालबाजैन** (Valbazen)— बोलस, पाउडर एवं घोल रूप में उपलब्ध।

पशु की जाति	बोलस	पाउडर	घोल (Suspension)
	गोलकृमि एवं फीताकृमि के लिये		
गाय/भैंस	600 मि.ग्रा.	150 मि.ग्रा.	—
भेड़/बकरी	प्रति 80 किलो पर-4 बोलस	15 ग्राम/100 किलो	30 मि.ली./100 किलो
घोड़ा/ऊँट	5/60 किलो-1/30 कि.	2 ग्राम/20 किलो	6 मि.ली./30 किलो
सूअर	1/120 किलो-1/30 कि.	10 ग्राम/100 किलो	6 मि.ली./30 किलो
कुत्ता/बिल्ली	0.5/10 किलो-2/10 किलो.	6 ग्राम/10 किलो	12 मि.ली./10 किलो

फ्लूक्स के लिए (For Flukes infestation)

गाय/भैंस	2/80 किलो–8/80 किलो.	30 ग्राम/100 किलो.	60 मि.ग्रा./100 किलो.
भेड़/बकरी	1/60 किलो.–1.5/30 किलो.	3 ग्राम/20 किलो.	9 मि.ग्रा./2 किलो.

(vi) हील्मिगार्ड (Helmigard)–बोलस रूप में (The Single Short Therapy)।

राउण्डवर्म्स, टेपवर्म्स, लंगवर्म्स, रूमेन फ्लूक्स में–मात्रा एवं प्रयोग विधि

शरीर-भार	**मात्रा** (7.5 mg Albendazole/kg) **शरीर-भार**	**वर्म्स एवं फ्लूक्स** (15 mg Albendazole/**किलो शरीर-भार**
80 किलो तक	1/2 बोलस	1 बोलस
80 से 160 किलो या अधिक	1 बोलस	2 बोलस

नोट–इसके हर बोलस में एल्बेण्डाजोल 1.2 ग्राम होता है। 1 बोलस के Sachet में यूनीकेम लेबोरेटरीज़ ने बनाया है।

(vii) एल्बेन (Alben)– **जेप्स फार्मास्युटिकल्स :** पाउडर रूप में उपलब्ध।
गैस्ट्रो-इन्टेस्टाइनल नीमेटोड्स तथा लिवर फ्लूक्स में–300 मि.ग्रा. प्रति किलो. शरीर-भार पर।

सावधान–गर्भावस्था के प्रारम्भिक दिनों (Early pregnancy) में प्रयोग न करें।

2. पारबेण्डाजोल (Parbendazole)–यह कैटिल, महिषवंशीय पशु (Buffaloes), भेड़ एवं बकरी में गैस्ट्रोइन्टेस्टाइनल नीमेटोड जन्तुबाधा में लाभ पहुँचाती है। यह Ascaris, Bunostomum, Chabertia cooperia, Haemonchus, Nematodirus, Oesophagostomum, Ostertagia, Strongyloides, Trichuris आदि के विरुद्ध कार्य करती है।

It can also be used for routine dosing to keep roundworm infestation under control in these species of animals.

हेलाटेक (Helatack)–Premix

मात्रा एवं प्रयोग विधि (Dose and use)

जाति पशु	**पारबेण्डाजोल की मात्रा**	**शरीर भार (Body weight) kg में**	**औसत kg में**	**हेलाटेक पाउडर की मात्रा**	**माप (measure - 7.5 gm.)**
कैटिल (Cattle)	30 मि.ग्रा. प्रति किलो	35–45	40	30.0 ग्राम	4
		45–55	50	37.5 ग्राम	5
		55–65	60	45.0 ग्राम	6
		65–75	70	52.5 ग्राम	7
		अथवा ऊपर	80	60.0 ग्राम	8
भेड़/बकरी (Sheep and Goat)	30 मि.ग्रा. प्रति किलो	5–15	10	7.5 ग्राम	1
		15–25	20	15.0 ग्राम	2
		25–35	30	22.5 ग्राम	3
		35–45	40	30.0 ग्राम	4

नोट—इस पेटेण्ट औषधि को SKF कम्पनी ने बनाया है।

3. मेबेण्डाजोल (Mebendazole)—यह औषधि सभी प्रकार के पशुओं एवं मुर्गियों के जठरान्त्रकृमियों एवं फीताकृमियों (Tapeworms) में प्रभावशाली है। इसके कुछ कम्पनी उत्पाद नीचे दिये जा रहे हैं—

(i) **वर्मिन** (Wormin)—यह औषधि पेटेण्ट रूप में बोलस तथा पाउडर रूप में आती है। यह सभी प्रकार के पशुओं, कुक्कुटों के जठरान्त्रकृमि, फेफड़ा कृमि तथा फीताकृमियों की जन्तुबाधा (इन्फेस्टेशन) के विरुद्ध काम में लायी जाती है। इसकी मात्रा निम्न प्रकार है—
गाय/भैंस, घोड़ा, कुत्ता एवं बिल्ली→ 5–10 मि.ग्रा. प्रति किलो शरीर–भार दानाय पानी या गुड़ के साथ।
भेड़–बकरी, सूअर एवं मुर्गी→ 5 मि.ग्रा. प्रति किलो शरीर–भार; 0.05% दाना में मिलाकर।

(ii) **जोडेक्स** (Zodex)—यह औषधि बोलस और पाउडर रूप में आती है। सभी पशुओं के आमाशय–आन्त्रकृमि, फुफ्फुसकृमियों (लंगवर्म्स) एवं फीताकृमियों (टेपवर्म्स) में एक साथ समान रूप से लाभकारी है। इसकी मात्रा निम्न प्रकार है—

पशु जाति	बोलस	पाउडर	माध्यम
● गाय, भैंस, घोड़ा, बछड़े (बड़े साइज के)	2–4 बोलस	20–40 ग्राम	दाना या पानी के साथ।
● छोटे बछड़े/भेड़, बकरी एवं सुअर	1 बोलस	5–10 ग्राम	गुड़ के साथ।
● कुत्ता (Dog)	1/2 बोलस	1 ग्राम 5 दिन तक	
● कुक्कुट (Poultry)	100 ग्राम पाउडर	750 मुर्गियों के लिये पर्याप्त है।	

(iii) **रोबीण्डॉल** (Robendol) **वेट**— यह पेटेण्ट औषधि बोलस रूप में आती है। इस औषधि का प्रयोग सभी प्रकार के पशुओं के आमाशय–आन्त्रकृमियों एवं फुफ्फुसकृमियों (लंगवर्म्स) का विनाश करने में किया जाता है।
मात्रा (Dose)— बड़े पशुओं को 2–3 बोलस तथा छोटे पशुओं को 1–2 बोलस लगातार 2 दिन तक दें।

(iv) **कालमीबैन** (Kalmeben)— यह औषधि पाउडर रूप में 50% एवं 10% के पैकिंग में आती है। औषधि आमाशय–आन्त्र, फेफड़े तथा फीताकृमियों (टेपवर्म्स) के विरुद्ध काम करती है। **मात्रा** निम्न प्रकार है—

50% शक्ति की औषधि		10% शक्ति की औषधि	
मवेशी	**मुर्गी**	**मवेशी**	**मुर्गी**
0.6 से 1 ग्राम प्रति 50 किलो शरीर–भार	10–20 ग्राम प्रति 1000 कुक्कुट पर 6 सप्ताह से ऊपरवालों को; 6 सप्ताह से नीचेवाले 2000 कुक्कुट को 3–4 सप्ताह में एक बार।	3–5 ग्राम प्रति 50 किलो शरीर–भार	5–100 ग्राम प्रति 1000 पक्षियों को 6 सप्ताह से ऊपर एवं 6 सप्ताह से नीचे के 2000 पक्षियों को 3–4 सप्ताह पर केवल एक बार।

- मवेशी को पानी या चटनी के साथ दें।
- मुर्गियों को दोने में।

4. **फेनबेण्डाजोल (Fenbendazole)**—यह औषधि गाय, भैंस, भेड़, बकरी, घोड़ा, शूकर एवं कुत्तों के आमाशय-आंत्रकृमि (Gastrointestinal worms), फेफड़ा कृमि एवं फीताकृमि में पूर्ण प्रभावशाली है।

मात्रा (Dose)— इसे 5 मि.ग्रा. प्रति किलोग्राम शरीर-भार खिलाया या पिलाया जाता है। इसके कुछ कम्पनी उत्पाद निम्न प्रकार हैं—

(i) **फेनबेण्डाजोल पाउडर** 25% w/ w— सभी प्रकार के पशुओं में। इसे *concept* कम्पनी ने बनाया है। यह एक उत्तम कृमिनाशक पेटेन्ट औषधि है।

मात्रा (Dose)— गाय, भैंस, भेड़-बकरी, घोड़ा एवं कुत्ता → 5 मि.ग्रा. प्रति किलोग्राम शरीर-भार। अतिसंख्यक फीताकृमि जन्तुबाधा (हैवी टेपवर्म इन्फेस्टेशन) में दो गुनी मात्रा दें।

(ii) **पेनाक्योर** (Panacur)— यह बोलस एवं पाउडर रूप में आती है। सभी प्रकार के पशुओं के आमाशय, आन्त्र और फेफड़ों के फीताकृमियों (टेपवर्म्स) का नाश करती है। इसे MSD कम्पनी ने बनाया है। इसमें Fenbendazol 25% होता है।

मात्रा (Dose)

- 1.5 ग्राम का बोलस प्रति 300 किलो तथा 150 मि.ग्रा. का बोलस प्रति 30 किलो शरीर-भार पर दें।
- 6 ग्राम पाउडर को 100 मि.ली. पानी में घोलकर एक मि.ली. घोल प्रति 3 किलो शरीर-भार पर पिलावें।
- कुत्तों को 150 मि.ग्रा. का बोलस प्रति 3 किलो शरीर-भार पर 3 दिन तक देते हैं।

(iii) **फैनबीजोल** (Fenbezol)—पाउडर रूप में आती है एवं सभी प्रकार के पशुओं के आमाशय-आन्त्रकृमियों, फुफ्फुसकृमियों एवं फीताकृमियों (Tapeworms) का नाश करती है।

मात्रा (Dose)—सभी प्रकार के पशुओं को 1 ग्राम 50 kg शरीर-भार पर पिलावें।

- फीताकृमियों (टेपवर्म्स) के भारी संक्रमण में मात्रा दो गुनी।

5. **टेट्रामीसोल (Tetramisol)**—यह गाय, भैंस, भेड़, बकरी के आमाशय एवं फेफड़ों में पाये जानेवाले कृमियों का नाश करने के लिए दी जाती है।

मात्रा (Dose)—15 मि.ग्रा. प्रति किलो शरीर-भार पर।

इसके कुछ कम्पनी उत्पादन नीचे दिये जा रहे हैं।

(i) **निलवर्म** (Nilworm)—यह पेटेन्ट औषधि पाउडर रूप में आती है। यह गाय, भैंस, भेड़-बकरी के आमाशय-आन्त्र स्थित कृमियों को नष्ट करने में दी जाती है।

मात्रा (Dose)

- 10 ग्राम को 300 मि.ली. (अथवा 100 ग्राम को 3 लीटर) पानी में घोलकर 1.5 मि.ली. प्रति किलो शरीर-भार पर पिलावें।

- व्यक्तिगत पशु को 1 ग्राम प्रति 20 किलो. शरीर-भार पर दाने में मिलाकर खिलावें।

(ii) **निलजोन सस्पेन्शन** (Nilzon suspension)—गाय, भैंस, भेड़-बकरी के आमाशय-आन्त्रकृमि एवं लंगवर्म्स में देते हैं।

मात्रा (Dose)

- 0.33 मि.ली. प्रति किलो शरीर-भार पर।
- बड़े पशुओं को 300 किलो शरीर-भार अथवा इससे ऊपर 100 मि.ली. पिलावें।
- भेड़-बकरियों को 15 किलो शरीर-भार पर 5 मि.ली. तथा 30 किलो तक 10 मि.ली. और 33 मि.ली. 100 किलो वजन वाले को दें।

(iii) **कूरामिन्थ** (Curaminth)—पाउडर रूप में मिलती है। इसे गाय/भैंस, भेड़-बकरी, शूकर एवं कुक्कुटों के आमाशय-आन्त्र एवं फेफड़े के कृमियों का नाश करने के लिए दिया जाता है।

मात्रा (Dose)

- 100 ग्राम पाउडर 3 लीटर पानी में घोलकर 150 मि.ली. प्रति 100 किलो शरीर-भार पिलावें।
- शूकरों को एक ग्राम प्रति 22.5 किलो शरीर-भार पर दें।
- मुर्गियों के लिए 10 ग्राम पाउडर 4 लीटर पानी में घोल कर 100 पक्षियों को पीने के पानी में डालकर इसे पीने दें।

6. **लीवामिसोल (Levamisole)**—यह गाय/भैंस, भेड़, बकरी, घोड़ा, ऊँट, शूकर तथा कुक्कुट के आमाशय-आन्त्र में पाये जानेवाले कृमियों की एक उपयुक्त औषधि है। यह फेफड़े के कृमियों को भी नष्ट करती है।

मात्रा (Dose)

- 7.5 मि.ग्रा. प्रति किलो शरीर-भार पर।

इसके कुछ पेटेण्ट योग नीचे दिये जा रहे हैं—

(i) **काल्मिसोल** (Kalmisol)—यह औषधि पाउडर, टेबलेट और बोलस रूप में मिलती है। औषधि सभी पशुओं एवं कुक्कुटों के आमाशय-आन्त्र स्थित कृमियों के विनाश हेतु उपयोग में लायी जाती है।

मात्रा (Dose)

- एक बोलस प्रति 200 किलो शरीरभार पर अथवा एक टिकिया प्रति 20 किलो शरीर-भार या पाउडर 50 ग्राम 3 लीटर पानी में मिलाकर एक मि.ली. प्रति किलो शरीर-भार के हिसाब से पिलावें।
- पक्षियों को 50 ग्राम औषधि पानी में मिलाकर 6 माह से ऊपरवाले 1000 पक्षियों को और 6 माह से नीचेवाले 2000 पक्षियों को दें।

(ii) **लीमासोल** (Lemasol)—यह औषधि पाउडर रूप में मिलती है। यह 30% और 10% की शक्ति में आती है। सभी पशुओं के आमाशय एवं आँत तथा फुफ्फस वर्म्स के लिये उपयोगी है। यह इन कृमियों को मार देती है।

मात्रा (Dose)

- 30% वाली औषधि की 100 ग्राम मात्रा 3 लीटर पानी में या 10% को एक लीटर

पानी में घोलकर 20 मि.ली. प्रति 25 किलो शरीर–भारवाली भेड़ को या 200 मि. ली. प्रति 250 किलो शरीर–भारवाली गाय/भैंस को पिलावें।

- पक्षियों (Poultries) को 30% का 100 ग्राम 200–300 लीटर पानी में 1200–1500 पक्षियों को पूरे दिन पीने को दें।

(iii) आल्मिजोल (Almizole)—यह औषधि पाउडर रूप में आती है। भेड़–बकरी, गाय/भैंस, शूकर एवं कुक्कुटों के आमाशय व आन्त्र में पाये जानेवाले कृमियों को नष्ट करती है। इसके प्रयोग से फेफड़े के कृमि भी नष्ट हो जाते हैं।

मात्रा (Dose)–5 ग्राम को 200 मि.ली. पानी में घोलकर प्रति किलो शरीर–भार पर दें। 80 से 100 मुर्गियों के लिए 5 ग्राम को 4 लीटर पीने के पानी में मिलाकर देते हैं।

(iv) गुटोमिल (Gutomil)—यह औषधि बोलस एवं पाउडर रूप में आती है। गाय, भैंस, भेड़–बकरी, शूकर एवं मुर्गियों के आमाशय–आन्त्र में पाये जानेवाले कृमियों एवं लंगवर्म्स को नष्ट करती है।

मात्रा (Dose)

- बड़े पशुओं को एक बोलस प्रति 200 किलो शरीर–भार पर एवं छोटे पशुओं को 150 मि.ग्रा. का एक बोलस प्रति 40 किलो शरीर–भार पर दें।
- **पाउडर रूप में—** एक ग्राम पाउडर को 60 मि.ली. पानी में घोलकर 1.5 मि.ली. प्रति किलो शरीर–भार पर दें अथवा 7.5 ग्राम को 450 मि.ली. पानी में बड़े पशुओं को अथवा एक ग्राम को 60 मि.ली. पानी में छोटे पशुओं को दें। मुर्गी के लिए 10 ग्राम दवा को 4 लीटर पानी में घोलकर 200 पक्षियों को पाने के लिए दें।

7. आइवरमेक्टीन (Ivermectin)—गाय, भैंस, घोड़ा, भेड़, बकरी तथा सूअरों में गोल कृमिओं हेतु (Gastro-intestinal nematodes, eyeworms, lungworms), बाह्य परजीवीनाशक (like tick, mites, lice) I ***मात्रा (Dose)***- Oral (मुँह द्वारा) अथवा Subcutaneous injection only (केवल त्वचा के नीचे इंजेक्शन द्वारा) 200 mcg/kg BW I Ivermectin Inj 10 mg/ml. ***ब्राण्ड्स***-जैसे- बिलीविन इंजे. (Bilivin inj. - *Brilliant*), सैन मैक इंजे. (Cen mec inj - *Centuary*), इक्टोरिड इंजे. (Ectorid inj -*Carevet pharma*), हाईटैक इंजे. (Hitek inj. - *Virbac*), आईवैक्टिन इंजे. (Ivectin inj. - *IIL*), आईवैल इंजे. वैट (Ivel inj vet - *Morvel*), मैक्टिन इंजे. (Mectin Inj. - *Alembic*), नीओमैक इंजे. (Neomec inj - *Intas*), पारिड इंजे. (Parid inj - *Vetsfarma*), ट्रूमैक्टिन इंजे. (Trumectin inj. - *Zydus AHL*), वरमैक्ट वैट इंजे. (Vermect vet inj. - *Mankind*), एन्डक्टिन इंजे. (Endictin inj - *Vet India*) I

बोलस 80 mg/Bolus : जैसे- हाईटैक बोलस (Hitek Bolus - *Virbec*), आईमैक बोलस (Imec Bolus - *Sterling lab*), आईमैक्टिन बोलस (Imectin Bolus - *IIL*) I

Ivermectin घोल 0.1% एन्डिक्टिन (Endictin - *Vet India*), हाईटैक (Hitek - *Virbac*), नीओमैक (Neomac - *Intas*) I

8. वोपेल (Wopell)— सभी प्रकार के पशुओं में समस्त अन्त:परजीवी कृमियों को नष्ट करने में यह पाउडर–रूप में आता है। यह एक आयुर्वेदिक औषधि है।

मात्रा (Dose)

- गाय, भैंस एवं घोड़ा — 50–75 ग्राम गुड़ के साथ 2–3 दिन तक।
- भेड़–बकरी एवं बछड़े — 10–15 ग्राम गुड़ के साथ 2–3 दिन तक।

- शूकर 20–25 ग्राम गुड़ के साथ 2–3 दिन तक।
- कुत्ता 4–6 ग्राम गुड़ के साथ 2–3 दिन तक।
- पोल्ट्री 0.5-1% दाने में।

9. **डिवारमिन (Dewormin)**— पाउडर रूप में यह गोलकृमि, फीताकृमि, अंकुशकृमि (हुकवर्म्स) के विरुद्ध कार्य करती है। यह एक आयुर्वेदिक औषधि है।

मात्रा (Dose)

- गाय, भैंस → 35–45 ग्राम मट्ठा या गुड़ में मिलाकर 2 बार 3 दिन तक।
- घोड़ा → 25–30 ग्राम मट्ठा या गुड़ में मिलाकर 2 बार 3 दिन तक।
- भेड़-बकरी → 10–15 ग्राम मट्ठा या गुड़ में मिलाकर 2 बार 3 दिन तक।

10. **वर्मोलेक्स (स्ट्रांग पाउडर)**— गोल एवं चपटे कीड़ों में। यह एक आयुर्वेदिक दवा है।

मात्रा (Dose)

- गाय/भैंस, घोड़ा → 50 ग्राम खाली पेट सुबह मट्ठे के साथ लगातार 2 दिन।
- भेड़-बकरी, बच्चे → 10–25 ग्राम खाली पेट सुबह मट्ठे के साथ लगातार 2 दिन।

नोट—गाय, भैंस, घोड़ा, बैल को वर्मोलेक्स हर तीन महीने में एक बार और बछड़े-बछियों को वर्मोलेक्स हर महीने दीजिये।

कुछ अन्य ब्राडस्पेक्ट्रम कृमिनाशक संक्षेप में

1. **हूमला टेब** (Humla Tab.)— इसमें मेबेण्डाजोल 100 मि.ग्रा होता है।

मात्रा: कैटिल, घोड़ा → 5 से 10 मि.ग्रा./किलो शरीर-भार।
शूकर → 5 मि.ग्रा./किलो शरीर-भार।

2. **हर्बोमिन्थ** (Herbominth)— यह तरल रूप में आता है। पशुओं में गैस्ट्रिक, इन्टेस्टाइनल एवं लिवर पैरासाइट्स हेतु।

मात्रा : बड़े पशु → 100 मि.ली. मुख द्वारा, बराबर जल के साथ।
भेड़-बकरी एवं शूकर → 25 मि.ली. मुख द्वारा, बराबर जल के साथ।

3. **थिबीण्डोल** (Thibendole)— यह थायबिण्डोल का उत्तम योग है। सभी पशुओं में राउण्ड वर्म्स, लंगवर्म्स इन्फेस्टेशन में।

मात्रा : कैटिल्स एवं बच्चे → 3–5 ग्राम/50 किलो शरीर-भार पर।
घोड़ा → 7 ग्राम/114 किलो शरीर-भार पर।
शूकर → 2–3 ग्राम/100 पौण्ड शरीर-भार पर।
भेड़-बकरी → 2–3 ग्राम/100 पौण्ड शरीर-भार पर।

4. **बीनमिन्थ** (Benminth) **टेब *फाइजर कं.***— यह आमाशय-आन्त्र कृमियों की उपयुक्त औषधि है।

मात्रा : 10 मि.ग्रा./किलो शरीर-भार पर।

5. **वर्निल** (Wornil— ***वेट्स फार्मा***)— सभी पशुओं के राउण्डवर्म्स, टेपवर्म इन्फेस्टेशन में।

मात्रा : बड़े पशु → 100–150 ग्राम महीने में एक बार।
छोटे पशु → 30–50 ग्राम महीने में एक बार।

प्रभावशाली लघुक्षेत्रीय औषधियाँ (Narrow Spectrum drugs)

1. **पिपराजीन (Piperazine)**—सभी पशुओं के ऐस्केरिस (केंचुआ) रोग में। इसके योग निम्न प्रकार से मिलते हैं—

(i) **पिपराजीन** (Piperazine)— राउन्डवर्म्स तथा थ्रेडवर्म्स में।

मात्रा (Dose) : गाय/भैंस तथा घोड़ा → 115 मि.ली. मुख द्वारा।
बछड़े एवं छोटे पशु → 20–30 मि.ली. मुख द्वारा।
कुत्ता → 2 मि.ली. पानी के साथ।
मुर्गी → 50 मि.ली. प्रति 100 पक्षी।

नोट–यह पिपराजीन हाइड्रेट का योग है।

(ii) **पिपराजीन एडिपेट** (Piperazine adepate)— पाउडर रूप में आता है।

मात्रा (Dose) : पशुओं को 5 ग्राम प्रति 24 किलो शरीर–भार पर तथा मुर्गियों को 450 ग्राम प्रति 200 वयस्क या 4000 चूजों को दिया जाता है।

(iii) **पिपराजीन साइट्रेट सीरप** (Piperazine citrate syrup)—सभी पशुओं के राउण्ड वर्म्स इन्फेस्टेशन, नोडूलर वर्म्स, हुकवर्म एवं स्ट्रोन्जील्स में।

मात्रा (Dose) : गाय–भैंस को 115 मि.ली., बछड़े को 20–30 मि.ली., कुत्ते को 5 मि. ली. एवं मुर्गी को 1/2 मि.ली.।

2. **थियोफानेट (Thiophanate)**— पशुओं के आमाशय–आन्त्र कृमियों में।

मात्रा (Dose) : 10 ग्राम को 40 मि.ली. पानी में घोलकर एक मि.ली. प्रति 3 किलो शरीरभार पर दें।

3. **फीनोविस (Phenovis/Phenothiazine)**— गाय/भैंस, भेड़–बकरी, घोड़ा, शूकर एवं पोल्ट्री के आमाशय–आन्त्र कृमियों की जन्तुबाधा में।

मात्रा (Dose) : गाय/भैंस वयस्क → 27 से 54 ग्राम
बछड़े → 9 से 18 ग्राम
वयस्क भेड़–बकरी → 4.5 से 13.5 ग्राम
युवा → 4.5 ग्राम
शूकर → 0.5 ग्राम Kg शरीर भार पर उबलते चावल में
घोड़ा → 4.5 ग्राम से 27 ग्राम
पोल्ट्री → 0.45 मि.ली. यानी 4.5 ग्राम 10 पक्षी को।

गोलकृमियों के रोग
(Diseases of Nematodes)

1. आमाशय कृमि (Stomach worms) या हिमोन्कोसिस (Haemonchosis)

परिचय (Introduction)—यह चतुर्थ आमाशय (abomasum) की कृमिजन्य भारी व्याधि है। इसमें पशु को दस्त आते हैं। पशु धीरे–धीरे दुबला–पतला एवं रक्तहीन हो जाता है। इस रोग में पशु के शरीर में रक्त की भारी कमी हो जाती है।

हिमोन्कोसिस के लक्षण सारांश में

- रक्त की कमी तेजी से।
- शरीर में जल का अभाव।
- जीर्ण हालत में जबड़े के नीचे जलीय शोथ नीचे तक फैली हुई।
- पतले दस्त एवं दुर्बलता।
- रक्त में लाल रक्त कणिकाओं (R.B.Cs.) की संख्या कम।
- धीरे-धीरे भूख की कमी, अन्त में मृत्यु।

कारण (Cause)—रोग का कारण एक परजीवी है जिसे हिमोंकस (Haemonchus) कहते हैं। इसके अतिरिक्त अन्य पैरासाइट्स; जैसे-ट्राइकोस्ट्रौगिलस एवं ओस्टरटेजिया (Trichostrongilus and Ostertagia) आदि प्रमुख कारण माने जाते हैं।

लक्षण (Symptoms)— इसमें पशु को दस्त आते हैं। धीरे-धीरे वह दुबला-पतला और अनीमिक (रक्तहीन) हो जाता है। चतुर्थ आमाशय में सूजन हो जाती है और पशुओं के शरीर में रक्त की भारी कमी हो जाती है एवं शरीर में जल का अभाव हो जाता है। रोग की तीव्र अवस्था में (In acute stage) रक्त की कमी तेजी से बढ़ती जाती है। जब रोग काफी दिनों तक चलता रहता है (chronic stage) तब पशु के जबड़े के नीचे जलीय-शोथ या सूजन हो जाती है, जो नीचे तक फैल जाती है। रक्त में लाल रक्त कणिकाओं (R.B.Cs.) की मात्रा घट जाती है। अंत में थकान (exhaution) के कारण पशु मर जाता है।

उपचार (Treatment)—इसकी चिकित्सा में कृमिनाशक औषधियों का प्रयोग किया जाता है। साथ ही सहायक चिकित्सा के रूप में रक्तवर्धक एवं दुर्बलता दूर करनेवाले विटामिन्स बी$_1$, बी$_{12}$, बी$_6$ का उपयोग एवं दस्त अवरोधक दवाएँ दी जाती हैं। जल की आपूर्ति हेतु डैक्सट्रोज, नार्मल सैलाइन शिरा मार्ग से दें।

कोई कृमिनाशक दवाओं; जैसे- एलबैन्डाजोल (Albendazole), पारबैन्डाजौल (Parbendazole), मीबैन्डाजौल (Mebendazole), फीनबैन्डाजोल (Fenbendazole), ट्रेट्रामीसोल (Tetramisole), लीवामिसौल (Levamisole), आयवरमैक्टिन (Ivermectin) आदि में से कोई एक दवा दी जा सकती है। इन दवाओं का पूर्ण विवरण पीछे दिया गया है।

बचाव (Prevention)— निम्न साधनों से—

- पशु को अच्छा और स्वच्छ चारा खिलायें।
- पशुओं का स्थान बदलते रहें।
- पशुओं की चराई परिवर्तन (रोटेशन बार) करें।
- मिनरल मिक्सचर (मिनीमिक्स/सुपरमिण्डिफ) एवं नमक प्रतिदिन पशु को रोजाना।
- चारा खिलाने की नाँद ऊँची हो ताकि गोबर आदि की छूत न लगे।
- दूषित चारागाह में पशु को न चरावें।

2. केंचुआ/जोंकी या ऐस्केरिऐसिस (Ascariasis)

अन्य नाम (Other name)—परजीवी क्षुद्रान्त्रशोथ (Parasitic enteritis)।

परिचय (Introduction)—यह छोटी आँत की बीमारी है जो अधिकतर छोटे पशुओं को प्रभावित करती है। इसमें भूख न लगना, पहले कब्ज बाद को पतले दस्त एवं उदरशूल आदि लक्षण होते हैं। यह गाय और भैंस के बच्चों को अधिक होती है। भैंस के तमाम बच्चे प्रति वर्ष इसी बीमारी के शिकार होकर मर जाते हैं। भैंस के गर्भ में भी ये कृमि (कीड़े) पैदा हो जाते हैं। देहात में इन्हें 'पटेरे' या 'पटिरुआ' भी कहते हैं।

Ascariasis is usually an infestation of young calves, foals, puppies and kittens with the various species of Ascaridae. By the migration of larva bronchitis and pneumonia occur in calves and by the adult worms enteritis disease occurs in adult animals.

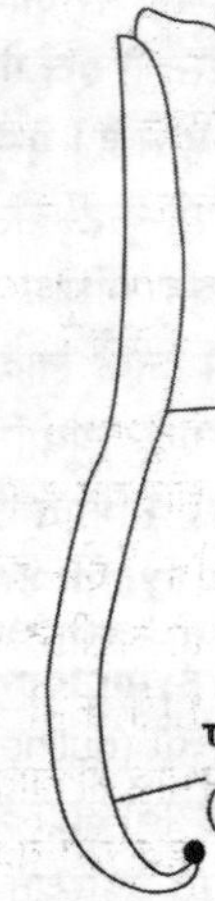

चित्र—ऐस्केरिस

यह सबसे अधिक मिलनेवाला रोग है।

रोग का कारण (Cause)— इसका कारण पटेरा है जिसे ऐस्केरीज (ascaris) कहते हैं। इसकी लम्बाई 40 सेन्टीमीटर तक होती है। गाय और भैंस के बच्चों में *Ascaris vitulorum* तथा कुत्ते के बच्चों में *Toxacara canis* नामक ऐस्केरिस की जन्तुबाधा (इन्फेस्टेशन) होती है।

रोग लक्षण (Symptoms)— इन कीड़ों से शारीरिक विकास में कमी आती है। इसके प्रौढ़ कृमि मनुष्य और पशुओं की अन्तड़ी (intestine) में निवास करते हैं। प्रौढ़ कृमि अन्तड़ी की दीवार पर घाव बना देते हैं जिससे पाचन विकार उत्पन्न होकर पशु का स्वास्थ्य गिरने लगता है। पशु की छोटी आँत में पचे हुए भोजन से ये अपनी खुराक शोषित करते हैं, जिससे पशु रक्तक्षीणता से पीड़ित होकर निरन्तर कमजोर होता चला जाता है। आँतों में जहाँ ये कृमि रहते हैं, खराशें उत्पन्न हो जाती हैं। पाचन क्रिया बिगड़ जाती है। अतिसार आने लगते हैं या कब्ज हो जाती है। जानवर दिन-प्रतिदिन दुबला होता जाता है। रक्त की कमी का रोग हो जाता है। नीचे के जबड़े पिलपिले हो जाते हैं। त्वचा खुरदरी दिखाई देती है। अन्त में पशु अत्यधिक दुर्बल होकर पसर (फैल) जाता है और उदर में पीड़ा के साथ पैर पटकता हुआ मर जाता है।

ऐसे पशुओं का अकसर पेट बड़ा हो जाता है। पशु मिट्टी खाता है और दस्तों के साथ मरे अथवा जीवित कीड़े निकलते हैं। ये कीड़े अकेले अथवा म्यूकस के साथ गोबर में लिपटे रहते हैं। हमने देखा है कि कभी-कभी तो जरा से गोबर के साथ इन कीड़ों का झुण्ड-सा लिपटा हुआ निकलता है। कभी-कभी तो ये पशु के गुदा मार्ग से लटके हुए देखे जाते हैं। कई रोगी तो आँतों में इनके अवरोध से कई-कई दिनों तक कब्ज के शिकार बने रहते हैं। पशु दस्त के लिये ताकत लगाता है फिर भी दस्त नहीं आता है।

ऐस्केरिस के लक्षण सारांश में

छोटे पशुओं में

- रोगी प्राय: गाय-भैंस के बच्चे, कुत्तों के पिल्ले।
- रोग बड़े पशुओं में दुर्गन्धयुक्त दस्त के साथ।
- अरुचि (Anorexia) एवं मिट्टी खाना।
- आमाशय में गड़बड़ी अथवा गुड़गुड़ाहट।
- कब्ज के बाद दुर्गन्ध-भरा दस्त।
- दस्त में कीड़ों/कृमियों का मिलना।
- कभी-कभी केवल कीड़े ही झुंड रूप में।
- पेट का बड़ा होना (Pot Belly)।
- दाँत किटकिटाना (Grinding of teeth)।
- उदरशूल एवं चौंकना।
- मूर्छित होकर छटपटाना एवं गिर जाना।
- वृद्धि में रुकावट एवं खराब स्वास्थ्य।
- रक्तहीनता एवं दुर्बलता।

बड़े पशुओं में

- दुर्गन्ध-भरा पतला दस्त। दस्त के साथ रक्त भी।
- दस्त के साथ कीड़े या टुकड़े, मांस सदृश्य।
- अधिक दस्त आने पर रक्तहीनता, कमजोरी एवं जलाभाव।

जब यह रोग बड़े पशुओं को होता है **तब उन्हें दुर्गन्ध-भरा पतला दस्त होता है। दस्त के साथ रक्त हो सकता है एवं ऐस्केरिस (पटेरे) अथवा उनके टुकड़े मिल सकते हैं जो मांस के टुकड़े जैसे प्रतीत होते हैं।** ऐसी स्थिति में भूलवश लोग यह समझने लगते हैं कि आँत कट रही है और उसकी मांसपेशी कट-कट कर आ रही है। जब पशु को कई दिन तक लगातार पतला दस्त आता रहता है तब वह अधिक क्षीण एवं रक्तहीन हो जाता है।

छोटे बच्चों में इनके लार्वा इन्फेस्टेशन से श्वसन तन्त्रीय लक्षण (रेसपाइरेटरी सिम्पटम्स); जैसे- ब्रान्काइटिस एवं न्यूमोनिया उत्पन्न हो जाते हैं।

संक्षेप में प्रायः लक्षण दो रूपों में पाये जाते हैं—

1. **Digestive symptoms** are Anorexia, emaciation, rough coat, constipation alternating with diarrhoea, icterus, great thirst.
2. **Nervous symptom :** Twitching of the muscles.

कुत्तों में—सुस्ती (dullness), हार्श कोट (harsh coat), पेट बड़ा (Pot belly), आमाशयिक (गैस्ट्रिक) चिन्ह अथवा क्षुद्रान्त्र कष्ट (enteric distress), उल्टियाँ होना (इमेसिस) आदि।

प्रायः दस्त उपस्थित मिलता है।

निदान (Diagnosis)— मल की माइक्रोस्कोपिक परीक्षा करने पर उसमें ऐस्केरिस के ओवा मिलते हैं। रोग का निदान लक्षणों से भी।

भावीफल (Prognosis)— यदि समय पर चिकित्सा न की गई तो पशु मर जाता है।

चिकित्सा (Treatment)

क. पिपराजीन इस रोग की प्रमुख दवा है। गाय, भैंस, घोड़ा, कुत्ता, बिल्ली में इसकी मात्रा 200-300 mg/kg BW है। इसके अतिरिक्त कोई अन्य कृमिनाशक दवा; जैसे- एल्बैन्डाजोल, पारबैन्डाजोल, मीबैन्डाजौल, फीनबैन्डाजौल, टेट्रामीसोल, लीवामिसोल, आइवरमैक्टिन आदि दवाओं में से कोई एक दवा दी जानी चाहिए। इन दवाओं का विवरण पीछे दिया गया है।

ख. दस्त होने पर दस्त अवरोधक दवा; जैसे- नैवलौन या कैटोरिह्या पाउडर देना चाहिए।

ग. शरीर में पानी की कमी को पूरा करने के लिए 5% डैक्सट्रोज-सेलाइन शिरा में लगानी चाहिए।

3. फेफड़ा कृमि/कृमियुक्त श्वसनी प्रदाह (Lungworms/Verminous or Parasitic Bronchitis)

परिचय (Introduction)—यह पशुओं के श्वसनी (bronchi) में पाया जानेवाला एक परजीवी कृमि रोग (parasitic disease) है इससे पशुओं को श्वसनी प्रदाह (bronchitis) हो जाता है और पशु सदैव खाँसता रहता है।

लक्षण (Symptoms)— खाँसी (bronchial cough), नाक से हल्का निःस्राव (slight nasal discharge), उच्च ताप 40-41^{0}C (104-105^{0}F), हृदय की धड़कन (heart rate) 100-120 per min तक बढ़ती हुई आदि प्रारम्भिक लक्षण होते हैं। 24 घण्टे बाद श्वासकष्ट। पशु गम्भीरता के कारण मुँह से साँस लेता है। ज्वर मृत्यु के अन्तिम क्षणों तक चलता है। 75-80% तक रोगी Acute verminous pneumonia की स्थिति में मर जाते हैं।

प्रायः बछड़ों में कम तीव्र रोग देखने को मिलता है। उसे विशेष प्रकार की खाँसी आती है जिससे पशु हस-हुस (Hush-Hoose) करता रहता है। इसके बाद श्वास लेने में कठिनाई और

क्षीणता (emaciation) जैसे लक्षण मिलते हैं। इसके बाद पशु को अतिसार (diarrhoea) हो जाते हैं और पशु रक्तहीन होकर श्वसनी प्रदाह (bronchitis) में बदल जाता है।

लक्षण (Symptoms) -**भेड़ और बकरियों में**—कृमि पशु की छोटी वायुनली में उपस्थित रहते हैं और रक्त चूसकर क्षोभण (irritation) पैदा करते हैं जिससे सर्दीली श्वसनी प्रदाह हो जाती है। परिस्थिति अनुसार वहाँ पर पर स्राव होता है जो वायुनली में जमा होता रहता है जिससे पशु का दम घुटता रहता है। जब कृमि के अण्डे (ओवा) आँतों में पहुँचते हैं तो पशु को अतिसार हो जाता है। इन वर्म्स के फेफड़े में रहने पर खाँसी, श्वास कष्ट, अस्वाभाविक ध्वनि, दुर्बलता, शोथ आदि लक्षण हो जाते हैं।

शूकरों में रोग लक्षण— श्वसनी प्रदाह (bronchitis), खाँसी, निमोनिया, स्वास्थ्य ह्रास, शरीर विकास का रुकना (retained growth), दुर्बलता (weakness), रक्तहीनता (anaemia) आदि होते हैं।

कुक्कुटों में रोग लक्षण—चूजे अधिक प्रभावित होते हैं। श्वास में दम खिंचना, श्वास लेने में कठिनाई, खाँसी, सिर को हिलाना, गर्दन को फैलाना, चोंच को बार-बार खोलना और दम लेना आदि लक्षण होते हैं। अन्त में दम घुटकर पक्षी की मृत्यु हो जाती है।

फुफ्फुस कृमि के लक्षण सारांश में

■ **पशुओं में** (In cattles)

- विशेषकर बछड़ों में खाँसी हस-हुस की आवाज।
- श्वास लेने में कठिनाई।
- क्षीणता (Emaciation)।
- बाद में अतिसार एवं रक्तहीनता।
- श्वसनी प्रदाह के लक्षण अन्त में।

■ **भेड़-बकरियों में** (In Sheep & Goats)

- दम घुटना।
- श्वास लेने में अति कष्ट।
- आँत में जाने पर अतिसार।
- फेफड़ों में उपस्थित होने पर खाँसी, श्वासकष्ट, अस्वाभाविक ध्वनि, दुर्बलता, शोथ आदि।

■ **शूकरों में** (In Pigs)

- खाँसी, वायुनली प्रदाह एवं न्यूमोनिया।
- स्वास्थ्य ह्रास एवं वृद्धि में रुकावट।
- दुर्बलता एवं रक्तहीनता।

■ **कुक्कुटों में** (In Poultry)

- चूजों में श्वास कष्ट, खाँसी, सिर हिलाना, चोंच खोलना, दम घुटना एवं गर्दन को फैलाना।

चिकित्सा (Treatment)

क. बहुक्षेत्रीय कृमिनाशक दवाऐं; जैसे-एल्बैन्डाजौल (Albendazole), पारबैन्डाजोल (Parbendazole), मीबैन्डाजौल (Mebendazole), टैट्रामीसोल (Tetramisole), लीवामिसौल (Levamisole), आइवरमैक्टिन (Ivermectin) आदि में से कोई एक दवा दी जानी चाहिये। इन दवाओं का विवरण पीछे दिया गया है।

ख. द्वितीयक संक्रमण (secondary infection) रोकने के लिए बहुक्षेत्रीय एन्टीबायोटिक; जैसे- ऑक्सीटैट्रासाइक्लीन इंजे., क्लोराम्फैनी कोल इंजे., जैन्टामाइसिन इंजे., एनरोफ्लौक्सीन इंजे., सैफ्ट्रिओक्सौन इंजे., सैफ्टिओफर सोडियम इंजेक्शन आदि में से किसी एक का कम-से-कम तीन दिन तक प्रयोग करना चाहिए।

ग. बुखार के लिये ज्वरहारी दवायें; जैसे- एनाल्जीन, पैरासिटामोल, नैम्यूस्लाइड, मैलौक्सीकैम में से किसी एक का प्रयोग करना चाहिए।

घ. एनालैप्टिक दवा; जैसे- डेरीफाइलीन साँस कष्ट के लिये प्रयोग करनी चाहिये।

4. ओसोफेगोस्टोमोसिस (Oesophagostomosis)

अन्य नाम (Other names)— छेड़ा रोग।

परिचय (Introduction)— यह गाय, भैंस, भेड़ और बकरियों की बड़ी आँत (colon) और श्लेष्मा में उपस्थित कृमिजन्य रोग है। इसमें ईसोफेजियल (ट्यूमर्स) गाँठें हो जाती हैं और पाचन क्रिया विकृत हो जाती है।

कारण (Cause)— रोग का कारण एक 'ओसोफेगोस्टोमम' (Oesophagostomum) नामक कृमि है। इसके अण्डे मल के साथ बाहर निकलते हैं और उपयुक्त वातावरण पाकर 6–7 दिनों में क्रियाशील हो जाते हैं। संक्रमित चारे आदि द्वारा निगल लिये जाने पर आँतों से होकर कोलन में पहुँचकर रोग उत्पन्न करते हैं।

रोग लक्षण (Symptoms)— पशु में स्थानीय सूजन (local inflammation), आँतों की दीवारों एवं ईसोफेगस में अनेक गाँठें हो जाती हैं। कीड़ों द्वारा उत्पन्न विष से स्थायी-सा अतिसार उत्पन्न हो जाता है जिसे persistant diarrhoea कहते हैं, मिलता है। दस्तों का रंग प्रायः देखने में गहरा-हरा (Deep green colour) होता है। रोगी की परिश्रान्त (exhaution) के कारण मृत्यु हो जाती है।

चिकित्सा (Treatment)— गोलकृमि में प्रयुक्त सभी औषधियाँ इसमें लाभकर होती हैं।

5. ट्राइचुरिएसिस (Trichuriasis)

परिचय (Introduction)—यह गाय-भैंस, भेड़-बकरियों एवं कुत्तों में मिलनेवाला एक कीड़ों का रोग है जिसमें कुत्तों को दुर्गन्ध-भरा दस्त होता है। अन्य पशुओं में स्थानीय शोथ के लक्षण मिलते हैं।

कारण (Cause)— रोग का कारण एक ट्राइचुरिज कृमि है जिसे ह्विपवर्म (Whipworm) कहते हैं।

रोग लक्षण (Symptoms)— कुत्तों में अतिसार, दुर्गन्धभरा-सा दस्त, क्षीणता (emaciation), अनीमिया, उदरशूल (कालिक) आदि प्रमुख लक्षण होते हैं। सीकम में प्रदाह (इन्फ्लेमेशन) होने से रोगी का तापक्रम बढ़ जाता है। रोगी का पेट बढ़ा हुआ (pot belly) दिखायी देता है।

The disease is said to cause hysteria in dogs.

चिकित्सा (Treatment)— निम्न औषधियों में से किसी एक का प्रयोग करना चाहिये—

1. *डीकारिस* (Decaris) **या डीवोर्मिन** (Dewormin) **या वर्मिसोल** (Vermisol)। वयस्क को 150 मि.ग्रा. और पिल्लों को 50 ग्राम की 1-1 टिकिया दें। *अथवा*
2. *मीबैक्स* (Mebex) **या इबेन** (Eben) 100 मि.ग्रा. की 2 टिकिया दिन में दो बार दें। *अथवा*
3. *मिन्टाजोल* (Mintazol) 25 मि.ग्रा. प्रति किलो शरीर-भार, दो भागों में बाँटकर दें।

6. मूंजे फूटना (Haemorrhagic Filariasis) या मनिया फूटना

अन्य नाम (Other names)—पाट फूटना, वारबिल फ्लाई (Warble Fly)। इसे फाइलेरिएसिस भी कहते हैं।

- **इसे हम्पसोर** (Humpsore) **नाम से भी जाना जाता है, क्योंकि यह रोग प्रायः बैलों में टाट** (Hump) **के आसपास की त्वचा में घाव** (Sore) **के रूप में मिलता है।**

परिचय (Introduction)— यह एक त्वचा की बीमारी है, जिसमें छोटी-छोटी गाँठें होती हैं जिनके फूटने पर रक्त बहने लगता है। सारा शरीर छलनी की भाँति हो जाता है।

कारण (Cause)— इस रोग का मुख्य कारण *पैराफाइलेरिया-बोवीकोला (Parafilaria bovicola)* नामक गालकृमि होता है। साथ ही यह कृमि पशु के रक्त-परिसंचरण (ब्लड सरक्यूलेशन) में पाया जाता है। बंगाल और उड़ीसा के पशुओं में यह रोग *स्टीफेनोफाइलेरिया आसामेन्सिस (Stephanofilaria assamensis)* नामक कृमि से होता है। फाइलेरिया कृमि की मादायें अण्डे न देकर लार्वा उत्पन्न करती हैं तथा इनके लार्वा को माइक्रोफाइलेरिया (microfilaria) कहा जाता है। यह कृमि एक बीमार पशु से स्वस्थ पशु में रक्त चूसनेवाले संधिपाद प्राणी (blood sucking arthropod vector) द्वारा फैलाया जाता है और फाइलेरिया रोग पैदा करता है। यह पशुओं (Cattles) का प्रमुख रोग है।

- There are two species of cattle gad flies. These gad flies pierce the skin of cattle and deposit their eggs on the outside of the things. The insect flies at about the level of the stifle joint striking 20 to 30 times rapidly. It then leaves for a few minutes and returns to repeat the attact. The cattles are terrified during the attack.
- After about a week the eggs hatch, the larvae immediately penetrate the skin through the hair follicles and begin their migration chiefly in the loose connective tissue of the skin. When mature they appear at the skin of the back, then drop on the ground. They live as pupa for 30 days and then they emerge as flies.

रोग लक्षण (Symptoms)— शरीर के चमड़े के ऊपर छोटी-छोटी गाँठें हो जाती हैं। ये गाँठें या गिल्टियाँ कृमि द्वारा त्वचा फाड़ने से उत्पन्न होती हैं। इनके फटने से रक्त बहने लगता है। यदि इनको दबाया जाय तो उसमें से धागे के समान कीड़ा निकलता है। रोगी पशु धीरे-धीरे दुर्बल होता जाता है एवं अनेक जगह इस प्रकार से त्वचा के फटने से सारा शरीर मछली की भाँति हो जाता है।

इस रोग से ग्रसित पशु को लकवा मार जाता है और पैर बेकार हो जाते हैं। नेत्र ज्योति नष्ट होना इस रोग का प्रमुख लक्षण है।

फाइलेरिएसिस (मूँजे फूटना) के लक्षण सारांश में

- रोगी विशेषकर गोवंशीय पशु।
- त्वचा पर छोटी-छोटी गाँठें।
- गाँठों के फूटने से रक्तस्राव।
- गाँठों को दबाने पर धागे जैसे कीड़े की प्राप्ति।
- शरीर की त्वचा छलनी की भाँति।
- पशु धीरे-धीरे दुर्बल एवं रक्तहीन।
- आँखों, अण्डकोषों, सुषुम्ना तथा मस्तिष्क आदि में शोथ।

माइक्रोफाइलेरिया के रक्त में चक्कर लगाते समय पशु की आँखों, अण्डकोषों, सुषुम्ना नाड़ी तथा मस्तिष्क आदि में शोथ उत्पन्न हो जाता है।

इस रोग में पशु को अपार कष्ट होता है और त्वचा छलनी के समान होकर बेकार हो जाती है।

There is frenzy when the fly deposits the egg, later skin eruptions and inflammatory reaction. Anaphylactic shock on account of the presence of so many larvae within the skin.

चिकित्सा (Treatment)— निम्न प्रकार से–

क. खून बहती हुई गाँठों पर कीटनाशक दवा लगावें। गैमेक्सेन का भी प्रयोग किया जा सकता है। *अथवा*

डेरिस पाउडर 1 Beg, साफ्टसोफ 120 ग्राम, पानी 1 पाइण्ट मिलाकर लोशन बनावें और कड़े ब्रश (stiff brush) से लगावें।

ख. एन्थीयोमलीन (Anthiomaline–*रोन पुलेन्क*) 15–20 मि.ली. सप्ताह में एक बार गहरे मांस में। ऐसे तीन इन्जेक्शन लगाने पड़ते हैं। *अथवा*

टारटर इमेटिक (Tartar emetic) 2 या 4% का घोल (बना हुआ आता है) सप्ताह में दो बार 10–20 एम.एल. तक शिरा में (I.V.) लगावें।

7. हुकवर्म्स (Hookworms) या ऐन्कीलोस्टोमिएसिस (Ancylostomiasis)

परिचय (Introduction)—यह रोग कुत्तों और बिल्लियों में अधिक पाया जाता है। पशु रक्ताल्पता से धीरे-धीरे पीड़ित होकर दुर्बल हो जाता है। साथ ही खाँसी आने के साथ-साथ श्वास लेने में कष्ट उत्पन्न हो जाता है। इसे बूनोस्टोमिएसिस (bunostomiasis), हुकवर्म्स डिजीज (hookworms disease) भी कहते हैं।

Infestation with Hookworms (Bunostomum spp.) cause poor growth and blood loss manifested by anaemia and anasaraca.

कारण (Cause)— इस रोग के कृमि को एन्कीलोस्टोमा (Ancylostoma) कहते हैं। ये हुक के आकार के कृमि होते हैं (hookworms are small 1-2.5 cm. redish roundworms)। ये होस्ट (पोषद्) की छोटी-आँत में रहते हैं। साथ ही वहीं पर रक्त चूसते रहते हैं। इसकी कैटिल, भेड़-बकरी में अलग-अलग जातियाँ होती हैं। जैसे–

A. caninum and A. braziliense : in Dogs

B. trigonocephalum, B. phlebotomum and B. bovis : in cattles

रोग लक्षण (Symptoms)—पशु पैर चाटता है (licking of the feet)। कब्ज के साथ हल्का पेटदर्द रहता है (constipation accompanied by mild abdominal pain)। ये रोगी में प्रारम्भिक लक्षणों के रूप में मिलते हैं। इसके बाद अतिसार प्रारम्भ हो जाता है। पशु दुर्बल होकर रक्तहीन (anaemic) हो जाता है। गम्भीर अवस्था में म्यूकस मेम्ब्रेन पीली पड़ जाती है। दुर्बलता एवं जबड़े के नीच शोफ (anasaraca) के लक्षण मिलते हैं। प्रोस्ट्रेशन होकर 2–3 दिन में मृत्यु हो जाती है। बकरियों में लक्षण कैटिल के समान ही होते हैं।

- इस रोग में पशु की भूख कम हो जाती है। दस्त आने लगते हैं। दस्तों का रंग काला या रक्त मिला पेचिश होता है। कमजोरी और दुर्बलता रहती है। उत्तरोत्तर भार का ह्रास जारी रहता है।
- अपावशोषण के कारण रक्तहीनता इसका प्रधान लक्षण है। कुछ केसिस में चर्म रोग भी देखने को मिलते हैं।

हुकवर्म्स डिजीज के लक्षण सारांश में

- रोगी पशु, कुत्ता, बिल्ली।
- रक्ताल्पता होकर दुर्बलता।
- खाँसी के साथ-साथ श्वासकष्ट भी।
- भूख की कमी एवं अपावशोषण।
- दस्त/मल का रंग काला या रक्त मिला-पेचिश।

On account of continuous blood loss there is anaemia, oedema, pale mucous membrane. With severe infection much blood may be lost into the digestive tract causing black tarry stool. There is diarrhoea.

निदान (Diagnosis)—युवा रोगियों में इस रोग का भ्रम अनीमिया, डायरिया एवं एनासारका से हो जाता है। हेपेटिक फेसियोलाइसिस एवं हीमोन्कोसिस से इसके लक्षण मिलते-जुलते हैं। रोग का विभेद करते समय कोबाल्ट या कापर की शरीर में कमी (डिफीसिएन्सी) की ओर भी ध्यान रखना चाहिये।

चिकित्सा (Treatment)

क. बहुक्षेत्रीय कृमिनाशक दवाओं; जैसे- एल्बेन्डाजौल, फीनबैन्डाजौल, लीवामीसौल, मेबैन्डाजौल, पायरेन्टेलसाइट्रेट में से किसी एक दवा का प्रयोग करना चाहिये।

ख. इंजेक्शन इम्फेरोन 10 मि.ली. मांस में लगाना चाहिये।

ग. दस्तों के लिये नैबलोन या कैटोरिह्या पाउडर का प्रयोग करना चाहिए।

8. स्ट्रोंजिलोसिस (Strongylosis)

अन्य नाम (Other names)—इसे लालकृमि जन्तुबाधा (red worm infestation) भी कहते हैं।

परिचय (Introduction)—यह प्राय: घोड़ों की बड़ी आँत में मिलनेवाला एक कृमिजन्य रोग है जिसमें बदबूदार दस्त आते हैं।

Strongylus vulgaris, the most important parasite in the horse, causes verminous arteritis and colic and in common with other genera "Strongylus, Triodon tophorus" and members of the subfamily Cyathostominae causes **debility** and **anaemia.**

कारण (Cause)— रोग का कारण स्ट्रोंजिलस गोलकृमि है। यह बड़ी आँत के सीकम और कोलन भाग में मिलता है। यह आँत की श्लेष्मा से गहरे चिपके रहते हैं और उससे खून चूसते रहते हैं। इससे गाँठों (nodules) का निर्माण होता है।

रोग लक्षण (Symptoms)—अनीमिया एक प्रमुख लक्षण माना जा रहा है। बछेड़ियों में दुर्बलता (weakness), त्वचा का रूखापन (poor coat) एवं स्वास्थ्य में गिरावट, एनोरेक्सिया, सुस्ती एवं पेटदर्द (intermittent colic) आदि। 2-12 महीने के बच्चों में तापक्रम, एनोरेक्सिया, स्वास्थ्य का तेजी से गिरना, कालिक (colic), डायरिया अथवा कान्स्टीपेशन एवं 14 से 22 दिन में मृत्यु।

युवा घोड़ियों में गर्भावस्था के अन्तर्गत लक्षण तीव्र स्वरूप के होते हैं। पशु में तीव्र दुर्बलता आ जाती है, म्यूकस मेम्ब्रेन पीली पड़ जाती है और प्राय: गर्भपात हो जाता है। हृदय की धड़कन तीव्र हो जाती है।

अधिकांश केसिस में बदबूदार दस्त आने लगते हैं, डायरिया जैसे लक्षण मिलते हैं। पशु की भूख मारी जाती है। त्वचा (skin), पेट एवं पैरों पर शोथ तथा सूजन हो जाती है। रक्तहीनता (अनीमिया) इसका प्रधान लक्षण है। *स्ट्रोंजिलस वलगैरिस* टाइप रोग में पेटदर्द (colic) के लक्षण मिलते हैं। रोग की तीव्रता में पशु की मृत्यु भी हो जाती है।

स्ट्रोंजिलोसिस के लक्षण सारांश में

- बदबूदार दस्त एवं अतिसार।
- भूख की कमी।
- रक्तहीनता।
- शरीर का रूखापन।
- त्वचा, पेट एवं पैरों पर शोथ तथा सूजन।
- स्ट्रोंजिलस में पेटदर्द।
- रोग की तीव्रता में मृत्यु।

निदान (Diagnosis)— कम शरीर वृद्धि (poor growth), अस्वाभाविक मल, अनीमिया के लक्षणों का मिलना रोग निदान में सहायक है।

चिकित्सा (Treatment)

क. निम्नलिखित कृमिनाशक दवाओं में से कोई एक देनी चाहिये—

1. एल्बैन्डाजोल (Albendazole)—इस दवा के विभिन्न उत्पादों का विवरण पीछे दिया गया है।
2. पाइरान्टेल पामोएट (Pyrantel Palmoate)— *मात्रा* : 6.6 mg/kg BW। जैसे- एक्सपैन्ट गोली (Expent tab 250 mg - *Merind*), नीमोसिड गोली (Nemocid tab 250 mg–*IPCA*)।

ख. दस्तों के लिये नैबलौन या कैटोरिह्या पाउडर का प्रयोग करना चाहिये।

ग. दर्द के लिये एन्टीस्पाज्मोडिक दवा डाईसाइक्लोमीन के इंजेक्शन; मात्रा : 0.5 mg/kg BW मांस में। जैसे- साइडिक (Cydic) 10 mg/ml अथवा मोरगान वैट (Morgan Vet) 10 mg/ml, 30 ml vial लगाना चाहिये।

9. ऑक्सीयूरिएसिस (Oxyuriasis) या पिनवर्म (Pinworm)

अन्य नाम (Other name)— इसे कूट चाबुक कृमि (false whipworm) भी कहते हैं।

परिचय (Introduction)— यह घोड़ों और ऊँटों का बड़ी आँत में धागे या छोटे कीड़े का रोग है। इसमें भूख की कमी एवं स्वास्थ्य की हानि होती है।

Infestation of the horse by the worms **Oxyuris equi** is a disease of stabled horses. It is not a serious disease, but its major manifestation is affected horses rub and bite their tails.

कारण (Cause)— इसका कारण *औक्सीयूरिस इक्वाई (Oxyuris equi)* नामक एक कृमि है। इसे पिनवर्म भी कहते हैं। इस कृमि के लार्वा दाना-पानी के साथ घोड़ों के पेट में चले जाते हैं। ये आँतों में जाकर श्लेष्मा से पोषक-तत्त्व प्राप्त करते हैं। इसका नर 1 सेमी. तथा मादा 8-15 सेमी. लम्बी होती है।

लक्षण (Symptoms)— रोगी बेचैनी (restlessness) से युक्त होता है। पाचन की गड़बड़ी हो जाती है। पशु का स्वास्थ्य गिर जाता है। वह गुदा को काटता है (bites the anus) और पूँछ को दीवार से रगड़ता है। पूँछ के ऊपरी तीसरे भाग के केश गिर जाते हैं।

चिकित्सा (Treatment)— पिपराजीन कम्पाउण्ड (Piperazine compound) 200 मि.ग्रा. प्रति किलो शरीर-भार पर (अधिकतम 80 ग्राम) अथवा थायबेण्डाजोल (Thiabendazole) 44 मि.ग्रा./किलो शरीर-भार पर। केम्बेण्डाजोल (Cambendazole), मेबेण्डाजोल, ओक्सीबेण्डाजोल एवं Dichlorvos भी लाभकर दवायें हैं।

ऑक्सीयुरिएसिस के लक्षण एक दृष्टि में

- रोगी पशु घोड़ा होता है।
- बेचैनी (Restlessness)।
- पाचन की गड़बड़ी।
- स्वास्थ्य में गिरावट।
- गुदा एवं पूँछ को स्वयं द्वारा काटना।
- पूँछ की जड़ को दीवार से रगड़ना।
- पूँछ के ऊपरी तीसरे भाग के केश गिर जाते हैं।

10. बरसाती (Bursatee)/कुटेनियस हैब्रोनीमिएसिस (Cutaneous Habronemiasis)

अन्य नाम (Other names)—समर सोर (Summer sore), स्वाम्प कैंसर (Swamp cancer), बरसाती आदि।

परिचय (Introduction)—यह घोड़ों का त्वचीय घाव या जख्म का रोग है जो गर्मी के मौसम में होता है। यह घाव अच्छा नहीं हो पाता है। इसे गर्मी का घाव (summer sore) भी कहते हैं।

Habronema spp. causes chronic catarrhal gastritis while **Draschia megastoma** produces gastric tumors. The larvae of both genera invade wounds and produce granulomatous lesions of the skin particularly on the lower limbs, the abdomen, glans penis, the eye. Massive larval invasion of the lungs causes pulmonary habronemiasis.

रोग का कारण (Cause)— रोग का कारण स्पीरुरोयडीया (Spiruroidea) कुल के वंश *हेब्रोनीमा* की जाति *मुस्की* कृमि है। इसके लार्वा पोषद् के मल के साथ बाहर निकलते रहते हैं जो घरेलू मक्खियों के मैगाट के पेट में प्रवेश कर जाते हैं और वहीं संक्रमण अवस्था को प्राप्त होते हैं। वयस्क मक्खियों के शरीर में लार्वी स्वतन्त्र रूप से रहते हैं। जब यही मक्खियाँ पोषद् के शरीर पर रक्त चूसने को बैठती हैं तो यह अन्तिम पोषद् के शरीर के किसी घाव में प्रवेश कर जाते हैं। साधारणतः उन मक्खियों के निगलने से पशु आक्रान्त हो जाते हैं जो उनके दाना-पानी में गिर पड़ती हैं। इसके लार्वा पशु के पेट में पहुँचकर वयस्कावस्था (adult stage) को प्राप्त करते हैं।

रोग लक्षण (Symptoms)—गर्मी के मौसम में अथवा बरसात के दिनों में पशु के शरीर पर ऐसा घाव बनना जो अच्छा न हो। ऐसा घाव (जख्म) प्रायः पैर, मौड़ (wither), नेत्र के कोनों, पेट तले होता है। यह एक पिण्ड (mass) के रूप में होता है जो लार भरा, कोमल पदार्थ ठोस अथवा कड़ा दानेदार ऊतक (Granuating tissue) से आच्छादित रहता है। ऐसा घाव आसानी से ठीक नहीं होता है और न ही इसमें भरने की क्रिया (healing activity) होती है। ऐसा घाव गर्मी और बरसात में कभी नहीं भरता है और जाड़े में स्वयं भरने लगता है।

चिकित्सा (Treatment)

1. शल्यचिकित्सा (Surgical treatment) उपयुक्त है। ऊतक वृद्धि (growth of tissues) को हटा दें।
2. टारटर एमेटिक या एण्टीमनी टाटरैट का 2% से 4% का घोल (बना हुआ आता है) 10–20 मि.ली. की मात्रा में शिरा मार्ग से धीरे-धीरे अति सावधानीपूर्वक सप्ताह में 1–2 बार दें।

11. कटि पक्षाघात (Lumbar Paralysis)

अन्य नाम (Other names)— कुमरी (Kumri), सेरीब्रोस्पाइनल नीमेटोडिएसिस (Cerebrospinal Nematodiasis)।

परिचय (Introduction)— यह भेड़-बकरियों, पशुओं और घोड़ों के कटि (कमर) पक्षाघात की बीमारी है। यह रोग अचानक होता है और पशु कमर से उठने में असमर्थ होता है। Lumbar paralysis is a disease of sheep, goats cattles and horses characterised by acute or subacute paresis with weakness and incoordination or paralysis involving the hind legs most commonly, but sometimes all four legs.

कारण (Cause)— रोग का कारण एक सूत जैसा कृमि (Threadlike worm) होता है जो सेटारिया की जाति का होता है। इस कृमि की लम्बाई 5–10 सेण्टीमीटर होती है। कुछ अन्य कारण भी माने जाते हैं। जैसा कि बाक्स के अन्दर प्रदर्शित है।

वैज्ञानिकों का मत है कि फाइलेरिडी (Filaridae) पैरासाइट्स कुल के वंश (Family) सेटारिया (setaria) की जाति (species) *सेटारिया डिजिटाटा (Setaria digitata)* पशुओं, भेड़–बकरी आदि में तथा घोड़ों में *सेटारिया इक्वाइना (Setaria equina)* केन्द्रीय तंत्रिका तंत्र (central nervous system) पर प्रभाव डालते हैं जिससे एकाएक रोग की उत्पत्ति होती है।

कटि पक्षाघात के कारण

- पशु में कैल्सियम और मैगनीशियम की कमी।
- अत्यल्प तत्त्वों (ट्रेस एलीमैण्टस) एवं विटामिन बी$_1$ की कमी।
- हीमोरेजिक इनसेफेलोमाइलाइटिस।
- सेरिब्रोस्पाइनल नीमेटोडिएसिस।
- सेटारिया नामक कृमि।

रोग लक्षण (Symptoms)— यह रोग अचानक हो जाता है। पशु प्रायः लेटा हुआ मिलता है। सारे प्रयासों के बावजूद उठने में असमर्थ रहता है। उठने में भरसक शक्ति लगाता है परन्तु उठ नहीं पाता है। उसके पिछले भाग का पैरालिसिस (पक्षाघात/लकवा) हो जाता है। अधिकांशतः पिछले पैर प्रभावित होते हैं परन्तु कभी–कभी अगले पैर भी (चारों पैर) लकवाग्रस्त हो जाते हैं। प्रायः शरीर का टेम्परेचर सामान्य (normal) ही रहता है।

भेड़–बकरियों में यह रोग अधिकतर अक्टूबर से दिसम्बर माह में होता है।

In cerebrospinal nematodiasis the onset may be rapid or it may occur gradually over a few days. There may be acute or subacute paresis with weakness and incoordination or paralysis involving the hind-legs most commonly. But sometimes all four legs. The onset may be sudden with affected animals dying within a few days but many animals may partially recover or show only a mild neurological disorder which may gradually become indiscernible.

चिकित्सा (Treatment)— ऐसी कोई उपयुक्त चिकित्सा नहीं है जो प्रभावित अंग को ठीक कर सके। केवल एन्थिलमेण्टिक का ही प्रयोग होने वाले क्षरण को रोकने में सफल माना जाता है।

कटि पक्षाघात के लक्षण सारांश में

- रोग एकाएक।
- पशु लेटा हुआ, उठने में असमर्थ।
- उठने की कोशिश करता है परन्तु कमर से उठ नहीं पाता।
- पिछले भाग का लकवा, कभी–कभी अगला पैर भी।
- तापक्रम सामान्य।
- भेड़–बकरियों में रोग अक्टूबर से दिसम्बर तक।

There is no treatment which could be reasonably expected to have any effect on the lesion but systemic anthelmintics may prevent further damage.

डाईइथाइल कार्बामाजीन (Diethylcarbamazine) (कैरीसाइड/Caricide) का उपयोग भेड़, बकरियों, घोड़ों तथा पशुओं में विशेष रूप से उपयुक्त माना जाता है।

इस रोग में फाइलेरिया नाशक औषधियों (एण्टीफाइलेरियल ड्रग्स) से अच्छा लाभ मिलता है।

सहायक चिकित्सा के रूप में विटामिन बी$_1$, बी$_{12}$, बी$_6$ का उपयोग सूचीवेध द्वारा किया जा सकता है। हमने कुछ केसिस में उपरोक्त चिकित्सा के साथ–साथ एसीटीलार्सन जो आर्सेनिक (Arsenic) की बनी (preparation) है, सूचीवेध रूप में कई दिनों तक देने से उत्तम लाभ होते देखा है।

चिकित्सा पेटेण्ट औषधियों द्वारा— निम्न दवाओं में से एक दें—

1. **कैरीसाइड** (Caricide)—100 मि.ग्रा. प्रति किलो शरीर-भार पर एक खुराक में दें। इसकी 1 टिकिया 400 मि.ग्रा. की आती है। यह डाईइथाइल कार्बामाजीन साइट्रेट का पेटेण्ट योग है। भेड-बक्ररियों के लिये एक खुराक में इसकी 4-5 गोलियाँ दी जाती हैं।

भेड़-बकरियों में कैरीसाइड देने से पूर्व तूतिया का 5% घोल (5% solution of Copper sulphate) 10 मि.ली. अवश्य पिला लेना चाहिए, जिससे ग्रासनली खाँच (Oesophagial groove) बन्द हो जाये। अथवा

2. **बेनोसाइड फोर्ट या हेट्राजन** (Banocide forte or hetrazan)— बड़े पशुओं को 5-10 गोली तथा छोटे पशुओं को 1-2 गोली हर सप्ताह दें।

'हेट्राजन' और 'कैरीसाइड' रासायनिक तरीके से दोनों एक हैं।

रोकथाम (Prevention)— जहाँ बीमारी होती हो वहाँ पर पशुओं को बचाव हेतु डाईइथाइल कार्बामाजीन (कैरीसाइड) 10 मि.ग्रा. प्रति किलो शरीर-भार पर रोजाना 10 दिन तक मुख द्वारा देनी चाहिए अथवा अक्टूबर से दिसम्बर मास में 40 मि.ग्रा. प्रति किलो शरीर-भार पर पहली खुराक दी जाती है। दूसरी खुराक 22-25 दिनों के बाद।

ध्यान रहे—फ्लोरोसीड, फाइलेरीन, यूनीकार्बाजान आदि का भी उपयोग किया जा सकता है।

12. एकुएरिएसिस (Acuariasis)

परिचय (Introduction)—इस रोग को पक्षियों/मुर्गियों में पथरी के कीड़े या गिजार्ड वर्म्स (Gizzard worms) के नाम से जाना जाता है। ये कीड़े पतले धागे के समान लम्बे होते हैं। ये पक्षियों के आमाशय में निवास करते हैं। इन वर्म्स को *'एकुएरिया हेमुलोसा'* कहते हैं।

लक्षण (Symptoms)—पक्षियों में रोग का प्रकोप होने पर उनकी पेषणी/द्वितीय आमाशय (gizzard) के भीतर मांस के स्थान में गिल्टी (विष) उत्पन्न होता है जिससे उनमें शक्तिहीनता, दुर्बलता एवं रक्तहीनता जैसे लक्षण मिलते हैं।

चिकित्सा (Treatment)—इसकी चिकित्सा में कार्बन टेट्राक्लोराइड (C.T.C.), पिपराजीन एडीपेट (Piperazine adepate), कैरीसाइड (Caricide), कुरामिन्थ, जॉडेक्स, निलवर्म, लेमासोल-पी (Lemasol-P), फीनोथाइजीन आदि औषधियों को प्रयोग किया जाता है।

नोट—विस्तृत जानकारी के लिए (औषधि मात्रा आदि) मुर्गी रोग (पोल्ट्री डिजीज) के अन्तर्गत कृमि या हेलमीन्थस (पथरी के कीड़े या गिजार्ड वर्म्स) देखें।

13. डिक्टोफाइमोसिस (Dictophymosis)

इसे डिक्टोफाइमा रीनेली *(Dictophyma renale)*/महावृक्क; कृमिजन्तुबाधा (giant kidney worm infestation) भी कहते हैं। यह कुत्तों के गुर्दों (kidneys) में पाया जानेवाला कीड़ों का रोग है। इससे पेशाब में रुकावट तथा दर्द होता है।

मुख्य क्लिनिकल लक्षण (Symptoms)

- शरीर-भार में कमी लक्षित होती है (Marked loss of body weight)।
- रक्त की कमी (अनीमिया-Anaemia)।

- मूत्र में रक्त की उपस्थिति (हीमेचूरिया/Haematuria)।
- दर्द-भरा मूत्र।
- पेशाब लाल।
- पेशाब में रुकावट एवं कष्ट।
- प्राय: दाहिना गुर्दा प्रभावित।
- बार-बार पेशाब (Frequent urination)।
- गम्भीर स्वरूप का उदरीय दर्द (Severe abdominal pain)।
- कमर में दर्द (Lumbar pain)।
- जल-भरा गुर्दा (हाइड्रोनेफ्रोसिस/Hydronephrosis)।
- यूरीमिया (Uraemia)।
- कुत्तों में चिल्लाने (cry), खिंचने (stretch), अभिनय करने (display), सधीरता (nervousness) और काँपने लगना (trembling) आदि लक्षण देखने को मिलते हैं।

रोग निदान (Diagnosis)

- रोग का इतिहास (history) लेने से।
- मूत्र में कृमि के अण्डों की उपस्थिति से (Presence of parasitic eggs in urine)।
- अण्डे तस्तरीनुमा (elliptical), कत्थई (brownish), मोटे कवच दार (thick-shelled) होते हैं। ध्रुवों को छोड़कर शेष सभी स्थानों के कुत्तों में पाया जाता है। (80μ x 50μ)।
- रेडियोग्राफिक परीक्षा (Radiographic examination)।

चिकित्सा (Treatment)

- कोई प्रभावी चिकित्सा नहीं (No effective treatment)।
- केवल शल्यक्रिया से कृमियों को दूर करना होता है (Only surgical removal of worm is useful)।

14. हैटैराकिए (Heterakis)

परिचय (Introduction)—यह कुक्कुटों एवं बत्तखों की आँत (intestine) और यकृत (liver) में पाया जानेवाला कृमि है। यह टर्की में ब्लेक हैड/काला सिर नामक रोग का वाहक (carrier) होता है जो अधिक खतरनाक होता है। यह अन्य पक्षियों, बत्तखों आदि को भी हो जाता है।

रोग लक्षण (Symptoms)

- पक्षी का ऊँघते-सा रहना।
- भूख नहीं (Lack of appetite)।
- गंधक जैसे पीले-रंग का दस्त।
- चोटी का बिना पंख वाला भाग काला।
- निर्बल दिखायी देना।
- शरीर-भार में कमी (Loss of weight)।
- रक्तहीनता के कारण त्वचा पीले-रंग की।

शव परीक्षा (P.M.)—मृतकों का यकृत देखने पर बड़ा तथा उस पर पीले-रंग के निर्जीव तस्तरीनुमा गड्ढे दिखायी देते हैं।

चिकित्सा (Treatment)—टैट्रामिसोल (Tetramisol) की दवा; जैसे- निलवर्म **(Nilworm)** 10 ग्राम 4 लीटर पानी में मिलाकर 100 मुर्गियों को सुबह से कुछ घण्टों तक।

15. सिंगामोसिस (Syngamosis)

परिचय (Introduction)—यह मुर्गियों के स्वरयंत्र व ब्रोन्काई के कीड़ों का रोग है। इससे ट्रेकाइटिस या ब्रोन्काइटिस (Tracheitis or Bronchitis) रोग होते हैं। इसे कंठ के कीड़ों का रोग भी कहते हैं।

कारण (Cause)—इस रोग का मुख्य कारण *सिंगामस ट्रेकिया (Syngamus trachea)* नामक कृमि है जिसे अंगूर कृमि (Grapeworm) भी कहते हैं। अंगूरकृति नर 2 से 6 मि.मी. तथा मादा 5 से 20 मि.मी. की होती है। इसकी एक अद्‌भुत विशेषता है कि इसका नर, मादा में सदैव चिपका रहता है। इस कृमि को *सिंगामस ट्रेकिया* कहते हैं और इससे जो रोग पैदा होता है, उसे सिंगामोसिस कहते हैं। ये कृमि लाल चमकीले रंग के होते हैं जो आसानी से पहिचाने जा सकते हैं।

लक्षण (Symptoms)—बॉक्स में देखें।

रोग लक्षण एक दृष्टि में

- सिर, हिलाते रहना।
- मुर्गी साँस लेने के लिये मुँह फाड़ती है।
- कष्टदायक श्वास।
- दम घुटना।
- कंठ के कीड़ों को निकालने के लिये खाँसते रहना।
- खून चूसने से निर्बलता और कमजोरी।
- दम घुटने से पक्षी की मृत्यु।

विशेष— ये कृमि कंठ और स्वर नली में रहकर खून चूसते हैं, कष्ट पैदा करते हैं तथा साँस लेने में बहुत कष्ट होता है, जिससे रोगग्रस्त पक्षी को मुँह फाड़ना पड़ता है।

चिकित्सा (Treatment)— निम्न दवाओं में से एक दवा का प्रयोग करें—

- कार्बनटेट्राक्लोराइड (C.T.C)— बड़ी मुर्गी को 1 मि.ली. तथा छोटी मुर्गी को 1/2 मि.ली. ड्रापर द्वारा प्रत्येक पक्षी के गले के नीचे उतार दिया जाता है।

  सावधान—1. इस बात का ध्यान रखा जाता है कि औषधि फेफड़े (lungs) में न चली जाये। 2. दवा पिलाने से पहले 12 घण्टे भूखा रखा जाता है।
- **पिपराजीन लिक्विड** 60 मि.ली. (प्रति 100 वयस्क मुर्गी के हिसाब से) तथा 30 मि. ली. प्रति 100 चूजों के लिये 4 लीटर पानी में घोलकर 1-2 दिन तक पिलावें।
- मेबेन्डाजौल (Mebendazole) की दवा; जैसे- **जोडेक्स** (Zodex) 100 ग्राम प्रति 1500 मुर्गी पानी या दाने के साथ दें।
- टैट्रामीसोल की दवा **निलवर्म** (Nilworm)— 10 ग्राम को 4 लीटर पानी में घोलकर **प्रातः** प्रति 100 मुर्गियों को पीने को दें।

2. बाह्यपरजीवी रोग (ECTOPARASITIC DISEASES)

ऐसे रोग जो शरीर के बाहरी अंगों यथा त्वचा आदि पर परजीवी (पैरासाइट्स) के संक्रमण से उत्पन्न होते हैं, बाह्यपरजीवी रोग कहलाते हैं। ऐसे रोग निम्न लिखित हैं—

- खाज या मेन्ज (Mange) अथवा खौड़ा रोग → माइट्स से उत्पन्न।
- विषैले दंश (Poisonous bite) → बिच्छू, मधुमक्खी, बर्र आदि से।
- कष्ट, अशान्ति एवं त्वचा हानि → हाइपोडर्मा/बर्बुल फ्लाई से।

- अशान्ति एवं दुर्बलता → वोट फ्लापी या घोड़ मक्खी से।
- पेडीकुलोसिस (Padiculosis) → जुआँ/जूँ से।
- रक्तस्राव (Haemorrhage) → हिरूडिनेरिया/जोंक से।

सामान्य उपचार (General Treatment)

- कीड़ों को नष्ट करने के लिए गैमेक्सीन 5% का घोल लगाया जाता है। *अथवा*
- 50% मैलाथियोन के 0.1% घोल का छिड़काव किया जा सकता है। *अथवा*
- बुटॉक्स (Butox) 2 मि.ली. टिक्स एवं मक्खियों के लिए। माइट्स के लिए 4 मि.ली. एवं जुओं के लिए 1 मि.ली. दवा 1 लीटर पानी में घोलकर लगावें या छिड़काव करें। *अथवा*
- टेटमोसोल (Tetmosol) साबुन लगाकर नहलाया जा सकता है।

बाह्य परजीवीनाशक (Ectoparasiticides)

क. **एमीट्राज (Amitraz)**—Active against tick, lice, fleas, ked, mites and mange. Effective against humpsore, earsore, tail sore in cattles like-buffalo, sheep and goat. Not recommended for horses, cats and pups. Dilution rate for 12.5% solution as external application. For mange 3-4 ml/litre of water, for ticks & fleas 2 ml/litre of water. जैसे– डेमोनिल (Demonil - *Intas*), एक्टोगार्ड ई सी (Ectoguard EC - *Pfizer*), फिक्समेन्ज (Fixmange - *Zydus AHL*), टैक्टिक 12.5% ईसी (Taktic 12.5% Ec - *MSD*), विट्राज (Vitraz - *Virbec*) I

ख. **साइपरमैथ्रीन (Cypermethrin)** liquid 10% for external use for ticks, lice, mites, flies in cattle, sheep, goat, pig, dog, cat & poultry 1 ml/litre of water; जैसे– डरमीज (Dermeez - *Pfizer*), टिककिल (Tikkil - *IIL*), टिकआउट (Tikout - *Alembic*) I

ग. **डेल्टामैथ्रीन (Deltamethrin)** 12.5 mg/ml for ticks, lice, mites, flies in cattle, sheep, goat, pig, dog, cat & poultry. Dilution rate for external application for ticks is 2ml/litre, for lice 1 ml/litre and for mite infestation 4 ml/litre of water; जैसे– Butox (ब्यूटॉक्स - *MSD*), डैल्थ्रिन (Delthrin - *Ethicare*), टिनिक्सवैट (Tinix vet - *Intas*) I

घ. **फ्लूमैथ्रिन (Flumethrin)** 1% **w/v solution for** ticks, lice, mites, flies in cattle, sheep, goat, pig, dog, cat & poultry. Application 1 ml/10kg B.W. evenly along the midline of back from front of the shoulder to tail; जैसे– फ्लूपोर Flupor - *Pfizer*), फ्लूथ्रिन (Fluthrin - Ethicare), पोरोन (Poron - *Alembic*), टिक्किल (Tikkil Power - *IIL*) I

च. **गामा बैन्जीन हैक्साक्लोराइड 0.1% w/w, प्रोफ्लेवीन हैमीक्लफ्यूड 0.1 w/w, सैट्रीमाइड 0.45 w/w** for scabies, infestation by fleas, lice, ticks, maggots. Acaricide, insecticide and larvicide; जैसे– डी–मैग स्प्रे (D-MAG spray - *Intas*), लोरेक्सेन क्रीम (Loraxane cream - *Virbec*), एम. लोरेक्स क्रीम (M. Lorax cream - *Marc*), टरमीन प्लस क्रीम (Termin plus cream - *Vet India*) I

छ. **आइवरमैक्टिन (Ivermectin)** इंजेक्शन, बोलस व घोल। उत्पाद विवरण हेतु पीछे देखें (पृष्ठ – 242)।

सावधान— इन दवाओं को लगाते समय निम्न बातों का ध्यान रखना चाहिये—

- दवा लगाते समय या छिड़काव करते समय औषधि आँख, कान, नाक और मुँह पर नहीं पड़नी चाहिए। हो सके तो पशु के मुँह पर जाली या मुस्सीका लगा देना चाहिए जिससे पशु उसे चाट न सके। चाटने से पशु मर भी सकता है।
- दवाओं का घोल या छिड़काव चारा, दाना, घास आदि पर नहीं पड़ना चाहिए।

1. खाज (Mange) या खुजली (Scabies)

अन्य नाम (Other names)— इसे कहीं-कहीं खौड़ा के नाम से भी जाना जाता है। स्केबीज (Scabies), स्केब (Scab), इच (Itch), एकारिएसिस (Acariasis) आदि नामों से भी।

परिचय (Introduction)— यह छूतदार चर्म रोग है। यह 'माइट्स' नामक परजीवियों से उत्पन्न होता है। ये पैरासाइट्स चमड़े के अन्दर 0.5-1 इंच की गहराई तक घुस जाते हैं और वहीं पर अण्डे देते हैं। इसमें अत्यधिक खुजलाहट होती है। चमड़े में पपड़ी पड़ कर दरार-सी बन जाती है, चमड़ा मोटा हो जाता है, इसमें संक्रमण होने से फोड़े-फुंसी निकल आते हैं, जो अत्यधिक कष्टदायक होते हैं।

Mange is an infectious, contagious disease of skin caused by mange mites, a parasites which burrows to a distance of 0.5-1 inch of the skin to lay the eggs. In the wake of which septic infection of the skin takes place producing pustules, boils and ulcers.

Mange itself is a very troublesome causing considerable itching and when it becomes septic the annoyance increases.

रोग के माइट्स सामान्य रूप से चार प्रकार के होते हैं और उन्हीं के अनुसार मेन्ज। यथा—
(a) डेमोडैक्स (Demodex) (b) सारकोप्टीज (Sarcoptes) (c) कोरीओप्टीज (Chorioptes)
(d) सोरोप्टीज (Psoroptes)।

(a) ***वसाकृमि खाज*** (*Demodec mange*) **मेन्ज**—इस रोग का कीड़ा पशुओं के बालों की जड़ों में घुस जाता है और वहाँ पर सूजन हो जाती है। कुछ समय बाद वहाँ का चमड़ा मोटा हो जाता है तथा बाल गिर जाते हैं। यदि इन स्थानों पर पीववाले जीवाणु पहुँच जाते हैं तो वहाँ पर फोड़ा-फुंसी बन जाते हैं।

इस प्रकार की मेन्ज विशेष रूप से कुत्तों में देखने को मिलती है। वैसे यह पशुओं और बकरियों में भी होती है। यह शरीर के आँख, कान, गर्दन और पीठ के भागों में होती है।

नोट—खुजली के कारण पशु बेचैन तथा परेशान हो जाता है।

यह खाज प्रायः दो रूपों में मिलती है—

(i) सूखा या परतदार (Aquamous, Dry, Scaly)

(ii) दानेदार या फुंसीदार (Pustular form)

(i) *सूखा या परतदार :* *लक्षण (Symptoms)* —इस प्रकार के रोग में चमड़ा मोटा होकर सिकुड़ जाता है और ताँबे के समान लाल दिखाई देने लगता है। प्रभावित स्थान पर गोलाकार चकत्ता निकल आता है। यह चकत्ता लाल, रूखड़ा, दरार-सा फटा हुआ और पपड़ी से भर जाता है। इसमें खुजलाहट नहीं होती है।

(ii) *दानेदार या फुंसीदार :* *लक्षण (Symptoms)*— इस प्रकार के रूप में कीटाणुओं के इन्फेक्शन से इसके सूखे रूप में छोटी-छोटी दानेदार फुंसियाँ निकल आती हैं। इन फुंसियों के मिलने से फोड़ा जैसा रूप बन जाता है। इसमें चमड़ा सूजकर लाल हो जाता है और अनेक छोटे-छोटे दाने या फुंसियाँ निकल आती हैं। इनमें लाली लिये हुए पीव (reddish pus) भरा रहता है। इनमें माइट्स के अण्डे होते हैं। चमड़ा मोटा होकर पपड़ी से ढक जाता है। फोड़ों के फूटने पर इसमें सड़ानेवाले कीटाणुओं का आक्रमण हो जाता है जिससे प्रभावित स्थान घाव बनकर सड़ने लगता है।

(b) ***मांसकर्तनी खाज*** *(Sarcoptic mange)*— इस प्रकार की खुजली प्रायः पशुओं, घोड़ों, भेड़-बकरियों एवं कुत्तों में मिलती है।

लक्षण (Symptoms) – यह रोग अधिकतर पशुओं के माथे, गर्दन, सींग और पूँछ की जड़ में 0मिलता है। शोथयुक्त स्थान पर लाल दाने निकलते हैं जो शीघ्र ही फोड़ों में बदल जाते हैं। इनके फूटने पर गाढ़ा-पीला तेलयुक्त निःस्राव निकलता है। पशु जब इन स्थानों को रगड़ता है तो वहाँ के बाल नुचकर उखड़ जाते हैं।

(c) ***कोरीओप्टिक खाज*** *(Corioptic mange)* – इस प्रकार की मेन्ज, प्रायः पशुओं, घोड़ों एवं भेड़ों में देखने को मिलती है। यह शरीर के गर्दन, पूँछ और पैरों में होती है।

लक्षण (Symptoms) – सारकोप्टिक मेन्ज के समान।

(d) ***पृष्ठविक्षति खाज*** *(Psoroptic mange)* – इस प्रकार की मेन्ज प्रायः भेड़ों में ही मिलती है। यह शरीर की गर्दन, पीठ, पूँछ की जड़ तथा चूतड़ पर होती है।

लक्षण (Symptom) – सारकोप्टिक मेन्ज के समान।

उपचार (Treatment)– सभी प्रकार की खुजली के लिये–

1. प्रभावित भाग की सफाई गर्म पानी तथा नीको अथवा टेटमोसोल साबुन से करनी चाहिए।
2. बाह्य परजीवी-नाशक दवाओं में से किसी एक दवा; जैसे- एमीट्राज (Amitraz), साइपरमैथ्रिन (Cypermethrin), डैल्टामैथ्रिन (Deltamethrin), फ्लूमैथ्रिन (Flumethrin) अथवा आइवरमैक्टिन (Ivermectin) का प्रयोग करना चाहिये।
3. एन्टीहिस्टेमिनिक इंजेक्शन; जैसे-क्लोरफैनारेमीन मैलीएट इंजे. (Chlorpheniramine maleate injection): बड़े पशु–30-50 mg total dose मांस में लगानी चाहिए। 10 mg/ml 30 ml, 100 ml vial; जैसे-कैडिस्टीन (Cadistin -*Zydus AHL*), जीट (Zeet-*Alembic*), आइस्टामीन (Aistamin-*Intas*), क्लोराजीन (Chlorazin-*Pfizer*), हिस्टैल (Histail-*Vet India*)।

2. विषैले कीटों का डंक मारना (Poisonous Insect bite)

परिचय एवं लक्षण (Introduction and symptoms)– जब कोई बिच्छू, मधुमक्खी तथा ततैया या बर्रें आदि पशुओं को काट लेती हैं। तब उनका काटना विषैला (Poisonous) होता है, जिसके परिणामस्वरूप पीड़ा, बेचैनी, जलन, शोथ आदि लक्षण उत्पन्न हो जाते हैं।

उपचार (Treatment)–निम्न व्यवस्थाओं द्वारा–

1. डंक को चिमटी की सहायता से निकाल देना चाहिये।
2. काटे हुये स्थान को लाइकर अमोनिया फोर्ट या सोडियम बाईकार्बोनेट (खाने का सोड़ा) के घोल से साफ करें।
3. एण्टीबैक्टीरियल व एण्टीहिस्टैमिनिक दवायें; जैसे- बैटनोवेट-एन (Betnovate-N - *GSK*) क्रीम, वाइकोर्ट (Wycort - *Wyeth*) आयन्टमैण्ट, नीओस्पोरिन-एन (Neosporin-N - *GSK*) आयन्टमैण्ट लगाना चाहिए।
4. एन्टीहिस्टैमिनिक इंजेक्शन; जैसे- क्लोरफैनारीमीन मैलीएट: इंजे. कैडिस्टीन (Cadistin - *Zydus AHL*), जीट (Zeet - *Alembic*), आइस्टामीन (Aistamin - *Intas*), क्लोराजीन (Chlorazin - *Pfizer*), हिस्टैल (Histail - *Vet India*) में से कोई लगाना चाहिए।

3. सिमुलिडिये/भैंस मक्खी (Buffalo Gnat)

परिचय एवं लक्षण संक्षेप में– ये मक्खियाँ भैंस के ऊपर आक्रमण करती हैं, जिससे पशु अति उग्र होकर क्षुब्ध तथा व्याकुल हो जाते हैं।

- इनके काटने पर पशु के शरीर पर एक छोटा-सा जख्म बन जाता है।
- ये मक्खियाँ अकसर पशु के शरीर पर सुबह-शाम ही आक्रमण करती हैं।

उपचार (Treatment)— निम्न व्यवस्थानुसार—

- मक्खियों पर नियन्त्रण करें।
- बुटॉक्स 2 मि.ली. को 1 लीटर पानी में घोलकर छिड़काव अथवा 3 मि.ली. एक लीटर पानी में घोलकर लगावें।

4. वार्बल मक्खी (Warble Fly)

परिचय (Introduction)—ये मक्खियाँ गाय-भैंस (cattle) एवं बकरियों पर अण्डे देने के लिए घूमती रहती हैं। समय मिलते ही ये मक्खियाँ पशु के बालों की जड़ों (root of the hairs) में अण्डों का जमाव कर देती हैं जिससे वहाँ पर सूजन हो जाती है और उसके अन्दर छेदकर इनके लार्वा रहते हैं।

लक्षण (Symptoms)— मक्खियों के आक्रमण से पशु इधर-उधर भागते हैं और बचाव के लिए पोखर, तालाब, नदी आदि में घुस जाते हैं। परन्तु मक्खियाँ उनको फिर भी नहीं छोड़ती हैं। पशुओं को इनके प्रभाव से अशान्ति, संताप एवं कष्ट होता है। पशु चिढ़ जाते हैं और खाना-पीना छोड़ देते हैं। शरीर का भार बढ़ जाता है और उनकी दुग्ध उत्पादन क्षमता प्रभावित हो जाती है। अण्डों से लार्वा बनते हैं। लार्वा त्वचा के अन्दर पहुँचकर खुजली पैदा करते हैं। लार्वा कन्धा, पीठ तथा पिछले धड़ पर फफोले बना देते हैं, जिनके फूटने से सफेद-सफेद लार्वा बाहर दिखाई पड़ते हैं। पशु जब फफोलों को चाटता है तो लार्वा आमाशय तथा आँतों में पहुँचकर जख्म बनाते हैं, जिसके कारण भोजन के न पचने से पशु दुर्बल हो जाता है।

उपचार (Treatment)— निम्नलिखित आर्गेनोफास्फोरस कम्पाउण्ड में से किसी एक का प्रयोग करना चाहिए—

क. डायजीनोन (Diazinon); जैसे- नीओसाइडोल 20 ईसी (Neocidol 20 EC - *Novartis*) 20% w/v liquid गाय, भैंस, भेड़, बकरी हेतु 60 मि.ली. तरल को 20 लीटर पानी में मिलाकर त्वचा पर लगाना चाहिये।

ख. डाईक्लोरवोस (Dichlorvos); जैसे- न्यूवान (Nuvan - *Novartis*) 76% v/v तरल का प्रयोग करें।

ये जहरीले पदार्थ हैं। अतः सावधानी से प्रयोग करें।

5. घोड़ा मक्खी (Bots Fly/Gastrophylus)

परिचय (Introduction)— ये मक्खियाँ घोड़ों के अगले पैर के फीटलोक (Fetlock) के चारों ओर एवं इसके ऊपर अपने अण्डे देती हैं। ये अण्डे पशु के चाटने आदि से मुख से होकर पेट में अन्दर चले जाते हैं।

लक्षण (Symptoms)— घोड़ा-मक्खी के अण्डों के पशु के शरीर में पहुँचने पर (पेट में) पशु चिढ़ जाते हैं एवं उन्हें अतिशय कष्ट होता है। पेट में जाकर यह अवरोध उत्पन्न करते हैं और विष का संचार करते हैं। इससे पशु निर्बल एवं कमजोर हो जाते हैं।

उपचार (Treatment)—निम्न प्रकार से—

- पशु की सदैव सफाई (grooming) करें।

- अण्डे देने के स्थान टखने (Fetlock) पर कार्बोलिक घोल लगावें।
- कार्बन-टेट्राक्लोराइड आमाशय नली (स्टमक ट्यूब) से पिलावें।

6. जोंक (Leech)

अन्य नाम (Other name)— हिरुडिनेरिया।

परिचय (Introduction)—जोंक भी एक पैरासाइट है, क्योंकि यह शरीर से चिपककर पशु का रक्त चूस लेती है। जोंक अधिकतर बरसात के दिनों में तालाबों एवं गड्ढों में पायी जाती हैं। जब पशु तालाब आदि के पानी में बैठ जाता है तब ये जोंकें पशु के कंठ या नाक में चिपक जाती हैं। जोंक के मुँह से लार में एक विशेष प्रकार का हिरुडीन (hirudin) नामक द्रव्य निकलता है जिससे चिपके हुए स्थान से रक्त बहने लगता है।

लक्षण (Symptoms)— पशु व्याकुल हो जाता है। अधिक देर तक रक्त निकलने से पशु में रक्त की कमी हो जाती है जिससे पशु अनीमिक हो जाता है।

उपचार (Treatment)

- जहाँ पर जोंक चिपकी हो वहाँ पर नमक डालें। इससे जोंक छूट जाती है।
- यदि जोंक नाक (nose) या शरीर के अन्य स्थानों या मुँह, गुदा, मादा जननेन्द्रिय आदि में प्रवेश कर गई हो तो नमक का पानी डालें अथवा नमक का पानी सिरिन्ज से पहुँचायें या इन्जेक्शन रूप में लगावें।

7. जूँ/जुआँ पड़ना (Pediculosis)

परिचय (Introduction)— जूँ प्राय: सभी घरेलू पशु-पक्षियों में, विशेषकर जाड़ों के दिनों में शरीर पर पाये जाते हैं। ये बालों और परों के बीच रहते हैं।

कारण (Cause)— एनोप्लुरा गण के जुओं के काटने एवं चूसने से।

लक्षण (Symptoms)— पशुओं को काटने एवं चूसने से पशुओं में निम्न लक्षण उत्पन्न होते हैं—

- पशु प्राय: अशान्त रहते हैं।
- खाना-पीना कम कर देते हैं।
- खुजलाहट होती है।
- लगातार खुजलाते रहने से पशु के शरीर पर घाव बन जाते हैं।
- उत्पादन घट जाता है।
- त्वचा मोटी हो जाती है और प्रभावित भाग के बाल गिर जाते हैं।
- चूजों में होने पर उनकी स्थिति खराब हो जाती है; उनके पंख गिर जाते हैं।

उपचार (Treatment)

क. पशु दोपहर के समय साफ पानी से नित्य नहलाया जाये।

ख. एमीट्राज (Amitraz), साइपरमैथ्रीन (Cypermethrine), डैल्टामैथ्रीन (Deltamethrin), फ्लूमैथ्रिन (Flumethrin), गामा बैन्जीन हैक्साक्लोराइड (Gama Benzen Hexachloride) अथवा आइवरमैक्टिन (Ivermectin) दवाओं में से किसी एक का प्रयोग करें। (विवरण पीछे देखें)

परजीवी रोगों की रोकथाम के सामान्य उपाय

परजीवी रोगों की रोकथाम से उनका प्रसार रुक जाता है। सामान्य उपाय इस प्रकार हैं—

- पशुओं के रहने का स्थान बिलकुल साफ-सुथरा (well neat and clean) हो।
- गोबर को समय-समय पर उठाकर गड्ढे में डाल देना चाहिए।
- एक जगह पर थोड़े पशु रखे जायें, अधिक नहीं।
- छोटे पशु यथा बछड़ा-बछियों/पड़ा-पड़ियों को बड़े पशुओं से अलग रखा जाये।
- रहने का स्थान बदलते रहना चाहिए।
- पीने का पानी स्वच्छ तथा ताजा होना चाहिए।
- चारा खाने का बर्तन, नाँद आदि साफ तथा ऊँचाई पर होनी चाहिए।
- पशुओं को दलदली एवं नमीवाले स्थानों में नहीं चराना चाहिये, क्योंकि ऐसी जगहों में कीड़ों के अण्डे पाये जाते हैं जिससे रोग लगने की सम्भावना रहती है।
- पशुओं को सन्तुलित एवं पौष्टिक आहार देते रहना चाहिए जिससे उनमें रोग रोकने की क्षमता बनी रहे।
- पशुओं को समय-समय पर कृमिनाशक दवायें पिलाते रहना चाहिए। इससे पैरासिटिक रोग नहीं हो पाते हैं।

ध्यान रहे

- पशु को 3-4 सप्ताह से पहले दुबारा दवा नहीं पिलानी चाहिए।
- रोगी पशुओं को स्वस्थ पशुओं से अलग रखें।
- पशुओं के रहने के स्थान एवं चरागाहों में कृमिनाशक (तूतिया का घोल) दवा छिड़कते रहना चाहिए जिससे वहाँ के अण्डे मरते रहें।

फफूँदी रोग (Fungal Diseases)

फफूँदी (Fungus) वनस्पति जगत के थैलोफाइटा खण्ड के अन्तर्गत आता है। यह पौधों से भिन्न होता है, क्योंकि इसमें क्लोरोफिल (हरित लवण) नहीं होता है। यह सड़े-गले तथा कार्बनिक पदार्थों पर उगता है। फंगस से होनेवाले रोग इस प्रकार हैं—

क्र. स.	फंगस का नाम (Name of fungus)	उत्पन्न होनेवाले रोग (Disease)	प्रभावित पशु (Affected animal)
(i)	माइक्रोस्पोरम और ट्राइकोफाइटन	दाद (Ringworm)	सभी पशुओं में
(ii)	क्रिप्टोकोकस	इपीजूटिक लिम्फेन्जाइटिस	घोड़ों में
(iii)	स्पोरोटीकम	स्पोरोट्रीकोटिक लिम्फेन्जाइटिस	घोड़ों में
(iv)	एकोरियोन फंगस	पक्षियों में फेवस रोग	पोल्ट्री में
(v)	एसपरजीलस	एसपरजीलोसिस	पोल्ट्री में

नोट—दाद रोग को त्वचा रोगों के अन्तर्गत एवं फेवस तथा एसपरजीलोसिस को मुर्गी रोगों के चेप्टर में देखें। शेष का वर्णन इस प्रकार से—

1. घोड़ों में लसिका वाहिनीशोथ (Epizootic Lymphangitis)

अन्य नाम (Other names)—सीउडोग्लाण्डर्स (Pseudoglanders), इक्वाइन ब्लास्टो-माइकोसिस, इक्वाइन हिस्टोप्लाज्मोसिस (Equine histoplasmosis)।

परिचय (Introduction)— यह घोड़ों और गधों का संक्रमक रोग है जिससे लसिका-वाहिनियों में सूजन हो जाती है तथा फोड़ा बनकर जख्म हो जाता है।

Epizootic lymphangitis is a chronic contagious disease of horses characterised by suppurative lymphangitis, lymphadenitis and ulcers of the skin, keratitis or pneumonia. The disease is of importance both in its own right and because of its similarity to glanders.

कारण (Cause)—रोग का कारण एक फफूँदी है जिसे *क्रिप्टोकोकस फारसिमिनोसिस* कहते हैं।

इपीजूटिक लिम्फेन्जाइटिस के लक्षण सारांश में

- घोड़ों और गधों में छूतदार रोग।
- रोग का प्रभाव खासकर पिछले पैरों में।
- लसिका-वाहिनियों एवं ग्रन्थियों में सूजन।
- रोग गाँठ के आकार जैसा।
- फूटकर हल्के-पीले या सफेद-रंग का पीव स्राव।
- रोग का प्रारम्भ जख्म से जो भरता नहीं है।
- पशु धीरे-धीरे दुर्बल एवं स्वास्थ्य गिरा हुआ।
- अन्त में कार्यक्षमता समाप्त।

लक्षण (Symptoms)— रोग संक्रमण के कई सप्ताहों अथवा तीन माह के बाद पशु में रोग के लक्षण उत्पन्न होते हैं। रोग का प्रभाव खासकर पिछले पैरों पर होता है। पशु की लसीका वाहिनियाँ (लिम्फ वेसिल्स) तथा ग्रन्थियों (ग्लैण्ड्स) में सूजन हो जाती है तथा गाँठ के आकार की हो जाती हैं और उससे हल्के पीले या सफेद-रंग का पीव निकलता है। स्थानीय ग्रन्थियाँ प्रायः बढ़ जाती हैं और फूट जाती हैं। क्षेत्र की त्वचा सूज जाती है और पूरे पैर में सूजन सामान्य होती है, घावों में कोई दर्द नहीं होता है।

कभी-कभी रोग का प्रभाव गर्दन, चेहरे, नाक एवं वायु-प्रणाली की श्लेष्मा पर भी होता है। यह शरीर के किसी भी भाग पर हो सकता है। कुछ रूपों में आँखें भी प्रभावित हो जाती हैं। केराटाइटिस, कंजंक्टिवाइटिस, साइनूसाइटिस, निमोनिया आदि लक्षण भी मिलते हैं।

रोग जीर्ण होकर 3-12 माह तक चल सकता है। प्रभावित पशु का स्वास्थ्य अत्यधिक गिर जाता है और कार्य करने में असमर्थ रहता है। कुछ पशु धीरे-धीरे स्वस्थ भी हो जाते हैं।

प्रायः रोग का प्रारम्भ किसी जख्म से होता है। इसके जख्म नहीं भरते हैं एवं पशु धीरे-धीरे दुर्बल होता जाता है।

चिकित्सा (Treatment)

क. इसकी चिकित्सा के लिए तमाम प्रयत्न किये गये, परन्तु सफलता नहीं मिली। प्रारम्भिक अवस्था में रोगी की चिकित्सा लाभकर होती है। ऐसी अवस्था में स्थानीय चीरा देकर सिल्वर नाइट्रेट अथवा टिंचर आयोडीन का प्रयोग किया जाता है। कुछ केसिस में Farenteral Iodides लाभकर होते हैं।

ख. **एम्फोटेरीसीन-बी** (Amphotericin B) दवा; जैसे- एम्फोटैक्स (Amphotex - *Alkem*) अथवा फन्जीजोन-आईवी (Fungizone IV) 50 mg vial 0.5 mg/kg B.W. शिरा में लगाना चाहिये।

2. स्पोरोट्राईकोटिक लिम्फेन्जाइटिस (Sporotrichotic Lymphangitis)

अन्य नाम (Other names)— स्पोरोट्राईकोसिस (Sporotricosis)।

परिचय (Introduction)— यह घोड़ों, खच्चरों एवं कुत्तों का रोग है। यह मनुष्यों को भी हो जाता है। इसमें त्वचा एवं लसिका-वाहिनियों पर गाँठें पड़ जाती हैं।

Sporotricosis is a contagious disease of horses, mules and dogs characterised by the development of cutaneous nodules and ulcers on the limbs and may or may not be accompanied by lymphangitis.

कारण (Etiology)— इसका कारण एक ग्राम पोजीटिव फंगस है जिसे *स्पोरोट्रीकम वरमनी* कहते हैं। यह जख्म या खरोंच के माध्यम से फैलता है।

रोग लक्षण (Symptoms)—पैर के निचले भाग (lower parts of the legs) पर छोटी, परस्पर मिली हुई कुटेनियस नोडयूल्स (गाँठें) विकसित हो जाती हैं, विशेषकर घोड़े के टखने फैटलॉक (Fetlock) पर। गाँठों में कोई दर्द नहीं होता है। थोड़ी मात्रा में पस निकलकर 3–4 सप्ताह में घाव भर जाता है।

पहले ये गाँठें फूटती नहीं हैं अथवा लम्बी अवधि के बाद फूटती हैं तब कहीं जाकर थोड़ा पस निकलता है। इसकी गाँठें और घाव नाक की श्लेष्मा पर भी हो सकते हैं।

इससे सन्धिशोथ (आर्थ्राईटिस) और अस्थिशोथ (ओस्टीआइटिस–Osteitis) हो सकता है।

चिकित्सा (Treatment)—रोग की चिकित्सा में पोटेशियम आयोडाइड (Potassium iodide) मुख द्वारा (orally) अथवा सोडियम आयोडायड (Sodium Iodide) शिरामार्ग से (I.V.) लाभकर होते हैं। साधारण रोग में स्थानीय चिकित्सार्थ घावों (ulcers) पर रोजाना टिंचर आयोडीन या बीटाडीन का प्रयोग करना चाहिए। ग्राइसोफुल्विन (Griseofulvin) से किसी–किसी में विशेष लाभ मिलता है; जैसे- डर्मोनोर्म गोली (Dermonorm tab - *GSK*) अथवा गोल्डफुल्विन गोली (Goldfulvin - *Golden Streak*) 500 mg गोली, मात्रा 7.5-10 mg/kg BW for 30 days। गर्भावस्था में प्रयोग न करें। इसके साथ-साथ—

- सन्धिशोथ एवं अस्थिशोथ की चिकित्सा करें।
- गाँठों के फूटने पर जख्म का उपचार करें।

(घ) त्वचा रोग
(Skin Diseases)

ये वे रोग हैं जो त्वचा से सम्बन्धित होते हैं और त्वचा पर उत्पन्न होकर उसे प्रभावित करते हैं। प्रमुख त्वचा रोगों की सूची इस प्रकार है—

- जुलपित्ती/आर्टीकेरिया (Urticaria)
- खाज–खुजली (Mange or Scabies)—बाह्यपरजीवी रोग देखें
- अकौता/ एक्जिमा (Eczema)
- दाद–दिनाय/रिंगवॉर्म या ट्राइकोफाइटोसिस (Ringworm or Trichophytosis)
- त्वचा का सड़ना/परिगलन (Gangrene of skin)
- गंजापन/बाल का उड़ना/ एलोपीसिया (Alopecia)
- सूजन और शोथ (Swelling and Oedema)
- रसौलियाँ (Tumours or Neoplasms)
- फोड़ा–फुंसी (Abscess and Boils)

- मस्से या गुठलियाँ /पैपिलोमा (Papilloma)
- त्वचा का कैंसर
- सींग कैंसर (Horn cancer)

1. जुलपित्ती/आर्टिकेरिया (Urticaria)

अन्य नाम (Other names)— नैटिल राश (Nettle rash), H : Nettle-barnanta।

परिचय (Introduction)— जब त्वचा में एकाएक चकत्तेदार खुजलाहट-भरी सूजन या शोथ (swelling or oedema) हो जाता है तब उसे जुलपित्ती कहते हैं।

Urticaria is an allergic condition characterised by the appearance of wheals on the skin surface.

एक अन्य परिभाषा के अनुसार—

Urticaria is a transient, oedematous, wheal-like or plague-like eruptions of the skin which appear suddenly and frequently disappear with the same suddeness.

कारण (Cause)— आर्टिकेरिया पैथोजन्स के सीधे प्रभाव से प्रारम्भिक रूप में उत्पन्न होती है अथवा द्वितीय (secondary) सिण्ड्रोम के हिस्से के रूप में।

प्राइमरी आर्टिकेरिया (Primary urticaria)

- विषैले कीड़ों के डंक मारने से, विषैले पौधों के सम्पर्क में आने से।
- विशेषकर, प्रोटीनयुक्त एलर्जन, असामान्य चारा/दाना (unusual fodder) के सेवन से।
- एकाएक नवीन आहार परिवर्तन से।
- पेनिसिलीन जैसी दवाओं के प्रयोग से।
- ऊतक (टिशू) के अन्दर वार्बल फ्लाई के लार्वा की मृत्यु से।
- मिल्क एलर्जी, जबकि जर्सी गाय दूध देना बन्द कर देती है (dried off)।

सेकेन्डरी आर्टिकेरिया (Secondary urticaria)

- घोड़ों में श्वसन-तंत्र के संक्रमण अनारदाना और विषाणु रोगों सहित (Including strangles and the viral infections)।
- शूकरों में इरिसिपीलस (Erysipelas) के समय।

संक्षेप में— डंक मारने, शीतल वायु, विषयुक्त भोजन आदि कारणों से यह रोग होता है।

प्रभावित पशु (Affected animals)— घोड़ा, मवेशी, शूकर अधिक प्रभावित। कभी-कभी कुत्ता, भेड़-बकरी भी।

रोग लक्षण (Symptoms)— शरीर के ऊपर तेजी से एकाएक चकत्तेदार सूजन अनेक स्थानों पर उत्पन्न हो जाती है। ये चकत्ते 0.5-5 से.मी. तक के व्यासवाले होते हैं। घोड़ों में ऐसी सूजन सिर, गर्दन और शरीर को प्रभावित करती है।

Urticarial lesions appear very rapidly and often in large numbers, particularly, on the body. They vary from 0.5-5 cm in diameter. In horses the swelling is circumscribed affecting the head, neck and body.

आर्टिकेरिया के लक्षण सारांश में

- त्वचा में चकत्तेदार सूजन खासकर माथे, थन एवं योनि पर। शरीर के अन्य भागों पर भी।
- अत्यधिक खुजलाहट।
- पशु का छटपटाना एवं काँपना।
- कभी-कभी पशु में चचलता एवं तेज साँस।
- शरीर पर पसीना।
- सूजन प्राय: 12-48 घण्टों में समाप्त।

पशुओं में यह सूजन फैलकर आँख, योनि (vulva) और थनों (teats) के भागों को भी प्रभावित कर देती है। कुत्तों में जीभ प्रभावित होती है। कुछ घंटों के बाद सूजन गायब हो जाती है। कभी-कभी यह कुछ दिनों तक चलती रहती है।

अत्यधिक खुजलाहट होती है। पशु बार-बार छटपटाता है। कभी-कभी पशु देखने में चंचल दिखायी देता है। शरीर से पसीना छूटता है और पशु काँपता-सा मालूम होता है।

निदान (Diagnosis)— रोग की पहचान लक्षणों के आधार पर आसानी से हो जाती है।

चिकित्सा (Treatment)

1. एन्टीहिस्टेमिनिक दवाओं; जैसे- फैनीरामीन मैलीयेट अथवा क्लोरफैनरामीन मैलीएट के इंजेक्शन का प्रयोग करें।
2. यदि पशु द्वारा खराब चारा खाने से अर्टिकेरिया की बीमारी है तो मैग सल्फ (magnesium sulphate) 250-500 gm, काला-नमक 125 ग्राम, सोंठ 30 ग्राम एक से दो लीटर पानी में मिलाकर पिलानी चाहिए।
3. कीड़े द्वारा काटे जाने पर डंक को चिमटी की सहायता से निकालना चाहिए।
4. कैलेमाइन या सोडियम बाईकार्बोनेट (खाने का सोड़ा) का घोल लगाना चाहिए।
5. कैल्सियम की दवायें; जैसे- कैल्बोरल या माइफैक्स 450 मि.ली. शिरा में लगानी चाहिये।

2. अकौता/एक्जिमा (Eczema)

परिचय (Introduction)—यह त्वचा की सूजन तथा पपड़ीदार दरारों का रोग है जिसमें तरल रसीला एवं चिपचिपा स्राव होता है। कभी-कभी इसमें खुजलाहट अथवा नोंचने जैसा दर्द होता है।

Eczema is a non-parasitic superficial inflammatory reaction of the skin with a sudden onset, chronic course, marked irritation, itching and exudation.

कारण (Cause)—एलर्जी, केमिकल इरीटेन्ट; जैसे-कार्बोलिक एसिड। डायबिटीज, रूमेटिज्म, क्रोनिक नेफ्राइटिस, लोकल सेप्सिस, पाचन की गड़बड़ी, लिवर के विकार (Liver trouble)। कुत्तों में हॉर्मोन के असंतुलन से। प्रायः कुत्तों में एक्जीमा की उत्पत्ति कास्ट्रेशन अथवा स्प्रे के बाद होती है। पेट के कृमि भी इसके कारण हो सकते हैं।

एक्जिमा रोग के कारण

- एलर्जी एवं केमिकल्स के उपयोग से।
- पाचन की गड़बड़ी।
- आहार की गड़बड़ी; जैसे- कार्बोहाइड्रेट की अधिकता कुत्तों में।
- उत्तेजक पदार्थ।
- पेटकृमि।
- पुराना वात रोग या गुर्दाशोथ।
- यकृत रोग (लिवर डिजीज)।

कुछ अन्य कारण भी—

- बाह्य पैरासाइट्स।
- एण्टीसेप्टिक तथा डिसइन्फेक्टेण्ट से धुलाई या स्नान कराने से।
- एलर्जन्स के सम्पर्क में आने से।

लक्षण (Symptoms)— बड़े पशुओं में यह रोग बहुत ही कम मिलता है। इस रोग में त्वचा पर फुंसियाँ या दाने या फफोले उभर आते हैं तथा पपड़ीदार दरारें पड़ जाती हैं।

प्रकार (Types)

यह रोग मुख्य रूप से दो प्रकार का होता है—

1. रसीला या गीला अकौता (Weeping eczema)
2. सूखा या शुष्क अकौता (Dry eczema)

1. *रसीला या गीला अकौता* (***Weeping eczema***)— इस प्रकार के अकौता में पशु की त्वचा से स्राव होता है और प्रभावित भाग में खुजली होती है। इसमें जीवाणुओं के संक्रमण से यह पीवयुक्त हो जाता है और दर्द होता है। यह अधिकतर पशु की पीठ और पैर पर होता है। परन्तु, घोड़ों में इस रोग से घुटने प्रभावित होते हैं। कुत्तों में इस रोग से पीठ, पैर की अँगुलियाँ तथा आँख की पलकें (lids) प्रभावित होती हैं अर्थात् इन स्थानों पर रोग उपस्थित होता है। जब रोग पैरों पर होता है तब कुत्ता लंगड़ाने लगता है और उसके चाटने पर रोग मुँह पर भी हो जाता है। आँखों पर होने से आँखें सूज जाती हैं।

एक्जिमा के लक्षण सारांश में

1. रसीला या गीला
- त्वचा से स्राव एवं खुजलाहट।
- रोग अधिकतर पीठ और पैर पर, परन्तु घोड़ों में पैर पर।
- कुत्तों में रोग पीठ, पैर की उंगलियों के बीच एवं पलकों में।
- कुत्तों के पैर में होने पर लंगड़ाहट एवं पैर चाटना।

2. शुष्क या सूखा
- प्रभावित भाग पर बालों का अभाव एवं स्थान सूखी पपड़ीदार।
- त्वचा मोटी एवं सिकुड़ी हुई।
- रोग गर्दन, पैर माथे एवं अण्डकोषों की त्वचा पर।

2. *खूनी या शुष्क* (***Dry eczema***)— इस प्रकार के अकौते में प्रभावित स्थान के बाल गिर जाते हैं। साथ ही वहाँ पर सूखी पपड़ी जम जाती है। कुछ समय के बाद वहाँ की त्वचा मोटी पड़ जाती है और उसमें सिकुड़न आ जाती है। इस प्रकार का रोग मस्तिष्क, पैर एवं गर्दन पर होता है। अण्डकोष की त्वचा (scrotum) पर भी मिल सकता है। इस प्रकार के अकौता में खुजलाहट प्राय: कम होती है। इस प्रकार का एक्जिमा प्राय: कुत्तों में मिलता है। त्वचा शुष्क हो जाती है मोटी और झुर्रीदार (wrinkled) हो जाती है।

निदान (Diagnosis)— इस रोग को डर्मेटाइटिस से भिन्न करना कठिन है जिससे सही निदान में कठिनाई होती है।

In eczema the lesions are superficial, follow a fairly regular pattern of development and recur when the skin is exposed to the same.

उपचार (Treatment)

1. प्रभावित भाग को 0.1% पोटेशियम परमैंगनेट के घोल से धोकर सुखा लें। इसके पश्चात् कोई जीवाणु तथा फफूँदनाशक मलहम लगायें; जैसे– पोवीडीन आयोडीन मलहम, बीटाडीन मलहम (Betadine ointment - *Win Medicare*), पोविन (Povin ointment - *Golden streak*), रेनीडोन मलहम (Ranidone - *Ethicare*) अथवा वोकाडीन मलहम (Wokadine - *Wockhardt*)।

2. एन्टीहिस्टैमिनिक दवायें; जैसे– फैनरामीन मैलीएट अथवा क्लोरफैनरामीन मैलीएट इंजेक्शन का प्रयोग करें। (विवरण अन्य जगह देखें)

3. बहुक्षेत्रीय एन्टीबायोटिक में से कोई एक प्रयोग करें; जैसे– ऑक्सीटैट्रासाइक्लीन इंजे., एम्पीसिलीन + क्लोक्ससिलीन इंजे., जैन्टामाइसिन इंजे., एनरोफ्लोक्सासिन इंजे.। (विवरण अन्य जगह देखें)

4. रोग की अधिकता में कॉर्टीसोन दवायें; जैसे- बीटामीथासोन अथवा डैक्सामीथासोन इंजेक्शन प्रयोग करें। (विवरण अन्य जगह देखें)

5. विटामिन बी. काम्पलैक्स इंजेक्शन का प्रयोग करें। (विवरण अन्य जगह देखें)

3. दाद/दिनाय (Ringworm)

अन्य नाम (Other name)— इसे ट्राइकोफाइटोसिस (Trichophytosis) भी कहते हैं।

परिचय (Introduction)— यह खाल की एक छूतदार बीमारी है। इसमें रोएँरहित (hair-less) गोलाकार क्षेत्र (चकत्ता) होता है और दानेदार फफोले, छिलके या पपड़ी के साथ खुजलाहट से युक्त होता है। यह सभी प्रकार के पशुओं का होता है। इसे त्वक्कवकता (डरमेटोमाइकोसिस) (dematomycosis) नाम से भी जाना जाता है।

Ringworm is an infectious and highly contagious skin disease of animals and men caused by the invasion of the keratinized epithelial cells and hairfall by dermatophytes.

कारण (Cause)— यह रोग फफूँदी (fungus) के कारण होता है; जैसे- ट्राइकोफाइटन एवं माइक्रोस्पोरम से।

रोग अधिकतर बरसात के दिनों में और सर्दी के मौसम में बछड़ा या बछियों को आमतौर से होता है। जिन पशुओं को पोषण ठीक तरह से नहीं होता है और गंदी, मैली-कुचैली जगह में रखा जाता है, उन्हें यह रोग आसानी से लग जाता है।

रोग का फैलना (Spread of disease)— निम्न माध्यमों से रोग का प्रसार होता है—

1. दूषित कपड़े, खाने आदि के बर्तन और दूसरी चीजों के साथ रोगी पशु के अपने शरीर को रगड़ने से।

प्रभावित पशु (Affected animals)— सभी प्रकार के पशुओं को। विशेषकर कैटिल, घोड़ा, कुत्ता, शूकर, भेड़ एवं मुर्गी में। छोटी उम्र के पशुओं (young ones) को जिनकी खाल अधिक उत्तम (fine) होती है अधिक शिकार होते हैं।

उद्भवन अवधि (Incubation period)— 1 से 4 सप्ताह।

लक्षण (Symptoms)—यह रोग घोड़ों के कंधों, पीठ एवं कोख (flank) पर तथा कुत्तों के सिर और पैरों पर वृत्ताकार रूप (ring type) में मिलता है।

शरीर पर गोल चकत्ता हो जाता है जिसका व्यास 0.5-2" तक का होता है। इन चकत्तों पर भूरापन लिये हुए सफेद पपड़ी होती है। गोलाई के किनारे दानेदार होते हैं। इसमें काफी खुजलाहट होती है।

More or less circular patches which in the less hairy parts are covered with vesicles and in the thickly covered parts with crusts and scabs. Itching is most marked in the initial and terminal stages of the disease.

दाद के लक्षण सारांश में

- चर्म पर मोटे-मोटे चकत्ते गोलाई में।
- तीव्र खुजलाहट।
- प्रभावित भाग का दीवार/खम्भों आदि से रगड़ना।
- पपड़ी उतरने से प्रभावित स्थान लाल एवं जलन।
- बाल उड़े हुए या खड़े दीखना।
- त्वचा काली-सी।
- चकत्तों के किनारों पर छोट-छोटे दाने।
- दाद का स्थान भूरा, खुरदरा, मोटा, पपड़ीदार एवं गोलाकार पिण्ड जैसा दिखाई देना।
- चकत्ते (lesions) विशेषकर गर्दन, सिर एवं पेरीनियम पर; शरीर के अन्य भागों पर भी।

कैटिल में विक्षतियाँ (लीजन्स) सिर, गर्दन और गुदा के क्षेत्र के पास मिलती हैं। कुत्तों में सिर एवं पैरों पर। कुक्कुटों में सिर, ऊपरी गर्दन, कंघी (कोम्ब), ठाठें (wattles) पर।

रोगी पशु दादवाले भाग को दीवारों, खम्भों आदि के साथ रगड़ता हुआ दिखायी देता है। रगड़ने से वहाँ की पपड़ी उतर जाती है जिससे वह भाग दिखायी देता है। उस भाग पर जलन होती है। गोलाई का भाग रूखा एवं बीच का भाग चिकना होता है।

दाद पशुओं के चेहरे की त्वचा पर, विशेषकर आँखों और होठों के आसपास होता है। पीड़ित भाग के बाल उड़े हुए (hairless) एवं खड़े दिखाई देते हैं। त्वचा काली-सी हो जाती है।

दाद का स्थान भूरा, खुरदरा, मोटा, पपड़ीदार, गोलाकार पिण्ड जैसा दिखाई देता है।

निदान (Diagnosis)

1. लक्षणानुसार (Symptomatic)—बीमारी के बाह्य लक्षण देखकर रोग की पहचान की जाती है।

2. माइक्रोस्कोप अवलोकन द्वारा—रोगग्रस्त भाग से स्लाइड बनाकर सूक्ष्मदर्शी में देखने से माइसिलिया तथा स्पोर देखकर रोग की पुष्टि हो जाती है।

चिकित्सा (Treatment)—क. चकत्तों (लीजन्स) के आसपास के बाल तथा पपड़ी आदि को हटा देना चाहिये। तत्पश्चात् टेटमोसोल या नीको साबुन और गर्म पानी से धोकर सुखा लेना चाहिये।

स्वच्छ सूखे चकत्तों पर निम्नलिखित दवाओं में से किसी एक को नियमित रूप से दिन में तीन बार लगाना चाहिये—

1. टिंचर आयोडीन (Weak solution of Iodine)।
2. व्हाइट फील्ड आयण्टमेण्ट (Whitefield ointment)।
3. 10% अमोनिएटिड मरकरी आयण्टमेण्ट।
4. सैलीसिलिक एसिड 1 भाग और वैसलीन 16 भाग का मरहम।
5. रेड आयोडाइड ऑफ मरकरी का 5% मरहम।
6. बेन्जोइक एसिड का मरहम 10%।
7. कार्बोलिक एसिड और सैलीसिलिक एसिड प्रत्येक 2 ग्राम को 30 ग्राम वैसलीन में मिलाकर अथवा नारियल के तेल में मिलाकर लगायें।
8. बेन्जोइक एसिड 2 भाग, सैलीसिलिक एसिड 2 भाग और वैसलीन 30 भाग का मरहम।
9. माइकोजेल-एफ (Micogel-F-*सिपला*) क्रीम पीड़ित भाग पर दिन में 2-3 बार 10 दिन तक लगावें।
10. **निम्न पेटेण्ट क्रीम/मरहम में से कोई-सी एक प्रयोग करें—**
    - मल्टीफंगिन आयण्टमेण्ट (Multifungin ointment)
    - डर्मोक्वीनोल (Dermoquinol) क्रीम
    - माइकोस्टैटीन (Mycostatin) क्रीम
    - जोल लोशन (Zole lotion/cream)

ख. खिलाने के लिए— ग्राइसोवीन (Grisovin) या माइकोरल (Mycoral) अथवा आइडीफुलवीन (Idifulvin) की 4-6 टिकिया बड़े पशुओं को एवं 2-3 टिकिया छोटे पशुओं को दिन में 2-3 बार। 1 टिकिया कुत्तों को दिन में 2-3 बार दें।

4. त्वचा का सड़ना/परिगलन (Gangrene of Skin)

परिचय (Introduction)— यह त्वचा के सड़ने, सूखने एवं कड़ा होने का रोग है। यह शरीर के किसी भाग में हो सकता है। यह रोग प्रायः पशुओं की पूँछ में देखा जाता है जिससे पूँछ सूख जाती है। इसे टेल-गेन्ग्रीन (Tail gangrene) भी कहते हैं।

कारण (Cause)— पशुओं में गैंग्रीन के कारण ज्ञात नहीं हैं। पूँछ की गैंग्रीन *कोरिनी बैक्टीरियम बोविस* अथवा माइक्रोफाइलेरिया के संक्रमण से अथवा वसा अम्लों (फैटी एसिडस) की कमी की वजह से हो सकती है।

रोग लक्षण (Symptoms)— इस रोग की प्रारम्भिक अवस्था में पीला-रक्तोद निःस्राव (yellow serous discharge) त्वचा से आना प्रारम्भ होता है जो बाद में कड़ा होकर मृत चमड़े के समान हो जाता है। पशु खाना-पीना कम कर देता है। दुधारू पशुओं का दूध कम हो जाता है। रोग के अधिक होने पर (अधिक भाग के आक्रान्त में) इसका विष शरीर के समस्त भागों में फैल जाता है।

The area is swollen, raised, discoloured and cold. Separation occurs at the margin and sloughing may occur before drying of the affected skin is apparent, the underlying surface is raw and weeping.

चिकित्सा (Treatment)— निम्न रूप में—

1. यदि त्वचा सूखकर कड़ी हो गई है तो सूखे भाग की पूँछ को ऊपर से छोड़कर 1-2 इंच ऊपर से पूँछ को काटकर अलग कर दें। पूँछ गर्म लोहे (hot firing iron) से काटें और रुई को टिंचर बेन्जोइन या टिंचर फैरीपरक्लोर में भिगोकर कटी पूँछ पर रखकर पट्टी बाँध देनी चाहिए। 7-10 दिन में घाव ठीक हो जाता है। प्रायः 1-2 ड्रेसिंग ही पर्याप्त होती है।
2. 4-5 दिन तक किसी एक एण्टीबायोटिक को मांस में लगावें।

5. गंजापन/बाल का उड़ना (Alopecia)

अन्य नाम (Other names)— बाल्डनैस (Baldness) / ऐट्रीचिया (Atrichia)।

परिचय (Introduction)— इस रोग में पशु के बाल झड़ने लगते हैं, अथवा पैदा होने के समय बालों का अभाव होता है। यह रोग अधिकतर बछड़ों एवं कुत्तों में मिलता है।

Alopecia or Baldness is deficiency of the hair or wool coat.

कारण (Etiology)— कुत्तों में आयोडीन की कमी (डिफीशियन्सी) के कारण, टॉक्सिक अथवा ट्रौमेटिक न्यूराइटिस के परिणामस्वरूप होती है। गैस्ट्रोइण्टेस्टाइनल कटार, हेल्मिन्थिक इन्फेक्शन आदि से भी रोग उत्पन्न होता है। संक्रमण (इन्फेक्शन); जैसे- इन्फ्लूएन्ज़ा, निमोनिया, स्ट्रैंगिल्स, मैटालिक पायजनिंग, आयोडीन डिफीशियेन्सी, दुग्धावस्था एवं गर्भ की स्थिति में एलोपीसिया का रोग उत्पन्न होता है। बछड़ों में बिना किसी कारण के सम्पूर्ण बाल गिर जाते हैं। कुत्तों में डेमोडैक्टिक मेन्ज के अन्तर्गत एलोपीसिया मिलता है।

एलोपीसिया के कारण सारांश में

- पौष्टिक आहार की कमी।
- दूषित आहार।
- पाकाशयी सर्दी।
- पैरासिटिक डिजीज।
- संसर्गीय बीमारियाँ। जैसे-निमोनिया, धातुविष, संखिया आदि।
- आयोडीन की कमी।

- अन्तःस्रावी दुष्क्रिया (इण्डोक्राइन डिसफंक्शन्स); जैसे- थाइरॉइड, पिट्यूटरी एवं गोनेडल हॉर्मोन्स की कमी (इन्सफीसिएन्सी) के कारण एलोपीसिया की उत्पत्ति होती है।

लक्षण (Symptoms)

- केश का कम होना अथवा बिलकुल न होना।
- केश का झड़ना (Falling of hairs)।
- चमड़ा लाल-लाल दिखाई देना।
- खुजाना।

यह रोग अधिकतर नये जन्मे पशुओं में मिलता है। लम्बी बीमारी अथवा कृमियों (वर्म्स) के कारण भी गंजेपन की स्थिति आती है।

चिकित्सा (Treatment)

क. स्थायी रूप की एलोपीसिया में आयोडीन, पोटेशियम आयोडाइड एवं थायराइड का प्रयोग करें। यदि बीमारी अथवा चोट के कारण रोमकूप (hair follicles) नष्ट हो गये हैं तो चिकित्सा से कोई लाभ नहीं। यदि गम्भीर बीमारी के बाद बाल स्थायी रूप से नष्ट हो गये हैं तो चिकित्सा से लाभ नहीं। केवल शरीर पर दिन में दो बार गिरी के तेल (coconut oil) की हल्की मालिश (gentle massage of body) की जा सकती है।

ख. गम्भीर स्वरूप के रोग में हल्के क्षोभण गाढ़े द्रवों (Mild irritating lotion); जैसे— कैन्थ्राइटिस, रिसोरसिन अथवा सैलीसिलिक एसिड का प्रयोग करना चाहिये।

ग. एन्टीहिस्टामीन (Antihistamine) औषधियों को तत्काल और उचित मात्रा में प्रयोग करना चाहिए; जैसे- फैनरामीनमैलीएट अथवा क्लोरफैनरामीनमैलीएट।

घ. स्थानीय रूप में नारियल के तेल में गंधक मिलाकर लगाना लाभदायक होता है।

च. नवजात पशुओं को पोटेशियम आयोडाइड 2-4 ग्राम चटनी बनाकर दिन में दो बार चटावें।

छ. इन्जेक्शन मिल्क आयोडीन 5-10 मि.ली. मांसपेशी में सप्ताह में दो बार।

ज. इन्जेक्शन कान्सीप्लेक्स (Inj. Conciplex) 5-10 मि.ली. बड़ों को। बछड़ों को 2 मि.ली. रोजाना मांस में 10-15 दिन तक। अथवा

झ. विटासेप्ट (Vitacept) 5 मि.ली. सप्ताह में दो बार मांस में।

ट. मीरिमिक्स (Merimix) या कौन्सीमीन गुड़ या दाने में मिलाकर। कौन्सीमीन 1-2 चम्मच रोजाना।

6. सूजन (Swelling)

अन्य नाम (Other name)— प्रदाह, (Inflammation)।

परिचय (Introduction)— जब कभी ऊतकों (tissues) पर किसी प्रकार का आघात पहुँचता है तब प्रकृति उस आघात से स्वयं बचाव करती है तथा नष्ट होनेवाले ऊतकों की मरम्मत करती है। इस कारण प्रभावित भाग में रक्त संचार बढ़ जाता है जिसके कारण वह भाग सूज या फूल जाता है तथा लाल हो जाता है। सूजे हुये लाल भाग में दर्द रहता है।

कारण (Cause)— बाहरी आघात, चोट-मोच से। सन्धिशोथ (गठिया), एलर्जी।

चिकित्सा (Treatment)— क. चिकित्सा कारण के अनुरूप की जाती है। यदि सूजन चोट-मोच के कारण है तो उस पर आयोडीन आयण्टमेण्ट या आयोडेक्स लगानी चाहिये। इसके

लिए मसलीक्स आयन्टमेन्ट (Muslex ointment) अथवा रिलेक्सिल (Relaxyl) का प्रयोग किया जा सकता है। मेडीक्रीम अथवा रूमालिया क्रीम या स्वैनिल तेल भी उपयुक्त रहता है। यदि पशु सेंकने दे रहा हो, तो गर्म पानी में मैग सल्फ अथवा नमक या बोरिक एसिड डालकर सिकाई करनी चाहिए। सिकाई के लिए इस औषधि मिले गर्म पानी में कपड़ा या रुई भिगोकर और निचोड़ कर सेंकना चाहिये।

ख. इसके साथ पेनिसिलीन, स्ट्रैप्टोपेनिसिलीन, वेटोपेन, म्यूनोमाइसीन, विस्ट्रीपेन, टैरामाइसीन, स्टेक्लिन, नियोमाइसीन आदि में से किसी एक दवा की सूई मांस में लगानी चाहिये।

लाक्षणिक चिकित्सा (Symptomatic treatment)— *1.* दर्द की स्थिति में— एनाल्जीन, सेमीजॉल, इस्जीपाइरीन, नोवाल्जिन या मैलोक्सी कैम इंजेक्शन 15–30 मि.ली. मांस में (I.M.) बड़े पशुओं को। छोटे पशुओं को 5–10 मि.ली।

2. यदि सूजन सन्धिशोथ या गठिया के कारण हो— पशु के लंगड़ाने की स्थिति में नोवाल्जिन, रोनाल्जिन, एनाल्जिन आदि में से किसी एक दवा की 20–30 मि.ली. मात्रा मांस में सप्ताह में दो बार तीन सप्ताह तक लगावें अथवा रोजाना ठीक होने तक। साथ ही न्यूरोवियोन/वेटन्यूरिन या ट्राईरेडीसोल-एच आदि में से किसी एक दवा की 10 मि.ली. मात्रा सप्ताह में दो बार तीन सप्ताह तक मांस में (I.M.) लगावें।

3. यदि सूजन, एलर्जी अथवा अन्य किसी कारग (कीड़े-मकोड़े के काटने, चोट या रासायनिक कारण) से हो, तो— एविल (Avil) 5–10 मि.ली. मांस में (I.M.) लगावें। छोटे पशुओं को 1–2 मि. ली. मांस में अथवा इसी की टिकियाऐं 5–10 की संख्या में बड़े पशुओं को और 1–2 टिकिया छोटे पशुओं को दिन में दो-तीन बार खिलावें। *अथवा*

इंजेक्शन कुराल (Inj Cural) 2–5 मि.ली. बड़े पशुओं को, 1–2 मि.ली. छोटे पशुओं को तथा 0.5–1 मि.ली. कुत्ते को मांस में लगावें। *अथवा*

डैक्सामीथासोन (Dexamethasone) अथवा डेकाड्रान (Decadran) या डेक्सोना (Dexona-कैडिला) 5 मि.ली. की मात्रा में बड़े पशुओं को मांस में (I.M.) दें।

4. यदि घोड़े की पीठ पर असावधानीपूर्वक जीन कसने से सूजन हो गई हो, तो— सिवाजाल या नियोस्पोरिन-एच. आयन्टमेण्ट आक्रान्त स्थान पर लगावें। स्ट्रेप्टोपेनीसिलीन (इं.डी.सी. या वीस्ट्रेपेन) 2.5 ग्राम की सुई मांस में तीन-चार दिन तक लगावें एवं कोट्रीमोक्साजोल (ओरीप्रिम बोलस) 2–4 टिकिया नित्य पाँच दिन तक खिलावें।

5. यदि किसी भी कारणवश सूजन से पशु लंगड़ाकर चलता हो, तो— इस्जीपायरीन (Esgipyrin) 4–6 टिकिया, न्यूरोबियॉन (Neurobion) 5 टिकिया मिलाकर दिन में दो बार। साथ ही इस्जीपाइरीन का इन्जेक्शन 10–20 मि.ली. की मात्रा में मांस में लगावें एवं न्यूरोबियॉन (मर्क) 6 मि.ली. की सुई शिरा में एक दिन छोड़कर लगावें। (पूर्ण ठीक होने तक)

7. रसौलियाँ (Tumours or Neoplasm)

अन्य नाम (Other name)— अर्बुद।

परिचय (Introduction)— कभी-कभी कोशिकायें कुछ कारणों से अनियंत्रित होकर नई कोशिकाओं के रूप में तीव्रता से बढ़ने लगती हैं, रसौलियाँ कहलाती हैं। नयी कोशिकाओं के अनियंत्रित असामान्य वृद्धि का नाम ही रसौली या अर्बुद (tumour) माना जाता है। इसका निर्माण भी

सामान्य ऊतकों से ही होता है, परन्तु बनावट और आचरण दोनों ही सामान्य से भिन्न होते हैं। यह स्वतन्त्र रूप में स्वत: बढ़ती है। इसकी आकृति में काफी अन्तर होता है। यह कडी, मुलायम, संख्या में एक या अनेक होती हैं। यह विशेषकर जबड़े के ऊपरी भाग, गर्दन के निचले भाग, पेट, कानों के आसपास जड़ के पास अधिक निकलती है।

प्रकार (Types)— रसौलियाँ 2 प्रकार की होती हैं—

1. स्पष्ट या सुदम या सरल या बेनाइन (Benign or Simple)
2. दुर्दम या असाध्य या मैलिग्नेन्ट (Malignant)।

(1) स्पष्ट या सुदम या सरल रसौलियाँ *(Benign tumours)*— ये सरल और धीमी गति से बढ़नेवाली होती हैं। इनके चारों ओर एक झिल्ली या भित्ति होती है। इनकी कोशिकायें एक ही स्थान पर सीमित रहती हैं। साथ ही इनकी वृद्धि अनियंत्रित नहीं होती। चिकित्सा के बाद पुन: उत्पन्न नहीं होती है।

(2) दुर्दम या असाध्य रसौलियाँ *(Malignant tumours)*— ये रसौलियाँ संयुक्त रचना की होती हैं और इनकी वृद्धि तीव्र गति से होती है। कोशिकाओं की वृद्धि अनियंत्रित रूप से होती है, क्योंकि इनके चारों ओर कोई झिल्ली या भित्ति नहीं होती। ये कोशिकायें अपने उत्पत्ति स्थान से निकलकर रक्त के साथ मिलकर शरीर के विभिन्न भागों में पहुँचकर नई गाँठें बनाती हैं। ये एक स्थान से दूसरे स्थान पर बढ़ती हैं। इसे मैटास्टेसिस (metastasis) कहते हैं।

कारण (Cause)— इनकी उत्पत्ति के अनेक कारण हैं; जैसे—

1. विषाणु (Virus) 2. परजीवी (Parasites) 3. रासायनिक पदार्थ (chemicals) 4. पुरानी उत्तेजना या संताप (chronic irritation) 5. हॉर्मोन्स (Hormones), विकिरण (sadiation) आदि।

लक्षण (Symptoms)— इनके लक्षण निम्न प्रकार के होते हैं—

- शरीर के किसी अंग में गाँठ/गिल्टी/गुठली या सूजन के रूप में होते हैं।
- इनको दबाने से स्थानीय ऊतकों को कष्ट।
- मैलिग्नेन्ट ट्यूमर्स से दर्द एवं कष्ट।
- उपचार से इनकी पुन: वृद्धि।

चिकित्सा (Treatment)— ऑपरेशन के अलावा इनकी और कोई उपयुक्त चिकित्सा नहीं है। रसौली को जड़ से काटकर समस्त दूषित पदार्थ, पूय, रक्त आदि निकाल दें एवं गर्म लोहे से दागते हुए जड़ तक एक रूप कर दें। तत्पश्चात् घाव को स्वच्छ और विसंक्रमित करके एण्टीसेप्टिक मलाई या गाढ़ा द्रव लगाकर पट्टी कर दें।

ओपरेशन के बाद निम्न औषधियों का भी प्रयोग किया जा सकता है (एन्टीबायोटिक औषधियाँ)—

1. कैम्पिसिलीन वैट (Campicillin vet–केडिला)— बड़े पशुओं को 1–2 ग्राम एवं छोटे पशुओं को 500–1000 मि.ग्रा. का इन्जेक्शन मांस में लगावें। *या*

2. प्रिमिसिन वैट (Primicin vet)— बड़े पशुओं को 1–2 मि.ग्रा. प्रति किलो शरीर–भार तथा छोटे पशुओं को 2–4 मि.ग्रा. प्रति किलो शरीर–भार पर दें। कुत्तों को 4 मि.ग्रा. प्रति किलो शरीर–भार पर I/M 4–7 दिन तक दें। *या*

3. बायोट्रिम (Biotrim)— गाय, भैंस को 13–15 मि.ली. प्रति 400 किलो शरीर–भार पर, घोड़े को 9–10 मि.ली. प्रति 300 किलो शरीर–भार पर, भेड़ को 1–2 मि.ली. तथा कुत्ते को 0.5–1 मि.ली. मांस में लगावें।

8. मस्से और गुठलियाँ या पैपिलोमा (Warts or Papilloma/Papillomatosis)

परिचय (Introduction)—ये एक प्रकार के वेनाइन ट्यूमर हैं जो त्वचा के ऊपर मस्से या गुठलियों के रूप में निकलते हैं। ये धीरे-धीरे बढ़ते हैं और बाद में पकते हैं।

The common warts of cattle and horses are transmissible by intradermal injection and is caused by a virus with considerable host-specificity.

कारण (Cause)—इसका कारण एक वायरस है जिसे Parvovirus कहते हैं। यह त्वचा में घुसकर त्वचीय मस्से (cutaneous warts) घोड़े और पशुओं में उत्पन्न करता है।

लक्षण (Symptoms)—गोवंशीय सभी आयु के पशु इससे प्रभावित हो सकते हैं, परन्तु बछड़ों और बछियाओं तथा युवा पशुओं में ये अकसर मिलते हैं। बछड़ों में यह सिर, गर्दन और कन्धे के आसपास पाये जाते हैं। किन्तु अन्य भागों (थन, सांड़ों के प्रिप्यूस, वल्वा, वेजाइना) में भी पाये जाते हैं। आकार में ये छोटी मटर से बड़ी सुपारी तक हो सकते हैं और कई एक गुच्छों में भी गोभी के फूल के आकार तक के मिलते हैं। मुँह, आँखों, कानों, गर्दन और कन्धों पर इनकी उपस्थिति मिलती है। गायों में ये थनों पर विशेष रूप से मिलते हैं। ये छोटे, पतले और लम्बे हो सकते हैं।

In young cattles and goats, the warts occur most commonly on the head, specially around the eyes, and on the neck and may spread to other parts of the body. Cutaneous warts are common in older animals and warts on the teats show an increasing frequency with age (15). The teat warts appears in several forms. They are usually multiple, always sessile and are upto 2 cm in diameter.

चिकित्सा (Treatment)— प्रारम्भिक अवस्था में ग्लेसियल ऐसीटिक एसिड या आयोडीन के लगाने से लाभ होता है। इन्हें काटकर निकाल दिया जाता है और कटे भाग पर आयोडीन लगा दी जाती है ताकि यह पुनर्जीवित न हों।

यदि मस्से एकाध या छिटपुट हों, तो उन्हें घोड़े के बाल या नाइलोन के धागे से बाँध देना चाहिये जिससे वे कट जाते हैं। इसके बाद उस स्थान पर कोई एण्टीसेप्टिक मरहम; यथा-नियोस्पोरिन-एच या सोफ्रामाइसिन या मायबेसीन आयण्टमेण्ट लगा दिया जाता है।

यदि मस्से अधिक या गुच्छे के रूप में हों, तो— एन्थियोमलीन (Anthiomaline) 20 मि.ली. की मात्रा में I/M सप्ताह में दो बार दें। 6-8 इन्जेक्शन देने से मस्से अपने-आप गिरने लगते हैं। यदि इतना करने पर भी कोई मस्सा न गिरे तो वह हाथ लगाते ही गिर जाता है।

9. कैंसर (Cancer)

परिचय (Introduction)— ये दुर्दम अर्बुद (malignant tumour) हैं जो ठीक नहीं होते हैं। इनकी वृद्धि अति शीघ्र होती है और स्थानीय ऊतकों को हानि पहुँचाकर नष्ट करते हैं। ये शरीर के किसी भी भाग में, आँखों के लेंस को छोड़कर हो सकते हैं। इसका प्राय: पता प्रारम्भ में नहीं चलता है, बल्कि रोग बढ़ने पर लगता है।

कारण (Cause)— कैंसर की उत्पत्ति वायरस (अधिकतर R.N.A. Virus) से होती है। डी. एन.ए. वायरस से भी।

अन्य कारणों में रसायन एवं रेडियोधर्मी पदार्थ होते हैं। ये कारण वायरस को कैंसर उत्पन्न करने के लिए प्रेरित करते हैं।

कैंसर पैदा होने से पहले कोशिका में आण्विक स्तर से लेकर कोशिकीय स्तर तक अनेक क्रमबद्ध परिवर्तन होते हैं। इस अवधि में कैंसर जीन में उत्परिवर्तन होने तथा आन्तरिक रक्षा प्रणाली के असफल होने के बाद कैंसर पैदा होता है।

प्रकार (Types)— कैंसर मुख्य रूप से तीन प्रकार का होता है—

1. कार्सिनोमा (Carcinoma)— त्वचीय स्तर पर।
2. सारकोमा (Sarcoma)— अस्थि, कार्टीलेज एवं वसा पर।
3. लिम्फोमा (Lymphoma)— लसिका ग्रन्थियाँ, रक्त-कोशिकाओं एवं अस्थि-मज्जा कोशिकाओं पर।

लक्षण (Symptoms)— कैंसर, शरीर के किसी भी अंग में गाँठ या गिल्टी या सूजन के रूप में होता है। प्रभावित स्थान पर दर्द तथा पीड़ा होती है। स्थानीय ऊतकों में सड़न पैदा हो जाती है और रक्तस्राव आदि के लक्षण मिलते हैं। यह केकड़े की भाँति शरीर को पूरी तरह से जकड़ लेता है और मरते समय तक अपनी जकड़ कायम रखता है।

- पशुओं में सींग का कैंसर (Cancer of the horn) ऐसा ही रोग है।
- इसके अतिरिक्त पशुओं में गर्भाशय, थन, हड्डी और फेफड़े आदि अंगों में कैंसर पाया जाता है।

चिकित्सा (Treatment)— कोई चिकित्सा नहीं। फिर भी शल्यचिकित्सा की जा सकती है।

10. सींग का कैंसर (Horn cancer)

अन्य नाम (Other names)—सींग का झुकना, पडोका रोग। इसे दुर्दमता (मैलिग्नेन्सी) भी कहते हैं।

परिचय (Introduction)— यह असाध्य रोग है। इसमें सींग धीरे-धीरे झुकने लगता है।

कारण (Cause)— कारण का सही पता नहीं है। कारण वायरस हो सकता है।

लक्षण (Symptoms)— इसमें सींग धीरे-धीरे झुकने लगता है और हिलाने पर जड़ के पास से हिलता है। सींग की जड़ मुलायम और कोमल होती है। दबाने से जगह पिलपिली मालूम होती है। पीड़ा एवं कष्ट के कारण पशु सुस्त रहता है और खाना-पीना भी कम कर देता है।

चिकित्सा (Treatment)— इसकी कोई औषधि चिकित्सा नहीं है। केवल शल्यचिकित्सा की जा सकती है। ऐसी स्थिति में सींग को जड़ से काट देना चाहिये और साफ करके एण्टीसेप्टिक ड्रेसिंग करनी चाहिए एवं एण्टीबायोटिक-पेनीसिलीन + स्ट्रैप्टोमाइसीन अथवा एम्पीसिलीन अथवा एम्पीसिलीन 500 मि.ग्रा. + क्लोक्सासिलिन 500 मि.ग्रा. मिलाकर मांसपेशीगत 7-10 इन्जेक्शन तक देने चाहिये।

सींग की जड़ के ऊतकों का विकास तेजी से होता रहता है एवं जरा-सा धक्का लगने पर काफी रक्त बहने लगता है। फिर भी कुछ दिन छोड़ देने पर ऊतकों का विकास गोभी जैसा हो जाता है। इसका अन्त पशु की मृत्यु के साथ होता है।

◆◆◆

26

असंक्रामक रोग

(Non-infectious Diseases)

वे रोग जो संक्रामक नहीं होते और न ही छूत या संसर्ग से फैलते हैं, उन्हें 'असंक्रामक' या 'सामान्य रोग' कहते हैं। इन रोगों का वर्णन शरीर के भिन्न-भिन्न तंत्रों (different body systems) के आधार पर अलग-अलग किया जा रहा है—

1. पाचन-तंत्र के रोग (Diseases of Digestive system)
2. श्वसन-तंत्र के रोग (Diseases of Respiratory system)
3. रक्त-संचालन-तंत्र के रोग (Diseases of Blood Vascular system)
4. लसीका-तंत्र के रोग (Diseases of Lymphatic system)
5. मूत्र-तंत्र के रोग (Diseases of Urinary system)
6. तंत्रिका-तंत्र के रोग (Diseases of Nervous system)
7. प्रचलन-तंत्र के रोग (Diseases of Locomotory system)
8. उपापचय के रोग (Diseases of Metabolism)
9. गर्भावस्था के रोग (Diseases of Pregnancy)
    (i) प्रसव से पहले के रोग (Diseases of Preparturition)
    (ii) प्रसव के बाद के रोग (Diseases of Postpartum)
10. प्रजनन-तंत्र के रोग (Diseases of Reproductive system)
11. पोषक-तत्व के अभाव रोग (Diseases of Nutrients deficiency)

1. पाचन तंत्र के रोग
(Diseases of Digestive System)

इस तंत्र के अन्तर्गत मुख (Mouth), कंठ या ग्रसनी (Pharynx), ग्रसिका या ग्रासनली या भोजन नली (Oesophagus), उदर या आमाशय (Stomach), आंत्र (Intestine), यकृत (Liver), प्लीहा/तिल्ली (Spleen) और अग्न्याशय (Pancreas) मुख्य रूप से आते हैं। इनमें होने वाले रोग इस प्रकार हैं—

1. मुख के रोग (Diseases of the Mouth)
2. कंठ या ग्रासनली के रोग (Diseases of Pharynx)
3. ग्रासनली या भोजन नली के रोग (Diseases of Oesophagus)
4. उदर या आमाशय के रोग (Diseases of Stomach)
5. आन्त्रों के रोग (Diseases of Intestines)

6. यकृत के रोग (Diseases of Liver)
7. प्लीहा या तिल्ली के रोग (Diseases of Spleen)
8. अग्न्याशय के रोग (Diseases of Pancreas)

1. मुख के रोग (Diseases of Mouth) / मुख प्रदाह (Stomatitis)

अन्य नाम (Other names)—मुँह आना, मुँह की श्लेष्मा का शोथ (inflammation of buccal mucous membrane)।

परिचय (Introduction)—इसमें मुँह की श्लेष्मा लाल हो जाती है। मुँह में छाले पड़ जाते हैं और जीभ पर तह-सी जम जाती है।

Stomatitis is an inflammation of the mucous membrane of the mouth. It may be either localised or diffused, primary or secondary.

मुख प्रदाह का रोग अधिकतर संक्रामक रोगों यथा फुट एण्ड माउथ डिजीज (F.M.D.), रिण्डरपेस्ट (R.P.) एवं विष पदार्थ; जैसे—फास्फोरस, मरकरी, लैड आदि में होता है।

प्राय: इसमें जिह्वा भी प्रभावित होती है। यह रोग निम्न रूपों में मिलता है—

1. सर्दीला (Catarrhal) या सरल मुख प्रदाह (Simple stomatitis)
2. फफोले वाला मुख प्रदाह (Vesicular stomatitis)
3. जख्म वाला मुख प्रदाह (Ulcerative stomatitis)
4. विषैला और सड़ने वाला मुख प्रदाह (Necrotic and gangrenous stomatitis)
5. मस्से वाला मुख प्रदाह (Papillomatous stomatitis)
6. छाले वाला मुख प्रदाह (Mycotic stomatitis)

1. सर्दीला मुख प्रदाह (Catarrhal stomatitis)

कारण—1. इस प्रकार की मुख प्रदाह प्राय: घोड़ों में जलनवाले पदार्थों (irritants) और अविरल (undiluted) द्रवों के मुख द्वारा सेवन कराने से हो जाती है; जैसे—अमोनिया, टरपेण्टाइन, क्लोरल हाइड्रास, आयोडीन, मरकरी, लैड आदि से।

2. अन्य पशुओं में यह रोग घाव वाली चोट एवं संक्रामक बीमारियों के कारण होता है।

लक्षण (Symtoms)—श्लेष्मा लाल और सूजी हुई। मुँह से लार आती है और पशु चारा-दाना कम खाता है अथवा बिल्कुल बन्द कर देता है। मुखीय लीजन्स Thick tenacious mucus से ढके रहते हैं। होठों पर झाग-सा रहता है। स्थानीय लिम्फ ग्लैण्ड्स में सूजन आदि के लक्षण मिलते हैं।

2. फफोले वाला मुख प्रदाह (Vesicular stomatitis)

इस प्रकार की मुख प्रदाह भेड़-बकरियों में अधिक देखने को मिलती है। कुत्तों में विशेष संक्रामक रूप में। अन्य पशुओं में बहुत कम। घोड़ों में बिल्कुल नहीं।

कारण (Causes)—1. आघात एवं चोट तथा उत्तेजक पदार्थ। अन्य रोगों के साथ; जैसे—आर. पी., एफ. एम. डी. (F.M.D.)।

2. जीवाणु रोग।

लक्षण (Symtoms)—मुख की म्यूकस मैम्ब्रेन लाल, गर्म तथा संवेदनशील (sensitive) हो जाती है। शरीर का तापक्रम अधिक बढ़ा हुआ, जीभ की झिल्ली पर मटर के आकार के फफोले (appearance of thin walled millet, lentil or bean seed sized vesicles), जिन्हें छेदने पर साफ

तरल द्रव्य निकलता है। प्रारम्भ में फफोले छोटे होते हैं, जो बाद में बड़े होकर आपस में मिलकर बड़ा रूप ले लेते हैं। ये फफोले होठों के भीतरी भाग, मसूड़ों, दाँतों के बीच और जीभ के किनारों पर मिलते हैं। फफोले फूटकर घाव में बदल जाते हैं। मुँह से लार बहती है जो रस्सी की तरह लटकी हुई प्रतीत होती है (profuge salivation, hang like rope)। सबमेक्जीलरी लिम्फ नोड्स में सूजन हो जाती है। घाव एक से चार सप्ताह तक चलते हैं।

इस प्रकार के मुख प्रदाह में भेड़-बकरियों की हानि तेजी से होती है, क्योंकि वे न चर सकती हैं और न खा सकती हैं।

3. जख्म वाली मुख प्रदाह (Ulcerative stomatitis)

इस प्रकार की मुख प्रदाह प्रायः पशुओं में खुरपका-मुँहपका रोग (F.M.D.) एवं जहरीला घाव (Actinomycosis) में मिलती है। कभी-कभी यह भेड़-बकरियों और मेमनों के मुँह के छालों और कुत्तों के खराब दाँत और मसूड़ों की स्थिति में होता है।

कारण (Causes)—चोट लगने, घाव, जीवाणु संक्रमण एवं खराब दाँत तथा मसूड़ों से।

लक्षण (Symtoms)—पशु को तेज बुखार होता है। मुँह की झिल्ली लाल जख्मों से युक्त (Red ulcerative lesion) होती है। मसूड़ों के किनारे ulcerative lesion को प्रदर्शित करते हैं। घाव मृत सड़े हुए टिशूज से ढके होते हैं। दाँत हिलते हैं, स्थानीय लिम्फ ग्रन्थियों में सूजन, मुँह से बदबूदार महक, कभी-कभी रक्त मिली लार आती है। चबाते समय आहार मुख से बाहर गिर जाता है और रस्सीनुमा लार बहती है। दर्द के कारण पशु केवल द्रव (liquid) ही ले पाता है।

भेड़ और मेमनों के होठ के अन्दर जख्म और पपड़ियाँ होती हैं। मेमने इनके कारण भूखे रहते हैं जिससे वे अधिकांशतः मर जाते हैं।

कुत्तों में जख्म ऊपरी होता है। उनमें दुर्गन्ध-भरी साँस आती है एवं ज्वर के साथ अनेक स्वाभाविक बाधायें उत्पन्न हो जाती हैं। मृत्यु प्रायः सेप्टीसीमिया अथवा सेकेण्ड्री इन्हेलेशन निमोनिया के द्वारा होती है।

अल्सरेटिव स्टोमेटाइटिस के लक्षण सारांश में

- पशु को तेज बुखार।
- मुँह की म्यूकस झिल्ली पर लाल जख्मों की उपस्थिति।
- चबाने के समय आहार का मुख से बाहर गिरना।
- रस्सीनुमा लार बहना।
- बदबूदार महक एवं कभी-कभी रक्त मिली लार।
- दाँतों का हिलना।
- स्थानीय लिम्फ ग्लैण्ड्स में सूजन।
- केवल द्रव आहार या पानी लेने में समर्थ।
- भेड़ और मेमनों के होंठ के अंदर जख्म और पपड़ियाँ।

इस प्रकार की मुख प्रदाह कुत्तों के डिस्टेम्पर रोग में भी मिलती है। पशुओं एवं भेड़ों में विटामिन-बी की कमी (Avitaminosis-B) के कारण भी ऐसा होता है।

4. विषैली और सड़ने वाली मुख प्रदाह (Necrotic and gangrenous stomatitis)

इस प्रकार की मुख प्रदाह बछड़ों एवं शूकरों में मिलती है। दूसरे पशुओं में भी मिल सकती है। इस प्रकार की विकृति में सूजन, पनीर के समान निर्जीव होकर जख्म और विष पैदा करता है।

कारण विज्ञान (Etiology)—रोग का कारण एक जीवाणु (necrobacillus) होता है, जो मिट्टी और खाद में रहता है।

लक्षण (Symtoms)—यह मुख प्रदाह (inflammatory) रोगों में सबसे अधिक गम्भीर होती है। गाल, मसूड़ों एवं होठों पर Gangrenous changes आ जाते हैं। Perforation की स्थिति में जख्म त्वचा के आसपास चारों ओर फैल जाते हैं। भूख न लगना, उदास रहना, दुर्बल होना तथा लार बहने लगती है। जीभ की जड़ के पास या बगल में मोलर दाँत से सटे गाल पर जख्म हो जाता है। पहले इनका रूप छोटे-छोटे दानेदार होता है जो बाद में लाली लिये निर्जीव जख्म बन जाते हैं। रोगी को तेज बुखार रहता है। मुखगुहा से दुर्गन्ध आती है। जीभ सड़ जाती है—gangrenous tongue। जबड़े की मांसपेशियों में Spasm होता है। आमाशय तथा आँत में प्रदाह हो जाती है।

- टॉक्सीमिया से 48 घण्टे में मृत्यु हो जाती है।
- जब रोग सड़ाने-गलाने वाले जीवाणुओं से प्रभावित हो जाता है तब आक्रान्त भाग सड़कर गिर जाता है।

5. मस्से वाली मुख प्रदाह (Papillomatous stomatitis)

मुख की श्लैष्मिक झिल्ली पर मस्सों के आकार में जो मस्से निकल आते हैं, उसे मस्सेवाली स्टोमेटाइटिस कहते हैं। पशुओं में नहीं। केवल मेमनों और पिल्लों को होता है।

कारण (Causes)—1. मेमनों में कड़े पदार्थ के खाने से।
2. पिल्लों में विषाणु के द्वारा।

लक्षण (Symtoms)—

- जीभ की नोक एवं भीतरी गाल पर उजले मस्से जैसे।
- ये बढ़कर कंठ तक फैल जाते हैं।
- मुख से दुर्गन्ध आती है।
- दुर्बलता और त्वचा पर खुरण्ड (Emaciation and crusts over the skin) पाये जाते हैं।

6. छालेवाली मुख प्रदाह (Mycotic stomatitis)

इसे छाले या फफोलेवाली (एप्थस या थ्रस) प्रदाह कहा जाता है। इसे मुँहपका के नाम से भी जाना जाता है। यह पशुओं के छोटे बच्चों एवं घोड़ों में विशेषकर मिलती है।

कारण (Causes)—इसका कारण (Fungus) है।

लक्षण (Symtoms)—

- मन्द स्वरूप के आक्रमण में होठ की श्लेष्मा कटी-फटी-सी होती है।
- भारी आक्रमण में नथुनों पर पीले दाने।
- भीतरी गाल, तालू, मसूड़े तथा थन कटा-फटा-सा दिखायी देता है।
- खाना बन्द (Difficulty in swallowing foods)।
- मुँह से पर्याप्त लार का चलना (Frothy salivation from the mouth)।
- मुँह में सफेदी से पीले तक Necrotic deposits की उपस्थिति।
- जख्म ulcerated हो जाते हैं।
- जीभ और थूथन (Muzzle) नैक्रोटिक लीजन्स दर्शाते हैं।
- अन्य लक्षणों में लंगड़ापन (Lameness), सबक्यूटेनियस अडीमा आदि।

अन्य प्रकार की मुख प्रदाह– उपरोक्त मुख प्रदाह के अतिरिक्त प्रोलीफरेटिव स्टोमेटाइटिस, फाइब्रीनस स्टोमेटाइटिस, फ्लेगमोनस स्टोमेटाइटिस, ग्रेनूलोमेटस स्टोमेटाइटिस (trench mouth), एलर्जिक स्टोमेटाइटिस (Allergic stomatitis) आदि भी मिलती हैं।

नोट– • स्टोमेटाइटिस के उपरोक्त सभी रूप जख्मों के आधार पर (According to lesions) वर्णित किये गये हैं। परन्तु, कारण के अनुसार इसका विभाजन अग्र प्रकार है–

स्टोमेटाइटिस का विभाजन कारण के अनुसार (Classification of Stomatitis According to Aetiology)

- वायरल स्टोमेटाइटिस (Viral stomatitis)—इसे विषाणुजन्य स्टोमेटाइटिस भी कहते हैं।
- बेक्टीरियल/जीवाणुजन्य स्टोमेटाइटिस (Bacterial stomatitis)।
- मायकोटिक स्टोमेटाइटिस (Mycotic stomatitis)।
- स्पाइरोकीटल स्टोमेटाइटिस (Spirochaetal stomatitis)।
- पैरासिटिक स्टोमेटाइटिस (Parasitic stomatitis)।
- ट्रामेटिक (फिजिकल एण्ड केमिकल) स्टोमेटाइटिस।
- एलर्जिक स्टोमेटाइटिस (Allergic stomatitis)।

रोग निदानात्मक चिह्न (Sign)–

- कम या बिल्कुल भूख नहीं (Partial or Complete loss of appetite)
- लार अथवा झाग-सा।
- लार में पीव या इपिथीलियल सेल्स (Saliva may contain pus or shreds of epithelial cells)।
- मुख से दुर्गन्ध।
- शरीर का तापक्रम बढ़ा हुआ।
- मुख के जख्म–कटारल, पेपुलर, वेसीकुलर, पश्चूरल, अल्सरेटिव, नैक्रोटिक अथवा ग्रेनूलोमेटस होते हैं।
- स्थानीय लिम्फ ग्लैण्ड्स में सूजन।
- जीभ पर Vesicular या Ulcerative lesions की उपस्थिति।
- सिस्टेमिक डिजीज में टॉक्सीमिया रिएक्शन दिखायी देना।
- कुत्तों में स्टोमेटाइटिस होने पर Uraemic syndrome का पैदा होना।

निदान (Diagnosis)—

- केस का इतिहास भली प्रकार अध्ययन करें।
- अन्य अंगों का भी निरीक्षण, रोग का प्राथमिक अथवा द्वितीयक होना भली प्रकार से मालूम करें।
- मुख के Lesions की जाँच।

उपचार (Treatment)—

1. पशु को मुलायम आहार [बार्ले, चावल का मांड़ (rice gruel) आदि] दें।
    - भेड़-बकरियों को कोमल हरा चारा, हरी पत्ती, केले की पत्तियाँ आदि दें।
    - पशुओं को चरागाह में न चरायें।
2. यदि कोई बाह्य पदार्थ हो, तो उसे दूर करें।
3. मुँह को दिन में तीन बार निम्न में से किसी एक से धोयें–

(क) 1-2% तूतिया (Copper sulphate) का घोल
(ख) 0.1% पोटैशियम परमैग्नेट का घोल
(ग) 1-2% एक्रीफ्लेविन का घोल
(घ) 0.5% डेटॉल या सैवलौन या लिस्टेरीन का घोल
(च) 5% सोडियम बाई कार्बोनेट (खाने का सोडा) का घोल
(छ) 2% फिटकरी का घोल।

4. मुँह के छालों/जख्मों पर बोरिक एसिड पावडर एक भाग तथा ग्लिसरीन 8 भाग मिलाकर लगायें।
5. एण्टीबायोटिक; जैसे—आक्सीटैट्रासाइक्लीन या एम्पीसिलीन या सैफ्ट्रिओक्सोन या एनरोफ्लोक्सासिन या जैन्टामाइसिन का प्रयोग 5-7 दिन तक करें।
6. लीवर एक्सट्रैक्ट इंजेक्शन; जैसे—बैलामिल (Belamyl), बाइवीनाल फोर्ट (Bivinal Forte), बोवोप्लैक्स (Bovoplex); बड़े पशुओं में 10 ml तथा छोटे पशुओं में 3-5 ml मांस में लगाना चाहिये।
7. एन्टीहिस्टेमिनिक इजेक्शन फेनरामीन मैलीएट; जैसे—इंजे. एविल (Avil), हिसलक (Hysluc)—बड़े पशुओं में 5-10 ml, छोटे पशुओं में 0.5 ml मांस में। या क्लोरफैनरामीन मैलीएट, जैसे—आइस्टामीन (Aistamin), केडिस्टीन (Cadistin), क्लोराजीन (Chlorazin), जीट (Zeet)—बड़े पशुओं में 3-5 ml मांस में लगाना चाहिये।
8. 5% डैक्ट्रोज सेलाइन बड़े पशुओं में 1000-2000 ml नस में लगाना चाहिये।
9. गैन्टीनस या नैक्रोटिक स्टोमैटाइटिस में शल्यचिकित्सा का प्रयोग करना चाहिये।

2. कण्ठ के रोग (Diseases of Pharynx) / कण्ठ या ग्रसनी शोथ (Pharyngitis)

परिचय (Introduction)—यह कंठ (फेरिक्स) की सूजन का रोग है। यह लेरिन्जाइटिस के साथ अक्सर मिलता है। यह तीव्र या जीर्ण रूप में होता है। यह घोड़ों और कुत्तों में एक कामन रोग है।

Pharyngitis denotes inflammation of the pharyngeal mucosa and submucosa. The inflammatory process may extend to soft palate and tonsil leading to constriction of pharynx known as 'Angina' or 'Cynanche'. It may be acute or chronic in nature. It is mostly observed in dogs, horses and pigs characterised by purulent bilateral nasal discharge and regurgitation through nostrils while drinking.

कारण विज्ञान (Etiology)

1. शरीर सम्बन्धी (Physical causes)—कठोर पदार्थ, धूल, बाह्य पदार्थ आदि से चोट (Injury from rough, hard, dust, foreign bodies)।

- धुआँ, गैस, इन्हेलेशन आदि से जलन।
- अधिक गर्म या अधिक शीतल आहार।
- कुत्तों का आवश्यकता से अधिक भौंकना।

2. रासायनिक कारण (Enemicals)—जलनवाले रसायन (Irritant chemicals) एवं औषधियों के सेवन से।

3. संक्रमणजन्य कारण (Infective causes)—विभिन्न प्रकार के जीवाणुओं एवं विषाणुओं के संक्रमण से, विशेषकर स्ट्रैंगिल्स, इंफ्लूऐंजा, डिस्टेम्पर आदि रोगों से। मुँह और नाक के शोथ में माध्यमिक स्थिति हो जाती है।

रोग के रूप (Forms of Disease)—रोग प्राय: तीन रूपों में मिलता है—

1. सर्दीला (Catarrhal)
2. गलघोंटू या कण्ठात्मक (Diphtheric or Croupous)
3. बलगमी या कफमयी (Phlegmonous)

1. सर्दीला (Catarrhal)

यह प्राय: दो प्रकार के, तीव्र (Acute) और चिरस्थायी/जीर्ण (Chronic), रूपों में होता है।

(i) तीव्र रूप (Acute form)—इस प्रकार का रूप विशेषकर स्ट्रैंगिल्स, इंफ्लूएंजा, आर.पी. एक्टीनोमाइकोसिस, डिस्टेम्पर आदि रोगों में मिलता है। यह मुख प्रदाह (stomatitis) के कारण भी होता है।

लक्षण (Symptoms)—भूख कम हो जाती है और निगलने (Swallowing) में कष्ट होता है। भोजन नथुने के रास्ते से बाहर हो जाता है। गले को दबाने से खाँसी के दौरे आने लगते हैं। 2-3°F तक तापक्रम बढ़ जाता है। जमीन के तल से भोजन लेने एवं पानी पीने में कठिनाई होती है। नथुनों से चिपचिपा/ पूययुक्त नि:स्राव (Mucopurulent discharge) निकलता है। कुत्ते गले में किसी बाह्य पदार्थ की उपस्थिति में खाँसते हैं और उल्टी करते हैं। इसलिए कुत्तों में बाह्य पदार्थ की उपस्थिति के लिए उसके गले का निरीक्षण करना चाहिये। बुखार, दर्द एवं गले में सूजन आदि मुख्य लक्षण भी मिलते हैं। ऊँटों में रूखी और शुष्क खाँसी, कंठ की सूजन, लार आना, जुगाली करते- करते वमन करना तथा मुँह फाड़ना, नाक उठाना आदि लक्षण।

पशुओं में कुछ विशिष्ट लक्षण भी—

- डिप्रैशन एवं सुस्तीपन
- डिस्पैप्सिया (Dyspepsia)
- Stretching of the neck and head
- मुख से श्वास (Mouth breathing)
- Protrusion of Tongue
- कष्टदायक खाँसी। चारा खाते एवं पानी पीते समय खाँसी अधिक।
- तीव्र अवस्था में तापक्रम वृद्धि
- दोनों नथुनों से पूय जैसा नि:स्राव।

एक्यूट फैरिन्जाइटिस के लक्षण सारांश में

- घोड़ों में अनिच्छा एवं गले में कष्ट।
- गले के बाहर और भीतर सूजन।
- गले को छूने से पशु का खाँसना एवं छूने न देना।
- पशु सुस्त अवस्था में प्रतीत।
- दाढ़ी के नीचे और कंठ की ग्रन्थियों में दर्द भरी सूजन।
- प्रारम्भ में नाक से पानी बाद को गाढ़ा।
- कुत्तों में कभी-कभी उल्टी और हठीली खाँसी।
- ऊँटों में सूखी खाँसी, कंठ में सूजन एवं लार।
- जुगाली करते समय वमन एवं मुँह फाड़ना।

निदान (Diagnosis)—

- निदानात्मक लक्षण; जैसे—नथुनों से नासा स्राव, सिर और गर्दन को उठाना, कण्ठ को दबाने पर खाँसी, जुगाली करते समय नथुनों से आहार का बाहर आना (regurgitation of food through nostrils)।
- कण्ठ की म्यूकस मैम्ब्रेन का एण्डोस्कोपिक परीक्षण।
- छोटे पशुओं में रेडियोग्राफी एवं फेरिन्जियोस्कोपी।

चिकित्सा (Treatment)—

1. (क) बीमार पशु को स्वस्थ पशुओं से अलग रखें।
   (ख) पशु को स्वच्छ रोशनदान युक्त गरम स्थान में रखें।
   (ग) प्रारम्भिक कारणों की चिकित्सा सुचारु रूप से करें।
   (घ) कोमल रुचि वाले खाने की व्यवस्था।

2. एक बाल्टी गर्म पानी में 30 मि.ली. तारपीन का तेल या टिंचर बेन्जोइन डालकर उसको सुँघायें। छोटे पशुओं में विक्स नाक में लगानी चाहिये। कण्ठ की बाहर से सिकाई, अमोनिया या कैम्फर लिनीमेंट की मालिश करें।

3. मेण्टल पेण्ट या बोरो-ग्लिसरीन की पेण्ट गले के अन्दर ब्रुश आदि की सहायता से करें।

4. कैटकफ या कोफलिक्स (Koffix I.H.) का कई दिनों तक प्रयोग करें। इसे गाय/भैंस/घोड़ा को 40 ग्राम तथा भेड़-बकरी को 10 ग्राम की मात्रा में दें।

5. बहुक्षेत्रीय एण्टीबायोटिक; जैसे—ऑक्सीटैट्रासाइक्लीन, जैन्टामाइसिन, एम्पीसिलीन, एनरोफ्लोक्सासीन, सैफ्ट्रिओक्सोन में से किसी एक का कम-से-कम तीन दिन तक प्रयोग करें।

6. विटामिन बी काम्पलैक्स इंजेक्शन का प्रयोग करें।

7. दर्दहारी, सूजनहारी तथा ज्वरहारी दवायें—एनाल्जीन इजे. 500 mg/ml मांस में। *मात्रा*—गाय, भैंस एवं घोड़ा: 10-20 gm; भेड़-बकरी: 1-4gm। जैसे—एनालजीन (Analgin-*KAPL, Vetindia)*, वैटाल्जीन (Vetalgin-*MSD) अथवा* मैलौक्सीकैम (Meloxicam) Injection 5 mg/ml मांस में या नस में; जैसे— डाइक्लोवैट-एम (Diclovet-M-*Alembic*), मैलोनैक्स (Melonex-*Intas)*, जोबिड-एम (Zobid-M-*Zydus AHL*) अथवा मैलौक्सीकैम 5mg तथा पैरासीटामौल 150 mg/ml; जैसे— डाइक्लोवैट एम पी (Diclovet MP-*Alembic*), इनफ्लावैट प्लस (Inflavet plus – *Viv bac*), मैलौनैक्स प्लस (Melonex plus-*Intas*), मैलोक्सी मोल (Meloximol-*Pfizer*), निलओपेन (Nil o pain –*Lyke*), जोविड MP (Zopid MP-*Zydus AHL*) का प्रयोग करना चाहिये।

8. एन्टीहिस्टैमिनिक इंजेक्शन फैनरामीन मैलीएट; जैसे—इंजें. एविल (Inj. Avil), हिसलोक (Hyslock inj.) बड़े पशुओं में 5-10ml, छोटे पशुओं में 0.5-1 ml मांस में या क्लोरफैनरामीन मैलीएट; जैसे—आइस्टामिन (Aistamin), कैडिस्टीन (Cadistin), क्लोराजीन (Chlorazin), जीट (Zeet) 3-5 ml बड़े पशुओं में मांस में लगाना चाहिये।

9. 5% डैक्सट्रोज सेलाइन I000-2000 मि.ली. बड़े पशुओं में शिरा में लगाना चाहिये।

(ii) चिरस्थायी या जीर्ण रूप (Chronic form)—यह तीव्र रूप के परिणामस्वरूप होता है। यह कभी-कभी बिना सभी लक्षण प्रकट किये हुए धीरे-धीरे बढ़ता है।

चिकित्सा (Treatment)—● इसका उपचार तीव्र रूप की ही भाँति किया जाता है।

2. झिल्लीक कण्ठ प्रदाह (Diphtheric pharyngitis)

परिचय (Introduction)—यह रूप प्राय: नहीं होता है।

कारण (Cause)—इसके कारण सर्दीले रूप (catarrhal form) जैसे होते हैं।

लक्षण (Symptoms)—

- इसके लक्षण सर्दीले रूप जैसे होते हैं।
- इसमें कण्ठ की श्लैष्मिक झिल्ली पर मिथ्या झिल्ली (false membrane) होती है, जो नासिका स्राव के साथ छोटे-छोटे टुकड़ों में देखने को मिलती है। इसमें दुर्गन्ध आती है।

3. बलगमी (Phlegmonous)

यह रूप प्राय: घोड़ों में मिलता है। इस रूप में कण्ठ की उपश्लेष्मा में सूजन हो जाती है।

लक्षण (Symptoms)—कण्ठ की श्लैष्मिक झिल्ली में सूजन हो जाती है। कण्ठ सिकुड़ जाता है जिससे पशु को निगलने में काफी कष्ट होता है। साँस लेने में अत्यधिक कष्ट होता है। कभी-कभी कण्ठ में फोड़ा (Abscess) बन जाता है।

- **घोड़ों में स्ट्रैन्गिल्स रोग और इस रोग को पहिचानने में कठिनाई होती है।**

चिकित्सा (Treatment)—

- चिकित्सा सर्दीले रूप (Catarrhal form) जैसी होती है।
- श्वासकष्ट की स्थिति में शल्यचिकित्सा।

3. ग्रासनली के रोग (Diseases of Oesophagus)

1. ग्रासनली या भोजन नली का शोथ (Oesophagitis)

परिचय (Introduction)—यह ग्रासनली की सूजन का रोग है। यह सभी प्रकार के घरेलू पशुओं को होता है।

Oesophagitis : Inflammation of the oesophageal mucous membrane is known as oesophagitis. It is manifested as painful deglutition, excessive salivation and regurgitation of food materials.

कारण (Causes)—

- जीन उत्पन्न करने वाले पदार्थों का खाना।
- अधिक गर्म अथवा अधिक ठंडा भोजन।
- अम्ल अथवा क्षारीय पदार्थों का सेवन।
- जलन पैदा करने वाली दवाओं का सेवन, यथा—फार्मेलिन, एमनफोर्ट, क्लोरल हाइड्रास, पोटेशियम परमैंगनेट का अधिक गाढ़ा घोल।
- फीनोल (Acid carbolic), आयोडीन, क्लोरीन जैसी दवाओं का प्रयोग।
- नुकीले पदार्थ, बच्चों के खिलौने (Children toys) आदि बाह्य पदार्थ का प्रवेश।
- नुकीली हड्डी का खाना (Stucking of sharp bone)।
- ग्रासनली के ऊपर बाह्य आघात।
- हार्स वोट फ्लाई (गेस्ट्रोफाइलस) द्वारा।

- इपिथीलियोट्रोपिक विषाणु से।
- ग्रासनली कर्क (Oesophageal carcinoma)।
- स्टमक टयूब/प्रोवेन्ग आदि का असाधारण प्रवेश।
- बाहरी वस्तुओं; जैसे–आम की गुठली, मक्के की बाली, तार, काँटा, सूई, ब्लेड्स, शीशे के टुकड़े आदि से रुकावट या कट-फट जाने पर।
- विशेष रोग; जैसे–रिण्डरपेस्ट, एफ.एम.डी. एवं स्टोमेटाइटिस रोग से।

नोट–
- भेड़-बकरियों में हाइपोडर्मा के लार्वा से।
- घोड़ों में गैस्ट्रोफाइलस-इन्टेस्टाईनलिस लार्वा से।

ये दोनों ही पैरासाइट्स हैं।

लक्षण (Symptoms)–रोग की गम्भीर स्थिति में पशु को निगलने में कष्ट (डिस्फेजिया-Dysphagia) होता है। वह बार-बार निगलने की कोशिश करता है। पशु हाँफता है और मुँह से लार अथवा झाग निकालता है। गम्भीर अवस्था में मुँह से रक्त मिला श्लेष्मा आता है सिर फैल जाता है। रोग की तीव्र अवस्था में High temperature मिलता है। पानी पीने के बाद बाहर आ जाता है, वमन होता है, जुगाली करने वाले पशुओं में पूर्ण रुकावट हो जाती है अथवा पेट फूल जाता है। पशु देखने में दु:खित एवं चिंतित-सा होता है। परजीवी (Parasites) की स्थिति में पशु को निगलने में कष्ट होता है। किसी बाह्य नुकीली वस्तु से Cervical region (गर्दन का भाग) की त्वचा को वेधकर बिना किसी हानि के बाहर निकल जाते हैं। यदि ऐसा छेद छाती के स्थान पर हो जाता है तो पशु प्लूरिसी से पीड़ित हो जाता है जो उसकी मौत का कारण बन जाता है। कभी-कभी स्टोमेटाइटिस और फेरिन्जाइटिस हो जाती है।

ईसोफेजाइटिस लक्षण सारांश में

- निगलने में कष्ट (गम्भीर अवस्था में)।
- बार-बार निगलने की कोशिश।
- हाँफना।
- मुँह से लार या झाग।
- तीव्र अवस्था में तेज बुखार।
- पानी पीने के बाद बाहर।
- पूर्ण रुकावट अथवा पेट में अफारा।
- पशु दु:खित एवं चिंतित-सा।
- कुत्तों एवं बिल्लियों में वमन।
- अंगुलियों से दबाने पर पीड़ा की अनुभूति।
- साधारण रोग एक सप्ताह में शान्त अथवा रोग उपद्रव युक्त होकर सेप्टीसीमिया तथा मृत्यु।

निदान (Diagnosis)–

- भोजन और चारा-दाना खिलाने का इतिहास मालूम करें।
- ग्रासनली पर अंगुलियों से दबाव।
- रेडियोलोजिकल इन्वेस्टीगेशन।
- म्यूकस और स्राव का सूक्ष्मदर्शी परीक्षण For oesophageal worm।
- ग्रासनली की बनावट एवं नियोप्लाज्मा के लिये इण्डोस्कोपी तथा वायोप्सी।
- त्वरित निदान एवं चिकित्सा के लिये–Surgical exploration

चिकित्सा (Treatment)—ग्रसनीशोथ (pharyngitis) की तरह।

2. ग्रासनली में रुकावट (Oesophageal Obstruction) : चॉक (Choke)

अन्य नाम (Other Names)—सरवाइकल चॉक, थोरेसिक चॉक।

परिचय (Introduction)—इसमें पशु की ग्रासनली में बाह्य पदार्थ अथवा Food Mass के द्वारा एकाएक रुकावट आ जाती है। यह तीव्र और जीर्ण प्रकार की हो सकती है। इसमें अतिरिक्त लार स्राव, अफारा (जुगाली करनेवाले पशुओं में), झाग आना आदि लक्षण होते हैं।

Choke is the sudden closure or occlusion of otherwise normal oesophagus by foreign body or food mass. It is characterised by hypersalivation, deglutitional inability and regurgitation. In ruminants, bloat is the outstanding clinical manifestation of choke.

कारण (Causes)—

- घोड़ों में शुष्क चारा-दाना; जैसे—जई अथवा ब्रान (Bran) से।
- गाय/भैंस/बकरी में—आम की गुठली, बड़े बीज एवं जड़ें।
- कुत्तों में—हड्डियों के खाने से/कठोर भोजन, मछली के काँटे, रबर बाल, सूई, खिलौने, छड़, मांस के बड़े टुकड़े अथवा मछली आदि।
- शूकरों में आलू, Aram, फल, हड्डी आदि से।

नोट—गाय-भैंस में आम की गुठली, आलू, गोभी, शलजम (Turnip), बेर (Plums), सेब (Apple), तरबूज आदि के खाने से निगलते समय गले की नली में रुकावट हो जाती है।

अन्य कारणों से भी—

- ग्रेनूलोमेटस पिण्ड, पेपीलोमा, नियोप्लाज्म से।
- ईसोफेजियल ट्यूमर।
- मेडीएस्टाइनल लिम्फ नोड्स की टी.बी.।
- मेडीएस्टाइनल लिम्फ नोड्स का फोड़ा।
- ईसोफेजियल डाईवर्टीकुलम।
- ईसोफेजियल हाइटस हार्निया एवं थाइमोमा से।
- हृदय एवं फेफड़े का स्थान से विस्थापन (Displacement)।

लक्षण (symptoms)—पशु बाह्य पदार्थ को बार-बार निकालने की कोशिश करता है। गाय/भैंस में लार का आना, Restlessness, आहार को बाहर निकालने का यत्न, Protrusion of tongue, सिर और गर्दन को बार-बार इधर- उधर घुमाना, अफारा, Regurgitation, श्वास- कष्ट आदि लक्षण।

घोड़े में पशु Anxious दिखायी देता है। Restlessness, Refusal to eat, अतिरिक्त लार बहना, रिगर्जीटेशन, इन्हेलेशन-निमोनिया, खाँसी, श्वासकष्ट आदि। शूकरों में लार का आना, परेशानी, वमन, निगलने में कष्ट एवं जलाल्पता के लक्षण देखने को मिलते हैं।

चॉक के लक्षण सारांश में

- पशुओं में रुकावट लैरिन्गस के ऊपर अथवा Thoracic inlet में।
- चारा खाना एकदम बन्द। पशु बेचैन प्रतीत होता है।
- पशु निगलने के लिये ताकत लगाता है।
- लार बहना, खाँसना एवं चबाने के लिये बार-बार प्रयत्न।
- चॉक पूर्ण होने पर अफारा एवं कष्ट।
- सिर एवं गर्दन को बार-बार इधर-उधर घुमाना।
- श्वासकष्ट।

भेड़-बकरी में बहुत ही विरला देखने को मिलता है। इनमें भी अतिरिक्त लार (Hypersalivation), अफारा एवं श्वासकष्ट आदि लक्षण होते हैं।

कुत्तों में निगलने में कष्ट, लार बहना, वमन विशेषकर नाक से, मुख को ऊपर उठाना, गर्दन पर अंगुलियों से दबाव डालने पर Mass की प्रतीति एवं जलाल्पता के लक्षण।

निदान (Diagnosis)—

- बाह्य पदार्थ का इतिहास।
- लक्षणों को देखकर।
- स्टमक ट्यूब प्रवेश करना रुकावट की स्थिति में पास नहीं होता।
- बाह्य पदार्थ को सरवाइकल ईसोफेगस Palpate करने से अनुभव किया जा सकता है।
- माउथ गैग के उपयोग से फैरेन्जियल आब्स्ट्रक्शन का निरीक्षण किया जा सकता है।
- प्रोवेन्ग अथवा स्टमक ट्यूब को डालने पर रुकावट की स्थिति एवं प्रकृति के बारे में निश्चिय किया जा सकता है।
- रेडियोग्राफिक निरीक्षण से ईसोफेगस की पूर्ण लम्बाई, रुकावट की स्थिति आदि के बारे में जाना जा सकता है।
- त्वरित निदान एवं सुधार हेतु (Repair) surgical exploration क्रिया।

चिकित्सा (Treatment)

1. पशुओं को ट्रेन्क्वेलाइजर ट्राईफ्लूप्रोमाजीन (Triflupromazine); जैसे—सीक्विल वेट (Siquil vet Inj-*Morvel, Zydus AHL*) बड़े पशुओं में 5ml मांस में अथवा क्लोरप्रोमाजीन (Chlorproma-zine); जैसे—मेगाटिल (Megatil –*Indas*) 2.5% 1mg/kg BW मांस में प्रयोग करना चाहिये (घोड़ों में नहीं)। इसके बाद ठोस रुकावट को दूर करने के लिये माउथ गैग लगाकर हाथ से निकालना चाहिये अथवा प्रो बैग या स्टमक ट्यूब से र्‌यूमन की तरफ धकेलना चाहिये। कुत्तों तथा बिल्लियों में ईसोफेगोस्कोप की सहायता से ठोस रुकावट को चिमटी से निकालना चाहिये। नरम पदार्थ; जैसे- सन्तरा, तरबूज आदि को बाहर से तोड़ा जा सकता है।

2. एट्रोपीन सल्फेट (Atropine sulphate) इजे. बड़े पशुओं में 10-15 mg तथा छोटे पशुओं में 5-10 mg मांस में लगाना चाहिये। इससे लार कम निकलती है तथा स्पाज्म दूर होता है।

3. एन्टीहिस्टैमिनिक दवा; जैसे- फैनरामीन मैलीएट अथवा कलोरफैनरामीन मैलीएट का प्रयोग करना चाहिये (विवरण पीछे दिया है)

4. किसी एक बहुक्षेत्रीय एन्टीबायोटिक का प्रयोग करना चाहिये (विवरण पीछे दिया है)।

5. यदि ठोस रुकावट को दूर करने के सभी प्रयत्न असफल होते हैं, तो शल्यचिकित्सा (Esophagostomy) द्वारा ठोस पदार्थ को हटाना चाहिये।

6. गाय/भैंस में पेट फूलने पर ट्रोकार कैन्यूला द्वारा अफारे को दूर करना चाहिये।

4. उदर/पेट के रोग (Diseases of Stomach)

उदर शरीर क्रिया—जुगाली करने वाले पशुओं (जिनके खुर फटे हुए होते हैं) के पेट में 4 कोठरियाँ (खाने) होती हैं। पहले को रूमेन (Rumen), दूसरे को रेटिकुलम (Reticulum), तीसरे

को ओमेजम (Omasum) और चौथे को एबोमेजम (Abomasum) कहते हैं। इनकी क्रिया इस प्रकार से सम्पादित होती है–

- पहली तीन कोठरियों में भोजन को रखने, मिलाने, पिसने और सुपाच्य बनाने योग्य कई क्रियायें होती हैं।
- चौथी कोठरी में एवं आँतों में सही पाचन होता है।
- पहली कोठरी, जिसे रूमेन कहते हैं, सबसे बड़ी होती है और पशु चारा-दाना जल्दी-जल्दी निगलकर इसी में जमा करता है और जुगाली करने से चारा-दाना के साथ मुँह की लार मिल जाने से वह सुपाच्य हो जाता है। पेट की दूसरी और तीसरी कोठरी में चारा-दाना को पाचन योग्य बनाने में अन्य कई क्रियायें होती हैं।
- रेटिकुलम से भोजन के नुकीले हानिकारक अपाच्य पदार्थ; जैसे–सूई, कील, काँटे, तार, लोहे के टुकड़े आदि अन्य अंगों को छेदकर या तो दाहिनी ओर छाती में फोड़ा (abscess) बनकर बाहर निकलते हैं या पेरीकार्डियम तक पहुँचकर पेरीकार्डाइटिस रोग (pericarditis) उत्पन्न करते हैं। यदि ये पदार्थ 2" से छोटे हुए तो ये तीसरी कोठरी ओमेजम, सभी वस्तुओं को छानकर रोक लेती है। प्रायः ऐसी वस्तुएँ इसी कोठरी में मिलती हैं। अब यहाँ से सुपाच्य भोजन जो रसमय होता है, चौथी कोठरी एबोमेजम से होकर आँतों में जाकर अवशोषण द्वारा पोषक तत्व टिशूज तक पहुँचता है। पेट के कीड़े इन्हीं आँतों में अधिकता से पलते हैं, अण्डे देते हैं और तीव्र गति से बढ़ते हैं।

पेट से सम्बन्धित प्रमुख रोग इस प्रकार हैं–

1. कलुषित भूख (पाइका-Pica)
2. रूमेन का ठस जाना या अधिक खा लेना (Impaction of rumen or over eating)
3. अफारा या पेट फूलना (टिम्पेनाइटिस-Tympanitis)
4. झाग वाला अफारा (फ्रोथी ब्लोट-Frothy bloat)
5. अम्लीय अपच (Acid Indigestion)
6. अर्जीण रोग (Indigestion)
7. पेट दर्द या आमाशय प्रदाह (गेस्ट्राइटिस/Gastritis)
8. गेस्ट्रिक अल्सर (Gastric ulcer)
9. पैप्टिक अल्सर (Peptic ulcer)।

1. कलुषित भूख (Pica)

अन्य नाम (Other Names)–अखाद्य भक्षण, इसे एलोट्रिओफेजिया (Allotriophagia) भी कहते हैं।

परिचय (Introduction)–यह बीमारी पशुओं में साधारणतः होती है। इसमें पशु खाद्य पदार्थों के अलावा अन्य अखाद्य पदार्थों; जैसे–ईंट, पत्थर, मिट्टी, मल-मूत्र, कागज, कपड़े आदि खाने लगता है। दीवारों को चाटता है अथवा अपना या दूसरों का मूत्र पीने लगता है। कुछ पशु दूसरे अथवा अपने शरीर के बाल भी नोंच-नोंच कर खाते हैं।

Depraved or perverted appetite is known as Pica. Animal develops a tendency to eat abnormal substances which are not considered as food. Various names have been affixed depending on the craving for abnormal substances.

अखाद्य पदार्थों के सेवन के अनुसार इसके विभिन्न नाम हैं–

1. कोप्रोफेजिया → अपने अथवा दूसरे पशुओं के मल को खाना।
2. ओरिस्टियोफेजिया → हड्डी चबाना।
3. जियोफेजिया → मिट्टी का खाना।
4. इन्फेण्टोफेजिया → अपने ही छोटे बच्चों (Infants) को खाना।
5. पाइलोफेजिया → बालों एवं शरीर को चाटना।
6. लिकिंग डिजीज → पशु कागज, कपड़ा, चमड़ा, लकड़ी, पत्थर आदि खाता है।
7. आयरन मोन्जेरिंग → पशु लोहे को चाटता अथवा चबाता है।
8. स्टेबल वाइस → घोड़ा दीवारों (Fences) अथवा नाँद/चर्नी को चाटता है।

कारण (Cause)–इसका कारण पथ्य की गड़बड़ी, मिनरल्स की कमी तथा पथ्य/आहार में नमक की कमी से होता है। यह रोग कुत्तों में भी मिलता है। **घोड़ों में पाइका रोग (chronic indigestion) से सम्बन्धित होता है। महिलाओं में यह गर्भावस्था के समय मिलता है।**

लक्षण (Symptoms)–पशु का मिट्टी, बालू ठोस मल (Solid litter), मल-मूत्र का खाना/दीवार चाटना, स्वयं की अथवा दूसरों की पेशाब पीना।

चिकित्सा (Treatment)

1. पशुओं को आसानी से पचने वाला सन्तुलित पशु आहार खिलाना चाहिये।

2. पशुओं को खनिज लवण मिश्रण शरीर निर्वाह हेतु 25 gm, सात माह से अधिक गर्भावस्था पर अतिरिक्त 25 gm तथा दूध देनेवाले पशुओं को 5 gm प्रति लीटर दुग्ध उत्पादन की दर से खिलाना चाहिये। उदाहरण–कान्सीमिन, टोनोमिल्क, एग्रीमिन, लाइकामिन आदि प्रतिदिन देना चाहिये।

3. पशुओं को दाने में मिलाकर 50 ग्राम नमक प्रतिदिन देना चाहिये।

4. केल्सियम, फॉस्फोरस तथा मैग्नीशियम की पूर्ति के लिये माइफैक्स इंजे. (Mifex inj.) या माइफोकैल (Miphocal) एक या दो बोतल शिरा में देना चाहिये।

2. रूमेन का ठस जाना/अधिक खा लेना (Impaction of Rumen or Over-eating)

अन्य नाम (Other Name)–Rumen overload आदि।

परिचय (Introduction)–जब उदर की पहली कोठरी (रूमेन) अधिक ठोक पदार्थ के खाने से ठसाठस भर जाती है और पेट में आहार के साथ थोड़ी गैस (gas) के कारण रूमेन बाहर से उभरा हुआ प्रतीत होता है।

Impaction of the rumen is a form of acute dyspepsia, characterised by a doughy mass within and a rotund condition, outside the rumen. The rumen is choked up with an abnormal amount of ingesta. Impaction is often accompanied with tympany.

कारण (Causes)–

- ठोस और सूखा चारा-दाना खाने से।
- अधिक खा लेने से (over-eating)।
- रूमेन की ग्रन्थियों के स्राव में विघ्न पड़ने से।
- यान्त्रिक बाधा; जैसे–बाल (Hairs), वौंत या ऊन (wool)।
- एटोनी आफ दी रूमेन।

- डीकम्पोज साइलेज के खाने से।
- शादी आदि अवसरों पर बची हुई भात (Rice), पूड़ी, सब्जी आदि अधिक खिला देने से।
- जैक फ्रूट, टर्निप अथवा आलुओं के अधिक खाने से।
- कन्सेन्ट्रेट फूड के एकाएक बदलने से।
- रूमेन में कुछ विषैले कम्पाउन्ड्स।

लक्षण (Symptoms)—पशु खाना-पीना छोड़ देता है और जुगाली (पागुर) करना बन्द कर देता है। पशु अस्वस्थ दिखायी पड़ता है। पेट के बायीं ओर टटोलने से पेट की पहली कोठरी (रूमेन) में कुछ सख्त-सी चीज प्रतीत होती है और दबाने पर गड्ढा-सा बन जाता है। पशु जल्दी- जल्दी साँस लेता है और बेचैन-सा प्रतीत होता है। इसमें पशु का पेट अधिक नहीं फूलता है। कब्ज रहती है अथवा पतले दस्त आते हैं। ज्वर नहीं रहता है। हल्का दर्द रहता है। गैस के कारण श्वासकष्ट मिलता है। नाड़ी की गति अति तीव्र 120 प्रति मिनट तक हो जाती है। नाक से गाढ़ा पूययुक्त स्राव, दाँतों का किट- किटाना, तापक्रम सब-नार्मल, डीहाइड्रेशन, पेशाब कम या बिलकुल नहीं, एक ही जगह पर खड़ा रहना आदि लक्षण। किसी-किसी पशु में Tremor, Head pressing, Blindness, Collapse एवं कॉमा के लक्षण मिलते हैं।

इम्पैक्शन आफ दी रूमेन के लक्षण सारांश में

- रूमेन का ठसा मिलना।
- पशु सुस्त एवं बेचैन-सा।
- तापक्रम लगभग सामान्य।
- खाना-पीना एवं जुगाली बन्द।
- पशु अस्वस्थ-सा।
- पेट को बायीं ओर दबाने से कुछ सख्त चीज जैसी प्रतीत एवं दबाने पर गड्ढा।
- पेट में अफारा अधिक नहीं।
- जल्दी-जल्दी साँस।
- कब्ज अथवा पतले दस्त।
- नाड़ी की गति तीव्र-120 प्रति मिनट तक।
- पशु का एक ही जगह खड़ा रहना, हिलना-डुलना नहीं।
- शुष्क थूथन (Dry muzzle)।

The character of faeces will depend on the nature of feeds. In grain feed animal hard, dark, mucus coated scanty faeces. In damage food small quantity of offensive smelling liquid faeces.

चिकित्सा (Treatment)

1. पशु की कोख (बायीं तरफ का पेट) की मुट्ठी बाँधकर मालिश करें।
2. चारा-दाना खिलाना बन्द कर दें।
3. पशु को मैग सल्फ 250 ग्राम+नमक (Sodium chloride) 250 ग्राम, खाने का सोडा (Soda bicarb) 30 ग्राम, सोंठ 30 ग्राम और पीने का पानी 1 लीटर सबको मिलाकर गरम कर एक खुराक में पिला दें।
4. र्‍यूमन की गति सही करने के लिये (र्‍यूमैनोटोनिक दवायें; जैसे-एन्टीमनी पोटैशियम टारटारेट 2 gm, फैरस सल्फेट 2 gm कापर सल्फेट 50 mg तथा कोबाल्ट क्लोराइड 100 mg के 4 बोलस गाय/भैंस अथवा 2 बोलस भेड़-बकरी को प्रतिदिन दिये जाने चाहिये; जैसे-बोलस बोविरम (Bovirum–*Zydus AHL*), र्‍यूमैक्सोन-एम (Rumexon-M– *Ethicare*), र्‍यूमोस्टर (Rumoster–*Sterling Lab*)।

5. लिवर एक्सट्रेक्ट इंजेक्शन; जैसे—बैलामिल (Belamyl inj –*Zydus AHL*), बिविनैल प्लस (Bivinel plus–*Alembic*), बोवोप्लैस (Bovoplex–*IIL*), लिवरौन (Livron –*Vets pharma*) बड़े पशुओं में 10 मिली, छोटे पशुओं में 2 मिली. मांस में लगाना चाहिये।
6. एण्टीहिस्टेमिनिक दवायें—फैनरामीन मैलीऐट; जैसे—एविल इंजे. (Avil Inj.–*MSD*), हिसलौक इंजे. (Hyslock Inj.–*AHL, Vetnova, cadilla*); बड़े पशुओं में 5-10 मिली. और छोटे पशुओं में 0.5-1.0 मिली. मांस में। *या* क्लोरफैनरामीन मैलीएट; जैसे—आइस्टामीन (Aistamin–*Intas*), केडिस्टीन (Cedistin –*Zydus*), क्लोराजीन (Chlorazin–*Pfizer*), जीट (Zeet –*Alembic*) बड़े पशुओं में 3-5 ml मांस में लगाना चाहिये।
7. 5-10% डैक्स्ट्रोज सेलाइन 1000-2000 ml शिरा में लगानी चाहिये।
8. पेटदर्द दूर करने के लिये एण्टीस्पाज्मोडिक दवा डाईसाइक्लोमाइन 10 mg/ml; मात्रा; 0.5 mg/ kg B.W मांस में; जैसे—एनस्पास (Anspas Inj. –*Gee vet*), साइक्लोपाम (Cyclopam Inj.–*Indoco*), साइडिक (cydic inj-*Vetindia*) स्पास (Spas inj.-*G. Loucates*), स्पास्मोवैट Spasmovet-*vetoquinol*) लगाना चाहिये।
9. गम्भीर रोगों में र्‌यूमैनोटोमी 10 mg/ml में उपलब्धि, कर र्‌यूमन को खाली कर स्वस्थ पशु के र्‌यूमन का पदार्थ डालना चाहिये।

3. अफारा या पेट फूलना (Tympanitis)

अन्य नाम (Other names)—ब्लोट (Bloat), टेम्पनी आफ रूमेन, पेट फूलना (हिन्दी), रूमिनल टिम्पनी (Ruminal tympany) I

परिचय (Introduction)—जुगाली करनेवाले पशु द्वारा बहुतायत में चारा (विशेषकर हरा चारा) अथवा दूषित चारा खा लेने के परिणामस्वरूप पेट फूल जाता है। इसे Hoven, Blown, Meteorism भी कहते हैं I It is a form of acute dyspepsia with distension of the rumen with gases—O_2, CH_4, H_2S etc. as a result of fermentation.

कारण विज्ञान (Etiology)

- दूषित आहार।
- अधिक कार्बोहाइड्रेट युक्त पदार्थों का सेवन।
- हरा चारा जो ओस अथवा वर्षा से भीगा रहता है, के खाने से।
- सड़ा-गला चारा खाने से या चारे में अचानक परिवर्तन होने से।
- गीला, दलहनी या रसदार चारा (बरसीम/लूसर्न आदि) खाने से।
- गले में रुकावट (Choking) I
- अलर्जी (Allergy) I
- मेसेन्टेरिक ग्लैण्ड की वृद्धि (Enlargement of the mesenteric lymph gland) I
- रूमेन की मांसपेशी की टोन का ह्रास होने से
  (Loss of tone of the muscles of the rumen) I

नोट— इसका कारण पेट की गैस होती है जो पेट में भर जाती है और कष्ट का कारण होती है।

लक्षण (Symptoms)—पशु का पेट फूला हुआ होता है और पेट को थपथपाने से ढोल जैसी आवाज आती है। पशु को अत्यधिक बेचैनी होती है और श्वास लेने में अपार कष्ट होता है। बहुधा बायीं ओर की कोख खूब फूली हुई प्रतीत होती है पशु खाना-पीना और जुगाली करना बिलकुल बन्द कर देता है। पशु की आँखें तथा शिरायें उभरी हुईं प्रतीत होती हैं और उसका चेहरा बहुत दयनीय-सा हो जाता है; उसके मुँह से लार गिरती है तथा जीभ बाहर निकल आती है। पशु बार-बार उठता-बैठता है तथा श्वास मुँह के द्वारा चलने लगती है। जानवर हाँफता है और कष्ट से कराहता है। जानवर झुककर खड़ा होता है। उसका गोबर और पेशाब आना बन्द हो जाता है।

टिम्पेनाइटिस के लक्षण सारांश में

- पशु का जुगाली (पागुर) करना बन्द।
- पशु हमेशा बायीं ओर देखता है।
- पिछले पैर पटकना एवं पेट पर मारना।
- बायीं तरफ का पेट फूला हुआ।
- पेट में दर्द एवं तकलीफ।
- मुँह खुला एवं नाक फैली हुई।
- श्वास लेने में तकलीफ।
- फूले हुये पेट को थपथपाने पर ढोल जैसी आवाज।
- पेशाब, पाखाना जल्दी-जल्दी अथवा बन्द।
- कष्ट के कारण कराहना।
- पशु बार-बार उठता-बैठता है।

अन्त में पशु एक करवट से लेटकर गहरी और लम्बी श्वास लेता है और यदि तुरन्त चिकित्सा न की गई तो पशु मर जाता है। किसी-किसी को पेशाब और पाखाना शीघ्र-शीघ्र होता है।

रोग निदान (Diagnosis)—पशु के खाने का इतिहास और उपस्थित लक्षणों को देखकर रोग का निदान किया जाता है। बायीं कोख को थपथपाने से डम-डम या ढोल जैसी आवाज का आना इस रोग का निश्चयात्मक लक्षण है।

- तीव्र रोग में पशु की मृत्यु आधे घण्टे में हो जाती है।
- अन्य अवस्थाओं में मृत्यु तीन घण्टे में।

चिकित्सा (Treatment)—यदि टिम्पेनाइटिस बहुत तीव्र प्रकार की हो, तो पशु का दम घुटने की आशंका रहती है, तो ट्रोकार और केनूला की सहायता से रूमेन (left flank of rumen) को तुरन्त पन्चर (puncture) कर देना चाहिये। इसके अभाव में रूमेन की गैस को मोटी इनाकुलेशन नीडिल से भी किसी हद तक निकाला जा सकता है।

यदि स्थिति अत्यन्त गम्भीर न हो, तो पशु के माउथ गैग या मुँह के जबड़ों के बीच लकड़ी का टुकड़ा लगा देना चाहिये। बकरी में नीम की पतली लकड़ी अधिक उपयुक्त होती है। इसके साथ ही निम्न औषधियों का भी प्रयोग किया जाता है—

1. यदि रोगी प्रारम्भिक अवस्था में मिल जाता है, तो पशु को इधर-उधर टहलवाने के लिये कहें। फूले हुए पेट पर तारपीन का तेल + हींग-गर्म पानी में मिलाकर बायीं कोख की मालिश करायें। मालिश मुट्ठी बाँधकर आगे से पीछे की ओर देर तक करें।
2. पशु को निम्न दवाओं में से कोई एक दवा देनी चाहिये। रोग की गम्भीरता में किसी एक दवा को सीधे र्यूमन में डालना चाहिये।

   (क) हींग 15 ग्राम, तारपीन का तेल 50 मि.ली. अलसी का तेल 500 मि.ली. मिलाकर।

   (ख) ब्लोटीनाक्स, ब्लोटोसिल, कार्मीटोन, अफानिल दवाओं में से कोई एक।

3. र्‌यूमन में जीवाणुओं की वृद्धि को रोकने के लिये ऑक्सीटेट्रासाइक्लीन इंजेक्शन 50-100 मि. ली. समान मात्रा में पानी मिलाकर पिलाना चाहिये अथवा र्‌यूमन में डालना चाहिये। (विवरण पीछे देखें)
4. एन्टीहिस्टेमिनिक दवायें; जैसे–फैनरामीन मैलीएट अथवा क्लोरफैनरामीन मैलीएट का प्रयोग करना चाहिये। (विवरण पीछे देखें)
5. र्‌यूमन की गति ठीक करने के लिये (र्‌यूमैनोटोनिक दवाऐं) एंटीमनी पोटैशियम टारटाटेट 2 gm, फैरस सल्फेट 2 gm, कापर सल्फेट 50 mg तथा कोबाल्ट क्लोराइड 100 mg के 4 बोलस गाय/भैंस को अथवा 2 बोलस भेड़-बकरी को प्रतिदिन देने चाहिये; जैसे–बोविरम (Bovirum–*Zydus AHL*), र्‌यूमैक्सौन एम (Rumexon-M–*Ethicare*), र्‌यूमोस्टर (Rumoster –*Sterling Lab*)।
6. लिवर एक्सट्रेक्ट इंजेक्शन; जैसे–बीलामिल (Belamyl Inj.–*Zydu AHL*), बिवीनाल प्लस (Bivinal Plus–*Alembic*), बोवोप्लैक्स (Bovoplex –*IIL*), लिवरौन (Livron–*Vets pharma*) बड़े पशुओं में 10 मिली. और छोटे पशुओं में 2.0 मिली मांस में देना चाहिये।
7. आसानी से पचनेवाला चारा देना चाहिये।

4. झागवाला अफारा (Frothy Bloat)

परिचय (Introduction)–इसमें पेट के अपाच्य पदार्थ (Undigested materials) के साथ गैस के बुलबुले हो जाते हैं, जिससे पेट फूल जाता है।

कारण–
- हरा और रसदार चारा खाने से।
- भीगा और दलहनी चारा खाने से।
- बासी एवं सड़ा-गला चारा खाने से।
- किण्वन (Fermentation) उत्पन्न करनेवाला चारा खाने से।
- चोकर आदि अधिक खा लेने से।
- पशु को सूखा चारा खिलाते रहने के बाद अकस्मात हरा चारा देने से।
- काफी समय तक एक ही करवट पड़े रहने से।
- सड़ा-गला एवं वर्षा से विकृत चारा खिलाने से।
- मटर, चना, जौ आदि काफी मात्रा में खा लेने से।
- दो दाल वाले चारे (बरसीम आदि) अधिक खिला देने से।

लक्षण (Symptoms)–पशु का पेट फूल जाता है, परन्तु अधिक नहीं। पेट को थपथपाने पर ढोल जैसी आवाज नहीं होती। पशु बेचैन रहता है, कराहता है और बार-बार बायीं पेट की ओर देखता है। पशु चारा खाना बन्द कर देता है और बार-बार उठता-बैठता है।

निदान (Diagnosis)–रोग का वास्तविक निदान ट्रोकेराइजेशन (उदर में तरल पदार्थ निकालकर उसकी जाँच से) एवं बुलबुले की उपस्थिति देखकर होता है।

Intake of excessive green or leguminous plants will cause frothy bloat when the animal graze in pasture. This is known 'as pasture bloat' accumulation of excess gas will stimulate rumen contractions initially but later on there will be atony of Rumen.

चिकित्सा (Treatment)–इसकी चिकित्सा टिम्पेनाइटिस के ही समान होती है।

5. अम्लीय अपच (Acid Indigestion)

(एसिड इनडाइजैसन, कार्बोहाइड्रेट एनजोर्जमैन्ट) यह स्थिति जुगाली करनेवाले पशुओं में कार्बोहाइड्रेटवाले पदार्थ ज्यादा खाने से होती है। र्‌यूमन में ज्यादा मात्रा में लेक्टिक एसिड तथा वोलेटाइल फैटी एसिड बनने से र्‌यूमन का pH पाँच या उससे भी कम हो जाता है। इसके कारण र्‌यूमन की गति बन्द होना, शरीर में पानी की कमी होना, खून का गाढ़ा हो जाना, पेशाब का बन्द हो जाना जैसे गम्भीर लक्षण उत्पन्न हो जाते हैं।

कारण (Cause)—अचानक अधिक मात्रा में ज्यादा कार्बोहाइड्रेट रखनेवाले खाद्य पदार्थों तथा चारों को खा लेने से; जैसे—गेहूँ, चावल, सेब, अंगूर, गन्ना आदि।

विकृति विज्ञान (Pathology)—र्‌यूमन में कार्बोहाइड्रेट अधिकता से *स्ट्रेप्टोकोकस* वोविस जीवाणु हेतु एक सही वातावरण का निर्माण हो जाता है। स्ट्रेप्टोकोकस बोविस की संख्या र्‌यूमन में अधिक हो जाती है, जिसके कारण अधिक मात्रा में वोलेटाइल फैटी एसिड तथा लेक्टिक एसिड का निर्माण हो जाता है। र्‌यूमन का pH पाँच या उससे कम हो जाता है। इस स्थिति में सैल्यूलाइटिक बैक्टेरिया तथा प्रोटोजोआ नष्ट हो जाते हैं। खून का पानी र्‌यूमन में आ जाता है, जिसके कारण रक्त में पानी की कमी हो जाती है। पेशाब बन्द हो जाता है।

लक्षण (Symptoms)—पशु की भूख समाप्त हो जाती है। पशु सुस्त हो जाता है। र्‌यूमन की गति कम होकर बन्द हो जाती है। पशु पेट की तरफ देखता है जोकि पेटदर्द को दर्शाता है। पशु के शरीर का तापमान सामान्य से कम हो जाता है (80-100°F); पशु को पतले दस्त होते हैं, जिनसे खट्टी-मीठी गन्ध आती है। र्‌यूमन का आकार बढ़ जाता है, जिसके कारण पशु को साँस लेने में परेशानी होती है। पशु का पेशाब बन्द हो जाता है।

रोग निदान (Diagnosis)—रोग का निदान लक्षणों तथा पशु की खिलाई के इतिहास से हो जाता है। लिटमस पेपर से र्‌यूमन का pH ज्ञात करने पर pH पाँच या उससे कम होता है।

चिकित्सा (Treatment)—

1. र्‌यूमन का pH सही करने के लिये खाने का सोडा, मैग्नीशियम हाइड्रोक्साइड अथवा मैग्नीशियम कार्बोनेट 1. 1.5 gm/kg शरीर-भार के हिसाब से खिलाना चाहिये।
2. र्‌यूमन के अन्दर जीवाणुओं की वृद्धि रोकने के लिये आक्सीटैट्रासाइक्लीन इजेक्शन 5.0-15.0 मि.ली. समान अनुपात में पानी मिलाकर र्‌यूमन में डालना चाहिये।
3. शरीर में पानी की कमी को पूरा करने के लिए 5% डैक्सट्रोज सैलाइन 1000-2000 मि.ली. शिरा में लगाना चाहिये।
4. एन्टीहिस्टैमिनिक दवायें—फैनरामीन मैलीएट; जैसे—एविल इंजे. (Avil ing-*MSD*); हिसलौक इंजे. (Hyslock-*Vetnova, cadila*) बड़े पशुओं मेंरू 5-10 मि.ली. छोटे पशुओं में 0.5-1.0 मि.ली.। *या* क्लोरफैनरामीन मैलीएट; जैसे—आइस्टामीन (Aistamin-*Intas*), कैडिस्टीन (Cadistin-*Zydus AHL*), क्लोराजीन (Chlorazin-*Pfizer*), जीट Zeet-*Brentic*) बड़े पशुओं में 3-5 मिली मांस में लगाना चाहिये।
5. लिवर एक्सट्रेक्ट इंजेक्शन; जैसे—बीलामिल (Belamyl-*Zydus AHL*), बिवीनज सप्लास (Bivinal Plus-*Alembic*), बोवोप्लैक्स (Bovoplex-*IIL*), लिवरौन (Livron-*Vets phama*) बड़े पशुओं में 10 मिली लगाना चाहिये।

6. र्‌यूमन की गति सही करने के लिये एन्टीमनी पोटैशियम टाटरेट-2*g*, फैरस सल्फेट 2*g*, कापर सल्फर 50 mg तथा कोबाल्ट क्लोराइड 100 mg के 4 बोलस प्रतिदिन देने चाहिये; जैसे—बोवीरम (Bovirum-*Zydus AHL*), र्‌यूमैक्सौन एम (RumexonM-*Ethicare*), र्‌यूमोस्टर (Rumoster-*Sterling Lab*)।
7. गम्भीर रोगों में र्‌यूमैनोटोमी कर र्‌यूमन को खाली कर स्वस्थ पशु के र्‌यूमन का पदार्थ डालना चाहिये।

6. अजीर्ण रोग (Indigestion)

अन्य नाम (Other Name)—अग्निमांद्य (डिस्पैप्सिया—Dyspepsia), अपच।

परिचय (Introduction)—इसे Simple Indigestion भी कहते हैं। यह पाचन क्रिया का अपच सम्बन्धी एक विकार है जिसमें पशु का हाजमा खराब हो जाता है। वह चारा-पानी लेना बन्द कर देता है। इसका सम्पूर्ण भोजन-प्रणाली पर कुप्रभाव (Bad affects) पड़ता है।

Indigestion : It may be defined as simple digestive disturbance which is clinically manifested by inappetance, anorexia, complete or subclinical atony of rumen, infrequent defaecation and constipation.

कारणविज्ञान (Etiology)—इसके निम्न सम्भावित कारण हो सकते हैं—

- अनियमित एवं दूषित आहार।
- पेट में परजीवी कीड़ों (Parasites) की उपस्थिति।
- कम परिश्रम तथा अधिक आराम।
- जल्दी-जल्दी बिना चबाये खाना।
- पशु का अधिक वृद्ध होना।
- दाँतों की निर्बलता।
- कभी-कभी छूतदार बीमारियों के बाद पथ्यापथ्य की गड़बड़ी।
- आँवल का स्वत: खा लेना (Spontaneous ingestion of placenta)।
- अधिक ठंडा अथवा अधिक गर्म आहार।
- मिट्टी मिला, सड़ा चारा खाने से।
- गीली घास खाने से एक अधिक दोनों (Concentrate feeds) के लेने से।
- आहार की मात्रा में एकाएक परिवर्तन (Sudden changes in the quantity of feeds)।
- डिस्टोकिया (Dystokia) के बाद अधिक चारा खा लेने से।
- नाली अथवा सीवर का पानी पीने से (In take of drain or sewer water)।

पशु सम्बन्धी कारण (Animal factors)—

- बुढ़ापा, दुर्बलता, बीमारी के बाद स्वस्थ्य होने पर (Recovery after disease)।
- कम जुगाली (Insufficient mastication)।
- पाइका रोग (Depraved appetite)।

औषधि जन्य कारण (Drug induced)—लम्बे समय तक एण्टीबायोटिक या सल्फोनामाइड्स का मुख द्वारा प्रयोग।

लक्षण (Symptoms)—पशु चारा खाने में अरुचि दिखाते हुए जुगाली (पागुर) करना बन्द कर देता है। रोगी को प्यास अधिक लगती है। वह सूखा एवं सख्त थोड़ा-थोड़ा कई बार में दस्त

करता है। गोबर या दस्त में बिना हजम किया हुआ चारा, गेहूँ व चने के समूचे दाने बाहर निकलते हैं। पशु सुस्त होकर कान नीचे को लटकाये खड़ा रहता है। उसकी खाल खुरदरी (Rough) हो जाती है और रोंगटे फटे हुए दिखायी देते हैं। पशु की श्वास से हल्की गंध आती है। गोबर में Mucus मिला आ सकता है। गन्दा चारा खाने वाले पशु को दस्त की बीमारी हो जाती है (diarrhoea is seen due to feeding of mouldy feeds); तापक्रम, नाड़ी एवं श्वास गति (Respiration) प्रायः सामान्य रहते हैं। पशु कभी-कभी दाँतों को पीसता है (occasional grinding of teeth) डिहाइड्रेशन और ओलीगूरिया (oliguria) के लक्षण मिलते हैं। कुछ केसिस में साधारण कालिक (mild form of colic) के लक्षण भी। पशु की थूथन में दरारें-सी मिलती हैं और दुग्ध उत्पादन घट जाता है।

अधिकांश केसिस धीरे-धीरे स्वस्थ्य हो जाते हैं अथवा साधारण चिकित्सा (simple treatment with rumentorics) से ठीक हो जाते हैं।

निदान (Diagnosis)—लक्षणानुसार (Symptomatic)—पशु के खान-पान (चारा) आदि का इतिहास लेकर तथा बीमारी के मुख्य-मुख्य लक्षण देखकर रोग की पहिचान की जाती है। रोग का प्रथम लक्षण भूख कम होना होता है। बाद को दूध में कमी। यह दोनों एकाएक उत्पन्न होते हैं। रूमेन सामान्य आकार से बड़ा प्रतीत होता है (the rumen may be larger than normal), हल्का अफारा भी मिल सकता है। प्रायः गोबर सूखा-कड़ा और थोड़ी मात्रा में पहले दिन 24 से 48 घण्टे में Diarrhoea हो जाता है।

इन्डाईजेशन के लक्षण सारांश में

- भोजन के प्रति अरुचि एवं जुगाली बन्द।
- प्यास की अधिकता।
- सूखा एवं सख्त म्यूकस युक्त गोबर थोड़ा-थोड़ा एवं बार-बार।
- गोबर में बिना हजम चारा एवं समूचे दाने।
- पशु सुस्त एवं कान नीचे को लटकाये हुए।
- खाल खुरदरी एवं रोंगटे फटे हुए।
- तापक्रम, नाड़ी एवं श्वासगति सामान्य रूप में।
- थूथन पर दरारें।
- दुग्ध उत्पादन दिन प्रतिदिन घटता हुआ।
- गन्दा चारा खानेवालों में डायरिया।

चिकित्सा (Treatment)—

1. पशु की बायीं कोख की मालिस करें (मुट्ठी द्वारा)।
2. पशु को चारा दाना खिलाना बन्द कर दें।
3. पशु को मैग्नीशियम सल्फेट 250 ग्राम, नमक 125 ग्राम, खाने का सोडा 30 ग्राम, सौंठ 30 ग्राम एक लीटर पानी में गुनगुना करके दें।
4. र्‍यूमन की गति सही करने के लिये (र्‍यूमैनोटोनिक दवायें)—एण्टीमनी पोटैशियम टारटरेट 2gm, फेंरस सल्फेट 2gm, कापर सल्फेट 50 मि. ग्राम तथा कोबाल्ट क्लोराइड 100 मि.ग्रा के 4 बोलस गाय/भैंस अथवा 2 बोलस भेड़-बकरी को प्रतिदिन दिये जाने चाहिये; जैसे—बोवीरम (Bovirum-*zydus AHL*), र्‍यूमैक्सोन एम (Rumexon-M-*Ethicare*), र्‍यूमोस्टर (Rumoster-sterling lab)।
5. लिवर एक्सट्रेक्ट इंजे.; जैसे—बैलामाइल (Belamyl-*Zydus AHL*), बिवीनाल प्लस (Bivinal Plus–*Alembic*), बोवो प्लैक्स (Bovoplex-*IIL*), लिवरौन (Livron-*Vets pharma*) बड़े पशुओं को 10 मि.ली. और छोटे पशुओं को 1 से 2 मि.ली. मांस में लगाना चाहिये।

6. एण्टीहिस्टेमिनिक दवायें—फैनरामीन मैलीऐट; जैसे—एविल इंजे. (Avil Inj.–*MSD*), हिसलौक इंजे. (Hyslock Inj.–*AHL, Vetnova, cadilla*); बड़े पशुओं में 5-10 मिली. और छोटे पशुओं में 0.5-1.0 मिली. मांस में। *या* क्लोरफैनरामीन मैलीएट; जैसे—आइस्टामीन (Aistamin–*Intas*), केडिस्टीन (Cedistin –*Zydus*), क्लोराजीन (Chlorazin–*Pfizer*), जीट (Zeet –*Alembic*) बड़े पशुओं में 3-5 ml मांस में लगाना चाहिये।
7. 5-10% डैक्सट्रोज सैलाइन 1000-2000 मिली शिरा में लगानी चाहिये।
8. पेटदर्द दूर करने के लिये एण्टीस्पाज्मोडिक दवा डाईसाइक्लोमाइन 10 mg/ml; मात्रा; 0.5 mg/ kg B.W मांस में; जैसे—एनस्पास (Anspas Inj. –*Gee vet*), साइक्लोपाम (Cyclopam Inj.–*Indoco*), साइडिक (cydic inj-*Vetindia*) स्पास (Spas inj.-*G. Loucates*), स्पास्मोवैट Spasmovet-*vetoquinol*) लगाना चाहिये।

7. आमाशय प्रदाह/पेट दर्द (Gastritis)

अन्य नाम (Other Names)—जठर सूजन, पेटदर्द, चतुर्थ आमाशयशोथ, एबोमेसाइटिस।

परिचय (Introduction)—आमाशय (Abomasum in ruminant) की श्लैष्मिक झिल्ली (mucous membrance) की सूजन को पेट दर्द या आमाशय प्रदाह या उदर शोथ कहते हैं। यह रोग सामान्य रूप से कुत्तों और शूकरों को होता है, परन्तु अन्य पशुओं को भी हो जाता है। इसे गैस्ट्रिक कटार, स्टेटस गैस्ट्रीक्स, Gastric inflammation of the monogastric stomach भी कहते हैं।

Inflammation of the mucous membrane of the stomach in monogastric animal is know as gastritis.

कारणनिज्ञान (Etiology)—यह रोग अनेक कारणों से उत्पन्न होता है—

***1. फिजिकल कारण* (Physical causes)**

- आवश्यकता से अधिक भोजन एवं निम्न श्रेणी का भोजन।
- बाह्य पदार्थ को खा लेने से (नुकीली हड्डी, स्पिलिंटर्स/Splinters), ऐलुमिनियम फोइल, सूई, धागे, बालकों के खिलौने, टूथ-ब्रूश, चाबी का गुच्छा आदि।
- बहुत अधिक शीतल (Frozen) या बहुत अधिक गरम भोजन और पानी।
- असामान्य भोजन खाने से (मिट्टीयुक्त भोजन, सड़ा-गला चारा, धूलयुक्त सूखा चारा, गैसयुक्त सड़ा हुआ हरा चारा (Fermentating green fodder) खुरदरी घास, सीवर का पानी, सड़ा मांस एवं Rancid milk आदि।
- जहरीले पौधों के खा लेने से (Ingestion of poisonous plants)।
- गन्दे दाँत (Bad teeth with defective mastication)
- फूड एलजी।

***2. केमिकल कारण* (Chemical causes)**

- जलन पैदा करने वाले रसायन (आर्सेनिक, लैड, कापर, फीनोल, थेलियम आदि)।
- फंगल टोक्सिन (Microtoxin)।
- रासायनिक खादें (Chemical fertilizers), हर्बीसाइड, रोडेण्टीसाइड आदि।
- तीव्र एसिड या तीव्र अल्कली।

- औषधियाँ (एस्प्रिन, फेनिलबूटाजोन, आक्सीफेनबूटाजोन, इण्डोमेथासिन, सैलीसिलेट, क्लोरल हाइड्रेट एवं स्टेराइड्स।

3. इन्फेक्टिव कारण **(Infective causes)**

- वायरस, बैक्टीरिया, फंगस, विभिन्न प्रकार के पैरासाइट्स से।

4. न्यूरोलोजिकल कारण **(Neurological causes)**

- अधिक थकावट, वातावरण परिवर्तन आदि।

प्रकार (Types)—यह रोग दो प्रकार का होता है—

1. तीव्र रूप का रोग (Acute form)
2. चिरस्थायी या दीर्घकालिक रूप का रोग (Chronic form)

लक्षण (Symptoms)

1. तीव्र रूप (Acute form) के लक्षण—प्रभावित पशु बेचैन हो उठता है। पेट में दर्द रहता है जिसके कारण वह चारा खाना और जुगाली करना बन्द कर देता है। कान लटकाकर पशु सुस्त खड़ा रहता है। बाद में बेचैनी और अधिक बढ़ जाती है। पशु बार-बार उठता-बैठता है और दाँत पीसता है। पशु को ज्वर भी हो जाता है और नाड़ी की गति अनियमित हो जाती है। शरीर के किसी-किसी भाग में पसीना दिखाई देता है। पशु को अजीर्ण होकर दस्त आने लगते हैं अथवा थोड़ा-थोड़ा मल-मूत्र करता है। दस्तों के साथ प्राय: रक्त आता है। पशु पिछले पैर सरकाता है और पेट की ओर पैर मारता है तथा पीठ को मरोड़ कर खींचता है।

घोड़ों में भूख अनियमित हो जाती है। प्राय: खाने के बाद पीड़ा होती है। यह पीड़ा 1-2 घण्टे तक चलती है और बाद में शान्त हो जाती है। परन्तु पुन: चारा खाने के बाद प्रारम्भ हो जाती है। तेज दर्द के कारण आधे शरीर में कहीं-कहीं पसीना आता है। साधारणतया बुखार नहीं रहता है, पर विशेष रोगों के साथ बुखार हो जाता है। प्रारम्भ में पशु को कब्ज (constipation) रहता है और थोड़ा-थोड़ा मल-मूत्र त्याग करता है। बाद में अतिसार (diarrhoea) हो जाता है। कभी-कभी दर्द बढ़कर उदरशूल (colic) का रूप ले लेता है। यही पशु में मृत्यु का कारण होता है।

कुत्तों में कै (उल्टी/vomiting)—होती है। उल्टी के साथ प्राय: खून मिला रहता है। ज्वर नहीं रहता है पर प्यास अधिक लगती है। कुत्ता प्राय: ठंडी जगह में पेट के बल लेटा हुआ मिलता है। पहले कब्ज होता है फिर बाद में दस्त प्रारम्भ हो जाता है। यदि कुत्ते को उठाया जाय तो वह दर्द के कारण चिल्लाता है और छटपटाता है। पशु चिंतित और सुस्त दिखायी देता है। यह सभी उपरोक्त लक्षण तीव्र प्रकार के रोग (in acute form) में होते हैं।

गैस्ट्राइटिस के लक्षण सारांश में

तीव्र रोग (Acute form)

मांसाहारी जानवरों में (In carnivorous Animals)

- गम्भीर असुविधा एवं उदर पीड़ा (Abdominal pain)।
- मितली एवं वमन/वमन में रक्त भी। वमन में बिना हजम किया आहार आता है।
- सिस्टेमिक डिजीव में तीव्र बुखार।
- ठंडी जगह में पेट के बल लेटना अथवा पेट को जमीन पर तीव्रता से रगड़ता है।

शाकाहारी जानवरों में (In Herbivorous Animals)

- सुस्त, Drepressions एवं भूख नहीं।
- दुर्गन्धित मल एवं उदरपीड़ा (Colic-घोड़ों में)।
- लार, मलावृत्त जिह्वा, कब्ज या डायरिया।

2. चिरस्थायी या दीर्घकालिक (Chronic form) **लक्षण**—यह अवस्था विशेष रूप से परजीवी रोगों में होती है। पशु को पतले और दुर्गन्धित दस्त आते हैं और पशु धीरे-धीरे दुर्बल तथा कमजोर हो जाता है।

अन्य लक्षण कुछ पशुओं में— मवेशी (Cattle and Buffalo), भेड़ एवं बकरी में बेचैनी, उदर पीड़ा, शुष्क बाल, म्यूकस झिल्लियों में कंजेशन, दुग्ध उत्पादन कम, हल्का कब्ज, कुछ रोगों में बुखार आदि लक्षण। शूकरों में लक्षण कुत्तों के समान मिलते हैं। पशु प्यासा मालूम देता है।

रोग की जीर्णावस्था में भूख की कमी (poor appetite), कलुषित भूख (Pica), भोजन के बाद उल्टी (vomiting after intake of food), viscid vomitus, vomits rancid or foetid in odour, मध्यम स्वरूप का पेट दर्द, वमन के साथ रक्त (haematemesis), शरीर की त्वचा शुष्क एवं खुरदरी, अनीमिया, भार का धीरे-धीरे घटते जाना (gradual loss of weight) आदि लक्षण होते हैं।

निदान (Diagnosis)— *लक्षणानुसार (Symptomatic)* **:** पशु के खान-पान का इतिहास लेकर तथा उपरोक्त बताये गये लक्षण (vomition, pain or palpation, loss of body weight, etc,) निदान में सहायक होते हैं।

विभेदक निदान (Differential diagnosis)—रोग का गैस्ट्रिक डायलेशन (आमाशय विस्तार) से भ्रम हो सकता है। पर निदान में (in dog) रेडियोग्राफी सहायक होती है।

चिकित्सा (Treatment)—चिकित्सा करने से पहले रोग का कारण ज्ञात करना चाहिये। तत्पश्चात् कारण के अनुसार पशु की चिकित्सा करनी चाहिये। रोग उत्पन्न करने वाले कारण को नष्ट करना ही बीमारी का प्रधान उपचार है।

1. पशु को आसानी से पचने वाला चारा थोड़ी-थोड़ी मात्रा में दें।
2. बहु-क्षेत्रीय एण्टीबैक्टीरियल दवाओं का प्रयोग इन्ट्रामस्क्यूलर तथा ओरल दोनों विधियों से करें; जैसे—सल्फा तथा ट्राइमैथोप्रिम के इंजेक्शन तथा गोलियाँ, अथवा आक्सीटैट्रा साइक्लीन के इंजेक्शन तथा गोलियाँ।
3. यदि बीमारी का कारण पेट के कीड़े हैं (गोबर की जांच कराकर मालूम करें) तो पशु को कोई एक पेट के कीड़ों की दवा; जैसे—एल्बैन्डाजौल, फैनबैन्डाजोल दें।
4. दस्तों के लिये नैबलोनथ्राडाइरौक 30-50 ग्राम दिन में दो बार बड़े पशुओं को दें।
5. एक पेटवाले पशुओं में उल्टी को रोकने के लिये क्लोरप्रोमेजीन (Chlorpromazine) मात्रा: 1.0mg/kg B.W 2.5% kg; जैसे—मैगाटिल (Megatil-*intas*) घोड़ों में नहीं। ट्राईफ्लूप्रोमेजीन (Triflupromazine)—मात्रा 0.3 mg/Kg B.W मांस में 20 mg/ml 5 ml vial; जैसे—सीक्विलवैट (Siquil-Vet-*Morvel*); Siquil Inj.-*Zydus AHL*) I
6. पेटदर्द दूर करने के लिये एण्टीस्पाज्मोडिक दवा डाईसाइक्लोमाइन 10 mg/ml; मात्रा; 0.5 mg/ kg B.W मांस में; जैसे—एनस्पास (Anspas Inj. –*Gee vet*), साइक्लोपाम (Cyclopam Inj.–*Indoco*), साइडिक (cydic inj-*Vetindia*) स्पास (Spas inj.-*G. Loucates*), स्पास्मोवैट Spasmovet-*vetoquinol*) लगाना चाहिये।
7. शरीर में पानी की कमी की पूर्ति तथा इलैक्ट्रोलाइट बैलेन्स बनाये रखने हेतु रिन्टोज इंजे. (Rintoz Inj.-*Vetaminol*); डैक्स बोक (Dexbok-*Movatis*), इलैक्ट्रो डैक्स (Electrodex-*Pfizer*), इन्टालाइट (intalyte-*intas*) में से कोई एक 500-1000 मि.ली. शिरा में लगाना चाहिये।
8. विटामिन बी काम्प्लैक्स के इंजेक्शन का प्रयोग करना चाहिये।

9. कुत्तों तथा बिल्ली में पेट की अम्लता दूर करने के लिय एन्टाएसिड रैनिटीडीन (Ranitedine) मात्रा 0.5 mg/kg B.W; जैसे—इन्टाक (Entac-*Naon*) या रेनैट (Rannet-*PCl*) इंजेक्शन 25 mg/ml, 2ml या 150 mg गोली का प्रयोग करना चाहिए।
10. विटामिन बी काम्पलैक्स के इंजेक्शन; जैसे—पॉलीबिओन (Polybion-*E. Merck*) का प्रयोग करना चाहिये। बड़े पशुओं में 10 मि.ली. मांस में, छोटे पशुओं में 3 मि.ली. मांस में।

8. गेस्ट्रिक अल्सर (Gastric Ulcer)

परिचय (Introduction)—आमाशय व्रण अर्थात् आमाशय में स्थित व्रण को गेस्ट्रिक अल्सर कहते हैं।

Localised ulceration or interruption in the continuity of mucosa or submucosa with a tendency to extend may be observed in domestic animals. This is characterised by abdominal pain, inappetance, constipation or diarrhoea along with haemorrhage (melena).

कारणविज्ञान (Etiology)—गैस्ट्रिक अल्सर निम्न कारणों से उत्पन्न होता है—

1. **भौतिक कारण**—बाह्य वस्तु Foreign bodies), नुकीला धातु का टुकड़ा, तेज शीशा (Sharp glass), नुकीली वस्तु, Corse food and hair balls आदि।
2. **रासायनिक कारण** (Chemical Couses)—जलन पैदा करने वाले रसायन, करोसिव पदार्थ एवं कुछ औषधियाँ।
3. **संक्रमण कारण** (Infective Causes)—वायरल, वैक्टीरियल, फंगल, हेल्मिथिक आदि कारणों से।
4. **मिश्रित कारण** (Miscellanceous Causes)—नियोप्लाज्म, सिरोसिस आफ लिवर, यूरेमिया, पोर्टल हाइपरटेंशन Stress in calving, Vagus indigestion, Abomasal displacement, Oesophagogastric ulceration आदि कारणों से।

रोग निदान (Diagnosis)—

- पशु में आहार तथा बाह्य पदार्थ खाने का इतिवृत्त लेना चाहिये।
- रेडियोग्राफी, फ्लूओरोस्कोपी, गैस्ट्रोस्कोपी से अल्सर का निदान सम्भव होता है।

चिकित्सा (Treatment)—

- सिमेटिडीन (Cimatidine) 200-400 मि.ग्रा दिन में 3 बार दें—छोटे पशुओं में। ब्राण्डस सिमेटीन (Cimetine-*PCl*) अथवा अल्सीबैन (Ulciban-*Torrent*) 200 mg tab।
- तीव्र रोग में ब्लड ट्रान्सफ्यूजन 300–400 मिली आवश्यकतानुसार बड़े कुत्तों में।
- उपरोक्त मेडिकल चिकित्सा फेल होने पर शल्यचिकित्सा करनी पड़ती है।

लक्षण एक दृष्टि में

- वमन (Vomiting) रक्तयुक्त वमन होता है।
- परिवर्तनीय भूख (Variable Appetite)।
- उदर पीड़ा (Colic)।
- तेज श्वसन (Rapid Breathing)।
- शरीर भार में कमी (Loss of body weight)।
- रक्ताल्पता (Anaemia)।
- दस्तों में खून (Blood in the faeces)।
- कालामल (Terry coloured faeces)।
- पेरीटोनाइटिस (Peritonitis)।
- Lesions may be observed near the Cardiac end, pyloric end or fundic end of stomach.

नोट— इस रोग में गैस्ट्राइटिस चिकित्सा जो पूर्व में बतायी गई है लाभकर होती है।
उपरोक्त मेडिकल चिकित्सा फेल होने पर शल्यचिकित्सा करनी पड़ती है।

नोट—इस रोग में गैस्ट्राइटिस 'चिकित्सा' जो पूर्व में बतायी गई है, लाभकर होती है।

9. पैप्टिक अल्सर (Peptic Ulcer)

There is erosion in the lesser curvature and in prepyloric area of stomach where there is more secretion of acid pepsin gastric juice.

कारणविज्ञान (Etiology)

- एसिड के अतिरिक्त स्राव से (Excessive acid secretion)।
- अलसरोजेनिक ड्रग्स (Ulcerogenic drugs)—यथा—एस्प्रिन, फेनिलबूटाजोन, इण्डोमेथासिन (nonsteroidal anti-inflammatory) ड्रग्स, स्टेराइड एवं हैवी मैटल आदि अल्सर उत्पन्न करते हैं।
- जेनेटिक फेक्टर्स (Genetic factors)—जेनेटिक फेक्टर से कुत्ता और शूकर अल्सर के प्रति अति संवेदनशील होते हैं।

अन्य रोगों (Disease) से भी—विभिन्न रोगों से भी अल्सर की उत्पत्ति होती है। यथा—

1. सिरोसिस आफ लिवर (Cirrhosis of liver lead to portal hypertension and consequent ulceration)।
2. क्रोनिक बोन्काइटिस एवं एम्फीसीमा।
3. एमीनोफाइलीन नामक औषधिक के प्रयोग से कभी-कभी अल्सर के लक्षण पैदा हो जाते हैं।
4. क्रोनिक रीनल फेल्योर।
5. लम्बी यात्रा, गम्भीर स्वरूप की बाह्य चोट (Severe trauma), जलना आदि से अल्सर की उत्पत्ति होती है।

लक्षण (Clinical Finding)

- वमन एवं मतली (Nausea and Vomiting)।
- अफारा एवं भूख की कमी (Flatulence dyspepsia)।
- खाली पेट में दर्द (Pain is more severe in empty stomach)।
- गैस्ट्रिक प्रदेश पर दर्द की अनुभूति।
- रक्तवमन (Haematemesis) एवं खून मिला दस्त।
- पैप्टिक अल्सर में Perforation होने पर शॉक के लक्षण।

निदान (Diagnosis)—रोग के सही निदान के लिये मल परीक्षण, रेडियोलॉजी, इण्डोस्कोपी, गैस्ट्रिक एनालिसिस, इक्सफोलिएटिव सिटोलोजी आदि करनी पड़ती है। रोग की पहिचान लक्षणों के आधार पर भी सम्भव है।

चिकित्सा (Treatment)

- भोजन नियमित समय पर दें। दूध एक अच्छा एन्टासिड है एवं रोग की तीव्रावस्था में ठंडा किया हुआ दूध लाभकर।
- गर्म तथा Spicy भोजन को पूर्ण निषेध।
- एन्टासिड (Antacid) समय-समय पर देना लाभकर।
- सिमेटीडीन (Cimetidine), रेनीटिडिन (Ranitidine) का उपयोग करें।
- ट्रान्क्विलाइजर (Tranquillizer) एवं सेडेटिव (Sedative) लाभकर।
- उपरोक्त उपचार फेल होने पर शल्यचिकित्सा की आवश्यकता होती है।

5. आन्त्र रोग (Diseases of Intestines)

1. आन्त्रशोथ (Enteritis)

परिचय (Introduction)—इसमें पशु को पतला और पानी जैसे दस्त आता है। कभी-कभी दस्त के साथ खून के अंश भी मिले रहते हैं। हल्का दर्द, सुस्तीपन, कम खाना, चारा हजम न होना, जलाभाव एवं रक्ताल्पता आदि लक्षण होते हैं।

पशुओं में आमाशय शोथ और आन्त्रशोथ में अलग-अलग अन्तर करना कठिन होता है। इसलिए इस विकार को आमाशय-आन्त्रशोथ (Gastroenteritis) का नाम देकर इसका निदान एवं चिकित्सा आदि की जाती है।

Enteritis is an inflammation of the intestines.

कारणविज्ञान (Etiology)—इसके अनेक सम्भावित कारण होते हैं—

- शीत लगने अथवा ठंड या पाले का प्रभाव युक्त हरा चारा।
- उत्तेजक पदार्थ या उत्तेजक हरी सब्जियाँ।
- रासायनिक पदार्थ; जैसे—संखिया, फॉस्फोरस, सीसा एवं कार्बन टेट्राक्लोराइड।

  1. बहुक्षेत्रीय एण्टीबैक्टीरियल दवाओं का प्रयोग इन्ट्रामस्क्यूलर तथा ओरल दोनों विधियों से करें; जैसे-सल्फा ड्रग्स Inj Biotrin (*vetnex*) या Inj Trepin I मांसान्तर्गत या शिरान्तर्गत I Inj. के स्थान पर गोलियाँ दे सकते हैं—Tab. Biotrim OS (vetnex) या Tab. Duaprim या Tab. Biosulpha I ट्राइमीथोप्रिम के इंजेक्शन तथा गोलियाँ। *अथवा* आक्सीटेट्रासाइक्लीन के इंजेक्शन तथा गोलियाँ कम-से-कम तीन दिन तक दें।
  2. यदि बीमारी का कारण पेट के कीड़े हैं (गोबर की जाँच कराकर) तो पशु को कोई एक पेट के कीड़े की दवा; जैसे—एल्बैन्डाजोल या फैनबैन्डाजोल दें।
  3. दस्तों के लिये दस्त अवरोधक दवा; जैसे—नैबलौन या कैटोरिया 30-50 ग्राम दिन में दो बार बड़े पशुओं को दें।
  4. शरीर में पानी की कमी को पूरा करने के लिये 5% डैक्सट्रोज सैलाइन 1000-2000 मिली शिरा में दें।
  5. विटामिन बी काम्पलैक्स का इंजेक्शन कम-से-कम तीन दिन तक दें।

- जीवाणु रोग, जैसे—गलघोंटू, एन्थ्रैक्स, जोहनीज डिजीज, स्वाइन इरीसेपेलस आदि।
- विषाणु रोग; जैसे—आर.पी., एफ.एम. डी., डिस्टेम्पर, स्वाइन फीवर आदि।
- पैरासिटिक एवं प्रोटोजुअल रोग।

लक्षण (Symptoms)—दस्त पानी जैसा पतला, हरा, काला अथवा रक्त मिला होता है। बुखार रहता है। कभी-कभी एकाएक बुखार (High fever), दाँत पीसना, रुक-रुक कर लगातार दर्द (Intermittent colic), sunken eyes, conjested conjunctiva, पैरों का ठंडा रहना (cold extremities), उदर के ऊपर कठोरता (tenderness) आदि लक्षण मिलते हैं।

मस्तिष्क सम्बन्धी लक्षणों में—पशु को दौरे (Convulsions) आते हैं।

इसमें अतिसार (Diarrhoea) एवं पेचिश (dysentery) हो जाती है। गम्भीर हालत में जलाभाव हो जाता है। रासायनिक परिवर्तन कम होते हैं जिससे अवशोषण रुक जाता है।

2. अतिसार (Diarrhoea)

अन्य नाम (Other names)—दस्त की बीमारी। इसे गैस्ट्रोइन्टेस्टाइनल कटार भी कहते हैं।

परिचय (Introduction)—यह स्वयं बीमारी न होकर अन्य बीमारियों का लक्षण है। इसमें पशु को बार-बार पानी जैसा पतला गोबर आता है। दस्त आने के कारण पशु अत्यन्त दुर्बल हो जाता है। भली-भाँति चिकित्सा न करने पर जीर्ण होकर मर जाते हैं।

Diarrhoea is the condition in which liquid faeces are discharged at frequent intervals without significant constitutional disturbance. It is symptom of many conditions.

कारणविज्ञान (Etiology)

- अनियमित व दूषित आहार सड़े गले, बासी एवं विषैले पदार्थ खाने से।
- संक्रामक रोग पोंकनी (R.P), गलघोंटू (H.S), पुराना कीटाणु अतिसार फैलानेवाले जीवाणु—एन्थ्रैक्स, कोक्सीडियोसिस, बैक्टीरियल इन्फेक्शन्स, जोहनीज डिजीज, इन्टेस्टाइनल हैलमिथिस—ये सभी Specific कारण हैं।
- नॉन-स्पेसिफिक कारणों में—सड़ा-गला भोजन, गंदा चारा, भोजन के बाद तत्काल ठंडा पानी पीने से, एलर्जी आदि।

लक्षण (Symptoms)—प्रभावित पशु को पहले कब्ज (constipation) होता है। वह सुस्त रहता है और खाना-पीना तथा जुगली करना छोड़ देता है। बाद में उसे पतले दस्त आने लगते हैं। पशु का स्वास्थ्य दिन प्रतिदिन गिरता जाता है। प्यास अधिक लगती है। पशु की पिछली टाँगे तथा पूँछ गोबर में सनी रहती है और उसके बंधे रहने के स्थान पर पड़ा हुआ पतला गोबर मिलता है। पशुओं का उत्पादन (दुग्ध आदि) कम हो जाता है।

डायरिया के लक्षण सारांश में

- पतला पानी मिला दस्त बार-बार।
- प्यास की अधिकता।
- स्वास्थ्य में निरंतर गिरावट।
- पशु की पिछली टाँगे तथा पूँछ गोबर से सनी हुई।

दस्त आने के कारण पशु अत्यन्त दुर्बल हो जाता है। उसकी आँखें गड्ढ़ों में चली जाती हैं। पेशाब कम आता है। अधिक दुर्बलता आने से पशु अन्त में मर जाता है अथवा बैठ कर फिर उठ नहीं पाता है।

निदान (Diagnosis)—*लक्षणानुसार (Symptomatic)* : बीमारी के मुख्य लक्षण; जैसे—पतले दस्त (पानी मिले), अधिक प्यास, पिछले पैर एवं पूँछ का गोबर से सना होना आदि देख कर रोग की पहचान की जाती है।

- पशु के खान-पान का इतिहास भी रोग निदान में सहायक होता है।

उपचार (Treatment)—रोग के कारण का पता लगाकर उसको दूर कर देना ही इसका प्रमुख उपचार है।

(क) यदि रोग किसी संक्रामक बीमारी के कारण है तो सबसे पहले उसकी चिकित्सा करनी चाहिये।?

(ख) यदि रोग अनियमित एवं दूषित चारे के देने से हुआ है तो उसका नियमित रूप से हल्के शीघ्र पचने वाले एवं पौष्टिक आहार देने चाहिये।

(ग) अतिसार का इलाज आन्त्रशोथ की तरह करना चाहिये।

3. पेचिश या ऑव (डिसेण्ट्री / Dysentery)

परिचय (Introduction)—इस रोग में पशु को दस्त पतला, खून या म्यूकस मिला हुआ लसीला होता है। दस्त में दुगन्ध आती है। पाखाना करते समय दर्द एवं मरोड़ होता है, बुखार रहता है।

Dysentery is an inflammation, in patches, of the large intestine resulting in bloody and loose evacuations with tensmus. he intestinal mucosa undergoes morbid changes comsisting of hyperaemia. haemorrhage. removal of epithelium in patches, presence of diphhtheric deposits followed by ulcers. The condition is differentiated from Diarrhoea by blood clots in faeces and contitutional symptoms.

Dysentery is common in Cattle and Dogs.

कारणविज्ञान (Etiology)—इसका कारण काक्सीडिया (Coccidia), अमीबा (Amoeba) और बैक्टीरिया (Bacteria) के द्वारा इन्फेक्शन (संक्रमण) होने से होता है।

लक्षण (Symptoms)—पशु को पतला दस्त, रक्त एवं म्यूकस मिला (liquid faeces containing blood, mucus) इसमें जैली (Jelly) म्यूकस मेम्ब्रेन के shreds भी होते हैं। पशु को बुखार होता है। पाखाना करते समय दर्द एवं मरोड़ होता है। पशु सुस्त हो जाता है और चिन्तित सा दिखायी देता है। यदि ऐसी ही हालत पशु की अधिक दिन तक चलती रहती है तो पशु दुर्बल हो जाता है। अधिक गम्भीर हालत में पशु के शरीर में जल की कमी हो जाती है। साथ ही रक्त हीनता के कारण मृत्यु भी हो जाती है।

डिसेन्ट्री के लक्षण सारांश में

- दस्त पतला, खून या म्यूकस मिला लसीला।
- दस्त में दुर्गन्ध।
- पाखाना करते समय दर्द एवं मरोड़।
- खाना-पीना नहीं। बुखार भी।
- पशु सुस्त एवं चिंतित।
- दीर्घकालिक अवस्था में दुर्बलता।
- जलाभाव एवं रक्तहीनता से मृत्यु।

चिकित्सा (Treatment)

(क) पेचिस पैदा करनेवाले कारण के इलाज निम्न प्रकार करें—

(अ) एमीबा अथवा जीवाणु के इलाज के लिये निम्नलिखित दवाओं को देना चाहिये—

1. सल्फा ड्रक्स तथा ट्राइमेथोप्रिज्म की गोलियाँ ओरल तथा इंजेक्शन मांसपेशी में लगाना चाहिये। (विवरण 596 पर देखें)
2. मैट्रोनिडाजोल (Metronidazole) 20 mg/kg B.W in divided doses intravenous (शिराओं में)—मैट्रोजिल इंजे. (Metrogyl Inj.) 500 mg/1000 ml (*J B chemicals*) गर्भावस्था में नहीं दें।
3. सिप्रोफ्लोक्सासोन 1500 mg तथा टिनीडाजोल 1800 mg गोलियों की एक बोलस मात्रा 300 kg शरीर-भार पर ओरली देनी चाहिये; जैसे—सेफ्लोक्स-टी जेड (Ceflox-TZ-*Ethicare*), क्यूरासीन-टी जैड (Curacin-TZ-*Vets farma*), लाइसिप-टी जैड (Lycip-TZ-Lyka)।

(ब) कौक्सीडिया अथवा जीवाणु के इलाज के लिये निम्न में से एक का प्रयोग करें—

1. सल्फा तथा ट्राइमैथोप्रिम की गोलियाँ ओरल तथा इजेक्शन मांसपेशी में लगाना चाहिये।

   सल्फाडिमिडीन मात्रा 100 mg/kg B.W ओरल/शिरा में; जैसे—सल्फाडिमिडीन की 5 gm बोलस मात्रा; जैसे—लाइकाडीनो (Lykodin-*Lyka*), पाबाडीन (Pabadine-*Intas*), सल्फाडिमिडीन बोलस

Sulphedimidine Bolus (KAPL, Novartis, vetindia) सल्फाडिमीडीन इंजे. 33.3% , घोल 100 ml; जैसे– सल्फाडिमिडीन इंजे. (Sulphadimidine Inj.-*Novartis*) I

(ख) **दस्त** अवरोधक दवा; जैसे– नैबलोन/कैटोरिया/डायडिस्को में से कोई एक 25–50gm चावल के मांड में मिलाकर दिन में दो बार दें; छोटे पशुओं में मात्रा आधी कर दें।

(ग) विटामिन बी काम्पलैक्स इंजेक्शन का प्रयोग करें; जैसे–पॉलीबिओन (Polybion-E. *Merck*)। बड़े पशुओं में 10ml मांस में, छोटे पशुओं में 3ml मांस में।

4. कॉलिक/उदर शूल (Colic Pain)

अन्य नाम (Other names)—पेट का दर्द, कॉलिक (Colic), उदर शूल (Abdominal pain), बैलीएक (Bellyache) I

परिचय (Introduction)—उदर शूल या पेट का दर्द (Colic) विशेष रूप से घोड़े और ऊँट को सबसे अधिक होता है। यह स्वयं कोई रोग नहीं है बल्कि बड़ी आँत (colon) रोगों से सम्बन्धित लक्षण मात्र है। इतना सब कुछ होते हुए भी किसी प्रकार के पेट दर्द; जैसे—यकृत शूल (Hepatic colic), आमाशय दर्द (Gastric colic), गुर्दा शूल (Renal colic) आदि को उदरशूल समझा जाता है। यह पेटदर्द के लक्षणों के समूह को प्रकट करता है।

Colic : It is one of the important complications in equine species. It may occur in other animals as well. Precisely, it indicates pain in the colon but frequently the term is applied in broader connection implying acute abdominal pain. Colic is the symptom complex exhibited by the animal when there is panful condition of any abdominal organs.

प्रकार (Types)— यह चार प्रकार का होता है—

(अ) दर्दयुक्त अफारा (Flatulent colic)

(ब) दर्दयुक्त ऐंठन (Spasmodic colic)

(स) दर्दयुक्त अवरोधक (Obstructive colic)

(द) दर्दयुक्त कृमि (Verminous colic)

(अ) दर्दयुक्त अफारा (Flatulent colic)

अन्य नाम (Other names)—वायुबहावी उदरशूल (Windy colic), आन्त्रीय अफारा (Intestinal tympany)

परिचय (Introduction)—जब अन्धान्त्र–बड़ी आँत का भाग (caecum-colon) वायु (gases) से भरकर फूल जाता है तथा दर्द होता है तब उसे दर्दयुक्त अफारा (Flatulent colic) कहते हैं।

This is due to distension of the lumen of gastro-intestinal tracts a result of excessive accumulation or overprouction of gases. Gaseous distension exerts pressure on nerve ending leadings to colic. Gas may accumulate in the stomach known as gastric tympany or in the intestine known as intestinal typmpany. This is also referred as flatulent colic.

कारणविज्ञान (Etiology)—निम्न कारणों से इस प्रकार का कॉलिक पैदा होता है—

- हरा चारा एवं बरसात की भीगी हरी घास।
- सड़ा गला चारा एवं खराब दाना।
- गैस उत्पन्न करने वाला खाद्य पदार्थ।
- पशु के खान–पान में अचानक परिवर्तन।

- अनियमित एवं अधिक खाना।
- आवश्यकता से अधिक दाने का खाना।
- खराब दाँत (Bad teeth)।
- भोजन के बाद तत्काल घोड़े को काम पर लेने या दौड़ा देने से।
- बैक्टीरिया, वायरस, फंगस, पैरासाइट्स की उपस्थिति।

लक्षण (Symptoms)—इस रोग में बड़ी आँत में गैस भरकर पेट फूल जाता है। आमाशय या आँत में गैस भर जाने से पेट में दर्द हो जाता है। दर्द एकाएक प्रारम्भ होकर बराबर बना रहता है। पशु पीठ को मोड़ता हुआ खड़ा रहता है, बैठता नहीं है। श्वास कष्ट होता है और पशु बार-बार पेशाब करता है। उसे बार-बार वायुयुक्त पाखाना होता है जिससे पशु को थोड़ा आराम मिल जाता है।

आमाशय फूलने की स्थिति में पेट गैस से भर कर अफर जाता है और दर्द होता है। नाड़ी और सांस की चाल तेज हो जाती है। जैसे-जैसे पेट फूलता जाता है वैसे-वैसे दर्द बढ़ता जाता है। शरीर से काफी पसीना छूटता है। पेट में गुड़गुड़ाहट की आवाज होती है और पेठ को ठोकने पर ढब-ढब की आवाज आती है। पशु का ब्लड प्रेशर भी बढ़ जाता है। म्यूकस मेम्ब्रेन कंजस्टिड दिखायी देती है। पशु में एनोरेक्सिया (Anorexia) तथा जलाभाव (Dehydration) के लक्षण दिखायी देते हैं। साथ में Oliguria अथवा Anuria के लक्षण भी। इन्टेस्टाइनल गेन्ग्रीन होने से B.U.N (Blood Urea Nitrogen) स्तर बढ़ जाता है। यदि पशु की शीघ्र चिकित्सा न की गई तो उसकी मृत्यु आमाशय के फटने अथवा दम घुटने (suffocation) से हो जाती है।

- Auscultation may reveal metallic tinkling or fluid rushing sound.
- Clinical pathology not much helpful.

निदान (Diagnosis)

1. लक्षणों के आधार पर—फूले हुए पेट एवं लगातार दर्द, पेशाब, पाखाने को बार-बार करने, श्वासकष्ट आदि से इसे आसानी से पहचाना जा सकता है।

चिकित्सा (Treatment) घोड़ों में—

(क) आमाशय में स्टमक ट्यूब डालकर आमाशय की गैस को बाहर करना चाहिये। स्टमक ट्यूब को फनल से जोड़कर कार्मीटोन तरल, अफानिल, ब्लोटीनोम्स में से कोई एक 100 ml या 200 ml आमाशय में डालना चाहिये। इन दवाओं को पिलाया भी जा सकता है।

(ख) पेटदर्द दूर करने के लिये एण्टीस्पाज्मोडिक दवा डाईसाइक्लोमाइन 10 mg/ml; मात्रा; 0.5 mg/ kg B.W मांस में; जैसे—एनस्पास (Anspas Inj. –*Gee vet*), साइक्लोपाम (Cyclopam Inj.–*Indoco*), साइडिक (cydic inj-*Vetindia*) स्पास (Spas inj.-*G. Loucates*), स्पास्मोवैट Spasmovet-*vetoquinol*) लगाना चाहिये।

(ग) इलैक्ट्रोलाइट इनफ्यूजन्स; जैसे—डैक्सबोवग (Dexbov-*Novartis*); इलैक्ट्रोडैक्स (Electodex-*Pfizer*) इन्टालाइट; (Intalyte-*Intas*), रिन्टोज (Raintoze-*Vetquinol*) में से कोई एक 5000–10000 मिली शिरा में लगाना चाहिये।

(घ) उल्टी रोकने हेतु एन्टीईमेटिक दवा, मैटोक्लोप्रामाइड, मात्रा: 0.2 mg/kg B.W.। जैसे—Inj. मैक्सोनोर्म (Maxinorm-*Weyth*), रैग्लान (Reglon-*CFC*), पैरीनोर्म (Perinorm-*IPCA*) उपलब्धता 5 mg/ml को मांस में अथवा शिरा में लगाना चाहिये।

(च) एन्टीहिस्टैमिनिक दवायें; जैसे– फैनरामीन मैलीएट अथवा क्लोरफैनरामीन मैलीएट इंजेक्शन का प्रयोग करना चाहिये (विवरण अन्य जगह देखें)।

2. प्राइमरी टिम्पनी—गैस पैदा करने वाले आहार/चारे आदि का इतिहास मालूम करने से (History of intake of fermentable food) ।

3. सेकेण्ड्री टिम्पनी—निम्न आधार पर—

- Complete stoppage of Flatus (passing of gas through anus)
- Intense pain.
- A high pitched "Ping" sound may be heard on simultaneous auscultation and percussion over the caecum.
- Obstruction is evident through per rectal exploration (examination).

फ्लेचूलेण्ट कोलिक के लक्षण सारांश में

- पेट फूला हुआ एवं ठोकर मारने पर प्रति ध्वनित आवाज।
- पेट में दर्द–बराबर।
- खड़े रह कर ही पीठ मरोड़ना, पर बैठना नहीं।
- श्वासकष्ट (मध्यम से लेकर गम्भीर)।
- पेशाब बार–बार।
- बार–बार वायुयुक्त पाखाना।
- नाड़ी और साँस की चाल तेज।
- कभी–कभी पसीना काफी मात्रा में।
- पेट फूलने के अनुपात में पेटदर्द में वृद्धि।
- पेट में गुड़गुड़ाहट की आवाज एवं हाथ से ठोकने पर ढब–ढब।
- म्यूकस मेम्ब्रेन कंजेस्टिड।
- एनोरेक्सिया एवं जलाभाव के चिन्ह।
- मृत्यु दम घुटने/आमाशय फटने से।

(ब) दर्द युक्त ऐंठन (Spasmodic Colic)

परिचय (Introduction)—यह अचानक होनेवाला ऐंठन–भरा पेटदर्द है जिसमें पशु अधिकतर बैठता, लोटता और उठ जाता है।

Spasmodic colic : It is a clinical condition where there will be a violent irregular peristaltic movement. It is due to intestinal hypermotility and secretion as a consequence to increased parasympathetic tone.

कारणविज्ञान (Etiology)—यह दर्द निम्न कारणों से हो सकता है—

- खराब चारा–दाना खाने से पेट की आंत्रिक नलिका में खरोंच पड़ने से।
- भूखा रहने के बाद अधिक चारा–दाना खाकर ठंडा पानी लेने से।
- अधिक काम करने के बाद अधिक थकान से।
- खान–पान में अचानक परिवर्तन से।
- भयभीत होने अथवा उत्तेजित होने से।
- भारी पैरासिटिक इन्फेस्टेशन (स्ट्रोन्जीलस वल्गेरिस)।
- गोल–कृमियों का भारी संक्रमण (Heavy ascarid infestations)
- आँतों में बैक्टीरिया का भारी संक्रमण (Heavy Bacterial infection of the Gut)
- आँतों में वायरस का भारी संक्रमण (Heavy viral infection of the Gut) ।
- मिट्टी, कीचड़ बालू आदि In edibles ubstances पदार्थों के खाने से।
- घोड़े को दौड़ (race) अथवा प्रदर्शिनी (show) के लिये तैयार करने से।
- मेसेन्ट्रिक आरटरी का इम्बोलिज्म (वर्मीनस मेसेन्टेरिक आर्टीराइटिस, वर्मीनस एन्यूरिज्म, थ्रोम्बो–इम्बोलिक कालिक।

लक्षण (Symptoms)—पशु को अचानक ऐंठन-भरा दर्द पेट में होने लगता है जो रुक-रुक कर होता है। इसमें पेट नहीं फूलता है (no typmpany)। प्रारम्भ में रोगी का तापमान (temperature) सामान्य (normal) रहता है, परन्तु बाद को उत्तेजना के कारण बढ़ जाता है। दर्द तीव्र रूप का (acute intense attack of pain) होता है। श्वास और नाड़ी की गति तेज हो जाती है। शरीर से पसीना छूटने लगता है। पशु बैठकर तेजी से उलट-उलट कर लोटने लगता है और फिर उठ जाता है। (It may lie down and get up)। दर्द (spasm) रुक-रुक कर थोड़ी-थोड़ी देर बाद (Pain is intermittent in nature with short duration) होता है। पैरों को जमीन पर मारता है। पशु देखने में बेचैन एवं शोकाकुल मालूम पड़ता है। दाँत किटकिटाता है। पशु बार-बार मुड़कर पेट की ओर देखता है तथा पेट को चाटता है। पशु पाखाना करने की प्रबल इच्छा करता है, पर मल का एक-दो गोला एक बार में निकलता है। वह बार-बार पेशाब करने की कोशिश करता है, पर पेशाब नहीं होता है। यदि पशु पेशाब करने लगे तो अच्छे होने का संकेत होता है।

इस प्रकार के दर्द में पशु बेचैन हो जाता है, पेट को पैरों से मारता है और पृथ्वी पर लोटता है (During spasm, animal becomes restless, kick at the abdomen and roll on the ground).

पेट की कोख में जिस ओर दर्द होता है उस ओर पशु बार-बार घूम कर देखता है। दर्द के आक्रमण के बाद पशु अपने शरीर को Shake करता है और नार्मल दिखायी देता है। पशु की पीठ, पुट्ढे की जगह (gluteal region) कंधों एवं पिछले पैर पर पसीना दिखायी देता है। आँख की म्यूकस मेम्ब्रेन कंजेस्टिड हो जाती है। प्यास अधिक लगती है। मलाशय परीक्षण में विपरीत लक्षण मिलते हैं। रोग आक्रमण के बीच पशु स्वस्थ मालूम देता है (Animal looks quite normal between the period of attack)।

स्पाजमोडिक कोलिक के लक्षण सारांश

- अचानक रुक-रुक पेट में ऐंठन भरा दर्द।
- पेट में अफरा नहीं।
- तापक्रम सामान्य, पर उत्तेजना पर वृद्धि।
- श्वास एवं नाड़ी की गति तीव्र।
- पीठ, कंधों, पिछले पैर पुट्ठे की जगह पसीना।
- पशु का बैठ कर तेजी से उलट-उलट कर लेना एवं फिर उठना।
- पैरों को जमीन पर मारना। बेचैन एवं शोकाकुल।
- मुड़कर पेट की ओर देखना एवं उसे चाटना।
- पाखाना करने की इच्छा, परन्तु मल का एक-दो गोला एक बार में निकलना।
- पेशाब करने की कोशिश, परन्तु पेशाब न आना।

निदान (Diagnosis)—उपरोक्त लक्षणों के आधार पर रोग का निदान किया जाता है। इन्टेराइटिस, इंटेस्टाइनल ऑबस्ट्रक्शन, रीनल कॉलिक एवं पेरीटोनियल कोलिक से इसका भेद करना चाहिये। इन रोगों में इसका भ्रम हो सकता है—

1. इन्टेराइटिस में—दस्त पानी जैसा, बार-बार बिना कष्ट के मल त्याग। वायरल या बैक्टीरियल इन्टेराइटिस में तापक्रम बढ़ा हुआ एवं जलाभाव (dehydration) के लक्षण मिलते हैं।

2. इन्टेस्टाइनल ऑबस्ट्रक्शन—पेट में दर्द बराबर रहता है, पर दस्त नहीं आता है। मलाशय परीक्षण पॉजीटिव होता है।

3. रीनल कॉलिक—कष्ट मूत्र, ओलीगूरिया अथवा पेशाब बन्द हो जाता है। मूत्र में अनियमितता मिलती है।

4. हेपेटिक कॉलिक—कामला, सुस्त एवं डिप्रेशन के लक्षण मिलते हैं। इसमें पहले कब्ज (constipation) होता है बाद में डायरिया।

5. पेरीटोनियल कॉलिक—गम्भीर स्वरूप का दर्द, उच्च तापक्रम (high rise of temperature), कान्स्टीपेशन, पैरालाइटिक इलियस (आँतों की मांसपेशी का लकवा मारना) आदि लक्षण होते हैं।

चिकित्सा (Treatment)

(क) क्लोरल हाइड्रेट 30 ग्राम, तारपीन तेल 30 मि.ली. तथा अलसी तेल 500 मि.ली. मिलाकर पिलायें।

(ख) पेटदर्द दूर करने के लिये एण्टीस्पाज्मोडिक दवा डाईसाइक्लोमाइन 10 mg/ml; मात्रा; 0.5 mg/ kg B.W मांस में; जैसे—एनस्पास (Anspas Inj. –*Gee vet*), साइक्लोपाम (Cyclopam Inj.–*Indoco*), साइडिक (cydic inj-*Vetindia*) स्पास (Spas inj.-*G. Loucates*), स्पास्मोवैट Spasmovet-*vetoquinol*) लगाना चाहिये।

(ग) शरीर में पानी की कमी पूर्ति के लिये 5% डैक्सट्रोज सैलाइन 1000–2000 मिली शिरा में लगाना चाहिये।

(स) दर्दयुक्त अवरोधक (Obstructive Colic)

परिचय (Introduction)—जब बड़ी आँत में किसी प्रकार की रुकावट होती है तब उससे दर्द होने लगता है। इस अवस्था विशेष को दर्दयुक्त अवरोधक (आब्सट्रक्टिव कॉलिक—Obstructive colic) कहा जाता है।

कारणविज्ञान (Etiology)—इसका कारण आन्त्रिक पथरी जिसे इन्टेस्टाइनल केलकुलाई (intestinal calculi) कहते हैं। यह एक मल का सूखा हुआ गोला होता है जो बड़ी आँत में क्रिकेट की गेंद के आकार का होकर अवरोध उत्पन्न कर देता है। यह रुकावट पैदा करनेवाला गोला एक हो सकता है, अथवा एक से अधिक हो सकते हैं।

लक्षण (Symptoms)—इस प्रकार के रोग में बड़ी आँत में स्थित गोले के अवरोध से पशु के पेट में दर्द होता है। पशु बेचैन दिखायी देता है। दर्द रुक-रुक कर होता है पर दर्द की अवधि थोड़ी होती है। यदि गोले का आकार छोटा होता है तो पाखाने के साथ बाहर निकल जाता है और पशु को आराम हो जाता है। यदि गोले का आकार बड़ा होता है तो वह आन्त्रनलिका में अवरोध उत्पन्न कर मृत्यु का कारण बन जाता है।

Obstructive colic: The pain is slow on its onset, increases in intensity and is continuous. Rectal examination is painful, the impaction may be felt.

ऑब्सट्रक्टिव कॉलिक के लक्षण

- पेट में दर्द रुक-रुक कर।
- दर्द की अवधि थोड़ी।
- शुष्क मल के छोटे गोले के निकल जाने पर दर्द में आराम।
- बड़े गोले की स्थिति में आन्त्र नलिका में अवरोध होकर मृत्यु।

चिकित्सा (Treatment)—इसकी चिकित्सा दर्दयुक्त ऐंठन के समान (as spasmodic colic) है। सबसे पहले गोले को मुलायम और चिकना बनाने के लिए एक खुराक तारपीन का तेल 30 मि.ली. और अलसी का तेल (Linseed oil) आधा किलो सावधानीपूर्वक पिलाना चाहिये। आवश्यकता पड़ने पर दुबारा दे सकते हैं। इस क्रिया से छोटा गोला आसानी से बाहर निकल जाता है। यदि गोला बड़ा होगा तो बाहर नहीं निकलेगा और स्थिति गम्भीर हो जायेगी। ऐसी स्थिति में शल्यचिकित्सा (Surgery) ही एक मात्र साधन है।

(द) दर्दयुक्त कृमि (Verminous Colic)

परिचय (Introduction)—जब बड़ी आँत में कृमियों का प्रकोप (infestation) होता है तब वे श्लेष्मा से पोषक तत्वों को खींचते हैं और रक्तवाहिनी को फाड़कर रक्त चूसते हैं। इससे दर्द होता है। इस अवस्था को दर्द युक्त कृमि (verminous colic) कहते हैं।

कारणविज्ञान (Etiology)—इसका कारण '*स्ट्रोंगीलस वल्गेरिस*' नामक कृमि है, जो घोड़े की आँतों (बड़ी आँत) में पाया जाता है और दर्द उत्पन्न करता है।

लक्षण (Symptoms)—इसमें पशु को पहले मामूली दर्द होता है। यदि कृमि की संख्या अधिक है और आकार में बड़े हैं तो नलिका में रुकावट पड़ने लगती है जिससे रोग बढ़ जाता है। ऐसी स्थिति में ऐंठनयुक्त दर्द होने लगता है।

चिकित्सा (Treatment)—इसके लिए एल्बैन्डाजोल अथवा फैनबैन्डाजोल औषधि का उपयोग करना चाहिये।

(5) कब्ज/कब्जियत (Constipation)

अन्य नाम (Other names)—कोष्ठबद्धता/कान्स्टीपेशन/मलावरोध।

परिचय (Introduction)—इसमें मलत्याग देर से अथवा कष्ट के साथ होता है। मल कड़ा एवं शुष्क रूप में होता है। पशु को कब्ज होने से हल्का-हल्का पेटदर्द, पशु का सुस्त हो जाना, चारा-दाना खाना बन्द कर देना, मल कड़ा और कठिनाई से बहुत कम त्याग होना आदि लक्षण होते हैं।

It may be ascribed as difficult or infrequent passage of hard faeces. Faeces become dry and hard and excessive straining is required for defaecation. It may remain as a transient problem or may turn to a habitual chronic problem.

रोग के कारण (Causes)—यह रोग निम्न कारणों से हो सकता है—

- बहुत सूखा, भारी या ठोस आहार।
- सड़ी-गली या सूखी घास खाने अथवा पानी की कमी से।
- कम मेहनत (Lack of exercise/low exercise)।
- कठोर शुष्क आहार।
- बाह्य पदार्थ (Foreign body) बाल, हड्डी आदि के द्वारा कोलन का इम्पैक्शन (impaction of the colon due to foreign body, hair bones etc.)।
- खाने में रेशेदार आहार की कमी Lack of Roughages in)।
- हेपेटिक इन्सफीसिएन्सी (Lack of bile salts)।
- एनल ग्लैण्ड और पेरीएनल रीजन्स की बीमारियाँ; जैसे—फोड़ा, फिस्चुला, फिशर, स्ट्रक्चर (structure), सेकूलाइटिस (Sacculitis)।
- पेल्विक रीजन की पीड़ायुक्त अवस्था; जैसे—पेल्विक, फ्रैक्चर, नितम्ब के फ्रैक्चर, हिप डिस्प्लेसिया।
- कैल्शियम की कमी (हाइपोकैल्शीमिया—Milk fever)।
- ग्लूकोज की कमी (Hypoglycaemia—Ketosis)।
- सामान्य मांसपेशी दुर्बलता (General muscular weakness)।
- डिहाइड्रेशन एवं नर्वस डेवीलिटी (पैरालाइटिक इलियस)।

- पथरी का निर्माण (stone formation) जैसे—निदान
- मल की रुकावटLumen रोग निदान (volvulus), [illegible]
  फूड पास आदि का पता चलता है। रोग का डिसेन्ट्री से पृथक्करण
- जल की कमी। जैसे—एसाइटिस।
- क्रोनिक पेरीटोनाइटिस से।
- प्रोस्टेटिक ग्लैण्ड की हाइपरट्रोफी।
- इण्डोक्राइन डिसआर्डर्स (hyper or hypothyroidism)
- मल अवरोधक औषधियों का प्रयोग (Use of astringent drugs)
- एण्टीकोलीनर्जिक औषधियों का प्रयोग।
- मूत्रल औषधियों का प्रयोग।
- अफीम ग्रुप की औषधियों का प्रयोग (Use of opium group of drugs) I
- सल्फोनामाइड ग्रुप की औषधियों का प्रयोग।

लक्षण (Symptoms)—पशु मल विसर्जन कष्ट से और विलम्ब से करता है। मल कड़ा और म्यूकस से लिपटा हुआ होता है। पशु को भूख नहीं लगती है और वह सुस्त रहता है। साथ ही उसको बुखार रहने लगता है। गोबर में दुर्गन्ध भी रहती है। मल में कभी-कभी म्यूकस के साथ रक्त भी मिला होता है और ऐंठन (tenesmus) के साथ आता है किसी-किसी पशु को बिल्कुल दस्त नहीं आता है। पशु चारा लेना धीरे-धीरे कम करता हुआ अन्त में बिलकुल बन्द कर देता है। खराब हालत में पशु वमन करने लगता है। सांस में दुर्गन्ध आती है (helitosis) पशु पिछले धड़ से कमजोर हो जाता है। अधिक दुर्बलता से पिछले भाग का लकवा हो जाता है (extreme weakness may follow paralysis of hind quarter) I कुछ केसिस में आँत में Gaseous distension हो जाता है जिसे टिम्पनी कहते हैं। गुदा परीक्षण से कठोर मल का अनुभव किया जा सकता है।

कान्स्टीपेशन के लक्षण सारांश में

- मल विसर्जन कष्ट से और विलम्ब से।
- मल कड़ा तथा म्यूकस से लिपटा हुआ।
- पशु को भूख नहीं।
- साथ में ज्वर भी।
- गोबर में दुर्गन्ध।
- खराब हालत में दुर्गन्ध/साँस से।
- पिछले धड़ में कमजोरी।
- कुछ केसिस में टिम्पनी भी।
- अधिक खराब हालत में पशु को दर्द एवं बेचैनी भी। पशु करहाता है।

[illegible] **(Diagnosis)**—आन्त्र की (Retension of faeces), unfrutful-ineffective attempt to defaecate and the presence of desicated mass [illegible]

इन्टूससेप्शन, कोलोनिक स्ट्रक्चर I(differentiate) करना चाहिये।

चिकित्सा (Treatment)—

(क) पशुओं में दस्त लाने के लिये निम्न दवाओं में से किसी एक का प्रयोग करें—

1. मैग्नीशियम सल्फेट 250 ग्राम, काला नमक 125 ग्राम, सोंठ 30 ग्राम को एक से दो लीटर गुनगुने पानी में मिलाकर दें।

2. हींग 15 ग्राम, तारपीन का तेल 30 मि.ली., अलसी को तेल 300 मि.ली. को मिलाकर सुबह शाम पिलायें।
3. निम्नलिखित दवाओं में से कोई एक 100 मि.ली. सुबह-शाम पिलायें; जैसे—कार्मीटोन, अफानिल अथवा ब्लोटीनौक्स।
4. लिक्विड पैराफिन 500-1000 मि.ली. दिन में दो बार पिलायें।

(ख) पेट दर्द दूर करने के लिये एण्टीस्पोज्मोडिक दवा डाईसाइक्लोमाइन इंजेक्शन का प्रयोग करें। विवरण पृ.सं. 585 बिन्दु (8) देखें।

(ग) लिवर एक्सट्रेक्स विद विटामिन बीकाम्पलैक्स इंजेक्शन का प्रयोग करें।

(घ) इलैक्ट्रोलाइट इनफ्यूजन्स शिरा में लगायें। विवरण पृ.सं. 600 बिन्दु (ग) देखें।

(च) पशु को सुपाच्य हरा-चारा तथा दाना खिलायें।

दस्त लानेवाले कुछ अन्य योग—

- मैग सल्फ 250 ग्राम, नमक 250 ग्राम, सोंठ चूर्ण 110 ग्राम, शीरा 500 ग्राम मिलाकर पिलावें।
- मैग सल्फ 500 ग्राम+शीरा 500 ग्राम, सोंठ 30 ग्राम 2-3 दिन तक 1 किलो शीरा के साथ दें।
- मैग सल्फ 250 ग्राम, हिमालय बत्तीसा 100 ग्राम गुनगुने पानी में 2-3 दिन तक।
- कुत्ते को क्रीमाफिन लिक्विड 5 मि.ली प्रति 25 किलो शरीर-भार पर जल के साथ दिन में एक-दो बार।

6. आन्त्र के किसी भाग का बल या मरोड़ (Volvulus)

अन्य नाम (Other names)—ट्वीस्ट (Twist), टॉर्सन (Torsion)। इसे Gut-tie भी कहते हैं।

परिचय (Introduction)—आन्त्र के किसी भाग की एक ऐंठन जिससे अवरोध उत्पन्न हो जाता है।

It is an acute obsturction of the intestine caused by twisting on its own axis or over another intestinal loop and its mesentery. This result into blood stasis in the wall of the intestine involved.

कारणविज्ञान (Etiology)—इसका कारण हमेशा मेकेनिकल होता है एवं विभिन्न प्रकार के कॉलिक (उदर शूल), तीव्र प्रकार के दर्द (showing acute pains), unequal filling of bowels, irregular peristalsis, कालिक के साथ अजीर्ण रोग, अनेक प्रकार के उदर शूल (all types of colic) इसके जिम्मेदार होते हैं।

लक्षण (Symptoms)—रोग एकाएक प्रारम्भ होता है। गम्भीर स्वरूप का लगातार उदरशूल होता है। यह रोग घोड़ों में अक्सर होता है जबकि वह कार्य करते समय गिर जाते हैं अथवा struggling के मध्य जब ओपरेशन के लिये गिराये जाते हैं। इस प्रकार से पशु (घोड़े) में Violent exercise,

Symptoms of Volvulus/Torsion

- Sudden onset.
- Severe continuous colic, distress, violent movements.
- A history of violent exercise, jumping, casting or previous colicky symptoms are evident.
- Great distress. delirium and sweating.
- Horse rolls and remains on back with limbs in air.
- Sittig on launches, knelling and stretching of the body.
- No defaecation at all.
- Laboured breathing or Dyspnoea.
- Conjunctivae are intensely congested.
- Rapid week pulse.

Jumping (Hounters), गिरने अथवा पूर्व उदरशूल का इतिहास मिलता है। पशु में distress, delirium (मानसिक उत्तेजना) एवं पसीना आना आदि के प्रमुख लक्षण मिलते हैं। दस्त आना बन्द हो जाता है। साँस कठिनाई से लेता है (breathing is laboured) एवं कंजेक्टाइवा कंजेस्टिड हो जाती है। कुत्तों में पसीना आता है और नाड़ी की गति धीमी हो जाती है। श्वास कष्ट होता है। सम्पूर्ण शरीर में पसीना, तापक्रम, पेट फूलना (tympany of the colo) आदि लक्षण।

गुदा परीक्षण (rectal examination) में तीव्र पीड़ा (acute pain), straining एवं distended loops of bowel को अनुभव किया जा सकता है।

निदान (Diagnosis)—1. सामान्य लक्षणों से (By general symptoms)—लगातार रहने वाला तीव्र शूल (acute continuous pain), आँख की झिल्ली कंजेस्टिड, तीव्र निर्बल नाड़ी एवं गुदा परीक्षण से निदान किया जाता है।

2. इस रोग का आमाशयिक विस्तार (Gastric distension) एवं आँतों में बंध लगना (Strangulation) आदि से पृथक्करण करना चाहिये जिससे रोग निदान में भूल न हो।

रोग का कोर्स एवं भावी फल—

- रोग का एकाएक आक्रमण एवं रोग का थोड़ा कोर्स-प्रायः मारक होता है।
- छोटी आँत के टार्सन में मृत्यु अति शीघ्र हो जाती है।
- बड़ी आँत के टार्सन में मृत्यु 2-3 दिन में।

उपचार (Treatment)—इसकी चिकित्सा में जुलाब/परगेटिव देना हानिकारक होता है। वैसे इसकी कोई उपयुक्त चिकित्सा (औषधीय) नहीं है। आवश्यकता पड़ने पर कॉलिक (उदर शूल) के अनुसार चिकित्सा करनी चाहिये। सही निदान हो जाने पर लेपरोटोमी (Laparotomy) की जा सकती है पर यह एक साधारण ओपरेशन नहीं है।

रोग का पता प्रायः पोस्ट मार्टम करने पर ही हो पाता है।

7. स्ट्रेन्गुलेशन (Strangulation)

अन्य नाम (Other name)—इसे Incarceration भी कहते हैं।

परिचय (Introduction)—This is an acute obstruction of the intestine by pressure from a body situated outside it. It results into blood statsis.

यह आन्त्र की एक तीव्र रुकावट है जो दबाव के कारण उत्पन्न हो जाता है।

कारण (Etiology)—निम्न कारणों से—

- घोड़ों में इन्ग्वाइनल हर्निया से।
- स्क्रोटल हर्निया
- अम्बीलाइकल हर्निया से कभी-कभी स्ट्रेग्न्गुलेशन भी उत्पन्न हो जाता है।
- लोटने-पोटने से (by rolling)। भारी वजन खींचने, कूदने एवं गेलोपिंग आदि से।

वैसे हर्निया ही इसके प्रमुख उत्पादक कारण माने जाते हैं।

लक्षण (Symptoms)—इसके लक्षण वॉलव्यूलस (volvulus) के समान ही होते हैं अथवा इन्टूससेप्शन से मिलते-जुलते हैं। गुदा परीक्षण में Incarecerated parts को अनुभव किया जा सकता है। इसका टार्सन (torsion) से भेद करना प्रेक्टिकल रूप में कठिन होता है। मृत्यु आँत के फटने अथवा पेरीटोनाइटिस से होती है।

चिकित्सा (Treatment)—निम्न प्रकार से—

- गुदा मार्ग से (Pre rectum) हाथ से खींचने पर विचार करना चाहिये, पर असम्भव है।
- लेपरोटोमी (Laparotomy) शल्यचिकित्सा ही एक मात्र साधन है।

Note : Shock, toxaemia and septicaemia are the terminal outcome of the disease.

8. इन्टससैप्शन/आन्त्रान्त्र प्रवेश (Intussusception)

अन्य नाम (Other names)—इण्ट्रोससेप्शन (Introsusception), इन्वेजीनेशन (Invagination), टेलिस्कोपिंग (Telescoping)/ आन्त्र का मुड़ना/दस्त न आना आदि।

परिचय (Introduction)—आन्त्र के किसी भाग का उसके ठीक नीचे स्थित अन्य किसी भाग की अवकाशिका में भ्रंश को इन्टुससेप्शन या टेलिस्कोपिंग कहते हैं। यह रोग कैटिल तथा भेड़-बकरियों में अधिक, पर घोड़े एवं शूकर में भी मिलता है।

This is an acute obstructing of the intestine caused by invagination of one section of intestine by a portion immediately behind it. It is most common in cattle and goats but also seen in horses and pigs.

कारण (Etiology)—निम्न कारणों से यह उत्पन्न होता है—

- गलत आहार से आन्त्र गति की वृद्धि से
  (Inceased peristalsis caused by errors in diet) ।
- इण्टेराइटिस (Enteritis) ।
- तीव्र जुलाब (Violent Purgatives) ।
- इण्टेस्टाइनल कटार, डायरिया, इण्टेस्टाइनल वर्म्स, बाह्य पदार्थ (Foreign bodies), ट्यूमर्स एवं विभिन्न प्रकार के तीव्र उदर शूल (Colic of various types) ।
- Violent abdominal contraction and sudden increase in abdominal pressure and relative fermentation of one part of the intestine are factors which help in the causation.

विकृति विज्ञान (Pathology)—यह रोग अधिकतर छोटी आँत (small intestine) में उत्पन्न होता है। Throught ileum can be invaginated into caecum colon, in itself, ileum into colon, colon into rectum (dogs), duodenum into stomach, jejunum into ileum and so on.

लक्षण (Symptoms)—रोग का प्रारम्भ एकाएक। दर्द तीव्र स्वरूप का (volvulus) के समान)। लक्षण प्रायः कॉलिक (colic) के समान होते हैं। दायीं कोख को दबाने पर पीड़ा होती है। पाखाना काला होता है। इन्वेजीनेटिड भाग गुदा से निकला दिखायी देता है। (The invagainated portion may protrude through the annus) । गाय तथा भैंस में लक्षण अधिक गम्भीर नहीं होते। (There may be haemorrhagic intestinal evacuation)

कोर्स एवं भावीफल (Course and Prognosis)—तीव्र उदरशूल (colicky pain) जो गम्भीर होता है। गाय, भैंस में 6-12 घण्टों में शान्त हो जाता है, परन्तु घोड़े में कई दिन तक चलता है। कोर्स 6-9 दिन तक होता है। कभी-कभी दो सप्ताह का। भावीफल हमेशा खराब होता है। इन्वेजीनेटिड भाग गल जाता है। अधिकांश केसिस पेरीटोनाइटिस एवं गेंग्रीन के लगभग 12 घण्टे बाद मर जाते हैं।

चिकित्सा (Treatment—

- एकमात्र उपाय शल्यचिकित्सा है।
- औषधि चिकित्सा कॉलिक की तरह करनी चाहिए।

याद रहे— • यदि इन्वेजीनेटिड भाग गुदा के बाहर दिखायी देने लगे तो औषधि चिकित्सा व्यर्थ है।

• गुदा (Rectum) में हाथ डालना खतरे से खाली नहीं है।

नोट— कृमियों की आशंका को ध्यान में रखते हुए हर हालत में कोई-ने-कोई कृमिनाशक औषधि की एक खुराक अवश्य दे देनी चाहिये।

9. प्रोक्टाईटिस (Proctitis)

अन्य नाम (Other names)—प्रॉक्टाइटिस, मलाशयशोथ, मलाशय का प्रदाह।

परिचय (Introduction)—मल के गोले (faecal mass) अथवा बाह्य पदार्थ अथवा संक्रमण आदि से मलाशय (rectum) में सूजन हो जाती है। इसमें पशु को पाखाना करते समय दर्द होता है। पाखाने में म्यूकस तथा पस आता है।

Inflammation of the rectum is known as proctitis. Ths may result due to simple catarrhal inflammation from the irritation of a faecal mass or foreign body or due to specific infection, characterised by pain, loose bloody stool containing mucus and pus.

कारण (Etiology)—निम्न कारणों से—

- मल का गोला (Faecal Mass)।
- बाह्य पदार्थ (Foreign Body)।
- स्पेसीफिक इन्फेक्शन जैसे—
- वायरस रूप में—रिण्डर पेस्ट (R.P.)।
- बैक्टीरिया रूप में—ई. कोलाई।
- प्रोटोजोआ रूप में—कोक्सीडिया, जियार्डिया आदि से।
- डिसेण्ट्री पैदा करने वाले जीवाणु जैसे सिजैला प्रोक्टीटिस रोग पैदा करता है।
- पिन वर्म्स और थ्रेड वर्म्स (Threadworn) आदि कृमि प्रोक्टाईटिस रोग पैदा करते हैं।

लक्षण (Symptoms)—पशु को पाखाने के समय दर्द की अनुभूति होती है। दस्त पतला रक्तयुक्त म्यूकस तथा पस मिला (loose bloody stool containing mucus and pus) होता है।

निदान (Diagnosis)—पशु के मल का परीक्षण कर रोग के कारण का पता लगाना चाहिये। प्रोक्टोस्कोप से गुदा की म्यूकस मेम्ब्रेन की स्थिति का पता चलता है। इसे प्रोक्टोस्कोपी कहते हैं।

चिकित्सा (Treatment)—चिकित्सा लाक्षणिक होती है; जैसे—

(क) सूजन व दर्द दूर करने के लिये सूजनहारी, दर्दहारी इंजेक्शन का प्रयोग करना चाहिये।

(ख) किसी एक बहुक्षेत्रीय एन्टीबायोटिक का प्रयोग करना चाहिये।

पेट सम्बन्धी अन्य रोग
(Other Stomach Diseases)

10. टॉर्सन आफ एबोमेजम/एबोमेजम की ऐंठन (Torsion of Abomasum)

परिचय (Introduction)—यह एक ऐसी बीमारी है जिसमें इण्टेस्टाइनल ऑब्स्ट्रक्शन के लक्षण मिलते हैं। यह गाय, भैंस, भेड़, बकरियों में देखने को मिलती है। इसका कारण अज्ञात है।

It is a disease of unknown aetiology seen in cattle, buffalo, goat and sheep with manifestation of intestinal obstruction.

कारण (Etiology)—कोई स्पष्ट कारण नहीं।

लक्षण (Symptoms)—इस रोग में निम्न लक्षण देखने को मिलते हैं—

- पशु की एकाएक भूख कम हो जाती है।
- तीव्र उदर शूल होता है (acute abdominal pain)।
- डेप्रेशन (अवसाद) एवं crouching की उपस्थिति। (घुटनों के बल बैठना) पशु कमर को ऊपर कर खड़ा रहता है। (Arched back) रोग गम्भीर होने पर प्लूराइटिस तथा पैरी का डायरिस होने पर, मुंह से ज्यादा मात्रा में लार निकलती है तथा पेट के नीचे के हिस्से पर दबाने से दर्द होता है।
- हृदय गति बढ़ी हुई (Increased heart rate) 100-120 प्रति मिनट।
- तापक्रम सामान्य से कम (Subnormal temperature)।
- शीत की अनुभूति होकर काँपना (Shivering due to cold feeling)।
- म्यूकस मेम्ब्रेन पीली और शुष्क।
- उदर दायीं तरफ बढ़ा हुआ मालूम देता है। (Abdomen is glossly distended on the right side) जिसे मलाशय में हाथ डालकर मालूम किया जा सकता है।
- टॉर्सन का 180°-270° होने पर ऑब्स्ट्रक्शन पैदा करता है।
- कुछ केसिस में डायरिया हो जाता है (In some cases there may be profuse diarrhoea)।

चिकित्सा (Treatment)—

- लेपेरोटोमोनी (Laparotomy) एवं एबोमेजम के पदार्थों का निष्कासन और टॉर्सन में सुधार।
- सहायक चिकित्सा-फ्लूड्स एवं इलेक्ट्रोलाइट्स उपयुक्त मात्रा में।

11. ट्रौमेटिक रेटीकुलोपेरीटोनाइटिस (Traumatic Reticuloperitonitis)

परिचय (Introduction)—इसमें किसी नुकीली चीज के द्वारा रेटीकुलम की दीवार का छिद्रण (perforation) हो जाता है जिससे स्थानीय तीव्र पेरीटोनाइटिस हो जाता है।

Perforation of the wall of reticulum by a sharp foreign body produces acute local peritonitis.

कारण (Etiology)—

- चारे में अथवा चरते समय आकस्मिक रूप में किसी बाह्य पदार्थ को खा जाना।
- धातुगत पदार्थों को खाने से।
- गंदा आहार (greedy feeding) द्वारा किसी नुकीली चीज खाने से।

लक्षण (Symptoms)—इसमें पशु को तीव्र बुखार हो जाता है एवं एकाएक भूख कम हो जाती है। कब्ज हो जाता है और पेट में स्थानीय दर्द होता है (Local pain in the abdomen)। पशु के इधर-उधर घूमने पर पीड़ा होती है (pain on movement) यदि चिकित्सा की गई तो पशु ठीक हो सकता है। अथवा अन्त में जीर्ण रूप लेकर acute diffuse peritonitis हो जाती है।

निदान (Diagnosis)—

(क) मेटल डेटेक्टर (metal detector) से रोग का निदान आसानी से हो जाता है।

(ख) पेट के नीचे के हिस्से पर बांस लगाकर उठाने से दर्द होता है।

चिकित्सा (Treatment)—

- पशु को स्थिरीकरण (immobilization)।
- फ्रोण्ट फीट एलीवेशन (front feet elevation)। पशु के अगले पैरों का ऊँचे स्थान पर रखकर खड़ा करना चाहिये।
- रेशेदार चारे का प्रयोग नहीं (reduction of roughage feed)।
- एण्टीबायोटिक, एनाल्जैसिक तथा एन्टीहिस्टस्टैमिमिक दवाओं का प्रयोग करना चाहिये।

शल्यचिकित्सा (Surgical treatment)—

- रियूमिन का ऑपरेशन (रूमेनोटॉमी-Rumenotomy)। करके नुकीली चीज को बाहर निकाल देना चाहिये।

12. जीर्ण-अजीर्ण (Chronic Indigestion)

अन्य नाम (Other name)—पुराना अपच रोग।

परिचय (Introduction)—किसी बीमारी को लम्बे समय तक भोगने के बाद स्वस्थ हुए पशु को जब चारा नियम से ठीक समय पर तथा दाना-पानी उचित मात्रा में नहीं मिल पाता है तो उसे अपच हो जाता है जिसके पुराना होने पर वह जीर्ण-अजीर्ण का रूप धारणा कर लेता है। इसमें पशु को कब्ज और पतले दस्त का क्रम चलता रहता है और बिना पचा हुआ चारा-दाना निकलता है।

कारण (Etiology)—यह रोग निम्न कारणों से होता है—

- रूखे-सूखे चारे का मिलना पर हरे चारे की कमी।
- लम्बी बीमारी के बाद ठीक समय पर चारा-दाना पानी न मिलना।
- दीर्घ काल तक पशुओं को एक स्थान पर बँधे रहना।
- पर्याप्त परिश्रम या व्यायाम न कराना।
- आमाशय एवं आँतों में परजीवी कीड़ों की उपस्थिति।

लक्षण (Symptoms)—मन्दाग्नि/भूख न लगना—पशु चारा मन से नहीं खाता है। उसकी भूख मारी जाती है। जुगाली (पागुर) करना बन्द कर देता है अथवा कम करता है। पशु सदैव सुस्त रहता है। दाँतों एवं मसूड़ों पर धुंधला भूरा स्तर दिखायी देता है। शरीर की त्वचा रूखड़ी सी हो जाती है और देखने में शुष्क प्रतीत होती है। मल लसदार और दुर्गन्ध-युक्त होता है। अथवा मल (गोबर) सूखा और बकरी की मेंगनी जैसा अल्प मात्रा में करता है। कभी-कभी रंग-बिरंगे पतले दस्ते आते हैं। दस्तों में साबुत चारा-दाना दिखायी देता है, पर अधिकांश पशुओं को कब्ज की शिकायत रहती है।

जीर्ण-अजीर्ण (Chronic Indigestion) के लक्षण सारांश में

- भूख की कमी एवं सुस्तीपन।
- पागुर करना बंद अथवा बहुत कम।
- दाँतों एवं मसूड़ों पर धुंधला भूरा स्तर।
- शरीर की त्वचा शुष्क एवं रूखड़ी।
- कब्ज प्रायः पर कभी-कभी रंग-बिरंगे दस्तों वाला अतिसार।
- कभी-कभी गोबर सूखा बकरी की मेंगनी सदृश।
- दस्तों में साबुत चारा-दाना, मल लसदार एवं दुर्गन्धित।
- पानी पीने की पर्याप्त इच्छा एवं अल्प परिश्रम से थकावट।

ऐसा पशु अल्प परिश्रम से ही थक जाता है। कभी-कभी पशु के गोबर या मल में

पैरासाइट्स की उपस्थिति रहती है। परिणामस्वरूप उसे दस्त आते हैं और वह भर पेट चारा नहीं खाता है। उसकी दशा दिन पर बिगड़ती जाती है। पशु अधिक मात्रा में पानी पीना चाहता है।

चिकित्सा (Treatment)—

(क) हल्का, शीघ्र हजम होने वाला चारा—दूब घास आदि दें। दिन में दो बार पानी कुएँ अथवा नल का पिलावें।

(ख) हिमालय बत्तीसा या कैटोन या यूनिवर्सल बत्तीसा (I.H) या हरमिन्स (भारतीय बूटी भवन) या पशु जीवन 30-50 ग्राम दिन में दो बार लगातार छः दिन तक। भारी पशुओं को 50-100 ग्राम।

(ग) लिवोजेन/बीकोम-एल/बेलामाइल आदि लिवर एक्सट्रेक्ट इंजेक्शन में कोई एक दवा 5-10 मिली, दो दिन के अन्तराल पर I.M इंजेक्शन से।

(घ) कब्ज की स्थिति में उपरोक्त चिकित्सा के साथ-साथ मैग सल्फ 250 ग्राम, नमक 250 ग्राम, सोंठ पल्व 15 ग्राम, शीरा 500 ग्राम मिलाकर दें।

6. यकृत रोग (Disease of Liver)

यकृत शरीर का एक अति महत्वपूर्ण अंग है और शरीर की सबसे बड़ी ग्रन्थि (gland) है। इसके अनेक कार्य हैं। इसके रोगग्रस्त होने पर रोगी के लक्षण शीघ्र स्पष्ट नहीं होते हैं। पशुओं में प्रमुख यकृत रोग इस प्रकार हैं—

1. रक्त संकुलित यकृत (कंजेशन आफ लिवर—Congestion of liver)
2. जलोदर (ऐसाइटिस-Ascites)
3. यकृतशोथ (हेपेटाइटिस-Hepatitis)
4. ठोस यकृत (सिरहोसिस ऑफ लिवर Cirrhosis of liver)
5. फटा यकृत (रप्चर आफ लिवर—Rupture of liver)
6. पाण्डु या कामला (जॉण्डिस या इक्टेरस—Jaundice or Icterus)

1. रक्त संकुलित यकृत (Congestion of Liver)

परिचय (Introduction)—यह एक ऐसी स्थिति है जब यकृत में रक्त इक्ट्ठा हो जाता है। तब रक्त संकुलित यकृत स्थिति उत्पन्न हो जाती है।

कारण (Etiology)—निम्न कारणों से यह विकार उत्पन्न होता है—

(1) नशा (इन्टोक्सीकेशन—Intoxication)।
(2) व्यायाम का अभाव (Lack of exercise)।
(3) गुदा एवं हृदय रोग (Diseases of Kidney and Heart/Cardiac)।
(4) उदर के किसी भाग में रक्त परिभ्रमण (Blood circulation) में कमी-का होना।

लक्षण (Symptoms)—इसमें पशु हमेशा सुस्त (dull) रहता है, और शक्तिहीनता आ जाती है। रोगी चलने में असमर्थता व्यक्त करता है। कब्ज (कान्स्टीपेशन) की शिकायत रहती है और मल में दुर्गन्ध आती है। यकृत आकार में बड़ा हो जाता है।

रक्तसंकुलित यकृत (Congestion of Liver) के लक्षण सारांश में

- सुस्ती एवं शक्तिहीनता।
- आँख की पपनी का टपकना।
- चलने में अनिच्छा।
- कब्ज एवं दुर्गन्धित मल।
- मूत्र पीला।
- यकृत बड़ा आकार में।
- कुत्तों में कै (Vomiting)।
- घोड़ों में ज्वर।

मूत्र पीले-रंग का आता है। घोड़ों में प्रायः ज्वर रहता है और कुत्तों में कै (वोमिटिंग- Vomiting) होती है। पैरों में सूजन आदि लक्षण देखने को मिलते हैं।

चिकित्सा (Treatment)—इस रोग की चिकित्सा में दस्तावर दवा और लिव टॉनिक (Purgative and Liver tonic) औषधि देनी होती है।

दस्तावर दवा के लिये—गाय/भैंस में मैग सल्फ 250 ग्राम, सोडी सल्फ 50 ग्राम, सोंठ, चूर्ण (पल्व जिंजर) 10 ग्राम, जल 500 मि.ली. (½ लीटर) मिल कर दिन में दो बार दें।

घोड़ों को इस कार्य हेतु मुसव्वर (Aloes) 15 ग्राम, कैलोमल (Calomal) 4 ग्राम गुड़ या आटे के साथ दिन में दो बार दें।

- **कुत्तों को**—लिक्विड पैराफीन या क्रीमाफिन पिंक 10-20 मि.ली. दूध में अथवा मैग सल्फ 55 ग्राम, सोडा सल्फ 5 ग्राम टिंचर जिंजर 10 बूँद, टिंचर नक्स 10 बूंद जल 300 मि.ली. मिलाकर दिन में तीन बार दें।

लिवर टॉनिक के लिये—गाय/भैंस को लिवोल लिव-52, लिवोफिट 20-30 ग्राम दिन में 2 बार। छोटे पशुओं को 10-15 ग्राम। इन्जेक्शन के रूप में बेलामाइल लिवरजेट/ लिवोजेन/ बीकोम-एल/लिवर इक्स्ट्रेक्ट + बी कम्पलेक्स 5-10 मि.ली. बड़े पशुओं को एवं 2-3 मि.ली. छोटे पशुओं को दो या तीन बार दिन में अन्तराल पर मांस में लगाऐं।

2. जलोदर (Ascites)

अन्य नाम (Other names)—जलन्धर/पेट में जल एकत्र होना/हाइड्रास एसाइटिस (Hydras ascites)

परिचय (Introduction)—इसमें पेरीटोनियल कैविटी (peritoneal cavity) में तरल भर जाता है। रोग कुत्तों तथा बिल्लियों में पाया जाता है।

Accumulation of fluid in the sac of the peritonium is known as ascites Liver disorder is one the important causes of this problem.

कारण (Etiology)—यह रोग निम्न कारणों से हो सकत है—

- हृदय तथा गुर्दों के रोग।
- लिवर सिरोसिस (Liver cirrhosis) I
- क्षय रोग (ट्यूबरकुलोसिस-Tuberculosis) I
- दस्तों के द्वारा प्रोटीन का अतिरिक्त क्षय (Excessive loss of protein through faeces) I
- प्रोटीन का अपावशोषण (Malabsorption) I
- बड़े आकार के ट्यूमर, सिस्ट, ट्यूबरकुलर नोडूल्स बढ़ी हुई लिम्फ नोड्स यह सब मेसेन्ट्रिक वेन और लिम्फेटिक वेसिल्स पर दबाव डालकर द्रव एकत्रित होने में सहायता करते हैं।

गम्भीर हाइपोप्रोटीनीमिया, कार्डियक इन्सफीसिएन्सी, कन्जेस्टिव कार्डियक फेल्योर, रीनल एन्सफीसिएन्सी एवं यकृत में फाइब्रोसिस (Fibrosis of hepatic cell) आदि सभी द्रव एकत्रण (fluid accumulation) में सहायक होते हैं।

लक्षण (Symptoms)—सबसे पहला लक्षण उदर में वृद्धि मिलती है। (the first noticeable sign is the enlargement of the abdomen) I यह उदर गुहा की वृद्धि प्रायः धीरे-धीरे होती है तथा वह लटकने लगती है। इसे दबाने पर तरल पदार्थ में लहरें बनती दिखती हैं। पशु को चलने-फिरने तथा साँस लेने में कष्ट होता है। पशु भोजन तथा पानी को सामान्य रूप में लेता रहता है।

छोटे पशुओं में वृद्धि गोलाकार आकार में होती है। भेड़-बकरी में नाभि (umbilicus) बाहर को उभरी मिलती है। कुत्तों में अतिरिक्त वृद्धि से Barrel shaped आकृति दिखायी देती है। कभी-कभी यह बकरी के उदर जैसा (sometime it may look like a goat's abdomen) दिखायी देता है। बड़े पशुओं में द्रव की लहर गुदा मार्ग से भी अनुभव की जा सकती है। पशु सामान्य रूप में गिरी अवस्था में (in poor condition with sunken eyes) दिखायी देता है। शरीर में रक्त की कमी हो जाती है। पसलियाँ उभरी दिखायी देती हैं। (ribs will be visible prominently) धीरे-धीरे भूख कम होती जाती है (There will be gradual loss of appetite) मवेशी में बुखार सामान्य ही रहता है। हृदय की गति बढ़ जाती है (टेकीकार्डिया)। पशु अक्सर लेटा रहना पसन्द करता है और बहुत कम घूमता है। उदर की रक्त नलिकायें (blood vessels) उभरी हुई दीखती हैं। रोग दीर्घकाल तक चलने वाला होता है।

जलोदर (Ascities) के लक्षण सारांश में

- धीरे-धीरे उदर गुहा में वृद्धि एवं लटकी हुई।
- दबाने पर तरल पदार्थ में लहरें सी उठती हुईं।
- पशु को चलने-फिरने में कष्ट।
- भोजन पानी को सामान्य रूप में लेते रहना।
- भेड़-बकरी में नाभि उभरी हुई बाहर को दीखना।
- सामान्य स्वास्थ्य गिरा हुआ।
- हृदय गति बढ़ी हुई (टिकीकार्डिया)।
- बुखार प्रायः सामान्य रूप में।
- पसली उभरी सी।

चिकित्सा (Treatment)—सम्बन्धित रोगों की चिकित्सा आवश्यकतानुसार करें।

- **उदर को पंचर कर तरल पदार्थ बाहर निकालना** (Paracentesis abdominalis)—इसमें कुत्ते की अम्बीलाइकस (umbilicus) तथा प्यूबिस (pubis) के मध्य, लीनिया अल्बा (Lenia alba) के समीप नीडल से पंचर कर द्रव (fluid) निकाला जाता है। एक दम से सम्पूर्ण द्रव (fluid) नहीं निकालना चाहिये।
- **सेलाइन परगेटिव** (Saline purgative)—पशु को सेलाइन परगेटिव देना चाहिये। इसके लिये मैग सल्फ 60 ग्राम, सोडियम क्लोराइड 30 ग्राम, पोटाश साइट्रस 10 ग्राम। इसे दो भागों में विभाजित कर प्रातः-सायं आवश्यकतानुसार जल में मिलाकर पिलावें।
- **मूत्रल औषधि** (Diuretics)—लासिक्स (Lasix); कुत्ता-बिल्ली: 2-4 मिली I/M इन्जेक्शन से दें। अथवा मर्शेलि (Mersaly) 0.5-2 मि.ली. गहरे मांसपेशी में। 3-7 दिन पर पुनः दोहरायें।
- **हृदय को ताकत देने के लिए**—लेनोक्सिन (Lanoxin) 1-2 मि.ली. I/V या I/M रूप में। यह कार्डियक टॉनिक है।
- **एण्टीबायोटिक्स** (Antibiotics)—स्ट्रेप्टो-पेनिसलीन 0.5g. 400000 यूनिट I/M या एम्पीसिलीन या केम्पीसिलीन 500 मि.ग्रा I/M चार दिन तक।
- प्रोटीनयुक्त आहार दें।
- भोजन नमक रहित अथवा कम मात्रा में दें।

3. यकृतशोथ/यकृत की प्रदाह (हेपैटाइटिस-Hepatitis)

परिचय (Introduction)—यकृत में सूजन आ जाने को हेपैटाइटिस या यकृत प्रदाह कहते हैं। यह तीव्र और जीर्ण रूप में होता है।

Hepatitis is an inflammation of the liver. It may be acute or chronic.

(अ) तीव्र यकृतशोथ (Acute hepatitis)— इसे 'सपूरेटिव हेपैटाइसिट' भी कहते हैं।

कारण (Etiology)—बाह्य आघात, स्ट्रेन्गिल्स, अल्सरेटिव इण्डोकार्डइटिस, सेप्टिक मैट्राइटिस आदि कारणों से जीवाणु सीधे रक्त से यकृत में पहुँचते हैं।

लक्षण (Symptoms)—कामला (Jaundice) के साथ तापक्रम (temperature) यकृत प्रदेश (Liver region) पर कठोरता, सेरीबल कम्पलीकेशन्स, डेलीरियम (दिमाग की बिगड़ी स्थिति) जैसे लक्षण दिखाई देते हैं।

चिकित्सा (Treatment)—*(क)* किसी एक बहुक्षेत्रीय एण्टीबायोटिक का प्रयोग करना चाहिए।

(ख) बुखार शान्त होने के बाद कामला की चिकित्सा करनी चाहिये।

(ब) जीर्ण यकृतशोथ (Chronic hepatitis)— इसे क्रानिक इण्टरस्टीशियल हेपैटाइटिस, होव नेल्ड लिवर, सिरहोसिस ऑफ लिवर कहते हैं। इसे नीचे अलग से सिरहोसिस ऑफ दी लिवर (ठोस यकृत) के नाम से दिया जा रहा है—

4. ठोस यकृत (सिरहोसिस ऑफ दी लिवर/Cirrhosis of the Liver)

परिचय (Introduction)—यह यकृत कोशिकाओं के नष्ट होने, ऊतकों की वृद्धि रुकने तथा यकृत के बड़ा या छोटा होने का रोग है। इसमें यकृत के अन्दर फाइब्रोसिस हो जाती है। इसीलिए इसे फाइब्रोसिस ऑफ लिवर (Fibrosis of Liver) कहते हैं।

It is a chronic diffuse hepatitis characterised by progressive or recurrent destruction or degeneration of liver cells, extensive fibrosis with increase in connective tissue stoma and regeneration of line cells with architectural distortion, abnormal proliferation of fibrous tissues damaging and replacing of hepatic cells is known as fibrosis. The term fibrosis may be used in place of cirrhosis in veterinary medicine.

कारण (Etiology)—इसके निम्न कारण हो सकते हैं—

- जीवाणु या जीवाणु विष या विषाणु द्वारा।
- पित्त नली में उत्तेजना एवं परजीवी (पैरासाइट्स)।
- कुपोषण (Malnutrition) (कुछ हद तक)।
- मैसिव हार्ट वर्म (Massive heart worm)।
- ऑटोइमून कारण (Autoimmune cause)।
- डायबिटिस मेलीटस, फैटी लिवर सिण्ड्रोम जो बाद में सिरहोसिस में बदल जाता है।
- वाइरस हेपैटाइटिस का पूर्व आक्रमण (Previous attack of virus hepatitis)।

लक्षण (Symptoms)—रोग के कई कारणों से इसके लक्षणों में भिन्नता होती है। रोग के शुरू में कामला रोग (jaundice) के साथ ज्वर रहता है। पर बाद में ज्वर नहीं होता है। भूख की कमी, धीरे-धीरे स्वास्थ्य में गिरावट, दुर्बलता कभी दस्त (diarrhoea), कभी कब्ज (constipation), सुस्ती, डेलीरियम (अवसाद), शरीर भार में कमी, रक्ताल्पता, जलोदर एवं शोथ (ascites and oedema) जिसे बोटल-जा (Bottle Jaw) कहते हैं आदि लक्षण होते हैं।

लिवर सिहोसिस के लक्षण सारांश में

- शुरू में कामला रोग के साथ ज्वर, पर बाद में ज्वर नहीं।
- भूख की कमी एवं स्वास्थ्य में गिरावट।
- दुर्बलता एवं शरीर भार में कमी।
- कभी अतिसार तो कभी कब्ज।
- रक्ताल्पता (Anaemia)।
- जलोदर एवं शोथ (Anasarca)।

बाल रूखे एवं शरीर शुष्क-सा नजर आने लगता है। रेक्टल प्रोलेप्स से नियमित डायरिया बना रहता है। उदर पीड़ा का आक्रमण स्वतंत्र रूप में होता है। पशु घूमता रहता है (walking disease)। पैरालिसिस एवं पैराप्लीजिया अथवा रक्तस्राव की प्रवृत्ति आदि लक्षण भी।

निदान (Diagnosis)—रोग की पहचान लक्षणों एवं इतिहास के आधार पर। लिवर फंक्शन टैस्ट एवं बायोप्सि रोग निदान में विशेष सहायक।

चिकित्सा (Treatment)—

(क) कृमि और जीवाणु उपचार के लिए—

1. यदि लिवर सिरहोसिस कृमि के कारण है तो बहुक्षेत्रीय कृमि नाशक औषधियाँ; जैसे—एल्बैन्डाजोल या फैनबैन्डाजोल प्रयोग करें। (विवरण पृ. 529 बिन्दु 1 और पृ. 532 बिन्दु 4 देखें)।

2. यदि लिवर सिरहोसिस का कारण जीवाणु हैं तो बहुक्षेत्रीय एन्टीबैक्टीरियल दवाओं का प्रयोग करना चाहिये।

(ख) लिवर एक्सट्रेक्ट इंजेक्शन; जैसे—बैलामाइल, लिवोजन, बीकोम-एल; बड़े पशुओं को 5-10 मि.ली. तथा छोटे पशुओं को 1-2 मि.ली. मांस में सप्ताह में तीन बार देना चाहिये।

(ग) आयुर्वेदिक लिवर टॉनिक जैसे लिव-52, लिवोलायलिवोफिट; बड़े पशुओं को 15-20 ग्राम सुबह शाम देना चाहिये।

(घ) यदि रोग विष के कारण है तो कैल्सियम तथा डैक्सट्रोज के इजेक्शन; जैसे—माइफैक्स या माइफी कैल 450 मि.ली. शिरा में बड़े पशुओं को देना चाहिये।

5. फटा यकृत (Rupture of Liver)

परिचय (Introduction)—इसमें यकृत फट जाता है। यकृत का फटना रेटीकुलम (Reticulum)—पेट का भाग) से होकर आने वाली वस्तुओं से (नुकीली चीज), गिरने या लात मारने अथवा यकृत फोड़ा के परिणामस्वरूप हो जाता है।

लक्षण (Symptoms)—इसमें कोई विशेष लक्षण दिखायी नहीं देते हैं। रोग की तीव्रावस्था में (In acute form) अगले दाहिने पैर में लँगड़ाहट होती है। साथ ही पशु की श्लैष्मिक झिल्लियाँ पीली हो जाती हैं।

उपचार (Treatment)—इस रोग की कोई चिकित्सा उपलब्ध नहीं है। अन्त में पशु की मृत्यु ही निश्चित है।

6. पाण्डु रोग/कामला रोग (Jaundice / Icterus)

अन्य नाम (Other names)— परकान, पीलिया या पीली रोग। जॉण्डिस या इक्टरस।

परिचय (Introduction)—इसमें म्यूकस मेम्ब्रेन तथा त्वचा का रंग पीला हो जाता है। मल का पेल या स्लेटी तथा मूत्र का रंग पीला आदि लक्षण होते हैं।

कारण (Etiology)—यकृत के अन्दर लाल रक्त कणिकाओं के टूटने से विलिरूबिन का निर्माण होता है। यकृत में बिलिरूबिन का कन्जूगेशन होकर पानी में घुलनशील बिलिरूबिन (hepetobilirubin) का निर्माण होता है, जोकि पित्त के साथ आँतों में पहुँचकर बाहर निकल जाता है। इसके विपरीत नीचे दी गई तीन स्थितियों में बिलिरूबिन की ज्यादा मात्रा के कारण म्यूकस मैम्ब्रेन तथा ऊतकों का रंग-पीला हो जाता है–

1. प्रीहिपैटिक या हीमोलाइटिक जौन्डिस-इस अवस्था में लाल रक्त कणिकाओं का नाश अधिक होने के कारण अधिक मात्रा में बिलिरूबिन निर्माण होने से यकृत द्वारा कन्जूगेट तथा एम्फीट न किये जाने से बिलिरुबिन प्लाज्मा में रहती है। यह *क्लौस्ट्रेडियम हीमोलिटिकम* तथा लैप्टोस्पाइरा जीवाणु के कारण, गायों कुत्तों में बवोस ओसिक तथा बिल्लियों में माइकोजा के कारण होता है। गायों में हाइपोफोस्फेटेमीया के कारण पोस्ट पार्चूरैन्ट हीमोग्लोबिनयूरिया में भी होता है।

2. हेपेटिक जौन्डिस—यकृत की कोशिकाओं के नाश होने के कारण होता है। क्रोनिक लिवर फैल्यौर में पैदा हुए बिलिरुविन कोन्जूगेटेड न होने के कारण खून में अनकोन्जूगेटेड विलिरुबिन इकट्ठी हो जाती है। कुत्तों में लैप्टोस्पाइरोसिस इक्टेरोहीमोरे जिका, रिफ्ट बैली फीवर वायरस, लैनटाना प्लान्ट पोइजनिग तथा एफ्ला टौक्सीकोसिस जैसी-बीमारियाँ इसका उदाहरण हैं।

3. पोस्ट हैपेटिक जौन्डिस—यह बायल डक्ट के अवरोध के कारण होता है। खून में कौन्जूगेटेड विलिरूबिन की मात्रा अधिक हो जाती है। गॉल स्टोन, इन्टेस्टाइनल पैटासाइट्स जैसे सूअरों में एस्केरिस तथा घोड़ों में पारएस्केरिट के बाइल डक्ट में चले जाने से, बाइल डक्ट के फटने से होता है।

लक्षण (Symptoms)—इस रोग में म्यूकस मेम्ब्रेन तथा त्वचा पीली पड़ जाती है। मूत्र का रंग पीला होता है एवं मल (stool) का रंग स्लेटी या पीला होता है। पशु को ज्वर रहने लगता है। पशु सुस्त हो जाता है एवं प्यास अधिक लगती है। पशु की भूख समाप्त हो जाती है। अपच या अतिसार रहने लगता है। रोग की तीव्रावस्था में मस्तिष्क सम्बन्धी विकार उत्पन्न हो जाते हैं और पशु की मृत्यु हो जाती है।

विषैली हालत में यकृत में फोड़ा, सूजन और प्रदाह के कारण तेज ज्वर हो जाता है। मल सामान्य रहता है। दुर्बलता एवं रक्तहीनता हो जाती है। उपचार न करने पर पशु की मृत्यु हो जाती है। कुत्तों में वमन (vomit) पीला या हरा होता है। रोग के अधिक दिन तक बने रहने से शरीर का पूर्ण ह्रास हो जाता है एवं रक्तहीनता देखने को मिलती है। पेट और शरीर के निचले हिस्सों पर शोथ हो जाता है जिसके द्रव का रंग-पीला हो जाता है।

निदान (Diagnosis)—

- उपरोक्त लक्षणों के आधार पर।
- रक्ताल्पता में रक्त की जाँच करने पर पैरासाइट्स की उपस्थिति मिलती है।
- कृमि के कारण उत्पन्न कामला के मल की जाँच करने पर कृमियों के अण्डे मिलते हैं।

उपचार (Treatment)—

(क) पशु को पूर्ण आराम से रखें।

(ख) पशु को कार्बोहाइड्रेट की अधिकता वाली, बिना नमक तथा बिना तेल का आहार दें। पशु को खूब पीने का पानी दें।

(ग) पीलिया के कारणों को ज्ञात कर यदि पीलिया कृमि द्वारा है तो कोई कृमिनाशक, यदि पीलिया प्रजीवा द्वारा है तो कोई प्रजीवा नाशक अथवा यदि पीलिया किसी जीवाणु की बीमारी से है तो कोई एन्टीबैक्टीरियल दवा दें।

(घ) किसी एक लिवर एक्सट्रेक्ट विद् विटामिन बी काम्पलैक्स के इंजेक्शन का प्रयोग करें। (विवरण पीछे है)

(च) 20% डैक्सट्रोज जैसे रिण्टोज 1000–2000 शिरा में रोज दें।

(छ) हीमोलाइटिक पीलिया में बड़े पशुओं को इम्फेरान इजे. 10 मिली मांस में दें तथा ऐसे खनिज लवण मिश्रण जिनमें आयरन कॉपर, कोबाल्ट हो, जैसे एग्रीमिन फोर्ट या टोनोमिल्क 50 ग्राम प्रतिदिन दें।

2. श्वसन तंत्र के रोग
(Diseases of Respiratory System)

इस तंत्र के अन्तर्गत नाक (Nose), कंठ (Pharynx), स्वरयंत्र (Larynx), टेंटुआ (Trachea), श्वास नलिकायें (Bronchi), फुफ्फुस/फेफड़ों (Lungs) आदि होते हैं।

श्वसन तंत्र में होने वाले मुख्य-मुख्य रोग निम्न प्रकार से हैं—

1. नाक से खून बहना (Nasal Bleeding of Epistaxis or Rhinorrhagia)
2. सर्दी-खाँसी या जुकाम (Cold-Cough or Nasal Catrarrh or Coryza or Rhinitis or Inflammation of Nasal Cavity)
3. स्वरयंत्र शोथ (Laryngitis)
4. टेंटुआ शोथ (Tracheitis)
5. श्वसनी या श्वासनलिकाशोथ (ब्रोन्काइटिस-Bronchitis)
6. न्यूमोनिया (Pneumonia)
7. प्लूरिसी (Pleurisy)
8. हॉफना (पैन्टिंग-Panting)

1. नाक से खून बहना (Nasal Bleeding or Epistaxis)

अन्य नाम (Other names)—नक्सीर, नेजल ब्लीडिंग या नेजल हीमोरेज।

परिचय (Introduction)—इस रोग में नासिका (नेजल केविटी) के अन्तर्गत रक्त वाहिनी (Blood vessels) के फटने से खून बहने लगता है, इसे एपिस्टैक्सीस (Epistaxis) कहते हैं।

It is condition where there is bleeding from the nasal vessels or from those of the accessory nasal cavities. It is not a disease but a symptom of local or systemic disorder.

कारण (Etiology)—यह विकार निम्न कारणों से उत्पन्न होता है—

- नाक या चेहरे पर बाहरी चोट।

- नाक के मार्ग में अल्सर एवं पैरासाइट्स की उपस्थिति।
- ट्यूमर, परप्यूरा हीमोरेजिका, एन्थेक्स, कालर के प्रेशर (pressure of collar), हीट स्ट्रोक, नाक के घाव, नाक में कोई बाह्य वस्तु या कोई वृद्धि (growth), रिण्डर पेस्ट स्ट्रैन्गिल्स, डिस्टेम्पर आदि में एवं घोड़े में माइकोटिक इन्फेक्शन से।
- उच्च-रक्तचाप (H.B.P) होना।
- कॉपर, फास्फोरस एवं मरकूराल पायजनिंग।
- विटामिन्स की कमी (Lack of vitamins) नाक के रास्ते में मैगट्स की उपस्थिति।

लक्षण (Symptoms)—नाक से रक्त एक अथवा दोनों नथुनों से आता है। जब रक्त नथुने से आता है तब कम मात्रा में आता है। पर दोनों नथुनों से रक्त आने पर रक्त अधिक मात्रा में आता है और कभी-कभी मुख से भी आता है। नाक से आने वाला रक्त रंग में चमकीला होता है। यह बूँद-बूँद रूप में अथवा पतली धारा अथवा पर्याप्त मात्रा में आता है। (it may appear drop by drop or thin stream (stream) or in large quantity) । नाक से अधिक रक्त आने को रिनोरिया (Rhinorrhagia) से जाना जाता है। कभी-कभी नाक से आने वाले रक्त में Serous Mucoid अथवा पूय भी मिला होता है (Some time nasal blood may be admixtured with serous mucoid or purulent discharge) I

निदान (Diagnosis)—एक नाक से खून बहने पर चोट या आघात समझा जाता है। दोनों नाक से खून बहने पर भीतरी नाक में किसी रक्तवाहिनी के फटने के कारण समझा जाता है। रक्त के साथ फेन (Foam) मिला रहने पर फेफड़े से खून आना समझा जाता है। (Blood coming from the lungs is frothy)। आमाशय से आने वाला रक्त coffee brown colour का होता है। गायों में यदि नाक से खून अधिक मात्रा में आता है तो फेफड़े में घाव समझा जाता है। घोड़ा-दौड़ (Race) के घोड़ों में घोड़ा-दौड़ से लौटने पर नाक से खून की पतली धार आ सकती है।

इपीस्टेक्सिस के लक्षण सारांश में

- नाक से रक्त एक अथवा दोनों नथुनों से।
- रक्त रंग में चमकीला लाला।
- बूँद-बूँद रूप में अथवा पतली धार या बहुत अधिक मात्रा में।

चिकित्सा (Treatment)—

- पशु को आराम दें।
- कारण विशेष को दूर करें।
- सिर/माथे एवं नाक की हड्डी पर ठंडा पानी या बर्फ की थैली या नाक में किसी पतली रबर पाइप के द्वारा ठंडे पानी से इरीगेट (irrigate) करें।
- रक्तस्रावरोधक; जैसे—क्रोमोस्टेट (Chromostat), स्टाइप्टोक्रोम (Styptochrome)/ स्टाइप्टोबियान (Styptobion) आदि बड़े पशु को 10 मि.ली. तथा छोटे पशु को 3-4 मि.ली. मांस में (I.M)/आवश्यकता पड़ने पर दुबारा।
- स्टाइप्टोविट (Styptovit)/क्रोमोस्टेट (Chromostat) स्टाइप्टोसिड (Styptocid)/ स्टाइप्लन (Styplan) आदि बड़े पशु को 5 गोली एवं छोटे पशु को 1-2 गोली दिन में तीन बार।
- अधिक रक्त बहने की स्थिति में इपीनेफ्रीन या एड्रीनलीन में रूई के फाहा तर कर नाक में Plugging करें। अथवा ओट्रीबिन-ओ (Otrivin-O) की कुछ बूँद नाक में डालें।

- कैल्शियम ग्लूकोनेट (Calcium gluconate) बड़े पशु को 200–500 मि.ली. और छोटे पशु को 5–20 मि.ली. शिरा में (I.V)
- लाभ न मिलने अथवा अधिक खून का बहाव हो चुकने पर ब्लड ट्रान्सफ्यूजन/खून बढ़ाने के लिये रक्त की मात्रा बड़े पशुओं में 8–10 मि.ली. औसतन हर किलो भार पर 2 लीटर तक और छोटे पशुओं को 5 मि.ली. हर किलो भार पर 100 मि.ली. तक।

नोट— • प्रथम बार खून चढ़ाने में ब्लड ग्रुप के मिलान की आवश्यकता नहीं पड़ती है।
• कुत्तों में 'ए' ग्रुप के लिए खून जाँच करना आवश्यक होता है।

2. सर्दी-खाँसी या कफ-जुकाम (Cold-cough or Nasal Catarrh or Rhinitis or Coryza)

अन्य नाम (Other name)—कामन कोल्ड (Common cold)।

परिचय (Introduction)—इस रोग में नाक की श्लैष्मिक झिल्ली (Mucous membrane) में तीव्र सूजन हो जाती है। प्रायः इस बीमारी में सम्पूर्ण सांस नली ग्रसित हो जाती है जिससे खाँसी होती है और नाक से उजला, हरा, पीला स्राव बहता है।

It is an acute inflammation of the mucous membrane of the nose, often involving all the air passages, Producing a serous, mucoid or mucopurulent discharge.

तीव्र नाक बहना (Acute Rhinitis)

कारण (Etiology)—निम्न कारणों से—

(क) बाह्य पदार्थ—अर्थात् कुड़चने वाली या उत्तेजक पदार्थ (Irritants) जैसे—ठंड-सर्द, हवा, धूल, कण, धुआँ, गैस आदि।

(ख) संक्रमण—जैसे—वायरस, बैक्टीरिया, फफूंदी (Fungus) एवं परजीवी (Parasites)।

1. विषाणु (Virus) रिन्डरपैस्ट, कैनाइल डिस्टैम्पर, इन्फ्लूयैन्जा आदि।
2. जीवाणु (Bacteria) स्ट्रेप्टोकोकस, स्टेफाइलोकोकस, स्यूडोमोनास, एक्टीनोमाइकोसिस बोविस आदि।
3. फफूँद (Fungus) एस्परजीलस फ्यूमीगेटस
4. परजीवी (Parasite)—सिस्टोसोमा नेजेलिस (गाय भैंस में), लिंग चूला सैरेट (कुत्तों में)।
5. रड्ायनो स्पोरोडिओसिस नामक बीमारी से नाक यह की म्यूकस मैम्ब्रेन पर गोभी के आकार की रचना बन जाती है। इसके कारण Rhinitis की बीमारी हो जाती है।

3. अन्य कारण—अस्वच्छ, रोशनीरहित वातावरण में निवास, कारखाने के धुएँ, अमोनिया क्लोरीन, गंधक आदि का chemical vapour inhalation, वातावरण में एकाएक परिवर्तन (from too hot or too cold or vice-versa)। कुपोषण (malnutrition), कठिन मेहनत (hard work), ट्यूमर एवं मैक्जीलरी साइनस या दाँतों के इन्फेक्शन से।

यह रोग संक्रमणजन्य व्याधि यथा—स्ट्रैन्गिल्स, ग्लाण्डर्स, डिफ्थीरिया, इन्फ्लूएन्जा, डिस्टेम्पर आदि के फलस्वरूप हो सकता है।

लक्षण (Symptoms)—नाक से सबसे पहले चलता है जो बाद में गाढ़ा, उजला, हरा-पीला आता है। आँखों से पानी बहता है। तथा कुछ ज्वर रहता है। आँख की झिल्ली लाल मिलती है। खाँसी-कफ के लक्षण होते हैं।

Nasal discharge is the characteristic sign. Nasal discharge may vary from serous-mucoid-muco-purulent. It may also be haemorrhagic or caseous.

कोल्ड कफ के लक्षण सारांश में

- नाक से पहले पानी, बाद में गाढ़ा उजला हरा पीला स्राव।
- आँख की झिल्ली लाल एवं अश्रुस्राव।
- सबमैक्जीलरी लिम्फ नोड् बढ़े हुए।
- थूथन एवं नाक को पृथ्वी पर रगड़ना।
- श्वास कष्ट के साथ।

स्राव एक नथुने से आता है अथवा दोनों से। स्राव लगातार आता है अथवा रुक-रुक कर नाक की श्लैष्मिक झिल्ली में Erosion, erythema अथवा अल्सरेशन दिखायी देते हैं। जीवाणु या वायरस के संक्रमण में पशु को ज्वर रहता है। एलर्जीजन्य रोग में बार-बार छींकने, General malaise आदि के लक्षण होते हैं। गम्भीर रोग में कंजक्टिवाइटिस के लक्षण देखने को मिलते हैं। सबमैक्जीलरी लिम्फ नोड्स बढ़े होते हैं। पशु अपने सिर को हिलाता है और थूथन तथा नाक को पृथ्वी से रगड़ता है। (shaking of haed and rubbing of muzzle and nose on the ground) । श्वास पथ में Flase membrane के बनने और शोथ के कारण श्वास लेने में कष्ट होता है। नेजल ग्रेनूलोमा की स्थिति में श्वास पथ (नाक का रास्ता) बन्द होने से श्वास कष्ट के साथ सड़र-सड़र की आवाज (snoring type of respiration) आती है। रोग का कोर्स 4-10 दिन का होता है। रोग का भावीफल अच्छा होता है पर रोग जीर्ण रूप में बदल सकता है।

कोर्स—रोग का कोर्स 4-10 दिन का होता है।

भावीफल (Prognosis)—रोग का भावीफल प्राय: अच्छा होता है पर रोग जीर्ण हो सकता है। घोड़ों में गाढ़ा स्राव नाक को बन्द कर देता है जिससे पशु मुँह से श्वास लेने के लिए बाध्य हो जाता है।

उपचार (Treatment)—

(क) रोग के विशेष कारण का पता लगाने के बाद निम्नानुसार चिकित्सा करें—

1. जीवाणु के कारण रोग में बहुक्षेत्रीय एण्टी बैक्टीरियल दवाओं का प्रयोग करें (विवरण पीछे है)। वायरल कारणों में द्वितीय संक्रमण हेतु एण्टीबैक्टीरियल दवाओं का प्रयोग करें।
2. *सिस्टोसोमा नेजेलिस* के लिये एन्टोओमैलीन इंजेक्शन 20 मि.ली. मांस में लगायें। 2-3 इंजेक्शन 5-6 दिन के अन्तर से लगायें।
3. एम्फोटेरीसिन-B : 0.5 mg/kg B.W; जैसे—फन्गीजोन IV (Fungizone I.V-*Serabha*) 50 mg शिरा में लगायें।
4. रहाइनोस्पोरोडिओलिस बीमारी में शल्य चिकित्सा से।

(ख) एण्टीहिस्टैमिनिक दवा; जैसे—फैनीरामीन मैलीएट अथवा क्लोरफैनरामीन मैलीएट का प्रयोग करें। (विवरण पीछे है)।

(ग) एक से दो लीटर उबलते पानी में टिन्चर बैन्जोइन या यूकेलिप्टस तेल 15-20 मि.ली. डालकर बफारा दें।

(घ) विटामिन बी काम्पलैक्स के इंजेक्शन तीन दिन तक लगायें (विवरण पीछे है)।

(च) नासिका छिद्रों को नमक के पानी से साफ कर नेजल ड्रोप्स; जैसे—ऑक्ट्रीबिन (Octrivin), नेजीविओन (Nasivion), डैकोन (Decon) अथवा जाइलोविन (Xylovin) डालें।

जीर्ण नाक बहना (Chronic Rhinitis)

परिचय (Introduction)— इस रोग में नाक की म्यूकस मेम्ब्रेन में जीर्णशोथ हो जाता है एवं नाक से पूययुक्त नि:स्राव होता है।

It is a chronic inflammatory condition of the nasal mucous membrane characterized by muco-purulent nasal discharge.

कारण (Etiology)—निम्न कारणों से—

- तीव्र रोग (Acute Rhinitis) की उपयुक्त चिकित्सा न करने से।
- नाक के कुछ ट्यूमर्स वृद्धि (एडीनोकार्सीनोमा) की चिकित्सा करने पर भी सफलता न मिलने पर।
- दाँतों में पूय (Pus) या Air sinuses से।
- घोड़ों में ग्लाण्डर्स रोग।
- गाय/बैल में Schistosoma nasalis infection से (Chronic granulomatus lesions on the nasal mucosa)।
- रिनोस्पोरीडिओसिस (rhinosporidiosis), नेजल केविटी के इन्फैक्शन एवं फंगस रोग।

लक्षण (Symptoms)—पशु के नाक से पूयमय नि:स्राव (Muco-purulent discharge) होता है। नेजल ग्रेनूलोमा की स्थिति में Sero-sanguineous nasal discharge आता है। नाक में Pedunculated polyps की उपस्थिति मिलती है। नाक की म्यूकस झिल्ली में घाव (ulceration) दिखाई देते हैं। साथ ही नाक की म्यूकस झिल्ली कंजेस्टिड तथा मोटी हो जाती है। पशु के खाँसने पर बहुत सारा गाढ़ा पूयमय स्राव (muco-purulent discharge) निकलता है। ग्रेनूलोमेटस घाव के कारण सड़र-सड़र या सों-सों (Snoring) की आवाज आती है। पशु को श्वास लेते समय कष्ट होता है। जीर्ण रोग में नाक बन्द होने से पशु मुँह से साँस लेता है। सबमेक्जीलरी लिम्फ ग्लैण्ड्स बढ़ जाते हैं। पशु सिर हिलाता है।

क्रानिक राइनाइटिस के लक्षण सारांश में

- नाक से म्यूकोपुरुलेण्ट डिस्चार्ज।
- नाक की म्यूकस झिल्ली में घाव।
- नाक की म्यूकस झिल्ली कंजेस्टिड एवं मोटी।
- पशु के खाँसने पर बहुत सारा पूयमय गाढ़ा स्राव का निकलना।
- ग्रेनूलोमेटस घाव के कारण सों-सों की आवाज।
- श्वास लेने में कष्ट।
- नाक बन्द होने से मुँह से साँस।
- सब-मैक्जीलरी लिम्फ ग्लैण्ड्स बढ़े हुए।
- पशु का सिर हिलाना।

उपचार (Treatment)—तीव्र र्‌हायनाइटिस (Acute Rhinitis) की तरह।

3. स्वरयंत्रशोथ/लैरिन्जाइटिस (Laryngitis)

परिचय (Introduction)—यह स्वरयन्त्र की तीव्र एवं जीर्ण शोथ (सूजन) है। यह फैरिन्जाइटिस के साथ ही होती है।

It is an acute or chronic inflammation of the laryngeal mucosa or submucosa. It may be associated with the catarrh of Pharynx, Trachea and Bronchi.

कारण (Etiology)—इसके कारण प्राय: वही होते हैं जो सर्दी-खाँसी (Rhinitis) के होते हैं, परन्तु, अधिकतर कंठ शोथ (pharyngitis) के प्रसार से होता है। विशेष रोगों जैसे—टी. बी., डिस्टेम्पर,

ग्लैण्डर्स आदि कारण भी होते हैं। ब्रोन्काइटिस, राइनाइटिस एवं फैरिन्जाइटिस इस रोग को Precipitate करते हैं। क्रानिक लैरिन्जाइटिस—तीव्र स्वरयन्त्र शोथ अथवा जीर्ण नेजल अथवा फैरिन्जियल इन्फेक्शन के परिणामस्वरूप होता है। यह अधिकतर जीर्ण लंग्स इन्फेक्शन के Irritation से होता है। एक्टीनोबेसिलोसिस भी इसका एक कारण है।

लैरिन्जाइटिस के लक्षण सारांश में

1. ***तीव्र स्वरयंत्र शोथ*** *(acute laryngitis)*
- रह-रह कर कष्टदायक खाँसी।
- नाक से स्राव।
- आसपास की ग्रन्थियों में सूजन।
- ज्वर 105^0 F तक संक्रमण होने पर
- स्वास्थ्य में गिरावट।
- सिर नीचे, मुँह खुला और जीभ बाहर को।
- मुँह से श्वास।
- सबमैक्जीलर्र लिम्फ ग्लैण्ड्स में सूजन।
- चारे का निगलना कष्ट के साथ।

2. ***जीर्ण स्वरयंत्र शोथ*** *(Chronic Laryngitis)*
- नाक का स्राव गाढ़ा-हरा-पीला।
- पशु सुस्त रहना है एवं वृद्धिमय खाँसी।

1. तीव्र स्वरयंत्रशोथ के लक्षण (Symptoms of acute laryngitis)—पशु को रह-रहकर कष्टदायक खाँसी आती है (short harsh dry painful cough) जो लम्बे समय तक चलती रहती है। खाँसी प्राय: धूल, ठंडा पानी पीने एवं pulling of head with collar से होती है। संक्रमण इसका कारण होने पर पशु को 105^0F तक बुखार रहता है। नाक से स्राव होता है (Scanty, serous mucoid or muco-purulent nasal discharge may be observed) I पशु का सिर, नीचे मुँह खुला और जीभ बाहर निकली हो सकती है। पशु मुँह से साँस लेता है। पशु रोग की तीव्र स्थिति में चारा-दाना कष्ट के साथ निगलता है (dysphagia) I सब-मैक्जीलरी लिम्फ ग्लैण्ड्स सूजे हुए दिखायी देते हैं। लैरिन्क्स की म्यूकोसा देखने पर Hyperaemic and covered with tenaceous stingly mucus प्रतीत होती है। रोग का कोर्स 7-10 दिन का होता है। यदि रोग की चिकित्सा ठीक तरह से न की गई तो गम्भीर श्वास कष्ट (severe dyspnoea) बढ़कर दम घुटने (asphyxia) से मृत्यु हो जाती है।

2. जीर्ण स्वरयंत्रशोथ के लक्षण (Symptoms of chronic laryngitis)—रोग एक-दो हफ्ते का होने पर चिरस्थायी (chronic) हो जाता है। इसमें नाक का स्राव गाढ़ा, हरा-पीला हो जाता है। पशु सुस्त रहता है और खाँसी धीरे-धीरे बढ़ती जाती है। पशु का स्वास्थ्य गिरता जाता है। कुत्ते अधिकतर जीर्ण लैरिन्जाइटिस से प्रभावित होकर उन्हें शुष्क, तीव्र एवं Hacking type खाँसी आती है। खाँसी प्राय: सर्दी, धूल एवं व्यायाम के परिणामस्वरूप होती है। घोड़ों में Inspiratory stertorous type of laryngeal breathing दिखायी देती है। अधिक गर्मी, नम अथवा सर्द वातावरण लक्षणों को बढ़ाता है। हाइपोक्सिया (खून में ऑक्सीजन की कमी) के द्वारा कोलेप्स हो जाता है।

निदान (Diagnosis)—रोग के इतिहास एवं लक्षणों के आधार पर रोग की पहचान होती है। श्वसन तंत्र के अन्य रोगों जैसे—ट्रेकाइटिस, ब्रोन्काइटिस, न्यूमोनिया आदि से इसका भेद करना चाहिये। लैरिन्गोस्कोपी से रोग का स्पष्ट निदान होता है।

उपचार (Treatment)—निम्न प्रकार से—
- पशु को गरम कमरे में हवा से बचाकर प्रकाशयुक्त स्थान में रखना चाहिये।
- नम और सर्द से दूर रखें।

- बछड़ों को Straw bedding में रखना चाहिये।
- पशु को रोग बढ़ानेवाले कारणों (Predisposing factors) से बचाकर रखें; जैसे—सर्दी, नमीवाले वातावरण, धूल, धुआँ से बचायें।
- किसी भी एक बहु क्षेत्रीय एन्टीबैक्टीरियल दवा के इंजेक्शन कम-से-कम तीन दिन तक दें (विवरण पीछे है।)
- सूजन तथा बुखार के लिये सूजन हारी/ज्वरहारी दवाओं का प्रयोग करें। (विवरण पीछे है।)
- एण्टीहिस्टैमिनिक दवाओं जैसे फैरामीन मैलीएट अथवा क्लोरमैनटामीन का इंजेक्शन दें (विवरण पीछे है।)
- छोटे पशुओं में कफ सीरप यथा—कोरेक्स, वेनाड्रिल कासकोपिन मुख द्वारा दें।
- जीर्ण स्वरयंत्र शोथ में जनरल टॉनिक, चटनी (electuary) के साथ खिलायें।
- टिंचर बेन्जोइन उबलते पानी में डालकर भपारा (inhalation)।
- गम्भीर श्वास कष्ट की स्थिति में इपीनेफ्रीन (Epinephrine 1:1000) का स्प्रे नाक में करें।
- बड़े पशुओं में जहाँ तक हो मुख से नाल द्वारा कोई औषधि न पिलावें। औषधि को चटनी के रूप में दें।

4. टेंटुआशोथ/ट्रैकाइटिस (Tracheitis)

परिचय (Introduction)—टेंटुआ की सूजन को टेंटुआशोथ (Tracheitis) कहते हैं। यह रोग प्राय: स्वरयंत्रशोथ या श्वसनीशोथ के साथ होता है। इसके लक्षण श्वसनीशोथ (Bronchitis) से इतने मिले होते हैं कि इन्हें अलग से वर्णन नहीं किया जा सकता है। अत: श्वसनीशोथ के वर्णन को इसका वर्णन समझा जाता है। परन्तु, हम यह सुविधा की दृष्टि से इन्फेक्शियस ट्रेकियोब्रोन्काइटिस (Infectious Tracheobronchitis) के नाम से वर्णन कर रहे हैं। इसे केनल कफ (Kennel cough) भी कहते हैं।

संक्रामक ट्रेकियो-ब्रोन्काइटिस (Infectious tracheobronchitis : Kennel Cough)

परिचय (Introduction)—यह एक ऐसी बीमारी है जिसमें ट्रेकिया तथा ब्रोन्काई की इपीथीलियम में सूजन आ जाती है। कुत्तों को यह बीमारी किसी भी उम्र में हो सकती है। कुत्तों की यह एक भयानक संक्रामक बीमारी है।

Is is a disease where there is inflammation of tracheal and Broncheal epithelium. It may affect dogs of any age. It is a highly contagious and may be transmitted to all the dogs of the adjacent areas or Kennels.

कारण (Etiology)—निम्न प्रधान कारणों से यह रोग होता है—

- वायु के माध्यम से (It may be transmitted via air borne route)।
- शीतल वायु एवं धूल।
- वायरस, बैक्टीरिया एवं माइकोप्लाज्मा जैसे जीवाणु। यथा—*बोरडेटैल्ला ब्रोन्कोसैप्टीका* का कुत्तों में, स्टेफाइलोकोकस, स्ट्रेप्टोकोकस, पाश्चुरैल्ला आदि। विषाणु; जैसे—कैनाइन डिस्टेम्पर, कैनाइन पैराइन्फ्लूएन्जा आदि।
- केनाइन डिस्टेम्पर वायरस, इन्फ्लूएन्जा वायरस, केनाइन एडीनोवायरस, केनाइन हर्पीज वायरस एवं केनाइन रियोवायरस विशेष उत्तरदायी हैं।
- पैरासाइट्स जो पहले से tracheo-bronchial tract में उपस्थित रहते हैं।

लक्षण (Symptoms)—प्रमुख लक्षण इस प्रकार से हैं—

- तीव्र प्रकार की शुष्क खाँसी, विशेषकर-Exhaustion) के बाद।
- श्वास-श्वसनकष्ट (Inspiratory dyspnoea)।
- शरीर तापक्रम सामान्य। द्वितीयक बैक्टीरियल संक्रमण से तापक्रम काफी ऊँचा।
- बीमारी का कोर्स 10-20 दिन का होता है। संक्रमण युक्त रोग एवं उपद्रव होने पर बीमारी लम्बे समय तक चल सकती है।

चिकित्सा (Treatment)—

- बीमार कुत्ते को स्वस्थ कुत्तों से अलग कर दें।
- कोडीन फॉस्फेटयुक्त एक्सपैक्टोरैण्ट; जैसे—कोरेकक्स 1-2 चम्मच दिन में तीन बार।
- ब्रोन्कोडायलेटर्स, यथा—अमीनोफायलीन का उपयोग। जैसे कुत्तों में—डेरीफाइलीन इंजे. 50.6 mg/2ml, गोली 23 mg/गोली तथा सीरप 14mg/5ml; मात्रा : 6-11 mg tid.
- एण्टीहिस्टामीन योग (यथा—एविल/जीट/वेनाड्रिल) लाभकर।
- संक्रमण दूर करने के लिए किसी एक बहुक्षेत्रीय एण्डीबैक्टीरिया दवा का उपयोग कम से कम तीन दिन तक करें (विवरण पीछे है।)
- कोर्टीकोस्टेराइड (Corticosteroid) चिकित्सा; जैसे—बेटनीसोल/डेक्सामेथासोन/होस्टाकार्टिन-एच आदि का उपयोग इंजेक्शन रूप में प्रयोग करें।
- पैरासाइट्स के लिये कृमिनाशक औषधि (Anthelmintics) प्रयोग करें।

5. श्वास-नलिकाशोथ/तीव्र खाँसी (Bronchitis)

अन्य नाम (Other name)—ब्रोन्काइटिस।

परिचय (Introduction)—यह रोग बड़ी और मध्यम आकार की श्वास-नलिकाओं (ब्रोन्काई- bronchi) की सूजन को कहा जाता है। छोटे पशुओं में यह रोग सर्दीले प्रकृति का होता है।

Inflammation of the epithelium of bronchi and bronchioles is known as bronchitis. It is an inflammation which extend in various depths of mucosa of the Bronchial tubes. Inflammation of Trachea and Bronchi frequently go together leading to a condition known as Tracheo-Bronchitis. It may extend to lung paranchyma causing a condition known as Broncho-pneumonia. It is manifested with the production of mucoid and mucopurulent type of nasal discharge with resultant productive husky cough. It is of two types-(a) Acute Bronchitis. and (b) Chornic Bronchitis.

कारण (Etiology)—निम्न प्रकार से—

(1) *Predisposing Factors*—

- उत्तेजक; जैसे—धूल, गंदगी, कारखाने की गैस, विषैले धुएँ, जहरीले केमीकल्स की smoke एवं Medicaments आदि।
- वातावरण के तापक्रम में एकाएक परिवर्तन।
- सर्दीली हवा एवं ठंड।
- पशु को लम्बे समय तक यात्रा पर रखने (Over-crowding of animals during long transportation)।
- अंधेरे एवं गंदे स्थानों/घरों में पशु का निवास।
- पशु को अधिक समय तक शीतल जल से स्नान कराते रहने से।

- अपोषण एवं पशु के ट्रान्सपोर्ट के समय Exertion से।
- व्यायाम/परिश्रम एवं दौड़ (Race) के बाद अत्यधिक शीतल जल पीने से।

(2) Exciting Factors—

- बैक्टीरिया; जैसे—*बी. ब्रोन्कोसेप्टिका*—विशेषकर कुत्तों में।
- अन्य बैक्टीरिया—स्ट्रेप्टोकोकस, स्टेफाइलोकोकस, पोस्ट्यूरेला, क्लेब्सिका, स्ट्रेप्टोकोकस इक्वाई।
- विषाणु; जैसे—इन्फ्लूएन्जा, केनाइन डिस्टेम्पर, केनाइन, एडीनो-वायरस।
- पैरासाइट्स; जैसे—एस्केरिस लार्वा, लंग वर्म इन्फेक्शन फाइलेरोआइडस इन्फेक्शन।
- अन्य संस्थानों के रोगों के परिणामस्वरूप (जैसे—कार्डियक डिजीज, इण्टेराइटिस, डर्मेटाइटिस)।
- यह रोग विशेष रोगों में लक्षण बन जाता है। जैसे—इन्फ्लूएन्जा, गलाघोंटू (H.S.), स्ट्रैन्गिल्स, होगकालेरा (Hogcholera), डिस्टेम्पर आदि।
- ब्रोन्काइटिस की उत्पत्ति गाय, भैंस में-गला घोंटू, कुत्तों में—डिस्टेम्पर, सभी पशुओं में—कृमियों के कारण तथा उत्तेजक पदार्थों के सूँघने एवं धुआँ आदि से होता है।

लक्षण (Symptoms)—रोग की तीव्रावस्था (acute bronchitis) में पशु पहले रूखा, सूखी खाँसी (Harsh and dry cough) बाद में गीली खाँसी, नाक या कफ का स्राव अधिक होना जो बाद में पीला और उजला हो जाता है। लगातार खाँसी से पशु को कष्ट होता है। पशु कम खाता-पीता है और ज्वर रहता है। दुधारू पशुओं का दूध कम हो जाता है। पशु खाँसते समय बेचैन हो जाता है। खाँसी प्राय: सुबह के समय आती है। श्वसन गति बढ़ जाती है। (Respiratory rate is increased)। गम्भीर अवस्था में श्वास कष्ट के साथ पशु मुँह से श्वास लेता है (mouth breathing)।

ब्रोन्काइटिस के लक्षण सारांश में

- तीव्रावस्था में—पहले शुष्क काँस बाद को गीली खाँसी (Productive dry, harsh type cough)।
- नाक या कफ का स्राव बाद में पीला उजला
- लगातार खाँसी से श्वास कष्ट।
- खाँसी विशेषकर सुबह के समय।
- तापक्रम में वृद्धि।
- श्वास गति बढ़ी हुई।
- पशु सुस्त एवं कम खाता-पीता है।
- कुत्तों में काँस के साथ कै प्राय:।

पैरासाइट्स की स्थिति में—नाक का स्राव पीला होता है और उसमें परजीवी या उसके अण्डे पाये जाते हैं।

जीर्ण रोग (Chronic bronchitis) में—पशु को रह-रहकर सूखी खाँसी आती है जो बाद में ढीली तथा गीली हो जाती है। श्वास की आवाज असामान्य (Abnormal) हो जाती है। तेज बुलबुले स्वर का रॉल (Loud bubbling musical rales) स्थानीय या विस्तार रूप से हो सकता है। पशु के स्वास्थ्य में धीरे-धीरे गिरावट आने लगती है। नाक का स्राव पीला अधिक मात्रा में होता है।

रोग की जीर्ण अवस्था में (In chronic case)—रोन्काई (ronchi) तथा क्रेपीटेशन (crepitation) छाती पर सुनाई देते हैं। रोग के अधिक समय तक चलते रहने से पल्मोनरी इम्फाइसीमा का रोग हो जाता है। कुत्तों में खाँसी के साथ कै (वमन-vomiting) प्राय: होती है।

निदान (Diagnosis)— ● उपरोक्त लक्षणों के आधार पर कोई कठिनाई नहीं।

- इस रोग का क्रोनिक पल्मोनरी ट्यूबरकुलोसिस, ब्रोन्कीएक्टेसिस, (श्वास नलिका का चौड़ा होना) ब्रोन्कोजेनिक कार्सीनोमा, न्यूमोनिया, कार्डियक डिजीज आदि से भेद करना चाहिये, ताकि निदान में भूल न हो।

उपचार (Treatment)—

(क) पशु को स्वच्छ तथा खुली वायु में आराम के साथ रखना चाहिये।

(ख) यूकेलिप्टस आयल या तारपीन का तेल या टि. बेन्जोइन कम्पाउन्ड (Tr. Benzoin Compound) अथवा तीनों को मिलाकर गरम पानी में भपारा (Inhalation) देना चाहिये।

(ग) कफ निस्सारक औषधियों (यथा—कैटकफ, कैफलोन) आदि का प्रयोग चटनी रूप अथवा आहार में मिलाकर करना चाहिये। इसके लिये एक सामान्य योग निम्न प्रकार दिया जा सकता है—

एमन क्लोर (Ammon chlor—नौसादर) 8 ग्राम, एमन कार्ब 8 ग्राम, कैम्फर (कपूर) 8 ग्राम, इक्सट्रेक्ट बैलाडोना लिक्विड 2 मि. ली., शीरा आवश्यकतानुसार चटनी बनाकर ऐसी एक मात्रा दिन में तीन बार दें।

- कुत्तों को एक्सपेक्टोरेण्ट सीरप, जैसे—फेन्सेडिल कफ एक्सपेक्टोरेन्ट, वेनाड्रिल कफ एक्सपेक्टोरेन्ट, जीट, कासकोपिन, कोरेक्स, चेस्टोन आदि 2–5 मि. ली. दिन में तीन बार दें। अथवा—सोल्विजिन एक्सपेक्टोरेण्ट (Solvin Expectorant) सीरप या टेबलेट रूप में ।

(घ) जीवाणु के लिये किसी एक बहुक्षेत्रीय एण्टीबैक्टीरियल दवा के इंजेक्शन कम से कम तीन दिन तक प्रयोग करना चाहिये। विषाणु द्वारा उत्पन्न रोग में द्वितीयक इन्फेक्शन को रोकने के लिए किसी एक बहुक्षेत्रीय एन्टीबैक्टीरियल दवा के इंजेक्शन का कम से कम तीन दिन तक प्रयोग करना चाहिये। (विवरण पीछे।)

(च) विटामिन बी कॉम्पलैक्स के इंजेक्शन कम से कम तीन दिन तक प्रयोग करना चाहिये। (विवरण पीछे है।)

(छ) रोग की अति उग्र अवस्था में—कोट्रीकोस्टेराइड; जैसे—होस्टाकार्टिन-एच (Hostacortin-H) या डेक्सोना (Dexona) का प्रयोग करना नितान्त आवश्यक होता है। **मात्रा—** होस्टाकार्टिन-एच कैटिल (गाय/बैल) एवं घोड़े में 10 मि. ली. I/M तथा कुत्ते में 2 मि. ली. I/M इंजेक्शन रूप में।

(ज) परजीवी द्वारा उत्पन्न रोग के इलाज के लिये बहुक्षेत्रीय परजीवी नाशक दवा का प्रयोग करना चाहिये। (विवरण पीछे है।)

- अथवा—डेक्सोना गाय/भैंस/भेड़/घोड़े में 4–8 मि. ली. I/M एवं कुत्ते को 1-2 मि. ली. मांस में।

6. न्यूमोनिया (Pneumonia)

अन्य नाम (Other names)—फुफ्फुसशोथ, फुफ्फुस प्रदाह/न्यूमोनाइटिस (Pneumonitis)।

परिचय (Introduction)—यह फेफड़े की सूजन की एक बीमारी है जिसमें नाक बहना, कफ-खाँसी, साँस लेने में कठिनाई, ज्वर एवं फेफड़ा ठोस हो जाता है।

It is the inflammation of the lung paranchyma usually accompanied with the inflammation of the Bronchioles (Broncho-pneumonia) or with Pleura (Pleura pneumonia). It is manifested clinically by rapid shallow breathing. cough, fever with adventitious vesicular sounds like rales, Ronchi etc. Bacterial Pneumonia may produce the signs of Toxaemia. All species of animals irrespective of ages suffer from Pneumonia.

कारण (Etiology)—

- ठंड एवं सर्द हवा का लगना।
- धूल, गर्द और कष्टदायक गैसों का साँस में लेना।
- गंदे एवं तंग जगह में रहना।
- अपर्याप्त पोषण।
- जीवाणुओं का संसर्ग; जैसे—पाश्चुरेला, स्ट्रेप्टोकोकस, कार्नी बैक्टीरिया आदि।
- विशिष्ट प्रकार के रोगों में; जैसे—पोकनी (R.P.) गलाघोंटू (H.S.) स्ट्रैन्गिल्स, डिस्टेम्पर आदि।
- परजीवी संसर्ग; जैसे—
  - फेफड़ा कृमि—डिक्टयोकौल्स वीवीपैरस—पशुओं में।
  - डी फैलेरिया—भेड़-बकरियों में।
  - डी. अर्नफील्डी—घोड़ों में।
- फफूँदी संसर्ग; जैसे—
  - ऐसपरजीलस (Aspergillus)—मुर्गियों में। इससे चूजों में ब्रडर न्यूमोनिया हो जाता है।
- गलत तरीके से दवा पिलाना (Faulty drenching)।
- ब्रोन्काइटिस रोग की उपेक्षा करने से।
- रेलगाड़ी या जहाज (ship) से पशु का लम्बा ट्रान्सपोर्ट।
- बहुत अधिक समय तक भूखा रखने से (Sever hunger)
- दीर्घकाल तक अपोषण (Chronic under hunger)।
- शीत के महीनों में शीतल हवाओं का लगते रहना।
- वातावरण का एकाएक परिवर्तन।
- हृदयजन्य दुर्बलता (Cardiac weakness)।
- दुर्बलता उत्पन्न करने वाले अन्य रोग (Other debilitating diseases)।

लक्षण (Symptoms)—पशु काँपता एवं थरथराता है, उसके रोंगटे खड़े हो जाते हैं। कभी-कभी तो पशु का अगला और पिछड़ा धड़ हिलता-सा प्रतीत होता है। शरीर का तापक्रम काफी ऊँचा यानी अधिक ज्वर 104^0F से 107^0F तक हो जाता है। रोगी पशु कठिनाई से साँस लेता है और साँस की गति तीव्र हो जाती है। इसके अतिरिक्त छाती में दर्द, कफ-खाँसी तथा बलगम में रक्त का अंश, नाक बहना, नाक का स्राव कुछ लाल एवं हल्का भूरा होता है। सांस से दुर्गन्ध आ सकती है। फेफड़े के ठोस होने पर ठोस स्थान से आवाज नहीं आती है।

कुत्तों में—कै (Vomiting) होती है। नाक से निकलने वाला श्लेष्मा अधिक लाल होता है। भूख नहीं लगती है। रोग के प्रारम्भ में फेफड़े की आवाज सुनाई देती है, पर बाद में जब कफ भर जाता है तब आवाज सुनाई नहीं देती है। साथ ही नाक का स्राव भी बढ़ा हुआ होता है।

- रोग एकाएक और तीव्र स्वरूप (Acute) का हो सकता है। रोग ठीक होने की स्थिति में शरीर का तापक्रम (Temperature) जो काफी बढ़ा हुआ होता है, धीरे-धीरे गिरता है और भूख क्रमशः लगने लगती है। साथ ही कुछ समय के बाद पशु ठीक हो जाता है।
- **इसके विपरीत यदि टेम्परेचर एकाएक कम हो जाय तो वह खतरे का सूचक होता है। पशु देखने में तो अच्छा और चंगा दिखायी देता है पर स्राव आना जारी रहता है और दुर्गन्ध आती रहती है। इसे सड़न की अवस्था (गैन्ग्रीनस स्टेज-** Gangrenous stages) **कहते हैं। इसके कुछ समय बाद अचानक मृत्यु हो जाती है।**

न्यूमोनिया के लक्षण सारांश में

- कम्पन, कँपकँपी एवं थरथराहट।
- शरीर का तापक्रम बढ़ा हुआ (104^0F से 107^0F तक।)
- तेज एवं कष्टदार श्वास।
- कफ-खाँसी एवं बलगम में रक्त का अंश।
- रीति विरुद्ध फेफड़े की आवाज।
- नाक बहना/नाक का स्राव कुछ लाल एवं हल्का भूरा।
- स्राव में दुर्गन्ध कभी-कभी अथवा बराबर।
- फेफड़े के स्थान पर आवाज।
- कुत्तों में कै, श्लेष्मा की अधिकता एवं भूख नहीं।
- तापक्रम का धीरे-धीरे गिरना स्वस्थता का सूचक।
- तापक्रम का एकाएक कम होना खतरे का सूचक।

न्यूमोनिया विभिन्न रूपों में

(1) बैक्टीरियल न्यूमोनिया (Bacterial Pneumonia)—

- यह प्रकार ब्रोन्कियल तथा प्लूरल इन्फेक्शन के साथ मिलता है।
- तर कष्टदायक कफ-खाँसी।
- नाक से Serous discharge आता है, पर बीमारी के बढ़ने पर गाढ़ा (Mucoid mucopurulent to purulent) हो जाता है।
- तेज श्वास।
- कुछ समय बाद श्वास कष्ट एवं साँस लेने में कठिनाई (Dyspnoea and laboured breathing)।
- तापक्रम का तेजी से बढ़ना।
- अरुचि (Anorexia) सुस्ती एवं डेप्रेशन के लक्षण तथा नाड़ी की गति बढ़ी हुई होती है।
- पशु का स्वास्थ्य धीरे-धीरे गिरता जाता है।
- घूमना-फिरना बन्द कर लेटा रहना पसन्द करता है।
- पीड़ा और पालपेसन (Palpation) के चिन्ह।
- जीर्ण रोग में (in chronic case) शुष्क राल्स (Ronchi) सुनाई देते हैं।
- न्यूट्रोफीलिया के लक्षण (Neutrophilia is the feature of Bacterial Pneumonia)—रक्त परीक्षण में न्यूट्रोफिल सैल की संख्या बढ़ी हुई होती है।

(2) वायरल नियूमोनिया (Viral Pneumonia)—

- शुष्क एवं कष्टदायक खाँसी। खाँसी प्राय: Hacking रूप की होती है।
- नाक से पतला स्राव जो बाद में गाढ़ा पूयमय हो जाता है।
- सेकेण्ड्री बैक्टीरियल इन्फेक्शन से नाक का स्राव (Purulent) होता है।
- तीव्र श्वास गति एवं उथला श्वसन (Respiration is shallow and rapid)।
- शरीर का तापक्रम ऊँचा (104-106^{0}F तक)।
- जलाभाव एवं कमजोरी (Emaciation) के लक्षण।
- पशु खाना-पीना बन्द कर देता है (Animal refuses to eat any food)।
- रक्त परीक्षण में न्यूट्रोफिल सैल की संख्या कम पायी जाती है, इसे न्यूट्रोपेनिया कहते हैं। रक्त परीक्षण में लिम्फोसाइट सैल की संख्या बढ़ जाती है, इसे लिम्फोसिटोसिस कहते हैं। न्यूट्रोपेनिया एवं लिम्फोसिटोसिस के लक्षण।

(3) पैरासिटिक न्यूमोनिया (Parasitic Pneumonia/Verminous Pneumonia; Husk; Hoose)—

- खाँसी (Paroxymal in nature)।
- पशु के मुख से श्लेष्मा के टुकड़े (Expectoration of masses of mucus) आते हैं। कभी-कभी इसमें कृमि (worms) मिले हुए आते हैं।
- नाक से Sero-mucoid discharge आता है।
- पशु का स्वास्थ्य धीरे-धीरे गिरता जाता है।
- शरीर का तापक्रम प्राय: सामान्य (Normal) रहता है, पर जीवाणुओं के द्वितीयक संक्रमण (Secondary Bacterial Infection) से बढ़ जाता है।
- पशु कठिनाई के साथ श्वास लेता है।
- रक्ताल्पता (अनीमिया) तथा इमेसिएशन के लक्षण मिलते हैं।
- पशु को अतिसार हो जाता है (Diarrhoea is observed frequently)।
- सबमैक्जीलरी प्रदेश पर शोथा साथ ही आँख की पलके अथवा सिर के आगे का सम्पूर्ण हिस्सा सूजा हुआ मिलता है।
- पशु बहुत अधिक दुर्बल हो जाता है। प्राय: गिरकर मर जाता है। (Animal becomes too weak often fall down and die)।

(4) माइकोटिक न्यूमोनिया (Mycotic Pneumonia)—

- कुछ हल्की गीली खाँसी (Short moist-cough)।
- नाक से गाढ़ा श्लेष्म स्राव (Thick mucoid nasal discharge)।
- श्वास कष्ट, शक्ति की कमी, Emaciation (कृशता) आदि जीर्ण पलमोनरी डिजीज (Chronic/pulmonary disease) सम्बन्धी लक्षण।
- श्वास गति धीमी।
- नाक से रक्त मिश्रित स्राव एवं मुख से हरा-पीला टुकड़े युक्त फेन (Expectoration of greenish yellow masses)।
- जलाभाव (Dehydration) एवं रक्ताल्पता (Anaemia) के लक्षण।
- द्वितीयक बैक्टीरियल इन्फेक्शन से तापक्रम में वृद्धि।
- परीक्षा में Auscultation reveals harsh respiratory sounds का मिलना।

(5) ड्रेंचिंग न्यूमोनिया/एसपाइरेशन न्यूमोनिया, Foreign Body Pneumonia, Gangrenous Pneumonia, Inhalation Pneumonia—

- यह सबसे अधिक गम्भीर स्वरूप का न्यूमोनिया है। यह गलत तरीके से दवा पिलाने से होती है। यह दवा पिलाने के कुछ ही घण्टों अथवा दिनों के पश्चात उत्पन्न होती है।
- शरीर का तापम 104–105^{0}F हो जाता है।
- नाड़ी गति तीव्र तथा श्वास कष्ट के साथ।
- नाक का स्राव गाढ़ा, पूययुक्त (Thick, muco-purulent) जंग वाला (Rusty) एवं इलास्टिक फाइबर से युक्त होता है।
- नाक के द्वारा श्वसन मार्ग में प्रविष्ट पदार्थ तथा मुख से झाग अथवा थूक के साथ निकलता है।
- पशु का स्वास्थ्य धीरे-धीरे गिरता जाता है और एनोरेक्सिया उपस्थित रहती है।
- पशु खड़ा ही रहता है, बहुत कम बैठ पाता है।
- पशु जीभ निकालकर मुँह से साँस लेता है और बार-बार खाँसता है।
- बीमारी धीरे-धीरे बढ़ती जाती है और गम्भीर हो जाती है। घोड़े में स्थिति विशेष गम्भीर होती है।
- **Bacterial Pneumonia:** Bacteria enter the lungs largely by the way of respiratory passages and cause a primary Bronchitis which spread to involve surrounding pulmonary paranchyma.
- **Viral Pneumonia:** Viral infections also enter chiefly by inhalation, droplet infection and cause a primary Bronchiolitis.
- **Parasitic Pneumonia:** In herbivores natural infection takes place from the ingestion of the worm larvae adhering to grass stems or in water (Dictyocaulus also from ingestion of snails and earthworms.)

निदान (Diagnosis)—उपरोक्त लक्षणों के आधार पर निदान में कठिनाई नहीं होती है।

चिकित्सा (Treatment)

सामान्य चिकित्सा (General treatment)

(क) पशु को हवादार, साफ-सुथरे स्थान पर रखना चाहिये। पशु को ठंडी हवा से बचाना चाहिये।

(ख) पशु को स्वच्छ पानी की व्यवस्था करनी चाहिये।

(ग) एक बाल्टी उबलते पानी में 30 मि. ली. तारपीन का तेल, टिन्चर बैन्जोइन या यूकेलिप्टिस का तेल डालकर भपारा देना चाहिये।

(घ) किसी एक बहुक्षेत्रीय एन्टीबैक्टीरियल दवा के इंजेक्शन कम से कम तीन दिन तक लगाना चाहिये। (विवरण पीछे है।)

(ङ) विटामिन बी. कॉम्प्लैक्स इंजेक्शन कम सेवक तीन दिन तक लगाना चाहिये। (विवरण पीछे है।)

(च) सूजनहारी/ज्वरहारी दवाओं के इंजेक्शन लगाना चाहिये। (विवरण पीछे है।)

(छ) कार्टीसोन दवाओं जैसे बीटागीथा सोन या डैक्सामैथा सोन के इंजेक्शन लगाना चाहिये। (विवरण पीछे है।)

(ज) आयुर्वेदिक कफ ठीक करने की दवा; जैसे–कैफलौन या कैटकफ 30–50 ग्राम दिन में दो बार गुड़ में मिलकर खिलाना चाहिये।

विशिष्ट चिकित्सा (Specific treatment)

(क) पैरासाइटिक निमोनिया में उपरोक्त चिकित्सा के साथ लेवामीसोल इंजेक्शन 7.5 mg/kg B.W. मांस में अथवा मुख द्वारा देना चाहिये।

(ख) फन्गल निमोनिया में सामान्य चिकित्सा के साथ-साथ एम्फोटेरीसिन-B 0.5 1.0 mg/kg BW, ओरल रूट से अथवा ग्रिसिओफुल्विन 7.5 mg/kg B.w. ओरल रूट से देनी चाहिये।

7. प्लूरिसी (Pleurisy)

अन्य नाम (Other names)—प्लूराइटिस (Pleuritis)। हिन्दी में फुफ्फुसावरणशोथ।

परिचय (Introduction)—फुफ्फुस आवरण (pleural or lining membrane) के शोथ को फुफ्फुसावरणशोथ या प्लूरिसी कहते हैं। इसमें थकावट, टेम्परेचर, श्वास कष्ट, उदर श्वास क्रिया, खाँसी आदि लक्षण होते हैं। यह तीव्र और मध्यम वेग में पायी जाती है।

Acute inflammation of the pleura causes pain during respiratory movements, manifested clinically by shallow and rapid respiration. Subacute inflammation is accompained by empyema causing collapse of the lung and respiratory embarrassment. Chronic pleurisy is usually manifested by the development of fibrous adhesions and minor interference with respiratory movement.

कारण (Etiology)—यह रोग निम्न कारणों से होता है—

- अधिक थकावट एवं कुपोषण (Malnutrition)।
- रहन-सहन में परिवर्तन।
- लम्बी यात्रा करने में।
- अधिक कार्य लेने से।
- अचानक तापमान में परिवर्तन।
- दूसरे रोगों के कारण, जैसे—निमोनिया, टी.बी. पल्मोनरी एबसिस, ट्यूमर्स आदि। एवं थोरेक्स के नियोप्लाज्म।
- शीत लगने (Exposure to cold)।
- कंटेजियस बोवाइन प्लूरो-न्यूमोनिया (C.B.P.P.)।
- शूकरों में ग्लेसर्स डिजीज से।
- आघात (Trauma), जैसे—वक्ष में चोट लगने, वक्ष अस्थि (Ribs) के टूटने, बाह्य वस्तु से (हीमोफिलस पैरास्विस ग्राम नीगेटिव जीवाणु)।
- जीवाणुओं एवं विषाणुओं के संसर्गीय रोगों से : जैसे—गलाघोंटू (H.S.) प्लूरोन्यूमोनिया, इन्फ्लूएन्जा आदि से।
- रक्त विष : जैसे—सेप्टीसीमिया, पायमिया आदि।
- डायाफ्राम में नुकीली वस्तु के छिदने से।

लक्षण (Symptoms)—रोग के प्रारम्भ में पशु के शरीर का टेम्परेचर बढ़ जाता है। शरीर में कम्पन होता है और पशु सुस्त हो जाता है। पशु इस प्रकार से खड़ा होता है जैसे चलने से छाती

में दर्द होता है। श्वसन क्रिया असामान्य (abnormal) हो जाती है और साँस लेते समय मलद्वार (anus) धड़कता हुआ दिखायी पड़ता है। सिर आगे खिंच जाता है एवं कोहनी (elbow) बाहर को निकल जाती है। पशु को हल्की दर्दमय खाँसी आती है जो पशु के चलने-फिरने से बढ़ जाती है। शरीर का टेम्परेचर 104-106^{0}F और कभी-कभी 110^{0}F तक हो जाता है। छाती को छूने पर सिकुड़ा हुआ मालूम पड़ता है।

रोग के लक्षण दो रूपों में प्रकट होते हैं—सूखा (Dry) और गीला (Moist)।

उपरोक्त लक्षणों के उपरान्त झिल्ली के थैले के अन्दर तरल पदार्थ (Liquid) जमा हो जाता है। इसे गीला रूप कहते हैं। कुछ केसिस में तरल पदार्थ थोड़ा होता है जो जमकर सूख जाता है। इसे सूखा रूप कहते है।

- गीले रूप में सूखे रूप की अपेक्षा दर्द कम होता है।
- सूखे रूप में प्रारम्भ में पीड़ा अधिक होती है।
- सूखे रूप में चरमराहट (Crepita-ting) की आवाज सुनाई पड़ती है। जबकि गीले रूप में ऐसा कोई लक्षण नहीं होता है। हृदय की आवाज अस्पष्ट हो जाती है।
- गीले रूप में छाती के नीचे और पैरों में शोथ (आडिमा-Oedema) हो जाता है। पशु को श्वास लेने में कठिनाई होती है।

इस रोग में पशु की भूख कम हो जाती है, पर तरल का बहाव जब स्थिर हो जाता है तब पशु कुछ खाने लगता है।

जब प्लूरिसी एक तरफ होती है तब पशु स्वस्थ तरफ की ओर बैठता है पर बाद में जब तरल पदार्थ बहुत अधिक हो जाता है तब रोगी बैठना पसन्द करता है। घोड़े नहीं बैठते हैं। पीव की स्थिति में स्राव गाढ़ा हो जाता है। सीने को दबाने पर पशु दर्द का आभास करता है। पशु खड़ा रहना ही पसन्द करता है। कुत्ता- बिल्ली इस अवस्था में लेटे रहना ही पसन्द करते हैं। मृत्यु प्राय: विष के सोखने अथवा श्वास रुकने अथवा दोनों के परिणामस्वरूप होती है।

निदान (Diagnosis)—रोग का इतिहास, श्वास कष्ट, उदर पीड़ा (Abdominal pains), Frictional rub एवं प्लूरा के तरल का परीक्षण करने से रोग की पहचान की जाती है।

विभेदक निदान (Differential diagnosis)—हाइड्रोथोरेक्स एवं हीमोथोरेक्स, न्यूमोनिया, पल्मोनरी कंजेशन एवं ओडीमा तथा पल्मोनरी इम्फाइसीमा से इसका भेद करना चाहिये।

प्लूरिसी के लक्षण सारांश में

- **ड्राई प्लूरिसी (Dry Pleurisy)**
  - ❑ पीड़ा प्रधान लक्षण होता है। यह न्यूमोनिया की अपेक्षा अधिक गम्भीर होता है।
  - ❑ पशु केहुनी निकालकर खड़ा होता है।
  - ❑ उच्च तापक्रम (High rise of temperature)।
  - ❑ नाड़ी की गति बढ़ी हुई।
  - ❑ एनोरेक्सिया तथा डेप्रेशन टोक्सीमिया के साथ।
  - ❑ म्यूकस मेम्ब्रेन कंजेस्टिड, विशेषकर आँख की।
  - ❑ उदरगत श्वसन प्रतीत, परन्तु छाती की हरकत नहीं।
  - ❑ श्वास गति तीव्र एवं कष्ट के साथ।
- तरल प्लूरिसि (Moist pleurisy)
  - ❑ श्वास कष्ट, अरुचि, सुस्तीपन एवं डीप्रैशन।
  - ❑ उच्च तापक्रम (High rise of temperature)।
  - ❑ नाड़ी गति बढ़ी हुई।
  - ❑ पशु लेटने एवं चलने में परेशान।

नोट— यदि प्लूरल केविटी में तरल की मात्रा बहुत अधिक हो जाती है तो रोगी पशु की मृत्यु 2–3 दिन में एनोरेक्सिया, टॉक्सीमिया, दम घुटने अथवा कार्डियक फेल्योर से हो जाती है।

उपचार (Treatment)—

(क) बहुक्षेत्रीय किसी एक एन्टीबैक्टीरियल दवा के इंजेक्शन कम से कम तीन दिन तक प्रयोग करें (विवरण पीछे है)

(ख) एण्टीबैक्टीरियल दवा के साथ मैट्रोनिडाजोल; इसे शिराओं में लगाना चाहिये (विवरण पीछे है)।

(ग) दर्दहारी दवाओं इंजेक्शन का प्रयोग करना चाहिये (विवरण पीछे है)।

(घ) कार्टीसोन दवा जैसे बीटामीथासोन अथवा डैक्सामीथासोन के इंजेक्शन का प्रयोग करना चाहिये (विवरण पीछे है)।

(च) मूत्रल (diuretic) दवाओं; जैसे—फ्रूसैमाइड (Furosemide) मात्रा: 1–2 mg/kg B.W, मांस में या शिरा में। ब्राण्डस–लैसिक्स (Lasix-*Aventis*) 50 mg/2ml अथवा रिडोमा (Ridoma-*Vetoquinal*) 50mg/ml लगाना चाहिये।

(छ) विटामिन बी कॉम्पलैक्स इंजेक्शन कम–से–कम तीन दिन तक लगाना चाहिये।

(ज) प्लूरा में भरे द्रव को लम्बी नीडल की सहायता से खींच लेना चाहिये तथा इसके बाद पहले से प्रयोग किये गये एण्टीबैक्टीरिया दवा के इंजेक्शन को प्लूरा में डालना चाहिए।

8. हॉफना/पेटिंग (Hampna or Panting)

परिचय (Introduction)—यह साँस की एक बीमारी है। इसमें श्वाँस लेने में कठिनाई होती है जिससे पशु जल्दी–जल्दी साँस लेता है। ऐसा पशु जाड़े एवं छाया में भी हाँफता रहता है। गर्मी में शरीर का तापक्रम ऊँचा हो जाता है। यह गाय, बैल तथा भैंस में ही पाया जाता है।

Hampna is the condition in which the affected cattle breath hard and quickly even in winter and shade. The animal shows a high body temperature in the hot season.

कारण (Etiology)—

- यह बीमारी प्राय: विषाणु रोगों (viral diseases) के बाद हो जाती है; जैसे—फुट एण्ड माउथ डिजीज (F.M.D.) के पश्चात्।
- अन्त: स्रावी ग्रन्थियों के बहाव के कार्य में बाधा उत्पन्न होने से।
- बीमारी पोकनी रोग (Rinderpest-R.P.) के बाद भी होते देखी गई है।

लक्षण (Symptoms)—इस रोग में लक्षण निम्न प्रकार से होते हैं—

- पशु हाँफता रहता है।
- सारा शरीर डोलता रहता है।
- श्वास तेजी से लेता है और श्वास लेने में कष्ट होता है।
- पशु सुस्त एवं कमजोर रहता है (Dullness and weakness)।
- भूख कम हो जाती है, वह कम खाता–पीता है।
- इंजेक्शन एसीटालार्सन (Inj. Acetylarson) 10 मि. ली. I.M. या S/C रूप में सप्ताह में एक बार।

- इंजेक्शन टोनोफॉस्फेन (Inj. Tonophosphene) 5 मि.ली दिन में 1 बार मांस में।
- एनोरोक्सीन फोर्ट और रूमेनटोन की 2–2 बोलस मात्राएँ दिन में दो बार, तीन दिन तक।
- हिमालय बत्तीसा या हरमिन्सा 30–50 ग्राम दिन में दो बार।
- नमक 15–30 ग्राम पीने के पानी में।
- पोटाश आयोडाइड 2–6 ग्राम गुड़ के साथ दिन में 1 बार।
- विटामिन 'ए' इंजेक्शन; जैसे—वीटासेप्ट 10 मि.ली. मांस में बड़े पशुओं को।

श्वसन तंत्र के अन्य रोग
(Other Diseases of Respiratory System)

1. पल्मोनरी कंजेशन एण्ड ओडीमा (Pulmonary Congestion and Oedema)

परिचय (Introduction)—यह श्वसन तंत्र की एक ऐसी बीमारी है जिसमें पशु को तेजी से श्वास कष्ट एवं दम घुटने की स्थिति आ जाती है। यह बीमारी आगे चलकर न्यूमोनिया में परिणत (terminate) हो जाती है।

It is caused by an increased blood flow into the lungs due to engorgement of pulmonary vascular bed. It may be followed by pulmonary oedema when there is an effusion of serous fluid from the blood capillaries into the interstitial tissue and alveolar spaces of the Lungs.

कारण (Etiology)—यह बीमारी Active और Passive दो रूपों में होती है।

(1) एक्टिव फार्म (Active Form)—निम्न कारणों से इस प्रकार का रोग होता है—

- धूल, गंदगी, धुआँ एवं जलनवाली गैसों का सूँघना।
- पशु को शीत वातावरण में रखना।
- धूलयुक्त गंदा भोजन करने से (Ingestion of dusty food)।
- न्यूमोनिया की Initial stage से।

(2) पैसिव फार्म (Passive Form)—निम्न कारणों से इस प्रकार का रोग होता है—

- हृदय की जीर्ण विस्तृति (Chronic dilatation of heart)।
- मिट्रल स्टेनोसिस, वल्वूलर डिजीज के कारण कार्डियक आउट पुट कम हो जाने से।
- कंजेस्टिव कार्डियक फेल्योर।
- रोग; जैसे—हीमोरेजिक सेप्टीसीमिया, एन्थ्रेक्स, परप्यूरा, हीमोरेजिका, मेलिगनेण्ट ओडीमा, इण्टेरोक्सीमिया आदि से।
- धुआँ, गैस आदि के सूँघने से पल्मोनरी ओडीमा हो जाता है।
- एलर्जी या एनाफाइलेक्सिस से पल्मोनरी ओडीमा हो जाता है।
- हृदय, किडनी अथवा बहाव (Circulation) से, पल्मोनरी ओडिमा से अक्सर रोग की उत्पत्ति होती है।
- तरल पदार्थ का आवश्यकता से अधिक आई. वी. मार्ग से देने पर (Intravenous administration of excessive amount of fluid may set up pulmonary oedema)।

लक्षण (Symptoms)—इस रोग में निम्न प्रकार के लक्षण एवं चिन्ह मिलते हैं—

- तीव्र श्वासकष्ट with asphyxia।
- नाक बंद हो जाती है और पशु मुँह से साँस लेता है।

- पशु कुहनी निकालकर खड़ा होता है (Animal stands with abducted elbow)।
- तीव्रावस्था में तापक्रम 104-106^{0}F तक हो जाता है।
- बढ़ा हुआ गहरा साँस (Increased depth of respiration)।
- नाड़ी की गति बढ़ जाती है।
- पशु सुस्त हो जाता है।
- खाँसी—हल्की, गीली एवं पीड़ायुक्त (Cough is soft, moist and painful)।
- नाक का स्राव प्रारम्भ में Scanty serous होता है, जो बाद में रक्त मिश्रित हो जाता है।

निदान (Diagnosis)—
- लक्षणों के आधार पर।
- रक्त परीक्षण—न्यूट्रोफिलिक ल्यूकोसिटोसिस का मिलना अर्थात् रक्त में न्यूट्रोफिल का बढ़ जाना।

उपचार (Treatment)—

(क) पशु को स्वच्छ हवादार जगह पर रखें तथा किसी भी तरह का व्यायाम न करायें।

(ख) किसी एक बहुक्षेत्रीय एण्टीबायोटिक का कम-से-कम तीन दिन तक प्रयोग करें। (विवरण पीछे है)

(ग) किसी एक कार्टीसोन दवा; जैसे—बीटामीथासोन अथवा डैक्सामीथासोन का प्रयोग करें।

(घ) किसी एक डाइयूरेटिक दवा; जैसे—फ्रूसैमाइड (Furosemide); मात्रा: 1-2 mg/kg BW, मांस में या शिरा में 1 ब्राण्ड्स-लैसिक्स (Lasix-Aventis 50 mg/2ml अथवा रिडोमा (Ridoma-*Vet quinal*) 50mg/kg लगाना चाहिये।

2. जलवक्ष (Hydrothorax)

अन्य नाम (Other name)—ड्राप्सी ऑफ दी चैस्ट (Dropsy of the chest)।

परिचय (Introduction)—इस रोग में पशु को फुफ्फुसावरणी गुहा में जो सीरमी तरल इकट्ठा हो जाता है, जलवक्ष (Hydrothorax) कहलाता है।

Hydrothorax is the accumulation of transudate in the thoracic cavity.

कारण (Etiology)—निम्न विभिन्न कारणों से—
- कन्जेस्टिव हार्ट फेल्योर।
- दायां कंजेस्टिव हार्ट फेल्योर (Right sided congestive heart failure)
- गुर्दे सम्बन्धी विकार (Renal disorders)।
- पेरीकार्डियल इफ्यूजन।
- वेगस नाड़ी में आघात लगने से।
- यकृत रोग (Liver disease)।
- पल्मोनरी निओप्लाज्म (Pulmonary Neoplasm)।
- डायाफ्रेग्मेटिक हर्निया।

लक्षण (Symptoms)—
- दोनों तरफ तरल एकत्र हो जाता है।
- बुखार बिना श्वास कष्ट (Dyspnoea without fever)।

- शरीर के सम्बन्धित भाग में भी ओडिमा

  (There may be oedema in other dependable parts of the body) I

उपचार (Treatment)—

- बार-बार तरल का निकालना (Aspiration of the fluid repeatedly) I
- शल्यचिकित्सा।
- कारण की चिकित्सा।

चिकित्सा-विस्तार से—Cardiac tonics like digitalis, diuretics like caffeine and organic mercurial diuretics and alteratives like potassium iodide. Remove the fluid by paracentesis thoracis i.e. puncture the pleura on the right side through the sixth or seventh intercostal space at a point about three inches above the level of the olecranon process.

रक्त परिवहन तंत्र के रोग (Diseases of Circulatory System)

1. ट्रोमैटिक पेरीकारडायटीस (Traumatic Pericarditis-T.P.C.)

परिचय (Introduction)—इसमें पेरीकार्डियम की इन्जरी/आघात के कारण शोथ उत्पन्न हो जाता है। यह विशेषकर गाय-भैंस के वयस्क पशुओं में पाया जाता है।

Perforation of the pericardial sac by a sharp foreign body originating in the reticulum causes pericarditis with the development of toxaemia and congestive heart failure. Trachycardia, fever, engorgement of the jugular veins, anasarca, hydrothorax and ascites and abnormalities of the heart-sounds are the diagnostic feature of the disease.

कारण (Etiology)—बाह्य नुकीली लौह वस्तु; जैसे—कील, नट, बोल्ट, सूई, पिन, तार के टुकड़े तथा अन्य नुकीली धातुओं के टुकड़ों आदि को पशु अपने चारे या दाने के साथ निगल जाता है जो पेट के दूसरी कोठी रेटीकुलम में अटक जाता है। वह पेशियों के संकुचन (Contraction) द्वारा रेटीकुलम से पेरीटोनियम और डायाफ्राम को छेदकर पार करते हुए पेरीकार्डियम तक पहुँच कर आघात करता है। इसके आघात से तथा साथ में लाये जीवाणुओं के संसर्ग से पेरीकार्डियम में सूजन और जख्म हो जाते हैं। इस वस्तु के चलने के सम्पूर्ण मार्ग में शोथ ट्रैक्ट बन जाता है। यदि यह अवांछित वस्तु रेटीकुलम को छेदती हुई दायीं ओर चली जाती है तो यह प्लूरा (Pleura) तथा फेफड़े को छेदती हुई दायीं ओर सीने में फोड़ा बनाकर बाहर निकल जाती है। इस स्थिति में रोग की भयानकता कम हो जाती है। परन्तु, ट्रोमैटिक पेरीकारडायटीस में पशु को बच पाना लगभग असम्भव होता है।

- **ट्रोमैटिक पेरीकारडायटीस अधिकतर गाय-भैंस में ही पायी जाती है। पर घोड़ों में यह समस्या नहीं आती है।**
- इस रोग में अधिकांश केसिस गर्भावस्था के अन्तिम 3 माह के होते हैं।
- अधिकांश केसिस में पशु मर जाते हैं अथवा जीर्ण पेरीकारडायटिस में बदल जाते हैं जिनका सामान्य स्वास्थ्य में आना कठिन होता है।
- छाती के ऐसे फोड़े को चीरने पर अथवा घाव होने पर प्रायः सूई या तार जंग से लगे हुए पाये जाते हैं जो लगभग 2 इंच से अधिक लम्बे होते हैं। यदि ये 2 इंच से छोटे होते हैं तो ऐसी घात नहीं कर पाते हैं।

- पेरीकार्डियम (Pericardium) के घात से पेरीकार्डियम के थैले में पीवयुक्त तरल द्रव 5-10 लीटर तक जमा हो सकता है।

> **ट्रोमैटिक पेरीकारडाइटीस के लक्षण सारांश में**
>
> - पशु का खाना-पीना बन्द अथवा थोड़ा-थोड़ा खाना।
> - चलने-फिरने में अनिच्छा।
> - कम्पलीट एनोरेक्सिया एवं तीव्रता से गिरता शरीर भार।
> - डायरिया अथवा कड़ा दस्त एवं दाँत पीसना।
> - बुखार 104-106^{0}F, (40-41^{0}C) अथवा नहीं।
> - सुस्ती एवं श्वास लेने में कष्ट।
> - नथुनों को सिकोड़ते रहना।
> - अधिकतर खड़े रहना। बैठता है तो दायीं ओर और खड़ा हो जाता है।
> - छाती के नीचे गलकम्बल (Dewlap), ब्रिस्केट एवं उसके नीचे वाले भाग में द्रवयुक्त शोथ।

लक्षण (Symptoms)—पशु खाना-पीना छोड़ देता है अथवा थोड़ा-थोड़ा खाता है। उसे चलने-फिरने में अनिच्छा हो जाती है। अगले बायें पैर में आगे की ओर खिंचावट होती है। पशु लंगड़ाकर चलता है। ज्वर रहने लगता है जो कभी कम हो जाता है तो कभी बढ़ जाता है। श्वास लेने में कष्ट होता है एवं पशु को खाँसी आती है। वह सुस्त रहता है और पीठ मरोड़ता है। गर्दन को खींचता और फैलाता है। नथुना को सिकोड़ता है। कभी-कभी नाक का नि:स्राव (nasal discharge) एवं मुँह से लार भी आती है। अधिकतर पशु खड़ा रहता है और उसका भार (weight) बराबर गिरता जाता है। अगला बायां पैर आगे रखता है। पशु बैठता नहीं है और बैठता भी है तो दाहिनी ओर बैठता है पर तत्काल उठ जाता है। छाती के नीचे अगले दोनों पैरों के बीच या आगे लोलक (brisket and dewlap) में शोथ या सूजन (oedema) हो जाता है जो स्पष्ट दिखायी पड़ता है। पशु की भूख अनियमित हो जाती है, कभी अतिसार तो कभी कब्ज (constipation) हो जाता है। अन्तिम अवस्था में उपरोक्त शोथ पैरों तथा अम्बिलिकस तक बढ़ जाती है। जुगलर वेन (Jugular vein) स्पष्ट होती है। हृदय की गति के साथ पेशियों में मरोड़ होती है तथा बायीं ओर छाती में दर्द होता है। दर्द का भाव चेहरे पर स्पष्ट होता है। केहुनी (Elbows) बाहर को निकल जाती हैं (abducted) अधिक दुर्बलता के कारण कुछ समय बाद पशु मर जाता है।

निदान (Diagnosis)—इस रोग की पुष्टि शव परीक्षण से ही हो पाती है। मेटल डेटेक्टर (metal detector) की सहायता से इसकी पुष्टि कर ली जाती है। यह सुविधा विदेशों में अधिक उपलब्ध है।

उपचार (Treatment)— ● रोग की चिकित्सा प्राय: सन्तोषजनक नहीं होती। निम्न उपचार किया जा सकता है :

(क) किसी एक बहुक्षेत्रीय एण्टीबायोटिक का प्रयोग कम से कम तीन दिन तक करना चाहिये। (विवरण पीछे)

(ख) विटामिन बी कॉम्प्लैक्स का प्रयोग करना चाहिये। (विवरण पीछे)

(ग) कार्टीसोन दवायें जैसे बीटामीथोसोन अथवा डैक्सामीथासोन का प्रयोग करना चाहिए। (विवरण पीछे)

(घ) नुकीली वस्तु को निकालने के लिये रयूमैनोटोमी करना चाहिये।

(च) पैरीकार्डियल सैक में भरे द्रव को निकालने के लिये पैरीकार्डियो सेन्टेसिफ करना चाहिए।

2. फ्लेबाइटिस (Phlebitis)

परिचय (Introduction)—यह शिराओं (Veins) के सूजन का रोग है। यह प्राय: रक्त के जमाव (thrombosis) के साथ होता है।

Phlebitis is the common origin of thrombi and may be caused by localization of a blood borne infection, by extention of infection from surrounding diseased tissues, by infection of the umbilical veins in the newborn and, by irritant injection into the major veins.

कारण (Etiology)—यह रोग निम्न सम्भावित कारणों से होता है—

- आघात (Trauma) चोट लगने से।
- घाव में संक्रमण (Wound infection)।
- जख्म के कारण जैसे—बछड़ों की नाभि जख्म में जीवाणुओं के प्रकोप या जुगलर शिरा (Jugular vein) के कटने से।
- रक्त में जीवाणुओं की उपस्थिति में शिरा के भीतरी भाग में सूजन में थ्रोम्बोसिस (Thrombosis) होने से।
- आसपास के ऊतकों में सूजन से; जैसे—गर्भाशय शिरा में मेट्राइटिस (Metritis) के कारण।

लक्षण (Symptoms)—शिरा में सूजन ही इसका एकमात्र लक्षण होता है।

उपचार (Treatment)—इसकी चिकित्सा शल्यचिकित्सा (Surgical treatment) से की जाती है।

3. रक्तहीनता या एनीमिया (Anaemia)

अन्य नाम (Other names)—रक्ताल्पता, शरीर में खून की कमी।

परिचय (Introduction)—इसमें शरीर के रक्त में कमी या लाल रक्त कणों (R.B.C.) की कमी या हीमोग्लोबिन (haemoglobin) की कमी या उपरोक्त में से किन्हीं दो या सभी की कमी उत्पन्न हो जाती है। इसमें शरीर पीला, दुर्बल और कमजोर हो जाता है।

Anaemia : It may be defined as decreases in the quantity of haemoglobin or number of erythrocytis or both per unit volume of blood. It is clinically manifested by pale mucous membrane, tachycardia and loss of muscular strength and vigor. It may be acute or chronic as well as responsive or non-responsive.

कारण (Etiology)—यह रोग निम्न कारणों से उत्पन्न होता है—

(1) दोषपूर्ण निर्माण (defective blood formation) अथवा फारमेटिव टिशूज में विघ्न होना; जैसे—परनीसियस अनीमिया जो मनुष्यों में होता है। विटामिन B_{12} के कम अवशोषण के कारण लाल रक्त कणिकाओं का निर्माण कम होता है।

(2) अस्थि-मज्जा (Bone-marrow) के कार्य को कम करने वाले कारण; जैसे—सीसा (Lead), संखिया (Arsenic), पारा (Mercury) के विष आदि।

(3) रक्त बहने से (Haemorrhage); जैसे—कट-फट जाने, प्रसव, घाव (wound) एवं कृमि आदि।

(4) अधिक रक्त हानि (excessive blood destruction); जैसे—बबेसिया (Babesia), एनाप्लाज्मा (Anaplasma), रक्त परजीवी (blood parasites) एवं सीसा विष आदि।

(5) पोषण की कमी; जैसे—विटामिन बी. सी., लौह, कॉपर, कोबाल्ट, मैंगनीज आदि।

यह रोग अधिक रक्त के बहने, लाल रक्त कणों के टूटने या रक्त निर्माण संस्थान की विकृति आदि हो जाने से उत्पन्न होता है।

लक्षण (Symptoms)—इस रोग में पशु का शरीर दुर्बल हो जाता है। वह लड़खड़ाकर चलता है। श्वास और हृदय की गति बढ़ जाती है। रक्त पतला पानी जैसा (blood is thin and watery) हो जाता है। पशु की नाड़ी तेज तथा कमजोर होती है। वह पीला, दुर्बल और सुस्त हो जाता है एवं थकावट आ जाती है। शरीर के निचले भागों में, विशेषकर पैरों में शोथ हो जाता है। रक्त बहने पर (haemorrhage) पेशियों में कँपकँपी एवं पैर ठंडे हो जाते हैं। यदि रक्त बहना न रुका तो पशु की मृत्यु भी सम्भव है। तापमान (temperature) सामान्य से कम हो जाता है। यदि उपचार न किया गया तो पशु थककर बैठ जाता है और उठाने से भी नहीं उठता है। सभी म्यूकस झिल्लियाँ पीली पड़ जाती हैं।

क्लीनिकल पैथोलॉजी—रक्त में आर. बी. सी., हीमोग्लोबिन की मात्रा आदि का बनना रुक जाता है।

निदान (Diagnosis)—रोग की पहचान उपरोक्त लक्षणों के आधार पर की जाती है। रक्त परीक्षण निदान में सहायक होता है।

चिकित्सा (Traetment)—

(क) चिकित्सा में रोग के कारण को ज्ञात कर उसे दूर करने का प्रयत्न करना चाहिये।

(ख) गम्भीर स्वरूप के केसिस में ब्लड ट्रान्सफ्यूजन की आवश्यकता होती है। Whole blood के अभाव में हीमोसील Haemoccel (*AHPL*) 10-15 मि. ली. प्रति किलो शरीर-भार पर देना चाहिये।

(ग) रक्तवर्धक चिकित्सा उत्पादों (haematinic preparations) का प्रयोग सहायक रूप में करना चाहिये। आयरन (Iron) मुख्य अथवा इंजेक्शन के रूप में देना चाहिये।

अनीमिया के लक्षण

- दुर्बलता एवं कमजोरी।
- मांसपेशी दुर्बलता, सुस्ती एवं डेप्रेशन।
- अरुचि एवं भूख की कमी।
- हृदय की गति बढ़ी हुई।
- लड़खड़ाकर चलना।
- रक्त पतला पानी जैसा।
- नाड़ी तेज एवं कमजोर।
- पैरों पर शोथ का मिलना।
- हीमोरेजिक अनीमिया में शॉक के लक्षण।
- जॉण्डिस, हीमोग्लोबीनूरिया, हीमेचूरिया आडिमा आदि चिन्ह।

फरसोलेट टेबलेट (Fersolate Tablet-ग्लैक्सो) 1-2 टिकिया दिन में 2 बार कुत्तों में दें। *गाय/भैंस में*—फैरीसल्फ 5 ग्राम, कॉपर सल्फ 0.5 ग्राम, कोबाल्ट सल्फ 0.1 ग्राम, हाइड्रोक्लोरिक एसिड डायलूट 10 एम.एल., एक्वा (जल) 140 मि.ली. मिलाकर मिक्शचर बनायें। ऐसी एक मात्रा दिन में 2 बार, 3 दिन तक दें।

इंजेक्शन इम्फेरॉन 2 मि. ली. I/M कुत्तों में एक दिन छोड़कर अथवा जैक्टोफर (Jectofer) 1.5 मि.ली. I/M इंजेक्शन रूप में या आयरन डेक्स्ट्रॉन (Iron dextran) 5-10 मि. ली. I/M रूप में।

(घ) घोड़ा/गाय/भैंस में लिवर एक्सट्रेक्ट बिद विटामिन बी काम्प्लैक्स इंजेक्शन; जैसे—इन्जेक्शन, लिवोजेन 5 मि. ली., इंजेक्शन बेलामाइल 5 मि. ली. I/M छोटे पशुओं में। लिवोजेन सीरप 1-2 दिन में 2 बार मुख से दें।

- बोन-मैरो को स्टीमुलेट करने के लिए अथवा कार्टीसोन दवाओं; जैसे–बीटामीथासोन अथवा डैक्सामोथासोन इंजेक्शन प्रयोग करें। (विवरण पीछे है।)

4. ल्यूकेमिया (Leukaemia)

परिचय (Introduction)—यह ल्यूकोसाइट निर्माण ऊतकों (बोन मैरो तथा लिम्फैरिक सिस्टम) का दीर्घकालिक रोग है जिसमें पशु की मृत्यु हो जाती है। इसमें बाहरी लिम्फ नोड्स बढ़ जाते हैं। स्वास्थ्य में गिरावट, श्वास कष्ट आदि लक्षण होते हैं। इस रोग में अविकसित अथवा असामान्य श्वेत रक्त कणिकाऐं रक्त में पायी जाती हैं, जिन्हें ल्यूकेमिया कोशिकायें कहते हैं।

It is a malignant state of Leucopoietic disorders characterised by leucoproliferative changes in bone marrow along circulation. It is recorded in dog, cattle, pig, horse, sheep and cat.

कारण (Etiology)—निम्न कारणों से रोग की उत्पत्ति होती है— अत्यधिक असामान्य अपरिपक्व ल्यूकोसाइट्स की उत्पत्ति एक कारण है।

लक्षण (Symptoms)—इसमें पशु की ऊपरी लसीका ग्रन्थियों (superficial lymph nodes) में सूजन हो जाती है, जो जबड़े और कन्धों की जगहों पर स्पष्ट दिखायी पड़ती है। प्रारम्भ में कोई लक्षण दिखायी नहीं देता है, पर बाद में पशु का स्वास्थ्य धीरे-धीरे गिरने लगता है। म्यूकस मेम्ब्रेन पीली पड़ जाती है। पशु सुस्त रहता है और श्वास कठिनाई से लेता है। रसूलियों (tumers) के कारण आँख बाहर को निकल आती है।

- दुधारू पशुओं में दूध का उत्पादन कम हो जाता है। जॉण्डिस और एसाइटिस (jaundice and ascites) के लक्षण देखने को मिलते हैं। नाक से स्राव आता है।

कुछ अन्य लक्षण भी	ल्यूकेमिया के लक्षण सारांश में
● Anorexia and vomiting	● ऊपरी लसीका ग्रन्थियों में सूजन।
● Thirst and polyuria	● जबड़े और कंधों की जगहों में अधिक स्पष्ट।
● Dyspnoea and coughing	● दुर्बलता, छोटा श्वास, शरीर-भार में कमी
● Occular and nasal discharge	● चक्कर आना, गैस्ट्रो-इण्टेस्टाइनल विकार।
● Bilateral bulging of eyeballs.	● पीलापन (Pallor)
● Jaundice and ascites	● प्लीहा वृद्धि।
● Cachectic condition	● नाक से रक्त स्राव। मसूड़ों, आमाशय, आन्त्र एवं त्वचा के अन्दर से भी।
● Abomasum ulceration and haemorrhage	● तीव्र रोग में उच्च बुखार (high temperature)
● Posterior paresis	● सभी लिम्फेटिक ग्लैण्ड्स बढ़ी हुई।
	● ट्यूमर्स से आँखें बाहर निकल आती हैं।

निदान (Diagnosis)—

- लिम्फ नोड्स का बढ़ा मिलना (Enlarged lymph nodes)।
- रक्त एवं बोन-मैरो के परीक्षण से।

चिकित्सा (Treatment)—

- इस रोग की कोई विशिष्ट चिकित्सा नहीं है।
- बारम्बार ब्लड ट्रान्सफ्यूजन (Repeated blood transfusion is indicated)।

4. लसीका तंत्र के रोग
(Diseases of Lymphatic System)

1. स्पोरेडिक लिम्फेन्जाइटिस (Sporadic Lymphangitis)

अन्य नाम (Other names)—बिगलैग (Bigleg), वीड (Weed) या लैग।

परिचय (Introduction)—यह घोड़ों में लिम्फैटिक्स की एक तीव्र शोथ की बीमारी है जो विशेषकर पिछले पैरों को प्रभावित करती है।

This is a non-contagious disease of horses characterised by acute fever, Lymphangitis and severe swelling of one or both hind legs.

कारण (Etiology)—यह पैर के छोटे घाव (Small wounds) में बैक्टीरियल संक्रमण से उत्पन्न होता है। एलर्जी भी इसका कारण माना जाता है।

लक्षण (Symptoms)—प्रभावित पैर गरम, सूजा हुआ शोथ युक्त होता है (the affected limb becomes hot swollen, oedematous)। सूजन शुरू में ऊपरवाले भाग में होती है बाद में सम्पूर्ण पैर में फैल जाती है। लिम्फ ग्लैण्ड्स सूजन युक्त होकर दर्द करती हैं। पशु लंगड़ाता है (lameness)। लिम्फ ग्लैण्ड्स में बहुत कम एब्सिस बनता है। कुछ घोड़ों में इसके बार-बार आक्रमण होते हैं जिससे पैर में (Elephantiasis) अर्थात् हाथीपांव हो जाता है। शरीर का तापक्रम बढ़ा हुआ होता है। यह हॉक (hock) तथा फैटलॉक जाइंट (fetlock joints) के आर्थ्राइटिस में परिणत हो जाता है।

चिकित्सा (Treatment)—

(क) पैर पर लिनीमेण्ट टरपैन्टाइन अथवा स्वैनिल तेल की मालिश की जाती है और गरम सेंक दिया जाता है। गरम कपड़े से ढका रहना उपयुक्त रहता है।

(ख) लम्बे विश्राम के समय बचाव रूप में (as a prophylaxis) Low diet आहार दिया जाता है।

(ग) एण्टीहिस्टोमोनिक दवा; जैसे—फैनरामीन मैलीएट, स्वैनिल तेल अथवा क्लोरफैनरामीन मैलीएट के इंजेक्शन लगायें (विवरण पीछे)।

(घ) मूत्रल (diuretic) दवाओं; जैसे—फ्रूसैमाइड (Furosemide) मात्रा: 1-2 mg/kg B.W, मांस में या शिरा में। ब्राण्डस-लैसिक्स (Lasix-*Aventis*) 50 mg/2ml अथवा रिडोमा (Ridoma-*Vetoquinal*) 50mg/ml लगाना चाहिये।

(च) सूजन व दर्द के लिये सूजन हारी/दर्दहारी दवाओं का प्रयोग करना चाहिये। (विवरण पीछे है।)

(छ) बहुक्षेत्रीय एण्टीबैक्टीरियल दवाओं में से किसी एक का प्रयोग कम-से-कम तीन दिन तक करना चाहिये। (विवरण पीछे है।)

(ज) विटामिन बी-कॉम्प्लैक्स के इंजेक्शन लगाना चाहिये। (विवरण पीछे है।)

2. लिम्फएडीनाइटिस (Lymphadinitis)

परिचय (Introduction)—लसीका-वाहिनी में स्थान-स्थान पर लसीका ग्रन्थि स्थापित रहती है। इनका कार्य लसीका स्रोत में हानिकारक वस्तुओं को छानना होता है। इन हानिकारक उत्तेजकों (Irritants) के अनुरूप तीव्र (Acute) और जीर्ण (Chronic) सूजन लसीका ग्रन्थि में हो जाती है।

It is an inflammation of the lymphatic glands. Lymphatic glands are situated along the course of the lymphatic vessels and their duty is to filter the organism passing through, therefore they are frequently inflammed. It may be acute or chronic.

कारण (Etiology)—रोग की स्थिति के अनुसार—

1. तीव्र रूप में (In Acute Lymphadinitis)—इसके कारणों में स्ट्रेप्टोकोकाई, स्टैफाइलो-कोकाई, एन्थ्रैक्स, एच.एच. स्ट्रैन्गिल्स एवं स्वाइन फीवर विशेष उत्तरदायी होते हैं।

2. जीर्ण रूप में (In Chronic Lymphadinitis)—इसके कारण में टी. बी. जोन्स रोग, ग्लैण्डर्स आदि होते हैं।

लक्षण (Symptoms)—ग्रन्थियों में वृद्धि और पीड़ा के लक्षण होते हैं (Enlargment and pain of the lypmphatic glands) ।

चिकित्सा (Treatment)—

(क) किसी एक बहुक्षेत्रीय एण्टीबैक्टीरियल दवा का प्रयोग कम-से-कम तीन दिन तक करना चाहिये। (विवरण पीछे है)

(ख) विटामिन बी-कॉम्प्लैक्स का प्रयोग करना चाहिये (विवरण पीछे है।)

(ग) दर्दहारी/सूजनहारी दवाओं का प्रयोग करना चाहिये। (विवरण पीछे है।)

5. मूत्र तंत्र के रोग (Diseases of Urinary System)

इस तंत्र (system) के अन्तर्गत गुर्दा (Kidney), मूत्रनली (Ureter), मूत्राशय (Bladder) और मूत्रमार्ग (Urethra) आते हैं। पशुओं में मूत्राशय और मूत्रमार्ग के रोग सामान्य रूप से मिलते हैं। कुछ प्रमुख रोग इस प्रकार हैं—

1. पेशाब का रुकना/पथरी (Retention of Urine / Stone)

अन्य नाम (Other names)—पथरी, कैल्कली, (Calculi), लिथिएसिस (Lithiasis), यूरीनरी कैल्कुली।

परिचय (Introduction)—यह मूत्र के सामान्य या असामान्य मौलिक अंशों का ठोस रूप में जमाव है। इसमें कैल्शियम और मैगनेशियम लवणों की अहम भूमिका रहती है। यह छोटे-बड़े आकार में एक अथवा कई एक हो सकते हैं। यह मूत्रनली मूत्राशय तथा मूत्रमार्ग के किसी भी भाग में हो सकता है। इसे यूरोलिथिएसिस भी कहते हैं।

Deposition of crystals of various salts in any part of the urinary tract known as urolithiasis. Calculi or stone are, generally, observed in the renal tube or urinary bladder.

कारण (Etiology)—इसके निर्माण में निम्न कारण सहायक होते हैं—

- कम पानी पीने और शरीर से अधिक जल निकल जाने से।

- पेशाब में लवण (salts) की अधिकता; जैसे—कैल्शियम, मैग्नेशियम, फॉस्फोरस आदि।
- मूत्राशयशोथ (सिस्टाइटिस) में अमोनिया के उबाल से।
- पेशाब की रुकावट।
- पेशाब में अम्ल की अधिकता।
- यूरीनरी ट्रैक्ट के इन्फेक्शन।
- कठोर जल (Hard water) कैल्शियम और विटामिन–डी का अत्यधिक मात्रा में लेना।
- यूरीनरी स्टेसिस और विटामिन्स की कमी।
- सल्फा ड्रग्स का अधिक प्रयोग (excessive intake of sulphonamides may help in the precipitation of the condition)।
- ईस्ट्रोजन का ऊँचे स्तर में होना।
- पेशाब में म्यूकस और पीव (Pus) एवं कोशिका के टुकड़ों की उपस्थिति।
- खाने की चीजों में चोकर, पानी में चूना एवं विटामिन–ए की कमी से।

पथरी के रूप (Forms of stone)—पशुओं में प्राय: पथरी निम्न रूपों में मिलती है—

1. गुर्दा पथरी/रीनल कैल्कुली (Renal calculi)—इस प्रकार की पथरी में कोई विशेष लक्षण नहीं मिलते हैं। यह बालू के रूप में मिलती है और इसकी उपस्थिति पेशाब में होती है। पेशाब में रक्त आता है।

2. मूत्राशय पथरी/सिस्टिक कैल्कुली (Cystic calculi)—जब पथरी मूत्राशय में होती है तब पेशाब अधिक मात्रा में और कष्ट के साथ आता है। पथरी एक या अनेक और आकार में छोटी और बड़ी होती है। पेशाब के अन्त में एक या दो बूँद खून भी आता है।

पथरी के लक्षण एक दृष्टि में

- गम्भीर पीड़ा (Sever pain or palpation)।
- कुत्तों एवं बिल्लियों में वमन।
- रक्तमेह (Haematuria)।
- कष्ट मूत्र एवं मूत्र में रुकावट।
- ब्लैडर का फटना (Rupture of Bladder)।
- रक्तमूत्र विषाक्तता (यूरीमिया–Uraemia)।
- शरीर से मूत्र की गंध।
- मूत्र में रेत या पथरी के कण।

3. मूत्रनाल पथरी (Urethral calculi)—मूत्रमार्ग में बाधा होने से पेशाब रुक जाता है। पशु बार–बार पेशाब करने की कोशिश करता है पर पेशाब नहीं होता है अथवा पेशाब कुछ बूँद रूप में रक्त मिला आता है।

- इस स्थिति में पेशाब बूँद–बूँद कर आता है।
- यह रोग मूत्रमार्ग के मुड़े भाग (Sigmoid flexure) में होता है।

लक्षण (Symptoms)—इसमें पशु को पेशाब आना बन्द हो जाता है। बूँद–बूँद कर आता है अथवा थोड़ा–थोड़ा कष्ट के साथ आता है। पेट में दर्द होता है और भूख नहीं लगती है। यदि पेशाब अधिक देर तक रुका रहा तो मूत्राशय (यूरीनरी ब्लैडर—urinary bladder) फट जाता है और पेशाब का जहर शरीर में फैल जाता है जिससे पशु के शरीर से पेशाब की गंध आने लगती है। इस स्थिति में पशु कुछ खाने पीने लगता है। किन्तु कुछ दिनों के बाद पेशाब के जहर फैलने से पशु की मृत्यु हो जाती है।

गाय, बैल, भैंस एवं शूकरों में मूत्रमार्ग के Sigmoid flexure में पथरी की उपस्थिति रहती है।

निदान (Diagnosis)—लक्षणों के आधार पर निदान करना चाहिये।

- क्रिस्टल्स (Crystalluria) के लिए मूत्र परीक्षण करना चाहिये।
- रेडियोग्राफी—छोटे पशुओं में (In dogs) X-Ray परीक्षण आवश्यक होता है।

चिकित्सा (Treatment)—

(क) बैल, भैंसा, बकरा, भेड़ों में सिग्मोइड फ्लैक्चर होने के कारण मूत्र मार्ग में पथरी की संभावना अधिक रहती है। अतः इन पशुओं में पेशाब बन्द होने पर निम्न चिकित्सा करनी चाहिये—

1. पशु को पानी पिलाना बन्द कर देना चाहिये।
2. पशु को 5% डैक्ट्रोज सैलाइन नहीं देना चाहिये।
3. पशु को दर्दहारी इंजेक्शन का प्रयोग करना चाहिये। (विवरण पीछे हैं।)
4. पशु को मूत्रल दवाओं का प्रयोग नहीं करना चाहिये।
5. मूत्र मार्ग की पथरी निकालने हेतु तुरन्त शल्य चिकित्सा करनी चाहिये।
6. यदि मूत्र मार्ग की शल्य चिकित्सा तुरन्त संभव नहीं है, तो पशु के गुदा में हाथ डालकर भरे मूत्राशय को महसूस करना चाहिये तथा 16 नं. की नीडल से मूत्राशय को पन्चर कर मूत्र निकालना चाहिये।

(ख) यदि पथरी गुर्दे में है, तो—

1. पशु को खूब पानी पीने को देना चाहिये।
2. पशु को 5% डैक्स्ट्रोज सैलाइन 1000–2000 मि. ली. शिरा में देना चाहिये।
3. पशु को दर्दहारी इंजेक्शन का प्रयोग करना चाहिये।
4. पशु को एन्टीबायोटिक के इंजेक्शन लगाना चाहिए।
5. पशु के पेशाब का pH ज्ञात करना चाहिए। यदि pH सात से कम है तो कुत्तों में एल्कासोल तथा यदि pH सात से ज्यादा है तो बड़े पशुओं में नौसादर 10 ग्राम दिन में तीन बार तथा कुत्तों में 1 ग्राम देना चाहिये।
6. पशुओं में डाइयूरेटिक; जैसे—फुरोसीमाइड प्रयोग करना चाहिए (विवरण पीछे हैं।)

2. खूनी पेशाब/रैड यूरिन (हीमैच्यूरिया–Haematuria/Red Urine)

परिचय (Introduction)—इस रोग में मूत्र के साथ रक्त आता है जिससे पेशाब का रंग लाल होता है, इसे लाल पेशाब की बीमारी (Red urine disease) भी कहते हैं।

Haematuria : Escape of red blood cells (R.B.C.) through Urine is known as haematuria (red urine).

कारण (Etiology)—निम्न सम्भावित कारणों से मूत्र में रक्त आता है।

1. प्री–रीनल कारण (Pre-renal cause)—गम्भीर टॉक्सीमिया या सेप्टीसीमिया, तीव्र ज्वर की अवस्था, हीमोफीलिया, (बीमारी जिसमें खून जमता न हो)। परप्यूरा (बीमारी जिसमें छोटी रक्त–वाहिनियों से खून निकलता है) एवं सल्फा ड्रग्स की ड्रग रिएक्शन से।

2. रीनल कारण (Renal cause)—बाहरी चोट, नेफ्राइटिस, रीनल इन्फार्क्शन (बीमारी जिसमें गुर्दा को खून पहुँचना बन्द हो जाता है)ए नेफ्रोसिस (गुर्दे की बीमारी, जिसमें ब्लड प्रोटीन पेशाब में चली जाती है) तथा जलोदर बीमारी हो जाती है।

3. पोस्ट रीनल (रीनल सैल कार्सीनोमा/गुर्दे का कैंसर) कारण (Post renal cause)—मूत्राशय में पथरी (Calculi in urinary bladder), निओप्लाज्म। गलत ढंग से कैथेटर का प्रयोग

(faulty catheterization), सिस्टाइटिस (मूत्राशय की सूजन), यूरेथ्राइटिस, यूरेथल कैल्कुली, प्रोस्टेटाइटिस आदि।

लक्षण (Symptoms)—पेशाब के साथ खून जाता है, जो यह बताता है कि पेशाब-प्रणाली (यूरनरी सिस्टम) से कहीं खून बहता है। पेशाब का रंग लाल होता है।

निदान (Diagnosis)—मूत्र में रक्त आने की स्थिति को देखकर निदान किया जाता है—

- **शुरू का पेशाब लाल हो, तो** मूत्रमार्ग पर चोट लगना समझा जाता है।
- **खून पेशाब के बाद आता हो, तो** चोट मूत्राशय अथवा गुर्दे में।
- **पेशाब एक समान लाल आने पर** गुर्दा में रक्त आने की सूचना।

चिकित्सा (Treatment)—

(क) खून बन्द करने के लिये एडीनोक्रोम (Adenochrom) के इंजेक्शन प्रयोग करें। मात्रा—गाय/भैंस—कुल 20–25 mgय कुत्ता 5-10mg; जैसे- एडक्रोम (Adchrome-*G. loucotus*) अथवा क्रोम (Chrome-*Movel*) 5 mg/ml, 10 ml, 30ml viel

(ख) 5-10% डैक्सट्रोज सेलाइन 1000–2000 मि.ली. शिरा में लगायें।

(ग) किसी एक बहुक्षेत्रीय एण्टीबैक्टीरियल दवा का कम-से-कम तीन दिन तक प्रयोग करें। (विवरण पीछे है।)

(घ) विटामिन-बी-कॉम्पलैक्स इंजेक्शन लगाये। (विवरण पीछे है।)

(च) हीमाटोनिक; जैसे—इम्फेरोन इंजेक्शन बड़े पशु को 10 मि.ली. मांस में लगायें।

3. अनियंत्रित मूत्रप्रवाह/इनकॉन्टिनेन्स ऑफ यूरिन (Urinary Incontinence/Incontinence of Urine)

परिचय (Introduction)—इस रोग में पेशाब रोकने में कठिनाई होती है। पशुओं में बहुत कम मिलता है।

In this condition there is constant dribbling of urine due to less voluntary control of micturtion.

कारण (Etiology)—यह विकार निम्न कारणों से उत्पन्न होता है—

1. **न्यूरोजेनिक कारण** (Neurogenic cause)—मूत्राशय (ब्लैडर) की नर्व के Damage होने से ब्लैडर का पैरालिसिस होकर।

2. **नोन-न्यूरोजेनिक कारण** (Non-neurogenic causes)—इक्टोपिक यूरेटर, एबनार्मल यूरेथ्रल स्फिन्क्टर आदि मूत्र तंत्र की असामान्य अवस्थाओं से।

3. **इण्डोक्राइनल कारण** (Endocrinal causes)—ईस्ट्रोजन प्रमुख भूमिका निभाता है।

4. **रुकावट सम्बन्धी कारण** (Obstructive causes)—यूरेथ्रा में पथरी, यूरेथ्रा में स्ट्रक्चर, यूरेथ्रल न्योप्लाज्म आदि कारणों से।

लक्षण (Symptoms)—

- मूत्राशय कभी खाली नहीं रहता है।
- गुदा परीक्षण में कुछ न कुछ मूत्र हमेशा उपस्थित मिलता है।
- मूत्र बूँद-बूँद कर टपकता रहता है (Dribbling of urine)।

चिकित्सा (Treatment)—

- यदि रोग पैरालिसिस के कारण हो तो नरवाइन टॉनिक; जैसे—न्यूरोक्सॉन–12 या न्यूवियोन इंजेक्शन या न्यूरोकाइन्ड इंजेक्शन लगायें।
- दर्द के लिये दर्दहारी दवाओं का प्रयोग करें। (विवरण पीछे है।)
- यदि रोग का कारण पथरी हो तो सर्जिकल ट्रीटमेण्ट द्वारा पथरी का इलाज करें।
- इन्फेक्शन से बचाव हेतु किसी एक बहुक्षेत्रीय एण्टीबैक्टीरियल दवा का प्रयोग कम–से–कम तीन दिन तक करें।
- यदि ब्लैडर विस्तृत हो, तो उसे खाली करने का प्रयत्न करें (Bladder should be emptied if there is distention)।

4. हीमोग्लोबीनूरिया (Haemoglobinuria)

परिचय (Introduction)—इस रोग में मूत्र में हीमोग्लोबिन (Blood pigment) उपस्थित मिलता है, मूत्र का रंग हल्का लाल (Brown),लाल अथवा कॉफी रंग का होता है।

कारण (Etiology)—हीमोग्लोबीनूरिया निम्न रोगों के कारण होती है—

- रैड वाटर/बबेसिएसिस (Babesiasis)।
- सर्रा रोग/ट्रिपैनोसोमिएसिस (Trypanosomiasis)।
- क्लौस्टिडियम हीमोग्लोबिन संक्रमण से।
- एजोटूरिया (Azoturia)
- पोटैशियम क्लोरेट पायजनिंग (Potassium chlorate poisoning)।

लक्षण (Symptoms)—इसमें पेशाब हल्का लाल (Brown) या लाल एवं कॉफी (coffee) के रंग का होता है।

उपचार (Treatment)—सम्बन्धित कारण की चिकित्सा करें।

5. वृक्कशोथ/ब्राइट का रोग (Nephritis/Bright's Disease)

अन्य नाम (Other names)—गुर्दे की सूजन, वृक्कशोथ/वृक्कशूली इसे ब्राइट्स डिजीज भी कहते हैं।

परिचय (Introduction)—इस रोग में जीवाणुओं या विषाणुओं के अतिक्रमण से वृक्क (kidneys) में सूजन उत्पन्न हो जाती है। पशु मूत्र थोड़ा–थोड़ा एवं बार–बार कष्ट के साथ करता है।

It is an inflammation of the kidney, characterised by frequent attempts at micturition, discomfort in passing urine. Sometimes blood in urine, albuminuria etc. are found.

कारण (Etiology)—विभिन्न प्रकार के बैक्टीरिया एवं विषाणु।

लक्षण (Symptoms)—पशु अस्वस्थ हो जाता है एवं शरीर का तापमान (टेम्परेचर) बढ़ जाता है। शरीर में जकड़न पैदा हो जाती है। पीठ ऊपर की ओर तिरछी हो जाती है। पशु को चलने–फिरने में कष्ट होता है। कुत्ते और बिल्लियों में वमन होने लगता है। पशु मूत्र थोड़ा–थोड़ा, बार–बार करता है और मूत्र निकलने में कष्ट होता है। मूत्र में अल्बूमिन तथा कभी–कभी रक्त भी आने लगता है। त्वचा शुष्क हो जाती है। Puffy Eyelids की उपस्थिति। पशु सुस्त एवं डिप्रेस्ड (Depressed) होता है।

उपचार (Treatment)—

(क) किसी एक बहुक्षेत्रीय एण्टी-बैक्टीरिया दवा का प्रयोग कम-से-कम तीन दिन तक करना चाहिये। (विवरण पीछे है)

(ख) किसी एक कॉर्टीकोस्टीरॉड दवा; जैसे-बीटामीथासोन अथवा डैक्सा मीथासोन का प्रयोग करना चाहिये। (विवरण पीछे है।)

(ग) डाइयूरेटिक दवा; जैसे-फुरोसीमाइड (Furosemide) का प्रयोग करना चाहिए। (विवरण पीछे है।)

नेफ्राइटिस के लक्षण सारांश में

- पशु सुस्त एवं डिप्रेस्ड।
- तापक्रम (Temperature) बढ़ा हुआ।
- शरीर में जकड़न एवं पीठ ऊपर की ओर तिरछी।
- चलने-फिरने में कष्ट।
- मूत्र थोड़ा-थोड़ा बार-बार एवं कष्ट के साथ बाहर।
- मूत्र में रक्त एवं अलबूमिन- कभी-कभी।

(घ) विटामिन-बी-कॉम्प्लैक्स इंजेक्शन का प्रयोग करना चाहिये। (विवरण पीछे है।)

(च) 5% डैक्सट्रोज सेलाइन 1000-2000 मि. ली. बड़े पशुओं में शरीर में पानी की कमी की पूर्ति के लिये करना चाहिये।

(छ) पशु को बिना नमक का दाना देना चाहिए।

(ज) पशु को खूब मात्रा में पानी पिलाना चाहिए।

(झ) गाय-भैंस में निम्नलिखित यूरीनरी एण्टीसैप्टिक प्रयोग करना चाहिये।

हैक्सामाइन (Hexamine)-4 ग्राम, सोडियम एसिड फॉस्फेट 30 ग्राम गुड़ में मिलाकर दिन में दो बार देना चाहिये।

6. मूत्राशय की थैली का प्रदाह (सिस्टाइटिस-Cystitis)

अन्य नाम (Other name)—वस्तिशोथ।

परिचय (Introduction)—इस रोग में मूत्राशय (Urinary Bladder) में शोथ हो जाती है।

Cystitis is an inflammation of the urinary bladder. The inflammation may be catarrhal, croupous, purulent or haemorrhagic. It is clinically manifested by frequent painful micturition and the presence of cells of inflammation in the urine.

- यह रोग सभी पशुओं में होता है, परन्तु विशेष रूप से कुत्तों में।

कारण (Etiology)—निम्न कारणों से रोग की उत्पत्ति होती है।

- बाहरी आघात, ट्यूमर या इन्फेक्शन।
- कुछ केसिस में सपूरेटिव नेफ्राइटिस से।
- यूरोलिथिएसिस, प्रोलोंग गैस्टेशन, यूरेथ्रा का स्ट्रक्चर, कष्टदायक प्रसव आदि कुछ Exciting factors से।
- कुछ केमीकल्स (Corrosive Chemicals) अथवा टॉक्सिक आदि पदार्थों के अधिक मात्रा में मूत्राशय में पहुँचकर जलन पैदा करने से।

लक्षण (Symptoms)—

- अवसाद एवं सुस्ती।

- पेशाब करते समय कष्ट।
- मूत्र में पीव (Pus) की उपस्थिति।
- पेशाब में आर.बी.सी. की उपस्थिति (हीमेच्यूरिया—Haematuria)।
- मूत्राशय को दबाने पर अथवा Palpation करने पर पीड़ा की अनुभूति होती है।
- त्वचा शुष्क एवं Starring हो जाती है।
- रोग में देरी होने पर (In later stage) यूरेमिया हो जाता है।
- जीर्ण रोग में (In chronic cystitis) लक्षण पूर्व सिस्टाइटिस की भाँति मिलते हैं। परन्तु, उनकी तीव्रता में कमी आ जाती है। मूत्राशय मोटा होता है और Less sensitive हो जाता है।

चिकित्सा (Treatment)—इस रोग की चिकित्सा निम्न व्यवस्थानुसार की जाती है—

(क) किसी एक एण्टीबैक्टीरियल दवा के इंजेक्शन कम-से-कम तीन दिन तक प्रयोग करने चाहिये (विवरण पीछे है)।

(ख) किसी एक विटामिन-बी-कॉम्प्लैक्स इंजेक्शन का प्रयोग करना चाहिये। (विवरण पीछे है)

(ग) दर्द के लिये एनाल्जेसिक इंजेक्शन का प्रयोग करना चाहिये। (विवरण पीछे है)

(घ) 5-10% डैक्सट्रोज सेलाइन: बड़े पशुओं में 1000-2000 मि. ली. शिरा में लगाना चाहिये ताकि पशु को ज्यादा पेशाब आये।

(च) पशु को पीने का पानी खूब देना चाहिये ताकि पेशाब ज्यादा आये।

(छ) मूत्राशय में भरे पेशाब को केथेटर द्वारा निकाल देना चाहिए।

(ज) यूरीनरी एन्टीसैप्टिक दवायें—हैक्सामीन 4 ग्राम, सोडियम एसिड फॉस्फेट 30 ग्राम; गाय-भैंस को गुड़ या शीरा में मिलाकर देनी चाहिये।

7. मूत्र नलिकाशोथ (मूत्रमार्गशोथ/यूरीथ्राइटिस/Urethritis)

अन्य नाम (Other name)—मूत्रमार्ग की प्रदाह।

परिचय (Introduction)—इस रोग में मूत्रमार्ग में सूजन हो जाती है। यह तीव्र और जीर्ण रूप की हो सकती है।

Urethritis : Inflammation of the urethra is known as urethritis. It may be acute or chronic.

कारण (Etiology)—यह रोग निम्न सम्भावित कारणों से होता है—

- आघात (Mechanical irritation)।
- पथरी (Calculi)।
- मूत्रशलाका का उपयोग (Catheterisation) एवं प्रोवेन्ग का प्रयोग।
- जेनीटल इन्फेक्शन (Genital infection); जैसे—वलवाइटिस (Valvitis), वेजिनाइटिस (Vaginitis) से।
- मूत्राशय आदि में उपस्थिति संक्रमण से।

लक्षण (Symptoms)—इस रोग में मुख्य रूप से लक्षण निम्न प्रकार से मिलते हैं—

- पेशाब करते समय दर्द (Pain during urination)।

- पेशाब आते समय Severe straining।
- मूत्रमार्ग से बूँद-बूँद कर रक्त आना।
- शरीर ताप में वृद्धि (Rise of temperature)।

चिकित्सा (Treatment)—इसकी चिकित्सा सिस्टाइटिस की भाँति होती है।

6. तंत्रिका तंत्र के रोग (Diseases of Nervous System)

तंत्रिका तन्त्र रोगों के अन्तर्गत मस्तिष्क और उसकी झिल्लियाँ (brain and its membranes), रीढ़, सुषुम्ना और उसकी झिल्लियाँ (spinal cord and its membranes) और तंत्रिकाऐं (nerves) आती हैं। इनमें होनेवाले मुख्य रोग नीचे दिये जा रहे हैं—

1. मस्तिष्क झिल्लीशोथ या प्रदाह (मैनिन्जाइटिस—Meningitis)
2. मस्तिष्कशोथ या प्रदाह (इन्सेफेलाइटिस—Encephalitis)
3. जलीय मस्तिष्क (हाइड्रोसीफेलस—Hydrocephalus)
4. रीढ़ नाड़ी शोथ या प्रदाह (माइलाइटिस—Myelitis)
5. तंत्रिका शोथ या प्रदाह (न्यूराइटिस—Neuritis)
6. मिरगी रोग (इपिलैप्सी—Epilepsy)
7. गर्भाक्षेप (इक्लेम्पसिया—Eclampsia)
8. तंत्रिका दर्द (न्यूराल्जिया—Neuralgia)
9. लू लगना (सनस्ट्रोक—Sunstroke)

1. मस्तिष्क झिल्लीशोथ या प्रदाह (मैनिन्जाइटिस—Meningitis)

परिचय (Introduction)—यह मस्तिष्क और सुषुम्ना की झिल्लियों (membranes of brain and spinal cord) की सूजन का रोग है। इसमें पशु को चलने में अनिच्छा, मिरगी जैसे लक्षण, अपूर्ण पक्षाघात, शक्तिहीनता आदि लक्षण होते हैं। यह रोग पशुओं एवं कुत्तों में तथा भेड़ों को होता है।

This is an inflammation of piamater (a layer of the meninges of the brain and spinal cord) and arachnoid mater (middle of three layer that make up the meninges) membranes. It is manifested by fever, hyperaesthesia and rigidity of muscles.

As a general term, the inflammatory condition of meninges is known as meningitis.

कारण (Etiology)—पशुओं की जाति के अनुसार कारण निम्नवत होते हैं—

1. *कैटिल में* (In cattle)—

(i) *वाइरल मैनिन्जाइटिस* (Viral meningitis)—जैसे इन्सेफेलोमाइलाइटिस, बोबाइन, मैलिग्नैन्ट कटार, इन्फेक्सियस बोवाइन राइनोट्रेकाइटिस से।

(ii) बैक्टीरियल मैनिन्जाइटिस (Bacterial meningitis)—स्ट्रेप्टोकोकल इन्फेक्शन स्टेफाइलो कोकल इन्फेक्शन, कोलीफार्म बैक्टीरिया, नेविल इल के द्वितीय संक्रमण, ब्रान्को-न्यूमोनिया, पास्टुरेलोसिस, लेप्टोस्पाइरोसिस, कोर्नीबैक्टीरियम इन्फेक्शन, ट्यूबरकुलोसिस आदि से।

2. *घोड़े में* (In horse)—स्ट्रेन्गिल्स (Strangle) से।

3. *शूकरों में* (In pigs)—ग्लैसर्स डिजीज से एवं मध्यकर्ण के संक्रमण से (Middle Ear infection)

4. *बकरी में* (In goat)—पाश्च्युरेलोसिस से।

5. *कुत्ते में* (In dogs)—रैबीज वाइरस, केनाइन डिस्टेम्पर वाइरस एवं मध्यकर्ण के संक्रमण से (middle ear infection)।

रोग अन्य कारणों से भी ● सबआर्केनाइड हीमोरेज, विशिष्ट प्रकार के तीव्र ज्वर, शार्प पेनीट्रेटिंग वूंडस, क्रोनिक सानूसाइटिस, पशुओं के सींग काटने से।

● क्रेनियम एवं वर्टीब्रा के फ्रेक्चर, हेल्मिन्थिक इन्फेक्शन, लैड पायजनिंग आदि कारणों से।

लक्षण (Symptoms)—रोग की तीव्रावस्था में पशु को बुखार हो जाता है। कभी-कभी सहसा रोग का आक्रमण शीत के साथ होता है। पशु को 104^0F-106^0F तक बुखार आता है। मोटर इरीटेशन के कारण पशु को दौरे पड़ने लगते हैं। गर्दन और सिर जकड़ जाते हैं (head and neck rigid)। पैरों की मांसपेशियों में खिंचाव होता है। पशु हिलता है और दौरे पड़ते हैं। तत्पश्चात् (In later stage) उदासीनता तथा कोमा के लक्षण मिलते हैं। पशु चक्कर काटता है (circling movements in either direction)। श्वास धीमी गति से एवं अनियमित होती है। चैन-स्ट्रोक श्वसन देखने को मिलती है।

मैनिन्जाइटिस के लक्षण सारांश में

- एकाएक शीत के साथ ज्वर 104^0F-106^0F तक।
- भूख न लगना एवं सुस्त रहना।
- चलने में अनिच्छा।
- श्लेष्मा में रक्त की अधिकता।
- मूर्गी जैसे लक्षण।
- अपूर्ण पक्षाघात। सिर एवं गर्दन में खिंचाव।
- चेतना और उत्तेजना में बाधा के बाद शक्तिहीनता एवं सामान्य पक्षाघात।
- श्वास गति धीमी एवं अनियमित।
- चैन-स्ट्रोक श्वसन।
- चिकित्सा न करने पर अन्त में मृत्यु।

रोग की अवधि 2-10 दिन की होती है। चिकित्सा न करने पर मृत्यु-दर और अधिक होती है।

In the terminal stage, continuous irritation, convulsions, hyperaesthesia and diminished function of nerves leading to parasis or paralysis.

निदान (Diagnosis)—रोगी की पहिचान उपरोक्त लक्षणों के आधार पर एवं सी.एस.एफ (Central Spinal Fluid/C.S.F.) की लेबोरेटरी जाँच से हो जाती है।

चिकित्सा (Treatment)—

(क) किसी एक बहुक्षेत्रीय एण्टीबैक्टीरियल दवा का इंजेक्शन जो ब्लड ब्रेन बैरियर सिस्टम को पार कर सके। कम-से-कम तीन दिन तक करना चाहिये; जैसे—पैनिसिलीन + स्ट्रेप्टोमाइसिन, क्लोक्लासिलीन, एम्पीसिलीन टैनोबैक्टम, सेफेलोस्पोरिन्स, सैफोटोक्सिम, सैफ्ट्रिओक्सॉन, एमीनोग्लाइको साइड्स जैन्टामाइसिन, फ्लूरोक्विनोल्फ, क्लोरोम्फैनीकोल, मैक्रोलाइड्स, टैट्रासाइक्लीन, मैट्रोनिडाजोल।

(ख) विटामिन-बी-काम्प्लैक्स का इंजेक्शन लगाना चाहिये (विवरण पीछे है)।

(ग) कार्टीसोन दवायें; जैसे—बीटामीथासोन या डैक्सामीथासोन का प्रयोग करना चाहिये। (विवरण पीछे)

(घ) 5-10% डैक्सट्रोज सेलाइन 1000-2000 मि. ली. शिरा में बड़े पशुओं को देना चाहिए।

(च) मल्टी विटामिन इंजेक्शन; जैसे—हिविट (Hivit lyedum) अथवा हाइटोन (Hitone injection); बड़े पशुओं में 30 मि.ली. मांस में लगाना चाहिये।

(छ) डिप्रेसन की स्थिति में CNS स्टीमुलेन्ट जैसे कोरामीन इंजेक्शन बड़े पशुओं में 10–20 मि. ली. 1/m या 1/2 अथवा एट्रोपीन सल्फेट बड़े पशुओं में 15-50 mg s/c देना चाहिये।

(ज) अधिक उत्तेजना की स्थिति में CNS डिप्रेसैन्ट जैसे ट्राईफ्लूरोप्रामैक्सिन जैसे सिक्विल इंजेक्शन 10-20 mg/kg BW 1/m or 1/2 देना चाहिये।

(झ) विभिन्न प्रकार के जहर के कारण बीमारी का इलाज करना चाहिये।

2. मस्तिष्कशोथ या प्रदाह (इन्सीफेलाइटिस—Encephalitis)

परिचय (Introduction)—यह मस्तिष्क शोथ का रोग है जिसमें हाइपरइक्साइटेबिलिटी, तत्पश्चात् पैरालिसिस और बेहोशी के लक्षण मिलते हैं।

It may be defined as inflammation of the encephalon (brain) characterised by initial hyperexcitability followed by paralysis and unconsciousness. It may be a primary ailment or a secondary lesion or consequence to disease elsewhere in the system.

कारण (Etiology)—यह रोग रक्त स्रोत के द्वारा लाये गये विष और जीवाणुओं के कारण होता है; जैसे—रेबिज (Rabies), ट्यूबरकुलोसिस आदि रोगों में होता है। घोड़ों के इन्फ्लूएन्जा और न्यूमोनिया में।

लक्षण (Symptoms)—इसमें पशु को तीव्र ज्वर हो जाता है (high rise of temperature)। गर्दन और पैरों की पेशियों का कड़ापन, ऐंठन और पक्षाघात हो जाता है। पर चेतना शून्य नहीं। यदि इसका प्रभाव अधिक हुआ तो अन्त में पक्षाघात (paralysis) और मृत्यु हो जाती है। पशु चक्कर में घूमता है (circling movements)। मुँह से झागदार लार (frothy salivation) निकालता है। पशु लड़खड़ाकर चलता है और दीवार की ओर झुक कर सहारा लेता है। यदि पशु एक स्थिति में घण्टों या दिनों खड़ा रहा तो अन्त में वह गिर जाता है और उठने में असमर्थ हो जाता है।

इन्सेफेलाइटिस के लक्षण सारांश में

- पशु को तीव्र ज्वर।
- गर्दन और पैरों की पेशियों में कड़ापन, ऐंठन और पक्षाघात पर चेतना शून्य नहीं।
- मुँह से झागदार लार बहना।
- पशु को लड़खड़ाकर चलना और दीवार की ओर झुक कर सहारा लेना।
- घण्टों या दिनों तक खड़ा रहने के बाद गिर जाता है और उठने में असमर्थ हो जाता है।
- रोग का प्रभाव अधिक होने पर पक्षाघात और अन्त में मृत्यु।

इस रोग में जबड़े का Champing और Hyperaesthesia का लक्षण मिलता है। पशु खड़ा होने में असमर्थ रहता है। आँख के परावर्तन (Reflex) के कारण अंधापन (Blindness or eye reflex) का लक्षण होता है। प्रोस्ट्रेशन–Prostration (खड़ा होने में असमर्थ, सिर को शरीर पर डाल लेना) के लक्षणों का मिलना आदि।

याद रहे ● मस्तिष्क झिल्ली शोथ और मस्तिष्क शोथ का अन्तर यह है कि मस्तिष्क झिल्ली शोथ में सामान्य पक्षाघात होता है और चेतना बनी रहती है। परन्तु मस्तिष्क झिल्ली शोथ में पशु को चेतना नहीं रहती है तथा एक ओर का पक्षाघात हो जाता है, जिसे 'हेमीप्लीजिया' कहते हैं।

पाइजनिंग में भी ऐसे ही लक्षण मिलते हैं पर पायजनिंग में लाला स्राव (Salivation), **विषाक्तता का इतिहास** (History of Poisoning) **बुखार न होना, अंधापन, तीव्र आक्रमण आदि होना मिलता है।**

चिकित्सा (Treatment)—मस्तिष्क झिल्ली शोथ की तरह।

3. जलीय मस्तिष्क (हाइड्रोसीफेलस—Hydrocephalus)

परिचय (Introduction)—इस स्थिति में मस्तिष्क के निलयों (Ventricles) में सेरीब्रोस्पाइनल फ्लूड (CSF) द्रव पदार्थ असामान्य मात्रा में जमा हो जाता है।

A Syndrome referable to a general increase in intracranial pressure, irritation signs of mania, head pressing, muscle tremor and convulsions occur when the onset is rapid and signs of paralysis including dullness, blindness and muscular weakness are present when the increased develops slowly.

कारण (Etiology)—रोग को उत्पन्न करने वाले दो प्रमुख कारण हैं—

1. जन्म से (Congenital)।
2. परजीवियों (पैरासाइटस—Parasites) के कारण। जैसे—

- ***पशुओं और घोड़ों में*** ⟶ एफाइनोकोकस ग्रेनूलोसस से।
- ***भेड़ बकरियों में*** ⟶ टीनिया मल्टीसेप्स को।
- ***बछड़ों में*** ⟶ सिस्टी सर्कस बोविस से।
- ***शूकरों में*** ⟶ सिस्टी सर्कस सेल्युलोस से।

लक्षण (symptoms)—इस रोग में सिर जिस ओर प्रभावित होता है उस ओर झुक जाता है। पशु चक्र में घूमता है (animal walks in circle)। पशु लड़खड़ाकर चलता है, दाँत किटकिटाता है और मुँह से लार बहती है (Salivation)। पशु खाना-पीना छोड़ देता है जिससे उसका स्वास्थ्य गिर जाता है। सिर पर हाथ का दबाव देने पर प्रभावित जगह कोमल मालूम पड़ती है। पशु आधी आँख खोले खड़ा रहता है। किसी चीज को धीरे निगलता है अथवा चबाता है। ब्राडीकार्डिया एवं कार्डियक इरिथमिया देखने को मिलता है।

जन्म से उत्पन्न बच्चे (Congenitally affected animals) कुछ जीवित रहते हैं पर उठने से असमर्थ रहते हैं। अधिकांश केस 48 घण्टे में मर जाते हैं।

चिकित्सा (Treatment)—चिकित्सा निम्न प्रकार से—

- द्रव पदार्थ जमा हो, तो शल्य चिकित्सा (Surgery) करनी चाहिये।
- शल्य चिकित्सा द्वारा पैरासाइट्स को निकाल देना चाहिये। साथ ही एण्टीबायोटिक के इंजेक्शन लम्बे समय तक लगाने चाहिये।
- स्वास्थ्य की उन्नति के लिये टॉनिक्स।

4. रीढ़ नाड़ी शोथ (माइलाइटिस—Myelitis)

परिचय (Introduction)—यह रीढ़ नाड़ी (Spinal cord) की सूजन होने का रोग है। इससे रीढ़-नाड़ी में विनाशकारी परिवर्तन होते हैं।

Inflammation of the spinal cord is usually associated with viral encephalitis.

उदाहरण—रोग निम्न सम्भावित कारणों से होता है—

- बाहरी आघात या दबाव (Trauma or Local pressure)।

- जीवाणुओं और विषाणुओं के रोगों में; जैसे—रैबीज, डिस्टेम्पर आदि।
- परजीवी (पैरासाइट्स); जैसे—पशुओं और भेड़ों में मल्टीसेप्स।
- अर्बुद (Tumours)—घोड़ों, पशुओं एवं कुत्तों में सारकोमा से।

लक्षण (Symptoms)—

- पेशियों में ऐंठन या मरोड़ होना।
- एक या अधिक पेशियों का पक्षाघात हो जाता है।
- मूत्राशय और मलाशय विषम वस्तु को रोकने में असमर्थ हो जाता है।
- शिश्न मुण्ड छद (Prepuse) से लटक जाते हैं।
- धीरे-धीरे पक्षाघात बढ़ता जाता है और पशु मर जाता है।

चिकित्सा (Treatment)—इसका कोई कारगर उपचार नहीं है।

5. तंत्रिकाशोथ (न्यूराइटिस—Neuritis)

परिचय (Introduction)—यह तंत्रिकाओं (Nerves) की सूजन तथा क्षय (Degeneration) का रोग है। यह प्रायः सभी प्रकार के पशुओं को होता है।

It is an inflammation of a nerve. When several nerves are involved it is known as Polyneuritis. Neuritis may be acute or chronic and affects all species.

कारण (Etiology)—यह रोग निम्न कारणों से हो सकता है—

- स्थानीय आघात।
- गाँठें (Tumorus)।
- रासायनिक विष; जैसे—सीसा (Lead), संखिया (Arsenic), पारा (Mercury) आदि।
- आहारजन्य विटामिन बी$_1$ तथा बी$_{12}$ की कमी से।
- डायबिटीज मेलीटस, हाइपोथाइरोडिज्म, क्रोनिक एसीडोसिस आदि बीमारियों के कारण।

लक्षण (Symptoms)—

- पशु लंगड़ाकर चलता है। अपूर्ण पक्षाघात हो जाता है और सिर को बार-बार हिलाता रहता है।
- पीड़ा Boring, Burning अथवा Aching टाइप की होती है
- मोटर नर्वस के प्रभावित होने पर पैरालिसिस हो जाता है।
- सेन्सरी नर्व्स के प्रभावित होने पर पिन्स और नीडिल्स का प्रभाव नहीं रहता है। मुख्य नर्व्स के प्रभावित होने पर पारशियल पैरालिसिस अथवा लँगड़ापन हो जाता है।
- फेसियल नर्व्स के प्रभावित होने पर पशु सिर हिलाता है।
- सियाटिक नर्वस के प्रभावित होने पर लंगड़ापन उत्पन्न होता है।

चिकित्सा (Treatment)—न्यूराइटिस की चिकित्सा निम्न व्यवस्थानुसार करनी चाहिये।

(क) जिस कारण से तंत्रिका शोथ बीमारी हुई है, उस कारण का इलाज करना चाहिये।

(ख) पशु को नर्वाइन टानिक (विटामिन B, B_6, B_{12}) के इंजेक्शन; जैसे—न्यूरोबियोन, न्यूरोक्सोन-12 अथवा न्यूरोकाइन्ड के इंजेक्शन लगाने चाहिये।

(ग) पैरालाइसिस अथवा लंगड़ाहटवाले भाग पर लिनीमैन्ट टरपैन्टाइन, आयोडैक्स मलहम, आस्वैनिल तेल से मालिस करनी चाहिए।

(घ) दर्द दूर करने के लिये दर्दहारी दवाओं का प्रयोग करना चाहिए (विवरण पीछे है)।

नोट
- चिकित्सा नियमित रूप से जारी रखनी चाहिये।
- सूचीवेध का कोर्स 10–15 इंजेक्शनों का होता है।

6. मिरगी रोग (इपिलैप्सी—Epilepsy)

अन्य नाम (Other name)—फालिंग सिकनैस (Falling sickness)।

परिचय (Introduction)—यह अव्यवस्थित तंत्रिका का रोग है जिसमें पशु अचानक चेतना शून्य हो जाता है तथा चिंहुकता रहता है। या काँपता रहता है। यह रोग विशेष रूप से कुत्तों को होता है। पर अन्य पशुओं को भी हो जाता है।

It is a condition where there is paroxymal, self limited functional cerebral disturbances characterised by abnormal electrical activity of brain leading to the overt known as "Seizure" (सिजर), 'fits' or 'convulsion'. Each attack is characterized by sudden loss of consciousness.

कारण (Etiology)—इसके सही कारणों का पता नहीं है। कुछ सम्भावित कारण निम्न हैं—

- रोग वंशावली प्रकृति का होता है। विशेषकर छोटे कुत्तों के इनब्रीडिंग से।
- ज्वर से।
- विष के प्रभाव से।
- क्रेनियम पर बाहरी चोट से।
- सेरीब्रम में क्षय (Degenerative changes)।
- कंजेनीटल माल–फार्मेशन आफ ब्रेन (Congenital Malformation of Brain)।
- लीजन्स के कारण स्थान घेरने (सिस्ट, ट्यूमर, एब्सिस)।
- मस्तिष्क शोथ, इन्सेफेलाइटिस आदि शोथ से।
- मध्य कर्ण शोथ (ओटाइटिस मीडिया)।
- ***जनरल कारणों में***—मोटाबोलिक विकार यथा—यूरीमिया, हेपेटिक कॉमा, हाइपोकैल्शीमिया डाइबिटीज, एसीडोसिस, हाइपोग्लाइसीमिया।

  कार्डियक विकार यथा—अओर्टिक स्टेनोसिस, पल्मोनरी स्टेनोसिस, मायोकार्डियल इन्फ्राक्शन आदि।

  कैनाइन डिस्टेम्पर (Distemper) से।

लक्षण (Symptoms)—पशु बिना कोई पूर्व लक्षण प्रकट किये हुए जमीन पर गिर पड़ता है और बेहोश हो जाता है। पैर कड़े हो जाते हैं। आंखे स्थिर एवं Staring हो जाती है। मुँह से लार आती है (Salivation is profuge)। पशु जमीन पर गिरने के बाद चिहुँकते और काँपते हैं। चेतना समाप्त हो जाती है। कुत्ता निरन्तर चीखता और चिल्लाता रहता है। अनजाने में मल–मूत्र निकल जाता है। यह रोग मंद और तीव्र रूप में होता है—उपरोक्त लक्षण सप्ताह में, अथवा महीने में कभी भी हो सकते हैं। इस तरह के लक्षण कुछ सैकंड से कुछ मिनट तक रहते हैं।

निदान (Diagnosis)—1. रोग के इतिहास एवं लक्षणों के आधार पर।

2. रक्त, मूत्र और मल की जाँच से।

3. खोपड़ी का X-Ray।

4. E.C.G. परीक्षण से।

चिकित्सा (Treatment)—इस रोग की चिकित्सा निम्न व्यवस्थानुसार करनी होती है—

(क) माथे पर ठंडा पानी डालें।

(ख) एमाइनल नाइट्रेट या लाइकर अमोनिया फोर्ट सुँघायें। इससे चेतना लौट आती है।

7. गर्भाक्षेप (इक्लेम्पसिया—Eclampsia)

परिचय (Introduction)—यह मृगी जैसा रोग है पर वंशागत नहीं होता है। इसमें पशु कृमि-रोग के समान दाँत किटकिटाता है।

Eclampsia is a term often erroneously applied as synonymous with epilpsy whereas it is really the equivalent of convulsions but usually restricted to such convulsion as are due to local causes teething, instestinal worms or general causes like parturition.

कारण (Etiology)—इसके कारण का कोई सही पता नहीं।

लक्षण (Symptoms)—पशु के स्वभाव में असामान्यता पायी जाती है। पशु अधीर हो जाता है और उसके चेहरे पर चमक आ जाती है। वह अनिश्चित रूप से घूमता है। क्षण भर में ऐंठन होती है और पैरों को चलने या दौड़ने के समान चलाता रहता है। पशु की चेतना प्रायः समाप्त हो जाती है। परन्तु, प्रसव मूर्छा में (In Parturient Eclampsia) चेतना बनी रहती है। यदि रोग का आक्रमण जल्दी-जल्दी होता है तो पशु थक कर मर जाता है।

इक्लेम्पसिया के लक्षण सारांश में

- पशु के स्वभाव में असामान्यता।
- अधीर।
- क्षणभर में ऐंठन।
- पशु का अनिश्चित रूप से घूमना।
- पैर में कड़ापन।
- पशु का एक तरफ लेटना एवं पैरों को चलने या दौड़ने के समान चलाना।
- चेतना नहीं।
- प्रसव मूर्छा में चेतना की उपस्थिति रहती है।

उपचार (Treatment)—इस रोग में चिकित्सा निम्न व्यवस्थानुसार करें—

(क) यदि पशु दाँत किटकिटाता हो तो कृमिनाशक औषधि दें; जैसे—एल्बैन्डाजोल या फैन्वेन्डाजोल (विवरण पीछे है।)

(ख) सैडेटिव औषधि का प्रयोग करें; जैसे—ट्राइफ्लूप्रोमाजीन (Triflupromazine); जैसे—सिक्विल इंजे. 20mg/ml दें। पशु को शान्त जगह पर रखना चाहिये।

(ग) फिनोबार्बीटोन (Phenobarbitone) मात्रा 5mg/kg BW; जैसे—फिनोबार्बीटोन सोडियम इंजे. 200mg/ml (*Rhone Poulence*) I/M or I/V या Tab. गार्डीनल गोली 60 mg प्रयोग करें।

(घ) डाइजीपाम (Diazepam) 0.5-1mg/kg BW by I/M route; जैसे—Calmpose (कम्पोज-*ranbexy*) 10mg अथवा इंजेक्शन 10 mg/2ml लगायें।

(च) प्राइमीडोन (Primidone) 55mg/kg B.W. प्रतिदिन; जैसे—माइसोलीन Mysoline गोली 250 mg (*AHPL*) प्रयोग करें।

(छ) कैल्सियम की कमी में Mifex या Mifical Injection; खून में ग्लूकोज की कमी में 20% डैक्स्ट्रॉज सैलाइन; जैसे—Minoregin प्रयोग करें।

(ज) कार्टीसोन इजे.; जैसे—बीटामीथासोन या डैक्सामीथासोन इंजेक्शन लगायें (विवरण पीछे)

(झ) विटामिन-बी-कॉम्प्लैक्स इंजेक्शन का प्रयोग करें।

8. तंत्रिका दर्द (न्यूराल्जिया—Neuralgia)

परिचय (Introduction)—यह तंत्रिका के शूल का रोग है। इसमें एक अथवा अधिक तंत्रिकाओं या नाड़ियों के साथ-साथ उत्पन्न होनेवाला दर्द तंत्रिका शूल कहलाता है।

Neuralgia is a paroxysmal or intermittent attack of pain of a shooting, stabbing or burning character, radiating along the course of a nerve without any apparent cause.

कारण (Etiology)—आमवात रोग (Rheumatism), मलेरिया एवं इन्फ्लूएन्जा मनुष्यों में डायबिटीज भी एक कारण हो सकता है।

चिकित्सा (Treatment)—सैडेटिव (Sedative); जैसे—ट्राईफ्लूप्रोमेजीन; जैसे—सिक्विल इंजेक्शन। बड़े पशु में 5 मि. ग्रा. मांस में।

9. लू लगना/हीट स्ट्रोक (Sunstroke / Heat stroke)

अन्य नाम (Other names)—हीट स्ट्रेस (Heat stress), हीट प्रोस्ट्रेशन (Heat prostration), एक मैलिगनैन्ट हाइपरथर्मियाँ।

परिचय (Introduction)—यह अत्यधिक शारीरिक ताप (High temperature) की बीमारी है। इसमें प्रभावित पशु में लड़खड़ाकर चलना, श्वास की गति, तीव्र, व्यग्रता, मूर्च्छा, बेहोशी आदि लक्षण हो जाते हैं।

This is a special state of acute hyperthemia resulting from defects in heat regulatory mechanism against extreme environmental hyperthermia.

कारण (Etiology)—हीट स्ट्रोक के लिये निम्न Factors उत्तरदायी होते हैं—

- धूप से अधिक गर्मी लगने से।
- गर्मी में अधिक काम लेने।
- गर्म जगह में बन्द रहने से।
- गर्मी के मौसम में पानी की Supply कम होने से।
- गर्म कपड़ों से शरीर को बहुत अधिक ढके रहने से।

लक्षण (Symptoms)—पशु सुस्त हो जाता है। पसीना निकलना बंद हो जाता है, पेट में दर्द तथा भूख नहीं लगती है। पशु मुँह फाड़ कर साँस लेता है (open mouth breathing) नाक और मुँह से झागदार स्राव (frothy discharge) आता है। शरीर का तापक्रम बढ़कर 106°F से 110°F तक हो जाता है। पशु जल्दी-जल्दी श्वास लेता है। जीभ का Protrusion हो जाता है। आंख की म्यूकस मेम्ब्रेन (mucous membrane of conjunctiva) कंजेस्टिड हो जाती है। कार्डियक इरिथमिया एवं कन्वल्सन्स (cardiac arrythmia & convulsion) के लक्षण मिलते हैं। अन्त में व्यग्रता, मूर्च्छा, चिहुंकना और बेहोशी के बाद शक्तिहीनता हो जाती है। यह अवस्था कुछ घण्टों से लेकर तीन-चार दिनों तक रह सकती है। अथवा कॉमा की स्थिति में उचित चिकित्सा न करने से पशु मर जाता है।

चिकित्सा (Treatment)—

- पशु को छायादार तथा रोशनदान युक्त छायादार (well ventilated shady place) कमरे या उपयुक्त स्थान में रखें।
- कमरे के सभी दरवाजे तथा खिड़कियाँ खुली होनी चाहिये।

- जहाँ तक हो सके पंखे की व्यवस्था करें।
- शरीर का ताप कम करने के लिये माथे पर बर्फ रखें एवं ठंडा पानी डालें अथवा शीतल स्नान (cold bath)।
- आइस ब्लोक (Ice block) को पशु की त्वचा पर मलें।
- पशु को बर्फ के टुकड़े चूसने को दें। अथवा सामने रखने से वह स्वयं चाटता रहेगा।
- पशु को पीने के लिये बर्फ मिला शीतल जल दें।
- बर्फ का शीतल एनीमा गुदा में (Ice cold rectal enema) देना चाहिये।
- यदि पशु में जलाभाव की स्थिति हो, तो Ice cold normal saline drip देनी चाहिये।
- एस्प्रिन सैलीसिलेट अथवा पैरासिटामोल (Paracitamol) ग्रुप की औषधियाँ देना चाहिये।

सन स्ट्रोक/हीट स्ट्रोक के लक्षण सारांश में

- सुस्ती एवं अवसाद।
- मुँह फाड़ कर साँस लेना।
- नथुनों एवं मुँह से झागदार स्राव।
- नाड़ी की गति तीव्र (टेकीकार्डिया)।
- उच्च तापक्रम (106^{0}C-110^{0}F तक)।
- श्वसन तथा वैसोमोटर सेन्टर का पैरालिसिस।
- श्वास की गति तीव्र (Rapid Breathing)।
- जीभ का प्रोट्रूसन (Protrusion of tongue)।
- आँख की म्यूकस झिल्ली कंजेस्टिड।
- कार्डियक इरिथमिया (Irregular heart beat)।
- पसीना नहीं।
- अतिसार एवं पेट में दर्द।
- लड़खड़ाकर या ठसक के साथ चलना।
- व्यग्रता, मूर्च्छा, चिहुँकना और बेहोशी तत्पश्चात् शक्तिहीनता।
- अवस्था कुछ घण्टों से लेकर तीन-चार दिनों तक अथवा कॉमा एवं मृत्यु।

- स्टेरॉइड (Dexamethasone); जैसे—डैकाड्रोन (Decadron) दें। यह सेरीब्रल आडिमा और शॉक का निराकरण करता है।
- ट्रान्क्विलाइजर्स उपयुक्त मात्रा में; जैसे—ट्राईफ्लूप्रोमाजीन; जैसे—सिक्विल इंजे. बड़े पशुओं में 5 मि. ली. मांस में।
- कुत्ते में हर 10 मिनट के अन्तराल पर गुदा का टेम्परेचर लेते रहें जब तक कि वह 103^{0}F पर न आ जाये।
- डिक्सट्रोज सैलाइन बड़े पशुओं को 500-1000 मि.ली. तथा छोटे पशुओं को 50-100 मि.ली. शिरा में (I.V.) चढ़ावें।

तंत्रिका तंत्र के रोगों के सामान्य लक्षण एवं उपचार संक्षेप में

लक्षण (Symptoms)—इन रोगों में निम्न लक्षण मिल सकते हैं—

- *स्वभाव परिवर्तन; जैसे*—उत्तेजना में प्रचण्ड वेग, शक्तिहीनता, चेतनाविहीन एवं निद्रा आदि।
- *पक्षाघात* (Paralysis)—संवेदी (Sensory) तथा प्रेरक तंत्रिका (Motor nerve) का।
- *अनैच्छिक गति;* जैसे—कँपकँपी/थरथराहट एवं चिहुँकना आदि।
- *असामान्य चाल-ढाल;* जैसे—चक्र लगाना (Moving in circle)।
- *मूत्राशय और मल द्वार की पेशियों* का नियंत्रण खो जाना।

चिकित्सा (Treatment)—निम्न उपयुक्त व्यवस्थानुसार चिकित्सा करें।

1. *उत्तेजना, चिहुँकना, मिर्गी आदि अवस्थाओं में*—शान्तिकारक एवं न्यूनता लानेवाली दवायें दें; जैसे—

(i) *सीक्विल* (Siquil) 3.5 मि. ली. मांस में (I.M.) बड़े पशुओं को तथा कुत्ते को 0.5-1 मि. ली. मांस में। *अथवा*

(ii) *लार्जेक्टील* (Largacti) 5-10 मि. ली. मांस में (I.M.) बड़े पशुओं को तथा छोटे पशुओं को 1.2 मि.ली. मांस में लगावें।

2. पक्षाघात, शक्तिहीनता में—(i) ऐसी विटामिनयुक्त औषधियाँ जिसमें बी$_1$, बी$_{12}$ हों अथवा—औषधि निर्माताओं की पेटेन्ट औषधियाँ; जैसे—न्यूरौक्सीन-12 (Neuroxin-12), न्यूरोबियॉन, ट्राई रेडीसोल-एच (Triradisol-H) बड़े पशुओं को 10 मि.ली. तथा कुत्ते को 2-3 मि.ली. दो दिन के अन्तर से।

(ii) कैल्शियम बोरोग्लूकोनेट/माइफेक्स/कालबोरॉल/थीयकल आदि बड़े पशुओं को 500 मि. ली. आई.वी.दें। कुत्ते को कैल्शियम सैण्डोज 5-10 मि.ली.आई.वी. मार्ग से दें।

- एरिस्टोन्यूरोल (Aristoneurol) कुत्तों को एक कैप्सूल दिन में दो बार दें।
- एसीटीलार्सन (Acetylarsan) या टोनोफॉस्फेन (Tonophosphan) 10-20 मि.ली. बड़े पशुओं को सप्ताह में दो बार मांस में (I.M.) दें।

पैरालिसिस चिकित्सा संक्षेप में—

- उचित देख-भाल (Nursing is very such essential)
- पशु को पूर्ण विश्राम दें।
- पशु के रहने के फर्श पर कम्बल (Blankets) अथवा सूखी घास का बिछावन आवश्यक।
- फ्लूड एण्ड इलेक्ट्रोलाइट्स आई.वी. इन्जेक्शन से; जैसे—रिण्डटोज 500-1000 मि.ली. शिरा में।
- शरीर पर शैया व्रण (Bed sores) से बचाव हेतु उचित व्यवस्था करें।
- पशु को इधर-उधर करवट दिलाते रहें।
- प्रभावित भाग पर लिनीमेन्ट की मालिश।
- विटामिन बी$_1$, बी$_6$ और बी$_{12}$ का प्रयोग करें; जैसे—न्यूरोबियोन, न्यूरोकाइन्ड अथवा ट्राइरेडीसोल; बड़े पशु को 10 मि.ली. मांस में दें।

आगे के पैर का पक्षाघात (Radial Paralysis)

परिचय (Introduction)—इसमें पशु के अगले पैर (एक या दोनों) में लकवा मार जाता है जिससे वह भार ढोने में असमर्थ हो जाता है। यह रोग कैटिल, घोड़ों एवं कभी-कभी कुत्तों में भी मिलता है।

It is observed in horse, cattle and occasionally in dog. It is characterised by inability to bear the weight and the animal stands with the help of knee and fat lock joint.

कारण (Etiology)—यह रोग पशु के अचानक गिर जाने या बहुत दिनों तक निष्क्रिय पड़े रहने के कारण रेडियल नर्व दबा रह जाता है, जिसके फलस्वरूप पक्षाघात हो जाता है। इसके अतिरिक्त पहली पसली पर आघात, गहराई में स्थित विद्रधि (deep abscess) अथवा ट्यूमर भी इसके कारण माने जाते हैं।

रेडियल नर्व के क्षतिग्रस्त होने के कारण इसे "Dropped elbow" के नाम से भी जाना जाता है।

चिकित्सा व्यवस्था (Treatment)—

- पीड़ित भाग पर लिनीमेन्ट अमोनिया टरपैन्टाइनचिनीमैण्ट, स्वैनिल तेल, अथवा आयोडैक्स मलहम की भी भलीभाँति मालिश करें।
- टोनोफॉस्फेन (Tonophosphan) I/M प्रयोग करें।
- नखाइन टॉनिक; जैसे—न्यूरोवियोन, न्यूरोकाइन्ड, न्यूरोक्सोन-12 अथवा ट्राईरैंडीसोल; बड़े पशु को 10 ml मांस में दें।

7. अस्थि-पेशियों के रोग या प्रचलन तंत्र के रोग (Diseases of Musculo-skeleton system or Diseases of Locomotory System)

इस तंत्र के अन्तर्गत अस्थियाँ (Bones), सन्धि या जोड़ (Joints) और पेशियाँ (Muscles) आते हैं। इनमें होने वाले सामान्य रोग निम्न हैं—

1. सुखण्डी (रिकेट्स—Rickets)
2. सूखा अस्थि (ओस्टोमलेसिया—Osteomalacia)
3. सरन्ध्री अस्थि (ओस्टियोपोरोसिस—Osteoporosis)
4. अस्थि शोथ (ओस्टेआइटिस—Osteitis)
5. सन्धि शोथ (आर्थराइटिस—Arthritis)
6. पेशियों की सूजन (मायोसाइटिस—Myositis)
7. गठिया या वात (र्‌ह्यूमैटिज्म/Rheumatism)
8. पिछले अंग का लकवा (पैराप्लीजिया—Paraplegia)
9. झनका या टनका (स्ट्रिंगहाल्ट—Stringhalt)
10. पेशी विकार (मायोपेथी—Myopathy)

1. सुखण्डी (रिकेट्स–Rickets)

अन्य नाम (Other names)—इसे आम भाषा में सूखा रोग भी कहते हैं।

परिचय (Introduction)—इसमें हड्डियों के उचित प्रकार से विकसित होने की क्रिया में बाधा पड़ने के कारण हड्डियाँ मुलायम, टेढ़ी-मेढ़ी तथा अविकसित रह जाती हैं। आकृति कुरूप हो जाती है। निचले धड़ की लम्बी अस्थियाँ छोटी, कमजोर, मुलायम तथा मुड़ जाती हैं। यह रोग शूकर के बच्चों (Piglets), कुत्ते के बच्चों (Puppies), भेड़ के बच्चों (Lambs) तथा बकरी के बच्चों (Kids) में बहुधा पाया जाता है। यह रोग बछड़े/बछियों में बहुत कम मिलता है।

Ricket is disease of chronic nature affecting the young growing animals characterized by defective calcification of growing bone, improper calcification of the bone it is characterized by deformity of the skeleton, at the same time there is disturbance in the general health. The essential lesion is failure of provisional calcification with persistence of hypertrophic cartilage and enlargement of the epiphyses. It lend past of longbore. It is widely prevalent in piglets followed by puppies, then lambs, then kids and lastly in calves.

कारण (Etiology)—यह रोग निम्न कारणों से होता है—

- विटामिन डी, कैल्शियम और फॉस्फोरस की कमी से।

- रहने का अस्वस्थ स्थान; जैसे—अंधेरा, सर्दीला एवं बन्द घर।
- रक्त से मिनरल्स को खींचकर हड्डियों को कड़ा और ठोस बनानेवाली अस्थि कोशिकाओं (ओस्टियोब्लास्ट्स) की अयोग्यता।

कैल्शियम तथा फॉस्फोरस के उचित चयापचय (Metabolism) **में बाधा उत्पन्न हो जाती है। इस क्रिया में विटामिन-डी की प्रमुख भूमिका रहती है। अर्थात् कैल्शियम, फॉस्फोरस तथा विटामिन-डी के उचित अनुपात में व्यवधान के होने से इस रोग की उत्पत्ति होती है।**

लक्षण (Symptoms)—इसके लक्षण मुख्य रूप से निम्न प्रकार के होते हैं—

पशु के अस्थि पंजर में विकृति होती है और लम्बी हड्डियाँ तिरछी पड़ जाती हैं। लम्बी हड्डियों के सिरे बढ़ जाते हैं। पशु के जोड़ों में शोथ हो जाता है। कोस्टोकोण्ड्राल ज्वाइंटस (Costochondral joints between the ribs and costal cartilage in front of the rib cage) उभरकर शोथयुक्त हो जाते हैं। लम्बी हड्डियों के अन्त में जोड़ों पर तथा वक्ष अस्थियों एवं उपास्थियों (कार्टिलेज) के जोड़ों पर सूजन हो जाती है। निचले धड़ की हड्डियाँ छोटी, मुलायम चौड़ी और टेढ़ी हो जाती हैं। कभी-कभी इतनी अधिक मुलायम हो जाती हैं कि मुड़कर धनुष के आकार की हो जाती है। खोपड़ी की अस्थियाँ जो चौड़ी होती हैं, मोटी और मुलायम होकर ऊपर उठ जाती हैं जिससे सिर गोलाकार दिखायी देता है। रीढ़ की हड्डियाँ टेढ़ी हो जाती हैं। बस्ति प्रदेश की हड्डियाँ (Pelvic bones) टेढ़ी हो जाती हैं।

निदान (Diagnosis)—

- रोग का निदान अधिकतर भोजन के इतिहास (Diet history) से हो जाता है—जैसे कि खाने में कैल्शियम, फॉस्फोरस अथवा विटामिन-डी की कमी से।
- पीड़ायुक्त शोथ एवं रेडियोग्राफिक परीक्षण से रोग का निदान आसानी से हो जाता है।

विभेदक निदान (Differential diagnosis)—इस रोग का भेद कापर डिफीशिएन्सी, माइकोप्लाज्मल साइनोवाइटिस एवं आरथ्राइटिस आदि रोगों से करना चाहिये।

चिकित्सा (Treatment)—इस अवस्था में कैल्शियम, फॉस्फोरस तथा विटामिन-डी का उचित मात्रा में सेवन कराना चाहिये।

कुत्तों की चिकित्सा में—शोधित हड्डी का चूरा (Sterilized bone-meal) भोजन में देना चाहिये। चूने का पानी 2-4 चम्मच दिन में दो बार दूध के साथ दें एवं कॉड लिवर आयल एक चम्मच दिन में 3 बार दूध में मिलाकर दें।

पशु को खनिज (Minerals) और विटामिन डी युक्त आहार खिलावें। साथ ही फॉस्फोरस युक्त आहार; जैसे—गेहूँ, चोकर, जौ, जई, मूंगफली का आटा भी खिलावें। बछड़ों को पूर्ण दूध पर रखें। शूकरों और कुत्तों के बच्चों को कॉड लिवर ऑयल तथा मिनरल मिक्शचर खिलावें।

बड़े पशुओं को प्रतिदिन हड्डी 20-25 ग्राम खिलानी चाहिये।

रिकेट्स के लक्षण सारांश में

- It is a very chronic disease.
- Stunted growth.
- Bowlegs condition.
- Enlargement of limb joints, especially in the forelegs.
- Enlargement of chondrocostal joints
- Stiffness of joints, lamness and tendency to lie down are common.
- Arched back condition.
- Pot bellied appearance of abdomen.
- Deformity of pelvic bones.
- Eruption of the teeth.
- General condition is poor.
- Pica and occasional diarrhoea.

मिनरल मिक्शचर, मिनीमिक्स, सुपर मिन्डिफ, चूर्ण 105, नुवोमिन आदि दाने चारे में मिलाकर खिलाया जा सकता है।

औषधि रूप में—

- बड़े पशुओं को कैल्शियम बोरोग्लूकोनेट/कालबोरॉल माइफेक्स आदि 500 मि.ली. हफ्ते में दो बार शिरा मार्ग से (1/V) दें।
- कुत्तों को मैकाल्विट, कैल्शियम सैण्डोज या कैल्विन-12 के इंजेक्शन लगायें।

लक्षण (Symptoms)—यह एक जीर्ण स्वरूप का रोग है। इसमें पशु पहले लँगड़ाता है और बाद में जबड़े की हड्डियाँ (jaw bones) प्रभावित हो जाती हैं जिससे भीतर की जगह कम हो जाती है। रोग के बढ़ने पर नासिका गुहा (nasal cavity) छोटी हो जाती है जिससे साँस लेने में कठिनाई होती है। चेहरे पर सम्पूर्ण अस्थि-पंजर (skeleton) छेददार हो जाता है। खोपड़ी के ऊपर गाँठें निकल आती हैं।

उपचार (Treatment)—इसकी चिकित्सा रिकैट्स के समान की जाती है।

4. अस्थिशोथ/हड्डी की सूजन (ओस्टेआईटीस—Osteitis)

परिचय (Introduction)—यह अस्थि (हड्डी—Bones) के सूजन का रोग है। इसमें हड्डी के पेरीओस्टियम और मेडुला पीवयुक्त हो जाते हैं तथा सूजन हो जाती है। बाद में हड्डियाँ निर्जीव (necrosis) हो जाती हैं।

कारण (Etiology)—

- बाहरी आघात से।
- जीवाणु से भी होता है। विशेषकर एक्टीनोमाइकोसिस एवं ट्यूबरकुलोसिस से। यह रोग *स्टेफिलोकोकस औरियस* से भी होता है।

लक्षण (Symptoms)—हड्डी में सूजन और पीव ही प्रमुख लक्षण होते हैं।

चिकित्सा (Treatment)—इसकी चिकित्सा निम्न व्यवस्थानुसार की जाती है—

(क) पीवयुक्त स्थान से पीव को निकालकर भली-भाँति साफ करें। तत्पश्चात् वीटाडीन या सोफ्रामाइसीन से ड्रेसिंग करें।

(ख) बड़े पशुओं को पौटेशियम आयोडाइड 6-10 ग्राम, 6-7 दिन या अधिक दिन खिलायें।

(ग) किसी एक बहुक्षेत्रीय एण्टीबायोटिक का 6-7 दिन तक प्रयोग करें (विवरण पीछे है।)

(घ) दर्द के लिये दर्दहारी इंजेक्शन का प्रयोग करें।

(च) पशु के न खाने की स्थिति में 5-10% डैक्सड्रोज सेलाइन 1000-2000 मि.ली. शिरा में लगायें।

(छ) विटामिन-बी-कॉम्प्लैक्स इंजेक्शन का प्रयोग करें।

5. सन्धिशोथ (आर्थराइटिस—Arthritis)

अन्य नाम (Other name)—पोलीआर्थराइटिस (Polyarthritis)

परिचय (Introduction)—यह जोड़ों या सन्धियों (Joints) के सूजन का रोग है जिसमें दर्द तथा ज्वर रहता है। यह तीव्र (Acute) तथा जीर्ण (Chronic) रूप में होता है।

Inflammation of the joint is known as arthritis.It accompanies inflammation of the synovial membrane.It is seen in farm as well as small animals (dog). Sometimes all the joints are affected simultaneously. The term osteoarthritis is affixed to denote inflammatory as well as degenerative changes.

कारण (Etiology)—यह रोग निम्न कारणों से होता है—

- जीवाणुओं का प्रकोप; जैसे—स्ट्रेप्टोकोकाई, स्टेफीलोकोकाई, बैक्टीरिया, ब्रूसेला एबोर्टस, सालमोनेला आदि के संक्रमण से।
- माइकोप्लाज्मल इन्फेक्शन, क्लेमाइडियल इन्फेक्शन एवं वायरल इन्फेक्शन से। बोवाइन वायरल डायरिया से रोग होते देखा गया है।

अन्य कारण—

- बाहरी चोट या आघात।
- गलत रचना।
- पैतृक प्रवृत्ति।

लक्षण (Symptoms)

- जीवाणु संक्रमण से ग्रन्थियों में सूजन आ जाती है। पशु को दर्द और बुखार हो जाता है। सूजन (Swelling) में जल के समान तथा पीव के समान द्रव भरा रहता है जिसे सूई छेद कर देखा जा सकता है। पीव की स्थिति में एक या अधिक संधियाँ प्रभावित हो जाती हैं। इसका अधिक प्रभाव होने पर हड्डियाँ सटकर जकड़ जाती हैं।
- चोट आघात की स्थिति में जब जीवाणुओं का संक्रमण नहीं होता है तब सूजन में जल के समान अथवा रक्त जैसा द्रव भरा रहता है।
- गलत रचना और पैतृक प्रवृत्ति से उत्पन्न सन्धि शोथ प्राय: चिरस्थायी (chronic) होता है। संधियों के सूजन में तरल पदार्थ या जल के समान या जोड़ों का द्रव्य (साइनोविया—Synovia) भरा रहता है। पर रोग की तीव्रावस्था में जीवाणुओं के प्रकोप से संधियां पीवयुक्त हो जाती हैं। सन्धि मोटी, सूजी हुई, गर्म होती है। पशु के घूमने पर पीड़ा होती है। रोगी पशु फर्श के ऊपर अपना पैर रखने में असमर्थ रहता है। चाल में परिवर्तन आ जाता है। दीर्घकालिक रोग (in long standing case) में एन्काइलोसिस (Ankylosis/stiffness of joint) हो जाता है।

आर्थराइटिस के लक्षण सारांश में

- प्रभावित सन्धि में पीड़ा की अनुभूति।
- सन्धि में विरूपता।
- सन्धि मोटी, सूजी हुई एवं गर्म होती है।
- जोड़ के घूमने पर करकराहट की आवाज।
- पीड़ा के कारण घूमने में कष्ट।
- पशु पैर को फर्श पर रखने में असमर्थ।
- पशु की चाल में परिवर्तन।
- दीर्घकालिक रोग में एन्काइलोसिस (सन्धि ग्रह) हो जाता है।
- पशु के कार्य करने की शक्ति स्थायी रूप से समाप्त।

उपचार (Treatment)—

(क) पशु को पूर्ण आराम दें।

(ख) पीड़ा दूर करने के लिये गर्म पानी मैग्नीशियम सल्फेट का घोल बनाकर दिन में दो बार सिकाई करनी चाहिये तथा उसके बाद लिनीमैन्ट टरपैन्टाइन या स्वैनिल तेल से मालिस करनी चाहिये।

(ग) जोड़ से विसंक्रमित नीडिल से तरल को बाहर निकालें। इसके बाद कोई एन्टीबायोटिक 5 मि.ली. तथा कार्टीसोन इंजेक्शन 2 मि.ली. मिलाकर इन्ट्रा आर्टीकुल डालना चाहिये।

(घ) इन्फेक्शन आर्थराइटिस (Infection Arthritis) में सिस्टेमिक थेरापी के साथ किसी एक ब्राडस्पेक्ट्रम।

(ङ) माइकोप्लाजमल आर्थराइटिस में लिनकोमाइसीन लाभकर।

6. पेशीशोथ (मायोसाइटिस—Myositis)

परिचय (Introduction)—यह पेशियों के सूजन का रोग है। इसमें पेशियाँ सूज कर लाली लिये हुये दर्द करती हैं।

Inflammation of the muscle fibres is known as myositis.

कारण (Etiology)—यह रोग निम्न कारणों से होता है—

- आघात (Traumatic injury of the muscle) I
- परजीवी आक्रमण (Parasitic infestation) I
- सन्धि शोथ के परिणामस्वरूप।
- रक्तविषरोग (Pyaemia); जैसे—ब्लैक क्वार्टर, एक्टीनोमाइकोसिस, एक्टीनो बेसीलोसिस, ब्लू-टंग (Blue tongue), सार्कोस्पोरीडिओसिस (infection of sarcocystis on itracellular protozoa) एफ.एम.डी., ट्यूबरकुलोसिस (T.B.) आदि।
- रसौलियाँ (Tumers) I
- घोड़ों में व्यायाम अथवा Forced work के परिणामस्वरूप।
- इओसिनोफिलिक मायोसाईटिस कुत्ता और गाय/भैंस में।

लक्षण (Symptoms)—इसमें निम्न लक्षण मिलते हैं—

- पेशियों में सूजन (Muscles are swollen) हो जाती है।
- मांसपेशियों में लालिमा तथा दर्द (Redness and Pain) I
- गम्भीर स्वरूप की पीड़ा में पशु लँगड़ता है।
- शरीर तापक्रम में वृद्धि (Elevation of body temperature) रहती है।
- श्वास गति तीव्र (Increased respiration) I
- मांसपेशियों की जकड़न से पशु चलने में दर्द (Stiffness in gait due to muscular rigidity) होता है।
- ब्लैक क्वार्टर रोग में मांसपेशी में करकराहट होती है।
- उपरोक्त बताये गये लक्षणों के आधार पर।
- मसिल्स की बायोप्सी करने से (Biopsy of muscles) I
- पेशी की सूजन को यदि चीड़-फाड़ कर देखा जाये तो उसमें से काला-लाल रस या पीव निकलता है।

उपचार (Treatment)—

(क) विशिष्ट कारणों के अनुसार विशिष्ट चिकित्सा करनी चाहिये।

(ख) टरपैन्टाइन लिनीमेन्ट का स्थानिक प्रयोग अथवा मसलेक्स आयन्टमेन्ट (Muslex ointment), रिलेक्सिल आयण्टमेण्ट, मेडीक्रीम/स्वैनिल तेल का प्रयोग करना चाहिये।,

(ग) गर्म पानी में नमक डालकर कपड़ा भिगोकर सेंकना चाहिये।

(घ) दर्द के लिये दर्दहारी दवाओं के इंजेक्शन लगाना चाहिये। (विवरण पीछे है)

(च) किसी एक बहुक्षेत्रीय एन्टीबैक्टीरियल दवा का प्रयोग तीन दिन तक करना चाहिये। (विवरण पीछे है)

(छ) विटामिन बी-कॉम्प्लैक्स इंजेक्शन लगाना चाहिये। (विवरण पीछे है)

(झ) सूजन को सूई (Needle 10-18 न.) मार कर देखा जाय। पीव की स्थिति मिलें तो उसे चीड़-फाड़ कर पीव आदि निकाल कर एण्टीसेप्टिक दवा (वेटाडीन/प्रोवीडेन/आयोडीन/सोफ्रामाइसीन) आदि लगावें।

7. गठिया या वात या रूमेटिज्म (Rheumatism/Screws)

परिचय (Introduction)—यह एक ऐसा रोग है जिसमें जोड़ों की हड्डियों, लिगामेन्ट्स, टेन्डस, साइनोवियल मेम्ब्रेन्स तथा माँसपेशियों में दर्द तथा कड़ापन हो जाता है जिससे पशु को चलने, घूमने और टहलने में कष्ट होता है तथा पशु लंगड़ाने लगता है।

Rheumatism is a condition affecting the tissues at and around the joints of the bones, sinovial membranes, ligaments, tendons, tendon sheaths and muscles, manifesting a variable degree of pain and interference with movements and locomotion.

अल्प आयु के पशुओं में तीव्र रोग वाला (acute form) तथा युवा और वृद्ध पशुओं में मध्यम वेगवाला रोग पाया जाता है।

शरीर के विभिन्न भागों में पाये जाने वाले वात रोगों को निम्न प्रकार से जाना जाता है—

1. लम्बेगो (Lumbago)→Loins का वात रोग।
2. सियाटिका (Sciatica)→क्रूप (Croup) और जाँघ का वात रोग।
3. प्लूरोडायनिया (Pleurodynia)→थोरेक्स का वात रोग।
4. डोर्सोडायनिया (Dorsodynia)→पीठ (Back) का वात रोग।
5. रियूमेटाइड आर्थराइटिस (Rheumatoid Arthritis)→सन्धियों (Joints) का वात रोग।

यह रोग सभी पशुओं में होता है, साथ ही मनुष्यों में भी।

कारण (Etiology)—इस रोग की उत्पत्ति निम्न कारणों से होती है—

- किसी प्रकार का इन्फेक्शन/स्ट्रप्टो तथा स्टेफाइलोकोकल इन्फेक्शन आदि से।
- ठंडक, गर्मी, सूर्य के प्रकाश का अभाव।
- दीर्घकालिक बदहजमी (chronic indigestion) एवं कब्ज (Constipation)।
- स्थानीय सेप्टिक फोसाई यथा—टोन्सीलाइटिस, क्रोनिक मैट्राइटिस पायोयूरिया (Pyouria) सिस्टाइटिस।
- भोजन में प्रोटीन की अधिक मात्रा तथा कैल्शियम का कोशिकाओं में इकट्ठा होना।

रूमेटिज्म के लक्षण सारांश में

- लंगड़ाहट एक Cardinal चिन्ह होता है।
- एक या अधिक जोड़ (पैरों के) पीड़ायुक्त।
- जोड़ कड़े (Tensid), गर्म, पीड़ायुक्त एवं सूजे हुए।
- तापक्रम 106°F तक।
- पशु खाना पसन्द नहीं करता और प्रत्येक भार को पैरों पर पैर रखता है।
- पशु को चलने-फिरने में कष्ट।
- नाड़ी एवं श्वास की गति तीव्र।
- पेशाब कम तथा गाढ़े रंग का।

The exact cause of the disease is unexplored. But it is thought to be autoimmunity (disease caused by antibodies or lymphocytes produced against substances naturally present in the body). Hypersensitivity (A condition in which the immune system reacts abnormally to a foreign substance, bacterial, viral and mycoplasmal infections have also been incriminated.

लक्षण (Symptoms)—रोग की तीव्र अवस्था में पशु को एकाएक तीव्र बुखार हो जाता है। नाड़ी एवं श्वास की गति तीव्र हो जाती है। पशु सुस्त हो जाता है और उसकी भूख कम हो जाती है। एक या एक से अधिक जोड़ कड़े हो जाते हैं। सन्धियों, मांसपेशियों तथा टेन्डन्स आदि में दर्द उत्पन हो जाता है जिसे स्पर्श करने से पशु दर्द महसूस करता है। पशु को चलने-फिरने में कष्ट होता है। पेशाब कम तथा गाढ़े रंग का हो जाता है। पशु लँगड़ाता है और घूमने में असमर्थता व्यक्त करता है (Lameness and inability to move)। घोड़ों में Stifle और Fetlock प्रभावित होते हैं। इससे पशुओं में Hock तथा Knee प्रभावित होते हैं। तापक्रम 106^0F तक हो जाता है। नाड़ी तीव्र तथा कठिन होती है। कुछ केस में हृदय इण्डोकारडाइटिस में प्रभावित हो जाता है। अधिक गम्भीर स्वरूप के रोग में जब अनेक जोड़ अथवा हृदय प्रभावित होता है तब टॉक्सीमिया से मृत्यु हो जाती है।

चिकित्सा (Treatment)—(क) सोडा सैलीसिलास 60 ग्राम, सोडा बाईकार्ब 60 ग्राम, शीरा 120 ग्राम मिलाकर ऐसी एक मात्रा दिन में तीन बार दो दिन तक दें। (बड़े पशुओं को)

(ख) किसी एक बहुक्षेत्रीय एन्टीबैक्टीरियल दवा का प्रयोग कम से कम तीन दिन तक करें। (विवरण पीछे है) इन्जेक्शन स्ट्रेप्टो-पेनीसिलीन पाँच डोज मांस में (I/M)।

(ग) किसी एक विटामिन बी-कॉम्प्लैक्स इंजेक्शन का प्रयोग करें। (विवरण पीछे है)

(घ) दर्द के लिये किसी एक दर्दहारी इंजेक्शन का प्रयोग करें। (विवरण पीछे है)

(च) किसी एक काटीसोन दवा जैसे बीटामीथासोन या डैक्सामीथासोन का प्रयोग करें। (विवरण पीछे है)

(छ) प्रभावित भाग पर लिनीमैन्ट टरपैन्टाइन, स्वैनिल तेल अथवा आयाडेक्स की मालिश करें।

कुत्तों के लिए—

- एस्प्रिन दो टिकिया, सोडा बाईकार्ब 15 ग्राम-ऐसी एक मात्रा दिन में दो बार।

8. पिछले अंग का लकवा या पक्षाघात (Paralysis/Paraplegia)

परिचय (Introduction)—पशुओं का पिछला अंग जब शून्य अथवा निर्जीव हो जाता है तब वह खड़ा होने में असमर्थ हो जाता है। ऐसी स्थिति में उसे लकवा मारना या पक्षाघात (पेराप्लीजिया—Paraplegia) कहते हैं।

It is a term applied to paralysis of the hind quarter. It is a distinct clinical feature in spinal cord affection.

कारण (Causes/Etiology)— 1. मोटर नाड़ी पर चोट लगना।

2. शल्य क्रिया से किसी नाड़ी का टूटना।

3. मेरूदण्ड का जख्मी होना।

4. Maningitis, encephalitis की अन्तिम अवस्था।

5. डाइबिटीज के कारण।

लक्षण (Symptoms)—इस रोग में पशु के पिछले अंग (कमर और पिछले पैर) में शक्ति नहीं रहती है। साथ ही वह अंग शून्य हो जाता है जिससे पशु खड़ा नहीं हो पाता है। उसकी भूख मारी जाती है और पशु निर्बल हो जाता है। कभी-कभी साथ में अगले पैर भी प्रभावित हो जाते हैं। यदि अगले पैरों में लकवा मारा है, तो पशु धीरे-धीरे लड़खड़ाते हुए चल-फिर सकता है।

इस रोग में मृत्यु 1-2 सप्ताह में हो जाती है अथवा काफी दिन अधिक कष्ट झेलते-झेलते मर जाता है।

उपचार (Treatment)—इस रोग की चिकित्सा में विटामिन बी का विशेष महत्त्व है जिसे काफी दिन इंजेक्शन रूप में दिया जाता है। साथ ही प्रभावित भाग की मालिश की जाती है ताकि निष्क्रिय अंग पुनः सक्रिय हो सके। पशु को भरपूर विटामिन युक्त चारा-दाना खिलाया जाता है।

(क) न्यूराक्सिन $बी_{12}$ या ट्राईरेडिसोल-एच या न्यूरोबियोन (Neurobion) अथवा ट्रीगर (Trigger)-10 मि.ली. बड़े पशुओं को मांस में (I.M.), सप्ताह में दो बार लगायें।

(ख) क्रोन्सीप्लेक्स (Chronciplex) 5-10 मि.ली. I/M रोजाना 5 दिन तक अथवा किसी भी विटामिन बी-कॉम्प्लैक्स का इंजेक्शन रोजाना 5 दिन तक लगायें।

(घ) लिनीमेण्ट तारपीन/लिनीमेन्ट अमोनिया/मल्टीजेसिक मरहम/लिनीमेन्ट/स्वैनिल तेल से प्रभावित भाग की मालिस करें।

(च) विटामिन युक्त चारा-दाना दें।

(छ) पशु को आरामदेह गरम स्थान में रखें।

9. झनका या टनका (स्ट्रिंग्हाल्ट—Stringhalt)

परिचय (Introduction)—यह गाय और भैंस के पिछले पैरों के अनियमित चाल की बीमारी है। पशु एक या दोनों पैरों से झटका मारकर या खींचकर अथवा खुर रगड़कर चलता है।

कारण (Etiology)—यह रोग स्टाइफल सन्धि (Stiffle Joint) के लिगामेंट के दोष के कारण होता है। यह सन्धि घुटने और कूल्हा सन्धि (Hock and Hip Joint) के बीच का स्थान है।

लक्षण (Symptoms)—

- पशु खड़ा होने के बाद पिछले एक या दोनों पैरों से झटका देकर या खुर रगड़कर चलता है। ऐसा तभी होता है जब पशु देर तक बैठा रहता है।
- पशु को चलने में कष्ट, पर कुछ दूर चलने पर चाल में सुधार हो जाता है।
- खुर रगड़कर चलने से खुर घिस जाता है।
- आजकल शल्य चिकित्सा से स्टाइफल सन्धि के तीन लिगामेन्टों में से मध्य (medial) लिगामेन्ट को काट दिया जाता है। इससे पशु को तुरन्त आराम मिल जाता है और रोग का पूर्ण निराकरण हो जाता है।

10. पेशी विकार (मायोपेथी—Myopathy)

परिचय (Introduction)—पेशी विकार, पेशियों का कोई भी रोग, पेशीय दुष्पोषण (muscular dystrophy) आनुवंशिक पेशी विकार के समूह का एक विकार है जिसमें पेशियों का क्षय होता है एवं दुर्बलता आती है।

It denotes non-inflammatory degeneration of skeleton muscles.

कारण (Etiology)—

- विटामिन 'ई' की कमी।
- व्यायाम (Exercise may cause muscular degeneration)।
- पैतृक अथवा कंजेनीटल कारण।
- कुछ विषैले पौधों से (Some poisonous plants containing mycotoxin)।
- नर्व का क्षय होने से (Nerve damage)।

- कुत्तों में कुशिंग डिजीज से।

लक्षण (Symptoms)—

- मांसपेशी दुर्बलता (Weakness of muscles) पायी जाती है।
- पशु उठने एवं टहलने में असमर्थ (Inability to rise or walk) हो जाता है।
- पशु Paretic अथवा Recumbent हो जाता है।
- हृदय की चाल बढ़ जाती है।
- मांसपेशी में सूजन, कठोर एवं पीड़ायुक्त होती है।
  (Muscles are swollen, hard and painful)।
- पेशाब का रंग कॉफी कलर का (Coffe coloured) होता है।
- सिर तथा गर्दन पर शोथ (Oedema of the head and neck)।
- पैरों में जकड़न एवं लंगड़ाहट (Stiffness of joints and lameness)।
- पशु खड़े होने में असमर्थ होता है (Downer cow syndrome)।
- मांसपेशी क्षय (Atrophy of muscles)।
- हार्ट फेल्योर से एकाएक मृत्यु (Sudden death may ensure due to heart failure)।

उपचार (Treatment)—इसकी चिकित्सा निम्न व्यवस्थानुसार की जाती है—

(क) विटामिन 'ई' एवं सेलेनियम (Selenium) युक्त इंजेक्शन Vitamin E = 50 mg, Selenium 1.5 mg 1 ml जैसे ई से E-SE (Golden Streak), ई सेल प्रो (Ee Sal Pro-*Progress*), रैप्रोनोल (Repronol-*Restmora Cadila*)

(ख) एसीडोसिस (अम्लीयता) की स्थिति में सोडा बाई कार्ब (Inj. Sodium bi carbonate 7.5% @ 100-500 ml with normal soline) शिरा में बड़े पशुओं को देना चाहिये।

(ग) बैठने की जगह अच्छी बिछाली का प्रबंध।

(घ) शरीर पर घाव (Sores) न हों, इसके लिये उपयुक्त व्यवस्था करें।

(च) विटामिन बी. कॉम्पलेक्स का इंजेक्शन लगाना चाहिये (विवरण पीछे है)

(छ) दर्द के लिये दर्द हारी इंजेक्शन लगाना चाहिये।

(ज) 20% डैक्सट्रोज; जैसे—रिन्टोज 500-1000 मि.ली. शिरा में लगाना चाहिये।

8. उपापचय या मेटाबोलिक डिजीजेज (Metabolic Diseases)

सभी जीवों के शरीर के भीतर हमेशा अनेक भौतिक तथा रासायनिक क्रियायें होती रहती हैं। इन्हीं क्रियाओं को सम्मिलित रूप से उपापचय या मेटाबोलिज्म (Metabolism) कहते हैं। इन क्रियाओं के फलस्वरूप जो रोग होते हैं वे मेटाबोलिक रोग (Metabolic disease) कहलाते हैं। पशुओं में ऐसे रोग निम्नलिखित हैं—

1. दुग्ध ज्वर (Milk Fever) या कैल्शियम की कमी (हाइपोकैल्शीमिया/Hypo-calcemia) या प्रसव पश्चात् मांसपेशियों की सुन्नता (पास्चूरीन्ट पारेसिस—Parturient paresis)।

2. शर्करा की कमी (ऐसिटोनेमिया—Acetonaemia) या कीटोसिस (Ketosis)।

3. ग्रास स्टैगर्स (Grass staggers) या ग्रास टीटेनी (Grass tetany) या लेक्टेशन टीटेनी (Lactation tetany) या हाइपोमेग्नीसीमिया (Hypomagnesemia)।

4. एजोचूरिया या ब्लैक वाटर (Azoturia/Black water)। या पैरालिटिक मायोग्लोबीन्यूरिया (Paralytic myoglobinuria) या मन्डे मौर्निंग सिकनेस (Monday morning sickness)।

5. डोनर काऊ सिण्ड्रोम (Downer Cow Sydndrome)।

6. गर्भावस्था की विषमयता (Pregnancy Toxaemia)।

7. अल्प शर्करा रक्तता (Hypoglycaemia)।

8. फैटी काउ सिन्ड्रोम

1. दुग्ध ज्वर /मिल्क फीवर (Milk Fever)

अन्य नाम (Other names)—कैल्शियम की कमी (हाइपोकैल्शीमिया), प्रसव के बाद मांसपेशियों की सुन्नता (Parturient Paresis), Parturient Apoplexy, Postparatum Paresis), ड्रोपिंग आफ्टर काविंग (Dropping after calving)। इसे ब्यांत पक्षाघात (*Calving paralysis*) भी कहते हैं।

परिचय (Introduction)—यह बिना बुखार का एक अजीब रोग है। इसमें पशु, विशेषकर गाय-भैंस प्रसव के तुरन्त बाद या 3 दिन के भीतर मूर्छित हो जाती है। यह रोग अधिक दूध देने वाले पशुओं को खास कर दूसरे, तीसरे और चौथे ब्यांत में होता है। साथ ही उन पशुओं को होता है जिनका स्वास्थ्य बहुत अच्छा होता है। यह रोग ब्यांत से पहले भी हो सकता है।

> Parturient Paresis or Milk Fever is a metabolic disease occurring most commonly within 72 hours of parturition in adult female and is characterised by hypocalcemia, changes in neuromuscular tone ranging from fine tremor in the early stages to paresis, recumbency, circulatory, collapse and ultimately diminution of consciousness. Temperature is generally subnormal. There is the muscles weakness and flaccidity of muscles. Tremor is found in the eye and muzzle.

- यह रोग गायों, भैंसों तथा बकरियों को होता है।
- यह रोग अधिकतर जाड़े के अन्तिम दिनों और शिशिर ऋतु में होता है।
- 5-10 साल की उम्रवाली गायें इस रोग से अधिक प्रभावित होती हैं।
- यह विशेषकर तीसरा-चौथा ब्यांत होता है। परन्तु व्यांत से कुछ सप्ताह पहले भी हो सकता है।

कारण (Etiology)—रोग के सही कारण का पता नहीं। लोगों के विचारों के अनुसार इसके निम्न कारण माने जाते हैं—

- रक्त में *कैल्शियम* की कमी—इसका मुख्य कारण माना जाता है।
- अधिक परिश्रम और थकान से यह रोग हो सकता है।
- उत्तेजना के परिणामस्वरूप यह रोग हो सकता है।
- कम पैराथारमोन हॉरमोन निकालने से यह रोग हो सकता है, क्योंकि पैराथारमोन हॉरमोन खून में कैल्सियम के स्तर को नियन्त्रित करता है। दुग्धावस्था के समय (During lactation) पैराथायराइड ग्लैण्ड्स के फेल होने से।
- कोलस्ट्रम (ब्याने के बाद प्रथम बार का दूध) में अतिरिक्त कैल्शियम के चले जाने से।
- ब्याने के समय बहुत कम आहार लेने से कैल्सियम की कमी हो जाती है।
- विटामिन 'डी' की कमी एवं आन्त्र में ऐसीडिक पी.एच. की कमी से कैल्सियम का अवशोषण कम होता है।

- सामान्य रूप में रक्त के अन्दर कैल्शियम और फॉस्फोरस चक्र का स्तर 2 : 1 होता है। जब यह स्तर बिगड़ जाता है तब हाइपोकैल्शीमिया अपना स्थान ले लेता है।

  Acute calcium deficiency caused by the sudden drain of ionised calcium through colastrum, during the first phase of lactation the calcium in the blood is rapidly lost through milk.

- मिल्क फीवर का रोग बच्चा देने के बाद मादा में उत्पन्न होता है, औरों में नहीं।
- बिना ब्याये हुए पशुओं को यह रोग नहीं होता है।

लक्षण (Symptoms)—रोग का प्रारम्भिक लक्षण प्रसव (बच्चा देने के बाद) के 12 से 72 घण्टों के अन्दर दिखायी देता है। पशु उत्तेजित सा प्रतीत होता है उसकी आँखें डरावनी-सी लगती हैं। पशु काँपता है और सिर को हिलाता है। पशु अपनी पूँछ ऐंठता है और जीभ बाहर निकालता है। दाँत किटकिटाता है। उसके पिछले पैर कड़े हो जाते हैं और पशु लड़खड़ाता है। पशु शीघ्र खड़ा होता है और कुछ ही मिनटों में पुनः बैठ जाता है। पशु चारा-दाना खाना बन्द कर देता है साथ ही उसे कब्ज (constipation) हो जाता है। कुछ केसिस में पेशाब आना बन्द हो जाता है।

चित्र—दुग्ध ज्वर ***(Milk Fever)***

दूसरी अवस्था में (In second stage) पशु बेहोश हो जाता है और अपना सिर या तो मोड़कर छाती पर रख लेता है या आगे की ओर खींचकर भूमि पर रख लेता है। पशु खाना-पीना बन्द कर देता है और उसका मुँह शुष्क हो जाता है। आँखों की भीतरी झिल्ली लाल हो जाती है। पिछले धड़ में लकवा मार जाता है या किसी अंग को प्रभावित करता है। आँखें सुस्त और अधखुली-सी रहती हैं।

मिल्क फीवर के लक्षण सारांश में

- रोगी अधिक दूध देने वाला, दूसरा, तीसरा या चौथा ब्यांत एक दूसरे, तीसरे, चौथे दिन प्रभावित।
- सबनार्मल टेम्परेचर (100°F या इससे कम)।
- पिछले पैर एवं पिछला धड़ शीतल।
- मलमूत्र का त्याग बन्द।
- अयन में दुग्ध की कमी एवं बच्चे को न पिलाना।
- कान नीचे एवं चारा-दाना खाना बन्द।
- खड़े होने में असमर्थता। अंत में पशु बैठ जाता है। बैठने की स्थिति में सिर पेट पर अथवा भागे खींच कर सामने रखना।
- जोर-जोर से साँस लेना एवं मुँह से पानी।
- अत्यन्त दुर्बल होकर 3-4 दिन में मृत्यु।
- कैल्शियम का इन्जेक्शन देने पर तुरन्त आराम।

इस रोग का नाम मिल्क फीवर अर्थात् 'दूध का बुखार' अवश्य है, पर बुखार बिल्कुल नहीं होता है। आमतौर पर पशु का तापक्रम सामान्य से भी नीचे (subnormal) होता है। कान नीचे को झुक जाते हैं। पशु एक करवट पड़ा रहता है। उसका सारा शरीर (विशेषकर पैर-पिछला धड़ आदि) ठण्डे पड़ जाते हैं। पशु बेहोश होकर साँसें भरता हुआ पड़ा रहता है। कभी-कभी मुँह से पानी भी आने लगता है। यदि इससे अवस्था में पशु का ठीक से उपचार न किया गया तो वह 3-4 दिन में मर जाता है। बहुत कम पशुओं में शरीर का तापक्रम बढ़ जाता है।

इसमें पेशाब का बंद होना, कब्ज आदि लक्षण तो कई केसिस में होते हैं परन्तु साथ में अफारा भी हो जाता है। अधिक अफारे की स्थिति में कभी-कभी तो मुँह से पाचित चारा-दाना भी निकलने लगता है। यहाँ तक कि गोबर भी।

इसके विपरीत ठीक होने की स्थिति में अथवा चिकित्सा से पशु धीरे-धीरे होश में आने लगता है और वह धीरे-धीरे उठने लगता है। आराम होने पर वह कुछ ही मिनटों में खड़ा हो जाता है और जुगाली करने लगता है। कभी-कभी तो पशु को कैल्शियम चढ़ाने के तुरन्त बाद पशु चरनी में जाकर दाना-चारा खाने लगता है। पर कमजोरी अधिक दिनों तक बनी रहती है।

निदान (Diagnosis)—रोग का निदान विशेष रूप से तत्काल ब्याये (Calved recently) हुये पशु के लकवा और अवसाद को देखकर किया जाता है। ऐसे लक्षण जो रोग निदान में सहायक होते हैं, वे हैं—सुस्ती (Dullness), अवसाद (Depression), कॉमा, सबनार्मल टेम्परेचर, खड़े होने में असमर्थता, दस्त और पेशाब का बन्द होना आदि। रोग का स्पष्ट निदान उस समय हो जाता है जब ऐसे पशु को कैल्शियम बोरोग्लूकोनेट का इंजेक्शन दिया जाता है और वह तत्काल स्वस्थ हो जाता है।

- पशु के रक्त का बायोकेमीकल परीक्षण भी रोग निदान में सहायक होता है।
- मोटे तौर पर पशु के अयन में दूध नहीं होता है और वह बच्चे को किसी भी हालत में नहीं लगाता है।

उपचार (Treatment)—रोग की चिकित्सा तत्काल करनी चाहिये।

Replacement Therapy—इसकी सर्वश्रेष्ठ चिकित्सा कैल्शियम की आपूर्ति करना होता है जिसे इन्जेक्शन रूप में शरीर में प्रवेश किया जाता है। इसके लिये कैल्शियम ग्लूकोनेट को कैल्शियम बोरोग्लूकोनेट (Calcium borogluconate) के रूप में दिया जाता है।

- कैल्शियम क्लोराइड और कैल्शियम लैक्टेट शिरा मार्ग से दिये जाते हैं।
- आजकल कैल्शियम ग्लूकोनेट के इन्जेक्शन बाजारों में कई कम्पनियों के बने हुए उपलब्ध है। जैसे—कैल्शियम बोरोग्लूकोनेट, कालबोरॉल (Calborol), थियकल (Thiacal), कालमेक्स (Calmex), काल-बी-वेट (Cal-B. Vet), कालवीब (Calvib) आदि।
- कैल्सियम बोरोग्लूकोनेट के अतिरिक्त कैल्शियम-मैगनेशियम-बोरोग्लूकोनेट (Cal-Mg borogluconate) का योग भी दिया जाता है जो अधिक प्रभावी है। यह बाजारों में कैल्शियम- मैग्नेशियम बोरोग्लूकोनेट (Calcium-magnesium borogluconate), मिफेक्स (Mifex-*रोन पुलेक*), कालमैग (Calmag-फाइजर), मिल्क फीवर फार्मूला (Pfizer milk fever formula), मिफेकल (Mifecal) आदि नामों में उपलब्ध है। इन्हें शिरा मार्ग (I.V.) से दिया जाता है।

मात्रा—200-350 अथवा 500 मि. ली. आई. वी.। तत्पश्चात् S/C (For rest of dose)।

(क) कार्टीकोस्टीराइड दवायें—बीटामीथासोन अथवा डैक्सामीथासोन का प्रयोग करना चाहिये।

(ख) फॉस्फोरस वाले इंजेक्शन; जैसे—टोनोफोस्फान अथवा टोनोटीसिन बड़े पशुओं में 5-10 मिली मांस में रोज लगाना चाहिये।

(ग) खनिज लवण मिश्रण; जैसे—कॉन्सीमिन, मिल्क मिन, एग्रीमिन या टोनोमिल्क 50 ग्राम रोज पशु को देना चाहिये।

रोकथाम (Prevention)

(क) पशु को खनिज लवण मिश्रण; जैसे—कान्सीमिन, मिल्क मिन, एग्रीमिन या टोनोमिल्क 50 ग्राम रोज देना चाहिये।

(ख) पशु को गर्भावस्था के अन्तिम सप्ताहों में कैल्सियम तथा विटामिन D_3 का इंजेक्शन सप्ताह में तीन दिन लगाना चाहिये—मात्राः 10 मिली मांस में; जैसे—कैल्डी-12 (Caldae-12-Vetquinal), कैपसोला (Capsola Inj. *fizer*), कोबाकैल-डी (Cobacal-D-*Provini*) Intracol-*Promine*), गिलकैल (Gilcal-*G. Lucotus*), सैनकेल वैट (Sancal Vet-*movartis*)

2. शर्करा की कमी या ऐसीटोनीमिया (Acetonaemia) या कीटोसिस (ketosis), हाइपोग्लाइसीमिया (Hypoglycaemia)

अन्य नाम (Other names)—Post parturient acetonaemia, Post-parturient dyspepsia.

परिचय (Introduction)—यह एक ऐसी बीमारी है जो गायों को होती है। इसमें बच्चा देने के बाद 6-8 सप्ताह के अन्दर एकाएक दूध देना बन्द हो जाता है अथवा कम हो जाता है। पशु का अचानक उत्तेजित होना एवं खाना-पीना कम कर देना इसके विशिष्ट लक्षण होते हैं।

Acetonaemia is a metabolic disturbance characterised by acetonuria, acetonaemia and hypoglycaemia caused by incomplete fat metabolism, usually occurring in well nourished, high producing, invariably stall fed cows within a fortnight after calving. Young heifers may also be affected.

कारण (Etiology)—यह रोग निम्न कारणों से होता है—

- रक्त में कार्बोहाइड्रेट की न्यूनता एवं ग्लूकोज के स्तर के गिर जाने से।
- गर्भावस्था में प्रोटीन युक्त दाना अधिक खिलाने से एवं कार्बोहाइड्रेट युक्त दाना न खिलाने से।
- अधिक दूध देनेवाले पशुओं को।
- *यह रोग अधिकतर दूध देनेवाले पशुओं (Mostly in milking animals) में होता है। गाय, भेड़ और भैंस (Cow, sheep, buffalo) इससे प्रभावित होते हैं।*

ऐसीटोनेमिया/कीटोसिस के लक्षण सारांश में

- अचानक भूख की कमी तथा चलने-फिरने में अनिच्छा।
- स्वास्थ्य एवं दुग्ध उत्पादन में निरन्तर गिरावट।
- शरीर ताप, नाड़ी की गति तथा श्वास की दर सामान्य।
- सिर झुका हुआ एवं खड़े होने पर कमर टेढ़ी।
- आँखें आधी बन्द एवं बड़ी तथा आगे को निकली हुईं।
- दीवार एवं खुद के शरीर को चाटना। चाटने से खून बहना।
- रक्त और मूत्र में ऐसीटोन मिश्रण की वृद्धि।
- पशु का वृत्त रूप में घूमना एवं बैठकर न उठना।
- सिर को खींचकर या झुका कर छाती पर रखना।
- जुगाली करना परन्तु भोजन नहीं।
- प्रायः लक्षण मिल्क फीवर जैसे।

लक्षण (Symptoms)—इसके लक्षण मिल्क फीवर से मिलते-जुलते होते हैं। बुखार प्रायः सामान्य (normal) रहता है। पशु को अचानक भूख की कमी हो जाती है और चलने-फिरने में अनिच्छा प्रकट करता है। पशु दूध कम देता है। उसका स्वास्थ्य धीरे-धीरे गिरता जाता है। पशु जब खड़ा होता है तब उसकी कमर टेढ़ी हो जाती है। सिर झुका रहता है और उसकी आँखें आधी बन्द होती रहती हैं। पशु का दुग्ध उत्पादन तेजी से गिरता जाता है (Milk production is sharply decreased)। पशु का भार गिरता जाता है और खाने की कमी से पशु लकड़ी के समान (Show a woody apperance) दिखायी देता है। गोबर कड़ा व शुष्क और म्यूकस मिला आता है (The faeces are dry, hard and cevered with mucus)। पशु घूमने और खाने में असमर्थ हो जाता है। तापक्रम, नाड़ी, तथा श्वास की गति सामान्य रहती है। पर रोग की अन्तिम अवस्था में हाइपोग्लाईसीमिया के कारण तापक्रम सबनार्मल (सामान्य से कम) हो जाता है। शरीर की खाल Rough हो जाती है। पशु बैठने पर उठ नहीं पाता है। कभी-कभी उत्तेजित होकर जंगली जानवरों जैसा दिखायी देता है। उसकी आँखें बड़ी-बड़ी निकली हुई दिखायी देती हैं। पशु दीवार और अपने शरीर को चाटता है। शरीर को चाटते-चाटते खून निकल आता है। पशु यदि भूसा खाता है तो इसका अनाज नहीं खाता है। पशु प्रायः वृत्त (circle) में घूमता है। Vulvar discharge एक कामन लक्षण होता है। अयन में सूजन होती है। मुँह से लार आती है। रक्त और मूत्र में ऐसीटोन का मिश्रण बढ़ जाता है। पशु अपने सिर को खींचकर झुकाकर छाती पर रखता है। अंधापन जैसा अकारण घूमता है एवं अनाज को चाटता है। पशु जुगाली करता रहता है। पर खाता-पीता नहीं है।

निदान (Diagnosis)—रक्त और मूत्र में ऐसीटोन की जाँच रोथराज (Rothera's) तथा लैवेन टैस्ट से की जाती है जो रोग की स्पष्टता बतलाती है।

वैसे रोग का इतिहास, लक्षणों एवं उपरोक्त बायोकेमीकल टैस्ट से रोग का निदान आसानी से हो जाता है।

विभेदक निदान (Differential diagnosis)—इस रोग का भेद इन्डाइजेशन, ट्रामेटिक रेटीकुलाइटिस, पाइलोनेक्राइटिस, मेट्राइटिस एण्ड सिस्टिक ओवरी, प्लूरिसी, न्यूमोनिया एवं पेरीटोनाइटिस, डायबिटिस मेलीटस, रैबीज, लैड पायजनिंग, नाइट्रेट पायजनिंग, मिल्क फीवर से करना चाहिये, ताकि निदान में कोई भूल न हो।

चिकित्सा (Treatment)—एसिटोनेमिया की चिकित्सा निम्न प्रकार से की जाती है—

(क) हाइपोग्लाइसीमीया के लिये वोकट्रोज 25 (Wock trose 25-Vetoquinal) 540-ml Bottle, डैक्स बोव (Dex bov-*No vartis*), इलैक्ट्रोडैक्स (Electrodex-*Pfizer*), इन्टालाइट (Intaliyte-*Intas*), रिण्टोजी (Rintone-*Vetauinal*) सभी 500 ml Bottle में। एक या दो बोतल शिरा में लगानी चाहिये।

(ख) कोर्टीसोन दवायें. जैसे—बीटामीथासोन अथवा डेक्सामीथासोन इंजेक्शन लगाना चाहिये।

(ग) लिवर एक्सट्रेक्ट विथ विटामिन बी कॉम्पलेक्स इंजेक्शन लगाना चाहिये।

(घ) कार्बोहाइड्रेट की उपलब्धता के लिये पशु को 2 किलो मक्के के दाने कूटकर तथा 250 ग्राम गुड़ या शीरा खिलाना चाहिए।

3. ग्रास टेटनी (Grass tetany) या लैक्टेशन टेटनी (Lactation tetany) या ग्रास स्टेगर्स (Grass staggers) या हाइपोमैग्नीसीमिया (Hypomagnesemia)

अन्य नाम (Other names)—ग्रास स्टेगर्स, हाइपो मैगनीसीमिक टेटनी, हीट-पास्चर पायजनिंग।

परिचय (Introduction)—यह गायों में मिलनेवाला एक प्राणघातक रोग है जिससे बलकारक ऐंठन (Tonic spasm), कँपकँपी एवं दौरे पड़ना (कन्वल्सन्स–convulsions) और चेतना शून्य आदि लक्षण होते हैं। इसमें पशु एक घण्टे के अन्दर ही मर जाता है।

It is a metabolic disease of cattle, horse, buffalo, sheep and goat characterized by hyperesthesia, in co-ordination, tetany and convulsion as a result of distribued magnesium homeostasis.

कारण (Etiology)—मेग्नीशियम उपापचय (Magnesium metabolism) की गड़बड़ी से।

बसन्त-ऋतु के अन्तिम दो सप्ताहों में खादपूर्ण अति समृद्ध चरागाह के चरने से।

लक्षण (Symptoms)—मादा पशु में दुग्धावस्था (Lactation period) के समय यह बीमारी किसी भी समय हो सकती है। पशु सुस्त हो जाता है और लड़खड़ा कर चलता है। दाँत किटकिटाता है (Grinding teeth)। वह अपने शरीर को बार-बार ऐंठता है। बार-बार पेशाब करता है। शरीर का तापमान (Temperature) प्राय: सामान्य रहता है। किसी-किसी में 104-105ºF तक हो जाता है। हृदय की धड़कन बढ़ जाती है जिसे दूर से सुना जा सकता है। मांसपेशियाँ काँपती हैं। पूँछ और पिछले पैरों की पेशियों में ऐंठन या संकोचन होता है। पैरालिसिस के कारण पशु खड़ा नहीं हो पाता है।

रोग के भारी आक्रमण में पेशियाँ शून्य हो जाती हैं तथा काँपती हैं। इसके बाद पशु अत्यधिक उत्तेजित हो जाता है। आधा से एक घण्टे में मृत्यु हो जाती है।

कभी-कभी बछड़ों में भी यह रोग हो जाता है। यह प्राय: दूध पीने वाले बछड़ों में ही होता है। ऐसे रोग को होल मिल्क टेटनी (Whole milk tetany) कहते हैं। इसमें संज्ञा शून्यता, दौरे पड़ना, (convulsions) एवं ऐंठन आदि लक्षण मिलते हैं। बछड़ा एकाएक चिल्लाकर मर जाता है।

ग्रास टेटनी/लैक्टेशन टेटनी के लक्षण सारांश में

- गायों में मिलनेवाला घातक रोग।
- बलकारक ऐंठन, कँपकँपी एवं कन्वल्सन्स।
- रोग दुग्धावस्था में। पर किसी भी समय।
- पशु सुस्त एवं लड़खड़ाहट।
- दाँत किटकिटाना।
- शरीर को बार-बार ऐंठना।
- बार-बार पेशाब।
- शरीर का तापक्रम सामान्य। तीव्र अवस्था में 104º-105ºF तक।
- हृदय की धड़कन दूर से सुनाई देती है।
- पेशियों का काँपना।
- पूँछ और पिछले पैरों की पेशियों में ऐंठन या संकोचन।
- पशु खड़ा होने में असमर्थ एवं 0.5-1 घण्टे में मृत्यु।

चिकित्सा (Treatment)—

(क) मिफेक्स (Mifex) या मिफेकल या कैल्शियम-मैगनेशियम बोरोग्लूकोनेट आदि 200-300 मि.ली. बड़े पशुओं को, तथा 50-100 मि. ली. छोटे पशुओं को शिरा या त्वचा में (I.V. or S/C) दें।

(ख) मैग्नेशियम सल्फेट का 25% का Sterile solution 100-200 मि. ली. त्वचा में (S. C.) दें।

(ग) मैग्नीशियम ऑक्साइड 100 ग्राम नित्य 7 दिन तक मुख द्वारा।

(घ) पशु को ऐसे खनिज लवण मिश्रण जिनमें मैग्नीशियम उपस्थित हों खिलाने चाहिये जैसे एग्रीमिन, सप्लीविटेलगोल्ड या टोनोमिल्क बड़े पशुओं को 50 ग्राम रोज खिलाना चाहिये।

4. एजोचूरिया या ब्लैक वाटर (Azoturia/Black water)

अन्य नाम (Other names)—पैरालिटिक मायोग्लोबीन्यूरिया (Paralytic myoglobinuria) या मण्डे मौर्निंग सिकनेस (Monday morning sickness)।

परिचय (Introduction)—यह घोड़ों का एक विशिष्ट रोग है जिसमें कुछ दिन विश्राम के बाद काम करने पर अचानक पिछले अंगों का पक्षाघात (Paralysis) हो जाता है। इसे पेरालिटिक हीमोग्लोबीनूरिया, टाइंग अप (Tying up), मायोसाइटिस (Myositis) आदि नामों से भी जाना जाता है। वैसे इसका प्रसिद्ध नाम मण्डे मौर्निंग डिजीज (Monday morning disease) है।

Azoturia is a disease of horse occurring during exercise after a period of inactivity on full ration. The disease is characterized by Myoglobinuria and muscle degeneration.

कारण (Etiology)—घोड़ों में यह रोग निम्न कारणों से हो सकता है—

- कामी घोड़ों को अच्छा पोषक आहार पर कुछ दिन विश्राम के बाद काम करने पर।
- हाइपोथाइरॉडिज्म के कारण
- वंशानुगत (Genetically)
- विटामिन E की कमी के कारण
- मांसपेशियों में पसीना आना ग्लाईकोजिन की अधिकता (Polysaccharide storage myopathy)

लक्षण (Symptoms)—पशु (घोड़ा) अस्तबल (stable) से निकलने के आधे घण्टे बाद पसीना आना (sweating) प्रारम्भ कर देता है। उसकी चाल कड़ी हो जाती है और वह चलने में असमर्थता व्यक्त करता है। वह एक या दोनों पैरों से लंगड़ाने लगता है। कभी-कभी चारों पैर प्रभावित हो जाते हैं। घोड़ा गिर जाता है और वह कुत्ते के समान बैठता है तथा एक तरफ चौड़ा लेट जाता है। पशु एकदम अशांत रहता है और पेट में दर्द प्रदर्शित करता है। वह उठने का प्रयास करता है पर उठ नहीं पाता है। उसका सारा शरीर पसीने से भीग जाता है (profuse sweating)।

शरीर का तापक्रम प्रायः सामान्य (normal temperature) रहता है। नाड़ी और श्वास की गति तेज हो जाती है। प्रभावित पेशियाँ सूजी हुई प्रतीत होती हैं और छूने पर कड़ी मालूम

एजोचूरिया/मण्डे मौर्निंग डिजीज के लक्षण सारांश में

- एकाएक पेरालिसिस (पक्षाघात)।
- शरीर का पसीने से भीगना।
- नकलिंग आफ फैटलाक। (Forward bonding of fetlock joint)
- गिर जाना एवं पशु कुत्ते के समान बैठता है तथा एक तरफ चौड़ा लेट जाता है।
- एक या दोनों पिछले पैर लंगड़ाते हैं। पर कभी-कभी चारों पैर भी।
- तापक्रम प्रायः सामान्य।
- कॉफी के रंग का मूत्र। पेशाब कठिनाई से।
- पशु अशान्त एवं पेट में दर्द महसूस करता है।
- नाड़ी और श्वास तेज।
- प्रभावित पेशियाँ सूजी हुई तथा छूने पर कड़ी प्रतीत।

होती है। वैसे पशु की भूख सामान्य रहती है, पर पेट में दर्द की स्थिति में उसकी भूख मारी जाती है। पेशाब कठिनाई से होता है। मात्रा कम या अधिक हो सकती है। पेशाब का रंग कॉफी के रंग का (coffee coloured urine) होता है। पेशाब में हीमोग्लोबिन की उपस्थिति रहती है।

इस रोग में अधिकतर पिछले पैर ही प्रभावित होते हैं। नाड़ी छोटी और कठोर होती है। गम्भीर स्वरूप के रोग में (In later stage in severe cases) तापक्रम बढ़कर 40.5°C (105°F) तक हो जाता है। भूख और पानी पीना प्रायः सामान्य (Normal) रहता है। मध्यम स्वरूप के रोग में (In subacute cases) लक्षण प्रायः हल्के होते हैं और मायोग्लोबीनूरिया अनुपस्थित रहता है। यदि घोड़े को व्यायाम कराना बन्द कर दिया जाता है और पूर्ण विश्राम दे दिया जाता है तो तत्काल लंगड़ाहट उत्पन्न हो जाती है। लक्षण गायब हो जाते हैं और धीरे-धीरे सुधार होना प्रारम्भ हो जाता है। घोड़ा पहले कुत्ते की भाँति बैठना प्रारम्भ करता है। (The horse first assumes a dog sitting position) I

भावीफल (Prognosis)—यदि पशु खड़ा होना प्रारम्भ कर देता है तो भावीफल अच्छा होता है एवं पशु 2-4 दिन में स्वस्थ हो जाता है।

निदान (Diagnosis)—गम्भीर स्वरूप के रोग में रोग के पहिचानने में कोई भारी कठिनाई नहीं होती है। रोग की पहिचान रोग के इतिहास, उपस्थित लक्षणों एवं क्लिनिकल पैथोलॉजी से होती है।

विभेदक निदान (Differential diagnosis)—इस रोग को लंगड़ाहट (Lameness), विटामिन ई अथवा सैलेनियम की कमी, इलियक थ्रोम्ब्रोसिस, टाइंग अप सिण्ड्रोम आदि से भेद करना चाहिये।

चिकित्सा (Treatment)—चिकित्सा में ऐसे तमाम प्रयत्न करने चाहिये जिससे पशु खड़ा हो सके। पशु को व्यायाम (exercise) बन्द करा देना चाहिये। कुछ केसिस में Slinging का निर्देश देना चाहिये। पशु को स्वस्थ होने तक पूर्ण विश्राम देना चाहिये।

(क) दर्द के लिये दर्दहारी इंजेक्शन लगाना चाहिये।

(ख) कॉर्टीसोन दवाओं के इंजेक्शन; जैसे—बीटामीथासोन अथवा डैक्सामीथासोन इंजेक्शन लगाना चाहिये।

(ग) लेक्टिक एसिड को उदासीन करने के लिए सोडियम बाईकार्बोनेट का 7.5% के घोल का इंजेक्शन 200 ml शिरा में लगाना चाहिए। यह इंजेक्शन राठी लैब्स तथा प्राइमा फार्मा द्वारा तैयार किया मिलता है।

(घ) लेक्टिक एसिड के शीघ्र मैटाबोलिज्म के लिये विटामिन B_1 का इंजेक्शन 10 mg/kg BW मांस में; जैसे—बैरिन (Berin-*GSK*) अथवा बैरीविन (*Beriwin*) 100 mg/ml लगाना चाहिये।

(च) विटामिन E के इंजेक्शन जैसे वीटासैप्ट Vitacept (*Concept*) अथवा Vitamin A D_2 E (*Zydius AHL*) 5 मिली. मांस में लगाना चाहिये।

(छ) 5% डैक्स्ट्रोज सेलाइन 1000-2000 मिली. शिरा में लगाना चाहिये।

(ज) पैरों की मालिस लिनीमैण्ट टरपैन्नटाइन अथवा स्वैनिल तेल से करनी चाहिये।

5. डोनर काऊ सिण्ड्रोम (Downer Cow Syndrome)

अन्य नाम (Other name)—Post parturient recumbency.

परिचय (Introduction)—यह डेरी क्रास ब्रीड गायों का एक विशेष रोग है। होलस्टीन जाति की गायें इससे अधिक प्रभावित होती हैं। इसमें प्रभावित पशु चुस्त और दुरुस्त प्रतीत होता है पर खड़ा होने में असमर्थ रहता है। लोगों की राय में यह Parturient paresis का एक विशेष रूप माना जाता है।

This condition is also ascribed as "post parturient recumbency". This is frequently met in exotic and cross bred dairy cows. Holstein Breed is most susceptible. Affected animals remain bright and alert but are unable to stand. This has also been considered as a special form of Parturient paresis.

कारण (Etiology)—यह बीमारी हाइपोकैल्शीमिया से सम्बन्धित होती है। इसके निम्न कारण माने गये हैं—

- परसिस्टेन्ट हाइपोकैल्शीमिया (Persistent hypocalcaemia) I
- रसिस्टेन्ट हाइपोफोस्फेमिया (Resistant hypophosphatemia) I
- हाइपोकैलीमिया (Hypokalaemia- Low level of potassium in blood)
- मैग्नीशियम की कमी (Hypomagnesemia) I
- पेशियों में आघात (Muscular injury) I विशेषकर पिछले पैरों की पेशियों में चोट लगने से, मोटापा और अतिरिक्त भोजन करने से (Obesity and over feeding) एवं पिछले पैरों पर अधिक दबाव पड़ने से।
- नर्व में आघात पहुँचने से (Nerve injury) विशेषकर पिछले पैरों में।
- मायोकारडोसिस (Myocardosis-Inflammation of the middle layer of heart wall)
- हेपेटोसिस (Hepatosis any noninflammatory functional disorder of liver) I
- सेप्टिक मेस्टाइटिस (Septic mastitis) आदि कारणों से।

लक्षण (Symptoms) —

- खड़े होने में असमर्थता (Inability to rise) I पशु थोड़ा-बहुत प्रयत्न करता है फिर भी खड़ा नहीं हो पाता है।
- पशु चुस्त और दुस्त प्रतीत होता है।
- भूख, जुगाली (Rumination), दस्त और पेशाब प्रायः सामान्य रहते हैं।
- कुछ गायों में टेकीकार्डिया (Tachycardia) के लक्षण मिलते हैं।
- तापक्रम प्रायः सामान्य रहता है, परन्तु रोग की Terminal stage में सबनार्मल (सामान्य से कम) हो जाता है।
- कुछ पशुओं में अरुचि, सुस्तीपन आदि के लक्षण मिल सकते हैं।
- जो पशु 7 दिन से अधिक चलते हैं वह अधिकतर मर जाते हैं। मृत्यु अधिकतर सेप्टीसीमिया या मायोकारडाइटिस से होती है।

चिकित्सा (Treatment) —

(क) ऐसी कोशिश करें ताकि पशु अपने पैरों पर खड़ा हो सके। इसके लिये स्लिंग्स (slings) का प्रयोग करना चाहिये।

(ख) पशु के बैठने की जगह एयर बैग या गद्दा अथवा सवारी के ट्यूब्स (tubes of vehicles) का प्रयोग करना चाहिये। पशु की जगह जहाँ वह बैठता है उसे हर सम्भव कोमल

बनाना चाहिये। जहाँ यह सुविधा उपलब्ध न हो वहाँ पशु की करवट बदलते रहना चाहिये। ऐसा हर तीन घण्टे पर करना चाहिये।

(ग) कैल्सियम, फॉस्फोरस तथा मैग्नीशियम की दवायें; जैसे—माइफैक्स (Mifex), कालमैक्स-एम (Colmex-M-*Pfizer*) अथवा थाईकैल (Thicol-Veloquinol) 450 ml शिरा में लगाना चाहिये।

(घ) कॉर्टीसोन दवायें; जैसे—बीटामीथासोन अथवा डैक्सामीथासोन का प्रयोग करना चाहिये।

(च) दर्दहारी दवाओं का इंजेक्शन लगाना चाहिये।

(छ) नरवाइन टॉनिक; जैसे—न्यूरोबियोन, न्यूरोक्सोन-12, अथवा न्यूरोकाइण्ड बड़े पशुओं में 10 ml मांस में लगाना चाहिये।

(ज) पशु के पैरों की मालिस लिनीमेण्ट टरपैन्टाइन या स्वैनिल तेल से करनी चाहिये।

6. भेड़-बकरी में गर्भावस्था की विषमयता
(Pregnancy Toxaemia of Sheep and Goat)

अन्य नाम (Other names)—किडिंग सिकनेस (Kidding sickness), Twin lamb disease, **स्लीपी सिकनेस** (Sleepy sickness), एण्टीपार्टम पैरालिसिस (Antepartum paralysis), कीटोसिस ऑफ प्रेग्नेंसी (Ketosis of pregnancy), ट्वीनिंग किड डिजीज (Twining kid disease), ट्वीनिंग डिजीज (Twining disease) I

परिचय (Introduction)—यह भेड़-बकरियों में मिलने वाली एक घातक बीमारी है जो गर्भावस्था के अन्तिम समय में उत्पन्न होती है। इसमें रक्तशर्करात्पता (Hypoglycaemia), कोटोनीमिया (Ketonaemia) एवं Low liver glycogen content आदि लक्षण मिलते हैं।

It is a highly fatal metabolic disease of sheep and goats occur in the late pregnancy and characterized by hypoglycaemia, ketonaemia and low liver glycogen content, negative energy balance. Multiple foetuses predispose the disease.

कारण (Etiology)—इसका प्रमुख कारण ब्लड ग्लूकोज लेवल (रक्त शर्करा स्तर) की कमी होना है।

लक्षण (Symptoms)—भूख न लगना (Anorexia) इसका प्रारम्भिक लक्षण है। इसके बाद अवसाद, अचेतनता (Unconsciousness) के लक्षण। माँसपेशियों में संकोचन, तीव्र श्वास, गतिविभ्रम (Ataxia) होता है। पशु अंधा सा किसी वस्तु के सहारे सिर टेक कर खड़ा रहता है। पशु वृत्त में घूमता है। लक्षण उत्पन्न होने के 2-3 दिन बाद पशु गिर जाता है और पक्षाघात होकर मर जाता है। पीले रंग का म्यूकस युक्त स्राव (Discharge of yellowish mucus) आता है। जो पशु स्वस्थ हो जाते हैं अथवा आरोग्य की स्थिति में होते हैं वह लंगड़ाते हुए दिखायी देते हैं अथवा कठिनाई से बच्चे देते हैं।

प्रग्नेन्सी टॉक्सीमिया के लक्षण सारांश में

- भूख न लगना—प्रारम्भिक लक्षण है।
- रोग भेड़-बकरी में गर्भावस्था के अन्तिम दिनों में होता है।
- अवसाद एवं अचेतनता के लक्षण।
- मांसपेशियों में संकोच न होता है।
- तीव्र श्वास एवं गति विभ्रम।
- पशु अंधा-सा किसी वस्तु के सहारे सिर टेककर खड़ा रहता है।
- पशु का वृत्त (circle) में घूमना।
- पीले-रंग का म्यूकस युक्त स्राव।

निदान (Diagnosis)—रोग का निदान गर्भावस्था का इतिहास एवं ग्रेन फीडिंग की उपयुक्त मात्रा की कमी, भेड़-बकरी में गर्भावस्था के अन्तिम दिनों में बीमार होना आदि से इस बीमारी की आशंका की जाती है। रोग की पहिचान मुख्य रूप से मूत्र में कीटोन बोडीज की उपस्थिति एवं ब्लड ग्लूकोज 25 mg/dl से नीचे मिलने पर स्पष्ट होती है।

उपचार (Treatment)—प्रग्नेन्सी टॉक्सीमिया की पहिचान होने के बाद उसकी चिकित्सा निम्न प्रकार से करनी चाहिये—

(क) पशु को 20% डैक्सट्रोज सेलाइन 100-200 मि. ली. शिरा में देना चाहिये।
(ख) पशु को कार्टीसोन इंजेक्शन जैसे बीटामीथासोन या डैक्सामीथासोन लगाना चाहिये।
(ग) पशु को ट्रेन्क्वलाइजर ट्राइफ्लूप्रोमेजीन जैसे सिक्विल इंजेक्शन 1-2 मिली मांस में लगाना चाहिये।
(घ) पशु को गुड़ या शीरा पर्याप्त मात्रा में खिलाना चाहिये।

7. रक्तशर्करात्पता/हाइपोग्लाइसीमिया (Hypoglycaemia)

अन्य नाम (Other names)—बेबी पिग डिजीज, डे पिग डिजीज।

परिचय (Introduction)—यह नये उत्पन्न शूकरों की एक प्रमुख बीमारी है जो रक्त शर्करा स्तर (Less than 50 mg/dl) गिरने से होती है। इसमें Piglets में भूख की कमी, अतिरिक्त कँपकँपी, क्वन्ल्सन्स, गति विभ्रम आदि लक्षण होते हैं। इसमें पिगलेट्स (शिशु शूकर) 24 से 36 घण्टे में मर जाते हैं।

कारण (Etiology)—

- गर्भ स्थिति के बाद मादा को भरपूर शक्ति वाला आहार न मिलने से।
- एगालेक्टिया (Agalactia) एवं डिसगलैक्टिया (Dysgalactia) अवस्था।

लक्षण (Symptoms)—

- शिशु शूकर (7 दिन आयु) के विशेष रूप से प्रभावित होते हैं।
- बाल खड़े हो जाते हैं।
- शरीर का तापक्रम सामान्य से कम (Sub-normal body temperature)।
- भूख न लगना (एनोरेक्सिया-Anorexia)।
- पशु सुस्त रहता है (Dullness)।
- बहुत अधिक काँपना (Excessive shivering) है।
- ग्रीवा स्तम्भ (टॉर्टिकॉलिस), आक्षेप (Convulsion) एवं गति विभ्रम (Ataxia) होता है।
- सिर, गर्दन की मांसपेशियों में जकड़न रहती है।
- पूर्ण मूर्छा या बेहोशी (कॉमा) एवं मृत्यु हो जाती है।

इस रोग में पशु लक्षण उत्पन्न होने के 24 से 36 घण्टे के अन्दर मर जाता है।

चिकित्सा (Treatment)—प्रभावित पशु को ग्लूकोज चिकित्सा लाभकर मानी जाती है। 5% ग्लूकोज (5% Glucose) 10-25 मि. ली. इण्ट्रापेरीटोनियल रूप में दें। इसे हर 4-6 घण्टे पर तब तक देते रहें जब तक पूर्ण लाभ न मिल जाय और माँ का दूध पीने लगे। पशु को गर्म वातावरण में रखें।

8. फैटी काउ सिन्ड्रोम (Fatty Cow Syndrome)

यह ज्यादा दूध देनेवाली गायों की बहुत ही गम्भीर प्राणघातक बीमारी है। यह ब्याने के कुछ सप्ताह पूर्व या बाद में होती है। मोटी गाय पतली गायों की अपेक्षा इस बीमारी से ज्यादा प्रभावित होती हैं।

कारण (Etiology)—ऐसी गायें जिन्हें शुष्क अवस्था में अथवा गर्भावस्था में प्रारम्भिक दिनों में अच्छी खुराक दी जाती है, परन्तु गर्भावस्था के अन्तिम सप्ताहों में अथवा ब्याने के बाद खुराक को कम कर दिया जाता है। इस बीमारी से प्रभावित होती हैं।

लक्षण (Symptoms)—ब्यांत से कुछ दिन पहले पशु बेचैन हो जाता है, उत्तेजित रहता है। पशु चलने में लड़खड़ाता है। पशु गिर जाता है तथा कठिनाई से उठता है। गोबर थोड़ा होता है तथा बाद में बदबूदार पीले रंग के दस्त होते हैं। सास गति तथा हृदय गति बढ़ जाती है।

उपचार (Treatment)—(क) कैल्सियम, फॉस्फोरस, मैग्नेशियम तथा 20% डैक्सट्रोज के इंजेक्शन; जैसे—माइफैक्स अथवा माइफीकैल 450 मिली शिरा में लगाना चाहिये।

(ख) कार्टीसोन दवायें; जैसे—बीटामीथासोन अथवा डैक्सामीथासोन के इंजेक्शन लगाना चाहिये (विवरण पीछे)

(ग) लिवर एक्सट्रेक्ट विद विटामिन B काम्पलैक्स के इंजेक्शन लगाना चाहिये।

(घ) र्‍यूमैनोटोनिक दवायें; जैसे—र्‍यूमैन्टोस (Intas), बोवीरम व बोलस (Zydus AHL) अथवा र्‍यूमैन्टोन बोलस (Flizs)—दो बोलस मुँह से (औरली) देने चाहिये।

(च) पशु को अच्छी गुणवत्ता का दाना, चारा देना चाहिये।

9. गर्भावस्था के रोग (Diseases of Pregnancy)

(i) प्रसव-पूर्व होनेवाले रोग (Pre-Parturition Diseases)

पशुओं में मुख्य रूप से प्रसव से पहले निम्न रोग होते हैं; जैसे—

1. गर्भपात (एबोर्शन—Abortion)
2. प्रसवावरोध (डिस्टोकिया-Dystokia)
3. योनि का बाहर निकलना (प्रोलेप्स ऑफ वेजाइना-Prolapse of Vagina)

1. गर्भपात (एबोर्शन-Abortion)

कारण (Etiology)—गर्भपात निम्न कारणों से होता है—

1. चोट या आघात (Trauma)।
2. जीवाणु, विषाणु एवं परजीवी रोग।
3. हॉरमोन की कमी।

इस रोग का कारण प्राय: *ब्रूसेला अबोर्टस (Brucella abrotus)* नामक ग्राम निगेटिव बैसिलस होता है।

गर्भावस्था के दौरान जिन्दा या मृत बच्चे का बाहर आना गर्भपात कहलाता है।

कारण (Etiology)—(क) जीवाणुओं के कारण जैसे ब्रूसैल्लोसिस, लिस्टीरिओसिस, लैप्टोस्पाइरोसिस, ट्यूबरकुलोसिस, एनथ्रेक्स, गलाघोंटू, एक्टीनोबैसीलोसिस, सालमोनैलोसिस, कोरिनी बैक्टीरियम।

(ख) विषाणु जन्य रोगों में जैसे खुरपका मुँहपका, बीमारी, रिण्डरपेस्ट, बोवाइन म्यूकोजल डिसीज, ईपीजोरिक बोवाइन एबोर्सन।

(ग) प्रोटोजोआ से होने वाले रोग; जैसे—ट्राइकोमोनियसिस, ट्रिपैनोसोमियेसिस, बबेसिएसिस, एनाप्लाज्मोसिस।

(घ) फफूँद से होने वाले रोग जैसे एस्परजील्लोसिस।

(च) हॉरमोनों की मात्रा में बदलाव—प्रोजेस्ट्रोन की कमी या ईस्ट्रोजन की अधिकता।

(छ) जेनेटिकली (वंशानुगत) कारणों से।

(ज) कुपोषण से; जैसे—विटामिन ए की कमी, खनिज लवणों की कमी।

(झ) ट्रोमैटिक इन्जुरी से भ्रूण को चोट लगने से।

(ट) ऐसे चारे जिनमें ईस्ट्रोजन की मात्रा उपस्थित है, जैसे गन्ने के ऊपरी हिस्सा।

(ठ) विभिन्न दवाओं के एनाफाइलैक्टिक रियेक्शन से जैसे कार्टीसोन दवायें।

लक्षण (Symptoms)—ब्रूसैल्लोसिस में सातवें महीने पर तथा ट्राइकोमोनियेसिस में चौथे पाचवें महीने पर गर्भपात होता है। ज्यादातर मामलों में जेर रुक जाता है। गर्भावस्था के आखिरी तीन महीने पर गर्भपात होने पर ब्याने के लक्षण दिखाई देते हैं। गर्भाशय में मवाद तथा बार-2 गर्मी पर आने के बाद गर्भधारण न करने के रोग पशु को हो जाते हैं।

उपचार (Treatment)—(क) गर्भपात के आठ-दस घण्टे बाद यदि पशु ने जेर नहीं डाला है तो ऑक्सीटोन इंजेक्शन 501U अथवा मेथारजीन इंजे. 10 मिली. मांस में लगाना चाहिये तथा छः घण्टे जेर गिरने का इन्तजार करना चाहिये।

(ख) यदि 'क' पर किये गये इलाज के बाद भी जेर न निकले तो गर्भाशय में हाथ डाल कर गर्भाशय तथा जेर के कॉटीलिन्डन्स को छुड़ाते हुये जेर बाहर निकालना चाहिये। जेर निकालने के बाद ऑक्सीटैट्रासाइक्लीन/टैट्रासाइक्लीन की चार गोलियां; जैसे—स्टेक्लिन (Zydus AHL), टैरामाइसिन (Pfizer) गर्भशय में कम-से-कम तीन दिन तक रखनी चाहिये। साथ ही ऑक्सीटैट्रासाइक्लीन के इंजेक्शन-मांस में कम से कम तीन दिन तक लगाना चाहिये। गर्भाशय की सफाई किसी भी तरल पदार्थ से नहीं करनी चाहिये।

(ग) पशु को पोषणयुक्त दाना-चारा खिलाना चाहिये।

(घ) पशु के रहने के स्थान की उचित सफाई रखनी चाहिये।

2. प्रसवावरोध/प्रसव-अवरोध (डिस्टोकिया-Dystokia)

अन्य नाम (Other names)—कष्ट प्रसूति, असामान्य प्रसव, कष्टआर्तव प्रसव।

परिचय (Introduction)—बच्चा पैदा होते समय जब गर्भ (Foetus) के निकलने में बाधा उत्पन्न होने से बच्चा बाहर नहीं निकल पाता है, इस स्थिति को प्रसवावरोध (डिस्टोकिया-Dystokia) कहते हैं।

Dystokia means difficult birth. when the first, or the second, stage of parturition is markedly prolonged, and the dam is not able to deliver the calf without additional assistance, the condition is then termed dystokia.

डिस्टोकिया के रूप—यह दो प्रकार का होता है—

(i) गर्भाशय कष्ट प्रसूति (Uterina dystokia)

(ii) गर्भाशय प्रसवावरोध (Foetal dystokia)

(i) गर्भाशय कष्ट प्रसूति (Uterina dystokia)

कारण (Causes)—इस प्रकार की डिस्टोकिया के निम्न कारण हो सकते हैं—

- वस्ति अस्थियों (Pelvic Bones) की बनावट में खराबी।
- हारमोन की कमी से गर्भाशय ग्रीवा (Cervix) का समुचित प्रसार न होना (Dilatation of cervix)।
- योनि में रसौली या गाँठ (Tumour) का होना।
- गर्भाशय की माँसपेशियों में खिंचाव शक्ति का अभाव।
- *योनि में सिस्टोसील की उपस्थिति*—इस अवस्था के अन्तर्गत मूत्राशय योनि के धरातल पर आकर पड़ जाता है और अवरोध की स्थिति उत्पन्न हो जाती है।
- *गर्भाशय की ऐंठन से* (Torsion of the uterus)—इस अवस्था के अन्तर्गत गर्भाशय अपनी अक्षरेखा पर पलट जाता है।

यूटेराइन डिस्टोकिया के लक्षण (Symptoms)—इसमें मादा पशु अत्यन्त बेचैन होकर बच्चा जनने के लिए बार-बार जोर लगाती है। वह बार-बार पृथ्वी पर उठती-बैठती है पर बच्चा को जन्म देने में असमर्थ रहती है। ऐसा घण्टों तक चलता ही रहता है। कभी-कभी बच्चे के शरीर पर कोई अंग योनि से बाहर भी दिखाई देता है। इस समय मादा की स्थिति बड़ी ही दयनीय दिखायी पड़ती है।

निदान (Diagnosis)—रुकावट की स्थिति का पता लगाने के लिये हाथ को साफकर चिकना करके मादा की योनि और गर्भाशय में डाला जाता है।

चिकित्सा (Treatment)

- **निराकरण हेतु चिकित्सकीय उपाय**—स्वच्छ एवं जीवाणु रहित यंत्रों (डिस्टोकिया सेट-Dystokia Set) एवं हाथों की सहायता से बाहरी शक्ति के प्रयोग से बच्चा बाहर निकाल लिया जाता है।
- यदि गर्भाशय में ऐंठन (Torsion) आदि हो, तो उसे निम्न प्रकार से ठीक किया जा सकता है—
  - ➢ पशु के शरीर को घुमाकर।
  - ➢ पशु के शरीर को लटका कर।
  - ➢ एब्डोमिनल बेलाटमेन्ट (Abdominal ballottement)।

एब्डोमिनल बेलाटमेन्ट—यह एक बड़ी ही उत्तम क्रिया है। इसमें दो व्यक्ति अपनी बन्द मुट्ठियों से गर्भित माता की दोनों ओर की कोख (Flank) एक के बाद एक करके क्रम से दबाते हैं। एक व्यक्ति कोख को नीचे तथा अन्दर की ओर और दूसरा ऊपर और अन्दर की ओर दबाता है। ऐसा करने से गर्भाशय की ऐंठन ठीक होकर प्राय: बच्चा बाहर निकल आता है।

(ii) गर्भ कष्ट प्रसूति/गर्भ प्रसवावरोध (फीटल डिस्टोकिया-Foetal Dystokia)—इस प्रकार की डिस्टोकिया प्राय: दो प्रकार की होती है—

(A) बच्चे का जननेन्द्रिय मार्ग के अनुपात से बहुत बड़ा होना।

(B) फीटस की गर्भाशय में असाधारण स्थिति।

कारण (Etiology)—

- छोटी आकार की नस्ल की मादा का बड़े आकार के नस्ल के साँड़ से ग्याभिन हो जाना।
- छोटी आयु में ही ओसर बछिया या पड़िया को किसी उत्तम नस्ल के सांड़ से गाभिन करा देना।
- एक साथ दो बच्चों का निर्माण (Twin formation)।
- गर्भस्थ पशु (Foetus) का गर्भाशय में मर जाना।

असामान्य आसन (Abnormal Posture)—ऐसी स्थिति किसी भी मुड़ने या हिलने-डुलने वाले अंग के अपने स्थान से हटने पर हो सकती है। जैसे कि **सिर का एक तरफ को मुड़ जाना, कन्धे का अन्दर की ओर मुड़ जाना, पिछले पैर का घुटने पर से अन्दर की ओर मुड़ जाना, सिर और गर्दन का अगले पैरों के नीचे आ जाना आदि।**

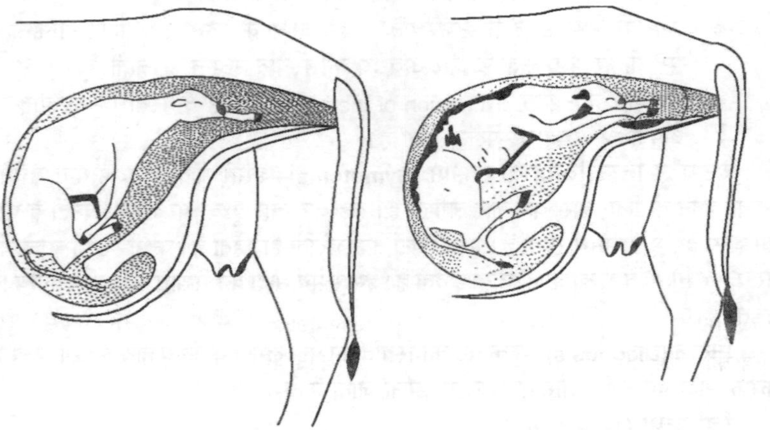

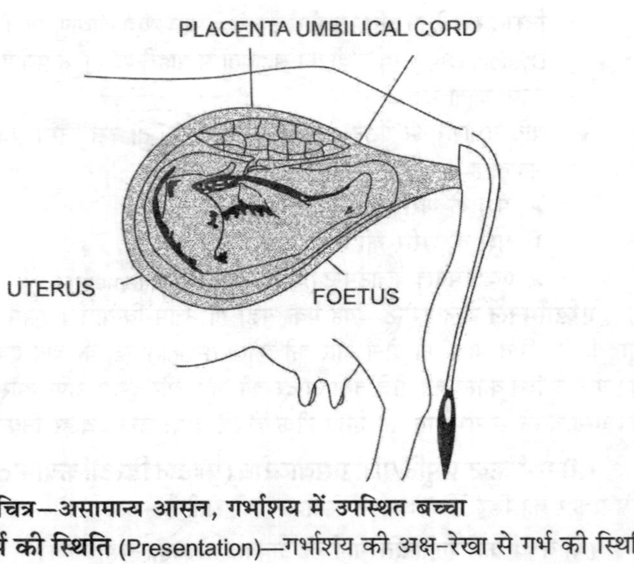

चित्र—असामान्य आसन, गर्भाशय में उपस्थित बच्चा

गर्भाशय में गर्भ की स्थिति (Presentation)—गर्भाशय की अक्ष-रेखा से गर्भ की स्थिति का सम्बन्ध निम्न प्रकार से हो सकता है—

(i) अग्रगर्भ स्थिति (Anterior presentation)—इस स्थिति में बच्चे का मुख माँ की योनि की तरफ रहता है। सामान्य रूप से बच्चा इसी स्थिति से पैदा होता है।

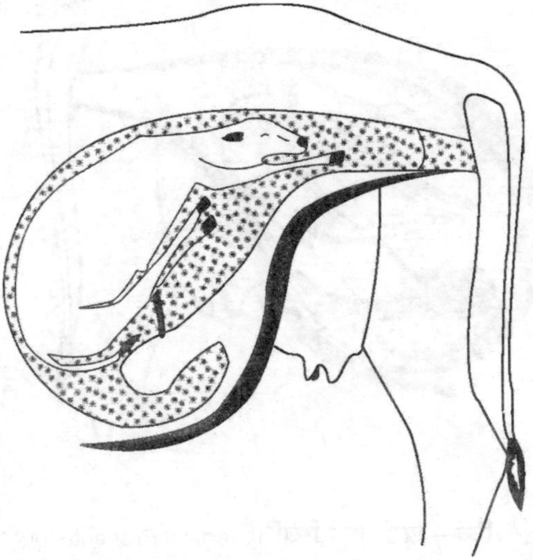

चित्र—अग्रगर्भ स्थिति (Anterior presentation)

(ii) पश्च गर्भ की स्थिति (Posterior presentation)—इस स्थिति में बच्चे का मुख माँ के मुँह की ओर होता है और पूँछवाला भाग माँ की योनि की तरफ होता है।

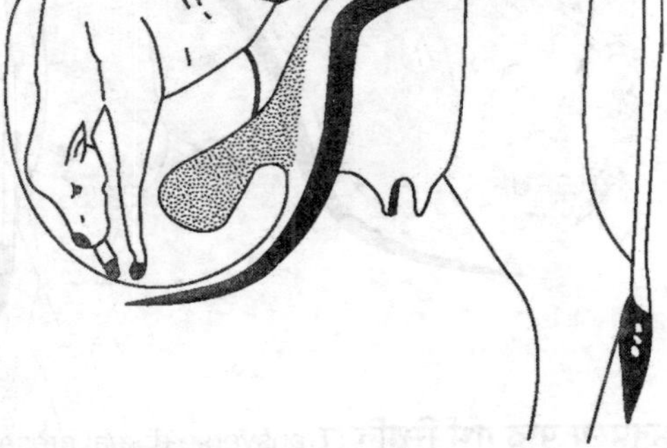

चित्र—पश्च गर्भ की स्थिति (Posterior presentation)

(iii) खड़ी गर्भ स्थिति (Vertical Presentation)—इसमें बच्चा गर्भाशय की अक्ष-रेखा पर लम्बवत् स्थित रहता है।

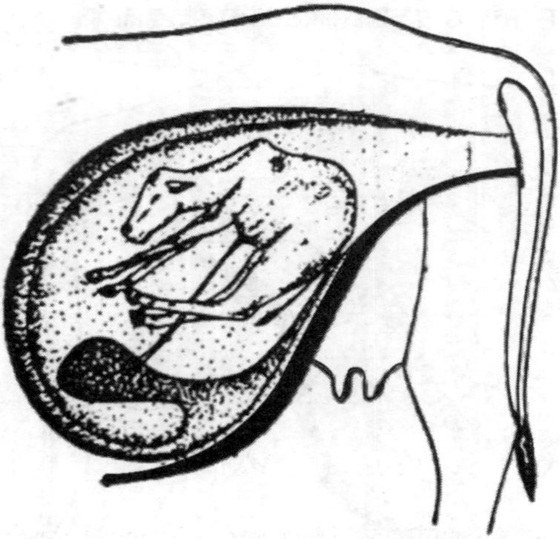

चित्र—खड़ी गर्भ स्थिति (Vertical Presentation)

(iv) अनुप्रस्थ पृष्ठ गर्भ स्थिति (Transverse dorsal presentation)—इसमें बच्चा गर्भाशय की अक्ष-रेखा पर अपनी रीढ़ की हड्डी के बल तिरछा पड़ा रहता है।

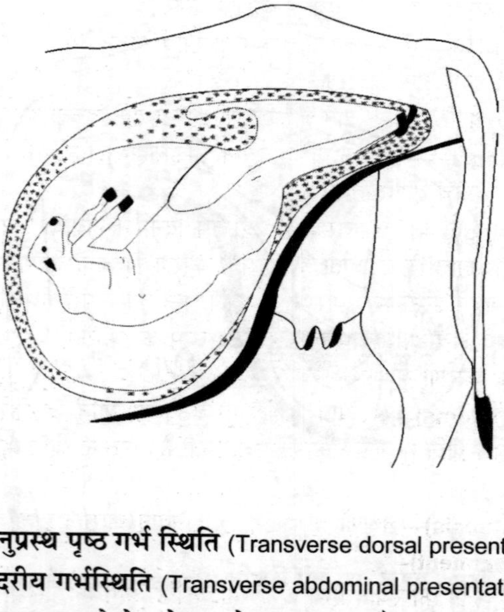

चित्र—अनुप्रस्थ पृष्ठ गर्भ स्थिति (Transverse dorsal presentation)

(v) अनुप्रस्थ उदरीय गर्भस्थिति (Transverse abdominal presentation)—इसमें बच्चा गर्भाशय की अक्ष-रेखा पर अपने पेट के बल टेढ़ा पड़ा रहता है।

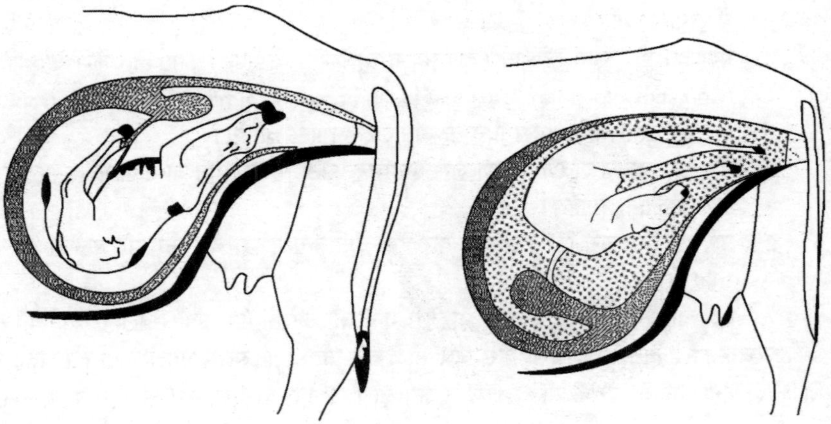

चित्र–अनुप्रस्थ उदरीय गर्भस्थिति (Transverse abdominal presentation)

उपरोक्त में से अन्तिम तीन स्थितियाँ असामान्य गर्भ स्थितियाँ (Abnormal presentations) कहलाती हैं।

लक्षण (Symptoms)—

- मादा अत्यधिक परेशान रहती है। वह बच्चा पैदा करने के लिये बार-बार जोर लगाती है।
- वह पृथ्वी पर बार-बार उठती-बैठती है, फिर भी बच्चा पैदा नहीं होता है।
- प्रसव में अनावश्यक देरी एवं अत्यधिक कष्ट।
- बच्चे का सिर और पैर का कुछ भाग दिखायी पड़ना और अटकना।
- माता की दशा अत्यन्त दुखदायी होती है।

पानी की थैली निकल जाने के बाद भी घण्टों तक बच्चा पैदा नहीं होता है।

निदान (Diagnosis)—मादा के गर्भित कराने का इतिहास लेकर तथा योनि में स्वच्छ चिकना हाथ डालकर इसकी जाँच की जाती है।

कारण (Etiology)—1. गर्भावस्था के अन्तिम दिनों में जबकि जेट द्वारा ज्यादा मात्रा में ईस्ट्रोजन हॉरमोन का स्राव किया जाता है, जिसके कारण पैल्विक लिगामैन्ट ढीला हो जाता है।

2. ऐसे चारे जिनमें ईस्ट्रोजन उपस्थित है, जैसे गन्ने का ऊपरी हिस्सा, जौ आदि।

3. कमजोरी की अवस्था विशेष रूप से कैल्सियम की कमी।

4. आनुवंशिक कारणों से।

लक्षण (Symptoms)—शुरुआत में पशु के बैठने पर योनि का हिस्सा बाहर दिखाई देता है। गम्भीर रोग में पूरी योनि मुख से बाहर निकल जाती है। निकले योनि के भाग पर घाव हो जाते हैं।

निदान (Diagnosis)—लक्षणों के आधार पर निदान आसान होता है।

उपचार (Treatment)—

1. पशु को बैठने का स्थान ऐसा होना चाहिए कि आगे का हिस्सा लगभग 6" ऊँचा हो।
2. बाहर निकले योनि के भाग को 0.1% लाल दवा के घोल से धोकर अन्दर कर देना चाहिये तथा योनि मुख पर रस्सी से कैंची लगा देना चाहिये।

3. पशु को कैल्सियम के इंजेक्शन; जैसे—माइफैक्स या माइफीकैल इंजे. 450 मिली शिरा में लगाना चाहिये।
4. पशु को प्रोजेस्ट्रोन हॉरमोन (हॉइड्रोक्सी प्रोजेस्ट्रोन कैप्रोएट) 500 mg जैसे कोमशोट (Comshot -Novartis), ड्यूरा प्रोजन (Duraprogen-*Cargil*), पी-डीपोट (P- Depot-*Zydus*) 250 mg/ml दस दिन के अन्तर से लगाना चाहिये।
5. पशु को खनिज लवण मिश्रण जैसे एग्रीमिन फोट, मिल्क मिन या टोपोमिल्क 50 ग्राम रोज खिलाना चाहिये।
6. पशु को हरा चारा खिलाना बन्द कर देना चाहिये तथा हरा चारे की पूर्ति दाने से करनी चाहिये।
7. ऐसे चारे जिनमें ईस्ट्रोन रहता है, जैसे गन्ने का ऊपर भाग नहीं खिलाना चाहिये।

उपचार (Treatment)—ऐसा केस जब भी देखने को मिले, सबसे पहले मादा का इतिहास (History) लेना चाहिये। इसके बाद स्वच्छ चिकना हाथ योनि में डालकर गर्भ की स्थिति (Foetus presentation) का पता लगाना चाहिये। पता लगाने में यदि भ्रूग की असामान्य स्थिति अथवा असामान्य आसन के कारण, मादा, बच्चा जन्मने में असमर्थ हो, तो निम्न तरीका अपनाना चाहिए- ***यदि स्थिति ठीक न हो रही हो, अथवा बच्चे के अधिक बड़ा होने के कारण प्रसव न हो रहा हो,*** तो—जननेन्द्रिय मार्ग (vagina) में अलसी या सरसों का तेल डालकर इसे चिकना करके उपरोक्त यंत्रों की सहायता से प्रसव प्रेषण करना चाहिये। प्रसव प्रेषण की विधि इस प्रकार है—

1. ब्यांत के हुक तथा ब्यांत की रस्सी (Calving Ropes) **में**—गर्भ की आँख अथवा जबड़ा, में फाँस कर पहले धीरे-धीरे, तत्पश्चात् काफी शक्ति लगाकर बच्चे को बाहर खींचना चाहिये।

2. एम्ब्रिओटोम चाकू (Embryotome Knife) में—जब यह निश्चित हो जाय कि किसी प्रकार से गर्भ की स्थिति ठीक नहीं हो सकती है या वह गर्भाशय के अन्दर ही मर चुका है, तो उसके अटकने वाले भागों को इस चाकू से अन्दर ही काट कर बच्चे को बाहर निकालना चाहिये। इस क्रिया को इम्ब्रियोटॉमी (Embryotomy) कहते हैं। इस क्रिया से माँ के प्राण बचाये जा सकते हैं।

यदि उपरोक्त क्रिया-इम्ब्रियोटोमी सम्भव न हो अथवा बच्चा अन्दर जीवित होने के कारण चिकित्सक ऐसा न करना चाहता हो तो सिजेरियन शल्य चिकित्सा चिकित्सक का आखिरी उपचार होता है।

सिजेरियन शल्यचिकित्सा (Caesarian section)—इस क्रिया में माँ की दायीं कोख पर के बाल काटकर, उस भाग को सेवलॉन/डिटॉल या वेटाडीन लोशन से भलीभाँति साफ कर लिया जाता है। तत्पश्चात् जीवाणु रहित चाकू से ऊपर से नीचे की ओर चीरा लगाकर मादा की कोख को खोल देते हैं। अब गर्भाशय की ऊपरी सतह को, जो इस प्रकार बनाये हुए घाव से साफ दिखायी देने लगती है, धीरे से काटते हैं जिससे वहाँ उपस्थित भ्रूण न कटने पावे। तत्पश्चात् इससे खुले हुए गर्भाशय से बच्चे को बाहर जीवित ही निकाल लेते हैं। साथ ही जेर को भी धीरे से इसी समय बाहर खींच लेते हैं। अब गर्भाशय को जीवाणुरहित रुई (absorbent cotton) से खूब साफ करके उसकी दीवारों में कोई एण्टीबायोटिक पाउडर लगा देते हैं। अब गर्भाशय के घाव को लगातार सीवन (continuous sutures) तथा कोख के घाव को अवरोधक सीवन (interrupted sutures) से सिलकर ऊपर से टिंचर आयोडीन या टिंचर फेरीपर क्लोर अथवा वेटाडीन सोलूशन लगा देते हैं।

साथ ही किसी एण्टी बायोटिक इंजेक्शन का 8-10 दिन तक प्रयोग करते हैं। ऐसा करने से घाव शीघ्र भर कर जुड़ जाता है। 8-10 दिन बाद टाँके काट दिये जाते हैं।

● *इस क्रिया के अनुसरण करने से जच्चा तथा बच्चा दोनों बचाये जा सकते हैं।*

आहार व्यवस्था— ● माँ को बहुत हल्का, सुपाच्य एवं पौष्टिक चारा देना चाहिये।
● बच्चा यदि जीवित हो, तो कृत्रिम रूप से दूध पिलाना चाहिये।

यह देखा गया है कि ग्रामीण क्षेत्र में अनभिज्ञ व्यक्ति बच्चा निकालने के लिये बार-बार हाथ डालते हैं और खींचतान करते हैं, जिससे जननेन्द्रिय मार्ग सूज जाता है। कभी-कभी सेप्टिक होने से पशु मर भी जाता है।

याद रहे— ● गर्भाशय मुख के कड़ापन को फैलाने के लिये या गर्भ के आसानी से निष्कासन हेतु अथवा कुअवस्था के प्रसवावरोध में एपीडोसिन (Epidosin) 10-15 मि. ली. बड़े पशुओं को एवं 5 मि. ली. छोटे पशुओं को मांस में (I/M) लगा देना चाहिये।

3. योनि का बाहर निकलना (Prolapse of Vagina)

परिचय (Introduction)—कभी-कभी पशुओं की योनि (vagina) बाहर निकल आती है, विशेषकर गर्भवती (Pregnant), कमजोर अथवा कैल्शियम की कमी (Defficiency of Calcium) वाले पशुओं में यह बीमारी पायी जाती है।

(II) प्रसव के बाद के रोग (Diseases of Post Parturition)

पशुओं में प्रसव के बाद मुख्य रूप से निम्न रोग देखने को मिलते हैं–

1. जेर का रुकना या जेर का अन्दर रह जाना (Retention of Placenta)
2. गर्भाशय सूजन (मैट्राइटिस-Metritis)
3. गर्भाशय का बाहर निकलना [प्रोलेप्स ऑफ वेजाइना (vagina) एण्ड यूट्रस (uterus)]
4. स्तन कोप या थनैला (मेस्टाइटिस-Mastitis)
5. दूध की कमी (एगालैक्सिया-Agalactia)
6. नाभि हर्निया (Umbilical hernia)
7. नाभि रोग (नेविल इल-Navil ill)—जीवाणु जन्य रोग के अन्तर्गत देखें।
8. दुग्ध ज्वर, शर्करा की कमी, ग्रास टेटनी रोग—मेटाबोलिज्म रोग के अन्तर्गत देखें।
9. प्रसवा गर्भाक्षेप (पारचूरेन्ट इक्लम्पसिया/Parturient Eclampsia)

1. जेर का रुकना (रिटेन्शन ऑफ प्लेसेन्टा-Retention of Placenta)

अन्य नाम (Other names)—ऑवल, खेड़ी, प्लेसेन्टा का रुकना/(रिटेन्ड प्लेसेण्टा-Retained placenta) आदि।

परिचय (Introduction)—एक ऐसा माध्यम जिसके द्वारा गर्भ, गर्भावस्था में अपनी माँ से पोषण पाता है, प्लेसेन्टा (Placenta) कहलाता है। बच्चा अपने गर्भकाल में इसी के माध्यम से अपनी माँ के गर्भाशय से जुड़ा रहता है। गाय और भैंस में प्रसव के बाद ऑवल का निकलना

आवश्यक होता है। साधारणतः आधा घण्टे से 6-8 घण्टे के अन्दर जेर को बाहर निकल जाना चाहिये। यदि इतने समय के अन्दर नहीं निकलती है तब वह Retained placenta का केस कहलाता है।

Retained placenta is failure of the uterus to expel the placenta promptly following parturition, the mare should expel the placenta within one hour of parturition and the cow within 6 hours, under normal condition, if retained longer it should be treated as a case of retained placenta.

कारण (Etiology)—प्लेसेन्टा रुकने के निम्न लक्षण हो सकते हैं—

- पैतृक कारण (Hereditary predisposition)।
- पोषण सम्बन्धी विकार (Nutritional disorders)।
- इण्डोक्राइन डिस्फंक्शन (Endocrine dysfunctions)।
- यूटेराइना इनरसिया (Uterine intertia)।
- कष्टप्रद प्रसव (डिस्टोकिया—Dystokia)।
- गर्भपात (एबोर्शन-Abortion)।
- मादा की निर्बलता।
- गर्भाशय की दीवारों में संकोचन की कमी।
- गर्भाशय के छूतदार रोग, जैसे—संक्रामक गर्भपात (Brucellusis), मेट्राइटिस (Metritus), विब्रियोसिस (Vibriosis), क्रानिक यूटेराइन इन्फैक्शन (Chronic uterine infection etc.)।

लक्षण (Symptoms)—पशु की योनि से जेर थोड़ी सी बाहर लटकी रहती है। कभी-कभी यह घुटनों तक लटकती हुई दिखायी देती है। कभी-कभी जेर का कुछ भाग ही दिखाई देता है। प्रायः देखा गया है कि जेर योनि के अन्दर ही टूट जाती है। ब्यांत के दिन ऑवल का रंग चमकता हुआ कुछ-कुछ गुलाबी सा होता है और वह बदबू रहित होती है। यदि 8 घण्टे के अन्दर ऑवल नहीं निकलती है तो वह अन्दर ही सड़ने लगती है और बदबू आती है। साथ ही दो-तीन दिन रुके रहने से वह बिल्कुल सड़ जाती है और गोबर, मिट्टी आदि से सनी हुई आपस में सिकुड़ी-सी गंदी दिखायी देती है। सड़ने से गंदा स्राव अथवा रक्त निकलकर पशु के पिछले धड़ तथा पूँछ पर चिपका रहता है। पशु सुस्त एवं बेचैन रहता है, बार-बार उठता-बैठता है। वह अपनी पीठ को खुजाता है और जेर से निकालने के लिए बार-बार जोर लगाता है। पशु बार-बार मुड़-मुड़ कर पीछे की ओर देखता है (कष्टप्रद स्थान को) खाना-पीना तथा जुगाली करना बन्द कर देता है। उसके कान नीचे को लटक जाते हैं। यदि ऐसा पशु चरने

रिटेन्शन आफ प्लेसेन्टा के लक्षण एक दृष्टि में

- योनि से ऑवल लटकी हुई। कभी नहीं भी।
- योनि से बदबू एवं गंदा स्राव।
- गंदा स्राव पिछले पैरों एवं पूँछ पर लगा हुआ।
- पशु सुस्त एवं बेचैन-सा।
- पशु का बार-बार उठना-बैठना एवं जेर निकालने के लिये पर्याप्त जोर लगाना।
- पीठ को खलाना एवं बार-बार पीछे की ओर मुड़-मुड़ कर देखना।
- कान नीचे को लटके हुए।
- खाना-पीना एवं जुगाली बन्द।
- रोग बढ़ने पर कराह-कराह कर बार-बार गोबर करना।
- साथ में ज्वर भी।

के लिये भेजा जाता है तो चरता नहीं है और सबसे अलग खड़ा हो जाता है। पशु जहाँ पर चरागाह में खड़ा होता है, उस स्थान पर गंदा योनि स्राव गिरा हुआ मिलता है। दुधारू पशु अपने बच्चे को दूध पिलाना बन्द करके दूध देना भी बन्द कर देता है। रोग के अधिक बढ़ने पर पशु कराह-कराह कर बार-बार पेशाब एवं गोबर करता है।

चित्र—रुकी हुई जेर (Retained placenta)

निदान (Diagnosis)—उपरोक्त लक्षणों के आधार पर ही रोग का निदान किया जाता है।

चिकित्सा (Treatment)—

(क) यूटेरोटेन (Uterotone-C.R.) या होरमोटोन (Hormotone) लिक्विड या जेरसाफी 100 मि. ली., दिन में दो बार, 2-3 दिन तक अथवा रिप्लेण्टा (Riplenta) 50-60 ग्राम गुड़ के साथ 3-4 दिन तक खिलावें।

(ख) पशु को ऑक्सीटोसिन इंजेक्शन 50.IU अथवा मैथारजीन इंजेक्शन 10 मिली. मांस में लगाना चाहिये तथा पशु के जेर डालने का 5-6 घण्टे इन्तजार करना चाहिये।

हाथ से जेर/आंवल निकालना—यदि पशु की जेर योनि से लटकी दिखाई दे रही हो अथवा पशु मालिक ने बताया हो कि पशु ने जेर नहीं डाली है, तो हाथों पर दस्ताने पहनने के बाद योनि में हाथ डालकर जेर निकालनी चाहिये। जेर निकालने के लिये जेर के काटीलिडन तथा गर्भाशय के काटीलिटन को धीरे-धीरे छुड़ाना चाहिये। जेर तथा गर्भाशय के जुड़े हुये काटीलिडन की संख्या लगभग एक सौ रहती है। यह निश्चित कर लेना चाहिये कि जेर तथा गर्भाशय का प्रत्येक काटीलिडन अलग हो गया है। जेर तथा गर्भाशय के सभी काटीलिडन्स के अलग होने से पूरी जेर बाहर आ जाती है। इसके बाद टेट्रासाइक्लीन/ऑक्सीटेट्रासाइक्लिन की चार गोलियाँ; जैसे—स्टेक्लिन अथवा टैरामाइसिन गर्भाशय के अन्दर तीन दिन तक रखनी चाहिये। इसके साथ ही ऑक्सीटेट्रासाइक्लीन का इंजेक्शन 20 मि.ली. मांस में लगाना चाहिये।

2. गर्भाशय सूजन/मैट्राइटिस (Metritis)

अन्य नाम (Other name)—गर्भाशयशोथ।

परिचय (Introduction)—यह गर्भाशय सूजन की बीमारी है। इसमें पशु को बुखार हो जाता है तथा योनि से मैला तथा पीला स्राव निकलता है। यह प्राय: बच्चा पैदा होने के बाद होता है। इसमें पशु को बहुत कष्ट होता है और असाध्य पीड़ा के कारण अन्त में उसकी मृत्यु हो जाती है।

Metritis is an inflammation of the uterus characterized by temperature, yellowish discharge from uterus. Death is due to septicaemia, pyaemia and toxaemia.

पशुओं में इस रोग की *उग्र (Acute)* और *दीर्घकालिक (Chronic)* दो अवस्थायें होती हैं।

कारण (Etiology)—इस रोग के निम्न कारण होते हैं—

- छूतदार जीवाणु; जैसे—स्ट्रेप्टोकोकाई, स्टेफिलोकोकाई, कोराइन बैक्टीरिया पायोजेनस, ट्राइकोमोनास फीटस, माइकोट्यूबरकुलोसिस एवं कोलीफार्म आदि इस रोग के प्रमुख कारण हैं।
- जेर न गिरना अथवा उसका कुछ अंश बच्चेदानी में ही शेष रह जाना।
- कष्टप्रद प्रसव डिस्टोकिया।
- गर्भाशय में दूषित हाथ डालना।
- चोट या आघात।
- सड़े हुए गर्भ के कारण हाथ डालने से।
- प्रसव के बाद सर्विक्स के फैलाव के द्वारा रोग के प्रवेश होने से।
- संक्रामक गर्भपात के कारण कीटाणु मादा की योनि में प्रवेश कर जाते हैं।

लक्षण (Symptoms)—रोग के लक्षण दो रूपों में होते हैं—

1. उग्र गर्भाशयशोथ (एक्यूटमीट्राइटिस/Acute metritis)—भगोष्ठों में (मादा जननेन्द्रिय) दर्दयुक्त सूजन हो जाती है एवं योनि की श्लेष्मिक झिल्ली सूजकर लाल दिखायी देती है। पशु अधिकतर बेचैन रहता है, उसकी भूख मारी जाती है। पशु ठीक से जुगाली नहीं करता है। पहले बुखार (Temperature) रहता है और बाद में नार्मल से भी कम (Sub-normal) हो जाता है।

योनि से गन्दा रक्त एवं पीव मिश्रित स्राव गिरता है। मादा बार-बार उठती-बैठती है और पेशाब भी बहुमूत्र जैसा। पशु का स्वास्थ्य गिरने लगता है।

2. दीर्घकालिक गर्भाशयशोथ (क्रानिक मीट्राइटिस/Chronic metritis)—यह अवस्था प्राय: उग्र गर्भाशय शोथ के बाद ही, उसके परिणामस्वरूप देखी जाती है। अर्थात् उग्र स्वरूप के गर्भाशय के चलते रहने के बावजूद जब उसकी उपयुक्त चिकित्सा नहीं की जाती है तब रोग जीर्ण रूप (chronic

मीट्राइटिस लक्षण सारांश में

एक्यूट मीट्राइटिस (Acute metritis)

- भगोष्ठों में दर्दयुक्त सूजन।
- योनि की श्लेष्मिक झिल्ली सूज कर लाल।
- अत्यधिक बेचैनी।
- पहले बुखार बाद को सामान्य से भी कम।
- भूख न लगना एवं जुगाली न करना।
- योनि से गंदा एवं रक्त-पीव मिश्रित नि:स्राव।
- बार-बार उठना-बैठना एवं बहुमूत्र जैसी अवस्था।

क्रानिक मीट्राइटिस (Chronic metritis)

- योनि से निरन्तर अथवा रुक-रुक कर गंदा बदबूदार नि:स्राव।
- स्राव से पिछला धड़ा एवं पूँछ, सनी हुई।

form) में परिणत हो जाता है। इसमें योनि से लगातार अथवा रुक-रुक कर गंदा-बदबूदार निःस्राव होता है, जिससे पशु का (इस निःस्राव से) पिछला भाग तथा पूँछ सनी हुई दिखाई देती है। शेष लक्षण उग्र गर्भाशयशोथ के समान होते हैं।

निदान (Diagnosis)—

1. *लक्षणानुसार (Symptomatic)*—रोग के उपरोक्त मुख्य लक्षणों को देखकर रोग की पहचान की जाती है।

2. *माइक्रोस्कोपिक परीक्षा* (Microscopic examination)—गर्भाशय से निकले हुए निःस्राव को स्लाइड पर लेकर पतला कर माइक्रोस्कोप में रख कर जीवाणु देखे जाते हैं।

चिकित्सा (Treatment)—(क) निम्नलिखित दवाओं में से कोई एक दवा काँच की नली अथवा रा-आई हेतु प्रयोग की जानेवाली प्लॉस्टिक शीथ द्वारा गर्भाशय में कम-से-कम तीन दिन तक छोड़ना चाहिये—

1. ऑक्सीटेट्रासाइक्लीन हाइड्रोक्लोराइड मात्रा: 30 ml Intraut-riner; जैसे—ऑक्सी लिक्विड (Oxyliquid-*Coreve Phrama*), अलट्रोक्स टोपीकल लिक्विड (Ul trox Topical Liquid (*Neospark*) 50 mg/ml
2. एनरोफ्लोक्सासिन—मात्रा: 30 ml intrauterine; जैसे—एनरोसिन (Enrocin-*Ventex*) 25 mg/ml, एनटोजिल LU (Enrogyl LU-*G. Loucatus*) 35 mg/ml
3. पोवीडीन आयोडीन 5%, और मैट्रोनिडाजोल 1% मात्रा 30 ml Intrauterine; जैसे—मैट्रीकेयर I.U. (Metricare I.U.-*Zydus*), मैट्रोडीन (Metrodin-*Geevet Remedies*), पोवीडोल (Povidole-*Golden Streek*), रैनीडोन -M (Ranidone-M-*Ethicare*) यूट्राडीन M Utradine-M (*Neo spark*) I
4. लीवोफ्लोक्सासीन 20 mg, आर्नीडाजोल 40 mg, अल्फाटोकोफैरोल 5 mg/ml मात्रा 30 ml Intrauterine; जैसे—लेनोवो AP (Lenovo AP-*Intas*), लैवओज IU (Lev-OzIU (*Geevet Remedies*) I

(ख) ऑक्सीटैट्रासाइक्लीन HCl (क) (1) अथवा एनरोफ्लोक्सासीन क (2) के साथ क्रमशः एन्टीबायोटिक ऑक्सीटैट्रासाइक्लीन अथवा एनरोफ्लोक्सासीन मांस में कम-से-कम तीन दिन तक मांस में (I/M) लगाना चाहिये। उपचार क (3) तथा क (4) के साथ कोई भी एन्टीबायोटिक तीन दिन तक मांस में (I/M) लगाना चाहिये।

गर्भाशय का बाहर निकलना (Prolapse of Uterus)

अन्य नाम (Other names)—गर्भाशय का उलट जाना, प्रोलेप्स ऑफ यूट्रस (Prolapse of uterus) I

परिचय (Introduction)—गर्भाशय और योनि का अन्दर से बाहर की ओर उलट कर योनि मुख के बाहर लटक जाता है, इसे ही Prolapse of uterus कहते हैं। कभी-कभी प्रसव के बाद गर्भाशय सम्पूर्ण अथवा उसका कुछ भाग उलट जाता है। जुगाली करने वाले पशुओं में यह अवस्था प्राय: प्रसव के बाद देखने को मिलती है।

कारण (Etiology)—यह स्थिति निम्न कारणों से उत्पन्न होती है—

- गर्भवती की अधिक दुर्बलता।
- कैल्शियम की कमी।

- जेर के अधिक देर तक रुके रहने के कारण।
- ऊँची नांद के कारण पीछे की ओर अधिक ढाल रहने से।
- कष्ट आर्तव (डिस्टोकिया) के समय अत्यधिक जोर लगाने से।
- गर्भाशय का अनियमित संकोच।
- तीव्र उत्तेजना एवं अत्यधिक दबाव या वेग।
- हाथ डाल कर जेर निकालना।
- बछड़े और बछिया को बराबर निकालने के प्रयास।

लक्षण (Symptoms)—इसमें पशु बार-बार उठता-बैठता है और जोर लगाता है। गर्भाशय का पूरा भाग नाशपाती के आकार में योनि मुख (वल्वा-vulva) से बाहर लटका हुआ दिखायी पड़ता है। साथ ही यह भाग लाल-लाल दिखायी पड़ता है। अपूर्ण भ्रंश में गर्भाशय का उल्टा हुआ भाग योनि के अन्दर ही रह जाता है। यदि गर्भाशय बाहर निकला तो निकला हुआ भाग अधिक होता है एवं गोल-गोल कई एक गाँठें (uterine cotyledons) दिखायी पड़ती है। हवा लगने पर यह फैलती जाती है और नीले रंग की हो जाती है। इनमें हल्की टीस-सी रहती है। पशु के जमीन पर बैठने से उसमें धूल एवं गंदगी लग जाती है। घसीटने और रगड़ पड़ने से चिथरा जाता है अथवा छिल जाता है और उससे रक्त स्राव होने लगता है। पशु के उठने-बैठने और पेशाब करते समय अत्यधिक कष्ट होता है।

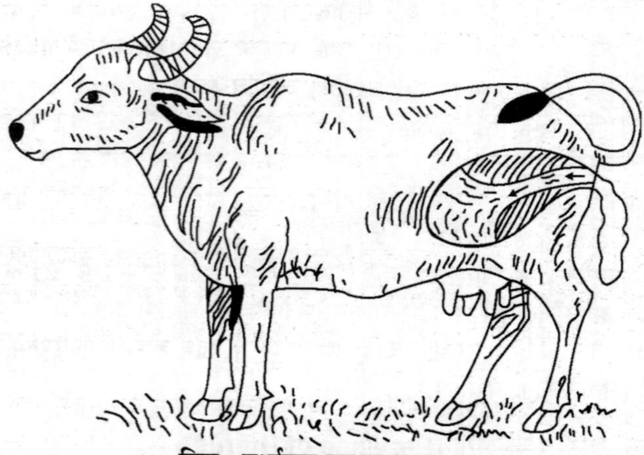

चित्र—गर्भाशय का उलट जाना

निदान (Diagnosis)—उपरोक्त लक्षणों को देखकर ही रोग की पहिचान की जाती है।

चिकित्सा (Treatment)—जितना शीघ्र हो सके, निकले हुए भाग को ठीक करके पुनः उसको पूर्वावस्था में लाने का प्रयत्न करना चाहिये। इसमें अनावश्यक विलम्ब अच्छा नहीं रहता है, त्वरित व्यवस्था आवश्यक होती है। देरी होने पर निकले हुए भाग में हवा लगने से वह अंग कठोर हो जाता है तब उसे छोटा करना कठिन होता है और वह कठिनाई से अन्दर जाता है।

(क) गर्भाशय के बाहर आने पर उसे अन्दर करने से पहले एपीड्यूरल एनीस्थीसिआ (epidural anesthesia) का प्रयोग करना उचित रहता है। इसके लिये जाइलोकेन 2% (Zylocain 2%) 5-10 मि. ली. पहली तथा दूसरी कौक्सीजीअल बोन के बीच में डाला जाता है।

(ख) पशुपालक द्वारा गर्भाशय के बाहर आने की सूचना मिलने पर पशुपालक को बताना चाहिये कि वह बाहर निकले गर्भाशय के भाग को साफ पानी से साफ कर उसके नीचे एक बोरे में भूसा भर कर निकले गर्भाशय के भाग को ऊँचा उठाये, जिससे गर्भाशय में शरीर का पानी न आये तथा निकले गर्भाशय पर गीला कपड़ा डाल कर रखें।

(ग) इसके बाद बाहर निकले गर्भाशय को 0.1% लाल दवा के घोल से धोये। निकले गर्भाशय से चिपके जेर के किसी भाग को हटा दें।

(घ) इसके बाद बाहर निकले गर्भाशय पर बूरा या पिसी चीनी से धीरे-धीरे मालिस करें। ऐसा करने से गर्भाशय का पानी बाहर आता है तथा गर्भाशय का आकार छोटा हो जाता है।

(च) गर्भाशय को पुनः 0.1% लाल दवा के घोल से साफ करें। यदि एपीड्यूरल एनीस्थीसिया का प्रयोग नहीं किया है, तो गर्भाशय पर जाइलोकैन जैल लगायें।

(छ) इसके बाद गर्भाशय को अन्दर करना प्रारम्भ करें। गर्भाशय के अन्दर हो जाने पर हाथ की मुट्ठी अन्दर डालकर झकझोरें। ऐसा करने से गर्भाशय अपने वास्तविक स्थान तथा आकार में आ जाता है।

प्रालेप्स ऑफ यूट्रस के लक्षण सारांश में

- पशु का बार-बार उठना-बैठना एवं जोर लगाना।
- योनि अथवा गर्भाशय का भाग योनि द्वार के बाहर लटका हुआ मिलना।
- प्रारम्भ में निकला भाग लाल-रंग का बाद को हवा लगकर नीला-सा।
- गर्भाशय के निकले भाग पर गोल-गोल कई एक गाँठें।
- चोट, रगड़ आदि लगने से चिथरा जाना।
- पशु के उठने-बैठने और पेशाब करते समय अत्यधिक कष्ट।
- पशु अधिकांश लेटे रह कर पैर इधर-उधर फेंकता है।

(ज) गर्भाशय को बैठाने के बाद ऑक्सीटेट्रासाइक्लीन 500 mg की चार गोली अन्दर रखें।

(झ) ऑक्सीटोसिन (Oxytocin) इंजेक्शन 50 I.U. मांस में (1/2) लगायें। इससे गर्भाशय सिकुड़ जाता है तथा बाहर आने की सम्भावना कम रहती है।

(ट) योनि मुख पर सूत की रस्सी से कैंची लगा दें।

(ठ) किसी बहुक्षेत्रीय एन्टी बैक्टीरियल दवा के इंजेक्शन कम से कम तीन दिन तक लगायें।

4. स्तन कोप/थन की सूजन/थनैला (मेस्टाइटिस—Mastitis)

परिचय (Introduction)—पशुओं के स्तन में शोथ हो जाने से थन में दर्द भरा सूजन हो जाता है। यह रोग नये और अधिक दूध देने वाले पशुओं में अधिकतर होता है। इसमें दूध का रंग बदल जाता है, कम हो जाता है और पीने लायक नहीं रहता है। उपयुक्त चिकित्सा न करने पर थन हमेशा के लिये बेकार हो जाता है।

नोट—इस रोग का विस्तृत वर्णन पुस्तक में 'जीवाणु जन्य रोग' (Bacterial disease) के अन्तर्गत नं. 10 पर किया गया है।

चिकित्सा (Treatment)—

(क) यदि पशु का तुरन्त ब्यांत हुआ है, तो प्रसव बाद की बीमारियां; जैसे—जेर का रुकना, गर्भाशय की सूजन आदि की जाँच कर इनका इलाज करें।

(ख) पशु के अयन तथा थनों की जाँच करें। थनैला बीमारी का पता करें। बीमारी होने पर थनैला का इलाज करें। छुपा थनैला की जांच करें। यदि दूध में कमी छुपा थनैला के कारण है, तो छुपा थनैला का इलाज करें।

(ग) यदि बछड़े की मृत्यु हो गई है तो पशु को कुछ दिन सीडेटिव दवा; जैसे—सिक्विल इंजेक्शन 5 मि.ली. मांस में लगायें। इसके बाद आयुर्वेदिक सीडेटिव दवा वैटकाम 45 ग्राम सुबह-शाम दें।

(घ) पशु के दाने चारे के बदलाव के बारे में मालूम करें। पशु की पसन्द का दाना चारा दें। पशु को एक या दो किलो मक्का दलकर दें।

(च) पशु को शरीर निर्वाह हेतु 25 ग्राम खनिज लवण मिश्रण तथा प्रति किलो दूध पर 5 ग्राम खनिज लवण मिश्रण दें; जैसे—एग्रीमिन फोर्ट, का-सीमिन, टोनोमिल्क, मिल्कमिन आदि।

(छ) मैटाबोलिक बीमारियां; जैसे—कीटोसिस, मिल्क फीवर, डाउनर काउ सिन्ड्रोम आदि की जांच करें।

(ज) पशु को प्रतिदिन 50 ग्राम नमक दाने में मिलाकर दें।

5. दूध की कमी (एगालैक्सिया-Agalactia)

परिचय (Introduction)—पशुओं की निश्चित मात्रा से कम दूध देने को दूध की कमी या एगालैक्सिया (Agalactia) कहते हैं। यह रोग गाय, भैंसों, भेड़, बकरियों एवं ऊँटों को होता है।

There is partial or complete absence of milk flow which may affect one or more mammary glands and is of major importance in sows although it occurs occasionally in cattle.

6. बछड़े-बछियों के नाभि का हर्निया अम्बीलाइकल हर्निया (Umbilical Hernia)

परिचय (Introduction)—यह नये जन्मे पशुओं के नाभि का रोग है, जिसमें नाभि के स्थान पर अन्दर की झिल्ली फट जाने पर गोलाकार छल्ला-सा (Ring) बन जाता है जिससे वहाँ आँत उतर आती है और नाभि में सूजन नजर आती है।

कारण (Etiology)—यह विकृति निम्न कारणों से उत्पन्न होती है—

- नाभि के स्थान पर बाहरी चोट लगने से।
- नाभि का स्थान अच्छी तरह बंद न होने से।
- नाभि रोग की स्थिति में।

लक्षण (Symptoms)—नये पैदा हुए बछड़े-बछिया एवं पड्डा-पड़िया की नाभि में सूजन आ जाती है। यह सूजन कभी बढ़ जाती है तो कभी घट जाती है। सूजन का यह क्रम जारी रहता है। इस सूजन से बछड़े तथा बछियों

अम्बीलाइकल हर्निया के लक्षण सारांश में

- नाभि में घटती-बढ़ती सूजन, पर बछड़े को कष्ट नहीं।
- नाभि की सूजन को ऊपर की ओर दबाने पर सूजनवाला भाग ऊपर को दबा हुआ एवं उस स्थान पर गड्ढा-सा।
- उंगली घुमाकर देखने पर गोलाकार गड्ढा सा प्रतीत होना।
- सूजन को उंगली से दबाने पर अन्दर की ओर चला जाना तथा गड्ढा पड़ जाना हर्निया का प्रतीक है।

को कोई कष्ट नहीं होता है। यदि नाभि की सूजन को हाथ लगाकर ऊपर को दबाया जाये तो सूजन वाला भाग ऊपर दब जाता है और उस जगह भीतर में गड्ढा-सा अनुभव होता है एवं उंगली घुमाकर देखें तो मालूम होगा कि वह गड्ढा गोलाकार है।

यदि सूजन को दबाया जाय और वहाँ पर गड्ढा पड़ जाये तो उसे अम्बीलाइकल हर्निया का केस माना जाता है एवं अन्दर गया भाग आँत का हिस्सा होता है।

चिकित्सा (Treatment)—

(क) सूजन के ऊपर एक पतली चिकनी मजबूत लकड़ी की तख्ती रख कर नाभि के निकले भाग को अन्दर ढकेल कर एक मजबूत कपड़ा 20-30 से.मी. चौड़ा लेकर कस कर पट्टी बाँध दें। यह कार्य नियमित रूप से जारी रहने पर एक आध महीने में रोग ठीक हो जाता है।

(ख) यदि फिर भी ठीक न हो तब शल्य चिकित्सा का अवलम्बन करना चाहिये।

10. प्रजनन तन्त्र के रोग (Diseases of Reproductive System)

प्रजनन अंग और उनके कार्य (Reproductive Organs and their functions)

1. *नर पशुओं के प्रजनन अंग (Genital organs of male animals)*—दो वृषण (Testicle) एवं साथ में एपिडायडीमिस (Epididymis), वासडिफेरेन्स (Vas deferens) एवं सहायक लिंग ग्रन्थियाँ (Accessory sex glands); जैसे—प्रोस्टेट ग्लैण्ड्स, कौपर्स ग्लैण्ड्स, सेमीनल वेसिकिल्स तथा शिश्न (Penis) आते हैं।

2. *मादा पशुओं के प्रजनन अंग (Genital organs of female animals)*—दो अण्डाशय या डिम्बाशय (ओवरी—Ovary), एक जोड़ा फैलोपियन ट्यूब, गर्भाशय (Uterus), गर्भाशय ग्रीवा (सर्विक्स—Cervix), योनि (Vagina) और भग (वल्वा—Vulva) आते हैं। साथ में स्तनग्रन्थि (मैमरी) ग्लैण्ड्स (Mammary glands) भी।

कार्य (Functions)—उपरोक्त नर तथा मादा प्रजननीय अंगों का विधिवत् संचालन अनेक अन्तःस्रावी ग्रन्थियों (endocrine glands) का स्राव (secretion) हॉरमोन्स (hormones) से नियंत्रित होता है।

पिट्यूटरी ग्रन्थि (Pituitary Gland)—यह मस्तिष्क के पश्च भाग में स्थित होती है जिससे कई एक तरह के हॉर्मोन्स निकलते हैं। इसके दो हॉर्मोन्स प्रमुख हैं—

- सोमाटोट्रोफिन हॉर्मोन्स (Somatotrophin Hormones)
- गोनाडोट्रोफिन हॉर्मोन्स (Gonadotrophin Hormones)

***1. सोमाटोट्रोफिन हॉर्मोन्स (Somatotrophin hormones)*—**इसे वृद्धि-विकास हॉर्मोन्स (growth promoting hormones) भी कहा जाता है। इससे शरीर का विकास होता है।

***2. गोनाडोट्रोफिन हॉर्मोन्स (Gonadotrophin hormones)*—**इसमें दो हॉर्मोन्स होते हैं—(i) फोलिकिल स्टीमुलेटिंग हॉर्मोन्स (Follicle stimulating hormones F.S.H.)। और (ii) ल्यूटीनाइजिंग हॉर्मोन्स (Lutininzing hormones-L.H.)।

(i) फोलिकिल स्टीमुलेटिंग हॉर्मोन (Follicle stimulating hormone)—यह नर के वृषणों में नर बीज कोशिका (स्पर्मेटोजुआ/Spermatozoa) उत्पन्न करता है एवं मादा की ओवरी में ग्राफियन फौलिकिल्स (Graffian follicles) को उत्पन्न करता है।

(ii) ल्यूटीनाइजिंग हॉर्मोन (Lutinizing hormone)—यह हॉर्मोन्स नर की इच्छा वासना को प्रभावित करता है एवं वृषण के लेडिंग कोशिका से उत्पन्न हॉर्मोन (टैस्टोस्टीरोन—Testosterone) के द्वारा लिंग यंत्र के कार्यों में सहायता देता है।

मादा में L.H. परिपक्व फोलीकल को तोड़ता है, जिससे अण्ड रज (ओवम-Ovum) बाहर आता है। यह ओवम के छूटने के बाद अण्डनाल (ओवीडक्ट-Oviduct) के कीप (Funnel) आकार को प्राप्त होता है। इस कार्य को ओवूलेशन—(Ovulation) कहते हैं।

3. प्रोस्टाग्लैण्डिन हॉरमोन (Prostaglandin hormone)—यह हारमोन कारपस ल्यूटियम को रिग्रैस (regress) करता है। निम्न में से किसी एक का प्रयोग करें—

(A) क्लोप्रोस्टीनोल सोडियम (Cloprostenol Sodium)—*मात्रा*—गाय, भैंस व घोड़ी 2 मिली.; भेड़-बकरी 1 मि.ली. मांस में; जैसे- क्लोस्टीनोल (Clostenol -*Zydus AHL*), ईस्ट्रूमेट (Estrumate -*MSD*), ईस्ट्रूशोट (Estrushot -*Novartis*), प्रैग्मा (Pragma -*Intas*), प्रीगोवा (Pregova -*Virbec*), प्रोस्टानोल (Prostanol -*vetquinol*), रिप्रैग्ना (Repregna -*Vet mankind*), सिनक्रोमेट (Synchromate -*Prime vetcare*) ।

(B) डाइनोप्रोस्ट (Dinoprost): मात्रा- गाय, भैंस 50 मि.ली.; घोड़ी 1.0 मि. ली. मांस में (I/M); जैसे- ल्यूटालाइज (Lutalyse -*Merial*) ।

कार्पस ल्यूटियम (Corpus Luteum)—यह भी एक अन्त:स्रावी ग्रन्थि का रूप है। ओवरी से ओवम के टूटने के बाद उस जगह पर एक गड्ढा हो जाता है जो खून से भर कर जम जाता है और यही खून वाली जगह सक्रिय अन्त:स्रावी ग्रन्थि के रूप में बदल जाती है। इसी को कार्पस **ल्यूटियम** कहते हैं।

गर्भस्थापना क्रिया (Fertilization)—नर के वृषण (Testicle) से वीर्य (Semen) और मादा की ओवरी से रज (ओवम) बन कर निकलते हैं नर और मादा के संयोग (Intercourse) में निकले वीर्य से 'स्पर्म' और रज से 'ओवम' फैलोपियन नली के ऊपरी भाग में मिलते हैं तथा कुछ ही मिनटों में गर्भस्थापना हो जाती है। अन्त में फर्टीलाइज्ड ओवम स्वयं विभक्त होने लगता है और धीरे-धीरे गर्भाशय के सींग (Horn of the uterus) की ओर खिसकने लगता है। इस प्रकार उसे खिसकने में 72 से 94 घण्टे का समय लगता है। इस समय तक यह फर्टीलाइज्ड ओवम (Zygote) 6 कोशिकाओं का हो जाता है। यदि किसी कारण से यह ओवम फर्टीलाइज न हुआ हो तो यह 8 से 12 घण्टे में मर जाता है।

गाय/भैंसों में स्त्रीमद /गर्म होने का समय (Oestrus period) के समाप्त होने के बाद 10-12 दिनों में कार्पस ल्यूटियम पूर्ण रूप से विकसित हो जाता है। इससे एक हॉर्मोन का स्राव (secretion) होता है जिसे प्रोजेस्टेरोन (Progesterone) कहते हैं। यह हॉर्मोन फर्टीलाइज्ड ओवम (निषेचित ओवम) के स्वागत एवं जमावट (Reception and implantation) हेतु गर्भाशय को तैयार करता है। लगभग 5 हफ्ते (40 दिन) में भ्रूण (इम्ब्रियो—Embryo) का जमावट हो जाता है। साथ ही जेर (ऑवल—Placenta) का विकास शुरू हो जाता है।

कुछ अन्य महत्त्वपूर्ण कार्यगत परिवर्तन भी

- जेर अपने कार्य काल में गर्भ (foetus) के लिये श्वास, पालन-पोषण अंग तथा अन्तःस्रावी ग्रन्थि का कार्य करती है।
- गर्भकाल तक कार्पस ल्यूटियम ओवरी में लगा रहता है। गर्भ-धारण न होने पर वह 15-17 दिनों में धीरे-धीरे लुप्त हो जाता है और पुनः 19 से 21 दिनों में स्त्रीमद क्रम शुरू हो जाता है और पशु गर्म हो जाता है।
- गर्भकाल में ओवरी से उत्पन्न ईस्ट्रोजन हॉर्मोन्स (Oestrogen Hormones) रक्त में मिलकर प्रोजेस्टरोन के साथ स्तनग्रन्थि के विकास में सहयोग प्रदान करता है।

प्रसव के समय प्रोजेस्टेरोन तथा ईस्ट्रोजन का योगदान—जब गर्भ (Foetus) पूर्ण विकसित होकर (गायों में 282 दिन और भैंस में 310 दिन) योनि मार्ग से बाहर निकलने (पैदा होने) को तैयार हो जाता है तब रक्त में प्रोजेस्टेरोन का स्तर स्वतः कम हो जाता है और यह कारक सम्भवतः प्रसव के लिए शुरू हो जाता है। ओवरी से उत्पन्न हॉर्मोन्स ईस्ट्रोजन गर्भाशय को संकुचित (rhythmic contraction) करता है। इस प्रकार से ईस्ट्रोजन और प्रोजेस्टेरोन संयुक्त रूप में प्रसव कार्य में मदद करते हैं।

गर्भाशय ग्रीवा जो सम्पूर्ण गर्भकाल में बन्द रहता है वह प्रसव के समय फैलने लगता है। गर्भाशय ईस्ट्रोजन के द्वारा सूक्ष्मग्राही होकर पिट्यूटरी से स्रावित हॉर्मोन ओक्सीटोसिन (Oxytocin) के प्रभाव में भारी संकुचन प्रारम्भ कर देता है जिससे गर्भ 4-5 घण्टे में बाहर निकल जाता है। तत्पश्चात् गर्भाशय में शीघ्र सिकुड़न पैदा हो जाती है और 4-5 हफ्ते में अपनी प्राकृतिक अवस्था में आ जाता है। प्रसव के पश्चात् 4-5 घण्टे बाद जेर बाहर निकल जाती है।

इसके अतिरिक्त (उपरोक्त ग्रन्थियों के) थायरॉइड, एड्रीनल्स और गोनाइड्स ग्रंथियाँ भी हैं। गोनाइड्स नर के टेस्टीकिल में और मादा के अण्डाशय (ओवरी) में होते हैं। यह सब फर्टीलिटी में सहायक हैं।

नर जननेन्द्रिय रोग (Male Genital Organ Diseases)

1. फाइमोसिस (Phimosis)

परिचय एवं उपचार (Introduction and Treatment)—जब शिश्न-आवरण-छिद्र (Glans penis orifice) संकीर्ण या संकुचित किन्हीं कारणों से हो जाता है, जिससे शिश्न बाहर नहीं निकल पाता है तब यह रोग फाइमोसिस कहलाता है। (Inflamation of the fore skin & head of the penis) कुत्तों का यह जन्मजात रोग है पर अन्य पशुओं में यह रोग रसूलियों (Tumours) अथवा बालानाइटिस के परिणामस्वरूप होता है।

इसकी उपचार चिकित्सा सर्जरी के द्वारा सम्भव है।

2. पाराफाइमोसिस (Paraphimosis)

परिचय एवं उपचार (Introduction and Treatment)—जब आवरण-छिद्र शिश्न सिर के पीछे संकुचित हो जाता है जिससे शिश्न सिर पीछे नहीं लौट पाता है, तब यह रोग पाराफाइमोसिस कहलाता है। यह जन्मजात होता है अथवा चोट लगने के कारण हो जाता है।

इसका उपचार भी शल्यचिकित्सा द्वारा सम्भव है।

मादा जननेन्द्रिय रोग (Diseases of Female Genital Organs)

1. अण्डाशय सिस्ट (Ovarian Cyst)

परिचय (Introduction)—यह गायों का एक सामान्य रोग है। अन्य पशुओं तथा घोड़ियों में यह ग्राफियन फौलीकिल्स (Graffian follicles) के फटने में असफल हो जाने पर वह सिस्ट का रूप हो जाता है। इनका आकार भिन्न-भिन्न होता है और एक से अधिक संख्या में भी सिस्ट पायी जाती हैं। अण्डाशय सिस्ट दो प्रकार की होती हैं—

(क) फालीकुलर सिस्ट—जब FSH हारमोन की अधिकता तथा LH हॉरमोन की कमी से अण्डाशय पर अनेक फालीकल बनते रहते हैं तथा टूटते नहीं हैं।

(ख) ल्यूटियल सिस्ट—जब अण्डाशय की दीवार पर बने फालीकल्स की दीवार ल्यूटीनाइजिंग हॉरमोन (LH) के कारण मोटी हो जाती है। इस अवस्था में ल्यूटीनाइजिंग हॉरमोन की मात्रा इतनी होती है कि वह फालीकल को तोड़ तो नहीं सकता, परन्तु फालीकल की दीवार को मोटा कर देता है।

कारण (Etiology)

(क) वंशानुगत।

(ख) ज्यादा दूध देनेवाली गायों में ज्यादा होती है।

(ग) ल्यूटीनाइटिंग हॉरमोन (LH) के कम अथवा न निकलने पर।

(घ) जेर के रुकने से अथवा गर्भाशय की सूजन के कारण।

लक्षण (Symptoms)—(क) *फोलीकुलर सिस्ट*—

1. पशु बार-बार कुछ अन्तराल के बाद गर्मी पर आता रहता है।
2. पशु सांड़ एसा व्यवहार करता है जैसे दूसरे पशुओं पर चढ़ता है तथा चिल्लाता है।
3. पैल्विक लिगामैन्ट के ढीले हो जाने से पुट्ठों पर गड्ढे पड़ जाते हैं।

(ख) ल्यूटियल सिस्ट

1. पशु गर्मी पर नहीं आता है।
2. प्रोटेजेस्ट्रोन हॉरमोन के प्रभाव से पशु की गुदा में हाथ डालकर गर्भाशय को महसूस करने पर मांसल प्रतीत होते हैं।

निदान (Diagnosis)—पशु की गुदा में हाथ डालकर अण्डशय पर उपस्थित फॉलिकिल को महसूस करके निदान किया जा सकता है। फालिकुलर सिस्ट की दीवार पतली तथा पीतपिण्डीरापुटी की दीवार मोटी होती है।

उपचार (Treatment)— निम्न में से कोई एक प्रयोग करें-

क. फॉलीकुलर सिस्ट

1. ***ल्यूटीनाइजिंग हॉरमोन (Lutinising Hormone)***—

(a) *ह्यूमन कोरिओनिक गोनाडोट्रोफिन (hCG) हॉरमोन*—इसका असर LH हॉरमोन की तरह होता है। मात्रा गाय/भैंस घोड़ी 1500-3000 I.U. भेड़; बकरी 100 I.U. मांस में; जैसे—कोरूलोन (Chorulon - *MSD*), फौलीसोन (Folyson - *IIL*)।

(b) ल्यूटीनाइजिंग हॉरमोन (LH): मात्रा—गाय, भैंस, घोड़ी 25 mg मांस में; जैसे—ल्यूट्रोपिन–V (Leutropin-V-*Vetre Pharma Inc*)।

2 GnRH (Gonadotrophin releasing hormone)—यह पिट्यूटरी को गोनेडोट्रोफिन हारमोन FSH तथा LH निकालने को उत्तेजित करता है। इनमें कोई एक प्रयोग करें—

(ए) ब्यूसेरेलीन (Buserelin): मात्रा—गाय/भैंस – 5 ml; घोड़ी 10 ml, मांस या शिरा में (I/M or I/V) 0.0042 mg/ml injection;जैसे—गाइनारिच (Gynarich - *Intas*), ओल्यूलैन्टा (Ovulanta - *Vet Mankind*), प्रेगूलेट (Pregulate - *Virbac*), रिसैप्टाल (Receptal - *MSD*), जाइड्रारेलीन (Zydrarelin - *Zydus*)।

(बी) गोनाडोरेलीन (Gonadorelin): गाय/भैस 100 mcg I/M or I/V; जैसे—फर्टेजिल (Fertagyl - *MSD*), फर्टीलिन (Fertilin - *Vetoquinol*) 50 mcg/ml ।

(ख) ल्यूटियल सिस्ट

1. ल्यूटीनाइजिंग हॉरमोन (LH) इनमें से कोई एक प्रयोग करें—

(a) HCG (Human Chorionic Gonadotrophin) Hormone: उत्पाद व मात्रा – फॉलीकुलर सिस्ट की तरह।

(b) ल्यूटीनाइजिंग हॉरमोन – उत्पाद व मात्रा फॉलीकुलर सिस्ट की तरह

2 GnRH (Gonadotrophin Releasing Hormone) – उत्पाद व मात्रा फॉलीकुलर सिस्ट की तरह।

2. साल्पिनजाइटिस (Salpingitis)

परिचय (Introduction)—जब फैलोपियन नली (Fallopian tubes) में सूजन आ जाती है तब उसे साल्पीनजाइटिस कहते हैं। यह गायों में अधिकतर होती है। यह तीव्र (Acute) और जीर्ण (Chronic) दो प्रकार की होती है।

Salpingitis is an inflammation of the fallopian tubes occurs most frequently in cattle. It may be acute or chronic.

कारण (Etiology)—

- संक्रमण (Infection) के द्वारा।
- पायोजेनिक आर्गेनिज्म (पूय उत्पादक जीवाणुओं से)।
- ट्यूबरकुलस जीवाणुओं से—इनसे 'ट्यूबरकुलस साल्पीनजाइटिस' हो जाती है।

लक्षण (Symptoms)—इसके कोई प्रमुख लक्षण नहीं होते। इसमें पशु (विशेषकर गायें) बाँझ (Sterile) हो जाती हैं।

चिकित्सा (Treatment)—

- इसकी एक मात्र चिकित्सा एण्टीबायोटिक है।
- यदि पीव बन जाये तो शल्यचिकित्सा।

3. बाँझपन (Sterility)

अन्य नाम (Other names)—बन्ध्यता, अनुर्वरता, विसंक्रमणता, इनफर्टीलिटी (Infertility)।

परिचय (Introduction)—पशुओं में बच्चा न पैदा होना ही बाँझपन कहलाता है। बच्चा पैदा न होना नर और मादा दोनों के संयोग पर आधारित है। नर और मादा में प्रजननीय अंग (reproductive organs) होते हैं। जब इन अंगों में तथा इनके कार्यों में कोई विघ्न/बाधा या परिवर्तन आ जाता है तब विधान में रुकावट आने से बच्चा पैदा नहीं होता है जिससे पशु बाँझ कहलाने लगता है।

वास्तव में स्थायी रूप से नर और मादा में प्रजनन शक्ति का ह्रास होना ही बाँझपन कहलाता है।

बाँझपन और उसकी चिकित्सा के लिये पशुओं के प्रजननीय अंगों के बारे में जानना नितान्त आवश्यक है जिसका विस्तृत अध्ययन इस प्रकार है—

बाँझपन के लिए नर और मादा के प्रजनन अंग मुख्य रूप से जिम्मेदार होते हैं। इन अंगों में जब कोई बाधा या रुकावट होने से विधान में परिवर्तन हो जाता है तब बाँझपन की स्थिति पैदा हो जाती है। बाँझपन कोई एक अकेली बीमारी नहीं है, बल्कि यह एक संयुक्त रोग है। नर पशुओं के वीर्य में यह गर्भधारण की शक्ति कम करती है तथा मादा पशुओं में इससे संतान उत्पत्ति की संख्या में कमी हो जाती है।

कारण (Etiology or Cause)—यह देखा गया है कि बाँझपन के रोग उत्पादक कारक मादा पशुओं में ही अधिकतर विद्यमान रहते हैं। बाँझपन के मुख्य कारण निम्नांकित हैं—

(1) मादा जननांगों की शरीर रचना में खराबी
(Anatomical defects of genital organs)
(2) जननेन्द्रिय रोग (Genital diseases)
(3) जननेन्द्रिय नली की चोट (Injuries to the genitalia)
(4) हॉर्मोनल असंतुलन (Hormonal disturbance)
(5) जेनेटिक कारक (Genetic causes)
(6) कुपोषण (Faulty feeding)
(7) दूषित वातावरण एवं कुप्रबन्ध (Bad environment and faulty management)

1. मादा जनन अंगों की शरीर रचना में खराबी (Anatomical defects)—ऐसी खराबियाँ शरीर बनते समय नर अथवा मादा में, किसी में हो सकती हैं, जैसे—

- *जननेन्द्रियों की अनुपस्थिति या उनकी विकृति (White heifers disease)*—इसके अन्तर्गत नर पशुओं में एक अथवा दोनों अण्डकोष उदर गुहा (abdominal cavity) में ही रुके रह जाते हैं जिससे पशु की गर्भ-धारण कराने की शक्ति क्षीण हो जाती है।
- *श्वेत ओसर रोग (White heifers disease)*—यह श्वेत-रंगवाली ओसरों में जनेन्द्रिय रचना के विकास में एक गड़बड़ी ही है जिससे योनि के पिछले भाग में श्वेत रंग का टिशू आकर एक स्थायी हायमन (hymen) का रूप बनाता है। इस विकृति से बछिया (heifers) में योनि का मुख बिल्कुल बन्द-सा रहता है, जिससे सम्भोग काल (intercourse) के समय नर का लिंग उसमें प्रवेश नहीं कर पाता है। इसकी चिकित्सा टिशू का शल्यक्रिया द्वारा दूर करना ही एक मात्र उपाय है।
- डिम्ब कोशों को बहुत छोटा हो जाना (Hypoplasia of the ovaries)
- गर्भाशय का विकसित न होना (Nondevelopment of uterus)
- एक हार्न का गर्भाशय (Uterus unicornis)
- दो गर्भाशय का होना (Uterus didelphis)
- हाइमेन का न टूटना (Persistent hymen)

- अविकसित योनि (Nondevelopment of vagina)
- पीठ, नितम्ब तथा पैरों में स्थायी चोट होने के कारण नर-मादा सम्भोग करने में असमर्थ रहते हैं। जिससे उनमें प्रजनन शक्ति का ह्रास हो जाता है।
- मूत्र मार्ग की रचना में गड़बड़ी एवं उभयलिंगता (hermaphroditism), आँत उतरना, नर जननेन्द्रिय का अपूर्ण विकास आदि नर पशुओं में बाँझपन के प्रमुख कारण हैं।
- वृद्धावस्था, मादा का गर्भ न होना, सम्भोग की अनिच्छा, ओवरी पर सिस्ट (cystic ovary), मादा में बहुत अधिक सम्भोग की इच्छा (nymphomania) एवं ओवम का अभाव आदि मादा में बाँझपन के कारण हैं।
- फ्री मार्टिन (Free martin) अर्थात् जब नर-मादा बच्चे एक साथ ही जन्म लेते हैं तब हॉर्मोन असन्तुलन के कारण गर्भकाल में ही बछिया के जनन अंगों का भली प्रकार से विकास नहीं हो पाता है, जिससे उन दोनों में बछिया बड़ी होने पर बाँझ निकलती है। इसकी कोई चिकित्सा नहीं है।

2. जननेन्द्रिय रोग (Genital Diseases)—

(i) मादा में (In female)—योनिशोथ (वैजीनाइटिस-Vaginitis), विबिअेसिस (Vibriosis), क्षय रोग (T.B.), ब्रूसेल्लोसिस (Brucellosis), ट्राइकोमिनियासिस आदि विशिष्ट बीमारियाँ बाँझपन का कारण बनती हैं।

(ii) नर में (In male)—ब्रूसेल्लोसिस (Brucellosis) एवं ट्राइकोमोनियासिस आदि विशिष्ट रोग नर में बाँझपन के कारण होते हैं।

उपरोक्त बीमारियों के परिणामस्वरूप मादा जननेन्द्रिय में ऐसे विकार उत्पन्न हो जाते हैं जिनके कारण या तो वे गर्भित नहीं होती हैं अथवा पूर्ण गर्भ-धारण की शक्ति का ह्रास हो जाता है, जिससे उनका गर्भपात हो जाता है। कभी-कभी मादा की योनि, गर्भाशय, डिम्ब प्रणाली तथा गर्भाशय ग्रीवा के अन्दर झिल्ली (membrane) पड़ जाती है, जिससे रुकावट आकर मादा गर्भ-धारण करने में असमर्थ रहती है।

(iii) अवशिष्ट रोगों से (By non-specific diseases)—गो पशुओं में योनिशोथ (vaginitis), भगशोथ (vulvitis), साल्पीन्जाइटिस (salpingitis) आदि ऐसे रोग हैं जिनके कारण ओवरी गर्भाशय में संसेचित (fertilized) नहीं हो पाता है अथवा ग्याभिन हो जाने के बाद गर्भपात हो जाता है।

उपचार (Treatment)—(क) ब्रूसेल्लोसिस में गर्भपात होने के बाद जेर निकालने के बाद किसी एन्टीबायोटिक; जैसे—ऑक्सीटैट्रासाइक्लिन की चार गोलियां गर्भाशय में रखें।

(ख) विब्रिओसिस तथा ट्राइकोमोनियेसिस बीमारी में गर्भपात के बाद इलाज गर्भाशय की सूजन जैसा करें।

3. जननेन्द्रिय नली की चोट (Injuries to the genitalia)—नर जननेन्द्रियों में चोट लगने से '*अण्डकोष*' तथा '*इपीडिडिमिस*' में सूजन आ जाती है जिससे शुक्राणु उत्पादन (spermetozoa production) समाप्त हो जाता है। इसी प्रकार से सम्भोग अथवा ब्याने के समय नर-मादा जननेन्द्रियों में चोट लगने से अस्थायी बाँझपन उत्पन्न हो जाता है, साथ ही भग-योनि शोथ, योनि शोथ, गर्भाशयशोथ (मीट्राइटिस) एवं गर्भाशय का उलट जाना (prolapse of uterus) आदि रोगों के होने की आशंका रहती है।

चिकित्सा (Treatment)—सूजन के लिये एण्टीइन्फ्लेमेटरी एवं एण्टीबायोटिक तथा स्थानीय चिकित्सा हेतु शोथ विरोधी दवाओं का प्रयोग करें। शुक्राणु उत्पादन के लिये टेन्टेक्स फोर्ट का विधिवत् प्रयोग करें।

4. हॉर्मोनल असन्तुलन (Hormonal Imbalance)—शरीर में नलिकाविहीन ग्रन्थियों (Ductless glands) से जो स्राव निकलता है उसे हॉर्मोन्स कहते हैं। एण्टीरियर पिट्यूटरी द्वारा Follicle Stimulating Hormone (F.S.H.) Leutimising Hormone (L.H.) तथा प्रोलेक्टिन (Prolactin) हॉर्मोन्स स्रावित होते हैं। पोस्टीरियर पिट्यूटरी द्वारा ऑक्सीटोसिन (Oxytocin) और गोनेड्स के द्वारा Oestrogen, प्रोजेस्टेरोन और एण्ट्रोजेन निकलते हैं।

उपरोक्त हॉर्मोन्स के असंतुलन मात्रा में स्रावित होने पर जननेन्द्रियों में सम्बन्धित विकार उत्पन्न हो जाते हैं जिससे पशु बाँझ हो जाता है अथवा अनुत्पादक हो जाता है।

एण्टीरियर पिट्यूटरी, टेस्टेस्टेरोन, डिम्ब ग्रन्थि, फॉलिकिल (Follicle), कार्पस ल्यूटियम तथा गर्भकाल के हॉर्मोन्स नर मादा पशुओं की जननेन्द्रिय की बढ़ोतरी तथा उनकी कार्य क्षमता को बढ़ाते हैं। अतः इनका शरीर में असंतुलित होना ही बाँझपन का सूचक है।

सांड़ों में टैस्टोस्टेरोन हॉर्मोन की कमी शुक्राणु उत्पादन पर बुरा प्रभाव डालती है। मादा पशुओं में हॉर्मोन की कमी से कभी-कभी गर्म होने के बाह्य लक्षण (silent heat) प्रकट नहीं होते। ऐसी अवस्था में उनका गर्भ होना समय पर नहीं जाना जा सकता है और वह समय पर ग्याभिन नहीं हो पाती है।

यह देखने में आया है कि हॉर्मोन असन्तुलन अधिकतर मादा पशुओं में ही होता है।

हॉर्मोन्स के ग्रन्थियों में परस्पर सहयोग होने से बच्चा पैदा होता है। यदि इन ग्रन्थियों का आपसी तालमेल न हो अथवा उनमें सहयोग न हो तो बच्चा पैदा नहीं होता है। यथा—नर में L.H. अर्थात् I.C.S.H. की कमी से उसमें इच्छा शक्ति की कमी हो जाती है। इसी प्रकार से F.S.H. की कमी से स्पर्म (sperm) का उत्पादन कम हो जाता है। ऐसा वीर्य अच्छा नहीं होता और प्रभावित नर सन्तान पैदा करने के लिए उपयुक्त नहीं होता है।

निम्फोमेनिया (Nymphomania) एक ऐसी अवस्था है जिसमें मादा को पूर्ण काम वासना रहती है। काम वासना और लैंगिक चक्र (sexual cycle) अव्यवस्थित हो जाता है। इस अवस्था में एण्टीरियर पिट्यूटरी से पर्याप्त मात्रा में L.H. हॉर्मोन्स का स्राव नहीं होता है जिससे ग्रेफियन फॉलीकिल्स से ओवम (ovum) टूटने नहीं पाता है। कुछ तो मादा पशु थोड़े-थोड़े दिन में ही गर्म हो जाती हैं जिससे ओवरी में कई एक छोटे-छोटे ओवम तैयार हो जाते हैं। कुछ में पशु काफी समय तक लगातार कई दिनों तक गर्म बना रहता है और नर से बराबर Mating खाती रहती है। इस स्थिति में एक बड़ा सिस्ट (cyst) अथवा कई एक छोटे सिस्ट्स ओवरी में लगे रहते हैं। इनको दूर करना आवश्यक होता है। यदि Heating period के बाद ओवम न टूट सका तो वह अण्डे के आकार का बड़ा होकर एक बड़े सिस्ट का रूप ले लेता है जिससे फिर पशु गर्म नहीं होता है। जबकि गर्म होने के अन्य लक्षण; जैसे—पूँछ उठाना, योनि की सूजन, गर्भाशय ग्रीवा का खुला होना, पूँछ का ऊपरी भाग टेढ़ा हो जाना आदि उपस्थित रहते हैं।

जैसा कि पहले ही बताया जा चुका है कि शान्त गर्मी (silent heat) या स्त्रीमदहीन ओवूलेशन (anoestrus ovulation) में कभी-कभी ओवरी से पर्याप्त मात्रा में ईस्ट्रोजन उत्पन्न (बाधा या रुकावट स्वरूप) नहीं हो पाता है जिससे पशु के बिना गर्म हुए ही ओवूलेशन हो जाता है।

कॉर्पस ल्यूटियम का लगा रहना (Persistent Corpus Luteum)—मादा पशुओं में आजकल यह स्थिति अधिक देखने को मिलती है। यह देखने में आया है कि किसी-किसी मादा पशु में बच्चा होने के बाद कॉर्पस ल्यूटियम (ओवरी में ओवम के टूटने के बाद जो निर्मित होता है) लुप्त नहीं होता, बल्कि बना रहता है। इससे पशु कई माह तक गर्म नहीं होता है।

5. जेनेटिक कारक (Genetic causes)—कुछ ऐसे घातक Factors हैं जो गर्भ को गर्भाशय में ही मार डालते हैं जिससे पशु बाँझ हो जाता है। यह देखने में आया है कि प्रसंकरण (hybridization) कराने के उपरान्त अच्छे और तेजस्वी बच्चे पैदा होते हैं पर वे अधिकतर बाँझ निकलते हैं। ऐसा ही सम प्रजनन (close breeding) कराने पर भी होता है।

6. कुपोषण (Malnutrition)—नर-मादा के प्रजननीय अंगों (reproductive organs) के विधिवत् विकास एवं उनके कार्यों हेतु पौष्टिक आहार की प्रमुखता है। सन्तुलित आहार (balanced Ration) न मिल सकने के कारण हमारे देश में लगभग 20-40% पशु प्रतिवर्ष बाँझ (sterile) हो जाते हैं। आहार में पोषक तत्व जैसे—प्रोटीन, विटामिन्स (vitamins) और खनिज पदार्थ (minerals) की कमी से पशु बाँझ हो जाते हैं। पशु आहार में विटामिन 'ई' और 'ए' की कमी हो जाने पर मादा की ओवरी पूर्ण रूप से विकसित नहीं हो पाती है जिससे वह गर्म ही नहीं होती है। प्रोटीन की कमी से शुक्र (semen) के उत्पादन में बाधा पड़ती है। कैल्शियम और फॉस्फोरस की कमी से उपजाऊपन समाप्त हो जाता है।

- यह भी देखने में आया है कि अधिक पौष्टिक आहार खिलाने तथा इसके विपरीत व्यायाम कम होने से (over fed) पशु मोटे और अधिक चर्बी वाले हो जाते हैं। ऐसे नर और मादा पशु प्रायः बाँझ हो जाते हैं। ऐसी स्थिति में नर के वृषण (testicle) और मादा के अण्डाशय (ओवरी-Ovary) में चर्बी (fats) जमा होने से उनके कार्य में रुकावट आती है।

पौष्टिक आहार की कमी से पशु को अनेक रोग दबोच लेते हैं जिसके कारण पशु अधिक दुर्बल हो जाते हैं। परिणामस्वरूप मादा गर्म नहीं होती है और नर में शुक्र-वीर्य का उत्पादन नहीं हो पाता है जिससे पशु बाँझ हो जाता है।

इसकी कमी को दूर करने के लिए पशुओं को पौष्टिक आहार देना चाहिये। जिसमें प्रोटीन, विटामिन्स और खनिज पदार्थ मिले हों, खिलाना चाहिये। बाजारों में उपलब्ध सन्तुलित आहार भी खिलाये जा सकते हैं। खनिज-पदार्थों की कमी को पूरा करने के लिए मिनमिक्स टोनोमिल्क/एग्रीमिन आदि 50 ग्राम की मात्रा में दाने में मिलाकर खिलाना चाहिए। साथ ही पशु को प्रतिदिन 50 ग्राम के हिसाब से नमक भी दें।

7. दूषित वातावरण एवं कुप्रभाव (Bad environment and faulty management)—यह हमेशा याद रखना चाहिये कि पर्याप्त तापक्रम, रोशनी और अच्छे प्रबन्ध का पशु प्रजनन पर काफी अच्छा प्रभाव पड़ता है। यदि पशु को गन्दे, अंधेरे, बिना रोशनदान के पशुशाला में रखा जाता है तो प्रजनन शक्ति प्रभावित होती है और स्वास्थ्य पर भी प्रतिकूल असर पड़ता है, जिससे उसमें अनेक प्रकार के रोग पैदा हो जाते हैं।

मादा पशुओं में बाँझपन का उपचार (Treatment of sterility in female animals)—यदि मादा पशु जवानी की अवस्था में पहुँचने पर अथवा ब्यांत के पाँच-छः माह तक गर्मी पर न आये अथवा पशु लगातार गर्मी पर आता रहे परन्तु तीन बार वीर्यदान कराने के बाद

भी गर्भधारण न करे तो इस स्थिति को बाँझपन कहते हैं। बाँझपन को दो भागों में बाँटा जा सकता है— (क) मादा पशु का गर्मी पर न आना

(ख) गर्मी पर आने के बावजूद वीर्यदान करने पर गर्भधारण न करना।

(क) मादा पशु का गर्मी पर न आना (Anoestrus)— मादा पशु जवानी की अवस्था में पहुँचने पर अथवा ब्यांत के पांच छः माह बाद गर्मी पर नहीं आता है। पशु के गर्मी पर न आने पर निम्न उपाय करने चाहिये।

(1) *पशु के जननांगों की जाँच*—मादा पशु की गुदा में हाथ डालकर जनन अंगों की जांच करनी चाहिये। जनन अंगों की जांच करने पर निम्नानुसार तथ्य सामने आ सकते हैं—

(ए) मादा जननांगों की अनुपस्थिति—बछिया/पड़िया के जननांगों की जाँच करने पर मालूम हो सकता है कि पशु के सभी जननअंग अनुपस्थित हैं अथवा पशु के दोनों डिम्बाशय अनुपस्थित हैं। यह स्थाई बाँझपन की अवस्था है, इसका कोई इलाज नहीं है।

(बी) मादा पशु गर्भित हो—कई बार पशु गर्भित होता है तथा पशु पालक यह समझता है कि उसका पशु गर्मी पर नहीं आ रहा है।

(सी) छोटे गोल तथा चिकने डिम्बाशय—सामान्य स्थिति में डिम्बाशय बादाम के आकार के होते हैं। कभी-कभी डिम्बाशय छोटे गोल तथा चिकने (मटर जैसे) हो जाते हैं। ऐसी स्थिति में डिम्बाशय पर फॉलीकिल का निर्माण नहीं होता है। इस अवस्था में ईस्ट्रोजन हारमोन की कमी के कारण पशु गर्मी पर नहीं आता है। यह अवस्था पशुओं को पोषक तत्वों की पूर्ति की कमी के कारण होती है। इसके इलाज के लिये पशुओं को पोषक तत्वों की पूर्ति की जाती है। कृपया इलाज के लिये पोषक तत्त्वों की कमी का इलाज देखिये।

(डी) डिम्बाशय पर कारपस ल्यूटियम का स्थाई होना—डिम्बाशय पर फालीकल टूटने के स्थान पर कारपस ल्यूटियम का निर्माण होता है। यदि पशु गर्भधारण नहीं करता है तो गर्भाशय की दीवारों से निकलने वाले हारमोन प्रोस्टाग्लाण्डिन के प्रभाव से कारपस ल्यूटियम सिकुड़ जाता है तथा पिट्यूटरी ग्रन्थि से निकलने वाले हॉरमोन FSH के प्रभाव से नये ऋतु चक्र का प्रारम्भ होता है। कभी-कभी गर्भाशय की दीवारों से प्रोस्टाग्लाण्डिन हॉरमोन न निकलने के कारण कारपस ल्यूटियम सिकुड़ता नहीं है, स्थाई हो जाता है। इस स्थिति में पशु गर्मी पर नहीं आता है। स्थाई कारपस ल्यूटियम को पहचानने के लिये दस दिन बाद पुनः जिस डिम्बाशय पर कारपस ल्यूटियम था उसे जाँचा जाता है। दस दिन बाद भी यदि कारपस ल्यूटियम वैसा ही है, तो इसे स्थाई कारपस ल्यूटियम कहा जाता है। इसके इलाज के लिये निम्न में से किसी एक दवा का प्रयोग करना चाहिये—

I. **क्लोप्रोस्टीनोल सोडियम** (Cloprostenol Sodium)—*मात्रा*—गाय, भैंस व घोड़ी 2 मिली.; भेड़-बकरी 1 मि.ली. मांस में; जैसे- क्लोस्टीनोल (Clostenol -*Zydus AHL*), ईस्ट्रूमेट (Estrumate -*MSD*), ईस्ट्रूशोट (Estrushot -*Novartis*), प्रैग्मा (Pragma -*Intas*), प्रीगोवा (Pregova -*Virbec*), प्रोस्टानोल (Prostanol -*vetquinol*), रिप्रैग्ना (Repregna -*Vet mankind*), सिनक्रोमेट (Synchromate -*Prime vetcare*)।

II. **डाइनोप्रोस्ट** (Dinoprost): मात्रा- गाय, भैंस 50 मि.ली.; घोड़ी 1.0 मि. ली. मांस में (I/M); जैसे- ल्यूटालाइज (Lutalyse -*Merial*)।

(ई) *ल्यूटियल सिस्ट की उपस्थिति*—किसी भी डिम्बाशय पर फॉलीकल के परिपक्व होने पर ल्यूटीनाइजिंग हॉरमोन के प्रभाव से फालीकिल टूटता है तथा कारपस ल्यूटियम का निर्माण होता है। कभी-कभी ल्यूटीनाइजिंग हारमोन की मात्रा इतनी कम होती है कि LH फॉलीकल को तोड़ नहीं पाता है, परन्तु फालीकल की दीवार को मोटा कर देता है। इस स्थिति को ल्यूटियल सिस्ट कहते हैं।

इस स्थिति में पशु एक बार गर्मी में आकर फिर गर्मी में नहीं आता है। इसका इलाज निम्न प्रकार है—

I. **गोनेडोट्रोफिन रिलीजिंग हारमोन** (GnRH)—निम्न में से कोई एक प्रयोग करें—यह पिट्यूटरी को गोनोडोट्रोफिन हॉरमोन; जैसे—FSH तथा LH निकालने को उत्तेजित करता है।

(i) ब्यूसेरेलीन (Buserelin): मात्रा—गाय/भैंस - 5 ml; घोड़ी 10 ml, मांस या शिरा में (I/M or I/V) 0.0042 mg/ml injection;जैसे—गाइनारिच (Gynarich - *Intas*), ओल्यूलैन्टा (Ovulanta - *Vet Mankind*), प्रेगूलेट (Pregulate - *Virbac*), रिसैप्टाल (Receptal - *MSD*), जाइड्रारेलीन (Zydrarelin - *Zydus*)।

(ii) गोनाडोरेलीन (Gonadorelin): गाय/भैस 100 mcg I/M or I/V; जैसे—फर्टेजिल (Fertagyl - *MSD*), फर्टीलिन (Fertilin - *Vetoquinol*) 50 mcg/ml ।

II. **ल्यूटीनाइजिंग हारमोन** (LH)—निम्न में से कोई एक प्रयोग करें—

(i) *ह्यूमन कोरिओनिक गोनाडोट्रोफिन (hCG) हॉरमोन*—इसका असर LH हॉरमोन की तरह होता है। मात्रा गाय/भैंस घोड़ी 1500-3000 I.U. भेड़; बकरी 100 I.U. मांस में; जैसे— कोरूलोन (Chorulon - *MSD*), फौलीसोन (Folyson - *IIL*)।

(ii) ल्यूटीनाइजिंग हॉरमोन (LH): मात्रा—गाय, भैंस, घोड़ी 25 mg मांस में; जैसे—ल्यूट्रोपिन-V (Leutropin-V-*Vetre Pharma Inc*)।

III. **प्रोस्टाग्लैण्डिन हारमोन**—यह हारमोन कारपस ल्यूटियम को सिकोड़ता है। निम्न में से किसी एक का प्रयोग करें।

(i) क्लोप्रोस्टीनोल सोडियम (Cloprostenol Sodium)—*मात्रा*—गाय, भैंस व घोड़ी 2 मिली.; भेड़-बकरी 1 मि.ली. मांस में; जैसे- क्लोस्टीनोल (Clostenol -*Zydus AHL*), ईस्ट्रूमेट (Estrumate -*MSD*), ईस्ट्रूशोट (Estrushot -*Novartis*), प्रैग्मा (Pragma -*Intas*), प्रीगोवा (Pregova -*Virbec*), प्रोस्टानोल (Prostanol -*vetquinol*), रिप्रैग्ना (Repregna -*Vet mankind*), सिनक्रोमेट (Synchromate -*Prime vetcare*)।

(ii) डाइनोप्रोस्ट (Dinoprost): मात्रा- गाय, भैंस 50 मि.ली.; घोड़ी 1.0 मि. ली. मांस में (I/M); जैसे- ल्यूटालाइज (Lutalyse -*Merial*)।

2. पेट में कीड़े होना—पेट में कीड़े होने से पशु कमजोर रहता है, जिसके कारण पशु के रक्त में पोषक-तत्त्वों की कमी बनी रहती है। पोषक-तत्त्वों की कमी की वजह से पशु गर्मी पर नहीं आता है। इसके लिये पशु को राल्बैन्डा जोल या फैनबैन्डाजोल की दवा देना चाहिये।

3. पोषक तत्वों की कमी—पशुओं को सन्तुलित आहार न मिलना गर्मी पर न आने का एक महत्वपूर्ण कारण है। पशुओं के आहार में प्रोटीन, विटामिन्स तथा खनिज लवणों का होना पशु

के गर्मी पर आने के लिये आवश्यक होता है। पोषक तत्वों की कमी दूर करने के लिये निम्न उपाय करने चाहिये—

(ए) जीवन निर्वाह हेतु गाय को 1.0 किग्रा. तथा भैंस को 1.5 किग्रा. सन्तुलित पशु आहार तथा दुग्ध उत्पादन के लिये गाय को प्रति 3.0 किग्रा. दुग्ध उत्पादन पर 1.0 किग्रा. सन्तुलित पशु आहार तथा भैंस को 2.5 किग्रा. दूध उत्पादन पर 1.0 किग्रा. सन्तुलित पशु आहार देना चाहिये।

(बी) गाय तथा भैंस को शरीर निर्वाह हेतु 25 ग्राम खनिज लवण मिश्रण तथा प्रति किलो दुग्ध उत्पादन पर 5 ग्राम खनिज लवण मिश्रण देना चाहिये जैसे एग्रीमिन, टोनोमिल्क, मिल्क मिन।

(सी) पशु ब्यांत के बाद विटामिन ए तथा D_3 के लिये बीटा ब्लैण्ड AD_3, 5 gm रोज देना चाहिये।

4. ऋतु के लक्षणों में कमी—पशु का ऋतु चक्र सामान्य रहता है। पशु प्रत्येक 21 दिन बाद गर्मी पर आता है। पशु के गर्मी के लक्षण जैसे जोर-जोर से रम्भाना न होने के कारण पशु पालक को पशु की गर्मी का पता नहीं चल पाता है। हमारे देश में यह स्थिति बहुत अधिक है। पशुपालकों को पशु के गर्मी के अन्य लक्षण; जैसे—योनि मुख से चिकना स्राव निकलना (तोड़ा डालना), पशु का दूध निकालने के बाद थनों में दूध भर जाना, पशु का चारा प्रोस्टाग्लैण्डिन के इंजेक्शन; जैसे—क्लोप्रोस्टीनोल सोडियम अथवा डाइनोपोस्ट (विवरण पृ. 697 पर) लगाना चाहिये। इससे पशु तीसरे या चौथे दिन गर्मी पर आ जाता है। यदि पशु गर्मी पर न आये तो दसवें दिन पुनः प्रोस्टाग्लेण्डिन के इंजेक्शन लगाना चाहिये तथा चौथे दिन पशु को वीर्यदान कर देना चाहिये।

(ख) पशु को तीन बार वीर्यदान करने पर भी गर्भित न रहना (Repeat Breeding)

यदि पशु तीन बार वीर्यदान करने पर भी गर्भित नहीं रहता है अर्थात् पुनः गर्मी पर आता है, तो इस स्थिति के निम्न कारण हो सकते हैं—

1. मादा जनन अंगों (डिम्बाशय को छोड़कर) का न होना (Absence of female reproductive organs except ovary)—यदि डिम्बाशय को छोड़कर कोई भी मादा जनन अंग अनुपस्थित है तो पशु प्रत्येक 21 दिन बाद गर्मी पर आता है। यदि ऐसे पशु को वीर्यदान कराया जाय तो शुक्राणु व अण्डाणु का मिलन न होने के कारण पशु गर्भित नहीं रहता है। इस स्थिति का इलाज सम्भव नहीं है।

2. रजवाहिनी में रुकावट (Obstruction in oviduct)—यदि रजवाहिनी में जन्म से रुकावट है या रजवाहिनी में संक्रमण होने से रुकावट आ गई है तो रज व शुक्राणु का मिलन न होने के कारण पशु गर्भधारण नहीं करता है। जन्म से रज वाहिनी की रुकावट का कोई इलाज नहीं है, जबकि रज वाहिनी की सूजन में एण्टीबायोटिक का प्रयोग करना चाहिये।

3. रजस्खलन की समस्या (Ostrus problems)—सामान्यतया गायों में गर्मी की अवस्था 24 घण्टे तथा भैंसों में गर्मी की अवस्था 36 घण्टे रहती है। गाय तथा भैंसों में रजस्खलन गर्मी समाप्त होने के 8-12 घण्टे बाद होता है। पशु को गर्मी पर आने के लगभग 8-12 घण्टे बाद वीर्यदान करने से गर्भधारण की सम्भावना अधिक रहती है। कभी-कभी रजस्खलन गर्मी समाप्त होने के 12 घण्टे बाद से भी देर से होता है अथवा पशुओं में गर्मी की अवस्था 48-72 घण्टे हो जाती है। ऐसी स्थिति में शुक्राणु रज का इन्तजार करते-करते मर जाते हैं तथा गर्भधारण नहीं हो पाता है। इसके लिए

गर्मी की अन्तिम अवस्था में वीर्यदान करना चाहिये तथा वीर्यदान करने के 12 घण्टे बाद पशु की गर्मी समाप्त हो जानी चाहिये अन्यथा पुनः वीर्यदान करना चाहिये।

4. डिम्बाशय पर फौलीकुलर सिस्ट होना (systic ovary)—LH हॉरमोन की कमी की वजह से परिपक्व फालीकल टूटता नहीं है। परिपक्व फालीकल के कई दिन तक रहने से पशु कई दिन तक गर्मी में रहता है। कभी-कभी डिम्बाशय पर कई फालीकल विकसित हो जाने से डिम्बाशय का आकार बड़ा हो जाता है। इस स्थिति का इलाज निम्न प्रकार से किया जाता है—

(ए) *गोनेडोट्रोफिन रिलजिंग हारमोन* (GnRH) निम्न में से कोई एक प्रयोग करें।

(I) ब्यूसेरेलीन (Buserelin): मात्रा—गाय/भैंस – 5 ml; घोड़ी 10 ml, मांस या शिरा में (I/M or I/V) 0.0042 mg/ml injection;जैसे—गाइनारिच (Gynarich - *Intas*), ओल्यूलैन्टा (Ovulanta - *Vet Mankind*), प्रेगूलेट (Pregulate - *Virbac*), रिसैप्टाल (Receptal - *MSD*), जाइड्रारेलीन (Zydrarelin - *Zydus*) I

(II) गोनाडोरेलीन (Gonadorelin): गाय/भैंस 100 mcg I/M or I/V; जैसे—फर्टेजिल (Fertagyl - *MSD*), फर्टीलिन (Fertilin - *Vetoquinol*) 50 mcg/ml I

(बी.) *ल्यूटीनाइजिग हॉरमोन* (LH)—निम्न में से कोई एक प्रयोग करें—

(I) *हयूमन कोरिओनिक गोनाडोट्रोफिन (hCG) हॉरमोन*—इसका असर LH हॉरमोन की तरह होता है। मात्रा गाय/भैंस घोड़ी 1500-3000 I.U. भेड़; बकरी 100 I.U. मांस में; जैसे— कोरूलोन (Chorulon - *MSD*), फौलीसोन (Folyson - *IIL*) I

(II) ल्यूटीनाइजिंग हॉरमोन (LH): मात्रा—गाय, भैंस, घोड़ी 25 mg मांस में; जैसे—ल्यूट्रोपिन-V (Leutropin-V-*Vetre Pharma Inc*) I

5. *प्रोजेस्ट्रोन हॉरमोन की कमी*—रजवाहिनी में भ्रूण का निर्माण होने से चार पांच दिन बाद भ्रूण गर्भाशय सींग में आता है। प्रोजेस्ट्रोन के प्रभाव से गर्भाशय की ग्रन्थियों से एक स्राव निकलता है, जिसे गर्भाशय का दूध कहते हैं। इसी गर्भाशय के दूध से भ्रूण विकसित होता है तथा लगभग 40 दिन में गर्भाशय की दीवार से जुड़ता है। कभी-कभी प्रोजेस्ट्रोन हॉरमोन की कमी की वजह से गर्भाशय का दूध कम निकलता है तथा भ्रूण का गर्भाशय से जुड़ाव नहीं हो पाता है तथा भ्रूण बाहर निकल जाता है। इस स्थिति से बचाव के लिये पशु को वीर्यदान करने के 40 दिन बाद से दस दिन के अन्तराल पर प्रोजेस्ट्रोन हॉरमोन मांस में पाँच इंजेक्शन लगाने चाहिये; जैसे- हाइड्रोक्सीप्रोजेस्ट्रोन कैप्रोएट: मात्रा—गाय और भैंस 500 mg वीर्यदान के 40 दिन बाद तक; इसके बाद हर दसवें दिन के अन्तराल से कुल पाँच इंजेक्शन लगाने चाहिये। कोमशोट (Comshot - *Novartis*), ड्यूराप्रोजेन (Duraprogen -*Cargil*), पीडिपोट (P-Depot -*Zydus AHL*) 250 mg/ml. I

6. गर्भाशय की सूजन—पशुओं में रिपीट ब्रीडिंग का यह बड़ा कारण है। यदि गर्भाशय में ज्यादा सूजन है तो गर्भाशय में उपस्थित जीवाणु वीर्यदान से आये शुक्राणुओं को मार डालते हैं तथा शुक्राणु रजवाहिनी में नहीं पहुँच पाते हैं, जिसके कारण रज व शुक्राणु का मिलन नहीं होता है तथा पशु गर्भधारण नहीं करता है। कभी-कभी गर्भाशय में कम सूजन होने पर कुछ बचे शुक्राणु रजवाहिनी में पहुँचकर रज का फलीकरण करते हैं। लगभग चार दिन बाद जब भ्रूण गर्भाशय में पहुँचता है, तो अकेले भ्रूण को शुक्राणु मार डालते हैं। कहने का तात्पर्य यह है कि यदि गर्भाशय में थोड़ा भी संक्रमण है, तो पशु गर्भित नहीं रह पाता है अर्थात् बार-बार गर्मी पर आता है।

गर्भाशय में संक्रमण अधिक होने पर पशु के गर्मी पर आनेवालातोड़ा सफेद-रंग का दुर्गन्ध युक्त होता है। परन्तु, गर्भाशय में संक्रमण कम होने पर गर्मी पर आये पशु की योनि मुख से निकलने वाला तोड़ा गर्मी समाप्त होने तक पतला ही रहता है। गर्भाशय की सूजन का इलाज करने वाले कुछ पशुचिकित्सक पशु को वीर्यदान करने के एक घण्टे पहले एण्टीबैक्टीरियल दवा गर्भाशय में छोड़ते हैं। हो सकता है इस प्रक्रिया से कुछ सफल परिणाम प्राप्त हुये हों फिर भी यह प्रक्रिया उचित नहीं है, क्योंकि ज्यादातर एण्टीबैक्टीयिल दवायें शुक्राणुओं को भी मार डालती हैं। यदि गर्भाशय में संक्रमण अधिक है तो पशु के गर्मी पर आने पर तीन दिन तक कोई मैट्राइसिस वाली एण्टीबैक्टीरियल दवा गर्भाशय में छोड़ी जाय। पशु के अगले बार गर्मी पर आने पर वीर्यदान किया जाय। यदि गर्भाशय में संक्रमण कम है, तो कोई भी मीट्राइटिस वाली एन्टीबैक्टीरियल दवा कृत्रिम वीर्यदान करने के एक घण्टे बाद छोड़ी जाय तथा इसी दवा को दूसरे तथा तीसरे दिन गर्भाशय में पुनः छोड़ा जाय। वीर्यदान करने के 8-10 मिनट बाद शुक्राणु रजवाहिनी में पहुँच जाते हैं तथा भ्रूण गर्भाशय में वीर्यदान करने के चार दिन बाद आता है। अतः कृत्रिम वीर्यदान के एक घण्टे बाद, दूसरे दिन तथा तीसरे दिन गर्भाशय में एन्टीबैक्टीरियल दवा छोड़ने से शुक्राणुओं अथवा भ्रूण पर कोई विपरीत प्रभाव नहीं पड़ता है।

बाँझपन का नर पशुओं में उपचार (Treatment of sterility in male animals)—बाँझपन (Sterility) के लिए नर-पशु (साँड़) भी उत्तरदायी है। इनमें काम शक्ति क्षीण हो जाती है। काम वासना समाप्त हो जाती है और उनके वीर्य में स्पर्म (Sperm) की गुणवत्ता कम हो जाती है जिससे उनका वीर्य गर्भाधान के योग्य नहीं रहता है। ऐसी स्थिति में निम्न चिकित्सा करनी चाहिये—

- स्पीमन फोर्ट (Speman forte) 10 टिकिया दिन में दो बार।
- टेन्टेक्स फोर्ट (Tentex forte) 10 टिकिया दिन में दो बार।
- फोर्टेज (Fortage) 10 दिन में दो बार 15 दिन तक तत्पश्चात् 10 दिन में एक बार एक माह तक। अथवा सेक्सोम (Sexome) 30-35 ग्राम प्रतिदिन दो माह तक।
- **साँड़ों में काम इच्छा की स्थिति में**—सन्तुलित एवं भरपेट चारा-दाना दें। वर्ष भर हरे चारे की व्यवस्था, शार्क लिवर ऑयल 30-50 मि.ली. प्रतिदिन, व्यायाम (टहलना), मौसम के कुप्रभाव से रक्षा आदि के साथ-साथ गोनेडोट्रोफिन्स (Gonado trophins) तथा टैस्टोस्टेरोन (Testosterone) चिकित्सा लाभकर होती है।
- **वीर्य में शुक्राणु न होने की स्थिति में**—विटामिन 'ए' की भरपूर मात्रा का प्रयोग करें। यदि ज्वर हो तो उसकी चिकित्सा करें। वीर्य में शुक्राणुओं की संख्या बहुत कम होना—प्रोटीन, विटामिन 'ए' तथा फॉस्फोरस की कमी होना होता है। अतः ऐसी स्थिति में पशु को उचित मात्रा में प्रोटीन मिनरल्स तथा विटामिन 'ए' की आपूर्ति की जाती है। एवं वीर्य संकलन (semen collection) 3-4 दिन के अन्तर पर तथा फोर्टेज (Fortage) 10-20 गोली दिन में दो बार 15 दिन तक खिलानी चाहिये।
- ऐसे साँड़ जिनके वीर्य में स्पर्म बिल्कुल मृत अवस्था में हों, उनकी चिकित्सा में—सन्तुलित आहार की आपूर्ति, विटामिन 'ए' चिकित्सा, डाईक्रिस्टामीन या टेरामाइसीन मांसपेशीगत (I.M.) 5-6 दिन तक, फोर्टेज 10-20 गोली दिन में दो बार 15 दिन तक व्यवस्था लाभकर होती है। साथ ही मौसम के कुप्रभाव से रक्षा और साँड़ शाला की उचित व्यवस्था।

- साथ ही साँड़ की जननेन्द्रिय से सम्बन्धित अन्य रोगों की चिकित्सा रोगों के अनुसार करनी चाहिये।

नोट–चिकित्सकों की राय है कि साँड़ों में लिंग दुर्बलता, कम वीर्य उत्पादन एवं असामान्य वीर्य उत्पादन की स्थिति में सेक्सोम (Sexome) निर्माता–'इण्डियन हर्वस'-50 ग्राम प्रतिदिन 40 दिन तक देने से अच्छा लाभ मिलता है।

पशुपालकों के लिए आवश्यक सुझाव (Suggestions)

- जो मादा पशु नियमित रूप से ऋतु (Heat) में आती है, पर गर्भधारण नहीं करती है, उनकी भली-भाँति पशु चिकित्सा अधिकारी से जाँच करायें।
- गर्म पशु को 12 से 30 घण्टे के भीतर गर्भित कराने ले जायें।
- विदेशी एवं क्रास बेड गायें अधिक काल तक गर्म रहती हैं अतः उन्हें 12 घण्टे के अन्तराल पर 2-3 बार गर्भित (Inseminated) करायें।
- **चिकित्सकों की राय बाँझपन के सम्बन्ध में**—विटाटोन तरल–मवेशी और घोड़ों को 1 से 5 मि.ली.; बछड़ा, भेड़ और बकरी को 0.5-2 मि.ली. एवं कुत्ते को 0.25-1 मि. ली. दिन में एक से दो बार पिलाने से नर पशु शक्तिशाली होता है। इसके साथ वयस्क घोड़े एवं साँड़ को 10-15 मि.ली. मांस में इन्जेक्शन हर 4 से 12 माह पर कुल 3-6 इन्जेक्शन लगाये जायें।

  विटामिन 'ई' पाउडर (मर्क कं.) मादा एवं नर पशुओं को 5-10 मि. ग्रा. चारा में मिलाकर दिन में 2-3 बार खिलावें। इसके अतिरिक्त विटाब्लेन्ड 20 ग्राम 100 किलोग्राम चारे में मिलाकर खिलाते रहें। इससे विटामिन सी और डी$_3$ की कमी की पूर्ति हो सके। टी. एम. 5 आवश्यक मात्रा में 5% चारा में मिलाकर खिलाना भी लाभदायक होता है। मादा पशु को विटामिन 'ई' पर्याप्त मात्रा में खिलाना आवश्यक है।

संक्षेप में नर और मादा को भली प्रकार जाँचने के बाद उनमें जो विकृतियाँ हों, उनकी चिकित्सा करें। तब पशुओं को स्वस्थ एवं हृष्ट-पुष्ट नर जानवरों से मिलायें या कृत्रिम विधि से गर्भाधान करायें।

बाँझ गायों से दूध प्राप्त करना (Gaining milk from sterile cows)

अब ऐसे अनेक साधन निकल आये हैं जिनके द्वारा उपचार करने से बाँझ पशुओं को भी दूध देने योग्य बनाया जा सकता है। इसके लिए एक बाँझ पशु को 27 दिनों का कोर्स कराया जाता है, जो निम्न प्रकार से है—

पहले दिन (1st day)—इन्जे. बेटनीसोल (Inj. Betnisol) दो मि.ली. मांसपेशीगत (I.M.)।

दूसरे और तीसरे दिन (On 2nd or 3rd day)—इन्जे. बेटनीसोल 2 मिली. मांसपेशीगत (I.M.)।

चौथे दिन से लेकर दसवें दिन तक (4th to 10th day)—(क) ईस्ट्रोजन + प्रोजेस्टेरोन का मिश्रित इंजेक्शन प्रायः सायं I/M दें। एक दिन की मात्रा का हिसाब लगाकर इसे 2 भागों में बाँटकर प्रायः सायं बराबर भागों में दें।

प्रत्येक पशु को प्रति किलो शरीर भार पर 0.1 मि. ग्रा. ईस्ट्रोजन और 0.25 मि. ग्रा. प्रोजेस्टेरोन प्रतिदिन के हिसाब से देना पड़ता है। इसके अनुसार 7 दिन तक के लिए दवा की मात्रा का हिसाब

लगा लें एवं ईस्ट्रोजन और प्रोजेस्टेरोन को लगभग 7 मि. ली. रिडिस्टिल्ड अल्कोहल में घोल लें। इसके बाद प्रतिदिन की आवश्यकतानुसार दवा की मात्रा इंजेक्शन द्वारा S/C दें। इंजेक्शन की जगह हल्का-सा मल दें।

ग्यारहवें दिन से 23वें दिन तक लगातार—उपरोक्त चिकित्सा से अयन बढ़ने लगता है और थनों में दूध भरने लगता है। इस दूध को दुहना नहीं चाहिये। इन दिनों कोई इंजेक्शन नहीं दिया जाता है, केवल अयन की वृद्धि आदि को ही देखा जाता है।

24वें दिन से लेकर 26वें दिन तक—इंजेक्शन लार्जेक्टिल (Inj. Largactil) 100 मि. ली. I/M रूप में।

27वें दिन—पशु का दूध दुहना आरम्भ कर दें। पहले तीन दिन तक दूध का प्रयोग न करें, क्योंकि यह दूध कभी-कभी थक्के जैसा होता है। साथ ही स्वाद भी खराब होता है। लगभग 40 से 50 दिन में पशु अधिकतम दूध पर आ जाता है।

यदि पशु में कोई खराबी या बीमारी नहीं है तो पशु लगभग 300 दिन तक दूध दे सकता है।

आवश्यक निर्देश—

- जिस दिन से उपचार प्रारम्भ किया जाय, उसी दिन से पशु के अयन की दो बार मालिश करें तथा हल्के गुनगुने पानी से धोयें। ऐसा करने से अयन बढ़ता है। गर्मी के दिनों में ठंडे पानी से और सर्दी के दिनों में गर्म पानी से धोयें।
- चिकित्सा काल के दौरान यदि पशु में गर्मी (heat) के लक्षण दिखायी दें, तो उसे हरगिज गर्भाधान न करायें।

नोट— सही ईस्ट्रोजन और प्रोजेस्टेरोन आप निम्न पते पर उचित कीमत पर मँगा सकते हैं—
श्री एम. वी. एन राव/श्री पी. वी. शर्मा/ श्री ए. ए. भट्टी/श्री पी. ए. शर्मा
(पशु पोषण एवं शरीर क्रिया विज्ञान विभाग)
आई. डी. आर. आई., करनाल, (हरियाणा)।
अथवा
ईस्ट्रोजन और प्रोजेस्टेरोन एम. एस. सिगमा केमिकल कं. से प्राप्त किया जा सकता है।

मात्रानुसार चिकित्सा एक दृष्टि में (200 किलो शरीर भार की गाय के लिये)—

- बेटनीसोल दो मि.ली. I/M तीन दिन तक।
- ईस्ट्रोजन + प्रोजेस्टेरोन—चौथे से 10वें दिन तक S/C विभाजित मात्रा में प्रातः-सायं।
  ईस्ट्रोजन—20 मि. ग्रा. × 7 = 140 मि. ग्रा.
  प्रोजेस्टेरोन—50 मि. ग्रा. × 7 = 350 मि. ग्रा.।
  एब्सोलूट रिडिस्टिल्ड एल्कोहल (Ethanol Brand)—7 मि. ली.
- लार्जेक्टिल 100 मि. ग्रा./ I/M × 3 दिन (24वें से 26वें दिन)।

हॉर्मोन इन्जेक्शनों से पशुओं का दूध दुहना—पशुओं में बाँझपन का आधुनिक कारण—गाय, भैंस पालकों का प्रिय इंजेक्शन ऑक्सीटोसिन (Oxytocin) एक ऐसी औषधि है जो मादा जाति के हॉर्मोन से बनाई जाती है। प्रसव के समय वही सुई महिलाओं को दी जाती है जिससे प्रसव होने

में कठिनाई नहीं होती। फलतः शिशु का जन्म अति शीघ्र हो जाता है और जब यही सुई गाय-भैंस को दी जाती है तो वह बच्चे के बदले दूध ही बाहर निकालने को मजबूर हो जाती हैं और पशुपालक आसानी से दूध दुह लेता है। लेकिन पशुपालक को यह पता नहीं कि यह दूध पीने से आम लोगों पर विशेषकर छोटे बच्चों के स्वास्थ्य पर कितना बुरा असर पड़ता है।

ऑक्सीटोसिन की बनावट में जिस हॉर्मोन का उपयोग किया जाता है, वह भविष्य में अनेक बीमारियों को जन्म देता है। टॉक्सिन जो विष होता है, उसका प्रभाव सीधे पशु की आँखों पर पड़ता है जिसके कारण उसे भविष्य में कैंसर जैसे भयंकर रोगों का शिकार होना पड़ता है।

इसके अतिरिक्त बार-बार यह इंजेक्शन देने से भविष्य में वह पशु बच्चे पैदा करने की शक्ति खो देता है। फलतः उस पशु की गिनती बाँझपन में होने लगती है। अतः तब लाचार होकर पशुपालक उसे कसाई के हाथों बेचने को मजबूर हो जाता है। अतः पशुपालक अपनी चन्द दिनों की खुशहाली के लिए इंजेक्शन का उपयोग न करें। इससे पशुओं की बलि तो होती ही है साथ ही हमारा और हमारे बच्चों के स्वास्थ्य पर भी इसका बुरा प्रभाव पड़ता है।

पशु के बछड़े की मृत्यु होने पर ऑक्सीटोसिन का उपयोग—किसी कारणवश यदि गाय/भैंस के बच्चे की मृत्यु हो जाती है, तो पशु दूध दुहने नहीं देता है। इसका कारण यह है कि गाय/भैंस के बच्चे की मृत्यु का सदमा पशु को लगता है। पशु को सदमा लगने/दुख होने से एड्रीनेलीन हारमोन निकलता है, जिसके कारण नैसर्गिक रूप से निकलने वाला ऑक्सीटोसिन हारमोन नहीं निकलता है। परिणामस्वरूप गाय/भैंस दूध नहीं उतारती हैं। परेशान होकर पशु पालक ऑक्सीटोन इंजेक्शन लगाकार गाय/भैंस से दूध निकालता है। वास्तव में देखा जाय तो यह पशुओं पर क्रूरता है। पशुओं में लगातार ऑक्सीटोसिन प्रयोग करने से पशु को ऑक्सीटोन इंजेक्शन लगाकर दूध देने की आदत पड़ जाती है। जिन पशुओं को ऑक्सीटोसिन इंजेक्शन का प्रयोग किया जाता है वे समय से गर्मी पर नहीं आते हैं। यदि पशु गर्मी पर आता है तो वीर्यदान करने पर गर्भधारण नहीं करता है। पशु के बछड़े की मृत्यु होने पर पशु पालक को निम्न बातें अपनानी चाहिये—

1. पशु से प्यार भरा व्यवहार अपनायें। पशु को डरायें अथवा पीटें नहीं।
2. पशु को उसके पसन्द का हरा चारा/दाना भरपूर मात्रा में दें।
3. पशु को भरपूर मात्रा में शुद्ध पानी दें।
4. पशु को दूध निकालने से एक घण्टा पूर्व सीडोरिव इंजेक्शन ट्राइफ्लूप्रोमेजीन (Triflupromazine); जैसे—सीक्विल 5 मि. ली. मांस में सुबह-शाम, 5-7 दिन तक लगायें (पशुचिकित्सक की सलाह अनुसार)।
5. पशु को हर्बल सीडेरिव वैटकाम 45 ग्राम या 300 मि.ली. दूध निकालने से एक घण्टे पहले सुबह-शाम तीन दिन तक, उसके बाद 30ग्राम या 200 मि.ली. अगले तीन दिन तक तथा उसके पश्चात् 15 ग्राम या 100 मि.ली. सुबह-शाम लगभग एक माह तक दें।
6. पशु के अयन की लिनीमैन्ट टरपैन्टाइन या स्वैनिल तेल को बराबर मात्रा में सरसों के तेल में मिलाकर सुबह शाम मालिस करें।

उपरोक्तानुसार व्यवस्था करना बड़े धैर्य का कार्य है, परन्तु उपरोक्तानुसार व्यवस्था करने से सफलता मिलती है।

11. पोषक तत्वों के अभाव रोग (Nutrient Deficiency Diseases)

पशुओं को जिन वस्तुओं को खिलाया जाता है उनका शरीर में आत्मीकरण होने के बाद कुछ ऐसे तरल पदार्थों की सृष्टि होती है उन्हें पोषक तत्व (nutrients) कहते हैं। इन पदार्थों से शरीर को काम करने की शक्ति मिलती है, शरीर में टूटी-फूटी कोशिकाओं (सेल्स-Cells) की मरम्मत होती है। शरीर गर्म रहता है और शरीर की समस्त आन्तरिक जीवन क्रियाओं का नियंत्रण और नियमन होता है साथ ही शरीर का समुचित विकास तथा वृद्धि (development) होता है।

इन पोषक तत्वों को प्रोटीन, कार्बोहाइड्रेट, वसा, जल, विटामिन्स तथा खनिज लवण कहते हैं। इनसे ही शरीर का निर्माण होता है एवं इनकी कमी या अभाव से शरीर अस्वस्थ हो जाता है। और शरीर का ढाँचा बिगड़ जाता है। इनकी अधिकता भी खराब है।

1. प्रोटीन (Proteins)

इसका निर्माण कार्बन, हाइड्रोजन, आक्सीजन तथा नाइट्रोजन तत्वों से होता है। इसमें गंधक और फॉस्फोरस भी पाये जाते हैं।

प्रोटीन के शरीर में कार्य

- शरीर के तन्तुओं की वृद्धि करती है।
- नई कोशिकाओं का निर्माण एवं टूटी-फूटी कोशिकाओं की मरम्मत तथा पुनर्जनन।
- पाचक रस, हॉर्मोन्स तथा एन्जाइम्स का शरीर में बनाना।
- ऑक्सीजन शोषित करने में सहायता।
- शरीर में आवश्यकतानुसार गर्मी उत्पन्न करना।
- शरीर की रचना एवं वृद्धि के लिए आवश्यक।

इसके अभाव से

- शरीर रचना एवं वृद्धि अवरुद्ध हो जाती है।
- दूध की मात्रा में कमी।
- इसलिये पशु को प्रोटीन युक्त पदार्थ खिलाना चाहिये।

इसकी अधिकता से

इससे शरीर में अधिक यूरिया का निर्माण होकर गुर्दे में जमा होकर शरीर में विष फैला देता है जिससे खतरा उत्पन्न हो जाता है।

इसलिये पशु को प्रोटीन युक्त पदार्थ आवश्यकता से अधिक न खिलावें।

प्राप्ति के साधन

1. **वानस्पतिक प्रोटीन**—विशेषकर दाल जातीय अनाजों से। गेहूँ और मकई में कुछ।
2. **प्राणिज प्रोटीन**—जानवरों के मांस, मछली, अण्डा से। दूध में भी मिलती है।

2. कार्बोहाइड्रेट (Carbohydrate)

यह कार्बन, हाइड्रोजन और ऑक्सीजन के संयोग से बनते हैं।

कार्बोहाइड्रेट के शरीर में कार्य

- शरीर में काम करने की शक्ति मिलती है।
- शरीर को गर्म रखते हैं।
- आन्त्र के कार्यों को बढ़ाता है।
- प्रोटीन के क्षय/विखण्डन (destruction) को घटाता है।
- अधिक कार्बोहाइड्रेट यकृत या मांसपेशियों में ग्लाइकोजन के रूप में जमा हो जाता है और आवश्यकता पड़ने पर फिर रक्त में मिल जाता है।

यह स्टार्च (माँड़ी), शर्करा (Sugar) और सेल्यूलोज—इन यौगिक रूपों में मिलता है।

1. **स्टार्च** (Starch)—चावल, गेहूँ, मक्का, ज्वार, बाजरा तथा आलू से मिलता है। पानी में घुलनशील।

2. **शर्करा** (Sugar)—गन्ना, गुड़, चीनी, शहद, दूध एवं मीठे फलों से। पानी में घुलनशील।

3. **सेल्युलोज** (Cellulose)—साग में मिलता है। पानी में नहीं घुलता।

इसके शरीर में अभाव से

- शारीरिक शक्ति का ह्रास एवं कमजोरी आती है।
- शरीर की गर्मी कम।
  - ऐसी स्थिति में कार्बोहाइड्रेट युक्त पदार्थ खिलावें।
  - शक्तिहीनता की हालत में ग्लूकोज या डैक्सट्रोज अथवा रिन्टोज की सुई लगायें एवं ग्लूकोज में पानी में मिलाकर पिलावें।

कार्बोहाइड्रेट की शरीर में अधिकता से

- पाचन की गड़बड़ी, पेट में गैस उत्पन्न होती है और पेट तन जाता है जिससे साँस लेने में कष्ट होता है।
- शर्करा रोग हो जाता है।
  - अधिक कार्बोहाइड्रेट न खिलावें।

3. वसा (Fat)

यह कार्बन, हाइड्रोजन और ऑक्सीजन के संयोग से बनता है।

वसा के शरीर में कार्य एवं इनसे प्राप्ति

- शक्ति और गर्मी मिलती है।
- वृद्धि-विकास एवं स्वास्थ्य में सहायक।
- त्वचा एवं प्रजनन के लिये आवश्यक।
- भोजन को स्वादिष्ट बनाता है।
- विटामिन ए, डी, ई (A, D, E) को घुलाता है।

- ताप और शक्ति की उत्पत्ति करता है (कार्बोहाइड्रेट से दो गुना अधिक)।
- आँत, गुर्दा तथा कोमल अंगों को सर्दी से बचाता है।
- अधिक मात्रा होने पर उदर में संचित होती है और शरीर का भार बढ़ाती है। शरीर को सुडौल बनाती है और आहार न मिलने पर शरीर क्षीण होने पर शरीर को गर्मी और शक्ति देती है। यह दो रूपों में मिलती है—
    1. **वानस्पतिक वसा रूप में**—सोयाबीन, सरसों, राई, तोरी, मूँगफली, अलसी आदि से।
    2. **जन्तु वसा रूप में**—दूध, मछली, मांस, घी, चर्बी एवं मछली के तेल से।

वसा के शरीर में अभाव से

- घुलनशील विटामिन्स नहीं घुल पाता है जिससे विटामिन्स का अवशोषण (absorption) होता है। अवशोषण न होने के कारण विटामिन्स का अभाव हो जाता है और शरीर में अनेक रोग पैदा हो जाते हैं।
- शरीर पतला एवं अस्वस्थ त्वचा।
- वृद्धि में रुकावट आ जाती है।
- पाखाना भूरा और चिकना (वसा का अवशोषण न होने से)।

याद रहे— वसा वाला भोजन अधिक समय तक हवा में नहीं रखना चाहिये। इससे वह दुर्गन्धित हो जाता है। ऐसा भोजन खाने से पशु में निम्न लक्षण पैदा हो जाते हैं—

- त्वचागत रोग।
- पेशियाँ कमजोर।
- प्रजनन शक्ति में कमी।

पशु को वसा रहित भोजन खिलाने से

- त्वचा सूख जाती है (Dryness of the skin)।
- केश गिर जाते हैं एवं वृद्धि रुक जाती है।

इसलिये पशुओं को वसा रहित भोजन नहीं खिलाना चाहिये।

4. जल (Water)

यह हाइड्रोजन और ऑक्सीजन का योग है। यह जीवन के लिये सबसे आवश्यक चीज है।

जल के शरीर में कार्य

- भोजन पचाने में सहायक।
- शरीर के विकार पानी में घुलकर पेशाब और पसीने से बाहर।
- शरीर की गर्मी को सदैव सामान्य बनाये रखना।
- रक्त को तरल रूप में रखता है।
- शरीर की असंख्य कोशिकाओं के निर्माण में सहायक।

- शरीर के प्रत्येक तन्तु को मुलायम और लचीला रखता है।

इसकी प्राप्ति निम्न साधनों से

- पीने के पानी से - सीधे।
- पेय पदार्थों, दूध, फल, साग, चारा, घास आदि से।

जल के अभाव से शरीर में

- रक्त गाढ़ा हो जाता है जिससे वह सुगमता से प्रवाहित नहीं होता है। फलस्वरूप हृदय गति रुक जाने से मृत्यु हो जाती है।
- कमी से पाचन शक्ति ठीक नहीं रहती है।
- कब्ज (Constipation) हो जाता है।
- शरीर सुस्त एवं उदास रहता है।
- शरीर के विकार भली-भाँति बाहर नहीं निकल पाते हैं। शरीर मूर्च्छित हो जाता है और प्राण निकलने लगते हैं।
- कई रोगों में तो जलाभाव की स्थिति पैदा हो जाती है। साथ ही शरीर मृत्यु का शिकार हो जाता है। ऐसी स्थिति में—
  - पशुओं को स्वच्छ एवं ताजा पानी पर्याप्त मात्रा में पीने को दें।
  - शरीर में जलाभाव की स्थिति में नार्मल सेलाइन (normal saline) या डैक्सट्रोज सेलाइन (Dextrose saline) या ग्लूकोज लवण का सोलूशन सुई द्वारा (I. V. Route) चढ़ावें।

5. विटामिन्स (Vitamins)

यह कार्बन, हाइड्रोजन, ऑक्सीजन, नाइट्रोजन आदि मूल तत्वों के विषम जटिल यौगिक हैं। यह प्राकृतिक रूप में अनेक पदार्थों में मिलते हैं। साथ ही कृत्रिम रूप से इसे रसायनशालाओं में तैयार किया जाता है। शरीर के लिये ये अत्यन्त आवश्यक होते हैं। इनसे ही शरीर निरोग और स्वस्थ रहता है। इसीलिये इन्हें जीवन तत्त्व कहते हैं। सभी जीवों में जीवन क्रियाओं को सन्तुलित और स्वाभाविक रूप में चलाने के लिये इनका भोजन में रहना आवश्यक है।

- **प्राकृतिक रूप में**—ये साधारणतः दूध, मांस, मछली, अण्डे, साग, सब्जियों, ताजे पके फलों, अंकुरित अनाज, नीबू, सन्तरा, टमाटर आदि में प्रचुर मात्रा में मिलते हैं।
- **कृत्रिम रूप में**—ये विटामिन्स प्रयोगशालाओं में तैयार किये जाते हैं।
- **यद्यपि इनकी भोजन में मात्रा बहुत कम रहती है फिर भी इनके अभाव से शरीर में अनेक रोग पैदा हो जाते हैं।**

विटामिन्स बनावट और प्रक्रिया के आधार पर दो प्रकार के माने गये हैं—

1. **वसा/चर्बी/तेल में घुलनेवाले (Fat soluble)**— इसके अन्तर्गत विटामिन A, D, E और K आते हैं।
2. **जल में घुलनेवाले (Water soluble)**— इसमें विटामिन 'बी' कम्पलेक्स और 'सी' आते हैं।

1. विटामिन ए (Vitamin A)

इस विटामिन का पशु पोषण में विशेष महत्व है। यह साधारणतः मांस (यकृत, गुर्दा), अण्डे का पीला भाग, दूध, छैना, मक्खन, मछली का तेल (शार्क लिवर ऑयल), हरी शाक-सब्जियाँ, टमाटर आदि में पाये जाते हैं। आम, केला, पपीता एवं गाजर में यह कैरोटीन (पीला पदार्थ) के रूप में पाया जाता है।

विटामिन 'ए' के कार्य—

- शारीरिक वृद्धि एवं विकास में सहयोग देता है।
- पाचन क्रिया को ठीक रखता है।
- हड्डियों तथा दाँतों के निर्माण में इसकी आवश्यकता होती है।
- शरीर को निरोग रखता है।
- रोगों से बचने के लिए प्रतिरोधक क्षमता बढ़ाता है।
- श्वास-सम्बन्धी रोगों से बचाता है।
- आँख की रोशनी को कायम रखता है।

विटामिन 'ए' की कमी से उत्पन्न लक्षण—

- शरीर का विकास रुक जाता है।
- श्वास, मूत्र जननेन्द्रिय तथा पाचन सम्बन्धी विकार उत्पन्न हो जाते हैं।
- आँख, नाक और त्वचा के रोग हो जाते हैं।
- इसकी कमी से आँखें लाल रहती हैं और उनसे पानी बहता है।
- पाचन शक्ति घट जाती है।
- इसकी कमी के कारण गर्भपात, जेर का रुकना, असामान्य (Abnormal) एवं मरीज बच्चों का जन्म तथा दुधारू पशुओं के दूध और उसमें वसा की कमी हो जाती है।
- इसकी कमी से आँखें सूज जाती हैं (जीरोफ्थेलमिया—Xerophthalmia)।
- आँख से पशु को धुंधला दिखायी देता है अर्थात् रतौंधी (Night Blindness) हो जाती है।
- कमी से मृत अथवा विकृत बच्चे पैदा होते हैं।
- पशु बाँझ हो जाता है।
- स्नायु एवं श्लैष्मिक कला (nerves and mucous membrane) निर्बल और दुर्बल हो जाती है।
- बच्चे अंधे पैदा होते हैं।

उपचार (Treatment)—

(क) विटामिन 'ए' एडवैल-ए (Advel-A -*Morvel*), विटामिन ए इंजे. (Vitamin A Inj.-*Neospark, Vetindia*), वीटा ए इंजे. (Veta-A 1 Inj.-*TTK*) 3 lac IU/ml. 3 एम्पुल की मात्रा में सप्ताह में दो बार I/M रूप में दें। इसे टिकिया या द्रव रूप में भी दे सकते हैं। बड़े पशुओं में इसके 6 एम्पुल तक और छोटे पशुओं में एक एम्पुल तथा कुत्तों को 1/2-1 लाख यूनिट तक दे सकते हैं।

(ख) मछली का तेल या कॉड लिवर ऑयल या शॉर्क लिवर ऑयल—बड़े पशुओं को 25-50 मि.ली. तथा छोटे पशुओं को 5-10 मि.ली. तक रोजाना खिलाना।

कौन्सीवीट-ए (Concivit-A) बड़े पशुओं को 10 मि. ली. तथा छोटे पशुओं को एक मि.ली. दाने-सानी में।

कॉडीसोल लिक्विड (Codisol liquid)—बड़े पशुओं को 5 मि. ली. (1 चाय का चम्मच) तथा छोटे पशुओं को 1/2-1 मि.ली. दाने के साथ दें।

(ग) पर्याप्त मात्रा में हरा चारा खिलायें।

विटामिन ए की कमी न होने देने के लिए (To prevent vitamin-A deficiency)—हमारे देश में हरे चारे की कमी के कारण पशु विटामिनोसिस-ए (Vitaminosis-A) से ग्रसित रहते हैं। इसलिये यह आवश्यक है कि पशु तथा कुक्कुट आहार (Cattle and poultry feed) में इसे नियमित रूप से मिलाकर खिलाना चाहिये। आजकल ऐसे अनेक विटामिन 'ए' युक्त उत्पादन बाजार में उपलब्ध हैं; जैसे—विटाब्लेण्ड (Vitablend)/विटाटोन (Vitatone)/केडीसोल (Cadisol) लिक्विड; केडीब्लेण्ड फोर्ट (Cadiblend Forte)/एवीविटा (Avivita) आदि। सुविधा के लिये मात्रा निम्न प्रकार से—

1. **विटाब्लेण्ड** WM **फोर्ट** (Vitablend WM Forte Liquid Vitamin A 1 lac unit/ml

2. **विटाटोन** (Vitatone) LM लिक्विड (*Zydus AHL*)

- गाय/भैंस/घोड़ा—1·5 मि. ली.।
- **बछिया/भेड़/बकरी/शूकर**—0·5-2 मि.ली.।
- **कुत्ता** (Dogs)—0·5-1 मि. ली.।
- **मुर्गी** (Poultry)—2-5 मि.ली. प्रति 100 पक्षी।

3. **केडीसोल** DC **लिक्विड** (Cadisol DC liquid)—इसे पानी या दलिया में नित्य निम्नलिखित मात्रा में दें—

- गर्भित तथा दुधारू पशु—50 मि. ली. दिन में दो बार।
- **साँड़** (Bull)—50 मि. ली. दिन में दो बार।
- गाय/भैंस/घोड़ा—50 मि. ली. दिन में दो बार।
- बछिया/भेड़/बकरी/शूकर—20 मि. ली. दिन में दो बार।
- मुर्गी (Poultry)—1\=- मि. ली. प्रति 100 पक्षियों को।

4. **एवीविटा (Avivita)**—100 ग्राम प्रति टन कुक्कुट आहार में।

5. **बोवीविटा** (Bovivita)—निम्न मात्रा में—(*Sarabhai, Zydus AHL*)

- गर्भित एवं दुधारू गाय—5 ग्राम प्रतिदिन।
- साँड़ (Bull)—5 ग्राम प्रतिदिन।
- गाय/बैल/भैंस/घोड़ा—4 ग्राम प्रतिदिन।
- भेड़/बकरी/शूकर/बछिया—2 ग्राम प्रतिदिन।

विटामिन 'ए' की कमी से पक्षियों में (In Poultry) जुकाम (Common Cold) की दशा उत्पन्न हो जाती है। उनकी नाक से स्राव बहने लगता है। आँखों में शोथ हो जाती है और उससे पानी बहने लगता है। चूजे लँगड़ाने लगते हैं और चक्कर खा कर गिर जाते हैं।

रतौंधी/रात को दिखायी न देना (Night Blindness/Nyctalopia)

परिचय एवं कारण (Introduction and Etiology)—यह एक आँखों का रोग है जो विटामिन ए और डी की कमी से होता है। इसमें पशु को सूर्य छिपने के बाद दिखायी नहीं देता है। यह खासकर बछड़ों में अधिक होता है। वैसे यह सभी पशुओं को होता है।

Less supply of vitamin A to the rod cells of the retina causes an impairment of dark adaptation. Animals develop impaired vision in dim light. Blindness is a serious problem in crossbred calves. Many calves born with congenital blindness.

लक्षण (Symptoms)—इसमें पशु को रात के समय दिखायी नहीं देता है। इधर-उधर चलने-फिरने से टकरा जाता है। उसे चारा-दाना खाने में बड़ी ही असुविधा होती है। यदि यह रोग गर्भित पशु को हो जाता है तो वह देखने में बिल्कुल अंधा-सा लगता है।

उपचार (Treatment)—उपरोक्त लक्षण अथवा विटामिन 'ए' की कमी प्रतीत होने पर पशु को उच्च मात्रा में विटामिन 'ए' (High does of vitamin 'A') इन्जेक्शन द्वारा देना चाहिये।

विटामिन 'ए' की मात्रा सुई द्वारा विभिन्न पशुओं में—

- बछड़ा (Calf)—10,00,000-1,50,00,000 यूनिट्स।
- गाय (जवान)—250,000-2,500,000 यूनिट्स।
- भेड़/बकरी के बच्चे (Lambs)—1,25,000-2,50,000 यूनिट्स।
- भेड़ (वयस्क)—2,50,000-5,00,000 यूनिट्स।
- शूकर (Pig)—2,50,000-5,00,000 यूनिट्स।
- घोड़ा (Horse)—2,00,000-3,00,000 यूनिट्स।

रतौंधी की अनुभूत चिकित्सा व्यवस्था—

(क) विटासेप्ट (Vitacept) बड़े पशुओं को 10 मि. ली., छोटे पशुओं को 5 मि. ली. एवं कुत्ते को 2 मि. ली. प्रति सप्ताह एक बार रोग ठीक होने तक। (इंजेक्शन मांस में I/M)। *अथवा* विटामिन 'ए' के इंजेक्शन; जैसे—एडवैल ए (Advel-A -*Morvell*), विटामिन ए इंजेक्शन (Vitamin A Injection-*Neospark*, *vet india*), वीटा ए इंजेक्शन (Veta A injection-*TTK*) 3 lac/ml मांस में I/M लगायें।

(ख) विटाब्लेण्ड-ए डी चारा-दाना में मिलाकर प्रतिदिन। 20 ग्राम दवा एक क्विंटल चारे में।

(ग) हरी साग-सब्जियाँ प्रतिदिन खाने को दें।

2. विटामिन 'बी' कॉम्पलेक्स (Vitamin 'B' Complex)

यह एक सामूहिक विटामिन है जो बी$_1$, बी$_2$, बी$_3$, बी$_6$, व बी$_{12}$ आदि नामों से जाना जाता है। यह सभी विटामिन पानी में घुलनशील होते हैं। यह पशु एवं कुक्कुट आहार के आवश्यक तत्व हैं तथा इन्हें प्रतिदिन दिया जाना चाहिये। इसकी कमी अधिकतर एक से अधिक विटामिन के साथ होती है। इसलिये इसे विटामिन बी काम्पलेक्स (Vitamin B Complex) कहते हैं।

लक्षण (Symptoms)—इस विटामिन के सामान्य लक्षण निम्न प्रकार हैं—

पशुओं में (In Animals)

- पशुओं में मसूड़ों तथा होठों में जख्म (Gums and lips ulcerations)।
- रुक-रुक कर दस्त (अतिसार)।
- खुरदरी त्वचा एवं प्रजनन उत्पात सम्बन्धी लक्षण।
- पिछले अंगों का पक्षाघात (Paralysis of hind limbs)।
- त्वचा रोग (Skin disease)।

मुर्गियों में (In Poultry)

- पंख झड़ना।
- पंजा टेढ़ा (Curled toe)।
- पक्षाघात (पैरालिसिस—Paralysis)।
- विटामिन बी$_3$ की कमी से चूजों की वृद्धि रुक जाती है।
- मुर्गियों की आँखों के कोने, पंजे और अंगुलियों के जोड़ सूजकर घायल हो जाते हैं।
- निर्बलता आ जाती है और भूख बंद हो जाती है।
- अवरुद्ध त्वचा रोग।
- चोंच के चारों ओर जख्म (ulceration) आदि।

(i) विटामिन बी$_1$ (Vitamin B$_1$) या थायमीन (Thiamin)

यह विटामिन 'बी' काम्पलेक्स का एक महत्त्वपूर्ण अंग है। इसका रासायनिक नाम थायमीन है। यह प्राकृतिक रूप में अनाजों और फलों में सबसे अधिक मिलता है। मुख्य रूप से माँस, मछली, यकृत, अण्डे की जर्दी, दूध, शाक-सब्जी, टमाटर, अंकुरित बीज आदि में मिलता है। गेहूँ तथा पनीर में सर्वाधिक पाया जाता है।

कार्य (Functions)—इस विटामिन के पशु शरीर में निम्न कार्य हैं—

- पाचन क्रिया में सहायक।
- थकावट दूर करता है।
- मांसपेशियों को मजबूत बनाता है।
- भूख बढ़ाता है एवं रक्त वृद्धि में सहायक।
- स्नायु दुर्बलता (Nervous weakness) दूर करता है।

इसकी कमी से निम्न लक्षण पैदा होते हैं—

- भूख नहीं लगती है (Loss of Appetite) एवं पाचन-क्रिया की दुर्बलता हो जाती है।
- पेशियों की कमजोरी एवं शारीरिक दुर्बलता।
- दृष्टि दोष।
- शारीरिक वृद्धि में अनावश्यक रुकावट।
- दिल का दौरा पड़कर मृत्यु।

(ii) विटामिन बी$_2$ (Vitamin-B$_2$) या रिबोफ्लेविन (Riboflavin)

अन्य नाम (Other name)—विटामिन 'जी' (Vitamin G)।

प्राप्ति (Sources)—समस्त विटामिन बी$_1$ वाले पदार्थों में।

इसकी कमी से निम्न लक्षण उत्पन्न होते हैं—

- चर्म रोगों (Skin diseases) की उत्पत्ति।
- बालों का गिरना।
- मुँह के भीतर और जीभ पर लाल दाने।
- जीभ और होंठ के किनारे फटने लगते हैं।
- आँखें सूज जाती हैं।
- पिछले धड़ में कमजोरी एवं लकवा (पैरालिसिस)।

(iii) विटामिन बी$_6$ (Vitamin B$_6$) या पाइरीडॉक्सिन (Pyridoxine)

यह विटामिन प्रोटीन के उपापचय (Metabolism) में महत्वपूर्ण भाग लेता है। यह त्वचा के लिए अत्यन्त आवश्यक है।

इसकी कमी से निम्न लक्षण (Symptoms) उत्पन्न होते हैं—

- त्वचा सम्बन्धी रोगों के लक्षण।
- अनीमिया/रक्तहीनता।
- रक्तवाहिनियाँ मोटी हो जाती हैं।

(iv) विटामिन बी$_{12}$ (Vitamin B$_{12}$) या साइनोकोबालामिन (Cyanocobalamin)

प्राप्ति (Sources)—यह विटामिन धान की भूसी, गेहूँ, मक्का, मछली एवं स्तनधारियों के यकृत और गुर्दे में मिलती है।

इसकी कमी से उत्पन्न लक्षण (Symptoms)—

- चर्म रोग (Skin diseases)।
- रक्तहीनता (अनीमिया—Anaemia)।
- पिछले धड़ एवं पैरों का लकवा।
- आवाज मन्द।

(v) निकोटिनिक एसिड (Nicotinic Acid) या नियासीन (Niacin)

प्राप्ति (Sources)—यह विटामिन सम्पूर्ण अनाज, दूध, मांस, मछली, अण्डे, आलू, टमाटर एवं हरी पत्ती वाली सब्जियों में पायी जाती है।

इसकी कमी से निम्न लक्षण (Symptoms) उत्पन्न होते हैं—

- भूख न लगना (Loss of appetite)।
- जीभ और मुँह की म्यूकस मेम्ब्रेन पर जख्म (ulcers) एवं चिकनाहट।
- पाचन तथा स्नायु सम्बन्धी दुर्बलता।
- शरीर-भार में कमी।
- दस्त (Diarrhoea)।
- पक्षियों के पंख वृद्धि रुक जाती है।

(vi) फोलिक एसिड (Folic acid)

प्राप्ति (Sources)—यह विटामिन मांस, लिवर तथा हरी शाक-सब्जियों में पायी जाती है। यह शरीर के लिये एक आवश्यक विटामिन है।

इसकी कमी से उत्पन्न लक्षण (Symptoms)—

- रक्त में लाल रक्त कणों (R.B.C.) की कमी।
- रक्तहीनता एवं चेहरे में बदलाव।
- कण्ठ प्रदाह का लक्षण।
- आमाशय एवं आन्त्र प्रदाह।
- त्वचा रोग (Skin disease)।
- ऐंठन एवं मृत्यु।

(vii) बायोटिन (Biotin) या विटामिन-एच (Vitamin-H)

प्राप्ति (Sources)—यह विटामिन अधिकतर अनाज, दूध, अण्डे, यकृत, गुर्दा तथा हरी शाक-सब्जियों में पायी जाती है। पहले इसे विटामिन—एच के नाम से जाना जाता था।

इसकी कमी से उत्पन्न लक्षण (Symptoms)

पशुओं में—

- त्वचा एवं पैर के रोग अधिकतर।

- पशुओं के कान, गर्दन, कंधे एवं पूँछ के स्थान पर त्वचा रोगों की उपस्थिति।
- खुर की दीवार एवं तलवे फट जाते हैं।

पक्षियों में—

- पक्षियों/मुर्गियों की वृद्धि में रुकावट।
- पैरों पर त्वचा रोग।
- पंख क्रमशः टूट-टूट कर गिरते हैं।
- आँख और चोंच पर दाँतों की उत्पत्ति।
- पैरों की दुर्बलता एवं पक्षाघात।
- त्वचा शुष्क एवं रूखी-सी।
- विकृत भ्रूण (Embryonic malformation) की उत्पत्ति।
- चूजे निकालने में अक्षमता।

(viii) कोलिन (choline)

प्राप्ति (Sources)—इस प्रकार की विटामिन 'बी', मांस, दूध, अण्डा, सोयाबीन, मछली चूर्ण (Fish Powder) आदि में पायी जाती है।

इसकी कमी से निम्न लक्षण (Symptoms) उत्पन्न होते हैं—

- प्लाज्मा प्रोटीन (Plasma protein) घट जाता है तथा रक्त लाली का स्तर नीचे हो जाता है।
- शरीर एवं हड्डियों के विकास में रुकावट।
- अण्डा उत्पादन प्रभावित हो जाता है।
- पेरोसिस रोग (Perosis disease) हो जाता है। A disorder of poultry characterized by leg deformity (Hock disease, slipped tendon)

विटामिन बी कॉम्पलेक्स की कमी का उपचार (Treatment)

(क) विटामिन 'बी' कॉम्पलेक्स की सुई 5-10 मि. ली. मांसपेशीगत/अथवा सीरप या टिकिया।

- अथवा—कान्सीप्लेक्स इन्जेक्शन 10 मि. ली. I/M एक दिन छोड़कर।

(ख) केडीप्लेक्स-लिक्विड (Cadiplex - liquid - *Zydus AHL*) गाय/भैंस, घोड़े को 10–20 मि.ली., शूकर एवं बछियों को 3–5 मि.ली., कुत्ते को 2.5 मि.ली. एवं मुर्गी को 10–20 मि.ली. प्रति 100 पक्षी।

विटामिन-सी (Vitamin-C)

अन्य नाम (Other names)—सेवीटेमिक एसिड (Cevitamic acid), एण्टीस्कोरबूटिक फेक्टर (Antiscorbutic factor)।

प्राप्ति (Sources)—यह अधिकतर गोभी की पत्तियों, हरी शाक-सब्जियों, आम, पपीता, टमाटर, ताजे फलों, नीबू, सन्तरा आदि में पाया जाता है।

इसकी कमी से निम्न लक्षण (Symptoms) उत्पन्न होते हैं—

- दाँत या हड्डियों के तमाम रोग।
- जोड़ों में दर्द भरा सूजन एवं कैल्शियम की कमी।
- शरीर की प्रतिरोधक क्षमता में कमी।
- शरीर में उत्पन्न जख्म नहीं भरते हैं।

- **विटामिन-सी फोलिक एसिड को फोलिनिक एसिड में परिवर्तित करती है यह फोलिनिक एसिड रक्त सेल बनाने के काम आती है।**
- **इन्फेक्शन तथा फीवर में एवं शरीर की रक्षात्मक शक्ति बढ़ाने हेतु इसका प्रयोग किया जाता है।**

कमी का उपचार अर्थात् उपरोक्त लक्षणों की चिकित्सा (Treatment)

- इसका प्रयोग अधिकतर सीलिन (Cilin) 500 mg की गोली के रूप में किया जाता है।

4. विटामिन डी (Vitamin-D) या कैल्सिफेरॉल (Calciferol)

अन्य नाम (Other name)—इसे एण्टी-रिकेटिक विटामिन भी कहते हैं।

परिचय (Introduction)—यह वसा में घुलनशील है (Fat soluble)। यह शरीर में कैल्शियम तथा फॉस्फोरस के उचित प्रयोग के लिये अति आवश्यक है। इससे हड्डियों तथा दाँतों का विकास भली प्रकार से होता है।

इसकी कमी से उत्पन्न लक्षण (Symptoms)

- युवा पशुओं में रिकेट की बीमारी हो जाती है।
- दुधारू पशुओं में दुग्ध उत्पादन की कमी।
- दुर्बलता एवं कमजोरी।
- मिल्क फीवर (Milk fever) का विशिष्ट रोग।
- पशु का गर्मी में (In heat) ठीक से न आना (असामान्य ऋतु में)।
- दाँत कमजोर और हड्डियाँ टेढ़ी तथा मुलायम हो जाती हैं।
- शरीर की वृद्धि रुक जाती है।
- चर्म तथा आँखों के रोग।
- हड्डियों का निर्माण अधूरा रह जाता है जिसके फलस्वरूप हड्डियों के जोड़ सूज जाते हैं और छाती की हड्डियाँ बड़ी हो जाती हैं।
- मुर्गियों में पतले छिलके के अण्डों तथा उनका कम उत्पादन एवं कम बच्चों का निकलना।

प्राप्ति (Sources)—यह विटामिन उन तमाम पदार्थों में पाया जाता है जिनमें विटामिन-ए होता है। यह कॉड लिवर ऑयल, हेलीवट लिवर ऑयल, शार्क लिवर ऑयल तथा मछली के अन्य तेलों में मिलता है। यह मक्खन, घी, अण्डे की जर्दी एवं मांस में भी पाया जाता है। प्राकृतिक रूप में यह सूर्य के प्रकाश, से प्राप्त होता है।

उपचार (Treatment)—

- मछली का तेल (कॉड लिवर ऑयल/शार्क लिवर ऑयल) बड़े पशुओं को 25-50 मि. ली. तथा छोटे पशुओं को 5-10 मि. ली. तथा कुत्तों को एक मि. ली. से 10 मि. ली. तक।
- इन्जेक्शन कैल्सीवेट दो मि. ली. मांस में सप्ताह में तीन बार। गाय व भैंस में 10-15 ml सप्ताह में तीन बार I/M।
- कुत्तों में इन्जेक्शन विटासेप्ट (Inj. Vetacept) 1-2 मि. ली. मांस में (I.M.); गाय, भैंस या घोड़ों में 10-20 मिली.; भेड़-बकरी में 5-10 मि ली. I/M मांस में।

- ओस्टोकैल्शियम सीरप (Ostocalcium syrup) 2-4 चाय चम्मच दिन में दो बार कुत्तों को दें।
- पशु को धूप में रखें।

नोट—इसके उपचार में विटामिन 'ए' में बताये अनुसार—एवीविटा (Avivita), बोवीविटा (Bovivita), तथा विटाटोन (Vitatone) आदि का भी व्यवहार किया जा सकता है।

5. विटामिन-ई (Vitamin-E)/एण्टीस्टेरीलिटी विटामिन (Anti-sterility Vitamin)/टोकोफेराल (Tocopherol)

अन्य नाम (Other names)—विटामिन 'ई' को विटामिन्स के अन्तर्गत Reproductive vitamins अथवा एण्टी-स्टेरीलिटी (Anti-sterility) विटामिन भी कहते हैं।

प्राप्ति (Sources)—यह बादाम, दूध, मक्खन, पनीर, अण्डा, अंकुरित गेहूँ, शाक-सब्जियों आदि में प्रमुख रूप से पाया जाता है। चिकित्सा क्षेत्र में इसे ह्वीट जर्म्स ऑयल्स (wheat germs oils) के रूप में व्यवहार किया जाता है।

इसकी कमी से उत्पन्न लक्षण (Symptoms)

- इसके अभाव में प्रजनन असफल रहता है और गर्भ नहीं ठहरता है।
- मांसपेशियाँ दुर्बल हो जाती हैं।
- नपुंसकता या बाँझपन की स्थिति उत्पन्न हो जाती है।
- मुर्गियों में इसकी कमी से क्रेजी चिक (Crazy chick) नामक रोग हो जाता है। इसमें चूजे बहुत देर तक आँखें बन्द किये बैठे रहते हैं या अचानक किसी कारण के बिना पंख फैलाए दौड़ते हैं जब रोग बढ़ जाता है तो वे चलते-फिरते गिर पड़ते हैं या ऐसे चलते हैं जैसे किसी घेरे के गिर्द घूम रहे हों। प्रायः रोगी चूजे 24 घण्टे में मर जाते हैं। इसे मुर्गियों में इन्सेफैलोमलेसिया (Encephalomalacia) भी कहते हैं।
- इसकी कमी से युवा जानवरों में (In young animals) मस्क्यूलर डिसट्रोफी का रोग हो जाता है।

इसका प्रमुख कार्य टिशू-ऑक्सीडेशन गति को नियंत्रण में रखना है। इसे प्रायः विटामिन 'ए' के साथ दिया जाता है।

चिकित्सा (Treatment)

- विटाटोन (Vitatone) LM Liquid या इवीओन कैप्सूल्स (Evion Capsules) दें।
- विटासेप्ट (Vitacept) 5 मि. ली. बड़े पशुओं को एवं 1-2 मि. ली. छोटे पशुओं को दो दिन के अन्तराल पर मांस में (I.M.) दें।
- पशुओं को अंकुरित गेहूँ 250 ग्राम रोजाना खिलावें।
- रोगी चिड़ियों के खाद्य में 2% बिनौले या मक्के का तेल मिला लें।

6. विटामिन-के (Vitamin-K)

प्राप्ति (Sources)—यह विटामिन यकृत, सोयाबीन, बोन मील (हड्डी का चूर्ण), पालक, बथुआ, अण्डा, पनीर आदि में मिलता है। यह गाजर में भी मिलता है। इसे Coagulation vitamin भी कहते हैं। यह अंकुरित बीजों में भी मिलती है। कुछ मात्रा धान की-भूसी में भी।

इसकी कमी से उत्पन्न लक्षण (Symptoms)

- रक्त का जमाव नहीं होता तथा रक्त का बहाव जारी रहता है।

- दस्त-पेचिस आदि रोगों की अक्सर शिकायत रहती है।

इसकी कमी से रक्त पतला हो जाता है। यदि कहीं घाव हो जाये तो रक्त देर तक बहता रहता है। इसे आजकल कृत्रिम रूप (Synthetically) में भी बनाया जाता है। यह एक पीले रंग का तेल है।

उपचार (Treatment)—विटामिन 'के' की सुई (यथा—कैपीलन/क्रोमोस्टेट/स्टाइलपन/स्टैप्टोवियान) बड़े पशुओं को 10 मि. ली. और छोटे पशुओं को 2-5 मि. ली. माँस में (L.M.) लगायें। इसकी टिकिया भी आती है। टिकिया बड़े पशुओं को 5 तथा छोटे पशुओं को 1-2 टिकिया दिन में 2-3 बार खिलावें।

N.B.—Vitamin 'K' control epistaxis, Post operative haemorrhage, obstructive jaundice.

6. खनिज-लवण (Mineral-Salt)

1. सोडियम (Sodium)/साधारण नमक (Common Salt)

यह कोशिकाओं (Cells) के अन्त:द्रव का एक मुख्य भाग है जो रक्त चाप (Blood Pressure) की व्यवस्था और उसके सामान्य प्रवाह के लिये आवश्यक है। यह पशुओं को उनके चारे तथा आहार द्रव्यों में प्राकृतिक रूप में मिलता है। अथवा कृत्रिम रूप से उत्पादित नमक के रूप में।

कमी से उत्पन्न लक्षण (Symptoms)—इसकी कमी से शरीर में निम्न लक्षण उत्पन्न होते हैं—

- शरीर भार में कमी।
- बाल गिर जाते हैं।
- थकान (Fatigue) एवं दुर्बलता (Weakness)।
- रक्त चाप (B.P.) घट जाता है। जिससे मृत्यु भी हो सकती है।
- भोजन में पशु को अरुचि एवं पाचन ठीक नहीं।

इसकी अधिकता से नमक विष (Salt Poisoning) पैदा हो जाता है जिसमें मृत्यु भी हो जाती है।

चिकित्सा (Treatment)—इसकी कमी दूर करने के लिये—

- आहार में नमक बड़े पशुओं को 25 ग्राम तथा छोटे पशुओं को 5-10 ग्राम प्रतिदिन दाने या सानी के साथ।

2. आयरन (Iron)/लौह

- यह 'हीमोग्लोबिन' 'संकलन' (Synthesis) के लिये अति आवश्यक खनिज है। इससे लाल रक्त कण (R.B.C.) का निर्माण होता है।

प्राप्ति (Sources)—यह खनिज अधिकांशत: गेहूँ, दाल, फल, गुड़, अण्डे, कलेजी (Liver), मांसपेशियों (Muscles), सोयाबीन, बाजरा आदि में पाया जाता है।

कमी से उत्पन्न लक्षण (Symptoms)

- रक्तहीनता/अनीमिया की उपस्थिति।
- शारीरिक दुर्बलता

यह गर्भित पशुओं के लिए अति आवश्यक होता है।

उपचार (Treatment)

- लौह युक्त औषधियाँ (Iron preparation); जैसे—फेराडोल, टोनोफैरोन, शार्कोफेरॉल आदि।

  मात्रा (Dose)—कुत्तों को एक चाय चम्मच दिन में दो बार खाने के बाद।

3. मैग्नीशियम (Magnesium)

यह मैग्नीशियम सल्फेट (Magnesium sulphate) या कार्बोनेट या ऑक्साइड के रूप में मिलता है।

कमी से उत्पन्न लक्षण (Symptoms)—इसकी कमी से शरीर में निम्न लक्षण उत्पन्न हो जाते हैं—

- कॉर्पल (Carpal) तथा टारसल (Tarsal) हड्डियों का विस्तार।
- ग्रास टेटनी (Grass tetany) या लैक्टेशन टेटनी (Lactation tetany)—पशुओं को विकृत हरा चारा खिलाने से।

  इसमें मैग्नेशियम की कमी से पशु अधिकतर उत्तेजित रहता है, शरीर ऐंठता है और मांसपेशियाँ काँपती रहती हैं।
- बछड़ों/बछियों में होल मिल्क टेटनी का रोग हो जाता है।

उपचार (Treatment)

(क) कैल्शियम—मैग्नीशियम बोरो-ग्लूकोनेट या माइफैक्स (Mifex) बड़े पशुओं को 450 मि.ली. तथा छोटे पशुओं को 50-100 मि.ली. शिरा द्वारा (I.V.)।

अथवा

कालमेग/थियेकल/मिफेकल आदि—200-300 मि. ली. I/V रूप में।

(ख) खनिज लवण मिश्रण जैसे एग्रीमिन या टोनोमिल्क 50 ग्राम रोज।

4. कैल्शियम और फॉस्फोरस (Calcium and Phosphorus)

यह लवण शरीर रचना और इनकी क्रिया-कलापों के लिये अति आवश्यक तत्व है। इनसे हड्डियों तथा दाँतों का निर्माण होता है। यह दूध, अण्डे, शाक-सब्जियों, हड्डी चूर्ण, चूने के पत्थर में मिलता है।

(i) कैल्शियम—
- इससे हड्डियों तथा दाँतों का निर्माण तथा विकास होता है। शरीर की रोग निरोधक शक्ति बढ़ती है।
- मांसपेशियों, आँतों और हृदय की सक्रियता, संकुचन और प्रसार के लिये आवश्यक है।

(ii) फॉस्फोरस—
- यह हड्डियों, मस्तिष्क तथा लाल रक्त कणों के निर्माण में सहायक होता है।
- प्रोटीन के निर्माण और रक्त में अम्ल तथा क्षार को सन्तुलित बनाये रखता है।

कमी से उत्पन्न लक्षण (Symptoms)—कैल्शियम और फॉस्फोरस की कमी से निम्न लक्षण उत्पन्न होते हैं—

- शरीर की समुचित वृद्धि, विकास ठीक प्रकार से नहीं।
- हड्डियों में विकृति।
- आँतों में सूजन।
- स्नायु एवं पेशियों के कार्य में असामान्यता।
- हड्डियों के जोड़ों में दर्द।
- सूखा रोग एवं मिल्क फीवर (Milk fever)।

चिकित्सा (Treatment)

(क) यह कैल्शियम और फॉस्फोरस युक्त औषधियों से दिया जा सकता है अथवा इनकी कमी को पूरा किया जा सकता है। यह औषधियाँ हैं—

कालबोरॉल (Calborol), मिफेक्स (Mifex), काल-बी-वेट (Cal-B-vet), कैल्शियम मैग्नेशियम बोरोग्लूकोनेट अथवा कालमेक्स आदि।

मात्रा—बड़े पशुओं को 200-300 मि. ली. अथवा 450 मि. ली. (1 बोतल) शिरा में धीरे-धीरे।

छोटे पशुओं को 50-100 मि. ली. सप्ताह में 2-3 बार दें।

(ख) वेटकल बी$_{12}$ बड़े पशुओं को 500 मि. ली. बछड़ों को 20 मि. ली. तथा कुत्तों को 5 मि. ली. दिन में दो बार नित्य।

(ग) खनिज लवण मिश्रण जैसे एग्रीमिन फोर्ट या टोनोमिल्क रोज दें।

5. आयोडीन (Iodine)

यह थाइरोइड ग्रन्थि (Thyroid gland) को ठीक रखती है। इसकी कमी से उसकी वृद्धि हो जाती है। यह आयोडाइड नमक, प्याज तथा सामुद्रिक मछलियों (Sea fishes) में मिलती है।

कमी से उत्पन्न लक्षण (Symptoms)

- थाइरॉइड ग्रन्थि की वृद्धि।
- केशों की चमक घट जाती है एवं केश झड़ने लगते हैं।
- शारीरिक एवं मानसिक वृद्धि में रुकावट।
- इसकी कमी से नवजात पशुओं के बच्चों में खाल पर बालों का अभाव रहता है।

उपचार (Treatment)

(क) इन्जेक्शन मिल्क आयोडीन (Inj. Milk Iodine) बड़े पशुओं को 10 मि. ली. तथा छोटे पशुओं को 5 मि. ली. मांस में (I.M.) सप्ताह में दो बार।

(ख) पोटैशियम आयोडाइड (Potassium Iodide) 4-10 ग्राम बड़े पशुओं को तथा 2-4 ग्राम छोटे पशुओं को गुड़ के साथ चटायें। घोड़े को 2-4 ग्राम तथा भेड़-बकरी को 1-3 ग्राम एवं कुत्तों को 1/2 ग्राम तक दें।

(ग) खनिज लवण मिश्रण; जैसे—एग्रीमिन फोर्ट या टोनोमिल्क पशु को 50 ग्राम प्रतिदिन खिलायें।

सावधान—विषैले लक्षण उत्पन्न होने पर औषधि देना बन्द कर दें।

6. पोटैशियम (Potassium)

इसकी कमी से उत्पन्न लक्षण (Symptoms)

- पेशियों में दुर्बलता एवं ऐंठन।
- निचले अंगों में पक्षाघात।

उपचार (Treatment)—पोटैशियम क्लोराइड 1-2 ग्राम प्रातः सायं (BD) गुड़ में मिलाकर दें।

7. कॉपर या ताँबा (Copper)

यह एन्जाइमों का एक अनिवार्य अंग है। यह हीमोग्लोबिन के निर्माण में कार्य आता है।

अभाव से उत्पन्न लक्षण (Symptoms)

- रक्तहीनता/अनीमिया
- हड्डियों में सूजन तथा कार्पल बोन का विस्तार हो जाता है।

उपचार (Treatment)

(क) रूमेन बोलस—दो बोलस दिन में दो बार।

(ख) खनिज लवण मिश्रण; जैसे—एग्रीमिन फोर्ट या टोनोमिल्क 50 ग्राम प्रतिदिन गाय/भैंस को खिलायें।

8. कोबाल्ट (Cobalt)

यह विटामिन बी$_{12}$ (सायनोकोबालिन) के निर्माण में पूर्ण रूप से सहायक है।

अभाव से उत्पन्न लक्षण (Symptoms)

- भूख की कमी।
- त्वचा में रूखापन।
- रक्त की कमी।
- स्नायविक प्रदाह एवं दुर्बलता।
- दस्तों की अधिकता।

उपचार (Treatment)—इसकी कमी में निम्न व्यवस्था करनी चाहिये—

(क) गाय-भैंस को खनिज लवण मिश्रण एग्रीमिन फोर्ट/टोनोमिल्क, कौन्सीमीन (Concimin) 50 ग्राम तथा छोटे पशुओं को 20 ग्राम दिन में एक या दो बार आहार या गुड़ में मिलाकर।

(ख) गाय/भैंस को रूमेन बोलस (Rumen Bolus)—दो बोलस दिन में दो बार, 3-5 दिनों तक।

◆◆◆

27

विष रोग
(Diseases of Poisons)

विष (जहर/Poison) एक ऐसा पदार्थ है जिसको खाने, पीने और लगाने से प्राय: मृत्यु हो जाती है। वह या तो आकस्मिक (accidental) होता है अथवा द्वेष से खिलाया-पिलाया जाता है। अनेक ऐसे पौधे, फल, अनाज, खनिज, दवाइयाँ आदि जिनमें या तो स्वयं विष होता है या उनमें विष उपस्थित रहता है; जैसे—

1. **पौधों में**—ज्वार, खेसारी आदि।
2. **फलों में**—धतूरा, कुचला, अण्डी आदि।
3. **अनाज में**—खेसारी, सोयाबीन, खल्ली आदि।
4. **खनिजों में**—संखिया, जस्ता, सीसा (Lead), ताँबा, आयोडीन आदि।
5. **दवाईयों में**—चूहामार (Zinc phosphide), इन्सेक्टीसाइड या पेस्टीसाइड (Pesticide) अम्ल, क्षार आदि।

प्रमुख विष
(Main Poisons)

यूरिया विषाक्तता, डी.डी.टी. तथा गैमेक्सीन विषाक्तता, साइनाइड विषाक्तता, कनेर विषाक्तता, मैलाथियान, साइथियोन तथा पैराथियोन विषाक्तता, सी.टी.सी. विषाक्तता आदि।

1. डी.डी.टी. तथा गैमेक्सीन विषाक्तता
(D.D.T. and Gammaxane Poisoning)

कारण (Etiology)—शरीर पर लगाने पर या चाट लेने से।

उत्पन्न लक्षण (Symptoms)—इससे निम्न पॉयजनस लक्षण उत्पन्न होते हैं—

अतितीव्र अवस्था में—

- कम्पन, ऐंठन, चकराना एवं मृत्यु।
- तीव्र उत्तेजना, लार की अधिकता, लड़खड़ाना, असामान्य बैठना एवं उठना।
- कराहना एवं दाँत किटकिटाना।
- चक्कर आना।

शव परीक्षा में—

- फेफड़ों, यकृत तथा वृक्कों में कंजेशन।

- इपीकार्डियम में रक्तस्राव का मिलना।
- न्यूमोनिया के चिन्ह।
- श्वासनली तथा ब्रान्काई में रक्तयुक्त झाग।
- ब्रेन कंजेशन तथा अधिक तरल पदार्थ।

चिकित्सा (Treatment)—

(क) सैलाइन परगेटिव (यथा—मैगसल्फ का जुलाब) 500 ग्राम दें।

(ख) सीडेटिव दवा ट्राईफ्लूप्रोमेजीन 0.3 mg/Kg BW; जैसे— सीक्विल इंजे. (Sequil – *Zydus AHL*) 20 mg/ml, मांस में लगायें।

(ग) कैल्सियम तथा डैक्स्ट्रोज के इंजेक्शन; जैसे— माइफैक्स, माइफीकैल, कैल्सियम-मैग्नीशियम बोरोग्लूकोनेट 450 ml शिरा में लगायें। कैल्शियम बोरोग्लूकोनेट का इन्जेक्शन आई. वी.।

सावधान (Caution)—ऑयली परगेटिव भूल कर भी न दें।

2. यूरिया विषाक्तता (Urea Poisoning)

कारण (Etiology)

- पशु के लालचवश यूरिया खाद खा लेने से।

  यूरिया खाद को चारे-दाने, भूसा आदि में रखने से, यूरिया के रिसाव आदि से चारे में मिल जाता है और पशु जब उस चारे/भूसे को खाता है तब विषाक्तता के लक्षण उत्पन्न हो जाते हैं।

उत्पन्न लक्षण (Symptoms)—

- तीव्र उदर शूल एवं पशु का कराहना।
- कम्पन एवं लड़खड़ाहट।
- कष्टदायक तीव्र श्वास।
- अत्यधिक लार का गिरना।
- गर्दन की शिरा (जुगलर पल्स) की स्पष्टता।
- रंभाना एवं पशु की मृत्यु।

शव परीक्षा में—

- कोई विशेष लक्षण नहीं।
- साधारण उदर-आँतशोथ के बिना।
- ब्रान्काइटिस के चिन्ह।

चिकित्सा (Treatment)—

(क) इन्जेक्शन काल्बोराल (Calborol) या माइफेक्स (Mifex), अथवा कैल्शियम-मैग्नेशियम बोरोग्लूकोनेट इन्जेक्शन आई. वी. 450 मि.ली. दें।

(ख) सीडेटिन दवा ट्राईफ्लूप्रोमेजीन 0.3 mg/Kg. B.W.; जैसे— सीक्विल इंजे (Sequil inj. - *Zydus AHL*) 20 mg/ml मांस में लगायें।

(ग) 5% एसिटिक एसिड 2.5-3.5 लीटर तक पिलायें।

(घ) जीवन बचाने के लिये र्यूमैनोटोमी कर यूरिया मिश्रित पदार्थ को र्यूमन से बाहर निकालें।

3. मेलाथियोन, साइथियोन एवं पैराथियोन विषाक्तता (Malathion, Cythion and Parathion Poisoning)

कारण (Etiology)

- दवा मिला अनाज, शाक-सब्जी आदि के खा लेने से।
- इन्सेक्टीसाइड के रूप में शरीर पर लगाने से, एब्जोर्ब होने अथवा पशु के चाट लेने से।

उत्पन्न लक्षण (Symptoms)—

- वमन की इच्छा अथवा वमन।
- उदर शूल (Abdominal Pain)।
- अतिसार (Diarrhoea)।
- मांसपेशियों की ऐंठन।
- अत्यधिक अश्रुस्राव तथा पसीना बहना।
- श्वास कष्ट।
- मांसपेशियों की दुर्बलता।
- पक्षाघात के चिन्ह।
- मांसपेशियों की फड़कन।
- सुस्ती एवं मुरझाना।
- रिफलेक्स की समाप्ति।
- चकराना।
- बेहोश हो जाना तथा श्वसन क्रिया बन्द हो जाने के कारण मृत्यु।

शव परीक्षा—पोस्टमार्टम रिपोर्ट आने पर—

- कोई विशेष चिन्ह नहीं मिलते।
- विष की जाँच के लिये अंगों के स्पेसिमेन एकत्र किये जाते हैं।

चिकित्सा (Treatment)—

(क) इन्जेक्शन एट्रोपीन सल्फेट (Inj. Atropine sulphate) I/M अथवा I/V रूप में निम्न मतानुसार दें—

- कैटिल→30 मि.ग्रा. प्रति 50 किलो शरीर-भार पर।
- भेड़-बकरी→50 कि.ग्रा. प्रति 50 किलो शरीर-भार पर।
- घोड़ा→7 मि. ग्रा. प्रति 50 किलो शरीर-भार पर।
- कुत्ता→2-4 मि.ग्रा. पूरी मात्रा है।

  (I/V) आई. वी. अथवा I/M धीरे-धीरे लगायें।

(ख) 5% डैक्स्ट्रोज सेलाइन 1000-2000 मि.ली. शिरा में लगायें।

4. सी.टी.सी. विषाक्तता (Carbon Tetrachloride Poisoning)

- कार्बन टेट्राक्लोराइड (C.T.C.) की अधिक मात्रा मिलाने से विषाक्त लक्षण उत्पन्न होते हैं। Accidental administration into the respiratory tract or oral administration of massive dose.

उत्पन्न लक्षण (Symptoms)

- भूख न लगना (Loss of appetite)।
- मितली एवं वमन (Nausea and vomiting)।
- कँपकँपी (Tremors)।
- टेटनी एवं नेक्रोसिस के लक्षण।
- गिरना (Falling)।
- कोलेप्स, कन्वल्शन्स एवं मृत्यु। मृत्यु प्रायः श्वसन फेल होने से होती है।
- यदि पशु बच जाता है तो डेप्रेशन, मांसपेशी दुर्बलता, दस्त (diarrhoea) एवं कामला से पीड़ित रहता है।
- **इस विषाक्तता में लिवर तथा किडनी का Fatty degeneration एवं Necrosis हो जाता है।**

चिकित्सा (Treatment)—इसकी त्वरित निम्न व्यवस्था कर रोगी के प्राण बचाये जा सकते हैं—

- कृत्रिम श्वसन एवं रेसपाइरेटरी स्टीमुलेन्ट्स दें।
- हेपेटाइटिस के लिये सहायक चिकित्सा।
- कैल्शियम और ग्लूकोज सोलूशन इन्जेक्शन रूप में।

नोट— हेक्साक्लोरोइथेन (Hexachloroethane) के विषाक्त लक्षण तथा उपचार उपरोक्त की भाँति ही हैं।

5. कोलतार/फीनोल/क्रिसोल/लाइसोल पायजनिंग (Coal-tar / Phenol / Cresol / Lysol Poisoning)

कारण (Etiology)

- अधिक मात्रा में सेवन कर लेने से (Accidental intake)।

उत्पन्न लक्षण (Symptoms)—इनके विषाक्त लक्षण निम्न प्रकार से होते हैं—

1. तीव्र (Acute)—तीव्र स्वरूप के लक्षणों में Rough coat, tucked up abdomen, weakness and depression के लक्षण मिलते हैं।

2. जीर्ण (Chronic)—अरुचि, भूख न लगना, डेप्रेशन, दुर्बलता, रक्ताल्पता (अनीमिया) एवं कामला (जॉण्डिस) के लक्षण।

चिकित्सा (Treatment)—

- मैग्नीशियम या सोडियम सल्फेट। बड़े पशुओं में 250-500 mg दस्त के लिये दें।
- अण्डे की सफेदी (albumin), आयल्स (तेल), डिमल्सेन्टस एवं गैस्ट्रिक लेवीज दें।
- **बाह्य रूप में**—गरम कैस्टर आयल से स्नान/अथवा साबुन और पानी से गरम स्नान।

6. फीनोथायाजीन (Phenothiazine) विषाक्तता

कारण (Etiology)

- पशु को फिनोथायाजीन की अधिक मात्रा खिला देने से।
  (Accidental over dosing of phenothiazine in animals.)

उत्पन्न लक्षण (Symptoms)—निम्न प्रकार से प्रदर्शित होते हैं—

- *फोटोसेन्सीटाइजेशन*— 1. कैराटाइटिस (Keratitis) ।
  2. आँख पर सफेदी (White opacity of the cornea) ।

अन्य लक्षण (Symptoms)—

1. जॉण्डिस एवं हीमोग्लोबीनूरिया।
2. गर्भपात, एटेक्सिया (Ataxia) एवं पक्षाघात (Paralysis) ।

चिकित्सा (Treatment)—

- प्रभावित पशु को अंधेरे कमरे में रक्खें।
- एण्टीसेप्टिक आई आयन्टमेन्ट 5,00,000 यूनिट विटामिन—ए मुख द्वारा।
- ब्लड ट्रान्सफ्यूजन एवं फ्लूड थैरापी।

7. कीड़ामार औषधि विषाक्तता (Insecticides Poisoning)

जैसे—D.D.T., B.H.C., Lindane, Methoxychlor, Heptachlor, Chlordane, Aldrin, Toxaphene आदि ।

उत्पन्न लक्षण (Symptoms)—

- प्रभावित पशु Excitability एवं Irritability उत्पन्न करता है अर्थात् उत्तेजना दिखाता है।
- मांसपेशियों में कम्पन (muscular tremor) अर्थात् कँपकँपी एवं थरथराहट होती है।
- दुर्बलता, पक्षाघात (पैरालिसिस) एवं दौरे (convulsions) पड़ते हैं।
- मुख से लार का बहना (salvation) एवं दाँतों का किटकिटाना जैसे लक्षण होते हैं।
- श्वासकष्ट (Dyspnoea) होता है।
- वमन एवं बार-बार मूत्रत्याग (frequent micturition) । करता है।
- लड़खड़ाहट एवं चलने-फिरने में अयोग्यता रहती है।

■ **आजकल अनेक प्रकार के कीड़े-मकोड़ों को मारने के लिए दवाइयाँ पौधों पर छिड़की जाती हैं; जैसे—B.H.C. लिण्डेन, एल्ड्रीन, इन्ड्रीन आदि। इन दवाइयों के सीधे सम्पर्क से अथवा इनके छिड़के चारा, घास, पौधों को खाने से पशुओं को इसका विष लग जाता है।**

चिकित्सा (Treatment)—

- सेलाइन परगेटिव (यथा—मैगसल्फ—Mag-sulph) 500-1000 ग्राम एवं एक्टीवेटिड चारकोल (लगभग 1.0 किलो)। ऑयली परगेटिव भूल कर भी न दें।
- पशु को सीडेटिव दवा ट्राईफ्लूप्रोमेजीन 0.33 mg/Kg B.W. मांस में अथवा शिरा में लगाना चाहिये; जैसे—सिक्विल इंजे. (Sequil Inj.-*Zydus AHL*) अथवा सिकवैल (Sicvel -*Morvel*) 20 mg/ml या जाइलेजीन (Xylazine) मात्रा 0.2 mg/kg B.W. मांस में I/M; जैसे— आइजीन (Izine- *Intas*), जाइलोकैड (Xylocad-*Cadilla pharma*), जाइलोडैक (Xylodac-*Zydus AHL*), जाइलैक्सिन (Xylexin -*IIL*) 20 mg/ml ।
- एट्रोपीन सल्फेट 0.05 मि.ग्रा. प्रति किलो शरीर-भार पर मांसपेशीगत (I.M.) दें।
- कैल्शियम बोरोग्लूकोनेट या कालबोराल आदि 200-400 मि.ली. बड़े पशुओं को शिरा द्वारा (I.V.) अथवा कैल्सियम-मैग्नीशियम बोरोग्लूकोनेट जैसे- माइफैक्स, मारफीकैल 400-500 मि.ली. शिरा में दें।

- कोरामीन या निकेथामाइड की सूई कुत्ते को 1-2 मि.ली माँस या शिरा में दें।
- यदि पशुओं के बाहरी शरीर पर विष का प्रभाव पड़ा हो तो तुरन्त साबुन-पानी से धो डालें।
- यदि कुत्ते ने उपरोक्त विषों को खा लिया हो, तो कै कराने की दवा एपोमौर्फीन 3-6 मि. ग्रा. डिस्टिल्ड वाटर में घोल कर S/C दें।

8. ताँबा विष/कॉपर पायजनिंग/तूतिया विषाक्तता (Copper Poisoning)

इसकी विषाक्तता निम्न तरीकों (mode) से होती है—

- कॉपर सल्फेट की अधिक मात्रा सेवन करा देने से।
- घोंघे मारने के लिए जब पानी में कॉपर सल्फेट छिड़का या मिलाया जाता है तब उससे प्रभावित (contaminated) जल को पीने से शरीर में विष के लक्षण पैदा हो जाते हैं।
- कॉपर डिफीसिएन्शी (कॉपर की कमी) में चरागाह में कॉपर सल्फ का घोल छिड़कने से (Pasture to dressed with copper to correct copper deficiency)।
- पेट के कीड़े मारने के लिये जब कॉपर सल्फ (तूतिया) का कड़ा घोल पिलाया जाता है तब यह विष लग जाता है।
- **पौधों और घासों पर कीड़ों को मारने के लिये तूतिया का घोल (Copper sulphate solution) छिड़का जाता है। इस तूतिया युक्त पौधों और घासों को जब भेड़-बकरियाँ तथा बछड़े खाते हैं तब वे इस विष से प्रभावित हो जाते हैं।**

उत्पन्न लक्षण (Symptoms)—

1. *तीव्र (Acute):*

- मतली एवं वमन (कुत्तों में)।
- पतला दस्त, मल हरा-पीला दुर्गन्ध भरा।
- आमाशय-आन्त्र पीड़ा।
- श्वास कष्ट (Dyspnoea)।
- गम्भीर स्वरूप का अतिसार (Severe diarrhoea)।
- मुँह से लार (Salivation)।
- कन्वलशन्स, पैरालिसिस, कोलेप्स एवं मृत्यु।

याद रहे—
- दस्त प्रायः गहरा हरा होता है।
- मृत्यु 24 घण्टे में।

2. *जीर्ण (Chornic) :*

- गैस्ट्रोइण्टेराइटिस (Gastroenteritis)।
- पेशाब का रंग कॉफी जैसा।
- कामला (Jaundice)।
- नाक से रक्तयुक्त स्राव (Bloody nasal discharge)।
- हीमोग्लोबीनूरिया (Haemoglobinuria) आदि।

शव परीक्षण (P.M.)—पोस्टमार्टम करने पर गैस्ट्रो-इण्टेराइटिस (आमाशय और आँत सूजी हुई), कामला (जॉण्डिस) एवं रक्त का तीव्रता से जमना (Rapid coagulation of blood) आदि चिन्ह मिलते हैं।

चिकित्सा (Treatment)—

(क) दस्तों को रोकने के लिये गैस्ट्रिक सीडेरिव के रूप में विस्मथ कार्बोनेट (Bismuth carbonate) गाय/भैंस/ घोड़ा में 15-30 ग्राम; कुत्ता में 1-2 ग्राम।

(ख) डाईमरकैप्रोल (Dimarcaprol) या BAL इंजेक्शन 3 mg/Kg B.W. मांस में (I/M) चार घण्टे के अन्तर से 2 दिन तक। इसके बाद दिन में दो बार अगले दस दिन तक।

(ग) सोडियम कैल्शियम एडीटेट (Sodium calcium edetate): मात्रा– 75 mg/Kg BW or day as 2% solution by I/V infusion देना चाहिये।

(घ) अमोनियम मोलिब्डेट (Amonium molybdate) 100 मिग्रा-500 मिग्रा तथा सोडियम सल्फेट 250-500 मिग्रा मुख द्वारा देना चाहिये।

(च) अण्डे की सफेदी (White of egg) दूध में मिलाकर पिलावें।

(छ) कैल्शियम मैग्नीशियम बोरोग्लूकोनेट इंजे.; जैसे– माइफैक्स या माइफीकैल 400-500 मि.ली. शिरा में लगायें।

विशेष चिकित्सा (Special Treatment)—जला हुआ कोयला चूर्ण (Pulv charcoal) 2 भाग, मैगनीशियम ऑक्साइड 2 भाग, टैनिक एसिड एक भाग एवं केओलिन एक भाग—सबको मिलाकर 30 ग्राम दवा को 400 मि.ली. पानी में घोलकर पिलावें।

9. आयोडीन/पोटैशियम आयोडाइड विषाक्तता (Iodine/Potassium Iodide Poisoning)

आयोडीन विषाक्तता निम्न प्रकार से उत्पन्न होती है—

- पशुओं को अधिक समय तक आयोडीन की सूई लगाने से अथवा पोटैशियम आयोडाइड (Potassium iodide) खिलाते रहने से। विशेषकर एक्टीनोमाइकोसिस (Actinomycosis) रोग में।
- मिल्क प्रोडक्शन अधिक बढ़ाने के लिए Iodinated casein as feed additive, के प्रयोग करते रहने से।

उत्पन्न लक्षण (Symptoms)—आयोडीन विषाक्तता में निम्न लक्षण उत्पन्न होते हैं—

- नजला-जुकाम (नेजल कटार) एवं अश्रुस्राव (लेक्रीमेसन)
- भूख न लगना (Lack of Appetite)
- दिल का धड़कना (Palpitation of the heart)
- अण्डकोष क्षय (Atrophy of testicles)
- अन्धापन (Blindness)
- पेट दर्द एवं जलन
- अतिसार (डायरिया-Diarrhoea)
- शरीर-भार में कमी (Loss of weight)
- बालों का गिरना (Falling of hairs)
- परतदार त्वचा उद्भेद (Erruption of skin layer)
- काँपना (Tremors)
- कुत्तों में कै एवं Muscular spasms के चिन्ह।

- ■ **आयोडीन अथवा पोटाश आयोडाइड के अधिक दिन तक प्रयोग करते रहने से टैस्टीकिल में एट्रोफी तथा पशु अन्धा हो जाता है।**

चिकित्सा (Treatment)—

- इसका एण्टीडोट स्टार्च (Starch) है। इसे ग्रूअल रूप में अकेले अथवा दूध के साथ दें। अथवा चावल का पर्याप्त माँड़ पिलावें।
- स्टीमुलेन्ट यथा—निकेथामाइड (Nikethamide) 5-10 मि. ली. मांस में।
- शान्तिकारक (Demulcent); जैसे—अलसी की चाय, चावल का माँड़, शहद, ग्लिसरीन, गुड़ एवं मट्ठा पिलावें।
- दवा की सुई अथवा औषधि रूप में आयोडीन खिलाना बन्द कर दें।

10. चूहामार दवा (Zinc Phosphide)

इसे खाने की वस्तुओं में मिलाकर चूहों को मारने के लिये प्रयोग किया जाता है। कभी-कभी इस विषयुक्त को पशुओं द्वारा खा लेने से विष का प्रभाव हो जाता है। यह विष कुत्तों को मारने के लिए अक्सर दे देते हैं।

लक्षण (Symptoms)—इस विष के खा लेने से पशु में निम्न लक्षण उत्पन्न होते हैं—

- तेज श्वास कष्ट
- कै और दस्त
- फेंफड़ों में सूजन
- चिहुँकन।

नोट—इसके सम्पूर्ण लक्षण तूतिया (copper sulphate) **पायजनिंग के समान होते हैं।**

चिकित्सा (Treatment)—

- अण्डा या दूध या टैनिक एसिड सेवन करावें।
- डेक्स्ट्रोज सेलाइन आई. वी. अथवा रिन्टोज (Rintose) 200-450 मि. ली. आई. वी.।
- कैफीन सोडी बेन्जोएट (Caffine sodi benzoate) 0·05 ग्राम माँस में (I/M) आवश्यकतानुसार।

नोट:इसकी चिकित्सा तूतिया विषाक्तता के समान होती है।

11. संखिया विष (Arsenic Poisoning)

संखिया का निम्न प्रकार से प्रयोग करने पर पश ओं में संखिया विषाक्तता (arsenic poisoning) उत्पन्न होती है—

- संखिया विष से दूषित जल पीने से।
- संखिया युक्त औषधियों का छिड़काव किये गये पौधों और घासों को खाने से।
- औषधि रूप में इसका अधिक प्रयोग खाने या सूई रूप में देने से।
- त्वचा रोगों में संखिया युक्त दवा लगाने से अथवा इसके घोल में नहाने से या उसके चाटने से।

लक्षण (Symptoms)—यह तीव्रता से उत्पन्न होनेवाली एक विषाक्तता है। इसमें निम्न लक्षण उत्पन्न होते हैं—

- अत्यधिक प्यास एवं बेचैनी

- लार बहना (Salviation)
- तीव्र उदर शूल (Severe abdominal pain)
- तेज दुर्गन्ध-भरा खूनी दस्त
- प्रारम्भ में रक्तचाप (B.P.) गिर जाता है
- शारीरिक तापमान सामान्य से नीचे (subnormal temperature)
- पेशाब रक्तयुक्त तथा अलब्यूमिन के साथ
- त्वचा रोग होने पर रक्तस्राव
- पशु का काँपना
- पैरों और कानों का ठंडा हो जाना
- सूखी लालमय त्वचा एवं बाल खड़े हुए
- शरीर की श्लैष्मिक झिल्लियों का लाल रहना
- गाय के थन और वल्वा (Vulva), साँड़ के अण्डकोष थैली के ऊपर और आँखों के चारों ओर की त्वचा का उखड़ना
- त्वचा का रूप झुलसने जैसा
- पिछले अंगों का पक्षाघात
- विष की अधिकता से 3-4 घण्टे में अथवा विष की कमी में 2-7 दिन में मृत्यु
- गम्भीर स्वरूप का आमाशय-आन्त्रशोथ (Severe gastroenteritis)
- कुत्तों में कै (Vomiting in dogs)।

कुछ कम तीव्रता की स्थिति में *(In less severe cases) :*

- तीव्र स्वरूप की प्यास
- जलाल्पता (डिहाइड्रेशन-Dehydration)
- उदर पीड़ा (Abdominal pain)
- मांसपेशियों का काँपना एवं कॉमा (Comma)।

चिकित्सा (Treatment)—

- जल की कमी में द्रव चिकित्सा (Normal saline or dextrose saline) आई. वी. (I.V.) मार्ग से। 1000-2000 मि. ली. शिरा में दें।
- तैलीय जुलाब (Oily Purgative) पर तीव्र जुलाब नहीं।
- उत्तम एण्टीडोट (Antidote) यथा—सोडियम थायोसल्फेट (हाइपो-Hypo) 15-30 ग्राम, 100-200 मि. ली. पानी में मिलाकर आई. वी. दें एवं प्रति 6 घण्टे पर 30-60 ग्राम मुख द्वारा दें।
- इन्जेक्शन बाल (Injection BAL) एक उपयुक्त एण्टीडोट है। इसे 2.3 मि. ग्रा प्रति किलो शरीर भार पर माँस में (I.M.) लगायें। चार घण्टे के अन्तर से 2 दिन तक। इसके बाद दिन में दो बार अगले 10 दिन तक लगायें। इसे Dimercaprol कहते हैं।
- कुत्तों को कै कराने की औषधि है।
- आमाशय आन्त्रशोथ की स्थिति में अण्डे की सफेदी (white of egg) अथवा दूध पिलायें।
- मूत्रवर्धक औषधि दें; जैसे— कलमी शोरा 10 ग्राम तथा खाने का सोडा 30 ग्राम खिलायें।
- आमाशय नलिका (Stomach tube) डालकर पशु का पेट धोना चाहिये।

- अण्डे की सफेदी + चूने का पानी मिलाकर पिलावें।
- विष की उत्तेजना रोकने के लिए अलसी की चाय (Lin seed tea) और लिक्विड पैराफीन दें।

12. हाइड्रोसाइनिक एसिड विषाक्तता (Hydrocyanic Acid Poisoning)

- यह एक शक्तिशाली विष है जो कई प्रकार के पौधों में पाया जाता है; जैसे—ज्वार की निश्चित अवस्था में एवं अलसी में। गर्मी के मौसम में अपूर्ण विकसित ज्वार की चरी (जिसके पत्ते सूख कर ऐंठ गये हों) पशुओं को खिलाने से इस जहर का प्रभाव हो जाना है।

लक्षण (Symptoms)—इस विष से प्रभावित चारा खाने के 10-15 मिनट बाद लक्षण दिखायी पड़ने लगते हैं और पशु 1-2 घण्टे में मर जाता है। शेष लक्षण निम्न प्रकार से—

- श्वास कष्ट के साथ मुँह खोलकर श्वास लेना एवं मुँह पर फेन का होना।
- बेचैनी एवं अफारा।
- पशु का गिर जाना एवं उठने में असमर्थ रहता है।
- मिल्क फीवर की भाँति सिर को बगल की तरफ घुमा कर रखना एवं आँखें बन्द करना।
- पेशियों में तीव्र ऐंठन एवं आक्षेप।
- मुँह से कड़ुए बादाम जैसी गंध आना।
- आँख की पुतलियाँ फैली हुई मिलती हैं।
- श्लैष्मिक झिल्ली चमकीली एवं लाल।
- दम घुटने जैसी पीड़ा।
- दाँतों का किटकिटाना (Grinding of teeth)।
- सदैव मुँह खोलना और बन्द करना।

कुत्तों में (In Dogs)—पशु बार-बार गिरता है और मुँह से फैन आता है। पशु को चक्कर आते हैं और श्वास कष्ट के साथ आती है। आँख की पुतलियाँ फैली हुई मिलती हैं। कै आती है, और पेशाब हो जाता है। इसके अतिरिक्त आक्षेप, शक्तिहीनता, सामान्य पक्षाघात और मृत्यु आदि तीव्र स्वरूप के लक्षण होते हैं।

चिकित्सा (Treatment)—

- **भेड़ में**—एक ग्राम सोडियम नाइट्रेट, 2.5 ग्राम सोडियम थायोसल्फेट 50 मि. ली. डिस्टिल्ड वाटर में मिलाकर आई. वी. दें।
- **गाय/भैंस में**—3 ग्राम सोडियम नाइट्रेट, 15 ग्राम सोडियम थायोसल्फेट को 200 मि. ली. डिस्टिल्ड वाटर में मिलाकर आई. वी. दें एवं 30 ग्राम सोडियम थायोसल्फेट मुख द्वारा हर घण्टे पर।
- अन्य सहायक चिकित्सा में रेस्पाइरेटरी स्टीमुलेन्ट एवं कृत्रिम श्वसन दें।
- सिर पर ठंडा पानी तथा अमोनिया सुँघाना।
- डेक्स्ट्रोज (Dextrose) या कालाबोरॉल (Calborol) पशु को 400 मिली शिरा में दें।
- हो सके तो कै करावें।
- एण्टी-हिस्टिमिनिक दवायें; जैसे— फैनरामीन मैलीएट या क्लोरफैनरामीन मैलीएट में से किसी एक का प्रयोग करें (विवरण पीछे है)

13. सीसा विष (Lead Poisoning)

कारण (Etiology)—इस प्रकार के विष में अधिकतर जुगाली करने वाले पशु प्रभावित होते हैं। इसे प्लमबिज (Plumbism) भी कहते हैं। अधिकतर लैड पेन्ट्स के चाटने, लैड पाइप के उपयोग से अथवा पैरासिटीसाइड के रूप में लैड आर्सीनेट का छिड़काव करने से (विशेषकर शाक-सब्जियों पर)।

उत्पन्न लक्षण (Symptoms)—इस विष का प्रभाव पाचन-तंत्र तथा तंत्रिका-तंत्र पर पड़ता है।

1. पाचन तंत्र (Digestive system) के प्रभावित होने पर—

- आमाशय-आन्त्रशोथ (Gastroenteritis) हो जाता है।
- दुर्गन्ध भरा पानी के समान पतला दस्त होता है।
- भूख का न लगना।
- कभी दस्त तो कभी कब्ज हो जाता है।
- तेज उदर शूल (Severe abdominal pain) होता है।

2. तन्त्रिका तंत्र (Nervous system) प्रभावित होने पर—

- पशु का लड़खड़ाना एवं डगमगाना जैसे लक्षण होते हैं।
- अन्धापन/दीवार में सिर अड़ा कर खड़ा होता है।
- आवाज में अन्तर। पशु जोर से गरजता है।
- पशु चक्कर काटता है।
- पेशियों में अकड़न एवं ऐंठन होती है।
- दाँत किटकिटाता है।

चिकित्सा (Treatment)—

(क) दर्द को दूर करने के लिये निम्न सैडेटिव दवाओं में से एक का प्रयोग करें—

1. ट्राईफ्लूप्रोमेजीन 0.33 mg/Kg B.W. मांस में या शिरा में (I/M or I/V) लगाना चाहिये; जैसे— सिक्विल इंजे. (Siquil Inj.-*Zydus AHL*) अथवा सिकवैल (Sickvel *-morvel*) 20 mg/ml।
2. जाइलेजीन (Xylazine) मात्रा 0.2 mg/Kg B.W. मांस में I/V; जैसे— आइजीन (Izine - *Intas*), जाइलो कैड (Xylocad *-Cadilla pharma*), जाइलोडैक (Xylodac *-Zydus AHL*), जाइलैक्सिन (Zylexin *-IIL*) 20 mg/ml प्रयोग करें।

(ख) सीसा विष के प्रभाव को कम करने के लिये दस्तावर दवा; जैसे— मैग्नीशियम सल्फेट— बड़े पशुओं को 500-1000 ग्राम मुख द्वारा देना चाहिये।

(ग) सोडियम कैल्शियम ईडीटेट (Sodium Calcium Edetate): मात्रा— 75 mg/Kg BW per day as 2% Solution शिरा में (I/V) देना चाहिये। इसे दिन में दो बार तीन दिन तक प्रयोग करना चाहिये। यह सीसा विष की खास दवा है।

(घ) दर्द को दूर करें। इसके लिये फीनोवार्बीटाल सोडियम बछड़ों में आई.वी. दें एवं वयस्कों में क्लोरल हाइड्रेट आई.वी. दें।

14. एण्टीमनी विषाक्तता (Antimony Poisoning)

कारण (Etiology)—एण्टीमनी अर्थात् टारटार इमेटिक (Tartar emetic) का प्रयोग जब इन्जेक्शन रूप में पशु को नेजल ग्रेनुलोमा नामक रोग में दिया जाता है, तब इस रोग का विष लग जाता है। इसी प्रकार से जब इस औषधि का प्रयोग कीड़ों को मारने के लिये (for vermicide action) तूतिया के साथ प्रयोग किया जाता है तब भी विषाक्तता का रोग उत्पन्न हो सकता है।

लक्षण (Symptoms)—इस विषाक्तता में निम्न लक्षण एवं चिन्ह देखने को मिलते हैं—

- पशु काँपने या थरथराने लगता है।
- मुँह से लार गिरती है (Salivation)।
- पतला रक्त मिला दस्त होता है।
- श्वास हल्का-सा हो जाता है।
- पशु गिर जाता है और उसकी मांसपेशियों में कमजोरी आ जाती है।
- कुत्तों में कै होती है।
- शिरा में सूई लगाते समय यदि यह दवा त्वचा में भूल कर प्रविष्ट हो जाती है तो एक बड़ा दर्द भरा सूजन हो जाता है।

चिकित्सा (Treatment)—इस प्रकार की विषाक्तता में निम्न प्रकार से त्वरित चिकित्सा करनी चाहिये—

(क) दस्तावर तेल की औषधि पिलावें (oily purgative)।

(ख) पीड़ा के लिये सैडेटिव दवा ट्राईफ्लूप्रोमेजीन या जाइलेजीन का प्रयोग करें (विवरण पीछे है)।

(ग) डाईमरकाप्रोल (Dimercaprol) अर्थात् बाल (BAL) का इंजेक्शन मांस में प्रयोग करें (विवरण पीछे है)।

(घ) कैल्शियम मैग्नीशियम व बोरो ग्लूकोनेट इंजेक्शन; जैसे— माइफैक्स या माइफीकैल 400-500 मि.ली. शिरा में दें।

15. नाइट्रेट और नाइट्राइट विषाक्तता (Nitrate and Nitrite Poisoning)

नाइट्रेट्स युक्त खादें (Fertilizers containing nitrates), ऐसे पौधे जिन्हें उच्च प्रकार की नाइट्रोजन युक्त खादें दी गई हों। उस चारे को खाने से अथवा सोडियम या पोटैशियम नाइट्रेट के अधिक प्रयोग से विषाक्तता उत्पन्न हो जाती है। इसमें हीमोग्लोब्यूलीन, मेटहीमोग्लोब्यूलीन में बदल जाती है जिससे रक्त में O_2 की कमी हो जाती है। अन्य लक्षण हैं।

लक्षण (Symptoms)–

- लार का गिरना (Salivation)
- उदर पीड़ा (Abdominal pain)
- दस्त और वमन (Diarrhoea and vomiting)
- श्वास कष्ट (Dyspnoea)
- मांसपेशियों में कँपकँपी (Muscles tremors)
- सायनोसिस एवं कन्वल्शन्स (Cyanosis and convulsions)।

चिकित्सा (Treatment)—

(क) मिथिलीन ब्लू (Methylene Blue) 8.8 मि. ग्रा./किलो शरीर भार पर 1% का सोलूशन शिरा मार्ग से। यदि पर्याप्त मात्रा में विष खाया गया हो तो इसे दुबारा दिया जा सकता है।

(ख) विटामिन-सी के इंजेक्शन; जैसे— एल्पा-सी (Alpa-c-Alpa), अथवा अल्ट्रावैट (Ultravet-*Biotec*) 250 mg/ml; बड़े पशुओं में 5 मि.ली. तथा कुत्तों में 1-2 मि.ली. मांस में (I/M) दें। यह Met haemoglobulin को haemoglobulin में बदल देता है।

(ग) गम्भीर स्थिति में ऑक्सीजन थेरेपी देनी चाहिये।

16. सोडियम क्लोराइड विषाक्तता (Sodium Chloride Poisoning)

कारण (Causes)—इसकी विषाक्तता विशेष रूप से सेलाइन वाटर के पीने से अथवा तैयार आहार (Prepared feeds) में अधिकतम नमक मिले होने से पशु के खाने से।

लक्षण (Symptoms)—

- मितली एवं वमन (Nusea and Vomiting)
- दस्त (Diarrhoea)
- उदरपीड़ा (Abdominal pain)
- अन्धापन (Blindness)
- पक्षाघात (Paralysis)
- नाक से स्राव (Nasal discharge)
- पोलीयूरिया (Polyurea)।

चिकित्सा (Treatment)—

- विषैला चारा दाना और पानी पशु को देना बन्द कर दें।
- लाक्षणिक चिकित्सा में गैस्ट्रो-इन्टेस्टाइनल सैडेटिव एवं आइसोटोनिक द्रव (Isotonic fluid) देना चाहिये।

17. घुंघची विषाक्तता (Abrus precatorius)

घुंघची को औषधि रूप में पीसकर अधिक मात्रा में खिला देने से अथवा दुश्मनीवश बीजों को पानी में पीसकर तथा सूई के आकार का बनाकर, धूप में सुखाकर पशु के मांसल भाग में खोंस देने से यह विषाक्तता उत्पन्न होती है।

लक्षण (Symptoms)—इसमें निम्न प्रकार के विषैले लक्षण पैदा होते हैं—

- असहनीय खोंचा मारनेवाला तीव्र दर्द।
- स्थानीय सूजन (Local swelling)।
- पहले तेज बुखार। बाद को तापक्रम गिरकर निर्बलता का बढ़ना।
- अन्त में बेहोश होकर पशु की मृत्यु।

चिकित्सा (Treatment)—इस विषाक्तता में निम्न प्रकार से चिकित्सा की जाती है—

- घाव का पता लगाकर उसमें से सुई बाहर निकाल दें और घाव को एण्टीसेप्टिक लोशन से धोयें।

- मैगसल्फ 500-1000 ग्राम + नमक 125 ग्राम पानी में घोल कर जुलाब रूप में दें।
- एरीकोलीन हाइड्रोब्रोमाइड का इन्जेक्शन S/C रूप में। मात्रा 10-15 mg/kg B.W. ।

18. कुचला (Nux vomica)

परिचय (Introduction)—इसे स्ट्रीक्नीन विष (Strychnine poison) भी कहते हैं। दुश्मनी वश लोग कुचला के बीज तेल-खली में मिलाकर खिला देते हैं। इसे विशेषकर कुत्तों को खिलाया जाता है।

कुचला बीज की विष मात्रा—पशुओं और घोड़ों को 0.2-0.5 ग्राम और कुत्तों को 0·005 ग्राम से 0·2 ग्राम की होती है।

लक्षण (Symptoms)—इस प्रकार की विषाक्तता में निम्न लक्षण देखने को मिलते हैं—

- टीटेनस जैसी अकड़न या ऐंठन।
- कमर मुड़ जाती है।
- पेशियों में कड़ापन और श्वास कष्ट।
- फैले अंगों में कड़ापन।
- शरीर की नसों में बहुत अधिक उत्तेजना।
- बेचैनी एवं बाहरी लम्बी कष्टप्रद श्वास-प्रश्वास।
- असह्य दर्द।
- मांसपेशियों में ऐंठन।
- मतली, वमन का प्रयास एवं मांसपेशियों में टेटनिक कड़ापन।
- कुत्तों में शारीरिक तापक्रम 2°F से 4°F तक बढ़ा हुआ, मतली, कै, बेचैनी, कराहना आदि।
- श्वास के अंगों का पक्षाघात एवं मृत्यु।

चिकित्सा (Treatment)—

(क) सैडेटिव दवा; जैसे- ट्राईफ्लूप्रोमेजीन अथवा जाइलेजीन इंजे. का प्रयोग करें।

(ख) 2% पोटैशियम परमैगनेट का घोल आवश्यकतानुसार। मात्रा लगभग 100 मि.ली. पिलानी चाहिये।

(ग) पशु को शान्तमय स्थान में रखें।

संक्षेप में—Sedation of the animals with chlorpromazine hydrochloride or chloralhydrate or barbiturate anaesthietics.

19. पीली कनेर की विषाक्तता (Yellow Oleander Poisoning)

कारण (Etiology)—बीजों के चूर्ण के प्रयोग से।

लक्षण (Symptoms)—

- कष्टप्रद श्वास-प्रश्वास
- उदर शूल (Colic)
- मुँह से झाग का गिरना
- सुस्ती एवं बेचैनी
- पशु का काँपना

- बार-बार पेशाब का आना
- मांसपेशियों की ऐंठन तथा कराह-कराह कर पशु की मृत्यु।

चिकित्सा (Treatment)—इसकी चिकित्सा निम्न प्रकार से की जाती है—

(क) मैग सल्फ या खाने का नमक जुलाब के रूप में।

(ख) दर्द के लिये सैडेटिव दवा; जैसे-ट्राइफ्लूप्रोमेजीन अथवा जाइलेजीन इंजे का प्रयोग करें।

(ग) वेलामाइल या लिवोजेन 5 से 10 मि.ली. मांस में लगायें।

(घ) डेक्सट्रोज सेलाइन 5% घोल आई. वी 1000-2000 मिली शिरा में।

20. कपास बीज विषाक्तता (Cotton Seed Poisoning)

परिचय (Introduction)—कपास का छिलका युक्त बीज विषाक्त (Poisonous) होता है जिसके खिलाने या खाने से उसका विष पशु को प्रभावित कर देता है।

उत्पन्न लक्षण (Symptoms)—

- अन्तिम अंगों में सूजन भरा शोथ।
- पिछला धड़ दुर्बल।
- आँख की पुतलियाँ फैली हुईं।

चिकित्सा (Treatment)—

- छिलके वाले बीज खिलाना बन्द कर दें। इसकी खली भी न खिलायें।

21. सर्पदंश विष (Snake-bite Poisoning)

परिचय (Introduction)—सर्प पशुओं को पैर या मुँह पर काट लेते हैं। अतः इन जगहों पर साँप के दाँत के निशान देखने चाहिये।

उत्पन्न लक्षण (Symptoms)—सर्पदंश विष से निम्न लक्षण देखने को मिलते हैं—

- काटने के स्थान पर दर्द एवं सूजन।
- मुँह से लार-फेन का आना।
- ऊँघना एवं शून्यता।
- अकड़न।
- अत्यधिक बेचैनी एवं घबराहट।
- गहरी, लम्बी और कष्टप्रद श्वास-प्रश्वास।
- फैली हुई आँख की पुतलियाँ।
- शरीर की समस्त श्लैष्मिक झिल्लियों का लाल हो जाना।
- लेटना एवं पक्षाघात का लक्षण।
- अन्त में बेहोशी और पशु की पृथ्वी पर गिर कर मृत्यु।
- मृत्यु प्रायः श्वास रुकने से।

चिकित्सा (Treatment)—इस विषाक्तता की चिकित्सा निम्न प्रकार से करनी चाहिये—

- साँप के काटे हुए स्थान के ऊपर किसी कपड़े या रस्सी से बाँध दें।
- काटे हुए स्थान को चाकू या ब्लेड से काटकर या चीरा लगाकर पोटाश परमैंगनेट भर दें।

- यदि उपलब्ध हो सके तो तुरन्त ही एण्टीवेनम सीरम (Antivenum Serum) का इन्जेक्शन पशु को शिरा में (I.V.) लगा देना चाहिये। 1-2 ml 5% डैक्सट्रोज 500 ml में मिलाकर देना चाहिये।
- पशु के शरीर को कम्बल या टाट से ढक कर रखें।
- ब्राड स्पेक्ट्रम एण्टीबायोटिक इन्जेक्शन रूप में—स्थानीय संक्रमण के लिये।
- कॉर्टीसोन (Cortisone) एवं एण्टी-हिस्टाइमीइन्स (Anti-histamines) इंजेक्शन लगायें।

22. भांग/गाँजा/चरस विषाक्तता (Cannabis indica/Ganja/Charas Poisoning)

कारण (Etiology)—दर्द निवारण तथा पशु को नींद लाने के लिये इनकी मात्रा से अधिक प्रयोग करने पर शरीर में विष का प्रभाव हो जाता है। कभी-कभी इनके पौधों को चरते समय पशु द्वारा खा लेना है।

लक्षण (Symptoms)—इसके विषैले लक्षण निम्न प्रकार के होते हैं—

- सुस्ती एवं नींद (Dulness and sleepiness)।
- नाड़ी तथा श्वास धीमी।
- पिछले भाग का पक्षाघात (Paralysis of hind parts)।

शव परीक्षण में—एसफाइसिया (Asphyxia) की उपस्थिति मिलना।

चिकित्सा (Treatment)—

- कै कराने की दवा दें।
- मैग-सल्फ का परगेटिव (जुलाब)। मैगसल्फ-500 gm या नमक 125 gm दें।
- स्टीमुलेन्ट्स (Stimulants) का उपयोग; जैसे— निकेथेमाइड 10 ml (I/M) दें।

23. बैलाडोना एवं एस्ट्रामोनियम/धतूरा पायजनिंग (Dhatura Poisoning)

कारण (Etiology)—चरते समय पशु बीज सहित पौधे को खा जाते हैं। कभी-कभी पशुपालक न्यूमोनिया आदि में पशु को कई-कई धतूरे के फलों को खिला देते हैं, जिससे पशु में विषैला प्रभाव हो जाता है।

लक्षण (Symptoms)—

- आँखों की पुतलियाँ फैली हुईं (Dilated pupils)।
- तीव्र और भरी हुई नाड़ी (Quick and full pulse)।
- म्यूकस मेम्ब्रेन कंजेस्टिड (Congested mucous membrane)।
- मुख का सूखापन (Dry mouth)।
- लार तथा अन्य स्राव में रुकावट।
- पक्षाघात (Paralysis)।

चिकित्सा (Treatment)—इस विषाक्तता की चिकित्सा निम्न प्रकार से करनी चाहिये—

(क) मेगसल्फ 500 gm तथा नमक 125 ग्राम एक लीटर पानी में मिलाकर दें।

(ख) नीओस्टिग्माइन मेथाइल सल्फेट (Neostigmine methyl sulphate) 1 mg/50 kg. B.W. त्वचा के नीचे दें। यह Antidote है।

(ग) सैडेटिव दवा ट्राईफ्लूप्रोमेजीन अथवा जाइलेजीन इंजे. लगायें।

24. केलोट्रोपिस/मदार विषाक्तता (Madar Poisoning)

परिचय (Introduction)—आक के पौधों को पशु द्वारा खा लेने से अथवा पेट फूलने पर पशुपालक द्वारा अधिक फूल खिला देने से विष के लक्षण पैदा हो जाते हैं। स्थानीय प्रयोग से।

लक्षण (Symptoms)—

- लगाने की जगह शोथ (Intense swelling at the site of application)।
- कै (Vomiting) एवं लगातार लार बहना।
- टेटनस जैसे दौरे (Tetanic convulsions)।
- धीमा श्वास (Slow breathing)।
- पुतलियाँ फैली हुईं (Dilated pupil)।

चिकित्सा (Treatment)—चिकित्सा लक्षणों के अनुसार की जाती है।

25. फ्लोराइड विषाक्तता (Fluoride Poisoning)

परिचय (Introduction)—फ्लोराइड एक लवण है जिसकी सूक्ष्म मात्रा शरीर की हड्डियों तथा दाँतों के विकास के लिए आवश्यक होती है। परन्तु निर्धारित से अधिक मात्रा पशुओं के लिये प्राणघातक है। देश के कुछ भागों में वहाँ की मिट्टी तथा पानी में इस लवण की मात्रा अधिक होती है। वहाँ के पशुओं में इसकी विषाक्तता (poisoning) देखने को मिलती है। चारे में भी इसकी अधिक मात्रा होना हानिकारक होती है।

लक्षण (Symptoms)—पशुओं में इस विषक्तता के लक्षण निम्न प्रकार के मिलते हैं—

- दाँतों का खुरदरा होकर पीला पड़ जाना। उन पर पीली तथा गंदी पर्त जम जाना।
- पैरों में अकड़न।
- हड्डियों का टेढ़ा पड़ जाना।
- पशु का लंगड़ाकर चलना।
- खाने में अरुचि।
- दस्त आना (Diarrhoea)।
- शरीर भार में कमी।

चिकित्सा (Treatment)—

- इस विष का कोई संतोषजनक इलाज नहीं है।
- विषयुक्त चारा तथा पानी बन्द कर दें।
- चारे में लवण की मात्रा अधिक न हो।

26. सीलीनियम विषाक्तता (Selenium Poisoning)

कारण (Etiology)—जब चारे में सेलेनियम लवण की मात्रा अधिक हो जाती है तब वह पशु के लिये हानिकारक होता है। अधिक मात्रा होने पर ऐसा चारा खाकर पशु कुछ ही दिनों में मर जाता है। चरागाह अथवा मिट्टी में इस लवण की अधिकता घातक होती है।

लक्षण (Symptoms)—

- त्वचा तथा सींगों का खुरदरा होना।
- पूँछ के गुच्छे के बालों का झड़ना।
- खुरों का कट जाना।
- प्रजनन कार्य में बाधा।

विष रोग का निदान (Diagnosis)—चारे का रासायनिक विश्लेषण कराके तथा लक्षणों के आधार पर विष की पहचान होती है।

चिकित्सा (Treatment)—

- विषाक्त चारा खिलाना बन्द कर दें।
- दस्तावर दवा देकर प्रतिकारक औषधि (Antidote) दें।
- पशु को पौष्टिक, हल्का तथा सुपाच्य चारा दें।

27. मोलिब्डीनम विषाक्तता (Molybdenum Poisoning)

कारण (Etiology)—कुछ क्षेत्रों की मिट्टी में मोलिब्डीनम लवण की अधिकता रहती है जिससे उस मिट्टी में उगाये गये चारे में इसकी मात्रा अधिक पायी जाती है। ऐसा चारा खाकर पशु विषाक्त हो जाता है। ऐसा पशु कुछ माह में मर जाता है। अधिकतम मात्रा होने पर एक सप्ताह में ही मृत्यु हो जाती है।

उत्पन्न लक्षण (Symptoms)—

- शारीरिक निर्बलता एवं कमजोरी
- भोजन में अरुचि (Anorexia)
- खूब दस्त (More Diarrhoea)
- बालों का झड़ना
- शरीर में खून की कमी (Anaemia)
- पशु की मृत्यु।

निदान (Diagnosis)—इस विष रोग की पहचान चारे अथवा मिट्टी का रासायनिक विश्लेषण करके तथा प्रभावित पशु के लक्षणों को देखकर होती है।

चिकित्सा (Treatment)—

- विषयुक्त चारा खिलाना बन्द कर दें।
- तूतिया का घोल (Copper sulphate solution) थोड़ी मात्रा में दें। बड़े पशु को 2 gm दें।
- हल्का, पौष्टिक तथा शीघ्र पचनेवाला चारा खिलायें।

◆◆◆

28

कान के रोग
(Diseases of the Ear)

1. हीमेटोमा/रक्तगुल्म/रक्तयुक्त सूजन (Haematoma)

अन्य नाम (Other name)—ओटहीमेटोमा (Othematoma)/कर्ण रक्तगुल्म कर्ण रक्तगुल्म।

परिचय (Introduction)—यह कुत्तों का एक सामान्य रोग है जिसमें कान बहुत ही लटक जाता है (Very long pendulous ears)।

It is very common condition in dogs which have got very long pendulous ears. Blood and serum accumulate in between conchal cartilage and the skin of the ear. It results from prior contusion.

कारण (Etiology)—

- बाहरी आघात इसका प्रमुख कारण है (Trauma is the frequent cause)।
- एलर्जी के कारण जलन होने से कुत्ता कान को बहुत अधिक रगड़ता है और खुरचता है जिससे कान का हीमेटोमा बन जाता है।
- कान की जलन और पीड़ा से।
- कान में कीड़े (Ear mite) भी हीमेटोमा का कारण प्रनुख कारणों में से एक है।

लक्षण (Symtoms)—इसके सामान्य लक्षण एवं चिन्ह इस प्रकार हैं—

- बार-बार सिर को हिलाना (Shaking)।
- कान को रगड़ना एवं तीव्र पीड़ा।
- कान में स्पर्शकातर सूजन (Tender swelling)।
- सूजन कान के भीतरी भाग में (Swelling is in the inner part of the ear)
- द्वितीयक संक्रमण (secondary bacterial infection) होने से कान की पीड़ा अत्यधिक तीव्र (more painful) होती है और पीप बन जाता है (accumulation of pus)।
- कान को सुई से पंक्चर करने पर अथवा सुई से खींचने पर शोथयुक्त कान से रक्त और सीरम (oozing of blood and serum) आता है।
- प्रभावित कान की ओर कुत्ते का सिर नीचे की ओर लटका रहता है (The head is carried at an angle keeping the affected side lowermost)।

उपचार (Treatment)—निम्न व्यवस्थानुसार—

- साधारण प्रकार के रोग की चिकित्सा हीपेरिन (Heparin) से करनी चाहिये। इसके लिये

जर्मन रेमेडीज का थ्रोम्बोफोब जैल (Thrombophobe gel) आता है। इसके लगाने से रक्त का अवशोषण (absorption of blood) हो जाता है।

- आवश्यकतानुसार शल्यचिकित्सा (surgical treatment)। इस चिकित्सा में एकत्रित रक्त को साफ कर दिया जाता है।

2. ओटाइटिस्/कर्णशोथ (Otitis)

अन्य नाम (Other names)—ओटाइटिस इक्सटर्ना (Otitis externa), कान के भीतरी मार्ग की प्रदाह, आन्तरिक अथवा भीतरी कान की प्रदाह (Otitis interna, labyrinthitis), मध्य कर्ण की विशिष्ट प्रदाह (Otitis media)।

परिचय (Introduction)—कान के बाह्य भाग की सूजन को 'ओटाइटिस इक्सटर्ना' के नाम से जाना जाता है एवं कान के मध्य भाग की सूजन को 'ओटाइटिस मीडिया' (मध्य कर्ण प्रदाह—Otitis media) तथा कान की भीतरी सूजन को 'भीतरी कान की प्रदाह' (Otitis interna) के नाम से जाना जाता है।

Inflammation of the external ear is known as 'otitis externa', the inflammation of the middle ear is 'otitis media' and the inflammation of the inner ear is known as 'otitis interna'.

कारण (Causes/Etiology)—सामान्य रूप से कर्ण शोथ के निम्न कारण होते हैं—

- कान की सतह की जलन (Irritations of the surface of ear)।
- बाह्य कर्ण शोथ का कारण एल्कलाइन सोप का अधिक प्रयोग करना होता है।
- ग्रास ब्लेड्स (grass blades), काँटे (thorns) और Awns कान को चीर देते हैं जिससे हीमेटोमा बन कर कान में शोथ हो जाता है। अथवा स्वतन्त्र रूप की सूजन हो जाती है।
- बैक्टीरियल इन्फेक्शन (यथा—स्ट्रेप्टोकोकस, स्टेफाइलोकोकस, ई. कोलाई, सीडोमोनास एवं प्रोटियस)।
- फंगल इन्फेक्शन (ओटोमाइकोसिस—Otomycosis), परन्तु कामन नहीं।
- पैरासाइट्स; जैसे—कुत्तों में कान के कीड़े (Ear mites of dogs)।
- ईअर माइट्स (मेन्ज—Mange) अर्थात् खाज-खुजली से।
- *स्टेफेनोफाइलेरियल जहेरी* भैंसों में ईअर सोर पैदा करता है।
- कुत्तों में घास के बीज कभी-कभी कान में एब्सिस पैदा कर रोग उत्पन्न करते हैं।
- मध्य कर्ण शोथ एवं भीतरी कर्ण शोथ प्रायः बाह्य कर्ण के इन्फेक्शन अथवा नाक और फैरिन्क्स (Nasopharynx) के संक्रमण से होता है।
- इण्डोक्राइन विकारों से (Endocrine disorders) अथवा इम्यूनोलोजिकल विकार—रोग उत्पन्न करने में सहायक।

लक्षण (Clinical findings)—

- कान में जलन रोग का प्रमुख चिन्ह है।
- सिर हिलाना (Head shaking)।
- कान को रगड़ना और खुरचना (Ear rubbing and scratching)।
- कान लाल, गर्म और पीड़ा युक्त।

- पीला, क्रीमी, गन्धवाला निःस्राव अथवा पीवयुक्त पदार्थ का मिलना।
- पशु प्रभावित कान की ओर सिर घुमाता है।
- तीव्र रोग की स्थिति में अवसाद (depressions) एवं बुखार।
- भूख नहीं लगती है (loss of Appetite)।

निदान (Diagnosis)—रोग की पहचान बीमारी का इतिहास, उत्पन्न क्लिनिकल लक्षण एवं चिन्ह, त्वचा दृश्य (apperance of skin), निःस्राव की प्रकृति (nature of discharge), माइक्रो-बायोलोजिकल परीक्षण एवं मध्य तथा आन्तरिक कान की रेडियोग्राफी से होता है।

उपचार (Treatment)

कान हिलने (Ear shaking) को दूर करें।

(क) सबसे पहले ईयर कैनाल को सैलीसिलिक एसिड 0.2% तथा फैनोक्सीथेनोल 0.3% के घोल ईपीओरिक (Epioric-*Virbac*), ओटोफ्लश (otoflush -*Morvel*) या ओटोस्टार (Otostar-*Mankind*) से साफ करना चाहिये। इस घोल को कान में डालना नहीं है।

(ख) कान की एन्टी इन्फैक्टिव दवा; जैसे— जैन्टामाइसिन 0.3% जैन्टीसिन B (Genticyn B -*Allergan*), जैन्टीसिन HC (Genticyn HC -*Allergan*), जैन्टीसिन HC (Genticyn HC - *AHPL*) अथवा

सिप्रोफ्लोक्सासिन 0.3%; जैसे— सिप्लोक्स ड्राप्स (Ciplox drops -*Cipla*), सिप्रोबिड ड्राप्स (Cprobid drops -*Zydus Cadilla*), सिप्रोलैट ड्राप्स (Ciprolet Drops -*Reddy's*), क्विनोबैक्ट ड्राप्स Quinobact drops -*Allergan*) या सिप्लौक्स डी (Ciplox D Drops -*Cipla*) की कान में 5-6 बूँदें दिन में तीन बार डालनी चाहिये।

(ग) जिस एन्टीबायोटिक की दवा कान में डाली है, उसी एन्टीबायोटिक का 1/m प्रयोग करना चाहिये।

(घ) सीडेटिव-एनाल्जैसिक जाइलेजीन (Xylazine): *मात्रा*— गाय और भैंस 0.1-0.2 mg/kg B.W.; जैसे— जाइलोकैड (Zylocad -*Cadilla pharma*), जाइलौडैक (Zylodac -*Zydus AHL*), जाइलैक्सीन (Xylaxin -*IIL*), आइजीन (Izine-*Intas*) 23.32 mg दर्द के लिये प्रयोग करना चाहिये।

जीर्ण कर्णशोथ (Chronic otorrhoea) की स्थिति में Surgical drainage की आवश्यकता पड़ती है।

◆◆◆

29

आँख के रोग
(Diseases of the Eye)

1. कॉन्जंक्टिवाइटिस/नेत्र श्लेष्मकलाशोथ (Conjunctivitis)

अन्य नाम (Other names)—नेत्र श्लेष्मला की प्रदाह, पिंक आई (Pink eye), आँखों का लाल होना, आँखों का दुखना, आँख आना या उससे कीचड़ या मवाद आना।

परिचय (Introduction)—नेत्र-श्लेष्मकलाशोथ या आँख का आना (conjunctivitis), आँखों का एक छूतदार रोग है। इसमें आँख का सफेद भाग और पलकों की भीतरी सतह को ढकने वाली पतली पारदर्शी झिल्ली लाल हो जाती हैं।

Conjunctivitis : Inflammation of the conjunctival mucous membrane is known as conjunctivitis. Both bulbar and palpebral mucosa of the conjunctival sac may be affected.

कारण (Etiology)—

- यह रोग बैक्टीरिया, फंगस या विषाणु के इन्फेक्शन से होता है।

सहायक कारण भी—

- अधिक तापयुक्त वातावरण में अधिक समय तक रहने के बाद एकदम शीतल वातावरण में पहुँचने से।
- धूप में चलने के बाद पशु को तुरन्त शीतल जल से स्नान करा देने पर।
- विटामिन 'ए' की कमी के कारण।

रोग के भेद (Types of Conjunctivitis)—

1. कटारल कॉन्जंक्टिवाइटिस (Catarrhal conjunctivitis)—यह एक सामान्य प्रकार का कॉन्जक्टिवाइटिस है। इसमें आँख से पीवयुक्त नि:स्राव (mucopurulent discharge) आता है। आँखों की पलकें सूज जाती हैं।

2. फॉलीकुलर कॉन्जंक्टिवाइटिस (Follicular conjunctivitis)—इस प्रकार के रोग में निक्टीटेटिंग मेंम्ब्रेन पर सूजन आ जाती है।

3. डिफ्थेरिक कॉन्जंक्टिवाइटिस (Diphtheric conjunctivitis)—इस प्रकार के रोग में नेत्र श्लेष्मा पर एक कूट झिल्ली (False membrane) बन जाती है।

4. पुरुलेण्ट कॉन्जंक्टिवाइटिस (Purulent conjunctivitis)—इस प्रकार के रोग में आँख पीव (Pus) से भरी होती है।

5. ग्रेनूलर कॉन्जंक्टिवाइटिस (Granular conjunctivitis)—इस प्रकार के रोग में नेत्र श्लेष्मला के ऊपरी भाग में (In the upper conjunctival mucous membrane) पीले granular तथा ulcerative lesions उपस्थित रहते हैं।

6. **वेस्कुलर कॉन्जंक्टिवाइटिस** (Vascular conjunctivitis)—इस प्रकार के रोग में स्क्लेरा और कंजंक्टाइवा के बीच रक्त नलिकायें (blood vessels) कंजेस्टिड हो जाती हैं।

7. वाइरल कॉन्जंक्टिवाइटिस (Viral conjunctivitis)—इस प्रकार का रोग इन्फेक्सियस कैनाइन हेपेटाइटिस और डिस्टेम्पर वाइरस के द्वारा होता है।

8. बैक्टीरियल कॉन्जंक्टिवाइटिस (Bacterial conjunctivitis)—इस प्रकार का नेत्र श्लेष्म कला शोथ स्टेफाइलोकोकस, स्ट्रेप्टोकोकस आदि जीवाणुओं के द्वारा होता है।

9. माइकोटिक कॉन्जंक्टिवाइटिस (Mycotic conjunctivitis)—फंगस; जैसे—एस्परजीलस, केण्डिडा आदि माइकोटिक टाइप का नेत्र-श्लेष्मकलाशोथ पैदा करते हैं।

10. पैरासिटिक कॉन्जंक्टिवाइटिस (Parasitic conjunctivitis)—आँख के कीड़े (eye worm); जैसे—थेलाजिया, फाइलेरिड वर्म-नामक पैरासाइट्स से पैरासिटिक कॉन्जंक्टिवाइटिस होता है।

11. ट्रामेटिक कॉन्जंक्टिवाइटिस (Traumatic conjunctivitis)—इस प्रकार का रोग बाह्य पदार्थ, धूल, धुआँ, ग्लास, ब्लेड्स, काँटे के जख्म आदि से होता है। यह पदार्थ नेत्रश्लेष्मला को जलन पहुँचा कर रोग पैदा करते हैं। पशुओं में इक्ट्रोपियल इस प्रकार के रोग के लिये विशेष जुम्मेवार माना गया है। अधिक गर्म हवायें भी इसे पैदा करने में सहायक हैं।

12. केमिकल कॉन्जंक्टिवाइटिस (Chemical conjunctivitis)—इसे Chemogenic conjunctivitis भी कहते हैं। इस प्रकार का नेत्र-श्लेष्मकलाशोथ जलनयुक्त केमिकल्स (Irritant chemicals); यथा—साबुन, टिक डिप्स एवं करोसिव एजेन्ट्स के आँख में पड़ने पर होता है। फार्म पर जब उच्च सान्द्रण (concentration) में डिसाइन्फेक्टेन्ट का छिड़काव किया जाता है, रोग होने की आशंका रहती है।

13. एलर्जिक कॉन्जंक्टिवाइटिस (Allergic conjunctivitis)—विभिन्न प्रकार की बाह्य प्रोटीन्स, एलर्जेन्स (Allergens), पोलन्स (Pollens), ड्रग्स आदि आँख की श्लेष्मिक झिल्ली पर सेन्सिटिव असर करके एलर्जिक कॉन्जक्टिवाइटिस का रोग होता है।

लक्षण (Clinical findings)—

- रोग तीव्र एवं जीर्ण स्वरूप का होता है।
- एक या दोनों आँखें प्रभावित होती हैं।
- अश्रु स्राव जो Serous-mucoid-mucopurulent हो सकता है।
- पूय निःस्राव रोग की प्रकृति एवं रोग के कोर्स पर निर्भर करता है।
- आँख की म्यूकस झिल्ली लाल और शोथयुक्त होती है।
- बैक्टीरियल इन्फेक्शन होने पर स्थानीय तथा क्षेत्रीय (regional) लिम्फ नोड्स बढ़ जाती है।
- जीर्ण रोग में आँसू आते देखे जा सकते हैं (Epiphora-Tearmark)।
- भलीभाँति परीक्षण करने पर आँख में बाह्य पदार्थ अथवा पैरासाइट्स की उपस्थिति देखी जा सकती है।
- तीव्र रोग में—उच्च तापक्रम, बढ़ी हुई श्वास गति एवं तीव्र नाड़ी, छींकना तथा दोनों आँखों से गाढ़ा निःस्राव (profuse serous discharge) आदि लक्षण होते हैं।

- पशु सुस्त तथा अवसाद युक्त होता है और उसमें शारीरिक पीड़ा (Bodyache) के लक्षण मिलते हैं।
- जीर्ण रूप में systemic reactions अनुपस्थित रहते हैं।

निदान (Diagnosis)—

- क्लिनिकल तथा ऑफ्थेल्मोलोजिकल परीक्षण से।
- विशिष्ट जीवाणु की प्राप्ति के लिये कल्चर किया जाता है।

उपचार (Treatment)—

(क) कारण की चिकित्सा करें।
(ख) पशु को रोशनी से बचाकर अंधेरे स्थान में रखें।
(ग) यदि कोई बाह्य पदार्थ आँख में हो तो उसे निकाल दें।
(घ) स्टेराइल नार्मल सेलाइन से आँख को दिन में 3-4 बार धोयें।
(च) आँखों में डालनेवाली एन्टी बैक्टीरियल दवा जैन्टामाइसिन 0.03% तथा हाइड्रोकोर्टीसोन ऐसीटेट 0.1%; जैसे— जैन्टीसिन—HC Genticyn HC (*Allergan अथवा AHPL*) अथवा 2-सिप्रोफ्लोक्सासिन 0.3% तथा डेक्सामीथासोन 0.1%; जैसे— सिप्लौक्स D (Ciplox D -*Cipla*) 4-5 बूँदें दिन में दो बार डालनी चाहिये।
(छ) जिस एन्टीबायोटिक की आँख की दवा आँख में डाली है, उसी एन्टीबायोटिक को I/M या मुँह द्वारा देना चाहिए।
(ज) पैरासाइटिक कन्जंक्टिवाइटिस होने पर आँख में लीवामीसोल (Levamisol) inj. लेमासोल-75 (Lemasol 75 -*Zydus*), लेवामीसोल HC (Levamisol HCl - *Vetindia*) या लेसोल 75 (Lesol-75 -*Morvel*) डालें तथा वयस्क कृमि को चिमटी से निकालें।
(झ) डिफ्थैरिक कन्जंक्टिवाइटिस में कूटकला (false membrane) को हटा दें।
(ट) विटामिन 'ए' के इन्जेक्शन; जैसे— एडवैल-A (Advel-A -*Morvel*) 10 मि. ली. मांस में लगाना चाहिये।

2. कैराटाइटिस/स्वच्छमण्डल अपारदर्शिता (Keratitis/Corneal Opacity)

अन्य नाम (Other names)—कार्निया की प्रदाह, स्वच्छमंडली श्वेतता (Inflammation of cornea)।

परिचय (Introduction)—स्वच्छमण्डल के शोथ को केराटाइटिस कहते हैं। इस रोग में प्रकाश की असहनीयता (photophobia), **अश्रुस्राव, नेत्र-श्लेष्मलाशोथ** (Conjunctivitis) **तथा स्वच्छमंडल की सफेदी** (Corneal opacity) आदि लक्षण होते हैं।

Keratitis—Inflammation of the cornea is known as keratitis. It may be superficial, interstitial or ulcertative in nature. Sometimes, conjunctiva may also be affected leading to a condition known as kerato-conjunctivitis. Infectius kerato-conjunctivitis in cattle, horse, sheep and goat is known as "Pink eye". This is characterised by photophobia, lacrimation, conjunctivitis and corneal capacity and is caused by *Moraxcella bovis* a bacteria.

कारण (Etiology)—इसके कारण इस प्रकार हैं—

- वाइरस, बैक्टीरिया, फंगस, पैरासाइट्स, फिजिकल एवं केमीकल एजेन्ट्स आदि सब वही कारण हैं जो कॉन्जंक्टिवाइटिस के हैं।
- विटामिन 'ए' की कमी (Deficiency of vitamin-A)।
- नेत्रपलकों की मंडलाकार (Orbicular) पेशियों की लम्बे समय तक ऐंठन एवं कार्निया का Cloudness होना।

जीर्ण रोग में स्वच्छ मण्डल (Cornea) पर सफेदी (Opacity) आ जाती है एवं आँख की रोशनी कम हो जाती है।

Symptoms comprise photophobia (fear of light), closure of the eyelids, weeping, pain on exploration, alteration of the appearance of the cornea, depending on the form that is present. There is always more or less opacity of the cornea and when it has become vascular the superficial vessels can be seen growing in from the conjunctiva and the deep vessels from the sclerotic.

चिकित्सा (Treatment)— निम्न व्यवस्थानुसार—

(क) पशु को रोशनी से बचाकर अंधेरे में रखें।

(ख) आँख को स्टेराइल नार्मल सेलाइन से 3–4 बार धोयें।

(ग) एण्टी बैक्टीरियल आँखों में डालनेवाली निम्न दवाऐं प्रयोग करें—

(1) जैन्टामाइसिन 0.03% तथा हाइड्रोकॉर्टीसोन एसीटेट 0.1%; जैसे— जैन्टासिन HC (Genticyn HC -*Allergen अथवा AHPL*)

(2) सिप्रोफ्लोक्सासिन 0.3% तथा डैक्सामीथासोन 0.1%; जैसे— सिप्लौक्स डी (Ciplox D - *Cipla*) 4–5 बूँदें दिन में दो बार आँखों में डालनी चाहिए।

(घ) जिस एण्टीबायोटिक की आँख की दवा आँख में डाली है उसी एण्टीबायोटिक को I/M या मुँह द्वारा देना चाहिए।

(च) विटामिन 'ए' के इंजेक्शन; जैसे— एडवैल-ए (Advel-A–*Morvel*) 10 मि.ली. मांस में (I/M) लगाना चाहिए।

3. परितारिका शोथ/आइराइटिस (Iritis)

अन्य नाम (Other names)— आँख के उपतारा का शोथ, तारामण्डल शोथ।

परिचय (Introduction)— आँख के उपतारा का प्रदाह जिसमें पीड़ा, प्रकाश संत्रास, तारा संकुचन एवं आइरिस की रंगहीनता जैसे लक्षण होते हैं।

Inflammation of the Iris, known as Iritis is characterised by acute pain, photophobia. Iris is altered in colour, becoming yellowish or brownish. The pupil is contracted.

कारण (Causes)— इसके प्रमुख कारण इस प्रकार हैं—

☐ आँख में चोट लगना।

☐ दंत एवं तालु ग्रन्थि के कीटाणुजन्य रोग।

☐ **बैक्टीरियल डिजीज के विषैले प्रभाव से**—विशेषकर पशु के इन्फ्लूएन्जा (घोड़े में) एवं कुत्ते में डिस्टेम्पर आदि से पीड़ित होने पर। इसी प्रकार से बैलों में गेन्ग्रीनस कोराइजा से प्रभावित होने पर आइराइटिस का रोग हो सकता है।

लक्षण (Symptoms)—

☐ प्राय: एक नेत्र का उपतारा ही प्रभावित होता है।

☐ अत्यन्त पीड़ा।

☐ उपतारा का वर्ण धुंधला।

☐ पुतली सिकुड़ी हुई, शिथिल एवं टेढ़ी-मेढ़ी।

☐ प्रकाश सहन न होना।

☐ रोग पुराना होने पर आँखों में जाला पड़ जाता है।

☐ कभी-कभी दोनों आँखें प्रभावित हो जाती हैं।

उपचार (Treatment)—

(क) दर्द को दूर करने के लिये दर्दहारी इंजेक्शन का प्रयोग करें (विवरण पीछे है)।

(ख) आँखों में डालनेवाली एन्टीबैक्टीरियल दवा:

1. जैन्टामाइसिन 0.03% तथा हाइड्रोकोर्टीसोन एसीटेट 0.1%; जैसे— जैन्टीसिन HC (Genticyn HC -*Allerga* अथवा *AHPL*)। *अथवा*
2. सिप्रोफ्लोक्सासिन 0.3% तथा कैम्फामीथासोन 0.1%; जैसे— सिप्लौक्स डी (Ciplox D - *Cipla*) की 4-5 बूँदें दिन में दो बार डालनी चाहिए।

(ग) जिस एण्टीबायोटिक की आँख की दवा आँख में डाली है उसी दवा का मांस में (I/M) या मुँह द्वारा (orally) प्रयोग करना चाहिये।

4. मोतियाबिन्द/केटारेक्ट (Cataract or Opacity of the Lens)

अन्य नाम (Other name)— सफेद मोतिया।

परिचय (Introduction)— लैन्स की सफेदी को केटारेक्ट (Cataract) के नाम से जाना जाता है। यह प्राथमिक अथवा द्वितीयक हो सकती है।

Cataract—Opacity of the lens is known as cataract. It may be primary or secondary in origin. It may be unilateral or bilateral.

Cataract or opacity of the lens, occurs in all animals but is most commonly seen in the horse and dog.

केटारेक्ट के प्रकार (Types of Cataract)—

1. *इन्फ्लेमेटरी केटरेक्ट* (Inflammatory cataract)—यह मोतियाबिन्द आइरिस की सूजन (inflammation) से सम्बन्धित होता है।

2. *ट्रौमेटिक केटारेक्ट* (Traumatic cataract)—किसी नुकीली चीज के लेन्स पर आघात पहुँचा देने पर ट्रामेटिक कैटारैक्ट होता है।

3. *कंजेनाइटल केटारेक्ट* (Congenital cataract)—पिल्ले केटारेक्ट लीजन्स के साथ पैदा होते हैं।

4. *हेरीडिटरी केटारेक्ट* (Hereditary cataract)—कुछ ऐसी जातियाँ हैं जिनमें जननेन्द्रियों की कमी के कारण केटारेक्ट होता है। यह बाईलेटरल प्रकार/प्रकृति का होता है। यह अफगान होण्ड्स, अमरीकन कोकर, स्पेनियल एवं गोल्डन रिट्रीवर में मिलता है।

5. *डायबैटिक केटारेक्ट* (Diabetic cataract)—हाइपर ग्लाइसीमिक स्थिति ऐसे परिवर्तन करती है जिससे यह रोग उत्पन्न होता है।

6. *टोक्सिक केटारेक्ट* (Toxic cataract)—केमीकल्स और औषधियाँ; जैसे—क्लोरप्रोमेजीन (Chlorpromazine) का प्रयोग लम्बे समय तक प्रयोग करते रहना मोतियाबिन्द पैदा करता है।

7. *सैनाइल केटारेक्ट* (Senile cataract)—वृद्ध पशुओं की आँख की रोशनी लेन्स की सफेदी (Opacity) पर निर्भर करती है। यह 6 वर्ष की अवस्थावाले कुत्तों में अधिकतर देखने को मिलती है।

लक्षण (Symptoms)—

- ☐ लेन्स के सफेद धब्बे के रूप में (white spot) अथवा दूधिया दिखायी देना।
- ☐ लेन्स सफेद अथवा Grey रूप में।
- ☐ पूर्ण विकसित केस में (In mature case) लेन्स छोटा हो जाता है।
- ☐ लीजन्स के अनुसार अन्धापन उत्पन्न हो जाता है।

उपचार (Treatment)—केवल शल्यचिकित्सा आवश्यक होती है (Surgical treatment is necessary)।

5. ओपेसिटी ऑफ कॉर्निया/आँख की सफेदी (Opacity of Cornea)

इस रोग में आँख के स्वच्छमण्डल (Cornea) पर सफेदी आ जाती है।

Opacity of the cornea may be congenital. But, it usually results from some form of keratitis or of a wound of the cornea.

आँख की सफेदी की 3 डिग्री होती हैं—

1. *नीबुला* (Nebula)—हल्का रूप (A slight blurring of the surface) I
2. *एलबुगो* (Albugo)—अधिक गहरी सफेदी (A more dense opacity) I
3. *ल्यूकोमा* (Leucoma)—बहुत अधिक गहरी सफेदी (A very dense opacity) I

उपचार (Treatment)—इसकी चिकित्सा में क्षोभक (Irritant) औषधियों का प्रयोग स्थानीय रूप में किया जाता है। इससे रक्त संचार बढ़कर गाढ़े आस्राव (Exudate) का अवशोषण होता है। इसके लिये—

कैलोमल पाउडर (Calomel powder) चुटकी में लेकर प्रतिदिन एक बार आँख में डालें।

अथवा—बोरो-कैलोमल पाउडर (Boric acid + calomel) बराबर मात्रा में आँख में डालें।

यदि सफेदी फाइब्रस टिशू के कारण है अथवा आँख में फाइब्रोसिस हो गयी है तो इसकी कोई चिकित्सा नहीं है।

When the opacity is due to the formation of new fibrous tissue, no treatment will have any effect.

ओपेसिटी ऑफ कॉर्निया में निम्न इलाज को किया जा सकता है—

(क) आँखों की एन्टीबैक्टीरियल दवा

1. जैन्टामाइसिन 0.03% तथा हाइड्रोकार्टीसोन एसीटेट 0.1%; जैसे— जैन्टीसिन HC (Genticyn HC - *Allergan or AHPL*) अथवा
2. सिप्रोफ्लोक्सासिन 0.3% तथा डैक्सामीथासोन 0.1%; जैसे— सिप्लौक्स डी (Ciplox D) की 4–5 बूँदें दिन में दो बार आँख में डालनी चाहिए।

(ख) जिस एण्टीबायोटिक की दवा आँख में डाली है उसी दवा का मांस में I/M या मुँह द्वारा (Orally) प्रयोग करना चाहिए।

(ग) कीटोप्रोफेन (Ketoprofen): *मात्रा* 2-3 mg/kg B.W. I/M; जैसे— कीटोप (Ketop inj- *Alembic*) या नीओ प्रोफेन (Neo profen - *Zydus AHL*) अथवा प्रोफैन वैट (Profen vet - *Vet India*) 100 mg/ml सूजन या दर्द को दूर करने के लिये प्रयोग करना चाहिये।

6. एन्ट्रोपियोन/आँख की पलक का अन्दर की ओर मुड़ जाना (Entropion)

इस विकार में आँख की पलक अन्दर की ओर मुड़ जाती है। इसमें एक या दोनों आँखें प्रभावित हो सकती हैं।

Turning in of the palpebral border may affect one or both eyelids of one or both eyes. It may involve only a part or the whole of the palpebral border.

कारण (Cause)—यह रोग निम्न कारणों से होता है—

यह अवस्था कंजेनाइटल (Congenital) अथवा अर्जित (Acquired) प्रकार की हो सकती है। बाद में स्पाज्मोडिक अथवा आर्गेनिक हो सकती है।

स्पाज्मोडिक फार्म—यह रूप एक्यूट कॉन्जंक्टिवाइटिस अथवा केराटाइटिस के परिणामस्वरूप होता है।

आर्गेनिक फार्म—यह रूप आँख की पलकों के लीजन्स की जीर्ण शोथ (chronic inflammatory lesions of the eyelids), फालीकुलर कॉन्जंक्टिवाइटिस, एक्जीमा एवं खुजली (mange) से हो सकती है।

लक्षण (Symptoms)—रोग का प्रमुख लक्षण पलक अथवा पलकों (Lid or lids) की कुरूपता (deformity) होना होता है जिसे भली-भाँति देखकर रोग का निदान हो जाता है।

चिकित्सा (Treatment)—

- ☐ स्पाज्मोडिक फार्म की चिकित्सा में इन्फ्लेमेशन को दूर करें।
- ☐ आर्गेनिक इण्ट्रोपियोन का उपचार ओपरेशन से।
- ☐ हैवी ऑयल की कुछ बूँदों का इंजेक्शन प्रभावित पलकों के मस्कुलर टिशू में (अमेरिकन चिकित्सकों द्वारा)।
- ☐ टूबरकुलिन (Tuberculin) का इन्जेक्शन इण्ट्राडरमल रूप में।
- ☐ एण्टीबायोटिक ड्रॉप/सोलूशन/आयन्टमेन्ट रूप में।

7. एक्ट्रोपिऑन/आँख की पलक का बाहर की ओर उलट जाना (Ectropion)

इस रोग में आँख की पलक पलट कर बाहर आ जाती है। प्रायः त्वचा के संकुचन अथवा पक्षाघात के कारण पलक का बहिर्वर्तन हो जाता है।

Turning outwards of the free border of the eyelids may be complete or partial, single or double and uni or bilateral.

कारण (Causes)—

- ☐ त्वचा के संकुचन अथवा पक्षाघात के परिणामस्वरूप।
- ☐ अश्रुस्राव एवं अनावृत्त नेत्रशोथ की अतिवृद्धि के परिणामस्वरूप।
- ☐ नेत्र श्लेष्मला (कॉन्जंक्टाइवा) का शोथ (oedema) एवं Cicatricial lesions on the outer aspect of the eyelids से।

लक्षण (Symptoms)—

- ☐ प्रभावित कॉन्जंक्टाइवा (Conjunctiva) लाल और कंजेस्टिड हो जाता है।
- ☐ प्रभावित आँख से आँसू जारी रहते हैं। (There is a flow tears from the affected Eye)।

उपचार (Treatment)—

(क) एण्टीबायोटिक सोलूशन अथवा आयन्टमेन्ट का स्थानीय प्रयोग।

(ख) जीर्ण स्वरूप की Thickening में ओपरेशन। विदेशों में Plastic operation किया जाता है।

◆◆◆

30

कुछ शल्य सम्बन्धी अवस्थायें (Some Surgical Conditions)

1. जलना एवं दग्ध (Burns and Scalds)

यह एक संकटकालीन अवस्था है। आँधी तूफान से घरों में एकाएक तीव्रता से आग लगकर शरीर के जल जाने अथवा झुलस जाने से पशु की स्थिति खराब हो जाती है। ऐसा भी देखा गया है कि बीमारी की स्थिति में (विशेषकर सर्दी/न्यूमोनिया होने पर) जाड़े के दिनों में पशुपालक पशु को गर्मी पहुँचाने के लिये पशु के निकट अँगीठी या आग सुलगा कर रखते हैं। अज्ञानतावश सबके सो जाने पर पशु जब बैठता है तब आगे के अवशेष से पशु के उठाये हुए रजाई, कपड़े अथवा टाट के द्वारा आग पकड़ने से पशु का शरीर जल जाता है। कभी-कभी तो पशु का अधिकांश भाग जल जाता है और उस पर अनेक छाले पड़ जाते हैं।

जलना प्रायः शुष्क हीट से होता है और दग्ध (Scald) नम ऊष्मा (Moist-heat) से।

Burns and scalds cause inflammatory or gangrenous lesion, varying in depth and area according to circumstances, and the prognosis varies accordingly. A circumscribed deep burn is less serious than a superficial burn affecting a large area. In the later case toxic complications may supervene and cause the death of the subject in the course of a few days or a few weeks. After the accident the smoke of fires may cause fatal laryngitis or bronchopneumonia.

अधिक जलने से पशु में जल की कमी हो जाती है (dehydration) एवं शॉक की स्थिति पैदा हो जाती है। ऐसी स्थिति में पशु मर भी सकता है।

उपचार (Treatment)— चिकित्सा में हर सम्भव Septic complications से बचाव रखें और पीड़ा को दूर करें। इसके लिये निम्न व्यवस्था करें—

- ☐ नार्मल सेलाइन अथवा स्टेराइल्ड डिस्टिल्ड वाटर से जले हुए भाग को साफ कर बेटाडीन लोशन लगावें।
- ☐ यदि फफोले (Vesicles) पड़ गये हों तो उन्हें पंक्चर (puncture) कर दें इससे द्रव निकल जाता है और पीड़ा दूर हो जाती है। फफोले के ऊपर की दीवार को न हटायें। तत्पश्चात् सोफ्रामाइसीन आयन्टमेंट लगावें अथवा चूने का पानी + अलसी का तेल मिला कर लगावें। यह ड्रेसिंग नित्य करनी चाहिए साथ ही प्रभावित स्थान को नित्य धोना चाहिए। जेन्शियन वायोलेट जेली (Gentian violet jelly) भी लगायी जाती है।
- ☐ इन्जेक्शन विटामिन सी (Inj. Vitamin-C) मांसपेशीगत। जैसे- एल्पा-सी (Alpa-C-*Ultravet-Biotec*)—बड़े पशु 10 ml; छोटे पशु 2 मि.ली. मांस में (I/M)।

- ☐ इन्जेक्शन जेण्टामाइसीन (Inj. Gentamycin) 10–20 मि.ली. I/M रूप में नित्य या कोई अन्य एण्टीबैक्टीरियल इंजे. (विवरण पीछे देखें)।
- ☐ इन्जेक्शन डेक्स्ट्रोज सैलाइन 200–500 मि.ली. आई.वी. धीरे–धीरे आवश्यकतानुसार। पानी की अधिक कमी होने पर इसे दुबारा दें।
- ☐ अधिक जलने पर शल्यचिकित्सा द्वारा ग्राफ्टिंग।
- ☐ एण्टी हिस्टैमिनिक दवायें; जैसे– बीटामीथासोन या डैक्सामीथासोन का प्रयोग करना चाहिए।

लाक्षणिक चिकित्सा

→ यदि टोक्सीमिया और सामान्य अवसाद के लक्षण हों तो स्टीमुलेन्ट औषधि दें; जैसे– कोरामीन इन्जेक्शन।

→ श्वास कष्ट गम्भीर होने पर (लैरेन्जियल म्यूकस मेम्ब्रेन की शोथ) ट्रेकियोटॉमी (Tracheotomy)।

→ यदि पशु एसिड से जल गया हो, तो अल्कली (जैसे-पोटाश सोडा बाई कार्ब, सोप सोलूशन) का प्रयोग करें। यदि अल्कली से जला हो तो सिरका (vinegar) का प्रयोग करें।

2. रक्तस्राव (Haemorrhage/Bleeding)

शरीर से रक्त बहने (Bleeding) को Haemorrhage कहते हैं। यह दो प्रकार का होता है–

1. **बाह्य रक्तस्राव (External haemorrhage)**— जब रक्तस्राव शरीर के बाहरी भाग (on the surface of the body) से होता है।

2. **आन्तरिक रक्तस्राव (Internal haemorrhage)**— जब रक्तस्राव शरीर के भीतरी अंगों से होता है (Bleeding in the internal organs or into body cavities)।

कारण (Etiology)

1. **चोट/आघात** (Injuries) अर्थात् घाव (Wounds) एवं कुचलने (Contusions) से।

2. **स्थानिक विकार** (Localised diseases) जैसे– नासा रक्तस्राव (इपीस्टेक्सिस–Epistaxis), एपोप्लेक्सी (Apoplexy-unconsciousness resulting from a cerebral haemorrhage), पेप्टिक अल्सर, पोस्ट पार्चूरियन्ट हीमोरेज (Post parturient haemorrhage), हीमोरेजिक एवं अल्सरेटिंग ट्यूमर्स।

3. **स्पोन्टेनियस हीमोरेज** (Spontaneous haemorrhage)— सामान्य रोगों के उपद्रव स्वरूप (complication off general diseases) जैसे– तीव्र संक्रमण जैसे कि– सेप्टीसीमिया, हीमोरेजिक सेप्टीसीमिया (H.S.), एन्थ्रेक्स, हुकवर्म्स (Hook worms), फास्फोरस पायजनिंग, ब्लड प्रेशर का violet change आदि।

4. **वास्तविक रक्तस्राव जनित रोग** (True haemorrhagic disease)— जैसे—परप्यूरा हीमारेजिका (rare complication of equine strangle) एवं हीमोफीलिया (A disorder in which blood does not clot normally)।

रक्तस्राव को ट्रामेटिक अनीमिया (Traumatic anaemia) भी कहते हैं।

Traumatic Anaemia : Results from the loss of a large quantity of blood when the haemorrhage is severe, acute anaemia supervenes the animal being in a state of collapse with gasping respiration, running down pulse, and pallid mucous membranes. Death may follow rapidly from cerebral ischaemia (reduced blood flow).

हल्का पुनरावर्ती रक्तस्राव (slight repeated haemorrhage) से जीर्ण अनीमिया के लक्षण पैदा होते हैं; जैसे–म्यूकस मेम्ब्रेन का पीला होना एवं सामान्य दुर्बलता–(General debility)।

चिकित्सा (Treatment)

(क) बाह्य वैसो-कन्स्ट्रक्टर्स; जैसे- लाइकर एड्रीनलीन हाइड्रोक्लोराइड तारपीन के तेल का स्थानिक प्रयोग, बर्फ एवं लाल तप्त लोहा (red hot iron) का स्थानिक प्रयोग करें।

अथवा

अर्गट योग (Ergot preparations), टूर्नीकेट (Tourniquet) का स्थानीय प्रयोग या उँगलियों से दबाव (digital pressure), रक्तस्राव नलिका का लिगेचर (Ligature) करने से रक्त बहना बन्द होता है। अथवा

स्थानीय चिकित्सा में– टिंचर बेन्जोइन कं. (Tr. Benzoin co.) टिंचर फैरीपर क्लोर (Tr. Ferriper chlor), टिंचर आयोडीन, एलम (फिटकरी) 5% घोल का पैकिंग करें।

(ख) निम्न दवाओं में से किसी एक का खून रोकने के लिए प्रयोग करना चाहिए–

(ग) रक्त बहने से गम्भीर स्थिति में ब्लड ट्रान्सफ्यूजन करना चाहिए।

3. नासारक्तस्राव/इपीस्टेक्सिस (Bleeding from the Nose/Epistaxis)

नाक से रक्तस्राव एक या दोनों नथुनों से हो सकता है। नेजल चैम्बर्स की म्यूकस मेम्ब्रेन की रक्त नलिकाओं में रक्त की सप्लाई बहुत अधिक होती है और ऊपरी सतह पर स्थित छोटी रक्त नलिकायें जरा से दबाव से टूट जाती हैं।

कारण (Etiology)– नासा रक्तस्राव निम्न कारणों से हो सकता है–

- ☐ इन्जरी–पैरासाइट्स के साथ नाक के मार्ग में अल्सर की उपस्थित।
- ☐ टयूमर्स (Tumours)।
- ☐ परप्यूरा हीमोरेजिका (Purpura haemorrhagica - rare complication of equine strangles and is caused by bleeding from capallaries which results in red spots on the skin, Nasal granuloma and mucous membranes together with oedema of the limbs and the head)।
- ☐ ऐन्थ्रैक्स (Anthrax)।
- ☐ लू लगना (Heat stroke)।
- ☐ कालर पर दबाव (Pressure on collar)।
- ☐ ग्रीष्म ऋतु अथवा तीव्र धूप में घोड़ों की रेस में (as racing)।
- ☐ हीमोफीलिया एवं ल्यूकीमिया।
- ☐ कुत्तों में *Linguatula teniodes* की नेजल फोसा में उपस्थिति।
- ☐ नेजल केविटी में सुरसुरी धुल (Irritating dust) के पहुँचने पर। विशेषकर घोड़ों में, लाइम क्लिन्स (Lime kilns) में काम करने से।
- ☐ नाक में बाह्य पदार्थ अथवा पैरासाइट्स की उपस्थिति से।

लक्षण (Symptoms)– जब रक्त फेफड़ों से आता है तब वह झागयुक्त (Frothy) होता है। पर जब रक्त उदर (Stomach) से आता है तब वह झागयुक्त नहीं होता है।

- Haemoptosis or Bleeding from the lungs. The blood in this case being foamy and always comming from both nostrils, and from the mouth as well in some cases. Moreover , the haemorrhage in the lungs causes accelerated respiration and dyspnoea, and gives rise to hissing or mucous rates.

- Haematemesis or Bleeding from the stomach, occurs through the mouth and nose and blood appears clotted and blackish, like coffee grounds.

उपचार (Treatment)

(क) सिर पर अथवा चेहरे पर शीतल जल (Cold douches) डालें।

(ख) सिरके का सोलूशन अथवा एलम (फिटकरी) अथवा टेनिन नेजल केविटी में अथवा एड्रीनलीन सोलूशन (1 in 1000) नासामार्ग में रुई तर कर पैंकिग रूप में करें (एक बार में एक नासा मार्ग)।

(ग) पशु को शान्त स्थान में सिर को ऊपर करके रखें
(Keep the patient quite with the head raised) I

(घ) यदि रक्तस्राव केवल एक ही नथुने से तीव्रता के साथ हो रहा है तो नथुने को एब्जोरबेन्ट काटन एड्रीनल घोल से तरकर भली-भाँति पैक कर दें।

(च) यदि रक्त दोनों नथुनों से बह रहा है तो इसकी चिकित्सा निम्न व्यवस्थानुसार करें–

- If the haemorrhage be bilateral, both nasal cavities, of course, cannot be plugged without first performing tracheotomy and insurting an ordinary tube or a tampon canula, the stem of the latter being enveloped in the lint or gauze.

☐ **आन्तरिक रक्तस्राव** (Internal haemorrhage) की स्थिति में जब नाक से रक्त बह रहा हो तब शीतल पेय, नार्मल सैलाइन का S/C, I/V अथवा रेक्टल इन्जेक्शन दें अथवा - एट्रोपीन, अर्गोटीन (Ergotine) अथवा एड्रीनलीन हाइपोडर्मी फली दें।

(छ) रोगी पशु को आराम से रखें।

(ज) कुत्ते को case के अन्तर्गत रखें।

(झ) कारण विशेष को उपयुक्त साधन से दूर करें।

(ड) फिर भी सफलता न मिले तो whole blood transfusion करना चाहिए।

(ट) निम्न दवाओं में से किसी एक का खून रोकने के लिए प्रयोग करना चाहिए–

1. एड्रीनोक्रोम मोनोसेमी कार्बेजोन (Adrenochrome monosemi carbazone): मात्रा- गाय, भैंस 20-25 mg; कुत्ता 5-10 mg (कुल मात्रा); जैसे-एडक्रोम (Adchrome -*G. Loucatus*), क्रोम (Chrome-*Morvel*) 5 mg/ml, स्टिप्टोक्रोम (Styptochrome - *Dr. Reddy's*) 1.5 mg/2 ml मांस में (I/M) या नस में (I/V) लगाना चाहिए।
2. विटामिन K इंजेक्शन; जैसे– कैपीलीन इंजे. (Kapilin Inj. - *GSK*); मैनाप्थोन सोडियम बाइसल्फेट (Menapthone sodium bisulphate) 10 mg/ml Vitamin K analoque: मात्रा– बड़े पशुओं में 5–10 मि.ली. मांस में (I/M or I/V) प्रयोग करना चाहिए।
3. ज्यादा रक्त बहने की स्थिति में 5%, 10% या 20% डैक्सट्रोज सैलाइन अथवा इलैक्ट्रोलाइट इन्फ्यूजन्स; जैसे– बोवीलाइट (Bovilyte-*Zydus AHL*); डैक्सबोव (Dexbov-*Novartis*), इन्टालाइट (Intalyte - *Intas*), रिन्टोज (Rintose-*Vetoquinol*) अथवा विट्रोज (Vitrose-*Vetindia*) 500–1000 मि.ली. शिरा में देना चाहिए।

4. लंगड़ाहट (Laminitis)

अन्य नाम (Other name)— फोउन्डर (Founder)।

परिचय (Introduction)— यह पैर की Sensitive lamina की एक सूजन है। यह तीव्र और जीर्ण हो सकती है। यह अगले पैरों में विशेष सामान्य होता है। कभी-कभी एक अथवा चारों पैर भी प्रभावित हो जाते हैं। यह रोग घोड़ों में अधिक होता है।

कारण (Etiology)

1. प्रीडिस्पोजिंग कारण (Predisposing causes)

- ☐ भारी शरीर (Heavy body weight)।
- ☐ **बेढंगा शरीर (Unfit condition)**— जब घोड़े को अस्तबल में आराम से रखकर एकाएक लम्बी यात्रा कराने से युवक घोड़ों को प्रथम बार चलाने पर लंगड़ाहट का रोग हो जाता है।
- ☐ गर्म वातावरण (Hot weather)।
- ☐ पैर की असामान्य बनावट (Abnormal conformation of the feet)।

2. इक्साइटिंग कारण (Exciting causes) — ऐसे निम्न कारण हैं—

(i) *भोजन में गलती (Errors in diet);* जैसे- अधिक भोजन (over feeding) अथवा अधिक खिलाई-पिलाई (विशेषकर नाइट्रोजन पदार्थ) उदाहरण के रूप में— जई, राई, बार्ले, गेहूँ, मटर एवं सेम। अधिकतर हरा चरा देने से (too much green food may give rise to it.) जैसे कि लूसर्न।

(ii) *अधिक परिश्रम (Over work)* — घोड़े को सड़क पर लम्बी यात्रा कराने पर भी पर्याप्त विश्राम का अभाव।

(iii) *शीतल एवं नम अंधेरे स्थान में पशु का निवास*— रोग में सहायक।

(iv) *एक पैर पर आवश्यकता से अधिक (अतिरिक्त) बोझ (Excessive weight on one foot) ।*

(v) *टॉक्सीमिया (Toxaemia)* — संक्रामक बीमारियों से (resulting from infectious disease); जैसे- परप्यूरा, न्यूमोनिया अथवा मीट्राइटिस अथवा आहार नलिका के द्वारा टॉक्सिन (विष) को शोषित कर लेने पर (विशेषकर कालिक—Colic में)।

- **यह रोग घोड़ियों में साधारण मीट्राइटिस की बीमारी में अधिकतर होता है।**

यह रोग— एलर्जी, Excessive amount of grain, धूप में परिश्रम कराने के बाद तुरन्त शीतल जल पिला देने से, कठिन परिश्रम एवं Passive congestion of the laminae के कारण हो सकता है।

लक्षण (Symptoms)

- ☐ रोग एकाएक प्रारम्भ होता है। पशु का शारीरिक तापक्रम (Temperature) 106^0F तक हो जाता है। श्वास गति और नाड़ी की गति बढ़ जाती है। लक्षण प्राय: बीमारी के अनुसार एक या दो या चारों पैर के प्रभावित होने के अनुसार होते हैं। यह जनरल और लोकल दो प्रकार के होते हैं।

1. जनरल लक्षण— इसमें पीड़ा और बुखार होता है। घोड़े की सामान्य स्थिति इस प्रकार होती है—

When the two fore-feet or all are affected, the horse stand with the fore-limbs in front of the body and the hind limbs will under it, his object being to let most of the weight fall on the heels. If the hind limbs only are affected he keeps all the feet under the body to make to fore-feet bear most of the weight, and so that the heels will bear most of the pressure on the hind-feet when only one foot affected, weight is alternately placed on it and the other foot.

इसके साथ ही पशु की आँख कंजेस्टिड हो जाती हैं।

2. स्थानीय लक्षण (Local symptoms) — प्रभावित पैर में अधिक या कुछ कम सूजन (Inflammation) होती है। यदि हूफ (Hoof) पर हाथ रखकर देखा जाय तो वह गर्म प्रतीत होता है। प्राय: 4 से 12 दिन में लक्षण शान्त हो जाते हैं। इसके बाद पशु धीरे-धीरे स्वस्थ हो जाता है।

कभी-कभी शोथयुक्त लेमिनाई के फटने से रक्तस्राव होता है। यह प्राय: शरीर भार के कारण होता है। पीड़ा के कारण पशु कष्टमय स्थिति में लेटता है और पसीने से नहा जाता है। रोग पुराना होने पर ग्रेन्ग्रीन हो जाती है।

लेमीनाइटिस लक्षण सारांश में

- घोड़े के एकाएक एक या दो या चारों पैर लंगड़ाते हैं।
- घूमने एवं चलने में असमर्थ।
- तापक्रम 103-106^{0}F तक।
- श्वास गति एवं नाड़ी की गति तीव्र।
- पशु की आँख कंजेस्टिड।

Note – ● There is an abnormal stance in standing. This is characterized by keeping all the limbs under the body or fore hind limbs extended forward.

चिकित्सा (Treatment)

(क) सामान्य उपचार

1. कोई एक दर्दहारी इंजेक्शन पशु के दर्द को दूर करने के लिये लगायें (विवरण पीछे है)।
2. कार्टीसोन दवा; जैसे— बीटामीथासोन अथवा डैक्सामीथासोन का कोई एक इंजेक्शन लगायें। (विवरण पीछे है)।
3. किसी भी एक बहुक्षेत्रीय एण्टी बैक्टीरियल दवा के इंजेक्शन का प्रयोग करें (विवरण पीछे है)।

(ख) लोकल उपचार

1. *ऐस्ट्रिन्जेन्ट एप्लीकेशन्स (Astringent applications)* — यथा— रेफ्रीजरेन्ट लोशन और ह्वाइट लोशन का प्रयोग करें।
2. *कोल्ड एप्लीकेशन (Cold application)* — ठंडे पानी अथवा बर्फ का प्रयोग।
3. *हाइपोडर्मिक इन्जेक्शन ऑफ एड्रीनलीन (Hypodermic Inj. of Adrenaline)* — एड्रीनलीन 20–30 बूँद को बराबर नार्मल सैलाइन में घोल कर प्रत्येक डिजिटल आरटरी में (over each digital artery) लगायें।
4. *हाइपोडर्मिक इन्जेक्शन ऑफ लोकल अनस्थेटिक (Hypodermic Inj. of Local Anaesthetic)* — प्लान्टर नर्व्स के ऊपर (over the planter nerves) लगायें।
5. *लिगेशन ऑफ दी डिजीटल आरटरी (Ligation of the digital artery) करें।*

6. ग्रूविंग दी हूफ (Grooving the hoof) करें।
7. *जीर्ण स्वरूप के रोग में*– Toe के अतिरिक्त हार्न को हटा दिया जाता है (remove the excess of horn at the toe) l
8. *शल्य चिकित्सा (Operative treatment) करें।*

5. इन्फ्लेमेशन/शोथ (Inflammation)

परिचय (Introduction)– किसी क्षति अथवा अभिघात के प्रति रक्षात्मक अनुक्रिया के रूप में किसी ऊतक की प्रतिक्रिया जिसमें दर्द होता है, गर्मी होती है, लाली रहती है तथा सूजन हो जाती है और उससे ऊतक का वह भाग कार्य नहीं करता, शोथ (Inflammation) कहलाता है।

शोथ प्रदर्शित करने वाले अधिकतर शब्दों के अन्त में आइटिस (Itis) प्रत्यय लगा होता है।

Inflammation : A tissue reaction as a protective response to an injury characterized by pain, heat, redness and swelling and loss of function of that part of the tissue, most words denoting inflammation end with the surffix 'itis'.

कारण (Symptoms)– इस रोग के कारण इस प्रकार हैं–

- ☐ चोट लगने (Trauma) एवं बाह्य आघात।
- ☐ माइको–आर्गेनिज्म एक विशिष्ट कारण।

शोथ के प्रकार (Kinds of Inflammation)– शोथ निम्न प्रकार का होता है–

1. एक्यूट इन्फ्लेमेशन (Acute inflammation) – अचानक उत्पन्न होने एवं कुछ ही काल रहने वाला शोथ तीव्र कहलाता है।

2. बैक्टीरियल इन्फ्लेमेशन (Bacterial inflammation) – जीवाणु की वृद्धि से उत्पन्न होनेवाला शोथ जीवाणुज शोथ (bacterial inflammation) कहलाता है।

3. कैटेरहल इन्फ्लेमेशन (Catarrhal inflammation) – इसे श्लेष्मिक कला का शोथ (Catarrhal inflammation) भी कहते हैं जिसमें श्लेष्मा का स्राव अधिक होता है।

4. क्रोनिक इन्फ्लेमेशन (Chronic inflammation) – ऐसी सूजन या शोथ जो धीरे–धीरे बढ़ती है अथवा तीव्रता के क्रम में होती है। साथ ही देर तक रहती है। जिसके परिणाम सहित अधिकतर व्रण ऊतक बन जाता है, जीर्ण अथवा चिरकारी शोथ कहलता है।

5. एक्सूडेटिव इन्फ्लेमेशन (Exudative inflammation) – सूजन जिसमें रक्त कोशिकायें एवं सीरम इकट्ठे हो जाते हैं।

6. फिब्रीनस इन्फ्लेमेशन (Fibrinous inflammation) – शोथ जिसके निःस्राव में अत्यधिक मात्रा में फाइब्रिन होता है।

7. ग्रेनुलोमेटस इन्फ्लेमेशन (Granulomatous inflammation) – जीर्ण शोथ जिसमें कणिकागुल्म बन जाता है।

8. पैरेन्काइमेटस इन्फ्लेमेशन (Parenchymatous inflammation) – ऐसा शोथ जिसमें किसी अंग के आवश्यक ऊतक तत्व मुख्य रूप से प्रभावित होते हैं।

9. पुरुलेण्ट इन्फ्लेमेशन (Purulent inflammation) – इस प्रकार के शोथ में पूय होता है इसे Suppurative inflammation भी कहते हैं।

10. रिएक्टिव इन्फ्लेमेशन (Reactive inflammation) — किसी बाह्य पदार्थ अथवा मृत ऊतक के चारों ओर उत्पन्न होनेवाला शोथ होता है।

11. सीरस इन्फ्लेमेशन (Serous inflammation) — ऐसा शोथ जिसमें नि:स्राव मुख्यतया सीरम का बना होता है।

12. स्पेसीफिक इन्फ्लेमेशन (Specific inflammation) — किसी विशिष्ट जीवाणु से उत्पन्न शोथ।

13. सब-एक्यूट इन्फ्लेमेशन (Subacute inflammation) — तीव्र एवं जीर्ण प्रकार के बीच का शोथ।

14. ट्रौमेटिक इन्फ्लेमेशन (Traumatic inflammation) — चोट लगने से होने वाला शोथ।

15. अल्सरेटिव इन्फ्लेमेशन (Ulcerative inflammation) — ऐसा शोथ जिसके ऊपर जख्म बन जाता है।

Inflammation is associated with most surgical conditions. It is a salutary process by which nature effects repairs of damaged tissues.

रोग के कारण— शोथ के निम्न कारण होते हैं—

1. मेकेनिकल (Mechanical) — Blow, sprain I

2. फिजिकल (Physical) — Excessive cold or heat I

3. केमीकल (Chemical) — कास्टिक।

4. जीवाणु जन्य (Bacterial) — Generally speaking, inflammation due to micro-organism is more serious than that due tc other causes, owing to the destructive local and serious general effects of the toxins of many varieties of bacteria I

लक्षण (Symptoms)—शोथ के निम्न लक्षण होते हैं—

- ☐ असामान्य ताप (Abnormal heat)
- ☐ सूजन (Swelling)
- ☐ लाली (Redness)
- ☐ दर्द/पीड़ा (Pain)

प्रदाहान्त (Termination of inflammation)

1. डिलिटीन्सेस (Delitescence) — इस प्रकार के शोथ एकाएक शान्त में हो जाता है।

2. रेसोलूशन (Resolution) — इस प्रकार के शोथ में Inflammatory exudate पूर्ण होकर पुन: शोषित हो जाता है और प्रभावित भाग पूर्व की भाँति स्वस्थ हो जाता है।

3. सपूरेशन (Suppuration) — इस प्रकार के केस में जीवाणु विद्रधि (Abscess) तथा पूयतता (Suppuration) उत्पन्न कर देते हैं।

4. गैन्ग्रीन (Gangrene) — इसमें ऊतक (Tissue) का परिगलन (गल जाना) अथवा उसकी मृत्यु हो जाना जो अधिकतर रक्त पूर्ति में आंशिक या पूर्ण अभाव के कारण होता है।

5. इण्डूरेशन (Induration) — जीर्ण अवस्था में जब शोथ का स्थान कठोर या सख्त हो जाता है।

उपचार (Treatment)—

- ☐ कारण को दूर करें (Removal of the cause)।
- ☐ *कोल्ड एण्ड एस्ट्रिन्जेन्ट एप्लीकेशन (Cold and astringent application)* — इसके लिए Cold water application, cold baths अथवा बर्फ का प्रयोग एवं एस्ट्रिन्जेन्ट लोशन का प्रयोग करना चाहिए।
  इस विधि का प्रयोग हल्के शोथ की अवस्था (Slight inflammatory conditions) में किया जाता है। ठंडे पानी अथवा बर्फ का प्रयोग घण्टों तक लगातार किया जाता है।
- ☐ *वार्म एप्लीकेशन (Warm application)* — इस विधि का प्रयोग गम्भीर स्वरूप के शोथ (In sever inflammatory affections) में किया जाता है जहाँ पर ऊतक (tissues) गम्भीर रूप से जख्मी हो जाते हैं इसके कार्य हेतु सिकाई (Fomentation), अथवा स्नान at temperature of 104-112^{0}F आदि उपयुक्त रहते हैं। सामान्य पुल्टिस जो अलसी के आटे आदि से बनाई जाती है, की अपेक्षा मेडीकेटिड पुल्टिस अधिक उपयुक्त रहती है। एण्टीफ्लोजिस्टीन पुल्टिस अधिक अच्छी रहती है।
- ☐ *एनोडाइन योग (Anodyne preparations)* — इसके लिए आयोडोफार्म आयन्टमेन्ट अथवा लिनीमैन्ट टरपैन्टाइन अथवा स्वैनिल तेल।
- ☐ *एण्टीसेप्टिक एप्लीकेशन्स (Antiseptic applications)* — इसकी आवश्यकता Septic inflammatory lesions में पड़ती है। इसकी चिकित्सा Septic wound की भाँति की जाती है।
- ☐ *बायर्स हाइपरेमिक ट्रीटमेन्ट (Bier's hyperaemic treatment)*— Treating local inflammation by application of heat।
- ☐ *मसाज एण्ड कम्प्रेशन (Massage and Compression)*।

सबएक्यूट एण्ड क्रोनिक इन्फ्लेमेशन (Subacute and Chronic Inflammation)

सबएक्यूट और जीर्ण इन्फ्लेमेशन की चिकित्सा Moist-heat, massage, compression और काउन्टर इर्रीटेन्ट (Counter irritant) से की जानी चाहिए।

1. काउन्टर इर्रीटेन्ट— काउन्टर का प्रभाव Ruberfacients, Blisters और Pustulants अथवा Actual cautery के द्वारा होता है। इसके लिए ब्लिस्टर (Blistering) का उपयोग किया जाता है।

2. रबीफेसेन्ट्स (Rubefacients)— इनका प्रयोग लिनीमेन्ट के रूप में होता है। इसके प्रयोगार्थ लि. एकोनाइट, लि. बैलाडोना, लि. अमोनिया, लि. टेरीबिन्थ आदि का उपयोग किया जाता है।

3. ब्लिस्टर— जीर्ण प्रकार की अवस्थाओं में (यथा—Chronic inflammatory conditions) विन आयोडाइड आफ मरकरी एक भाग, 8 भाग वैसलीन में मिलाकर लगाया जाता है।

ब्लिस्टर लगाने से पूर्व प्रभावित स्थान के बाल भलीभाँति काट कर त्वचा को साफ करें। तत्पश्चात ब्लिस्टर को उँगली से खूब मलें (10–15 मिनट तक)। प्रायः एक ही एप्लीकेशन पर्याप्त होता है।

4. एक्चुअल काटरी (Acutal Cautery)— यह एक शक्तिशाली काउन्टर इर्रीटेन्ट है जिसका प्रयोग जीर्ण शोथ (Chronic inflammation) की स्थिति में किया जाता है।

Actual cautery refers to the metal device, generally heated to dull red glow, that a physician applies to produce blisters, to stop bleeding of a blood vessel and for other similar purposes.

स्पेसीफिक इन्फ्लेमेशन (Specific Inflammation)

स्पेसीफिक इन्फ्लेमेशन जो जीवाणु के द्वारा उत्पन्न होता है, में विशिष्ट चिकित्सा (यथा-एण्टीबायोटिक तथा सल्फाड्रग्स) की जाती है।

6. फोड़ा/विद्रधि/एब्सेस (Abscess)

अन्य नाम (Other name)— व्रण, फोड़ा, एब्सेस।

परिचय (Introduction)— व्रणशोथ में दोष-युक्त रुधिर की अति मात्रा होने पर वह शीघ्र ही विदग्ध (spoiled) हो जाता है और पकने लगता है। इस हेतु इसे विद्रधि/फोड़ा (Abscess) कहते हैं।

A localised collection of pus in any part of the body is called abscess.

व्रणशोथ ही तब विद्रधि कहलाता है जब उचित काल में इसकी उपयुक्त चिकित्सा नहीं होती है एवं दोष प्राबल्य के कारण उसमें पकना आरम्भ हो जाता है।

जब त्वचा के नीचे सूजन आ जाती है तो उसे फोड़ा कहते हैं। फोड़ा दो प्रकार का होता है–

(क) कच्चा फोड़ा

(ख) पका फोड़ा।

जब त्वचा के नीचे सूजन पर नीडल से पन्चर किया जाता है, तो यदि पन्चर किये गये स्थान से खून निकलता है तो उसे कच्चा फोड़ा कहा जाता है तथा यदि पन्चर किये गये स्थान से मवाद निकलता है तो उसे पका फोड़ा कहा जाता है।

कच्चे फोड़े का उपचार— कच्चे फोड़े के उपचार करने से या तो कच्चा फोड़ा बैठकर ठीक हो जाता है अथवा पके फोड़े में बदल जाता है तथा इसके बाद पके फोड़े का इलाज किया जाता है। कच्चे फोड़े का उपचार निम्न प्रकार से किया जाता है।

1. कच्चे फोड़े पर आयोडिन मलहम, लिनीमैन्ट टरपैन्टाइन या स्वैनिल तेल से दिन में तीन बार मालिस करनी चाहिए।
2. दर्द तथा सूजन को दूर करने के लिए दर्दहारी/सूजनहारी दवाओं में से किसी एक के इंजेक्शन लगाना चाहिए (विवरण पीछे है)।
3. किसी एक बहु-क्षेत्रीय एण्टी बैक्टीरियल दवा का इंजेक्शन कई दिन लगाना चाहिए (विवरण पीछे है)।

विद्रधि के प्रकार (Kinds of Abscesses)— विद्रधि (फोड़ा-Abscess) निम्न प्रकार के होते हैं–

1. गर्म या तीव्र विद्रधि/फोड़ा (Hot or Acute Abscess)
2. शीत या जीर्ण विद्रधि/फोड़ा (Cold or Chronic Abscess)

फोड़ा/विद्रधि शरीर के किसी भी भाग पर उत्पन्न हो सकते हैं। यह त्वचा या म्यूकस मेम्ब्रेन की सतह के टूटने से या छिलने से एवं उससे जीवाणुओं के प्रवेश से उत्पन्न होता है।

Abscessess may occur in any part of the body. They are caused by a breach of surface of the skin or mucous membrane, and the entrance through the breach of pyogenic organism.

तीव्र विद्रधि (Acute Abscess)

यह अत्यधिक उग्र रूप धारण किया हुआ फोड़ा होता है जिसमें तेज दर्द होता है। इस प्रकार का फोड़ा इन्फेक्शन के 3–5 दिन बाद उत्पन्न होता है इसमें एक दीवार (पायोजेनिक मेम्ब्रेन) होती है जिसमें पस (pus) भरा रहता है।

लक्षण (Symptom)— तीव्र विद्रधि के लक्षण Superficial तथा Deep स्थिति के अनुसार होते हैं, जो निम्न प्रकार के होते हैं–

(ए) सुपरफिसियल एब्सिस (Superficial Abscess)

इसके लक्षणों में–

- ☐ तीव्र शोथ (Acute inflammation)।
- ☐ शोथमय सूजन (Inflammation swelling) को हाथ से टटोलने अथवा खींचने पर बहुत पीड़ा होती है।
- ☐ अन्त में फोड़े के मध्य वाला भाग धीरे-धीरे कोमल (Soft) हो जाता है एवं उसमें पस एकत्रित हो जाता है।
- ☐ बुखार सम्बन्धी कोई विकार नहीं।

(बी) गहराई वाला विद्रधि/फोड़ा (Deep Abscess)

गहराई वाला एब्सेस (Deep Abscess) प्रायः ऊतक (Tissue) के मोटी सतह के अंदर विकसित होता है। इसका अनुमान बुखार के लक्षणों से होता है। इसमें कोई स्थानीय लक्षण दृष्टिगत नहीं होते हैं। प्रारम्भ में प्रभावित भाग की हरकत (movement) में कमी होती है और Stiffness (जकड़न) मिलती है। जब पस सतह के निकट आता है तब सुपरफिसियल एब्सेस की स्थिति जैसी होती हैं। इस प्रकार के एब्सेस फैरिंक्स, लैरिंक्स, रेक्टम अथवा स्पाइनल कार्ड के होते हैं।

निदान (Diagnosis)— सिस्ट (Cyst), हीमेटोमा, Inflamed and distended synovial bursa, एब्डोमिनल हर्निया आदि से इसका भेद करना चाहिए।

चिकित्सा (Treatment)— निम्न प्रकार से–

1. पकाने की व्यवस्था (measures to hasten the maturation of the abscesses)।
2. खोलकर उसमें उपस्थित पदार्थ बाहर करना (opening the abscess to evacuate the contents)।

पहली व्यवस्था गर्म सेंक (Hot fomentation) अथवा Stupes या ब्लिस्टर के उपयोग से।

फोड़े को खोलना *(Opening of the Abscess)*— जब पस सतह के निकट आ जाये अथवा पूरी केविटी पस से युक्त हो तब उसे एब्सेस नाइफ से चीरा लगाकर खोल दिया जाता है। पर कुछ दशाओं (certain cases) में ट्रोकार अथवा थर्मोकाटरी (Thermocautery) का उपयोग इस कार्य के लिये किया जाता है।

सामान्य रूप से चीरा Parallel of long axis of these structures में लगाया जाता है। चीरा लगाने के बाद उँगलियों से दबा कर सारा पस निकाल देना चाहिये। तत्पश्चात चीरा लगे स्थान को एण्टीसेप्टिक लोशन से भली-भाँति साफ कर सुखा लेना चाहिए। इसके बाद घाव की एण्टीसेप्टिक ड्रेसिंग करनी चाहिए। शीघ्र लाभ के लिए एण्टीबायोटिक औषधि खिलाने के लिए एवं एण्टीबायोटिक सूचीवेध व्यवस्था भी।

सावधान— ● पूय (pus) निर्मित हो जाने पर एण्टीबायोटिक्स द्वारा ठीक करने का प्रयत्न नहीं करना चाहिए।

शीत अथवा जीर्ण विद्रधि (Cold or Chronic Abscess)

जीर्ण विद्रधि में हल्की अथवा शोथ नहीं के बराबर होती है (Chronic abscesses show little or no inflammatory reaction)। यह धीरे-धीरे विकसित होते हैं। पीड़ा रहित होते हैं अथवा हल्की पीड़ा होती है। यह लम्बे समय तक चलते हैं और Cystic swelling जैसे प्रतीत होते हैं। कभी-कभी यह धीरे-धीरे मुलायम हो फूट जाते हैं।

कारण (Cause)— जीर्ण विद्रधि के निम्न कारण होते हैं—

प्राइमरी क्रोनिक एब्सेस-विशेषकर हल्की अथवा Repeated injuries के द्वारा। यह अधिकतर पैरों (Limbs),पसलियों पर बैड सोर के रूप में उपस्थित होते हैं। यह दो प्रकार के होते हैं—

1. *हार्ड कोल्ड एब्सेस*— यह कठोर ऊतक से ढका रहता है और इसमें पीव की मात्रा बहुत थोड़ी होती है।
2. *साफ्ट कोल्ड एब्सेस*— यह पतली दीवार वाले होते हैं और इसमें पीव की मात्रा अधिक से अधिक होती है।

लक्षण (Symptoms)

- ☐ हल्के शोथवाले होते हैं।
- ☐ सिस्ट रूप में।

उपचार (Treatment)

- ☐ चिकित्सा तीव्र विद्रधि के समान।
- ☐ **ब्लिस्टर का उपयोग**—पूय को सतह के निकट लाने के लिये।
- ☐ तत्पश्चात चीरा (Incision)।
- ☐ अधिक गहरे एब्सेस में दो या अधिक Punctures (with narrow bladed knife) लगाकर पस को निकाल लें।
- ☐ हार्ड कोल्ड एब्सेस में थर्मोकाटरी का प्लानिंग सेन्टर में।
- ☐ चीरा लगाने के बाद टिंचर आयोडीन/वेटाडीन/इर्रीटेन्ट एण्टीसेप्टिक लोशन की ड्रेसिंग।
- ☐ विशेष प्रकार के एब्सेस में चिकित्सा रोग के अनुसार (Specific abscesses call for attention to diseases of which they form a symptom)।

7. गैन्ग्रीन (Gangrene)

अन्य नाम (Other name)—कोथ।

परिचय (Introduction)— ऊतक परिगलन (गल जाना) अथवा उसकी मृत्यु हो जाना

जो अधिकतर रक्त पूर्ति में आंशिक अथवा पूर्ण अभाव के कारण होता है, कोथ या गैन्ग्रीन कहलाता है। दूसरे शब्दों में– सड़ने (Putrefaction) के साथ ऊतक समूह (Macroscopic portion of tissues) की मृत्यु या नाश गैन्ग्रीन है।

Necrosis or death of the tissue usually due to partial or complete abscence of blood supply is known as Gangrene.

Gangrene in its widest sense means death of a more or less extensive area or volume of tissue. Its strict meaning is death and putrefaction of tissue while attached to the living body. If death of tissue occurs in the absence of infection, the condition is spoken of as Neerobiosis (aseptic infaret).

कारण (Etiology)— इसको उत्पन्न करने वाले निम्न कारण होते हैं—

1. मैलिग्नेन्ट ओडीमा, नेक्रोसिस, एन्थ्रेक्स, ब्लेक क्वार्टर एवं स्ट्रेप्टोकोकाई तथा स्टेफाइलोकोकाई संक्रमण इसके प्रधान कारण हैं।
2. आघातजन्य गैन्ग्रीन किसी भाग के नर्व्स तथा ब्लड सप्लाई पर दबाव पड़ने से।
3. बर्न्स एण्ड फ्रोस्ट बाइट।
4. तंत्रिका रोगों से, जैसे–पैरीफेरल न्यूराइटिस, पैराप्लीजिया एवं सुषुम्ना विकार (Syringomyelia) आदि।
5. किसी बड़ी धमनी पर सीधी चोट लगना या ऊतकों का कुचल जाना।

Gangrene due to indirect alteration of the tissues arises from venous, arterial or cardiac or nervous affections, or from alteration in the blood. As the result of these conditions the tissues involved are deprived of their nutrition and consequently lose their vitality. Gangrene is met with as a lesion in various bacterial disease due to the toxins of the causal organism.

प्रकार (Types)— मुख्य रूप से गैन्ग्रीन दो प्रकार की होती है—

1. शुष्क गैन्ग्रीन (Dry Gangrene)— जब रक्त संचार के धीरे-धीरे बंद हो जाने पर ऊतकों में तरल का अभाव हो जाता है तब यह स्थिति आती है। ऐसा धमनियों के व्यपजनन (Degeneration) से होता है। इसमें विकारग्रस्त भाग सूख जाता है और उसमें झुर्रियाँ पड़ जाती हैं तथा रंग बदल जाता है। इसमें ऊतक सिकुड़ कर सूख जाते हैं। इसमें पूय (pus) नहीं होता है।

2. आर्द्र गैन्ग्रीन (Moist Gangrene)— गैन्ग्रीन की यह अवस्था उस समय उत्पन्न होती है जब शिरा धमनी का रक्त संचार सहसा अवरुद्ध हो जाता है अथवा धमनी में रक्त संचार अचानक रुक जाय जैसा कि बन्धन (ligature) या अन्त:शल्य (Embolus) से होता है। संक्रमण और पूतिभवन/सड़न (Putrefaction) हो जाता है तथा पीड़ित भाग में सूजन आ जाती है। अंग का रंग बदलने लगता है तथा बाह्य त्वचा छालों (blisters) के कारण उठी हुई होती है। इस प्रकार की गैन्ग्रीन पर्याप्त तरल वाले टिशूज में उत्पन्न होती है। इसमें पूय उत्पादक बैक्टीरिया का संक्रमण रहता है।

विशिष्ट लक्षण (Symptoms)

- ☐ ***रक्त संचार की अनुपस्थित***— पीड़ित भागों में धमनी स्पन्दन नहीं पाया जाता है। यदि त्वचा पर दबाव डाला जाय तो रंग में कोई अंतर नहीं आता है, जो केशिकाओं में रक्त संचार के न होने का सूचक है।
- ☐ ***उष्णता का अभाव***— रक्त संचार न होने से ऐसा होता है।
- ☐ रोगग्रस्त भाग में चेतना नहीं होती है।
- ☐ अंग कार्य करने में असमर्थ रहता है।

- ☐ गैन्ग्रीन के अनुसार रंग में परिवर्तन आ सकता है।
- ☐ शुष्क गैन्ग्रीन में ऊतक (Tissues) देखने में Altered और Volume में Diminished होते हैं। त्वचा Shrivelled तथा बाल शुल्क तथा खड़े होते हैं।
- ☐ आर्द्र गैन्ग्रीन में ऊतक Purple, Greenish अथवा Blackish रंग के तथा आयतन में बढ़ जाते हैं।
- ☐ Being engorged with blood and serum.
- ☐ Pain is intense before death of the part supervenes but after it has occurred the affected region becomes cold and insensitive.
- ☐ The Epithelium can be scraped off the skin, which is cold clammy (wet) to feel.
- ☐ The discharge from the lesion is in the form of a dark red foeted liquid.
- ☐ A zone of inflammation surrounds the dead area.

चिकित्सा (Treatment)— इसकी चिकित्सा निम्न व्यवस्थानुसार की जाती है–

- ☐ कारण को दूर करें (Removed of cause) ।
- ☐ चाकू के द्वारा छेदन करें (Searification) अथवा गैन्ग्रीनस टिशू को गरम लोहे से Puncture करें। तत्पश्चात् एण्टीसेप्टिक लोशन का उपयोग करें।
- ☐ मृत भाग को अलग कर डिसइन्फेक्टेन्ट एप्लीकेशन करें।
- ☐ पीड़ित अंग को पूर्ण विश्राम दें।
- ☐ उपयुक्त एण्टीबायोटिक की भारी मात्रा से संक्रमण को नियंत्रित करना।
- ☐ व्रण को स्वच्छ रखना एवं प्रतिदिन संक्रमण नाशक औषधि से व्रण बन्धन।
- ☐ इर्रीटेन्ट का प्रयोग (Application of irritant) ।
- ☐ यदि शोथ (Inflammation) बहुत तीव्र हो तो गर्म एण्टीसेप्टिक योगों का प्रयोग।
- ☐ **पीड़ित अंग को काटना/अंगोच्छेदन (Amputation)**— यदि पेशीसमूह विकृत हो चुका है तो पीड़ित अंग को काटकर निकाल दिया जाता है और गरम लोहे से दाग कर एण्टीसेप्टिक ड्रेसिंग कर दी जाती है अथवा काटकर एण्टीसेप्टिक ड्रेसिंग की जाती है।
- ☐ किसी भारी गाड़ी के नीचे आ जाने से होने वाला गैन्ग्रीन आर्द्र (Moist) प्रकार का होता है। तो अंग के अधिक क्षतिग्रस्त हो जाने पर पीड़ित अंग को काटना ही पड़ता है (Amputation)।

8. अल्सर (Ulcer)

अन्य नाम (Other name)— व्रण, जख्म।

परिचय (Introduction)— शोथज परिगलित (सूजन के कारण सड़ा) ऊतक के मृतोतक (मरा ऊतक) बनने से त्वचा अथवा श्लेष्मिक झिल्ली की निरन्तरता में स्थित एक टूटन–अल्सर या व्रण कहलाता है।

The term "ulcer" means a recent or old superficial wound involving molecular destruction of tissue, and showing no tendency to heal.

कारण (Etiology)— अल्सर निम्न कारणों से उत्पन्न होता है–

- ☐ घाव में बार–बार जलन (Repeated irritation of a wound), जैसे- कुत्तों के कान का जख्म अथवा पूँछ का Tip वाला भाग पर जख्म होना।

- इन्फेक्शन से सम्बन्धित अवस्था– घाव में बाह्य पदार्थ अथवा नेक्रोटिक टिशू के होने से।
- Innervation of a part is blocked.
- विशिष्ट अल्सर कुछ विशिष्ट प्रकार के संक्रमण में उत्पन्न होते हैं। जैसे– मैलिग्नेन्ट ट्यूमर्स– अल्सरेटिव लिम्फेजाइटिस, ग्लाण्डर्स, टयूबरकुलोसिस आदि।

The ordinary ulcer usually follows an open wound. Its cicatrisation (process of wound healing) is arrested, granulations fail to form, the secretion diminishes and the wound remains stationary, or gradually extends from a molecular destruction of its borders.

लक्षण (Symptoms)

- अधिक या कम टूटी सतह वाले विभिन्न गहराई के गोलाकार घाव– विभिन्न केस में।
- इनके किनारे एक लेबुल में एक आस-पास घेरी हुई त्वचा से अथवा उसके ऊपर बढ़े हुये। यह मुलायम और सख्त होते हैं।
- जख्म (Lesion) का केन्द्रीय स्थान चपटा और Concave होता है।
- अधिकांश केस में गाढ़ा, पूय, रक्तमिश्रित अथवा Grayish स्राव आता है।

उपचार (Treatment)— अल्सर की चिकित्सा निम्न प्रकार से करनी चाहिए–

1. ***कारण को दूर करें** (Removal of the cause)*।

2. ***गर्म एण्टीसेप्टिक सिकाई (Warm antiseptic fomentation)*** — दर्दयुक्त सेप्टिक इन्फ्लेमेटरी अल्सर में उसे धोना या स्नान (Baths) कराना आवश्यक होता है। तत्पश्चात वेटाडीन या सोफ्रामाइसीन अथवा सेमीजोल पाउडर से ड्रेसिंग करनी चाहिए।

3. ***मोडरेट प्रेशर (Moderate pressure)*** — काटन, वूल और बेन्डेज से Moderate pressure द्वारा जख्म का हीलिंग होता है।

4. ***एस्ट्रिजेन्ट या कास्टिक एप्लीकेशन्स (Artringent or Caustic applications)*** — इस चिकित्सा की तब आवश्यकता होती है जब ग्रेनूलेशन (Granulations) अतिरिक्त रूप में होता है अथवा जख्म अस्वस्थ रूप में होता है।

5. ***थर्मोकाटरी का उपयोग (Use of the thermocautery)*** — अस्वस्थ एवं Callous tissue को नष्ट करने के लिए जख्म में थर्मोकाटरी का उपयोग किया जाता है।

6. ***चीरा (Excision)*** — छोटे जख्म की चिकित्सा में चीरा लगाना एक उपयुक्त साधन है। चीरा देने के बाद घाव को Suture (टाँके लगाना) कर देना चाहिए। जब अल्सर अस्थि के ऊपर स्थित होता है तब अस्वस्थ सतह का Curetting (खुरचना) कर दिया जाता है।

7. ***हाइपरेमिक ट्रीटमेन्ट (Hyperaemic treatment)*** — बियर्स तरीका (Bier's method) अल्सर की एक आदर्श चिकित्सा है।

8. ***स्पेसीफिक रेमेडीज (Specific remedies)*** — विशिष्ट रोगों में अल्सर की चिकित्सा विशिष्ट औषधियों से।

9. साइनस एण्ड फिस्चुला (Sinus and Fistula)

परिचय (Introduction)— *साइनस* एक अंधा पूय युक्त मार्ग होता है जिसमें भरने की प्रकृति नहीं होती है।

A sinus is a blind purulent tract showing no tendency to heal.

फिश्चुला (Fistula) —दो आन्तरिक अंगों के बीच स्थित एक अस्वाभाविक मार्ग अथवा किसी आन्तरिक अंग से शरीर के बाहर की ओर जाने वाला मार्ग जो जन्मजात होता है अथवा फोड़ों या चोटों के लगने से उत्पन्न हो सकता है, नालव्रण या फिश्चुला कहलाता है।

A fistula, strictly speaking, is an abnormal opening or pressure between a cavity or duct and the surface of the body, or between two cavities or ducts. But the term "Fistula" is frequently applied to a sinus. The various forms of Fistula receive qualifications according to their nature as follows–

1. कम्पलीट फिश्चुला (Complete Fistula) – जिसमें दो द्वार (Openings) होते हैं। यह बाह्य एवं भीतरी दोनों पर खुलता है।

2. इनकम्पलीट या ब्लाइंड फिश्चुला (Incomplete or Blind Fistula) ।

3. कंजेनीटल फिश्चुला (Congenital Fistula) – ऐसा फिश्चुला जो जन्मजात अथवा जन्म के समय या उसके पूर्व अस्तित्व में होनेवाला होता है।

4. पैथोलोजिकल फिश्चुला (Pathological Fistula) – ऐसा फिश्चुला जो किसी विकृति के परिणामस्वरूप होता है।

5. पुरूलेण्ट फिश्चुला (Purulent Fistula) —ऐसा फिश्चुला जो पूय (pus) से युक्त होता है।

6. इक्स्क्रीटरी एण्ड सेक्रीटरी फिश्चुला आदि (Excretory and Secretory Fistula etc.) ।

All the foregoing fistula will be dealt with as they arise in the systemic portions of the work. It is well, however, to deal here with the blind purulent fistula of sinus.

पूययुक्त फिश्चुला या नाड़ीव्रण (Purulent Fistula or Sinus)

A sinus or blind purulent fistula is usually due to something which maintains a constant purulent discharge from a hollow wound or abscess cavity. These causes may be–

1. निकासी (want of drainage) का रास्ता न होना।
2. बाह्य पदार्थ की उपस्थिति अथवा नेक्रोटिक टिशू
   (The presence of a foreigen body or Necrotic tissue) होना।
3. इक्सिस्टेन्स आफ ए स्पेसीफि लीजन (The existence of a specific lesion in the tissues); जैसे–कार्सीनोमा, बोट्रियोमाइकोसिस (Botriomycosis), ट्यूबरकुलोसिस।
4. साइनस की दीवारों की हरकत (Movement of the walls of a sinus) अथवा मेकेनीकल सेपरेशन (Mechanical separation), इससे Healing रुक जाती है।

लक्षण (Symptoms)

- ☐ साइनस का सिरा (Orifice of the sinus) बहुत ही सँकरा होता है। इसमें केवल प्रोब (Probe) ही प्रवेश हो सकता है।
- ☐ प्रारम्भ में साइनस अतिरिक्त ग्रेनूलेसनों से आच्छादित रहता है (Surrounded by excessive granulations)। पुराना होने पर इसके किनारे कठोर तथा फाइब्रस (Fibrous) हो जाते हैं।
- ☐ रोग पुराना होने पर साइनस का सिरा काफी गहराई में स्थित होता है एवं एक से अधिक Opening हो सकते हैं।

- ☐ प्रभावित अंग पर Cicatrised spots की उपस्थिति।
- ☐ प्रभावित भाग से पर्याप्त मात्रा में पूय युक्त निःस्राव लगातार अथवा कभी-कभी।
- ☐ पूय (Pus) गाढ़ा (Thick) अथवा सीरमी (Serous), हरा या लाल (Reddish) और कई बार निक्रोटिक टिशू के भागों से युक्त होता है।
- ☐ साइनस के साथ शोथयुक्त लक्षण (Inflammatory symptoms associated with the sinus)।

उपचार (Treatment)

1. ***कारण*** को दूर करें (Removing or suppressing the cause of the trouble)।
2. ***काउन्टर ओपनिंग*** (Counter-opening) से निकासी (ड्रेनिज) बनाना।
3. ***लिक्विड या सोलिड कास्टिक*** (The use of liquid or solid caustic)— नेक्रोटिक टिशू एवं केलस लाइनिंग की उपस्थिति में इस चिकित्सा से दूर करें।
4. ***गर्म लोहे का प्रयोग*** (The application of the hot iron)।
5. ***ओपरेशन*** (Operation)— साइनस को ओपरेशन के द्वारा खोल दें (गहराई तक) और नेक्रोटिक टिशू एवं कैलस टिशू को निकाल दें। तत्पश्चात एण्टीसेप्टिक ड्रेसिंग।
6. ***इन्जेक्शन ऑफ बिस्मथ पेस्ट*** (Injection of Bismuth paste)— जैसे- बिस्मथ सबनाइट्रेट 33 भाग, वैसलीन 67 भाग, अथवा बिस्मथ 30 भाग, सफेद वैसलीन 5 भाग, पैराफिन 5 भाग। वैसलीन अथवा पैराफिन को गरम कर धीरे-धीरे मिलावें। तत्पश्चात ठंडा होने पर केविटी में इन्जेक्ट कर दें। आवश्यकता पड़ने पर पुनः दोहरायें।
7. ***बियर्स हाइपरेमिक ट्रीटमेन्ट*** (Bier's hyperamic treatment)— इस चिकित्सा का उपयोग Lower parts of the limbs में लाभकर होता है।
8. ***औटाजीनस इनोकुलेशन*** (The Inoculation of an autogenous) ***अथवा पोलीवेलेण्ट वैक्सीन***— इसका प्रयोग प्रायः सर्जिकल ट्रीटमेन्ट के साथ किया जाता है (In extensive chronic suppurative lesions)।
9. ***केविटी की दीवार की हरकत को रोककर*** (Arrest of movement in the walls of the cavity)— यह प्रायः कठिन होता है। By opening up one side of the passage so as to convert it into an open wound thus preventing opposing surfaces from rubbing against each other.
10. ***एण्टीबायोटिक*** (Antibiotic)—संक्रमण की स्थिति में विभिन्न एन्टी बैक्टीरियल दवाओं; जैसे- पेनीसिलीन, टेट्रासाइक्लीन आदि का उपयोग स्थानीय रूप में तथा इन्जेक्शन रूप में लाभकर (विवरण पीछे है)।

10. वून्ड/घाव (Wound)

अन्य नाम (Other name)— घाव, जख्म, क्षत आदि।

परिचय (Introduction)— आघात या चोट के कारण त्वचा अथवा शरीर की किसी रचना की सामान्य निरन्तरता में स्थित टूटन को घाव (wound) कहते हैं।

Break in normal continuity of the skin or a body structure caused by injury is known as wound.

प्रकार (Type)— वून्ड मुख्यतया निम्न प्रकार के होते हैं—

1. **बुलेट वून्ड या गनशाट वून्ड** (Bullet wound or Gunshot wound)—बन्दूक की गोली द्वारा बना एक वेधन व्रण जिसमें गोली का प्रवेश बिन्दु छोटा तथा इसके निकालने का बड़ा होता है।

2. **कन्ट्यूज्ड वून्ड** (Contused wound)— धारहीन (खुट्ठल) वस्तु से बना नील (Bruise) जिसमें त्वचा नहीं फटती, बल्कि उसके नीचे के ऊतक फट जाते हैं। और त्वचा बिना फटे ही रहती है। त्वचा के नीचे रक्त वाहिनियों के फटने से नील विवर्णता (नील पड़ जाता) हो जाती है।

3. **क्रुशिंग वून्ड** (Crushing wound)— शरीर के किसी भाग के कुचलने से बना जख्म।

4. **इन्साइज्ड वून्ड** (Incised wound)— तेज काटने वाले यंत्र से बनाया गया स्पष्ट व्रण (A clean wound caused by a sharp cutting instrument) ।

5. **लेसीरेटेड वून्ड** (Lacerated wound)— किसी धारहीन वस्तु अथवा डंडे या लाठी से मारने से बना फटा हुआ जख्म जिसके किनारे फटे हुए एवं ऊबड़-खाबड़ होते हैं। [A torn wound with ragged edges (not a clean wound) caused by a blunt object or stick] ।

6. **नॉनपेनीट्रेटिंग वून्ड** (Non-penetrating wound)— जख्म जिसमें त्वचा की सतह की निरन्तरता में टूटन नहीं होती। (Wound in which there is no break in the continuity of the surface of the skin.) ।

7. **ओपन वून्ड** (Open wound)— ऐसा जख्म जिसमें बाहर की ओर स्वतंत्र मुख होता है (The wound having a free outward opening) ।

8. **पेनीट्रेटिंग वून्ड, पंक्चरिंग वून्ड** (Penetrating wound, Puncture wound)—किसी तेज धार वाली वस्तु से बना जख्म जो त्वचा से होकर नीचे स्थित ऊतकों (Tissues) में पहुँच जाता है (Wound caused by a sharp object which passes through the skin into the underlying tissues) ।

9. **पर्फोरेटिंग वून्ड** (Perforating wound)—ऐसा जख्म जिसमें जख्म बनाने वाली वस्तु शरीर में प्रवेश करती एवं बाहर निकल जाती है जैसे- बन्दूक की गोली। (Wound in which the object causing the wound enters the body and emerges out, such as a bullet.) ।

10. **टनल वून्ड** (Tunnel wound)—ऐसा जख्म जिसके प्रवेश तथा निर्गम छिद्र बराबर व्यास के होते हैं (Wound which has the opening of entrance and exit of equal diameter) ।

ओपन वून्ड विभाजन (Classified open Wound) सारांश में

- ☐ **Incised wounds**– Caused by sharp cutting instruments.
- ☐ **Lacerated wounds**– Caused by tearing of the tissues.
- ☐ **Punctured wound**– Caused by pointed bodies, and termed "penetrating" when they extend into a serous or joint cavity.
- ☐ **Contused wounds**– Caused by blunt bodies.
- ☐ **Gunshot wounds**– Produced by various kinds of fire arms.
- ☐ **Poisoned wounds**– Containing a poison.
- ☐ **Virulent wounds**– Containing a virus.
- ☐ **Envenomed wounds**– Containing a venom.

संक्षेप में— ऐसा जख्म जिसमें त्वचा अथवा श्लेष्मिक कला की निरन्तरता (Continuity) का न्यूनाधिक मात्रा में नाश हुआ होता है (A wound is a break in continuity of the skin or mucous membrane with varying extent of associated damage.) ।

- इसके अतिरिक्त इसमें ग्रेनूलेटिंग वून्ड्स तथा अल्सरेटिंग वून्ड्स भी आते हैं।

लक्षण (Symptoms)

क. **प्रारम्भिक स्थानीय लक्षणों में**— रक्तस्राव (हीमोरेज-Haemorrahage), पीड़ा (Pain), घाव के Lips की रिक्तता (Gaping of the lips of the wound) आदि होते हैं।

1. **रक्तस्राव** (Haemorrhage)— प्रभावित भाग की Vascularity एवं रक्त नलिकाओं के साइज पर निर्भर करता है। पैरेनकाइमेटस ऊतक (Parenchymatous tissue) से रक्तस्राव स्वतंत्र रूप से होता है।
2. **पीड़ा** (Pain)—यह लक्षण हमेशा मिलता है, पर प्रभावित भाग में amount of innervation के अनुरूप होता है। त्वचा बहुत ही सेंसिटिव होती है। साथ ही जख्म (त्वचा का) मांसपेशीगत, टेन्डन्स अथवा म्यूकस मेम्ब्रेन (Mucous membrane) की अपेक्षा अधिक पीड़ादायक होते हैं।
3. **घाव के Lips की रिक्तता** (Gaping of the lips of the wound)—यह wounded body के mechanical action द्वारा होता है। साथ ही ऊतक के कंट्रेक्शन अथवा Elasticity के द्वारा होता है।

ख. **द्वितीयक स्थानीय लक्षणों में**— शोथ (Inflammation) अथवा पुनर्निमाण (Repair) अथवा Cicatrisastion आदि।

घाव का भरना (Healing of the wound)— निम्न बातों पर निर्भर करता है—

*1. **प्राइमरी एडहेसन** (Primary adhesion)*—जिसके लिये निम्न अवस्थायें आवश्यक होती हैं—

(i) Recent or Freshened condition of the lips of the wound.

(ii) Asepsis अपूयता/पस रहित।

(iii) रक्तस्राव की अनुपस्थिति (Absence of haemorrhage) ।

(iv) Clean-cut edges brought into accurate contact by sutures ।

(v) घाव की दीवार में अच्छी रक्तपूर्ति (A good blood supply to the walls of the wound) ।

(vi) An imperceptible (slight) layer of dead tissue in the wound ।

(vii) Protection from interference and infection until cicatrisation has occured ।

*2. **सेकेण्ड इन्टेन्शन द्वारा (By second intention) अथवा सपूयता (पूय-Pus का निर्माण) द्वारा***— जब प्रारम्भिक घाव का भरना (Primary healing of the wound) असफल हो जाता है अथवा घाव की चिकित्सा देर से की जाती है। 24 घण्टे के कोर्स के बाद घाव में शोथ हो जाता है और इसकी सतह पर एक छोटे से क्षेत्र में नेक्रोटिक टिशू का निर्माण हो जाता है। पीव बनने लगता है और कुछ दिन के बाद नेक्रोटिक भाग अलग हो जाता है। घाव से साफ Pink granulating surface निकल आता है। ग्रेनूलेशन तब तक जारी रहता है जब तक घाव के त्वचा के किनारे आपस में नहीं मिल जाते। खुरंट का निर्माण होकर घाव पूरा हो जाता है और बाल भी उगने लगते हैं।

3. ***तृतीय इन्टेन्शन द्वारा*** (By third intention)— पूर्ण एसेप्सिस की स्थिति में Granulating surface के एक साथ (by union) होने से।

4. ***मिश्रित इन्टेन्शन द्वारा*** (By Mixed intention)— इस तरह के घाव के भरने में कुछ भाग फर्स्ट इन्टेन्शन द्वारा और शेष भाग सेकेण्ड इन्टेन्शन द्वारा पूर्ण होता है।

5. ***पपड़ी के अन्तर्गत*** (Under a scrab)— ग्रेनूलेशन अथवा व्रण जो पपड़ी को स्राव के सूख जाने से बन जाती है, खुरंट बन कर घाव भरता है।

रिमोट सिम्पटम्स (Remote symptoms)— एकाइमोसिस (a discoloration of the skin resulting from bleeding under teeth, typically caused by bruishing), गैन्ग्रीन, विद्रधि निर्माण (Abscess formation), पैरालिसिस एवं न्यूराइटिस आदि।

सामान्य लक्षण (General symptoms)— इसके अन्तर्गत बुखार सम्बन्धी विकार, टॉक्सीमिया आदि घाव में जीवाणुओं के संक्रमण से उत्पन्न होते हैं।

उपचार (Treatment)— ओपन वून्ड (Open wounds) की चिकित्सा सुविधा के लिए निम्न रूपों में वर्णित की जा रही है—

1. एसेप्टिक वून्ड्स (Aseptic wounds)।
2. सस्पीसियस वून्ड्स (Suspicious wounds)— ऐसे घाव जो कुछ संक्रमित रूप के हैं अथवा सर्वाधिक या कम से कम सेप्टिक हैं।
3. एब्सोलूटली सेप्टिक अथवा उपद्रव युक्त घाव (Complicated wounds)।

1. एसेप्टिक वून्डस चिकित्सा (Treatment of Aseptic Wounds) अर्थात् असंक्रमित अथवा अपूतिदूषित घाव की चिकित्सा

1. **रक्तस्राव निरोध** (Arresting the haemorrhage)— घाव से होते रक्तस्राव (Haemorrhage) को तत्काल haemostasis द्वारा रोकना चाहिए। इसके लिए स्थानीय रूप में टिंचर बेन्जोइन कं. (Tr. Benzoin co.) अथवा टिंचर फैरीपर क्लोर (Tri. Ferriper chlor) को गाज में तरकर घाव को पैक कर देना चाहिए। साथ ही स्ट्रेप्टोक्रोम, कैपलिन, विटामिन 'के' आदि के इन्जेक्शन देना चाहिए।

2. **त्वचा का विशुद्धीकरण** (Cleaning and disinfecting the skin in the vicinity of the wound)— ओपरेशन की स्थिति में त्वचा को भली-भाँति एण्टीसेप्टिक लोशन से साफ कर लेना चाहिए। ऐसा ही दुर्घटना घावों (Accidental wounds) में भी अपनाना चाहिए।

3. **एण्टीसेप्टिक लोशन का घाव में उपयोग** (Applying an antiseptic lotion to the wound)— घाव मुख्य रूप से अपूतिदूषित (Aseptic) होना चाहिए। इसके लिए घाव में बेटाडीन लोशन का उपयोग ड्रेसिंग के रूप में अथवा घाव पर लगा देना चाहिए। अधिक शक्ति वाला एण्टीसेप्टिक लोशन (Strong antiseptic lotion) का प्रयोग न करें, क्योंकि यह first healing को प्रभावित करता है।

4. **सल्फालीनामाइड पाउडर या सेमीजोल अथवा एण्टीसेप्टिक डस्टिंग पाउडर का उपयोग घाव में सीवन से पूर्व** (Application of sulphalinamide powder or Semizol or antiseptic dusting powder)— घाव में सीवन (Suturing) से पूर्व एण्टीसेप्टिक डस्टिंग पाउडर भली-भाँति डाल देना चाहिए अथवा छिड़क देना चाहिए। इससे पूय उत्पादक जीवाणु अपना प्रभाव नहीं दिखा पाते हैं।

5. **घाव के किनारे का सींवन** (Suturing the lips of the wounds)– यह घाव ऊपरी (Superficial) है और केवल त्वचा तथा सबक्यूटेनियस टिशू ही प्रभावित हैं तो कुटेनियस सूचर्स (Cutanious sutures) ही पर्याप्त होते हैं। यदि घाव गहरा है और इसकी दीवारें इसकी गहराई से अलग हैं तो डीप सूचर्स (Deep sutures) की आवश्यकता होती है।

6. **सीवन की पंक्ति की रक्षा** (Protecting the line of sutures)– घाव की Suturing करने के बाद टिंचर बेन्जोइन कम्पाउन्ड से सील कर देना चाहिए।

7. **रक्षात्मक पैड और वैन्डेज का उपयोग** (Applying a protective pad and bandage)—उपरोक्त कार्य के पश्चात् घाव पर शुष्क स्टेरीलाइज्ड पैड पर सल्फालीनामाइड पाउडर अथवा डस्टिंग पाउडर की पतली तह छिड़क कर रूई रख कर पट्टी बाँध दी जाती है।

If a bandage cannot be applied, the wound may be covered with a veil of cotton wool kept in position by being made adherent to the periphery of the wound by means of vaseline or some other adhesive preparation.

8. **रोगी को विश्राम** (Keeping the patient at rest)—जहाँ तक सम्भव हो, रोगी और प्रभावित भाग को आराम दें। यह 5 से 12 दिन के लिये अति आवश्यक होता है। इस समय के उपरान्त ड्रेसिंग को सावधानीपूर्वक हटा देना चाहिये और टांके (Sutures) काट देना चाहिये।

● **यदि घाव के किनारे (Lips of the wound) आपस में नहीं जुड़ सके हैं तो निम्न व्यवस्था करनी चाहिये—**

1. ***घाव की धुलाई*** (Irrigating the wound)—जलन रहित एण्टीसेप्टिक लोशन (Non irritating antiseptic solution); जैसे—वीटाडीन (Vetadine) लोशन, पोटाश परमैंगनेट लोशन अथवा सेवलॉन लोशन से घाव की भली-भाँति सफाई करें।

2. ***एण्टीसैप्टिक रक्षात्मक ड्रेसिंग*** (Protecting the wound with a dressing)—एण्टीसेप्टिक आयन्टमेन्ट जैसे—फूरासिन मलहम, वेटाडीन आयन्टमेन्ट अथवा लुब्रीकेन्ट पेस्ट (Lubricant paste) का उपयोग करने से घाव में ग्रेनूलेशन प्रारम्भ हो जाता है।

3. ***एण्टीसेप्टिक पाउडर का उपयोग*** (Applying an antiseptic powder)—घाव में नित्य एण्टीसेप्टिक डस्टिंग पाउडर छिड़कते रहने से जीवाणु के संक्रमण से रक्षा होती है और ग्रेनूलेशन होकर घाव भर जाता है। ह्वाइट लोशन (White lotion) का भी उपयोग किया जा सकता है।

2. सेप्टिक वून्ड्स चिकित्सा (Treatment of Septic Wounds)

- यदि रक्तस्राव हो रहा है तो उसे बंद करें (Arresting haemorrhage, if present)
- घाव को साफ कर आसपास के बाल काटकर साफ करें और त्वचा पर टिंचर आयोडीन या वेटाडीन लोशन पेन्ट कर दें।
- कोई बाह्य पदार्थ हो तो उसे निकाल दें एवं नष्ट हुए ऊतक को भी अलग कर दें। तत्पश्चात् नार्मल सेलाइन अथवा हाइड्रोजन परऑक्साइड सोलूशन से घाव को भली-भाँति साफ करें अथवा किसी एण्टीसेप्टिक लोशन जैसे पोटाश परमैंगनेट या वेटाडीन लोशन का प्रयोग करें।

वून्ड्स की प्रकृति के अनुसार चिकित्सा व्यवस्था

1. **वून्ड का चीरा** (Excision of the wound)—इसका प्रयोग Human surgery में होता है।

2. **लिक्विड एण्टीसेप्टिक का प्रयोग** (The use of liquid antiseptic preparations)—जैसे- हाइड्रोजन परआक्साइड, टिंचर आयोडीन, कार्बोलिक एसिड अथवा लाइसोल 2-5% सोलूशन।

प्रयोग निम्न रूपों में—

(i) एण्टीसैप्टिक इर्रीगेशन्स (Antiseptic irrigations)—गहरे और साइनस वून्ड में सिरिन्ज के द्वारा एण्टीसेप्टिक लोशन से घाव को धोया जाता है।

(ii) एण्टीसैप्टिक बाथ्स (Antiseptic baths)—शरीर के निचले भाग जैसे पैरों के जख्मों को एण्टीसेप्टिक लोशन से धोना अथवा नहाना अधिक उपयुक्त रहता है। इसे लम्बे समय तक लगातार करते रहने और स्वंतत्र रूप से दोहराते रहने से उत्तम लाभ मिलता है। इसे 1/2 घण्टे से एक घण्टे तक दिन में 2–3 बार किया जाता है। 104-112°F तापक्रम पर उत्तम लाभ दिखाते हैं। स्नान (Baths) के बीच के अन्तराल पर घाव को आर्द्र एण्टीसेप्टिक से ढक देना चाहिए।

(iii) आर्द्र एण्टीसेप्टिक कम्प्रेसिस (Moist antiseptic compresses)—घाव पर गाज लिण्ट अथवा काटन वूल का प्रयोग।

3. निम्न प्रक्रियाओं में से एक को अपनायें

(क) *पेन्टिंग विद टिंचर आफ आयोडीन* (Painting with tincture iodine)—घाव के साफ होने तक दिन में 2–3 बार टिंचर आयोडीन का घाव पर पेन्ट किया जाता है। अथवा पट्टी बाँधी जाती है।

(ख) *बी. आई. पी. पी. का प्रयोग* (The use of B.I.P.P.)—दिन में एक बार नित्य। यह घाव में एण्टीसैप्टिक तथा दर्दनाशक (Anodyne) प्रभाव रखता है।

(ग) *शुद्ध कार्बोलिक एसिड का प्रयोग* (The application of pure carbolic acid)—शुद्ध कार्बोलिक एसिड को घाव की सम्पूर्ण सतह पर एक मिनट के लिए लगाया जाता है। तत्पश्चात स्प्रिट से साफ कर दिया जाता है। इससे नष्ट हुए सम्पूर्ण ऊतक गैन्ग्रीनस टिशू साफ हो जाते हैं। तत्पश्चात घाव की एण्टीसेप्टिक ड्रेसिंग यथा—B.I.P.P. या वेटाडीन से करनी चाहिए।

(घ) *एण्टीबायोटिक्स का प्रयोग* (The use of antibiotics)—पेनीसिलीन, एम्पीसिलीन, एम्पीसिलीन + क्लोक्सासिलिन एवं जेण्टामाइसीन का उपयोग घाव पर लगाने हेतु तथा इंजेक्शन के रूप में प्रयोग करें।

(च) *यूपेड का प्रयोग* (The use of Eupad) किया जा सकता है।

(छ) *प्रोवाइडिंग ड्रेनिज* (Providing drainage)—घाव को बढ़ाने के लिये जब कि घाव के पाकिट में सेप्टिक मैटेरियल भरा होता है, (counter opening) के लिये इस विधि का उपयोग होता है। इसके लिये Seton को पास किया जाता है। इसे नित्य दोहराया जाता है।

(ज) *एसेप्टिक ट्रीटमेन्ट* (Aseptic treatment)—घाव को स्टेराइल वाटर अथवा नार्मल आइसोटोनिक सैलाइन सोलूशन से साफ कर स्टेरेलाइज्ड गोज से ड्रेसिंग कर दी जाती है। किसी एण्टीसेप्टिक का प्रयोग नहीं किया जाता है।

4. (A) जनरल ट्रीटमेन्ट (General treatment)—अत्यधिक रक्तस्राव (Profuge haemorrhage) तथा शॉक की स्थिति में जीवन रक्षार्थ ब्लड ट्रान्सफ्यूजन करें।

(B) तीव्र रक्तस्राव या शॉक की स्थिति में डेक्स्ट्रोज एण्ड सेलाइन इन्जेक्शन (Dextrose and saline injection)—10% डेक्स्ट्रोज सैलाइन 1-2 बोतल आई.वी. अथवा रिन्टोज (Rintose) 1-2 बोतल का उपयोग भी किया जा सकता है।

(C) टिटनेस से बचाव के लिए Tetanus Toxoid या Tetvac बड़े पशुओं में 10 मिली. प्रयोग करना चाहिए।

(D) सर्दी से बचाव, रोशनी का उचित प्रबन्ध, उत्तम स्वच्छता एवं Feeding का उपयुक्त साधन।

3. विशिष्ट उपद्रव युक्त व्रणों की चिकित्सा (Treatment of Complicated Wound)

1. इन्साइज्ड वून्ड्स (Incised wounds)—इस प्रकार के वून्ड्स में कटी हुई रक्तवाहिनियों के बन्धन (Ligation) करना चाहिए। साथ ही रक्त कोशिकाओं से निकलने वाले रक्त को दबाकर तथा त्वचा का भली-भाँति सीवन कर्म (suturing) कर देने से रोका जा सकता है।

घाव के अन्दर गाढ़ास्राव (exudate) विकारी जीवाणुओं के पनपने में सहायक होते हैं। अतः यह निकलता रहे इकट्ठा न होने पावे। अतः ड्रेनेज की व्यवस्था करनी चाहिए।

व्रण बंधन में प्रयुक्त गाज/पट्टी आदि स्वच्छ होनी चाहिए जिससे व्रण में द्वितीयक संक्रमण न होने पावे। पीड़ित अंग को पूर्ण विश्राम देना आवश्यक होता है।

यदि व्रण बहुत विस्तृत हो और रोहण (Healing) की गति धीमी हो तो रोगी पशु को विटामिन 'सी' और आयरन के योग देना चाहिए। व्रण सीवन को 7 से 10 दिन में काट देना चाहिए।

2. लेसीरेटेड वुन्ड चिकित्सा (Treatment of Lacerated Wound)—इस प्रकार के वून्ड्स को चिकित्सा में वेदना की शान्ति के लिये एनाल्जैसिक इंजेक्शन उपयुक्त है। त्वचा आदि के अधिक क्षतिग्रस्त होने की स्थिति में टेटेनस टौक्सोइड को निरोधक मात्रा में देना चाहिये। पूयोत्पादन (pus formation) को रोकने के लिये एण्टीबैक्टीरियल दवाओं के इंजेक्शन का प्रयोग किया जाता है।

रोगी की वास्तविक चिकित्सा इस बात पर निर्भर करती है कि रोगी किस समय चिकित्सा के लिये लाया गया है। साथ ही शरीर रचना की दृष्टि से व्रण कहाँ स्थित है एवं नाड़ियों तथा रक्तवाहिनियों की दशा कैसी है। साबुन और स्वच्छ जल से व्रण को भली प्रकार स्वच्छ कर लेने के उपरान्त क्षतिग्रस्त ऊतकों को काट कर पृथक कर दिया जाता है। ऐसी दशा में प्राथमिक सीवन उपयुक्त नहीं होता है, किन्तु विलम्बित (delayed) प्राथमिक या द्वितीयक सीवन विहित है। त्वचा के अधिक मात्रा में नष्ट हो जाने पर त्वक-सन्धान (skin-grafting) उपयुक्त होता है। अंग के अधिक क्षतिग्रस्त होने पर अंगकल्पन (amputation) करना विचारणीय हो सकता है।

11. कॉन्ट्यूजन/गुम चोट (Contusion)

अन्य नाम (Other names)—विश्लिष्टदेह, गूढ़प्रहाराभिहत। इसे 'सबकुटेनियस वून्ड' भी कहते हैं।

परिचय (Introduction)—ऐसी चोट लगना जिसमें त्वचा फटती नहीं और दर्द देती है, सूजन होती है तथा त्वचा का रंग बदल जाता है।

Any injury in which the skin is not broken and there is pain, swelling and discolouration, is known as contusion.

यह एक प्रकार की गुम चोट हैं जिसमें त्वचा अखण्डित रहती है, किन्तु त्वचा के नीचे स्थिर रचनाओं को पर्याप्त हानि पहुँची हुई होती है। यह सब बाह्य आघात (External violence) से होता है इसमें त्वचा के नीचे के ऊतकों में रक्तस्राव (Haemorrhage) हुआ होता है और महत्वपूर्ण अभ्यान्तर अवयवों का भी क्षतिग्रस्त होना सम्भव है।

कारण (Etiology)—इसका कारण एकमात्र चोट लगना होता है।

कान्ट्यूजन के भेद (Degrees of contusion)—

1. कॉन्ट्यूजन आफ दी फस्ट डिग्री (Contusion of the first degree)—इसमें त्वचा और सबक्युटेनियस टिशू में कैपीलरी वेसिल्स (Capillary vessels) Rupture हो जाती हैं एवं एकाइमोसिस (Ecchymosis) का निर्माण हो जाता है। अर्थात् त्वचा के नीचे रक्तस्राव के कारण त्वचा का रंग बदलता है।

2. कॉन्ट्यूजन आफ दी सेकण्ड डिग्री (Contusion of the second degree)—इस प्रकार के कान्ट्यूजन में बड़ी रक्तवाहिनियों (large vessels) का Rupture हो जाना होता है और हीमेटोमा (Haematoma) बन जाता है।

3. कॉन्ट्यूजन ऑफ दी थर्ड डिग्री (Contusion of the third degree)—इस प्रकार के कान्ट्यूजन में ऊतक (Tissues) पर्याप्त मात्रा में नष्ट हो जाते हैं और ग्रैन्गीन में बदल जाते हैं।

सामान्य लक्षण (General symptoms)—

- आरम्भ में वेदना और सूजन (Pain and swelling beginning)
- बाद में व्याघात (Bruising) के कारण पीड़ित भाग का रंग परिवर्तित हो जाता है। (Discolouration)।
- शिथिल ऊतकों में पर्याप्त नि:सरण (Effusion)।
- अधिक रुधिर स्राव की प्रवृत्ति।
- रुधिर स्राव होने के उपरान्त रुधिर जहाँ अधिक मात्रा में संचित हो जाता है, उसे हीमेटोमा (Haematoma) कहते हैं। आरम्भ में यह मृदु तरंगमय (Fluctuant) और स्पर्शसहिष्णु होता है, किन्तु बाद में यह कठोर हो जाता है। यदि संक्रमण ग्रस्त न हुआ तो यह पूर्णत: आचूषित हो जाता है अथवा इसका Calcification भी हो सकता है।

विशिष्ट लक्षण (Special symptoms), भेदों के अनुसार

1. कॉन्ट्यूजन आफ दी फस्ट डिग्री *(Contusion of the first degree)*

- हल्की सूजन (Slight inflammation)।
- पीड़ा अधिक देखने में नहीं (Pain is not very marked)।
- पिग्मेन्टिड स्किन (Pigmented skin)।

2. कॉन्ट्यूजन आफ दी सेकेण्ड डिग्री *(Contusion of the second degree)*

- घाव के साफ्ट टिशू में एक ब्लड पोकेट या हीमेटोमा का निर्माण।
- प्रोमीनेन्ट शोथ आसपास के क्षेत्र में।
- खींचने पर (on manipulation) शोथ एवं करकराहट (crepitating) की आवाज।
- थोड़ा क्षेत्र प्रभावित होने पर धीरे-धीरे लक्षण गायब हो जाते हैं। बड़ा होने पर शोथ बढ़ कर सिस्ट का रूप ले लेती है।
- सतह के टूटने पर इन्फेक्शन होने से पूय (suppuration) की उत्पत्ति हो जाती है कभी-कभी गैन्ग्रीन भी।

3. कॉन्ट्यूजन आफ दी थर्ड डिग्री *(Contusion of the third degree)*

- इसमें ऊतक गहराई तक नष्ट हो जाते हैं और ग्रैन्ग्रीन का रूप ले लेते हैं।
- इतिहास और केस को देख कर लीजन्स की गम्भीरता को आँका जा सकता है।
- कभी-कभी टेम्पोरेरी पैरालिसिस।

उपचार (Treatment)—इसकी चिकित्सा उपरोक्त लक्षणों के आधार पर की जाती है—

1. कॉन्ट्यूजन आफ दी फस्ट डिग्री की चिकित्सा

- कैपीलरी रक्तस्राव को रोकने के लिये कोल्ड एवं एस्ट्रिन्जेट प्रयोग (Cold and astringent applications to arrest copillary haemorrhage)।
- पीड़ावाले स्थान पर दर्दनाशक आयन्टमेन्ट का प्रयोग (Anodyne ointment may be applied on a painful surface)

2. कॉन्ट्यूजन आफ दी सेकेण्ड डिग्री की चिकित्सा

(i) *जब केस प्रारम्भ का हो*

- कोल्ड वाटर इर्रीगेशन (Cold water irrigation)।
- एस्ट्रिन्जेन्ट एप्लीकेशन्स (Astringent applications)।
- आयोडीन आयन्टमेन्ट की मालिश स्वैनिल तेल से मालिस।
- Campression with a pad and bandage when practicable.

(ii) *जब केस दीर्घकाल का हो (When the case is of long standing)*—

- प्रभावित भाग की शोथ को चीरा देकर उसमें उपस्थित पदार्थ बाहर निकाल दें एवं इर्रीटेन्ट एण्टीसेप्टिक लोशन (irritant antiseptic lotion) से चिकित्सा करें। लिम्फ के collection को शीघ्र हटा दें। (Be opened early)।
- Should severe haemorrhagge ensure from the too early opening of a haematoma before the ruptured vessels are thrombosed. It must be arrested by plugging the cavity.

3. कॉन्ट्यूजन आफ दी थर्ड डिग्री की चिकित्सा—

- आर्द्र गर्म एण्टीसेप्टिक एप्लीकेशन (Moist warm antiseptic applications) का प्रयोग।
- गैन्ग्रीन की स्थिति में रोगानुसार चिकित्सा।

कट-फट जाना और घाव की विशिष्ट चिकित्सा

(Cuts/Abrasions and wound Specific treatment)

जब कभी काँटेदार तारों, तेज औजारों/अस्त्रों, रगड़ लगने, गिर जाने, टक्कर खाने, अन्य पशुओं द्वारा सींग मारने आदि कारणों से खाल और मांस फट जाता है और बहने लगता है, दर्द होता है और बाद में घाव बन जाता है।

उपचार (Treatment)—

1. यदि घाव तुरन्त का हो—घाव के आसपास के बालों को काट देना चाहिये। यदि घाव में धूल अथवा कोई बाहरी वस्तु (foreign body) धुसी हो तो उसे सावधानीपूर्वक निकाल देना चाहिये। साथ ही चोट के स्थान को किसी कीटाणुनाशक दवा; जैसे—सेवलॉन लोशन या डेटॉल लोशन या सेटवलॉन (Cetavalan) से भली-भाँति साफ कर लेना चाहिये।

सावधान—घाव को साधारण पानी से नहीं धोना चाहिये।

2. यदि कटी-फटी त्वचा या मांस के किनारों को जोड़ने या सिलाई करने की आवश्यकता हो तो—ऐसी स्थिति में घाव को भली-भाँति साफ कर घाव के अन्दर सिबाजोल/सेमीजॉल/एण्टीसेप्टिक डस्टिंग पाउडर/निओस्पोरिन पाउडर आदि छिड़ककर खाल या मांस के किनारों को आपस में मिलाकर उसकी सिलाई नाइलोन या रेशमी धागे से कर देना चाहिये। साथ ही टाँके लगे स्थान (Suturing) के ऊपर टिंचर बेन्जोइन कम्पाउण्ड का पेन्ट (सील) कर देना चाहिये। प्राय: ऐसे घाव 8-10 दिनों में जुड़ अथवा सट जाते हैं और घाव अच्छा हो जाता है।

यदि घाव Suturing के बाद भी आपस में न जुड़े तो उसकी चिकित्सा घाव की साधारण विधि से करनी चाहिये।

3. यदि घाव से खून वह रहा हो तो—खून बन्द करने के लिये स्टिप्टिक्स (styptics) का यथा टिंचर फैरी टिंचर बेन्जोइन क. (Tincture Feri of Tincture Benzoin Co.) का लगाना चाहिये। साथ ही–स्टाइप्टोक्रोम (Styptochrome), स्टाइप्टोबियान (Styptobion), कैप्लीन (Kaplin) या क्रोमोस्टेट (Chromostat) की सूई बड़े पशुओं में 10–15 मि.ली. और छोटे पशुओं में 2–5 मि. ली. तथा कुत्तों को 1–2 मि.ली. की मात्रा में लगा देनी चाहिये।

4. एण्टीबायोटिक औषधियाँ साथ में—घाव की चिकित्सा में उपरोक्त व्यवस्था के साथ–साथ एण्टीबायोटिक्स का प्रयोग नितान्त आवश्यक होता है। एण्टीबायोटिक्स व्यवस्था इस प्रकार है—

- **फोर्टीफाइड प्रोकेन पेनीसिलीन** (Fortified procaine Penicillin) / वीटोपेन (Vetopen), कालपेन फोर्ट (Kalpen fort), बिस्ट्रेपेन (Bistrepen), डाइक्रिस्टासीन (Dicrystacin), स्ट्रेप्टोपेनीसिलीन (Streptopenicillin) आदि। मात्रा— 20–40 लाख यूनिट्स बड़े पशुओं को तथा 4–8 लाख यूनिट्स छोटे पशुओं को मांस में (I.M) प्रतिदिन लगावें। *अथवा*
- **ऑक्सीटेट्रासाइक्लीन** (Oxytetracycline); जैसे–वोलीसाइक्लीन (Wolicycline), टैरामाइसीन (Terramycin), आलसाइक्लीन–ओ (Alcycline-O), ऑक्सीवेट–एलए (Oxyvet-LA), औक्सीटेट (Oxytet), औक्सीस्टेक्लीन (Oxysteclin), टेलॉन–एलए (Telon-LA) आदि। मात्रा— 1 मि.ली. प्रति 10 किलो शरीर–भार पर मांस में प्रतिदिन सूई द्वारा लगावें। *अथवा* इसके 2–4 बोलस या 5 ग्राम की एक टिकिया प्रतिदिन खिलावें।
- **एम्पीसिलीन** (Ampicillin)—एल्वर्सिलीन, कोनाम्पी आदि। 1–2 ग्राम की मात्रा में बड़े पशुओं को मांस या शिरा में। *अथवा*
- **क्लोक्सासिलीन** (Cloxacillin) तथा **एमोक्सीसिलीन** (Amoxycillin)—1-2 ग्राम प्रतिदिन I/M रूप में। *अथवा*
- **जेण्टामाइसीन** (Gentamycin)— बड़े पशुओं को 10–20 मि.ली. तथा छोटे पशुओं को 1–2 मि.ली. मांस में प्रतिदिन।
- **सल्फा ड्रग्स** का बोलस अथवा 5 ग्राम वाली टेबलेट 2–4 की मात्रा में तथा छोटे पशुओं का 1–2 गोली प्रतिदिन मुख द्वारा। *अथवा*
- **कोट्रीमोक्साजोल**— (Oriprim Injection *Vet Cadilla*) 10-20 मि.ली. I/V इन्जेक्शन के रूप में।

अन्य चिकित्सा (Other treatment)

1. यदि घाव कई दिन का हो गया हो तो—घाव को पोटाश परमैंगनेट या फिनाइल या डेटाल लोशन से साफ कर कीटाणुनाशक दवा टिन्चर आयोडीन की पट्टी बाँधनी चाहिये। फूरासिन आयन्टमेन्ट अथवा वेटाडीन आयन्टमेन्ट भी लगाया जा सकता है।

2. यदि घाव में कीड़े पड़ गये हों तो—तारपीन का तेल या गैमेक्सीन पाउडर लगाने से कीड़े मर जाते हैं। *अथवा*

फिनायल की गोली + कपूर मिलाकर लगावें।

घाव के कीड़ों को चिमटी से निकालकर लोरेक्सन क्रीम या गामा जी-क्रीम (Gama-G-cream) लगावें।

12. चोट-मोच (Sprain)

Sprain of a joint results from its movement beyond its physiological limits in the direction of extension, flexion, abduction or adduction. The joint undergoes a temporary luxation. As a consequence the articular and periarticular tissues suffer a certain amount of Bruising or Laceration.

परिचय एवं लक्षण (Introduction & symptom)—पशुओं के पैरों में बाहरी चोट लगने से पैर फिसलने, गिर पड़ने आदि कारणों से पशुओं की टाँगों (Limbs), जोड़ों (Joints) और पुट्ठों (Loins) में सूजन (Swelling) और दर्द (Pain) हो जाता है, तथा पशु लंगड़ाने लगता है।

उपचार (Treatment)—

(क) पशु को पूर्ण आराम दें। खेती का काम बन्द करा दें। रोग स्वयं ठीक हो जाता है। आराम न मिलने पर अथवा स्थिति गम्भीर होने पर आयोडेक्स (Iodex) या आयोडीन आयन्टमेन्ट (Iodine ointment) अथवा लिनीमेण्ट अमोनिया (Lint. Ammonia) । *अथवा*

स्वैनिल तेल से दिन में तीन बार मालिस करें।

(ख) प्रभावित भाग की सिकाई (Fomentation) करें।

(ग) *रोग पुराना होने पर (In old case)*—रैड आयोडाइड आफ मरकरी आयन्टमेन्ट (लाल मरहम) लगाना चाहिये। इससे प्रारम्भ में रोग बढ़ता है, परन्तु बाद में धीरे-धीरे घट कर अच्छा हो जाता है।

(घ) दर्द *के लिये*—एनाल्जिन (Analgin), नोवाल्जिन, अथवा सेमीजोल (Semizole) आदि। बड़े पशुओं को 20-30 मि.ली. तथा छोटे पशुओं को 5-10 मि.ली. मांस में (I.M) नित्य ठीक होने तक लगावें। *अथवा*

इन्जेक्शन इस्जीपायरीन (Inj. Esgypyrine)— बड़े पशुओं में 20-25 मि.ली. और छोटे पशुओं में 5-10 मि.ली. मांस में नित्य लगावें। इससे दर्द कम हो जाता है।

(च) *कार्टीसोन दवाओं; जैसे— बीटामीथासोन अथवा डैक्सामीथासोन के इंजे.* । यथा— डेक्सावेट (Dexavet) 2-6 मि.ली., कूराडेक्स 2-5 मि.ली. मांस में लगायें।

(छ) *रोग पुराना होने पर दर्द रहता हो तो*—विटामिन बी$_1$, बी$_6$, बी$_{12}$ की सूई (Neuroxon B$_{12}$) को मांस में (I.M) बड़े पशुओं को 15-20 मि.ली.; मध्यस्वरूप के पशुओं में 10 मि.ली. तथा छोटे पशुओं को 2-5 मिली सप्ताह में 2-3 बार लगावें। कुल 5-10 इन्जेक्शन्स की आवश्यकता होती है। न्यूरोबियान (Neurobion), विटन्यूरिन (Vitneurin), ट्रीगर (Trigger), ट्राइरेडीसोल-एच (Triredisol-H) आदि सभी विटामिन बी$_1$, बी$_6$, बी$_{12}$ के उत्तम योग हैं। भवानी फार्मास्यूटिकल्स क. प्रा. लि. कानपुर ने ट्रिपल बी (Triple B) के नाम से इन्जेक्शन बनाया है।

(ज) *आर कम्पाउण्ट (R.compound)* 10-10 गोली दिन में 2 बार 15-30 दिन तक।

(झ) *एण्टीबायोटिक्स;* जैसे—प्रोकेन पेनीसिलीन (Procaine penicillin), स्ट्रेप्टोपेनीसिलीन (Streptopenicillin), टेट्रासाइक्लीन (Tetracyline), ओक्सीटेट्रासाइक्लीन (Oxytertracyline), एम्पीसिलीन (Ampicillin) आदि में से किसी एक दवा का प्रयोग करें।

नोट—स्थानीय चिकित्सार्थ रेलेक्सिल आयन्टमेन्ट (Relaxyl ointment), इबूप्रोफेन जेल (Ibuprofen Gel-*डाबर*) का प्रयोग मालिश हेतु किया जा सकता है। इससे सूजन कम हो जाता है। इस कार्य को दिन में 3-4 बार करना चाहिये।

13. अगले पैर से लंगड़ाना और पक्षाघात (Lameness and Paralysis of Forelimbs)

परिचय एवं लक्षण (Introduction & symptoms)—इस रोग में पशु अगले एक या दोनों पैरों से लंगड़ाने लगता है। वह उस पैर पर भार नहीं देता है।

कारण (Causes)—ऐसा निम्न कारणों से हो सकता है—

- विशेषकर जब पशुओं को किसी कारणवश गिराया जाता है। ऐसी स्थिति में पशु को चोट लग जाती है।
- अधिक देर तक गिरे-बँधे रहने के कारण रेडियल नर्व्स पर दबाव पड़ता है जिससे पशु के अगले पैर का पक्षाघात हो जाता है।

उपचार (Treatment)—इसकी चिकित्सा व्यवस्था निम्न प्रकार से की जाती है—

(क) गर्म पानी और नमक की सिकाई। मैगसल्फ को गर्म पानी में भी मिलाकर सिकाई कर सकते हैं।

(ख) लिनीमेन्ट अमोनिया (Lint. Ammonia) या लिनीमेन्ट सोलेन्स (Lint. Solans) अथवा लिनीमेन्ट मायोस्टाल (Lint. Myostal) की मालिश अथवा स्वैनिल तेल से मालिस।

अथवा

मल्टीजेसिक (Multigesic) या मूव (Moov) या मसलेक्स आयन्टमेन्ट (Muslex oint) की मालिश।

आयोडेक्स (Iodex) या आयोडीन आयन्टमेन्ट की मालिश (massage)।

(ग) न्यूरौक्सीन B_{12} (Neuroxin B_{12}) या विटन्यूरिन या ओप्टीन्यूरान (Optineuron) या न्यूरोबियान (Neurobion) या ट्रीगर (Trigger) आदि में से कोई भी औषधि जिसमें विटा, बी$_1$, बी$_6$, बी$_{12}$ का योग हो, बड़े पशुओं को 10 मि.ली. और छोटे पशुओं को 2-5 मि.ली. मांस में सप्ताह में 2 बार लगावें।

(घ) एनाल्जिन (Analgin), नोवाल्जिन/सेमीजोल (Semizole) या मांस में (I.M) हर तीसरे दिन या ओक्सलजीन—बड़े पशुओं को 1-2 बोलस तथा छोटे पशुओं को 1/4-1/2 बोलस दिन में दो बार।

(च) एण्टीबायोटिक्स। यथा—प्रोकेन-पेनीसिलीन या स्ट्रेप्टोपेनिसिलीन (डी.सी. या विस्ट्रेपेन) 20-40 लाख यूनिट्स प्रतिदिन मांस में (I.M) अथवा कोई एक अन्य एण्टीबैक्टीरियल इंजे लगायें।

याद रहे—यह एक कठिन समस्या है। चिकित्सा नियमित रूप से धैर्य रख कर पूर्ण ठीक होने तक जारी रखनी चाहिये।

- चिकित्साऐं स्थानीय तथा आन्तरिक (internal) दोनों प्रकार की साथ-साथ चलानी चाहिये।
- चिकित्सा में कोई भी अन्तराल न दिया जाय।

- उपरोक्त उपचार करने के पूर्व यह भली-भाँति देख लेना चाहिये कि किसी हड्डी की टूट-फूट तो नहीं हो गई है अथवा जोड़ अपने स्थान से हट तो नहीं गया है (dislocation) ।

14. जोड़ों का खिसकना (Dislocation of Joints)

यह देखा गया है कि पशुओं के पैर फिसलने से उनके पिछले पैर के ऊपरी जोड़ (कूल्हा-Hip Joint) अपनी जगह से हट जाता है। यह अधिकतर उन पशुओं को होता है जो चिकनी जगह या चिकने फर्श पर रहते हैं। ऐसे फर्श या जमीन पशु के मूत्र अथवा पानी गिरने से भींगने पर पशु के चलने पर पिछला पैर फिसल जाता है जिससे पशु गिर जाता है और उठने से असमर्थ हो जाता है। ऐसी स्थिति में अधिकांश पशु के पिछले पैर का कूल्हा जोड़ (Hip Joint) उखड़ जाता है। यदि चोट साधारण प्रकार की है तो जोड़ों में दर्द होता है।

Dislocation : A joint is dislocated when the two articular extremities forming it are displaced from perfect contact with one another.

प्रकार (Types)

1. *कम्पलीट डिस्लोकेशन* (Complete dislocation)—जब किसी अस्थि जोड़ का अन्तिम सिरा और दूसरे अस्थि के अन्तिम सिरे से एक-दूसरे का सम्बन्ध नहीं रहता है, तब उसे कम्पलीट डिस्लोकेशन कहते हैं।

Complete dislocation In which the articular ends are in no part in contact with one another.

2. *इनकम्पलीट डिस्लोकेशन* (Incomplete dislocation)—ऐसा डिस्लोकेशन जिसमें Partially contact रहता है।

In complete dislocation In which they are still partially in contact.

कारण (Etiology)—इसके निम्नलिखित कारण हो सकते हैं—

1. चोट लगने से (Traumetic)—इसमें सीधे चोट लगने से सन्धियों के जोड़ एक-दूसरे से अलग हो जाते हैं।

2. पैथोलोजिकल कन्डीशन्स—जैसे—पैरालिसिस या आर्थाईटिस।

3. कंजेनीटल कारण (आनुवंशिक कारण)

लक्षण (Symptoms)—

***पशु को पीड़ा** (Pain) होती है।*

- पैरों से काम लेने में असमर्थ (inability to use the limb) रहता है।
- प्रभावित भाग में Immobility का मिलना साथ में Diformity भी मिलती है।
- पैर छोटा हो जाता है अथवा बड़ा हो जाता है।
  The limb may be shortened or lengthened.

उपचार (Treatment)—

- चोट की स्थिति में पशु को आराम देना चाहिये तथा कुछ दिन तक चोट-मोच का इलाज करना चाहिये (शल्य रोग - 12 के अनुसार)
- **गम्भीर चोट में**—यह एक गम्भीर स्थिति है। इसमें जोड़ खिसक जाते हैं। विशेषकर कूल्हा का जोड़ (Hip joint) यह एक ठीक होने की स्थिति नहीं है। फिर भी हो सके तो

पैर को सही ढंग से रखकर जोड़ को अपनी जगह पर बैठाने का प्रयास करना चाहिये। साथ ही पशु को पूर्ण आराम देना चाहिये।

- **दर्दनाशक दवा**—जैसे—आयोडेक्स (Iodex), आयोडीन आयन्टमेन्ट (Iodine ointment), स्वैनिक तेल/मल्टीजेसिक आयन्टमेन्ट (Multigesic oint.), थ्रोम्बोफ्लेम (Thrombophlem), रूमालिया क्रीम आदि लगावें।
- **दर्दनाशक सूई**—जैसे— एनाल्जिन (Analgin), नोवाल्जिन (Novalgin), इस्जीपाइरीन आदि बड़े पशु को 20 मि.ली. से 30 मि.ली. तथा छोटे पशु को 5–10 मि.ली. मांस में लगावें।
- एण्टीबायोटिक प्रोकेन पेनीसिलीन या स्ट्रेप्टोपेनीसिलीन 20 लाख यूनिट मांस में दें। अथवा एम्पीसिलीन 1–2 ग्राम I/M नित्य 5 दिन तक लगायें। किसी एक एण्टीबैक्टीरियल दवा का इंजेक्शन 3–5 दिन तक लगाया जा सकता है (विवरण पीछे है)।
- पशु को खड़ा करने का प्रयास करें।
- यदि पैर का कोई निचला जोड़ खिसक गया है तो उसे ठीक से बैठा कर पशु को आराम देना चाहिये।

डिस्लोकेशन में हमने अपने चिकित्साकालीन अनुभवों में रैड आयोडाइड आफ मरकरी आयन्टमेन्ट (Red Iodide of mercury oint.) 1 : 8 अनुपातवाला लगाने से उत्तम लाभ पाया है।

इसे लगाने के लिए बालों को काट कर प्रभावित भाग पर मरहम को भली-भाँति रगड़कर लगा दिया जाता है। दूसरे दिन उक्त स्थान पर सूजन आ जाती है और छाले पड़ जाते हैं। 4–5 दिन बाद यह सभी लक्षण समाप्त होकर एक सप्ताह में पशु ठीक हो जाता है। इस विधि में सूजन के समय अस्थियाँ अपनी हटी जगह से और हट जाती हैं। पर सूजन समाप्त होने पर वह प्राकृतिक रूप में अपनी जगह आ जाती हैं।

नोट—लाभ न मिलने पर इसे 10 दिन बाद पुनः दोहराया जा सकता है।

छोटे पशु शत-प्रतिशत ठीक होते देखे गये हैं। यहाँ छोटे पशु से मतलब बछड़ा, बछिया, पड़ा, पड़िया एवं 2–3 साल की आयु के पशुओं से है।

15. सींग टूटना (Broken Horn)

परिचय (Introduction)—पशुओं के आपस में लड़ने से चोट लगने पर सींग टूट जाता है। विशेषकर पशु के गिरने, धक्का लगने आदि से ऐसा होता हैं।

लक्षण (Symptoms)—सींग टूटने पर निम्न लक्षण मिलते हैं—

- कभी-कभी सींग टूटे बिना ही सींग के ऊपर का खोल (Horny part) अलग हो जाता है।
- सींग टूटने पर रक्तस्राव अधिक होता है।
- कभी-कभी नाक से भी रक्त आता है।

उपचार (Treatment)—इसकी चिकित्सा व्यवस्था निम्न प्रकार से की जाती है—

- यदि पशु के सींग का केवल ऊपरी खोखला ही निकला है और पशु शीघ्र ही लाया गया है तो खोखले को सींग पर रखकर वैसा ही बैठा देना चाहिये और बैठने वाली जगह के आसपास टिंचर बेन्जोइन पेन्ट कर देना चाहिये।

- **यदि सींग पूरा ही टूट गया है**—ऐसी स्थिति में सींग से काफी खून बहता है, अतः इसकी तुरन्त चिकित्सा करनी चाहिये। इसके लिये दागने वाले लोहे (Firing Iron) को गरम करके टूटे हुए स्थान को दागना चाहिये, इससे तुरन्त खून बन्द हो जाता है।
- यदि खून बन्द हो गया हो और सींग तुरन्त का टूटा हो तो सींग को एब्जोरबेन्ट काटन से साफ कर या पोंछ कर टिंचर बेन्जाइन कं. का गाज तर करके सींग पर रख कर पट्टी बांध देना चाहिये। साथ ही कोई एण्टीबायोटिक सूई लगा देनी चाहिये। ध्यान रहे सींग पर पानी नहीं पड़ना चाहिये। दूसरे-तीसरे दिन पट्टी की पुनः आवश्यकता पड़ सकती है। इसलिये पट्टी पर हाथ लगाकर कुछ दबाते हुए देखें कि पट्टी सूखी है अथवा गीली।
- **यदि पट्टी सूखी है** तो—उसे खोलने की आवश्यकता नहीं। पट्टी को वैसा ही बँधा रहने दें। डेढ़-दो माह में सींग का घाव अपने आप ठीक हो जाता है और पट्टी स्वयं अपने आप ढीली हो जाती है। इस समय पट्टी को खोल दें अथवा पट्टी स्वयं खुल जाती है।
- इस अवस्था में सींग में खुजलाहट हो सकती है और पशु सींग को दीवार, चरनी अथवा पैर मार सकता है, जिससे पुनः खून बहने लगता है। ऐसी स्थिति में सींग की पुनः ड्रेसिंग कर देनी चाहिये और ध्यान रखना चाहिये कि पशु ऐसा न करने पावे।
- वैसे सींग ऐसे ही ड्रेसिंग से ठीक हो जाता है, पर आवश्यकतानुसार कोई एण्टीबायोटिक की सूई (जैसे—पेनीसिलीन, स्ट्रेप्टोपेनीसिलीन, एम्पीसिलीन, ऑक्सीटेट्रासाइक्लीन आदि) 5-7 दिन तक मांस में लगा देना चाहिये।
- **यदि पट्टी गीली मालूम पड़े (हाथ लगाने से) तो**—पट्टी को खोलकर घाव को भली-भाँति साफ करें और घाव को भली-भाँति प्रतिदिन किसी एण्टीसेप्टिक दवा (जैसे—वेटाडीन सोलूशन या मलहम/सोफ्रामाइसीन आयन्टमेन्ट/लोरेक्सेन एण्टीसेप्टिक क्रीम/गामा की क्रीम/ड्रेसिंग ऑयल आदि) से ड्रेसिंग करें। इसके साथ ही कोई एण्टीबायोटिक इन्जेक्शन 7-10 दिन तक दें।
- **यदि सींग टूटकर थोड़ा-बहुत लगा रहे या फट जाये तो—सींग को आरी** (Bone saw) अथवा साधारण लोहा काटनेवाली आरी से अथवा किसी तेज चाकू से काट देना चाहिये। उसके बाद उसे गर्म लोहे से दाग देना चाहिये और टिंचर-बेन्जाइन क. को रूई अथवा गाज में भिगोकर सींग पर रखकर पट्टी बांध देना चाहिये टिंचर फैरी पर क्लोर अथवा वेटाडीन सोलूशन का भी उपयोग किया जा सकता है। आवश्यकतानुसार एण्टीबायोटिक की सूई प्रतिदिन 5-7 दिन तक लगाते रहें।
- **यदि सींग कई दिनों का टूटा हो तो**—ऐसी स्थिति में सींग को किसी एण्टीसेप्टिक घोल; जैसे—पोटाश परमैंगनेट घोल, फिनाइल घोल, वेटाडीन सोलूशन, डेटॉल या सेवलान घोल आदि से भली-भाँति साफ कर घाव की दवा प्रतिदिन लगानी चाहिये। साथ ही प्रतिदिन एण्टीबायोटिक की सूई लगानी चाहिये।

यह देखने में आया है कि—

- कभी-कभी सींग टूटने पर पशुपालक टूटे हुए सींग पर पर्याप्त बाल लपेट देते हैं और जब कई दिनों बाद बरसात के दिनों में सींग से बदबू या स्राव आने लगता है तब पशु को लेकर आते हैं। इस स्थिति में सींग के अंदर सड़ाव पैदा हो जाता है और इन्फेक्शन

के कारण सींग को झुकाने पर पर्याप्त सफेद चिकना स्राव निकलता है। ऐसी स्थिति में सींग पर लिपटे सभी बालों को साफ कर देना चाहिये। साथ ही सींग की एण्टीसेप्टिक ड्रेसिंग करनी चाहिये। यदि सींग का कुछ भाग सड़-गल गया हो अथवा पिलपिलाता हो तो उसे आरी या चाकू से काट कर ड्रेसिंग करनी चाहिये।

इस प्रकार के केस में 10-20 दिन तक कोई एक एण्टीबायोटिक की सूई नित्य देते रहें।

16. हड्डी का टूटना/फ्रेक्चर (Fracture)

अन्य नाम (Other name)—अस्थि भंग।

परिचय (Introduction)—शरीर के किसी भी भाग की हड्डी (Bone) के टूटने को फैक्चर (Fracture) कहते हैं।

The breaking of a bone is called fracture.

लक्षण (Symptoms)— **इसमें पीड़ा, सूजन, विकृति, अवयव का छोटा होना, शक्ति क्षय, असामान्य गतिशीलता एवं चरमराहट** (crepitation) आदि लक्षण तथा चिह्न होते हैं।

A Fracture is a breaking of continuity of a Bone. Fractures may first be classified as (1) **Incomplete Fracuture**, in which a part only of the thickness of the Bone is broken or the structure is merely cracked, and (2) **Complete Fracture**, in which the Bone is broken right through its thickness and comes out turn the skin.

1. साधारण टूट (Simple Fracture)

इसे Incomplete Fracture भी कहते हैं। इसमें बाहरी आघात एवं चोट के कारण विशेषकर पैरों के किसी भाग की हड्डी टूट जाती है। इसमें हड्डी टूट जाने पर त्वचा का कोई भाग कटता-फटता नहीं है और न ही हड्डी का कोई भाग त्वचा से बाहर निकलता है। यह तीन प्रकार का होता है—

(i) ग्रीनस्टिक फ्रैक्चर (Greenstick Fracture)—यह कम उम्र के पशुओं में होता है। इसमें हड्डी का कुछ भाग टूट जाता है एवं कुछ मुड़ जाता है जिससे यह टूटी हुई हरी टहनी के समान प्रतीत होती है।

(ii) पारशियल या स्प्लिन्टर्ड फ्रैक्चर (Partial or Spintered Fracture)—इस प्रकार के फ्रैक्चर में मुख्य हड्डी से कोई टुकड़ा अलग हो जाता है विशेषकर बंदूक की फाइरिंग से (Gun fire)।

(iii) फिसर्ड फ्रैक्चर (Fissured Fracture)—इस प्रकार के फ्रैक्चर में हड्डी Longitudinal, Transverse अथवा Oblique में टूट जाती है। इस प्रकार का Fracture मुख्य रूप से टिबिया, रेडियस और मेटाकार्पल्स में होता है।

उपचार (Treatment)—पशु को सामान्य स्थिति में लिटाकर टूटे हुए पैर को सामान्य स्थिति में रखकर उसे थोड़ा खींच कर ठीक जगह पर हाथ की सहायता से रोगी अंग को आगे की ओर धीरे-धीरे खींचकर टूटे हुए हड्डी के सिरे को ठीक जगह बैठाने की कोशिश करें। ऐसा करने से हड्डी खट की आवाज से अपनी जगह चली जाती है। अब टूटे भाग के चारों

तरफ रूई लपेट दें। इसके बाद पेरिस आफ प्लास्टर (Paris of Plaster) को कपड़े की पट्टी (चौड़ी बैन्डेज) में लपेट कर पानी में भिगोकर अथवा पेरिस ऑफ प्लास्टर में पानी मिलाकर सान कर उसमें पट्टियाँ भिगोकर अच्छी तरह बांध दें। साथ ही पट्टियों को हाथ से चिकना कर दें और सूखने दें। एक घण्टे में प्लास्टर सूख कर कड़ा हो जाता है। यह प्लास्टर 25-30 दिन तक बंधा रहने के बाद काट दिया जाता है। इस अवधि में अधिकतर हड्डी जुड़ जाती है।

- उपरोक्त चिकित्सा के साथ-साथ पशु को एण्टीबायोटिक की सूई (जैसे—पेनीसिलीन, स्ट्रेप्टो-पेनीसिलीन डाईक्रिस्टासिन, ब्रिस्टेपेन आदि 20 लाख यूनिट्स इण्ट्रामस्कुलर रूप में देना चाहिये (5-10 दिन तक लगातार)।
- दर्द के लिये एनाल्जिन (नोवाल्जिन-Novalgin) 20-30 मिली मांसपेशीगत।

2. असाधारण या संयुक्त टूट (Compound Fracture)

जब टूटी हुई हड्डी त्वचा को फाड़ कर बाहर निकल आती है तब उसे असाधारण या संयुक्त टूट (Compound Fracture) कहते हैं। इस स्थिति में हड्डियों के साथ खून की नसें (Blood Vessels) और मांसपेशियाँ (Muscles) खराब हो जाती हैं। यह एक जटिल समस्या है।

The Breaking of a bone with the formation of an external wound or the protrusion of bone fragments through the skin.

कारण (Etiology)—यह फ्रैक्चर निम्न कारणों से हो सकता है—

1. प्रीडिस्पोजिंग कारण *(Predisposing Causes)*

(i) ओटाइटिस, नेक्रोसिस अथवा बोन कैरीज (Carries of the bone)।

(ii) हड्डी का ऊपर स्थित होना (Superficial situation of a bone)।

(iii) स्लीपरी रोड्स (Slippery Roads)।

(iv) अस्थियों को प्रभावित करने वाले सामान्य रोग जैसे—ओस्टियोमलेसिया एवं ओस्टियोपोरोसिस आदि से।

(v) अधिक बढ़ी हुई आयु (Advanced age)।

2. इक्साइटिंग कारण *(Exciting Cause)*

(i) बाहरी दबाव (External Violence); जैसे—ब्लोज (Blows) फिक्स आदि।

(ii) भीतरी दबाव (Internal Violence); जैसे—मस्कुलर एक्शन।

कम्पाउण्ड फ्रैक्चर के भेद—

1. **सिंगल फ्रैक्चर** (Single Fracture)—जब हड्डी एक जगह से टूट जाती है।

2. **कोमीनूटिड या मल्टी फ्रैक्चर** (Comminuted or Multiple Fracutre)—जब हड्डी अनेक टुकड़ों में टूट जाती है।

3. **कम्पलीकेटिड फ्रैक्चर** (Complicated Fracture)—जब फ्रैक्चर के साथ मुख्य Vessel अथवा नर्व अथवा जोड़ का खुलना (Opening of the Joint) या विसरल केविटी (Visceral Cavity) भी Rupture हो जाती है।

4. डायफिसरी फ्रैक्चर (Diaphysary Fracture)—जब लम्बी हड्डी के Diaphysis mid-section (Shaft) of a long bone में जाता है।

5. इपीफिसरी फ्रैक्चर (Epiphysary Fracture)—जब Epiphysis, the end part of a long bone, initially growing separately from the shaft को प्रभावित करता है।

फ्रैक्चर के सामान्य लक्षण

पशु को पीड़ा *(Pain) होती है।*

- *इनएबीलिटी*—पैर के ऊपर भार सम्भालने में असमर्थ रहता है।
- *डीफारमिटी (Deformity)*—प्रभावित पैर छोटा या बड़ा हो जाता है।
- *एब्नार्मल मोबीलिटी (Abnormal Mobility)* पशु लगड़ा कर चलता है।
- *क्रेपीटेशन या क्रेपीटस (Crepitation or Crepitus)*—प्रभावित भाग को हिलाने पर करकराहट की आवाज होती है। जो इसका प्रमुख लक्षण है।

अन्य लक्षणों में—2 या 3 डि.फा. तक तापक्रम बढ़ा हुआ।

एल्बूमीनूरिया (Albuminuria) की उपस्थिति मिल सकती है।

उपचार (Treatment)—इस प्रकार के फ्रैक्चर में यदि टूटे पैर के निचले भाग में तो हड्डी को ऊपर बताये गये तरीके से सामान्य स्थिति में लाना चाहिये। तत्पश्चात् उसे भली प्रकार साफ-सुथरा करके फटे भाग में सल्फालीनमाइड पाउडर (Sulphalinamide Powder) या सिबाजॉल या रोमीजॉल पाउडर अथवा फुरासीन पाउडर अथवा कोई अन्य एण्टीबायोटिक पाउडर भरकर कीटाणु रहित धागे एवं सूई से उसकी सिलाई (Suturing) कर देनी चाहिये। तत्पश्चात् ऊपर से पुनः पाउडर रखकर रूई से ढक कर प्लास्टर आफ पेरिस की पट्टी से प्लास्टर करना चाहिए। साथ में एण्टीबायोटिक्स की सूई पूर्व बताये अनुसार रोजाना लगानी चाहिये।

- छोटे पशुओं में इसकी चिकित्सा स्टेनलेस स्टील की छड़ डालकर की जाती है।
- यह एक जटिल समस्या है, ऐसा फ्रैक्चर ठीक नहीं होता है, अंत में पशु मर ही जाता है।

फ्रैक्चर चिकित्सा सारांश में—

- रिडक्सन आफ दी फ्रैक्चर (Reduction of the Fracture)।
- मेजर्स टू प्रिवेन्ट एग्रेवेशन आफ दी लीजन्स
  (Measures to prevent aggravation of the lesion)।
- इम्मोबीलाइसिंग ड्रेसिंग (To apply an immobilising dressing)।

यह ड्रेसिंग निम्न प्रकार से की जा सकती है—

1. स्पिलिन्ट एण्ड बैन्डेज (Splint and Bandages)।

2. स्पिलिन्ट एण्ड बैन्डेज एसोसिएटिड विद सम मैटरियल्स (Splints and Bandages associated with some materials); जैसे—

(A) ब्लैक पिच (Black Pitch)

(B) Blank Pitch and Burgandi Pitch.

(C) प्लास्टर आफ पेरिस (Plaster of Paris)।

3. प्लास्टर आफ पेरिस स्पिलिन्ट एण्ड गटर्स विद आउट पैडिंग।

4. सूचरिंग एण्ड प्लेटिंग दी एण्ड आफ दी ब्रोकेन बोन।

17. गर्दन या कंधा का घाव (Yoke Gall)

परिचय (Introduction)—यह रोग विशेषकर काम करने वाले पशुओं के गर्दन या कंधे पर होता है जिससे इसे गर्दन या कंधे का घाव (योक गाल-Yoke gall) कहते हैं।

कारण (Etiology)—हल या गाड़ी का जुआ जो बैल या भैंसे के कंधे पर रखा जाता है, की रगड़ एवं दबाव से।

लक्षण (Symptoms)—इसके निम्न लक्षण होते हैं–

- गर्दन के ऊपरी भाग पर सूजन (swelling)।
- कभी-कभी गर्दन की ऊपरी त्वचा का छिलना भी।
- दर्द एवं पीड़ा।
- गर्दन मोड़ने और झुकाने में पीड़ा की अनुभूति।
- चिकित्सा न करने पर घाव भी।
- रोग होने पर लगातार कार्य करते रहने से सूजन में वृद्धि एवं कड़ापन।
- सूजन आगे चलकर मुलायम हो जाती है अथवा घट्ठा (ठेला) पड़ जाता है।
- कभी-कभी कार्य करते हुए सूख जाता है।

उपचार (Treatment)—

- काम बन्द करा दें एवं प्रभावित भाग की सिकाई (Fomentation) करें।
- सूजन के कड़ा होने पर आयोडीन (Iodine) या आयोडेक्स (Iodex) आयन्टमेन्ट या स्वैनिल तेल से हल्की-हल्की थोड़ी देर तक मालिश करें।
- यदि कई दिनों तक मालिश करने पर लाभ न मिले तो रैड आयोडाड आफ मरकरी आयन्टमेन्ट (लाल मरहम 1 : 8 के अनुपात का) लगायें।
- इससे पहले सूजन आदि बढ़ती है, बाद को धीरे-धीरे कम हो जाती है और रोग ठीक हो जाता है।
- अथवा प्रभावित भाग में पीव (Pus) पड़ जाता है। ऐसी स्थिति में इसे चीड़-फाड़कर ठीक किया जाता है और एण्टीबायोटिक्स औषधि इन्जेक्शन के रूप में दी जाती है।
- **यदि कंधे के सूजनवाला भाग मुलायम हो तो**—प्रभावित भाग में सुई चुभोकर या गड़ाकर यह परीक्षा करनी चाहिये कि उसमें पीव या खून या पानी निकलता है।
- परीक्षा करने पर यदि खून निकलता है तो उसकी सिकाई करनी चाहिये।
- यदि पीव या पानी आता है तो उसे ब्लेड या चाकू से चीर दें और साफकर घाव की एण्टीसेप्टिक ड्रेसिंग करें तथा एण्टीबायोटिक की सुई लगावें।
- **यदि सूजन काफी कड़ी हो और आकार विस्तृत हो तो**—कैटगाल (C.R.) स्वैनिल तेल प्रभावित भाग पर भली प्रकार मलकर गर्दन पर जुआ रखना चाहिये। ऐसा नियमित रूप से 2-4 दिन तक करते रहने से रोग ठीक हो जाता है।
- **यदि कन्धे की त्वचा छिल गयी हो तो**—घायल भाग को पोटाश-परमैंगनेट लोशन या बीटाडीन लोशन अथवा सेवलॉन लोशन से साफ कर रूई से पोंछकर निम्नलिखित दवा लगानी चाहिये—

(i) सोफ्रामाइसीन, फुरासीन (Furacin) या मैक्जेन क्रीम (Magxane Cream) आदि।

अथवा

(ii) तारपीन का तेल 1 भाग, कपूर 1 भाग, नारियल तेल 8 भाग सबको मिलाकर।

रोग होने ही न पाये—पशु से काम लेने के एक-दो दिन पूर्व से अथवा काम के प्रारम्भिक 2-4 दिनों तक गर्दन कंधे पर लिनीमेन्ट अमोनिया (Lint. Ammonia) लगाने से सूजन और घाव नहीं होता है। अथवा स्वैनिल तेल की मालिश की जा सकती है या कपूर 1 भाग और अलसी का तेल 4 भाग मिलाकर लगाया जा सकता है।

18. थन का घाव (Wound of Mammary Glands)

परिचय (Introduction)—मादा पशुओं में यह रोग अधिकतर मिलता है। इसमें बछड़े के दूध पीने, दुहने के गलत तरीके आदि से थन में घाव हो जाता है। थन कट-फट जाता है, सूजन हो जाती है और दर्द करने लगता है। कभी-कभी यह रोग कांटेदार तार लगने, कांटा चुभने से भी हो जाता है।

लक्षण (Symptoms)—

- प्रभावित थन पर घाव की उपस्थिति।
- सूजन एवं दर्द (Swelling and Pain)।
- दुहते समय रक्तस्राव भी।

उपचार (Treatment)—

- थन से दूध दिन में 2 बार निकालें।
- दूध निकालने में कठिनाई हो, थन में सूजन हो तो टीट साइफन की सहायता से दूध निकालें। ऐसा करने के लिए टीट साइफन को गर्म पानी में उबाल कर पैण्डिस्ट्रीन SH आयन्टमैण्ट लगाकर थन की नली में प्रविष्ट कर धीरे-धीरे घुमा-घुमा कर थन की नली में प्रविष्ट करके दूध निकाल लें।

सावधान—थन के छेद में टीट साइफन प्रवेश करते समय सावधानी रखनी चाहिये। अन्यथा नली में घाव बनकर खून (दूध के साथ) आने लगेगा जिससे परेशानी और बढ़ जावेगी।

थन की धुलाई एवं एण्टीसेप्टिक ड्रेसिंग—प्रभावित थन को बोरिक लोशन 5% या

- पोटाश परमैगनेट 1 भाग में 1000 भाग पानी में मिलाकर अथवा सेवलॉन लोशन से धोकर सुखा ले। तत्पश्चात्

2. निओस्पोरिन आयन्टमेन्ट या फूरासिन आयन्टमेन्ट लगावें।

यदि थन में सूजन और दर्द हो तो—रिलेक्सिल क्रीम या मसलेक्स क्रीम धीरे-धीरे मलकर लगावें। आयोडेक्स या आयोडीन मलहम भी लगाया जा सकता है।

सावधान—ध्यान रहे! आयोडेक्स कटे-फटे घाव पर नहीं लगानी चाहिये।

दर्द की स्थिति में—एण्टीबायोटिक के साथ नोवाल्जिन या एनाल्जीन बड़े पशुओं को 20-30 मि.ली. तथा छोटे पशुओं को 5-10 मि.ली. मांस में (I.M) लगावें।

19. पांव का घाव (Wounds of the Hoofs)

परिचय (Introduction)—इस रोग में पशु के पैर में घाव हो जाता है जिससे पशु लंगड़ा कर चलता है।

कारण (Etiology)—पैर में घाव निम्न कारणों से होता है—

- पैरों में कांटे लगने से।
- हल चलाते समय हल का फाल लगने से।
- पत्थर आदि से चोट लगने से।

लक्षण (Symptoms)—

- उपरोक्त कारणों से पैर में घाव हो जाता है।
- पैर में सूजन हो जाती है।
- दर्द के कारण पशु लँगड़ाता है।

उपचार (Treatment)—इसकी चिकित्सा निम्न प्रकार से करनी चाहिये—

- पैर को उठाकर पानी से भली-भाँति साफ करें।
- यदि पैर में काँटा/पत्थर आदि गढ़ा दिखायी दे, तो उसे निकाल दें। तत्पश्चात 1% तूतिया के गर्म घोल (Hot solution of copper sulph) में आधे घण्टे तक पैर को डुबोये रखना चाहिये।
- यदि पैर का घाव दो-चार दिनों का है तो गरम पानी से साफ कर एण्टीसेप्टिक दवा; जैसे-वीटाडीन/सोफ्रामाइसीन/निओस्पोरिन/मैगसेन क्रीम/लोरेक्सेन क्रीम आदि लगानी चाहिए। साथ में ऊपर से एण्टीसेप्टिक डस्टिंग पाउडर छिड़ककर पट्टी बाँध दें।

यदि पैर में सूजन तथा दर्द हो तो (क) किसी एक एण्टीबैक्टीरिया दवा जैसे प्रोकेन पेनीसिलीन (Procain Penicillin) कालपेन फोर्ट, स्ट्रेप्टो-पेनीसिलीन डाइक्रिस्टासीन, ओक्सीस्टेक्लीन, स्टेक्लीन, एम्पीसिलीन, क्लोक्सासिलीन, जेण्टामाइसीन आदि में से कोई सूई मांस में (I.M) प्रतिदिन 5-7 दिन तक लगावें **(ख)** साथ में नोवाल्जिन/एनाल्जिन या सेमीजोल की सूई 10-15 मि.ली. मांस में बड़े पशुओं को देना चाहिये।

20. आँखों का घाव (Wound of Eyes)

परिचय (Introduction)—आँखों में चोट लगने से या कट-फट जाने से घाव हो जाता है।

उपचार (Treatment)—

(क) यह चोट साधारण हो तो निओस्पोरिन आयन्टमेन्ट या टैरामाइसीन आई आयन्टमेन्ट लगावें। अथवा एल्बूसिड आई ड्राप्स 30% या जेण्टीसिन आई ड्राप्स अथवा फ्लर आई ड्राप्स (Flur Eye Drops) की 2-3 बूँद आँख में डालें।

(ख) जिन एण्टीबायोटिक की दवा आँख में डाली हो उसी एण्टीबायोटिक का इंजेक्शन मांस में (I/M) लगाना चाहिये।

(ग) **यदि चोट गम्भीर हो तो**—आँख खराब हो जाती है। ऐसी स्थिति में सर्जरी द्वारा आँख निकलवा देनी चाहिये।

21. हिम दंश (Frost bite)

परिचय (Introduction)—अत्यधिक ठंड के कारण खुले रहने वाले भागों; जैसे—पैर आदि में क्षति पहुँच जाती है जिससे पशु में टॉक्सीमिया के लक्षण पैदा हो जाते हैं। पालतू पशु कभी-कभी शीत से प्रभावित हो जाते हैं।

शुष्क शीत की अपेक्षा आर्द्र शीत से पशु अधिक प्रभावित होते हैं। घोड़ों में निचला धड़ अधिक प्रभावित होता है।

उपचार (Treatment)—

- चिकित्सा इन्फ्लेमेशन, खुला घाव (Open Wound) अथवा गैन्ग्रीन की भाँति।
- Breach of Surface की स्थिति में एण्टीसेप्टिक एप्लीकेशन।
- पाला मारे हुए स्थान को गर्म एण्टीसेप्टिक लोशन से धोना चाहिये (To revive a frozen part it should be bathed with Lukewarm antiseptic lotion); गर्म प्रयोग (Hot application) लाभकर नहीं।
- यदि पशु गम्भीर शीत से प्रभावित है, तो शरीर पर शीतल जल मलें और पशु को इन्टरनली स्टीमुलेन्ट दें।

◆◆◆

31

ऊँटों की बीमारियाँ

(Diseases of Camels)

ऊँट मरुस्थलवासियों का एक विशिष्ट उपयोगी पशु है। इसीलिये यह रेगिस्तान का जहाज कहा जाता है। इस पशु के सम्बन्ध में निम्न ज्ञातव्य आवश्यक हैं—

- इसकी प्रमुख जातियाँ—बीकानेरी, जैसलमेरी, मरवाड़ी, कच्छी और सांचोरी हैं।
- हमारे देश में करीब 10 लाख ऊँट पाये जाते हैं।
- ऊँचाई अन्य पशुओं की अपेक्षा अधिक।
- यह राजस्थान, गुजरात, हरियाणा, उत्तर प्रदेश, पंजाब, मध्यप्रदेश में मिलते हैं।
- नर ऊँटों का औसत भार लगभग 500–700 किलोग्राम और मादा ऊँटों का औसत भार 400–600 किलोग्राम होता है। जन्म के समय बच्चे का भार 35–40 कि.ग्रा. के लगभग होता है।
- पशु की जीवन अवधि 20–25 वर्ष औसत अधिकतम 35–40 वर्ष होती है।
- यह पशु नवम्बर से मार्च तक मद में आते हैं।
- मादा गार्भित होने के 390 से 395 दिन में बीच ब्याता है।
- एक ऊँटनी से 2 साल में 1 बच्चा प्राप्त होता है।
- ऊँट के बच्चों में मृत्यु दर अधिक होती है।
- जेर (Placenta) 4-6 घण्टे में निकल जाता है अन्यथा उपचार की आवश्यकता पड़ती है।
- बच्चों को जन्म के 3 दिन बाद लगातार 3 दिनों तक विटामिन 'ए' 6 लाख यूनिट्स की सूई लगवा देना चाहिये। इससे रतौंधी तथा दस्त का रोग नहीं होने पाता है। साथ ही मृत्यु दर भी कम हो जाती है।
- बच्चों को 6 माह की उम्र तक कृमिनाशक औषधि; जैसे—मेबेण्डाजोल, फेनबेण्डाजोल (जोडेक्स/पेनाक्योर/ओरमीन) आदि में से कोई औषधि एक माह के अन्तराल पर पिलाते रहना चाहिये।
- तीन माह की उम्र में सरा (Surra) रोग का इन्जेक्शन अवश्य लगवा देना चाहिये, क्योंकि सरा ऊँटों का एक भयंकर रोग है।
- ऊँटनी में 3.5 लीटर से 10 लीटर तक की दुग्ध उत्पादन क्षमता मानी गई है।
- दुग्ध काल 10–14 माह का होता है।

- दूध का उपयोग खोया, क्रीम, पनीर, घी और मिठाइयाँ बनाने में होता है। इसका दही ठीक से नहीं बनता है।
- ऊँटनी के दूध का उपयोग यकृत एवं प्लीहा रोगों, पीलिया, यकृत सूजन, पित्त अवरोध, क्षय रोग, दमा, बवासीर आदि मनुष्यों के रोगों में होता है।
- दूध में प्रोटीन की मात्रा गाय-भैंस से अधिक होती है। विटामिन 'सी' की मात्रा 3 गुना अधिक होती है।
- ऊँट बिना पानी पिये 2-3 सप्ताह तक बिना किसी कुप्रभाव के रह सकता है। इसमें 200 लीटर तक पानी पीने की क्षमता होती है। पर एक बार में 20-30 लीटर तक ही पानी पीता है।
- ऊँटों में मुख्य रूप में चर्म रोग (skin diseases) सरा (urra) एवं पौक्स अत्यधिक भयावह होते हैं।
- लम्बे पैर होने से फ्रैक्चर की अधिक सम्भावना रहती है। साथ ही यह कठिनाई से ठीक होता है।
- ऊँट के शरीर का ताप (temperature) प्रात: 36°C और शाम 38°C रहता है।
- श्वास की गति 5-8 सुबह में और शाम को 7 से 12 बार प्रति मिनट होती है।
- नाड़ी की गति 32 से 38 सुबह में और शाम को 34-44 बार प्रति मिनट होती है।

नोट—नाड़ी की गति पूँछ के जड़ तले अनुभव की जाती है।

ऊँट बीमार होने पर मिलनेवाले सामान्य लक्षण

- रोगी होने पर सामान्य आचार-व्यवहार में परिवर्तन।
- जुगाली करना बंद।
- खाना-पीना रुक जाता है।
- तापक्रम में वृद्धि श्वास और नाड़ी की गति तीव्र।
- स्वस्थ अवस्था में मल जो मेंगनी के समान होता है, बीमार होने पर पतला, खून मिला, दुर्गन्ध भरा होता है।
- पेशाब के रंग में परिवर्तन मिलता है।

ऊँट पशु में मिलनेवाले सामान्य रोग

ऊँटों में अधिकतर रोग अन्य पशुओं के समान ही होते हैं, परन्तु उनमें कुछ सामान्य रोग भी मिलते हैं। यह रोग निम्न प्रकार हैं।

1. लटकता हुआ होठ (Pendullous Lip)

परिचय (Introduction)—इस रोग में ऊँटों का होठ प्राय: लटक जाता है, जिसे वह इच्छानुसार घुमाता रहता है।

कारण (Etiology)—

- अधिक थकावट एवं दुर्बल ऊँटों के होठों का प्राकृतिक ह्रास।
- होठ लटक जाते हैं।

- मुँह से लार का टपकना।
- पानी खींचने में अयोग्य। अतः गहरे पानी में नाक और मुँह डुबाकर धीरे-धीरे पानी पीना।

उपचार (Treatment)—

- इसका कोई उपयुक्त उपचार नहीं।

2. तालुशोथ (Palatitis)

परिचय (Introduction)—यह एक कोमल तालु के सूजन का रोग है।

कारण (Etiology)—ऐसा निम्न कारणों से होता है—

- नर ऊँटों में उनमें उत्पन्न मस्ती के समय कोमल तालु निकलने से।
- आघात लगने से (Trauma)।
- द्वितीयक संक्रमण से (By secondary infection)।

लक्षण (Symptoms)—

- भूख की कमी (Anorexia or Lack of appetite)।
- नाक को ऊपर उठाना।
- सिर को कड़ा रखना।
- लगातार निगलने की गति करना।
- निगलने में कष्ट एवं खाँसी।
- होठ के चारों ओर फेनयुक्त लार।
- दाँत पीसना (Grinding of teeth)।
- सेप्टीसीमिया की स्थिति में श्वास में बदबू।

उपचार (Treatment)—

- इसकी एकमात्र चिकित्सा सर्जरी (Surgery) है।

3. मिट्टी खाना/पाइका (Geophagia/Pica)

परिचय (Introduction)—यह रोग सामान्य रूप से ऊँटों में मिलता है। इसमें ऊँट मिट्टी खाने लगता है। इसीलिये इसे Earth eating disease भी कहते हैं।

कारण (Etiology)—यह रोग अन्तःपरजीवी संक्रमण (Internal worms infestation) से होता है। विशेषकर हेमोन्कस, ट्राइचूरिस, नेमाटोडरिस आदि के भारी प्रकोप से इसके अतिरिक्त यह शरीर में खनिज लवणों की कमी से होता है।

लक्षण (Symptoms)—इस रोग में निम्न लक्षण मिलते हैं—

- रक्तहीनता (परजीवियों के कारण चूसने से)।
- मिट्टी खाना।
- कब्ज या अतिसार।
- दुर्गन्ध युक्त दस्त।
- क्षीणता एवं मृत्यु।

उपचार (Treatment)—

- रोबेण्डोल (Robendol)—4 ग्राम या 8 बोलस 0.5 ग्राम का बड़े पशुओं को।
- अथवा—निलवर्म (Nilworm) 10 ग्राम को 400 मि.ली. गुनगुने पानी में मिला कर केवल एक बार दें।
- पशु को खनिज लवण मिश्रण; जैसे— एग्रीमिन या टोनोमिल्क या कौन्सीमिन 50 ग्राम रोज दें। पशु को 50 ग्राम नमक रोज दें।

बचाव (Prevention)—कृमिनाशक औषधियाँ हर 3-4 माह पर दें।

4. आन्त्रशोथ (Enteritis)

परिचय (Introduction)—यह आन्त्र की श्लैष्मिक झिल्ली (Mucous membrane) की सूजन का रोग है। इसमें ऊँट को पतले दस्त आने लगते हैं।

कारण (Etiology)—इस रोग को उत्पन्न करने वाले निम्न कारण होते हैं—

- फफूंदी युक्त हरा चारा।
- शीत लगने से।
- जीवाणु रोग (Bacterial diseases); जैसे—एन्थ्रैक्स, एच.एस. आदि से।
- विषाणु रोग (Virus diseases); जैसे—एफ.एम.डी., रेण्डरपेस्ट आदि।
- परजीवी रोग (Parasitic diseases); जैसे—राउण्ड वर्म्स, टेप वर्म्स आदि।

लक्षण (Symptoms)—

1. अतिसार (Diarrhoea)—स्वस्थावस्था में ऊँट मेंगनी रूप में दस्त करता है, पर इस बीमारी में उसे पतला पानी जैसा दस्त आने लगता है। दस्त शीघ्र-शीघ्र होता है। पशु सुस्त हो जाता है और खाना कम कर देता है। बुखार प्रायः नहीं रहता है। चारा-दाना हजम नहीं होता है। उसे हल्का दर्द रहता है। जिससे पशु दुखित प्रतीत होता है। अधिक दस्त आते रहने से पशु अतिशय दुर्बल हो जाता है और शरीर में जल की कमी (dehydration) हो जाती है। रक्ताल्पता (anaemia) का भी लक्षण मिलता है। कभी-कभी चारे के अचानक परिवर्तन से भी रोग हो जाता है। ऐसा डायरिया दो-चार दिन में स्वयं ठीक हो जाता है। अन्यथा उपचार की आवश्यकता पड़ती है।

2. **पेचिश या ऑव (डिसेण्ट्री**-Dysentery)—इस प्रकार के दस्तों में खून या आँव मिला हुआ आता है तथा दस्त लसीला होता है। दस्तों में प्रायः दुर्गन्ध मिलती है। पशु खाना-पीना छोड़ देता है। और सुस्त पड़ा रहता है। यदि यह हालत अधिक समय तक चलती रहे तो पशु दुर्बल और कमजोर हो जाता है। शरीर में जलाभाव (डिहाइड्रेशन) की स्थिति पैदा हो जाती है एवं रक्ताल्पता (अनीमिया—Anaemia) मिलती है। ऐसा पशु कुछ दिन बीमारी झेलने के बाद मर जाता है।

आन्त्रशोथ के लक्षण सारांश में अतिसार की स्थिति में

- पतला और पानी जैसा दस्त।
- दस्त जल्दी-जल्दी। साथ में पेचिश भी।
- बुखार प्रायः नहीं (No temperature)।
- हल्का दर्द होने पर पशु दुखित।
- खाना कम।
- चारा-दाना हजम नहीं।
- अवशोषण में रुकावट।
- जलाभाव (डिहाइड्रेशन)।
- रक्ताल्पता (अनीमिया) एवं अन्त में मृत्यु।

आन्त्रशोथ के लक्षण सारांश में—पेचिश की स्थिति में

- दस्त में खून या ऑव मिला हुआ।
- दस्त लसीले रूप में।
- दस्तों में दुर्गन्ध की उपस्थिति।
- पाखाने के समय दर्द एवं मरोड़ की उपस्थिति।
- पशु सुस्त एवं बुखार।
- खाना-पीना नहीं।
- अधिक दिन तक रोग चलने पर जलाभाव एवं अनीमिया, अन्त में मृत्यु।

उपचार (Treatment)—

चिकित्सा वयस्क ऊँटों के लिये।

1. साधारण प्रकार के दस्तों में—

- कैटेरिया/नेवलॉन/डायडिस्को/डायरडॉन पाउडर आदि कोई एक दवा 50-100 ग्राम, चावल के माँड़ में दिन में एक बार अधिक दस्तों की स्थिति दिन में दो बार नित्य।
  अथवा
- खड़िया मिट्टी (Chalk) 25 ग्राम, केओलिन (Keolin) 25 ग्राम एवं सोंठ 10 ग्राम सबको मिलाकर चावल के माँड़ में दें।

2. जीवाणु एवं विषाणु से उत्पन्न दस्तों में—

- सल्फाडिमाइडीन या डायडीन-पहली खुराक 4 टिकिया-दिन में दो बार। तत्पश्चात् 2-2 टिकिया प्रातः सायं दें। *अथवा*
- ओरीप्रिम बोलस 2-4 टिकिया प्रातः सायं।

3. परजीवी के कारण उत्पन्न दस्तों में—

- निलवर्म (Nilverm) 15 मि.ग्रा./किलो शरीर-भार पर पानी में घोलकर पिलावें। *अथवा* 15-20 ग्राम (केवल एक बार) आवश्यकतानुसार, 2-3 सप्ताह बाद पुनः दोहरायें।
  अथवा
  बेनमिन्थ (Benminth) की एक टिकिया।
  अथवा
  बलवाजेन 1-2 बोलस।

4. शरीर में जलाभाव की कमी होने पर—

- डेक्सट्रोज सैलाइन या ग्लूकोज सैलाइन अथवा रिन्टोज—कोई एक; 500-2000 मिली (1 से 4 बोतल) आई.वी.; छोटे पशुओं को 200 मि.ली. I/V रूप में।

5. रूमिनल इम्पैक्शन (Ruminal Impaction) या अधिक खाना (Over eating)

परिचय (Introduction)—यह रोग ऊँटों में अधिकतर मिलता है। अधिक ठोस पदार्थ खाने से उदर का रूमेन ठसाठस भर जाता है।

कारण (Etiology)—इस रोग को उत्पन्न करनेवाले निम्न कारण हो सकते हैं—

- ठोस और सूखा चारा-दाना खाने पर अथवा खा लेने पर होता है।
- चारे में एकाएक परिवर्तन।
- घटिया किस्म का चारा।
- दाना या गुड़ खिलाने से।
- रूमेन की ग्रन्थियों के स्राव (secretion) में गड़बड़ी पड़ने से।

लक्षण (Symptoms)—इस रोग में निम्न लक्षण मिलते हैं—

- खाना-पीना एवं जुगाली बंद।
- कब्ज (Constipation) के विशेष लक्षण। मेंगनी काफी कड़ी।
- कभी-कभी पेट में दर्द।
- हाथ से दबाने पर पेट कड़ा प्रतीत होता है (बायाँ पेट)।
- देखने में पशु सुस्त मालूम पड़ता है।
- श्वास जल्दी-जल्दी।
- बेचैनी का लक्षण भी, पर ज्वर नहीं होता है।

उपचार (Treatment)—

(क) चारा-दाना खिलाना बन्द कर दें।

(ख) कैटोन या पशु जीवन या हिमालय बत्तीसा या हरमिन्सा 50 ग्राम+मैग सल्फ 250 ग्राम, एक लीटर जल में घोलकर गुनगुनाकर पिलावें।

(ग) बोवीरम, र्‌यूमैन्टास, रूमेनटोन दो गोली नित्य तीन दिन तक।

(घ) इन्जेक्शन न्यूरोबियान या इन्जेक्शन ओप्टीन्यूरान या विटन्यूरिन या न्यूरौक्सीन-12 में से किसी एक दवा को 10 मि.ली. की मात्रा में मांस पेशीगत (I.M) दें।

(च) लिवर एक्सट्रेक्ट विद विटामिन B_{12}; इंजेक्शन (Inj. Belamyl) या इन्जेक्शन लिवोजेन (Inj. Livogen) 10 मि.ली. मांस में एक दिन के अन्तराल पर।

गुड़ खिलाना बन्द कर दें।

6. उदरशूल या पेट-दर्द (Colic or Stomachache)

परिचय (Introduction)—यह पेट दर्द का रोग है। इसमें ऊँट को बार-बार पेट में दर्द (Recurrent colic) होता है।

कारण (Etiology)—यह रोग निम्न कारणों से होता है—

- फफूंदी युक्त चारा-दाना।
- अचानक खान-पान में परिवर्तन।
- बालू का सेवन।

लक्षण (Symptoms)—पशु में निम्न लक्षण मिलते हैं—

- पशु बेचैनी की स्थिति में।
- पेट को जमीन पर दबा कर बैठना।
- पिछले पैर को एक ओर मोड़ना।
- अपनी बैठने की स्थिति बराबर बदलते रहना।
- नाड़ी एवं श्वास की गति तीव्र।
- पैर मारना (Kicking)।
- पेट दर्द।

नोट—ऊँटों में यह रोग 3-4 माह तक चलता है।

उपचार (Treatment)—

(क) मैगसल्फ एक किलो पर्याप्त पानी में पिलावें। तत्पश्चात् 1/2 किलो मैगसल्फ कई दिनों तक।

(ख) यदि बालू के कारण दर्द हो तो सरसों का तेल दो लीटर पिलावें।

(ग) दर्द के लिये Dicyclomine मात्रा 0.5 mg/kg B.w मांस में; जैसे— साइडिक (Cydic -*Vetindia*), स्पाज्मोवेट (Spasmovet -*Vetindia*) 10mg/1 vial लगायें।

(घ) टिम्पोल (Tympol-I.H) 100 ग्राम मुख द्वारा।

- शेष चिकित्सा पुस्तक में। उदरशूल (आन्त्र रोग-4) में देखें।

7. उदरशोथ/एबोमेसाइटिस (Abomasitis)

परिचय (Introduction)—यह उदर के चौथे कोठरे एबोमेजम (Abomasum) की सूजन का रोग है। इसमें भूख की कमी, दुर्बलता अतिसार आदि लक्षण होते हैं।

Inflammation of the stomach causes disorders mortility and is manifested clinically by vomiting. It is commonly associated with enteritis in the syndrome of gestroenteritis.

कारण (Causes)—उदरशोथ निम्न कारणों से हो सकता है—

- हेमोन्कस कृमि इसका प्रमुख कारण है।
- उत्तेजक पदार्थ तथा विष; जैसे—ओलिएण्डर आदि से।

लक्षण (Symptoms)—

- भूख की कमी (Lack of appetite)।
- उल्टी (Vomiting)
- दाँत पीसना (Grinding of teeth)।
- अतिसार एवं दुर्बलता (Diarrhoea and weakness)।

उपचार (Treatment)—

आन्त्रशोथ के अनुसार

8. आमाशय-आन्त्रशोथ/गैस्ट्रोइन्टराइटिस (Gatroenteritis)

परिचय (Introduction)—यह एबोमेजल (उदर की कोठरी) और आन्त्र की सूजन का रोग है। इसमें रोगी को पतला दस्त, पेटदर्द एवं बुखार हो जाता है।

कारण (Etiology)—यह रोग निम्न कारणों से होता है—

- उत्तेजक पदार्थ एवं फफूँदी लगा हुआ चारा-दाना।
- विषैले पौधों को खाने से।
- संखिया विष से।
- विशेष रोग; यथा—रिण्डरपेस्ट, कॉक्सीडियोसिस (Coccidiosis)।

लक्षण (Symptoms)—

- भूख न लगना तथा उदरशूल।
- ज्वर (Fever) एवं सुस्ती।
- मल पतला म्यूकस युक्त।

उपचार (Treatment)—आन्त्रशोथ के अनुसार

9. सर्दी-खाँसी (Cold and Cough)

पुस्तक में पूर्व वर्णित श्वसन तंत्र के रोग के अन्तर्गत न. 2 सर्दी-खाँसी को देखें।

10. ब्रौंकाइटिस (Bronchitis)

परिचय (Introduction)—यह श्वासनली (ब्रान्काई-Bronchi) की सूजन का रोग है। इसे Verminous Bronchitis भी कहते हैं।

कारण (Etiology)—

- यह रोग लंग वर्म्स के कारण होता है।
- इसका प्रकोप मौसमी वर्षा के बाद होता है।

लक्षण (Symptoms)—इस रोग में निम्न लक्षण मिलते हैं—

- पहले पतला पानी जैसा नाक से स्राव जो बाद में गाढ़ा हो जाता है। गाढ़ा होने पर स्राव पीला, फेनयुक्त तथा रक्तयुक्त होता है।
- खाँसी थोड़ी-थोड़ी।
- भूख की कमी (Lack of apetite)
- कब्ज एवं ज्वर (Constipation and Fever)।
- क्षीणता एवं दुर्बलता।
- नाक के स्राव की जांच करने पर कृमि के अण्डों की उपस्थिति।
- फेफड़े की जांच में म्यूकस भरी आवाज निकलती है।
- जीर्ण अवस्था में पशु उठने में असमर्थ रहता है।
- रोग का कोर्स 20-30 दिनों का होता है।
- अधिक दुर्बलता होने पर मृत्यु।

उपचार (Treatment)—इसकी चिकित्सा निम्न प्रकार से की जाती है—

(क) जोडेक्स (Zodex); बड़े पशुओं को 4-8 बोलस, छोटे पशुओं को 2-4 बोलस।

अथवा—निलजॉन (Nilzan) 33 मि.ली. प्रति 100 किलो भार पर दें।

अथवा—पेनाक्योर (Panacur) 5 मि.ली. प्रति किलो शरीर-भार पर दें।

अथवा—कालबेन्ड (Kalbend) 2-3 बोलस प्रतिदिन 3 दिन तक।

(ख) इन्जेक्शन एम्पीसिलीन (Inj. Ampicillin) 1-2 ग्राम मांस में, 5-7 दिन तक।

(ग) इन्जेक्शन एविल (Inj. Avil) 10 मिलीलीटर मांस में।

रोकथाम (Prevention)—संक्रमित चरगाहों पर ऊँट को न चरावें।

11. न्यूमोनिया एवं प्लूरिसी (Pneumonia and Pleurisy)

पूर्व वर्णित श्वसन तंत्र के रोग (Diseases of Respiratory System) के अन्तर्गत न्यूमोनिया न. 6 और प्लूरिसी नं. 7 को देखें।

12. पेरिटोनाइटिस (Peritonitis)

परिचय (Introduction)—यह उदर गुहिका के पेरीटोनियम झिल्ली के सूजन का रोग है। यह तीव्र और जीर्ण स्वरूप का होता है।

Peritonitis is an inflammation of the Peritonium. It may be acute or chronic, general or local and seen in camels.

कारण (Etiology)—इस रोग को उत्पन्न करने वाले निम्न कारण होते हैं—

- आहार नलिका (Digestive tract) की सूजन।
- पेट में जख्म/घाव होने से।
- डायाफ्राम में छिद्र।
- कास्ट्रेशन वून्ड (Castration wound)—बधियाकरण से उत्पन्न घाव।
- दूसरे ऊँटों द्वारा अण्डकोष के पास काट लेने से।
- सेकेण्ड्री बैक्टीरिया इन्फेक्शन से।

लक्षण (Symptoms)—इस रोग में निम्न लक्षण मिलते हैं—

- भूख न लगना (Loss of appetite)।
- ज्वर (Fever) की उपस्थिति।
- तेज श्वास (Rapid Respiration)
- कष्टदायक दस्त होने पर घुरघुराना।
- कब्ज (Constipation)।
- पेट दर्द एवं मृत्यु।

चिकित्सा/उपचार (Treatment)—

- इसकी कोई उपयुक्त चिकित्सा नहीं है।
- एण्टीबायोटिक; जैसे—पेनीसिलीन, सल्फाड्रग्स, ऑक्सीटेट्रासाइक्लीन, क्लोक्सासिलिन आदि लाभकर।
- उदर की गर्म सेक (Hot fomentation to the abdomen)।
- फ्लूड डाइट (Fluid diet)।

13. पगली लड़खड़ाती चाल (Mad Staggers)

परिचय (Introduction)—यह ऊँटों के पागलपन और लड़खड़ाती चाल का रोग है। इसमें स्वस्थ पशु अचानक प्रभावित होता है। यह तब होता है जब लम्बी यात्रा के बाद आराम के समय (in rest) दाना खिलाया जाता है। यह उन लालची ऊँटों को होता है जो आवश्यकता से अधिक खा लेते हैं।

कारण (Etiology)—दाना अधिक खाने से।

लक्षण (Symptoms)—इस रोग में निम्न लक्षण मिलते हैं—

- एकाएक अस्थायी पागलपन।
- लड़खड़ाती चाल।
- चंचलता एवं आँखों में चमक।
- अश्रुस्राव (Tearing)।

- अस्थायी स्वरूप का अंधापन।
- सामने की वस्तु से टकराना या गिर पड़ना।
- **यह सुनने में आया है कि इस रोग से पीड़ित पशु शाम को पागल होकर जंगल में भाग जाते हैं और दूसरे दिन सुबह पत्ती चबाते हुए वापिस आ जाते हैं। ऐसा प्रतीत होता है मानो कुछ हुआ ही न हो।**

उपचार (Treatment)—

- रोगी पशु को कुछ घंटों तक साये में बाँध कर रखें।
- मैगसल्फ 1½ किलो पानी में मिलाकर पिलावें।
- सुधार न होने पर Inj. सीक्वील (Sequil) 5 मि.ली. की मात्रा में I/V दें।
- न्यूराक्सिन 12 या बिटन्यूरिन अथवा आप्टीन्यूरॉन (Optineuran) 10-15 मि.ली. मांस (I.M) में लगावें।
- ठीक होने पर कई दिन तक काम पर न लगावें।

14. पाँच दिवसीय संकुचन का रोग (Five Days Convulsive Sickness)

परिचय (Introduction)—यह नर ऊँटों में मिलनेवाला ऐंठन युक्त मांसपेशियों के संकुचन का रोग है जो एकाएक 5–15 वर्ष के आयुवाले स्वस्थ पशुओं को होता है।

कारण (Etiology)—रोग के कारण का सही पता नहीं।

लक्षण (Symptoms)—इस रोग में निम्न लक्षण देखने को मिलते हैं—

- एकाएक ऐंठन युक्त संकुचन (Spasmodic convulsions), आधे-आधे घण्टे के अन्तराल पर।
- आँख की पुतली फैली हुई।
- अनियंत्रित लड़खड़ाते हुए भागना, मानो वह गिरा जा रहा हो।
- भागते हुए किसी वस्तु से टकराना एवं गिर पड़ना अथवा छलांग लगाना।
- ज्वर का प्रायः अभाव।
- जुगाली बन्द एवं भूख नहीं।
- पेट दर्द एवं मल-मूत्र का स्वाभाविक त्याग।
- चिकित्सा न कराने पर 3-5 दिन में मृत्यु।

उपचार (Treatment)—

- पशु को बैठने की स्थिति में नियंत्रित करें।
- एविल (Avil) 10-15 मि.ली. मांसपेशिगत (I.M)।
- Inj. सीक्विल (Sequil) 5 मि.ली. I./V प्रति 6 घण्टे के अन्तराल पर।
- एनाल्जिन या नोवाल्जिन 15-20 मि.ली. मांस में (I.M.)।

15. मस्तिष्कशोथ (मेनिनजाइटिस-Meningitis)

परिचय (Introduction)—यह मस्तिष्क की झिल्ली (मेनिन्जीज) का रोग है, इसमें शोथ (Inflammation) हो जाता है। इससे पशु अचानक उत्तेजित होकर भागता है और कुछ दूरी पर जाकर गिर जाता है।

कारण (Etiology)—कारण का कोई सही पता नहीं।

लक्षण (Symptoms)—इसमें निम्नलिखित लक्षण देखने को मिलते हैं—

- एकाएक उत्तेजित होना और बैठा रहने पर एकाएक खड़ा हो जाना।
- कुछ दूरी तक भागना और गिर पड़ना।
- मुँह बंद एवं उससे झाग का निकलना।
- मांसपेशी संकुचन एवं कई संकुचन के बाद गिर पड़ना।

उपचार (Treatment)—इसकी चिकित्सा निम्न प्रकार से करनी चाहिये—

- सिर पर ठंडा पानी या बर्फ।
- इन्जेक्शन एविल (Avil) 10-15 मि.ली. मांस में।
- नोवाल्जिन या 30-50 मि.ली. मांस में।
- सिक्विल इन्जेक्शन 5 मि.ली. मांस में।
- पशु को एकान्त शान्त वातावरण में रखें।
- एण्टीबायोटिक्स; जैसे—पेनीसिलीन, एम्पीसिलीन, क्लोक्सासिलिन आदि सूचीवेध रूप (Injection) में दें।

16. गर्दन का पक्षाघात (Paralysis of Neck)

परिचय (Introduction)—यह गर्दन के पक्षाघात का रोग है। इसे 'रै नेक' (wry neck) कहते हैं।

It is a disease of paralysis of the neck, also called as 'wry neck'.

कारण (Etiology)—यह रोग शीत के कारण होता है।

लक्षण (Symptoms)—

- गर्दन की मांसपेशियों का पक्षाघात हो जाता है।
- गर्दन पीछे की ओर घूम जाती है।

उपचार (Treatment)—

- पशु को शीत से बचावें।
- पशु के कान पकड़कर घूमी हुई गर्दन को ठीक स्थिति में लावें एवं 10-15 मिनट तक सीधा रखें। तत्पश्चात् ऊनी कम्बल गर्दन के चारों ओर लपेट कर बाँध दें।
- पशु की गर्दन पर लिनीमैन्ट, टरपैण्टाइन या स्वैनिल तेल से मालिश करें।
- पशु को दाना-पानी हाथ से खिलावें।

17. पिछले पैरों का लकवा (Paralysis of Hind Legs)

परिचय (Introduction)—यह ऊँट के पिछले पैरों के पक्षाघात का रोग है। इसे वेल डिजीज (Wehl disease) भी कहते हैं। इसमें रोगी पिछले पैरों को आर-पार (crossing) कर चलता है। रोग राजस्थान इलाके के गंगानगर क्षेत्र में मिलता है।

कारण (Etiology)—बचपन से लाना झाड़ियों पर पलने से। ये झाड़ियाँ राजस्थान के गंगानगर क्षेत्र में अधिक पायी जाती हैं और ऊँट भी वहाँ अधिक होते हैं।

लोगों का विचार है कि ये हरी झाड़ियाँ अप्रैल-मई में खिलाना अधिक हानिकारक होता है और अधिकांश ऊँटों की मौत हो जाती है।

लक्षण (Symptoms)—इस रोग में निम्न लक्षण मिलते हैं—

- पशु को उठने-बैठने में कष्ट।
- पिछले पैरों में क्षीणता एवं पक्षाघात (Weakness and Paralysis)
- पिछले पैरों को आर-पार कर चलना।
- अतिसार (Diarrhoea) और अन्त में मृत्यु।
- लक्षण उत्पन्न होने पर रोगी का बचना मुश्किल होता है।

चिकित्सा (Treatment)—रोग की चिकित्सा निम्न प्रकार से करनी चाहिये—

- इस रोग का कोई विशिष्ट उपचार नहीं।
- कैल्शियम बोरोग्लूकोनेट (Calcium Borogluconate), कालबोरॉल (Calborol) आदि 500-1000 मि.ली. I/V दें।
- विटामिन बी$_1$, बी$_6$, बी$_{12}$, 10-15 मि.ली. मांस में नित्य 5-7 दिन तक। अथवा एक दिन के अन्तराल पर इसके लिये न्यूराक्सिन- 12, विटन्यूरिन, ओप्टीन्यूरान, न्यूराबियॉन आदि में से किसी का प्रयोग उपयुक्त रहता है।
- लाना झाड़ियों पर ऊँटों को चराना बन्द कर दें।

ऊँटों में होनेवाले जीवाणु जन्य रोग (Bacterial Diseases of Camels)

ऊँटों में उत्पन्न होने वाले जीवाणुजन्य रोग अन्य पशुओं में (पूर्व वर्णित) होनेवाले जीवाणु-जन्य (Bacterial) रोगों के समान ही होते हैं। इनमें कुछ प्रमुख रोगों का वर्णन यहाँ किया जा रहा है।

1. ऐन्थ्रैक्स (Anthrax)

परिचय (Introduction)—यह एक छूतवाली घातक बीमारी है। शाम को पशु ठीक, परन्तु सुबह मरा पाया जाता है। इस रोग में तेज बुखार के साथ सूजन एवं प्राकृतिक छिद्रों से रक्तस्राव एवं मृत्यु आदि लक्षण होते हैं।

Anthrax is a peracute disease characterized by septicemia and sudden death with the exudation of tarry blood from the body orifices, failure of the blood to clot, absence of rigor mortis and the presence of splenomagaly are the most important necropsy findings.

कारण (Etiology)—इस रोग का कारण बैसिलस ऐन्थ्रैसिस (Bacillus anthracis) नामक जीवाणु है।

लक्षण (Symptoms)—इस रोग में निम्न लक्षण तथा चिन्ह देखने को मिलते हैं।

- मरने से पूर्व पशु में कोई स्पष्ट लक्षण नहीं।
- ऊँट प्राय: सुबह के समय मरा हुआ मिलता है।
- गर्दन या सिर को जमीन पर टेककर बैठा हुआ मिलना।
- प्राय: सभी प्राकृतिक छिद्रों से काले-रंग का रक्त रिसना अर्थात् मुँह, नाक एवं मलद्वार से खून निकलता है।

- मूत्र काले-रंग का (Urine is black coloured)।
- त्वचा एवं कंठ में सूजन।
- रक्तमय अतिसार (Bloody diarrhoea)।
- मलाशय का बाहर निकलना (Prolapse of Rectum)।
- रक्त का जमाव नहीं।
- मृत्यु कुछ ही घण्टों में।

रोग के प्रारम्भ में पशु को तीव्र ज्वर तथा पेट दर्द होता है।

चिकित्सा (Treatment)—चिकित्सा निम्न प्रकार से करें—

(क) निम्नलिखित एण्टीबैक्टीरियल दवाओं में से किसी एक का प्रयोग करें।

(ख) कार्टीसोन दवाओं में से किसी एक का प्रयोग करें (विवरण पीछे है)।

(ग) दर्दहारी ज्वर दवाओं में से किसी एक का प्रयोग करें (विवरण पीछे है)।

(घ) विटामिन बी काम्पलैक्स इन्जेक्शन का प्रयोग करें (विवरण पीछे है)।

1. पेनीसिलीन प्रोकेन 40-80 लाख यूनिट्स मांसपेशीगत।
2. टेट्रासाइक्लीन (टेरामाइसीन-Terramycin) की सुई 30-60 मि.ली. की मात्रा में मांसपेशीगत (I.M)।
3. इन्जेक्शन एम्पीसिलीन (Inj. Ampicillin) 2-4 ग्राम नित्य 5 दिन तक।
4. अन्य एण्टीबैक्टीरियल दवायें (विवरण पीछे है)।

रोकथाम (Prevention)—बचाव हेतु स्वस्थ पशुओं को ऐन्थ्रैक्स वैक्सीन एक मि.ली. की मात्रा में S/C दें।

2. एक्टिनोमाइकोसिस (Actinomycosis)

परिचय (Introduction)—यह ऊँटों में त्वचा सड़ाव (Necrosis) का एक छूतदार रोग है। बाद में न्यूमोनिया हो जाता है।

कारण (Etiology)—इस रोग का उत्पादक कारण *एक्टिनोमाइसेस कैमेली* नामक जीवाणु होता है।

लक्षण (Symptoms)

- प्रभावित त्वचा पर फोड़े निकल कर, सड़कर गिर जाते हैं। वहाँ केवल सादे धब्बे ही शेष रह जाते हैं।
- शरीर में खुजलाहट पशु प्रभावित भाग को दूसरे ऊँट से अथवा किसी अन्य वस्तु से रगड़ता है।
- प्रारम्भ में प्रभावित भाग पर एक छोटी सी सूजन होती है जो बाद में बड़ी और कड़ी हो जाती है। और उसमें पीव भर जाता है।
- प्रभावित स्थान के बाल गिर जाते हैं।
- रोग प्रायः घुटनों के नीचे कभी नहीं।
- अन्त में न्यूमोनिया की उत्पत्ति।

● रोग का कोर्स 2 माह तक का।

चिकित्सा (Treatment)—इसकी चिकित्सा निम्न प्रकार से की जाती है—

● प्रभावित स्थान पर एण्टीसेप्टिक दवा लगायें।

● एण्टीबायोटिक-पेनीसिलीन/एम्पीसिलीन/टेट्रासाइक्लीन/क्लोक्सासिलिन आदि में से कोई एक 5-7 दिन तक मांस में (I.M)।

रोकथाम (Prevention)—ठीक होने के बाद पशु को 10 दिन अलग रखना चाहिये। इन दिनों सूजन में पुनः विकास हो सकता है।

3. सालमोनैलोसिस (Salmonellosis/ Paratyphoid)

परिचय (Introduction)—यह अतिसारयुक्त बुखार की बीमारी है। इसमें ऊँट के छोटे बच्चे अधिक प्रभावित होते हैं। कभी-कभी यह बड़े ऊँटों को भी हो जाती है।

Salmonellosis is a disease of all animal species caused by a number of different species of salmonellae and manifested clinically by one of three major syndromes : a peracute septicemia, an acute enteritis or a chronic enteritis.

कारण (Etiology)—यह रोग सालमोनेला नामक जीवाणु से होता है।

लक्षण (Symptoms)—इस रोग में निम्न लक्षण तथा चिन्ह मिलते हैं—

● रोगी पशु सुस्त एवं अशान्ति प्रकृति का।

● लसीले, चिपकाऊ, उजले-पीले दस्त।

● भूख की कमी (Lack of appetite)।

● उपचार के अभाव में मृत्यु निश्चित।

उपचार (Treatment)—(क) एण्टीबैक्टीरियल दवा मुँह द्वारा—

1. ओरीप्रिम बोलस—1.2 बोलस दिन में 2 बार 5-7 दिन तक। अथवा

2. सल्फाडीमाइडीन 8-10 बोलस बड़ों को एवं 1-2 बोलस छोटे पशु को दिन में दो बार।

3. आक्सीटेट्रासाइक्लीन (Oxytertracycline), टेट्रासाइक्लीन (Tetracycline), टैरामाइसीन,

(ख) ओटसिम (Otcim) 40-60 मि.ली. बड़े पशु को और 20-30 मि.ली. छोटे पशु को मांसपेशीगत (I.M)।

4, 5. गलाघोंटू एवं ब्लैक क्वार्टर (H.S.and B.Q.)

यह दोनों रोग ऊँटों में बहुत कम होते हैं। ये रोग पशु रोग के समान ही होते हैं। इन्हें पूर्व लिखित पशुओं के संक्रामक जीवाणुजन्य रोगों के अन्तर्गत गलाघोंटू और ब्लैक क्वार्टर रोग देखें।

6, 7. यक्ष्मा या टी.बी एवं टेटनस (Tuberculosis or T.B. and Tetanus)

ये दोनों रोग ऊँटों में पशु रोगों के समान ही होते हैं। इसके लिये पुस्तक में पूर्वलिखित पशुओं के संक्रामक रोग—बैक्टीरियल डिजीज के अन्तर्गत देखें।

ऊँटों में होनेवाले विषाणुजन्य रोग
(Viral Diseases in Camels)

विषाणु रोग ऊँटों में अन्य, पशुओं के समान ही होते हैं। उनमें होने वाले रोग नीचे दिये जा रहे हैं—

1. पौक्स डिजीज (Pox Disease)

अन्य नाम (Other name)—माता रोग।

परिचय (Introduction)—ऊँटों का यह भयानक संक्रामक रोग है। यह रोग सभी उम्र के ऊँटों में होता है, पर इस रोग से बच्चे अधिक प्रभावित होते हैं। इसमें बालरहित स्थानों पर दानें निकल आते हैं जो बाद में फूटकर खोंट बन जाते हैं।

कारण (Etiology)—यह रोग एक वायरस के द्वारा होता है।

लक्षण (Symptoms)—इस रोग में निम्न लक्षण देखने को मिलते हैं—

प्रारम्भ में—
- बालरहित स्थानों विशेषकर होठों, गुदा एवं जननांगों और पैरों पर छोटे-छोटे लाल रंग के दाने।

तत्पश्चात्—
- कुछ समय बाद दाने बड़े होकर पीवयुक्त हो जाते हैं।
- फफोले जैसे अन्त में सूखने लगते हैं।
- सूखकर खोट निर्मित।

चिकित्सा (Treatment)—(क) एण्टीबायोटिक औषधि मुख द्वारा अथवा इन्जेक्शन रूप में।
(ख) स्थानीय रूप में लगाने के लिये जिंक-बोरिक आयन्टमेन्ट का प्रयोग करें।

2. छुताही सर्दी/सर्दी-खाँसी (कंटेजियस कटार/ Contagious Catarrh)

परिचय (Introduction)—ऊँटों में मिलनेवाला यह एक संक्रामक और सामान्य रूप में मिलने वाला रोग है। यह वर्षा और सर्दी के मौसम में अधिक होता है

लक्षण (Symptoms)—इस रोग में निम्न लक्षण मिलते हैं।

- भूख न लगना।
- सुस्तीपन एवं बुखार।
- शीत लगना एवं खाँसी।
- अस्रुस्राव एवं नाक से पानी गिरना।
- अधिकतर कब्ज, पर कभी-कभी अतिसार भी।
- न्यूमोनिया के लक्षण उत्पन्न।
- चिकित्सा के अभाव में 10-15 दिन में मृत्यु।

चिकित्सा (Treatment)—इसकी चिकित्सा निम्न प्रकार से की जाती है—

(क) पशु को साफ-सुथरी हवादार जगह से पूरे आराम के साथ रखें।

(ख) औषधियुक्त वाष्प सुँघायें (Antiseptic inhalation)।

(ग) इन्जेक्शन पैरासिटामोल या नोवाल्जिन 30-40 मि.ली. मांसपेशीगत।

(घ) कैट कफ या कफलोन 50 ग्राम दिन में 2 बार शीरा या गुड़ के साथ।

(च) इन्जेक्शन स्ट्रेप्टोपेनीसिलीन या डाईक्रिस्टासीन अथवा वीस्ट्रापेन या वीटोपेन (Vetopen) आदि बड़े पशु को 40 लाख यूनिट मांस में अथवा

इन्जेक्शन एम्पीसिलीन 2 ग्राम मांस में (I.M)

क्लोक्सासिलिन (Cloxacillin) 2.4 मि.ग्रा. प्रति किलो शरीर-भार पर मांस में। अथवा

सल्फाडीमाइडीन (Sulphadimidine) 100 मि.ली. S/C पहले दिन।

दूसरे दिन इसकी आधी मात्रा। अथवा

इन्जेक्शन ओरीप्रिम (Inj. Oriprim) 30 मिली मांस में अथवा ओरीप्रिम बोलस 4-6 नित्य दिन में 2 बार। छोटे पशु को आधी मात्रा।

इन्जेक्शन एविल 10-20 मि.ली. मांसपेशीगत नित्य।

3-4. रिण्डरपेस्ट एवं रेबीज (Rinderpest and Rabies)

इन दोनों रोगों को पुस्तक में पूर्व वर्णित पशुओं के संक्रामक रोग—विषाणुजन्य रोगों के अन्तर्गत देखें। ये रोग ऊँटों में पशु रोगों के समान ही होते हैं। यहाँ पर केवल बचाव चिकित्सा ही दी जा रही है।

1. रिण्डरपेस्ट की रोकथाम (Prevention)—रोग से बचने के लिए ऊँटों को फ्रीज ड्रायड गोट टिशू वैक्सीन 2 मि.ली. की मात्रा में S/C दिया जाता है। इससे पशु को 7 वर्ष के लिये इस रोग से मुक्ति मिल जाती है।

2. रेबीज की रोकथाम (Prevention)—ऐसे ऊँट जिन्हें पागल कुत्ते ने काटा हो, रेबीज रोग से बचने के लिये एण्टीरेबीज वैक्सीन (Antirabies Vaccine) की सुई 30 मि.ली. की मात्रा में S/C 14 दिन तक लगवा देना चाहिये।

5. कंटेजियस इक्थीमा (Contagious Ecthyma)

परिचय (Introduction)—यह ऊँटों का एक संक्रामक (कन्टेजियस) रोग है जिसमें होठों (Lips) पर दाने निकल आते हैं।

कारण (Etiology)—यह रोग एक विषाणु के कारण होता है।

लक्षण (Symptoms)—इस रोग में निम्न लक्षण देखने को मिलते हैं—

- होठों और होठों के किनारों पर छोटी-छोटी फुंसियाँ।
- होठ बुरी तरह से फट जाते हैं एवं पीव से भर जाते हैं।
- खाना-पीना कम।
- रोग का प्रभाव 7 से 10 दिन तक।

चिकित्सा (Treatment)—इस रोग की चिकित्सा निम्न प्रकार से की जाती है—

- बोरोग्लिसरीन होठों पर लगावें। अथवा
- एक्रीफ्लेवीन (Acriflavin) या मरक्यूरोक्रोम (Mercurochrome) लगावें।
- एण्टीबायोटिक्स; जैसे—पेनीसिलीन (Penicillin) एम्पीसिलीन इन्जेक्शन रूप में।

ऊँटों में परजीवी रोग
(Parasitic Diseases of Camels)

पशुओं की भाँति ऊँटों में भी परजीवी रोग होते हैं जिनमें सर्रा (Surra) तथा मेन्ज (Mange) प्रमुख रोग हैं।

1. सर्रा (Surra)
(Trypanosomiasis in Camels)

परिचय (Introduction)—यह ऊँटों की एक भयंकर जान लेवा बीमारी है। इसमें शरीर का वजन धीरे-धीरे कम होने लगता है और अन्त में मृत्यु हो जाती है।

कारण (Etiology)—इसका कारण एक प्रोटोजोआ '*ट्रिपेनोसोमा इबनसाई*' है, जो सी-सी मक्खी के काटने एवं उसके प्रवेश से होता है।

लक्षण (Symptoms)—इस रोग में निम्न लक्षण मिलते हैं—

- शरीर का वजन कम होना।
- आँखों की झिल्ली का सफेद होना।
- आँखों से आँसू एवं कीचड़ निकलते रहना।
- आँखों के ऊपरी हिस्से एवं शरीर के निचले भाग में सूजन।
- पशु को कभी-कभी बुखार।
- मादा का प्रायः एबोर्शन हो जाता है।
- रोग जीर्ण होने पर बुखार कम अथवा बिल्कुल नहीं।
- मेंगनी छोटी एवं तिकोने आकार की।
- साथ में कभी-कभी दस्त भी।

चिकित्सा (Treatment)—ऊँट में इसकी चिकित्सा निम्न प्रकार से करनी चाहिये—

(क) ट्राइक्वीन (Triquin) या टेवेन्सी (Tevansi) या ट्राइपनिल (Trypnil) 2.5 ग्राम से 3 ग्राम 10-15 मि.ली. डिस्टिल्ड वाटर में घोल कर S/C दें। इसे 3-4 माह के बाद पुनः दें। अथवा

बेरेनील (Berenil) या प्रोनिल-एच (Pronil-H) 0.8 से 1.6 ग्राम प्रति 100 किलो शरीर-भार पर (औसतन 4 ग्राम) 25-30 मि.ली. डिस्टिल्ड वाटर में मिलाकर (I.M) रूप में एक बार दें। अथवा

गिलपोल (Gilpol) 2 ग्राम एक खुराक 40 मि.ली. डिस्टिल्ड वाटर में मिलाकर (I.V) रूप से दें। इसका 1 ग्राम का वायल आता है।

(ख) कमर से कमजोर होने पर या न उठ सकने की स्थिति में—ट्राइरेडीसोल-एच 1000 एम.जी का 10 मि.ली. मांस में सप्ताह में 2 बार *अथवा* न्यूरोबियान या ओप्टीन्यूरान या ट्रीगर इसी रूप में लगायें।

(ग) एनोरेक्सन फोर्ट (Anorexon forte) एवं रूमेन्टान (Rumentan) की 2-2 गोली दिन में दो बार तीन दिन तक खिलायें।

(घ) हिमालय बत्तीसा या हरमिन्सा 100 ग्राम नित्य अथवा पशु जीवन या कैटोन 100 ग्राम रोज दें।

(च) इन्जेक्शन लिवोजेन या वेलामाइल या वीकोम-एल 10 मि.ली. से 13 मि.ली. मांस में सप्ताह में दो या तीन बार लगायें।

(छ) इन्जेक्शन विटामिन 'ए' मांस में लगायें।

2. खुजली/मेन्ज (Mange)

परिचय (Introduction)—यह एक चर्म रोग (Skin disease) है जो बाह्य पैरासाइट्स के द्वारा होता है।

प्रकार (Types)— **मेन्ज मुख्य रूप से 2 प्रकार का होता है—**

1. सारकॉप्टीक मेन्ज—ऊँटों की त्वचा के अन्दर पैरासाइट गुफायें-सी बना लेते हैं। यह पैरासाइट गुफाओं के अन्दर ही अण्डे देते हैं और विकास करते हैं। इस प्रकार की मेन्ज में दवा लगाने से कोई प्रभाव नहीं होता है।

2. सोरोप्टीक मेन्ज—इस प्रकार की मेंज में पैरासाइट्स भीतर न जाकर बाहर ही रहते हैं और खाज के चकत्तों के रूप में मिलते हैं। इसे स्केबीज (Scabies) नाम दिया गया है और दवा लगाने पर इस प्रकार की मेन्ज जल्दी ही ठीक हो जाती है।

लक्षण (Symptoms)—मेन्ज में निम्न लक्षण देखने को मिलते हैं—

- प्रभावित स्थान पर खुजली।
- ऊँट रोगी भाग को दीवार अथवा अपने पीछे के पैरों से रगड़ता है।
- ऊँट बेचैन रहता है।
- प्रभावित भाग के बाल झड़ जाते हैं।
- रगड़ने से खून निकलता है।
- शरीर की त्वचा सूखी हुई एवं रंग-काला।
- खाना-पीना कम।
- वजन का निरन्तर घटने जाना।
- खून बहने पर संक्रमण से घाव एवं उसमें पीव की उपस्थिति।

चिकित्सा (Treatment)—चिकित्सा इस प्रकार से—

1. सोरोप्टीक मेन्ज चिकित्सा

- इन्जेक्शन एविल (Inj. Avil) 10-15 मि.ली. मांस में 5 दिन तक।
- बेन्जाइल बेन्जोएट लोशन लगावें।

2. सारकोप्टीक मेन्ज चिकित्सा

- इन्जेक्शन एविल 10-15 मि.ली. मांस में (I.M)।
- आइवरमेक्टीन 1 मि.ली. प्रति 50 किलो शरीर भार पर इन्जेक्शन में त्वचा के नीचे लगायें।
- लगाने के लिए—मालाथियोन (Malathione) 0.02-0.04% घोल रूप में लगावें।

3. फाइलेरिएसिस (Filariasis)

परिचय (Introduction)—यह एक रक्त परजीवी (blood Parasite) रोग है। यह रोग टिक्स (ticks) के काटने से फैलता है। इसमें ज्वर एवं क्षीणता (fever and weakness) प्रमुख लक्षण होते हैं।

कारण (Etiology)—*फाइलेरिया इवनसाई* नामक परजीवी से।

लक्षण (Symptoms)—इस रोग के प्रमुख लक्षण इस प्रकार हैं—

- ज्वर (Fever)
- क्षीणता एवं दुर्बलता।

चिकित्सा (Treatment)—

- कैरीसाइड 20-40 मि.ली. प्रति किलो शरीर भार पर दिन में 3 बार चारा-दाना खिलाने के बाद एक माह तक।
- इन्जेक्शन बी$_1$, बी$_6$, बी$_{12}$—10-20 मि.ली. मांस में सप्ताह में दो बार।

कुछ भ्रमवाले रोग

कई बार पशुओं में ऐसी स्थितियाँ देखने को मिलती हैं जिसे ग्रामीण या कम पढ़े-लिखे लोग इन्हें रोग मान लेते हैं, जबकि ऐसा भ्रम के कारण है। अत: इनके फिजूल चक्कर में नहीं पड़ना चाहिये। यह सभी लाभ की जगह हानिकर होते हैं और इनके अनुसरण करने से अधिकांश पशु मर जाते हैं अथवा उनका विपरीत असर होता है। ऐसी कुछ भ्रमवाली स्थितियाँ इस प्रकार हैं—

1. गुबरी या बहेंगवा	2. धुआँकरण	3. पेय जलआपूर्ति
4. बेंगवा	5. तालु फूटना	6. अयन-थन मार देना।

1. गुबरी (Gubari) या बहेंगवा (Behangawan)

कुछ गाय-भैंस के पूँछ की जड़ के निचले भाग में त्वचा के नीचे एक कठोर गिल्टी पायी जाती है जिसे आम बोल-चाल में ग्रामीण लोग गुजरी के नाम से पुकारते हैं। दबाने पर इधर-उधर हटती रहती है। यह किसी-किसी पशु में मिलती है। अधिकांश लोग इसे अशुभ लक्षण मानते हैं और ऐसे पशु को जानबूझ कर नहीं खरीदते हैं जिससे पशु का बाजार भाव 10% कम हो जाता है। परन्तु यह एक भ्रम है और पूर्ण अंधविश्वास।

- यह एक लसिका ग्रन्थि (Lymph gland) (गिल्टी) है, कोई रोग नहीं।

ऐसी स्थिति में इस ग्रन्थि को पशुचिकित्सात्मक ब्लेड या चाकू से काटकर निकाल दिया जाता है और घाव बीटाडीन सोलूशन/टिंचर आयोडीन/फैरीपर क्लोराइड आदि कोई एण्टीसेप्टिक औषधि लगा दी जाती है।

2. धुआँकरण (Fumigation)

बुद्धिहीन, अशिक्षित ग्रामवासियों की यह मान्यता है कि पशु के सर्दी लगने, काँपने या जुगाली न करने पर पशु को एक बन्द कमरे में बांध कर टाट, फट्टा, कंड़े आदि का तीव्र धुँआ कर देने से वह स्वस्थ हो जाता है। इस सम्बन्ध में यह उनकी भूल है और वह पशु के साथ बेहद अन्याय

करते हैं, क्योंकि इस धुएँ में जहरीली गैस—कार्बन डाईआक्साइड तथा कार्बन मोनोक्साइड होती है जो श्वास द्वारा फेफड़ों में पहुँचकर विष हो जाते हैं और पशु मर भी जाते हैं।

- कभी-कभी लोग मच्छरों को भगाने के लिये तथा गोशालाओं को गरम रखने के लिए भी ऐसा करते हैं।
- हमने यह देखा है कि कभी-कभी ग्रामीण लोग इतना अधिक धुआँ कर देते हैं कि पशु व्याकुल हो जाता है, उसकी नाक से रस्सी जैसा स्राव लटकने लगता है और वह दम घुट कर गिर जाता है और तत्काल उसकी मृत्यु हो जाती है।
- अत: ऐसे नासमझ व्यक्तियों को हिदायत दी जाती है कि बीमार पशुओं के लिये तथा गोशाला या कमरे को गर्म करने के लिए अथवा पशु को जुगाली लाने के लिये धुआँ न करें। यदि मच्छरों को भगाना है, तो शाम के समय धुआँ करें और धुआँ करने के एकाध घण्टे बाद पशुओं को धुआँरहित स्थान में बाँधें।

3. पेयजल आपूर्ति (Drinking water supply)

पशुपालकों में ऐसी भ्रान्ति है कि पशु के अतिसार, सर्दी आदि तमाम रोगों से पीड़ित होने पर अथवा प्रसव के बाद पशुओं को अल्प पेय जल देना चाहिये। यहाँ तक कि कुछ तो पानी बिल्कुल ही नहीं देते हैं विशेषकर दस्तों की स्थिति में। पेय जल कम या बिल्कुल न देने से शरीर में जल की कमी (डिहाइड्रेशन—Dehydration) हो जाती है जिससे पशु अतिशय निर्बल तथा दुर्बल हो जाता है। ऐसे पशु की मृत्यु सम्भव है।

ऐसी ही पशुपालकों की धारणा है कि प्रसव के बाद पशुओं को पानी पिला देने से उनके थनों में पानी उतर आता है जो एक भ्रम है। शरीर के तमाम विकारों को निकालने के लिए (मल-मूत्रादि द्वारा) पानी अति आवश्यक है।

अत: यह आवश्यक है कि अतिसार आदि विकारों तथा प्रसव के पश्चात् पर्याप्त मात्रा में पानी पिलाना चाहिये।

4. बेंगबां (Bengban)

इसे साधारण बोल-चाल में लोग 'मिढ़की' भी कहते हैं। यह एक ऐसी स्थिति है जिसमें पशु खाना-पीना कम कर देता है। ग्रामीण लोगों के अनुसार इस स्थिति में जीभ की शिराओं में (in veins of tongue) काला-रंग जमा होकर उभर जाता है जिसका आकार मेढ़की जैसा फूला हुआ होता है। इसमें पशु खाना नहीं खाता है।

- ऐसी स्थिति में चाकू या ब्लेड से चीर कर खून बहा देते हैं।
- ऐसी क्रिया से कभी-कभी भयानक खतरा उत्पन्न हो जाता है और जीभ में सेप्टिक हो जाता है।
- इसलिये चीरा लगाने के बाद मुँह को नित्य पोटाश परमैंगनेट घोल से धोना चाहिये।
- साथ ही एण्टीबोयोटिक के इन्जेक्शन 2-3 दिन तक अवश्य देने चाहिये।
- स्थानीय रूप में बोरो-ग्लिसरीन लगानी चाहिये।

यह एक भारी भूल है, क्योंकि जीभ में किसी रूखड़े पदार्थ से रगड़ लगने या छिल जाने पर जीवाणुओं के संक्रमण (Bacterial Infestation) के कारण जीभ में सूजन आ

जाती है। जिससे पशु खाना-पीना छोड़ देता है इसलिये इस स्थिति में स्थानीय एण्टीसेप्टिक इर्रीगेशन (Antiseptic irrigation) तथा एण्टीबायोटिक चिकित्सा ही पर्याप्त होती है। यह चिकित्सा रोग ठीक होने तक जारी रहनी चाहिये। स्थानीय रूप में बोरो-ग्लिसरीन लगानी चाहिये।

5. तालू फूटना (Cleft palate)

लोगों में एक भ्रम है कि गाय, बैल, भैंस में तालू फूटने से पशु खाना-पीना कम कर देता है और मुँह उठा-उठा कर पानी पीता है, ऐसा लोग मानते हैं। पर यह उनकी भारी भूल है क्योंकि यह कोई रोग नहीं है। वास्तविकता यह है कि पशुओं के ऊपरी तालु में एक पतली लकीर के समान बिन्दु (Fissure) प्राकृतिक रूप से रहता है। यह छिद्र पशु के बीमार रहने, पाचन की गड़बड़ी, कमजोर एवं दुबले-पतले पशुओं में यह छिद्र छोटा या बड़ा हो जाता है। ऐसी स्थिति में जब पशु पानी पीता है तब पानी खींचते समय पानी मुँह के साथ उसी छिद्र के द्वारा नाक में पहुँच जाता है, जिससे पशु पानी पीना रोक देता है जिससे पशु कम पानी पी पाता है, परिणामस्वरूप भोजन भी कम हो जाता है।

यह देखा गया है कि उपरोक्त परिस्थिति में ग्रामीण पशुपालक इस छिद्र में हंसुए या कोई लोहे को गर्म कर दाग देते हैं या कोई पतली सींक डालकर भर देते हैं अथवा रूई की बाती बनाकर उस छिद्र में भर देते हैं। इस छिद्र के बन्द होने से पशु पुनः ठीक से खाने-पीने लगता है। पर कभी-कभी इससे रोग संक्रमण (Infection) हो जाता है और स्थिति बदतर हो जाती है।

अतः उपरोक्त ग्रामीण चिकित्सा उपयुक्त नहीं है। इसके लिये लोगों को एक वैज्ञानिक सलाह दी जाती है जो इस प्रकार है—

एक रूई के फाहे में कार्बोलिक एसिड (carbolic acid) या पोटाश परमैंगनेट के कुछ दाने लगाकर एक या दो बार रगड़ देने से यह छिद्र बन्द हो जाता है; साथ ही पशु सामान्य रूप से खाने पीने लगता है।

6. अयन-थन मार देना

ग्रामवासियों में एक आम धारणा बनी हुई है कि ब्यांत हुए पशु के थन तथा अयन में सूजन होकर पहले दूध मटमैला फिर फटा हुआ फुटकीदार और अन्त में पानी जैसा आकर बन्द हो जाता है तब कहते हैं कि किसी बुरी नजरवाले अथवा भगत ने गाय, भैंस मार दी है जिससे उसका अयन-थन मारा गया है और दूध आना बन्द हो गया है। ऐसी स्थिति में पशुपालक अन्य प्रकार की भक्तई कराता है, खली पढ़वाता है अथवा नासमझ लोगों या इन्हीं भक्तों द्वारा लोबान या जोंज की सिकाई बता दी जाती है, जिसे पशुपालक अपनाकर खुशी से अयन और थन को सेंकता है। परिणाम यह होता है कि इस शुष्क सिकाई से सारा अयन ही सख्त (पत्थर जैसा) हो जाता है। अन्ततः अयन के सेल मृत होकर अपना कार्य बन्द कर देते हैं। ऐसे पशु का फिर कोई उपचार सम्भव नहीं है।

वास्तविकता यह है कि यह मेस्टाइटिस (Mastitis), जिसे 'थनैला' कहते हैं, रोग है। व्यर्थ में न भटककर इसकी चिकित्सा आदि इसी पुस्तक में वर्णित पशुओं के संक्रामक-जीवाणुजन्य रोग (Bacterial disease) के अन्तर्गत 'थनैला' रोग (मेस्टाइटिस-Mastitis) देखें।

◆◆◆

32

कुक्कुटों या मुर्गियों के रोग
(Diseases of Poultry)

मुर्गियाँ धनोपार्जन में विशेष महत्त्व रखती हैं किन्तु यह तभी सम्भव है जब वे स्वस्थ रहें। यदा-कदा यह पाया गया है कि मुर्गियों की बीमारी से बहुत हानि उठानी पड़ती है। अण्डे और मांस के उत्पादन में कमी आ जाती है। अतएव मुर्गियों की बीमारियों के बारे में जानकारी रखना आवश्यक है।

1. स्वस्थ मुर्गियों के लक्षण (Healthy symptoms)

- ☐ स्वस्थ मुर्गी हमेशा चंचल रहती है।
- ☐ वह दाना चुगने में व्यस्त रहती है।
- ☐ मल-मूत्र त्याग स्वाभाविक रूप में।
- ☐ शरीर का सामान्य टेम्परेचर 107^0 F होता है।
- ☐ नाड़ी, साँस की गति प्रति मिनट क्रमशः 120–160 तथा 15-48 होती है।
- ☐ फुर्तीलापन, चैतन्यता एवं हाथ से पकड़ने पर भार मालूम होना।
- ☐ संघर्ष करना एवं उठाते समय टाँगों व डैनों में प्रचलन शक्ति का आभास।
- ☐ मुख भरा हुआ, नासिका स्वच्छ एवं साफ तथा उत्स्वेद रहित।
- ☐ आँखों में ज्योति/अधिक प्रकाश की स्थिति में तत्काल नेत्रों को व्यवस्थापन।
- ☐ कलंगी व लोलक साफ चमकदार लाल रंग की।
- ☐ पंखों का रंग साफ-सुथरा।
- ☐ टाँगें साफ, भरी हुईं तथा चलने में सामान्य दिखायी देना।
- ☐ पेटा भरा हुआ होना।
- ☐ दाना खाने की इच्छा बनी रहना।
- ☐ मल सफेद, मटमैले भूरे रंग का बँधा हुआ।

2. अस्वस्थ मुर्गियों के लक्षण (Unhealthy symptoms)

- ☐ भार में कमी।
- ☐ परों को झुकाये हुए सुस्त बैठे रहना।
- ☐ उठाते समय संघर्ष न करना।
- ☐ साँस लेते समय व्याकुलता या थरथर की या कोई अनोखी आवाज का होना।
- ☐ शारीरिक तापक्रम का सामान्य (Normal) से 2-3 डिग्री कम या अधिक।

- ☐ कलंगी (comb) सिकुड़ी तथा मुरझाई हुई पीले या नीले से रंग की।
- ☐ लोलक में सूजन।
- ☐ उदर फूला हुआ या जल से युक्त।

चित्र—अस्वस्थ मुर्गी

- ☐ पंख झुके हुए मैले से रंग के।
- ☐ त्वचा में सूजन सी दिखना।
- ☐ टाँगों में सूजन का मिलना तथा लंगड़ाकर चलना।
- ☐ आहार न करना प्रायः बन्द-सा।
- ☐ प्यास की अधिकता।
- ☐ दस्त हरे, पीले से रंग के या लाली लिये हुए।

3. बीमार बच्चों के लक्षण

- ☐ बच्चे सुस्त, व्याकुल, परों को झुकाये हुए।
- ☐ निर्बल दशा में, दिखायी देना।
- ☐ साँस कठिनाई से लेते हैं। मानों ऐसा मालूम देता है कि प्राण स्थगन से मृत्यु हो रही है।
- ☐ कुछ बच्चे चीं-चीं की सी आवाज करते हैं। मानो बहुत अत्यधिक संकट से ग्रस्त हैं।
- ☐ दाना चुगना, बिलकुल बन्द-सा कर देते हैं।
- ☐ पानी अधिक पीते हैं।
- ☐ ब्रूडर हाउस में बच्चे बिजली के बल्ब के पास इकट्ठा हुए एक-दूसरे से सिमटे हुए दिखाई पड़ते हैं— मानों अधिक ठंड खा गये हों।
- ☐ दस्त सफेद-रंग के पतले से करना, जिससे गुदा का भाग गंदा-सा दिखायी देता है।
- ☐ दो सप्ताह या अधिक आयु के बच्चों के दस्त रक्त मिले हुए नारंगी या लाल रंग के से।

बच्चों व मुर्गियों को रोगों से बचाने के लिये उपाय
(Poultry Preventive Measures)

- सदैव स्वस्थ तथा फुर्तीले बच्चों को ही खरीदें।
- खरीदते समय इस बात की पूर्ण जाँच कर लेनी चाहिये कि वे किसी छूत अथवा वंशगत रोगग्रस्त तो नहीं हैं।
- बच्चे सदैव राजकीय कुक्कुट फार्मों से ही खरीदने चाहिये।
- मुर्गीशाला सदैव ऊँचे स्थान पर ही बनाना चाहिये जहाँ पानी न भरता हो।
- मुर्गीशाला के आसपास सायेदार पेड़ व घास लगाने से कड़ी धूप व लू से रक्षा होती है।
- बाड़े में धूप आनी चाहिये, ऐसा प्रबन्ध अवश्य हो।
- मुर्गीशाला व बाड़े में नियमित रूप से कीटाणुनाशक दवा का छिड़काव अवश्य करायें, ताकि बाह्य परजीवियों से रक्षा हो सके।
- मुर्गियों के खाने–पीने के बर्तनों की प्रतिदिन सफाई करनी चाहिये।
- रोग से स्वस्थ हुई मुर्गियों को अन्य अस्वस्थ मुर्गियों के साथ न पालें, ऐसा करने से रोग फैल सकता है।
- विभिन्न आयु के बच्चों को अलग–अलग रखना चाहिये।
- बाहर से खरीदी गईं मुर्गियों तथा बच्चों को दो सप्ताह तक अलग रखना चाहिये, ताकि उनमें कोई रोग हो तो उसके लक्षण प्रकट हो जावें। लक्षण प्रकट न होने पर उन्हें अपनी मुर्गियों में मिला लेना चाहिये।
- मुर्गियों के बच्चों को रानीखेत ओर चेचक से बचाने के लिए 6-8 सप्ताह तक की आयु में टीका (vaccination) अवश्य लगवायें।
- जहाँ से भी एक दिन के या एक सप्ताह के बच्चे खरीदें, इस बात की जाँच कर लें कि उनके एफ स्ट्रेन आर.डी. का टीका लगा है अथवा नहीं। यदि न लगा हो तो यह टीका अवश्य लगवा लें।
- दो माह के आयु के बच्चे जहाँ कहीं से लें, जाँच अवश्य करा लें कि उन्हें रानीखेत एवं चेचक रोग निवारण बूस्टर टीका लगा है अथवा नहीं। यदि नहीं लगा है तो टीका अवश्य लगवा लें, तब उन्हें अन्य मुर्गियों के साथ मिलावें।
- 6 सप्ताह से अधिक आयु के बच्चों एवं मुर्गियों को प्रतिमाह आँतों के कीड़े मारने के लिये Deworming अवश्य करानी चाहिये।
- मुर्गियों के बाड़े में सीप का चूरा अवश्य रखा होना चाहिये ताकि आहार में कैल्शियम की कमी होने पर मुर्गी उसे चुग कर पूरा कर लेगी।
- रोगी मुर्गियों की चिकित्सा के लिये पशु चिकित्सक से सलाह अवश्य लें।
- पीने के पानी में एण्टीबायोटिक्स तथा विटामिन 'ए' निर्धारित मात्रा में अवश्य दें। इससे कीटाणु तो नष्ट होते हैं, साथ ही मुर्गियों में रोग से बचने की क्षमता भी बनी रहती है।

- एक ही व्यक्ति द्वारा मुर्गियों की देख-भाल करते समय यह ध्यान रखना चाहिये कि पहले स्वस्थ तत्पश्चात् बीमार मुर्गियों की देख-भाल करें।
- मुर्गीशाला में बाहरी लोगों को न जाने दें, क्योंकि इससे बीमारी फैल सकती है।
- प्रत्येक खाद्यान्न में एफ्लॉटोक्सिन की थोड़ी मात्रा अवश्य ही रहती है और पक्षियों को वह मात्रा हानिकर नहीं होती है किन्तु खाद्यान्न अधिक सीलन वाले स्थान पर रखने में यह फंगस बहुत ही तेजी से बढ़ता है और एफ्लॉटाक्सिकोसिस से पक्षियों की बहुत मृत्यु हो जाती है।
- विटामिन 'ए', 'डी' और 'बी' काम्पलेक्स आवश्यकतानुसार न होने पर पक्षियों में अस्वस्थता उत्पन्न हो जाती है जिससे लँगड़ाहट और पक्षाघात जैसी बीमारियाँ हो जाती हैं। साथ ही उत्पादन क्षमता भी घट जाती है। इसी प्रकार खनिज तत्वों तथा विटामिन्स के लिये दाने में या पानी के साथ फीड सप्लीमेन्ट (Feed supplement) का प्रयोग करें।

मुर्गियों में मिलनेवाले रोग
(Diseases in Poultry)

सामान्य रूप से मुर्गियों के रोगों को तीन भागों में बाँटा जा सकता है—

1. संक्रामक रोग (Infectious or Contagious Diseases)
2. परजीवी रोग (Parasitic Diseases)
3. सामान्य रोग (General Diseases)

1. संक्रामक या छूतवाले रोग
(Infectious or Contagious Diseases)

वह रोग जो एक रोगी पक्षी से दूसरे स्वस्थ पक्षी को उनके साथ रहने या दाना-पानी या नौकरों द्वारा उड़ कर लग जाते हैं। इन रोगों से पक्षियों में अधिकतर मृत्यु हो जाती है। कभी-कभी तो यह महामारी (आउट ब्रेक/Outbreak) का रूप धारण कर लेते हैं।

सभी संक्रामक रोग रोगाणु/कीटाणुओं (Pathogenic organisms) के प्रकोप (Infection) से होते हैं। इन कीटाणुओं में विषाणु (वायरस-Virus), सूक्ष्म जीवाणु (Bacteria) तथा फफूंदी (Fungus) के कारण ऐसे रोग होते हैं। ऐसे रोग इस प्रकार हैं—

(A) विषाणु रोग (वायरल डिजीज-Viral Diseases)

ऐसे रोग जो विषाणुओं (Virus) से होते हैं। इनसे उत्पन्न रोग इस प्रकार हैं—

1. रानीखेत (Ranikhet or New Castle Disease or R.D.)
2. चेचक या फाउल पौक्स (Fowl Pox-F.P.)
3. श्वास पथ का शोथ (इन्फेक्सियस लारेन्जोट्रेकाईटिस (Inectious Laryngo Tracheitis or I.L.T.)
4. संक्रामक खाँसी या इन्फेक्सियस ब्रोन्काइटिस (Infectious Bronchitis or I.B.)
5. गुम्बोरो रोग (Gumboro Disease or I.B.D.)
6. मारेक्स रोग (Marek's Disease)

7. नीली कलंगी (Blue Comb)
8. फाउल प्लेग (Fowl Plague)
9. सिटाकोसिस (Psittacosis)
10. मुर्गियों का पक्षाघात या एवियन ल्यूकोसिस (Avian Leucosis)
11. पक्षी मस्तक प्रदाह या एवियन इन्सेफैलोमाइलाइटिस (Avian or Fowl Encephalomyelitis or Epidemic Tremors)
12. मालएब्जॉर्बशन सिण्ड्रोम या आस्टियो पेरोसिस या हेलीकॉप्टर डिजीज (Malabsorption Syndrome or Osteoporosis or Helicopter Disease)

1. रानीखेत/न्यूकेसिलडिजीज/आर.डी. (Ranikhet/New Castle/R.D.)

अन्य नाम (Other name)—टुनकी आदि।

परिचय (Introduction)—यह एक तीव्र ज्वर सम्बन्धी संसर्गी रोग है। यह सभी उम्र की मुर्गियों को हो सकता है। इस रोग से ग्रसित कुक्कुटों में मुँह खोलकर साँस लेना, बुखार, हाँफना, खाँसी, छींकें आना, दस्त (Diarrhoea), पैरों का लड़खड़ाना, गर्दन घुमाकर आसमान की ओर ताकना अथवा नीचे मोड़कर दोनों पैरों के बीच रखना इस बीमारी के प्रमुख लक्षण हैं। इसे एवियन न्यूमो-इन्सेफेलेलाइटिस (Avian Pneumo-encephalalitis) कहते हैं।

Ranikhet disease is an acute rapidly spreading respiratory and nervous disease of poultry and other species of birds with a high mortality, caused by a filterable virus.

कारण (Etiology)—यह रोग एक फिल्टरेबुल वायरस के द्वारा होता है। यह संसर्ग के द्वारा एक-दूसरे में फैलता है। साथ ही इसका प्रसार बड़ी तीव्र गति से होता है।

लक्षण (Symptoms)— रोग का इक्यूबेशन समय 3 से 5 दिन का होता है। मुर्गी को तीव्र ज्वर (pyrexia) हो जाता है। आधी चोंच खोल कर गर्दन उठाकर शीघ्र-शीघ्र साँस लेता है। साथ ही सीटी जैसी आवाज निकलती है। सदा रहती है जिससे पक्षी बार-बार खाँसता है। भूख, प्यास नहीं लगती है अथवा कम हो जाती है। मुँह में लार (saliva) भरा रहता है जिससे घड़घड़ाहट की आवाज आती है। कलंगी (comb) का रंग गहरा या हल्का पीला हो जाता है। **दस्त पानी जैसा हरा या पीला या चूने के समान बदबूदार होता है।**

चित्र—*रानीखेत रोग से पीड़ित बच्चा*

स्नायुगत लक्षण प्रकट होने पर गर्दन पीछे की ओर मुड़ जाती है। चलने में लड़खड़ाती

है। पैरों एवं डैनों में लकवा (लुंजता) के लक्षण मिलते हैं। पक्षी अपनी गर्दन ऊपर की ओर करके आकाश की ओर देखते हैं। अण्डे देने वाली मुर्गियाँ अण्डे देना बन्द कर देती हैं।

लक्षण बच्चों में—बीमारी होने पर बच्चों को साँस लेने में कठिनाई होती है। वे मुँह खोल कर साँस लेते हैं। साँस लेते समय एक अजीब सी घर-घर की आवाज होती है। बच्चे दाना खाना बन्द कर देते हैं और प्यास अधिक लगती है। वह ऊँघते से दिखाई देते हैं। शरीर काँपने लगता है। टखनों और पैरों/टाँगों में लड़खड़ाहट दिखायी पड़ती है। **रोगग्रस्त होने के थोड़े ही समय बाद बच्चे चीं-चीं करके टाँगें फैलाकर मरने लगते हैं। छोटे बच्चे ब्रूडर-घरों में बिजली के बल्ब के पास इकट्ठा हो जाते हैं। मानो अपने शरीर को ठंड से बचाने के लिये गरम रखने की कोशिश कर रहे हों।**

पोस्टमार्टम (शव परीक्षा)—मरी हुई मुर्गी का शव परीक्षण करने पर—

- ☐ आँतों में लाल-लाल धब्बे दिखायी देते हैं।
- ☐ आँत के ऊपरवाले भाग में लाल फुंसी जैसी।
- ☐ रोग के फैलने की तीव्र गति एवं कम समय में अनेक मुर्गियों के मरने से रोग का अनुमान किया जाता है।

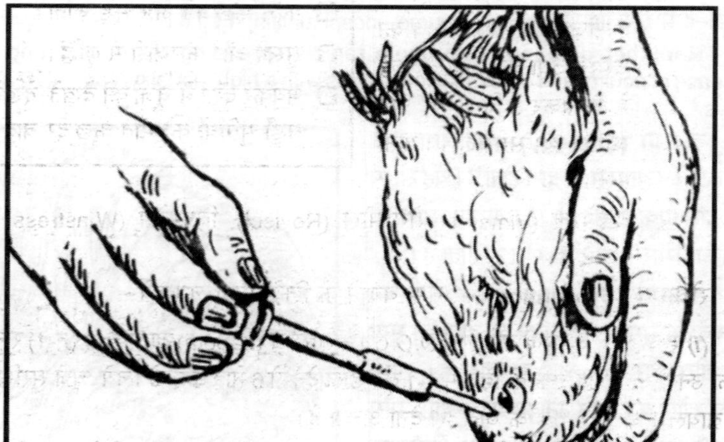

चित्र—*रानीखेत रोग का टीका लगाते हुए*

चिकित्सा (Treatment)—

- ☐ रोग का कोई उपयुक्त उपचार नहीं।
- ☐ फिर भी द्वितीयक संक्रमण (secondary infection) से बचने के लिये एण्टीबायोटिक; जैसे—टेट्रासाइक्लीन, आक्सीटेट्रासाइक्लीन, वोलीसाइक्लीन, आलसाइक्लीन, ऑकसीवेट, ऑक्सीटेट, टैरामाइसीन, नियोमाइसीन (Neomycin) आदि में से कोई एक दवा 1-2 मि. ली. बड़ी मुर्गियों को एवं 1/2-1 मि.ली. छोटी मुर्गियों को डिस्टिल्ड वाटर में मिलाकर मांस में (I.M.) दें।

- कोट्रीमोक्साजोल (Cotrimoxazole); जैसे—सेप्ट्रान सीरप या टेबलेट।
- **रोगी बच्चों एवं मुर्गियों को एण्टीबायोटिक तथा विटामिन्स आहार पीने के पानी में।**
- **टीका का भार कम करने के लिये** (stress of vaccine)—यह देखा गया है कि कमजोर या पैरासाइट्स से प्रभावित मुर्गियाँ टीका लगाने पर मर जाती हैं। अतः टीका के भार कम करने के लिये इसका निम्न उपचार करना चाहिये—
  1. टेरामाइसीन पौल्ट्री फार्मूला + एण्टीजर्म-77—एक चाय का चम्मच दवा को 7 लीटर पानी में मिलाकर 5 दिनों तक पीने को दें। इस समय दूसरा पानी न दें।
  2. वाइमेरल (Vimeral), रोवीसोल (Rovisol), विनस्ट्रेस (Winstress) आदि दे सकते हैं।

रानीखेत के लक्षण सारांश में

वयस्कों में—

- उच्च तापक्रम तथा प्यास की अधिकता।
- अण्डा देना बन्द।
- मुँह खोलकर गर्दन बढ़ाकर सांस लेने का प्रयत्न।
- मुँह से लार का गिरना एवं आँखें प्रायः बन्द।
- भोजन कई-कई दिनों तक नहीं।
- पाखाना पतले, हरे, बदबूदार चूने जैसे।
- चलने में लड़खड़ाहट।
- पैरों व डैनों में पक्षाघात (लुंजता)।
- गर्दन टेढ़ी कर ऊपर की ओर देखना।
- कलंगी का रंग गहरा या हल्का पीला।
- गर्दन पीछे की ओर मुड़ जाना।
- सुस्ती और कमजोरी में वृद्धि।
- भयंकर दशा में चूजों की देखते-देखते मौत। बड़ी मुर्गियों की मौत कुछ देर बाद।

रोकथाम (Prevention)—रोग से बचाने के लिये टीका लगवायें—

***(i) एक दिन के चूजे को** (For D.O.C.)*—लासोटा (LaSota) या एफ-1 (F-1) रानीखेत का टीका उनके आँख या नाक के छिद्र में 1-1 बूंद डाल देने से 6 माह तक के लिये चूजे सुरक्षित हो जाते हैं। ब्रायलरों को 2 सप्ताह के बाद इसे देना अच्छा है।

(ii) छः सप्ताह के बाद पुनः—आर.$_2$ बी (R_2 B) या एफ-2 (F-2) रानीखेत का टीका 0.5 मि.ली. की मात्रा में माँस में (I.M.) सूई द्वारा। इससे 1-1½ वर्ष तक के लिये रोग मुक्ति मिलती है।

- उपरोक्त टीकाकरण (vaccination) के साथ ही 'विमेरॉल' भी प्रयोग करें।
- छूत के दिनों में पोटाश परमैंगनेट मिला पानी पिलाना चाहिये।
- मरे हुए पक्षियों को उन पर चूना या ब्लीचिंग पाउडर डाल कर जमीन में दबा देना चाहिये।
- रोग का प्रकोप कम करने के लिये मुर्गियों के आहार व पीने के पानी में निर्धारित मात्रा में एण्टीबायोटिक्स तथा विटामिन्स दूनी से चौगुनी मात्रा में मिलाकर देना चाहिये।

रोग फैलने के शुरू में यदि कुछ ही बच्चे रानीखेत रोग से ग्रसित हों तो बाकी स्वस्थ बच्चों को जिनका शारीरिक तापक्रम सामान्य हो, कहीं दूसरे स्थान में ले जाकर उनकी रक्षा

"एफ स्ट्रेन" आर.डी. वैक्सीन की 2 बूँदें नाक में छोड़कर तथा युवा पक्षियों को आर.डी. वैक्सीन का टीका लगाकर की जा सकती है।

2. चेचक या फाउल पौक्स (Fowl Pox—F.P.)

अन्य नाम (Other names)— चिड़ियों की चेचक (फाउल पॉक्स), चिकन पॉक्स (Chicken Pox), **कैन्कर** (Canker), सोरहैड (Sorehead), डिफ्थीरिया (Diphtheria) एवं कंटेजियस इपीथेलियोमा, कटारल रौप (Catarrhal Roup)।

चित्र—मुर्गी चेचक

परिचय (Introduction)—यह छोटी–छोटी फुंसियों के गुच्छानुमा आकार की बीमारी है जो कलंगी, लोलक, आँख, आँख की पुतलियों, नाक और सिर की त्वचा पर हो जाता है। इसमें इन स्थानों पर मस्से के आकार के चेचक के समान दाने या छाले उत्पन्न हो जाते हैं।

Fowl Pox is a relatively slow spreading acute contagious disease of fowls and other species of birds characterised by wart-like nodules on the skin and diphtheritic necrotic masses (canker) in the oral cavity, caused by a filterable virus.

- **प्रभावित पक्षी एवं प्रसार**—हर प्रकार की मुर्गी और प्रत्येक उम्र की इस रोग से प्रभावित हो सकती हैं। पर चूजे और अण्डा देना प्रारम्भ करने वाली मुर्गियाँ विशेष रूप से आक्रान्त होती हैं। इस रोग में चूजे अधिक मरते हैं।
- यह रोग भारत में बहुत अधिक फैलता है।
- रोग अप्रैल से जौलाई माह में एकाएक अति तीव्रता के साथ संक्रामक रूप में फैलता है।

कारण (Etiology)— इस रोग का कारण एक निस्यंदनीय विषाणु (filterable virus) होता है जिसे सामान्य माइक्रोस्कोप में नहीं देखा जा सकता।

रोग फैलने के साधन (Mode of transmission)— यह रोग छुआछूत, आपस में एक–दूसरे को चोंच मारने से या मच्छरों तथा दूषित वायु द्वारा धीरे–धीरे फैलता है।

Transmission is through mosquitoes or direct contact.

आयु *(Age)*—यह रोग छोटे बच्चों और वयस्क दोनों को होता है। प्रायः एक वर्ष से कम आयु की मुर्गियों में यह रोग अधिक फैलता है।

मृत्यु (Death)— इस रोग से मृत्यु तो कम होती है पर रोगग्रस्त मुर्गियों में अण्डा देने की क्षमता में कई सप्ताह तक काफी कमी आ जाती है।

रोग के लक्षण प्रकट होने का समय (Incubation period)— 1 से 15 दिन में। रोग 3-4 सप्ताह तक रहता है।

रोग का कोर्स—करीब 3 सप्ताह का होता है।

लक्षण (Symptoms)— यह रोग 3 प्रकार का हो सकता है—

1. चर्म रूप (कुटेनियस फार्म), 2. डिफ्थीरेटिक अथवा कैंकर रूप, 3. आकुलो-नेजल अथवा वेट पाक्स।

1. चर्म रूप /कुटेनियस फार्म (Cutaneous form) —अधिकतर मुर्गियाँ इसी रूप से प्रभावित होती हैं। रोगी मुर्गी में आहार के प्रति अरुचि पैदा हो जाती है और उसका शारीरिक भार कम हो जाता है और वह एक से तीन सप्ताह तक सुस्त रहती है। रोग के रूप में मुर्गियों की कलंगी (comb), लोलक, पलकों, टाँगों, गुदा तथा डैनों के भीतरी भाग में हल्के भूरे से रंग के छोटे-छोटे दाने निकलकर मस्सों (warts) की तरह उभरे हुए दिखायी देते हैं। चूजों में यह दाने मुँह, जीभ, आँख एवं नाक के भीतर अधिक निकलते हैं। तीन-चार सप्ताह में यह दाने सूखने लगते हैं और वह भूरे व काले-रंग के खुरंट के रूप में दिखायी देते हैं, जो बाद में पपड़ी के रूप में धीरे-धीरे झड़ जाते हैं।

फाउल पौक्स के लक्षण सारांश में

- ☐ मुर्गियों की कलंगी, लोलक, आँख की पुतली, मुँह, गलफड़े तथा सिर की त्वचा पर छोटे-छोटे दाने या फुंसियाँ।
- ☐ चूजों में यह दाने मुँह, जीभ, आँख और नाक के भीतर।
- ☐ नाक बन्द एवं छींकें आना तथा नाक में पीला मवाद।
- ☐ चोंच के कोने, मुँह के भीतर एवं कंठ में जाली जैसा।
- ☐ साँस लेने में कष्ट।
- ☐ आँखों से पानी बहना एवं सूजन।
- ☐ आँखें नष्ट।
- ☐ प्रकोप मुँह और आँखों पर होने से दाना-पानी खाने-पीने से असमर्थ होकर मृत्यु।

2. डिफ्थीरेटिक रूप (Diphtheratic form)— रोग के इस रूप में प्रविकार (लीजन्स) केवल मुँह के अन्दर ही मिलते हैं। इसमें रोग-ग्रस्त मुर्गियों के तालू, गले, मुँह की झिल्ली तथा साँस की नली में पीले-रंग की एक पर्त दिखायी देती है। यदि इसे हाथ से निकाला जाय तो रक्तस्राव और सूजन मिलती है। इस रूप में मुर्गियों को साँस लेने में बहुत कष्ट होता है। मृत्यु दर लगभग 5% होती है।

3. ओकुलोनेजल फार्म (Oculonasal form) या वेट पॉक्स—रोग के इस रूप में रोगी मुर्गी की आँख व नाक से बदबूदार पानी निकलता है। मुर्गियाँ बार-बार छींकती हैं। शरीर-भार घट जाता है और अण्डे का उत्पादन कम हो जाता है तथा ज्वर बढ़ जाता है। आहार के प्रति अरुचि जारी रहती है।

इस रोग में मुर्गियाँ अन्धी हो जाती हैं, क्योंकि उनकी आँखों के चारों ओर पीले-रंग की कीचड़ इकट्ठा हो जाती है और बाद में एक पर्त के रूप में जमा हो जाती है।

चिकित्सा (Treatment)–

- ☐ इसका कोई विशिष्ट उपचार नहीं, फिर भी अन्य रोगों से बचाव हेतु एण्टीबायोटिक्स (Antibiotics) देना अधिक उपयुक्त रहता है। इसके लिये टैरामाइसीन, वोलीसाइक्लीन, स्टेक्लीन, टेट्रासाइक्लीन आदि में से कोई एक 1-2 मि.ली. डिस्टिल्ड वाटर मिलाकर मांस में दें।
- ☐ निकली हुई फुंसियों के छिलकों को हटाकर एक प्याला गरम पानी में एक चम्मच डेटॉल या सेवलॉन डालकर धोना चाहिये और घाव पर 2% तूतिया का घोल लगाना चाहिये अथवा मरक्यूरोक्रोम घोल लगावें।

नोट—एक बार रोग अच्छा हो जाने पर जीवन-भर रोग से रोग-मुक्ति मिल जाती है।

याद रहे ! विटामिन्स एवं एण्टीबायोटिक्स पीने के पानी व खाने में निर्धारित मात्रा में देते रहें ताकि रोग निरोधक शक्ति की कमी के कारण कोई रोग न हो।

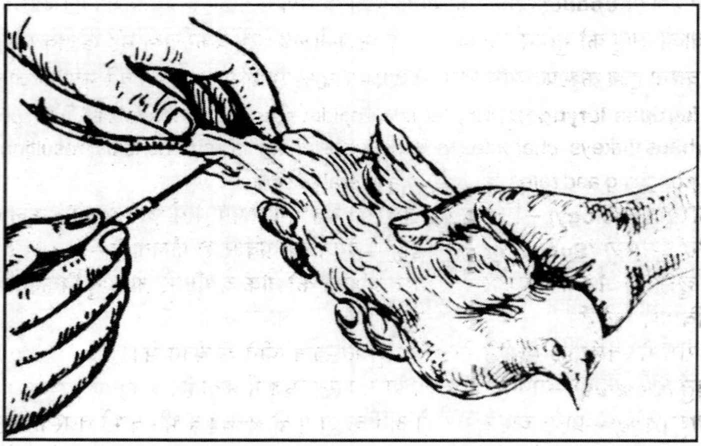

चित्र— *चेचक रोग का टीका लगाते हुए*

रोकथाम/बचाव (Prevention)— रोग से बचाव का एक मात्र साधन टीका (vaccination) है। इसका टीका दो प्रकार का होता है—

1. फाउल पौक्स वैक्सीन (F.P. Vaccine) और
2. पिजेन पौक्स वैक्सीन (Pigeon Pox Vaccine)।

(1) ***फाउल पौक्स वैक्सीन*** *(F.P. Vaccine)*—यह एक प्रभावशाली वैक्सीन है। इसका टीका चार सप्ताह से ऊपर वाले अर्थात् 6-8 सप्ताह की उम्र वाली मुर्गियों को लगाया जाता है। इस टीके को गर्मी शुरू होने से पहले ही लगवा देना चाहिये। इस टीके को एक साथ त्वचा खरोंच कर लगाया जाता है।

चिकित्सकों की राय है कि चूजों को पहले पिजेन पौक्स वैक्सीन (Pigeon Pox Vaccine) लगवायें और कुछ दिनों बाद फाउल पौक्स का टीका।

(2) ***पिजेन पौक्स वैक्सीन*** *(Pigeon Pox Vaccine)*—यह कुछ कम शक्तिशाली वैक्सीन है और इसका प्रभाव केवल तीन माह तक रहता है। यह टीका छः सप्ताह से कम आयु के चूजों को लगाया जाता है। अथवा ऐसी अण्डा देनेवाली मुर्गियों को, जिन्हें पहले टीका नहीं लगाया गया है।

बायोमेड (Biomed) या श्रीनी (Srini) Ventri Biologicals की बी.एम.स्ट्रेन वैक्सीन—यह वैक्सीन चूजों से लेकर सभी उम्र की मुर्गियों को दी जाती है। इसे डैनी की झिल्ली (wing web) को चाकू (lancet) से छेदकर मांस में दिया जाता है। इससे रोगमुक्ति 1 वर्ष की होती है।

अन्य उपाय—

- रोगी मुर्गियों को अलग रखें।
- मरे हुए पक्षियों को जमीन में गाड़ दें।
- सफाई का पूरा प्रबन्ध आवश्यक।

3. श्वासपथ का शोथ या इन्फेक्सियस लारिन्जोट्रेकाइटिस (Infectious Laryngo tracheitis/ I.L.T.)

अन्य नाम (Other names)—संक्रामक कंठशोथ, चिक इन्फ्लूएन्जा (Chick influenza)।

परिचय (Introduction)—मुर्गियों के साँस के रोगों में यह एक प्रमुख रोग है। अधिकतर 5 से 10 माहवाली आयु की मुर्गियों को होता है। इसमें पक्षी गर्दन खींचकर तथा मुँह खोलकर सीटी जैसी आवाज करता हुआ कष्टप्रद साँस लेता है। लगभग 50% रोगग्रसित कुक्कुट की मृत्यु हो जाती है।

Infectious laryngotracheitis is a rapidly spreadig disease of fowls, peasants and perhaps turkeys, characterised by severe laryngitis and tracheitis, resulting in dyspnoea, coughing and rales caused by a filterable virus.

कारण (Etiology)—फिल्टरेबुल वाइरस। यह रोग महामारी के रूप में शीघ्र फैलता है।

रोग प्रसारण (Spread of disease)—रोग निम्न प्रकार से फैलता है—

1. छुआछूत अथवा वायु द्वारा। रोगग्रस्त पक्षियों की नाक व मुँह से जो वायु निकलती है उसमें रोग के विषाणु रहते हैं।

2. रोग से स्वस्थ हुई मुर्गियों से अथवा दूषित खाने-पीने के बर्तन से।

ऋतु (Oestrus)—रोग का प्रसारण प्राय: शरद ऋतु में होता है।

आयु (Age)—प्राय: चार सप्ताह से अधिक आयु के बच्चे। कभी-कभी वयस्क पक्षी भी।

रोग उद्भवन अवधि (Incubation Period)—छूत लगने के बाद 6-12 दिन में रोग के लक्षण पैदा होते हैं।

रोग की अवधि (Disease duration)—रोग प्राय: 6-12 या 20 दिन तक चलता है।

लक्षण (Symptoms)—रोगग्रस्त पक्षी खाँसते और छींकते हैं, विशेषकर रात्रि के समय; साँस लेने में कष्ट होता है। इस रोग में पक्षी अचानक बीमार होते देखे जाते हैं। मुर्गियों के कंठ बन्द हो जाते हैं। उग्र रूप में पक्षी हाँफते हैं गर्दन को आगे की ओर बढ़ा करके सिर को ऊपर उठाकर तथा चोंच खोलकर मुँह से साँस लेने की चेष्टा करते हैं। साँस लेते समय खाँसी हो सकती है तथा मुँह से खून मिला बलगम निकल सकता है। कंठ से गलगलाहट या घड़घड़ाहट की कष्टयुक्त आवाज होती है।

रोगी पक्षी सिर को एकाएक जोर से झटकते हुए दिखायी देते हैं। श्वास नाल व लैरिंक्स में अतिरिक्त उत्स्वेद इकट्ठा हो जाने से रोगी पक्षियों का दम घुटने लगता है। श्वास नाल में श्वासावरोध या प्राण स्थगन के कारण तत्काल मृत्यु हो जाती है।

- इस रोग में रोगी मुर्गी हर समय हाँफती रहती है।
- यदि मुँह खोलकर कंठ की म्यूकस मेम्ब्रेन को देखा जाये तो वह भूरी-सी-सफेद दिखायी पड़ती है।

इन्फेक्सियस लारिन्जोट्रेकाइटिस के लक्षण सारांश में

- ☐ मुर्गियों कंठ बंद एवं श्वास लेने में तकलीफ।
- ☐ छींकना एवं खाँसना।
- ☐ उग्र रूप में हाँफना।
- ☐ गर्दन के आगे की ओर बढ़ाकर सिर को ऊपर उठाकर चोंच खोल कर मुँह से साँस लेना।
- ☐ सिर को झटकते हुए दिखायी देते हैं।
- ☐ साँस लेते समय खाँसी एवं रक्त मिश्रित बलगम भी आ सकता है।
- ☐ कंठ से गलगलाहट या घड़घड़ाहट की आवाज कष्ट युक्त।
- ☐ श्वासावरोध होकर मृत्यु।

चिकित्सा (Treatment)—इस रोग की कोई खास चिकित्सा नहीं है। निम्न व्यवस्था लाभकर होती है—

(क) स्वस्थ मुर्गियों की रक्षा का उचित प्रबन्ध करें।

(ख) नासिका के ऊपर जमे हुए उत्स्वेद को रुई से साफ करके बीटाडीन सोलूशन अथवा कोई एण्टीबायोटिक मलहम लगावें।

(ग) इन्जेक्शन डाइक्रिस्टासीन या स्ट्रेप्टोपेनीसिलीन (Strepto-Penicillin) या वेटोपेन या विस्ट्रापेन अथवा म्यूनोमाइसिन 4 लाख यूनिट की मात्रा में 4 मि.ली. डिस्टिल्ड वाटर में घोलकर 1 मि.ली. की मात्रा में प्रातः सायं मांस में लगावें या टेट्रासाइक्लीन/ ऑक्सीटेट्रा- साइक्लीन/ ऑक्सीस्टेक्लीन/ वोलीसाइक्लीन/ टैरामाइसीन आदि कोई एक दवा 0.5-1 मि.ली. की मात्रा में इतना ही डिस्टिल्ड वाटर मिलाकर-मांस में लगा दें। *या*

जेण्टामाइसीन (Gentamycin) 0.5 मि.ली त्वचा या मांस में। *या*

कानसिन (Kancin) 0.1-0.2 मि.ली. प्रति किलो शरीर-भार पर I/M रूप में।

यदि मुँह खुला हो तो (यहाँ मुँह से मतलब कंठ से है) निम्न औषधि दे सकते हैं—

अलथ्रोसिन (Althrocin) 4 ग्राम 1 लीटर पानी में घोलकर 3-5 दिन तक। *या*

स्टेक्लीन बोलस (Stecline Bolus) या औरियोमाइसीन आक्सलेट-1 टिकिया 20 लीटर पानी में अच्छी तरह घोलकर पीने के लिये दें। *या*

फूरासोल (Furasol) 1 ग्राम दवा को 1 लीटर पानी में घोलकर 7-10 दिन तक दें।

रोकथाम (Prevention)—रोग से बचाव हेतु बायोमेड द्वारा तैयार किया हुआ वैक्सीन का टीका निम्न प्रकार देना चाहिये—

1. पहले 2 माह की उम्र में मलद्वार पर बूँद की तरह गिराकर।
2. पुनः 4-5 माह की उम्र में आँखों में वैक्सीन की बूँद डालकर।

4. संक्रामक खाँसी या इन्फेक्सियस ब्रोन्काइटिस (Infectious Bronchitis/I.B.)

परिचय (Introduction)—यह छोटी मुर्गियों की संक्रामक खाँसी (Infectious Bronchitis) की बीमारी है। इसमें पक्षियों को साँस लेते समय खाँसी और खड़खड़ाहट की आवाज होती है एवं शारीरिक विकास रुक जाता है एवं अण्डे का छिलका पतला पड़ जाता है। 25% रोगग्रसित चूजों की मृत्यु हो जाती है। इसे गैसपिंग (gasping) अथवा गैपिंग डिजीज (gapping disease) भी कहते हैं।

कारण (Etiology)—इस रोग का कारण एक वायरस है।

रोग प्रसारण (Spread of disease)— छुआछूत अथवा वायु द्वारा रोग फैलता है। रोगग्रस्त पक्षियों की नाक व मुँह से जो हवा निकलती है उसमें रोग के विषाणु रहते हैं।

ऋतु (Oestrus)—यह रोग प्रायः शरद ऋतु में होता है।

आयु (Age)— यह रोग प्रायः 3-4 सप्ताह की आयु के बच्चों में होता है। कभी-कभी वयस्क पक्षी भी रोगग्रस्त हो जाते हैं।

रोग फैलने की अवधि (Incubation period)— 1-3 दिन में रोग के लक्षण पैदा होते हैं।

रोग की अवधि (Disease duration)— प्रायः 2-3 सप्ताह तक रहती है।

***लक्षण* (Symptoms)**— इस रोग के लक्षण निम्न प्रकार से होते हैं—

1. **चूजों में**—इस रोग में बच्चे कठिनाई से साँस लेते हैं। साँस लेते समय घर्र-घर्र की आवाज होती है। बच्चे प्रायः छींकते हुए हाँफते नजर आते हैं। गले से ऐसी आवाज निकलती है मानो गला फँसा जा रहा है। आँख व नाक से पानी निकलता है बच्चे प्रायः ब्रूडर-घर में बिजली के बल्ब के पास इकट्ठे मिलते हैं मानो ठंड खा गये हों।

2. ***वयस्कों में***—वयस्कों के ग्रसित होने पर 75% अण्डे की क्षमता घट जाती है। जो मुर्गी अण्डे देती है उसका छिल्का अत्यन्त मुलायम रहता है। साथ ही अण्डे का आकार भी छोटा होता है। रोग से स्वस्थ होने पर भी सामान्य अण्डा उत्पादन की अवस्था तक पहुँचने में बहुत समय लग जाता है। जो इस रोग से बच जाते हैं वे इस रोग को ढोते रहते हैं।

इन्फेक्सियस ब्रोन्काइटिस के लक्षण सारांश में

- ☐ चूजों में चोंच खोलकर साँस लेना या हाँफना (gasping)।
- ☐ खाँसी और घड़घड़ाहट की आवाज।
- ☐ आँख, नाक से पानी बहना।
- ☐ आँख, नाक के भीतर सूजन।
- ☐ शारीरिक विकास में रुकावट।
- ☐ बच्चे प्रायः ब्रूडर-घर में बिजली के बल्ब के पास एकत्रित।
- ☐ वयस्कों के ग्रसित होने पर 75% अण्डे देने की क्षमता में कमी।

चिकित्सा (Treatment)–

- ☐ इसकी कोई उपयुक्त चिकित्सा नहीं है।
- ☐ फिर भी एण्टीबायोटिक औषधियों का प्रयोग करें (देखें श्वासपथ का शोथ रोग)

रोकथाम (Prevention)—निम्न प्रकार से—

- ☐ रोगी मुर्गियों को अलग कर स्वच्छता के साथ उनके खाने-पीने का प्रबन्ध करें।
- ☐ वैक्सीन मास स्ट्रेन (Vaccine mass strain) *नि. बायोमेड* का 1-2 बूँद मुँह में, 3-4 सप्ताह की उम्र में अथवा पीने के पानी में पुनः 3-4 माह की उम्र में दें।
- ☐ इसी प्रकार 'श्रीनी' द्वारा निर्मित वैक्सीन आँख में डाला जाता है या पानी में मिलाकर पिलाया जाता है।
- ☐ ब्रूडरघरों का निर्धारित से थोड़ा तापक्रम बढ़ा देना चाहिये ताकि उनमें पले हुए बच्चों को अधिक ठंड के कारण मृत्यु से बचाया जा सके।
- ☐ कुक्कुट खाद्य व पीने के पानी में विटामिन्स, विटाब्लेन्ड या रोवीसाल तथा एण्टीबायोटिक्स; यथा—टैरामाइसीन या आरियोमाइसीन अथवा होस्टासाइक्लीन 2-3 सप्ताह तक दें। इससे रोग का प्रकोप कम हो जाता है।

5. गुम्बोरो डिजीज (Gumboro Disease)

परिचय (Introduction)—यह पक्षियों तथा मुर्गियों में सफेद दस्त, अधिक कष्ट एवं कम्पन पैदा करनेवाली अति संक्रामक एवं घातक बीमारी है। इसका दूसरा प्रचलित नाम संक्रमक बुर्सल रोग (आई.बी.डी./I.B.D.) तथा इन्फेक्सियस एवियन नेक्रोसिस है।

कारण (Etiology)— रोग का उत्पादक कारण एक आर.एन.ए.टाइप वायरस होता है।

उम्र (Age)—यह रोग 2 से 9 सप्ताह के उम्रवालों को होना है। बड़ी मुर्गियाँ इस रोग से कम प्रभावित होती हैं।

स्थान (Places)— यह रोग प्रायः सभी जगहों में तथा सघन मुर्गीपालन के सभी स्थानों में पाया जाता है।

प्रसारण (Spread)—रोग का प्रसार सीधे सम्पर्क से या दाना-पानी, बीट आदि के द्वारा होता है।

लक्षण (Symptoms)— इस रोग में निम्न लक्षण देखने को मिलते हैं—

- ☐ मुर्गियों का काँपना।
- ☐ उजले दस्त (White diarrhoea)।
- ☐ कमजोरी एवं अधिक कष्ट।
- ☐ रोग का अति तीव्रता से फैलना।
- ☐ रोग प्रतिरोधक क्षमता का ह्रास।
- ☐ वुर्सी, थायमस, प्लीहा और सीकल अंगों पर गिल्टियों की उपस्थिति।

कोर्स (Course)—रोग प्रायः 4-7 दिन तक रहता है।

चिकित्सा (Treatment)

- ☐ इसकी कोई उपयुक्त चिकित्सा नहीं है।
- ☐ फिर भी एण्टीबायोटिक्स चिकित्सा करनी चाहिये।

याद रहे! इसके दबे रूप से अधिकाधिक हानि 4 सप्ताहवाले ब्रॉयलरों को होती है, क्योंकि इसके लक्षण ठीक-ठीक से पहिचान में नहीं आते।

- ☐ जो मुर्गियाँ 6-10 दिनों तक जीवित रहती हैं वह प्रायः बच जाती हैं।

रोकथाम (Prevention)—लिव एटीनुएटिड फ्रीज ड्रायड वैक्सीन *(बायोमेड कं.)* मुख द्वारा।

- ☐ माइल्ड स्ट्रेन वैक्सीन *(वैन्ट्री बायोलोजिकल्स)* युवा चूजों को पानी के द्वारा निर्देशानुसार दिया जाता है।

इस प्रकार से इस रोग का टीका छोटी आयु में ही लगवा देना चाहिये।

6. मारेक्स रोग या कैंकर (Marek's Disease or Canker)

अन्य नाम (Other names)— ल्यूकोसिस (Leukosis)।

परिचय (Introduction)— यह चूजों तथा युवा चूजों में अधिक कष्टदायक लंगड़ेपन की बीमारी है जो एवियन ल्यूकोसिस कम्पलेक्स (A.L.C.) के समान है। इसमें पक्षियों के पंखों का गिरना, पैरों का लड़खड़ाना, शरीर पर गिल्टी पड़ना, पेट बढ़ जाना, शरीर भार में कमी, आँखों से कम दिखायी देना, खाने में अरुचि, त्वचा पर झुर्रियाँ पड़कर मृत्यु हो जाना आदि लक्षण देखने को मिलते हैं।

कारण (Etiology)— इस रोग का कारण एक प्रकार का विषाणु (virus) है, जो हर्पिस बी ग्रुप (Herpes B.Group of virus) का होता है। यह कोशिकाओं के अन्दर रहता है।

रोग का प्रसार (Spread of disease)—1. इसका विस्तार सीधे सम्पर्क से, 2. रोगी मुर्गियों से तथा 3. गन्दे खाद्य एवं पानी से होता है।

इस रोग से प्रभावित मुर्गियों के अण्डों से उत्पन्न चूजों में इसका विषाणु प्रवेश कर जाता है। वैसे इसका संक्रमण Nasal or Buccal tract के द्वारा सर्वाधिक होता है।

प्रभावित पक्षी (Affected birds)—चूजे (Chicks) और लेयर्स (Layers) अधिक आक्रान्त होते हैं।

लक्षण (Symptoms)—रोग के लक्षण 4 प्रकार के होते हैं—

- ☐ न्यूरल फौर्म (Neural form)
- ☐ ओकुलर फौर्म (Occular form)
- ☐ कुटेनियस फौर्म (Cutaneous form)
- ☐ विसेरल फौर्म (Visceral form)

न्यूरल फौर्म *(Neural Form)*—इस प्रकार के रोग में नर्वस सिस्टम पर प्रभाव पड़ता है, जिसके परिणामस्वरूप मुर्गियों में डैनों तथा पैरों में कष्टदायक प्रभाव पड़ता है। पैरों में कमजोरी हो जाती है, डैनों और पैरों में लकवा मार जाता है एवं डैने झुक जाते हैं। प्यास कम लगती है और चूजों की वृद्धि रुक जाती है।

ओकुलर फौर्म *(Occular Form)*—इस प्रकार के रोग में विषाणु का प्रभाव सीधे आँखों पर पड़ता है जिससे आँखों की रोशनी कम हो जाती है और दिखाई नहीं देता है जिससे वह खाने-पीने से असमर्थ हो जाते हैं। इसमें आँख की परितारिका (Iris) का रंग समाप्त हो जाता है।

मारेक्स रोग के लक्षण सारांश में

- ☐ चूजे और युवा चूजे सर्वाधिक प्रभावित।
- ☐ पंखों का गिरना।
- ☐ पैरों का लड़खड़ाना।
- ☐ शरीर पर गिल्टी पड़ना।
- ☐ शरीरभार में कमी।
- ☐ पेट का बढ़ जाना।
- ☐ आँखों से कम दिखाई देना—अंधापन।
- ☐ खान-पान में अरुचि।
- ☐ शरीर वृद्धि में रुकावट।
- ☐ दस्त/अतिसार (Diarrhoea)।
- ☐ त्वचा में झुर्रियाँ पड़ कर मृत्यु।

कुटेनियस फौर्म *(Cutaneous Form)*—इस प्रकार के रोग में विषाणु का प्रभाव त्वचा पर पड़ता है, जिससे त्वचा सूखने तथा सिकुड़ने लगती है और खुरंट पड़ जाता है, जो बाद में सूखकर गिर जाता है। इस प्रकार में मृत्यु नहीं होती है।

विसेरल फौर्म *(Visceral Form)*—इस प्रकार के रोग में विषाणु का प्रभाव शरीर के आन्तरिक अंगों पर पड़ता है। इसमें छोटी-छोटी गोलाकार गाँठों (nodules) का निर्माण हो जाता है, जिसके कारण चूजों की वृद्धि रुक जाती है, वजन और उत्पादन क्षमता घट जाती है।

पोल्ट्री फार्म गाइड (डा.आर.वेन्क्टाकृष्णन B.VSc., M.Sc. Ph.D.) के अनुसार—

Paralysis, droopy, wing drop, limb, takes peculiar postures, cannot reach food or water, diarrhoea, Loss of weight.

चिकित्सा (Treatment)

- ☐ इसकी कोई औषधि नहीं है।

रोकथाम (Prevention)—केवल रोकथाम हेतु वैक्सीन का उपयोग किया जाता है। इसके लिये कई वैक्सीन (Vaccines) आती हैं; जैसे—

1. **मारेक्स टीका फॉर डे ओल्ड चिक वैक्सीन** (Imported)—1 से 10 दिन के चूजों को लगाया जाता है।

2. **एच.वी.टी. स्ट्रेन लिव एटैनुएटिड फ्रीज ड्रायड वैक्सीन**—3 सप्ताह के अन्दर त्वचा में सूचीवेध।
3. **एफ.सी-126 स्ट्रेन** (F.C.-126 Strain)—इसका टीका 0.2 मि.ली. की मात्रा में त्वचा में दिया जाता है।

रोग बचाव हेतु अन्य उपयुक्त वैक्सीनें भी उपलब्ध—

- ☐ मारवैक (Marvac)
- ☐ मारेक्स वैक्सीन (Marek's vaccines)
- ☐ मैरी वैक्सीन (Marri vaccines)
- ☐ टी.एच.वी. (T.H.V.)
- ☐ मारेक्स टी.ए.टी. (Marek's T.A.T.)
- ☐ एच.वी.टी. स्ट्रेन वैक्सीन (H.V.T. strain vaccine)

सावधानियाँ—

- ☐ रोगी पक्षियों को स्वस्थ पक्षियों से अलग रखें एवं उपयुक्त देख-भाल आवश्यक। दाने में विटामिन बी$_2$ मिलाकर दें।
- ☐ खाने-पीने के बर्तनों की उपयुक्त सफाई।

7. नीली कलंगी/ब्लू कोम्ब (Blue Comb)

अन्य नाम (Other names)— एवियन मोनोसाइटोसिस (Avian monocytosis)

परिचय (Introduction)— यह मूत्रविष (uremia) और गुर्दा हानि का रोग है। इसमें कलंगी का रंग-नीला पड़ जाता है और दुर्बलता आदि लक्षण मिलते हैं।

कारण (Etiology)— रोग का कारण एक विषाणु है।

उम्र (Age)— यह अधिकतर 5-7 माह की उम्र वाली मुर्गियों में मिलता है।

लक्षण (Symptoms)— इस रोग के लक्षण इस प्रकार हैं—

- ☐ उच्च तापक्रम (Pyrexia)
- ☐ भूख बिलकुल नहीं (Total loss of appetite)
- ☐ अतिसार (Diarrhoea)
- ☐ कलंगी का रंग नीला-सा
- ☐ दुर्बलता (Weakness)।

मृत्यु दर (Mortality rate)—10-50% तक।

चिकित्सा (Treatment)

- ☐ उपयुक्त सफाई एवं देख-भाल।
- ☐ द्वितीयक संक्रमण के लिये एण्टीबायोटिक्स; जैसे—टेट्रासाइक्लीन/ऑक्सीटेट्रासाइक्लीन/टैरामाइसीन/वोलीसाइक्लीन/ओटसिस/टायलोसीन/इरीथ्रोमाइसीन आदि का प्रयोग लाभकर।

इनमें से कोई एक औषधि विटामिन्स के साथ 1 किलो दाने में 1 ग्राम के हिसाब से 5-7 दिन तक दें।

8. फाउल प्लेग (Fowl Plague)

अन्य नाम (Other names)—फाउल पेस्ट (Fowl Pest), एवियन इन्फ्लूएन्जा (Avian Influenza)।

परिचय (Introduction)—यह मुर्गियों के शीर्ष भाग के शोथ का योग है। इसमें तीव्र बुखार, नाक और आँख से स्राव, उठने में असमर्थता, प्रोस्ट्रेशन एवं मृत्यु आदि लक्षण होते हैं।

Fowl Plague is a highly fatal disease of fowls and other avian species, characterised by high fever discharge from Eyes and Nostrils, inability to stand, prostration and death caused by filterable virus.

कारण (Etiology)—इसका कारण फिल्टरेबुल वाइरस होता है। इसे इन्फ्लूएन्जा ग्रुप–A के मिक्सोवायरस कहते हैं।

प्रसारण (Spread)—बीमार पक्षियों के सम्पर्क से उनके नाक के स्राव एवं बीट के सम्पर्क में आने से रोग का प्रसारण होता है।

उद्भव अवधि (Incubation period)—3 से 5 दिन।

लक्षण (Symptoms)—इस रोग में निम्न लक्षण होते हैं—

- ☐ रोग का एकाएक आक्रमण (Sudden onset of disease)।
- ☐ अरुचि एवं बुखार (Anorexia and Fever)।
- ☐ दुर्बलता (Weakness)।
- ☐ नाक एवं आँख से पूय जैसा नि:स्राव (Mucoid discharge from Nose and Eyes)।
- ☐ सिर, पपनी, लोलक एवं गर्दन में शोध तथा सूजन।
- ☐ नासिका स्राव में रक्त के धब्बे भी।
- ☐ अंधापन, लकवा (Paralysis) एवं चिहुँकन।
- ☐ श्वास लेने में कष्ट, प्रोस्ट्रेशन एवं मृत्यु।
- ☐ नर्वस सम्बन्धी लक्षणों में—सिर को हिलाना (Shaking movement of the head) एवं पैरों में पक्षाघात (Paralysis of Legs)।

तीव्र रोग की अवस्था में पक्षी बिना कोई लक्षण प्रकट किये ही मर जाते हैं।

चिकित्सा (Treatment)— इस रोग की कोई उपयुक्त चिकित्सा नहीं है। कुछ ही पक्षी रोग से मुक्त हो पाते हैं।

बचाव (Prevention)—चिक इम्ब्रियो वैक्सीन का उपयोग किया जा सकता है।

9. सिटाकोसिस/तोतों का बुखार (Psittacosis)

अन्य नाम (Other names)— ओर्नीथोसिस (Ornithosis), पैरट फीवर (Parrot fever), Chlamydiosis आदि।

परिचय (Introduction)— यह तोतों का एक तीव्र अथवा जीर्ण प्रकार का रोग है। परन्तु, अन्य पक्षियों; जैसे—मुर्गी, कबूतर आदि को भी हो जाता है। इसका संक्रमण मनुष्यों को भी लग जाता है। इसमें भूख की कमी, दुर्बलता एवं डायरिया आदि लक्षण होते हैं।

कारण (Etiology)— रोग का कारण एक विषाणु है।

प्रभावित पक्षी (Affected birds)— तोते, Pigeons, कोकाटूज, स्पेरोज, बतख, मुर्गी, टर्की एवं अन्य पालतू चिड़ियाँ आदि।

नोट—यह रोग मनुष्यों में भी प्रसारित हो जाता है और तीव्र न्यूमोनिया होकर मृत्यु हो जाती है।

उद्‌भव अवधि (Incubation period)—14 दिन।

लक्षण (Symptoms)—

- ☐ भूख न लगना।
- ☐ नाक से पानी बहना।
- ☐ तीव्र बुखार (High Temperature)।
- ☐ श्वास लेने में कठिनाई (Difficulty in breathing)।
- ☐ दस्त (Diarrhoea)।
- ☐ दुर्बलता के कारण पशु खड़ा नहीं हो पाता है।
- ☐ मृत्यु प्रायः 7 से 10 दिन में।
- ☐ जो पक्षी इस रोग से अच्छे हो जाते हैं वे इस विषाणु को ढोते रहते हैं एवं बीट के साथ बाहर गिरते रहते हैं, जो मनुष्यों में (in human beings) फैलने का मुख्य कारण होता है।

उपचार (*Treatment*)—द्वितीयक संक्रमण को रोकने के लिए—

- सल्फा ड्रग्स एवं एण्टीबायोटिक लाभकर।
- औरियोमाइसीन 200 ग्राम 1 टन आहार में। *या*
- इन्जेक्शन पेनीसिलीन 1 लाख यूनिट्स मांस में (I.M.) प्रतिदिन। *या*
- इन्जेक्शन एम्पीसिलीन (Inj. Ampicillin) 2-7 मि.ग्रा. को 1-2 मि.ली. डिस्टिल्ड वाटर में घोलकर मांस में (I.M.) दें।

बचाव (Prevention)— सभी बीमार पक्षियों को मार देना चाहिये अथवा उन्हें जला दें।

10. मुर्गियों का पक्षाघात, एवियन ल्यूकोसिस कम्पलेक्स Fowl Paralysis/Avian Leucosis Complex)

परिचय (Introduction)— यह रोग सामान्य रूप से शनैः-शनैः फैलकर पक्षियों के किसी बाहरी अथवा भीतरी अंगों को प्रभावित कर उनके स्वाभाविक रूप में परिवर्तन (change) ला देता है, जिससे पक्षी क्रमशः निर्बल और दुर्बल होकर मर जाते हैं।

कारण (Etiology)—रोग का कारण एक विषाणु है।

लक्षण (Symptoms)—इसके लक्षण प्रायः 2 प्रकार के होते हैं—

1. स्नायविक श्वेताणुता (Neural Leucocytosis), 2. आंगिक श्वेताणुता (Visceral Leucocytosis)।

1. *स्नायविक श्वेताणुता (Neural Leucosis)*—

- ☐ विशेषकर 3-4 माहवाली मुर्गियाँ प्रभावित।
- ☐ गर्दन विचित्र रूप से ऐंठ जाती हैं।
- ☐ डैने लटक जाते हैं।
- ☐ पैरों में लकवा मारने से चलने में पूर्णरूप से असमर्थता।
- ☐ आँखों की पुतलियाँ सिकुड़ कर टेढ़ी-मेढ़ी, बेडौल एवं रंग बदलकर दूधिया या भूरा। अन्त में मोतियाबिन्द होकर अंधे।

(2) *आंगिक श्वेताणुता (Visceral Leucosis)*—

- ☐ वयस्क मुर्गियाँ ही अधिकतर प्रभावित।

- ☐ यकृत और प्लीहा आकार में बढ़े हुए होते हैं।
- ☐ अण्डों की मात्रा प्रभावित।
- ☐ दुर्बलता एवं निर्बलता खासकर।
- ☐ *रक्त पर प्रभाव*—रक्त का रंग हल्का, पतला एवं पीला तथा अनीमिया का होना। अस्थियों पर प्रभाव—अस्थियाँ मोटी होकर कड़ी या ठोस, जिससे चलने-फिरने में असमर्थता होती है।

चिकित्सा (Treatment)—कोई उपयुक्त दवा नहीं। फिर भी—

- ☐ विटामिन बी$_1$, बी$_6$ एवं बी$_{12}$ या ट्राइरेडिसोल एच या ओप्टीन्यूरान या न्यूरोवियान आदि 1 मि.ली. मांस में हर तीसरे दिन।
- ☐ पौष्टिक एवं शक्तिवर्धक दाना खाने को दें।

रोकथाम (Prevention)— कोई टीका उपलब्ध नहीं।

11. पक्षी मस्तिष्क प्रदाह या एवियन इन्सेफलोमाइलाइटिस (Avian or Fowl Encephalomyelitis or Epidemic Tremors)

परिचय (Introduction)— यह 1 से 4 सप्ताह के चूजों (Chicks) का सिर और गर्दन के कंपकंपी का रोग है जो वायरस के द्वारा होता है। इस रोग में पक्षियों के पैरों और डैनों में दुर्बलता आ जाती है।

कारण (Etiology)— एक वाइरस है।

लक्षण (Symptoms)— इस रोग में चूजों के अन्तर्गत निम्न लक्षण देखने को मिलते हैं—

- ☐ सिर और गर्दन में थरथराहट।
- ☐ डैनों और पैरों में दुर्बलता।
- ☐ बड़ी मुर्गियों में रोग होने पर प्राय: लक्षणों का अभाव रहता है। वह रोग को फैलाते रहते हैं और रोग का प्रसार अण्डों के द्वारा होता है।

इस रोग में बड़े फार्मों पर 10-20% तक चूजों की मृत्यु हो जाती है। चूँकि इसका प्रसारण अण्डों के द्वारा होता है अतः चूजा उत्पादन कर्त्ता के लिये यह एक विकट समस्या है।

चिकित्सा (Treatment)—कोई उपयुक्त उपचार नहीं।

रोकथाम (Prevention)—बचाव हेतु वैक्सीन का टीका दिया जाता है। इसके लिए लिव फ्रीज ड्रायड वैक्सीन (Live freeze dried vaccine) निर्माता-बायोमेड गाजियाबाद का टीका पीने के ठंडे पानी में मिलाकर लगाया जाता है। यह टीका 3-4 माह की सभी उम्रवाली मुर्गियों को लगाना चाहिए।

याद रहे !
- बीमार पक्षियों को प्रजनन कार्य में काम में न लायें।
- अस्वस्थ पक्षियों को तत्काल अलग कर दें।

12. मालएब्जॉर्प्शन सिण्ड्रोम या ओस्टियोपोरोसिस या हेलीकोप्टर डिजीज Malabsorption Syndrome/Osteoporosis/Helicopter Disease)

परिचय (Introduction)— यह एक ब्रालयर पक्षियों की संक्रामक और घातक बीमारी है। इसमें पीली या ऑव युक्त दस्त, पीली त्वचा, हड्डियाँ कोमल तथा शीघ्र टूटनेवाली होती हैं। पंख खड़े होकर हेलीकॉप्टर पंखों जैसे दिखायी देते हैं, जिससे इसे हेलीकॉप्टर डिजीज कहते हैं।

कारण (Etiology)—रोग के कारण का कोई पता नहीं। फिर भी कारण एक वाइरस समझा जाता है।

लक्षण (Symptoms)—रोग के प्रारम्भ में पीले या ऑव युक्त दस्त आते हैं। त्वचा पीली पड़ जाती है और रिकेट्स के लक्षण मिलते हैं। अस्थियाँ कोमल होकर शीघ्र टूटने वाली होती हैं। पंख सीधे खड़े होकर हेलीकॉप्टर जैसे दिखायी देते हैं। रोगी पक्षी बहुत ही दुर्बल हो जाते हैं। अस्थियाँ इतनी कोमल तथा मुलायम हो जाती हैं कि उन्हें आसानी से तोड़ा या मोड़ा जा सकता है। यह देखा गया है कि इस रोग में चूजे 5-7 दिनों में छोटे तो कोई बड़े दिखायी देने लगते हैं। हड्डियों के मोड़ने पर हड्डियाँ टूटकर जोड़ों से अलग हो जाती हैं, विशेषकर टाँग की हड्डियाँ। देखने पर फीमर हड्डी (Femur bone) का सिर (Head) सड़ा हुआ (necrosed) मिलता है।

हेलीकॉप्टर डिजीज के लक्षण सारांश में

- ☐ रोगी विशेषकर ब्रायलर पक्षी होते हैं।
- ☐ शुरू से पीले या ऑव युक्त दस्त।
- ☐ त्वचा भी पीले-रंग की।
- ☐ अस्थियाँ कोमल तथा शीघ्र टूटनेवाली।
- ☐ पंख खड़े हुए, देखने में हेलीकॉप्टर जैसे।
- ☐ 5-7 दिन बाद चूजे छोटे या बड़े आकार के दीखना।
- ☐ पक्षियों में विशेष कमजोरी।
- ☐ अस्थियाँ इतनी कोमल कि उन्हें आसानी से मोड़ा जा सकता है।
- ☐ हड्डियों के टूट जाने से टाँग जोड़ों से अलग।
- ☐ फीमर हड्डी का सिर सड़ा हुआ मिलना।
- ☐ रिकेट्स की स्थिति में पसलियों के जोड़ों में सूजन की उपस्थिति।

रिकेट्स की स्थिति में पसलियों (Ribs) के जोड़ों में सूजन मिलती है। आँतों में जख्म हो जाते हैं। प्राय: पक्षी दूसरे सप्ताह में मर जाते हैं।

रोग निदान (Diagnosis)—

- ☐ रोग की पहिचान उपरोक्त लक्षणों के आधार पर होती है।
- ☐ रोगग्रस्त पक्षियों के रक्त की जाँच करने से।

चिकित्सा (Treatment)—

- ☐ इस रोग की कोई चिकित्सा अब तक नहीं निकली है।

रोकथाम (Prevention)—

- ☐ रोग के टीके लगाये जाते हैं, परन्तु कोई संतोषजनक परिणाम नहीं मिले हैं।
- ☐ ब्रायलर घरों की अच्छी सफाई एवं कीटाणु रहित रखने से अच्छे परिणाम मिले हैं।

(B) सूक्ष्म जीवाणु रोग (Bacterial Diseases)

मुर्गियों में सूक्ष्म जीवाणुओं (Bacteria) से निम्न रोग होते हैं—

1. सालमोनेला डिजीज या सालमोनीलोसिस (Salmonella Disease or Salmonellosis)

   इसके अन्तर्गत निम्न रोग आते हैं—

   (i) पुल्लोरम डिजीज या बेसिलरी ह्वाइट डायरिया (Pullorum Disease or Bacillary White Diarrhoea i.e., B.W.D.)

(ii) फाउल टायफाइड (Fowl Typhoid)
(iii) फाउल पाराटायफाइड (Foul Paratyphoid)
(iv) कील डिजीज (Keel Disease)

2. मुर्गियों का हैजा (फाउल कालरा-Fowl Cholera)
3. संक्रामक सर्दी/नजला-जुकाम (Infectious Coryza)
4. दीर्घकालीन श्वास रोग (Chronic Respiratory Disease—C.R.D.) अथवा माइकोप्लाजमोसिस (Mycoplasmosis) अथवा पी.पी.एल.ओ. (P.P.L.O.)
5. मुर्गियों का यक्ष्मा (Foul Tuberculosis-T.B.)
6. बोटूलिज्म (Botulism)
7. ई. कोलाई इन्फेक्शन (E. coli Infection)
8. कुएल रोग (Quail Disease)
9. नैक्रोटिक इन्टेराइटिस (Necrotic enteritis)
10. नाभि रोग/अण्डपीत का प्रचूषण न होना (Mushi Chik Disease) I

1. सालमोनेला डिजीज या सालमोनीलोसिस (Salmonella Disease or Salmonellosis)

(i) पुल्लोरम डिजीज या बेसिलरी ह्वाइट डायरिया (Pullorum Disease or Bacillary White Diarrhoea–B.W.D.)

अन्य नाम (Other names)— पुल्लोरम रोग, जीवाणुज श्वेत प्रवाहिका, सूक्ष्मजीवी सफेद दस्त।

परिचय (Introduction)—यह चूजों की एक तीव्र संक्रामक बहुत ही घातक बीमारी है, जिसमें भूख प्यास की कमी, सुस्ती कराहने की आवाज एवं सफेद-दाग के दस्त आदि लक्षण होते हैं।

It is an acute septicaemia of baby chicks characterised by white diarrhoea and heavy mortality caused by Salmonella pullorum.

कारण (Etiology)— इसका कारण एक *सालमोनेला पुल्लोरम* नामक जीवाणु है।

प्रसारण (Spread)—
- यह रोग अण्डों के द्वारा चूजों में फैलता है।
- रोग संक्रान्त चूजों के सम्पर्क में।
- यान्त्रिक वाहक; जैसे—बिछावन, मल, अस्थि चूर्ण, आहार, पानी, दूषित सज्जा, कुक्कुटशाला, मक्खियों द्वारा, अण्डों के छिलकों द्वारा।
- रोग ग्रस्त मुर्गियों के सम्पर्क से।

अर्थात् यह रोग Contaminated utensils, hatchery equipments infection can be through egg) आदि के माध्यम से फैलता है।

जाति विशेष जिनमें रोग होता है—प्राय: सभी पक्षियों में 3 सप्ताह तक के चूजे विशेष रूप से प्रभावित होते हैं।

ऋतु (Oestrus)— प्राय: शरद-ऋतु में जब बिछावन में नमी होती है तथा ठंडी हवा चलती है तब रोग प्रसारण के लिये अनुकूल वातावरण मिलता है।

लक्षण (Symptoms)— इस रोग में चूजों को प्यास अधिक लगती है। उन्हें आहार के प्रति अरुचि हो जाती है। सुस्त एवं अशान्त प्रतीत होते हैं। पेट अफर जाता है। **वे सुस्त दशा में, परों को पीछे व नीचे की ओर किये हुए, सिर झुकाये हुए, आँखें बन्द करके ब्रूडरघर में जलते हुए बिजली के बल्ब या तापक** (heater) **के पास इकट्ठा होकर काँपते हुए दिखायी देते हैं।** ऐसा प्रतीत होता है मानों पानी में भीगकर अत्यधिक ठंड खा गये हों। श्वास लेते समय हाँफते हैं, अधिक संताप के कारण चूं-चूं की विशेष आवाज करते हैं। श्वेत-रंग के पतले पानी से दस्त होते हैं तथा गुदा के पास श्वेत हरा जमा हुआ सा मल दिखायी देता है। डैने लटके हुए एवं पंखों का रूखापन मिलता है। प्रायः न्यूमोनिया हो जाता है।

पुल्लोरम के लक्षण सारांश में

- ☐ भूख, प्यास की कमी।
- ☐ आहार के प्रति अरुचि (Anorexia)।
- ☐ सुस्त एवं अशान्त।
- ☐ पेट अफरा हुआ।
- ☐ लसीले चिपकाऊ श्वेत-पीले दस्त जो मलद्वार पर चिपका रहता है।
- ☐ डैनों का लटकना एवं पंखों का रूखापन।
- ☐ सुस्त दशा में परों को पीछे व नीचे किये हुए, सिर झुकाये, आँखें बन्द करके बल्ब के पास काँपते हुए इकट्ठे मिलना।
- ☐ श्वास लेते समय हाँफते नजर आना।
- ☐ चूँ-चूँ की विशेष आवाज करते हुए।
- ☐ प्रायः न्यूमोनिया।

युवा मुर्गियों में—सुस्ती एवं श्वेत-रंग के दस्त, कलंगी पीली, अण्डा देना कम, रक्तहीनता एवं निर्बलता तथा शक्तिहीनता आदि लक्षण।

अति तीव्र प्रसारण के समय महामारी (Out break) के रूप में-कोई भी लक्षण प्रकट किये बिना ही चूजे अचानक गिर कर मर जाते हैं। यह रोग 2-3 सप्ताह वाले चूजों में प्रचण्ड रूप से फैलता है और मृत्यु संख्या अधिक होती है।

लक्षण युवा मुर्गियों में—बड़ी मुर्गियों में रोग होने पर वह सुस्त पड़ जाती हैं और अण्डा देना कम कर देती हैं। कलंगी पीली पड़ जाती है। उन्हें बार-बार श्वेत-रंग का दस्त होने लगता है। आरोग्य चूजे या मुर्गियाँ इसके वाहक होते हैं। बड़ी मुर्गियों में मृत्यु कम होती है, वे रक्तहीनता के कारण सुस्त, निर्बल, शक्तिहीन दिखायी देती हैं।

1. In Chicks—If chicks are fatched from infected eggs morbid and dead chicks may be observed in the incubator or within a short time after hatching. The chicks manifest somnolence, weakness, anorexia and sudden death. The peak of infection usually occurs on the 2nd or 3rd week of chickhood.The wings drop and the feathers are ruffled. The chicks may appear as if dipped in water. **The most characteristic symptom is a white or yellowish diarrhoea. Affected birds frequently make a chirping noise when voiding excreta, suggesting severe pain.**

2. In adults—General ill health, paleness of comb, fever and diarrhoea.

मृत्यु (Death)— 90 से 100% तक।

निदान (Diagnosis)
- उपरोक्त लक्षणों के आधार पर।
- कल्चर एवं एग्लूटीनेशन टैस्ट से।

1. Rapid whole blood test.
2. Serum tube test.

चिकित्सा (Treatment)—

(क) दाने में—नेफ्टिन (Neftin) 800 ग्राम प्रति 100 किलो आहार के हिसाब से मिलाकर अगले 10 दिन तक दें।

(ख) पीने के पानी में एण्टीबायोटिक्स—टैरामाइसीन एग फॉर्मूला, एण्टीजर्म 77, क्लोरोमाइसिटीन, होस्टासाइक्लीन, ओरियोमाइसीन आदि में से कोई एक दवा। अथवा

सलमेट (Sulmate), सल्फाडायमेडीन, डायडीन, वीटाडीन ओरल, कोड्रीनाल, सल्फा-क्यूनाक्सेलीन आदि सल्फा ड्रग्स में से कोई एक दवा निर्धारित मात्रा में दें।

***अनुभूत चिकित्सा व्यवस्था (Empirical treatment)*- विशिष्ट चिकित्सकों के अध्ययन में—**

(क) फूराज़ोलीडोन (Furazolidone) 0.04% की दर से आहार में 10 दिन तक।

(ख) एण्टीबायोटिक्स; जैसे—टैरामाइसीन, वोलीसाइक्लीन, ओक्सीस्टेक्लीन, आलसाइक्लीन, औक्सीवेट, ओक्सीटेट, निओमाइसीन (Neomycin) आदि में से कोई औषधि 1-2 मि.ली. बड़ी मुर्गियों को एवं 1/2-1 मि.ली. छोटे पक्षियों को बराबर मात्रा में डिस्टिल्ड वाटर मिलाकर मांसपेशी (I.M.) में लगा दें।

→ एण्ट्रीमा पाउडर (Antrema Powder) 1-2 ग्राम प्रति लीटर पीने के पानी में दिन में दो बार (B.D.)। *अथवा*

→ ओरीपाइम पाउडर 1 ग्राम 1 किलो दाने में मिलाकर खिलावें। *अथवा*

→ कैम्पीसोल (Campisol) पीने के पानी में निम्न मात्रानुसार दें—

● 1 माह वाले को	2 ग्राम
● 1 माह से 2½ माह वाले	3.8 ग्राम
● 2½ माह वाले से 5 माह वाले को	10 ग्राम
● इससे ऊपर वाले को	14-18 ग्राम। = 100 पक्षियों को। *अथवा*

→ फूराजोल (Furazole) 1 ग्राम 1 लीटर पानी में मिलाकर 10 दिन तक। 2 सप्ताह से छोटे चूजों को 0.5 ग्राम 1 लीटर पानी में मिलाकर 10 दिन तक एवं बायोट्रीम ओरल (Biotrim oral) 1 मि.ली. 2-4 लीटर पीने के पानी में 10 दिन तक। *अथवा*

स्टेक्लीन बोलस (Stecline Bolus) अथवा—

टैरामाइसीन टेबलेट (Terramycint Tablet) 2-3 टिकिया 20 लीटर पानी में घोलकर पीने को दें। *अथवा*

स्टेक्लीन ग्रेनूल्स 30 ग्राम 36 लीटर पानी में घोलकर पिलावें। *अथवा*

कोड्रिनल (Codrinal) 4 ग्राम 1 लीटर पानी में मिलाकर 2-4 दिन तक पीने को दें। *अथवा*

लाभ न मिलने पर—बोक्सिन (Boxin) 1 ग्राम 1 लीटर पानी में घोलकर पीने के लिये 5 दिनों तक।

अथवा

→ एमौक्सीसिलिन पाउडर 1 ग्राम 2-4 लीटर पानी में 3-5 दिन तक।

रोकथाम (Prevention)—रोग से बचने के लिये निम्न व्यवस्था करें—

1. सफाई का प्रबन्ध रखा जाये।
2. अण्डों पर बैठनेवाली मुर्गियों को पुल्लोराम रोग की जाँचकर अण्डों पर बैठाना।

3. स्टेक्लीन 1 टिकिया 20 लीटर पानी में घोलकर पीने को दें। *अथवा*
वेटक्लीन–112 को 2½ ग्राम 10 लीटर पानी में घोल कर पीने को दें। *अथवा*
कौड्रीनल 1 ग्राम 1 लीटर पानी में मिलाकर पीने को दें। *अथवा*
बोक्सीन (Boxin) 1 ग्राम 2 लीटर पानी में घोलकर 5 दिन तक पीने को दें।
4. अण्डा जनन कमरे में तरल कीटाणुनाशक औषधि का छिड़काव।
5. रोगग्रस्त स्थान के मल बिछावन इत्यादि को जला दें।
6. कुक्कुटशाला की दीवारों, फर्श एवं सज्जा आदि को सेवलॉन (Savlon) 1 : 150 के घोल में या हाथ धोने के सोडे को 4% घोल से भली–भाँति धोयें।
7. पक्षीशावक का टेम्परेचर थोड़े समय के लिये सामान्य से 5 डिग्री फारेनहाइट अधिक बढ़ा दें ताकि ठंड लगने के कारण चूजों की मृत्यु न हो।

(ii) फाउल टायफाइड/कुक्कुट टायफाइड (Fowl Typhoid)

अन्य नाम (Other name)— मुर्गियों का सन्निपातिक ज्वर।

परिचय (Introduction)— यह वयस्क मुर्गियों की एक तीव्र छूतदार बीमारी है जिसमें मुर्गियाँ अस्वस्थ दिखायी देती हैं एवं उनमें सुस्ती, खान–पान में अरुचि, प्यास, बुखार और पीलापन लिये हुए नारंगी अथवा हरे–रंग के दस्त आते हैं।

Fowl typhoid is an acute infectious disease generally of adult fowls, characterised by general illness, rapidly developing anaemia and diarrhoea, caused by salmonella gallinarum.

कारण (Etiology)—

प्रभावित पक्षी (Affected birds) — मुर्गी, टर्की, पिजियन्स एवं स्पेरो आदि।

प्रसारण (Spread) — रोग का विस्तार रोगवाहक मुर्गियों से होता है एवं इससे दूषित दाना पानी के खाने–पीने से साधारणतः वयस्क मुर्गियाँ प्रभावित होती हैं। कभी–कभी छोटी मुर्गियाँ आक्रान्त हो जाती हैं।

संक्षेप में—1. Egg transmission, 2. Discharges from infected, birds 3. Recovered birds act as carriers.

उद्भवन अवधि (Incubation period)— रोग के लक्षण 4 से 6 दिन में उत्पन्न हो जाते हैं।

लक्षण (Symptoms)— इस रोग में निम्न लक्षण तथा चिह्न उत्पन्न होते हैं–

- ☐ वयस्क मुर्गियाँ ही प्रभावित, पर कभी–कभी चिक्स भी।
- ☐ भूख कम होना।
- ☐ डैनों का लटकना।
- ☐ दुर्बलना (Weakness)।
- ☐ प्यास की अधिकता या मुख का सूखापन (Drowsiness)।
- ☐ हरा–पीला दस्त।
- ☐ यकृत एवं प्लीहा की वृद्धि।
- ☐ यकृत पर अनेक छोटी–छोटी गाँठें।
- ☐ जीर्ण रोग में पक्षी कुछ समय तक बिना लक्षण प्रकट किये जीवित रहते हैं।
- ☐ आँतों में सूजन एवं थकान के कारण एक–दो हफ्ते में मृत्यु।

Off feed, shrivaled pale appearance of comb and wattle, extreme water in take; greenish, watery droppings mortality is very high (30-80%)

चिकित्सा (Treatment)—

(क) बीमार मुर्गियों को अलग कर दें।

(ख) फूराजोलीडोन (Furazolidone) 0.04% की दर से आहार में 10 दिन तक। *अथवा*– फूराजोल 1 ग्राम वयस्कों को एवं 0.5 ग्राम छोटों को 1 लीटर पानी में मिलाकर 7-10 दिन तक।

अथवा

– सल्फाडीमाइडीन 16% का 10 मि.ली. 1 लीटर पानी में घोल कर 3 दिन तक। *अथवा*
– होस्टासाइक्लीन पाउडर 5 ग्राम 10 लीटर पानी में मिलाकर पिलावें। आवश्यकतानुसार दो दिन बाद पुनः दें। *अथवा*
– इन्जेक्शन टेरामाइसिन एल.ए. (Terramycin L.A.), वोलीसाइक्लीन (Wollicycline), आलसाइक्लीन आदि बड़ी मुर्गियों को 1 मि.ली. और छोटी मुर्गियों को 1/2 मि.ली. मांस में (I.M.) दें।

याद रहे!—इसकी सारी चिकित्सा 'पुल्लोरम रोग' के अनुसार होती है।

(iii) फाउल पाराटायफाइड (Fowl Paratyphoid)

परिचय (Introduction)— यह अधिक आयु के युवा पक्षियों के आन्तरिक अंगों (Visceral organs) की बीमारी है। इसमें हरे दस्त के साथ एकाएक मृत्यु आदि लक्षण होते हैं।

कारण (Etiology)—इसका कारण एक जीवाणु है जिसे *सालमोनेला टायफीमुरीयम, सालमोनेला बरेली* एवं *सालमोनेला न्यूपोर्ट* कहते हैं।

लक्षण (Symptoms)— इस रोग में निम्न लक्षण मिलते हैं–

- ☐ हरे दस्त (Greenish stool)।
- ☐ कलंगी एवं लोलक पीले-रंग के।
- ☐ अचानक मृत्यु।
- ☐ प्रायः मृत्यु 1 माह के अन्दर।

मृत्यु दर—20 से 45% तक।

चिकित्सा (Treatment)— इसकी चिकित्सा पुल्लोरम के अनुसार करनी चाहिये।

(iv) कील डिजीज (Keel Disease)

परिचय (Introduction)—यह बेसीलरी ह्वाइट डायरिया (B.W.D.) से मिलता-जुलता रोग है, जो बच्चों में होता है। इससे प्रथम 10 दिनों के चूजों में मृत्यु अधिक होती है।

कारण (Etiology)— रोग '*सालमोनीला एनाटम*' नामक जीवाणु से होता है।

लक्षण (Symptoms)— इस रोग में निम्न लक्षण होते हैं–

- ☐ भूख न लगना (Lack of appetite)
- ☐ प्यास की अधिकता
- ☐ ऊँघना एवं उदास
- ☐ मृत्यु प्रायः एकाएक।

चिकित्सा (Treatment)—निम्न औषधियों में से कोई एक दवा दें–

(क) फूराजोल (Furazole) 1 ग्राम दवा को 1 लीटर पानी में मिलाकर 10 दिन तक पीने को दें। 2 सप्ताह से छोटे बच्चों को 0.5 ग्राम/लीटर पानी में मिलाकर 10 दिन तक दें। *अथवा*

– बायोट्रिम (Biotrim Oral) 1 मि.ली. 2-4 लीटर पीने के पानी में 3 दिन तक। *अथवा*

– एण्टीबायोटिक्स, यथा–टैरामाइसीन/आलसाइक्लीन/वोलीसाइक्लीन, औक्सीटेट, ओक्सीस्टेक्लीन में से कोई एक दवा 1/2 मि.ली. मांस में इन्जेक्शन लगावें। *अथवा*
– बाक्सिन (Baxin) 1 ग्राम 1 लीटर पानी में पीने के लिये। *अथवा* – एमौक्सीसिलीन (Amoxycillin) 1 ग्राम 2-4 लीटर पानी में 3-5 दिन तक।

2. मुर्गियों का हैजा/फाउल कॉलरा (Fowl Cholera)

अन्य नाम (Other name)—एवियन पासचुरेलोसिस (Avian Pasteurellosis)।

परिचय (Introduction)—यह एकाएक तीव्र स्वरूप का फैलने वाला एक संक्रामक रोग है, जिसमें भूख की कमी, सुस्ती, थकान, हरा-पीला दस्त लगने आदि लक्षण होते हैं।

कारण (Etiology)—यह पास्चुरेला मल्टोसिडा ग्राम निगेटिव बैक्टीरिया के द्वारा होता है।

रोग प्रसारण—रोग का फैलाव निम्न रूपों में होता है—

- ☐ रोगी मुर्गियों की साँस द्वारा।
- ☐ नाक के निकले पतले स्राव से।
- ☐ दूषित आहार व पानी पीने से (रोग युक्त बैक्टीरिया की उपस्थिति)।
- ☐ रोग से स्वस्थ हुई मुर्गियों के द्वारा।

रोग फैलाने में अन्य सहायक ज्ञातव्य—

- ☐ रहने के स्थान में नमी का होना।
- ☐ एक ही जगह पर अनेक मुर्गियों का रखना।
- ☐ खराब रख-रखाव एवं असन्तुलित आहार।

आयु (Age)— यह रोग प्राय: अधिक आयु (1-2 वर्ष) की मुर्गियों में होता है। 4 माह से कम आयु के बच्चों को यह रोग नहीं होता है।

ऋतु (Oestrus)— यह रोग बरसात में अधिक फैलता है।

रोग के लक्षण प्रकट होने की अवधि (Incubation period)— इस रोग के लक्षण 2 घण्टे से लेकर 4 दिन में प्रकट हो जाते हैं। उग्र रूप में यह रोग तीव्रता से फैलता है और इसकी कुछ ही दिन की अवधि होती है। परन्तु, दीर्घकालीन रोग में यह धीरे-धीरे अधिक दिनों में फैलता है।

लक्षण (Symptoms)— यह रोग 2 रूपों में हो सकता है—

1. ***उग्र रूप में*** *(In acute stage)*—रोग के इस रूप के अन्तर्गत मुर्गीशाला में एक साथ बहुत सी मुर्गियाँ बीमार पड़ जाती हैं और 90% की मृत्यु हो जाती है। यह देखने में आया है कि भारी और अधिक वजनवाली मुर्गियाँ और मुर्गे ही इसी बीमारी से प्रभावित होते हैं। शेष लक्षण होते हैं—

- ☐ मुर्गियों में प्यास की अधिकता।
- ☐ शरीर का तापक्रम 110-111°F तक।
- ☐ चोटी, लोलक एवं कान का रंग फीका एवं काला।
- ☐ सुस्त एवं ऊँघती-सीं।
- ☐ डैनों को फड़फड़ाती हुई एक-दूसरे के पास सिमट कर बैठी दिखायी देना।
- ☐ साँस लेने में तकलीफ। फेनयुक्त मुँह से लार।
- ☐ जल्दी-जल्दी साँस का लेना।

- ☐ साँस लेने में घरघराहट की आवाज।
- ☐ लोलक व कलंगी में सूजन एवं उनका रंग बैंगनी-सा।
- ☐ हरे व पीले रंग के दस्त, जिससे गुदा के आसपास के पर गंदे हो जाते हैं। दस्तों में बदबू भी।

2. ***चिरकालीन रूप में*** *(In chronic stage)* –

- ☐ मुँह, लोलक व कलंगी में सूजन। लोलक छूने पर गर्म प्रतीत।
- ☐ घुटनों-जोड़ों एवं डैनों में भी सूजन। जिससे वह लंगड़ा कर चलते हैं।
- ☐ साँस नली के अगले भाग तथा आँखों में पीले-रंग का पतला पदार्थ का मिलना।
- ● **इस रोग के तीव्र रूप में अचानक अधिकांश मुर्गियाँ मर जाती हैं।**
- ● **रोगग्रस्त मुर्गियाँ 1-3 दिनों में मर जाती हैं।**
- ● **बीमारी की उग्रता कम होने पर 7-10 दिन तक जीवित। पर अन्त में मृत्यु अवश्य।**
- ☐ **मृत्यु 90 से 95% तक।**

नोट– इस रोग में पक्षी का जिगर बढ़ा हुआ मिलता है।
– पेट में पीले-रंग का बदबूदार गाढ़ा पदार्थ मिलता है।

उपचार (Treatment)–

- ☐ इस रोग में एण्टीबायोटिक्स (Antibiotics) चिकित्सा लाभकर होती है। सल्फा ड्रग्स प्रयोग भी कर सकते हैं।
- ☐ पक्षियों की साथ में Deworming भी कहते हैं।

अनुभूत चिकित्सा व्यवस्था–

– टेट्रासाइक्लीन/टैरामाइसीन/वालीसाइक्लीन/आक्सीवेट आदि 1/2-1 मि.ली. मांस में। *अथवा*
– सलमेट (Sulmet) 12.5% का 30 मि.ली. को 4 लीटर पीने के पानी में मिलाकर। *अथवा*
– रॉसलिन (Roscillin) पाउडर 1 ग्राम 1 लीटर पीने के पानी में 3-5 दिन तक। *अथवा*
– इम्बेजीन सोलूशन (Embazin Solution) 50 मि.ली. 10 लीटर पानी में मिलाकर 5 दिन तक दें।

याद रहे ! ● इस रोग में कौड्रिनल 4 ग्राम को 1 लीटर पानी में मिलाकर पिलाया जा सकता है अथवा रोग से बचाव हेतु 1 ग्राम पाउडर को 1 लीटर पानी में मिलाकर।
अथवा

- ● बचाव हेतु 'बोक्सीन' (Boxin) 1 ग्राम को 2 लीटर पानी में मिलाकर 5 दिन तक पीने के पानी के रूप में। अथवा चिकित्सा हेतु–
- ● एम्पीसिलीन/अलवरसिलिन या कैम्पीसिलीन या कोनाम्पी या वेटाम्पीन 2-7 मि.ग्रा. दवा को 1-2 मि.ली. डिस्टिल्ड वाटर में घोल कर सूई द्वारा माँस में (I.M.)।

रोकथाम (Prevention) – रोग से बचने के लिए 'फाउल कॉलरा वैक्सीन' 1 मि.ली. S/C देने से 6 माह तक बचाव रहता है।
– खाने-पीने के बर्तनों एवं रहने के स्थान की सफाई।
– रोग से स्वस्थ हुए मुर्गियों को दूसरी मुर्गियों से 2-3 माह तक अलग रखें एवं उन्हें आहार में एण्टीबायोटिक्स निर्धारित मात्रा में दें।

3. संक्रामक सर्दी/नजला-जुकाम (Infectious coryza)

अन्य नाम (Other name)— रौप (Roup)।

परिचय (Introduction)— मुर्गियों में मिलनेवाली यह एक तीव्र संक्रामक छूतवाली बीमारी है। इसमें नाक और मुँह से पानी, चेहरे पर शोथ, साँस लेने में कठिनाई आदि लक्षण हो जाते हैं।

कारण (Etiology)—
- हमोफिलस गैलिनेरम नामक बैक्टीरिया इसका प्रमुख उत्पादक कारण है।
- वातावरण परिवर्तन, रहने के स्थानों में नमी, अधिक भीड़-भाड़, आकस्मिक उष्णशीत से।
- आहार में विटामिन 'ए' की कमी एवं पेट में राउण्ड वर्म्स की उपस्थिति।

प्रसार (Spread)—
- रोगी मुर्गियों के सम्पर्क में आने से।
- खाने-पीने के बर्तनों से।

आयु (Age)—
- 8-12 सप्ताह के आयु वाले बच्चे अधिक प्रभावित परन्तु कम आयु के बच्चे भी प्रभावित हो जाते हैं।

लक्षण प्रकट होने का समय (Incubation period)— प्राय: इस रोग के लक्षण 24 से 48 घण्टे में (छूत लगने के) प्रकट हो जाते हैं।

रोग की अवधि (Course)— प्राय: 10 से 14 दिन की होती है।

रोग की गति (Disease dynamics)— यह रोग तीव्रता से फैलता है। यह रानीखेत की अपेक्षा अधिक घातक है।

मृत्यु—4-8 सप्ताह के आयु के बच्चों में 60% एवं अधिक आयु वालों में 10% तक।

रोग लक्षण (Symptoms)— रोगग्रसित मुर्गियों की नाक, आँख और मुँह से पानी निकलता है, जो 24 घण्टे के बाद गाढ़ा हो जाता है एवं नाक के चारों ओर जमा होकर सूख जाता है। आँखों में भी पीले-रंग की कीचड़ जम जाती है जिससे आँखों के चारों ओर सूजन आ जाती है। जो कलंगी और लोलक तक फैल जाती है। आँखों में कीचड़ जमा होने से आँखें बाहर की ओर निकली-सी जान पड़ती हैं। साँस की नली एवं तालू में भी गाढ़ा पदार्थ जमा हो जाने के कारण मुर्गियों को साँस लेने में बड़ा कष्ट होता है। साँस लेने में एक प्रकार की घरघराहट की आवाज आती है। चेहरे पर शोथ आ जाती है। खाँसी आने लगती है। रोगी पक्षी सुस्त होकर अलग बैठ जाते हैं और पंख फड़फड़ाते हैं। दाना खाना बन्द कर देते हैं और मुर्गियों में अण्डा देने की क्षमता भी कम हो जाती है। शरीर का भार भी कम हो जाता है। मुँह में छाले पड़ जाने पर स्थिति और अधिक खराब हो जाती है।

चित्र— *जुकाम इन्फेक्शन कोराइजा*

चिकित्सा (Treatment)— इस रोग में 'एण्टी- बायोटिक्स' तथा 'सल्फा ड्रग्स' लाभकर होती हैं। एण्टीबायोटिक्स में टैरामाइसीन, पोल्ट्री फार्मूला, टैरामाइसीन एण्टी जर्म-77, औरियोमाइसीन या होस्टा- साइक्लीन सोलूबुल पाउडर में से किसी एक को निर्धारित मात्रा में पीने के पानी में दें।

इस चिकित्सा को 21 दिन तक जारी रखना चाहिये।

इन्फेक्सियस कोराइजा के लक्षण सारांश में

- ☐ नाक, आँख और मुँह से पानी।
- ☐ 24 घण्टे बाद नाक, आँख और मुँह से गाढ़ा स्राव।
- ☐ दाना चुगना कम एवं सुस्ती।
- ☐ छींकें एवं खाँसी तथा आँखों से पानी चलना।
- ☐ साँस लेने में कठिनाई एवं घरघराहट की आवाज।
- ☐ आँखें में पीले-रंग की कीचड़ एवं आँखें बाहर को निकली-सी प्रतीत।
- ☐ अलग बैठकर पंख फड़फड़ाना।
- ☐ अण्डा देने की क्षमता में कमी।
- ☐ शरीर-भार में कमी।

अनुभूत चिकित्सा व्यवस्था—

(क) रोगी को ठंड से बचाकर सूखे स्थान में रखना।

(ख) साफ बर्तन में ताजा स्वच्छ जल पीने के लिये दें।

(ग) टेरामाइसीन, ओक्सीस्टेक्लीन, ओक्सीटेट्रासाइक्लीन या ओटसिम (Otcim) 1 मि.ली. मांस में (I.M.)। अथवा

— स्ट्रेप्टोमाइसीन (Streptomycin) 125-250 मि.ग्रा. 1 मि.ली. डिस्टिल्ड वाटर में मांसपेशीगत दें। या

— टेरामाइसीन पोल्ट्री फार्मूला/एण्टी जर्म-77 का 1 चम्मच (5 मि.ली.) 1/2 लीटर पानी में मिलाकर पीने के पानी में दें। *अथवा*

— होस्टासाइक्लीन घुलनशील चूर्ण (Hostacycline Soluble Powder) 1 चम्मच 1 लीटर पानी में मिलाकर पीने के पानी के रूप में। *अथवा*

— सल्मेट (Sulmet) 1-2 मि.ली. मांस में (I.M.)। *अथवा*

— एक्रोमाइसीन (Achromycin) 2-4 मि.ग्रा. प्रति किलो शरीर भार पर मांस में। *अथवा*

लाभ न मिलने पर—

एमोक्सीसिलिन (Amoxicillin); जैसे—कोमोक्सील (Comoxyl) 1 ग्राम 2-4 लीटर पानी में 3-4 दिन तक।

(घ) चोट, मुँह और नाक की सफाई गुनगुने पानी में डेटॉल डालकर।

(च) आँख को गुनगुने बोरिक मिले जल से सफाई एवं सेंक। निओस्पोरिन मरहम (Neosporin Oint.) आँख में दिन में 2 बार।

(छ) विटामिन 'ए' सप्लीमेन्ट्स (Vitamin A Supplements)।

4. दीर्घकालीन श्वास रोग (Chronic Respiratory Disease—C.R.D. or Mycoplasmosis or P.P.L.O.)

परिचय (Introduction)—यह मुर्गियों में मिलनेवाली श्वास संस्थान की दीर्घकालिक बीमारी है। इसमें खाँसी, हँफनी, शरीर भार में कमी, अण्डा देने की क्षमता में 30% की कमी, दम खींचना एवं धीरे-धीरे मृत्यु होना आदि लक्षण होते हैं।

रोग का कारण (Etiology)—इस रोग का कारण एक जीवाणु है, जिसे *माइकोप्लाज्मा*

गैलिसेप्टीकम और *साइनोवियो* कहते हैं। इस रोग का प्रकोप तभी होता है जब ग्राम निगेटिव *ई. कोलाई* बैक्टीरिया भी साथ में आक्रमण करें।

***रोग का प्रसार** (Spread of disease)*—रोग निम्न माध्यमों से प्रसारित होता है—

- ☐ शरद-ऋतु में रोगी मुर्गियों की दूषित वायु को साँस द्वारा सेवन करने से।
- ☐ रोग से ठीक हुई मुर्गियों को स्वस्थ मुर्गियों के साथ रखने पर।

रोग फैलाने में सहायक (Predisposing factors)— रोग निम्न माध्यमों से फैलता है—

- ☐ असन्तुलित आहार।
- ☐ आँतों में कीड़ों का होना।
- ☐ विटामिन 'ए' की कमी।
- ☐ रिक्त स्थान में निर्धारित से अधिक बच्चों को पालना।
- ☐ स्वच्छ वायु का अभाव।
- ☐ कुक्कुट-घरों में नमी का पर्याप्त रूप में रहना।
- ☐ ऋतु या रहने के स्थान में अचानक परिवर्तन।
- ☐ निर्बल मुर्गियों को टीके लगाना।
- ☐ रोगग्रस्त मुर्गियों को स्वस्थ मुर्गियों के साथ रखना।

आयु (Age) —प्राय: 6 सप्ताह से अधिक आयु के बच्चों में।
—मुर्गियों में सबसे अधिक।

रोग प्रकट होने की अवधि (Incubation period)— प्राय: 11 से 18 दिन में रोग के लक्षण पैदा हो जाते हैं एवं रोग धीरे-धीरे फैलता है।

रोग की अवधि (Course of disease)— 2 से 3 माह या कई माह।

रोग लक्षण (Symptoms)— इस रोग में रोगी मुर्गी को अपार कष्ट होता है। साँस लेने में गुड़गुड़ की आवाज निकलती है। रोगी मुर्गियाँ रात में अधिक खाँसती हैं एवं छींकती हैं। उनकी आँख व नाक से पानी जैसा पदार्थ निकलता है। मुँह खोलने पर गले के पिछले भाग में पीले रंग का गाढ़ा पदार्थ जमा हुआ दिखायी देता है।

चित्र—*दीर्घकालीन श्वास रोग*

दाना चुगना कम हो जाता है, सिर हिलने लगता है, दम खींचता है। अण्डों का उत्पादन घट जाता है। रोगी मुर्गियाँ इतनी दुर्बल हो जाती हैं कि उनकी कील बोन (Keel Bone-उरकूट) उभरी हुई दिखायी देती है।

पोस्टमार्टम में (In Postmortem)—

- ☐ हृदय के चारों ओर जमा हुआ सफेद पदार्थ तथा भीतरी भाग में हल्के पीले रंग का तरल पदार्थ भरा हुआ मिलता है।
- ☐ जिगर में सूजन मिलती है एवं उसके ऊपर हल्के पीले तथा भूरे रंग की परतसी मिलती है।

दीर्घकालीन श्वास रोग के लक्षण एक दृष्टि में

- ☐ दाना चुगना कम।
- ☐ साँस लेने में गुड़गुड़ाहट की आवाज।
- ☐ रात के समय अधिक खाँसना एवं छींकना।
- ☐ आँख, नाक से पानी जैसा पदार्थ बहना।
- ☐ दम खींचना।
- ☐ सिर का हिलना।
- ☐ अण्डों का उत्पादन कम।
- ☐ अधिक दुर्बलता के कारण कील बोन का उभरा होना।
- ☐ मुँह खोलने पर गले के पिछले भाग में गाढ़े पीले-रंग के पदार्थ का मिलना।

चिकित्सा (Treatment)—

- ☐ मुर्गियों के आहार में विटामिन्स तथा नेफटिन निर्धारित मात्रा में दें।
- ☐ पीने के पानी में एण्टीबायोटिक्स; यथा—आरियोमाइसीन, टेरामाइसीन या होस्टासाइक्लीन निर्धारित मात्रा में 5-7 दिन तक। साथ में एण्टीबायोटिक्स के इन्जेक्शन भी लगावें।
- ☐ आहार में हरी-सब्जी पर्याप्त मात्रा में।
- ☐ दाने में शीरा मिलाकर (रुचिकारक बनाकर)।

अनुभूत चिकित्सा व्यवस्था (Empirical treatment)—

(क) ओक्सीटेट्रासाइक्लीन/वोलीसाइक्लीन/नियोमाइसीन/टेरामाइसीन/आक्सीस्टेक्लीन (Oxystecline), आलसाइक्लीन आदि बड़ी मुर्गियों को 2 मि.ली. तथा रोगी मुर्गियों को 1/2-1 मि. ली. उतना ही डिस्टिल्ड वाटर मिलाकर मांस में (I.M)। छोटी मुर्गियों को टेबलेट रूप में भी पानी के साथ घोलकर। *अथवा*

- कैम्पीसोल (Campisol) 1 माह वाले को 2 ग्राम, 1 माह से 1½ माह तक 4-8 ग्राम तथा इससे ऊपर 2 माह तक को 10 ग्राम एवं 2 माह से ऊपरवालों को 14-18 ग्राम पीने के पानी में 100 पक्षियों को।

  अथवा
- एम्पीसिलीन, कोनाम्पी, कैम्पीसिलीन, वेटोपेन, एलबर्सिलिन आदि में से एक 2-7 मि. ग्रा. प्रति किलो शरीर-भार पर 1-2 मि.ली. डिस्टिल्ड वाटर में घोलकर मांस में (I.M.) दें। *या*
- फुराजोल (Furazole) बड़ी मुर्गियों को 1 ग्राम तथा छोटी मुर्गियों को 1/2 ग्राम दवा 1 लीटर पानी में मिलाकर 7-10 दिन तक दें। *या*
- स्ट्रेप्टोपेनीसिलीन/डाईक्रिस्टासीन/ मोनोमाइसीन / विस्ट्रापेन में से किसी एक की 1 लाख यूनिट को 1 मि.ली. सूई के जल में घोलकर मांस में। *या*

- बिडोक्सि (Bidoxy) 10 ग्राम 20 लीटर पानी में पहले दिन एवं 10 ग्राम 40 लीटर पानी में दूसरे दिन से रोग रहने तक दें। *या*
- वेटक्लीन-112 या होस्टासाइक्लीन पाउडर 5 ग्राम 10 लीटर पानी में पिलावें। *या*
- जेण्टामाइसीन 2-5 मि.ग्रा. प्रति किलो शरीर भार पर S/C या I/M रूप में। *या*
- अल्थ्रोसिन (Althrocin) 4 ग्राम 1 लीटर पानी में घोलकर 3-5 दिन तक।

रोग निवारण (Prevention)—

(क) रोग से बचने के लिये पूर्व बताये सभी उपाय काम में लायें।

(ख) यदि रोग से स्वस्थ हुई मुर्गियों के अण्डों से बच्चे निकालने हों, तो उन्हें रोगी मुर्गियों से अलग रखें एवं उन्हें स्ट्रेप्टोमाइसीन या कोई अन्य एण्टीबायोटिक या ब्राड स्पेक्ट्रम एण्टीबायोटिक के 3 इन्जेक्शन हर 15 दिन की अवधि पर लगाते रहें।

5. मुर्गियों की यक्ष्मा (Fowl Tuberculosis—T.B.)

परिचय (Introduction)—यह मुर्गियों में भी अन्य पालतू पशुओं की भाँति मिलनेवाला संसर्गी एवं अधिक प्रभावशाली संक्रामक रोग है। इसमें धीरे-धीरे बढ़ती हुई कमजोरी, सुस्ती, दस्त, शरीर भार में कमी आदि लक्षण दिखने को मिलते हैं।

प्रभावित पशु-पक्षी (Affected cattles and birds)— मुर्गी, टर्की, बत्तख, कबूतर कलहंस, गिनी आदि पक्षी।

रोग का कारण (Etiology)— *माइकोबैक्टोरियम ट्यूबरकुलोसिस एवियन टाइप* जीवाणु से। तोतों में मामालियन टाइप बैसिलस से रोग होता है।

लक्षण (Symptoms)—इस रोग में निम्न लक्षण मिलते हैं—

- ☐ रोग लगकर रोग के लक्षण बहुत धीरे-धीरे प्रकट होते हैं, यहाँ तक कि कई महीनों में।
- ☐ भूख और खाना पूर्व की भाँति सामान्य रहता है फिर भी दुर्बलता, क्षीणता एवं भार में कमी निरन्तर जारी रहते हैं।
- ☐ रोगग्रसित मुर्गियों की छाती पर मांस नहीं के बराबर।
- ☐ कलंगी और लोलक पीले-रंग के।
- ☐ अन्त में पैरों में पंगुता।
- ☐ अतिसार हो सकता है अथवा नहीं भी।
- ☐ यकृत और प्लीहा बढ़ जाने से अकस्मात मृत्यु।

निदान (Diagnosis)—रोग की पहिचान के लिये ट्यूबरकुलीन टैस्ट किया जाता है। इसके लिये मुर्गियों के लोलक में 0.5 मि.ली. ट्यूबरकुलीन की सूई लगाई जाती है। प्रभावित मुर्गियों में 24 घण्टों के अन्दर सूजन आ जाती है और 48 घण्टों तक रहती है। यह जाँच पुनः एक माह बाद की जाती है।

चिकित्सा (Treatment)— स्ट्रैप्टोपेनीसिलीन (Streptopenici lin)/ बिस्ट्रापेन (Bistrapen) / डाईक्रिस्टासिन (Dicrystacin) 1 लाख यूनिट 1-2 मि.ली. डिस्टिल्ड वाटर में घोलकर मांस में प्रातः सायं;। एक माह तक लगायें।

रोकथाम (Prevention)—ट्यूबरकुलीन टैस्ट में मिली पाजीटिव (+) मुर्गियों को गड्ढे में गाड़ देना चाहिये अथवा जला देना चाहिये।

6. बोटूलिज्म/गर्दन का पक्षाघात (Botulism/Limberneck)

परिचय (Introduction)—यह पक्षियों के गर्दन में लकवा मारने का रोग है। इसमें चोंच की ओर सिर झुककर जमीन पर या दोनों पैरों के बीच लटक जाते हैं।

यह संक्रामक रोग नहीं है, पर विष लगने की स्थित में महामारी हो जाती है और आउटब्रेक के रूप में बीमारी तमाम मुर्गियों में फैल जाती है।

प्रभावित पक्षी (Affected bird)— मुर्गियों का यह प्रधान रोग है। परन्तु, टर्की बत्तख को भी हो जाता है। इसके अतिरिक्त पशुओं, घोड़ों तथा भेड़ों को भी हो जाता है।

कारण (Etiology)—इस रोग का कारण *क्लास्ट्रीडियम बोटूलिज्म टाइप* सी जीवाणु है। यह सड़ी-गली खाद्य सामग्री पर क्रियाशील होकर विष पैदा करता है जिससे विष लग जाता है।

लक्षण (Symptoms)—इस रोग में निम्न लक्षण तथा चिह्न मिलते हैं—

- ☐ अत्यधिक कमजोरी।
- ☐ डैनों का लटकना।
- ☐ चोंच और सिर का जमीन पर या दोनों पैरों के बीच लटकना।
- ☐ गर्दन का टेढ़ा हो जाना।
- ☐ पैरालिसिस एवं मृत्यु।
- ☐ कुछ ही अच्छे होते हैं। परन्तु अधिकांश की मौत।

चिकित्सा (Treatment)—

- ☐ गर्दन पर लिनीमेन्ट पैरालिटिक, लिनीमेन्ट अमोनिया अथवा लिनीमेन्ट कैम्फर की मालिश।
- ☐ बिटन्यूरिन/ओप्टीन्यूरान/न्यूरोबियान / न्यूरौक्सोन-12 / ट्रीगर आदि में से कोई एक इन्जेक्शन 1/2 मि.ली. मांस में नित्य 5-10 दिन तक।

रोकथाम (Prevention)—बचाव हेतु इस रोग की वैक्सीन 'एलम प्रेसीपिटेट टाइप सी' आती है।

7. ई. कोलाई इन्फेक्शन (E. coli Infection)

अन्य नाम (Other names)— कोलाईबैसीलोसिस (Colibacillosis), Escherichia coli etc.

परिचय (Introduction)— यह एक ऐसा संक्रमण है जो अन्य रोगाणुओं के संक्रमण के समय तथा वातावरण के दबाव के समय तीव्र होकर अतिसार, कलंगी, लोलक एवं सन्धियों में सूजन, श्वास कष्ट आदि लक्षण होते हैं।

कारण (Etiology)— इसका कारण *ई. कोलाई* जीवाणु है।

लक्षण (Symptoms)— इस रोग में निम्न लक्षण होते हैं—

- ☐ अतिसार (Diarrhoea) की उपस्थिति।
- ☐ कलंगी, लोलक एवं सन्धियों में सूजन।
- ☐ श्वास कष्ट एवं घड़घड़ाहट की स्पष्टता।
- ☐ वृद्धि विकास में रुकावट
- ☐ मृत्यु अधिकतम 90% तक।

चिकित्सा (Treatment)— इस रोग में एण्टीबायोटिक्स तथा सल्फा ड्रग्स की औषधियाँ लाभकर होती हैं।

अनुभूत चिकित्सा व्यवस्था (Empirical treatment) —

(क) फुराजोलीडोन (Furazolidone) एवं सल्फा ड्रग्स (Sulpha drugs)। *अथवा* एम्पीसिलीन (Ampicillin) *अथवा* जेण्टामाइसीन (Gentamycin) *या* बोक्सिन (Boxin) 1 ग्राम 1 लीटर पानी में 5 दिन तक पीने के रूप में।

8. कुएल रोग (Quail Disease)

अन्य नाम (Other name)— जख्मी आन्त्रशोथ (Ulcerative enteritis)।

परिचय (Introduction)— यह पक्षियों में मिलनेवाला ऐसा रोग है जो प्राय: कॉक्सिडियोसिस (Coccidiosis), रक्तहीनता (Anaemia) एवं बुर्सल रोग (Bursal disease) के पश्चात् होता है।

कारण (Etiology)—*क्लास्ट्रीडियम कोलिनम* नामक जीवाणु से।

रोग लक्षण (Symptoms)—इस रोग में निम्न लक्षण देखने को मिलते हैं–

- ☐ अतिसार (Diarrhoea) की उपस्थिति।
- ☐ दुर्बलता एवं निर्बलता (Weakness and Wastness)।
- ☐ रक्तहीनता/अनीमिया (Anaemia)।
- ☐ अस्वाभाविक चाल एवं कम्पन।
- ☐ मृत्यु 5 से 10 प्रतिशत तक।

पोस्टमार्टम (Postmortem)— यकृत में सड़न एवं प्लीहा में रक्तस्राव देखने को मिलते हैं।

चिकित्सा (Treatment)—

- ☐ मुर्गीशाला की भरपूर सफाई।
- ☐ एण्टीबायोटिक्स चिकित्सा लाभकर। जैसे—स्ट्रैप्टोमाइसीन (Streptomycin), नियोमाइसीन (Neomycin), बैसिट्रैसिन (Besitresin) 50-100 ग्राम प्रति टन के हिसाब से दाने में मिलाकर खिलावें।

9. नीक्रोटिक इण्टेराइटिस (Necrotic Enteritis)

परिचय (Introduction)—यह रोग अधिकतर ब्रायलरों तथा लेयर्स में होता है। इसमें मसिल्स (Muscles) शोथ, दुर्बलता (Weakness) आदि लक्षण मिलते हैं। यह रोग काक्सीडियोसिस (Coccidiosis) से मिलता-जुलता है।

कारण (Etiology)—इसका कारण एक जीवाणु (Bacteria) है, जिसे *क्लोस्ट्रीडियम परफ्रीन्जन्स* कहते हैं।

मृत्यु दर (Mortality rate)—स्वस्थ मुर्गियों में करीब 50% मृत्यु हो जाती है।

लक्षण (Symptoms)— इस रोग में निम्न लक्षण देखने को मिलते हैं–

- ☐ दस्तों में रक्त।
- ☐ मांसल शोथ।
- ☐ पेरीकार्डियम में जल की उपस्थिति।
- ☐ दुर्बलता (Weakness)।
- ☐ कान्तिहीनता आदि।

चिकित्सा (Treatment)— लोग कॉक्सीडियोसिस समझकर इसकी चिकित्सा करने लगते हैं पर इस उपचार से उन्हें कोई लाभ नहीं मिलता है।

10. नाभि रोग/अण्डपीत का प्रचूषण न होना (Mushi Chick Disease)

अन्य नाम (Other names)—ओमफैलाइटिस, अनएब्जार्ब्ड योक, इन्फेक्टिड योक सेक्स।

परिचय (Introduction)— यह तीव्रता से फैलनेवाला एक भयंकर संक्रामक शाकाणवीय नाभि रोग है। इसमें चूजों के अन्तर्गत सुस्ती, निद्रित अवस्था, चीं-चीं की आवाज करते हुए शीत से ठिठुरे एवं उदर फूला हुआ-सा आदि लक्षण होते हैं।

कारण (Etiology)—यह रोग *ई. कोलाई* तथा *स्टेफिलोकोकस ओरियस* के संक्रमण से होता है। यह जीवाणु मल या गंदे वातावरण में सदैव विद्यमान रहते हैं, अण्डा जनन पर जब चूजों का ठीक से रोपण नहीं हो पाता तब यह जीवाणु नाभि द्वारा शरीर में प्रवेश करके रोग उत्पन्न करते हैं।

विकृति विज्ञान (पैथोलॉजी)—मल से सने हुए अण्डों के उष्मायन या सेने के लिये रखने पर छिलकों के असंख्य अणुवीक्ष्य छिद्रों द्वारा जब ई. कोलाई भ्रूणों के योक सेक में प्रवेश कर जाते हैं तो वे बहुत अधिक संख्या में विभाजित होकर हानिकारक विषाणु क्षय पदार्थ उत्पन्न करते हैं, जिसका प्रचूषण होने पर चूजों में अल्प समय में रोग उत्पन्न हो जाता है तथा तत्काल उनकी मृत्यु होने लगती है।

प्रभावित पक्षी (Affected bird)— यह रोग नवजात चूजों में होता है और प्राय: 50% तक मृत्यु हो जाती है।

अण्डों से निकलने के प्रथम पाँचवें दिन तक सबसे अधिक मृत्यु होती है। किन्तु अण्डा जनन के बाद 10 दिन तक की अवधि में भी लगातार चूजों की मृत्यु हो सकती है।

पूर्वानुकूलता कारक (Predisposing factors)—मल से सने हुए अण्डों को सेने की मशीन (incubator) में सेने के लिये रखने से रोग प्रसार होता है अथवा अण्डे सेने की मशीन (Incubator) में गंदी ट्रे या अस्वास्थ्यकार दशा में अण्डों को सेने के लिये रखना या निर्धारित से अधिक ह्यूमिडिटी का होना तथा सेने की मशीन के तापक्रम में विचरण होने से रोग प्रसार के लिये अनुकूल वातावरण मिलता है।

लक्षण (Symptoms)— इस रोग में निम्न लक्षण देखने को मिलते हैं—

इस रोग में चूजे निर्बल, सुस्त एवं निद्रित अवस्था में दिखायी देते हैं। उनकी चमक-दमक समाप्त हो जाती है। वे लम्बे समय तक अलग बिना हिले-जुले एक आँख बंद किये वेदना के कारण चीं चीं की आवाज करते हुए कुक्कुट शावक में तापक अथवा जलते हुए वाल्व के निकट खड़े दिखायी देते हैं। उन्हें आहार के प्रति अरुचि हो जाती है। सफेद रंग के दस्त होते हैं जिससे गुदा का भाग गंदा हो जाता है तथा उदर फूला

मूशी चिक डिजीज के लक्षण सारांश में

- ☐ रोगी प्राय: नवजात कुक्कुट ही।
- ☐ चूजे निर्बल, सुस्त, निद्रित दशा में।
- ☐ ओजस्व प्राय: समाप्त।
- ☐ बिना हिले-डुले एक आँख बन्द किये चीं चीं की आवाज करते हुए बिजली के वाल्व के पास एकत्रित दिखायी देते हैं।
- ☐ ऐसे प्रतीत मानो ठंड खा गये हों।
- ☐ भोजन के प्रति कोई रुचि नहीं।
- ☐ सफेद रंग के दस्त एवं गुदा का भाग गंदा।
- ☐ उदर फूला हुआ-सा।
- ☐ नाभि फूली हुई-सी नम एवं उसके मुँह पर भूरे-रंग का खुरंट जमा-सा दीखना।

हुआ-सा प्रतीत होता है। नाभि का रोपण सामान्य दशा में 72 घण्टे के अन्दर पूर्ण हो जाता है। रोगग्रस्त चूजों में प्रायः कई दिन तक फूली हुई सी नम दिखायी देती है तथा उसके मुँह पर भूरे रंग का खुरण्ट जमा हुआ-सा दिखायी देता है।

निदान (Diagnosis)—

- उपरोक्त लक्षणों के आधार पर रोग की पहिचान की जा सकती है।
- शाकाणविकीय परीक्षा द्वारा रोग से तुरन्त के मृत हुए चूजों से प्राप्त रक्त या पैरीकार्डियल फ्लूड को प्लैटिनम लूप की सहायता से ब्लड एगार के ट्यूब में रोगाणु कल्चर करके मेकाकी मीडिया में प्लैट कल्चर करने पर या आँतों के छोटे-छोटे भाग को सेलीनाइट ब्राथ में सम्वर्धन करने पर यदि ई. कोलाई शाकणव मिलें, तो इस रोग की सम्भावना की जा सकती है।

पोस्टमार्टम (शव परीक्षण)—

- रोग से मरे हुए चूजे अल्प विकसित, कृश अवस्था को प्राप्त तथा उनकी मांसपेशियाँ लाल भूरे से रंग की दिखायी देती हैं।
- उदर स्फीत दशा में व तरल उत्स्वेद से भरा हुआ मिलना।
- अण्डपीत जिसका प्रचूषण नहीं हो पाता फटे दूध जैसी जमी हुई दिखायी पड़ती है एवं इससे अति अरुचिकर वामीगन्ध निकलती है।
- यकृत और वृक्क (kidney) रक्तहीन पीले-से रंग के दिखायी देते हैं।
- पित्ताशय बहुत अधिक फूला हुआ-सा दिखायी देता है।
- गुदा में सूजन दिखायी देती है।

चिकित्सा (Treatment)—

- चूजों को अंडा जनन के प्रथम दिन से नेफ्टिन 800 ग्राम प्रति 100 किलो आहार के साथ दें।
- एण्टीबायोटिक्स यथा—होस्टासाइक्लीन/आरियोमाइसीन/टेरामाइसीन एवं फार्मूला या टेरामाइसीन एण्टीजर्म 77 या क्लोरोमाइसिटीन आदि में से कोई एक को वाटर मिसेबुल विटामिन 'ए' (जैसे—विटाण्लैण्ड 'ए' या रोबीसाल ओरल) के साथ निर्धारित मात्रा में 10-15 दिन तक दें।

बचाव (Prevention)

- अण्डा सेने की अवधि में डिम्बोशक में निर्धारित तापक्रम बना रहे ऐसा प्रयत्न करें।
- डिम्बोशक में अण्डे रखने की ट्रेज एण्टीसेप्टिक घोलों से घोलकर रोगाणु रहित कर ली जावें।
- केवल आरोग्य स्वस्थ मुर्गियों से प्राप्त साफ अण्डों को ही कम से कम अवधि में डिम्बेशक में सेने के लिये रखें।
- यदि मल लगे हुए अण्डों को सेने के लिए रखना ही पड़े तो पहले उन्हें सेवलान (1 : 160) घोल में भीगी हुई तौलिया से पोंछें।
- कुक्कुट शावक का तापक्रम निर्धारित से थोड़ा अधिक बढ़ा दें ताकि चूजों की ठंड से मृत्यु न हो।
- पीने के पानी में विटामिन एवं एण्टीबायोटिक्स डालें।

(C) फँफूदी रोग (Fungus Disease)

ऐसे रोग जो फंग्स (Fungus) से उत्पन्न होते हैं, फफूँदी रोग कहलाते हैं। मुर्गियों में ऐसे कुछ सामान्य रोग इस प्रकार हैं–

1. श्वेत कलंगी (ह्वाइट कोम्ब)/फेवस (Favus) या दाद
2. मुँहपका या थ्रस (Thrush)
3. ब्रूडर न्यूमोनिया (Brooder Pneumonia) या एसपरजिलोसिस (Aspergillosis, Pneumonomycosis)
4. अफ्लाटौक्सीकोसिस (Aflatoxicosis)

1. श्वेत कलंगी (White Comb) या फेवस (Favus) या दाद

परिचय (Introduction)– यह मुर्गियों का एक संसर्गी रोग है जिसमें कलंगी तथा लोलक पर धब्बे जैसा दाद हो जाता है।

कारण (Etiology)– *एकोरियोन गैलीनेरम* फफूँदी से।

लक्षण (Symptoms)– इस रोग में निम्न लक्षण देखने को मिलते हैं–

- ☐ कलंगी और लोलक पर उजले धब्बे से।
- ☐ कभी-कभी शरीर के अन्य भागों में भी प्रसारित।
- ☐ पंख भागों पर होने से पंख झड़ जाते हैं और वहाँ गोल घेरा या दिखायी देता है।

चिकित्सा (Treatment)– निम्न व्यवस्था लाभकर होती है–

- ☐ ग्राइसोविन 1/2 टिकिया दिन में 2 बार 15 दिन तक। तत्पश्चात् 1/2 टिकिया दिन में एक बार 15 दिन तक।
- ☐ वेटनोवेट स्किन आयन्टमेन्ट सी प्रभावित भाग पर या डिपसैलिक आयन्टमेन्ट प्रभावित भाग पर लगावें।

सामान्य प्रयोग (Common use)–

- ☐ टिंचर आयोडीन 1 भाग + ग्लिसरीन 6 भाग मिलाकर लगावें।
- ☐ सैलीसिलिक मरहम लगावें।

2. मुँहपका या थ्रस (Thrush)

परिचय (Introduction)– इस रोग में मुर्गियों का मुँह पक जाता है, जिससे मुँह से लार बहती है और खाना-पीना बन्द हो जाता है।

प्रभावित होने वाले पक्षी (Affected birds)– मुर्गियाँ, विशेषकर, टर्की, कबूतर और बत्तख में भी।

रोग का कारण (Etiology)–*ओइडियम एल्वीकेन्स* नामक फंगस से।

लक्षण (Symptoms)–इस रोग में निम्न लक्षण उत्पन्न होते हैं–

- ☐ मुँह, जीभ एवं गले में उजले पीले-रंग के छाले।
- ☐ मुँह से लार का बहना।
- ☐ खाना-पीना बन्द।

चिकित्सा (Treatment) – मुँह के छालों को साफकर बोरो-ग्लिसरीन या बोरेक्स ग्लिसरीन लगावें।

– विटामिन बी काम्पलेक्स सीरप पानी में।

3. ब्रूडर न्यूमोनिया या एसपरजीलोसिस (Brooder Pneumonia or Aspergillosis)

परिचय (Introduction)– यह फफूँदी (Fungus) से उत्पन्न होने वाला रोग है, जिसका प्रभाव कंठ, श्वासनली एवं फेफड़ों पर होता है। इससे साँस लेने में कठिनाई होती है एवं आँखों में लालामी, होकर गाढ़ा निःस्त्राव जमा होना, बुखार, सुस्ती, बेहोशी के साथ चूजों की मृत्यु होना इस बीमारी के प्रमुख लक्षण हैं। इस रोग में न्यूमोनिया हो जाता है।

कारण (Etiology)– यह रोग एसपरजीलस नामक फंगस से होता है।

यह रोग फफूँदी युक्त चारा खाने से कुक्कुटों को लग जाता है। फफूँदी सड़े-गले, कटे, छीले अनाज, सब्जी, फल, वनस्पति, घास आदि पर लग जाते हैं और जब पक्षी उसे खाते हैं तब उनके गले में चिपककर तीव्र गति से बढ़ने लगते हैं। इस प्रकार पक्षी को न्यूमोनिया हो जाता है।

आयु (Age)– यह रोग पैदा होने से लेकर 10 दिनों तक के चूजों को अधिक होता है।

प्रभावित पक्षी (Affected birds)– यह रोग मुर्गियों के अतिरिक्त टर्की, बत्तख, कबूतर आदि को भी होता है।

मृत्यु दर (Mortality rate)– इस रोग में अधिकांश पक्षी मर जाते हैं।

लक्षण (Symptoms)–पक्षी रोगग्रस्त होते ही सुस्त एवं दुखी दिखायी देने लगते हैं। आँख, नाक से पानी बहता है। साँस लेने में कठिनाई होती है जिससे वह साँस लेने के लिये मुँह फाड़ते हैं। सिर और गर्दन हिलाते रहते हैं। वह बार-बार छींकते और खाँसते हैं। कंठ से घड़घड़ाहट की आवाज आती है। वह खाना-पीना कम कर देते हैं जिससे धीरे-धीरे स्वास्थ्य गिरने लगता है। बीमार पक्षी झुंड से बाहर रहने लगता है और दूर जाकर चुपचाप बैठ जाता है। किसी-किसी पक्षी को दस्त लगते हैं। कुछ एक पक्षियों के परों के जोड़ों में सूजन आ जाती है जिससे वह लंगड़ाने लगते हैं।

चिकित्सा (Treatment)– इस रोग की कोई उपयुक्त चिकित्सा नही है। परन्तु, पर एण्टीबायोटिक्स औषधियों से लाभ अवश्य मिलता है।

हामायसीन (Hamycin) Broad spectrum Antifungal से इस रोग में अच्छा लाभ देखा गया है। इसके लिये इसे 10 मि.ली. (2 चम्मच) की मात्रा में 1 लीटर पानी में घोलकर 1 सप्ताह तक लगातार पिलावें।

याद रहे ! ● औषधि का घोल नित्य ताजा तैयार करें।

● इसके अतिरिक्त अन्य पानी पीने को न दें।

रोकथाम (Prevention) – सभी बीमार चूजों को तत्काल नष्ट कर दें।

– फफूँदी युक्त बिछावन व राशन का उपयोग न करें।

– सफाई का पूरा ध्यान रखें।

4. अफ्लाटॉक्सिकोसिस (Aflatoxicosis)

परिचय (Introduction)—सभी उम्र की मुर्गियों में मिलनेवाला एक आहार विष (Feed toxin) का रोग है। इसमें वृद्धि विकास में कमी होकर अधिकांश पक्षियों की मौत हो जाती है। इससे मुर्गियों में अपार (अधिक) हानि होती है।

कारण (Etiology)— यह रोग एक प्रकार के 'माइकोटॉक्सिन' नामक विषैले फंगस से होता है। इनसे युक्त आहार के सेवन से रोग लग जाता है।

लक्षण (Symptoms)—इस रोग में निम्न लक्षण मिलते हैं—

- ☐ वृद्धि विकास में धीमी गति अर्थात् चूजों के वृद्धि विकास मे कमी।
- ☐ उत्पादन क्षमता में ह्रास अर्थात् अण्डा उत्पादन में कमी।
- ☐ मृत्यु संख्या अधिक।
- ☐ खान-पान में अरुचि।
- ☐ पानी जैसे पतले दस्त अधिक।

उपचार (Treatment)—

- ☐ **विटामिन बी कम्पलेक्स तथा लिवर टॉनिक दें।** यथा—बीलामिल या लिवोजेन 1/2-1 मि.ली. मांस में 2 दिन के अन्तराल पर।
- ☐ लिव-52 ड्राप्स दिन में 3 बार। अथवा—
- ☐ **विटामिन ए, बी, सी, डी और ई युक्त औषधियाँ**—यथा—विटाटोन (Vitatone) 2.5 मि.ली. (1/2 चम्मच) 100 पक्षियों को पीने के पानी में दें।
- ☐ फफूँदी युक्त आहार खिलाना तुरन्त बन्द कर दें।
- ☐ आहार को धूप में अच्छी तरह सुखा लें।
- ☐ आहार में कॉपर सल्फेट, कैल्शियम आदि उचित मात्रा में मिला लें, विशेषकर बरसात के दिनों में।

बैक्टीरियल रोग चिकित्सा सारांश
(Conclusive Treatment of Bacterial Diseases)

जीवाणुओं से फैलनेवाले रोग अधिकांश कुक्कुटों के लिये भयंकर एवं प्राणघातक होते हैं। अतः इनकी चिकित्सा पर तत्काल ध्यान देकर बचाव तथा रोकथाम पर जोर देना चाहिये। **सल्फा ड्रगस**; जैसे—सल्फाडिमीडीन सोडियम 16% घोल, डायडिन घोल, सल्मेट तथा **एण्टीबायोटिक्स**; जैसे— होस्टासाइक्लीन, स्टेक्लीन, एम्पीसिलीन, टेरामाइसीन आदि का प्रयोग कर बैक्टीरियल रोगों से किसी हद तक कुक्कुटों की रक्षा की जा सकती है।

रोगों के समय सेप्ट्रान सीरप (कोट्रीमोक्साजोल-Cotrimoxazole syrup) तथा साथ में विटामिन बी काम्पलैक्स सीरप देकर पक्षियों की रक्षा की जा सकती है।

2. परजीवी रोग (Parasitic Diseases)

यह एक प्रकार के जीव हैं जो दूसरे जीवों के शरीर के बाहर और भीतर अपना निर्वाह करते हैं तथा होस्ट को कष्ट देते हैं। इनमें से कुछ तो रक्त चूसते हैं, कुछ चर्म में उत्तेजना पैदा करते हैं, कुछ पक्षियों के परों को खाते हैं तो कुछ त्वचा में घाव बनाते हैं। इनकी उपस्थिति से पक्षियों में निम्न प्रभाव पड़ते हैं—

1. अत्यन्त दुर्बलता की उपस्थिति।
2. चूजों की वृद्धि में रुकावट।
3. अण्डों का उत्पादन प्रभावित।
4. विभिन्न प्रकार के रोगों का आक्रमण।

→ इन कीटाणुओं की उत्पत्ति गन्दे, मैले और गीले स्थानों में हो जाती है।

→ यह अति तीव्र गति से बढ़ते हैं।

प्रकार (Types)— परजीवी दो प्रकार के होते हैं—

1. बाह्य अर्थात् बाहरी परजीवी (External Parasites)
2. आन्तरिक अर्थात् भीतरी परजीवी (Internal Parasites)

1. बाह्य परजीवी (External Parasites)

यह पैरासाइट्स शरीर के बाहरी भाग पर पाये जाते हैं; जैसे—जूँ, चीलर (lice), चमोकन या कुटकी (माइट्स), किलनी (Ticks), खटमल और पिस्सू।

(i) जूँ, जुआँ या चीलर (Lice)

यह पैरासाइट्स मुर्गियों के समस्त शरीर पर पंख और डैनों के नीचे पाये जाते हैं। यह उनका खून चूसते हैं। इनके काटने से शरीर में खुजलाहट, बेचैनी एवं कष्ट होता है। पक्षी सो नहीं पाते, व्याकुलता के कारण पंखों को झुकाये रहते हैं, शरीर में जलन होती है। अण्डा देने की क्षमता एवं भार में में 20% की कमी हो जाती है। पक्षी दाना-पानी ठीक से नहीं ले पाते, वह दुखी और कमजोर हो जाते हैं।

(ii) चमोकन या कुटकी (Mites)

इन पैरासाइट्स का आक्रमण प्रायः ग्रीष्म-काल में अधिक होता है। ये प्रायः रात में मुर्गियों के पंखों के अन्दर त्वचा में गड़कर अथवा चिपक कर उन्हें काटते हैं, रक्त चूसते हैं और खुजली पैदा करते हैं। इससे मुर्गियाँ अत्यन्त बेचैन रहती हैं और कमजोर हो जाती हैं।

दिन के समय ये माइट्स दीवारों की दरारों में घुस जाते हैं और रात के समय पक्षियों के शरीर पर आक्रमण करते हैं।

(iii) किलनी (Ticks)

ये अण्डाकार गहरे-लाल-रंग के होते हैं। दिन के समय में प्रौढ़ किलनी अंधेरी जगरों, कुक्कुट घरों की दीवारों में एवं लकड़ी के द्वार तथा सन्दूकों में छुपे रहते हैं तथा रात में ही मुर्गियों पर आक्रमण करते हैं। इनके काटने पर शरीर का टेम्परेचर 110 डि.फा. तक हो जाता है, हरा दस्त होता

है, शरीर में न केवल जलन, व्याकुलता, थकावट उत्पन्न होती है बल्कि अरक्तता (Anaemia) के कारण लोलक व कलंगी का रंग पीला पड़ जाता है और अण्डे देने की क्षमता में भारी कमी आ जाती है। पक्षियों की स्थिति लकवा जैसी होकर मौत की शिकार बन जाती हैं।

इसके अतिरिक्त टिक फीवर या स्पाइरोकिटोसिस जो मुर्गियों का एक महा भयंकर रोग है, इन किलनियों के संक्रमण से ही फैलता है।

(iv) खटमल एवं पिस्सू (Bedbug and Flea)

ये मुर्गियों के लिये अत्यन्त कष्टकर होते हैं। खटमल कुक्कुटशाला की दीवारों या मुर्गियों के बसेरा लेने के डंडों के दरारों में छिपे रहते हैं। ये पैरासाइट्स प्राय: रात के समय मुर्गियों पर आक्रमण करते हैं और रक्त चूसते हैं जिससे रक्तहीनता, शारीरिक भार में कमी, व्याकुलता व जलन उत्पन्न होती है।

बाह्य परजीवियों की चिकित्सा (Treatment of Ectoparasites)

- ☐ गैमेक्स 5% 1 भाग में 20 भाग राख मिलाकर मुर्गियों के शरीर पर मलें।
- ☐ मुर्गीघरों की सफाई एवं चूने से पुताई करायें।
- ☐ गैमेक्सेन 5% डी.डी.टी. 1 भाग में 10 भाग पानी मिलाकर अथवा 100 ग्राम को 10 लीटर पानी में घोल कर मुर्गियों को स्नान करावें। *अथवा*
  मालाथियोन 50%-80 मि.ली. 10 लीटर पानी में घोलकर यह कार्य करें।
  - इस बात की सावधानी रखें कि उनका सिर, नाक, कान और मुँह उपरोक्त घोल से बचा रहे।
- ☐ माइट्स के उपचार हेतु किरासन का तेल या गन्धक का मरहम लगावें। मरहम लगाने से पूर्व प्रभावित स्थान को साबुन से साफ कर लें।
- ☐ टिक्स के लिये 'टिक फीवर' (निम्नोक्त) के अनुसार उपचार करें।

किलनी या चीचड़ी ज्वर या टिक फीवर (Tick Fever or Spirochaetosis)

परिचय (Introduction)— मुर्गियों की यह एक ज्वरवाली घातक बीमारी है जिसमें करीब 10% तक मृत्यु हो जाती है। अन्य पक्षियों में भी इसकी सम्भावना रहती है।

कारण (Etiology)— यह रोग एक विशेष प्रकार की किलनी 'अरगस परसीकस' के संक्रमण से होता है। यह रोग इसके काटने से होता है।

लक्षण (Symptoms)— इस रोग में निम्न लक्षण होते हैं—

- ☐ तीव्र जवर 110-111°F तक।
- ☐ चारा-दाना चुगना बन्द।
- ☐ उदासीन होकर सिकुड़ कर दूसरों से अलग खड़ा होना।
- ☐ कलंगी और लोलक पीले-रंग के।
- ☐ पंखों में रूखापन।
- ☐ प्यास अधिक।
- ☐ बदबूदार हरा दस्त।
- ☐ ऊँघते रहना।
- ☐ निर्बलता एवं रक्तहीनता।

- चलने-फिरने और खड़ा होने में असमर्थ (पैरों और पंजों में सूजन होने पर)
- पैर फैलाकर एवं सिर को पीछे की ओर मोड़कर बैठना।
- लकवे (Paralysis) जैसी स्थिति।
- मृत्यु होने के एक-दो दिन से पहले तापक्रम सामान्य।
- प्राय: मृत्यु 10 दिन के अन्दर ही।

चिकित्सा (Treatment)—निम्न में से किसी एक ढंग का उपयोग करें—

(1) पेनीसिलीन (Penicillin) 20 हजार 1 मि.ली. डिस्टिल्ड वाटर में घोल कर मांस में (I.M.) दें।

(2) होस्टासाइक्लीन 5 ग्राम 5 मि.ली. पानी में घोलकर पिलावें।

(3) फ्यूराजोलीडोन 0.04% आहार में मिलाकर 8-10 दिन दें।

(4) सैफ्ट्रिएजोन (Ceftrizone) 10-15 mg/kg BW; मांस में 7-8 दिन तक लगायें।

बाह्य उपयोग (Topical use)
- बुटॉक्स (Butox) 2 मि.ली. 1 लीटर पानी में घोलकर छिड़काव करें या स्नान करावें। *अथवा*
- मालाथियान 1 भाग, पानी 20 भाग मिलाकर मुर्गियों के शरीर पर छिड़काव करें।

2. आन्तरिक परजीवी (Internal Parasites)

ये पैरसाइट्स शरीर के अन्दर प्राय: पेट और आँतों में पलते या पाये जाते हैं। यह अन्दर ही अन्दर आँतों को क्षतिग्रस्त करते रहते हैं। इनसे बच्चों एवं वयस्क दोनों आयु के पक्षियों को नुकसान पहुँचता है। इनके प्रकोप से अल्प समय में ही बच्चों में क्षीणता के कारण अधिक संख्या में मृत्यु होने लगती है।

आन्तरिक परजीवी 2 प्रकार के होते हैं—

(i) प्रजीवा (प्रोटोजोआ—Protozoa)

(ii) कृमि (हेलमीन्थ—Helminth)

I. प्रजीवा (प्रोटोजोआ—Protozoa)

यह एककोशीय जीव होता है जिसमें न्यूक्लीयस तथा साइटोप्लाज्म होता है। यह पक्षियों के शरीर में प्रवेश कर रोग उत्पन्न करते हैं। इन रोगों में खूनी दस्त या कॉक्सीडियोसिस (coccidiosis) मिलनेवाला प्रमुख रोग है।

1. खूनी दस्त या कॉक्सीडियोसिस (Coccidiosis)

परिचय (Introduction)—यह एक भयंकर पैरासिटिक डिजीज है, जिससे न केवल बच्चों में बहुत अधिक मृत्यु होती है बल्कि पुलैट्स (young less than one year) को अण्डे देने की अवस्था विलम्ब से प्राप्त होती है तथा मुर्गियों में अण्डा देने की क्षमता में कमी हो जाती है।

Coccidiosis is an acute or chronic specific hasmorrhagic enteritis chiefly of cattle, rabbits and poultry characterised by invasion and destruction of the intestinal epithelium diarrhoea and dysentery caused by coccidia.

कारण (Etiology)—यह रोग आमतौर पर *ईमेरिया टिनेला* तथा *ईमेरिया निकेट्रिक्स* नामक प्रोटोजोअन परजीवियों द्वारा होता है।

रोग का विस्तार (Spread of disease)—यह रोग विश्व के सभी स्थानों में होता है।

संक्रमण (Infection)—काक्सीडियोसिस से संक्रमित स्थान, आहार, पानी और वाहक मुर्गियों से बच्चों का बचाव न करने पर बच्चों में रोग फैल जाता है, क्योंकि रोगी मुर्गी की बीट में इन परजीवियों के अण्डे (Oocyst) निकलते हैं, जो अनुकूल वातावरण मिलने पर रोग फैलाने के योग्य हो जाते हैं। केवल ऐसे ही अण्डों (Oocysts) को आहार व पानी के साथ लेने पर रोग का संक्रमण होता है।

***पूर्वानुकूलता* (Predisposing factors)**—

- ☐ नमी एवं ठंड लगना।
- ☐ स्वच्छ वायु का न मिलना।
- ☐ ब्रूडरघरों में अँधेरापन।
- ☐ एक छोटी जगह पर बहुत से बच्चे रखना।
- ☐ विटामिन 'ए' की कमी।

उपरोक्त कारण भी रोग फैलाने में सहायक होते हैं।

ऋतु एवं मौसम (Season and climate)—बरसात का मौसम इस रोग को फैलाने के लिये विशेष उपयुक्त है, क्योंकि अण्डों को संक्रमित बनाने के लिये नमी तथा गर्मी की आवश्यकता होती है जो बरसात में पूरी तौर पर मिलती है।

पर यह रोग बरसात में कभी भी फैल सकता है।

मृत्यु दर (Mortality rate)
- सीकल काक्सीडियोसिस में 50-95% तक बच्चों की मृत्यु।
- आँतों की काक्सीडियोसिस उग्र होने पर मृत्यु उपरोक्त अनुसार ही।
- चिरकालीन रोग होने पर मृत्यु 10% से अधिक नहीं।
- रोगी मुर्गियों में दीर्घकालिक रोग होने पर मृत्यु न होकर अण्डा देने की क्षमता कम हो जाती है।

रोगरोधक क्षमता (Immunity)— यह देखा गया है कि काक्सीडियोसिस से ग्रसित जो बच्चे स्वस्थ हो जाते हैं, उन्हें दुबारा यह रोग नहीं होता है। क्योंकि इनमें इस रोग के प्रति प्रतिकारिता या लड़ने की क्षमता पैदा हो जाती है।

रोग के भेद (Types)—यह रोग दो प्रकार का होता है—

(i) कोयकल (सिकल) कॉक्सीडियोसिस

(ii) इन्टेस्टाइनल (आँतों की) कॉक्सीडियोसिस

(i) कोयकल (सिकल) कॉक्सीडियोसिस—यह रोग विशेष रूप से 2 से 4 सप्ताह के उम्र वाले चूजों को होता है। इसका संक्रमण बिछावन तथा कुप्रबन्ध से फैलता है। यह 10 दिनों से छोटे चूजों में नहीं मिलता है।

लक्षण (Symptoms)—इस प्रकार के कॉक्सीडियोसिस के लक्षण निम्न प्रकार हैं—

- ☐ भूख न लगना।
- ☐ अधिक कष्ट।
- ☐ प्यास की अधिकता।

- ☐ ऊँघनी (ऊँघते रहना)।
- ☐ खूनी दस्त तथा सीकम खून से भरा रहना।

सिकल कॉक्सीडियोसिस के लक्षण विस्तार से—

1. *प्रथम 3 दिन*—कोई लक्षण प्रकट नहीं।

2. *चौथे दिन*—झागदार पतले दस्त आने लगते हैं। आहार के प्रति कोई रुचि नहीं होती है और सायंकाल से कुछ ऑव निकलना प्रारम्भ हो जाती है और बच्चे परों को झुकाये बैठे रहते हैं।

3. *पाँचवें दिन*—सीकम में रक्तस्राव होने से खून मिले दस्त होते हैं। लोलक व कलंगी का रंग पीला पड़ जाता है। बच्चे सुस्त व ऊँघते हुए नजर आते हैं तथा मरने लगते हैं।

4. *छठवें दिन*—बच्चे ब्रूडर-घरों में बिजली के बल्ब के पास सिमटकर बैठ जाते हैं, मानो ठंड लग गई हो। शरीर इतना कमजोर हो जाता है कि उनका चलना-फिरना कठिन हो जाता है। बच्चे प्यासे व सुस्त दिखायी देते हैं, उन्हें खून मिले दस्त आते हैं तथा 70 से 80 प्रतिशत बच्चों की मृत्यु हो जाती है।

5. *सातवें दिन*—अब रोग का प्रकोप कुछ कम हो जाता है और बच्चों में सुधार होने लगता है। यद्यपि कमजोर बच्चों की मृत्यु होती रहती है।

(ii) इन्टेस्टाइनल (आँतों की) कॉक्सीडियोसिस—यह रोग 4-10 सप्ताह वाले चूजों को होता है, पर सभी उम्र की मुर्गियाँ इस रोग से प्रभावित हो सकती हैं। इस रोग का कारण *इमेरिया नेकैट्रीक्स* नामक प्रजीवा है।

लक्षण (Symptoms)—इस प्रकार के कॉक्सीडियोसिस में निम्न लक्षण मिलते हैं—

- ☐ अधिक प्यास।
- ☐ पर भूख नहीं।
- ☐ आँख बन्द किये ऊँघते रहना।
- ☐ उजला-पीला या खूनी दस्त।
- ☐ दुर्बलता एवं कमजोरी।
- ☐ बीट करने में कष्ट।
- ☐ चलने-फिरने में असमर्थ एवं पक्षाघात (Paralysis)।
- ☐ अन्त में मृत्यु।
- ☐ मृतक की आँत में खूनी धब्बों का मिलना।

बड़ी मुर्गियों में—

- ☐ उदासीनता एवं भूख की कमी।
- ☐ दुर्बलता एवं क्षीणता।
- ☐ रक्तहीनता (Anaemia)।
- ☐ कमजोरी (Weakness)।
- ☐ इसमें दस्त प्रायः नहीं।

आँतों की कॉक्सीडियोसिस में उग्र स्वरूप का रोग होने पर लक्षण सिकल कॉक्सीडियोसिस के समान ही होते हैं। पाँच-सात दिनों में बहुत अधिक मृत्यु होती हैं।

- यदि रोग चिरकालीन रूप में फैलता है तो रोगी मुर्गियाँ लड़खड़ाकर चलती हैं। वे लंगड़ाने लगती हैं और खून की कमी के कारण लोलक व कलंगी पीले पड़ जाते हैं।

पोस्टमार्टम (शव परीक्षण) में–

1. *सिकल कॉक्सीडियोसिस में :*

☐ सीका फूला हुआ व बढ़ा दिखायी देता है।

☐ सीका के कोषों में खून युक्त गाढ़ा पदार्थ मिलता है एवं झिल्ली फट जाने के कारण खून निकलने लगता है।

2. *इन्टेस्टाइनल (आँतों की) कॉक्सीडियोसिस में–*

☐ आँत गुब्बारे की तरह फूली दिखाई पड़ती है।

☐ आँतों की झिल्ली में लाल रंग का गाढ़ा पदार्थ मिलता है।

☐ आँतों में इन्टेराइटिस तथा रक्तस्राव इतना अधिक होता है कि रक्त के बिन्दु आँतों के ऊपर बाहर से भी नजर आते हैं।

चिकित्सा (Treatment)—इस रोग में सल्फाडाइमिथाइल पाइरीमिडीन (Sulmet) एवं ब्राडस्पेक्ट्रम एण्टीबायोटिक आरियोमाइसीन लाभकर दवायें हैं।

एम्प्रोलियम (Amprolium) एवं इथोपाबेट–Ethopabate (Amprol) का भी प्रयोग लाभकर होता है।

अन्य औषधियाँ (Other drugs)—

1. **बाईफूरान सप्लीमेन्ट्स** (Bifuran supplements)	50 ग्राम/100 किलो दाने में 2 से 12 सप्ताह के बच्चों (chicks) में।
2. **इम्बेजिन प्रीमिक्स** (Embazin premix)	250 ग्राम/100 किलो दाने में 2 से 12 सप्ताह के बच्चों (chicks) में।
3. **एम्प्रोल 25%** (Amprol 25%)	250 ग्राम/100 किलो दाने में 2 से 12 सप्ताह के बच्चों (chicks) में।
4. **कार्डीनल** (Cardinal)	4 ग्राम/1 लीटर पानी में 2-3 दिन तक।
5. **इम्बेजिन सोलूशन** (Embazin solution)	5 मि.ली. / 1 लीटर पीने के पानी में 3 दिन तक 5 दिन के बाद पुनः दोहरायें।
6. **सल्फामेजाथीन 10%** (Sulphamezathene 10%)	10 मि.ली./ 1 लीटर पीने के पानी में 3 दिन तक। 2 दिन के अन्तराल पर पुनः दोहरायें।
7. **डायडीन 16%** (Diadin 16%)	10 मि.ली./1 लीटर पीने के पानी में 3 दिन तक। 2 दिन के अन्तराल पर पुनः 3 दिन तक।
8. **एम्प्रोल 16%** (Amprol 16%)	1 ग्राम / 1 लीटर पीने के पानी में 5-7 दिन तक।
9. **सल्मेट** (Sulmet)	10 मि.ली. / 1 लीटर पीने के पानी में 5-7 दिन तक।

अन्य व्यवस्था भी–

☐ विटामिन्स एवं मिनरल्स युक्त फीड सप्लीमेन्ट दाने में मिलाकर दें; जैसे–सुपर मिन्डिफ, विटामिन्स, मेरीमिक्स, ओसोपान, विटाटोन, स्टाफैक आदि।

☐ डी.ओ.टी. (लाइका) का प्रयोग लाभकर होता है। इसे ब्रायलरों को 500 ग्राम और लेपर्स को 360 ग्राम प्रति टन दाने में मिलाकर दें। साथ में पाक्वीन (paquin) 1 ग्राम 1 लीटर पीने के पानी में 3 दिन। 2 दिन के अन्तराल पर पुनः 3 दिन तक। साथ में।

- ☐ कोड्रीनल (Codrinal) 1 ग्राम 1 लीटर पानी में मिलाकर दिन में 2-3 बार दें।

नोट—इस रोग में फूरान, ओरीप्राइम, कॉक्सीडोल (Coxidol), काक्सीवीन (Cocciwin), मेरीक्लोप (Mericlop), काक्सीक्योर (Coxicure) आदि उपयोगी सप्लीमेन्ट्स हैं।

2. काला सिर (Black Head/Histomoniasis)

अन्य नाम (Other names)—इण्ट्रोहेपेटाइटिस (Enterohepatitis), इफेक्शियस इण्टरोहेपेटाइटिस (Enterohepatitis)।

परिचय (Introduction)—यह आँत और लिवर की बीमारी है, जो विशेषकर टर्की पक्षियों में होती है। परन्तु अन्य पक्षियों, बतखों आदि को भी यह रोग होते देखा गया है।

प्रसार (Transmission)—इसके अण्डे (Oocyst) पक्षियों की बीट के साथ निकलते हैं, जिससे दाना-पानी दूषित होता है। इस दूषित दाना-पानी के खाने-पीने से अन्य पक्षियों में रोग लग जाता है।

A stress disease—a soil bone long durat ion infection (3-5 years), contamination of feed and water by infective feaces and eggs of Heterakis gallinarum (cecal worm).

प्रभावित पक्षी (Affected bird)— विशेषकर टर्की में। 3-6 सप्ताह के चिक्स एवं अन्य पक्षी भी प्रभावित हो सकते हैं।

लक्षण (Symptoms)—इस रोग में निम्न लक्षण देखने को मिलते हैं—

- ☐ पक्षियों का ऊँघना।
- ☐ भूख नहीं (Loss of appetite)।
- ☐ गंधक जैसा पीले-रंग का दस्त।
- ☐ सिर का भाग काले-रंग का।
- ☐ भार में कमी (Loss of appetite)।
- ☐ रक्तहीनता के कारण त्वचा का रंग पीला।

1. T urkeys show droop-off-feed, sulphur coloured watery droppings, head regions turn blackish, heavy mortality, even destroys the entire flock.

2. Chicks : The characteristics sulphur coloured watery dropping is absent but droppings are frothy and yellow-wise brown. Egg production drops in layers.

शव परीक्षा (Postmortem) में—यकृत देखने में बड़ा तथा उस पर पीले-रंग के निर्जीव तस्तरी की आकृति के गड्ढे दिखायी देते हैं।

विभेदक निदान (Differential diagnosis)— इस रोग को काक्सीडियोसिस तथा हेक्सामिटिएसिस से भेद करना चाहिये।

चिकित्सा (Treatment)— इस रोग में निम्न चिकित्सा लाभकारी होती है—

(क) **गुड़ का जल** (Jaggery water)—0.5 किलो 20 लीटर पानी में (1 भाग गुड़ को 4 भाग पानी में)।

(ख) फ्यूराजोलीडीन 2 kg/ton for 10 days।

II. कृमि या हेलमीन्थस (Worms or Helminths)

पक्षियों के पेट में विभिन्न प्रकार के पैरासाइट्स पाये जाते हैं, जिन्हें कृमि या हेलमीन्थस (Worms or Helminths) कहते हैं। यह विभिन्न आकारों में मिलते हैं। परन्तु इनका जीवन-चक्र लगभग एकसमान होता है। मादा कृमि अण्डे देती है जो पक्षियों की बीट (मल) के साथ बाहर आते हैं और खाने-पीने के द्वारा अन्य पक्षियों के शरीर में प्रविष्ट कर जाते हैं और रोग पैदा करते हैं।

इन कृमियों के अन्तर्गत राउण्डवर्म्स, सूत्रकृमि एवं टेपवर्म्स मुख्य रूप से आते हैं।

1. गोलकृमि (Roundworms)

अन्य नाम (Other names)—इन्हें Nematoda भी कहते हैं। मल-सर्प भी नाम दिया गया है।

परिचय (Introduction)—ये कीड़े सफेद या मटमैले रंग के मोटे धागे के समान लगभग 10-15 से.मी. तक लम्बे होते हैं। ये कीड़े अण्डे देते हैं, जो पक्षियों के मल (बीट) के द्वारा बाहर निकलते रहते हैं। इन अण्डों को जब मुर्गियाँ दाने और चारे के साथ चुग लेती हैं तब यह अण्डे पेट में पहुँचकर विकसित होते हैं तथा गोल कीड़े के रूप में फैल जाते हैं। ये कीड़े आँतों में निवास करते हैं और आँतों की सतह को क्षति पहुँचाते हैं जिससे मुर्गियाँ रोगों का शिकार बन जाती हैं। कुछ कीड़े शरीर के अन्य भागों में भी पाए जाते हैं। इनमें से प्रमुख निम्नलिखित—

- एसकेरिस (Ascaris—आन्त्र कृमि)
- पत्थरी के कीड़े (Gizzard worm)
- गेप वर्म्स (Gapeworms)
- क्रोप वर्म्स (Cropworms) घेंघा कृमि।

अब प्रत्येक का संक्षिप्त वर्णन निम्न प्रकार है—

(i) केंचुआ या एसकेरिस (Ascaris)/आँत कृमि—यह केंचुआ आँत में तीन प्रकार के पाये जाते हैं—

(i) एसकैरीडिया गैली (Ascaridia galli)

(ii) हेटेरांकिस गैलिनाई (Heterakis gallinae)

(iii) सुबुलुरा ब्रम्पटी (Subulura brumpti)

प्रत्येक कृमि से हानि निम्न प्रकार से होती है—

(i) एसकेरीडिया गैली (Ascaridia galli) से प्रभावित होने पर—

- वृद्धि में रुकावट।
- हड्डियों के विकास में कमी।
- भूख में कमी।
- निर्बलता एवं कमजोरी।
- वयस्क मुर्गियों में अण्डे विलम्ब से एवं उत्पादन कम।
- भार में कमी।

- सिर का रंग पीला।
- अधिक मृत्यु।

(ii) ***हेटेराकिस गैलिनाई***—बहुत छोटे, 7-15 मि.ली. लम्बे, श्वेत रंग के सूत्र जैसे कृमि से—

- कम हानि।
- पक्षियों को हरे-पीले दस्त।
- उण्डुक में गाँठें (Nodules)।

(ii) पत्थरी के कीड़े या गिजार्ड वर्म्स—यह पतले धागे के समान लम्बे होते हैं और पक्षियों की आँतों में निवास करते हैं। ये कीड़े *एकुएरिया हेमुलोसा* कहलाते हैं।

लक्षण (Symptoms)— पथरी के भीतर मांसल भाग में गिल्टी।
— निर्बलता एवं दुर्बलता।
— रक्तहीनता (अनीमिया)।

(iii) कंठ के कीड़े या गेप वर्म्स—ये वायु-प्रणाली एवं स्वर-भंग में मिलते हैं। नर कृमि मादा से सदैव चिपका रहता है। इसे सिंगामस ट्रेकिया कहते हैं। ये चमकीले लाल रंग के होते हैं। ये कंठ और स्वर नली में रहकर खून चूसते हैं तथा साँस लेने में कठिनाई होती है जिससे मुँह फाड़ना पड़ता है।

लक्षण (Symptoms)—इस प्रकार के कृमियों में निम्न लक्षण मिलते हैं—

- ☐ सिर हिलाते रहना।
- ☐ कष्टदायक श्वास।
- ☐ साँस लेने के लिये मुँह फाड़ना।
- ☐ दम घुटते रहना।
- ☐ खाँसना (कीड़ों को निकालने के लिये)।
- ☐ निर्बलता एवं कमजोरी।
- ☐ दम घुटने से मृत्यु।

(iv) घेंघा या पोटाकृमि (Cropworms)—ये कीड़े बहुत ही पतले (केश जैसे) और लम्बे होते हैं। ये मुर्गियों तथा पक्षियों के आमाशय (Crop) में पाये जाते हैं।

लक्षण (Symptoms) — दाना निगलने में कठिनाई।
— कमजोरी एवं दुर्बलता।

उपचार (Treatment)— उपरोक्त सभी गोल कृमियों (Roundworms) की चिकित्सा एक समान है। इनकी चिकित्सा हेतु—

- ☐ पिपराजीन लिक्विड 100 वयस्क मुर्गियों के लिये 60 मि.ली. तथा चूजों के लिये 30 मि. ली. 4 लीटर पानी में घोलकर 1-2 दिन तक पिलावें।
- ☐ लीमासोल-पी (Lemasol-P) 1 ग्राम 2-3 लीटर पीने के पानी में 5-6 मुर्गियों को दें। *अथवा*
- ☐ पिपराजीन 56.3% वयस्कों को 40 मि.ली. 5-10 लीटर पानी में एवं चूजों को 20 मि.ली. 3.5 लीटर पानी में घोलकर 1-2 दिन तक पिलावें।

- ☐ **पोटाकृमि के लिये**—कूरामिन्थ (Curaminth) 10 ग्राम 4 लीटर पानी में मिलाकर सुबह में कुछ घण्टों तक पिलावें। *अथवा*

  जोडेक्स पाउडर 1-2 चम्मच (5-10 मि.ली.) पानी या दाने में।

2. फीता कृमि (Tapeworms)

परिचय (Introduction)—ये श्वेत रंग के फीते जैसे होते हैं, जिनमें अनेक खण्ड होते हैं। हर एक खण्ड में नर-मादा होते हैं। इनके सिर पर चूसने और गाड़ने का एक अंकुश होता है। जिसके सहारे यह आँतों में गढ़े रहते हैं, खून चूसते रहते हैं। इनके खण्ड (segments) या टुकड़े मुर्गियों के मल (बीट) से बाहर निकलते रहते हैं जिसके खाने से स्वस्थ मुर्गियों में संक्रमण हो जाता है। वैसे यह कम होते हैं पर होने पर अत्यधिक हानि होती है।

लक्षण (Symptoms)— इन कृमियों के संक्रमण में निम्न लक्षण मिलते हैं—

- ☐ भार में कमी एवं प्यास की अधिकता।
- ☐ शारीरिक निर्बलता एवं कमजोरी।
- ☐ हरे-पीले दस्त एवं अण्डा उत्पादन में कमी।
- ☐ श्लैष्म कला में शोथ नाड्यूल का निर्माण।
- ☐ पक्षी लंगड़े हो जाते हैं एवं पक्षाघात।
- ☐ पंख झड़ना एवं हड्डियों का नजर आना।

उपचार (Treatment)— इसमें निम्न चिकित्सा लाभकर होती है—

- ☐ टेनिल (Taenil) 1/2-1 प्रतिशत दाने में मिलाकर खिलावें। *अथवा*

  टीनिया केयर 1/2-1 ग्राम/किलो शरीर-भार पर दाने में मिलाकर दें।

रोकथाम (Prevention) — कृमि निरोधक औषधि पीने के पानी में।
— विटामिन ए युक्त संतुलित आहार।
— कुक्कुट-घर को 5 दिन तक खाली रखें। मुर्गीघर को साफ-सुथरा रखें।

3. सामान्य रोग (Common Diseases)

ऐसे रोग जो सामान्य रूप से एक या दो पक्षियों तक ही सीमित रहते हैं। यह आउटब्रेक (महामारी) के रूप में नहीं होते हैं। यह एक-दूसरे को नहीं लगते हैं। ऐसे प्रमुख रोग इस प्रकार हैं—

1. अतिसार या दस्त (Diarrhoea)

परिचय (Introduction)— इस रोग में मुर्गियों को हरे-पीले या सफेद रंग के पतले दस्त आते हैं।

लक्षण (Symptoms) — पतली बीट बार-बार।
— दस्तों का रंग हरा-पीला, सफेद खून मिला।
— कमजोरी एवं सुस्ती।

उपचार (Treatment) — कारण विशेष को दूर करें।
— सल्फाग्वानेडीन सल्फाडायमीडीन या कोट्रीमोक्साजोल

(सेप्ट्रान/बैक्ट्रिम) या डिपेन्डाल-एम 1/2 टिकिया दिन में 2-3 बार जल के साथ दें।
- रक्त आने की स्थिति में स्ट्रेप्टोविट 1/4 टिकिया दिन में दो बार।

2. लू लगना (Heat Stroke)

परिचय (Introduction) – गर्मी के दिनों में लू लगने से मुर्गियाँ झुलस जाती हैं।

लक्षण (Symptoms)
- तीव्र ज्वर (Pyrexia)।
- श्वास जल्दी-जल्दी।
- त्वचा सूखी एवं झुलसी हुई।

उपचार (Treatment)
- सिर पर बर्फ का टुकड़ा या पानी अथवा ठंडे जल से नहलायें।
- शीतल जगह में रखें।
- बेहोश मुर्गियों को एनाकार्डोन (Anacardone) Mikethanide) की सूई 1/2-1 एम्पुल की मात्रा में I/M दें।
- दाने को भिगोकर खिलावें।

3. ठंड लगना/पाला मारना (Frost bite)

परिचय एवं लक्षण (Introduction and symptoms)— अधिक शीत या ठंड से पक्षी प्रभावित हो जाते हैं जिससे उनकी कलंगी और लोलक काले पड़ जाते हैं।

उपचार (Treatment)
- कलंगी और लोलक पर सरसों का तेल या वैसलीन लगावें। *अथवा*
- बोरोलीन या बोरोप्लस।
- बर्फीली जगहों पर डबिंग (dubbing) क्रिया से कलंगी और लोलक को काटकर छोटा कर दिया जाता है।
- निकेथामाइड 1- 2 बूँद प्रातः-सायं पिलावें। गम्भीर स्थिति में इसकी सूई 1/2 मि.ली. की मात्रा में I/M दें।
- सर्दी से बचाने के लिये खिड़कियों पर टाट लगायें।
- कोट्रीमोक्साजोल (सेप्ट्रान) लिक्विड 5-5 बूँद दिन में 2-3 बार या सल्फाडिमीडोन 16% घोल 10 मि.मी. एक लीटर पानी में मिलाकर पिलायें।

4. सर्दी-जुकाम (रोप-Roup)

परिचय एवं लक्षण (Introduction and symptoms)— यह रोग प्रायः पक्षियों में सदी-गर्मी से हो जाता है। इस रोग में आँख और नाक से पानी बहता है तथा सूजन हो जाती है।

- यह रोग फाउल पौक्स (F. P.) के साथ भी हो जाता है।

उपचार (Treatment) – सल्फाडायमिडीन 16% सोलूशन 10 मि.ली. 1 लीटर पानी में मिलाकर पीने का दें। *अथवा*
- टेट्रासाइक्लीन/टैरामाइसीन/स्टेक्लीन आदि की 1/4 टिकिया प्रातः-सायं दें। *अथवा*

- टैरामाइसीन या ओटसिम 1/2-1 मि.ली. मांस में (I.M.)।
  अथवा
- बेटोपेन/मोनोमाइसीन/स्टेप्ट्रो-पेनीसिलीन/ डाइक्रिस्टासीन आदि 1/2 ग्राम मांस में।
- कोट्रीमोक्साजोल (Cotrimoxazole) 1/4-1/4 टिकिया दिन में 2 बार अथवा सेप्ट्रान लिक्विड दें।

5. खनिज या लवण की कमी (Mineral Deficiency)

खनिज लवण (Minerals) शरीर के विकास के लिये अत्यन्त आवश्यक होते हैं। इनकी कमी से शरीर का विकास रुक जाता है और उत्पादन क्षमता घट जाती है। साथ ही कई एक रोग उत्पन्न हो जाते हैं। कुछ मुख्य रोग इस प्रकार हैं–

(i) पंख नोंचना (Cannibalism)

परिचय (Introduction)— यह एक बुरी आदत है जिसमें एक पक्षी दूसरे पक्षियों के पंखों, घुटनों को, गुदा प्रदेश तथा अन्य भागों को नोंचते खसोटते हैं। यहाँ तक कि नोंचते-नोंचते घायल कर देते हैं। एक-दूसरे को देखकर चोंच मारने लगती हैं। यह बुरी आदत अधिकतर सामूहिक रूप में पालने वाली मुर्गियों में मिलती है।

कारण (Etiology)— बुरी आदत के कई कारण हैं–

- ☐ आहार में आवश्यक लवणों की कमी।
- ☐ एक ही स्थान पर अनेक मुर्गियों तथा बच्चों को एक साथ रखना।
- ☐ मुर्गीशाला में नमी।
- ☐ परों में जुओं का प्रकोप।
- ☐ आहार में प्रोटीन, विटामिन ए तथा नमक की कमी।
- ☐ ब्रूडरघरों में अधिक तापक्रम तथा प्रकाश होना।
- ☐ अपर्याप्त फीडर एवं वाटर।
- ☐ भूखे-प्यासे रहना।
- ☐ अत्यधिक रोशनी।
- ☐ पोषक तत्वों की कमी।
- ☐ खाने-पीने के बर्तनों की ऊँचाई ठीक न होना।

उपचार (Treatment)— इसकी चिकित्सा निम्न व्यवस्थानुसार करें–

- ☐ प्रभावित पक्षियों को अलग रख कर नमक खिलावें। सोडियम क्लोराइड ½ चाय चम्मच सुबह शाम।
- ☐ दाने में नमक की मात्रा बढ़ाकर।
- ☐ नाँचनेवाली मुर्गियों की चोंच को उनके नुकीले भाग को तेज चाकू से काट कर मोटा कर दें।
- ☐ खनिज लवण मिश्रण जैसे एग्रीमिन टोजो मिल्क/कौन्सीमिन 2-3% दाने में मिलाकर खिलावें।

रोकथाम (Prevention)— इसके लिये निम्न व्यवस्था करें—

- ☐ अच्छा पोषण। आहार में मछली का चूरा व हरी सब्जी अधिक मात्रा में।
- ☐ काल-डी-रूबरा 10 मि.ली. 100 चूजों को दिन में 2 बार। ब्रायलरों को 20 मि.ली. तथा वयस्कों को 50 मि.ली. दें।
- ☐ दो सप्ताह तक आहार में दली हुई जई।
- ☐ ब्रूडरघरों में न अधिक गर्मी हो न अधिक प्रकाश, कि बच्चे एक-दूसरे को चोंच मारने लगें।
- ☐ जख्मी मुर्गियों को अलग कर दें और घावों पर मरहम लगा दें।
- ☐ यदि परों पर जूँ हो गई हों, तो जूँ मारनेवाली दवा (यथा—एस्केबियोल सोलूशन—Ascabiol solution) खाल व परों पर लगावें तथा कीटाणुनाशक दवा का कुक्कुटशाला में छिड़काव करें।

(ii) अण्डा फँस जाना (Retention of Egg)

परिचय (Introduction)—कभी-कभी मुर्गियों की गुदा (vent) में अण्डे फँस जाते हैं और बाहर नहीं निकल पाते हैं।

कारण (Etiology)
- गुदा मार्ग का तंग होना।
- अण्डे गिराने की शक्ति का कम होना।

लक्षण (Symptoms)— इसमें निम्न लक्षण तथा चिह्न मिलते हैं—

- ☐ अण्डे या तो कुछ बाहर निकल कर फँसे रहते हैं अथवा भीतर ही अटके रहते हैं।
- ☐ मुर्गियाँ बेचैनी से इधर-उधर घूमती रहती हैं।

चिकित्सा (Treatment)— इसके लिये निम्न व्यवस्था करनी चाहिये—

- ☐ यदि अण्डा कुछ बाहर निकल आया हो तो किसी नुकीली चीज या चाकू से अण्डे को फोड़ देना चाहिये तथा टूटे अण्डे को निकाल बाहर फेंक देना चाहिये।
- ☐ यदि अण्डा दिखायी न दे तो गुदा मार्ग में लिक्विड पैराफीन अथवा अण्डी का तेल अँगुलि से लगाकर अँगुलि डालकर अण्डे को प्रतीत करें। अण्डा प्रतीत होने पर किसी नुकीली वस्तु को गुदा में सावधानी से डालकर अण्डे को फोड़ दें और धीरे से निकाल दें। अण्डा निकलने के बाद गुदा मार्ग में बोरो ग्लिसरीन लगा दें। इसके साथ ही मुर्गी को एक चम्मच अण्डी का तेल (Castor oil) पिला देना चाहिये।

रोकथाम (Prevention)—इसके लिये निम्न व्यवस्था करें—

- ☐ सन्तुलित आहार की व्यवस्था।
- ☐ दाने में चोकर एवं मोटे अनाज की अधिक मात्रा।

(iii) अण्डा फोड़ना या तोड़ना (Breaking of Egg)

परिचय (Introduction)— यह भी एक बुरी आदत है जिसमें मुर्गियाँ एक दूसरे के अण्डे फोड़ डालती हैं।

कारण (Etiology)— कैल्शियम की कमी का होना।

चिकित्सा (Treatment)—इसके उपचार में कैल्शियम की अहम भूमिका होती है।

- ☐ ओस्टोकैल्शियम सीरप (Ostocalcium Syrup) 1/2-1 चम्मच दिन में दो बार।
- ☐ खनिज लवण मिश्रण; जैसे—एग्रीमिन टोनोमिल्क अथवा कौन्सीमिन (Concimin) 25 ग्राम 10 किलो दाने में मिलाकर दें।
- ☐ सीप, कोयला, चूना, घोंघा आदि का पाउडर खाने को दें।

(iv) कच्चे अण्डे (Raw Eggs)

परिचय (Introduction)— कभी-कभी मुर्गियाँ ऐसे अण्डे देती हैं जो पिलपिले और मुलायम होते हैं उनका ऊपरी छिलका पतला और लचीला होता है।

कच्चे अण्डे प्रायः बेकार होते हैं और उनका कोई पैसा प्राप्त नहीं होता है।

कारण (Etiology)— कैल्शियम की कमी।

चिकित्सा (Treatment)— इसकी निम्न व्यवस्था करें—

(क) ओस्टोकैल्शियम 1/2-1 टिकिया प्रातः-सायं दें। अथवा
ओस्टोकैल्शियम सीरप (Ostocalcium Syrup) 1/2-1 चम्मच दिन में दो बार। *अथवा*
वेटकल बी$_{12}$ शाम के पीने के पानी में 20-100 मि.ली. 100 मुर्गियों के लिये। *अथवा*
काल-डी-रुब्रा (Car-D-Rubra) 1/2 मि.ली. प्रति दिन प्रति पक्षी के हिसाब से पिलावें।

(ख) दाने में ओसोपान 1 किलो 1 टन में अथवा कौन्सीमीन (Concimin) 25 ग्राम 10 किलो दाने में।

(ग) चूना पत्थर, लकड़ी का कोयला, सीप-घोंघा का चूर्ण खाने के लिये एवं हरी सब्जी पर्याप्त मात्रा में।

(v) टेढ़ी टाँगें (Perosis)

परिचय (Introduction)— इस रोग में मुर्गियों की टाँगें टेढ़ी हो जाती हैं, जिससे वे लंगड़ाने लगती हैं। यह रोग अधिकतर 3-4 माहवाली मुर्गियों को होता है।

कारण (Etiology)—इसके निम्न कारण होते हैं—

☐ मैंगनीज तथा विटामिन बी$_{12}$ की कमी।

लक्षण (Symptoms)
- पैरों में सूजन तथा दर्द।
- टाँगें टेढ़ी हो जाती हैं।
- पक्षी लंगड़ाता है।

उपचार (Treatment)—

☐ कौन्सीमीन या विटामिक्स—25 ग्राम 10 किलो दाने में।

6. विटामिन्स की न्यूनता (Vitamins Deficiency)

विटामिन्स की कमी से मुर्गियों में कई एक रोग हो जाते हैं। ऐसे कुछ प्रमुख रोग इस प्रकार हैं—

(i) विटामिन-ए की कमी (Deficiency of Vitamin-A)

(ii) विटामिन-बी$_2$ की कमी (Deficiency of Vitamin B_2)

(iii) विटामिन डी की कमी (Deficiency of Vitamin D)

(iv) विटामिन-ई की कमी (Vitamin E—Deficiency)

(v) विटामिन-के की कमी (Vitamin K—Deficiency)

(i) विटामिन-ए की कमी या न्यूट्रिशनल राउप/एविटामिनोसिस-ए (Deficiency of Vitamin-A or Nutritional Roup/Avitaminosis-A)

विटामिन 'ए' चूजों को शक्तिशाली बनाता है तथा अल्प समय में उनकी भार वृद्धि में सहायक होता है। यह विटामिन्स म्यूकस मेम्ब्रेन को शक्तिशाली बनाता है और उसका संरक्षण करता है।

इसकी कमी से मुर्गियों में निम्न लक्षण (Symptoms) उत्पन्न होते हैं—

- ☐ विटामिन ए की कमी से 6-16 सप्ताह की आयु के बच्चों की अल्प समय में बहुत अधिक संख्या में मृत्यु होना प्रारम्भ।
- ☐ पुलेट्स तथा युवा मुर्गियाँ क्षीण होकर अंडे विलम्ब से देती हैं अथवा अण्डे देना बहुत कम कर देती हैं।
- ☐ पीड़ित बच्चे कमजोर हो जाते हैं, लड़खड़ाकर चलते हैं, ऊँघते हुए दिखायी देते हैं, उनकी टाँगें कमजोर हो जाती हैं, परों की चमक कम हो जाती है।
- ☐ लोलक व कलंगी का रंग पीला।
- ☐ टाँगों की खाल का रंग हल्का।
- ☐ शारीरिक भार में कमी।
- ☐ रोगी मुर्गियों की आँख व नाक से पानी बहता है। बाद में गाढ़ा होकर जम जाता है।
- ☐ आँखों में पर्याप्त कीचड़ एकत्रित होने से आँखें न केवल फूल जाती हैं बल्कि आगे को निकली हुई दिखायी देती हैं। यदि आँखों को दबाया जाय तो सफेद-रंग की कीचड़ बाहर निकल आती है।
- ☐ रतौंधी हो जाती है और आँखों से दिखायी नहीं देता है। आँखों में माड़ा पड़ जाता है या आँखों में सफेदी आ जाती है।
- ☐ छोटी मुर्गियों को चक्कर आने लगता है और गिर पड़ती हैं।
- ☐ भूख कम हो जाती है।
- ☐ शरीर के विकास में रुकावट।
- ☐ गुर्दे या मूत्र-नलिकाओं में यूरिक एसिड का जमाव।
- ☐ अधिक कमी होने पर मृत्यु।

चिकित्सा (Treatment)—इसकी चिकित्सा निम्न प्रकार से करनी चाहिये—

अधिक प्रभावित होने पर—एरोविट या प्रिपेलीन फोर्ट 1/2-1 लाख यूनिट मांस में *अथवा* टिकिया या कैप्सूल 1/2-1 टिकिया दिन में 2 बार एक सप्ताह तक। *अथवा*

रोबीमिक्स ए 325 या विटाब्लैण्ड ए या रोबीमिक्स ए+बी$_2$+डी$_3$ या विटामिक्स एम निर्धारित मात्रा में दाने के साथ। *अथवा*

विटामिन 'ए' वाटर मिक्सेबिल या रोवीसोल ओरल या टेरामाइसीन एग फार्मूला निर्धारित मात्रा में पानी में मिलाकर (10 दिन तक)।

मछली का तेल 2-4 बूँद सुबह-शाम *अथवा* यूनीवेक्स या ट्राइवेक्स शार्कलिवर आयल।

हरी शाक-सब्जियाँ प्रचुर मात्रा में खाने को दें।

- **यदि आहार या पीने के पानी द्वारा शरीर में इसका पर्याप्त मात्रा में संचार हो तो बच्चे श्वास रोग, कॉक्सीडियोसिस तथा आन्तरिक परजीवियों से बचे रहेंगे तथा मुर्गियों में अण्डा देने तथा अण्डों से बच्चे निकलने की क्षमता में कोई कमी नहीं आयेगी।**

(ii) विटामिन बी$_2$ की कमी (Deficiency of Vitamin B_2 or Riboflavin)

विटामिन बी$_2$ पक्षियों के विकास के लिये एक बहुत आवश्यक तत्व है। यह विटामिन पक्षियों को दही, सोयाबीन की खली, अल्फाल्फा, मांस और खमीर आदि से प्राप्त होता है।

इसकी कमी से मुर्गियों में निम्न लक्षण (Symptoms) पैदा होते हैं—

- ☐ चूजों की वृद्धि में रुकावट।
- ☐ पंखों का झड़ना।
- ☐ निर्बलता (Weakness)।
- ☐ भूख समाप्त (Loss of appetite)।
- ☐ पाँव टेढ़े हो जाते हैं। पंजा टेढ़ा (Curled-toe)।
- ☐ त्वचागत रोग (Skin disease)।
- ☐ पैरों के जोड़ों में सूजन।
- ☐ टाँगों में लकवा या पैरालिसिस।
- ☐ कमी से अचानक मृत्यु।
- ☐ मृत्यु प्रायः भूख की कमी या डिहाइड्रेशन से।

प्रायः इसकी कमी से मरे हुए पक्षी चित पड़े मिलते हैं।

उपचार (Treatment)—इसकी चिकित्सा व्यवस्था निम्न प्रकार से करनी चाहिये—

विटामिन बी कम्पलैक्स सीरप 1-2 चम्मच दिन में दो बार। अथवा

वीसोल–बी (Visol-B) 15-20 मि.ली. 100 पक्षियों को पीने के पानी में। *अथवा*

कोलाइम्बी (Cholymbi) 5 ग्राम एक लीटर पानी में 7 दिन तक। *अथवा*

टी.एम.फोर्ट 5.5 किलो 200 किलो दाने में मिलाकर। *अथवा*

विटामिक्स 25 ग्राम 10 किलो दाने में मिलाकर। *अथवा*

कौन्सीमीन (Concimin) 25 ग्राम 10 किलो दाने में मिलाकर।

(iii) विटामिन डी की कमी (Deficiency of Vitamin-D)

यह मुर्गियों के विकास एवं हड्डियों के लिये आवश्यक तत्व है। इसकी प्राप्ति धूप (sunlight) से होती है।

इसकी कमी से निम्न लक्षण (Symptoms) उत्पन्न होते हैं—

- ☐ चूजों के विकास में रुकावट।
- ☐ अण्डे का छिलका पतला।
- ☐ अण्डा तथा चूजों का उत्पादन प्रभावित।
- ☐ शरीर की हड्डियाँ टेढ़ी–मेढ़ी।
- ☐ पंख का निकलना विलम्ब से।

चिकित्सा (Treatment)—

- ☐ धूप की व्यवस्था करें।
- ☐ टी.एम.फोर्ट/कौन्सीमीन/विटामिक्स आदि दवायें उपरोक्त लिखी मात्रा में।
- ☐ **यह पक्षियों के विकास एवं ताकत देने में बहुत ही सहायक होता है।**

(iv) विटामिन 'ई' की कमी (Vitamin 'E' Deficiency)

विटामिन–ई चूजों के समुचित विकास के लिये एक अति आवश्यक तत्व है। इसकी कमी से चूजों में निम्न लक्षण उत्पन्न होते हैं–

- ☐ 2-3 माह के चूजों में उन्माद। इस विकार में कभी–कभी निम्न लक्ष्य देखे गये हैं–
  1. चूजों का अचानक इधर–उधर दौड़ना।
  2. लड़खड़ाकर चलना।
  3. गिर पड़ना।
- ☐ आँखें बन्द किये बैठे रहना।
- ☐ अचानक दौड़ पड़ना तथा चक्कर काटकर घूमते रहना।
- ☐ 24 घण्टे के अन्दर मृत्यु।

चिकित्सा (Treatment)— इसकी कमी दूर करने के लिये निम्न व्यवस्था करें–

(क) टेरामाइसीन एग फार्मूला 1 चाय चम्मच 1 लीटर पानी में मिलाकर पीने को दें। *अथवा* विटासेप्ट (Vitacept) 1/4-1/2 मि.ली. मांस में सप्ताह में एक बार। *अथवा*–विटियोलीन (Viteoline) खिलावें।

(ख) खाद्य में 2% बिनौले का तेल या मक्का का तेल मिला कर दें।

(v) विटामिन 'के' की कमी (Vitamin 'K' Deficiency)

विटामिन 'के' की कमी से पक्षियों में निम्न लक्षण उत्पन्न होते हैं–

- ☐ रक्त पतला हो जाता है। यदि कहीं घाव हो जाय तो बहुत देर तक रक्त बहता रहता है।
- ☐ इसकी कमी से रक्त के जमने या थक्का (clot) होने की शक्ति कम हो जाती है।

चिकित्सा (Treatment)— इसकी व्यवस्था निम्न प्रकार करें–

(क) कैपिलिन ओरल (Kapilin oral) 1 टिकिया नित्य खिलावें। *अथवा*
टैरामाइसिन एग फार्मूला 1 चम्मच 9 लीटर पानी में पिलावें। *अथवा*
पोलकॉन 1 ग्राम 10 किलो दाने में दें।

(ख) तीव्र रोग में कैपलिन की सूई मांस में।

(ग) खून बन्द न होने की स्थिति में–क्रोमोस्टेट की 1 टिकिया दिन में 2-3 बार दें।

7. बम्बल फुट (Bumble Foot)

परिचय (Introduction)—यह पक्षियों के पंजे की गद्दी या अंगुलियों के बीच फोड़े की बीमारी है। इसमें मुर्गियाँ लंगड़ाने लगती हैं।

कारण (Etiology)—रोग एक प्रकार के जीवाणु से होता है, जिसे 'स्टैफिलोकोकस ओरियस' कहते हैं।

संक्रमण (Infection)—यह कीटाणु (Bacteria) पंजे की गद्दी छिलने, खरोंच, चोट, रगड़ लगने एवं काँटे के गड़ने से प्रवेश पाता है।

लक्षण (Symptoms)—इस रोग में निम्न लक्षण उत्पन्न होते हैं–

- ☐ पंजे में सूजन।
- ☐ फोड़े का रूप।

- ☐ दर्द एवं लंगड़ाहट।
- ☐ पक्षी जमीन पर पैर नहीं रख पाता है।

चिकित्सा (Treatment)—इसकी व्यवस्था इस प्रकार से करें—

- ☐ यदि सूजन कड़ी हो तो नमक तथा गर्म पानी से सेकें। लिनीमैण्ट टरपैन्टाइन अथवा स्वेनिल तेल से मालिस करें।
- ☐ यदि पीव भरा हो तो—शल्य चिकित्सा द्वारा ऑपरेशन कर पीव को बाहर निकाल दें एवं घाव को साफ कर एण्टीसेप्टिक ड्रेसिंग करें।
- ☐ सेप्ट्रान (Septron) 1/4-1/2 टिकिया दिन में दो बार दें। *अथवा*
  सेप्ट्रॉन लिक्विड 5-10 बूँद दिन में दो बार दें।

8. अण्डनाल उलट जाना या बाहर निकलना (Prolapse of Oviduct)

परिचय (Introduction)—मुर्गी में अण्डा फँस जाने से अण्डे की नाल (oviduct) बाहर निकल आती है, जिससे मुर्गी को बहुत कष्ट होता है। यह स्थिति तब होती है जब मुर्गी में सामान्य आकार से बड़ा अण्डा देते समय अण्डा ओवीडक्ट में फँस जाता है, और तो मुर्गी अण्डा निकालने के लिये जोर लगाती है।

लक्षण (Symptoms)—ओवीडक्ट बाहर निकल आती है एवं सूज जाती है।
— मुर्गी को अत्यधिक कष्ट एवं पीड़ा होना।

सहायक कारण (Helping causes)—कब्ज होने पर। 2-ईकोलाई या साल्मोनेला संक्रमण से।

चिकित्सा (Treatment)— इसकी व्यवस्था निम्न प्रकार से करनी चाहिये—

(क) निकले हुए भाग को पोटाश परमैंगनेट लोशन या एक्रीफ्लेवीन लोशन से धोकर असली अलसी का तेल लगा दें तथा अँगुलि के सहारे भीतर डाल दें।

(ख) तत्पश्चात् गर्म पानी में बोरिक एसिड डालकर, रुई भिगोकर गुदा की हल्की सेंक करें।

(ग) सल्फाडायमिडीन 16% घोल 10 मि.ली. 1 लीटर पानी में मिलाकर दो दिन तक पिलावें। या

पेय जल में स्टेक्लिन सोलुबल ग्रेन्यूल्स 16 चम्मच (80 ग्राम) प्रति 100 लीटर जल के हिसाब से मिलाकर पिलावें। *या*

कोड्रीनाल (Codrinal) 4 ग्राम को एक लीटर जल में मिलाकर पूर्ण आराम होने तक पिलाते रहें।

(घ) विटामिन्स का प्रयोग निर्धारित मात्रा में।

(च) आवश्यकता पड़ने पर पेनीसिलीन + स्ट्रेप्टोमाइसीन (Streptomycin) मांसपेशीगत (I.M.) रूप में।

(छ) हल्का आहार सामान्य स्थिति में आने तक।

नोट—गुदा में बर्फ के टुकड़े रखने से या पिचकारी से ठंडा पानी डालने से रक्त की नलिकायें सिकुड़ जाती हैं और निकला हुआ अंग भी सिकुड़ जाता है।

9. गुदा का घाव (Vent Gleet)

परिचय (Introduction)—अक्सर मुर्गियों के गुदा में घाव होते देखा जाता है। इस घाव से पीले लस्सेदार पीव (Pus) निकलता है।

लक्षण (Symptoms)
- गुदा पर घाव एवं आसपास के भाग में सूजन।
- सूजन से अतिशय कष्ट।
- घाव जल्दी और आसानी से ठीक नहीं।

उपचार (Treatment)—

(क) घाव को भली-भाँति साफकर सोफ्रामाइसिन/नियोस्पोरिन आयन्टमेण्ट/टेरामाइसीन या लोरेक्सेन एण्टीसेप्टिक मलहम लगावें।

(ख) टैरामाइसिन/स्टेक्लीन/आलसाइक्लीन आदि की 1/4 टिकिया दिन में दो बार। या कोट्रीमोक्साजोल 1/4 टिकिया दिन में दो बार।

10. दुम काँटा थौर्न (Thron)

परिचय एवं लक्षण (Introduction and Symptoms)—मुर्गियों तथा अन्य पक्षियों में दुम (Tail) के अन्तिम सिरे पर एक गाँठ होती है जिसे तेल ग्रन्थि (oil gland) कहते हैं। इसमें एक तैलीय पदार्थ पैदा होता है। चिड़ियाँयें अपनी चोंच को इसमें गीला करके अपने परों पर फेरती हैं, जिससे परों में चमक तथा चिकनाहट पैदा होती है।

चिह्न (Signs)
- प्राय: इस गाँठ का मुख बन्द हो जाता है और इस उभार में कभी-कभी पस पड़ जाता है।
- पक्षी को बेचैनी एवं कष्ट होता है।
- साथ ही ज्वर भी।
- इस रोग में मैना पक्षी की मृत्यु निश्चित।

चिकित्सा (Treatment)— निम्न व्यवस्थानुसार—

☐ टिंचर आयोडीन पीड़ित स्थान पर।

☐ पस की स्थिति में चाकू से चीर कर पस निकाल दें और घाव को साफ कर वीटाडीन आइन्टमेण्ट/सोफ्रामाइसीन आयण्टमेण्ट लगावें।

☐ स्टेक्लीन 1/10 टिकिया + सेप्ट्रान 1/4 टिकिया—पानी के साथ खिलावें।

11. गठिया या वात रोग (Gout in Poultry)

परिचय (Introduction)— यह एक ऐसा रोग है जिसमें मुर्गियों के पैरों और डैनों के जोड़े में दर्द युक्त सूजन हो जाती है। यह रोग जाड़े के दिनों में अधिक होता है।

कारण (Etiology)—इसके निम्न सम्भावित कारण हो सकते हैं—

☐ जाड़े के दिनों में कसरत का अभाव।

☐ अधिक अण्डों के लिये प्रोटीन युक्त दाना अधिक खिलाने से।

☐ गुर्दा का किसी कारण वस कार्य न करने से।

लक्षण (Symptoms)—इसमें निम्न लक्षण मिलते हैं—

☐ पैरों और डैनों के प्रति जोड़ में दर्द भरा सूजन।

☐ पक्षी में लंगड़ाहट।

☐ सूजन पहले मुलायम बाद को कड़ी।
☐ चलने-फिरने में असमर्थ।
☐ जोड़ों का रूप कुरूप हो जाता है।
गिल्टियों एवं घाव—जिनसे उजला, पीला एवं लसीला द्रव बहता है।

चिकित्सा (Treatment)—निम्न व्यवस्थानुसार—

(क) दाने में प्रोटीन की मात्रा कम कर दें।
(ख) 0.5% सोडा बाई कार्ब पीने के पानी में दें।
(ग) होस्टाकार्टिन-एच-1 मि.ली. मांस में (I.M.)। *या*
वैटलोग (Vetlog) 1/2-1 मि.ली. माँस में।
(घ) इन्जेक्शन स्ट्रेप्टोपेनीसिलीन/डाइक्रिस्टासीन/म्यूनोमाइसिन आदि की 1 लाख इकाई मषा को मांस में (I.M.) सूई लगाकर दें।

12. पोटे का फूल जाना या पोटे में दाना जमा हो जाना (Impection of Crop or Crop Bound)

परिचय (Introduction)—मुर्गियों को समूचा दाना; जैसे—मक्का, जौ, गेहूँ या पत्थर अथवा हड्डी के बड़े चूरे या लम्बी घास को खिलाने से पोटा फूल जाता है।

लक्षण (Symptoms)—इस अवस्था में निम्न लक्षण तथा चिह्न देखने को मिलते हैं—

☐ पोटा छूने में कड़ा।
☐ पोटे में जमे हुए आहार से खट्टी-सी दुर्गन्ध।

● **उपरोक्त विकार पोटे में जमा हुए आहार का बिल्कुल पाचन न होने से होता है।**

चिकित्सा (Treatment)—पुलेट्स व वयस्क पक्षियों में—

(i) **यदि पोटा फूला हुआ दिखायी दे**—सोडा बाई कार्ब का घोल 1/2 चम्मच मुँह खोलकर डालें। तत्पश्चात् मुर्गी के सिर को नीचे की ओर लटका कर धीरे-धीरे पोटे पर हाथ फेरें, जिससे पोटे में जमा हुआ अन्न या घास मुँह से बाहर निकल जाये।

(ii) **चिकित्सा शल्यक्रिया द्वारा**—पोटे में एक इंच का चीरा लगाकर उसमें जमा घास या अन्न अथवा पत्थर के टुकड़ों को निकालकर गुनगुने पानी से (छोड़कर) भली प्रकार सफाई कर लें। तत्पश्चात् सिवाजोल या सेमीजोल पाउडर छिड़ककर टाँके लगा दें (Suturing)। साथ में ऊपर से टिंचर बेन्जोइन कं. अथवा वीटाडीन लिक्विड लगा दें। 12 घण्टे तक आहार और पानी न दें। इसके बाद 3-4 दिन तक हल्का आहार दें।

रोकथाम/बचाव (Prevention)—

☐ **1 माह तक के आयु के बच्चों को**—पिसा हुआ आहार ही खिलायें।
☐ **1 से 2 माह तक की आयु के बच्चों को**—केवल बारीक दला हुआ आहार ही खिलायें।
☐ **2 से अधिक आयु के बच्चों को**—मोटा दला हुआ आहार दें।

सावधान! ● लम्बे और कड़े साग के डन्ठल या घास इत्यादि न दें।

◆◆◆

33

कुत्तों के रोग
(Diseases of Dogs)

बीमार कुत्ते की पहिचान

कुत्ते की बाह्य आकृति, स्वभाव, खाने-पीने की रुचि, आदेशपालन, सामान्य तापक्रम (normal temperature), नाड़ी एवं श्वास गति, चाल, आँख, नाक, कान एवं मलमूत्र में किसी भी प्रकार का अन्तर या परिवर्तन होना रोग का सूचक है। ऐसी स्थिति में—

तत्काल पशुचिकित्सक से सम्पर्क कर चिकित्सा की उपयुक्त व्यवस्था करें।

कुत्ते के सम्बन्ध में नैदानिक ज्ञान
(Clinical knowledge about dog)

1. **सामान्य तापक्रम** (Normal temperature)— कुत्तों का औसतन शारीरिक तापक्रम 101^0F (डिग्री फारेनहाइट) अर्थात् सेन्टीग्रेड में 38.3^0C होता है।

2. **नाड़ी-दर** (Pulse Rate)— कुत्तों की औसतन नाड़ी दर (पल्स रेट) 60 से 100 प्रति मिनट होती है।

3. **श्वसन दर** (Respiration Rate)—कुत्तों की श्वसन दर औसतन 15 से 30 प्रति मिनट होती है।

नापने का स्थान

1. टेम्परेचर के लिये—शरीर का तापक्रम क्लिनिकल थर्मामीटर से नापा जाता है। इसके लिये थर्मामीटर (thermometer) की पारे वाली नोक को कुत्ते की 'गुदा' में प्रवेश कराके एक ओर झुका देते हैं, ताकि पारेवाला भाग गुदा की म्यूकस मेम्ब्रेन (कोमल त्वचा) को छूता रहे। 1 मिनट तक रखने के बाद थर्मामीटर को निकालकर उसके पारे के चढ़ान को देखकर तापक्रम (temperature) ज्ञात किया जाता है।

2. नाड़ी की चाल जानने लिये— कुत्ते की जाँघ (thigh) के भीतरी भाग में फीमोरल धमनी (femoral artery) के ऊपर अँगुलि रखकर, धीरे से दबाव डालकर स्पन्दनों की (लपकन की) गिनती की जाती है।

नाड़ी की चाल स्टेथोस्कोप (आला) से हृदय प्रदेश पर उसका चेस्ट पीस रखकर हृदय धड़कने की आवाज (लव-डव) को सुनकर समझा जाता है।

3. श्वसन दर (Respiration Rate)— श्वास चलने की गति को 3 प्रकार से मालूम किया जा सकता है—

(i) छाती और पेट के फैलने और दबने की चाल को गिनकर।
(ii) स्टेथॉस्कोप द्वारा फेफड़ों की गति को गिनकर।
(iii) वक्ष (छाती) के आगे-पीछे ठोकर मारकर।

कुत्तों के रोग
(Diseases Found in Dogs)

सामान्य रूप से कुत्तों के रोगों को सुविधा के लिये 5 भागों में बाँटा जाता है—

1. बाहरी आघात रोग (Diseases of external injuries)
2. असंक्रामक रोग (Non-infectious or Common systemic diseases)
3. संक्रामक रोग (Infectious diseases)
4. परजीवी रोग (Parasitic diseases)
5. त्वचा रोग (Skin diseases)
6. आपातकालीन रोग (Emergency diseases)

1. बाहरी आघात रोग (Diseases of External Injuries)

कुत्तों में चोट आदि लगकर बाहरी आघात जन्य रोग प्रायः देखने को मिलते हैं। ऐसे कुछ प्रमुख रोग इस प्रकार हैं—

1. कट-फट जाना और घाव अथवा जख्म (Cuts and Wounds)
2. खून बहना (Bleeding or Haemorrhage)
3. जलना (बर्न्स-Burns)
4. चोट-मोच (स्प्रेन-Sprain)
5. पैर का घाव (वूंड्स आफ फुट-Wounds of Foot)
6. आँखों की चोट (Injuries of Eyes)
7. कान की चोट (Injuries of Ears)
8. हड्डी का टूटना (Fracture)

1. कट-फट जाना और घाव अथवा जख्म (Cuts and Wounds)

परिचय (Introduction)— कभी-कभी कुत्ते के बाहरी आघात/चोट से त्वचा पर जख्म बन जाते हैं और त्वचा कट-फट जाती है।

कारण (Causes)— त्वचा पर घाव निम्न कारणों से बन सकते हैं—

- रगड़ लगने अथवा टक्कर खाने से।
- गिर जाने से।
- तेज औजारों, काँटेदार तारों आदि से त्वचा के कट-फट जाने से घाव बन जाना।

लक्षण (Symptoms)— ● त्वचा का छिल जाना।

- जख्म एवं रक्तस्राव।
- छूने पर पीड़ा की अनुभूति।

- विलम्ब के घाव में कीड़े भी।
- कुत्ता घाव को बार-बार चाटता है।

चिकित्सा (Treatment)— इसकी व्यवस्था निम्न क्रम से करें—

यदि चोट साधारण है, त्वचा ही छिली हो— घाव अथवा चोट के आसपास के बाल कैंची (scissors) से काट दें और सेवलॉन अथवा डिटॉल आदि लोशन से साफकर एण्टीसेप्टिक ड्रेसिंग बीटाडीन या टिन्चर आयोडीन के घोल से करें।

कोई भी एक एण्टीबैक्टीरियल दवा का इंजेक्शन कम-से-कम तीन दिन तक लगायें (विवरण पीछे है)।

टिटेनस से बचाव के लिए Tetanus toxoid inj. 3 मि.ली. त्वचा के नीचे लगायें।

यदि घाव बड़ा हो— घाव के आसपास के बाल काटकर उपरोक्त किसी एण्टीसेप्टिक लोशन से भली-भाँति साफ करें। तत्पश्चात् बीटाडीन लोशन अथवा आयन्टमेण्ट में गाज तर कर घाव में भर दें और ऊपर से रुई रखकर पट्टी बाँध दें।

यदि घाव से खून बह रहा हो— घाव को साफ कर टिंचर बेन्जोइन कम्पाउण्ड (Tr. Benzoin Comp.) से गाज तर कर लगा दें और पट्टी बाँध दें।

यदि कटे-फटे भाग अधिक हों—घाव को साफकर सल्फलीनामाइड पाउडर या फुरासीन पाउडर अथवा सिवाजोल पाउडर घाव में भरकर उसके किनारों को नाइलोन या रेशम के धागे से टाँके लगा दें और ऊपर से उपरोक्त पाउडर या टिंचर बेन्जोइन से सील कर दें। लगभग 8-10 दिन में किनारे सटकर जुड़ जाते हैं। साथ में नित्य या एक दिन छोड़कर एण्टीबायोटिक्स के इन्जेक्शन देते रहें।

टाँके लगाने के बाद भी त्वचा के किनारे न सटें और घाव बना रहे—ऐसी स्थिति में घाव को किसी एण्टीसेप्टिक लोशन या पोटैशियम परमैंगनेट घोल से साफकर ड्रेसिंग आयल (dressing oil) अथवा लोरेक्सेन एण्टीसेप्टिक क्रीम या फुरासीन लगा दें।

नोट—घाव की उपरोक्त चिकित्सा के साथ-साथ किसी भी एक एण्टीबैक्टीरियल दवा का इंजेक्शन कम-से-कम तीन दिन तक लगायें (विवरण पीछे है)।

2. खून बहना (Bleeding)

परिचय (Introduction)— जब शरीर का कोई भाग कट-फट जाता है तो उससे खून बहने लगता है।

उपचार (Treatment)— खून बहने की स्थिति में निम्न व्यवस्था करें—

- घाव के स्थान पर रक्त बहने को रोकने के लिये टिंचर बेन्जोइन कम्पाउन्ड अथवा टिंचर फैरी-परक्लोर से तर गाज रखकर ऊपर से रुई लगाकर पट्टी बाँध दें।
  - ➤ अभाव में बर्फ के टुकड़े को लगाकर रक्त बहना रोका जा सकता है। *अथवा*
  - ➤ 5% फिटकरी का घोल लगाने से रक्तस्राव रुक जाता है। *अथवा*
  - ➤ शीतल जल का प्रयोग करें।
- इन्जेक्शन स्ट्रेप्टोक्रोम/क्रोमोस्टेट 2 मि.ली. मांस में (I.M.)।

- **यदि घाव से रक्त अधिक मात्रा में आ रहा हो, तो—**
  - (i) घाव को Absorbent cotton से भली-भाँति पैक कर स्ट्रेप्टोक्रोम 2 मि.ली. का इंजेक्शन दें।
  - (ii) नॉर्मल सेलाइन या डैक्स्ट्रोज (Normal saline or Dextrose) 50-100 मि.ली. शिरा (I/V) में दें।

3. जलना (Burns)

परिचय (Introduction)—शरीर का कोई भाग जब आग/खौलते पानी/गर्म धातुओं एवं अम्लों से जल जाता है तब शरीर पर फफोले पड़ जाते हैं। जला हुआ भाग गर्म रहता है एवं वह स्थान काला पड़ जाता है। शरीर में विष एकत्रित होकर जहरवाद (सेप्टीसीमिया) हो जाता है। सदमा की स्थिति में पशु की मृत्यु हो जाती है।

उपचार (Treatment)—यह एक आपातकालीन स्थिति है। अतः इसकी चिकित्सा के लिये तुरन्त व्यवस्था करनी चाहिये। इस व्यवस्था के अन्तर्गत—

(क) चूने का पानी + अलसी का तेल बराबर मात्रा में मिलाकर लगावें। *अथवा*
बर्नोल एण्टीसेप्टिक क्रीम (Burnol Antiseptic cream) लगावें। *अथवा*
सोफ्रामाइसीन क्रीम, फुरासीन (Furacin), माइवासिन अथवा कोई अन्य एण्टीसेप्टिक क्रीम लगावें। *अथवा*
Catavlon क्रीम लगावें।

(ख) टेटनस टोक्साइड 20 मि.ली. s/c दें।

(ग) बेचैनी की स्थिति में सिक्विल इंजेक्शन 1.0-2.0 मि.ली. मांस में लगावें।

(घ) किसी भी एक एन्टीबैक्टीरियल दवा का इंजेक्शन कम-से-कम तीन दिन तक लगावें।

(च) *यदि तेजाब का जला हो—* सोडा बाईकार्ब का घोल लगावें। पशु को 5% डैक्सट्रोज सेलाइन 100 से 200 मि.ली. शिरा में लगायें।

(छ) पशु को कोर्टीसोन दवा के इंजेक्शन लगायें (विवरण पीछे है)।

4. चोट-मोच/स्प्रेन (Sprain)

परिचय (Introduction)—कुत्तों के पैरों में बाहरी चोट, पैर फिसलने, गिरने आदि कारणों से टाँगों, जोड़ों एवं पुट्ठों में सूजन तथा दर्द (swelling and pain) हो जाता है। साथ ही कुत्ता लंगड़ाने लगता है।

चिकित्सा (Treatment)— इसके लिए निम्न व्यवस्था करें—

(क) कुत्ते को पूर्ण आराम दें।

(ख) *अधिक मोच की स्थिति में—* आयोडेक्स या आयोडीन मरहम अथवा रिलेक्सिल आयन्टमेन्ट की मालिश या लिनीमेण्ट टरपैन्टाइन या स्वैनिल तेल से मालिस करें।

(ग) इन्जेक्शन एनाल्जिन/नोवाल्जिन/सेमीजोल में से कोई एक दवा की 5-10 मि.ली. मात्रा मांस में (I.M.) या इन्जेक्शन इस्जीपायरीन 5 मि.ली. मांस में लगाएँ।

(घ) इन्जेक्शन विटामिन $बी_1$, $बी_6$, $बी_{12}$ अथवा ओप्टीन्यूरान या ट्राई रेडीसोल एच 1000 एम.जी, 2-5 मि.ली. मांस में 1 दिन के अन्तराल पर लगाएँ।

(च) इन्जेक्शन डेक्सावेट या कूराडेक्स (Curadex) 0.5-1 मि.ली. मांस में लगाएँ।

(छ) एण्टीबायोटिक; जैसे— प्रोकेन पेनीसिलीन/स्ट्रेप्टोपेनीसिलीन/टैट्रासाइक्लीन/एम्पीसिलीन/जेण्टामाइसीन निर्धारित मात्रा में I.M. दें।

5. पैर के घाव (Wounds of Foot)

परिचय (Introduction)—कुत्तों के पैरों में चोट लगने, काँटे गड़ने अथवा पत्थर आदि से घाव हो जाते हैं।

लक्षण (Symptoms)—1. पैर में सूजन। 2. दर्द (pain)।

उपचार (Treatment)—पैर को उठाकर देखना चाहिये। निम्न प्रकार से चिकित्सा करें—

(क) गंदगी हो तो गुनगुने पोटाश मिले पानी से भली-भाँति साफ करें।

(ख) यदि काँटा या पत्थर हो तो उसे निकाल दें। तत्पश्चात् 1% कॉपर सल्फेट के गर्म घोल में 30 मिनट तक डुबायें रखें।

(ग) यदि घाव कुछ अधिक देर का हो, तो एण्टीसेप्टिक ड्रेसिंग करें। घाव सही होने तक एण्टीसेप्टिक ड्रेसिंग प्रतिदिन चालू रखें।

(घ) किसी एक एण्टीबैक्टीरियल दवा का इंजेक्शन घाव सही होने तक लगायें।

6. आँख की चोट (Injury of Eyes)

आँखों की चोटें निम्न प्रकार की हो सकती हैं—

(i) आँखों में घाव (Wounds in the eyes)
(ii) आँखों से पानी आना (epiphora)
(iii) आँखों में सफेदी (Opacity of eyes)

(i) आँखों में घाव (Wounds in the Eyes)–प्रायः आँखों में चोट लगने अथवा कट-फट जाने से घाव हो जाता है जिससे आँख लाल हो जाती है, पीड़ा होती है तथा पानी आता है।

चिकित्सा (Treatment)

- ***साधारण चोट की स्थिति में***—कोई एक आई ड्राप्स; जैसे— एलबूसिड आई ड्राप्स, निओस्पोरिन आई ड्राप्स, पाइरीमोन आई ड्राप्स, जेण्टामाइसीन आई ड्राप्स की कुछ बूँदें दिन में 3-4 बार डालें।
- इन्जेक्शन इस्जीपायरीन 5 मि.ली. मांस में (I.M.)।
- अधिक चोट की स्थिति में शल्यचिकित्सा द्वारा आँख का निष्कासन।

(ii) आँखों से पानी आना (Epiphora)–आँखों में चोट लगने से अकसर पानी बहने लगता है। यदि समय पर उपयुक्त उपचार न किया जाय तो आँखों में सफेदी आ जाती है।

चिकित्सा (Treatment)

- 500 मि.ली. गर्म पानी में 1-2 चम्मच बोरिक एसिड मिलाकर उबाल लें। अब इसमें साफ रुई या कपड़ा भिगो लें और निचोड़ लें, फिर उससे आँख की सिकाई करें। कोई आई आयन्टमैन्ट; जैसे- निओस्पोरिन आयन्टमेन्ट आँख में लगावें।

(iii) आँखों की सफेदी (Opacity of eyes)–आँखों में चोट लगने (किसी नुकीली चीज से) तथा कीड़ा पड़ने से आँखों में सफेदी आ जाती है।

चिकित्सा (Treatment)— इसकी चिकित्सा निम्न प्रकार से करें—

- इन्जेक्शन विटामिन ए निर्धारित मात्रा में।
- यदि आँख में कीड़ा हो, तो उसे चिमटी से पकड़कर निकाल दें अथवा पिपराजीन नार्मल सेलाइन में घोलकर आँख में डालें। इससे कीड़ा मर जाता है।
- सिल्वर नाइट्रेट के 0.5% घोल की 2-4 बूँदें दिन में 2-3 बार डालें अथवा किसी एक आँख की दवा; जैसे- पाइरीमोन, की 3-4 बूँदें दिन में तीन बार डालें।

7. कान की चोटें (Injuries of Ears)

परिचय (Introduction)—कान में आघात लगने से कान के बाहरी भाग में सूजन हो जाती है, इसे कान की प्रदाह (ओटाईटिस-otitis) भी कहते हैं।

कारण (Causes)

- कान को पैर से बार-बार झाड़ना।
- मच्छरों अथवा अन्य कीड़ों द्वारा काटना।
- कान में कुटकी (माइट्स-Mites) होना।
- कानों की खुजलाहट।
- बाहरी चोट आदि से।

लक्षण (Symptoms)—इस विकार में कुत्ते के अन्दर निम्न लक्षण तथा चिन्ह मिलते हैं—

- कानों को बार-बार झटकना
- कान को पैर से झाड़ना
- सिर हिलाना
- कान में सूजन की उपस्थिति
- सिर को झुकाना
- सुस्ती (Dullness)
- उदासी बराबर जारी।

चिकित्सा (Treatment)

- यदि कीड़ों की उपस्थिति मिले तो उन्हें निकाल दें।
- मसलेक्स क्रीम (Muslex cream) अथवा अन्य कोई एनाल्जेसिक आयन्टमेण्ट।
- फोमेण्टेशन (Fomentation)— कान की सिकाई करें।
- एण्टीबायोटिक्स; जैसे- स्ट्रेप्टोपैनीसिलीन (Streptopenicillin)/डाईक्रिस्टासीन/बिस्ट्रापेन/मोनोमाइसीन-1 ग्राम की मात्रा में मांसपेशीगत (I.M.) । एम्पीसिलीन अथवा क्लोक्सासिलीन (Cloxacillin) मांसपेशीगत अथवा अन्य कोई एण्टीबायोटिक इन्जेक्शन मांसपेशीगत।

8. हड्डी का टूटना (Fracture)

परिचय (Introduction)— शरीर के किसी भाग की हड्डी टूट जाने को फ्रेक्चर (fracture) कहते हैं। यह प्राय: 2 प्रकार का होता है—

(i) सिम्पल फ्रेक्चर (Simple Fracture)

(ii) कम्पाउण्ड फ्रेक्चर (Compound Fracture)

(i) साधारण अथवा सिम्पल फ्रेक्चर (Simple Fracture)–प्राय: ऐसा फ्रेक्चर अधिक देखने को मिलता है। यह देखने में आया है कि किसी बाहरी आघात या चोट के कारण, विशेषकर पैरों के किसी भाग की हड्डी टूट जाती है।

ऐसी स्थिति में हड्डी तो टूट जाती है, परन्तु न तो चमड़ी ही छिलती है और न ही हड्डी का कोई टुकड़ा चमड़ी से बाहर निकलता है।

चिकित्सा (Treatment)—ऐसी स्थिति में पशु को सामान्य स्थिति में लिटा लिया जाता है। तत्पश्चात् टूटे हुए भाग को हाथ के सहारे आगे-पीछे करके हड्डी के टूटे सिरों को ठीक स्थिति में अपनी जगह बिठा दिया जाता है। तत्पश्चात् रुई लपेटकर टूटे हुए स्थान पर रखकर बाँध दिया जाता है। तत्पश्चात् पेरिस आफ प्लास्टर (Paris of Plaster) को कपड़े की पट्टी में लपेटकर पानी से भिगोकर अच्छी तरह बाँध दिया जाता है और प्लास्टर पर चारों तरफ हाथ फिराकर चिकना कर दिया जाता है। 4–6 घण्टे में प्लास्टर सूख जाता है। करीब 1 माह बाद प्लास्टर को काटकर अलग कर दिया जाता है।

- उपरोक्त प्लास्टर के साथ ही एण्टीबायोटिक; जैसे- पैनीसिलीन/स्ट्रैप्टोपेनीसिलीन या डाईक्रिस्टासीन या बिस्ट्रेपेन 4–8 लाख यूनिट्स की मात्रा में 5–7 दिन तक दिया जाता है।
- दर्द के लिये इस्जीपायजीन या नोवाल्जिन 2–5 मि.ली. की मात्रा में I/M दिया जाता है।

(ii) असाधारण या कम्पाउण्ड फ्रेक्चर (Compound Fracture)—इस प्रकार के फ्रैक्चर में हड्डी के टूटे हुए सिरे त्वचा को फाड़ कर बाहर निकल आते हैं। ऐसी स्थिति में हड्डी के साथ-साथ खून की नसें तथा अन्दर की पेशियाँ (मसिल्स) भी खराब हो जाती हैं। यह एक जटिल फ्रैक्चर होता है।

चिकित्सा (Treatment)—यदि फ्रैक्चर पैर के निचले भाग में हो, तो उपरोक्त बताये गये तरीके से हड्डियों को सामान्य स्थिति में लाकर उसे साफ-सुथरा करके फटे भाग में सिवाजोल या फुरासीन अथवा निओस्पोरिन पाउडर अथवा कोई एण्टीबायोटिक पाउडर भरकर सिलाई (suturing) कर दी जाती है। तत्पश्चात् ऊपर से पुन: पाउडर रखकर रुई से ढककर बाँस की खपच्चें लगाकर बाँध देते हैं। घाव अच्छा होने पर पेरिस आफ प्लास्टर से प्लास्टर कर देते हैं।

- यदि चोट जटिल हो तथा फ्रैक्चर पैर के ऊपरी भाग में हो तो स्टेनलैस स्टील की छड़ें डालकर शल्यचिकित्सा द्वारा उपचार किया जाता है।
- **हर स्थिति में रोगी को एण्टीबायोटिक तथा एनाल्जेसिक की सूई अधिक उपयुक्त रहती है।**

2. कुत्तों के असंक्रामक रोग
(Non-Infectious Diseases of Dogs)

On the arrival of a patient in the clinic, the clinician record the history of the ailments. This is followed by the physical examination of the patient. The various systemic diseases encountered in the dogs have been described in brief giving important informations about the causes, clinical signs and line of treatment. This is followed by emergency cases commonly found in dogs and are listed along with the measures of first aid treatment of nonspecific disease. Manifestations like fever, pain and eczema has also been given. In routine treatment of patients, the manifestations of diseases first draw the attention of a veterinarian for their immediate management. This is followed by detailed check up of the patient and laboratory examination of the biological materials for the diagnosis of the disease for deciding the line of the treatment.

कुत्तों में निम्नलिखित असंक्रामक रोग मिलते हैं–

1. बदबूदार श्वास (Halitosis)
2. मुख और जिह्वा प्रदाह (Stomatitis and Glossitis)
3. ग्रसनीशोथ/ग्रसनी प्रदाह (Pharyngitis)
4. आमाशय–प्रदाह (Gastritis)
5. कब्ज (Constipation)
6. वमन या उल्टी (Vomiting)
7. आमाशय–आन्त्रशोथ एवं आन्त्रशोथ (Gastro-enteritis and Enteritis or Diarrhoea)
8. यकृत प्रदाह (Hepatitis)
9. जलोदर (Ascites)
10. कामला (पाण्डुरोग–जॉण्डिस–Jaundice or Icterus)
11. फुफ्फुसशोथ (न्यूमोनिया–pneumonia)
12. नाक से खून बहना (Nasal Bleeding or Epistaxis)
13. सर्दी–जुकाम–खाँसी (Common cold-Cough)
14. मूत्रीयरक्त विषाक्तता (Uraemia)
15. मूत्राशय की प्रदाह (Cystitis)
16. रक्तमेह (Haematuria)
17. गुर्दा प्रदाह (Nephritis)
18. रक्ताल्पता (Anaemia)
19. हृदयपात (Heart failure)
20. लाल आँख (Conjunctivitis)
21. स्वच्छमण्डलशोथ (Keratitis)
22. अतिमूर्छा/पूर्ण बेहोशी (Coma)
23. गति विभ्रम (Ataxia)
24. मिर्गी/अपस्मार (Epilepsy)
25. पक्षाघात (Paralysis)
26. बहुतंत्रिकाशोथ (Polyneuritis)
27. उदरशूल (पेट दर्द–Colic)
28. हीमेटोमा (Haematoma)
29. रिकेट्स (सूखा रोग–Rickets)

1. बदबूदार श्वास (Halitosis)

अन्य नाम (Other name)— फाउल ब्रीथ (Foul Breath) ।

परिचय (Introduction)— कुत्ते के मुख की उपयुक्त सफाई न होने से बदबूदार श्वास आने लगती है। Halitosis or Foul Breath in dogs is due to lack of maintenance of mouth hygiene.

कारण (Cause)— प्रारम्भिक रोग निम्न कारणों से होता है—

- दाँत और मसूड़ों का संक्रमण (Teeth and gum infection)
- *अन्य अवस्थाओं में* (In other conditions)
  1. ब्रोंकीएक्टासिस (Bronchiectasis-enlargement of lung alveoli)
  2. नाक बहना (Rhinitis)
  3. हेपेटिक विकार (Hepatic disorder)
  4. जीर्ण अग्निमांद्य (Chronic indigestion)
  5. जीर्ण सर्दी-जुकाम और खाँसी (Chronic cold and cough)
  6. ग्रसनीशोथ (Pharyngitis)

चिकित्सा (Treatment)

(क) कारण की खोजकर उसकी चिकित्सा करें।

(ख) *एण्टीबायोटिक्स* अथवा *सल्फाड्रग्स*—इन्फेक्शन दूर करने के लिये।

(ग) हाइड्रोजन परआक्साइड (Hydrogen peroxide) 3%, बराबर पानी की मात्रा में मिलाकर दिन में 2-3 बार मुँह साफ करने को प्रयोग करें। *अथवा*
एण्टीसेप्टिक सोलूशन यथा पोटेशियम परमैंग्नेट और पानी (1:1000) के घोल से मुँह को भली-भाँति साफ करें।

(घ) यकृत को ठीक करने के लिये लिवर टॉनिक (जैसे- लिवोजीन, बीलामिल आदि) इन्जेक्शन रूप में।

2. मुख और जिह्वा प्रदाह (Stomatitis and Glossitis)

परिचय (Introduction)—इस रोग में मुँह के अन्दर की श्लैष्मिक झिल्ली (mucous membrane of mouth cavity) में सूजन आ जाती है। अधिकतर इसका प्रभाव जीभ पर पड़ता है जिससे जिह्वा प्रदाह हो जाती है।

Generalized inflammation of the mouth cavity including the inflammation of gums (Gingivitis), lips (Cheilitis), tongue (Glossitis), cheeks and pharynx may be referred to as stomatitis.

रोग का कारण (Causes)

- बाहरी आघात, नुकीली हड्डियों के खाने, दाँतों का कुनिर्माण (Malformation of teeth) ।
- दाँतों में टारटार का अतिरिक्त जमाव (Excessive deposit of dental tartar) ।
- गलत तरीके से दवा पिलाने पर मुँह में चोट से।
- अम्ल, क्षार के अधिक उपयोग से।
- जीवाणु, विषाणु (virus) एवं फफूँदी (fungus) से।
- केमीकल्स से, इण्डाइजेशन (indigestion) से।

लक्षण एवं चिन्ह (Symptoms and sign)

- अत्यधिक लार बहना (Excessive salivation)
- भूख की कमी (Loss of appetite)
- आहार लेने में कठिनाई (Difficulty in the ingestion of food)
- मुँह से दुर्गन्ध आना (Foul smell from the mouth)
- लिम्फ नोड्स की वृद्धि (Enlarged lymph nodes)
- मुँह और थूथन को रगड़ना
- खाने चबाने में कष्ट
- मुँह से फेनदार लार टपकना या बहना
- मुँह में फोड़ा-फुन्सी
- जिह्वा लाल या डोरीदार या जमाव
- जिह्वा पर सूजन तथा उस पर मखमली जमाव।

उपचार (Treatment)— इस रोग में लाक्षणिक चिकित्सा की जाती है। साथ ही इन्फेक्शन की स्थिति में विशिष्ट चिकित्सा (एण्टीबायोटिक औषधियों से)। रोग की चिकित्सा व्यवस्था निम्न प्रकार से करें—

- **जलन को दूर करने के लिये** (To reduce irritation)— टैनिक एसिड 30 ग्राम तथा ग्लिसरीन 150 ग्राम मिलाकर होठों तथा थूथन पर लगायें।

क. **दाँत, मुँह और मसूड़ों की सफाई**—किसी साधारण एण्टीसेप्टिक तथा डिटरजेन्ट लोशन से; जैसे-पोटेशियम परमैग्नेट के 0.1% घोल से अथवा 3.0% हाइड्रोजन परऔक्साइड के घोल से करें। हैक्सीकेअर (Hexicare) मुँह साफ करने की एक अच्छी दवा दें, इसमें क्लोरहैक्सीडीन ग्लूकोनेट तथा मैन्थौल अवयव हैं।

ख. हल्की दस्तावर भोजन व्यवस्था तरल रूप में (Feeding of liquid and non-irritant laxative diet)।

ग. बोरोग्लिसरीन अथवा माइकोस्टेटिन एक गोली (antifungal) + ग्लिसरीन मुँह तथा जीभ एवं होठों पर लगायें अथवा कंठ और जीभ के छालों पर डेक्वाडीन पेण्ट लगायें।

घ. फंगस के कारण होने पर जेन्सियन वायोलेट 1% घोल लगावें।

च. विटामिन बी कम्पलेक्स 2 टिकिया तथा माइकोस्टेटिन 5 लाख वाली 1 टिकिया— ऐसी एक मात्रा दिन में 2-3 बार दें।

छ. एण्टीबायोटिक्स; जैसे— टैरामाइसीन, वोलीसाइक्लीन, ओटसिम, निओमाइसीन, स्टेक्लीन आदि 2-5 मि.ली. मांस में।

3. ग्रसनीशोथ/ग्रसनीप्रदाह (Pharyngitis)

परिचय (Introduction)— ग्रसनी (Pharynx) में शोथ हो जाने को ग्रसनीशोथ (Pharyngitis) कहते हैं। The inflammation of the pharynx is called pharyngitis.

कारण (Causes)— यह रोग निम्न कारणों से हो सकता है—

- मेकैनिकल (Mechanical)
- कैमीकल अथवा थर्मल इन्जरी (Chemicals and thermal injury)

- माइक्रोबियल इन्फेक्शन्स
- गलतुल्डिकाशोथ /टॉन्सिल्सशोथ (Tonsillitis)
- ग्रसनी (Pharynx) के मृदुतालु (साफ्ट पेलेट) की वृद्धि अथवा अन्य कोई वृद्धि।

नैदानिक लक्षण (Clinical symptoms)

- आहार और पानी लेने में कठिनाई
- खाँसी (Cough)
- झागदार लार का बहना (Expulsion of foamy phlegm)
- भूख की कमी (Loss of appetite)
- जीभ पर गाढ़ा पदार्थ जमा हुआ (Thick deposite on tongue) I

उपचार (Treatment)

- बोरोग्लिसरीन (Boroglycerine) का प्रयोग दिन में 3 बार।
- *आहार*– तरल रूप में, Non-irritant और at body temperature I
- यदि कोई बाह्य पदार्थ (Foreign body) हो, तो उसे दूर करें।
- अतिरिक्त वृद्धि (excessive growth) अथवा सिस्ट– यदि कोई हो, तो शल्यचिकित्सा से उसे ठीक करें एवं संक्रमण (इन्फेक्शन) के लिये इन्जेक्शन द्वारा एण्टीबायोटिक्स दें।
- मुख की सफाई हल्के एण्टीसेप्टिक लोशन से करें।

4. आमाशय-प्रदाह (Gastritis)

परिचय (Introduction)— यह आमाशयिक श्लैष्मिक झिल्ली (mucous membrane) की सूजन का रोग है। यह अधिकतर पिल्ले और बूढ़े कुत्तों को होता है।

The inflammation of stomach is known as gastritis.

कारण (Causes)— यह रोग निम्न कारणों से हो सकता है–

- अधिक भोजन (Overfeeding) I
- उत्तेजक, सड़े-गले खाद्य पदार्थ (spoiled and fermented feeds) आदि के खाने से।
- गारबेज (garbage), बाह्य पदार्थ (foreign articles), हड्डियाँ (Bones), प्लास्टिक एवं घास खाने से।
- संक्रमण (इन्फेक्शन्स) से– जीवाणु, विषाणु एवं परजीवी संक्रमण।
- कास्टिक और जलन युक्त कैमीकल्स अथवा दवायें accidental रूप में खा लेने से।
- विष खाना आदि।

लक्षण (Symptoms)

- उदर पीड़ा (abdominal pain)
- विभिन्न कोटि की अरुचि (various degree of anorexia) I
- मतली एवं वमन। अपाच्य, सड़े-गले पदार्थ के साथ वमन।
- उल्टी का रंग हरा-पीला तथा अम्लीय होता है।
- कुत्ते का ठंडी जगह में पेट के बल बैठना एवं दर्द के कारण पेट की ओर देखना।
- लगातार वमन से शरीर में जल की कमी (डिहाइड्रेशन)।
- अकड़ और तीव्र श्वास।
- हाथ लगाने तथा उठाने पर चिल्लाना।

रोग के पुराना होने पर (In chronic cases)

- भोजन कम लेने एवं अपच (इण्डाइजेशन) से अनीमिया एवं स्वास्थ्य स्थिति का गिरना (There may be anaemia and loss of condition due to less food intake and idigestion) ।
- कलुषित भूख (Pica)।
- भोजन के तत्काल बाद दुर्गन्धी वमन।
- लगातार बनी रहनेवाली दुर्बलता।
- विषैले कारणों से पेटदर्द, जलन, अधिक प्यास, दुर्गन्धयुक्त पतला दस्त एवं ज्वर।

चिकित्सा (Treatment)—

- कारण को दूर करें।
- मतली एवं वमन को दूर करने के लिये वमनरोधक औषधियों (एण्टीइमेटिक ड्रग्स) का प्रयोग।
- आहार तरल रूप में।
- मुख द्वारा अम्लनाशक (antacid) थोड़ी मात्रा में और विटामिन बी कम्पलैक्स (vitamin B complex) पर्याप्त मात्रा में दें।
- आमाशयिक धुलाई (गैस्ट्रिक लावेज) बर्फ मिले पानी से करें।

अनुभूत चिकित्सा *(Empirical treatment)* ***विस्तार से***—

- *अम्लता की स्थिति में*—डाइजीन या जायमेट 2-2 टिकिया दिन में 2 बार। *अथवा* डाइजीन जैल, जेलूसिल जैल, सिमको सस्पेन्शन या जाइमेट आदि 1-2 चम्मच भोजन के बाद दें।
- *प्यास की स्थिति में*—बर्फ का पानी या टुकड़ा दें।
- *वमन की स्थिति में*—एवोमिन, सिक्विल, लारजेक्टल (Largactil) टिकिया अथवा सीक्विल 1/2-1 मि.ली. भोजन के तुरन्त बाद दें या लार्जेक्टिल इसी मात्रा में मांस में (I/M) लगायें।
- *पेटदर्द में*—इन्जेक्शन बेरालगन (Inj. Beralgan) या स्पाजमिण्डोन या एनाफोर्टेन 1-2 टिकिया दिन में 3 बार।
- *कब्ज में*—ग्लिसरीन सपोजीटरी 1 या 2 की मात्रा में गुदा के अन्दर अथवा एनीमा।
- *शरीर में जल की कमी*—ग्लूकोज या डैक्स्ट्रोज सेलाइन 10-20 मि.ली. प्रति किलो शरीर-भार पर आई.वी. (I.V.)। अधिक खराब स्थिति में रिंगर्स सोलूशन एवं पर्याप्त मात्रा में जल मुख द्वारा तथा इलेक्ट्राल पाउडर पानी में घोलकर बार-बार।
- *दुर्बलता में*—विटामिन बी कम्पलेक्स 1-2 चम्मच दिन में 2 बार एवं 1/2-1 मि.ली. मांसपेशीगत अथवा कोबाडेक्स या बीकोसूल 1 केप्सूल प्रतिदिन दें।

5. कब्ज (Constipation)

परिचय (Introduction)— आँतों की अपूर्ण अथवा असतत् क्रिया के फलस्वरूप मलाशय का कड़े मल से भरना।

Difficult defecation or inability to defecate in spite of excessive strain.

कारण (Causes)— कब्ज निम्न कारणों से हो सकता है—

- अधिक भोजन (Overfeeding)।
- व्यायाम की कमी (Lack of exercise)।
- वस्ति भाग का फ्रैक्चर।
- कठोर आहार का अत्यधिक सेवन (Overfeeding of solid foods)।
- कम रेशेवाला आहार (Feeding low fire diets)।
- जठरान्त्रीय अतानता (गैस्ट्रोइन्टेस्टाइनल एटोनी)।
- बड़ी आँत में किसी पदार्थ का अटक जाना अथवा गाँठ।
- गलत आहार (Faulty feeding)।
- हर्निया या ट्यूमर।
- जलाभाव (Dehydration)।
- भूख की कमी (Deprived appetite)।
- मलद्वार पर फोड़ा-फुंसी।
- अन्य रोग एवं चोट (other diseases and injury)।

नैदानिक लक्षण (Clinical symptoms)

- बहुत कठोर दस्त (very hard faeces)।
- अनियमित एवं कष्टकर दस्त (difficult and irregular defecation)।
- विभिन्न प्रकार की अरुचियाँ।
- सामान्य दुर्बलता (General weakness)।
- जल की कमी (Dehydration)।
- स्वास्थ्य में गिरावट (Loss of condition)।

चिकित्सा (Treatment)

- व्यायाम एवं रेशेदार भोजन।
- साधारण कब्ज में Bran gruel अथवा अन्य रेशेवाला भोजन।
- दस्तावर (laxative) अथवा तैलीय जुलाब (oily purgative)।
- तीव्र रोग में अनीमा (Enema in severe cases)।
- द्रव आयतन को बनाये रखने के लिये द्रव चिकित्सा (fluid therapy)।
- पैरासाइट्स की स्थिति में कृमिनाशक (Deworming in parasitism)।
- विटामिन बी कम्पलेक्स + लिवर इक्स्ट्रेक्ट सूचीवेध (Injection) द्वारा। इन्हें एक दिन के अन्तराल पर 5-7 बार तक दें।

अनुभूत चिकित्सा (Empirical treatment) **व्यवस्था**—

क. लिक्विड पैराफिन/कैस्टर आयल/मिल्क आफ मेग्नीसिया 1-2 चम्मच शाम को 2-3 दिन तक। *अथवा*

कैस्टोफीन/वैकूलेक्स/डल्कोलेक्स/लेक्सेकोन आदि 1-2 टिकिया रात के समय।

अथवा

हल्के गर्म पानी का एनीमा।

अथवा

ग्लिसरीन सपोजीटरी गुदा में।

ख. इन्जेक्शन लिवोजीन/बीलामिल/कान्सीप्लेक्स आदि 1–2 मि.ली. मांस में।

ग. डीवर्मिंग (Deworming) किसी एन्थेल्मेन्टिक दवा से (यथा–मेबेण्डाजोल–1 टिकिया)।

घ. ग्लूकोज–सेलाइन 50–100 मि.ली. I.V.।

च. व्यायाम एवं रेशेदार भोजन।

6. वमन या उल्टी (Vomiting)

अन्य नाम (Other name)— इमेसिस (Emesis)।

परिचय (Introduction)— यह एक ऐसा विकार है जिसमें भोजन लेने के बाद बाहर निकल जाता है।

The process of oral expulsion of gastric ingesta is known as vomiting or emesis. It is an abnormal behaviour of the digestive tract usually associated with gastric disorders. Vomiting is a complex disorder of motor nerves. While vomiting pylorus is closed, stomach contracts, cardia opens and gastric ingesta is propelled through oesophagus into the mouth and out of the mouth.

कारण (Causes)— यह विकार निम्न कारणों से उत्पन्न होता है—

- अधिक या सड़ा–गला खाना।
- आमाशयशोथ (गैस्ट्राइटिस) एवं जख्म (Gastric ulcers)।
- यकृत एवं गुर्दा प्रदाह (Hepatitis and Nephritis)।
- आमाशय–सम्बन्धी विभिन्न विकार।
  - → अजीर्ण (Indigestion)
  - → ईसोफेजियल डायलेटेशन
  - → पायलोरिक स्टेनोसिस (Pyloric stenosis)।
  - → रासायनिक विष।
  - → आमाशय में नियोप्लाज्म की उपस्थिति (Neoplasm in stomach)।
  - → घास अथवा जलन युक्त केमीकल्स का सेवन (eating of grass and irritant chemicals)।
  - → मुख से जलनयुक्त औषधियों का प्रयोग।
- यूरीमिया, पायोमेट्रा, मध्यकर्णशोथ, डायबिटिस मेलीटस, इन्सेफेलाइटिस।
- पायजनिंग एवं वर्म्स इन्फेस्टेशन (worm infestation)।

नैदानिक लक्षण (Clinical symptoms)

- मतली (Nausea)।
- उबकाई/सूखा वमन (Retching)।
- बिना हजम हुआ आहार बाहर आना
  (Oral expulsion of undigested food with gastric contents)।
- लार, कभी–कभी पित्त (Bile)।
- मुख दुर्गन्ध।
- अवसाद–डिप्रेशन (Depression)।
- जलाभाव (Dehydration)।

चिकित्सा (Treatment)

- गैस्ट्रिक सीडेटिव का प्रयोग (use of gastric sedative) ।
- कारण को दूर करें।
- वमन निरोधक औषधियों का प्रयोग (administration of antiemetic drugs) ।
- फ्लूड एवं इलेक्ट्रोलाइट्स चिकित्सा (Fluids and electrolyte therapy) ।

अनुभूत चिकित्सा** (Empirical treatment)* ***व्यवस्था–

- सीक्विल/स्टेमेटिल/लार्जेक्टिल/एस्काजीन, एलेमीन आदि की 1-1 टिकिया आवश्यकतानुसार।
- डायजीन, पैक्टोकेप, जैलूसिल जैल आदि 2-2 चम्मच (10 मि.ली.) खाने के बाद।
- लिव-52 (Live-52) 2-2 चम्मच दिन में 2 बार।
- इलेक्ट्राल पाउडर गर्म पानी में घोलकर बार-बार।

7. आमाशय-क्षुद्रान्त्रशोथ (Gastroenteritis or Enteritis or Diarrhoea)

परिचय (Introduction)—यह आमाशय और छोटी आँतों की श्लैष्मिक झिल्ली की सूजन का रोग है। इसमें पेटदर्द, पतला दुर्गन्धयुक्त ऑववाला मल आता है। शरीर में जल की कमी हो जाती है।

The inflammation of stomach and intestine is known as gastroenteritis and that of latter as enteritis. It may be infectious or noninfectious and characterised by Diarrhoea, Dysentery and Dehydration.

कारण (Causes)—इस रोग को उत्पन्न करनेवाले निम्न कारण हो सकते हैं—

- अधिक भोजन करना (Over eating)
- अम्लता (Acidity)
- जलनयुक्त केमीकल्स एवं औषधियाँ
- बैक्टीरिया, वायरस (Bacteria, Virus)
- प्रजीवा एवं कृमि (Protozoa and Helminths etc.)
- आहार की खराबी
- उत्तेजक पदार्थ
- संखिया, पारा, अम्ल, बाह्य उत्तेजक पदार्थ
- ई. कोलाई (E. coli)
- डिस्टेम्पर रोग (Distemper disease)
- एण्टीबायोटिक औषधियों का अधिक सेवन
- इन्जाइम्स का अभाव।

नैदानिक लक्षण (Clinical symptoms)— कुत्ते को भूख नहीं लगती है। अतिसार तथा पेट में दर्द होता है। दस्त या तो पानी जैसा पतला आता है अथवा माँड़ जैसा। दस्त रक्त या श्लेष्मा या चिकना दुर्गन्ध भरा बार-बार रंग बदलता हुआ होता है।

गैस्ट्रोइन्टेराइटिस के लक्षण सारांश में

- उदर पीड़ा।
- भूख की कमी।
- कब्ज (कांस्टीपेशन) तत्पश्चात् डायरिया अथवा डिसेण्ट्री।
- दस्त पानी या माँड़ की तरह। दस्त रक्त या श्लेष्मा युक्त अथवा चिकना दुर्गन्ध-भरा बार-बार रंग बदलता हुआ।
- जल का अभाव एवं सुस्तीपन।
- टेम्परेचर काफी ऊँचा-संक्रमण की स्थिति में।
- पिल्लों में ऐंठन।

पहले कब्ज होता है बाद में डायरिया (अतिसार) (Constipation followed by diarrhoea and/ or dysentery), जलाभाव (dehydration) एवं सुस्तीपन (dullness)। जीवाणुओं एवं विषाणुओं के इन्फेक्शन से तापक्रम (temperature) काफी ऊँचा हो जाता है। कुत्ते में अपावशोषण तथा जलाभाव हो जाता है। शक्तिपात से पूर्व तापमान प्रायः सामान्य (normal) हो जाता है। पैरासाइट्स की स्थिति में टेम्परेचर सामान्य रहता है। कुत्ते के पिल्लों में ऐंठन होती है।

चिकित्सा (Treatment)

क. 12-24 घण्टे तक आहार का सेवन बन्द।

ख. डैक्स्ट्रोज सेलाइन एवं इलेक्ट्रोलाइट्स जलाभाव रोकने के लिये। 5% डैक्सट्रोज सेलाइन 40-60 मि.ली. प्रतिकिलो शरीर-भार पर शिरा में देना चाहिये।

ग. बेक्टीरियल इन्फेक्शन में एण्टीबेक्टीरियल दवा का प्रयोग करें; जैसे-डिपैन्डल M (Dependal-M - *GSK*) Metronidazole 300 mg & Furazolidone 100 mg/tab—एक गोली दिन में तीन बार, *अथवा* तीन दिन तक लोमोफैन (Lomofen - *RPG*)—Diphenoxylate 2.5 mg, Atropine 0.025 mg, Furazolidine 50 mg/tab; एक गोली दिन में दो बार तीन दिन तक।

घ. वर्म इन्फेस्टेशन की चिकित्सा के लिए प्रतिपरजीवी दवाओं का प्रयोग करें; जैसे-फैम्बैन्डाजोल व एलबैन्डाजोल की दवा (विवरण पीछे है)।

च. गैस्ट्रिक एण्टाएसिड का प्रयोग मुख द्वारा। जैसे- इन्टासिड (Entacid - *Cardila*) 1-2 tab दिन में दो बार, डाइजीन जैल (Digene Gel - *Knoll pharma*), डाइसोजैल (Disogel - *Concept*), जैल्यूसिल MPS (Gelusil MPS - *Parke Davis*), म्यूकेन (Mucaine - *Wyeth Lederle*) एक चम्मच (5 ml) दिन में दो बार देना चाहिये।

छ. लगातार उल्टी होने पर सिक्विल इंजे. या लारजैक्टिल इंज. या पैटीनोर्म इंजेक्शन 0.5 मि. ली. से 1.0 मि.ली. मांस में (I/M) लगाना चाहिये।

ज. लिवर एक्सट्रेक्ट इंजे.; जैसे- बैलामिल (Belamyl - *Zydus AHL*) या लिवोजीन (Livogen -*Virbac*) से में एक लगाना चाहिये।

झ. आसानी से पचनेवाला तरल आहार देना चाहिये।

8. यकृत-प्रदाह (Hepatitis)

परिचय (Introduction)—यह यकृत की सूजन का रोग है जो कुत्तों में प्रायः मिलता है। इसमें भूख की कमी, रक्तहीनता, जलोदर, अतिसार आदि लक्षण मिलते हैं।

The inflammation of liver cells is known as hepatitis.

कारण (Causes)—यह रोग निम्न कारणों से पैदा होता है–

- विषैले केमिकल्स एवं दवाओं का सेवन करने।
- पोषण में कमी (न्यूट्रीशनल डेफीशिएन्सी)।
- चर्बी का अधिक सेवन (Excess feeding of fat)।
- बैक्टीरिया, वायरस एवं पैरासाइट्स के संक्रमण से।

नैदानिक लक्षण (Clinical signs) — इस रोग में कुत्ते को भूख नहीं लगती है, वह सुस्त-सा दिखाई देता है। उसे दस्त मिट्टी के समान आता है। शरीर में रक्त की कमी हो जाती है। पहले कब्ज रहता है बाद में अतिसार, शोथ एवं जलोदर के लक्षण मिलते हैं।

रोग की गम्भीर अवस्था में Hyperex-citability एवं आक्षेप (कन्वल्शन्स), बार-बार वमन, हाइपरथर्मिया (इन्फेक्शियस हीपेटाइटिस में) आदि लक्षण मिलते हैं।

हीपेटाइटिस के लक्षण सारांश में

- भूख न लगना।
- कब्ज तत्पश्चात् डायरिया।
- म्यूकस मेम्ब्रेन पीले-रंग की एवं कामला।
- सुस्ती एवं डिप्रेशन।
- मल मिट्टी-सा।
- रक्तहीनता-अनीमिया।
- शोथ एवं जलोदर।
- ऐंठन।

चिकित्सा (Treatment)

क. कुत्ते को पूर्ण आराम दें।

ख. कुत्ते को कम चर्बीवाला तथा ज्यादा कार्बोहाइड्रेटवाला भोजन दें।

ग. कुत्ते को 5% या 10% डैक्सट्रोज-सेलाइन 50-100 मि.ली. शिरा में दें।

घ. लिवर एक्सट्रेक्ट इंजेक्शन; जैसे- बीलामिल, लिवोजीन अथवा बीकोम एल 0.5 मि.ली. से 2.0 मि.ली. मांस में (I/M) दें।

च. जीवाणु द्वारा होनेवाले रोग में किसी एक एण्टीबैक्टीरियल दवा का इंजेक्शन दें (विवरण पीछे है)।

छ. पैरासाइट द्वारा होनेवाले रोग में कृमिनाशक दवाऐं; जैसे- एलबैन्डाजौल अथवा फीनबैन्डाजोल का प्रयोग करें (विवरण पीछे है)।

ज. कॉर्टीसोन दवा; जैसे- बेटनीसोल अथवा डैक्सामीथासोन का प्रयोग करें (विवरण पीछे है)।

9. जलोदर (Ascites)

परिचय (Introduction)—उदरगुहा में द्रव एकत्रित होने को जलोदर या एसाइटीस कहते हैं।

Ascites may be defined as accumulation of fluid in peritoneal cavity manifested clinically by increased circumference of the abdomen.

कारण (Causes)—इसके निम्न कारण हो सकते हैं–

- यकृत रोगों से (due to liver diseases)।
- विभिन्न प्रकार की पैरासिटिक एवं इन्फेक्शियस डिजीज से।

- रीनल साल्ट एवं पानी की रुकावट (Renal salt and water retention) से।

चिकित्सा (Treatment)

- कम नमक वाला आहार दें। अधिक गम्भीर अवस्था में नमक बिलकुल बन्द कर दें।
- लाभ न मिलने पर मूत्रल औषधियाँ दें; जैसे- लैसिक्स अथवा रिडीमा इंजेक्शन दें। **अधिक मूत्रल औषधियाँ देने से शरीर में जलाभाव (dehydration) की स्थिति पैदा हो जाती है।** जब एसाइटिस पर नियंत्रण हो जाये तब इन्हें बन्द कर दें।
- मेकैनिकल रूप से द्रव को दूर करने के लिये कई साधन अपनाये जाते हैं–
    1. *पारासेन्टेसिस एस्पाइरेशन*– जब रोगी श्वास कष्ट अनुभव करता है उस समय द्रव (fluid) को धीरे-धीरे सुई से खींच लिया जाता है।
    2. *शल्यचिकित्सा द्वारा (By Surgical Procedures)*

जलोदर की चिकित्सा का मुख्य उद्देश्य प्रारम्भिक रोग (Primary disease) को दूर करना होता है।

The treatment of ascites should be aimed to remove primary diseases.

10. कामला (Jaundice)

अन्य नाम (Other names)– पीलिया रोग, पाण्डुरोग, जॉण्डिस, इक्टैरस (Icterus)।

परिचय (Introduction)– यह यकृत और पित्ताशय का रोग है। इसमें शरीर के ऊतक (tissues) और द्रव (fluids) पित्त के रंग से रंग जाते हैं।

Jaundice or Icterus is a clinical manifestation in which the visible mucous membrane alongwith all the secretions and excretions of the body turns yellowish due to the presence of excess of either haemobilirubin or cholebilirubin or both in the blood stream. The yellow discoloration is markedly visible in sclera (white outer layer of the eyeball).

इस रोग को 3 भागों में बाँटा जा सकता है–

1. परायकृतिक/रक्त विनाशी (प्री-हेपेटिक/हीमोलाइटिक) 2. अन्तःयकृतिक/विषज (इण्ट्रा-हेपेटिक/टोक्सिक) 3. पश्चयकृतिक/अवरोधक (पोस्ट-हेपेटिक/आब्सट्रक्टिव)।

रोग के कारण (Causes)– जॉण्डिस के सामान्य कारण हैं– प्रोटोजोआ, हेल्मिन्थस (वर्म डिजीज), वाइरस (virus), जीवाणु (bacteria), केमीकल्स, पशु एवं पौधे, पायजन्स, अयोग्य रक्ताधान/ब्लड ट्रान्सफ्यूजन (Incompatible blood transfusion) आदि।

अवरोधक पाण्डु रोग (Obstructive Jaundice) पित्त नली के मार्ग में अवरोध होने से होता है जो पैरासाइट्स, पित्ताशय की पथरी, यकृत की गिल्टी, नेक्रोटिक नोडूल्स के दबाव, सिरहोसिस आफ लिवर आदि से उत्पन्न होता है।। डिस्टेम्पर में पित्तप्रणाली की श्लेष्मा में शोथ, प्रदाह तथा कफ से पित्त के बहाव में रुकावट हो जाती है।

जॉण्डिस के लक्षण सारांश में

- हाजमे की क्रिया प्रभावित।
- भूख कम (Poor appetite)।
- कै आना (Vomiting)।
- शरीर-भार में कमी।
- पहले कब्ज, बाद में अतिसार।
- म्यूकस मेम्ब्रेन पीली।
- यकृत बढ़ा हुआ और उदर पीड़ा लक्षण होते हैं।

क्लिनिकल लक्षण (Clinical symptoms)—इस रोग में सामान्य शरीर तथा आँखों की श्लेष्मिक झिल्ली (mucous membrane) पीली पड़ जाती है। पशु उदास और सुस्त रहता है, वह बहुत ही कम खाता-पीता है। अवरोध की स्थिति में (आब्सट्रक्टिव कामला) पेशाब काला-पीला हो जाता है तथा मल स्लेटी-रंग का होता है। टॉक्सिक जॉण्डिस में यकृत में फोड़ा, सूजन और प्रदाह के कारण ज्वर हो जाता है। कुत्ते को ऐसी स्थिति में वमन पीला व हरा होता है। रोग अधिक दिनों का होने पर शरीर का ह्रास हो जाता है और रक्त की कमी हो जाती है। पेट के निचले भागों में शोथ हो जाता है।

चिकित्सा के अभाव में मृत्यु सम्भव है।

चिकित्सा (Treatment)

क. कुत्ते को पूर्ण विश्राम दें। ग्लूकोज मिलाकर पर्याप्त मात्रा में पानी दें।

ख. कुत्ते को अधिक कार्बोहाइड्रेटयुक्त, बिना नमक तथा बिना चर्बी/तेल का भोजन दें।

ग. 10% डैक्सट्रोज या रिण्टोज इंजे. 50-100 मि.ली. शिरा में लगायें।

घ. यदि रोग जीवाणु द्वारा है तो एण्टीबैक्टीरियल दवा, यदि रोग प्रोटोजोआ द्वारा है तो एण्टीप्रोटोजोअन दवा तथा यदि रोग कृमियों के कारण है तो कृमिनाशक दवाओं का प्रयोग करें।

च. लिवर एक्सट्रेक्ट इंजेक्शन; जैसे- बीलामिल, लिव्रोजीन अथवा बीकोम एल इंजेक्शन 0.5 मि.ली. से 2.0 मि.ली. मांस में (I/M) लगायें।

छ. हीमोलाइटिक जॉन्डिस में आयरन के इंजेक्शन; जैने- इम्फीरोन (Imferon) 2.0 मि.ली. मांस में लगायें तथा दो सप्ताह बाद पुनः लगायें।

11. फुफ्फुसशोथ (न्यूमोनिया-Pneumonia)

परिचय (Introduction)—यह फेफड़े की सूजनवाली बीमारी है। इसमें नाक से पतला या गाढ़ास्राव आता है। खाँसी तथा श्वास लेने में कष्ट होता है। साथ में ब्रान्कियोल्स के प्रभावित होने पर इसे ब्रोन्कोन्यूमोनिया (Bronchopneumonia) कहते हैं।

Inflammation of lungs is known as Pneumonia anc when bronchioles are involved, it is called bronchopneumonia.

कारण (Causes)— यह रोग निम्न कारणों से उत्पन्न होता है—

- शीतल हवा, ठण्ड का लगना।
- बन्द एवं तंग जगह में निवास।
- धूल, गर्द एवं कष्टदायक गैसों की साँस लेना (Inhalation of irritants like dust, pollens and gases)।
- अपर्याप्त पोषण।
- गलत रूप से दवा पिलाना।
- ब्रोन्काइटिस रोग की उपेक्षा करने से।
- बेक्टीरिया, वायरस, पैरासाइट्स एवं फंगस इन्फेक्शन्स निमोनिया के सामान्य कारण हैं।

नैदानिक लक्षण (Clinical symptoms)—रोग प्रारम्भ होते समय पशु को कम्प यानी कँपकँपी के साथ थरथराहट होती है। इसी के साथ—

- तापक्रम बढ़कर 104–107^{0}F तक हो जाता है।
- उसकी कष्ट के साथ तीव्र श्वास चलती है।
- छाती में दर्द होता है एवं कफ–खाँसी के लक्षण मिलते हैं।
  → बलगम में रक्त का अंश आता है।
  → श्वास में दुर्गंध आ सकती है।
  → नाक से पानी अथवा गाढ़ी श्लेष्मा आती है। इसका रंग कुछ–कुछ लाल अथवा भूरे–रंग का होता है।

निमोनिया के लक्षण सारांश में

- शीत, कँपकँपी एवं थरथराहट।
- तापक्रम ऊँचा 104–107^{0}F तक।
- श्वास तेज एवं कष्टकर।
- छाती में दर्द।
- कफ एवं खाँसी।
- नाक बहना, स्राव लाल एवं भूरे–रंग का रक्तयुक्त।
- स्राव में दुर्गन्ध।
- उल्टी एवं श्लेष्मा अधिक लाल।
- भूख नहीं।
- तापक्रम का एकाएक कम होते जाने से पशु खतरनाक स्थिति में।
- श्वास में दुर्गन्ध के कुछ समय बाद मृत्यु।

- फेफड़े के ठोस होने पर प्रभावित स्थान से फेफड़े की आवाज सुनाई नहीं देती है।
- कुत्ते को भूख नहीं लगती है। उल्टी होती है।
- फेफड़ों के ठोस होने पर नाक से स्राव अधिक होता है।
- यदि रोगी का टेम्परेचर एकाएक गिर जाता है तो एक खतरनाक स्थिति के आगमन का सूचक है। पशु अच्छा भला चंगा दिखायी देता है, परन्तु श्वास में दुर्गन्ध आती है। इसके कुछ समय पश्चात् पशु की एकएक मृत्यु हो जाती है।

स्वास्थ्य–लाभ (Recovery)—रोग ठीक होने की स्थिति में टेम्परेचर धीरे–धीरे कम होने लगता है और उसी क्रम में भूख बढ़ने लगती है। कुछ समय बाद रोगी ठीक हो जाता है।

चिकित्सा (Treatment)

- पशु का निवास शुष्क, साफ एवं हवा युक्त हो।
- एण्टीबायोटिक्स का प्रयोग करें।
- एक्स्पेक्टोरेण्ट मुख द्वारा दें।
- एण्टीस्पाज्मोडिक का प्रयोग करें।
- आहार तरल रूप में दें।
- विटामिन–सी का उपयोग करें।

***अनुभूत चिकित्सा** (Empirical treatment)*

क. विक्स वेपोरब (Wicks vaporub) अथवा रुबैक्स (Rubex) नाक में लगायें।

ख. बेनाड्रिल एक्सपेक्टोरेन्ट, फेन्सेडिल, चेस्टोन आदि में से किसी एक की 1–2 चाय–चम्मच दिन में 3 बार पिलायें।

ग. बुखार के लिये ज्वरहारी दवायें; जैसे– पैरासीटामोल, एनाल्जीन दें (विवरण पीछे)। बोलिन (Bolin) 0.5 मि.ग्रा. वाली गोली दिन में 2 बार। इसे इन्जेक्शन से भी दे सकते हैं।

घ. एण्टीबेक्टीरियल दवाओं का प्रयोग करना चाहिये (विवरण पीछे है)। प्रोकेन पेनीसिलीन, कालपेन फोर्ट 4-8 लाख यूनिट्स प्रतिदिन मांस में। अथवा – डाइक्रिस्टीसीन (Dicrysticin) / स्ट्रैप्टोपेनीसिलिन/ वेटोपेन आदि में से कोई एक दवा 4-8 लाख यूनिट्स मांस में रोजाना। अथवा
एम्पीसिलिन/केम्पीसिलिन/कोनाम्पी—में से कोई एक दवा 2-7 मि.ग्रा. प्रति किलो शरीर-भार पर मांस में नित्य। *अथवा*
डोक्सीसाइक्लीन (Doxycycline) 1-2 मि.ग्रा. प्रति किलो शरीर-भार पर। *अथवा*
सल्फा ड्रग्स—ओरीप्रिम (Oriprim) / वोक्ट्रिम (Woktrim) / सल्कोप्रिम (Sulkoprim) 1-2 गोली दिन में 2-3 बार देनी चाहिये।

च. कार्टीसोन दवायें; जैसे- बीटामीथासोन अथवा डैक्सामीथासोन की सूई 1-2 मि.ली. की मात्रा में I.M. नित्य देनी चाहिए।

छ. शक्तिहीनता की स्थिति में नैकेथामाइड या कोरामीन (Coramine) 1-3 मि.ली. त्वचा में देना चाहिए।

12. नाक से खून बहना (Nasal Bleeding or Expistaxis)

परिचय (Introduction)—जब नासिका गुहा (nasal cavity) की रक्तवाहिनी (blood vessel) के फटने से रक्त बहने लगता है, तब इसे इपीस्टेक्सिस कहते हैं।

Nose bleeding is called Epistaxis.

कारण (Causes)—यह निम्न कारणों से हो सकता है—

- बाहरी आघात इसका प्रमुख कारण है।
- वातावरण में एकाएक परिवर्तन (sudden change in weather)।
- आनुवंशिक (Hereditary)।
- उच्च-रक्तदाब एवं पोषक तत्त्वों की कमी/न्यूट्रीशनल डैफिशिएन्सी (high blood pressure and nutritional deficiency)।
- नाक में बाह्य वस्तु या कोई वृद्धि (growth)।
- अधिक तेज धूप में (In sun stroke)।
- विटामिन 'सी' की कमी।

लक्षण (Symptom)— नाक से एकाएक रक्त बहना ही इसका एक मात्र लक्षण है।

चिकित्सा (Treatment)

- आघात की स्थिति में शल्यचिकित्सा द्वारा सुधार (surgical repair in case of injury)।
- नाक और फ्रॉन्टल बोन पर आइस कोल्ड पैक (icecold pack)।
- विटामिन K का प्रयोग।
- कारण को दूर करें।

***अनुभूत चिकित्सा** (Empirical treatment)*

क. पूर्ण विश्राम एवं माथे पर ठंडा पानी अथवा बर्फ का उपयोग। नाम में एड्रीनल स्प्रे किया जाना चाहिये।

ख. स्टिप्टोक्रोम (Styptochrome), स्टिप्टोबियोन (Styptobion) आदि में से कोई एक इंजे. 3-4 मि.ली. मांस में (I.M.)। आवश्यकतानुसार मुख द्वारा भी।
स्टिप्टोविट, क्लाउडेन, क्रोमोस्टेट आदि की 1-2 गोली दिन में 2-3 बार अथवा आवश्यकतानुसार। *अथवा*
विटामिन K (Kaplin) 10 मि.ग्रा. मांस में।

ग. कैल्सियम ग्लूकोनेट 5-20 मि.ली. आई.वी.।

घ. अधिक रक्त बहने पर ब्लड ट्रान्सफ्यूजन। 5 मि.ली. प्रति किलो शरीर-भार पर 100 मि.ली.तक।

- **कुत्तों में 'ए' ग्रुप के लिये खून की जाँच करना आवश्यक होता है।**

13. सर्दी-जुकाम, खाँसी (Common Cold-Cough)

अन्य नाम (Other names)— कफ, जुकाम, कोल्ड कफ, नेजल कटार, राइनाइटिस, कोराइजा।

परिचय (Introduction)— इस रोग में नाक की श्लैष्मिक झिल्ली (mucous membrane) में तीव्र स्वरूप की सूजन हो जाती है। यहाँ तक कि सम्पूर्ण साँस नली ही ग्रसित हो जाती है जिससे खाँसी आने लगती है और नाक से उजला हरा-पीला, श्लेष्म-पूतिज निःस्राव (mucopurulent discharge) आने लगता है।

कारण (Causes)— यह रोग निम्न कारणों से होता है—

- विभिन्न प्रकार के उत्तेजक (irritants); जैसे- बाह्य पदार्थ, परागकण (पोलेन ग्रेन्स), गैसिस, धुआँ, शीत लगना (exposure to cold)।
- जीवाणु, फफूँदी (Fungus) एवं पैरासाट्स (परजीवी)।

लक्षण (Symptoms)— निम्न प्रकार के लक्षण देखने को मिलते हैं—

- कुत्ते को सबसे पहले नाक से पानी आना प्रारम्भ होता है जो बाद में गाढ़ा, उजला, हरा-पीला श्लेष्म-पूतिज (mucopurulent) हो जाता है।
- आँखों से भी पानी आता है। आँख की झिल्ली लाल हो जाती है। साधारण स्वरूप का ज्वर भी रहता है।
- कुत्ता बार-बार छींकता (sneezing) है।
- मांसपेशियों में पीड़ा (muscular pain) होती है।
- भूख नहीं लगती है।
- कफ और खाँसी के लक्षण मिलते हैं साथ में फैरिन्जाइटिस, डिस्फेजिया एवं श्वास कष्ट (dyspnoea) के लक्षण भी।

चिकित्सा (Treatment)— इस रोग की चिकित्सा कारण के अनुरूप की जाती है।

क. तारपीन का तेल, यूकेलिप्टस तेल अथवा टिन्चर बैन्जोइन की 6-7 बूँदें आधा लीटर उबलते पानी में डालकर दिन में 2-3 बार बफारा दें अथवा विक्स वेपोरब कुत्ते की नाक में दिन में 2-3 बार लगायें अथवा ओट्रीविन या नेजीविओन (Nasivion) की 4-5 बूँदें दिन में 2-3 बार डालें।

ख. कृमि द्वारा रोग होने पर कृमिनाशक दवा एल्बैन्डाजॉल अथवा फैनबैन्डाजॉल दें।

ग. संक्रामक रोगों के कारण रोग होने पर एन्टीबैक्टीरियल दवा का प्रयोग करें (विवरण पीछे है)।

घ. बुखार के लिये ज्वरहारी दवाओं का प्रयोग करें (विवरण पीछे है)।

च. खाँसी के लिये एक्सपैक्टोरैण्ट दवायें; जैसे- बेनेड्रिल या फेन्सेडिल 2-2 चम्मच दिन में तीन बार प्रयोग करें।

छ. स्टैराइड दवाऐं; जैसे- बीटामीथासोन अथवा डैक्सामीथासोन का प्रयोग करें।

14. रक्तमूत्र विषाक्तता/यूरीमिया (Uraemia)

परिचय (Introduction)— यह वृक्कीय असफलता के कारण उत्पन्न रक्त में यूरिया की बढ़ती (High blood urea) हुई एक अवस्था है।

Uraemia occurs as a result of high nitrogenous waste products in the circulatory bood plasma or serum, caused by generalized renal failure and other catalytic processess. The products of catabolism associated with the uraemia are urea, reacting phenolic compounds and guanidine.

कारण (Causes)— इस रोग को उत्पन्न करनेवाले 3 कारक (factors) मुख्य रूप से उत्तरदायी होते हैं—

1. *प्री-रीनल कारण* (Pre-renal causes)— रक्तनाश (Blood loss) से उत्पन्न डिहाइड्रेशन, कार्डियक आउट-पुट, शॉक एवं हाइपोएड्रीनोकोर्टीसिज्म। इस प्रकार से सेप्टीसीमिया इस अवस्था को उत्पन्न करती है।

2. *वृक्क सम्बन्धी कारण* (Renal causes)— नेफ्राइटिस, नेफ्रोसिस एवं जॉण्डिस, सल्फोनामाइड्स, NaCl विषाक्तता आदि इसके प्रीडिस्पोजिंग कारक (factors) हैं।

3. पोस्ट-रीनल कारण (Post-renal causes)— यूरेथ्रा में रुकावट, मूत्राशय अवरोध, मूत्राशय का फट जाना आदि।

लक्षण (Symptoms)

- कँपकँपी (Tremor)।
- खरोंचनेवाला पेटदर्द (Gripping abdominal pain)।
- आलस्य (Lethargy) एवं सुस्तीपन (dullness)।
- खुजली (Pruritus)।
- शरीर में पीलापन (Pallor)।
- शरीर पर धब्बे (Petechial pigmentations)।
- आमाशय-आन्त्र सम्बन्धी विकारों में भूख की कमी, अरुचि, शुष्क वमन (dry vomiting), मुख की शुष्कता एवं रक्तयुक्त अतिसार (हीमोरेजिक डायरिया)।
- इसके अतिरिक्त रेस्पाइरेटरी डिस्ट्रेस, ब्राडीकार्डिया, पोलीयूरिया, ओलीग्यूरिया एवं एनूरिया (anuria) के लक्षण। मुख से अमोनिया/यूरिया की गंध आती है।
- नेत्रश्लेष्मलाशोथ/कंजंक्टिवाइटिस (conjunctivitis), श्वच्छमण्डलशोथ/कैराटाइटिस (Keratitis) एवं अनीमिया (रक्ताल्पता) आदि लक्षण देखने को मिलते हैं।

चिकित्सा (Treatment)

- रोग के प्रारम्भिक कारण को दूर करें।
- विरेचक/द्रवोपचार/लैक्जेटिव फ्लूड थेरापी (Laxative fluid therapy) का उपयोग करें।

- एसीडोसिस को नियंत्रित करने के लिए क्षारीय मिश्रण (एल्कलाइन मिक्स्चर) औषधि पिलाऐं।
- गम्भीर अवस्था में केथेटराइजेशन की सलाह।
- कॉमा अथवा मूर्छावस्था की स्थिति में रेस्पाइरेटरी स्टीमुलेन्ट दें।
- अल्पमूत्रता की स्थिति में कार्बोहाइड्रेट दें और प्रोटीन का निषेध कर दें। साथ ही तरल चिकित्सा भी बन्द कर दें।
- तीव्र डिहाइड्रेशन की स्थिति में हीमोडायलिसिस (haemodialysis) करें।

15. मूत्राशय या मूत्र की थैली की प्रदाह (Cystitis)

परिचय (Introduction)— मूत्राशय (यूरीनरी ब्लैडर) की सूजन को सिस्टाइटिस (मूत्राशय प्रदाह) कहते हैं। इसमें मूत्रकष्ट, पेशाब करते समय पीड़ा (painful micturition) एवं हल्का बुखार आदि लक्षण होते हैं।

It may be defined as the inflammation of urinary bladder and characterised by dysuria, painful micturition, frequent micturition and low fever.

कारण (Causes)—जीवाणु संक्रमण से। अन्य प्रीडिस्पोजिंग फैक्टर्स में मूत्र ठहरना (यूरीनरी स्टेसिस due to trauma, abnormal urine composition), केल्कुलाई (पथरी), तन्त्रिकीय दुष्क्रिया (न्यूरोलोजिकल डिस्फंक्शन) एवं उपापचयी (मेटाबोलिक) विकार।

नैदानिक लक्षण (Clinical signs)—यह रोग तीव्र और जीर्ण रूपों में होता है।

- बार-बार दर्दयुक्त मूत्रण (frequent painful micturition), स्ट्रेनिंग (straining), कभी-कभी रक्तमेह (occasional haematuria), उदरपीड़ा (pain on abdomen), हृदय की धड़कन, पिछले पैरों में जकड़ाहट (stiffness in hind quarters), मतली आदि लक्षण देखने को मिलते हैं। पेशाब के अन्त में मूत्र गहरे रंग का धुँधला (dark cloudy) अथवा लाल होता है।

चिकित्सा (Treatment)

क. प्रारम्भिक कारण की चिकित्सा करें।

ख. यदि पेशाब की pH अम्लीय है तो मूत्र क्षारक (Urine alkaliser); जैसे- एल्कासोल सीरप (Alkasol syrup) 1-2 चम्मच दिन में दो बार दें।

ग. एण्टीबैक्टीरियल चिकित्सा-परीक्षण के बाद [Anti-Bacterial therapy after isolation of organism with A.S.T. (Anti-biotic Sensitivity Test)] ।

घ. पीड़ा के लिए दर्दनाशक दवाऐं प्रयोग करें; मात्रा 1-2 mg/kg BW मांस में (I/M); जैसे-Xylodac *(Zydus AHL)*, Xylexin *(IIL)*, Xylazine *(G. Lucoste)* 20mg/ml ।

च. जल पर्याप्त मात्रा में पिलावें।

16. रक्तमेह (Haematuria)

अन्य नाम (Other names)—लाल पेशाब, रैड वाटर यूरिन।

परिचय (Introduction)—मूत्र में रक्तकणिकाऐं (blood corpuscles) या रक्त होने पर उसे रक्तमेह (हीमेचूरिया) कहा जाता है। यह अनेक रोगों में मिलता है।

Blood (R.B.C.) in urine and later on whole blood may be voided in urine. This gives red or deep red colour to the urine. It is seen in a number of diseases.

कारण (Causes)— इसके प्री-रीनल, रीनल तथा पोस्ट-रीनल कारण होते हैं।

1. प्री-रीनल कारण (Personal causues)—टॉक्सीमिया, सेप्टीसीमिया, आघात/चोट (trauma)।

2. रीनल कारण (Renal causes)—पाइलोनेफ्राइटिस, रीनल इन्फार्क्शन, एक्यूट ग्लोमेरूलोनेफ्राइटिस, इम्बोलिज्म आफ रीनल आरटरी, ट्यूब्यूलर नाश (Tubular damage), पैरासाइट्स; जैसे- *केपीलेरिया प्लीका, डिक्टोफाइमा रीनेल, डाइरोफाइलेरिया इमीटिस* एवं लेप्टोस्पारा बैक्टीरिया आदि हीमेचूरिया के कारण हैं।

3. पोस्ट-रीनल कारण (Postrenal causes)— सिस्टाइटिस, यूरोलिथिएसिस, यूरीनरी ब्लैडर अथवा मूत्रनली में चोट, गलत ढंग से कैथेटर का प्रयोग (faulty chatheterization) एवं ट्यूमर। ट्यूमर्स में विशेष रूप से वेनरल ग्रेनूलोमा बहुत ही कामन है।

नैदानिक अभिव्यक्तियाँ

(Clinical manifestations)

- पेशाब (urine) गहरे लाल अथवा भूरे-रंग (ब्राउन कलर) का।
- सेन्ट्रीफूगेशन आफ यूरिन सेम्पुल करने पर R.B.C. टैस्ट ट्यूब की तली में जमा मिलती हैं।
- रक्तहीनता, कमजोरी एवं थकान।
- जीवाणुओं की हालत में ज्वर।

चिकित्सा (Treatment)— इसकी चिकित्सा निम्न प्रकार से की जाती है—

- रोग के कारण की विशेष चिकित्सा अवश्य करें।
- विभिन्न रोगों के चिह्नों के अनुसार लाक्षणिक चिकित्सा।
- हीमोस्टेटिक, एल्कलाइजर (alkalizer), यूरीनरी एण्टीसेप्टिक आदि कामन ड्रग्स हैं। जैसे-'अल्कासाल', 'सिट्राअल्का', 'ओरीसिट्रल'।
- रक्त को रोकने के लिए क्रोमोस्टेट 1-2 मि.ली. मांस में (I.M.)।

17. गुर्दा प्रदाह/वृक्कशोथ (Nephritis)

परिचय (Introduction)— यह गुर्दा की कोशिकाओं की सूजन का रोग है। इसमें कुत्तों को आम रूप से बार-बार पेशाब आता है। पैर, छाती तथा आँख की पलकों पर जलीय-शोथ आदि लक्षण होते हैं।

Inflammation of kidney is called nephritis. It is characterised by renal pain, frequent urination, vomiting oedema on feet, chest and eyelids.

कारण (Causes)— यह रोग निम्न कारणों से होता है—

- रासायनिक उत्तेजक या विष के सेवन से।
- त्वचा रोग (Skin diseases)।
- जीवाणु, विषाणु तथा परजीवी प्रकोप।

The various causes are ingestion of toxic elements and chemical stimulants and infections caused by bacteria, viruses and parasites.

नैदानिक अभिव्यक्तियाँ

(Clinical manifestations)

- कमर में दर्द एवं कठोरता (Pain and tenderness in loin region)।

- प्यास की अधिकता
- अवसाद (Depression)
- भूख की कमी (Loss of appetite)
- वृक्क-शूल (रीनल पेन)
- बार-बार पेशाब करना
- शक्तिहीनता एवं वमन
- दाँत, मसूड़े और जीभ पर लाल-भूरा जमाव
- पीठ का मुड़ना (arched back)
- मांसपेशियों की कमजोरी (muscles weakness)
- मूत्र की स्पेसीफिक ग्रेविटी में कमी
- बाद की अवस्था में प्रायः यूरीमिया दिखायी देता है
- श्वास क्रिया में वृद्धि (increased respiration)।

चिकित्सा (Treatment)

- कारण को दूर करें।
- पूर्ण आराम दें (complete rest)।
- आहार निम्न प्रोटीनवाला एवं उच्च शक्तिवाला भोजन (feeding of low protein and high energy diet)।
- डिहाइड्रेशन को काबू में लाने के लिये डैक्सट्रोज जलघोल शिरा द्वारा (I.V.)। जैसे-5% डैक्सट्रोज-सेलाइन 50-100 मि.ली. शिरा में दें।
- मूत्रल औषधियों (diuretics) का प्रयोग करें; जैसे-लेसिक्स इंजे. (Lasix inj.) 2 मि.ली. I/M दें।
- इन्फेन्शन्स के लिये एण्टीबायोटिक्स का प्रयोग करें (विवरण पीछे देखें)।
- पैरासिटिक इन्फेक्शन्स की स्थिति में पैरासिटीसाइडल औषधियों का प्रयोग करें।
- रीनल स्टोन होने पर शल्यचिकित्सा (surgical mangement of Renal Stone) करें।

18. रक्ताल्पता (Anaemia)

परिचय (Introduction)—इस रोग में रक्त की लाल रक्त कणिकाओं (R.B.Cs.) के अन्दर हीमोग्लोबिन की कमी हो जाती है अथवा रक्त के अन्दर R.B.Cs. की कमी हो जाती है।

Abnormal decrease in red blood cells and haemoglobin concentration is known as anaemia.

कारण (Causes)— यह रोग निम्न सामान्य कारणों से होता है-

- जीर्ण रोग (Chronic wasting diseases)।
- अपावशोषण (Malnutrition)।
- संक्रामक रोग (Infectious diseases)।
- परजीवी संक्रमण (Parasitic infection)।
- जहरीले पदार्थ केमिकल्स एवं दवायें खाने से (Ingestion of toxic chemicals and drugs)।

नैदानिक अभिव्यक्तियाँ (Clinical manifestations)—इस रोग में शरीर की श्लैष्मिक झिल्लियाँ पीली पड़ जाती हैं। पशु लड़खड़ाकर चलता है। शरीर की स्थिति धीरे-धीरे गिरती जाती है। नाड़ी तेज परन्तु कमजोर चलती है। पैर छूने में ठंडे प्रतीत होते हैं। रक्त बहते समय रोग की स्थिति में पेशियों में कँपकँपी होती है। यदि रक्त बहना न रुका तो मृत्यु भी हो सकती है। पशु पीला और दुर्बल हो जाता है, वह सदैव सुस्त बना रहता है और शीघ्र ही थकावट आ जाती है। अवसाद के लक्षण मिलते हैं। भूख नहीं लगती है। पेशाब में रक्त (hematuria), हीमोग्लोबीनूरिया तथा श्वास-कष्ट के लक्षण। पैरों में जलीय-शोथ हो जाती है। कामला (Jaundice) होकर अथवा चिकित्सा के अभाव में पशु थककर बैठ जाता है।

अनीमिया के लक्षण सारांश में

- शरीर की स्थिती धीरे-धीरे गिरते जाना।
- सामान्य दुर्वलता एवं अवसाद।
- म्यूकस मेम्ब्रेन पीली।
- भूख नहीं।
- कभी-कभ रक्तमेह अर्थात् मूत्र में रक्त की उपस्थिति अथवा हीमोग्लोबिन्यूरिया।
- लड़खड़ाकर चलना।
- नाड़ी तेज एवं कमजोर।
- पैर छूने में ठंडे।
- श्वास कष्ट
- शरीर पीला, दुर्बल एवं सुस्त।
- जॉण्डिस एवं ओडीमा (शोफ)।

चिकित्सा (Treatment)

अनुभूत चिकित्सा *(Empirical treatment)*

क. कारण की चिकित्सा। रक्त बहना भी एक कारण हो सकता है। इसके लिये—रक्त बहने के स्थान पर बर्फ या ठंडा पानी लगावें अथवा गर्म लोहे से दाग दें अथवा टिंचर बैन्जोइन या टिंचर फैरी लगावें। साथ ही कैल्सियम बोरोग्लूकोनेट (कालबेरोल) अथवा कैल्सियम लेक्टेट, विटामिन सी (vitamin-C) के इन्जेक्शन लगावें। यदि रक्त अधिक निकल रहा हो तो नार्मल सेलाइन 100-200 मि.ली. आई.वी.।

ख. इन्जेक्शन लिवोजीन/बैलामिल/लिवर एक्सट्रैक्ट/लिवरजेट/वी कॉम एल आदि 1-2 मि.ली. मांस में 2 दिन के अंतराल पर।

ग. फीसोविट (Fesovit) 1 केप्सूल दिन में 2 बार। फीराडोल (Ferradol) या शार्कोफेराल— 1-1 चम्मच दिन में 2 बार भोजन के बाद।

घ. अधिक गम्भीर (serious) अवस्था में रक्त चढ़ाना (ब्लड ट्रान्सफ्यूजन)।

19. हृदयपात/हार्ट फेल्योर (Heart Failure)

परिचय (Introduction)— कुछ कमियों के कारण जब हृदय की मांसपेशी के फेल होने से हृदय का कार्य बन्द हो जाता है तब हृदयपात की स्थिति आ जाती है। इसमें हृदय का फैलना (dilation of heart), फेफड़ों (लंग्स) का शोफ (oedema of lungs), हृदय की वृद्धि एवं हृदय गति का कम होना आदि लक्षण होते हैं।

Due to some intrinsic defects of cardiac muscles heart fails to maintain the circulatory equilibrium at rest and is defined as heart failure. It is characterised by congestion of venous side accompanied by dilatation of blood vessels, oedema of lungs, enlargement of heart and increased heart rate.

हार्ट फेल्योर 2 प्रकार का होता है—

(i) तीव्र हार्ट फेल्योर (Acute heart failure)

(ii) कंजेस्टिव हार्ट फेल्योर (Congestive heart failure)

(i) तीव्र हृदय विफलता (Acute heart failure)—इसमें कुत्ता दौरे क ही साथ अथवा बिना दौरे के गिर जाता है। शरीर की श्लेष्मिक झिल्लियाँ पीली पड़ जाती हैं। इसके बाद वह स्वस्थ हो जाता है अथवा मर जाता है।

कारण (Causes)—इसके निम्न कारण हो सकते हैं—

- *मायोकार्डियल इन्फार्क्शन* (Myocardial infarction—Blocakge of blood flow to the heart muscles)।
- *मैसिव पल्मोनरी इम्बोलिज्म* (Massive pulmonary embolism—Massive blockage of arteries in lung)।
- *पैरोक्सिसमल टेकीकार्डिया* (Paroxysmal tachycardia—It is a form of tachycardia, which begins and ends in an acute (paroxysmal) manner)।
- *मायोकारडाइटिस* (Myocarditis—Inflammation of the middle layer of the heart wall)।
- *कैल्सियम थैरापी एवं तीव्र गति से शिरागत इन्जेक्शन देना* (Calcium therapy and rapid I/V injection)।
- *गम्भीर चोट* (Severe trauma)।
- *एनाफाइलेक्टिक रिएक्शन* (Anaphylactic reaction)।

इस केस में मृत्यु शॉक (shock) के कारण होती है। शॉक प्रायः पेरीफेरल सरक्यूलेटरी फेल्योर अथवा कार्डियक फेल्योर से उत्पन्न होता है।

पेरीफेरल सरक्यूलेटरी फेल्योर की उपस्थिति रक्तस्राव, चोट, जलना, एनाफाइलेक्सिस, हिस्टामाइन, सेप्टिक शॉक एवं इन्जेक्शन से होती है।

कार्डियोजेनिक शॉक में— कार्डियक ओडीमा (cardiac oedema), टेकीकार्डिया, वेण्ट्रीकुलर फिब्रीलेशन एवं मस्कुलर डिस्ट्रोफी एवं हृदय पंपिंग क्रिया में कमी आदि लक्षण होते हैं।

चिकित्सा (Treatment)—अधिकांश केसिस में चिकित्सा करने का समय ही नहीं मिलता है। पशु को बचाने के लिए एण्टी-शोक ऑक्सीजन चिकित्सा की आवश्यकता होती है।

(ii) कंजेस्टिव हार्ट फेल्योर (Congestive heart failure)—

कारण (Causes)—पेरीकार्डियल, इण्डोकार्डियल अथवा मायोकार्डियल विकार इस अवस्था के लिये उत्तरदायी होते हैं।

(i) पेरीकार्डियल विकार—इसका कारण कार्डियक टेम्पोनेड [blood or fluid fill the space between the sac (pericardium) resulting in reduced ventricular filling), पेरी-कार्डाइटिस, हीमोपेरीकार्डियम एवं हाइड्रोपेरीकार्डियम, कंजेस्टिव कार्डियक फेल्योर आदि का होना होता है (Pericardium is a double walled sac containing heart and roots of the vessels)।

कंजेस्टिव कार्डियक फेल्योर - लेफ्ट साइडिड (left sided) अथवा राइट साइडिड (right sided) होता है (When the heart is unable to pump sufficiently blood flow to meet the body need.) I

(क) राइट साइडिड फेल्योर– प्रायः discolouration of skin due to low oxygen saturation, हाइड्रोथोरेक्स, न्यूमोथोरेक्स, एसाइटिस, अल्बीमीनूरिया (albuminuria), जुगलर पल्स (a pulsation in jugular vein caused by conditions that inhibits filling of the right side of the heart) एवं सायनोसिस (cyanosis) होने से होता है।

(ख) लेफ्ट साइडिड कार्डियक फेल्योर–श्वसन विकार, खाँसी (coughing), पल्मोनरी अडीमा, हृदय की वृद्धि आदि होने पर होता है।

(ii) इण्डोकार्डियल विकार—यह विकार इण्डोकारडाइटिस एवं कान्जेनाइटल वालवुलर कमियों (congenital valvular abnormalities) से उत्पन्न होते हैं।

(iii) मायोकार्डियल विकार—यह विकार मायोकारडाइटिस, मायोकार्डियल डिस्ट्रोफी, नियोप्लाज्मा, हृदय में सिस्ट एवं तीव्र स्वरूप की औषधि विषाक्तता आदि कारणों से होता है।

चिकित्सा (Treatment)

- पूर्ण विश्राम/व्यायाम का पूर्ण निषेध।
- नमक रहित आहार।
- मूत्रल (Diuretic) टेबलेट मुख द्वारा एवं पोटेशियम क्लोराइड सोलूशन (Potassium Chloride liquid) 1/2-1 चम्मच पीने को।
- रेसपाइरेटरी विकृति की स्थिति में रेसपाइरेटरी स्टीमुलेन्ट दें।
- डिजीटलाईजेशन आवश्यक। इसके लिये लेनोक्सिन (Lanoxin) 1/2-1 टिकिया दिन में दो बार।

20. लाल आँख/कंजक्टिवाइटिस (Conjunctivitis)

परिचय (Introduction)— यह नेत्रश्लैष्मिक झिल्ली (mucous membrane of the eye) की सूजन का रोग है। इसमें नेत्र का बाहरी भाग तथा पलक के भीतर का भाग प्रभावित हो जाता है। The inflammation of conjunctiva is called conjuctivitis.

कारण (Causes)

- अनेक प्रकार के जलनवाले पदार्थ (irritants) कंजक्टिवाइटिस का रोग उत्पन्न करते हैं; जैसे- जलनयुक्त गैसिस, धूल, वायरस इन्फेक्शन, फफूँदी एवं पैरासाइट्स, कोरोसिव केमीकल्स एवं बाहरी चोट आदि से।
- इसके अतिरिक्त – गरम जगह में अधिक दिनों तक निवास।
- एलर्जिक प्रभाव।
- सर्दी-गर्मी लगना।

नैदानिक अभिव्यक्तियाँ (Clinical manifestations)—इस रोग में निम्न लक्षण देखने को मिलते हैं—

- अत्यधिक अश्रुस्राव (Profuse lacrimation)

- आँख लाल होना (Redness of conjunctiva)
- पुतलियों में सूजन (Irritis)।
- चिपचिपा या हरा-पीला-सा पीव बहना (mucopurulent discharge)
- खुजलाहट (Irritation)
- संक्रमण की स्थिति में बुखार (Temperature)
- आँख में तीव्र स्वरूप की पीड़ा (Severe pain in eyes)
- सुस्ती एवं उदासी।

चिकित्सा (Treatment)

- कुत्ते को अंधेरे में रखें।
- यदि आँख में कोई वस्तु हो, तो उसे निकाल दें। *अथवा*
  कारण की चिकित्सा करें।
- ठंडे नार्मल सेलाइन से आँख को धोयें।
- एण्टीसेप्टिक एवं एस्ट्रिन्जेंट आई लोशन; जैसे– आरजीरोल 5% या नियोस्पोरिन आई ड्राप्स अथवा एल्बूसिड आई ड्राप्स 30% की 2-4 बूँदें आँख में डालें। *अथवा*
  एण्टीबायोटिक्स; जैसे– टैरामाइसीन/एक्रोमाइसीन/सोफ्रामाइसीन आदि आई आयन्टमेण्ट लगावें

21. स्वच्छमण्डलशोथ (Keratitis)

परिचय (Introduction)—यह कॉर्निया की सूजन का रोग है। इसमें आँसू बहना, प्रकाश असह्यता, कॉर्निया पर धब्बे आदि लक्षण होते हैं। यह रोग अकसर कुत्तों में मिलता है।

It may be defined as inflammation of cornea. Keratitis is often found in dogs. Keratitis may be associated with conjunctivitis leading to keratoconjunctivitis.

कारण (Causes)— इसके भी वही कारण हैं जो लाल आँख/कंजक्टिवाइटिस के होते हैं।

नैदानिक अभिव्यक्तियाँ

(Clinical manifestations)

- कॉर्निया (Cornea) की सूजन
- उजला-पीला धब्बा
- आँसू बहना
- प्रकाश सहन न होना
- फोटोफोबिया (Photophobia)
- रोग पुराना होने पर उजलापन तथा धुँधली दृष्टि
- अन्त में आँख में सफेदी (Corneal opacity)।

चिकित्सा (Treatment)

- आँख को एण्टीसेप्टिक लोशन से धोयें।
- एण्टीबायोटिक + स्टेराइड्स युक्त योग स्थानीय प्रयोगार्थ (जैसे- नियोस्पोरिन एच आयन्टमेण्ट या ड्राप्स)।
- कोर्टीकोस्टेराइड सबकंजंक्टिवल इन्जेक्शन लाभकर (Subconjunctival injection with corticosteroid is also helpful)।

22. अति मूर्छा/पूर्ण बेहोसी (Coma)

परिचय (Introduction)— यह एक ऐसा रोग है जिसमें सभी प्रतिवर्ती क्रियायें अनुपस्थित होती हैं।

Coma may be defined as a terminal stage of unconciousness. It is the manifestation of the depression of the cerebrocortical function.

कारण (Causes)—इसके निम्न कारण हैं–

- इन्सेफेलोमाइलाइटिस (Encephalomyelitis— Inflammation of brain & spinal cord)
- कोई रोग जो इण्ट्राक्रेनियल प्रेशर को बढ़ाता हो
- सेरीब्रल एनोक्सिया (Cerebral anoxia)
- यूरीमिया (Uraemia)
- हीट स्ट्रोक (लू लगना)
- इन्फेक्शन जो मस्तिष्क को प्रभावित करता हो
- इलेक्ट्रोलाइट असन्तुलन (Electrolyte imbalance)
- औषधि विषाक्तता (Drug toxicity)
- हाइपोग्लाइसीमिया (Hypoglycaemia)

चिकित्सा (Treatment)

- रोग के कारण को दूर करें (Remove the cause of disease) I
- द्रवचिकित्सा (Fluid therapy) I
- कार्डियक तथा रेस्पाइरेटरी स्टीमुलेण्ट दें

  (Cardiac and respiratory stimulant should be given) I

23. गति विभ्रम (Ataxia)

परिचय (Introduction)—यह मेरुरज्जु (spinal cord) का एक अपजनन रोग है। इसके अन्तर्गत चलने में पैरों की असमन्वित गति, प्रतिवर्ती क्रिया की अनुपस्थिति, गतिशील पैशी के नियन्त्रण का लोप होना होता है।

Ataxia may be called as an incoordination of muscular action or gait that results from abnormal cerebellar function in general terms. There are defects in the rate, range, force and direction of movement.

कारण (Causes)— यह रोग निम्न कारणों से उत्पन्न होता है–

- यह रोग कुत्तों में अधिकतर नर्वस सिस्टम के प्रारम्भिक रोगों में मिलता है अथवा अस्थि विक्षतियों (लीजन्स) द्वारा।
- न्यूरोलोजिकल विकार।

लक्षण (Symptoms)

- प्रभावित पशु पैरों पर खड़ा होता है और किसी भी दिशा में गिर जाता है।
- The head oscillates and the limbs do not move in unison (simultaneous performance). The movements are grossy exaggerated, muscular strength is usually preserved and feet are not properly placed.

चिकित्सा (Treatment)

- चिकित्सा कारण के अनुसार निर्धारित।
- ट्रेन्क्विलाइजर (Tranquilizer) दें।
- फ्लूड थेरॉपी एवं विटामिन बी कम्पलेक्स के योग उपयुक्त।

24. मिरगी/अपस्मार (Epilepsy)

परिचय (Introduction)— मस्तिष्क कोशाओं की विकारयुक्त विद्युतीय क्रियाओं के परिणामस्वरूप उत्पन्न आक्षेपों के दौरों का रोग है, जिसमें कुछ ही काल के लिये बेहोशी आ जाती है और साथ ही आक्षेप (झटके) आने लगते हैं या झटके नहीं भी आते हैं, जिनके अधिकतर मामलों में कारण का पता नहीं रहता, अपस्मार रोग कहलाता है।

It may be defined as a condition characterised by tonoclonic convulsion (repeated muscular contractions) accompanied by loss of conciousness. Epileptic seizures are the clinical manifestations of an active cerebral, bizzare (unusual) neuronal irritative process involving billions of cortical neurons.

कारण (Causes)— स्पष्ट कारण ज्ञात नहीं। लाक्षणिक मिरगी (इपीलेप्सी) निम्न कारणों से हो सकती है—

- विक्षतियों द्वारा स्थान घेर लेना (Space occupying lesion)
- सेन्ट्रल नर्वस सिस्टम में शोथ (Inflammation of CNS)
- डिस्टेम्पर एवं क्रिप्टोकोकस रोगों से
- मस्तिष्क के क्रेनियल भाग में जन्मजात कमियाँ /कंजेनीटल डिफेक्ट्स (Congenital defects in cranial region)
- यूरीमिया एवं हाइपोकैल्सीमिया।

प्रकार (Types)

- ग्राण्डमाल (मेजर)। कारणों के आधार पर रोग का विभाजन—
- पेटिमाल (माइनर)।
- स्टेटस इपीलेप्टीकस (Continuous) I

लक्षण (Symptoms)

1. ग्राण्डमाल या मेजर इपीलेप्सी— ऐसा मिरगी रोग जो एक पूर्वाभास के पश्चात् होता है और जिसमें अचानक ही बेहोशी हो जाती है और शीघ्र ही सम्पूर्ण शरीर में झटके आने लगते हैं।

2. पेटिटमाल या माइनर इपीलेप्सी—यह अधिकतर पिल्लों में होता है। इसमें आक्षेप नहीं आते अर्थात् शरीर में झटके नहीं लगते हैं। बल्कि अचानक कुछ समय के लिये बेहोशी आ जाती है।

3. स्टेटस इपीलेप्टिकस—इसमें लगातार काफी समय तक झटके आते रहते हैं।

चिकित्सा (Treatment)

- लाक्षणिक इपीलेप्सी (symptomatic epilepsy) की चिकित्सा कारण को ज्ञात कर रोगानुसार विशिष्ट चिकित्सा करें।
- विटामिन बी कम्पलेक्स एवं विटामिन ए के योग से इस समस्या को दूर करते हैं।
- ग्राण्डमाल इपीलेप्सी एवं इपीलेप्टीकस की चिकित्सा में कोई सेन्ट्रल नर्वस सिस्टम डिप्रेसेन्ट्स (central nervous system depressants) दें।
- तरल (fluid) एवं इलेक्ट्रोलाइट्स उपयुक्त मात्रा में।

- शरीर के तापक्रम को ठीक रखने के लिये (maintained in normal range) गरम अथवा शीतल (warming or cooling) रखें।
- बचाव हेतु आघात/चोट आदि से सावधानी रखें।
- समस्या के दीर्घकाल तक समाधान के लिये नर कुत्तों का कास्ट्रेशन (बधियाकरण) और कुतियों में ओवेरियन हिस्टेरेक्टोमी लाभकर होती है।

25. पक्षाघात/पैरालिसिस (Paralysis)

परिचय (Introduction)—जब शरीर के किसी भाग पर तंत्रिका नियंत्रण का आंशिक या पूर्ण रूप से ह्रास होता है तब वह भाग कार्य करने में अयोग्य (क्रियाहीन) हो जाता है। इसमें संवेदी या प्रेरक या दोनों प्रकार की तंत्रिकाओं (nerve) की शक्ति का ह्रास हो सकता है। इससे ऐच्छिक चाल पूर्ण रूप से बाधित होती है।

Paralysis may be defined as a condition where nervous control over any bodily function has failed completely or incompletely. This loss of nervous control may be either sensory or motor type or both. Paralysis is characterised by an inability to make purposeful movements. But in paresis contracting power of muscle becomes weaker than the normal.

कारण (Causes)—पक्षाघात के भेदों के अनुसार कारण निम्न प्रकार हैं—

1. ***स्पाइनल पैरालिसिस*** *(Spinal Paralysis)* निम्न कारणों से उत्पन्न होता है—
- बाहरी आघात से स्पाइनल कार्ड का क्षतिग्रस्त होना अथवा चोट लगना
- वर्टीब्रल कालम (vertebral column) का फ्रैक्चर
- स्पाइनल कार्ड में विद्रधि/फोड़ा (abscess in the cord)
- इण्टरवर्टीब्रल डिस्क का हर्निया अर्थात् जगह से हट जाना
- वर्टीब्रा का एन्काइलोसिस (Ancylosis of the vertebrae—Abnormal stiffening and immobility of a joint due to fusion of the bones)
- मस्तिष्कावरणशोथ (मेनिनजाइटिस)
- माइलाइटिस (Myelitis—Inflammation of spinal cord)

2. ***सेरीब्रल पैरालिसिस*** *(Cerebral Paralysis)* निम्न कारणों से होता है—
- इन्सेफेलाइटिस (Encephalitis)
- सिस्ट या टयूमर (Cyst or tumor of cerebrum)
- विद्रधि-फोड़ा (Abscess of cerebrum)
- क्रेनियम का फ्रैक्चर (Fracture of cranium—Part of skull enclosing the brain)

3. ***पेरीफेरल पैरालिसिस*** *(Peripheral Paralysis)* निम्न कारणों से होता है—
- नर्व ट्रंक की इन्जरी (Injury to the nerve trunk)।
- मसिल्स और नर्वस की रियूमेटिक स्थिति।
- विटामिन बी$_1$, बी$_6$, बी$_{12}$ की कमी (Deficiency of vitamin B_1, B_6, B_{12})।

लक्षण (Symptoms)— पशु चलने-फिरने में असमर्थ हो जाता है एवं बाधित अंग कार्य करने में अयोग्य हो जाता है। पक्षाघात एकांगी, द्विअंगी, अर्धंगी, चतुष्यांगी एवं पिछलंगी हो सकता है। यथा—

1. ***मोनोप्लीजिया*** *(Monoplegia)*—किसी खास अंग की एक या कुछ नर्व्स का पक्षाघात होने पर; जैसे– पैरालिसिस, टिबियल पैरालिसिस (Tibial Paralysis) ।
2. ***हेमीप्लीजिया*** *(Hemiplegia)*—इस प्रकार का पैरालिसिस शरीर के एक तरफ वाले भाग (Paralysis of one side of body only) में होता है; जैसे– शरीर के बाईं या दाईं ओर (Left or Right side of the body) ।
3. ***डाइप्लीजिया*** *(Diplegia)*—इस प्रकार के पक्षाघात में शरीर के दोनों ओर का भाग प्रभावित होता जाता है। (It is a condition where both the sides of the body are involved) ।
4. ***क्वाड्रीप्लीजिया*** *(Quadriplegia)*—इस प्रकार के पक्षाघात में चारों पैर (All the four legs) प्रभावित हो जाते हैं।
5. ***पैराप्लीजिया*** *(Paraplegia)*—यह एक ऐसी स्थिति है जिसमें शरीर का पिछला भाग (hind quarter) पक्षाघातग्रस्त हो जाता है।

निदान (Diagnosis)—रोग का इतिहास, क्लिनीकल साइन एवं न्यूरोलोजिकल परीक्षण से।

The paralysis may occur due to mineral deficiency, hip displasia, poisoning of various origins, myopathy, tumor of spinal cord, canine distemper.

चिकित्सा (Treatment)

- सुपाच्य आहार दें। कब्ज न रहे।
- रोगी को समय-समय पर पलटते रहें।
- नर्वाइन टॉनिक्स; जैसे– ट्राई रेडीसोल एच 1000 एम.जी.; ओप्टीन्यूरान, विटन्यूरीन, न्यूरोबियान आदि 2–3 मि.ली. मांस में (I.M.) एक दिन के अन्तराल पर। साथ ही न्यूरोबियान की एक टिकिया दिन में दो बार रोग ठीक होने तक दें।
- तीव्र पीड़ा की स्थिति में ऐनाल्जेसिक (analgesic) दें; जैसे– एनाल्जीन इंजे. 2 मि.ली. मांस में लगायें।
- कुछ केसिस में फिजियोथेरापी (Physiotherapy) लाभकर होती है।
- लिनीमेण्ट अमोनिया (liniment ammonia), लिनीमेण्ट टरपेण्टाइन या स्वैनिल तेल से प्रभावित भाग की दिन में तीन बार मालिस करें।
- पेरालिटिक केस में एनाबोलिक (anabolic) एवं स्टीमुलेण्ट (stimulant) लाभकर होते हैं।

26. बहुतंत्रिकाशोथ (Polyneuritis)

परिचय (Introduction)—न्यूराइटिस (तंत्रिकाशोथ) जिसमें कई तन्त्रिकायें प्रभावित होती हैं।

Polyneuritis may cause disturbances in either sensory or motor functions. It is also known as peripheral neuritis.

कारण (Causes)— यह रोग निम्न कारणों से होता है–

- विटामिन $बी_1$, $बी_6$, $बी_{12}$ की कमी इसका प्रधान कारण है।

मेटाबोलिक कारण; जैसे–● डायबिटीज मेलीटस।

इन्फेक्शन; जैसे– पायरिया, सेप्टीसीमिया, मेनिन्जाइटिस एवं माइलाइटिस आदि नर्व्स को क्षतिग्रस्त कर पोलीन्यूराइटिस पैदा करते हैं।

- रियूमेटिक डिजीज (Rheumatic disease) एवं न्यूरोटोक्सिक ड्रग्स (Neurotoxic drugs); जैसे–स्ट्रेप्टोमाइसीन, नाइट्रोफ्यूरान्टोइन, एण्टीमनी, आरसेनिक, कापर आदि पोलीन्यूराइटिस उत्पन्न करते हैं।

चिकित्सा (Treatment)

- स्पष्ट कारण ज्ञात करने की भरपूर कोशिश करें, तत्पश्चात् विशिष्ट चिकित्सा करें।
- विटामिन 'बी' की कमी के लिये– B_1, B_6, B_{12} की दवायें टेबलेट अथवा इन्जेक्शन के रूप में दें।
- डायबिटीज को कन्ट्रोल में लायें। ओरल हाइपोग्लाइसेमिक ड्रग्स दें।
- इन्फेक्शन को दूर करने के लिये एण्टीबायोटिक औषधियाँ दें।
- कुछ केसिस में फिजियोथेरेपी लाभकर होती है।

27. उदरशूल/पेट दर्द–कोलिक (Colic)

परिचय (Introduction)—यह पेट के अंगों में होनेवाला दर्द (pain) है। यह, विशेषकर आमाशय और आँत से सम्बन्धित होता है। इसमें दर्द, बेचैनी, गुड़गुड़ाहट, बार–बार उठना–बैठना, शोकाकुल तथा पाखाना–पेशाब बार–बार करने की इच्छा पर भी न होना आदि होते हैं। यह एक घातक अवस्था है।

कारण (Causes)— यह रोग निम्न कारणों से होता है–

- अधिक खाना (overeating)।
- सड़ा–गला, बासी भोजन।
- गैस पैदा करनेवाले आहार।
- आँत अथवा आँत की धमनी में अवरोध।
- विषैला भोजन।
- आमाशय, आन्त्र, यकृत, गुर्दे, अग्न्याशय में ऐंठन से।

लक्षण (Symptoms)—अधिकतर दर्द उस समय होता है जब पेट में अफारा (flatulence) होता है। रोगी के पेट में गुड़गुड़ाहट होती है, वह बार–बार उठता–बैठता है। कुत्ता शोकाकुल दिखायी देता है। बार–बार गुदा मार्ग से गैस निकालती है एवं थोड़ा–थोड़ा दस्त करता है—**ये दर्दयुक्त अफारा के लक्षण हैं।**

कुत्ता बेचैन रहता है। उसे रुक–रुककर पेटदर्द होता है। मल का गोला निकल जाने पर पशु को कुछ आराम–सा प्रतीत होता है। **ये दर्दयुक्त आँत के लक्षण होते हैं।**

पशु को ऐंठनयुक्त रुक–रुककर अचानक दर्द होता है। वह जमीन पर लोटता–पोटता है और दाँत किटकिटाता है। शरीर से पसीना छूटने लगता है और

कोलिक के लक्षण सारांश में

- पेटदर्द एकाएक या रुक–रुक कर।
- बेचैनी एवं शोकाकुल।
- बार–बार उठना–बैठना अथवा लोटना–पोटना।
- पसीना एवं दाँत किटकिटाना।
- तेज साँस।
- बार–बार पेट की ओर देखना।
- बार–बार पाखाना तथा पेशाब की इच्छा, परन्तु न होना।

साँस तेज चलती है। पशु बार-बार घुमकर पेट की ओर देखता है। वह बेचैन और शोकाकुल नजर आता है। बार-बार पाखाना तथा पेशाब करने की इच्छा करता है परन्तु नहीं होता है—**ये सब ऐंठन या मरोड़ की हालत में लक्षण होते हैं।**

चिकित्सा (Treatment)

क. इन्जेक्शन बेराल्गन या एनाफोर्टन या स्पाज्मोप्रोक्सीवोन इंजे. 1-2 मि.ली. मांस में (I.M.)।
साथ में /अथवा
बेराल्गन या स्पाज्मोप्रोक्सीवोन 1-1 टेबलेट या केप्सूल दिन में तीन बार अथवा आवश्यकतानुसार।

ख. **अधिक दर्द की स्थिति में**—सीक्विल 10 मि.ग्रा. की मात्रा में दें।

ग. डाइजीन जैल की दो-दो चम्मच दिन में तीन बार दें।

28. रक्तार्बुद/हीमेटोमा (Haematoma)

परिचय (Introduction)—यह कुत्तों के कान की एक विशिष्ट बीमारी है। इससे कुत्ते अधिक प्रभावित होते हैं। इसमें कान सूजकर लटक जाता है और खून और पानी से युक्त रहता है।

कारण (Causes)—यह रोग निम्न कारणों से उत्पन्न होता है—

- बाहरी चोट (external injury)
- कान में माइट्स (mites) की उपस्थिति
- एलर्जी (allergy) जन्य कारण
- नोंचना या खरोंचना
- कान बार-बार हिलाते रहने से

नैदानिक लक्षण (Clinical symptoms)

- कान अधिक सूजकर लटका हुआ मिलना।
- प्रभावित कान के भार से उधर की ओर का सिर लटका हुआ।
- कान का बार-बार रगड़ना एवं हिलाना।
- जीवाणुओं के प्रकोप से दर्द-भरी सूजन तथा सूई से छेदने पर खून-पानी का निकलना।

चिकित्सा (Treatment)

क. शल्यचिकित्सा द्वारा चीरकर खून तथा पानी निकाल दें। तत्पश्चात् साफ कर बीटाडीन लोशन लगा दें।

ख. एण्टीबायोटिक्स— एम्पीसिलीन 500 मि.ग्रा. मांस में रोजाना 5-7 दिन तक। *अथवा* कोट्रीमोक्साजोल; यथा— सेप्ट्रान (Septran) /बैक्ट्रिम (Bactrum) 1-1 गोली प्रातः सायं। *अथवा* कोई अन्य एण्टीबायोटिक प्रयोग करें।

ग. ब्रूफेन 600—1-1 टिकिया प्रातः सांय 5 दिन प्रयोग करें।

घ. विटामिन-सी 500 मि.ग्रा. की 1 टिकिया दिन में 1 बार दें।

29. रिकेट्स (Rickets)

परिचय (Introduction)—यह एक ऐसा रोग है जिसमें युवा (young) कुत्तों का अस्थि विकास रुक जाता है, जिससे हड्डियाँ विकृत एवं टेढ़ी हो जाती हैं। देखने में आकृति कुरूप लगने लगती है। निचले धड़ की हड्डियाँ मुलायम, कमजोर, छोटी होकर मुड़ जाती हैं।

कारण (Causes)

- केल्सियम (Calcium), फॉस्फोरस (Phosphorus) तथा विटामिन 'डी' की कमी।
- अँधेरे तथा सीलन युक्त स्थान में निवास।

नैदानिक लक्षण (Clinical symptoms)

- लम्बी हड्डियों के अन्त में जोड़ों पर सूजन।
- निचले धड़ की हड्डियाँ छोटी, मुलायम एवं टेढ़ी।
- कभी-कभी मुड़कर धनुष के आकार की।
- शरीर-भार में कमी।
- शक्तिहीनता (weakness)।
- चलने-फिरने में कष्ट।
- खोपड़ी की चौड़ी अस्थियाँ मोटी तथा मुलायम होकर ऊपर उठ जाती हैं, जिससे सिर देखने में गोल नजर आता है।
- भूख असामान्य हो जाती है।
- सर्दी-गर्मी लगने पर दर्द तथा लंगड़ाहट बढ़ जाती है।

चिकित्सा (Treatment)

- काड लिवर आयल तथा मिनरल मिक्स्चर दें।
- एडैक्सोलीन (Adexoline)/ ओसोपान / कैल्सियम सैण्डोज/ओस्टोकेल्सियम केप्सूल या गोली के रूप में दें।
- खनिज तथा विटामिन-डी युक्त आहार खिलावें।

3. कुत्तों के संक्रामक रोग और उनके बचाव
(Infectious Diseases of Dogs and their Prevention)

विषाणु रोग (Viral Diseases)

1. केनाइन डिस्टैम्पर (Canine Distemper-C.D.)

परिचय (Introduction)—रैबीज के बाद युवा कुत्तों में यह एक अति संक्रामक बीमारी है, जो ज्वर से युक्त रहती है। यह एक्यूट और सब-एक्यूट (subacute) रूपों में उत्पन्न होती है।

It is a highly fatal disease next to rabies in dogs. The disease occurs in acute or sub-acute forms and it is highly contagious.

कारण विज्ञान (Aetiology)— पेरामिक्सोवायरस (Paramyxovirus) से होता है। यह वायरस 120-300 nm कण आकार (particle size) का होता है।

***उम्र** (Age)* – अधिकतर 2 से 6 माह के कुत्तों को।

***रोग का प्रसार** (Spread of disease)*–

- साधारतः ठंडे मौसम में।
- भोजन में पौष्टिकता की कमी से।

- कलुषित भूख की स्थिति में।

उपरोक्त परिस्थितियों में कुत्ते वायरस के शिकार हो जाते हैं।

नैदानिक लक्षण (Clinical symptoms)—यह रोग चार रूपों में होता है—

1. ***श्वास रूप*** *(Respiratory form)*—नाक से गाढ़ास्राव, खाँसी, आँख में चिपचिपाहट एवं लसलसाहट, आँख काफी लाल, कॉर्निया में जख्म (corneal ulcers), श्वासकष्ट। अन्त में निमोनिया होकर मृत्यु।

2. ***आन्त्र रूप*** *(Intestinal form)*—भोजन के प्रति अरुचि, प्यास की अधिकता, गाल, मसूड़े एवं जीभ की श्लैष्मिक झिल्ली पर जख्म तथा मुँह से दुर्गन्ध, बार-बार कै एवं दस्त (बदबूदार), दस्तों के साथ कीड़ों का निकलना आदि।

3. ***तंत्रिका रूप*** *(Nervine form)*—पेशियों में ऐंठन एवं खिंचाव, भारी उत्तेजना, जोर-जोर से चिल्लाना, अचेतना एवं पक्षाघात-सम्बन्धी लक्षण।

> **केनाइन डिस्टैम्पर के लक्षण सारांश में**
>
> - तीव्र ज्वर (High fever)।
> - भूख की कमी (Loss of appetite)।
> - खाँसी (Bronchitis)।
> - गैस्ट्रो-इन्टेराइटिस एवं डिहाइड्रेशन।
>
> **3 माह से ऊपर के पिल्लों में**
>
> - बुखार एक से दो दिन तक, आगे भी बढ़ सकता है।
> - *दुबारा बुखार*—कंजंक्टिवाइटिस, राइनाइटिस, ब्रोन्काइटिस एवं गैस्ट्रो-इन्टेराइटिस, वमन, खाँसी, नाक से पानी जैसा स्राव, अश्रुस्राव, खूनी दस्त एवं बाद में डिहाइड्रेशन, पेट और जाँघों के अन्दर फुंसियाँ एवं तंत्रिका-सम्बनधी लक्षणों में अवसाद (depression), मिरगी (इपीलेप्सी) जैसे दौरे, चक्कर लगाना आदि के साथ। अति गम्भीर अवस्था में अटेक्सिया, पक्षाघात एवं कोरिया जैसे लक्षण।

4. ***त्वचा रूप*** *(Skin or cutaneous form)*—पेट और जाँघ के अन्दर फुंसियाँ, पहले साल धब्बे से, बाद में फोड़े-फुन्सियों के रूप में होकर फूट जाते हैं। अन्त में निःस्राव सूखकर पपड़ी रूप ले लेता है।

निदान (Diagnosis)

- उपरोक्त Clinical signs को देखकर।
- रेस्पाइरेटरी ट्रेक्ट की इपीथिलियल सेल्स में कोशिका द्रवीय निर्जीव पिण्ड (cytoplasmic inclusion bodies) की उपस्थिति निदान में सहायक।
- फ्लूरोसेण्ट एण्टीबॉडी टैस्ट (Fluorescent antibody test)।
- सीरोलोजिकल टैस्ट।

चिकित्सा (Treatment)

- कुत्ते को आरामदेह एवं हवादार जगह में रखें।
- सुपाच्य भोजन एवं दूध की व्यवस्था।
- आँख, नाक और मुँह को गुनगुने नमकीन पानी (warm normal saline) से धोना।
- आँख में नियोस्पोरिन आई ड्रॉप्स अथवा कोई अन्य आई ड्राप्स डालें।

- *ब्राड स्पेक्ट्रम एण्टीबायोटिक* - सेकेण्ड्री बैक्टीरियल इन्फेक्शन से बचाव हेतु। जैसे– टैरामाइसीन, एम्पीसिलीन, जेण्टामाइसीन, क्लोक्सासिलिन आदि में से किसी एक की सूई मांस में। *अथवा*
  कानामाइसीन 100 मि.ग्रा. प्रति 10 किलोग्राम शरीर–भार पर मांस में।
- कै रोकने के लिये एवोमिन (Avomin), सीक्विल (Sequil), मारजीन (Marzine) आदि मौखिक (oral) अथवा इन्जेक्शन रूप में।
- त्वचा की सफाई पौटेशियम परमैंगनेट लोशन से।
- ब्रोन्काइटिस तथा खाँसी के लिये टिंचर बेन्जोइन को उबलते पानी में डालकर उसकी गर्म वाष्प दें।
- फुन्सी एवं धब्बों पर (on pustules) एण्टीसेप्टिक लोशन या क्रीम; जैसे- सोफ्रामाइसीन क्रीम लगायें।
- लाक्षणिक विकारों (symptomatic disorders) के लिये लाक्षणिक चिकित्सा।

बचाव (Prevention)— पशु को बचाने हेतु 4, 8, 12 और 16 सप्ताह की आयु में टीका लगावें। इसके लिए कैन्डुलर डी.एच., कैनिफा (Canifa) और पेण्टाडॉग (Pentadog) आदि वैक्सीन्स आती हैं। इसके बाद प्रति वर्ष वैक्सीनेशन सुझाया गया है।

2. इन्फेक्शियस केनाइन हीपेटाइटिस (ICH-Infectious Canine Hepatitis)

अन्य नाम (Other names)— केनाइन एडीनोवायरस इन्फैक्शन, इसे ब्लू आई हीपेटाइटिस (blue eye hepatitis) नाम से भी जाना जाता है।।

परिचय (Introduction)— यह कुत्तों की एक संक्रामक बीमारी है। इसमें हल्का बुखार, प्राकृतिक छिद्रों की श्लेष्मिक झिल्ली का कंजेशन, गम्भीर ल्यूकोपेनिया एवं दीर्घ काल तक रक्त बहते रहना आदि लक्षण होते हैं।

Infectious canine hepatitis is a contagious disease of dog. It is characterised by slight rise of body temperature, congestion of mucosa of natural orifices, severe leucopenia and prolonged bleeding time.

कारण विज्ञान (Etiology)— केनाइन एडीनोवायरस टाइप–1 (CAV-1)।

प्रभावित पशु *(Affected animals)*— कुत्ते, विशेषकर पिल्लों में, लोमड़ी तथा जैकाल में भी।

रोग का फैलना *(Spread of disease)*— आरोग्य हुए कुत्तों के मल और मूत्र में वायरस कई महीनों तक निकलता है, जिससे इस रोग का संक्रमण अन्य स्वस्थ कुत्तों में भी हो जाता है।

नैदानिक लक्षण (Clinical symptoms)— यह रोग तीव्र और मन्द दो रूपों में होता है। बुखार एवं प्यास की अधिकता बनी रहती है। मुख–श्लेष्मा लाल या पीली–सी मिलती है। यकृत प्रदेश में वृद्धि तथा पेट दर्द के लक्षण। पाण्डु रोग हो जाता है। आँखें श्वेत–रंग की। माथे, चेहरे एवं पैरों पर सूजन। जलशोफ के लक्षण मिलते हैं।

बुखार 40.5°C तक, जो 24 से 48 घण्टे में गिर जाता है। परन्तु, पुनः 24 से 48 घण्टे में आ जाता (relapse) है। मुख के प्रति अरुचि रहती है। मुख की म्यूकोसा रक्तस्रावी (haemorrhagic) होती है। टॉन्सिल्स में वृद्धि। सब क्यूटेनियस आडीमा सिर से इन्वाइनल रीजन तक पाया जाता है। तीव्र

रोग में कंजंक्टिवाइटिस, फोटोफोबिया एवं कभी-कभी आँख में गाढ़ास्त्राव आता है।

निदान (Diagnosis)—रोगी की पहिचान निम्न प्रकार से करें—

- लक्षणों से।
- रक्तस्त्राव (हीमोरेज) की स्थिति में रक्त का लम्बे समय बाद जमना (prolonged clotting time in case of haemorrhage)।
- प्रतिदीप्त प्रतिपिण्ड प्रयोग (फ्लूरेसेण्ट एण्टीबॉडी टैस्ट - Fluorescent antibody test)।

चिकित्सा (Treatment)

- द्वितीयक संक्रमण से बचाव हेतु एण्टीबायोटिक दें।
- बुखार के लिये ज्वरनाशक (फेब्रीफ्यूज औषधि - Febrifuge drugs) दें।
- खाने के लिए तरल आहार दें।
- बीलामिल/लिवोजीन/कान्सीप्लेक्स 1-2 मि.ली. मांस में एक-दो दिन के अन्तराल पर, 5-10 इन्जेक्शन तक लगायें।
- लिव-52 की 1-2 गोली दिन में 3 बार दें।
- डाइजेक (Dizek - *GSK*) की एक-एक गोली दिन में तीन बार दें।

संक्रामक रदनक यकृतशोथ के लक्षण सारांश में

- बुखार 40.5 डि. सेण्टीग्रेड तक। 24 से 48 घण्टे में गिर कर पुनः 24-48 घण्टे में आ जाता है।
- प्यास की अधिकता।
- म्यूकस मेम्ब्रेन कंजेस्टैड।
- मुँह की म्यूकोसा कंजेस्टैड परन्तु कभी-कभी रक्तस्त्रावी (हीमोरेजिक) भी।
- गलतुण्डिकाशोथ (टॉन्सिलाइटिस - गले की ग्रन्थियों में वृद्धि)।
- अधस्त्वचीय शोफ (सब-कुटेनियस ओडीमा) सिर से लेकर वंक्षण क्षेत्र (इन्वाइनल रीजन) तक फैला हुआ।
- यकृत वृद्धि।
- तीव्र रोग में—नेत्रश्लेष्मलाशोथ (कंजंक्टि-वाइटिस), चकाचौंध (फोटोफोबिया) एवं कभी-कभी नाक तथा आँख से गाढ़ा-गाढ़ा स्त्राव भी।
- भूख के प्रति अरुचि।

रोकथाम (Prevention)—पहला टीका 9 सप्ताह की उम्र में, दूसरा 3-5 सप्ताह पर पहले टीके के बाद। तत्पश्चात् प्रतिवर्ष।

इसके लिये कण्डुर डी एच वैक्सीन 2 मि.ली. की मात्रा में सुई द्वारा लगाया जाता है।

3. पारवोविषाणु संक्रमण/वायरस इन्फेक्शन (Parvovirus Infection)

परिचय (Introduction)—यह आमाशयान्त्र विकारों की एक संक्रामक बीमारी है जिसमें वमन, अतिसार, क्षुद्रान्त्रशोथ (इन्टीराइटिस) तथा कामला (jaundice) जैसे अन्य लक्षण युवा पिल्लों में मिलते हैं। यह बीमारी 1978 में कुछ समय तक देखने को मिली।

The disease is characterised by gastrointestinal disorders like vomiting, diarrhoea and enteritis, and other symptoms like jaundice in young pups. The disease was recognised sometime in 1978.

कारण (Cause)— एक डी.एन.ए. (DNA) वायरस होता है, जिसे पारवोवायरस के नाम से जाना जाता है।

नैदानिक लक्षण (Clinical symptoms)—यह रोग दो रूपों में होता है—

1. आन्त्रिक रूप (Intestinal form)
2. हार्दिक रूप (Cardiac form)

1. आन्त्रिक रूप (Intestinal or Enteric Form)—इस रूप में तीव्र ज्वर, वमन, अतिसार, मल के साथ रक्त आता है। कै के साथ पीला फेनयुक्त पदार्थ निकलता है। रोग की गम्भीर अवस्था में जलाभाव हो जाता है एवं मृत्यु।

2. हार्दिक रूप (Cardiac Form)—इस रूप में पशु को श्वास-कष्ट होता है और हृदय में धक्का लगने से मृत्यु हो जाती है।

पारवो वायरस इन्फैक्शन के लक्षण

- वमन (Vomiting)।
- अतिसार (Diarrhoea)।
- आमाशय-आन्त्रशोथ (गैस्ट्रोइन्टेराइटिस)।
- हृद्पेश्यमित्तिशोथ/मायोकारडाइटिस (Myocarditis)।
- यकृतशोथ (Hepatitis), जॉण्डिस (कामला)।
- युवा पिल्लों की मृत्यु।

यह कुत्तों की खूनी आन्त्र प्रदाह में नया पहचाना गया वायरस रोग है।

याद रहे—वयस्क कुत्तों में बहुत-ही हल्केस्वरूप के लक्षण देखने को मिलते हैं और लाक्षणिक चिकित्सा करते समय बिना किसी ज्ञान के गायब हो जाते हैं।

उपचार (Treatment)

- अतिसार के लिए एण्टीडायरियल (दस्त अवरोधक) औषधि दें।
- कै के लिये सीक्विल अथवा एवोमिन गोली/सुई दें।
- एण्टीबायोटिक—एम्पीसिलीन, जेण्टामाइसीन, एरिथ्रोमाइसीन आदि।

बचाव (Prevention)—इसके बचाव हेतु निम्न टीके दिये जाते हैं—

1. केण्डुर-पी वैक्सीन— 6 से 7 सप्ताह की उम्र में।

2. पारवोसीन वैक्सीन— 16 सप्ताह में प्रथम और 12 सप्ताह के बाद इसका बूस्टर टीका दिया जाता है; बाद में प्रत्येक वर्ष टीकाकरण करायें।

3. वानगार्ड-सी पी वी (Vanguard-CPV)— 1 मि.ली. S/C या I/M 4 माह की उम्र के बाद। रोगमुक्ति काल- 1 वर्ष। पुनः वार्षिक टीका लगवायें।

याद रहे—यदि टीका 4 माह से कम उम्र में लगाया गया है, के तो 4 माह के बाद टीका की दो खुराकें 3-4 सप्ताह के अन्तर पर पुनः लगावें।

4. श्वान परिसर्प/केनाइन हर्पीज (Canine Herpes)

परिचय (Introduction)—यह संक्रमण युवा पिल्लों में अधिक गम्भीर (more serious) होता है एवं अधिक उम्र के कुत्तों में रोग कुछ हल्के रूप का होता है।

This infection is more serious in young pups. In older dogs it is quite mild.

कारण (Etiology)—हर्पीज वायरस, जो युवा पिल्लों को प्रभावित करता है।

उम्र *(Age)*—सामान्य रूप से युवा पिल्ले एक सप्ताह से कम; इस बीमारी से प्रभावित होते हैं।

नैदानिक लक्षण (Clinical symptoms)— प्राय: जन्म होने के 5-18 दिन बाद पिल्लों में रोग के लक्षण उत्पन्न होते हैं, जो इस प्रकार के होते हैं—

- मुलायम पीले-हरे दस्त बिना किसी दुर्गन्ध के (soft yellow-green faeces without offensive smell)।

- श्वास लेने में कष्ट (difficult breathing)।
- उदर पीड़ा (abdominal pain)।
- वमन (vomiting)।
- युवा पिल्लों में बीमारी घातक रूप ले लेती है।
- अधिक उम्र के पिल्लों में क्लिनिकल चिन्ह साधारण स्वरूप के होते हैं और पशु राइनाइटिस (सर्दी-जुकाम) तथा फैरिन्जाइटिस से प्रभावित होता है।

निदान (Diagnosis)—रोग की पहिचान लक्षणों एवं वायरस को अलग करने (characteristic lesions and isolation of herpes virus) से होती है।

बचाव (Prevention)— रोग से बचाव हेतु वैक्सीन अब तक उपलब्ध नहीं है।

5. श्यूडोरेबीज या आउजेस्जकी रोग (Pseudorabies or Aujeszky's Disease)

परिचय (Introduction)— इसे पगलायी खुजली भी कहते हैं। बीमारी Sporadic रूप में उत्पन्न होती है। इसमें गम्भीर स्वरूप का त्वचीय क्षोभ (pruritus) जो संक्रमित भाग को खाने (chewing) से उत्पन्न होता है। बीमारी घातक होती है। रोगी प्रायः 2-3 दिन में मर जाता है। इसे भ्रूण पागलपन भी कहते हैं।

It is also known as mad itch. The disease occurs sporadically and it is characterised by severe pruritus causing self-multilation due to continous chewing of the infected parts. The disease is fatal, the animal mostly dies in 2 to 3 days.

कारण (Etiology)— हर्पीज वायरस ग्रुप का डी.एन.ए. वायरस।

नैदानिक अभिव्यक्तियाँ (Clinical manifestations)— इस रोग में निम्न लक्षण देखने को मिलते हैं—

- गम्भीरस्वरूप का त्वचीय क्षोभ।
- भोजन-पानी लेने से इन्कार (refusal of food and water)।
- तीव्र पीड़ा (intense pain)।
- मालिक को नहीं मानता (Loss of response to owner)।
- झटके (Convulsions)।
- पक्षाघात (Paralysis)।
- असमन्वय (Inco-ordinance)।
- कॉमा एवं मृत्यु।

निदान (Diagnosis)—प्रारम्भिक लक्षण प्रकट होने के 24 घण्टे के अन्दर क्लिनिकल चिन्ह एवं मौत।

बचाव (Prevention)—व्यापारिक रूप में वैक्सीन उपलब्ध नहीं।

6. रेबीज (Rabies)

अन्य नाम (Other name)—अलर्क रोग।

परिचय (Introduction)—यह रोग जन्तुओं विशेषकर कुत्तों, लोमड़ियों, भेड़ियों एवं चमगादड़ों के केन्द्रीय तंत्रिका तंत्र का एक तीव्र संक्रामक रोग है इसका विषाणु संक्रमित जानवरों की लार में

पाया जाता है एवं प्रायः काटने से सम्प्रेषित होता है। लक्षणों में ज्वर, पेशी, ऐंठन एवं तीव्र उत्तेजना तथा बाद में आक्षेप (convulsions) एवं पक्षाघात होता है और प्रायः कुछ ही दिनों में मृत्यु हो जाती है।

It is most dangerous of all the viral diseases. It is communicable to human beings. Almost all warm-blooded animals are susceptible to this infection. The viral infection causes acute encephalomyelitis. This results in unusual change in the behaviour of the dog like mad aggressiveness, excessive salivation, progressiveness, progressive paralysis and death. The disease is transmitted by contamination of wound with the saliva or bite by the infected animals.

कारण (Etiology)—इसका विषाणु रिहेब्डोवायरस ग्रुप का आर्गेनिज्म (organism) है, जो 60 nm X 175 nm साइज (size) का होता है।

नैदानिक अभिव्यक्तियाँ (Clinical manifestations)—कुत्तों में दो प्रकार के क्लिनिकल चिन्ह देखेने को मिलते हैं—

1. *प्रचण्ड रूप* *(Furious or Aggressive form)*—कुत्ता पागल होकर बिना किसी छेड़खानी (provocation) के आक्रमण करता है और काटता है। वह बेचैन (restless) और उतावला (nervous) हो जाता है। अत्यधिक लाला बहने (exessive salivation), चाल में असमन्वय की स्थिति (inco-ordination of Gait) और आवाज घोड़े की सी हो जाती है (as of horse voice)।

2. *मूक रूप* *(Dumb form)*—जीभ बाहर को लार गिरती हुई, गम्भीर अवसाद (severe depression), निगलने में असमर्थ, घूमने में भी असमर्थ आदि लक्षण तथा चिन्ह देखे जा सकते हैं।

- बीमारी घातक रूप ले लेती है और 1–3 सप्ताह में मृत्यु हो जाती है।

निदान (Diagnosis)—

1. क्लिनिकल चिन्ह एवं रोग का इतिहास।
2. पोस्टमार्टम करने पर नीग्री बोडीज अथवा लाइसा बोडीज की उपस्थिति (कुत्ते के मस्तिष्क के हिप्पोकैम्पस के साइटोप्लाज्म में)।

चिकित्सा (Treatment)

- तत्काल काटे हुए जख्म (fresh bite wound) को साबुन और पानी से साफ करें। तत्पश्चात् पर घात पर 70% इथाइल अल्कोहल अथवा टिंचर आयोडीन लगावें।
- घाव/जख्म (wound) के चारों ओर एण्टीरेबीज सीरम का छिड़काव (infiltration) करें।
- पागल कुत्ते द्वारा काटे जाने पर केन्डुर–आर (Candur-R - *MSD*), रक्षारैव (Raksha rab - *IIL*) या रेबीजन (Rabigen - *Virbac*) एक मि.ली. त्वचा के नीचे 0, 3, 7, 14, 28 तथा 90 वें दिन लगायें।

बैक्टीरियल डिजीज (Bacterial Diseases)

कुत्तों में अनेक प्रकार के बैक्टीरियल रोग देखने को मिलते हैं। उदाहरण—ब्रूसेलोसिस, ट्यूबरकुलोसिस, लिस्टीरियोसिस, टीटेनस एवं लेप्टोस्पाइरोसिस आदि। सेकेण्ड्री वुण्डस इन्फेक्शन (स्टेफाइलोकोकई युक्त) अधिकतर देखने को मिलते हैं, जो जीर्ण प्रूराइटिस में बदल जाते हैं और चिकित्सा से ठीक नहीं होते हैं। ऐसे अधिकांश इन्फेक्शन्स के लिए पशुचिकित्सा ही सही ढंग से न होना जिम्मेदार होता है।

1. ब्रूसीलोसिस (Brucellosis)

अन्य नाम (Other names)—एबोर्शन या बैन्ग्स डिजीज (abortion of Bang's disease)।

परिचय (Introduction)— यह कुतिया के गर्भाशय की सूजन है जिसमें गर्भ गिर जाता है। The failure to conceive after successful and frequent abortions are suspected for uterine infections.

कारण (Etiology)— *ब्रूसीला केनिस, ब्रूसेला एबोर्टस, ब्रूसीला स्वीस एवं ब्रूसीला मेलीटेनिस।*

नैदानिक अभिव्यक्तियाँ (Clinical manifestations)—क्लिनिकल चिन्ह बहुत समय तक (for a long time) प्रकट नहीं होते हैं। जो मादा गर्भित नहीं है उसकी लिम्फ ग्लैण्ड्स बढ़ जाती हैं एवं गर्भित मादा में गर्भाधान के 7 से 9 सप्ताह के बीच गर्भपात हो जाता है। मादा की योनि (vagina) से गाढ़ा, सीरस (serous) अथवा हरा-सफेद नि:स्राव आता है जो गर्भपात के बाद 5-6 सप्ताह तक चलता रहता है। ऐसी मादायें अधिकतर गर्भाधान के योग्य नहीं रहती हैं (sterility)।

प्रभावित नर कुत्ते जेनीटेलिया शोथ एवं उसके वृषण (testicles) एक या दोनों एट्रोफी से प्रभावित हो जाते हैं। इनमें कम अथवा पूर्ण रूप से नपुंसकता (स्टेरीलिटी) आ जाती है।

निदान (Diagnosis)—इसकी पहिचान सीरोलोजिकल टैस्ट से होती है।

चिकित्सा (Treatment)

- गर्भाशय के इन्फेक्शन के लिये एण्टीबायोटिक्स का प्रयोग उपयुक्त चिकित्सा है।

2. ट्यूबरकुलोसिस (Tuberculosis-T.B.)

परिचय (Introduction)—यह कुत्तों में मिलनेवाली एक छूत की बीमारी है, जिसमें गाँठों और ग्रन्थियों (nodules and tubercles) का विकास होता है, जो फोड़ा का रूप ले लेता है।

The infection of mycobacterium produces diffuse or localized lesions in the internal organs over an extended period. The infection of internal organs depends primarily on the route of infection. Ingestion of infected material produces lesions in the gastro-intestinal tract while inhalation produces lesions in the respiratory tract.

कारण (Etiology)— *माइकोबैक्टीरियम ट्यूबरकुलोसिस* नामक जीवाणु इसका प्रमुख रोगाणु है।

नैदानिक अभिव्यक्त्याँ (Clinical manifestations)—सामान्य रूप से यह एक जीर्ण रोग है एवं कुत्ते इसके दीर्घकालिक वाहक (कैरियर) का काम करते हैं। इसके साझा (कामन) लक्षण निम्न प्रकार के हैं—

- शरीर-भार में कमी (Loss of weight)
- तीव्रश्वसन (Tachypnoea)
- श्वासकष्ट (डिसनिया-Dyspnoea)
- जीर्णस्वरूप की खाँसी (Chronic cough)।

उदर सम्बन्धी लक्षण (In abdominal infection)–दर्दयुक्त जलोदर एवं पेरीटोनाइटिस (painful ascites and generalized peritonitis)

त्वचा रूप (In Cutanious form) के लक्षण—चेहरे और गर्दन पर न भरनेवाले व्रण (non-healing ulcers) जिनका सम्बन्ध अधस्त्वचीय बन्द फोड़े (सबक्यूटेनियस एब्सिस) से होता है।

निदान (Diagnosis)

- ट्यूबरकुलीन टैस्ट के साथ-साथ रेडियोग्राफी, इतिहास (history), नैदानिक अभिव्यक्तियों (clinical manifestations) एवं थूक का परीक्षण (एसिड फास्ट बैक्टीरिया की उपस्थिति) करने से रोग की पहिचान होती है।

चिकित्सा (Treatment)

- आइसोनियाजिड (Isoniazid) 5-10 मि.ग्रा./किलो शरीर-भार (kg. B.W.) 24 घण्टे के लिए औसतन 50-100 मि.ग्रा. दिन में दो बार दें (orally) मौखिक रूप में।
- स्ट्रैप्टोमाइसीन (Streptomycin) 0.5-0.75 ग्राम रोजाना मांस में।
- पास (PAS) 3-6 ग्राम दिन में 2 बार मुख द्वारा। उपरोक्त औषधियाँ भी साथ-साथ मिलाकर देने से और अधिक अच्छा रहता है।
- रिफाम्पिसिन (Refampicin) 10-20 मि.ली./किलो शरीर-भार (अधिकतम 500 मि.ग्रा.)।
- अन्य औषधियाँ — इथाम्बूटोल (Ethambutol) एवं साइक्लोसेरीन (Cycloserine) 15-25 मि.ग्रा. प्रति किलो शरीर-भार एवं वायोमाइसिन (Viomycin) 40 मि.ग्रा. प्रति किलो शरीर-भार पर।

चिकित्सा कोर्स— उपरोक्त चिकित्सा क्रम 6 माह से लेकर 2 साल तक चलाया जाता है।

3. लिस्टीरिओसिस (Listeriosis)

परिचय (introduction)— यह बीमारी बहुत कम, परन्तु घातक होती है। यह *लिस्टीरिया मोनोसाइटोजेनीस* के संक्रमण से उत्पन्न होती है, जो कुत्तों में प्रारम्भिक मस्तिष्कशोथ (encephalitis) उत्पन्न करती है। इस बीमारी के प्रमस्तिष्कीय रूप (सेरीब्रल फार्म) का रेबीज एवं डिस्टीम्पर से धोखा (confusion) हो जाता है। परन्तु, लिस्टीरिओसिस का कोर्स छोटा (3-11 दिन) होता है।

कारण (Etiology)— *लिस्टीरिया मोनोसाइटोजेनीस* नामक जीवाणु प्रारम्भ में इन्सेफेलाइटिस पैदा करता है।

नैदानिक अभिव्यक्तियाँ
(Clinical manifestations)

- भूख की कमी (Anorexia)
- अवसाद (Depression)
- न्यूमोनिया (Pneumonia)
- उत्तेजना (Irritability)
- आँख से नि:स्राव एवं फैली हुई पुतलियाँ (eye discharge and dilated pupils)
- मसूड़ों को चबाना (Chewing the Gums)
- अनावश्यक भौंकना (Unnecessary barking)
- लंगड़ापन (Lameness)
- आक्षेप (convulsions) एवं अर्द्ध चेतना (stupor)।

निदान (Diagnosis)

- अन्य रोगों से इसका विभेदक निदान (differential diagnosis) करना चाहिये।
- सेरीब्रोस्पाइनल फ्लूड्स से जीवाणु को अलग कर।

बचाव एवं चिकित्सा (Prevention and treatment)— इसके लिये कोई भी प्रभावकारी वैक्सीन तथा चिकित्सा उपलब्ध नहीं है।

4. लैप्टोस्पाइरोसिस (Leptospirosis)

परिचय (Introduction)— यह कुत्तों का एक बैक्टीरियल (जीवाणुजन्य) रोग है। इसमें पाण्डु (कामला) रोग होता है। साथ ही फेफड़े, आमाशय, आँत और गुर्दों में रक्त के धब्बे पाये जाते हैं।

The disease has more zoonotic significance than the disease in the dogs itself. The dogs are mostly reservoirs for the infection of *Leptospira icterohaemorrhagica* and *L. canicola*. Initially, the disease may occur in acute febrile form responding effectively to antibiotic treatment. However, subclinical infection is more dangerous and causes inte stitial nephritis and in some cases jaundice also.

कारण (Etiology)— इस रोग को उत्पन्न करनेवाला मुख्य जीवाणु *लैप्टोस्पाइरा केनीकोला* और *लैप्टोस्पाइरा इक्टेरोहीमोरेजिका* होते हैं। यह बीमारी मनुष्यों में भी प्रसारित हो जाती है।

प्रभावित पशु (Affected animals)—आदमी, कुत्ता, घरेलू, पालतू और जंगली जानवर प्रभावित होते हैं।

रोग प्रसार *(Spread of disease)*—रोग का प्रसार आहार और पानी से होता है जो पेशाब, मल और गर्भाशय के स्राव से दूषित हो जाता है। इसके जीवाणु त्वचा और मुख-गुहा पर आक्रमण करते हैं और रक्त परिसंचरण (ब्लड सरक्यूलेशन) में पहुँचकर रक्त-विष पैदा करते हैं।

नैदानिक अभिव्यक्तियाँ
(Clinical manifestations)

- ज्वर और कै (fever and vomiting)
- नीफ्राइटिस (Nephritis)
- श्लैष्मिक झिल्लियों से रक्तस्राव (haemorrhage from mucous membranes)।
- भूख की कमी।
- दस्त एवं अरुचि।
- निर्जलीकरण (Dehydration) एवं अवसाद (depression)
- दीर्घकाल तक चलते रहने से पीलिया (जॉण्डिस) हो जाता है।

चिकित्सा (Treatment)

क. साधारण एण्टीबायोटिक्स; जैसे- पेनीसिलिन, स्ट्रैप्टोमाइसिन एवं टैट्रासाइक्लिन (टैरामाइसीन/स्टेक्लीन) प्रभावकारी हैं।
(स्ट्रैप्टोपेनिसिलिन का प्रयोग भी अधिक उपयुक्त रहता है।)

ख. डिहाइड्रेशन के लिये 5% ड्रैक्सट्रोज-सेलाइन 100-200 मि.ली. शिरा में लगायें।

ग. एसिडिटी होने पर गैस्ट्रिक एन्टासिड; जैसे- डाइजीन जैल, डाइसोजैल, जैल्यूसिल MPS अथवा म्यूकैन 1-2 चम्मच दिन में दो बार दें।

घ. विटामिन बी काम्पलैक्स इंजेक्शन 1-2 मि.ली. मांस में लगायें।

च. उल्टी होने पर सीक्विल या पैरीनोर्म इंजेक्शन 1.0 मि.ली. मांस में लगायें अथवा सीक्विल व पैरानोर्म की 1-2 गोली दिन में दो बार दें।

रोकथाम (Prevention)—कैन्डुर डी.एच.एल. या लैप्टोरव वैक्सीन प्रति वर्ष दिया जाता है।

मात्रा (Dose)— 2 मि.ली. त्वचा या मांस में पहला टीका 7–9 सप्ताह की आयु में और दूसरा टीका 12–14 सप्ताह की उम्र में। इसके बाद प्रति वर्ष टीकाकरण करायें।

5. टीटेनस (Tetanus)

अन्य नाम (Other names)— धनुषटंकार, लाक जॉ।

परिचय (Introduction)— यह कुत्तों की एक विशेष बीमारी है जिसमें शरीर की ऐच्छिक मांसपेशियों में ऐंठन और अकड़न होती है। इस रोग से सभी प्रकार के पशु पीड़ित हो सकते हैं। यह खुले हुए जख्म एवं कटने–फटने (Laceration) पर *क्लोस्ट्रीडियम टीटेनी* नामक जीवाणु के संक्रमण से उत्पन्न होता है।

Tetanus is produced by an exotoxin produced by the infection of *Clostridium tetani*, through the open wounds and lacerations. The exotoxin is carried by peripheral nerves and circulation to central nervous system. The signs of the disease appear in about 5 to 8 days of infection and it is characterized by generalised muscular spasm. There is prolapse of the third eyelids and Lock Jaw. Most of the cases terminate fatal in 4-5 days and a few recovering may prolong more than 2 weeks.

कारण (Etiology)—*क्लोस्ट्रीडियम टीटेनी* के घाव या खरास से होकर शरीर में प्रवेश कर विष उत्पन्न करने से।

उद्भवन काल (Incubation period)—औसतन 5 से 8 दिन का, परन्तु कुछ केसिस में कभी–कभी लम्बा (21 दिन तक का)।

नैदानिक अभिव्यक्तियाँ

(Clinical manifestations)

- रोग सिर या पिछले अंग की अकड़न और ऐंठन से प्रारम्भ होता है।
- सिर घुमाने, खाने–पीने एवं निगलने में कष्ट होता है।
- मुँह से अत्यधिक लार टपकती है (profuse salivation)।
- कान कड़े और खड़े।
- शरीर के सभी भागों में ऐंठन एवं अकड़न।
- पैर अकड़े हुए और चलने में कठिनाई।
- प्रभावित मांसपेशियों में कम्पन तथा पसीना।
- जबड़े अकड़ जाते हैं (Lock Jaw)।
- शरीर लकड़ी के समान काठ जैसा मालूम पड़ता है। देखने में ऐसा लगता है कि पशु लकड़ी का बना हुआ है।
- बीमारी अधिकतर गम्भीरता की स्थिति में बदल जाती है।

निदान (Diagnosis)—रोग की पहिचान लक्षणों के आधार पर एवं जख्म के आधार पर की जाती है।

Diagnosis is based on clinical signs appearing in mostly wounded dogs.

चिकित्सा (Treatment)

क. पेनिसिलिन (Penicillin) का प्रयोग इन्जेक्शन रूप में अच्छा रहता है। बैन्जेथीन पैनिसिलिन 6 लाख I.U.; जैसे– पैनिड्यौर–6 (Penidure-LA-6 - *Wyeth*) मांस में प्रयोग करना चाहिये। अन्य बहुक्षेत्रीय एण्टीबायोटिक्स का भी प्रयोग किया जा सकता है *(विवरण पीछे है)*।

ख. एण्टीटॉक्सिन सूचीवेध के रूप में उच्चतम मात्रा सहित (Parenteral administration of antitoxin a higher dose)। टैटनस एण्टीटॉक्सिन (Tetanus Antitoxin) मात्रा 500 I.U.। Tetanus Antitoxin *(Bengal Immunity & BE)*, Vintox-T (*Vins*)–ये सभी 1500 I.U./vial में उपलब्ध हैं। मांस में या शिरा में (I/M or I/V) लगाएं।

ग. सहायक चिकित्सा के रूप में तरल, इलेक्ट्रोलाइटस एवं पोषक तत्त्व (Nutrients); जैसे– 20% डैक्सट्रोज या रिण्टोज 100–200 मि.ली. I/V रोज दें।

घ. अकड़न दूर करने के लिए लार्जेक्टिल (Largactil) का सूचीवेध। 1–2 मिली. मांस में।

च. आराम और शान्त जगह में रखें।

छ. पीने को ठंडा पानी काफी मात्रा में दें।

ज. घाव को देखकर उसे भली–भाँति साफकर टिंचर आयोडीन या बीटाडीन लोशन लगा दें।

बचाव (Prevention)— कट–फट जाने पर या किसी आपरेशन से पहले टैटनस टोक्साइड 3.0 मि.ली. त्वचा के नीचे लगाना चाहिये।

4. परजीवी रोग/पैरासिटिक डिजीज (Parasitic Diseases)

कुत्तों में साधारणत: गोलकृमि (Roundworms), अंकुश कृमि (Hookworms) एवं फीताकृमि (Tapeworms) आदि शरीर के अन्दर रहकर हानि पहुँचाते हैं। साथ ही डायरिया, भूख की कमी, अनीमिया (anaemia), चर्म रोग (skin disease), कमजोरी एवं दुर्बलता, फोड़ा–फुंसी आदि विकार उत्पन्न हो जाते हैं। अत: समय–समय पर कुत्तों में मल की जाँच करते रहना चाहिये एवं कृमियों के अनुरूप उनके निराकरण की व्यवस्था करनी चाहिये। इसलिये जाँच आवश्यक है। पैरासाइट्स रोग (कुत्तों में) दो प्रकार के मिलते हैं–

1. अन्त:परजीवी रोग (Endoparasitic diseases)
2. बाह्य परजीवी रोग (Ectoparasitic diseases)

1. अन्त:परजीवी रोग (Endoparasitic Diseases)— गैस्ट्रो–इन्टेस्टाइनल (आमाशयान्त्र) के अन्त:परजीवी हृदय एवं श्वसन तंत्र के अन्त:परजीवियों से अपेक्षाकृत अधिक पाये जाते (prevalent) हैं। गैस्ट्रो–इन्टेस्टाइनल पैरासाइट्स के सामान्य लक्षण– अतिसार (diarrhoea) अथवा डिसेन्ट्री, तत्पश्चात् जलाभाव (dehydration), वमन (vomiting), अरुचि (anorexia) एवं दुर्बलता (weakness) आदि मिलते हैं। इस स्थिति का निदान माइक्रोस्कोप द्वारा आसानी से हो जाता है। इसमें मल की परीक्षा की जाती है। हीमोप्रोटोजोआ एवं फाइलेरिया वर्म्स के इन्फेक्शन में वद्धि का रुकना, स्थिति का गिरते जाना, रक्त की कमी (अनीमिया), दुर्बलता, बालों का गिरना (alopecia), त्वचाशोथ (dermatitis), व्रणात्मक खुरण्ड बनना (Ulcerative crust formation), त्वचा का मोटा (thickening of the skin) होना एवं कभी–कभी तोंद (Pot Bellied) आदि के लक्षण मिलते हैं। इस स्थिति का ज्ञान (diagnose) माइक्रोस्कोप में ब्लड स्मीयर से होता है।

कुत्तों में अन्य बहुत से सम्भावित परजीवी संक्रमण (पैरासिटिज्म) के चिन्ह होते हैं; जैसे– अल्सरेशन (ulceration), अश्रुस्राव (lacrimation), फोटोफोबिया, खाँसी (coughing), छींकना,

नेजल डिस्चार्ज, शरीर-भार में कमी, अरुचि, जलाभाव (dehydration), रक्तमेह, अधस्त्वचीय जलशोक (subcutaneous oedema) एवं एलर्जी आदि त्वचा से सम्बन्धित होते हैं।

पैरासाइट्स के निदान में निदान का इतिहास बहुत ही सहायक होता है। लक्षणों, चिन्हों, विक्षतियों (लीजन्स) एवं माइक्रोस्कोपिक परीक्षणों से भी निदान किया जाता है। आजकल नवीनतम सीरोलोजिकल टैस्ट (serological tests) कुछ पैरासाइट्स के लिये उपलब्ध हैं।

2. बाह्य परजीवी रोग (Ectoparasitic Diseases)—कुत्तों के रखरखाव (management) एवं खुरेश (grooming) में ढिलाई प्रायः गम्भीर बाह्य परजीवी इन्फेक्शन (infection) को बढ़ाती हैं जो इन्फेक्शन, माइट्स, टिक्स (किलनी) एवं जूँ से होते हैं। त्वचा का शोथ (dermatitis) बाह्य परजीवियों से होता है, साथ ही बैक्टीरियल एवं फंगस इन्फेक्शन से भी। विशेषकर सफाई के अभाव में सम्पूर्ण बाह्य परजीवियों की खुजली (mange) सबसे अधिक खतरनाक होती है।

बाह्य परजीवी संक्रमण से विभिन्न प्रकार की खल्वाट (alcpecia), खुजली, जलन त्वचाशोथ एवं गम्भीर केस में जख्म (ulceration) आदि उत्पन्न होते हैं। सामान्य पैरासिटिक त्वचाशोथ, कुत्तों का जूँ (pediculosis), मक्खियों का काटना, खुजली आदि डीमोडेक्स *केनिस, साइकोप्टीज स्केबियाई* एवं Cheylatiella से उत्पन्न होता है। *ओटोडेक्टस साइनोटिस,* बाह्यकर्णशोथ (otitis externa) के लिए जिम्मेदार होता है। किलनियों (ticks) का संक्रमण जलन-खुजली, इरीथेमेट्स नोडूलस को उत्पन्न करता है साथ में खल्वाट (एलोपीसिया) भी। पैरासिटिक स्किन इन्फेक्शन का निदान साधारण होता है साथ ही चिकित्सा भी (जैसा कि विशिष्ट बाह्य परजीवी संक्रमण में दिया गया है)।

1. अन्तःपरजीवी रोग और उनकी चिकित्सा
(Endoparasitic Diseases and their Treatment)

1. ऐसकेरिड वर्म्स या टौक्सोकारा केनिस (Ascarid Worms or Toxocara canis)

परिचय (Introduction)— यह गोलकृमि (roundworm) है जो मल के साथ कभी-कभी बाहर आता है। इसके संक्रमण को ऐस्केरिड वर्म इन्फेक्शन (ascarid worm infection) /ऐस्केरिडिएसिस (ascaridiasis) कहते हैं।

प्रमुख नैदानिक लक्षण
(Main clinical symptoms)

- वृद्धि की कमी एवं खराब स्थिति (Lack of growth ard loss of condition)
- भूख की कमी
- तोंदवाला (Pot Bellied)
- बालों के स्तर का भद्दा होना (Rough hair coat)
- वमन एवं अतिसार (Vomiting and diarrhoea)
- न्यूमोनिया (Pneumonia)
- आँत और पित्तनली में रुकावट
- रेस्पाइरेटरी डिस्ट्रेस (Respiratory distress)
- अपावशोषण एवं रक्ताल्पता (अनीमिया)।

निदान (Diagnosis)–निम्न आधारों पर किया जाता है–

- इतिहास (इन्फेक्शन माँ से भ्रूण गर्भ में आता है।)
- क्लिनिकल चिन्हों में – मल में अण्डों की उपस्थिति।

चिकित्सा (Treatment)—इस प्रकार के इन्फेक्शन में पिपराजीन एडीपेट, हाइड्रेट एवं साइट्रेट के योगों का प्रयोग किया जाता है।

1. **पिपरेक्स** (Piperex– साराभाई) : 100 मि.ग्रा./ किलो शरीर-भार पर। *अथवा*

2. **वर्मेक्स लिक्विड** (Vermex liquid– फाइजर) : 2.5 मि.ली. (ml) / 10 किलो शरीर-भार पर मुख द्वारा (orally)। *अथवा*

3. **एण्टीपार लिक्विड** (Antepar liquid–नि.वी.डब्लू) : 2.5 मि.ली./10 किलो शरीर-भार पर।

4. **पिपराजीन लिक्विड** (Piperazine liquid–इथीकेयर) 2.5 मि.ली./10 किलो शरीर-भार पर मुख द्वारा। *अथवा*

5. **पिपराजीन एडीपेट** (Piperazine adepete–नि.आई.सी.आई.) : 100 मि.ग्रा. प्रति किलो-भार पर। *अथवा*

6. **एल्मासिड 4.5%** (Almacid 4.5%–ग्लैक्सो) : 0.2 मि.ली./किलो शरीर-भार पर। *अथवा*

7. **वरवान लिक्विड** (Verban liquid–साइनामाइड) : 0.2 मि.ली./किलो शरीर-भार पर। *अथवा*

8. **पिपिरोसिड** (Pipirocid–एरेक्स) : 2.5 मि.ली./10 किलो शरीर-भार पर मुख द्वारा। *अथवा*

9. **केरीसाइड** (Caricide–साइनामाइड) : 50-70 मि.ग्रा./किलो शरीर-भार पर 10-20 दिन तक।

2. केनाइन हुकवर्म्स डिजीज (Canine Hookworms Disease) या एन्काइलोस्टोमा केनिनम (Ancylostoma caninum)

परिचय (Introduction)—यह छोटी आँत (small intestine) का संक्रमण है। अन्य पशुओं; जैसे- भेड़ एवं बकरियों को भी होता है। ये आँतों का रक्त चूसते हैं जिससे रक्तहीनता होती है।

कारण (Causes)—इस रोग के कृमि को एन्काइलोस्टोमा (Ancylostoma) कहते हैं। यह हुक के आकार के कृमि हैं जो आँतों से रक्त चूसते हैं। इसकी कई एक जातियाँ हैं।

लक्षण (Symptoms)

- भूख की कमी (Loss of appetite)
- न्यूमोनिया (Pneumonia)
- दस्त (Diarrhoea), मल का रंग काला या रक्त मिला (Diarrhoea and black terry faeces)
- पेचिश (Dysentery)
- कमजोरी एवं दुर्बलता
- रक्त की कमी (Blood loss)
- अरुचि (Anorexia)
- उत्तरोत्तर शारीरिक-भार में ह्रास।

- अपावशोषण एवं चर्म रोग।

निदान (Diagnosis)—निम्न आधार पर होता है—

- रोग का इतिहास, क्लिनिकल चिन्ह।
- अण्डों की मल में उपस्थिति से।

चिकित्सा (Treatment)—निम्न में से किसी एक दवा का प्रयोग करें—

1. टेट्रामिसोल कम्पाउण्ड (Tetramisol compound)

मात्रा: 2 mg/kg BW for 2-4 days; जैसे- इन्टामिसौल (Intamisol - *Intas*), निलवर्म (Nilverm - *Virbac*) 30% - 10 gm packing l

2. लीवामिसोल कम्पाउंड्स (Levamisol compounds)

(i) वर्मिसोल टेबलेट (Vermisol tab – खण्डेलवाल): पिल्लों में 50 मि.ग्रा. टिकिया और वयस्कों में 150 मि.ग्रा. टिकिया।

(ii) हैल्मोनिल टेबलेट (Helmonil tab – Vetcare): 150 मि.ग्रा. की टिकिया/ 10 किलो शरीर–भार पर।

(iii) हैल्मोनिल इन्जेक्शन (Helmonil Injection – Vetcare): 1 मि.ली./ 5 किलो शरीर–भार पर S/C रूप में।

(iv) विजोल केप्सूल (Vizole cap – M.M. Lab.): 150 मि.ग्रा. केप्सूल मुख द्वारा।

3. डिसोफीनोल कम्पाउण्ड (Disophenol compound)

(i) एन्काइलोल इन्जेक्शन (Ancylol injection—4.5% *सायनामाइड*): 1 मि.ली. प्रति किलो शरीर–भार पर S/C रूप में।

4. मेबेण्डाजोल कम्पाउन्ड (Mebendazole compound)

(i) वर्मिन (Wormin–नि. वैटनोवा–कैडिला): 0.5 मि.ग्रा./ किलो शरीर–भार पर। 500 mg/gm - 50 gm packing l

(ii) मीबेक्स (Mebex–सिप्ला): एक टिकिया दिन में दो बार, 3 दिन तक। इसकी 100 मि.ग्रा. की टिकिया आती है।

3. टेपवर्म इन्फेक्शन/फीता कृमि जन्तुबाधा (Tapeworm infection or Taeniasis)

परिचय (Introduction)— इसकी कई एक जातियाँ कुत्तों को ग्रसित करती हैं; जैसे—*एकाइनोकोकस ग्रेनुलोसस, डिपीलीडियम कैनिनम, टीनिया फिसीफार्मिस* आदि। यह टीनिया वंश सहित सिस्टोड चपटे कृमियों के समूह के सदस्य हैं, जो मनुष्य एवं कई जन्तुओं की आँतों में परजीवी के रूप में रहते हैं। वयस्क जन्तु चिपकने के लिए चूषक एवं अंकुश के साथ एक गोल शीर्ष (scolex) का बना होता है। इसमें कई खण्ड उत्पन्न होते हैं जिनमें से प्रत्येक खण्ड पर्याप्त समय तक स्वतंत्र अस्तित्व में रहने योग्य अण्डे उत्पन्न करता है।

लक्षण (Symptoms)

- अशान्ती एवं ऐंठन।
- मलद्वार को जमीन पर रगड़ना। एडवान्स रोग में जलन के कारण मलद्वार (anus) को काटना।
- केप्रासियस एपीटाइट (capracious appetite)— अपनी इच्छा का खाना।

- डायरिया एवं कब्ज लगातार
- रक्त की कमी (anaemia)
- वृद्धि में रुकावट (stunded growth)
- पेट फूलना, तोंद निकलना
- निर्बलता एवं दुर्बलता की उपस्थिति
- त्वचा का स्तर शुष्क
- जलाभाव (dehydration) ।

निदान (Diagnosis)– निम्न आधार पर–

- रोग के इतिहास (History of the disease) से।
- क्लिनिकल चिन्हों से, मल में टेपवर्म के सैग्मेन्ट्स की उपस्थिति मिलने से।

चिकित्सा (Treatment)–निम्न में से कोई एक प्रयोग करें–

क. **निकलोसामाइड** (Niclosamide) के योग मुख द्वारा

निकलोसान (Niclosan – *नि. Glaxo Smith Kline*) 500 मि.ग्रा. टिकिया 3–4 टिकिया।

ख. **मेबेण्डाजोल** (Mebendazole) के योग – दो गुनी मात्रा में दें।

ग. **योग जैसे पेनाक्योर** *(MSD)* Tab 150 mg – 50 मि.ग्रा./किलो शरीर–भार पर, 3 दिन तक।

हर्बल उत्पाद (Herbal preparations)

- **टेनिल** (Taenil-*Pw*)– 2 से 5 ग्राम मुख द्वारा।
- **हेल्मेक्स** (Helmex-*Pw*)– 4 से 10 ग्राम मुख द्वारा।
- **क्रिमोज** (Krimos)– 20 से 30 ग्राम मुख द्वारा।

घ. डाइसेस्टल 1 टिकिया/ 3 किलो शरीर–भार पर।

च. ड्रोन्सीट गोली (Droncit tab - *Bayer*) Praziquantel 50 mg/tablet; Dose 5mg/kg B.W. ।

4. थ्रेड वर्म इन्फेस्टेशन (Threadworm infestation)

अन्य नाम (Other name)– स्ट्रोन्जीलायडिएसिस (Strongyloidiasis), स्ट्रोन्जीलोइड्स स्टरकोरेलिस।

परिचय (Introduction)– यह सूत्र जैसे कृमि होते हैं जो छोटी आँत में पाये जाते हैं। इनके वयस्क कृमि एवं अण्डे मल में निकलते रहते हैं।

लक्षण (Symptoms)

- रक्त पूय मिश्रित अतिसार (blood streaked mucoid diarrhoea)
- दुर्बलता/क्षीणता (emaciation)
- शरीर–भार की कमी
- धीमी–तीव्र श्वास
- हल्का बुखार (little pyrexia)
- वर्मीनिस न्यूमोनिया अर्थात् कृमिजन्य न्यूमोनिया
- फेफड़ों का पथरा जाना (consolidation of lungs)
- इन्टेराइटिस/आन्त्रशोथ (With haemorrhage and mucous) ।

निदान (Diagnosis) निम्न आधार पर–

रोग के इतिहास, क्लिनिकल चिन्ह, मल में लार्वी अथवा गोलाकार अण्डों की उपस्थिति से।

चिकित्सा (Treatment)

- मेबेण्डाजोल के योग लाभकर; जैसे– जोडेक्स (Zodex) 1–2 बोलस या वॉर्मिन गोली Wormin tab - *Vetnora Cadila*) 100 mg 2 गोली।

5. ट्राईचूरिएसिस (Trichuriasis)

परिचय (Introduction)– इसे व्हिप वर्म इन्फेक्शन (whipworm infection) भी कहते हैं। यह कुत्तों की बड़ी आँत के सीकमवाले भाग में मिलनेवाले कीड़ों का रोग है। इससे कुत्तों में दुर्गन्ध भरा दस्त आता है।

कारण (Cause)– *ट्राईचूरिस ओविस* नामक कृमि होता है।

लक्षण (Symptoms)

- अतिसार, दुर्गन्ध–भरा दस्त
- शरीर–भार में कमी
- उदर फूला तोंदू (Pot bellied)
- पेटदर्द एवं दुर्बलता
- सीकम (बड़ी आँत का भाग) की वृद्धि
- रक्तहीनता (Anaemia/blood loss)।

याद रहे–साधारण रोग में कोई लक्षण प्रकट नहीं। मल में ताजा रक्त आता है।

निदान (Diagnosis)

- रोग का इतिहास लेने से
- उपस्थित चिन्हों के आधार पर (on clinical signs)
- मल में अण्डों की उपस्थिति से।

चिकित्सा (Treatment)

- रोग के प्रारम्भ में ही लीवामीसोल (Levamisole) के योग दिये जाते हैं; जैसे– डेकारिस (Decaris) या वर्मीसोल (Vermisol) या डी–वॉर्मिस (De-wormis) –150 मि.ग्रा. और पिल्लों को 50 मि.ग्रा. की एक–एक टिकिया। *या*

  मिन्टाजोल (Mintazol), Thiabendazole– 25 मि.ग्रा. प्रति किलो शरीर–भार पर 2 भागों में बराबर बाँटकर। अथवा मेबेन्डाजोल की दवा; जैसे–वॉर्मिन गोली (Wormin tab -*Vetnova Cadila*) 100 mg tab; 2 गोली देनी चाहिए।

6. ट्राईचीनैला इन्फेस्टेशन (Trichenella Infestation or Trichinosis)

परिचय (Introduction)– यह कुत्तों की ड्योडेनल तथा जेजुनल म्यूकोजा में मिलनेवाले कीड़ों का रोग है। इसमें अतिसार, वमन एवं मतली, हल्का बुखार तथा हल्की पीड़ा आदि होती हैं।

लक्षण (Symptoms)

1. ***आरम्भिक अवस्था*** *(Initial stage)*–संक्रमित मीट लेने के 24 घण्टे के बाद–

- गैस्ट्रोइन्टेराइटिस एवं डायरिया

- वमन एवं अतिसार
- निर्बलता
- हल्का बुखार एवं हल्की उदर पीड़ा।

2. पेशी आक्रान्तावस्था (Muscle invasion stage)– 1 सप्ताह बाद–

- दुर्बलता (emaciation)
- श्वासकष्ट (dyspnoea)
- शोफ (oedema)
- मांसपेशी शूल (muscular pain)
- अरुचि (anorexia) एवं हल्का बुखार (slight fever)।

निदान (Diagnosis)

- रोग का इतिहास/इतिवृत्त लेने से।
- क्लिनीकल लक्षण एवं चिन्हों से।
- वयस्क कृमि अकसर मल में उपस्थित मिलते हैं।
- पेशी जीवोत्ति प्रयोग (मसिल्स बायोप्सी) में लार्वा की उपस्थिति देखी जा सकती है।
- रक्तवर्णकी परीक्षण (Haematological examination) में इओसिनोफिल्स का प्रतिशत लगभग 25% होता है।
- पूरक स्थिरीकरण प्रयोग (कम्पलीमेण्ट फिक्सेशन टैस्ट) भी रोग निदान में सहायक है।

चिकित्सा (Treatment)

- थिआबेण्डाजोल कम्पाउण्ड्स (Thiabendazole compounds)–वयस्क (आरम्भिक अवस्था) एवं लार्बल (मांसपेशी आक्रान्तावस्था) दोनों फेजिज में लाभकर; जैसे–

  1. थायबेण्डाजोल प्रीमिक्स (Thiabendazole premix–*एरेक्स*)– 50 मि.ग्रा./किलो शरीर–भार पर। 3 सप्ताह बाद पुनः दोहरायें।
  2. थायबेण्डाजोल बोलस (*MSD*)– 50 मि.ग्रा./ किलो शरीर–भार पर। 3 सप्ताह बाद पुनः दोहरायें।

7. फ्लूक इन्फेस्टेशन (Fluke Infestation)

अन्य नाम (Other name)– पैरागोनिमियेसिस (Paragonimiasis)

परिचय (Introduction)– यह पाचन विक्षोभ की बीमारी है। इसमें भूख धीरे–धीरे कम हो जाती है और पतला दस्त होता है जिसमें दुर्गन्ध रहती है। कुत्ता कमजोर, अनीमिक, ओडीमा आदि लक्षणों से युक्त होता है।

कारण (Cause)–यह पैरागोनीमस नामक फ्लूक द्वारा होनेवाली बीमारी है।

लक्षण (Symptoms)

- रक्ताल्पता (अनीमिया–anaemia)
- कामला (जॉण्डिस–jaundice)
- शोफ (oedema)
- खाँसी (cough) एवं श्वासकष्ट (dyspnoea)।

निदान (Diagnosis) : निम्न आधार पर–

- रोग का इतिहास लेने से।
- क्लिनीकल चिन्हों (clinical signs) से।
- मल में अण्डों की उपस्थिति मिलने से (presence of operculated eggs with yellowish colour in faeces)।

चिकित्सा (Treatment)

क. निम्न दवाओं में से कोई एक दवा दें–

1. ट्रोडेक्स (Trodax - *Marial)* Nitroxyl 34% injection– 0.2 मि.ली./ 5 किलोग्राम शरीर–भार पर S/C रूप में, एक माह बाद पुनः दोहरायें।
2. Praziquantel 50 mg, Pyrantel Pamoate 144 mg, Fenbendazole 500 mg/tab: ईजीपैट (Easypet - *Intas*) या प्राजीसैम प्लस (Prazisam plus - *Vets quinol*) की एक गोली प्रति 10 किलोग्राम शरीर–भार पर देनी चाहिए।

- लिवोजीन या बीलामिल अथवा बी–कम्पलैक्स आदि 1–2 मि.ली. सप्ताह में एक या दो बार दें।

8. टोक्सोप्लाज्मोसिस (Toxoplasmosis)

परिचय (Introduction)–इसमें कुत्ते को खाँसी, न्यूमोनिया, इन्टेराइटिस, अनीमिया, पैरालिसिस एवं कोरिया आदि लक्षण होते हैं।

कारण (Cause)–*टोक्सोप्लाज्मा गोण्डी* नामक परजीवी से होता है।

लक्षण (Symptoms)

- खाँसी एवं न्यूमोनिया (coughing and pneumonia)
- श्वास–कष्ट (डिस्नियाँ)
- नाक और आँख से अश्रुस्राव
- रक्तस्रावी क्षुद्रान्त्रशोथ (हीमोरेजिक इन्टेराइटिस)
- रक्ताल्पता (anaemia)
- लसीका ग्रन्थियों (लिम्फ नोड्स) की वृद्धि
- तापक्रम बढ़ा हुआ
- आक्षेप (convulsion), पैरालिसिस एवं कोरिया।

निदान (Diagnosis)– निम्न आधार पर–

- रोग के इतिहास से।
- क्लिनीकल चिन्हों से।
- मल में कीड़ों की उपस्थिति से।
- रक्तोदकी प्रयोग (सीरोलोजिकल टैस्ट) से; जैसे– रक्ताणु समुहन प्रयोग (हीमेग्लूटीनेशन टैस्ट)।

नोट–इन कीड़ों की उपस्थिति सारे शरीर में मिलती है।

चिकित्सा (Treatment)

सल्फाडाइजीन 400mg तथा **ट्राइमैथोप्रिम** 80mg/ml; जैसे– बायोट्रिम आई एम (Biotrim IM -*Zydus*): *मात्रा*– 15mg/kg BW मांस में लगाना चाहिये।

9. जियारडिएसिस (Giardiasis)

अन्य नाम (Other name)— जियार्डिया केनिस (Giardia canis)।

परिचय (Indroduction)— *जियार्डिया केनिस* एक नाशपाती के आकार का प्रोटोजोआ है, जो निरन्तर हल्का डायरिया उत्पन्न करता है। इस कृमि का निवास छोटी आँत है।

लक्षण (Symptoms)

- दस्तों में रक्त और आँव (म्यूकस) का आना।
- अनियमित भूख (irregular appetite) एवं डायरिया।

निदान (Diagnosis)– निम्न आधार पर–

- रोग का इतिहास लेने से।
- क्लिनीकल चिन्हों (clinical signs) से।
- मल में सिस्ट की उपस्थिति से।

चिकित्सा (Treatment)— इस संक्रमण में मेट्रोनिडाजोल के योग लाभकर होते हैं। निम्न में से किसी एक का प्रयोग करें—

- फ्लेजिल (Flagyl–*AHPL*) की एक टिकिया दिन में तीन बार 7-14 दिन तक। *या*
- यूनिमीजोल (Unimezol– *यूनीकेम*) की एक टिकिया दिन में तीन बार 7-14 दिन तक। *या*
- यूनिमीजोल सस्पेन्शन (Unimezol suspension)— 5 मि.ली. (एक चम्मच) दिन में तीन बार 7-14 दिन तक।
- मीट्रोन (Metron– *एल्केम*)— एक टिकिया दिन में तीन बार, 7-14 दिन तक।
- मैट्रोजिल (Metrogyl– *यूनीक्यू*)— एक टिकिया दिन में तीन बार 7-14 दिन तक।

10. अमीबिएसिस (Amoebiasis)

परिचय (Introduction)— यह कुत्तों में एक दीर्घकालिक पेचिश का रोग है। इसमें जीर्ण अतिसार (क्रानिक डायरिया) उदर पीड़ा आदि लक्षण होते हैं।

कारण (Cause)–यह *एण्टअमीबा हिस्टोलिटिका (Entamoeba histolytica)* नामक परजीवी से होता है।

लक्षण (Symptoms)

- जीर्ण अतिसार (chronic diarrhoea) रक्त या म्यूकस मिला हुआ अथवा अकेला।
- साधारण से भारी रक्तस्राव।
- इन्टेस्टाइनल म्यूकोजा में प्रदाह (इन्टेराइटिस) एवं अल्सर।
- उदर पीड़ा (pain in abdominal region)।

निदान (Diagnosis)– निम्न आधार पर–

- रोग का इतिहास लेने से।

- क्लिनीकल चिन्हों से।
- मल में अमीबा सिस्ट की उपस्थिति से।

चिकित्सा (Treatment)

- चिकित्सा जियारडिएसिस के अनुसार समान।

11. कॉक्सिडियोसिस (Coccidiosis)

अन्य नाम (Other name)—खूनी पेचिश।

परिचय (Introduction)—यह विशेषकर खूनी आंत्रशोथ की बीमारी है, जिसमें पतला दस्त तथा दुर्गन्ध-भरा पेचिश होता है।

कारण (Cause)—यह रोग *इमेरिया केनिस, आइसोस्पोरा केनिस* नामक परजीवियों के संक्रमण से होता है।

लक्षण (Symptoms)

- पेचिश (dysentery)
- भूख समाप्त (loss of appetite)
- दुर्बलता (weakness)
- रक्ताल्पता (anaemia)
- दस्त रक्त और म्यूकस मिला आता है
- शरीर-भार में कमी (loss of body weight)।

निदान (Diagnosis)– निम्न आधार पर–

- रोग के इतिहास को मालूम कर (on history)।
- नैदानिक लक्षणों (clinical signs) के आधार पर।
- मल में डिम्बक (oocyst) की उपस्थिति।

चिकित्सा (Treatment)— निम्न दवाओं में से किसी एक दवा का प्रयोग करें–

(1) **सल्फोनामाइड्स** (Sulphonamides) इसकी विशिष्ट औषधि है।
(Preparations containing sulphonamides are the choice of drugs)

- सल्फा बोलस (Sulpha Bolus)— एक ग्राम/प्रति 5 किलोग्राम शरीर-भार; तत्पश्चात् आधी मात्रा प्रतिदिन 5 दिन तक।
- सल्फाडायमिडीन (Sulphadimidine–*IIL*)—150 मि.ग्रा./कि.ग्रा. शरीर-भार पर। तत्पश्चात् आधी मात्रा रोज 5 दिन तक।
- डायडीन (Diadin–*Pfizer*)—1/2 टिकिया/प्रति 10 किलोग्राम शरीर-भार पर; तत्पश्चात् 1/4 टिकिया प्रति 10 किलोग्राम शरीर-भार पर 5 दिन तक।
- हामिडिन (Hamidin–*HAL*)—200 मि.ग्रा./किग्रा शरीर-भार पर। तत्पश्चात् आधी मात्रा (half dose) प्रतिदिन 5 दिन तक।
- ओरीप्रिम टेबलेट (Oriprim tab–*Cadila*)—एक टिकिया पहले दिन, तत्पश्चात् आधी टिकिया रोज 5 दिन तक।
- रोबाट्रान वेट ग्रेनूल्स (Robatron vet. granules–*T.T.K. Pharma*)—15 ग्राम पहले दिन। तत्पश्चात् 7.5 ग्राम प्रतिदिन 5 दिन तक।

(2) नाइट्रोफूराजोन के योग (Nitrofurazone Preparations)

- नेफटिन (Neftin–*SKF*)–1 टिकिया दिन में तीन बार, चार–पाँच दिन तक।
- एण्टोबेक्स (Entobax)–एक टिकिया दिन में तीन बार।

12. बेबीसियोसिस (Babesiosis)

अन्य नाम (Other names)–बेबीसिया केनिस, बींगिवसोनी, बी. बीजोली।

परिचय (Introduction)–यह एक पैरासिटिक बीमारी है जिसमें पेशाब लाल हो जाता है। पशु रक्तहीन होकर बहुत ही शीघ्र कमजोर हो जाता है।

कारण (Cause)– बाबीसिया नामक कीड़े से।

लक्षण (Symptoms)

- उच्च बुखार (High temperature)
- नाड़ी एवं श्वसन गति बढ़ी हुई
- रक्तमेह (हीमोग्लोबिनूरिया–haemoglobinuria)
- रक्ताल्पता (anaemia)
- कामला (jaundice)
- रोग की तीव्र अवस्था घातक होती है।

रोग निदान (Diagnosis)– निम्न प्रकार किया जाता है–

- रोग का इतिहास जानकर
- नैदानिक चिन्हों (clinical signs) को देखकर
- ब्लड स्मीयर में बाबेसिया रोगाणु (आर्गेनिज्म) की उपस्थिति से
- रक्तोदकी प्रयोग/सीरोलोजिकल टैस्ट (serological test)।

चिकित्सा (Treatment)

- बैरीनिल RTU (Berenil RTU) 1 मि.ली. /10–20 kg BW; मांस में (I/M)। *अथवा*
  निलबैरी (Nilbery - *Intas*) *अथवा*
  प्रोजोमिन (Prozomin - *Virbec*) 1ml/10-20kg BW, मांस में लगायें।

2. बाह्य परजीवी रोग और उनकी चिकित्सा
(Ectoparasitic Diseases and their Treatment)

1. कान की खुजली (Ear mange)

परिचय (Introduction)– यह कुत्तों में मिलनेवाली एक आम बीमारी है। इसमें कुत्ते के कान में खुजली हो जाती है और अपने कान को बार–बार पैर से खुजलाता है।

प्रमुख नैदानिक चिन्ह
(Main clinical signs)

- कुत्ता अपने सिर को हिलाता है।
- कानों को पैरों से खरोंचता है (scratches the ears)।
- कान में मटमैला या काले–रंग का मोमी चूर्ण (waxy powdery) पदार्थ भरा होता है।

चिकित्सा (Treatment)

- इन्सेक्टीसाइड स्प्रे कान में (माइट को मारने के लिये); जैसे- एमीट्राज (Amitraz) 12.5% घोल। *ब्रान्ड्स*- डीमोनिल (Demonil -*Intas*), एक्टोगार्ड (Ectoguard EC - *Zydus AHL*), एक्सटिक (Extic - *Vet Mankind*), रिड (RIDD - *Pet care*), टेकटिक (Taktic - *MSD*), विरट्राज (Virtraz - *Virbec*) में से कोई एक, एक लीटर पानी में 3-4 मि.ली. डालकर प्रभावित भाग पर लगायें।
- यदि कान में मैल (wax) की अधिकता हो, तो गरम सोडाबाई-कार्ब लोशन से साफ करें। *अथवा* वेक्सोल्व (Waxolve) की 2-4 बूँदें कान में डालें। बाद में रुई से कान साफ कर कोई एण्टीबायोटिक ईयर ड्राप्स डालें; जैसे- पाइरीकॉर्ट (Pyricort - *FDC*) या बैटनीसोल-एन (Betnesol-N - *GSK*)।
- इन्जेक्शन एविल (Avil) 1-2 मि.ली. मांस में।

2. चेलेटाइला माइट इन्फेक्शन (Cheletiella Mite Infection)

परिचय (Introduction)—कुत्तों में यह एक खुजली का रोग है, जिसमें गर्दन और पीठ मुख्य रूप से प्रभावित होती हैं।

कारण (Cause)—चेलेटाइला जातियाँ (Spp.) रोग का प्रमुख कारण होती हैं।

प्रमुख नैदानिक निन्ह
(Main clinical signs)

- शरीर में खुजली (itching of the body)
- मुख्य रूप से गर्दन और पीठ प्रभावित (mostly involves neck and back)।

निदान (Diagnosis)—निम्न आधारों पर—

- रोग का इतिहास (history)
- नैदानिक चिन्ह (clinical signs)
- त्वचा की खुरचन (स्किन स्क्रेपिंग) में लाल-रंग की माइट्स की उपस्थिति।

चिकित्सा (Treatment)

- चिकित्सा कीटनाशक (इन्सेक्टीसाइड); जैसे- एमीट्राज के 12.5% घोल का प्रयोग करें। *(विवरण कान की खुजली की चिकित्सा में देखें)*।

3. किलनी जन्तुबाधा/एकारिएसिस (Tick Infestation/Acariasis)

परिचय (Introduction)— यह टिक संक्रमण का रोग है जिसमें खुजलाहट, नाचना एवं रक्तहीनता तथा दुर्बलता पाई जाती है।

कारण (Cause)— यह हायालोमो, *डर्मेसेन्टर एन्डरसोनी* आदि टिक का संक्रमण है।

लक्षण (Symptoms)

- स्थानीय शोथ (Local inflammation)
- त्वचाशोथ (dermatitis)
- जलन (irritation)
- टिक के विष से कभी-कभी पक्षाघात (paralysis)
- रक्ताल्पता (anaemia)

- शरीर को खरोंचना (scratching of the body)।

निदान (Diagnosis)– निम्न आधार पर–

- शरीर एवं कान के भीतरी भाग पर टिक को देखकर।
- टिक पास के बिस्तर पर मिलने से।

चिकित्सा (Treatment)

क. इनमें से किसी एक का छिड़काव करें–
  1. सेविन: 0.5–1% (Sevin 0.5–1%) का स्प्रे (छिड़काव)
  2. मालाथियोन: 0.5–1% (Malathion 0.5–1%)
  3. लिन्डेन: 0.03% (Lindane) 0.03%
  4. सुमीथियोन: 1% (Sumithion 1%)
  5. क्लोरडेन: 0.1% (Chlordane 0.1%)
  6. हर्वोटिक पाउडर (*हर्वोलैब*), पेस्टोवान (*इंडियन हर्वस*)।

ख. **आइवरमैक्टिन** (Ivermectin) 200 mcg/kg BW की दर से त्वचा के नीचे लगायें; जैसे- वरमैक्ट वैट (Vermect Vet - *Vet Mankind*) या हाईटेक इंजे. (Hitek inj. - *Virbac*) या आईवैक्टिन (Ivectin - *IIL*) या मैक्टिन इंजे. (Mectin Inj. - *Alembic*) सभी 10mg/ml।

4. लाउसीनैस (Lousiness)

अन्य नाम (Other names)—पैडिकुलोसिस (Pediculosis), लाउस संक्रमण (Louse infection)।

कारण (Cause)—जूँ इसका प्रधान कारण होता है।

प्रमुख नैदानिक चिह्न
(Main clinical signs)—रक्त चूसनेवाली अथवा काटनेवाली जूँ से–

- खुजली, त्वचीय जलन (dermal irritation)।
- कुत्ता प्रभावित भाग को खुजलाता है, रगड़ता है अथवा काटता है।
- बालों का अस्तर भद्दा हो जाता है। साथ ही छोटे-छोटे जख्म दिखायी देते हैं।

निदान (Diagnosis)–निम्न आधारों पर–

- इतिहास (history)
- नैदानिक लक्षण (clinical signs)
- शरीर पर एवं बालों में जूँ की उपस्थिति देखकर।

चिकित्सा (Treatment)

क. बालों को काट दें

ख. कीटनाशक (इन्सेक्टीसाइड) स्प्रे टिक इन्फैस्टेसन के अनुसार करें

ग. आइवरमैक्टिन इंजेक्शन किलनी जन्तुबाधा (टिक इन्फेस्टेशन) के अनुसार करें।

5. खुजली/स्केबीज (Scabies)

परिचय (Introduction)—यह रोग *सारकोप्टीज स्केबिआई* नामक माइट्स से होता है। इससे ग्रसित भाग में सूजन तथा लाल दाने निकलते हैं जो शीघ्र ही फोड़े का रूप ले लेते हैं। इनके फूटने पर गाढ़ा-पीला तैलयुक्त निःस्राव निकलता है। खुजलाने से रगड़ने पर बाल नुच जाते हैं। यह एक उच्च स्वरूप की छूतदार बीमारी है।

यह रोग माथे, गर्दन और पूँछ पर अधिक होता है।

प्रमुख नैदानिक चिह्न
(Main clinical signs)

- त्वचा का मोटा होना (thickening of skin)
- जलन (irritation)
- खल्वाट (alopecia)
- त्वचा पर धब्बे (bare patches on the skin)
- त्वचा का मोटापन तथा सिकुड़ा हुआ (thickened & folded) दिखायी देना।

निदान (Diagnosis)—निम्न आधारों पर—

- रोग के इतिहास से
- क्लिनिकल चिन्हों से
- त्वचा में माइट्स की उपस्थिति देखकर।

चिकित्सा (Treatment)

- बालों को साफ करें (remove the hair)।
- कीटनाशक/इन्सेक्टीसाइड स्प्रे का प्रयोग करें। यथा—1% सीविन (Sevin) सोलूशन, काइलेक्स कार्बेरिल (Kilex carbaryl), एस्केबियोल (Ascabiol), स्केबीटेक्स (Scabitex), गामा बी एच सी, स्क्रेब *(एरिस्टो)*, एम्स्केप (Emscap-*MM lab*), लोरेक्सन, इथनोस्केप *(इथनॉर)* आदि में से कोई एक दवा लगावें।
- औषधि लगाने से पूर्व गुनगने पानी और हल्के साबुन से त्वचा को साफ करें। तत्पश्चात् उपरोक्त औषधि लगावें।
- आइवरमैक्टिन इंजेक्शन टिक इन्फैस्टेशन के उपचार की तरह प्रयोग करें।

6. साधारण मक्खियाँ/ डिम्ब (Common Flies /Larvae)

परिचय एवं लक्षण (Introduction and symptoms)— मक्खियों और उनके डिम्बों से खुजलाहट होती है तथा ये घाव में सेप्टिक बनाते हैं। त्वचा को छेदकर जाले बनाते हैं तथा डिम्बों के स्थान से खून-पीव गिरता रहता है और उस स्थान पर डिम्ब (larvae) भरे रहते हैं।

Irritation by biting. Larval stage of fly may produce maggot worms which may become septic, sometimes causing very deep wounds in the skin.

निदान (Diagnosis)–निम्न आधार पर – घावों में लार्वा की उपस्थिति से रोग का स्पष्ट निदान होता है।

चिकित्सा (Treatment)

- मक्खियों को दूर भगानेवाली दवाओं (use fly repellant) का प्रयोग करें; जैसे- तारपीन का तेल, यूकेलिप्टस ऑयल।
- कीट डिम्भयुक्त घाव में (In maggot wound) तारपीन का तेल + कपूर भर दें। *अथवा* लोरेक्सन क्रीम लगायें।
- सेकण्ड्री इन्फेक्शन के लिये एण्टीबायोटिक्स प्रयोग करें।
- मक्खियों को कन्ट्रोल में करने के लिये कुत्तों के रहने के स्थान (dog house) अथवा कीनेल (Kennel) की नियमित सफाई डी.डी.टी., गामा BHC, सीविन 50% से 2 महीने में एक बार करते रहें।

7. वसाकृमि-खाज या रोमकूपी खाज (Demodectic Mange or Follicular Mange)

परिचय (Introduction)—कुत्तों में मिलनेवाली यह एक प्रकार की खाज है जिसमें शरीर के बाल साफ हो जाते हैं और खाल मोटी पड़ जाती है।

कारण (Cause)—रोग को उत्पन्न करनेवाला एक घुन (माइट्स) होता है, जिसे *डीमोडैक्स केनिस* कहते हैं।

लक्षण (Symptoms)

- इसके घुन (माइट्स) रोमकूपों (हेअर फोलीकिल्स) एवं त्वग्वसा ग्रन्थियों (सीबेसियस ग्लैण्ड्स - sebacerus glands) में रहते हैं।
- शरीर के बाल समाप्त (loss of hair)।
- त्वचा का मोटापन (thickening of the skin) दिखायी देता है।

यह 2 रूपों में मिलती है—

1. ***शल्कीय रूप*** *(Squamous form)*—Cells of surface of skin।
2. ***पूयस्फोटिकीय रूप*** *(Pustular form)*—इसमें पूयस्फोटिकाओं (pustules) का निर्माण होता है। द्वितीयक जीवाणुज संक्रमण (secondary bacterial infection) का विकास हो जाता है।

निदान (Diagnosis)–निम्न आधारों पर–

- रोग का इतिहास
- क्लीनिकल चिन्ह (clinical signs)
- त्वचा खुरचन (स्किन स्क्रेपिंग) में सिगार आकृति के घुनों (माइट्स) की उपस्थिति (presence of cigar shaped mites in the skin scraping)।

चिकित्सा (Treatment)

क. बालों को काट दें।

ख. एण्टीसेप्टिक सोलूशन; जैसे- सेवलॉन या डीटोल से स्नान करायें।

ग. ब्राड स्पेक्ट्रम एण्टीबायोटिक— बैक्टीरियल इन्फेक्शन के नियंत्रण हेतु लगायें।

घ. एण्टीहिस्टामिनिक ड्रग्स; जैसे— एविल मांसपेशीगत सूचीवेध से।

च. मालाथियोन 0.5% या पैराथियोन 0.5% या नैग्यूवान 0.2% या ब्यूटोक्स 0.2–0.5% प्रभावित भाग पर लगायें।

छ. सहायक चिकित्सा में — विटामिन बी कम्पलेक्स का प्रयोग करें।

ज. आइवरमैक्टिन इंजेक्शन का प्रयोग टिक इन्फैस्टेशन के उपचार की तरह करें।

5. कुत्तों में त्वचा सम्बन्धी रोग
(Skin Diseases in Dogs)

1. गंजापन/केश गिरना/बाल झड़ना (Alopecia-एलोपीसिया)

परिचय (Introduction)—कुछ कुत्तों में गंजेपन के धब्बे मिलते हैं। मुख्य रूप से लम्बे बालवाले कुत्तों में बाल झड़ने की समस्या होती है। प्राय: कुत्तों में 6-9 वर्ष के बीचवाली अवस्था में यह रोग देखने को मिलता है।

कारण (Causes)— यह रोग निम्न कारणों से होता है—

- असन्तुलित आहार (unbalanced diet)।
- प्रोटीन और मिनरल्स की कमी।
- पेट की गड़बड़ी।
- परजीवी रोग (parasitic diseases); जैसे— किलनी, जूँ, गोलकृमि, फीताकृमि (टेप वर्म्स) आदि।
- खाज-खुजली आदि त्वचागत रोग।
- टैस्टोस्टेरोन, ईस्ट्रोजेन आदि हॉर्मोन्स का ऊँचा स्तर होना।
- धातुगत विष का सेवन; जैसे- संखिया आदि।

प्रमुख नैदानिक चिह्न

(Main clinical signs)

- केशों का गिरना या झड़ना अथवा कम होना
- त्वचा में खुजली एवं नोचनी
- त्वचा सूखी एवं पपड़ीदार
- केश वृद्धि में रुकावट
- बाल पतले एवं छरहरे।

चिकित्सा (Treatment)

- प्राटीन एवं विटामिन्स युक्त सन्तुलित आहार प्रचुर मात्रा में।
- आहार में (in diet) दूध, मांस, अण्डे आदि पर्याप्त।
- रोगग्रस्त स्थान के बाल काटकर गुनगुने पानी और निको या टेटमोसोल साबुन से धोकर सुखाने के बाद एस्केबियोल लगायें।
- इन्जेक्शन एसिटिलारसन (Injection Acetylarsan) 2 मि.ली. त्वचा या मांस में (S/C or I/M) एक दिन छोड़कर 6 बार दें।
- केश वृद्धि रुकावट में 'टैस्टोस्टेरोन' एवं 'ईस्ट्रोजेन' उचित मात्रा में।
- पतले एवं छरहरे बालों में थाइरोक्सिन (thyroxine) उचित मात्रा में।
- इन्जेक्शन बीलामिल/लिवोजीन/बी-कम्पलेक्स + लिवर एक्स्ट्रेट/लिवर जैट कोई एक 2 मि.ली. मांस में (I.M.) सप्ताह में 2 बार।

2. फोड़ा/पीवयुक्त त्वचा (Pyoderma)

परिचय (Introduction)—यह त्वचा में बैक्टीरियल इन्फेक्शन से पीव (pus) जमा होने की अवस्था है। यह इन्फेक्शन स्टैफिलोकोकस, ई.कोलाई आदि से होता है।

लक्षण (Symptoms)

- पीव एवं लस युक्त फफोले।
- फूटने पर निकले पदार्थ से पीली पपड़ी का जमाव।
- नीचे प्रभाव होने पर गड्ढ़ा बन जाता है एवं पीव भरा रहता है तथा नासूर बन जाता है।
- पैरों में रोग होने पर काफी दर्द होता है तथा चलने-फिरने में कष्ट होता है।

चिकित्सा (Treatment)

- त्वचा से पपड़ी हटाकर एण्टीसेप्टिक लोशन से प्रभावित स्थान को साफ कर दें।

- तत्पश्चात् एण्टीबायोटिक आयन्टमेन्ट-बीटाडीन, फूरासिन टैरामाइसीन, हिमेक्स, सोफ्रामाइसीन, सेवलोन एण्टीसेप्टिक क्रीम, निओस्पोरिन (Neosporin) आयण्टमेण्ट लगावें।
- एण्टीबायोटिक तथा एण्टी-एलर्जिक औषधि का प्रयोग करें।

3. श्वान पित्ति (Urticaria in Dog)

परिचय (Introduction)— जब त्वचा में एकाएक चकत्तेदार सूजन या शोथ होकर खुजलाहट हो जाती है तब उसे पित्ति (अर्टकेरिया) कहते हैं।

कारण (Causes)— यह रोग कुत्तों में निम्न कारणों से होता है-

- गर्मी-सर्दी अथवा ठण्ड लगने से
- विषाक्त आहार से
- डंक मारने से
- एलर्जी (allergy) से।

लक्षण (Symptoms)

- त्वचा में एकाएक सूजन चकत्ते के रूप में खासकर माथे, पेट और योनि पर।
- चकत्ते शरीर के अन्य भागों में भी।
- अत्यधिक खुजलाहट।
- पशु छटपटाता है।
- साँस तेज चलती है।
- पशु काँपता है।
- प्रायः सूजन 12-48 घण्टे में समाप्त हो जाती है।

चिकित्सा (Treatment)— इसमें एण्टी-एलर्जिक दवायें लाभकर होती हैं। जैसे-

- इन्जेक्शन एविल या कूराल, 1-2 मि.ली. मांस में (I/M)।

नोट—एविल और बैटनीसोल की टिकिया भी दी जा सकती हैं।

4. सूजन, प्रदाह और शोफ (Swelling, Inflammation and Oedema)

परिचय (Introduction)— जब शरीर के किसी भाग में आघात या चोट लगती है तब प्रकृति स्वयं उसकी मरम्मत करती है। जब ऊतकों के खाली स्थान अथवा द्रवगुहा (serous cavity) में द्रव असामान्य रूप से जमा हो जाता है तब उसे शोफ कहा जाता है।

कारण (Causes)— यह विकृति निम्न कारणों से हो सकती है-

- चोट या आघात लगने से (trauma)
- परजीवी रोग अर्थात् पैरासिटिक डिजीज अथवा बैक्टीरियल रोग
- अनीमिया (anaemia)
- एलर्जीजन्य कारणों से
- सन्धिशोथ या गठिया।

लक्षण (Symptoms)

- लालामी (redness)।

- सूजन (swelling)
- पीड़ा (pain) ।

चिकित्सा (Treatment)

क. यदि सूजन चोट/मोच के कारण हो तो आयोडैक्स (Iodex) या आयोडीन आयण्टमेण्ट या स्वैनिल तेल से मालिश। *अथवा*
लिनीमैन्ट अमोनिया की मालिश।

ख. इन्जेक्शन डाईक्रिस्टासीन/स्टैप्टोपेनिसिलिन/बिस्ट्रीपेन—कोई एक 1 ग्राम की वायल को आसुत जल (डिस्टिल्ड वाटर) में घोलकर I/M रूप में। *अथवा*
किसी अन्य एण्टीबायोटिक का प्रयोग करें; जैसे- सल्फाड्रग्स। यथा —ओरीप्रिम/बैक्ट्रिम/सेप्ट्रान में से किसी एक की 1–1 गोली दिन में दो बार 5 दिन तक।

ग. दर्द की हालत में नोवाल्जिन या इस्जीपायरीन 2–5 मि.ली. मांस में (I.M.) लगायें।
यदि कारण सन्धिशोथ या गठिया हो, तो — नोवाल्जिन 2–5 मि.ली. मांस में लगायें।

घ. इन्जेक्शन विटामिन बी$_1$, बी$_6$, बी$_{12}$; जैसे- ओप्टीन्यूरॉन, ट्राइरेडिसोल-एच, न्यूरोबियान में से कोई एक की 2–3 मि.ली. मात्रा मांस में सप्ताह में दो बार।

च. इन्जेक्शन बीलामिल या लिवोजीन अथवा लिवरजेट 1–2 मि.ली. मांस में।

छ. रक्त की कमी एवं पेशाब की कमी में — इन्जेक्शन डैक्सट्रोज/ग्लूकोज/रिन्टोज में से कोई एक की 25–100 मि.ली. मात्रा आई.वी. दें।

ज. रिडैमा (Ridema) 1/2–1 मि.ली. मांस में 3–4 बार रोजाना।

झ. यदि कारण एलर्जी हो, तो इन्जेक्शन एविल (Inj. Avil) या होस्टाकार्टिन-एच या बैटनीसोल 0.5–1 मि.ली. मांस में एवं इसकी दो टिकिया दिन में 2–3 बार दें।

5. दाद (Ringworm/Trichophytosis)

परिचय (Introduction)—यह एक छूतवाला त्वचा रोग है जिसमें रोमरहित गोलाकार क्षेत्र होता है। इसमें दानेदार फफोले, छिलके या पपड़ी के साथ खुजलाहट होती है।

कारण (Cause)—रोग का कारण एक कवक (फंगस) होता है।

लक्षण (Symptoms)

- शरीर पर गोल चकत्ता जिसका व्यास 0.5–2 इंच तक होता है।
- चकत्तों पर पपड़ी भूरापन लिये सफेद।
- गोलाई के किनारों पर दाने उपस्थित।
- खुजलाहट काफी।
- पशु दादवाले भाग को दीवारों, खम्भों आदि से रगड़ता हुआ दिखायी देता है।
- पपड़ी हटने से प्रभावित भाग लाल एवं उसमें जलन।

चिकित्सा (Treatment)

क. प्रभावित भाग के आसपास के बाल काटकर हल्के साबुन और गर्म पानी से धोकर साफ करें। पपड़ी को भी हटा दें। तत्पश्चात्

ख. माइकोजैल क्रीम 2% *(Cipla)*, कैन्डीस्टेट क्रीम 2% *(Marc)* Miconazole preparation को प्रभावित भाग पर लगायें। *अथवा*

मल्टीफंजिन आयण्टमेण्ट (Multifungin oint. - *AHPL*) लगायें।

ग. ग्राइसोविन (Grisovin) या आइडीफुल्विन (Idifulvin) एक टिकिया दिन में दो बार।

6. अकौतिज त्वक्शोथ/इक्जेमा (Eczymatous Dermatitis/Eczema)

परिचय (Introduction)—इसे एलर्जिक डर्मेटाइटिस (Allergic dermatitis) से भी जाना जाता है एवं एलर्जिक रिएक्शन्स विभिन्न प्रकार की एलर्जीज के परिणामस्वरूप उत्पन्न होती हैं। एक्जीमा एक ऊपरी त्वचा की प्रदाह (superficial skin inflammation) है, जो अनेक बाहरी और भीतरी पदार्थों (substances) से सम्बन्धित रहती है।

कारण (Causes)—इसके निम्न कारण होते हैं—

1. ***इण्डोजीनस एलर्जन्स*** *(Endogenous allergens)*

(i) फूड एलर्जन: जैसे- वेजीटेबिल्स, मांस, अण्डा, दूध, चावल, टमाटर, गेहूँ एवं उससे निर्मित आहार।

(ii) प्रोटोजोअन एलर्जन: जैसे- लीशमेनिएसिस।

(iii) बैक्टीरियल एलर्जन: जैसे- ट्यूबरकुलोसिस (T.B.) एवं लैप्टोस्पाइरोसिस।

(iv) वायरल एलर्जन: जैसे- Exanthematous डिस्टेम्पर का रूप।

(v) फंगल एलर्जन: जैसे- ट्राइकोफाइटोसिस (Trichophytosis)।

(vi) हेल्मिन्थिक एलर्जन: जैसे- एस्केरिस, हुकवर्म, टेपवर्म एवं व्हिपवर्म।

(vii) सीरा, वैक्सीन्स एवं अन्य प्रोटीनयुक्त पदार्थों के कारण एलर्जिक स्किन कन्डीशन।

उपरोक्त एलर्जन्स के अतिरिक्त कुछ अन्य औषधियाँ; जैसे— पोटेशियम आयोडाइड एवं ब्रोमाइड तथा फीनोथायाजीन भी एलर्जी के लिये जिम्मेदार होती हैं।

2. ***इक्सोजीनस एलर्जन्स*** *(Exogenous allergens)*

(i) मक्खी एवं जूँ जैसे बाह्य पैरासाइट्स।

(ii) एण्टीसेप्टिक एवं डिसइन्फैक्टेन्ट वाश (Disinfectant wash)।

(iii) विविध (Miscellaneous)—पेन्टिड फर्श, बैडिंग मैटेरियल्स, रबर बाल्स, डाईज, सिन्थेटिक फाइबर, पोलेन ग्रेन आदि।

3. ***अनुषंगी कारक*** *(Predisposing factors)*— यकृत विकार, हॉर्मोन्स-सम्बन्धी असन्तुलन, सर्दी, गर्मी, रोशनी आदि।

लक्षण (Symptoms)

- छोटे लाल-रंग के धब्बे (small reddish spot)।
- कभी-कभी पिटिकाऐं/पेपूली (Papulae) अथवा इन्फ्लेमेटरी वेसीकल्स (Inflammatory vesicles) अलग-अलग साइज के उपस्थित।
- त्वचा की ऊपरी सतह पर शोथ अथवा स्थानीय आर्टिकेरियल ओडिमा।

यह दो प्रकार का होता है– (1) गीला और (2) सूखा एक्जीमा।

गीला अकौता/एक्जीमा (Wet eczema)—इसमें रोगी की त्वचा से तरल निःस्राव होता है। खुजलाहट होती है। इसमें जीवाणुओं का आक्रमण होने से पीपयुक्त हो जाता है। दर्द होता है। इस प्रकार का एक्जीमा पीठ, पैर की अंगुलियों तथा आँख की पपनियों पर होता है। पैरों पर होने पर

कुत्ता लंगड़ाने लगता है तथा चाटने से उसके मुँह पर यह रोग हो जाता है। आँखों पर रोग होने पर उनमें सूजन आ जाती है।

सूखा अकौता/एक्जीमा (Dry eczema)— इस प्रकार के एक्जीमा में प्रभावित स्थान के बाल गिर जाते हैं और वहाँ पर सूखी पपड़ी जम जाती है। कुछ समय बाद वहाँ की त्वचा मोटी हो जाती है तथा उसमें सिकुड़न पड़ जाती है। यह पैरों, माथे एवं सिर पर होता है।

चिकित्सा (Treatment)

- कारण को दूर करें।
- शीघ्र हजम होनेवाला आहार लें, जो विटामिन्स तथा मिनरल्स से भरपूर हो।
- मांस और अण्डे का पूर्ण निषेध।
- दूध, वेजीटेबुल्स, सूप अथवा लिक्विड आहार (डाइट) अधिक उपयुक्त।
- एण्टीहिस्टामाइन्स इंजेक्शन लाभकर हैं।
- एलर्जिक डर्मेटोसिस की स्थिति में स्टेरॉइड्स का प्रयोग करें।
- सैकण्ड्री बैक्टीरियल इन्फेक्शन के लिये एण्टीबायोटिक प्रयोग करें।
- एलर्जिक डर्मेटोसिस में स्थानीय चिकित्सा हेतु बैटनोवैट-एन (Betnovet-N) क्रीम प्रयोग करें।
- उपयुक्त चिकित्सा हेतु आजकल इन्जाइम्स एवं प्रोटीन रहित व्यवस्था।

6. आपातकालीन रोग (Emergency Diseases)

आपातकालीन अवस्थाओं की श्रृंखला (series) में त्वरित ध्यान देने की आवश्यकता होती है। इसके अन्तर्गत नासारक्तस्राव (epistaxis), शॉक, अस्थिभंग, कार्डियक फेल्योर, फिट्स, रक्तमेह (haematuria) एवं हीमोग्लोबीनूरिया (रक्तवर्णकमेह), डिस्टोकिया (Dystokia), प्रोलैप्स आफ रेक्टम एण्ड वेजाइना, विषाक्तता (poisoning), सर्पदंश (bites of snakes), मधुमक्खियों का काटना, हीट स्ट्रोक, बर्न्स एवं स्केल्ड्स, गम्भीर स्वरूप की वमन एवं दस्त से उत्पन्न जलाल्पता (dehydration), कोलिक/एण्डोमिनल पेन (उदरशूल) एवं कामा (गहन मूर्च्छा) आदि रोग आते हैं।

1. सदमा/शॉक (Shock)

लक्षण (Symptoms)— कुत्ते में सदमे (शॉक) के निम्न लक्षण मिलते हैं—

- कम तापक्रम (low temperature) या सबनार्मल टेम्परेचर (subnormal temperature)।
- त्वचा का ठण्डा होना।
- तेज श्वसन व तीव्र हृदय गति।
- कमजोर नाड़ी तथा कम-रक्तदाब (low blood pressure)।
- पशु कमजोर तथा सुस्त।
- मसूड़े पीले (gums are pale)।
- आँख की पुतली विस्तृत (pupils are dilated)।
- कभी-कभी पैरों (extremities) का तापक्रम कम होता है, परन्तु शरीर के अन्दर का तापक्रम बढ़ा हुआ होता है।

- नाड़ी कमजोर होकर धागे जैसी हो जाती है।

चिकित्सा (Treatment)— उपरोक्त अवस्थाओं में निम्न साधन अपनाने चाहिये—

- कुत्ते को साफ स्वच्छ हवा में रखकर कृत्रिम श्वसन (artificial respiration) देना चाहिये।
- **कोर्टीकोस्टेरॉइड्स** (Corticosteriods) उच्चतम मात्रा में मांसपेशीगत अथवा शिरामार्ग से दें।
- पशु को कम्बल में लपेटकर गर्म रखें।
- ब्राड-स्पेक्ट्रम एण्टीबायोटिक दें (broad spectrum antibiotic should be given)।
- शरीर में रक्त की कमी को दूर करने के लिये रक्त या प्लाज्माबर्द्धक/एक्सपैंडर्स (Plasma expanders); जैसे-ग्लूकोज सेलाइन (glucose saline) को अन्तःशिरा विधि (I.V.) से दें।
- कुत्ते को शान्त स्थिति में रखें (dog should be kept calm)।
- रक्तस्राव को दूर करें— यदि किसी बाहरी सतह (external surface) से आ रहा हो।
- यदि पीड़ा की अवस्था हो तो एनाल्जेसिक (analgesic) अथवा सीडेडिव (sedative) इन्जेक्शन रूप में दें।
- रोग के प्राथमिक कारण को दूर करें
  (The primary cause of the disease should be corrected)।

2. ज्वर/बुखार (फीवर/Fever/Pyrexia)

ज्वर में कुत्ते के शरीर का तापक्रम सामान्य से बढ़ जाता है।

कारण (Causes)—विषाणु (virus), बैक्टीरिया/जीवाणु, परजीवी, नियोप्लास्टिक ग्रेन्यूलोमेटस कन्डीशन्स, डिहाइड्रेशन, वातावरण में भीषण गर्मी (high environmental temperature), टोक्सीकोसिस एवं ड्रग्स।

याद रहे—

- 105 डि.फा. तापक्रम कभी-कभी हानिकारक होता है।
- शरीर का तापमान 106°F से अधिक होना मस्तिष्क को नुकसान पहुँचा सकता है। इसके साथ ही अधिक तापक्रम हृद्अतालता (cardiac arthythmias) तथा निर्जलीकरण (डिहाइड्रेशन) उत्पन्न करता है। ऐसी स्थिति में (in emergency) शरीर के बढ़े हुए तापक्रम को यथा शीघ्र दूर करना चाहिये।

चिकित्सा (Treatment)

- *शीतल स्नान* (cool bath) अथवा *बर्फ की थैली* (cold ice-pack) अथवा *शीतल एनीमा* (cold enema) शरीर के तापक्रम को कम करने के लिये दें।
- *ज्वरनाशक औषधियाँ* (एण्टीपायरेटिक ड्रग्स) : यथा-**पैरासिटामोल/एनाल्जिन** (analgin) आदि का प्रयोग टिकिया, सीरप अथवा इन्जेक्शन रूप में करें।
- *सेलिसिलेट्स* (Salicylates) : यथा-**सोडियम सैलीसिलेट** (sodium salicylates) अथवा **एस्प्रिन** (asprin) 10 मि.ग्रा. प्रति कि.ग्रा. शरीर-भार पर दिन में 2 बार दें। पैरासीटामोल

(Paracetamol) एवं फेनाइलबूटाजोन (Phenylbutazone) अवश्य ही शरीर के तापक्रम को घटाते हैं।

- केवल तापक्रम के घट जाने पर ही एण्टीबायोटिक एवं सल्फा ड्रग्स (antibiotic and sulpha drugs) जैसी विशिष्ट औषधि देनी चाहिये।

3. हीट स्ट्रोक (Heat Stroke)

परिचय (Introduction)— यह रोग गर्मी के मौसम में, विशेषकर मई-जून के महीनों में, धूप में घूमने वाले कुत्तों को हो जाता है, जिससे उनकी मृत्यु भी हो जाती है।

Hyperthermia caused by exposure to sun is called heatstroke.

कारण (Causes)

- गर्मी अथवा धूप में अधिक समय तक रहना अथवा घूमना।
- जलाल्पता (डिहाइड्रेशन-Dehydration)।
- पानी की आपूर्ति में कमी (Lack of water supply)।
- शुष्क वातावरण में अधिक व्यायाम करना (Excessive exercise in dry hot climate)।
- मोटापा एवं गर्मी सहन न करना।

Fate of Heat Stroke : हीट स्ट्रोक→ Damage of C.N.S.→ Tachycardia→ Dyspnoea→ Convulsion→ Unconsciousness→ Respiratory failure→ Death।

चिकित्सा (Treatment)

- कुत्ते को शान्त हवादार नम कमरे अथवा स्थान में रखें।
- सभी दरवाजे तथा खिड़कियाँ खुली होनी चाहिये।
- यदि सम्भव हो तो पंखे का प्रबन्ध करें।
- कोरामीन का प्रयोग (administration of coramine)।
- बार-बार शीतल स्नान (frequent cold bath)।
- तरल चिकित्सा (fluid therapy)।
- ज्वरनाशक औषधि का प्रयोग (administration of febrifuge)।
- आवश्यकतानुसार प्रशान्तक (tranquilizer) का उपयोग।
- शीतल दुग्ध आहार रूप में (feeding of cold milk)।
- पशु को बर्फ का टुकड़ा चुसायें।
- पीने के लिये शीतल जल।

लू लगने (हीट स्ट्रोक) से उत्पन्न लक्षण एक दृष्टि में

- सुस्त एवं अवसादयुक्त (Dull & Depression)।
- मुँह खोलकर साँस लेना।
- मुँह और नासा से झागदार स्राव।
- टेकीकार्डिया (हृदय की अत्यधिक तीव्र क्रिया)।
- तीव्र ज्वर 106-107^{0}F तक।
- श्वसन (रेस्पाइरेटरी) तथा वाहिनी-प्रेरक केन्द्र (वेसोमोटर सेन्टर) का पैरालिसिस।
- तीव्र श्वसन एवं जीभ बाहर को।
- कंजंक्टाइवा की श्लेष्मा का कंजेशन।
- आक्षेप (Convulsion), कामा (Coma) एवं मृत्यु।

- बर्फ का शीतल एनीमा दे सकते हैं (Ice-cold rectal enema can be given)।
- निर्जलीकरण (डिहाइड्रेशन) की अवस्था में आईसी-कोल्ड नार्मल सेलाइन ड्रिप दें।
- एस्प्रिन, सेलीसिलेट अथवा पैरासिटामोल आदि औषधियाँ दें।

4. अपार रक्तस्राव/प्रोफूज ब्लीडिंग (Profuse Bleeding)

अपार रक्तस्राव/प्रोफूज ब्लीडिंग प्रायः चोट/जख्म (injury/wound) के कारण होता है। (Profuse Bleeding can occur due to injury.)

चिकित्सा (Treatment)

- इस प्रकार की ब्लीडिंग (रक्तस्राव) को रोकने के लिये दाब-सम्पीड़न (pressure compress) दिया जाता है जिससे रक्तस्राववाले स्थान की शिराऐं/धमनी/केशिकाऐं (veins or artery or capillaries) दब जाती हैं और रक्तस्राव बन्द हो जाता है। इसके लिये कोई साफ रूमाल अथवा कपड़ा प्रयोग में लाना चाहिये।

  It can be checked by applying pressure compress with a clean handkerchief or cloth on the wound and wrapping a bandage or tape around it.
- यदि पैर से रक्तस्राव हो रहा हो, तो टूर्नीकेट (Tourniquet) का प्रयोग शरीर और घाव के बीच करें।

  If the leg is involved a tourniquet midway between the body and the wound should be applied to check the bleeding.

5. दुर्घटना अथवा चोट लगना (Accidents or Injuries)

दुर्घटना विभिन्न प्रकार के वाहनों अथवा अन्य वस्तुओं (objects) से हो सकती है।

चिकित्सा (Treatment)—यह दुर्घटना की गम्भीरता (degree of accident) पर निर्भर होती है। आवश्यकतानुसार निम्न औषधियाँ दी जा सकती हैं—

- डैक्सट्रोज सेलाइन (dextrose saline) का प्रयोग शिरा मार्ग से एवं तुरन्त बर्फ का ठंडा पानी (Ice-cold water), विशेष रूप से ठंडी नार्मल सेलाइन (cold normal saline) का प्रयोग गुम चोटों (blunt injuries) के लिये करना चाहिये।
- स्थानीय उपचार हेतु शान्तिदायक, एण्टीबायोटिक युक्त मरहम (ointment) एवं लोकल अनस्थेटिक्स (स्थानीय संज्ञाहरण) का उपयोग करना चाहिये।

6. आन्तरिक रक्तस्राव (Internal Haemorrhage)

इस प्रकार के रोगी में म्यूकस मेम्ब्रेन (विशेष रूप में मसूड़ों की) पीली दिखायी देती है, बहुत ही दुर्बलता (very weak condition)। पेशाब, मल एवं मलाशय (रेक्टम) में रक्त देखा जा सकता है।

चिकित्सा (Treatment)—आन्तरिक रक्तस्राव हमेशा ही घातक होता है। इसलिये दुर्घटना अथवा चोट (injury) के बाद जैसे ही रक्तस्राव के लक्षण दिखायी दें, सदमा (shock) में बताये गये उपचार के अनुसार त्वरित व्यवस्था करनी चाहिए।

7-8. जलना एवं अस्थि भंग (Burns and Fracture)

इसे "कुत्तों के रोग" न. 3 और 8 में देखें।

9. दर्द/पीड़ा (Pain)

चिकित्सा (Treatment)

- विशेष रोग की चिकित्सा में पीड़ा को दूर किया जाना आवश्यक होता है। For the treatment of specific disease, relieving of pain is of almost necessity.
- ऊपर अथवा गहराई में स्थित पीड़ाओं के लिये (Mild or moderate); जैसे कि शरीर की दीवार में चीरा देना (incision of body wall), आर्थ्राइटिस, मांसपेशीगत् क्षत (muscular injury), सिस्टाइटिस, दाँतों का दुर्घटनाग्रस्त होना, गैस्ट्रोइन्टेराइटिस आदि की चिकित्सा नॉन स्टेराइडल एण्टी इन्फ्लामेटरी एनाल्जेसिक (nonsteroidal anti-inflammatory an-algesic) से करनी चाहिये; जैसे- एस्प्रिन, एसीटामीनोफेन (Acetaminophen) एवं फेनासीटिन (Phenacetin)।
- गम्भीर अथवा आन्तरांगी पीड़ा (visceral pain) के लिये केन्द्रसक्रिय मद्यसंबंधी दर्दनाशकों (central acting narcotic analgesics); जैसे–मार्फीन सल्फेट अथवा हाइड्रोक्लोराइड 0.25 मि.ग्रा. प्रति किग्रा शरीर–भार पर I/M, I/V अथवा S/C रूप में देना चाहिये। अन्य औषधियों में कोडीन फॉस्फेट (codeine phosphate), मीथाडोन (methadone), मेपेरीडीन (meperidine) आदि का उपयोग किया जा सकता है।

◆◆◆

34

मछलियों की बीमारियाँ
(Fish Diseases)

यह देखा गया है कि प्रतिवर्ष तालाबों तथा झीलों आदि में उपस्थित पैरासाइट्स, बैक्टीरिया, फंगस एवं प्रोटोजोआ से उत्पन्न बीमारियों से काफी संख्या में मछलियाँ मर जाती हैं। छोटे तालाबों में मछलियाँ अधिक मरती हैं, क्योंकि उनमें जगह कम होती है और मछलियों की संख्या अधिक होती है। इसलिये यहाँ मछलियों की बीमारियाँ अपना विकराल रूप धारण कर लेती हैं।

प्रकार (Types)

मछलियों में मिलनेवाली बीमारियाँ दो प्रकार की होती हैं–

1. परजीवी बीमारियाँ (parasitic diseases)
2. अपरजीवी बीमारियाँ (non-parasitic diseases)

1. परजीवी बीमारियाँ– ये बीमारियाँ निम्न कारकों द्वारा होती हैं–

- फफूँदी (Fungus)
- जीवाणु (Bacteria)
- प्रोटोजोआ (Protozoa)
- कृमि (Worm)
- क्रस्टेसिया (Crustacea)

2. अपरजीवी बीमारियाँ–ये बीमारियाँ निम्न हैं–

- श्वासावरोध/एसफिक्जीएशन (Asphyxiation)
- गैस की बीमारियाँ (Gas diseases)
- अन्य मिश्रित बीमारियाँ (Miscellaneous diseases)

1. परजीवियों द्वारा छूत से
(Parasitic Infection caused by)

फफूँद संक्रमण की बीमारियाँ (Fungal Infection Diseases)

1. सेप्रोलैग्निया पैरासिटिका (Saprolegnia Parasitica)

परिचय (Introduction)–यह मछलियों की एक छूतदार बीमारी है जिसमें दुर्बलता, आगे-पीछे घूमना बन्द, शरीर पर सफेद छोटे-छोटे धागे के समान सफेद गुच्छे आदि लक्षण मिलते हैं।

कारण (Cause)–मुख्य रूप से सेप्रोलैग्निया नामक फंगस।

सहायक कारण—असावधानीपूर्वक रास्ते में ले जाने पर घायल होने पर।

लक्षण (Symptoms)— इस रोग में निम्न लक्षण देखने को मिलते हैं—

- मछली कमजोर हो जाती है एवं शारीरिक क्रियाऐं शिथिल हो जाती हैं।
- त्वचा पर घाव एवं फफोले/तत्पश्चात् रक्तस्राव।
- जबड़े की हड्डियाँ बाहर को दिखायी देती हैं।
- मछली अन्धी हो जाती है।
- गुदा एवं पंख की जड़ में एक विशेष प्रकार की रुकावट, जिससे मछली आगे-पीछे घूम नहीं पाती है।
- शरीर के ऊपर छोटे-छोटे धागे के आकार के सफेद गुच्छे।
- यकृत एवं आँतों में सूजन आकर मछली की मृत्यु।

चिकित्सा (Treatment)— चिकित्सा व्यवस्था निम्न प्रकार से है—

- सादा नमक का घोल 3% या पोटेशियम परमैंगनेट 1:1000 का घोल या 1: 3000 कॉपर सल्फेट घोल में 5-10 मिनट तक मछली को रखने से बीमारी दूर हो जाती है।

2. गिल रौट (Gill Rot)

परिचय (Introduction)— यह फंगस से उत्पन्न होनेवाली दूसरी बीमारी है, जिसमें मछलियाँ पानी की सतह के ऊपर तड़पती हुई दिखायी देती हैं और अन्त में ऑक्सीजन की कमी से मर जाती हैं।

कारण (Causes)—इस रोग के कारण निम्न हैं—

- ब्रेकिओमायसीस नामक फंगस के माइसीलियम से।
- तालाब की तैयारी के समय गोबर तथा खरपतवार के कारण कार्बनिक पदार्थों की मात्रा अधिक होने से।
- गर्मी के दिनों में तालाब में पानी कम होने पर।

लक्षण (Symptoms)— इस रोग में निम्न लक्षण देखने को मिलते हैं—

- प्रारम्भ में गिल फिलामेन्ट के ऊपर लाल-लाल चकत्ते, जो बाद में सफेद एवं भूरे-रंग के हो जाते हैं।
- अन्त में गिल फिलामेन्ट गिर जाते हैं एवं पंख के अन्दर की उपास्थि (कार्टीलेज) बाहर दिखायी देने लगती है।
- मछलियाँ पानी की सतह पर तड़पती दिखायी देती हैं।
- अन्त में ऑक्सीजन की कमी से मछलियाँ मर जाती हैं।

चिकित्सा (Treatment)— इस बीमारी में निम्न व्यवस्था करनी चाहिये—

- बाहरी खाने पर रोक।
- प्रदूषण से तालाब का बचाव करना।
- तालाब में स्वच्छ पानी का आवागमन एवं अशुद्ध पानी का निकास।
- तालाब में चूना 51-102 किलो प्रति हैक्टेयर के हिसाब से डालना।
- यदि संक्रमण कम है, तो साधारण नमक का 3-5% घोल या 5% पोटेशियम परमैंगनेट के घोल में मछली को 5-10 मिनट तक रखना चाहिये।

- यदि पानी की गहराई 1/2 मीटर है, तो 8 किलोग्राम कॉपर सल्फेट प्रति हैक्टेयर के हिसाब से। अथवा गहराई 1 मीटर है तो 12 कि.ग्रा. कॉपर सल्फेट प्रति हैक्टेयर के हिसाब से तालाब में 4 बार छिड़कना चाहिये।

जीवाणु द्वारा उत्पन्न बीमारियाँ (Bacterial Diseases)

1. फिन व टेल रौट रोग (Fin and Tail Rot Disease)

परिचय (Introduction)— यह मछलियों की एक छूतदार बीमारी है जिसमें पंख सड़-गल जाता है और प्राय: समाप्त हो जाता है।

कारण (Cause)—यह बीमारी एक जीवाणु द्वारा उत्पन्न होती है।

लक्षण (Symptoms)—बीमारी बड़ी मछलियों एवं बच्चों दोनों में समान रूप से पाई जाती है।

- रोग के प्रारम्भ में मछलियों के पंखों के किनारों पर एक सफेद धारी दिखायी देती है। धीरे-धीरे यह धारी (लाइन) नीचे की ओर एक झालरदार रूप के आकार वाली हो जाती है।
- अन्त में पंख सड़-गल कर समाप्त हो जाते हैं।
- **इस बीमारी में मछलियों को काफी नुकसान होता है।**

चिकित्सा (Treatment)—इस रोग की चिकित्सा निम्न प्रकार करनी चाहिये—

- मछली को 1–2 मिनट के लिये कॉपर सल्फेट 1: 2000 के घोल में रखें। *अथवा*
- कॉपर सल्फेट के 1: 3000 के घोल में 1 मिनट के लिए रखें।
- कॉपर सल्फेट के 1: 2000 के घोल में बीमार भाग को 10–10 मिनट के लिये रखने से बीमारी ठीक हो जाती है।

2. अल्सर रोग (Ulcer Disease)

परिचय (Introduction)— यह एक बैक्टीरियल डिजीज है, जिसमें मछली के शरीर पर छोटे-छोटे घाव हो जाते हैं।

कारण (Cause)— जीवाणु जन्य रोग है।

लक्षण (Symptoms)— इस रोग में निम्न लक्षण देखने को मिलते हैं—

- रोग अधिकतर मेजर कार्य में मिलता है।
- मछली के शरीर पर छोटे-छोटे फोड़े के रूप में घाव।
- घाव का आकार धीरे-धीरे बढ़ता जाता है और शरीर के अन्दर का मांस बाहर दिखायी देने लगता है।

चिकित्सा (Treatment)— इस रोग में निम्न चिकित्सा करनी चाहिये—

- तीव्र रोगग्रस्त मछलियों को समाप्त (destroy) कर दें।
- मछलियों को समाप्त करने के बाद पोटेशियम परमैंगनेट (लाल दवा) का 0.5% घोल तालाब के पानी में डाल देना चाहिये।
- जिन मछलियों में रोग प्रारम्भिक अवस्था में हो उन मछलियों को कॉपर सल्फेट के 1: 2000 के घोल में 1–2 मिनट के लिये 3–4 दिन तक डुबो देना चाहिये।

3. संक्रामक शोफ/इन्फेक्सियस ड्रॉप्सी (Infectious Dropsy)

परिचय (Introduction)—मछलियों की यह एक छूतदार बीमारी है। इसमें मछली की शारीरिक गुहा (body cavity) में तरल भर जाता है।

कारण (Cause)— रोग को उत्पन्न करनेवाला एक विशिष्ट प्रकार का जीवाणु है, जिसे आरोमोनास (aeromonas) कहते हैं।

लक्षण (Symptoms)— इस रोग में निम्न लक्षण देखने को मिलते हैं—

- रोग मुख्य रूप से मेजर कार्य में मिलता है।
- शारीरिक गुहा के अन्दर तरल पदार्थ जमा हो जाता है।
- आँतों में सूजन।
- आँखों के गोलक बाहर को निकल आते हैं।
- शल्क (scale) शरीर की त्वचा से ऊपर की तरफ निकले दिखायी देते हैं।

चिकित्सा (Treatment)— इस रोग की चिकित्सा निम्न प्रकार से करनी चाहिए—

- चिकित्सा के समय भोजन न दें।
- क्लोरोमायीसिटीन 60 मि.ग्रा. 4.5 भाग पानी के साथ।
- साथ ही 9% पोटेशियम परमैंगनेट के घोल में डुबोने से। *अथवा*
  इसी दवा के 5% घोल में मछली को 2 मिनट तक रखने से।

4. नेत्र रोग (Eye Diseases)

परिचय (Introduction)— यह मछलियों की आँख में उत्पन्न होनेवाली छूत की बीमारी है, जिसमें नेत्रगोलक के सड़कर नष्ट होने के बाद अन्त में मछली मर जाती है।

कारण (Cause)—यह रोग एक विशेष प्रकार के जीवाणु *आरोमोनाज लिक्वीफेशिएन्स* (*Aeromonas liquefaciens*) से उत्पन्न होता है।

लक्षण (Symptoms)— इस रोग में निम्न लक्षण देखने को मिलते हैं—

- रोग मुख्य रूप से बड़ी तथा मध्यम आकार की कतला मछली के ऊपर होता है।
- प्रारम्भ में आँख के अन्दर धारियाँ खिंची-सी, बाद में आँख अपारदर्शी हो जाती है।
- अन्त में धीरे-धीरे नेत्रगोलक सड़कर नष्ट हो जाता है और मछली मर जाती है।

चिकित्सा (Treatment)— इस रोग में निम्न व्यवस्था करनी चाहिये—

- क्लोरोमाइसिटीन 8-10 मि.ग्रा. प्रति मछली के हिसाब से 1 घण्टा प्रति दिन के आधार पर 2-3 दिन तक।
- 1% पोटेशियम परमैंगनेट घोल तालाब के पानी में।
- सफाई एवं खाने की विशिष्ट व्यवस्था।

प्रोटोजोआ की बीमारियाँ (Protozoal Diseases)

1. सफेद दाग (Ichthyophthiriasis)

परिचय (Introduction)— यह एक प्रोटोजोआ से उत्पन्न होनेवाला रोग है, जिसमें मछली के शरीर पर सफेद दाग पड़ जाते हैं।

कारण (Cause)— यह रोग *प्रोटोजोअन इलीएट, इक्थियोपथाइरियस मल्टीफिलिस* प्रोटोजोआ द्वारा होता है।

लक्षण (Symptoms)— इस रोग में निम्न लक्षण तथा चिन्ह मिलते हैं—

- उपचर्म कोशाओं (epidermal cells) में कुछ उभार आ जाता है एवं धीरे-धीरे उस भाग में पीव पड़ना शुरू हो जाता है।
- चर्म गलफड़ों (गिल) तथा पंखों के ऊपर 1 मि.ली. आकार के सफेद दाग दिखायी देने लगते हैं। ये शरीर के ऊपर गाँठ जैसे होते हैं।

चिकित्सा (Treatment)

- फारमेलीन के 1: 5000 घोल में प्रतिदिन 1 घण्टा 7–10 दिन तक मछलियों को डुबोना लाभकर। *अथवा*
- 2% नमक के घोल से उपचार करें। *अथवा*
- कुनैन के 1:5000 घोल में 3–10 दिन तक मछलियों का उपचार करें।

2. कोस्टिएसिस (Costiasis)

परिचय (Introduction)— यह एक प्रोटोजोअन डिजीज है, जिसमें मछलियों के शरीर के ऊपर नीले-रंग की एक पर्त जम जाती है।

कारण (Cause)— यह रोग प्रोटोजोआ समुदाय के मेस्टीगोफोरा ग्रुप के कीटाणु द्वारा होता है। रोहू और कतला मछलियों में मिग्राल नामक कीटाणु रोग फैलता है।

लक्षण (Symptoms)— इस रोग में निम्न लक्षण तथा चिन्ह देखने को मिलते हैं—

- मछलियों के शरीर के ऊपर नीले-रंग की एक पर्त जम जाती है।
- शरीर के ऊपर पर्याप्त मात्रा में गाढ़ा और चिपचिपा पदार्थ श्लेष्मा (mucus) एकत्रित मिलता है।
- मछलियों में अत्यधिक बेचैनी एवं श्वास लेने में बाधा।

चिकित्सा (Treatment)—निम्नलिखित घोलों में 10 मिनट तक मछलियों को रखने से वे ठीक हो जाती हैं—

- 3% नमक का घोल। *अथवा*
- 1: 2500 फारमेलीन घोल। *अथवा*
- 1: 500 ग्लेसियल ऐसिटिक ऐसिड घोल।

3. मिक्जोस्पोरीडियन रोग (Myxosporidian Disease)

परिचय (Introduction)—यह भी एक प्रोटोजोअन डिजीज है। इसमें मछली के शरीर के विभिन्न भागों पर अन्दर तथा बाहर सिस्ट (cyst) बन जाती है।

कारण (Cause)— यह बीमारी लेप्टीथीका, क्लोरोमिक्सम, मिक्सोबोलस, मिक्सीडियम, लेण्टोस्पेरा आदि प्रोटोजोआ द्वारा होती है।

लक्षण (Symptoms)— इस रोग में निम्न लक्षण तथा चिन्ह देखने को मिलते हैं—

- मछली का शरीर दुबला और पतला।
- धीरे-धीरे शल्कों के किनारे उभरकर गिरने लगते हैं।
- शल्कों का रंग फीका एवं उनमें धीरे-धीरे रन्ध्रों की उपस्थिति।

चिकित्सा (Treatment)—निम्न प्रकार से—

- मिग्राल की सिस्ट पर सोडियम क्लोराइड के तरल द्रव का प्रयोग करें।
- अन्य रसायनों का सिस्ट पर कोई प्रभाव नहीं।

कृमियों द्वारा उत्पन्न बीमारियाँ (Worms Diseases)

मछलियों में कृमियों द्वारा भी निम्नलिखित बीमारियाँ होती हैं—

1. मोनोजीनैटिक ट्रीमेटोड (Monogenetic Trematode)

परिचय (Introduction)—यह एक कृमि रोग (वर्म्स डिजीज) है। इस बीमारी में मछलियों के शल्क मुरझाना, पूँछ और पंखों पर श्लेष्मा की अधिकता आदि लक्षण देखने को मिलते हैं।

कारण (Causes)— यह रोग गायरोडेक्टीलस एवं डैक्टीलोगायरस नामक मोनाजीनैटिक ट्रीमेटोडा द्वारा होता है।

1. गायरोडेक्टीलस—चर्म एवं गिल दोनों को प्रभावित करता है।
2. डैक्टीलोगायरस—केवल गिल पर असर करता है।

लक्षण (Symptoms)— इस रोग में निम्न लक्षण देखने को मिलते हैं—

- मछलियों का रंग फीका।
- शल्क (scales) मुरझाये हुए।
- पूँछ एवं अन्य पंखों पर श्लेष्मा की अधिकता।
- शरीर के ऊपर की चमड़ी उचलने लगती है।
- गिल के ऊपर प्रभाव होने पर श्लेष्मा की अधिकता से गिल के ऊपर का भाग ढकने से ऑक्सीजन तथा कार्बन-डाई-ऑक्साइड गैस का आवागमन रुक जाता है, जिससे हवा की कमी के कारण मछलियाँ मर जाती हैं।
- मछली पथरीली जगहों पर अपना शरीर रगड़ते देखी जाती है (परजीवी कृमियों से छुटकारा पाने के लिये)।

चिकित्सा (Treatment)—इस रोग की चिकित्सा निम्न प्रकार से करें—

- 5% नमक के घोल में 5 मिनट तक अथवा फार्मेलीन 1: 5000 के घोल में 5-10 मिनट तक मछलियों को रखने से।

2. डाईजीनैटिक ट्रीमेटोड (Digenetic Trematode)

परिचय (Introduction)— मछलियों में यह बीमारी ट्रीमेटोड नामक कृमियों से होती है। इसमें शरीर के ऊपर काले धब्बे या सिस्ट बन जाते हैं।

कारण (Cause)—डिप्लोस्टोमम नामक वर्म्स इसका प्रमुख कारण है।

लक्षण (Symptom)

- शरीर के ऊपर 1.3 mm आकार के अनेक काले धब्बे जैसे उभार *अथवा* सिस्ट मिलती हैं।

चिकित्सा (Treatment)— बीमार मछलियों को अलग निकालकर पिकरिक एसिड घोल (3:100000) में एक घण्टा रखना लाभकर होता है।

3. सिस्टोड्स (Cystodes)

परिचय (Introduction)—यह मछलियों में फीताकृमि संक्रमण (टेपवर्म्स इन्फैक्शन) है, जिसमें मछली दराँती के आकार में मुड़ जाती है।

कारण (Cause)—इसका प्रमुख कारण टेपवर्म है।

लक्षण (Symptoms)—इस रोग में निम्न लक्षण मिलते हैं—

- मछलियों में सुस्तीपन विशेष रूप से।
- मछली दराँती के आकार में मुड़ जाती है।
- आमाशय और आँत के अन्दर सूजन।

क्रस्टेसिया द्वारा (By Crustacea)

कार्प मछली के ऊपर रहनेवाले जूँ (कार्प लाइस-carp lice) नामक बाह्य परजीवी (external parasite) क्रेस्टेसिया वर्ग का जीव है। परजीवी (पैरासाइट्स); जैसे- अर्गूलस, लरनिया एवं इरगासिलस मछलियों के शरीर पर निवास करते हैं।

पैरासाइट्स की प्रमुख विशेषताऐं

मछलियों में अरगूलस और लरनिया— ये पैरासाइट्स मछलियों के शरीर पर शल्कों (scales) के नीचे अपने शरीर के सिरवाले भाग को छिपाये रखते हैं और इनका पिछला अण्डे वाला भाग बाहर निकला रहता है।

- ये पैरासाइट्स (अरगूलस) मछली के शरीर पर सर्कस और हुक्स के द्वारा चिपके रहते हैं।
- यह स्वतन्त्र रूप से पानी में तैर भी सकता है।

1. अरगुलस संक्रमण (Argulus infection)

अरगुलस से अरगुलोसिस (Argulosis) नामक बीमारी होती है, जिसमें कई बार मछलियाँ मर जाती हैं।

लक्षण (Symptoms)—रोग से प्रभावित मछली कमजोर और दुर्बल हो जाती है।

चिकित्सा (Treatment)—मछलियों की चिकित्सा में तालाब, जिसमें मछलियाँ रहती हैं, का पानी कीटाणु एवं पैरासाइट्स रहित करना होता है। जिन तालाबों में अरगुलस का संक्रमण हो, उनकी चिकित्सार्थ निम्न व्यवस्थाऐं करनी चाहिये—

- तालाब के संक्रमित पानी को निकाल देना चाहिए तथा उसे सुखा लेना चाहिए। *अथवा* तालाब में जगह-जगह बाँस गाड़ देने चाहिए ताकि समय पर मछलियाँ इन बाँसों से टकराकर अथवा चिपककर इनसे रगड़ते हुए बाह्य परजीवियों को अपने शरीर से छुड़ा सकें।
- पहले तालाब से मछलियों को निकाल लें। अब 24 घण्टे तक तालाब को खुली धूप में सूखने दें। इसके बाद 0.1 से 0.3 ग्राम/1 ग्राम के हिसाब से चूना तालाब में डाल दें। इससे अरगुलस संक्रमण समाप्त हो जाता है।
- प्रारम्भ में ही ग्लेसियल एसीटिक ऐसिड (1:1000) में 5 मिनट, तत्पश्चात् 1% नमक के घोल में एक घण्टे तक बीमार मछली को रखने से अरगुलस संक्रमण से छुटकारा पाया जा सकता है।

2. लरनियाँ का संक्रमण

यह परजीवी घड़ी के आकार का होता है और यह अपने शरीर के अगले भाग की लंगर के आकार जैसी टाँगों द्वारा मछली के शरीर पर कहीं भी चिपका रहता है। इसके शरीर का अगला भाग मछली की खाल में काफी भीतर तक घुसा रहता है, केवल पिछला भाग ही बाहर निकला दिखायी देता है।

नोट—प्राय: सम्पूर्ण 'कार्प' मछलियाँ ग्रीष्म-ऋतु में इस संक्रमण से प्रभावित रहती हैं।

चिकित्सा (Treatment)— इसकी चिकित्सा निम्न व्यवस्थानुसार करनी चाहिये—

- **यदि कुछ ही मछलियाँ प्रभावित हों, तो**— लरनियाँ को चिमटी से पकड़-पकड़ कर बाहर निकाल देना चाहिये। तत्पश्चात् पोटेशियम परमैंगनेट के घोल में 2-3 मिनट के लिये डाल देना चाहिये।
- **यदि संक्रमण से अधिक मछलियाँ प्रभावित हों, तो**— 5% लाल दवा के घोल में कुछ समय तक रखने से अधिक संक्रमण शीघ्र नष्ट हो जाता है।

3. इरगासिलस संक्रमण

ये जीव मछली के गिल पर चिपके रहते हैं। परन्तु, यह हानिकारक कुछ कम ही होते हैं।

चिकित्सा (Treatment)— इसका उपचारात्मक साधन लरनियाँ की तरह है।

- ऐसी बीमारियाँ जो बिना पैरासाइट्स के उत्पन्न होती हैं, Non-parasitic diseases कहलाती हैं। मछलियों में कुछ बीमारियाँ इस प्रकार हैं—

2. परजीवियों के अतिरिक्त बीमारियाँ (Non-Parasitic Diseases)

एसफिक्सीएशन (Asphyxiation)

परिचय (Introduction)— यह मछलियों की कीटाणु रहित बीमारी है। इसमें मछली का शरीर टूटा-फूटा एवं त्वचा उखड़ी हुई मिलती है।

कारण (Cause)— पानी में ऑक्सीजन अधिक धुली होने से।

लक्षण (Symptoms)— इस रोग में निम्न लक्षण तथा चिन्ह मिलते हैं—

- रोग से प्रभावित अधिकतर 20 mm लम्बी मेजर कार्प मछलियाँ होती हैं।
- मछलियाँ टूटी-फूटी तथा फटी हुई अवस्था में मिलती हैं।
- स्थान-स्थान पर त्वचा उखड़ी हुई।
- मछली के शरीर पर स्थान-स्थान पर रक्तस्राव भी।
- गिल, फिलामेन्ट, हृदय, रक्तवाहिनी आदि पर गैस के फफोले।
- एअर ब्लैडर (air bladder) फैलकर खिंच जाता है।

चिकित्सा (Treatment)—इसकी मुख्य चिकित्सा पानी का सन्तुलन बनाये रखने से होती है।

गैस की बीमारियाँ (Gas Diseases)

यह देखा गया है कि यदि पानी के अन्दर आक्सीजन की मात्रा अधिक घुली हो, तो 20 मि.मी. लम्बी मेजर कार्प की धानी पोना (fry) वातरोग (गैस डिजीज-gas disease) अथवा एअर इम्बोलिज्म (air embolism) से पीड़ित मिलती है।

विशेषतायें—

> **लक्षण एक दृष्टि में**
>
> - मछलियाँ टूटी-फूटी तथा फटी हुई अवस्था में।
> - शरीर की त्वचा जगह-जगह पर उखड़ी हुई।
> - शरीर पर जगह-जगह रक्तस्राव के चिन्ह।
> - गिल, फिलामेन्ट, हृदय, रक्तवाहिनी आदि पर गैस के फफोले।
> - एअर ब्लैडर खिंचा हुआ।

- इस प्रकार की मछलियों में खाल के नीचे, पावों पर अथवा आँखों के बाहर चारों ओर, आँत तथा आमाशय एवं रक्तवाहिनियों में फफोले पाये जाते हैं। इससे रक्त प्रवाह (blood circulation) रुक जाता है।
- मछली सीधी तैरने में असमर्थ मिलती है। वह 40^0 के कोण पर तैरती पायी जाती है। उसका सिर नीचे की तरफ पानी में झुका रहता है।
- अन्त में मछलियाँ अपना सन्तुलन खो कर मर जाती हैं।

उपचार (Treatment)—इसकी एक मात्र चिकित्सा पानी का सन्तुलन (पानी की भौतिक एवं रसायनिक अवस्था बदलने पर) सही रखना है। इस व्यवस्था से मृत्यु-दर को घटाया जा सकता है।

अन्य मिश्रित बीमारियाँ (Other Miscellaneous Diseases)

कुछ ऐसी बीमारियाँ हैं, जो तालाब का पानी गंदा होने से हुआ करती हैं।

चोक, दस्त लगना एवं रैड-रैक्टम डिजीज (Choke, Diarrhoea and Red-Rectum Diseases)

रोगानुसार कारण एवं लक्षण (Causes and Symptoms)

1. **शैवाल (एल्गी) के कारण से—** पंख में फँसकर उसे चोक कर देती है।
2. **शैवाल के हानिकारक पदार्थ का पानी में मिलने से—** मछलियों की उपरोक्त बीमारियाँ।
3. **रात के समय तापक्रम नीचे जाने से—** ठण्ड के कारण बीमार।
4. **असन्तुलित, अशुद्ध खाना, वसा या प्रोटीन आदि की अधिक मात्रा खाने से—**दस्त की बीमारी एवं पीड़ित मछलियों की गुदा लाल हो जाती है। इसी को रैड-रेक्टम डिजीज कहते हैं। ऐसी प्रभावित मछली की आँत के अन्दर काफी पीला श्लेष्मा (yellow mucus) मिलता है।

बचाव (Prevention)

- मछली का खाना कुछ समय के लिये बन्द कर देना चाहिये।
- तालाब का गंदा पानी निकाल देना चाहिये एवं मछलियों को अक्षारीय जल (non-alkaline water) में रखना उपयुक्त रहता है।

◆◆◆

35

बछड़ों के रोग एवं उनकी रोकथाम
(Diseases of Calves and their Prevention)

श्वसन तथा पाचन संस्थान के प्रमुख रोग
(Common Diseases of Respiratory and Digestive Systems)

बछड़ों में 'श्वसन' तथा पाचन संस्थान के रोग विशेष महत्त्व रखते हैं तथा इन रोगों से नवजात बछड़ों की सबसे अधिक मृत्यु होती है। यह देखा गया है कि निमोनिया, श्वेत दस्त, न्यूमो-इंटेराइटिस संलक्षण, अफारा आदि रोगों से 50 प्रतिशत से अधिक बछड़ों की मृत्यु होती है। यहाँ बछड़ों (calves) से तात्पर्य गाय-भैंस के नवजात बच्चों (cow and buffalo calves)—बछड़ा-बछिया, पड्डा-पड़िया से है। वैसे इन रोगों का विवरण पशु रोगों के अन्तर्गत किया गया है। परन्तु, इन नवजात बच्चों में ये रोग कुछ अलग ही विशेषता लिये होते हैं। इसलिए इन रोगों का स्वतन्त्र रूप से अति संक्षिप्त अध्ययन प्रस्तुत किया जा रहा है।

1. निमोनिया (Pneumonia)

यह नवजात बछड़ों एवं पड्डा-पड़ियों का सबसे अधिक घातक रोग है। इससे प्रति वर्ष हजारों गाय और भैंस के बछड़ों की मृत्यु हो जाती है। इस रोग में बछड़ों को तेज ज्वर आता है, वे दूध पीना कम कर देते हैं, खाँसने लगते हैं, दिन-प्रति-दिन कमजोर होते जाते हैं। यदि ठीक से चिकित्सा न की गई तो उनकी मृत्यु हो जाती है।

लगभग चार माह की आयु के पश्चात् बछड़ों में निमोनिया अपेक्षाकृत कम होता है।

कारण (Causes)– मुख्य रूप से निमोनिया के कारणों को दो भागों में बाँट सकते हैं–

(i) मुख्य कारण (Primary cause)

(ii) सहायक कारण (Predisposing cause)

उपरोक्त दोनों प्रकार के कारण बछड़ों में निमोनिया उत्पन्न करने में एक-दूसरे की सहायता करते हैं।

कारण एक दृष्टि में

मुख्य कारण

- जीवाणु, विषाणु, कृमि, फंगस, क्लिमाइडिया, माइकोप्लाज्मा आदि रोगाणु।

सहायक कारण— निम्न प्रकार हैं—

- बछड़ों के रहन-सहन की व्यवस्था में कमी।
- एक ही बाड़े में अधिक बछड़े तथा गंदगी।
- अत्यधिक सर्दी-गर्मी तथा मौसम में परिवर्तन।
- गलत ढंग से दवा पिलाना।

गलत ढंग से पिलायी गईं तरल औषधियाँ, दूध, तेल तथा रसायन दुर्घटनावश फेफड़ों में चले जाते हैं जो भयानक प्रकार की निमोनिया उत्पन्न करते हैं, जिसे परिगलन निमोनिया (gangrenous pneumonia or aspiration pneumonia) कहते हैं।

यह देखा गया है कि जब किसी नली, बोतल या ढरकी से बछड़ों को औषधि पिलाई जाती है तो वह भोजन नली में न जाकर दुर्घटनावश श्वासनली में चली जाती है, जिससे निमोनिया उत्पन्न हो जाता है। इसे ड्रेन्चिंग निमोनिया (drenching pneumonia) कहते हैं।

इस प्रकार की निमोनिया प्रायः उन बछड़ों को होती है जिन्हें कृत्रिम विधियों (artificial methods) द्वारा पाला जाता है।

विशिष्ट निदानात्मक लक्षण

- यदि आले से (by stethoscope) फेफड़ों का परीक्षण किया जाये तो विशेष प्रकार की ध्वनि सुनाई पड़ती है, जिसे ब्रान्कियल राल्स (bronchial rales) कहते हैं।
- यदि छाती को अंगुलियों से दबाया जाये तो फेफड़े के क्षेत्र में बछड़ा दर्द महसूस करता है।

  याद रहे—यदि बछड़े की चिकित्सा भली-भाँति न की गई अथवा न करवाई गई तो 10–15 दिनों के अन्दर बछड़े की मृत्यु हो जाती है।

- **शव परीक्षण (Postmortem) में**—मरने के बाद शव का परीक्षण करने पर निमोनिया (pneumonia) को सरलता के साथ पहिचाना जा सकता है—

  → फेफड़े के सभी भाग भारी व कड़े मिलते हैं।

  → स्थान-स्थान पर या सम्पूर्ण फेफड़े का रंग गहरा लाल या भूरा मिलता है।

  → कभी-कभी फेफड़े की सतह पर गोल या विभिन्न आकृतिवाली मवाद की सूक्ष्म विक्षतियाँ (suppurative foci) पायी जाती हैं।

  → फेफड़े को चाकू से काटने पर ये नम तथा दबाने से फेफड़ों तथा छोटी श्वास नलिकाओं से गाढ़ा हल्के-पीले-रंग का पूय निकलता है।

  नोट—निमोनिया से प्रभावित फेफड़े भारी तथा कठोर होते हैं, जिससे वे पानी में डूब जाते हैं जबकि स्वस्थ फेफड़े पानी में तैरते रहते हैं।

लक्षण एक दृष्टि में

- बछड़े में सुस्ती एवं तेज बुखार।
- खाना या दूध पीना बन्द।
- टेम्परेचर 103–106^{0}F तक; ज्वर का घटना-बढ़ना।
- प्रारम्भ में नाक से पानी जैसा तरल, बाद में गाढ़ा पीले-रंग का।
- श्वास गति में वृद्धि।
- खाँसना (coughing)।
- आँखों में कीचड़।
- कभी-कभी पतले दस्त भी।

चिकित्सा (Treatment)

क. एक बाल्टी उबलते पानी में टरपैन्टाइन तेल, टिन्चर बैन्जोइन अथवा यूकेलिप्टस की 8–10 बूँदें डालकर बफारा दें।

ख. लिनीमैन्ट टरपैन्टाइन अथवा स्वैनिल तेल से बछड़े की छाती की मालिस करें।

ग. किसी एक बहुक्षेत्रीय एण्टीबायोटिक का कम-से-कम तीन दिन तक प्रयोग करें। (विवरण पीछे है)।

घ. किसी एक ज्वरहारी दवा का प्रयोग करें (विवरण पीछे है)।

च. विटामिन बी काम्प्लैक्स का इंजेक्शन लगायें। (विवरण पीछे है)।

छ. कॉर्टीसोन दवा; जैसे- बीटामीथासोन या डैक्सामीथासोन का इंजेक्शन लगायें।

अनुषंगी चिकित्सा (Auxiliary treatment)

- उपरोक्त चिकित्सा के अतिरिक्त बछड़ों को सूखे स्थान में रखें।
- पर्याप्त मात्रा में दूध तथा स्वच्छ पानी की व्यवस्था करें।
- निमोनिया के लक्षण मिलते ही तत्काल चिकित्सा की व्यवस्था करें।

आवश्यक सुझाव (Necessary suggestions)

- नवजात बछड़ों को पर्याप्त मात्रा में खीस व दूध देना चाहिये।
- बछड़ों के बाड़ों को साफ रखना चाहिये।
- एक ही बाड़े में अधिक बछड़े या अधिक पशु नहीं रखने चाहिये।
- सर्दी के दिनों में नवजात बछड़े को टाट आदि से लपेटकर रखना चाहिये। फर्श पर भी भूसा या पुआल आदि की बिछावन डाल देनी चाहिये।
- गर्मियों के दिनों में बछड़ों को खुले स्थान में रखना चाहिये।
- जैसे ही बछड़ा रोगग्रस्त दिखायी दे, उसे अन्य बछड़ों से अलग कर देना चाहिये।

याद रहे—प्रारम्भिक अवस्था में निमोनिया का उपचार हो सकता है। परन्तु देरी करने से बछड़ों का बचाना असम्भव हो जाता है।

2. दस्त और पेचिस (Diarrhoea and Dysentery)

अन्य नाम (Other names)—प्रवाहिका, सफेद दस्त (white scour), क्षुद्रान्त्रशोथ (enteritis), कोलाई सैप्टीसीमिया (coli septicaemia), क्षुद्रान्त्रविषरक्तता (enterotoxaemia) आदि।

इसके अतिरिक्त कई दस्त-पेचिसवाले रोग प्रोटोजोआ तथा कृमियों (वर्म्स) से भी होते हैं; जैसे कि कॉक्सीडियोसिस (coccidiosis) और एस्केरियेसिस (ascariasis)।

समस्त दस्तवाले रोग जन्म के 2-3 दिनों के पश्चात् से 2 सप्ताह की आयु तक के बछड़ों में खूब होते हैं। जैसे-जैसे बछड़ों की उम्र बढ़ती जाती है, दस्तवाले रोग अपेक्षाकृत कम होते जाते हैं।

रोग परिचय (Introduction)— इस रोग में बछड़ों को पानी जैसे पतले दस्त आते हैं, बछड़े कमजोर हो जाते हैं, खड़े नहीं हो पाते हैं तथा जमीन पर लेटे रहते हैं। यदि ध्यानपूर्वक चिकित्सा न कराई गई तो बछड़ों की मृत्यु हो जाती है।

रोग के कारण (Causes)— प्रथम छूत द्वारा रोग फैलने या होनेवाले कारण जिसमें विषाणु, जीवाणु (virus and bacteria), कृमि एवं प्रोटोजोआ आते हैं। द्वितीय कारण बछड़ों के आहार, रहन-सहन एवं प्रबन्ध व्यवस्था से सम्बन्धित हैं। जहाँ ये व्यवस्थायें ठीक होती हैं वहाँ रोग कम होता है। इसके विपरीत जहाँ ये व्यवस्थायें

कारण एक दृष्टि में

प्राथमिक कारण

- विषाणु, जीवाणु, प्रोटोजोआ एवं कृमि।

सहायक कारण

- खीस की न्यूनता।
- दूषित तथा सरलता से न पचनेवाले आहारों को खिलाना।
- अस्वच्छता।

उपयुक्त नहीं होती हैं वहाँ संक्रमण अधिक होता है। साथ ही रोग का आघटन अधिक होता है।
विवरण–

- एसकेरिस नामक आन्त्रकृमि, विशेष रूप से भैंस के बछड़ों/बछियों में बहुत अधिक होता है। नवजात बछड़ों को ये कृमि अपनी माताओं से प्राप्त होते हैं तथा जन्म के प्रथम कुछ सप्ताहों में दस्त उत्पन्न करते हैं।
- यदि जन्म के पश्चात् नवजात को पर्याप्त मात्रा में खीस नहीं मिलेगी तो उसमें आवश्यक तत्त्वों एवं पदार्थों की कमी के कारण दस्त तथा कई अन्य रोग उत्पन्न हो जाते हैं।
- यदि बछड़ों को अधिक दूध पिलाया गया या दूध में अधिक मात्रा में वसा (fat) है, तो भी दस्त होने की सम्भावना बढ़ जाती है।
- बुरी आदतों या लवणों की कमी के कारण बछड़े दीवार, नाभि या एक-दूसरे को चाटते हैं, जिससे उनके पेट में दस्त के रोगाणु पहुँचते हैं और रोग उत्पन्न हो जाता है।
- खराब बिछावन या न पचनेवाले भूसे को खाने से भी रोग उत्पन्न हो जाता है।

रोग लक्षण (Symptoms)— इस रोग में कारणों के अनुसार लक्षणों में थोड़ा बहुत अन्तर होता है। सामान्य रूप से जन्म के 2-3 दिनों के पश्चात् एकाएक पानी जैसे पतले बदबूदार दस्त आने लगते हैं। जिससे बछड़े कमजोर हो जाते हैं। त्वचा के बाल खुरदरे हो जाते हैं। कभी-कभी हल्का या तीव्र ज्वर रहता है। भोजन न करने के कारण बच्चे दिन-पर-दिन कमजोर होते जाते हैं। शक्ति न होने के कारण जमीन पर लेटे रहते हैं। चिकित्सा न करने पर मृत्यु।

रोग लक्षण एक दृष्टि में

- सामान्य रूप से जन्म के 2-3 दिन पश्चात् एकाएक पानी जैसे पतले बदबूदार दस्त।
- दुर्बलता (weakness)।
- त्वचा के बाल खुरदरे (rough hair coat)।
- कभी हल्का, कभी तीव्र ज्वर।
- दिन-प्रति-दिन कमजोर होते जाना।
- पेट व आँखें धँसी हुईं।
- शक्तिहीनता के कारण जमीन पर लेटे रहना।
- शरीर के पिछले हिस्से में पतला बदबूदार गोबर लगा रहना।
- गोबर प्रायः सफेद-रंग का।
- बाद की अवस्था में मृत्यु/अथवा निमोनिया।

विशेष लक्षण *(Specific symptoms)*

- कॉक्सीडियोसिस तथा अन्य कई रोगों में दस्त लाल-रंग का होता है।
- रोग के विशिष्ट लक्षण कारण पर निर्भर करते हैं।
- जन्म से रोगी या कमजोर बछड़ों में दस्तवाले रोग अधिक होते हैं।

शव परीक्षा *(Postmortem)*

- आँतों में घाव मिलते हैं। विषाक्तता के कारण घाव अन्य अंगों में भी हो सकते हैं।
- आँत और आमाशय की दीवार मोटी हो जाती है।
- आँतों में रक्तमिश्रित गोबर पाया जाता है।
- मरे हुए बछड़ों में निमोनिया या नाभि रोग के घाव भी मिल सकते हैं।

चिकित्सा (Treatment)

क. जीवाणुओं के लिये निम्न में से कोई एक दवा का प्रयोग करना चाहिये–

1. सल्फोनामाइड तथा ट्राइमैथोप्रिम के योग; जैसे– **सल्फाडाइजीन** 100 mg तथा ट्राइमैथोप्रिम 200 mg प्रति बोलस। *ब्राण्ड्स*– बैक्टीसोल (Bactisol - *Zydus*), वैट्रान LA (Vetran-LA - *Vetfarma*), वोक्ट्रिन (Woktrin - *Vetoquinol*), एक्सट्रिम (Xtrim – *जीवैट*) बोलस। **अथवा** इससे दूनी मात्रा की दवा – बायोट्रिम डीएस (Biotrim DS - *Zydus*), इन्ट्रिम बोलस (Intrim Bolus - *Intas*) 15 mg / kg भारानुसार मुख से देनी चाहिये। **अथवा** इसके साथ ही सल्फाडाइजीन 400 mg तथा ट्राईमीथोप्रिम 80 mg के इंजेक्शन; जैसे– बायोट्रिम आईएम (Biotrim IM - *Zydus*) अथवा स्पार्कट्रिम IM (Sparktrim IM - *Neo sport*) 15mg/kg शरीर भारानुसार की दर से मांस में लगाना चाहिए।
2. ऑक्सीटैट्रासाइक्लिन इंजे. 500 mg Bolus; जैसे– Oxytetracycline Bolus - *Vet India*), वैटोक्सी 500 (Vetoxy 500 - *Vetsfarma*) 5-10 mg/kg भारानुसार देना चाहिये। Oxytetracycline inj 5-10 mg/kg भारानुसार की दर से मांस में लगाना चाहिये।

ख. यदि दस्त कृमियों के कारण हो रहे हैं, तो कृमिनाशक दवा देनी चाहिए।

ग. शरीर में पानी की कमी को दूर करने के लिए 5% डैक्सट्रोज सेलाइन 500 मि.ली. शिरा में देनी चाहिये।

घ. विटामिन 'ए' का इंजेक्शन 2 मि.ली. मांस में लगाना चाहिये।

रोकथाम (Prevention) के उपाय सारांश में

- नवजात बछड़ों को साफ बाड़ों में रखें।
- नाभि में प्रतिदिन टिन्चर आयोडीन लगावें।
- बछड़ों को पर्याप्त मात्रा में खीस (collustrum) पिलावें। दूध नियंत्रित मात्रा में दें, बहुत अधिक नहीं।
- बछड़े का चाटने, अवांछित वस्तुयें खाने आदि से बचाव करें।
- बीमार बछड़ों को स्वस्थ बछड़ों से अलग रखें।
- रोगी बछड़े के भोजन, पानी आदि की व्यवस्था अलग से करें।

3. श्वास–क्षुद्रान्त्रशोथ संलक्षण (Pneumo-enteritis Syndrome)

परिचय (Introduction)— बछड़ों में निमोनिया के साथ–साथ दस्त के लक्षणवाले रोगों को श्वास–क्षुद्रान्त्रशोथ संलक्षण (pneumo-enteritis syndrome) के रूप में जाना जाता है। यह रोग बछड़ों के अतिरिक्त भेड़ के बच्चों में भी पाया जाता है।

स्थान (Place)—यह रोग अमरीका तथा यूरोपीय देशों में पाया गया है। भारत में कम होता है। परन्तु तराई क्षेत्र में, पन्तनगर तथा आसपास के क्षेत्रों में रोग के आघटन (incidence) पर कई प्रतिवेदन प्रकाशित हुए हैं।

कारण एक दृष्टि में

- जीवाणु इसका प्रधान कारण है।
- विभिन्न प्रकार के विषाणुओं द्वारा भी।

सहायक कारण

- आयु, तनाव/स्ट्रेस (stress) एवं वातावरण।
- खीस (collustrum)।
- भोजन एवं अस्वच्छता।

रोग लक्षण एक दृष्टि में

- रोगी बछड़ों में सुस्ती।
- भोजन के प्रति अरुचि।

तत्पश्चात् के लक्षण

- पानी की तरह पीले-रंग के दस्त।
- 1 से 7 दिन की आयु के बछड़ों में श्वसन में कठिनाई।
- निर्जलीकरण के फलस्वरूप मृत्यु।

याद रहे—यह ज्ञात हुआ है कि न्यूमो-आन्त्रशोथ नवजात बछड़ों की मृत्यु का एक महत्वपूर्ण कारण है।

कारण (Cause)—कुछ वर्षों पूर्व श्वास-क्षुद्रान्त्रशोथ का कारण केवल जीवाणु ही माना जाता था। परन्तु, हाल ही में अध्ययनों द्वारा संलक्षण का कारण विषाणु होना भी सिद्ध हुआ है। कुछ लोगों के अनुसार विषाणु (virus) इस रोग के प्राथमिक कारण और जीवाणु (bacteria) को द्वितीयक कारण माना गया है।

लक्षण (Symptoms)

- रोगी बछड़ों में सुस्ती और भोजन के प्रति अरुचि प्रारम्भिक लक्षण होते हैं। इसके बाद पानी की तरह, पीले-रंग के दस्त आने लगते हैं। ऐसा लक्षण एक से सात दिन की आयु के बछड़ों में मिलता है। साथ ही उन्हें श्वास लेने में कठिनाई होती है। दस्तों के कारण शरीर में पानी की मात्रा कम हो जाती है जिससे बछड़ों की मृत्यु हो जाती है।
- रोग से पीड़ित बछड़ों की 0-5.0 प्रतिशत तक मृत्यु और शत- प्रतिशत अस्वस्थता उत्पन्न होती है।

***शव परीक्षण** (Postmortem)*

- प्रारम्भिक लक्षण प्रायः अनदेखे ही रह जाते हैं।
- एबोमेजम दही की तरह के द्रव्य से तना रहता है एवं इसकी श्लेष्मा पर रुधिरांकी रक्तस्राव (petechial haemorrhage) पाया जाता है।
- मध्यस्थानिक लसीका पर्व शोफ तथा रक्ताधिक्य युक्त होते हैं।
- फेफड़े हरे-गुलाबी-रंग के होते हैं।
- दबाने पर फेफड़ों से करकराहट की ध्वनि (crepitating sound) निकलती है।
- आन्त्रशोथ से सम्बन्धित क्षतियाँ भी।
- यदाकदा मस्तिष्कावरणशोथ भी मिलता है।
- फेफड़ों में सामान्य रूप से रक्ताधिक्य।
- आन्त्र रसांकुरों (intestinal villi) की ऊँचाई कम तथा ये नग्न हो जाते हैं।

उपचार (Treatment)

बछड़ों में निमोनिया तथा दस्त रोगों की तरह किया जाता है।

4. अफारा (Tympany or Bloat)

परिचय (Introduction)—बछड़ों में अफारा रोग उदर (एबोमेजम-abomasum) में अत्यधिक गैस उत्पन्न होने के कारण होता है। रोग अधिकतर 6 माह तक की आयु के बछड़ों में होता है।

कारण (Causes)—अफारा निम्न कारणों से उत्पन्न होता है-

- प्रायः साइलेज (silage), मक्के का चारा आदि के खिलाने से।

- सर्दियों में कुछ बछड़े लालच के कारण या माँ के अयन का गर्म स्वादिष्ट दूध अच्छा लगने के कारण अधिक मात्रा में पी लेते हैं। यह दूध आमाशय में जम जाता है और स्थिरता उत्पन्न करता है। यहाँ उपस्थित जीवाणु वृद्धिकर अधिक मात्रा में गैस उत्पन्न कर देते हैं।

लक्षण एक दृष्टि में

- जुगाली (पागुर) बन्द।
- बायीं ओर का पेट फूल जाता है।
- पिछला पैर पटकता है एवं पेट को मारता है।
- पेट में दर्द एवं तकलीफ।
- साँस लेने में कष्ट।
- पेट को थपथपाने पर ठोस-सी आवाज।

- दाना मिश्रण (concentrate mixture) खिलाने से।
- कुटा हुआ मक्का अधिक अफारा पैदा करता है।
- अधिक मात्रा में दलहनी का चारा या भूसा, चूनी आदि खिलाने से।

बचाव (Prevention)

- रोग से बचने के लिए यह बहुत आवश्यक है कि गैस उत्पन्न करनेवाले पदार्थ बच्चे (बछड़ों) को न खिलावें।
- बछड़ों को कम मात्रा में दूध देना चाहिये।
- बछड़ों को कम वसावाले ऐसे पदार्थ भी नहीं देने चाहिये जिनसे गैस उत्पन्न होती हो।

चिकित्सा (Treatment)

- पशुओं को इधर-उधर टहलायें।
- बायीं ओर फूले हुए पेट पर तारपीन का तेल + हींग + गर्म जल की मालिश आगे से पीछे की ओर लगातार 20 मिनट तक करें।
- एण्टीहिस्टामिनिक; जैसे- एविल 5 मि.ली. मांसपेशीगत् दें।
- ब्लोटीनोक्स या ब्लोटोसिल (Blotinox or Blotocil) या कार्मीटोन तरल 30-50 मि.ली. मुख द्वारा दें।
- पेट से गैस निकालने के लिये आमाशय की नली (stomach tube) का प्रयोग किया जा सकता है।

5. बछड़ों के पेट में बालों की गेंद तथा एबोमेजम का अन्तर्घट्टन (Abomasal impection)

परिचय (Introduction)—छोटे बछड़े तरल भोजन (liquid diet) पर रखे जाते हैं। परन्तु, जैसे ही वे थोड़ा ठोस भोजन खाते हैं, उनमें विभिन्न प्रकार की वस्तुओं को चबाने तथा चाटने का स्वभाव उत्पन्न हो जाता है। उनमें अन्य बछड़ों, जो जूँ, खाज आदि से ग्रस्त होते हैं, को चाटने की बुरी आदत पड़ जाती है। बछड़ों में इस बुरी आदत के परिणामस्वरूप उनके पेट में "बालों की गेंद तथा एबोमेजम का अन्तर्घट्टन रोग" उत्पन्न हो जाते हैं।

विकृति-विज्ञान (पैथोलोजी)—बछड़े जब एक-दूसरे को चाटते हैं तो बाल पेट में चले जाते हैं। पेट की दीवार की मांसपेशियों के संकुचन से इनकी आकृति गोलाकार हो जाती है। इसकी सतह पर श्लेष्मा एकत्र हो जाता है और कई प्रकार के लवण शोषित हो जाते हैं। इस प्रकार बालों की गेंद का निर्माण होता है।

शव परीक्षण के अन्तर्गत

- मृत बछड़ों की मृत्यु के बाद उनका पोस्टमार्टम (P.M.) करने पर विभिन्न प्रकार की आकृतियोंवाली गेंदें मिलती हैं। इनका आकार 0.5–2 से.मी. तक होता है।
- ये संरचनायें सामान्य रूमेन आमाशय में मिलती हैं जो कि बहुत कठोर तथा सघन होती हैं।
- यदाकदा एबोमेजम में भी मिलती हैं।

लक्षण एक दृष्टि में

प्रमुख लक्षण

- उदर की तीव्र पीड़ा।
- कभी–कभी उदरगुहा में दाहिनी ओर नीचे की दिशा में परिस्पर्शन करने से बालों की गेंद की उपस्थिति का अनुभव होता है।

शव परीक्षण में

- बालों की गेंद एबोमेजम उदर में मिलती है।
- स्थानीय रक्तवाहिनियों में रक्ताधिक्य मिलता है।

याद रहे— कभी-कभी सघन बालों की गेंदें पाइलोरस (जठर निर्गम) में फँस जाती हैं तथा यह रोग एबोमेजम का अन्तर्घट्टन कहलाता है।

चिकित्सा (Treatment)–रोग का निश्चित निदान होने पर ''उदर छेदन शल्य-चिकित्सा'' की जाती है जिससे पशु का जीवन बच जाता है। सम्भवतः यही रोग का एक मात्र प्रभावकारी उपचार है।

चिकित्सा (Prevention)

- बछड़ों को पर्याप्त मात्रा में भोजन दिया जाये, विशेषकर ठोस भोजन समय से दिया जाये।
- जूँ तथा खाज-ग्रस्त बछड़ों का नियनित रूप से उपचार किया जाये।
- शरीर की स्वच्छता हेतु नित्य-प्रति समस्त बछड़ों को खरहरा किया जाये तथा मालिश करके साफ-सुथरा रखा जाये।

जीवाणु जनित रोग (Bacterial Diseases)

1. नाभि रोग (Navel ill)

परिचय (Introduction)—नवजात बछड़ों का यह बहुत ही घातक रोग है जोकि अधिकांश बछड़ों में जीवन के प्रथम सप्ताह में होता है तथा शत-प्रतिशत बछड़ों की इस रोग से मृत्यु हो जाती है।

इस रोग से नाभि में सूजन आ जाती है, मवाद (pus) भर जाता है, जीवाणु विषाक्तता से बछड़ों की मृत्यु हो जाती है।

कारण (Causes)—यह रोग विभिन्न प्रकार के जीवाणुओं से होता है, जो किन्हीं परिस्थितियों में रोग उत्पन्न करते हैं। ये जीवाणु हैं—

- इस्चीरिचिया कोलाई (Escherichia coli)
- सालमोनैला प्रजातियाँ (Salmonella species)
- प्रोटियस मारगोनाई (Proteus margonii)
- सीउडोमोनास एरीजीनोसा (Pseudomonas aeruginosa)

- पाश्चुरेल्ला मल्टोसिडा (Pasteurella mutocida)
- स्ट्रैप्टोकोकस प्रजातियाँ (Streptococcus species)
- स्टेफाइलोकोकस प्रजातियाँ (Staphytococcus species)
- कॉरनीबैक्टीरियम पायोजनिस (Corynebacterium pyogenes) आदि।

रोग की सम्भावना

- बछड़े के जन्म के पश्चात् यदि गन्दे चाकू, कैंची, ब्लेड आदि से नाभि काटी गई, तो रोग की सम्भावना बहुत बढ़ जाती है।
- यदि नाभि को शरीर के बहुत निकट से काटा गया हो, तो भी रोग की सम्भावनायें बढ़ जाती हैं।
- जहाँ गाय-भैंस ब्यांती हैं यदि वहाँ पर गन्दगी का साम्राज्य है, तो भी यह रोग सरलता से हो जाता है।

विकृति-विज्ञान (पैथोलोजी)—रोग के जीवाणु नाभि में घुस जाते हैं और वहाँ ये वृद्धि करते हैं। तत्पश्चात् रक्त-परिसंचरण द्वारा (by blood circulation) शरीर के विभिन्न भागों में पहुँच जाते हैं। इस तरह उपरोक्त जीवाणु यकृत, गुर्दों, लसीका ग्रन्थियों (lymph glands) तथा मस्तिष्क में पहुँचकर पूय (pus) उत्पन्न करते हैं। रक्त द्वारा ये जीवाणु घुटनों तथा पिछले पैरों में भी पहुँच जाते हैं।

लक्षण (Symptoms) विस्तार से—यदि संक्रमण बहुत तीव्र है तो बछड़ों की तुरन्त मृत्यु हो जाती है। साथ ही मरने से पूर्व कोई लक्षण दिखायी नहीं पड़ते हैं मध्यम स्वरूप के रोग में बछड़ों की नाभि तथा उसके आसपास के क्षेत्र में सूजन आ जाती है। बछड़े सुस्त हो जाते हैं और तेज बुखार आता है। वे खाना-पीना बन्द कर देते हैं। माँ का दूध भी नहीं पीते हैं। ऐसे बछड़े अकसर लेटे रहते हैं। विभिन्न प्रकार के जीवाणु रोग कारक विष (toxins) उत्पन्न करते हैं जिससे जीवाणु-विषाक्तता (टॉक्सीमिया) तथा मृत्यु हो जाती है। कभी-कभी बछड़ों में निमोनिया और जठर-क्षुद्रान्त्रशोथ (गैस्ट्रो- ऐंटैराईटिस- Gastroenteritis) के लक्षण भी हो जाते हैं।

लक्षण एक दृष्टि में

- तीव्र रोग में तुरन्त मृत्यु, कोई लक्षण स्पष्ट नहीं।
- मध्यम प्रकार के रोग में नाभि तथा उसके आसपास के क्षेत्र में सूजन।
- सुस्त एवं तेज बुखार।
- खाना, दूध पीना आदि बिलकुल नहीं।
- धीरे-धीरे कमजोरी एवं खड़े होने में असमर्थ।
- जीवाणु विषाक्तता और मृत्यु।
- कभी-कभी निमोनिया और जठरआन्त्रशोथ के लक्षण भी।

शव परीक्षण *(Postmortem)*

- शव-परीक्षण में नाभि को काटने पर उसमें पीव (pus) की उपस्थिति मिलती है।
- लसीका पर्वों, यकृत, प्लीहा (spleen), वृक्कों एवं मस्तिष्क में पूतिज सूक्ष्मविक्षतियाँ (suppurative foci) देखने को मिलती हैं।
- हृदय की दीवार में अनेक स्थानों पर रक्तस्राव देखने को मिलता है।

निदान (Diagnosis)

- नवजात बछड़ों में रोग के लक्षणों तथा शव-परीक्षण की प्राप्तियों के आधार पर निदान करने में कोई कठिनाई नहीं होती है।

- रोगकारक जीवाणु का पृथक्करण (isolation) तथा उसकी पहिचान, निदान (diagnosis) तथा प्रभावकारी चिकित्सा दोनों के लिये उपयोगी है।

उपचार (Treatment)–

क. सूजी हुई नाभि में सुई चुभोकर देखना चाहिये कि नाभि सूजन कच्ची है अथवा उसमें मवाद पड़ गया है। यदि नाभि की सूजन कच्ची है तो उस पर आयोडैक्स मरहम, लिनीमैन्ट टर्पेन्टाइन अथवा स्वैनिल तेल से मालिस करनी चाहिए। इससे या तो सूजन बैठ जाती है या पक जाती है। यदि नाभि की सूजन में मवाद है, तो चीरा लगाकर मवाद को निकाल देना चाहिये तथा टिन्चर आयोडीन या बीटाडीन की पट्टी करनी चाहिये।

ख. बछड़े को बहुक्षेत्रीय एण्टीबायोटिक लगाना चाहिये। (विवरण पीछे है)।

ग. दर्दहारी इंजेक्शन लगाना चाहिये।

घ. विटामिन बी काम्पलैक्स का इंजेक्शन लगाना चाहिये। (विवरण पीछे है)।

रोकथाम (Prevention) के उपाय–नाभि रोग की रोकथाम हेतु निम्नलिखित उपाय किये जा सकते हैं–

- संक्रमण प्रसार को रोकने के लिए बछड़ों को अलग-अलग बाड़ों/स्थानों में बाँधना चाहिये, ताकि वे एक-दूसरे की नाभि को न चाट सकें।
- संक्रमणग्रस्त बाड़ों तथा ब्यांत के कमरों (calving boxes) का प्रयोग से पूर्व विसंक्रमित करना लाभकर होता है।
- जहाँ रोग फैला हुआ हो, वहाँ के बछड़ों की नाभि-ड्रेसिंग शुष्क औषधि (सिबाजोल पाउडर/सेमीजोल पाउडर, निओस्पोरिन पाउडर आदि) से करनी चाहिये। नम ड्रेसिंग अधिक उपयुक्त नहीं।

महत्त्वपूर्ण सुझाव–जन्म के पश्चात् बछड़ों की नाभि उदर से 10 से.मी. दूर एक स्वच्छ कैंची या चाकू की सहायता से काटनी चाहिये और नाभि को पोवीडोन आयोडीनया बीटाडीन (Betadine) या टिंचर आयोडीन में भीगे धागे से बाँधना चाहिये। नाभि तथा उसके आसपास के क्षेत्र में बीटाडीन प्रतिदिन लगानी चाहिए। ऐसा करने से रोग की रोकथाम में बहुत सहायता मिलती है।

2. बछड़ों का डिफ्थीरिया रोग (Calves Diphtheria)

परिचय (Introduction)–यह रोग बछड़ों की भाँति नवजात बछड़ों में भी हो जाता है। यह एक घातक संक्रामक रोग है। बछड़ों में प्राय: यह रोग 4-8 सप्ताह से 6 माह तक की आयु में होता है। इस रोग में बछड़ों के मुँह, गाल, जीभ एवं गर्दन (गले) के पास सूजन और छाले उत्पन्न हो जाते हैं, जिससे खाने-पीने और श्वास लेने में कठिनाई होती है। अन्त में बछड़ों की मृत्यु हो जाती है।

कारण (Cause)– बच्चों में यह रोग *कोरनीबैक्टीरियम डिफ्थीरियाई* (*Corynebacterium diphtheriae*) नामक जीवाणु से होता है एवं बछड़ों में यह रोग *फ्यूजीफारमिस नेक्रोफोरस* (*Fusiformis necrophorus*) नामक जीवाणु से होता है।

शव परीक्षण

- मुँह, गालों, चर्बक (मोलर) दाँतों के समीप, जिह्वा के आधार व किनारों तथा ओठों पर अर्बद (tumor) मिलते हैं।

- मुँह, स्वरयंत्र, पाचनतंत्र–ओमेसम (omasum), त्वचा तथा खुरों आदि में विक्षतियाँ (lesions) देखी जाती हैं।
- जिस रोगी की मृत्यु तीव्र रोग से होती है उसके शव–परीक्षण में कठोर–तालु, मसूड़ों (gums), ग्रसनी (pharynx), नासिका मार्गों, श्वासनली तथा फेफड़ों और कभी–कभी ग्रासनली (ईसोफेगस–oesophagus) तथा रूमेन में भी क्षतियाँ पायी जाती हैं। शव परीक्षण में कभी–कभी गालों के अन्दर चिरकारी बन्द फोड़े (chronic abscess) दिखायी देते हैं।

लक्षण एक दृष्टि में

- रोगी बछड़ों के गालों, जीभ एवं गले में सूजन।
- कभी–कभी सूजन के साथ लार भी।
- मुखगुहा, जीभ के आधार, दोनों किनारों, गालों के भीतरी भागों, ओठों एवं मसूड़ों में छाले या अर्बुद।
- अर्बुद भूरे या पीले–रंग के।
- निमोनिया के लक्षण (जीवाणुओं के श्वास–नली तथा फेफड़ों में प्रवेश करने से)।
- रोग की अति तीव्रावस्था में बछड़ा 1 सप्ताह में मर जाता है। रोग के हल्के आक्रमण में 2–3 सप्ताह तक जीवित रहता है।

विभेदक निदान (Differential diagnosis)—चूँकि इसके लक्षण, खुरपका, मुँहपका रोग (F.M.D.) से मिलते–जुलते हैं। इसलिये, इस रोग से डिफ्थीरिया रोग का विभेदक निदान भी करना आवश्यक होता है।

नोट—बछड़ों के मुँह का सदैव टार्च (torch) की सहायता से परीक्षण करना चाहिये।

चिकित्सा (Treatment)—रोगकारक जीवाणु *एफ. नेक्रोफोरस* सल्फाड्रग्स (विशेषकर सल्फापाइरीडीन), ऑक्सीटैट्रा–सायिक्लेन (टैरामाइसीन) और क्लोरम्फेनीकॉल तथा अन्य बहुक्षेत्रीय एण्टीबायोटिक्स के प्रति बहुत अधिक संवेदनशील होता है।

चिकित्सा की सफलता इस बात पर निर्भर करती है कि मुँह में कितना और कहाँ विगलन उत्पन्न हुआ है।

रोग निदान एक दृष्टि में

- रोग अधिकतर 3 माह तक की आयु के बछड़ों में, कभी–कभी बड़े बछड़ों में भी।
- मुँह में विगलनीय विक्षतियाँ (gangrenous lesions), गालों में सूजन और रुग्णता होने पर रोग (डिफ्थीरिया) का संदेह करना चाहिए।

- अधिकांश रोगी बछड़े जिनमें जीभ और गाल क्षतिग्रस्त होते हैं, वे पुनः स्वस्थ हो जाते हैं। परन्तु, यदि स्वरयंत्र (larynx) या ग्रासनली (oesophagus) प्रभावित होती है, तो विक्षतियों (lesions) के कारण पुनः स्वस्थ होना अत्यन्त कठिन होता है।

3. क्लॉस्ट्रीडिया जनित रक्तस्त्रावी क्षुद्रान्तीरक्तविषाक्तता (Clostridial Haemorrhagic Enterotoxemia)

परिचय (Introduction)— युवा बछड़ों में रक्तस्त्रावी क्षुद्रान्तीरक्तविषक्तता जो कि *क्लॉस्ट्रीडियम परफ्रिन्जैन्स (C. perfringens)* टाइप–सी के बीटा–विष द्वारा पैदा होती है। यह रोग अचानक उत्पन्न हो जाता है और शीघ्र ही बछड़ों की मृत्यु हो जाती है। यह रोग 2 सप्ताह की आयु के बछड़ों में अधिक होता है।

कारण (Cause)—इस रोग का प्रमुख कारण *'क्लॉस्ट्रीडियम परफ्रिन्जैन्स (C. perfringens)* नामक ग्राम पॉजीटिव दण्डाणु है। यह जीवाणु बीटा-विष (Beta-toxin) उत्पन्न करता है, जिससे बछड़ों की मृत्यु हो जाती है।

लक्षण एक दृष्टि में

- रोग का प्रारम्भ एकाएक।
- दुर्बलता (weakness)।
- भोजन न करना।
- तीव्र उदर शूल।
- पेट पर लात मारना।
- रक्तयुक्त दस्त एवं बछड़ों की मृत्यु।
- बहुत से बछड़ों की अन्तिम लक्षणों से पूर्व ही मृत्यु।
- अवसाद, पृष्ठायाम (opisthotonus) और अपतानिक आकर्ष (tetanic spasm) के लक्षण।

शव परीक्षण (Postmortem)

- आन्त्र के मध्य और अन्तिम भाग में रक्तस्रावी आन्त्रशोथ।
- आन्त्र की म्यूकस मेम्ब्रेन पर हल्का नि:स्राव।
- फेफड़ों में रक्ताधिक्य एवं द्वितीय आमाशय, एबोमेजम, में अर्ध थक्का युक्त दूध पाया जाता है। एबोमेजम की श्लेष्मा में भी रक्त की अधिकता होती है।

निदान (Diagnosis)

- दो सप्ताह की आयु के बछड़ों की अचानक मृत्यु का इतिहास मिलना तथा विशिष्ट विक्षतियों से रोग का संदेह किया जाता है।
- आन्त्र की सामग्री में ग्राम-पोजीटिव दण्डाणु की उपस्थिति होना।

बचाव (Preventive measure) के उपाय

- स्वच्छता की ओर विशेष ध्यान देना चाहिये।

4. साल्मोनैल्लोसिस (Salmonellosis)

परिचय (Introduction)—यह रोग नवजात बछड़ों (calves) में *सालमोनैला डबलाइन (S. dubline)* या *साल्मोनैला टाइफीम्यूरियम (S. typhimurium)* नामक जीवाणु से 9 से 4 सप्ताह की आयु में प्राय: होता है। बीमारी बड़े बछड़ों में भी हो सकती है। इस रोग में दस्त, पेचिश आदि लक्षण होते हैं।

लक्षण एक दृष्टि में

- रोगी में दस्त, पेचिश आदि लक्षण होते हैं।
- अतिशय दुर्बलता।
- अवस्था में सुधार न होनेवाले बछड़ों की मृत्यु अवश्य।
- कभी-कभी रोग के साथ लंगड़ापन, जोड़ों का शोथ (arthritis), जीवाणु निमोनिया आदि उत्पन्न हो जाते हैं एवं अधिकांश बछड़ों की मृत्यु।

कारण (Cause)— बछड़ों में यह रोग *साल्मोनैल्ला टायफीम्यूरियम, साल्मोनैल्ला डबलाइन* तथा कभी-कभी *साल्मोनैल्ला एनाटम* नामक जीवाणुओं द्वारा उत्पन्न होता है।

विशेषता (Characteristic)–वयस्क गोवंशीय पशु रोगवाहक (carrier) का कार्य करते हैं तथा संक्रमण (infection) संचारित करते हैं।

नोट—● रोगवाहकों का पता लगाना आवश्यक होता है। ऐसा व्यक्तिगत पशुओं से संवर्धन करके किया जा सकता है।

- रक्तोदकी प्रयोगों (सीरोलोजिकल टैस्ट्स) द्वारा भी रोगवाहकों का पता लगाया जा सकता है।

निदान (Diagnosis)

- मुख्य रूप से निदान कई बार जीवित बछड़ों के गोबर तथा मूत्र का परीक्षण करने से सम्भव होता है।
- कुछ वैज्ञानिक वाहक पशुओं को ज्ञात करने के लिये पित्ताशय की सामग्री का परीक्षण करते हैं।
- रोगवाहकों का निदान सीरोलोजिकल परीक्षणों द्वारा भी किया जाता है।

शव-परीक्षण (Postmortem)—मरे हुए बछड़े का पोस्टमार्टम करने पर निम्न विकृतियाँ देखने को मिलती हैं—

- मुख्य विक्षतियाँ (main lesions) यकृत तथा वृक्कों में पीले-लाल-रंग के अनेक परिगलनीय सूक्ष्म-विक्षतियों (necrotic foci) के रूप में मिलती हैं।
- निमोनिया, आन्त्रशोथ, जीवाणु विषाक्तता सम्बन्धी विक्षतियाँ भी देखी जा सकती हैं।

चिकित्सा (Treatment)— इसकी चिकित्सा निम्न विशेष विधियों से सुझाई गई है—

- साल्मोनैल्ला डबलाइन संक्रमण की चिकित्सा ऑक्सीटेट्रासाइक्लीन, नियोमाइसीन (neomycin) सल्फेट, फ्यूराजोलीडोन (Furazolidone) आदि औषधियों को मुख द्वारा देकर की जाती है।
- इस रोग की चिकित्सा में कुछ ऐसे प्रतिवेदन भी आये हैं जिनमें जीवाणुनाशक औषधि पॉलीमिक्सिन (Polymixin) अधिक उपयोगी साबित हुई है। ये औषधियाँ आन्त्र स्थित ग्राम निगेटिव जीवाणुओं को समाप्त करती हैं।

रोकथाम के उपाय (Preventive measures)

- रोगी पशुओं को स्वस्थ पशुओं से अलग रखा जाय।
- बछड़ों के रहने के स्थान अथवा गोशालाओं की खूब सफाई तथा उनको विसंक्रमित करना चाहिये।
- सा. डबलाइन स्ट्रेन न. 1 नामक टीका अधोत्वचा विधि द्वारा बछड़े के जन्म के बाद कुछ ही दिनों में दिया जाता है।

5. ब्रूसैल्लोसिस (Brucellosis)

परिचय (Introduction)—ब्रूसैल्लोसिस की बीमारी वयस्क पशुओं में *ब्रूसैल्ला एबॉर्टस (Brucella abortus)* नामक जीवाणु के द्वारा होती है एवं 4-6 माह की अवस्था में गर्भपात (abortion) उत्पन्न करती है। संक्रमण ग्रस्त माताओं से नवजात बछड़ों में भी रोग हो जाता है। इससे कभी-कभी बछड़ों की मृत्यु भी हो जाती है।

कारण (Cause)—बछड़ों में यह रोग *ब्रूसैल्ला एबॉर्टस* जीवाणु द्वारा होता है।

लक्षण एक दृष्टि में

- बछड़े का जन्म मृत रूप में होता है।
- यदि बछड़े की मृत्यु नहीं होती है, तो वह अत्यधिक दुर्बल होता है।
- कुछ बछड़ों में निमोनिया, दस्त, नाभि रोग और जोड़ों का शोथ आदि लक्षण होते हैं।

संक्रमण (Infection)— रोग का संक्रमण गर्भाशय में ही गर्भ को हो जाता है, जिसका प्रभाव जन्म के 4–5 माह पश्चात् तक ही रहता है।

रोग का फैलना (Spread of disease)— योनि के स्रावों, स्तनों, दूषित आहार और पानी द्वारा होता है।

निदान (Diagnosis)—रोग का निदान निम्न विधियों से होता है—

- ऊतकों तथा स्रावों (tissues and secretions) से जीवाणुओं के पृथक्कीकरण से।
- समूहन (एग्लूटिनेशन) परीक्षणों द्वारा संक्रमण के 3–8 सप्ताह पश्चात् निदान सम्भव होता है।
- पूरक (कम्पलीमेंट) परीक्षण द्वारा रोग निदान।

चिकित्सा (Treatment)

- इस रोग का कोई प्रभावकारी उपचार नहीं है।
- रोग के प्रभावकारी उन्मूलन का एकमात्र उपाय बचाव है।

रोकथाम के उपाय (Preventive measures)— निम्न हैं—

- ब्रूसैल्ला से प्रभावित गाय/भैंसों से उत्पन्न बछड़ों को कुछ समय तक अन्य स्वस्थ पशुओं से उत्पन्न हुए बछड़ों से अलग रखना चाहिये।
- बछड़ों को 4–8 माह की आयु में कॉटन स्ट्रेन–19 (cotton strain-19) नामक टीका लगवा दिया जाता है। इस रोगमुक्तिकरण को काफहुड टीकाकरण (calfhood vaccination) कहते हैं।

विशेष लाभ (Special advantages)

- इस टीके के लगने से 70% या इससे अधिक पशुओं में ब्रूसैल्लोसिस से बचाव हो जाता है।
- ब्रूसैल्लोसिस रोग का प्रभाव कम हो जाता है।
- टीका लगवाने से गायों में गर्भपात नहीं होता है।
- दूध उत्पादन में कमी जैसी हानियों से बचा जा सकता है।

याद रहे— काटन स्ट्रेन–19 टीका लगवाने के पश्चात् एग्लूटिनेशन परीक्षण द्वारा रोग निदान में कठिनाई होती है।

6. गलाघोंटू (Haemorrhagic Septicaemia)

परिचय (Introduction)—यह बछड़ों तथा अन्य पालतू पशुओं का एक तीव्र संक्रामक रोग है। इसमें रक्तस्रावी पूतिरक्तता (haemorrhagic septicaemia) तथा निमोनिया उत्पन्न हो जाता है। इस बीमारी से प्रतिवर्ष वर्षा–ऋतु में अनेक पशु मर जाते हैं और अपार आर्थिक हानि होती है।

कारण (Cause)—यह बीमारी *पाश्चुरील्ला मल्टोसिडा (Pasteurella multocida)* नामक ग्राम निगेटिव, कोकॉयड या छोटे दण्डाणुओं द्वारा उत्पन्न होती है। इसके जीवाणु सामान्यतः श्वसन संस्थान में उपस्थित रहते हैं। परन्तु कुछ विशेष परिस्थितियों में ही गलघोंटू उत्पन्न करते हैं। जब पशु में रोग–प्रतिरोध–क्षमता कम हो जाती है, तभी रोग का प्रकोप देखा जाता है। प्रायः लम्बी यात्रा, प्रतिकूल मौसमों या दुर्बलता में रोग अधिक होता है।

रोग का फैलना (Spread of Disease)—रोग का प्रसार निम्न माध्यमों से होता है—

- दूषित भोजन व पानी के संसर्ग तथा ग्रहण करने पर।
- जलांशी संक्रमण (droplet infection)।
- बछड़ों में गायों के स्तनों से।

प्रकार (Types)—गलाघोंटू रोग निम्न प्रकार का होता है—

- अति तीव्र प्रकार (Peracute type)
- तीव्र प्रकार (Acute type)
- कम तीव्र प्रकार (Subacute type)

निदान (Diagnosis)

- रोग प्रकोप के इतिहास (history) एवं लक्षणों से रोग का संदेह होता है।
- जीवाणुओं का पृथक्कीकरण (isolation of bacteria) तथा पहिचान करने से।
- रक्तालेप (blood slide) परीक्षण करके इस रोग के जीवाणुओं को विशेष विधियों द्वारा दर्शाया जा सकता है।

रोग लक्षण एक दृष्टि में

अति तीव्र प्रकार

- नाक बहना।
- आँखों से आँसू गिरना।
- श्वसन में कठिनाई।
- तीव्र नाड़ी।
- तीव्र ज्वर 104–106 अं. फा. (40–41 अं. सेन्टीग्रेट)।
- भूख न लगना।
- कानों का झुकना।
- श्लेष्म-कलाओं में रक्ताधिक्य।
- सिर, गर्दन, छाती आदि में सूजन/शोफ।
- रोगी पशु की मृत्यु 12 से 24 घण्टे में, कभी-कभी इससे भी पहले।

तीव्र तथा कम तीव्र प्रकार

- निमोनिया सम्बन्धित लक्षण।
- श्वसन में कठिनाई।
- फेफड़ों में कड़-कड़ की ध्वनि (rales) का सुनाई देना।
- खूनी दस्त आना।
- भूख न लगना।
- कमजोरी बढ़ना।

शव-परीक्षण (Postmortem)—रोग से मृत पशुओं की परीक्षा करने पर—

- फेफड़ों में सूजन, कड़ापन व प्लूरो- निमोनिया मिलती है।
- आँतों में सूजन तथा रक्तमिश्रित आन्त्र-सामग्री के कारण इसके अन्दर के पदार्थ लाल मिलते हैं।
- हृदय की लसलसी-झिल्ली/सीरस मेम्ब्रेन (heart serous membrane) में फाइब्रिन तथा रक्तस्राव मिलता है।
- गले में सूजे हुए स्थान पर रक्त मिला तरल पदार्थ होता है।

अनुभूत चिकित्सा (Empirical treatment)

क. इन्जेक्शन बैटनिसॉल 2 से 5 मि.ली. मांस में। *अथवा*
इन्जेक्शन बीटालॉग 2.5 से 5 मि.ली. मांस में।

ख. इन्जेक्शन सल्फाडाइमिडीन या वैसाडाइन (Vesadine) 20–30 मि.ली. खाल के नीचे (S/C) या मांस (I.M.) में या शिरामार्ग (I.V.) से। *अथवा*
इन्जेक्शन टैरामाइसीन या ऑक्सीस्टेक्लीन 20–30 मि.ली. S/C, I.M. या I/V।
लाभ न मिलने पर—
इन्जेक्शन नियोमाइसीन 5–10 मि.ली. मांस में सूचीवेध द्वारा। *अथवा*

इन्जेक्शन एम्पिसिलिन 500–1000 मि.ग्रा. पर्याप्त डिस्टिल्ड वाटर में घोलकर मांस में या शिरा मार्ग से। *अथवा*

एम्पिसिलिन 500 मि.ग्रा. + क्लोक्सासिलिन 500 मि.ग्रा. पर्याप्त डिस्टिल्ड वाटर में घोलकर I/M रूप में दें।

ग. अधिक सूजन की स्थिति में इन्जेक्शन इस्जिपाइरीन (Inj. Esgipyrine) 5–10 मि.ली. मांस में (I.M.)।

नोट— गलघोंटू रोग में उपरोक्त सभी चिकित्सायें साथ-साथ की जाती हैं। सभी औषधियों की पूरी या आधी मात्राऐं 2–3 दिन तक दी जाती हैं। अथवा जब तक रोगी बछड़ा ठीक न हो जाये।

सावधान (Caution)— ठीक हो जाने के बाद भी कई दिन तक चारा नहीं देना चाहिये। केवल तरल पदार्थ यथा उबला हुआ दलिया + दूध ही देना चाहिये।

बचाव (Prevention)—हमारे देश में रोग से बचाव हेतु 'एच. एस. ब्रोथ वेक्सीन' (H.S. Broth vaccine), एच.एस. एलम प्रेसीपिटेटैड वेक्सीन (alum precipitated vaccine) तथा एच. एस. आयल एडजुवैंट वेक्सीन (oil adjuvent vaccine) उपलब्ध हैं। बरसात से पूर्व पशुओं को इसका टीका प्रतिवर्ष लगवाना चाहिये। इससे उत्पन्न प्रतिरक्षा (immunity) 3 माह तक कायम रहती है। दुबारा वर्षा के अन्त में टीका अवश्य लगवा देना चाहिये। ऐसा करने से बीमारी का खतरा नहीं रहता है। (टीकाकरण के बारे में विस्तृत विवरण पीछे दिया गया है।)

7. लंगड़ी ज्वर (Black Quarter / B.Q.)

परिचय (Introduction)—लंगड़ी ज्वर 2–4 माह से अधिक आयु के बछड़ों तथा अन्य गोवंशीय पशुओं में होता है। यद्यपि, यह रोग बछड़ों में कम होता है। परन्तु, एक बार प्रकोप होने पर उनको बचाना कठिन हो जाता है। इस रोग में बच्चों के पुट्ठों (विशेषकर मांसल भाग) पर सूजन आ जाती है जिससे बछड़े लंगड़ाने लगते हैं और जीवाणु विषाक्तता के कारण उनकी मृत्यु हो जाती है।

कारण (Cause)—इस रोग का कारण एक जीवाणु है जिसे *क्लॉस्ट्रीडियम सेवियाई (Clostridium chauvoei)* कहते हैं। यह जीवाणु मिट्टी में पाया जाता है। यह जीवाणु अनेक प्रकार के विष उत्पन्न करता है, जिससे बछड़ों तथा अन्य पशुओं की मृत्यु हो जाती है।

प्रभावित क्षेत्र (Affected area)—यह गर्म तथा नम जलवायुवाले प्रदेशों में अधिक होता है।

लक्षण एक दृष्टि में

- पशु सुस्त एवं जुगाली (पागुर) बन्द।
- तेज ज्वर (hyperpyrexia)।
- खाना, दाना, पानी आदि छोड़ देना या कम कर देना।
- पुट्ठों में सूजन (पिछले पैरों के ऊपर या जाँघों में दर्द-भरी सूजन)।
- बछड़ा लंगड़ाकर चलता है।
- पुट्ठों को छूकर देखने पर पुट्ठों की मांसपेशियाँ गर्म तथा दबाने पर पीड़ा। बाद में मांसपेशियाँ ठंडी तथा पीड़ारहित हो जाती हैं।
- पुट्ठों की त्वचा कठोर। दबाने पर करकराहट की ध्वनि अथवा चरचराहट की आवाज।
- पशु 2–3 दिन में मर जाता है।

नोट—पहले लंगड़ी ज्वर वयस्कों में होता है और उनसे ही यह बछड़ों में लग जाता है।

संक्रमण का तरीका (Mode of infection)—रोग का संक्रमण बीजाणुओं (spores) द्वारा होता है। जब पशु चरागाह में चरने जाता है तब बीजाणु चोट या घाव विक्षतियों द्वारा शरीर में प्रविष्ट हो जाते हैं।

निदान (Diagnosis)—लंगड़ी ज्वर का निदान रोग के इतिहास (history), रोग लक्षण तथा विक्षतियों (lesions) की पहचान के आधार पर किया जाता है।

शव-परीक्षण (Postmasters)—मरे हुए पशु के शव की परीक्षा करने पर—

- मांसपेशियाँ गहरे-भूरे-रंग की हल्की धारीदार होती हैं।
- स्थानीय लसीका पर्वों में शोफ, रक्ताधिक्यता तथा रक्तस्राव मिल सकता है।
- हृदय की मांसपेशी, जिह्वा, डायाफ्राम आदि काले-लाल होते हैं।
- फेफड़ों में भी शोफ देखने को मिलता है।
- क्षतिग्रस्त मांसपेशियों को दबाने पर करकराहट की ध्वनि मिलती है।

चिकित्सा (Treatment)

क. सूजनवाले स्थान को जहाँ छूने से बालू जैसा कड़-कड़ या चर-चर का अनुभव हो, तो किसी साफ चाकू (clear knife) या ब्लेड से दो-चार जगहों पर एक-दो इंच का चीरा लगाकर उस स्थान से रक्त को निकाल देना चाहिये (जो देखने में काला-काला नजर आ रहा हो)। अब चीरा लगे स्थान की भली-भाँति सफाई करके उसमें कोई एण्टीबायोटिक/एण्टीसेप्टिक दवा भर देनी चाहिये।

ख. फोर्टीफाइड प्रोकेन पेनिसिलिन (F.P.P.) अथवा कालपेन फोर्ट बछड़ों को 10 लाख यूनिट की मात्रा में I/M रूप में लगानी चाहिये। साथ ही इसी इंजेक्शन को चीरे के आसपास इन्जेक्ट कर देना चाहिये। *अथवा*

आलसाइक्लीन ओ, ओक्सीवेट, टेरामाइसीन-एल.ए. (Terramycin LA), वोलीसाइक्लीन, औक्सीस्टेक्लीन आदि बड़े पशुओं को 30-60 मि.ली. एवं बछड़ों को 5-10 मि.ली. या 10 मि.ली. I/M या I/V इन्जेक्शन से। *अथवा*

एम्पिसिलिन/कैम्पिसिलिन/अलवरसिलीन/कोनाम्पी/कैम्पीबायोटिक बछड़ों को 0.5-1 ग्राम आसुत पानी में घोलकर मांस में (I/M) लगावें। *अथवा*

एम्पिसिलिन 500 मि.ग्रा. + क्लोक्सासिलिन 500 मि.ग्रा. क योग डिस्टिल्ड वाटर में घोलकर मांस में लगावें।

रोकथाम (Prevention)— हमारे देश में B.Q. से बचाव का टीका उपलब्ध है। इसे वर्षा के दिनों में लगवा देना चाहिये।

8. कोलाई बेसिल्लोसिस (Coli Bacillosis)

परिचय (Introduction)—इस रोग का संक्रमण आँतों तक सीमित रहता है। इसमें आँतों की श्लेष्मा (mucosa) में असंख्य *ई. कोलाई* जीवाणु चिपके रहते हैं और रोग उत्पन्न कर बछड़ों को मार डालते हैं।

कारण (Cause)— रोग का प्रमुख कारण *ई. कोलाई* जीवाणु है।

निदान (Diagnosis)— रोग का निदान/पहिचान रोग के इतिवृत्त तथा लक्षणों के आधार पर होता है।

शव-परीक्षण (Postmortem) — शव का पोस्टमार्टम करने पर—

- हृदय, यकृत, गुर्दों एवं मूत्राशय में रक्तस्राव मिलता है।
- तिल्ली की लम्बाई में वृद्धि, गहरी होना, रंग तीव्र तथा मोटी हो जाती है।
- जठरान्त्रशोथ, आन्त्रयोजनी-लसीका (मिसेन्ट्रिक लिम्फ) ग्रन्थियों में सूजन मिलती है।

लक्षण एक दृष्टि में

- रोग का प्रमुख लक्षण दस्त है, जिससे बछड़ों का पिछला भाग तथा पूँछ गन्दी हो जाती है।
- दस्तों का रंग पीला या श्वेत तथा पतला या गाढ़ा।
- खुराक कम।
- निर्जलीकरण एवं आँखें सिकुड़ जाना।
- उपचार के अभाव में बछड़ों की शीघ्र मृत्यु।

चिकित्सा (Treatment)— इस रोग का उपचार पूर्व की बीमारी 'दस्त और पेचिस' के समान करनी चाहिये।

बचाव (Prevention)— रोग से बचने के लिये निम्न उपाय करने चाहिये—

- छोटे बच्चों को पर्याप्त मात्रा में खीस पिलाना चाहिये।
- बछड़ों को जन्म देनेवाले कमरे या स्थान की भली-भाँति सफाई रखनी चाहिये।
- ब्यांत से पूर्व गाय/भैंस के पिछले भाग तथा जननांग की भली-भाँति सफाई कर लेनी चाहिए ताकि बछड़ों में संक्रमण न हो सके।
- बछड़ों में विटामिन-ए की कमी को दूर करने का उपाय तथा उपचार करना चाहिये।

9. बछड़ों में जोहनीज-रोग (Johnes Disease-J.D.)

परिचय (Introduction)—जोहनीस रोग के जीवाणु (Johnies bacteria) को बछड़े जीवन के प्रथम सप्ताह में ग्रहण करते हैं और रोग उनके बड़े होने पर (in-adult stage) पैदा होता है। इसे **जोन्स रोग** भी कहते हैं।

कारण (Cause)—यह रोग *माइकोबेक्टीरियम पैराट्यूबरकुलोसिस* (*Mycobacterium paratuberculosis*) नामक जीवाणु से उत्पन्न होता है।

रोग फैलने का तरीका (Mode of spread)

- नवजात बछड़ों में संक्रमण जन्म से पूर्व गर्भावस्था में या जन्म के पश्चात् दूषित गोबर के सम्पर्क में आने पर होता है। संक्रमण प्राय: उन्हीं बछड़ों को होता है जिनकी माताओं में जोहनीस रोग बहुत विकसित हुआ होता है।
- कभी-कभी नवजात बछड़े, रोगी बछड़ों या अन्य वयस्क पशुओं के सम्पर्क में आने पर रोग के जीवाणु को ग्रहण कर लेते हैं।

याद रहे—
- जोहनीस जीवाणु रोगग्रस्त गाय या भैंसों के अयन (udder) में पाया जाता है। अत: बछड़े दूध पीते समय जीवाणु ग्रहण कर लेते हैं।
- दुर्बल बछड़ों में यह रोग जल्दी होता है।
- अधिकांश संक्रमण बछड़ों के बचपन या कम आयु में ही उत्पन्न होता है।
- इसके जीवाणु क्षय-रोग (tuberculosis) से मिलते-जुलते हैं।

निदान (Diagnosis)—जोहनीस रोग का निश्चय निम्न विधियों के आधार पर होता है–

- जीवित पशुओं के गोबर का टैस्ट करने से।
- मलाशयी टुकड़ा परीक्षण (rectal pinch examination) I
- मृत पशुओं के शव–परीक्षण में देखी गईं विक्षतियाँ (lesions) भी रोग निदान में सहायक।
- **शव–परीक्षण (Postmortem examination)**
  - → आन्त्रश्लेष्मा मोटी और धारीदार (corrugated) I
  - → आन्त्र में विक्षतियाँ (lesions) इलियोसीकल संगम के निकट मिलती हैं।

रोग लक्षण एक दृष्टि में

- बछड़ों में रोग के कोई लक्षण नहीं। युवावस्था में या प्रथम प्रसव के पश्चात् ही इन्हें दस्त हो जाते हैं।
- रोग का प्रारम्भ बहुत धीरे–धीरे।
- भूख सामान्य परन्तु दुर्बलता अधिक।
- दुर्गन्ध–भरा पतला दस्त बार–बार।
- ज्वर अधिक परन्तु प्यास कम।
- कभी–कभी दस्त होना बन्द और मल सामान्य–सा। परन्तु शीघ्र ही दस्त पुनः प्रारम्भ।
- बाद में खून और श्लेष्मा मिला हुआ पतला दस्त (बुलबुले सहित)।
- दुर्बलता अधिक, आँखें अन्दर धँसी हुईं।
- दस्त अवरोधक दवाओं (astringent medicines) से कोई लाभ नहीं।
- रक्त बहुत घटा हुआ और जलाभाव।

चिकित्सा (Treatment)—जोहनीज एक चिरकारी रोग (chronic disease) है, जो असाध्य होता है। किसी दवा से कोई लाभ नहीं। स्ट्रेप्टोमाइसीन (streptomycin) 1–2 ग्राम लम्बे समय तक देते रहने से थोड़े समय के लिये लाभ मिलता है। परन्तु, आर्थिक दृष्टिकोण से उपचार अच्छा नहीं है।

छोटे पशुओं को सल्फाग्वानेडीन, पेसुलीन, ओरीप्रिम की बोलस मात्रा, 1–2 गोली दिन में 2–3 बार दी जा सकती है। इसके साथ रिनटोज (rintose) 500 से 2000 मि.ली. (एक से चार बोतल) बड़े पशुओं को तथा 100–200 मि.ली. छोटे पशुओं को शिरा या त्वचा में दें।

बचाव (Prevention)

- इस रोग से पीड़ित पशुओं का वध कर देना ही जोहनी 'ज रोग का सर्वोत्तम उपाय है।
- संक्रमित पशु को अन्य पशुओं से तत्काल अलग कर देना चाहिये।

फफूँदीजनित रोग (Fungal Diseases)

बछड़ों में फफूँदी रोग बड़े पशुओं की अपेक्षा कम ही पाये जाते हैं। यह रोग चिरकालिक (chronic) होते हैं। इनमें दाद (ringworm) विशेष महत्त्व का रोग है।

1. दाद/रिंगवर्म (Ringworm)

परिचय (Introduction)—यह एक त्वचा रोग (skin disease) है जो कि ट्राइकाफायटॉन प्रजाति (Trichophyton spices) की त्वक्पादपी कवकों (dermatophytes) द्वारा होता है। बछड़ों में

दाद अधिकतर सिर, विशेष रूप से आँखों के चारों ओर एवं गर्दन में होता है। शरीर के अन्य भागों में बहुत कम होता है।

कारण (Cause)—गोवंशीय पशुओं में दाद फफूँदी की दो प्रजातियों- *ट्राइकोफाइटॉन वेसकोसम* और *ट्राइकोफाइटॉन मेन्टाग्रोफाईटस* द्वारा उत्पन्न होता है।

लक्षण एक दृष्टि में

- दाद की विक्षतियाँ (लीजन्स) प्रायः सिर, आँखों के चारों ओर तथा ग्रीवा में देखी जाती हैं।
- त्वचीय मोड़ों या रगड़े गये स्थानों पर विक्षतियाँ (लीजन्स) मिलकर बड़ी हो जाती हैं।
- लीजन्स गोल, वहाँ के बाल उठे हुए।
- बाद में बाल गिर जाते हैं और त्वचा नंगी हो जाती है।
- पर्याप्त खुजलाहट।

आयु (Age)—रोग का संक्रमण प्रायः एक वर्ष की आयु के बछड़ों में अधिक होता है।

संक्रमण (Infection)—प्रायः दुर्बल बछड़ों या अत्यधिक जुआँ ग्रसित बछड़ों में तीव्र प्रकार के संक्रमण की सम्भावना अधिक रहती है।

विशेष ज्ञातव्य (Specially knowable)

- रोगी बछड़ा दादवाले भाग को दीवारों, खम्भों इत्यादि के साथ रगड़ता हुआ दिखायी देता है।
- गोलाई के किनारे रूखड़े और बीच के भाग चिकने होते हैं।

निदान (Diagnosis)

- रोग का निदान लक्षणों के आधार पर किया जाता है।
- विक्षतियों (लीजन्स) के समीप की त्वचा की खुरचन (skin scraping) का प्रयोगशाला में त्वक्विकारी कवक की उपस्थिति के लिये परीक्षण किया जाता है।

चिकित्सा (Treatment)—प्रभावित स्थानों के बालों को काटकर हल्के साबुन और गरम पानी सेभली प्रकार रगड़कर पपड़ी को हटा दें और स्थान को सूखने दें। तत्पश्चात् नीचे लिखी दवा को लगाया जा सकता है—

- सेलिसिलिक ऐसिड 1 भाग + वेसलीन 16 भाग मिलाकर (मरहम बनाकर) लगाया जा सकता है।
- मल्टीफन्जीन (multifungin), माइकोस्टेटिन (Mycostatin), जोल आयन्टमैन्ट (Zole ointment), फेरीडर्म लोशन, डर्मोक्वीनोल क्रीम आदि में से कोई एक लगावें।
- आइडिफुल्विन (Idifulvin)/ग्राइसोविन (Grisovin) की 2–3 गोली दिन में 2–3 बार दें।

याद रहे—
- दाद रोग के उपचार में स्थानीय औषधियों के आलेख की अपेक्षा पशु प्रबन्धन व्यवस्था में सुधार से अधिक लाभ होता है।
- पशु-भोजन, पशुशाला, पशुओं की सामान्य दशा में सुधार एवं बाह्य परजीवियों के उपचार में विशेष ध्यान देना चाहिये।

बचाव (Prevention)

- नवजात बछड़ों से रोगी को दूर रखा जाये।
- बछड़ों को संक्रमण ग्रसित पशुओं के सम्पर्क से दूर रखें।

विषाणुजनित रोग
(Viral Diseases)

बछड़ों में विषाणु (virus) अनेक प्रकार के घातक रोग उत्पन्न करते हैं। साथ ही अधिकांश विषाणुजनित रोग एक माह से अधिक आयु के बछड़ों में होते हैं, क्योंकि इस आयु से पूर्व बछड़े कोलस्ट्रम (दूध) पीते हैं जिसमें एण्टीबॉडीज (antibodies) होती हैं। बछड़ों में विषाणु खासकर निम्न रोग उत्पन्न करते हैं–

1. खुरपका एवं मुँहपका (Food and mouth disease/F.M.D.)
2. श्लेष्मा/म्यूकोजल रोग (Mucosal disease)
3. मस्तिष्कावरण–मस्तिष्कशोथ (Meningoencephalitis)
4. गो–चेचक (Cow-Pox)
5. पोंका–पोंकनी (Rinderpest)
6. रेबीज (Rabies)

1. बछड़ों का खुरपका तथा मुँहपका रोग (F.M.D. in Calves)

परिचय (Introduction)—यह बछड़ों का एक घातक रोग है। इसमें मसूड़ों, ओष्ठों तथा पैरों में, खुरों के बीच में फफोले निकल आते हैं एवं इनके फूटने पर जिह्वा तथा पैरों में घाव हो जाते हैं। बछड़ों में इस रोग से मृत्यु हो जाती है। विदेशी तथा संकर बछड़े इस रोग के प्रति बहुत अधिक संवेदनशील होते हैं तथा इनमें मृत्यु–दर भी अधिक होती है।

कारण (Cause)—एफ.एम.डी. एक अत्यन्त सूक्ष्म, पिकोरना (picorna) समूह के विषाणु द्वारा उत्पन्न होता है। यह विषाणु (virus) गोलाकार तथा इसका व्यास 7–21 मिलीमाइक्रॉन होता है। इस विषाणु के सात प्रकार तथा अनेक उप–प्रकार (sub-types) होते हैं।

फैलने का तरीका (Mode of spread)—रोग का संचरण मुख्य रूप से छूत (छूतांशों) से दूषित पानी पीने, दूषित चारा खाने, सम्पर्क, दूषित कपड़ों, मनुष्यों, रोगी पशुओं तथा दूषित पदार्थों से सम्पर्क होने पर होता है।

लक्षण एक दृष्टि में

- सुस्ती एवं तेज ज्वर।
- खाना–पीना छोड़ना।
- जिह्वा के तल, मसूड़ों, ओष्ठों तथा पैरों में खुरों के बीच फफोले।
- फफोलों में पानी जैसा तरल पदार्थ। फूटने पर जिह्वा तथा पैरों में धाव। घावों से खून निकलता है।
- घावों के कारण कुछ खाना–पीना नहीं।
- बछड़े लंगड़े हो जाते हैं।
- अन्त में मृत्यु या पुनः स्वस्थ हो जाते हैं।

शव–परीक्षण (Postmortem)—मृत बछड़ों का शव–परीक्षण (P.M.) करने पर–

- जीभ एवं मसूड़ों पर जलस्फोटीय (vesicular) विक्षतियाँ (लीजन्स) मिलती हैं।
- कुछ अंगों में रक्ताधिक्यता तथा कुछ अंगों में विक्षतियाँ (lesions) पायी जाती हैं।

निदान (Diagnosis)—रोग की पहिचान विशिष्ट प्रकार के लक्षणों, शव–परीक्षण की विक्षतियों (लीजन्स), विषाणु के पृथक्कीकरण (isolation) तथा टाइपिंग (typing) आदि आधारों पर किया जाता है।

नोट—यह रोग 15–20 दिन तक चलता है। अन्त में पशु मर जाता है या पुनः स्वस्थ हो जाता है।

चिकित्सा (Treatment)

- रोगी पशु को स्वस्थ पशुओं से अलग रखना चाहिये।
- मुँह की सफाई गुनगुने पानी में 2% फिटकरी (alum) या बोरिक एसिड अथवा नमक डालकर करें तथा बोरोग्लिसरीन मुँह पर लगायें।
- खुरों को गुनगुने पानी में फिनाइल या लाइसोल या बीटाडीन डालकर धोयें तथा बीटाडीन से पट्टी करें।
- बुखार की स्थिति में मैगसल्फ 20 ग्राम, कल्मीशोरा (पोटेशियम नाइट्रेट) 2 ग्राम पानी में मिलाकर दिन में 2 बार पिला सकते हैं।
- पेनिसिलिन, टैट्रासाइक्लीन अथवा एम्पिसिलिन द्वितीयक संक्रमण के निराकरण हेतु दे सकते हैं। अथवा टैरामाइसीन 1 टिकिया दिन में 2 बार दे सकते हैं।

बचाव (Prevention)—रोग से बचाव हेतु निम्न उपाय किये जाते हैं—

- खुरपका–मुँहपका टीका (F.M.D. vaccine) *I.V.R.I.* से प्राप्त कर रोग से बचाव अनेक केन्द्रों पर हेतु प्रयोग किया जा सकता है। पशुपालन विभाग द्वारा यह सुविधा उपलब्ध है जहाँ से निर्धारित शुल्क (vaccination leavy) देकर सामूहिक रूप में टीका लगवाया जा सकता है।

याद रहे—प्रथम बार लगवाये गये टीके से 6–9 माह तक प्रतिरक्षा (immunity) उत्पन्न होती है। अतः समय–समय पर टीका लगवाना आवश्यक होता है।

नोट—इन्हें रोग प्रकोप से पूर्व ही लगवाया जाता है।

अन्य उपाय (Other means)—संक्रामक रोगों से बचाव के सामान्य उपायों द्वारा रोग–निरोध करना चाहिये।

2. पोंका–पोंकनी रोग (Rinderpest-R.P.)

परिचय (Introduction)— पोंका–पोंकनी एक वायरस डिजीज है जो वयस्क पशुओं को तो होता ही है साथ ही बछड़े भी इससे अधिक प्रभावित होते हैं। इस रोग में पशु को पतला तीव्र दस्त आता है जिससे उनका निर्जलीकरण हो जाता है। अन्त में बछड़े की मृत्यु हो जाती है।

कारण (Cause)—यह रोग एक विशिष्ट प्रकार के विषाणु (virus) से उत्पन्न होता है जो कि मीजल्स–रिन्डरपेस्ट–डिस्टेम्पर समूह (Measles-Rinderpest Distemper group) का सदस्य है।

प्रभावित पशु (Affected animals)— गोवंशीय और भैंसवंशीय पशु इस रोग के प्रति सर्वाधिक संवेदनशील होते हैं।

रोग का फैलना (Spread of disease)

- रोग का संचरण रोगी पशुओं द्वारा स्वस्थ पशुओं में होता है।
- ऊपरी श्वसन–संस्थान द्वारा।

याद रहे—
- यद्यपि, हमारे देश के अधिकांश भागों में पोंकनी का उन्मूलन किया जा चुका है। परन्तु, फिर भी, कुछ क्षेत्रों में यह रोग समस्या बना हुआ है।
- पोंकनी में अस्वस्थता एवं मृत्यु-दर बहुत अधिक होती है। यह बछड़े की संवेदनशीलता पर निर्भर करती है।

निदान (Diagnosis)— पोंकनी रोग की पहिचान रोग प्रकोप के इतिवृत्त (history), लक्षणों (symptoms), मरने के बाद उपस्थित विक्षतियों (लीजन्स), जीवाणु के पृथक्करण एवं रक्तोदकी प्रयोग (सीरोलोजिकल टैस्ट) आदि से की जाती है।

लक्षण एक दृष्टि में

- रोग के प्रारम्भ में तीव्र ज्वर, सुस्ती, बेचैनी एवं भूख की कमी तथा श्लेष्मा में रक्ताधिक्य अधिक।
- ओष्ठ, मसूड़ों, भीतरी गाल, जीभ का पृष्ठीय भाग तथा ग्रसनी पर विक्षतियाँ (lesions) पायी जाती हैं।
- लार का अधिक बहना।
- पतला, तीव्र दस्त एवं साथ में बदबू भी।
- पशु में निर्जलीकरण (dehydration)।
- पेशाब और पखाने की झिल्ली लाल।
- 2 से 4 दिन में पशु की मृत्यु।

शव-परीक्षा प्रतिवेदन (P.M. report)—मृत बछड़े की शव परीक्षा प्रतिवेदन में निम्न के पाये जाने से रोग की पुष्टि होती है—

- मुँह में अर्बुद, एबोमेजम एवं ग्रहणी (duodenum) तथा शेषान्त्र के अन्तिम भाग में रक्ताधिक्य व शोफ पाया जाता है।
- मुख्य विक्षतियाँ (लीजन्स) इलियोसीकल वाल्व, सीकोकोलिक जंक्शन तथा मलाशय में होती हैं।
- मलाशय में जेब्रा-मार्किंग क्षत-चिन्ह (zebra-marking scars) मिलते हैं जो इस रोग की विशिष्ट पहिचान है।
- पित्ताशय, मूत्राशय आदि अंगों में भी रक्ताधिक्य अधिक देखने को मिलता है।

चिकित्सा (Treatment)—इस रोग का कोई उपचार नहीं है फिर भी निम्न व्यवस्था की जा सकती है—

क. अधिक दस्त की स्थिति में खड़िया 15 ग्राम, कत्था 5 ग्राम, अफीम 1 ग्राम, सोंठ 5 ग्राम, शराब 20 मि.ली. लेकर 200 मि.ली. चावल के माँड़ में मिलाकर सुबह-शाम देना चाहिये।

ख. सल्फाडाइमिडीन (डायडीन या वैसाडीन-Diadine or Vesadine) 20-30 मि.ली. मांस (I.M.) में या S/C दें। *अथवा*

सल्फाग्वानेडीन 5 टिकियाँ, टैरामाइसीन 1 टिकिया ओरीप्रिम बोलस 1/2 टिकिया, ग्रामोनेग (Gramoneg) 2 से 4 टिकियाँ, डिपेण्डाल एम 2-4 टिकियाँ ऐसी एक मात्रा दिन में 2 बार दें।

बचाव (Prevention)—

- रोगी पशुओं को स्वस्थ पशुओं से अलग रखना चाहिये एवं उनका आवागमन नियंत्रित कर देना चाहिये।
- बछड़ों के रहने का स्थान साफ सुथरा रहना चाहिये।
- मृत पशुओं को अच्छी तरह गाड़ देना चाहिए।

टीका (Vaccine)—स्वस्थ बछड़ों तथा अन्य पशुओं को रोग से बचाव हेतु टीका लगवा देना चाहिये। हमारे देश में सेल-कल्चर रिण्डरपेस्ट वेक्सीन (Cell culture Rinderpest vaccine) तथा गोट-टिशू वेक्सीन (goat tissue vaccine) प्रयोग की जाती है।

- प्रथम वैक्सीन से अधिक वर्षों तक प्रतिरक्षा (immunity) उत्पन्न होती है। इस वेक्सीन से किसी भी नस्ल के पशु में प्रतिक्रिया उत्पन्न नहीं होती है। इसीलिये सेल कल्चर रिण्डरपेस्ट वेक्सीन की श्रेष्ठता देखते हुए विशेषज्ञों ने इसी टीके के प्रयोग की संस्तुति दी है। विदेशी और संकर नस्लों के पशुओं को इसी वेक्सीन का टीका दिया जाता है।

3. श्लेष्मी रोग/वायरस डायरिया (Mucosal Disease or Virus Diarrhoea)

परिचय (Introduction)—यह एक आधुनिकतम विषाणुजनित रोग (viral disease) है जो कि बछड़ों में अधिक होता है। इसमें बछड़ों को थोड़े समय तक ज्वर तथा नाक से चिपचिपा गाढ़ा (mucoid) स्राव आता है। कुछ दिनों तक दस्त भी आते हैं। यह एक नवीन पहिचाना गया रोग है।

यह रोग पोंकनी और दुर्दम नाक बहने (मैलिगनैंट कटार) से बहुत मिलता-जुलता है। अत: बहुत समय तक यह रोग समझा नहीं जा सका। अमरीका और यूरोप में इस बीमारी से प्रतिवर्ष बहुत अधिक बछड़े मरते हैं।

हाल ही में भारत के कुछ प्रान्तों में म्यूकोसल रोग पहिचाना गया है तथा इसके प्रकोप के बढ़ने की सम्भावना भी व्यक्त की गई है।

कारण (Causes)— यह रोग एक विषाणु से होता है जो 35-55 मिलीमाइक्रॉन के आकार में होता है।

- यह रोग सभी आयु के पशुओं में होता है, परन्तु बछड़ों में सबसे अधिक होता है।
- इस रोग को विषाणुज दस्त म्यूकोसल रोग कॉम्पलेक्स (viral diarrhoea mucosal disease complex) के नाम से भी जाना जाता है।

लक्षण एक दृष्टि में

हल्की प्रकार

- थोड़े समय तक ज्वर एवं चिपचिपी गाढ़ी (mucoid) नाक बहना।
- कुछ दिनों तक दस्त (Diarrhoea for sometime)।

अति तीव्र प्रकार

- 2 से 18 माह की आयु के युवा बछड़ों में।
- रोग के प्रारम्भ में भूख न लगना।
- नाक से नि:स्राव (discharge)।
- दस्त तीव्र, तापक्रम तथा प्यास अधिक।
- दस्त आने के पश्चात् सम्पीडकुंथन (tenesmus) तथा रक्त मिला श्लेष्म तथा दुर्बलता।
- खाँसी, आँखों से आँसू गिरना, लंगड़ापन तथा दोनों खुरों के मध्य घाव (ulcer) आदि भी।
- कुछ बछड़ों में स्थानीय घाव के अतिरिक्त लंगड़ापन, ऊपरी लिम्फ ग्लैण्ड्स में वृद्धि तथा श्यावता।
- नाक और मुँह की म्यूकस मेम्ब्रेन में रक्ताधिक्य तथा व्रणीभवन (ulceration)।
- जिह्वा के पृष्ठों पर पनीर जैसे केसियस (caseous) पदार्थ की उपस्थिति।
- 3-21 दिनों के बाद बछड़ों की मृत्यु।

चिरकारी प्रकार

- यह प्रकार वयस्क पशुओं तथा बछड़ों में मिलती है।
- रोग लक्षण 'तीव्र प्रकार' की रुग्णता के समान।

प्रकार (Types)—म्यूकोसल रोग निम्न प्रकार का होता है—

- हल्का प्रकार (Mild type)
- अति तीव्र प्रकार (Severe type)
- चिरकारी प्रकार (Chronic type)।

निदान (Diagnosis)

- रोग की पहिचान शव परीक्षण, लक्षणों, विक्षतियों (लीजन्स) तथा पशुपादप-विज्ञान (Epizootiology) सम्बन्धी तथ्यों के आधार पर की जाती है।
- निश्चित निदान हेतु प्रयोगशाला में विषाणु का पृथक्करण आवश्यक होता है।

विषाणु को सैलकल्चर द्वारा पृथक किया जाता है एवं कोशिका विकृतियों का अध्ययन किया जाता है।

- अगर-जैल रक्तोदी परीक्षण (Serological test) भी महत्त्वपूर्ण हैं।

याद रहे—यदि बछड़ों के मुँह में उपरोक्त बीमारी का प्रकोप है तो दो माह तक बछड़ों की धीरे-धीरे मृत्यु होती रहती है।

शव-परीक्षण (Postmortem)—शव परीक्षा करने पर मुँह में अर्बुद, श्यावता, मुँह तथा नासा-श्लेष्मा की रक्ताधिक्यता, ऊपरी लिम्फ ग्लैण्ड्स में वृद्धि, आंत्रशोथ, दोनों खुरों के मध्य अर्बुद आदि की उपस्थिति पाई जाती है।

चिकित्सा (Treatment)—अब तक इसकी कोई चिकित्सा उपलब्ध नहीं।

बचाव (Prevention)—

- रोकथाम हेतु कोई टीका उपलब्ध नहीं है।
- रोग-निरोध के सामान्य उपाय ही लाभकर होते हैं।

4. विषाणुज तानिकामस्तिष्कशोथ (Viral Meningoencephalitis)

परिचय (Introduction)—यह एक विषाणुजनित, यत्र-तत्र पाया जानेवाला रोग (Sporadic disease) है। इसके कारक कई विषाणु माने गये हैं। यह रोग दो से छः माह तक के बछड़ों में उत्पन्न होता है। इसमें भूख की कमी, चक्कर में घूमना, पेशी कम्प एवं मृत्यु आदि लक्षण होते हैं।

प्रभावित क्षेत्र (Affected area)—तराई क्षेत्र में बछड़ों पर (मरे हुए) किये गये अध्ययनों से पता चला है कि 12.3 प्रतिशत बछड़े विषाणु मस्तिष्कतानिका-मस्तिष्कशोथ से मृत हुए।

कारण (Cause)—कई प्रकार के विषाणु (viruses), क्लेमाइडिया तथा जीवाणुओं द्वारा यह रोग होता है।

निदान (Diagnosis)—रोग की पहचान ऊतक-विकृति-विज्ञान संबंधी अध्ययनों द्वारा किया जाता है।

लक्षण एक दृष्टि में

- भूख की कमी।
- कब्ज या दस्त।
- चक्कर में घूमना।
- एक ओर लेट जाना।
- पेशी-कम्प (muscular tremor)।
- अधिक लार का आना।
- असमन्जन के साथ पैरों, खुरों और ग्रीवा की मांसपेशियों में तनाव (stretching)।
- चाल में लंड़खड़ापन एवं उठी/वक्रीय पीठ (arched back) के लक्षण।

शव-परीक्षण (Postmortem)—शव की परीक्षा करने पर—

- मस्तिष्क तानिकाओं में रक्ताधिक्य पाया जाता है।
- मस्तिष्क का ऊतक- विकृति-विज्ञान (histopathological) परीक्षण करने पर मस्तिष्क की रक्तवाहिनियों में कफिंग (cuffing) की उपस्थिति मिलती है।

बचाव (Prevention)—रोग की चिकित्सा एवं बचाव हेतु साहित्य में कोई सूचना उपलब्ध नहीं है।

5. गो-चेचक (Cow-Pox)

परिचय (Introduction)—गोवंशीय पशुओं में मातारोग (Cow-pox) या चेचक का रोग होता है जो कि एक विषाणुजनित रोग है। गायों में इस रोग के घाव अयन (थन) में अधिक मिलते हैं। इसीलिये जब बछड़े ऐसी गायों का दूध पीते हैं तो वे भी रोग से प्रभावित हो जाते हैं। प्रायः इस रोग में मृत्यु नहीं होती है।

सुभेद्यता (Susceptibility)—नवजात बछड़े रोग के प्रति अधिक संवेदनशील होते हैं। परन्तु, रोग घातक नहीं है।

चिकित्सा (Treatment)—

- थनों को फिनाइल या सेवलॉन लोशन से धोयें।
- घावों पर निओस्पोरिन आयन्टमेंट (Neosporin ointment) अथवा टैरामाइसीन आयन्टमेंट (Terramycin Ointment) लगावें।
- रोगी बछड़ों को कोमल भोजन दें।
- मुँह को लाल दवा के हल्के घोल से धोयें अथवा एलम लोशन से साफ कर बोरोग्लिसरीन (Boroglycerine) लगावें।

लक्षण एक दृष्टि में

- गाय के अयन तथा थनों में चेचक की विक्षतियाँ (लीजन्स)।
- दूध पीनेवाले बछड़ों के मुँह में संक्रमण से मुखपाक (stomatitis)।
- रोग से बछड़ों की मृत्यु नहीं।

लाक्षणिक निदान एवं चिन्ह

- रोग की पहचान रोग-प्रकोप के इतिवृत्ति से।

बछड़ों के कृमि रोग (Helminthic Diseases of Calves)

बछड़ों में बैक्टीरियल और वायरल रोगों के अतिरिक्त कई प्रकार के परजीवी (parasites) भी अनेक प्रकार के रोग उत्पन्न करते हैं। यह देखा गया है कि बछड़े जन्म के बाद से एक वर्ष की आयु तक अनेक परजीवी रोगों (पैरासिटिक डिजीज) के शिकार होते हैं। बछड़ों में निम्नलिखित परजीवी रोग पाये जाते हैं—

- एसकेरिएसिस (Ascariasis)
- परजीवी जठर-क्षुद्रान्त्रशोथ (Parasitic Gastroenteritis)
- यकृत कृमि रोग (फेसियोलिएसिस-Facioliasis)
- गिड या स्टर्डी (Gid or Sturdy)
- सिस्टीसर्कस बोविस (Cysticercus bovis)

- परजीवी ब्रोन्काईटिस (Parasitic bronchitis)
- फीताकृमि पर्याक्रमण (Tapeworm Infestation)

1. एस्केरिएसिस (Ascariasis)

परिचय (Introduction)—यह रोग एक गोलकृमि समूह (nematoda group) के कृमि (ascaris) के परिणामस्वरूप उत्पन्न होता है। इसे पटेरा पड़ना या अलसिया रोग भी कहते हैं।

कारण (Cause)— यह रोग *निओ-एस्केरिस विटलोरम (Neo-ascaris vitulorum)* नामक गोल कृमियों से होता है।

प्रभावित पशु एवं संक्रमण (Affected animals and infection)— यह रोग नवजात तथा छोटे बच्चों में अधिक होता है। बछड़ों की अपेक्षा यह रोग भैंस के पड्डों में अधिक होता है। बछड़े तथा पड्डे इस रोग के कृमियों (worms) को जन्म से पूर्व अपने माँ के गर्भ में भी ग्रहण कर लेते हैं। इसीलिये जन्म के 10 दिन बाद से लेकर 4-5 माह तक की आयु के बछड़ों में यह रोग अधिक होता है।

याद रहे—
- समस्त परजीवी रोगों में एस्केरिएसिस से सबसे अधिक बछड़ों की मृत्यु होती है।
- यह गोलकृमि हल्के-पीले-रंग के तथा 25-30 सेन्टीमीटर लम्बे होते हैं। कृमि पारदर्शी (transparent) होते हैं और इनके किनारे बहुत पतले नहीं होते हैं।
- इन कृमियों के अण्डे गोबर के साथ बाहर निकलते हैं और मिट्टी में मिलते हैं।
- वयस्क पशु दूषित चारे या पानी द्वारा एस्केरिस कृमि के अण्डे ग्रहण करते हैं। पेट से ये अण्डे आँतों में पहुँचते हैं जहाँ लार्वा के रूप में ये कृमि गर्भित पशुओं की आँतों से यकृत में पहुँचते हैं। जैसे ही बछड़े या पड्डे जन्म लेते हैं 2-3 सप्ताह में कृमि आँतों में पहुँचकर व बड़े होकर रोग उत्पन्न कर देते हैं।

निदान (Diagnosis)
- नवजात बछड़ों एवं भैंस के पड्डों में विशेष प्रकार की दुर्गन्ध, रुकी हुई वृद्धि एवं पतले दस्त आदि लक्षणों के आधार पर रोग का संदेह करना चाहिये।
- कई बार बछड़े गोबर के साथ कृमि भी त्यागते हैं।
- गोबर की जाँच करके एस्केरिस के अण्डों को देखकर निश्चयात्मक निदान सरलतापूर्वक किया जा सकता है।

लक्षण एक दृष्टि में
- बछड़ा कमजोर हो जाता है।
- पतले तथा बदबूदार दस्त।
- निर्जलीकरण (dehydration)।
- वृद्धि में रुकावट तथा विशेष प्रकार की गंध का आना।
- आँतों में कृमियों की संख्या अधिक होने पर ये गुच्छों में एकत्र होकर आँत को पूर्ण रूप से बन्द कर देते हैं।
- बछड़ों को बहुत अधिक कष्ट होता है और तड़प-तड़प कर मर जाते हैं।
- कभी-कभी पेरीटोनाइटिस के लक्षण भी।
- कुछ बछड़ों में निमोनिया के लक्षण भी।
- अन्त में बछड़ों की मृत्यु।

शव-परीक्षण (Postmortem)— शव-परीक्षण करने पर—

- उदर तथा आँत में एस्केरिस गुच्छों के रूप में मिलते हैं।
- उदरशोथ, आन्त्रशोथ, पेरीटोनाइटिस, निमोनिया, दुर्बलता एवं विशिष्ट प्रकार की गंध आदि प्रमुख विकृतियाँ देखने को मिलती हैं।

चिकित्सा (Treatment)

क. पिपराजीन साइट्रेट (Piperazine citrate) 30 मि.ली. मुख द्वारा नवजात बछड़े तथा एक माह तक की आयु के बच्चे को पिलावें। *अथवा*

ए बी जैड (ABZ) अर्थात् एल्बेण्डाजोल सस्पेन्शन *(इण्डोको)* 10 मि.ली. 1 माह तक के बछड़ों में। अधिक आयुवालों को 30 मि.ली.। *अथवा*

निलवर्म (Nilworm) 1 ग्राम पानी में मिलाकर दें। *अथवा*

पानाकुर (Panacur) 2 ग्राम पानी के साथ मिलाकर दे सकते हैं। *अथवा*

आल्मिजोल (Almizol) 5 ग्राम को 200 मि.ली. पानी में घोल लें। तत्पश्चात् 1 मि.ली. प्रति किलो शरीर-भार के अनुसार दें।

ख. रक्त की कमी में रक्तबर्द्धक (हीमेटिनिक) औषधियों का प्रयोग करें।

ग. जलाभाव (dehydration) में कैल्सियम बोरोग्लूकोनेट, डैक्स्ट्रोज अथवा रिण्टोज आदि सुई द्वारा दें।

बचाव (Prevention)— एस्केरिस रोग से बचाव के लिये 2 बातें आवश्यक होती हैं—

(i) रोगी बछड़ों तथा अन्य पशुओं की नियमित रूप से चिकित्सा करें।

(ii) रहने का स्थान पर्याप्त रूप में साफ रहे। गोबर को तुरन्त हटा देना चाहिए।

2. परजीवी जठर-क्षुद्रान्त्रशोथ (Parasitic Gastroenteritis)

परिचय (Introduction)— बछड़ों में यह रोग मुख्य रूप से 3-6 माह की आयु में होता है, विशेष रूप से उन बछड़ों में इसका प्रकोप अधिक होता है जो कि कमजोर होते हैं एवं चरने के लिये चरागाह में जाते हैं। इस रोग में बछड़ों को भूख नहीं लगती है और उन्हें पतले हरे या हल्के पीले-रंग के दस्त आते हैं। अन्त में अतिशय कमजोर होकर पशु उठ नहीं पाता है और मर जाता है।

कारण (Cause)— इस रोग का कारण नीमाटोड समूह के गोलकृमि होते हैं। ये कृमि इतने छोटे होते हैं कि आँखों से दिखायी नहीं देते हैं। इनमें से कुछ प्रजातियों के कृमि एबोमेजम तथा अन्य छोटी आँत में पाये जाते हैं जो अधिक घातक होते हैं।

संक्रमण (Infection)— संक्रमण ग्रस्त चारागाहों में अत्यधिक संख्या में संक्रामक लार्वी पाये जाते हैं, जो बछड़े

लक्षण एक दृष्टि में

- भूख कम लगती है, बछड़े सुस्त रहते हैं।
- पतले हरे या हल्के पीले-रंग के दस्त।
- निर्जलीकरण (dehydration)।
- शरीर का भार कम।
- वृद्धि में रुकावट।
- त्वचा के बाल सूखे हुए।
- शरीर में खून की कमी।
- कभी-कभी हल्का ज्वर भी।
- हृदय गति में वृद्धि (increased heart rate)।
- रोग के अन्तिम चरण में बछड़े इतने कमजोर हो जाते हैं कि वे उठ नहीं पाते हैं और चिकित्सा के अभाव में मर जाते हैं।

चरागाहों में चरने जाते हैं इस रोग से अधिक प्रभावित होते हैं, जो बछड़े बाँधकर रखे जाते हैं अपेक्षाकृत कम प्रभावित होते हैं।

निदान (Diagnosis)

- रोग की पहचान रोग के इतिवृत्त, नैदानिक लक्षणों तथा मल परीक्षण (stool test) से की जाती है।

शव-परीक्षण— मरे हुए बछड़ों के शव की परीक्षा करने पर—

→ एबोमेजम तथा आँत में घाव मिलते हैं।

→ पेट तथा आँत की दीवारें मोटी होती हैं। साथ ही इनसे रक्तस्राव भी होता है।

→ पेट तथा आँतों में हजारों की संख्या में रोग पैदा करनेवाले कृमि भी उपस्थित मिलते हैं।

चिकित्सा (Treatment)

- इस रोग की चिकित्सा में निलवर्म (Nilworm), पेनाकुर (Panacur) नामक कृमिनाशक दवायें प्रयोग में लायी जाती हैं। इन औषधियों को झुंड के सभी बछड़ों को एक साथ पिलाना चाहिये। यह उपचार तीन सप्ताह बाद पुन: देना चाहिये।
- अन्य औषधियों में थायोबेण्डाजोल (Thiobendazole) प्रयोग करें।

3. यकृत कृमि रोग/फेसियोलिएसिस (Fascioliasis)

परिचय (Introduction)— यकृत कृमि रोग बछड़ों में विशेष रूप से चरनेवालों में मिलता है। यह पाचन विक्षोभ की बीमारी है, इसमें भूख धीरे-धीरे कम होती जाती है और पतला दस्त होता है जिसमें दुर्गन्ध रहती है। बछड़ा कमजोर, दुबला और पतला होकर मृत्यु का शिकार हो जाता है।

जिन चरागाहों में नमी अधिक होती है तथा लिमनिया नामक घोंघा की प्रजाति पायी जाती है, उनमें चरने जानेवाले पशुओं में यकृत कृमि रोग का आघटन (incidence) अधिक होता है। लिमनिया नाम के घोंघे फेसियोला कृमि के जीवन-चक्र को पूरा करने के लिये नितान्त आवश्यक होते हैं। भारतीय पशुओं में *फेसियोला जाइजैन्टिका* नामक पर्णकृमि मिलता है।

कारण (Cause)— यकृत कृमि रोग पर्णकृमि (trematode) *फेसियोला जाइजैन्टिका (Fasciola gigantica)* द्वारा पैदा होता है। यह एक पत्ती की तरह चपटा कृमि होता है जिसकी लम्बाई 25-75 मि.मी. तथा चौड़ाई 12 मि.मी. होती है। यह यकृत की पित्तवाहिनियों में पाया जाता है। कृमि आगे की ओर चौड़ा तथा पीछे पतला, शंकु (कोन) की तरह का और भूरे-रंग का होता है।

लक्षण एक दृष्टि में

1. तीव्र फेसियोलिएसिस (acute fascioliasis)

- खाना-पीना कम।
- सुस्त एवं पेट में दर्द।
- अन्त में बछड़ों की मृत्यु।

2. चिरकालिक फेसियोलिसिस (chronic fascioliasis)

- बछड़ों में रक्त की कमी (Anaemia)।
- दस्त (Diarrhoea)।
- भोजन में कमी।
- जबड़े के बीच के स्थान में शोफ।
- चिकित्सा के अभाव में बछड़ों की मृत्यु।

लक्षण (Symptoms)—बछड़ों को शुरू में कब्ज तथा बाद में दस्त होने लगते हैं जिसमें दुर्गन्ध होती है। आँखों से कीचड़ निकलता है।

- बछड़ा कागज, मिट्टी आदि अखाद्य वस्तुयें खाने लगता है।

नोट— ● जबड़े के नीचे जो सूजन रहती है वह ढीली रहती है।
- पशु सुस्त, कमजोर, दुबला-पतला और पीला पड़ जाता है।

शव-परीक्षण (Postmortem)— मृत बछड़े का शव परीक्षण करने पर—

1. तीव्र फेसियोलिएसिस की स्थिति में— रसयुक्त द्रव्य देहगुहा में मिलता है। यकृत बढ़ा हुआ तथा रक्तस्राव युक्त होता है। यकृत को काटने पर यकृत-कृमि मिलते हैं।

2. चिरकालिक फेसियोलिएसिस की स्थिति में— शव-परीक्षण में दुर्बलता, जबड़ों के बीच स्थान में शोफ (oedema), यकृत आकार में छोटा, कठोर तथा चिरकालिक यकृतशोथ (cirrhosis) और पित्तवाहिनियों में यकृतकृमि उपस्थित मिलते हैं।

रोग निदान (Diagnosis)

- रोग की पहचान रोग के इतिहास तथा लक्षणों के आधार पर की जाती है।
- रोगी बछड़े के गोबर का परीक्षण करने पर फेसियोला के अण्डों (fasciola eggs) की पहचानकर रोग का निश्चयात्मक निदान किया जाता है।

याद रहे—फेसियोला का अण्डा (egg) पीला, दीवारवाला, भ्रूणीय कोशाओं (embryonic cells) वाला तथा ढक्कन (ओपरकुलम) युक्त होता है।

चिकित्सा (Treatment)—रोग की चिकित्सा हेतु अनेक कृमिनाशक औषधियाँ (Anthelmintic drugs) बाजार में उपलब्ध हैं। गोवंशीय पशुओं में रीफोक्सामाइड (Refoxamide) एक उपयुक्त औषधि है।

साथ में लिवर टॉनिक औषधि का प्रयोग किया जाता है; जैसे- लिवोजीन, बीलामिल/विटामिन बी कम्पलेक्स आदि सूची-वेध के रूप में।

अनुभूत चिकित्सा (Empirical treatment)

डिस्टोडिन (Distodin)— बछड़ों को 1 टिकिया प्रति 20 किग्रा. शरीर-भार पर। *या*

फेसिनेक्स (Fasinex)— 250 मि.ग्रा. का एक बोलस प्रति 25 कि.ग्रा. शरीर-भार पर। *या*

निलजान (Nilzan)— 5 मि.ली. (1 चम्मच) प्रति 15 किग्रा. शरीर-भार पर। *या*

जानिल (Zanil)— 5 मि.ली. प्रति 15 किलो शरीर भार पर। *या*

टोलजान (Tolzan)— 15 मि.ली. प्रति 50 किग्रा. शरीर-भार पर।

ख. टॉनिक के रूप में एसीटिलार्सन (Acetilarsan)— 5 मि.ली. S/C सप्ताह में 1 बार।

ग. लिवोजैन या बीलामिल (Livogen or Belamyle) *अथवा* बी कम्पलेक्स—Conciplex or Beplex Forte—5 मि.ली. I/M एक या दो बार।

बचाव (Prevention)—

- बछड़ों को पोखरे के किनारे, नदी की तराई, झावर तथा चरागाहों आदि में नहीं चराना चाहिये।
- कृमि रोग की कोई भी दवा (उपरोक्त विवरण के अनुसार) 3-4 सप्ताह से पहले दुबारा नहीं देनी चाहिए।

- औषधियों द्वारा तालाबों, चरागाहों तथा अन्य स्थानों के घोंघों को नष्ट कर देना चाहिये।

नोट—यह आवश्यक है कि बछड़ों को वयस्क पशुओं के साथ नम चरागाहों, विशेष रूप से जहाँ घोंघे पाये जाते हों, चरने नहीं देना चाहिये।

4. गिड या स्टर्डी (Gid or Sturdy)

परिचय (Introduction)—यह बछड़ों में कुत्तों तथा लोमड़ियों की आँत में पाये जानेवाले फीताकृमि *(टीनिया मल्टीसेप्स)* की लार्वल अवस्था द्वारा यदा-कदा होने वाला रोग है। इसके डिम्भ मस्तिष्क में पाये जाते हैं। इसमें बछड़े गोले में चक्कर लगाते हैं और खड़े नहीं हो पाते हैं। कभी-कभी अन्धे भी हो जाते हैं। इस रोग को *सीन्यूरस सेरीब्रेलिस (Coenurus cerebralis)* नाम से भी जाना जाता है।

कारण (Cause)—*टीनिया मल्टीसेप्स* नामक फीताकृमि के लार्वा से।

निदान (Diagnosis)—रोग का स्पष्ट निदान रोग के लक्षणों तथा X-ray द्वारा किया जाता है।

***विभेदक निदान** (Differential diagnosis)*—चोट, विषाक्तता, संक्रामक रोगों (infectious diseases) विशेष रूप से क्षय रोग (tuberculosis) तथा तानिकाशोथ (मैनिन्जाइटिस—Meningitis) से करना चाहिए।

लक्षण एक दृष्टि में

- प्रारम्भ में लार्वा के मस्तिष्क में पहुँचने पर कुछ समय के लिये तानिकाशोथ (Meningitis) के लक्षण।
- भारी आक्रमण की स्थिति में तीव्र ज्वर, अवसाद, भूख में कमी आदि लक्षण।
- बाद की अवस्था में बछड़े गोले में चक्कर लगाते हैं, खड़े नहीं हो पाते तथा कभी-कभी अंधे भी हो जाते हैं।
- कई बार बछड़ों की दुर्बलता अथवा आन्तरिक अंगों पर दबाव के कारण मृत्यु।
- **विशेष**—चक्कर लगाना आदि लक्षण का अन्त: कपाली दबाव के बढ़ने पर उत्पन्न होते हैं।

चिकित्सा (Treatment)

- सिर पर लगातार ठंडे पानी की धारा प्रवाहित करें।
- शल्यचिकित्सा द्वारा सिस्ट (cyst) निकाली जा सकती है।

5. सिस्टीसर्कस बोविस (Cysticercus bovis)

यह रोग पशुचिकित्सा आयुर्विज्ञान (Veterinary medical science) की दृष्टि से अधिक महत्त्वपूर्ण नहीं है। साथ ही इस रोग से पशुओं में हल्की प्रकार की रुग्णता उत्पन्न होती है। इसके परजीवी (मनुष्य में पाये जानेवाले फीताकृमि *टीनिया सैजीनेटा)* जबड़ों तथा हृदय की पेशियों में सीमित रहते हैं।

जीवित पशुओं में रोग का निदान कठिन होता है। यह केवल सीरमविज्ञानी परीक्षणों द्वारा सम्भव है। इसका महत्त्व नहीं है।

6. परजीवी श्वसनीशोथ (Parasitic bronchitis)

परिचय (Introduction)—यह 4-8 या 10 माह की आयु के उन बछड़ों में अधिक होता है जो चरागाहों में चरने के लिये जाते हैं। इस रोग में पशु को सूखी खाँसी और श्वासकष्ट होता है। इस रोग को हस्क (husk) या हुस (hoose) नाम से भी जाना जाता है।

प्रभावित क्षेत्र (Affected animals)—पहाड़ों पर इस रोग से बछड़े अधिक मरते हैं।

बीमारी फैलने का समय (Time of spread)—गर्मियों तथा वर्षा-ऋतु में इस रोग का प्रकोप अधिक होता है, क्योंकि इस मौसम में रोगकारक लार्वा का विकास (development of larvae) सर्वाधिक होता है।

कारण (Cause)—यह रोग *डिक्टीयोकैलस विविपेरस* नामक फेफड़ा-कृमि द्वारा उत्पन्न होता है। ये धागे की तरह पतले होते हैं एवं बछड़ों की श्वासनली में पाये जाते हैं तथा 4-8 से.मी. लम्बे होते हैं।

संक्रमण (Infection)— प्रभावित पशु के गोबर में लार्वी निकलती हैं (अण्डे नहीं)। इसलिये दूषित चरागाहों में हरे-भरे चारों में ये संक्रामक लार्वी पायी जाती हैं जोकि रोग उत्पन्न करती हैं।

लक्षण एक दृष्टि में

1. तीव्र प्रकार (Acute type)
- प्रमुख लक्षण खाँसी। खाँसी प्रायः सूखी (husky) होती है।
- श्वास गति में वृद्धि।
- अत्यन्त दुर्बलता।
- त्वचा के बाल खुरदरे (rough coat)।
- श्लेष्मिक कलायें पीली तथा आँखें धँसी हुईं (sunken eyes)।

2. चिरकारी प्रकार (Chronic type)
- श्वासकष्ट (Dyspnoea)।
- प्रायः खाँसी नहीं।
- ग्रीवा तनी हुई, सिर आगे निकला हुआ, जीभ बाहर को।
- मुँह से झाग तथा तीव्र श्वसन।
- श्वसन प्रायः हल्का एवं देहगुहीय होता है।
- श्वास में ध्वनि की उपस्थिति।
- रोग काल 2 माह या अधिक समय तक।
- तीव्र ज्वर।

निदान (Diagnosis)

परिश्रवण (Auscultation)— परिश्रवण परीक्षण करने पर विशेष प्रकार की करकराहट की ध्वनि (crepitating sound) सुनाई देती है।

विशेष खतरा (Special risk)— जीवाणु या विषाणु निमोनिया (bacterial or viral pneumonia) के प्रकोपों द्वारा बीमारी अधिक जटिल हो जाती है।

अतिरिक्त निदान (Extra diagnosis)

1. *रोग का इतिहास (Case history)*
   - दो या दो वर्ष से अधिक आयु के बछड़ों को जो चरागाह में चरने जाते हैं।
   - समूह के अधिकांश बछड़ों में रुग्णता, विशेष रूप से गर्मी तथा शिशिर-ऋतुओं में।
2. *लक्षणों के आधार पर (On the Basis of Symptoms)*–सूखी खाँसी (husky cough) एवं निमोनिया रोग के प्रमुख लक्षणों से।
3. *मल परीक्षण (Stool Examination)*– रोग के सही निदान में गोबर का माइक्रोस्कोपिक परीक्षण विशेष महत्त्व का होता है। इसके लिये बछड़ों का गुदा छिद्र से गोबर एकत्र किया जाता है।
4. *मरणोपरान्त क्षतियाँ (Post-Mortem Lesions)*
   - शव परीक्षा करने पर श्वास-प्रणाल तथा श्वसनियों में अनेक सूक्ष्म धागों की तरह के फेफड़ा-कृमि पाये जाते हैं।
   - श्वसनीशोथ, श्वास-प्रणालशोथ, वातस्फीति तथा निमोनिया आदि प्रमुख विक्षतियाँ (लीजन्स) उपस्थित रहती हैं।

विभेदक निदान (Differential diagnosis)

- पशु महामारी श्वसनीशोथ (epizootic bronchitis) या विषाणु-निमोनिया (Viral Pneumonia), पाश्चुरैल्ला संक्रमण (Pasteurelosis) एवं कफिंग न्यूमोनिया आदि से इस रोग का पृथक्करण (विभेद) करना चाहिये।
- ऐसा करने से निदान में भूल नहीं होती है।

चिकित्सा (Treatment)

1. ***सामान्य प्रबन्ध*** (General management)

- रोगी पशु को हवादार स्थान/पशुशाला में रखना चाहिये।
- प्रत्येक बछड़े को भोजन-चारा अलग-अलग देना चाहिये।
- सुपाच्य, प्रचुर पोषक-तत्त्वोंवाला चारा भोजन दें।

2. ***औषधि चिकित्सा*** (Medicinal Treatment)—बाह्यपरजीवी श्वसनीशोथ की चिकित्सा में मुख्य रूप से निम्न औषधियों का प्रयोग किया जाता है—

1. टैट्रामिसोल (Tetramisole)
2. लिवामिसोल (Levamisole)

उपरोक्त में से किसी एक (जिसकी उपलब्धता, मात्रा, व्यावसायिक नामों का विवरण नीचे है) दवा का प्रयोग करना चाहिये—

क. **लीवामिसोल** (Levamisole) **:** *मात्रा*– 7.5 mg/kg शरीर भारानुसार। जैसे- एल्मिजोल (Almizol) पाउडर या इन्टामिसोल-2 (Intamisol-2) पाउडर *(Intas)* या लीमासोल पी (Lemasol P - *Zydus*) 300 mg/gm, 100 gm पैकिंग, देना चाहिए।

ख. *टैट्रामिसोल* (Tetramisole) : *मात्रा*– 15 mg/kg शरीर-भारानुसार। जैसे- इन्टामिसोल (Intamisol - *Intas)* या निलवर्म (Nilverm - *Virbac*) 30% देना चाहिए।

निर्देश (Directions)—

- इनमें किसी भी औषधि का प्रयोग किया जा सकता है। यदि रोग की प्रारम्भिक अवस्था में चिकित्सा की जाती है, तो बछड़े तुरन्त ठीक हो जाते हैं अन्यथा उपरोक्त औषधियाँ प्रभावकारी नहीं होंगी।
- इसके साथ ही जीवाणुनाशक औषधियाँ (antibiotics) भी दी जाती हैं, जिससे रोग जीवाणुओं के कारण गम्भीर नहीं होने पाता है।
- कुछ पशुचिकित्सक अन्त:श्वास-प्रणाल (intratracheal) विधि द्वारा भी चिकित्सा करते देखे गये हैं।

बचाव (Prevention)

- बछड़ों को स्वच्छ तथा संक्रमण रहित चरागाहों में भेजा जाये।
- रोग के बचाव हेतु एक्स-रे इर्रिडियेटैड लार्वल वेक्सीन (X-ray irridiated larval vaccine) प्रयोग में लायी जाती है। परन्तु, यह वेक्सीन अभी हमारे देश में नहीं बनी है, केवल भेड़ों के उपयोगार्थ अवश्य उपलब्ध है।

7. फीताकृमि पर्याक्रमण (Tapeworm Infestation)

परिचय (Introduction)— बछड़ों में प्रायः इस रोग के नये रोगी (आघटन) बहुत ही कम होते हैं। इस रोग में आन्त्र प्रदाह, पेटदर्द, दिनों-दिन कमजोरी एवं कष्ट होता है।

कारण (Cause)— बछड़ों में मोनीजिया प्रजाति (Moniezia species) के फीताकृमियों द्वारा पर्याक्रमण (infestation) होता है। यह कृमि श्वेत-रंग के 120-150 से.मी. लम्बे तथा 0.5 से.मी. चौड़े होते हैं।

इन फीताकृमियों से बछड़ों को कोई विशेष हानि नहीं होती है। अत्यधिक फीताकृमि पर्याक्रमण में दुर्बलता के लक्षण मिलते हैं।

लक्षण एक दृष्टि में

- कोई विकृति तथा लक्षण नहीं।
- अत्यधिक संक्रमण ग्रस्त बछड़ों में रुग्णता प्रायः दुर्बलता।
- पेटदर्द तथा आन्त्र-प्रदाह।
- कष्ट।
- कीड़े मल के साथ या मलद्वार के चारों ओर चिपके देखे जाते हैं।
- **विशेष**— 6 माह से अधिक आयु के बछड़ों में रोग प्रतिरोध क्षमता उत्पन्न हो जाती है।

रोग निदान (Diagnosis)—बछड़ों के गोबर में मोनीजिया फीताकृमि के खण्ड (segments) निकलते हैं जोकि पके चावल के दानों की तरह, शृंखलायुक्त होते हैं। बस इसी आधार पर रोग निदान किया जाता है।

चिकित्सा (Treatment)—

नवीन अनुसन्धानों के आधार पर

- टीनिल (Tenil) 10-15 ग्राम। एक माह बाद पुनः। *या*
- वोपैल (Wopell) या पीलामोल (Pelamol) 25 ग्राम।
- डाइक्लोरोफेन (Dichlorophen) : *मात्रा*- 0.5 gm/kg शरीर-भारानुसार। जैसे—पियाफिन (Piyafin - *Piya*) गोली (0.5 ग्राम की गोली) देनी चाहिये।

बछड़ों के प्रोटोजोआ रोग
(Protozoal Diseases of Calves)

एक कोशीय परजीवी प्रोटोजोआ द्वारा पालतू पशुओं में विश्व के समस्त भागों में अनेक रोग उत्पन्न होते हैं। एक या अनेक अमीबाओं प्रोटोजोआ का पर्याक्रमण (infestation) उत्पन्न हो जाता है जिसका ज्ञान **तीव्र ज्वर (Pyrexia) तथा अन्य लक्षणों से होता है।** विदेशी तथा संकर जाति के पशु इन रोगों से अधिक प्रभावित होते हैं। परन्तु, भारतीय पशु इन रोगों के प्रति सर्वाधिक प्रतिरोधी होते हैं। जब ये पशु (देशी) किसी पशु स्थानिक क्षेत्रों में प्रविष्ट होते हैं तो इनकी भी मृत्यु दर बढ़ जाती है।

बछड़ों में होनेवाले प्रोटोजोआ रोगों में थीलीरिएसिस, बबीसियोसिस (Babesiosis) तथा कॉक्सीडियोसिस के नाम विशेष उल्लेखनीय हैं।

1. थीलीरिएसिस (Theileriasis)

परिचय (Introduction)— बछड़ों में यह रोग तीव्र (acute), उप तीव्र (sub-acute) तथा मन्द प्रकार (mild form) का होता है जिसमें तीव्र ज्वर, सुस्ती, भोजन के प्रति अरुचि, बाह्य लसीका पर्वों में सूजन, दस्त, दुर्बलता (weakness) तथा अन्त में मृत्यु आदि लक्षण होते हैं।

कारण (Cause)— यह रोग *थीलीरिया पार्वा* (*Theileria parva*), थीलीरिया म्यूटांस (*T. mutans* तथा *थीलीरिया एनुलेटा* (*Theileria anulata*) नामक प्रोटोजोआ द्वारा, प्राय: विदेशी तथा संकर बछड़ों में अधिक, होता है।

रोगकारक थीलीरिया बहुत ही सूक्ष्म रॉड (rod), गोल, अण्डाकार (egg shaped), कोमा (comma) या अंगूठी (ring) आकार के होते हैं। ये प्रोटोजोआ पोषद् के रक्त (ब्लड) की R.B.Cs. में पाये जाते हैं।

संक्रमण (Infection)—रोग का संक्रमण विशेष प्रकार के रिफीकिफिलस नामक किलनियों/ चीचड़ों (ticks) द्वारा बछड़ों तथा अन्य पशुओं में फैलाया जाता है।

लक्षण एक दृष्टि में

1. तीव्र प्रकार (Acute type)
- तेज ज्वर (104–107°F) ।
- खाना–पीना नहीं।
- नाक, आँखों से पानी जैसा तरल द्रव्य गिरना।
- पलकों में सूजन।
- हृदय गति तेज।
- दस्त या पेचिस भी।
- बछड़ों में अत्यधिक कमजोरी।
- बाह्य लसीका ग्रन्थियों (Superficial lymph glands) में सूजन एवं स्पर्श से इनका ज्ञान।
- फेफड़ों में शोफ के कारण बछड़ों की मृत्यु।

2. उप तीव्र प्रकार (Sub-acute type)
- सभी उपरोक्त लक्षण तीव्र जैसे, परन्तु धीमे होते हैं।
- बछड़े पुन: स्वस्थ हो जाते हैं।

3. मन्द प्रकार (Mild form)
- हल्का ज्वर (mild fever)—कुछ दिनों से सप्ताह भर तक।
- बाह्य लसीका पर्वों में सूजन।

निदान (Diagnosis)—
- बछड़ों में थीलीरि–एसिस की पहचान रोग के लक्षणों, परजीवी के प्रदर्शन, शव परीक्षण विक्षतियों (lesions) के आधार पर की जाती है।
- लाल रक्त कोशिकाओं (R.B.Cs.) में थीलीरिया प्रोटोजोआ गोल या अण्डाकार अंगूठी की तरह होता है। यह कभी–कभी दण्ड और कॉमा के आकार के भी होते हैं।
- पूरक स्थिरीकरण (कम्पलीमेन्ट फिक्सेसन) और प्रतिदीप्ति प्रतिपिण्ड (फ्लोरसेन्ट एन्टीबाडी) परीक्षणों द्वारा भी रोग निदान किया जाता है।

मरणोपरान्त परीक्षण (Postmortem)–मृत बछड़ों के शव का परीक्षण करने पर विशिष्ट प्रकार की विक्षतियाँ (lesions) मिलती हैं; जैसे–
- तिल्ली तथा यकृत आकार में बढ़े हुए होते हैं। यकृत पीले–रंग का होता है।
- लसीका ग्रन्थियाँ बढ़ी हुई मिलती हैं एवं रक्ताधिक्य के कारण गहरे लाल–रंग की हो जाती हैं।
- गुर्दों में रक्तस्राव मिलता है।
- फेफड़ों में रक्ताधिक्य (congestion) और शोफ।
- एबोमेजम एवं आँतों में अर्बुद मिलते हैं।

नोट—उपरोक्त विक्षतियों के आधार पर रोग का निदान आसानी से किया जा सकता है।

चिकित्सा (Treatment)—

क. इस रोग की बुपरवाक्विआन (Buparvaquone) खास दवा है। *मात्रा*– 2.5 mg/kg शरीर भारानुसार है। *ब्राण्ड्स*– ब्युटालैक्स (Butalex - *Zydus AHL*) अथवा जुबिओन (Zubion - *Intas*) 50 mg /ml इन्जैक्शन मांस में लगाना चाहिये।

ख. बुखार के लिये ज्वरहारी इंजेक्शन लगाना चाहिये।

ग. बछड़ों को 20% डैक्सट्रोज सेलाइन 100–200 मि.ली. शिरा में देनी चाहिये।

रोकथाम (Prevention)

- बचाव के लिये किलनियों (टिक्स) पर नियन्त्रण आवश्यक है। टिक्स दीवार के छिद्रों, किवाड़ों आदि में पाये जाते हैं तथा पशुओं के शरीर में भी रहते हैं। किलनियाँ संक्रमण का संचरण करती हैं। अतः रोग के नियन्त्रण हेतु इनका समूचा नाश करना नितान्त आवश्यक होता है।
- **शंकर नस्ल के बछड़ों को रोग से बचाने के लिये मुक्ति हेतु टीका (रक्षा वेक–टी) Raksha vac-T 3 मि.ली. त्वचा के नीचे लगाना चाहिये।**
- झुंड में नये बछड़ों या पशुओं (youth) को लाने से पूर्व अलग (quarantine) रखना चाहिये।

2. बेबीसिएसिस (Babesiasis)

परिचय (Introduction)— बछड़ों तथा अन्य पशुओं में मिलनेवाला यह अति महत्त्वपूर्ण प्रोटोजोआ जनित रोग है। इसमें रोगी पशु को तीव्र ज्वर (pyrexia), अरक्तता, हीमोग्लोबिनमेह, पीलिया, दस्त तथा बाद में कब्ज उत्पन्न हो जाता है। रोगी पशुओं की मृत्यु हो जाती है। इसका परजीवी नाशपाती की शक्ल का अण्डाकार गोल होता है।

कारण—बछड़ों में यह रोग *बाबीसिया बाइजेमिना (Babesia bigemina)* तथा *बीसिया बोविस (Babesia bovis)* नामक प्रोटोजोआ के द्वारा होता है। यह प्रोटोजोआ बहुत ही सूक्ष्म, गोल, अण्डाकार नाशपाती की तरह के होते हैं। यह जोड़ों में लाल रक्त कणों (R.B.Cs.) के अन्दर पाये जाते हैं।

यह प्रोटोजोआ किलनी; जैसे–बुफिलस (Boophilus), रिपिसीफेलस (Rhipicephalus) आदि द्वारा रोगी बछड़ों तथा अन्य पशुओं में फैलाया जाता है।

कमजोर पशुओं में यह रोग गम्भीर स्वरूप के लक्षण प्रकट करता है।

लक्षण एक दृष्टि में

- बुखार 108°F (42°C) तक।
- भूख मारी जाती है।
- कब्ज और अतिसार बारी–बारी से।
- ज्वर कई दिनों तक जारी।
- रक्ताल्पता (Anaemia)।
- रक्तवर्णक (हीमोग्लोबिन) मेह (Haemoglobinuria)।
- मूत्र का रंग लाल या चाकलेट की तरह भूरा।
- तिल्ली बढ़ी हुई एवं झिल्ली रक्तहीन।
- रक्त पतला तथा जलीय।
- रक्त में लाल कणों की संख्या कम।
- रोग लक्षणों के 4–8 दिन बाद बछड़े की मृत्यु।
- श्वास और नाड़ी की गति तीव्र।
- अति सुस्ती एवं चाल अस्थिर।
- आँखें पहले लाल बाद में पीली।
- रोग से बचे हुए बछड़े कमजोर होते हैं।

इस रोग में पशु को पेशाब लाल–रंग का आता है। इसलिये इस रोग को रेड वाटर फीवर (red water fever) भी कहते हैं।

विशेष लक्षण (Symptoms)—बबीसिया प्रजाति के प्रोटोजोआ जिन रक्त कोशिकाओं (R.B.Cs.) में रहते हैं, उन्हें नष्ट करते हैं जिसके फलस्वरूप रक्ताल्पता उत्पन्न हो जाती है।

शव-परीक्षण (Postmortem)—रोग से मरे बछड़ों के शव की परीक्षा करने पर—

- पीलिया (jaundice) के लक्षण मिलते हैं।
- उपत्वचीय वसा (सबक्यूटेनियस फेट) पीले-रंग की हो जाती है।
- रक्त पानी जैसा पतला मिलता है।
- मूत्राशय में गहरे भूरे-रंग का या लाल-रंग का मूत्र पाया जाता है।
- यकृत पीला मिलता है एवं पित्ताशय में गाढ़ा पित्त भरा रहता है।

रक्त की परीक्षा करने पर R.B.C. में बबीसिया की उपस्थिति मिलती है।

निदान (Diagnosis)—रोग की पहचान तीव्र ज्वर, रक्ताल्पता, लाल-रंग का पेशाब, हीमोग्लोबिनमेह, दस्त बाद में कब्ज आदि के लक्षणों से हो जाती है।

इसके अतिरिक्त रोग का निदान प्रोटोजोआ प्रदर्शन (रक्तालेपों द्वारा), सीरम-विज्ञानी परीक्षण (1-कम्पलीमेन्ट परीक्षण 2-फ्लोरसेंट) एण्टीबॉडी परीक्षण, 3 कैपीलरी एण्ड स्लाइड एग्लूटिनेशन परीक्षण।)

चिकित्सा (Treatment)—

क. इस रोग की दवा डिमिनाजीन एसीचुरेट (Diminazine Aceturate) है, जोकि 70 mg/ml में उपलब्ध है। *मात्रा*- एक मि.ली./ 10-20 kg शरीर भारानुसार। *ब्रान्ड्स*- बैरीनिल RTU (Berenil RTU - *MSD*), निलबैरी (Nilbery - *Intas*), प्रोजोमिन (Prozomin - *Virbac*) अथवा जोकिल RTU (Zokil RTU - *Vet Mankind*) प्रयोग करनी चाहिए।

ख. बुखार के लिये ज्वरहारी दवाओं का प्रयोग करना चाहिए।

ग. 20% डैक्सट्रोज इंजेक्शन 100-200 मि.ली. शिरा में लगाना चाहिये।

घ. आयरन इंजेक्शन; जैसे- इम्फीरोन (Imferon) मात्रा 2.0 मि.ली. मांस में लगाना चाहिये।

रोकथाम (Prevention)—

- किलनियों का नियन्त्रण आवश्यक है।
- पशुशालाओं में कृमिनाशक औषधि का छिड़काव।

3. कॉक्सिडियोसिस (Coccidiosis)

परिचय (Introduction)—यह खूनी-आन्त्रशोथ की बीमारी है जिसमें पतला दस्त और खूनी-दुर्गन्ध भरा पेचिश होता है। इसमें मलाशय (rectum) प्रभावित होता है और कुछ सीमा तक कोलन (बड़ी आँत) भी। लगभग 6 माह से एक वर्ष की आयु के बछड़े इस रोग के प्रति अधिक संवेदनशील होते हैं। मुर्गियों की तरह नवजात बछड़ों में कॉक्सिडियोसिस रोग बहुत अधिक घातक होता है।

कारण (Cause)—इस रोग का कारण कॉक्सिडिया प्रोटोजोआ की *इमेरिया जूर्नी प्रजाति* है।

रोग का फैलना (Spread)—यह रोग छूतवाले चारा, दाना, पानी और चरागाह से फैलता है। बछड़े रोग के संक्रामक ऊसिस्ट (infectious oocysts) रोगवाहक वयस्क पशुओं के सम्पर्क में रहने से ग्रहण करते हैं। आँतों में यह ऊसिस्ट एक लम्बी प्रक्रिया के पश्चात् इमेरिया नामक प्रोटोजोआ में बदल जाता है। इसके साथ बछड़ों में रोग के लक्षण उत्पन्न होने लगते हैं।

रोग फैलने का समय (Time)— रोग का प्रकोप प्रायः गर्मी के महीनों में अधिक होता है।

याद रहे (Remember)—गंदी पशुशालाओं में बहुत अधिक बछड़े रखने या वहाँ अधिक नमी होने पर रोग का प्रकोप बढ़ जाता है। वैसे यह रोग किसी भी मौसम में हो सकता है।

विशेषता (Characteristic)— एक बार यदि कॉक्सिडियोसिस हो जाती है, तो यह पुनः 2-4 माह तक नहीं होती है।

निदान (Diagnosis)— रोग की पहचान निम्नलिखित आधारों पर की जाती है—

लक्षण एक दृष्टि में

1. तीव्र प्रकार (Acute type)

- पतले बदबूदार दस्त, जिनमें खून मिला होता है।
- कभी-कभी दस्तों में खून के थक्के भी।
- भूख कम एवं तापक्रम की अधिकता।
- कमजोरी (weakness) या दुर्बलता।
- सुस्ती और अनियमित जुगाली।
- श्लेष्मिक झिल्लियाँ पीली।
- तीव्रता से स्वास्थ्य में गिरावट।
- गम्भीर निमोनिया हो जाता है।
- घातक आक्रमण में चौथे या पाँचवें दिन मृत्यु।

2. मन्द प्रकार (Mild type)

- दस्तों के साथ रक्त नहीं।
- निरन्तर दस्त आने से सामान्य दुर्बलता।

1. ***लक्षणाधार*** *(Symptom base)*—खूनी दस्तों में लक्षणों से रोग निदान में सहायता मिलती है, जो इसका विशिष्ट लक्षण है।

2. ***गोबर छानबीन का आधार*** *(Dung Microscopy)*—सूक्ष्मदर्शी से छानबीन गोबर की करने पर उसमें अनेक ऊसिस्ट पाये जाते हैं।

3. ***शव परीक्षा*** *(Postmortem examination)*—इसमें वृहदान्त्रशोथ प्रमुख है। यह विक्षति रक्तस्रावीय प्रकार की होती है। मृत बछड़े के शव की परीक्षा करने पर (Postmortem) निम्न विक्षतियाँ मिलती हैं—

- बड़ी आँत के अन्धान्त्र/सीकम (caecum), वृहदान्त्र (colon) तथा मलाशय (rectum) की म्यूकस मेम्ब्रेन मोटी, अपरदनित (eroded) तथा रुधिरांकी रक्तस्राव युक्त होती है।
- ऊतक-विकृतिविज्ञान द्वारा आन्त्र का अध्ययन करने पर आँत की श्लेष्मिककला कोशिकाओं में विगलन, गाब्लेट (Goblet) कोशिकाओं की अतिपुष्ठि (hypertrophy), रक्ताधिक्य आदि देखा जाता है।

चिकित्सा (Treatment)—कॉक्सिडियोसिस की चिकित्सा में सल्फा ड्रग्स (Sulpha drugs) विशेष लाभकारी होती हैं। इनमें सल्फामीजाथीन (Sulphamezathine), सल्फामीराजीन (Sulphamera-zine), सल्फाडिमिडीन (Sulphadimidine), कोट्रिमोक्साजोल (सैप्ट्रान/ओरीप्रिम/बेक्ट्रिम) आदि प्रमुख हैं।

उपरोक्त दवाओं के अतिरिक्त नाइट्रोफ्यूराजोन (Nitrofurazone) तथा एम्प्रोलियम (Amprolium) अर्थात् एम्प्रोसॉल (Amprosol) भी बहुत प्रभावकारी औषधि है।

अत्यन्त निर्जलीकरण (Dehydration)) एवं रक्ताल्पता (anaemia) ग्रस्त बछड़ों को ग्लूकोज सेलाइन (glucose saline) एवं रक्ताधान (blood transfusion) भी अत्यधिक लाभकारी होता है।

आन्त्रीय दस्तरोधक औषधियाँ (Intestinal astringent) बछड़ों के पुनः स्वस्थ होने में सहायक हैं।

अनूभूत चिकित्सा *(Empirical treatment)*

क. नेवलोन 10–15 ग्राम सुबह–शाम चावल के माँड में दें।

ख. सल्फाडिमिडीन 1–2 टिकिया प्रात: सायं

सल्फाडिमिडीन इन्जेक्शन 15–30 मि.ली. I/M प्रतिदिन ठीक होने तक। *अथवा*

ओरिप्रिम बोलस 0.5–1 टिकिया प्रतिदिन तथा ओरिप्रिम इंजेक्शन 1–2 मिली. मांस में लगायें।

ग. इंजेक्शन 'लिवोजैन' या 'बीलामिल' 2–5 मि.ली. मांस में सप्ताह में 2 बार। कोर्स–5 इन्जेक्शन।

घ. खून में पानी की कमी होने पर नार्मल सेलाइन या रिन्टोज 100–500 मि.ली. I.V. दें।

याद रहे (Remember)!

- उपरोक्त चिकित्सा के अतिरिक्त प्रिपलीन फोर्ट 2 मि.ली. मांस में (I/M) प्रतिदिन या एक दिन छोड़कर लगावें।

रोकथाम (Prevention)— रोग से बचाव हेतु उपाय करने चाहिये। जैसे–

- बछड़ों को आहार पौष्टिक तथा पचनेवाला ही दें।
- ग्लूकोज (glucose) खिलायें।
- चारा–दाना आदि को दूषित होने से बचायें।
- संक्रमण ग्रस्त चरागाहों में बछड़ों को चरने के लिए न भेजें।
- वयस्क पशुओं के साथ बछड़ों को नहीं रखना चाहिये।
- बाड़ों तथा चरागाहों में बहुत से बछड़े एक साथ नहीं रखने चाहिये।

बछड़ों में न्यूनताजन्य रोग
(Deficiency Diseases of Calves)

बछड़ों में मुख्य रूप से दो प्रकार के न्यूनताजन्य रोग होते हैं–

1. खनिजों की कमी से/न्यूनताजन्य रोग।
2. विटामिनों की कमी से/न्यूनताजन्य रोग।

1. खनिजों के न्यूनताजन्य रोग
(Mineral Deficiency Diseases)

पशु शरीर के सामान्य संचालन हेतु प्रोटीन, कार्बोहाइड्रेट, वसा के अतिरिक्त विटामिन्स तथा खनिजों की सूक्ष्म मात्रा की आवश्यकता होती है। खनिजों की आवश्यकता न्यूनताजनक रोगों के बचाव हेतु भी होती है। आवश्यक खनिज 14 माने गये हैं। इनमें कैल्सियम, मैंग्नेशियम, पोटेशियम, क्लोरीन, मालिब्डीनम, कॉपर, कोबाल्ट एवं जिंक के नाम उल्लेखनीय हैं। अब तो सीलेनियम, फ्लोरीन, क्रोमियम आदि की आवश्यकता खनिजों की श्रेणी में मानी जाने लगी है।

भारतीय पशु धन का उत्पादन कम होने के अनेक कारणों में से खनिज तत्त्वों की न्यूनता भी एक कारण है, जिसके परिणामस्वरूप हमारे ग्राम के पशुओं में निम्न विकृतियाँ देखने को मिलती हैं–

- रक्ताल्पता (अनीमिया–Anaemia)
- रुकी हुई वृद्धि
- देर से वयस्क होना
- बछड़ों के जन्म में लम्बा अन्तराल
- प्रजनन सम्बन्धी दोष
- युवा पशुओं में रुकी हुई वृद्धि
- अत्यधिक मृत्यु दर।

हमारे देश में प्राप्त शोध कार्यों द्वारा प्राप्त सूचनाओं से संकेत मिलता है कि खनिजों की न्यूनता, विशेष रूप से सूक्ष्म तत्त्वों की कमी से देशी पशुओं के खराब स्वास्थ्य तथा उत्पादन का सीधा सम्बन्ध रहता है।

- नवजात बछड़ों में कैल्सियम, फास्फोरस, मैगनीशियम, आयोडीन, कॉपर आदि लवणों की न्यूनता से क्रमशः—
  1. केल्सियम तथा फॉस्फोरस की न्यूनता से— रिकेट्स रोग।
  2. मैगनीशियम की न्यूनता से— घास टिटेनी या हाइपोमैग्नीशिया।
  3. आयोडीन की न्यूनता से— गलगण्ड (Goiter)।
  4. कॉपर आदि तत्वों की कमी से— रक्ताल्पता (Anaemia)।

1. बछड़ों का रिकेट्स रोग (Calves Rickets Disease)

परिचय (Introduction)—नवजात बछड़ों में यह रोग अस्थियों के सामान्य निर्माण (calcification) के अभाव से उत्पन्न होता है। इस रोग में पाचन विकार, अस्थिभन एवं रुकी हुई वृद्धि आदि लक्षण होते हैं।

कारण (Causes)

- चारे में लवणों की न्यूनता तथा इनकी त्रुटिपूर्ण आपूर्ति।
- केल्सियम, फॉस्फोरस तथा विटामिन-डी की न्यूनता।
- ***रिकेट्स के उत्पन्न होने में निम्नलिखित बातें महत्त्वपूर्ण होती हैं—***
  → केल्सियम और फॉस्फोरस न्यूनतावाले चारे को खिलाना।
  → केल्सियम और फॉस्फोरस से युक्त चारे को न खिलाना।
  → बछड़ों को अधिक समय तक अँधेरे में धूप से अलग रखना।

रोग उत्पन्न करने में सहायक

1. सामान्यतः केल्सियम और फॉस्फोरस का अनुपात 2:1 होता है। परन्तु, जब किसी कारणवश यह अनुपात बदला जाता है तो रिकेट्स रोग उत्पन्न हो जाता है।

2. केल्सियम या फॉस्फोरस की कमी या उनके उचित अनुपात का अभाव रोग उत्पन्न करने में सहायक होता है।

3. जब बछड़ों को अत्यधिक अनाज तथा बहुत कम मात्रा में 'हे' (सूखी घास) एवं लवण मिश्रणों या फिशमील दिया जाता है तब बछड़े को पर्याप्त मात्रा में केल्सियम तथा फॉस्फोरस नहीं मिल पाता है, तब रिकेट्स का रोग उत्पन्न हो जाता है।

निदान (Diagnosis)—

- रोग का निदान आहार के इतिवृत्त तथा लक्षणों के सम्बन्ध को स्थापित करके किया जाता है।
- अस्थियों और रक्त के नमूनों का केल्सियम एवं फॉस्फोरस के लिये रासायनिक विश्लेषण किया जाता है।

विभेदक निदान (Differential diagnosis)—इसका भेद अस्थियों के संक्रमणों (infective arthritis) से करना होता है।

शव-परीक्षण विक्षतियाँ (Postmortem lesions)

- पसलियाँ तथा अस्थियाँ सरलतापूर्वक कट जाती हैं।
- लम्बी अस्थियों के दंड (shaft) अत्यधिक पतले होते हैं। इनका अस्थिभंग (fracture) सरलता से होता है।
- अस्थिदंड (shaft) छिद्र युक्त मिलता है।
- मृत बछड़ों के कई स्थानों पर (अस्थिभंग-fracture) देखे जाते हैं।

लक्षण एक दृष्टि में

- बछड़ों में भोजन के प्रति अरुचि।
- पेट में गड़बड़ी।
- शरीर-भार की वृद्धि में कमी।
- पसलियों के सन्धि स्थल और घुटनों में सूजन तथा कठोरता (stiffness)।
- अगले पैरों की लम्बी हड्डियाँ सामने की ओर मुड़ी या तिरछी।
- चाल में परिवर्तन।
- कमर या पीठ चाप की तरह और कभी-कभी पूँछ उठी हुई रहती है।
- सामान्य या हल्की चोट या फिसलकर गिरने में अस्थिभंग (fracture)।

चिकित्सा (Treatment)

- उपचार मुख्य रूप से कारणों के आधार पर किया जाता है।
- विटामिन-डी की कमी से उत्पन्न रोग का इलाज विटामिन-डी आपूर्ति द्वारा किया जाता है। इसके लिये बछड़ों को विटामिन 'डी' 300 अन्तर्राष्ट्रीय इकाई प्रति 45 कि.ग्रा. शरीर-भार पर दी जाती है।

याद रहे (Remember)!

- सामान्य रूप से विटामिन 'डी' धूप या धूप में सुखायी घास से मिल जाती है।
- राशन में सुधार किया जाये और उसमें आवश्यक लवणों का मिला होना जरूरी होता है।
- गेहूँ, चोकर, जौ, जई, कपास के बीज का आटा, मूँगफली का आटा आदि खाने को दें।
- बछड़ों को पूर्ण दूध (whole milk) पिलावें।

***अनुभूत चिकित्सा** (Empirical treatment)*

क. मिनरल मिक्श्चर; जैसे- मिनमिक्स (Minmix) या एग्रीमिन या टोनोमिल्क पाउडर 10-20 ग्राम प्रतिदिन खिलावें।

ख. मिफैक्स या कालबोरॉल (Mifex or Calborol) 100 मि.ली. हफ्ते में 2 बार I/V अथवा S/C रूप में दें।

2. बछड़ों में टीटेनी रोग (Tetany in Calves)

परिचय (Introduction)— यह रोग अत्यधिक दूध पीनेवाले बछड़ों का विभिन्न प्रकार की पशु प्रबन्धन और खान–पान की अव्यवस्थाओं से उत्पन्न होता है। रोग दो से चार माह की आयु के बछड़ों में मैग्नीशियम की न्यूनता से होता है।

अन्य नाम (Other names)–इस रोग को संसार के विभिन्न भागों में 'होल मिल्क टीटेनी', घास टीटेनी, हाइपोमैग्नीशीमिया या लेक्टेशन टीटेनी आदि नामों से जाना जाता है।

कारण (Causes)

- बछड़ों में मैग्नीशियम की कमी से।
- टीटेनी रोग का आघटन (incidences) उन क्षेत्रों में अधिक होता है जहाँ बछड़ों को शरदकाल में बाँधकर रखा जाता है अथवा ठीक प्रकार से भोजन नहीं मिलता है।
- केवल दुग्धाहार पर रखे गये कुछ बछड़ों में भी रुग्णता उत्पन्न हो सकती है।

नोट—टीटेनी रोग प्रायः दो से चार माह की आयु के बछड़ों में होता है।

निदान (Diagnosis)

इतिवृत्त से *(From history)*— बछड़ों की आयु, भोजन, पानी की आपूर्ति आदि द्वारा मालूम कर टीटेनी रोग का संदेह किया जा सकता है।

निश्चयात्मक निदान *(Confirmatory diagnosis)*—रोगी बछड़ों के रक्त में मैग्नीशियम का विश्लेषण तथा पसलियों एवं कशेरुकाओं में कैल्शियम और मैग्नीशियम के अनुपात को ज्ञात करके रोग का निदान सही रूप में किया जाता है।

विभेदक निदान (Differential diagnosis)—इस रोग का भेद–टीटेनस, विषाक्तता, लैड विषाक्तता, आन्त्र विषाक्तता आदि से करना चाहिये।

शव-परीक्षण *(Postmortem)*— मृत बछड़े के शव का पोस्ट–मार्टम करने पर—

- पित्ताशय की दीवार, परिहृद वसा, अन्तः हृदकला तथा महाधमनी परिधि की बाहरी सतह पर रक्तस्राव के चिन्ह मिलते हैं।
- पाचन–पथ की गोल तथा लम्बी पेशियों में भी रक्तस्राव मिल सकता है।

लक्षण एक दृष्टि में

- रोग की प्रारम्भिक अवस्था में बछड़ों का अकड़कर चलना।
- गर्दन खड़ी रखना।
- आँखों का घूमना।
- स्पर्श से बछड़ों का चौंकना या उछलना।
- गर्दन, पैरों तथा अन्य अंगों की पेशियों में अकड़न (stiffness)।
- कभी–कभी बछड़े मुँह खुला या बन्द रखते हैं।
- चाल में पैरों को अधिक उठाना।
- कान का झुकना।

गुप्त प्रकार की टीटेनी में

- आक्षेप (Convulsions)।
- अगले पैरों का टॉनिक–क्लोनिक स्पाज्म।
- श्वासकष्ट।
- टेकिकार्डिया तथा दौरे।
- वयस्क बछड़ों की रोग प्रारम्भ होने के बाद कुछ ही घण्टों में मृत्यु।

चिकित्सा (Treatment)

क. बछड़ों को कैल्सियम मेग्नीशियम बोरोग्लूकोनेट की दवाऐं; जैसे– माइफैक्स (Mifex) अथवा माइफीकल (Mifical) 100–200 मिली. शिरा में लगाना चाहिये।

ख. बछड़ों को मैग्नीशियम ऑक्साइड अथवा मैग्नीशियम कार्बोनेट 10 ग्राम रोज खिलाना चाहिये।

ग. प्रशान्तक (सीडेटिव) दवा ट्राईफ्लूप्रोमाजीन; जैसे– सीक्विल (Sequil) इन्जेक्शन 2 मि.ली. अथवा जाइलाजीन (Xylazine); जैसे– आइजीन (Izine - *Intas*) अथवा जाइलोडेक (Zylodac - *Zydus AHL*) अथवा जाइलेक्सिन (Zylaxin - *IIL*) 2 मि.ली. मांस में लगानी चाहिये।

बचाव (Prevention)—

- रोग से बचाव हेतु 'हे' दाना मिश्रण में 2–5 ग्राम मैग्नीशियम ऑक्साइड (magnesium oxide) प्रतिदिन खिलाया जा सकता है। *अथवा*
- मैग्नीशियम कार्बोनेट (magnesium carbonate) 4–8 ग्राम प्रतिदिन दें।

नोट—यदि बछड़ा दूध पी रहा है तो ये लवण दूध में मिलाये जा सकते हैं।

3. गलगंड रोग (Goiter)

परिचय (Introduction)—बछड़ों में आयोडीन की न्यूनता से गलगंड या घेंघा नामक रोग पैदा हो जाता है, जिससे बछड़ों की अबटु ग्रन्थियों (thyroid glands) का आकार तथा भार बढ़ जाता है।

आयोडीन की न्यूनता से गलगंड रोग के अतिरिक्त मादा पशुओं का गर्भपात, मृत बछड़ों में जन्मजात विकृतियाँ पाई जाती हैं।

प्रभावित क्षेत्र (Affected area)—इसका आघटन (incidence) प्राय: तराई या उसके आसपास के क्षेत्रों में अधिक होता है। इन क्षेत्रों के पानी, मिट्टी एवं चारे में आयोडीन की कमी पायी जाती है। यही कमी रोगजनन में सहायक होती है।

कारण (Causes)—

- इस रोग का कारण मुख्य रूप से आयोडीन की कमी होना होता है। आयोडीन की न्यूनता में थायरॉक्सिन (thyroxine) हार्मोन्स का उत्पादन बहुत ही

लक्षण एक दृष्टि में

- भोजन के प्रति अरुचि के कारण दूध नहीं पीते हैं।
- कमजोरी के कारण खड़े होने में असमर्थता।
- गलगंड ग्रन्थियों के आकार में वृद्धि।
- अधिकांश बछड़ों की मृत्यु।

चिकित्सा व्यवस्था एक दृष्टि में

- गर्भावस्था के अन्तिम दिनों में गायों तथा भैसों को पोटेशियम आयोडाइड और नमक 1 : 3500 में मिलाकर दें।
- आयोडीनयुक्त नमक के डेले गर्भवती पशु के पास रखने से वह उसे चाटती रहती है।

कम हो जाता है जिससे शरीर की सामान्य क्रियाओं को सम्पन्न करने हेतु ग्रन्थि को थायरॉक्सिन का अधिक उत्पादन करना पड़ता है, जिसके फल-स्वरूप अबटु ग्रन्थियों का आकार बढ़ जाता है। इसे गलगंड (Goiter) कहा जाता है।

- कुछ खाद्य पदार्थ; जैसे- बन्दगोभी, रेप (rape), केल (kale) आदि को अधिक मात्रा में खिलाने पर आयोडीन की न्यूनता न होने पर भी गलगंड रोग उत्पन्न हो जाता है।

निदान (Diagnosis)— गलगंड रोग की पहचान निम्नलिखित आधारों पर की जाती है—

- ***नैदानिक परीक्षणों द्वारा***—बढ़ी हुई अबटु ग्रन्थियों को परिस्पर्शन द्वारा ज्ञात कर सकते हैं।
- ***छानबीन*** *(Investigations)*— रोगी पशु से प्राप्त रक्त के नमूनों में प्रोटीनयुक्त आयोडीन की मात्रा ज्ञात की जाती है।
- ***शव-परीक्षण का*** *(Postmortem)*—शव की परीक्षा करने पर अबटु ग्रन्थियों में प्रमुख विक्षतियों (लीजन्स) के रूप में इन ग्रन्थियों का आकार तथा भार बढ़ा हुआ मिलता है। ग्रन्थियाँ देखने में गहरे लाल-रंग की, रक्तस्राव युक्त तथा कोमल होती हैं।
- ***जीवोति परीक्षण* (Biopsy)** द्वारा अबटु गन्थि की छानबीन करने पर निम्न परिवर्तन दिखायी देते हैं—
  - → उपकला कोशिकाओं का प्रफलन
  - → कोलॉयड कोशिकाओं का प्रफलन
  - → कोलॉयड (colloid) अत्यन्त कम या अनुपस्थित
  - → उपकला कोशिकाऐं लम्बी स्तम्भाकार (columnar) हो जाती हैं
  - → **आयोडीन नमक, प्याज, समुद्र की मछलियों आदि में मिलता है।**

नोट—
- पोटेशियम आयोडाइड (Potassium iodide) 1-2 ग्राम दिन में 2 बार गुड़ के साथ चटावें।
- आयोडीनवाले खनिज-लवण मिश्रणों को; जैसे- एग्रीमिन, टोनोमिल्क अथवा मिनमिक्स 10-20 ग्राम रोज खिलाना चाहिये।

सावधान (Caution)—
- यदि इसका विषैला लक्षण दिखायी पड़े तो आयोडीनवाली औषधि देना बन्द कर दें।

2. विटामिनाल्पता रोग (Vitamin Deficiency Diseases)

विटामिन न्यूनता सम्बन्धी रोगों का विस्तृत अध्ययन पशु रोगों के अन्तर्गत शीर्षक **पोषक तत्व अभाव रोगों (Nutrient deficiency diseases)** अध्याय 12 में देखें।

विविध रोग और उनकी चिकित्सा
(Miscellaneous Diseases and their Treatment)

1. अतिशृंगिभवन (Hyperkeratosis)

परिचय (Introduction)— इस रोग का औद्योगीकरण से सीधा सम्बन्ध है। रोग अधिकतर 6 से 9 माह की आयु के बछड़ों में होता है। यह रासायनिक पदार्थों से उत्पन्न रोग (chemical disease) है। प्रभावित पशु विषैले लक्षणों से युक्त होकर अति शीघ्र मर जाता है।

कारण (Causes)

- अति शृंगिभवन रोग उच्च ऊर्जावान (क्लोरिनेटेड) नैफ्थालीन यौगिकों (high chlorinated nephthalene compounds) के सम्पर्क या अधिग्रहण (ingestion) से होता है।
- इंजन का पुराना तेल जब घावों की ड्रेसिंग में प्रयोग होता है तब भी बछड़ों को यह रोग हो जाता है।
- रोगकारक रसायनों को चाटने से।

लक्षण एक दृष्टि में

- प्रारम्भिक लक्षण आँखों से आँसू एवं लार गिरना।
- मुँह तथा जबान पर छाले।
- पशु दुर्बल एवं सुस्त।
- मृत्यु अति शीघ्र।

चिरकालिक रोग में

- गर्दन की त्वचा सुस्त एवं बालरहित।
- त्वचा मोटी तथा झुर्रीदार।
- त्वचा के मोड़ों (folds) को खींचकर ठीक करना असम्भव।
- बछड़ों के छोटे, पतले और कुरचित सींग।
- अन्त में मृत्यु।

- कई बार इस प्रकार के स्नेहकों (lubricants) का प्रयोग चक्कियों में किया जाता है तो पशुओं का भोजन दूषित हो जाता है, जिसे खाने पर बछड़े तथा अन्य पशु रोगी हो जाते हैं।

शव परीक्षण (Postmortem)—शव की परीक्षा करने पर—

- शरीर के विभिन्न अंगों तथा भागों में कई प्रकार की विक्षतियाँ देखने को मिलती हैं।
- त्वचा मोटी, कठोर, शुष्क तथा बालरहित होती है।
- जिह्वा एवं गालों में उगनेवाली विक्षतियाँ (proliferative lesions) होती हैं।
- चतुर्थ आमाशय (एबोमेजम) में अर्बुद पाये जाते हैं।
- यकृत, पित्ताशय आदि स्थानों में भी विक्षतियाँ मिलती हैं।

नोट—उपरोक्त लक्षणों एवं शव-परीक्षण के आधार पर रोग का निदान किया जाता है।

चिकित्सा (Treatment)

- कोई प्रभावकारी उपचार उपलब्ध नहीं है।
- रोगकारक रसायनों से पशु-शालाओं तथा पशुओं को दूर रखना चाहिये।
- विटामिन 'ए' से रोग का उपचार किया गया है। परन्तु, अपेक्षित सफलता प्राप्त नहीं हुई है।

इस प्रकार के रसायनों को बाजार से वापस ले लिया गया है। इसलिये अब इस रोग का आघटन पहले की अपेक्षा कम हो गया है।

2. यूरिया विषाक्तता (Urea Poisoning)

परिचय (Introduction)—सामान्य रूप से पशुओं को दिये जानेवाले दाने के मिश्रण में यूरिया 3% से अधिक नहीं होनी चाहिए। जब यूरिया इससे अधिक होती है, तो विषाक्तता उत्पन्न हो जाती है। पशुओं तथा बछड़ों में यूरिया विषाक्तता दुर्घटनावश या पशु चारे में यूरिया ठीक से मिश्रित न होने के कारण पैदा होती है।

पैथोलॉजी—यूरिया पशुओं के पेट में पहुँचकर विघटित (decompose) होती है जिससे अमोनिया गैस बनती है। यह गैस विषाक्तता पैदा करती है। इससे आधे घण्टे के अन्दर विषाक्तता के लक्षण पैदा हो जाते हैं।

निदान (Diagnosis)—यूरिया विषाक्तता का निदान निम्न आधारों पर किया जाता है—

- इतिहास (History)— रोग का इतिहास ज्ञात कर।
- लक्षणाधार—लक्षणों को देखकर।
- **छानबीन (Investigation)**—प्रयोग-शाला में रूमैन अमोनिया नाइट्रोजन (rumen ammonia nitrogen/RAN) एवं रक्त अमोनिया नाइट्रोजन (blood urea nitrogen/BUN) का परीक्षण करके।

शव-परीक्षण (Postmortem)—मृत पशु के शव की परीक्षा करने पर निम्न प्राप्तियाँ निदान में सहायक हैं—

- यकृत, हृदय, तिल्ली, एबोमेजम, आँत आदि में विक्षतियाँ (lesions) मिलती हैं।
- यकृत आकार में बढ़ा हुआ मिलता है। रंग कुछ काला हो जाता है।
- हृदय की दीवारों, तिल्ली के सम्पुट (capsule), एबोमेजम तथा आँतों में रक्तस्राव मिलता है।
- जठर-क्षुद्रान्त्रशोथ इस विषाक्तता की प्रमुख विक्षति मानी जाती है।

दिशा निर्देश (Instructions)

- विषाक्तता की तीव्र अवस्था में उपचार से कोई लाभ नहीं होता है।
- यूरिया मिश्रित आहार खिलाना बन्द कर देना चाहिये।
- यूरिया की मात्रा को धीरे-धीरे खिलाना चाहिये तथा आहार में पर्याप्त मात्रा में कार्बोहाइड्रेट सम्मिलित करना चाहिये।

लक्षण एक दृष्टि में

- आँख की पलकों, ओठों तथा पूँछ में स्फुरण (twitching)।
- गमन में गति विभ्रम (ataxia in locomotion)।
- आक्षेप (convulsions)।
- मुँह से लार एवं झाग आना।
- श्वास और नाड़ी की गति मन्द।
- अन्त में पशु की मृत्यु।

यूरिया विषाक्तता का उपचार एक दृष्टि में

- सिरका (vinegar) या 5% एसिटिक अम्ल दिन में 2-3 बार।
- टीटेनी लक्षणों के नियंत्रण हेतु कैल्सियम, मैग्नीशियम लवण (mifex) तथा ग्लूकोज सेलाइन या रिन्टोज I/V मार्ग से।

चिकित्सा (Treatment)

लाक्षणिक चिकित्सा में केन्द्रीय स्नायु संस्थान की उत्तेजना कम करने वाली औषधियाँ भी लाभकर होती हैं।

3. तीन दिवसीय पशु ज्वर (Three Days Fever)

परिचय (Introduction)—राजस्थान के पश्चिमी भू-भाग में जहाँ पर पशुपालन मुख्यत: चरागाहों पर आश्रित हैं। पशुपालक जुलाई के माह में जब खुद को मलेरिया (malaria) से और अपने पशुओं को पशु मलेरिया से ग्रसित होते देखता है तब अपने-आप को बहुत बड़ी मुसीबत में फँसा समझता है।

पशु मलेरिया एक ऐसा रोग है जो चरागाहों में फैली बालू मक्खियों (सेण्ड फ्लाई) जो बरसात के बाद अत्यधिक मात्रा में फैल जाती है, के काटने से होता है। ज्वर एक विषाणु के मक्खी द्वारा पशु के शरीर में छोड़ने पर अत्यधिक वेग से फैल जाता है।

फैलने का समय (Spread time)— वर्षा-ऋतु के बद।

प्रभावित होने वाले पशु (Affected animals)— मुख्यत: गाय व कभी-कभी भेड़ में।

नोट—राजस्थान के पशुपालक इस रोग को 'करों का रोग' (Karon disease) कहते हैं।

कारण (Cause)— यह रोग एक विषाणु के संक्रमण से होता है।

वाहक (Carrier)— सेण्ड फ्लाई (sandfly)।

चिकित्सा (Treatment)

- बीमारी होने पर कोई निश्चित इलाज नहीं।

निम्नलिखित औषधियाँ पशु को आराम पहुँचाती हैं और कोई नयी बीमारी उत्पन्न नहीं होने पाती है—

- एण्टीबायोटिक 24 घण्टे के अन्तराल पर (टैट्रासाइक्लीन आदि)।
- एण्टीपायरेटिक औषधि यथा पैरासिटामोल/ एनाल्जिन/ पोली-जैसिक आदि इन्जेक्शन द्वारा हर 24 घण्टे के अन्तराल पर अथवा सोडियम सेलीसिलेट आदि।
- विटामिन्स व हिमालय बत्तीसा आदि स्वास्थ्यवर्धक टॉनिक दें।

लक्षण एक दृष्टि में

- पशु के पाँव में जकड़न।
- पैरों से खड़ा होने एवं चलने से मजबूर।
- तापक्रम 104–106°F तक।
- श्वसन क्रिया 25–30 प्रति मिनट तक।
- दूध देना बन्द।
- पशु एक तरफ को लेट जाता है।
- आँख और नाक से पानी बहता है।
- सिर, गर्दन व कमर में अकड़न।
- पशु निढाल हो जाता है।
- 3 दिन बाद स्वस्थ।

विशेषता—तीसरे दिन पशु के शरीर में प्रतिरोधक क्षमता आ जाने से ज्वर अपने-आप चला जाता है।

इस रोग में मृत्यु 2–5 प्रतिशत तक पायी जाती है।

◆◆◆

परिशिष्ट (APPENDICES)

1

विभिन्न परीक्षाओं/कॉम्पटीशन्स में पूछे जानेवाले प्रश्नों पर त्वरित अध्ययन
(General Studies for Competition–Agriculture- Animal Husbandry & Dairy Examinations)

पशुपालन शब्दावली (Vocabulary–Animal Husbandry)

1. डेरी फार्मिंग (Dairy Farming)— इस विधि में दुधारू पशुओं के 'प्रजनन' और 'पालन' पर विशेष ध्यान दिया जाता है।

2. कृत्रिम गर्भाधान (Artificial Insemination/A.I.)— नर और मादा पशुओं को प्राकृतिक ढंग से सहवास न कराकर अप्राकृतिक विधि से गाय, भैंस, घोड़ी, बकरी तथा भेड़ आदि को गर्भित कराना कृत्रिम गर्भाधान या कृत्रिम वीर्य सेचन कहलाता है। इस विधि के अन्तर्गत उत्तम सांड़ के वीर्य को कृत्रिम विधि से एकत्र कर उसके शुक्राणुओं (sperms) की परीक्षा (examination) की जाती है। तत्पश्चात् वीर्य का तनुकरण तथा वीर्य सरंक्षण किया जाता है। सरंक्षित वीर्य को उपकरणों की सहायता से मादा पशु के जननांगों में डाला जाता है।

3. बधियाकरण (Castration)— जब पशुओं में जननांगों के कार्य (Gonadal function)–-अण्डाशय (ovary) तथा वृषण/टैस्टिज (testis) समाप्त कर दिए जाते हैं, तो इसे 'बधिया करना' या 'बधियाकरण' कहते हैं। नर और मादा दोनों पशुओं को बधिया किया जा सकता है। मादा में बधिया करने को Spaying कहते हैं। मुर्गे में 'बधियाकरण केपोनाइजेशन' (caponigetion) कहलाता है तथा बधिया किये हुए मुर्गे को केपन (capon) कहा जाता है। कार्य करनेवाले पशुओं को डेढ़ से दो वर्ष की आयु में तथा मांस प्राप्त करने के लिये 1 माह की आयु में बधिया किया जाता है। जाड़े का मौसम बधिया करने के लिये सर्वोत्तम समय होता है। बधियाकरण की कई विधियाँ हैं–

- **बुर्डिजोकास्ट्रेट द्वारा**— इस यंत्र की सहायता से वृषण रज्जु (spermatic cord) को दबा दिया जाता है।
- **हॉर्मोन** की सहायता से।
- **इलास्ट्रेट रबर** के सख्त छल्ले को अण्डकोष पर चढ़ाकर।

4. सींगरोधन (Dehorning)—पशुओं के सींग हटाने को सींगरोधन (dehorning) कहते हैं जबकि सींग को कम उम्र में ही हटा देना डीबडिंग (debuding) कहलाता है। डीबडिंग जन्म के 10 दिन बाद व डीहोर्निंग एक से डेढ़ माह की आयु में करते हैं। पशुओं को सींगरहित करने की निम्न विधियाँ हैं–

- यंत्र द्वारा या आरी से काटकर
- गर्म लोहे से दागकर
- कास्टिक पोटाश की बत्ती रगड़कर।

5. टिसर बुल (Teaser Bulls)— गायों में निर्बल या मूक गर्मी (Silent heat) होने का पता लगाने के लिए इसका प्रयोग किया जाता है। ये वे साँड़ होते हैं जिनकी अण्डकोष में स्थित शुक्रवाहिनी (vas diferens) को काट दिया जाता है। ऐसे साँड प्रजनन तो करते हैं परन्तु योनि में वीर्य नहीं छोड़ पाते। मूक गर्मी का पता लगाने के लिये इन साँड़ों की छाती पर रंग लगाकर गायों के झुण्ड में छोड़ दिया जाता है, जिससे वे जिस गाय पर चढ़ते हैं; उस पर रंग लग जाने से उसको आसानी से पहचाना जा सके।

6. खरहरा करना (Grooming)—पशुओं को खरहरा करने का अर्थ है—ब्रुश, खुरेरा आदि से पशु की सफाई करना। कार्य करने पर पशु के शरीर से पसीना निकलता है, जिससे त्वचा पर प्राय: धूल जम जाया करती है। खरहरा करने का अभिप्राय यह है कि पशु का स्वास्थ्य ठीक रहे और साथ ही देखने में आकर्षक लगे।

7. चिन्हित करना (Marking)—पशुओं को पहचानने एवं उनके ठीक से अभिलेखों (records) को रखने के लिए पशुओं को चिन्हित किया जाता है। विशेषतौर पर, इनका उपयोग सरकारी पशुओं को चिन्हित करने के लिए ही किया जाता है।

8. पशु का गर्म होना (Heat Period)—जब मादा पशु ऋतुमयी होने पर सम्भोग की इच्छा लेकर नर पशु की तलाश करती है अथवा इच्छा व्यक्त करती है तो उस अवस्था को पशु का गर्म होना कहते हैं। प्रत्येक मादा एक निश्चित समय पर; जैसे— गाय-भैंस हर 19-25 दिन (औसतन 20वें दिन) बाद गर्म होती है। गाय में 12-24 घंटे, भैंसों में 18-36 घण्टे गर्म काल (heat period) होता है। **साँड़ से मिलाने अथवा कृत्रिम गर्भाधान केन्द्र पर ले जाने का उचित समय इस काल के मध्य से अन्त का होता है।**

9. गर्भावस्था (Gestation)—साँड़ से संभोग कराने अथवा कृत्रिम रूप से ग्याभिन कराने के उपरान्त मादा जब अपने गर्भाशय में भ्रूण को पालती है, तब इस अवस्था को गर्भावस्था कहते हैं। गर्भधारण के दिन से बच्चा जन्मने तक की अवधि गर्भकाल (gestation period) कहलाता है।

10. भ्रूण प्रत्यारोपण (Embro transplantation)—इस प्रक्रिया में सर्वप्रथम अच्छी नस्ल के मादा पशु के डिम्बाशय पर कई रज उत्पन्न कर उसे उत्तम नस्ल के साँड़ के वीर्य से कृत्रिम निषेचन किया जाता है और अनेक (लगभग 5-10) भ्रूण तैयार किये जाते हैं। अब इन भ्रूणों को निकालकर उन्हें भ्रूण के रूप में प्रत्यारोपण के लिये तैयार किये गये किसी दूसरे मादा पशु के गर्भाशय में प्रत्यारोपित कर दिया जाता है। यह काफी मँहगी प्रक्रिया है। इसलिये इसका प्रचलन अभी तक न के बराबर है।

भारत सरकार की पशुपालन हेतु कुछ प्रमुख योजनाएँ
(Important Government Plans for Animal Husbandry)

1. केन्द्रित ग्राम्य योजना (Key Village Scheme)—यह योजना प्रथम पंचवर्षीय योजना (1952) पशुओं की नस्ल सुधार हेतु चलाई गई। इस योजना के अन्तर्गत एक केन्द्रित ग्राम में कई गाँव सम्मिलित रहते हैं, जिनमें लगभग 2000 गायों और भैंसों के सुधारने का प्रबन्ध रहता है। शुरू

में केन्द्रित ग्रामों पर प्राकृतिक गर्भाधान की व्यवस्था थी। परन्तु, बाद में कृत्रिम गर्भाधान की व्यवस्था की गई। इस योजना का उद्देश्य उस क्षेत्र के पशुओं का बहुमुखी विकास करना था।

2. सघन पशु विकास योजना (Intensive Cattle Development Plan/ I.C.D.P.)—यह योजना तृतीय पंचवर्षीय योजना में प्रारम्भ की गई। इसमें केन्द्रित ग्राम्य योजना को I.C.D.P. में बदल दिया गया। इस योजना के अन्तर्गत ऐसे 113 केन्द्र खोले गये जहाँ पशुओं के लिये नियंत्रित प्रजनन, सन्तुलित पोषण तथा रोग नियंत्रण की पूर्ण सुविधा उपलब्ध है। भारत में मेरठ, लखनऊ, फैजाबाद, इलाहाबाद, कानपुर, अलीगढ़, हलद्वानी तथा मुरादाबाद जिलों में इस कार्यक्रम का विस्तार किया गया। इस योजना के परिणामस्वरूप इन क्षेत्रों की गायों में 11-17% तथा भैंसों के दुग्ध उत्पादन में 4-10% तक वृद्धि हुई।

3. गौसदन योजना (Gosadan Scheme)—यह योजना 1952 में आरम्भ की गई। इस योजना को बेकार जगहों पर या जंगलों के भीतर केन्द्रिय गौ संवर्धन परिषद् ने तैयार किया। इस योजना का मुख्य उद्देश्य बड़ी संख्या में बेकार और अनुत्पादक पशुओं को गौसदनों में इकट्ठाकर इन पशुओं को बधिया करके बूढ़े और खराब नस्ल के पशुओं की सन्तति वृद्धि को रोकना था।

4. गौशाला विकास योजना (Goshala Development Scheme)—गौशाला की स्थिति सुधारने हेतु 1948 में भारत-सरकार के कृषि मंत्रालय ने केन्द्रित गौशाला संवर्धन बोर्ड की स्थापना की। इस योजना का मुख्य उद्देश्य गौशालाओं क विकास करना था। लेकिन, यह योजना असफल हो गई।

5. मिलिट्री डेरीफार्म (Military Dairyfarm)—देश में पहला मिलिट्री डेरीफार्म 1889 में इलाहाबाद में खोला गया। इस समय देश में 28 मिलिट्री डेरीफार्म हैं। यहाँ गायों का संकरण कराया जाता है।

6. दुग्ध बस्ती (Milk Colony)—बम्बई में, 1946 में, दुग्ध बस्ती की स्थापना की गई। यह एशिया की सबसे बड़ी दुग्ध बस्ती है। यहाँ प्रतिदिन 10 लाख लीटर दुग्ध का उत्पादन होता है।

दुग्ध-विज्ञान (Lactology)

दुग्ध (Milk)—नवजात शिशुओं के तुरन्त पोषण के लिये मादा पशु की दुग्ध ग्रन्थियों से प्राप्त श्वेत द्रव पदार्थ को दुग्ध कहते हैं। दुग्ध से संबंधित महत्त्वपूर्ण जानकारी निम्न है—

- दुग्ध एक विषम जातीय उपज मानी जाती है जिसमें वसा, प्रोटीन, शर्करा एवं अन्य जीवन उपयोगी पदार्थ घोल, कोलायडल अथवा पोयस अवस्था में पाये जाते हैं।
- **आज विश्व में भारत का दुग्ध उत्पादन के क्षेत्र में प्रथम स्थान हो गया है।**
- वर्ल्ड कैटल इन्वैन्ट्री 2017 के अनुसार देश में लगभग 33.33 करोड़ का गौधन है। गाय और भैंस का लगभग 4.11% GDP में योगदान है।
- **इस समय देश में दुग्ध का उत्पादन 155.50** मिलियन टन है। (Annual report 2016-17 Government of India)।
- वर्तमान समय में देश के अन्दर लगभग 500 दुग्ध संसाधन संयंत्र (plants) और 170 दुग्ध उत्पादक फैक्टरीज हैं।

- वर्तमान में भारत के अन्दर दुग्ध उपलब्धता 332 gm by 2014-15 और 337 gm by 2015-16 ग्राम प्रति व्यक्ति है। परन्तु, यह पोषण सलाहकार समिति की संस्तुति 283 ग्राम/दिन/ व्यक्ति की तुलना में काफी कम है। पिछले पाँच दशकों में दूध उपलब्धता निम्न प्रकार रही–

वर्ष	दुग्ध उपलब्धता (ग्राम/दिन/व्यक्ति)
1966	108
1970	105
1981	122
1987	157
1990	172
1993	178
2015	332
2016	337

- **राष्ट्रीय डेरी विकास बोर्ड** (National Dairy Development Board) की स्थापना 1965 ई. में हुई थी।
- **भारतीय डेरी निगम** (Indian Dairy Corporation) की स्थापना भारत–सरकार द्वारा आनन्द (गुजरात) जिले में वर्ष 1970 में की गई। इसका मुख्य उद्देश्य ऑपरेशन फ्लड योजना (Operation Flood Scheme) को सफल बनाना था।
- **मिलिटेरि डेरीफार्म** (Military Dairy Farm)– वर्ष 1889 में मिलिट्री डेरीफार्म की स्थापना भारतवर्ष के इलाहाबाद नगर में हुई।
- **दुग्ध सहकारी संघ का प्रारम्भ**– इलाहाबाद से ही सन् 1931 में देश का प्रथम दुग्ध सहकारी संघ प्रारम्भ हुआ। आज देश के सभी नगरों में दुग्ध सहकारी संघ कार्य कर रहा है। इसकी स्थापना के बाद ही दुग्ध का उत्पादन बढ़ाने के लिये ऑपरेशन फ्लड कार्यक्रम आरम्भ किया गया।

ऑपरेशन फ्लड (Operation Flood)– इस योजना के सूत्रधार डेरी विकास बोर्ड तथा भारतीय डेरी निगम के अध्यक्ष डॉ. 'वर्गीज कुरियन' थे। इन्हें ही इस योजना के क्रियान्वयन तथा सफलता का श्रेय दिया जाता है। इस योजना के सफल क्रियान्वयन के कारण ही भारत विश्व का सबसे बड़ा दुग्ध उत्पादक देश बना और इस कार्य में डा. कुरियन का अमूल्य योगदान है। इस सफलता हेतु सन् 1993 में डॉ. कुरियन को अमेरिका में **'अन्तर्राष्ट्रीय डेरी पुरुष'** से सम्मानित किया गया। डा. कुरियन को यह सम्मान ''विश्व डेरी एक्सपो'' द्वारा दिया गया। अब तक ऑपरेशन फ्लड के तीन चरण पूरे हो चुके हैं।

1. ऑपरेशन फ्लड प्रथम चरण (1970-81)–इसे भारत–सरकार द्वारा जुलाई 1970 में देश के 10 राज्यों में प्रारम्भ किया गया और 1981 तक चला। इसका मुख्य उद्देश्य आनन्द जिले की

भाँति अन्य 18 सहकारी संघों की स्थापना और देश के चार महानगरों यथा– दिल्ली, मुम्बई (बम्बई), कलकत्ता और चेन्नई (मद्रास) में 4 मातृ दुग्धशालाओं की स्थापना एवं दुग्ध आपूर्ति (सप्लाई) से था। प्रथम चरण में इस योजना से लगभग 116 करोड़ रुपये उपार्जित किये गये।

2. ऑपरेशन फ्लड द्वितीय चरण (1978–85)— द्वितीय चरण 1 जुलाई, 1978 में प्रारम्भ हुआ। इस चरण में भारतीय डेरी विकास में क्रान्तकारी परिवर्तन हुआ, जिस पर कुल व्यय 485.5 करोड़ रुपये आँका गया तथा 246 करोड़ रुपये उपार्जित किये गये। इसका लक्ष्य 1989 तक प्रति व्यक्ति 185 ग्राम दुग्ध प्रतिदिन उपलब्ध कराना था। इसका विस्तार 1 लाख जनसंख्या वाले 148 शहरों में किया जाना था। विश्व बैंक, यूरोपीय समुदायों से भी इसमें सहायता प्राप्त हुई। लगभग 1 करोड़ दुग्ध उत्पादक इस चरण में सहकारी तंत्र से जोड़ दिये गये। यह देश के 55 जिलों में फैली है। इस चरण में 1.5 करोड़ संकर गाय तथा उन्नत भैंस बनाने का लक्ष्य तैयार किया गया।

3. ऑपरेशन फ्लड तृतीय चरण (1985–1994)— भारत–सरकार ने इस चरण के लिए 360 करोड़ रुपये देने की स्वीकृति दी। यूरोपीय आर्थिक समुदाय एवं विश्व बैंक से भी इस परियोजना के लिये धन उपलब्ध हुआ है। इस चरण में 915 करोड़ रुपये व्यय करने का प्रावधान था। इस चरण के मुख्य उद्देश्य निम्न थे–

- ग्राम्य सहकारी समितियों की संख्या में वृद्धि करना एवं दुग्ध उत्पादकों को सहकारी समितियों से जोड़ना।
- पशु की दुग्ध देने की क्षमता को बढ़ाना।
- संसाधित दुग्ध की मात्रा एवं उसके विपणन में वृद्धि करना।
- अनुसंधान, परिरक्षण, परीक्षण एवं विकास कार्य को बढ़ावा देना।
- प्रति व्यक्ति दूध की उपलब्धता बढ़ाना।
- ग्रामीणों की आय में वृद्धि करना।
- ग्रामीणों को रोजगार के अवसर प्रदान करना।
- देश के सभी दुग्ध उत्पादकों को सहकारी क्षेत्रों की राष्ट्रीय दुग्ध ग्रिड से जोड़ना।

सारांश में— आपरेशन फ्लड की सफलता के फलस्वरूप हमारा देश दुग्ध पदार्थ उत्पादन के क्षेत्र में पूर्णतया आत्मनिर्भर है। परन्तु, जनसंख्या में वृद्धि के साथ–साथ हमें इस ओर ध्यान देना होगा।

- गाय के दुग्ध में वसा, प्रोटीन एवं लेक्टोज की मात्रा क्रमश: 4.5%, 3.5% और 4.6% होती है।
- भैंस के दुग्ध में वसा, प्रोटीन एवं लेक्टोज की लगभग मात्रा क्रमश: 7.0%, 3.8% और 5.0% होती है।
- केरोटीन (Carotene) तथा जैन्थोफिल (Xanthophll) पिगमेंट दुग्ध तथा घी को हल्का पीला–रंग प्रदान करते हैं। ये पदार्थ हरे चारे से पशु को प्राप्त होते हैं।
- वसा, कैल्सियम, फॉस्फेट तथा केसीन प्राय: दुग्ध में सूक्ष्म कणों के रूप में रहते हैं। इन कणों के प्रकाश का पूर्ण परावर्तन (reflection) होने के कारण ही दुग्ध सफेद दिखायी देता है।

- दुग्ध का pH 6.6 तथा क्वथनांक 100.15^{0}C होता है।
- भारत में कुल उत्पादित दुग्ध का 45.2% दुग्ध के रूप में, 1.8% क्रीम, 8.1% दही, 6.4% मक्खन, 31.9% घी, 4.7% खोवा, 0.7% आइसक्रीम तथा 1.2% अन्य मदों में प्रयोग होता है।
- **कोलोस्ट्रम** (Colostrum)/**खीस**—जब गाय/भैंस बच्चा देती है तो उसके पहले दुग्ध को कोलस्ट्रम या खीस कहते हैं। यह साधारण दुग्ध से भिन्न होता है। यह नवजात शिशु के लिये अति उपयोगी है। इस दुग्ध में तमाम एण्टीबोडीज होते हैं जो शिशु को बहुत-सी बीमारियों से बचाता है।
- कोलस्ट्रम या खीस नवजात शिशु के लिये चेचक तथा रोग प्रतिकारक के रूप में महत्त्वपूर्ण कार्य करता है।
- खीस दुग्ध की अपेक्षा अधिक पीला होने के कारण उसमें केरोटीन व जेन्थोफिल की अधिकता तथा गुलाबी-रंग का कारण उसमें रक्त का कुछ भाग मिला होना है।
- **शीतलित दुग्ध** (Chilled Milk)—दुग्ध को सुरक्षित रखने के लिये यह आवश्यक होता है कि उसको न्यूनतम ताप 4^{0}C पर ठंडा कर लिया जावे। इस प्रक्रिया को दुग्ध शीतलन (Chilling of milk) तथा ऐसे दुग्ध को शीतलित दुग्ध (Chilled milk) कहते हैं। शीतलित दुग्ध में जीवाणुओं की वृद्धि रुक जाती है व इस दुग्ध को 48 घण्टे तक सुरक्षित रखा जा सकता है।
- **क्रीम (Cream)**—क्रीम दुग्ध का वह साफ व ताजा भाग है, जो दुग्ध को रखने पर उसकी सतह पर एकत्र हो जाये अथवा दुग्ध से अपकेन्द्रित बल द्वारा अलग किया जाये; जिसमें कम से 18% वसा हो। क्रीम में वसा की मात्रा अधिक होने के कारण इसका रंग-पीला होता है।

  क्रीम सामान्य रूप से 2 प्रकार से तैयार की जाती है—

  1. गुरुत्वाकर्षण विधि द्वारा।
  2. सेन्ट्रीफ्यूगल विधि द्वारा।

  क्रीम निकालते समय दुग्ध का तापक्रम 40^{0}C होना चाहिये। ठंडे दुग्ध से गाढ़ी व गर्म दुग्ध से पतली क्रीम बनती है।
- **मक्खन** (Butter)—यह एक प्रकार का दुग्ध-उत्पाद है जो गाय, भैंस और अन्य स्तनधारी पशुओं के दुग्ध या क्रीम को मथने से प्राप्त होता है और जिसमें वसा की मात्रा 80% से कम नहीं होती तथा अन्य दूसरे पदार्थ 20% से अधिक न हों। अन्य पदार्थों में पानी की मात्रा 16% से अधिक नहीं होनी चाहिये।
- **मखनिया दूध** (Skimmed milk)— दुग्ध अथवा क्रीम का वह भाग जो मक्खन निकालने के बाद बचता है, मखनिया दुग्ध कहलाता है।
- **दही (Curd)**— दही एक प्रकार का दुग्ध-उत्पाद है, जो दूध के सामान्य किण्वन (normal fermentation) से प्राप्त होता है। यह सामान्य किण्वन दुग्ध को उबालकर 20-25^{0}C तक ठंडा करके उसमें उचित मात्रा में जामन मिलाकर प्राप्त होता है। जामन एक प्रकार की दुग्ध से बनी हुई वस्तु है जिसमें केवल वही जीवाणु होते हैं जिनको हम दही में पैदा करना चाहते हैं। जिसके लिये प्राय: स्टेप्ट्रोकोकस अथवा अम्लरागी (*L. acidophilus*) बेक्टीरिया उत्तरदायी होते हैं।

जामन में *स्ट्रेप्टोकोकस थर्मोफिलस* तथा *लेक्टोबेसीलस बल्गेरीकस* नाम के जीवाणु पाये जाते हैं।

- **छेना** (Sponge)—यह एक प्रकार का दुग्ध-उत्पाद है, जो उबलते हुए दूध को अम्ल द्वारा फाड़कर तैयार किया जाता है। इस पदार्थ के बनने के बाद जो अम्ल-पानी (whey) बचता है उसे छानकर अलग कर दिया जाता है। दुग्ध को फाड़ने के लिये दुग्धाम्ल या साइट्रिक अम्ल अथवा साइट्रिक फलों का रस प्रयोग में लाया जाता है।

- **पनीर (Cheese)**— पनीर भी छेना की तरह दुग्ध-उत्पाद है। इसे बनाने की विधि भी लगभग छेना की तरह है। इसे भी अम्ल द्वारा फाड़कर बनाया जाता है। परन्तु, पनीर को पनीर जल से अलग करने के बाद लकड़ी के साँचे में भरकर 2 किग्रा प्रति वर्ग सेमी का दबाव डालकर शेष जल को पनीर से अलग किया जाता है। तत्पश्चात् इसे आवश्यकतानुसार टुकड़ों में काटकर 2-3 घंटे तक ठंडे जल (4-6^{0}C) में डुबो दिया जाता है।

- **घी** (Ghee)—घी एक दुग्ध-उत्पाद है जो मक्खन अथवा क्रीम को एक निश्चित ताप पर गर्म करके प्राप्त किया जाता है। इसमें दुग्ध वसा की मात्रा 99% से अधिक होती है। शेष अंश जल और छाछ का होता है।

शुद्ध घी में एक विशेष लाक्षणिक सुवास होती है जो 'डाइएसीटिल' के कारण होती है।

- **आइसक्रीम**—यह एक कशावत तथा हिमीकृत खाद्य पदार्थ है जिसे दुग्ध पदार्थों के मिश्रण से बनाया जाता है तथा जिसमें दुग्ध, वसा तथा वसारहित ठोस पदार्थों के साथ चीनी स्थायी कारक, सुवास कारक तथा रंग पदार्थों की वांछित मात्रा विद्यमान होती है।

विविध ज्ञातव्य सारांश में

- खीस (colostrum) में विटामिन बी$_{12}$ (B_{12}) की अधिकता होती है।
- खीस में सबसे अधिक भाग केसीन का होता है।
- गाय के दुग्ध में भैंस के दुग्ध की अपेक्षा केरोटीन (Carotene) की अधिकता होती है।
- दुग्ध का पाश्चुराइजेशन 72^{0}C ताप पर 15 सैकेण्ड तक गर्म करके 40^{0}C पर ठंडा कर लेते हैं।
- क्रीम निकालते समय दुग्ध का तापक्रम 90-100^{0}F होना चाहिये।
- ऑपरेशन फ्लड का सम्बन्ध डेरी विकास से है।
- लेक्टोज दुग्ध में पाया जाने वाला प्रधान पदार्थ कार्बोहाइड्रेट है।
- दुग्ध के उबलने का तापमान 101.4^{0}C होता है।
- पाश्चुराइज्ड दुग्ध में रोग पैदा करनेवाले जीवाणु नहीं होते हैं।
- राष्ट्रीय डेरी विकास बोर्ड (NDDB) व भारतीय डेरी निगम (IDC) के अध्यक्ष डा. वर्गीज कुरियन थे।

सम्बन्धित तालिकाएँ

क्रीम का संघठन (Composition of cream)

क्रीम की किस्म	वसा%	प्रोटीन%	लेक्टोज%	खनिज पदार्थ%	पानी%	अन्य%
● गाढ़ी क्रीम	56.00	1.60	3.00	0.40	39.00	–
● पतली क्रीम	28.55	3.35	4.45	0.65	63.00	–
● प्लास्टिक क्रीम	80.00	0.70	1.00	10.00	18.20	–

दुग्ध-विज्ञान शब्दावली

1. विसंक्रमण या निर्जीवीकरण (स्टेरीलाइजेशन–Sterilization)— दुग्ध में उपस्थित सभी प्रकार के जीवाणुओं को नष्ट करने तथा सुवासित दुग्ध संचयी गुण बढ़ाने हेतु दुग्ध का पास्चुरीकरण न करके निर्जीवीकरण कर लिया जाता है। इसके लिये दुग्ध को 108–111^{0}C तापक्रम पर 20–30 मिनट तक गरम करके ठंडा किया जाता है। इस तापक्रम पर सभी जीवाणु नष्ट हो जाते हैं। इस प्रकार का दुग्ध 15–90 दिन तक सही हालत में रखा जा सकता है।

2. पाश्चुरीकरण (Pasteurization)—यह वह क्रिया है जिसके अनुसार दुग्ध को एक निश्चित तापक्रम पर एक निश्चित समय तक रखकर रोग पैदा करनेवाले सभी जीवाणुओं को नष्ट कर दिया जाता है। साथ ही साथ इस बात का ध्यान रखा जाता है कि दुग्ध की खाद्य महत्ता तथा क्रीम लेयर पर कोई विपरीत असर न पड़े। पाश्चुरीकरण करने के लिये सामान्य तौर पर दुग्ध 72^{0}C ताप पर 15 सैकण्ड तक रखकर शीतकों द्वारा 5^{0}C पर ठण्डा कर लिया जाता है। **इस विधि के खोजकर्त्ता लुई पाश्चर थे।**

3. सुवासित दुग्ध (Flavoured Milk)— सुवासित दुग्ध वह दुग्ध है जिसमें किसी सुवास या सुगन्धित पदार्थ का प्रयोग किया गया हो। वैधानिक मानक के अनुसार इसमें निर्धारित मात्रा में वसा व वसारहित ठोस पदार्थों का होना आवश्यक होता है। सुवासित दुग्ध बनाने हेतु पहले दुग्ध में वसारहित ठोस पदार्थों की मात्रा ज्ञात करके उसे निर्धारित स्तर पर लाया जाता है। तत्पश्चात् उसमें सुगन्धित पदार्थ (1–1.5%), चीनी (6%) तथा स्थायीकारक पदार्थ (0.3%) मिलाये जाते हैं। दुग्ध को छानकर 60–70^{0}C तक गर्म किया जाता है। तत्पश्चात् इसका समांगीकरण एवं पाश्चुरीकरण करके 5^{0}C ताप पर ठंडा करके बोतलों में भर दिया जाता है।

4. टोण्ड दुग्ध (Toned Milk)— गाय या भैंस के दुग्ध में सप्रेटा दुग्ध मिलाने से जो पदार्थ प्राप्त होता है उसे टोण्ड दुग्ध कहते हैं। टोण्ड दुग्ध में वसा की न्यूनतम मात्रा 3% तथा वसारहित ठोस पदार्थों की मात्रा 8.5% निर्धारित की गई है।

5. डबल टोण्ड दुग्ध (Double Toned Milk)— यह उपरोक्त टोण्ड दुग्ध की ही भाँति होता है। लेकिन, इसमें वसा की न्यूनतम मात्रा 1.5% तथा वसारहित ठोस पदार्थों की न्यूनतम मात्रा 9% निर्धारित की गई है।

6. संघनित दुग्ध (Condensed Milk)— इसे 'वाष्पित दुग्ध' भी कहते हैं। इसमें जल का कुछ भाग वाष्पीकरण द्वारा अलग कर लिया जाता है। जब इसमें चीनी मिला दी जाती है तब उसे संघनित दुग्ध कहते हैं। मीठे संघनित दुग्ध में परिरक्षण के लिये लगभग 44% चीनी मिलायी जाती है। इस दुग्ध में कम से कम 8.5% वसा तथा 28% कुल ठोस होना चाहिये।

7. सोयाबीन दुग्ध (Soyabean Milk)— सोयाबीन से बने दुग्ध को 'सोयाबीन दुग्ध' कहते हैं। इस प्रकार के दुग्ध में प्रोटीन काफी होने के कारण यह दुग्ध अधिक पौष्टिक होता है।

विभिन्न जातियों के पशुओं के दुग्ध का औसत संघठन

दुग्ध अवयव	मानव %	गाय %	भैंस %	बकरी %	भेड़ %	ऊँटनी %	घोड़ी %	गधी %	सुअरी %
जल	87.43	87.3	83.05	85.58	78.93	87.61	89.04	89.03	84.09
वसा	3.75	4.5	7.00	4.90	8.91	5.38	1.59	2.53	4.55
प्रोटीन	1.65	3.5	3.80	4.11	6.24	2.98	2.69	2.01	7.23
खनिज लवण	0.21	0.75	0.80	0.89	1.06	0.70	0.51	0.41	1.23
लेक्टोज	6.98	4.6	5.00	4.47	5.04	3.26	6.14	6.07	3.13
कल ठोस पदार्थ	12.57	13.20	16.50	16.96	19.29	12.39	10.96	10.97	17.98
वसारहित ठोस पदार्थ	8.82	8.5	9.50	9.0	10.3	7.01	9.37	8.44	8.57

भेड़पालन-सम्बन्धी विशिष्ट सूचनाएँ

- सन् 1990 में उत्पादन, परीक्षण और उत्तम उत्पादन सामग्री के विस्तार के लिये 1350 भेड़ों को अमेरिका से आयात किया गया जो जम्मू-कश्मीर एवं राजस्थान राज्यों तथा केन्द्रीय भेड़ प्रजनन फार्म, हिसार को वितरित की गईं।
- भेड़ों को चिन्हित करने के लिये 'इयर ब्रोच' का प्रयोग करते हैं।
- दूध, ऊन, मांस तीनों दृष्टिकोण में उत्तम भेड़ की नस्ल 'लोही' है।
- लिंकन नर एवं जालौनी मादा के क्रास से 'हिसार डेल' नामक भेड़ की नस्ल निकाली गई।
- केन्द्रीय भेड़ और ऊन अनुसंधान केन्द्र, पशुलोक, देहरादून (उ.प्र.) में स्थित है।
- 'मेरिनो' भेड़ की ऊन की उपज संसार की कुल ऊन उपज का 40% है।
- लोही, संसार की सबसे लम्बे कानोंवाली भेड़ की नस्ल है।
- मांस के लिये भेड़-बकरों को 1-2 माह की अवस्था में बधिया कर देते हैं।
- भेड़ की ऋतुमयी अवस्था में उसके शरीर पर बाल नहीं होने चाहिये।

बकरीपालन सम्बन्धी विशिष्ट सूचनाएं

- **देशी बकरी**— जमुना पारी, बरबरी, बीतल, सुरती, कश्मीरी, गद्दी, चम्बा, पसमीना, मारबारी, मालाबारी, बंगाला बकरी आदि प्रमुख देशी बकरी की नस्लें हैं।
- **द्विकाजी नस्ल**— जमुनापारी बकरी एक द्विकाजी अर्थात् मांस और दूध दोनों के दृष्टिकोण में उत्कृष्ट नस्ल है।

- **प्रमुख दुधारू जाति**— 'बरबरी' व 'सुरती' बकरी प्रमुख दुधारू नस्लें हैं।
- भारत में बकरी **'गरीबों की गाय'** के रूप में मानी जाती है।
- सामान्य रूप से एक बकरी का उम्रकाल 17 वर्ष का होता है।
- भारत में विश्व की कुल बकरियों की 20% जनसंख्या पायी जाती है।
- विश्व में बकरी की संख्या के अनुसार भारत का दूसरा तथा अफ्रीका का प्रथम स्थान है।
- बकरी के चमड़े के उत्पादन में भारत का विश्व में प्रथम स्थान है।
- मादा बकरी का उत्तेजना काल 18–30 दिन होता है।
- सामान्यत: बकरियाँ 1 से 8 बच्चों को जन्म देती हैं।
- बकरी की उम्र का निर्धारण निचले जबड़े पर उपस्थित दाँतों की संख्या से किया जाता है। इनके ऊपरी जबड़े पर दाँत नहीं होते।
- भारत में राजस्थान, उत्तर प्रदेश, बिहार एवं मध्य प्रदेश में कुल बकरियों की 40% जनसंख्या पायी जाती है।
- केन्द्रीय बकरी अनुसन्धान संस्थान मखदूम फरह (मथुरा) में स्थित है।
- बरबरी, शहरों में पाली जानेवाली बकरी की प्रमुख नस्ल है।
- बकरी का दूध क्षारीय होता है।
- भेड़–बकरी की औसत श्वास गति 14–22 प्रति मिनट होती है।
- बकरे को 1 वर्ष की उम्र में बधिया करना चाहिये।
- बकरी का गर्भकाल (Gestation period) 150 दिन (अर्थात् 5 माह) का होता है।
- बकरी के प्रजनन के लिये शीतकाल एवं बसन्त-ऋतु का समय सर्वोत्तम है।
- बकरी में पहला गर्भाधान 10–15 महीने तक करा देना चाहिये।
- भारत में सबसे अधिक बकरियाँ राजस्थान और उत्तर–प्रदेश में पाली जाती हैं।
- बकरी के दूध में वसा (fat) कम एवं छोटे कणों के आकार में होने के कारण दूध सुपाच्य होता है।
- टोगेन्बर्ग, खोरसानी, बलूची एवं एंग्लो नुबियन आदि बकरी की प्रमुख विदेशी नस्लें हैं। एल्पाइन भी बकरी की विदेशी नस्ल है।
- ब्लैक बंगाल नामक बकरी के दूध में सबसे अधिक वसा पायी जाती है। भारतीय कृषि अनुसन्धान परिषद् ने उच्च गुणवत्ता और उत्पादकता वाली बकरियों हेतु विशेषकर दूध, मांस एवं ऊन के विकास हेतु **अखिल भारतीय शोध कार्यक्रम** 1971 में शुरू किया।

- पशमीना (कश्मीरी) बकरी की नस्ल है। इसका ऊन (wool) सर्वोत्तम माना जाता है। साधारणतः एक वर्ष में प्रति बकरी की दर से औसतन 1.5–2 कि.ग्रा. ऊन प्राप्त होती है।

सूअरपालन-सम्बन्धी आवश्यक सूचनाएँ

- भारत में सूअरों की संख्या लगभग 65 लाख है। यह विश्व की कुल सुआर जनसंख्या का सिर्फ 1 प्रतिशत है।
- मादा सूअर एक बार में 10–12 बच्चों को जन्म देती है।
- भारत में पूरे विश्व की जनसंख्या का 1 प्रतिशत सूअर हैं।
- सूअर का प्रजनन अगस्त–सितम्बर तथा फरवरी–मार्च में होता है।
- कन्ट्री पिग, लाज व्हाइट आर्कशायर, मिडल यार्कशायर, वर्कशायर आदि प्रमुख सूअर की देशी नस्लें हैं।
- चेस्टर व्हाइट, टयूरॉक, डेनिश, लैण्डूश, हैम्पशायर आदि सूअर की नस्लों का मूल स्थान (प्राप्ति स्थान) पोलैण्ड है।
- चीन, टॉमवर्थ, वेसेक्श, सड्डुल बैंक आदि सूअर की विदेशी नस्लें हैं।
- सूअर का गर्मीकाल 40–50 घण्टे का और गर्भ की अवधि 112 से 115 दिनों की होती है। गर्मीकाल को heating period भी कहते हैं।
- भारत में सबसे अधिक सूअरों की जनसंख्या उत्तर–प्रदेश में है।
- 8–10 माह की अवस्था में सूअरी को पहली बार गर्भित करा देना चाहिये।
- विश्व में सूअरपालन में चीन का स्थान प्रथम है, क्योंकि सबसे अधिक सूअर चीन में पाये जाते हैं।

मुर्गीपालन-सम्बन्धी सूचनाएँ

- मुर्गियों की अन्तर्राष्ट्रीय स्तर की नस्ल 'ब्रह्म' नस्ल है, जो भारत में ब्रह्मपुत्र क्षेत्र में पायी जाती है।
- एक मुर्गी अपने लिंग–सम्बन्धी लक्षणों को केवल अपने नर चूजे में ही स्थानान्तरित करती है जबकि एक मुर्गा लिंग–सम्बन्धी लक्षण अपने नर एवं मादा दोनों चूजों में समान रूप से स्थानान्तरित करता है।
- मुर्गी–पालन में प्रजनन 'ग्राडिंग' कहलाता है।
- सामान्यतः मुर्गियाँ 5वें माह में अण्डा देना शुरू कर देती हैं।
- कोचीन मुर्गी की नस्ल का मूल स्थान शंघाई (चीन) है।
- रोड आइसलैंड रैड मुर्गी की नस्ल का मूल स्थान अमेरिका में रोड आइसलैण्ड क्षेत्र है। संसेक्स मुर्गी की इंग्लिश नस्ल है।
- असील मुर्गी की नस्ल ''मुर्गी की लड़ाई'' के लिये पाली जाती है।

- सफेद लेगहार्न नस्ल मुर्गियों में अधिक अण्डे देनेवाली नस्ल है।
- अण्डे में मुख्यत: 3 भाग– बाहरी सेल, श्वेत भाग एवं पीला भाग होते हैं। मात्रा के अनुसार इसका अनुपात क्रमश: 11:59:30 होता है। परन्तु, रासायनिक रूप में इसमें जल 66%, प्रोटीन 13%, खनिज 11% और वसा 10% होती है।
- चूजों के लिये पहले हफ्ते में बूस्टर का तापमान 90–95^{0}F होना चाहिए।
- मुर्गियों की सबसे भयंकर बीमारी 'रानीखेत' है।
- फाउल कालरा की बीमारी मुर्गियों में बेक्टीरिया से फैलती है।
- मुर्गी के अण्डे का औसत भार 57 ग्राम होता है।
- मुर्गी 20 सप्ताह की अवस्था में अण्डे देना शुरू करती है।
- अण्डों में चूजे (chicks) निकलने में 10–20 दिन लगते हैं।
- अण्डे से चूजे के जन्म के लिये इन्क्यूबेटर का प्रयोग किया जाता है। इन्क्यूबेटर में औसतन तापमान 100^{0}F रखा जाता है।
- सातवीं योजना में अण्डों के उत्पादन में 73% तथा मुर्गियों के उत्पादन में 18% की वृद्धि हुई है। वर्ष 1990–91 में 21.1 अरब अण्डों की तुलना में वर्ष 1991–92 में 22 अरब अण्डों का उत्पादन रहा।

ऊँटपालन-सम्बन्धी प्रमुख सूचनाएँ

- ऊँट की 2 जातियाँ होती हैं–

  1. बैक्टीयन– इसके 2 हम्प होते हैं।
  2. अरबीयन या ड्रोमोडरी– इसमें केवल एक हल्का हम्प होता है।

- एक मादा ऊँट चार वर्ष में वयस्कता प्राप्त करती है।
- नर ऊँट से एक वर्ष में, सिर्फ नवम्बर से फरवरी तक, 30–50 मादा ऊँटों को प्रजनन कराया जाता है।
- मादा ऊँट का गर्भकाल 375–392 दिनों का होता है। मादा एक बार में सिर्फ एक ही बच्चा देती है।

रोगसम्बन्धी विशिष्ट सूचनाएँ

- खुरपका, मुँहपका, पशुप्लेग (R.P.), चेचक, वार्टस आदि प्रमुख विषाणु जनित रोग हैं।
- एन्थ्रेक्स (Anthrax), गलघोंटू (H.S.), लंगड़ी (B.Q.), क्षयरोग, संक्रामक गर्भपात (contagious abortion), थनैला रोग (Mastitis) आदि प्रमुख जीवाणु जनित रोग हैं।
- मिल्क फीवर कैल्सियम की कमी से होता है।
- अधिक दुग्ध देनेवाले पशुओं को मिल्क फीवर (milk fever) नामक रोग होने की अधिक आशंका रहती है।

- भैंस–पॉक्स (Buffalo-pox) वायरस रोग है जो भारत, पाकिस्तान, इटली, मिस्र आदि में बहुलता से पाया जाता है।
- पशु–प्लेग, रोग को फैलानेवाले वायरस का नाम '**पैरामिक्सोविरिडी मॉरबिलि वायरस**' है।
- शूकर–ज्वर (swine-fever) सूअरों में मिलनेवाला विषाणुजनित (viral disease) रोग है।
- एक्टिनोबेसिलोसिस रोग को 'काठीय जीभ' भी कहते हैं।
- जॉहनी 'ज–रोग (Johne's disease) मवेशियों, भेड़ों, बकरियों तथा भैंसों की एक छूत की बीमारी है। इसके रोग कारक बेक्टीरिया का नाम **माइकोबेक्टीरियम पेराट्यूबरकुलोसिस** है।
- वेसिक्यूलर स्टोमेटाइटिस (vesicular stomatitis) मवेशियों में होनेवाला एक वायरसजनित रोग है।
- फ्लोरोसिस एक दीर्घकालिक (chronic) बीमारी है। यह लम्बे समय तक फलोरीन ग्रहण करने के कारण मवेशियों को होती है।
- ब्रूसैलोसिस (Brucellosis) गाय तथा भैंस में होनेवाला एक भयानक रोग है। यह '**ब्रूसेला एबोर्टस**' नामक बैक्टीरिया से उत्पन्न होता है।
- ग्रास टीटेनी (Grass tetany) गायों में पाया जानेवाला हाइपोमैग्नीसीमिया नाम से भी पुकारा जानेवाला रोग है।
- फाउल कॉलरा (कुक्कुट हैजा), पाश्चुला ए.वी. सैप्टिका (बैक्टीरिया) द्वारा होता है।
- मुर्गी चेचक (Chicken pox) एवीमोक्स वायरस के द्वारा होता है।

पशुपालन एवं दुग्धविज्ञान चर्चा

- 'पशुपालन'—आर्थिक रूप से महत्त्वपूर्ण पशुओं के प्रजनन, खान–पान, देख–भाल तथा उनके उपयोगों को कहते हैं।
- भारत के कुल भौगोलिक क्षेत्र का 2.44% तथा कृषि योग्य भूमि का 11.29% भाग पशुपालन में लगा है।
- भारत में पशुपालन कृषि का आवश्यक तथा महत्त्वपूर्ण अंग है। पशुपालन ग्रामीण–जीवन को शारीरिक एवं आर्थिक मजबूती प्रदान करता है।
- भारत में विश्व की 23% गोजातीय मवेशी (bovine) जनसंख्या निवास करती है।
- भारत में कुल राष्ट्रीय आय का 15 प्रतिशत भाग गायों तथा भैंसों के माध्यम से प्राप्त होता है।
- भारत में औसत गायों का दुग्ध उत्पादन 175 लीटर और भैंसों का 490 लीटर है।
- पशुओं में सबसे ज्यादा आय गौ पशुओं से प्राप्त होती है।
- भारत में गाय, बैलों तथा भैंसों की सर्वाधिक संख्या उत्तर–प्रदेश में है।

- भारत में कुल दुग्ध की प्राप्ति का 55 प्रतिशत भैंसों से प्राप्त होता है।
- गायों में बछड़े के जन्म के 6 सप्ताह तक दुग्ध देने की क्षमता बढ़ती है और फिर धीरे-धीरे घटने लगती है।
- किसी जानवर के दुग्ध देने की क्षमता को 'पेडिग्री' कहते हैं।
- गाय में दुग्ध देने की क्षमता 8 माह तथा भैंसों में 9 माह तक होती है।
- भारतीय गौ पशुओं की नस्ल को यूरोप में तथा दक्षिणी अमेरिका में जेवु एवं यूनाइटेड स्टेट्स (United States) में 'ब्राह्मण' कहते हैं।

गौ पशुओं का वर्गीकरण (Classification of cow cattles)

प्रकार	विशेषतायें	उदाहरण
1. दुधारू नस्लें (Milk breeds)	इनकी मादायें खूब दुग्ध देती हैं। परन्तु नर धीमी प्रकृति तथा निम्न कोटि के होते हैं।	साहीवाल, सिन्धी, गिर, देवनी आदि।
2. भारवाही नस्लें (Draught breeds)	इनकी मादायें कम दूध देती हैं। परन्तु नर-कृषि कार्य तथा बोझा खींचने के लिये अधिक उपयुक्त हैं।	अमृतमहल, हल्लीकर, नागौरी, खेरगढ़, कांगायाम, डॉगी, वरगुर, बघौर, केनकथा, खिल्लारी, सीरी, निवाड़ी, मालवी।
3. द्विकाजी नस्लें (Dual purpose breeds)	इनकी मादायें अधिक दुधारू तथा नर अच्छा कार्य करनेवाले होते हैं।	हरियाणा, थारपारकर, कांकरेज, गंगातीरी, कोसी, रॉंड, हिसार।

- देश में गौ पशुओं की 27 और भैंसों की 7 नस्लें मान्यता प्राप्त हैं।
- दुधारू गाय का प्रमुख लक्षण - शरीर लम्बा और मुलायम होता है।
- साहीवाल, मालवी, कांकरेज, मेवाती, निमारी, नागौरी आदि गाय की प्रमुख नस्लें हैं।
- साहीवाल गाय की नस्ल, पाकिस्तान के सिन्धु नदी की घाटी क्षेत्र तथा माँटगोमरी में पायी जाती है।
- मेवाती गाय की नस्ल राजस्थान के अलवर एवं भरतपुर जिलों में पायी जाती है।
- बछड़ा डेढ़ वर्ष बाद सांड़ बन जाता है।
- गायें गर्भधारण करने के 282 दिन बाद बच्चे को जन्म देती हैं।
- गायों की सबसे भारी नस्ल 'कांकरेज' है।
- साहीवाल नस्ल की गाय का रंग लाल व भूरा होता है।
- 'इजिप्शियन' भैंसों की विदेशी जाति है।

- नवजात शिशु (बछड़े/बछिया) को खीस (colostrum) उसके शरीर-भार के 1/10वाँ भाग देते हैं।
- गाय-भैस के दुग्ध काल के दिनों की औसत संख्या 300 दिन होती है।
- गाय के थनों में दुग्ध उतरने में ऑक्सीटोसिन हार्मोन सहायता करता है।
- गाय-भैंसें प्रथम बार 3 वर्ष में ऋतुमयी होती है।
- गाय-भैंस के ऋतु-काल (heat-period) का औसत समय 24-36 घण्टों का होता है।
- गाय-भैंसों में ऋतु-चक्रों (heat-cycles) के दिनों की औसत अवधि 21 दिन की होती है।
- बच्चे देने के बाद गाय-भैंस 90-120 दिन बाद प्रथम बार ऋतुमयी होती है।
- गाय के कृन्तकों (incisors) की संख्या 4 होती है।
- गाय व भैंस के पूर्ण वयस्क (full youth) होने की अवस्था 5-5.5 वर्ष है।
- गाय-भैंस के सींगों में पहला छल्ला 2 वर्ष में बनता है।
- बछड़ों को खीस देना लाभदायक होता है। यह रोगों से बच्चे को बचाता है।
- एक सांड प्रतिवर्ष 100 गायों को गर्भित कर सकता है।
- भारत में प्रथम बार कृत्रिम गर्भाधान (A.I.) 1939 में हुआ था।
- भारतवर्ष में सफल कृत्रिम गर्भाधान सर्वप्रथम डा. 'सम्पत कुमारन' ने किया था।
- गाय का प्रथम बच्चा देने की औसत उम्र 4 वर्ष होती है।
- गाय के दो ब्यातों के बीच का अन्तर 12-14 माह होता है।
- गाय-भैंस का सामान्यत: औसत तापमान 101.4^{0}F होता है।
- गौ वंश में नाड़ी की गति 40-60 प्रति मिनट होती है।
- भैंस की साँस गति 12-18 प्रति मिनट होती है।
- जर्सी, गर्नसी, आयर शायर तथा फ्रीजियन आदि गाय की प्रमुख विदेशी नस्लें हैं।
- मुर्रा, भदावरी, जाफराबादी, मेहसाना, तराई, सुस्ती एवं नागपुरी आदि भैंस की प्रमुख नस्लें हैं।
- पशुओं की प्रजनन शक्ति को समाप्त करना बधियाकरण (castration) कहलाता है।
- संकर गायें देशी गायों की अपेक्षा दो से चार गुना तक अधिक दुग्ध देती हैं।
- साहीवाल गाय की नस्ल भारतीय गायों में सर्वोत्तम दुधारू नस्ल है।
- भारत को भैसों की जन्म-स्थली माना जाता है। साथ ही विश्व की सर्वश्रेष्ठ नस्लों की भैंसें भारत में ही पायी जाती हैं।
- विश्व में सबसे अधिक भैंसें भारत में ही पायी जाती हैं।

- संकर बछिया प्रथम बच्चा 24–25 माह की आयु में देती है।
- संकर गाय का औसत दुग्ध उत्पादन प्रति ब्यांत 3000 कि.ग्र. होता है।
- मुर्रा भैंस का अधिकतम दुग्ध उत्पादन प्रति ब्यांत 4550 कि.ग्रा. होता है।
- भदावरी भैंस के दुग्ध में सबसे अधिक वसा 7–13 प्रतिशत नक पायी जाती है।
- मुर्रा सबसे अधिक औसतन दुग्ध देनेवाली भैंस की जाति है।
- मुर्रा जाति की भैंस का अधिकतम प्रतिदिन दुग्ध उत्पादन 25 कि.ग्रा. होता है।
- हालस्टीन फ्रीजियन विश्व में सर्वाधिक दुग्ध देनेवाली गाय है
- कृत्रिम योनि का तापक्रम 42^0C रखते हैं।
- पशुओं के सींग कास्टिक छड़ से सींगरहित करते हैं।
- एक बैल के अगर चार स्थायी दाँत के 4 जोड़े निकल आये हैं तो बैल की आयु 3 वर्ष होगी।
- पशुओं के बधिया करने हेतु बर्डिजो–कास्ट्रेटर (Burdizzo-castrator) का प्रयोग करते हैं।
- गाय की नाड़ी गति ज्ञात करने के लिये काक्सीजियल नामक धमनी के ऊपर उँगली रखी जाती है।
- गाय का तापक्रम लेने हेतु उसके गुदा मार्ग में 2 मिनट तक थर्मामीटर लगाते हैं।
- प्रजनन सम्बन्धी हॉर्मोन ''ईस्ट्रोजन'' है।
- पूरे विश्व में भैंस की कुल आबादी का आधे से अधिक भाग भारत में है।
- सांड़ को नियन्त्रण में लाने के लिये 'बुलहोल्डर' बुलरिंग या 'बुलमास्क' का प्रयोग करते हैं।
- मुर्रा जाति की भैंस का अधिकतम प्रतिदिन दुग्ध उत्पादन 25 कि.ग्रा. होता है।
- अफारा रोग (Tympanitis) से पीड़ित पशुओं के पेट से दूषित गैस निकालने हेतु 'ट्रोकार' एवं 'कैन्यूला' को प्रयोग में लाते हैं।
- अखिल भारतीय गौ–सम्वर्धन परिषद् की स्थापना 1951 में की गई थी।
- पशुपालन चिकित्सा महाविद्यालय, मथुरा में स्थित है।
- केन्द्रीय भैंस शोध संस्थान की स्थापना 1984 में हिसार (हरियाणा) की गई।
- एक वर्ष में एक स्वस्थ सांड़ से प्राकृतिक प्रजनन द्वारा 100 तथा कृत्रिम प्रजनन (A.I.) द्वारा लगभग 5000 गायों को गर्भाधान करवा सकते हैं।

भेड़पालन के सम्बन्ध में कुछ और अतिरिक्त सूचनाएँ

- बीकानेरी, लोही, मारबाड़ी, नैल्लोरी, वेल्लरी, रामपुर, गद्दी, भाखरवाल, गुरेज, करुणा, वशीयर, कुची (Kuchi), काठियावाड़ी, दक्कनी आदि भेड़ की नस्लें हैं।
- जैसलमेरी भेड़ की नस्ल, लोही से विकसित की गई है।

- लिंकन किस्म की भेड़ की नस्ल इंगलैण्ड की है, जो इंगलिश जातियों में सबसे बड़ी है।
- रेम्ब्यूलेट किस्म की भेड़ की नस्ल, स्पेनिश मेरिनो द्वारा विकसित है। इसका ऊन बहुत बारीक होता है।
- लीसिस्टर किस्म की भेड़ की नस्ल, ब्रिटेन की लम्बी ऊन देनेवाली जातियों में सबसे बड़ी जाति है।
- भेड़ की जनसंख्या में भारत का विश्व में 6वाँ स्थान है।
- भारत में भेड़ मुख्य रूप से राजस्थान, जम्मू-कश्मीर, हिमाचल प्रदेश तथा उत्तर-प्रदेश में पाली जाती है। राजस्थान इनका प्रमुख स्थान है।
- भेड़ का औसत जीवन-काल 10-12 वर्ष का होता है।
- राजस्थान में सबसे अधिक भेड़ें पाली जाती हैं।
- गुरेज पहाड़ी स्थानों पर पायी जानेवाली सबसे बड़े आकार की भेड़ें हैं।
- बकरवाल नस्ल की भेड़ जम्मू क्षेत्र में पायी जाती है।
- साउथ डाउन इंग्लैण्ड की प्राचीनतम् नस्ल की भेड़ है। इसका मांस उत्तम किस्म का होता है।
- मादा भेड़ 9-14 महीने में प्रजनन के योग्य हो जाती है।
- विश्व की कुल भेड़ों का लगभग 5 प्रतिशत भेड़ें भारत में पाली जाती हैं।
- मेरिनो मूलतः स्पेन की भेड़ नस्ल है।
- भेड़ का गर्भकाल 150 दिन का होता है।
- भेड़ 7 वर्ष तक प्रजनन के योग्य रहती है। भारत में इनका प्रजनन मुख्यतः मार्च-अप्रैल, जून-जुलाई और अक्टूबर-नवम्बर महीने में होता है।
- नर भेड़ एक प्रजनन ऋतु में 40 भेड़ों के साथ प्रजनन कर सकता है।
- भेड़ का बच्चा जन्म लेते ही कुछ ही मिनटों में चलने लगता है।
- एक भारतीय भेड़ से औसतन 0.3-1.8 कि.ग्रा. ऊन प्रतिवर्ष प्राप्त होती है।
- विश्व में सबसे अधिक भेड़ें आस्ट्रेलिया में, लगभग 18 प्रतिशत, पायी जाती हैं।
- मेरिनो, कोरिडेल, साउथ डाउन, लिसिस्टर एवं लिंकन आदि प्रमुख विदेशी भेड़ें हैं।
- भेड़ों की विदेशी नस्लों को मुख्यतः संकरण हेतु प्रयोग किया जाता है।
- भेड़ों से ऊन उतारने का सर्वोत्तम समय जाड़े के बाद का समय माना जाता है।
- केन्द्रीय भेड़ और ऊन अनुसन्धान संस्थान, एविका नगर (राजस्थान) में स्थित है।

परिशिष्ट (APPENDICES)

2

परीक्षा उपयोगी तालिकाएँ

गाय की उन्नत नस्लें एवं उनसे सम्बन्धित अन्य विवरण

गायों की नस्लों का नाम	मूल स्थान	शरीर भार (कि.ग्रा.) में		दुग्ध उत्पादन लीटर में/ ब्यांत/ (300 दिन)	शुद्ध नस्ल रखनेवाले फार्म
		नर	मादा		
दुधारू नस्लें साहीवाल	मान्टगोमरी (पाकिस्तान)	544	408	2775–3175 अधिकतम (4535) वसा 4.3–6%	आई.ए.आर.आई. नई दिल्ली, करनाल। एन.डी.आर.आई. जैती फार्म, प्रतापगढ़।
लाल सिन्धी	सिन्ध (पाकिस्तान)	416	350	1725 अधिकतम (5440) वसा 4.5%	एन.डी.आर.आई. करनाल, कृषि संस्थान नैनी(इलाहाबाद), पशु-जनन फार्म, कालसी (देहरादून)।
गिरि	काठियावाड़ (भारत)	544	385	1675 अधिकतम (3175)	साबरमती, अहमदाबाद; डेरीफार्म जूनागढ़ (गुजराज); आदर्श दुग्धशाला बम्बई।
देवनी	हैदराबाद (आन्ध्र प्रदेश)	589	340	वसा 4.5% 1580 लीटर	पशु प्रजनन फार्म, उदयगिर (महाराष्ट्र); राजकीय डेरीफार्म मथुरा; सभी कृषि वि. वि. में; राजकीय डेरी फार्म माधुरी कुंड मथुरा।
द्विकाजी नस्लें हरियाणा	हिसार रोहतक करनाल (हरियाणा राज्य)	498	353	1140 लीटर अधिकतम (3178)	हिसार, आई.वी.आर. आई. इज्जतनगर (बरेली)।
मेवाती या कोशी	मथुरा, अलवर, भरतपुर	395	326	900–1050	राजकीय पशु-प्रजनन फार्म, अलवर (राजस्थान)।
थारपारकर	सिन्ध	544	385	1360 लीटर अधिकतम	एन.डी.आर. आई. करनाल, राजकीय पशु प्रजनन फार्म, पटना।

गाय की नस्ल	मूल स्थान	शरीर भार (कि.ग्रा.) में		दुग्ध उत्पादन प्रति ब्यांत या प्रति 300 दिन (लीटर में)	शुद्ध नस्ल रखनेवाले फार्म
		नर	मादा		
पवार	पीलीभीत (उ.प्र.)	320	290	400–600 लीटर	राजकीय पशु फार्म, हेमपुर (नैनीताल)।
हल्लीकर	मैसूर (कर्नाटक)	425	320	300–500 लीटर	राजकीय डेरीफार्म कुरकुप्पी; वैल्लारशी तथा हैसरघाट (कर्नाटक)।
गंगातीरी	गाजीपुर, बलिया (उ.प्र.)	500	300	1100 लीटर	राजकीय पशु फार्म, वाराणसी (Varanasi) (उ.प्र.)।

दूध उत्पादन हेतु पाली जानेवाली विदेशी गाय की नस्लें

गाय का नाम	मूल स्थान	औसत शरीर भार (कि.ग्रा.) में		प्रति ब्यांत औसतन दुग्ध उत्पाद (लीटर में)	ब्यांत अवधि (दिन में)	दूध की वसा (प्रतिशत में)
		नर	मादा			
जर्सी	जर्सी द्वीप समूह (ब्रिटेन)	700	450	4500	365	5–5.5
होलस्टीन फ्रीजियन	हालैण्ड	1000	700	6200–6500	365	3.7
ब्राउन स्विस	स्विट्जरलैण्ड	900	650	5200	365	4.2
गर्नसी	गर्नसी द्वीप, फ्रांस	850	550	4400–6000	365	5
जर्मनी फ्लैकंवीह	जर्मनी	800	500	4000	365	4.1
आयरशायर	आयरशायर द्वीप	850	600	5710	365	4

याद रहे— विदेशी नस्लों में ककुद (hump) नहीं होता।

देशी व संकर गायों के उत्पादक गुणों की तुलना

नस्ल का नाम	प्रथम ब्यांत की आयु (माह में)	दुग्ध काल (दिन में)	दुग्ध उत्पादन (कि.ग्रा. में)	ब्यांत अवधि में प्रतिदिन दूध (कि.ग्रा. में)
देशी गायें				
हरियाणा	58.7	232.5	1136.7	1.9
साहीवाल	40.2	283.5	1718.7	3.8
रेड सिन्धी	41.7	284	1605.0	5.7
थारपारकर	49.4	280.1	1659.1	3.7
गिरि	47.0	257.4	1403.2	2.9
राठी	40.1	331	1931.0	3.3
संकर गायें				
फ्रीजियन × हरियाणा	33.0	340	3195.0	7.0
ब्राउन स्विस × हरियाणा	29.0	336	2785.5	6.6
जर्सी × हरियाणा	32.9	308	2868.0	7.1
जर्सी × गिरि	24.9	324	2713.3	7.1
फ्रीजियन × गिरि	34.9	288.2	2254.5	5.7

फ्रीजियन × रैड सिन्धी	29·2	283.8	2326·2	6.3
जर्सी × राठी	31.3	321.0	2801.6	7.4
फ्रीजियन × थारपारकर	33·6	311.1	2600.0	6·6
फ्रीजियन × साहीवाल	34.7	294.6	2356·8	5.7
जर्सी × साहीवाल	32·6	314.0	2655.7	6.7

भैंसों की उन्नत नस्लें एवं उनसे सम्बन्धित अन्य विवरण

भैंस की नस्ल	मूल स्थान	शरीर भार (कि.ग्रा.) में		दुग्ध उत्पादन प्रति ब्यांत या 300 दिन (लीटर में)	शुद्ध नस्ल रखनेवाले फार्म
		नर	मादा		
मुर्रा	हरियाणा, दिल्ली, उ.प्र.	567	431	1360–2270 अधिकतम (4550) वसा 7%	आई.बी.आर.आई. इज्जतनगर, बरेली राजकीय पशु फार्म, माधुरीकुंड, मथुरा पन्तनगर कृषि वि.वि. (नैनीताल), बाबूगढ़ (मेरठ)।
भदावरी	भदावर, आगरा, इटावा, भिण्ड, ग्वालियर	476	385	450–800 वसा : 7–13%	पशु प्रजनन फार्म, भरारी, (झाँसी); इटावा उ. प्र.।
जाफराबादी	जाफराबाद, काठियावाड़, जूनागढ़ (गुजरात)	590	254	2450 वसा 7–9%	पशु प्रजनन फार्म, मोरवी (गुजरात)।
सूरती	बड़ौदा (गुजरात)	499	409	1655 वसा 7·5%	पशु प्रजनन फार्म, बकरौल (बड़ौदा)।

मेहसाना	मेहसाना (गुजरात)	567	431	1360–1825	पुणे कृषि वि.वि. (महाराष्ट्र) तथा अहमदाबाद।
नागपुरी	नागपुर (महाराष्ट्र)	522	408	1000–1200	पशु प्रजनन फार्म, वर्धा (महाराष्ट्र)।
नीली	फिरोजपुर (पंजाब)	567	454	1585 दुग्ध काल 25 दिन	सतगुरु प्रतापसिंह फार्म, मोरी (सिरसा)।
तराई भैंस	टनकपुर, रामनगर (उ.प्र.)	375	350	900–1200	

बकरी की प्रमुख उन्नत नस्लें एवं उनसे सम्बन्धित अन्य विवरण

नस्ल का नाम	मूल स्थान	उत्पाद/उपयोग	अन्य विवरण सारांश में
जमुनापारी (Jamunapari or Etawah Goat)	इटावा जिले का क्षेत्र (उत्तर प्रदेश)	प्रतिदिन दूध उत्पादन 1.5–2.5 लीटर, अधिकतम 4.85 लीटर प्रति ब्यांत (250 दिन में) 310–500 लीटर। वसा 3.5–5.2 प्रतिशत।	यह द्विकाजी नस्ल है। इससे मांस एवं दूध प्राप्त होता है। गाँव में पालने वाले के लिए यह सबसे अच्छी नस्ल है। ये जुलाई से अक्टूबर तक गर्भधारण करके नवम्बर से फरवरी तक वर्ष में केवल एक बार एक बच्चों या दो को जन्म देती हैं। गर्भकाल 5 माह का होता है।
बरबरी (Barbari or City Goat)	अलीगढ़, एटा, आगरा, तथा मथुरा (उ.प्र.)। गुड़गाँव एवं करनाल (हरियाणा) तथा दिल्ली राज्य	मांस एवं दूध के लिये औसत दूध उत्पादन 1–1.5 लीटर प्रतिदिन, प्रति ब्यांत (225 दिनों में) 250 लीटर दूध देती है। वसा 4.9% पायी जाती है।	थोड़ा खाकर अधिक दूध, शहरों में बाँध कर रखी जा सकती है। विशेषकर दूध के लिये पाली जाती है। 12–15 महीने में दो बार बच्चे देती है। एक बार में 2–2 बच्चे देती है। इसे शहरी बकरी भी कहते हैं।
बीतल (Beetal)	स्यालकोट, गुरुदासपुर तथा गुजरानवाला क्षेत्र (पंजाब)	मांस एवं दूध के लिये प्रतिदिन औसतन 1.8 लीटर, प्रति ब्यांत (221 दिनों में) 130 ली. दूध देती है। अधिकतम 591 लीटर। वसा 4.5% होती है।	इस बकरी का विकास जमुनापारी बकरी से किया गया है। वर्ष में एक बार ग्याभिन होकर एक या दो बच्चे देती है। ● मांस एवं दूध दोनों के लिए उपयुक्त।

गद्दी, चम्बा और कश्मीरी (पश्मीना) (Gaddi, Chamba and Kashmeeri Pashmeena)	कांगड़ा, चम्बा, शिमला (हिमांचल प्रदेश)	● मांस एवं ऊन के लिये। ● प्रतिदिन दूध का औसत 1/2 लीटर।	इन्हें पहाड़ों पर विशेष रूप से मांस के लिये पाला जाता है। पश्मीना के बालों से कश्मीरी शाल और दुशाले बनते हैं। बकरों को बधिया करने के बाद बोझा ढोने के काम में लाया जाता है। ऊन (wool) से रस्सियाँ तथा बर्फ पर चलने के लिये जूते बनाये जाते हैं।
मारवाड़ी, मैहसाना और जलबाड़ी (Marbari, Mehshana & Jalbari)	राजस्थान व म.प्र.	दूध तथा मांस के लिये उपयुक्त। प्रतिदिन 0.75–1.0 लीटर दूध देती है।	इन बकरियों को जमनुापारी बकरी से विकसित किया गया है। ● मांस, दूध दोनों दृष्टि से उपयुक्त हैं।
मालाबारी (Malabari)	उत्तरी मालाबार एवं कालीकट क्षेत्र	● मांस के लिये विशेष उपयोगी। ● प्रतिदिन औसत दुग्ध उत्पादन 1 लीटर होता है।	● मालाबार प्रदेश में मांस के लिये (for meat purpose) विशेषकर पाली जाती हैं। ● चमड़े से तमाम वस्तुएँ बनायी जाती हैं।

बकरी की विदेशी नस्लें

अल्पाइन, टीगन, न्यूबियन (Alpain, Teegan and Neubian)		● औसत दूध उत्पादन प्रतिदिन 3–5 लीटर, प्रति ब्यांत 600–1200 लीटर (250 दिनों में) वसा की मात्रा 3–4 प्रतिशत	● मुख्य रूप से दूध के लिये पाली जाती है। मांस भी प्राप्त होता है।
अंगोरा			अंगोरावालों के लिये प्रसिद्ध विदेशी नस्ल है।

भेड़ की उन्नत देशी नस्लें

भेड़ की नस्ल का नाम	मूल स्थान	प्रति भेड़ प्राप्त ऊन की मात्रा प्रतिवर्ष (कि.ग्रा. में)	ऊन की लम्बाई (से.मी. में)	उपयोगिता
बीकानेरी (Beekaneri)	हिसार, गुड़गाँव, फिरोजपुर, लुधियाना, रोहतक और बीकानेर क्षेत्र।	नर 2.5–3 मादा 1–1.5	8–14	● ऊन, कालीन एवं कम्बल के लिये उपयुक्त। ऊन मोटा होता है।
हिसारडैल (Hissardel)	हिसार (हरियाणा), कुल्लू घाटी (हिमाचल प्रदेश)।	1.5–2.5	5–8	● ऊन और मांस के लिये विशेष उपयुक्त नस्ल है।
भदरवाह (गद्दी) (Gaddi)	जम्मू–कश्मीर की भदरवाह तथा किश्तवार तहसील का क्षेत्र।	1–1.5	12	● अच्छी किस्म की ऊन प्राप्त। ● अच्छे किस्म के ऊनी कपड़े बनाने में प्रयोग।
लोही, जालौनी (Jalauni)	जिला जालौन (उ.प्र.)	1–1.5	5–8	● इनसे अच्छी किस्म का मांस प्राप्त होता है।
लोही (Lohi)	पंजाब–हरियाणा	1.5–2	8–10	● मांस, ऊन एवं दूध तीनों उद्देश्यों की पूर्ति।
नैल्लोर (Nellor)	नैल्लोर (तमिलनाडु) एवं आन्ध्र प्रदेश।	ऊन बहुत छोटा	—	● ऊन मोटा मध्यम दर्जे का।
दक्खिनी (Dakkhani)	बम्बई, कर्नाटक तथा दक्षिणी भारत।	0.45	4–7	● मांस के लिये उपयुक्त। ● ऊन प्राप्त नहीं।
भकरवाल (Bhakarbal)	जम्मू–कश्मीर।	1.5–2.0	8–15	● मांस के लिये उपयुक्त। ● कम्बल तथा मोटे वस्त्र बनाने में ऊन काम आती है।
गुरेज (Gurej)	कश्मीर का गुरेज क्षेत्र।	1.36–1.81	7–13	● ऊन कम्बल बनाने में। ● मांस हेतु उपयुक्त नस्ल।
रामपुर बुशायर (Rampur Bushayar)	शिमला (हि.प्र.), उत्तर प्रदेश के पर्वती क्षेत्र तथा पंजाब।	1.5–2.0	6–11	● ऊन के लिए विशेष उपयुक्त। ● बोझा ढोने के काम में भी।

जैसलमेरी (Jaisalmeri)	जैसलमेर व जोधपुर जिला (राजस्थान)	1.57	5–8.5	● प्राप्त ऊन से मोटे गलीचे, गद्दे और कम्बल बनते हैं। ● इसके ऊन को गलीचे ऊन (carpet wool) भी कहते हैं।
करनाह (Karnah)	करनाह क्षेत्र (जम्मू-कश्मीर)।	0.9–1.36	6–15	● बोझा ढोने के काम लाया जाता है।
चोकला (Chokala)	राजस्थान, मध्य प्रदेश।	0.9–1.8	8–12	● ऊन मोटा कालीन बनाने के काम आता है।
नाली (Nali)	बीकानेर, पंजाब।	1.80–3.15	8–12	● ऊन कालीन बनाने के लिए उपयुक्त।
मारबाड़ी (Marbari)	राजस्थान।	0.90–1.88	8–13	● ऊन कालीन बनाने के लिये उपयुक्त।
कच्छी (Kachchi)	गुजरात, राजस्थान।	1.5–2.0	8–14	● ऊन और मांस दोनों के लिये। ● ऊन से कालीन बनते हैं।
बिलारी (Bilari)	बिलारी व कुरनूल जिला (तमिलनाडु)।	0.50–1	–	● ऊन साधारण कम्बल बनाने के काम आती है।
हेसान (Hesan)	कर्नाटक।	0.5–1	6–9	● मांस के लिये उपयुक्त।
हस्तनागरी (Hastnagari)	पेशावर तथा पंजाब के कुछ क्षेत्रों में।			● मांस के लिये सर्वोत्तम नस्ल। ● ऊन भी उत्तम प्राप्त होती है।

भेड़ की विदेशी नस्लें

मरिनो कोरिडेल लिसिस्टर	रेम्ब्यूलेट, स्पेन लिंकन, इग्लैण्ड इग्लैण्ड	7–13		● बारीक ऊन के लिये प्रसिद्ध। ● बारीक ऊन प्राप्त। ● ऊन और मांस दोनों ही के लिए विशेष उपयुक्त।

सूअर की प्रमुख उन्नत नस्लें एवं सम्बन्धित अन्य विवरण

प्रमुख नस्लों के नाम	प्राप्ति स्थान/मूल स्थान	भार कि.ग्रा. में	
		नर	मादा
सफेद यार्कशायर	यार्कशायर (उ. इग्लैण्ड)	300–450	250–350
सफेद मध्य यार्कशायर	यार्कशायर (उ. इग्लैण्ड)	270–360	180–270
वर्कशायर	वर्कशायर (इग्लैण्ड)	275–375	200–290
टामवर्थ	टामवर्थ (इग्लैण्ड)	280–380	200–290
लांड्रेश	डेनमार्क	270–360	200–320
हैम्पशायर	अमेरिका	300–350	200–250

मुर्गियों की प्रमुख उन्नत नस्लें एवं सम्बन्धित अन्य विवरण

नस्लों के नाम	मूल स्थान	वजन (कि.ग्रा. में)		अण्डा देने की क्षमता प्रतिवर्ष
		नर	मादा	
एशियाई नस्लें (Asian breeds)				
असील	आन्ध्र प्रदेश, कर्नाटक, उ.प्र. में रामपुर	4.5	3.5	900
बुसरा	महाराष्ट्र, गुजरात	4.5	4.0	–
ब्रह्मा	ब्रह्मपुत्र नदी का कछार	5.4	4.3	
कोचीन	चीन का शंघाई जिला	5.0	4.0	175–180
अमेरिकन नस्लें (American breeds)				
रोड आयरलैण्ड रैड	न्यू हैम्पशायर (अमेरिका)	4.0	3.0	
प्लाय माउथ रॉक	अमेरिका	4.3	3.4	

नस्लों के नाम	मूल स्थान	वजन (कि.ग्रा. मे)		अण्डा देने की क्षमता प्रतिवर्ष
		नर	मादा	
इंग्लिश नस्लें (English breeds)				
आर्पिन्गटन	इंग्लैण्ड	4.6	3.6	
आस्ट्रोलार्प	आस्ट्रेलिया	4.0	3.0	
संसैक्स	इंग्लैण्ड	4.0	3.2	
कार्निश	इंग्लैण्ड	3.5	1.6	
भूमध्य सागरीय नस्लें				
लेगहार्न	इटली	2.6	2.0	200–250
ब्लैक मिनार्का	मिनोर्का	3.6	3.0	
ऐन्कोना	ऐन्कोना	2.7	2.0	
ब्लू ऐडेलुसियन	स्पेन	3.5	3.0	

स्वस्थ पशुओं का तापक्रम, नाड़ी तथा श्वसन गति

पशु का नाम	सामान्य तापक्रम ^0F	औसत तापक्रम ^0F	श्वसन गति/मिनट	नाड़ी गति/मिनट
गाय–भैंस	101–102	101.5	12–18	42–50
भेड़–बकरी	101.5–104	103.5	14–22	67–82
सूअर	101–103.5	102.0	8–18	60–80
मुर्गियाँ	105–109.5	107.0	15–48	120–160
घोड़ा	99.4–101.2	100.5	8–10	36–42
ऊँट	97–101	100.0	10–15	50–60
कुत्ता	100–102	101.0	14–30	42–80
बिल्ली	100–102	101.0	20–30	110–230

दाँतों द्वारा पशुओं की आयु ज्ञात करना

दाँतों का नाम	आयु जिसमें ये दाँत निकलते हैं	आयु जिसमें ये दाँत गिरते हैं
(a) अस्थायी दाँत (Temporary teeth)		
केन्द्रीय कृन्तक दन्त (Central incisors)	1–7 दिन	10 माह
मध्यवर्गीय कृन्तक दन्त (Medial incisors)	7–14 दिन	15 माह
पार्श्वीय कृन्तक दन्त (Lateral incisors)	14–21 दिन	18 माह
कोन कृन्तक दन्त (Corner incisors)	21–28 दिन	21 माह
(b) स्थायी दाँत (Permanent Teeth)		
केन्द्रीय कृन्तक दन्त (Central incisors)	2 वर्ष	5–5½ वर्ष
मध्यवर्तीय कृन्तक (Medial incisors)	2½ – 3 वर्ष	7 वर्ष
पार्श्वीय कृन्तक दन्त (Lateral incisors)	3 वर्ष 5 माह – 4 वर्ष	8 वर्ष
कोन कृन्तक दन्त (Corner incisors)	4 वर्ष 5 माह – 5 वर्ष	9 वर्ष

नोट— गाय, बैल आदि पशुओं के निचले जबड़े में कुल 8 दाँत होते हैं तथा ऊपरी जबड़े में कोई दाँत नहीं होता है।

सींग के छल्ले गिनकर पशुओं की आयु ज्ञात करना

3 वर्ष की आयु पर —1 छल्ला (ring) सींगों पर दिखायी देता है।

इसके बाद प्रति वर्ष 1 छल्ला बढ़ता रहता है।

सूत्र— पशुओं की आयु वर्षों में –2 + सींगों पर बने छल्लों की संख्या।

पशुओं का ऋतुकाल तथा गर्भ का समय

पशु का नाम	सम्भोग काल के माह	वर्ष में ऋतुमयी होना	पुनः ऋतुमयी होना		ऋतुकाल की अवधि (घण्टों में)	गर्भकाल (दिनों में)
			गर्भकाल के न ठहरने पर	ब्यांत के बाद		
गाय	वर्ष भर	अनेक बार	19–23 दिन बाद	2 माह बाद	12–24	283
भैंस	वर्ष भर	अनेक बार	19–23 दिन बाद	1 माह बाद	18–36	310
भेड़	अगस्त–फरवरी	मौसम में अनेक बार	16–17 दिन बाद	4–6 माह बाद	36	150
बकरी	सितम्बर–फरवरी	मौसम में अनेक बार	18–21 दिन बाद	1–2 माह बाद	48–72	150
सूअरी	वर्ष भर	मौसम में अनेक बार	21 दिन बाद	1 माह बाद	2–3 दिन	114
घोड़ी	वर्ष भर	मौसम में अनेक बार	21 दिन बाद	1 माह बाद	4–7 दिन	336
कुतिया	सितम्बर–अक्टूबर	एक बार, कभी–कभी दो बार	180 दिन बाद	2 माह बाद	7–9 दिन	60

पशुपालन एवं डेरी सम्बन्धित प्रमुख भारतीय संस्थाएँ

- भारतीय डेरी अनुसंस्थान संस्थान, करनाल (हरियाणा)।
- राष्ट्रीय डेरी विकास बोर्ड, आनन्द (गुजरात)।
- बकरी अनुसंधान संस्थान, मथुरा (उ.प्र.)।
- मुर्गी पालन प्रशिक्षण संस्थान, बेंगलौर (कर्नाटक)।
- मधुमक्खी पालन अनुसंधान संस्थान, पुणे (महाराष्ट्र)।
- भारतीय पशुचिकित्सा अनुसंधान संस्थान, इज्जतनगर, बरेली (उ.प्र.)।

औसत दुग्ध का संघठन

दुग्ध अवयव	मात्रा प्रतिशत में
● जल (Water)	87.3
● वसा (Fat)	4.5
● कार्बोहाइड्रेट (Carbohydrate)	4.6
● प्रोटीन (Protein)	3.5
● खनिज लवण (Mineral salt)	0.75
● वसा रहित ठोस पदार्थ (S.N.F.)	8.5
● कुल ठोस पदार्थ (T.S.)	13.2

कुक्कुटों के लिये सस्ता एवं सन्तुलित आहार के उत्पादन केन्द्र

पोल्ट्री के लिये सस्ता एवं सन्तुलित आहार उपलब्ध कराने हेतु विश्व खाद्य कार्यक्रम के अन्तर्गत गोरखपुर, लखनऊ, राबर्ट्स गंज (मिर्जापुर) तथा हापुड़ (गाजियाबाद) में सन्तुलित आहार उत्पादन केन्द्र स्थापित हैं।

Composition of Milk of Various Mammals

Mammal	Water %	Fat %	Protein %	Lactose %	Minerals %
● Foreign Cow	87.25	3.25	3.20	4.70	0.75
● Indian Cow	85.55	4.92	3.21	4.70	0.75
● Indian Buffalo	82.50	7.50	4.10	4.70	0.80
● Goat	85.58	4.93	4.11	4.78	0.89
● Sheep	78.73	8.92	6.25	5.05	1.06
● Woman	88.50	3.30	1.30	6.80	0.20

Thermometric Equivalents (within Clinical Limits)

°C	°F	°C	°F
35.0	95	41.7	107.06
35.6	96.08	41.8	107.24
36.1	96.98	41.9	107.42
36.2	97.16	42.0	107.60
36.7	98.06	42.1	107.78
37.0	98.6	42.2	107.96
38.0	100.4	42.3	108.14
38.3	100.94	42.4	108.32
38.4	100.12	42.5	108.5
39.0	102.2	42.6	108.68
39.4	102.92	42.7	108.86
39.5	103.1	42.8	109.04
39.6	103.28	42.9	109.22
39.7	103.46	43.0	109.40
39.8	103.64	43.1	109.58
39.9	103.82	43.2	109.76
40.0	104	43.3	109.94
41.0	105.8	43.4	110.12
41.1	105.98	43.5	110.30
41.2	106.16	43.6	110.48
41.3	106.34	43.7	110.66
41.4	106.52	43.8	110.84
41.5	106.70	43.9	111.02
41.6	106.88	44.0	111.2

Note :

- To convert °C to °F
  = Multiply 9/5 and add 32.

- To convert °F to °C
  = Subtract 32 and multiply by 5/9.

पशुओं के प्रमुख रोग (Main or Important Diseases of Animals)

क्र. स.	रोग का नाम	प्रभावित पशु	रागेकारक जीव	लक्षण	रोकथाम के उपाय
1.	**गलघोंटू** (Haemorrhagic Septicaemia-HS)	गाय, बैल तथा भैंस, कभी-कभी घास खानेवाले अन्य पशुओं में भी।	पाश्चुरैला बोबीसेप्टिका एवं पाश्चुरैला स्वीस द्वारा।	● पशु को तेज बुखार 105–107°F तक। ● पशु के झालर, कंठ और निचले जबड़े के पास कष्टदायक कड़ी और गर्म सूजन। ● मुँह से लार तथा नाक से रैंट (thick mucus) निकलता है। ● पशु घुर्र, घुर्र की आवाज करता है। ● पशु 24 घण्टे में मर जाता है।	● वर्षा से पहले H.S. का टीका लगवा देना चाहिये। ● रोगग्रस्त चरागाहों में पशु को चरने नहीं भेजना चाहिए।
2.	**खुरपका-मुँहपका** (Foot and Mouth Disease F.M.D.)	गाय, भैंस, भेड़, बकरी तथा सूअरों में विशेष रूप से मिलता है।	विषाणुज रोग है (Viral disease)।	● जाड़ा देकर बुखार आता है। तापक्रम 104°F से भी अधिक। ● चारा कम खाता है। ● दुध की कमी। ● मुँह से लार आती है। ● खुरों में छाले पड़ जाते हैं। पशु लंगड़ाता है।	● खुरपका, मुँहपका वैक्सीन (F.M.D. vaccine) के टीके का प्रयोग हर 6 माह पर करना चाहिए।
3.	**एन्थ्रेक्स** (Anthrax)	गाय, भैंस, घोड़ा, बकरी तथा भेड़ों में विशेष रूप से होता है।	बेसिलस एन्थ्रेक्स जीवाणु से।	● पशु अचानक कँपकँपाने लगता है। ● आँखें लाल व कान नीचे को गिरा लेता है। ● बुखार 105–107°F तक होता है। ● खाल सूज जाती है। ● पेट में जोरों का दर्द, पेचिश और खूनी दस्त, पेशाब के साथ खून। ● पशु 1–2 दिन में मर जाता है एवं कभी-कभी 2–3 घण्टे में मर जाता है।	● एन्थ्रेक्स स्पोर वैक्सीन। ● रोगी पशु को अन्य स्वस्थ पशुओं से अलग कर दें।

4.	**पशु-प्लेग** (Rinderpest-R.P.)	गाय, भैंस, बकरी, सूअर (गायों में विशेष रूप से)	वाइरस (विषाणु)	● पशु का ज्वर धीरे-धीरे बढ़ता है। तापक्रम 104-108^{0}F तक। आँखें लाल हो जाती हैं। ● पहले सूखा कड़ा गोबर, बाद में पतला दस्त पिचकारी की तरह जो बदबूदार, झाग तथा रक्तयुक्त होता है।	● एन्थ्रेक्स का टीका लगवाना चाहिये।
5.	**लंगड़ी-जहरवाद** (Black Quarter/B.Q.)	गाय, भैंस, भेड़, बकरी, विशेष कर नये बछड़े व बछियों में।	वाइरस (विषाणु)	● पशु झुंड से दूर खड़ा रहता है। जुगाली बन्द रखता है, दाँत चबाता है, पुट्ठों एवं मांसयुक्त स्थान में सूजन तथा दबाने पर चरचराहट की आवाज। ● पशु 2-3 दिन में मर जाता है।	● वर्षा से पूर्व B.Q. का टीका लगवाना चाहिये।
6.	**थनैला** (Mastitis)	गाय, भैंस, सूअर तथा बकरी, विशेषकर डेरी पशुओं में।	स्ट्रैप्टोकोकाई जीवाणुओं द्वारा।	● बुखार होता है। ● पशु जुगाली करना बन्द कर देता है। ● ऐन में सूजन हो जाती है। ● थनों से मटमैला/खून मिला/फटा हुआ अथवा सेमी जैसा दूध निकलता है। रोग पुराना होने पर मवाद या पानी।	1. पशुशाला की सफाई रखें। 2. मुट्ठी विधि से दुहान करें। 3. दुहान के बाद थनों को 0.1% PP के घोल में रखें।
7.	**नीमोनिया** (Pneumonia)	सभी पालतू पशुओं में, मुख्य रूप से छोटे बच्चों को।	बोरीलोमाइसिन परिपनीमोनिया (जीवाणु)	● पशु सुस्त, सिर नीचा व आँखें बन्द किये खड़ा रहता है। ● छाती, फेफड़ों में दर्द से वह दाँत पीसता है। ● रोग 7 से 8 दिन तक रहता है।	● पशु को ठण्ड से बचायें।

8.	**क्षय-रोग** (Tuberculosis/ T.B.)	सभी पशुओं में होता है। गाय-भैंस अधिक प्रभावित रहती हैं।	माइकोबैक्टीरियम ट्यूबरकुलोसिस (जीवाणु)	● साँस लेने में कठिनाई। ● अफरा एवं वजन घटना। ● बुखार का बने रहना। ● शरीर में रक्त की कमी। ● खाँसी (cough)।	● बी.सी.जी. का टीका लगाना चाहिए। ● ट्यूबरकुलीन का इन्जेक्शन लगाना चाहिए।
9.	**संक्रामक गर्भपात** (Contagious Abortion)	गाय, भैंस, सूअर, बकरी।	ब्रूसीला एबोर्टस (जीवाणु)	● गर्भ गिर जाता है। यह गर्भधारण के 5–8 महीने के बीच होता है। ● गर्भपात के बाद गर्भनाल पशु के शरीर में ही रह जाती है।	● बचाव हेतु टीका लगवाना चाहिये।
10.	**चेचक** (Cow pox)	गाय, भैंस, भेड़, बकरी, घोड़ा।	पेरावाइरस (विषाणु)	● हल्का बुखार। ● थन गर्म एवं कुछ सूजे हुए। ● नर पशुओं के अण्डकोष पर दाने। ● पशु की त्वचा पर विशेष प्रकार के फफोले।	● पशु 3–4 दिन में स्वयं ठीक हो जाता है। ● रोगी पशु को स्वस्थ पशुओं से अलग कर देना चाहिए। ● बीमार गाय को बाद में दुहना चाहिये।
11.	**चीचड़ी-ज्वर** (Tick-fever Spirochaetosis or Babesiosis)	गाय-भैंस।	बेबीसिया (प्रोटोजोआ)	● तेज बुखार। तापक्रम 106–107°F तक हो जाता है। ● दस्त में रक्त के कण आते हैं। ● पशु का शरीर पीला पड़ जाता है। ● दुग्ध उत्पादन घट जाता है। ● गर्भित गाय का गर्भ गिर जाता है।	● पशुओं को किलनी से बचाना चाहिये।

12.	**एन्टैरिक इन्फैक्शन** (Scours, Diarrhoea, Enteritis, Bloody scours, white scours)	रोग गाय-भैंस के छोटे बच्चों में (2 सप्ताह की आयु में)	बेक्टीरिया, वायरस, आन्त्रगत परजीवी, फिजियोलोजिकल कारण।	● पतले दस्त (Profuse diarrhoea) अथवा रक्त मिश्रित दस्त (bloody diarrhoea)। ● बढ़ा हुआ तापक्रम। ● तीव्रता से गिरता हुआ शरीर-भार। ● शरीर में जल की कमी (डिहाइड्रेशन)। ● अरुचि, डिप्रेशन (अवसाद), दुर्बलता। ● नीमोनिया सम्बन्धी लक्षण द्वितीय उपसर्ग के रूप में। ● मृत्यु (death)।	● बछड़ों को पेट के कीड़ों की दवा दें। ● बछड़ों को खीस पिलायें। ● बछड़ों के रहने का स्थान साफ हो।
13.	**सर्रा** (Trypanosomiasis)	गाय, भैंस, भेड़, बकरी, कुत्ता, घोड़ा, ऊँट।	ट्रिपेनोसोमा ईवनसाई (प्रोटोजोआ)	● **तीव्र स्वरूप में**— एकाएक तीव्र ज्वर, भागना, अंधा-सा, दीवार से टकराना, पागल जैसा, सिर से दीवार को ढकेलना, पेशाब थोड़ा-थोड़ा बार-बार। ● मुँह से लार बहना एवं पागुर न करना। ● कँपकँपा कर गिर जाना। ● मध्यम स्वरूप— ज्वर रहना अथवा नहीं होना या रुक-रुक कर रहना। ● चक्कर काटना या खड़े रहना। ● पसीना से भीगना। ● कभी खाना खाना कभी न खाना। ● बंधे पैर से चलना या लड़खड़ाना। ● सिर पीछे की ओर ऐंठना, आँखें अधखुली, पैरों में सूजन।	● पौष्टिक आहार।

14.	**इफिमीरल फीवर** (Ephimeral fever) अर्थात् 3 दिन का बुखार	गाय-भैंसों में विशेषकर जवान बैंलों तथा गायों में।	एक प्रकार के विषाणु से।	● पशु एकाएक सुस्त हो जाता है। ● जुगाली करना बन्द कर देता है। ● चारा-दाना बन्द कर देता है। ● शरीर में कंपन, हांफनी और लार का बहना। ● तेज बुखार तथा दाँत कटकटाना। ● अगले या पिछले पैरों से लंगड़ाना। ● गर्भित गाय का गर्भ गिर जाता है।	● 3 दिन में पशु प्राय: स्वस्थ हो जाता है।
15.	**ज्वर या बुखार** (Fever/ Pyrexia)	गाय-भैंस, भेड़-बकरी, कुत्ता, ऊँट, घोड़ा सभी प्रकार के पशु।	जीवाणुओं, विषाणुओं, प्रोटोजोआ, टॉक्सीन आदि से।	● ज्वर के आरम्भ में तापमान बढ़ने से शरीर का काँपना। ● तापक्रम घटने पर पसीना। ● जुगाली करना बन्द। ● नाड़ी और साँस का तेज चलना। ● रोयें खड़ा होना। ● काँपना एवं थरथराना।	● नमक 60 ग्राम, शोरा 8 ग्राम, चिरायता 15 ग्राम लेकर सबको मिलालें। इसे दिन में 3 बार दें। ● स्ट्रैप्टोपेनिसिलिन 20-40 लाख यूनिट्स मांस में लगावें। साथ ही– ● होस्टासाइक्लीन या बैटनीसाल 10 मि.ली. मांस में लगावें। ● पेरासीटामोल 10-30 मि.ली. मांस में । ● अलजैसिन (Algesin) बड़े पशुओं को 3-12 मि.ली. तथा छोटे पशुओं को 1-4 मि.ली. मांस में सूई द्वारा दें। ● ओरीप्रिम या सल्कोप्रिम की 2-2 टिकियाँ प्रात: सायं दें।

					● हिमालय बत्तीसा 50–100 ग्राम सुबह–शाम दें। ● विटामिन बी कम्पलेक्स की सूई मांस में। ● रूमेन बोलस 1–2 की मात्रा में प्रातः सायं दें।
16.	**बोटुलिज्म** (Botulism)	रोग गाय–भैंस, बकरी और पक्षियों में।	क्लॉस्ट्रीडियम बोटुलिनम।	● मांसपेशियाँ कमजोर हो जाती हैं। ● जबड़ा, जीभ, ग्रासनली और पिछले अंगों में पक्षाघात। ● ज्वर प्रायः नहीं रहता है।	● सड़ा–गला चारा–दाना न दें। ● पाइका को रोकने हेतु खनिज लवण मिश्रण दें। ● बासी चारा–दाना न खिलायें।
17.	**चक्कर काटने का रोग** (Circling disease)	भेड़–बकरियों में।	लिस्टीरिआ मोनोसाइटोजेनिस जीवाणु।	● मस्तिष्क प्रदाह। ● माथे में चक्कर आना। ● स्नायु दुर्बलता। ● चक्कर काटना एवं घूमना। ● रोगी का पुतला जैसा रूप। ● गर्भपात के लक्षण।	● बचाव हेतु टीका लगवायें।

मुर्गियों के प्रमुख रोग, लक्षण एवं रोकथाम

क्र.	रोग का नाम	रोगकारक जीव	लक्षण	रोकथाम के उपाय
1.	**रानीखेत (न्यूकैशल रोग)**	पेरामिक्सो वायरस (विषाणु)।	● सर्वप्रथम सर्दी और जुकाम। ● बुखार एवं दस्त आना। ● पक्षी मुँह से साँस लेता है। ● गर्दन मोड़कर कन्धे से सिर लगाकर बैठ जाता है। ● शरीर को लकवा-सा (Paralysis) मार जाता है। ● 90–100% मृत्यु हो जाती है।	● चूजे को जन्म से 2 सप्ताह के अन्दर एफ–1 का टीका लगाना चाहिये। तत्पश्चात् आर–2 का टीका देना चाहिए। ● पानी में लाल दवा (पोटेशियम परमैगनेट) मिलाकर पिलाना चाहिये।
2.	**कुक्कुट हैजा** (Fowl Cholera)	पाश्चुरैला ए.वी. सेप्टिका (जीवाणु)।	● तेज बुखार 109–112^{0}F तक। ● टाँगें सूज जाती हैं। ● सुस्ती। ● चोंच और नथुने से तरल पदार्थ बहता है। ● शीघ्र मृत्यु।	● एण्टीकॉलरा वेक्सीन का टीका देना चाहिये। ● पानी में सल्मैट (sulmet) मिलाकर दें।
3.	**खूनी दस्त** (Coccidiosis)	प्रोटोजोआ द्वारा; चूजे अधिक प्रभावित होते हैं।	● अधिक प्यास परन्तु भूख नहीं। ● आँखें बन्द किये ऊँघना। ● उजला-पीला या खूनी दस्त। ● बीट करने में कष्ट। ● दुर्बल एवं कमजोर। ● कलंगी और लोलक का रंग पीला पड़ जाता है। ● चलने-फिरने में लाचार एवं पक्षाघात। ● बाद में मृत्यु।	● बीमार मुर्गियों को अलग रखें। ● साफ-सफाई पर ध्यान रखें।
4.	**चेचक** (Fowl pox/F.P.) चूजे अधिक प्रभावित होते हैं।	एवी पोक्स वायरस।	● पंखरहित स्थानों पर छाले। ● आँखों में सूजन। ● आँख तथा नाक से पानी आना। ● रोग से भारी संख्या में मौत।	● चेचक का टीका लगवाना चाहिये।

5.	**पुल्लोरम रोग** (Pullorum disease)	साल्मोनैला पुल्लोरमा (जीवाणु)	● 2 से 10 दिन के चूजे इससे अधिक प्रभावित होते हैं। ● सफेद-रंग के दस्त। ● चूजे अधिक कमजोर तथा सुस्त हो जाते हैं। ● भूख, प्यास की कमी । ● डैनों का लटकना एवं पंखों का रूखापन। ● चूजे काँपते हैं। ● अधिकतर मृत्यु।	● बीमार चूजों/मुर्गियों को अलग कर दें। ● साफ-सफाई का विशेष ध्यान रखें।
6.	**संक्रामक कोराइजा** (यह रोग भारत में अधिक फैलता है)।	हीमोफिलस गालीनेरम (जीवाणु)	● नाक से पानी व द्रव गिरता है। ● छींकें आती हैं। ● चेहरे पर सूजन। ● भूख कम लगना। ● पक्षी से दुर्गन्ध आती है।	● रोग का टीका लगवायें। ● बीमार मुर्गियों को अलग कर दें। ● साफ-सफाई का विशेष ध्यान रखें।
7.	**एवियन एन्सेफेलोमाय-लायटिस**	वायरस से	● आंशिक या पूर्ण लकवा। ● अस्थिर चाल। ● पूँछ में तीव्र कम्पन।	● यौवनारम्भ के पूर्व टीका लगवा देना चाहिए। ● बायोमेड गाजियाबाद का लिव फ्रीज ड्राइड वेक्सीन पीने के ठंडे पानी में मिलाकर टीका लगाया जाता है। ● बीमार मुर्गी को अलग करें। ● साफ-सफाई का विशेष ध्यान रखें।
8.	**फाउल स्पाइरोकिटोसिस** (Fowl spirochetosis)	बोरेलिया एन्सेरिना (जीवाणु)	● शरीर का तापक्रम बढ़ जाता है। ● पक्षी उदास रहता है। ● कलंगी में सिनोसिस बाद में जॉण्डिस का होना। ● मृत्यु दर 100% तक हो जाती है। ● 5-10 माह के बच्चे अधिक प्रभावित होते हैं।	● Ticks का नियन्त्रण करें। ● रोग का टीका लगवायें।

9.	**संक्रामक लैरिंगोट्रिकाइटिस**	फाउल हर्पस वायरस–1 (विषाणु)	● साँस लेने में कठिनाई। ● कफ की अधिकता। ● आँखें पानी से भारी हो जाती हैं। ● चूजे सुस्त पड़े रहते हैं।	● रोकथाम के लिए इसका टीका लगवाना चाहिए।

पशुओं की जीवन अवधि

क्र.स.	पशु	वर्ष	क्र.स.	पशु	वर्ष
1.	गाय–बैल	18–22	5.	भैंस	22–25
2.	घोड़ा–घोड़ी	25–30	6.	भेड़	10–12
3.	बकरी	10–15	7.	सूअर	12–15
4.	कुत्ता	10–15	8.	ऊँट	35–40

3

हिन्दी/अँग्रेजी तकनीकी शब्दावली

(वैज्ञानिक तथा तकनीकी शब्दावली आयोग, मानव संसाधन विकास मंत्रालय, भारत-सरकार द्वारा निर्धारित)

अ

अरुचि	Anorexia	अधिग्रहण	Ingestion
अंधापन	Blindness	अपच	Indigestion
अन्त:तन्तुमयता	Infibrosis	अनियमित	Irregular
अस्थियाँ	Bones	अण्डाकार	Oval
अति तीव्र प्रतिक्रिया	Severe reaction	असंक्रामक रोग	Non-infectious disease
अतिरक्तिम	Hyperaemic	अतितीव्र	Severe/Peracute
अतिवृद्धि	Hypertrophy	अतिश्वसन	Hyperpnoea
अतिविकसन	Hyperplasia	अविशिष्ट रोग	Non-specific diseases
अभिश्वसन	Inhalation	अवरोध	Obstruction
अन्तर्राष्ट्रीय इकाई	International Unit	अफारा	Tympany
अन्त:गर्भाशय	Inutero	अपरा	Placenta
अन्त:शिरा	Intravenous	अवतानिका आकर्ष	Tetanic spasm
अन्त:मांसपेशीय	Intramuscular	अंकुर	Villi
अन्त:पर्युदर्या	Intraperitoneal		
अन्तर्घट्टन	Impaction		

आ

आशय	Bladder	आत्ममूलक टीका	Autogenous vaccine
आर्बुद	Ulcer	आवश्यक पोषक पदार्थ	Essential nutrients
आन्त्रशोथ	Enteritis	आनुवंशिक	Hereditary
आयोडीन	Iodine	आयोडीनयुक्त नमक	Iodised salt
आन्त्र-औषध	Intestinal-astringent	आन्त्र/आँत	Intestine
आमाशय नली	Stomach tube	आन्त्राँत प्रवेश	Intussusception
आघटन	Incidence	आई.बी.आर.	I.B.R.
आक्सीकरण	Oxidation	आलेप	Smear
आयतन	Volume	आक्षेप	Convulsions
आँखों में सफेदी	Corneal opacity	ओमेसम	Omasum
आन्त्रविषरक्तता	Enterotoxaemia	आई.वी.आर.आई. टीका	I.V.R.I. vaccine

इ

इतिवृत्त/इतिहास	History	इस्चीरिशिया कोलाई	Escherichia coli
इमैरिया बोविस	Eimeria bovis		

उ

उपकला कोशाएँ	Epithelial cells	उपापचय	Metabolism
उत्तेजित होना	Stimulated	उदरछेदन	Laparotomy
उदरशोथ	Gastritis		

ऊ

ऊसिस्ट	Oocyst	ऊतक	Tissue
ऊष्मायन काल	Incubation period		

ए

एण्टीबायोटिक	Antibiotic	एन्टीबॉडीस	Antibodies
एण्टीरेबीस टीका	Antirabies vaccine	एन्टीसेप्टिक	Antiseptic
एडीनो	Adeno	एस्परजिल्लस प्रजाति	Aspergillus species
एनॉप्लाजमोसिस	Anaplasmosis	एबोमेसम	Abomasum
एक्रीफ्लेविन	Acriflavine	एस्केरिसलम्ब्रीकॉयडिस	Ascaris lumbricoides
एस्केरिएसिस	Ascariasis	एट्रोपिन सल्फेट	Atropine sulphate
एककोशीय	Unicellular	एक्स-किरण	X-ray
एक्स-किरण विकिरण	X-Ray radiation	एबार्टस बैंग रिंग परीक्षण	A.B.R. test
एस्केरसनाशी	Ascaricide	एकपार्श्वीय	Unilateral

क

करकर की ध्वनि	Crepitating sound	कम तीव्र	Subacute
कठोर	Stiff	कन्धे की हड्डी	Shoulder blade
कष्टश्वसन	Dyspnoea	कटारल	Catarrhal
कष्टप्रसव	Dystokia	कीटाणुनाशक	Insecticidal
क्रियात्मक	Functional	औषधिवाली विषाक्तता	poisoning
कीड़े	Maggots	कीटाणु	Organism
कैल्शियम की कमी	Calcium deficiency	कुरचित	Malformed
कैल्सीफिकेशन	Calcification	कैल्शियम	Calcium
कैल्शियम-बोरोग्लूकोनेट	Calcium-borogluconate	कैरोटीन	Carotine
		कोथ/गैन्ग्रीन	Gangrene
कोमा	Coma	कोर्निया में सफेदी	Corneal opacity
किलाटीभवन/केजिएशन	Caseation	कफिंग/खाँसना	Coughing
कॉर्नीबेक्टीरियम	Corynebacterium	कॉर्बन टेट्राक्लोराइड	Carbon tetrachloride

डिफ्थीराई	diphtheri	प्रतिकृमिक औषधि	Anthelmintic drug
कारबंकल	Carbuncle	क्लामाइडिया	Chlamydia
कॉक्सीडिया	Coccidia	कॉफ डायरिया	Calf Diarrhoea
कॉर्नीबेक्टीरियम	Corynebacterium	क्लोरेम्फैनिकॉल	Chloramphenicol
पॉयोजैनीस	pyogenes	कोब्रा	Cobra
क्लॉस्ट्रीडियम	Clostridium	कत्था	Catechu
सोवियाई	chauvei	कुक्कर खाँसी	Whooping cough
क्रास	Cross	केन्द्रीय अवसादक	Central depressent

ख

खुरपका और मुँहपका रोग	Foot and mouth disease (F.M.D.)	खुरपका और मुँहपका रोग का टीका	Foot and mouth-disease vaccine
खाज	Mange	खीस	Colostrum
खुरों का सड़ना	Foot-rot	खालीय/खालित्य	Alopecia
खसरा	Measles	खुरदरा	Rough

ग

ग्रसनी	Pharynx	गर्भकाल	Pregnancy
गर्भपात	Abortion	गुदाछिद्र	Anus
गर्भाशय	Uterus	गर्भाशय का श्रृंग	Uterine horn
गर्भाशय की ग्रीवा	Uterine cervix	गर्भाशय का धड़	Uterine body
गौ-चेचक	Cow-pox	गोट टिशू वेक्सीन	Goat tissue vaccine
गहरा घाव	Deep injury	गर्भाशय के बाहर की छुत	Extra uterine infection
ग्लूकोज सेलाइन	Glucose saline	गॉज/जाली	Gauze
ग्लेक्सो	Glaxo	ग्रास टीटेनी	Grass tetany
गैमेक्सीन	Gammexine	गलगंड रोग	Goiter
गल या अबटु ग्रंथियाँ	Thyroid glands		
गलघोंटू	Haemorrhagic-septicaemia		
गलन	Necrosis	गोल	Round
गलघोंटू के टीके	H.S. vaccines		

गलघोंटू एडजुवेंट टीका	H.S. Adjuvant vaccine
गलघोंटू ब्राथ टीका	H.S. broth vaccine
गलघोंटू एलम प्रैसीपिटेटैड टीका	H.S. alum precipitated vaccine
गर्म सिकाई	Hot fomentation
गुर्दा/वृक्क	Kidney
गुर्दे का शोथ/वृक्कशोथ	Nephritis
गर्भकाल की अन्तिम अवस्था	Last stage of pregnancy
गर्भाशय की स्थानीय चिकित्सा	Local uterine treatment

गौशाला	Dairyfarm	ग्रासनली	Oesophagus
गिड या स्टर्डी	Gid or Sturdy		

घ

घाव	Wound	घाव की-ड्रैसिंग	Wound-dressing
घोंघा	Snail		

च

चूषक निमोनिया	Aspiration Pneumonia	चुनाव	Selection
		चिरकालिक/जीर्ण	Chronic
चाल में लड़खड़ाहट	Staggering gait	चिरकालिक यकृतशोथ	Cirrhosis
चिरकालिक रोगी	Chronic patient	चिरकारी	Chronic
चबाना	Chewing	फेसियेलिएसिस	Fascioliasis
चॉकलेट	Chocolate	चाटना	Licking
चीचड़ी/किलनी	Tick		

छ

संक्रमण	Infection	संक्रामक रोग	Infectious disease
संक्रामक वातावरण	Infectious-environment	विसंक्रमण	Disinfection
		छाले	Ulcers

ज

जहरवाद	Septicaemia	जीवन-चक्र	Life-cycle
जटिल अस्थि-भंग	Complicated fracture	जोहनीस रोग	Johne's disease
जरसी	Jersey	जीवाणुज रोग	Bacterial disease
जीवाणु	Bacteria	जीवाणुज टीका	Bacterial vaccine
जीवाणु प्रतिरोधी	Bacterial resistant	जलशोफ	Dropsy
जन्मजात रोग	Congenital disease	जठर-आन्त्रशोथ	Gastro-enteritis
जीन	Gene	जोड़	Joint
जोड़ों के रोग	Joint-ill		

ट

टिंचर आयोडीन	Tincture Iodine	टीटेनस विष	Tetanus toxin
टैरामाइसीन	Terramycin	ट्राइपन ब्लू	Trypan blue
टेकीकार्डिया	Tachycardia	टॉनिक	Tonic
टाँके	Sutures	टी.बी.	T.B.
टीका	Vaccine		

ठ

ठोस हो जाना	Consolidation	ठोस भोजन	Solid food

ड

ड्यूलेप	Dewlap	डीटॉल	Detol
ड्रैसिंग	Dressing	डैक्सट्रोस	Dextrose
डी.डी.टी.	D.D.T.		

ढ

ढीली त्वचा	Loose skin		

त

तनाव	Stretching	तानिक मस्तिष्कशोथ	Meningo-encephalitis
तीव्र	Acute		
तीव्र फेसियोलिएसिस	Acute fascioliasis	तारपीन का तेल	Turpentine oil
तन्त्रिका संस्थान	Nervous system	तिल्ली	Spleen
त्वचा दोष	Skin defects		

थ

थीलैरिएसिस	Theileriasis	थन	Teat
थायोबैण्डाजोल	Thiobendazole	थायमस	Thymus
थायोसल्फेट	Thiosulphate	थनैला	Mastitis

द

दाना दर्द कम करने वाली औषधि	Concentrate analgesic	दस्त	Diarrhoea
		द्विपार्श्वीय	Bilateral
दाद	Ringworm	देहगुहा	Abdominal cavity
दूध से उत्पन्न पदार्थ	Milk product	दुर्दम	Malignant
द्रव	Liquid	द्रव भोजन	Liquid feed
दुर्बलता	Debility		

ध

धनुष टंकार	Tetanus	धड़	Trunk

न

नीम-रोग	Naval ill	नवजात	Neonatal
निमाटोड समूह	Nematode group	नीम हर्निया	Umbilical hernia
निकोटिन सल्फेट	Necotine sulphate	नाइट्रेट	Nitrate

नारमल सेलाइन	Normal saline	निमोनिया	Pneumonia
निर्जलीकरण	Dehydration	नेत्र-रोग	Eye disease
नेत्रोत्सेध	Exophthalmus	नीलाथोथा	Copper sulphate
निदान	Diagnosis	निष्क्रिय	Inert
नि:स्राव (गाढ़ा)	Exudate	नि:स्रावीय (गाढ़ास्रावात्मक)	Exudative
नालव्रण	Fistula		

प

पर्णकृमि	Trematode	पूयस्फोटिका	Pustule
पेशी कम्प	Muscular tremor	पीलिया	Jaundice
प्रतिरक्षाहीन	Non-immune	प्रतिरोध	Immunity
पैतृक रोग	Inherited congenital disease	पाश्चुराइजेशन	Pasteurization
		पृष्ठ भाग	Dorsum
पर्विल	Nodular	पूतिरोधी	Antiseptic
पशु पादक विज्ञान	Epizootiology	प्रोटोजोआ रोग	Protozoal disease
प्रमस्तिष्क	Cerebrum	पोंकनी का टीका	Rinderpest vaccine
पोंकनी	Rinderpest	परजीवी जठर आन्त्रशोथ	Parasitic gastro-enteritis
परजीवी रोग	Parasitic disease		
पॉलीवेलैंट	Polyvalent	पिपराजीन	Piperazine
पैनिसिलिन	Penicilline	प्लास्टर	Plaster
पेपिलोमा	Papiloma	पर्युदर्या	Peritoneum
पर्युदर्याशोथ	Peritonitis	प्रोटीन	Protein
प्रीपेलिन फोर्ट	Prepalin forte	प्ररूपी/पूर्वगामी	Precursor
प्राथमिक कारण	Primary causes	पास्चुरैल्ला	Pasteurella
पेराट्यूबरकुलोसिस	Paratuberculosis	मल्टोसिडा	Multocida
पाचन सम्बन्धी विकार	Digestive disorder	पुर:सरण गति	Peristalticmovement
परिस्पर्शन	Palpation	पोटेशियम आयोडाइड	Potassium iodide
पचाना	Digestion	पित्त	Bile
पार्वो	Parvo	प्रजननशाला	Breeding farm
परीक्षण	Test	प्रजाति	Strain/Species
पोटेशियम परमैंगनेट	Potassium permangnate	पित्ताशय	Gall bladder
		पक्षाघात	Paralysis
पटयुक्त	Segmented	पित्तवाहिनी	Bile duct
अनुमस्तिष्क विभ्रम	Cerebellar ataxia	प्रभावी जीन	Dominant gene
पलक	Eyelid	प्रभावकारी जीन	Effective gene
प्रभावकारी उपचार	Effective treatment	पेचिस	Dysentery

फ

फफूँद	Fungus	फाइब्रिनी	Fibrinous
फ्लोरसेन्ट ऐण्टीबॉडी परीक्षण	Flourescent antibody test	फॉस्फोरस की कमी	Deficiency of phosphorus
फुन्सी	Boil or Furuncle	फोड़ा	Abscess
फोड़ा खोलने वाला चाकू	Abscess knife	फीनोथॉयजिन	Phenothiazine
		फॉस्फोरस	Phosphorus
फिनाइल	Phenyl	फेल्लोपिअन नली	Fallopian tube
फीताकृमि पर्याक्रमण	Tapeworm infestation	फिटकरी	Alum
		फैटलॉक	Fetlock
फ्लेंक	Flank	फेसियोलिएसिस	Fascioliasis
फ्रीमारटिन	Freemartin		

ब

ब्रुसैल्लोसिस	Brucellosis	बुसैल्लोसिस टीका	Brucellosis vaccine
ब्रुसैल्ला एबॉर्टस	Brucella abortus	बबैशिएसिस	Babesiasis
बूफिलस	Boophillus	ब्राउन-स्विस	Brown swiss
ब्रोन्कियल राल्स	Bronchial Rales	बछड़ा	Calf
ब्लोट/पेट फूलना	Bloat	बाँझ	Sterile
बाह्य लसीका ग्रन्थि	Superficial lymphgland	बाह्य कारक	Extrinsic factor
		बाह्य प्रजनन अंग	External genitalia
बृहदान्त्र	Colon		

भ

भ्रूण	Embryo	भैंस का बछड़ा	Buffalo calf
भौतिक	Physical		

म

मूत्राशय	Urinary bladder	मूत्राशय का शोथ	Cystitis
मूत्र-संस्थान	Urinary system	मूत्र-रुकना	Urinary retention
मूत्र-पथरी	Urinary calculus	मूत्र-वाहिनी	Ureter
मूत्र-प्रजनन संस्थान	Urogenital system	मियादी ज्वर	Typhoid fever
मंद प्रकार	Mild type	माता/चेचक	Pox
मरणासन्नता	Mortality	मरणासन्न दर	Mortality rate
माइकोप्लाज्मा	Mycoplasma	मजल (थूथन)	Muzzle
माइकोबेक्टीरियम पैराट्यूबरकुलोसिस	Mycobacterium paratuberculosis	मैलाथियॉन	Malathion
		मांसपेशी में कम्पन	Muscular tremors
मांसपेशी	Muscle	मेग्नीशियम	Magnesium
मांसपेशी सम्बन्धी रोग	Muscular disease	मेग्नीशियम लेक्टेट	Magnesium lactate

मेग्नीशियम टीटेनी	Magnesium tetany	मेग्नीशियम कार्बोनेट	Magnesium carbonate
मेग्नीशियम सल्फेट	Magnesiumsulphate		
मोतियाबिन्दु	Cataract	मस्तिष्क रक्तस्राव	Brain haemorrhage
म्यूकोजल रोग	Mucosal disease	मांसपेशियों में अकड़न	Stiffness of muscles
मांसपेशियों में ऐंठन	Spasm of muscles	मुखपाक	Stomatitis
मध्य परपोषी	Intermediate host	माध्यमिक पोषद्	Intermediate host

य

युग्मक	Zygote	यूरिया	Urea
यूरिया विषाक्तता	Urea poisoning	यूरीमिया	Uraemia
यकृत	Liver	यकृतकृमि रोग	Fascioliasis
यक्ष्मा/क्षय रोग	Tuberculosis	यकृत फटना	Rupture of liver
यक्ष्मज पर्युदर्याशोथ	Tuberculous peritonitis		

र

रक्ताल्पता	Anaemia	रक्तलयन	Haemolysis
रक्तालेप	Blood smear	रक्तस्राव	Haemorrhage
रक्तोद रक्तिम	Sero-sanguinous	रक्तजन्य	Haematogenous
रक्त कैंसर	Blood cancer	रक्ताधिक्य	Congestion
रक्तवाहिनी	Blood vessel	रक्त से उत्पन्न संक्रमण	Blood borne infection
रक्त प्रवाह	Blood flow	रैटिकुलम	Reticulum
रक्त चढ़ाना	Blood transfusion	रोमकूप	Hair follicle
रसौली	Tumour	रियो	Reo
रेबीस/अलर्क रोग	Rabies	रोहणी रोग (प्रबलास)	Diphtheria
रिकैट्स	Rickets	रसायनिक परीक्षण	Chemical examination
राइनोनासा	Rhino		
रसायनिक	Chemical	रात्रि अन्धापन	Night-blindness

ल

लसीकाभ	Lymphoid	लसीकाजन्य	Lymphogenous
लू लगना	Heat stroke	ल्यूमन/अवकाशिका	Lumen
लोबिया	Cow-pea	लौह तत्त्व की कमी	Iron deficiency
लाल रक्त कोशाएँ	Red blood cells	लस झिल्ली	Serous membrane
लंगड़िया ज्वर	Black Quarter (B.Q.)	लिनीमेन्ट अमोनिया	Liniment Ammonia
लिनीमेन्ट टरपेन्टाइन	Liniment terpentine	लंगड़ापन	Lameness
लीवामीसॉल	Levamisol	लेक्टेशन टीटेनी	Lactation tetany
लैड विषाक्तता	Lead poisoning	ल्यूकीमिया	Leukaemia
लसीकाग्रन्थिशोथ	Lymphadenitis	लवण/खनिज	Minerals
लवण मिश्रण	Mineral mixture		

व

वसा	Fat	वातस्फीति	Emphysema
विधिवत् चिकित्सा	Systematic treatment	व्यपजनन परिवर्तन	Degenerative changes
विकृत अस्थिभंग	Compound fracture	विषाणु	Virus
विषाणु रोग	Virus disease	विषाणुज टीका	Viral vaccine
विषाणुज निमोनिया	Viral pneumonia	विषाणुज दस्त	Viral diarrhea
विटामिन	Vitamin	विदेशी नस्ल	Exotic breed
विटामिन ए	Vitamin A	विटामिन बी$_1$	Vitamin B_1
विटामिन बी कम्प्लैक्स	Vitamin B complex	विटामिन डी	Vitamin D
विटामिन ई	Vitamin E	विब्रियो	Vibrio
		विक्षति	Lesion
वाईपर	Viper	वीटाब्लैण्ड	Vitablend
विरोहण	Healing	वृद्धि	Growth
विकृति अवस्थायें	Pathological conditions	वायुनली	Bronchus
		विविध रोग	Miscellaneous disease
विशिष्ट रोग	Specific disease	विघटित होना	Decompose
विकल्प	Substitute	विष	Toxin/Poison
विटामिन 'ए' की कमी	Hypovitaminosis-A	विटामिन 'डी' की कमी	Hypovitaminosis-D
विटामिन 'ई' की कमी	Hypovitaminoisis-E	विस्तृत स्पेक्ट्रम	Broad spectrum
		विसरण होना	Diffuse
विशिष्ट विक्षति ज्ञापक विक्षति	Pathognomonic lesions	जटिल	Complex
		वेरीयोला-वेक्सीनिया	Variola vaccinia
विवर	Sinus		

श

श्वसनियाँ	Bronchi	श्लेष्माभ	Mucoid
श्वसनिका	Bronchiole	श्लेष्मपूयी	Mucopurulent
शोथ	Inflammation	शार्ट हार्न नस्ल	Short horn breed
शॉक/सदमा	Shock	शोषित	Absorbed
शाखायुक्त	Branched	श्यावता	Cyanosis
शव परीक्षा	Postmortem examination	श्वेत दस्त	White scour
		श्वेत मांसपेशी रोग	White muscle disease
श्वेत ओसर रोग	White heifer disease		
श्वेत रक्त-कोशाएँ	White blood cells	शिश्न	Penis
श्लेष्म	Mucus	शोफ/एडीमा	Edema (Oedema)

स

संगरोध	Quarantine	स्थानिक क्षेत्र	Endemic area
सर्वांगिक	Generalised	सम्पुट	Capsule
स्थिर विषाणु	Fixed virus	स्वचलित वाहन	Automobiles
सम्पीड कुन्थन	Tenesmus	स्टैथोस्कोप	Stethoscope
सीरम-चिकित्सा	Serum-therapy	संलक्षण	Syndrome
साल्मोनैल्लोसिस	Salmonellosis	सुवेध	Susceptible
स्ट्रैप्टोमाइसीन	Streptomycin	स्ट्रैप्टोकोकस प्रजाति	Streptococcus species
साइलेज	Silage	साइनोवियल झिल्ली	Synovial membrane
सल्फाडीमिडाइन	Sulphadimidine	सल्फा औषधि	Sulpha drug
साधारण अस्थिभंग	Simple Fracture	सल्फापायरिडीन	Sulphapyridine
स्ट्रैस/कारक	Stress	स्टेफिलोकोकस	Staphylococcus
सूजा हुआ	Swollen	सीरम विज्ञानी	Serological
सहायक कारण	Predisposing cause	सोडियम थायोसल्फेट	Sodium thiosulphate
सीरम/रक्ततोड़	Serum	सम्पर्क कीटनाशक	Contact insecticide
संकर प्रजनन	Cross breeding	संकर बछड़े	Cross breedd calves
स्थानीय	Local	सामान्य रोग	General disease
संकुचन	Contraction	सघन	Compact
संक्रमित लार्वी	Infected larvae	सूक्ष्मदर्शी	Microscope
संस्थान	System	सायनाइड विषाक्तता	Cyanide poisoning
स्नेहक	Lubricant	सुदम्य/सुदम	Benign
पशु शीर्षपुरी	Cysticercus bovis		
टीका	Rinderpest vaccine	सेल कल्चर रिंडरपेस्ट	Cell Culture

ह

हॉरमोन्स	Hormones	हड्डी का टूटना	Fracture of bone
हड्डी/अस्थि	Bone	जलशीर्ष	Hydrocephalus
हाइड्रोसाइनिक अम्ल	Hydrocyanic acid	हाइपोमेग्नीसीमिया	Hypomagnesaemia
हैक्साक्लोरइथेन	Hexachlorethane	हे/सूखीघास	Hay
हृदय गति रुकना	Heart failure	हीमोग्लोबिन	Haemoglobin
हीमोग्लोबिन-मेह	Haemoglobinuria	हृदय की दीवार का फटना	Rupture of mycocardium
हैक्स्ट टीका	Hoechst vaccine		

क्ष

क्षय रोग	Tuberculosis	क्षतियाँ	injuries

(Animal Husbandry and Vetrinary Science)
(By D.N. Pandey, Professor)

- Veterinary generals and other Pasudhan Patrika or Pumplets.
- Allopathic Pashu Chikitsa. (By Dr. Ram Otar Dewedi)
- Pashu Chikitsa Allopathic. (By Dr. M.P. Sinha)

4

रोगों के नामानुसार सूची
(Index)

A

B

C

D

E

F

G

H

I

J

K

L

M

N

O

P

Q

R

S

T

U

V

W

Y

Z

Note– Symbols of Short name

C = Camel, D = Dog, P = Poultry, F = Fish.

5

वैटीरिनेरी प्रैस्क्रिप्शन्स (विभिन्न पशुओं में)
(VETERINARY PRESCRIPTIONS)

A Rx

Liquid extract of belladonna	2 ml
Potassium iodide	4 gm
Glycerin	30 ml
Water	60 ml

ft. mist. (Fiat mistura for a cattle /पशु के लिए मिश्रण बनाओ). Mitte doses quarta.

Sig : Unus b.i.d. more dicto sumenda.

Procedure : Dissolve potassium iodide in small amount of water. To this add liquid extract of belladonna and glycerin. Mix thoroughly and add remaining amount of water with continous stirring until uniform.

B Rx

Potassium chlorate	0.5 gm
Tincture ipecac	1.0 ml
Syrup scilla	2.0 ml
Water q.s.	10.0 ml

Fiat mistura for a dog. Mitte doses quinque.

Sig : Unus t.i.d. sumenda.

Procedure : Dissolve potassium chlorate in water. To this add tincture ipecac and syrup scilla with continuous stirring until a uniform mixture is not obtained.

C Rx

Sodium salicylate	250 mg
Sodium bicarbonate	150 mg
Simple syrup	2 ml
Water q.s.	1.5 ml

Fiat mistura for a dog. Mitte tales novem.

Sig : 15 ml t.d.s.

Procedure : Dissolve sodium salicylate in water. To this dissolve sodium bicarbonate and add simple syrup. Stir thoroughly so as to get a uniform mixture.

D Rx

Ammonium bromide	6 gm
Sodium bromide	6 gm
Potassium bromide	6 gm
Syrup q.s.	150 ml

Fiat mistura for a dog.

Sig : 5-15 ml omni quarta hora.

Procedure : Dissolve ammonium bromide, sodium bromide and potassium bromide in sufficient syrup. Mix thoroughly and then add more of syrup to produce the required volume.

E	Rx	
	Chloral hydrate	30 gm
	Linseed oil	ad 500 ml
	Fiat haustus.	
	Sig : Statim sumat. Rep. s.o.s.	

Procedure : Dissolve chloral hydrate in linseed oil with continuous stirring.

F	Rx	
	Sodium bicarbonate	4 gm
	Tincture nux vomica	1 ml
	Tincture gentian co.	6 ml
	Simple syrup	15 ml
	Peppermint water q.s.	90 ml
	Fiat mistura for a dog, Mitte.	
	Sig : 15 ml t.d.s.	

Procedure : Dissolve sodium bicarbonate in about 45 ml peppermint water. To this add tincture nux vomica, tincture gentian co. and simple syrup one by one with continuous stirring. Add more of peppermint water to produce the required volume.

G	Rx	
	Chloral hydrate	20 gm
	Turpentine oil	30 ml
	Linseed oil q.s.	500 ml
	Fiat haustus for a horse.	
	Sig : Satim sumat.	

Procedure : Dissolve chloral hydrate in linseed oil with continuous stirring. Add terpentine oil.

VETERINARY DOSES

The following symbols or abbreviations are used–

H = Horse
C = Cow or cattle
D = Dog
Sh = Sheep

Name of drug	Maximum dose	Route of administration	Uses
Aluminium hydroxide gel	**D** : about 4 ml every 2 hr.	Oral.	Antacid
Aminophylline	**H** : 2-5 gm t.i.d. **D** : 50-100 mg t.i.d. or q.i.d.	Orally for 2-3 weeks. Orally, I/V or I/M	In broken wind in horses and to relieve bronchial spasm.
Ammonium chloride	**H** : 4-15 gm. **C** : 15-30 gm. **D** : 0.2-0.5 gm **Sh** : 1-2 gm.	Oral.	Urine acidifier. Saline expectorant.
Amphetamine	**H & C** : 100-300 mg **D** : 1.1-4.4 mg/kg	Oral	C.N.S. stimulant.
Ampicillin	: 2-7 mg/kg body wt. : 4-10 mg/kg body wt.	Parenteral - s/c or i/m Oral.	Broad spectrum Antibiotic
Aspirin	**H** : 30-47.5 mg/kg every 12 hrs. **C** : 100 mg/kg every 12 hrs. **D** : 10 mg/kg every 12 hrs. **Cat** : Toxic	Orally. Orally. Orally.	Analgesic
Atropine sulphate	All species 0.045 mg/kg 0.5 to 1.0% soln.	s/c Topical	Spasmolytic. Mydriatic
Barbital sodium	**D** : 0.15 - 1.0 gm. **Cat** : 0.1-0.3 gm.	Oral.	Sedative.

Bemegride	**D & Cat**	: 15-20 mg/kg	i/v	C.N.S. stimulant
Benzyl penicillin	12,000 I.U./kg.		i/m	Antibiotic
Caffeine and sodium benzoate	**H, C**	: 5-10 gm.	s/c, i/m.	C.N.S. stimulant.
	Sh.	: 0.5-3 gm.		
	D	: 0.1-1.0 gm.		
	Cat	: 0.05-0.2 gm.		
Calcium carbonate	**H**	: 30-120 gm.	Oral	Antacid
	C	: 100-300 gm.		
	Sh	: 8-15 gm.		
	D	: 0.5-4.0 gm.		
	Cat	: 0.3-1.5 gm.		
Castor oil	**H & C**	: 250-1000 ml.	Oral	Cathartic
	Sh	: 50-150 ml.		
	D	: 5-25 ml.		
Chloral hydrate	**Cat**	: 3-15 ml.	Oral.	Sedative.
Chloramphenicol	**H, C, Sh**	: 40-100 mg/kg.	i/m.	Broad spectrum antibiotic
	H, C	: 2-4 mg/kg.	i/m.	
	Sh,goat,calves,pigs	: 4-10 mg/kg	Oral.	
	D	: 10-20 mg/kg t.i.d.	Oral.	
Chlorpromazine	**Cat**	: 0.25 gm once or (Total dose)	twice daily i/m	Tranquilizer, antiemetic. It is also used as an anticonvulsant and in the treatment of colic in horses.
	Large animals	: 1-2 mg/kg 0.5-1 mg/kg.	i/m	
	D & cat	: 1.16-6.6 mg/kg. 0.55-4.4 mg/kg.	i/v	

Name of drug	Maximum dose	Route of administration	Uses
Chlortetracycline hydrochloride	*Large animals* : 10-20 mg/kg/day. given in two equally divided doses at 12 hours interval. *Small animals* : 25-50 mg/kg/day.	Oral.	Broad spectrum antibiotic
Cloxacillin	**H & C** : 1-2 mg/kg *Small animals* : 4-10 mg/kg.	Parenteral	Broad spectrum antibiotic
Codeine phosphate	**D** : 1.1-2.2 mg/kg t.i.d. or q.i.d.	Oral	Analgesic,antitussive, antidiarrhoeal
Copper sulphate 1% solution	**Pig** : 50-100 ml **D & Cat** : 10-50 ml	Oral.	Emetic
Diazepam	**D & Cat** : 1 mg/kg (maximum 20 mg i/v and 5 mg orally).	i/v or Oral.	Sedative, tranquilizer and anticonvulsant.
Digitalis powder Digitalis tincture	**H** : 1-2 gm **H** : 9-15 ml	Oral. Oral.	Used in congestive heart failure. Used in congestive heart failure.
Ephedrine	**D** : 15 mg b.i.d. or t.i.d.	Oral.	Bronchodilator, nasal decongestant, antidote in morphine and barbiturate over dosage.
Ergometrine maleate	**H & C** : 2-5 mg **Sh, goat** : 0.5-1 mg **D** : 0.2-1 mg **Cat** : upto 0.125 mg	Oral, parenteral Oral, parenteral Oral, parenteral Oral, parenteral	Used for expulsion of foetus and foetal membranes. Also used for prophylaxis and treatment of postpartum haemorrhage.

Erythromycin estolate	**D & Cat** : 6.6-8.8 mg/kg/day in 3 or 4 divided doses	Oral	Bacteriostatic or bactericidal, effective against gram-positive organisms.
Ferrous sulphate	**H** : 2-8 gm **C** : 8-15 gm **Sh** : 0.5-2 gm **D** : 0.06-0.3 gm **Cat** : 0.03-0.1 gm	Oral	Iron deficiency anaemia
Gentamycin	**D & Cat** : 2-4 mg/kg. body wt bid on the first day, once daily thereafter. **La** : 1-2 mg/kg b.w.	i/m or s/c	Broad spectrum antibiotic
Griseofulvin	**C & H** : 10 mg/kg daily for 20 days. **Calf** : 10-20 mg/kg. **D & Cat** : 7-20 mg/kg	Oral	Antifungal antibiotic
Hydrocortisone acetate	**D** : 2-2 mg/kg	i/m	Corticosteroid
Insulin	**D** : Initial dose may vary between 5-15 units/day depending on the severity of disease.	Intra-articular s/c	Diabetes mellitus
Iron-dextran complex	*Sucking pig* :2 ml or 5% soln. (100 mg)	i/m	Iron deficiency anaemia
Kanamycin	15 mg/kg/day in divided doses.	Oral	Broad spectrum antibiotic
Lead arsenate	**Lamb** : 0.5-1.0 gm. **Sh** : 1.0 gm.	Oral	Anticestodal.

	Calf : 0.5-1.0 gm. **C** : 2.0 gm.		
Lidocaine hydrochloride *(also known as Lignocaine hydrochloride).*	**H & C** : 10-20 ml or 2% soln. **Pig, Sh** : 8-12 ml of 2% soln. **D, Cat** : 1 ml of 2% soln/4.5 kg. **Goat** : 0.2-0.4 ml/kg.	s/c	As infiltration anaesthetic. For epidural anaesthesia.
Lincomycin (All species except horse)	**D, Cat** : 20 mg/kg 10-20 mg/kg **Pigs** : 10-20 mg/kg daily	i/m or s/c i/v	Broad spectrum antibiotic, Oral Active against gram-positive microorganisms.
Linseed oil	**H** : 500-750 ml. **C** : 500-1000 ml. **Sh** : 25-100 ml. **Pig** : 50-150 ml	Oral	Cathartic
Liquid paraffin	**H & C** : 250-1000 ml **Sh** : 25-150 ml **Pig** : 25-300 ml **D** : 5-30 ml **Cat** : 2-6 ml	Oral	Cathartic
Magnesium sulphate	**H & C** : 250-1000 gm Fowl, Calf : 25-50 gm **Sh** : 25-125 gm **D** : 5-25 gm **Cat** : 2-5 gm	Oral	Purgative
Mebendazole	**H** : 10-15 mg/kg **D & Cat** : 25 mg/kg for 3 days	Oral	Anthelmintic

Mepridine HCl	All species: 3-5 mg/kg BW	Oral or i/m	Analgesic, Sedative
	Cat : 1-4 mg BW	i/v	
	D : 4.4 mg/kg BW	i/m	
Meprobamate	**D** : 400 mg t.i.d. or q.i.d	Oral	Sedative, hynotic
Methadone HCl	**H** : 0.12 mg/kg BW	i/v	Pre-anaesthetic use
	H : 0.25 mg/kg BW	I/m or s/c	As an analgesic
	D : 1.1 mg/kg BW	Oral or s/c	
Morphine sulphate	**H** : 0.12 mg/kg BW	i/v	Spasmodic colic in horses
	H : 0.22 mg/kg BW	i/m or slow i/v injection in acute cases	
	D : 0.1-0.2 mg/kg BW	s/c	For pre-anaesthetic medication
	Cat : 0.1 mg/kg BW	s/c	
	Pig : 0.2-0.9 mg BW		
Nalorphine HCl	**D** : 2 mg/kg	s/c	As an antidote for opium alkaloids
Neomycin sulphate	**H & C** : 4-7.5 gm	Oral	Intestinal antiseptic
	Fowl, Calves : 2-3 gm		Toxic on parenteral use
	Lambs, Piglets : 0.75-1.0 gm		
	D : 0.2-0.5 gm. May be divided in 2-4 doses.		
Nikethamide (As 25% injectable solution)	**H & C** : 10-20 ml	i/m or i/v	Respiratory stimulant
	D : 1-3 ml	i/m or i/v	
	Cat : 0.5-2.0 ml	i/m or i/v	
Nitrofurantoin	**D** : 2-10 mg/kg 6-8 hourly for 7-14 days.	Oral	Urinary antiseptic
	3.3 mg/kg b.i.d	i/m	

Name of drug	Maximum dose	Route of administration	Uses
Novobiocin	Fowl and turkeys : 2-3.5 gm/9 kg feed	Oral	Narrow spectrum antibiotic
Nystatin	**D** : 22,000 I.U./kg B.W.	Oral	Antifungal
Oxytetracycline HCl	Fowl, Calf : 5-10 mg/kg BW **Pig** : 5-10 mg/kg BW **D & Cat** : 7 mg/kg BW	Oral I/M injection I/M injection	Broad spectrum Antibiotic
Oxytocin	**H & C** : 10-40 I.U. 2.5-10 I.U. **Sh, Goat, Pig** : 2.5-10 I.U. 0.5-0.5 I.U. **D** : 1-10 I.U. upto 0.5 I.U. **Cat** : 0.5-5 I.U. i/v dose should be diluted to 1:10 with dextrose or distilled water.	I/M injection I / V	Uses to produce contraction in Uterus. It is also used for letting down on milk.
Penicillin	All species : 11,00 I.U./kg i/m	i/m	Antibiotic
Phenobarbitone sodium	**D** : 30-300 mg **Cat** : 15-60 mg **D** : 2.2 mg/kg 2-3 times daily	Oral	For sedation and hypnosis. As an anticonvulsant
Phenolphthalein	**D & Cat** : 10 mg/kg	Oral	Purgative
Piprazine adipate	**All species** : 200-300 mg/kg B.W.	Oral	Anthelmintic
Prednisolone acetate (1% Solution)	**Cat** : All species : 0.5 mg/kg B.W. **H & C** : 10-20 ml total dose **Calf, Pig** : 2.5-5.0 ml (Total dose) **Dog, Cat** : 1-3 ml (Total dose)	i/m	Corticosteroid Corticosteroid
Promazine HCl	**H & C** : 1.65-2.75 mg/kg **Pig** : 2 mg/kg **D** : 2-6 mg/kg	i/m	Anti-emetic and in pre-anaesthetic medication
Quinidine sulphate	**D** : 6-20 mg/kg every 6-8 hours	Orally	In the treatment of arterial fibrillan in d

Name of drug	Maximum dose	Route of administration	Uses
Secobarbital	**D & Cat** : 30-200 mg (depending on purpose and size of the animal)	Oral	Short acting hypnotic and sedative.
Sodium bromide	**H** : 25-30 gm **Pig** : 5-10 gm **D** : 0.3-3.0 gm **Cat** : 0.06-0.3 gm	Oral	Sedative
Sodium Salicylate	**H & C** : 15-20 gm **Sh & Pig** : 1-4 gm **D** : 0.3-1.0 gm **Cat** : 0.1-0.3 gm	Oral	Analgesic
Streptomycin sulphate	**H** : 5-10 mg/kg B.W. every 12 hrs. **C & Calf** : 10-15 mg/kg every 12-24 **Pig, Sh** : 5-10 mg/kg every 12 hrs **D & Cat** : 10-20 mg/kg every 12 hrs	i/m i/m i/m i/m	Antibiotic (effective against gram negative bacteria)
Strychnine sulphate	**H & C** : 15-60 mg **Sh** : 5-15 mg **Pig** : 2-8 mg **D** : 0.3-1.0 mg **Cat** : 0.1-0.5 mg	s/c s/c s/c s/c s/c	Stimulant
Tetracycline	**H, C, Sh, Pig** : 5-10 mg/kg BW **D, Cat** : 10-20 mg/kg BW	Oral Oral	Broad spectrum antibiotic
Trimethoprim and sulpha drugs	**Large animals** : 30 mg/kg body weight **Small animals** : 15 mg/kg body weight daily for 5 days. **Cats** : 120 mg daily.	Oral	Bactericidal

□□□

हमारे अन्य प्रमुख प्रकाशन

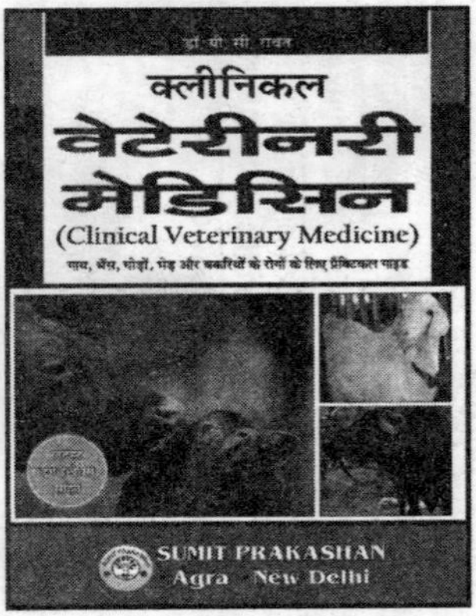